자격증 시험 접수부터 자격증 수령까지

필기원서접수

큐넷 회원 가입 후
(www.q-net.or.kr)
인터넷 접수만 가능
사진 파일, 접수비
(인터넷 결제) 필요
응시자격 요건
반드시 확인할 것

필기시험

입실 시간 미준수 시
시험 응시 불가
준비물 : 수험표,
신분증, 필기구 지참!

합격여부 확인

큐넷 사이트에서 확인
(www.q-net.or.kr)

실기원서접수

큐넷 회원 가입 후
(www.q-net.or.kr)
응시 자격 서류는
**실기시험 접수기간
(4일 이내)**에 제출
해야만 접수 가능

합격

한 발 앞서나가는 출판사
구민사에서 시작하세요!

실기시험

필답형과 작업형으로 분류. 원서 접수 시 선택한 장소와 시간에 맞게 시험을 봅니다.
준비물 : 수험표, 신분증, 필기구 지참!

합격여부 확인

규넷 사이트에서 확인
(www.q-net.or.kr)

자격증 신청

방문 또는 인터넷 신청 가능. 방문 신청 시 **신분증, 발급 수수료** 지참할 것!

자격증 수령

방문 또는 등기우편 수령 가능. 등기비용을 추가하면 우편으로 받을 수 있습니다.

건설안전산업기사 취득하기
카페 이용방법

STEP 01 건설안전산업기사 필기책을 구입한다

STEP 02 최쌤 함께하는 건설안전산업기사 취득하기 카페에 가입한다

STEP 03 카페에서 도서인증 후 무료동영상을 마음껏 시청한다

STEP 04 궁금한 점이 생기면 카페를 통해 질의한다

STEP 05 카페를 알차게 이용하고 당당하게 합격한다

cafe.naver.com/sanupanjeon

100 DAY PLAN

D-60

제 3, 4과목
[건설재료 및 시공, 건설공사 안전관리]

STEP 01 동영상강의 듣기
STEP 02 교재내용 검토 (이해가 안 되어도 읽기)
STEP 03 교재의 과목별 예상문제 풀이
(20일 동안 자기만의 계획을 세워서 지치지 않도록 공부하세요)

D-20

[4과목 공통]

STEP 01 교재의 과목별 "핵심요약" 내용 확인 (암기하기)
STEP 02 7년치 과년도 기출문제 풀이
STEP 03 기출문제 풀이 후 틀린 문제 체크

한 국 산 업 인 력 공

D-100

제 1과목
[산업재해 예방 및 안전보건교육]

- **STEP 01** 동영상강의 듣기
- **STEP 02** 교재내용 검토(이해가 안 되어도 읽기)
- **STEP 03** 교재의 과목별 예상문제 풀이
  (20일 동안 자기만의 계획을 세워서 지치지 않도록 공부하세요)

D-80

제 2과목
[인간공학 및 위험성 평가·관리]

- **STEP 01** 동영상강의 듣기
- **STEP 02** 교재내용 검토(이해가 안 되어도 읽기)
- **STEP 03** 교재의 과목별 예상문제 풀이
  (20일 동안 자기만의 계획을 세워서 지치지 않도록 공부하세요)

D-45

제 1, 2과목
[산업재해 예방 및 안전보건교육, 인간공학 및 위험성 평가·관리]

- **STEP 01** 교재의 별표 내용 다시 확인 (암기하기)
- **STEP 02** 1년치 과년도 기출문제 풀이
- **STEP 03** 기출문제 풀이 후 틀린 문제 체크
  (15일 동안 자기만의 계획을 세워서 지치지 않도록 공부하세요)

D-30

제 3, 4과목
[건설재료 및 시공, 건설공사 안전관리]

- **STEP 01** 교재의 별표내용 다시 확인 (암기하기)
- **STEP 02** 1년치 과년도 기출문제 풀이
- **STEP 03** 기출문제 풀이 후 틀린 문제 체크
  (15일 동안 자기만의 계획을 세워서 지치지 않도록 공부하세요)

D-10

[4과목 공통]

- **STEP 01** 모의고사 풀이
- **STEP 02** 모의고사 풀이 후 틀린 문제 체크
- **STEP 03** 간략하게 정오노트 만들어 틀린 문제 이해하기

D-3

최종 마무리

- **STEP 01** 기출&모의고사 풀이 중 최종 틀린문제 다시 확인(2회 반복)
- **STEP 02** 교재의 별표 내용 다시 확인
- **STEP 03** 시험 당일 아침 "시험장 앞에서 한번 더 보는 최종 요약" 확인

단 출 제 기 준 에 따 른 최 고 의 수 험 서

CONTENTS

제1편 산업재해 예방 및 안전보건 교육

제1장 산업재해예방 계획수립 • 3
1. 안전관리 • 3
2. 안전보건관리 체제 및 운용 • 14
3. 재해조사 • 60
4. 산재분류 및 통계분석 • 69
5. 안전점검 인증 및 진단 • 81

제2장 안전보호구 관리 • 99
1. 보호구 및 안전장구 관리 • 99

제3장 산업 안전심리 • 139
1. 산업심리와 심리검사 • 139

제4장 인간의 행동과학 • 148
1. 조직과 인간행동 • 148
2. 재해빈발성 및 행동과학 • 153
3. 집단관리와 리더십 • 158
4. 생체리듬과 피로 • 162

제5장 안전 보건교육의 내용 및 방법 • 167
1. 교육의 필요성과 목적 • 167
2. 교육방법 • 175
3. 교육실시 방법 • 180
4. 안전보건 교육 • 184

제6장 산업안전 관계법규 • 198
1. 작업시작전 점검 • 198
2. 관리감독자의 유해·위험방지업무 • 201
3. 기타 산업안전보건법규 내용 • 206

제2편 인간공학 및 위험성 평가·관리

제1장 **안전과 인간공학** • 253
  1. 인간공학의 정의 • 253

제2장 **위험성 파악·결정** • 266
  1. 시스템 위험성 추정 및 결정 • 266
  2. 안전성 평가 및 각종 설비의 유지관리 • 285

제3장 **위험성 감소 대책 수립·실행** • 294
  1. 위험성 평가 • 294
  2. 위험성 감소 대책 수립 및 실행 • 299

제4장 **근골격계질환 예방관리** • 305
  1. 근골격계 유해요인 • 305
  2. 인간공학적 유해요인 평가 • 313
  3. 근골격계 유해요인 관리 • 318

제5장 **유해요인 관리** • 323
  1. 물리적 유해요인 관리 • 323
  2. 화학적 유해요인 관리 • 342
  3. 생물학적 유해요인 관리 • 350

제6장 **작업환경관리** • 352
  1. 인체계측 및 체계제어 • 352
  2. 표시장치 및 신체활동의 생리학적 측정법 • 357
  3. 작업공간 및 작업자세 • 370
  4. 작업환경과 인간공학 • 375
  5. 중량물 취급 작업 • 383
  6. 작업측정 • 388

제3편 건설재료 및 시공

제1장 건설재료 일반 • 399
1. 건축 재료의 분류 • 399
2. 건축 재료의 요구 성능 • 400
3. 건축 재료의 성질 • 401
4. 불연성 재료의 분류 및 성질 • 402

제2장 각종 건설재료의 특성, 용도, 규격에 관한 사항 • 404
1. 목재 • 404
2. 시멘트 및 콘크리트 • 414
3. 석재 • 439
4. 점토 및 점토제품 • 447
5. 강재 및 금속재 • 454
6. 미장 및 방수재료 • 462
7. 합성수지 • 473
8. 도료 및 접착제 • 478
9. 단열재 및 기타 재료 • 483

제3장 시공일반 • 490
1. 공사시공 방식 • 490
2. 공사계획 및 공사현장 관리 • 499
3. 건설공사 전기작업 안전관리 • 508

제4장 토공사 • 516
1. 흙막이 가시설 • 516
2. 토공, 기계, 흙파기, 지반조사 및 계측관리, 기타 토공사 • 526

제5장 기초공사 • 539
1. 지정 • 539
2. 기초 • 547

제6장 철근 콘크리트 공사 • 549
1. 콘크리트 공사 • 549
2. 철근공사 • 566
3. 거푸집공사 • 573

| 제7장 | **철골공사** • 581
1. 철골작업 공작 • 581
2. 철골세우기 • 592

| 제8장 | **해체공사 및 기타공사** • 594
1. 해채공사 • 594
2. 벽돌공사 • 604
3. 블록공사 • 616
4. 석공사 • 621

제4편 건설공사 안전관리

| 제1장 | **건설공사 특성 분석** • 627
1. 건설공사 특수성 분석 • 627
2. 안전관리 고려사항 확인 • 634

| 제2장 | **건설공사 위험성** • 643
1. 건설공사 유해 · 위험요인 파악 • 643
2. 건설공사 위험성 평가(위험성 추정 · 결정) • 651

| 제3장 | **건설업 산업안전보건관리비 관리** • 666
1. 건설업 산업안전보건관리비 규정 • 666

| 제4장 | **건설현장 안전시설 관리** • 674
1. 안전시설 및 관리 • 674
2. 건설공구 및 장비 안전수칙 • 700

| 제5장 | **비계 · 거푸집 가시설 위험방지** • 718
1. 건설 가시설물 설치 및 관리 • 718

제5편 최근 기출문제

2014
- 1회 건설안전산업기사 • 826
- 2회 건설안전산업기사 • 857
- 4회 건설안전산업기사 • 888

2015
- 1회 건설안전산업기사 • 920
- 2회 건설안전산업기사 • 952
- 4회 건설안전산업기사 • 982

2016
- 1회 건설안전산업기사 • 1012
- 2회 건설안전산업기사 • 1045
- 4회 건설안전산업기사 • 1076

2017
- 1회 건설안전산업기사 • 1106
- 2회 건설안전산업기사 • 1139
- 4회 건설안전산업기사 • 1170

2018
- 1회 건설안전산업기사 • 1202
- 2회 건설안전산업기사 • 1233
- 4회 건설안전산업기사 • 1266

2019
- 1회 건설안전산업기사 • 1300
- 2회 건설안전산업기사 • 1332
- 4회 건설안전산업기사 • 1365

2020
- 1·2회 건설안전산업기사 • 1398
- 3회 건설안전산업기사 • 1431

제6편 모의고사

- 제1회 건설안전산업기사 모의고사 • 1468
- 제2회 건설안전산업기사 모의고사 • 1502
- 제3회 건설안전산업기사 모의고사 • 1533

PREFACE

올해도 어김없이 책 원고를 넘기며 마무리하고, 곧 출간될 도서를 걱정 반, 설렘 반으로 기대해 봅니다. 온·오프라인에서 건설안전산업기사 자격증 강의를 하며, 그간 제가 한 노력 이상의 좋은 평가를 받았음에 항상 감사하는 마음입니다.

자격증 시험 합격이라는 목표를 가지고 함께 노력하고, 함께 합격의 기쁨을 나누고, 기꺼이 그 영광을 제게 돌렸던 많은 교육생과 수험생 분들께 다시 한 번 감사드립니다.

오랜 강의 경험과 노하우를 통해 꼭 필요한 부분에는 꼼꼼한 설명을, 출제유형을 철저히 분석한 곳에는 별표(★)를 표시하여 가장 합격에 최적화된 도서를 만들기 위해 노력하였습니다.

항상 수험생 여러분들 곁에서 수험생들의 고민을 어떻게 해결해 드려야 할까… 고민하며 원고를 쓰고 있습니다.

꼭 암기해야 하지만 암기하기 힘든 내용들을 암기법이란 타이틀을 만들어 실어 보았습니다. 비록 유치하고 단순한 암기법이지만 '암기법이 너무 기가 막혀 외워졌다'는 수험생 여러분의 고백을 기대해 봅니다.

합격하기 쉬운 교재를 만들기 위해 수험생의 입장에서 한 번 더 생각하며 만들었습니다. 앞으로도 독자 분들의 소중한 의견을 귀담아 듣겠습니다.

마지막으로, 교재 출판을 적극적으로 후원해 주신 도서출판 구민사 조규백 대표님과 직원 여러분께 깊은 감사를 드립니다.

저자

INSTRUCTION MANUAL

이 책의 **사용설명서**

01 법규로 구성된 본문 참고

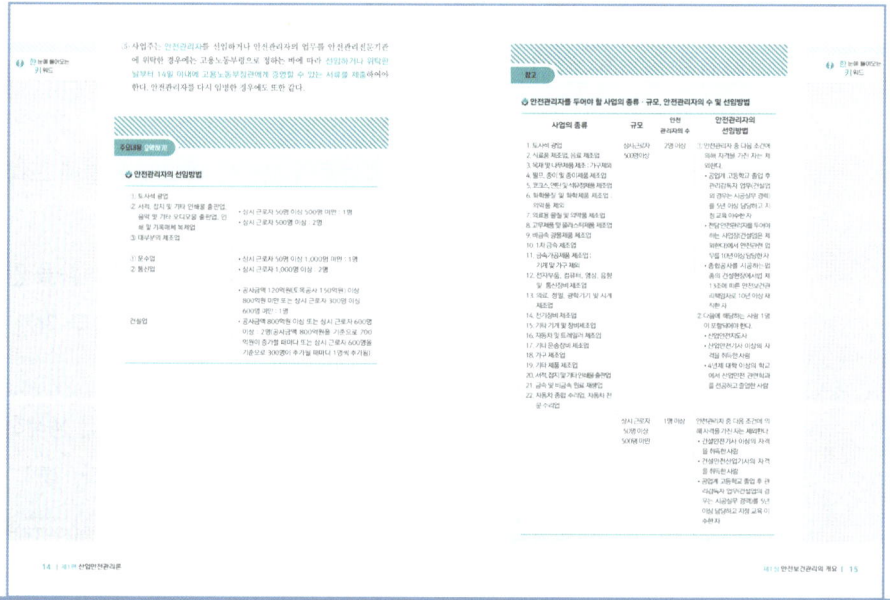

건설안전산업기사 공부에 필요한 **주요 내용을 수록**하였습니다.
반드시 알아야 할 법규만을 정리하여 편하고 알기 쉽게 설명하였습니다.

02 주요내용 알고가기 & 저자의 특급 암기법

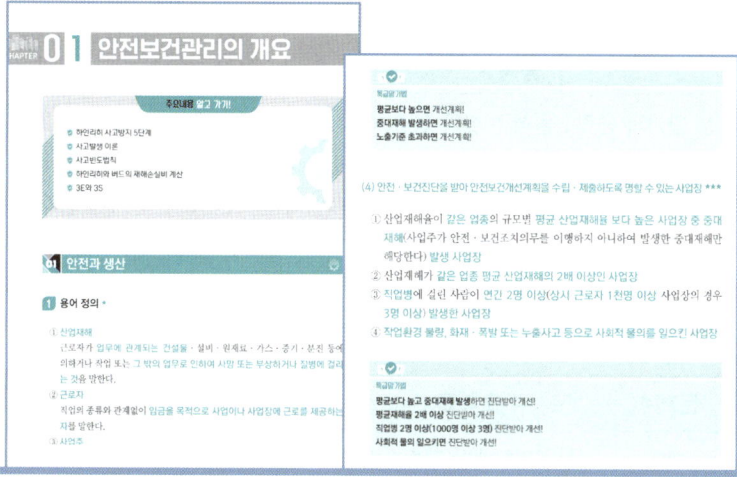

이론에 들어가기 앞서 주요 내용을 간단히 살펴보면서 대략적으로 **내용을 파악하**하고, 특급암기법을 이용해 쉽고 간단하게 암기할 수 있도록 하였습니다.

03 최근 기출문제 & 모의고사 수록 및 해설

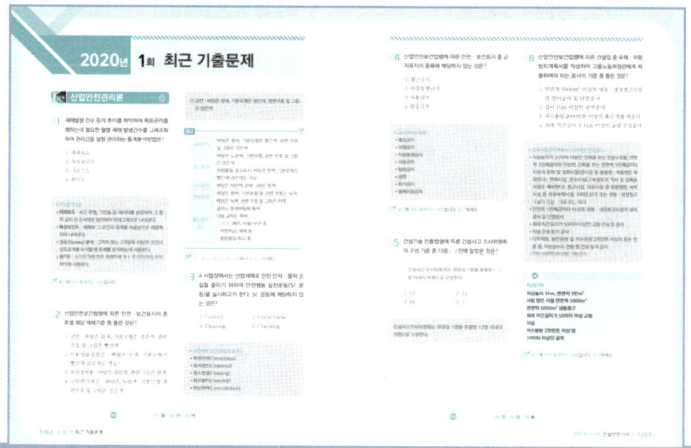

최근 기출문제 & 모의고사 상세한 해설과 참고를 실어 문제를 잘 이해할 수 있도록 하였습니다.

출제기준

직무분야	안전관리	자격종목	건설안전산업기사	적용기간	2026.1.1.~2030.12.31.
건설현장의 생산성 향상과 인적·물적 손실을 최소화하기 위한 안전계획을 수립하고, 그에 따른 작업환경의 점검 및 개선, 현장 근로자의 교육계획 수립 및 실시, 작업환경 순회감독 등 안전관리 업무를 통해 인명과 재산을 보호하고, 사고 발생 시 효과적이며 신속한 처리 및 재발 방지를 위한 대책 안을 수립, 이행하는 등 안전에 관한 기술적인 관리 업무를 수행하는 직무이다.					
필기검정방법	객관식	문제수	80	시험시간	2시간

필기과목명	문제수	주요항목	세부항목
산업재해 예방 및 안전보건교육	20	1. 산업재해예방 계획수립	1. 안전관리 2. 안전보건관리 체제 및 운용
		2. 안전보호구 관리	1. 보호구 및 안전장구 관리
		3. 산업안전심리	1. 산업심리와 심리검사 2. 직업적성과 배치 3. 인간의 특성과 안전과의 관계
		4. 인간의 행동과학	1. 조직과 인간행동 2. 재해 빈발성 및 행동과학 3. 집단관리와 리더십 4. 생체리듬과 피로
		5. 안전보건교육의 내용 및 방법	1. 교육의 필요성과 목적 2. 교육방법 3. 교육실시 방법 4. 안전보건교육계획 수립 및 실시 5. 교육내용
		6. 산업안전관계법규	1. 산업안전보건법령
인간공학 및 위험성 평가·관리	20	1. 안전과 인간공학	1. 인간공학의 정의 2. 인간-기계체계 3. 체계설계와 인간요소 4 인간요소와 휴먼에러

필기과목명	문제수	주요항목	세부항목
인간공학 및 위험성 평가·관리	20	2. 위험성 파악·결정	1. 위험성 평가 2. 시스템 위험성 추정 및 결정
		3. 위험성 감소대책 수립·실행	1. 위험성 감소대책 수립 및 실행
		4. 근골격계질환예방관리	1. 근골격계 유해요인 2. 인간공학적 유해요인 평가 3. 근골격계 유해요인 관리
		5. 유해요인 관리	1. 물리적 유해요인 관리 2. 화학적 유해요인 관리 3. 생물학적 유해요인 관리
		6. 작업환경 관리	1. 인체계측 및 체계제어 2. 신체활동의 생리학적 측정법 3. 작업 공간 및 작업자세 4. 작업측정 5. 작업환경과 인간공학 6. 중량물 취급 작업
건설재료 및 시공	20	1. 건설재료 일반	1. 건설재료의 발달 2. 건설재료의 분류와 요구 성능 3. 불연성재료의 분류 및 성능 4. 건설현장 유해·위험물질관리
		2. 각종 건설재료의 특성, 용도, 규격에 관한 사항	1. 목재 2. 점토재 3. 시멘트 및 콘크리트 4. 강재 5. 미장재 6. 합성수지 7. 도료 및 접착제 8. 석재 9. 단열재 및 흡음재 10. 방수 11. 기타재료

필기과목명	문제수	주요항목	세부항목
건설재료 및 시공	20	3. 시공일반	1. 공사시공방식
			2. 공사계획
			3. 공사현장관리
			4. 건설공사 특성분석
			5. 건설공사 전기작업 안전관리
			6. 건설기계 · 운송장비 안전관리
		4. 가설공사	1. 가설공사
		5. 토공사	1. 흙막이 가시설
			2. 토공 및 기계
			3. 흙파기
			4. 계측관리
			5. 기타 토공사
		6. 기초공사	1. 지정 및 기초
		7. 철근콘크리트공사	1. 콘크리트공사
			2. 철근공사
			3. 거푸집공사
		8. 철골공사	1. 철골작업공작
			2. 철골세우기
		9. 해체공사	1. 해체공사
건설공사 안전관리	20	1. 건설공사 특성분석	1. 건설공사 특수성 분석
			2. 안전관리 고려사항 확인
		2. 건설공사 위험성	1. 건설공사 유해 · 위험요인파악
			2. 건설공사 위험성 추정 · 결정
		3. 건설업	1. 건설업 산업안전보건관리비 규정
		4. 건설현장 안전시설 관리	1. 안전시설 설치 및 관리
			2. 건설공구 및 장비 안전수칙
		5. 비계 · 거푸집 가시설 위험방지	1. 건설 가시설물 설치 및 관리
		6. 공사 및 작업종류별 안전	1. 양중 및 해체 공사
			2. 콘크리트 및 PC 공사
			3. 운반 및 하역작업

※ 출제기준의 세세항목은 한국산업인력공단 홈페이지(http://www.q-net.or.kr/) 자료실에서 확인하실 수 있습니다.

PART 01
산업재해예방 및 안전보건교육

CHAPTER 01 산업재해예방 계획수립

CHAPTER 02 안전보호구 관리

CHAPTER 03 산업안전심리

CHAPTER 04 인간의 행동과학

CHAPTER 05 안전보건교육의 내용 및 방법

CHAPTER 06 산업안전 관계법규

CHAPTER 01 산업재해예방 계획수립

01 안전관리

주요내용 알고 가기!

- 하인리히 사고방지 5단계
- 사고빈도법칙
- 3E와 3S
- 무재해 운동의 3요소
- 위험예지 훈련 4단계
- 사고발생 이론
- 하인리히와 버드의 재해손실비 계산
- 무재해 운동의 3대 원칙
- 브레인스토밍의 4원칙

 한 눈에 들어오는 키 워드

참고

산업안전보건법의 목적
산업안전 및 보건에 관한 기준을 확립하고 그 책임의 소재를 명확하게 하여 산업재해를 예방하고 쾌적한 작업환경을 조성함으로써 노무를 제공하는 사람의 안전 및 보건을 유지·증진함을 목적으로 한다.

1 안전과 위험의 정의(산업안전보건법상의 용어 정의) ★

① **산업재해**
노무를 제공하는 사람이 업무에 관계되는 건설물·설비·원재료·가스·증기·분진 등에 의하거나 작업 또는 그 밖의 업무로 인하여 사망 또는 부상하거나 질병에 걸리는 것을 말한다.

② **근로자**
직업의 종류와 관계없이 임금을 목적으로 사업이나 사업장에 근로를 제공하는 자를 말한다.

③ **사업주**
근로자를 사용하여 사업을 하는 자를 말한다.

④ **근로자대표**
근로자의 과반수로 조직된 노동조합이 있는 경우에는 그 노동조합을, 근로자의 과반수로 조직된 노동조합이 없는 경우에는 근로자의 과반수를 대표하는 자를 말한다.

⑤ **작업환경측정**
작업환경 실태를 파악하기 위하여 해당 근로자 또는 작업장에 대하여 사업주가 유해인자에 대한 측정계획을 수립한 후 시료(試料)를 채취하고 분석·평가하는 것을 말한다.

용어정의

1. **안전사고(safety accident)**
   불안전한 행동과 불안전한 상태가 선행되어 직간접적으로 인명이나 재산상의 손실을 가져올 수 있는 사건 및 사고를 의미한다.

2. **사고(Accident)**
   ① 사고는 변형된 사상(strained event)이다.
   ② 사고는 비계획적인 사상 (unplaned event)이다.
   ③ 사고는 원하지 않는 사상 (undesired event)이다.
   ④ 사고는 비효율적인 사상 (inefficient event)이다.

3. **재해** : 안전사고의 결과로 일어난 인명과 재산의 손실을 말한다.

4. **안전관리** : 재해로부터 인간의 생명과 재산을 보호하기 위한 활동

5. **위험** : 잠재적인 손실이나 손상을 가져올 수 있는 상태 조건

6. **표준안전 작업방법** : 안전하고 능률적으로 작업을 할 수 있도록 작업내용 및 작업 단위별로 사용설비, 작업자, 작업조건 및 작업방법 등에 관해 규정해 놓은 것

한 눈에 들어오는 키워드

⑥ 안전·보건진단
산업재해를 예방하기 위하여 잠재적 위험성을 발견하고 그 개선대책을 수립할 목적으로 고용노동부장관이 지정하는 자가 **하는 조사·평가를 말한다.**

⑦ 중대재해
산업재해 중 사망 등 재해 정도가 심하거나 다수의 재해자가 발생한 경우로서 고용노동부령으로 정하는 재해를 말한다. ★★★
- 사망자가 1인 이상 발생한 재해
- 3개월 이상 요양을 요하는 부상자가 동시에 2인 이상 발생한 재해
- 부상자 또는 직업성 질병자가 동시에 10인 이상 발생한 재해

⑧ 도급
명칭에 관계없이 물건의 제조·건설·수리 또는 서비스의 제공, 그 밖의 **업무를 타인에게 맡기는 계약**을 말한다.

⑨ 도급인
물건의 제조·건설·수리 또는 서비스의 제공, 그 밖의 **업무를 도급하는 사업주**를 말한다. 다만, 건설공사발주자는 제외한다.

⑩ 수급인
도급인으로부터 물건의 제조·건설·수리 또는 서비스의 제공, 그 밖의 **업무를 도급받은 사업주**를 말한다.

⑪ 관계수급인
도급이 여러 단계에 걸쳐 체결된 경우에 **각 단계별로 도급받은 사업주 전부**를 말한다.

⑫ 건설공사발주자
건설공사를 도급하는 자로서 건설공사의 시공을 주도하여 총괄·관리하지 아니하는 자를 말한다. 다만, 도급받은 건설공사를 다시 도급하는 자는 제외한다.

⑬ 건설공사
다음 각 목의 어느 하나에 해당하는 공사를 말한다.
「건설산업기본법」 제2조제4호에 따른 건설공사
「전기공사업법」 제2조제1호에 따른 전기공사
「정보통신공사업법」 제2조제2호에 따른 정보통신공사
「소방시설공사업법」에 따른 소방시설공사
「문화재수리 등에 관한 법률」에 따른 문화재수리공사
「국가유산수리 등에 관한 법률」에 따른 국가유산 수리공사

2 안전보건관리 제이론

(1) 하인리히 사고방지 5단계 ★★

1단계 안전조직	• 안전목표 설정 • 안전조직 구성 • 조직을 통한 안전활동 전개	• 안전관리자의 선임 • 안전활동 방침 및 계획수립
2단계 사실의 발견	• 작업분석 • 사고조사	• 점검 • 안전진단
3단계 분석	• 사고원인 및 경향성 분석 • 사고기록 및 관계자료 분석	• 작업공정 분석 • 인적 · 물적 환경 조건 분석
4단계 시정방법 선정	• 기술적 개선 • 교육훈련 분석 • 배치 조정	• 안전운동 전개 • 안전행정의 개선 • 규칙 및 수칙 등 제도의 개선
5단계 시정책적용(3E 적용)	• 안전교육(Education) • 안전독려(Enforcement)	• 안전기술(Engineering)

> **참고**
>
> **안전관리의 근본이념**
> • 기업의 경제적 손실 예방
> • 생산성 향상 및 품질 향상
> • 사회복지의 증진

(2) 사고발생 이론

1) 하인리히(H. W. Heinrich) 사고발생 도미노 5단계 ★★

1단계	선천적 결함(사회, 환경, 유전적 결함)
2단계	개인적 결함
3단계	불안전 행동(인적결함), 불안전한 상태(물적결함) : 제거 가능
4단계	사고
5단계	재해(상해)

> **기출**
>
> **하인리히의 재해발생이론**
> 재해의 발생
> = 물적 불안전상태
>   + 인적 불안전행위
>   + 잠재된 위험의 상태
> = 설비적 결함
>   + 관리적 결함
>   + 잠재된 위험의 상태

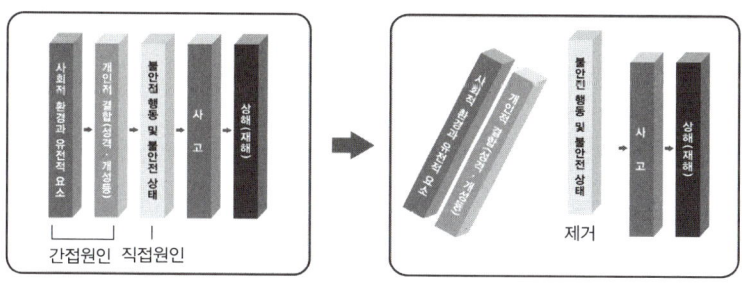

[하인리히의 사고발생 5단계]

한 눈에 들어오는 키 워드

2) 버드(Frank. E. Bird)의 연쇄성이론 5단계 ★★

1단계	제어 부족(관리 부재)
2단계	기본원인(기원)
3단계	직접원인(징후)
4단계	사고(접촉)
5단계	상해(손실)

3) 아담스(Edward Adams) 연쇄성이론 5단계 ★★

1단계	관리구조
2단계	작전적 에러
3단계	전술적 에러
4단계	사고
5단계	상해

4) 자베타키스(Micheal Zabetakis)의 이론

1단계	안전정책과 결정
2단계	개인적인 요소
3단계	환경적 요소

5) 웨버의 연쇄성이론

1단계	사회적 환경 및 유전적 요소(유전과 환경)
2단계	인간의 결함(개인적 결함)
3단계	불안전 행동 및 상태
4단계	사고
5단계	상해

(3) 사고의 본질적 특성

① **사고의 시간성** : 사고는 공간적이 아니고 시간적으로 발생한다.
② **우연성 중의 법칙성** : 사고는 우연이 아닌 법칙에 따라 발생한다.
③ **필연성 중의 우연성** : 인간의 착오와 같이 우연적인 사고도 있다.
④ **사고의 재현 불가능성** : 사고 발생 후 재현은 불가능 하다.

(4) 사고빈도법칙 ★★

1) 하인리히 1 : 29 : 300의 법칙 : 총 330건의 사고를 분석했을 때

① 중상 또는 사망 : 1건
② 경상해 : 29건
③ 무상해사고(물적 손실) : 300건이 발생함을 의미한다.

2) 버드의 1 : 10 : 30 : 600의 법칙 : 총 641건의 사고를 분석했을 때

① 중상 또는 폐질 : 1건
② 경상해 : 10건
③ 무상해사고(물적 손실) : 30건
④ 무상해, 무사고(위험 순간) : 600건이 발생함을 의미한다.

(5) J·H Harvey(하비)의 3E ★

① **안전교육**(Education)
② **안전기술**(Engineering)
③ **안전독려**(Enforcement)(강제, 관리, 규제, 감독)

(6) 3S ★

① **단순화**(Simplification)
② **표준화**(Standardization)
③ **전문화**(Specification)
④ **총합화**(Synthesization) → 4S

(7) 안전관리 4-Cycle(P-D-C-A)

① 계획(Plan)
② 실시(Do)
③ 검토(check)
④ 조치(Action)

(8) 인간에러(휴먼 에러)의 배후요인(4M) ★★★

① Man(인간) : 본인 외의 사람, 직장의 **인간관계** 등
② Machine(기계) : **기계, 장치** 등의 물적 요인

> 🔍 **한** 눈에 들어오는 **키** 워드
>
> 📍 **기출 ★**
>
> 총 660건 사고분석 시
> (2 : 58 : 600)
> • 중상 또는 사망 = 1×2 = 2건
> • 경상해 = 29×2 = 58건
> • 무상해사고 = 300×2 = 600건
>
> 총 990건 사고분석시
> (3 : 87 : 900)
> • 중상 또는 사망 = 1×3 = 3건
> • 경상해 = 29×3 = 87건
> • 무상해사고 = 300×3 = 900건
>
> 무상해, 무사고(위험 순간)
> = Near Accident
>
> **[확인]**
> 하인리히의 1:29:300의 원칙은 300건의 무상해 사고의 원인을 제거해야 함을 강조한다.
>
> ※ **문제**
>
> "Near Accident"란 무엇을 의미하는가?
> ㉮ 사고가 일어난 인접지역
> ㉯ 사고가 일어난 지점에 계속 사고가 발생하는 지역
> ㉰ 사고가 일어나더라도 손실을 전혀 수반하지 않는 재해
> ㉱ 사고의 연관성
>
> **[해설]**
> "Near Accident"(앗차사고)는 사고나기 직전의 순간으로 인적, 물적 손실을 수반하지 않은 사고이다.
>
> 정답 ㉰

③ Media(매체) : **작업정보, 작업방법** 등
④ Management(관리) : **작업관리**, 법규준수, 단속, 점검 등

(9) 페일세이프(Fail safe) ★★★

인간 또는 기계의 실패가 있어도 안전사고를 발생시키지 않도록 2중, 3중 통제를 가함

① 페일세이프(Fail safe)
  기계의 고장이 있어도 안전**사고를 발생시키지 않도록 2중, 3중 통제를 가함**

② 풀 – 프루프(Fool proof)
  인간의 실수가 있어도 안전**사고를 발생시키지 않도록 2중, 3중 통제를 가함**

3 제조물 책임과 안전

(1) 제조물 책임(PL : Product Liability)의 개념

제조물 책임이란 유통된 제조물의 결함으로 인하여 고객이 사용자 또는 제3자의 생명이나 신체 또는 당해 제조물 이외의 재산에 손해가 발생한 경우 제조업자나 판매업자의 제조물 결함에 관한 과실 유무에 관계없이 제조업자나 판매업자가 손해배상책임을 부담하는 것을 말한다.

(2) 제조물 책임법상 결함의 종류

① 제조상의 결함
  제조업자의 제조물에 대한 제조, 가공 상의 주의의무의 이행여부에도 불구하고 **제조물이 원래 의도한 설계와 다르게 제조, 가공됨으로써 안전하지 못하게 된 경우**를 말한다.

② 설계상의 결함
  제조업자가 합리적인 대체설계를 채용하였더라면 피해나 위험을 줄이거나 피할 수 있었음에도 **대체설계를 채용하지 아니하여 당해 제조물이 안전하지 못하게 된 경우**를 말한다.

③ 표시상의 결함
  제조업자가 합리적인 **설명, 지시**, 경고, 기타의 표시를 하였더라면 제조물에 의하여 발생할 수 있는 피해나 위험을 줄이거나 피할 수 있었음에도 이를 하지 아니한 경우를 말한다.

한 눈에 들어오는 키워드

기출
페일세이프(Fail-Safe)의 구분
- Fail Passive : 부품의 고장 시 기계장치는 정지 상태로 옮겨간다.
- Fail active : 부품이 고장나면 경보를 울리며 짧은 시간 운전이 가능하다.
- Fail operational : 부품의 고장이 있어도 다음 정기점검까지 운전이 가능하다.

기출★
페일세이프의 종류 ★
- 다경로 하중구조
- 하중경감구조
- 교대구조
- 중복구조

(3) 제조물 책임법의(PL법) 3가지 기본법칙

① 과실책임

주의의무 위반과 같이 **소비자에 대한 보호 의무를 불이행한 경우 피해자에게 손해배상을 해야 할 의무**

② 보증책임

제조자가 제품의 품질에 대하여 명시적, 묵시적 보증을 한 후에 제품의 내용이 사실과 명백히 다른 경우 소비자에게 책임을 짐

③ 엄격책임

제조자가 자사제품이 더 이상 점검되지 않고 사용될 것을 알면서 제품을 시장에 유통시킬 때 **그 제품이 인체에 상해를 줄 수 있는 결함이 있는 것으로 입증되면 제조자는 과실유무에 상관없이 불법행위법상의 엄격책임이 있음**

4 무재해의 정의 ★

「무재해」란 무재해 운동 시행사업장에서 근로자가 업무에 기인하여 사망 또는 4일 이상의 요양을 요하는 부상 또는 질병에 이환되지 않는 것을 말한다. 다만, 다음 각 목의 어느 하나에 해당하는 경우에는 무재해로 본다.

① **업무수행 중의 사고 중 천재지변 또는 돌발적인 사고로 인한 구조행위 또는 긴급피난 중 발생한 사고**
② **출·퇴근 도중에 발생한 재해**
③ **운동경기 등 각종 행사 중 발생한 재해**
④ **천재지변 또는 돌발적인 사고 우려가 많은 장소에서 사회통념상 인정되는 업무수행 중 발생한 사고**
⑤ **제3자의 행위에 의한 업무상 재해**
⑥ 업무상 질병에 대한 구체적인 인정기준 중 **뇌혈관질병 또는 심장질병**에 의한 재해
⑦ **업무시간 외에 발생한 재해**
다만, 사업주가 제공한 사업장내의 시설물에서 발생한 재해 또는 작업개시전의 작업준비 및 작업종료후의 정리정돈과정에서 발생한 재해는 제외한다.
⑧ 도로에서 발생한 사업장 밖의 교통사고, 소속 사업장을 벗어난 출장 및 외부기관으로 위탁교육 중 발생한 사고, 회식중의 사고, 전염병 등 사업주의 법 위반으로 인한 것이 아니라고 인정되는 재해

특급암기법

무재해 : 업무시간 외, 제3자, 각종 행사, 출·퇴근 도중, 뇌혈관질환·심장질환, 교통사고

> **한** 눈에 들어오는 **키** 워드

> **용어정의**
> 요양 : 「요양」이라 함은 부상 등의 치료를 말하며 재가, 통원 및 입원의 경우를 모두 포함한다.

5 무재해 운동 이론

(1) 무재해 운동의 3대 원칙 ★★

① **무(無)의 원칙(ZERO의 원칙)**
무재해란 단순히 사망재해나 휴업재해만 없으면 된다는 소극적인 사고가 아닌, 사업장 내의 모든 잠재위험요인을 적극적으로 사전에 발견하고 파악·해결함으로써 **산업재해의 근원적인 요소들을 없앤다는 것을 의미**한다.

② **선취의 원칙(안전제일의 원칙)**
무재해 운동에 있어서 안전제일이란 안전한 사업장을 조성하기 위한 궁극의 목표로서 사업장 내에서 **행동하기 전에 잠재위험요인을 발견하고 파악·해결하여 재해를 예방하는 것**을 의미한다.

③ **참가의 원칙(참여의 원칙)**
무재해 운동에서 참여란 작업에 따르는 잠재위험요인을 발견하고 파악·해결하기 위하여 **전원이 일치 협력하여 각자의 위치에서 적극적으로 문제해결을** 하겠다는 것을 의미한다.

(2) 무재해 운동의 3요소 ★

① **최고 경영자의 경영자세**
안전보건은 최고경영자의 무재해, 무질병에 대한 확고한 경영자세로부터 시작된다.

② **라인관리자에 의한 안전보건 추진**
관리감독자들(Line)이 생산활동 속에서 안전보건을 함께 실천하는 것이 성공의 지름길이다.

③ **직장의 자주 안전활동 활성화**
직장의 팀 구성원과의 협동노력으로 자주적인 안전활동을 추진해 가는 것이 필요하다.

한 눈에 들어오는 키워드

◎ **기출 ★**
무재해 운동의 3요소 중 최고 경영자의 경영자세가 가장 중요한 역할을 한다.

◎ **기출**
무재해 운동의 3요소
① 이념
② 기법
③ 실천

6 무재해 소집단활동

(1) 브레인 스토밍(Brain storming)

인간의 잠재의식을 일깨워 자유로이 **아이디어를 개발하자는 토의식 아이디어 개발 기법**이다.

[브레인 스토밍의 4원칙 ★★]

비판금지	좋다, 나쁘다 비판은 하지 않는다.
자유분방	마음대로 자유로이 발언한다.
대량발언	무엇이든 좋으니 많이 발언한다.
수정발언	타인의 생각에 동참하거나 보충 발언해도 좋다.

(2) 미국 듀폰사의 STOP 기법(Safety Training Observation Program : 안전교육관찰 프로그램)

숙련된 관찰자(안전관리자)가 불안전한 행위를 관찰하기 위한 기법으로 일상 업무시 사용한 안전관찰카드를 분석하여 불안전한행동의 경향을 파악하여 해당 부분에 대한 재발방지 대책을 세운다.

[STOP 기법 진행방법]

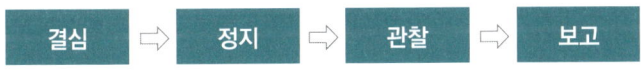

결심 ⇨ 정지 ⇨ 관찰 ⇨ 보고

(3) T.B.M(Tool Box Meeting) : 즉시 적응법 ★ (단시간 미팅 즉시 적응훈련)

① 재해를 방지하기 위해 **현장에서 그때 그때의 상황에 맞게 적응하여 실시하는 활동으로 단시간 미팅 즉시 적응훈련**이라 한다.
② 작업 전, 종료 시 5~10분간 작업자 3~5인이 조를 이뤄 작업 시 위험요소에 대하여 말하는 방식이다.

(4) One Point 위험예지 훈련

위험예지 훈련 4라운드 중 2R, 3R, 4R을 모두 One Point로 요약하여 실시하는 T.B.M 위험예지 훈련이다.

참고

T.B.M은 그때마다 생각해서 한 것보다는 그날의 지시작업에 관련하여 리더가 사전에 적절한 주제를 준비하는 것이 좋다. "오늘의 작업에는 어떤 위험이 있는가", "이 작업에는 어떤 위험이 있는가"라고 하는 것보다는 "이 작업의 단계에서는 어떤 위험이 있는가", "이 동작에는 어떤 위험이 있는가"와 같이 위험예지의 대상을 요약하기 위하여 주제를 보다 세분화하는 것이 좋다. 주제가 너무 광범위하면 10분 내에 대화하기 어렵다.

(5) 안전 확인 5지 운동

① 모지(마음)
② 시지(복장)
③ 중지(규정)
④ 약지(정비)
⑤ 새끼손가락(확인)

(6) 지적확인 ★

사람의 **눈이나 귀** 등 오관의 감각기관을 총동원해서 작업공정의 요소에서 자신의 행동을 (… 좋아)하고 **대상을 지적하여 큰 소리로 확인하여** 작업의 정확성과 **안전을 확인하는 방법**이다.

(7) 안전행동 실천운동(5C운동) ★

① **복장단정**(Correctness)
② **정리정돈**(Clearance)
③ **청소청결**(Cleaning)
④ **점검확인**(Checking)
⑤ **전심전력**(Concentration)

(8) E.C.R(Error Cause Removal) 제안제도

근로자 자신이 자기의 부주의 이외에 **제반 오류의 원인을 생각함으로서 개선을 하도록 하는 방법**이다.

① 첫째 : 아이디어 제안
② 둘째 : 조장이 접수
③ 셋째 : 무재해 추진 위원회에서 조치
④ 넷째 : 제안자에게 표창

(9) 터치 앤 콜(Touch and Call)

팀의 전 구성원이 원을 만들어 팀의 행동목표나 무재해 구호를 지적확인 하는 방법이다. (무재해로 나가자, 좋아! 좋아! 좋아!)

한눈에 들어오는 키워드

기출

"지적확인"의 효과
① 이완된 의식의 긴장, 집중
② 대상에 대한 집중력의 향상
③ 자신과 대상의 결합도 증대
④ 인지(cognition) 확률의 향상

※ 문제

안전보건 의식고취를 위한 추진 방법 중 출근 시, 작업을 시작하기전에 5~10분 정도의 시간을 내서 회합을 갖는 것은?
㉮ OJT ㉯ OFF JT
㉰ TWT ㉱ TBM

[해설]
단시간 미팅 즉시 적응훈련(T.B.M)
작업전, 종료시 5~10분간 작업자 3~5인이 조를 이뤄 작업시 위험요소에 대하여 말하는 방식이다.
정답 ㉱

지적확인과 정확도	
지적 확인한 경우	0.80%
확인만 하는 경우	1.25%
지적만 하는 경우	1.50%
아무 것도 하지 않은 경우	2.85%

7 안전활동기법

(1) 위험예지 훈련

"위험을 미리 알자"는 의미로 작업장에 잠재하고 있는 위험요인을 소집단 토의를 통해 미리 생각하여 행동에 앞서 위험요인을 해결하는 것을 습관화하여 사고를 예방하기 위한 훈련이다.

[위험예지 훈련 4단계 ★★]

1단계 현상 파악	• 어떤 위험이 잠재하고 있는가? • 전원이 대화로써 도해 상황속의 잠재위험요인을 발견하고 그 요인이 초래할 수 있는 사고를 생각해내는 단계
2단계 요인조사(본질추구)	• 이것이 위험의 포인트다. • 발견해 낸 위험 중 가장 위험한 것을 합의로서 결정하는 단계
3단계 대책수립	• 당신이라면 어떻게 할 것인가? • 중요 위험요인을 해결하기 위한 대책을 세우는 단계
4단계 행동목표 설정(합의요약)	• 우리들은 이렇게 하자! • 대책 중 중점 실시항목을 합의 요약해서 그것을 실천하기 위한 행동목표를 설정하는 단계

> **참고**
> 위험예지 훈련의 기법(위험예지 훈련의 안전선취를 위한 방법)
> ① 감수성 훈련 : 위험을 예지, 예측하는 능력을 높이고 위험에 대한 감수성을 날카롭게 하기 위한 훈련을 말한다.
> ② 집중력 훈련 : 위험예지훈련의 요소요소에서 지적확인을 하여 집중력을 높임으로써 깜빡 잊거나, 멍해지거나, 부주의하는 것을 막는 훈련을 말한다.
> ③ 문제해결 훈련 : 문제점을 파악하여 문제해결 능력을 높이기 위한 훈련을 말한다.

(2) 개선의 4원칙(ECRS)

① **Eliminate : 생략과 배제의 원칙**
   불필요한 공정이나 작업의 배제, 생략(모든 개선에 있어서 가장 먼저 생각하고 적용할 것이 요구되는 원칙)

② **Combine : 결합과 분리의 원칙**
   공정이나 공구, 부품 등의 결합으로 간단하고 단순화된 형태로 접근

③ **Rearrange : 재편성과 재배열의 원칙**
   공정, 작업 순서의 변경, 재배열

④ **Simplify : 단순화의 원칙**
   공정, 작업 수단, 방법 등을 간단하고 용이하게 하거나 이동거리를 짧게, 중량을 가볍게 하는 등의 단순화

02 안전보건관리 체제 및 운용

한눈에 들어오는 키워드

주요내용 알고 가기!
- 안전조직의 유형 및 특징
- 산업안전보건위원회와 노사협의체의 구성
- 안전보건관리책임자등의 직무
- 안전관리자 등의 증원, 교체명령
- 안전보건개선계획 작성대상 사업장
- 재해율 등 공표대상 사업장

기출
안전관리조직을 구성할 때 고려할 사항
① 조직 구성원의 책임과 권한을 명확하게 한다.
② 회사의 특성과 규모에 부합되게 조직되어야 한다.
③ 생산조직과 밀착된 조직일 것

기출 ★
라인형은 안전을 전문으로 하는 전담부서가 없으므로 스태프형보다 **경제적인 조직**이다.

참고
안전관리조직의 목적
① 조직적인 사고예방 활동
② 위험제거기술의 수준 향상
③ 조직 간 종적·횡적 신속한 정보처리와 유대강화
④ 재해 예방률의 향상 및 단위당 예방비용의 절감

1 안전보건관리조직

안전보건관리조직이란 원활한 안전관리를 위해 필요한 조직으로 라인형, 스태프형, 라인-스태프형의 3가지로 분류할 수 있다.

(1) 라인형(Line) or 직계형 ★★

안전관리에 관한 계획, 실시, 평가에 이르기까지 안전관리의 모든 것을 생산조직을 통하여 행하는 관리 방식이다.

① **소규모 사업장**(100명 이하 사업장)에 적용이 가능하다.
② 라인형 장점 : **명령 및 지시가 신속, 정확**하다.
③ 라인형 단점
 • **안전정보가 불충분**하다.
 • 라인에 과도한 책임이 부여 될 수 있다.
④ 생산과 안전을 동시에 지시하는 형태이다.

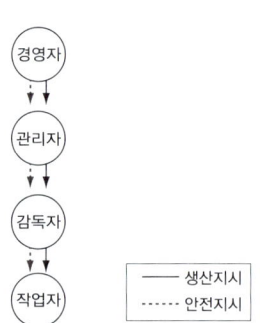

(2) 스태프형(staff) or 참모형 ★★

안전관리를 전담하는 스태프를 두고 안전관리에 대한 계획, 조사, 검토 등을 행하는 관리 방식이다.

① **중규모 사업장**(100~1,000명 정도의 사업장)에 적용이 가능하다.

② 스태프형 장점 : **안전정보 수집이 용이하고 빠르다.**
③ 스태프형 단점 : **안전과 생산을 별개로 취급한다.**
④ 안전 전문가(스태프)가 문제해결방안을 모색한다.
⑤ 스태프는 경영자의 조언, 자문 역할을 한다.
⑥ 생산부문은 안전에 대한 책임, 권한이 없다.
⑦ 사업장의 특수성에 적합한 기술연구를 전문적으로 할 수 있다.
⑧ 권한다툼이나 조정 때문에 통제수속이 복잡해지며, 시간과 노력이 소모된다.

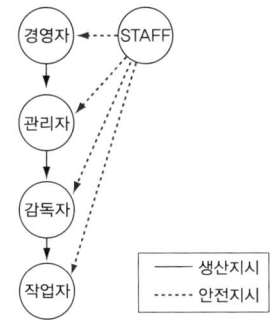

(3) 라인 스태프형(Line Staff) or 혼합형 ★★

라인형과 스태프형의 장점을 취한 형태로서 스태프는 안전을 입안, 계획, 평가, 조사하고 라인을 통하여 생산기술, 안전대책이 전달되는 관리 방식이다.

① **대규모 사업장**(1,000명 이상 사업장)에 적용이 가능하다.
② 라인 스태프형 장점
- 안전전문가에 의해 입안된 것을 경영자가 명령하므로 **명령이 신속, 정확하다.**
- **안전정보 수집이 용이하고 빠르다.**
③ 라인 스태프형 단점
- **명령계통과 조언, 권고적 참여의 혼돈이 우려**된다.
- **스태프의 월권행위**가 우려되고 지나치게 스태프에게 의존할 수 있다.
- 라인이 스태프에 의존 또는 활용하지 않는 경우가 있다.

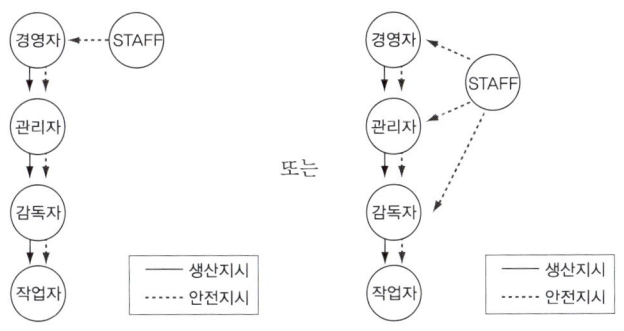

※ 문제

안전조직을 설명한 것 중 Line-Staff에 해당되는 것은?
㉮ 조언이나 권고적 참여가 혼동된다.
㉯ 안전과 생산을 별도로 생각한다.
㉰ 안전에 대한 정보가 불충분하다.
㉱ 안전책임과 권한이 생산부분에는 없다.

[해설]
㉯ 안전과 생산을 별도로 생각한다. → 스탭형
㉰ 안전에 대한 정보가 불충분하다. → 라인형
㉱ 안전책임과 권한이 생산부분에는 없다. → 스탭형

정답 ㉮

2 안전보건관리 체제

> **한 눈에 들어오는 키워드**

참고

산업재해 예방에 관한 기본계획의 수립 · 공포
① 고용노동부장관은 산업재해 예방에 관한 기본계획을 수립하여야 한다.
② 고용노동부장관은 수립한 기본계획을 「산업재해보상보험법」에 따른 산업재해보상보험 및 예방심의위원회의 심의를 거쳐 공표하여야 한다. 이를 변경하려는 경우에도 또한 같다.

참고

안전관리 업무의 위탁
안전관리자의 업무를 안전관리전문기관에 위탁할 수 있는 사업의 종류 및 규모는 건설업을 제외한 사업으로서 상시 근로자 300명 미만을 사용하는 사업으로 한다.

참고

업무의 위탁
1. 대통령령으로 정하는 사업의 종류 및 사업장의 상시근로자 수에 해당하는 사업장의 사업주는 안전관리 업무를 안전관리전문기관에 안전관리자의 업무를 위탁할 수 있다.
2. 대통령령으로 정하는 사업의 종류 및 사업장의 상시근로자 수에 해당하는 사업장의 사업주는 보건관리전문기관에 보건관리자의 업무를 위탁할 수 있다.
3. 대통령령으로 정하는 사업의 종류 및 사업장의 상시근로자 수에 해당하는 사업장의 사업주는 안전관리전문기관 또는 보건관리전문기관에 안전보건관리담당자의 업무를 위탁할 수 있다.

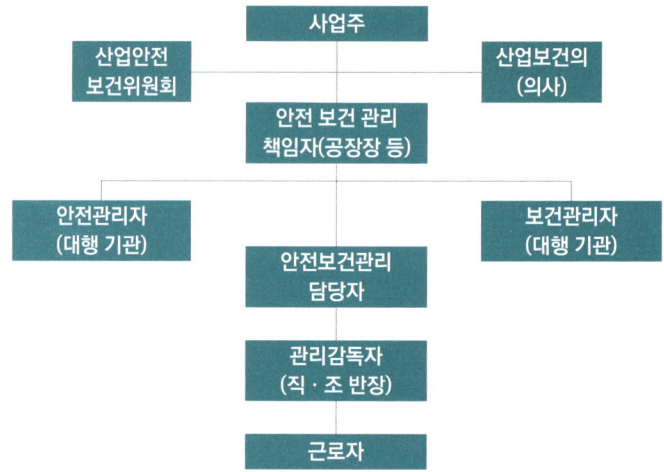

(1) 이사회 보고 및 승인★

① 「상법」에 따른 주식회사 중 **상시근로자 500명 이상**을 사용하는 회사 및 「건설산업기본법」에 따라 평가하여 공시된 **시공능력의 순위 상위 1천위 이내**의 건설회사의 대표이사는 매년 회사의 안전 및 보건에 관한 계획을 수립하여 이사회에 보고하고 승인을 받아야 한다.
② 회사의 대표이사(「상법」에 따라 대표이사를 두지 못하는 회사의 경우에는 대표집행임원을 말한다)는 회사의 정관에서 정하는 바에 따라 회사의 안전 및 보건에 관한 계획을 수립해야 한다.
③ 대표이사는 안전 및 보건에 관한 계획을 성실하게 이행하여야 한다.
④ **안전 및 보건에 관한 계획**에는 안전 및 보건에 관한 **비용, 시설, 인원** 등의 사항을 **포함하여야 한다.**

안전 및 보건에 관한 계획에 포함하여야 할 사항
가. 안전 및 보건에 관한 경영방침
나. 안전 · 보건관리 조직의 구성 · 인원 및 역할
다. 안전 · 보건 관련 예산 및 시설 현황
라. 안전 및 보건에 관한 전년도 활동실적 및 다음 연도 활동계획

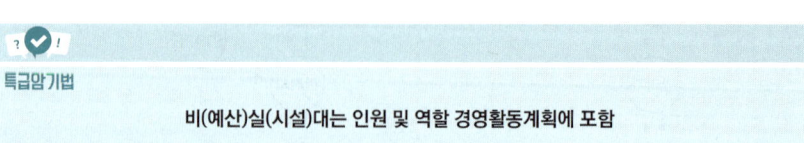

특급암기법
비(예산)실(시설)대는 인원 및 역할 경영활동계획에 포함

(2) 안전보건관리책임자★★

사업주는 사업장에 안전보건관리책임자("관리책임자")를 두어 업무를 총괄 관리하도록 하여야 한다.

> **참고**

🛡 안전보건관리책임자를 두어야 할 사업의 종류 및 규모 ★

사업의 종류	규모
1. 토사석 광업 2. 식료품 제조업, 음료 제조업 3. 목재 및 나무제품 제조업 ; 가구 제외 4. 펄프, 종이 및 종이제품 제조업 5. 코크스, 연탄 및 석유정제품 제조업 6. 화학물질 및 화학제품 제조업 ; 의약품 제외 7. 의료용 물질 및 의약품 제조업 8. 고무 및 플라스틱제품 제조업 9. 비금속 광물제품 제조업 10. 1차 금속 제조업 11. 금속가공제품 제조업 ; 기계 및 가구 제외 12. 전자부품, 컴퓨터, 영상, 음향 및 통신장비 제조업 13. 의료, 정밀, 광학기기 및 시계 제조업 14. 전기장비 제조업 15. 기타 기계 및 장비 제조업 16. 자동차 및 트레일러 제조업 17. 기타 운송장비 제조업 18. 가구 제조업 19. 기타 제품 제조업 20. 서적, 잡지 및 기타 인쇄물 출판업 21. 해체, 선별 및 원료 재생업 22. 자동차 종합 수리업, 자동차 전문 수리업	상시 근로자 50명 이상
23. 농업 24. 어업 25. 소프트웨어 개발 및 공급업 26. 컴퓨터 프로그래밍, 시스템 통합 및 관리업 26의 2. 영상·오디오물 제공 서비스업 27. 정보서비스업 28. 금융 및 보험업 29. 임대업 ; 부동산 제외 30. 전문, 과학 및 기술 서비스업(연구개발업은 제외한다) 31. 사업지원 서비스업 32. 사회복지 서비스업	상시 근로자 300명 이상
33. 건설업	공사금액 20억원 이상
34. 제1호부터 제26호까지, 제26호의2 및 제27호부터 제33호까지의 사업을 제외한 사업	상시 근로자 100명 이상

(3) 안전관리자 ★★

① 사업주는 사업장에 **안전에 관한 기술적인 사항**에 관하여 사업주 또는 안전보건관리책임자를 보좌하고 관리감독자에게 지도·조언하는 업무를 수행하는 사람("**안전관리자**")를 두어야 한다.

② **상시근로자 300명 이상**을 사용하는 사업장[건설업의 경우에는 **공사금액이 120억 원**(종합공사를 시공하는 **토목공사업**의 경우에는 **150억 원**) 이상인 사업장]의 안전관리자는 해당 사업장에서 **안전관리자의 업무만을 전담해야 한다.**

③ 도급인의 사업장에서 이루어지는 **도급사업의 공사금액 또는 관계수급인의 상시 근로자는 각각 해당 사업의 공사금액 또는 상시 근로자로 본다.** 다만, 안전관리자를 두어야 할 사업의 기준에 해당하는 도급사업의 공사금액 또는 관계수급인의 상시 근로자의 경우에는 그러하지 아니하다.

④ **같은 사업주가 경영하는** 둘 이상의 사업장이 다음 각 호의 어느 하나에 해당하는 경우에는 그 **둘 이상의 사업장에 1명의 안전관리자를 공동으로 둘 수 있다.** 이 경우 해당 **사업장의 상시 근로자 수의 합계는 300명 이내**[건설업의 경우에는 **공사금액의 합계가 120억 원**(토목공사업의 경우 150억 원) 이내]이어야 한다.
- **같은 시·군·구**(자치구를 말한다) **지역에 소재**하는 경우
- 사업장 간의 경계를 기준으로 **15킬로미터 이내에 소재**하는 경우

⑤ 도급인의 사업장에서 이루어지는 **도급사업에서 도급인이** 고용노동부령으로 정하는 바에 따라 그 사업의 **관계수급인 근로자에 대한** 안전관리를 전담하는 **안전관리자를 선임한 경우에는** 그 사업의 관계수급인은 해당 도급사업에 대한 안전관리자를 선임하지 않을 수 있다.

> **안전관리자 및 보건관리자를 두어야 할 수급인인 사업주가
> 안전관리자 및 보건관리자를 선임하지 않을 수 있는 조건**
> 1. 도급인인 사업주 자신이 선임해야 할 안전관리자 및 보건관리자를 둔 경우
> 2. 안전관리자 및 보건관리자를 두어야 할 수급인인 사업주의 사업의 종류별로 상시 근로자 수(건설공사의 경우에는 건설공사 금액을 말한다)를 합계하여 그 상시 근로자 수에 해당하는 안전관리자 및 보건관리자를 추가로 선임한 경우

⑥ 사업주는 **안전관리자를** 선임하거나 안전관리자의 업무를 안전관리전문기관에 위탁한 경우에는 고용노동부령으로 정하는 바에 따라 **선임하거나 위탁한 날부터 14일 이내에 고용노동부장관에게 증명할 수 있는 서류를 제출**하여야 한다. 안전관리자를 늘리거나 교체한 경우에도 또한 같다.

한 눈에 들어오는 키 워드

참고

도급사업의 안전관리자 선임
안전관리자를 두어야 할 수급인인 사업주는 도급인인 사업주가 다음 각 호의 요건을 갖춘 경우에는 안전관리자를 선임하지 아니할 수 있다.
1. 도급인인 사업주 자신이 선임하여야 할 안전관리자를 둔 경우
2. 안전관리자를 두어야 할 수급인인 사업주의 업종별로 상시 근로자 수(건설업의 경우 상시 근로자 수 또는 공사금액)를 합계하여 그 근로자 수 또는 공사금액에 해당하는 안전관리자를 추가로 선임한 경우

참고

① 사업주가 안전관리자를 배치할 때에는 연장근로·야간근로 또는 휴일근로 등 해당 사업장의 작업 형태를 고려하여야 한다.
② 사업주는 안전관리 업무의 원활한 수행을 위하여 외부전문가의 평가·지도를 받을 수 있다.
③ 안전관리자는 업무를 수행할 때에는 보건관리자와 협력하여야 한다.

주요내용 요약하기!

안전관리자의 선임방법

① 토사석 광업 ② 서적, 잡지 및 기타 인쇄물 출판업, 폐기물 수집·운반·처리 및 원료 재생업, 환경 정화 및 복원업, 운수 및 창고업, 자동차 종합 수리업, 자동차 전문 수리업, 발전업 ③ 대부분의 제조업	• 상시 근로자 50명 이상 500명 미만 : 1명 • 상시 근로자 500명 이상 : 2명
① 우편 및 통신업 ② 전기, 가스, 증기 및 공기조절공급업 (발전업은 제외한다) ③ 도매 및 소매업 ④ 숙박 및 음식점업 ⑤ 공공행정(청소, 시설관리, 조리 등 현업업무에 종사하는 사람으로서 고용노동부장관이 정하여 고시하는 사람으로 한정한다) ⑥ 교육서비스업 중 초등·중등·고등 교육기관, 특수학교·외국인학교 및 대안학교(청소, 시설관리, 조리 등 현업업무에 종사하는 사람으로서 고용노동부장관이 정하여 고시하는 사람으로 한정한다) ⑦ 농업, 임업 및 어업 등	• 상시 근로자 50명 이상 1,000명 미만 : 1명(다만, 부동산업(부동산 관리업은 제외한다)과 사진처리업의 경우에는 상시근로자 100명 이상 1천명 미만으로 한다) • 상시 근로자 1,000명 이상 : 2명
건설업	• 공사금액 50억 원 이상(관계수급인은 100억 원 이상) 120억 원 미만(토목공사업의 경우에는 150억 원 미만) 또는 공사금액 120억 원 이상(토목공사업의 경우에는 150억 원 이상) 800억 원 미만 : 1명 이상 • 공사금액 800억 원 이상 1,500억 원 미만 : 2명 이상(다만, 전체 공사기간을 100으로 할 때 공사 시작에서 15에 해당하는 기간과 공사 종료 전의 15에 해당하는 기간 동안은 1명 이상으로 한다)

한 눈에 들어오는 키워드

[참고]

공사금액이 1,500억 원인 건설 현장에서 두어야 할 안전관리자의 수는?

• 건설현장 안전관리자의 선임 기준

1. 공사금액 120억 원 이상 (토목공사업의 경우에는 150억원 이상) 800억 원 미만 : 1명
2. 공사금액 800억 원 이상 1,500억 원 미만 : 2명 이상
3. 공사금액 1,500억 원 이상 2,200억 원 미만 : 3명 이상

정답 : 3명 이상

건설업	• 공사금액 **1,500억 원** 이상 2,200억 원 미만 : 3명 이상 (다만, 전체 공사기간 중 전·후 15에 해당하는 기간은 2명 이상으로 한다) • 공사금액 **2,200억 원** 이상 3천억 원 미만 : 4명 이상 (다만, 전체 공사기간 중 전·후 15에 해당하는 기간은 2명 이상으로 한다) • 공사금액 **3천억 원** 이상 3,900억 원 미만 : 5명 이상(다만, 전체 공사기간 중 전·후 15에 해당하는 기간은 3명 이상으로 한다) • 공사금액 **3,900억 원** 이상 4,900억 원 미만 : 6명 이상 (다만, 전체 공사기간 중 전·후 15에 해당하는 기간은 3명 이상으로 한다) • 공사금액 **4,900억 원** 이상 6천억 원 미만 : 7명 이상(다만, 전체 공사기간 중 전·후 15에 해당하는 기간은 4명 이상으로 한다) • 공사금액 **6천억 원** 이상 7,200억 원 미만 : 8명 이상.(다만, 전체 공사기간 중 전·후 15에 해당하는 기간은 4명 이상으로 한다) • 공사금액 **7,200억 원** 이상 8,500억 원 미만 : 9명 이상. (다만, 전체 공사기간 중 전·후 15에 해당하는 기간은 5명 이상으로 한다) • 공사금액 **8,500억 원** 이상 1조원 미만 : 10명 이상. (다만, 전체 공사기간 중 전·후 15에 해당하는 기간은 5명 이상으로 한다) • **1조원 이상** : 11명 이상 [매 **2천억 원**(2조원 이상부터는 매 **3천억 원**)마다 1명씩 추가한다]. (다만, 전체 공사기간 중 전·후 15에 해당하는 기간은 선임 대상 안전관리자 수의 2분의 1(소수점 이하는 올림한다) 이상으로 한다)

> **참고**

안전관리자를 두어야 하는 사업의 종류, 사업장의 상시근로자 수, 안전관리자의 수 및 선임방법(제16조 제1항 관련)

사업의 종류	사업장의 상시 근로자 수	안전관리자의 수	안전관리자의 선임방법
1. 토사석 광업 2. 식료품 제조업, 음료 제조업 3. 섬유제품 제조업 ; 의복 제외 4. 목재 및 나무제품 제조업 ; 가구 제외 5. 펄프, 종이 및 종이제품 제조업 6. 코크스, 연탄 및 석유정제품 제조업 7. 화학물질 및 화학제품 제조업 ; 의약품 제외 8. 의료용 물질 및 의약품 제조업 9. 고무 및 플라스틱제품 제조업 10. 비금속 광물제품 제조업 11. 1차 금속 제조업 12. 금속가공제품 제조업 ; 기계 및 가구 제외 13. 전자부품, 컴퓨터, 영상, 음향 및 통신장비 제조업 14. 의료, 정밀, 광학기기 및 시계 제조업 15. 전기장비 제조업 16. 기타 기계 및 장비 제조업 17. 자동차 및 트레일러 제조업 18. 기타 운송장비 제조업 19. 가구 제조업 20. 기타 제품 제조업 21. 산업용 기계 및 장비 수리업 22. 서적, 잡지 및 기타 인쇄물 출판업 23. 폐기물 수집, 운반, 처리 및 원료 재생업 24. 환경 정화 및 복원업 25. 자동차 종합 수리업, 자동차 전문 수리업 26. 발전업 27. 운수 및 창고업	상시근로자 50명 이상 500명 미만	1명 이상	안전관리자의 자격을 가진 사람을 선임하여야 한다. 다만, 다음 조건에 의해 자격을 가진 자는 제외한다. - 건설안전 산업기사 이상의 자격을 취득한 사람 - 공업계 고등학교 또는 이와 같은 수준 이상의 학교를 졸업하고 해당 사업의 관리감독자로서의 업무(건설업의 경우는 시공실무경력)를 5년 이상 담당한 후 고용노동부장관이 지정하는 기관이 실시하는 교육을 받고 정해진 시험에 합격한 사람 - 전담 안전관리자를 두어야 하는 사업장(건설업은 제외한다)에서 안전 관련 업무를 10년 이상 담당한 사람 - 「건설산업기본법」에 따른 종합공사를 시공하는 업종의 건설현장에서 안전보건관리책임자로 10년 이상 재직한 사람 - 「건설기술 진흥법」에 따른 토목·건축 분야 건설기술인 중 등급이 중급 이상인 사람으로서 고용노동부장관이 지정하는 기관이 실시하는 산업안전교육(2023년 12월 31일까지의 교육만 해당한다)을 이수하고 정해진 시험에 합격한 사람 - 「국가기술자격법」에 따른 토목산업기사 또는 건축산업기사 이상의 자격을 취득한 후 해당 분야에서의 실무경력이 다음 각 목의 구분에 따른 기간 이상인 사람으로서 고용노동부장관이 지정하는 기관이 실시하는 산업안전교육(2023년 12월 31일까지의 교육만 해당한다)을 이수하고 정해진 시험에 합격한 사람 가. 토목기사 또는 건축기사 : 3년 나. 토목산업기사 또는 건축산업기사 : 5년

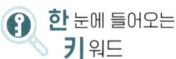
한 눈에 들어오는 **키**워드

사업의 종류	사업장의 상시 근로자 수	안전관리자의 수	안전관리자의 선임방법
	상시근로자 500명 이상	2명 이상	① 안전관리자의 자격을 가진 사람을 선임하여야 한다. 다만, 다음 조건에 의해 자격을 가진 자는 제외한다. - 건설안전산업기사 이상의 자격을 취득한 사람 - 공업계 고등학교 또는 이와 같은 수준 이상의 학교를 졸업하고, 해당 사업의 관리감독자로서의 업무(건설업의 경우는 시공실무 경력)를 5년 이상 담당한 후 고용노동부장관이 지정하는 기관이 실시하는 교육을 받고 정해진 시험에 합격한 사람 - 전담 안전관리자를 두어야 하는 사업장(건설업은 제외한다)에서 안전 관련 업무를 10년 이상 담당한 사람 - 「건설산업기본법」 제8조에 따른 종합공사를 시공하는 업종의 건설현장에서 안전보건관리책임자로 10년 이상 재직한 사람 - 「건설기술 진흥법」에 따른 토목·건축 분야 건설기술인 중 등급이 중급 이상인 사람으로서 고용노동부장관이 지정하는 기관이 실시하는 산업안전교육(2023년 12월 31일까지의 교육만 해당한다)을 이수하고 정해진 시험에 합격한 사람 - 「국가기술자격법」에 따른 토목산업기사 또는 건축산업기사 이상의 자격을 취득한 후 해당 분야에서의 실무경력이 다음 각 목의 구분에 따른 기간 이상인 사람으로서 고용노동부장관이 지정하는 기관이 실시하는 산업안전교육(2023년 12월 31일까지의 교육만 해당한다)을 이수하고 정해진 시험에 합격한 사람 가. 토목기사 또는 건축기사: 3년 나. 토목산업기사 또는 건축산업기사: 5년 ② 다음 자격을 취득한 사람이 1명 이상 포함되어야 한다. - 산업안전지도사자격을 가진 사람

사업의 종류	사업장의 상시 근로자 수	안전관리자의 수	안전관리자의 선임방법
			-산업안전산업기사 이상의 자격을 취득한 사람(산업안전산업기사의 자격을 취득한 사람은 제외한다) 또는 4년제 대학 이상의 학교에서 산업안전 관련 학위를 취득한 사람 또는 이와 같은 수준 이상의 학력을 가진 사람
28. 농업, 임업 및 어업 29. 제2호부터 제21호까지의 사업을 제외한 제조업 30. 전기, 가스, 증기 및 공기조절 공급업(발전업은 제외한다) 31. 수도, 하수 및 폐기물 처리, 원료 재생업(제23호 및 제24호에 해당하는 사업은 제외한다) 32. 도매 및 소매업 33. 숙박 및 음식점업 34. 영상·오디오 기록물 제작 및 배급업 35. 방송업 36. 우편 및 통신업 37. 부동산업 38. 임대업 ; 부동산 제외 39. 연구개발업 40. 사진처리업 41. 사업시설 관리 및 조경 서비스업 42. 청소년 수련시설 운영업 43. 보건업 44. 예술, 스포츠 및 여가 관련 서비스업 45. 개인 및 소비용품수리업(제25호에 해당하는 사업은 제외한다) 46. 기타 개인 서비스업 47. 공공행정(청소, 시설관리, 조리 등 현업업무에 종사하는 사람으로서 고용노동부장관이 정하여 고시하는 사람으로 한정한다) 48. 교육서비스업 중 초등·중등·고등 교육기관, 특수학교·외국인학교 및 대안학교(청소, 시설관리, 조리 등 현업업무에 종사하는 사람으로서 고용노동부장관이 정하여 고시하는 사람으로 한정한다)	상시근로자 50명 이상 1천명 미만. 다만, 부동산업(부동산 관리업은 제외한다)과 사진처리업의 경우에는 상시근로자 100명 이상 1천명 미만으로 한다.	1명 이상	안전관리자의 자격을 가진 사람을 선임하여야 한다. 다만, 다음 조건에 의해 자격을 가진 자는 제외한다. -건설안전산업기사 이상의 자격을 취득한 사람 -전담 안전관리자를 두어야 하는 사업장(건설업은 제외한다)에서 안전 관련 업무를 10년 이상 담당한 사람 -종합공사를 시공하는 업종의 건설현장에서 안전보건관리책임자로 10년 이상 재직한 사람(다만, 제24호·제26호·제27호 및 제29호부터 제43호까지의 사업의 경우 건설안전산업기사 이상의 자격을 취득한 사람에 해당하는 사람에 대해서는 그렇지 않다) -「건설기술 진흥법」에 따른 토목·건축 분야 건설기술인 중 등급이 중급 이상인 사람으로서 고용노동부장관이 지정하는 기관이 실시하는 산업안전교육(2023년 12월 31일까지의 교육만 해당한다)을 이수하고 정해진 시험에 합격한 사람 -「국가기술자격법」에 따른 토목산업기사 또는 건축산업기사 이상의 자격을 취득한 후 해당 분야에서의 실무경력이 다음 각 목의 구분에 따른 기간 이상인 사람으로서 고용노동부장관이 지정하는 기관이 실시하는 산업안전교육(2023년 12월 31일까지의 교육만 해당한다)을 이수하고 정해진 시험에 합격한 사람 가. 토목기사 또는 건축기사 : 3년 나. 토목산업기사 또는 건축산업기사 : 5년

> 🔍 **한 눈에 들어오는 키워드**

사업의 종류	사업장의 상시 근로자 수	안전관리자의 수	안전관리자의 선임방법
			(다만, 제28호 및 제30호부터 제46호까지의 사업의 경우 건설안전산업기사 이상의 자격을 취득한 사람에 해당하는 사람에 대해서는 그렇지 않다)
	상시근로자 1천명 이상	2명 이상	① 안전관리자의 자격을 가진 사람을 선임하여야 한다. 다만, 다음 조건에 의해 자격을 가진 자는 제외한다. -「초·중등교육법」에 따른 공업계 고등학교 또는 이와 같은 수준 이상의 학교를 졸업하고, 해당 사업의 관리감독자로서의 업무(건설업의 경우는 시공실무 경력)를 5년 이상 담당한 후 고용노동부장관이 지정하는 기관이 실시하는 교육을 받고 정해진 시험에 합격한 사람은 제외한다. -「건설기술 진흥법」에 따른 토목·건축 분야 건설기술인 중 등급이 중급 이상인 사람으로서 고용노동부장관이 지정하는 기관이 실시하는 산업안전교육(2023년 12월 31일까지의 교육만 해당한다)을 이수하고 정해진 시험에 합격한 사람 -「국가기술자격법」에 따른 토목산업기사 또는 건축산업기사 이상의 자격을 취득한 후 해당 분야에서의 실무경력이 다음 각 목의 구분에 따른 기간 이상인 사람으로서 고용노동부장관이 지정하는 기관이 실시하는 산업안전교육(2023년 12월 31일까지의 교육만 해당한다)을 이수하고 정해진 시험에 합격한 사람 가. 토목기사 또는 건축기사 : 3년 나. 토목산업기사 또는 건축산업기사 : 5년 ② 다음 자격을 취득한 사람이 1명 이상 포함되어야 한다. - 산업안전지도사 자격을 가진 사람 - 산업안전산업기사 이상의 자격을 취득한 사람

사업의 종류	사업장의 상시 근로자 수	안전관리자의 수	안전관리자의 선임방법
			– 4년제 대학 이상의 학교에서 산업안전 관련 학위를 취득한 사람 또는 이와 같은 수준 이상의 학력을 가진 사람 – 전문대학 또는 이와 같은 수준 이상의 학교에서 산업안전 관련 학위를 취득한 사람
49. 건설업	공사금액 50억 원 이상 (관계수급인은 100억 원 이상) 120억 원 미만 (「건설산업기본법 시행령」 별표 1 제1호 가목의 토목공사업의 경우에는 150억 원 미만)	1명 이상	안전관리자의 자격을 가진 사람 중 다음에 해당하는 사람을 선임하여야 한다. – 산업안전지도사자격을 가진 사람 – 산업안전산업기사 이상의 자격을 취득한 사람 – 건설안전산업기사 이상의 자격을 취득한 사람 – 4년제 대학 이상의 학교에서 산업안전 관련 학위를 취득한 사람 또는 이와 같은 수준 이상의 학력을 가진 사람 – 전문대학 또는 이와 같은 수준 이상의 학교에서 산업안전 관련 학위를 취득한 사람 – 이공계 전문대학 또는 이와 같은 수준 이상의 학교에서 학위를 취득하고, 해당 사업의 관리감독자로서의 업무(건설업의 경우는 시공실무경력)를 3년(4년제 이공계 대학 학위 취득자는 1년) 이상 담당한 후 고용노동부장관이 지정하는 기관이 실시하는 교육을 받고 정해진 시험에 합격한 사람 – 공업계 고등학교 또는 이와 같은 수준 이상의 학교를 졸업하고, 해당 사업의 관리감독자로서의 업무(건설업의 경우는 시공실무경력)를 5년 이상 담당한 후 고용노동부장관이 지정하는 기관이 실시하는 교육(1998년 12월 31일까지의 교육만 해당한다)을 받고 정해진 시험에 합격한 사람 – 종합공사를 시공하는 업종의 건설현장에서 안전보건관리책임자로 10년 이상 재직한 사람

사업의 종류	사업장의 상시 근로자 수	안전관리자의 수	안전관리자의 선임방법
49. 건설업			- 「건설기술 진흥법」에 따른 토목·건축 분야 건설기술인 중 등급이 중급 이상인 사람으로서 고용노동부장관이 지정하는 기관이 실시하는 산업안전교육(2023년 12월 31일까지의 교육만 해당한다)을 이수하고 정해진 시험에 합격한 사람 - 「국가기술자격법」에 따른 토목산업기사 또는 건축산업기사 이상의 자격을 취득한 후 해당 분야에서의 실무경력이 다음 각 목의 구분에 따른 기간 이상인 사람으로서 고용노동부장관이 지정하는 기관이 실시하는 산업안전교육(2023년 12월 31일까지의 교육만 해당한다)을 이수하고 정해진 시험에 합격한 사람 가. 토목기사 또는 건축기사 : 3년 나. 토목산업기사 또는 건축산업기사 : 5년
	공사금액 120억 원 이상 (「건설산업기본법 시행령」 별표 1 제1호가목의 토목공사업의 경우에는 150억 원 이상) 800억 원 미만		안전관리자의 자격을 가진 사람 중 다음에 해당하는 사람을 선임하여야 한다. - 산업안전지도사 자격을 가진 사람 - 산업안전산업기사 이상의 자격을 취득한 사람 - 건설안전산업기사 이상의 자격을 취득한 사람 - 4년제 대학 이상의 학교에서 산업안전 관련 학위를 취득한 사람 또는 이와 같은 수준 이상의 학력을 가진 사람 - 전문대학 또는 이와 같은 수준 이상의 학교에서 산업안전 관련 학위를 취득한 사람 - 이공계 전문대학 또는 이와 같은 수준 이상의 학교에서 학위를 취득하고, 해당 사업의 관리감독자로서의 입무(건설업의 경우는 시공실무경력)를 3년(4년제 이공계 대학 학위 취득자는 1년) 이상 담당한 후 고용노동부장관이 지정하는 기관이 실시하는 교육을 받고 정해진 시험에 합격한 사람

사업의 종류	사업장의 상시 근로자 수	안전관리자의 수	안전관리자의 선임방법
49. 건설업			- 공업계 고등학교 또는 이와 같은 수준 이상의 학교를 졸업하고, 해당 사업의 관리감독자로서의 업무(건설업의 경우는 시공실무경력)를 5년 이상 담당한 후 고용노동부장관이 지정하는 기관이 실시하는 교육(1998년 12월 31일까지의 교육만 해당한다)을 받고 정해진 시험에 합격한 사람 - 종합공사를 시공하는 업종의 건설현장에서 안전보건관리책임자로 10년 이상 재직한 사람
	공사금액 800억 원 이상 1,500억 원 미만	2명 이상. 다만, 전체 공사기간을 100으로 할 때 공사 시작에서 15에 해당하는 기간과 공사 종료 전의 15에 해당하는 기간 동안은 1명 이상으로 한다.	① 안전관리자의 자격을 가진 사람 중 다음에 해당하는 사람을 선임하여야 한다. - 산업안전지도사자격을 가진 사람 - 산업안전산업기사 이상의 자격을 취득한 사람 - 건설안전산업기사 이상의 자격을 취득한 사람 - 4년제 대학 이상의 학교에서 산업안전 관련 학위를 취득한 사람 또는 이와 같은 수준 이상의 학력을 가진 사람 - 전문대학 또는 이와 같은 수준 이상의 학교에서 산업안전 관련 학위를 취득한 사람 - 이공계 전문대학 또는 이와 같은 수준 이상의 학교에서 학위를 취득하고, 해당 사업의 관리감독자로서의 업무(건설업의 경우는 시공실무경력)를 3년(4년제 이공계 대학 학위 취득자는 1년) 이상 담당한 후 고용노동부장관이 지정하는 기관이 실시하는 교육을 받고 정해진 시험에 합격한 사람 - 고등학교 또는 이와 같은 수준 이상의 학교를 졸업하고, 해당 사업의 관리감독자로서의 업무(건설업의 경우는 시공실무경력)를 5년 이상 담당한 후 고용노동부장관이 지정하는 기관이 실시하는 교육(1998년 12월 31일까지의 교육만 해당한다)을 받고 정해진 시험에 합격한 사람 - 종합공사를 시공하는 업종의 건설현장에서 안전보건관리책임자로 10년 이상 재직한 사람

한 눈에 들어오는 키워드

사업의 종류	사업장의 상시 근로자 수	안전관리자의 수	안전관리자의 선임방법
49. 건설업			② 다음 자격을 취득한 사람이 1명 이상 포함되어야 한다. - 산업안전지도사자격을 가진 사람 - 산업안전산업기사 이상의 자격을 취득한 사람 - 건설안전산업기사 이상의 자격을 취득한 사람
	공사금액 1,500억 원 이상 2,200억 원 미만	3명 이상. 다만, 전체 공사기간 중 전·후 15에 해당하는 기간은 2명 이상으로 한다.	① 안전관리자의 자격을 가진 사람 중 다음에 해당하는 사람을 선임하여야 한다. - 산업안전지도사자격을 가진 사람 - 산업안전 산업기사 이상의 자격을 취득한 사람
	공사금액 2,200억 원 이상 3천억 원 미만	4명 이상. 다만, 전체 공사기간 중 전·후 15에 해당하는 기간은 2명 이상으로 한다.	- 건설안전 산업기사 이상의 자격을 취득한 사람 - 4년제 대학 이상의 학교에서 산업안전 관련 학위를 취득한 사람 또는 이와 같은 수준 이상의 학력을 가진 사람 - 전문대학 또는 이와 같은 수준 이상의 학교에서 산업안전 관련 학위를 취득한 사람 - 이공계 전문대학 또는 이와 같은 수준 이상의 학교에서 학위를 취득하고, 해당 사업의 관리감독자로서의 업무(건설업의 경우는 시공실무경력)를 3년(4년제 이공계 대학 학위 취득자는 1년) 이상 담당한 후 고용노동부장관이 지정하는 기관이 실시하는 교육을 받고 정해진 시험에 합격한 사람 - 공업계 고등학교 또는 이와 같은 수준 이상의 학교를 졸업하고, 해당 사업의 관리감독자로서의 업무(건설업의 경우는 시공실무경력)를 5년 이상 담당한 후 고용노동부장관이 지정하는 기관이 실시하는 교육(1998년 12월 31일까지의 교육만 해당한다)을 받고 정해진 시험에 합격한 사람 - 다음에 해당하는 사람은 1명만 포함되어야 한다. 「국가기술자격법」에 따른 토목산업기사 또는 건축산업기사 이상의 자격을 취득한 후 해당 분야에서의 실무경력이 다음 각 목의 구분에 따른

사업의 종류	사업장의 상시 근로자 수	안전관리자의 수	안전관리자의 선임방법
49. 건설업			기간 이상인 사람으로서 고용노동부장관이 지정하는 기관이 실시하는 산업안전교육(2023년 12월 31일까지의 교육만 해당한다)을 이수하고 정해진 시험에 합격한 사람 가. 토목기사 또는 건축기사 : 3년 나. 토목산업기사 또는 건축산업기사 : 5년 ② 다음 자격을 취득한 사람이 1명 이상 포함되어야 한다. - 산업안전지도사 자격을 가진 사람 -「국가기술자격법」에 따른 건설안전기술가(건설안전 기사 또는 산업안전산업기사의 자격을 취득한 후 7년 이상 건설안전 업무를 수행한 사람이거나 건설안전산업기사 또는 산업안전산업기사의 자격을 취득한 후 10년 이상 건설안전 업무를 수행한 사람을 포함한다)자격을 취득한 사람
	공사금액 3천억 원 이상 3,900억 원 미만	5명 이상. 다만, 전체 공사 기간 중 전·후 15에 해당하는 기간은 3명 이상으로 한다.	① 안전관리자의 자격을 가진 사람 중 다음에 해당하는 사람을 선임하여야 한다. - 산업안전지도사자격을 가진 사람 - 산업안전산업기사 이상의 자격을 취득한 사람 - 건설안전산업기사 이상의 자격을 취득한 사람 - 4년제 대학 이상의 학교에서 산업안전 관련 학위를 취득한 사람 또는 이와 같은 수준 이상의 학력을 가진 사람 - 전문대학 또는 이와 같은 수준 이상의 학교에서 산업안전 관련 학위를 취득한 사람 - 이공계 전문대학 또는 이와 같은 수준 이상의 학교에서 학위를 취득하고, 해당 사업의 관리감독자로서의 업무(건설업의 경우는 시공실무경력)를 3년(4년제 이공계 대학 학위 취득자는 1년) 이상 담당한 후 고용노동부장관이 지정하는 기관이 실시하는 교육을 받고 정해진 시험에 합격한 사람 - 공업계 고등학교 또는 이와 같은 수준 이상의 학교를 졸업하고, 해당 사업의 관리감독자로서의 업무(건설업의 경우는 시공실무경
	공사금액 3,900억 원 이상 4,900억 원 미만	6명 이상. 다만, 전체 공사 기간 중 전·후 15에 해당하는 기간은 3명 이상으로 한다.	

> **한눈에 들어오는 키워드**

사업의 종류	사업장의 상시 근로자 수	안전관리자의 수	안전관리자의 선임방법
49. 건설업			력)를 5년 이상 담당한 후 고용노동부장관이 지정하는 기관이 실시하는 교육(1998년 12월 31일까지의 교육만 해당한다)을 받고 정해진 시험에 합격한 사람 – 다음에 해당하는 사람은 1명만 포함되어야 한다. 「국가기술자격법」에 따른 토목산업기사 또는 건축산업기사 이상의 자격을 취득한 후 해당 분야에서의 실무경력이 다음 각 목의 구분에 따른 기간 이상인 사람으로서 고용노동부장관이 지정하는 기관이 실시하는 산업안전교육(2023년 12월 31일까지의 교육만 해당한다)을 이수하고 정해진 시험에 합격한 사람 가. 토목기사 또는 건축기사 : 3년 나. 토목산업기사 또는 건축산업기사 : 5년 ② 다음 자격을 취득한 사람이 2명 이상 포함되어야 한다. – 산업안전지도사 자격을 가진 사람(다만, 전체 공사기간 중 전·후 15에 해당하는 기간에는 산업안전지도사 등이 1명 이상 포함되어야 한다)
	공사금액 4,900억 원 이상 6천억 원 미만	7명 이상. 다만, 전체 공사기간 중 전·후 15에 해당하는 기간은 4명 이상으로 한다.	① 안전관리자의 자격을 가진 사람 중 다음에 해당하는 사람을 선임하여야 한다. – 산업안전지도사자격을 가진사람 – 산업안전 산업기사 이상의 자격을 취득한 사람
	공사금액 6천억 원 이상 7,200억 원 미만	8명 이상. 다만, 전체 공사기간 중 전·후 15에 해당하는 기간은 4명 이상으로 한다.	– 건설안전 산업기사 이상의 자격을 취득한 사람 – 4년제 대학 이상의 학교에서 산업안전 관련 학위를 취득한 사람 또는 이와 같은 수준 이상의 학력을 가진 사람 – 전문대학 또는 이와 같은 수준 이상의 학교에서 산업안전 관련 학위를 취득한 사람 – 이공계 전문대학 또는 이와 같은 수준 이상의 학교에서 학위를 취득하고, 해당 사업의 관리감독자로서의 업무(건설업의 경우는 시공실무경력)를 3년(4년제 이공계 대학 학위 취득자는 1년) 이상 담

사업의 종류	사업장의 상시 근로자 수	안전관리자의 수	안전관리자의 선임방법
49. 건설업			당한 후 고용노동부장관이 지정하는 기관이 실시하는 교육을 받고 정해진 시험에 합격한 사람 - 공업계 고등학교 또는 이와 같은 수준 이상의 학교를 졸업하고, 해당 사업의 관리감독자로서의 업무(건설업의 경우는 시공실무경력)를 5년 이상 담당한 후 고용노동부장관이 지정하는 기관이 실시하는 교육(1998년 12월 31일까지의 교육만 해당한다)을 받고 정해진 시험에 합격한 사람 - 다음에 해당하는 사람은 2명까지만 포함되어야 한다. 「국가기술자격법」에 따른 토목산업기사 또는 건축산업기사 이상의 자격을 취득한 후 해당 분야에서의 실무경력이 다음 각 목의 구분에 따른 기간 이상인 사람으로서 고용노동부장관이 지정하는 기관이 실시하는 산업안전교육(2023년 12월 31일까지의 교육만 해당한다)을 이수하고 정해진 시험에 합격한 사람 가. 토목기사 또는 건축기사 : 3년 나. 토목산업기사 또는 건축산업기사 : 5년 ② 다음 자격을 취득한 사람이 2명 이상 포함되어야 한다. - 산업안전지도사 자격을 가진 사람(다만, 전체 공사기간 중 전·후 15에 해당하는 기간에는 산업안전지도사등이 2명 이상 포함되어야 한다)
	공사금액 7,200억 원 이상 8,500억 원 미만	9명 이상. 다만, 전체 공사기간 중 진·후 15에 해당하는 기간은 5명 이상으로 한다.	① 안전관리자의 자격을 가진 사람 중 다음에 해당하는 사람을 선임하여야 한다. - 산업안전지도사 자격을 가진 사람 - 산업안전산업기사 이상의 자격을 취득한 사람
	공사금액 8,500억 원 이상 1조원 미만	10명 이상. 다만, 전체 공사기간 중 전·후 15에 해당하는 기간은 5명 이상으로 한다.	- 건설안전 산업기사 이상의 자격을 취득한 사람 - 4년제 대학 이상의 학교에서 산업안전 관련 학위를 취득한 사람 또는 이와 같은 수준 이상의 학력을 가진 사람

> **한 눈에 들어오는 키워드**

사업의 종류	사업장의 상시 근로자 수	안전관리자의 수	안전관리자의 선임방법
49. 건설업	1조원 이상	11명 이상. [매 2천억 원(2조원 이상부터는 매 3천 억원)마다 1명씩 추가한다. 다만, 전체 공사기간 중 전·후 15에 해당하는 기간은 선임 대상 안전관리자 수의 2분의 1(소수점 이하는 올림한다) 이상으로 한다.	- 전문대학 또는 이와 같은 수준 이상의 학교에서 산업안전 관련 학위를 취득한 사람 - 이공계 전문대학 또는 이와 같은 수준 이상의 학교에서 학위를 취득하고, 해당 사업의 관리감독자로서의 업무(건설업의 경우는 시공실무경력)를 3년(4년제 이공계 대학 학위 취득자는 1년) 이상 담당한 후 고용노동부장관이 지정하는 기관이 실시하는 교육을 받고 정해진 시험에 합격한 사람 - 공업계 고등학교 또는 이와 같은 수준 이상의 학교를 졸업하고, 해당 사업의 관리감독자로서의 업무(건설업의 경우는 시공실무경력)를 5년 이상 담당한 후 고용노동부장관이 지정하는 기관이 실시하는 교육(1998년 12월 31일까지의 교육만 해당한다)을 받고 정해진 시험에 합격한 사람 - 다음에 해당하는 사람은 2명까지만 포함되어야 한다. 「국가기술자격법」에 따른 토목산업기사 또는 건축산업기사 이상의 자격을 취득한 후 해당 분야에서의 실무경력이 다음 각 목의 구분에 따른 기간 이상인 사람으로서 고용노동부장관이 지정하는 기관이 실시하는 산업안전교육(2023년 12월 31일까지의 교육만 해당한다)을 이수하고 정해진 시험에 합격한 사람 가. 토목기사 또는 건축기사 : 3년 나. 토목산업기사 또는 건축산업기사 : 5년 ② 다음 자격을 취득한 사람이 3명 이상 포함되어야 한다.(다만, 전체 공사기간 중 전·후 15에 해당하는 기간에는 산업안전지도사 등이 3명 이상 포함되어야 한다)

[비고]
1. 철거공사가 포함된 건설공사의 경우 철거공사만 이루어지는 기간은 전체 공사기간에는 산입되나 전체 공사기간 중 전·후 15에 해당하는 기간에는 산입되지 않는다. 이 경우 전체 공사기간 중 전·후 15에 해당하는 기간은 철거공사만 이루어지는 기간을 제외한 공사기간을 기준으로 산정한다.
2. 철거공사만 이루어지는 기간에는 공사금액별로 선임해야 하는 최소 안전관리자 수 이상으로 안전관리자를 선임해야 한다.

> **참고**

🌐 안전관리자의 자격

안전관리자는 다음 각 호의 어느 하나에 해당하는 사람으로 한다.

1. **산업안전지도사** 자격을 가진 사람
2. 「국가기술자격법」에 따른 **산업안전산업기사 이상**의 자격을 취득한 사람
3. 「국가기술자격법」에 따른 **건설안전산업기사 이상**의 자격을 취득한 사람
4. 「고등교육법」에 따른 **4년제 대학 이상의 학교에서 산업안전 관련 학위를 취득**한 사람 또는 이와 같은 수준 이상의 학력을 가진 사람
5. 「고등교육법」에 따른 **전문대학 또는 이와 같은 수준 이상의 학교에서 산업안전 관련 학위를 취득**한 사람
6. 「고등교육법」에 따른 이공계 전문대학 또는 이와 같은 수준 이상의 학교에서 학위를 취득하고, 해당 사업의 관리감독자로서의 업무(건설업의 경우는 시공실무경력)를 3년(4년제 이공계 대학 학위 취득자는 1년) 이상 담당한 후 고용노동부장관이 지정하는 기관이 실시하는 교육(1998년 12월 31일까지의 교육만 해당한다)을 받고 정해진 시험에 합격한 사람. 다만, 관리감독자로 종사한 사업과 같은 업종(한국표준산업분류에 따른 대분류를 기준으로 한다)의 사업장이면서, 건설업의 경우를 제외하고는 상시근로자 300명 미만인 사업장에서만 안전관리자가 될 수 있다.
7. 「초·중등교육법」에 따른 공업계 고등학교 또는 이와 같은 수준 이상의 학교를 졸업하고, 해당 사업의 관리감독자로서의 업무(건설업의 경우는 시공실무경력)를 5년 이상 담당한 후 고용노동부장관이 지정하는 기관이 실시하는 교육(1998년 12월 31일까지의 교육만 해당한다)을 받고 정해진 시험에 합격한 사람. 다만, 관리감독자로 종사한 사업과 같은 종류인 업종(한국표준산업분류에 따른 대분류를 기준으로 한다)의 사업장이면서, 건설업의 경우를 제외하고는 별표 3 제28호 또는 제33호의 사업을 하는 사업장(상시근로자 50명 이상 1천명 미만인 경우만 해당한다)에서만 안전관리자가 될 수 있다.

7의 2. 「초·중등교육법」에 따른 공업계 고등학교를 졸업하거나 「고등교육법」에 따른 학교에서 공학 또는 자연과학 분야 학위를 취득하고, 건설업을 제외한 사업에서 실무경력이 5년 이상인 사람으로서 고용노동부장관이 지정하는 기관이 실시하는 교육(2028년 12월 31일까지의 교육만 해당한다)을 받고 정해진 시험에 합격한 사람. 다만, 건설업을 제외한 사업의 사업장이면서 상시근로자 300명 미만인 사업장에서만 안전관리자가 될 수 있다.

8. 다음 각 목의 어느 하나에 해당하는 사람. 다만, 해당 법령을 적용받은 사업에서만 선임될 수 있다.
    가. 「고압가스 안전관리법」 제4조 및 같은 법 시행령 제3조제1항에 따른 허가를 받은 사업자 중 고압가스를 제조·저장 또는 판매하는 사업에서 같은 법 제15조 및 같은 법 시행령 제12조에 따라 선임하는 안전관리 책임자
    나. 「액화석유가스의 안전관리 및 사업법」 제5조 및 같은 법 시행령 제3조에 따른 허가를 받은 사업자 중 액화석유가스 충전사업·액화석유가스 집단공급사업 또는 액화석유가스 판매사업에서 같은 법 제34조 및 같은 법 시행령 제15조에 따라 선임하는 안전관리책임자
    다. 「도시가스사업법」 제29조 및 같은 법 시행령 제15조에 따라 선임하는 안전관리 책임자
    라. 「교통안전법」 제53조에 따라 교통안전관리자의 자격을 취득한 후 해당 분야에 채용된 교통안전관리자

　　마. 「총포·도검·화약류 등의 안전관리에 관한 법률」 제2조제3항에 따른 화약류를 제조·판매 또는 저장하는 사업에서 같은 법 제27조 및 같은 법 시행령 제54조·제55조에 따라 선임하는 화약류제조보안책임자 또는 화약류관리보안책임자
　　바. 「전기사업법」 제73조에 따라 전기사업자가 선임하는 전기안전관리자
9. 전담 안전관리자를 두어야 하는 사업장(건설업은 제외한다)에서 안전 관련 업무를 10년 이상 담당한 사람
10. 「건설산업기본법」 제8조에 따른 종합공사를 시공하는 업종의 건설현장에서 안전보건관리책임자로 10년 이상 재직한 사람
11. 「건설기술 진흥법」에 따른 **토목·건축 분야 건설기술인 중 등급이 중급 이상인 사람**으로서 고용노동부장관이 지정하는 기관이 실시하는 **산업안전교육**(2023년 12월 31일까지의 교육만 해당한다)을 이수하고 정해진 시험에 합격한 사람
12. 「국가기술자격법」에 따른 **토목산업기사 또는 건축산업기사 이상의 자격을 취득한 후 해당 분야에서의 실무경력**이 다음 각 목의 구분에 따른 기간 이상인 사람으로서 고용노동부장관이 지정하는 기관이 실시하는 **산업안전교육**(2023년 12월 31일까지의 교육만 해당한다)을 이수하고 정해진 시험에 합격한 사람
　　가. **토목기사 또는 건축기사 : 3년**
　　나. **토목산업기사 또는 건축산업기사 : 5년**

(4) 안전보건관리담당자 ★★

① **사업주는 사업장에 안전보건관리담당자를 두어야 한다.** 다만, 안전관리자 또는 보건관리자가 있거나 이를 두어야 하는 경우에는 그러하지 아니하다.
② 고용노동부장관은 산업재해 예방을 위하여 필요한 경우로서 고용노동부령으로 정하는 사유에 해당하는 경우에는 사업주에게 **안전보건관리담당자를 대통령령으로 정하는 수 이상으로 늘리거나 교체할 것을 명할 수 있다.**
③ 사업주는 **상시근로자 20명 이상 50명 미만**인 사업장에 **안전보건관리담당자를 1명 이상 선임**하여야 한다.

상시근로자 20명 이상 50명 미만에서 안전보건관리담당자를 선임하여야 하는 사업
① 제조업
② 임업
③ 하수, 폐수 및 분뇨 처리업
④ 폐기물 수집, 운반, 처리 및 원료 재생업
⑤ 환경 정화 및 복원업

특급암기법
제임! – 재 임용하자
하·폐수, 분뇨 폐기하고 원료 재생하여 **환경 정화·복원 담당자**(안전보건관리담당자)

④ **안전보건관리담당자는** 안전보건관리 업무에 지장이 없는 범위에서 **다른 업무를 겸할 수 있다.**

안전보건관리담당자의 요건
해당 사업장 소속 근로자로서 다음 각 호의 어느 하나에 해당하는 요건을 갖추어야 한다. 1. 안전관리자의 자격을 갖추었을 것 2. 보건관리자의 자격을 갖추었을 것 3. 고용노동부장관이 정하여 고시하는 안전보건교육을 이수했을 것

(5) 관리감독자

① 사업주는 **사업장의 생산과 관련되는 업무와 그 소속 직원을 직접 지휘·감독하는 직위에 있는 사람**("관리감독자")에게 산업안전 및 보건에 관한 업무로서 대통령령으로 정하는 업무를 수행하도록 하여야 한다.

② 관리감독자가 있는 경우에는 「건설기술 진흥법」에 따른 안전관리책임자 및 안전관리담당자를 각각 둔 것으로 본다.

(6) 산업보건의

산업보건의를 두어야 할 사업의 종류 및 규모는 **상시 근로자 50명 이상을 사용하는 사업으로서 의사가 아닌 보건관리자를 두는 사업장**으로 한다. 다만, 보건관리대행기관에 보건관리자의 업무를 위탁한 경우에는 산업보건의를 두지 않을 수 있다.

(7) 보건관리자

사업주는 **사업장의 보건에 관한 기술적인 사항에 관하여 사업주 또는 안전보건관리책임자를 보좌하고 관리감독자에게 지도·조언하는 업무를 수행**하는 사람("보건관리자")을 두어야 한다.

(8) 안전보건총괄책임자

① **도급인은 관계수급인 근로자가 도급인의 사업장에서 작업을 하는 경우에는 그 사업장의 안전보건관리책임자를 도급인의 근로자와 관계수급인 근로자의 산업재해를 예방하기 위한 업무를 총괄하여 관리하는 안전보건총괄책임자로 지정하여야 한다.** 이 경우 **안전보건관리책임자를 두지 아니하여도 되는 사업장에서는** 그 사업장에서 **사업을 총괄하여 관리하는 사람을 안전보건총괄책임자로 지정하여야 한다.**

> **한** 눈에 들어오는 **키** 워드

참고

안전보건총괄책임자
① 같은 장소에서 행하여지는 사업으로서 다음 각 호의 어느 하나에 해당하는 사업 중 대통령령으로 정하는 사업의 사업주는 그 사업의 관리책임자를 안전보건총괄책임자로 지정하여 자신이 사용하는 근로자와 수급인이 사용하는 근로자가 같은 장소에서 작업을 할 때에 생기는 산업재해를 예방하기 위한 업무를 총괄관리하도록 하여야 한다. 이 경우 관리책임자를 두지 아니하여도 되는 사업에서는 그 사업장에서 사업을 총괄관리하는 자를 안전보건총괄책임자로 지정하여야 한다.
　1. 사업의 일부를 분리하여 도급을 주어 하는 사업
　2. 사업이 전문분야의 공사로 이루어져 시행되는 경우 **각 전문분야에 대한 공사의 전부를 도급을 주어 하는 사업**
② 안전보건총괄책임자를 지정한 경우에는 「건설기술 진흥법」에 따른 안전총괄책임자를 둔 것으로 본다.

한 눈에 들어오는 키워드

> **안전보건총괄책임자 지정대상 사업 ★★★**
> ① 관계수급인에게 고용된 근로자를 포함한 상시 근로자가 100명(선박 및 보트 건조업, 1차 금속 제조업 및 토사석 광업의 경우에는 50명) 이상인 사업
> ② 관계수급인의 공사금액을 포함한 해당 공사의 총 공사금액이 20억원 이상인 건설업

② 안전보건총괄책임자를 지정한 경우에는 「건설기술 진흥법」에 따른 안전총괄책임자를 둔 것으로 본다.

(9) 안전보건조정자

① 2개 이상의 건설공사를 도급한 건설공사 발주자는 그 2개 이상의 건설공사가 같은 장소에서 행해지는 경우에 작업의 혼재로 인하여 발생할 수 있는 산업재해를 예방하기 위하여 건설공사 현장에 **안전보건조정자를 두어야 한다.**

② 안전보건조정자를 두어야 하는 건설공사는 **각 건설공사의 금액의 합이 50억 원 이상인 경우**를 말한다.

③ 안전보건조정자를 두어야 하는 건설공사 발주자는 **분리하여 발주되는 공사의 착공일 전날까지 안전보건조정자를 지정하거나 선임**하여 각각의 공사 도급인에게 그 사실을 알려야 한다.

[참고]

산업안전보건위원회
① 산업안전보건위원회의 회의는 대통령령으로 정하는 바에 따라 개최하고 그 결과를 회의록으로 작성하여 보존하여야 한다.
② 산업안전보건위원회는 해당 사업장 근로자의 안전과 보건을 유지·증진시키기 위하여 필요한 사항을 정할 수 있다.
③ 사업주와 근로자는 산업안전보건위원회가 심의·의결 또는 결정한 사항을 성실하게 이행하여야 한다.
④ 산업안전보건위원회의 심의·의결 또는 결정은 이 법과 이 법에 따른 명령, 단체협약, 취업규칙 및 안전보건관리규정에 반하여서는 아니 된다.
⑤ 사업주는 산업안전보건위원회의 위원으로서 정당한 활동을 한 것을 이유로 그 위원에게 불이익을 주어서는 아니 된다.

[참고]

명예산업안전감독관
고용노동부장관은 산업재해 예방활동에 대한 참여와 지원을 촉진하기 위하여 근로자, 근로자단체, 사업주단체 및 산업재해 예방 관련 전문단체에 소속된 자 중에서 명예산업안전감독관을 위촉할 수 있다.

> **안전보건조정자의 자격요건**
> 1. 산업안전지도사
> 2. 「건설기술 진흥법」에 따른 발주청이 발주하는 건설공사인 경우 **발주청에 따라 선임한 공사감독자**
> 3. 다음 각 목의 어느 하나에 해당하는 사람으로서 해당 건설공사 중 **주된 공사의 책임감리자**
>   가. 「건축법」에 따른 **공사감리자**
>   나. 「건설기술 진흥법」에 따른 **감리 업무를 수행하는 자**
>   다. 「주택법」에 따라 지정된 **감리자**
>   라. 「전력기술관리법」에 따라 배치된 **감리원**
>   마. 「정보통신공사업법」에 따라 해당 건설공사에 대하여 **감리업무를 수행하는 자**
> 4. 「건설산업기본법」에 따른 종합공사에 해당하는 건설현장에서 **안전보건관리책임자로서 3년 이상 재직한 사람**
> 5. 「국가기술자격법」에 따른 **건설안전기술사**
> 6. 「국가기술자격법」에 따른 **건설안전기사를 취득한 후 건설안전 분야에서 5년 이상의 실무경력이 있는 사람**
> 7. 「국가기술자격법」에 따른 **건설안전산업기사를 취득한 후 건설안전 분야에서 7년 이상의 실무경력이 있는 사람**

(10) 산업안전보건위원회 ★★

① 사업주는 산업안전·보건에 관한 중요 사항을 심의·의결하기 위하여 **근로자와 사용자가 같은 수로 구성되는 산업안전보건위원회를 설치·운영**하여야 한다.

② 산업안전보건위원회를 설치·운영해야 할 사업의 종류 및 규모

사업의 종류	규모
1. 토사석 광업 2. 목재 및 나무제품 제조업 ; 가구 제외 3. 화학물질 및 화학제품 제조업 ; 의약품 제외(세제, 화장품 및 광택제 제조업과 화학섬유 제조업은 제외한다) 4. 비금속 광물제품 제조업 5. 1차 금속 제조업 6. 금속가공제품 제조업 ; 기계 및 가구 제외 7. 자동차 및 트레일러 제조업 8. 기타 기계 및 장비 제조업(사무용 기계 및 장비 제조업은 제외한다) 9. 기타 운송장비 제조업(전투용 차량 제조업은 제외한다)	상시근로자 50명 이상

특급암기법

토사석 광업에서 캔 **1차금속**으로 **금속가공제품, 비금속 광물제품** 제조하여 **나무, 화학물질** 섞어서 **기계장비, 자동차 트레일러** 만들어 **운송장비 위원회**(산업안전보건위원회) 열자. ★★★

10. 농업 11. 어업 12. 소프트웨어 개발 및 공급업 13. 컴퓨터 프로그래밍, 시스템 통합 및 관리업 13의 2. 영상·오디오물 제공 서비스업 14. 정보서비스업 15. 금융 및 보험업 16. 임대업 ; 부동산 제외 17. 전문, 과학 및 기술 서비스업(연구개발업은 제외한다) 18. 사업지원 서비스업 19. 사회복지 서비스업	상시 근로자 300명 이상
20. 건설업	공사금액 120억 원 이상 (토목공사업 : 150억 원 이상)
21. 제 1호부터 제 20호까지의 사업을 제외한 사업	상시 근로자 100명 이상

한 눈에 들어오는 키워드

기출 ★

명예산업안전감독관위촉대상

1. 산업안전보건위원회 또는 노사협의체 설치 대상 사업의 근로자 중에서 근로자대표가 사업주의 의견을 들어 추천하는 사람
2. 「노동조합 및 노동관계조정법」에 따른 연합단체인 노동조합 또는 그 지역 대표기구에 소속된 임직원 중에서 해당 연합단체인 노동조합 또는 그 지역대표기구가 추천하는 사람
3. 전국 규모의 사업주단체 또는 그 산하조직에 소속된 임직원 중에서 해당 단체 또는 그 산하조직이 추천하는 사람
4. 산업재해 예방 관련 업무를 하는 단체 또는 그 산하조직에 소속된 임직원 중에서 해당 단체 또는 그 산하조직이 추천하는 사람

기출 ★

명예산업안전감독관의 해촉

① 근로자대표가 사업주의 의견을 들어 위촉된 명예산업안전감독관의 해촉을 요청한 경우
② 위촉된 명예산업안전감독관이 해당 단체 또는 그 산하조직으로부터 퇴직하거나 해임된 경우
③ 명예산업안전감독관의 업무와 관련하여 부정한 행위를 한 경우
④ 질병이나 부상 등의 사유로 명예산업안전감독관의 업무 수행이 곤란하게 된 경우

③ 산업안전보건위원회의 구성 ★★★

근로자위원	① 근로자대표 ② 근로자대표가 지명하는 1명 이상의 명예산업안전감독관 ③ 근로자대표가 지명하는 9명 이내의 해당사업장의 근로자
사용자위원	① 해당 사업의 대표자 ② 안전관리자 1명 ③ 보건관리자 1명 ④ 산업보건의 ⑤ 사업의 대표자가 지명하는 9명 이내의 해당 사업장 부서의 장

한 눈에 들어오는 **키** 워드

참고

명예산업안전감독관의 업무
- 사업장에서 하는 자체점검 참여 및 근로감독관이 하는 사업장 감독 참여
- 사업장 산업재해 예방계획 수립 참여 및 사업장에서 하는 기계·기구 자체검사 참석
- 법령을 위반한 사실이 있는 경우 사업주에 대한 개선 요청 및 감독기관에의 신고
- 산업재해 발생의 급박한 위험이 있는 경우 사업주에 대한 작업중지 요청
- 작업환경측정, 근로자 건강진단 시의 참석 및 그 결과에 대한 설명회 참여
- 직업성 질환의 증상이 있거나 질병에 걸린 근로자가 여럿 발생한 경우 사업주에 대한 임시건강진단 실시 요청
- 근로자에 대한 안전수칙 준수 지도
- 법령 및 산업재해 예방정책 개선 건의
- 안전·보건 의식을 북돋우기 위한 활동 등에 대한 참여와 지원
- 그 밖에 산업재해 예방에 대한 홍보 등 산업재해 예방업무와 관련하여 고용노동부장관이 정하는 업무

* **명예산업안전감독관 임기** : 2년으로 하되, 연임할 수 있다.

참고

🛠 산업안전보건위원회의 구성

1. 근로자 위원
① 근로자대표
  - 근로자의 과반수로 조직된 노동조합이 있는 경우에는 그 노동조합의 대표자
  - 근로자의 과반수로 조직된 노동조합이 없는 경우에는 근로자의 과반수를 대표하는 사람
  - 해당 사업장에 단위 노동조합의 산하 노동단체가 그 사업장 근로자의 과반수로 조직되어 있는 경우에는 노동단체의 대표자를 말한다.
② 근로자대표가 지명하는 9명 이내의 해당 사업장의 근로자
  - 명예산업안전감독관이 근로자위원으로 지명되어 있는 경우에는 그 수를 제외한 수의 근로자를 말한다.

2. 사용자 위원
① 해당 사업의 대표자
  - 같은 사업으로서 다른 지역에 사업장이 있는 경우에는 그 사업장의 최고책임자를 말한다.
② 안전관리자 1명
  - 안전관리자를 두어야 하는 사업장으로 한정하되, 안전관리자의 업무를 안전관리전문기관에 위탁한 사업장의 경우에는 그 전문기관의 해당 사업장 담당자를 말한다.
③ 보건관리자 1명
  - 보건관리자를 두어야 하는 사업장으로 한정하되, 보건관리자의 업무를 보건관리전문기관에 위탁한 경우에는 그 전문기관의 해당 사업장 담당자를 말한다.
④ 산업보건의
  - 해당 사업장에 선임되어 있는 경우로 한정한다.
⑤ 사업의 대표자가 지명하는 9명 이내의 해당 사업장 부서의 장
  - 상시 근로자 50명 이상 100명 미만을 사용하는 사업장에서는 제외하고 구성할 수 있다.

④ 건설공사도급인이 **안전·보건에 관한 협의체를 구성한 경우**에는 해당 협의체에 다음 각 호의 사람을 포함한 산업안전보건위원회를 구성할 수 있다.
- 근로자위원 : 도급 또는 하도급 사업을 포함한 전체 사업의 근로자대표, 명예산업안전감독관 및 근로자대표가 지명하는 해당 사업장의 근로자
- 사용자위원 : 도급인 대표자, 관계수급인의 각 대표자 및 안전관리자

⑤ 회의 등
- 산업안전보건위원회의 회의는 정기회의와 임시회의로 구분하되, **정기회의는 분기마다** 위원장이 소집하며, 임시회의는 위원장이 필요하다고 인정할 때에 소집한다. ★
- 산업안전보건위원회는 다음 각 호의 사항을 기록한 **회의록을 작성**하여 갖춰 두어야 한다.
    - 개최 일시 및 장소
    - 출석위원
    - 심의 내용 및 의결·결정 사항
    - 그 밖의 토의사항

⑥ 산업안전보건위원회의 심의·의결 사항 ★★★
- **산업재해 예방계획의 수립**에 관한 사항
- **안전보건관리규정의 작성 및 변경**에 관한 사항
- **근로자의 안전·보건교육**에 관한 사항
- 작업환경측정 등 **작업환경의 점검 및 개선**에 관한 사항
- 근로자의 건강진단 등 **건강관리**에 관한 사항
- **중대재해의 원인 조사 및 재발 방지대책 수립**에 관한 사항
- **산업재해에 관한 통계의 기록 및 유지**에 관한 사항
- 유해하거나 위험한 기계·기구와 그 밖의 **설비를 도입한 경우 안전·보건 조치**에 관한 사항
- 그 밖에 해당 사업장 근로자의 안전 및 보건을 유지·증진시키기 위하여 필요한 사항

참고

회의 결과 등의 공지
산업안전보건위원회의 위원장은 산업안전보건위원회에서 심의·의결된 내용 등 회의 결과와 중재 결정된 내용 등을 사내방송이나 사내보(社內報), 게시 또는 자체 정례조회, 그 밖의 적절한 방법으로 근로자에게 신속히 알려야 한다.

(11) 안전 및 보건에 관한 협의체 등의 구성·운영(노사협의체)

① 대통령령으로 정하는 규모의 **건설공사의 건설공사 도급인**은 해당 건설공사 현장에 근로자위원과 사용자위원이 같은 수로 구성되는 안전 및 보건에 관한 협의체("노사협의체")를 대통령령으로 정하는 바에 따라 구성·운영할 수 있다.

노사협의체의 설치 대상★★
공사금액이 120억 원(「건설산업기본법 시행령」에 따른 토목공사업은 150억 원) 이상인 건설업

| 노사협의체의 구성★★★ ||
근로자 위원	사용자 위원
1. 도급 또는 하도급 사업을 포함한 전체 사업의 근로자대표 2. 근로자대표가 지명하는 명예산업안전감독관 1명(다만, 명예산업안전감독관이 위촉되어 있지 아니한 경우에는 근로자대표가 지명하는 해당 사업장 근로자 1명) 3. 공사금액이 20억 원 이상인 공사의 관계수급인의 근로자대표	1. 도급 또는 하도급 사업을 포함한 전체 사업의 대표자 2. 안전관리자 1명 3. 보건관리자 1명(보건관리자 선임대상 건설업으로 한정) 4. 공사금액이 20억 원 이상인 공사의 관계수급인의 사업주

> **한 눈에 들어오는 키워드**

> **참고**
> **노사협의체의 구성**
> 1. 노사협의체의 근로자위원과 사용자위원은 합의하여 노사협의체에 공사금액이 20억 원 미만인 공사의 관계수급인 및 관계수급인 근로자대표를 위원으로 위촉할 수 있다.
> 2. 노사협의체의 근로자위원과 사용자위원은 합의하여 「건설기계관리법」에 따라 등록된 건설기계를 직접 운전하는 사람을 노사협의체에 참여하도록 할 수 있다.

② 건설공사도급인이 **노사협의체를 구성·운영하는 경우에는 산업안전보건위원회 및 안전 및 보건에 관한 협의체를 각각 구성·운영**하는 것으로 본다.

③ 노사협의체를 구성·운영하는 건설공사 도급인은 다음 각 호의 사항에 대하여 노사협의체의 심의·의결을 거쳐야 한다.

노사협의체의 심의·의결 사항★★★
① 산업재해 예방계획의 수립에 관한 사항 ② 안전보건관리규정의 작성 및 변경에 관한 사항 ③ 근로자의 안전·보건교육에 관한 사항 ④ 작업환경측정 등 작업환경의 점검 및 개선에 관한 사항 ⑤ 근로자의 건강진단 등 건강관리에 관한 사항 ⑥ 중대재해의 원인 조사 및 재발 방지대책 수립에 관한 사항 ⑦ 산업재해에 관한 통계의 기록 및 유지에 관한 사항 ⑧ 유해하거나 위험한 기계·기구와 그 밖의 설비를 도입한 경우 안전·보건조치에 관한 사항 ⑨ 그 밖에 해당 사업장 근로자의 안전 및 보건을 유지·증진시키기 위하여 필요한 사항

④ 노사협의체는 대통령령으로 정하는 바에 따라 **회의를 개최하고 그 결과를 회의록으로 작성하여 보존**하여야 한다.

노사협의체 운영
① 노사협의체의 회의는 정기회의와 임시회의로 구분한다. ② 정기회의는 **2개월마다** 노사협의체의 위원장이 소집하며, 임시회의는 위원장이 필요하다고 인정할 때에 소집한다.

⑤ 노사협의체는 산업재해 예방 및 산업재해가 발생한 경우의 대피방법 등 고용노동부령으로 정하는 사항에 대하여 협의하여야 한다.

노사협의체 협의사항 ★
① 산업재해 예방방법 및 산업재해가 발생한 경우의 대피방법 ② 작업의 시작시간 및 작업장 간의 연락방법 ③ 그 밖의 산업재해 예방과 관련된 사항

⑥ 노사협의체를 구성·운영하는 건설공사도급인·근로자 및 관계수급인·근로자는 노사협의체가 심의·의결한 사항을 성실하게 이행하여야 한다.

⑦ 노사협의체는 법, 법에 따른 명령, 단체협약, 취업규칙 및 안전보건관리규정에 반하는 내용으로 심의·의결해서는 아니 된다.

⑧ 사업주는 노사협의체의 위원에게 직무 수행과 관련한 사유로 불리한 처우를 해서는 아니 된다.

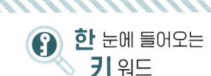

한 눈에 들어오는 키워드

꼭!꼭!꼭! 암기합시다!

🔧 선임대상 ★★

안전관리자 (전담)	① 상시근로자 300인 이상 사업장 ② 건설업 : 공사금액 120억 원(토목공사: 150억 원) 이상인 사업장
산업안전 보건위원회	① 상시근로자 50인 이상 사업장부터 ② 건설업 : 공사금액 120억 원(토목공사 : 150억 원) 이상인 사업장
노사협의체	공사금액 120억 원(토목공사 : 150억 원) 이상인 건설업(도급사업인 경우)
안전보건 관리책임자	① 상시근로자 50인 이상 사업장부터 ② 총공사금액 20억 원 이상인 건설업
안전보건 총괄책임자	① 관계수급인 포함 상시근로자 100명 이상(선박 및 보트 건조업, 1차 금속 제조업 및 토사석 광업 50명)인 사업 ② 관계수급인 포함 공사금액 20억원 이상인 건설업
안전보건 관리담당자	상시근로자 20명 이상 50명 미만인 사업장 1. 제조업, 2. 임업, 3. 하수, 폐수 및 분뇨 처리업 4. 폐기물 수집, 운반, 처리 및 원료 재생업 5. 환경 정화 및 복원업 **특급암기법** 제임! – 재 임용하자. 하 · 폐수, 분뇨 폐기하고 원료 재생하여 환경 정화 · 복원 담당자(안전보건관리담당자)
안전보건 조정자	각 건설공사의 금액의 합이 50억 원 이상인 경우로서 2개 이상의 건설공사가 같은 장소에서 행해지는 경우

🔧 산업안전보건위원회와 노사협의체 ★★★

구성		운영	
산업안전 보건위원회	노사협의체	산업안전 보건위원회	노사협의체
1. 근로자 위원 ① 근로자대표 ② 근로자대표가 지명하는 1명 이상의 명예산업안전감독관 ③ 근로자대표가 지명하는 9명 이내의 해당 사업장의 근로자	1. 근로자 위원 ① 도급 또는 하도급 사업을 포함한 전체 사업의 근로자대표 ② 근로자대표가 지명하는 명예산업안전감독관 1명(다만, 명예산업안전감독관이 위촉되어 있지 아니한 경우에는 근로자대표가 지명하는 해당 사업장 근로자 1명)	1. 정기회의 : 분기마다 2. 임시회의 : 위원장이 필요하다 인정할 때	1. 정기회의 : 2개월 마다 2. 임시회의 : 위원장이 필요하다 인정 할 때

	③ 공사금액이 20억 원 이상인 공사의 관계 수급인의근로자대표
2. 사용자 위원 ① 해당 사업의 대표자 ② 안전관리자 1명 ③ 보건관리자 1명 ④ 산업보건의 ⑤ 사업의 대표자가 지명하는 9명 이내의 해당사업장부서의장	2. 사용자 위원 ① 도급 또는 하도급 사업을 포함한 전체 사업의 대표자 ② 안전관리자 1명 ③ 보건관리자 1명(보건관리자 선임대상 건설업으로 한정) ④ 공사금액이 20억 원 이상인 공사의 관계 수급인의 사업주

서류보존기한[산업안전보건위원회 및 노사협의체에 따른 회의록 : 2년]

3 안전보건 조직의 안전 직무

(1) 사업주의 안전 직무 ★★★

① **산업재해 예방을 위한 기준을 따를 것**
② 근로자의 신체적 피로와 정신적 스트레스 등을 줄일 수 있는 **쾌적한 작업환경의 조성 및 근로조건 개선**
③ 해당 사업장의 **안전·보건에 관한 정보를 근로자에게 제공**

(2) 안전보건총괄책임자의 직무 ★★★

① 산업재해가 발생할 급박한 위험이 있을 때 및 중대재해가 발생하였을 때의 **작업의 중지**
② **도급 시 산업재해 예방조치**
③ **산업안전보건관리비**의 관계수급인 간의 사용에 관한 **협의·조정 및 그 집행의 감독**
④ **안전인증대상 기계 등**과 자율안전확인대상 기계 등의 **사용 여부 확인**
⑤ **위험성평가의 실시**에 관한 사항

참고

(1) 정부의 책무
1. 산업 안전 및 보건 정책의 수립 및 집행
2. 산업재해 예방 지원 및 지도
3. 직장 내 괴롭힘 예방을 위한 조치기준 마련, 지도 및 지원
4. 사업주의 자율적인 산업 안전 및 보건 경영체제 확립을 위한 지원
5. 산업 안전 및 보건에 관한 의식을 북돋우기 위한 홍보·교육 등 안전문화 확산 추진
6. 산업 안전 및 보건에 관한 기술의 연구·개발 및 시설의 설치·운영
7. 산업재해에 관한 조사 및 통계의 유지·관리
8. 산업 안전 및 보건 관련 단체 등에 대한 지원 및 지도·감독
9. 그 밖에 노무를 제공하는 자의 안전 및 건강의 보호·증진

(2) 사업주의 의무
1) 사업주(특수형태 근로 종사자로부터 노무를 제공받는 자와 물건의 수거·배달 등을 중개하는 자를 포함한다)는 다음 각 호의 사항을 이행함으로써 근로자(특수형태 근로종사자와 물건의 수거·배달 등을 하는 자를 포함한다)의 안전 및 건강을 유지·증진시키고 국가의 산업재해 예방정책을 따라야 한다.
① 산업재해 예방을 위한 기준을 따를 것
② 근로사의 신체석 피로와 정신적 스트레스 등을 줄일 수 있는 쾌적한 작업환경의 조성 및 근로조건 개선
③ 해당 사업장의 안전·보건에 관한 정보를 근로자에게 제공
2) 다음 각 호의 어느 하나에 해당하는 자는 발주·설계·제조·수입 또는 건설을 할 때 이 법과 이 법에 따른 명령으로 정하는 기준을 지켜야 하고, 발주·설계·제조·수입

한눈에 들어오는 키워드

또는 건설에 사용되는 물건으로 인하여 발생하는 산업재해를 방지하기 위하여 필요한 조치를 하여야 한다.
① 기계·기구와 그 밖의 설비를 설계·제조 또는 수입하는 자
② 원재료 등을 제조·수입하는 자
③ 건설물을 발주·설계·건설하는 자

참고

산업보건의 직무
1. 건강진단 결과의 검토 및 그 결과에 따른 작업 배치, 작업 전환 또는 근로시간의 단축 등 근로자의 건강보호 조치
2. 근로자의 건강장해의 원인 조사와 재발 방지를 위한 의학적 조치
3. 그 밖에 근로자의 건강 유지 및 증진을 위하여 필요한 의학적 조치에 관하여 고용노동부장관이 정하는 사항

보건관리자의 업무
1. 산업안전보건위원회에서 심의·의결한 업무와 안전보건관리규정 및 취업규칙에서 정한 업무
2. 안전인증대상 기계·기구 등과 자율안전확인대상 기계·기구 등 보건과 관련된 보호구(保護具) 구입 시 적격품 선정에 관한 보좌 및 조언·지도
3. 물질안전보건자료의 게시 또는 비치에 관한 보좌 및 조언·지도
4. 위험성평가에 관한 보좌 및 조언·지도
5. 산업보건의의 직무(보건관리자가 "의사"인 경우로 한정한다)
6. 해당 사업장 보건교육계획의 수립 및 보건교육 실시에 관한 보좌 및 조언·지도

(3) 안전보건관리책임자 직무 ★★★

① 산업재해 예방계획의 수립에 관한 사항
② 안전보건관리규정의 작성 및 변경에 관한 사항
③ 근로자의 안전·보건교육에 관한 사항
④ 작업환경의 점검 및 개선에 관한 사항
⑤ 근로자의 건강진단 등 건강관리에 관한 사항
⑥ 산업재해의 원인 조사 및 재발 방지대책 수립에 관한 사항
⑦ 산업재해에 관한 통계의 기록 및 유지에 관한 사항
⑧ 안전장치 및 보호구 구입 시 적격품 여부 확인에 관한 사항
⑨ 위험성평가의 실시에 관한 사항
⑩ 근로자의 위험 또는 건강장해의 방지에 관한 사항

비교합시다

산업안전보건위원회 심의·의결사항과 안전보건관리책임자 직무는 거의 유사합니다. 차이점만 비교하여 정리하세요!

산업안전보건 위원회의 (노사협의체) 심의·의결 사항 ★★★	① 산업재해 예방계획의 수립에 관한 사항 ② 안전보건관리규정의 작성 및 변경에 관한 사항 ③ 근로자의 안전·보건교육에 관한 사항 ④ 작업환경측정 등 작업환경의 점검 및 개선에 관한 사항 ⑤ 근로자의 건강진단 등 건강관리에 관한 사항 ⑥ 중대재해의 원인 조사 및 재발 방지대책 수립에 관한 사항★ ⑦ 산업재해에 관한 통계의 기록 및 유지에 관한 사항★ ⑧ 유해하거나 위험한 기계·기구·설비를 도입한 경우 안전·보건 조치에 관한 사항 ⑨ 그 밖에 해당 사업장 근로자의 안전 및 보건을 유지·증진시키기 위하여 필요한 사항
안전보건 관리책임자 직무 ★★★	① 산업재해 예방계획의 수립에 관한 사항 ② 안전보건관리규정의 작성 및 변경에 관한 사항 ③ 근로자의 안전·보건교육에 관한 사항 ④ 작업환경 측정 등 작업환경의 점검 및 개선에 관한 사항 ⑤ 근로자의 건강진단 등 건강관리에 관한 사항 ⑥ 산업재해의 원인 조사 및 재발 방지대책 수립에 관한 사항 ⑦ 산업재해에 관한 통계의 기록 및 유지에 관한 사항 ⑧ 안전장치 및 보호구 구입 시 적격품 여부 확인에 관한 사항 ⑨ 위험성평가의 실시에 관한 사항 ⑩ 근로자의 위험 또는 건강장해의 방지에 관한 사항

차이점

산업안전보건위원회 심의·의결사항과 안전보건관리책임자 직무 차이점

- 산업안전보건위원회 : 중대재해 원인 조사, 유해·위험기구 도입 시 안전·보건 조치
- 안전보건관리책임자 : 재해 원인 조사, 안전장치·보호구 구입 시 적격품 확인

(4) 안전관리자 직무 ★★★

① 사업장 안전교육계획의 수립 및 안전교육 실시에 관한 보좌 및 조언·지도
② 사업장 순회점검·지도 및 조치의 건의
③ 산업재해 발생의 원인 조사·분석 및 재발 방지를 위한 기술적 보좌 및 조언·지도
④ 산업재해에 관한 통계의 유지·관리·분석을 위한 보좌 및 조언·지도
⑤ 안전인증대상 기계·기구 등과 자율안전확인대상 기계·기구 등 구입 시 적격품의 선정에 관한 보좌 및 조언·지도
⑥ 위험성평가에 관한 보좌 및 조언·지도
⑦ 안전에 관한 사항의 이행에 관한 보좌 및 조언·지도
⑧ 산업안전보건위원회 또는 노사협의체, 안전보건관리규정 및 취업규칙에서 정한 직무
⑨ 업무수행 내용의 기록·유지
⑩ 그 밖에 안전에 관한 사항으로서 고용노동부장관이 정하는 사항

(5) 안전보건관리 담당자의 업무 ★★★

① 안전·보건교육 실시에 관한 보좌 및 조언·지도
② 위험성 평가에 관한 보좌 및 조언·지도
③ 작업환경측정 및 개선에 관한 보좌 및 조언·지도
④ 건강진단에 관한 보좌 및 조언·지도
⑤ 산업재해 발생의 원인 조사, 산업재해 통계의 기록 및 유지를 위한 보좌 및 조언·지도
⑥ 산업안전·보건과 관련된 안전장치 및 보호구 구입 시 적격품 선정에 관한 보좌 및 조언·지도

(6) 관리감독자의 업무 ★★★

① 기계·기구 또는 설비의 안전·보건 점검 및 이상 유무의 확인
② 근로자의 작업복·보호구 및 방호장치의 점검과 그 착용·사용에 관한 교육·지도
③ 산업재해에 관한 보고 및 이에 대한 응급조치
④ 작업장 정리·정돈 및 통로확보에 대한 확인·감독
⑤ 산업보건의, 안전관리자(안전관리전문기관의 해당 사업장 담당자) 및 보건관리자(보건관리전문기관의 해당 사업장 담당자), 안전보건관리담당자(안전관리전문기관 또는 보건관리전문기관의 해당 사업장 담당자)의 지도·조언에 대한 협조

한 눈에 들어오는 키 워드

7. 해당 사업장의 근로자를 보호하기 위한 다음 각 목의 조치에 해당하는 의료행위(보건관리자가 "의사", "간호사"에 해당하는 경우로 한정한다)
  가. 자주 발생하는 가벼운 부상에 대한 치료
  나. 응급처치가 필요한 사람에 대한 처치
  다. 부상·질병의 악화를 방지하기 위한 처치
  라. 건강진단 결과 발견된 질병자의 요양지도 및 관리
  마. 가목부터 라목까지의 의료행위에 따르는 의약품의 투여
8. 작업장 내에서 사용되는 전체 환기장치 및 국소 배기장치 등에 관한 설비의 점검과 작업방법의 공학적 개선에 관한 보좌 및 조언·지도
9. 사업장 순회점검·지도 및 조치의 건의
10. 산업재해 발생의 원인 조사·분석 및 재발 방지를 위한 기술적 보좌 및 조언·지도
11. 산업재해에 관한 통계의 유지·관리·분석을 위한 보좌 및 조언·지도
12. 법 또는 법에 따른 명령으로 정한 보건에 관한 사항의 이행에 관한 보좌 및 조언·지도
13. 업무수행 내용의 기록·유지
14. 그 밖에 작업관리 및 작업환경관리에 관한 사항

참고

1. 안전보건관리책임자
- 사업장을 실질적으로 총괄하여 관리하는 사람
- 안전관리자와 보건관리자를 지휘·감독한다.

2. 안전관리자
사업장에서 안전에 관한 기술적인 사항에 관하여 사업주 또는 안전보건관리책임자를 보좌하고 관리감독자에게 지도·조언하는 업무를 수행하는 사람

한눈에 들어오는 키워드

3. 보건관리자
보건에 관한 기술적인 사항에 관하여 사업주 또는 안전보건관리책임자를 보좌하고 관리감독자에게 지도·조언하는 업무를 수행하는 사람

4. 안전보건관리담당자
사업장에 안전 및 보건에 관하여 사업주를 보좌하고 관리감독자에게 지도·조언하는 업무를 수행하는 사람

5. 관리감독자
- 사업장의 생산과 관련되는 업무와 그 소속 직원을 직접 지휘·감독하는 직위에 있는 사람
- 관리감독자가 있는 경우에는 「건설기술 진흥법」에 따른 안전관리책임자 및 안전관리담당자를 각각 둔 것으로 본다.

6. 산업보건의
근로자의 건강관리나 그 밖에 보건관리자의 업무를 지도

참고

안전관리자 등의 지도·조언
사업주, 안전보건관리책임자 및 관리감독자는 다음 각 호의 어느 하나에 해당하는 자가 안전 또는 보건에 관한 기술적인 사항에 관하여 지도·조언하는 경우에는 이에 상응하는 적절한 조치를 하여야 한다.
1. 안전관리자
2. 보건관리자
3. 안전보건관리담당자
4. 안전관리전문기관 또는 보건관리전문기관
  (해당 업무를 위탁받은 경우에 한정한다)

---

⑥ 위험성 평가를 위한 유해·위험요인의 파악 및 개선조치의 시행에 대한 참여
⑦ 그 밖에 해당 작업의 안전·보건에 관한 사항으로서 고용노동부령으로 정하는 사항

(7) 안전보건조정자의 업무 ★★

① 같은 장소에서 행하여지는 **각각의 공사 간에 혼재된 작업의 파악**
② 혼재된 작업으로 인한 **산업재해 발생의 위험성 파악**
③ 혼재된 작업으로 인한 **산업재해를 예방하기 위한 작업의 시기·내용 및 안전보건 조치 등의 조정**
④ 각각의 공사 **도급인의 안전보건관리책임자 간 작업 내용에 관한 정보 공유 여부의 확인**

(8) 산업안전 지도사 및 산업보건 지도사의 직무

① **산업안전 지도사의 직무**
- 공정상의 안전에 관한 평가·지도
- 유해·위험의 방지대책에 관한 평가·지도
- 공정상의 안전 및 유해·위험의 방지대책과 관련된 계획서 및 보고서의 작성
- 안전보건개선계획서의 작성
- 위험성평가의 지도
- 그 밖에 산업안전에 관한 사항의 자문에 대한 응답 및 조언

② **산업보건 지도사의 직무**
- 작업환경의 평가 및 개선 지도
- 작업환경 개선과 관련된 계획서 및 보고서의 작성
- 산업 보건에 관한 조사·연구
- 안전보건개선계획서의 작성
- 위험성평가의 지도
- 직업성 질병 진단(의사인 산업 보건지도사만 해당) 및 예방 지도
- 그 밖에 산업보건에 관한 사항의 자문에 대한 응답 및 조언

(9) 근로자의 의무

근로자는 법과 법에 따른 명령으로 정하는 **산업재해 예방을 위한 기준을 지켜야** 하며, 사업주 또는 근로감독관, 공단 등 **관계인이 실시하는 산업재해 예방에 관한 조치에 따라야** 한다.

4 도급사업 시의 산업재해예방 ★

(1) 유해한 작업의 도급금지

1) 사업주는 근로자의 안전 및 보건에 유해하거나 위험한 작업으로서 **다음 각 호의 어느 하나에 해당하는 작업을 도급하여 자신의 사업장에서 수급인의 근로자가 그 작업을 하도록 해서는 아니 된다.**

> **작업을 도급하여 자신의 사업장에서 수급인의 근로자가 작업을 하도록 해서는 아니 되는 작업(도급금지 작업) ★**
> ① 도금작업
> ② 수은, 납 또는 카드뮴을 제련, 주입, 가공 및 가열하는 작업
> ③ 허가대상물질을 제조하거나 사용하는 작업

특급암기법
도금(도급금지) 수(수은) 납하는 카드(카드뮴)는 허가받아 제조(허가대상물질 제조)

2) 사업주는 다음 각 호의 어느 하나에 해당하는 경우에는 **작업을 도급하여 자신의 사업장에서 수급인의 근로자가 그 작업을 하도록 할 수 있다.**

> **작업을 도급하여 자신의 사업장에서 수급인의 근로자가 작업을 할 수 있는 작업(도급가능 작업)**
> ① 일시·간헐적으로 하는 작업을 도급하는 경우
> ② 수급인이 보유한 기술이 전문적이고 사업주(수급인에게 도급을 한 도급인으로서의 사업주를 말한다)의 사업 운영에 필수 불가결한 경우로서 고용노동부장관의 승인을 받은 경우

① 사업주는 **고용노동부장관의 도급 작업에 대한 승인을 받으려는 경우에는** 고용노동부령으로 정하는 바에 따라 **고용노동부장관이 실시하는 안전 및 보건에 관한 평가를 받아야 한다.**
② 고용노동부장관에 따른 **승인의 유효기간은 3년**의 범위에서 정한다.
③ 고용노동부장관은 유효기간이 만료되는 경우에 **사업주가 유효기간의 연장을 신청하면 승인의 유효기간이 만료되는 날의 다음 날부터 3년의 범위에서 고용노동부령으로 정하는 바에 따라 그 기간의 연장을 승인할 수 있다.** 이 경우 사업주는 안전 및 보건에 관한 평가를 받아야 한다.
④ 사업주는 **도급공정, 도급공정 사용 최대 유해화학 물질량, 도급기간**(3년 미만으로 승인받은 자가 승인일부터 3년 내에서 연장하는 경우만 해당한다)을 **변경하려는 경우에는** 고용노동부령으로 정하는 바에 따라 **변경에 대한 승인을 받아야 한다.**

한 눈에 들어오는 키워드

참고

도급인의 안전 및 보건에 관한 정보 제공
1. 다음 각 호의 작업을 도급하는 자는 그 작업을 수행하는 수급인 근로자의 산업재해를 예방하기 위하여 고용노동부령으로 정하는 바에 따라 해당 작업 시작 전에 수급인에게 안전 및 보건에 관한 정보를 문서로 제공하여야 한다.
   ① 폭발성·발화성·인화성·독성 등의 유해성·위험성이 있는 화학물질 중 고용노동부령으로 정하는 화학물질 또는 그 화학물질을 함유한 혼합물을 제조·사용·운반 또는 저장하는 반응기·증류탑·배관 또는 저장탱크로서 고용노동부령으로 정하는 설비를 개조·분해·해체 또는 철거하는 작업
   ② ①에 따른 설비의 내부에서 이루어지는 작업
   ③ 질식 또는 붕괴의 위험이 있는 작업으로서 대통령령으로 정하는 작업
      가. 산소결핍, 유해가스 등으로 인한 질식의 위험이 있는 장소로서 고용노동부령으로 정하는 장소에서 이루어지는 작업
      나. 토사·구축물·인공구조물 등의 붕괴우려가 있는 장소에서 이루어지는 작업

2. 도급인이 안전 및 보건에 관한 정보를 해당 작업시작 전까지 제공하지 아니한 경우에는 수급인이 정보 제공을 요청할 수 있다.

3. 도급인은 수급인이 제공받은 안전 및 보건에 관한 정보에 따라 필요한 안전조치 및 보건조치를 하였는지를 확인하여야 한다.

한눈에 들어오는 키워드

4. 수급인은 안전보건 정보의 요청에도 불구하고 도급인이 정보를 제공하지 아니하는 경우에는 해당 도급 작업을 하지 아니할 수 있다. 이 경우 수급인은 계약의 이행 지체에 따른 책임을 지지 아니한다.

참고

도급인의 관계수급인에 대한 시정조치

① 도급인은 관계수급인 근로자가 도급인의 사업장에서 작업을 하는 경우에 관계수급인 또는 관계수급인 근로자가 도급받은 작업과 관련하여 이 법 또는 이 법에 따른 명령을 위반하면 관계수급인에게 그 위반행위를 시정하도록 필요한 조치를 할 수 있다. 이 경우 관계수급인은 정당한 사유가 없으면 그 조치에 따라야 한다.

② 도급인은 수급인에게 안전 및 보건에 관한 정보를 문서로 제공하여야 하는 작업을 도급하는 경우에 수급인 또는 수급인 근로자가 도급받은 작업과 관련하여 이 법 또는 이 법에 따른 명령을 위반하면 수급인에게 그 위반행위를 시정하도록 필요한 조치를 할 수 있다. 이 경우 수급인은 정당한 사유가 없으면 그 조치에 따라야 한다.

⑤ 고용노동부장관은 승인, 연장승인 또는 변경승인을 받은 자가 **다음 각 호의 어느 하나에 해당하는 경우에는 승인을 취소해야 한다.**
  가. **도급승인 기준에 미달**하게 된 때
  나. **거짓이나 그 밖의 부정한 방법**으로 승인, 연장승인, 변경승인을 받은 경우
  다. **연장승인 및 변경승인을 받지 않고 사업을 계속한 경우**

3) 도급의 승인

사업주는 자신의 사업장에서 안전 및 보건에 유해하거나 위험한 작업 중 **급성 독성, 피부 부식성 등이 있는 물질의 취급** 등 대통령령으로 정하는 **작업을 도급하려는 경우에는 고용노동부장관의 승인을 받아야 한다.** 이 경우 사업주는 고용노동부령으로 정하는 바에 따라 **안전 및 보건에 관한 평가**를 받아야 한다.

도급승인 대상 작업
1. 중량비율 1퍼센트 이상의 황산, 불화수소, 질산 또는 염화수소를 취급하는 설비를 개조·분해·해체·철거하는 작업 또는 해당 설비의 내부에서 이루어지는 작업. 다만, 도급인이 해당 화학물질을 모두 제거한 후 증명자료를 첨부하여 고용노동부장관에게 신고한 경우는 제외한다.
2. 그 밖에 따른 산업재해보상보험 및 예방심의위원회의 심의를 거쳐 고용노동부장관이 정하는 작업

4) 도급의 승인 시 하도급 금지

승인, 연장승인 또는 변경승인 및 승인을 받은 작업을 도급받은 수급인은 그 작업을 하도급할 수 없다.

5) 적격 수급인 선정 의무

사업주는 산업재해 예방을 위한 조치를 할 수 있는 능력을 갖춘 사업주에게 도급하여야 한다.

(2) 도급인의 안전조치 및 보건조치

1) 안전보건총괄책임자의 지정

① **도급인은** 관계수급인 근로자가 도급인의 사업장에서 작업을 하는 경우에는 그 사업장의 **안전보건관리책임자를** 도급인의 근로자와 관계수급인 근로자의 산업재해를 예방하기 위한 업무를 총괄하여 관리하는 **안전보건총괄책임자로 지정**하여야 한다. 이 경우 **안전보건관리책임자를 두지 아니하여도 되는 사업장에서는** 그 사업장에서 **사업을 총괄하여 관리하는 사람을 안전보건총괄책임자로 지정**하여야 한다.

② 안전보건총괄책임자를 지정한 경우에는 「건설기술 진흥법」에 따른 안전총괄책임자를 둔 것으로 본다.

2) 도급인의 안전조치 및 보건조치

도급인은 **관계수급인 근로자가 도급인의 사업장에서 작업을 하는 경우**에 자신의 근로자와 관계수급인 근로자의 **산업재해를 예방하기 위하여 안전 및 보건 시설의 설치 등 필요한 안전조치 및 보건조치를 하여야 한다.** 다만, 보호구착용의 지시 등 관계수급인 근로자의 작업행동에 관한 직접적인 조치는 제외한다.

3) 도급에 따른 산업재해 예방조치

① 도급인은 관계수급인 근로자가 도급인의 사업장에서 작업을 하는 경우 다음 각 호의 사항을 이행하여야 한다.

> **한 눈에 들어오는 키워드**

확인

🔧 관계수급인 근로자가 도급인의 사업장에서 작업을 하는 경우 도급인의 조치사항 ★

1. 도급인과 수급인을 구성원으로 하는 안전 및 보건에 관한 협의체의 구성 및 운영

- 협의체는 **도급인인 사업주 및 그의 수급인인 사업주 전원**으로 구성하여야 한다.
- 협의체의 **협의사항**
  - 작업의 시작시간
  - 작업 또는 **작업장 간의 연락방법**
  - 재해발생 **위험 시의 대피방법**
  - 작업장에서의 위험성평가의 실시에 관한 사항
  - 사업주와 수급인 또는 수급인 상호 간의 **연락 방법** 및 **작업공정의 조정**
- 협의체는 **매월 1회 이상** 정기적으로 회의를 개최하고 그 결과를 기록·보존하여야 한다.

2. 작업장 순회점검

2일에 1회 이상	① 건설업 ② 제조업 ③ 토사석 광업 ④ 서적, 잡지 및 기타 인쇄물 출판업 ⑤ 음악 및 기타 오디오물 출판업 ⑥ 금속 및 비금속 원료 재생업
1주일에 1회 이상	그 밖의 사업

3. 관계수급인이 근로자에게 하는 안전보건교육을 위한 **장소 및 자료의 제공 등 지원**

4. 관계수급인이 근로자에게 하는 안전보건교육의 실시 확인

5. 다음 각 목의 어느 하나의 경우에 대비한 **경보체계 운영과 대피방법 등 훈련**

경보체계의 운영 및 대피방법 등을 훈련하여야 하는 경우
① 작업 장소에서 **발파작업**을 하는 경우 ② 작업 장소에서 **화재·폭발, 토사·구축물 등의 붕괴 또는 지진** 등이 발생한 경우

6. 수급인에게 **위생시설** 등 고용노동부령으로 정하는 시설의 설치 등을 위하여 **필요한 장소의 제공** 또는 도급인이 설치한 위생시설 이용의 협조

수급인에게 필요한 장소의 제공 및 이용을 협조하여야 하는 위생시설		
① 휴게시설	② 세면·목욕시설	
③ 세탁시설	④ 탈의시설	⑤ 수면시설

7. 같은 장소에서 이루어지는 도급인과 관계수급인 등의 작업에 있어서 관계수급인 등의 **작업시기·내용, 안전조치 및 보건조치 등의 확인**

8. 관계수급인 등의 작업 혼재로 인하여 화재·폭발 등 대통령령으로 정하는 위험이 발생할 우려가 있는 경우 관계수급인 등의 작업시기·내용 등의 조정

> "화재·폭발 등 대통령령으로 정하는 위험이 발생할 우려가 있는 경우"란 다음 각 호의 경우를 말한다.
> ① 화재·폭발이 발생할 우려가 있는 경우
> ② 동력으로 작동하는 기계·설비 등에 끼일 우려가 있는 경우
> ③ 차량계 하역운반기계, 건설기계, 양중기(揚重機) 등 동력으로 작동하는 기계와 충돌할 우려가 있는 경우
> ④ 근로자가 추락할 우려가 있는 경우
> ⑤ 물체가 떨어지거나 날아올 우려가 있는 경우
> ⑥ 기계·기구 등이 넘어지거나 무너질 우려가 있는 경우
> ⑦ 토사·구축물·인공구조물 등이 붕괴될 우려가 있는 경우
> ⑧ 산소 결핍이나 유해가스로 질식이나 중독의 우려가 있는 경우

한 눈에 들어오는 키워드

② **도급인**은 고용노동부령으로 정하는 바에 따라 **자신의 근로자 및 관계수급인 근로자와 함께 정기적으로 또는 수시로 작업장의 안전 및 보건에 관한 점검**을 하여야 한다.

점검반의 구성 ★

1. 도급인(같은 사업 내에 지역을 달리하는 사업장이 있는 경우에는 그 사업장의 안전보건관리책임자)
2. 관계수급인(같은 사업 내에 지역을 달리하는 사업장이 있는 경우에는 그 사업장의 안전보건관리책임자)
3. 도급인 및 관계수급인의 근로자 각 1명(관계수급인의 근로자의 경우에는 해당 공정만 해당한다)

도급사업의 합동 안전·보건점검의 횟수 ★

1. 다음 각 목의 사업의 경우 : 2개월에 1회 이상
   가. 건설업
   나. 선박 및 보트 건조업
2. 그 밖의 사업 : 분기에 1회 이상

5 안전보건관리규정의 작성

(1) 안전보건관리규정의 작성 등 ★★

① 안전보건관리규정을 작성하여야 할 사업은 **상시 근로자 100명 이상을 사용하는 사업**으로 한다.
② 사업주는 안전보건관리규정을 작성하여야 할 **사유가 발생한 날부터 30일 이내**에 안전보건관리규정을 **작성**하여야 한다. 이를 **변경할** 사유가 발생할 **경우**에도 또한 같다.

> 참고
> **안전보건관리규정**
> ① 안전보건관리규정은 해당 사업장에 적용되는 단체협약 및 취업규칙에 반할 수 없다. 이 경우 안전보건관리규정 중 단체협약 또는 취업규칙에 반하는 부분에 관하여는 그 단체협약 또는 취업규칙으로 정한 기준에 따른다.
> ② 사업주와 근로자는 안전보건관리규정을 지켜야 한다.
> ③ 안전보건관리규정에 관하여는 이 법에서 규정한 것을 제외하고는 그 성질에 반하지 아니하는 범위에서 「근로기준법」의 취업규칙에 관한 규정을 준용한다.
> ④ 안전보건관리규정을 작성하는 경우에는 소방·가스·전기·교통 분야 등의 다른 법령에서 정하는 안전관리에 관한 규정과 통합하여 작성할 수 있다.

한눈에 들어오는 키워드

> **참고**
>
> 🛠 **안전보건관리규정을 작성하여야 할 사업의 종류 및 규모** ★★
>
> | 사업의 종류 | 규모 |
> |---|---|
> | 1. 농업
2. 어업
3. 소프트웨어 개발 및 공급업
4. 컴퓨터 프로그래밍, 시스템 통합 및 관리업
4의 2. 영상·오디오물 제공 서비스업
5. 정보서비스업
6. 금융 및 보험업
7. 임대업 ; 부동산 제외
8. 전문, 과학 및 기술 서비스업(연구개발업은 제외한다)
9. 사업지원 서비스업
10. 사회복지 서비스업 | 상시 근로자 300명 이상을 사용하는 사업장 |
> | 11. 제1호부터 제4호까지, 제4호의 2 및 제5호부터 제10호까지의 사업을 제외한 사업 | 상시 근로자 100명 이상을 사용하는 사업장 |

③ **안전보건관리규정의 포함사항** ★★★

사업주는 **사업장의 안전·보건을 유지하기 위하여** 다음 각 호의 사항이 포함된 안전보건관리규정을 작성하여야 한다.

- **안전·보건 관리조직과 그 직무**에 관한 사항
- **안전·보건교육**에 관한 사항
- **작업장의 안전 및 보건관리**에 관한 사항
- **사고 조사 및 대책 수립**에 관한 사항
- 그 밖에 안전·보건에 관한 사항

④ 사업주는 **안전보건관리규정을 작성하거나 변경**할 때에는 **산업안전보건위원회의 심의·의결**을 거쳐야 한다. 다만, 산업안전보건위원회가 설치되어 있지 아니한 사업장의 경우에는 **근로자대표의 동의**를 받아야 한다. ★

> 참고

안전보건관리규정의 세부 내용

1. 총칙
   - 가. 안전보건관리규정 작성의 목적 및 적용 범위에 관한 사항
   - 나. 사업주 및 근로자의 재해 예방 책임 및 의무 등에 관한 사항
   - 다. 하도급 사업장에 대한 안전·보건관리에 관한 사항

2. 안전·보건 관리조직과 그 직무
   - 가. 안전·보건 관리조직의 구성방법, 소속, 업무 분장 등에 관한 사항
   - 나. 안전보건관리책임자(안전보건총괄책임자), 안전관리자, 보건관리자, 관리감독자의 직무 및 선임에 관한 사항
   - 다. 산업안전보건위원회의 설치·운영에 관한 사항
   - 라. 명예산업안전감독관의 직무 및 활동에 관한 사항
   - 마. 작업지휘자 배치 등에 관한 사항

3. 안전·보건교육
   - 가. 근로자 및 관리감독자의 안전·보건교육에 관한 사항
   - 나. 교육계획의 수립 및 기록 등에 관한 사항

4. 작업장 안전관리
   - 가. 안전·보건관리에 관한 계획의 수립 및 시행에 관한 사항
   - 나. 기계·기구 및 설비의 방호조치에 관한 사항
   - 다. 유해·위험기계 등에 대한 자율검사프로그램에 의한 검사 또는 안전검사에 관한 사항
   - 라. 근로자의 안전수칙 준수에 관한 사항
   - 마. 위험물질의 보관 및 출입 제한에 관한 사항
   - 바. 중대재해 및 중대산업사고 발생, 급박한 산업재해 발생의 위험이 있는 경우 작업중지에 관한 사항
   - 사. 안전표지·안전수칙의 종류 및 게시에 관한 사항과 그 밖에 안전관리에 관한 사항

5. 작업장 보건관리
   - 가. 근로자 건강진단, 작업환경측정의 실시 및 조치절차 등에 관한 사항
   - 나. 유해물질의 취급에 관한 사항
   - 다. 보호구의 지급 등에 관한 사항
   - 라. 질병자의 근로 금지 및 취업 제한 등에 관한 사항
   - 마. 보건표지·보건수칙의 종류 및 게시에 관한 사항과 그 밖에 보건관리에 관한 사항

6. 사고 조사 및 대책 수립
   - 가. 산업재해 및 중대산업사고의 발생 시 처리 절차 및 긴급조치에 관한 사항
   - 나. 산업재해 및 중대산업사고의 발생원인에 대한 조사 및 분석, 대책 수립에 관한 사항
   - 다. 산업재해 및 중대산업사고 발생의 기록·관리 등에 관한 사항

7. 위험성평가에 관한 사항
   - 가. 위험성평가의 실시 시기 및 방법, 절차에 관한 사항
   - 나. 위험성 감소대책 수립 및 시행에 관한 사항

8. 보칙
   - 가. 무재해 운동 참여, 안전·보건 관련 제안 및 포상·징계 등 산업재해 예방을 위하여 필요하다고 판단하는 사항
   - 나. 안전·보건 관련 문서의 보존에 관한 사항
   - 다. 그 밖의 사항
     사업장의 규모·업종 등에 적합하게 작성하며, 필요한 사항을 추가하거나 그 사업장에 관련되지 않는 사항은 제외할 수 있다.

(2) 안전보건관리규정 작성 시 유의사항

① 법정 기준을 **상회하도록** 작성
② 법령의 제·개정 시 **즉시 수정**
③ **현장의견**을 충분히 반영
④ **정상시 및 이상시** 조치에 관하여도 **규정**
⑤ 관리자 층의 **직무 및 권한** 등을 명확히 기재

6 안전보건 관리계획

(1) 안전계획 작성 시 고려사항

① 사업장 실태에 맞도록 **독자적, 실현가능성 있게**
② **목표는 점진적으로 높게**
③ 직장 단위로 **구체적으로 작성**

7 안전보건 개선계획

고용노동부장관은 다음 각 호의 어느 하나에 해당하는 사업장으로서 산업재해 예방을 위하여 종합적인 개선조치를 할 필요가 있다고 인정되는 사업장의 사업주에게 고용노동부령으로 정하는 바에 따라 그 **사업장, 시설, 그 밖의 사항에 관한 안전보건개선계획을 수립하여 시행할 것을 명할 수 있다.** 이 경우 대통령령으로 정하는 사업장의 사업주에게는 안전보건진단을 받아 안전보건개선계획을 수립하여 시행할 것을 명할 수 있다.

안전보건 개선계획 작성대상 사업장★★★

① 산업재해율이 같은 업종의 규모별 평균 산업재해율보다 높은 사업장
② 사업주가 안전·보건조치의무를 이행하지 아니하여 중대재해가 발생한 사업장
③ 직업성 질병자가 연간 2명 이상 발생한 사업장
④ 유해인자의 노출기준을 초과한 사업장

특급암기법
평균보다 높으면 개선계획!
중대재해 발생하면 개선계획!
직업성 질병자 2명
노출기준 초과하면 개선계획!

> **🔵 비교합시다**
>
> **안전·보건진단을 받아 안전보건개선계획을 수립·제출하도록 명할 수 있는 사업장 ★★**
>
> 1. 산업재해율이 같은 업종 평균 산업재해율의 2배 이상인 사업장
> 2. 사업주가 필요한 안전조치 또는 보건조치를 이행하지 아니하여 중대재해가 발생한 사업장
> 3. 직업성 질병자가 연간 2명 이상(상시 근로자 1천명 이상 사업장의 경우 3명 이상) 발생한 사업장
> 4. 그 밖에 작업환경 불량, 화재·폭발 또는 누출 사고 등으로 사업장 주변까지 피해가 확산된 사업장으로서 고용노동부령으로 정하는 사업장
>
>
>
> **특급암기법**
> **평균의 2배 이상, 직업성 질병 2명 이상(1,000명 이상 3명)** 진단받아 개선!
> **중대재해 발생**하면 진단받아 개선!

(1) 안전보건개선계획서에 포함사항 ★

① 시설
② 안전·보건교육
③ 안전·보건관리체제
④ 산업재해 예방 및 작업환경의 개선을 위하여 필요한 사항

(2) 사업주는 안전보건개선계획을 수립할 때에는 산업안전보건위원회의 심의를 거쳐야 한다. 다만, 산업안전보건위원회가 설치되어 있지 아니한 사업장의 경우에는 근로자대표의 의견을 들어야 한다. ★

(3) 안전보건개선계획서의 제출

① 안전보건개선계획서를 제출해야 하는 사업주는 안전보건개선계획서 수립·시행 명령을 받은 날부터 **60일 이내에 관할 지방고용노동관서의 장에게 해당 계획서를 제출**(전자문서로 제출하는 것을 포함한다)해야 한다.
② 지방고용노동관서의 장이 안전보건개선계획서를 접수한 경우에는 **접수일부터 15일 이내에 심사하여 사업주에게 그 결과를 알려야 한다.**
③ 사업주와 근로자는 심사를 받은 안전보건개선계획서를 준수하여야 한다.

8 안전관리자의 증원·교체임명 명령

(1) 지방고용노동관서의 장은 다음 각 호의 어느 하나에 해당하는 사유가 발생한 경우에는 사업주에게 안전관리자나 보건관리자 또는 안전보건관리담당자를 정수 이상으로 증원하게 하거나 교체하여 임명할 것을 명할 수 있다. 다만, 제4호에 해당하는 경우로서 직업성 질병자 발생 당시 사업장에서 해당 화학적 인자(因子)를 사용하지 않은 경우에는 그렇지 않다.

(2) 관리자를 정수 이상으로 증원하게 하거나 교체하여 임명할 것을 명하는 경우에는 미리 사업주 및 해당 관리자의 의견을 듣거나 소명자료를 제출받아야 한다. 다만, 정당한 사유 없이 의견진술 또는 소명자료의 제출을 게을리한 경우에는 그렇지 않다.

(3) 안전관리자의 증원·교체임명 명령 대상 사업장 ★★★

① 해당 사업장의 **연간 재해율이 같은 업종의 평균재해율의 2배 이상**인 경우
② **중대재해가 연간 2건 이상 발생**한 경우(다만, 해당 사업장의 전년도 사망만인율이 같은 업종의 평균 사망만인율 이하인 경우는 제외)
③ **관리자**가 질병이나 그 밖의 사유로 **3개월 이상 직무를 수행할 수 없게 된 경우**
④ **화학적 인자로 인한 직업성질병자가 연간 3명 이상 발생한 경우**
　　(이 경우 직업성질병자 발생일은 요양급여의 결정일로 한다)

특급암기법
평균의 2배 이상, 중대재해 2건 이상 증원!
직업성질병 3명 이상, 3개월 이상 일안하면 교체!

9 사업장의 산업재해 발생건수 등 공표

(1) 고용노동부장관은 산업재해를 예방하기 위하여 대통령령으로 정하는 사업장의 산업재해 발생건수, 재해율 또는 그 순위 등을 공표하여야 한다.

1) 재해 발생건수 등 재해율 공표 대상 사업장 ★★

① **사망재해자가 연간 2명 이상** 발생한 사업장
② **사망만인율**(사망재해자 수를 연간 상시근로자 1만 명당 발생하는 사망재해자 수로 환산한 것)**이 규모별 같은 업종의 평균 사망만인율 이상**인 사업장
③ **중대산업사고가 발생**한 사업장
④ **산업재해 발생 사실을 은폐**한 사업장
⑤ 산업재해의 발생에 관한 보고를 최근 3년 이내 2회 이상 하지 않은 사업장

> **특급암기법**
> 사망자 2명, 평균 사망만인율 이상 공표!
> 중대산업사고 발생하면 공표!
> 재해은폐, 재해보고 3년 동안 2번 이상 안하면 공표!

2) 제1호부터 제3호까지(사망재해자가 연간 2명 이상, 사망만인율이 규모별 같은 업종의 평균 사망만인율 이상, 중대산업사고가 발생한 사업장)의 규정에 해당하는 사업장은 해당 사업장이 관계수급인의 사업장으로서 **도급인이 관계수급인 근로자의 산업재해 예방을 위한 조치의무를 위반하여 관계수급인 근로자가 산업재해를 입은 경우에는 도급인의 사업장의 산업재해 발생건수 등을 함께 공표**한다. ★

(2) 고용노동부장관은 도급인의 사업장(도급인이 제공하거나 지정한 경우로서 도급인이 지배·관리하는 대통령령으로 정하는 장소를 포함한) 중 대통령령으로 정하는 사업장에서 관계수급인 근로자가 작업을 하는 경우에 **도급인의 산업재해 발생건수 등에 관계수급인의 산업재해 발생건수 등을 포함하여 공표하여야 한다.**

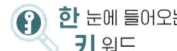

[확인]
중대산업사고
① 근로자가 사망하거나 부상을 입을 수 있는 공정안전보고서 제출대상 설비에서의 누출·화재·폭발 사고
② 인근 지역의 주민이 인적 피해를 입을 수 있는 공정안전보고서 제출 대상 설비에서의 누출·화재·폭발 사고

한 눈에 들어오는 키워드

도급인이 지배·관리하는 장소
(도급인의 산업재해 발생건수 등에 관계수급인의 산업재해 발생건수 등을 포함하여 공표하여야 하는 장소)

1. 토사(土砂)·구축물·인공구조물 등이 **붕괴될 우려가 있는 장소**
2. **기계·기구 등이 넘어지거나 무너질 우려가 있는 장소**
3. **안전난간의 설치가 필요한 장소**
4. **비계(飛階) 또는 거푸집을 설치하거나 해체하는 장소**
5. **건설용 리프트를 운행**하는 장소
6. **지반(地盤)을 굴착하거나 발파작업**을 하는 장소
7. 엘리베이터홀 등 근로자가 **추락할 위험이 있는 장소**
8. 석면이 붙어 있는 물질을 파쇄하거나 **해체하는 작업을 하는 장소**
9. 공중 전선에 가까운 장소로서 **시설물의 설치·해체·점검 및 수리 등의 작업을 할 때 감전의 위험이 있는 장소**
10. **물체가 떨어지거나 날아올 위험이 있는 장소**
11. **프레스 또는 전단기(剪斷機)를 사용**하여 작업을 하는 장소
12. 차량계(車輛系) 하역운반기계 또는 차량계 건설기계를 사용하여 작업하는 장소
13. **전기 기계·기구를 사용하여 감전의 위험이 있는 작업을 하는 장소**
14. 「철도산업발전기본법」에 따른 **철도차량**(「도시철도법」에 따른 도시철도차량을 포함한다)에 의한 **충돌 또는 협착의 위험이 있는 작업을 하는 장소**
15. 그 밖에 화재·폭발 등 사고발생 위험이 높은 장소로서 고용노동부령으로 정하는 다음의 장소
    ① **화재·폭발** 우려가 있는 다음 각 목의 어느 하나에 해당하는 작업을 하는 장소
        가. 선박 내부에서의 용접·용단작업
        나. 인화성 액체를 취급·저장하는 설비 및 용기에서의 용접·용단작업
        다. 특수화학설비에서의 용접·용단작업
        라. 가연물(可燃物)이 있는 곳에서의 용접·용단 및 금속의 가열 등 화기를 사용하는 작업이나 연삭숫돌에 의한 건식연마작업 등 불꽃이 발생할 우려가 있는 작업
    ② **양중기(揚重機)에 의한 충돌 또는 협착(狹窄)의 위험이 있는 작업을 하는 장소**
    ③ **유기화합물 취급 특별장소**
    ④ **방사선 업무를 하는 장소**
    ⑤ **밀폐공간**
    ⑥ **위험물질을 제조하거나 취급하는 장소**
    ⑦ **화학설비 및 그 부속설비에 대한 정비·보수** 작업이 이루어지는 장소

특급암기법
- 붕괴, 기계의 넘어짐, 추락(안전난간, 비계, 거푸집), 굴착 발파, 낙하비래, 감전, 철도충돌, 화재폭발
- 석면, 차량계 하역운반 및 건설기계, 프레스 전단기, 건설용 리프트

> **참고**

♣ 도급인의 산업재해 발생건수 등에 수급인의 산업재해 발생건수 등을 포함하여 공표하여야 하는 사업장(통합 공표대상 사업장)

도급인이 사용하는 상시근로자 수가 500명 이상인 다음 각 호의 어느 하나에 해당하는 사업장으로서 **도급인 사업장의 사고 사망만인율**(질병으로 인한 사망재해자를 제외하고 산출한 사망만인율) 보다 관계수급인의 근로자를 포함하여 산출한 사고사망만인율이 높은 사업장을 말한다.

1. 제조업
2. 철도운송업
3. 도시철도운송업
4. 전기업

특급암기법
500명 이상의 제(제조업)철 운송(철도운송업) 도시(도시철도운송업)의 전기는 수급인 포함하여 공표

03 재해조사

주요내용 알고 가기!
- 재해조사 시 유의사항
- 재해발생 시 조치순서
- 재해의 직, 간접원인

> **참고**
>
> **조사자의 태도**
> ① 항상 객관성을 가지고 제3자의 입장에서 공평하게 조사한다.
> ② 책임추궁보다 재발방지를 우선하는 기본적 태도를 가진다.
> ③ 사고조사 목적 이외의 상황은 조사하지 않도록 한다.
>
> **일반적인 재해조사 항목**
> - 누가
> - 언제
> - 어떠한 장소에서
> - 어떠한 작업을 하고 있을 때
> - 어떠한 물 또는 환경에 어떠한 불안전상태 또는 행동이 있었기에
> - 어떻게 재해가 발생되었다.
>
> **업무상 재해**
> "업무상 재해"란 업무상의 사유에 따른 근로자의 부상·질병·장해 또는 사망을 말한다.
>
> **사고로 인한 업무상재해의 인정 기준**
> 1. 업무상 사고로 인한 재해가 발생할 것
> 2. 업무와 사고로 인한 재해 사이에 상당한 인과관계가 있을 것

1 재해조사의 목적

산업재해에 대한 원인을 분명하게 함으로써 가장 적절한 예방 대책을 찾아내어 동종 재해 또는 유사 재해를 미연에 방지하기 위한 목적이다.

① 재해발생 원인 및 결함 규명
② 재해예방 자료 수집
③ 동종 재해 및 유사재해 재발방지

2 재해조사 시 유의사항 ★

① **사실을 수집**한다.
② 목격자 등이 증언하는 사실 이외의 **추측의 말은 참고**로만 한다.
③ 조사는 신속하게 행하고 긴급조치를 하여 **2차 재해의 방지**를 도모한다.
④ **사람, 기계설비, 환경의 측면에서 재해요인을 모두 도출한다.**
⑤ **객관적인 입장에서 공정하게** 조사하며, 조사는 **2인 이상**이 한다.
⑥ 책임추궁보다 **재발방지를 우선하는 기본 태도**를 갖는다.

❸ 재해발생시 조치순서 ★

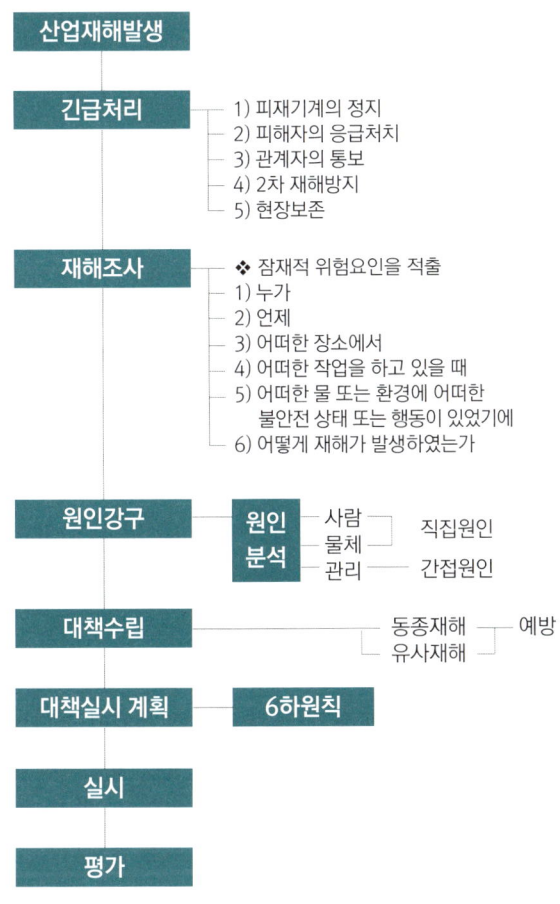

 **한** 눈에 들어오는 **키** 워드

3. 근로자의 고의·자해행위 또는 범죄행위로 인한 재해가 아닐 것

다만, 그 부상·장해 또는 사망이 정상적인 인식능력 등이 뚜렷하게 저하된 상태에서 한 행위로 발생한 경우로서 다음 어느 하나에 해당하는 사유가 있으면 업무상 재해로 본다.
1. 업무상의 사유로 발생한 정신질환으로 치료를 받았거나 받고 있는 사람이 정신적 이상 상태에서 자해행위를 한 경우
2. 업무상 재해로 요양 중인 사람이 그 업무상 재해로 인한 정신적 이상 상태에서 자해행위를 한 경우
3. 그 밖에 업무상의 사유로 인한 정신적 이상 상태에서 자해행위를 하였다는 것이 의학적으로 인정되는 경우

◉ 기출★

재해발생시 조치 순서
① 긴급조치
② 재해조사
③ 원인분석
④ 대책수립
⑤ 실시
⑥ 평가

긴급조치 순서
① 피재기계 정지
② 피재자 응급조치
③ 관계자에게 통보(인적, 물적 손실함께 통보)
④ 2차 재해 방지
⑤ 현장 보존

4 재해발생 위험이 있을 경우의 조치

(1) 사업주의 작업 중지

사업주는 산업재해가 발생할 급박한 위험이 있을 때에는 즉시 작업을 중지시키고 근로자를 작업 장소에서 대피시키는 등 안전 및 보건에 관하여 필요한 조치를 하여야 한다.

(2) 근로자의 작업 중지

① 근로자는 산업재해가 발생할 급박한 위험이 있는 경우에는 작업을 중지하고 대피할 수 있다.
② **작업을 중지하고 대피한 근로자는 지체 없이 그 사실을 관리감독자** 또는 그 밖에 부서의 장("관리감독자 등")**에게 보고**하여야 한다.

③ 관리감독자 등은 **보고를 받으면 안전 및 보건에 관하여 필요한 조치**를 하여야 한다.
④ 사업주는 산업재해가 발생할 급박한 위험이 있다고 근로자가 믿을 만한 합리적인 이유가 있을 때에는 작업을 중지하고 대피한 근로자에 대하여 해고나 그 밖의 불리한 처우를 해서는 아니 된다.

(3) 고용노동부장관의 시정조치

① **고용노동부장관**은 사업주가 사업장의 건설물 또는 그 부속건설물 및 기계·기구·설비·원재료 등에 대하여 안전 및 보건에 관하여 고용노동부령으로 정하는 필요한 조치를 하지 아니하여 **근로자에게 현저한 유해·위험이 초래될 우려가 있다고 판단될 때에는 해당 기계·설비 등에 대하여** 사용중지·대체·제거 또는 시설의 개선, 그밖에 안전 및 보건에 관하여 고용노동부령으로 정하는 **시정조치를 명할 수 있다**.
② **시정조치 명령을 받은 사업주**는 해당 기계·설비 등에 대하여 **시정조치를 완료할 때까지 시정조치 명령 사항을 사업장 내에 근로자가 쉽게 볼 수 있는 장소에 게시**하여야 한다.
③ **고용노동부장관은 사업주가 해당 기계·설비 등에 대한 시정조치 명령을 이행하지 아니하여** 유해·위험 상태가 해소 또는 개선되지 아니하거나 근로자에 대한 유해·위험이 현저히 높아질 우려가 있는 경우에는 해당 **기계·설비 등과 관련된 작업의 전부 또는 일부의 중지를 명할 수 있다**.
④ 고용노동부장관은 **작업의 전부 또는 일부 중지를 명하려는 경우에는 작업중지명령서 등을 발부하거나 부착**할 수 있다.
⑤ 고용노동부장관의 **시정조치 명령을 받은 사업주는 해당 내용을 시정할 때까지 위반 장소 또는 사내 게시판 등에 게시**해야 한다.
⑥ 사용중지 명령 또는 작업중지 명령을 받은 사업주는 그 **시정조치를 완료한 경우에는 고용노동부장관에게 사용중지 또는 작업중지의 해제를 요청**할 수 있다.
⑦ 고용노동부장관은 해제 요청에 대하여 **시정조치가 완료되었다고 판단될 때에는 사용중지 또는 작업중지를 해제**하여야 한다.

[확인]
중대재해 발생 시 고용노동부장관의 조치

1) 고용노동부장관의 작업중지 조치
① 고용노동부장관은 중대재해가 발생하였을 때 다음 각 호의 어느 하나에 해당하는 작업으로 인하여 해당 사업장에 산업재해가 다시 발생할 급박한 위험이 있다고 판단되는 경우에는 그 작업의 중지를 명할 수 있다.
• 중대재해가 발생한 해당 작업
• 중대재해가 발생한 작업과 동일한 작업
② 고용노동부장관은 토사·구축물의 붕괴, 화재·폭발, 유해하거나 위험한 물질의 누출 등으로 인하여 중대재해가 발생하여 그 재해가 발생한 장소 주변으로 산업재해가 확산될 수 있다고 판단되는 등 불가피한 경우에는 해당 사업장의 작업을 중지할 수 있다.
③ 고용노동부장관은 사업주가 작업중지의 해제를 요청한 경우에는 작업중지 해제에 관한 전문가 등으로 구성된 심의위원회의 심의를 거쳐 고용노동부령으로 정하는 바에 따라 작업중지를 해제하여야 한다.

5 재해발생 시 조치사항

(1) 산업재해발생 은폐 금지 및 보고 ★

1) 사업주는 **산업재해**가 발생하였을 때에는 그 **발생 사실을 은폐해서는 아니 된다**.

2) 사업주는 고용노동부령으로 정하는 **산업재해**에 대해서는 그 **발생 개요·원인 및 보고 시기, 재발방지 계획 등을** 고용노동부령으로 정하는 바에 따라 **고용노동부장관에게 보고**하여야 한다.

① 사업주는 산업재해로 **사망자**가 발생, **3일 이상의 휴업**이 필요한 부상 또는 질병에 걸린 자가 발생 시 산업재해가 발생한 날부터 **1개월 이내에 산업재해조사표를 작성, 관할 지방고용노동관서장에게 제출**하여야 한다. ★

② 산업재해조사표에 **근로자대표의 확인**을 받아야 하며, 그 기재 내용에 대하여 근로자대표의 이견이 있는 경우에는 그 내용을 첨부하여야 한다. 다만, **근로자대표가 없는 경우에는 재해자 본인의 확인을 받아 제출할 수 있다**. ★

3) 사업주는 **산업재해가 발생한 때에는** 다음 각 호의 사항을 기록·보존하여야 한다.

① 사업장의 개요 및 근로자의 인적사항
② 재해 발생의 일시 및 장소
③ 재해 발생의 원인 및 과정
④ 재해 재발방지 계획

(2) 중대재해 발생 시 사업주의 조치 ★

1) 사업주는 **중대재해가 발생**하였을 때에는 **즉시 해당 작업을 중지시키고 근로자를 작업장소에서 대피**시키는 등 안전 및 보건에 관하여 필요한 조치를 하여야한다.

2) 사업주는 **중대재해가 발생한 사실을 알게 된 경우**에는 고용노동부령으로 정하는 바에 따라 **지체 없이 고용노동부장관에게 보고하여야 한다. 다만, 천재지변 등 부득이한 사유가 발생한 경우**에는 그 사유가 소멸되면 **지체 없이 보고**하여야 한다.

3) 사업주는 "**중대재해**"가 발생한 때는 **지체 없이** 다음 각 호의 사항을 관할 지방고용노동관서의 장에게 전화·팩스, 또는 그 밖에 적절한 방법으로 보고하여야 한다.

중대재해 발생 시 보고사항 ★

- 발생 개요 및 피해 상황
- 조치 및 전망
- 그 밖의 중요한 사항

한 눈에 들어오는
키 워드

2) 중대재해 원인조사
① 고용노동부장관은 중대재해가 발생하였을 때에는 그 원인 규명 또는 산업재해 예방대책 수립을 위하여 그 발생 원인을 조사할 수 있다.
② 고용노동부장관은 중대재해가 발생한 사업장의 사업주에게 안전보건개선계획의 수립·시행, 그 밖에 필요한 조치를 명할 수 있다.
③ 누구든지 중대재해 발생 현장을 훼손하거나 고용노동부장관의 원인조사를 방해해서는 아니 된다.

참고

작업중지해제 심의위원회
① 심의위원회는 지방고용노동관서의 장, 공단 소속 전문가 및 해당 사업장과 이해관계가 없는 외부전문가 등을 포함하여 4명 이상으로 구성해야 한다.
② 지방고용노동관서의 장은 심의위원회가 작업중지명령 대상 유해·위험업무에 대한 안전·보건조치가 충분히 개선되었다고 심의·의결하는 경우에는 즉시 작업중지명령의 해제를 결정해야 한다.
③ 심의위원회의 구성 및 운영에 필요한 사항은 고용노동부장관이 정한다.

(3) 중대재해 발생 시 고용노동부장관의 작업 중지 조치

① 고용노동부장관은 중대재해가 발생하였을 때 다음 각 호의 어느 하나에 해당하는 작업으로 인하여 해당 사업장에 산업재해가 다시 발생할 급박한 위험이 있다고 판단되는 경우에는 그 작업의 중지를 명할 수 있다.
  • 중대재해가 발생한 해당 작업
  • 중대재해가 발생한 작업과 동일한 작업
② 고용노동부장관은 토사·구축물의 붕괴, 화재·폭발, 유해하거나 위험한 물질의 누출 등으로 인하여 중대재해가 발생하여 그 재해가 발생한 장소 주변으로 산업재해가 확산될 수 있다고 판단되는 등 불가피한 경우에는 해당 사업장의 작업을 중지할 수 있다.
③ 작업 중지를 명하는 경우에는 **작업중지명령서를 발부**해야 한다.
④ **사업주가 작업 중지의 해제를 요청할 경우에는 작업중지명령 해제신청서를 작성**하여 사업장의 소재지를 관할하는 **지방고용노동관서의 장에게 제출**해야 한다.
⑤ 사업주가 작업중지명령 해제신청서를 제출하는 경우에는 미리 유해·위험요인 개선 내용에 대하여 중대재해가 발생한 해당 작업 근로자의 의견을 들어야 한다. ★
③ 지방고용노동관서의 장은 **작업중지명령 해제를 요청 받은 경우에는 근로감독관으로 하여금 안전·보건을 위하여 필요한 조치를 확인**하도록 하고, 천재지변 등 불가피한 경우를 제외하고는 해제요청일 다음 날부터 4일 이내(토요일과 공휴일을 포함하되, 토요일과 공휴일이 연속하는 경우에는 3일까지만 포함한다)에 **작업중지해제 심의위원회를 개최**하여 심의한 후 해당조치가 완료되었다고 판단될 경우에는 즉시 **작업중지명령을 해제해야 한다.** ★

■ 산업안전보건법 시행규칙 [별지 제30호서식]

산업재해조사표

※ 뒤쪽의 작성방법을 읽고 작성해 주시기 바라며, [ ]에는 해당하는 곳에 √ 표시를 합니다.　　(앞쪽)

I. 사업장 정보	① 산재관리번호 (사업개시번호)			사업자등록번호	
	② 사업장명			③ 근로자 수	
	④ 업종			소재지	(-)
	⑤ 재해자가 사내 수급인 소속인 경우 (건설업 제외)	원도급인 사업장명		⑥ 재해자가 파견근로자인 경우	파견사업주 사업장명
		사업장 산재관리번호 (사업개시번호)			사업장 산재관리번호 (사업개시번호)
	건설업만 작성	발주자		[ ]민간 [ ]국가·지방자치단체 [ ]공공기관	
		⑦ 원수급 사업장명		공사현장 명	
		⑧ 원수급 사업장 산재 관리번호(사업개시번호)			
		⑨ 공사종류		공정률　　　　　%	공사금액 　　　　백만원

※ 아래 항목은 재해자별로 각각 작성하되, 같은 재해로 재해자가 여러 명이 발생한 경우에는 별도 서식에 추가로 적습니다.

II. 재해 정보	성명		주민등록번호 (외국인등록번호)		성별　[ ]남 [ ]여
	국적	[ ]내국인 [ ]외국인 [국적:]	⑩ 체류자격:]		⑪ 직업
	입사일	년 월 일	⑫ 같은 종류업무 근속기간		년 월
	⑬ 고용형태	[ ]상용 [ ]임시 [ ]일용 [ ]무급가족종사자 [ ]자영업자 [ ]그 밖의 사항 [ ]			
	⑭ 근무형태	[ ]정상 [ ]2교대 [ ]3교대 [ ]4교대 [ ]시간제 [ ]그 밖의 사항 [ ]			
	⑮ 상해종류 (질병명)		⑯ 상해부위 (질병부위)		⑰ 휴업예상 일수	휴업 [ ]일
					사망 여부 [ ] 사망

III. 재해 발생 개요 및 원인	⑱ 재해 발생 개요	발생일시	[ ]년 [ ]월 [ ]일 [ ]요일 [ ]시 [ ]분
		발생장소	
		재해관련 작업유형	
		재해발생 당시 상황	
	⑲ 재해발생원인		

IV. ⑳ 재발 방지 계획	

※ 위 재발방지 계획 이행을 위한 안전보건교육 및 기술지도 등을 한국산업안전보건공단에서 무료로 제공하고 있으니 즉시 기술지원 서비스를 받고자 하는 경우 오른쪽에 √표시를 하시기 바랍니다.　즉시 기술지원 서비스 요청 [ ]

작성자 성명

작성자 전화번호　　　　　　　　　　작성일　　　년　　월　　일

　　　　　　　　　　　　　　　사업주　　　　　　　　　　(서명 또는 인)

　　　　　　　　　　　　근로자대표(재해자)　　　　　　　(서명 또는 인)

( )지방고용노동청장(지청장) 귀하

재해 분류자 기입란	발생형태	□□□	기인물	□□□□□
(사업장에서는 작성하지 않습니다)	작업지역·공정	□□□	작업내용	□□□

210mm×297mm[백상지(80g/m²) 또는 중질지(80g/m²)]

■ 산업안전보건법 시행규칙 [별지 제1호서식]

통합 산업재해 현황 조사표

※ 제2쪽의 작성 요령을 읽고, 아래의 각 항목을 작성합니다.

(제1쪽)

Ⅰ. 도급인 사업장 정보

① 사업장명	② 사업자 등록번호	③ 사업장 관리번호	사업 개시번호	사업장 소재지	④ 근로자 수	⑤ 재해 현황				⑥ 업종
						사고 사망자 수	질병 사망자 수	사고 재해자 수 (사망 포함)	질병재 해자 수 (사망 포함)	

Ⅱ. 수급인 사업장 정보

⑦ 사업장명	사업자 등록번호	⑧ 사업장 관리번호	사업 개시번호	사업장 소재지	⑨ 근로자 수	⑩ 재해 현황			
						사고 사망자 수	질병 사망자 수	사고 재해자 수 (사망 포함)	질병 재해자 수 (사망 포함)
⑪합계		총 ( ) 개소				명	명	명	명

Ⅲ. 도급인과 수급인의 통합 산업재해발생건수 등의 정보

⑫ 도급인·수급인 통합 근로자 수	⑬ 도급인·수급인 통합 사고사망자 수	⑭ 도급인·수급인 통합 재해자 수
명	명	명
⑮ 도급인·수급인 통합 사고사망만인율(‱)		⑯ 도급인·수급인 통합 산업재해율(%)
‱		%

작성자 소속 및 성명:

작성자 전화번호: 작성일   년   월   일

　　　　　　　　　　　　　　　　　　　　　원도급 사업주　　　　　　(서명 또는 인)

고용노동부　　　**(지)청장** 귀하

210㎜×297㎜[일반용지 60g/㎡(재활용품)]

6 재해의 직, 간접원인

(1) 직접 원인 ★★

① 인적 원인(불안전한 행동)
② 물적 원인(불안전한 상태)

인적원인(불안전한 행동)	물적원인(불안전한 상태)
• 위험장소 접근 • 안전장치의 기능제거 • 복장, 보호구의 잘못 사용 • 기계기구 잘못 사용 • 운전 중인 기계장치의 손질 • 불안전한 속도 조작 • 위험물 취급 부주의 • 불안전한 상태 방치 • 불안전한 자세 · 동작 • 감독 및 연락 불충분	• 물 자체의 결함 • 안전 방호장치의 결함 • 복장, 보호구의 결함 • 물의 배치 및 작업장소 불량 • 작업환경의 결함 • 생산공정의 결함 • 경계표시, 설비의 결함

(2) 간접원인 ★★

① 기술적 원인   ② 교육적 원인
③ 신체적 원인   ④ 정신적 원인
⑤ 작업관리상 원인

기술적 원인	• 건물 기계장치 설계불량 • 생산방법의 부적당	• 구조 재료의 부적합 • 점검 정비 보존 불량
교육적 원인	• 안전지식의 부족 • 경험 훈련의 부족 • 유해 위험 작업의 교육 불충분	• 안전수칙의 오해 • 작업 방법의 교육 불충분
작업관리상 원인	• 안전관리 조직 결함 • 작업준비 불충분 • 작업지시 부적당	• 안전수칙 미제정 • 인원 배치 부적당

7 산업재해 발생형태(재해 발생의 매커니즘) ★

(1) 단순자극형(집중형)

상호 자극에 의하여 순간적으로 재해가 발생하는 유형으로 **재해가 일어난 장소에 그 시기에 일시적으로 요인이 집중한다**는 유형이다.

한 눈에 들어오는 키워드

> **참고**
>
> **재해의 원인**
> 1. 간접 원인
>   ① 기초 원인 : 학교 교육적 원인, 관리적 원인
>   ② 2차원인 : 신체적 원인, 기술적 원인, 정신적원인, 안전 교육적 원인
> 2. 직접 원인
>   ① 인적 원인(불안전한 행동)
>   ② 물적 원인(불안전한 상태)

> **기출 ★★★**
>
> 인간 에러(휴먼 에러)의 배후요인 (4M)
> • Man(인간) : 본인외의 사람, 직장의 인간관계 등
> • Machine(기계) : 기계, 장치 등의 물적 요인
> • Media(매체) : 작업정보, 작업방법 등(인간과 기계를 연결하는 매개체이다)
> • Management(관리) : 작업관리, 법규준수, 단속, 점검 등

> **참고**
>
> **재해예방 대책**
> ① 기술적 대책
>   • 설비 및 환경의 개선
>   • 작업방법의 개선
>   • 점검 보존의 개선
>   • 작업행정의 개선
> ② 교육적 대책
>   • 근로자 안전교육 및 훈련
> ③ 관리적 대책
>   • 엄격한 규정에 의해 제도적으로 시행

(2) 연쇄형

하나의 사고 요인이 또 다른 요인을 발생시키면서 재해가 발생하는 유형이다.

(3) 복합형

단순자극형과 연쇄형의 복합적인 발생유형이다.

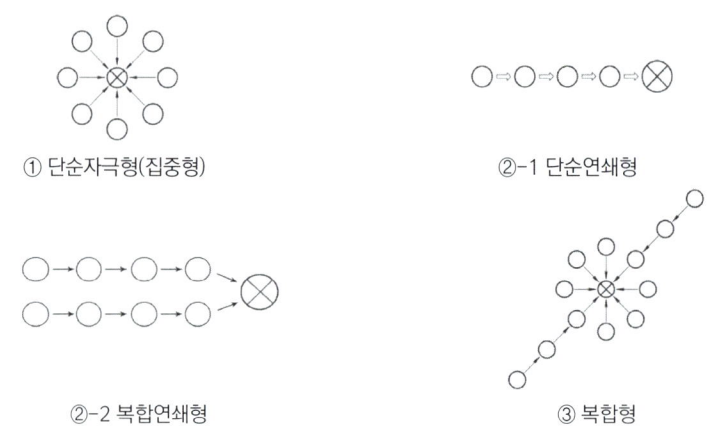

[재해(⊗)의 발생 형태 3가지]

8 산업재해 예방의 4원칙 ★★

① **예방 가능의 원칙**
재해는 원칙적으로 원인만 제거되면 **예방이 가능**하다.

② **손실 우연의 원칙**
사고의 결과 생기는 상해의 종류나 정도는 사고 발생시 사고대상의 조건에 따라 우연히 발생한다.

③ **대책 선정의 원칙**
사고의 원인에 대한 가장 적합한 대책이 선정되어야 한다.

④ **원인 연계의 원칙**
재해는 직접원인과 간접원인이 연계되어 일어난다.

기출 ★
- 사고와 손실의 관계 : 우연적
- 사고와 원인의 관계 : 필연적

※ 문제
다음 중 재해예방의 4원칙에 대한 설명으로 잘못된 것은?
㉮ 사고의 발생과 그 원인과의 관계는 필연적이다.
㉯ 손실과 사고와의 관계는 필연적이다.
㉰ 재해를 예방하기 위한 대책은 반드시 존재한다.
㉱ 모든 인재는 예방이 가능 하다.

[해설]
㉯ 손실과 사고와의 관계는 우연적이다.

정답 ㉯

04 산재분류 및 통계분석

> **주요내용 알고 가기!**
> - 재해율의 계산
> - 하인리히 및 시몬즈의 재해손실비의 계산
> - 근로불능상해의 구분
> - 재해사례연구 진행단계

1 재해율의 종류 및 계산 ★★★

(1) 연천인율

① 근로자 1,000명 중 재해자 수 비율(1년간)

② 연천인율 = $\dfrac{\text{연간재해자 수}}{\text{연평균 근로자 수}} \times 1,000$

③ 연천인율 = 도수율 × 2.4

(2) 도수율(빈도율 F.R)

① 100만 근로시간당 요양재해 발생 건수 비율

② 도수율(빈도율) = $\dfrac{\text{재해 건수}}{\text{연 근로시간 수}} \times 1,000,000$

근로자 1인의 1년간 총 근로 시간수 계산
8시간 × 300일 = 2,400시간
• 1일 근로시간 8시간　　• 1년 근로일수 300일

(3) 강도율(S.R)

① 1,000 근로시간당 요양재해로 인한 근로손실일수 비율

② 강도율 = $\dfrac{\text{총 요양 근로손실일수}}{\text{연 근로시간 수}} \times 1,000$

근로손실일수 = 휴업일수, 요양일수, 입원일수, 가료일수 × $\dfrac{300(\text{실제 근로일수})}{365}$

한 눈에 들어오는 키워드

[참고]

산업재해통계업무처리규정상의 용어정의

① "재해자수"는 근로복지공단의 유족급여가 지급된 사망자 및 근로복지공단에 최초요양신청서(재진 요양신청이나 전원요양신청서는 제외)를 제출한 재해자 중 요양승인을 받은 자(지방고용노동관서의 산재 미보고 적발 사망자 수를 포함)를 말한다.(다만, 통상의 출퇴근으로 발생한 재해는 제외)

② "사망자수"는 근로복지공단의 유족급여가 지급된 사망자(지방고용노동관서의 산재 미보고 적발 사망자를 포함) 수를 말한다.[다만, 사업장 밖의 교통사고(운수업, 음식숙박업은 사업장 밖의 교통사고도 포함)·체육행사·폭력행위·통상의 출퇴근에 의한 사망, 사고발생일로부터 1년을 경과하여 사망한 경우는 제외]

③ "휴업 재해자수"란 근로복지공단의 휴업급여를 지급받은 재해자수를 말한다. [다만, 질병에 의한 재해와 사업장 밖의 교통사고(운수업, 음식숙박업은 사업장 밖의 교통사고도 포함)·체육행사·폭력행위·통상의 출퇴근으로 발생한 재해는 제외]

④ "임금 근로자수"는 통계청의 경제활동 인구조사 상 임금 근로자수를 말한다.

⑤ "산재보험적용 근로자수"는 「산업재해보상보험법」이 적용되는 근로자수를 말한다.

[확인]
연천인율과 도수율의 관계
1,000명×연간 작업시간 2,400시간 = $10^6 \times$ 2.4

한 눈에 들어오는 키워드

[확인 ★]
근로손실일수 = 휴업일수, 요양일수, 입원일수 × $\frac{300}{365}$ 에서 300은 실제 근로일수를 뜻한다.
예) 1년, 290일 근로하는 중 휴업일수가 20일이다. 근로손실일수를 계산하라.
[풀이] 근로손실일수
= $20 \times \frac{290}{365}$
= 15.89 =16일

[확인 ★]
근로손실 연수의 계산 : 25년
- 중대재해발생의 평균 근로연수 : 근무 15년차에 가장 많이 발생
- 평생 근로 연수 : 40년
- 근로손실 연수 : 40년-15년=25년

[확인 ★]
환산 강도율과 강도율의 관계
(환산 강도율 = 강도율×100)
환산 강도율은 평생근로시간 100,000시간 단위이고 강도율은 1,000시간 단위이므로 100,000시간 = 1,000시간× 100이 된다.

[확인 ★]
환산 도수율과 도수율의 관계
(환산 도수율 = 도수율÷10)
환산 도수율은 평생근로시간 100,000시간 단위이고 도수율은 1,000,000단위 이므로 100,000시간은 1,000,000시간 ÷10이 된다.

신체장해등급	사망,1,2,3급	4급	5급	6급	7급	8급	9급	10급	11급	12급	13급	14급
손실일수	7,500일	5,500일	4,000일	3,000일	2,200일	1,500일	1,000일	600일	400일	200일	100일	50일

사망 및 1, 2, 3급의 근로손실일수 계산

25년 × 300일 = 7,500일

- 근로손실 년수 : 25년
- 1년 근로일수 : 300일

(4) 종합재해지수

① 재해의 빈도와 상해의 강약도를 혼합하여 집계하는 지표로 사용된다.
② $FSI = \sqrt{FR \times SR} = \sqrt{도수율 \times 강도율}$

(5) 환산 강도율(S)

① 일평생 근로하는 동안의 근로손실일 수를 말한다.
② 환산 강도율(S) = $\frac{총 \ 요양 \ 근로손실일 \ 수}{연 \ 근로시간 \ 수}$ × 평생근로시간 수(100,000)
③ 환산 강도율 = 강도율 × 100

근로자 1인의 평생 근로시간수 계산

(40년 × 2,400시간) + 4,000시간 = 100,000시간

- 1인의 일평생 근로연수 : 40년
- 1년 총 근로시간수 : 2,400시간
- 일평생 잔업시간 : 4,000시간

(6) 환산 도수율(F)

① 일평생 근로하는 동안의 재해건수를 말한다.
② 환산 도수율(F) = $\frac{재해 \ 건수}{연 \ 근로시간 \ 수}$ × 평생근로시간 수(100,000)
③ 환산 도수율 = 도수율 ÷ 10

(7) 평균강도율

$\frac{강도율}{도수율} \times 1,000$

(8) 안전활동률

① 100만 시간당 안전 활동건수를 나타낸다.

② 안전활동률 = $\dfrac{\text{안전 활동 건수}}{\text{총 근로시간 수(근로시간수} \times \text{평균근로자수)}} \times 10^6$

(9) Safe-T-Score(세이프 티 스코어)

① 과거와 현재의 안전을 성적을 내어 비교, 평가하는 기법이다.

② Safe-T-Score = $\dfrac{\text{현재빈도율} - \text{과거빈도율}}{\sqrt{\dfrac{\text{과거빈도율}}{\text{(현재)총근로시간수}} \times 1{,}000{,}000}}$

③ 판정
- 계산값이 -2 이하 : 과거보다 안전이 좋아졌다.
- 계산값이 -2~+2 사이 : 과거와 큰 차이 없다.
- 계산값이 +2 이상 : 과거보다 안전이 심각하게 나빠졌다.

(10) 사망 만인율

① **산재보험 적용 근로자 수 10,000명당 발생하는 사망자 수의 비율**을 말한다.

② 사망만인율 = $\dfrac{\text{사망자 수}}{\text{산재보험 적용 근로자 수}} \times 10{,}000$

(11) 재해율

① **산재보험 적용 근로자 수 100명당 발생하는 재해자 수의 비율**을 말한다.

② 재해율 = $\dfrac{\text{재해자 수}}{\text{산재보험 적용 근로자 수}} \times 100$

(12) 휴업 재해율

① **임금 근로자 수 100명당 발생하는 휴업 재해자 수의 비율**을 말한다.

② 휴업 재해율 = $\dfrac{\text{휴업 재해자 수}}{\text{임금 근로자 수}} \times 100$

(13) 건설업체의 산업재해발생률 ★★

다음의 계산식에 따른 **사고사망 만인율**로 산출하되, **소수점 셋째자리에서 반올림**한다.

> **참고**
>
> **건설기술 진흥법 시행령 건설사고조사위원회의 구성 · 운영**
> ① 건설사고조사위원회는 위원장 1명을 포함한 12명 이내의 위원으로 구성한다.
> ② 건설사고조사위원회의 위원은 다음 각 호의 어느 하나에 해당하는 사람 중에서 해당 건설사고조사위원회를 구성 · 운영하는 국토교통부장관, 발주청 또는 인 · 허가기관의 장이 임명하거나 위촉한다.
>   1. 건설공사 업무와 관련된 공무원
>   2. 건설공사 업무와 관련된 단체 및 연구기관 등의 임직원
>   3. 건설공사 업무에 관한 학식과 경험이 풍부한 사람
> ③ 위원의 임기는 2년으로 하며, 위원의 사임 등으로 새로 위촉된 위원의 임기는 전임위원 임기의 남은 기간으로 한다.

한 눈에 들어오는 키워드

> 참고
>
> **직접비**
> 법령에 따라 피해자에게 지급되는 비용을 말한다.
>
> **간접비**
> 간접비란 재료나 기계, 설비 등의 물적 손실과 기계 등 가동정지에서 오는 생산손실 및 작업을 하지 않았는데도 지급한 임금손실 등을 포함한 보이지 않는 손실비를 말한다.

> 참고
>
> **시몬즈(Simonds)의 비보험코스트의 종류**
> ① 무상해 사고는 의료조치를 필요로 하지 않은 상해사고를 말한다.
> ② 휴업상해는 영구 일부 노동불능 및 일시 전 노동 불능 상해를 말한다.
> ③ 응급조치상해는 응급조치 또는 8시간 미만의 휴업의료 조치 상해를 말한다.
> ④ 통원상해는 일시 일부 노동불능 및 의사의 통원 조치를 요하는 상해를 말한다.

> 참고
>
> **산업재해보상보험법령상 보험급여의 종류**
> 보험급여의 종류는 다음 각 호와 같다. 다만, 진폐에 따른 보험급여의 종류는 요양급여, 간병급여, 장례비, 직업재활급여, 진폐보상연금 및 진폐유족연금으로 한다.
> ① 요양급여
> ② 휴업급여
> ③ 장해급여
> ④ 간병급여
> ⑤ 유족급여
> ⑥ 상병(傷病)보상연금
> ⑦ 장례비
> ⑧ 직업재활급여

$$\text{사고사망 만인율}(\text{‰}) = \frac{\text{사고 사망자 수}}{\text{상시 근로자 수}} \times 10,000$$

$$\text{상시 근로자 수} = \frac{\text{연간 국내공사 실적액} \times \text{노무비율}}{\text{건설업 월평균임금} \times 12}$$

2 재해손실비의 종류 및 계산

하인리히 방식	총 재해비용 = 직접비 + 간접비 ★★ (1 : 4) ① 직접비 • 치료비　　　• 휴업급여 • 요양급여　　• 유족급여 • 장해급여　　• 간병급여 • 직업재활급여　• 상병(傷病)보상연금 • 장의비 등 ② 간접비 • 인적 손실　　• 물적 손실 • 생산 손실　　• 기계ㆍ기구 손실 • 시간 손실 등
시몬즈의 방식	총 재해코스트 = 보험코스트 + 비보험코스트 ★★ 총 재해코스트 = 산재보험료 + (A×휴업상해 건수) + (B×통원상해 건수) 　+ (C×구급조치상해 건수) + (D×무상해 사고 건수) A, B, C, D : 상수(각 재해에 대한 평균 비보험코스트) 보험코스트 = 산재보험료 비보험코스트 • 휴업상해 • 통원상해 • 구급조치상해 • 무상해 사고
버즈의 방식	보험비용 : 비보험 재산비용 : 비보험 기타재산비용 　= 　1　　 : 　　5~50　　 : 　　1~3
콤패스 방식	총 재해비용 = 공동비용 + 개별비용 ① 공동비용(불변비용) 　• 보험료 　• 안전보건팀 유지비 등 ② 개별비용(가변비용) 　• 작업중단 손실비 　• 사고조사비 　• 수리비용 등

3 재해 통계 분류방법

(1) ILO의 근로불능 상해의 구분(상해정도별 분류) ★★

① **사망**
② **영구 전 노동불능** : 신체 전체의 노동기능 완전 상실(**1~3급**)
③ **영구 일부 노동불능** : 신체 일부의 노동 기능 상실(**4~14급**)
④ **일시 전 노동불능** : 일정기간 노동 종사 불가(**휴업상해**)
⑤ **일시 일부 노동불능** : 일정기간 일부 노동에 종사 불가(**통원상해**)
⑥ **구급조치상해**

(2) 재해 통계방법 ★

① 파레토도
   사고 유형, 기인물 등 데이터를 분류하여 **그 항목값이 큰 순서대로 정리**하여 막대그래프로 나타낸다.

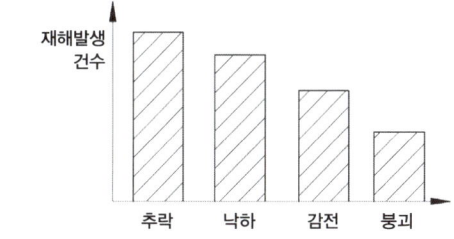

② 특성요인도
   재해와 그 요인의 관계를 어골상으로 세분화하여 **나타낸다**.

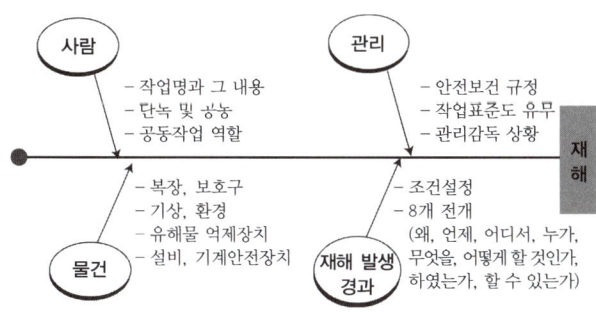

한 눈에 들어오는 키 워드

◎ 기출
산업재해 통계
- 산업재해 통계는 구체적으로 표시되어야 한다.
- 산업재해 통계의 목적은 기업에서 발생한 산업재해에 대하여 효과적인 대책을 강구하기 위함이다.
- 산업재해 통계는 안전 활동을 추진하기 위한 기초 자료이다.

◎ 기출
재해분류 방법
- 통계적 분류
- 개별적 분류
- 상해종류별 분류
- 재해형태별 분류

※ 문제
국제노동기구(ILO)의 산업 재해정도 구분에서 부상 결과 근로자가 신체장해등급 제12급 판정을 받았다고 하면 이는 어느 정도의 부상을 의미하는가?
㉮ 영구 일부 노동불능
㉯ 영구 전 노동불능
㉰ 일시 일부 노동불능
㉱ 일시 전 노동불능

[해설]
신체장해등급 제12급은 영구 일부 노동불능에 해당된다.

정답 ㉮

한눈에 들어오는 키워드

참고
- 2개 이상 요인의 결과를 클로즈(close) 분석도(요인별 결과 내역을 교차한 그림)를 작성하여 분석한다. → close 분석
- 2개 이상의 원인을 서로 교차(cross)하여 분석한다. → cross 분석

참고

개별분석
재해를 분석하는 방법에 있어 재해건수가 비교적 적은 사업장의 적용에 적합하고, 특수재해나 중대재해의 분석에 사용하는 방법

특성요인도의 작성방법

① 특성의 결정은 무엇에 대한 특성요인도를 작성할 것인가를 결정하고 기입한다.
② **등뼈는 원칙적으로 좌측에서 우측으로 향하여 가는 화살표를 기입한다.**
③ 큰 뼈는 특성이 일어나는 요인이라고 생각되는 것을 크게 분류하여 기입한다.
④ 중 뼈는 특성이 일어나는 큰 뼈의 요인마다 다시 미세하게 원인을 결정하여 기입한다.
⑤ 작은 뼈는 개선책을 기입한다.
⑥ 원인을 확인한다.
⑦ 이력사항을 기입한다.(작성일, 작성자, 검토자, 대상제품, 작성목적 등)

③ 크로스(Cross) 분석

2가지 또는 2개 항목 이상의 요인이 상호관계를 유지할 때 문제를 분석하는데 사용된다.

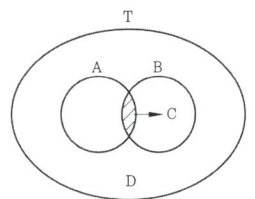

T : 전체 재해
A : 인적원인으로 인한 재해
B : 물적원인으로 인한 재해
C : 인적, 물적원인이 함께 발생한 재해
D : 인적, 물적원인 외의 원인으로 인한 재해

④ 관리도

시간경과에 따른 재해발생 건수 등 **대략적인 추이 파악에 사용**된다.

실기기출 ★

1단계 사실의 확인에서 확인해야 할 4가지
- 사람
- 물건
- 관리
- 재해발생 경과

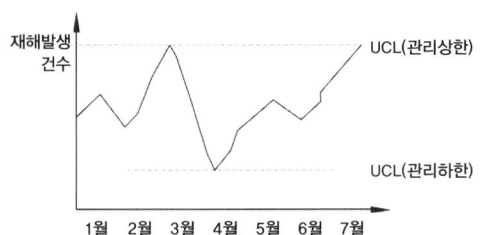

참고

재해사례 연구의 주된 목적
① 재해원인을 규명하여 대책을 세우기 위해
② 재해 방지의 원칙을 습득해서 일상 안전 보건 활동에 실천하기 위해서
③ 참가자의 안전보건활동에 관한 견해나 생각을 깊게 하고, 태도를 바꾸게 하기 위해서

(3) 재해사례연구 진행 단계 ★★

① 전제 조건 : **재해 상황의 파악**
② 1단계 : **사실의 확인**
③ 2단계 : **문제점 발견**
④ 3단계 : **근본 문제점 결정**(재해원인 결정)
⑤ 4단계 : **대책수립**

4 상해 및 재해발생형태 ★★★

(1) 상해종류별 분류

분류항목	세부항목
① 골절	뼈가 부러진 상해
② 동상	저온물 접촉으로 생긴 동상 상해
③ 부종	국부의 혈액순환의 이상으로 몸이 퉁퉁 부어오르는 상해
④ 찔림(자상)	칼날 등 날카로운 물건에 찔린 상해
⑤ 타박상(뼘)(좌상)	타박·충돌·추락 등으로 피부표면보다는 피하조직 또는 근육부를 다친 상태
⑥ 절단(절상)	신체 부위가 절단된 상해
⑦ 중독·질식	음식물·약물·가스 등에 의한 중독이나 질식된 상해
⑧ 찰과상	스치거나 문질러서 피부가 벗겨진 상해
⑨ 베임(창상)	창·칼 등에 베인 상해
⑩ 화상	화재 또는 고온물 접촉으로 인한 상해
⑪ 뇌진탕	머리를 세게 맞았을 때 장해로 일어난 상해
⑫ 익사	물 속에 추락하여 익사한 상해
⑬ 피부병	직업과 연관되어 발생 또는 악화되는 모든 피부질환
⑭ 청력장애	청력이 감퇴 또는 난청이 된 상태
⑮ 시력장애	시력이 감퇴 또는 실명된 상해

(2) 재해 발생형태

분류항목	세부항목
떨어짐	• 높이가 있는 곳에서 사람이 떨어짐 • 사람이 인력(중력)에 의하여 건축물, 구조물, 가설물, 수목, 사다리 등의 높은 장소에서 떨어지는 것
넘어짐	• 사람이 미끄러지거나 넘어짐 • 사람이 거의 평면 또는 경사면, 층계 등에서 구르거나 넘어지는 경우
깔림·뒤집힘	• 물체의 쓰러짐이나 뒤집힘 • 기대어져 있거나 세워져 있는 물체 등이 쓰러져 깔린 경우 및 지게차 등의 건설기계 등이 운행 또는 작업 중 뒤집어진 경우
부딪힘·접촉	• 물체에 부딪힘, 접촉 • 재해자 자신의 움직임·동작으로 인하여 기인물에 접촉 또는 부딪히거나, 물체가 고정부에서 이탈하지 않은 상태로 움직임(규칙, 불규칙)등에 의하여 접촉한 경우

한 눈에 들어오는 키워드

※ 문제

작업 통로에 기름이 흩어져 있어서 작업자가 지나가다 넘어져 바닥에 머리를 다쳤다. 재해분석이 가장 옳은 것은?
㉮ 사고유형-충돌, 기인물-기름, 가해물-바닥
㉯ 사고유형-넘어짐, 기인물-기름, 가해물-바닥
㉰ 사고유형-넘어짐, 기인물-바닥, 가해물-기름
㉱ 사고유형-낙하, 기인물-통로, 가해물-바닥

[해설]
• 넘어져 다쳤다.
  → 재해유형 : 넘어짐
• 기름이 흩어져 있어 넘어짐
  → 기인물 : 기름
• 바닥에 머리를 다쳤다.
  → 가해물 : 바닥

[참고]
• 기인물 : 사고의 원인이 된 물체
• 가해물 : 해를 입힌 물체
• 넘어짐 : 사람이 미끄러지거나 넘어짐

정답 ㉯

용어정의

전락 : 계단 등에서 굴러 떨어짐

> **한 눈에 들어오는 키워드**

분류항목	세부항목
맞음	• 날아오거나 떨어진 물체에 맞음 • 구조물, 기계 등에 고정되어 있던 물체가 중력, 원심력, 관성력 등에 의하여 고정되어 있던 물체가 고정부에서 이탈하거나 또는 설비 등으로부터 물질이 분출되어 사람을 가해하는 경우
끼임	• 기계설비에 끼이거나 감김 • 두 물체 사이의 움직임에 의하여 일어난 것으로 직선 운동하는 물체 사이의 끼임, 회전부와 고정체 사이의 끼임, 로울러 등 회전체 사이에 물리거나 또는 회전체·돌기부 등에 감긴 경우
무너짐	• 건축물이나 쌓여진 물체가 무너짐 • 토사, 적재물, 구조물, 건축물, 가설물 등이 전체적으로 허물어져 내리거나 또는 주요 부분이 꺾어져 무너지는 경우
감전	전기설비의 충전부 등에 신체의 일부가 직접 접촉하거나 유도전류의 통전으로 근육의 수축, 호흡곤란, 심실세동 등이 발생한 경우 또는 특별고압 등에 접근함에 따라 발생한 섬락 접촉, 합선·혼촉 등으로 인하여 발생한 아크에 접촉된 경우
이상온도 접촉	고·저온 환경 또는 물체에 노출·접촉된 경우
화학물질 누출·접촉	유해·위험물질에 노출·접촉 또는 흡입한 경우
산소결핍	유해물질과 관련 없이 산소가 부족한 상태·환경에 노출되었거나 이물질 등에 의하여 기도가 막혀 호흡기능이 불충분한 경우
폭발·파열	건축물, 용기 내 또는 대기 중에서 물질의 화학적, 물리적 변화가 급격히 진행되어 열, 폭음, 폭발압이 동반하여 발생하는 경우를 말하며, 파열은 배관, 용기 등이 물리적인 압력에 의하여 찢어지거나 터진 경우로서 폭풍압이 동반되지 않은 경우
화재	가연물에 점화원이 가해져 비의도적으로 불이 일어난 경우
불균형 및 무리한 동작	물체의 취급 없이 일시적이고 급격한 행위·동작 등 신체동작(반응)에 의한 경우나, 물체의 취급과 관련하여 근육의 힘을 많이 사용하는 경우로서 밀기, 당기기, 지탱하기, 들어올리기, 돌리기, 잡기, 운반하기 등과 같은 행위·동작
폭력행위	의도적인 또는 의도가 불분명한 위험행위(마약, 정신질환 등)로 자신 또는 타인에게 상해를 입힌 폭력·폭행을 말하며, 협박·언어·성폭력 및 동물에 의한 상해 등도 포함한다.
절단·베임·찔림	사람과 물체 간의 직접적인 접촉에 의한 것으로서 칼 등 날카로운 물체의 취급 또는 톱·절단기 등의 회전 날 부위에 접촉되어 신체가 절단되거나 베어진 경우
빠짐·익사	수중에 빠지거나 익사한 경우
사업장 내 교통사고	사업장 내의 도로에서 발생된 교통사고
사업장 외 교통사고	사업장 외의 도로에서 발생된 교통사고와 해상·항공과 관련하여 발생된 교통사고
체육행사 등의 사고	업무와 관련한 체육행사·워크숍, 회식 등에서 재해를 입은 경우
동물상해	동물에 의해 근로자가 상해를 입은 경우로 동물(개·소·말 등)에 물리거나 차이는 등에 의해 상해를 입은 경우

(3) 재해발생형태의 분류기준

① 두 가지 이상의 발생형태가 연쇄적으로 발생된 재해의 경우는 상해결과 또는 피해를 크게 유발한 형태로 분류한다. ★

재해자가 「넘어짐」으로 인하여 기계의 동력전달부위 등에 끼이는 사고가 발생하여 신체부위가 「절단」된 경우	⇨	「끼임」
재해자가 구조물 상부에서 「넘어짐」으로 인하여 사람이 떨어져 두개골 골절이 발생한 경우	⇨	「떨어짐」
재해자가 「넘어짐」 또는 「떨어짐」으로 물에 빠져 익사한 경우	⇨	「빠짐·익사」

② 기계의 구동축, 회전체 등 주요 부위의 파단, 파열 등으로 재해가 발생한 경우
→ 상해를 입힌 물체의 운동 형태에 따라 「맞음」 재해로 분류한다.

③ 「떨어짐」과 「넘어짐」의 분류 ★

바닥면과 신체가 떨어진 상태로 더 낮은 위치로 떨어진 경우	⇨	「떨어짐」
바닥면과 신체가 접해있는 상태에서 더 낮은 위치로 떨어진 경우	⇨	「넘어짐」
신체가 바닥면과 접해있었는지 여부를 알 수 없는 경우 작업발판 등 구조물의 높이가 보폭(약 60cm) 이상인 경우	⇨	「떨어짐」
보폭 미만인 경우	⇨	「넘어짐」

④ 「맞음」, 「이상온도 접촉」 또는 「화학물질 누출·접촉」의 분류 ★

물체 또는 물질이 떨어지거나 날아와 타박상 등의 상해를 입었을 경우	⇨	「맞음」
고·저온 물체 또는 물질이 떨어지거나 날아와 화상을 입었을 경우	⇨	「이상온도 접촉」
떨어지거나 날아온 물체 또는 물질의 특성에 의하여 상해를 입은 경우	⇨	「화학물질 누출·접촉」

⑤ 「폭발」과 「화재」의 분류

폭발과 화재, 두 현상이 복합적으로 발생된 경우	⇨	「폭발」

> 한 눈에 들어오는 키워드

(4) 기인물 및 가해물

① 기인물
직접적으로 재해를 유발하거나 영향을 끼친 에너지원(운동, 위치, 열, 전기 등)을 지닌 기계·장치, 구조물, 물체·물질, 사람 또는 환경을 말한다.

② 2차 기인물
복합적 요인으로 발생된 재해에 있어서 기인물을 유발(가속화)시켰거나 재해 또는 특정물질에 노출을 유도한 것 즉, **간접적 영향을 끼친 물체, 사람, 에너지원, 환경요인**을 말한다.

③ 가해물
근로자(사람)에게 직접적으로 상해를 입힌 기계, 장치, 구조물, 물체·물질, 사람 또는 환경 등을 말한다.

(5) 기인물 및 가해물의 분류기준 ★

① 재해발생 주 요인이 사물이면 그 사물을 기인물로 한다.
② 재해발생 주 요인이 사람이나 기인물이 있으면 그 기인물로 분류한다.(조작 및 취급하던 물체를 우선한다)

| 예 운전 중 한눈을 팔다 전주에 충돌 | ⇨ | 기인물 : 차량 |

③ 재해발생 주 요인이 사람이고 기인물이 존재하지 않고 가해물이 있으면 그 가해물을 기인물로 분류한다.

| 예 손에 들고 있던 운반물을 놓침 | ⇨ | 기인물 : 운반물 |

④ 재해발생 주 요인이 사람이고 기인물, 가해물이 되는 사물이 없으면 사람으로 분류한다.

| 예 **외부요인이 없는 상태에서 사람이 걷다가 발목을 겹질림** | ⇨ | 기인물 : 사람 |

⑤ 재해발생 주 요인이 사람이 아니고 불안전한 상태도 없으나 기인물이 있는 경우는 그 기인물로 분류한다.

| 예 **자연재해, 천재지변** |

한눈에 들어오는 키워드

참고

1. 「떨어짐」 및 「넘어짐」 재해의 기인물과 가해물
- 「떨어짐」 및 「넘어짐」 재해는 떨어지거나 넘어진 장소, 작업바닥을 기인물로 분류하고, 떨어지거나 넘어지면서 충돌한 바닥, 지표면, 구조물, 적재물 등은 가해물로 분류한다.
- 의도적으로 떨어지거나, 넘어진 경우와 같이 특별한 외부적 영향이 없었던 경우에는 사람으로 분류한다.
- 예 체육활동·훈련과정에서 발생한 재해

2. 「부딪힘」 재해의 기인물과 가해물
- 「부딪힘」 재해를 일으킨 동력원(기계 등)을 기인물로 하고, 신체와 직접 부딪힌 물체는 가해물로 분류한다.

3. 「맞음」 재해의 기인물과 가해물
- 물체를 지탱하고 있던 물체 또는 장소의 불안전한 상태, 물체가 떨어지거나 날아오는 재해를 일으킨 동력원 등을 기인물로 분류하고, 신체와 직접 접촉·부딪힌 물체는 가해물로 분류한다.
- 예 각재를 목재가공용 둥근톱으로 절단하는 작업 중 절단편이 날아와 얼굴에 상해를 입은 경우
  → 기인물 : 둥근톱,
     가해물 : 절단편

4. 「끼임」 재해의 기인물과 가해물
- 상호 물체간 협착 또는 감김원인의 주체(운동물체)를 기인물 및 가해물로 분류한다.
- 예 「끼임」 재해가 기계 등의 주 기능적인 작업점에서 발생된 경우는 해당 기계를 기인물로 하되 주 기능적인 작업점이 아닌 일부 부속물에 접촉된 경우에는 기계부품, 부속물을 기인물 및 가해물로 분류한다.

(6) 분류 시 유의사항

1) 「설비·기계, 휴대용 및 인력용 기계기구, 교통수단(완성품)」과 「부품·부속물」의 분류는 다음과 같이 적용한다.

① 사고 당시 완성품의 구성요소가 부착상태 또는 완성품의 용도, 주 기능과 관련하여 **정상 사용 중 재해가 발생된 경우에는 완성품을 기인물로 분류**한다.

> 예 **용접작업 중 용접장치의 화염에 기인하여 상해를 입은 경우는** 동 설비를 이용하여 정상적인 작업을 수행하는 과정에서 발생된 것이므로 **기인물은 용접장치로 한다.**

② 다만, 부착된 경우라도 완성품의 용도, 주기능과 무관하게 **일부 부속물에 의하여 재해가 발생된 경우에는 「부품·부속물」로 분류**한다.

> 예 작업장 내 통로 이동 중 기계의 **정상적인 작업용도 및 범위와 관계없이 동력전달부**에 접촉하여 상해를 입은 경우 **기인물은 기계의 부속물인 동력전달부로 한다.**

③ 부품·구성요소가 그 완성품과 분리된 상태 또는 해체 중인 작업에서 재해를 유발한 경우는 **부품·부속물로 분류**한다.

> 예 **부착 상태로 수리 중인 경우는 전체 설비·기계 기구, 차량을 기인물로 하되,** 해체 하던 중인 경우는 **부품·부속물을 기인물로 한다.**

2) 다중 물체에 동시 혹은 연쇄적으로 접촉하여 직접적인 기인물을 알 수 없을 경우에는 다음과 같이 적용한다.

① **이동 물체와 고정 물체 사이의 접촉이면, 이동물체를 기인물로 분류**한다.

> 예 **이동 차량에 치여 기둥에 부딪힌 경우는 차량이 기인물이 된다.**

② 이동 물체와 이동 물체 사이의 접촉이면 어느 쪽의 잘못인가를 따라 판단하되, 판단이 곤란한 경우는 '**피해를 입은 쪽**'(피해자)을 기인물로 한다.

> 예 트럭과 지게차가 운전 중 **정면충돌하여 지게차 운전자가 사망**한 경우는 지게차가 기인물(가해물 트럭)

3) **교통수단에 의한 재해의 기인물 분류**는 다음과 같이 적용한다.

① **교통수단에 탑승한 상태이거나 교통수단에 의하여 다친 경우**는 발생 형태에 관계 없이 그 **교통수단을 기인물로 분류**한다. 특히, 교통수단이 운행 중인 상태이면, 기후, 바람, 돌발 물체 등 외부 영향이 있는 경우라도 교통수단을 기인물로 분류한다.

> **예)** 불도저가 전복된 경우 **불도저를 지탱하고 있던 노견의 문제도 있지만 일반적으로 불도저 운전불량 등의 불안전 요소가 많으므로 불도저가 기인물**

② 다만, 교통수단의 수리 또는 화물 적재작업 등 교통수단의 용도, 목적 등과 직접적인 관련이 없이 재해가 발생된 경우는 해당 부속물 또는 **다른 불안전 요인이 있었는지 여부에 따라 요인이 있는 경우는 해당 요인을 기인물로 요인이 없는 경우는 교통수단을 기인물로** 분류한다.

> **예) 차량적재 작업과정에서** 적재된 중량물의 결속을 위하여 고무로프를 당기던 중 고무로프가 파단되어 재해가 발생**한 경우에는 고무로프가 기인물**

4) 사람을 기인물로 분류하는 경우는 다음과 같다.

① 재해자의 신체상태(육체, 정신), 외부의 다른 영향 없이 재해자의 의지에 의한 신체동작(과다동작 제외) 또는 스트레스로 발생된 경우

> **예) 불안전한 요인이 없이 상해를 입은 경우**에 한하여**, 중량물 취급 등 다른 불안전한 요인에 기인한 것은 당해 불안전한 요인을 기인물로** 한다.

② 재해자 자신이 아닌 동료, 환자 등 제3자에 의한 상해 또는 질병에 이환된 경우

5) 두 개 이상의 상이한 물체 · 물질이 재해를 유발한 경우는 다음과 같이 적용한다.

① 두 물체·물질의 **취급 방법 오류로 재해가 발생한 경우** 사람을 기인물로 하지 않고 두 물체 · 물질 중 사고를 유발할 수 있는 잠재 에너지 또는 동력을 지닌 물체 또는 물질을 기인물로 분류한다.

> **예) 물과 황산의 혼합방법 잘못으로 상해를 입은 경우 황산을 기인물로 분류**

6) 대기조건 등 자연현상은 다른 항목으로 분류되지 않고 파악되는 유일한 기인물인 경우에 한하여 분류하고 다음과 같이 적용한다.

① 날씨 관련 요인으로 재해가 기인 되었으나 또 다른 특정 물체·물질에 영향을 받은 경우에는 그 특정 물체·물질을 기인물로 분류한다.

> **예) 바람이 불어 날린 톱밥이 근로자의 눈에 상해를 입힌 경우는 톱밥을 기인물로 분류**

② 자연현상, 대기 및 환경조건의 「고·저온」은 작업환경 등의 대기 조건인 경우에 분류하고, **고 · 저온 물체 또는 물질에 의한 재해의 경우에는 그 특정 물체 · 물질을 기인물로 분류**한다.

05 안전점검 인증 및 진단

주요내용 알고 가기!

- 안전점검의 종류
- 안전인증 대상 기계기구, 방호장치, 보호구, 합격표시
- 자율안전확인 대상 기계기구, 방호장치, 보호구, 합격표시
- 안전검사 대상 기계기구 및 검사주기, 합격표시

한눈에 들어오는 키워드

※ 문제
다음 중 안전점검의 목적으로 볼 수 없는 것은?
㉮ 사고원인을 찾아 재해를 미연에 방지하기 위함이다.
㉯ 작업자의 잘못된 부분을 점검하여 책임을 부여하기 위함이다.
㉰ 재해의 재발을 방지하여 사전 대책을 세우기 위함이다.
㉱ 현장의 불안전 요인을 찾아 계획에 적절히 반영시키기 위함이다.
정답 ㉯

◉ 기출
안전점검의 순서
실태파악 – 결함의 발견 – 대책 결정 – 대책실시

안전점검 보고서 작성내용 중 주요 사항
- 작업현장의 현 배치 상태와 문제점
- 재해다발요인과 유형분석 및 비교 데이터 제시
- 보호구, 방호장치 작업환경 실태와 개선 제시

1 안전점검의 정의 및 목적

(1) 안전점검의 정의

사고가 발생하기 전에 모든 작업장에서 존재하는 불안전한 행동 및 불안전한 상태를 조사하여 위험성을 찾아내는 행위를 말한다.

(2) 안전 점검의 목적

① 결함이나 불안전 조건의 제거
② 기계 · 설비의 본래 성능 유지
③ 합리적인 생산관리

2 안전점검의 종류 ★

① **정기점검(계획점검)**
  - **일정 기간마다 정기적으로 실시**하는 점검을 말한다.
  - 법적 기준 또는 사내 안전규정에 따라 해당 책임자가 실시하는 점검이다.

② **수시점검(일상점검)**
  - **매일 작업 전, 중, 후에 실시**하는 점검을 말한다.
  - 작업자 · 작업책임자 · 관리감독자가 실시하며 사업주의 안전순찰도 넓은 의미에서 포함된다.

[참고]
안전점검기준의 작성 시 유의사항(안전점검 시 고려사항)
① 점검대상물의 위험도를 고려한다.
② 점검대상물의 과거 재해사고 경력을 참작한다.
③ 점검대상물의 기능적 특성을 충분히 감안한다.
④ 점검자 능력을 감안하여 구체적인 계획 수립 후 점검을 실시한다.
⑤ 점검사항, 점검방법 등에 대한 지속적인 교육을 통하여 정확한 점검이 이루어지도록 한다.
⑥ 점검 시 특이한 사항 등을 기록, 보존하여 향후 점검 및 이상 발생 시 대비할 수 있도록 한다.

한눈에 들어오는 키워드

③ **특별점검**
- **기계·기구 또는 설비의 신설·변경 또는 고장·수리 등**으로 비정기적인 특정 점검을 말하며 기술 책임자가 실시한다.
- **산업안전보건 강조기간, 악천후 시에도 실시**한다.

④ **임시점검**
- **기계·기구 또는 설비의 이상 발견 시**에 임시로 점검하는 점검을 말한다.
- 정기점검 실시 후 다음 점검기일 이전에 임시로 실시하는 점검의 형태이다.

> **참고**
>
> **시설물의 안전 및 유지관리에 관한 특별법상 제1,2,3종 시설물**
>
> **1. 제1종 시설물**
> ① 고속철도 교량, 연장 500미터 이상의 도로 및 철도 교량
> ② 고속철도 및 도시철도 터널, 연장 1000미터 이상의 도로 및 철도 터널
> ③ 갑문시설 및 연장 1000미터 이상의 방파제
> ④ 다목적댐, 발전용댐, 홍수전용댐 및 총저수용량 1천만톤 이상의 용수전용댐
> ⑤ 21층 이상 또는 연면적 5만 제곱미터 이상의 건축물
> ⑥ 하구둑, 포용저수량 8천만톤 이상의 방조제
> ⑦ 광역상수도, 공업용수도, 1일 공급능력 3만톤 이상의 지방상수도
>
> **2. 제2종 시설물**
> ① 연장 100미터 이상의 도로 및 철도 교량
> ② 고속국도, 일반국도, 특별시도 및 광역시도 도로터널 및 특별시 또는 광역시에 있는 철도터널
> ③ 연장 500미터 이상의 방파제
> ④ 지방상수도 전용댐 및 총저수용량 1백만톤 이상의 용수전용댐
> ⑤ 16층 이상 또는 연면적 3만 제곱미터 이상의 건축물
> ⑥ 포용저수량 1천만톤 이상의 방조제
> ⑦ 1일 공급능력 3만톤 미만의 지방상수도
>
> **3. 제3종 시설물** : 제1종시설물 및 제2종시설물 외에 안전관리가 필요한 소규모 시설물로서 지정·고시된 시설물

> **참고**
>
> **1. 시설물의 안전 및 유지관리에 관한 기본계획의 수립**
> 국토교통부장관은 시설물이 안전하게 유지관리될 수 있도록 하기 위하여 **5년마다 시설물의 안전 및 유지관리에 관한 기본계획을 수립·시행**하여야 한다.
>
> **2. 시설물의 안전 및 유지관리에 관한 기본계획의 포함사항**
> ① 시설물의 안전 및 유지관리에 관한 기본목표 및 추진방향에 관한 사항
> ② 시설물의 안전 및 유지관리체계의 개발, 구축 및 운영에 관한 사항
> ③ 시설물의 안전 및 유지관리에 관한 정보체계의 구축·운영에 관한 사항
> ④ 시설물의 안전 및 유지관리에 필요한 기술의 연구·개발에 관한 사항
> ⑤ 시설물의 안전 및 유지관리에 필요한 인력의 양성에 관한 사항
> ⑥ 그 밖에 시설물의 안전 및 유지관리에 관하여 대통령령으로 정하는 사항
>
> **3. 용어정의**
> ① **안전점검** : 경험과 기술을 갖춘 자가 육안이나 점검기구 등으로 검사하여 시설물에 내재(內在)되어 있는 위험요인을 조사하는 행위를 말하며, 점검목적 및 점검수준을 고려하여 국토교통부령으로 정하는 바에 따라 정기안전점검 및 정밀안전점검으로 구분한다.
> ② **정밀안전진단** : 시설물의 물리적·기능적 결함을 발견하고 그에 대한 신속하고 적절한 조치를 하기 위하여 구조적안전성과 결함의 원인등을 조사·측정·평가하여 보수·보강 등의 방법을 제시하는 행위를 말한다.
> ③ **긴급안전점검** : 시설물의 붕괴·굴러떨어짐 등으로 인한 재난 또는 재해가 발생할 우려가 있는 경우에 시설물의 물리적·기능적 결함을 신속하게 발견하기 위하여 실시하는 점검을 말한다.
>
> **4. 시설물의 안전관리에 관한 특별법 상의 안전점검 및 정밀안전진단의 실시 시기**
> 1) 정기점검 : 반기에 1회 이상
> 2) 긴급점검 : 관리주체가 필요하다고 판단한 때 또는 관계 행정기관의 장이 필요하다고 판단하여 관리주체에게 긴급점검을 요청한 때

3) 정기점검, 정밀점검 및 정밀안전진단, 성능평가의 실시 주기

안전등급	정기 안전점검	정밀점검		정밀 안전진단	성능평가
		건축물	그 외 시설물		
A등급	반기에 1회 이상	4년에 1회 이상	3년에 1회 이상	6년에 1회 이상	5년에 1회 이상
B·C등급		3년에 1회 이상	2년에 1회 이상	5년에 1회 이상	
D·E등급	1년에 3회 이상	2년에 1회 이상	1년에 1회 이상	4년에 1회 이상	

5. 시설물관리계획에 포함사항
   ① 시설물의 적정한 안전과 유지관리를 위한 조직·인원 및 장비의 확보에 관한 사항
   ② 긴급 상황 발생 시 조치체계에 관한 사항
   ③ 시설물의 설계·시공·감리 및 유지관리 등에 관련된 설계도서의 수집 및 보존에 관한 사항
   ④ 안전점검 또는 정밀안전진단의 실시에 관한 사항
   ⑤ 보수·보강 등 유지관리 및 그에 필요한 비용에 관한 사항

 한 눈에 들어오는 키워드

참고

안전점검표에 포함되어야 할 항목
① 점검대상
② 점검부분
③ 점검항목
④ 점검방법
⑤ 실시주기
⑥ 판정기준
⑦ 조치

참고

안전점검 시 점검자가 갖추어야 할 태도 및 마음가짐
① 점검 본래의 취지 준수
② 점검 대상 부서의 협조
③ 모범적인 점검자의 자세
④ 점검결과의 통보

참고

고용노동부장관은 근로자의 안전 및 보건에 필요하다고 인정하는 경우 안전인증대상 기계 등을 제조·수입 또는 판매하는 자에게 고용노동부령으로 정하는 바에 따라 해당 안전인증대상 기계 등의 제조·수입 또는 판매에 관한 자료를 공단에 제출하게 할 수 있다.

3 안전점검표(안전점검 체크리스트) 작성 시 유의사항 ★

① 사업장에 적합한 내용이며 독자적일 것
② 내용은 구체적이며, 재해예방에 실효가 있을 것
③ 중요도가 높은 순으로 작성할 것
④ 일정양식 및 점검대상을 정하여 작성할 것
⑤ 가급적 쉬운 표현으로 작성할 것

4 안전인증

유해·위험기계 중 근로자의 안전 및 보건에 위해(危害)를 미칠 수 있다고 인정되어 대통령령으로 정하는 것("안전인증대상 기계 등")을 제조하거나 수입하는 자(고용노동부령으로 정하는 안전인증대상 기계 등을 설치·이전하거나 주요구조 부분을 변경하는 자를 포함)는 안전인증대상 기계 등이 안전인증기준에 맞는지에 대하여 고용노동부장관이 실시하는 안전인증을 받아야 한다.

한 눈에 들어오는 키워드

(1) 안전인증의 면제

1) 고용노동부장관은 다음 각 호의 어느 하나에 해당하는 경우에는 고용노동부령으로 정하는 바에 따라 안전인증의 전부 또는 일부를 면제할 수 있다.

안전인증의 전부 또는 일부를 면제할 수 있는 경우 ★

1. 연구·개발을 목적으로 제조·수입하거나 수출을 목적으로 제조하는 경우
2. 고용노동부장관이 정하여 고시하는 외국의 안전인증기관에서 인증을 받은 경우
3. 다른 법령에 따라 안전성에 관한 검사나 인증을 받은 경우로서 고용노동부령으로 정하는 경우

> **참고**
>
> ① 안전인증대상 기계·기구 등이 **다음 각 호의 어느 하나에 해당하면 안전인증을 전부 면제한다.**
>
> 1. 연구·개발을 목적으로 제조·수입하거나 수출을 목적으로 제조하는 경우
> 2. 「고압가스 안전관리법」에 따른 검사를 받은 경우
> 3. 「에너지이용 합리화법」에 따른 검사를 받은 경우
> 4. 「전기사업법」에 따른 검사를 받은 경우
> 5. 「항만법」에 따른 검사를 받은 경우
> 6. 「광산보안법」에 따른 검사 중 광업시설의 설치공사 또는 변경공사가 완료된 때에 받는 검사를 받은 경우
> 7. 「건설기계관리법」에 따른 검사를 받은 경우 또는 형식승인을 받거나 형식신고를 한 경우
> 8. 「선박안전법」에 따른 검사를 받은 경우
> 9. 「원자력법」에 따른 검사를 받은 경우
> 10. 「소방시설설치유지 및 안전관리에 관한 법률」에 따른 형식승인을 받은 경우
> 11. 「방위사업법」에 따른 품질보증을 받은 경우
> 12. 「위험물안전관리법」에 따른 검사를 받은 경우
>
> ② 안전인증대상 기계·기구 등이 **다음 각 호의 어느 하나에 해당하는** 인증 또는 시험이나 그 일부 항목이 안전인증기준과 같은 수준 이상인 것으로 인정되는 경우에는 **해당 인증 또는 시험이나 그 일부 항목에 한정하여 안전인증을 면제한다.**
>
> 1. 고용노동부장관이 정하여 고시하는 외국의 안전인증기관에서 인증을 받은 경우
> 2. 「품질경영 및 공산품안전관리법」에 따른 안전인증을 받은 경우
> 3. 「산업표준화법」에 따른 인증을 받은 경우
> 4. 「국가표준기본법」에 따른 시험·검사기관에서 실시하는 시험을 받은 경우
> 5. 국제전기기술위원회(IEC)의 국제방폭전기 기계·기구 상호인정제도(IECEx Scheme)에 따라 인증을 받은 경우

③ 안전인증이 면제되는 안전인증대상 기계·기구 등을 제조하거나 수입하는 자는 해당 공산품의 출고 또는 통관 전에 안전인증 면제신청서에 다음 각 호의 서류를 첨부하여 안전인증기관에 제출하여야 한다.

> 1. 제품 및 용도설명서
> 2. 연구·개발을 목적으로 사용되는 것임을 증명하는 서류
> 3. 외국의 안전인증기관의 인증증서 및 시험성적서
> 4. 다른 법령에 따른 인증 또는 검사를 받았음을 증명하는 서류 및 시험성적서

2) **안전인증대상 기계 등이 아닌 유해·위험기계 등을 제조하거나 수입하는 자가 그 유해·위험기계 등의 안전에 관한 성능 등을 평가받으려면 고용노동부장관에게 안전인증을 신청할 수 있다.** 이 경우 고용노동부장관은 안전인증기준에 따라 안전인증을 할 수 있다.

3) 안전인증을 받은 자는 **안전인증을 받은 안전인증대상 기계 등에 대하여** 고용노동부령으로 정하는 바에 따라 **제품명·모델명·제조수량·판매수량 및 판매처 현황** 등의 사항을 **기록하여 보존**하여야 한다. ★

(2) 안전인증의 확인

1) **고용노동부장관은 안전인증을 받은 자가 안전인증기준을 지키고 있는지를 3년** 이하의 범위에서 고용노동부령으로 정하는 주기마다 **확인하여야 한다.** 다만, 안전인증의 일부를 면제받은 경우에는 고용노동부령으로 정하는 바에 따라 확인의 전부 또는 일부를 생략할 수 있다.

2) **안전인증기관의 확인 주기** ★

① 안전인증기관은 안전인증을 받은 제조자가 안전인증기준을 지키고 있는지를 **2년에 1회 이상 확인**하여야 한다.
② 다만, 다음 각 호의 모두에 해당하는 경우에는 **3년에 1회 이상 확인**할 수 있다.
- 최근 3년 동안 안전인증이 취소되거나 **안전인증표시의 사용금지** 또는 개선명령을 받은 사실이 없는 경우
- 최근 2회의 확인 결과 기술능력 및 생산 체계가 고용노동부장관이 정하는 기준 이상인 경우

한 눈에 들어오는 키워드

3) 안전인증기관의 확인 사항

① 안전인증서에 적힌 제조 사업장에서 해당 유해·위험한 기계·기구 등을 **생산하고 있는지 여부**
② 안전인증을 받은 유해·위험한 **기계·기구 등이 안전인증기준에 적합한지 여부**
③ 제조자가 안전인증을 받을 당시의 기술능력·생산체계를 지속적으로 유지하고 있는지 여부
④ 유해·위험한 기계·기구 등이 **서면심사 내용과 같은 수준 이상의 재료 및 부품을 사용하고 있는지 여부**

(3) 안전인증의 표시

① 안전인증을 받은 자는 **안전인증을 받은 유해·위험기계 등이나 이를 담은 용기 또는 포장**에 고용노동부령으로 정하는 바에 따라 **안전인증의 표시를 하여야 한다.** ★
② 안전인증을 받은 유해·위험기계 등이 아닌 것은 안전인증표시 또는 이와 유사한 표시를 하거나 안전인증에 관한 광고를 해서는 아니 된다.
③ 안전인증을 받은 유해·위험기계 등을 제조·수입·양도·대여하는 자는 **안전인증표시를 임의로 변경하거나 제거해서는 아니 된다.**
④ 고용노동부장관은 다음 각 호의 어느 하나에 해당하는 경우에는 안전인증표시나 이와 유사한 표시를 제거할 것을 명하여야 한다.

안전인증표시나 이와 유사한 표시를 제거할 것을 명할 수 있는 경우
1. 안전인증을 받지 아니하고 안전인증표시나 이와 유사한 표시를 한 경우
2. 안전인증이 취소되거나 안전인증표시의 사용금지 명령을 받은 경우

(4) 안전인증의 취소

1) 고용노동부장관은 **안전인증을 받은 자**가 다음 각 호의 어느 하나에 해당하면 **안전인증을 취소하거나 6개월 이내의 기간을 정하여 안전인증표시의 사용을 금지**하거나 안전인증기준에 맞게 **시정하도록 명할 수 있다.** 다만, 제1호의 경우에는 안전인증을 취소하여야 한다. ★

안전인증을 취소, 안전인증표시의 사용금지, 안전인증기준에 맞게 시정을 요구할 수 있는 경우 ★
1. 거짓이나 그 밖의 부정한 방법으로 안전인증을 받은 경우(안전인증 취소만 해당됨)
2. 안전인증을 받은 유해·위험기계 등의 안전에 관한 성능 등이 안전인증기준에 맞지 아니하게 된 경우
3. 정당한 사유 없이 안전인증 확인을 거부, 방해 또는 기피하는 경우

> **참고**
> 안전인증의 취소 공고
> 고용노동부장관이 안전인증을 취소한 경우에는 안전인증을 취소한 날부터 30일 이내에 다음 각 호의 사항을 관보와 그 보급지역을 전국으로 하여 등록한 일반 일간신문 또는 인터넷 등에 공고하여야 한다.
> ① 유해·위험 기계 등의 명칭 및 형식번호
> ② 안전인증번호
> ③ 제조자(수입자) 및 대표자
> ④ 사업장 소재지
> ⑤ 취소일 및 취소 사유

2) 고용노동부장관은 **안전인증을 취소한 경우**에는 고용노동부령으로 정하는 바에 따라 그 사실을 **관보 등에 공고**하여야 한다.

3) **안전인증이 취소된 자는 안전인증이 취소된 날부터 1년 이내**에는 취소된 유해·위험기계 등에 대하여 **안전인증을 신청할 수 없다.** ★

(5) 안전인증대상 기계 등의 제조 등의 금지

누구든지 다음 각 호의 어느 하나에 해당하는 안전인증대상 기계 등을 제조·수입·양도·대여·사용하거나 양도·대여의 목적으로 진열할 수 없다.

> **안전인증대상 기계 등을 제조·수입·양도·대여·사용하거나
> 양도·대여의 목적으로 진열할 수 없는 경우** ★
>
> ① 안전인증을 받지 아니한 경우(안전인증이 전부 면제되는 경우는 제외)
> ② 안전인증기준에 맞지 아니하게 된 경우
> ③ 안전인증이 취소되거나 안전인증표시의 사용금지 명령을 받은 경우

[참고]
고용노동부장관은 안전인증대상 기계 등을 제조·수입·양도·대여·사용하거나 양도·대여의 목적으로 진열할 수 없는 안전인증대상 기계 등을 제조·수입·양도·대여하는 자에게 고용노동부령으로 정하는 바에 따라 그 안전인증대상 기계 등을 수거하거나 파기할 것을 명할 수 있다.

(6) 안전인증 심사의 종류 및 방법 ★★

1) 안전인증대상 기계·기구 등이 안전인증기준에 적합한지를 확인하기 위하여 안전인증기관이 하는 심사는 다음과 같다.

예비심사	기계·기구 및 방호장치·보호구가 유해·위험한 기계·기구·설비 등 인지를 확인하는 심사(안전인증을 신청한 경우만 해당한다.)
서면심사	유해·위험한 기계·기구·설비 등의 **제품기술과 관련된 문서가 안전인증기준에 적합한지**에 대한 심사
기술능력 및 생산체계 심사	유해·위험한 기계·기구·설비 등의 안전성능을 지속적으로 유지·보증하기 위하여 사업장에서 갖추어야 할 **기술능력과 생산체계가 안전인증기준에 적합한지**에 대한 심사
제품심사	유해·위험한 기계·기구·설비 등이 **서면심사 내용과 일치하는지 여부**와 유해·위험한 기계·기구·설비 등의 **안전에 관한 성능이 안전인증기준에 적합한지 여부**에 대한 심사(다음 각 목의 심사는 어느 하나만을 받는다)
	개별 제품심사	• 서면심사 결과가 안전인증기준에 적합할 경우에 유해·위험한 기계·기구·설비 등 **모두에 대하여 하는 심사** • 안전인증을 받으려는 자가 서면심사와 개별 제품심사를 동시에 할 것을 요청하는 경우 병행하여 할 수 있다.
	형식별 제품심사	• 서면심사와 기술능력 및 생산체계 심사 결과가 안전인증 기준에 적합할 경우에 유해·위험한 기계·기구·설비 등의 **형식별로 표본을 추출하여 하는 심사**

| | | • 안전인증을 받으려는 자가 서면심사, 기술능력 및 생산체계 심사와 형식별 제품심사를 동시에 할 것을 요청하는 경우 병행하여 할 수 있다. |

기술능력 및 생산체계 심사를 생략하는 경우

1. 기계톱(이동식만 해당), 방호장치 및 보호구를 고용노동부장관이 정하여 고시하는 수량 이하로 수입하는 경우
2. 개별 제품심사를 하는 경우
3. 안전인증(형식별 제품심사를 하여 안전인증을 받은 경우로 한정)을 받은 후 같은 공정에서 제조되는 같은 종류의 안전인증대상 기계·기구 등에 대하여 안전인증을 하는 경우

기출★
형식별 제품심사의 심사기간을 60일로 두는 보호구의 종류
① 추락 및 감전 위험방지용 안전모
② 안전화
③ 안전장갑
④ 방진마스크
⑤ 방독마스크
⑥ 송기(送氣)마스크
⑦ 전동식 호흡보호구
⑧ 보호복

2) 심사종류별 심사기간 ★

안전인증기관은 안전인증 신청서를 제출받으면 **심사 종류별 기간 내에 심사하여야 한다.** 다만, 제품심사의 경우 처리기간 내에 심사를 끝낼 수 없는 **부득이한 사유**가 있을 때에는 15일의 범위에서 심사기간을 연장할 수 있다.

심사 종류	심사 기간
예비심사	7일
서면심사	15일(외국에서 제조한 경우는 30일)
기술능력 및 생산체계 심사	30일(외국에서 제조한 경우는 45일)
제품심사	• 개별 제품심사 : 15일 • 형식별 제품심사 : 30일(방호장치, 보호구는 60일)

특급암기법

예비 7, 개별서면 15, 기생형식 30

5 자율안전확인

(1) 자율안전확인의 신고

1) 안전인증대상 기계 등이 아닌 유해·위험기계 등으로서 대통령령으로 정하는 것("**자율안전확인대상 기계 등**")을 제조하거나 수입하는 자는 자율안전확인대상 기계 등의 안전에 관한 성능이 고용노동부장관이 정하여 고시하는 **자율안전기준에 맞는지 확인**("**자율안전확인**")**하여 고용노동부장관에게 신고하여야 한다**. 다만, 다음 각 호의 어느 하나에 해당하는 경우에는 신고를 면제할 수 있다.

> **자율안전확인 신고를 면제할 수 있는 경우 ★**
> ① 연구·개발을 목적으로 제조·수입하거나 수출을 목적으로 제조하는 경우
> ② 안전인증을 받은 경우
> ③ 다른 법령에 따라 안전성에 관한 검사나 인증을 받은 경우로서 고용노동부령으로 정하는 경우
>   • 「농업기계화촉진법」에 따른 검정을 받은 경우
>   • 「산업표준화법」에 따른 인증을 받은 경우
>   • 「전기용품 및 생활용품 안전관리법」에 따른 안전인증 및 안전검사를 받은 경우
>   • 국제전기기술위원회의 국제방폭전기기계·기구 상호인정제도에 따라 인증을 받은 경우

◎ 비교합시다

안전인증의 전부 또는 일부를 면제할 수 있는 경우 ★
1. 연구·개발을 목적으로 제조·수입하거나 수출을 목적으로 제조하는 경우
2. 고용노동부장관이 정하여 고시하는 외국의 안전인증기관에서 인증을 받은 경우
3. 다른 법령에 따라 안전성에 관한 검사나 인증을 받은 경우로서 고용노동부령으로 정하는 경우

2) 자율안전확인 신고를 한 자는 자율안전확인대상 기계 등이 **자율안전기준에 맞는 것임을 증명하는 서류를 보존하여야 한다.**

(2) 자율안전확인의 표시

1) 자율안전확인 신고를 한 자는 **자율안전확인대상 기계 등이나 이를 담은 용기 또는 포장**에 고용노동부령으로 정하는 바에 따라 **자율안전확인 표시를 하여야 한다.**

2) 자율안전확인대상 기계 등이 아닌 것은 자율안전확인 표시 또는 이와 유사한 표시를 하거나 자율안전확인에 관한 광고를 해서는 아니 된다.

3) 자율안전확인대상 기계 등을 제조·수입·양도·대여하는 자는 **자율안전확인 표시를 임의로 변경하거나 제거해서는 아니 된다.**

한 눈에 들어오는 **키** 워드

참고

자율안전확인 표시의 사용 금지 공고내용
① 지방고용노동관서의 장은 자율안전확인 표시의 사용을 금지한 경우에는 이를 고용노동부장관에게 보고해야 한다.
② 고용노동부장관은 자율안전확인 표시 사용을 금지한 날부터 30일 이내에 다음 각 호의 사항을 관보나 인터넷 등에 공고해야 한다.
1. 자율안전확인 대상기계 등의 명칭 및 형식번호
2. 자율안전확인 번호
3. 제조자(수입자)
4. 사업장 소재지
5. 사용금지 기간 및 사용금지 사유

고용노동부장관은 자율안전확인대상 기계 등을 제조·수입·**양도·대여·사용하거나 양도·대여의 목적으로 진열할 수 없는 자율안전확인대상 기계 등**을 제조·수입·양도·대여하는 자에게 **고용노동부령으로 정하는 바에 따라 그 자율안전확인대상 기계 등을 수거하거나 파기할 것을 명할 수 있다.**
① 지방고용노동관서의 장은 수거·파기명령을 할 때에는 그 사유의 이행에 필요한 기간을 정하여 제조·수입·양도 또는 대여하는 자에게 알려야 한다.
② 지방고용노동관서의 장은 수거·파기명령을 받은 자가 그 제품을 구성하는 **부분품**을 교체하여 결함을 개선하는 등 자율안전기준의 부적합 사유를 해소할 수 있는 경우에는 해당 부분품에 대해서만 수거·파기할 것을 명할 수 있다.

한 눈에 들어오는 키워드

③ 수거·파기명령을 받은 자는 명령에 따른 필요한 조치를 이행하면 그 결과를 관할 지방고용노동관서의 장에게 보고해야 한다.
④ 지방고용노동관서의 장은 보고를 받은 경우에는 이행 결과 보고의 내용을 고용노동부장관에게 보고해야 한다.

참고

유해·위험기계 등의 안전 관련 정보의 종합관리
① 고용노동부장관은 사업장의 유해·위험기계 등의 보유현황 및 안전검사 이력 등 안전에 관한 정보를 종합관리하고, 해당 정보를 안전인증기관 또는 안전검사기관에 제공할 수 있다.
② 고용노동부장관은 정보의 종합관리를 위하여 안전인증기관 또는 안전검사기관에 사업장의 유해·위험기계 등의 보유현황 및 안전검사 이력 등의 필요한 자료를 제출하도록 요청할 수 있다. 이 경우 요청을 받은 기관은 특별한 사유가 없으면 그 요청에 따라야 한다.
③ 고용노동부장관은 정보의 종합관리를 위하여 유해·위험기계 등의 보유현황 및 안전검사 이력 등 안전에 관한 종합정보망을 구축·운영하여야 한다.

참고

안전인증 대상 기계 및 자율안전확인 대상 기계 등의 성능시험
고용노동부장관은 안전인증대상 기계 등 또는 자율안전확인대상 기계 등의 안전성능의 저하 등으로 근로자에게 피해를 주거나 줄 우려가 크다고 인정하는

---

4) **고용노동부장관은 다음 각 호의 어느 하나에 해당하는 경우에는 자율안전확인 표시나 이와 유사한 표시를 제거할 것을 명하여야 한다.**

> **자율안전확인 표시나 이와 유사한 표시를 제거할 것을 명할 수 있는 경우**
> 1. 자율안전확인 대상이 아닌 기계 등에 자율안전확인 표시나 이와 유사한 표시를 한 경우
> 2. 거짓이나 그 밖의 부정한 방법으로 신고를 한 경우
> 3. 자율안전확인표시의 사용 금지 명령을 받은 경우

◎ 비교합시다

> 안전인증표시나 이와 유사한 표시를 제거할 것을 명할 수 있는 경우
> 1. 안전인증을 받지 아니하고 안전인증표시나 이와 유사한 표시를 한 경우
> 2. 안전인증이 취소되거나 안전인증표시의 사용금지 명령을 받은 경우

(3) 자율안전확인 표시의 사용 금지

① 고용노동부장관은 **신고된 자율안전확인대상 기계 등의 안전에 관한 성능이 자율안전기준에 맞지 아니하게 된 경우**에는 신고한 자에게 **6개월 이내의 기간을 정하여 자율안전확인표시의 사용을 금지하거나 자율안전기준에 맞게 시정하도록 명할 수 있다.**★
② 고용노동부장관은 **자율안전확인 표시의 사용을 금지하였을 때에는 그 사실을 관보 등에 공고하여야 한다.**

(4) 자율안전확인대상 기계 등의 제조 등의 금지

누구든지 다음 각 호의 어느 하나에 해당하는 자율안전확인대상 기계 등을 제조·수입·양도·대여·사용하거나 양도·대여의 목적으로 진열할 수 없다.

> **자율안전확인대상 기계 등을 제조·수입·양도·대여·사용하거나 양도·대여의 목적으로 진열할 수 없는 경우★★**
> ① 자율안전확인 신고를 하지 아니한 경우
> ② 거짓이나 그 밖의 부정한 방법으로 신고를 한 경우
> ③ 자율안전확인대상 기계 등의 안전에 관한 성능이 자율안전기준에 맞지 아니하게 된 경우
> ④ 자율안전확인 표시의 사용 금지 명령을 받은 경우

> **비교합시다**
>
> 안전인증대상 기계 등을 제조·수입·양도·대여·사용하거나 양도·대여의 목적으로 진열할 수 없는 경우★★
> ① 안전인증을 받지 아니한 경우(안전인증이 전부 면제되는 경우는 제외)
> ② 안전인증기준에 맞지 아니하게 된 경우
> ③ 안전인증이 취소되거나 안전인증표시의 사용금지 명령을 받은 경우

6 안전검사

(1) 안전검사

1) 유해하거나 위험한 기계·기구·설비로서 대통령령으로 정하는 것("**안전검사대상 기계 등**")을 사용하는 사업주는 안전검사대상 **기계 등의 안전에 관한 성능**이 고용노동부장관이 정하여 고시하는 **검사 기준에 맞는지에 대하여 안전검사를 받아야 한다.** 이 경우 안전검사대상 기계 등을 사용하는 사업주와 소유자가 다른 경우에는 안전검사대상 **기계 등의 소유자가 안전검사를 받아야 한다.**★

2) 안전검사대상 기계 등이 **다른 법령에 따라 안전성에 관한 검사나 인증을 받은 경우**로서 고용노동부령으로 정하는 경우에는 **안전검사를 면제할 수 있다.**

(2) 안전검사대상 기계 등의 사용 금지

사업주는 다음 각 호의 어느 하나에 해당하는 안전검사대상 기계 등을 사용해서는 아니 된다.

안전검사대상 기계 등의 사용 금지 항목
① **안전검사를 받지 아니한** 안전검사대상 기계 등
② **안전검사에 불합격한** 안전검사대상 기계 등

(3) 안전검사의 신청

① 안전검사를 받아야 하는 자는 **안전검사 신청서를 검사 주기 만료일 30일 전에 안전검사기관에 제출**하여야 한다.

② 안전검사 신청을 받은 **안전검사기관은 30일 이내에 해당 기계·기구 및 설비 별로 안전검사를 하여야 한다.**

한 눈에 들어오는 키워드

경우에는 대통령령으로 정하는 바에 따라 유해·위험기계 등을 제조하는 사업장에서 제품 제조과정을 조사할 수 있으며, 제조·수입·양도·대여하거나 양도·대여의 목적으로 진열된 유해·위험기계 등을 수거하여 안전인증기준 또는 자율안전기준에 적합한지에 대한 성능시험을 할 수 있다.

[참고]

안전검사 합격증명서 발급
① 고용노동부장관은 안전검사에 합격한 사업주에게 고용노동부령으로 정하는 바에 따라 안전검사합격증명서를 발급하여야 한다.
② 안전검사합격증명서를 발급 받은 사업주는 그 증명서를 안전검사대상 기계 등에 부착하여야 한다.

[참고]

안전검사 결과의 보존
안전검사기관은 안전검사 결과서를 3년간 보존하여야 한다.

안전검사의 방법 및 결과 판정
① 안전검사기관에서 유해·위험기계 등에 대한 안전검사를 할 때에는 안전검사 결과서를 작성하여야 한다.
② 안전검사기관은 필수항목이 판정기준에 미달하거나 관리항목이 안전검사 고시의 검사기준에 미달하여 재해발생의 위험이 있다고 판단되는 경우에는 불합격 판정을 하고 이를 안전검사 결과서에 기재하여야 한다.
③ 안전검사기관은 안전검사 결과 불합격되거나 안전검사 고시의 검사기준에 미달하는 사항에 대하여는 사업장에 그 내용과 조치방법 등을 설명하고 개선하도록 건의하여야 한다.

③ 안전검사기관은 안전검사 결과 안전검사기준에 적합한 경우에는 해당 사업주에게 "안전검사대상 유해·위험기계 등에" 직접 부착 가능한 안전검사 합격표시를 발급하고, 부적합한 경우에는 해당 사업주에게 안전검사 불합격통지서에 그 사유를 밝혀 발급하여야 한다.

> **한눈에 들어오는 키워드**
>
> ④ 안전검사기관은 유해·위험기계 등에 대한 검사를 완료한 때에는 검사원이 서명한 안전검사 결과서 사본을 검사신청인에게 발급하여야 한다.

7 자율검사프로그램에 따른 안전검사

1) **안전검사를 받아야 하는 사업주가 근로자대표와 협의**하여 검사기준, 검사 주기 등을 충족하는 **자율검사프로그램을 정하고 고용노동부장관의 인정을 받아** 다음 각 호의 어느 하나에 해당하는 사람으로부터 **자율검사프로그램에 따라** 안전검사 대상 기계 등에 대하여 **자율안전검사를 받으면 안전검사를 받은 것으로 본다.**

> **자율안전검사를 실시할 수 있는 자격을 갖춘 사람 ★**
>
> ① 고용노동부령으로 정하는 안전에 관한 성능검사와 관련된 자격 및 경험을 가진 사람
> ② 고용노동부령으로 정하는 바에 따라 안전에 관한 성능검사 교육을 이수하고 해당 분야의 실무 경험이 있는 사람

> **참고**
>
> **안전검사의 면제**
>
> 다음 각 호의 어느 하나에 해당하는 검사를 받은 경우 안전검사를 면제할 수 있다.
> 1. 「건설기계관리법」에 따른 검사를 받은 경우(안전검사 주기에 해당하는 시기의 검사로 한정한다)
> 2. 「고압가스 안전관리법」에 따른 검사를 받은 경우
> 3. 「광산안전법」에 따른 검사 중 광업시설의 설치·변경공사 완료 후 일정한 기간이 지날 때마다 받는 검사를 받은 경우
> 4. 「선박안전법」에 따른 검사를 받은 경우
> 5. 「에너지이용 합리화법」에 따른 검사를 받은 경우
> 6. 「원자력안전법」에 따른 검사를 받은 경우
> 7. 「위험물안전관리법」에 따른 정기점검 또는 정기검사를 받은 경우
> 8. 「전기사업법」에 따른 검사를 받은 경우
> 9. 「항만법」에 따른 검사를 받은 경우
> 10. 「소방시설 설치 및 관리에 관한 법률」에 따른 자체점검을 받은 경우
> 11. 「화학물질관리법」에 따른 정기검사를 받은경우

2) **자율검사프로그램의 유효기간은 2년**으로 한다. ★

3) 자율검사프로그램의 인정

① 사업주가 **자율검사프로그램을 인정받기 위해서는 다음 각 호의 요건을 모두 충족**하여야 한다. 다만, 검사기관에 위탁한 경우에는 제1호 및 제2호를 충족한 것으로 본다.

> **자율검사프로그램을 인정받기 위한 요건 ★**
>
> • 검사원을 고용하고 있을 것
> • 검사를 할 수 있는 장비를 갖추고 이를 유지·관리할 수 있을 것
> • 안전검사 주기의 2분의 1에 해당하는 주기(크레인 중 건설현장 외에서 사용하는 크레인의 경우에는 6개월)마다 검사를 할 것
> • 자율검사프로그램의 검사기준이 안전검사기준을 충족할 것

② 자율검사프로그램을 인정받으려는 자는 자율검사프로그램 인정신청서에 다음 각 호의 내용이 포함된 자율검사프로그램을 확인할 수 있는 **서류 2부를 첨부하여 공단에 제출**하여야 한다.

자율검사프로그램 인정신청서의 첨부서류 ★
• 안전검사대상 **기계 등의 보유 현황** • 검사원 보유 현황과 검사를 할 수 있는 **장비 및 장비 관리방법**(자율안전검사기관에 위탁한 경우에는 위탁을 증명할 수 있는 서류를 제출한다) • 안전검사대상 기계 등의 **검사 주기 및 검사기준** • **향후 2년간** 검사대상 유해·위험기계 등의 **검사수행계획** • **과거 2년간** 자율검사프로그램 **수행 실적**(재신청의 경우만 해당한다)

③ 자율검사프로그램인정기관은 자율검사프로그램을 제출받은 경우에는 **15일 이내에 인정 여부를 결정**한다.

4) 사업주는 **자율안전검사를 받은 경우에는 그 결과를 기록하여 보존**하여야 한다.

5) 자율안전검사를 받으려는 사업주는 **지정받은 자율안전검사기관에 자율안전검사를 위탁**할 수 있다.

6) **자율검사프로그램 인정의 취소**

① 고용노동부장관은 자율검사프로그램의 인정을 받은 자가 **다음 각 호의 어느 하나에 해당하는 경우에는 자율검사프로그램의 인정을 취소하거나 인정받은 자율검사프로그램의 내용에 따라 검사를 하도록 하는 등 시정을 명할 수 있다.** 다만, 제1호의 경우에는 인정을 취소하여야 한다.

자율검사프로그램의 인정을 취소하거나 시정을 명할 수 있는 경우 ★★
① **거짓이나 그 밖의 부정한 방법**으로 자율검사프로그램을 인정받은 경우 ② 자율검사프로그램을 인정받고도 검사를 하지 아니한 경우 ③ 인정받은 자율검사프로그램의 내용에 따라 검사를 하지 아니한 경우 ④ 자율안전검사 자격을 갖춘 자 또는 자율안전검사기관이 검사를 하지 아니한 경우

② 사업주는 자율검사프로그램의 **인정이 취소된 안전검사대상 기계 등을 사용해서는 아니 된다.**

8 안전인증의 표시

(1) 안전인증 및 자율안전확인의 표시 및 표시방법 ★★

가. 표시는「국가표준기본법 시행령」에 따른 표시기준 및 방법에 따른다.
나. 표시를 하는 경우 인체에 상해를 입힐 우려가 있는 재질이나 표면이 거친 재질을 사용해서는 안 된다.

[비교 ★★]
안전인증대상 기계 등을 제조·수입·양도·대여·사용하거나 양도·대여의 목적으로 진열할 수 없는 경우
① 안전인증을 받지 아니한 경우 (안전인증이 전부 면제되는 경우는 제외)
② 안전인증기준에 맞지 아니하게 된 경우
③ 안전인증이 취소되거나 안전인증표시의 사용금지 명령을 받은 경우

자율안전확인대상 기계 등을 제조·수입·양도·대여·사용하거나 양도·대여의 목적으로 진열할 수 없는 경우
① 자율안전확인 신고를 하지 아니한 경우
② 거짓이나 그 밖의 부정한 방법으로 신고를 한 경우
③ 자율안전확인대상 기계 등의 안전에 관한 성능이 자율안전기준에 맞지 아니하게 된 경우
④ 자율안전확인 표시의 사용금지 명령을 받은경우

[확인]
인증 표시 색
• 테두리와 문자 : 파란색(2.5PB 4/10)
• 그 밖의 부분 : 흰색(N9.5)(테두리와 문자를 흰색, 그 밖의 부분을 파란색으로 표현할 수 있다)

9 안전인증 및 자율안전확인 대상 기계, 기구 등 ★★★

한눈에 들어오는 키워드

참고

안전인증의 면제

① 다음 각 호의 어느 하나에 해당하는 경우에는 안전인증을 전부 면제한다.
1. 연구·개발을 목적으로 제조·수입하거나 수출을 목적으로 제조하는 경우
2. 「건설기계관리법」에 따른 검사를 받은 경우 또는 같은 법 제18조에 따른 형식승인을 받거나 같은 조에 따른 형식신고를 한 경우
3. 「고압가스 안전관리법」에 따른 검사를 받은 경우
4. 「광산안전법」에 따른 검사 중 광업시설의 설치공사 또는 변경공사가 완료되었을 때에 받는 검사를 받은 경우
5. 「방위사업법」에 따른 품질보증을 받은 경우
6. 「선박안전법」에 따른 검사를 받은 경우
7. 「에너지이용 합리화법」에 따른 검사를 받은경우
8. 「원자력안전법」에 따른 검사를 받은 경우
9. 「위험물안전관리법」에 따른 검사를 받은 경우
10. 「전기사업법」에 따른 검사를 받은 경우
11. 「항만법」에 따른 검사를 받은 경우
12. 「소방시설 설치 및 관리에 관한 법률」에 따른 형식승인을 받은 경우

② 안전인증대상기계 등이 다음 각 호의 어느 하나에 해당하는 인증 또는 시험을 받았거나 그 일부 항목이 이하 안전인증기준과 같은 수준 이상인 것으로 인정되는 경우에는 해당 인증 또는 시험이나 그 일부 항목에 한정하여 안전인증을 면제한다.

	안전인증	자율안전확인
1. 기계 기구 · 설비	1. 설치·이전하는 경우 안전인증을 받아야 하는 기계·기구 ① 크레인 ② 리프트 ③ 곤돌라 2. 주요 구조 부분을 변경하는 경우 안전인증을 받아야 하는 기계·기구 ① 프레스 ② 전단기 및 절곡기(折曲機) ③ 크레인 ④ 리프트 ⑤ 압력용기 ⑥ 롤러기 ⑦ 사출성형기(射出成形機) ⑧ 고소(高所)작업대 ⑨ 곤돌라 **특급암기법** 유사한 종류끼리 묶어서 암기 **손 다치는 기계** – 프레스, 전단기 및 절곡기, 사출성형기, 롤러기 **양중기** – 크레인, 리프트, 곤돌라 **폭발** – 압력용기 **추락** – 고소작업대	① 연삭기 또는 연마기(휴대형은 제외) ② 산업용 로봇 ③ 혼합기 ④ 파쇄기 또는 분쇄기 ⑤ 식품가공용 기계 (파쇄·절단·혼합·제면기만 해당한다) ⑥ 컨베이어 ⑦ 자동차정비용 리프트 ⑧ 공작기계(선반, 드릴기, 평삭·형삭기, 밀링만 해당) ⑨ 고정형 목재가공용 기계(둥근톱, 대패, 루타기, 띠톱, 모떼기 기계만 해당) ⑩ 인쇄기 **특급암기법** **공작기계**로 철판 잘라서 **연삭기**, **연마기**로 갈고, **고정형 목재가공용 기계**로 나무 자르고, **식품가공용 기계**로 식품 **파쇄**, **분쇄**하여 **혼합기**로 혼합한 후 **컨베이어**로 운반해서 **자동차 리프트**에 올려놓고 인기있는 **산업용 로봇** 만들자.
2. 방호 장치	① 프레스 및 전단기 방호장치 ② 양중기용 과부하방지장치 ③ 보일러 압력방출용 안전밸브 ④ 압력용기 압력방출용 안전밸브 ⑤ 압력용기 압력방출용 파열판 ⑥ 절연용 방호구 및 활선작업용 기구 ⑦ 방폭구조 전기기계·기구 및 부품 ⑧ 추락·낙하 및 붕괴 등의 위험 방지 및 보호에 필요한 가설기자재로서 고용노동부장관이 정하여 고시하는 것 ⑨ 충돌·협착 등의 위험 방지에 필요한 산업용 로봇 방호장치로서 고용노동부장관이 정하여 고시하는 것	① 아세틸렌, 가스집합 용접장치용 안전기 ② 교류아크용접기용 자동전격방지기 ③ 롤러기 급정지장치 ④ 연삭기 덮개 ⑤ 목재가공용 둥근톱 반발 예방장치 및 날접촉 예방장치 ⑥ 동력식수동대패의 칼날 접촉방지장치 ⑦ 추락, 낙하 및 붕괴 등의 위험방호에 필요한 가설기자재(안전인증 제외)

	안전인증	자율안전확인
2. 방호 장치	**특급암기법** 안전인증 대상 중 **손 다치는 기계** – 프레스 및 전단기의 방호장치 **양중기** – 과부하방지장치 **폭발** – 보일러의 안전밸브, 압력용기 안전밸브, 파열판 **충돌** – 산업용 로봇 **전기** – 방폭구조, 절연용 방호구, 활선 작업용 기구	**특급암기법** **롤러**를 통과한 철판을 **목재가공용 둥근톱, 동력식 수동대패**로 잘라서 **아세틸렌, 가스집합용접장치, 교류아크용접기**로 용접해서 **연삭기**로 다듬자.
3. 보호구	① 추락 및 감전 위험방지용 안전모 ② 안전화 ③ 안전장갑 ④ 방진마스크 ⑤ 방독마스크 ⑥ 송기마스크 ⑦ 전동식 호흡보호구 ⑧ 보호복 ⑨ 안전대 ⑩ 차광 및 비산물 위험방지용 보안경 ⑪ 용접용 보안면 ⑫ 방음용 귀마개 또는 귀덮개 **특급암기법** **머리** – 안전모(추락 및 감전방지용) **눈** – 보안경(차광 및 비산물 위험방지용) **코, 입** – 방진마스크, 방독마스크, 송기마스크, 전동식 호흡보호구 **얼굴** – 보안면(용접용) **귀** – 귀마개 또는 귀덮개(방음용) **손** – 안전장갑 **허리** – 안전대 **발** 안전화 **몸** – 보호복	① 안전모(안전인증 제외) ② 보안경(안전인증 제외) ③ 보안면(안전인증 제외)
4. 합격 표시	① 형식 또는 모델명 ② 규격 또는 등급 등 ③ 제조자 명 ④ 제조번호 및 제조연월 ⑤ 안전인증 번호	① 형식 또는 모델명 ② 규격 또는 등급 등 ③ 제조자 명 ④ 제조번호 및 제조연월 ⑤ 자율안전확인 번호

한 눈에 들어오는 **키** 워드

1. 고용노동부장관이 정하여 고시하는 외국의 안전인증기관에서 인증을 받은 경우
2. 국제전기기술위원회(IEC)의 국제방폭전기기계·기구 상호인정제도(IECEx Scheme)에 따라 인증을 받은 경우
3. 「국가표준기본법」에 따른 시험·검사기관에서 실시하는 시험을 받은 경우
4. 「산업표준화법」에 따른 인증을 받은 경우
5. 「전기용품 및 생활용품 안전관리법」에 따른 안전인증을 받은 경우

③ 안전인증이 면제되는 안전인증대상기계 등을 제조하거나 수입하는 자는 해당 공산품의 출고 또는 통관 전에 안전인증 면제신청서에 다음 각 호의 서류를 첨부하여 안전인증기관에 제출해야 한다.

1. 제품 및 용도설명서
2. 연구·개발을 목적으로 사용되는 것임을 증명하는 서류

10 안전검사 대상 기계, 기구 등 ★★★

한눈에 들어오는 키워드

1. 안전검사 대상 유해·위험기계 등	① 프레스 ② 전단기 ③ 크레인[정격 하중이 2톤 미만인 것 제외] ④ 리프트 ⑤ 압력용기 ⑥ 곤돌라 ⑦ 국소 배기장치(이동식은 제외) ⑧ 원심기(산업용만 해당) ⑨ 롤러기(밀폐형 구조는 제외한다) ⑩ 사출성형기[형 체결력(형 체결력) 294킬로뉴턴(KN) 미만은 제외] ⑪ 고소작업대 ⑫ 컨베이어 ⑬ 산업용 로봇 ⑭ 혼합기(26년 6월 26일 시행) ⑮ 파쇄기 또는 분쇄기(26년 6월 26일 시행) **특급암기법** **손 다치는 기계** - 프레스, 전단기, 사출성형, 롤러기, 혼합기, 파쇄기 또는 분쇄기(26년 6월 26일 시행) **양중기** - 크레인, 리프트, 곤돌라 **폭발** - 압력용기 **추가** - 극소(국소) 로봇이 고소의 큰(컨) 원을 검사(안전검사) 　　　국소배기장치, 산업용 로봇, 고소작업대, 컨베이어, 원심기
2. 안전검사대상 유해·위험기계 등 의 검사 주기	① 크레인(이동식 크레인은 제외), 리프트(이삿짐운반용 리프트는 제외) 및 곤돌라 : 사업장에 설치가 끝난 날부터 3년 이내에 최초 안전검사를 실시하되, 그 이후부터 2년마다(건설현장에서 사용하는 것은 최초로 설치한 날부터 6개월마다) ② 이동식 크레인, 이삿짐운반용 리프트 및 고소작업대 : 신규등록 이후 3년 이내에 최초 안전검사를 실시하되, 그 이후부터 2년마다 ③ 프레스, 전단기, 압력용기, 국소 배기장치, 원심기, 롤러기, 사출성형기, 컨베이어 및 산업용 로봇, 혼합기, 파쇄기 또는 분쇄기(26년 6월 26일 시행) : 사업장에 설치가 끝난 날부터 3년 이내에 최초 안전검사를 실시하되, 그 이후부터 2년마다(공정안전보고서를 제출하여 확인을 받은 압력용기는 4년마다)
3. 안전검사 합격표시	① 검사 대상 유해·위험 기계명 ② 신청인 ③ 형식번호(기호) ④ 합격번호 ⑤ 검사유효기간 ⑥ 검사기관

11 안전보건진단

1) 고용노동부장관은 추락·붕괴, 화재·폭발, 유해하거나 위험한 물질의 누출 등 산업재해 발생의 위험이 현저히 높은 사업장의 사업주에게 안전보건진단기관이 실시하는 안전보건진단을 받을 것을 명할 수 있다.

> **안전진단 대상 사업장의 종류★★**
>
> ① 중대재해 발생 사업장
> ② 안전보건개선계획 수립·시행명령을 받은 사업장
> ③ 추락·폭발·붕괴 등 재해발생 위험이 현저히 높은 사업장으로서 지방노동관서의 장이 안전·보건진단이 필요하다고 인정하는 사업장

참고

안전보건진단을 실시한 안전보건진단기관은 진단내용에 해당하는 사항에 대한 조사·평가 및 측정 결과와 그 개선방법이 포함된 보고서를 진단을 의뢰받은 날로부터 30일 이내에 해당 사업장의 사업주 및 관할 지방고용노동관서의 장에게 제출(전자문서로 제출하는 것을 포함한다)해야 한다.

2) 안전보건진단 명령을 받은 사업주는 **15일 이내에 안전보건진단기관에 안전보건진단을 의뢰**해야 한다.

3) 사업주는 안전보건진단기관이 실시하는 안전보건진단에 적극 협조하여야 하며, 정당한 사유 없이 이를 거부하거나 방해 또는 기피해서는 아니 된다. 이 경우 **근로자대표가 요구할 때에는 해당 안전보건진단에 근로자대표를 참여시켜야 한다**.

4) 안전보건진단 결과의 보고

① **안전보건진단기관은** 안전보건진단을 실시한 경우에는 **안전보건진단 결과보고서를** 해당 사업장의 **사업주 및 고용노동부장관에게 제출하여야 한다.**

② 안전보건진단을 실시한 경우에는 조사·평가 및 측정 결과와 그 개선방법이 포함된 보고서를 진단 실시일부터 30일 이내에 해당 사업장의 사업주 및 관할 지방노동관서의 장에게 제출하여야 한다.

5) 안전보건진단의 종류 및 내용

종류	진단내용
종합진단	1. **경영·관리적 사항**에 대한 평가 　가. 산업재해 예방계획의 적정성 　나. 안전·보건 관리조직과 그 직무의 적정성 　다. 산업안전보건위원회 설치·운영, 명예산업안전감독관의 역할 등 근로자의 참여 정도 　라. 안전보건관리규정 내용의 적정성 2. **산업재해 또는 사고의 발생 원인**(산업재해 또는 사고가 발생한 경우만 해당한다) 3. **작업조건 및 작업방법**에 대한 평가

구분	내용
종합진단	4. 유해·위험요인에 대한 측정 및 분석 가. 기계·기구 또는 그 밖의 설비에 의한 위험성 나. 폭발성·물반응성·자기반응성·자기발열성 물질, 자연발화성 액체·고체 및 인화성 액체 등에 의한 위험성 다. 전기·열 또는 그 밖의 에너지에 의한 위험성 라. 추락, 붕괴, 낙하, 비래(飛來) 등으로 인한 위험성 마. 그 밖에 기계·기구·설비·장치·구축물·시설물·원재료 및 공정 등에 의한 위험성 바. 법 제118조제1항에 따른 허가대상물질, 고용노동부령으로 정하는 관리대상 유해물질 및 온도·습도·환기·소음·진동·분진, 유해광선 등의 유해성 또는 위험성 5. 보호구, 안전·보건장비 및 작업환경 개선시설의 적정성 6. 유해물질의 사용·보관·저장, 물질안전보건자료의 작성, 근로자 교육 및 경고표시 부착의 적정성 7. 그 밖에 작업환경 및 근로자 건강 유지·증진 등 보건관리의 개선을 위하여 필요한 사항
안전진단	1. 산업재해 또는 사고의 발생 원인(산업재해 또는 사고가 발생한 경우만 해당한다) 2. 작업조건 및 작업방법에 대한 평가 3. 유해·위험요인에 대한 측정 및 분석(안전 관련 사항만 해당한다) 가. 기계·기구 또는 그 밖의 설비에 의한 위험성 나. 폭발성·물반응성·자기반응성·자기발열성 물질, 자연발화성 액체·고체 및 인화성 액체 등에 의한 위험성 다. 전기·열 또는 그 밖의 에너지에 의한 위험성 라. 추락, 붕괴, 낙하, 비래(飛來) 등으로 인한 위험성 마. 그 밖에 기계·기구·설비·장치·구축물·시설물·원재료 및 공정 등에 의한 위험성
보건진단	1. 산업재해 또는 사고의 발생 원인(산업재해 또는 사고가 발생한 경우만 해당한다) 2. 작업조건 및 작업방법에 대한 평가 3. 허가대상물질, 관리대상 유해물질 및 온도·습도·환기·소음·진동·분진, 유해광선 등의 유해성 또는 위험성 4. 보호구, 안전·보건장비 및 작업환경 개선시설의 적정성(보건 관련 사항만 해당한다) 5. 유해물질의 사용·보관·저장, 물질안전보건자료의 작성, 근로자 교육 및 경고표시 부착의 적정성 6. 그 밖에 작업환경 및 근로자 건강 유지·증진 등 보건관리의 개선을 위하여 필요한 사항

CHAPTER 02 안전보호구 관리

01 보호구 및 안전장구 관리

> **주요내용 알고 가기!**
> - 보호구의 지급
> - 안전인증 제품표시의 붙임
> - 안전화의 성능 시험 종류
> - 방독마스크의 등급 및 정화통 표시색
> - 안전인증 대상 보호구의 종류
> - 안전모의 성능 시험 종류
> - 방진마스크의 등급
> - 안전대의 종류

한 눈에 들어오는 키 워드

1 보호구의 개요

(1) 보호구의 지급 ★★★

사업주는 다음 각 호에서 정하는 바에 따라 **그 작업조건에 적합한 보호구를 동시에 작업하는 근로자의 수 이상으로 지급하고 이를 착용하도록 하여야 한다.**

① 물체가 떨어지거나 날아올 위험 또는 근로자가 추락할 위험이 있는 작업 : **안전모**
② 높이 또는 깊이 2미터 이상의 추락할 위험이 있는 장소에서 하는 작업 : **안전대(安全帶)**
③ 물체의 낙하·충격, 물체에의 끼임, 감전 또는 정전기의 대전(帶電)에 의한 위험이 있는 작업 : **안전화**
④ 물체가 흩날릴 위험이 있는 작업 : **보안경**
⑤ 용접 시 불꽃이나 물체가 흩날릴 위험이 있는 작업 : **보안면**
⑥ 감전의 위험이 있는 작업 : **절연용 보호구**
⑦ 고열에 의한 화상 등의 위험이 있는 작업 : **방열복**
⑧ 선창 등에서 분진(粉塵)이 심하게 발생하는 하역작업 : **방진마스크**
⑨ 섭씨 영하 18도 이하인 급냉동어창에서 하는 하역작업 : **방한모·방한복· 방한화·방한장갑**
⑩ 물건을 운반하거나 수거·배달하기 위하여 이륜자동차 또는 원동기장치 자전거를 운행하는 작업 : **승차용 안전모**
⑪ 물건을 운반하거나 수거·배달하기 위하여 자전거 등을 운행하는 작업 : **안전모**

※ 문제

다음 중 보호구와 관련한 사항으로서 맞는 것은?
㉮ 각종 위험으로부터 눈을 보호하기 위해서는 보호장구가 필요하나, 위험이 없는 작업장에서 착용하면 오히려 사고의 위험이 있다.
㉯ 귀마개는 저음부터 고음까지를 모두 차단할 수 있는 양질의 제품을 사용해야 한다.
㉰ 산소결핍지역에서는 필히 방독마스크를 착용하여야 한다.
㉱ 선반작업과 같이 손에 재해가 많이 발생하는 작업장에서는 장갑 착용을 의무화한다.

[해설]
㉯ 일반적으로 귀마개는 고음만 차음해야 대화소리를 들을 수 있다.
㉰ 산소결핍시 송기마스크를 착용하여야 한다.
㉱ 선반과 같은 공작기계 작업은 절대 장갑을 착용해서는 안 된다.

[참고]
보호구는 위험이 없는 상태에서는 작업에 지장을 줄 우려가 있으므로 필요한 작업에 한하여 반드시 착용하여야 한다.

정답 ㉮

한 눈에 들어오는 **키**워드

기출

보호구의 분류

안전 보호구	① 안전화 ② 안전모 ③ 안전대 ④ 안전장갑
위생 보호구	① 방진마스크, 　방독마스크, 　송기마스크 ② 보안경 ③ 귀마개, 귀덮개 ④ 보호복

(2) 보호구 구비 조건 ★

① **사용 목적에 적합**해야 한다.
② **착용이 간편**해야 한다.
③ **작업에 방해되지 않아야 한다.**
④ **품질이 우수**해야 한다.
⑤ **구조, 끝마무리가 양호**해야 한다.
⑥ 겉모양, 보기가 좋아야 한다.
⑦ **유해, 위험에 대한 방호가 완전**할 것
⑧ **금속성 재료는 내식성**일 것

(3) 안전인증 대상 보호구의 종류 ★★★

① 추락 및 감전 위험방지용 안전모
② 안전화
③ 안전장갑
④ 방진마스크
⑤ 방독마스크
⑥ 송기마스크
⑦ 전동식 호흡보호구
⑧ 보호복
⑨ 안전대
⑩ 차광 및 비산물 위험방지용 보안경
⑪ 용접용 보안면
⑫ 방음용 귀마개 또는 귀덮개

(4) 자율안전 확인 대상 보호구의 종류 ★★★

① 안전모(안전인증 대상 제외)
② 보안경(안전인증 대상 제외)
③ 보안면(안전인증 대상 제외)

(5) 안전인증 제품표시의 붙임 ★★★

안전인증제품에는 안전인증 표시 외에 다음 각 목의 사항을 표시한다.

① **형식 또는 모델명**
② **규격 또는 등급 등**
③ **제조자명**
④ **제조번호 및 제조연월**
⑤ **안전인증 번호**

> **한 눈에 들어오는 키워드**
>
> [비교 ★★★]
> 자율안전확인제품 표시사항
> • 형식 또는 모델명
> • 규격 또는 등급 등
> • 제조자명
> • 제조번호 및 제조연월
> • 자율안전확인 번호

2 안전인증 대상 보호구의 종류별 특성 및 성능기준, 시험방법

(1) 추락 및 감전 위험방지용 안전모

① **모체**
착용자의 머리부위를 덮는 주된 물체로서 단단하고 매끄럽게 마감된 재료를 말한다.

② **착장체**
머리받침끈, 머리고정대 및 머리받침고리로 구성되어 추락 및 감전 위험방지용 안전모(이하 "안전모"라 한다) 머리부위에 고정시켜 주며, 안전모에 충격이 가해졌을 때 착용자의 머리부위에 전해지는 충격을 완화시켜 주는 기능을 갖는 부품을 말한다.

③ **충격흡수재**
안전모에 충격이 가해졌을 때, 착용자의 머리부위에 전해지는 충격을 완화하기 위하여 모체의 내면에 붙이는 부품을 말한다.

④ **턱끈**
모체가 착용자의 머리부위에서 탈락하는 것을 방지하기 위한 부품을 말한다.

⑤ **통기구멍**
통풍의 목적으로 모체에 있는 구멍을 말한다.

⑥ **챙**
햇빛 등을 가리기 위한 목적으로 착용자의 이마 앞으로 돌출된 모체의 일부를 말한다.

⑦ **착용높이**
안전모를 머리모형에 장착하였을 때 머리고정대의 하부와 머리모형 최고점과의 수직거리를 말한다. **안전모의 착용높이는 85mm 이상이고 외부수직거리는 80mm 미만일 것**

한 눈에 들어오는
키 워드

⑧ 외부수직거리

안전모를 머리모형에 장착하였을 때 모체외면의 최고점과 머리모형 최고점과의 수직거리를 말한다.

⑨ 내부수직거리

안전모를 머리모형에 장착하였을 때 모체내면의 최고점과 머리모형 최고점과의 수직거리를 말한다.

안전모의 내부수직거리는 25mm 이상 50mm 미만일 것

⑩ 수평간격

모체내면과 머리모형 전면 또는 측면간의 거리를 말한다.

안전모의 수평간격은 5mm 이상일 것

⑪ 관통거리

모체두께를 포함하여 철제추가 관통한 거리를 말한다.

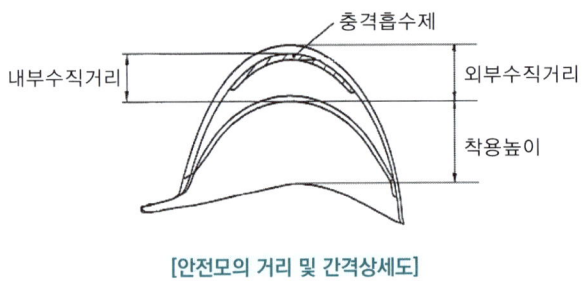

[안전모의 거리 및 간격상세도]

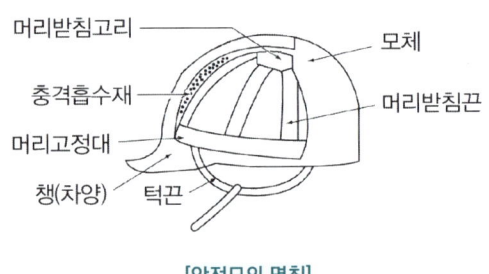

[안전모의 명칭]

[비교 ★]
자율안전확인 대상 안전모

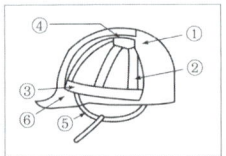

번호	명칭	
①	모체	
②	착	머리받침끈
③	장	머리고정대
④	체	머리받침고리
⑤		턱끈
⑥		챙(차양)

※ 자율안전 확인 대상 안전모에는 충격흡수재가 없다.

1) 안전모의 일반구조

일반구조
① 안전모는 모체, 착장체 및 턱끈을 가질 것 ② 착장체의 머리고정대는 착용자의 머리부위에 적합하도록 조절할 수 있을 것 ③ 착장체의 구조는 착용자의 머리에 균등한 힘이 분배되도록 할 것 ④ 모체, 착장체 등 안전모의 부품은 착용자에게 상해를 줄 수 있는 날카로운 모서리 등이 없을 것 ⑤ 모체에 구멍이 없을 것(착장체 및 턱끈의 설치 또는 안전등, 보안면 등을 붙이기 위한 구멍은 제외한다) ⑥ 턱끈은 사용 중 탈락되지 않도록 확실히 고정되는 구조일 것 ⑦ 안전모의 착용높이는 85mm 이상이고 외부수직거리는 80mm 미만일 것 ⑧ **안전모의 내부수직거리는 25mm 이상 50mm 미만일 것** ⑨ 안전모의 수평간격은 5mm 이상일 것 ⑩ 머리받침끈의 폭은 15mm 이상이어야 하며, 교차지점 중심으로부터 방사되는 끈의 총합은 72mm 이상일 것 ⑪ 턱끈의 폭은 10mm 이상일 것 ⑫ 안전모의 모체, 착장체 및 충격흡수재를 포함한 질량은 440g을 초과하지 않을 것 ⑬ AB종 안전모는 충격흡수재를 가져야 하며, 리벳(rivet) 등 기타 돌출부가 모체의 표면에서 5mm 이상 돌출되지 않아야 한다. ⑭ AE종 안전모는 금속제의 부품을 사용하지 않고, 착장체는 모체의 내·외면을 관통하는 구멍을 뚫지 않고 붙일 수 있는 구조로서 모체의 내·외면을 관통하는 구멍 핀홀 등이 없어야 한다.

2) 안전인증 안전모의 종류(추락, 감전방지용) ★★★

종류 (기호)	사용구분	비고
AB	물체의 낙하 또는 비래 및 추락에 의한 위험을 방지 또는 경감시키기 위한 것	
AE	물체의 낙하 또는 비래에 의한 위험을 방지 또는 경감하고, 머리부위 감전에 의한 위험을 방지하기 위한 것	내전압성
ABE	물체의 낙하 또는 비래 및 추락에 의한 위험을 방지 또는 경감하고, 머리부위 감전에 의한 위험을 방지하기 위한 것	내전압성

내전압성이란 7,000V 이하의 전압에 견디는 것을 말한다.

3) 안전인증 안전모의 성능 시험 종류 및 시험성능기준 ★★

항목	시험성능 기준
① 내관통성 시험	AE, ABE종 안전모는 관통거리가 9.5mm 이하이고, AB종 안전모는 관통거리가 11.1mm 이하이어야 한다.
② 충격흡수성 시험	최고전달충격력이 4,450N을 초과해서는 안되며, 모체와 착장체의 기능이 상실되지 않아야 한다.

[비교★★]
자율안전 확인 안전모 성능 시험 종류
① 내관통성 시험
② 충격흡수성 시험
③ 난연성 시험
④ 턱끈풀림 시험

항목	시험성능 기준
③ 내전압성 시험	AE, ABE종 안전모는 교류 20kV에서 1분간 절연파괴 없이 견뎌야 하고, 이때 누설되는 충전전류는 10mA 이하이어야 한다.
④ 내수성 시험	AE, ABE종 안전모는 **질량증가율이 1% 미만**이어야 한다.
⑤ 난연성 시험	모체가 불꽃을 내며 5초 이상 연소되지 않아야 한다.
⑥ 턱끈풀림 시험	150N 이상 250N 이하에서 턱끈이 풀려야 한다.

안전모의 내수성 시험 ★

- AE, ABE종 안전모의 내수성 시험은 시험 안전모의 모체를 20~25℃의 수중에 24시간 담가 놓은 후, 대기 중에 꺼내어 마른천 등으로 표면의 수분을 닦아내고 다음 산식으로 질량증가율(%)을 산출한다.

$$\text{질량증가율(\%)} = \frac{\text{담근 후의 질량} - \text{담그기 전의 질량}}{\text{담그기 전의 질량}} \times 100$$

- AE, ABE종 안전모는 질량증가율이 1% 미만이어야 한다.

(2) 안전화

1) 안전화의 명칭

① 가죽제안전화 각 부분의 명칭

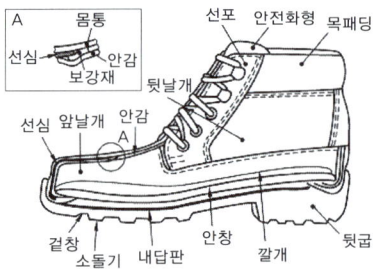

② 고무제안전화 각 부분의 명칭

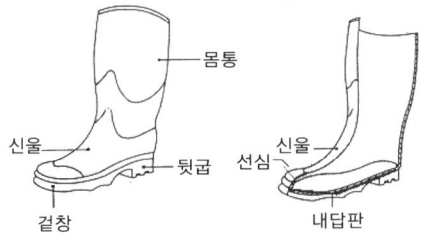

2) 안전화의 종류 ★

종 류	성능 구분
가죽제안전화	물체의 낙하, 충격 또는 날카로운 물체에 의한 찔림 위험으로부터 발을 보호하기 위한 것
고무제안전화	물체의 낙하, 충격 또는 날카로운 물체에 의한 찔림 위험으로부터 발을 보호하고 내수성을 겸한 것
정전기안전화	물체의 낙하, 충격 또는 날카로운 물체에 의한 찔림 위험으로부터 발을 보호하고 정전기의 인체대전을 방지하기 위한 것
발등 안전화	물체의 낙하, 충격 또는 날카로운 물체에 의한 찔림 위험으로부터 발 및 발등을 보호하기 위한 것
절연화	물체의 낙하, 충격 또는 날카로운 물체에 의한 찔림 위험으로부터 발을 보호하고 저압의 전기에 의한 감전을 방지하기 위한 것
절연장화	고압에 의한 감전 방지 및 방수를 겸한 것
화학물질용 안전화	물체의 낙하, 충격 또는 날카로운 물체에 의한 찔림 위험으로부터 발을 보호하고 화학물질로부터 유해위험을 방지하기 위한 것

한 눈에 들어오는 키워드

3) 사용장소에 따른 안전화의 등급 ★

등 급	용어 정의
중작업용	1,000밀리미터의 낙하높이에서 시험했을 때 충격과 (15.0±0.1)킬로뉴턴(KN)의 압축하중에서 시험했을 때 압박에 대하여 보호해 줄 수 있는 선심을 부착하여, 착용자를 보호하기 위한 안전화를 말한다.
보통작업용	500밀리미터의 낙하높이에서 시험했을 때 충격과 (10.0±0.1)킬로뉴턴(KN)의 압축하중에서 시험했을 때 압박에 대하여 보호해 줄 수 있는 선심을 부착하여, 착용자를 보호하기 위한 안전화를 말한다.
경작업용	250밀리미터의 낙하높이에서 시험했을 때 충격과 (4.4±0.1)킬로뉴턴(KN)의 압축하중에서 시험했을 때 압박에 대하여 보호해 줄 수 있는 선심을 부착하여, 착용자를 보호하기 위한 안전화를 말한다.

등 급	사용 장소
중작업용	광업, 건설업 및 철광업 등에서 원료취급, 가공, 강재취급 및 강재 운반, 건설업 등에서 중량물 운반작업, 가공대상물의 중량이 큰 물체를 취급하는 작업장으로서 날카로운 물체에 의해 찔릴 우려가 있는 장소
보통작업용	기계공업, 금속가공업, 운반, 건축업 등 공구 가공품을 손으로 취급하는 작업 및 차량 사업장, 기계 등을 운전조작하는 일반작업장으로서 날카로운 물체에 의해 찔릴 우려가 있는 장소
경작업용	금속 선별, 전기제품 조립, 화학제품 선별, 반응장치 운전, 식품 가공업 등 비교적 경량의 물체를 취급하는 작업장으로서 날카로운 물체에 의해 찔릴 우려가 있는 장소

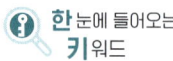

4) 고무제 안전화의 구분

등급	사용 장소
일반용	일반작업장
내유용	탄화수소류의 윤활유 등을 취급하는 작업장

5) 정전기 안전화의 구분

구 분			대전방지성능(저항)
신울 등이 가죽제인 것	선심 있는 것	1종	0.1MΩ < R < 100MΩ
		2종	0.1MΩ < R < 10MΩ
	선심 없는 것	1종	0.1MΩ < R < 100MΩ
		2종	0.1MΩ < R < 10MΩ
신울 등이 고무제인 것	선심 있는 것	1종	0.1MΩ < R < 100MΩ
		2종	0.1MΩ < R < 10MΩ
	선심 없는 것	1종	0.1MΩ < R < 100MΩ
		2종	0.1MΩ < R < 10MΩ

[비고]
1. 1종은 착화에너지가 0.1mJ 이상의 가연성물질 또는 가스(메탄, 프로판 등)를 취급하는 작업장에서 사용하는 것이어야 한다.
2. 2종은 착화에너지가 0.1mJ 미만의 가연성물질 또는 가스(수소, 아세틸렌 등)를 취급하는 작업장에서 사용하는 것이어야 한다.

6) 발등 안전화의 구분

구 분	방호대 결합방법
고정식	안전화에 방호대를 고정한 것
탈착식	안전화의 끈 등을 이용하여 안전화에 방호대를 결합한 것으로 그 탈착이 가능한 것

7) 절연화의 구분

구 분		내전압 성능
신울 등이 가죽제인 것	선심 있는 것	14,000V에 1분간 견디고 충전전류가 5mA 이하일 것
	선심 없는 것	
신울 등이 고무제인 것	선심 있는 것	
	선심 없는 것	

8) 절연장화의 성능 기준

항목		시험 성능 기준
내전압성 시험		20,000V에 1분간 견디고 이때의 충전전류가 20mA 이하일 것
인장강도시험	겉 창	880N/cm² 이상일 것
	몸 통	1,270N/cm² 이상일 것
신장률시험	겉 창	350% 이상일 것
	몸 통	350% 이상일 것
노화후의 잔존율시험	겉창, 몸통, 인장강도	가열전의 80% 이상일 것
	겉창, 몸통, 신장률	가열전의 75% 이상일 것
내열성 시험		균열, 흠 등 외관상 이상이 없을 것

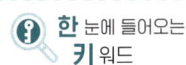

9) 화학물질용 안전화의 종류

구 분		사 용 장 소
가죽제		물체의 낙하, 충격 또는 날카로운 물체에 의한 찔림 위험과 화학물질로부터 발을 보호하기 위한 것
고무제	내답판 있는 것	물체의 낙하, 충격 또는 날카로운 물체에 의한 찔림 위험과 화학물질로부터 발을 보호하기 위한 것
	내답판 없는 것	

10) 가죽제 안전화 성능시험 종류 ★★

① **내충격성** 시험
② **내압박성** 시험
③ **내답발성** 시험
④ **박리저항** 시험
⑤ 내유성 시험
⑥ 인장강도 시험 및 신장율 시험
⑦ 내부식성 시험
⑧ 인열강도 시험
⑨ 은면결렬 시험

한눈에 들어오는 키워드

가죽제 안전화의 내유성 시험

질량(m_3)을 달고 다시 실온의 증류수중에서 질량(m_4)를 달아서 다음 산식에 의해서 부피변화율을 산출한다.

$$\triangle V = \frac{(m_3 - m_4) - (m_1 - m_2)}{(m_1 - m_2)} \times 100$$

- $\triangle V$: 부피변화율(%)
- m_2 : 담그기 전 수중에서의 질량(g)
- m_4 : 담근 후 수중에서의 질량(g)
- m_1 : 담그기 전 공기 중에서의 질량(g)
- m_3 : 담근 후 공기 중에서의 질량(g)

(3) 안전장갑

1) 내전압용 절연장갑

① 절연장갑의 등급 ★

등급	최대사용전압	
	교류(V, 실효값)	직류(V)
00	500	750
0	1,000	1,500
1	7,500	11,250
2	17,000	25,500
3	26,500	39,750
4	36,000	54,000

특급암기법

교류 × 1.5 = 직류

② 절연장갑의 성능

인장강도	1,400N/cm² 이상(평균값)
신장률 ★	100분의 600 이상(평균값)
영구신장률	100분의 15 이하
추가표시	안전인증 절연장갑에는 안전인증의 표시 외에 다음 각목의 내용을 추가로 표시해야 한다. 가. 등급별 사용전압 나. 등급별 색상 ★ 　• 00등급 : 갈색　　• 0등급 : 빨간색 　• 1등급 : 흰색　　• 2등급 : 노란색 　• 3등급 : 녹색　　• 4등급 : 등색

특급암기법	공(OO)갈 공(O)적 1백 2황 3녹 4등

 한 눈에 들어오는 키워드

2) 화학물질용 안전장갑

화학물질 보호성능 표시	

(4) 방진마스크

① **분진 등**
   분진, 미스트 및 흄을 총칭하는 것으로 물리적 작용 및 화학적 반응에 의해 생성된 고체 또는 액체입자를 말한다.

② **전면형 방진마스크**
   분진 등으로부터 **안면부 전체(입, 코, 눈)를 덮을 수 있는 구조의 방진마스크**를 말한다.

③ **반면형 방진마스크**
   분진 등으로부터 **안면부의 입과 코를 덮을 수 있는 구조의 방진마스크**를 말한다.

1) 방진마스크의 등급 ★★

등급	특급	1급	2급
사용 장소	• 베릴륨 등과 같이 독성이 강한 물질들을 함유한 분진 등 발생장소 • 석면 취급 장소	• 특급마스크 착용장소를 제외한 분진 등 발생장소 • 금속흄 등과 같이 열적으로 생기는 분진 등 발생장소 • 기계적으로 생기는 분진 등 발생장소 (규소 등과 같이 2급방진마스크를 착용하여도 무방한 경우는 제외한다)	• 특급 및 1급 마스크 착용장소를 제외한 분진 등 발생장소
배기밸브가 없는 안면부여과식 마스크는 특급 및 1급 장소에 사용해서는 안 된다.			

2) 방진마스크의 형태

종 류	분리식		안면부여과식
	격리식	직결식	
형태	전면형 그림 1 참조	전면형 그림 2 참조	반면형 그림 5 참조
	반면형 그림 3 참조	반면형그림 4 참조	
사용조건	산소농도 18% 이상인 장소에서 사용하여야 한다.		

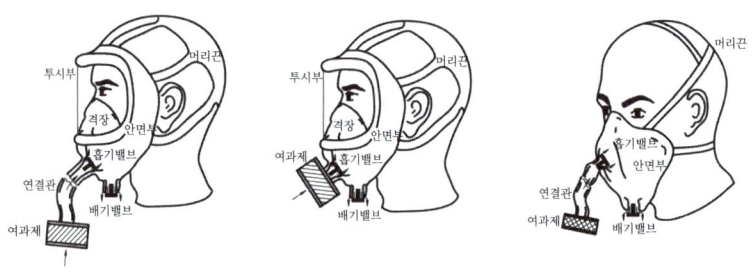

[그림 1 격리식 전면형]   [그림 2 직결식 전면형]   [그림 3 격리식 반면형]

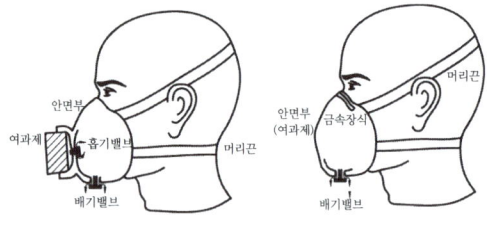

[그림 4 직결식 반면형]   [그림 5 안면부여과식]

3) 방진마스크의 일반구조 ★

① **착용 시** 이상한 **압박감이나 고통을 주지 않을 것**
② 전면형 : **호흡 시에 투시부가 흐려지지 않을 것**
③ 분리식 마스크 : **여과재, 흡기밸브, 배기밸브 및 머리끈을 쉽게 교환할 수 있고** 착용자 자신이 **안면부와의 밀착성 여부를 수시로 확인할 수 있을 것**
④ 안면부여과식 : 여과재로 된 **안면부가 사용 중 심하게 변형되지 않을 것**
⑤ 안면부여과식 : **여과재를 안면에 밀착시킬 수 있을 것**

[비교 ★]
방진마스크의 구비조건 ★
① 여과효율이 좋을 것
② 흡·배기 저항이 작을 것
③ 안면밀착성이 좋을 것
④ 시야가 넓을 것
⑤ 피부접촉부의 고무질이 좋을 것

4) 여과재 등 분진 포집효율 ★

형태 및 등급		염화나트륨(NaCl) 및 파라핀 오일(Paraffin oil) 시험(%)
분리식	특급	99.95 이상
	1급	94.0 이상
	2급	80.0 이상
안면부 여과식	특급	99.0 이상
	1급	94.0 이상
	2급	80.0 이상

5) 시야

형태		시야(%)	
		유효시야	겹침시야
전면형	1안식	70 이상	80 이상
	2안식	70 이상	20 이상

6) 안면부 내부의 이산화탄소농도 ★

안면부 내부의 이산화탄소농도	안면부 내부의 이산화탄소 농도가 부피분율 1% 이하일 것

7) 방진마스크 성능시험 종류

방진마스크 성능시험 종류
① 안면부 흡기저항시험
② 여과재의 분진 등 포집효율시험
③ 안면부 배기저항시험
④ 안면부 누설률시험
⑤ 배기밸브 작동시험
⑥ 시야시험
⑦ 강도, 신장률 및 영구변형률시험
⑧ 불연성시험
⑨ 음성 전달판시험
⑩ 투시부의 내충격성 시험
⑪ 여과재 질량시험
⑫ 여과재 호흡저항시험
⑬ 안면부 내부의 이산화탄소농도시험

한 눈에 들어오는 키 워드

※ 문제

다음은 방진마스크를 선택할 때의 일반적인 유의사항에 관한 설명 중 틀린 것은?
㉮ 중량이 가벼울수록 좋다.
㉯ 흡기저항이 큰 것일수록 좋다.
㉰ 안면에의 밀착성이 좋아야 한다.
㉱ 손질하기가 간편할수록 좋다.

[해설]
㉯ 흡·배기저항은 낮을수록 좋다.

정답 ㉯

> **참고**
>
> 🔧 **여과재의 분진 등 포집효율 시험**
>
> 여과재를 분진포집효율 시험장치에 장착하여 염화나트륨 에어로졸을 분당 95L의 유량으로 여과재에 통과시킨 후 여과재 통과 전후의 농도를 측정한다. 이때의 측정값은 (30±3)초 사이에서 얻어진 평균값으로 하되, 포집효율시험 시작 후 3분 이내에 측정한다.
>
> $$P(\%) = \frac{C_1 - C_2}{C_1} \times 100$$
>
> - P : 여과재의 분진 등 포집효율(%)
> - C_1 : 여과재 통과 전의 염화나트륨 농도(mg/m³)
> - C_2 : 여과재 통과 후의 염화나트륨 농도(mg/m³)

(5) 방독마스크

① **파과**
대응하는 가스에 대하여 **정화통 내부의 흡착제가 포화상태가 되어 흡착능력을 상실한 상태**를 말한다. ★

② **파과시간**
어느 일정농도의 유해물질 등을 포함한 공기를 일정 유량으로 정화통에 통과하기 시작부터 파과가 보일 때까지의 시간을 말한다.

③ **파과곡선**
파과시간과 유해물질 등에 대한 농도와의 관계를 나타낸 곡선을 말한다.

④ **전면형 방독마스크**
유해물질 등으로부터 **안면부 전체(입, 코, 눈)를 덮을 수 있는 구조의 방독마스크**를 말한다.

⑤ **반면형 방독마스크**
유해물질 등으로부터 **안면부의 입과 코를 덮을 수 있는 구조의 방독마스크**를 말한다.

⑥ **복합용 방독마스크**
2종류 이상의 유해물질 등에 대한 제독능력이 있는 방독마스크를 말한다. ★★

⑦ **겸용 방독마스크**
방독마스크(복합용 포함)의 성능에 방진마스크의 성능이 포함된 방독마스크를 말한다. ★★

1) 방독마스크의 종류 및 시험가스 ★★

종 류	시험가스
유기화합물용	시클로헥산(C_6H_{12}), 디메틸에테르(CH_3OCH_3), 이소부탄(C_4H_{10})
할로겐용	염소가스 또는 증기(Cl_2)
황화수소용	황화수소가스(H_2S)
시안화수소용	시안화수소가스(HCN)
아황산용	아황산가스(SO_2)
암모니아용	암모니아가스(NH_3)

2) 방독마스크의 등급 ★★

등 급	사용 장소
고농도	가스 또는 증기의 농도가 100분의 2(암모니아에 있어서는 100분의 3) 이하의 대기 중에서 사용하는 것
중농도	가스 또는 증기의 농도가 100분의 1(암모니아에 있어서는 100분의 1.5) 이하의 대기 중에서 사용하는 것
저농도 및 최저농도	가스 또는 증기의 농도가 100분의 0.1 이하의 대기 중에서 사용하는 것으로서 긴급용이 아닌 것

비고 : 방독마스크는 산소농도가 18% 이상인 장소에서 사용하여야 하고, 고농도와 중농도에서 사용하는 방독마스크는 전면형(격리식, 직결식)을 사용해야 한다

3) 방독마스크의 형태 및 구조

형 태		구 조
격리식	전면형	정화통, 연결관, 흡기밸브, 안면부, 배기밸브 및 머리끈으로 구성되고, 정화통에 의해 가스 또는 증기를 여과한 청정공기를 연결관을 통하여 흡입하고 배기는 배기밸브를 통하여 외기중으로 배출하는 것으로 안면부 전체를 덮는 구조
	반면형	정화통, 연결관, 흡기밸브, 안면부, 배기밸브 및 머리끈으로 구성되고, 정화통에 의해 가스 또는 증기를 여과한 청정공기를 연결관을 통하여 흡입하고 배기는 배기밸브를 통하여 외기중으로 배출하는 것으로 코 및 입부분을 덮는 구조
직결식	전면형	정화통, 흡기밸브, 안면부, 배기밸브 및 머리끈으로 구성되고, 정화통에 의해 가스 또는 증기를 여과한 청정공기를 흡기밸브를 통하여 흡입하고 배기는 배기밸브를 통하여 외기중으로 배출하는 것으로 정화통이 직접 연결된 상태로 안면부 전체를 덮는 구조
	반면형	정화통, 흡기밸브, 안면부, 배기밸브 및 머리끈으로 구성되고, 정화통에 의해 가스 또는 증기를 여과한 청정공기를 흡기밸브를 통하여 흡입하고 배기는 배기밸브를 통하여 외기중으로 배출하는 것으로 안면부와 정화통이 직접 연결된 상태로 코 및 입부분을 덮는 구조

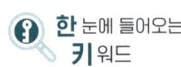

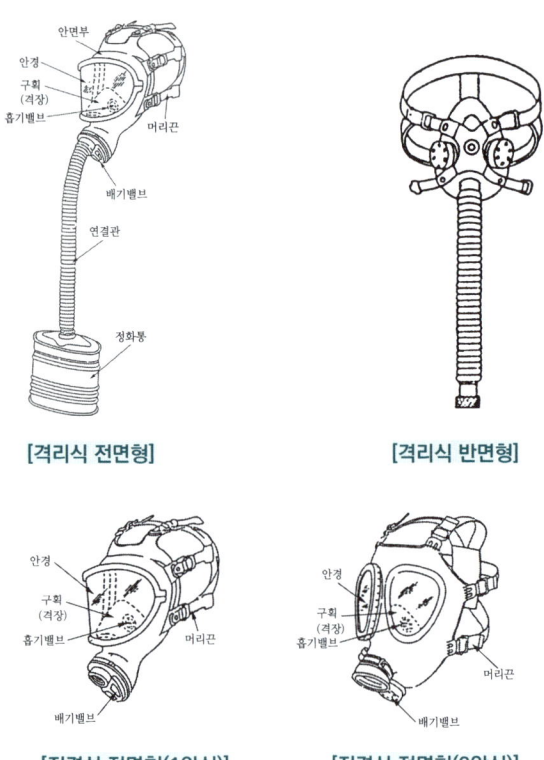

[격리식 전면형]   [격리식 반면형]

[직결식 전면형(1안식)]   [직결식 전면형(2안식)]

[직결식 반면형]

4) 시험가스의 조건 및 파과농도, 파과시간

종류 및 등급	시험가스의 조건		파과농도 (ppm, ±20%)	파과시간 (분)	분진포집 효율 (%)
	시험가스	농도(%) (±10%)			
유기 화합물용	고농도	시클로헥산	0.8	10.0	65 이상	** 특급 : 99.95 1급 : 94.0 2급 : 80.0
	중농도	〃	0.5		35 이상	
	저농도	〃	0.1		70 이상	
	최저농도	〃	0.1		20 이상	

종류 및 등급		시험가스의 조건		파과농도 (ppm, ±20%)	파과시간 (분)	분진포집 효율 (%)
		시험가스	농도(%) (±10%)			
할로겐용	고농도	염소가스	1.0	0.5	30 이상	
	중농도	〃	0.5		20 이상	
	저농도	〃	0.1		20 이상	
황화수소용	고농도	황화수소가스	1.0	10.0	60 이상	
	중농도	〃	0.5		40 이상	
	저농도	〃	0.1		40 이상	
시안화 수소용	고농도	시안화수소가스	1.0	10.0*	35 이상	
	중농도	〃	0.5		25 이상	
	저농도	〃	0.1		25 이상	
아황산용	고농도	아황산가스	1.0	5.0	30 이상	
	중농도	〃	0.5		20 이상	
	저농도	〃	0.1		20 이상	
암모니아용	고농도	암모니아가스	1.0	25.0	60 이상	
	중농도	〃	0.5		40 이상	
	저농도	〃	0.1		50 이상	

* 시안화수소가스에 의한 제독능력시험 시 시아노겐(C_2N_2)은 시험가스에 포함될 수 있다. (C_2N_2 + HCN)를 포함한 파과농도는 10ppm을 초과할 수 없다

** 겸용의 경우 정화통과 여과재가 장착된 상태에서 분진포집효율시험을 하였을 때 등급에 따른 기준치 이상일 것

5) 시야

형태		시야(%)	
		유효시야	겹침시야
전면형	1 안식	70 이상	80 이상
	2 안식		20 이상

6) 안면부 내부의 이산화탄소 농도 ★

안면부 내부의 이산화탄소 농도	안면부 내부의 이산화탄소 농도가 부피분율 1% 이하일 것

한 눈에 들어오는 키워드

7) 방독마스크 성능시험

방독마스크 성능시험 종류
① 안면부 흡기저항시험　　② 정화통의 제독능력시험 ③ 안면부 배기저항시험　　④ 안면부 누설률시험 ⑤ 배기밸브 작동시험　　　⑥ 시야시험 ⑦ 강도, 신장률 및 영구변형률시험　⑧ 불연성시험 ⑨ 음성 전달판시험　　　　⑩ 투시부의 내충격성 시험 ⑪ 정화통 질량시험　　　　⑫ 정화통 호흡저항시험 ⑬ 안면부 내부의 이산화탄소농도시험

8) 안전인증 방독마스크 표시 외에 표시사항 ★

① 파과곡선도
② 사용시간 기록카드
③ 정화통의 외부측면의 표시 색
④ 사용상의 주의사항

9) 흡수제 종류

① 활성탄　　　　② 큐프라 마이트
③ 호프칼 라이트　④ 실리카겔
⑤ 소다라임　　　⑥ 알칼리제재 등

10) 정화통 외부 측면의 표시 색 ★★★

종류	표시 색
유기화합물용 정화통	갈색
할로겐용 정화통	회색
황화수소용 정화통	회색
시안화수소용 정화통	회색
아황산용 정화통	노란색
암모니아용 정화통	녹색
복합용 및 겸용의 정화통	복합용의 경우 : 해당가스 모두 표시(2층 분리) 겸용의 경우 : 백색과 해당가스 모두 표시(2층 분리)
※ 증기밀도가 낮은 유기화합물 정화통의 경우 색상표시 및 화학물질명 또는 화학기호를 표기	

11) 방독마스크의 유효시간 계산 ★

$$\text{유효시간(파과시간)} = \frac{\text{시험가스농도} \times \text{표준유효시간}}{\text{작업장 공기 중 유해가스 농도}} (\text{분})$$

(6) 송기마스크

① 안면부 등
안면부, 페이스실드 및 후드를 말한다.
② 디맨드밸브
흡기 때 열리고 흡기를 정지시켰을 때 및 배기할 때 닫히는 밸브를 말한다.
③ 압력 디맨드밸브
안면부 안이 외기압보다 일정 정도만 양압이 되도록 설계된 밸브로서 안면부 안에 일정 양압 이하가 되는 경우 작동하는 밸브를 말한다.
④ 공급밸브
디맨드밸브와 압력 디맨드밸브를 말한다.
⑤ AL마스크
에어라인 마스크와 복합식 에어라인 마스크를 말한다.

1) 송기마스크의 종류 및 등급 ★

종류	등급		구분
호스 마스크	폐력흡인형		안면부
	송풍기형	전동	안면부, 페이스실드, 후드
		수동	안면부
에어라인 마스크	일정유량형		안면부, 페이스실드, 후드
	디맨드형		안면부
	압력디맨드형		안면부
복합식 에어라인마스크	디맨드형		안면부
	압력디맨드형		안면부

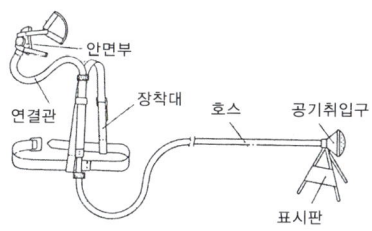

[폐력 흡인형 호스 마스크]

한 눈에 들어오는 키워드

※ 문제

어느 작업장의 공기 중 사염화탄소의 농도가 0.2%인 곳에서 근로자가 착용한 정화통의 흡수능력이 CCl_4 0.5%에 대하여 100분이라 할 때 방독마스크 정화통의 유효시간은 얼마인가?
㉮ 200분   ㉯ 250분
㉰ 300분   ㉱ 350분

[해설]
방독마스크의 유효시간(파과시간)
$= \frac{\text{시험가스농도} \times \text{표준유효시간}}{\text{작업장 공기중 유해가스 농도}}(\text{분})$
$= \frac{0.5\% \times 100분}{0.2\%} = 250(분)$

정답 ㉯

[확인]
송기마스크
산소결핍장소(산소농도 18% 미만)에서 반드시 착용하여야 한다. ★

한 눈에 들어오는 키워드

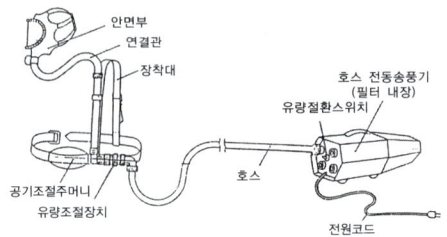

[전동 송풍기형 호스 마스크]

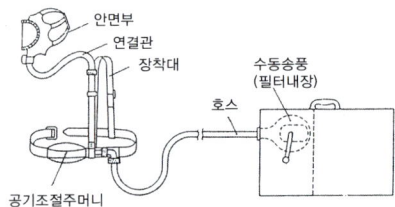

[수동 송풍기형 호스 마스크]

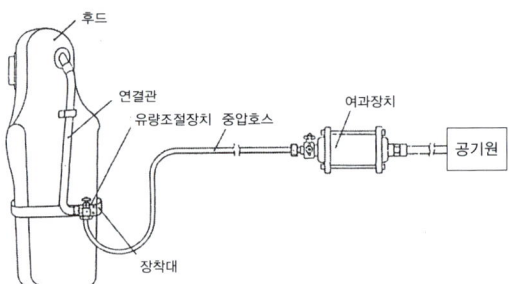

[일정유량형 에어라인 마스크]

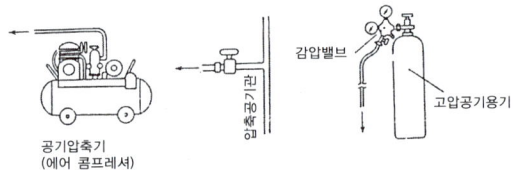

[AL 마스크용 공기원의 종류]

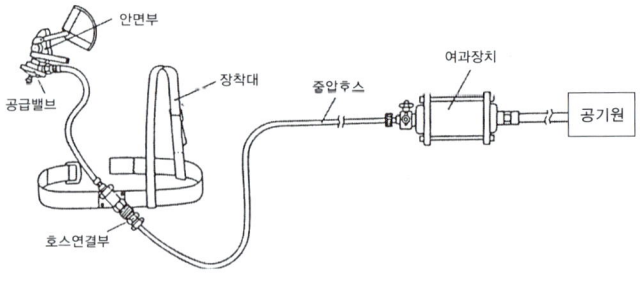

[디맨드형 에어라인 마스크]

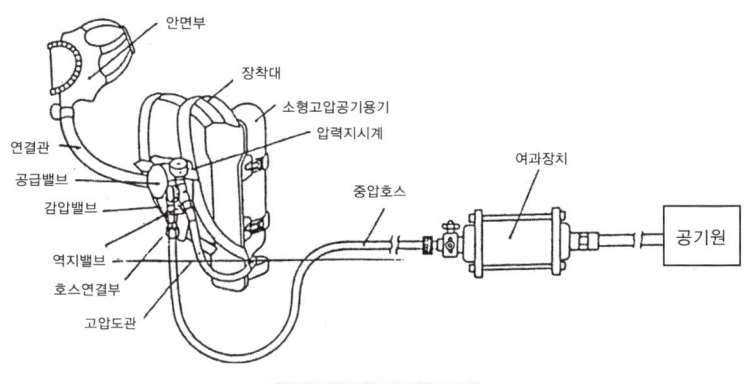

[복합식 에어라인 마스크]

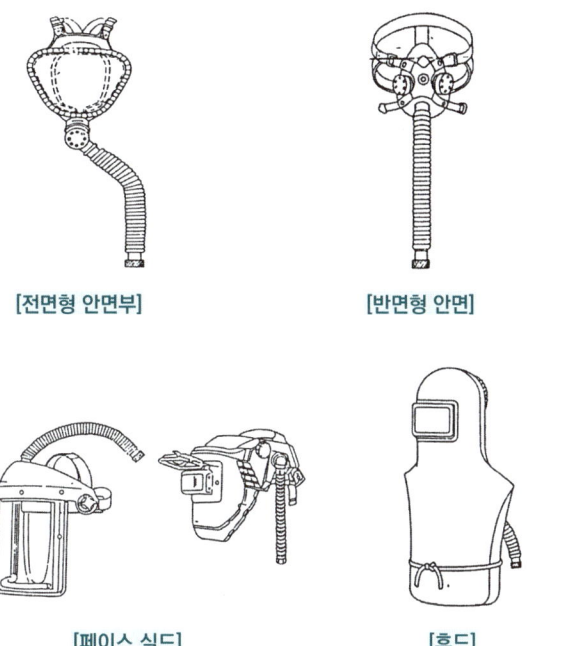

[전면형 안면부]   [반면형 안면]

[페이스 실드]   [후드]

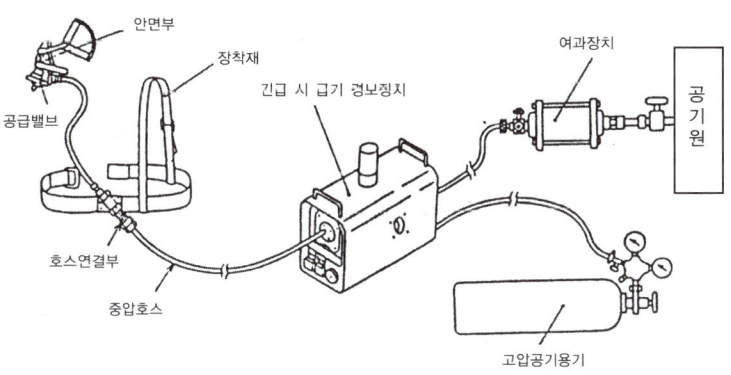

[긴급 시 급기 경보장치]

2) 송풍기형 호스 마스크의 분진 포집효율

등급	전 동	수 동
효율(%)	99.8 이상	95.0 이상

3) 송기마스크 성능시험

송기마스크 성능시험 종류
① 안면부 누설률시험 ② 저압부의 기밀성시험 ③ 배기밸브의 작동기밀성시험 ④ 안면부내의 압력시험 ⑤ 통기저항시험 ⑥ 호스 및 중압호스시험 ⑦ 호스 및 중압호스 연결부시험 ⑧ 송풍기시험 ⑨ 송풍기형 호스마스크의 분진포집효율시험 ⑩ 일정 유량형 에어라인마스크의 공기공급량시험 ⑪ 기타의 구조시험

> **참고**
>
> **송풍기형 호스마스크의 분진포집효율 시험방법**
>
> 송풍기형 호스마스크의 분진포집효율 시험방법은 공기 중 분진농도와 안면부 등의 흡기구 분진농도를 측정한 후, 다음 산식에 의해 분진포집효율을 산출한다.
>
> $$F = \frac{C_1 - C_2}{C_1} \times 100$$
>
> - F : 분진포집효율(%)
> - C_1 : 분진시험장치의 공기 중의 분진 농도(mg/m^3)
> - C_2 : 송기마스크의 흡기구에서 나오는 공기 중의 분진 농도(mg/m^3)

(7) 전동식 호흡보호구

① 전동식보호구

사용자의 **몸에 전동기를 착용한 상태에서 전동기 작동에 의해 여과된 공기가 호흡호스를 통하여 안면부에 공급하는 형태**의 전동식보호구를 말한다.

② 겸용

방독마스크(복합용 포함) 및 방진마스크의 성능이 포함된 전동식보호구를 말한다.

③ 복합용

2종류 이상의 유해물질에 대한 제독능력이 있는 전동식보호구를 말한다.

④ 전동식 후드

안면부 전체를 덮는 형태로 **머리·안면부·목·어깨부분까지 보호할 수 있는 구조**의 전동식 후드를 말한다.

⑤ 전동식 보안면

안면부를 덮는 형태로 **머리 및 안면부를 보호할 수 있는 구조의 전동식 보안면**을 말한다.

⑥ 착용부품

전동식보호구 각각의 부품을 결합하여 어깨 또는 허리에 전동식보호구와 조립하여 사용하는 부품을 말한다.

⑦ 호흡호스

상압에 가까운 압력으로 공기가 들어가도록 안면부에 연결된 주름진 유연한 호스(hose)를 말한다.

⑧ 호흡공기

호흡하기에 적합한 공기를 말한다.

⑨ 호흡저항

흡기 및 배기 중 공기흐름에 따른 전동식보호구 안면부 내부의 호흡저항을 말한다.

⑩ 본질안전방폭구조

정상시 및 사고시(단선, 단락, 지락 등)에 발생하는 전기불꽃, 아크 또는 고온에 의하여 폭발성 가스 또는 증기에 점화되지 않는 것이 점화시험, 기타에 의하여 확인된 구조를 말한다.

1) 전동식 호흡보호구의 분류

분 류	사용 구분
전동식 방진마스크	분진 등이 호흡기를 통하여 체내에 유입되는 것을 방지하기 위하여 고효율 여과재를 전동장치에 부착하여 사용하는 것
전동식 방독마스크	유해물질 및 분진 등이 호흡기를 통하여 체내에 유입되는 것을 방지하기 위하여 고효율 정화통 및 여과재를 전동장치에 부착하여 사용하는 것
전동식 후드 및 전동식보안면	유해물질 및 분진 등이 호흡기를 통하여 체내에 유입되는 것을 방지하기 위하여 고효율 정화통 및 여과재를 전동장치에 부착하여 사용함과 동시에 머리, 안면부, 목, 어깨부분까지 보호하기 위해 사용하는 것

> **한** 눈에 들어오는
> **키** 워드

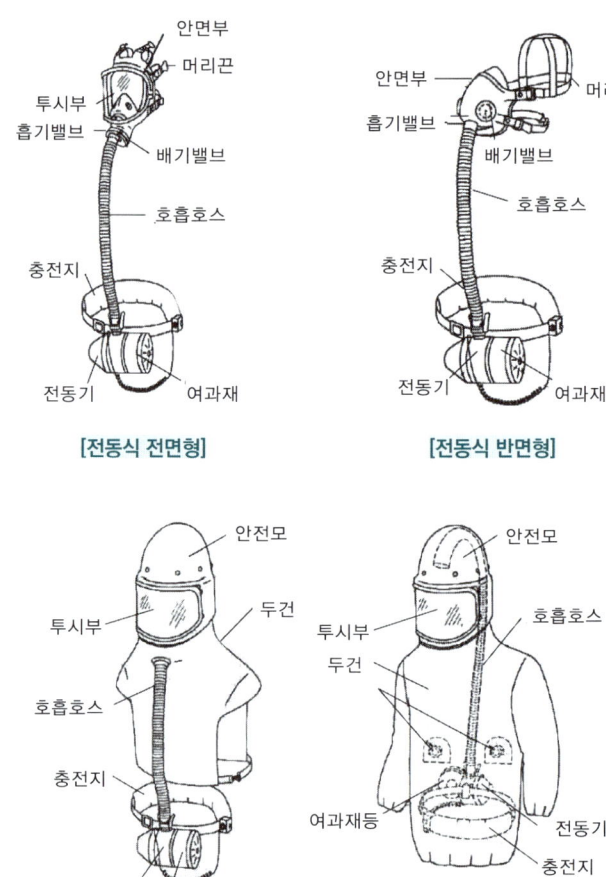

[전동식 전면형]　　　[전동식 반면형]

[전동식 후드]

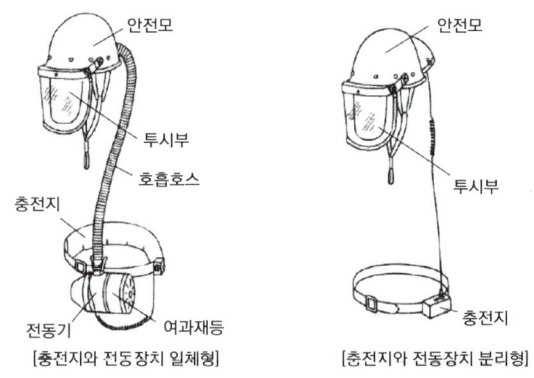

[충전지와 전동장치 일체형]　　[충전지와 전동장치 분리형]

[전동식 보안면]

2) 전동식 후드 및 전동식 보안면의 등급

형태	종류	등급	사용 장소
전동식 후드 및 전동식 보안면	• 분진, 미스트, 흄용 • 유기화합물용(고, 중, 저농도) • 할로겐용(고, 중, 저농도) • 황화수소용(고, 중, 저농도) • 시안화수소용(고, 중, 저농도) • 아황산용(고, 중, 저농도) • 암모니아용(고, 중, 저농도)	전동식 특급	• 베릴륨 등과 같이 독성이 강한 물질 들을 함유한 분진등 발생장소 • 석면 취급장소(안면부 누설률 0.05 % 이하인 경우에 한함)
		전동식 1급	• 전동식 특급 착용 장소를 제외한 분진등 발생장소 • 금속흄 등과 같이 열적으로 생기는 분진 등 발생장소 • 기계적으로 생기는 분진 등 발생장소(규소 등과 같이 전동식 2급을 착용하여도 무방한 경우는 제외한다)
		전동식 2급	• 전동식 특급 및 전동식 1급 착용장소를 제외한 분진등 발생장소

3) 전동식 후드 및 전동식 보안면의 분진포집 효율

[여과재의 분진 등 포집효율]

형태 및 등급		염화나트륨(NaCl) 및 파라핀 오일(Paraffin oil) 시험(%)
전동식 후드 및 전동식 보안면	전동식 특급	99.8 이상
	전동식 1급	98.0 이상
	전동식 2급	90.0 이상

[후드 및 보안면 내부의 이산화탄소 농도]

상 태	전원을 켠 상태
농도(%)	후드 및 보안면 내부의 이산화탄소(CO_2)농도가 부피분율 1.0% 이하일 것

(8) 보호복

1) 방열복

① 내열원단
  내열섬유에 유연접착제를 바르고 알루미늄이 증착된 필름을 접착시켜 주름이 생기지 않도록 한 원단을 말한다.
② 방열상의
  내열원단으로 제조되어 상체에 입는 옷을 말한다.

③ 방열하의

내열원단으로 제조되어 하체에 입는 옷을 말한다.

④ 방열일체복

방열 상·하의가 단일하게 연결되어 있는 옷을 말한다.

⑤ 방열장갑

내열원단으로 제조되어 손에 끼는 장갑을 말한다.

⑥ **방열두건**

내열원단으로 제조되어 안전모와 안면렌즈가 일체형으로 부착되어 있는 형태의 두건을 말한다.

㉠ 방열복의 종류 ★

종류	착용 부위
방열상의	상체
방열하의	하체
방열일체복	몸체(상·하체)
방열장갑	손
방열두건	머리

㉡ 방열두건의 사용구분

차광도 번호	사용 구분
#2~#3	고로강판가열로, 조괴(造塊) 등의 작업
#3~#5	전로 또는 평로 등의 작업
#6~#8	전기로의 작업

㉢ 방열복의 질량 ★

종류	방열상의	방열하의	방열일체복	방열장갑	방열두건
질량(단위 : kg)	3.0	2.0	4.3	0.5	2.0

ⓒ 부품별 용도 및 성능기준

부품별	용 도	성 능 기 준	적용대상
내열 원단	겉감용 및 방열장갑의 등감용	• 질량 : 500g/m² 이하 • 두께 : 0.70mm 이하	방열상의 · 방열하의 · 방열일체복 · 방열장갑 · 방열두건
	안감	• 질량 : 330g/m² 이하	〃
내열 펠트	누빔 중간층용	• 두께 : 0.1mm 이하 • 질량 : 300g/m² 이하	
면포	안감용	고급면	〃
안면 렌즈	안면 보호용	• 재질 : 폴리카보네이트 또는 이와 동등 이상의 성능이 있는 것에 산화동이나 알루미늄 또는 이와 동등 이상의 것을 증착하거나 도금필름을 접착한 것 • 두께 : 3.0mm 이상	방열두건

ⓜ 방열복의 시험성능기준

구분	항목	시험성능 기준		
내열원단	난연성	잔염 및 잔진시간이 2초 미만이고 녹거나 떨어지지 말아야 하며, 탄화길이가 102mm 이내 일 것		
	절연저항	표면과 이면의 절연저항이 1MΩ 이상일 것		
	인장강도	인장강도는 가로, 세로방향으로 각각 25kg$_f$ 이상일 것		
	내열성	균열 또는 부풀음이 없을 것		
	내한성	피복이 벗겨져 떨어지지 않을 것		
안면렌즈	차광능력	투시부의 가시광선 파장영역에 대한 시감투과율은 0.061% 이상, 43.2% 이하이고, 가시광선 투과율에 따른 적외선 투과율이 다음 수치 이하일 것		
		차광도 번호 (#)	가시광선 투과율(%) (380~780nm)	적외선 투과율(%)
				근적외선 (780~1300nm)	증적외선 (1300~000nm)
		2.0	43.2~29.1	21	13
		2.5	29.1~17.8	15	9.6
		3	17.8~8.5	12	8.5
		4	8.5~3.2	6.4	5.4
		5	3.2~1.2	3.2	3.2
		6	1.2~0.44	1.7	1.9
		7	0.44~0.16	0.81	1.2
		8	0.16~0.061	0.43	0.68

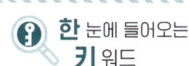
한 눈에 들어오는 키 워드

구분	항목	시험성능 기준				
안면렌즈	열충격	열충격 시험 시 균열, 파손, 얼룩, 발포가 없을 것				
	표면마모 저항	헤이즈 미터에 의한 시험결과가 다음 기준에 적합할 것				
		연삭재의 양(g)	100	200	400	800
		표면마모 저항(%)	3 이하	5 이하	8 이하	13 이하
	내충격	균열 및 파손이 없을 것				
내열원단 및 안면렌즈	열전도율	이면중심 온도가 47℃ 이하이고, 온도상승이 25℃/4min 이하일 것				

2) 화학물질용 보호복

① 화학물질

제조 등이 금지되는 유해물질, 허가 대상 유해물질 및 관리대상 유해물질을 말한다.

② 화학물질용 보호복

화학물질이 피부를 통하여 인체에 흡수되는 것을 방지하기 위한 것으로서 신체의 전부 또는 일부를 보호하기 위한 옷을 말한다.

종류	형식	형식구분 기준
전신 보호복	액체방호형 (3형식)	보호복의 재료, 솔기 및 접합부가 화학물질의 분사에 대한 보호성능을 갖는 구조
	분무방호형 (4형식)	보호복의 재료, 솔기 및 접합부가 화학물질의 분무에 대한 보호성능을 갖는 구조
부분 보호복	액체방호형 (3형식)	화학물질로부터 신체의 특정한 부분을 보호하는 것으로 재료, 솔기가 화학물질의 분사에 대한 보호성능을 갖는 구조

[화학물질 보호성능 표시]

(9) 안전대

① 벨트

신체지지의 목적으로 허리에 착용하는 띠모양의 부품을 말한다.

② **안전그네**

신체지지의 목적으로 전신에 착용하는 띠 모양의 것으로서 상체 등 신체 일부분만 지지하는 것은 제외한다. ★

③ 지탱벨트

U자걸이 사용 시 벨트와 겹쳐서 몸체에 대는 역할을 하는 띠 모양의 부품을 말한다.

④ 죔줄

벨트 또는 안전그네를 구명줄 또는 구조물 등 기타 걸이설비와 연결하기 위한 줄모양의 부품을 말한다.

⑤ D링

벨트 또는 안전그네와 죔줄을 연결하기 위한 D자형의 금속 고리를 말한다.

⑥ 각링

벨트 또는 안전그네와 신축조절기를 연결하기 위한 사각형의 금속 고리를 말한다.

⑦ 버클

벨트 또는 안전그네를 신체에 착용하기 위해 그 끝에 부착한 금속장치를 말한다.

⑧ 추락방지대

신체의 추락을 방지하기 위해 자동잠김 장치를 갖추고 죔줄과 수직구명줄에 연결된 금속장치를 말한다.

⑨ 훅 및 카라비너

죔줄과 걸이설비 등 또는 D링과 연결하기 위한 금속장치를 말한다.

⑩ 보조훅

U자걸이를 위해 훅 또는 카라비너를 지탱벨트의 D링에 걸거나 떼어낼 때 추락을 방지하기 위한 훅을 말한다.

⑪ 신축조절기

죔줄의 길이를 조절하기 위해 죔줄에 부착된 금속의 조절장치를 말한다.

⑫ 8자형 링

안전대를 1개걸이로 사용할 때 훅 또는 카라비너를 죔줄에 연결하기 위한 8자형의 금속고리를 말한다.

⑬ **안전블록**

안전그네와 연결하여 **추락발생시 추락을 억제할 수 있는 자동잠김장치가 갖추어져 있고 죔줄이 자동적으로 수축되는 장치를** 말한다. ★

⑭ 보조죔줄

안전대를 U자걸이로 사용할 때 U자걸이를 위해 훅 또는 카라비너를 지탱벨트의 D링에 걸거나 떼어낼 때 잘못하여 추락하는 것을 방지하기 위한 링과 길이설비연결에 사용하는 훅 또는 카라비너를 갖춘 줄모양의 부품을 말한다.

⑮ 수직구명줄

로프 또는 레일 등과 같은 유연하거나 단단한 고정줄로서 추락발생시 추락을 저지시키는 추락방지대를 지탱해 주는 줄모양의 부품을 말한다.

한눈에 들어오는
키워드

> **참고**
> 충격흡수장치의 동하중 성능기준
> ① 최대전달충격력은 6.0kN 이하이어야 함
> ② 감속거리는 1,000㎜ 이하이어야 함

⑯ 충격흡수장치

추락 시 신체에 가해지는 충격하중을 완화시키는 기능을 갖는 죔줄에 연결되는 부품을 말한다.

⑰ 낙하거리
- 억제거리 : 감속거리를 포함한 거리로서 추락을 억제하기 위하여 요구되는 총 거리를 말한다.
- 감속거리 : 추락하는 동안 전달충격력이 생기는 지점에서의 착용자의 D링 등 체결지점과 완전히 정지에 도달하였을 때의 D링 등 체결지점과의 수직 거리를 말한다.

⑱ 최대전달충격력

동하중시험 시 시험몸통 또는 시험추가 추락하였을 때 로드셀에 의해 측정된 최고 하중을 말한다.

⑲ **U자걸이**

안전대의 **죔줄을 구조물 등에 U자모양으로 돌린 뒤 훅 또는 카라비너를 D링에, 신축조절기를 각링 등에 연결하는 걸이 방법**을 말한다. ★

⑳ **1개걸이**

죔줄의 한쪽 끝을 D링에 고정시키고 훅 또는 카라비너를 구조물 또는 구명줄에 고정시키는 걸이 방법을 말한다. ★

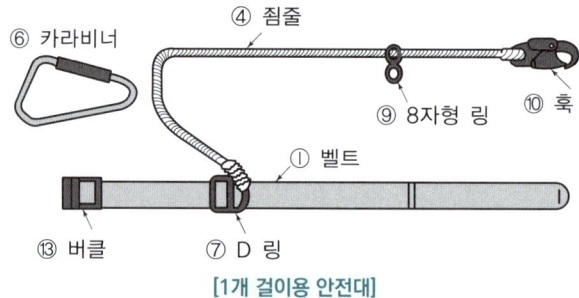

[1개 걸이용 안전대]

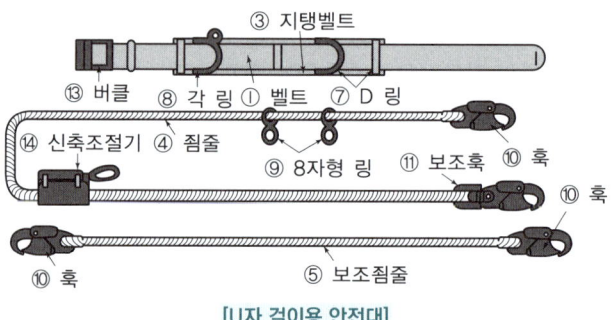

[U자 걸이용 안전대]

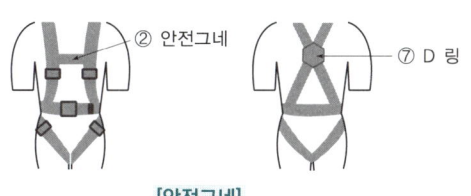
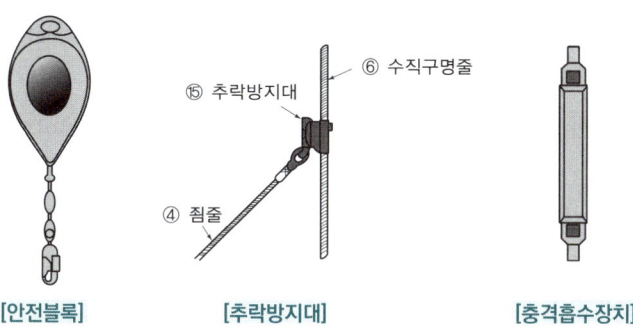

한 눈에 들어오는
키워드

1) 안전대의 종류 ★★★

종 류	사용 구분
벨트식	1개 걸이용
	U자 걸이용
안전그네식	추락방지대
	안전블록

[확인]
- 벨트식 : 1개 걸이용, U자 걸이용
- 안전그네식 : 추락방지대, 안전블록

2) 안전블록이 부착된 안전대의 구조 ★

① **안전블록을 부착하여 사용하는 안전대**는 신체지지의 방법으로 안전그네만을 **사용**할 것
② 안전블록은 **정격 사용 길이가 명시될 것**
③ 안전블록의 줄은 **합성섬유로프, 웨빙(webbing), 와이어로프이어야** 하며, 와이어로프인 경우 최소지름이 4mm 이상일 것

3) 추락방지대가 부착된 안전대의 구조

① 추락방지대를 부착하여 사용하는 안전대는 **신체지지의 방법으로 안전그네만을 사용**하여야 하며 수직구명줄이 포함될 것
② 수직구명줄에서 걸이설비와의 **연결부위는 훅 또는 카라비너 등이 장착되어** 걸이설비와 **확실히 연결**될 것
③ **유연한 수직구명줄은 합성섬유로프 또는 와이어로프** 등이어야 하며 구명줄이 고정되지 않아 흔들림에 의한 추락방지대의 오작동을 막기 위하여 적절한 긴장수단을 이용, 팽팽히 당겨질 것

④ 죔줄은 합성섬유로프, 웨빙, 와이어로프 등일 것
⑤ 고정된 추락방지대의 수직구명줄은 와이어로프 등으로 하며 최소지름이 8mm 이상일 것
⑥ 고정 와이어로프에는 하단부에 무게추가 부착되어 있을 것

(10) 차광보안경

① 접안경
착용자의 시야를 확보하는 보안경의 일부로서 렌즈 및 플레이트 등을 말한다.
② 필터
해로운 자외선 및 적외선 또는 강렬한 가시광선의 강도를 감소시킬 수 있도록 설계된 것을 말한다.
③ 필터렌즈(플레이트)
유해광선을 차단하는 원형 또는 변형모양의 **렌즈(플레이트)를 말한다.**
④ 커버렌즈(플레이트)
분진, 칩, 액체약품 등 **비산물로부터 눈을 보호하기 위해 사용하는 렌즈(플레이트)**를 말한다.
⑤ 시감투과율
필터 입사에 대한 투과 광속의 비를 말하며, 분광투과율을 측정한다.
⑥ 적외선 투과율
780나노미터 이상 1,400나노미터 이하, 780나노미터 이상 2,000나노미터 이하 영역의 평균 분광투과율을 말한다.
⑦ 차광도 번호(scale number)
필터와 플레이트의 유해광선을 차단할 수 있는 능력을 말하고 자외선, 가시광선 및 적외선에 대해 표기할 수 있다.

1) 사용구분에 따른 차광보안경의 종류(안전인증 대상) ★

종류	사용구분
자외선용	자외선이 발생하는 장소
적외선용	적외선이 발생하는 장소
복합용	자외선 및 적외선이 발생하는 장소
용접용	산소용접작업 등과 같이 자외선, 적외선 및 강렬한 가시광선이 발생하는 장소

[비교]
자율안전확인에 따른 보안경의 종류

종류	사용 구분
유리 보안경	비산물로부터 눈을 보호하기 위한 것으로 렌즈의 재질이 유리인 것
플라스틱 보안경	비산물로부터 눈을 보호하기 위한 것으로 렌즈의 재질이 플라스틱인 것
도수렌즈 보안경	비산물로부터 눈을 보호하기 위한 것으로 도수가 있는 것

2) 차광보안경의 표시사항

추가표시	안전인증 차광보안경에는 안전인증의 표시 외에 차광도번호, 굴절력성능수준 등의 내용을 추가로 표시해야 한다.

3) 차광보안경의 성능시험

차광보안경 성능시험 종류	
① 시야범위시험	② 표면검사
③ 내노후성시험	④ 내충격성시험
⑤ 각주굴절력시험	⑥ 구면굴절력, 난시굴절력시험
⑦ 차광능력시험	⑧ 시감투과율차이 시험
⑨ 내식성시험	⑩ 내발화성시험

(11) 용접용 보안면(안전인증 대상)

① 용접용 보안면(이하 "보안면"이라 한다)
  용접작업 시 머리와 안면을 보호하기 위한 것으로 통상적으로 지지대를 이용하여 고정하며 적합한 필터를 통해서 눈과 안면을 보호하는 보호구이다.
② 차광속도
  자동용접필터에서 용접아크 발생시 낮은 수준의 차광도에서 높은 수준의 차광도로 전환되는 시간을 말한다.

1) 용접용 보안면의 형태

형태	구조
헬멧형	안전모나 착용자의 머리에 지지대나 헤드밴드 등을 이용하여 적정위치에 고정, 사용하는 형태(자동용접필터형, 일반용접필터형)
핸드실드형	손에 들고 이용하는 보안면으로 적절한 필터를 장착하여 눈 및 안면을 보호하는 형태

2) 용접용 보안면의 종류

종류	용접필터의 자동변화유무에 따라 자동용접필터형과 일반용접필터형으로 구분한다.

3) 용접용 보안면의 투과율

투과율	커버플레이트	89% 이상
	자동용접필터	낮은 수준의 최소시감투과율 0.16% 이상

(12) 방음용 귀마개 또는 귀덮개

① 방음용 귀마개(ear - plugs)

외이도에 삽입 또는 외이 내부·외이도 입구에 반 삽입함으로서 차음효과를 나타내는 일회용 또는 재사용 가능한 방음용 귀마개를 말한다.

② 방음용 귀덮개(ear - muff)

양쪽 귀 전체를 덮을 수 있는 컵(머리띠 또는 안전모에 부착된 부품을 사용하여 머리에 압착될 수 있는 것)을 말한다.

③ 음압수준

음압을 다음 식에 따라 데시벨(dB)로 나타낸 것을 말하며 KS C 1505(적분평균소음계) 또는 KS C 1502(소음계)에 규정하는 소음계의 "C"특성을 기준으로 한다.

$$음압수준(dB) = 20 \log_{10} \frac{P}{P_0}$$

P : 측정음압으로서 파스칼(Pa) 단위를 사용
P_0 : 기준음압으로서 $20\mu Pa$ 사용

④ 최소가청치

음압수준을 감지할 수 있는 최저 음압수준을 말한다.

⑤ 상승법

최소가청치를 측정함에 있어 충분히 낮은 음압수준으로부터 2.5dB 또는 그 이하의 비율로 일정하게 순차적으로 음압수준을 상승시켜 최소가청치로 하는 방법을 말한다.

⑥ 백색소음

20~20,000Hz의 가청범위 전체에 걸쳐 연속적으로 균일하게 분포된 주파수를 갖는 소음을 말한다.

⑦ 중심주파수

가청범위 대역에서 125Hz · 250Hz · 500Hz · 1,000Hz · 2,000Hz · 4,000Hz 및 8,000Hz의 주파수를 말한다.

⑧ 1/3 옥타브대역

제7호의 주파수를 중심으로 표와 같은 주파수의 범위를 말한다.

[1/3 옥타브대역]

중심주파수(Hz)	주파수 범위(Hz)
125	112 ~ 140
250	224 ~ 280
500	450 ~ 560
1,000	900 ~ 1,120
2,000	1,800 ~ 2,240
4,000	3,550 ~ 4,500
8,000	7,100 ~ 9,000

⑨ 1/3 옥타브대역 소음

백색소음을 1/3 옥타브대역 필터(1/3 옥타브대역 이외의 대역은 모두 제거시키는 것)에 통과시킨 소음을 말한다.

⑩ 시험음

차음 성능시험에 사용하는 음을 말한다.

⑪ 환경소음

시험장소에서 시험음이 없을 때의 소음을 말한다.

1) 방음용 귀마개 또는 귀덮개의 종류·등급 ★

종류	등급	기호	성능
귀마개	1종	EP-1	저음부터 고음까지 차음하는 것
귀마개	2종	EP-2	주로 고음을 차음하고 저음(회화음영역)은 차음하지 않는 것
귀덮개	-	EM	

비고 : 귀마개의 경우 재사용 여부를 제조특성으로 표기

2) 귀마개·귀덮개 차음성능 기준

[차음성능]

중심주파수(Hz)	차음치(dB)		
	EP-1	EP-2	EM
125	10 이상	10 미만	5 이상
250	15 이상	10 미만	10 이상
500	15 이상	10 미만	20 이상
1,000	20 이상	20 미만	25 이상

중심주파수(Hz)	차음치(dB)		
	EP-1	EP-2	EM
2,000	25 이상	20 이상	30 이상
4,000	25 이상	25 이상	35 이상
8,000	20 이상	20 이상	20 이상

3) 귀마개 · 귀덮개 표시사항

추가표시	안전인증 귀마개 또는 귀덮개에는 안전인증의 표시 외에 다음 각목의 내용을 추가로 표시해야 한다. ① 일회용 또는 재사용 여부 ② 세척 및 소독방법 등 사용상의 주의사항(다만, 재사용 귀마개에 한한다)

4) 귀마개 · 귀덮개의 성능시험

귀마개 · 귀덮개 성능시험 종류		
① 차음성능시험	② 충격시험	③ 저온충격시험

3 안전보건 표지의 종류, 용도 및 적용

(1) 안전보건 표지의 정의 및 제작

① **안전 · 보건표지** : 근로자의 안전 및 보건을 확보하기 위하여 **위험장소 또는 위험물질에 대한 경고, 비상시에 대처하기 위한 지시 또는 안내, 그 밖에 근로자의 안전 · 보건의식을 고취하기 위한 사항 등을 그림 · 기호 및 글자 등으로 표시하여** 근로자의 판단이나 행동의 착오로 인하여 산업재해를 일으킬 우려가 있는 **작업장의 특정 장소, 시설 또는 물체에 설치하거나 부착하는 표지**를 말한다.
② 안전 · 보건표지는 그 표시내용을 근로자가 빠르고 쉽게 알아볼 수 있는 크기로 제작하여야 한다.
③ **안전 · 보건표지 속의 그림 또는 부호의 크기**는 안전 · 보건표지의 크기와 비례하여야 하며, **안전 · 보건표지 전체 규격의 30퍼센트 이상**이 되어야 한다. ★
④ 안전 · 보건표지는 **쉽게 파손되거나 변형되지 아니하는 재료**로 제작하여야 한다.
⑤ **야간**에 필요한 안전 · 보건표지는 **야광물질을 사용하는 등 쉽게 알아볼 수 있도록** 제작하여야 한다.

한눈에 들어오는 키워드

기출
안전표지 사용 목적
- 유해위험 기계 · 기구 자재 등의 위험성을 표시하여 작업자로 하여금 예상되는 재해를 사전에 예방
- 작업대상의 유해 · 위험성의 성질에 따라 작업행위를 통제하고 대상물을 신속 용이하게 판별하여 안전한 행동을 하게 함으로써 재해와 사고를 미연에 방지

참고
안전보건표지의 설치
① 사업주는 안전보건표지를 설치하거나 부착할 때에는 근로자가 쉽게 알아볼 수 있는 장소 · 시설 또는 물체에 설치하거나 부착해야 한다.
② 사업주는 안전보건표지를 설치하거나 부착할 때에는 흔들리거나 쉽게 파손되지 않도록 견고하게 설치하거나 부착해야 한다.
③ 안전보건표지의 성질상 설치하거나 부착하는 것이 곤란한 경우에는 해당 물체에 직접 도색할 수 있다.

(2) 안전보건 표지의 색채, 색도기준 및 용도 ★★★

색채	색도기준	용도	사용례
빨간색	7.5R 4/14	금지	정지신호, 소화설비 및 그 장소, 유해행위의 금지
		경고	화학물질 취급장소에서의 유해·위험 경고
노란색	5Y 8.5/12	경고	화학물질 취급장소에서의 유해·위험경고 이외의 위험경고, 주의표지 또는 기계방호물
파란색	2.5PB 4/10	지시	특정 행위의 지시 및 사실의 고지
녹색	2.5G 4/10	안내	비상구 및 피난소, 사람 또는 차량의 통행표지
흰색	N9.5		파란색 또는 녹색에 대한 보조색
검은색	N0.5		문자 및 빨간색 또는 노란색에 대한 보조색

참고

색도기준의 표시방법

7.5R 4/14에서 7.5R → 색상, 4 → 명도, 14 → 채도를 나타낸다.

특급암기법

7.5R 4/14 → 싫어(7.5) 4/14

5Y 8.5/12 → 오(5)! 빨리와(8.5) 이리(12)

2.5PB 4/10 → 2.5 × 4 = 10

2.5G 4/10 → 2.5 × 4 = 10

한 눈에 들어오는 **키** 워드

※ 문제

안전 표지의 구성요소에 해당되지 않는 것은?
㉮ 모양 ㉯ 색깔
㉰ 내용 ㉱ 크기

[해설]
안전 표지의 구성요소
① 모양 ② 색깔 ③ 내용

정답 ㉱

※ 문제

산업안전표지 중 안내표지(녹색)의 사용 예에 해당 되는 것은?
㉮ 사실의 고지 및 특정행위의 지시
㉯ 비상구 및 차량의 통행표시
㉰ 유해 행위의 금지
㉱ 기계 방호물

[해설]
㉮ 사실의 고지 및 특정행위의 지시
　→ 지시표지(파랑)
㉰ 유해 행위의 금지
　→ 금지표지(빨강)
㉱ 기계 방호물
　→ 경고표지(노랑)

정답 ㉯

(3) 안전보건표지의 종류 및 형태(제6조제1항 관련) ★★★

한 눈에 들어오는
키 워드

참고

금지표지
- 출입금지
- 보행금지
- 차량통행금지
- 사용금지
- 탑승금지
- 금연
- 화기금지
- 물체이동금지

경고표지
- 인화성물질 경고
- 산화성물질 경고
- 폭발성물질 경고
- 급성독성물질 경고
- 부식성물질 경고
- 발암성·변이원성·생식독성·전신독성·호흡기과민성 물질경고
- 방사성물질 경고
- 고압전기 경고
- 매달린물체 경고
- 낙하물 경고
- 고온 경고
- 저온 경고
- 몸균형 상실 경고
- 레이저광선 경고
- 위험장소 경고

지시표지
- 보안경 착용
- 방독마스크 착용
- 방진마스크 착용
- 보안면 착용
- 안전모 착용
- 귀마개 착용
- 안전화 착용
- 안전장갑 착용
- 안전복 착용

1. 금지표지	101 출입금지	102 보행금지	103 차량통행금지	104 사용금지	
	105 탑승금지	106 금연	107 화기금지	108 물체이동금지	
2. 경고표지	201 인화성물질 경고	202 산화성물질 경고	203 폭발성물질 경고	204 급성독성물질 경고	205 부식성물질 경고
	206 방사성물질 경고	207 고압전기 경고	208 매달린 물체 경고	209 낙하물 경고	210 고온 경고
	211 저온 경고	212 몸균형 상실 경고	213 레이저광선 경고	214 발암성·변이원성·생식독성·전신독성·호흡기과민성 물질 경고	215 위험장소 경고
3. 지시표지	301 보안경 착용	302 방독마스크 착용	303 방진마스크 착용	304 보안면 착용	305 안전모 착용
	306 귀마개 착용	307 안전화 착용	308 안전장갑 착용	309 안전복 착용	

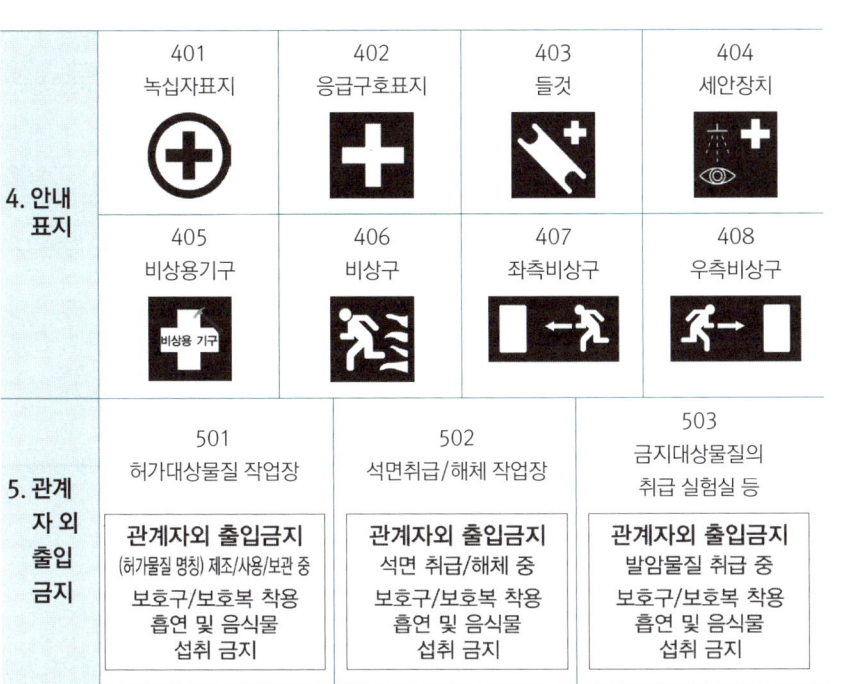

4. 안내 표지	401 녹십자표지	402 응급구호표지	403 들것	404 세안장치
	405 비상용기구	406 비상구	407 좌측비상구	408 우측비상구

5. 관계자 외 출입금지	501 허가대상물질 작업장 관계자외 출입금지 (허가물질 명칭) 제조/사용/보관 중 보호구/보호복 착용 흡연 및 음식물 섭취 금지	502 석면취급/해체 작업장 관계자외 출입금지 석면 취급/해체 중 보호구/보호복 착용 흡연 및 음식물 섭취 금지	503 금지대상물질의 취급 실험실 등 관계자외 출입금지 발암물질 취급 중 보호구/보호복 착용 흡연 및 음식물 섭취 금지

> **한 눈에 들어오는 키 워드**
>
> **[참고]**
>
> **안내표지**
> • 녹십자표지
> • 응급구호표지
> • 들것
> • 세안장치
> • 비상용기구
> • 비상구
> • 좌측비상구
> • 우측비상구
>
> **출입금지표지**
> • 허가대상유해물질취급
> • 석면취급 및 해체 · 제거
> • 금지유해물질 취급
>
> **[기출]**
> 산업안전보건법 상의 안전보건표지 중 '관계자외 출입금지' 표지의 하단에 포함되어야 하는 문자 2가지
> ① 보호구/보호복 착용
> ② 흡연 및 음식물 섭취 금지

(4) 안전 · 보건표지의 형태 및 색채 ★★★

분류	형태	색채
금지표지	⊘	• 바탕 : 흰색 • 기본모형 : 빨간색 • 관련부호 및 그림 : 검은색
경고표지	◇	• 바탕 : 무색 • 기본모형 : 빨간색(검은색도 가능)
	△	• 바탕 : 노란색 • 기본모형, 관련부호, 그림 : 검은색
지시표지	○	• 바탕 : 파란색 • 관련 그림 : 흰색

한눈에 들어오는 키워드

분류	형태	색채
안내표지		• 바탕 : 흰색 • 기본모형, 관련부호 : 녹색
		• 바탕 : 녹색 • 관련부호 및 그림 : 흰색

출입금지표지	A
	B
	C
		• 바탕 : 흰색
		• 글자 : 검은색
		• 다음 글자는 빨간색
		  − ○○○ 제조 / 사용 / 보관중
		  − 석면 취급 / 해체 중
		  − 발암물질 취급 중

CHAPTER 03 산업안전심리

01 산업심리와 심리검사

주요내용 알고 가기!
- 인간의 특성
- 산업안전심리 5요소
- 착각현상
- 착시현상

> **한** 눈에 들어오는 **키** 워드

용어정의

산업심리학 : 사람을 적재적소에 배치할 수 있는 과학적 판단과 배치된 사람이 만족하게 자기 책무를 다할 수 있는 여건을 만들어 주는 방법을 연구하는 학문이다.

1 산업심리

(1) 심리검사의 종류

유형에 따른 분류	• 적성검사 및 성취도검사 • 속도검사 및 능력검사 • 개인검사 및 집단검사
내용에 따른 분류	• 직업검사　• 지능검사　• 성격검사
목적에 따른 분류	• 지능검사　• 적성검사　• 성취검사　• 성격검사

(2) 심리 검사의 기준

① 표준화　② 객관성
③ 규준성　④ 신뢰성
⑤ 타당성

(3) 산업심리검사의 구비요건

① **타당성(validity)**
측정하려고 하는 **성능을 어느 정도 충실히 수행하고 있는가를** 나타낸다.

※ 문제

다음 심리검사의 종류 중 계산에 의한 검사와 거리가 먼 것은?
㉮ 수학응용검사
㉯ 계산검사
㉰ 공구판단검사
㉱ 기록검사

[해설]
공구판단검사는 특정 공구를 이용한 검사법으로 계산에 의한 검사가 아니다
정답 ㉰

※ 문제

적성의 요인이 아닌 것은?
㉮ 인간성
㉯ 지능
㉰ 인간의 개인차
㉱ 흥미

[해설]
적성이란 개인이 맡은 업무를 성공적으로 수행할 수 있는지에 대한 잠재적인 능력으로 인간성, 지능, 흥미 등이 영향을 미치나 인간의 개인차는 적성의 요인이 아니다.
정답 ㉰

② **신뢰성(reliability)**
  동일한 검사를 동일한 사람에게 시간 간격을 두고 **실시할 때 그 결과가 크게 다르지 않아야 한다.**
③ **실용성(praticability)**
  검사를 실시하고 채점하기 용이하다든지, **결과의 해석이나 이용의 방법이 간단하고 비용이 적게 들어야** 한다.

(4) 직무 스트레스의 내·외적 요인

내적 요인	외적 요인
• **자존심의 손상** • 업무상의 죄책감 • **현실에서의 부적응** • 지나친 경쟁심과 재물에 대한 욕심 • 가족간의 대화 단절 및 의견 불일치 • 출세욕의 좌절감과 자만심의 상충	• 경제적 빈곤 • **가족관계의 갈등 심화** • 직장에서의 대인 관계상의 갈등과 대립 • **가족의 죽음, 질병** • **자신의 건강문제**

(5) 산업심리에서 사고요인

정신적 요소	개성적 결함
• 방심과 공상 • 판단력의 부족 • 주의력의 부족 • 안전지식의 부족	• 과도한 자존심과 자만심 • 사치와 허영심 • 도전적 성격과 다혈질 • 인내력 부족 • 고집과 과도한 집착력 • 나약한 마음 • 태만 · 경솔성 • 배타성과 이질성

(6) 직무스트레스에 의한 건강장해 예방 조치

사업주는 근로자가 장시간 근로, 야간작업을 포함한 교대작업, 차량운전[전업(專業)으로 하는 경우에만 해당한다] 및 정밀기계 조작작업 등 신체적 피로와 정신적 스트레스 등이 높은 작업을 하는 경우에 **직무스트레스로 인한 건강장해 예방을 위하여 다음 각 호의 조치를 하여야 한다.**

① 작업환경 · 작업내용 · 근로시간 등 직무스트레스 요인에 대하여 평가하고 **근로시간 단축, 장 · 단기 순환작업 등의 개선대책을 마련**하여 시행할 것
② 작업량 · 작업일정 등 **작업계획 수립 시 해당 근로자의 의견을 반영**할 것
③ **작업과 휴식을 적절하게 배분**하는 등 근로시간과 관련된 근로조건을 개선할 것

한눈에 들어오는 키워드

※ 문제
다음 중 정신력과 관련이 있는 생리적 현상과 거리가 먼 것은?
㉮ 육체적 능력의 초과
㉯ 인내력 부족
㉰ 신경 계통의 이상
㉱ 근육 운동의 부적합

[해설]
㉯ 인내력부족은 정신력과 관련 있는 심리적 요인이다.
㉮, ㉰, ㉱는 생리적(육체적) 요인

정답 ㉯

④ 근로시간 외의 **근로자 활동에 대한 복지 차원의 지원에 최선을 다할 것**
⑤ 건강진단 결과, 상담자료 등을 참고하여 **적절하게 근로자를 배치하고 직무 스트레스 요인, 건강문제 발생가능성 및 대비책 등에 대하여 해당 근로자에게 충분히 설명**할 것
⑥ 뇌혈관 및 심장질환 발병위험도를 평가하여 금연, 고혈압 관리 등 **건강증진 프로그램을 시행할 것**

2 직업적성과 배치

(1) 적성검사의 분류 및 특성

① 신체검사(체격검사)
② 생리적기능검사
- 감각기능검사
- 심폐기능검사
- 체력검사
③ 심리학적검사
- 지능검사
- 지각동작검사
- 인성검사
- 기능검사

(2) 직무분석 방법 ★

① **면접법**
직무를 실제 수행하는 **종업원과 직접 대면하여 직무정보를 얻는 방법**이다.
② **질문지법**
질문지를 통해 직무정보를 얻는 방법이다.
③ **직접관찰법**
직무수행중인 종업원의 행동을 관찰하여 직무를 판단하는 방법이다.
④ **일지작성법**
직무수행자가 매일 작성하는 **업무일지로 해당직무의 정보를 수집**하는 방법이다.
⑤ 결정 사건 기법
- **직무행동 가운데 중요한, 혹은 가치있는 면에 대한 정보를 수집**하는 방법으로 직무수행과 성과간의 관계를 직접적으로 파악할 수 있다.
- **성공적이지 못한 근로자와 성공적인 근로자를 구별해 내는 행동을 밝히는 목적으로 사용된다.** ★
⑥ 워크샘플링법
관찰법을 개발한 것으로 전체작업 과정동안 무작위로 많은 관찰을 행하여 직무행동에 관한 정보를 얻는 방법이다.

참고
적성검사란
특수한 분야의 직무를 수행할 수 있는 잠재적 능력을 평가하는 시험을 말한다.

기출
적성발견 방법
① 자기 이해
② 계발적 경험
③ 적성검사

기계적 적성과 사무적 적성

기계적 적성	사무적 적성
• 손과 팔의 솜씨 • 기계적 이해 • 공간의 시각화	• 지각의 정확도

참고
직무분석
한 사람의 종업원이 수행하는 일의 전체를 직무라고 하며, 인사관리나 조직관리의 기초를 세우기 위하여 직무의 내용을 분석하는 일을 직무분석이라고 한다.

기출
직무기술서(Job Description) : 직무와 관련된 과업, 업무, 책임 등을 기술
- 직무의 명칭 및 직무담당 부서
- 직무내용 요약
- 직무수행 단계
- 직무수행 방법
- 직무 진행 요건
- 수행되는 과업

직무명세서(Job Specification) : 사람과 관련된 지식, 기술, 능력 등을 기술
- 직무에 대한 지식
- 직무에 대한 기술
- 작업자의 요구되는 성격
- 작업자의 요구되는 능력 및 적성
- 작업자의 요구되는 경험 및 경력
- 작업자의 요구되는 직무 자격요건
- 요구되는 태도 및 가치관

한눈에 들어오는 키워드

참고

직무분석을 통한 정보의 활용
- 인사선발
- 교육 및 훈련
- 배치 및 경력개발
- 임금
- 부서편성
- 채용, 승진

인사관리
조직이 목적을 달성하기 위해 인력을 조달하고 유지, 개발하여 이를 활용하는 관리활동이다.

※ 문제

적성 배치에 있어서 고려되어야 할 기본 사항에 해당되지 않는 것은?
㉮ 적성 검사를 실시하여 개인의 능력을 파악한다.
㉯ 직무 평가를 통하여 자격수준을 정한다.
㉰ 주관적인 감정요소에 따른다.
㉱ 인사관리의 기준원칙을 고수한다.

[해설]
㉰ 주관적인 감정요소를 배제한다.
정답 ㉰

※ 문제

적성 배치에 필요한 인간 능력의 측정은 정신 능력과 신체적 능력이 있다. 다음 중 정신능력의 주요 분석 단계에 해당되지 않는 것은?
㉮ 언어이해   ㉯ 지각속도
㉰ 반응속도   ㉱ 공간 시각화

[해설]
㉰ 반응속도는 신체적 능력에 해당한다.
정답 ㉰

참고

태도(attitude)의 3가지 구성요소
① 인지적 요소
② 정서적 요소
③ 행동 경향 요소

⑦ 체험법(직무수행법)
직무분석 담당자 자신이 직무를 직접 체험하여 직무에 관한 정보를 얻는 방법이다.

⑧ 혼합법
2가지 이상의 방법을 혼합하여 사용하는 것으로 흔히 질문지법과 면접법을 혼용하여 사용한다.

(3) 인사관리의 중요기능 ★

① 조직과 리더쉽 ② 선발(시험 및 적성검사)
③ 배치 ④ 작업 분석
⑤ 업무 평가 ⑥ 상담 및 노사 간의 이해

(4) 적성배치의 원칙

① **적성검사를 실시하여 개인의 능력을 평가**한다.
② **직무 평가를 통하여 자격수준을 정한다.**
③ **주관적인 감정요소를 배제**한다.
④ **인사관리의 기준 원칙에 준한다.**
⑤ 직무에 영향을 줄 수 있는 환경적 요소를 검토한다.

3 인간의 특성과 안전과의 관계

(1) 인간의 특성

① 간결성의 원리 ★
   최소에너지에 의해 목적에 달성하려는 경향을 말하며, 생략행위를 유발하는 심리적 요인에 해당한다.

> **● 비교합시다**
>
> **생략 행위★**
> 작업현장에서 소정의 작업용구를 사용하지 않고 근처의 용구를 사용해서 임시 변통하는 인간심리 결함행위

② 주의의 일점집중현상 ★
   인간은 **위급한 상황시 가장 중요한 일에만 집중**한다.

③ 순간적인 대피방향 : 좌측
④ 동조행동
집단규범·관습이나 **다른 사람의 반응에 일치하도록 행동**하는 양식을 말한다.
⑤ Risk Taking(위험감수)
객관적인 위험을 자기 나름대로 판단해서 의지·결정하고 **행동에 옮기는 것**
⑥ 감각차단현상 ★
단조로운 업무가 장시간 지속될 때 감각기능 및 판단 능력이 둔화 또는 마비되는 현상

(2) 산업안전심리 5요소

① 동기(motive)
동기는 능동적인 감각에 의한 자극에서 일어나는 사고의 결과로서 사람의 마음을 움직이는 원동력이다.
② 기질(temper)
인간의 성격, 능력 등 개인적인 특성을 말하는 것으로 성장 시의 생활 환경에서 영향을 받으며 특히 여러 사람과의 접촉 및 주위 환경에 따라 달라진다.
③ 감정(emotion)
감정이란 지각, 사고 등과 같이 대상의 성질을 아는 작용이 아니고 희로애락 등의 의식을 말한다. 사람의 감정은 안전과 밀접한 관계를 가지고 사고를 일으키는 정신적 동기를 만든다.
④ 습성(habits)
동기, 기질, 감정 등이 밀접한 연관관계를 형성하여 인간의 행동에 영향을 미칠 수 있도록 하는 것을 말한다.
⑤ 습관(custom)
성장과정을 통해 형성된 특성 등이 자신도 모르게 습관화 된 현상을 말하며 습관에 영향을 미치는 요소로는 동기, 기질, 감정, 습성 등이 있다.

(3) 레윈(K. Lewin)의 법칙

인간의 행동은 개체의 자질과 심리적 환경의 함수관계이다.

레윈의 법칙 ★★
B = f (P · E) 여기서, B : Behavior(인간의 행동) 　　　　f : function(함수관계) 　　　　P : Person(개체 : 연령, 경험, 심신상태, 성격, 지능 등) 　　　　E : Environment(심리적 환경 : 인간관계, 작업환경 등)

※ 문제
작업현장에서 소정의 작업용구를 사용하지 않고 근처의 용구를 사용해서 임시 변통하는 인간심리 결함행위에 해당하는 것은?
㉮ 무의식적 행동
㉯ 지름길 반응
㉰ 억측 판단
㉱ 생략 행위

[해설]
소정의 작업용구를 사용하지 않고 근처의 용구를 사용 → 필요한 공구를 사용하지 않았으므로 생략행위이다.

정답 ㉱

기출
안전심리 5대 요소 ★
동기, 기질, 습성, 습관, 감정이며 안전심리에서 가장 중요한 요소는 개성과 사고력이다.

※ 문제
다음 중 착오 요인과 관계가 먼 것은?
㉮ 동기부여의 부족
㉯ 정보 부족
㉰ 정서적 불안정
㉱ 자기합리화

정답 ㉮

4 착각, 착시, 착오현상

(1) 인간 의식의 공통적 경향 ★

① 의식은 현상의 **대응력에 한계**가 있다.
② 의식은 그 **초점에서 멀어질수록 희미해진다.**
③ 당면한 문제에 **의식의 초점이 합치되지 않고 있을 때는 대응력이 저감**된다.
④ 인간의 **의식은 중단되는 경향**이 있다.
⑤ 인간의 **의식은 파동한다.**
　(극도의 긴장을 유지할 수 있는 시간은 불과 수 초라고 하며 긴장 후에는 반드시 이완한다)

(2) 인간의 착오 요인 ★

인지과정 착오의 요인	• 정보량 저장의 한계 • 감각 차단 현상 • 정서적 불안정 • 생리, 심리적 능력의 한계(정보 수용 능력의 한계)
판단과정 착오 요인	• 자기 합리화 • 능력 부족 • 정보부족 • 자기과신
조작과정의 착오 요인	• 작업자의 기능 미숙(기술 부족) • 작업경험 부족 • 피로
심리적, 기타 요인	• 불안 • 공포 • 과로 • 수면부족 등

(3) 착각의 매커니즘

① 위치착오
② 순서착오
③ 패턴착오
④ 형상착오
⑤ 기억오류

한눈에 들어오는 키워드

[참고]
착오
• 주관적 인식과 객관적 사실이 일치하지 않는 일
• 의도된 것과는 다른 부정확한 수행을 말한다.

※ 문제
인간과오에서 "의지적 제어가 되지 않는다.", "결정을 잘못한다." 등은 다음 어느 것에 해당되는가?
㉮ 동작조작 미스
㉯ 기억판단 미스
㉰ 인지확인 미스
㉱ 사람과 환경 조건의 영향

[해설]
"의지적 제어가 되지 않는다.", "결정을 잘못한다."는 올바른 판단을 내리지 못하는 것으로 기억판단 미스에 해당된다.
　　　　　　　　정답 ㉯

(4) 착각현상 ★

가현운동(β 운동)	정지하고 있는 대상물이 급속히 나타나던가 소멸하는것으로 인하여 일어나는 운동으로 마치 대상물이 **운동하는 것처럼 인식되는 현상**을 말한다. 예 영화의 영상
유도 운동	움직이지 않는 것이 움직이는 것처럼 느껴지는 현상 예 상행선 열차를 타고 가며 정지하고 있는 하행선열차를 보면 마치 하행선 열차가 움직이는 것처럼 느껴지는 현상
자동 운동	• 암실에서 정지된 소광점을 응시하면 광점이 움직이는 것처럼 보이는 현상 • 안구의 불규칙한 운동 때문에 생기는 현상이다. **자동운동이 잘 발생되는 조건** • 광점이 작을 것 • 시야의 다른 부분이 어두울 것 • 대상이 단순할 것 • 빛의 강도가 작을 것

> **용어정의**
> 착각현상 : 대상이 특수한 조건 하에서 통상의 경우와는 달리 지각되는 현상

(5) 착시현상 ★

Müller Lyer의 착시	>——< <——> (a)　　　(b) (a)가 (b)보다 길게 보인다. (실제 a=b)
Helmholz의 착시	(a)　　　(b) (a)는 세로로 길어 보이고, (b)는 가로로 길어 보인다.
Herling의 착시	(a)　　(b) (a)는 양단이 벌어져 보이고, (b)는 중앙이 벌어져 보인다.
Kohler의 착시	우선 평행의 호(弧)를 보고 이어 직선을 본 경우에는 직선은 호와의 반대 방향으로 보인다.

> **용어정의**
> 착시현상 : 정상적인 시력을 가지고도 물체를 정확하게 볼 수 없는 현상을 말한다.

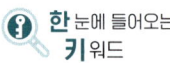
한 눈에 들어오는 키워드

Poggendorf의 착시		(a)와 (b)가 실제 일직선상에 있으나 (a)와 (c)가 일직선으로 보인다.
Zöller의 착시		세로의 선이 수직선인데 굽어 보인다.
기타 착시현상	동심원의 착시 (a) (b) (a) 중심의 원이 (b) 중심의 원보다 크게 보인다.	
	좌변의 절선이 꺾여 굽어보인다.	
	평행선을 잘못 본다.	

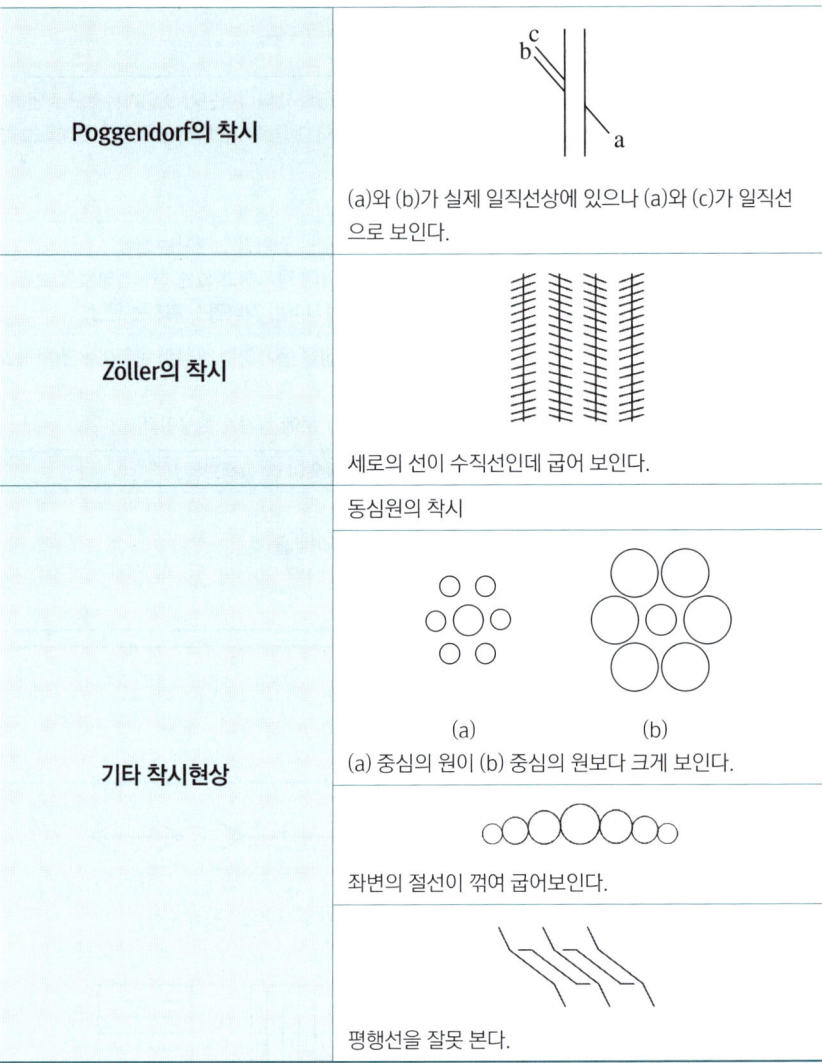

(6) 군화의 법칙(게슈탈트의 법칙)

> **참고**
>
> **군화의 법칙(게슈탈트의 법칙)**
> - 게슈탈트는 '모양, 형태'라는 뜻으로 독일의 심리학자 M.베르트하이머가 처음으로 제기한 원리이다.
> - 사물을 볼 때 무리를 지어서 보려는 시각적 심리를 뜻하며 관련이 있는 요소끼리 통합된 것으로 지각된다는 점에서 '군화의 법칙'이라고도 한다.

① 근접의 요인	사물을 인지할 때, 가까이에 있는 물체들을 하나의 그룹으로 묶어 인지한다. ○○　　○○　　○○　　○○ (가까이 있는 원 2개를 하나의 그룹으로 인지한다) ○ ○ ○ ○ ○ ○ (배열간격이 동일할 경우 전체를 하나의 그룹으로 인지한다)
② 동류(同類)의 요인 (유사의 요인)	유사한 자극끼리 함께 묶어서 지각하는 원리이다. ● ○ ● ○ ● ○ (● ○ 을 묶어서 하나의 그룹으로 인지한다)

③ 폐합(閉合)의 요인 (폐쇄의 요인)	완성되지 않은 형태를 완성시켜 인지한다. (떨어져 있는 부분들을 합하여 원으로 인지한다)
④ 연속의 요인	요소들이 부드러운 연속을 따라 함께 묶여 인지된다.
⑤ 좋은 모양의 요인 (단순성, 대칭성, 규칙성, 상징성)	좋은 모양을 만드는 것끼리 한데 모임으로써 보기 좋아진다.

한 눈에 들어오는 키워드

CHAPTER 04 인간의 행동과학

01 조직과 인간행동

주요내용 알고 가기!
- 인간의 방어기제
- 양립성
- 모랄 서베이(morale survey)

참고

인간관계
[人間關係, human relations]
- 사람과 사람과의 인격적인 관계, 조직구성원 사이의 직능적 · 합리적 관계보다는 심리적 · 정서적 관계를 말한다.
- 작업 능률은 노동 조건과 물적 조건의 개선에 의해 향상될 수도 있으나 구성원의 심리적 욕구 충족이 중요하다.

기출

인간의 행동특성에 있어 "태도"
① 인간의 행동은 태도에 따라 달라진다.
② 태도가 결정되면 장시간 유지된다.
③ 개인의 심적 태도교정보다 집단의 심적 태도교정이 용이하다.
④ 태도는 행동결정을 판단하고, 지시하는 내적 행동체계라고 할 수 있다.

1 인간관계 및 인간의 행동성향

(1) 인간의 행동성향 ★

① 투사
- 자기 속의 억압된 것을 다른 사람의 것으로 생각하는 것
- 자신의 불만이나 불안을 해소시키기 위해서 **자신의 잘못을 남의 탓으로 돌리는 행동**

② 모방
- 남의 행동이나 판단을 표본으로 하여 그것과 같거나 또는 그것에 **가까운 행동 또는 판단을 취하려는 행동**

③ 암시
- 다른 사람으로부터의 판단이나 행동을 무비판적으로 논리적 · 사실적 근거 없이 **받아들이는 행동**

④ 승화
- 사회적으로 승인되지 않은 욕구가 **사회적, 문화적으로 가치있는 것으로 나타남**
- 자신의 동기에 대해 불안을 느끼는 사람은 무의식직으로 **내면의 동기를 사회가 용납하는 다른 동기로 변형시킴**

⑤ 합리화
- 자기행위는 합리적이고 정당하며 **실제보다 훌륭하게 평가함**
- 자기의 실패나 약점을 그럴듯한 이유나 변명을 들어 자신의 실패를 정당화 하는 행동

[프로이트 적응기제 중 합리화 유형]

① 신포도형	• 포도를 먹고자 한 여우가 모든 노력을 통해서도 그것을 먹을 수 없게 되자 그 포도의 맛이 시기 때문에 먹을 필요가 없다고 자기 자신의 행위를 스스로 위로하는 것 • 어떤 목표를 달성하려 했으나 실패한 사람이 처음부터 그것을 원하지 않았다고 하는 것
② 달콤한 레몬형	자기가 현재 가지고 있는 것이야말로 그가 원하던 것이라고 스스로 믿는 것
③ 투사형	자신의 결함이나 실수를 자기 이외의 다른 대상에게로 책임을 전가시키는 것
④ 망상형	이치에 맞지 않는 잘못된 생각이나 근거가 없는 주관적인 신념으로 자신을 합리화 하는 것

⑥ **억압**
- 의식에서 용납하기 힘든 생각, 욕망, 충동, 공격성 등을 무의식적으로 눌러 버리는 것이다.

⑦ **동일화(Identification)**
- 다른 사람의 행동 양식이나 태도를 투입시키거나 **다른 사람 가운데서 자기와 비슷한 점을 발견**하는 것
- **부모, 형, 주위의 중요한 인물들의 태도나 행동을 따라하는 것**
  - 예) 고등학교 때 선생님이 멋있어서 열심히 그 과목을 공부하는 것

⑧ **반동형성**
- 겉으로 드러나는 **태도나 언행이 마음속의 욕구나 생각과 정반대인 경우**로 자신의 감정과 정반대의 태도를 취하는 것
  - 예) 슬퍼서 울고 싶은데 오히려 더 많이 웃고 떠든다.

⑨ **보상**
- 심리적으로 어떤 **약점이 있는 사람**이 이를 보충하기 위해 **다른 어떤 것을 과도히 발전시키는 것**이다.
- **자신의 결함이나 열등감, 긴장을 해소시키기 위하여 장점 등으로 그 결함을 보충하려는 행동**
  - 예) 다리가 짧은 사람이 걸음을 더 빠르게 걸으려 하는 것

⑩ **퇴행**
- 좌절을 심하게 당했을 때 **현재보다 유치한 과거 수준으로 후퇴**하는 것
  - 예) 한글을 잘하던 아이가 엄마의 꾸중으로 한글을 모두 잊은 상태로 돌아가 버리는 것

⑪ **커뮤니케이션**
- 갖가지 행동 양식이나 기초를 매개로 하여 **어떤 사람으로부터 다른 사람에게 전달되는 과정**
  - 예) 언어, 몸짓, 신호, 기호

한 눈에 들어오는 키 워드

※ 문제

자신의 동기에 대하여 불안을 느끼는 사람은 무의식적으로 내면의 동기를 자기자신 및 사회가 용납할 수 있는 다른 동기로 변형하는 방어기제는?
㉮ 억압 ㉯ 승화
㉰ 합리화 ㉱ 동일시

정답 ㉯

한눈에 들어오는 키워드

기출

억측판단이 발생하는 배경 ★
- 정보가 불확실 할 때
- 희망적인 관측이 있을 때
- 과거의 성공한 경험이 있을 때
- 일을 빨리 끝내고 싶은 강한 욕구가 있거나 귀찮고 초조할 때

용어정의

적응기제 : 생리적·성격적 욕구의 저지로 인한 긴장을 해소하기 위한 여러 가지 기제의 특징

※ 문제

자동차가 교차점에서 신호대기를 하고 있을 때 전방의 신호가 파랗게 되고 나서 발차해야 하는데 좌우의 신호가 빨갛게 된 찰나에 발차하는 경우는 어떤 개념의 예에 해당하는가?
㉮ 장면 행동
㉯ 주변적 동작
㉰ 무의식 행동
㉱ 억측 판단

[해설]
억측판단 : 규정대로 수행하지 않고 괜찮다고 판단하여 하는 행동을 말한다.

정답 ㉱

---

⑫ 억측판단 ★
- 작업공정 중에 규정대로 수행하지 않고 '괜찮다'고 생각하여 자기주관대로 행하는 행동(객관적인 위험을 행동에 옮김)
  - 예) 신호등의 신호가 녹색에서 황색으로 바뀌었으나 괜찮다고 판단하고 지나감

(2) 적응기제

① 도피기제(Escape Mechanism) : 갈등을 해결하지 않고 도망감

[도피기제의 종류 ★]

억압	무의식으로 쑤셔 넣기
퇴행	유아 시절로 돌아가 유치해짐
백일몽	공상의 나래를 펼침
고립(거부)	외부와의 접촉을 끊음

② 방어기제(Defece Mechanism) : 갈등을 이겨내려는 능동성과 적극성

[방어기제의 종류 ★]

보상	열등감을 다른 곳에서 강점으로 발휘함
합리화	자기변명, 자기실패의 합리화, 자기미화
승화	열등감과 욕구불만을 사회적으로 바람직한 가치로 나타내는 것
동일시	힘 있고 능력 있는 사람을 통해 자기만족을 얻으려 함
투사	자신의 열등감을 다른 것에 던져 그것들도 결점이 있음을 발견해서 열등감에서 벗어나려 함

③ 공격기제(Aggressive Mechanism)

(3) 욕구저지 반응기제

① 욕구저지 공격가설 : 욕구저지는 공격을 유발한다.
② 욕구저지 퇴행가설 : 욕구저지는 원시적 단계로 역행한다.
③ 욕구저지 고착가설 : 욕구저지는 자포자기적 반응을 유빌한다.

2 인간관계 관리방법

(1) 호손(Hawthorne)실험 ★

① **작업 능률을 좌우하는 것은** 단지, 임금, 노동시간 등의 **노동조건과** 조명, 환기, 기타 작업환경으로서의 **물적 조건보다 종업원의 태도, 즉 심리적, 내적 양심과 감정이 중요**하다.
② 물적 조건도 그 개선에 의하여 효과를 가져올 수 있으나 종업원의 심리적 요소가 더 중요하다.

(2) 카운슬링

① 카운슬링 방법
  - 직접충고
  - 설득적 방법
  - 설명적 방법
② 카운슬링의 순서
  장면구성 - 대담자대화 - 의견 재분석 - 감정표출 - 감정의 명확화
③ 카운슬링의 효과
  - 정신적 스트레스 해소
  - 동기부여
  - 안전태도형성

(3) 모랄 서베이(morale survey)의 주요 방법

① 통계에 의한 방법
  - 사고 상해율, 생산성, 지각, 조퇴 등을 분석하여 통계내는 방법
  - 다른 조사법의 보조자료로 많이 사용된다.
② 사례연구법
  - 제안제도, 고충처리제도, 카운슬링 등의 사례를 통하여 불만 등을 파악하는 방법
③ 관찰법
  - 종업원의 근무 실태를 계속 관찰하여 문제점을 찾아내는 방법
④ 실험연구법
  - 실험 그룹과 통제 그룹으로 나누고 자극을 주어 태도 변화의 여부를 조사하는 방법

한 눈에 들어오는 키워드

[참고]
호손(Hawthorne)실험
인간관계 관리의 개선을 위한 연구로 미국의 메이요(E. Mayo) 교수가 주축이 되어 호손공장에서 실시되었다.

[기출]
동기조사 방법 중 가장 우수한 방법은 종업원의 작업태도 연구이다.

[용어정의]
카운슬링 : 심리적인 문제나 고민이 있는 사람에게 실시하는 상담 활동.

[기출]
모랄 서베이[morale survey]
- 종업원의 근로 의욕·태도 등에 대한 측정으로 태도조사라고도 한다.
- 종업원이 자기의 직무·직장·상사·승진·대우 등에 대하여 어떻게 생각하고 있는지를 측정·조사하는 것이다.

모랄 서베이의 효과
① 근로자의 불만을 해소하고 노동 의욕을 높인다.
② 경영 관리 개선 자료로 활용할 수 있다.
③ 종업원의 정화작용을 촉진시킨다.

[참고]
인간관계 관리기법
① 소시오매트리(sociometry)
  집단내의 선택(선호도), 커뮤니케이션 및 상호작용의 패턴에 관한 자료를 수집하고 분석하여 집단의 성질, 구조, 역동성, 상호관계를 분석하는 기법
② 소시오그램(Sociogram)
  - 측정 테스트로 얻은 결과를 도식이나 그림으로 나타내는 방법

한 눈에 들어오는 키 워드

- 집단 내의 대인관계, 집단구조를 직관적으로 파악하기 위하여 작성하며, 집단의 구조분석을 위하여 이용
- 누가 어떤 선택을 하였는가, 집단 속에서 누가 어떤 위치에 있는가를 알 수가 있다.
③ 그리드 훈련(grid training) 업무의 관심과 인간에 대한 관심을 구분하여 인간에 대한 관심과 업무에 대한 관심이 아주 낮은 1.1형, 인간에 대한 관심은 높으나 업무에 대한 관심이 낮은 1.9형, 업무에 대한 관심은 높으나 인간에 대한 관심이 낮은 9.1형, 인간에대한 관심이 아주 높고 조직력과 잘 발휘되는 9.9형으로 나누고 9.9형이 되도록 훈련해 나가는 기법
④ 집단역학(Groupdynamic, 집단역동, 사회역학) 집단 내의 갈등과 부조화를 해결함으로써 집단 내에서의 상호작용관계를 원만히 해 집단의 공동목표를 달성하는 과정
⑤ 감수성 훈련(ST : Sensitivity Training) 사람의 마음을 있는 그대로 받아들여 대인능력이 증대 되도록 훈련하는 집단학습법

참고

1. 테크니컬 스킬즈(technical skills) : 사물을 처리함에 있어 인간의 목적에 유익하도록 처리하는 능력
2. 소셜 스킬즈(Social Skills): 사람과 사람 사이의 커뮤니케이션을 양호하게 하고 사람의 요구를 충족시키면서 감정을 제고시키는 능력

참고

집단 간의 갈등 요인
① 욕구 좌절
② 제한된 자원
③ 집단 간의 목표 차이
④ 동일한 사안을 바라보는 집단 간의 인식 차이

---

⑤ 태도조사법(의견조사)
- 모랄서베이에서 가장 많이 사용되는 방법
- **질문지법, 면접법, 집단토의법, 투사법**에 의해 의견을 조사하는 방법

(4) 양립성 ★

자극과 반응의 관계가 인간의 기대와 모순되지 않는 성질을 말한다.

① **개념적 양립성**
- 외부자극에 대해 **인간의 개념적 현상의 양립성**
  예) 빨간 버튼은 온수, 파란 버튼은 냉수 ★

② **공간적 양립성**
- 표시장치, 조종장치의 **형태 및 공간적배치의 양립성**
  예) 오른쪽 조리대는 오른쪽 조절장치로, 왼쪽 조리대는 왼쪽 조절장치로 조정한다. ★

③ **운동의 양립성**
- 표시장치, 조종장치 등의 **운동 방향의 양립성**
  예) 조종장치를 오른쪽으로 돌리면 표시장치 지침이 오른쪽으로 이동한다. ★

④ **양식 양립성**
- 직무에 알맞은 자극과 응답 양식의 존재에 대한 양립성
  예) 음성 과업에 대해서는 청각적 자극제시와 이에 대한 음성응답 과업에 갖는 양립성이다.

3 사회행동 기본형태 ★

① 협력 : 조력, 분업 ② 대립 : 공격, 경쟁
③ 도피 : 고립, 정신병, 자살 ④ 융합 : 강제타협

[조하리의 창(Johari's window)]

	내가 나의 마음속을	
	알고있다	모르고 있다
타인이 내 마음속을 알고있다	① 열린 창 Open Window	③ 맹목적인 창 Blind Window
타인이 내 마음속을 모르고 있다	② 감추어진 창 Hidden Window	③ 미지의 창 Dark Window

↓ 자기공개
→ 피드백

02 재해빈발성 및 행동과학

주요내용 알고 가기!

- 재해설
- 재해 누발자의 유형
- 동기부여 이론
- 인간 주의특성의 종류
- 부주의 원인 및 대책

> **참고**
>
> **사고 경향성 이론**
> ① 근로자 중 재해가 빈발하는 소질적 결함자가 있다는 이론
> ② 어떠한 사람이 다른 사람보다 사고를 더 잘 일으킨다는 이론
> ③ 사고를 많이 내는 여러 명의 특성을 측정하여 사고를 예방하는 것이다.
> ④ 검증하기 위한 효과적인 방법은 다른 두 시기 동안에 같은 사람의 사고기록을 비교하는 것이다.

1 사고경향

(1) 안전사고 요인

① 개인차 : 개인마다의 신체적 조건, 지능, 감각적 기능, 성격 및 태도 등의 개인차
② 지능 : 인간이 어떠한 상황에 처해 있을 때 그것을 효과적으로 해결할 수 있는 종합적인 능력
③ 성격과 태도
- 책임감
- 자제력
- 안정성
- 불평, 불만적 태도
- 자기중심적 사고방식
④ 특수 지능 : 각 직무의 특성에 따라 필요로 하는 기능

2 재해 빈발성

(1) 재해설 ★

① 기회설(상황설)
- 재해가 일어날 수 있는 **상황만 주어지면 재해가 유발 된다는 설**
- 작업이 어려워 재해를 일으켰다.
② 암시설(습관설)
- **한번 재해를 당한 사람**은 겁쟁이가 되어 신경과민으로 **또 재해를 유발**한다는 설

> **기출**
>
> Y-K(Yukata-Kohata) 성격검사
>
> | CC'형 : 담즙질 (진공성형) |
> |---|
> | ① 운동 및 결단이 빠르고 기민하다.
② 적응이 빠르다.
③ 세심하지 않다.
④ 내구, 집념이 부족하다.
⑤ 진공 자신감이 강하다. |
>
> | MM'형 : 흑담즙질 (신경질형) |
> |---|
> | ① 운동성이 느리고 지속성이 풍부하다.
② 적응이 느리다.
③ 세심, 억제, 정확성이 강하다.
④ 내구성, 집념, 지속성이 강하다.
⑤ 담력, 자신감이 강하다. |
>
> | SS'형 : 다혈질 (운동성형) |
> |---|
> | ① 운동 및 결단이 빠르고 기민하다.
② 적응이 빠르다.
③ 세심하지 않다.
④ 내구, 집념이 부족하다.
⑤ 담력, 자신감이 약하다. |
>
> | PP'형 : 점액질 (평범수동성형) |
> |---|
> | ① 운동성이 느리고 지속성이 풍부하다.
② 적응이 느리다.
③ 세심, 억제, 정확성이 강하다.
④ 내구성, 집념, 지속성이 강하다.
⑤ 담력, 자신감이 약하다. |

한눈에 들어오는 키워드

Am형 : 이상질
① 지속성이 극도로 나쁘고 운동성이 극도로 느리다.
② 적응이 극도로 느리다.

Y·G(矢田部·Guilford) 성격검사
① A형(평균형) : 조화적, 적응적
② B형(右偏형) : 정서 불안정, 활동적, 외향적(불안정, 부적응, 적극형)
③ C형(左偏형) : 안전 소극형 (온순, 소극적, 안정, 비활동, 내향적)
④ D형(右下형) : 안정, 적응, 적극형(정서안정, 사회적응, 활동적, 대인관계 양호)
⑤ E형(左下형) : 불안정, 부적응, 수동형(D형과 반대)

[확인]
저차원의 이론 ★
① 매슬로의 생리적, 안전, 사회적욕구
② 알더퍼의 생존욕구, 관계욕구
③ Herzberg의 위생요인
④ 맥그리거의 X이론

고차원의 이론 ★
① 매슬로의 존경, 자아실현의욕구
② 알더퍼의 성장욕구
③ Herzberg의 동기요인
④ 맥그리거의 Y이론

---

③ 경향설(성향설)
- 근로자 중 재해가 빈발하는 **소질적 결함자**가 있다는 설

(2) 재해 누발자의 유형 ★

① 미숙성 누발자
- 기능 미숙자
- 환경에 익숙하지 못한 자

② 상황성 누발자
- **작업에 어려움이 많은 자**
- **기계 설비의 결함이 있을 때**
- **심신에 근심이 있는 자**
- 환경상 주의력 집중이 혼란되기 쉬울 때

③ 소질성 누발자
- **개인 소질 가운데 재해 원인 요소를 가지고 있는 자**
- 개인의 특수 성격 소유자

소질성 누발자의 공통된 성격	
• 주의력 산만 및 주의력 지속 불능	• 흥분성
• 저지능	• 비협조성
• 도덕성의 결여	• 소심한 성격
• 감각운동 부적합 등	

④ 습관성 누발자
- 재해 경험에 의해 겁쟁이가 되거나 신경과민이 된 자
- 슬럼프에 빠져있는 자

3 동기부여 이론

(1) 데이비스 (K. Davis)의 동기부여 이론

데이비스의 동기부여 이론 ★
• 인간의 성과×물질의 성과 = 경영의 성과
• 지식(knowledge)×기능(skill) = 능력(ability)
• 상황(situation)×태도(attitude) = 동기유발(motivation)
• 능력×동기유발 = 인간의 성과(human performance)

(2) 매슬로(Maslow A. H.)의 욕구단계 이론(인간의 욕구 5단계 ★★)

제1단계(생리적 욕구)	기아, 갈증, 호흡, 배설, 성욕 등 인간의 가장 기본적인 욕구
제2단계(안전 욕구)	자기 보존 욕구
제3단계(사회적 욕구)	소속감과 애정 욕구
제4단계(존경 욕구)	인정받으려는 욕구
제5단계(자아실현의 욕구)	• 잠재적인 능력을 실현하고자 하는 욕구(성취 욕구) • 편견 없이 받아들이는 성향, 타인과의 거리를 유지하며 사생활을 즐기거나 창의적 성격으로 봉사, 특별히 좋아하는 사람과 긴밀한 관계를 유지하려는 인간의 욕구

(3) 헤르츠버그(Herzberg)의 동기·위생 이론 ★★

위생 요인	유지 욕구	• 인간의 동물적 욕구를 반영하는 것으로 Maslow의 욕구 단계에서 생리적, 안전, 사회적 욕구와 비슷하다. • 저차원의 욕구
	직무 환경 ★	• 회사정책과 관리　• 개인 상호간의 관계 • 감독　　　　　　• 임금 • 보수　　　　　　• 작업조건 • 지위　　　　　　• 안전
동기 요인	만족 욕구	• 자아 실현을 하려는 인간의 독특한 경향을 반영한 것으로, Maslow의 자아 실현 욕구와 비슷하다. • 고차원의 욕구
	직무 내용 ★	• 성취감　　　　　• 책임감 • 안정감　　　　　• 성장과 발전 • 도전감　　　　　• 일 그 자체

(4) 알더퍼의 E.R.G(Existence Relatedness Growth needs theory) 이론 ★★

① E : 생존(Existence)욕구(존재욕구) : 의식주, 봉급, 직무안전
② R : 관계(Relatedness)욕구 : 대인관계
③ G : 성장(Growth)욕구 : 개인적 발전

한 눈에 들어오는 키워드

◉ 기출

동기부여(motivation)에 있어 동기가 가지는 성질
① 행동을 촉발시키는 개인의 힘을 뜻하는 활성화
② 일정한 강도와 방향을 지닌 행동을 유지시키는 지속성
③ 노력의 투입을 선택적으로 한 방향으로 지향하도록 하는 통로화

◉ 기출

헤르츠버그의 일을 통한 동기부여 원칙 ★
• 직무에 따라 자유와 권한 제공
• 교육을 통한 직접적 정보 제공
• 개인적 책임이나 책무를 증가시킴
• 더욱 어렵고 새로운 업무수행을 하도록 과업 부여

※ 문제

Herzberg의 일을 통한 동기부여 원칙 중 잘못된 것은?
㉮ 직무에 따라 자유와 권한
㉯ 교육을 통한 간접적 정보 제공
㉰ 개인적 책임이나 책무를 증가시킴
㉱ 더욱 새롭고 어려운 업무수행 하도록 과업 부여

[해설]
㉯ 교육을 통한 정보는 직접적인 정보를 제공하여야 동기부여가 된다.

정답 ㉯

◉ 기출

동기유발(motivation) 방법
① 결과를 알려준다.
② 안전의 근본이념을 인식시킨다.
③ 상벌제도를 효과적으로 활용한다.
④ 동기유발의 최적수준을 유지한다.
⑤ 경쟁과 협동을 유도한다.
⑥ 안전목표를 명확히 설정한다.

(5) 맥그리거(McGregor)의 X, Y 이론 ★★

X이론의 특징	Y이론의 특징
인간 불신감	상호 신뢰감
성악설	성선설
인간은 원래 게으르고 태만하여 남의 지배를 받기를 즐긴다.	인간은 부지런하고 적극적이며 자주적이다.
물질욕구(저차원 욕구)에 만족	정신욕구(고차원 욕구)에 만족
명령, 통제에 의한 관리(권위주의형 리더쉽)	목표 통합과 자기통제에 의한 자율관리 (민주주의형 리더쉽)
저개발국형	선진국형

[맥그리거의 X, Y,이론의 관리처방 ★]

X이론(저차원)	Y이론(고차원)
• 경제적 보상체제의 강화 • 권위주의적 리더쉽의 확립 • 면밀한 감독과 엄격한 통제 • 상부 책임제도의 강화	• 분권화와 권한의 위임 • 직무확장 및 목표에 의한 관리 • 민주적 리더쉽의 확립 • 비공식적 조직의 활용 • 상호 신뢰감 • 책임과 창조력 • 인간관계 관리방식

4 주의와 부주의

(1) 인간 의식레벨의 분류 ★

단계	의식의 모드	생리적 상태	의식의 상태
Phase 0	무의식, 실신	수면, 뇌발작	주의작용 0
Phase Ⅰ	의식흐림	피로, 단조로운 일	부주의
Phase Ⅱ	이완	안정기거, 휴식	안정기거, 휴식
Phase Ⅲ	상쾌	적극적	적극활동
Phase Ⅳ	과긴장	일점 집중 현상, 긴급방위	감정흥분

한눈에 들어오는 키워드

참고
동기부여(motivation)에 있어 동기가 가지는 성질
① 행동을 촉발시키는 개인의 힘을 뜻하는 활성화
② 일정한 강도와 방향을 지닌 행동을 유지시키는 지속성
③ 노력의 투입을 선택적으로 한 방향으로 지향하도록 하는 통로화

[확인]
일점 집중 현상 ★
중요한 한가지 일에만 집중하고 나머지 안전수단은 생략하게 되는 현상이다.

※ 문제
부주의 발생 원인별로 방지하는 방법이 옳게 짝지워진 것은?
㉮ 소질적 문제 – 안전교육
㉯ 경험, 미경험 – 적성배치
㉰ 작업 순서의 부자연성 – 인간공학적 접근방법
㉱ 의식우회 – 작업환경 개선

[해설]
㉮ 소질적 문제 – 적성 배치
㉯ 경험, 미경험자 – 안전교육 및 훈련
㉱ 의식의 우회 – 카운슬링
정답 ㉰

(2) 인간 주의특성의 종류 ★

① 선택성 : 사람은 한번에 여러 종류의 자극을 지각하거나 수용하지 못하며 **소수의 특정한 것으로 한정해서 선택하는 기능**을 말한다.
② 방향성 : **시선에서 벗어난 부분은 무시되기 쉽다.** (주시점만 응시한다)
③ 변동성 : **주의는** 리듬이 있어 **일정한 수순을 지키지 못한다.**
④ 단속성 : **고도의 주의는 장시간 집중이 곤란**하다.
⑤ 주의력의 중복집중 곤란 : **동시에 두 개 이상의 방향을 잡지 못한다.**

(3) 부주의 원인 ★

① 의식 단절 : **의식 흐름의 단절**(특수한 질병 등에 의한 경우로 의식수준은 Phase 0인 상태)
② 의식 우회 : **걱정, 고뇌** 등으로 의식이 빗나감
③ 의식 수준 저하 : **피로, 단조로운 작업**의 연속으로 의식수준이 저하됨
④ 의식 혼란 : **외부자극**의 강·약에 의해 위험요인에 대응할 수 없을 때 발생
⑤ 의식 과잉 : **긴급 상황** 시 일점 집중 현상을 일으킨다.

(4) 부주의의 원인과 대책 ★

① 소질적 문제 : **적성 배치**
② 의식의 우회 : **카운슬링**
③ 경험, 미경험자 : **안전교육, 훈련**
④ 작업환경 조건 불량 : 환경 정비
⑤ 작업순서의 부적당 : 작업순서 정비

(5) 직장에서의 부적응의 유형

① **망상 인격** : **자기주장이 강하고 대인관계가 빈약**하며, 사소한 일에 있어서도 타인이 자신을 제외했다고 여겨 아의를 나타내는 특징을 기진 유형
② **분열 인격** : 사회적 관계에 거리를 두고 **인간관계에 있어 감정을 거의 표현하지 않는 유형**
③ **무력 인격** : 즐거움을 느끼지 못하고 쉽게 피로를 느끼며, **열정이 부족하고 신체 감정적 스트레스에 과민한 인격 유형**
④ **강박 인격** : **매사에 완벽을 추구**하며 과도한 성취지향성, 엄격하거나 지나치게 양심적인 행동을 추구하는 유형
⑤ **순환 인격** : **의기양양하고 명랑한 기분과 의기소침하고 우울한 기분이 외적 또는 내적인 자극 없이 순환적으로 반복**되는 유형

> 한 눈에 들어오는 **키** 워드

> **기출**
> 부주의에 의한 사고 방지대책
> ① 정신적 대책
> • 주의력 집중 훈련
> • 스트레스 해소 대책
> • 안전의식의 제고
> • 작업의욕 고취
> ② 기능 및 작업측면 대책
> • 적성배치
> • 표준작업(동작)의 습관화
> • 안전작업방법의 습득
> • 작업조건의 개선 및 적응력 향상
> ③ 설비 및 환경 측면 대책
> • 표준 작업제도의 도입
> • 설비 및 작업환경의 안전화
> • 긴급 시 안전작업 대책수립

03 집단관리와 리더쉽

한눈에 들어오는 키워드

📍 기출

리더쉽의 정의 ★
- 주어진 상황 속에서 목표달성을 위해 집단행동에 영향을 미치는 과정
- 집단목표를 위해 스스로 노력하도록 사람에게 영향력을 행사한 활동
- 어떤 특정한 목표달성을 지향하고 있는 상황 하에서 행사되는 대인간의 활동
- 공통된 목표달성을 지향하도록 사람에게 영향을 미치는 것

※ 문제

리더쉽의 특성 조건에 속하지 않는 것은?
㉮ 기계적 성숙
㉯ 혁신적 능력
㉰ 표현능력
㉱ 대인적 숙련

[해설]
㉮ 기계적 성숙은 기계를 다루는 작업자에게 필요한 능력이다.
정답 ㉮

※ 문제

리더쉽(Leadership)을 정의한 것 가운데 잘못 정의된 것은?
㉮ 집단목표를 위해 스스로 노력하도록 사람에게 영향력을 행사한 활동
㉯ 어떤 특정한 목표달성을 지향하고 있는 상황하에서 행사되는 대인간의 활동
㉰ 공통된 목표달성을 지향하도록 사람에게 영향을 미치는 것
㉱ 주어진 상황 속에서 목표 달성을 위해 개인 활동에만 영향을 미치는 과정

[해설]
㉱ 목표 달성을 위해 집단행동에 영향을 미치는 과정을 리더쉽이라 한다.
정답 ㉱

주요내용 알고 가기!

- 리더쉽(leadership)의 유형
- 리더쉽의 권한의 역할
- 리더쉽과 헤드쉽의 특성
- 슈퍼(super)의 역할이론

1 리더쉽(leadership)의 유형

(1) 리더쉽의 정의

일정한 상황에서 목표달성을 위해 개인 및 집단의 행위에 영향력을 행사하는 능력

리더쉽(leadership)
$L = f(l, f_1, s)$
여기서, L : 리더쉽(leadership) f : 함수(function) l : 리더(leader) f_1 : 멤버, 추종자(follower) s : 상황요인(situational variables)

(2) 지도 형태에 따른 분류

① 인간 지향성
② 임무 지향성

(3) 선출 방식에 따른 분류

① 리더쉽(leadership) : 선출된 자의 권한 대행
② 헤드쉽(headship) : 임명된 자의 권한 행사

(4) 업무 추진의 방식에 따른 분류 ★

① 권위주의적 리더 : **리더가 독단적으로 의사를 결정**하는 형태
② 민주주의적 리더 : **집단토의에 의해 의사를 결정**하는 형태

③ 자유방임적 리더 : **리더 역할은 하지 않고 명목상 자리만 유지**하는 형태
(집단에게 완전한 자유를 주고 사실상 리더쉽의 행사가 없는 형태)

(5) 행동유형 방식에 따른 분류

① 참여적 리더쉽 : 부하들과 상담하여 부하의견을 고려하는 형태
② 지시적 리더쉽 : 지도자는 독선적이며 조직 구성원들을 보상-체벌의 연속선상에서 명령하고 통제한다.
③ 지원적 리더쉽 : 우호적이며 친밀감이 강하고 부하의 의사 표현을 존중하는 형태
④ 성취지향적 리더쉽 : 도전적 목표설정을 강조하고 부하능력을 신뢰하는 형태
⑤ 셀프 리더쉽 : 부하들의 역량을 개발하여 부하들로 하여금 자율적으로 업무를 추진하게 하고, 스스로 자기조절능력을 갖게 하는 형태

(6) 리더의 행동유형 중 관리그리드 이론 ★

(1.1)형	무관심형
(1.9)형	인기형
(9.1)형	과업형
(5.5)형	타협형
(9.9)형	이상형

* (x, y)형에서 x는 과업의 관심도를 y는 인간관계의 관심도를 나타낸다.

2 리더쉽의 권한의 역할 ★

(1) **보상적 권한** : 지도자가 **부하에게 보상**할 수 있는 능력

(2) **강압적 권한** : 지도자가 **부하들을 처벌**할 수 있는 권한

(3) **합법적 권한** : 조직의 **규정에 의해 공식화된 권한**

(4) **위임된 권한** : 부하직원들이 지도자를 따르고 지도자와 함께 일하는 것

(5) **전문성의 권한** : 지도자가 집단 목표수행에 **전문적인 지식을 갖고 있는가**와 관련한 권한

한 눈에 들어오는 키워드

참고

리더쉽을 결정하는 3가지 요소
• 부하의 특성과 행동
• 리더의 특성과 행동
• 리더쉽이 발생하는 상황의 특성

기출

리더쉽 연구 접근방법
① 특성론 : 효과적인 리더의 특성을 탐색(예 : 신체적 특성, 사회적 배경, 지능, 성격 등)
② 행위론 : 리더가 부하에 대해 어떻게 행동하는지를 기술
 예 전제형, 방임형, 민주형 리더쉽
③ 상황론 : 리더쉽 유형과 상황 간의 관계를 기술(예 : 피들러의 환경적응적 모형, 통로-목표 리더쉽, 브룸-예튼의 모형, 적합적 리더쉽 등)

기출 ★

조직이 지도자에게 부여하는 권한
• 보상적 권한
• 강압적 권한
• 합법적 권한

지도자 자신이 자기에게 부여하는 권한
• 위임된 권한
• 전문성의 권한

🔍 한눈에 들어오는 키워드

참고
허시(Hersey)와 브랜차드(Blanchard)의 리더쉽의 4가지 유형
① 설득적 리더쉽
② 지시적 리더쉽
③ 참여적 리더쉽
④ 위임적 리더쉽

💡 비교합시다

리더의 세력

강압적 세력 (coercive power)	부하들이 바람직하지 않은 행동을 했을 때 처벌을 줄 수 있는 권한
보상적 세력 (reward power)	바람직한 행동을 했을 때 보상을 줄 수 있는 세력 (승진, 휴가 등)
합법적 세력 (legitimate power)	조직의 공식적 권력구조에 의해 주어진 권한
전문적 세력 (expert power)	리더가 그 분야의 지식을 갖추고 있는 정도에 의해 전문적 권한이 결정된다.
참조적 세력 (referent power, attraction power)	부하들이 리더의 생각과 목표를 동일시하거나 존경하고 매력을 느껴 리더를 참조하고픈 데서 파행된 권한 (진정한 리더쉽이라 할 수 있다)

용어정의
1. **헤드쉽(headship)** : 구성원의 자발적 협력에서가 아니라 권력의 조직화된 체제에 의해서 집단 기능이 수행되는 형태이다.
2. **집단** : 집단이란 특정 목적을 달성하기 위해 두 사람 이상이 결합된 사회적 단위를 말한다. 단순히 모여 있는 것이 아니라 조직의 목적을 달성하기 위한 일을 각자 나누어 수행하는 단위이다.
3. **집단역학** : 집단에 대한 과학적 연구, 사회집단에서 일어나는 행동, 변화과정에 대한 연구를 뜻한다.

※ 문제
안전교육 성과를 위한 그룹활동의 지도방법 중 미국의 크리가 주장한 소집단 활동으로서 1차 집단은?
㉮ 직접 대면하는 옆 동료 근로자
㉯ 안전 학술단체의 회원들
㉰ 정부 안전 관련자
㉱ 산업안전 협회 등 단체

[해설]
1차 집단은 가장 가까운 집단으로 직접 대면하는 옆 동료 근로자가 해당된다.

정답 ㉮

3 헤드쉽(headship)

(1) 헤드쉽의 특성

① 권한 근거는 **공식적**이다.
② 상사와 부하와의 관계는 **지배적, 종속적**이다.
③ 상사와 부하와의 **사회적 간격은 넓다**.
④ 지휘 형태는 **권위주의적**이다.

(2) 리더쉽과 헤드쉽의 특성 ★

구분	리더쉽	헤드쉽
권한 행사	선출된 리더	임명된 헤드
권한 부여	밑으로 부터의 동의	위에서 위임
권한 귀속	집단 목표에 기여한 공로인정	공식화된 규정에 의함
상하, 부하 관계	개인적인 영향	지배적임
부하와의 관계	좁음	넓음
지휘형태	민주주의적	권위주의적
책임귀속	상사와 부하	상사
권한근거	개인적	법적, 공식적

4 사기와 집단역학

(1) 집단의 유형

구분	특징	예
1차 집단 (primary group)	• 면대면 상호작용과 집단 구성원간의 상호의존과 동일시를 중요시한다. • 작고 오래 지속되는 집단의 형태이다.	가족, 친한 친구 등
2차 집단 (secondary group)	보다 복잡한 사회에서 나타나는 비교적 크고 공식적으로 조직되는 사회집단이다.	직장동료, 모임 등

공식 집단	비공식 집단
• 지정된 목적을 달성하기 위하여 조직에 의하여 형성된 의식적이고 형식적인 집단으로 정부, 기업, 노조단체 등이 있다. • 조직의 합리적 특성으로 조직의 목적, 방침 등의 결정이 용이하다. • 미리 정해진 규칙에 따라 갈등과 문제의 조정이 이루어진다. • 비개성적이고 기능화된 조직이므로 구성원의 활동은 명확히 제약된다. • 조직은 목적 달성을 위해 노력한다.	• 개인의 관심사나 욕구를 만족시키기 위하여 친밀한 대면접촉에 의해 자발적으로 형성되는 집단으로 친목모임, 취미단체, 연예인 팬클럽 등이 있다. • 감정, 습관 등을 기초로 자생적으로 형성되어 인간관계와 개인의 욕구를 충족시켜 준다. • 직접적이고 빈번한 개인 간의 접촉을 필요로 한다.

(2) 집단의 기능 ★

① **응집력** : 집단내부로부터 생기는 힘
② **행동의 규범** : 그 집단을 유지하며, 집단의 목표를 달성하는 데 필수적인 것으로서 자연 발생적으로 성립되는 것이다.
③ **집단의 목표** : 집단을 형성하기 위한 기본 조건으로 가장 중요한 요소는 특정 목표를 지녀야 한다.

(3) 비통제적 집단행동 ★

① **군중(Crowd)** : 공통된 규범이나 **조직성 없이 우연히 조직된 인간의 일시적 집합**
② **모브(Mob)** : 비동세의 집단 행동 중 **폭동과 같은 것**을 의미하며 **군중보다 합의성이 없고 감정에 의해서만 행동하는 특성**을 가진다.
③ **패닉(Panic)** : 위험을 회피하기 위해서 일어나는 **집합적인 도주현상**
④ **심리적 전염** : 사람들의 **정서와 행동이 한 사람에서 다른 사람으로 옮겨져 심리 상태가 집단화되는 현상**

용어정의

관료주의 : 관청이나 사회집단에서 흔히 나타나는 독특한 행동양식이나 의식상태를 비판적으로 이르는 말로서 상급자에게 약하고, 하급자에게는 힘을 내세우려 하며, 자기업무와 직접 관련이 없는 일에는 신경쓰지 않고 자기책임은 지지 않으려 하면서도 독선적인 행동이나 의식을 보이는 특성을 말한다.

※ 문제

다음 중 관료주의의 중요한 4가지 차원이 아닌 것은?
㉮ 조직도에 나타난 조직의 크기와 넓이
㉯ 관리자가 책임질 수 있는 근로자수
㉰ 관리자를 대단위로 묶어 분산
㉱ 작업의 단순화와 전문화

[해설]
㉰ 관리자를 소단위로 묶어 분산
정답 ㉰

기출

집단과 인간관계에서 집단의 효과 ★
① 동조효과 : 주위 사람들이 하는 것을 자발적으로 따라 하는 행동
② 견물효과 : 개인보다는 집단을 더 자랑스럽게 생각하는 현상
③ 시너지효과 : 두 개 이상의 요소들이 상호작용하여 이들이 합해진 효과가 개별 효과의 합보다 더 큰 효과를 발생시키는 현상

04 생체리듬과 피로

주요내용 알고 가기!

- 산소부채(oxygen debt)현상
- 피로의 측정법
- 에너지 대사율(RMR)
- 작업강도 구분에 따른 RMR
- 휴식시간
- 바이오리듬의 종류

한 눈에 들어오는 키워드

용어정의

피로 : 작업활동을 계속하게 되면 작업 능률의 감퇴 및 저하, 착오의 증가, 주의력의 감소, 흥미의 상실, 권태 등으로 심리적 불쾌감을 일으키는 현상이다.

참고

피로의 직접적인 원인
- 작업 환경
- 작업 속도
- 작업 태도

1 피로의 증상 및 대책

(1) 피로의 종류

원인에 따른 분류	정신적 피로	두뇌를 사용하는 작업을 오랫동안 계속하거나, 정신적 긴장이 지속되는 경우에 피로감을 느끼게 되고 일의 능률이 점차적으로 떨어지는 현상
	신체적 피로	스포츠 활동이나 노동 등의 신체 활동을 오래 계속 했을 때 생기는 피로
회복형태에 따른 분류	정상피로	일상생활 중 생기는 피로로 하루정도 휴식하면 회복된다.
	축적피로	피로가 반복적으로 누적된 상태로 피로가 다음날까지 회복되지 않는다.
발생부위에 따른 분류	국소피로	신체 한 부위에 생겨난 피로
	전신피로	전신운동을 한 후 온몸이 나른해 지는 것과 같은 피로
증상에 따른 분류	주관적 피로	본인만이 느끼는 자각증상으로 '몸이 무겁다', '쉬고 싶다' 등의 독특한 징후가 나타난다.
	타각적 (객관적) 피로	작업량 또는 그 질의 저하로 나타나며 운동하기 전과 운동 후의 근력측정에 의해 객관적으로 평가할 수 있다.
	생리적 피로	근의 피로, 신경전달의 피로, 기타 신체 여러 기능의 질적 저하를 뜻하는 것으로, 여러 가지 측정기구에 의해 가장 정확하게 평가할 수 있다.

(2) 산업피로의 요인

① 신체적 요인
약한 체력, 수면부족, 영양상태 악화, 신체적 결함, 생리현상 등에 의한 체력 손실 등
② 심리적 요인
과중한 책임감, 흥미상실, 작업에 대한 불안감과 구속감 등
③ 외부적 요인
작업조건, 환경조건, 생활조건 등

(3) 피로의 증상

① 신체적 증상(생리적 현상)
- 작업에 대한 몸자세가 흐트러지고 지치게 된다.
- 작업에 대한 무감각, 무표정, 경련 등이 일어난다.
- 작업 효과나 작업량이 감퇴 및 저하된다.

② 정신적 증상(심리적 현상)
- 주의력이 감소 또는 경감된다.
- 불쾌감이 증가된다.
- 긴장감이 해지 또는 해소된다.
- 권태, 태만해지고 관심 및 흥미감이 상실된다.
- 졸음, 두통, 싫증, 짜증이 일어난다.

(4) 피로의 대책

① 젖산의 제거
② 휴식과 수면
③ 영양 보급
④ 목욕

(5) 산소부채(oxygen debt)현상 ★

격렬한 작업이나 운동을 할 때에는 **산소 섭취량이 산소 소모량보다 부족**하게 되어 **산소량이 산소부채(산소빚)를 일으킨다.** 작업이나 **운동시 빚진 산소 부족분을 작업이나 운동이 끝난 후에 갚기 위해 작업이나 운동 후 호흡이 즉시 정상으로 회복되지 않고 서서히 회복되는 산소부채의 보상현상**이 발생한다.

한 눈에 들어오는 키 워드

참고

피로의 단계
- 잠재기 : 능률저하가 나타나는 시기이나 잘 느끼지 못함
- 현재기 : 확실한 능률저하가 생기며, 이상발한, 구갈, 두통, 탈력감이 있고, 특히 관절이나 근육통이 수반되어 신체를 움직이기 귀찮아지는 단계
- 진행기 : 활동을 중지하고 휴양이 필요한 단계
- 축적피로기 : 피로가 축적되어 질병이 발생하는 단계, 수개월~수년의 요양이 필요한 단계

기출

인간에 대한 모니터링 방법
① 셀프모니터링(자기감지) : 지각에 의하여 자신의 상태를 알고 행동하는 감시방법
② 생리학적 모니터링 : 맥박수, 호흡 속도, 체온, 뇌파 등으로 인간의 상태를 파악하는 방법
③ 비주얼 모니터링(시각적 모니터링) : 동작자의 태도보고 동작자의 상태를 파악하는 방법
④ 반응에 대한 모니터링 : 자극을 가하여 이에 대한 반응을 보고 정상, 비정상을 판단하는 방법
⑤ 환경의 모니터링 : 환경조건의 개선으로 기분을 좋게 하여 정상작업 할 수 있도록 하는 방법

참고

CFF(Critical Flicker Fusion) 플리커테스트(점멸융합주파수)
- 피곤해지면 시각이 둔화되는 성질을 이용한 피로도 평가방법으로 시중추나 망막시신경의 감도가 좋을 때는 높은 수치를 나타낸다.
- 수치가 낮을수록 시각계의 피로가 높은 상태임을 나타내는 피로의 감각기능 검사 방법이다.

2 피로의 측정법

(1) 생리학적 측정방법

감각기능, 반사기능, 대사기능 등을 이용한 측정법 ★

① EMG(electromyogram; 근전도) : 근육활동 전위차의 기록
② ECG(electrocardiogram; 심전도) : 심장근 활동 전위차의 기록
③ ENG 또는 EEG(electroneurogram; 뇌전도) : 신경활동 전위차의 기록
④ EOG(electrooculogram; 안전도) : 안구(眼球)운동 전위차의 기록
⑤ 산소소비량
⑥ 에너지 소비량(RMR)
⑦ 피부전기반사(GSR)
⑧ 점멸 융합 주파수(플리커법, 어름거림 검사)

(2) 심리학적 측정방법

동작분석, 연속반응시간, 자세변화, 주의력, 집중력 등을 이용한 측정법

(3) 생화학적 측정방법

혈액, 뇨 중의 스테로이드량, 아드레날린 배설량 등 측정

3 작업강도와 피로

(1) 에너지 대사율(RMR) ★★

① 작업강도는 에너지 대사율로 나타낸다.

RMR의 계산

$$RMR = \frac{노동대사량}{기초대사량} = \frac{작업시의 소비\ energy - 안정시 소비\ energy}{기초대사량}$$

② **작업 시의 소비에너지**는 작업 중에 **소비한 산소의 소모량으로 측정**한다.
③ 안정 시의 소비에너지는 의자에 앉아서 호흡하는 동안에 소비한 산소의 소모량으로 측정한다.

(2) 작업강도 구분에 따른 RMR ★★★

RMR의 구분
• 경작업(輕작업, 가벼운 작업) : 1~2 • 중작업(中작업, 보통 작업) : 2~4 • 중작업(重작업, 힘든 작업) : 4~7 • 초중작업(超重작업, 굉장히 힘든 작업) : 7 이상

(3) 작업강도에 영향을 주는 요인

① 에너지 소비
② 작업대상의 복잡성
③ 작업대상의 종류
④ 작업대상의 변화
⑤ 작업의 정밀도
⑥ 작업의 밀도
⑦ 작업자세
⑧ 작업범위
⑨ 대인관계
⑩ 위험성의 정도
⑪ 작업시간의 길이

(4) 휴식시간 ★★

휴식시간의 계산
휴식시간(R) = $\dfrac{60 \times (E-5)}{E-1.5}$ [분] • 1.5 : 휴식 중의 에너지 소비량 • 5(kcal/분) : 기초대사량을 포함한 보통작업에 대한 평균 에너지   (기초대사량을 포함하지 않을 경우 : 4kcal/분) • 60(분) : 작업시간 • E(kcal/분) : 주어진 작업 시 필요한 에너지

4 생체리듬(biorhythm)

(1) 바이오 리듬의 종류

육체적 리듬(P)	• 23일 주기 • 청색의 실선으로 표시 • 식욕, 소화력, 활동력, 지구력 등을 나타냄
감성적 리듬(S)	• 28일 주기 • 적색의 점선으로 표시 • 감정, 주의심, 창조력, 희로애락 등을 나타냄
지성적 리듬(I)	• 33일 주기 • 녹색의 일점쇄선으로 표시 • 상상력, 사고력, 기억력, 인지력, 판단력 등을 나타냄

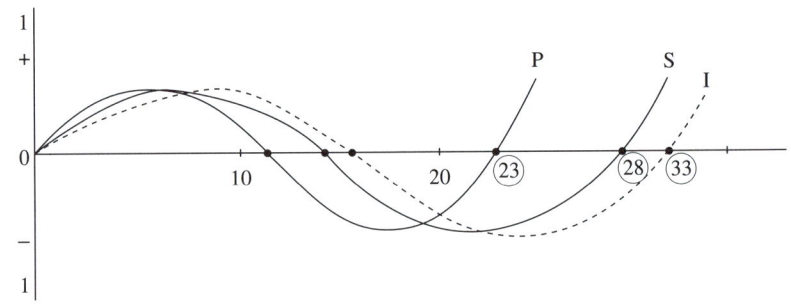

* Sine 곡선의 (+) → (−)로 변화하는 점이 위험일이다.
* 안정기(+)와 불안정기(−)의 교차점을 위험일이라 한다.
* 1달에 6일 정도 위험일이 존재한다.

(2) 생체리듬의 변화 ★

① 야간에는 체중이 감소한다.
② 야간에는 말초운동 기능이 저하된다.
③ 체온, 혈압, 맥박수는 주간에 상승하고 야간에 감소한다.
④ 혈액의 수분과 염분량은 주간에 감소하고 야간에 증가한다.

참고

바이오리듬
인간의 생리적 주기 또는 리듬을 나타낸다.
신체(physical) · 감정(sensitivity) · 지성(intellectual)의 머리글자를 따서 PSI 학설이라고도 한다.

바이오리듬의 위험일
바이오리듬의 위험한 시기(위기선)는 정중앙에 있을 때이다. 리듬이 불안정해 지기 때문에 사고의 가능성이 높아진다. 이런 위험일은 한 달에 6일정도 나타난다.

기출

사고발생 시간대
• 24시간 중 사고 발생률이 가장 심한 시간대 : 03~05시 사이
• 주간 일과 중 : 오전 10~11시, 오후 15~16시 사이
• 주간 일과 중 위험시간대보다도 주간 일과 전 시간대(새벽)가 더 위험하다.

※ 문제

생체리듬의 변화에 대한 설명 중 잘못된 것은?
㉮ 야간에는 체중이 감소한다.
㉯ 야간에는 말초운동 기능이 저하된다.
㉰ 체온, 혈압, 맥박수는 주간에 상승하고 야간에 감소한다.
㉱ 혈액의 수분과 염분량은 주간에 증가하고 야간에 감소한다.

[해설]
㉱ 혈액의 수분과 염분량은 주간에 감소하고 야간에 증가한다.
정답 ㉱

CHAPTER 05 안전보건교육의 내용 및 방법

01 교육의 필요성과 목적

주요내용 알고 가기!

- 교육 지도의 원칙
- 전이
- SUPER D.E의 역할이론
- 교육의 3단계
- 학습이론
- 적응기제
- 교육의 3요소
- 교육 진행 4단계

한 눈에 들어오는 키워드

1 안전교육 목적 및 필요성

(1) 안전교육 실시 목적

① 인간정신의 안전화
② 인간행동의 안전화
③ 환경의 안전화
④ 설비물자의 안전화
⑤ 생산성 및 품질향상 기여
⑥ 직·간접적 경제적 손실 방지
⑦ 작업자를 산업재해로부터 보호

(2) 안전교육의 기본방향

① 사고사례 중심의 안전교육
② 안전작업(표준작업)을 위한 안전교육
③ 안전의식 향상을 위한 안전교육

(3) 안전교육의 필요성

① 지식 교육
- 재해발생의 원리를 통한 안전의식 향상
- 작업에 필요한 **안전규정 및 기준 습득**

※ 문제

안전교육 중 제1단계로 시행되며 화학, 전기, 방사능의 설비를 갖춘 기업에서 특히 필요성이 큰 교육은?

㉮ 안전기술교육
㉯ 안전지식교육
㉰ 안전태도교육
㉱ 안전기능교육

[해설]
안전교육 실시 단계
- 1단계 : 지식교육
- 2단계 : 기능교육
- 3단계 : 태도교육

정답 ㉯

한 눈에 들어오는 키워드

기출
안전 동기를 유발시킬 수 있는 방법
① 동기유발의 최적수준을 유지한다.
② 상과 벌을 준다.
③ 안전목표를 명확히 설정하고 결과를 알려준다.
④ 경쟁과 협동을 유발한다.

※ 문제
안전교육에 있어서 안전한 마음가짐을 갖도록 하는 가치관 형성 교육으로 이끌어야 하는 교육 단계에 해당하는 것은?
㉮ 지식교육
㉯ 기능교육
㉰ 태도교육
㉱ 추후지도

[해설]
안전한 마음가짐을 갖도록 하는 가치관 형성 교육 → 태도교육
정답 ㉰

※ 문제
안전교육의 피교육자의 심리상태를 이해하기 위한 내용과 거리가 먼 것은 어느 것인가?
㉮ 긴장감을 제거해줄 것
㉯ 교육자의 입장에서 가르칠 것
㉰ 안심감을 줄 것
㉱ 믿을 수 있는 내용으로 쉽게 할 것

[해설]
㉯ 피교육자(학생)의 입장에서 가르칠 것
정답 ㉯

---

② 기능 교육
- **안전작업 기능 향상**
- 위험 예측 및 방호장치 관리 능력 향상

③ 태도 교육
- **표준 안전작업방법의 습관화**
- 지시전달 확인 등 **안전태도의 습관화**

(4) 교육 지도의 원칙 ★

① **상대방(피교육자) 입장에서 교육**
- 피교육자(학생)가 교육 내용을 충분히 이해할 수 있도록 교육한다.
- 피교육자(학생)의 지식이나 기능 정도에 맞게 교육한다.

② **동기부여**
- 가르치기에 앞서서 **상대방으로부터 알려고 하는 의욕을 일어나게 하는 것**이 중요하다.
- **동기유발의 최적수준을 유지**한다.
- **상과 벌**을 준다.
- **안전목표를 명확히 설정**하고 결과를 알려준다.
- **경쟁과 협동을 유발**한다.

③ **반복교육**
- 인간은 교육을 실시한 후 1시간이 경과하면 교육내용의 50%를 망각하게 되므로 반복하여 교육한다.
- 지식은 반복에 의해 기억된 후 무의식 중에 행동으로 표현된다.

④ **쉬운 것에서부터 어려운 것으로 진행**
- 쉬운 부분에서 점차 어려운 부분으로 교육을 진행한다.

⑤ **한번에 한가지씩 교육**
- 교육순서에 따라 한 번에 한 가지씩 교육한다.

⑥ **인상의 강화**
- 특히 중요한 것은 재 강조한다.
- 보조재 및 현장사진, 사고사례 등을 활용한다.

⑦ 5감의 활용

구분	시각	청각	촉각	미각	후각
교육효과	60%	20%	15%	3%	2%

⑧ 기능적인 이해
- 기술 교육 과정에서 가장 중요한 것이 기능적인 이해이다. '왜 그렇게 되어야 하는가?'하는 문제에 관하여 기능적으로 이해시켜야 한다.

(5) 교육의 효과순서 ★

지식변화 → 기능변화 → 태도변화 → 개인행동 변화 → 집단행동 변화

2 교육 심리학

(1) 교육 심리학의 정의

교육의 과정에서 일어나는 여러 문제를 심리학적 측면에서 연구하여 원리를 정립하고 방법을 제시함으로써 교육의 효과를 극대화하려는 학문을 말한다.

(2) 교육심리학의 연구방법

① 관찰법
② 질문지법
③ 투사법
④ 검사법
⑤ 사회성 측정법
⑥ 사례연구법

참고

투사법
인간의 내면에서 일어나고 있는 심리적 사고에 대하여 사물을 이용하여 인간의 성격을 알아보는 방법

(3) 심리학적 검사의 분류

① 직업적성검사
② 지능검사
③ 성격검사

(4) 근로자 직무적성을 결정하는 심리검사의 특징

① 특정 시기에 모든 근로자를 검사하고 그 **검사점수와 근로자 직무평정척도를 상호 연관시키는 예언적 타당성**을 갖추어야 한다.
② 검사의 관리를 위한 조건, 절차의 일관성과 통일성에 대한 **심리검사의 표준화**가 마련되어야 한다.
③ **검사반응**이 **순수한 개인차**를 나타낼 수 있어야 한다.

④ 심리검사의 결과를 해석하기 위해서는 **개인의 성적을 다른 사람들의 성적과 비교할 수 있는 비교의 기준**이 있어야 한다.

3 학습이론

(1) 자극과 반응이론(S-R이론) ★

학습이란 어떤 자극(S)에 대해서 생체가 나타내는 특정 반응(R)의 결합으로 이루어진다는 학습이론으로 Thorndike가 이 이론의 시초라고 할 수 있다.

① **돈다이크(Thorndike)의 학습의 법칙(시행착오설)** ★ : 학습이란 맹목적인 시행을 되풀이하는 가운데 자극과 반응의 결합의 과정이다.
   - **준비성**의 법칙
   - **연습 또는 반복**의 법칙
   - **효과**의 법칙

② **파블로프의 조건반사설(자극과 반응이론 : S-R이론)** ★ : 유기체에 자극을 주면 반응함으로써 새로운 행동이 발달된다.
   - **일관성**의 원리
   - **계속성**의 원리
   - **시간**의 원리
   - **강도**의 원리

③ **스키너의 조작적 조건화설** : 강화에 의해 행동을 변화시킴
   - 반응을 할 때마다 강화를 주는 것보다 **간헐적으로 강화를 제공하는 것이 효과적**이다.
   - 벌이나 혐오자극보다 **칭찬, 격려 등 긍정적 강화물이 학습에 효과적이다.**
   - **반응을 보인 후 즉시 강화물을 제공하는 것이 효과적**이다.

④ **반두라(Bandura)의 사회학습이론**
   - 개인은 직접적인 경험이 아닌 관찰을 통해서도 학습을 할 수 있으며, 대부분의 학습이 다른 사람의 행동을 관찰하고 모방한 결과 일어난다.
   - 다른 아동이 보상이나 벌을 받는 것을 관찰함으로써 간접적인 강화(대리적 강화)를 받는다.

(2) 하버드학파의 교수법 ★

1단계	2단계	3단계	4단계	5단계
준비 시킨다.	교시 시킨다.	연합 한다.	총괄 한다.	응용 시킨다.

※ 문제

시행 착오설에 의하면 "학습이란 맹목적인 시행을 되풀이하는 가운데 자극과 반응의 결합의 과정이다."로 정의하고 있다. 다음 중 시행 착오설에 의한 학습의 원칙이 아닌 것은?
㉠ 연습의 법칙
㉡ 효과의 법칙
㉢ 동일성의 법칙
㉣ 준비성의 법칙

정답 ㉢

참고

Skinner의 강화이론
- 처벌은 더 강한 처벌에 의해서만 그 효과가 지속되는 부작용이 있다.
- 부분강화에 의하면 학습은 급속도로 진행되지만, 빠른 속도로 학습효과가 사라진다.
- 부적강화란 반응 후 처벌이나 비난 등의 해로운 자극이 주어져서 반응 발생률이 감소하는 것이다.
- 정적강화란 반응 후 음식이나 칭찬 등의 이로운 자극을 주었을 때 반응 발생률이 높아지는 것이다.

(3) 톨만(Tolman)의 기호형태설 ★

- **학습은 환경에 대한 인지 지도를 신경조직 속에 형성시키는 것**이다.
- 학습은 자극과 자극 사이에 형성된 결속이다.[S-S(Sign-Signification)이론]
- 톨만은 **문제사태의 인지를 학습에 있어서 가장 필요한 조건**이라고 생각하였다. 그는 학습의 목표를 의미체라 하고 그것을 달성하는 수단이 되는 대상을 기호라고 부르고, 이 양자 간의 수단, 목적 관계를 기호-형태라고 칭하였다.

(4) 학습경험선정의 원리 ★

① **기회**의 원리 : 교육목표를 달성하기 위해서는 **학습자가 스스로 해 볼 수 있는 기회를 가져야** 한다.
② **만족의 원리(동기유발의 원리)** : 학생들이 **해보는 과정에서 만족감을 느낄 수가 있어야** 한다.
③ **가능성**의 원리 : 학생들에게 **요구되는 행동이 현재능력 성취 발달 수준에 맞아야** 한다.
④ **다목적달성**의 원리 : **여러 가지의 목표를 동시에 달성**하는 데 도움을 주도록 한다.
⑤ **협동**의 원리 : **함께 활동할 수 있는 기회를 주어야** 한다.

(5) 학습지도의 원리 ★

① **자발성**의 원리 : 학습자 **스스로가 능동적으로 학습활동에 의욕을 가지고 참여**하도록 하는 원리
② **개별화**의 원리 : 학습자를 존중하고, **학습자 개개인의 능력, 소질, 성향 등 모든 발달가능성을 신장**시키려는 원리
③ **목적**의 원리 : 학습자는 **학습목표가 분명하게 인식되었을 때 자발적이고 적극적인 학습활동을 하게 된다.**
④ **사회화**의 원리 : **학교교육을 통하여 학생들이 사회화**되어 유용한 사회인으로 육성시키고자 하는 교육이다
⑤ **통합화**의 원리 : 학습자를 전체적 인격체로 보고 그에게 내재하여 있는 **모든 능력을 조화적으로 발달**시키기 위한 생활중심의 통합교육을 원칙으로 하는 원리
⑥ **직관의 원리(직접경험의 원리)** : 학습에 있어 언어위주로 설명을 하는 수업보다는 **구체적인 사물을 학습자가 직접 경험해 봄**으로써 학습의 효과를 높일 수 있는 원리

 **한** 눈에 들어오는 **키** 워드

참고

학습경험 조직의 원리
- 계속성의 원리 : 중요한 학습경험을 반복을 통해 강화하는 것
- 계열성의 원리 : 학습경험의 요인들이 깊이와 넓이에 있어 점진적으로 증가하는 것
- 통합성의 원리 : 여러 학습경험들 간에 상호보완적 관계를 유지하고 여러 과목을 조화롭게 배열하는 것
- 균형성의 원리 : 학습경험은 특수한 기능과 목적에 따라 만족할 수 있도록 기능적으로 조직되어야 한다.
- 다양성의 원리 : 학생들의 요구나 흥미, 능력이 반영될 수 있도록 다양하고 융통성 있는 학습경험을 조직하도록 한다.
- 보편성의 원리 : 건전한 민주시민의 요소를 기를 수 있도록 학습경험이 조직되어야 한다.

참고

교육지도의 5단계
1단계 : 원리의 제시
2단계 : 관련된 개념의 분석
3단계 : 가설의 설정
4단계 : 자료의 평가
5단계 : 결론

(6) 존 듀이(John Dewey)의 5단계 사고 과정

① 1단계 : 문제의 제기 - 시사받는다.(Suggestion)
② 2단계 : 문제의 인식 - 머리로 생각한다.(Intellectualization)
③ 3단계 : 현상 분석(조사) - 가설을 설정한다.(Hypothesis)
④ 4단계 : 가설 정렬 - 추론한다.(Reasoning)
⑤ 5단계 : 가설 검증 - 행동에 의해 가설을 검토한다.

4 학습조건

(1) 전이 ★

한 상황에서 실시한 학습이 다른 상황의 학습에 영향을 끼치는 현상

앞에 실시한 교육이 뒤에 실시한 학습을 방해하는 조건 ★
① 학습의 정도 : 앞의 학습이 **불완전할 경우** ② 유사성 : 앞뒤의 학습내용이 **비슷한 경우** ③ 시간적 간격 　• 뒤의 학습을 앞의 학습 직후에 실시하는 경우 　• 앞의 학습내용을 제어하기 직전에 실시하는 경우 ④ 학습자의 태도 ⑤ 학습자의 지능

(2) 기억의 과정 ★

기명 ⇨ 파지 ⇨ 재생 ⇨ 재인

① 기억 : **과거 행동이 미래 행동에 영향**을 줌
② 기명 : 사물의 인상을 **마음에 간직함**
③ 파지 : **인상이 보존됨**
④ 재생 : 보존된 **인상이 떠오름**
⑤ 재인 : **과거에 경험했던 것**과 **비슷한 상황에서 떠오르는 현상**

(3) 망각

경험한 내용이나 학습된 내용을 다시 생각하여 작업에 적용하지 아니하고 **방치함으로써** 경험의 내용이나 **인상이 약해지거나 소멸되는 현상**

※ 문제

경험한 내용이나 학습된 행동을 다시 생각하여 작업에 적용하지 아니하고 방치함으로서 경험의 내용이나 인상이 약해지거나 소멸되는 현상은?
㉮ 착각　㉯ 훼손
㉰ 망각　㉱ 단절

[해설]
경험의 내용이나 인상이 약해지거나 소멸되는 현상 → 망각
정답 ㉰

① 학습된 내용은 **학습 직후의 망각율이 가장 높다.**
② 의미 없는 내용은 의미 있는 내용보다 빨리 망각한다.
③ 사고를 요하는 내용이 단순한 지식보다 망각이 적다.
④ 연습은 학습한 직후에 시키는 것이 효과가 있다.

망각을 방지하는 방법(파지를 유지하기 위한 방법)
① 적절한 지도 계획을 수립하여 연습을 할 것
② 연습은 학습한 직후에 시키며, 간격을 두고 때때로 연습을 할 것
③ 학습 자료는 학습자에게 의미를 알게 질서 있게 학습시킬 것

---

(4) 에빙하우스(H.Ebbinhaus)의 망각곡선

학습시간 경과에 따른 망각율

① **1시간 경과 : 50% 이상 망각**
② 48시간 경과 : 70% 이상 망각
③ 31일 경과 : 80% 이상 망각

(5) 적응기제 ★

방어적 기제		도피적 기제	
• 보상	• 합리화	• 고립	• 퇴행
• 동일시	• 승화	• 억압	• 백일몽

(6) 슈퍼(SUPER D.E)의 역할이론 ★

① **역할 연기(Role playing)**
자아 탐색인 동시에 자아실현의 수단이다.
② **역할 기대(Role expection)**
자기 자신의 역할을 기대하고 감수하는 자는 자기 직업에 충실하다고 본다.
③ **역할 조성(Rule shaping)**
여러 가지 역할이 발생 시 그 중 어떤 역할에는 불응 또는 거부감을 나타내거나 또 다른 역할에는 적응하여 실현키 위해 일을 구할 때 발생한다.
④ **역할 갈등(R. K troubling)**
작업 중 서로 상반된 역할이 기대될 경우 갈등이 발생한다.

> **참고**
> 역할 갈등의 원인
> ① 역할 마찰
> ② 역할 부적합
> ③ 역할 모호성
> ④ 역할 긴장

5 안전보건교육계획 수립 및 실시

(1) 안전교육계획 수립 시 고려할 사항

① 자료 수집
② 현장 의견의 충분한 반영
③ 교육 시행 체계와의 관계를 고려
④ 법규정 교육과 그 이상의 교육을 계획

(2) 안전교육 계획의 세부사항

① 소요인원
② 교육장소
③ 소요 기자재
④ 시범 및 실습계획
⑤ 평가계획
⑥ 일정표
⑦ 소요 예산 책정
⑧ 사내·외 현장견학

(3) 안전교육 계획 수립

① 교육목표 설정 : 첫째 과제
② 교육 대상자와 범위설정
③ 교육의 과정 결정
④ 교육방법 결정
⑤ 보조자료 및 강사, 조교의 편성
⑥ 교육 진행 사항
⑦ 소요 예산 산정

(4) 안전교육 계획 수립 시 포함사항

① 교육의 목표
② 교육대상
③ 강사
④ 교육방법
⑤ 교육시간과 시기
⑥ 교육장소

[한눈에 들어오는 키워드]

[참고]
안전교육 계획수립 및 추진순서
교육의 필요점 발견 → 교육 대상 결정 → 교육 준비 → 교육 실시 → 평가

[기출]
사업장 안전교육 훈련의 특징 ★
① 기업의 목적에 따라 계획하고 실시한다.
② 교육훈련에 의해 기업 이익을 기대한다.
③ 필요할 때 집중적으로 실시한다.
④ 작업을 수행하는데 중점을 둔다.

[기출]
안전교육 실시계획
① 소요인원
② 교육장소
③ 교육의 보조자료
④ 시범 및 실습계획
⑤ 견학계획
⑥ 토의 진행계획
⑦ 일정표
⑧ 평가계획

[기출]
안전교육 목표에 포함하여야 할 사항
① 교육 및 훈련의 범위
② 책임한계의 명시
③ 교육 보조자료의 준비 및 사용 지침

[기출]
강의계획의 4단계
1단계 : 학습목적과 학습성과의 선정
2단계 : 학습자료의 수집 및 체계화
3단계 : 교수방법의 선정
4단계 : 강의안 작성

02 교육방법

주요내용 알고 가기!

- OJT와 OFF JT의 특징
- 관리감독자 대상 교육의 종류
- 교육의 3요소
- 교육진행 4단계
- 전습법과 분습법의 차이
- TWI 교육과정
- 교육의 3단계

1 OJT와 OFF JT의 특징 ★

(1) OJT(On The Job Training)

직속상사가 부하직원에게 일상업무를 통하여 지식, 기능, 문제해결 능력 및 태도 등을 **교육하는 방법**으로 **개별교육에 적합**하다.

(2) OFF JT(Off The Job Training)

외부강사를 초청하여 **근로자**를 일정한 장소에 **집합시켜 실시하는 교육**형태로서 **집합교육에 적합**하다.

OJT의 특징 ★	① 개개인에게 적절한 훈련이 가능하다. ② 직장의 실정에 맞는 훈련이 가능하다. ③ 교육효과가 즉시 업무에 연결된다. ④ 훈련에 대한 업무의 계속성이 끊어지지 않는다. ⑤ 상호 신뢰 이해도가 높다.
OFF JT의 특징 ★	① 다수의 근로자들에게 훈련을 할 수 있다. ② 훈련에만 전념하게 된다. ③ 특별설비기구 이용이 가능하다. ④ 많은 지식이나 경험을 교류할 수 있다. ⑤ 교육 훈련 목표에 대하여 집단적 노력이 흐트러질 수 있다.

한 눈에 들어오는 키워드

용어정의
전습법 : 학습내용을 처음부터 끝까지 완전히 습득할 때까지 학습하는 방법

용어정의
분습법 : 학습과제를 몇 개의 부분으로 나누어 학습하는 방법 (부분학습법)

기출
새로운 기술의 연습방법
① 새로운 기술을 학습하는 경우에는 일반적으로 집중연습보다 배분연습이 더 효과적이다.
② 교육훈련과정에서는 학습 자료를 한꺼번에 묶어서 일괄적으로 연습하는 방법을 집중연습이라고 한다.
③ 충분한 연습으로 완전학습한 후에도 일정량 연습을 계속하는 것을 초과학습이라고 한다.
④ 기술을 배울 때는 적극적 연습과 피드백이 있어야 부적절하고 비효과적 반응을 제거할 수 있다.

2 전습법과 분습법 ★

(1) 전습법

① 망각이 적다.
② 반복이 적다.
③ 연합이 생긴다.
④ 시간과 노력이 적다.

(2) 분습법

① 학습효과가 빠르다.
② 길고 복잡한 학습에 적합하다.
③ 주의와 집중력의 범위를 좁히는데 적합하다.

3 관리감독자 대상 교육

(1) TWI(Training Within Industry) ★★

① 대상 : **일선관리감독자 대상 교육**
② 교육시간 : 1일 2시간씩 5일간(총 10시간) 실시한다.
③ 교육방법 : 토의식과 실연법을 중심으로 한다.

TWI 교육과정(교육내용) ★★
① 작업 방법 기법(Job Method Training : JMT)
② 작업 지도 기법(Job Instruction Training : JIT)
③ 인간 관계관리 기법 or 부하통솔법(Job Relations Training : JRT)
④ 작업 안전 기법(Job Safety Training : JST)

(2) MTP(Management Training Program)

① 대상 : **중간계층관리자 대상 교육**
② 교육시간 : **2시간씩 20회에 걸쳐 40시간 훈련**한다.

(3) ATT(American Telephone & Telegraph Company)

① 대상 : 한정되어 있지 않고 한번 교육을 이수한 자는 부하에게 지도가 가능하다.
② 교육시간 : 1차 훈련은 1일 8시간씩 2주간실시하며, 2차 과정은 문제가 발생할 때 마다 실시한다.
③ 토의식 방식으로 진행한다.

(4) CCS(Civil Communication Section)

① 대상 : **최고층 관리감독자 대상 교육**
② 교육시간 : 매주 4일, 4시간씩으로 8주간(합계 128시간) 실시
③ 강의법에 토의법이 가미된 방식

4 학습목적

(1) 학습목적의 3요소

① 학습목표(goal) : 학습을 통하여 달성하려는 지표를 말한다.(학습목적의 핵심)
② 주제(subject) : 목적달성을 위한 중심내용을 의미한다.
③ 학습정도(level of learning) : 주제를 학습시킬 때 내용범위와 내용의 정도를 뜻한다.

[학습의 정도 4단계]

① 인지(to acquaint)	~을 인지하여야 한다.
② 지각(to know)	~을 알아야 한다.
③ 이해(to understand)	~을 이해하여야 한다.
④ 적용(to apply)	~을 ~에 적용할 수 있어야 한다.

(2) 학습의 전개과정

① **쉬운 것부터 어려운 것으로** 학습한다.
② **과거에서 현재, 미래의 순으로** 학습한다.
③ **많이 사용하는 것에서 적게 사용하는 순으로** 학습한다.
④ **간단한 것에서 복잡한 것으로** 학습한다.
⑤ 전체에서 부분으로 학습한다.
⑥ 기지에서 미지로 학습한다.

한 눈에 들어오는 키워드

기출

ATT의 교육내용(교육훈련기법)
• 인사관계
• 고객관계
• 종업원의 향상
• 작업의 계획 및 인원배치
• 계획적 감독 등

기출

학습성과

학습 목적을 세분화하여 구체적으로 결정한 것을 말한다.

학습성과 설정 시 유의사항

① 객관적 입장에서 구체적으로 서술
② 학습목적에 적합하고 타당해야 한다.
③ 주제가 포함되어야 한다.
④ 학습정도가 포함되어야 한다.

참고

엔드라고지 모델에 기초한 학습자로서의 성인의 특징
• 성인들은 과제(문제) 중심적으로 학습하고자 한다.
• 성인들은 자기 주도적으로 학습하고자 한다.
• 성인들은 많은 다양한 경험을 가지고 학습에 참여한다.
• 성인들은 왜 배워야 하는지에 대해 알고자 하는 욕구를 가지고 있다.

성인학습의 원리
• 자기주도성의 원리
• 자발학습의 원리
• 상호학습의 원리
• 참여교육의 원리

5 교육의 단계

(1) 교육의 3요소 ★

	교육의 주체	교육의 객체	교육의 매개체
형식적 교육	강사	학생(수강자)	교재(학습내용)
비형식적 교육	부모, 형, 선배, 사회인사	자녀와 미성숙자	교육적 환경 인간관계

(2) 교육의 3단계 ★

① 제1단계(**지식**교육)
　강의 및 시청각 교육 등을 통하여 **지식을 전달하는 단계**
② 제2단계(**기능**교육)
　시범, 견학, 현장실습 교육 등을 통하여 **경험을 체득하는 단계**
③ 제3단계(**태도**교육)
　작업 동작 지도 등을 통하여 **안전 행동을 습관화 하는 단계**

[태도교육 실시 순서 ★]

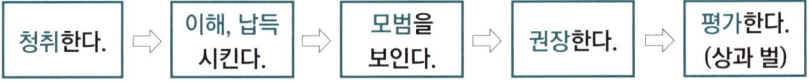

청취한다. ⇨ 이해, 납득시킨다. ⇨ 모범을 보인다. ⇨ 권장한다. ⇨ 평가한다.(상과 벌)

(3) 교육진행 4단계 ★

단계	교육방법
제1단계 : 도입 (학습할 준비를 시킨다)	• 마음을 안정시킨다. • 무슨 작업을 할 것인가를 말해준다. • 그 작업에 대해 알고 있는 정도를 확인한다. • **작업을 배우고 싶은 의욕을 갖게 한다.** • 정확한 위치에 자리잡게 한다.
제2단계 : 제시 (작업을 설명한다)	• 주요 단계를 하나씩 설명해주고, 시범해 보이고, 그려 보인다. • 급소를 강조한다. • **확실하게, 빠짐없이, 끈기 있게 지도한다.**
제3단계 : 적용 (작업을 시켜본다)	• 작업을 지켜보고 잘못을 고쳐준다. • 작업을 시키면서 설명하게 한다. • 다시 한번 시키면서 **급소를 말하게 한다.** • 확실히 알았다고 할 때까지 확인한다. • 이해할 수 있는 능력 이상으로 강요하지 않는다.

한 눈에 들어오는 키워드

🔹 **기출**
기능교육의 3원칙
• 준비철저
• 위험작업의 규제
• 안전작업의 표준화

🔹 **참고**
교육지도의 5단계
• 1단계 : 원리의 제시
• 2단계 : 관련된 개념의 분석
• 3단계 : 가설의 설정
• 4단계 : 자료의 평가
• 5단계 : 결론

🔹 **기출**
기술교육(교시법)의 4단계
도입
(준비단계)
↓
실연
(일을 하여 보이는 단계)
↓
실습
(일을 시켜보는 단계)
↓
확인
(보습지도의 단계)

🔹 **기출**
안전교육의 효과 순서
지식변화 → 기능변화 → 태도변화 → 개인행동변화 → 집단행동변화

🔹 **기출**
행동변화의 전개과정 순서
자극 → 욕구 → 판단 → 행동

단계	교육방법
제4단계 : 확인 (가르친 뒤 **살펴본다**)	• 일에 임하도록 한다. • 모르는 것이 있을 때는 물어 볼 사람을 정해 둔다. • 질문을 하도록 분위기를 조성한다. • 점차 지도 횟수를 줄여간다.

6 교육 훈련의 평가방법

(1) 교육훈련 평가의 목적

① 작업자의 적정배치를 위하여
② 지도방법을 개선하기 위하여
③ 학습지도를 효과적으로 하기 위하여

(2) 학습 평가의 기본기준 4가지

① 타당도(평가 목적과의 타당도)
 • 무엇을 평가하고 있는가?
 • 얼마나 충실하게 평가하고 있는가?
② 신뢰도(정확성 및 일관성)
 • 어떻게 평가하고 있는가?
 • 평가의 오차는 적어야 한다.
 • 정확하게 평가하고 있는가?
③ 객관도
 • 평가자의 편견이나 감정에 좌우되지 않고 있는가?
 • 평가자의 주관적인 판단의 오류를 범하지 않고 있는가?
④ 실용도
 • 시간과 비용, 인력이 적게 소요되는가?
 • 과중한 부담과 복잡한 절차는 없는가?

(3) Kirkpatrick의 교육훈련 평가의 4단계

1단계 : 반응단계	훈련을 어떻게 생각하고 있는가?
2단계 : 학습단계	어떠한 원칙과 사실 및 기술 등을 배웠는가?
3단계 : 행동단계	교육훈련을 통하여 직무수행상 어떠한 행동의 변화를 가져왔는가?
4단계 : 결과단계	교육훈련을 통하여 직무에 어떠한 성과가 있었는가?

한 눈에 들어오는 **키** 워드

◉ 기출
교육훈련 평가
교육이나 훈련이 그 목적을 달성하였는가 분석하는 것을 말한다.

교육과목에 따른 학습평가 방법
① 지식교육 : 평가시험 및 기타 테스트
② 기능교육 : 노트 및 테스트
③ 태도교육 : 관찰 및 면접

참고
교육프로그램의 타당도 평가
• 전이 타당도 : 피교육자가 교육·훈련을 이수한 후 직무에서 직무성공을 거둘 수 있는지에 대한 타당도
• 훈련 타당도 : 계획된 교육·훈련 프로그램이 피교육자에게 적절한가에 대한 타당도
• 조직 내 타당도 : 교육·훈련 프로그램이 조직 내의 상이한 집단의 피교육자에게도 동일하게 효과적인지에 대한 타당도
• 조직 간 타당도 : 교육·훈련 프로그램이 다른 조직의 피교육자에게도 동일하게 효과적인지에 대한 타당도

◉ 기출
교육평가의 방법
① 관찰법
② 면접법
③ 사회측정법
④ 질문지법
⑤ 투영법
⑥ 일기법
⑦ 사례연구법
⑧ 자료분석법
⑨ 상호 평가법

◉ 기출
태도교육의 효과 측정법으로 면접이 가장 많이 이용된다.

03 교육실시 방법

한 눈에 들어오는 키워드

주요내용 알고 가기!

- 강의법의 장·단점
- 토의법의 장·단점
- 실연법과 모의법의 정의
- 프로그램학습법의 장·단점
- 토의식 교육법의 종류별 특징

1 교육실시 방법의 종류

(1) 강의법

강사가 중심이 되어 학습자들에게 지식, 개념, 사실 등의 정보를 제공하는 것을 목적으로 하여 해설방식으로 진행하는 학습지도 형태

기출

강의법 ★
제시단계에서 가장 많은 시간을 소비한다.

토의법 ★
적용단계에서 가장 많은 시간을 소비한다.

[강의법의 장단점]

장점 ★	• 새로운 기술, 지식, 정보를 체계적으로 전달할 수 있다. • 많은 양의 정보를 전달할 수 있다. • 한 사람의 강사가 많은 학생을 지도 할 수 있다. (교육의 경제성이 높다) • 구체적인 사실적 정보의 제공과 요점을 파악하기에 효율적이다.
단점 ★	• 학습자의 이해수준을 알 수가 없다. • 학습자의 성향을 고려할 수 없다. • 학습자의 능동적 참여를 기대할 수 없다. • 강사의 지식 수준에서 모든 것이 이루어지기 때문에 학습자에게 끼치는 영향이 크다. • 상대적으로 피드백이 부족하다.

(2) 토의법

- 집단구성원들이 특징한 문제에 대하여 서로 의견을 발표하면서 올바른 결론에 도달하는 학습방법이다.
- 간단한 정보나 지식의 습득보다는 인지능력의 함양에 적합하다.
- 알고 있는 지식을 심화시키거나 어떠한 자료에 대해 보다 명료한 생각을 갖도록 하는데 적합하다.

[토의법의 장단점]

장점 ★	• 학습자의 적극적인 참여를 통해 학습동기와 흥미를 유발시킬 수 있다. • 자기 스스로 사고하는 능력 및 표현력을 키울 수 있다. • 자신의 생각에 대한 타당성을 검증하는 기회를 얻을 수 있다. • **사회적 기능 및 태도를 형성**시킬 수 있다. • 강사가 학습자의 이해 정도를 파악하기 쉽다.
단점 ★	• 시간이 많이 소요된다. • 철저한 사전준비와 체계적인 관리에도 불구하고 예측하지 못한 상황이 발생할 수 있다. • 집단 구성원 수에 한계가 있다. • 다양하고 많은 양의 정보를 다루기에 어려움이 있다. • 내용에 대한 사전 지식이 필요하다.

(3) 실연법 ★

학습자가 이미 설명을 듣거나 시범을 보고 알게 된 지식이나 기능을 강사의 감독 아래 **직접적으로 연습해 적용케 하는 교육방법**이다.

(4) 모의법 ★

실제의 장면이나 상태와 극히 유사한 사태를 인위적으로 만들어 그 속에서 **학습토록 하는 교육방법**이다.

> **참고**
> **모의법의 단점**
> • 단위시간당 교육비가 비싸고 시간의 소비가 많다.
> • 시설의 유지비가 많다.
> • 학생 대 교사의 비율이 높다.

(5) 프로그램 학습법

학생이 혼자서 자기능력과 시간, 학습속도에 맞추어 학습할 수 있도록 **프로그램 학습자료를 이용하여 학습**하는 형태이다.

[프로그램 학습법의 장단점 ★]

장점 ★	• 기본 개념학습이나 논리적인 학습에 유리하다. • 지능, 학습속도 등 개인차를 고려할 수 있다. • 수업의 모든 단계에 적용이 가능하다. • 수강자들이 학습이 가능한 시간대의 폭이 넓다. • 매 학습마나 피드백을 할 수 있다. • 학습자의 학습과정을 쉽게 알 수 있다.
단점 ★	• **한 번 개발된 프로그램 자료는 변경이 어렵다.** • 개발비가 많이 들고 제작 과정이 어렵다. • 교육 내용이 고정되어 있다. • 학습에 많은 시간이 걸린다. • 집단 사고의 기회가 없다.

한 눈에 들어오는 키워드

기출
구안법(Project method)의 장점
① 창조력이 생긴다.
② 동기부여가 충분하다.
③ 현실적인 학습방법이다.

(6) 시청각 교육법

- 라디오·텔레비전·견학 등 다양한 시청각 교육매체를 이용하여 학습자의 감각기관을 통해 학습효과를 높이기 위한 학습방법
- 교육 대상자수가 많고 교육 대상자의 학습능력의 차가 큰 경우 집단안전교육 방법으로 가장 효과적이다. ★
- 학습자들에게 공통의 경험을 형성시켜줄 수 있다.

(7) 구안법(Project method)

학습자가 마음 속에 생각하고 있는 것(자신의 목표)을 구체적으로 실천하기 위하여 스스로 계획을 세워 수행하는 학습활동이다.

[Project method의 실시 순서]

1단계	2단계	3단계	4단계
목적	계획	수행	평가

(8) 문제법(Problem Method)

- 새로운 문제에 당면했을 때 그 문제를 해결하는 과정에서 이루어지는 학습방법
- 학생이 현실에서 당면하는 여러 문제들을 해결해가는 과정 중 지식, 기능, 태도 등을 종합적으로 획득하도록 하는 학습법이다.

[Problem Method의 실시 순서]

1단계	2단계	3단계	4단계	5단계
문제의 인식	해결방법의 연구 계획	자료의 수집	해결방법의 실시	정리와 결과의 검토

2 토의식 교육법의 종류 ★

(1) 사례연구법(Case Study : Case Method) ★

- 먼저 **사례를 제시**, 문제적 사실들과 그의 상호관계에 대해서 검토하고 **대책을 토의**하는 학습법이다.
- 하버드대학에서 개발한 기법으로 고도의 판단력을 양성할 수 있다.

사례연구법의 장점
• 학습에 흥미가 있고, **학습동기를 유발**할 수 있다. • **현실적인 문제의 학습**이 가능하다. • **관찰력과 분석력**을 높일 수 있다. • 의사소통 기술이 향상된다. • 문제를 다양한 관점에서 바라보게 된다.

(2) 롤 플레잉(Role Playing) ★

- **롤 플레잉(역할연기)**는 참가자에게 **일정한 역할을 주어서 실제적으로 연기를 시켜봄**으로써 자기의 역할을 보다 확실히 인식시키는 방법이다.
- 관찰에 의한 학습, 실행에 의한 학습, 피드백에 의한 학습 분석과 개념화를 통한 학습이 가능하다.

롤 플레잉의 장점
• 관찰능력을 높이고 감수성이 향상된다. • 자기의 태도에 반성과 창조성이 생긴다. • 의견 발표에 자신이 생기고 고찰력이 풍부해진다.

(3) 포럼(Forum) ★

새로운 자료나 교재를 제시, 거기서의 **문제점을 피교육자로 하여금** 제기하게 하여 **발표하고 토의**하는 방법이다.

(4) 심포지엄(Symposium) ★

몇 사람의 전문가에 의하여 과제에 관한 **견해를 발표한 뒤 참가자로 하여금 의견이나 질문을 하게 하여 토의**하는 방법이다.

(5) 패널 디스커션(Panel discussion) ★

패널 멤버(교육과제에 정통한 전문가 4~5명)**가** 피교육자 앞에서 **토의를 하고,** 뒤에 피교육자 **전원이 참가**하여 사회자의 사회에 따라 **토의**하는 방법이다.

(6) 버즈 세션(Buzz Session) ★

- 6-6 회의
- 사회자와 기록계를 선출한 후 **6명씩의 소집단으로 구분**하고, 소집단별로 **6분씩 자유토의**를 행하여 의견을 종합하는 방법이다.

04 안전보건 교육

> **한** 눈에 들어오는
> **키** 워드

참고

사업장 내 안전 · 보건교육을 통한 근로자 체득 능력
- 잠재위험 발견 능력
- 비상사태 대응 능력
- 직면한 문제의 사고 발생
- 가능성 예지 능력

참고

교육시간 및 교육내용
1. 사업주가 "특별교육"을 실시한 때에는 해당 근로자에 대하여 "채용 시 교육" 및 "작업내용 변경 시 교육"을 실시한 것으로 본다.
2. 사업주가 안전보건교육을 자체적으로 실시하는 경우에 교육을 할 수 있는 사람은 다음 각 호의 어느 하나에 해당하는 사람으로 한다.
   ① 다음 각 목의 어느 하나에 해당하는 사람
      가. 안전보건관리책임자
      나. 관리감독자
      다. 안전관리자(안전관리전문기관에서 안전관리자의 위탁업무를 수행하는 사람을 포함한다)
      라. 보건관리자(보건관리전문기관에서 보건관리자의 위탁업무를 수행하는 사람을 포함한다)
      마. 안전보건관리담당자(안전관리전문기관 및 보건관리전문기관에서 안전보건관리담당자의 위탁업무를 수행하는 사람을 포함한다)
      바. 산업보건의
   ② 공단에서 실시하는 해당 분야의 강사요원 교육과정을 이수한 사람
   ③ 산업안전지도사 또는 산업보건지도사
   ④ 산업안전보건에 관하여 학식과 경험이 있는 사람으로서 고용노동부장관이 정하는 기준에 해당하는 사람

주요내용 알고 가기!

- 안전보건 교육의 교육대상별 교육시간
- 안전보건관리책임자의 교육내용
- 안전관리자의 교육내용
- 관리감독자의 교육내용

1 안전보건관리책임자 등에 대한 직무교육 ★

다음 각 호의 어느 하나에 해당하는 사람은 해당 직위에 **선임(위촉의 경우를 포함)되거나 채용된 후 3개월**(보건관리자가 의사인 경우는 1년) **이내에** 직무를 수행하는 데 필요한 신규교육을 받아야 하며, **신규교육을 이수한 후 매 2년이 되는 날을 기준으로 전후 6개월 사이**에 고용노동부장관이 실시하는 안전보건에 관한 **보수교육을 받아야 한다.**

① 안전보건관리책임자
② 안전관리자(「기업활동 규제완화에 관한 특별조치법」에 따라 안전관리자로 채용된 것으로 보는 사람을 포함한다)
③ 보건관리자
④ 안전보건관리담당자
⑤ **안전관리전문기관 또는 보건관리전문기관**에서 안전관리자 또는 보건관리자의 위탁 업무를 수행하는 사람
⑥ **건설재해예방전문지도기관**에서 지도업무를 수행하는 사람
⑦ **안전검사기관**에서 검사업무를 수행하는 사람
⑧ **자율안전검사기관**에서 검사업무를 수행하는 사람
⑨ **석면조사기관**에서 석면조사 업무를 수행하는 사람

2 사업주가 근로자에게 실시해야 하는 안전보건교육의 교육시간 ★

(1) 근로자 안전보건교육

교육과정	교육대상		교육시간
가. 정기교육	1) 사무직 종사 근로자		매반기 6시간 이상
	2) 그 밖의 근로자	가) 판매업무에 직접 종사하는 근로자	매반기 6시간 이상
		나) 판매업무에 직접 종사하는 근로자 외의 근로자	매반기 12시간 이상
나. 채용 시의 교육	1) 일용근로자 및 근로계약기간이 1주일 이하인 기간제근로자		1시간 이상
	2) 근로계약기간이 1주일 초과 1개월 이하인 기간제근로자		4시간 이상
	3) 그 밖의 근로자		8시간 이상
다. 작업내용 변경 시의 교육	1) 일용근로자 및 근로계약기간이 1주일 이하인 기간제근로자		1시간 이상
	2) 그 밖의 근로자		2시간 이상
라. 특별교육	1) 일용근로자 및 근로계약기간이 1주일 이하인 기간제 근로자(타워크레인 신호작업에 종사하는 근로자 제외)		2시간 이상
	2) 일용근로자 및 근로계약기간이 1주일 이하인 기간제 근로자 중 타워크레인 신호작업에 종사하는 근로자		8시간 이상
	3) 일용근로자 및 근로계약기간이 1주일 이하인 기간제 근로자를 제외한 근로자		가) 16시간 이상(최초 작업에 종사하기 전 4시간 이상 실시하고 12시간은 3개월 이내에서 분할하여 실시 가능) 나) 단기간 작업 또는 간헐적 작업인 경우에는 2시간 이상
마. 건설업기초 안전·보건교육	건설 일용근로자		4시간 이상

한 눈에 들어오는 키 워드

참고

안전보건교육의 면제
사업주는 해당 근로자가 채용되거나 변경된 작업에 경험이 있을 경우 채용 시 교육 또는 특별교육 시간을 다음 각 호의 기준에 따라 실시할 수 있다.

1. 같은 종류의 업종에 6개월 이상 근무한 경험이 있는 근로자를 이직 후 1년 이내에 채용하는 경우: 채용 시 교육시간의 100분의 50 이상
2. 특별교육 대상작업에 6개월 이상 근무한 경험이 있는 근로자가 다음 각 목의 어느 하나에 해당하는 경우: 특별교육 시간의 100분의 50 이상
   가. 근로자가 이직 후 1년 이내에 채용되어 이직 전과 동일한 특별교육 대상작업에 종사하는 경우
   나. 근로자가 같은 사업장 내 다른 작업에 배치된 후 1년 이내에 배치 전과 동일한 특별교육 대상작업에 종사하는 경우
3. 채용 시 교육 또는 특별교육을 이수한 근로자가 같은 도급인의 사업장 내에서 이전에 하던 업무와 동일한 업무에 종사하는 경우: 소속 사업장의 변경에도 불구하고 해당 근로자에 대한 채용 시 교육 또는 특별교육 면제
4. 그 밖에 고용노동부장관이 채용 시 교육 또는 특별교육 면제 대상으로 인정하는 교육

한 눈에 들어오는 키워드

참고

교육시간 및 교육내용
1. 사업주가 "특별교육"을 실시한 때에는 해당 근로자에 대하여 "채용 시 교육" 및 "작업내용 변경 시 교육"을 실시한 것으로 본다.
2. 사업주가 안전보건교육을 자체적으로 실시하는 경우에 교육을 할 수 있는 사람은 다음 각 호의 어느 하나에 해당하는 사람으로 한다.

① 다음 각 목의 어느 하나에 해당하는 사람
  가. 안전보건관리책임자
  나. 관리감독자
  다. 안전관리자(안전관리전문기관에서 안전관리자의 위탁업무를 수행하는 사람을 포함한다)
  라. 보건관리자(보건관리전문기관에서 보건관리자의 위탁업무를 수행하는 사람을 포함한다)
  마. 안전보건관리담당자(안전관리전문기관 및 보건관리전문기관에서 안전보건관리담당자의 위탁업무를 수행하는 사람을 포함한다)
  바. 산업보건의
② 공단에서 실시하는 해당 분야의 강사요원 교육과정을 이수한 사람
③ 산업안전지도사 또는 산업보건지도사
④ 산업안전보건에 관하여 학식과 경험이 있는 사람으로서 고용노동부장관이 정하는 기준에 해당하는 사람

(2) 관리감독자 안전보건교육

교육과정	교육시간
가. 정기교육	연간 16시간 이상
나. 채용 시 교육	8시간 이상
다. 작업내용 변경 시 교육	2시간 이상
라. 특별교육	16시간 이상(최초 작업에 종사하기 전 4시간 이상 실시하고 12시간은 3개월 이내에서 분할하여 실시 가능)
	단기간 작업 또는 간헐적 작업인 경우에는 2시간 이상

(3) 안전보건관리책임자 등에 대한 교육(직무교육)

교육대상	교육시간	
	신규교육	보수교육
가. 안전보건관리책임자	6시간 이상	6시간 이상
나. 안전관리자, 안전관리전문기관의 종사자	34시간 이상	24시간 이상
다. 보건관리자, 보건관리전문기관의 종사자	34시간 이상	24시간 이상
라. 건설재해예방 전문지도기관 종사자	34시간 이상	24시간 이상
마. 석면조사기관 종사자	34시간 이상	24시간 이상
바. 안전보건관리담당자	–	8시간 이상
사. 안전검사기관, 자율안전검사기관의 종사자	34시간 이상	24시간 이상

(4) 특수형태근로종사자에 대한 안전보건교육

교육과정	교육시간
가. 최초 노무제공 시 교육	2시간 이상(단기간 작업 또는 간헐적 작업에 노무를 제공하는 경우에는 1시간 이상 실시하고, 특별교육을 실시한 경우는 면제)
나. 특별교육	16시간 이상(최초 작업에 종사하기 전 4시간 이상 실시하고 12시간은 3개월 이내에서 분할하여 실시가능)
	단기간 작업 또는 간헐적 작업인 경우에는 2시간 이상

(5) 검사원 성능검사 교육

교육과정	교육대상	교육시간
성능검사 교육	–	28시간 이상

3 사업주가 근로자에게 실시해야 하는 안전보건교육의 대상별 교육내용

(1) 근로자 정기안전 · 보건교육 ★★★

근로자의 정기 안전 · 보건교육 내용

① 산업안전 및 산업재해 예방에 관한 사항(화재 · 폭발 사고 발생 시 대피에 관한 사항을 포함한다)
② 산업보건 및 건강장해 예방에 관한 사항(폭염 · 한파작업으로 인한 건강장해 발생 시 응급조치에 관한 사항을 포함한다)
③ 유해 · 위험 작업환경 관리에 관한 사항
④ 산업안전보건법령 및 산업재해보상보험제도에 관한 사항
⑤ 직무스트레스 예방 및 관리에 관한 사항
⑥ 직장 내 괴롭힘, 고객의 폭언 등으로 인한 건강장해 예방 및 관리에 관한 사항
⑦ 건강증진 및 질병 예방에 관한 사항
⑧ 위험성 평가에 관한 사항

특급암기법
공통 항목(관리감독자, 근로자)
1. 근로자는 **법, 산재보상제도**를 알자!
2. 근로자는 **건강을 보존(산업보건)**하고 **건강장해, 스트레스, 괴롭힘, 폭언 예방**하자!
3. 근로자는 **유해위험 환경을 관리**해서 안전하고 **산업재해 예방**하자!
4. 근로자는 **위험성을 평가**하자!

근로자 정기교육의 특징
1. 근로자는 **건강증진**하고 **질병예방**하자!

> **참고**
> **건설업 기초안전보건 교육**
> 건설업의 사업주는 건설일용 근로자를 채용할 때에 그 근로자에 대하여 대통령령으로 정하는 인력, 시설, 장비 등의 요건을 갖추어 고용노동부 장관에게 등록한 기관이 실시하는 기초안전보건교육을 이수하도록 하여야 한다. 다만 건설 일용근로자가 그 사업주에게 채용되기 전에 건설업 기초교육을 이수한 경우에는 그러하지 아니한다.

근로자 채용 시 교육 및 작업내용 변경 시 교육내용

① 산업안전 및 산업재해 예방에 관한 사항(화재 · 폭발 사고 발생 시 대피에 관한 사항을 포함한다)
② 산업보건 및 건강장해 예방에 관한 사항
③ 산업안전보건법령 및 산업재해보상보험제도에 관한 사항
④ 직무스트레스 예방 및 관리에 관한 사항
⑤ 직장 내 괴롭힘, 고객의 폭언으로 등으로 인한 건강장해 예방 및 관리에 관한 사항
⑥ 기계 · 기구의 위험성과 작업의 순서 및 동선에 관한 사항
⑦ 물질안전보건자료에 관한 사항
⑧ 작업 개시 전 점검에 관한 사항
⑨ 정리정돈 및 청소에 관한 사항
⑩ 사고 발생 시 긴급조치에 관한 사항
⑪ 위험성 평가에 관한 사항

특급암기법

공통 항목
1. 신규자는 **법을 알고 산재보상제도를** 알자!
2. 신규자는 **건강을 보존(산업보건)**하고 **건강장해, 스트레스, 괴롭힘, 폭언 예방**하자!
3. 신규자는 **안전하고 산업재해 예방**하자!
4. 신규자는 **위험성을 평가**하자!

신규채용자는 회사에 처음입사해서 처음 일을 하는 근로자, 안전하게 일하기 위한 기본내용을 교육한다.
1. 신규자는 **기계기구 위험성, 작업 순서, 동선을** 알자!
2. 신규자는 **취급물질의 위험성(물질안전보건자료)**을 알자!
3. 신규자는 **작업 전 점검**하자!
4. 신규자는 항상 **정리정돈 청소**하자!
5. 신규자는 **사고 시 조치를** 알자!

(2) 관리감독자의 안전·보건교육 ★★★

관리감독자의 정기 안전·보건교육 내용
① 산업안전 및 산업재해 예방에 관한 사항(화재·폭발 사고 발생 시 대피에 관한 사항을 포함한다)
② 산업보건 및 건강장해 예방에 관한 사항(폭염·한파작업으로 인한 건강장해 발생 시 응급조치에 관한 사항을 포함한다)
③ 유해·위험 작업환경 관리에 관한 사항
④ 산업안전보건법령 및 산업재해보상보험 제도에 관한 사항
⑤ 직무스트레스 예방 및 관리에 관한 사항
⑥ 직장 내 괴롭힘, 고객의 폭언 등으로 인한 건강장해 예방 및 관리에 관한 사항
⑦ 위험성평가에 관한 사항
⑧ 작업공정의 유해·위험과 재해 예방대책에 관한 사항
⑨ 표준안전 작업방법 결정 및 지도·감독 요령에 관한 사항
⑩ 비상 시 또는 재해 발생 시 긴급조치에 관한 사항
⑪ 사업장 내 안전보건관리체제 및 안전·보건조치 현황에 관한 사항
⑫ 현장근로자와의 의사소통능력 및 강의능력 등 안전보건교육 능력 배양에 관한 사항
⑬ 그 밖의 관리감독자의 직무에 관한 사항

특급암기법

공통 항목(관리감독자, 근로자)
1. 관리자는 **법, 산재보상제도를** 알자.
2. 관리자는 **건강을 보존(산업보건)**하고 **건강장해, 스트레스, 괴롭힘, 폭언 예방**하자!
3. 관리자는 **유해위험 환경을 관리**해서 **안전하고 산업재해 예방**하자!
4. 관리자는 **위험성을 평가**하자!

관리감독자 정기교육의 특징
1. 관리자는 **유해위험의 재해예방대책** 세우자!
2. 관리자는 **안전 작업방법 결정**해서 **감독**하자!
3. 관리자는 **재해발생 시 긴급조치**하자!
4. 관리자는 **안전보건 조치**하자!
5. 관리자는 **안전보건교육 능력 배양**하자!

관리감독자의 채용 시 교육 및 작업내용 변경 시 교육내용

① 산업안전 및 산업재해 예방에 관한 사항(화재·폭발 사고 발생 시 대피에 관한 사항을 포함한다)
② 산업보건 및 건강장해 예방에 관한 사항
③ 산업안전보건법령 및 산업재해보상보험 제도에 관한 사항
④ 직무스트레스 예방 및 관리에 관한 사항
⑤ 직장 내 괴롭힘, 고객의 폭언 등으로 인한 건강장해 예방 및 관리에 관한 사항
⑥ 위험성평가에 관한 사항
⑦ 기계·기구의 위험성과 작업의 순서 및 동선에 관한 사항
⑧ 작업 개시 전 점검에 관한 사항
⑨ 물질안전보건자료에 관한 사항
⑩ 사업장 내 안전보건관리체제 및 안전·보건조치 현황에 관한 사항
⑪ 표준안전 작업방법 결정 및 지도·감독 요령에 관한 사항
⑫ 비상 시 또는 재해 발생 시 긴급조치에 관한 사항
⑬ 그 밖의 관리감독자의 직무에 관한 사항

특급암기법

공통 항목 – 채용 시 근로자 교육과 동일
1. 신규 관리자는 **법을 알고 산재보상제도**를 알자!
2. 신규 관리자는 **건강을 보존(산업보건)**하고 **건강장해. 스트레스, 괴롭힘, 폭언 예방**하자!
3. 신규 관리자는 **안전하고 산업재해 예방**하자!
4. 신규 관리자는 **위험성을 평가**하자!

채용 시 근로자 교육 중 "정리정돈 청소" 제외
1. 신규 관리자는 **기계기구 위험성, 작업순서, 동선**을 알자!
2. 신규 관리자는 **취급물질의 위험성(물질안전보건자료)**을 알자!
3. 신규 관리자는 **작업 전 점검**하자!

신규 관리자 내용 추가
1. 신규 관리자는 **안전보건 조치**하자!
2. 신규 관리자는 **안전 작업방법 결정**해서 **감독**하자!
3. 신규 관리자는 **재해 시 긴급조치**하자!

한 눈에 들어오는 **키**워드

(3) 건설업 기초안전·보건교육에 대한 내용 및 시간 ★

교육 내용	시간
1. 건설공사의 종류(건축, 토목 등) 및 시공 절차	1시간
2. 산업재해 유형별 위험요인 및 안전보건조치	2시간
3. 안전보건관리체제 현황 및 산업안전보건 관련 근로자 권리·의무	1시간

(4) 특수형태근로종사자에 대한 안전보건교육(최초 노무제공 시 교육)

교육 내용
아래의 내용 중 **특수형태근로종사자의 직무에 적합한 내용**을 교육해야 한다. ① **교통안전 및 운전안전**에 관한 사항 ② **보호구 착용**에 대한 사항 ③ **산업안전 및 산업재해 예방**에 관한 사항(화재·폭발 사고 발생 시 대피에 관한 사항을 포함한다) ④ **산업보건 및 건강장해 예방**에 관한 사항 ⑤ 건강증진 및 질병 예방에 관한 사항 ⑥ 유해·위험 작업환경 관리에 관한 사항 ⑦ 기계·기구의 위험성과 작업의 순서 및 동선에 관한 사항 ⑧ 작업 개시 전 점검에 관한 사항 ⑨ 정리정돈 및 청소에 관한 사항 ⑩ 사고 발생 시 긴급조치에 관한 사항 ⑪ 물질안전보건자료에 관한 사항 ⑫ 직무스트레스 예방 및 관리에 관한 사항 ⑬ 직장 내 괴롭힘, 고객의 폭언 등으로 인한 건강장해 예방 및 관리에 관한 사항 ⑭ 산업안전보건법령 및 산업재해보상보험 제도에 관한 사항

특급암기법
채용 시 교육 내용 + 근로자 정기교육 내용 + 보호구 + 교통, 운전안전(위험성 평가 제외)

> **참고**
>
> 🔹 **특수형태근로종사자로부터 노무를 제공받는 자 중 안전·보건교육을 실시하여야 하는 자** ★
>
> 1. 「건설기계관리법」에 따라 등록된 **건설기계를 직접 운전**하는 사람
> 2. 「체육시설의 설치·이용에 관한 법률」에 따라 **직장체육시설로 설치된 골프장** 또는 체육시설업의 등록을 한 골프장에서 골프경기를 보조하는 골프장 캐디
> 3. 한국표준직업분류표의 세분류에 따른 택배원으로서 **택배사업**(소화물을 집화·수송 과정을 거쳐 배송하는 사업을 말한다)**에서 집화 또는 배송 업무를 하는 사람**
> 4. 한국표준직업분류표의 세분류에 따른 택배원으로서 고용노동부장관이 정하는 기준에 따라 주로 **하나의 퀵서비스업자로부터 업무를 의뢰받아 배송 업무를 하는 사람**
> 5. 고용노동부장관이 정하는 기준에 따라 주로 **하나의 대리운전업자로부터 업무를 의뢰받아 대리운전 업무를 하는 사람**

(5) 물질안전보건 자료에 관한 교육내용 ★

교육 내용	• 대상화학물질의 명칭(또는 제품명) • 물리적 위험성 및 건강 유해성 • 취급상의 주의사항 • 적절한 보호구 • 응급조치 요령 및 사고시 대처방법 • 물질안전보건자료 및 경고표지를 이해하는 방법

(6) 특별교육 대상 작업별 교육내용

작업명	교육내용
〈공통내용〉 제1호부터 제38호까지의 작업	• "채용 시의 교육 및 작업내용 변경시의 교육" 내용
〈개별내용〉 1. 고압실 내 작업(잠함공법이나 그 밖의 압기공법으로 대기압을 넘는 기압인 작업실 또는 수갱 내부에서 하는 작업만 해당한다)	• 고기압 장해의 인체에 미치는 영향에 관한 사항 • 작업의 시간·작업 방법 및 절차에 관한 사항 • 압기공법에 관한 기초지식 및 보호구 착용에 관한 사항 • 이상 발생 시 응급조치에 관한 사항 • 그 밖에 안전·보건관리에 필요한 사항

> **한** 눈에 들어오는
> **키** 워드

작업명	교육내용
2. 아세틸렌 용접장치 또는 가스집합 용접장치를 사용하는 금속의 용접·용단 또는 가열작업(발생기·도관 등에 의하여 구성되는 용접장치만 해당한다) ★	• 용접 흄, 분진 및 유해광선 등의 유해성에 관한 사항 • 가스용접기, 압력조정기, 호스 및 취관두(불꽃이 나오는 용접기의 앞부분) 등의 기기점검에 관한 사항 • 작업방법·순서 및 응급처치에 관한 사항 • 안전기 및 보호구 취급에 관한 사항 • 화재예방 및 초기대응에 관한 사항 • 그 밖에 안전·보건관리에 필요한 사항
3. 밀폐된 장소(탱크 내 또는 환기가 극히 불량한 좁은 장소를 말한다)에서 하는 용접작업 또는 습한 장소에서 하는 전기용접 작업	• 작업순서, 안전작업방법 및 수칙에 관한 사항 • 환기설비에 관한 사항 • 전격 방지 및 보호구 착용에 관한 사항 • 질식 시 응급조치에 관한 사항 • 작업환경 점검에 관한 사항 • 그 밖에 안전·보건관리에 필요한 사항
4. 폭발성·물반응성·자기반응성·자기발열성 물질, 자연발화성 액체·고체 및 인화성 액체의 제조 또는 취급작업(시험연구를 위한 취급작업은 제외한다) ★	• 폭발성·물반응성·자기반응성·자기발열성 물질, 자연발화성 액체·고체 및 인화성 액체의 성질이나 상태에 관한 사항 • 폭발 한계점, 발화점 및 인화점 등에 관한 사항 • 취급방법 및 안전수칙에 관한 사항 • 이상 발견 시의 응급처치 및 대피 요령에 관한 사항 • 화기·정전기·충격 및 자연발화 등의 위험방지에 관한 사항 • 작업순서, 취급주의사항 및 방호거리 등에 관한 사항 • 그 밖에 안전·보건관리에 필요한 사항
5. 액화석유가스·수소가스 등 인화성 가스 또는 폭발성 물질 중 가스의 발생장치 취급 작업	• 취급가스의 상태 및 성질에 관한 사항 • 발생장치 등의 위험 방지에 관한 사항 • 고압가스 저장설비 및 안전취급방법에 관한 사항 • 설비 및 기구의 점검 요령 • 그 밖에 안전·보건관리에 필요한 사항
6. 화학설비 중 반응기, 교반기·추출기의 사용 및 세척작업	• 각 계측장치의 취급 및 주의에 관한 사항 • 투시창·수위 및 유량계 등의 점검 및 밸브의 조작주의에 관한 사항 • 세척액의 유해성 및 인체에 미치는 영향에 관한 사항 • 작업 절차에 관한 사항 • 그 밖에 안전·보건관리에 필요한 사항
7. 화학설비의 탱크 내 작업	• 차단장치·정지장치 및 밸브 개폐장치의 점검에 관한 사항 • 탱크 내의 산소농도 측정 및 작업환경에 관한 사항 • 안전보호구 및 이상 발생 시 응급조치에 관한 사항 • 작업절자·방법 및 유해·위험에 관한 사항 • 그 밖에 안전·보건관리에 필요한 사항
8. 분말·원재료 등을 담은 호퍼(하부가 깔대기 모양으로 된 저장통)·저장 창고 등 저장탱크의 내부작업	• 분말·원재료의 인체에 미치는 영향에 관한 사항 • 저장탱크 내부작업 및 복장보호구 착용에 관한 사항 • 작업의 지정·방법·순서 및 작업환경 점검에 관한 사항

작업명	교육내용
	• 팬 · 풍기(風旗) 조작 및 취급에 관한 사항 • 분진 폭발에 관한 사항 • 그 밖에 안전 · 보건관리에 필요한 사항

9. 다음 각 목에 정하는 설비에 의한 물건의 가열 · 건조작업
  가. 건조설비 중 위험물 등에 관계되는 설비로 속부피가 1세제곱미터 이상인 것
  나. 건조설비 중 가목의 위험물 등 외의 물질에 관계되는 설비로서, 연료를 열원으로 사용하는 것(그 최대연소소비량이 매 시간당 10킬로그램 이상인 것만 해당한다) 또는 전력을 열원으로 사용하는 것(정격소비전력이 10킬로와트 이상인 경우만 해당한다)
	• 건조설비 내외면 및 기기기능의 점검에 관한 사항
	• 복장보호구 착용에 관한 사항
	• 건조 시 유해가스 및 고열 등이 인체에 미치는 영향에 관한 사항
	• 건조설비에 의한 화재 · 폭발 예방에 관한 사항

10. 다음 각 목에 해당하는 집재장치(집재기 · 가선 · 운반기구 · 지주 및 이들에 부속하는 물건으로 구성되고, 동력을 사용하여 원목 또는 장작과 숯을 담아 올리거나 공중에서 운반하는 설비를 말한다)의 조립, 해체, 변경 또는 수리작업 및 이들 설비에 의한 집재 또는 운반 작업
  가. 원동기의 정격출력이 7.5킬로와트를 넘는 것
  나. 지간의 경사거리 합계가 350미터 이상인 것
  다. 최대사용하중이 200킬로그램 이상인 것
	• 기계의 브레이크 비상정지장치 및 운반경로, 각종 기능 점검에 관한 사항
	• 작업 시작 전 준비사항 및 작업방법에 관한 사항
	• 취급물의 유해 · 위험에 관한 사항
	• 구조상의 이상 시 응급처치에 관한 사항
	• 그 밖에 안전 · 보건관리에 필요한 사항

11. 동력에 의하여 작동되는 프레스기계를 5대 이상 보유한 사업장에서 해당 기계로 하는 작업	• 프레스의 특성과 위험성에 관한 사항 • 방호장치 종류와 취급에 관한 사항 • 안전작업방법에 관한 사항 • 프레스 안전기준에 관한 사항 • 그 밖에 안전 · 보건관리에 필요한 사항
12. 목재가공용 기계(둥근톱기계, 띠톱기계, 대패기계, 모떼기기계 및 라우터기(목재를 자르거나 홈을 파는 기계)만 해당하며, 휴대용은 제외한다)를 5대 이상 보유한 사업장에서 해당 기계로 하는 작업	• 목재기공용 기계의 특성과 위험성에 관한 사항 • 방호장치의 종류와 구조 및 취급에 관한 사항 • 안전기준에 관한 사항 • 안전작업방법 및 목재 취급에 관한 사항 • 그 밖에 안전 · 보건관리에 필요한 사항
13. 운반용 등 하역기계를 5대 이상 보유한 사업장에서의 해당 기계로 하는 작업	• 운반하역기계 및 부속설비의 점검에 관한 사항 • 작업순서와 방법에 관한 사항 • 안전운전방법에 관한 사항 • 화물의 취급 및 작업신호에 관한 사항 • 그 밖에 안전 · 보건관리에 필요한 사항

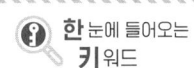
한 눈에 들어오는 키워드

한 눈에 들어오는 **키** 워드

작업명	교육내용
14. 1톤 이상의 크레인을 사용하는 작업 또는 1톤 미만의 크레인 또는 호이스트를 5대 이상 보유한 사업장에서 해당 기계로 하는 작업	• 방호장치의 종류, 기능 및 취급에 관한 사항 • 걸고리 · 와이어로프 및 비상정지장치 등의 기계 · 기구 점검에 관한 사항 • 화물의 취급 및 안전작업방법에 관한 사항 • 신호방법 및 공동작업에 관한 사항 • 인양 물건의 위험성 및 낙하 · 비래(飛來) · 충돌재해 예방에 관한 사항 • 인양물이 적재될 지반의 조건, 인양하중, 풍압 등이 인양물과 타워크레인에 미치는 영향 • 그 밖에 안전 · 보건관리에 필요한 사항
15. 건설용 리프트 · 곤돌라를 이용한 작업	• 방호장치의 기능 및 사용에 관한 사항 • 기계, 기구, 달기체인 및 와이어 등의 점검에 관한 사항 • 화물의 권상 · 권하 작업방법 및 안전작업 지도에 관한 사항 • 기계 · 기구에 특성 및 동작원리에 관한 사항 • 신호방법 및 공동작업에 관한 사항 • 그 밖에 안전 · 보건관리에 필요한 사항
16. 주물 및 단조(금속을 두들기거나 눌러서 형체를 만드는 일) 작업	• 고열물의 재료 및 작업환경에 관한 사항 • 출탕 · 주조 및 고열물의 취급과 안전작업방법에 관한 사항 • 고열작업의 유해 · 위험 및 보호구 착용에 관한 사항 • 안전기준 및 중량물 취급에 관한 사항 • 그 밖에 안전 · 보건관리에 필요한 사항
17. **전압이 75볼트 이상인** 정전 및 활선 작업	• 전기의 위험성 및 전격 방지에 관한 사항 • 해당 설비의 보수 및 점검에 관한 사항 • 정전작업 · 활선작업 시의 안전작업방법 및 순서에 관한 사항 • 절연용 보호구, 절연용 방호구 및 활선작업용 기구 등의 사용에 관한 사항 • 그 밖에 안전 · 보건관리에 필요한 사항
18. 콘크리트 파쇄기를 사용하여 하는 파쇄작업(2미터 이상인 구축물의 파쇄작업만 해당한다)	• 콘크리트 해체 요령과 방호거리에 관한 사항 • 작업안전조치 및 안전기준에 관한 사항 • 파쇄기의 조작 및 공통작업 신호에 관한 사항 • 보호구 및 방호장비 등에 관한 사항 • 그 밖에 안전 · 보건관리에 필요한 사항
19. 굴착면의 높이가 2미터 이상이 되는 지반 굴착(터널 및 수직갱 외의 갱 굴착은 제외한다)작업	• 지반의 형태 · 구조 및 굴착 요령에 관한 사항 • 지반의 붕괴재해 예방에 관한 사항 • 붕괴 방지용 구조물 설치 및 작업방법에 관한 사항 • 보호구의 종류 및 사용에 관한 사항 • 그 밖에 안전 · 부건관리에 필요한 사항
20. 흙막이 지보공의 보강 또는 동바리를 설치하거나 해체하는 작업	• 작업안전 점검 요령과 방법에 관한 사항 • 동바리의 운반 · 취급 및 설치 시 안전작업에 관한 사항 • 해체작업 순서와 안전기준에 관한 사항 • 보호구 취급 및 사용에 관한 사항 • 그 밖에 안전 · 보건관리에 필요한 사항

작업명	교육내용
21. 터널 안에서의 굴착작업(굴착용 기계를 사용하여 하는 굴착작업 중 근로자가 칼날 밑에 접근하지 않고 하는 작업은 제외한다) 또는 같은 작업에서의 터널 거푸집 지보공의 조립 또는 콘크리트 작업	• 작업환경의 점검 요령과 방법에 관한 사항 • 붕괴 방지용 구조물 설치 및 안전작업 방법에 관한 사항 • 재료의 운반 및 취급·설치의 안전기준에 관한 사항 • 보호구의 종류 및 사용에 관한 사항 • 소화설비의 설치장소 및 사용방법에 관한 사항 • 그 밖에 안전·보건관리에 필요한 사항
22. 굴착면의 높이가 2미터 이상이 되는 암석의 굴착작업	• 폭발물 취급 요령과 대피 요령에 관한 사항 • 안전거리 및 안전기준에 관한 사항 • 방호물의 설치 및 기준에 관한 사항 • 보호구 및 신호방법 등에 관한 사항 • 그 밖에 안전·보건관리에 필요한 사항
23. 높이가 2미터 이상인 물건을 쌓거나 무너뜨리는 작업(하역기계로만 하는 작업은 제외한다)	• 원부재료의 취급 방법 및 요령에 관한 사항 • 물건의 위험성·낙하 및 붕괴재해 예방에 관한 사항 • 적재방법 및 전도 방지에 관한 사항 • 보호구 착용에 관한 사항 • 그 밖에 안전·보건관리에 필요한 사항
24. 선박에 짐을 쌓거나 부리거나 이동시키는 작업	• 하역 기계·기구의 운전방법에 관한 사항 • 운반·이송경로의 안전작업방법 및 기준에 관한 사항 • 중량물 취급 요령과 신호 요령에 관한 사항 • 작업안전 점검과 보호구 취급에 관한 사항 • 그 밖에 안전·보건관리에 필요한 사항
25. 거푸집 동바리의 조립 또는 해체작업	• 동바리의 조립방법 및 작업 절차에 관한 사항 • 조립재료의 취급방법 및 설치기준에 관한 사항 • 조립 해체 시의 사고 예방에 관한 사항 • 보호구 착용 및 점검에 관한 사항 • 그 밖에 안전·보건관리에 필요한 사항
26. 비계의 조립·해체 또는 변경작업	• 비계의 조립순서 및 방법에 관한 사항 • 비계작업의 재료 취급 및 설치에 관한 사항 • 추락재해 방지에 관한 사항 • 보호구 착용에 관한 사항 • 비계상부 작업 시 최대 적재하중에 관한 사항 • 그 밖에 안전·보건관리에 필요한 사항
27. 건축물의 골조, 다리의 상부구조 또는 탑의 금속제의 부재로 구성되는 것(5미터 이상인 것만 해당한다)의 조립·해체 또는 변경작업	• 건립 및 버팀대의 설치순서에 관한 사항 • 조립 해체 시의 추락재해 및 위험요인에 관한 사항 • 건립용 기계의 조작 및 작업신호 방법에 관한 사항 • 안전장비 착용 및 해체순서에 관한 사항 • 그 밖에 안전·보건관리에 필요한 사항
28. 처마 높이가 5미터 이상인 목조건축물의 구조 부재의 조립이나 건축물의 지붕 또는 외벽 밑에서의 설치작업	• 붕괴·추락 및 재해 방지에 관한 사항 • 부재의 강도·재질 및 특성에 관한 사항 • 조립·설치 순서 및 안전작업방법에 관한 사항 • 보호구 착용 및 작업 점검에 관한 사항 • 그 밖에 안전·보건관리에 필요한 사항

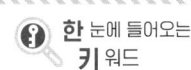

한 눈에 들어오는 키 워드

한 눈에 들어오는 **키** 워드

작업명	교육내용
29. 콘크리트 인공구조물(그 높이가 2미터 이상인 것만 해당한다)의 해체 또는 파괴작업	• 콘크리트 해체기계의 점점에 관한 사항 • 파괴 시의 안전거리 및 대피 요령에 관한 사항 • 작업방법 · 순서 및 신호 방법 등에 관한 사항 • 해체 · 파괴 시의 작업안전기준 및 보호구에 관한 사항 • 그 밖에 안전 · 보건관리에 필요한 사항
30. **타워크레인을 설치**(상승작업을 포함한다) · 해체하는 작업	• 붕괴 · 추락 및 재해 방지에 관한 사항 • 설치 · 해체 순서 및 안전작업방법에 관한 사항 • 부재의 구조 · 재질 및 특성에 관한 사항 • 신호방법 및 요령에 관한 사항 • 이상 발생 시 응급조치에 관한 사항 • 그 밖에 안전 · 보건관리에 필요한 사항
31. 보일러(소형 보일러 및 다음 각 목에서 정하는 보일러는 제외한다)의 설치 및 취급 작업 가. 몸통 반지름이 750밀리미터 이하이고 그 길이가 1,300밀리미터 이하인 증기보일러 나. 전열면적이 3제곱미터 이하인 증기보일러 다. 전열면적이 14제곱미터 이하인 온수보일러 라. 전열면적이 30제곱미터 이하인 관류보일러(물관을 사용하여 가열시키는방식의 보일러)	• 기계 및 기기 점화장치 계측기의 점검에 관한 사항 • 열관리 및 방호장치에 관한 사항 • 작업순서 및 방법에 관한 사항 • 그 밖에 안전 · 보건관리에 필요한 사항
32. **게이지 압력을 제곱센티미터당 1킬로그램 이상**으로 사용하는 **압력용기**의 설치 및 취급작업	• 안전시설 및 안전기준에 관한 사항 • 압력용기의 위험성에 관한 사항 • 용기 취급 및 설치기준에 관한 사항 • 작업안전 점검 방법 및 요령에 관한 사항 • 그 밖에 안전 · 보건관리에 필요한 사항
33. 방사선 업무에 관계되는 작업(의료 및 실험용은 제외한다)	• 방사선의 유해 · 위험 및 인체에 미치는 영향 • 방사선의 측정기기 기능의 점검에 관한 사항 • 방호거리 · 방호벽 및 방사선물질의 취급 요령에 관한 사항 • 응급처치 및 보호구 착용에 관한 사항 • 그 밖에 안전 · 보건관리에 필요한 사항
34. **밀폐공간에서의 작업** ★	• 산소농도 측정 및 작업환경에 관한 사항 • 사고 시의 응급처치 및 비상 시 구출에 관한 사항 • 보호구 착용 및 보호 장비 사용에 관한 사항 • 작업내용 · 안전작업방법 및 절차에 관한 사항 • 장비 · 설비 및 시설 등의 안전점검에 관한 사항 • 그 밖에 안전 · 보건관리에 필요한 사항

작업명	교육내용
35. 허가 및 관리 대상 유해물질의 제조 또는 취급작업	• 취급물질의 성질 및 상태에 관한 사항 • 유해물질이 인체에 미치는 영향 • 국소배기장치 및 안전설비에 관한 사항 • 안전작업방법 및 보호구 사용에 관한 사항 • 그 밖에 안전 · 보건관리에 필요한 사항
36. 로봇작업	• 로봇의 기본원리 · 구조 및 작업방법에 관한 사항 • 이상 발생 시 응급조치에 관한 사항 • 안전시설 및 안전기준에 관한 사항 • 조작방법 및 작업순서에 관한 사항
37. **석면해체 · 제거작업**	• 석면의 특성과 위험성 • 석면해체 · 제거의 작업방법에 관한 사항 • 장비 및 보호구 사용에 관한 사항 • 그 밖에 안전 · 보건관리에 필요한 사항
38. 가연물이 있는 장소에서 하는 화재위험작업	• 작업준비 및 작업절차에 관한 사항 • 작업장 내 위험물, 가연물의 사용 · 보관 · 설치 현황에 관한 사항 • 화재위험작업에 따른 인근 인화성 액체에 대한 방호조치에 관한 사항 • 화재위험작업으로 인한 불꽃, 불티 등의 흩날림 방지조치에 관한 사항 • 인화성 액체의 증기가 남아 있지 않도록 환기 등의 조치에 관한 사항 • 화재감시자의 직무 및 피난교육 등 비상조치에 관한 사항 • 그 밖에 안전 · 보건관리에 필요한 사항
39. **타워크레인을 사용하는 작업 시 신호업무를 하는 작업** ★	• 타워크레인의 기계적 특성 및 방호장치 등에 관한 사항 • 화물의 취급 및 안전작업방법에 관한 사항 • 신호방법 및 요령에 관한 사항 • 인양 물건의 위험성 및 낙하 · 비래 · 충돌재해 예방에 관한 사항 • 인양물이 적재될 지반의 조건, 인양하중, 풍압 등이 인양물과 타워크레인에 미치는 영향 • 그 밖에 안전 · 보건관리에 필요한 사항

CHAPTER 06 산업안전 관계법규

01 작업시작전 점검 ★★★

작업의 종류	점검내용
1. 프레스 등을 사용하여 작업을 할 때	가. 클러치 및 브레이크의 기능 나. 크랭크축·플라이휠·슬라이드·연결봉 및 연결 나사의 풀림 여부 다. 1행정 1정지기구·급정지장치 및 비상정지장치의 기능 라. 슬라이드 또는 칼날에 의한 위험방지 기구의 기능 마. 프레스의 금형 및 고정볼트 상태 바. 방호장치의 기능 사. 전단기(剪斷機)의 칼날 및 테이블의 상태
2. 로봇의 작동 범위에서 그 로봇에 관하여 교시등(로봇의 동력원을 차단하고 하는 것은 제외한다)의 작업을 할 때	가. 외부 전선의 피복 또는 외장의 손상 유무 나. 매니퓰레이터(manipulator) 작동의 이상 유무 다. 제동장치 및 비상정지장치의 기능
3. 공기압축기를 가동할 때	가. 공기저장 압력용기의 외관 상태 나. 드레인밸브(drain valve)의 조작 및 배수 다. 압력방출장치의 기능 라. 언로드밸브(unloading valve)의 기능 마. 윤활유의 상태 바. 회전부의 덮개 또는 울의 상태 사. 그 밖의 연결 부위의 이상 유무
4. 크레인을 사용하여 작업을 하는 때	가. 권과방지장치·브레이크·클러치 및 운전장치의 기능 나. 주행로의 상측 및 트롤리(trolley)가 횡행하는 레일의 상태 다. 와이어로프가 통하고 있는 곳의 상태
5. 이동식 크레인을 사용하여 작업을 할 때	가. 권과방지장치나 그 밖의 경보장치의 기능 나. 브레이크·클러치 및 조정장치의 기능 다. 와이어로프가 통하고 있는 곳 및 작업장소의 지반상태
6. 리프트(간이리프트를 포함한다)를 사용하여 작업을 할 때	가. 방호장치·브레이크 및 클러치의 기능 나. 와이어로프가 통하고 있는 곳의 상태
7. 곤돌라를 사용하여 작업을 할 때	가. 방호장치·브레이크의 기능 나. 와이어로프·슬링와이어(sling wire) 등의 상태
8. 양중기의 와이어로프·달기체인·섬유로프·섬유벨트 또는 훅·샤클·링 등의 철구를 사용하여 고리걸이 작업을 할 때	와이어로프 등의 이상 유무

작업의 종류	점검내용
9. 지게차를 사용하여 작업을 하는 때	가. 제동장치 및 조종장치 기능의 이상 유무 나. 하역장치 및 유압장치 기능의 이상 유무 다. 바퀴의 이상 유무 라. 전조등 · 후미등 · 방향지시기 및 경보장치 기능의 이상 유무
10. 구내운반차를 사용하여 작업을 할 때	가. 제동장치 및 조종장치 기능의 이상 유무 나. 하역장치 및 유압장치 기능의 이상 유무 다. 바퀴의 이상 유무 라. 전조등 · 후미등 · 방향지시기 및 경음기 기능의 이상 유무 마. 충전장치를 포함한 홀더 등의 결합상태의 이상 유무
11. 고소작업대를 사용하여 작업을 할 때	가. 비상정지장치 및 비상하강 방지장치 기능의 이상 유무 나. 과부하 방지장치의 작동 유무(와이어로프 또는 체인구동 방식의 경우) 다. 아웃트리거 또는 바퀴의 이상 유무 라. 작업면의 기울기 또는 요철 유무 마. 활선작업용 장치의 경우 홈 · 균열 · 파손 등 그 밖의 손상 유무
12. 화물자동차를 사용하는 작업을 하게 할 때	가. 제동장치 및 조종장치의 기능 나. 하역장치 및 유압장치의 기능 다. 바퀴의 이상 유무
13. 컨베이어 등을 사용하여 작업을 할 때	가. 원동기 및 풀리(pulley) 기능의 이상 유무 나. 이탈 등의 방지장치 기능의 이상 유무 다. 비상정지장치 기능의 이상 유무 라. 원동기 · 회전축 · 기어 및 풀리 등의 덮개 또는 울 등의 이상 유무
14. 차량계 건설기계를 사용하여 작업을 할 때	브레이크 및 클러치 등의 기능
14-2. **용접 · 용단 작업 등의 화재 위험작업**을 할 때	가. **작업 준비 및 작업 절차 수립** 여부 나. 화기작업에 따른 **인근 가연성물질에 대한 방호조치 및 소화기구 비치** 여부 다. 용접불티 비산방지덮개 또는 용접방화포 등 **불꽃 · 불티 등의 비산**을 방지하기 위한 **조치** 여부 라. 인화성 액체의 증기 또는 인화성 가스가 남아 있지 않도록 하는 **환기 조치 여부** 마. 작업근로자에 대한 **화재예방 및 피난교육 등 비상조치** 여부 **특급암기법** 작업준비, 절차수립 → 불꽃비산방지 → 환기 → 소화기구 → 화재예방, 피난교육

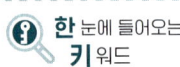
한 눈에 들어오는 키워드

작업의 종류	점검내용
15. 이동식 방폭구조(防爆構造) 전기기계·기구를 사용할 때	전선 및 접속부 상태
16. 근로자가 반복하여 계속적으로 중량물을 취급하는 작업을 할 때	가. 중량물 취급의 올바른 자세 및 복장 나. 위험물이 날아 흩어짐에 따른 보호구의 착용 다. 카바이드·생석회(산화칼슘) 등과 같이 온도상승이나 습기에 의하여 위험성이 존재하는 중량물의 취급방법 라. 그 밖에 하역운반기계 등의 적절한 사용방법
17. 양화장치를 사용하여 화물을 싣고 내리는 작업을 할 때	가. 양화장치(揚貨裝置)의 작동상태 나. 양화장치에 제한하중을 초과하는 하중을 실었는지 여부
18. 슬링 등을 사용하여 작업을 할 때	가. 훅이 붙어 있는 슬링·와이어슬링 등이 매달린 상태 나. 슬링·와이어슬링 등의 상태(작업시작 전 및 작업 중 수시로 점검)

02 관리감독자의 유해·위험방지업무

작업의 종류	직무수행 내용
1. 프레스 등을 사용하는 작업	가. 프레스 등 및 그 방호장치를 점검하는 일 나. 프레스 등 및 그 방호장치에 이상이 발견 되면 즉시 필요한 조치를 하는 일 다. 프레스 등 및 그 방호장치에 전환스위치를 설치했을 때 그 전환스위치의 열쇠를 관리하는 일 라. 금형의 부착·해체 또는 조정작업을 직접 지휘하는 일
2. 목재가공용 기계를 취급하는 작업	가. 목재가공용 기계를 취급하는 작업을 지휘하는 일 나. 목재가공용 기계 및 그 방호장치를 점검하는 일 다. 목재가공용 기계 및 그 방호장치에 이상이 발견된 즉시 보고 및 필요한 조치를 하는 일 라. 작업 중 지그(jig) 및 공구 등의 사용 상황을 감독하는 일
3. 크레인을 사용하는 작업 ★	가. **작업방법과 근로자 배치를 결정하고 그 작업을 지휘하는 일** 나. **재료의 결함** 유무 또는 **기구 및 공구의 기능을 점검**하고 **불량품을 제거**하는 일 다. 작업 중 **안전대 또는 안전모의 착용 상황을 감시**하는 일
4. 위험물을 제조하거나 취급하는 작업	가. 작업을 지휘하는 일 나. 위험물을 제조하거나 취급하는 설비 및 그 설비의 부속설비가 있는 장소의 온도·습도·차광 및 환기 상태 등을 수시로 점검하고 이상을 발견하면 즉시 필요한 조치를 하는 일 다. 나목에 따라 한 조치를 기록하고 보관하는 일
5. 건조설비를 사용하는 작업 ★	가. 건조설비를 처음으로 사용하거나 건조방법 또는 건조물의 종류를 변경했을 때에는 **근로자에게 미리 그 작업방법을 교육하고 작업을 직접 지휘**하는 일 나. 건조설비가 있는 장소를 항상 **정리정돈하고 그 장소에 가연성 물질을 두지 않도록 하는 일**
6. 아세틸렌 용접장치를 사용하는 금속의 용접·용단 또는 가열 작업	가. 작업방법을 결정하고 작업을 지휘하는 일 나. 아세틸렌 용접장치의 취급에 종사하는 근로자로 하여금 다음의 작업요령을 준수하도록 하는 일 　① 사용 중인 발생기에 불꽃을 발생시킬 우려가 있는 공구를 사용하거나 그 발생기에 충격을 가하지 않도록 할 것 　② 아세틸렌 용접장치의 가스누출을 점검할 때에는 비눗물을 사용하는 등 안전한 방법으로 할 것 　③ 발생기실의 출입구 문을 열어 두지 않도록 할 것 　④ 이동식 아세틸렌 용접장치의 발생기에 카바이드를 교환할 때에는 옥외의 안전한 장소에서 할 것 다. 아세틸렌 용접작업을 시작할 때에는 아세틸렌 용접장치를 점검하고 발생기 내부로부터 공기와 아세틸렌의 혼합가스를 배제하는 일

한눈에 들어오는 **키**워드

작업의 종류	직무수행 내용
6. 아세틸렌 용접장치를 사용하는 금속의 용접·용단 또는 가열 작업	라. 안전기는 작업 중 그 수위를 쉽게 확인할 수 있는 장소에 놓고 1일 1회 이상 점검하는 일 마. 아세틸렌 용접장치 내의 물이 동결되는 것을 방지하기 위하여 아세틸렌 용접장치를 보온하거나 가열할 때에는 온수나 증기를 사용하는 등 안전한 방법으로 하도록 하는 일 바. 발생기 사용을 중지하였을 때에는 물과 잔류 카바이드가 접촉하지 않은 상태로 유지하는 일 사. 발생기를 수리·가공·운반 또는 보관할 때에는 아세틸렌 및 카바이드에 접촉하지 않은 상태로 유지하는 일 아. 작업에 종사하는 근로자의 보안경 및 안전장갑의 착용 상황을 감시하는 일
7. 가스집합용접장치의 취급작업	가. 작업방법을 결정하고 작업을 직접 지휘하는 일 나. 가스집합장치의 취급에 종사하는 근로자로 하여금 다음의 작업요령을 준수하도록 하는 일 ① 부착할 가스용기의 마개 및 배관 연결부에 붙어 있는 유류·찌꺼기 등을 제거할 것 ② 가스용기를 교환할 때에는 그 용기의 마개 및 배관 연결부 부분의 가스누출을 점검하고 배관 내의 가스가 공기와 혼합되지 않도록 할 것 ③ 가스누출 점검은 비눗물을 사용하는 등 안전한 방법으로 할 것 ④ 밸브 또는 콕은 서서히 열고 닫을 것 다. 가스용기의 교환작업을 감시하는 일 라. 작업을 시작할 때에는 호스·취관·호스밴드 등의 기구를 점검하고 손상·마모 등으로 인하여 가스나 산소가 누출될 우려가 있다고 인정할 때에는 보수하거나 교환하는 일 마. 안전기는 작업 중 그 기능을 쉽게 확인할 수 있는 장소에 두고 1일 1회 이상 점검하는 일 바. 작업에 종사하는 근로자의 보안경 및 안전장갑의 착용 상황을 감시하는 일
8. 거푸집 동바리의 고정·조립 또는 해체 작업/지반의 굴착작업/흙막이 지보공의 고정·조립 또는 해체 작업/터널의 굴착작업/건물 등의 해체작업	가. 안전한 작업방법을 결정하고 작업을 지휘하는 일 나. 재료·기구의 결함 유무를 점검하고 불량품을 제거하는 일 다. 작업 중 안전대 및 안전모 등 보호구 착용 상황을 감시하는 일
9. 높이 5미터 이상의 비계(飛階)를 조립·해체하거나 변경하는 작업(해체작업의 경우 가목은 적용 제외)	가. 재료의 결함 유무를 점검하고 불량품을 제거하는 일 나. 기구·공구·안전대 및 안전모 등의 기능을 점검하고 불량품을 제거하는 일 다. 작업방법 및 근로자 배치를 결정하고 작업 진행 상태를 감시하는 일 라. 안전대와 안전모 등의 착용 상황을 감시하는 일

작업의 종류	직무수행 내용
10. 달비계 작업	가. 작업용 섬유로프, 작업용 섬유로프의 고정점, 구명줄의 조정점, 작업대, **고리걸이용 철구 및 안전대 등의 결손 여부를 확인**하는 일 나. 작업용 섬유로프 및 안전대 부착설비용 **로프가 고정점에 풀리지 않는 매듭방법으로 결속되었는지 확인**하는 일 다. 근로자가 작업대에 탑승하기 전 **안전모 및 안전대를 착용하고 안전대를 구명줄에 체결했는지 확인**하는 일 라. **작업방법 및 근로자 배치를 결정**하고 작업 진행 상태를 감시하는 일
11. 발파작업 ★	가. 점화 전에 **점화작업에 종사하는 근로자가 아닌 사람에게 대피를 지시**하는 일 나. 점화작업에 종사하는 근로자에게 **대피장소 및 경로를 지시**하는 일 다. 점화 전에 위험구역 내에서 **근로자가 대피한 것을 확인**하는 일 라. **점화순서 및 방법에 대하여 지시**하는 일 마. **점화신호**를 하는 일 바. 점화작업에 종사하는 **근로자에게 대피신호**를 하는 일 사. 발파 후 터지지 않은 장약이나 남은 장약의 유무, 용수(湧水)의 유무 및 암석·토사의 낙하 여부 등을 점검하는 일 아. **점화하는 사람을 정하는 일** 자. **공기압축기의 안전밸브 작동 유무를 점검**하는 일 차. 안전모 등 **보호구 착용 상황을 감시**하는 일
12. 채석을 위한 굴착작업 ★	가. **대피방법을 미리 교육**하는 일 나. **작업을 시작하기 전 또는 폭우가 내린 후에는 토사 등의 낙하·균열의 유무 또는 함수(숨水)·용수(湧水) 및 동결의 상태를 점검**하는 일 다. 발파한 후에는 **발파장소 및 그 주변의 토사 등의 낙하·균열의 유무를 점검**하는 일
13. **화물취급작업** ★	가. **작업방법 및 순서를 결정하고 작업을 지휘**하는 일 나. **기구 및 공구를 점검**하고 불량품을 제거하는 일 다. 그 작업장소에는 **관계 근로자가 아닌 사람의 출입을 금지**하는 일 라. **로프 등의 해체작업을 할 때에는 하대(荷臺) 위의 화물의 낙하위험 유무를 확인**하고 작업의 착수를 지시하는 일
14. 부두와 선박에서의 하역작업	가. 작업방법을 결정하고 작업을 지휘하는 일 나. 통행설비·하역기계·보호구 및 기구·공구를 점검·정비하고 이들의 사용 상황을 감시하는 일 다. 주변 작업자간의 연락을 조정하는 일
15. 전로 등 전기작업 또는 그 지지물의 설치, 점검, 수리 및 도장 등의 작업	가. 작업구간 내의 충전전로 등 모든 충전 시설을 점검하는 일 나. 작업방법 및 그 순서를 결정(근로자 교육 포함)하고 작업을 지휘하는 일 다. 작업근로자의 보호구 또는 절연용 보호구 착용 상황을 감시하고 감전재해 요소를 제거하는 일

작업의 종류	직무수행 내용
	라. 작업 공구, 절연용 방호구 등의 결함 여부와 기능을 점검하고 불량품을 제거하는 일 마. 작업장소에 관계 근로자 외에는 출입을 금지하고 주변 작업자와의 연락을 조정하며 도로작업 시 차량 및 통행인 등에 대한 교통통제 등 작업전반에 대해 지휘·감시하는 일 바. 활선작업용 기구를 사용하여 작업할 때 안전거리가 유지되는지 감시하는 일 사. 감전재해를 비롯한 각종 산업재해에 따른 신속한 응급처치를 할 수 있도록 근로자들을 교육하는 일

16. 관리대상 유해물질을 취급하는 작업	가. 관리대상 유해물질을 취급하는 근로자가 물질에 오염되지 않도록 작업방법을 결정하고 작업을 지휘하는 업무
	나. 관리대상 유해물질을 취급하는 장소나 설비를 매월 1회 이상 순회점검하고 국소배기장치 등 환기설비에 대해서는 다음 각 호의 사항을 점검하여 필요한 조치를 하는 업무. 단, 환기설비를 점검하는 경우에는 다음의 사항을 점검
	① 후드(hood)나 덕트(duct)의 마모·부식, 그 밖의 손상 여부 및 정도
	② 송풍기와 배풍기의 주유 및 청결 상태
	③ 덕트 접속부가 헐거워졌는지 여부
	④ 전동기와 배풍기를 연결하는 벨트의 작동 상태
	⑤ 흡기 및 배기 능력 상태
	다. 보호구의 착용 상황을 감시하는 업무
	라. 근로자가 탱크 내부에서 관리대상 유해물질을 취급하는 경우에 다음의 조치를 했는지 확인하는 업무
	① 관리대상 유해물질에 관하여 필요한 지식을 가진 사람이 해당 작업을 지휘
	② 관리대상 유해물질이 들어올 우려가 없는 경우에는 작업을 하는 설비의 개구부를 모두 개방
	③ 근로자의 신체가 관리대상 유해물질에 의하여 오염되었거나 작업이 끝난 경우에는 즉시 몸을 씻는 조치
	④ 비상시에 작업설비 내부의 근로자를 즉시 대피시키거나 구조하기 위한 기구와 그 밖의 설비를 갖추는 조치
	⑤ 작업을 하는 설비의 내부에 대하여 작업 전에 관리대상 유해물질의 농도를 측정하거나 그 밖의 방법으로 근로자가 건강에 장해를 입을 우려가 있는지를 확인하는 조치
	⑥ 제⑤에 따른 설비 내부에 관리대상 유해물질이 있는 경우에는 설비 내부를 충분히 환기하는 조치
	⑦ 유기화합물을 넣었던 탱크에 대하여 제(1)부터 제⑥까지의 조치 외에 다음의 조치
	  • 유기화합물이 탱크로부터 배출된 후 탱크 내부에 재유입되지 않도록 조치
	  • 물이나 수증기 등으로 탱크 내부를 씻은 후 그 씻은 물이나 수증기 등을 탱크로부터 배출

작업의 종류	직무수행 내용
	• 탱크 용적의 3배 이상의 공기를 채웠다가 내보내거나 탱크에 물을 가득 채웠다가 내보내거나 탱크에 물을 가득 채웠다가 배출 마. 나목에 따른 점검 및 조치 결과를 기록·관리하는 업무
17. 허가대상 유해물질 취급작업	가. 근로자가 허가대상 유해물질을 들이마시거나 허가대상 유해물질에 오염되지 않도록 작업수칙을 정하고 지휘하는 업무 나. 작업장에 설치되어 있는 국소배기장치나 그 밖에 근로자의 건강장해 예방을 위한 장치 등을 매월 1회 이상 점검하는 업무 다. 근로자의 보호구 착용 상황을 점검하는 업무
18. 석면 해체·제거작업	가. 근로자가 석면분진을 들이마시거나 석면분진에 오염되지 않도록 작업방법을 정하고 지휘하는 업무 나. 작업장에 설치되어 있는 석면분진 포집장치, 음압기 등의 장비의 이상 유무를 점검하고 필요한 조치를 하는 업무 다. 근로자의 보호구 착용 상황을 점검하는 업무
19. 고압작업	가. 작업방법을 결정하여 고압작업자를 직접 지휘하는 업무 나. 유해가스의 농도를 측정하는 기구를 점검하는 업무 다. 고압작업자가 작업실에 입실하거나 퇴실하는 경우에 고압작업자의 수를 점검하는 업무 라. 작업실에서 공기조절을 하기 위한 밸브나 콕을 조작하는 사람과 연락하여 작업실 내부의 압력을 적정한 상태로 유지하도록 하는 업무 마. 공기를 기압조절실로 보내거나 기압조절실에서 내보내기 위한 밸브나 콕을 조작하는 사람과 연락하여 고압작업자에 대하여 가압이나 감압을 다음과 같이 따르도록 조치하는 업무 ① 가압을 하는 경우 1분에 제곱센티미터당 0.8킬로그램 이하의 속도로 함 ② 감압을 하는 경우에는 고용노동부장관이 정하여 고시하는 기준에 맞도록 함 바. 작업실 및 기압조절실 내 고압작업자의 건강에 이상이 발생한 경우 필요한 조치를 하는 업무
20. **밀폐공간 작업 ★**	가. 산소가 결핍된 공기나 유해가스에 노출되지 않도록 **작업 시작 전에 해당 근로자의 작업을 지휘**하는 업무 나. **작업을 하는 장소의 공기가 적절한지를 작업 시작 전에 측정**하는 업무 다. **측정장비·환기장치 또는 송기마스크 등을 작업 시작 전에 점검**하는 업무 라. 근로자에게 **송기마스크 등의 착용을 지도하고 착용 상황을 점검**하는 업무

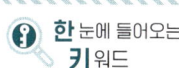
한 눈에 들어오는 **키**워드

03 기타 산업안전보건법규 내용

> **주요내용 알고 가기!**
> - 공정안전보고서의 제출 대상
> - 공정안전보고서의 내용
> - 물질안전보건자료의 작성·비치 등에 관한 사항
> - 물질안전보건자료의 작성항목
> - 물질안전보건자료 작성 제외 대상
> - 건설공사 중 유해·위험방지계획서 작성대상 공사
> - 건설공사 유해·위험방지계획서 제출 서류

한 눈에 들어오는 키워드

참고
근로자의 안전조치 및 보건조치 준수
근로자는 안전조치와 보건조치에 대하여 사업주가 한 조치로서 고용노동부령으로 정하는 조치사항을 지켜야 한다.

참고
질병자의 근로 금지·제한
① 사업주는 감염병, 정신질환 또는 근로로 인하여 병세가 크게 악화될 우려가 있는 질병으로서 고용노동부령으로 정하는 질병에 걸린 사람에게는 「의료법」에 따른 의사의 진단에 따라 근로를 금지하거나 제한하여야 한다.
② 사업주는 근로가 금지되거나 제한된 근로자가 건강을 회복하였을 때에는 지체 없이 근로를 할 수 있도록 하여야 한다.

참고
유해·위험작업에 대한 근로시간 제한
① 사업주는 유해하거나 위험한 작업으로서 높은 기압에서 하는 작업 등 대통령령으로 정하는 작업에 종사하는 근로자에게는 1일 6시간, 1주 34시간을 초과하여 근로하게 해서는 아니 된다.
② 사업주는 대통령령으로 정하는 유해하거나 위험한 작업에 종사하는 근로자에게 필요한 안전조치 및 보건조치 외에 작업과 휴식의 적정한 배분 및 근로시간과 관련된 근로조건의 개선을 통하여 근로자의 건강 보호를 위한 조치를 하여야 한다.

1 안전보건조치

(1) 사업주는 다음 각 호의 어느 하나에 해당하는 위험으로 인한 산업재해를 예방하기 위하여 필요한 조치(안전조치)를 하여야 한다.

① **기계·기구, 그 밖의 설비**에 의한 위험
② **폭발성, 발화성 및 인화성 물질** 등에 의한 위험
③ **전기, 열, 그 밖의 에너지**에 의한 위험

(2) 사업주는 다음 각 호의 어느 하나에 해당하는 건강장해를 예방하기 위하여 필요한 조치(보건조치)를 하여야 한다.

① 원재료·가스·증기·분진·흄(fume, 열이나 화학반응에 의하여 형성된 고체증기가 응축되어 생긴 미세입자를 말한다)·미스트(mist, 공기 중에 떠다니는 작은 액체방울을 말한다)·산소결핍·병원체 등에 의한 건강장해
② 방사선·유해광선·고열·한랭·초음파·소음·진동·이상기압 등에 의한 건강장해
③ 사업장에서 배출되는 기체·액체 또는 찌꺼기 등에 의한 건강장해
④ 계측감시(計測監視), 컴퓨터 단말기 조작, 정밀공작(精密工作) 등의 직업에 의한 건강장해
⑤ 단순 반복 작업 또는 인체에 과도한 부담을 주는 작업에 의한 건강장해
⑥ 환기·채광·조명·보온·방습·청결 등의 적정기준을 유지하지 아니하여 발생하는 건강장해
⑦ 폭염·한파에 장시간 작업함에 따라 발생하는 건강장해

(3) 사업주는 굴착, 채석, 하역, 벌목, 운송, 조작, 운반, 해체, 중량물취급, 그 밖의 작업을 할 때 **불량한 작업방법 등에 의한 위험**으로 인한 산업재해를 예방하기 **위하여 필요한 조치**를 하여야 한다.

(4) 사업주는 근로자가 다음 각 호의 **어느 하나에 해당하는 장소에서 작업을 할 때 발생할 수 있는 산업재해를 예방하기 위하여 필요한 조치**를 하여야 한다. ★

① 근로자가 **추락할 위험**이 있는 장소
② 토사·구축물 등이 **붕괴할 우려**가 있는 장소
③ **물체가 떨어지거나 날아올 위험**이 있는 장소
④ **천재지변으로 인한 위험**이 발생할 우려가 있는 장소

(5) 사업주는 **근로자(관계수급인의 근로자를 포함)가 신체적 피로와 정신적 스트레스를 해소할 수 있도록 휴식시간에 이용할 수 있는 휴게시설을 갖추어야 한다.**

> **휴게시설 설치·관리기준 준수 대상 사업장 ★**
>
> 1. **상시근로자(관계수급인의 근로자를 포함) 20명 이상을 사용하는 사업장**(건설업의 경우에는 관계수급인의 공사금액을 포함한 해당 공사의 총공사금액이 20억 원 이상인 사업장으로 한정)
> 2. 다음 각 목의 어느 하나에 해당하는 직종의 **상시근로자가 2명 이상인 사업장**으로서 **상시근로자 10명 이상 20명 미만을 사용하는 사업장**(건설업은 제외)
>   가. 전화 상담원
>   나. 돌봄 서비스 종사원
>   다. 텔레마케터
>   라. 배달원
>   마. 청소원 및 환경미화원
>   바. 아파트 경비원
>   사. 건물 경비원

2 그 밖의 고용형태에서의 산업재해 예방

(1) 특수형태 근로종사자에 대한 안전조치 및 보건조치

1) 계약의 형식에 관계없이 근로자와 유사하게 노무를 제공하여 업무상의 재해로부터 보호할 필요가 있음에도 「**근로기준법**」 등이 적용되지 아니하는 자로서 다음 각 호의 요건을 모두 충족하는 사람("**특수형태근로종사자**")의 노무를 제공받는 자는 특수형태근로종사자의 산업재해 예방을 위하여 필요한 **안전조치 및 보건조치**를 하여야 한다.

한 눈에 들어오는 **키** 워드

> **참고**
>
> **자격 등에 의한 취업 제한**
> 사업주는 유해하거나 위험한 작업으로서 상당한 지식이나 숙련도가 요구되는 고용노동부령으로 정하는 작업의 경우 그 작업에 필요한 자격·면허·경험 또는 기능을 가진 근로자가 아닌 사람에게 그 작업을 하게 해서는 아니 된다.

> **참고**
>
> **고객의 폭언 등으로 인한 건강장해 예방조치**
>
> ① 사업주는 고객응대근로자에 대하여 고객의 폭언 등으로 인한 건강장해를 예방하기 위하여 고용노동부령으로 정하는 바에 따라 필요한 조치를 하여야 한다.
> 　가. 폭언 등을 하지 않도록 요청하는 문구 게시 또는 음성안내
> 　나. 고객과의 문제 상황 발생 시 대처방법 등을 포함하는 고객응대업무 매뉴얼 마련
> 　다. 고객응대업무 매뉴얼의 내용 및 건강장해 예방 관련 교육 실시
> 　라. 그 밖에 고객응대근로자의 건강장해 예방을 위하여 필요한 조치
>
> ② 사업주는 고객의 폭언 등으로 인하여 고객응대근로자에게 건강장해가 발생하거나 발생할 현저한 우려가 있는 경우에는 다음의 조치를 하여야 한다.
> 　가. 업무의 일시적 중단 또는 전환
> 　나. 「근로기준법」에 따른 휴게시간의 연장
> 　다. 폭언 등으로 인한 건강장해 관련 치료 및 상담 지원

한눈에 들어오는 키워드

라. 관할 수사기관 또는 법원에 증거물·증거서류를 제출하는 등 법 제41조 제1항에 따른 고객응대근로자 등이 같은 항에 따른 폭언 등으로 인하여 고소, 고발 또는 손해배상 청구 등을 하는 데 필요한 지원

③ 고객응대근로자는 사업주에게 고객의 폭언 등으로 인하여 건강장해가 발생하거나 발생할 현저한 우려가 있는 경우에는 업무의 일시적 중단 또는 전환조치를 요구할 수 있고, 사업주는 고객응대근로자의 요구를 이유로 해고 또는 그 밖의 불리한 처우를 해서는 아니 된다.

참고

특수형태 근로종사자의 범위
1. 보험을 모집하는 사람으로서 다음 각 목의 어느 하나에 해당하는 사람
   가. 「보험업법」에 따른 보험설계사
   나. 「우체국예금·보험에 관한 법률」에 따른 우체국보험의 모집을 전업(專業)으로 하는 사람
2. 「건설기계관리법」에 따라 등록된 건설기계를 직접 운전하는 사람
3. 「통계법」에 따라 통계청장이 고시하는 직업에 관한 표준분류의 세세분류에 따른 학습지 방문강사, 교육 교구 방문강사, 그 밖에 회원의 가정 등을 직접 방문하여 아동이나 학생 등을 가르치는 사람
4. 「체육시설의 설치·이용에 관한 법률」에 따라 직장체육시설로 설치된 골프장 또는 체육시설업의 등록을 한 골프장에서 골프경기를 보조하는 골프장 캐디
5. 한국표준직업분류표의 세분류에 따른 택배원으로서 택배사업(소화물을 집화·수송 과정을 거쳐 배송하는 사업을 말한다)에서 집화 또는 배송 업무를 하는 사람

참고

특수형태근로종사자로부터 노무를 제공받는 자 중 안전·보건교육을 실시하여야 하는 자 ★

1. 「건설기계관리법」에 따라 등록된 **건설기계를 직접 운전**하는 사람
2. 「체육시설의 설치·이용에 관한 법률」에 따라 **직장체육시설로 설치된 골프장** 또는 체육시설업의 등록을 한 골프장에서 골프경기를 보조하는 **골프장 캐디**
3. 한국표준직업분류표의 세분류에 따른 택배원으로서 **택배사업**(소화물을 집화·수송 과정을 거쳐 배송하는 사업을 말한다)에서 **집화 또는 배송 업무를 하는 사람**
4. 한국표준직업분류표의 세분류에 따른 택배원으로서 고용노동부장관이 정하는 기준에 따라 주로 **하나의 퀵서비스업자로부터 업무를 의뢰받아 배송 업무를 하는 사람**
5. 고용노동부장관이 정하는 기준에 따라 주로 **하나의 대리운전업자로부터 업무를 의뢰받아 대리운전 업무를 하는 사람**

① 대통령령으로 정하는 직종에 종사할 것
② 주로 하나의 사업에 노무를 상시적으로 제공하고 보수를 받아 생활할 것
③ 노무를 제공할 때 타인을 사용하지 아니할 것

2) 대통령령으로 정하는 **특수형태 근로종사자로부터 노무를 제공받는 자**는 고용노동부령으로 정하는 바에 따라 **안전 및 보건에 관한 교육을 실시하여야 한다.**

3) 정부는 특수형태 근로종사자의 안전 및 보건의 유지·증진에 사용하는 비용의 일부 또는 전부를 지원할 수 있다.

(2) 배달종사자에 대한 안전조치

이동통신단말장치로 **물건의 수거·배달 등을 중개하는 자**는 그 중개를 통하여 **이륜자동차로 물건을 수거·배달 등을 하는 사람의 산업재해 예방**을 위하여 필요한 안전조치 및 보건조치를 하여야 한다.

(3) 가맹본부의 산업재해 예방 조치

가맹본부 중 대통령령으로 정하는 가맹본부는 가맹점사업자에게 가맹점의 설비나 기계, 원자재 또는 상품 등을 공급하는 경우에 가맹점사업자와 그 소속 근로자의 산업재해 예방을 위하여 다음 각 호의 조치를 하여야 한다.

산업재해 예방 조치를 하여야 하는 가맹본부	가맹본부의 산업재해 예방 조치
「가맹사업거래의 공정화에 관한 법률」에 따라 등록한 정보공개서(직전 사업연도 말 기준으로 등록된 것을 말한다)상 업종이 다음 각 호의 어느 하나에 해당하는 경우로서 **가맹점의 수가 200개 이상인 가맹본부**를 말한다. 1. 대분류가 외식업인 경우 2. 대분류가 도소매업으로서 중분류가 편의점인 경우	1. 다음의 내용을 포함한 가맹점의 **안전 및 보건에 관한 프로그램의 마련·시행** ① 가맹본부의 **안전보건경영방침 및 안전보건활동 계획** ② 가맹본부의 **프로그램 운영 조직의 구성, 역할** 및 가맹점사업자에 대한 안전보건교육 지원 체계 ③ 가맹점 내 위험요소 및 예방대책 등을 포함한 **가맹점 안전보건매뉴얼** ④ 가맹점의 재해 발생에 대비한 가맹본부 및 가맹점사업자의 **조치사항** 2. 가맹본부가 가맹점에 설치하거나 공급하는 **설비·기계 및 원자재 또는 상품 등**에 대하여 가맹점사업자에게 **안전 및 보건에 관한 정보의 제공**

 한 눈에 들어오는 **키**워드

3 공정안전보고서

(1) 공정안전보고서의 작성·제출

1) **사업주는** 사업장에 대통령령으로 정하는 유해하거나 위험한 설비가 있는 경우 그 설비로부터의 위험물질 누출, 화재 및 폭발 등으로 인하여 사업장 내의 근로자에게 즉시 피해를 주거나 사업장 인근 지역에 피해를 줄 수 있는 사고로서 대통령령으로 정하는 사고("**중대산업사고**")를 예방하기 위하여 대통령령으로 정하는 바에 따라 **공정안전보고서를 작성하고 고용노동부장관에게 제출하여 심사를 받아야 한다.** 이 경우 **공정안전보고서의 내용이** 중대산업사고를 예방하기 위하여 **적합하다고 통보받기 전에는 관련된 유해하거나 위험한 설비를 가동해서는 아니 된다.**★

2) 사업주는 공정안전보고서를 작성할 때 산업안전보건위원회의 심의를 거쳐야 한다. 다만, 산업안전보건위원회가 설치되어 있지 아니한 사업장의 경우에는 근로자대표의 의견을 들어야 한다. ★

6. 한국표준직업분류표의 세분류에 따른 택배원으로서 고용노동부장관이 정하는 기준에 따라 주로 하나의 퀵서비스업자로부터 업무를 의뢰받아 배송업무를 하는 사람
7. 「대부업 등의 등록 및 금융이용자 보호에 관한 법률」에 따른 대출모집인
8. 「여신전문금융업법」에 따른 신용카드회원 모집인
9. 고용노동부장관이 정하는 기준에 따라 주로 하나의 대리운전업자로부터 업무를 의뢰받아 대리운전 업무를 하는 사람
10. 「방문판매 등에 관한 법률」의 방문판매원이나 후원방문판매원으로서 고용노동부장관이 정하는 기준에 따라 상시적으로 방문판매업무를 하는 사람
11. 한국표준직업분류표의 세세분류에 따른 대여 제품 방문점검원
12. 한국표준직업분류표의 세분류에 따른 가전제품 설치 및 수리원으로서 가전제품을 배송, 설치 및 시운전하여 작동상태를 확인하는 사람
13. 「화물자동차 운수사업법」에 따른 화물차주로서 다음 각 목의 어느 하나에 해당하는 사람
 가. 「자동차관리법」의 특수자동차로 수출입 컨테이너를 운송하는 사람
 나. 「자동차관리법」의 특수자동차로 시멘트를 운송하는 사람
 다. 「자동차관리법」의 피견인자동차나 일반형 화물자동차로 철강재를 운송하는 사람
 라. 「자동차관리법」의 일반형 화물자동차나 특수용도형 화물자동차로 「물류정책기본법」의 위험물질을 운송하는 사람
14. 「소프트웨어 진흥법」에 따른 소프트웨어사업에서 노무를 제공하는 소프트웨어기술자

3) 공정안전보고서의 제출 시기 ★

사업주는 **유해하거나 위험한 설비의 설치·이전 또는 주요 구조부분의 변경공사의 착공일**(기존 설비의 제조·취급·저장 물질이 변경되거나 제조량·취급량·저장량이 증가하여 유해·위험물질 규정량에 해당하게 된 경우에는 그 해당일을 말한다) **30일 전까지 공정안전보고서를 2부 작성하여 공단에 제출**해야 한다.

(2) 공정안전보고서의 심사

1) **공단은** 공정안전보고서를 제출받은 경우에는 **제출받은 날부터 30일 이내에 심사**하여 1부를 사업주에게 송부하고, 그 내용을 지방고용노동관서의 장에게 보고해야 한다.

2) 심사결과 구분 ★★

적정	보고서의 **심사기준을 충족시킨 경우**
조건부 적정	보고서의 심사기준을 대부분 충족하고 있으나 **부분적인 보완이 필요**하다고 판단할 경우
부적정	보고서의 **심사기준을 충족시키지 못한 경우**

3) 사업주는 심사를 받은 **공정안전보고서를 사업장에 갖추어 두어야 한다.**

4) 사업주는 심사를 받은 **공정안전보고서의 내용을 변경하여야 할 사유가 발생한 경우에는 지체 없이 그 내용을 보완**하여야 한다.

(3) 공정안전보고서의 이행

사업주와 근로자는 심사를 받은 공정안전보고서의 내용을 지켜야 한다.

(4) 공정안전보고서의 확인

1) **사업주는 심사를 받은 공정안전보고서의 내용을 실제로 이행하고 있는지** 여부에 대하여 고용노동부령으로 정하는 바에 따라 **고용노동부장관의 확인을 받아야 한다.**

2) 공정안전보고서를 제출하여 심사를 받은 사업주는 **다음 각 호의 시기별로 공단의 확인을 받아야 한다.** 다만, 화공안전 분야 산업안전지도사 또는 대학에서 조교수 이상으로 재직하고 있는 사람으로서 화공 관련 교과를 담당하고 있는 사람, 그 밖에 자격 및 관련 업무 경력 등을 고려하여 고용노동부장관이 정하여

고시하는 요건을 갖춘 사람에게 자체감사를 하게하고 그 결과를 공단에 제출한 경우에는 공단은 확인을 하지 아니할 수 있다.(안전보건진단을 받은 사업장 등 고용노동부장관이 정하여 고시하는 사업장의 경우에는 공단의 확인을 생략할 수 있다)

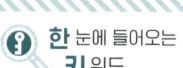

공정안전보고서의 확인 시기 ★	
신규로 설치될 유해·위험설비	설치 과정 및 설치 완료 후 시운전단계 각 1회
기존에 설치되어 사용 중인 유해·위험설비	심사 완료 후 3개월 이내
유해·위험설비와 관련한 공정의 중대한 변경의 경우	변경 완료 후 1개월 이내
유해·위험설비 또는 이와 관련된 공정에 중대한 사고 또는 결함이 발생한 경우	1개월 이내

3) **공단은 사업주로부터 확인요청을 받은 날부터 1개월 이내**에 내용이 현장과 일치하는지 여부를 **확인**하고, **확인한 날부터 15일 이내**에 그 결과를 사업주에게 **통보**하고 지방고용노동관서의 장에게 보고해야 한다.

적합	현장과 일치하는 경우
부적합	현장과 일치하지 아니하는 경우
조건부 적합	현장과 불일치하는 사항 또는 조건부 적정 사항 중 확인일 이후에 조치하여도 안전상에 문제가 없는 경우

(5) 공정안전보고서 이행상태 평가

1) 고용노동부장관은 고용노동부령으로 정하는 바에 따라 **공정안전보고서의 이행상태를 정기적으로 평가**할 수 있다.

2) 고용노동부장관은 **공정안전보고서의 확인**(신규로 설치되는 유해·위험설비의 경우에는 설치완료 후 시운전 단계에서의 확인을 말한다) **후 1년이 지난 날 부터 2년 이내에 공정안전보고서 이행상태평가를 하여야 한다.**

3) 고용노동부장관은 이행상태평가 후 **4년마다 이행상태평가를 하여야 한다.** 다만, 다음 각 호의 어느 **하나에 해당하는 경우에는 1년 또는 2년마다 실시할 수 있다.**

① 이행상태평가 후 **사업주가 이행상태평가를 요청하는 경우**
② 사업장에 출입하여 **검사 및 안전·보건점검** 등을 실시한 **결과 변경요소 관리 계획 미준수로 공정안전보고서 이행상태가 불량한 것으로 인정되는 경우** 등 고용노동부장관이 정하여 고시하는 경우

> **한 눈에 들어오는 키워드**

> **참고**
> **중대산업사고**
> 1. 근로자가 사망하거나 부상을 입을 수 있는 유해, 위험설비에서의 누출·화재·폭발 사고
> 2. 인근 지역의 주민이 인적 피해를 입을 수 있는 설비에서의 누출·화재·폭발 사고

> **참고**
> **공정안전보고서의 제출**
> ① 사업주는 유해하거나 위험한 설비를 설치·이전하거나 고용노동부장관이 정하는 주요 구조부분을 변경할 때에는 고용노동부령으로 정하는 바에 따라 공정안전보고서를 작성하여 고용노동부장관에게 제출해야 한다. 이 경우 「화학물질관리법」에 따라 사업주가 환경부장관에게 제출해야 하는 유해화학물질 화학사고 장외영향평가서 또는 위해관리계획서의 내용이 공정안전보고서에 포함시켜야 할 사항에 해당하는 경우에는 그 해당 부분에 대해서 장외영향평가서 또는 위해관리계획서 사본의 제출로 갈음할 수 있다.
> ② 사업주가 제출해야 할 공정안전보고서가 「고압가스 안전관리법」에 따른 고압가스를 사용하는 단위공정 설비에 관한 것인 경우로서 해당 사업주가 같은 법에 따른 안전관리규정과 안전성향상계획을 작성하여 공단 및 한국가스안전공사가 공동으로 검토·작성한 의견서를 첨부하여 허가 관청에 제출한 경우에는 해당 단위공정 설비에 관한 공정안전보고서를 제출한 것으로 본다.

4) 이행상태평가는 공정안전보고서의 세부 내용에 관하여 실시한다.

5) 고용노동부장관은 평가 결과 보완상태가 불량한 사업장의 사업주에게는 공정안전보고서의 변경을 명할 수 있으며, 이에 따르지 아니하는 경우 공정안전보고서를 다시 제출하도록 명할 수 있다.

(6) 공정안전보고서의 제출 대상 ★★★

1) 공정안전보고서를 작성하여야 하는 유해·위험설비란 다음 각 호의 어느 하나에 해당하는 사업을 하는 사업장의 경우에는 그 보유설비를 말하고, 그 외의 사업을 하는 사업장의 경우에는 유해·위험물질 중 하나 이상을 규정량 이상 제조·취급·사용·저장하는 설비 및 그 설비의 운영과 관련된 모든 공정설비를 말한다.

공정안전보고서 제출 대상 ★★★

① 원유 정제처리업
② 기타 석유정제물 재처리업
③ 석유화학계 기초화학물 제조업 또는 합성수지 및 기타 플라스틱물질제조업
④ 질소 화합물, 질소·인산 및 칼리질 화학비료 제조업 중 질소질 비료 제조
⑤ 복합비료 및 기타 화학비료 제조업 중 복합비료 제조(단순혼합 또는 배합에 의한 경우는 제외한다)
⑥ 화학 살균·살충제 및 농업용 약제 제조업[농약 원제(原劑) 제조만 해당한다]
⑦ 화약 및 불꽃제품 제조업

특급암기법
화재·폭발 – 원유, 석유정제물, 화약 및 불꽃제품
중독·질식 – 농약, 비료(복합비료, 질소질 비료)

---

2) 설비의 주요 구조부분을 변경함으로써 공정안전보고서를 제출하여야 하는 경우 ★

① 생산량의 증가, 원료 또는 제품의 변경을 위하여 반응기(관련설비 포함)를 교체 또는 추가로 설치하는 경우
② 변경된 생산설비 및 부대설비의 해당 전기정격용량이 300킬로와트 이상 증가한 경우(유해·위험물질의 누출·화재·폭발과 무관한 자동화창고·조명설비 등은 제외)
③ 플레어스택을 설치 또는 변경하는 경우

3) 다음 각 호의 설비는 유해·위험설비로 보지 아니한다.

> **공정안전보고서 제출 제외 대상 설비** ★★
> ① 원자력 설비
> ② 군사시설
> ③ 사업주가 해당 사업장 내에서 직접 사용하기 위한 난방용 연료의 저장설비 및 사용설비
> ④ 도매·소매시설
> ⑤ 차량 등의 운송설비
> ⑥ 「액화석유가스의 안전관리 및 사업법」에 따른 액화석유가스의 충전·저장시설
> ⑦ 「도시가스사업법」에 따른 가스공급시설
> ⑧ 그 밖에 고용노동부장관이 누출·화재·폭발 등으로 인한 피해의 정도가 크지 않다고 인정하여 고시하는 설비

(7) 공정안전보고서의 내용

1) 공정안전보고서의 내용 ★★★

① 공정안전자료
② 공정위험성 평가서
③ 안전운전계획
④ 비상조치계획
⑤ 그 밖에 공정상의 안전과 관련하여 노동부장관이 필요하다고 인정하여 고시하는 사항

2) 공정안전보고서의 세부내용 ★

① 공정안전자료
- 취급·저장하고 있거나 취급·저장하려는 유해·위험물질의 종류 및 수량
- 유해·위험물질에 대한 물질안전보건자료
- **유해·위험설비의 목록 및 사양**
- 유해·위험설비의 운전방법을 알 수 있는 공정도면
- **각종 건물·설비이 배치도**
- 폭발위험장소 구분도 및 전기단선도
- **위험설비의 안전설계·제작 및 설치 관련 지침서**

② 공정위험성 평가서 및 잠재위험에 대한 사고예방·피해 최소화 대책
- 체크리스트(Check List)
- 상대위험순위 결정(Dow and Mond Indices)
- 작업자 실수 분석(HEA)

> **한 눈에 들어오는 키워드**

> **참고**
> 공정위험성평가서는 공정의 특성 등을 고려하여 위험성평가 기법 중 한 가지 이상을 선정하여 위험성평가를 한 후 그 결과에 따라 작성해야 하며, 사고예방·피해최소화 대책은 위험성평가 결과 잠재위험이 있다고 인정되는 경우에만 작성한다.

- 사고 예상 질문 분석(What-if)
- 위험과 운전 분석(HAZOP)
- 이상위험도 분석(FMECA)
- 결함 수 분석(FTA)
- 사건 수 분석(ETA)
- 원인결과 분석(CCA)

③ **안전운전계획**
- 안전운전지침서
- 설비점검·검사 및 보수 계획, 유지계획 및 지침서
- 안전작업허가
- 도급업체 안전관리계획
- 근로자 등 교육계획
- 가동 전 점검지침
- 변경요소 관리계획
- 자체감사 및 사고조사계획
- 그 밖에 안전운전에 필요한 사항

④ **비상조치계획**
- 비상조치를 위한 장비·인력보유현황
- 사고발생 시 각 부서·관련 기관과의 비상연락체계
- 사고발생 시 비상조치를 위한 조직의 임무 및 수행 절차
- 비상조치계획에 따른 교육계획
- 주민홍보계획
- 그 밖에 비상조치 관련 사항

4 물질안전보건자료(MSDS : Material Safety Data Sheet)

(1) 물질안전보건자료의 작성 및 제출 ★★

① 화학물질 또는 이를 함유한 혼합물로서 **"물질안전보건자료대상물질"을 제조하거나 수입하려는 자**는 다음 각 호의 사항을 적은 **물질안전보건자료**를 고용노동부령으로 정하는 바에 따라 **작성하여 고용노동부장관에게 제출하여야 한다.** 이 경우 **고용노동부장관**은 고용노동부령으로 **물질안전보건자료의 기재 사항이나 작성 방법을 정할 때 「화학물질관리법」 및 「화학물질의 등록 및 평가 등에 관한 법률」과 관련된 사항**에 대해서는 **환경부장관과 협의**하여야 한다.

물질안전보건자료에 적어야 하는 사항 ★★

1. 제품명
2. 물질안전보건자료 대상물질을 구성하는 화학물질 중 유해인자의 분류기준에 해당하는 화학물질의 명칭 및 함유량
3. 안전 및 보건상의 취급 주의 사항
4. 건강 및 환경에 대한 유해성, 물리적 위험성
5. 물리·화학적 특성 등 고용노동부령으로 정하는 사항
   ① 물리·화학적 특성
   ② 독성에 관한 정보
   ③ 폭발·화재 시의 대처방법
   ④ 응급조치 요령
   ⑤ 그 밖에 고용노동부장관이 정하는 사항

물질안전보건자료의 작성항목(Data Sheet 16가지 항목) ★★

1. 화학제품과 회사에 관한 정보
2. 유해·위험성
3. 구성성분의 명칭 및 함유량
4. 응급조치요령
5. 폭발·화재 시 대처방법
6. 누출사고 시 대처방법
7. 취급 및 저장방법
8. 노출방지 및 개인보호구
9. 물리화학적 특성
10. 안정성 및 반응성
11. 독성에 관한 정보
12. 환경에 미치는 영향
13. 폐기 시 주의사항
14. 운송에 필요한 정보
15. 법적규제 현황
16. 기타 참고사항

> **참고**
>
> **물질안전보건자료의 작성 및 제출**
> 1. 물질안전보건자료대상물질을 제조·수입하려는 자가 물질안전보건자료를 작성하는 경우에는 그 물질안전보건자료의 신뢰성이 확보될 수 있도록 인용된 자료의 출처를 함께 적어야 한다.
> 2. 물질안전보건자료 및 화학물질의 명칭 및 함유량에 관한 자료는 물질안전보건자료대상물질을 제조하거나 수입하기 전에 공단에 제출해야 한다.
> 3. 물질안전보건자료를 공단에 제출하는 경우에는 공단이 구축하여 운영하는 물질안전보건자료시스템을 통한 전자적 방법으로 제출해야 한다. 다만, 물질안전보건자료시스템이 정상적으로 운영되지 않거나 신청인이 물질안전보건자료시스템을 이용할 수 없는 등의 부득이한 사유가 있는 경우에는 전자적 기록매체에 수록하여 직접 또는 우편으로 제출할 수 있다.

한 눈에 들어오는 **키**워드

물질안전보건자료 작성 제외 대상 ★★

1. 「건강기능식품에 관한 법률」에 따른 **건강기능식품**
2. 「농약관리법」에 따른 **농약**
3. 「마약류 관리에 관한 법률」에 따른 **마약 및 향정신성의약품**
4. 「비료관리법」에 따른 **비료**
5. 「사료관리법」에 따른 **사료**
6. 「생활주변방사선 안전관리법」에 따른 **원료물질**
7. 「생활화학제품 및 살생물제의 안전관리에 관한 법률」에 따른 안전확인대상 **생활화학제품 및 살생물제품 중 일반소비자의 생활용으로 제공되는 제품**
8. 「식품위생법」에 따른 **식품 및 식품첨가물**
9. 「약사법」에 따른 **의약품 및 의약외품**
10. 「원자력안전법」에 따른 **방사성물질**
11. 「위생용품 관리법」에 따른 **위생용품**
12. 「의료기기법」에 따른 **의료기기**
12의2. 「첨단재생의료 및 첨단바이오의약품 안전 및 지원에 관한 법률」에 따른 **첨단바이오의약품**
13. 「총포·도검·화약류 등의 안전관리에 관한 법률」에 따른 **화약류**
14. 「폐기물관리법」에 따른 **폐기물**
15. 「화장품법」에 따른 **화장품**
16. 제1호부터 제15호까지의 규정 외의 **화학물질 또는 혼합물로서 일반소비자의 생활용으로 제공되는 것**(일반소비자의 생활용으로 제공되는 화학물질 또는 혼합물이 사업장 내에서 취급되는 경우를 포함한다)
17. 고용노동부장관이 정하여 고시하는 연구·개발용 화학물질 또는 화학제품. 이 경우 법 제110조 제1항부터 제3항까지의 규정에 따른 자료의 제출만 제외된다.
18. 그 밖에 고용노동부장관이 독성·폭발성 등으로 인한 위해의 정도가 적다고 인정하여 고시하는 화학물질

특급암기법
비료로 농사지은 식품, 건강식품, 위생용품, 폐기물에서 화약, 방사성 원료물질 나와서 소비자용 의료기기, 첨단 의약품, 마약, 화장품으로 치료했다.

(2) 물질안전보건자료의 제공

① 물질안전보건자료 **대상물질을 양도하거나 제공하는 자는 이를 양도받거나 제공받는 자에게 물질안전보건자료를 제공하여야 한다.**

② **동일한 상대방에게 같은 물질안전보건자료대상물질을 2회 이상 계속하여 양도 또는 제공하는 경우에는** 해당 물질안전보건자료대상물질에 대한 물질안전보건자료의 **변경이 없으면 추가로 물질안전보건자료를 제공하지 않을 수 있다.** 다만, 상대방이 물질안전보건자료의 제공을 요청한 경우에는 그렇지 않다.

(3) 물질안전보건자료의 일부 비공개 승인

① **영업비밀과 관련되어 화학물질의 명칭 및 함유량을 물질안전보건자료에 적지 아니하려는 자**는 고용노동부령으로 정하는 바에 따라 **고용노동부장관에게 신청하여 승인을 받아 해당 화학물질의 명칭 및 함유량을 대체할 수 있는 대체자료로 적을 수 있다**. 다만, 근로자에게 중대한 건강장해를 초래할 우려가 있는 화학물질로서 산업재해보상보험 및 예방심의위원회의 심의를 거쳐 고용노동부장관이 고시하는 것은 그러하지 아니하다.

② 고용노동부장관은 다음 각 호의 어느 하나에 해당하는 경우에는 **승인 또는 연장승인을 취소**할 수 있다. 다만, ①의 경우에는 그 승인 또는 연장승인을 **취소**하여야 한다.

> **승인 또는 연장승인을 취소할 수 있는 경우**
> ① 거짓이나 그 밖의 부정한 방법으로 승인 또는 연장승인을 받은 경우
> ② 승인 또는 연장승인을 받은 화학물질이 근로자에게 중대한 건강장해를 초래할 우려가 있는 화학물질에 해당하게 된 경우

③ **다음 각 호의 어느 하나에 해당하는 자는 근로자의 안전 및 보건을 유지하거나 직업성 질환 발생 원인을 규명하기 위하여** 근로자에게 중대한 건강장해가 발생하는 등 고용노동부령으로 정하는 경우에는 물질안전보건자료 대상물질을 제조하거나 수입한 자에게 **대체자료로 적힌 화학물질의 명칭 및 함유량 정보를 제공할 것을 요구할 수 있다.** 이 경우 정보 제공을 요구받은 자는 고용노동부장관이 정하여 고시하는 바에 따라 정보를 제공하여야 한다.

> **근로자의 안전 및 보건을 유지, 직업성 질환 발생원인 규명을 위하여 대체자료를 제공할 것을 제조자 및 수입자에게 요구할 수 있는 자 ★**
> ① 근로자를 진료하는 「의료법」에 따른 의사
> ② 보건관리자 및 보건관리전문기관
> ③ 산업보건의
> ④ 근로자대표
> ⑤ 역학조사 실시 업무를 위탁받은 기관
> ⑥ 「산업재해보상보험법」 업무상질병판정위원회

한 눈에 들어오는 키 워드

[참고]

물질안전보건자료의 작성 및 제출
1. 물질안전보건자료 대상물질을 제조하거나 수입하려는 자는 물질안전보건자료 대상물질을 구성하는 화학물질 중 유해인자의 분류기준에 해당하지 아니하는 화학물질의 명칭 및 함유량을 고용노동부장관에게 별도로 제출하여야 한다.
2. 물질안전보건자료 대상물질을 제조하거나 수입한 자는 물질안전보건자료에 적어야 하는 사항 중 다음 각 호의 사항 중 어느 하나가 변경된 경우 그 변경 사항을 반영한 물질안전보건자료를 고용노동부장관에게 제출하여야 한다.
   가. 제품명(구성성분의 명칭 및 함유량의 변경이 없는 경우로 한정한다)
   나. 물질안전보건자료대상물질을 구성하는 화학물질 중 화학물질의 명칭 및 함유량(제품명의 변경 없이 구성성분의 명칭 및 함유량만 변경된 경우로 한정한다)
   다. 건강 및 환경에 대한 유해성, 물리적 위험성
3. 물질안전보건자료대상물질을 제조하거나 수입하는 자는 변경사항을 반영한 물질안전보건자료를 지체 없이 공단에 제출해야 한다.

[참고]

물질안전보건자료의 제공
1. 물질안전보건자료 대상물질을 제조하거나 수입한 자는 이를 양도받거나 제공받은 자에게 변경된 물질안전보건자료를 제공하여야 한다.
2. 물질안전보건자료를 제공하는 경우에는 물질안전보건자료시스템 제출 시 부여된 번호를 해당 물질안전보건자료에

(4) 물질안전보건자료의 게시 및 교육 ★★

① 물질안전보건자료대상물질을 취급하는 사업주는 **다음 각 호의 어느 하나에 해당하는 장소 또는 전산장비에 항상 물질안전보건자료를 게시하거나 갖추어 두어야 한다.** 다만, 장비에 게시하거나 갖추어 두는 경우에는 고용노동부장관이 정하는 조치를 해야 한다.

물질안전보건자료를 게시 또는 비치하여야 하는 장소 ★

- 물질안전보건자료대상물질을 취급하는 작업공정이 있는 장소
- 작업장 내 근로자가 가장 보기 쉬운 장소
- 근로자가 작업 중 쉽게 접근할 수 있는 장소에 설치된 전산장비

---

② 건설공사, 임시 작업 또는 단시간 작업에 대해서는 물질안전보건자료대상물질의 관리 요령으로 대신 게시하거나 갖추어 둘 수 있다. 다만, 근로자가 물질안전보건자료의 게시를 요청하는 경우에는 제1항에 따라 게시해야 한다.

③ **사업주는** 물질안전보건자료 대상물질을 취급하는 **작업공정별로** 고용노동부령으로 정하는 바에 따라 **물질안전보건자료 대상물질의 관리요령을 게시하여야 한다.**(작업공정별 관리 요령은 유해성·위험성이 유사한 물질안전보건자료 **대상물질의 그룹별로 작성하여 게시할 수 있다)**

물질안전보건자료대상물질의 작업공정별 관리요령에 포함사항 ★★

- 제품명
- 건강 및 환경에 대한 유해성, 물리적 위험성
- 안전 및 보건상의 취급주의 사항
- 적절한 보호구
- 응급조치 요령 및 사고 시 대처방법

---

④ **사업주는** 다음 각 호의 어느 하나에 해당하는 경우에는 작업장에서 취급하는 **물질안전보건자료대상물질의 내용을 근로자에게 교육하고** 교육을 실시하였을 때에는 **교육시간 및 내용 등을 기록하여 보존**해야 한다. 이 경우 교육받은 근로자에 대해서는 해당 교육 시간만큼 안전·보건교육을 실시한 것으로 본다.(유해성·위험성이 유사한 물질안전보건자료대상물질을 그룹별로 분류하여 교육할 수 있다)

물질안전보건자료대상물질의 내용을 근로자에게 교육하여야 하는 경우 ★

① 물질안전보건자료대상물질을 제조·사용·운반 또는 저장하는 작업에 근로자를 배치하게 된 경우
② 새로운 물질안전보건자료 대상물질이 도입된 경우
③ 유해성·위험성 정보가 변경된 경우

> **한 눈에 들어오는 키워드**
>
> 반영하여 물질안전보건자료대상물질과 함께 제공하거나 그 밖에 고용노동부장관이 정하여 고시한 바에 따라 제공해야 한다.

> **참고**
>
> **물질안전보건자료의 일부 비공개 승인**
> 1. 고용노동부장관은 승인 신청을 받은 경우 고용노동부령으로 정하는 바에 따라 화학물질의 명칭 및 함유량의 대체 필요성, 대체자료의 적합성 및 물질안전보건자료의 적정성 등을 검토하여 승인 여부를 결정하고 신청인에게 그 결과를 통보하여야 한다.
> 2. 고용노동부장관은 승인에 관한 기준을 산업재해보상보험 및 예방심의위원회의 심의를 거쳐 정한다.
> 3. 고용노동부장관은 유효기간이 만료되는 경우에도 계속하여 대체자료로 적으려는 자가 그 유효기간의 연장승인을 신청하면 유효기간이 만료되는 다음 날부터 5년 단위로 그 기간을 계속하여 연장 승인할 수 있다.
> 4. 신청인은 승인 또는 연장승인에 관한 결과에 대하여 고용노동부령으로 정하는 바에 따라 고용노동부장관에게 이의신청을 할 수 있다.
> 5. 고용노동부장관은 이의신청에 대하여 고용노동부령으로 정하는 바에 따라 승인 또는 연장승인 여부를 결정하고 그 결과를 신청인에게 통보하여야 한다.

물질안전보건자료에 관한 교육내용 ★

① 대상화학물질의 명칭(또는 제품명)
② 물리적 위험성 및 건강 유해성
③ 취급상의 주의사항
④ 적절한 보호구
⑤ 응급조치 요령 및 사고시 대처방법
⑥ 물질안전보건자료 및 경고표지를 이해하는 방법

 한 눈에 들어오는 키워드

참고

국외제조자가 선임한자에 의한 정보 제출

① 국외제조자는 고용노동부령으로 정하는 요건을 갖춘 자를 선임하여 물질안전보건자료 대상물질을 수입하는 자를 갈음하여 다음 각 호에 해당하는 업무를 수행하도록 할 수 있다.

국외제조자가 선임한 자의 업무 수행 내용
① 물질안전보건자료의 작성·제출
② 화학물질의 명칭 및 함유량 또는 분류기준에 해당하지 아니하는 화학물질의 명칭 및 함유량에 따른 확인 서류의 제출
③ 대체자료 기재 승인, 유효기간 연장승인 및 이의신청

② 선임된 자는 고용노동부장관에게 물질안전보건자료를 제출하는 경우 그 물질안전보건자료를 해당 물질안전보건자료 대상물질을 수입하는 자에게 제공하여야 한다.
③ 선임된 자는 고용노동부령으로 정하는 바에 따라 국외제조자에 의하여 선임되거나 해임된 사실을 고용노동부장관에게 신고하여야 한다.

비교

물질안전보건자료에 적어야 하는 사항	관리요령에 포함사항	교육내용
1. 제품명 2. 물질안전보건자료 대상 물질을 구성하는 화학물질 중 유해인자의 분류기준에 해당하는 화학물질의 명칭 및 함유량 3. 안전 및 보건상의 취급주의 사항 4. 건강 및 환경에 대한 유해성, 물리적 위험성 5. 물리·화학적 특성 등 고용노동부령으로 정하는 사항 ① 물리·화학적 특성 ② 독성에 관한 정보 ③ 폭발·화재시의 대처방법 ④ 응급조치 요령 ⑤ 그 밖에 고용노동부장관이 정하는 사항	1. 제품명 2. 건강 및 환경에 대한 유해성, 물리적 위험성 3. 안전 및 보건상의 취급주의 사항 4. 적절한 보호구 5. 응급조치 요령 및 사고 시 대처방법	1. 대상 화학물질의 명칭 (또는 제품명) 2. 물리적 위험성 및 건강 유해성 3. 취급상의 주의사항 4. 적절한 보호구 5. 응급조치 요령 및 사고 시 대처방법 6. 물질안전보건자료 및 경고표지를 이해하는 방법

특급암기법

물질안전보건자료에 적어야 하는 사항, 관리요령에 포함사항, 교육내용의 공통 내용

1. 제품명(명칭)
2. 물리적 위험성 및 건강 유해성
3. 취급 주의 사항
4. 응급조치 요령, 사고 시 대처법

한 눈에 들어오는 키워드

(5) 물질안전보건자료 대상물질 용기 등의 경고표시 ★★

① **물질안전보건자료 대상물질을 양도하거나 제공하는 자는 고용노동부령으로 정하는 방법에 따라 이를 담은 용기 및 포장에 경고표시를 하여야한다.** 다만, 용기 및 포장에 담는 방법 외의 방법으로 물질안전보건자료 대상물질을 양도하거나 제공하는 경우에는 고용노동부장관이 정하여 고시한 바에 따라 경고표시 기재 항목을 적은 자료를 제공하여야 한다.

② 사업주는 **사업장에서 사용하는 물질안전보건자료 대상물질을 담은 용기에** 고용노동부령으로 정하는 방법에 따라 **경고표시를 하여야 한다.** 다만, 용기에 이미 경고표시가 되어있는 등 고용노동부령으로 정하는 경우에는 그러하지 아니하다.

(6) 작성원칙

① MSDS는 **한글로 작성하는 것을 원칙**으로 하되 **화학물질명, 외국기관명 등의 고유명사는 영어로 표기**할 수 있다. ★

② 제1항에도 불구하고 실험실에서 시험·연구목적으로 사용하는 시약으로서 MSDS가 외국어로 작성된 경우에는 한국어로 번역하지 아니할 수 있다.

③ 시험결과를 반영하고자 하는 경우에는 해당국가의 **우량실험기준(GLP)에 따라 수행한 시험결과를 우선적으로 고려**하여야 한다. ★

④ 외국어로 되어있는 **MSDS를 번역하는 경우**에는 자료의 신뢰성이 확보될 수 있도록 **최초 작성기관명 및 시기를 함께 기재**하여야 하며, 다른 형태의 관련 자료를 활용하여 MSDS를 작성하는 경우에는 **참고문헌의 출처를 기재**하여야 한다.

⑤ MSDS 작성에 필요한 용어, 작성에 필요한 기술지침은 한국산업안전보건공단이 정할 수 있다.

⑥ MSDS의 **작성단위는 「계량에 관한 법률」이 정하는 바에 의한다.** ★

⑦ 각 **작성항목은 빠짐없이 작성**하여야 한다. 다만, 부득이 어느 항목에 대해 **관련 정보를 얻을 수 없는 경우에는 작성란에 "자료없음"**이라고 기재하고, **적용이 불가능하거나 대상이 되지 않는 경우에는 작성란에 "해당없음"**이라고 기재한다. ★

⑧ 구성 성분의 함유량을 기재하는 경우에는 **함유량의 ±5%의 범위에서 함유량의 범위 (하한값~상한값)로 함유량을 대신하여 표시**할 수 있다. 이 경우 **함유량이 5% 미만인 경우**에는 그 **하한값을 1%**[발암성 물질, 생식세포 변이원성 물질은 0.1%, 호흡기과민성물질(가스인 경우에 한함) 0.2%, 생식독성 물질은 0.3%]**이상으로 표시**한다. ★

⑨ 사업주가 MSDS를 작성할 때에는 취급근로자의 건강보호목적에 맞도록 성실하게 작성하여야 한다.

핵심요약

물질안전보건자료(MSDS)

1. 물질안전보건자료의 작성 및 제출 ★★

① 화학물질 또는 이를 함유한 혼합물로서 "물질안전보건자료대상물질"을 제조하거나 수입하려는 자는 다음 각 호의 사항을 적은 물질안전보건자료를 고용노동부령으로 정하는 바에 따라 **작성하여 고용노동부장관에게 제출하여야 한다.** 이 경우 고용노동부장관은 고용노동부령으로 물질안전보건자료의 기재 사항이나 작성 방법을 정할 때 「화학물질관리법」및 「화학물질의 등록 및 평가 등에 관한 법률」과 관련된 사항에 대해서는 환경부장관과 협의하여야 한다.

② 물질안전보건자료 및 화학물질의 명칭 및 함유량에 관한 자료는 **물질안전보건자료대상물질을 제조하거나 수입하기 전에 공단에 제출**해야 한다.

물질안전보건자료에 적어야 하는 사항 ★★

1. 제품명
2. 물질안전보건자료 대상물질을 구성하는 화학물질 중 유해인자의 분류기준에 해당하는 화학물질의 명칭 및 함유량
3. 안전 및 보건상의 취급 주의 사항
4. 건강 및 환경에 대한 유해성, 물리적 위험성
5. 물리·화학적 특성 등 고용노동부령으로 정하는 사항
    ① 물리·화학적 특성
    ② 독성에 관한 정보
    ③ 폭발·화재 시의 대처방법
    ④ 응급조치 요령
    ⑤ 그 밖에 고용노동부장관이 정하는 사항

물질안전보건자료의 작성항목(Data Sheet 16가지 항목) ★★

1. 화학제품과 회사에 관한 정보	2. 유해·위험성
3. 구성성분의 명칭 및 함유량	4. 응급조치요령
5. 폭발·화재 시 대처방법	6. 누출사고 시 대처방법
7. 취급 및 저장방법	8. 노출방지 및 개인보호구
9. 물리화학적 특성	10. 안정성 및 반응성
11. 독성에 관한 정보	12. 환경에 미치는 영향
13. 폐기 시 주의사항	14. 운송에 필요한 정보
15. 법적규제 현황	16. 기타 참고사항

핵심요약

물질안전보건자료 작성 제외 대상 ★★

1. 「건강기능식품에 관한 법률」에 따른 **건강기능식품**
2. 「농약관리법」에 따른 **농약**
3. 「마약류 관리에 관한 법률」에 따른 **마약 및 향정신성의약품**
4. 「비료관리법」에 따른 **비료**
5. 「사료관리법」에 따른 **사료**
6. 「생활주변방사선 안전관리법」에 따른 **원료물질**
7. 「생활화학제품 및 살생물제의 안전관리에 관한 법률」에 따른 안전확인대상 **생활화학제품 및 살생물제품 중 일반소비자의 생활용으로 제공되는 제품**
8. 「식품위생법」에 따른 **식품 및 식품첨가물**
9. 「약사법」에 따른 **의약품 및 의약외품**
10. 「원자력안전법」에 따른 **방사성물질**
11. 「위생용품 관리법」에 따른 **위생용품**
12. 「의료기기법」에 따른 **의료기기**
12의2. 「첨단재생의료 및 첨단바이오의약품 안전 및 지원에 관한 법률」에 따른 **첨단바이오의약품**
13. 「총포·도검·화약류 등의 안전관리에 관한 법률」에 따른 **화약류**
14. 「폐기물관리법」에 따른 **폐기물**
15. 「화장품법」에 따른 **화장품**
16. 제1호부터 제15호까지의 규정 외의 **화학물질 또는 혼합물로서 일반소비자의 생활용으로 제공되는 것**(일반소비자의 생활용으로 제공되는 화학물질 또는 혼합물이 사업장 내에서 취급되는 경우를 포함한다)
17. 고용노동부장관이 정하여 고시하는 연구·개발용 화학물질 또는 화학제품. 이 경우 법 제110조 제1항부터 제3항까지의 규정에 따른 자료의 제출만 제외된다.
18. 그 밖에 고용노동부장관이 독성·폭발성 등으로 인한 위해의 정도가 적다고 인정하여 고시하는 화학물질

특급암기법
비료로 농사지은 식품, 건강식품, 위생용품, 폐기물에서 화약, 방사성 원료물질 나와서 소비자용 의료기기, 첨단 의약품, 마약, 화장품으로 치료했다.

---

2. 물질안전보건자료 **대상물질을 양도하거나 제공하는 자는 이를 양도받거나 제공받는 자에게 물질안전보건자료를 제공하여야 한다.**

3. **물질안전보건자료의 게시 및 교육**
   ① 물질안전보건자료대상물질을 취급하는 사업주는 **다음 각 호의 어느 하나에 해당하는 장소 또는 전산장비에 항상** 물질안전보건자료를 게시하거나 갖추어 두어야 한다.

핵심요약

물질안전보건자료를 게시 또는 비치하여야 하는 장소 ★

- 물질안전보건자료대상물질을 취급하는 작업공정이 있는 장소
- 작업장 내 근로자가 가장 보기 쉬운 장소
- 근로자가 작업 중 쉽게 접근할 수 있는 장소에 설치된 전산장비

② **사업주는** 물질안전보건자료 대상물질을 취급하는 **작업공정별로** 고용노동부령으로 정하는 바에 따라 **물질안전보건자료 대상물질의 관리요령을 게시하여야 한다.**(작업공정별 관리 요령은 유해성·위험성이 유사한 물질안전보건자료대상물질의 그룹별로 작성하여 게시할 수 있다)

물질안전보건자료대상물질의 작업공정별 관리요령에 포함사항 ★★

- 제품명
- 안전 및 보건상의 취급주의 사항
- 응급조치 요령 및 사고 시 대처방법
- 건강 및 환경에 대한 유해성, 물리적 위험성
- 적절한 보호구

4. **사업주는** 다음 각 호의 어느 하나에 해당하는 경우에는 작업장에서 취급하는 **물질안전보건자료대상물질의 내용을 근로자에게 교육하고** 교육을 실시하였을 때에는 **교육시간 및 내용 등을 기록하여 보존**해야 한다.

물질안전보건자료대상물질의 내용을 근로자에게 교육하여야 하는 경우 ★★

① 물질안전보건자료대상물질을 제조·사용·운반 또는 저장하는 작업에 근로자를 배치하게 된 경우
② 새로운 물질안전보건자료대상물질이 도입된 경우
③ 유해성·위험성 정보가 변경된 경우

물질안전보건자료에 관한 교육내용 ★

① 대상화학물질의 명칭(또는 제품명)
② 물리적 위험성 및 건강 유해성
③ 취급상의 주의사항
④ 적절한 보호구
⑤ 응급조치 요령 및 사고 시 대처방법
⑥ 물질안전보건자료 및 경고표지를 이해하는 방법

5. **물질안전보건자료 대상물질을 양도하거나 제공하는 자는** 고용노동부령으로 정하는 방법에 따라 **이를 담은 용기 및 포장에 경고표시를** 하여야하며, **사업장에서 사용하는 물질안전보건자료 대상물질을 담은 용기에** 고용노동부령으로 정하는 방법에 따라 **경고표시를 하여야 한다.**

5 유해·위험방지계획서

(1) 유해·위험방지계획서의 작성·제출

1) 사업주는 다음 각 호의 어느 하나에 해당하는 경우에는 유해·위험방지계획서를 **작성**하여 고용노동부령으로 정하는 바에 따라 **고용노동부장관에게 제출하고 심사를 받아야 한다**. 다만, 사업주 중 **산업재해발생률 등을 고려하여 고용노동부령으로 정하는 기준에 해당하는 사업주는 유해·위험방지계획서를 스스로 심사하고, 그 심사결과서를 작성하여 고용노동부장관에게 제출**하여야 한다.

① 대통령령으로 정하는 사업의 종류 및 규모에 해당하는 사업으로서 **해당 제품의 생산 공정과 직접적으로 관련된 건설물·기계·기구 및 설비 등 일체를 설치·이전**하거나 그 **주요 구조부분을 변경**하려는 경우

② 유해하거나 위험한 작업 또는 장소에서 사용하거나 건강장해를 방지하기 위하여 사용하는 기계·기구 및 설비로서 **대통령령으로 정하는 기계·기구 및 설비를 설치·이전**하거나 그 **주요 구조부분을 변경**하려는 경우

③ **대통령령으로 정하는 크기, 높이 등에 해당하는 건설공사를 착공**하려는 경우

2) 대통령령으로 정하는 크기, 높이 등에 해당하는 **건설공사를 착공하려는 사업주는 유해·위험방지계획서를 작성할 때 건설안전 분야의 자격 등 고용노동부령으로 정하는 자격을 갖춘 자의 의견을 들어야 한다.**

유해·위험방지계획서 작성 자격을 갖춘 자
① 건설안전 분야 산업안전지도사
② 건설안전기술사 또는 토목·건축 분야 기술사
③ 건설안전산업기사 이상으로서 건설안전 관련 실무경력이 7년(기사는 5년) 이상인 사람

3) 사업주가 **공정안전보고서를 고용노동부장관에게 제출한 경우에는 해당 유해·위험설비에 대해서는 유해·위험방지계획서를 제출한 것으로 본다.**

4) 공단은 유해·위험방지계획서 및 그 첨부 서류를 접수한 경우에는 **접수일부터 15일 이내에 심사하여 사업주에게 그 결과를 알려야 한다**. 다만, 자체심사 및 확인업체가 유해·위험방지계획서 자체 심사서를 제출한 경우에는 심사를 하지 않을 수 있다.

[참고]

유해·위험방지계획서의 제출
① 같은 사업장 내에서 공사의 착공시기를 달리하는 사업의 사업주는 해당 공사별 또는 해당 공사의 단위작업공사 종류별로 유해·위험방지계획서를 분리하여 각각 제출할 수 있다. 이 경우 이미 제출한 유해·위험방지계획서의 첨부서류와 중복되는 서류는 제출하지 아니할 수 있다.
② 자체심사 및 확인업체는 자체심사 및 확인방법에 따라 유해·위험방지계획서를 스스로 심사하여 해당 공사의 착공 전날까지 유해·위험방지계획서 자체심사서를 공단에 제출하여야 한다. 이 경우 공단은 필요한 경우 자체심사 및 확인 대상 사업주의 자체심사에 관하여 지도·조언할 수 있다.

[참고]

사업주는 제조업 등 유해·위험방지계획서를 작성할 때에 다음 각 호의 어느 하나에 해당하는 자격을 갖춘 사람 또는 공단이 실시하는 관련교육을 20시간 이상 이수한 사람 중 1명 이상을 포함시켜야 한다.
1. 기계, 재료, 화학, 전기·전자, 안전관리 또는 환경분야 기술사 자격을 취득한 사람
2. 기계안전·전기안전·화공안전분야의 산업안전지도사 또는 산업보건지도사 자격을 취득한 사람
3. 관련분야 기사 자격을 취득한 사람으로서 해당 분야에서 3년 이상 근무한 경력이 있는 사람
4. 관련분야 산업기사 자격을 취득한 사람으로서 해당 분야에서 5년 이상 근무한 경력이 있는 사람

> **유해 · 위험방지계획서 심사 결과의 구분** ★★
>
> ① 적정 : 근로자의 안전과 보건을 위하여 필요한 조치가 구체적으로 확보되었다고 인정되는 경우
> ② 조건부 적정 : 근로자의 안전과 보건을 확보하기 위하여 일부 개선이 필요하다고 인정되는 경우
> ③ 부적정 : 기계 · 설비 또는 건설물이 심사기준에 위반되어 공사착공 시 중대한 위험발생의 우려가 있거나 계획에 근본적 결함이 있다고 인정되는 경우

한 눈에 들어오는 키워드

5. 「고등교육법」에 따른 대학 및 산업대학(이공계 학과에 한정한다)을 졸업한 후 해당 분야에서 5년 이상 근무한 경력이 있는 사람 또는 「고등교육법」에 따른 전문대학(이공계 학과에 한정한다)을 졸업한 후 해당 분야에서 7년 이상 근무한 경력이 있는 사람
6. 「초 · 중등교육법」에 따른 전문계 고등학교 또는 이와 같은 수준 이상의 학교를 졸업하고 해당 분야에서 9년 이상 근무한 경력이 있는 사람

5) 사업주는 **스스로 심사하거나 고용노동부장관이 심사한 유해 · 위험방지계획서와 그 심사결과서를 사업장에 갖추어 두어야 한다.**

6) 대통령령으로 정하는 크기, 높이 등에 해당하는 건설공사를 착공하려는 사업주로서 유해·위험방지계획서 및 그 심사 결과서를 사업장에 갖추어 둔 사업주는 해당 **건설공사의 공법의 변경 등으로 인하여 그 유해 · 위험방지계획서를 변경할 필요가 있는 경우에는 이를 변경하여 갖추어 두어야 한다.**

(2) 유해 · 위험방지계획서 이행의 확인

1) 유해·위험방지계획서에 대한 심사를 받은 사업주는 고용노동부령으로 정하는 바에 따라 유해·위험방지계획서의 이행에 관하여 고용노동부장관의 확인을 받아야 한다.

2) **유해 · 위험방지계획서의 작성 · 제출 대상 외의 법에서 정한 부분 단서에 따른 사업주**는 고용노동부령으로 정하는 바에 따라 **유해 · 위험방지계획서의 이행에 관하여 스스로 확인하여야 한다.** 다만, 해당 **건설공사 중에 근로자가 사망**(교통사고 등 고용노동부령으로 정하는 경우는 제외한다)**한 경우에는** 고용노동부령으로 정하는 바에 따라 **유해 · 위험방지계획서의 이행에 관하여 고용노동부장관의 확인을 받아야 한다.**

3) 고용노동부장관은 유해·위험방지계획서 **확인 결과 유해 · 위험방지계획서대로 유해 · 위험 방지를 위한 조치가 되지 아니하는 경우에는** 고용노동부령으로 정하는 바에 따라 **시설 등의 개선, 사용중지 또는 작업중지** 등 필요한 조치를 명할 수 있다.

4) 유해·위험방지계획서의 확인사항

① 기계·기구 및 설비에 대한 유해·위험방지계획서를 제출한 사업주는 해당 **건설물·기계·기구 및 설비의 시운전단계**에서, 건설공사에 따른 사업주는 **건설공사 중 6개월 이내마다** 다음 각 호의 사항에 관하여 **공단의 확인**을 받아야 한다. ★
- 유해·위험방지계획서의 내용과 실제공사 내용이 부합하는지 여부
- 유해·위험방지계획서 변경내용의 적정성
- 추가적인 유해·위험요인의 존재 여부

② **자체심사 및 확인업체의 사업주는 해당 공사 준공 시까지 6개월 이내마다 자체확인을 하여야 하며**, 공단은 필요한 경우 해당 자체확인에 관하여 지도·조언할 수 있다. 다만, 그 공사 중 **사망재해가 발생한 경우에는 공단의 확인**을 받아야 한다.

(3) 유해·위험방지계획서 작성대상 사업 ★★★

"대통령령으로 정하는 업종 및 규모에 해당하는 사업"이란 다음 **각 호의 어느 하나에 해당하는 사업**으로서 **전기사용설비의 정격용량의 합이 300킬로와트 이상인 사업**을 말한다.

유해·위험방지계획서 작성대상(제조업) ★★★

1. 1차 금속 제조업
2. 금속가공제품(기계 및 가구는 제외한다) 제조업
3. 비금속 광물제품 제조업
4. 목재 및 나무제품 제조업
5. 화학물질 및 화학제품 제조업
6. 기타 기계 및 장비 제조업
7. 자동차 및 트레일러 제조업
8. 고무제품 및 플라스틱제품 제조업
9. 기타 제품 제조업
10. 식료품 제조업
11. 반도체 제조업
12. 가구 제조업
13. 전자부품제조업

특급암기법

1차 금속으로 금속가공제품, 비금속광물제품 제조하여 나무, 화학물질 섞어서 기계장비, 자동차 트레일러 만들고, 고무풀(고무 및 플라스틱)로 기타 식료품 만들었더니 도대체(반도체)가(가구) 전부(전자부품) 유해·위험(유해·위험방지계획서)하다.

한 눈에 들어오는 키워드

> **참고**
>
> **유해·위험방지계획서의 확인사항**
>
> 1. 건설물·기계·기구 및 설비 또는 건설공사의 경우 사업주가 고용노동부장관이 정하는 요건을 갖춘 지도사에게 확인을 받고 그 결과를 공단에 제출하면 공단은 확인에 필요한 현장방문을 지도사의 확인결과로 대체할 수 있다. 다만, 건설업의 경우 최근 2년간 사망재해가 발생한 경우에는 그렇지 않다.
> 2. 공단은 확인 결과 해당 사업장의 유해·위험의 방지상태가 적정하다고 판단되는 경우에는 5일 이내에 확인결과 통지서를 사업주에게 발급하여야 하며, 확인 결과 경미한 유해·위험요인이 발견된 경우에는 일정한 기간을 정하여 개선하도록 권고하되, 해당 기간 내에 개선되지 아니한 경우에는 기간 만료일부터 10일 이내에 확인결과 조치 요청서에 그 이유를 적은 서면을 첨부하여 지방고용노동관서의 장에게 보고하여야 한다.
> 3. 공단은 확인 결과 중대한 유해·위험요인이 있어 **작업의 중지, 사용 중지 및 주요 시설의 개선** 등이 필요하다고 인정되는 경우에는 지체 없이 확인결과 조치 요청서에 그 이유를 적은 서면을 첨부하여 지방고용노동관서의 장에게 보고하여야 한다.

한눈에 들어오는 키워드

[참고]

계획서의 검토
- 공단은 유해·위험방지계획서 및 그 첨부서류를 접수한 경우에는 접수일부터 15일 이내에 심사하여 사업주에게 그 결과를 알려야 한다. 다만, 자체심사 및 확인업체가 유해·위험방지계획서 자체심사서 등을 제출한 경우에는 심사를 하지 아니할 수 있다.
- 공단은 유해·위험방지계획서 심사 시 관련 분야의 학식과 경험이 풍부한 사람을 심사위원으로 위촉하여 해당 분야의 심사에 참여하게 할 수 있다.
- 공단은 유해·위험방지계획서 심사에 참여한 위원에게 수당과 여비를 지급할 수 있다. 다만, 소관 업무와 직접 관련되어 참여한 위원의 경우에는 그러하지 아니하다.
- 고용노동부장관이 정하는 건설물·기계기구 및 설비 또는 건설공사의 경우에는 고용노동부장관이 정하는 요건을 갖춘 산업안전지도사 또는 산업보건지도사에게 유해·위험방지계획서에 대한 평가를 받은 후 그 결과를 제출할 수 있다. 이 경우 공단은 평가서를 검토한 결과 그 내용이 적합하다고 인정되면 해당 평가서로 심사를 갈음할 수 있다.
- 유해·위험방지계획서에 대한 평가는 의견을 제시한 자가 하여서는 아니 된다.

다음 각 호의 어느 하나에 해당하는 **기계·기구 및 설비**를 말한다.

유해·위험방지계획서 작성대상(기계·기구 및 설비) ★★★

① 금속이나 그 밖의 광물의 용해로
② 화학설비
③ 건조설비
④ 가스집합 용접장치
⑤ 근로자의 건강에 상당한 장해를 일으킬 우려가 있는 물질로서 고용노동부령으로 정하는 물질의 밀폐·환기·배기를 위한 설비

유해·위험방지계획서 작성대상(건설공사) ★★★

① 다음 각 목의 어느 하나에 해당하는 건축물 또는 시설 등의 건설·개조 또는 해체공사
　가. **지상높이가 31미터 이상인 건축물 또는 인공구조물**
　나. **연면적 3만 제곱미터 이상인 건축물**
　다. **연면적 5천 제곱미터 이상인 시설**로서 다음의 어느 하나에 해당하는 시설
　　　1) 문화 및 집회시설(전시장 및 동물원·식물원은 제외한다)
　　　2) 판매시설, 운수시설(고속철도의 역사 및 집배송시설은 제외한다)
　　　3) 종교시설
　　　4) 의료시설 중 종합병원
　　　5) 숙박시설 중 관광숙박시설
　　　6) 지하도상가
　　　7) 냉동·냉장 창고시설
② 연면적 5천제곱미터 이상의 냉동·냉장창고시설의 설비공사 및 단열공사
③ 최대 지간길이(다리의 기둥과 기둥의 중심사이의 거리)가 50미터 이상인 교량 건설 등 공사
④ 터널 건설 등의 공사
⑤ 다목적댐, 발전용댐 및 저수용량 2천만톤 이상의 용수 전용 댐, 지방상수도 전용 댐 건설 등의 공사
⑥ 깊이 10미터 이상인 굴착공사

특급암기법
- 지상높이 31m, 연면적 3만m², 사람 많은 시설 연면적 5,000m²
- 연면적 5,000m² 냉동·냉장창고시설
- 최대 지간길이가 50미터 이상 교량
- 터널
- 저수용량 2천만 톤 이상 댐
- 10미터 이상인 굴착

(4) 제출서류 등

1) 사업주가 **제조업 대상 사업, 대상기계 · 기구 설비**에 해당하는 유해·위험방지계획서를 제출하려면 **다음 각 호의 서류를 첨부하여 해당 작업 시작 15일 전까지 공단에 2부를 제출**하여야 한다. ★

유해 · 위험방지계획서 제출서류(제조업 및 대상 기계 · 기구설비) ★	
제조업 대상 사업 첨부서류	① 건축물 각 층의 평면도 ② 기계 · 설비의 개요를 나타내는 서류 ③ 기계 · 설비의 배치도면 ④ 원재료 및 제품의 취급, 제조 등의 작업방법의 개요 ⑤ 그 밖에 고용노동부장관이 정하는 도면 및 서류
대상 기계 · 기구 설비 첨부서류	① 설치장소의 개요를 나타내는 서류 ② 설비의 도면 ③ 그 밖에 고용노동부장관이 정하는 도면 및 서류

2) 사업주가 **건설공사**에 해당하는 유해 · 위험방지계획서를 제출하려면 건설공사 유해 · 위험방지계획서 **다음 각 호 서류를 첨부하여 해당 공사의 착공 전날까지 공단에 2부를 제출**하여야 한다. 이 경우 해당 공사가 「건설기술 진흥법」에 따른 안전관리계획을 수립해야 하는 건설공사에 해당하는 경우에는 유해·위험방지계획서와 안전관리계획서를 통합하여 작성한 서류를 제출할 수 있다. ★

유해 · 위험방지계획서 첨부서류(건설공사) ★

1. 공사 개요 및 안전보건관리계획
  가. 공사 개요서
  나. 공사현장의 주변 현황 및 주변과의 관계를 나타내는 도면(매설물 현황을 포함)
  다. 건설물, 사용 기계설비 등의 배치를 나타내는 도면
  라. 전체 공정표
  마. 산업안전보건관리비 사용계획
  바. 안전관리 조직표
  사. 재해 발생 위험 시 연락 및 대피방법
2. 작업 공사 종류별 유해 · 위험방지계획

참고

계획서의 비치
- 유해 · 위험방지계획서의 심사를 받은 사업주와 유해 · 위험방지계획서 자체심사서를 제출한 사업주는 유해 · 위험방지계획서를 해당 사업장에 갖추어 두어야 한다.
- 사업주는 유해 · 위험방지계획서의 변경사유가 발생한 경우에는 이를 보완하여 갖추어 두어야 한다.

핵심요약

유해·위험방지계획서

1. **유해 · 위험방지계획서 작성대상 사업** ★★

    "대통령령으로 정하는 업종 및 규모에 해당하는 사업"이란 다음 각 호의 어느 하나에 해당하는 사업으로서 전기사용설비의 정격용량의 합이 300킬로와트 이상인 사업을 말한다.

    유해 · 위험방지계획서 작성대상(제조업) ★★★

    1. 1차 금속 제조업
    2. 금속가공제품(기계 및 가구는 제외한다) 제조업
    3. 비금속 광물제품 제조업
    4. 목재 및 나무제품 제조업
    5. 화학물질 및 화학제품 제조업
    6. 기타 기계 및 장비 제조업
    7. 자동차 및 트레일러 제조업
    8. 고무제품 및 플라스틱제품 제조업
    9. 기타 제품 제조업
    10. 식료품 제조업
    11. 반도체 제조업
    12. 가구 제조업
    13. 전자부품제조업

    특급암기법
    1차 금속으로 금속가공제품, 비금속광물제품 제조하여 나무, 화학물질 섞어서 기계장비, 자동차 트레일러 만들고, 고무풀(고무 및 플라스틱)로 기타 식료품 만들었더니 도대체(반도체)가 (가구) 전부(전자부품) 유해 · 위험(유해 · 위험방지계획서)하다.

    다음 각 호의 어느 하나에 해당하는 기계 · 기구 및 설비를 말한다.

    유해 · 위험방지계획서 작성대상(기계 · 기구 및 설비) ★★★

    ① 금속이나 그 밖의 광물의 용해로
    ② 화학설비
    ③ 건조설비
    ④ 가스집합 용접장치
    ⑤ 근로자의 건강에 상당한 장해를 일으킬 우려가 있는 물질로서 고용노동부령으로 정하는 물질의 밀폐 · 환기 · 배기를 위한 설비

핵심요약

유해 · 위험방지계획서 작성대상(건설공사) ★★★

① 다음 각 목의 어느 하나에 해당하는 건축물 또는 시설 등의 건설 · 개조 또는 해체공사
  가. **지상높이가 31미터 이상**인 건축물 또는 인공구조물
  나. **연면적 3만 제곱미터 이상**인 건축물
  다. **연면적 5천 제곱미터 이상**인 시설로서 다음의 어느 하나에 해당하는 시설
    1) 문화 및 집회시설(전시장 및 동물원 · 식물원은 제외한다)
    2) 판매시설, 운수시설(고속철도의 역사 및 집배송시설은 제외한다)
    3) 종교시설
    4) 의료시설 중 종합병원
    5) 숙박시설 중 관광숙박시설
    6) 지하도상가
    7) 냉동 · 냉장 창고시설
② 연면적 5천제곱미터 이상의 냉동 · 냉장창고시설의 설비공사 및 단열공사
③ 최대 지간길이(다리의 기둥과 기둥의 중심사이의 거리)가 50미터 이상인 교량 건설 등 공사
④ 터널 건설 등의 공사
⑤ 다목적댐, 발전용댐 및 저수용량 2천만톤 이상의 용수 전용 댐, 지방상수도 전용 댐 건설 등의 공사
⑥ 깊이 10미터 이상인 굴착공사

특급암기법
- 지상높이 31m, 연면적 3만m², 사람 많은 시설 연면적 5,000m²
- 연면적 5,000m² 냉동 · 냉장창고시설
- 최대 지간길이가 50미터 이상 교량
- 터널
- 저수용량 2천만 톤 이상 댐
- 10미터 이상인 굴착

2. 유해 · 위험방지계획서 제출서류 ★★

사업주가 **제조업 대상 사업, 대상기계 · 기구 설비**에 해당하는 유해·위험방지계획서를 제출하려면 **다음 각 호의 서류를 첨부하여 해당 공사 착공 15일 전까지 공단에 2부를 제출**하여야 한다.

제조업 대상 사업 첨부서류	① 건축물 각 층의 평면도 ② 기계 · 설비의 개요를 나타내는 서류 ③ 기계 · 설비의 배치도면 ④ 원재료 및 제품의 취급, 제조 등의 작업방법의 개요 ⑤ 그 밖에 고용노동부장관이 정하는 도면 및 서류
대상 기계 · 기구 설비 첨부서류	① 설치장소의 개요를 나타내는 서류 ② 설비의 도면 ③ 그 밖에 고용노동부장관이 정하는 도면 및 서류

핵심요약

사업주가 **건설공사**에 해당하는 유해·위험방지계획서를 제출하려면 건설공사 유해·위험방지계획서 **다음 각 호 서류를 첨부하여 해당 공사의 착공 전날까지 공단에 2부를 제출**하여야 한다.

건설업 대상
첨부서류
	① 공사 개요 및 안전보건관리계획
	   ㉠ 공사 개요서
	   ㉡ 공사현장의 주변 현황 및 주변과의 관계를 나타내는 도면(매설물 현황을 포함)
	   ㉢ 건설물, 사용 기계설비 등의 배치를 나타내는 도면
	   ㉣ 전체 공정표
	   ㉤ 산업안전보건관리비 사용계획
	   ㉥ 안전관리 조직표
	   ㉦ 재해 발생 위험 시 연락 및 대피방법
	② 작업공사 종류별 유해·위험방지계획

3. 유해·위험방지계획서 심사결과의 구분 ★★

① 적정	근로자의 안전과 보건을 위하여 필요한 조치가 구체적으로 확보되었다고 인정되는 경우
② 조건부 적정	근로자의 안전과 보건을 확보하기 위하여 일부 개선이 필요하다고 인정되는 경우
③ 부적정	기계·설비 또는 건설물이 심사기준에 위반되어 공사착공 시 중대한 위험발생의 우려가 있거나 계획에 근본적 결함이 있다고 인정되는 경우

6 작업환경 측정

(1) 작업환경 측정

1) 사업주는 유해인자로부터 근로자의 건강을 보호하고 쾌적한 작업환경을 조성하기 위하여 인체에 해로운 작업을 하는 작업장으로서 고용노동부령으로 정하는 작업장에 대하여 고용노동부령으로 정하는 자격을 가진 자로 하여금 작업환경 측정을 하도록 하여야 한다.

2) **도급인의 사업장에서 관계수급인 또는 관계수급인의 근로자가 작업을 하는 경우에는 도급인이** 자격을 가진 자로 하여금 **작업환경 측정을 하도록 하여야 한다.**

3) 사업주는 **근로자대표(관계수급인의 근로자대표를 포함한다)가 요구하면 작업환경측정 시 근로자대표를 참석시켜야 한다.**

4) 사업주는 **작업환경측정 결과를 기록하여 보존**하고 고용노동부령으로 정하는 바에 따라 **고용노동부장관에게 보고**하여야 한다. 다만, 사업주로부터 작업환경 측정을 위탁받은 작업환경측정기관이 작업환경측정을 한 후 그 결과를 고용노동부령으로 정하는바에 따라 고용노동부장관에게 제출한 경우에는 작업환경측정 결과를 보고한 것으로 본다.

5) 사업주는 **작업환경 측정 결과를 해당 작업장의 근로자(관계수급인 및 관계수급인 근로자를 포함한다)에게 알려야 하며**, 그 결과에 따라 근로자의 건강을 보호하기 위하여 **해당 시설 · 설비의 설치 · 개선 또는 건강진단의 실시 등의 조치**를 하여야 한다.

6) 사업주는 **산업안전보건위원회 또는 근로자대표가 요구하면 작업환경 측정 결과에 대한 설명회 등을 개최**하여야 한다. 이 경우 작업환경 측정을 위탁하여 실시한 경우에는 작업환경 측정기관에 작업환경 측정 결과에 대하여 설명하도록 할 수 있다.

(2) 작업환경 측정 대상 작업장

① 작업환경 측정 대상 작업장이란 작업환경측정 대상 유해인자에 노출되는 근로자가 있는 작업장을 말한다. 다만, 다음 각 호의 어느 하나에 해당하는 경우에는 작업환경 측정을 하지 않을 수 있다.

작업환경 측정을 하지 않을 수 있는 경우

1. 관리대상 유해물질의 **허용소비량을 초과하지 않는 작업장**(그 관리대상 유해물질에 관한 작업환경측정만 해당한다)
2. **임시 작업 및 단시간 작업을 하는 작업장**(고용노동부장관이 정하여 고시하는 물질을 취급하는 작업을 하는 경우는 제외한다)
3. **분진작업의 적용 제외 작업장**(분진에 관한 작업환경측정만 해당한다)
4. 그 밖에 작업환경측정 대상 **유해인자의 노출 수준이 노출기준에 비하여 현저히 낮은 경우**로서 고용노동부장관이 정하여 고시하는 작업장

② 안전보건진단기관이 **안전보건진단을 실시하는 경우**에 작업장의 유해인자 전체에 대하여 고용노동부장관이 정하는 방법에 따라 작업환경을 측정하였을 때에는 사업주는 해당 측정주기에 실시해야 할 해당 **작업장의 작업환경 측정을 하지 않을 수 있다.**

참고

작업환경측정 대상 유해인자

1. 화학적 인자
   - 가. 유기화합물(114종)
   - 나. 금속류(24종)
   - 다. 산 및 알칼리류(17종)
   - 라. 가스 상태 물질류(15종)
   - 마. 허가 대상 유해물질(12종)
   - 바. 금속가공유(Metal working fluids, 1종)

2. 물리적 인자(2종)
   - 가. 8시간 시간가중평균 80dB 이상의 소음
   - 나. 고열

3. 분진(7종)
   - 가. 광물성 분진(Mineral dust)
   - 나. 곡물 분진(Grain dust)
   - 다. 면 분진(Cotton dust)
   - 라. 목재 분진(Wood dust)
   - 마. 석면 분진(Asbestos dusts; 1332-21-4 등)
   - 바. 용접 흄(Welding fume)
   - 사. 유리섬유(Glass fiber dust)

4. 그 밖에 고용노동부장관이 정하여 고시하는 인체에 해로운 유해인자

(3) 작업환경 측정 횟수

① 사업주는 작업장 또는 작업공정이 신규로 가동되거나 변경되는 등으로 **작업환경측정 대상 작업장이 된 경우에는 그 날부터 30일 이내에 작업환경 측정을 하고, 그 후 반기(半期)에 1회 이상 정기적으로 작업환경을 측정**해야 한다. 다만, 작업환경측정 결과가 **다음 각 호의 어느 하나에 해당하는 작업장** 또는 작업공정은 해당 유해인자에 대하여 그 측정일 부터 **3개월에 1회 이상 작업환경 측정**을 해야 한다.

3개월에 1회 이상 작업환경 측정을 하여야 하는 경우

1. 화학적 인자(고용노동부장관이 정하여 고시하는 물질만 해당한다)의 측정치가 노출기준을 초과하는 경우
2. 화학적 인자(고용노동부장관이 정하여 고시하는 물질은 제외한다)의 측정치가 노출기준을 2배 이상 초과하는 경우

② 사업주는 최근 1년간 작업공정에서 공정 설비의 변경, 작업방법의 변경, 설비의 이전, 사용 화학물질의 변경 등으로 작업환경 측정 결과에 영향을 주는 변화가 없는 경우로서 다음 각 호의 어느 하나에 해당하는 경우에는 해당 유해인자에 대한 작업환경 측정을 1년에 1회 이상 할 수 있다. 다만, 고용노동부장관이 정하여 고시하는 물질을 취급하는 작업공정은 그러하지 아니하다.

1년 1회 이상 작업환경 측정을 할 수 있는 경우

1. 작업공정 내 소음의 작업환경측정 결과가 최근 2회 연속 85데시벨(dB) 미만인 경우
2. 작업공정 내 소음 외의 다른 모든 인자의 작업환경 측정 결과가 최근 2회 연속 노출기준 미만인 경우

(4) 작업환경 측정 방법

사업주는 작업환경측정을 할 때에는 다음 각 호의 사항을 지켜야 한다.

① **작업환경 측정을 하기 전에 예비조사를 할 것**
② 작업이 정상적으로 이루어져 작업시간과 유해인자에 대한 **근로자의 노출 정도를 정확히 평가할 수 있을 때 실시할 것**
③ 모든 측정은 **개인시료채취방법으로 하되, 개인시료채취방법이 곤란한 경우에는 지역시료채취방법으로 실시**(이 경우 그 사유를 별지 제21호서식의 작업환경측정 결과표에 분명하게 밝혀야한다)할 것

한 눈에 들어오는 **키** 워드

참고

서류의 보존
- 작업환경측정 결과를 기록한 서류는 보존(전자적 방법으로 하는 보존을 포함한다)기간을 5년으로 한다. 다만, 고용노동부장관이 정하여 고시하는 물질에 대한 기록이 포함된 서류는 그 보존기간을 30년으로 한다.
- 지정측정기관은 작업환경측정을 한 경우에는 다음 각 호의 사항을 적은 서류를 보존하여야 한다.
  ① 측정 대상 사업장의 명칭 및 소재지
  ② 측정 연월
  ③ 측정을 한 사람의 성명
  ④ 측정방법 및 측정 결과
  ⑤ 기기를 사용하여 분석한 경우에는 분석자·분석방법 및 분석자료 등 분석과 관련된 사항
- 지도사는 다음 각 호의 사항을 적은 서류를 보존하여야 한다.
  ① 의뢰자의 성명(법인의 경우는 그 명칭) 및 주소
  ② 의뢰를 받은 연월일
  ③ 실시항목
  ④ 의뢰자로부터 받은 보수액
- 석면해체·제거업자는 다음 각 호의 사항을 적은 서류를 보존하여야 한다.
  ① 석면해체·제거작업장의 명칭 및 소재지
  ② 석면해체·제거작업 근로자의 인적사항(성명, 생년월일 등을 말한다)
  ③ 작업의 내용 및 작업 기간

(5) 작업환경 측정 결과의 보고

① 사업주는 **작업환경측정을 한 경우에는** 작업환경측정 결과보고서에 작업환경측정 결과표를 첨부하여 **시료채취를 마친 날부터 30일 이내에 관할 지방고용노동관서의 장에게 제출**하여야 한다. 다만, 시료분석 및 평가에 상당한 시간이 걸려 시료채취를 마친 날부터 30일 이내에 보고하는 것이 어려운 사업장의 사업주는 고용노동부장관이 정하여 고시하는 바에 따라 그 사실을 증명하여 지방고용노동관서의 장에게 신고하면 30일의 범위에서 제출기간을 연장할 수 있다.

② 작업환경측정기관이 작업환경측정을 한 경우에는 시료채취를 마친 날부터 30일 이내에 작업환경측정 결과표를 전자적 방법으로 지방고용노동관서의 장에게 제출하여야 한다. 다만, 시료분석 및 평가에 상당한 시간이 걸려 시료채취를 마친 날부터 30일 이내에 보고하는 것이 어려운 지정측정기관은 고용노동부장관이 정하여 고시하는 바에 따라 그 사실을 증명하여 지방고용노동관서의 장에게 신고하면 30일의 범위에서 제출기간을 연장할 수 있다.

③ 사업주는 **작업환경측정 결과 노출기준을 초과한 작업공정이 있는 경우**에는 해당 **시설 및 설비의 설치, 개선 또는 건강진단의 실시 등 적절한 조치를 하고 시료채취를 마친 날부터 60일 이내에 해당 작업공정의 개선을 증명할 수 있는 서류** 또는 개선 계획을 **관할 지방고용노동관서의 장에게 제출**하여야 한다.

(6) 작업환경측정 신뢰성 평가

1) 공단은 다음 각 호의 어느 하나에 해당하는 경우에는 작업환경측정 신뢰성평가를 할 수 있다.

 ① 작업환경**측정 결과가 노출기준** 미만인데도 **직업병 유소견자가 발생한 경우**
 ② 공정설비, 작업방법 또는 사용 화학물질의 변경 등 **작업 조건의 변화가 없는데도 유해인자 노출수준이 현저히 달라진 경우**
 ③ **작업환경 측정방법을 위반하여 작업환경측정을 한 경우 등** 신뢰성평가의 필요성이 인정되는 경우

2) **공단이 신뢰성평가를 할 때에는** 작업환경측정 결과와 작업환경측정 서류를 검토하고, **해당 작업공정 또는 사업장에 대하여 작업환경측정을 해야 하며, 그 결과를** 해당 사업장의 소재지를 관할하는 **지방고용노동관서의 장에게 보고해야 한다.**

3) 지방고용노동관서의 장은 **작업환경측정 결과 노출기준을 초과한 경우**에는 사업주로 하여금 **해당 시설·설비의 설치·개선 또는 건강진단의 실시 등 적절한 조치를 하도록 해야 한다.**

7 건강진단

(1) 건강진단에 관한 사업주의 의무

1) 사업주는 **건강진단을 실시하는 경우 근로자대표가 요구하면 근로자대표를 참석**시켜야 한다.

2) 사업주는 **산업안전보건위원회 또는 근로자대표가 요구할 때에는** 직접 또는 건강진단을 한 건강진단기관에 **건강진단 결과에 대하여 설명**하도록 하여야 한다. 다만, 개별 근로자의 건강진단 결과는 본인의 동의 없이 공개해서는 아니 된다.

3) 사업주는 **건강진단의 결과를** 근로자의 **건강 보호 및 유지 외의 목적으로 사용해서는 아니 된다.**

4) 사업주는 **건강진단의 결과 근로자의 건강을 유지하기 위하여** 필요하다고 인정할 때에는 **작업장소 변경, 작업 전환, 근로시간 단축, 야간근로**(오후 10시부터 다음날 오전 6시까지 사이의 근로를 말한다)**의 제한,** 작업환경측정 또는 **시설·설비의 설치·개선 등** 고용노동부령으로 정하는 바에 따라 **적절한 조치를 하여야 한다.**

(2) 건강진단에 관한 근로자의 의무

근로자는 사업주가 실시하는 건강진단을 받아야 한다. 다만, 사업주가 지정한 건강진단기관이 아닌 건강진단기관으로부터 이에 상응하는 건강진단을 받아 그 결과를 증명하는 서류를 사업주에게 제출하는 경우에는 사업주가 실시하는 건강진단을 받은 것으로 본다.

(3) 건강진단기관 등의 결과보고 의무

1) **건강진단기관은** 건강진단을 실시한 때에는 고용노동부령으로 정하는 바에 따라 그 **결과를 근로자 및 사업주에게 통보하고 고용노동부장관에게 보고**하여야 한다.

① **건강진단기관이 건강진단을 실시하였을 때**에는 그 결과를 고용노동부장관이 정하는 건강진단개인표에 기록하고, **건강진단 실시일부터 30일 이내에 근로자에게 송부하여야 한다.**

② 건강진단기관은 건강진단을 실시한 결과 질병 유소견자가 발견된 경우에는 건강진단을 실시한 날부터 30일 이내에 해당 근로자에게 의학적 소견 및 사후관리에 필요한 사항과 업무수행의 적합성 여부(특수건강진단기관인 경우에만 해당한다)를 설명하여야 한다. 다만, 해당 근로자가 소속한 사업장의 의사인 보건관리자에게 이를 설명한 경우에는 그렇지 않다.

참고

일반건강진단을 실시한 것으로 인정하는 경우
1. 「국민건강보험법」에 따른 건강검진
2. 「선원법」에 따른 건강진단
3. 「진폐의 예방과 진폐근로자의 보호 등에 관한 법률」에 따른 정기 건강진단
4. 「학교보건법」에 따른 건강검사
5. 「항공안전법」에 따른 신체검사
6. 그 밖에 일반건강진단의 검사항목을 모두 포함하여 실시한 건강진단

특수건강진단을 실시한 것으로 인정하는 경우
1. 「원자력안전법」에 따른 건강진단(방사선만 해당한다)
2. 「진폐의 예방과 진폐근로자의 보호 등에 관한 법률」에 따른 정기 건강진단(광물성 분진만 해당한다)
3. 「진단용 방사선 발생장치의 안전관리에 관한 규칙」에 따른 건강진단(방사선만 해당한다)
3의2. 「동물 진단용 방사선발생장치의 안전관리에 관한 규칙」에 따른 건강진단(방사선만 해당한다)
4. 그 밖에 다른 법령에 따라 별표 24에서 정한 법 제130조 제1항에 따른 특수건강진단(이하 "특수건강진단"이라 한다)의 검사항목을 모두 포함하여 실시한 건강진단(해당하는 유해인자만 해당한다)

한눈에 들어오는 키워드

> [참고]
>
> **특수건강진단대상 유해인자** ★
>
> 1. 화학적 인자
>   ① 유기화합물(109종)
>   ② 금속류(20종)
>   ③ 산 및 알칼리류(8종)
>   ④ 가스 상태 물질류(14종)
>   ⑤ 허가 대상 물질(12종)
>   ⑥ 금속가공유 : 미네랄 오일 미스트(광물성 오일, Oil mist, mineral)
>
> 2. 분진(7종)
>   ① 곡물 분진
>   ② 광물성 분진
>   ③ 면 분진
>   ④ 목재 분진
>   ⑤ 용접 흄
>   ⑥ 유리섬유 분진
>   ⑦ 석면분진
>
> 3. 물리적 인자(8종)
>   ① 소음
>   ② 진동
>   ③ 방사선
>   ④ 고기압
>   ⑤ 저기압
>   ⑥ 유해광선(자외선, 적외선, 마이크로파 및 라디오파)
>
> 4. 야간작업(2종)
>   ① 6개월간 밤 12시부터 오전 5시까지의 시간을 포함하여 계속되는 8시간 작업을 월 평균 4회 이상 수행하는 경우
>   ② 6개월간 오후 10시부터 다음날 오전 6시 사이의 시간 중 작업을 월 평균 60시간 이상 수행하는 경우

③ **건강진단기관은** 건강진단을 실시한 날부터 30일 이내에 다음 각 호의 구분에 따라 **건강진단 결과표를 사업주에게 송부**해야 한다.

- 일반 건강진단을 실시한 경우 : 일반 건강진단 결과표
- 특수건강진단·배치전건강진단·수시건강진단 및 임시건강진단을 실시한 경우 : 특수·배치전·수시·임시건강진단 결과표

④ **특수건강진단기관은** 특수건강진단·수시건강진단 또는 임시건강진단을 실시한 경우에는 **건강진단을 실시한 날부터 30일 이내에 건강진단 결과표를 지방고용노동관서의 장에게 제출**해야 한다. 다만, 건강진단개인표 전산입력자료를 고용노동부장관이 정하는 바에 따라 공단에 송부한 경우에는 그렇지 않다.

⑤ **건강진단을 한 기관은** 사업주가 근로자의 건강보호를 위하여 건강진단 결과를 요청하는 경우 일반건강진단 결과표를 사업주에게 송부해야 한다.

⑥ **일반건강진단을 실시한 기관은** 사업주가 근로자의 건강보호를 위하여 건강진단 결과를 요청하는 경우 일반건강진단 결과표를 **사업주에게 통보하여야** 한다.

[참고]

🔷 **특수건강진단의 시기 및 주기**

구분	대상 유해 인자	시기 (배치 후 첫 번째 특수 건강진단)	주기
1	N,N-디메틸아세트아미드 N,N-디메틸포름아미드	1개월 이내	6개월
2	벤젠	2개월 이내	6개월
3	1,1,2,2-테트라클로로에탄 사염화탄소 아크릴로니트릴 염화비닐	3개월 이내	6개월
4	석면, 면 분진	12개월 이내	12개월
5	광물성 분진, 목재 분진, 소음 및 충격소음	12개월 이내	24개월
6	제1호부터 제5호까지의 대상 유해인자를 제외한 별표 22의 모든 대상 유해인자	6개월 이내	12개월

2) 건강진단 결과 건강관리 구분 ★

건강관리 구분		건강관리 구분내용
A		건강관리상 사후관리가 필요 없는 근로자(건강한 근로자)
C	C_1	직업성 질병으로 진전될 우려가 있어 추적검사 등 관찰이 필요한 근로자 (직업병 요관찰자)
	C_2	일반질병으로 진전될 우려가 있어 추적관찰이 필요한 근로자 (일반질병 요관찰자)
D_1		직업성 질병의 소견을 보여 사후관리가 필요한 근로자 (직업병 유소견자)
D_2		일반 질병의 소견을 보여 사후관리가 필요한 근로자 (일반질병 유소견자)
R		건강진단 1차 검사결과 건강수준의 평가가 곤란하거나 질병이 의심되는 근로자 (제2차 건강진단 대상자)

※ "U"는 2차 건강진단 대상임을 통보하고 10일을 경과하여 해당 검사가 이루어지지 않아 건강관리구분을 판정할 수 없는 근로자 "U"로 분류한 경우에는 해당 근로자의 퇴직, 기한 내 미실시 등 2차 건강진단의 해당 검사가 이루어지지 않은 사유를 시행규칙 제105조제3항에 따른 건강진단 결과표의 사후관리소견서 검진소견란에 기재하여야 함

(4) 건강진단 결과의 보존

사업주는 건강진단 결과표 및 근로자가 제출한 건강진단 결과를 증명하는 서류를 **5년간 보존**하여야 한다. 다만, 고용노동부장관이 고시하는 **발암성 확인물질을 취급하는 근로자에 대한 건강진단 결과**의 서류 또는 전산입력 **자료는 30년간 보존**하여야 한다.

(5) 건강진단의 종류 및 정의

1) **"일반건강진단"** 이란 **상시 사용하는 근로자의 건강관리를 위하여 사업주가 주기적으로 실시**하는 건강진단을 말한다.

일반건강진단 실시시기 ★★
① 사무직 종사 근로자(판매업무 종사하는 근로자 제외) : 2년에 1회 이상
② 그 밖의 근로자 : 1년에 1회 이상

2) **"특수건강진단"** 이란 다음 각 목의 어느 하나에 해당하는 근로자의 건강관리를 위하여 사업주가 실시하는 건강진단을 말한다.

한 눈에 들어오는 키 워드

참고

배치 전 건강진단 실시의 면제

1. 다른 사업장에서 해당 유해인자에 대하여 다음 각 목의 어느 하나에 해당하는 건강진단을 받고 6개월(별표 23 제4호부터 제6호까지의 유해인자에 대하여 건강진단을 받은 경우에는 12개월로 한다)이 지나지 아니한 근로자로서 "건강진단 개인표" 또는 그 사본을 제출한 근로자
   가. 배치전건강진단
   나. 배치전건강진단의 제1차 검사항목을 포함하는 특수건강진단, 수시건강진단 또는 임시건강진단
   다. 배치전건강진단의 제1차 검사항목 및 제2차 검사항목을 포함하는 건강진단

2. 해당 사업장에서 해당 유해인자에 대하여 제1호 각 목의 어느 하나에 해당하는 건강진단을 받고 6개월(별표 23 제4호부터 제6호까지의 유해인자에 대하여 건강진단을 받은 경우에는 12개월로 한다)이 지나지 아니한 근로자

참고

사업주는 특수건강진단기관 또는 건강진단기관에서 일반건강진단을 실시하여야 한다.

참고

건강관리카드
① 고용노동부장관은 고용노동부령으로 정하는 건강장해가 발생할 우려가 있는 업무에 종사하였거나 종사하고 있는 사람 중 고용노동부령으로 정하는 요건을 갖춘 사람의 직업병 조기발견 및 지속적인 건강관리를 위하여 건강관리카드를 발급하여야 한다.

한눈에 들어오는 키워드

② 건강관리카드를 발급받은 사람이 「산업재해보상보험법」에 따라 요양급여를 신청하는 경우에는 건강관리카드를 제출함으로써 해당 재해에 관한 의학적 소견을 적은 서류의 제출을 대신할 수 있다.
③ 건강관리카드를 발급받은 사람은 그 건강관리카드를 타인에게 양도하거나 대여해서는 아니 된다.
④ 건강관리카드를 발급받은 사람 중 건강관리카드를 발급받은 업무에 종사하지 아니하는 사람은 고용노동부령으로 정하는 바에 따라 특수건강진단에 준하는 건강진단을 받을 수 있다.

① 특수건강진단 대상 업무에 종사하는 근로자

② 건강진단 실시 결과 **직업병 소견이 있는 근로자로 판정받아 작업 전환을 하거나 작업 장소를 변경하여 해당 판정의 원인이 된 특수건강진단 대상 업무에 종사하지 아니하는 사람으로서** 해당 유해인자에 대한 건강진단이 필요하다는 의사의 소견이 있는 근로자

**특수건강진단 주기를 다음 회에 한정하여 관련 유해인자별로
2분의 1로 단축하여 실시할 수 있는 근로자**

1. 작업환경을 측정한 결과 **노출기준 이상인 작업공정에서 해당 유해인자에 노출되는 모든 근로자**
2. 수시건강진단 또는 임시건강진단을 실시한 결과 **직업병 유소견자가 발견된 작업공정에서 해당 유해인자에 노출되는 모든 근로자**(다만, 고용노동부장관이 정하는 바에 따라 특수건강진단·수시건강진단 또는 임시건강진단을 실시한 의사로부터 특수건강진단 주기를 단축하는 것이 필요하지 않다는 소견을 받은 경우는 제외)
3. 특수건강진단 또는 임시건강진단을 실시한 결과 **해당 유해인자에 대하여 특수건강진단 실시 주기를 단축해야 한다는 의사의 소견을 받은 근로자**

---

3) "배치전건강진단"이란 **특수건강진단 대상 업무에 종사할 근로자에 대하여 배치 예정업무에 대한 적합성 평가**를 위하여 사업주가 실시하는 건강진단을 말한다.

4) "수시건강진단"이란 **특수건강진단 대상 업무에 따른 유해인자로 인한 것이라고 의심되는 건강장해 증상을 보이거나 의학적 소견이 있는 근로자 중 보건관리자 등이 사업주에게 건강진단 실시를 건의하는 등 고용노동부령으로 정하는 근로자**에 대하여 실시하는 건강진단을 말한다.

5) "임시건강진단"이란 같은 **유해인자에 노출되는 근로자들에게 유사한 질병의 증상이 발생한 경우** 등 고용노동부령으로 정하는 경우에 근로자의 건강을 보호하기 위하여 사업주가 특정 근로자에 대하여 실시하는 건강진단을 말한다.

임시건강진단을 실시하여야 하는 경우

- 같은 부서에 근무하는 근로자 또는 같은 유해인자에 노출되는 근로자에게 유사한 질병의 자각·타각증상이 발생한 경우
- 직업병 유소견자가 발생하거나 여러 명이 발생할 우려가 있는 경우
- 그 밖에 지방고용노동관서의 장이 필요하다고 판단하는 경우

> 참고

🔸 역학조사

1. 역학조사
① 고용노동부장관은 직업성 질환의 진단 및 예방, 발생 원인의 규명을 위하여 필요하다고 인정할 때에는 근로자의 질환과 작업장의 유해요인의 상관관계에 관한 역학조사를 할 수 있다. 이 경우 사업주 또는 근로자대표, 그 밖에 고용노동부령으로 정하는 사람이 요구할 때 고용노동부령으로 정하는 바에 따라 역학조사에 참석하게 할 수 있다.
② 사업주 및 근로자는 고용노동부장관이 역학조사를 실시하는 경우 적극 협조하여야 하며, 정당한 사유 없이 역학조사를 거부·방해하거나 기피해서는 아니 된다.
③ 누구든지 역학조사 참석이 허용된 사람의 역학조사 참석을 거부하거나 방해해서는 아니 된다.
④ 역학조사에 참석하는 사람은 역학조사 참석 과정에서 알게 된 비밀을 누설하거나 도용해서는 아니 된다.

2. 역학조사의 대상 및 절차
1) 다음 각 호의 어느 하나에 해당하는 경우에는 역학조사를 할 수 있다.
  ① 작업환경측정 또는 건강진단의 실시 결과만으로 직업성 질환에 걸렸는지를 판단하기 곤란한 근로자의 질병에 대하여 사업주·근로자대표·보건관리자(보건관리전문기관을 포함한다) 또는 건강진단기관의 의사가 역학조사를 요청하는 경우
  ② 「산업재해보상보험법」에 따른 근로복지공단이 고용노동부장관이 정하는 바에 따라 업무상 질병 여부의 결정을 위하여 역학조사를 요청하는 경우
  ③ 공단이 직업성 질환의 예방을 위하여 필요하다고 판단하여 역학조사평가위원회의 심의를 거친 경우
  ④ 그 밖에 직업성 질환에 걸렸는지 여부로 사회적 물의를 일으킨 질병에 대하여 작업장 내 유해요인과의 연관성 규명이 필요한 경우 등으로서 지방고용노동관서의 장이 요청하는 경우

2) 사업주 또는 근로자대표가 역학조사를 요청하는 경우에는 산업안전보건위원회의 의결을 거치거나 각각 상대방의 동의를 받아야 한다. 다만, 관할 지방고용노동관서의 장이 역학조사의 필요성을 인정하는 경우에는 그렇지 않다.

한눈에 들어오는 키워드

8 사업장의 위험성 평가

> **한눈에 들어오는 키워드**
>
> **용어정의**
> 1. "위험성 평가"란 사업주가 스스로 유해·위험요인을 파악하고 해당 유해·위험요인의 위험성 수준을 결정하여, 위험성을 낮추기 위한 적절한 조치를 마련하고 실행하는 과정을 말한다.
> 2. "유해·위험요인"이란 유해·위험을 일으킬 잠재적 가능성이 있는 것의 고유한 특징이나 속성을 말한다.
> 3. "위험성"이란 유해·위험요인이 사망, 부상 또는 질병으로 이어질 수 있는 가능성과 중대성 등을 고려한 위험의 정도를 말한다.

사업주는 건설물, 기계·기구·설비, 원재료, 가스, 증기, 분진, 근로자의 작업행동 또는 그 밖의 업무로 인한 유해·위험 요인을 찾아내어 부상 및 질병으로 이어질 수 있는 위험성의 크기가 허용 가능한 범위인지를 평가하여야 하고, 그 결과에 따라 이 법과 이 법에 따른 명령에 따른 조치를 하여야 하며, 근로자에 대한 위험 또는 건강장해를 방지하기 위하여 필요한 경우에는 추가적인 조치를 하여야 한다.

(1) 위험성 평가 실시주체

1) 사업주는 스스로 사업장의 유해·위험요인을 파악하고 이를 평가하여 관리 개선하는 등 **위험성 평가를 실시**하여야 한다.
2) 작업의 일부 또는 전부를 도급에 의하여 행하는 사업의 경우는 도급을 준 도급인("도급사업주")과 도급을 받은 수급인("수급사업주")은 각각 위험성 평가를 실시하여야 한다.
3) **도급사업주는 수급사업주가 실시한 위험성 평가 결과를 검토**하여 도급사업주가 개선할 사항이 있는 경우 이를 개선하여야 한다.

(2) 위험성 평가의 대상

1) 위험성 평가의 대상이 되는 유해·위험요인은 **업무 중 근로자에게 노출된 것이 확인되었거나 노출될 것이 합리적으로 예견 가능한 모든 유해·위험요인**이다. 다만, 매우 경미한 부상 및 질병만을 초래할 것으로 명백히 예상되는 유해·위험요인은 평가 대상에서 제외할 수 있다.
2) 사업주는 **사업장 내 부상 또는 질병으로 이어질 가능성이 있었던 상황**("아차사고")을 확인한 경우에는 해당 사고를 일으킨 유해·위험요인을 위험성 평가의 대상에 포함시켜야 한다.
3) 사업주는 사업장 내에서 **중대재해가 발생한 때에는 지체 없이 중대재해의 원인이 되는 유해·위험요인에 대해 위험성 평가를 실시**하고, 그 밖의 사업장 내 유해·위험요인에 대해서는 위험성 평가 재검토를 실시하여야 한다.

(3) 근로자 참여 ★ 산업위생 실기 기출

사업주는 위험성 평가를 실시할 때 **다음 각 호에 해당하는 경우 해당 작업에 종사하는 근로자를 참여**시켜야 한다.
① 유해·위험요인의 위험성 수준을 판단하는 기준을 마련하고, 유해·위험요인별로 허용 가능한 위험성 수준을 정하거나 변경하는 경우
② 해당 사업장의 유해·위험요인을 파악하는 경우
③ 유해·위험요인의 위험성이 허용 가능한 수준인지 여부를 결정하는 경우
④ 위험성 감소대책을 수립하여 실행하는 경우
⑤ 위험성 감소대책 실행 여부를 확인하는 경우

(4) 사업장 위험성 평가의 방법 ★

① 안전보건관리책임자 등 해당 사업장에서 사업의 실시를 총괄 관리하는 사람에게 위험성 평가의 실시를 총괄 관리하게 할 것
② 사업장의 안전관리자, 보건관리자 등이 위험성평가의 실시에 관하여 안전보건관리책임자를 보좌하고 지도·조언하게 할 것
③ 유해·위험요인을 파악하고 그 결과에 따른 개선조치를 시행할 것
④ 기계·기구, 설비 등과 관련된 위험성 평가에는 해당 기계·기구, 설비 등에 전문 지식을 갖춘 사람을 참여하게 할 것
⑤ 안전·보건관리자의 선임의무가 없는 경우에는 업무를 수행할 사람을 지정하는 등 그 밖에 위험성평가를 위한 체제를 구축할 것

(5) 사업주는 위험성 평가를 실시하기 위한 필요한 교육을 실시하여야 한다. 이 경우 위험성 평가에 대해 외부에서 교육을 받았거나, 관련학문을 전공하여 관련 지식이 풍부한 경우에는 필요한 부분만 교육을 실시하거나 교육을 생략할 수 있다.

(6) 사업주가 위험성 평가를 실시하는 경우에는 산업안전·보건 전문가 또는 전문기관의 컨설팅을 받을 수 있다.

한눈에 들어오는 키워드

(7) 사업주가 **다음 각 호의 어느 하나에 해당하는 제도를 이행한 경우에는 그 부분에 대하여 이 고시에 따른 위험성 평가를 실시한 것으로 본다.**

위험성 평가를 실시한 것으로 인정하는 경우
① 위험성 평가 방법을 적용한 안전 · 보건진단
② 공정안전보고서(다만, 공정안전보고서의 내용 중 **공정위험성 평가서가 최대 4년 범위 이내에서 정기적으로 작성된 경우에 한한다.**)
③ 근골격계 부담작업 유해요인조사
④ 그 밖에 법과 이 법에 따른 명령에서 정하는 위험성평가 관련 제도

참고

공정위험성평가 기법
가. 체크리스트(Check List)
나. 상대위험순위 결정(Dow and Mond Indices)
다. 작업자 실수 분석(HEA)
라. 사고 예상 질문 분석(What-if)
마. 위험과 운전 분석(HAZOP)
바. 이상위험도 분석(FMECA)
사. 결함 수 분석(FTA)
아. 사건 수 분석(ETA)
자. 원인결과 분석(CCA)

(8) 사업주는 사업장의 규모와 특성 등을 고려하여 **다음 각 호의 위험성 평가 방법 중 한 가지 이상을 선정하여 위험성 평가를 실시할 수 있다.**

① 위험 가능성과 중대성을 조합한 빈도 · 강도법
② 체크리스트(Checklist)법
③ 위험성 수준 3단계(저 · 중 · 고) 판단법
④ 핵심요인 기술(One Point Sheet)법
⑤ 그 외 공정위험성평가 기법

(9) 위험성 평가의 절차 ★

사업주는 위험성 평가를 다음의 절차에 따라 실시하여야 한다. 다만, **상시근로자 5인 미만 사업장(건설공사의 경우 1억원 미만)의 경우 제1호의 절차를 생략할 수 있다.**

① 사전준비
② 유해 · 위험요인 파악
③ 위험성 결정
④ 위험성 감소대책 수립 및 실행
⑤ 위험성 평가 실시내용 및 결과에 관한 기록 및 보존

(10) 사전준비

1) 사업주는 위험성 평가를 효과적으로 실시하기 위하여 **최초 위험성 평가 시 다음 각 호의 사항이 포함된 위험성 평가 실시규정을 작성**하고, 지속적으로 관리하여야 한다.

위험성평가 실시규정 작성 시 포함사항

① 평가의 목적 및 방법
② 평가담당자 및 책임자의 역할
③ 평가시기 및 절차
④ 근로자에 대한 참여·공유방법 및 유의사항
⑤ 결과의 기록·보존

---

2) 사업주는 **위험성 평가를 실시하기 전에 다음 각 호의 사항을 확정**하여야 한다.

① **위험성의 수준과 그 수준을 판단하는 기준**
② **허용 가능한 위험성의 수준**(이 경우 법에서 정한 기준 이상으로 위험성의 수준을 정하여야 한다)

(11) 유해·위험요인의 파악

사업주는 다음 각 호의 방법 중 어느 하나 이상의 방법을 사용하되, 특별한 사정이 없으면 제1호에 의한 방법을 포함하여야 한다.

유해·위험요인을 파악하는 방법★

① **사업장 순회점검**에 의한 방법
② **근로자들의 상시적 제안**에 의한 방법
③ **설문조사·인터뷰 등 청취조사**에 의한 방법
④ 물질안전보건자료, 작업환경측정결과, 특수건강진단결과 등 **안전보건 자료**에 의한 방법
⑤ **안전보건 체크리스트**에 의한 방법
⑥ 그 밖에 사업장의 특성에 적합한 방법

> **참고**
>
> 사업주는 다음 각 호의 사업장 안전보건정보를 사전에 조사하여 위험성평가에 활용할 수 있다.
> ① 작업표준, 작업절차 등에 관한 정보
> ② 기계·기구, 설비 등의 사양서, 물질안전보건자료(MSDS) 등의 유해·위험요인에 관한 정보
> ③ 기계·기구, 설비 등의 공정 흐름과 작업 주변의 환경에 관한 정보
> ④ 관계수급인 근로자가 도급인의 사업장에서 작업을 하는 경우로서 같은 장소에서 사업의 일부 또는 전부를 도급을 주어 행하는 작업이 있는 경우 혼재 작업의 위험성 및 작업상황 등에 관한 정보
> ⑤ 재해사례, 재해통계 등에 관한 정보
> ⑥ 작업환경측정결과, 근로자 건강진단결과에 관한 정보
> ⑦ 그 밖에 위험성평가에 참고가 되는 자료 등

(12) 위험성 결정

① 사업주는 파악된 **유해·위험요인**이 근로자에게 노출되었을 때의 위험성을 위험성평가를 실시하기 전에 확정한 '**위험성의 수준과 그 수준을 판단하는 기준**'에 따라 **판단**하여야 한다.

② 사업주는 제1항에 따라 판단한 위험성의 수준이 위험성평가를 실시하기 전에 확정한 '**허용 가능한 위험성의 수준**'인지 결정하여야 한다.

(13) 위험성 감소대책 수립 및 실행

사업주는 **허용 가능한 위험성이 아니라고 판단한 경우**에는 위험성의 수준, 영향을 받는 근로자 수 및 **다음 각 호의 순서를 고려하여 위험성 감소를 위한 대책을 수립하여 실행**하여야 한다. 이 경우 법령에서 정하는 사항과 그 밖에 근로자의 위험 또는 건강장해를 방지하기 위하여 필요한 조치를 반영하여야 한다.

위험성 감소대책 수립 순서

① 위험한 작업의 폐지·변경, 유해·위험물질 대체 등의 조치 또는 **설계나 계획 단계에서 위험성을 제거 또는 저감하는 조치**
② 연동장치, 환기장치 설치 등의 공학적 대책
③ 사업장 작업절차서 정비 등의 관리적 대책
④ 개인용 보호구의 사용

---

(14) 위험성 평가의 공유

1) 사업주는 위험성 평가를 실시한 결과 중 다음 각 호에 해당하는 사항을 근로자에게 게시, 주지 등의 방법으로 알려야 한다.

위험성평가 결과 중 근로자에게 알려야 하는 사항

① 근로자가 종사하는 작업과 관련된 유해·위험요인
② 위험성 결정 결과
③ 유해·위험요인의 **위험성 감소대책과 그 실행 계획 및 실행 여부**
④ 위험성 감소대책에 따라 **근로자가 준수하거나 주의하여야 할 사항**

---

2) 사업주는 위험성 평가 결과 **중대재해로 이어질 수 있는 유해·위험요인**에 대해서는 **작업 전 안전점검회의**(TBM : Tool Box Meeting) **등을 통해 근로자에게 상시적으로 주지**시키도록 노력하여야 한다.

(15) 기록 및 보존

1) 위험성 평가의 결과와 조치사항을 기록·보존할 때에는 다음 각 호의 사항이 포함되어야 한다. ★

위험성 평가 기록에 포함사항
① 위험성 평가 대상의 유해·위험요인 ② 위험성 결정의 내용 ③ 위험성 결정에 따른 조치의 내용 ④ 위험성 평가를 위해 사전조사 한 안전보건정보 ⑤ 그 밖에 사업장에서 필요하다고 정한 사항

2) 사업주는 제1항에 따른 자료를 3년간 보존해야 한다. ★

(16) 위험성 평가의 실시 시기

1) 사업주는 **사업이 성립된 날**(사업 개시일을 말하며, 건설업의 경우 실착공일을 말한다)로부터 **1개월이 되는 날까지** 위험성 평가의 대상이 되는 유해·위험요인에 대한 **최초 위험성 평가의 실시에 착수**하여야 한다. 다만, 1개월 미만의 기간 동안 이루어지는 작업 또는 공사의 경우에는 특별한 사정이 없는 한 작업 또는 공사 개시 후 지체 없이 최초 위험성 평가를 실시하여야 한다.

2) 사업주는 **다음 각 호의 어느 하나에 해당하여 추가적인 유해·위험요인이 생기는 경우**에는 해당 유해·위험요인에 대한 **수시 위험성 평가를 실시**하여야 한다. 다만, 제5호에 해당하는 경우에는 재해발생 작업을 대상으로 작업을 재개하기 전에 실시하여야 한다.

수시평가를 하여야 하는 경우
① 사업장 건설물의 설치·이전·변경 또는 해체 ② 기계·기구, 설비, 원재료 등의 신규 도입 또는 변경 ③ 건설물, 기계·기구, 설비 등의 정비 또는 보수(주기적·반복적 작업으로서 이미 위험성평가를 실시한 경우에는 제외) ④ 작업방법 또는 작업절차의 신규 도입 또는 변경 ⑤ 중대산업사고 또는 산업재해(휴업 이상의 요양을 요하는 경우에 한정한다) 발생 ⑥ 그 밖에 사업주가 필요하다고 판단한 경우

> **참고**
> 사업주가 사업장의 상시적인 위험성평가를 위해 다음 각 호의 사항을 이행하는 경우 수시평가와 정기평가를 실시한 것으로 본다.
> ① 매월 1회 이상 근로자 제안제도 활용, 아차사고 확인, 작업과 관련된 근로자를 포함한 사업장 순회점검 등을 통해 사업장 내 유해·위험요인을 발굴하여 위험성결정 및 위험성 감소대책 수립·실행을 할 것
> ② 매주 안전보건관리책임자, 안전관리자, 보건관리자, 관리감독자 등(도급사업주의 경우 수급사업장의 안전·보건 관련 관리자 등을 포함한다)을 중심으로 위험성결정 및 위험성 감소대책 수립·실행 결과 등을 논의·공유하고 이행상황을 점검할 것
> ③ 매 작업일마다 근로자가 준수하여야 할 사항 및 주의하여야 할 사항을 작업 전 안전점검회의 등을 통해 공유·주지할 것

3) 사업주는 다음 각 호의 사항을 고려하여 **위험성 평가의 결과에 대한 적정성을 1년마다 정기적으로 재검토**하여야 한다. **재검토 결과 허용 가능한 위험성 수준이 아니라고 검토된 유해 · 위험요인에 대해서는 위험성 감소대책을 수립하여 실행**하여야 한다.

위험성 평가 결과에 대한 적정성을 재검토 하여야 하는 경우
① 기계·기구, 설비 등의 기간 경과에 의한 성능 저하 ② 근로자의 교체 등에 수반하는 안전·보건과 관련되는 지식 또는 경험의 변화 ③ 안전·보건과 관련되는 새로운 지식의 습득 ④ 현재 수립되어 있는 위험성 감소대책의 유효성 등

9 서류의 보존

1) 사업주는 다음 각 호의 서류를 3년(②경우 2년을 말한다) 동안 보존하여야 한다. 다만, 고용노동부령으로 정하는 바에 따라 보존기간을 연장할 수 있다.

3년 동안 보존하여야 하는 서류(②경우 2년 보존)
① 안전보건관리책임자 · 안전관리자 · 보건관리자 · 안전보건관리담당자 및 산업보건의의 선임에 관한 서류 ② 산업안전보건위원회 회의록(2년 보관) ③ 안전조치 및 보건조치에 관한 사항으로서 고용노동부령으로 정하는 사항을 적은 서류 ④ 산업재해의 발생 원인 등 기록 ⑤ 화학물질의 유해성 · 위험성 조사에 관한 서류 ⑥ 작업환경측정에 관한 서류(작업환경측정 결과를 기록한 서류 5년, 고용노동부장관이 고시하는 물질 30년) ⑦ 건강진단에 관한 서류(건강진단 결과를 증명하는 서류 5년, 고용노동부장관이 고시하는 물질 30년)

2) 안전인증 또는 안전검사의 업무를 위탁받은 안전인증기관 또는 안전검사기관은 **안전인증 · 안전검사에 관한 사항**으로서 고용노동부령으로 정하는 **서류를 3년 동안 보존**하여야 하고, 안전인증을 받은 자는 안전인증대상 기계 등에 대하여 기록한 서류를 3년 동안 보존하여야 하며, **자율안전확인 대상** 기계 등을 제조하거나 수입하는 자는 자율안전기준에 맞는 것임을 증명하는 **서류를 2년 동안 보존**하여야 하고, 자율안전검사를 받은 자는 **자율검사프로그램에 따라 실시한 검사 결과에 대한 서류를 2년 동안 보존**하여야 한다.

3) **일반석면조사를** 한 건축물·설비소유주 등은 그 결과에 관한 **서류를 그 건축물이나 설비에 대한 해체·제거작업이 종료될 때까지 보존**하여야 하고, **기관석면조사**를 한 건축물·설비소유주 등과 석면 조사기관은 그 결과에 관한 **서류를 3년 동안 보존**하여야 한다.

4) **작업환경측정 결과를 기록한 서류**는 보존(전자적 방법으로 하는 보존을 포함한다)**기간을 5년으로** 한다. 다만, **고용노동부장관이 정하여 고시하는 물질**에 대한 기록이 포함된 서류는 그 보존기간을 **30년**으로 한다.

5) **건강진단 결과표에 따라 근로자가 제출한 건강진단 결과를 증명하는 서류**(이들 자료가 전산입력된 경우에는 그 전산입력된 자료를 말한다)**를 5년간 보존**해야 한다. 다만, **고용노동부장관이 정하여 고시하는 물질**을 취급하는 근로자에 대한 건강진단 결과의 서류 또는 전산입력 자료는 **30년**간 보존해야 한다.

6) **지도사는 그 업무에 관한** 사항으로서 고용노동부령으로 정하는 사항을 적은 **서류를 5년 동안 보존**하여야 한다.

7) 석면해체·제거업자는 **석면해체·제거작업에 관한 서류 중 고용노동부령으로 정하는 서류를 30년 동안 보존**하여야 한다.

8) 전산입력 자료가 있을 때에는 그 **서류를 대신하여 전산입력 자료를 보존할 수** 있다.

PART 02
인간공학 및 위험성 평가·관리

CHAPTER 01　안전과 인간공학

CHAPTER 02　위험성 파악·결정

CHAPTER 03　위험성 감소 대책 수립·실행

CHAPTER 04　근골격계질환 예방관리

CHAPTER 05　유해요인 관리

CHAPTER 06　작업환경 관리

CHAPTER 01 안전과 인간공학

01 인간공학의 정의

주요내용 알고 가기!

- 인간-기계의 기능 비교
- 인간-기계 통합시스템(man-machine system)의 정보처리 기능
- 인간-기계 통합시스템(man-machine system)의 유형별 특징
- 기계설비 고장 유형
- 체계 기준의 요건
- 작업설계(job design)

> **기출**
> 인간 공학을 나타내는 용어
> - human factors
> - human engineering
> - ergonomics
> - engineering psychology

> **참고**
> 인간공학 연구방법의 3가지
> - 조사연구 : 집단 속성에 관한 특성을 연구
> - 실험연구 : 특정 현상을 정확히 이해하고 예측하기 위한 연구
> - 평가연구 : 실제의 제품이나 시스템이 추구하는 특성 및 수준이 달성되는지를 비교하고 분석하는 것(시스템이나 제품의 영향 평가)

1 인간공학의 정의

(1) 정의

① **인간의 특성과 한계능력**을 공학적으로 분석, 평가하여 이를 복잡한 체계의 **설계에 응용함으로써 효율을 최대로 활용**할 수 있도록 하는 학문분야이다.
② 인간 공학은 **기계와 그 기계조작 및 환경조건을 인간의 특성에 맞추어 설계**하기 위한 수단을 연구하는 학문이다.

(2) 인간공학의 연구목적

가장 궁극적인 목적은 **안전성 제고와 능률의 향상**이다.

① 안전성의 향상과 사고 방지
② 기계조작의 능률성과 생산성의 향상
③ 쾌적성

> **참고**
> 인간공학의 적용분야
> - 제품설계
> - 재해·질병 예방
> - 장비·공구·설비의 설계

한 눈에 들어오는 키워드

(3) 인간기준의 종류 ★

① 인간의 성능척도
② 주관적 반응
③ 생리학적 지표
④ 사고 및 과오의 빈도

(4) 작업관리(방법공학, 작업설계, 직무설계)

1) 작업관리

작업자, 기계, 재료, 작업방법, 작업환경 등의 제반 조건을 분석, 비능률적인 요소는 제거하여 **최적의 작업조건을 달성하기 위한 기법**을 말한다.
① 동작/방법연구와 시간연구를 주요 영역으로 하는 경영기법이다.
② 생산성과 함께 작업자의 안전을 추구하였다.
③ 제조업뿐만 아니라 서비스업에도 적용 가능한 기법들이다.
④ 작업관리에서 다루는 분야
- 작업측정
- 작업방법의 개선
- 생산성 관리

2) 작업관리의 주목적

① 정확한 작업측정을 통한 작업개선
② 공정개선을 통한 작업의 편리성 향상
③ 표준시간 설정을 통한 작업효율 관리

3) 작업관리는 **동작연구**(motion study=방법연구: method study)와 **시간연구**(time study)로 **구성**된다.

동작연구 (방법연구)	• 작업을 수행하기 위한 최선의 방법을 강구하는 기법이다. • 미국의 길브레드 부부에 의해 창시되었다. • 작업과정을 미세한 기본동작으로 분해하고 불필요한 부분을 제거하는 등 동작을 가장 편하게 하며, 사용하기 가장 편리한 도구나 기계를 개발하여 최상의 작업방법을 강구하는 기법이다.
시간연구	• 작업이 수행되는 시간을 측정하여 표준시간을 확립하는 기법이다. • 미국의 테일러가 스톱워치로 작업을 측정한 것에서 시작되었다. • 숙련된 작업자가 정상속도로 수행할 때 소요되는 시간인 표준시간을 결정하는 기법이다. • 작업에서 불필요한 요소와 시간을 찾아내어 작업을 개선하고, 작업에 필요한 적정시간을 설정하는 기법이다.

4) 동작연구(방법연구)의 종류

① **공정분석** : 공정을 처리순서에 따라 **가공, 운반, 검사, 정체, 저장으로 분류**하고 **각 공정의 가공조건, 경과시간, 이동거리 등과 함께 분석**하는 방법
② **작업분석** : 경제적 생산 및 생산성 향상을 목적으로 생산에 필요한 **작업공정에서 주로 실제로 작업하는 사람을 주체로 조사 · 연구**하는 방법
③ **동작분석** : 각 작업을 세밀한 단위에 이르기까지 분석, 평가하여 **불합리한 요소를 제거**하고 작업수행에 요구되는 **합리적인 방법을 결정**하기 위해 실시

한 눈에 들어오는 **키** 워드

[공정도의 기호: KS A 3002]

공정명	기호의 명칭	공정기호	의미
가공	가공	○	원료, 재료, 부품 또는 제품의 형상, 품질에 변화를 주는 과정을 나타낸다.
운반	운반	○⇨	원료, 재료, 부품 또는 제품의 위치에 변화를 주는 과정을 나타낸다. (지름은 가공기호의 1/2~1/3로 한다)
검사	수량검사	□	원료, 재료, 부품 또는 제품의 양(수량)을 측정하여 그 결과를 기준과 비교하고 차이를 아는 과정을 나타낸다.
검사	품질검사	◇	원료, 재료, 부품 및 제품의 품질특성을 시험하고, 그 결과 로트의 합격, 불합격 또는 제품의 양, 불량을 판정하는 과정을 나타낸다.
정체	저장	▽	원료 재료, 부품 또는 제품을 계획에 따라 저장하고 있는 과정을 나타낸다.
정체	지체	D	원료, 재료, 부품 또는 제품이 계획과는 달리 지체되어 있는 상태를 나타낸다.
복합기호	품질/수량검사	◇안에□	품질검사를 주로 하면서 수량검사도 한다.
복합기호	수량/품질검사	□안에◇	수량검사를 주로하면서 품질검사도 한다.
복합기호	가공/수량검사	○안에□	가공을 주로 하면서 수량검사도 한다.
복합기호	가공/운반	○안에⇨	가공을 주로 하면서 운반도 한다.

한눈에 들어오는 **키**워드

5) 표준시간(standard time)의 조건

① 숙련된 작업자가(표준작업 능력을 지닌 작업자)
② 표준 작업조건(환경)에서
③ 보통의 속도로(표준작업 속도로)
④ 표준 작업방법으로
⑤ 1단위의 작업을 수행하는데 소요되는 시간을 말한다.

> 표준시간= 정미시간+여유시간= 정미시간(1+여유율)

- 정미시간: 정상적으로 작업을 수행하는데 순수하게 사용되는 시간
- 여유시간: 작업 수행에 있어서의 피로 등으로 인한 작업지연, 기계고장 등으로 작업을 중단할 경우의 소요시간을 보상하기 위한 시간

예제

정미시간(normal time)이 10분, 외경법으로 설정한 여유율이 10%인 작업의 표준시간을 구하시오.

해설
표준시간= 정미시간×(1+여유율) = 10분×(1+0.1) = 11분

2 인간-기계체계

(1) 인간-기계의 기능 비교 ★

구 분	인간의 장점	기계의 장점
감지기능	• 저에너지 자극감지 • 다양한 자극 식별 • 예기치 못한 사건 감지	• 인간의 감지범위 밖의 자극 감지 • 인간, 기계의 모니터 기능
정보처리 결정	• 많은 양의 정보를 장시간 보관 • 귀납적, 다양한 문제 해결	• 정보를 신속, 대량 보관 • 연역적, 정량적 문제 해결
행동기능	• 과부하 상태에서는 중요한 일에만 집념할 수 있다.	• 과부하에서 효율적 작동 • 장시간 중량 작업, 반복 작업, 동시 여러 가지 작업을 수행할 수 있다.

(2) 인간-기계 통합시스템(man-machine system)의 정의

사람 + 기계 + 환경으로 구성된 시스템으로 인간만으로 또는 기계만으로 발휘하는 그 이상의 큰 능력을 나타내는 시스템을 말한다.

(3) 인간-기계시스템 설계원칙

① 배열을 고려한 설계
② 양립성에 맞게 설계
③ 인체특성에 적합한 설계

(4) 인간-기계 통합시스템(man-machine system)의 정보처리 기능 ★★

① **감지기능**
  인간은 감각기관, 기계는 전자 장치 및 기계 장치를 통하여 감지 한다.
② **정보보관 기능**
  인간은 두뇌, 기계는 자기테이프 및 천공카드에 보관한다.
③ **정보처리 및 의사결정**
  기억된 내용을 근거로 간단하거나 복잡한 과정을 통해 의사 결정을 내리는 과정이다.
④ **행동**
  결정된 사항의 실행과 조정을 하는 과정이다.
  • 인간의 행동기능 : 신체제어
  • **기계의 행동기능** : 음성, 신호, 출력 등 ★

한 눈에 들어오는 키워드

🔹 **기출**
인간과 기계의 능력에 대한 비교
• 기능의 수행이 유일한 기준은 아니다.
• 상대적인 비교는 항상 변하기 마련이다.
• 인간과 기계의 비교가 항상 적용되지 않는다.
• 기능의 할당에서 사회적인 또는 이에 관련된 가치들을 고려해야 한다.
• 최선의 성능을 마련하는 것이 항상 중요한 것은 아니다.

🔹 **기출**
인간이 현존하는 기계를 능가하는 기능
① 원칙을 적용하여 다양한 문제를 해결한다.
② 관찰을 통해서 일반화하고 귀납적으로 추리한다.
③ 주위의 이상하거나 예기치 못한 사건들을 감지한다.
④ 어떤 운용방법이 실패할 경우 새로운 다른 방법을 선택할 수 있다.

용어정의
인간-기계 시스템 (manmachine system)
• 인간이 기계를 사용해서 작업할 때 이를 하나의 시스템으로 생각하는 경우를 말한다.
• 인간-기계 시스템에서 기계는 인간이 만든 모든 것을 말한다.

참고
인간 커뮤니케이션 링크의 종류
• 방향성 Link
• 통신계 Link
• 시작 Link

인간-기계 체계 설계시 인간공학적 해석방법
• 링크해석법
• 웨이트식 중요빈도법
• 공간지수법

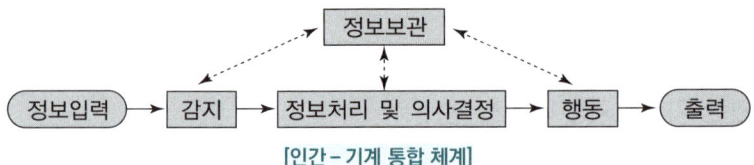

[인간 – 기계 통합 체계]

(5) 인간-기계 통합시스템(man-machine system)의 유형 ★★

① 수동시스템
- 사용자가 **손공구나 기타 보조물 등을 사용**하여 자기의 **신체적 힘을 동력원**으로 하여 작업을 수행하는 시스템이다.
- **가장 다양성이 높은 체계**이다.
  예) 장인과 공구

② 기계시스템(반자동 시스템)
- 여러 종류의 동력 공작 기계와 같이 **고도로 통합된 부품들로 구성**되어 있다.
- **인간의 역할은 제어 기능을 담당**하고, 힘에 대한 공급은 기계가 담당한다.
- 운전자의 조종에 의해 운용되며 융통성이 없는 시스템이다.
  예) 자동차, 공작기계 등

③ 자동 시스템
- **기계가** 감지, 정보 처리 및 의사 결정, 행동 기능 및 정보 보관 등 **모든 임무를 미리 설계된 대로 수행**하게 된다.
- **인간은 감시, 감독, 보전 등의 역할을 담당**하게 된다.
  예) 컴퓨터, 자동교환대 등

(6) 기계설비 고장 유형 ★★

① 초기 고장(감소형)
- **설계상·구조상 결함**, 불량 제조·생산 과정 등의 **품질 관리미비로 생기는** 고장 형태
- **점검** 작업이나 **시운전 작업 등으로** 사전에 **방지**할 수 있는 고장
- 욕조곡선(Bathtub) : 예방보전을 하지 않을 때의 곡선은 서양식 욕조 모양과 비슷하게 나타나는 현상

[예방보전(PM : Preventive Maintenance) 기간 ★]	
디버깅(Debugging) 기간	기계의 결함을 찾아내 단시간 내 고장률을 안정시키는 기간
번인(Burn in) 기간	기계를 장시간 가동하여 그동안에 고장난 것을 제거하는 기간
에이징(Aging)	비행기에서 3년 이상 시운전하는 기간
스크리닝(screening)	기기의 신뢰성을 높이기 위하여 품질이 떨어지는 것이나 고장 발생 초기의 것을 선별, 제거하는 것

> 한 눈에 들어오는 **키** 워드

② **우발고장(일정형)**
- **예측할 수 없을 때에 생기는 고장의 형태**
- 사용자의 **실수, 천재지변, 우발적 사고** 등이 원인이다.
- 기계마다 일정하게 발생되며 **고장율이 가장 낮다.**

우발고장의 고장원인	• 안전계수가 낮기 때문 • 사용자의 과오 때문 • 최선의 검사방법으로도 탐지되지 않는 결함 때문에

③ **마모 고장(증가형)**
- 기계적 요소나 **부품의 마모**, 사람의 노화 현상 **등에 의해 고장률이 상승하는 형**이다.
- 고장이 일어나기 직전에 **교환, 안전 진단** 및 **적당한 보수에 의해서 방지할** 수 있는 고장이다.

④ **기계설비의 고장 유형 곡선 ★★**
욕조곡선(Bathtub curve)

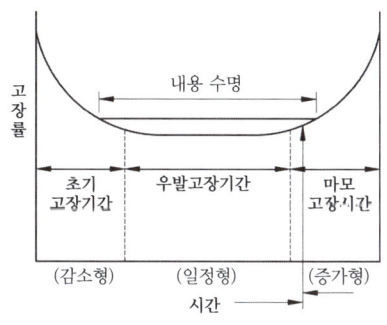

> **기출**
> 적정 윤활의 원칙
> ① 적량의 규정
> ② 윤활기간의 올바른 준수
> ③ 올바른 윤활법의 채용
> ④ 올바른 윤활유의 선정

한 눈에 들어오는 키워드

참고

체계(system)의 특성
- 집합성
- 관련성
- 목적추구성

기출

인간-기계 체계에서 인간과 기계가 만나는 면(面) : 계면

참고

체계기준
- 신뢰도(Reliability : Rt)
  체계 또는 부품이 주어진 운용조건하에서 의도하는 사용기간 중에 의도한 목적에 만족스럽게 작동할 확률
- 가용도(Availability : At)
  체계가 어떤 시점에서 만족스럽게 작동할 수 있는 확률
- 정비도(Maintainability : Mt)
  고장난 체계가 일정한 시간 안에 수리될 확률
- 고장률(Hazard rate : ht)
  단위시간당 시간구간 초에 정상 작동하던 체계가 그 시간구간내에 고장나는 비율
- 고장률 함수 ★

  $h(t) = \dfrac{f(t)}{R(t)}$

- 고장밀도함수(Failure density function : ft) : 단위시간당 고장이 발생하는 체계의 비율

3 체계(system)설계와 인간요소

(1) 체계분석 및 설계의 인간공학적 가치 ★

① **성능의 향상** : 적절한 유능한 운용자
② **훈련비용의 절감** : 숙련도
③ **인력이용율의 향상** : 인력자원의 효과적 이용
④ **사고 및 오용으로부터의 손실감소** : 인간공학 원칙 적용
⑤ **생산 및 보전의 경제성 증대** : 설계 단순화 및 인간공학 원칙 적용
⑥ **사용자의 수용도 향상** : 운용 및 보전성 용이

(2) 체계설계의 주요과정

① 목표 및 성능명세 결정
② 체계의 정의
③ 기본 설계 ★
  - 작업설계
  - 직무분석
  - 기능할당
  - 인간 성능 요건 명세 결정
④ 계면 설계(인간 - 기계 인터페이스 설계)
⑤ 촉진물 설계(매뉴얼 및 성능보조자료 작성)
⑥ 시험 및 평가

(3) 체계기준(system criteria)

① **체계기준**
  체계가 원래 의도하는 바를 얼마나 달성하는가를 나타내는 기준으로서 체계의 수명, 신뢰도, 정비도, 가용도, 운용비, 운용연장도, 소요인력, 사용상의 용이성 등이 있다.
② 체계 기준의 요건(인간공학 연구조사에 사용되는 기준의 구비조건 ★
  - **적절성** : 의도된 목적에 적합하여야 한다.
  - **무오염성** : 측정하고자 하는 변수외의 다른 변수의 영향을 받아서는 안된다.
  - **신뢰성** : 반복실험시 재현성이 있어야 한다.(반복성)
  - **민감도** : 예상차이점에 비례하는 단위로 측정하여야 한다.

③ **인간기준** : 인간성능(Human Performance)에 의한 판단 기준 ★
- **인간성능 척도** : 여러 가지 감각활동, 정신활동, 근육활동에 의해 판단(자극에 대한 반응시간)

인간성능 척도		
- 빈도수 척도	- 지연성 척도	- 지속성 척도

- **생리학적 지표** : 맥박, 혈압, 뇌파, 호흡수 등으로 판단
- **주관적인 반응** : 개인성능 평점, 체계설계에 대한 대안에 대한 평점등 주관적 평가로 판단
- **사고빈도** : 사고나 상해발생 빈도에 의해 판단

(4) 신뢰성 설계

① **중복(Redundancy)설계** : 일부에 고장이 발생해도 전체 고장이 일어나지 않도록 여력인 부분을 추가하여 중복 설계한다.(병렬설계)
② **부품의 단순화와 표준화**
③ **인간공학적 설계와 보전성 설계**

(5) 작업설계(job design) : 작업 만족도를 위한 설계

① 작업확대 : 수평적 확대(범위)
② 작업윤택화 : 수직적 확대(깊이)
③ 작업만족도 : **작업 설계시의 딜레마**
④ 작업순환 : 작업능률, 생산성 강조(인간요소적 접근방법)

(6) 계면설계(interface design)

작업공간, 표시장치, 조종장치 등이 계면에 해당되며 계면설계를 위한 인간요소 관련자료는 상식과 경험, 정량적 자료, 전문가의 판단 등이다.

(7) 촉진물 설계

만족스러운 인간성능을 증진시킬 수 있는 보조물의 설계를 뜻한다.

참고

시스템 설계 평가 종류
- 성능평가
- 기능평가
- 신뢰성 평가

※ 문제

다음 중 신뢰성 설계기술이 아닌 것은?
㉮ 신뢰성 추출(Sampling)
㉯ 중복(Redundancy)설계
㉰ 부품의 단순화와 표준화
㉱ 인간공학적 설계와 보전성 설계
정답 ㉮

참고

인간의 신뢰성 3요소
① 주의력
② 긴장 수준
③ 의식 수준

참고

인터페이스(계면) 설계
사용자가 쉽고 친근하게 컴퓨터를 사용할 수 있도록 화면을 설계하는 것

한눈에 들어오는 키워드

기출
이동전화 설계에서 사용성 개선을 위해 사용자의 인지적 특성이 가장 많이 고려되어야 하는 사용자 인터페이스 요소 : 한글입력 방식

용어정의
1. 감정 : 비교적 단순한 심리적 체험(예 밝다)
2. 감성 : 외부의 물리적 자극에 따른 감각, 지각으로 사람의 내부에 일어나는 고도의 심리적 체험(예 쾌적감, 온화함)

용어정의
휴먼에러 : 인간의 어떤 행위가 작업을 수행하거나 판단을 하는 데 나쁜 영향을 미칠 소지가 있는 행위를 말한다.

참고
차피니스(Chapanis)의 인간에러의 분류
- 신호의 에러
- 직업 공간의 에러
- 지시의 에러
- 예측의 에러
- 연속 응답의 에러

L.W.Rock의 인간에러의 분류
- 설계 에러
- 제작 에러
- 검사 에러
- 시간 에러
- 조작 에러
- 취급 에러

(8) 시험 및 평가

① 체계개발 산물이 의도대로 작동되는가?
② 인간성능에 관계되는 속성이 적합하게 설계, 사용되는지 보증, 검토하는 단계

(9) 감성공학

① 인간의 마음을 구체적인 물리적 설계요소로 번역하여 이를 실현하는 기술을 뜻한다.
② 인간이 가지고 있는 소망으로서의 이미지나 감성을 구체적인 제품설계로 실현해내는 공학적 접근방법이다.

4 인간요소와 휴먼에러

(1) 인간 실수의 분류

[휴먼에러의 심리적 분류(Swain의 분류)★★]

① omission error (누설오류, 생략오류, 부작위오류)	필요한 작업 또는 절차를 수행하지 않는데 기인한 에러
② time error(시간오류)	필요한 작업 또는 절차의 수행 지연으로 인한 에러
③ commission error(작위오류)	필요한 작업 또는 절차의 불확실한 수행으로 인한 에러
④ sequential error(순서오류)	필요한 작업 또는 절차의 순서 착오로 인한 에러
⑤ extraneous error(과잉행동오류)	불필요한 작업 또는 절차를 수행함으로써 기인한 에러

[원인의 레벨적 분류★★]

① primary error(1차 에러)	작업자 자신으로부터 발생한 에러
② secondary error(2차 에러)	작업형태, 작업조건 중 문제가 생겨 필요한 사항을 실행할 수 없어 발생한 에러
③ command error	실행하고자 하여도 필요한 물품, 정보, 에너지 등이 공급되지 않아서 작업자가 움직일 수 없는 상태에서 발생한 에러

(2) 인간실수의 형태적 특성

1) 행동과정을 통한 분류

① 입력 에러(input error) : 감각 또는 지각 입력의 에러
② 정보처리 에러(information processing error) : 중재(mediation) 또는 정보처리 절차의 에러
③ 출력 에러(output error) : 신체적 반응의 출력 에러
④ 피드백 에러(feedback error) : 인간 제어의 에러
⑤ 의사결정 에러(decision making error) : 주어진 의사결정 과정에서의 에러

2) 대뇌 정보처리 에러

① 제1단계 : **인지단계 - 인지(확인) 에러(입력 에러)**
외계로부터 작업정보의 습득으로부터 감각 중추로 인지되기까지 일어날 수 있는 에러이며, **확인 착오**도 이에 포함된다.

② 제2단계 : **판단단계 - 판단(기억) 에러**
중추신경의 의사과정에서 일으키는 에러로써 **의사결정의 착오나 기억에 관한 실패**도 여기에 포함된다.

③ 제3단계 : **조작단계 - 조작(동작) 에러(반응 에러)**
운동 중추에서 올바른 지령이 주어졌으나 **동작 도중에 일어난 에러**이다.

[인간의 정보처리 과정에서 발생되는 에러 ★]

Mistake (착오, 착각)	• 인지과정과 의사결정과정에서 발생하는 에러 • **상황해석을 잘못하거나 틀린 목표를 착각하여 행하는 경우**
Lapse (건망증)	• 저장단계에서 발생하는 에러 • **어떤 행동을 잊어버리고 안하는 경우**
Slip (실수, 미끄러짐)	• 실행단계에서 발생하는 에러 • 상황(목표)해석은 제대로 하였으나 **의도와는 다른 행동을 하는 경우**
Violation (위반)	• 알고 있음에도 의도적으로 따르지 않거나 무시한 경우

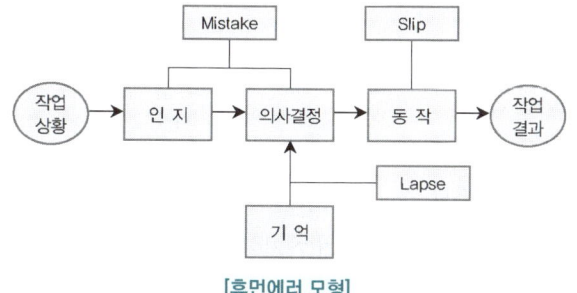

[휴먼에러 모형]

한 눈에 들어오는 키워드

기출

1. 작위오류(행동오류) : 하지 말아야 할 행동을 하여 생긴 오류
   • 순서오류
   • 과잉행동오류
   • 시간오류
   • 선택오류

2. 부작위오류 : 마땅히 하여야 할 행동을 하지 않아 생긴 오류
   • 생략오류

※ 문제

인간정보처리 과정에서 실패가 일어나는 것이 잘못 연결된 것은?
㉮ 입력에러 – 확인미스
㉯ 매개에러 – 결정미스
㉰ 출력에러 – 동작미스
㉱ 판단에러 – 반응미스

[해설]
㉱ 판단에러–기억미스

[참고]
잘못 기억함으로서 잘못된 판단을 내리게 된다.

정답 ㉱

용어정의

1. **인지** : 눈앞에 제시된 정보나 신호를 인정하는 것
2. **확인** : 작업을 진행하기 위하여 작업에 대한 정보나 신호 등을 작업에 필요한 것과 불필요한 것으로 구별하여 필요한 것에 대한 인식을 하는 것

한 눈에 들어오는 **키** 워드

[휴먼 에러의 작업별 오류 유형]

조작 오류	기계나 설비를 조작하는 과정에서 발생하는 오류
설치 오류	설비, 장치 등을 설치할 때에 발생하는 오류
보전 오류	기계나 설비에 필요한 주유를 생략하였다든지 부품의 교체 시기에 규격이 다른 부품을 사용했다든지 하는 오류로 보전작업상의 오류
검사 오류	불량품 검사나 품질 검사 등에서 발생하는 오류

3) 휴먼 에러의 배후요인(4M)

[4M ★★★]

① Man(인간)	본인 외의 사람, 직장의 인간관계 등
② Machine(기계)	기계, 장치 등의 물적 요인
③ Media(매체)	작업정보, 작업방법 등(인간과 기계를 연결하는 매개체이다)
④ Management(관리)	작업관리, 법규준수, 단속, 점검 등

(3) 인간실수 확률에 대한 추정기법

1) 위급사건기법(CIT)

인간 - 기계 엔지니어로 하여금 사고, 위기 인발, 조작 실수 등 정보를 수집하기 위해 면접하는 방법

2) 인간에러율 예측기법(THERP)

인간의 과오율을 예측하기 위한 기법

$$\text{인간과오율 HEP} = \frac{\text{실제 과오의 수}}{\text{과오발생 전체기회 수}} \star$$

3) 직무 위급도 분석

안전, 경미, 중대, 파국적으로 위험을 구분한다.

4) 결함수 분석(FTA)

결함을 분석하는 기법

5) 조작자 행동 나무(OAT)

제품 사용 중에 발생할 수 있는 여러 가지 상황을 그려본다.

(4) 인간실수 예방기법

1) 페일세이프(Fail-Safe)

기계 설비에 **결함이 발생되더라도 사고가 발생되지 않도록** 2중, 3중으로 통제를 가한다.

[페일세이프의 구분 ★★★]

① Fail Passive	부품의 고장 시 기계장치는 정지 상태로 옮겨간다.
② Fail active	부품이 고장나면 **경보를 울리며 짧은 시간 운전이 가능**하다.
③ Fail operational	부품의 고장이 있어도 **다음 정기점검까지 운전이 가능**하다.

2) 풀 프루프(Fool-proof) ★★

인간의 실수가 있더라도 사고로 연결되지 않도록 2중, 3중으로 **통제를 가한다**.

 한 눈에 들어오는 키워드

◉ 기출

페일세이프(Fail-Safe)의 종류
- 다경로하중구조
- 하중경감구조
- 교대구조
- 중복구조

◉ 기출

Temper proof
안전장치를 제거하는 경우 제품이 작동되지 않도록 하는 설계

◉ 기출

lock system
안전사고가 일어나지 않도록 인간, 기계를 통제하는 시스템
- interlock system
  기계중심의 lock system
- translock system
  인간-기계 사이 lock system
- intralock system
  인간중심의 lock system

CHAPTER 02 위험성 파악·결정

01 시스템 위험성 추정 및 결정

주요내용 알고 가기!

- 시스템 안전성 확보책
- 시스템 안전관리
- 시스템 안전프로그램의 목표 사항
- 시스템 위험분석기법의 종류별 특징
- FTA의 논리기호 및 사상기호
- FTA에 의한 재해사례 연구 순서
- 설비의 신뢰도(직렬연결, 병렬연결)
- 발생확률의 계산
- 컷셋과 패스셋 구하기

> **참고**
>
> **system이란?**
> - 요소의 집합에 의해 구성되고
> - system 상호간에 관계를 유지하면서
> - 정해진 조건 아래에서
> - 어떤 목적을 위하여 작용하는 집합체라 할 수 있다.

> **용어정의**
>
> 1. **시스템안전공학** : 시스템내의 위험성을 적시에 식별하고 그 예방 또는 필요한 조치를 도모하기 위한 시스템 공학의 한 분야
> 2. **시스템 안전 프로그램(System safety program)** : 시스템의 전 수명단계를 통하여 가장 적합할 때에 가장 효율적이고 경제적인 방법으로 시스템 안전요건을 만족시킴으로써 시스템의 효율성을 높이려는 안전관리 활동들의 추진계획을 말한다.
> 3. **수명주기(Life cycle)** : 생산시스템의 구상단계에서 시작하여 완전히 폐기될 때까지의 안전성을 평가함에 있어서 고려되어야 하는 전체기간을 말한다.

1 시스템 위험 분석 및 관리

(1) 시스템 안전의 정의

어떤 시스템에 있어서 **가능시간, 코스트(cost) 등의 제약조건하에서 인원 및 설비가 당하는 상해 및 손상을 최소한으로 줄이는 것**이다.

시스템의 계획 → 설계 → 제조 → 운용 등의 단계를 통하여 시스템의 안전관리 및 시스템 안전공학을 정확히 적용시키는 것이 필요하다.

(2) 시스템 안전성 확보책

① **위험 상태의 존재 최소화**
② **안전 장치의 채택**
③ **경보 장치의 채택**
④ **특수 수단 개발, 표식의 규격화**

(3) 시스템 안전관리 ★

① 안전활동의 계획 및 조직과 관리
② 다른 시스템 프로그램 영역과 조정
③ 시스템 안전에 필요한 사항의 동일성의 식별
④ 시스템 안전에 대한 프로그램의 해석과 검토 및 평가 등의 시스템 안전업무

(4) 시스템안전 프로그램의 목표사항

① 시스템 목표 및 필요사항과 모순되지 않는 안전성의 시스템 설계에 의한 구체화
② 신재료 및 신제조, 시험기술의 채용 및 사용에 따른 위험의 최소화
③ 유사한 시스템 프로그램에 의하여 작성된 과거 안전성 데이터의 고찰 및 이용

(5) 시스템 안전 프로그램 계획에 포함사항
   (kosha guide "생산시스템의 수명주기에 따른 리스크 평가지침")

① 시스템 안전조직
② 시스템 안전업무활동
③ 시스템 안전문서 양식
④ 시스템 개발과정에서의 안전업무활동 시기 및 방법
⑤ 리스트 평가 방법 및 수용기준

(6) 위험처리기술 ★

① **위험의 제거(위험감축)**
   위험 요소를 적극적으로 **예방**하고 **경감**하려는 것을 말한다.
② **위험의 회피**
   위험한 작업 자체를 하지 않거나 작업방법을 개선하는 것을 말한다.
③ **위험의 보유**
   위험의 일부 또는 전부를 스스로 인수하는 것을 말한다. 위험에 대한 무지에서 무의식적으로 위험에 노출되는 소극적 보유와 위험을 의식하면서 보유하는 적극적 보유가 있다.
④ **위험의 전가**
   위험을 보험, 보증, 공제기금제도 **등으로 분산시키는 것**을 말한다.

한 눈에 들어오는 키 워드

기출
시스템 설계자의 평가방법
① 성능평가
② 기능평가
③ 신뢰성평가

참고
시스템 안전 프로그램의 내용
① 일반개요
② 안전조직, 책임 및 권한
③ 시스템안전기준
④ 수행해야 하는 시스템 안전 업무활동
⑤ 시스템 안전문서
⑥ 안전업무활동의 관리
⑦ 안전훈련
⑧ 설비 및 지원기능

기출★
시스템 안전 프로그램의 5단계
• 제1단계 : 구상 단계
• 제2단계 : 사양결정 단계(정의)
• 제3단계 : 설계단계
• 제4단계 : 제작단계
• 제5단계 : 조업단계

참고
시스템안전프로그램 계획(SSPP)에서 수행해야 하는 시스템 안전 업무 활동
• 정성적 분석
• 정량적 분석
• 운용 위험요인 분석(OHA)
• 업무활동 심사의 참가
• 설계 심사에 참가

(7) 위험성을 예측, 평가하는 단계

① **1단계 : 평가대상 공정 선정**
   - 평가대상 공정이나 작업을 선정하는 단계로 평가대상 공정의 안전보건상 위험 정보에 대한 사전 파악을 포함한다.

② **2단계 : 위험요인 도출**
   - 위험요인을 인적, 기계적, 물질·환경적, 관리적으로 구분하여 도출하는 단계이다.

③ **3단계 : 위험도 계산**
   - 사고 빈도와 사고 강도의 곱으로 위험도 수준을 결정하는 단계이다.

④ **4단계 : 위험도 평가**
   - 현재의 위험도가 허용할 수 있는 위험인지 위험도를 평가하는 단계이다.

⑤ **5단계 : 개선대책 수립**
   - 위험도 평가 결과에 따라 개선대책을 수립하고 실시하여 도출한 위험 요인을 허용 가능한 위험도로 낮추는 단계이다.

2 위험분석기법

(1) 시스템 수명주기 단계별 특성

① **구상(Concept) 단계**
   구상 단계는 시스템을 제작하기 위한 시작 단계로서, 시스템의 사용목적과 기능, 앞으로 생산할 시스템을 개발함에 있어 일반적인 진행과정이 결정된다.

② **정의(Definition) 단계**
   예비 설계안과 생산 기술과의 비교를 통해 시스템 개발의 가능성과 타당성을 확인하고, 시스템 개발상의 일반적인 설계가 이루어지는 단계이다.

③ **개발(Development) 단계**
   - 시스템 개발의 공식적인 시작단계이다. 이미 시스템 안전 프로그램에 계획된 대로 개발단계에서 시도되어야 하는 시스템 안전 업무들이 시작된다.
   - 생산시스템 사용자에게 교육시키기 위한 다양한 훈련과정에 관계자료들을 제공한다.

④ **제조(Production) 단계**
   - 제조 단계에서 수행되는 거의 모든 업무는 주로, 이전 단계에서 획득된 시스템의 안전수준이 생산단계에서도 유지되는가를 확인하기 위한 것이다.
   - 이 단계에서 안전교육이 시작된다.

참고
위험관리의 내용
- 위험의 파악
- 사고 발생 확률 예측
- 위험의 처리

기출
위험관리의 순서
위험의 파악 → 위험의 분석 → 위험의 평가 → 위험의 처리

위험(Risk)의 3요소(Triplets)
- 사고 시나리오(S_i)
- 사고 발생 확률(P_i)
- 파급효과 또는 손실(X_i)

⑤ 배치(Deployment) 단계, 운용 단계

운용 단계는 시스템 개발, 생산의 다음 단계로서, 사용자가 최초의 시스템을 사용하기 위해 수용하는 순간부터 시작한다.

⑥ 폐기(Disposal) 단계

폐기 단계는 시스템이 갖는 특정한 설계요인 때문에 매우 중요할 수도 있다. 시스템의 유해위험요인이 있는 부분, 예를 들어 부식성·유해성 물질, 방사능 폐기물, 가연성 물질, 방향성 물질 등을 폐기하는 절차는 시스템 개발 초기에, 주로 개발단계에서 검토되고 결정되어야 한다.

3 시스템 위험분석 기법

(1) 예비 위험 분석(PHA : Preliminary Hazards Analysis) ★

① 모든 **시스템 안전 프로그램의 최초 단계(설계단계, 구상단계)에서 실시하는 분석법**으로서 시스템내의 위험요소가 얼마나 위험한 상태에 있는가를 정성적으로 평가하는 기법이다. ★★
② PHA의 4가지 주요목표
- 시스템의 모든 주요한 사고를 식별하고, 대략적인 말로 표시할 것
- 사고를 유발하는 요인을 식별할 것
- 사고가 발생한다고 가정하고 시스템에 생기는 결과를 식별하고 평가할 것
- 식별된 사고를 다음 4가지 범주로 분류할 것

[PHA 카테고리 분류 ★]

Class 1. 파국적(catastrophic)	사망, 시스템 손상
Class 2. 위기적(critical)	심각한 상해, 시스템 중대 손상
Class 3. 한계적(marginal)	경미한 상해, 시스템 성능 저하
Class 4. 무시(negligible)	경미한 상해 및 시스템 저하 없음

(2) 결함위험분석(FHA : Fault Hazards Analysis) ★

① 한 계약자만으로 모든 시스템의 설계를 담당하지 않고 몇 개의 공동계약자가 분담할 경우 **서브시스템**(subsystem)**의 해석에 사용되는 분석법**이다.
② 전체 제품을 몇 개의 하부제품(서브시스템)으로 나누어 제작하는 경우 **하부제품이 전체 제품에 미치는 영향을 분석하는 기법**으로 제품 정의 및 개발단계에서 수행된다.

> 기출 ★
> 1. MIL-STD-882B(미국방성의 위험성평가)의 위험도 분류
>   - 제1단계 : 파국적(치명적)
>   - 제2단계 : 위기적(위험)
>   - 제3단계 : 한계적
>   - 제4단계 : 무시
> 2. MIL-STD-882B의 시스템 안전 필요사항에 대한 우선권 순서
>   최소리스크를 위한 설계 → 안전장치 설치 → 경보장치 설치 → 절차 및 교육훈련 개발
> 3. MIL-STD-882B의 위험성 평가 매트릭스(Matrix) 분류
>   - 자주 발생(Frequent)
>   - 보통 발생(Probable)
>   - 가끔 발생(Occasional)
>   - 거의 발생하지 않음(Remote)
>   - 극히 발생하지 않음(Improbable)

③ FHA의 기재사항 ★
- 서브시스템의 요소
- 그 요소의 고장형
- 고장형에 대한 고장률
- 요소 고장 시 시스템의 운용 형식
- 서브시스템에 대한 고장의 영향
- 2차 고장
- 고장형을 지배하는 뜻밖의 일
- 위험성의 분류
- 전 시스템에 대한 고장의 영향
- 기타

(3) 고장형태와 영향분석(FMEA : Failure Modes and Effects Analysis)

1) 시스템에 영향을 미치는 모든 요소의 **고장을 형태별로 분석하여 그 영향을 검토하는 정성적, 귀납적 분석법**이다. ★★

2) FMEA 위험성 분류

발생확률(β)에 따른 분류 ★	위험성 분류 표시
• 실제손실 $\beta = 1.00$ • 예상되는 손실 $0.1 < \beta < 1.00$ • 가능한 손실 $0 < \beta \leq 0.1$ • 영향 없음 $\beta = 0$	• category 1 : 생명 또는 가옥의 상실 • category 2 : 임무 수행의 실패 • category 3 : 활동의 지연 • category 4 : 손실과 영향없음

3) FMEA의 실시절차 ★

1단계 대상 시스템의 분석	• 기기 및 시스템의 구성 및 기능의 전반적 파악 • FMEA의 실시를 위한 기본방침의 설정 • 기능 BLOCK과 신뢰성 BLOCK도의 작성
2단계 고장형과 그 영향의검토	• 고장 모드의 예측과 설정 • 고장 원인의 상정 • 상위 아이템에 대한 고장 영향의 검토 • 고장 검지법이 검토 • 고장에 대한 보상법과 대응법의 검토 • FMEA WORK SHEET에 관한 기입 • 고장등급의 평가
3단계 치명도 해석과 개선책의 검토	• 치명도 해석 • 해석결과의 정리

한눈에 들어오는 키워드

기출

1. 고장형태와 영향분석(FMEA)의 평가요소
① 고장발생의 빈도
② 고장방지의 가능성
③ 기능적 고장 영향의 중요도

2. FMEA의 고장 평점을 결정하는 5가지 평가요소
① 신규설계의 정도
② 고장발생의 빈도
③ 고장방지의 가능성
④ 영향을 미치는 시스템의 범위
⑤ 기능적 고장 영향의 중요도

4) FMEA의 기재사항

① 요소의 명칭
② 고장의 형
③ 다른 요소 및 전 시스템에 대한 고장의 영향
④ 위험성의 분류
⑤ 고장의 발견방법
⑥ 시정방법

5) FMEA의 장·단점 ★

① 장점
- 서식이 간단하고 **적은 노력으로도 분석이 가능**하다.

② 단점
- 논리성이 부족하다.
- 각 요소간의 영향을 분석하기 어렵기 때문에 **동시에 두 개 이상의 고장이 날 경우 해석이 곤란하다**.
- 요소가 물체로 한정되어 있어 인적 원인 분석이 곤란하다.

(4) ETA(Event Tree Analysis)와 DT(Decision Trees)

1) ETA(Event Tree Analysis) : 사건수(사상수)분석법

① **사상의 안전도를 사용하여 시스템의 안전도 나타내는 귀납적, 정량적인 분석법**이다. ★★
② 사고 시나리오에서 **연속된 사건들의 발생경로를 파악하고 평가하기 위한 귀납적이고 정량적인 시스템안전 프로그램** 분석법이다.
③ 재해의 확대요인을 분석하는데 적합하며 디시젼 트리를 재해사고의 분석에 이용할 경우의 분석법이다.
④ ETA 작성법
- 좌에서 우로 진행한다.
- 요소의 성공사상은 위쪽에, 실패사상은 아래쪽으로 분기한다.
- 분기마다 안전도와 불안전도의 발생확률이 표시된다.
  (분기된 각 사상의 합은 항상 1이다)

2) DT(Decision Trees)

요소의 신뢰도를 이용하여 시스템의 신뢰도를 나타내는 기법으로 **귀납적이고, 정량적**인 분석 방법이다. ★★

[확인 ★]
- FTA : 연역적, 정량적
- FMEA : 귀납적, 정성적
- ETA, DT : 귀납적, 정량적
- CA : 정량적

※ 문제

다음은 사건수분석(Event Tree Analysis, ETA)의 작성사례이다. A, B, C에 들어갈 확률값들이 올바르게 나열된 것은?

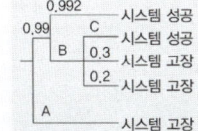

㉮ A : 0.01, B : 0.008, C : 0.03
㉯ A : 0.008, B : 0.01, C : 0.2
㉰ A : 0.01, B : 0.008, C : 0.5
㉱ A : 0.03, B : 0.01, C : 0.008

[해설]
성공과 실패 사상의 확률의 합은 항상 1이므로
A = 1−0.99 = 0.01
B = 1−0.992 = 0.008
C = 1−(0.3+0.2) = 0.5

정답 ㉰

참고

치명도 분석법
(CA : Criticality Analysis)
사고의 위험성만 분석하는 방법으로 각 요소가 전체시스템에 미치는 영향을 분석하기가 곤란하다. 따라서, FMEA와 함께 사용된다.(FMEA-CA)
① 먼저, 고장형태를 해석하여 시스템에 끼치는 영향을 해석하고
② 하나의 치명적인 고장을 결정하여 위험성을 분석하고
③ 여러 고장의 위험성을 구분하여 위험성이 높은 것을 우선적으로 개선한다.

(5) 치명도 분석(CA : Criticality Analysis)

① 고장이 직접 시스템의 손실과 인명의 사상에 연결되는 **높은 위험도를 가진 요소나 고장의 형태에 따른 분석법**이다.
② 고장이 시스템에 얼마나 치명적인 영향을 끼치는 지에 대한 **고장을 정량적으로 분석하는 기법**이다. ★★
③ 정성적 방법에 의한 FMEA에 대해 정량적 성격을 부여한다.
④ 고장 등급의 평가

$$\text{치명도}(Cr) = C_1 \times C_2 \times C_3 \times C_4 \times C_5$$

- C_1 : 고장 영향의 중대도
- C_2 : 고장의 발생 빈도
- C_3 : 고장 검출의 곤란도
- C_4 : 고장 방지의 곤란도
- C_5 : 고장 시정시간의 여유도

> 참고
> 고장형태 및 영향분석(FMEA) + 치명도 분석(CA) → FMECA

(6) 인간에러율 예측기법(THERP : Technique of Human Error Rate Prediction)

① **인간의 과오(human error)**를 정량적으로 **평가**하기 위하여 1963년 Swain 등에 의해 개발된 기법이다. ★★
② 인간의 과오율 추정법 등 5개의 스텝으로 되어 있다.

(7) MORT(Management Oversight and Risk Tree)

① 1970년 이후 미국의 W. G. Johnson 등에 의해 개발된 최신 시스템 안전 프로그램으로서 원자력 산업의 고도 안전 달성을 위해 개발된 분석 기법이다.
② **관리, 설계, 생산, 보전 등의 광범위한 안전을 도모**하기 위한 연역적이고, 정량적인 분석법이다. ★★

(8) 운용 및 지원위험 분석(O&S : operating & support 또는 OSHA)

① 시스템의 **모든 사용단계에서** 생산, 보전, 시험, 운반, 구출, 구조, 훈련 및 폐기 등에 사용되는 인원, 순서, 설비에 관하여 위험을 동정하고 그것들의 **안전요건을 결정하기 위한 분석법**이다. ★★
② 시스템이 저장되어 이동되고 실행됨에 따라 발생하는 작동시스템의 기능이나 과업, 활동으로부터 발생되는 위험에 초점을 맞춘 위험분석 차트이다.

(9) FAFR(Fatal Accident Frequency Rate)

① 위험도를 표시하는 단위로 10^8(1억)시간당 사망자 수를 나타낸다.

② FAFR = $\dfrac{\text{사망자 수}}{\text{총 작업시간수}} \times 10^8$ ★

(10) HAZOP(Hazard and Operability, 위험 및 운전성 검토)

각각의 **장비에 대해 잠재된 위험이나 기능저하 등** 시설에 결과적으로 미칠 수 있는 **영향을 평가하기 위하여 공정이나 설계도 등에 체계적인 검토를 행하는 것**을 말한다.

1) 용어의 정의

① 의도 : 어떤 부분이 어떻게 작동되리라고 기대된 것을 의미하는 것으로 서술적일 수도 있고 도면화 될 수도 있다.
② 이상 : 의도에서 벗어난 것을 의미하며 유인어를 체계적으로 적용하여 얻어진다.
③ 원인 : 이상이 발생한 원인을 의미한다.
④ 결과 : 이상이 발생할 경우 그것에 대한 결과이다.
⑤ 위험 : 손실, 손상, 부상 등을 초래할 수 있는 결과를 의미한다.
⑥ 유인어 : 간단한 용어로서 창조적 사고를 유도하고 이상을 발견하고 의도를 한정하기 위해 사용된다.

2) 유인어의 종류

[유인어의 종류와 뜻 ★]

No 또는 Not	완전한 부정
More 또는 Less	양의 증가 및 감소
As Well As	성질상의 증가, 설계 의도 외의 다른 변수가 부가되는 경우
Part of	일부변경(설계 의도대로 완전히 이루어지지 않은 상태), 성질상의 감소
Reverse	설계의도의 논리적인 역, 설계 의도와 정 반대로 나타나는 현상
Other Than	완전한 대체, 설계 의도대로 되지 않거나 유지되지 않은 상태

참고

HAZOP의 전제조건
- 이상 발생 시 안전장치는 정상작동하는 것으로 간주한다.
- 두 개 이상의 기기고장이나 사고는 일어나지 않는 것으로 간주한다.
- 장치 자체는 설계 및 제작 사양에 맞게 제작된 것으로 간주한다.
- 조작자는 위험상황이 일어났을 때 그것을 인식할 수 있고, 충분한 시간이 있는 경우 필요한 조치사항을 취하는 것으로 간주한다.

한 눈에 들어오는 키워드

특급암기법

1. P(최초의)HA : 시스템 안전프로그램의 **최초** 단계의 **분석기법**
2. F(고장)ME(영향)A(분석) : **고장**을 형태별로 분석하여 그 **영향**을 검토하는 분석기법
3. E(사상)TA : **사상의 안전도를 사용하여 시스템의 안전도 나타내는** 분석기법
4. D(요소)T : **요소의 신뢰도를 이용하여 시스템의 신뢰도를 나타내는** 분석기법
5. C(치명도)A : **높은 위험도(정량적 분석)를 가진 고장**의 **형태에 따른 분석법**
6. THE(휴먼에러, 인간과오)RP : **인간의 과오를 평가하기 위한 분석기법**
7. MO(광범위)RT : **광범위한 안전을 도모하기 위한 분석법**
8. O&S 또는 O(사용)SHA : 시스템의 **모든 사용단계에서 안전요건을 결정하기 위한 분석법**
9. F(결함)TA : **결함수법**이라 하며 **재해발생을 연역적, 정량적으로 예측할 수 있는 기법**
10. F(결함)H(위험)A(분석) : **서브 시스템의 해석에 사용**되는 분석법

참고

FTA는 고장사상을 1차고장, 2차고장, Command fault의 3가지로 전개한다.
- 1차 고장은 설계사상 범위내의 동작이나 환경에서 발생하는 요소의 고장이며,
- 2차 고장은 설계사양을 뛰어넘는 환경 하에서 일어나는 고장으로 근접요소의 고장이나 운전자의 실수 등이며,
- Command fault는 구동입력의 고장으로 인하여 그 요소가 작동하지 않게 되는 고장을 말한다.

4 결함수분석(FTA: Fault Tree Analysis)

(1) FTA의 정의

화학 플랜트, 핵 발전소, 대기 우주산업 및 전자공업에서 어떤 특정한 사고에 대하여 그 사고의 원인이 되는 장치 및 기기의 결함이나 작업자 오류 등을 **연역적이며 정량적으로 평가하는 분석법**이다.

(2) FTA의 특징

시스템 고장을 발생시키는 **사상과 원인과의 관계를 논리기호(AND와 OR)를 사용하여 나뭇가지 모양의 그림(Tree)으로 나타낸 FT(Fault Tree)를 만들고 이에 의거하여 시스템의 고장확률을 구함**으로서 취약 부분을 찾아내어 시스템의 신뢰도를 개선하는 정량적 고장해석 및 신뢰성 평가 방법이다.

[FTA의 장점 ★]

① 사고원인규명의 간편화	사고의 세부적인 원인목록을 작성하여 **전문지식이 부족한 사람도 목록만을 가지고 해당사고의 구조를 파악**할 수 있다.
② 사고원인 분석의 일반화	재해발생의 모든 원인들의 연쇄를 한눈에 알기 쉽게 Tree상으로 표현할 수 있다.
③ 사고원인 분석의 정량화	FTA에 의한 재해발생 원인의 정량적 해석과 예측, **컴퓨터 처리 및 통계적인 처리**가 가능하다.
④ 노력, 시간의 절감	FTA의 전산화를 통하여 사고발생에의 기여도가 높은 중요원인을 분석 파악하여 **사고예방을 위한 노력과 시간을 절감**할 수 있다.
⑤ 시스템의 결함진단	복잡한 시스템 내의 결함을 최소시간과 최소비용으로 효과적인 교정을 통하여 재해발생 초기에 필요한 조치를 취할 수 있다.
⑥ 안전점검Check List 작성	FTA에 의한 재해원인 분석을 토대로 안전점검상 중점을 두어야 할 부분 등을 체계적으로 정리한 안전점검 Check List를 만들 수 있다.

[FTA의 단점]

① 숙련된 전문가 필요	FTA를 수행하기 위하여는 이 분야에 전문지식을 가진 숙련자가 필요하다.
② 시간 및 경비의 소요	분석대상 시스템이나 공정의 크기에 따라 소요 시간과 경비는 차이가 있을 수 있으나 일반적으로 정성 평가에 비하여 막대한 시간과 경비가 소요된다.
③ 고장율 자료확보	성공적인 FTA를 위하여 설비, 부품의 정확한 고장율 확보가 전제되어야 한다.
④ 단일 사고의 해석	FTA는 공정에서 발생 가능한 사고를 가정하여 그 발생 확률과 중요원인을 규명하는 방법으로서 예상치 못한 사고 또는 사소한 위험성은 간과하기 쉽다.
⑤ 논리게이트 선택의 신중	분석자의 의식 중에는 항상 사고확률의 감소라는 개념이 잠재되어 있다고 볼 수 있다. 따라서 특히 AND게이트 선택 시에는 논리적으로 타당한가를 신중히 검토하여야 정확한 FTA 결과를 도출할 수 있다.

> 한 눈에 들어오는 **키** 워드

(3) 결함수 분석 기법의 적용 시기

① 공정개발 단계
② 설계 및 건설 단계
③ 시운전 단계
④ 운전 단계
⑤ 공정 및 운전절차의 수정 또는 변경 시
⑥ 예상되는 사고나 사고원인 조사 시

5 논리기호 및 사상기호 ★★★

한 눈에 들어오는 키워드

참고

• 기본사상 중 인간의 실수

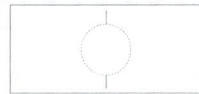

• 생략사상으로서 간소화

• 생략사상 중 인간의 실수

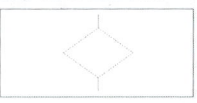

기호	명명	기호설명
○	기본사상	더 이상 전개할 수 없는 **사건의 원인**
◇	생략사상	관련정보가 미비하여 **계속 개발될 수 없는 특정 초기사상**
⌂	통상사상	발생이 **예상되는 사상**
▭	결함사상 (정상사상, 중간사상)	한 개 이상의 입력에 의해 발생된 **고장사상**
(OR 게이트 기호)	OR게이트	**한 개 이상의 입력이 발생하면 출력사상이 발생**하는 논리 게이트
(AND 게이트 기호)	AND게이트	**입력사상이 전부 발생하는 경우에만 출력사상이 발생**하는 논리 게이트
(배타적 OR게이트 기호 - 동시발생)	배타적 OR게이트	**입력사상 중 오직 한 개의 발생으로만 출력사상이 생성**되는 논리 게이트
(우선적 AND게이트 기호 - Ai, Aj, Ak 순으로)	우선적 AND게이트	입력사상이 특정 **순서대로 발생한 경우에만 출력사상이 발생**하는 논리 게이트
(조합 AND게이트 기호 - 2개의 출력)	조합 AND게이트	3개 이상의 입력 중 2개가 일어나면 출력이 생긴다.
△	전이기호	다른 부분에 있는 게이트와의 연결 관계를 나타내기 위한 기호
△(IN)	전이기호(IN)	**삼각형 정상의 선은 정보의 전입루트**를 나타낸다.
△(OUT)	전이기호(OUT)	**삼각형 옆의 선은 정보의 전출루트**를 나타낸다.
▽	전이기호 (수량이 다르다)	
(억제게이트 기호)	억제게이트	이 게이트의 출력사상은 한 개의 입력사상에 의해 발생하며, 입력사상이 출력사상을 생성하기 전에 **특정조건을 만족하여야 하는 논리 게이트**

참고

"OR"게이트

불 대수로 Q = A + B(논리합)와 같이 표시되며, Q가 일어나기 위해서는 사건 A 또는 B중의 한 개, 또는 A, B사건 모두 일어나야 한다.

"AND"게이트

AND게이트는 게이트에 소속된 사건들의 상호교점을 나타내며, 불 대수 기호로는 Q=A×B(논리곱)와 같이 표현된다.

기호	내용
AND Gate	하위의 사건을 모두 만족하는 경우에 사용하는 논리 게이트
OR Gate	하위의 사건 중 하나라도 만족하면 사용하는 논리 게이트

참고

• AND게이트는 OR게이트와의 구분을 위하여 기호 안에 [·]을 붙이는 경우도 있다.
• OR게이트는 AND게이트와의 구분을 위하여 기호 안에 [+]를 붙이는 경우도 있다.

기호	명명	기호설명
○	조건부사상	논리게이트에 연결되어 사용되며, 논리에 적용되는 **조건이나 제약 등을 명시한다.**
A	부정게이트	**입력과 반대현상의 출력** 생김
위험지속기간	위험지속 AND 게이트	입력이 생겨서 **일정시간이 지속될 때 출력이 생긴다.**

6 FTA 순서 및 작성방법

(1) 결함수 분석(FTA) 순서

① 재해위험도를 검토하여 **해석할 재해를 결정**
② **재해 발생 확률의 목표치를 결정**
③ 재해관련 **불량상태, 결함원인과 그 영향조사**
④ **FT를 작성**
⑤ 수학적 처리하여 **간소화**
⑥ 불량상태나 **결함 상태를 FT에 표시**
⑦ 재해의 **발생 확률을 계산**
⑧ 과거 재해의 발생률 비교
⑨ 결과가 너무 다르면 ③으로 돌아감
⑩ 안전 수단 및 재해방지 대책

(2) FTA에 의한 재해사례 연구 순서 ★★

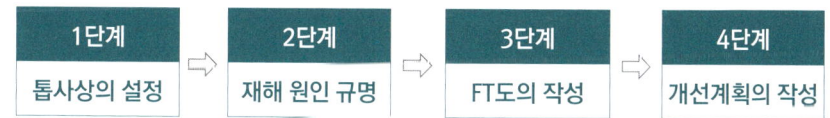

1단계: 톱사상의 설정 ⇒ 2단계: 재해 원인 규명 ⇒ 3단계: FT도의 작성 ⇒ 4단계: 개선계획의 작성

> **한** 눈에 들어오는 **키** 워드

🔹 **기출**

공사상(Zero event) : 발생할 수 없는 사상

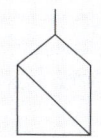

심층분석사상 : 추후 다른 결함나무에서 심층분석 되는 사상

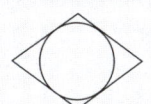

기본사상 : 세분될 수 없는 사상

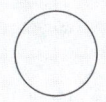

통상사상 : 확실히 발생하였거나, 발생할 사상

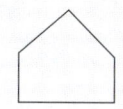

> **참고**

1. FTA기법의 순서
1단계 : 시스템의 정의
2단계 : FT의 작성
3단계 : 정성적 평가
4단계 : 정량적 평가

2. FTA기법의 절차
시스템 정의 → 기초사상 분석 → 논리게이트를 이용한 도해 (FT 작성) → 결정된 사상이 조금 더 전개가 가능한지 검사 → FT 간소화 → 정성적 평가 → 정량적 평가

한 눈에 들어오는 키워드

기출

결함수분석의 최소 컷셋과 관련된 알고리즘
① Boolean Algebra
② Fussell Algorithm
③ Limnios & Ziani Algorithm

※ 문제

FTA에서 시스템의 안정성을 정량적으로 평가할 때, 이 평가에 포함되는 5개 항목에 대한 위험 점수가 합산해서 몇 점이면 FTA를 다시 하게 되는가?
㉮ 10점 이상 ㉯ 14점 이상
㉰ 16점 이상 ㉱ 20점 이상

[해설]
5개 항목에 대한 위험 점수가 16점 이상이면 FTA를 다시 해야 한다.

정답 ㉰

7 컷셋과 패스셋

(1) 컷셋(Cut Set) ★★

① 정상사상을 발생시키는 기본사상의 집합
② 모든 기본사상이 일어났을 때 정상사상을 일으키는 기본사상들의 집합이다.

(2) 미니멀 컷(Minimal Cut Set) ★★

① 정상사상을 일으키기 위한 기본사상의 최소집합
② 컷셋 중 **타 컷셋을 포함하고 있는 것을 배제하고 남은 컷셋들**을 의미(**최소한의 컷**)
③ 시스템의 **위험성**을 나타낸다.
④ 반복사상이 없는 경우 일반적으로 퍼셀(Fussell) 알고리즘을 이용하여 구한다.

(3) 패스셋(Path Set) ★★

① 시스템의 고장을 일으키지 않는 기본사상들의 집합
② 포함된 기본사상이 일어나지 않을 때 처음으로 정상사상이 일어나지 않는 기본사상들의 집합이다.

(4) 미니멀 패스(Minimal Path Set) ★★

① 시스템의 기능을 살리는 최소한의 집합(**최소한의 패스**)
② 시스템의 **신뢰성**을 나타낸다.

8 정성적, 정량적 분석 및 신뢰도의 계산

(1) 성능 신뢰도

1) 인간의 신뢰성 요인

① 주의력
② 긴장수준
③ 의식수준(경험수준, 지식수준, 기술수준)

2) 기계의 신뢰성 요인

① 재질
② 기능
③ 작동방법

3) 설비의 신뢰도 ★★★

① 직렬연결

- 요소 중 **하나가 고장이면 전체 시스템은 고장**이다.
- 전체 시스템의 **수명은 요소 중 가장 짧은 것으로 결정**된다.

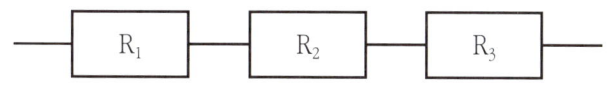

신뢰도 $Rs = R_1 \times R_2 \times R_3$

② 병렬연결

- 요소 중 **하나만 정상이라도 전체 시스템은 정상 가동**된다.
- 전체 시스템의 **수명은 요소 중 가장 긴 것으로 결정**된다.

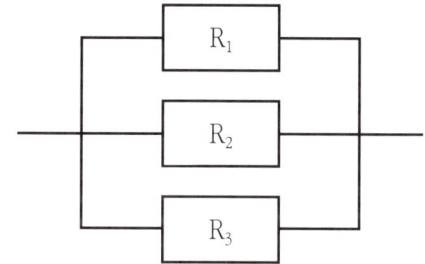

신뢰도 $Rs = 1 - (1-R_1) \times (1-R_2) \times (1-R_3)$

4) 리던던시(redubdancy) ★

일부에 고장이 발생해도 전체 고장이 일어나지 않도록 여력인 부분을 추가하여 중복 설계한다.(병렬설계)

(2) 확률사상의 계산 ★★★

1) 논리곱의 확률(독립사상)

$A(B \cdot C \cdot D) = AB \cdot AC \cdot AD$

2) 논리합의 확률(독립사상)

$A(B + C + D) = 1-(1-AB)(1-AC)(1-AD)$

한 눈에 들어오는 키워드

[확인 ★]
- $\bar{A} + A = 1$
- $\bar{A} \cdot A = 0$
- $1 + A = 1$
- $1 \cdot A = A$
- $0 + A = A$
- $0 \cdot A = 0$

※ 문제

다음 중 불대수의 관계식으로 틀린 것은?
㉮ A+AB = A
㉯ A(A+B) = A+B
㉰ A+ A B = A+B
㉱ A+ A = 1

[해설]
㉮ A + AB = A + 0 = A(AB = 0)
㉯ A(A + B) = A(1) = A(A + B = 1)
㉰ A + A B = A + BB
= A + B(A = B)
㉱ A + A = A + B = 1(A = B)

정답 ㉰

3) 불대수의 법칙

① 동정법칙 : A + A = A, AA = A
② 교환법칙 : AB = BA, A + B = B + A
③ 흡수법칙 : A(AB) = (AA)B = AB ★
$\quad$ A + AB = A∪(A∩B) = (A∪A)∩(A∪B) = A∩(A∪B) = A
$\quad$ $\overline{A \cdot B} = \bar{A} + \bar{B}$ ★
④ 배분법칙 : A(B + C) = AB + AC, A+(BC) = (A+B) · (A+C)
⑤ 결합법칙 : A(BC) = (AB)C, A + (B + C) = (A + B) + C
⑥ 항등법칙 : A + 0 = A, A + 1 = 1, A×1 = A, A×0 = 0 ★

4) 드 모르간의 법칙 ★

① $\overline{A + B} = \bar{A} \cdot \bar{B}$
② $A + \bar{A} \cdot B = A + B$

예제 ★★★

①, ②, ③의 발생확률이 각각 0.1, 0.2, 0.3일 때
① G_1의 발생확률(고장확률)을 계산하라.
② G_1의 신뢰도를 계산하라.

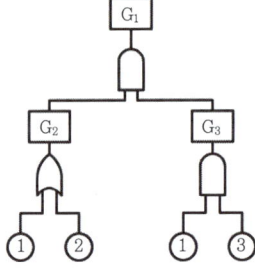

해설

1. 중복사상이 있을 경우 미니멀 컷을 구하여 미니멀 컷의 발생확률이 전체시스템의 발생확률이 된다. (문제에서 중복사상 ①이 존재한다.)
2. FT도에서 미니멀 컷을 구하면
$G_1 = G_2 \cdot G_3$

미니멀 컷 (① ③)
3. 미니멀 컷의 발생확률(G_1의 발생확률) = 0.1 × 0.3 = 0.03
4. G_1의 신뢰도 = 1−0.03 = 0.97

예제 ★★★

①, ②, ③, ④의 발생확률이 각각 0.1, 0.2, 0.3, 0.4일 때
① G_1의 발생확률(고장확률)을 계산하라.
② G_1의 신뢰도를 계산하라.

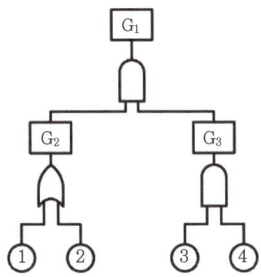

해설

중복사상이 없을 경우 공식에 의하여 계산한다.
① G_1의 발생확률(고장확률)의 계산

$G_1 = G_2 \times G_3$
  $= \{1-(1-①)(1-②)\} \times (③ \times ④)$
  $= \{1-(1-0.1)(1-0.2)\} \times (0.3 \times 0.4)$
  $= 0.0336$

② G_1의 신뢰도의 계산

G_1의 발생확률(고장확률)이 0.0336이므로 고장나지 않을 확률(신뢰도)은
$1-0.0336 = 0.9664$

예제 ★★★

①, ②의 발생확률이 각각 0.1, 0.2일 때
① G_1의 발생확률(고장확률)을 계산하라.
② G_1의 신뢰도를 계산하라.

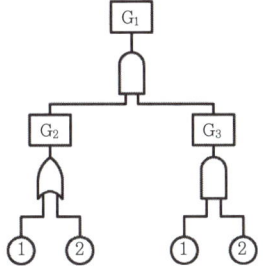

한 눈에 들어오는 키워드

※ 문제

아래 그림의 결함수를 간략히 한 것은?

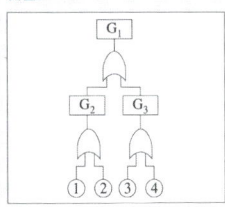

㉮
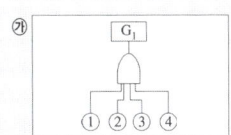

㉯
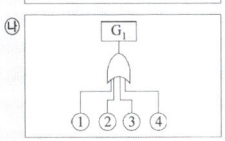

㉰
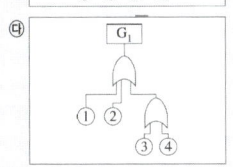

㉱
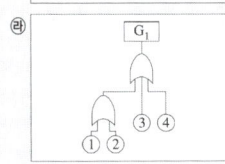

[해설]
G_1, G_2, G_3가 모두 OR게이트로 연결되어 있으므로 OR게이트로 모두 묶을 수 있다.

㉯
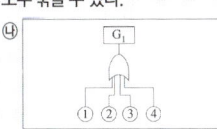

[참고]
만약 G_1, G_2, G_3가 모두 AND게이트로 연결되어 있다면 AND게이트로 모두 묶을 수 있다.

㉮
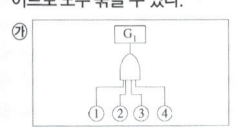

정답 ㉯

한눈에 들어오는 키워드

> **해설**
>
> 1. 중복사상 ①, ②가 있으므로 미니멀 컷의 발생확률이 시스템의 발생확률이 된다.
> 2. FT도에서 미니멀컷을 구하면
>
>   미니멀 컷 (① ②)
> 3. 미니멀 컷의 발생확률(G_1의 발생확률) = 0.1×0.2 = 0.02
> 4. G_1의 신뢰도 = 1−0.02 = 0.98

예제 ★★★

그림과 같은 기초사건이 반복되지 않은 결함나무가 있다. 독립인 기초 사건들의 확률은 ① = 0.3, ② = 0.2, ③ = 0.1일 때 정상사건의 발생확률은?

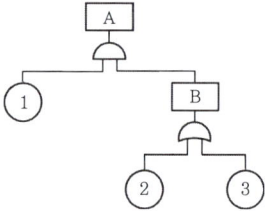

> **해설**
>
> A = ① × B
> = ① × {1−(1−②)(1−③)}
> = 0.3 × {1−(1−0.2)(1−0.1)}
> = 0.084

(2) 컷셋과 미니멀 컷 ★★★

다음 FT도에서 컷과 미니멀 컷을 구하라.

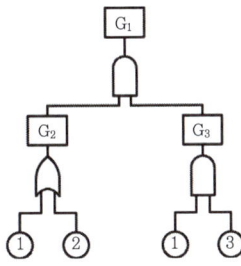

해설

$G_1 = G_2 \cdot G_3$

= ①② · ①③

= (① ① ③)
  (② ① ③)

컷셋 : (① ③)(① ② ③)
미니멀 컷 : (① ③)
(미니멀 컷셋은 정상사상을 일으키는 최소한의 집합이다. 집합(① ③)은 (① ② ③)의 부분집합으로 (① ③)만으로도 정상사상이 발생하므로 미니멀 컷셋은 (① ③)이 된다.)

다음 FT도에서 컷과 미니멀 컷을 구하라.

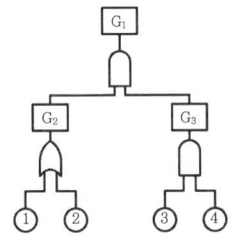

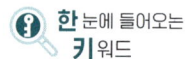

해설

$G_1 = G_2 \cdot G_3$

컷셋 : (① ③ ④)(② ③ ④)

미니멀 컷 : (① ③ ④) 또는 (② ③ ④)

(출력이 생긴 집합을 모두 모으면 컷셋이고, 출력이 생긴 집합 각각은 미니멀 컷이 된다.)

예제 ★★★

다음 FT도에서 컷과 미니멀 컷을 구하라.

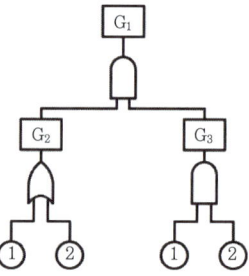

해설

$G_1 = G_2 \cdot G_3$

= (① ① ②) = (① ②)
 (② ① ②)   (① ②)

컷셋 : (① ②)

미니멀 컷 : (① ②)

(출력이 생긴 집합을 모두 모으면 컷셋이고, 출력이 생긴 집합 각각은 미니멀 컷이 된다. 이 문제는 컷셋과 미니멀 컷셋이 동일한 경우이다.)

02 안전성 평가 및 각종 설비의 유지관리

> **주요내용 알고 가기!**
> - 안전성 평가 6단계
> - 정성적, 정량적 평가항목
> - 유해·위험방지 계획서 작성대상 사업
> - 제출시 첨부서류
> - MTBF, MTTF, MTTR의 정의
> - 고장률의 계산
> - MTBF의 계산
> - 신뢰도 및 불신뢰도의 계산

1 안전성 평가의 개요

(1) 안전성 평가의 정의

새로운 시스템이나 설비 등을 도입할 때, 사고 방지를 위해 **설계나 계획단계에서 위험성의 여부를 평가**하는 것을 말한다.

(2) 안전성 평가의 4가지 기법

① 체크리스트에 의한 평가
② 위험의 예측 평가
③ FMEA
④ FTA

(3) 검토절차

① 1단계 : 목적과 범위 결정
② 2단계 : 검토 팀의 선정
③ 3단계 : 검토 준비
④ 4단계 : 검토 실시
⑤ 5단계 : 후속조치 후의 결과 기록

참고

안전성 평가와 종류
- 세이프티–어세스먼트
  : 안전성 평가
- 테크놀로지–어세스먼트
  : 기술개발의 종합평가
- 리스크–어세스먼트
  : 위험성 평가
- 휴먼 어세스먼트
  : 인간과 사고의 평가

기출

기술평가
(Technology Assessment)
기술개발과정에서 효율성과 위험성을 종합적으로 분석·판단할 수 있는 평가방법을 말한다.

(4) 안전성 평가 6단계 ★★

1단계	관계자료의 정비검토
2단계	정성적인 평가
3단계	정량적인 평가
4단계	안전대책 수립
5단계	재해사례에 의한 평가
6단계	FTA에 의한 재평가

참고

정성적 분석법
- 체크리스트(Checklist)
- 사고예상질문분석(What-If)
- 상대위험순위(Dow and Mondindices)
- 위험과 운전분석(HAZOP)
- PHA
- FMEA

정량적 분석법
- 결함수분석(FTA)
- 사건수분석(ETA)
- 원인-결과분석(Cause-Consequence Analysis)

① 1단계 : **관계자료의 정비검토**(작성 준비)

관계자료 조사 항목
• 입지조건과 관련된 지질도 등 입지에 관한 도표 • 화학설비 배치도: 설비 내의 기기, 건조물(건물) 및 설비의 배치도 • 건조물(건물)의 평면도, 단면도 및 입면도 • 제조 공정의 개요 • 기계실 및 전기실의 평면도, 단면도 및 입면도 • 공정계통도 • 공정기기 목록 • 운전 요령 • 요원 배치 계획 • 배관이나 계장 등의 계통도 • 제조 공정상 일어나는 화학반응 • 원재료, 중간체, 제품 등의 물리화학적 성질 및 인체에 미치는 영향

② 2단계 : **정성적인 평가**

참고

설계관계 항목
- 입지조건
- 공장 내의 배치
- 건축물
- 소방용 설비 등

운전관계 항목
- 원재료, 중간체, 제품 등
- 공정
- 수송, 저장 등
- 공정기기

정성적 평가항목 ★	
① 입지 조건	② 공장 내의 배치
③ 소방설비	④ 공정 기기
⑤ 수송·저장	⑥ 원재료
⑦ 중간체	⑧ 제품
⑨ 건조물(건물)	⑩ 공정

③ 3단계 : **정량적인 평가**
- 당해 화학설비의 취급물질, 화학설비의 용량, 온도, 압력, 조작의 5개 항목에 대해 A, B, C, D급으로 분류하고 A급은 10점, B급은 5점, C급은 2점, D급은 0점을 부여한 후, 점수들의 합을 구한다.

정량적 평가항목★	
① 취급물질	② 화학설비의 용량
③ 온도	④ 압력
⑤ 조작	

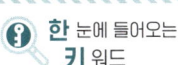 한 눈에 들어오는 키 워드

- 합산결과에 의한 위험도 등급

등급	점수	내용
등급 Ⅰ	16점 이상	위험도가 높다.
등급 Ⅱ	11점 이상 15점 이하	-
등급 Ⅲ	10점 이하	주위상황, 다른 설비와 관련해서 평가위험도가 낮다.

④ 4단계 : **안전대책 수립**
- 설비 등에 관한 대책(위험 등급 1·2등급의 물적 안전조치 사항)
- 위험 등급 3등급 시 설비 등에 관한 대책
- 관리적 대책

⑤ 5단계 : **재해사례에 의한 평가**

⑥ 6단계 : **FTA에 의한 재평가**

(5) 설비도입 및 제품개발 단계에서의 안전성 평가

① 구상단계
- **시스템 안전계획의 작성**
- **예비위험분석의 작성**
- 안전성에 관한 정보 및 문서의 작성
- 구상단계 정식화 회의에의 참가

② 설계단계
- 구상단계에서 작성된 시스템 안전프로그램을 실시할 것
- 시스템의 설계에 반영될 **안전성 설계기준을 결성하여 발표**할 것
- **예비위험분석을 시스템안전 위험분석으로 바꾸어 완료**시킬 것
- 사양서 중에 **시스템 안전성 필요사항을 정의하여 포함**시킬 것
- 안전성 결정사항을 문서로 하여 보존할 것

③ 제조, 조립, 시험단계
- 시스템 안전위험분석(SSHA)에서 지정된 **전 조치의 실시를 보증하는 계통적인 감시 및 확인 프로그램을 확립하여 실시할 것**
- 운용안전성분석(OSA)을 실시할 것

※ 문제

시스템의 제조, 설치 및 시험단계에서 이루어지는 시스템 안전 부문의 주요 작업이 아닌 것은?
㉮ 운용 안전성 분석(OSA)의 실시
㉯ 안전성이 손상되는 일이 없도록 조작장치, 사용설명서의 변경과 수정을 평가할 것
㉰ 제조환경이 제품의 안전설계를 손상하지 않도록 산업안전보건 기준에 부합되도록 할 것
㉱ 시스템 안전성 위험분석(SSHA)에서 지정된 전 조치의 실시를 보증하는 계통적인 감시, 확인 프로그램을 확립 실시할 것

[해설]
㉯ 안전성이 손상되는 일이 없도록 제조, 조립, 시험방법 과정을 검토, 평가할 것

[참고]
조작장치, 사용설명서의 변경과 수정을 요하는 단계는 운용단계이다.

정답 ㉯

한 눈에 들어오는 키워드

※ 문제
다음 중 운용상의 시스템안전에서 검토 및 분석해야 할 사항으로 틀린 것은?
㉮ 훈련
㉯ 사고조사에의 참여
㉰ ECR제안 제도
㉱ 고객에 의한 최종 성능 검사
정답 ㉱

- 안전성이 손상되는 일이 없도록 **제조, 조립, 시험방법 과정을 검토하고 평가할 것**
- 제조환경이 제품의 안전설계를 손상하지 않도록 할 것
- 위험한 상태를 유발할 수 있는 모든 결함에 대해서는 정보의 피드백 시스템을 확립할 것
- 품질보증요원이 이용할 수 있는 **안전성의 검사 및 확인에 관한 시험법을 정할 것**
- 안전성을 보증하기 위하여 일어날 수 있는 **변화를 예측하고 그것에 수반되는 재설계나 변경을 개시할 것**

④ 운용단계
- 모든 운용, 보전 및 위급 시에 절차를 평가하여 그들이 설계 때에 고려된 바와 같은 타당성이 있느냐의 여부를 식별할 것
- 안전성에 손상이 일어나지 않도록 **조작장치, 사용설명서의 변경과 수정을 요할 것**
- 제조, 조립, 시험단계에서의 확립된 고장의 정보 피드백 시스템을 유지할 것
- 바람직한 운용 안전성 레벨의 유지를 보증하기 위하여 **시스템 안전의 실증과 검사**를 할 것
- 사고와 그 유발 사고를 조사하고 분석할 것
- 위험상태의 재발방지를 위해 적절한 개량조치를 강구할 것

2 유해 · 위험방지 계획서 제출대상

(1) 유해 · 위험방지 계획서의 제출 등

대통령령으로 정하는 업종 및 규모에 해당하는 사업의 사업주는 해당 제품생산공정과 직접적으로 관련된 **건설물 · 기계 · 기구 및 설비 등 일체를 설치 · 이전하거나 그 주요 구조부분을 변경**할 때에는 "유해 · 위험방지계획서"를 작성하여 노동부장관에게 제출하여야 한다.

(2) 유해 · 위험방지 계획서 작성대상 사업 ★★★

다음 **각 호의 어느 하나에 해당하는 사업**으로서 **전기사용설비의 정격용량의 합이 300킬로와트 이상인 사업**을 말한다.

유해 · 위험방지 계획서 작성대상(제조업)

① 금속가공제품(기계 및 가구는 제외한다) 제조업
② 비금속 광물제품 제조업
③ 기타 기계 및 장비 제조업
④ 자동차 및 트레일러 제조업
⑤ 식료품 제조업
⑥ 고무제품 및 플라스틱제품 제조업
⑦ 목재 및 나무제품 제조업
⑧ 기타 제품 제조업
⑨ 1차 금속 제조업
⑩ 가구 제조업
⑪ 화학물질 및 화학제품 제조업
⑫ 반도체 제조업
⑬ 전자부품 제조업

특급암기법
1차 금속으로 **금속가공제품, 비금속광물제품** 제조하여 **나무, 화학물질** 섞어서 **기계장비, 자동차 트레일러** 만들고, **고무풀(고무 및 플라스틱)**로, **기타 식료품** 만들었더니 **도대체(반도체)**가 **(가구) 전부(전자부품) 유해 · 위험(유해 · 위험방지계획서)**하다.

다음 각 호의 어느 하나에 해당하는 **기계 · 기구 및 설비**를 말한다.

유해 · 위험방지 계획서 작성대상(기계 · 기구 및 설비) ★★

① 금속이나 그 밖의 광물의 용해로
② 화학설비
③ 건조설비
④ 가스집합 용접장치
⑤ 근로자의 건강에 상당한 장해를 일으킬 우려가 있는 물질로서 고용노동부령으로 정하는 물질의 밀폐 · 환기 · 배기를 위한 설비

3 제출 시 첨부서류

(1) 사업주가 **제조업 대상 사업, 대상기계·기구 설비**에 해당하는 유해·위험방지 계획서를 제출하려면 **다음 각 호의 서류를 첨부하여 해당 공사 착공 15일 전까지 공단에 2부를 제출**하여야 한다.

제조업 대상 사업 첨부서류	① 건축물 각 층의 평면도 ② 기계·설비의 개요를 나타내는 서류 ③ 기계·설비의 배치도면 ④ 원재료 및 제품의 취급, 제조 등의 작업방법의 개요 ⑤ 그 밖에 고용노동부장관이 정하는 도면 및 서류
대상 기계·기구 설비 첨부서류	① 설치장소의 개요를 나타내는 서류 ② 설비의 도면 ③ 그 밖에 고용노동부장관이 정하는 도면 및 서류

(2) 유해위험 방지계획서 심사 결과의 구분 ★

① **적정**

근로자의 **안전과 보건을 위하여 필요한 조치가 구체적으로 확보되었다고 인정**되는 경우

② **조건부 적정**

근로자의 **안전과 보건을 확보하기 위하여 일부 개선이 필요하다고 인정**되는 경우

③ **부적정**

기계·설비 또는 건설물이 심사기준에 위반되어 **공사착공 시 중대한 위험 발생의 우려가 있거나 계획에 근본적 결함이 있다고 인정**되는 경우

4 설비의 유지관리

(1) 설비 관리의 정의

기업의 생산성을 높이기 위하여 설비의 조사, 계획, 설계, 구축, 운전, 유지/보전을 거쳐 설비의 생애(Life-Cycle)를 통하여 설비의 기능 및 신뢰성을 향상하기 위한 제반 활동을 말한다.

5 설비의 운전 및 유지관리

(1) MTBF(평균고장간격 : Mean Time Between Failures)

수리 가능한 제품에서 고장~다음 고장까지 시간의 평균치(**신뢰도**)를 말한다.

[고장률과 신뢰도 ★★★]

① 고장률	고장률$(\lambda) = \dfrac{\text{고장건수}}{\text{총 가동시간}}$ (건/시간)
② MTBF(평균고장시간)	$\text{MTBF} = \dfrac{1}{\text{고장률}(\lambda)}$ (시간)
③ 신뢰도 (고장 나지 않을 확률)	신뢰도란 고장 나지 않을 확률을 말한다. $R(t) = e^{-\frac{t}{t_0}} = e^{-\lambda \times t}$ 여기서, t_0 : 평균고장시간 or 평균수명 t : 앞으로 고장 없이 사용할 시간 λ : 고장률
④ 불신뢰도(고장 날 확률)	1 − 신뢰도

(2) MTTF(고장까지의 평균시간 : Mean Time to Failure) ★★

수리가 불가능한 제품에서 처음 고장날 때까지의 시간(**평균수명**)을 말한다.

[계의 수명 ★★]

① 직렬계의 수명	$\text{MTTF}(\text{MTBF}) \times \dfrac{1}{\text{요소갯수}(n)}$
② 병렬계의 수명	$\text{MTTF}(\text{MTBF}) \times \left(1 + \dfrac{1}{2} + \dfrac{1}{3} + \cdots + \dfrac{1}{n}\right)$ 여기서, n : 요소의 개수

한 눈에 들어오는 키 워드

기출
신뢰도와 고장률은 지수분포를 따른다.

참고
- 지수분포 : 사건이 서로 독립적일 때, 일정 시간동안 발생하는 사건의 횟수가 푸아송 분포를 따른다면, 다음 사건이 일어날 때까지 대기 시간, 고장 날 확률이 시간에 따라 일정한 경우는 지수분포를 따른다.
- 와이블분포 : 연속확률 분포로서 부품의 수명 추정 분석, 산업 현장에서 어떤 제품의 제조와 배달에 걸리는 시간, 날씨예보, 신뢰성공학에서 실패분석에 사용된다.
- 이항분포 : 몇 번의 독립 시행에서 어떤 사건이 일어날 확률과 일어나지 않을 확률의 두 항을 써서 나타내는 확률 분포이다.
- 포아송 분포 : 특정시간 또는 거리나 공간에서 독립적인 사건이 발생한 횟수를 확률변수로 하는 확률 분포이다.

※ 문제
일정한 고장률을 가진 어떤 기계의 고장률이 0.004/시간일 때 10시간 이내에 고장을 일으킬 확률은?
㉮ $1 + e^{0.04}$ ㉯ $1 - e^{-0.004}$
㉰ $1 - e^{0.04}$ ㉱ $1 - e^{-0.04}$

[해설]
고장을 일으킬 확률 = 불신뢰도
불신뢰도 = 1 − 신뢰도
① 신뢰도 $R(t) = e^{-\frac{t}{t_0}} = e^{-\lambda \times t}$
   (t_0 : 평균고장시간 or 평균수명
   t : 앞으로 고장없이 사용할 시간
   : 고장률)
   신뢰도 $R(t) = e^{-0.004 \times 10} = e^{-0.04}$
② 불신뢰도 = $1 - e^{-0.04}$

정답 ㉱

(3) MTTR(Mean Time to Repair) ★★

평균 수리에 소요되는 시간을 말한다.

[MTTR과 설비가동률 ★]

① MTTR	$MTTR = \dfrac{수리시간\ 합계}{수리횟수}$ (시간)
② 설비가동률	설비가동률 $= \dfrac{MTBF}{MTBF + MTTR} = \dfrac{\dfrac{1}{\lambda}}{\dfrac{1}{\lambda} + \dfrac{1}{\mu}}$ 여기서, λ : 고장율, μ : 수리율

6 보전성 공학

(1) 예방보전(PM : Preventive maintenance)

시스템 또는 부품의 사용 중 고장 또는 정지와 같은 **사고를 미리 방지하거나, 품목을 사용가능 상태로 유지하기 위하여 계획적으로 하는 보전 활동이다.**

정기보전	• 적정 주기를 정하고 주기에 따라 수리, 교환 등을 행하는 활동 • 시간기준보전(TBM : Timed Based Maintenance) 　: 설비의 열화에 따른 수리주기를 정하고 그 주기에 맞추어 수리를 실시한다.
예지보전	• **설비의 열화의 상태를 알아보기 위한 점검**이나 점검에 따른 수리를 행하는 활동 • 상태기준보전(CBM : Condition Based Maintenance) 　: 설비의 열화상태가 미리 정한 기준에 도달하면 수리를 행한다.

(2) 사후보전(BM : Break-down maintenance)

시스템 내지 부품이 **고장에 의해 정지 또는 유해한 성능저하를 초래 한 뒤 수리를 하는 보전 활동이다.**

(3) 보전예방(MP : Maintenance Prevention)

① 신규설비의 계획과 건설을 할 때 **보전정보나 새로운 기술을 도입하여 열화 손실을 적게하는 보전 활동이다.**
② 우수한 설비의 선정, 조달 또는 설계를 통하여 궁극적으로 설비의 설계, 제작 단계에서 보전활동이 불필요한 체제를 목표로 한 보전 활동이다.

한 눈에 들어오는 키워드

기출

설비고장 도수율
$= \dfrac{설비\ 고장\ 건수}{설비\ 가동시간}$

설비고장 강도율
$= \dfrac{설비\ 고장\ 정지시간}{설비\ 가동시간}$

설비의 가용도
$= \dfrac{작동가능시간}{작동가능시간 + 작동불능시간}$

참고

TPM
(Total ProductiveMaintenance)
전사적 설비보전활동
설비고장을 없애고 설비효율을 극대화하는 것을 목표로 전원이 참가하는 생산보전활동이다.

기출

설비보전 평가식
• 성능가동률
　= 속도가동률×정미가동률
• 시간가동률
　= (부하시간 − 정지시간)
　　/부하시간
• 설비종합효율
　= 시간가동률×성능가동률
　　×양품률
• 정미가동률
　= (생산량×실제 사이클 타임)
　　/(부하시간 − 정지시간)

(4) 개량보전(CM : Corrective maintenance)

설비의 신뢰성, 보전성, 경제성, 조작성, 안전성, 에너지 절약, 유용성 등의 향상을 목적으로 **설비의 재질이나 형상의 개량, 설계변경** 등을 행하는 보전활동이다.

(5) 일상보전(RM : Routine maintenance)

설비의 열화를 방지하고 그 진행을 지연시켜 수명을 연장하기 위한 목적으로 **매일 설비의 점검, 청소, 주유 및 교체 등을 행하는 보전활동**이다.

(6) 생산보전(PM : Production Maintenance)

미국의 GE사가 처음으로 사용한 보전으로 설계에서 폐기에 이르기까지 **기계설비의 전과정에서 소요되는 설비의 열화손실과 보전비용을 최소화하여 생산성을 향상시키는 보전방법**

(7) 보전성설계의 고려사항

① 고장이나 결함이 발생한 부분에 접근이 좋을 것
② 고장이나 결함의 징조를 쉽게 검출할 수 있을 것
③ 고장, 결합부품 및 재료의 교환이 신속하고 쉬울 것

CHAPTER 03 위험성 감소 대책 수립·실행

01 위험성 평가

주요내용 알고 가기!

- 위험성 평가의 정의
- 위험성 평가의 방법
- 위험성 평가의 절차

1 위험성 평가의 정의 및 개요

(1) 위험성 평가의 정의

1) "위험성 평가"란 사업주가 스스로 유해·위험요인을 파악하고 해당 유해·위험요인의 위험성 수준을 결정하여, 위험성을 낮추기 위한 적절한 조치를 마련하고 실행하는 과정을 말한다.

2) "유해·위험요인"이란 유해·위험을 일으킬 잠재적 가능성이 있는 것의 고유한 특징이나 속성을 말한다.

3) "위험성"이란 유해·위험요인이 사망, 부상 또는 질병으로 이어질 수 있는 가능성과 중대성 등을 고려한 위험의 정도를 말한다.

(2) 평가대상의 선정

1) 위험성 평가 실시주체

① **사업주는 스스로 사업장의** 유해·위험요인을 파악하고 이를 평가하여 관리 개선하는 등 **위험성 평가를 실시**하여야 한다.
② 작업의 일부 또는 전부를 도급에 의하여 행하는 사업의 경우는 **도급을 준 도급인**(이하 "도급사업주"라 한다)**과 도급을 받은 수급인**(이하 "수급사업주"라 한다)은 **각각 위험성 평가를 실시**하여야 한다.

③ **도급사업주는 수급사업주가 실시한 위험성평가 결과를 검토**하여 도급사업주가 개선할 사항이 있는 경우 이를 개선하여야 한다.

2) 위험성 평가의 대상

① 위험성 평가의 대상이 되는 유해·위험요인은 **업무 중 근로자에게 노출된 것이 확인되었거나 노출될 것이 합리적으로 예견 가능한 모든 유해·위험요인**이다. 다만, **매우 경미한 부상 및 질병만을 초래할 것으로 명백히 예상되는 유해·위험요인은 평가 대상에서 제외**할 수 있다.

② 사업주는 **사업장 내 부상 또는 질병으로 이어질 가능성이 있었던 상황**(이하 "아차사고"라 한다)을 확인한 경우에는 해당 사고를 **일으킨 유해·위험요인을 위험성 평가의 대상에 포함**시켜야 한다.

③ 사업주는 사업장 내에서 **중대재해가 발생한 때에는 지체 없이** 중대재해의 원인이 되는 유해·위험요인에 대해 **위험성 평가를 실시**하고, 그 밖의 **사업장 내 유해·위험요인에 대해서는 위험성 평가 재검토를 실시**하여야 한다.

3) 사업장의 공정, 작업, 장소, 기계·기구, 물질, 부품, 작업행동, 가스, 분진 등을 꼼꼼히 살펴보고, 그간 있었던 산업 재해나 아차사고 등을 고려하여 위험성 평가의 대상을 선정한다.

(3) 위험성 평가의 실시 시기

1) 사업주는 **사업이 성립된 날**(사업 개시일을 말하며, 건설업의 경우 실착공일을 말한다)**로부터 1개월이 되는 날까지** 위험성 평가의 대상이 되는 유해·위험요인에 대한 **최초 위험성 평가의 실시에 착수**하여야 한다. 다만, **1개월 미만의 기간 동안** 이루어지는 작업 또는 **공사의 경우에는** 특별한 사정이 없는 한 작업 또는 **공사 개시 후 지체 없이 최초 위험성 평가를 실시**하여야 한다.

2) 사업주는 **다음 각 호의 어느 하나에 해당하여 추가적인 유해·위험요인이 생기는 경우**에는 해당 유해·위험요인에 대한 **수시 위험성 평가를 실시**하여야 한다. 다만, 제5호에 해당하는 경우에는 재해발생 작업을 대상으로 작업을 재개하기 전에 실시하여야 한다.

> 🔍 **한** 눈에 들어오는 **키**워드

> **한 눈에 들어오는 키워드**

> **수시평가를 하여야 하는 경우**
> ① 사업장 건설물의 설치·이전·변경 또는 해체
> ② 기계·기구, 설비, 원재료 등의 신규 도입 또는 변경
> ③ 건설물, 기계·기구, 설비 등의 정비 또는 보수(주기적·반복적 작업으로서 이미 위험성평가를 실시한 경우에는 제외)
> ④ 작업방법 또는 작업절차의 신규 도입 또는 변경
> ⑤ 중대산업사고 또는 산업재해(휴업 이상의 요양을 요하는 경우에 한정한다) 발생
> ⑥ 그 밖에 사업주가 필요하다고 판단한 경우

일반적인 위험성 평가 절차

| 사업장 성립 | 최초평가 (1개월) | TBM (매일) | 수시평가 (새로운 공정 도입 등) | 정기평가 (최초평가 후 1년이 되는 날) | 위험성 재검토 (=정기평가) (중대재해) |

(4) 평가방법

1) 사업장 위험성 평가의 방법 ★

① **안전보건관리책임자 등** 해당 사업장에서 **사업의 실시를 총괄 관리하는 사람**에게 위험성 평가의 실시를 총괄 관리하게 할 것
② 사업장의 안전관리자, 보건관리자 등이 위험성 평가의 실시에 관하여 안전보건관리책임자를 보좌하고 지도·조언하게 할 것
③ 유해·위험요인을 파악하고 그 결과에 따른 개선조치를 시행할 것
④ **기계·기구, 설비 등과 관련된 위험성 평가**에는 해당 기계·기구, 설비 등에 **전문 지식을 갖춘 사람을 참여**하게 할 것
⑤ 안전·보건관리자의 선임의무가 없는 경우에는 업무를 수행할 사람을 지정하는 등 그 밖에 위험성 평가를 위한 체제를 구축할 것

2) 사업주는 사업장의 규모와 특성 등을 고려하여 **다음 각 호의 위험성 평가 방법 중 한 가지 이상을 선정하여 위험성 평가를 실시할 수 있다.** ★

① **위험 가능성과 중대성을 조합한 빈도·강도법**
② **체크리스트(Checklist)법**
③ **위험성 수준 3단계(저·중·고) 판단법**
④ **핵심요인 기술(One Point Sheet)법**
⑤ 그 외 공정위험성평가 기법

3) 위험성 평가의 절차 ★

사업주는 위험성 평가를 다음의 절차에 따라 실시하여야 한다. 다만, **상시근로자 5인 미만 사업장(건설공사의 경우 1억원 미만)의 경우 제1호의 절차를 생략할 수 있다.**

① 사전준비
② 유해 · 위험요인 파악
③ 위험성 결정
④ 위험성 감소대책 수립 및 실행
⑤ 위험성 평가 실시내용 및 결과에 관한 기록 및 보존

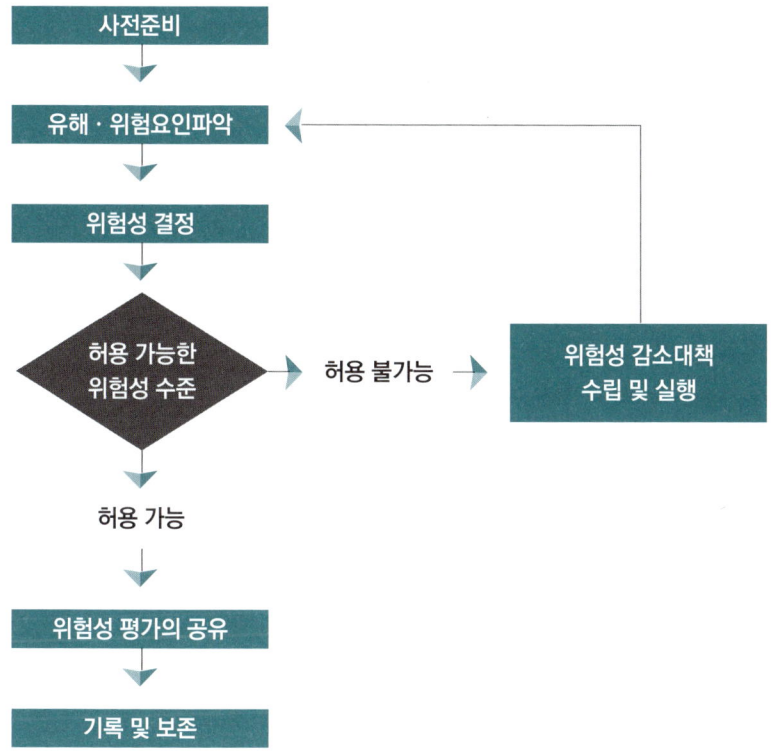

4) 유해 · 위험요인의 파악

① 사업주는 **사업장 내의 유해 · 위험요인을 파악**하여야 한다. 이때 **업종, 규모 등 사업장 실정에 따라 다음 각 호의 방법 중 어느 하나 이상의 방법을 사용**하되, 특별한 사정이 없으면 제1호에 의한 방법을 포함하여야 한다.

　가. **사업장 순회점검**에 의한 방법
　나. **근로자들의 상시적 제안**에 의한 방법
　다. **설문조사 · 인터뷰 등 청취조사**에 의한 방법
　라. **물질안전보건자료, 작업환경측정결과, 특수건강진단결과 등 안전보건 자료**에 의한 방법

마. **안전보건 체크리스트**에 의한 방법

바. 그 밖에 사업장의 특성에 적합한 방법

5) 위험성 평가의 공유

① **사업주는 위험성 평가를 실시한 결과 중 다음 각 호에 해당하는 사항을 근로자에게 게시, 주지** 등의 방법으로 알려야 한다.

위험성 평가 결과 중 근로자에게 알려야 하는 사항 ★
① 근로자가 종사하는 **작업과 관련된 유해 · 위험요인**
② **위험성 결정 결과**
③ 유해 · 위험요인의 **위험성 감소대책과 그 실행 계획 및 실행 여부**
④ 위험성 감소대책에 따라 **근로자가 준수하거나 주의하여야 할 사항**

② 사업주는 위험성평가 결과 **중대재해로 이어질 수 있는 유해 · 위험요인**에 대해서는 **작업 전 안전점검회의**(TBM: Tool Box Meeting) 등을 통해 근로자에게 **상시적으로 주지**시키도록 노력하여야 한다.

6) 기록 및 보존

① **위험성 평가의 결과와 조치사항을 기록 · 보존**할 때에는 다음 각 호의 사항이 **포함**되어야 한다.

위험성 평가 기록에 포함사항 ★
① **위험성 평가 대상의 유해 · 위험요인**
② **위험성 결정의 내용**
③ 위험성 결정에 따른 **조치의 내용**
④ 위험성 평가를 위해 **사전조사 한 안전보건정보**
⑤ 그 밖에 사업장에서 필요하다고 정한 사항

② 사업주는 제1항에 따른 **자료를 3년간 보존**해야 한다. ★

02 위험성 감소대책 수립 및 실행

주요내용 알고 가기!

- 위험성 개선대책의 종류
- 위험성의 결정
- 허용 가능한 위험 여부의 결정
- 위험성 감소대책 수립 및 실행

1 위험성 개선대책(공학적·관리적)의 종류

(1) 위험성 개선대책의 종류 ★

제거·대체 (본질적·근원적 대책)	① 위험한 작업의 폐지·변경 ② 유해·위험물질 또는 유해·위험요인이 보다 적은 재료로의 대체 ③ 설계나 계획단계에서 위험성을 제거 또는 저감하는 조치
공학적 대책	① 인터록 장치 설치 ② 안전장치(방호장치)의 설치 ③ 방호문 설치 ④ 국소배기장치 등의 설치
관리적 대책	① 매뉴얼 정비 ② 출입금지 ③ 노출관리 ④ 교육훈련 등
개인보호구	제거·대체, 공학적 대책, 관리적 대책의 조치를 취하더라도 제거·감소할 수 없었던 위험성에 대해서만 실시

> **한 눈에 들어오는 키워드**

> **참고**

위험요인		제거·대체	공학적 대책	관리적 대책	개인보호구
추락	비계	시스템비계 사용	• 작업발판 • 안전난간 설치	특별교육	안전모, 안전대 착용
	지붕	고소작업대 사용 등 지붕 위 작업 최소화	• 작업발판 설치 • 채광창 덮개 • 추락방호망 설치	작업 전 관리 감독	안전모, 안전대 착용
	사다리	이동식 비계 등 작업 발판으로 대체	전도방지 조치 (아웃트리거 등)	2인 1조 작업	안전모, 안전대 착용
	고소작업대	현장에 적합한 사양의 장비 사용	• 작업대 안전난간 설치 • 방호장치 설치 • 아웃트리거 설치	• 작업계획서 작성 • 유도자 배치	안전모, 안전대 착용

끼임	점검·수리 시
	전원잠금 및
	표지부착
	(LOTO)
		전원의 차단
		(에너지원의 제거)
			• 기동 스위치 잠금장치
			• 안전블럭 사용
				• 전원투입금지
				  표지판 설치
				• 정비작업절차
				  수립
				• 작업허가제 운영	

	방호장치	• 안전인증 받은 기계·
		  기구로 대체
		• 위험부가 노출되지않도록
		  (밀폐형 구조) 변경
			방호장치, 방호덮개,
			울타리 등 설치
				작업 전 정상
				작동 여부 점검
					말려 들어갈
					위험이 없는
					작업복 사용

부딪힘	혼재작업·
	충돌방지 장치
		• 시공 시 공정관리로 중첩
		  최소화
		• 차량과 근로자의 이동
		  동선 분리
			• 지게차 후방경보장치,
			  경광등 설치
			• 스마트 안전장치 사용
			• 안전 통행로 설치
				• 작업계획서 작성
				• 작업지휘자 배치
				• 유도자 배치
				• 출입 통제
					안전모 착용

(2) 위험성의 결정

① 사업주는 파악된 유해·위험요인이 근로자에게 노출되었을 때의 위험성을 '위험성의 수준과 그 수준을 판단하는 기준'에 의해 판단하여야 한다.
② 사업주는 판단한 위험성의 수준이 허용 가능한 위험성의 수준인지 결정하여야 한다.

참고

위험성 결정 기록 예시

◎ 평가대상 : 비계설치공사　　　　　　　　　　　　　　◎ 평가자 : 박안전, 김반장

번호	유해·위험요인 파악 (위험한 상황과 결과)	위험성의 수준 (상·중·하)	개선 대책	개선 예정일	개선 완료일	담당자
1	비계의 작업발판 위에서 이동 또는 작업 중 떨어짐 위험	☑☐☐ 상 중 하				
2	비계 조립 작업 중 강관 등 자재가 떨어져 이동하는 근로자에게 맞음 위험	☐☑☐ 상 중 하				
3	비계 조립 작업 시 강관이 고압선에 접촉되어 감전 위험	☐☐☑ 상 중 하				
	⋮					

(3) 허용 가능한 위험 여부의 결정

1) 빈도와 강도를 곱하거나 더해서 나온 숫자가 유해·위험요인의 위험성의 크기이며, 이를 사전에 근로자들과 상의하여 준비한 "허용 가능한 위험성의 크기"와 비교한다.

- **빈도의 크기** : 2 (※사유: 이동식 사다리 작업을 1주일에 1회 실시)
- **강도의 크기** : 3 (※사유: 추락 시 근로자 사망)
- **위험성의 크기** : 6 = 2(빈도의 크기) × 3(강도의 크기)

[빈도의 크기 산출 기준]

구분	빈도의 크기	기준
빈번	3	1일에 1회 정도
가끔	②	1주일에 1회 정도
거의 없음	1	3개월에 1회 정도

[강도의 크기 산출 기준]

구분	강도의 크기	기준
대	③	사망(장애 발생)
중	2	휴업 필요
소	1	비치료

- 예를 들어 "3×3" 평가방법을 사용하면 유해·위험요인의 위험성 크기는 1에서부터 9까지의 숫자로 나타나게 된다.
  1×1=1, 1×2=2, 1×3=3
  2×1=2, 2×2=4, 2×3=6
  3×1=3, 3×2=6, 3×3=9

한 눈에 들어오는
키 워드

한 눈에 들어오는 키워드

2) 우리 사업장에서는 3까지의 위험성 크기만을 허용 가능하다고 정해 놓았다면, 유해·위험요인의 위험성이 4, 6, 9에 해당하는 경우에는 위험성 감소대책의 수립·이행이 필요하다.

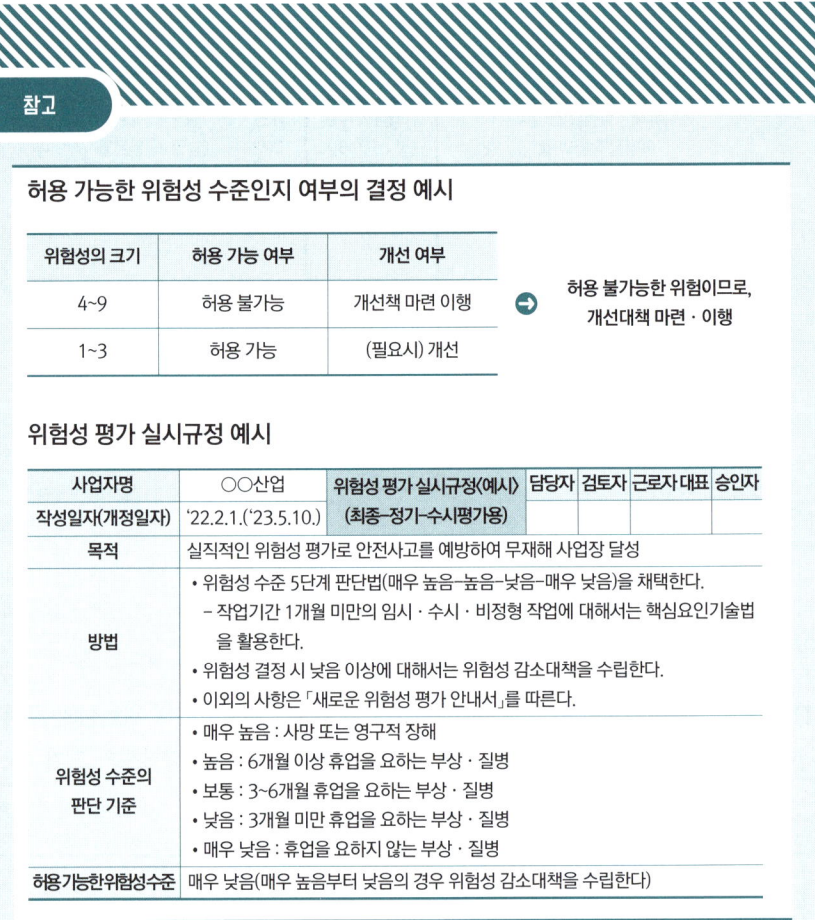

(4) 위험성 감소대책 수립 및 실행

1) 사업주는 **허용 가능한 위험성이 아니라고 판단한 경우에는 위험성의 수준, 영향을 받는 근로자 수** 및 다음 각 호의 순서를 고려하여 **위험성 감소를 위한 대책을 수립하여 실행**하여야 한다. 이 경우 법령에서 정하는 사항과 그 밖에 근로자의 위험 또는 건강장해를 방지하기 위하여 필요한 조치를 반영하여야 한다.

① 위험한 작업의 폐지·변경, 유해·위험물질 대체 등의 조치 또는 설계나 계획 단계에서 위험성을 제거 또는 저감하는 조치
② 연동장치, 환기장치 설치 등의 공학적 대책

③ 사업장 작업절차서 정비 등의 관리적 대책
④ 개인용 보호구의 사용

2) 사업주는 **위험성 감소대책을 실행한 후** 해당 공정 또는 작업의 위험성의 수준이 사전에 **자체 설정한 허용 가능한 위험성의 수준인지를 확인**하여야 한다.

3) **위험성 수준 확인 결과, 위험성이 자체 설정한 허용 가능한 위험성 수준으로 내려오지 않는 경우에는 허용 가능한 위험성 수준이 될 때까지 추가의 감소대책을 수립·실행**하여야 한다.

4) 사업주는 **중대재해, 중대산업사고 또는 심각한 질병이 발생할 우려가 있는 위험성으로서 수립한 위험성 감소대책의 실행에 많은 시간이 필요한 경우에는 즉시 잠정적인 조치를 강구**하여야 한다.

5) 위험성 감소대책 수립시의 순서

① 법령 등에 규정된 사항이 있는지를 검토하여 **법령에 규정된 방법으로 조치를 실시하는 것이 최우선**이다.
② **위험한 작업**을 아예 **폐지**하거나, **기계·기구, 물질의 변경** 또는 대체를 통해 **위험을 본질적으로 제거하는 방안을 우선 고려**한다.
③ **인터록, 안전장치, 방호문, 국소배기장치 설치** 등 유해·위험요인의 **유해성이나 위험에의 접근 가능성을 줄이는 공학적 방법을 검토**한다.
④ **작업매뉴얼 정비, 출입금지·작업허가 제도 도입, 근로자들에게 주의사항 교육 등 관리적 방법을 검토**한다.
⑤ 위의 모든 조치들로도 줄이기 어려운 위험에 대해 최후의 방법으로 **개인보호구의 사용을 검토**해야 한다.

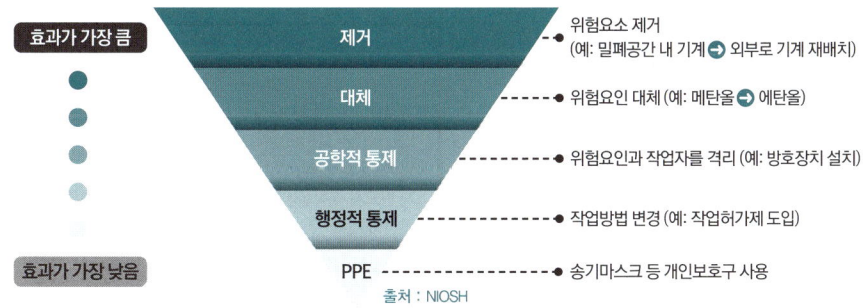

출처 : NIOSH

6) 위험성 감소대책 수립·실행시의 고려사항

① **위험성의 크기가 큰 것부터 위험성 감소대책의 대상**으로 한다. 위험성 감소를 위한 우선도를 결정하는 방법은 위험성 평가 1단계인 사전준비 단계에서 미리 설정해 두는 것이 바람직하다.

한눈에 들어오는 키워드

② 안전보건 상 중대한 문제가 있는 것은 **위험성 감소 조치를 즉시 실시**하여야 한다.
③ 위험성 감소대책의 구체적 내용은 **법령에 규정된 사항이 있는 경우에는 그것을 반드시 실시**해야 한다.
④ 이 경우, ④의 조치로 ①~③의 조치를 대체해서는 안 되며, 비용 대비 효과 측면에서 현저한 불균형이 있는 경우를 제외하고는 **보다 상위의 감소대책을 실시**할 필요가 있다.

7) 위험성 감소대책 수립·실행 추진방법

① 위험성 **감소대책을 실행한 후에는 해당 대책이 타당한 것인지, 위험성이 적절하게 감소된 수준으로 되었는지의 여부를 확인**한다.
② 유해·위험요인의 제거가 충분하지 않은 경우에는 위험성을 추정하고 결정한 후, 다시 감소대책을 수립하고 실행하여야 한다.
③ 본질(근원)적 또는 공학적인 방법으로서는 위험성이 허용 가능한 수준으로 내려가지 않는 경우에는 관리적 대책으로 대응한다.
④ **새로운 유해·위험요인이 발생되는 경우에는 재차 위험성평가를 실시**하여야 한다.

참고

🛠 **위험성 감소대책 수립·실행 결과의 기록 예시**

◎ 평가대상 : 비계설치공사　　　　　　　　　　　　　　◎ 평가자 : 박안전, 김반장

번호	유해·위험요인 파악 (위험한 상황과 결과)	위험성의 수준 (상·중·하)	개선 대책	개선 예정일	개선 완료일	담당자
1	비계의 작업발판 위에서 이동 또는 작업 중 떨어짐 위험	☑□□ 상 중 하	• 작업발판 단부에 안전난간을 설치 • 임의 해체구간에서 작업 시 반드시 부착설비에 안전대 체결	'23. 3.15	'23. 3.15	김반장
2	비계 조립 작업 중 강관 등 자재가 떨어져 이동하는 근로자에게 맞음 위험	□☑□ 상 중 하	• 비계설치 작업 중 비계 하부에 작업자 출입하지 못하도록 감시자 배치	'23. 3.15	'23. 3.15	박안전
3	비계 조립 작업 시 강관이 고압선에 접촉되어 감전 위험	□□☑ 상 중 하				
⋮						

HAPTER 04 근골격계 질환 예방관리

01 근골격계 유해요인

> **주요내용 알고 가기!**
> - 근골격계 질환의 정의
> - 근골격계 질환(누적외상성질환, CTDs)의 발생요인
> - 영상표시단말기 작업으로 인한 관련 증상(VDT 증후군)

한 눈에 들어오는 **키**워드

1 근골격계 질환의 정의 및 유형

(1) 근골격계 질환의 정의

1) 근골격계 질환

반복적인 동작, 부적절한 작업자세, 무리한 힘의 사용, 날카로운 면과의 신체접촉, 진동 및 온도 등의 요인에 의하여 발생하는 건강장해로서 목, 어깨, 허리, 팔·다리의 신경·근육 및 그 주변 신체조직 등에 나타나는 질환을 말한다.

2) 누적외상 질환

- 주로 **상지(팔, 上肢)를 반복하여 움직이는 작업(동적부담)**이나 **상지 및 목을 특정위치로 고정시켜 일하는 작업(정적 부담)**에 의해서 주로 발생한다.
- 뒷머리, 목, 어깨, 팔, 손 및 손가락의 어느 부분 또는 전체에 걸쳐 결림, 저림, 이픔 등의 불편함이 나타나는 것을 말한다.

3) 근골격계 부담작업

단순반복작업 또는 인체에 과도한 부담을 주는 작업으로서 **작업량·작업속도·작업강도 및 작업장 구조** 등에 따라 고용노동부장관이 정하여 고시하는 작업을 말한다.

4) 근골격계 질환 예방관리 프로그램

유해요인 조사, 작업환경 개선, 의학적 관리, 교육·훈련, 평가에 관한 사항 등이 포함된 **근골격계 질환을 예방관리하기 위한 종합적인 계획**을 말한다.

(2) 근골격계 질환(누적외상성 질환, CTDs)의 발생요인 ★

① 반복적인 동작
② 부적절한 작업 자세
③ 무리한 힘의 사용
④ 날카로운 면과의 신체접촉
⑤ 진동 및 온도(저온)

(3) 근골격계 질환의 특징

① 노동력 손실에 따른 **경제적 피해가 크다.**
② 근골격계 질환의 **최우선 관리목표는 발생의 최소화이다.**
③ **자각증상으로 시작되며 환자발생이 집단적이다.**
④ **손상의 정도 측정이 어렵다.**
⑤ **단편적인 작업환경개선으로 좋아지지 않는다.**
⑥ **회복과 악화가 반복된다.**(한번 악화되어도 회복은 가능하다.)

(4) 근골격계 질환의 유형 ★

① **점액낭염**(윤활낭염: bursitis) : 관절 사이의 윤활액을 싸고 있는 **윤활낭에 염증이 생기는 질병**을 말한다,
② **건초염**(tenosynovitis), **건염**(tendonitis) : **건초염은 건막에 염증이 생기는 질환**이며 **건염**(tendonitis)은 건에 염증이 생기는 질환으로 건염과 건초염을 정확히 구분하기 어렵다.
③ **손목뼈터널 증후군**(수근관 증후군: carpal tunnel sysdrome) : 반복적이고 지속적인 **손목의 압박, 무리한 힘** 등으로 인해 **수근관 내부에 정중신경이 손상되어 발생**한다. ★
④ **내상과염**(golfer elbow), **외상과염**(tennis elbow) : **과다한 손목 동작, 손가락 동작으로 점액낭에 염증이 생긴 질환**으로 팔꿈치 관절 내·외부에서 **통증이 발생한다.**
⑤ **수완진동증후군**(hand-arm vibration syndrome : HAVS) : **진동공구의 진동**으로 인해 **손가락 혈관이 수축**되어 손가락이 하얗게 변하며 **감각마비, 저린 증상 등**을 일으킨다.

⑥ **거북목 증후군(경추자세 증후군)** : 뒷목과 어깨의 지속적인 긴장이 원인으로 가만히 있어도 머리가 거북이처럼 구부정하게 앞으로 나와있는 자세가 나타나며 장시간 컴퓨터 모니터를 사용하는 사무직 종사자에게 흔한 질환이다.
⑦ **요부 염좌**(lumbar sprain) : 요추부의 인대나 근육이 늘어나거나 파열되는 질환을 말한다.
⑧ **추간판 탈출증**(디스크) : 디스크(척추와 척추사이에 있는 연골)의 수핵이 갑자기 또는 서서히 후방으로 탈출되면서 다리로 내려가는 신경근을 압박하여 요통 및 좌골신경통을 일으키는 질환이다.
⑨ **결절종**(ganglion) : 관절 부위의 얇은 막이나 건초부분의 낭종이나 활액을 채우고 있는 건초가 부풀어 오르는 현상으로, **손목의 윗부분이나 요골부위가 붓거나 혹이 생기는 질환을 말한다.**

2 VDT 증후군

(1) 영상표시단말기 작업으로 인한 관련 증상(VDT 증후군)의 정의

"영상표시단말기 작업으로 인한 관련 증상(VDT 증후군)"이란 **영상표시단말기를 취급하는 작업으로 인하여 발생되는 경견완증후군 및 기타 근골격계 증상·눈의 피로·피부증상·정신신경계 증상** 등을 말한다.

(2) VDT 증후군의 발생요인 ★

① 나이, 시력, 경력, 작업수행도 등
② 책상, 의자, 키보드 등에 의한 작업 자세
③ 반복적인 작업, 부적절한 휴식시간
④ 조명, 채광 등 부적합한 작업환경

(3) 영상표시단말기 작업으로 인한 관련 증상(VDT 증후군) ★

1) 근골격계 증상

목, 어깨, 팔꿈치, 손목 및 손가락 등에 나타나는 통증과 저림, 쑤심 등의 증상

2) 눈의 피로

3) 피부 증상

날씨가 건조할 때 화면에서 발생되는 정전기에 의해 민감한 피부반응이 나타나는 경우가 있다.

4) 정신적 스트레스

정서적 불편(초조, 근심, 착란, 긴장, 무기력감)과 생리적 반응(혈압상승, 소화불량, 심박수 증가, 아드레날린 분비 촉진, 두통) 등의 증상

5) 전자파 장해

컴퓨터 화면으로부터 발생되는 전자기파(EMF)에 의한 장해

(4) 컴퓨터 단말기 조작업무에 대한 조치 ★

① 실내는 **명암의 차이가 심하지 않도록 하고 직사광선이 들어오지 않는 구조**로 할 것
② **저휘도형(低輝度型)의 조명기구를 사용**하고 창·벽면 등은 **반사되지 않는 재질을 사용**할 것
③ 컴퓨터 단말기와 키보드를 설치하는 **책상과 의자는** 작업에 종사하는 근로자에 따라 그 **높낮이를 조절할 수 있는 구조**로 할 것
④ 연속적으로 컴퓨터 단말기 작업에 종사하는 근로자에 대하여 **작업시간 중에 적절한 휴식시간을 부여**할 것

(5) 영상표시단말기 작업의 작업 자세

1) 영상표시단말기 취급근로자의 **시선은 화면상단과 눈높이가 일치할 정도**로 하고 작업 화면상의 **시야는 수평선상으로부터 아래로 10도 이상 15도 이하**에 오도록 하며 **화면과 근로자의 눈과의 거리(시거리: Eye-Screen Distance)는 40센티미터 이상**을 확보할 것

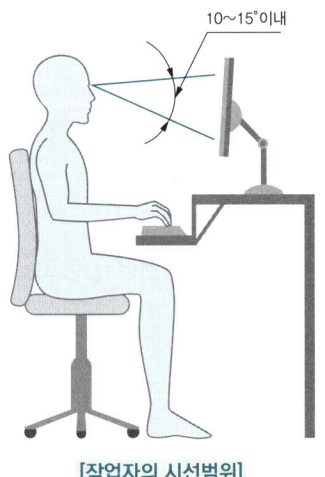

[작업자의 시선범위]

2) 위팔(Upper Arm)은 자연스럽게 늘어뜨리고, 작업자의 어깨가 들리지 않아야 하며, **팔꿈치의 내각은 90도 이상**이 되어야 하고, 아래팔(Forearm)은 손등과 수평을 유지하여 키보드를 조작할 것, 아래팔은 손등과 일직선을 유지하여 **손목이 꺾이지 않도록** 한다. ★

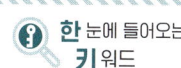
한 눈에 들어오는 **키**워드

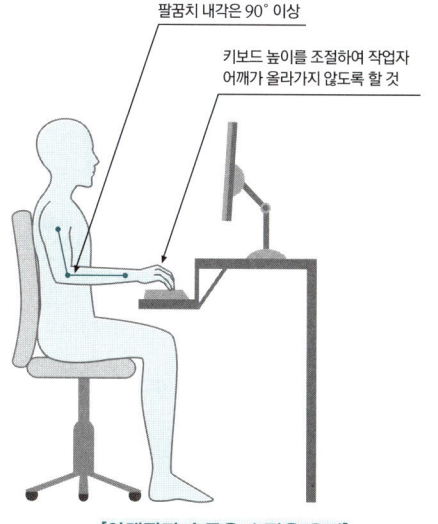

[아래팔과 손등은 수평을 유지]

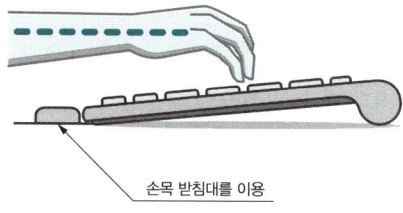

[팔꿈치 내각 및 키보드 높이]

3) 연속적인 자료의 입력 작업 시에는 **서류받침대(Document Holder)를 사용**하도록 하고, **서류받침대는** 높이·거리·각도 등을 조절하여 **화면과 동일한 높이 및 거리에 두어 작업**할 것

4) 의자에 앉을 때는 **의자 깊숙이 앉아 의자등받이에 등이 충분히 지지**되도록 할 것

5) 영상표시단말기 취급근로자의 **발바닥 전면이 바닥면에 닿는 자세**를 기본으로 하되, 그러하지 못할 때에는 **발 받침대(Foot Rest)를 조건에 맞는 높이와 각도로 설치**할 것 ★

6) **무릎의 내각(Knee Angle)은 90도 전후**가 되도록 하되, 의자의 앉는 면의 앞부분과 영상표시단말기 취급근로자의 종아리 사이에는 손가락을 밀어 넣을 정도의 틈새가 있도록 하여 종아리와 대퇴부에 무리한 압력이 가해지지 않도록 할 것 ★

한 눈에 들어오는
키 워드

기출

컴퓨터 단말기 작업 시 적정 실내 조도
① 바탕화면이 흰색계통일 경우 : 500~700Lux
② 바탕화면이 검은색계통일 경우 : 300~500Lux
③ 영상표시단말기(VDT) 화면과 주변과의 광도비 = 1 : 3

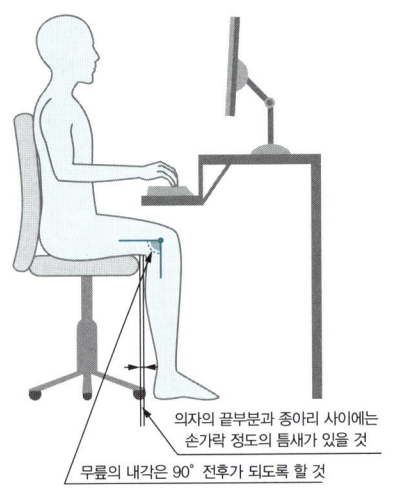

의자의 끝부분과 종아리 사이에는 손가락 정도의 틈새가 있을 것
무릎의 내각은 90° 전후가 되도록 할 것

[무릎 내각]

7) 키보드를 조작하여 자료를 입력할 때 **양 손목을 바깥으로 꺾은 자세가 오래 지속되지 않도록** 주의할 것

(6) 영상표시단말기 작업의 작업환경관리

1) 조명과 채광

① 작업실내의 **창·벽면 등을 반사되지 않는 재질**로 하여야 하며, **조명은 화면과 명암의 대조가 심하지 않도록** 하여야 한다.
② 영상표시단말기를 취급하는 작업장 주변 환경의 조도를 **화면의 바탕 색상이 검정색 계통일 때 300럭스(Lux) 이상 500럭스 이하, 화면의 바탕 색상이 흰색 계통일 때 500럭스 이상 700럭스 이하를 유지**하도록 하여야 한다. ★
③ 사업주는 화면을 바라보는 시간이 많은 작업일수록 **화면 밝기와 작업대 주변 밝기의 차이를 줄이도록** 하고, 작업 중 시야에 들어오는 **화면·키보드·서류 등의 주요 표면 밝기를 가능한 한 같도록 유지**하여야 한다.
④ **창문에는 차광망 또는 커텐 등을 설치하여 직사광선이 화면·서류 등에 비치는 것을 방지**하고 필요에 따라 언제든지 그 밝기를 조절할 수 있도록 하여야 한다.
⑤ 사업주는 작업대 주변에 영상표시단말기작업 **전용의 조명등을 설치할 경우에는 영상표시단말기 취급근로자의 한쪽 또는 양쪽 면에서 화면·서류면·키보드 등에 균등한 밝기가 되도록 설치**하여야 한다.

2) 눈부심 방지

① **지나치게 밝은 조명·채광** 또는 깜박이는 광원 등이 **직접** 영상표시단말기 **취급 근로자의 시야에 들어오지 않도록** 하여야 한다.
② 눈부심 방지를 위하여 **화면에 보안경 등을 부착**하여 빛의 반사가 증가하지 않도록 하여야 한다.
③ 작업면에 도달하는 **빛의 각도를 화면으로부터 45도 이내가 되도록** 조명 및 채광을 제한하여 화면과 작업대 표면반사에 의한 눈부심이 발생하지 않도록 하여야 한다. 다만, 조건상 **빛의 반사방지가 불가능할 경우에는 다음 각 호의 방법으로 눈부심을 방지**하도록 하여야 한다.
- **화면의 경사를 조정**할 것
- **저휘도형 조명기구를 사용**할 것
- 화면상의 **문자와 배경과의 휘도비(Contrast)를 낮출** 것
- **화면에 후드를 설치**하거나 **조명기구에 간이 차양막 등을 설치할 것**
- 그 밖의 눈부심을 방지하기 위한 조치를 강구할 것

3 근골격계 부담작업의 범위

(1) 근골격계 부담작업 ★

"근골격계 부담작업"이라 함은 다음 각 호의 1에 해당하는 작업을 말한다. 다만, **단기간작업 또는 간헐적인 작업은 제외**한다.
① 하루에 **4시간 이상** 집중적으로 자료입력 등을 위해 **키보드 또는 마우스를 조작**하는 작업
② 하루에 총 **2시간 이상** 목, 어깨, 팔꿈치, **손목 또는 손을 사용하여 같은 동작을 반복**하는 작업
③ 하루에 총 **2시간 이상 머리 위**에 손이 있거나, 팔꿈치가 어깨 위에 있거나, 팔꿈치를 몸통으로부터 들거나, **팔꿈치를 몸통 뒤쪽**에 위치하도록 하는 상태에서 이루어지는 작업
④ 지지되지 않은 상태이거나 임의로 자세를 바꿀 수 없는 조건에서, 하루에 총 **2시간 이상 목이나 허리를 구부리거나 비트는 상태**에서 이루어지는 작업
⑤ 하루에 총 **2시간 이상 쪼그리고 앉거나 무릎을 굽힌 자세**에서 이루어지는 작업
⑥ 하루에 총 **2시간 이상** 지지되지 않은 상태에서 **1kg 이상의 물건을 한손의 손가락**으로 **집어 옮기거나**, 2kg 이상에 상응하는 힘을 가하여 **한손의 손가락으로 물건을 쥐는 작업**
⑦ 하루에 총 **2시간 이상** 지지되지 않은 상태에서 **4.5kg 이상의 물건을 한손으로 들거나 동일한 힘으로 쥐는 작업**

한 눈에 들어오는 키 워드

⑧ 하루에 **10회 이상 25kg 이상**의 물체를 드는 작업
⑨ 하루에 **25회 이상 10kg 이상**의 물체를 **무릎 아래**에서 들거나, 어깨 위에서 들거나, 팔을 뻗은 상태에서 **드는 작업**
⑩ 하루에 총 **2시간 이상, 분당 2회 이상 4.5kg 이상**의 물체를 드는 작업
⑪ 하루에 총 **2시간 이상** 시간당 **10회 이상** 손 또는 **무릎**을 사용하여 **반복**적으로 **충격**을 가하는 작업

특급암기법
- 키보드 입력 4시간, 나머지 2시간
- 2시간 4.5kg 한손 쥐기/ 2시간 1kg 손가락 집어 옮기기, 2kg 손가락 쥐기/10회 25kg, 25회 10kg 무릎 아래, 2시간 분당 2회 4.5kg 들기/ 2시간 시간당 10회 반복 충격

02 인간공학적 유해요인 평가

주요내용 알고 가기!

- 유해요인 평가기법의 종류 및 특징
- OWAS, RULA, REBA, SI 기법의 특징

1 근골격계 질환의 유해요인 평가기법

(1) 유해요인 평가기법의 종류 및 특징

평가도구명 (Analysis Tools)	평가되는 위해요인	관련된 신체부위	적용대상 작업 종류	한계점
REBA (Rapid Entire Body Assessment)	반복성, 힘, 불편한 자세	손목, 팔, 어깨, 목, 상체, 허리, 다리	간호사, 청소부 주부 등 작업이 비고정적인 형태의 서비스업계	반복성 미고려
OWAS (Ovaco Working Posture Analysing System)	자세, 힘, 노출시간	상체, 허리, 하체	중량물취급	중량물작업 한정, 반복성 미고려
JSI (작업 긴장도지수) (Job Strain index)	반복성, 힘, 불편한 자세	손, 손목	경조립작업, 검사, 육류가공, 포장, 자료입력, 세탁	손·손목부위 작업 한정, 평가의 객관성 부족
RULA (Rapid Upper Limb Assessment)	반복성, 힘, 불편한 자세	손목, 팔, 팔꿈치, 어깨, 목, 상체	조립작업, 목공작업, 정비작업, 육류가공, 교환대, 치과	반복성과 정적자세 의 고려가 미흡, 전문성 요구
Revised NIOSH Lifting Equation (NIOSH 들기작업지침)	반복성, 힘, 불편한 자세	허리	물자취급(운반, 정리), 음료수운반, 4kg 이상 의 중량물취급, 과도한 힘을 요하는 작업, 고정 된 들기작업	전문성 요구

(2) 인간공학적 작업부하 평가 기법

관찰적 작업자세 평가 기법	① 작업 장면을 관찰/촬영한 다음 분석을 통해 작업 부하를 평가하고, 조치하는 단계로 이루어진다. ② 전신 : OWAS, RULA, REBA, QEC 등 ③ 손 중심 작업 : SI, ACGIH Hand Activity Level
작업 특성별 부하 평가 기법	① 들기 작업 혹은 진동 등 작업 특성에 따라 특정 항목을 평가하는 기법이다. ② 들기작업 : NIOSH 들기식(NLE), 3DSSPP, ACGIH Lifting TLVs ③ 들기/내리기/밀기/당기기/운반 : 스눅 테이블 ④ 진동 : ACGIH Hand Arm Vibration TLVs, Whole Body Vibration TLVs
실험적 작업부하 평가 기법	① 실험실에서 전용 장비를 사용하여 작업부하를 정밀하게 평가하는 기법이다. ② 인체 역학적 부하 평가 : 근력, 관절 모멘트, 반발력 등 ③ 생리학적 작업부하 평가 : 심박수, 근전도, 산소소비량 등 심·물리학적 작업부하 평가

2 OWAS, RULA, REBA, SI ★

(1) OWAS(Ovako Working posture Analysis System) : 작업부하 평가기법

1) OWAS 평가도구의 특징

① 근력을 발휘하기에 부적절한 작업자세를 구별해내기 위한 목적으로 개발하였다.
② OWAS는 작업자세로 인한 작업부하를 평가하는데 초점이 맞추어져 있다.
③ 작업 자세에는 상지(팔), 하지(다리), 허리, 하중으로 구분하여 각 부위의 자세를 코드로 표현한다. ★
④ OWAS는 신체부위의 자세뿐만 아니라 중량물의 사용도 고려하여 평가하다.
⑤ OWAS 활동 점수표는 4단계 조치단계로 구분된다.

2) OWAS의 장·단점

장점	단점
① 특별한 기구 없이 관찰에 의해서만 작업 자세를 평가할 수 있다. ② 전반적인 작업으로 인한 위해도를 쉽고 간단하게 조사할 수 있다. ③ 여러 작업 중에서 개선을 필요로 하는 작업을 우선적으로 선정할 수 있다. ④ 상지와 하지의 작업분석이 가능하며, 작업 대상물의 무게를 분석요인에 포함할 수 있다.	① 작업 자세 특성이 정적인 자세에 초점이 맞추어져 있다. ② 상지나 하지 등 몸의 일부의 움직임이 적으면서도 반복하여 사용하는 작업에서는 차이를 파악하기 어렵다. ③ 중량물 취급 작업 외에는 작업에 소요되는 힘과 반복성에 대한 위험성이 평가에 반영되지 않는다. ④ 지속 시간을 검토할 수 없으므로 보관유지자세의 평가는 어렵다.

3) 작업 부하 수준(조치수준 AC: Action Category)

작업 부하 수준	평가내용
수준 1(AC 1)	• 근골격계에 **특별한 해를 끼치지 않음** • 작업 자세에 **아무런 조치도 필요치 않음**
수준 2(AC 2)	• 근골격계에 **약간의 해를 끼침** • 가까운 시일 내에 작업자세의 교정이 필요함
수준 3(AC 3)	• 근골격계에 **직접적인 해를 끼침** • 가능한 빨리 작업자세를 교정해야 함
수준 4(AC 4)	• 근골격계에 **매우 심각한 해를 끼침** • 즉각적인 작업자세의 교정이 필요함

(2) RULA(Rapid Upper Limb Assessment)

1) RULA 평가도구의 특징

① **어깨, 팔목, 손목, 목 등 상지에 초점을 맞춘 작업자세**로 인한 작업부하를 쉽고 빠르게 평가하기 위해 개발되었다. ★
② 나쁜 작업 자세로 인한 **상지의 장애(Disorders)를 안고 있는 작업자의 비율이 어느 정도인지**를 쉽고 빠르게 **파악**하는 방법을 제시한다.
③ 근육의 피로에 영향을 주는 작업 자세나 정적인 또는 반복적인 작업 여부, 작업을 수행하는데 필요한 힘의 크기 등 **작업으로 인한 근육 부하를 평가**한다.
④ 비교적 사용이 용이하고 인간공학 전문가의 **정확한 분석 이전에 일차적인 분석 도구로 유용하다.**

2) RULA의 평가방법

① 작업자세 평가, 근육의 사용여부 평가, 힘과 부하량의 평가의 3부분으로 나누어 평가한다.

작업자세 평가	신체를 크게 2부분으로 나누어 평가한다. • A군(상완, 전완, 손목) • B군(목, 허리, 다리)
근육사용 여부 평가	정적인 자세가 1분 이상 유지되거나 분당 4회 이상 반복적으로 작업을 한 경우 1점이 추가된다.
힘과 부하량의 평가	외부 힘이 사용된 양에 따라 점수가 추가되며 최소 0점에서 최고 3점의 점수가 더해진다.

② 3가지 평가 값을 더하여 총괄점수를 계산하며 산출된 총괄점수는 조치수준을 구하는데 사용 된다.

3) 조치수준

최종점수	조치수준	설명
1	1	작업이 오랫동안 지속적, 반복적으로 행해지지 않는다면 **작업 자세에 별 문제 없음**
2		
3	2	작업 자세에 대한 추가적인 조사 필요 작업 자세의 변경이 요구됨
4		
5	3	조사 및 작업 자세 변경이 빠른 시일 내 필요함
6		
7	4	조사와 작업 자세 변경이 즉시 필요함

(3) REBA(Rapid Entire Body Assessment)

1) REBA 평가도구의 특징

① **OWAS 기법과 RULA 기법의 문제점을 보완하여 가장 최근에 만들어졌지만** 아직 그 타당성이 증명되지 않았다. ★
② REBA는 보건관리와 다른 서비스 산업에서 발견되는 예측할 수 없는 작업 자세에 민감하게 잘 적용하기 위해 개발되었다.
③ 작업자의 움직임 단계를 관찰한 후 신체 부위를 분할하여 **각 신체부위에 부위별 점수를 부여한 후** 점수 코드 체제를 이용하여 **평가**하는 분석하는 방법이다. ★

(4) JSI(Job Strain Index)혹은 SI(Strain Index) : 작업부하지수

1) SI 평가도구의 특징

① **상지 질환에 대한 정량적 평가방법**으로 인간공학적 작업 분석의 도구로서 생리학 및 인체역학(biomechanics)의 과학적 근거를 바탕으로 개발되었다. ★
② 검증 과정을 통해서 의학적인 진단 결과와도 매우 유의한 타당성이 인정되었다는 장점이 있다.
③ **손목의 특이적인 위험성만이 강조되었고, 진동에 대한 위험 요인이 배제**되었으며, 신뢰도가 검증되지 않았다는 한계점이 있다. ★

2) SI의 평가방법

① 각 요소는 **근육사용 힘, 근육사용 기간, 빈도, 자세, 작업속도, 하루 작업시간**으로 구성되어 있다.

② **6개의 위험요소를 곱한 값이 부하지수**이다.

③ **작업부하지수가 3 이하이면 안전**하며, **5를 초과하면 상지질환으로 초래될 가능성**이 있고, **7 이상은 매우 위험**한 것으로 간주된다.

3) SI 점수 계산

> SI Score = 힘의 강도 계수 × 힘의 지속정도 계수 × 분당 힘의 빈도 계수
> × 손과 손목의 자세 계수 × 작업속도 계수 × 하루 작업시간 계수
>
> - 힘의 지속정도 : 얼마나 오랫동안 힘이 들어가는가로 설명할 수 있다.
>
> $$\text{힘의 지속정도} = \frac{100 \times \text{힘 부가시간(초)}}{\text{전체 측정시간 사이클(초)}}$$
>
> - $\text{분당 힘의 빈도} = \dfrac{\text{힘이 들어간 횟수}}{\text{총 관찰시간(분)}}$

> 한 눈에 들어오는 **키**워드

03 근골격계 유해요인 관리

> **주요내용 알고 가기!**
> - 근골격계 질환 유해요인 조사
> - 근골격계 질환 예방관리 프로그램
> - 작업환경 개선방법

1 근골격계 질환 유해요인 조사

(1) 근골격계 질환 유해요인 조사 ★

1) **상시근로자 1인 이상의 근로자를 사용하는 사업주**는 근로자가 근골격계부담작업을 하는 경우에 **3년마다** 다음 각 호의 사항에 대한 **유해요인조사를 하여야 한다**. 다만, **신설되는 사업장의 경우에는 신설일로 부터 1년 이내에 최초의 유해요인 조사를 하여야 한다**.

 ① 설비·작업공정·작업량·작업속도 등 **작업장 상황**
 ② 작업시간·작업자세·작업방법 등 **작업조건**
 ③ 작업과 관련된 **근골격계 질환 징후와 증상 유무 등**

2) 사업주는 **다음 각 호의 어느 하나에 해당하는 사유가 발생하였을 경우에 1개월 이내**에 조사대상 및 조사방법 등을 검토하여 **유해요인 조사를 해야 한다**. 다만, 근골격계 질환에 대하여 최근 1년 이내에 유해요인 조사를 하고 그 결과를 반영하여 작업환경 개선에 필요한 조치를 한 경우는 제외한다.

 ① 임시건강진단 등에서 **근골격계 질환자가 발생하였거나** 근로자가 **근골격계 질환으로 업무상 질병으로 인정받은 경우**(근골격계부담작업이 아닌 작업에서 근골격계 질환자가 발생하였거나 근골격계부담작업이 아닌 작업에서 발생한 근골격계 질환에 대해 업무상 질병으로 인정 받은 경우를 포함한다)
 ② 근골격계 **부담작업에 해당하는 새로운 작업 · 설비를 도입한 경우**
 ③ 근골격계 **부담작업에 해당하는 업무의 양과 작업공정 등 작업환경을 변경한 경우**

3) 사업주는 유해요인 조사에 근로자 대표 또는 해당 작업 근로자를 참여시켜야 한다.

(2) 유해요인조사 방법

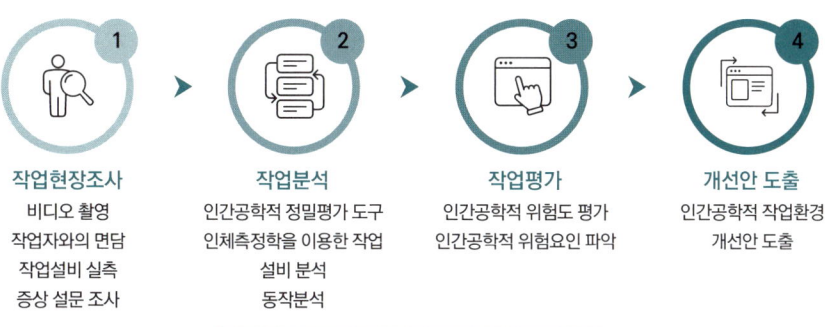

[근골격계 부담작업 유해요인조사 분석 및 평가]

1) 유해요인조사는 **근골격계 질환자가 발생·인정된 작업 또는 근골격계 부담작업에 해당하는 각각의 작업에 대해 실시**하되, 근로자와의 면담, 증상 설문조사, 인간공학적 측면을 고려한 조사 등 적절한 방법으로 한다.

2) 유해요인조사는 **사업장 내 근골격계 부담작업 각각에 대하여 실시**한다. 다만, 동일한 작업형태와 동일한 작업조건의 근골격계 부담작업이 존재하는 경우에는 근골격계 부담작업의 종류와 수에 대한 대표성, 조사 실시 주기 또는 연도 등을 고려하여 단계적으로 일부 작업에 대해서 조사할 수 있다.

① **한 단위작업에 10개 이하의 근골격계 부담작업이 동일 작업으로 이루어지는 경우에는 작업강도가 가장 높은 2개 이상의 작업을 표본으로 선정**한다.

② 만일, **한 단위작업에 동일 근골격계 부담작업의 수가 10개를 초과하는 경우에는 초과하는 5개의 작업 당 1개의 작업을 표본으로 추가**한다.

(3) 유해요인조사 내용 ★

작업장 상황조사	① 작업공정 ② 작업설비 ③ 작업량 ④ 작업속도 및 최근 업무의 변화 등
작업조건 조사	① 반복동작 ② 부적절한 자세 ③ 과도한 힘 ④ 접촉스트레스 ⑤ 진동 ⑥ 기타 요인(예, 극저온, 직무스트레스)
증상 설문조사	① 증상과 징후 ② 직업력(근무력) ③ 근무형태(교대제 여부 등) ④ 취미활동 ⑤ 과거질병력 등

(4) 유해성 등의 주지

근로자가 **근골격계 부담작업**을 하는 경우에 다음 각 호의 사항을 근로자에게 알려야 한다.
① 근골격계 부담작업의 **유해요인**
② **근골격계 질환의 징후와 증상**
③ 근골격계 질환 발생 시의 **대처요령**
④ **올바른 작업자세와 작업도구, 작업시설의 올바른 사용방법**
⑤ 그 밖에 근골격계 질환 예방에 필요한 사항

2 근골격계 질환 예방관리 프로그램

(1) 근골격계 질환 예방관리 프로그램 시행 ★

1) 다음 각 호의 어느 하나에 해당하는 경우에 **근골격계 질환 예방관리 프로그램을 수립하여 시행하여야 한다.**

   ① **근골격계 질환으로 업무상 질병으로 인정받은 근로자가 연간 10명 이상 발생한 사업장 또는 5명 이상 발생**한 사업장으로서 **발생 비율이 그 사업장 근로자 수의 10퍼센트 이상**인 경우
   ② 근골격계 질환 예방과 관련하여 **노사 간 이견(異見)이 지속되는 사업장으로서 고용노동부장관이 필요하다고 인정**하여 근골격계 질환 예방관리 프로그램을 수립하여 시행할 것을 명령한 경우

2) 사업주는 근골격계 질환 **예방관리 프로그램을 작성·시행할 경우에 노사협의를 거쳐야 한다.**

3) 사업주는 근골격계 질환 예방관리 프로그램을 작성·시행할 경우에 **인간공학·산업의학·산업위생·산업간호** 등 분야별 전문가로부터 필요한 지도·조언을 받을 수 있다.

4) **근골격계 질환 예방관리 프로그램의 주요 구성요소**
   ① 인간공학적 분석
   ② 유해요인에 대한 작업환경 개선
   ③ 의학적 관리
   ④ 교육 및 훈련
   ⑤ 평가

3 작업개선안의 원리 및 도출방법

한 눈에 들어오는 키워드

(1) 작업환경 개선방법 ★

사업주는 작업관찰을 통해 유해요인을 확인하고, 그 원인을 분석하여 그 결과에 따라 **공학적 개선(engineering control)** 또는 **관리적 개선(administrative control)**을 실시한다.

공학적 개선	① 현장에서 직접적인 설비나 작업방법, 작업도구 등을 작업자가 쉽고, 편하고, 안전하게 사용할 수 있도록 유해·위험요인의 원인을 제거하거나 개선하기 위하여 재설계, 재배열, 수정, 교체(substitution) 등을 하는 것을 말한다. ② 공학적 개선 항목 • 공구·장비 • 작업장 • 포장 • 부품 • 제품
관리적 개선	① 작업절차 또는 작업노출 등을 수정·관리하는 것을 말한다. ② 관리적 개선 항목 • 작업의 다양성 제공 • 작업일정 및 작업 속도 조절 • 회복시간 제공 • 작업 습관 변화 • 작업공간, 공구 및 장비의 주기적인 청소 및 유지보수 • 작업자 적정배치 • 직장체조 강화 등

(2) 개선안 실행절차(개선안을 확정하고 현장에 적용할 때 고려하여야 할 사항)

어떤 작업이나 설비를 개선할 때에는 **어떤 것을 개선할 것인가에 대한 우선순위를 정하여야 효율적인 개선을 할 수 있다.**
① 개선에 대한 **아이디어를 갖고 있는가?**
② 개선안의 **적용 용이성은?** 같은 효과를 내면서 **비용이 적게 드는 대안은 없는가?**
③ 개선에 **필요한 요구조건이 수용 가능한가?** 기술적, 금전적, 시간적 **제약은 없는가?**
④ 생산성, 효율성, **품질의 개선 효과는?**
⑤ **사용자의 정서에 긍정적으로 작용**하는 받아들일 수 있는 **대안인가?**
⑥ 개선 후 **과거에 인지되지 않았던 위험요소**가 첨가되지는 않는가?
⑦ 적용에 필요한 **훈련 시간은 적당**하고 가능한가?

한 눈에 들어오는
키 워드

(3) 개선계획서 작성 및 시행

1) 개선계획서를 작성할 때에는 **노동조합 또는 해당 근로자의 의견을 수렴**하고, 필요한 경우에는 **관계 전문가의 자문을 받는다.**

2) 개선계획서에 포함사항

① 공정명
② 작업명
③ 문제점
④ 개선방향
⑤ 추진일정
⑥ 개선비용
⑦ 해당 근로자의견 또는 확인

3) 개선안 실행을 위한 우선순위 결정시 고려사항

① 유해도가 높은 작업
② 다수의 근로자가 유해요인에 노출되고 있거나 증상 및 불편을 호소하는 작업
③ 비용-편익의 효과가 큰 작업 유해요인 노출 특성의 변화

(4) 근골격 질환 예방을 위한 작업방법 ★

① 수공구의 **무게는 가능한 한 줄이고 손잡이는 접촉면적을 크게** 한다.
② **부자연스러운 자세를 피한다.**(손목, 팔꿈치, 허리가 뒤틀리지 않도록 한다)
③ **작업시간을 조절**하고 **과도한 힘을 주지 않는다.**
④ **동일한 자세 작업을 피하고 작업대사량을 줄인다.**

CHAPTER 05 유해요인 관리

01 물리적 유해요인 관리

주요내용 알고 가기!

- 물리적 유해요인의 생체작용
- 물리적 유해요인의 노출기준

한 눈에 들어오는 **키** 워드

1 물리적 유해요인 파악

(1) 물리적 인자의 분류기준

1) **소음** : 소음성 난청을 유발할 수 있는 85데시벨(A) 이상의 시끄러운 소리

2) **진동** : 착암기, 손망치 등의 공구를 사용함으로써 발생되는 백랍병 · 레이노 현상 · 말초순환장애 등의 **국소 진동** 및 차량 등을 이용함으로써 발생되는 관절통 · 디스크 · 소화장애 등의 **전신 진동**

3) **방사선** : 직접 · 간접으로 공기 또는 세포를 전리하는 능력을 가진 알파선 · 베타선 · 감마선 · 엑스선 · 중성자선 등의 전자선

4) **이상기압** : 게이지 압력이 제곱센티미터당 1킬로그램 초과 또는 미만인 기압

5) **이상기온** : 고열 · 한랭 · 다습으로 인하여 **열사병 · 동상 · 피부질환** 등을 일으킬 수 있는 기온

(2) 소음

1) 소음의 정의

① 원하지 않는 소리
② 심리적으로 불쾌감을 주고 신체에 장애를 일으키는 소리를 말한다.

2) 소음작업의 정의(산업안전보건법의 정의) ★★

하루 8시간 동안 85dB 이상의 소음이 발생하는 작업을 말한다.

3) 강렬한 소음작업의 정의(종류) ★★

① 하루 8시간 동안 90dB 이상의 소음이 발생하는 작업
② 하루 4시간 동안 95dB 이상의 소음이 발생하는 작업
③ 하루 2시간 동안 100dB 이상의 소음이 발생하는 작업
④ 하루 1시간 동안 105dB 이상의 소음이 발생하는 작업
⑤ 하루 30분 동안 110dB 이상의 소음이 발생하는 작업
⑥ 하루 15분 동안 115dB 이상의 소음이 발생하는 작업

4) 충격소음의 정의 ★★

최대음압수준에 120dB(A) 이상인 소음이 1초 이상의 간격으로 발생하는 것을 말한다.

(3) 소음의 생체작용

1) 소음이 인체에 미치는 영향(생리적 영향)

① 혈압 증가
② 맥박수 증가
③ 위분비액 감소
④ 집중력 감소
⑤ 청력손실(소음성 난청)

2) 청력손실

일시성 청력손실	영구성 청력손실(소음성 난청)
① 강력한 소음에 노출되어 생기는 일시적인 청력 저하 현상으로 4,000~6,000Hz에서 가장 많이 생긴다. ② 일시적인 청신경세포의 피로현상으로 회복하려면 12~24시간을 요하는 가역적인 청력저하이나 소음성 난청의 경고신호로 볼 수 있다.(일시적인 현상으로 휴식하면 곧바로 회복된다.)	① 영구적으로 회복되지 않는 청력 손실을 말한다. ② 심한 소음에 반복 노출되면 코르티기관의 손상으로 일시적인 청력 변화가 영구적 청력변화로 변하게 된다. ★ ③ 소음성 난청은 4,000~6,000Hz 정도에서 가장 많이 발생한다.(주로 주파수 4,000Hz 영역에서 시작하여 전 영역으로 파급된다.) ④ 소음성 난청은 대부분 양측성이며, 감각 신경성 난청에 속한다. ⑤ 일주일 정도가 지나도록 회복되지 않는 청력치의 감소부분은 영구적 난청에 해당된다.

3) C₅-dip 현상 ★

소음성 난청의 초기단계로서 4,000Hz 부근의 음에 대한 청력 저하가 심하게 생기게 되는 현상을 말한다.

4) 소음성 난청(청력손실)에 영향을 미치는 요소

① **개인의 감수성** : 개인의 감수성에 따라 소음반응이 다양하다.
② **음의 강도** : 음압수준이 높을수록 유해하다.
③ **폭로시간**(노출시간) : **계속적 노출이** 간헐적 노출보다 더 **유해**하다.
④ **음의 물리적 특성**
  • **고주파음**이 저주파음보다 더 **유해**하다.
  • 충격음 및 연속음의 유해성이 더 크다.
⑤ **심한 소음에 반복하여** 노출되면 일시적 청력변화는 영구적 청력변화로 변한다.

(4) 진동

1) 진동의 정의

① **진동** : 어떤 물체가 외력에 의하여 평형상태에 있는 위치에서 **좌우 또는 상하로 흔들리는 현상**을 말한다.
② **공명** : 외부 진동에 따라 생체가 진동하는 현상을 말한다.

2) 진동작업의 정의(산업안전보건법 기준)

진동작업이란 다음 각 목의 어느 하나에 해당하는 기계·기구를 사용하는 작업을 말한다.
① 착암기(鑿巖機)
② 동력을 이용한 해머
③ 체인톱
④ 엔진 커터(engine cutter)
⑤ 동력을 이용한 연삭기(研削機)
⑥ 임팩트 렌치(impact wrench)
⑦ 그 밖에 진동으로 인하여 건강장해를 유발할 수 있는 기계·기구

3) 인체에 영향을 주는 진동범위

① **전신진동 : 2 ~ 100Hz**(공해진동: 1~90Hz)
② **국소진동 : 8 ~ 1,500Hz**
③ 수직진동 : 4,000 ~ 8,000Hz
④ 수평진동 : 1,000 ~ 2,500Hz

⑤ 사람이 느끼는 최소 진동치 : 55±5dB
⑥ 전신은 4Hz, 두부와 견부는 20~30Hz, 안구는 60~90Hz 진동에 공명한다.

(5) 진동의 생체작용

1) 전신진동의 특징

① 전신진동은 신체 전신에 전파되는 **진동**을 말한다.
② 비행기와 선박, 트럭과 같은 **교통차량**, 트랙터 및 흙 파는 **기계**와 같은 각종 영농기계에 탑승하였을 때 발생하는 진동 등이 해당된다.
③ 전신진동은 **2~100Hz(저주파)에서 장해를 유발**한다.
④ 진동수가 클수록, 가속도가 클수록 장해와 진동감각이 증가한다.

2) 전신진동이 인체에 미치는 영향

① 전신진동의 영향이나 장해는 **자율신경 특히 순환기에 크게 나타난다**.
② 평형기관에 영향을 주어 **구토감, 현기증, 두통, 생식기의 기능이상** 등을 일으킨다.(위장장해, 내장하수증, 척추이상)
③ **말초혈관이 수축되고, 혈압상승과 맥박이 증가(산소소비량과 폐환기량이 증가)**한다.
④ 전신진동은 100Hz까지 문제이나 대개는 **30Hz에서 문제가 되고 60~90Hz에서는 시력장해**가 온다.

3) 국소진동의 특징

① 국소적으로 **손, 발 등 신체의 특정 부위로 전달되는 진동**을 말한다.
② **착암기, 분쇄기(그라인더), 연마기** 등 진동공구 작업 등에서 발생한다.
③ 국소진동은 **8~1,500Hz(고주파)에서 장해를 유발**한다.
④ 진동이 심한 기계조작 등으로 **혈관신경계장해를 초래**하며 손가락 마비, **근육통, 관절통, 관절운동 장애**를 초래한다.

4) 레이노(Raynaud's phenonmenon) 현상 ★

국소진동으로 인하여 말초혈관운동 장애가 발생하여 수지가 창백해지고 손이 차며 통증이 오는 현상으로 추운 환경에서 더 잘 발생한다.

(6) 방사선

1) 방사선의 정의

① 전자기파의 형태로, 한 위치에서 다른 위치로 이동하는 에너지를 말한다.
② 인간 생체에서 **이온화시키는 데 필요한 최소에너지를 기준으로 전리방사선과 비전리방사선으로 구분**한다.

2) 전리방사선(이온화 방사선)의 종류

① 전자기 방사선(X-Ray, γ선)
② 입자 방사선(α, β입자, 중성자)

3) 비전리방사선(비이온화방사선)의 정의

① 긴 파장을 가지고 있어 **원자를 이온화시키지 못하여(전리시키지 못함) 비이온화방사선**이라고도 한다.
② **주파수가 감소하는 순서에 따라 자외선, 가시광선, 적외선, 마이크로파, 라디오파, 초저주파, 극저주파**가 있다.

4) 비전리방사선의 종류 및 파장 ★

① 자외선(화학선) : 100~400nm(1,000~4,000Å)
② 적외선(열선) : 750~1,200nm(7,500~12,000Å)
③ 가시광선 : 400~760nm(4,000~7,600Å)
④ 마이크로파 : 1~300cm

(7) 방사선의 생체작용

1) 전리방사선의 건강영향

① **α입자는** 투과력이 작아 우리 피부를 직접 통과하지 못하기 때문에 **피부를 통한 영향은 매우 작다.**
② 방사선은 생체 내 구성원자나 분자에 결합되어 **전자를 유리시켜 이온화하고 원자의 들뜸현상을 일으킨다.**
③ 반응성이 매우 큰 자유라디칼이 생성되어 **단백질, 지질, 탄수화물, 그리고 DNA 등 생체 구성 성분을 손상시킨다.**

2) 자외선의 인체영향(생물학적 작용)

① 화학선 : 눈과 피부 등에 화학변화를 일으킨다.
② 광화학적 반응 : 산소분자를 해리하여 오존을 생성한다.

③ 피부작용
- 피부암, 피부 홍반 형성 및 색소 침착, 피부 비후를 일으킨다.
- 옥외작업을 하면서 **콜타르의 유도체, 벤조피렌, 안트라센** 화합물과 상호작용하여 **피부암을 유발**시킨다.

④ 눈에 대한 영향 : **결막염, 백내장, 급성 각막염** 발생시킴

⑤ 비타민 D 생성

⑥ 살균작용

⑦ 전신 건강장해

3) 적외선의 인체영향(생물학적 작용)

① 적외선이 **신체에 조사되면 일부는 피부에서 반사되고 나머지는 조직에 흡수**된다.
② 적외선이 흡수되면 **화학반응을 일으키는 것이 아니라** 구성분자의 운동에너지를 증가시키므로 **조직온도가 상승**한다.
③ **적외선 백내장을 초자공, 대장공 백내장**이라 한다.(초자공, 용광로의 근로자들과 대장공들에게 백내장이 수정체의 뒷부분에서 발병)
④ 장기간 조사 시 두통, 자극작용이 있으며, **강력한 적외선은 뇌막자극 증상(의식상실, 열사병)** 등을 유발할 수 있다.

4) 가시광선의 인체영향

조명부족	• 조명부족 하에서 장시간 작업하면 근시, 안정피로, 안구 진탕증을 일으킨다. • 녹내장, 백내장, 망막변성 등 기질적 안질환은 조명부족과 무관하다.
조명과잉	장시간에 걸쳐 강렬한 광선에 노출되면 시력장애, 시야협착, 암순응의 저하 등을 일으킨다.

(8) 이상기압

1) 용어 정의

① "이상기압"이란 **압력이 제곱센티미터당 1킬로그램 이상인 기압**을 말한다.
② "**고압작업**"이란 이상기압에서 **잠함공법(潛函工法)이나 그 외의 압기공법(壓氣工法)으로 하는 작업**을 말한다.
③ "**잠수작업**"이란 물속에서 하는 다음 각 목의 작업을 말한다.
- **표면 공급식 잠수작업** : 수면 위의 공기압축기 또는 호흡용 기체 통에서 압축된 호흡용 기체를 공급받으면서 하는 작업
- **스쿠버 잠수작업** : 호흡용 기체 통을 휴대하고 하는 작업

④ "기압조절실"이란 고압작업에 종사하는 근로자가 작업실에 출입할 때 가압 또는 감압을 받는 장소를 말한다.
⑤ "압력"이란 게이지 압력을 말한다.

2) 수면 하에서의 기압

수면 하에서의 **압력은 수심이 10m 깊어질 때마다 1기압씩 더해진다.**
예) 수심 10m에서의 압력 : 게이지압 1기압, 절대압 2기압
　　수심 45m에서의 압력 : 게이지압(작용압) 4.5기압, 절대압 5.5기압

(9) 고압환경에서의 생체영향

1) 1차적 가압현상

① **생체와 환경 사이의 압력(기압)차이로 인한 기계적 작용**을 말한다.
② **울혈, 부종, 출혈, 동통**이 생기며 기압 증가에 따른 **부비강, 치아의 압박 장애**를 일으킨다.

2) 2차적 가압현상 : 고압 하의 대기가스의 독성 때문에 나타나는 현상을 말한다.

질소의 마취작용	① 질소가스는 정상기압에서는 비활성이지만 **4기압 이상에서는 마취작용**을 나타낸다. ② 질소 마취증세는 후유증이나 별도의 치료가 필요하지 않으며 **대기압 조건으로 복귀(얕은 수심으로 상승)**하면 사라진다. ③ 수심 90~120m에서 **질소의 마취작용으로 환청, 환시, 조울증, 기억력 감퇴** 등이 나타나며 **작업능력 저하, 다행증**이 생긴다. ④ 예방으로는 고압환경에서 작업하는 근로자에게 **질소를 헬륨으로 대치한 공기**를 호흡시킨다.
산소중독 증세	① 산소분압이 2기압을 넘으면 산소중독 증세가 나타난다. ② 산소중독 증세는 가역적인 증세로 **고압산소에 대한 노출이 중지되면 증상은 즉시 멈춘다.** ③ 시력장애, 정신혼란, 근육경련, 수지와 족지의 작열통 등을 일으킨다.
이산화 탄소의 작용	① 산소의 독성과 질소의 마취작용을 증가시킨다. ② 고압환경에서 이산화탄소의 농도는 0.2%를 초과하지 않아야 한다. ③ 동통성 관절장애(bends)도 이산화탄소의 분압 증가로 많이 발생한다.

3) 감압병(decompression ; 잠함병, 케이슨병) ★

① 급격한 감압 시에 혈액 속의 **질소가 혈액과 조직에 기포를 형성하여(종격기종, 기흉)을 혈액순환 장해와 조직 손상**을 일으킨다.
② 감압병의 치료는 재가압 산소요법이 최상이다.
③ 중추신경계 감압병은 고공비행사는 뇌에, 잠수사는 척수에 더 잘 발생한다.

(10) 저기압(저압환경)에서의 인체영향

1) 저기압의 작업환경에 대한 인체의 영향

① **고도 18,000ft(5,468m) 이상이 되면 21% 이상의 산소가 필요**하게 된다.
② **고도 10,000ft(3,048m)까지는 시력, 협조운동의 가벼운 장해 및 피로를 유발**한다.
③ 고도의 상승으로 기압이 저하되면 **공기의 산소분압이 감소되고 동시에 폐포 내 산소분압도 감소**된다.
④ 산소결핍을 보충하기 위하여 **호흡수, 맥박수가 증가**된다.

2) 고공증상

신경장애, 동통성 관절장해, 항공치통, 항공이염, 항공부비감염 등

3) 폐수종

① **진해성 기침과 호흡곤란**이 나타나고 폐동맥 혈압이 상승하다 **산소공급과 해면으로의 귀환으로 급속히 소실**된다.
② **어른보다 순화적응속도가 느린 어린이에게 많이 발생**한다.
③ 고공 순화된 사람이 해면에 돌아올 때 자주 발생한다.

4) 고산병

극도의 우울증, 두통, 식욕상실을 보이는 임상 증세군이며 가장 특징적인 것은 흥분성이다.

5) 저산소증(Hypoxia: 산소결핍증)

① **저기압에서 가장 문제가 되는 것은 저산소증(산소결핍증)**이다.
② **체내 조직의 산소가 결핍된 상태**를 저산소증이라 한다.
③ **산소결핍에 가장 민감한 조직은 뇌(대뇌피질)**이다.
④ 생체 내에서 **산소공급 정지가 2분 이상이 되면 활동성이 회복되지 않는 비가역적인 파괴**가 일어난다.
⑤ 고산지대나 지역이 높은 곳에서 발생하며 판단력장해, 행동장해, 권태감 등을 일으킨다.

(11) 이상기온

1) 용어 정의

① 고열 : 열에 의하여 근로자에게 열경련, 열탈진 또는 열사병 등의 건강장해를 유발할 수 있는 더운 온도를 말한다.
② 한랭 : 냉각원(冷却源)에 의하여 근로자에게 동상 등의 건강장해를 유발할 수 있는 차가운 온도를 말한다.
③ 다습 : 습기로 인하여 근로자에게 피부질환 등의 건강장해를 유발할 수 있는 습한 상태를 말한다.

2) 습구흑구온도지수(Wet-Bulb Globe Temperature: WBGT)

근로자가 **고열환경에 종사함으로써 받는 열 스트레스 또는 위해를 평가하기 위한 도구**(단위 : ℃)로써 **기온, 기습 및 복사열을 종합적으로 고려한 지표**를 말한다.

3) 온열요소(인체의 열 교환에 영향을 미치는 요소)

① 기온(온도)
② 기습(습도)
③ 기류(대류, 풍속)
④ 복사열

(12) 고온의 생체작용

1) 고온에서의 생리적 변화

① 체표면의 한선의 수(땀샘)가 증가
② **갑상선호르몬 분비 감소**
③ 간기능 저하(**콜레스테롤/콜레스테롤 에스터 비 감소**)

고온의 일차적 생리적 현상	고온의 이차적 생리적 현상
① 발한(땀)	① 심혈관 장애
② 불감발한	② 신장 장애
③ 피부혈관의 확장	③ 위장 장애
④ 체표면적 증가	④ 신경계 장애
⑤ 호흡증가	⑤ 피부기능 변화
⑥ 근육이완	⑥ 수분 및 염분 부족

용어정의

불감발한(不感發汗) : 느끼지 못하는 사이에 피부나 허파로부터 수증기, 이산화탄소 등이 체외로 증발·발산하는 현상을 말한다.

2) 고열장애 분류 ★

열성발진 (heat rashes), 열성 혈압증	① 가장 흔히 발생하는 피부장해로서 땀띠(plickly heat)라고도 한다. ② 한선(땀샘)에 염증이 생기고 피부에 작은 수포가 형성된다.(범위가 넓어지면 발한에 장애를 줌)	
열쇠약 (heat prostration)	① 고열작업장에서의 만성적인 건강장해 ② 전신권태, 위장장애, 불면, 빈혈 등의 증상이 있다.	
열경련 (heat cramp) ★	① 전형적인 열 중증의 형태로 고온환경에서 심한 육체적인 노동을 할 때 혈중 염분농도 저하가 원인이 된다. ② 근육경련, 현기증, 이명, 두통, 구역, 구토 등의 증상이 있다. ③ 수분 및 NaCl 보충(생리식염수 0.1% 공급)한다.(일시에 염분농도가 높으면 흡수 저하가 일어나므로 식염정제를 공급해서는 안 된다)	
열피로 (heat exhaustion), 열탈진, 열피비 ★	① 고온 환경에서 장시간 힘든 노동을 할 때 고열에 순환되지 않은 작업자에게 많이 발생한다. ② 과다 발한으로 인한 수분과 염분손실 및 탈수로 인한 혈장량 감소가 원인이다. ③ 심할 경우 허탈로 빠져 의식을 잃을 수도 있다. ④ 휴식 후 5% 포도당을 정맥주사 한다.	
열허탈 (heat collapse), 열실신 (heat synoope) ★	① 고열작업장에 순화되지 못한 작업자가 고열작업을 수행(중근작업을 2시간 이상 하였을 때)하는 경우에 혈액순환 장애로 인하여 신체말단부에 혈액이 과다하게 저류되며 뇌의 혈액흐름이 좋지 못하여 대뇌피질의 혈류량이 부족(뇌의 산소부족)하여 발생한다. ② 저혈압, 뇌의 산소부족으로 실신, 현기증을 느낀다. ③ 시원한 그늘에서 휴식시키고 염분과 수분을 경구로 보충한다.	
열사병 ★	① 태양의 복사열에 직접 노출 시에 뇌의 온도 상승으로 체온조절 중추기능 장애(중추신경 마비)를 일으켜서 체내에 열이 축적되어 발생한다. ② 중추신경계의 장애 : 신체내부의 체온조절계통이 기능을 잃어 발생한다. ③ 전신적인 발한정지 : 피부는 땀이 나지 않아 건조하다. ④ 응급처치법 : 체온을 급히 하강(얼음물에 몸을 담가서 체온을 39℃ 이하로 유지)시킨 후 체열생산 억제를 위하여 항신진대사제를 투여한다.	

특급암기법
- 열성발진(땀띠) → 열쇠약 → 열경련(혈중 염분농도 저하) → 열피로, 열탈진(탈수로 인한 혈장량 감소) → 열허탈(대뇌피질의 혈류량 부족)
- 열사병 : 체온조절 중추기능 장해

(13) 저온의 생체작용

1) 저온(한랭환경)에서의 생리적 변화

저온환경의 일차적인 생리적 변화	저온환경의 이차적인 생리적 반응
① 근육긴장의 증가 및 떨림(전율) ② 피부혈관의 수축 ③ 말초혈관의 수축 ④ 화학적 대사작용의 증가(갑상선 호르몬 분비 증가) ⑤ 체표면적의 감소	① 말초냉각 : **말초혈관의 수축**으로 표면조직의 냉각이 진행된다. ② 식욕변화 : 저온에서는 **근육활동, 조직대사**의 증진으로 식욕이 항진된다. ③ 혈압변화 : 피부혈관 수축으로 혈압은 **일시적으로 상승**한다. ④ 순환기능 : 피부혈관의 수축으로 **순환기능이 감소**된다.

한 눈에 들어오는 키워드

2) 한랭환경에 의한 건강장해

1) 전신 체온강하(저체온증 ; general hypothermia)

① 전신 체온강하는 **장시간의 한랭 노출과 체열상실에 따라 발생하는 급성 중증 장해**이다.
③ **저체온증은 몸의 심부온도가 35℃ 이하로 내려간 것**을 말한다.
④ 전신 저체온의 첫 증상은 억제하기 어려운 떨림과 냉(冷)감각이 생기고 심박동이 불규칙하고 느려지며, 맥박은 약해지고 혈압이 낮아진다.

2) 동상(frostbite)

① 동상은 **조직의 동결**을 말하며, 피부의 이론상 **동결온도는 약 –1℃** 정도이다.
② 저온작업에서 **손가락, 발가락** 등의 말초부위는 피부온도 저하가 가장 심한 부위이다.
③ **발가락은 12℃에서 시린 느낌이 생기고 6℃에서는 아픔**을 느낀다.
④ 동상의 구분

제1도 동상(발적)	가려우며 혈관확장으로 국소 발적이 생긴다.
제2도 동상(수포형성과 염증)	수포와 함께 광범위한 삼출성 염증이 생긴다.
제3도 동상(조직괴사 및 괴저)	심부조직까지 동결되어 조직의 괴사로 인한 괴저가 발생한다.

3) 참호족(참수족, 침수족; trench foot, immersion foot)

① 한랭환경에 장기간 노출됨과 동시에 **발이 지속적으로 습기나 물에 잠길 경우 발생**한다.(침수족이 참호족보다 노출시간이 길 때 발생)
② 지속적인 **국소의 산소결핍이 원인**이며, **모세혈관 벽이 손상되어 부종, 작열감, 가려움, 심한 동통** 등이 나타나며 수포, 궤양이 형성되기도 한다.
③ 침수족과 참호족은 발생조건이 유사하며 임상증상과 징후가 거의 같다.

2 물리적 인자의 노출기준

(1) 소음

1) 소음의 노출기준(충격소음 제외) ★★★

1일 노출시간(hr)	8	4	2	1	1/2	1/4
소음강도 dB(A)	90	95	100	105	110	115

주 : 115dB(A)를 초과하는 소음 수준에 노출되어서는 안 됨

2) 충격소음의 노출기준 ★★

1일 노출회수	100	1,000	10,000
충격소음의 강도 dB(A)	140	130	120

주 : 1. 최대 음압수준이 140dB(A)를 초과하는 충격소음에 노출되어서는 안 됨
　　2. **충격소음**이라 함은 최대음압수준에 **120dB(A) 이상인 소음이 1초 이상의 간격으로 발생하는 것을** 말함

3) 소음의 노출정도 평가

1. 노출지수$(EI) = \dfrac{C_1}{T_1} + \dfrac{C_2}{T_2} + \cdots + \dfrac{C_n}{T_n}$

　• C : 소음의 실제 노출시간　　　　　• T : 소음의 노출기준

2. 평가
　• $EI > 1$: 노출시간을 초과함　　　　• $EI < 1$: 노출시간을 초과하지 않음

(2) 고온

1) 고온의 노출기준(단위 : ℃, WBGT)

작업강도 작업휴식시간비	경작업	중등작업	중작업
계 속 작 업	30.0	26.7	25.0
매시간 75% 작업, 25% 휴식	30.6	28.0	25.9
매시간 50% 작업, 50% 휴식	31.4	29.4	27.9
매시간 25% 작업, 75% 휴식	32.2	31.1	30.0

주 : 1. 경작업 : 200kcal까지의 열량이 소요되는 작업을 말하며, 앉아서 또는 서서 기계의 조정을 하기 위하여 손 또는 팔을 가볍게 쓰는 일 등을 뜻함
    2. 중등작업 : 시간당 200~350kcal의 열량이 소요되는 작업을 말하며, 물체를 들거나 밀면서 걸어다니는 일 등을 뜻함
    3. 중작업 : 시간당 350~500kcal의 열량이 소요되는 작업을 말하며, 곡괭이질 또는 삽질하는 일 등을 뜻함

2) 고온의 노출기준 표시단위는 습구흑구온도지수(WBGT)를 사용하며 다음 각 호의 식에 따라 산출한다.

습구흑구온도지수(WBGT)의 산출

1. 옥외(태양광선이 내리쬐는 장소)

$$WBGT(℃) = 0.7 \times 자연습구온도 + 0.2 \times 흑구온도 + 0.1 \times 건구온도$$

2. 옥내 또는 옥외(태양광선이 내리쬐지 않는 장소)

$$WBGT(℃) = 0.7 \times 자연습구온도 + 0.3 \times 흑구온도$$

3. 평균 $WBGT(℃) = \dfrac{WBGT_1 \times t_1 + \cdots + WBGT_n \times t_n}{t_1 + \cdots + t_n}$

- $WBGT_n$: 각 습구흑구온도지수의 측정치(℃)
- T_n : 각 습구흑구온도지수치의 발생시간(분)

(3) 라돈

1) 라돈의 노출기준

작업장 농도(Bq/㎥)
600

주 : 1. 단위환산(농도) : 600Bq/㎥ = 16pCi/L (※ 1pCi/L = 37.46Bq/㎥)
    2. 단위환산(노출량) : 600Bq/㎥인 작업장에서 연 2,000시간 근무하고, 방사평형인자(Feq) 값을 0.4로 할 경우 9.2mSv/y 또는 0.77 WLM/y에 해당
      (※ 800Bq/㎥(2,000시간 근무, Feq = 0.4) = 1WLM = 12mSv)

3 물리적 유해요인 관리대책 수립

(1) 소음 관리대책

1) 소음 관리대책(방음대책)

음원(소음발생원)대책	전파경로대책	수음대책
① 발생원 제거 ② 소음기 설치 ③ 소음 발생기구에 방진고무 설치 ④ 방음커버 설치 ⑤ 흡음덕트 설치	① 흡음 및 차음처리 ② 방음벽 설치 ③ 거리감쇠 ④ 지향성 변환(음원방향 변경) 등	① 마스킹 효과 ② 귀마개 착용 ③ 이중창 설치 등

2) 난청 발생에 따른 조치

사업주는 소음으로 인하여 근로자에게 소음성 난청 등의 건강장해가 발생하였거나 발생할 우려가 있는 경우에 다음 각 호의 조치를 하여야 한다.
① 해당 **작업장의 소음성 난청 발생 원인 조사**
② **청력손실을 감소**시키고 **청력손실의 재발을 방지하기 위한 대책 마련**
③ ②에 따른 대책의 이행 여부 확인
④ **작업전환 등 의사의 소견에 따른 조치**

3) 청력보존 프로그램 시행 ★

사업주는 다음 각 호의 어느 하나에 해당하는 경우에 청력보존 프로그램을 수립하여 시행하여야 한다.
① 근로자가 **소음작업, 강렬한 소음작업 또는 충격소음작업에 종사하는 사업장**
② **소음으로 인하여 근로자에게 건강장해가 발생한 사업장**

4) 청력 보호구

종류	등급	기호	성능
귀마개	1종	EP-1	저음부터 고음까지 차음하는 것
귀마개	2종	EP-2	주로 고음을 차음하여 회화음 영역인 저음은 차음하지 않는 것
귀덮개		EM	

> **참고**
> "청력보존 프로그램"이란 다음 각 목의 사항이 포함된 소음성 난청을 예방·관리하기 위한 종합적인 계획을 말한다.
> 가. 소음노출 평가
> 나. 소음노출에 대한 공학적 대책
> 다. 청력보호구의 지급과 착용
> 라. 소음의 유해성 및 예방 관련 교육
> 마. 정기적 청력검사
> 바. 청력보존 프로그램 수립 및 시행 관련 기록·관리체계
> 사. 그 밖에 소음성 난청 예방·관리에 필요한 사항

(2) 진동방지 대책

1) 진동방지(방진) 대책

발생원 대책	① 기초중량을 부가 및 경감한다. ② 진동원을 제거한다.(가장 적극적인 방법) ③ 방진재를 이용하여 탄성지지한다. ④ 기진력을 감쇠시킨다.(동적 흡진) ⑤ 불평형력의 평형을 유지한다.
전파경로 대책	① 거리감쇠를 크게 한다. ② 수진점 부근에 방진구를 설치하여 전파경로를 차단한다.
수진측 대책	① 수진측에 탄성지지를 한다. ② 수진점의 기초중량을 부가 및 경감한다. ③ 근로자 작업시간 단축 및 교대제를 실시한다. ④ 근로자 보건교육을 실시한다.

2) 진동보호구의 지급

사업주는 **진동작업에 근로자를 종사하도록 하는 경우에** 방진장갑 등 진동보호구를 지급하여 **착용하도록** 하여야 한다.

3) 유해성 등의 주지

사업주는 근로자가 진동작업에 종사하는 경우에 **다음 각 호의 사항을 근로 에게 충분히 알려야 한다.**
① 인체에 미치는 영향과 증상
② 보호구의 선정과 착용방법
③ 진동 기계·기구 관리 및 사용 방법
④ 진동 장해 예방방법

(3) 방사선 관리대책

1) 방사선 피폭의 방호 대책(3대 기본 요소: 거리, 시간, 차폐)

① 방사선을 **차폐**한다.
② **노출시간을 줄인다.**
③ 가급적 거리를 멀게 한다.

참고

전리방사선의 인체투과력 및 전리작용
① 인체의 투과력 순서
   중성자 > X선 or γ > β > α
② 전리작용(REB:생물학적 효과) 순서
   중성자 > α > β > X선 or γ

2) 비전리전자기파에 의한 건강장해 예방 조치

사업주는 사업장에서 발생하는 유해광선·초음파 등 비전리전자기파(컴퓨터 단말기에서 발생하는 전자파는 제외한다)로 인하여 근로자에게 심각한 건강장해가 발생할 우려가 있는 경우에 다음 각 호의 조치를 하여야 한다.

① 발생원의 **격리·차폐·보호구 착용** 등 적절한 조치를 할 것
② **비전리전자기파 발생장소에는 경고 문구를 표시**할 것
③ 근로자에게 **비전리전자기파가 인체에 미치는 영향, 안전작업 방법** 등을 알릴 것

(4) 이상기압에 대한 관리대책

1) 고압시간의 제한

① **고압시간**은 고압실내작업자에게 **가압을 시작한 때부터 감압을 시작하는 때까지의 시간**을 말한다.
② 고압시간은 **1일 6시간, 1주 34시간**을 초과하지 아니할 것 ★

2) 잠수시간

① 잠수작업자가 잠수를 시작한 때부터 부상을 시작하는 때까지의 시간을 말한다.
② 잠수시간은 **1일 6시간, 1주 34시간을 초과하지 아니할 것** ★
③ **감압의 속도는 매분 매제곱센티미터당 0.8킬로그램 이하**로 할 것

3) 감압병 예방 및 치료

① **고압환경에서의 작업시간을 제한(1일 6시간, 주 34시간)**하고 고압실내의 작업에서는 탄산가스 분압이 증가하지 않도록 신선한 공기를 송기시킨다.
② **감압이 끝날 무렵에 순수한 산소를 흡입시키면 감압시간을 25% 가량 단축**시킬 수 있다.
③ **헬륨은 호흡저항이 작고, 질소보다 확산속도가 크며, 체외로 배출되는 시간이 질소에 비하여 50% 정도 밖에 걸리지 않아 고압환경에서 작업하는 근로자에게 질소를 헬륨으로 대치한 공기를 호흡**시켜 감압병을 예방한다.
④ 특별히 잠수에 익숙한 사람을 제외하고는 **10m/min 속도 정도로 잠수**하는 것이 안전하다.
⑤ 감압병이 발생하면 **환자를 원래의 고압환경 상태로 바로 복귀시키거나, 인공고압실에 넣어 혈관 및 조직 속에 발생한 질소의 기포를 용해시킨 후 서서히 감압**한다.
⑥ 정상기압보다 1.25기압을 넘지 않는 고압환경에는 아무리 오랫동안 폭로되거나 아무리 빨리 감압하더라도 기포를 형성하지 않는다.

한 눈에 들어오는 키워드

참고

국제방사선방호위원회(ICRP)의 방사선 노출을 최소화하기 위한 3원칙
① **작업의 최적화(최소화)** : 피폭 가능성, 피폭자 수, 개인 선량의 크기 등을 경제 사회적 인자를 고려하여 합리적으로 최소화하여야 함
② **작업의 정당성(정당화)** : 피폭 상황의 변화가 있는 경우 관련 행위가 손해(위해) 보다 이익이 커야 함
③ **개개인의 노출량의 한계(선량한도 적용)** : 관리되는 선원들로 부터 받는 특정 개인의 총 선량은 ICRP가 권고하는 선량한도를 초과하지 않아야 함 (의료피폭은 제외)

참고

건강장해 예방조치
사업주는 고열작업에 근로자를 종사하도록 하는 때에는 건강장해를 예방하기 위하여 다음 각호의 건강장해 예방조치를 취한다.
① 건강진단 결과에 따라 **적절한 건강관리 및 적정배치** 등을 실시한다.
② 근로자의 수면시간, 영양지도 등 일상의 건강관리지도를 실시하고 필요시 건강상담을 실시한다.
③ 작업개시 전 근로자의 건강상태를 확인하고 작업 중에는 주기적으로 순회하여 상담하는 등 근로자의 건강상태를 확인하고 필요한 조치를 조언한다.
④ 작업근로자에게 **수분이나 염분의 보급** 등 필요한 보건지도를 실시한다.
⑤ 휴게시설에 체온계를 비치하여 휴식시간 등에 측정할 수 있도록 한다.

⑦ 적성검사로 부적합자를 색출한다.(비만자의 작업 금지)
⑧ 귀 등의 장애를 예방하기 위해서는 **압력을 가하는 속도를 매분당 0.8kg/cm² 이하가 되도록** 한다.

(5) 고온에 대한 관리대책

1) 고열작업 시의 조치

사업주는 실내에서 고열작업을 하는 경우에 고열을 감소시키기 위하여 **환기장치 설치, 열원과의 격리, 복사열 차단** 등 필요한 조치를 하여야 한다.

2) 고열장해 예방 작업관리조치

사업주는 고열작업에 근로자를 종사하도록 하는 때에는 건강장해를 예방하기 위하여 다음 각 호의 작업관리 조치를 취한다.
① 근로자를 새로이 배치할 경우에는 **고열에 순응할 때까지 고열작업시간을 매일 단계적으로 증가**시키는 등 필요한 조치를 한다. 고열에의 순응은 하루 중 오전에는 시원한 곳에서 일하게 하고 오후에만 고열작업을 시키는 방법 등으로 실시한다.
② 근로자가 온도, 습도를 쉽게 알 수 있도록 **온도계 등의 기기를 상시 작업 장소에 비치**한다.
③ 인력에 의한 굴착작업 등 **에너지 소비량이 많은 작업이나 연속작업은 가능한 한 줄인다.**
④ **작업휴식시간비를 초과하여 근로자가 작업하지 않도록** 한다.
⑤ 근로자들이 휴식시간에 이용할 수 있는 **휴게시설을 갖춘다.** 휴게시설을 설치하는 때에는 **고열작업과 격리된 장소에 설치하고 잠자리를 가질 수 있는 넓이를 확보**한다.
⑥ 고열물체를 취급하는 장소 또는 현저히 뜨거운 장소에는 **관계근로자외의 자의 출입을 금지**시키고 그 뜻을 보기 쉬운 장소에 게시하여야 한다.
⑦ **작업복이 심하게 젖게 되는 작업장에 대하여는 탈의시설, 목욕시설, 세탁시설 및 작업복을 건조시킬 수 있는 시설을 설치·운영**한다.
⑧ 근로자가 **작업 중 땀을 많이 흘리게 되는 장소에는 소금과 깨끗하고 차가운 음료수 등을 비치**한다.

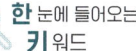

한 눈에 들어오는 키워드

> **참고**
>
> **고열작업 종사의 제한**
> 사업주는 다음 각 호에 해당하는 근로자에 대하여는 고열작업의 내용과 건강 상태의 정도를 고려하여 고열작업 종사를 제한한다.
> ① 비만자
> ② 심장혈관계에 이상이 있는 자
> ③ 피부질환을 앓고 있거나 감수성이 높은 자
> ④ 발열성 질환을 앓고 있거나 회복기에 있는 자
> ⑤ 45세 이상의 고령자
>
> **안전보건교육**
> 사업주는 고열작업에 근로자를 종사하도록 하는 때에는 작업을 지휘·감독하는 자와 해당 작업 근로자에 대해서 다음 각 호의 내용에 대한 안전보건교육을 실시한다.
> ① 고열이 인체에 미치는 영향
> ② 고열에 의한 건강장해 예방법
> ③ 응급 시의 조치사항
>
> **참고**
>
> **건강장해 예방조치**
> 사업주는 한랭작업에 근로자를 종사하도록 하는 때에는 전신 저체온증, 동상 등의 건강장해를 예방하기 위하여 다음 각 호의 조치를 하여야 한다.
> ① 건강진단 결과에 따라 적절한 건강관리 및 적정배치 등을 실시한다.
> ② 근로자의 수면시간, 영양지도 등 일상의 건강관리지도를 실시하고 필요한 때에는 건강상담을 실시한다.
> ③ 작업을 시작하기 전 근로자의 건강상태를 확인하고 작업 중에는 주기적으로 순회하여 상담하는 등 근로자의 건강상태를 확인하고 필요한 조치를 조언한다.
> ④ 작업근로자에게 따뜻한 음료의 공급 등 필요한 보건지도를 실시한다.

3) 보호구

사업주는 고열작업에 근로자를 종사하도록 하는 때에는 건강장해를 예방하기 위하여 다음 각 호의 기준에 따라 적절한 보호구와 작업복 등을 지급·관리하고 이를 근로자가 착용하도록 조치한다.

① **다량의 고열물체를 취급**하거나 **현저히 더운 장소에서 작업하는 근로자**에게는 **방열장갑 및 방열복**을 개인전용의 것으로 지급한다.
② 작업복은 **열을 잘 흡수하는 복장을 피하고 흡습성, 환기성의 좋은 복장을 착용**시킨다.
③ 직사광선 하에서는 **환기성이 좋은 모자 등을 쓰게** 한다.
④ 근로자로 하여금 지급한 보호구는 상시 점검하도록 하고 보호구에 이상이 있다고 판단한 경우 사업주는 이상 유무를 확인하여 이를 보수하거나 다른 것으로 교환하여 준다.

(6) 저온에 대한 관리대책

1) 한랭장해 예방 조치

사업주는 근로자가 한랭작업을 하는 경우에 동상 등의 건강장해를 예방하기 위하여 다음 각 호의 조치를 하여야 한다.

① 혈액순환을 원활히 하기 위한 **운동지도를 할 것**
② 적정한 **지방과 비타민 섭취를 위한 영양지도를 할 것**

2) 한랭작업환경의 관리

① **환경관리**
  사업주는 한랭작업에 근로자를 종사하도록 하는 때에는 건강장해를 예방하기 위하여 다음 각 호의 환경관리 조치를 취한다.
  - 한랭작업이 실내인 경우에는 **난방 등을 위하여 적절한 온·습도 조절장치를 설치**한다.
  - 근로자가 온도·습도를 쉽게 알 수 있도록 **온도계 등의 기기를 상시 작업장소에 비치**한다.

② **작업관리**
  사업주는 한랭작업에 근로자를 종사하도록 하는 때에는 동상 등의 건강장해를 예방하기 위하여 다음 각호의 조치를 취한다.
  - **혈액순환을 원활히 하기 위한 운동지도를 실시**한다.
  - 적정한 **지방과 비타민 섭취를 위한 영양지도를 실시**한다.
  - **젖은 작업복 등은 즉시 갈아입도록** 한다.

[참고] 한랭작업 종사의 제한

사업주는 다음 각 호에 해당하는 근로자를 한랭 작업에 배치하고자 할 때에는 의사인 보건관리자 또는 산업의학전문의에게 의뢰하여 업무에 적합한지를 평가받도록 한다.
① 고혈압 및 심장혈관질환자
② 간장 및 위장기능 장애자
③ 위산과다증자 및 신장기능 이상자
④ 감기에 잘 걸리거나 한랭에 알레르기가 있는 자
⑤ 과거에 한랭장애 병력이 있는 자
⑥ 흡연 및 음주를 많이 하는 자

[참고] 안전보건교육

사업주는 한랭작업에 근로자를 종사하도록 하는 때에는 작업을 지휘·감독하는 자와 해당 작업 근로자에 대해서 다음 각 호의 내용에 대한 안전보건교육을 실시한다.
① 전신 저체온증·동상 등 한랭장애의 증상
② 전신 저체온증·동상 등 한랭장애의 예방방법
③ 응급한 때의 조치사항

- 근로자들이 휴식시간에 이용할 수 있는 **휴게시설을 갖춘다.** 휴게시설을 설치하는 때에는 한랭작업과 격리된 장소에 설치한다. 한랭작업이 야외작업인 경우에는 트레일러, 승합차 등과 같은 이동식 시설을 포함한 따뜻한 휴게시설이 제공되어야 한다.
- 다량의 저온물체를 취급하는 장소 또는 현저히 차가운 장소에는 **관계근로자외의 자의 출입을 금지시키고 그 뜻을 보기 쉬운 장소에 게시**하여야 한다.
- 작업복이 심하게 젖게 되는 작업장에 대하여는 **탈의시설, 목욕시설, 세탁시설 및 작업복을 건조시킬 수 있는 시설을 설치·운영**한다.
- 추운 곳에서 일하는 근로자들은 **가급적 순환근무를 하여 한랭 환경에 너무 오래 노출되지 않게** 한다.
- 한랭 환경의 작업에서 차가운 금속에 근로자의 피부가 접촉되지 않도록 한다.

3) 보호구

사업주는 **한랭작업에 근로자를 종사하도록 하는 때에는** 건강장해를 예방하기 위하여 다음 각 호의 기준에 따라 **적절한 보호구와 작업복 등을 지급·관리하고 이를 근로자가 착용하도록 조치**한다.

① 다량의 저온물체를 취급하거나 현저히 추운 장소에서 작업하는 근로자에게는 **방한모, 방한화, 방한장갑 및 방한복을 개인전용의 것으로 지급**한다.
② 기온이 **4℃ 이하의 작업환경**에서는 근로자가 **적절한 보호복을 착용**하도록 하며, **젖은 곳에서는 방수복을 착용**하게 한다.
③ **신발은 고무인 바닥을 천으로 둘러싸고 가죽으로 덮은 부츠를 제공**한다.
④ 머리를 통해 50%의 열 소실이 있는 경우 **털모자 또는 열선이 있는 안전모와 같은 머리 보호구를 제공**한다.
⑤ 근로자로 하여금 지급한 보호구는 상시 점검하도록 하고 보호구에 이상이 있다고 판단한 경우 사업주는 이상 유무를 확인하여 이를 보수하거나 다른 것으로 교환하여 준다.

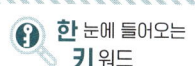

02 화학적 유해요인 관리

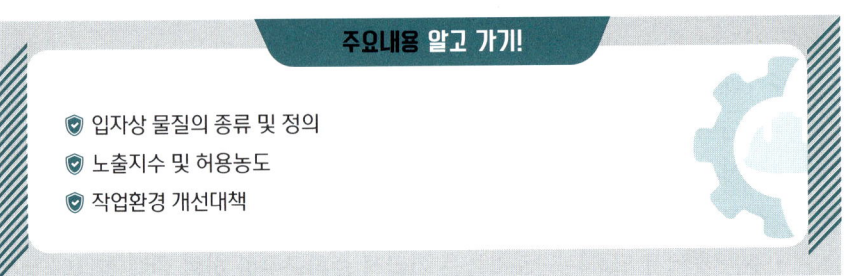

주요내용 알고 가기!

- 입자상 물질의 종류 및 정의
- 노출지수 및 허용농도
- 작업환경 개선대책

1 화학적 유해요인 파악

(1) 화학물질의 분류기준

1) 물리적 위험성 분류기준

① **폭발성 물질** : 자체의 화학반응에 따라 주위환경에 손상을 줄 수 있는 정도의 온도·압력 및 속도를 가진 가스를 발생시키는 고체·액체 또는 혼합물

② **인화성 가스** : 20℃, 표준압력(101.3㎪)에서 공기와 혼합하여 인화되는 범위에 있는 **가스와 54℃ 이하 공기 중에서 자연발화하는 가스**를 말한다.(혼합물을 포함한다)

③ **인화성 액체** : 표준압력(101.3㎪)에서 **인화점이 93℃ 이하인 액체**

④ **인화성 고체** : 쉽게 **연소되거나** 마찰에 의하여 **화재를 일으키거나 촉진할 수 있는 물질**

⑤ **에어로졸** : 재충전이 불가능한 금속·유리 또는 플라스틱 용기에 압축가스·액화가스 또는 용해가스를 충전하고 내용물을 가스에 현탁시킨 고체나 액상입자로, 액상 또는 가스상에서 폼·페이스트·분말상으로 배출되는 분사장치를 갖춘 것

⑥ **물반응성 물질** : 물과 상호작용을 하여 자연발화되거나 인화성 가스를 발생시키는 고체·액체 또는 혼합물

⑦ **산화성 가스** : 일반적으로 **산소를 공급함으로써 공기보다 다른 물질의 연소를 더 잘 일으키거나 촉진하는 가스**

⑧ **산화성 액체** : 그 자체로는 연소하지 않더라도, 일반적으로 **산소를 발생시켜 다른 물질을 연소시키거나 연소를 촉진하는 액체**

⑨ **산화성 고체** : 그 자체로는 연소하지 않더라도 일반적으로 **산소를 발생시켜 다른 물질을 연소시키거나 연소를 촉진하는 고체**

⑩ **고압가스** : 20℃, 200킬로파스칼(kpa) 이상의 압력 하에서 용기에 충전되어 있는 가스 또는 냉동액화가스 형태로 용기에 충전되어 있는 가스(압축가스, 액화가스, 냉동액화가스, 용해가스로 구분한다)

⑪ **자기반응성 물질** : 열적(熱的)인 면에서 불안정하여 **산소가 공급되지 않아도 강렬하게 발열·분해하기 쉬운 액체·고체 또는 혼합물**

⑫ **자연발화성 액체** : 적은 양으로도 **공기와 접촉하여 5분 안에 발화할 수 있는 액체**

⑬ **자연발화성 고체** : 적은 양으로도 **공기와 접촉하여 5분 안에 발화할 수 있는 고체**

⑭ **자기발열성 물질** : 주위의 에너지 공급 없이 공기와 반응하여 스스로 발열하는 물질(자기발화성 물질은 제외한다)

⑮ **유기과산화물** : 2가의 −O−O− 구조를 가지고 1개 또는 2개의 수소 원자가 유기라디칼에 의하여 치환된 과산화수소의 유도체를 포함한 액체 또는 고체 유기물질

⑯ **금속 부식성 물질** : 화학적인 작용으로 금속에 손상 또는 부식을 일으키는 물질

2) 건강 및 환경 유해성 분류기준

① **급성 독성 물질** : 입 또는 피부를 통하여 1회 투여 또는 24시간 이내에 여러 차례로 나누어 투여하거나 호흡기를 통하여 4시간 동안 흡입하는 경우 유해한 영향을 일으키는 물질

② **피부 부식성 또는 자극성 물질** : 접촉 시 피부조직을 파괴하거나 자극을 일으키는 물질(피부 부식성 물질 및 피부 자극성 물질로 구분한다)

③ **심한 눈 손상성 또는 자극성 물질** : 접촉 시 눈 조직의 손상 또는 시력의 저하 등을 일으키는 물질(눈 손상성 물질 및 눈 자극성 물질로 구분한다)

④ **호흡기 과민성 물질** : 호흡기를 통하여 흡입되는 경우 **기도에 과민반응을 일으키는 물질**

⑤ **피부 과민성 물질** : 피부에 접촉되는 경우 **피부 알레르기 반응을 일으키는 물질**

⑥ **발암성 물질** : 암을 일으키거나 그 발생을 증가시키는 물질

⑦ **생식세포 변이원성 물질** : 자손에게 유전될 수 있는 **사람의 생식세포에 돌연변이를 일으킬 수 있는 물질**

⑧ **생식독성 물질** : 생식기능, 생식능력 또는 태아의 발생·발육에 유해한 영향을 주는 물질

⑨ **특정 표적장기 독성 물질(1회 노출)** : 1회 노출로 특정 표적장기 또는 전신에 독성을 일으키는 물질

⑩ **특정 표적장기 독성 물질(반복 노출)** : 반복적인 노출로 특정 표적장기 또는 전신에 독성을 일으키는 물질

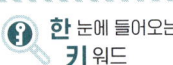

⑪ **흡인 유해성 물질** : 액체 또는 고체 화학물질이 입이나 코를 통하여 직접적으로 또는 구토로 인하여 간접적으로, **기관 및 더 깊은 호흡기관으로 유입되어 화학적 폐렴, 다양한 폐 손상이나 사망과 같은 심각한 급성 영향을 일으키는 물질**

⑫ **수생 환경 유해성 물질** : 단기간 또는 장기간의 노출로 **수생생물에 유해한 영향**을 일으키는 물질

⑬ **오존층 유해성 물질** : 「오존층 보호를 위한 특정물질의 제조규제 등에 관한 법률」 제2조제1호에 따른 특정물질

(2) 입자상 물질에 의한 건강장해

1) 입자상 물질의 종류 및 정의

흄 (fume)	금속의 증기가 공기 중에서 응고되어 화학변화(산화)를 일으켜 만들어진 고체의 미립자(금속산화물)
미스트 (mist)	공기 중에 부유, 비산되는 **액체 미립자**를 말하며 입자의 크기는 보통 100㎛ 이하이다.
먼지(dust)	입자의 크기는 1~100㎛ 정도의 고체의 미립자가 공기 중에 부유하고 있는 것
연기 (smoke)	유해물질이 연소 시에 **불완전 연소의 결과로 생기는 미립자로 액체나 고체의 2가지 상태로 존재할 수 있다.**(크기는 0.01~1.0㎛ 정도)
안개(fog)	증기가 응축되어 생성된 액체 입자로 크기는 1~10㎛ 정도이다.
스모그(smog)	smoke(연기)와 fog(안개)가 **결합된 상태**를 말한다.
에어로졸 (aerosol)	유기물의 불완전 연소에 의한 액체와 고체의 미세한 입자가 공기 중에 부유되어 있는 **혼합체**를 말한다.
섬유(fiber)	길이가 5㎛ 이상이고 길이 대 너비의 비가 3 : 1 이상인 가늘고 긴 먼지로 석면섬유, 식물섬유, 유리섬유, 암면 등이 있다.
검댕(soot)	탄소함유 물질의 불완전연소로 생성된 탄소입자의 응집체

2) 유해분진의 종류

① 진폐성 분진(진폐증을 일으키는 분진) : 유리규산(SiO_2), 석면, 활석, 흑연 등
② 알레르기성 분진 : 꽃가루, 털, 나무가루 등
③ 중독성 분진 : 납, 수은, 카드뮴 등
④ 자극성 분진 : 산, 알카리, 크롬산 등
⑤ 불활성 분진 : 석회석, 시멘트, 석탄 등
⑥ 유기성 분진 : 목분진, 면, 밀가루
⑦ 발암성 분진 : 석면, 니켈카보닐, 아민계 색소 등

3) 분진에 의한 건강장해

① **털, 나무가루, 꽃가루** 등의 유기분진은 **알레르기성 천식, 피부병** 등을 유발한다.
② **5㎛ 이하의 미세한 분진**은 폐에 흡입되어 **섬유증식, 결절형성** 등을 유발한다.
③ **석영(유리규산), 석면, 흑연** 등은 폐에서의 산소섭취능력을 방해하고 **폐결핵**을 유발한다.
④ **2~5㎛ 크기의 유리규산(석영) 분진**은 **규폐성 결정과 폐포벽 파괴** 등 망상 내 피계 반응을 일으킨다.
⑤ 석탄, 석회석, 시멘트 등은 많은 양을 흡입하지 않으면 유해작용을 일으키지 않는 불활성분진이다.

(3) 석면에 의한 건강장해

1) 석면의 종류

석면 종류	화학식
백석면(크리소타일) : 사문석계	$Mg_3(Si_2O_5)(OH)_4$
청석면(크로시돌라이트) : 각섬석계	$Na_2Fe3^{2+}Fe_2^{3+}Si_8O_{22}(OH)_2$
갈석면(아모사이트) : 각섬석계	$(FeMg)SiO_3$
트레모라이트-석면	$Ca_2(Mg, Fe)_5Si_8O_{22}(OH)_2$
악티노라이트-석면	$Ca_2Mg_5(Si_8O_{22})(OH)_2$
안소필라이트-석면	$(Mg, Fe)_7Si_8O_{22}(OH)_2$

2) 석면으로 인한 건강장해

① 석면 중 **건강에 가장 치명적인 영향을 미치는 것**(발암성이 가장 강하다)은 **청석면(크로시돌라이트** : crocidolite)이다.
　인체에 해로운 순서 : 청석면 > 갈석면 > 백석면
② **석면폐증, 폐암, 악성중피종 등을 유발한다.** ★

2 화학적 유해요인 노출기준

(1) 유해인자별 노출 농도의 허용기준

유해인자		허용기준			
		시간가중평균값(TWA)		단시간 노출값(STEL)	
		ppm	mg/㎥	ppm	mg/㎥
1. 6가크롬[18540-29-9] 화합물 (Chromium VI compounds)	불용성		0.01		
	수용성		0.05		
2. 납[7439-92-1] 및 그 무기화합물 (Lead and its inorganic compounds)			0.05		
3. 니켈[7440-02-0] 화합물(불용성 무기화합물로 한정한다)(Nickel and its insoluble inorganic compounds)			0.2		
4. 니켈카르보닐 (Nickel carbonyl; 13463-39-3)		0.001			
5. 디메틸포름아미드 (Dimethylformamide; 68-12-2)		10			
6. 디클로로메탄(Dichloromethane; 75-09-2)		50			
7. 1,2-디클로로프로판 (1,2-Dichloro propane; 78-87-5)		10		110	
8. 망간[7439-96-5] 및 그 무기화합물 (Manganese and its inorganic compounds)			1		
9. 메탄올(Methanol; 67-56-1)		200		250	
10. 메틸렌 비스(페닐 이소시아네이트) [Methylene bis(phenyl isocya nate); 101-68-8 등]		0.005			
11. 베릴륨[7440-41-7] 및 그 화합물 (Beryllium and its compounds)		0.002		0.01	
12. 벤젠(Benzene; 71-43-2)		0.5		2.5	
13. 1,3-부타디엔 (1,3-Butadiene; 106-99-0)		2		10	
14. 2-브로모프로판 (2-Bromopropane; 75-26-3)		1			
15. 브롬화 메틸(Methyl bromide; 74-83-9)		1			
16. 산화에틸렌(Ethylene oxide; 75-21-8)		1			

유해인자	허용기준			
	시간가중평균값(TWA)		단시간 노출값(STEL)	
	ppm	mg/㎥	ppm	mg/㎥
17. 석면(제조·사용하는 경우만 해당한다) (Asbestos; 1332-21-4 등)		0.1개/㎤		
18. 수은[7439-97-6] 및 그 무기화합물 (Mercury and its inorganic compounds)		0.025		
19. 스티렌(Styrene; 100-42-5)	20		40	
20. 시클로헥사논(Cyclohexanone; 108-94-1)	25		50	
21. 아닐린(Aniline; 62-53-3)	2			
22. 아크릴로니트릴(Acrylonitrile; 107-13-1)	2			
23. 암모니아(Ammonia; 7664-41-7 등)	25		35	
24. 염소(Chlorine; 7782-50-5)	0.5		1	
25. 염화비닐(Vinyl chloride; 75-01-4)	1			
26. 이황화탄소(Carbon disulfide; 75-15-0)	1			
27. 일산화탄소(Carbon monoxide; 630-08-0)	30		200	
28. 카드뮴[7440-43-9] 및 그 화합물 (Cadmium and its compounds)		0.01 (호흡성 분진인 경우 0.002)		
29. 코발트[7440-48-4] 및 그 무기화합물 (Cobalt and its inorganic compounds)		0.02		
30. 콜타르피치[65996-93-2] 휘발물 (Coal tar pitch volatiles)		0.2		
31. 톨루엔(Toluene; 108-88-3)	50		150	
32. 톨루엔-2,4-디이소시아네이트(Toluene-2,4-diisocyanate; 584-84-9 등)	0.005		0.02	
33. 톨루엔-2,6-디이소시아네이트(Toluene-2,6-diisocyanate; 91-08-7 등)	0.005		0.02	
34. 트리클로로메탄 (Trichloromethane; 67-66-3)	10			
35. 트리클로로에틸렌 (Trichloroethylene; 79-01-6)	10		25	
36. 포름알데히드(Formaldehyde; 50-00-0)	0.3			
37. n-헥산(n-Hexane; 110-54-3)	50			
38. 황산(Sulfuric acid; 7664-93-9)		0.2		0.6

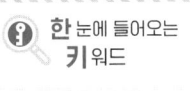
한 눈에 들어오는 키 워드

※ 비고
1. "시간가중평균값(TWA, Time-Weighted Average)"이란 1일 8시간 작업을 기준으로 한 평균노출농도로서 산출공식은 다음과 같다.

$$\text{TWA 환산값} = \frac{C_1 \cdot T_1 + C_2 \cdot T_2 + \cdots + C_n \cdot T_n}{8}$$

주) C : 유해인자의 측정농도(단위: ppm, mg/m³ 또는 개/cm³)
   T : 유해인자의 발생시간(단위: 시간)

2. "단시간 노출값(STEL, Short-Term Exposure Limit)"이란 15분 간의 시간가중평균값으로서 노출 농도가 시간가중평균값을 초과하고 단시간 노출값 이하인 경우에는 ① 1회 노출 지속시간이 15분 미만이어야 하고, ② 이러한 상태가 1일 4회 이하로 발생해야 하며, ③ 각 회의 간격은 60분 이상이어야 한다.

3. "등"이란 해당 화학물질에 이성질체 등 동일 속성을 가지는 2개 이상의 화합물이 존재할 수 있는 경우를 말한다.

참고

1. 노출지수 $EI = \dfrac{C_1}{T_1} + \dfrac{C_2}{T_2} + \cdots + \dfrac{C_n}{T_n}$

- C : 화학물질 각각의 측정치
- T : 화학물질 각각의 노출기준
- 판정 : R > 1 경우 노출기준을 초과함

2. 혼합물의 TLV-TWA

$$\text{TLV-TWA} = \frac{C_1 + C_2 + \cdots + C_n}{EI}$$

3. 액체 혼합물의 구성성분(%)을 알 때 혼합물의 허용농도(노출기준)

$$\text{혼합물의 노출기준(mg/m}^3\text{)} = \frac{1}{\dfrac{f_a}{TLV_a} + \dfrac{f_b}{TLV_b} + \cdots + \dfrac{f_n}{TLV_n}}$$

- f_a, f_b, f_n : 액체 혼합물에서의 각 성분 무게(중량) 구성비(%)
- TLV_a, TLV_b, TLV_n : 해당 물질의 노출기준(mg/m³)

3 화학적 유해요인의 관리대책

(1) 유해물 취급상의 안전조치

① 유해물 발생원의 봉쇄
② 유해물의 위치, 작업공정의 변경
③ 작업공정의 은폐 및 작업장의 격리

(2) 작업환경 개선대책

1) 대치(대체)

① 공정의 변경
② 유해물질 변경
③ 시설의 변경

2) 격리(Isolation)

① 저장물질의 격리
② 시설의 격리
③ 공정의 격리
④ 작업자의 격리

3) 환기

① 국소환기
② 전체환기

4) 교육 : 올바른 작업방법에 대한 교육과 습관화

03 생물학적 유해요인관리

> **주요내용 알고 가기!**
>
> - 생물학적 유해인자의 정의
> - 생물학적 유해인자의 분류기준

1 생물학적 유해요인 파악

(1) 생물학적 유해인자

1) 생물체 또는 생물체로부터 방출된 입자, 휘발성분에 의해 건강장해를 유발하는 물질을 말한다.

2) **바이오에어로졸** : 살아있거나, 살아있는 생물체를 포함하거나 또는 살아있는 생물체로부터 방출된 0.01-100㎛ 입경 범위의 부유 입자, 거대 **분자 또는 휘발성 성분**을 말한다.

3) 생물학적 유해요인에 노출되면 **세균 및 병원성 바이러스에 감염**되거나 알레르기 반응 또는 독성반응을 일으킬 수 있다.

(2) 생물학적 인자의 분류기준

1) **혈액매개 감염인자** : 후천성 면역결핍 바이러스, B형·C형간염바이러스, 매독바이러스 등 **혈액을 매개로 다른 사람에게 전염되어 질병을 유발하는 인자**를 말한다.

2) **공기매개 감염인자** : 결핵·수두·홍역 등 **공기 또는 비말감염 등을 매개로 호흡기를 통하여 전염되는 인자**를 말한다.

3) **곤충 및 동물매개 감염인자** : 쯔쯔가무시증, 렙토스피라증, 유행성출혈열 등 **동물의 배설물 등에 의하여 전염되는 인자 및 탄저병, 브루셀라병 등 가축 또는 야생동물로부터 사람에게 감염되는 인자**를 말한다.

(3) 곤충 및 동물매개 감염병 고위험작업의 종류

① 습지 등에서의 실외 작업
② 야생 설치류와의 직접 접촉 및 배설물을 통한 간접 접촉이 많은 작업
③ 가축 사육이나 도살 등의 작업

2 생물학적 유해요인 노출기준

(1) 사무실 공기관리지침의 오염물질 관리기준

사업주는 쾌적한 사무실 공기를 유지하기 위해 사무실 오염물질은 다음 기준에 따라 관리한다.

오염물질	관리기준
미세먼지(PM10)	100㎍/㎥
초미세먼지(PM2.5)	50㎍/㎥
이산화탄소(CO_2)	1,000ppm
일산화탄소(CO)	10ppm
이산화질소(NO_2)	0.1ppm
포름알데히드(HCHO)	100㎍/㎥
총휘발성유기화합물(TVOC)	500㎍/㎥
라돈(radon)	148Bq/㎥
총부유세균	800CFU/㎥
곰팡이	500CFU/㎥

* 라돈은 지상 1층을 포함한 지하에 위치한 사무실에만 적용한다. *
* 관리기준 : 8시간 시간가중평균농도 기준 *
* PM 10이란 입경이 10m 이하인 먼지를 의미한다.
* 총 부유세균의 단위는 CFU/㎥로, 1㎥ 중에 존재하고 있는 집락형성 세균 개체수를 의미한다.

특급암기법

이질 0.1, 일단 10/ 초먼 50, 포름알·미먼 100/ 라돈 148, 휘유, 곰팡이 500/ 부유 800, 이탄 1000
(부유 CFU/㎥, 초먼·미먼·포름알·휘유 ㎍/㎥, 나머지 ppm)

CHAPTER 06 작업환경관리

01 인체계측 및 체계제어

주요내용 알고 가기!

- 인체계측자료의 응용 3원칙
- 인간에 대한 모니터링 방법
- 피드백제어(feedback control)
- 통제표시비(C/D 비) 계산 및 설계시 고려사항
- 양립성

[참고]

최대집단치 설계
정규분포도 상에 95% 이상의 최대치를 적용하여 설계하는 방법

최소집단치 설계
정규분포도 상에 5% 이하의 최소치를 적용하여 설계하는 방법

평균치에 의한 설계
정규분포도 상에 5%~95% 사이의 가장 분포도가 많은 구간을 적용하여 설계하는 방법

[기출]

인체측정자료의 설계 적용 순서
조절식 설계 → 극단치 설계 → 평균치 설계

1 인체계측

(1) 인체계측방법

① 정적 인체계측(구조적 인체치수) : 정지상태에서의 신체를 계측하는 방법
② 동적 인체계측(기능적 인체치수) : 체위의 움직임에 따라 계측하는 방법

(2) 인체계측자료의 응용 3원칙 ★★

① 최대치수와 최소치수 설계(극단치 설계)
   • 최대치수 또는 최소치수를 기준으로 하여 설계한다.

최대치수 설계의 예	최소치수 설계의 예
• 위험구역의 울타리 높이	• 물건을 올리는 선반의 높이
• 출입문의 높이	• 조정장치를 조정하는 힘
• 그네줄의 인장강도	• 조정장치까지의 조정거리

② 조절(조정)범위(조절식 설계)
- 체격이 다른 여러 사람에 맞도록 설계한다.
  예 침대, 의자 높낮이 조절, 자동차의 운전석 위치조정
③ 평균치를 기준으로 한 설계
- 최대 치수나 최소 치수, 조절식으로 하기가 곤란할 때 평균치를 기준으로 하여 설계한다.
  예 은행의 창구 높이

(3) 인간에 대한 모니터링 방법 ★

① 셀프 모니터링(자기감지)
지각에 의해서 자신의 상태를 알고 행동하는 감시방법
② 생리학적 모니터링
맥박수, 호흡속도, 체온, 뇌파 등으로 인간의 상태를 모니터링 하는 방법
③ 비주얼 모니터링(시각적 모니터링)
동작자의 **태도보고 동작자의 상태를 파악**하는 방법
④ 반응에 대한 모니터링
자극(시각, 청각, 촉각)**을 가하여** 이에 대한 반응을 보고 정상, 비정상을 **판단**하는 방법
⑤ 환경의 모니터링
환경조건의 개선으로 기분을 좋게하여 정상작업 할 수 있도록 하는 방법

2 제어장치

(1) 제어장치의 유형

① 시퀀스 제어
미리 **정해진 순서** 또는 일정한 논리에 따라 **제어의 각 단계를 진행**시켜 가는 제어
② 서보시스템
물체의 위치·방위·자세 등의 변위를 제어량(출력)으로 하고, **목표값(입력)의 임의의 변화에 추종하도록 한 제어**
③ 공정제어
산업의 공정 상태량(온도, 압력, 유량 등)을 제어량으로 하는 자동제어의 총칭
④ 자동조정
전압, 전류, 주파수 등의 제어에 사용되며 자동조작으로 항상 일정 값을 유지해 준다.

> **용어정의**
> 제어장치(controller) : 물체, 프로세스, 기계 등을 제어, 조정하는 데 필요한 신호를 공급하는 장치

> 한눈에 들어오는
> **키**워드

⑤ **개방루프제어**(open loop control)
출력이 다시 입력에 연결되지 않고 입력에 영향을 끼치지 않는 시스템
⑥ **피드백 제어**(feedback control), **폐쇄루프제어**(cloesd loop control) ★
출력 결과를 입력측으로 되돌려, 이것을 목표값과 비교하면서 **목표값과 출력 결과가 일치할 때까지 제어를 되풀이하여 제어량이 목표값과 일치하도록 하는 제어**

(2) 통제표시비(C/R비 또는 C/D비)

통제기기와 시각적 표시장치의 관계를 나타내며, **연속 조종장치에만 적용**된다.

1) 통제표시비의 계산 ★★

> 기출★
> C/R비가 클수록
> • 미세한 조종은 쉬우나 수행시간이 길어진다.
> • 민감하지 않은 장치이다.
> • 정확도보다 속도가 중요하다면 C/R비율을 1보다 낮게 조절하여야 한다.

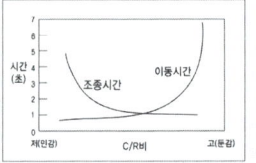

$$C/R \text{ 비} = \frac{X}{Y}$$

- X : 통제기기의 변위량(cm)
- Y : 표시계기 지침의 변위량(cm)

$$C/R \text{ 비} = \frac{\frac{a}{360} \times 2\pi L}{Y}$$

- a : 조종 장치의 움직인 각도
- L : 조종 장치의 반경

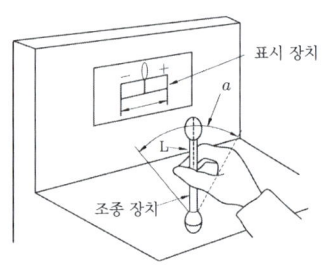

2) 통제표시비 설계 시 고려사항 ★

① 계기의 크기
② 목측거리(목시거리)
③ 조작시간
④ 방향성
⑤ 공차

3) 최적 C/R비는 1.18 ~ 2.42 정도이다.

(3) 기계의 통제기능

① 양의 조절에 의한 통제(연속 조종 장치) : 노브, 크랭크, 핸들, 레버, 페달 등
② 개폐에 의한 통제(단속 조종 장치) : 푸시 버튼, 토글스위치, 로터리스위치 등
③ 반응에 의한 통제 : 자동경보 시스템 등

3 양립성 ★

(1) 양립성 : 자극과 반응의 관계가 인간의 기대와 모순되지 않는 성질

① **개념적 양립성**
- 외부자극에 대한 인간의 개념적 현상의 양립성
    - 예) 빨간 버튼은 온수, 파란 버튼은 냉수
② **공간적 양립성**
- 표시장치, 조종장치의 형태 및 공간적배치의 양립성
    - 예) 오른쪽 조리대는 오른쪽 조절장치로, 왼쪽 조리대는 왼쪽 조절장치로 조정한다.
③ **운동의 양립성**
- 표시장치, 조종장치 등의 운동 방향의 양립성
    - 예) 조종장치를 오른쪽으로 돌리면 표시장치 지침이 오른쪽으로 이동한다.
④ **양식 양립성**
- 직무에 알맞은 자극과 응답양식의 존재에 대한 양립성
    - 예) 음성과업에 대해서는 청각적 자극 제시와 이에 대한 음성응답 과업에서 갖는 양립성이다.

4 수공구

수공구 사용으로 인한 손 상해로서 단순외상, 누적외상증, 건활막염, 트리거 핑거, 테니스 엘보 등이 우려된다.

(1) 수공구의 설계원칙

① **손목을 곧게 유지**한다.(손목을 굽히면 수근관에서 건이 굽혀서 융기되고 건활막염으로 진전된다)
② **손바닥에 가해지는 압력을 줄인다.**
③ **손가락의 반복 사용을 피한다.**(트리거 핑거를 유발 할 수 있다)

> **한 눈에 들어오는 키 워드**

참고

① 연속 조종장치

노브   레버

크랭크   페달

핸들

② 단속 조종장치, 불연속 조종장치

푸시 버튼   토글스위치

로터리스위치

> **기출 ★**
> - 수동 조작구 조작할 때 적합한 팔꿈치 각도 : 90~135°
> - 완력 검사에서 당기는 힘을 측정할 때 가장 큰 힘을 낼 수 있는 팔꿈치 각도 : 150°

※ 문제

수동 조작구를 조작할 때 적합한 작업자의 팔꿈치 각도는?
㉮ 60~100° ㉯ 45~85°
㉰ 90~135° ㉱ 135~180°

[해설]
수동 조작구 조작시 작업자의 팔꿈치 각도는 90~135°이다.

정답 ㉰

한 눈에 들어오는
키워드

④ 손잡이는 손바닥과의 접촉 면적이 크게 설계한다.
⑤ 공구의 무게를 줄이고 사용 시 균형이 유지되도록 한다.
⑥ 손잡이 단면은 원형 또는 타원형으로 한다.
⑦ 동력공구의 손잡이는 두 손가락 이상으로 작동하도록 한다.
⑧ 손잡이 직경은 30~45mm 크기가 적당하다.(정밀작업 시는 5~12mm, 회전력이 필요한 대형 스크루드라이버 같은 공구는 50~60mm)

02 표시장치 및 신체활동의 생리학적 측정법

주요내용 알고 가기!

- 부호의 3가지 유형
- 암호 체계의 일반적 사항
- 경계 및 경보신호 설계지침
- 청각적 표시의 설계원리
- 청각장치와 시각장치의 비교
- 생리학적 측정방법
- R.M.R.의 계산
- 휴식시간의 계산

1 시각적 표시장치

데이터를 시각적으로 표시하는 장치를 말하며 정량적 표시, 정성적 표시, 상태 표시, 신호 및 경보등, 묘사적 표시, 문자-숫자 및 관련 표시장치, 시각적 암호, 부호 및 기호 등으로 구분한다.

(1) 표시장치의 유형

① 정적 표시장치
- 시간에 따라 변화하지 않는 표시장치
- 예) 간판, 도표, 그래프 등

② 동적 표시장치
- 시간에 따라 변화하는 표시장치
- 예) 기압계, 고도계, 온도조절기 등

(2) 시식별에 영향을 주는 조건

시식별에 영향을 주는 조건	물체가 잘 보이는 조건
• 광속발산도 • 휘도 • 조도 • 광도 • 반사율 • 노출 시간 • 대비	• 색상 • 명도 • 채도 • 대비

한 눈에 들어오는 **키** 워드

참고

시각과정
동공은 원형인데 그 크기는 홍채 근육의 작용으로 변한다. 동공을 통과한 광선은 수정체에서 굴절되고 정상시력이나 교정 시력인 사람의 수정체는 눈 후면의 감광표면인 망막 위에 빛의 초점을 맞춘다.(망막은 카메라의 필름에 해당한다)

[확인] ★
명조응
눈이 빛에 적응하는 기간으로 극장안에서 밖으로 나왔을 때 눈이 부신 현상이다.(1~3분 소요)

암조응
눈이 어두움에 적응하는 기간으로 밝은 곳에서 극장안으로 들어갔을 때 앞이 잘 보이지 않는 현상이다.(약 30분 정도 소요)

기출

1. **맥락막** : 암갈색을 띄며 망막 내면을 덮고 있는 것으로 빛의 산란을 막는 암실역할을 한다.
2. **각막** : 안구의 가장 바깥쪽 표면으로 눈에서 빛이 가장 먼저 통과하는 부분이다.
3. **망막** : 인간의 눈의 부위 중에서 실제로 빛을 수용하여 두뇌로 전달하는 역할
4. **수정체** : 빛을 굴절시켜서 망막에 상이 맺히게 하는 역할 (카메라 렌즈 역할)
5. **초자체** : 안구 중심부의 공간을 채우며 투명한 젤의 형태로 존재, 안구의 구조를 유지하는 데 중요한 역할

2 시각적 표시장치의 종류

(1) 정량적 표시장치 ★

온도나 속도와 같이 동적으로 변화하는 변수나 자로 재는 길이와 같은 정적 변수의 **계량값에 관한 정보를 제공**하는데 사용된다.

① 정목동침형 : 눈금은 고정, 지침이 움직이는 형태
② 정침동목형 : 지침은 고정, 눈금이 움직이는 형태
③ 계수형 : 전력계, 택시요금 계기와 같이 숫자가 정확히 표시되는 형태

지침의 설계요령
① 선각이 20도 정도되는 뾰족한 지침을 사용한다. ② 지침의 끝은 작은 눈금과 맞닿되, 겹쳐지지 않아야 한다. ③ 원형 눈금의 경우 지침의 색은 선단에서 눈금의 중심까지 칠한다. ④ 지침은 눈금과 밀착시킨다.

[정목동침형]　　　　[계수형]

(2) 정성적 표시장치

온도, 압력, 속도와 같이 연속적으로 변하는 변수의 **대략적인 값이나 변화 추세, 비율 등을 알고자 할 때 주로 사용**한다.

① 색 이용
② 상태 점검

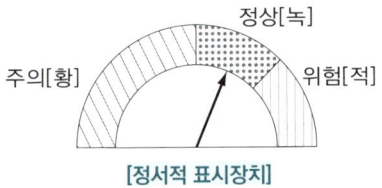

[정서적 표시장치]

(3) 상태 표시기(status indicator)

체계의 상황이나 상태를 나타낸다.

(4) 신호, 경고등

비상 또는 위험상황, 물체의 존재 유무 등을 나타낸다.

> **신호 및 경보등의 빛의 검출성에 영향을 미치는 인자**
>
> ① 광원의 크기 : **배경보다 2배 이상의 밝기**를 가진다.
> ② 광속발산도 및 노출시간
> ③ 색광(검출 효과가 빠른 순서 : 적색 – 녹색 – 황색 – 백색)
> ④ 점멸속도 : 주의를 끌기 위해서는 **초당 3~10회의 점멸속도와 지속시간은 0.05초 이상**이 적당하다.
> ⑤ 배경광
> ⑥ 조작자의 **정상시선 30도 내에 위치**한다.
> ⑦ 경고등은 **점멸하는 형태**가 좋다.

(5) 묘사적 표시장치

① 위치나 구조가 변하는 경향이 있는 요소를 배경에 중첩시켜 변화하는 상황을 나타내는 장치
② 해석이 필요치 않은 표현을 위한 표시장치로서 **사물 재현**(TV화 항공 사진) **및 도해 및 상징** 등이 예이다.

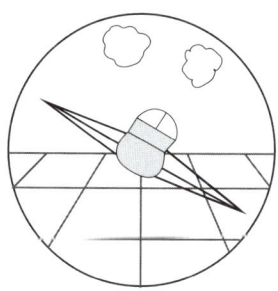

[묘사적 표시장치]

한 눈에 들어오는 키워드

기출

항공기 위치 표시장치의 설계원칙
- 표시의 현실성 : 표시장치의 이미지(상하, 좌우, 깊이)는 현실 공간과 일치하게 표시한다.
- 통합 : 관련된 모든 정보를 통합하여 상호관계를 바로 인식할 수 있도록 한다.
- 양립적 이동 : 항공기의 이동 부분의 영상은 고정된 눈금이나 좌표계에 나타내는 것이 바람직하다.
- 추종표시 : 원하는 목표와 실제 지표가 공통 눈금이나 좌표계에서 이동하게 한다.

참고

비행 자세 표시 장치
- 항공기 이동형(외견형)(outside-in) : 지평선 고정, 항공기가 움직이는 형태
- 지평선 이동형(내견형)(inside-out) : 항공기 고정, 지평선이 움직이는 형태
- 빈도 분리형 : 내견 + 외견 혼합용

참고

HUD
- 자동차나 항공기의 앞 유리 혹은 차양판 등에 정보를 중첩 투사하는 표시장치
- 도형과 숫자, 글자로 조종사에게 현재의 속도, 고도, 방향 등과 같은 다양한 정보들을 알려준다.

한눈에 들어오는 키워드

참고

표지 도안의 원칙
- 그림과 바탕이 뚜렷할 것
- 속이 찬 경계 대비가 선 경계보다 좋음
- 테두리를 사용할 것
- 특징을 단순화할 것
- 통일성을 가질 것

기출

광삼 현상(Irradiation)
흰 모양이 주위의 검은 배경으로 번지어 보이는 현상
- 조도가 높은 현상에서 더욱 뚜렷해진다.
- 검은 바탕에 흰 글자의 획폭은 흰 바탕에 검은 글자보다 가늘어야 한다.

기출

암호의 성능
숫자암호 > 영문자암호 > 기하학적 형상 암호 > 구성암호

기출

정보수용을 위한 작업자의 시각 영역
① 판별시야 : 시력, 색판별 등의 시각 기능이 뛰어나며 정밀도가 높은 정보를 수용할 수 있는 범위
② 유효시야 : 안구운동만으로 정보를 주시하고 순간적으로 특정정보를 수용할 수 있는 범위
③ 보조시야 : 정보수용 능력이 극도로 떨어지며 머리를 움직여야만 식별 가능한 범위
④ 유도시야 : 제시된 정보의 존재를 판별할 수 있는 정도의 식별능력 밖에 없지만 인간의 공간좌표 감각에 영향을 미치는 범위

---

(6) 문자 – 숫자 표시 장치

문자, 숫자 및 관련된 여러 형태의 암호화 부호를 사용하는 장치

① 가시성(visibility)
- 배경과 분리하여 볼 수 있는 글자나 상징의 질(검출성)

② 식별성(legibility)
- 글자(alphanumeric character)를 서로 분간할 수 있는 속성
- 획의 굵기, 글자 형태, 대비, 조도 등의 특징에 따라 영향 받음

③ 가독성(readability)
- 의미있는 문자군으로 나타낸 정보 내용을 얼마나 쉽게 읽히는가 하는 능률의 정도

획폭비 (문자나 숫자의 높이 : 획 굵기의 비)	종횡비 (문자나 숫자의 폭 : 높이의 비)
• 검은 바탕에 흰 숫자 1 : 13.3 • 흰 바탕에 검은 숫자 1 : 8	• 문자 1 : 1 • 숫자 3 : 5(0.6 : 1) • 영문 대문자 0.7 : 1

[형태별 인식의 용이성]

인지 용이성 순위	1	2	3	4	5	6
형상	삼각형 △	마름모 ◇	정사각형 □	직사각형 ▭	오각형 ⬠	원 ○

3 부호 및 기호, 시각적 암호

(1) 부호의 3가지 유형 ★

① **임의적 부호**
- 부호가 이미 **고안되어 있으므로** 이를 배워야 하는 부호
  - 예 안전표지판의 원형 – 금지, **삼각형** – 경고표지 등

② **묘사적 부호**
- 사물의 **행동을 단순하고 정확하게 묘사한** 부호
  - 예 위험표지판의 해골과 뼈, 보도 표지판의 걷는 사람

③ **추상적 부호**
- 전언의 기본요소를 도식적으로 **압축**한 부호

(2) 암호 체계의 일반적 사항 ★

① 암호의 검출성
  암호화한 자극은 **검출이 가능**할 것
② 암호의 변별성
  다른 암호 표시와 구별될 수 있을 것
③ 부호의 양립성
  자극 – 반응의 관계가 **인간의 기대와 모순되지 않는 성질**

[양립성의 종류]

공간 양립성	표시 장치나 조종 장치에서 물리적 형태나 공간적인 배치의 양립성 예) 오른쪽 조리대는 오른쪽 조절장치로, 왼쪽 조리대는 왼쪽 조절장치로 조정한다.
운동 양립성	표시 장치, 조종 장치, 체계 반응의 운동 방향의 양립성 예) 조종장치를 오른쪽으로 돌리면 표시장치 지침이 오른쪽으로 이동한다.
개념 양립성	인간이 가지는 개념적 연상의 양립성 예) 빨간 버튼은 온수, 파란 버튼은 냉수
양식 양립성	직무에 알맞은 자극과 응답 양식의 존재에 대한 양립성 예) 음성과업에 대해서는 청각적 자극제시와 이에 대한 음성응답 등의 양립성이다.

④ 부호의 의미
  암호를 사용할 때는 그 **사용자가 그 뜻을 분명히 알 수 있어야** 한다.
⑤ 암호의 표준화
  암호를 **표준화**하여 다른 상황으로 변화하더라도 **쉽게 이용할 수 있어야** 한다.
⑥ 다차원 암호의 사용
  2가지 이상의 암호를 조합해서 사용하면 정보 전달이 촉진된다.

4 청각적 표시장치

데이터를 청각으로 표시하는 장치를 말하며 신호원 자체가 음일 때, 무선기 신호, 항로정보 등과 같이 연속적으로 변하는 정보를 제시할 때 사용한다.

(1) 청각적 표시장치의 3가지 기능

① 검출성 : 신호의 존재 여부를 결정
② 상대식별 : 2가지 이상의 신호가 근접하여 제시되었을 때 이를 **구별하는 능력**
③ 절대식별 : 특정한 신호가 단독으로 제시되었을 때 이를 구별하는 능력으로 **절대식별 능력이 가장 좋은 감각기관은 후각**이다.

> **한 눈에 들어오는 키 워드**

> **기출**
> **명료도 지수**
> 통화 이해도를 추정할 수 있는 근거로 사용된다. 각 옥타브 대의 음성과 소음의 dB값에 가중치를 곱하여 합계를 구한 것이다. 음성통신계통의 명료도지수가 약 0.3 이하이면 음성통신자료를 전송하기에는 부적당한 것으로 본다.

한 눈에 들어오는 **키**워드

참고

귀의 구조
- 귀는 소리를 전기적 자극으로 전환시켜주는 청각기관과, 우리몸의 균형과 자세를 유지시켜주는 평형기관으로 구성된다.
- 귀의 구조는 외이, 중이, 내이 등의 3부위로 나눌 수 있다.
- 외이는 바깥의 귓바퀴(이개)와 귀구멍(외이도)으로 구성된다.
- 중이는 외이와 중이를 나누는 고막을 경계로 하여, 중이강, 유양동, 이관으로 구분된다.
- 내이는 미로(迷路)라고도 하며 청각을 담당하는 와우와 몸의 평형을 담당하는 전정과 세반고리관의 세부분으로 구성되며 난원창, 청신경으로 이루어져 있다.
- 달팽이관은 나선형으로 생긴 관으로 기저막이 진동한다.
- 고막은 외이도와 중이의 경계부위에 위치해 있으며 음파를 진동으로 바꾼다.
- 중이에는 인두와 교통하여 고실내압을 조절하는 유스타키오관이 존재한다.

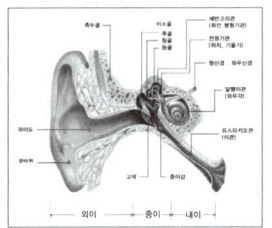

기출

인간의 가청 주파수 범위
20~20,000Hz

가청 주파수 내에서 사람의 귀가 가장 민감하게 반응하는 주파수 대역
500~3,000Hz

(2) 경계 및 경보신호 설계지침 ★

① 귀는 중음역에 민감하므로 500~3000Hz의 진동수 사용
② 300m 이상 장거리용 신호는 1000Hz 이하의 진동수 사용
③ 장애물 및 칸막이 통과시는 500Hz 이하의 진동수 사용
④ 주의를 끌기 위해서는 변조된 신호 사용
⑤ 배경 소음의 진동수와 구별되는 신호 사용
⑥ 경보효과를 높이기 위해서 개시시간이 짧은 고감도 신호를 사용
⑦ 가능하면 확성기, 경적 등과 같은 별도의 통신계통을 사용

(3) 청각적표시의 설계원리 ★

① **양립성**
- 가능한 한 사용자가 알고 있거나 자연스러운 신호를 선택한다.
- 긴급용 신호일 때는 높은 주파수를 사용한다.

② **근사성** : 복잡한 정보를 나타내고자 할 때는 다음과 같이 2단계 신호를 고려한다.
- 주의신호 : 주의를 끌어서 정보의 일반적 부류를 식별하게 한다.
- 지정신호 : 주의신호로 식별된 신호의 정확한 정보를 지정하는 것으로 처음 신호 후에 나타낸다.

③ **분리성**
- 청각신호는 기존 입력과 쉽게 식별되는 것이어야 한다.
- 두가지 이상의 채널을 듣고 있다면 각 채널의 주파수가 분리되어야 한다.

④ **검약성** : 조작자에 대한 입력신호는 꼭 필요한 정보만을 제공한다.
⑤ **불변성** : 동일한 신호는 항상 동일한 정보를 지정하도록 한다.

(4) 청각장치와 시각장치의 비교 ★★

청각장치	시각장치
① 전언이 짧고, 간단할 때	① 전언이 길고, 복잡할 때
② 재참조되지 않는다.	② 재참조 된다.
③ 시간적인 사상을 다룬다.	③ 공간적인 위치 다룬다.
④ 즉각적인 행동을 요구할 때	④ 즉각적 행동을 요구하지 않을 때
⑤ 시각계통이 과부하일 때	⑤ 청각계통이 과부하일 때
⑥ 주위가 너무 밝거나 암조응일 때	⑥ 주위가 너무 시끄러울 때
⑦ 자주 움직이는 경우	⑦ 한 곳에 머무르는 경우

> 참고

1. 신호 검출 이론(signal detection theory : SDT)
① 어떤 상황에서의 의미 있는 자극이 이의 감지를 방해하는 '잡음'(noise)과 함께 발생하였을 때, 이 잡음이 자극 검출에 끼치는 영향에 대한 이론
② 신호와 잡음이 중첩될 때 혼동이 일어나기 쉬우며, 신호의 유무를 판정함에 있어 4가지 반응 대안이 있다.

판정 자극	신호(Signal)	소음(Noise)
신호발생(S)	Hit : P(S/S)	False Alarm : P(S/N)
신호없음(N)	Miss : P(N/S)	Correct Rejection : P(N/N)

False Alarm = commission error
자극 : 보낸 신호가 올바른 것이면(Signal), 보낸 신호가 틀린 신호이면(Noise)
판정 : 관찰자의 반응으로 신호가 올바르다고 답하는 경우(S), 신호가 틀렸다고 답하는 경우(N)

③ 신호의 탐지는 관찰자의 민감도와 반응편향에 달려 있다.
- 민감도 : 자극과 소음을 구별하는 능력
- 반응편향 : 자극에 대한 관찰자의 반응기준

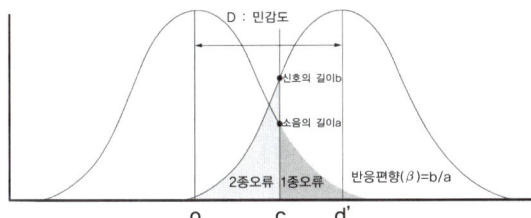

2. 신호검출 이론의 응용분야
① 품질검사 ② 의료진단 ③ 교통통제

> 한 눈에 들어오는 키워드

※ 문제
고음은 멀리 가지 못한다. 300m 이상의 장거리용 신호는 몇 Hz 이하의 진동수를 사용하여야 하는가?
㉮ 500Hz ㉯ 1,000Hz
㉰ 3,000Hz ㉱ 5,000Hz

[해설]
장거리용 신호는 1,000Hz 이하의 진동수를 사용하여야 한다.
정답 ㉯

※ 문제
어떤 소리가 1,000Hz, 60dB인 음과 같은 높이임에도 4배 더 크게 들린다면, 이 소리의 음압수준은 얼마인가?

[해설]
- 음압수준이 10dB 증가하면
  → 소리는 2배 크게 들린다.
- 음압수준이 20dB 증가하면
  → 소리는 4배 크게 들린다.
- 60dB + 20dB = 80dB

> 참고

변화감지역
(just noticeable difference)
물리적 자극의 변화 여부를 감지할 수 있는 최소의 자극범위

5 촉각 및 후각적 표시장치

(1) 촉각적 표시장치

① 손과 손가락을 기본 정보 수용기로 이용한다.
② 촉각적 표시 장치의 용도는 맹인용 점자와 형상 암호화된 조종 장치를 들 수 있다.
③ 촉각적 표시장치에서 자주 사용되는 자극유형은 기계적 진동이나 전기적 자극이다.

(2) 조종장치의 촉각적 암호화

위험기계의 **조종장치를 촉각적으로 암호화 할 수 있는 3가지 차원**

① **형상 암호화**
② **크기 암호화**
③ **표면촉감 암호화**

(3) 후각적 표시장치

냄새를 이용하는 표시장치로서 다른 표시장치의 보조수단으로서 활용될 수 있다.

예 광부들에게 긴급대피를 알려주기 위하여 악취 시스템을 사용하는데 악취를 환기계통에 주입하여 즉시 전체 갱내에 퍼지도록 한다.

참고

1. 정보의 측정단위 bit
 ① 실현가능성이 같은 2개의 대안 중 하나가 명시되었을 때 얻는 정보량
 ② 이진법의 최소의 단위를 bit라고 하며 1개의 비트는 2가지 상태를 나타낼 수 있으므로 n개의 비트로는 가지의 상태를 나타낸다.

2. 정보량의 계산
확률 p인 사건이 일어났을 때, 그 정보는 $\log_2 \frac{1}{P}$ 비트 정보량을 가진다.

$$① \text{정보량}(H) = \log_2 \frac{1}{P} \qquad ② \text{평균정보량 } H = \sum P_i \log_2 \left(\frac{1}{P_i}\right)$$

여기서, P_i : 각 대안의 실현 확률

예 현재 시험문제와 같이 4지 택일형 문제의 정보량은 얼마인가?

$$\text{정보량}(H) = \log_2 \frac{1}{\frac{1}{4}} = \log_2 4 = 2\,bit \quad (\text{4지 택일형에서 정답일 확률} = \frac{1}{4})$$

예 4가지 대안이 일어날 확률이 (0.5, 0.25, 0.125, 0.125)일 때 평균 정보량(bit)은 얼마인가?

평균정보량 $H = \sum P_i \log_2 \left(\frac{1}{P_i}\right)$

$$H = 0.5 \log_2 \left(\frac{1}{0.5}\right) + 0.25 \log_2 \left(\frac{1}{0.25}\right) + 0.125 \log_2 \left(\frac{1}{0.125}\right) + 0.125 \log_2 \left(\frac{1}{0.125}\right)$$
$$= 1.75(\text{bit})$$

6 신체활동의 생리학적 측정법

(1) 생리학적 측정방법

감각기능, 반사기능, 대사기능 등을 이용한 측정법 ★

① **EMG**(electromyogram ; **근전도**) : **근육활동 전위차**의 기록
② **ECG**(electrocardiogram ; **심전도**) : **심장근 활동 전위차**의 기록
③ ENG 또는 EEG(electroencephalogram ; 뇌전도) : 신경활동 전위차의 기록
④ EOG(electrooculogram ; 안전도) : 안구(眼球)운동 전위차의 기록
⑤ 산소소비량
⑥ 에너지 소비량(RMR)
⑦ 피부전기반사(GSR)
⑧ 점멸 융합 주파수(플리커법, 어름거림 검사)

(2) 에너지 대사율(RMR) ★★

① 작업강도는 에너지 대사율로 나타낸다.

$$RMR = \frac{노동대사량}{기초대사량} = \frac{작업\ 시의\ 소비\ energy - 안정\ 시\ 소비\ energy}{기초대사량}$$

② **작업 시의 소비에너지**는 작업 중에 **소비한 산소의 소모량으로 측정**한다.
③ 안정 시의 소비에너지는 의자에 앉아서 호흡하는 동안에 소비한 산소의 소모량으로 측정한다.

(3) 작업강도 구분에 따른 RMR ★★

① 경작업(輕작업), 가벼운 작업 : 1~2
② 중작업(中작업), 보통 작업 : 2~4
③ 중작업(重작업), 힘든 작업 : 4~7
④ 초중작업(超重작업), 굉장히 힘든 작업 : 7 이상

한 눈에 들어오는 키워드

기출
정신적 작업 부하 척도
- 심박수(부정맥)
- 뇌전위(점멸융합주파수)
- 동공반응(눈 깜박임률)
- 호흡수

기출
시각적 점멸융합주파수(visual flicker fusion frequency : vff)
계속되는 자극들이 점멸하는 것 같이 보이지 않고 연속적으로 느껴지는 주파수를 측정한다.

시각적 점멸융합주파수(VFF)에 영향을 주는 변수
① 조명강도의 대수치에 선형적으로 비례한다.
② 표적과 주변의 휘도가 같을 때 최대가 된다.
③ 휘도만 같다면 색상은 영향을 주지 않는다.
④ 사람들 간에 큰 차이가 있으나 개인의 경우 일관성이 있다.
⑤ 암조응일 때는 영향을 주지 않는다.
⑥ 연습의 효과는 아주 적다.

점멸융합주파수(Flicker-Fusion Frequency)의 특징
① 중추신경계의 정신적 피로도의 척도로 사용된다.
② 빛의 검출성에 영향을 주는 인자 중의 하나이다.
③ 점멸속도는 점멸융합주파수보다 작아야 한다.
④ 점멸속도가 약 30Hz 이상이면 불이 계속 켜진 것처럼 보인다.
⑤ 주의를 끌기 위해서는 초당 3~10회 점멸속도에 지속시간 0.05초 이상이 적당하다.

참고
체내에서 유기물을 합성하거나 분해하는 에너지 전환과정 → 에너지 대사

(4) 휴식시간 ★★

휴식시간의 계산

$$휴식시간 (R) = \frac{60 \times (E-5)}{E-1.5} \text{ [분]}$$

- 1.5 : 휴식중의 에너지 소비량
- 5(kcal/분) : 기초대사를 포함한 보통작업에 대한 평균 에너지(기초대사를 제외한 경우 4kcal/분)
- 60(분) : 작업시간
- E(kcal/분) : 문제에서 주어진 작업을 수행하는데 필요한 에너지

참고

🏅 작업에 대한 평균 에너지

- 하루 동안 보통 사람이 낼 수 있는 에너지 : 4,300kcal/day
- 기초대사와 여가에 필요한 대사량 : 2,300kcal/day
- 보통 작업할 때 사용할 수 있는 에너지 : 4,300-2,300 = 2,000kcal/day
- 8시간으로 나누면 : 4kcal/min(기초대사를 포함한 에너지의 상한은 5kcal/min이다)

(5) 유해·위험 예방조치 외에 **작업과 휴식의 적정한 배분**, 그 밖에 근로시간과 관련된 근로조건의 개선을 통하여 근로자의 건강 보호를 위한 조치를 하여야 하는 작업(산업안전보건법 기준)

① 갱(坑) 내에서 하는 작업
② 다량의 고열물체를 취급하는 작업과 현저히 덥고 뜨거운 장소에서 하는 작업
③ 다량의 저온물체를 취급하는 작업과 현저히 춥고 차가운 장소에서 하는 작업
④ 라듐방사선이나 엑스선, 그 밖의 유해 방사선을 취급하는 작업
⑤ 유리·흙·돌·광물의 먼지가 심하게 날리는 장소에서 하는 작업
⑥ 강렬한 소음이 발생하는 장소에서 하는 작업
⑦ 착암기 등에 의하여 신체에 강렬한 진동을 주는 작업
⑧ 인력으로 중량물을 취급하는 작업
⑨ 납·수은·크롬·망간·카드뮴 등의 중금속 또는 이황화탄소·유기용제, 그 밖에 고용노동부령으로 정하는 특정 화학물질의 먼지·증기 또는 가스가 많이 발생하는 장소에서 하는 작업

7 동작의 속도와 정확성

(1) 피츠의 법칙(Fitts' Law)

① 인간의 행동에 대해 속도와 관계를 설명하는 기본적인 법칙이다.
② **시작점에서 목표로 하는 지역에 얼마나 빠르게 닿을 수 있을지를 예측**하고자 하는 것이다.
③ 목표까지 움직이는 데 필요한 **시간은 목표 크기와 목표까지의 거리의 함수이다.**
④ 목표물의 크기가 작아질수록 속도와 정확도가 나빠지고 목표물과의 거리가 멀어질수록 필요한 시간이 더 길어진다.(**표적이 작고 이동거리가 길수록 이동시간이 증가**한다.)
⑤ 시스템을 디자인할 때 신속한 이동이 필요하고 정확성이 중요할 때 조절은 가깝고 커야 한다.
⑥ 자동차 가속페달과 브레이크 페달간의 간격, 브레이크 폭 등을 결정하는데 사용한다.

(2) 웨버(Weber)의 법칙

① 음의 높이, 무게 등 물리적 자극을 상대적으로 판단하는데 있어 특정 감각기관의 변화감지역은 표준자극에 비례한다.
② **주어진 자극에 대해 인간이 갖는 변화감지역을 표현하는 데에는 Weber의 법칙을 이용한다.**
③ Weber의 법칙 = $\dfrac{\triangle I}{I}$

(I = 표준자극, $\triangle I$ = 변화감지역)
④ **Weber비가 작을수록 분별력이 좋다.**

(3) 힉의 법칙(힉-하이만)의 법칙

사용자들이 결정을 내리는데 걸리는 시간은 주어진 선택 가능한 선택지의 수에 따라 결정된다는 법칙

(4) 작업표본(Work Sampling)

① 임의로 선정된 시간마다 하나 이상의 작업자 또는 기계작업을 관찰하여 그 결과로 **실제작업시간과 지체시간으로 총소요시간의 비율을 파악하려는 확률적 관측방법에 의한 표준시간을 설정하는 기법**
② 모의 작업 활동을 통해 개인의 직업적성, 근로자특성, 직업흥미 등을 평가

한 눈에 들어오는 키 워드

참고

작업표본(Work Sample)의 제한점
- 주로 기계를 다루는 직무에 효과적이다.
- 훈련생보다 경력자 선발에 적합하다.
- 실시하는데 시간과 비용이 많이 든다.

기출

감각기관별 반응시간
- 청각 : 0.17초
- 촉각 : 0.18초
- 시각 : 0.20초
- 미각 : 0.29초
- 통각 : 0.70초

기출

피부감각의 민감한 순서
통각 – 압각 – 냉각 – 온각

기출

자극의 역치
자극이 어느 정도 이상이면 가시전압이 나타나게 되는데 가시전압을 나타나게 하는 최소자극의 크기를 말한다.

기출

인간의 반응체계에서 이미 시작된 반응을 수정하지 못하는 저항시간 → 0.2초

(5) 동작시간 및 반응시간

① 반응시간
  자극이 주어진 순간부터 **동작을 개시할 때까지의 총 시간**
② 단순반응시간
  하나의 특정한 자극만이 발생할 수 있을 때 반응에 걸리는 시간으로서 흔히 실험에서와 같이 자극을 예상하고 있을 때이다.(**0.15~0.2초 정도**)
③ 동작시간 : 신호에 따라서 동작을 실행하는데 걸리는 시간(약 0.3초 정도)

(6) 사정효과(range effect)

눈으로 보지 않고 손을 수평면상에서 움직이는 경우에 짧은 거리는 지나치고 긴 거리는 못 미치는 등 **조작자가 작은 오차에는 과잉반응, 큰 오차에는 과소반응을 하는 현상**을 말한다.

(7) 진전

① **손이** 규칙적인 리듬을 가지고 **떨리는 증세**
② 진전은 신체부위를 정확하게 한자리에 유지해야 하는 작업활동에서 아주 중요한데, **사람이 떨지 않으려고 노력할수록 더 심해진다.**

진전을 감소시키는 방법

- 시각적 참조
- 몸과 작업에 관계되는 부위를 잘 받친다.
- **손이 심장 높이에 있을 때 진전이 가장 적다.**
- 작업대상물에 기계적인 마찰이 있도록 한다.

> 참고

1. 인간의 감지능력(JND : Just Notice Difference)
① 인간의 감지능력은 상대적 판단(2가지 이상의 신호가 동시에 제시될 때, 같고 다름을 비교하여 판단)에 의해 좌우된다.
② JND는 자극 사이의 변화를 감지할 수 있는 최소의 자극범위를 말한다.
③ JND가 작을수록 감각변화를 검출하기 쉽다.
④ JND는 기준자극의 크기에 비례한다.

$$\text{Weber비} = \frac{JND}{\text{기준자극크기}}$$

2. 인간의 정보처리 능력
① 인간의 정보처리 능력은 **단기기억에 대한 처리능력**으로 나타낸다.
② **절대식별**(상대적 비교가 아닌 **신호가 단독으로 제시되었을 때 식별할 수 있는 능력**) **능력**으로 나타낸다.
③ 단일자극보다는 여러 차원을 조합하여 자극하는 경우 신뢰성 있게 전송할 수 있는 가지 수가 증가한다.
④ 경로용량(Channel Capacity)
  - 절대식별에 근거하여 정보를 신뢰성 있게 전달할 수 있는 능력
  - 단기기억에 의해 신뢰성 있게 정보전달을 할 수 있는 자극 판별 수
  - 인간이 신뢰성 있게 정보를 전달할 수 있는 기억은 5가지 미만이다.
  - 밀러의 매직넘버(인간이 절대식별 시 작업 기억 중에 유지할 수 있는 항목의 최대수) 7±2

기출

작업기억
감각기관을 통해 입력된 정보를 일시적으로 기억하고, 각종 인지적 과정을 계획하고 순서 지으며 실제로 수행하는 작업장으로서의 기능을 수행하는 단기적 기억을 말한다.

작업기억(working memory)에서 일어나는 정보코드화
- 의미 코드화
- 음성 코드화
- 시각 코드화

03 작업공간 및 작업자세

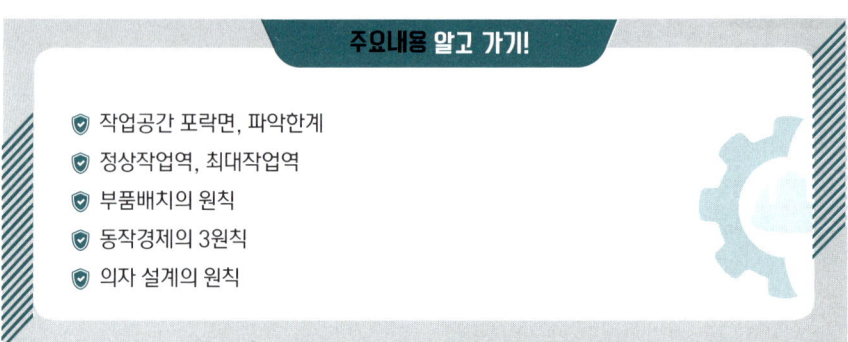

주요내용 알고 가기!

- 작업공간 포락면, 파악한계
- 정상작업역, 최대작업역
- 부품배치의 원칙
- 동작경제의 3원칙
- 의자 설계의 원칙

1 작업공간 및 작업자세

(1) 작업공간 ★

① **포락면** : 한 장소에 **앉아서** 수행하는 작업에서 작업하는데 사용하는 공간
② **파악한계** : **앉은** 작업자가 특정한 **수작업** 기능을 **수행할 수 있는** 공간의 **외곽한계**
③ **특수 작업역** : 특정 공간에서 작업하는 구역

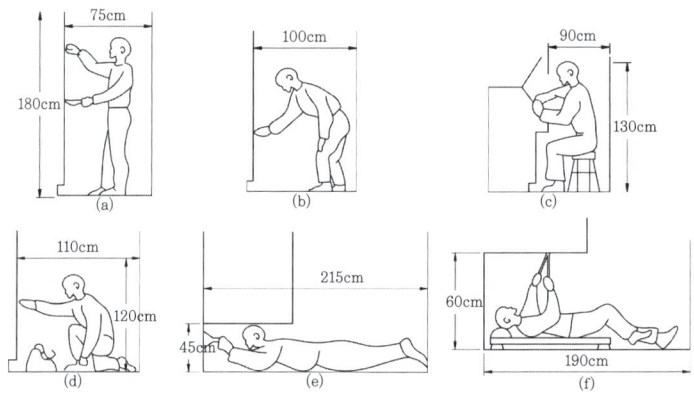

[특수 작업역]

(2) 수평 작업대 ★

① 정상 작업역
- **상완을 자연스럽게 늘어뜨린 채 전완만으로 뻗어 파악할 수 있는 구역**
- 팔을 굽히고도 편하게 작업을 하면서 좌우의 손을 움직여 생기는 작은 원호형의 영역

② 최대 작업역
- **전완과 상완을 곧게 펴서 파악할 수 있는 구역**
- 어깨로부터 팔을 펴서 수평면상에 원을 그릴 때 부채꼴 원호의 내부지역

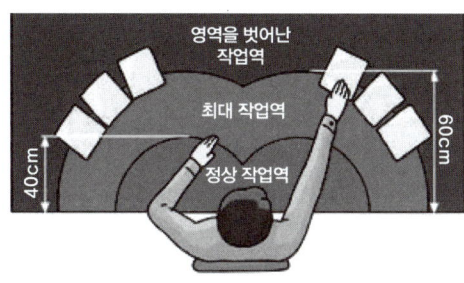

(3) 작업대의 높이

① 석식 작업대 높이
- **작업대 높이는 의자 높이, 작업대 두께, 대퇴여유 등을 고려하여 설계**하여야 한다.
- 작업의 성격에 따라 작업대 높이도 달라지며 **가벼운 작업일수록 높아야 하고, 거친 작업에는 약간 낮은 편이 낫다.**
- 의자 높이, 작업대 높이, 발걸이 등을 조절할 수 있도록 하는 것이 바람직하다.

② 입식 작업대 높이
- **경(經) 작업 시** 작업대의 높이는 **팔꿈치 높이보다 5~10cm 정도 낮은 것**이 적당하다. ★
- **중(重) 작업 시** 작업대의 높이는 **팔꿈치 높이보다 10~20cm 정도 낮은 것**이 적당하다. ★
- **정밀 작업 시** 작업대의 높이는 팔꿈치 높이보다 5~10cm 정도 높은 것이 적당하다. ★

[참고]

수평 작업대
책상, 탁자, 조리대, 세공대 등과 같이 수평면상에서 수행하는 작업할 때 사용하는 작업대

※ 문제

표준체구의 남자가 서서 작업을 하는 경우, 작업점의 위치가 신체의 전방 20cm일 때 가장 적당한 작업점의 높이는?
㉮ 높이 60cm
㉯ 높이 90cm
㉰ 높이 120cm
㉱ 높이 150cm

[해설]
성인남자 기준, 서서 작업할 때의 작업점 위치는 높이 90cm가 가장 적당하다.
정답 ㉯

※ 문제

입식작업을 할 때 중량물을 취급하는 중(重)작업의 경우 적절한 작업대의 높이는?
㉮ 팔꿈치 높이보다 10~20cm 높게 설계한다.
㉯ 팔꿈치높이에 맞추어 설계한다.
㉰ 팔꿈치 높이보다 5~10cm 낮게 설계한다.
㉱ 팔꿈치 높이보다 10~20cm 낮게 설계한다.

[해설]
① 입식작업 시 중(重) 작업의 작업대의 높이 : 팔꿈치 높이보다 10~20cm 낮게 설계
② 입식작업 시 경(經) 작업의 작업대의 높이 : 팔꿈치 높이보다 5~10cm 낮게 설계
정답 ㉱

(4) 신체의 기본동작 ★

굴곡(flexion, 굽히기)	관절각이 감소하는 움직임
신전(extension, 펴기)	관절각이 증가하는 움직임
외전(abduction, 벌리기)	신체 중심선으로부터 밖으로 이동
내전(adduction, 모으기)	신체 중심선으로 이동
외선(external rotation)	신체 중심선으로부터 밖으로 회전
내선(internal rotation)	신체 중심선으로 회전

> **한 눈에 들어오는 키워드**

> **참고**
> 입식 작업대의 높이 결정에 있어 고려하여야 할 사항
> ① 작업자의 신장
> ② 작업물의 크기
> ③ 작업물의 무게
>
> 동작분석의 주목적
> ① 동작계열의 개선
> ② 표준 동작의 설계
> ③ 모션 마인드의 체질화

> **기출**
> 부품의 일반적 위치 내에서 구체적인 배치를 결정하는 기준 ★
> • 사용순서의 원칙
> • 기능별 배치의 원칙

2 부품배치의 원칙 ★★

(1) 중요성의 원칙

부품을 작동하는 **성능**이 체계의 목표 달성에 **중요한 정도에 따라 우선순위를 결정**한다.

(2) 사용빈도의 원칙

부품을 **사용하는 빈도에 따라 우선순위를 결정**한다.

(3) 기능별 배치의 원칙

기능적으로 **관련된 부품들**(표시장치, 조정장치 등)**을 모아서 배치**한다.

(4) 사용 순서의 원칙

사용 순서에 따라 장치들을 **가까이에 배치**한다.

> **참고**
> 기계설비의 layout(기계배치 시 고려사항)
> ① 작업의 흐름에 따라 기계를 배치한다.
> ② 기계·설비 주위에 충분한 공간을 둔다.
> ③ 안전한 통로를 확보한다.
> ④ 제품저장 공간을 충분히 확보한다.
> ⑤ 기계·설비 설치 시 점검·보수가 용이하도록 한다.
> ⑥ 폭발 위험 기계 설치시는 작업자 위치 선정 시 원격거리를 고려한다.
> ⑦ 장래확장을 고려하여 배치한다.

3 개선의 4원칙(ECRS) ★

① Eliminate : 생략과 배제의 원칙
  • 불필요한 공정이나 작업의 배제, 생략(모든 개선에 있어서 가장 먼저 생각하고 적용 할 것이 요구되는 원칙)
② Combine : 결합과 분리의 원칙
  • 공정이나 공구, **부품 등의 결합으로 간단하고 단순화된 형태로 접근**

③ Rearrange : 재편성과 재배열의 원칙
  - 공정, 작업 순서의 변경, 재배열
④ Simplify : 단순화의 원칙
  - 공정, 작업 수단, 방법 등을 간단하고 용이하게 하거나 이동거리를 짧게, 중량을 가볍게 하는 등의 단순화

4 동작경제의 3원칙(바안즈, Barnes) ★

(1) 인체 사용에 관한 원칙

① 두 손을 동시에 동작하기 **시작하여 동시에 끝나도록** 하여야 한다.
② 휴식 시간 중이 아니면 **두 손을 동시에 쉬어서는 안 된다.**
③ **두 팔의 동작들은 서로 반대 방향에서 대칭적으로 움직인다.**
④ 손과 신체의 동작은 작업을 원만하게 수행할 수 있는 범위 내에서 **가장 낮은 동작 등급**을 사용한다. 인체의 사용 범위가 넓을수록 피로가 더하고 시간도 낭비된다.
⑤ 가능한 한 **관성(Momentum)을 이용**해야 하며 작업자가 관성을 억제해야 하는 경우 관성을 최소한도로 줄인다.
⑥ 손의 **동작은 부드러운 연속동작으로** 하고 **급격한 방향 전환을 가지는 직선 동작은 피한다.**

(2) 작업장의 배치에 관한 원칙

① 모든 **공구 및 재료는 정위치에 배치**해야 한다.
② 공구, 재료 및 조정기는 **사용위치에 가까이 두어야 한다.**
③ 가능하면 **낙하식 운반법을 사용**한다.
④ 재료와 공구들은 자기 위치에 있도록 한다.

(3) 공구 및 설비의 설계에 관한 원칙

① 치공구, **발로 조정하는 장치에 의해서 수행할 수 있는 작업에는 손의 부담을 덜어주어야 한다.**(발로 수행할 수 있는 작업은 손을 사용하지 않음)
② **공구를 결합하여 사용한다.**
③ 공구 및 재료는 가능한 한 작업자 앞에 둔다.

한 눈에 들어오는 키워드

🎯 기출

동작경제의 3원칙 ★
(길브레드 Gilbrett)

- 작업량 절약의 원칙
  ① 적게 운동한다.
  ② 재료나 공구는 취급하는 부근에 정돈한다.
  ③ 동작의 수를 줄인다.
  ④ 동작의 양을 줄인다.

- 동작개선의 원칙
  ① 동작이 자동적으로 리드미컬한 순서로 한다.
  ② 양손은 동시에 반대의 방향으로 좌우 대칭적으로 운동한다.
  ③ 가급적 관성, 중력, 기계력 등을 이용한다.
  ④ 작업점의 높이를 적당히 하고 피로를 줄인다.
  ⑤ 물건을 장시간 취급할 때는 장구를 사용한다.

- 동작능 활용의 원칙
  ① 발 또는 왼손으로 할 수 있는 일은 오른손을 사용하지 않는다.
  ② 양손으로 동시에 작업을 시작하고 동시에 끝낸다.

한 눈에 들어오는 키워드

※ 문제

인간공학적 의자 설계의 원칙에 대한 설명 중 틀린 것은?
㉮ 사람이 의자에 앉아있을 때 체중이 주로 좌골결절에 실려 있어야 한다.
㉯ 좌판 앞부분은 오금보다 높지 않아야 한다.
㉰ 일반적으로 좌판의 길이는 몸이 큰 사람을 기준으로 결정한다.
㉱ 의자에 앉아 있을 때 몸통에 안정을 주어야 한다.

[해설]
① 좌판의 길이(깊이)는 작은 사람을 기준으로 하여 엉덩이~오금길이보다 5~10cm 짧게 설계한다.(좌판의 길이 : 좌판 끝~등받이까지 거리)
② 좌판의 폭은 큰사람을 기준으로 하여 엉덩이 폭에 좌·우로 5cm 여유를 더하여 설계한다.

정답 ㉰

5 의자설계 원칙

(1) 의자 설계의 일반 원리 ★

① **요추의 전만곡선을 유지**할 것
② **디스크의 압력을 줄인다.**
③ 등근육의 정적부하를 감소시킨다.
④ **자세고정을 줄인다.**
⑤ **쉽게 조절할 수 있도록 설계**할 것

(2) 의자 설계의 원칙

① 체중 분포
  - 의자에 앉았을 때 **체중이 주로 좌골결절에 실려야 한다.**
② 의자 좌판의 높이
  - **좌판 앞부분이** 대퇴를 압박하지 않도록 **오금높이보다 높지 않아야 한다.**
  - **치수는 5% 오금높이**로 한다.
③ 의자 좌판의 깊이(길이)와 폭
  - 일반적으로 **좌판의 폭은 큰사람에게 맞도록 설계**한다.
  - **깊이**는 장딴지 여유를 주고 대퇴를 압박하지 않도록 **작은 사람에게 맞도록 설계**한다.
④ 몸통의 안정
  - 의자 좌판의 각도는 3°, 등판의 각도는 100°가 몸통에 안정적이다.
  - 좌판의 앞 모서리 부분은 5cm 정도 낮아야 한다.
  - 좌판과 등받이 사이의 각도는 90~105°를 유지 하도록 한다.

04 작업환경과 인간공학

주요내용 알고 가기!

- 반사율 및 조도의 계산
- 법적 조도기준
- 소음의 계산
- 소음작업
- 복합소음과 마스킹현상
- 열평형방정식
- 옥스퍼드지수와 실효온도

1 조명방식 및 조명수준

(1) 전반조명과 국부조명

① 전반조명
조명 기구를 일정한 높이와 간격으로 배치하여 **작업장 전체를 균일하게 밝히는 조명방식**

② 국부조명
필요한 곳만을 강하게 조명하는 조명법으로 정밀한 작업 또는 시력을 집중시킬 수 있는 일에 사용하는 조명방식이다.

(2) 직접조명과 간접조명

① 직접조명
등기구에서 발산되는 **광속의 90% 이상을 직접 작업면에 투사**하는 조명방식

장점	• 조명률이 크므로 소비전력은 간접조명의 1/2~1/3이다. • 설비비가 저렴하며 설계가 단순하다. • 효율이 좋다. • 조명기구의 점검, 보수가 용이하다.
단점	• 눈이 부시다. • 빛이 반사되어 물체를 식별하기가 어렵다. • 균일한 조도를 얻기 어렵다.

② 간접조명

등기구에서 발산되는 **광속의 90% 이상을 천장이나 벽에 투사시켜 이로부터 반사 확산된 광속을 이용하는 조명방식**

장점	• 눈부심이 적고 조도가 균일하다. • 그림자가 부드럽다. • 등기구의 사용을 최소화하여 조명 효과를 얻을 수 있다.
단점	• 밝지 않다. • 천장 색에 따라 조명 빛깔이 변한다. • 효율성이 떨어진다. • 설비비가 많이 들고 보수가 쉽지 않다.

2 반사율과 휘광

(1) 휘광 : 눈부심

① 광원으로부터 직사휘광 처리법 ★
  - **광원의 휘도를 줄이고 광원 수를 늘인다.**
  - **광원을 시선에서 멀게한다.**
  - **휘광원 주위를 밝게하여 광속 발산비(휘도)를 줄인다.**
  - 가리개, 갓, 차양을 사용한다.

② 창문으로부터 직사휘광 처리법
  - 창문을 높이 단다.
  - 외부에 드리우개(overhang) 설치한다.
  - 안쪽에 수직날개(fin)를 설치한다.
  - 차양, 발을 사용한다.

③ 반사휘광 처리법
  - 발광체의 휘도를 줄인다.
  - 일반 조명수준을 높인다.
  - 산란광, 간접광, 조절판, 창문에 차양을 사용한다.
  - 반사광이 비치지 않게 광원을 위치한다.
  - 무광택 도료, 빛을 산란시키는 표면색을 한 가구, 윤기 없앤 종이를 사용한다.

(2) 반사율

반사광의 에너지와 입사광의 에너지의 비율을 말한다.

① 반사율(%) = $\dfrac{\text{광속발산도(fL)}}{\text{조명(fc)}} \times 100$ ★

② 조명(fc) = $\dfrac{\text{광속발산도(fL)}}{\text{반사율(%)}} \times 100$

③ 대비(%) = $\dfrac{\text{배경 반사율(Lb)} - \text{표적물체 반사율(Lt)}}{\text{배경 반사율(Lb)}} \times 100$ ★

④ **옥내 최적 반사율**(천장 : 바닥 반사율 비율 = 3 : 1 이상 유지)
- 천장(80~91%) 〉 벽(40~60%) 〉 가구(25~45%) 〉 바닥(20~40%)
- 옥내의 반사율은 천정으로 올라갈수록 높고 바닥으로 내려갈수록 낮아져야 한다. ★

3 조도와 광도

(1) 조도(Lux) = $\dfrac{\text{광도}}{(\text{거리})^2}$ ★

① 단위 fc(foot-candle)
- 1촉광의 점광원으로부터 1foot 떨어진 곡면에 비추는 광밀도(1lumen/ft^2)

② Lux(meter-candle)
- 1촉광의 점광원으로부터 1m 떨어진 곡면에 비추는 광밀도 (1lumen/m^2)
- 1fc = 10Lux

(2) 법적 조도 기준 ★★

① **초정밀** 작업 : 750Lux 이상
② **정밀** 작업 : 300Lux 이상
③ **보통** 작업 : 150Lux 이상
④ **기타** 작업 : 75Lux 이상

(3) 광도

① 일정한 방향에서 물체 전체의 밝기를 나타내는 양
② 단위 : 촉광(燭光), 칸델라(candela)

참고

반사율(%) = $\dfrac{fL}{fc}$

= $\dfrac{\pi \times cd/m^2}{lux}$

참고

대비
표적의 반사율과 배경의 반사율의 차이
- 표적이 배경보다 어두울 때
 : +100 ~ 0 사이
- 표적이 배경보다 밝을 때
 : 0 ~ 무한대 사이

참고

1. **조도(Lux)**
물체나 표면에 도달하는 빛의 단위 면적당 밀도

2. **광속 발산도(휘도) (luminance)**
단위면적당 표면에서 방사되거나 방출되는 빛의 양

3. **foot-Lambert(fL)**
완전방사 및 반사하는 표면이 1fc로 조명될 때의 조도와 같은 광속 발산도

4. **Lambert(L)**
완전발산 및 반사하는 표면이 표준촛불로 1cm 거리에서 조명될 때의 조도와 같은 광속 발산도

4 소음과 청력손실

(1) 소음과 청력손실

① 진동수가 높아짐에 따라 청력손실도 심해진다.
② 청력손실의 정도는 노출 소음 수준에 따라 증가한다.
③ 초기 청력손실은 4,000Hz에서 가장 크게 나타난다.
④ 강한 소음에 대해서는 노출기간에 따라 청력손실이 증가하지만 약한 소음과는 관계가 없다.

소음을 내는 기계로부터 거리가 d_2만큼 떨어진 곳의 소음 계산 ★

$$dB_2 = dB_1 - 20 \times \log\left(\frac{d_2}{d_1}\right)$$

- 소음기계로부터 d_1 떨어진 곳의 소음 : dB_1
- 소음기계로부터 d_2 떨어진 곳의 소음 : dB_2

---

(2) 음량수준 측정 척도 ★

① phone에 의한 음량수준
② sone에 의한 음량수준
③ 인식소음 수준

(3) 복합소음(합성소음) ★

① 두 소음 수준차가 10dB 이내일 때 : 복합소음 발생
② 같은 소음 수준의 기계 2대일 때 : 3dB 소음이 증가하는 현상을 말한다.
③ 합성소음도(전체소음, 여러 소음원 동시 가동 시의 소음도)

$$L = 10\log\left(10^{\frac{L_1}{10}} + 10^{\frac{L_2}{10}} + \cdots + 10^{\frac{L_n}{10}}\right) \text{(dB)}$$

- L : 합성소음도(dB)
- $L_1 \sim L_2$: 각각 소음원의 소음(dB)

(4) 은폐 현상(Masking 현상) ★

① 두음의 차가 10dB 이상인 경우 발생한다.
② 높은 음이 낮은 음을 상쇄시켜 높은 음만 들리는 현상이다.

한눈에 들어오는 키워드

기출
소음으로 인한 생리적 변화(소음이 인체에 미치는 영향)
- 혈관의 수축에 의한 맥박의 증가 (심장박동수 증가)
- 혈압상승
- 혈액성분 및 오줌성분의 변화
- 타액 또는 위액분비불량(위분비액 감소)
- 부신호르몬의 이상분비
- 동공 팽창
- 집중력 감소
- 청력손실

참고
소음의 영향
- 간단하고 정규적인 과업의 퍼포먼스는 소음의 영향이 없으며 오히려 개선되는 경우도 있다.
- 시력, 대비판별, 암시, 순응, 눈동자 속도 등 감각기능은 모두 소음의 영향이 적다.
- 운동 퍼포먼스는 균형과 관계되지 않는 한 소음에 의해 나빠지지 않는다.
- 쉬지 않고 계속 실행하는 과업에 있어 소음은 부정적인 영향을 미친다.

기출
어떤 소리가 1000Hz, 60dB인 음과 같은 높이임에도 4배 더 크게 들린다면, 이 소리의 음압수준은 얼마인가?
- 음압수준이 10dB 증가하면 → 소리는 2배 크게 들린다.
- 음압수준이 20dB 증가하면 → 소리는 4배 크게 들린다.
- 60dB + 20dB = 80dB

[확인 ★]
90dB 소음을 발생시키는 기계 2대의 복합소음
90dB + 3dB = 93dB

5 열교환 과정과 열압박

(1) 열평형 방정식(인체의 열교환) ★

열교환 과정은 다음과 같이 열평형 방정식으로 나타낼 수 있다.

> S(열 축적) = M(대사 열) − E(증발) ± R(복사) ± C(대류) − W(한 일)
> • S는 열이득 및 열손실량이며, 열평형 상태에서는 0이다.

(2) 불쾌지수

① 기온과 습도에 의하여 감각온도의 개략적 단위로서 사용된다.
② 불쾌지수 = (건구온도+습구온도)×0.72 + 40.6(섭씨온도기준)
③ 불쾌지수 = (건구온도+습구온도)×0.4 + 15(화씨온도기준)
④ 불쾌지수가 80 이상일 때는 모든 사람이 불쾌감을 가지기 시작하고, 75의 경우는 절반정도가 불쾌감을 가지며, 70~75에서는 불쾌감을 느끼기 시작하며, 70 이하는 모두 쾌적하고 느낀다.

6 Oxford 지수와 실효온도

(1) Oxford 지수 ★

습건(WD) 지수라고도 하며, 습구 · 건구 온도의 가중 평균치로서 다음과 같이 나타낸다.

> **Oxford 지수(습 · 건 지수) ★**
> WD(℃) = 0.85×w + 0.15×d
> • w : 습구온도   • d : 건구온도

(2) 실효온도(감각온도, effective temperature)

실효온도는 온도, 습도 및 공기 유동이 인체에 미치는 열효과를 하나의 수치로 통합한 경험적 감각지수로 **상대습도 100%일 때의 건구온도에서 느끼는 것과 동일한 온감(溫感)이다.** ★

한눈에 들어오는 키워드

기출
시 식별 영향 요인
광도, 조도, 광속 발산비, 대비, 반사율, 노출시간, 휘도 등

공기의 온열조건
온도, 습도, 대류, 복사

① 실효온도의 결정요소 : 온도, 습도, 대류(공기 유동) ★
② 허용한계
- 정신작업(사무작업) : 60 ~ 64°F
- 경작업 : 55 ~ 60°F
- 중작업 : 50 ~ 55°F

7 진동

(1) 전신진동이 인간성능에 끼치는 영향

① 진동은 진폭에 비례하여 시력을 손상하며, 10~25Hz의 경우에 가장 심하다.
② **진동**은 진폭에 비례하여 **추적능력을 손상**하며, 5Hz 이하의 낮은 진동수에서 가장 심하다.
③ 안정되고, 정확한 근육조절을 요하는 작업은 진동에 의해서 저하된다.
④ **반응시간, 감시, 형태식별** 등 주로 중앙신경처리에 달린 임무는 **진동의 영향이 적다.**

8 색채

(1) 색의 3속성

① 색상
② 명도
③ 채도

(2) 색채의 생물학적 작용

① **적색**은 신경에 대한 흥분작용을 가지고 **조직호흡면에서 환원작용을 촉진**한다.
② **청색**은 진정작용을 가지고 **조직호흡면에서 산화작용을 촉진**한다.
③ **명도가 높은 색은 빠르고, 가볍고, 경쾌하게** 느껴지고 **명도가 낮은 색은 둔하고, 무겁고, 느리게** 느껴진다.
④ 빠르고, 가볍고, 경쾌한 색에서 둔하고, 무겁고, 느린 색의 순시
　　백색 → 황색 → 녹색 → 등색 → 자색 → 적색 → 청색 → 흑색

(3) 물체가 잘 보이는 조건

색상, 명도, 채도, 대비 등

(4) 색채와 심리

① 적색 : 공포, 열정, 애정, 활기, 용기
② 황색 : 주의, 조심, 희망, 광명, 향상
③ 청색 : 진정, 냉담, 소극, 소원
④ 녹색 : 안전, 안식, 평화, 위안
⑤ 자색 : 우미, 고취, 불안, 영원

(5) 색채 조절의 효과 및 목적

① **피로의 경감**
② **생산성 향상**
③ 재해 감소
④ 작업의 질적 향상
⑤ 밝기의 증가
⑥ 기술 향상
⑦ 불량품 감소
⑧ 능률 향상
⑨ 동기 유발
⑩ 재해 사고 방지를 위한 **표식의 명확화**

(6) 시력

① 시각

시각의 계산

$$시각(분) = \frac{57.3 \times 60 \times L}{D}$$

- D : 물체와 눈 사이의 거리
- L : 시선과 직각으로 측정한 물체의 크기

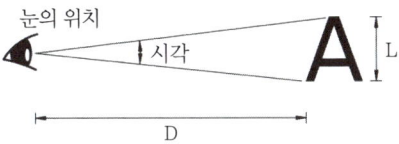

한 눈에 들어오는 키워드

기출 ★
- 진동의 영향이 가장 큰 작업 : 추적능력
- 진동의 영향이 가장 작은 작업 : 형태식별

참고

조명 3속성
휘도, 광도, 조도

무채색 3요소
흑색, 백색, 회색

① **배열시력**(vernier hyper acuity): 두 개 이상의 물체가 평면상에서 일렬로 서 있는지를 판별하는 능력을 말한다.
② **동적시력**(dynamic visual acuity): 움직이는 물체를 정확하고 빠르게 인지하는 능력을 말한다.
③ **입체시력**(stereoscopic acuity): 거리가 있는 한 물체에 대한 약간 다른 상이 두 눈의 망막에 맺힐 때 이것을 구별하는 능력
④ **최소지각시력**(minimum perceptible acuity): 배경으로부터 한 점을 식별하는 능력을 말한다.

한 눈에 들어오는 키워드

기출
자극의 역치
자극이 어느 정도 이상이면 가시전압이 나타나게 되는데 가시전압을 나타나게 하는 최소자극의 크기를 말한다.

② 동(動) 시력
- 움직이는 물체를 식별할 수 있는 시각적 능력을 말한다.
- 초당 물체 이동속도가 60° 이상이면 시력은 급격히 감소한다.
- **정상인의 수평면 시계 : 200°**
- 시력 = $\dfrac{1}{시각}$

③ **유효시야**
안구운동만으로 정보를 주시하고 **정보를 수용할 수 있는 범위**를 말한다.

(7) 디옵터

① 렌즈의 굴절력을 나타내는 단위로, 초점거리(m로 표시)의 역수이다.
② D의 값이 클수록 도수가 높다.
③ **디옵터** = $\dfrac{1}{초점거리}$

05 중량물 취급 작업

- NIOSH Lifting Equation
- 중량물 취급 방법

1 NIOSH 들기작업 지침

(1) NIOSH 들기작업 지침 적용기준

① 보통속도로 **반드시 두 손으로 들어 올리는 작업**이어야 한다. 한 손으로 들어 올리는 작업은 해당되지 않는다.
② 물체의 **폭이 75cm 이하**로 두 손을 적당히 벌리고 작업할 수 있어야 한다. ★
③ 물체를 들어 올리는데 **자연스러워야 한다**.
④ **신발이** 작업장에 닿을 때 **미끄럽지 않아야 하며**, 손으로 **물건을 잡을 때 불편이 없어야 한다**.
⑤ 작업장의 **온도가 적절**해야 한다.

(2) NIOSH 들기작업 지침의 감시기준(AL)

AL(Action limit)은 안전작업 무게로서 다음기준에 의해 설정되었다.
① **남자의 99%, 여자의 75%가 작업가능**하다.
② 작업강도, 즉 **에너지 소비량이 3.5kcal/min**이다.
③ **5번 요추와 1번 천추에 미치는 압력이 3,400N**의 부하이다.

$$AL(kg) = 40\left(\frac{15}{H}\right)(1-0.004\,|\,V-75\,|)\left(0.7+\frac{7.5}{D}\right)\left(1-\frac{F}{F_{max}}\right)$$

- H : 대상물체의 수평거리
- V : 대상물체의 수직거리(바닥으로부터 물체 중심까지의 거리, 즉 들어올리기 전 물체의 위치)
- D : 대상물체의 이동거리
- F : 분당 중량물 취급작업의 빈도(들어올리는 횟수: AL에 가장 큰 영향 줌)
- F_{max}(8시간 작업기준) : V > 75cm: 15회, V ≤ 75cm: 12회

(3) NIOSH 들기작업 지침의 최대허용기준(MPL)

MPL(maximum permissible limit)은 다음 기준을 가진다.
① **MPL을 초과**하는 작업에서는 대부분의 근로자들에게 **근육 · 골격장해가 발생**한다.
② MPL에 해당되는 작업에서 디스크에 L_5/S_1 **디스크에 640Kg(6,400N) 정도의 압력이 초과**되어 **대부분의 근로자에게 장해가 나타난다.**(대부분의 근로자들이 압력에 견디지 못함)
③ L_5/S_1 **디스크에서 추간판 탈출증이 주로 발생**한다.
④ MPL에 해당하는 작업이 요구하는 **에너지대사량은 5.0kcal/min를 초과**한다.
⑤ **남성 근로자의 25% 미만과 여성 근로자의 1% 미만에서만 MPL 수준의 작업 수행이 가능**하다.
⑥ **MPL을 초과하는 경우** 공학적 방법을 적용하여 **중량물 취급작업을 다시 설계해야 한다.**

> MPL(최대허용기준) = 3 × AL(감시기준)

(4) 권장무게한계(RWL : Recommended Weight Limit)

권장 무게 한계란 건강한 작업자가 특정한 들기작업에서 실제 작업시간 동안 허리에 무리를 주지 않고 요통의 위험 없이 들 수 있는 무게의 한계를 말한다. RWL은 여러 작업 변수들에 의해 결정된다.

> RWL(Kg) = LC(23) × HM × VM × DM × AM × FM × CM

	Item
LC	최적의 환경에서 들기작업을 할 때의 최대 허용무게 23kg
HM	수평 계수(Horizontal Multiplier)
VM	수직 계수(Vertical Multiplier)
DM	거리 계수(Distance Multiplier)
AM	비대칭 계수(Asymmetric Multiplier)
FM	빈도 계수(Frequency Multiplier)
CM	커플링 계수(Coupling Multiplier)

(5) 들기 지수, 중량물 취급지수(LI : Lifting Index)

LI는 실제 작업물의 무게와 RWL의 비(ratio)이며 특정 작업에서의 육체적 스트레스의 상대적인 양을 나타낸다. 즉 LI가 1.0보다 크면 작업 부하가 권장치보다 크다고 할 수 있다.

$$LI = \frac{\text{실제 작업무게(L)}}{\text{권장 무게한계(RWL)}}$$

2 중량물 취급방법

(1) 중량물 운반 시 준수사항

① 숙련된 경험자를 작업 지휘자로 선정하여 운반방법, 운반 단계 등을 협의 결정하여야 한다.
② 공동으로 중량물을 운반할 때에는 근로자의 체력, 신장 등을 고려하여 현저한 차이가 있는 작업자는 제외하고 작업지휘자의 지시에 따라 통일된 행동을 하여야 한다.
③ **무게 중심이 높은 하물은 인력으로 운반하여서는 아니 된다.**

(2) 사업주는 근로자가 **5킬로그램 이상의 중량물을 들어 올리는 작업**을 하는 경우에 다음 각 호의 조치를 해야 한다.

① 주로 취급하는 물품에 대하여 근로자가 쉽게 알 수 있도록 **물품의 중량과 무게 중심에 대하여 작업장 주변에 안내표시**를 할 것
② **취급하기 곤란한 물품은 손잡이를 붙이거나 갈고리, 진공빨판 등 적절한 보조도구를 활용**할 것

(3) 중량물 취급 작업의 작업계획의 작성 ★

중량물의 취급 작업	-	가. 추락위험을 예방할 수 있는 안전대책 나. 낙하위험을 예방할 수 있는 안전대책 다. 전도위험을 예방할 수 있는 안전대책 라. 협착위험을 예방할 수 있는 안전대책 마. 붕괴위험을 예방할 수 있는 안전대책

(4) 중량물 운반방법

중량물의 취급에서 근로자가 항상 수작업으로 물건을 취급하는 경우에는 중량이 남자 근로자인 경우 체중의 40% 이하, 여자 근로자인 경우 체중의 24% 이하가 되도록 하여야 하며 중량물의 폭은 75cm 이상 되지 않도록 하여야 한다.

중량물 운반하기	1. 혼자서 운반할 때 　① 허리를 편 채로 앞을 주시하면서 다리만을 움직여 이동 한다. 　② 방향 전환 시는 몸을 틀지 말고 먼저 이동방향으로 발을 옮긴다. 2. 2인 이상 운반할 때 　55kg 이상의 운반물은 아래와 같은 요령으로 반드시 2인 이상이 공동운반을 하도록 한다. 　① 운반할 때는 중량물 가까이 신체를 붙여서 허리보다 높은 위치로 올려 들도록 한다. 　② 지휘자를 정하여 작업방법, 순서, 기계·기구점검 등에 대하여 지휘를 받도록 한다.
중량물 밀기	운반물이 무거운 것일수록 다리를 크게 벌려 허리를 낮추고 앞다리에 체중을 실어서 밀도록 한다.
중량물 끌기	무거운 물건을 한 손으로 끌면 예상치 않은 방향으로 나가거나 중심이 한쪽으로 치우쳐 허리를 삐는 수가 있다. 따라서 운반물은 양손으로 끌고 또 다리를 모으지 않도록 한다.
높은 장소의 물건 들기	운반물체에 몸을 가까이 붙이고 안전한 받침대를 사용하도록 합니다. 또 다리는 운반물과 나란하게 하지 말고 신체의 균형을 유지하도록 앞뒤로 벌린다.
연속해서 물건을 옆으로 옮기기	허리를 비틀지 않도록 한다. 또 하반신을 돌려서 하지를 충분히 사용하고 무릎의 탄력을 살린다. 연속해서 작업할 때 물건의 무게는 체중의 40% 이하가 안전하다.
물건을 어깨에 메기	상체를 구부리지 말고 등을 곧게 펴도록 한다. 걸을 때는 허리를 낮추고 무릎의 탄력을 이용하도록 한다. 또 물건을 중심과 허리와 발이 동일선상으로 유지되도록 한다.

(5) 요통 발생의 요인 ★

① 잘못된 작업 방법 및 자세
② 작업습관과 개인적인 생활태도
③ 근로자의 육체적 조건
④ 물리적 환경요인(**작업빈도, 물체의 무게 및 크기 등**)
⑤ 요통 및 기타 장애(자동차 사고, 넘어짐 등)의 경력

한 눈에 들어오는 키 워드

[참고]
요통예방을 위한 최적 안전작업 범위
① 최적 안전작업범위는 몸의 무게중심에서 가장 가까운 부분으로 허리에 주는 부담도 가장 적다.
② 팔을 몸체부에 붙이고 손목만 위, 아래로 움직일 수 있는 범위이다.
③ 몸으로부터 약간 떨어진 구역으로 팔꿈치를 몸의 측면에 붙이고 손을 어깨 높이에서 허벅지 부위까지 오르내릴 수 있는 범위에 해당한다.
④ 이 작업범위에서 작업시 허리에 가해지는 압박은 약간 있으나 비교적 안전하다.

(6) 요통예방을 위한 안전작업수칙

① 중량물을 취급할 때는 **허리의 힘보다는 팔, 다리, 복부의 근력을 이용**하도록 한다.
② 중량물을 들어올릴 때는 **물체를 최대한 몸 가까이에서 잡고 들어 올리도록** 한다.
③ 중량물 취급 시 **허리는 곧게 펴고 가급적 구부리거나 비틀지 않고 작업하도록** 한다.

> 한 눈에 들어오는 **키** 워드

06 작업측정

> **주요내용 알고 가기!**
> - 작업관리의 목적
> - 작업측정 기법
> - work sampling의 특징
> - 표준자료, MTM, Work factor의 특징

참고

작업관리(방법공학, 작업설계, 직무설계)
① 동작/방법연구와 시간연구를 주요 영역으로 하는 경영기법이다.
② 생산성과 함께 작업자의 안전을 추구하였다.
③ 제조업뿐만 아니라 서비스업에도 적용 가능한 기법들이다.
④ 작업관리에서 다루는 분야
  • 작업측정
  • 작업방법의 개선
  • 생산성 관리

1 작업관리의 목적

(1) 작업관리

1) 용어정의

① **작업관리** : **작업자, 기계, 재료, 작업방법, 작업환경 등의 제반 조건을 분석**, 비능률적인 요소는 제거하여 **최적의 작업조건을 달성하기 위한 기법**을 말한다.
② 정상작업 : 정상작업은 매일 같은 장소에서 같은 작업을 반복하는 작업이며, 작업조건, 작업방법, 순서, 작업관리 등이 표준화되어 있다.
③ 비정상작업 : 비정상작업은 정상작업과 다르게 작업의 조건이 정상적이지 않은 상태에서 이루어지는 작업이다.
④ 작업량(workload) : 작업의 양을 수(number)로 표시한 것으로 정의된다.
⑤ 과업(task) : 근로자가 도달할 수 있는 1일 작업량으로 정의된다.

2) 작업관리의 목적

① 정확한 작업측정을 통하여 **생산 작업을 합리적이고 효율적으로 개선**한다.
② 공정개선을 통하여 **작업의 편리성을 향상**시킨다.
③ **표준시간 설정을 통하여 작업효율을 관리한다.**
④ **안전하게 작업을 실시**하도록 한다.
⑤ 표준화된 작업의 실시과정에서 그 **표준이 유지되도록** 한다.

3) 작업관리의 구성

① **동작연구**(motion study, 방법연구: method study)
② **시간연구**(time study)

2 방법연구 및 작업측정

(1) 동작연구(방법연구)

① **작업을 수행하기 위한 최선의 방법을 강구**하는 기법이다.
② 미국의 **길브레드 부부**에 의해 창시되었다.
③ 작업과정을 미세한 기본동작으로 분해하고 불필요한 부분을 제거하는 등 **동작을 가장 편하게 하며, 사용하기 가장 편리한 도구나 기계를 개발하여 최상의 작업방법을 강구**하는 기법이다.

(2) 작업측정(Work Measurement)

정상적인 작업 환경에서 **특정작업의 수행에 소요되는 시간과 자원을 측정하는 것**을 말한다.

(3) 작업측정의 기법

직접 측정법	간접 측정법
① 시간 연구법 　• 스톱 워치법 　• 촬영법 　• VTR 분석법 ② 예정시간표준법 ③ 워크샘플링법	① 표준 자료법 ② PTS법 ③ 실적 자료법

(4) 작업량 측정을 위한 기본 개념(과학적 작업량 측정 방식 5단계, 과학적 관리 원칙)

제1단계	특정 작업에 능숙한 노동자를 10명~15명 선발한다.
제2단계	• 작업 동작을 세분화하고, 작업에 사용될 도구의 효율적 사용 빈밥도 분석한다. • 서어블릭(therblig) 기호 분석 기법이 적용된다.
제3단계	초 단위 시계로 각 동작을 마치는 데 필요한 시간을 측정하고 분석해서 '최적의 동작'을 발견해 낸다.
제4단계	부자연스럽거나 불필요한 작업 동작을 없앤다.
제5단계	최적의 동작과 도구를 조합해 하나의 연속동작을 만들고, 이를 표준 작업방식으로 정한다.

참고

서어블릭(therblig)
동작 단위 중 **손의 움직임과 관련된 동작**을 말한다.

3 표준시간 및 연구

(1) 표준시간

① 표준 환경 조건에서 평균 숙련의 작업자가 정상적인 속도로 한 단위의 작업을 완성하는 데 걸리는 시간을 말한다.
② 표준시간(ST)은 정미작업시간(NT)과 여유시간(AT)과의 합이 된다.

> 1. 표준시간 = 정미시간 + 여유시간
> 2. 표준시간 = 정미시간 × (1+여유율)
> 3. 표준시간 = 관측시간 평균 × 레이팅계수 × (1+여유율)
> 4. 정미시간 = 관측시간의 평균 × 레이팅계수
> 5. 레이팅(평정, 정상화) 계수 = 실제 작업속도/정상 작업속도

- 정미시간 : 정상적으로 작업을 수행하는데 순수하게 사용되는 시간
- 여유시간 : 작업 수행에 있어서의 피로 등으로 인한 작업지연, 기계고장 등으로 작업을 중단할 경우의 소요시간을 보상하기 위한 시간
- 레이팅 계수 : 대상 작업자의 실제 작업속도와 시간 연구자의 정상 작업속도와의 비

(2) 표준시간(standard time)의 조건

① 숙련된 작업자가(표준작업 능력을 지닌 작업자)
② 표준 작업조건(환경)에서
③ 보통의 속도로(표준작업 속도로)
④ 표준 작업방법으로
⑤ 1단위의 작업을 수행하는데 소요되는 시간을 말한다.

(3) 표준시간의 3가지 원칙

① 적정성(신뢰성, 정당성) : 관리자 및 작업자 모두가 충분히 신뢰할 수 있는 과학적인 기법을 적용하여야 한다.
② 공정성(일관성, 형평성) : 공장, 현장, 부문 간 공정하게(일관되게) 표준시간이 작성되어야 한다.
③ 보편성 : 세계적으로 통용되는 표준적인 속도의 개념을 이용하여 표준시간을 설정하여야 한다.

참고

시간연구에서 측정된 결과가 적정 시간이 되고 표준시간이 되기 위한 필수 조건
① 작업방법의 개선
② 동작의 명확성
③ 작업조건의 표준화

참고

평정(rating, 정상화)
시간 관측 중 작업자의 속도를 측정자가 가지고 있는 정상속도와 비교, 판단하여 관측 시간치를 수정하는 것을 말한다.

(4) 시간연구법

① 작업이 수행되는 시간을 측정하여 표준시간을 확립하는 기법이다.
② 미국의 테일러가 스톱워치로 작업을 측정한 것에서 시작되었다.
③ 연속적인 측정방법으로 스톱워치, 전자식 타이머, 비디오카메라 등이 사용되며 작업을 실제로 관측하여 표준시간을 산정한다.
숙련된 작업자가 정상속도로 수행할 때 소요되는 시간인 표준시간을 결정하는 기법이다.
④ 작업에서 불필요한 요소와 시간을 찾아내어 작업을 개선하고, 작업에 필요한 적정시간을 설정하는 기법이다.

4 워크 샘플링(work sampling)의 원리 및 절차

(1) 워크 샘플링(work sampling) 시간 분석

① 통계적 수법을 이용하여 작업자 또는 기계의 가동상태를 스톱워치 없이 순간적으로 작업상태를 관측 방법이다.
② 작업자를 무작위로 관찰하여 특정 활동에 실제 소비하는 시간의 비율을 추정하고 이에 근거하여 시간 표준을 설정하는 기법을 말한다.

(2) 워크 샘플링(work sampling) 시간 분석의 절차

① 연구대상 직무나 그룹 선정한다.
② 작업자에게 분석 수행함을 알리고 작업자의 활동을 나열하면서 서술한다.
③ 필요한 관찰의 횟수 및 관찰 시점을 결정한다.
④ 작업자의 활동을 관찰, 평정, 기록한다.
⑤ 산출물의 단위당 정상시간(정미시간)을 산출한다. 여기서 실제 작업 중인 비율은 총 관찰 횟수 중 실제 일을 하는 것으로 관찰된 횟수의 비율로 측정한다.

$$정상시간(정미시간) = \frac{총 작업시간 \times 실제 작업중인 비율 \times 평정계수}{총 생산량}$$

⑥ 산출물의 단위당 표준시간 산출을 한다.

$$표준시간 = \frac{정상시간 \times 100(\%)}{100 - 여유율(\%)}$$

참고

워크 샘플링 법에서 표본크기(관찰횟수) 결정에 사용되는 공식

$n = (\frac{z}{E})^2 P(1-P)$

- E : 허용오차(±비율)
- z : 요구되는 신뢰수준에 대한 표준정규분포의 표준편차 수
- P : 표본비율의 값
- n : 표본 크기(관찰 횟수)

예제

사업장의 근로자 A에 대해 워크 샘플링 분석을 해 보니 이 담당자의 실제 근무시간의 비율은 총 근무시간의 80%였으며, 평정계수는 100%였다. 이 근로자는 8시간의 분석대상 근무시간 중 200단위의 작업을 처리하였다. 이 사업장은 총근무시간의 10%를 여유시간으로 준다고 할 때 고객당 정상시간과 표준시간을 구하면?

해설

1. 정상시간 = $\dfrac{\text{총 작업시간} \times \text{실제 작업중인 비율} \times \text{평정계수}}{\text{총 생산량}}$

   = $\dfrac{480 \times 0.80 \times 1.00}{200}$ = 1.92분/단위

   (8시간 = 480분)

2. 표준시간 = $\dfrac{\text{정산시간} \times 100(\%)}{100 - \text{여유율}(\%)}$ = $\dfrac{1.92 \times 100}{100 - 10}$ = 2.13분/단위

(3) 워크샘플링의 장·단점

장점	단점
① 시간측정 장치가 필요 없다. ② 작업 상황을 그대로 반영시킬 수 있다. ③ 관측시간이 짧다.(관측이 순간적으로 이루어져 작업에 방해가 적다.) ④ 한 명의 평가자가 동시에 여러 작업을 측정할 수 있다. ⑤ 연구를 일시 중단하였다가 다시 계속 할 수 있다. ⑥ 작업자가 의식적으로 행동하는 일이 적어 결과의 신뢰수준이 높다.	① 시간연구법과 비교하여 부정확하다.(상세하지 못하다.) ② 짧은 주기의 작업, 반복작업인 경우 부적합하다. ③ 한 명의 평가자가 한 대의 기계만을 분석하므로 연구비용이 많이 든다.

5 표준자료, PTS법(MTM법, Work factor법)

(1) 표준 자료법

① **간접 측정방법에 의하여 표준시간을 결정하는 방법**을 말한다.
② 작업시간을 새롭게 측정하기보다는 **과거에 측정한 기록들을 기준으로 동작에 영향을 주는 요인들을 검토하여 동작시간을 함수식, 표, 그래프 등으로 예측하는 방법**이다.

③ 시간연구법 및 PTS법에 의해 측정된 표준자료를 분석하여 합성함으로써 정상시간(정미시간)을 구하고 여기에 **여유시간을 더하여 표준시간을 산정**하는 방법으로 합성법(synthetic method)라고도 한다.

(2) 표준자료법의 특징

장점	단점
① 현장에서 직접 작업시간을 측정하지 않더라도 표준시간을 구할 수 있다. ② 레이팅이 필요 없다. ③ 누구라도 일관성 있게 표준시간을 산정할 수 있다.	① 표준시간의 정확도가 떨어진다. ② 초기비용이 높다.(생산량이 적거나 제품이 큰 경우 부적합) ③ 작업 표준화가 곤란하거나 작업조건이 불안정한 경우 표준자료의 작성이 곤란하다.

(3) PTS법

① 하나의 **작업이 실제 시작되기 전에 미리 작업에 필요한 소요시간을** 작업방법에 따라 **이론적으로 정해 나가는 방법**으로 WF 분석법과 MTM 분석법이 있다.
② **직접 작업자를 대상으로 작업시간을 측정하지 않아도 된다.**
③ 표준시간의 설정에 논란이 되는 rating의 필요가 없어 표준시간의 일관성이 증대된다.
④ 실제 생산현장을 보지 않고도 **작업대의 배치와 작업방법을 알면 표준시간의 산출이 가능**하다.

1) WF 분석(work factor 분석) : 표준시간 설정을 위해 **정밀계측시계를 이용하여 극소동작에 대한 상세 데이터를 분석하여 기초적인 동작시간 공식을 작성**한다.

① 인간의 동작시간을 **신체 부위, 동작의 크기(동작을 움직인 거리), 작업요소의 중량이나 저항, 동작의 난이도(인위적 조절정도)에 따라 기준 시간을 결정**한다. ★
② 각 요소 동작마다 각 신체부위별로 동작시간을 실제 데이터에 의해 제약요인과 관련지어 해석하고 **시간표(예정표)를 만들어 둔다.** 이때의 시간은 1분을 1만 WFU로 하는 WFU 단위로 표시된다.
③ 실제 작업을 구성요소 동작으로 분해하여, 각 요소 동작마다 그 크기의 제약조건에 맞는 시간을 시간표에서 찾아내고, 합계로서 표준 작업시간을 얻는다.
④ 표준 요소는 10가지로 구성된다.

> **레이팅(Rating)**
> 관측 대상 작업속도와 정상적인 속도를 비교, 판단하고 관측시간치를 수정하는 것을 말한다.

한눈에 들어오는 키워드

번호	표준요소		기호	동작내용
1	이동	뻗치다.	R	손이나 팔 등 신체부위의 위치를 바꿈
		옮긴다.	M	물건을 이동시킴(또는 이동 중에 유용한 일을함)
2	잡는다.		Gr	물체를 작업자의 컨트롤 하에 두는 동작
3	놓는다.		Rl	물체에서 신체부위를 분리하는 동작
4	앞에 놓다.		PP	다음 목적에 알맞게 물체의 방향을 바꾸는 동작
5	조립		Asy	2가지 물체를 조합 또는 정리하는 동작
6	사용		Use	공구 및 기계 등을 사용하는 요소
7	분해		Dsy	조립된 물체를 풀어내는 동작
8	정신작용		Mp	눈, 귀, 뇌 및 신경계통을 사용하는 요소
9	대기		W	대기, 높고 있는 상태
10	유지		H	물건을 들고 있거나 누르고 있는 상태

2) MTM(methods time measurement) 분석 : 작업을 몇 개의 **기본동작으로 분석**하여 **기본동작의 성질과 조건에 따라 미리 정해진 시간치를 적용하여 정미시간을 계산**한다.

① **작업수행방법을 파악한 후 시간치를 결정**하기 때문에 methods time이라 한다.
② WF 분석법과 동일한 관점에서 실시하지만, 시간표에서 **각 요소동작을 케이스(작업조건이 주는 곤란성)와 타입(상태·속도 등)에 따라 더 세분**하고, 그 **각 요소동작에 대하여 동작의 크기마다 시간치를 표시**한다.
③ 시간치는 **1시간을 10만 TMU로 하는 TMU 단위로 나타내고 표준작업시간을 시간표에서 얻은 구성요소 시간의 합성으로 산출**한다.
④ MTM의 **기본동작은 손·눈·신체동작으로 분류**하고, 동작의 거리·중량·난이도나 목적물의 상태 등의 조건을 근거로 이를 기호화(記號化)하여 여기에 **정해진 시간치를 적용**시킨다.
⑤ MTM 시스템의 종류

MTM-1	작업을 가장 정확하고 세밀하게 분석할 수 있으나 작업분석에 상당한 시간이 소요되는 시스템
MTM-2	반복성이 크지 않으며 생산주기 중 작업장 요소의 총 시간이 1분이 넘는 작업에만 적합하다.
MTM-3	생산주기가 길고 조업시간이 짧은 작업을 대상으로 개발된 것으로 MTM시스템 중 가장 단순하다.

> 참고

🔧 스톱 워치법

- 표준화된 작업을 평균적 노동자에게 수행하게 하고, 그 시간을 스톱워치로 측정하여 표준 작업시간을 설정하는 방법
- 작업을 요소작업(要素作業)으로 분석하고, 각 요소작업에 대해 **실질시간(實質時間)**을 측정하며, 그 합계인 실질작업시간에 적당한 여유시간을 더하여 표준작업시간으로 삼는다.

(1) 시간 분석

어떤 작업에 필요한 시간을 구하기 위하여 실제로 작업자의 작업을 관찰하여 스톱워치로 측정하는 방법을 말한다.

(2) 시간 분석 과정

① 직무를 요소작업으로 나눈 다음, 여러 주기에 걸쳐 스톱워치로 각 요소작업을 마치는 시간을 측정하고 기록한다.
② 각 요소작업에 대한 평정(rating)을 결정한다.
③ 각 요소작업 별 관찰된 시간의 평균치에 평정계수를 곱하여 정상시간을 산출한다.

$$정상시간 = \frac{관찰된\ 평균시간 \times 평정계수}{100}$$

[예제] 관찰된 평균 시간이 1분이고 평정 계수가 120이라면 정상 시간은?

$$정상시간 = \frac{1 \times 120}{100} = 1.2(분)$$

④ 각 요소작업의 정상시간을 더하여 총 정상시간을 구한 후 여기에 여유시간을 더하여 표준시간을 산출한다.

$$표준시간 = 정상시간(정미시간) + 여유시간$$

⑤ 여유시간이란 불가피한 지연, 피로회복을 위한 휴식, 개인적 시간(예 : 화장실 가기, 물 마시는 시간) 등을 뜻한다.

1. 여유시간을 정상시간의 일정률로 표시한 여유율(%)로 나타낼 때의 표준시간

$$표준시간 = 정상시간 \times (1 + \frac{여유율(\%)}{100})$$

2. 여유율을 총근무시간의 일정률로 표시할 때의 표준시간

$$표준시간 = \frac{정상시간 \times 100(\%)}{100 - 여유율(\%)}$$

PART 03

건설재료 및 시공

CHAPTER 01 건설재료 일반

CHAPTER 02 각종 건설재료의 특성, 용도, 규격에 관한 사항

CHAPTER 03 시공일반

CHAPTER 04 토공사

CHAPTER 05 기초공사

CHAPTER 06 철근 콘크리트 공사

CHAPTER 07 철골공사

CHAPTER 08 해체공사 및 기타공사

CHAPTER 01 건설재료 일반

01 건축 재료의 분류

주요내용 알고 가기!

- 건축 재료의 화학 조성에 따른 분류
- 건축 재료의 요구성능
- 건축 재료의 역학적인 성질

(1) 생산방식(제조)에 따른 분류

① 천연재료(자연재료) : 점토, 목재, 석재 등
② 인공재료(공업재료, 가공재료) : 콘크리트, 강재, 타일, 합판, 시멘트, 석유화학 제품 등

(2) 용도(사용목적)에 따른 분류

구분	내용
구조재료	① 목 구조용 재료 : 목재 ② 철근콘크리트 구조용 재료 : 철근, 콘크리트 등 ③ 철골 구조용 재료 : 철강 등 ④ 조적 구조용 재료 : 벽돌, 블록, 석재 등
수장재료	① 내외장 마감재료 : 유리, 타일, 금속판, 석고판, 보드류 등 ② 차단재료 : 페어글라스, 유리섬유, 암면, 아스팔트, 실링재 등 ③ 채광재료 : 유리, 플라스틱, 종이 등 ④ 창호재료 : 목재 창호, 플라스틱제 창호, 금속제 창호 등 ⑤ 방화 및 내화재료 : 방화문, 방화셔터, 내화벽돌, 내화점토 등
설비재료	급배수재료, 냉난방재료, 전기재료, 가스재료 등
방사선 차폐재료	콘크리트, 납 등
기타재료	장식재료, 접착재료, 긴결재료, 가구재료 등

한 눈에 들어오는 **키** 워드

(3) 화학 조성에 따른 분류

무기재료	① 금속재료 : 철강, 알루미늄, 동, 연, 아연, 합금류 등
	② 비금속재료 : 석재, 시멘트, 벽돌, 유리, 석회, 콘크리트, 도자기류 등
유기재료	① 천연재료 : 목재, 아스팔트, 섬유류 등
	② 합성수지 : 플라스틱제, 도료, 접착제, 실링제 등

02 건축 재료의 요구 성능

(1) 건축 구조재료의 요구 성능

역학적 성능	강도, 인성, 탄성계수, 크리프, 피로강도
화학적 성능	방청, 부식, 중성화
내구성능	산화, 열화, 풍해, 충해, 변질, 부패 등
방화 · 내화성능	불연성, 내열성
물리적 성능	비중, 경도, 비수축성
생산 성능	자원, 가공성, 시공성, 생산성, 공해, 운반, 재활용

(2) 건축 마감재료의 요구 성능

화학적 성능	방청, 부식, 중성화
내구성능	산화, 열화, 풍해, 충해, 변질, 부패 등
방화 · 내화성능	비발연성, 비유독가스
물리적 성능	열, 음, 광 투과, 반사
감각적 성능	색채, 명도, 오염, 촉감
생산 성능	자원, 가공성, 시공성, 생산성, 공해, 운반, 재활용

(3) 천장 마감재료의 요구 성능

① 단열성 ② 내화성 ③ 흡음성
④ 차음성 ⑤ 내구성 등

03 건축재료의 성질

(1) 건축재료의 역학적인 성질

① 탄성(彈性) : 외력을 제거하면 원래의 상태로 되돌아 오는 성질
② 소성(塑性, 가소성) : 외력을 제거했을 때 원래의 상태로 되돌아오지 않는 성질
③ 경성(硬性) : 재료의 단단한 정도
④ 강성(剛性) : 탄성계수와 밀접한 관계를 가지고 있으며 외력을 받았을 때 변형을 작게(저항) 하려는 성질
⑤ 연성(軟性) : 재료가 늘어지는 성질
⑥ 인성(靭性) : 외력을 받았을 때 큰 변형을 나타내면서도 파괴되지 않고 견딜 수 있는 성질
⑦ 전성(展性, 가단성) : 압력과 타격에 의해 물체가 파괴됨이 없이 판상으로 되는 성질
⑧ 취성(脆性) : 어떤 재료에 외력을 가했을 때 작은 변형만 나타나도 파괴되는 성질

(2) 각종 강도

① 압축강도(壓縮强度, Compressive Strength) : 압축(누르는 힘)에 대한 저항강도, 재료가 파괴하지 않을 정도의 최대의 압축 응력을 말한다.
② 인장강도(引張强度, Tesile Strength) : 인장력(당기는 힘)에 대한 저항강도, 인장시험에서 시험편이 절단될 때까지의 최대 인장하중을 본래의 단면적으로 나눈 값을 말한다.
③ 전단강도(剪斷强度, Shearing Strength) : 전단력(부재를 절단하려는 힘)에 대한 저항강도, 재료에 가할 수 있는 최대의 전단력을 원래의 단면적으로 나눈 값을 말한다.
④ 휨강도(曲强度, Bending Strength) : 부재를 휘어 구부리는 힘에 대한 저항강도를 말한다.

> **참고**
>
> 🔧 에너지저감, 유해물질저감, 자원의 재활용, 온실가스 감축 등을 유도하기 위한 건설 자재 인증제도
>
> ① 환경표지 인증제도   ② GR(Good Recycle) 인증제도   ③ 탄소성적표지 인증제도

04 불연성 재료의 분류 및 성능

(1) 정의

① **불연재료(不燃材料)** : 불에 타지 아니하는 성질을 가진 재료로서 국토교통부령으로 정하는 기준에 적합한 재료를 말한다.
② **준불연재료** : 불연재료에 준하는 성질을 가진 재료로서 국토교통부령으로 정하는 기준에 적합한 재료를 말한다.
③ **난연재료(難燃材料)** : 불에 잘 타지 아니하는 성능을 가진 재료로서 국토교통부령으로 정하는 기준에 적합한 재료를 말한다.

(2) 성능기준

1) 불연재료의 성능기준(KS F ISO 1182 : 건축 재료의 불연성 시험 방법)

① 건축 재료의 **불연성 시험 방법**에 따른 시험 결과, 모든 시험에 있어 **다음 각 목을 모두 만족**하여야 한다.
  가. **가열시험 개시 후 20분간 가열로 내의 최고온도가 최종 평형온도를 20K 초과 상승하지 않을 것**(단, 20분 동안 평형에 도달하지 않으면 최종 1분간 평균온도를 최종평형온도로 한다)
  나. **가열종료 후 시험체의 질량 감소율이 30% 이하일 것**
② 한국산업표준 KS F 2271(건축물의 내장 재료 및 구조의 난연성 시험방법) 중 **가스 유해성 시험 결과**, 모든 시험에 있어 **실험용 쥐의 평균 행동 정지 시간이 9분 이상**이어야 한다.
③ 강판과 심재로 이루어진 복합자재의 경우, 강판과 강판을 제거한 심재는 기준에 적합하여야 하며, 실물 모형 시험을 실시한 결과 정하는 기준에 적합하여야 한다.
④ 외벽 마감재료 또는 단열재가 둘 이상의 재료로 제작된 경우, 각각의 재료는 **시험 결과를 만족**하여야 하며, **실물 모형 시험**을 실시한 결과 기준에 적합하여야 한다.

2) 준불연재료의 성능기준(KS F ISO 5660-1[연소성능시험-열 방출, 연기 발생, 질량 감소율-제1부 : 열 방출률(콘칼로리미터법)])

① **가열시험 결과**, 모든 시험에 있어 **다음 각 목을 모두 만족**하여야 한다.
  가. **가열 개시 후 10분간 총 방출 열량이 8MJ/㎡ 이하일 것**
  나. **10분간 최대 열 방출률이 10초 이상 연속으로 200kW/㎡를 초과하지 않을 것**
  다. **10분간 가열 후 시험체를 관통하는 방화상 유해한 균열**(시험체가 갈라져 바닥면이 보이는 변형을 말한다), **구멍**(시험체 표면으로부터 바닥면이 보이는 변형을 말한다) 및 **용융**(시험체가 녹아서 바닥면이 보이는 경우를 말한다) **등이 없어야 하며**, 시험체 두께의 20%를 초과하는 일부 용융 및 수축이 없어야 한다.

② 한국산업표준 KS F 2271(건축물의 내장 재료 및 구조의 난연성 시험방법) 중 **가스 유해성 시험 결과**, 모든 시험에 있어 **실험용 쥐의 평균 행동 정지 시간이 9분 이상**이어야 한다.

③ 강판과 심재로 이루어진 복합자재의 경우, 강판과 강판을 제거한 심재는 기준에 적합하여야 하며, 실물 모형시험을 실시한 결과 기준에 적합하여야 한다. 다만, 그라스울 보온판, 미네랄울 보온판으로서 시험 결과를 만족하는 경우 시험을 실시하지 아니할 수 있다.

④ 외벽 마감재료 또는 단열재가 둘 이상의 재료로 제작된 경우, 각각의 재료는 시험 결과를 만족하여야 하며, 실물 모형시험을 실시한 결과 기준에 적합하여야 한다.

3) 난연재료의 성능기준(KS F ISO 5660-1[연소성능시험-열 방출, 연기 발생, 질량 감소율-제1부 : 열 방출률(콘칼로리미터법)])

① 가열 개시 후 5분간 총 방출 열량이 8MJ/㎡ 이하일 것
② 5분간 최대 열 방출률이 10초 이상 연속으로 200kW/㎡를 초과하지 않을 것
③ 5분간 가열 후 시험체를 관통하는 방화상 유해한 **균열**(시험체가 갈라져 바닥면이 보이는 변형을 말한다), **구멍**(시험체 표면으로부터 바닥면이 보이는 변형을 말한다) 및 **용융**(시험체가 녹아서 바닥면이 보이는 경우를 말한다) **등이 없어야 하며**, 시험체 두께의 20%를 초과하는 일부 용융 및 수축이 없어야 한다.
④ 한국산업표준 KS F 2271(건축물의 내장 재료 및 구조의 난연성 시험방법) 중 **가스 유해성 시험 결과**, 모든 시험에 있어 **실험용 쥐의 평균 행동 정지 시간이 9분 이상**이어야 한다.
⑤ 외벽 마감재료 또는 단열재가 둘 이상의 재료로 제작된 경우, 각각의 재료는 시험 결과를 만족하여야 하며, 실물 모형시험을 실시한 결과 기준에 적합하여야 한다.

(3) 불연재료, 준불연재료, 난연재료의 종류

불연재료	준불연재료	난연재료
콘크리트, 석재, 벽돌, 철강, 유리, 알루미늄, 글라스 울, 회(두께 24mm 이상), 시멘트판, 섬유시멘트판, 석고시멘트판, 압출시멘트판	석고보드, 목모시멘트판, 펄프시멘트판, 미네랄텍스	난연합판, 난연플라스틱판

CHAPTER 02 각종 건설재료의 특성, 용도, 규격에 관한 사항

 한 눈에 들어오는 키워드

01 목재

주요내용 알고 가기!

- 목재의 조직, 목재의 결점
- 목재의 성질 및 강도
- 목재의 흡수율, 함수율, 공극율
- 목재의 건조특성 및 건조법
- 목재의 방부건조법
- 목재제품의 종류 및 특징

1 목재의 조직

(1) 목재의 조직

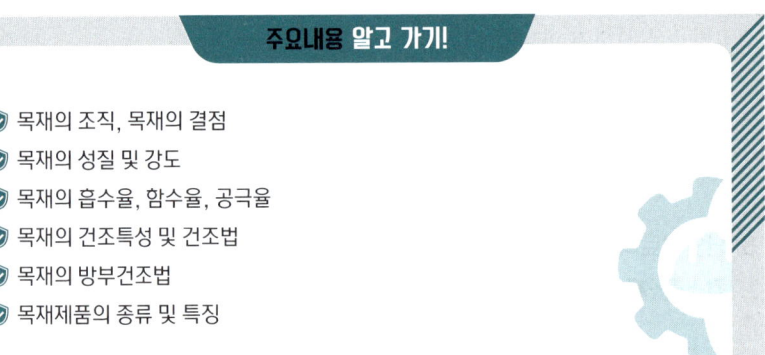

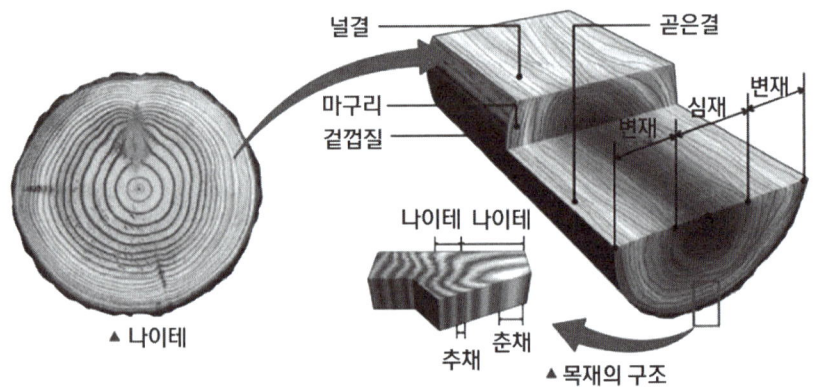

▲ 나이테 ▲ 목재의 구조

1) 변재(sap wood) ★

① 변재는 **심재 외측과 수피 내측 사이(표피 가까이 위치)**에 있는 **생활세포의 집합(세포가 아직 살아 있는 부분)**이다.
② 심재보다 **연한 색**을 띤다.
③ **수액을 전달하는 통로**이며, **양분을 저장**한다.
④ **수분을 많이 함유**한다.
⑤ 변재는 심재부보다 **흡수성이 크고 신축 변형량이 크다.**

2) 심재(heart wood) ★

① 목재 **중심 부분의 짙은 색(수심 가까이에 위치)** 부분을 말한다.
② 심재는 **모든 세포가 죽어 있으므로 생리적 기능을 하지 않는다.**(나무를 물리적으로 **지탱해 주는 역할**을 한다.)
③ 심재는 변재보다 **색이 짙다.**
④ 심재는 **수분이 적게 포함**되어 있어 목재가 **건조되어도 신축 등 변형이 적다.**
⑤ 심재는 **변재보다 비중, 내구성, 내후성 및 강도가 크다.**

3) 수심 ★

① 목재의 **중심에 위치한 코르크 성분**의 물질이다.
② **수분과 영양분의 전달 통로 역할**을 한다.

4) 목재의 나뭇결

① **널결** : 목재를 **연륜(나이테)에 접선 방향으로 켜면 나타나는 물결모양(곡선모양)**의 나뭇결
② **곧은결**
  • 목재를 **연륜(나이테)에 직각 방향으로 켜면 나타나는** 평행선상의 나뭇결
  • 널결에 비해 수축변형이 적으며 마모율도 적다.
③ **무늿결** : 나뭇결이 여러가지 원인으로 **불규칙하지만 아름다운 무늬를 나타내는** 상태
④ **엇결** : 목섬유가 꼬여 **나뭇결이 어긋나게 나타나는** 상태

5) 춘재와 추재

① **춘재** : 봄의 성장기에 형성되는 **부분**으로 수액을 빨아 올리는 물관이 대부분 차지하여 **밀도가 낮고 색이 옅다.**
② **추재** : 가을과 겨울의 성장기 후반에 형성되는 선으로 세포가 두꺼워 **조직이 치밀하고 어두운 색**을 띤다.

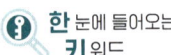
한 눈에 들어오는 키워드

(2) 활엽수와 침엽수

① 활엽수가 침엽수보다 재질이 강하다.(경도가 크다.)
② 활엽수는 침엽수에 비해 **잎이 넓어 성장 속도가 느리고 밀도가 매우 높고 가격이 비싸다**.
③ 활엽수는 침엽수에 비해 **건조시간이 많이 소요**되는 편이다.
④ 침엽수는 **잎이 뾰족하여 성장 속도가 빠르고 밀도가 낮아 가공이 쉽고 가격이 저렴**하다.
⑤ 건축 자재(**구조용 재료**)로는 가볍고 부드러운 침엽수를 사용한다.

2 목재 수분의 종류

(1) 자유수

① **세포내강 및 미세공극에 액상으로 존재**하는 수분을 말한다.
② **목재의 성질에 미치는 영향이 적지만**, 투과성이나 열전도도 등에는 상당한 영향을 미친다.

(2) 결합수

① **세포벽 내에 존재하는 수분**을 말한다.
② **목재의 물리적, 기계적 성질에 크게 영향**을 미친다.

3 목재의 결점 ★

① **수지낭** : 인접한 두 연륜의 경계층 또는 **연륜 내에 형성된 렌즈 모양의 공극**(고체상이나 액체상의 송진을 지니는 것으로써 **연륜을 따라 길게 뻗어 있는 목재 내부의 개구부**)을 말한다.
② **미숙재** : 수목의 일생 동안 수간의 중심부 세포 길이가 안정돼 있지 못하고 **매년 1% 이상의 신장률을 나타내는 목재**를 말한다.
③ **컴프레션페일러** : 벌채시의 충격이나 그 밖의 생리적 원인으로 인하여 **세로축에 직각으로 섬유가 절단된 형태**를 말한다.
④ **옹이** : 나무가 자라는 동안 **자연의 영향이나 생물의 피해를 받아 생기는 결함**으로 **무늬의 둥글고 진한 부분**을 말한다.
⑤ **껍질박이** : 나무가 자라는 과정에서 **외부에 상처가 생긴 후 자연 치유되는 과정에서 그 껍질이나 이물질이 안으로 말려 들어가서 생긴 흠**을 말한다.

⑥ **지선** : 목재의 수지가 흘러나온 곳에 생기는 결점으로, 가공을 어렵게 하거나 가공 후 목재에 얼룩이 생기게 한다.
⑦ **할렬** : 목재가 건조과정에서 **방향에 따른 수축률의 차이로 나이테에 직각방향으로 갈라지는 결함**을 말한다.

4 목재의 치수표시

① **마무리 치수(마감치수)** : 제재된 **목재를 깎고 다듬어 대패질로 마무리한 치수**를 말하는 것으로 창호재와 가구재에 사용한다.
② **제재치수** : **제재된 목재의 실제 치수**를 말하며 구조재와 수장재는 단면을 표시한 지정치수에 측기가 없으면 제재치수로 한다.

5 목재의 성질

(1) 목재의 일반적 성질 ★

① **함수율 변화에 따른 신축변형이 크고 온도에 대한 신축이 적다.**
② 화재나 충해에 취약하다.(가연성이다.)
③ 섬유방향에 따라서 전기전도율은 다르다.(건조재는 전기의 불량 도체이지만 **함수율이 커질수록 전기전도율이 증가**한다.)
④ **비중이 큰 목재**는 일반적으로 **강도가 크다.**
⑤ 콘크리트 등 다른 건축 재료에 비해 **내구성이 약하고 부패하기 쉽다.**
⑥ **열전도율이 작아 단열성(보온), 방한성이 우수**하다.
⑦ 목재는 공극에 공기가 채워져 있어 **단열성이 좋고, 전기절연성이 우수하고, 충격과 진동 흡수가 탁월**하다.(진동 감속성이 크다.)
⑧ **음의 흡수 및 차단성이 크다.**

(2) 목재의 역학적 성질 ★

① 함수율이 **섬유포화점 이상에서는 함수율이 증가하더라도 강도는 일정**하다.
② **섬유포화점 이상에서는 함수율 증감에도 신축을 일으키지 않는다.**
③ **섬유포화점 이하에서는 함수율의 감소에 따라 강도가 증가하고 인성이 감소**한다.(전건상태에서의 강도는 섬유포화점 상태에 비해 3배로 증가)
④ 목재의 비중과 강도는 대체로 비례한다.
⑤ 목재의 강도는 **섬유방향의 인장강도가 가장 크고, 섬유 직각방향의 인장강도가 가장 작다.**(목재 섬유 평행방향에 대한 인장강도가 다른 여러 강도 중 가장 크다.)

한 눈에 들어오는
키 워드

참고
섬유포화점
- 섬유포화점은 세포벽은 완전히 수분으로 포화되어 있고 세포 내공과 공극 등에는 수분이 없는 상태이다.
- 목재의 종류와 관계없이 섬유포화점에서의 함수율은 30%이다.

⑥ 목재 섬유(평행)방향의 강도는 **인장강도의 크기가 전단강도 등 다른 강도에 비하여 크다.**(인장강도 > 휨강도 > 압축강도 > 전단강도)
⑦ 목재를 휨 부재로 사용하여 외력에 저항할 때는 압축, 인장, 전단력이 동시에 일어난다.
⑧ 목재의 전단강도는 섬유간의 부착력, 섬유의 곧음, 수선의 유무 등에 의해 결정된다.

(3) 목재의 압축강도 ★

① 가력방향이 섬유방향과 평행일 때의 압축강도가 직각일 때의 압축강도보다 크다.(인장 및 압축강도는 섬유방향이 크고, 섬유직각 방향이 작다.)
② **섬유포화점 이상에서 압축강도는 일정**하며, **섬유포화점 이하에서는 함수율이 감소할수록 압축강도는 증가**한다.(함수율이 커질수록 압축강도는 낮아진다.)
③ **옹이가 있으면 압축강도는 저하**하고 옹이 지름이 클수록 더욱 감소한다.
④ **기건 비중, 절건 비중이 클수록 압축강도는 증가**한다.
⑤ 압축강도 : 참나무 > 낙엽송 > 단풍나무
⑥ **심재의 강도**가 변재보다 **크다.**
⑦ **추재의 강도**가 춘재보다 **크다.**

(4) 목재의 신축(팽창수축) ★

① 동일 나뭇결에서 **변재는 심재보다 신축이 크다.**(용적변화가 크다.)
② **비중이 큰 목재일수록 신축(팽창수축)이 크다.**
③ 섬유포화점 이상일 때는 함수율의 증감에 따른 신축이 거의 없다. **섬유포화점 이하로 내려가면 목재는 신축(수축) 변동이 커진다.**
④ 일반적으로 **곧은결**(연륜에 직각 방향)**보다 널결**(연륜에 접선 방향)**이 신축의 정도가 크다.**(곧은결 쪽은 널결(무늬결) 쪽보다 50% 정도 신축된다.)
⑤ 수종에 따라 수축률 및 팽창률에 상당한 차이가 있다.(**활엽수가 침엽수보다 신축이 크다.**)
⑥ **급속하게 건조된 목재**는 완만히 건조된 목재보다 **수축이 크다.**
⑦ 수축이 과도하거나 고르지 못하면, 할렬, 비틀림 등이 생긴다.

(5) 목재의 흡수율, 함수율 및 공극률 ★

① 기건상태란 목재가 통상 대기의 온도, 습도와 평형된 수분을 함유한 상태를 말한다.(**기건상태 함수율 : 15%**)

② 섬유포화점은 세포벽은 완전히 수분으로 포화되어 있고 세포 내공과 공극 등에는 수분이 없는 상태(자유수가 증발되고 세포수가 모두 남아있는 상태로 목재 수축이 시작되는 경계점)를 말한다.**(섬유포화점에서의 함수율: 약 30%★★)**
③ **자유수**는 세포내강 및 미세공극에 액상으로 존재하는 수분을 말하며 **결합수**는 세포벽 내에 존재하는 수분을 말한다.
④ 자유수는 목재의 중량에는 영향을 끼치지만 목재의 물리적 또는 기계적 성질과는 관계가 없다.
⑤ 침엽수의 경우 변재가 심재보다 함수율이 높다.(활엽수는 차이가 작다.)

> **참고**
>
> 1. 목재의 **함**수율(%) = $\dfrac{\text{건조 전 중량} - \text{전건중량}}{\text{전건중량}} \times 100$
>   * 전건중량 : 목재자체의 중량
>
> 2. 목재의 **흡**수율(%) = $\dfrac{\text{표면건조중량} - \text{절대건조중량}}{\text{절대건조중량}} \times 100$
>
> 3. **표면**수율(%) = $\dfrac{\text{습윤상태 질량} - \text{표건질량}}{\text{표건질량}} \times 100$
>
> **특급암기법** : 함건전 전건전건, 흡표건 절건절건, 표면습윤 표건표건
>
> 4. 공극률(%) = $\dfrac{1.54 - \text{절건비중}}{1.54} \times 100$
>   * 절건비중 : 목재에서 완전히 물을 제거한 후의 무게를 말한다.

6 목재의 건조

(1) 목재의 건조 목적 ★

① 균류에 의한 부식 방지
② 목재수축에 의한 손상 방지
③ 목재강도 및 내구성의 증가
④ 방부제 주입이 용이

(2) 목재의 건조특성 ★

① **온도가 높을수록** 건조속도는 **빠르다.**
② **습도가 높을수록** 건조속도는 **늦어진다.**
③ **풍속이 빠를수록** 건조속도는 **빠르다.**
④ 목재의 **비중이 클수록** 건조속도는 **느리다.**
⑤ 목재의 **두께가 두꺼울수록** 건조시간이 **길어진다.**
⑥ **대기건조 시 통풍이 잘되게 세워 놓거나, 일정 간격으로 쌓아올려 건조** 시킨다.
⑦ **마구리부분은 급격히 건조되면 갈라지기 쉬우므로 페인트 등으로 도장**한다.

(3) 목재의 건조법

자연건조법	① 대기건조법 : 옥외에 방치하여 기건상태까지 건조하는 방법으로 건조시간이 오래 걸린다. ② 침수건조법(수침법) : 생목을 3~4주 침수시켜 수액을 뺀 후 대기 중에서 건조시키는 방법으로 건조시간이 단축된다.
인공건조법	① 진공건조법 : 원형 탱크 속에 목재를 넣고 밀폐시켜 고온, 저압에서 수분을 제거한다. ② 공기건조법 : 자연풍에 의하여 건조한다. ③ 증기건조법 : 건조실의 증기로 목재를 가열하여 건조시킨다. ④ 송풍건조법 : 송풍기로 송풍하여 건조한다. ⑤ 고주파건조법 : 고주파 에너지를 열에너지로 변화시켜 발열현상을 이용하여 건조한다.

7 목재의 방부(목재의 부패를 막는 것)법

(1) 목재의 부패 조건

① 온도
- 대부분의 **부패균은 섭씨 약 20~40℃ 사이에서 가장 활동이 왕성**하다.
- 4도 이하에서는 발육하지 못하고 70도 이상의 상태에서 30~60분 정도 방치되면 대부분의 균이 사멸하게 된다.

② 습도 : 부패균의 활동은 **습도 약 90% 이상에서 가장 활발**하고 **약 20% 이하로 건조시키면 번식이 중단**된다.

③ 함수율
- 함수율이 150% 이상이 되면 부패하지 않는 경우가 있다.
- **완전히 수중에 잠긴 목재는 부패되지 않는다.**

(2) 목재의 방부처리법 ★

① **주입법** : 방부액을 상압주입 하거나 가압하여 **나무깊이 주입**하는 방법
- **가압주입법** : 압력용기 속에 목재를 넣어 처리하는 방법으로 침투깊이가 깊어 가장 신속하고 **방부효과가 크고 내구성이 양호**한 방법
- **상압주입법** : 방부약액을 가열하여 주입하는 방법
- **생리적 주입법** : 목재의 뿌리에 방부약액을 주입하는 방법

② **침지법** : 방부제 용액 중에 목재를 담그어 공기(산소)를 차단하여 방부 처리하는 방법

③ **도포법** : 목재를 충분히 건조시킨 후 솔 등으로 **약제를 도포**하여 방부 처리하는 방법(**가장 간단한 방법**)

④ **표면탄화법** : 목재표면 3~4mm 정도를 태워 수분을 제거하는 방법

(3) 목재의 방부제

① **펜타클로로페놀(PCP)** : 방부력이 매우 우수하나, 자극적인 냄새가 난다.
② **크레오소트유** : 방부성은 우수하나, 악취가 나고 외관이 좋지 않다.
③ **염화아연 4% 용액** : 방부효과는 좋으나 목질부를 약화시켜 전기전도율이 증가되고 비 내구적이다.
④ **아스팔트** : 목재를 **흑색으로 변색**시켜 미관이 좋지 못하며 **도포 후 페인트칠이 불가능**하다.
⑤ **유성페인트** : **방부, 방습효과**가 있고, **착색이 자유롭다**.
⑥ **콜타르** : 목재를 **흑갈색으로 변색**시키고 **도포 후 페인트칠이 불가능**하다.

(4) 목재에 사용되는 크레오소트 오일 ★

① **방부력이 우수**하고 강도 저하가 적지만 **악취가 난다**.
② **가격이 저렴**하다.
③ **독성이 적다**.
④ 침투성이 좋아 **목재에 깊게 주입**된다.
⑤ 흑갈색으로 외관이 불미하여 **눈에 보이지 않는 토대, 기둥, 도리 등에 이용**한다.

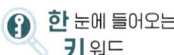
한 눈에 들어오는 키워드

8 목재의 방화법

① 부재의 대 단면화 : 대 단면은 화재 시 온도상승을 지연시킨다.
② 불연성 막이나 층에 의한 피복
③ 방화페인트의 도포
④ 난연처리

9 목재 제품 및 목재 가공제품

(1) 합판 ★

① 합판은 **3매이상의 얇은 판을 1매마다 접착제로 섬유방향에 직교하도록 붙여서 만든 판**을 말한다.
② **함수율 변화에 따라 팽창·수축의 변형이 없다.(내수성이 크다.)**
③ **뒤틀림이나 변형이 적은** 비교적 큰 면적의 평면 재료를 얻을 수 있다.
④ **곡면가공을 하여도 균열이 생기지 않는다.**
⑤ **균일한 강도**의 재료를 얻을 수 있다.(방향에 따른 강도차가 작다.)
⑥ 여러 가지 아름다운 무늬를 얻을 수 있다.
⑦ 표면가공법으로 흡음효과를 낼 수 있다.

(2) 집성목재 ★

① 두께 1.5~3cm의 널(제재**판재 또는 소각재** 등의 부재)을 접착제로 섬유평행방향으로 겹쳐 붙여서 만든 제품을 말한다.
② **임의의 단면 형상을 갖도록 제작**(필요한 단면을 만들 수 있다.)할 수 있다.
③ 목재의 **강도를 인공적으로 자유롭게 조절할 수 있다.**
④ 충분히 건조된 건조재를 사용하므로 **비틀림 변형 등이 생기지 않는다.**
⑤ 보, 기둥 등의 **구조재료로 사용할 수 있다.**
⑥ 옹이, 균열 등의 결점을 제거하거나 분산시켜 **균질의 인공목재로 사용할 수 있다.**
⑦ 판재와 각재를 접착재로 결합시켜 **대재(大材)를 얻을 수 있다.**

(3) 파아티클 보드 ★

① **목재를 작은 조각으로 하여** 충분히 건조시킨 후 합성수지와 같은 **유기질의 접착제를 첨가하여 열압 제판**한 목재 가공품
② **상판, 칸막이벽, 가구 등**에 사용된다.

③ **O.S.B**(Oriented Strand Board) : 직사각형으로 자른 **얇은 나뭇조각을 서로 직각으로 겹쳐지게 배열하고 방수성 수지로 강하게 압축** 가공한 보드

(4) 코펜하겐 리브판

강당, 집회장 등의 천정 또는 내벽에 붙여 음향 조절용으로 사용된다.(바닥재, 외장재는 적합하지 않음)

(5) 섬유판(Fiberboard) ★

목재를 섬유(펄프)화 한 다음 펄프를 접착제로 제판하여 양면을 열압 건조시킨 판상제품을 말한다.
① **연질섬유판(LDF)** : 비중이 0.40 이하인 섬유판
② **중질섬유판(MDF)** : 비중이 0.40~0.80인 섬유판
③ **경질섬유판(HDF)** : 비중이 0.80~1.20인 섬유판

(6) 플로어링 블록(flooring block) ★

플로어링 판의 길이를 너비의 정수 배로 하여 3장 또는 5장씩 **붙여서 길이와 너비가 같게 만든 정사각형의 블록**으로 바닥재로 사용된다.

(7) 파키트리 블록

파키트리 보드를 3~5장씩 상호 접합하여 각판으로 만들어 **방습처리 한 것**으로 모르타르나 철물을 사용하여 **콘크리트 마루 바닥용**으로 사용된다.

(8) 리놀륨 ★

리녹신에 수지, 고무물질, 코르크분말 등을 **섞어 삼베 등의 마포에 발라 두꺼운 종이모양으로 눌러 편(압면 · 성형) 얇은 판**을 말한다.

참고

MDF
① 샌드위치 판넬이나 파티클 보드 등 다른 보드류 제품에 비해 무겁다.
② 습기에 약한 결점이 있다.
③ 다른 보드류에 비하여 곡면가공이 용이한 편이다.
④ 가공성 및 접착성이 우수하다.

참고

실내 치장용으로 사용하기에 적합한 목재
① 느티나무
② 단풍나무
③ 오동나무

02 시멘트 및 콘크리트

주요내용 알고 가기!

- 분말도가 큰 시멘트의 성질
- 포틀랜드 시멘트의 종류 및 특징
- 혼합 시멘트의 종류 및 특징
- 특수 시멘트의 종류 및 특징
- 콘크리트용 골재의 요구 성능
- 골재의 함수량, 실적률, 공극률
- 콘크리트용 혼화재 및 혼화제
- 콘크리트의 워커빌리티, 재료분리, 탄산화, 물시멘트비
- 콘크리트의 종류 및 특징

1 시멘트의 특징

(1) 시멘트의 분말도

시멘트의 분말도는 단위중량에 대한 표면적이다.(시멘트 입자의 가는 정도)

1) 분말도가 큰 시멘트의 특징 ★

① 워커빌리티가 좋고 블리딩이 적다.
② 수화반응이 빠르고 초기강도가 크다.(수화열이 높다.)
③ 시멘트량이 절약되고 내구성이 작아진다.
④ 분말도가 너무 크면 풍화되기 쉽다.
⑤ 분말도가 클수록 시멘트 분말이 미세하다.

2) 시멘트의 분말도 측정 시험

① 체가름 시험(표준체 시험)
② 비표면적 시험(브레인 투과장치에 의한 시험)
- **시멘트의 안정성 시험** : 오토클레이브 팽창도 시험

(2) 시멘트의 수화반응

1) 수화 반응

① 시멘트 중의 **클링커 화합물이 물과 화학 반응하여 수화물을 생성하는 과정**을 말한다.
② 수화의 과정에서 **발열을 동반하며 서서히 응결·경화해서 강도를 나타낸다.**

2) 시멘트의 수화반응 속도에 영향을 주는 요인

① 시멘트의 화학성분
② 시멘트의 조성
③ 시멘트의 분말도
④ 혼화제
⑤ 온도, 습도, 수량(물·시멘트비)

3) 응결 및 경화

① 응결 : 시멘트에 물을 가하여 혼합하여 만들어진 **시멘트 페이스트가 시간경과에 따라 유동성을 잃고 응고하는 현상**을 말한다.
② 경화 : 시멘트가 시간의 경과에 따라 **조직이 굳어져 최종강도에 이르기까지 강도가 서서히 커지는 상태**를 말한다.

(3) 시멘트의 풍화

1) 시멘트의 풍화란 시멘트가 습기를 흡수하여 생성된 수산화칼슘과 공기 중의 탄산가스가 작용하여 탄산칼슘을 생성하는 작용을 말한다.

2) 풍화된 시멘트의 특징 ★

① 분말도가 감소한다.(입자 크기가 커진다.)
② **응결이 늦어진다.**
③ 강열 감량이 증가하고 **비중이 작아진다.**
④ 강도가 감소된다.

(4) 시멘트의 저장 ★

① 습기에 영향을 받거나 **3개월 이상 저장한 시멘트는 사용 전 시험**을 해야 한다.
② 저장 중에 **조금이라도 굳은 시멘트는 사용하지 않아야** 한다.
③ 시멘트를 **쌓아올리는 높이는 13포대 이하**로 하는 것이 바람직하다.
④ 시멘트의 **온도는 일반적으로 50℃ 정도 이하**를 사용하는 것이 좋다.

강열감량
- 시멘트가 공기 중의 수분 및 이산화탄소와 결합된 양을 표시한다.
- 시멘트를 장기 보존할수록 강열감량은 커진다.

⑤ 시멘트는 **방습적인 구조로 된 사일로 또는 창고에 품종별로 구분하여 저장**하여야 한다.

2 시멘트의 종류

(1) 포틀랜드 시멘트

포틀랜드 시멘트 클링커(Clinker)에 적당량의 석고를 첨가해 분말로 한 시멘트를 말한다.

1) 포틀랜드 시멘트의 종류 ★

포틀랜드 시멘트의 종류	포틀랜드 시멘트의 특징
보통 포틀랜드 시멘트(1종)	① 일반적인 시멘트로서 보편적인 성질을 가진 시멘트 ② 토목, 건축의 각 공사에 사용하는 보편적인 시멘트
중용열 포틀랜드 시멘트(2종)	① 수화열을 낮게 하여 단기보다 장기강도를 증진시킨 시멘트로서 수화열이 낮고 건조수축이 작으며 내화학성이 우수한 시멘트 ② 댐공사, 터널, 거대구조물의 기초공사(매스콘크리트), 콘크리트 도로 포장공사에 사용
조강 포틀랜드 시멘트(3종)	① 조기에 고강도를 나타낼 수 있도록 한 시멘트이며 콘크리트의 수밀성이 높고 구조물의 내구성도 우수한 시멘트 ② 한중공사, 긴급공사에 사용
저열 포틀랜드 시멘트(4종)	① 중용열시멘트 보다 낮은 수화열로 수화열이 최저인 시멘트 ② LNG Tank, 댐용 시멘트로서 중용열포틀랜드 시멘트와 유사한 용도로 사용
내황산염 포틀랜드 시멘트(5종)	① 황산염에 대한 저항성을 강화한 시멘트 ② 하수시설, 배수시설, 해양구조물, 황산염을 많이 함유한 토양, 터널수로라이닝 등에 사용

포틀랜드시멘트의 28일 압축강도 [단위 : MPa(N/mm^2)]				
1종(보통)	2종(중용열)	3종(조강)	4종(저열)	5종(내황산염)
42.5 이상	32.5 이상	47.5 이상	22.5 이상	40.0 이상

① **보통 포틀랜드 시멘트**
- 실리카(SiO_2), 알루미나(Al_2O_3), 산화철(Fe_2O_3), 석회(CaO) 등이 포함된 원료를 혼합하여 용융 소성한 클링커에 소량의 석고(3%)를 가압하여 미분쇄한 것이다.(산화철(Fe_2O_3)의 함유량이 가장 적다.)

- 시멘트의 **응결시간은 분말도가 높을수록, 물-시멘트비가 적을수록, 온도가 높을수록 빠르며 풍화된 시멘트일수록 느리다.**
- 시멘트의 안정성 측정법으로 **오토클레이브 팽창도 시험방법**이 있다.
- 비중은 소성온도나 성분에 따라 다르며, 동일 시멘트인 경우 **풍화한 것일수록 비중이 작아진다.**
- **비중은 3.14 정도**이며 르샤틀리에의 비중병으로 측정한다.
- 비표면적이 너무 크면 풍화하기 쉽고 수화열에 의한 축열량이 커진다.

② **조강 포틀랜드 시멘트** : 조기에 고강도를 낼 수 있도록 한 시멘트 ★
- 조기 강도가 높고 수화 발열량이 많으므로 **한중 콘크리트나 긴급 공사용 콘크리트**로 이용된다.
- 건조 수축이 커서 **균열이 발생하기 쉽다.**(댐 등 단면이 큰 구조물에 적용하기 어렵다.)
- 콘크리트의 **수밀성**과 구조물의 **내구성**이 우수하다.

③ **중용열 포틀랜드 시멘트** : 시멘트의 발열량(수화열)을 저감시킬 목적으로 사용 ★
- 시멘트의 성분 중에 C_3S(규산삼석회)나 C_3A(알루미네이트, 알루민산삼석회)가 적고, 장기강도를 지배하는 C_2S(벨라이트, 규산이석회)를 많이 함유한 시멘트이다.
- 수화속도를 지연시켜 **수화열을 작게 한 시멘트**이다.(수화열을 낮게 하여 단기보다 장기강도를 증진시킨 시멘트)
- 건조수축이 작고 **건축용 매스콘크리트에 사용**된다.
- 워커 빌리티(workbility)가 증대되고 블리딩이 적다.
- 내식성이 있고 안정도가 높으며 **내구성이 크고 화학저항성 크다.**
- **댐 공사**, 터널, 거대구조물의 기초공사(매스콘크리트), 콘크리트 도로포장, **방사능 차폐용**으로 사용된다.

④ **저열 포틀랜드 시멘트** : 시멘트의 발열량(수화열)을 최소화 한 시멘트
대규모 지하구조물, 댐 등 **매스콘크리트의 수화열에 의한 균열발생을 억제하기 위해 벨라이트의 비율을 중용열 포틀랜드시멘트 이상으로 높인 시멘트**를 말한다.

⑤ **내 황산염 포틀랜드 시멘트**
- **황산염에 대한 저항성을 강화한 시멘트**를 말한다.
- 하수시설, 배수시설, 해양구조물, 황산염을 많이 함유한 토양, 지하수에 닿는 곳의 콘크리트 공사용으로 사용된다.

한 눈에 들어오는 키 워드

요약 ★

포틀랜드 시멘트의 종류	특성	용도
보통 포틀랜드 시멘트	일반 시멘트	일반 콘크리트 공사에 사용
조강 포틀랜드 시멘트	조기강도를 증진시킴	한중 콘크리트나 긴급 공사용 콘크리트에 사용
중용열 포틀랜드 시멘트	수화열을 저감시킴	댐 공사, 매스콘크리트, 방사능 차폐용으로 사용
저열 포틀랜드 시멘트	수화열을 최소화함	대규모 지하구조물, 댐, 매스콘크리트 등에 사용
내황산염 포틀랜드 시멘트	내화학성, 내구성을 향상시킴	하수시설, 배수시설, 해양 구조물 등

(2) 혼합시멘트

시멘트에 혼화제를 섞어서 만든 시멘트를 말한다.

혼합시멘트의 종류	혼합시멘트의 구성
고로시멘트	시멘트+고로슬래그 미분말
실리카시멘트	시멘트+규산질물(silica)
플라이애시시멘트	시멘트+플라이애쉬

1) 고로 시멘트 ★

① **용광로의 선철제작 부산물을 급랭시키고 파쇄하여(고로슬래그 미분말)** 시멘트와 혼합한 것을 고로시멘트라 한다.
② **초기 강도는 낮으나 장기강도는 높다.**
③ 수화열이 적고 수축률이 적어 **매스콘크리트용으로 적합**하다.
④ **염분에 대한 저항(내해수성)이 크고** 화학 저항성이 크며 방수성이 뛰어나 **댐이나 항만공사**, 공장폐수공사 등에 사용된다.
④ **수화열이 적어** 응결시간이 느리기 때문에 특히 **겨울철 공사에 주의를 요한다.**(동해를 받기 쉽다.)
⑤ 보통 포틀랜드시멘트에 비하여 **비중이 작고** 중성화가 빨라서 **풍화되기 쉽다.**
⑥ 알카리 골재반응이 일어나지 않는다.

2) 실리카 시멘트 ★

① 시멘트의 클링커와 규산질물(silica)을 혼합한 것으로 단기 강도가 적으나 장기 강도는 포틀랜드 시멘트와 유사하게 높다.
② **수화열이 적고 수밀성이 크고** 해수에 대한 저항도 크다.
③ 저온에서는 응결이 느려진다.
④ 콘크리트의 워커빌리티를 좋게 하고 블리딩을 감소시킨다.
⑤ 화학적 저항성이 크므로 주로 **단면이 큰 구조물, 해안공사 등에 사용**된다.

3) 플라이애시 시멘트 ★

① 화력발전소에서 완전 연소한 미분탄의 회분을 포집한 것을 플라이애시라 하며, 플라이애시를 포틀랜드시멘트에 혼합한 것을 플라이애시 시멘트라 한다.(플라이애시의 주성분은 실리카(SiO_2), 알루미나(Al_2O_3), 산화 제2철(Fe_2O_3) 등이다.)
② 콘크리트의 워커빌리티를 증대시키며 사용수량을 감소시킬 수 있다.
③ **수밀성이 좋으므로** 수리구조물(물을 저수하거나 물을 이용하기 위하여 만들어진 구조물)에 적합하다.
④ **수화열이 적고 건조수축도 적다.**
⑤ **초기강도는 작고 장기강도는 크다.**
⑥ 해수에 대한 **내화학성이 크다.**
⑦ 댐 공사를 위시하여 일반 토목 건축공사에 널리 사용된다.

(3) 특수시멘트

콘크리트 구조물의 강도, 내구성, 수밀성을 증가시키고 시공성과 경제성을 향상시키기 위하여 **콘크리트 제조 시 첨가하는 시멘트**를 말한다.

1) 알루미나 시멘트 ★

① **보크사이트와 석회석을 원료**로 한다.
② 성분 중에는 산화일루미늄(Al_2O_3)이 많으므로 **초기 강도가 높고 염분이나 화학적 저항이 크다.**(물을 가한 후 24시간 이내에 보통포틀랜드 시멘트의 4주 강도 정도가 발현된다.)
③ **초기 수화발열이 커서** 대형 단면 부재에는 부적당하나 **긴급 공사나 동절기 공사에 적합**하다.
④ 내화성이 우수하여 **내화 콘크리트용으로 사용**된다.

참고 - 실리카 흄
규소합금 제조 시 발생하는 폐가스를 집진하여 얻어진 부산물의 초미립자(1㎛ 이하)로서 고강도 콘크리트를 제조하는데 사용하는 혼화재를 말한다.

참고
시멘트 조정화합물 중 수화속도가 느리고 수화열도 작게 해주는 성분 : 규산 2칼슘

2) 폴리머시멘트

콘크리트의 **방수성, 내약품성, 변형성능의 향상**을 목적으로 **다량의 고분자 재료를 혼합**시킨 시멘트를 말한다.

3) 마그네시아 시멘트 ★

① **산화마그네슘의 분말에 염화마그네슘을 혼합**한 시멘트를 말한다.
② **흡습성이 크고, 수축성이 크다.**
③ **경화가 빠르고 경화 후 견고하다.**(강도가 크다.)
④ 간수($MgCl_2$)를 사용하여 백화현상이 잘 생긴다.
⑤ 반투명의 광택을 지니며 착색이 용이하여 치장용으로 사용된다.

4) 킨즈 시멘트(경석고 플라스터) ★

① **무수석고에** 경화촉진제로 **백반을 넣어 만든 시멘트**를 말한다.
② 백반은 산성이므로 **금속을 녹슬게 하는 결점**이 있다.
③ **소석고보다 응결속도가 느리다.**
④ 표면 강도가 크고 광택이 있다.
⑤ 습윤 시 팽창이 크다.
⑥ 다른 석고계의 플라스터와 혼합을 피해야 한다.

5) 팽창 시멘트

① **굳을 때에 약간 팽창하여 시멘트의 균열을 방지**하는 효과가 있으며, 공기 중에서는 팽창이 거의 없고 팽창제로 황산염과 산화 알루미늄을 배합한다.
② P.S.콘크리트 부재 제작 시 프리스트레스(prestress)를 도입시키기 위해 개발된 시멘트이다.

6) 초속경 시멘트

① **보통 포틀랜드 시멘트에 보크사이트, 형석, 무수석고 등을 혼합한 시멘트**로 **재령 2~3시간 만에 100kgf/cm² 이상의 압축강도를 발현**하는 시멘트를 말한다.
② 재령 4시간에 보통 포틀랜드시멘트의 7일 강도에 해당하는 압축강도를 발현한다.
③ 경화 시 발생하는 **수화열로 저온에서도 충분한 강도를 발현**한다.
④ **응결조절제로 작업시간을 조절**할 수 있어 간편하다.
⑤ 콘크리트 **건조수축에 의한 체적변화가 적다.**
⑥ 장기간에 걸친 **강도증진 및 안정성이 높다.**
⑦ **한중공사나 긴급보수공사**, 특히 도심지 도로 및 고속도로 보수공사에 널리 사용된다.

3 콘크리트용 골재

(1) 콘크리트용 골재의 요구 성능 ★

① 골재의 **강도는 경화한 시멘트페이스트 강도보다 클 것**
② **형태는 거칠고 구형에 가까운 것이 가장 좋으며**, 편평하거나 세장한 것은 좋지 않다.
③ 골재는 청정, 내구적인 것으로 먼지 또는 **유기불순물을 포함하지 않을 것**
④ 골재의 **입형은 둥글고 입도가 고를 것**
⑤ **운모가 다량으로 포함**된 골재는 **콘크리트의 강도를 저하시키고 풍화되기 쉽다.**
⑥ 골재의 입도는 **조립에서 세립까지 연속적으로 균등히 혼합되어 있을 것**(잔 것과 굵은 것이 적당히 혼합된 것이 좋다.)
⑦ **콘크리트용 쇄석은 부순 돌 즉, 원석을 부셔서 일정한 크기로 가름한 것을 말한다.**(콘크리트용 쇄석의 원석 : 현무암, 안산암, 화강암)
⑧ 철근콘크리트 구조용 **골재로 해사를 사용할 경우 토사를 충분히 물에 씻어 사용**해야 한다.

(2) 골재의 함수상태 및 함수량(흡수량)

1) 골재의 함수상태

① **절건상태(절대건조상태)** : 골재 내외부에 포함되어 있는 물을 완전히 제거한 상태를 말한다.
② **기건상태(공기 중 건조상태)** : 골재의 **표면은 건조하고 내부는 포화하는데 필요한 수량보다 적은 양의 물을 포함한 상태**(약간의 수분을 포함한 상태)를 말한다.
③ **표건상태(표면 건조 포화 상태)** : 골재 **표면은 건조하고 골재 내부가 완전히 물로 포화되어 있는 상태**를 말한다.
④ **습윤상태** : 골재의 **내부가 물로 포화되어 있고 표면에도 물이 부착되어 있는 상태**를 말한다.

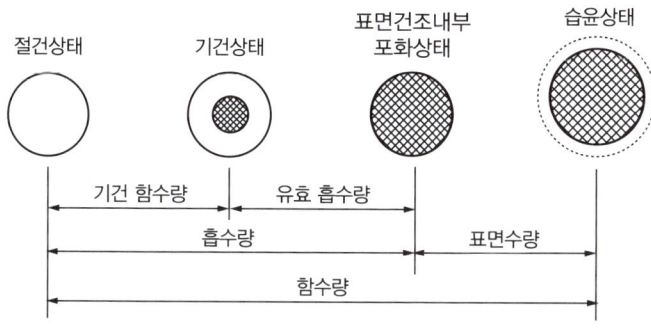

> **한 눈에 들어오는 키워드**

> **참고**
> • 이넌데이트(inundate)현상 : 모래의 절건 상태와 습윤 상태의 서로 다른 함수상태에서 용적이 거의 같아지는 현상을 말한다.
> • 콘크리트용 부순 굵은 골재의 흡수율 : 3% 이하

2) 골재의 함수량(흡수량) ★

① **유효 흡수량** : 표면건조 내부포화상태(표건상태)와 기건상태의 수량의 **차이**를 말한다.
② **함수량** : 습윤상태의 골재의 내외에 함유하는 **전체수량**을 말한다.
③ **흡수량** : 표면건조 내부포화상태(표건상태)의 골재 중에 **포함하는 수량**을 말한다.(절대건조상태에서 표면건조포화상태가 될 때까지 흡수하는 수량)
④ **표면수량** : 함수량과 흡수량의 **차**를 말한다.
⑤ **유효 흡수율** : 기건상태의 골재가 표건상태로 될 때까지 흡수되어지는 물의 양을 절대건조상태의 골재 질량으로 나눈 값의 백분율(**유효 흡수량과 절대건조상태의 골재 질량에 대한 백분율**)

$$1.\ 표면수율(\%) = \frac{습윤상태\ 질량 - 표건질량}{표건질량} \times 100$$

$$2.\ 흡수율(\%) = \frac{표건질량 - 절건질량}{절건질량} \times 100$$

$$3.\ 유효흡수율(\%) = \frac{표면건조포화상태질량 - 기건상태질량}{절건상태질량} \times 100$$

$$4.\ 표면건조포화상태비중 = \frac{공시체의\ 건조질량}{표면건조포화상태질량 - 공시체의\ 물속\ 질량}$$

(3) 실적률, 공극률, 조립률

1) 골재의 실적률과 공극률 ★

① **실적률**이란 골재의 **단위 용적(m³) 중의 실적 용적을 백분율(%)로 나타낸 값**을 말한다.
② **공극률**이란 골재의 **단위 용적(m³) 중의 공극을 백분율(%)로 나타낸 값**(전체 부피에 대한 공극 부피의 비)을 말한다.

$$1.\ 실적률(\%) = \frac{단위용적중량}{절건비중(밀도)} \times 100$$

$$2.\ 공극률(\%) = (1 - \frac{단위용적중량}{절건비중(밀도)}) \times 100$$

$$3.\ 공극률(\%) = 100 - 실적률$$

2) 골재의 실적률

① 실적률은 **골재 입형의 양부를 평가하는 지표**이다.
② 부순 자갈의 실적률은 강자갈의 실적률보다 작고 콘크리트에 사용될 때 **워커빌리티가 나빠진다.**

③ 실적률 산정 시 **골재의 밀도는 절대건조 상태의 밀도**를 말한다.
④ **입도분포가 양호한 골재는 실적률이 높다.**
⑤ 골재의 **단위용적질량이 동일하면 골재의 비중이 클수록 실적률은 낮다.**
⑥ 골재의 **단위용적질량을 계산할 때 골재는 절대건조 상태를 기준**으로 한다.

3) 실적률이 클 경우(공극률이 작을 경우) Con´c에 주는 영향 ★

① **Cement Paste량이 감소**한다.
② **단위 수량을 감소**시킨다.
③ **수화 발열량을 감소**시킨다.
④ **건조 수축을 감소**시킨다.
⑤ 콘크리트 **내구성 및 강도가 증가**된다.
⑥ 콘크리트의 수밀성이 커진다.
⑦ 콘크리트의 **마모 저항이 커진다.**
⑧ 콘크리트의 **투수성 및 흡수성이 작아진다.**
⑨ 콘크리트 제조 시 **경제적으로 유리**하다.

4) 골재의 조립률

① 체가름 시험을 하였을 때 **각 체에 남는 누계량의 전체 시료에 대한 질량백분율의 합을 100으로 나눈 값**을 말한다.
② 조립률을 구하기 위해서 **체가름 시험방법을 활용**한다.
③ **굵은 입자가 많을수록 조립률은 커진다.**
④ 잔골재는 조립률이 2.3~3.1 정도이다.(조립률이 2.3에 가까울수록 가는 모래가 많고, 3.1에 가까울수록 굵은 모래가 많다.)
⑤ **굵은 골재(자갈)의 조립률은 6~8 정도**이다.

5) 골재의 잔골재율

잔골재율이란 콘크리트 배합에 있어 **전체 골재 용적 중 잔골재가 차지하는 절대 용적백분율**을 말한다.

6) 골재의 입도

① 입도란 골재(모래, 자갈)의 **크고 작은 입자들의 혼합의 비율**을 말한다.
② 입도분포는 **콘크리트의 워커빌리티, 유동성, 경제성 및 경화 후의 강도나 내구성에 영향**을 미치는 요인이 된다.
③ **골재의 입도**는 표준 망체를 사용한 **체가름 시험**으로 확인할 수 있다.

7) 골재의 입도분포가 적정하지 않을 때 콘크리트에 나타날 수 있는 현상

① 유동성, 충전성이 불충분해서 재료분리가 발생할 수 있다.

참고

철근콘크리트에 사용하는 굵은 골재의 최대치수를 정하는 가장 중요한 이유 : 콘크리트가 철근 사이를 자유롭게 통과할 수 있도록 하기 위해서

참고

· 잔골재율(%)
$= \dfrac{\text{잔골재용적}}{\text{총골재용적}} \times 100$

② 경화콘크리트의 강도가 저하될 수 있다.
③ 콘크리트의 곰보 발생의 원인이 될 수 있다.

4 혼화재와 혼화제

(1) 혼화재와 혼화제

1) 혼화재

콘크리트의 성질 개량을 위해 쓰이는 혼화 재료로 시멘트 중량의 5% 이상 사용되는 것을 말한다.

2) 혼화제

콘크리트에 특정한 성능을 부여하는 데 쓰이는 첨가제로서 시멘트 중량의 5% 이하로만 사용되는 것을 말한다.

혼화제	혼화재
① AE제(기포작용) ② 감수제, AE감수제(습윤, 분산작용) ③ 고성능 감수제 ④ 응결, 경화 조정제 ⑤ 기포제, 발포제 ⑥ 방수제 ⑦ 방청제 ⑧ 유동화제 ⑨ 증점제	① 고로슬래그 미분말 ② 플라이애시 ③ 실리카 흄 ④ 팽창재 ⑤ 착색재

(2) 콘크리트용 혼화제

콘크리트에 특정한 성능을 부여하는 데 쓰이는 첨가제로서 시멘트 중량의 5% 이하로만 사용 되는 것을 말한다. ★

용도에 따른 혼화제의 종류	
워커빌리티와 내동결성의 개선	AE제, 감수제
응결 · 경화시간의 조절	촉진제, 지연제, 급결제
유동성을 개선	유동화제
방수효과를 나타냄	방수제
기포작용으로 충진성을 개선	기포제, 발포제

1) AE제 ★★

① AE 공기(연행공기)를 콘크리트 중에 발생시켜 워커빌리티(시공연도)를 좋게 하고 블리딩을 작게 한다.
② 단위수량이 감소한다.
③ 동결 · 융해작용에 대한 저항성이 크고 수밀성, 내구성이 좋다.
④ 철근과의 부착강도가 감소한다.

2) AE 감수제

① 시멘트 입자의 유동성을 증대시켜 단위수량을 감소시킨다.
② 강도, 내구성, 수밀성, 워커빌리티(시공연도)의 증대

3) 유동화제 : 콘크리트의 유동성을 증대시킨다.

4) 방청제 : 염화물에 의한 강재의 부식을 억제한다.

5) 증점제 : 점성, 응집작용 등을 향상시켜 재료분리를 억제한다.

(3) 콘크리트용 혼화재

콘크리트의 성질 개량을 위해 쓰이는 혼화 재료로 시멘트 중량의 5% 이상 사용되는 것을 말한다. ★

용도에 따른 혼화재의 종류	
콘크리트의 건조수축, 구조물의 균열 및 변형을 방지하기 위하여 경화과정에서 팽창을 일으키는 것	팽창재
Auto clave 양생에 의해 고강도를 나타내는 것	규산질 분말
착색시키는 것	착색제
포졸란 반응이 있는 것	플라이애시, 고로슬래그, 규산백토

1) 플라이 애시 : 워커빌리티, 펌퍼빌리티를 개선시킨다.

2) 고로슬래그 미분말 : 수화열의 억제(초기강도 감소) 및 알칼리골재 반응을 억제한다.

3) 실리카 흄 : 화학적 저항성 증대 및 블리딩 현상을 저감 시킨다.

4) 가용성 규산 미분말 : 콘크리트 팽창재 역할을 한다.

5 콘크리트의 배합설계(mix proportion)

(1) 콘크리트 배합설계(mix proportion)

1) 콘크리트를 만들기 위한 각 재료의 비율 또는 사용량을 적절히 결정하는 것으로 소요의 워커빌리티, 강도, 내구성, 균일성을 가진 콘크리트가 얻어지도록 **시멘트, 물, 잔골재, 굵은골재, 혼화재료의 비율을 선정하는 것**을 말한다.

2) 배합설계 시 **표준이 되는 골재의 상태는 표면건조 내부포화상태**이다.

> 참고
> 콘크리트의 열팽창계수는 1.0~1.3×10^{-5}/℃ 이고 철근은 1.2×10^{-5}/℃으로 콘크리트와 철근의 열팽창계수는 거의 같다.

3) 배합설계의 종류

현장배합 (job mix)	실제 현장골재의 표면수·흡수량 및 입도상태를 고려하여 **시방배합을 현장상태에 적합하게 보정하는 배합**
용적배합 (volume mix)	콘크리트 1m^3를 만드는 데 필요한 **각 재료의 양을 절대용적(L/m^3)으로 나타낸 배합**(용적에 의해 배합을 결정)
중량배합 (weight mix)	콘크리트 1m^3를 만드는 데 필요한 **각 재료의 양을 단위량(kgf/cm^3)으로 나타낸 배합**(중량에 의해 배합을 결정)
계획배합 (specified mix, 시방배합)	소정의 품질을 갖는 콘크리트가 얻어지도록 된 배합으로서 **시방서 또는 책임기술자가 지시한 배합**이며 비빈 콘크리트의 1m^3에 대한 재료 사용량으로 나타낸다.

> 참고
> 철근콘크리트 1m^3 무게 : 약 2.4t

4) 배합설계의 순서

사용 재료의 품질 시험 → 굵은 골재 최대치수 결정 → 공기량 결정 → 슬럼프 값 결정 → 물/시멘트비 결정 → 단위 시멘트량 결정 → 단위 수량 결정 → 단위 혼화재량 결정 → 잔골재율(S/a) 결정 → 시멘트 및 혼화재량 결정 → 단위 골재량 선정

5) 배합강도

콘크리트의 배합을 정할 때 목표로 하는 압축강도로 품질의 편차 및 양생온도 등을 고려하여 설계기준강도에 할증한 것을 말한다.

6 콘크리트의 성질

(1) 굳지 않은 콘크리트의 성질 ★

① **워커빌리티(시공성 : Workability)** : 재료 분리를 일으키지 않고 작업이 용이하게 될 수 있는 정도(반죽질기에 따른 작업의 난이성과 재료의 분리 정도)
② **펌퍼빌리티(펌프 압송성 : Pumpability)** : 펌프에 의한 운반을 실시하는 경우 펌프로 콘크리트가 압송되기 쉬운 정도
③ **플라스티시티(성형성 : Plasticity)** : 거푸집에 쉽게 다져넣을 수 있고 거푸집을 제거하면 허물어지거나 재료분리가 되지 않는 정도
④ **피니셔빌리티(마감성 : Finishability)** : 굵은 골재의 최대치수, 잔골재율, 잔골재입도, 반죽 질기 등에 의한 마무리하기 쉬운 정도를 나타내는 성질

(2) 콘크리트의 워커빌리티

1) 워커빌리티(workability)에 영향을 주는 요인 ★★

① **시멘트의 분말도가 크면 워커빌리티는 증대**된다.
② **시멘트량이 많으면** 점성이 커지므로 **워커빌리티는 증대**된다.
③ **시멘트가 풍화되면 워커빌리티는 감소**한다.
④ **단위수량이 너무 많거나 적으면 워커빌리티는 감소**한다.(단위수량을 너무 증가시키면 재료분리가 생기기 쉽기 때문에 워커빌리티가 좋아진다고 볼 수 없다.)
⑤ **온도가 높으면 워커빌리티는 감소**한다.
⑥ **비빔을 충분히 하면 워커빌리티는 증대**된다.(**과도하게 비빔시간이 길면** 시멘트의 수화를 촉진하여 **워커빌리티가 나빠진다.**)
⑦ **둥근 강자갈의 경우는 워커빌리티가 가장 좋고**, 편평하고 세장한 입형의 골재는 분리하기 쉽고, 모진 것이나 굴곡이 큰 골재는 워커빌리티가 나빠진다.(**깬 자갈이나 깬 모래를 사용하면 워커빌리티가 나빠지므로** 잔골재율을 크게 하고, 단위수량을 크게 하면 워커빌리티가 증대된다.)
⑧ **AE제를 혼입하면 워커빌리티가 좋아진다.**
⑨ **부배합의 경우**는 빈배합의 경우보다 **워커빌리티가 좋아진다.**

(3) 재료분리

콘크리트를 구성하는 성분의 균질성이 없어지는 현상을 말한다.

1) 블리딩(bleeding) ★

① **콘크리트 타설 후** 시멘트, 골재 입자 등의 침하에 따라 **물이 분리 상승되어 콘크리트 표면에 떠오르는 현상**을 말한다.
② 블리딩 현상이 심한 경우 **철근과 콘크리트의 부착력 저하**, 수밀성 저하로 **콘크리트의 강도 및 내구성이 감소되고 탄산화가 촉진**된다.

콘크리트의 블리딩 현상에 의한 성능저하 ★
① 골재와 시멘트 페이스트의 부착력 저하
② 철근과 시멘트 페이스트의 부착력 저하
③ 콘크리트의 수밀성 저하
④ 콘크리트의 강도 및 내구성 저하

2) 레이턴스(laitance)

블리딩에 의하여 콘크리트 표면에 떠올라 침전한 미세한 물질을 말한다. ★

3) 콘크리트 재료분리의 원인 ★

① **콘크리트의 플라스티시티(성형성)가 작은 경우**
② **진동기를 과다하게 사용**한 경우
③ **단위수량이** 지나치게 **큰 경우**(물의 양이 많고 시멘트가 적은 경우 점성이 적어 재료분리 발생)
④ **굵은 골재의 최대치수가** 지나치게 **큰 경우**(철근 배근 시 철근에 걸려 분리)
⑤ **골재의 비중 차이가 큰 경우**(비중이 큰 골재는 침하하고 비중이 작은 골재는 부상)

(4) 반죽질기 및 공기량

1) 콘크리트의 공기량 ★

① **AE제 사용량의 증가에 따라** 공기량은 거의 직선적으로 **증가**한다.(AE 콘크리트의 공기량은 보통 3~6%를 표준으로 한다.)
② **콘크리트를 진동시키면 공기량이 감소**한다.
③ 콘크리트의 **온도가 높으면 공기량이 감소**한다.(온도 10℃ 증감에 반비례하여 공기량은 20~30% 감증 한다.)

참고

콘크리트의 워커빌리티 측정법
① 슬럼프시험
② 다짐계수시험
③ Vee-Bee 시험(진동대식 시험)
④ 흐름 시험(flow test)

철근콘크리트 1m³ 무게
: 약 2.4t

부배합
단위시멘트량이 350~450kg/m³이고 시멘트 사용량이 많은 배합을 말한다.

④ 지나치게 긴 비빔시간은 공기량을 감소시킨다.(콘크리트를 비빌 경우 3~5분 만에 최고가 되며, 그보다 길거나 짧아도 공기량은 적어진다.)

2) 반죽질기 : 수량의 다소에 따른 반죽의 질고 된 정도를 말하며 슬럼프 값으로 표시한다.

① 콘크리트의 **온도가 높을수록** 반죽질기는 **저하**한다.
② **단위수량이 많을수록** 반죽질기는 **증가**한다.
③ **공기량이 많을수록** 반죽질기는 **증가**한다.
④ 잔골재가 많을수록 반죽질기는 저하한다.

> **참고**
>
> ### 🔧 콘크리트의 반죽질기(Consistency) 측정 : 콘크리트 슬럼프 시험
>
> ① 슬럼프 콘에 콘크리트를 부어 넣고 슬럼프 콘을 들어 올리면 안에 있던 콘크리트가 무너져 내리는데, 위쪽 중심부가 위에서부터 아래로 얼마나 허물어졌는지 값을 측정하여 **콘크리트의 반죽질기(Consistency)**를 결정한다.
> ② 슬럼프 값이 높을 경우 콘크리트는 **묽은 비빔**이다.
>
>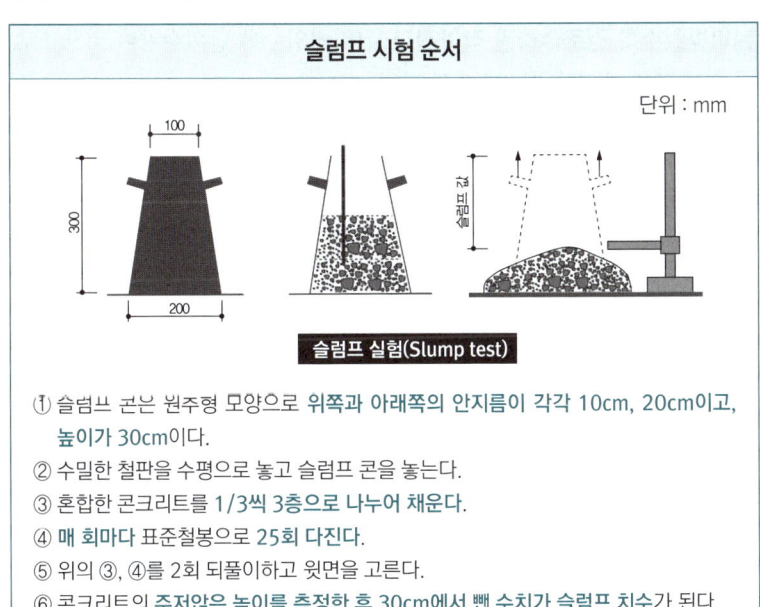
>
> **슬럼프 시험 순서**
>
> 슬럼프 실험(Slump test)
>
> ① 슬럼프 콘은 원주형 모양으로 **위쪽과 아래쪽의 안지름이 각각 10cm, 20cm이고, 높이가 30cm**이다.
> ② 수밀한 철판을 수평으로 놓고 슬럼프 콘을 놓는다.
> ③ 혼합한 콘크리트를 1/3씩 3층으로 나누어 채운다.
> ④ 매 회마다 표준철봉으로 25회 다진다.
> ⑤ 위의 ③, ④를 2회 되풀이하고 윗면을 고른다.
> ⑥ 콘크리트의 주저앉은 높이를 측정한 후 30cm에서 뺀 수치가 슬럼프 치수가 된다.

(5) 물·시멘트비

1) 부어넣기 직후의 모르타르 또는 콘크리트에 포함된 시멘트 풀 속의 **시멘트에 대한 물의 중량 백분율**을 말한다.(물시멘트 비가 높을수록 물이 많고 시멘트 양이 적은 것을 의미)

$$\text{물 시멘트비}(\%) = \frac{\text{물의 중량} \times \text{물의 부피}}{\text{시멘트 중량} \times \text{시멘트 부피}} \times 100$$

2) 물·시멘트비는 콘크리트의 강도 및 내구성 증가에 가장 큰 영향을 준다. ★

3) 물·시멘트비가 클수록 콘크리트의 강도는 작아진다. ★

(6) 콘크리트의 건조수축

- 수화된 시멘트에 흡착되었던 **수분이 증발하며 콘크리트에 생기는 체적변형**을 말한다. ★
- 시멘트의 제조성분에 따라 수축량은 달라진다.

1) 콘크리트의 건조수축이 작아지는 경우 ★

① 골재의 **실적률이 클수록** 건조수축은 작아진다.
② 물·시멘트비가 낮을수록 건조수축은 작아진다.
③ 된비빔일수록 건조수축은 작아진다.(된비빔일수록 단위수량이 적으므로 건조 시 수분 증발에 따른 건조수축도 작다.)
④ 골재의 탄성계수가 크고 경질인 경우 건조수축은 작아진다.

2) 콘크리트의 건조수축을 크게 하는 요인 ★

① 단위 수량의 증가
② 단위 시멘트량의 증가
③ 분말도가 큰 시멘트의 사용
④ 흡수량이 많은 골재의 사용(골재의 양이 많을수록 건조수축 증가)
⑤ 부재의 단면치수가 작을 때
⑥ 온도가 높을 경우, 습도가 낮을 경우

(7) 콘크리트의 탄산화(중성화) ★

1) 약알칼리성인 **콘크리트 중의 수산화석회(수산화칼슘)가 공기 중의 이산화탄소의 유입으로 중성화되면서 콘크리트가 알칼리성을 상실하고 철근이 부식되는 현상**을 말한다.

$$Ca(OH)_2 + CO_2 \rightarrow CaCO_3 + H_2O \uparrow$$

2) 콘크리트 중성화의 원인 ★

① **물-시멘트비가 클수록** 중성화의 진행속도는 **빠르다**.
② **탄산가스의 농도, 온도, 습도 등 외부환경 조건**도 탄산화 속도에 **영향을 준다**.(온도가 높을수록, 습도가 낮을수록 중성화가 빠르다.)
③ **경량골재 콘크리트가 보통 콘크리트보다** 탄산화 속도가 **빠르다**.
④ 탄산화 된 부분은 페놀프탈레인액을 분무해도 착색되지 않는다.
⑤ 중성화되면 콘크리트 내 철근은 녹이 슬기 쉽다.

3) 콘크리트 중성화의 저감 대책 ★

① **물-시멘트비(W/C)를 낮춘다**.(단위 시멘트량을 증대시킨다.)
② **혼합시멘트 및 경량골재는 사용을 금지**한다.
③ **AE 감수제나 고성능 감수제를 사용**한다.

(8) 크리프(Creep)

1) 크리프란 일정한 하중을 받고 있던 콘크리트가 **하중의 증가 없이 시간이 경과함에 따라 콘크리트의 변형이 증가하는 현상**을 말한다.

2) 콘크리트의 Creep의 문제점

① 콘크리트의 **장기 처짐 및 변형**
② 콘크리트의 **균열 증가**
③ 콘크리트의 **크리프 파괴**

3) 크리프 계수

$$크리프 계수(\psi_t) = \frac{크리프 변형률}{탄성변형률}$$

4) 콘크리트에서 크리프(Creep)의 증가 원인 ★

① **시멘트 페이스트가 묽을수록** 크리프는 **크다**.
② **작용응력이 클수록** 크리프는 **크다**.
③ **재하시기(하중을 가하는 시기)가 빠를수록** 크리프는 **크다**.
④ **재령(콘크리트를 타설한 뒤로부터의 경과 일수)이 짧을수록** 크리프는 **크다**.
⑤ **물-시멘트비가 클수록** 크리프는 **크다**.

(9) 콘크리트의 비파괴 시험법

① **음파법** : 콘크리트 공시체에 **진동을 주어 공명, 진동으로 측정**하는 방법
② **초음파법** : **초음파 펄스를 콘크리트의 내부에 발사 후 초음파 속도를 측정**하는 방법
③ **레이더법** : **레이더를 콘크리트에 침투시켜 탐사**하는 방법
④ **방사선법** : 콘크리트에 X선, 감마선을 투과하고 투과광선을 필름에 **촬영**하여 결함을 발견하는 방법
⑤ **표면경도법(반발경도법, 슈미트해머법)** : 해머로 콘크리트 표면을 타격하여 반발력으로 콘크리트의 압축강도를 측정하는 방법

7 콘크리트의 종류 및 특징

(1) AE 콘크리트

1) **AE제를 사용**하여 콘크리트의 시공연도를 증진시키고, **단위수량을 감소시켜 내구성, 수밀성이 향상**된 콘크리트를 말한다. ★★

2) AE 콘크리트의 특징 ★★

① **워커빌리티(시공연도)가 좋고 재료분리가 적다.**
② **단위수량을 줄일 수 있다.**
③ 동일 물시멘트비인 경우 **압축강도가 낮다.**(공기량이 1[%] 증가하면 강도가 5[%] 정도 감소한다.)
④ **동결 융해에 대한 저항성이 크다.**
⑤ 철근에 대한 부착강도가 감소한다.
⑥ 제물지창 콘크리트(노출되는 콘크리트 면을 그대로 마감면으로 사용하는 콘크리트) 시공에 적당하다.

(2) 매스 콘크리트(mass concrete)

1) 부재 혹은 **구조물의 치수가 커서 시멘트의 수화열에 의한 온도 상승 및 강하를 고려하여 설계**, 시공해야 하는 콘크리트를 말한다. ★★

2) 매스 콘크리트에 발생하는 균열의 제어방법

① **플라이애쉬 등 포졸란계 혼화재를 사용**하거나 **저발열성 시멘트를 사용**한다.
② **골재 최대 치수를 크게** 하고 **슬럼프 값은 최대한 적게** 하여 시멘트 양을 줄인다.
③ **콘크리트의 온도상승을 적게** 한다.(**파이프 쿨링을 실시**한다.)
④ **급격한 온도 변화를 피한다**.
⑤ **온도균열지수에 의한 균열발생을 검토**한다.

(3) 중량 콘크리트(방사선 차폐용 콘크리트) ★

1) 방사선을 차폐할 목적으로 중량 골재를 사용하는 콘크리트를 말한다.

2) 중량골재의 종류에는 **자철광, 중정석, 갈철광, 적철광** 등이 있다.

(4) 경량 기포 콘크리트(ALC : Autoclaved Lightweight Concrete)

1) 골재를 사용하지 않고 콘크리트 속에 미세하고 안정된 독립공기를 조성하는 **기포제(알루미늄 분말)를 혼입하여 경량화 한 콘크리트**를 말한다. ★

2) 경량 기포 콘크리트(ALC)의 특징 ★

① 보통 콘크리트에 비하여 **탄산화(중성화)의 우려가 크다**.
② 열전도율은 보통콘크리트의 약 1/10 정도로 **단열성이 우수**하다.
③ 현장에서 **취급이 편리하고 절단 및 가공이 용이**하다.
④ 다공질이므로 **흡수성이 높은 편이고 동해에 대한 저항성이 낮다**.(겨울철 콘크리트에 함유된 수분이 얼어 동해를 일으킨다.)
⑤ 압축강도에 비해서 **휨강도나 인장강도는 상당히 약하다**.
⑥ **절건 상태에서 비중이 0.45~0.55** 정도이다.
⑦ **대형판 제조가 가능**하다.

3) 경량 기포 콘크리트(ALC)의 장·단점

장점	단점
• 경량성 • 흡음 · 차음성이 우수 • 내진성이 우수 • 단열성이 우수 • 가공이 용이 • 유동성 • 경제성	• 강도저하 • 흡수성이 크다.(수밀성, 방수성이 나쁘다.) • 건조수축이 크다.

(5) 경량 콘크리트

1) **구조물의 자중을 경감할 목적으로 인공 또는 천연의 경량골재 등을 이용하여 만든 것**으로 단위 용적 중량 2.0t/m³ 이하의 콘크리트를 말한다.

2) 골재의 종류

① 펄라이트   ② 화산암
③ 소성 플라이애쉬   ④ 팽창질석
⑤ 석탄회   ⑥ 팽창혈암, 팽창점토

(6) 서중 콘크리트

1) **기온이 30[℃] 이상인 상태에서 시공**하는 콘크리트이다. ★

2) 서중 콘크리트의 특징

① 콘크리트의 슬럼프 저하나 및 **수분의 급격한 증발 등에 의한 균열발생의 위험**이 있다.
② **콘크리트의 온도가 낮아지도록 재료의 배합, 타설, 양생에 주의**를 기울여야 한다.
③ 고로시멘트, 플라이애시시멘트 등 **저발열 시멘트를 사용**한다.
④ 단위 수량 및 **시멘트량을 적게하여 수화열을 적게** 한다.
⑤ **감수제, AE 감수제, 유동화제 등을 사용**한다.
⑥ **타설시 온도는 35℃ 이하, 1.5시간 이내로 타설**한다.
⑦ **Pre-cooling에 의한 골재, 물 등**의 재료를 **냉각**한다.
⑧ **거푸집, 철근 등은 살수** 및 덮개 등의 조치를 강구한다.

(7) 한중 콘크리트

1) 1일 평균기온 4℃ 이하가 되는 시기에 타설하는 콘크리트를 말한다. ★

2) 한중 콘크리트의 특징

① 콘크리트의 **비빔온도는 기상조건 및 시공조건 등을 고려**하여 정한다.
② 재료를 가열할 경우 **물 또는 골재를 가열하는 것**으로 하며, 골재는 직접 불꽃에 대어 가열해서는 안 되고, 시멘트는 어떠한 경우라도 직접 가열하면 안 된다.
③ 타설 시의 콘크리트 **온도는 5℃ 이상, 20℃ 미만**으로 한다.
④ 빙설이 혼입된 골재, 동결상태의 골재는 원칙적으로 비빔에 사용하지 않는다.
⑤ 물·결합재비는 60% 이하로 한다.

한중 콘크리트의 배합
① 물시멘트비 : 60% 이하
② AE제 or AE 감수제를 사용하고 단위수량은 가급적 적게 한다.
③ 단위 시멘트량의 과대 혹은 과소를 피한다.

(8) 수밀 콘크리트

1) 수밀 콘크리트는 지하실·수중 구조물·지붕 슬래브 등 **콘크리트의 수밀성 향상을 목적으로 사용하는 방수제가 혼합된 콘크리트**를 말한다.(수밀성은 콘크리트가 물의 침입을 방지하는 성질을 말하며 수밀성 향상을 위해서는 콘크리트의 공극을 줄여야 한다.)

2) 수밀 콘크리트의 특징

① 배합은 콘크리트의 소요의 품질이 얻어지는 범위 내에서 **단위수량 및 물-결합재비는 되도록 작게** 하고, **단위 굵은 골재량은 되도록 크게** 한다.
② **소요 슬럼프는 되도록 작게** 하되 **180mm를 넘지 않도록 하며**, 콘크리트 타설이 용이한 경우는 120mm 이하로 한다.
③ 연속 타설 시간간격은 외기 온도가 25℃ 이하일 경우에는 2시간을 넘어서는 안 된다.
④ **물-결합재비는 50% 이하**를 표준으로 한다.
⑤ **공기량은 4% 이하**가 되도록 한다.
⑥ **연직 시공 이음에는 지수판 등 물의 통과 흐름을 차단할 수 있는 방수 처리재 등의 재료 및 도구를 사용**하는 것을 원칙으로 한다.
⑦ 수밀성이 큰 콘크리트는 중성화작용이 적어진다.

(9) 폴리머(시멘트) 콘크리트

1) 결합재로써 시멘트를 사용하지 않고 폴리머(고분자)를 골재만으로 결합하여 콘크리트를 제조한 것으로써 플라스틱 콘크리트(Plastic concrete)라고도 한다.

2) 폴리머(시멘트) 콘크리트의 특징

① **방수성 및 수밀성이 우수**하고 동결융해에 대한 저항성이 양호하다.
② **휨 및 신장능력이 우수**하다.
③ **고강도**, 내구성이 우수하며 **내부식성, 내약품성이 우수**하여 구조물에 다양하게 이용된다.
④ 모르타르, 강재, 목재 등의 **각종 재료와 잘 접착**한다.
⑤ 물-시멘트비는 30~60% 범위로서 **가능하면 작게 하는 것이 바람직**하다.

(10) 프리플레이스트 콘크리트

1) 콘크리트 타설할 거푸집 안에 굵은 골재를 미리 채워 넣은(Pre-packing) 후 모르타르를 주입한 콘크리트를 말한다.

2) 프리플레이스트 콘크리트의 특징

① **굵은 골재의 최소 치수는 15mm 이상**, 굵은 골재의 최대 치수는 **부재단면 최소 치수의 1/4 이하**, 철근 콘크리트의 경우 **철근 순간격의 2/3 이하**로 하여야 한다.
② 골재의 적절한 입도 분포를 위해 일반적으로 **굵은 골재의 최대 치수는 최소 치수의 2~4배 정도**로 한다.
③ 대규모 프리플레이스트 콘크리트를 대상으로 할 경우, **굵은 골재의 최소 치수를 크게** 하는 것이 효과적이다.
④ 프리플레이스트 콘크리트에서 **주입용 모르타르에 쓰이는 모래의 조립률(FM 값)은 1.4~2.2** 정도이다.

(11) 프리스트레스트 콘크리트

1) **고강도 강선을 사용**하여 인장응력을 미리 부여함으로서 큰 응력을 받을 수 있도록 제작된 콘크리트를 말한다.

2) 프리스트레스트 콘크리트를 **프리텐션방식으로 프리 스트레싱할 때 콘크리트의 압축강도는 최소 30MPa 이상**이어야 한다.

(12) 유동화 콘크리트

미리 비벼낸 **단위수량이 적은 콘크리트에 유동화재를 혼합하여** 된비빔 콘크리트의 품질을 유지한 채 **일시적으로 유동성을 증대시킨 콘크리트**를 말한다.

(13) 레진 콘크리트

1) 충분히 **건조된 골재**에 불포화 폴리에스테르 수지, 에폭시 수지, 폴리우레탄 등의 **열경화성 수지를 혼합하여 만든 콘크리트**를 말한다.

2) 일반 콘크리트에 비해 **압축 강도, 인장 강도, 내구성, 내약품성이 높다.**

(14) 섬유보강 콘크리트

보강용 섬유를 혼입하여 **콘크리트의 인장강도와 인성, 균열억제, 내충격성 및 내마모성을 높인 콘크리트**를 말한다.

무기계 섬유	유기계 섬유
① 강섬유 보강 콘크리트 ② 유리섬유 보강 콘크리트 ③ 탄소섬유 보강 콘크리트	① 아라미드 섬유 보강 콘크리트 ② 폴리프로필렌 섬유보강 콘크리트 ③ 비닐론 섬유보강 콘크리트 ④ 나일론 섬유보강 콘크리트

8 콘크리트의 강도

- **콘크리트는 압축에는 강하나 인장에는 매우 약하다.**
- 화재 시에는 결합수를 방출하므로 강도가 저하된다.

(1) 콘크리트 강도의 종류 ★

1) 압축강도(Compression Strength)

압축강도가 다른 강도(휨 · 인장 · 전단 · 부착강도 등)에 비해 현저히 크다.

2) 인장강도(Tensile Strength) : 압축강도의 1/10~1/13 정도이다.

3) 전단강도(Shear Strength) : 압축강도의 1/4~1/6 정도이다.

4) 부착강도(Bond Strength)

① 최초 **시멘트페이스트의 점착력에 따라 발생**한다.
② 콘크리트 **압축강도가 증가함에 따라 부착강도도 증가**한다.
③ **피복두께가 두꺼울수록 부착강도도 증가**한다.
④ **물시멘트비가 작을수록 부착강도가 증가**한다.
⑤ **철근의 정착 길이가 길수록 부착강도가 증가**한다.

(2) 콘크리트 강도에 영향을 미치는 요인

① 시멘트의 종류
② 물·시멘트비
③ 골재
④ 양생조건 및 기간
⑤ 콘크리트의 재령

03 석재

주요내용 알고 가기!

- 석재의 조직 및 성질
- 석재의 성인에 의한 분류
- 석재의 종류와 용도
- 석재 시공 시 유의하여야 할 사항
- 석재 붙임공법의 종류
- 점토의 일반 성질
- 점토 소성제품의 흡수성
- 점토제품의 백화 및 백화방지 대책
- 점토벽돌의 품질, 치수 및 허용차
- 기타 점토제품

1 석재의 성질

(1) 석재의 조직

① 절리 : **암석 특유의 천연적으로 갈라진 금**을 말하며, 규칙적인 것과 불규칙적인 것이 있다.
② 층리 : 퇴적암 및 변성암에 나타나는 **퇴적할 당시의 지표면과 방향이 거의 평행한 절리**를 말한다.
③ 석리 : 편광현미경으로 관찰하였을 때 볼 수 있는 **암석의 구성조직(돌의 결)**을 말한다.
④ 편리 : 변성암에 생기는 절리로서 **방향이 불규칙하고 얇은 판자모양으로 갈라지는 성질**을 말한다.
⑤ 석목 : 암석이 가장 쪼개지기 쉬운 면을 말하며 **절리보다 불분명하지만 방향이 대체로 일치되어 있는 것**을 말한다.

(2) 석재의 일반적인 성질

① **석재의 비중이 클수록 강도가 크며**, 공극률이 클수록 내화성이 크다.
② **흡수율은 동결과 융해에 대한 내구성의 지표**가 된다.
③ 인장강도는 압축강도의 1/10 ~ 1/30 정도이다.

(3) 석재의 화학적 성질

① 규산분을 많이 함유한 석재는 내산성이 크고, 석회분을 함유한 석재는 내산성이 적다.
② 대리석, 사문암 등은 내장재로 사용하는 것이 바람직하다.
③ 조암광물 중 장석, 방해석 등은 산류의 침식을 쉽게 받는다.
④ 산류를 취급하는 곳의 바닥재는 황철광, 갈철광 등을 포함하지 않아야 한다.

(4) 석재의 흡수율과 비중

- 흡수율(%) = $\dfrac{\text{침수 후의 공시체의 무게(g)} - \text{건조 공시체의 무게(g)}}{\text{건조 공시체의 무게(g)}} \times 100$

- 표면건조포화상태비중
  = $\dfrac{\text{공시체의 건조무게(g)}}{\text{공시체의 침수 후 표면건조포화 상태의 무게(g)} - \text{공시체의 물속무게(g)}}$

2 석재의 분류 및 종류

(1) 석질에 의한 분류

① 화성암계 : 화강암, 안산암
② 수성암계 : 석회암, 사암, 응회암, 점판암(철평석, 슬레이트)
③ 변성암계 : 사문석, 반석, 대리석
④ 퇴적암계 : 사암, 이판암, 점판암, 응회암, 석회암

(2) 석재의 성인에 의한 분류

화성암	① 화강암 ② 안산암 ③ 현무암 **특급암기법** : 화성의 현(현무암)안(안산암)은 강함(화강암)이다.
수성암	① 사암 ② 점판암 ③ 석회암 ④ 옹회암 **특급암기법** : 수성이는 사점 맞고 응석 부림
변성암	① 대리석 ② 석면 ③ 테라죠 **특급암기법** : 변(변성암)테(테라죠) 대(대리석)면(석면)

(3) 화성암의 종류

화강암, 섬록암, 유문암, 반려암, 현무암, 안산암, 부석 등이 있다.

화강암	**1) 화강암의 특징** ① **내구성 및 강도가 크고** 외관이 수려하여 **내 · 외장재로 쓰인다.** ② **결정체의 크고 작음에 따라 외관과 강도가 다르다.** ③ **구조재, 내외장재, 도로포장재, 콘크리트용 골재** 등으로 사용된다. ④ 경도가 크기 때문에 세밀한 조각 등에 적당하지 않다. ⑤ 내화도가 낮아 **고열을 받는 곳에는 적당하지 않다.** ⑥ 화강암의 내구연한은 75 ~ 200년 정도로서 **다른 석재에 비하여 비교적 수명이 길다.** ⑦ 화강암은 **조암광물의 종류에 따른 열팽창계수의 차이로 인하여 열을 받았을 때 파괴**된다. **2) 화강암의 색상** ① 전반적인 색상은 **밝은 회백색**이다. ② **흑운모, 각섬석, 휘석** 등은 **검은색**을 띤다. ③ **산화철을 포함하면 미홍색**을 띤다. ④ **색상은 장석에 의해 좌우**된다.
안산암	① 석질이 치밀하여 **강도와 경도가 높고 내구성, 내화성이 크다.** ② **구조재, 바닥재**로 사용된다.
현무암	① **입자가 잘거나 치밀**하며 색은 **검은색 · 암회색**이다. ② 석질이 치밀하여 **토대석, 석축**에 사용된다.

(4) 수성암의 종류

사암	경질사암은 외벽재 및 경구조재, 연질사암은 내장재로 사용된다.
점판암	**천연슬레이트로서 지붕재**, 외벽, 마루 등에 쓰이며 숫돌, 비석으로 사용된다.
응회암	응회석은 **다공질이고 내화도가 높으므로** 특수 장식재나 경량골재, 내화재 등에 사용된다.
석회암	• 시멘트, 석회의 원료로 사용된다. • 석회암은 석질이 치밀하나 **내화성이 부족**하다. • 석회암은 **주성분이 열에 의해 분해되기 때문에 열에 약하다.**

(5) 변성암의 종류 ★

대리석	• 석회암이 변화되어 결정화된 것으로 치밀, 견고하다. • 열, 산에 약하지만 광택이 나며 외관이 아름다워 **실내장식재, 조각재**로 사용된다.
석면	• **섬유상을 띠는 규산염 광물의 일종**(사문암 또는 각섬암이 열과 압력을 받아 변질하여 섬유 모양의 결정질이 된 것) • **단열재·보온재·내화재** 등으로 사용되었으나, 인체 유해성으로 사용이 규제되고 있다.
테라죠 ★	• 대리석을 종석으로 한 인조석의 일종이다. • 테라죠 판 : 부순 골재, 안료, 시멘트 등을 혼합한 콘크리트로 성형하고 경화한 후 **표면을 연마하고 광택을 내어** 마무리한 제품을 말한다.

(6) 석재의 종류와 용도

① 화산암 : 경량골재
② 화강암 : 콘크리트용 골재, 외장재
③ **대리석 : 조각재, 내장재, 실내 장식재** ★
④ 응회암 : 고온 로의 재료, 특수 장식재, 경량골재, 내화재
⑤ 점판암 : 지붕재
⑥ **사문암** : 암녹색 바탕에 흑백색의 아름다운 무늬가 있고, 경질이나 풍화성이 있어 외장재보다는 **내장 마감용 석재(실내 장식용, 대리석용 석재)로 이용**된다. ★
⑦ 석회암 : 시멘트, 석회의 원료
⑧ 현무암 : 토대석, 석축
⑨ **석면 : 단열재·보온재·내화재**(인체 유해성으로 사용이 규제됨) ★
⑩ **감람석** : 크롬, 철광으로 된 흑록색의 치밀한 석질의 화성암으로 **건축 장식재로 이용**된다. ★
⑪ **중정석 : X선 차단 콘크리트용 골재** ★
⑫ **트래버틴**(대리석 일종의 석회암) ★
　• 석질이 불균일하고 다공질이다.
　• 황갈색 반문이 있다.
　• 탄산석회를 포함한 물에서 침전, 생성된다.
　• 바닥재, 벽재, 테이블 상단 등 내장재로 사용된다.

3 석재의 시공

(1) 석재 시공 시 유의하여야 할 사항

① 석재는 중량이 크고 운반에 제한이 따르므로 최대치를 정한다.
② **압축응력을 받는 곳에만 사용**한다.(휨 및 인장강도가 약하다.)
③ 되도록 **흡수율이 낮은 석재를 사용**한다.
④ **가공 시 예각은 피한다.**
⑤ $1m^3$ 이상 되는 석재는 높은 곳에 사용하지 않는다.
⑥ **중량이 큰 것은 높은 곳에 사용하지 않도록** 한다.
⑦ 외벽 특히 콘크리트 **표면 첨부용 석재는 경석을 사용**하여야 한다.
⑧ **동일 건축물에는 동일 석재로 시공**하도록 한다.
⑨ 석재는 인장력에 취약하므로 **석재를 구조재로 사용할 경우 직 압력재로 사용**하여야 한다.
⑩ 내화도가 필요한 곳에는 열에 강한 것을 사용한다.
⑪ 조각용은 너무 연한 것, 너무 굳은 것은 곤란하다.

(2) 석재의 표면 마무리

① **혹두기** : 원석의 상부와 측면에 쐐기를 박아 쪼갠 다음, **쇠망치나 날메로 표면을 다듬은 수준의 거친 마무리**를 말한다.
② **정다듬** : 혹두기 상태의 표면을 **정으로 쪼아내어 표면을 다듬는 방법**을 말한다.
③ **도드락다듬** : 정다듬 표면을 **도드락 망치로 마무리하여 표면을 더욱 평활하게 만든 방법**을 말한다.
④ **잔다듬** : 연질의 석재를 다듬을 때 쓰는 방법으로 **양날망치로 일정방향으로 찍어 다듬는 돌표면 마무리하는 방법**을 말한다.

4 석재의 백화현상

(1) 백화현상

① 건축물의 백화란 **시멘트 벽돌, 타일, 석재 등의 표면에 백색가루가 나타나는 현상**을 말한다.
② 백화 현상은 **Cement 중의 수산화칼슘이 공기 중의 탄산가스와 반응**해서 발생한다.

 한 눈에 들어오는 **키**워드

참고

1. 인조석 및 석재가공제품
① 테라죠는 대리석, 사문암 등의 종석을 백색시멘트로 결합시키고 가공하여 생산한다.
② 에보나이트는 주로 가구용 테이블 상판, 실내벽면 등에 사용된다.
③ 초경량 스톤패널은 로비(lobby) 및 엘리베이터의 내장재 등으로 사용된다.

2. 모조석(imitation stone) : 백색시멘트와 종석, 안료를 혼합하여 천연석과 유사한 외관을 가진 인조석으로 만든 것으로서 의석 또는 캐스트스톤(cast stone)이라고 한다.

참고

직 압력
축방향으로 직접 가해지는 압력을 말한다.

(2) 석재 백화현상의 원인

① 빗물처리가 불충분한 경우
② 줄눈시공이 불충분한 경우
③ 석재 배면으로부터의 누수에 의한 경우
④ 마감재료의 화학적 반응

5 석재붙임공법의 종류

습식공법	건식공법
① 온 사춤공법 ② 줄띠 사춤공법	① 앵커(Anchor) 긴결공법 ② 강재Truss 지지공법 ③ GPC공법

(1) **습식공법** : 구조체와 석재 사이를 연결철물(긴결철물)과 모르타르를 채워서 고정하는 공법

① **온 사춤공법** : 석재를 연결철물로 고정하고 뒷벽과의 사이에 온통사춤 모르타르를 채우는 공법
② **줄띠 사춤공법** : 석재를 연결철물로 고정하고 가로줄눈에 줄띠모양으로 **사춤 모르타르를 채우는 공법**

(2) **건식공법** : 모르타르 없이 구조체와 석재 사이를 연결철물로 고정하는 공법 ★

① **앵커(Anchor) 긴결 공법** ★
   - 모르타르를 충전하지 않고 앵커, 너트, 볼트, 와셔 등의 긴결철물(연결철물)로 고정하는 방법을 말한다.
   - 동절기 시공이 가능하고 공기단축 및 **백화현상을 방지할 수 있다.**
② **강재Truss 지지공법** : **구조체에 강재트러스를 설치한 후 석재를 그 위에 설치**해 나가는 공법
③ **GPC(granite veneer precast concrete) 공법** : 강재트러스 대신에 **석재와 콘크리트를 일체화시킨 대형 콘크리트 패널을 연결철물로 고정하는 방법**

6 석공사에서 대리석붙이기

① 대리석은 외장용으로는 사용이 불가능하다.
② 대리석 붙이기 연결철물은 10#~20#의 황동 쇠선을 사용한다.
③ 대리석 붙이기 최 하단은 충격에 쉽게 파손되므로 충진재를 넣는다.
④ 대리석은 시멘트 모르타르로 붙이면 알칼리성분에 의하여 변색·오염될 수 있다.

7 석고보드의 시공

(1) 석고보드

① 소석고를 분쇄해서 물과 몇 가지 재료를 혼합하여 만든 반죽을 강한 보드용 종이에 풀어 넣어 판상으로 성형한 후 건조시켜 만든다.
② **불연, 단열, 차음 성능**이 있고 벽면에 붙이면 평활한 면을 만들 수 있어, 건축물의 천장이나 벽면에 최종 마감 면을 만들기 위해 사용된다.

(2) 석고보드의 시공

① 석고보드는 두께 9.5mm 이상의 것을 사용한다.
② 석고보드용 평머리못 및 기타 설치용 철물은 용융 아연 도금 또는 유니크롬 도금이 된 것으로 한다.
③ 목조 바탕의 띠장 간격은 450mm 내외로 하며, 기둥 및 샛기둥에 따 넣고, 못치기로 한다.
③ 경량철골 바탕의 칸막이벽 등에서는 기둥, 샛기둥의 간격을 450mm 내외로 한다.
④ 경량철골 천정바탕에 있어서는 반자틀받이의 간격은 900mm 이내, 반자틀의 간격은 300mm 이내로 한다.

8 돌쌓기 방법

(1) 허튼층 쌓기(완자 쌓기)

면이 네모진 2~3가지 높이의 돌을 수평줄눈이 부분적으로만 연속되게 쌓으며, 일부 상하 세로줄눈이 통하게 쌓는 돌쌓기 방법을 말한다.

(2) 층지어 쌓기(성층 쌓기)

막돌, 둥근 돌 등을 중간 켜에서는 흐트려 쌓고 2~3켜마다 수평줄눈이 일직선으로 연속되게 쌓는 방법을 말한다.

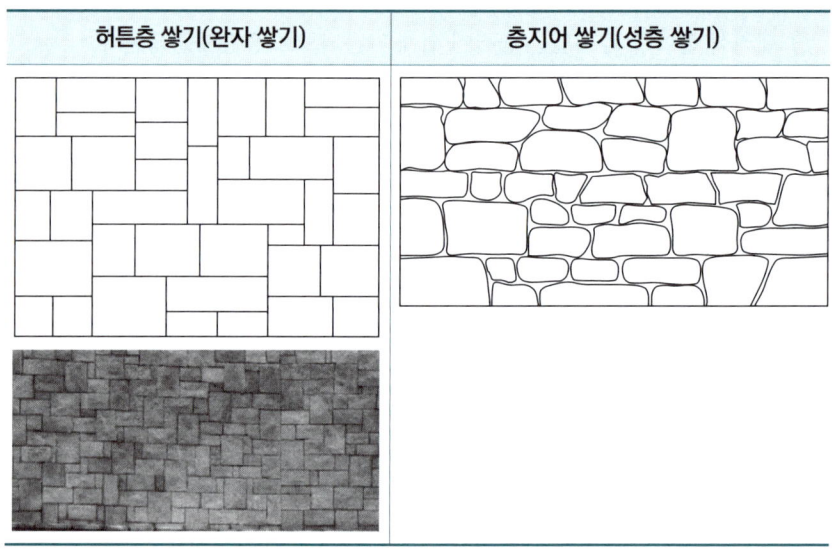

9 석축 쌓기 공법

① 메쌓기
② 찰쌓기
③ 건쌓기
④ 맞춤면 찰쌓기
⑤ 견치돌 쌓기
⑥ 점층 자연석 쌓기
⑦ 엇갈림 쌓기

10 석재의 품질시험

① 비중 시험
② 흡수율 시험
③ 압축강도 시험

04 점토 및 점토제품

주요내용 알고 가기!

- 점토의 일반성질
- 점토 소성제품의 종류 및 흡수성
- 점토제품의 백화 및 백화방지 대책
- 점토벽돌의 품질
- 점토벽돌의 치수 및 허용차
- 기타 점토제품

1 점토

(1) 점토의 일반성질 ★

① 양질의 점토는 **물을 흡수하여 가소성**을 나타내며, **점토 입자가 미세할수록 가소성은 좋아진다.** ★
② 점토의 **주성분은 실리카와 알루미나**이다.
③ **인장강도**는 점토의 조직에 관계하며 **입자의 크기가 큰 영향을 준다.**
④ **압축강도는 인장강도의 약 5배 정도**이다. ★
⑤ 점토제품의 **색상은 철산화물 또는 석회물질**, 망간화합물, 소성온도에 의해 나타난다.(소성 색상은 **석회물질이 많을수록 황색, 철산화물이 많을수록 적색**이 된다.) ★
⑥ **사질점토는 적갈색으로 내화성이 부족**하며 보통벽돌, 기와, 토관의 원료로 사용된다.
⑦ **자토는 순백색**이며 **내화성이 우수하나 가소성은 부족**하다.
⑧ **석기점토는 유색의 견고하고 치밀한 구조**로 내화도가 높고 가소성이 있다.
⑨ **석회질점토는 백색으로 용해되기 쉽다.**
⑩ Fe_2O_3 등의 성분이 많으면 건조수축이 커서 고급 도자기 원료로 부적합하다.
⑪ 점토제품에서 **SK번호는 소성온도**를 나타낸다. ★
⑫ 점토의 소성온도는 점토의 성분이나 제품의 종류에 따라 다르다.(저온으로 소성된 제품은 화학변화를 일으키기 쉽다.)
⑬ **점토를 소성**하면 용적, 비중 등의 변화가 일어나며 **강도가 현저히 증대**된다.
⑭ **점토를 가공 소성하여 냉각하면 금속성의 강성**을 나타낸다.

(2) 점토의 물리적 성질

① 점토의 압축강도는 인장강도의 약 5배 정도이다.
② 양질 점토일수록 가소성이 좋다.
③ 순수한 점토일수록 용융점이 높고 강도도 크다.
④ 점토의 비중은 불순 점토일수록 크고, 알루미나분이 많을수록 작다.

> **참고**
> 점토제품의 S.K 번호
> 제품의 소성온도를 의미한다.

2 점토 및 점토제품의 특성

(1) 점토의 종류별 특성과 용도

① **석회질 점토** : 백색으로 용해되기 쉽고 연질 도기의 원료로 쓰인다.
② **사질점토** : 적갈색으로 내화성이 낮으며 보통 벽돌, 기와, 토관의 원료로 사용된다.
③ **자토** : 백색으로 내화성이 우수하나 가소성이 부족하며 도자기 원료로 쓰인다.
④ **석기점토** : 유색의 치밀한 구조로 내화도가 높고 가소성이 있으며 유색 도기의 원료로 쓰인다.

(2) 점토제품의 원료와 역할

① 규석, 모래 : 점성 조절
② 장석, 석회석 : 용융성 조절
③ 샤모트(chamotte) : 점성 조절
④ 식염, 붕사 : 표면 시유제
⑤ 고령토 질 : 내화성 강화

(3) 점토 소성제품의 종류 및 특성

항목	토기	도기	석기	자기
소성온도(℃)	790~1,000	1,100~1,230	1,160~1,350	1,230~1,460
제품	벽돌, 기와, 토관	타일, 테라코타, 위생도기	타일, 벽돌, 토관, 테라코타	타일, 위생도기

(4) 점토 소성제품의 흡수성

토기 > 도기 > 석기 > 자기

(5) 점토 소성제품의 특징

① 내열성 및 전기절연성이 우수하다.
② 화학적 저항성, 내후성이 우수하다.
③ 백화현상이 발생할 수 있다.
④ 강도가 낮으면 흡수성도 크다.
⑤ 점토 소성제품의 종류에는 도기, 토기, 석기, 자기 등이 있다.

(6) 점토제품의 백화 ★★

벽돌을 접착시키는 **모르타르의 석회분이 빗물에 유출될 경우 수산화칼슘이 공기 중의 탄산가스 또는 벽돌의 유황성분과 결합하여 흰 가루가 생기는 현상**을 말한다.

(7) 점토제품의 백화현상 방지 대책 ★★

① **흡수율이 작은 벽돌이나 타일을 사용**한다.
② 벽돌이나 줄눈에 **빗물이 들어가지 않는 구조**로 한다.
③ **줄눈 모르타르의 단위 시멘트량을 적게** 한다.
④ **수용성 염류가 적은 소재를 사용**한다.

3 벽돌

(1) 점토벽돌

① 점토, 고령토 등을 원료로 하여 혼련, 성형, 건조, 소성시켜 만든 벽돌을 말한다.
② 점토 소성벽돌의 **적색은 원료의 산화철성분에서 기인**한다.
③ **잘 구워진 것일수록 색이 매우 짙으며 두드리면 청음이 나고 치수가 작아진다.**
④ 점토벽돌의 종류에는 내화벽돌, 특수벽돌, 경량벽돌, 보통벽돌이 있다.

1) 점토벽돌의 종류

미장 벽돌	**점토 등을 주원료로 하여 소성한 벽돌**로서 유공형 벽돌은 하중 지지면의 유효 단면적이 전체 단면적의 50% 이상이 되도록 제작한 벽돌을 말한다. • 1종 : 내장재 및 외장재로 사용된다. • 2종 : 내장재로만 사용해야 한다.
유약 벽돌	**점토 등을 주원료로 하여 외부에 노출되는 표면에 유약** 또는 그와 유사한 원료로 용융된 상태로 소성한 벽돌을 말한다. • 1종 : 내장재 및 외장재로 사용된다. • 2종 : 내장재로만 사용해야 한다.

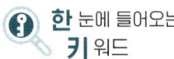

2) 점토벽돌의 모양에 따른 구분

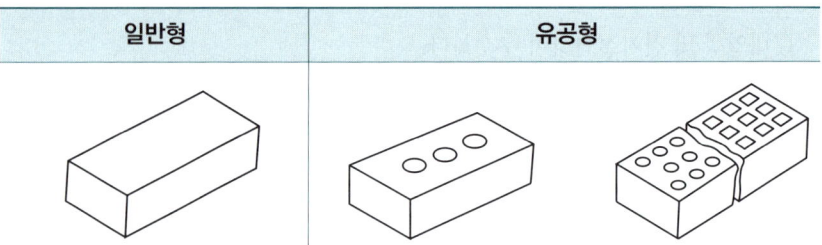

일반형	유공형

3) 점토벽돌의 품질 ★ (KSL 4201:2022)

품질	종류	
	1종	2종
흡수율(%)	10.0 이하	15.0 이하
압축강도(MPa)	24.50 이상	14.70 이상

4) 점토벽돌의 치수 및 허용차 ★★ (KSL 4201:2022)

단위 : mm

항목	구분		
	길이	너비	두께
치수	190	90	57
	230	90	57
	290	90	48
허용차	±5.0	±3.0	±2.5

5) 점토 벽돌의 성능 시험방법

① 겉모양
② 압축강도
③ 치수
④ 흡수율

(2) 보통벽돌의 종류

1) 과소(품)벽돌

① 소성온도가 지나치게 높아서 강도가 강하고 두드리면 금속성 청음이 들린다.
② 형상 및 치수가 정확하지 않고 색채가 고르지 못하고 균열이 많다.
③ 흡수율이 낮고 장식용으로 사용된다.

2) 소벽돌

① 소성온도가 양호하며 검붉은 색이다.
② 일반구조용, 치장용으로 사용된다.
③ 보통 소벽돌 : 소성온도가 보통이며 내부 간벽용으로 사용된다.

3) 변색벽돌

① 과열 소성되어 부정형이며 검붉은 색이다.
② 특수 치장용으로 사용된다.

(3) 경량벽돌

1) 중공벽돌

① 벽돌 내부에 몇 개의 구멍을 가진 벽돌
② 방음벽, 단열벽에 사용되며, 경량으로 칸막이벽에 사용된다.

2) 다공벽돌

① 점토에 분탄, 톱밥 등을 혼합하여 성형한 후 소성한 벽돌
② 절단, 못치기 등의 가공이 가능하며 구조재로는 부적합하나 방열, 방음, 칸막이벽, 치장재로 사용된다.

3) 특수벽돌

포도벽돌	• 도로나 마룻바닥에 까는 두꺼운 벽돌로서 원료를 연와토 등을 쓰고 식염유로 시유 소성한 벽돌이다. • 경질이며, 흡습성이 적고 두꺼워서 도로 · 복도 · 창고 · 공장 등의 바닥에 사용된다.
내화벽돌	• 내화점토로 만든 벽돌로 고온의 보일러 내부 및 굴뚝, 화로 등에 사용된다. • 내화벽돌의 주원료 광물 : 납석 • 내화벽돌의 종류에 따라 내화 모르타르도 반드시 그와 동질의 것을 사용하여야 한다. • 내화벽돌의 내화도 : SK 26번 이상(내화온도 1500~2000℃ 이상으로 보통벽돌의 내화도가 800℃보다 높다.) * 내화도(耐火度)는 제게르콘 번호(SK)를 붙여서 나타낸다.
이형벽돌	아치벽돌, 원형벽체를 쌓는데 쓰이는 원형벽돌과 같이 형상, 치수가 규격에서 정한 바와 다른 벽돌로서 특수한 구조체에 사용될 목적으로 제조된다.
오지벽돌 (유약벽돌)	벽돌의 한 면을 오지물을 칠해 구운 치장벽돌을 말한다.
검정벽돌	불완전연소로 소성하여 검게된 벽돌로 치장용으로 사용된다.

4 타일

(1) 타일의 특징

① 점토 또는 암석분말을 소성하여 만든 박판제품(두께 약 5mm)을 말한다.
② 타일의 종류는 내장타일, 외장타일, 바닥타일, 모자이크 타일로 구분한다.
③ **흡수율에 따라 자기질 타일, 석기질 타일, 도기질 타일로 구분한다.**
④ **내장타일과 모자이크 타일은 건식제법, 외장 타일과 바닥타일은 습식제법**으로 제조된다.
⑤ **건식제법이 습식제법에 비해 타일의 치수 정밀도가 높다.**
⑥ 타일의 **백화현상은 수산화석회와 공기 중 탄산가스의 반응**으로 나타난다.

(2) 타일의 제법

① 건식제법 : 함수율 1~8% 전후의 점토를 프레스 성형한다.
② 습식제법 : 함수율 20% 전후의 점토를 압착 성형한다.

(3) 타일의 백화현상

타일의 뒷면에 물이 스며들 경우 시멘트 속의 수산화석회[$Ca(OH)_2$]와 공기 중의 탄산가스가 만나서 석회석($CaCO_3$)을 생성하여 타일면을 희게 오염시키는 현상을 말한다.

> **참고**
> **태피스트리타일**
> 표면에 여러 가지 직물무늬 모양이 나타나게 만든 타일로서 무늬, 형상 또는 색상이 다양하여 주로 내장타일로 사용된다.

5 기타 점토제품

(1) 테라코타 ★

① 점토를 구워 만든 점토제품으로 건축구조용과 장식용으로 사용된다.
② 석재보다 가볍다.
③ 화강암보다 내화도가 높으며 대리석보다 풍화에 강하다.
④ 압축강도가 화강암의 1/2 정도이다
⑤ 주로 석기질 점토나 상당히 철분이 많은 점토를 원료로 사용하며, 건축물의 패러핏, 주두 등의 장식에 사용되는 공동의 대형 점토제품을 말한다.

(2) 자기 ★

① 양질의 도토 또는 장석분을 원료로 하며, 흡수율이 1% 이하로 거의 없다.
② 소성온도가 약 1230~1460℃로 가장 높다.
③ 모자이크 타일, 위생도기 등에 주로 사용된다.

(3) 세라믹(도자기, 불에 구운 돌) : 열과 냉각 등으로 굳어진 비금속를 뜻하며 세라믹 제품에는 도자기, 벽돌, 타일 등이 있다.

① 내열성, 화학저항성이 우수하다.
② 단단하고, 압축강도가 높다.
③ 전기절연성이 있다.
④ 가공이 어렵고 높은 취성(깨지기 쉬운 성질)을 가진다.

(4) ALC 제품 : 벽돌에 기포를 넣어 경량화한 제품을 말한다. ★

① 규산질, 석회질 원료를 주원료로 하여 기포제와 발포제를 첨가하여 만든다.
② 경량이며 단열성, 시공성이 매우 우수하다.
③ 내화성이 크고 차음성이 우수하다.
④ 흡수성이 크고, 표면마모가 쉽고 강도가 크지 않아 외벽 및 구조재로는 적합하지 못하다.

(5) 샤모트벽돌 : 샤모트(내화재료를 분쇄한 것)를 원료로 하여 만든 산성의 내화벽돌로 점토질 내화물로는 가장 다량으로 생산된다.

(6) 점토기와

① **소소와** : 저급점토를 원료로 900~1000℃로 소소하여 만든 것으로 흡수율이 큰 기와
② **훈소와** : 건조제품을 가마에 넣고 연료로 장작이나 솔잎 등을 써서 검은 연기로 그을려 만든 기와
③ **사유와** : 소소와에 유약을 발라 재소성한 기와
④ **오지기와** : 기와 소성이 끝날 무렵에 식염증기를 충만시켜 유약 피막을 형성시킨 기와

> **참고**
> 점토기와의 품질시험 종류
> ① 겉모양과 치수
> ② 흡수율
> ③ 휨 파괴 하중
> ④ 내동해성

05 강재 및 금속재

주요내용 알고 가기!

- 강의 열처리방법
- 비철금속의 성질 및 종류별 특성
- 금속의 부식방지 대책
- 금속 제품, 장식용 금속 제품, 창호용 철물

1 철재

(1) 가단주철

주철의 최대 장점인 **주조성을 가지며** 또한 결점인 **취성을 제거하여 강과 같이 단조할 수 있는 제품**으로 듀벨, 창호철물, 파이프 등에 사용된다.

> **참고**
> - 주조성 : 주물로 만들기 쉬운 성질
> - 취성 : 탄성 한계 이내의 충격 하중을 받을 때 재료가 소성 변형을 거의 보이지 않고 급작스럽게 파괴되는 성질(잘 깨어지는 성질)

(2) 강재

탄소 함유량이 2.0% 이하인 철강 재료를 강(Steel)으로 분류하고, **2.0% 이상인 것을 주철**(Cast iron)로 구분한다.

일반 구조용 강재	용접을 하지 않는 부위에만 적용하는 것을 원칙으로 한다.
용접 구조용 강재	용접을 하더라도 성능이 저하하지 않도록 처리한 강재를 말한다.
건축 구조용 내화 강재	지진 등 외부 에너지에 대해 건물의 안전성을 향상시킬 수 있도록 부재의 소성 변형 능력을 높인 강재를 말한다.

1) 강의 제법

① **제선** : 고로에서 1,300~1,400℃의 온도로 철광석이 탄소, 일산화탄소로 인하여 환원되어 용해된 **선철을 만들어내는 공정**을 말한다.
② **제강** : 선철의 탄소량을 조절하고 불순물을 제거하여 **강재를 제조하는 공정**을 말한다.
③ **압연공정** : 강괴를 이용하여 압연공정을 통해 **최종제품인 소정의 강재 형상이 제작되는 공정**을 말한다.

2) 강의 기계적 가공

① 압연
- 반대방향으로 회전하는 롤러에 가열한 상태의 강을 넣어 성형하는 방법으로 열간 압연하는 방법을 말한다.
- 판재, 형강, 봉강 등 구조용 강재 대부분을 생산할 때 사용한다.

② 압출
- 재료가 움직이는 방향으로 밀어내는 방법을 말한다.
- 공업용 제품 생산에 사용된다.

③ 단조
- 가열상태의 강을 프레스나 해머로 단련하여 기계적 성질을 개선하는 방법을 말한다.
- 볼트, 너트 등의 생산에 사용된다.

3) 탄소함유량이 많은 순서

주철 > 탄소강 > 연철

4) 강(鋼)에 함유된 탄소 성분이 강재성질에 끼치는 영향

① 강은 **탄소의 함유량이 많을수록 인장강도는 증가**한다.
② 강은 **탄소의 함유량이 많을수록 경도는 증가**한다.
③ 강은 **탄소의 함유량이 많을수록 비열 및 전기저항이 증가**한다.
④ 강은 **탄소의 함유량이 많을수록 연율(신율), 선팽창계수, 열전도율은 감소**한다.
⑤ 강은 **탄소의 함유량이 많을수록 비중, 내식성은 감소**한다.
⑥ **봉강은 탄소량이 적을수록 연질이므로 굴곡가공이 용이**하다.

5) 강의 열처리 ★★

풀림	강을 800 ~ 1,000℃까지 가열한 후 로(爐)의 내부에서 서서히 냉각시킨다.
불림	강을 800 ~ 1,000℃까지 가열한 후 공기 중에서 서서히 냉각시킨다.
담금질	강을 800 ~ 1,000℃까지 가열한 후 물 또는 기름 속에서 급히 냉각시킨다.
뜨임질	담금질을 한 후 다시 200 ~ 600℃로 가열한 다음 공기 중에서 천천히 냉각시킨다.

특급암기법

내부에서 풀어주고, 공기에서 불리고, 물·기름에 담그면 공기에서 뜬다.

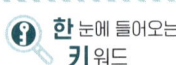

한 눈에 들어오는
키 워드

참고

1. 항복점 : 강재의 인장시험 시 탄성 영역에서 소성 영역으로 넘어가는 경계점을 말한다.

2. 금속의 열 및 전기 전도율 순서
은(Ag) > 구리(Cu) > 금(백금)(Au(Pt)) > 알루미늄(Al) > 마그네슘(Mg) > 아연(Zn) > 니켈(Ni) > 철(Fe) > 납(Pb) > 안티몬(Sb)

6) 강재의 파괴형태

연성파괴	• 강구조물에서 나타나는 대표적인 파괴형태 • 강재가 탄성체에서 소성상태를 거쳐 파단에 이르는 과정
취성파괴	• 저온에서 인장할 때 또는 결함부가 있게 되면 연신율과 단면수축률이 없이 파단하는 현상
청열취성	• 200℃~300℃에서 강의 강도는 커지나 연신율이 급격하게 저하되어 취약화 되는 현상 • 청열취성 구간에서 강은 청색 산화 피막을 생성한다.
저온취성	• 실온 이하의 저온에서 강이 취약한 성질을 나타내는 현상

7) 구조용 강재의 특징

① 구조용 탄소강은 보통 저탄소강이다.
② 구조용 강 중 연강은 철근 또는 철골재로 사용된다.
③ 구조용 강재의 대부분은 압연강재이다.

참고

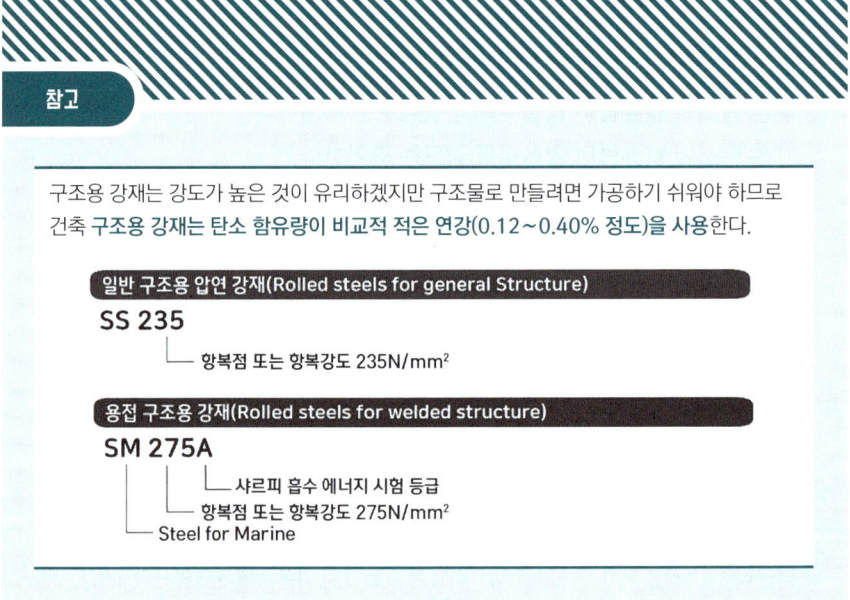

구조용 강재는 강도가 높은 것이 유리하겠지만 구조물로 만들려면 가공하기 쉬워야 하므로 건축 **구조용 강재는 탄소 함유량이 비교적 적은 연강(0.12~0.40% 정도)을 사용**한다.

일반 구조용 압연 강재(Rolled steels for general Structure)
SS 235
└ 항복점 또는 항복강도 235N/mm²

용접 구조용 강재(Rolled steels for welded structure)
SM 275A
   │ └ 샤르피 흡수 에너지 시험 등급
   └ 항복점 또는 항복강도 275N/mm²
└ Steel for Marine

8) 스테인리스강의 특징

① 철(Fe)에 크롬(보통12%이상)을 넣어서 녹이 잘 슬지 않도록 만들어진 강이다.(크롬(Cr)의 첨가량이 증가할수록 내식성이 좋아진다.)
② **강도가 높고** 내마모성이 높다.(기계적 성질이 양호하다).
③ **전기저항성이 크고 내화, 내열성이 크다.(열전도율이 낮다.)**
④ 표면이 아름다우면 표면가공이 다양하다.

9) 경량형강

① 단면이 작은 **얇은 강판을 냉간 성형하여 만든 것**으로 가설구조물 등에 많이 사용된다.
② 휨 내력은 우수하나 판 두께가 얇아 **국부좌굴이나 녹막이 등에 주의할 필요**가 있다.
③ **가공이 용이**하며 **볼트, 리벳, 용접 등의 다양한 방법을 적용**할 수 있다.
④ **주요 구조부는 대칭되게 조립**해야 한다.

10) TMC 강재(Thermo Mechanical Control process steel : 내화강재)

열간 압연 시에 압연 온도를 조절하여 강도를 상승시켜 **최적의 재질**로 압연하는 과정을 거쳐 **제조된 강재**를 말한다.

11) 드라이브 핀

특수 강제 못을 발사 총(못박기 총)을 써서 **콘크리트 벽이나 벽돌 벽, 강재 등에 박아대는 못**을 말한다.

2 비철금속

(1) 금속 및 비철금속의 성질

1) 금속재료의 일반적 성질

① 강도와 탄성계수가 크다.
② 경도 및 내마모성이 크다.
③ 열 및 전기 전도율이 크고 부식성이 크다.(부식되기 쉽다.)
④ 비중이 큰 편이다.

2) 비철금속의 성질 ★

① **비철금속은 철 이외의 금속**을 말한다.
② **철 금속에 비하여 내식성이 우수하고 경량**이다.
③ **가공이 용이하여 건축용 장식에도 사용**된다.
④ 대부분의 **구조용 특수강은 니켈을 함유**한다.

(2) 비철금속의 종류별 특성

1) 동(Cu : 구리) ★

① 동은 **건조한 공기 중에서는 산화하지 않으나, 습기가 있거나 탄산가스가 있으면 녹이 발생**한다.
② 동은 **맑은 물에는 침식되지 않으나 해수에는 침식**된다.
③ 동은 **대기 중에서 내구성이 있으나 암모니아에 침식**된다.
④ **산 및 알카리에 약하다.**(콘크리트에 접하는 곳에서는 부식이 빠르다.)
⑤ **전기 및 열전도율이 매우 크다.**
⑥ 동은 **전연성이 풍부하므로 가공하기 쉽다.**
⑦ 건축용 판재, **지붕재료, 못, 급배수용 배관 등 냉난방재료로 사용**된다.

2) 동합금

황동(Cu+Zn)	청동(Cu+Sn) ★
① **동과 아연의 합금으로 동보다 단단하며 가공이 용이하다.** ② **창문의 레일, 경첩, 장식철물, 나사 등에 사용한다.**	① **동(구리)과 주석을 주성분으로 한 합금이다.** ② **건축용 장식품, 미술 공예 재료로 사용한다.** ③ **황동보다 내식성이 좋고 내마모성과 주조성이 우수하다.**

3) 알루미늄(Al) ★

① **철 비중의 1/3정도의 경량**이며, **전·연성이 우수하여 가공하기 쉽다.**
② 열·전기의 양도체이며 반사율이 크다.(열·전기 전도성이 크다.)
③ **내화성이 작고 열팽창이 크다.**
④ **산과 알칼리에 약하다.**(알칼리나 해수에 침식되기 쉽다.)
⑤ 대기 중에 방치하면 산화알루미늄 피막을 형성하여 **내구적**이다.
⑥ **콘크리트**에 접하거나 **흙 중에 매몰된 경우에 부식되기 쉽다.**
⑦ **순도가 높은 알루미늄일수록 내식성이 좋고 전·연성이 커진다.**
⑧ 부식률은 대기 중의 습도와 염분 함류량, 불순물의 양과 질 등에 관계되며 0.08mm/년 정도이다.
⑨ 융점이 낮기 때문에 **용해주조는 좋으나 내화성이 부족하다.**
⑩ **알루미늄과 강판을 접촉**하여 사용하면 **알루미늄판이 부식**된다.(이종 금속과 접촉하면 부식된다.)
⑪ **독성이 없으며 무취이고 위생적**이다.

4) 납 ★

① **연질**이며 **비중 크고, 연성과 전성이 커서 가공하기 쉽다.**
② **X선 차단효과가 큰 금속**이다.(방사선실 **방사선 차폐용으로 사용**)
③ 묽은 산과 알칼리에는 잘 침식되지 않지만 **질산과 같은 강한 산, 강 알칼리에는 침식**된다.
④ **공기 중에서 탄산연(PbCO₃) 등이 표면에 생겨 내부를 보호**한다.
⑤ **인장강도가 극히 작은 금속**이다.(전성은 크나 연성은 작다.)
⑥ 증류수에 용해되며, **독성을 가진 금속으로 수도관에 사용할 수 없다.**

5) 주석 ★

주조성·단조성이 좋으며, 인체에 무해하여 식품 보관용 용기 등에 사용된다.

6) 아연

① 인장강도나 연신율이 낮은 편이다.
② 이온화 경향이 크고, 구리 등에 의해 침식된다.
③ 아연판은 철과 접촉하면 침식되므로 아연 못을 사용한다.
④ 철판의 아연도금에 널리 사용된다.

7) 티타늄과 그 합금

① **은백색의 굳은 금속원소**로서 불순물이 포함되면 강해지는 경향이 있다.
② **스테인리스강보다 내식성이 우수**하다.

(3) 금속의 부식방지

1) 금속의 부식방지 대책(방식 대책) ★

① 가능한 한 **이종 금속은 이를 인접, 접촉시켜 사용하지 않을 것**
② **균질한 것을 선택**하고, 사용할 때 **큰 변형을 주지 않도록 할 것**
③ **큰 변형을 준 것은 가능한 한 풀림하여 사용**할 것
④ 가능한 한 **건조상태로 유지**하고 **부분적인 녹은 빨리 제거할 것**
⑤ 도료 및 내식성이 큰 금속의 **기밀 또는 수밀성 보호피막을 만들거나 방부피막을 실시할 것**

2) 방청 안료(녹 방지 안료)

① **금속 부식을 방지**하고 **금속 표면에 대한 페인트의 보호 효과를 향상**시킨다.
② **연단, 징크 크로메이트, 크롬산아연** 등이 있다.

(4) 금속 제품

1) 와이어 메시(wire mesh) ★

① **고강도 철선을 세로선과 가로선을 직각으로 배열**하여 교차점을 **전기용접으로 접합한 격자형의 시트**를 말한다.
② 콘크리트 바닥, 벽체, 지붕 등의 균열억제 및 보강용 철근으로 사용된다.

2) 라스

메탈라스 (metal lath)	① 연 강판에 일정한 간격으로 그물눈을 내고 늘여 철망모양으로 만든 것을 말한다. ② 천장 · 벽 등의 모르타르 바름 바탕용으로 사용된다.
와이어라스 (wire lath)	① 아연도금 철선 또는 보통 철선을 서로 교차시켜 만든 일종의 철망이다. ② 주로 미장 바름의 바탕용으로 사용된다.

3) 익스팬디드 메탈(Expended Metal) : 얇은 철판에 일정 간격으로 절단면을 낸 **펀칭메탈을 길게 늘여 마름모꼴 형상의 공극을 생기도록 한** 것이다.

4) 줄눈대(metallic joiner) : 인조석 갈기 및 테라조 현장 갈기 등에 사용되는 **구획용 철물**로 사용된다.

5) 인서트(Insert) : 콘크리트 슬래브 밑에 반자틀, 덕트, 파이프 등을 달아매고자 할 때 **콘크리트를 타설하기 전에 미리 슬래브에 묻어 천장 달림재를 고정시키는 철물**을 말한다.

6) 데크 플레이트 : 강재류를 요철 가공하여 바닥구조에 사용하는 성형된 판으로 **콘크리트 슬래브의 거푸집 패널 또는 바닥판 및 지붕판으로 사용된다.** ★

7) 장식용 금속 제품 ★

① **코너비드** : 벽, 기둥 등의 **모서리 부분의 미장 바름을 보호**하기 위하여 사용하는 모서리쇠
② **줄눈대** : 인조석 갈기에서의 **신축균열 방지**나 의장효과를 위한 철물
③ **조이너** : 천장에 보드를 붙인 후 그 **이음새를 감추기 위한 목적**으로 사용
④ **펀칭메탈** : **환기구멍이나 라디에이터의 덮개 역할**로 사용

8) 창호용 철물 ★

① **피벗힌지**(pivot hinge) : **경첩 대신 촉을 사용하여 여닫이문을 회전**시킨다.
② **나이트 래치**(night latch) : **외부에서는 열쇠, 내부에서는 작은 손잡이**를 틀어 열 수 있는 **실린더장치**로 된 것이다.
③ **크레센트**(crescent) : **오르내리창 또는 미서기창의 잠금 철물**로 사용된다.
④ **래버터리 힌지**(lavatory hinge) : **스프링 힌지의 일종으로 공중용 화장실** 등에 사용된다.
⑤ **플로어 힌지** : 경첩으로 유지할 수 없는 **무거운 자재의 여닫이문에 사용**된다.
⑥ **지도리** : 장부가 구멍에 들어 끼어들게 만든 철물로서 **회전창에 사용**된다.
⑦ **도어클로저(도어체크)** : **문을 열면 자동적으로 문이 닫히게 하는 장치**를 말한다.

06 미장 및 방수재료

주요내용 알고 가기!

- 응결 경화 방식에 의한 미장재료의 분류
- 미장재료의 종류 및 특성
- 미장바탕이 갖추어야 할 조건
- 미장바름의 종류
- 방수공법의 종류
- 도막방수의 종류 및 특징
- 아스팔트의 침입도
- 아스팔트의 종류
- 석유계 아스팔트
- 아스팔트 제품

1 미장재료

(1) 미장재료

1) 응결 경화 방식에 의한 미장재료의 분류 ★★

구분	종류

수경성(팽창성)
: 경화시간이 짧다.
	① 석고질
	  • 석고 플라스터
	  • 혼합석고 플라스터(배합석고)
	  • 경석고 플라스터(킨즈시멘트)
	② 시멘트모르타르
	③ 인조석 바름
	④ 테라조 현장 바름
	특급암기법 : 수(수경성) **고**(석고)하는 **시**(시멘트모르타르) **인**(인조석) 테라조

기경성(수축성, 알칼리성)
: 경화시간이 길다.
	① 석회질
	  • 회반죽
	  • 회사벽
	② 돌로마이트플라스터(마그네시아 석회)
	특급암기법 : 기(기경성) **회**(석회,회반죽,회사벽) **돌**(돌로마이트플라스터)

- 수경성 : 물과 작용하여 경화하고 차차 강도가 크게 되는 성질
- 기경성 : 공기 중(이산화탄소)에서 경화하는 것으로 공기가 없는 수중에서는 경화되지 않는 성질

2) 미장재료의 구성 재료 ★

① **부착재료는 마감과 바탕재료를 붙이는 역할**을 한다.
② **무기혼화재료는 시공성 향상 등을 위해 첨가**된다.
③ **풀재는 점성을 가지게 하기 위해 첨가**된다.
④ **여물, 수염, 종려 잎은 균열방지를 위해 첨가**된다.

결합재	• 물리, 화학적으로 고체화하여 **바름의 주체가 되는 재료**를 말한다. • 시멘트, 석고계 플라스터, 소석회, 돌로마이트플라스터 등이 있다.
골재	• 중량, 크기 안정성을 목적으로 결합재에 혼입하는 재료로 다량 사용되므로 **바름벽의 성능에 영향을 크게 미친다**. • 결합재의 결점인 **수축 균열, 점성, 보수성의 부족을 보완**하거나 응결·**경화시간의 조절, 치장의 목적**으로 사용된다.
보강재료	• **균열방지의 목적으로 사용**되는 재료로 자신은 직접 고체화에 관계하지 않는다. • **여물, 수염**, 종려털, 종려 잎, 기타 섬유류 등이 있다.
혼화재료	• **착색, 방수, 내화, 단열, 차음 등의 목적으로 첨가**하거나 응결시간 단축 및 연장을 위해 첨가하는 재료를 말한다. • 포졸란, 플라이애쉬, 고로슬래그, 규석분, 회반죽용 풀, 안료 등이 있다.
용수	비빔용수를 말한다.

3) 미장재료 중 시공 후 강재의 초기 부식을 유발하는 재료

① 마그네시아 시멘트 ② 경석고 플라스터 ③ 보드용 석고 플라스터

4) 미장용 혼화재료 중 착색을 목적으로 하는 착색재

① 합성산화철 ② 카본블랙 ③ 이산화망간

(2) 미장재료의 종류 및 특성

1) 시멘트 모르타르

① **시멘트(결합재) + 모래(골재) + 물로 구성**된다.
② 다른 미장재료보다 **내구성 및 강도가 커서 가장 많이 사용**된다.
③ **균열이 생기기 쉽고**, 초벌, 재벌 등 수회 나누어 바른다.
④ 시멘트 모르타르 바름의 **작업성 개선 및 부착력 향상을 위해 첨가하는 혼화제:**
   메틸 셀룰로스(CMC), 합성수지에멀션, 고무계 라텍스

> **한** 눈에 들어오는
> **키** 워드

> **참고**
> **생석회**
> 석회석을 1,000~1200°C 정도의 고온으로 가열했을 때 이산화탄소(CO_2)가 빠져나가면서 생성되는 물질이다.

2) 회반죽 ★

① **소석회에 모래, 해초풀, 여물 등을 혼합**하여 바르는 미장재료이다.
② **목조바탕, 콘크리트 블록 및 벽돌 바탕 등에 사용**된다.
③ 경화건조에 의한 **수축률은 미장 바름 중 큰 편**이다.
④ 발생하는 **균열은 여물로 분산·경감**시킨다.

3) 여물 ★

① **건조 수축에 의한 균열을 방지할 목적으로 여물을 첨가**한다.
② **재료에 끈기를 주어 흘러내림을 방지**한다.
③ **흙손질을 용이하게** 하는 효과가 있다.
④ **바름 중에는 보수성을 향상**시키고, **바름 후에는 건조에 따라 생기는 균열을 방지**한다.
⑤ 여물의 섬유는 **질기고 가늘며 부드럽고 흰색일수록 양질의 제품**이다.

4) 석고플라스터

① **(소)석고, 물, 모래의 성분**으로 마르면 경화하는 성질이 있다.
② 중성으로 **경화 속도가 가장 빠르다**.
③ 건조하면 팽창하는 성질이 있어서 건조 시 수축균열 발생이 거의 없다. ★
④ 가열하면 결정수를 방출하여 온도상승을 억제하기 때문에 **내화성**이 있다.

5) 경석고 플라스터(킨즈 시멘트) ★

① **무수석고 + 모래 + 여물 + 물로 구성**된다.
② **강도가 크고 수축균열이 거의 없다**.
③ 무수석고의 **경화를 촉진시키기 위해 혼화재료로 백반을 사용**한다.
④ 백반은 산성이므로 **금속을 녹슬게 하는 결점**이 있다.(다른 소석고와 혼합 금지)

6) 혼합석고플라스터

① 배합석고 + 모래 + 물로 구성된다.
② **약알칼리성**으로 경화 속도는 보통이다.

7) 돌로마이트 플라스터 ★

① **돌로마이트 석회에 모래, 여물을 혼합**한 것
② 점도가 높아 해초풀이 필요 없고 시공이 용이하다.(풀이 필요하지 않아 변색, 냄새, 곰팡이가 없다.)
③ **경화에 의한 수축률이 커서 균열 발생이 쉽다**.
④ 통풍이 잘 되지 않는 **지하실의 미장재료로 적절하지 못하다**.

⑤ 보수성이 크고 응결시간이 길다.
⑥ 회반죽에 비하여 **조기강도 및 최종강도가 크고 착색이 쉽다.**
⑦ **여물을 혼입하여도** 건조수축이 크기 때문에 **수축 균열이 발생한다.**

8) 단열모르타르

① 단열 모르타르는 **건축물의 열손실 방지를 목적으로 외벽, 지붕, 지하층 바닥면의 내.외부의 바탕 또는 마감재로 사용**하기 위해 만든 재료이다.
② 단열 모르타르는 적절한 **열전도율, 부착강도 및 내화성, 난연성이 있는 재료**로서 외부마감용의 경우에는 **내수성 및 내후성**이 있는 것으로 한다.
③ 단열 모르타르용 **골재는 펄라이트, 석회석, 화성암 등을 고온에서 발포시킨 무기질 또는 유기질의 경량 인공골재를 사용**한다.

9) 펄라이트 모르타르

① 재료는 진주암 또는 흑요석을 소성 팽창시킨 것이다.
② 펄라이트는 비중 0.3 정도의 백색입자이다.
③ 경량성, 내열성, 단열성 및 흡음성이 우수하며 내화피복재 바름 등으로 쓰인다.
④ 강도와 내마모성이 약하고 균열이 생길 수 있다.

10) 바라이트 모르타르 : **방사선 방호용**으로 사용된다.

(3) 미장 바름

시멘트 모르타르나 석회 등의 재료를 벽체 표면에 일정한 두께로 발라 표면을 매끄럽게 마무리하거나 다양한 표현을 연출하여 최종 마무리 면을 형성하는 방법을 말한다.

1) 용어정의

① **바탕처리** : 요철 또는 변형이 심한 개소를 고르게 덧바르거나 깎아내어 **마감두께가 균등하게 되도록 조정하는 것**을 말한다.
② **덧 먹임** : 바르기의 **접합부 및 균열의 틈새, 구멍 등에 반죽된 재료를 밀어 넣어 때우는 것**을 말한다.
③ **라스 먹임** : 미장 바름을 위해 **바탕에 철망(메탈라스, 와이어라스)을 붙이는 작업**을 말한다.
④ **고름질** : 바름 두께 또는 **마감 두께가 고르지 않거나 요철이 심할 때 초벌 바름 위에 발라서 면을 고르는 것**을 말한다.
⑤ **러프코트**(Rough coat) : 시멘트, 모래, 잔자갈, 안료 등을 반죽하여 **바탕 마름이 마르기 전에 뿌려 바르는 거친 벽 마무리**를 말하며 일종의 인조석 바름이다. ★

한 눈에 들어오는 키워드

한 눈에 들어오는 키 워드

⑥ **리신 바름**(lithin coat) : 돌로마이트에 화강석 부스러기, 색모래, 안료 등을 섞어 **6mm정도 정벌 바름**하고 충분히 굳지 않은 때에 표면에 **거친 솔 등으로 긁어 거친 면으로 마무리한 바름**을 말한다. ★

⑦ **초벌바름** : 바탕과의 접착을 주목적으로 하며, 바탕의 요철을 완화시키기 위한 바름을 말한다. ★

- 바름층을 바탕에 가까운 것부터 초벌바름, 재벌바름, 정벌바름, 마감바름 순으로 진행한다.

2) 미장바탕이 갖추어야 할 조건 ★

① 미장 바름을 지지하는데 필요한 **강도와 강성이 있을 것**(미장층보다 강도, 강성이 클 것)
② 미장 바름과 **유효한 접착강도를 얻을 수 있을 것**
③ 미장 바름의 종류 및 마감두께에 알맞은 표면 상태로서 **유해한 요철, 접합부의 어긋남, 균열 등이 없을 것**(미장 바름의 경화, 건조에 지장을 주지 않을 것)
④ 미장바름의 종류에 화학적으로 적합한 재질로서 **녹물에 의한 오염과 손상, 화학반응, 흡수 등에 의한 바름 층의 약화가 생기지 않을 것**(미장 층과 유해한 화학반응을 하지 않을 것)
⑤ 미장바름에 적합한 **바탕은 내·외벽 등의 부위조건 및 사용조건을 고려하여 선택**할 것

3) 바름 순서

① 바름 순서는 **위에서 밑으로, 실내는 천장 – 벽 – 바닥, 외벽은 옥상난간에서부터 지층의 순**으로 한다.
② 수직과 수평이 만나는 곳은 수평면을 먼저 바르고 수직면은 나중에 바른다. 바른 모르터를 잘 누르면 내부의 시멘트풀이 바탕 면에 침투하여 충분히 번지기 때문에 접착이 잘된다.
③ **바름 순서** : 바탕의 청소 → 초벌 바름, 고르기 및 라스 밀기 → 재벌 바름 → 정벌바름 → 1회 바름 마무리 → 2회 바름 마무리 → 바닥 바름 → 줄눈 설치 → 보양
④ **이질재와 접합부로서 조적조는 3m 이상의 경우에 신축줄눈을 설치**하고, 콘크리트 면과 조적 등 이질재의 접합부에도 신축줄눈을 설치한다. 구조체가 팽창줄눈일 경우는 팽창줄눈을 설치한다.

참고

미장공사에서 바탕청소를 하는 가장 주된 목적
바름 층과의 접착력 향상을 위하여

내벽의 바름 두께의 표준
콘크리트나 벽돌 면일 경우 : 총 18mm

4) 미장바름의 종류 ★

① 테라조 바름

테라조 바름은 바닥 바름재로 백시멘트와 안료를 사용하며 종석으로 화강암, 대리석 등을 사용하고 갈기로 마무리하는 공법을 말한다.

② 흙벽 바름

진흙, 모래, 짚여물 등을 물 반죽하여 외 바탕, 산자바탕 등에 바르는 재래식공법을 말한다.

③ 인조석 바름

바탕 위에 종석(화강석, 사문암, 석회석 등의 부순 돌)과 보통 포틀랜드시멘트 또는 백색 포틀랜드 시멘트와 안료, 돌가루를 배합하여 바르고 씻어내기, 갈기, 잔다듬 등으로 마무리한다.

④ 섬유벽 바름
- 목면, 펄프, 인견 등의 합성섬유, 톱밥, 코르크 분, 암면 등의 각종 섬유상의 재료를 접착제로 접합해서 바르는 공법을 말한다.
- 경량이며 균열이 적고, 내구성이 약하지만 단열성, 방음성이 크다.

⑤ 특수바름

리신 바름	미장 바름의 종류 중 돌로마이트에 화강석 부스러기, 색모래, 안료 등을 섞어 정벌바름하고 충분히 굳지 않은 때에 거친 솔 등으로 긁어 거친 면으로 마무리하는 공법을 말한다.
라프코트 (rough coat) 바름	시멘트와 모래, 자갈, 안료 등을 섞어서 뿌려 붙이거나 바르는 것으로 표면을 거칠게 마감하는 공법을 말한다.
모조석 (캐스트 스톤)	백시멘트와 종석, 안료를 혼합하여 만든 천연석과 유사한 외관을 가진 인조석으로 만드는 것을 말한다.

> **한 눈에 들어오는 키워드**
>
> **참고**
> 테라조 : 대리석, 화강암 등의 부순 골재를 안료, 시멘트 등과 함께 경화한 후 표면을 연마, 광택을 내어 대리석과 같이 마감한 인조석으로 바닥이나 벽에 사용되는 재료이다.

한 눈에 들어오는 키워드

참고
- **개량 아스팔트** : 석유 아스팔트(스트레이트 아스팔트)에 고무나 합성수지를 배합하여 석유 아스팔트의 감온성이나 점탄성적 성질을 개량한 방수 시트
- **절연용 테이프** : 바탕과 방수층 사이의 국부적인 응력집중을 막기 위한 바탕면 부착 테이프
- **프라이머** : 방수층과 바탕을 견고하게 밀착시킬 목적으로 바탕면에 최초로 도포하는 액상 재료

2 방수재료

(1) 방수공법의 종류 ★

1) 시멘트(Cement) 액체 방수(시멘트 모르타르 방수)

방수제 및 방수액 등을 혼합한 **모르타르를 발라 피막 방수층을 형성**하는 공법을 말한다.

2) 피막(Membrane) 방수

① 지붕, 차양, 발코니, 외벽 등 **얇은 불침투성 피막을 형성하는 방수층을 형성**하는 공법을 말한다.
② **아스팔트 방수층, 개량 아스팔트 시트 방수층, 합성고분자계 시트 방수층, 도막 방수층** 등이 있다.

3) 시트(Sheet) 방수(합성수지 고분자 방수)

합성고분자 루핑을 접착재로 부착하여 방수층을 형성하는 공법을 말한다.

4) 도막 방수

액체로 된 **방수도료를 여러 번 칠하여 방수막을 형성**하는 공법을 말한다.

(2) 도막방수

1) 도막방수의 특징 ★

① 복잡한 부위의 **시공성이 좋다.**
② 신속한 작업 및 **접착성이 좋다.**
③ 바탕면의 **미세한 균열에 대한 저항성이 있다.**(고무에 **의한 신축성으로 균열이 적다.**)
④ **내약품성** 및 **온도변화에 대한 적응성이 우수**하다.
⑤ 누수 시 **결함 발견이 용이하고 국부 보수가 가능**하다.
⑥ 바탕 면에 **균일한 두께의 시공이 곤란**하다.
⑦ 방수의 신뢰도가 낮아 **단열을 필요로 하는 옥상 층에는 불리**하다.
⑧ **핀홀(구멍)이 생길 우려** 있다.

2) 도막방수의 종류

① **유제형 도막방수**(에멀션형) : **수지유제(아크릴, 합성고무, 초산비닐)를 수회 칠하여** 두께 0.5~1mm 정도의 방수피막을 형성하는 공법이다.

② **용제형 도막방수**(솔벤트형) : **합성고무를 휘발성용제에 녹여 수회 칠하여** 두께 0.5~0.8mm 정도의 **방수피막을 형성**하는 방법이다.

③ 에폭시계 도막방수
- 에폭시수지를 수회 칠하여 0.1~0.2mm 정도의 얇은 **도막을 형성**하는 공법이다.
- **내약품성, 내마모성이 우수**하여 **화학공장의 방수층을 겸한 바닥 마무리로 가장 적합**하다.

3) 도막방수 재료

① 무기, 유기질 혼화재
② 아크릴고무 도막재
③ 고무 아스팔트 도막재
④ 우레탄고무 도막재
- 지붕 및 일반바닥에 가장 일반적으로 사용되는 것으로 **주제와 경화제를 일정 비율 혼합하여 사용하는 2성분형과 주제와 경화제가 이미 혼합된 1성분형**으로 나누어진다.

(3) 방수지

1) 아스팔트 펠트

① 유기성 섬유(양모, 폐지)를 가열, 고착하여 만든 펠트에 스트레이트 아스팔트를 침투시킨 것이다.
② 내구성이 약해 주로 바탕용으로 사용된다.

2) 아스팔트 루핑 ★

① 동·식물섬유를 원료로 한 펠트에 스트레이트 아스팔트를 침투시키고, 양면을 블로운 아스팔트로 피복한 후 표면에 광물질 분말을 살포한 것이다.
② 방수성이 크다.

3) 특수 루핑

석면 아스팔트 루핑, 모래붙임 루핑, 망상 루핑, 알루미늄 루핑 등이 있다.

(4) 아스팔트

1) 아스팔트(Asphalt)의 품질 결정요소 : 천연 혹은 석유 아스팔트를 이용한다.

① **침입도(아스팔트의 양부(良否)를 판별하는 주요 성질)** ★
- 침입도란 어떤 조건에서 **아스팔트가 얼마나 굳은가의 정도(아스팔트의 경도)를 나타내는 값**으로 규정된 굵기와 무게를 갖는 **바늘이 아스팔트 속으로 관입하는 깊이**로 표시한다.
- 표준 침이 시료 중에 관입한 깊이를 표시하는 단위는 **관입량 0.1mm를 침입도 1**로 표시한다.
- 시험조건 : 시험중량 100g, 시험온도 25℃, 관입시간 5초를 표준으로 한다.
- 역청재의 온도는 침입도 값에 비례한다.

② **연화점**
- **아스팔트를 가열하여 액상의 점도에 도달했을 때의 온도**를 말한다.
- **연화점이 높을수록 좋은 아스팔트**이다. ★

③ **인화점**
- 아스팔트를 가열하여 **불을 대는 순간 불이 붙을 때의 온도**를 말한다.
- 아스팔트의 **인화점은 250~320[℃] 정도**이다.

④ **감온비**
- 아스팔트의 **온도변화에 따른 침입도의 변화 정도를 나타내는 수치**이다.(온도는 아스팔트의 침입도, 점도, 경도, 연신율 등에 가장 큰 영향을 준다.)
- **감온성** : 외부 온도변화에 따라 아스팔트의 경도 및 점도 등이 변화하는 성질을 말한다.

⑤ **신도**
- 아스팔트가 신장되는 늘임의 정도를 말한다.

2) 방수공사용 아스팔트

① **1종(침입도 지수 3 이상)** : 보통의 감온성을 가지며 비교적 연질로서 **실내 및 지하 구조 부분에 사용**하며 공사 기간 중이나 그 후에도 알맞은 온도를 가져야 한다.
② **2종(침입도 지수 4 이상)** : 비교적 적은 감온성을 가지며, **일반 지역의 경사가 완만한 옥내 구조부**에 사용된다.
③ **3종(침입도 지수 5 이상)** : 감온성이 적으며, 일반 지역의 **노출 지붕 또는 기온이 비교적 높은 지역의 지붕**에 사용된다.
④ **4종(침입도 지수 6 이상)** : 감온성이 아주 적으며 취화점이 -20℃ 이하이기 때문에 일반 지역 이외에 주로 **한랭 지역의 지붕, 기타 부분에 사용**된다.

3) 아스팔트 방수공사 시 바탕처리

① 아스팔트 방수공정은 **바탕 면에 프라이머를 바르고 펠트, 루핑 등을 적층하는 방법**으로 시공한다.
② 바탕이 거친 경우는 매끄럽게 접착이 안 되므로 바닥면을 일정하게 마무리하고 완전건조 상태에서 시공한다.
③ 바탕 면에 물 흘림 경사를 충분히 둔다.
④ **구석, 모서리** 등은 **둥글게 처리**한다.

(5) 아스팔트의 종류

1) 천연 아스팔트 ★

① 레이크(lake) 아스팔트
② 로크(rock) 아스팔트
③ 아스팔타이트

2) 석유계 아스팔트 ★

스트레이트 아스팔트	① 아스팔트 성분이 가능한 한 변화되지 않도록 만든 것이다. ② 아스팔트 펠트, 아스팔트 루핑 방수재료의 원료로 사용된다. ③ **점착성**, 신성(신축성), 침투성, 방수성 등이 우수하다. ④ 연화점이 낮고, 내구력이 떨어지고, 내후성 및 온도에 의한 변화 정도가 커서 **주로 지하실 방수용으로 사용된다.** ⑤ **점착성, 신성(신축성,신장성)**, 침투성, 방수성은 **스트레이트 아스팔트가 블로운 아스팔트보다 크다.**
블로운 아스팔트	① 점성이나 침투성은 작다. ② 연화점이 높고 열에 대한 안정성이 크고 내후성이 커서 **주로 지붕 또는 옥상방수에 사용된다.** ③ 연화점, 열안정성은 블로운 아스팔트가 스트레이트 아스팔트보다 크다.
아스팔트 컴파운드	① 블로운 아스팔트에 동·식물섬유를 혼합하여 유동성이 있게 만든 것이다. ② 용해점이 높고 고착력·신축이 양호하여 **최우량품이며 방수공사용으로 사용한다.**
아스팔트 프라이머	① 블로운 아스팔트를 휘발성 용제로 녹인 것으로 콘크리트 등의 모체에 침투가 용이하다. ② 아스팔트 방수 시공 시 가장 먼저 사용되는 **바탕처리재**이며 방수의 역할보다는 콘크리트 바탕 면과 아스팔트 방수층과의 부착력을 증대시키는 역할을 한다.

(6) 아스팔트 제품

1) 아스팔트 펠트 ★

① **유기천연섬유 또는 석면섬유를 결합한 원지에 연질의 스트레이트 아스팔트를 침투시킨 것**이다.
② 아스팔트 방수 중간층 재료, 모르타르 바탕의 방수 및 방습재, 내·외벽의 리스 등에 사용된다.

2) 아스팔트 루핑 ★

① 동·식물섬유를 원료로 **한 펠트에 스트레이트 아스팔트를 침투시키고, 양면을 블로운 아스팔트로 피복**한 후 표면에 광물질 분말을 살포한 것이다.
② 건물의 **평지붕의 방수층, 슬레이트의 평판 및 금속판의 지붕 깔기 바탕으로 사용**된다.

3) 아스팔트 에멀젼

① 유화제를 써서 아스팔트를 미립자로 수중에 분산시킨 다갈색 액체이다.
② 깬 자갈의 점결제 등으로 사용된다.

4) 아스팔트 싱글

두꺼운 아스팔트 루핑을 4각형 또는 6각형 등으로 절단하여 경사지붕재로 사용된다.

07 합성수지

주요내용 알고 가기!
- 열경화성 및 열가소성수지의 종류 및 특성
- 합성수지 제품
- 플라스틱재료의 일반적인 성질

1 합성수지

(1) 합성수지의 일반적인 성질

① 가볍고 마모가 적고 탄력성이 크다.
② 내산, 내알칼리 등의 내화학성이 우수하다.
③ 전성, 연성이 크고 피막이 강하다.
④ 전기 및 열의 절연성이 좋다.
⑤ 내열성, 내화성이 적고 비교적 저온에서 연화, 연질 된다.(열팽창률이 크다.)
⑥ 충격에 약하다.

(2) 열경화성 및 열가소성수지

1) 열경화성 및 열가소성수지의 종류 ★★

열경화성 수지	• 페놀 수지 • 멜라민 수지 • 실리콘 수지 • 우레탄 수지 • 폴리에스테르 수지	• 요소 수지 • 알키드 수지 • 에폭시 수지 • 프란 수지 • 불포화폴리에스테르수지
열가소성 수지	• 염화비닐 수지 • 메틸메타크릴 수지 • 폴리스티렌 수지 • 스티롤 수지	• 초산비닐 수지 • 폴리에틸렌 수지 • 아크릴 수지 • 셀룰로이드

> **참고**
>
> **폴리에스테르 강화판**
> 유리 섬유에 폴리에스테르 수지를 불규칙하게 혼입하고 상온 가압하여 성형한 판으로 설비재·내외수장재로 사용된다.

특급암기법

가수(열가소성수지) 염비 초비 메틸 에틸렌(폴리에틸렌) 아크릴 스티(스티롤) 로이드(셀룰로이드)

2) 열경화성 수지의 특성 ★

멜라민 수지	① 마감재, 치장재, 가구재, 전기부품으로 사용된다. ② 경도가 크고 내수성이 작다.
폴리에스테르 수지	① 고분자 합성수지의 일종으로 상온, 상압 하에서 성형이 가능하고 기계적 강도가 높다. ② 글라스 섬유로 강화된 평판, 판상제품으로 주로 사용된다. ③ 전기절연성, 내열성이 우수하고 특히 내약품성이 뛰어나다.
에폭시 수지	① 접착제로 사용된다. ② 경화 시 휘발성이 적어 용적감소가 극히 적다.
요소 수지	내수합판의 접착제로 사용된다.
실리콘 수지	① 내약품성, 내후성, 내열성, 내한성이 우수하다. ② 개스킷, 패킹의 재료, 방수피막 등에 사용된다.

3) 열가소성 수지의 특성 ★

아크릴 수지	① 가열하면 연화 또는 융해하여 가소성이 되고, 냉각하면 경화한다. ② 분자구조가 쇄상구조로 되어 있다. ③ 투명도가 높아 유기유리(유기질 유리)라고도 불린다. ④ 무색, 투명하여 착색이 자유롭고 상온에서도 절단·가공이 용이하다. ⑤ 투광성이 크고 내약품성, 내후성이 크다.
폴리스티렌 수지	① 발포제로서 보드 상으로 성형하여 단열재로 널리 사용되며 천장재, 전기용품, 냉장고 내부 상자 등으로 사용된다. ② 전기절연성, 가공성이 우수하다.
염화비닐 수지	판재, 파이프 등의 각종 성형품으로 사용된다.
메타크릴 수지	① 메타크릴산메틸을 중합하여 만드는 열가소성수지 ② 합성수지 중 투명도가 가장 크다.
폴리우레탄 수지	① 내마모성이 있어 우레탄고무, 도료 접착제로 사용된다. ② 도막 방수재 및 실링재, 기포성 보온재로도 사용된다.

> **참고**
>
> 폴리우레탄 수지는 열가소성 폴리우레탄 및 열경화성 폴리우레탄이 있다.

(3) 합성수지 제품 ★

1) 유리 섬유 강화 폴리에스테르판(폴리에스테르강화판: FRP 판)

① FRP는 열경화성 플라스틱의 대표 제품으로 불포화폴리에스테르수지에 0.1mm 이하로 가공한 유리섬유를 보강하여 만든다.(**유리섬유를 폴리에스테르수지에 혼입하여 가압 · 성형한 판**)
② 내구성이 좋아 **내외장재, 가구재** 등으로 사용되며 구조재로도 사용된다.

2) 개스킷(Gasket)

① 금속이나 그 밖의 **재료가 서로 접촉할 경우 접촉면에서 가스나 물이 새지 않도록 하기 위해 끼워 넣는 패킹(packing)**을 말한다.
② 수밀성, 기밀성 확보를 위하여 **유리와 새시의 접합부, 패널의 접합부** 등에 **사용**된다.
③ 내후성이 우수하고 부착이 용이하다.

3) 실링(Sealing)재(실(seal)재)

① 실(Seal)은 밀봉재를 의미하며 **액체와 기체의 압력을 보전이나 누설을 막기 위해 밀봉하는 역할**을 한다.
② 건축물의 **부재와 부재간의 접합부분(줄눈부)에 채워 수밀성, 기밀성 등의 성능을 주기 위한 재료**를 말한다.

4) 코킹재(Caulking)

① 각종 부자재의 **조인트나 갈라진 틈에 대한 수밀을 유지하기 위하여 충진되는 물질**을 말한다.(예 : 실리콘, 우레탄 등)
② **아스팔트성 코킹재** : 전색재로서 유지나 수지 대신에 블로운 아스팔트를 사용한 것으로 **고온에 약하다**.

> **한 눈에 들어오는 키 워드**

> **참고**
> 초고층 건축물의 외벽시스템에 적용되는 커튼월의 연결부 줄눈에 사용되는 실링재의 요구 성능
> ① 줄눈을 구성하는 각종부재에 잘 부착하는 것
> ② 줄눈 주변부에 오염현상을 발생시키지 않는 것
> ③ 줄눈부의 방수기능을 잘 유지하는 것
> ④ 줄눈에 발생하는 줄눈의 거동(Movement)에 추종할 것

2 플라스틱

(1) 플라스틱 재료

1) 플라스틱 재료의 일반적인 성질 ★

① **비중이 철이나 콘크리트보다 작다.**
② 상호간 **계면 접착이 잘되며** 금속, 콘크리트, 목재, 유리 등 다른 재료에도 잘 부착된다.
③ 일반적으로 투명 또는 백색이므로 안료나 염료에 의해 다양한 착색이 가능하다.
④ **내수성 및 부식성이 우수**하고 산이나 알칼리, 염류 등에 대한 저항성이 강하다.
⑤ **전기저항성이 우수**하여 절연재료로 사용된다.
⑥ 내후성이 나쁘며 열에 의한 체적변화가 크다.(**내열성 및 내후성이 약하다.**)
⑦ **내마모성 및 표면강도가 약하다.**

2) 플라스틱 건설재료의 현장적용 시 고려사항

① 열가소성 플라스틱 재료들은 열팽창계수가 크므로 경질판의 정착에 있어서 **열에 의한 팽창 및 수축 여유를 고려하여야** 한다.
② 마감부분에 사용하는 경우 표면의 흠, 얼룩변형이 생기지 않도록 하고 **필요에 따라 종이, 천 등으로 보호하여 양생**한다.
③ 열경화성 접착제에 경화제 및 촉진제 등을 혼입하여 사용할 경우, 심한 발열이 생기지 않도록 적정량의 배합을 한다.
④ 두께 2mm 이상의 열경화성 평판을 현장에서 가공할 경우, **가열 가공하지 않도록** 한다.

3 바닥 마감재

(1) 건물의 바닥 충격음을 저감시키는 방법

① 유리면 등의 완충재를 바닥공간 사이에 넣는다.
② 부드러운 표면마감재를 사용하여 충격력을 작게 한다.
③ 바닥을 띄우는 이중바닥으로 한다.
④ 바닥슬래브의 중량을 크게 한다.

(2) 바닥강화재의 사용목적

① 내마모성 증진
② 내화학성 증진
③ 분진방지성 증진

(3) 바닥 마감재의 종류

1) 리놀륨타일

아마인유 (linseed oil)에 송진을 혼합하여 리놀륨-시멘트를 만들고 재활용 목분, 코르크 가루, 석회암, **안료를 혼입**하여 **삼베에 압착하여 평평하게 만든 유지계 바닥재**에 해당한다.

2) 비닐 시트

염화비닐과 질산비닐을 주원료로 하여 **석면, 펄프 등을 충전제로 하고 안료를 혼합하여 롤러로 성형** 가공한 것으로 바닥마감재로 사용된다.

3) 탄성우레탄수지 바름 바닥

적당한 탄성이 있고, 내마모성, 흡습성이 있어 아파트, 학교, 병원 복도 등에 사용된다.

08 도료 및 접착제

> **주요내용 알고 가기!**
> - 도료의 구성 재료 및 특징
> - 도료의 종류 및 특성
> - 방청도료의 종류
> - 합성수지 접착제의 종류와 특징

1 도료

(1) 도료의 구성

유지(oil)	도장 후 공기 중의 산소와 화합하여 도막구성 요소를 녹여서 유동성을 갖게 만드는 물질을 말한다. ① 건성유 : 아마인유(linseed oil), 오동유(tung oil), 마실유(삼씨기름, hemp oil) 등 ② 반건성유 : 대두유(콩기름, soubean oil), 채종류(채소씨 기름), 어유 등
건조제(dryer)	도료의 건조를 촉진시키기 위하여 가열하여 기름에 용해하여 사용한다.★ ① 상온에서 기름에 용해되는 건조제 : 리사지, 연단, 초산염, 이산화망간, 붕산망간, 수산망간등 ② 가열하여 기름에 용해되는 건조제 : 코발트의 수지산 또는 지방산 염류, 납, 망간등
휘발성 용제, 희석제, 신전제(thinner)	자체에는 용해성이 없으며, 기름의 점도를 작게 하여 작업을 편리하게 하는 것(페인트 등을 희석시키는 용도)으로 일반적으로 시너라고 한다.
수지(resin)	도막을 형성하는 데 주체가 되는 원료이다. ① 천연수지 : 송진, 세라믹, 에스테르, 크마론수지, 타르피치 등 ② 합성수지 : 알키드수지, 아크릴수지, 아미노수지, 폴리우레탄수지, 실리콘수지, 불소수 지, 아크릴수지,
용제(Solvents)	① 액체에 물질을 녹여서 하나의 물질을 만들 때 녹이고 있는 액체를 말한다. ② 도료의 도막을 형성하는데 필요한 유동성을 얻기 위하여 첨가한다. ★
안료(Pigment)	물, 기름 기타 용제에 녹지 않는 착색 분말을 말한다.
가소제(Plasticizer)	건조된 도막에 탄성, 가소성 등을 줌으로써 내구력을 증대시키기 위해 첨가하는 재료를 말한다.
전색제 (vechicle : 보일유)	도료가 액체 상태에 있을 때 안료를 분산 현탁시키고 있는 매질 부분을 말한다.

(2) 도료의 종류 및 특성

1) 수성 페인트 ★

① 물을 용제로 하는 도료의 총칭으로 **안료를 적은 양의 물로 용해하여 수용성 교착제와 혼합한 분말상태의 도료**를 말한다.
② 수성페인트의 일종인 **에멀션 페인트는 수성페인트에 합성수지와 유화제를 섞은 것**이다.
③ 수성페인트의 재료로 **아교·전분·카세인 등이 활용**된다.
④ **회반죽 면 또는 모르타르면의 칠에 적당**하다.
⑤ 유성페인트에 비하여 **광택이 없고 내구성 및 내마모성이 작다**.
⑥ **건조시간이 짧고 사용이 간편**하다.

2) 유성 페인트 ★

① **건조시간이 길고 피막이 튼튼하고 광택이 있다**.
② 내알칼리성이 약해서 **콘크리트, 모르타르, 회반죽 등에는 사용하지 않는다**.
③ **경도가 크고 내후성, 내수성이 좋아서** 옥내외용으로 사용된다.
④ **독성 및 화재발생의 위험**이 있다.

3) (유성)에나멜 페인트

① 접착력이 뛰어나고 색감이 강하다.
② **유성페인트보다 건조가 빠르고, 내수성 및 내약품성이 우수**하다.

4) 바니쉬

① 바니쉬는 건성유(乾性油, drying oil), 수지, 시너 혹은 용매를 결합하며 만들어지고, 주로 광택을 내기 위해 사용된다.
② **수지류를 건성유 또는 휘발성 용제로 용해한 것**을 말한다.
③ 목재 등의 표면처리에 사용되는 투명 도료이다.

유성 바니쉬	① 건조가 느리며 내후성이 작아서 옥외용으로 부적당하다. ② 투명한 도료로 내부용 목재에 사용된다.
휘발성 바니쉬	① 휘발성 바니쉬에는 락(lock), 래커(lacquer) 등이 있다. ② 휘발성 바니쉬는 건조가 빠르나 도막이 얇고 부착력이 약하다. ③ 내구성이 우수하다. ④ 클리어래커는 안료가 들어가지 않는 도료(투명래커)로서 목재면의 투명도장에 쓰인다. ⑤ 클리어래커는 내후성이 좋지 않아 외부에 사용하기에는 적당하지 않고 내부용으로 주로 사용된다. ⑥ 클리어래커는 도막은 얇으나 견고하고 광택이 우수하다.

한 눈에 들어오는 키 워드

참고

유성 바니쉬의 종류
① 단유성 바니쉬(골드사이즈) : 수지의 비율이 기름의 양보다 많기 때문에 속건성이다.
② 중유성 바니쉬(코우펄 니스) : 수지와 기름의 양이 같은 양으로 중건성이다.
③ 장유성 바니쉬(스파아니스 또는 보디니스) : 수지보다 기름의 비율이 많은 바니쉬로 완건성이다.

한 눈에 들어오는 키워드

참고

도료의 사용부위별 페인트의 종류
① 콘크리트 및 몰탈면의 유성도료 : 자연건조형 불소수지 페인트, 아크릴 우레탄 도료
② 외부 철재 구조물 : 아크릴 우레탄 도료, 조합 페인트
③ 내부 철재 구조물(방화문, 난간) : 에폭시 도료, 알키드수지 에나멜 도료
④ 발코니 및 습기가 많은 부위 : 결로 방지용, 단열 페인트, 방균 도료
⑤ 옥상 방수 도장 : 에폭시 도료와 아크릴 도료는 적용할 수 없음
⑥ 목재 : 목재용 우레탄 도료, 목재용 락카, 방염 락카 투명도료

참고

도장결함
부풀음 : 도막의 일부가 하지로부터 부풀어 지름이 10mm되는 것부터 좁쌀 크기 또는 미세한 수포가 발생하는 결함을 말한다.
변색 : 도막의 색상, 채도, 명도 중 어느 하나 또는 그 이상이 변화하는 것, 주로 채도가 낮아지거나 명도가 더욱 높아지는 것을 말한다.
백화 : 락카와 같은 속건 도료들이 도장 후나 건조 시에 수분의 영향을 받아 도막표면에 광택이고, 평활성이 적고 뿌옇게 백탁되는 현상을 말한다.
시딩(seeding) : 도료의 저장 중에 온도 상승 · 하강의 반복에 의하여 도료 내에 작은 결정이 무수히 발생하며 도장 시 도막에 좁쌀모양이 생기는 현상을 말한다.

⑦ 래커에나멜은 불투명 도료로서 클리어래커에 안료를 첨가한 것을 말한다.
⑧ 셀락 니스 : 셀락(아주 작은 곤충의 분비물)을 변성 알코올에 용해한 것으로 목부의 옹이 땜, 송진막이, 스밈 막이 등에 사용되나, 내후성이 약하다.

5) 합성수지 도료

① 도막이 단단하고 내산성 및 내알칼리성이 우수하다.
② 유성페인트나 바니쉬보다 건조 시간이 빠르다.
③ 유성페인트나 바니쉬보다 방화성이 더 우수하다.

프탈산수지에나멜 도료	• 내알칼리성이 가장 적다.	
에폭시수지 도료	• 에폭시수지 도료는 충격 및 마모에 강해 외부 방청용으로 사용된다.	
	장점	단점
	① 각종 소지와의 부착성이 우수하다. ② 기계적 강도가 우수하다. ③ 내수성, 내후성 및 내마모성, 내약품성, 내산성, 내알칼리성이 우수하다. ④ 경화 시 휘발성이 없으므로 용적의 감소가 극히 적다.(치수 안정성이 우수하다.) ⑤ Non-Slip 효과가 있다.	① 자외선에 약하다.(황변이 일어난다) ② 경화 시간이 길다. ③ 극성이 없는 Polymer(PE, PP, Silicone 등)에는 부착이 약하다. ④ 경화제를 혼용해야 한다.
합성수지 스프레이 코팅제	• 알키드수지 · 아크릴수지 · 에폭시수지 · 초산비닐수지를 용제에 녹여서 착색제를 혼입하여 만든 내 · 외장 도장재료를 말한다. • 내화학성, 내후성, 내식성이 좋고 치장효과가 있다.	
합성수지 에멀션 페인트	• 수성페인트 + 합성수지 + 유화제로 구성된다. • 내수성, 내후성, 내 세척성이 좋고 특히 내알칼리성이 강하다. • 콘트리트, 시멘트 모르타르, 회반죽, 플라스터, 석고보드 바탕에 사용된다.	
염화비닐수지도료	• 콘크리트 표면도장에 가장 적합하다.	

(3) 방청 도료 ★

녹막이 도료 또는 녹막이 페인트

① 광명단 도료
② 산화철 도료
③ 알루미늄 도료

④ 징크로메이트 도료
⑤ 워시 프라이머(에칭 프라이머)
⑥ 역청질 도료 : 탄화수소 화합물을 총칭하여 역청이라 하며, **역청재료는 천연 또는 원유의 건류 및 증류에 의해서 얻어지는 유기화합물, 아스팔트 등**을 말한다.

> 🔍 **한** 눈에 들어오는 **키**워드

2 접착제

(1) 접착제의 종류

단백질계 접착제	① 동물성 단백질계 : 카세인, 아교, 알부민접착제 ② 식물성 단백질계 : 대두교, 소맥 단백질, 녹말풀
고무계 접착제	① 아라비아고무 접착제 ② 천연고무풀 ③ 클로로프렌고무 접착제
합성수지계 접착제	① 요소수지 접착제 ② 페놀수지 접착제 ③ 에폭시수지 접착제 ⑤ 멜라민수지 접착제 ⑥ 아크릴수지 접착제 ⑦ 실리콘수지 접착제 : 내수성이 가장 강하다.

> 📌 **참고**
>
> 용제 : 도료의 도막을 형성하는 데 필요한 유동성을 얻기 위하여 첨가하는 재료를 말한다.

(2) 합성수지 접착제의 종류와 특징 ★

요소수지 접착제	① 상온에서의 접착력이 강하고 수분에 대한 저항성도 있다. ② 고온에 민감하여 65℃ 이상의 온도나 상대습도가 높은 경우에는 열화되는 단점이 있다.(내수성이 좋다고 할 수 있으나 **다른 합성수지 접착제에 비해 내수성이 부족하다.**) ③ 목재접합, 합판제조 등에 사용 된다. ④ 값이 저렴하다.
페놀수지 접착제	① **주로 목재 접착에 사용되며, 유리나 금속의 접착에는 적합하지 않다.** ② **내열, 내수성이 우수**한 편이다. ③ **기온이 20℃이하에서는 충분한 접착력을 발휘하기 어렵다.** ④ **완전히 경화하면 적동색**을 띤다. ⑤ **용제형과 에멀젼형**이 있고 멜라민, 초산비닐 등과 공중합시킨 것도 있다.
에폭시 수지 접착제	① **주제와 경화제로 이루어진 2성분계의 접착제이다.**(접착제의 성능을 지배하는 것은 경화제라고 할 수 있다.) ② 금속, 석재, 플라스틱, 콘크리트 등 **거의 모든 재료의 접착에 사용**된다.(알루미늄과 같은 **경금속 접착에 가장 적합**하다.) ③ 급경성으로 **내화학성, 내약품성, 내수성, 전기절연성이 우수**하다. ④ **피막의 유연성이 부족**하다. ⑤ 비스페놀과 에피클로로하이드린의 반응에 의해 얻을 수 있다.

멜라민 수지 접착제	① 열경화성수지 접착제로 **내수성**이 **우수**하여 **내수합판용**으로 **사용**된다. ② **순백색 또는 투명백색**이다. ③ **멜라민과 포름알데히드로 제조**된다.
실리콘 수지 접착제	① 실리콘수지는 **내열성, 내한성이 우수**하여 −60~260℃의 범위에서 안정하다. ② 탄성을 지니고 있고, **내후성도 우수**하다. ③ 발수성(물이 스며들지 않는 성질) 및 **내수성**(물이 묻어도 젖지 않는 성질)이 가장 강해서 **건축물, 전기 절연물 등의 방수에 쓰인다**. ④ 내열성(내화성)이 우수한 **알루미늄을 혼합하여 내열도료로 사용**된다.
비닐수지 접착제	① 용제형과 에멀션(emulsion)형이 있다. ② **가격이 저렴하고 작업성이 좋다**. ③ **내열성 및 내수성이 나쁘다**. ④ **목재 및 가구, 창호, 도배 등의 접착에 사용**된다. ⑤ **합성수지계 접착제 중 내수성이 가장 좋지 않은 접착제 : 초산비닐수지 접착제**

(3) 접착제를 사용할 때의 주의사항

① 피착제의 표면은 가능한 한 습기가 없는 건조상태로 한다.
② 용제, 희석제를 사용할 경우 과도하게 희석시키지 않도록 한다.
③ 용제성의 접착제는 도포 후 용제가 휘발한 적당한 시간에 접착시킨다.
④ 접착처리 후 일정한 시간 내에 접착면을 압축하여야 한다.

09 단열재 및 기타 재료

주요내용 알고 가기!

- 건축용 단열재의 종류별 특성
- 유리의 종류별 특징
- 특수유리의 종류별 특징
- 특수유리와 사용 장소

1 단열재

(1) 전열의 3요소

① 전도
② 대류
③ 복사

(2) 단열재의 선정조건

① 열전도율이 낮을 것
② 열관류율이 낮을 것
③ 흡수율이 낮을 것
④ 내화성이 좋을 것
⑤ 같은 두께인 경우 경량재료일 것(비중이 작을 것)
⑥ 단열재는 보통 다공질의 재료가 많다.

(3) 건축용 단열재의 구분

1) 무기질 단열재

① 유리 원료나 광물을 녹여 섬유 형태로 만든 광물섬유 단열재를 말한다.
② 열에 강하고 흡습성이 크다.

2) 유기질 단열재

① 석유를 기반으로 제작된 단열재를 말한다.
② 화재에 취약하며, 단열성능이 우수하다.

무기질 단열재	유기질 단열재
① 유리질 단열재 : **유리면** ② 광물질 단열재 : **석면, 암면**(미네랄 울, 락울), **펄라이트** ③ 금속질 단열재 : **규산질**, 알루미나질, 마그네시아질 ④ 탄소질 단열재 : **탄소질 섬유**, 탄소분말 등으로 성형 ⑤ 세라믹 섬유 단열재(세라믹 파이버)	① 발포폴리스티렌 ② 발포폴리우레탄 ③ 발포염화비닐 ④ 셀룰로오스 보온재 ⑤ 기타 플라스틱 단열재

(4) 건축용 단열재의 종류별 특성

1) 펄라이트 보온재 ★

진주석 등을 800~1200℃로 가열 팽창시킨 내부에 미세공극을 가지는 **경량구상형의 입자로** 구성되어 **단열, 보온, 흡음 등의 목적**으로 사용된다.

2) 경질 우레탄폼 단열재

① **단열성이 우수**하다.
② **두께가 얇아** 공간 확보에 도움이 된다.
③ 장기 **열전도율이 우수하고 흡수율이 적다.**
④ 사용시간이 경과함에 따른 상태변화가 적다.

3) 석고보드

① 부식이 잘 되지 않고 **충해를 받을 염려가 적다.**
② **단열성, 차음성이 우수**하다.
③ 시공이 용이하여 **천장, 칸막이 등에 주로 사용**된다.
④ 내수성, 탄력성이 부족하다.

4) 세라믹파이버

세라믹을 원료로 만든 섬유로서 1,000℃ 이상의 고온에도 잘 견뎌서 **공업용 가열로의 내화 단열재**로 주로 쓰이고, 최근에는 **건축용, 철골의 내화 피복재**로 사용된다.
① **열전도성이 낮다.**(내화벽돌의 약 1/3 정도)
② 가볍고 단열효과가 좋다.
③ 단열재료 중 **가장 높은 온도에서 사용할 수 있다.**

5) 규산칼슘판 단열재

내열성과 내 파손성이 우수하여 철골내화피복으로 사용된다.

2 유리

(1) 유리의 성분

유리의 주성분은 이산화규소(SiO_2)이다.

(2) 유리의 종류

1) 복층유리

2장 이상의 판유리 등을 나란히 넣고, 그 틈새에 대기압에 가까운 압력의 **건조한 공기를 채우고 그 주변을 밀봉·봉착한 것으로 결로 현상의 발생이 가장 적다.**

2) 에칭유리 ★

① 5mm 이상 **판유리 면에 그림, 문자 등을 새긴 유리**를 말한다.
② 유리면에 부식액의 방호막을 붙이고 이 막을 모양에 맞게 오려낸 후 그 부분에 유리부식액을 발라 **소요 모양으로 만들어 장식용으로 사용**한다.

3) 강화유리 ★

판유리를 열처리한 후 **유리 표면에 공기를 불어 급랭시킨 유리**를 말한다.
① 유리 **표면에 강한 압축응력 층을 만들어 파괴강도를 증가시킨 것**이다.
② **강도는 플로트 판유리에 비해 3~5배 정도**이다.
③ **주로 출입문이나 계단 난간, 안전성이 요구되는 칸막이 등에 사용**된다.
④ 깨어질 때는 **판유리 전체가 파편으로 잘게 부서진다.**(깨지더라도 파편이 피부를 다치지 않게 한다.)
⑤ **현장에서 절단 가공할 수 없다.**

강화유리의 검사항목			
① 파쇄시험	② 쇼트백시험	③ 내충격성시험	④ 투영시험

4) 열선반사 유리

유리 바깥쪽에 크롬, 철, 코발트 등의 금속을 코팅하여 부착해서 **태양 방사열의 투과와 반사를 적절하게 조절하게 한 유리**를 말한다.

> 한 눈에 들어오는 키워드

5) 로이유리

① 유리 표면에 **열적외선을 반사하는 금속** 또는 **금속산화물을 얇게 코팅**한 것으로 열의 이동을 최소화시켜주는 단열성이 높은 유리를 말한다.(고단열 유리로 일반적으로 복층유리로 제조된다.)
② **방사율과 열관류율을 낮추고 가시광선 투과율을 높인** 유리이다.

6) 배강도 유리

플로트판유리를 연화점부근까지 가열 후 **양 표면에 냉각공기를 흡착시켜** 유리의 표면에 20 이상 60 이하(N/mm²)의 **압축응력 층을 갖도록 한 가공유리**를 말한다.

7) 망입유리(그물유리)

① 판유리 내부에 금속망을 삽입하고 내열성이 뛰어난 **특수 레진을 주입한 다음 압착 성형**한 유리를 말한다.
② 화재 시 개구부에서의 연소(筵蔬)를 방지하는 효과가 있다.(**방화 및 방재용으로 사용**)

망입(網入)유리의 제조 시 사용되는 금속선
① 철선(철사)　　② 황동선　　③ 알루미늄선

8) 접합유리

유리파손 시 파편이 날아가는 것을 방지하기 위하여 2장의 **판유리 사이에 투명하고 강한 플라스틱 필름을 삽입**하여 높은 온도와 압력으로 결합해 만든 유리를 말한다.

9) 소다석회유리

① 건축공사의 일반 창유리로 가장 많이 사용된다.
② 자외선 투과율이 적다.

(3) 특수 유리의 종류 ★

1) 열선반사 유리

① 판유리 한쪽 면에 열선반사를 위한 금속산화물 코팅막을 형성시켜 반사성능을 높인 유리를 말한다.
② **태양의 열선을 차단**하여 **냉방부하를 줄일 수 있다.**

2) 열선흡수 유리

① 보통 **판유리에 철, 니켈, 코발트 등을 첨가하여** 적외선을 흡수하여 **실내로 적외선(열선)이 잘 투과되지 않도록** 한 유리를 말한다.
② 여름철 **냉방부하를 감소시키며 자외선에 의한 상품 등의 변색을 방지**한다.
③ **채광을 요구하는 진열장에 이용**된다.

3) 스팬드럴 유리

① 판유리 표면에 색상을 첨가한 세라믹 도료를 코팅한 후 열처리, 냉각공정을 거친 유리로 고온, 고압에 잘 견디며, 다양한 색상과 내식성이 우수하여 반영구적으로 사용할 수 있다.
② 외벽의 상단 개구부 및 하단 개구부와의 사이 부분(스팬드럴)에 주로 설치한다.

4) 프리즘(prism) 유리(포도유리)

① 프리즘의 원리를 응용하여 투과광선의 방향을 변화시키거나 집중 확산시킬 목적으로 사용된다.
② **지하실, 지붕 등의 채광용으로 사용**된다.

5) 자외선투과 유리

자외선을 잘 투과(50~90%)하는 유리로 일광용 유리, 병원, 요양소 등에 사용된다.

6) 자외선차단(흡수)유리 ★

철, 크롬, 망간 등의 산화물을 혼합하여 제조한 것으로 **자외선을 차단하여 염색품의 색이 바래는 것을 방지하고 채광을 요구하는 진열장 등에 사용된다.**

7) 액정조광유리

2장의 유리 사이에 액정시트를 끼운 유리로 투광성을 조절하고, 특정 방향의 시야를 차단할 수 있어 발코니의 난간 등에 사용한다.

8) 붕규산유리

내열성이 좋아서 내열식기에 사용하기에 가장 적합하다. ★

(4) 특수유리와 사용 장소 ★

① 진열용 창 : 자외선차단(흡수)유리
② 병원의 일광욕실 : 자외선투과유리
③ 채광용 지붕 : 프리즘유리
④ 형틀 없는 문 : 강화유리

(5) 유리공사에 사용되는 자재

1) 흡습제 : 작은 기공을 수억 개 갖고 있는 입자로 기체분자를 흡착하는 성질에 의해 **밀폐공간에 건조상태를 유지하는 재료**이다.

2) 세팅 블록 : 새시 하단부의 유리끼움용 부재료로서 **유리의 자중을 지지하는 고임재**이다.

3) 단열간봉 : 복층유리의 간격을 유지하는 재료로 기존 알루미늄간봉보다 단열성능을 향상시켜 복층유리의 결로를 방지하는 효과가 있다. ★

4) 백업재 : 실링 시공인 경우에 **부재의 측면과 유리면 사이에 연속적으로 충전하여 유리를 고정하는 재료**이다.

(6) 유리의 파손

1) 유리의 열파손

유리의 중앙부와 주변부와의 온도 차이로 인해 응력이 발생하여 파손되는 현상

① 열흡수가 많은 **색유리에 많이 발생**한다.
② **동절기의 맑은 날 오전**(프레임과 유리의 온도 차가 클 때)에 많이 발생한다.
③ **두께가 두꺼울수록 열팽창응력이 크다.**
④ 판유리의 **온도 차가 60℃ 이상이 되면 열파손이 발생**한다.
⑤ 균열은 프레임에 직각으로 시작하여 경사지게 진행된다.

2) 화재 시 유리의 파손 원인

① 열팽창 계수가 크기 때문이다.
② 급가열시 부분적 면내(面內)온도차가 커지기 때문이다.
③ 열전도율이 작기 때문이다.

3 벽지

(1) 벽지의 종류

1) 초경벽지(갈포벽지)

① 우리나라 고유의 **전통 민속 공예 벽지**(삶은 칡덩굴의 껍질로 만든다.)
② 자연적 감각 및 방음효과가 우수하다.

2) 종이벽지

① **펄프를 원료**로 한 벽지
② **벽지 표면을 코팅 처리함으로서 내오염, 내수, 내마찰성이 우수**하다.

3) 직물벽지

① **실을 뽑아 직기에 제직을 거친 벽지**로 소재로는 견, 모, 면, 마 등의 천연섬유와 레이온, 나일론, 아크릴 등 합성섬유가 사용된다.
② 종이벽지보다 **먼지를 많이 흡수하고 퇴색하기 쉽지만 단열 효과 및 통기성이 우수**하다.

4) 비닐벽지

① 비닐 벽지의 **제조법은 토핑법**(염화비닐 필름 안에 종이를 넣고 표면에 프린트 가공이나 엠보스 가공)과 **코팅법**(내부의 종이에 프린트 가공을 하고 그 위에 염화 비닐 필름을 압착) 등 2가지가 있다.
② **물청소가 가능하고 시공이 용이**하며, 색상과 디자인이 다양하다.
③ **통기성 부족으로 결로의 우려**가 있다.

CHAPTER 03 시공일반

01 공사시공 방식

> **주요내용 알고 가기!**
>
> - 직영공사의 특징 및 장·단점
> - 도급공사의 특징 및 장·단점
> - 도급공사의 분류 및 특징
> - 입찰의 종류 및 특징
> - 낙찰제의 구분
> - 공사계약 방식
> - 시방서의 종류 및 특징
> - 공정표의 종류 및 특징
> - 품질관리(QC)를 위한 통계적 수법(7가지 도구)

1 직영공사

(1) 직영공사 ★

1) **건축주가 직접 계획을** 세우고 재료구입, 노무자고용, 시공기계 및 가설재를 마련하여 **모든 공사를 자기 책임 하에 시행하며 발주**하는 방식이다.

2) 영리목적의 도급공사에 비해 저렴하고 **재료선정이 자유로우며, 특수한 상황에 신속하게 대처할 수 있는 장점**이 있으나, 고용기술자 등에 의한 **시공관리능력이 부족하면 공사비 증대, 시공성의 결함 및 공기가 연장되기 쉬운 단점**이 있다.

3) 군공사와 같은 기밀을 요하는 공사, 설계변경이 빈번한 공사, 문화재와 같이 **고도의 기술을 요하는 공사, 재해응급 복구와 같이 대자본을 요하는 공사 등에 이용**된다.

(2) 직영공사의 장·단점

장점	단점
① 발주, 계약 등의 수속이 절감된다. ② 영리를 도외시한 확실성 있는 공사가 된다. ③ 특수한 상황에 신속하게 대처할 수 있다.	① 시공관리 능력이 부족하면 공사비 증대 및 공사 기일이 연장될 수 있다. ② 재료의 낭비 또는 잉여 장비가 발생할 수 있다. ③ 시공 관리 능력 부족으로 시공의 결함이 생길 수 있다.

2 도급공사

(1) 도급공사

1) 도급이란 원도급·하도급·위탁 기타 명칭의 여하에 불구하고 **건설공사를 완성할 것을 약정하고, 상대방이 그 일의 결과에 대하여 대가를 지급할 것을 약정하는 계약**을 말한다.

2) **하도급**은 **도급받은 건설공사의 전부 또는 일부를 도급하기 위하여 수급인이 제3자와 체결하는 계약**을 말한다.

(2) 공사 실시 방식에 따른 도급공사의 분류

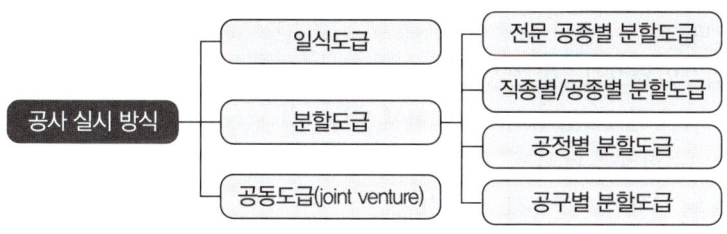

1) 일식도급

① 공사의 전부를 한 노급자에게 맡기는 방식을 말한다.
② **전체공사의 진척이 원활**하며 **공사의 시공 및 책임한계가 명확**하여 공사관리가 쉽고 하도급의 선택이 용이하다.

2) 분할도급

① 공사를 유형별로 분류하여 각기 다른 전문 도급자를 선정하고 도급계약을 맺는 방식이다.
② 분할도급의 장·단점

장점 ★	단점
① 시공기술 향상(전문업자 시공) 및 공사의 높은 성과를 기대할 수 있다. ② 건축주와 시공자의 의사소통이 원활하다. ③ 공사기일이 단축된다.	① 공사 감독자의 노무가 증대된다. ② 현장 종합관리가 복잡하다. ③ 경비가 가산된다.

3) 분할도급의 종류 ★★

전문공사별 분할도급	설비 공사를 주체 공사에서 분리하여 전문업자와 직접 계약하는 방식
공정별 분할도급	정지, 기초, 구체, 마무리 공사 등의 과정별로 나누어 도급을 주는 방식
공구별 분할도급	대규모 공사에서 한 현장 안에서 여러 지역별로 공사를 구분하여 발주하는 방식

4) 공동도급

2개 이상의 사업자가 하나의 사업을 공동으로 도급을 받아 계약을 이행하는 방식을 말한다.
① 각 회사의 소요자금이 경감되므로 소자본으로 대규모 공사를 수급할 수 있다.
② 각 회사가 위험을 분산하여 부담하게 된다.
③ 상호기술의 확충을 통해 기술축적의 기회를 얻을 수 있다.
④ 신기술, 신공법의 적용이 가능하다.

장점	단점
① 융자력 증대 ② 위험분산 ③ 시공의 확실성 ④ 상호기술의 확충 ⑤ 도급경쟁의 완화	① 공사비 증대 ② 책임소재 불분명 ③ 도급자 상호 충돌우려 ④ 능률저하

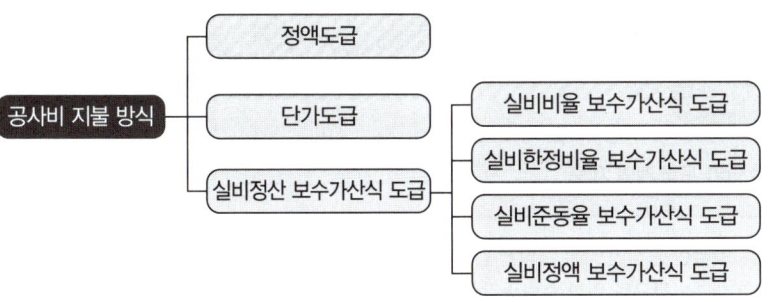

(3) 공사비 지불방식에 따른 도급공사의 분류

1) **정액도급** : 계약에서 정해진 업무에 대하여 일정 계약금액(총 공사금액)을 계약자가 **인수**하는 형태의 계약으로 공사변경이 발생하여도 총 액 안에서 해결한다.

2) **단가도급** : 공사실적 수량에 단가를 곱해서 계약금액을 체결하는 형태의 계약으로 공사수량이 불분명 할 때 채택한다.

3) **실비정산 보수가산식 도급** : 실비와 보수를 분리하여 지급하는 형태의 계약을 말한다. ★

① **실비 비율 보수가산식** : 공사실비+(공사실비×비율보수)
  • 공사 진척에 따라 **정해진 실비와 이 실비에 미리 계약된 비율을 곱한 금액을** 시공자에게 보수로 **지불**하는 방식
② **실비 정액(정산) 보수가산식** : 공사실비+정액보수
  • 공사실비를 정산하고 약정에 의한 비율 또는 정액의 보수를 지급하는 방식
③ **실비 한정비율 보수가산식** : 한정된 실비+(한정된 실비×비율보수)
  • 실비에 제한을 붙이고 시공자에게 제한된 금액이내에 공사를 완성할 책임을 주는 공사방식
④ **실비 준동률 보수가산식** : 공사 실비+[공사 실비×Variable(가변적인 비용)]
  • 실비를 단계별로 나누어 해당 구간에 따른 보수 비율을 적용하는 방식

> 한눈에 들어오는 키워드

> **참고**

🔧 단가 도급계약 제도

① 시급한 공사인 경우 계약을 간단히 할 수 있다.
② 설계변경으로 인한 수량증감의 계산이 간단하다.(물량이 증가하면 공사비가 자동으로 증가하기 때문에 추가공사에 대한 분쟁이 적다.)
③ 공사비가 높아질 염려가 있다.
④ 총공사비를 예측하기 힘들다.

🔧 정액도급 제약제도

미리 정한 금액에 공사를 완성하기로 계약하는 방식을 말한다.
① 경쟁 입찰 시 공사비가 저렴하다
② 수급인이 예상치 못한 사정으로 공사물량이 많아졌거나 공사비가 증가하더라도 **건축주와의 의견조정이 어렵다.**
③ 공사설계변경에 따른 도급액 증감이 곤란하다.
④ 이윤관계로 **공사가 조잡해질 우려가** 있다.

3 입찰 및 낙찰

(1) 건설공사의 입찰 및 계약의 순서 ★

입찰통지 → 현장설명 → 입찰 → 개찰 → 낙찰 → 계약

(2) 입찰의 종류

1) 공개경쟁입찰

① **일반경쟁입찰** : 사업종류별로 관련법령에 따른 면허, 등록 또는 신고 등을 마치고 **사업을 영위하는 불특정 다수의 희망자를 입찰에 참가하도록 한 후 그중에서 선정**하는 방법
② **제한경쟁입찰** : 사업종류별로 관련법령에 따른 면허, 등록 또는 신고 등을 마치고 사업을 영위하는 자 중에서 **계약의 목적에 따른 사업실적, 기술능력, 자본금을 제한하여 공개경쟁입찰에 참가하도록 한 후 그중에서 선정**하는 방법(이 경우 유효한 3인 이상의 입찰참가 신청이 있어야 한다.)

③ **지명경쟁입찰** : 계약의 성질 또는 목적에 비추어 특수한 설비·기술·자재·물품 또는 특수한 실적이 있는 자가 아니면 계약의 목적을 달성하기 곤란한 경우로서 **입찰대상자가 10인 이내인 경우 그중에서 선정**하는 방법(이 경우 5인 이상의 입찰대상자를 지명하여 통지하여야 하며, 2인 이상의 유효한 입찰참가 신청이 있어야 한다. 입찰대상자가 5인 미만인 때에는 대상자를 모두 지명하여야 한다.)

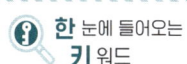

장점	단점
① 경쟁으로 인한 **공사비가 절감**된다. ② 유자격자에게 **기회를 균등하게 부여**한다. (민주적) ③ 담합의 우려가 적다.	① 과다경쟁으로 인한 부실공사의 우려 있다. ② 입찰사무가 복잡하다. ③ 부적격자에게 낙찰될 가능성이 있다.

2) **대안입찰** : 원안입찰과 함께 따로 **입찰자의 의사에 따라 대안이 허용된 공사의 입찰**

3) **특명입찰** : **건축주가** 시공회사의 신용, 자산, 공사경력, 보유기술 등을 고려하여 **그 공사에 가장 적격한 단일 업체에게 입찰시키는 방법**

4) **부대입찰** : 발주자가 입찰참가자에게 하도급 할 공종, 하도급 금액 등에 대한 사항을 미리 기재하게 하여 입찰시 입찰서류에 **첨부하여 입찰**하는 제도(하도급자 보호육성 차원에서 하도급자와의 계약서를 입찰자에게 첨부하도록 하는 제도)

(3) 낙찰제의 구분 ★

1) **최적격 낙찰제** : 입찰 가격은 물론 건설업체의 시공 능력과 기술을 함께 평가하여 **낙찰**하는 제도

2) **제한적 최저가 낙찰제** : 예정가격 이하로 입찰한 자중 **예정가격 대비 일정비율(예 90%) 이상 입찰자로서 최저가격으로 입찰한 자를 낙찰자로 결정**하는 제도

3) **최저가 낙찰제** : 예정가격 이하로서 **최저가격으로 입찰한 자를 낙찰자로 선정**하는 제도

4) **적격 심사 낙찰제** : 예정가격 이하로서 **최저가격으로 입찰한 자의 순으로 당해 계약이행능력을 심사(적격심사)해 낙찰자를 결정**하는 제도

4 공사계약 방식 ★★

(1) 턴키베이스 도급(turn-key base contract) : 설계 · 시공 일괄입찰 제도

주문받은 건설업자가 대상 계획의 기업, 금융, 토지조달, 설계, 시공 등을 포괄하는 **도급계약방식**을 말한다.

① 공기, 품질 등의 **결함이 생길 때 발주자는 계약자에게 쉽게 책임을 추궁**할 수 있다.
② **설계와 시공이 일괄로 진행**된다.
③ **공사비의 절감과 공기단축이 가능**하다
④ 공사기간 중 **신공법, 신기술의 적용이 가능**하다.
⑤ 기본 설계 시에 계약이 체결되므로 **계약체결 시 총 비용이 결정되지 않아 공사비용이 상승할 우려**가 있다.
⑥ 발주자의 의도가 충분히 반영되지 않을 수도 있다.

(2) 파트너링(Partnering)

발주자가 직접 설계와 시공에 참여하고 프로젝트 관련자들이 상호 신뢰를 바탕으로 **Team을 구성해서** 프로젝트의 성공과 상호이익 확보를 **공동 목표로 하여 프로젝트를 추진**하는 공사수행 방식을 말한다.

(3) SOC(social overhead capital : 사회간접자본) 시설의 시공방식

1) BOT 방식(Build-Operate-Transfer) : 민간투자 발주방식

사회간접시설을 **민간이 주도하여 설계 · 시공한 후,** 일정기간 **시설물을 운영하여 투자금을 회수한 후 시설소유권이 국가 또는 지방자치단체에 귀속(무상으로 이전)**되는 방식을 말한다.
(설계 및 시공 → 운영 → 소유권 이전)

2) BTO 방식(Build-Transfer-Operate)

사회간접시설을 민간이 주도하여 설계 · 시공한 후, 시설소유권을 공공부문에 먼저 이전하고 약정기간동안 운영하여 투자금을 회수해 가는 방식을 말한다.
(설계 및 시공 → 소유권 이전 → 운영)

3) BOO 방식(Build-Operate-Own)

사회간접시설을 **민간이 주도하여 설계·시공**한 후, 시설의 **운영과 함께 소유권도 민간에 이전**하는 방식을 말한다.
(설계 및 시공 → 운영 → 소유권 획득)

4) BTL 방식(Build-Transfer-Lease)

민간이 공공시설을 건설한 후 정부에 소유권을 이전함과 동시에 정부에 시설임대료를 징수하여 투자금을 회수해 가는 방식을 말한다.
(설계 및 시공 → 소유권 이전 → 임대료 징수)

(4) 건설사업관리(CM : Construction Management) ★★

건설사업관리라 함은 **건설공사에 관한 기획·타당성조사·분석·설계·조달·계약·시공관리·감리·평가·사후관리 등에 관한 관리를 수행하는 것**을 말한다.

① 건설사업의 공사비절감(Cost), 품질향상(Quality), 공기단축(Time)을 목적으로 **발주자**가 전문지식과 경험을 지닌 **건설사업 관리자에게** 발주자가 필요로 하는 **건설사업 관리 업무의 전부 또는 일부를 위탁하여 관리하게 하는** 새로운 **계약발주방식** 또는 전문관리 기법을 말한다.
② 건축 기획부터 설계, 시공, 유지관리까지의 **건설의 전 과정에 걸쳐 프로젝트를 보다 효율적이고 경제적으로 수행하기 위하여 각 부문의 전문가들로 구성된 통합관리기술을 발주자에게 제공**하는 도급계약의 형태이다.

대리인형 CM(CM for Fee)	시공자형 CM(CM at Risk)
① 서비스를 제공한 후 용역비(fee)를 지급받는 형태로 자문 또는 대리인의 역할을 수행한다. ② 시공자 또는 설계자와 직접적인 **계약관계는 없다**. ③ 공사비용, 공사기간, 품질 등에 대한 책임은 지지 않는다.	① CM이 직접 하도급자와 계약을 체결하여 시공의 전부 또는 일부를 담당하여 **공사를 수행하는 방식**이다. ② 공사비용, 공사기간, 품질 등에 대한 책임을 가진다.

> **참고**
>
> 종합건설업 제도(EC화 : Engineering construction) ★
> 건설사업의 대규모화, 전문화에 따라 단순 기술 시공이 아닌 고부가가치를 추구하기 위한 업무 영역의 확대를 의미한다.

5 공사 시방서

(1) 시방서의 종류

1) 표준시방서

시설물의 안전 및 공사시행의 적정성과 품질확보 등을 위하여 **시설별로 정한 표준적인 시공기준**으로서 발주청 또는 설계 등 용역업자가 공사시방서를 작성하는 경우에 활용하기 위한 **시공기준**을 말한다.

2) 전문시방서

시설물별 표준시방서를 기본으로 모든 공종을 대상으로 하여 **특정한 공사의 시공 또는 공사시방서의 작성에 활용하기 위한 종합적인 시공기준**을 말한다.

3) 공사시방서

공사별로 건설공사 수행을 위한 기준으로서 계약문서의 일부가 되며, 설계도면에 표시하기 곤란하거나 불편한 내용과 당해 공사의 수행을 위한 재료, 공법, 품질시험 및 검사 등 품질관리, 안전관리계획 등에 관한 사항을 기술하고, 당해 공사의 특수성, 지역여건, 공사방법 등을 고려하여 **공사별, 공종별로 정하여 시행하는 시공기준**을 말한다.

4) 특기시방서

당해 **공사의 특수한 조건에 따라 표준시방서에 대하여 추가, 변경, 삭제를 규정**한 시방서를 말한다.

5) 성능시방서

목적하는 결과, 성능의 판정기준, 이를 판별할 수 있는 **방법을 규정**한 시방서를 말한다.

(2) 시방서 및 설계도면 등이 서로 상이할 때의 우선순위 ★

① **설계도면과 공사시방서가 상이할 때는 공사시방서를 우선**한다.
② **설계도면과 내역서가 상이할 때는 설계도면을 우선**한다.
③ **표준시방서와 전문시방서가 상이할 때는 전문시방서를 우선**한다.
④ **설계도면과 상세도면이 상이할 때는 상세도면을 우선**한다.

[우선순위]

공사시방서 > 설계도면 > 전문시방서 > 표준시방서 > 산출내역서 > 승인된 상세시공도면 > 관계법령의 유권해석 > 감리자의 지시사항

(3) 공사 시방서의 작성

1) 시방서의 작성요령

① 시방서 작성 시에는 공사 전반에 걸쳐 시공 순서에 맞게 빠짐없이 기재한다.
② 시방서에는 사용재료의 시험검사방법, 시공의 일반사항 및 주의사항, 시공정밀도, 성능의 규정 및 지시 등을 기술한다.

2) 시방서에 기재사항

① **사용재료나 장비의 종류 및 시험검사방법**
② **시공의 일반사항 및 주의사항, 시공정밀도**(허용오차)
③ **성능의 규정** 및 지시, **시방서의 적용범위**
④ **시공오차의 허용 값**, 표준규격(코드) 요건
⑤ 대안의 선택, 기타 도면표기 어려운 **보충사항이나 특기사항**

02 공사계획 및 공사현장 관리

1 공사계획

(1) 공사 시공계획 순서

계약조건 확인 → 설계도서 파악 → 현지조사 → 주요 수량 파악 → 시공계획 입안

(2) 착공단계에서의 시공계획(공사계획) 수립 시 고려사항 ★

① 현장원의 조직편성 : 가장 먼저 실시
② 예정 공정표의 작성
③ 실행예산의 편성과 통제
④ 하수급 업체의 선정
⑤ 가설물의 설치계획
⑥ 노무의 수배 및 조달 계획
⑦ 자재의 선정 및 구매계획
⑧ 소요 장비의 확보 계획

참고

지장물
토지에 재배, 설치되어 공사 시행에 방해가 되는 물건으로 토지에 정착한 건축물·공작물·입목·시설·농작물 등을 말한다.

(3) 시공계획서의 작성

1) 시공계획서에는 공사시방서의 작성기준과 함께 **다음 각 호의 내용이 포함되어야 한다.**

① 현장조직표
② 공사 세부공정표
③ 주요공정의 시공절차 및 방법
④ 시공일정
⑤ 주요장비 동원계획
⑥ 주요자재 및 인력투입계획
⑦ 주요 설비사양 및 반입계획
⑧ 품질관리대책
⑨ 안전대책 및 환경대책 등
⑩ 지장물 처리계획과 교통처리 대책

2) 공종별 시공계획서 및 시공상세도에는 일반적으로 **다음 사항에 대하여 기술**한다.

① **가설구조물의 형상, 치수, 시공 순서 및 시공 장소** 등
② **공사기간, 공정 및 시공사항** 등
③ **설계조건**
④ 강재, 목재 등의 **사용재료 및 부속철물 등의 품질**
⑤ **장비의 종류, 성능 및 사용기간** 등
⑥ **자재 전용횟수 등의 운영방법**
⑦ **구조계산서 및 주요 상세도** 등
⑧ 노무계획으로 직종, 인원, 작업 기간 및 자격 등
⑨ 공사완성물의 일부를 가설 시설물로 사용할 경우에는 보강 및 복구를 포함하는 계획서

(4) 견적방법 ★

1) 명세견적(상세견적, 입찰견적)

① 완비된 설계도서, 현장설명, 질의응답에 의거하여 정밀히 적산, 견적을 하여 공사비를 산출하는 견적을 말한다.
② **설계의 최종단계 또는 공사입찰 및 시공계획 단계에서 수행**한다.

한 눈에 들어오는 키워드

참고

건축공사의 착수 시 대지에 설정하는 기준점
① 공사 중 건축물 각 부위의 높이에 대한 기준을 삼고자 설정하는 것을 말한다.
② 건축물의 그라운드 레벨(Ground level)은 대지의 레벨(대지의 어느 부분을 기준점으로 하여 높이를 표기한 값)로 설계시의 기준 레벨이다.
③ 기준점을 바라보기 좋고, 공사에 지장이 없는 곳에 설정한다.
④ 기준점을 대개 지정 지반면에서 0.5~1m의 위치에 두고 그 높이를 적어둔다.

2) 개산견적

① 설계도서가 불완전할 때 또는 정밀 산출시간이 없을 때 실시하는 견적을 말한다.
② **설계가 시작되기 전에 프로젝트의 실행 가능성을 알아보거나** 설계의 초기 단계 또는 진행단계에서 여러 **설계대안의 경제성을 평가하기 위하여 수행한다.**

(5) 공정표

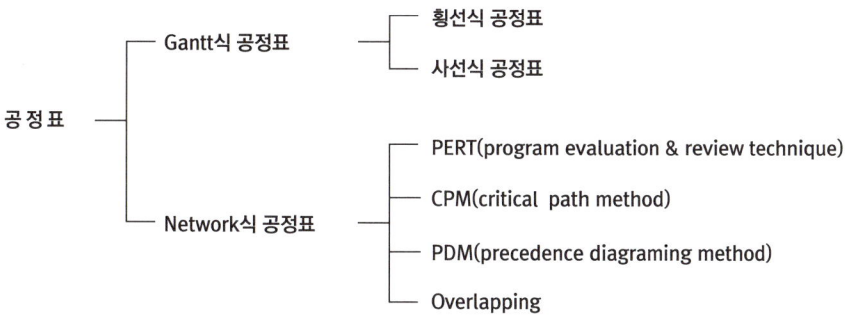

1) PDM 공정표(Precedence Diagram Method) ★

① **한 공종의 작업이 하나의 숫자로 표기되고 컴퓨터에 적용이 용이**한 장점이 있어 많이 사용된다.
② **각 작업은 node로 표기**되고 **더미의 사용이 불필요**하며 화살표는 단순히 작업의 선후관계만을 나타낸다.

2) 네크워크 공정표(network progress chart) : PERT(Program Evaluation and Review Technique)와 CPM(Critical Path Method)의 수법이 있다. ★

① **네트워크 공정표에서 얻을 수 있는 정보**
- 크리티컬 패스(critiacal path)와 중점작업의 파악
- 작업순서와 상호관계의 파악
- 변경이 있을 때 전체에 대한 영향의 파악

② **네트워크 공정표의 장·단점**

네트워크공정표의 장점	네트워크공정표의 단점
① **작업 상호간의 관련성을 알기 쉽다.**(개개의 관련 작업이 표시되어 있어 내용을 알기 쉽다.) ② **공사의 진척 관리를 정확히 할 수 있다.** ③ **공기 단축 가능 요소의 발견이 용이하다.** ④ 계획관리면에서 **신뢰도가 높고 전자계산기의 사용이 가능하다.**	① 다른 공정표에 비하여 **작성시간이 많이 필요하다.** ② 작성 및 검사에 특별한 기능이 요구된다. ③ 진척관리에 있어서 특별한 연구가 필요하다. ④ 표시상 제약으로 **작업의 세분화 정도에는 한계가 있다.**

③ Network 공정표에 사용되는 용어 해설 ★

한 눈에 들어오는 **키**워드

참고

부 주 공정(Semi-Critical Path)
① 여유시간이 상대적으로 적은 공정을 의미한다.
② 공정이 부분적 또는 불연속적으로 발생한다.
③ 공기단축 시 유의해야 할 공정이다.
④ 주공정화 할 가능성이 많은 공정이다.

용 어	기 호	내 용
Event(이벤트)	○	• 작업의 결합점, 개시점 또는 종료점
Activity	→	• 화살표로 표시하고 각각의 **단위작업을 의미**한다. • 화살표 위에는 작업명과 물량을, 아래에는 소요일수를 기입한다.
Dummy(더미)	----→ (점선 화살표)	• 정상적으로 표현할 수 없는 작업 상호간의 관계를 표시한다. • 작업이나 시간의 요소는 없다.
가장 빠른 개시시각 (Earliest Starting Time)	EST	• 작업을 시작하는 가장 빠른 시간
가장 빠른 종료시각 (Earliest Finishing Time)	EFT	• 작업을 끝낼 수 있는 가장 빠른 시간
가장 늦은 개시시각 (Latest Starting Time)	LST	• 공기에 영향이 없는 범위에서 작업을 늦게 개시하여도 좋은 시각
가장 늦은 종료시각 (Latest Finishing Time)	LFT	• 공기에 영향이 없는 범위에서 작업을 늦게 종료하여도 좋은 시각
Path(패스)		• 네트워크 중에서 둘 이상의 작업이 이어지는 경로
주공정선 **(CP : Critical Path)**	CP	• 개시 결합점에서 종료 결합점에 이르는 가장 긴 경로 (가장 긴 패스)
Float(플로트)		• 작업의 여유시간
Slack(슬랙)	SL	• 결합점이 가지는 여유시간
전체여유 (TF : Total Float)	TF	• **전체 공사기간을 지연시키지 않는 범위 내에서 한 작업이 가질 수 있는 최대 여유** • 최초 개시일에 작업을 시작하여 가장 늦은 종료일에 완료할 때 생기는 여유일(그 작업의 LFT-그 작업의 EFT)
자유여유 (FF : Free Float)	FF	• **후속작업의 가장 빠른 개시시간(EST)에 영향을 주지 않는 범위 내에서 한 작업이 가질 수 있는 여유시간** • 최초 개시일에 작업을 시작하여 후속 작업을 최초 개시일에 시작하여도 생기는 여유일(후속 작업의 LFT-그 작업의 EFT)

독립여유 (INDF : Independent Float)	INDF	• 선행작업이 가장 늦게 종료되고 후속 작업이 가장 빨리 개시될 때 발생하는 여유 시간
간섭여유 또는 종속여유 (IF : Interfering Float, DF : Dependent Float)	IF	• 후속작업의 가장 빠른 개시시간에는 지연을 초래하지만 전체적인 공사기간을 지연시키지 않는 범위에서 한 작업이 가질 수 있는 여유시간 (DF = TF − FF)

3) PERT/CPM

① 연결망(network)을 이용하여 **프로젝트를 효율적으로 수행할 수 있도록 시간과 비용을 합리적으로 계획 통제하는 기법**을 말한다.
② 대규모 건설공사, 연구개발 사업 등의 특정사업에 대한 일정계획수립 및 통제기법으로 사용된다.
③ PERT/CPM의 장·단점

장점	단점
① 상세한 계획수립이 가능하다. ② 변화에 대한 신속한 대책수립이 가능하다. ③ 시간이 단축되고 비용이 절감된다. ④ 작업선후 관계가 명확하고 책임소재 파악이 용이하다. ⑤ 정보교환이 용이하다.	① 계획과 자료의 자세한 검토가 필요하다. ② 관계자 전원의 참여 및 책임이 필요하다. ③ 단순한 작업에서부터 고도의 훈련을 쌓아야 적용 가능하다.

2 건설공사의 직접비와 간접비

(1) 공사비 예정가격의 산정

> 예정가격 = 직접공사비+간접공사비+일반관리비+이윤+공사손해 보험료+부가가치세

(2) 직접공사비

1) 직접공사비란 **계약목적물의 시공에 직접적으로 소요되는 비용**을 말한다.

2) 직접공사비에 포함되는 비용

① **재료비** : 계약목적물의 실체를 형성하거나 보조적으로 소비되는 물품의 가치를 말한다.
② **직접노무비** : 공사현장에서 계약목적물을 완성하기 위하여 **직접작업에 종사하는 종업원과 노무자의 기본급과 제수당, 상여금 및 퇴직급여충당금의 합계액**으로 한다.
③ **직접공사경비** : 공사의 시공을 위하여 소요되는 기계경비, 운반비, 전력비, 가설비, 지급임차료, 보관비, 외주가공비, 특허권 사용료, 기술료, 보상비, 연구개발비, 품질관리비, 폐기물처리비 및 안전점검비를 말한다.

(3) 간접공사비

1) 간접공사비란 **공사의 시공을 위하여 공통적으로 소요되는 법정경비 및 기타 부수적인 비용**을 말하며, 직접공사비 총액에 비용별로 일정요율을 곱하여 산정한다.

2) 간접공사비에 포함되는 비용

① 간접노무비
② 산재보험료
③ 고용보험료
④ 국민건강보험료
⑤ 국민연금보험료
⑥ 건설근로자 퇴직공제부금비
⑦ 안전관리비
⑧ 환경보전비
⑨ 기타 법정경비
⑩ 기타 간접공사경비(수도광열비, 복리후생비, 소모품비, 여비, 교통비, 통신비, 세금과공과, 도서인쇄비 및 지급수수료)

3 공사현장관리

(1) 건축공사의 일반적인 시공순서

토공사 → 철근콘크리트공사 → 방수공사 → 창호공사 → 마무리공사

(2) 품질관리(QC)를 위한 통계적 수법(7가지 도구) ★★

1) **파레토도(파레토그램)** : 불량품, 결점, 고장 등의 발생건수를 현상과 원인별로 분류하고 **여러 가지 데이터를 항목별로 분류해서 문제의 크기 순서로 나열하여 그 크기를 막대그래프로 나타낸다.**

2) **특성요인도** : **특성과 요인의 관계를 어골(물고기 뼈)상으로 표현**하여 결과에 원인이 어떻게 관계되고 있는가를 알아보기 위하여 작성하는 것이다.

3) **체크시트(집중도)** : 불량 수, 결점 수 등 셀 수 있는 **데이터가 분류항목별로 어디에 집중되어 있는가를 알기 쉽도록 나타낸 그림**을 말한다.

4) **히스토그램(분포도)**

① 데이터가 존재하는 범위를 몇 개의 구간으로 나누고 **각 구간에 들어가는 데이터의 빈도 수를 체크하여 그 크기를 막대그래프로 작성**한다.
② 공사 또는 제품의 품질상태가 만족한 상태에 있는가의 여부를 판단하는데 가장 적합한 방법이다.

5) **산포도(산점도)** : 서로 대응되는 **두 개의 짝으로 된 데이터를 그래프용지에 점으로 나타낸 것**으로 데이터의 흩어짐과 분포의 형태를 쉽게 판단할 수 있다.

6) **층별(부분집단도)** : 수집된 **데이터를 특징에 따라 몇 개 그룹으로 구분**하여 품질에 영향을 주는 원인을 명확하게 찾아내고 그 원인이 품질에 미치는 정도를 파악할 수 있다.

7) **그래프(관리도)** : 막대그래프, 꺾은선그래프, 원그래프, 띠그래프 등

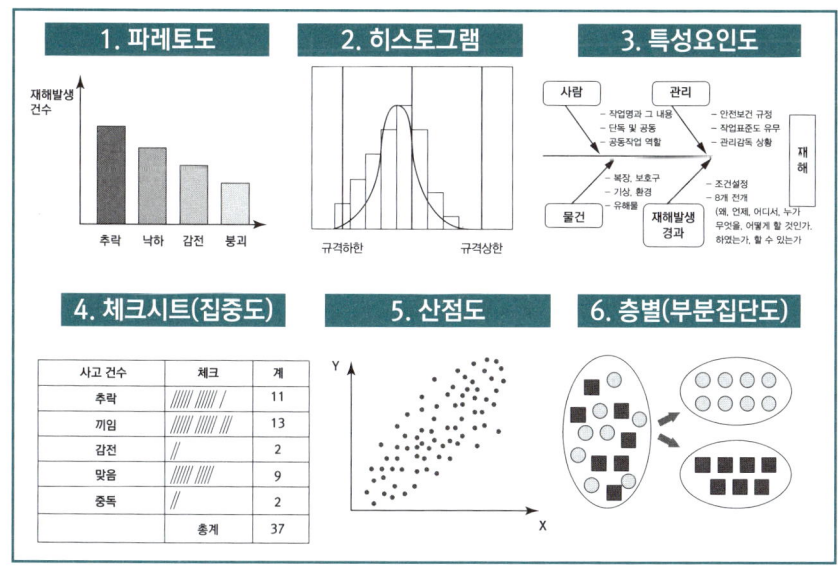

4 가치공학(Value Engineering)

(1) VE(Value Engineering) : 가치공학(가치분석)

1) VE는 **최소의 생애주기비용**(LCC : Life Cycle Cost)**으로 대상 시설물의 최상의 가치를 얻기 위하여** 설계내용에 대한 경제성 및 현장 적용의 타당성을 **여러 전문 분야의 협력을 통해 기능별, 대안별로 검토하는 체계적인 프로세스**(Systematic Process)를 말한다.

2) 기능(Function)을 향상 또는 유지시키면서 비용(Cost)을 최소화하여 가치(Value)를 극대화하는 방법을 말한다.

3) VE에서의 가치 : 가치란 제품, 작업활동, 성능, 효용 등에 대한 본래의 값을 의미한다.

$$가치(V) = \frac{기능(F)}{비용(코스트 : C)}$$

4) V.E(Value Engineering)에서 원가절감을 실현할 수 있는 대상

① 수량이 많은 것
② 반복효과가 큰 것
③ 장시간 사용으로 숙달되어 개선효과가 큰 것
④ 내용이 복잡한 것

(2) 건축시공의 현대화 방안

① 3S system ★
  - 작업의 **단순화**(Simplification)
  - 작업의 **규격화**(Standardization)
  - 작업의 **전문화**(Specialization)
  - **재료의 건식화**, 건식 공법화
  - 건축 생산의 공업화, **양산화(PC화)**
  - **기계화 시공**, 시공 기법의 연구개발
② **도급 기술의 근대화**(입찰방식의 개선)
③ 신기술 및 과학적 품질관리 기법의 도입
④ 새로운 경영기법의 도입 및 활용
⑤ 가설재료의 강재화

참고

가치공학(Value Engineering)적 사고방식
① 사용자 중심의 사고(고객본위)
② 기능 중심의 사고
③ 고정 관념의 제거
④ 생애비용을 고려한 최소의 총 비용

참고

VE(Value Engineering) 가치 향상의 방법
① 기능을 올리고 비용을 내린다.
② 기능은 일정하고 비용을 내린다.
③ 비용은 일정하고 기능을 높인다.
④ 비용은 다소 올리고 기능은 큰 폭으로 높인다.

(3) 공업화 공법(PC 공법)

1) 공업화 주택의 정의

① 주요 구조부의 전부 또는 일부를 국토부에서 정하는 성능·생산기준에 따라 모듈러 등 공업화 공법으로 건설한 주택
② 현장 이외의 장소(공장 등)에서 제작된 부재(단위 유닛)를 현장에 반입하여 조립하는 주택

2) 공업화 주택의 주요공법

① **PC(Precast Concrete)공법** : 공장에서 콘크리트로 벽체, 기둥 등 **각종 부재를 제작하고 현장 조립**을 통해 주택을 건설하는 공법
② 모듈러(Modular) 공법 : 공장에서 단위유닛 형태의 모듈을 제작한 후 현장에서 조립하여 건축물을 완성하는 공법
③ 인필(Infill) 공법 : 주택용 내부벽체와 싱크대, 화장실 등을 공장에서 조립한 후 현장에서 완공된 골조에 삽입하여 완성하는 공법

3) 공업화 공법(PC 공법)에 의한 콘크리트 공사의 특징

① 프리패브 공법이기 때문에 현장에서의 공정이 단축된다.
② 기상의 영향을 덜 받는다.
③ 품질의 균질성을 기대할 수 있다.
④ 각 부품의 접합부가 일체화되기가 어렵다.

03 건설공사 전기작업 안전관리

1 건설공사 전기작업 위험성 파악

(1) 전기기계 · 기구 등의 충전부 방호(직접 접촉으로 인한 감전 방지 조치) ★

근로자가 작업 또는 통행 등으로 인하여 전기기계·기구 또는 전로 등의 **충전 부분에 접촉하거나 접근함으로써 감전의 위험이 있는 충전 부분에 대하여는 감전을 방지**하기 위하여 다음 각호의 방법으로 방호하여야 한다.
① 충전부가 노출되지 아니하도록 **폐쇄형 외함이 있는 구조**로 할 것
② 충분한 절연 효과가 있는 **방호망 또는 절연 덮개를 설치**할 것
③ 충전부를 내구성이 있는 **절연물로 완전히 덮어 감쌀 것**
④ 발전소·변전소 및 개폐소 등 구획되어 있는 장소로서 **관계 근로자가 아닌 사람의 출입이 금지되는 장소에 충전부를 설치**하고, **위험표시** 등의 방법으로 방호를 강화할 것
⑤ **전주 위 및 철탑 위 등** 격리되어 있는 장소로서 **관계 근로자가 아닌 사람이 접근할 우려가 없는 장소에 충전부를 설치**할 것

(2) 전기기계 · 기구의 설치 시 고려 사항(전기 기계 · 기구의 적정 설치) ★

전기 기계·기구를 설치하려는 경우에는 다음 각호의 사항을 고려하여 적절하게 설치하여야 한다.
① 전기기계·기구의 **충분한 전기적 용량 및 기계적 강도**
② 습기·분진 등 **사용 장소의 주위 환경**
③ 전기적·기계적 **방호 수단의 적정성**

(3) 전기기계 · 기구의 조작 시 등의 안전조치

① **전기기계 · 기구의 조작 부분을 점검하거나 보수하는 경우**에는 근로자가 안전하게 작업할 수 있도록 전기 기계·기구로부터 **폭 70센티미터 이상의 작업공간을 확보**하여야 한다. 다만, 작업공간을 확보하는 것이 곤란하여 근로자에게 절연용 보호구를 착용하도록 한 경우에는 그러하지 아니하다.
② 전기적 불꽃 또는 아크에 의한 화상의 우려가 있는 **고압 이상의 충전 전로 작업**에 근로자를 종사시키는 경우에는 **방염 처리된 작업복 또는 난연(難燃)성능을 가진 작업복을 착용**시켜야 한다.

(4) 임시로 사용하는 전등 등의 위험방지

① 이동 전선에 접속하여 임시로 사용하는 전등이나 가설의 배선 또는 이동 전선에 접속하는 **가공 매달기식 전등** 등을 접촉함으로 인한 **감전 및 전구의 파손에 의한 위험을 방지하기 위하여 보호망을 부착**하여야 한다.
② 보호망을 설치하는 때 준수사항
- 전구의 **노출된 금속 부분에 근로자가 쉽게 접촉되지 아니하는 구조**로 할 것
- **재료는 쉽게 파손되거나 변형되지 아니하는 것**으로 할 것

(5) 배선 등의 절연 피복

① 근로자가 접촉할 우려가 있는 **배선 또는 이동 전선**에 대하여는 **절연 피복이 손상되거나 노화됨으로 인한 감전의 위험을 방지하기 위하여 필요한 조치**를 하여야 한다.
② **전선을 서로 접속하는 때**에는 전선의 절연 성능 이상으로 절연될 수 있는 것으로 **충분히 피복하거나 적합한 접속 기구를 사용**하여야 한다.

(6) 습윤한 장소의 이동 전선 등

물 등 도전성이 높은 액체가 있는 **습윤한 장소**에서 근로자가 작업 중에나 통행하면서 **이동 전선 등에 접촉할 우려가 있는 경우에는 충분한 절연 효과가 있는 것을 사용**하여야 한다.

(7) 꽂음 접속기의 설치·사용 시 준수사항

① **서로 다른 전압의 꽂음 접속기는 서로 접속되지 아니한 구조의 것을 사용**할 것
② **습윤한 장소에 사용되는 꽂음 접속기는 방수형** 등 그 장소에 적합한 것을 사용할 것
③ 근로자가 해당 **꽂음 접속기를 접속시킬 경우 땀 등으로 젖은 손으로 취급하지 않도록** 할 것
④ 해당 꽂음 접속기에 잠금장치가 있는 때에는 접속 후 잠그고 사용할 것

(8) 이동 및 휴대장비 등의 사용 전기 작업

이동 중에나 휴대장비 등을 사용하는 작업에서 다음 각호의 조치를 하여야 한다.
① 근로자가 착용하거나 취급하고 있는 **도전성 공구·장비 등이 노출 충전부에 닿지 않도록** 할 것

② 근로자가 **사다리를 노출 충전부가 있는 곳에서 사용하는 경우**에는 도전성 재질의 사다리를 사용하지 않도록 할 것
③ 근로자가 **젖은 손으로 전기기계·기구의 플러그를 꽂거나 제거하지 않도록** 할 것
④ 근로자가 **전기회로를 개방, 변환 또는 투입하는 경우**에는 전기 차단용으로 특별히 설계된 스위치, 차단기 등을 사용하도록 할 것
⑤ 차단기 등의 **과전류 차단장치에 의하여 자동 차단된 후에는 전기회로 또는 전기기계·기구가 안전하다는 것이 증명되기 전까지는 과전류 차단장치를 재투입하지 않도록** 할 것

2 건설공사 정전작업 수행 지원

정전작업이란 전로를 개로(開路)하여 당해 전로 또는 그 **지지물의 설치·점검·수리 및 도장 등을 행하는 작업**을 말한다.

(1) 정전작업을 하지 않아도 되는 경우

근로자가 **노출된 충전부 또는 그 부근에서 작업함으로써 감전될 우려가 있는 경우**에는 작업에 들어가기 전에 해당 전로를 차단하여야 한다. 다만, 다음 각 호의 경우에는 그러하지 아니하다.

정전작업을 하지 않아도 되는 경우
① 생명유지장치, 비상 경보설비, 폭발 위험장소의 환기설비, 비상조명 설비 등의 장치·설비의 가동이 중지되어 사고의 위험이 증가되는 경우
② 기기의 설계상 또는 작동 상 제한으로 **전로 차단이 불가능한 경우**
③ 감전, 아크 등으로 인한 화상, 화재·폭발의 위험이 없는 것으로 확인된 경우

(2) 정전작업 시 전로 차단 절차 ★★

정전작업 전 조치 사항(정전작업 시 전로 차단 절차) ★★
① 전기기기 등에 공급되는 모든 전원을 관련 도면, 배선도 등으로 확인할 것
② 전원을 차단한 후 각 단로기 등을 개방하고 확인할 것
③ 차단장치나 단로기 등에 잠금장치 및 꼬리표를 부착할 것
④ 개로된 전로에서 유도전압 또는 전기에너지가 축적되어 근로자에게 전기위험을 끼칠 수 있는 전기기기 등은 접촉하기 전에 **잔류전하를 완전히 방전시킬 것**
⑤ 검전기를 이용하여 작업 대상 기기가 **충전되었는지를 확인할 것**
⑥ 전기기기 등이 다른 노출 충전부와의 접촉, 유도 또는 예비동력원의 역송전 등으로 전압이 발생할 우려가 있는 경우에는 충분한 용량을 가진 **단락 접지기구를 이용하여 접지할 것**

특급암기법
전원 차단 → 잠금장치, 꼬리표 부착 → 잔류전하 방전 → 검전기로 확인 → 단락접지 실시

도면, 배선 등 확인

전원차단 후 단로기 개방

차단장치, 단로기에 잠금장치 및 꼬리표 부착

잔류전하방전, 검전기로 확인

단락접지 실시

사진 출처 : 안전보건공단

(3) 정전 작업 중 또는 작업을 마친 후 전원 공급 시 준수사항 ★

정전 작업 중 또는 작업을 마친 후 전원을 공급하는 경우에는 작업에 종사하는 근로자 또는 그 인근에서 작업하거나 정전된 전기기기 등(고정 설치된 것으로 한정한다)과 접촉할 우려가 있는 근로자에게 감전의 위험이 없도록 다음 각호의 사항을 준수하여야 한다.
① **작업기구, 단락 접지기구 등을 제거**하고 전기기기 등이 안전하게 통전될 수 있는지를 확인할 것
② **모든 작업자가** 작업이 완료된 **전기기기 등에서 떨어져 있는지**를 확인할 것
③ **잠금장치와 꼬리표는 설치한 근로자가 직접 철거**할 것
④ **모든 이상 유무를 확인한 후** 전기기기 등의 **전원을 투입**할 것

3 건설공사 활선작업 수행 지원

충전전로에서의 전기작업(활선작업)이란 전류가 통하고 있는 채로 전선로의 작업을 행하는 일을 말한다.

(1) 충전전로에서의 전기작업(활선작업)시의 조치

① 충전전로를 정전시키는 경우에는 정전작업시 전로차단 절차에 따른 조치를 할 것

② **충전전로를 방호, 차폐하거나 절연 등의 조치를 하는 경우**에는 근로자의 **신체가 전로와 직접 접촉**하거나 도전재료, 공구 또는 기기를 통하여 **간접 접촉되지 않도록 할 것**

③ 충전전로를 취급하는 **근로자에게 그 작업에 적합한 절연용 보호구를 착용시킬 것**

④ 충전전로에 근접한 장소에서 전기작업을 하는 경우에는 **해당 전압에 적합한 절연용 방호구를 설치할 것**. 다만, 저압인 경우에는 해당 전기작업자가 절연용 보호구를 착용하되, 충전전로에 접촉할 우려가 없는 경우에는 절연용 방호구를 설치하지 아니할 수 있다.

⑤ 고압 및 특별고압의 전로에서 전기작업을 하는 근로자에게 활선작업용 기구 및 장치를 사용하도록 할 것

⑥ 근로자가 **절연용 방호구의 설치·해체작업을 하는 경우**에는 절연용 보호구를 착용하거나 활선작업용 기구 및 장치를 사용하도록 할 것

⑦ 유자격자가 아닌 근로자가 충전전로 인근의 높은 곳에서 작업할 때에 근로자의 몸 또는 긴 도전성 물체가 방호되지 않은 **충전전로에서 대지전압이 50킬로볼트 이하인 경우에는 300센티미터 이내로, 대지전압이 50킬로볼트를 넘는 경우에는 10킬로볼트당 10센티미터씩 더한 거리 이내로 각각 접근할 수 없도록 할 것**

⑧ 유자격자가 충전전로 인근에서 작업하는 경우에는 다음 각 목의 경우를 제외하고는 노출 충전부에 **접근한계거리 이내로 접근하거나 절연 손잡이가 없는 도전체에 접근할 수 없도록 할 것**

  가. 근로자가 노출 충전부로부터 절연된 경우 또는 해당 전압에 적합한 절연장갑을 착용한 경우

  나. 노출 충전부가 다른 전위를 갖는 도전체 또는 근로자와 절연된 경우

  다. 근로자가 다른 전위를 갖는 모든 도전체로부터 절연된 경우

⑨ **절연이 되지 않은 충전부나 그 인근에 근로자가 접근하는 것을 막거나 제한할 필요가 있는 경우에는 울타리를 설치**하고 근로자가 쉽게 알아볼 수 있도록 하여야 한다. 다만, 전기와 접촉할 위험이 있는 경우에는 도전성이 있는 금속제 울타리를 사용하거나, 접근 한계거리 이내에 설치해서는 아니 된다.

⑩ **울타리의 설치가 곤란한 경우**에는 근로자를 감전위험에서 보호하기 위하여 사전에 위험을 경고하는 **감시인을 배치**하여야 한다.

특급암기법

1. 절연용 보호구 착용, 2. 절연용 방호구 설치, 3. 고압 및 특별고압 작업의 경우 활선작업용 기구, 장치 사용, 4. 접근한계거리 준수(대지전압 50kV 이하: 300cm 이내, 50kV 초과 시 10Kv당 10cm씩 더한 거리 이내로 접근금지), 5. 울타리 설치, 6. 감시인 배치

[접근한계 거리(표1)]

충전전로의 선간전압 (단위 : 킬로볼트)	충전전로에 대한 접근 한계거리 (단위 :센티미터)
0.3 이하	접촉금지
0.3 초과 0.75 이하	30
0.75 초과 2 이하	45
2 초과 15 이하	60
15 초과 37 이하	90
37 초과 88 이하	110
88 초과 121 이하	130
121 초과 145 이하	150
145 초과 169 이하	170
169 초과 242 이하	230
242 초과 362 이하	380
362 초과 550 이하	550
550 초과 800 이하	790

특급암기법
선간전압: 03. 075,/2, 15/ 37, 88/121, 145, 169/ 242, 362/ 550, 800
접근한계거리: 3, 45, 6/ 9, 11, 13, 15, 17/ 23, 38, 55, 79

4 건설공사 충전 전로 근접 작업 안전 확보

(1) 충전전로 인근에서의 차량·기계장치 작업 ★★

① **충전전로 인근에서 차량, 기계장치 등의 작업이 있는 경우에는 차량 등을 충전전로의 충전부로부터 300센티미터 이상 이격**시켜 유지시키되, 대지전압이 50킬로볼트를 넘는 경우 이격거리는 10킬로볼트 증가할 때마다 10센티미터씩 증가시켜야 한다. 다만, 차량 등의 높이를 낮춘 상태에서 이동하는 경우에는 이격거리를 120센티미터 이상(대지전압이 50킬로볼트를 넘는 경우에는 10킬로볼트 증가할 때마다 이격거리를 10센티미터씩 증가)으로 할 수 있다.

② 충전전로의 전압에 적합한 **절연용 방호구 등을 설치한 경우에는 이격거리를 절연용 방호구 앞면까지**로 할 수 있으며, 차량등의 가공 붐대의 버킷이나 끝부분 등이 충전전로의 전압에 적합하게 **절연**되어 있고 유자격자가 작업을 수행하는 경우에는 붐대의 절연되지 않은 부분과 충전전로 간의 **이격거리**는 (표 1)의 **접근 한계거리까지**로 할 수 있다.

③ 근로자가 차량 등의 그 어느 부분과도 접촉하지 않도록 **울타리를 설치하거나 감시인 배치** 등의 조치를 하여야 한다.

④ 충전전로 인근에서 **접지된 차량 등이 충전전로와 접촉할 우려가 있을 경우에는 지상의 근로자가 접지점에 접촉하지 않도록 조치**하여야 한다.

특급암기법
1. 이격거리 : 충전부로부터 300cm 이상, 대지전압 50kV 초과 시 - 10kV 증가시마다 10cm씩 증가
2. 울타리 설치, 감시인 배치
3. 근로자가 접지점에 접촉하지 않도록 조치

참고

🛠 **울타리 설치 및 감시인 배치를 하지 않아도 되는 경우**

① 근로자가 해당 전압에 적합한 절연용 보호구 등을 착용하거나 사용하는 경우
② 차량 등의 절연되지 않은 부분이 (표 1)의 접근 한계거리 이내로 접근하지 않도록 하는 경우

5 건설공사 감전 시 응급조치

(1) 감전 사고 발생 시 처리 순서

① 전원으로부터 **즉시 스위치를 분리**시키고 구출자 본인의 방호조치 후 신속하게 상해자를 구출할 것
② 즉시 **인공호흡을 실시**할 것
③ 생명 소생 후 **병원으로 후송**할 것

(2) 인공 호흡 요령

① 1분당 12~15회(4초 간격), 30분 이상 계속 실시한다.
② 1분 이내 소생률 : 95% 이상

호흡정지에서 인공 호흡 개시까지 경과시간	소생률(%)
1분	95%
2분	90%
3분	75%
4분	50%
5분	25%
6분	10%

(3) 전격 재해자 중요 관찰 사항

① 의식 상태
② 호흡 상태
③ 맥박 상태
④ 출혈 상태
⑤ 골절 상태

CHAPTER 04 토공사

한 눈에 들어오는 키워드

01 흙막이 가시설

주요내용 알고 가기!

- 흙파기 공법의 종류 및 특성
- 흙막이 공법의 종류 및 특성
- 굴삭장비(굴착기계)의 종류 및 특성
- 흙 파기 관련 용어 정의
- 지반조사 방법
- 연약 지반 및 주변지반 침하 원인
- 지반개량 공법

1 흙파기 공법의 종류 및 특성

참고

🔧 흙파기 공법의 종류

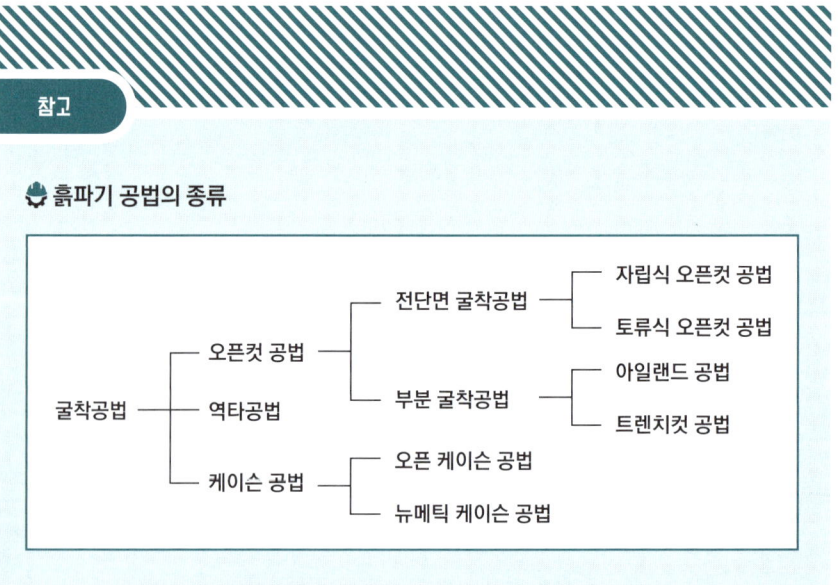

(1) 개착공법(Open Cut 공법) : 비탈면(경사) 오픈컷 공법

① 굴착 주변에 흙이 흘러내리지 않을 정도의 경사면(비탈면의 안정경사, 안식각에 의한 경사면)을 취하여 흙막이 벽이나 가설구조물이 없이 굴착하는 흙파기(굴착) 공법을 말한다.
② **흙막이지보공은 불필요**하나 소요의 비탈면을 굴착바닥면 밖에 둠으로 **대지에 여유가 있어야 한다.**

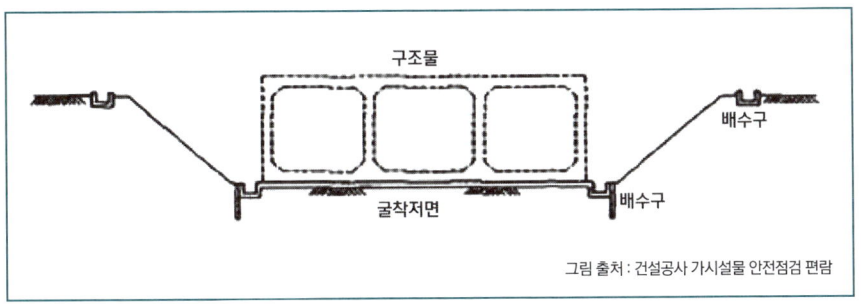

그림 출처 : 건설공사 가시설물 안전점검 편람

(2) 흙막이 Open Cut 공법

1) 자립식 흙막이 공법

① 버팀대, 띠장 등의 지보공을 가설하지 않고 **흙막이 벽 자체의 휨 강성과 근입부의 횡 저항(밑넣기 부분의 가로저항)에 의해 주동토압을 부담시키고 굴착하는 흙막이 공법**을 말한다.
② 지반이 단단하고 규모가 작은 경우 가장 손쉬운 방법이다.

2) 버팀대(Strut) 공법 ★

① 버팀대공법은 **굴착하고자 하는 부지의 외곽에 흙막이 벽을 설치하고 수평버팀대, 띠장 등으로 흙막이 벽을 지지**하는 공법을 말한다.
② 수평 버팀대공법과 경사버팀대 공법이 있다.
③ **토질에 대해 영향을 적게 받는다.**
④ 수평버팀대, 띠장 등의 **가설구조물을 설치하므로 굴착, 토량제거 작업에 장애가 된다.** (작업능률이 저하된다.)
⑤ 인근 대지로 공사범위가 넘어가지 않는다.
⑥ **강재를 전용함에 따라 재료비가 비교적 적게** 든다.
⑦ 고저차가 크거나 상이한 구조인 경우 균형을 잡기 어렵다.

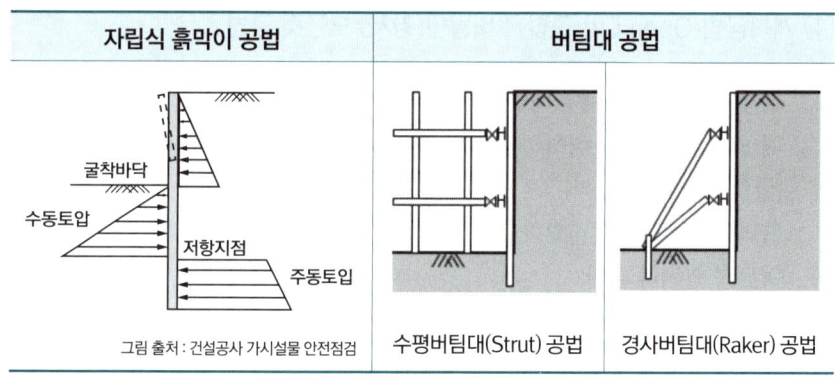

(3) 아일랜드 컷(island cut) 공법 ★

① 비탈면을 남기고 **중앙부를 굴착해서 흙파기 한 후 중앙부 구조체를 먼저 설치**하는 방식으로 중앙부 구조체가 설치되면 흙막이 벽체를 버팀대로 지지할 수 있다.(토압의 대부분을 중앙부 구조물이 저항한다.)
② 굴착 면적이 넓을수록 효과적이다.

(4) 트렌치 컷(trench cut) 공법 ★

① 이중 널말뚝을 건물의 주위에 박고 **주변부를 먼저 굴착**하여 **주변부 구조체 축조 후 이를 흙막이로 사용하면서 중앙부 파내어 지하구조물을 완성**하는 공법
② 흙파기의 깊이가 얕고 면적이 넓은 경우(면적이 넓어 버팀대를 설치해도 변형이 우려될 경우)에 사용한다.
③ **온통파기를 할 수 없을 때, 히빙 현상이 예상될 때 효과적**이다.

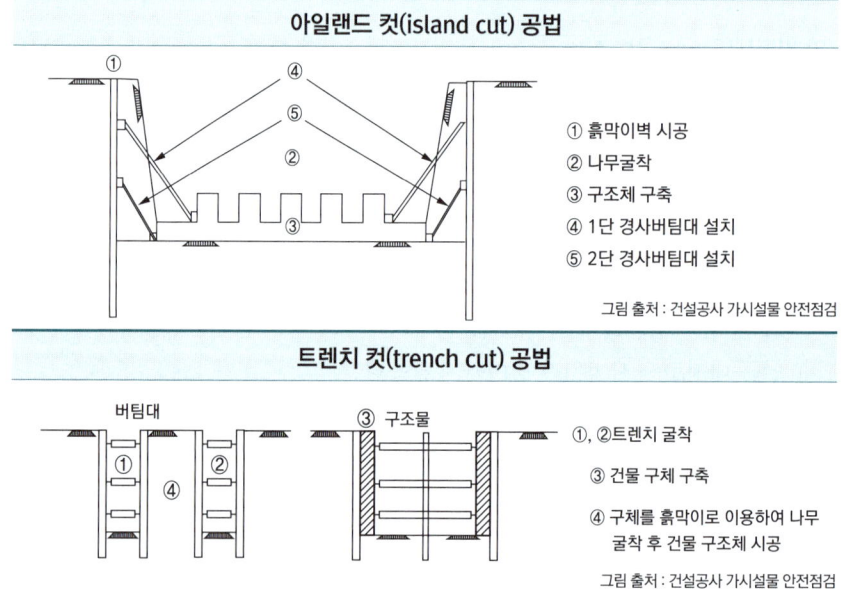

(5) 역타 공법(탑 다운공법 : Top-Down) ★★

① Top Down 공법은 「위에서 아래로」 공사를 진행하는 공법으로 철골 기둥을 박고 **1층에서 지하층을 향해 콘크리트를 부어 넣어 흙막이로 하면서 지하층을 굴착하는 방법**이다.
② 굴토작업이 슬래브 하부에서 진행되므로 **작업 능률 및 작업환경이 저하되고 공사비가 상승**한다.
③ 건물의 **지하 구조체에 시공이음이 많아 건물방수에 대한 우려가** 크다.
④ 지상과 지하를 동시에 시공할 수 있으므로 **공기를 절감**할 수 있다.
⑤ **저소음, 저진동 공법**이며 주변 지반의 영향이 적어 민원 발생의 요소가 적다.

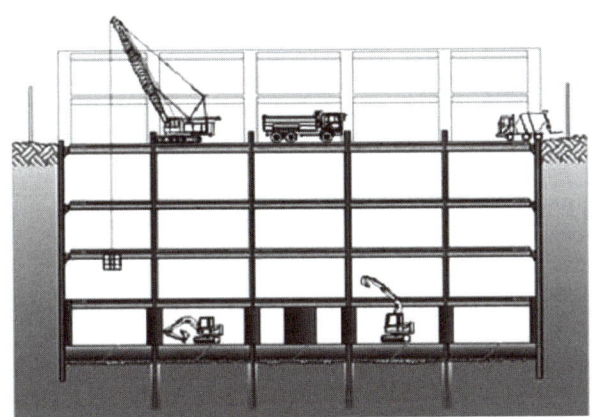

그림 출처 : 한빛구조엔지니어링

(6) 잠함공법(케이슨공법 : caisson method) ★

① 건조물의 기초부분을 만들기 위한 공법으로 **잠함공법**이라고도 한다.
② 기초가 될 **케이슨(큰 상자)을 만들고, 그 속의 토사(土砂)를 굴착하면서 케이슨을 가라앉혀 기초를 만든다.**
③ 잠함공법의 종류

개방잠함 공법 (Open caisson method)	① **지하 구조체를 지상에서 구축**하여 하부 중앙 흙을 파내어 **구조체를 자중으로 침하시키는 공법**을 말한다.(굴착하여 가라앉히기 위해 크고 무거운 하중이 필요하다.) ② 지하수가 많은 지반에서는 침하가 잘 되지 않는다. ③ 펌프에 의한 수잠(水潛) 굴착과 수중 굴착기에 의한 수중 굴착이 있다. ④ 압축공기를 사용하지 않는다. ⑤ 부지를 최대한 이용할 수 있다.

> 한 눈에 들어오는 키 워드

개방잠함 공법 (Open caisson method)	 사진 출처 : 안전보건공단
뉴매틱 케이슨 공법(new matic caisson foundation method)	① 공기 잠함공법이라고도 하며, 잠함 속에 작업실을 만들고 그 속에 압축공기를 보내서 물을 배제하여 대기압과 같은 상태에서 노동자가 들어가서 굴착하는 공법이다. ② 케이슨의 작업실에 **압축공기를 넣어 수압을 유지시키고 내부의 밑을 파서 자중에 의해 침하**시킨다. ③ 솟는 물이 많거나, 해저(海底) 기초 등에 사용된다. 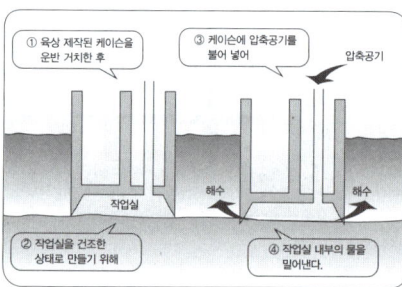 사진 출처 : 안전보건공단

2 흙막이 공법의 종류 및 특성

(1) 어스 앵커(earth anchor) 공법 ★

① 버팀대 대신 **PC강재**(PS 강선, PS 강연선)등 앵커체를 **지중에 삽입**해서 **선단부를 양질지반에 정착시키고, 앵커체의 인장력에 의하여 흙막이 벽 등의 구조물을 지지**하는 공법을 말한다.
② 앵커체가 각각의 구조체이므로 적용성이 좋다.
③ 앵커에 **프리스트레스를 주기 때문에 흙막이 벽의 변형을 방지하고 주변 지반의 침하를 최소한으로 억제**할 수 있다.
④ 본 구조물의 바닥과 기둥의 위치에 관계없이 앵커를 설치할 수도 있다.

⑤ 패커(Packer)는 Earth Anchor 시공에서 정착부를 그라우팅할 때 인장부로 침투하지 않도록 밀봉하는 역할을 한다.
⑥ Earth Anchor 시공에서 앵커의 스트랜드는 Anchor Head에 정착한다.

장점	단점
① **지보공(버팀대)이 불필요**하다. ② 지보공이 없어 **작업공간을 넓게 활용**할 수 있다. ③ **작업능률 증대 및 공기 단축이 가능**하다. ④ **앵커체가 각각의 구조체로 적용성이 우수**하다.	① **비교적 고가**이다. ② **인근 구조물이나 지하 매설물이 있는 경우 시공이 곤란**하다. ③ 주변 대지 사용에 대한 동의가 필요하다.

(2) 주열식 흙막이 벽 공법(말뚝식 흙막이 벽 공법)

1) **콘크리트 말뚝을 연속적으로 박아 흙막이 벽으로 하여 지지하면서 굴착**하는 공법을 말한다.

2) **오거파일 공법, 이코스 파일 공법, 프리팩트 콘크리트 말뚝 공법** 등이 있다.

이코스 파일 공법 (ICOS Pile Method)	1) 이코스 공법은 **벤토나이트 용액을 굴착하는 갱내에 넣어 공벽의 붕괴를 방지**하며 지중에 **깊은 구멍을 뚫고 그 내부에 콘크리트를 채우는 작업을 반복**하여 **연속된 흙막이 벽을 축조**하는 공법이다. 2) **시공순서** ① 말뚝구멍을 하나 걸러 뚫는다. ② 콘크리트를 타설한다. ③ 말뚝과 말뚝 사이 다음 말뚝 구멍을 뚫는다. ④ 다음 말뚝 구멍에 콘크리트를 타설한다.
오거파일 공법 (Auger Pile Method)	**오거(Auger)를 설치하여 구멍을 뚫고 콘크리트 말뚝을 밀접하게 연속 박기**로 하여 흙막이 벽을 만드는 공법을 말한다.

3) 프리팩트 콘크리트 말뚝 공법

소정의 위치에 구멍을 뚫고 콘크리트 또는 주변 흙을 이용하여 **제자리 콘크리트 말뚝을 연속적으로 설치하여 흙막이 벽체를 형성**하는 공법을 말한다.

CIP 공법 (Cast In Place Pile)	말뚝 구멍을 굴착한 후 철근을 조립하고 모르타르 주입관을 삽입한 다음 **자갈을 충전한 후 모르타르를 주입**하는 공법이다.
PIP 공법 (Packed In Place Pile)	소정의 깊이까지 뚫은 다음 흙과 오거를 함께 끌어올리면서 오거 중심간의 선단을 통하여 **모르타르, 잔자갈, 콘크리트를 주입하여 말뚝을 형성**하는 공법이다.
MIP 공법, SCW 공법 (Mixed In Place Pile, Soil cement wall)	파이프 선단에 커터를 장치하여 **흙을 뒤섞으며 지중으로 파들어 간 다음 파이프 선단에서 모르타르를 분출**시켜 흙과 모르타르(cement milk)를 혼합하면서 파이프를 빼내는 **소일 콘크리트(soil concrete) 말뚝을 형성**하는 공법이다.

한눈에 들어오는 키워드

참고
- CIP 공법
- PIP 공법
- MIP 공법

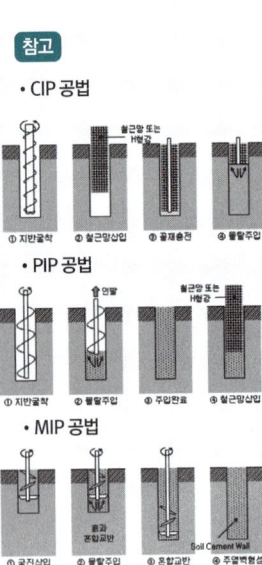

(3) 슬러리 월(Slurry wall) 공법(지하연속벽 공법) ★★

① **벤토나이트 안정액을 사용**하여 **지반의 붕괴를 방지하면서 굴착**한 후 그 속에 **철근망을 삽입**하고 **콘크리트를 타설**하여 흙막이 벽체를 형성하는 공법을 말한다.
② **흙막이 벽 자체의 강도, 강성이 우수**하기 때문에 연약지반의 변형 및 이면침하를 최소한으로 억제할 수 있다.(강성이 높은 지하 구조체를 만든다.)
③ **차수성이 좋아** 지하수가 많은 지반에도 사용할 수 있다.
④ 시공 시 **소음, 진동이 작다**.(저진동, 저소음의 공법)
⑤ **인접건물 경계선까지 시공이 가능**하여 대지이용의 효율성이 높다.
⑥ **암반을 포함한 대부분의 지반에 시공이 가능**하다.
⑦ 도심지 공사에서 **탑다운 공법과 같이 병행할 수 있다**.
⑧ **공사비가 비교적 높고 공기가 불리**한 편이다.
⑨ **벽 두께를 자유로이 설계**할 수 있고 **불균일한 평면형상이라도 쉽게 시공이 가능**하다.

> 참고

슬러리 월 공법(지하연속벽 공법)의 시공순서

가이드 월(안내 벽) 설치 → 안정액 투입 → 굴착 → 슬라임 제거 → 인터록킹 파이프 설치 (또는 Stop-End Pipe) → 지상조립 철근(철근망) 삽입 → 트레미관 설치 → 콘크리트 타설 및 안정액 회수 → 인터로킹파이프 제거 → 콘크리트 양생 → 가이드 월 제거

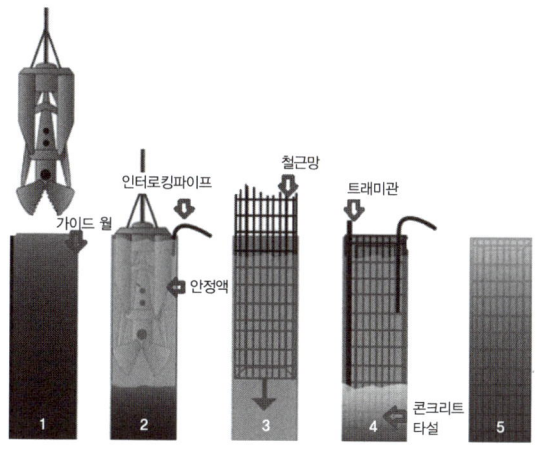

사진 출처 : 서울 지하철 7호선 지중연속벽 시공현황

> 한 눈에 들어오는 키워드

> 참고

지하연속벽 공법
① 벽식 공법 : 슬러리 월(Slurry wall) 공법
② 주열식 공법
③ 벽식·주열식 병용공법

> 기출

트레미(Tremi)관
지하굴착 공사 중 깊은 구멍 속이나 수중에서 콘크리트타설 시 재료가 분리되지 않게 타설할 수 있게 하는 기구를 말한다.

(4) 강제 널말뚝(steel sheet pile) 공법

철재에 **널말뚝을 연속으로 박아 수밀성 있는 흙막이 벽을 만들고 띠장, 버팀대로 지지**하는 공법을 말한다.

장점	단점
① **차수성이 좋다.**(적당한 보호처리를 하면 물 위나 아래에서 수명이 길다.) ② 타입이 용이하고 시공이 쉽다. ③ 재사용이 가능하다.	① 타 공법보다 **벽체의 강성(EI)이 작아 휨이 크다.** ② 암반, 전 석층에는 타입이 곤란하다. ③ 타입 시 소음, 진동이 크다. ④ 관입, 철거 시 주변 지반침하가 일어날 수 있다.

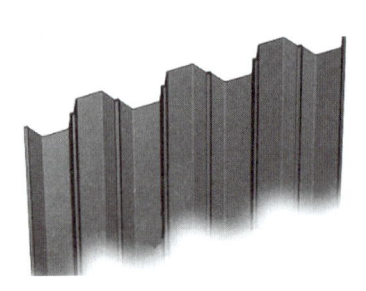 

그림 및 사진 출처 : 안전보건공단

(5) 엄지말뚝 흙막이(엄지말뚝(H-PILE)+토류판) 공법

굴착 전에 엄지말뚝(H-pile)을 일정한 간격으로 근입한 후 **굴착하면서 토류판(흙막이판)을 엄지말뚝 사이에 끼어 넣어 흙막이벽을 지지하는** 공법을 말한다.

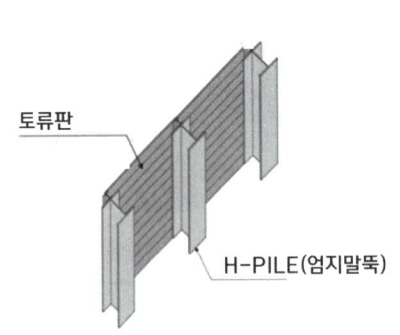 

그림 및 사진 출처 : 케이블테크(주)

비교

강 널말뚝(SHEET PILE)

엄지말뚝(H-PILE) + 토류판

C.I.P
(주열식 연속벽)

S.C.W
(주열식 연속벽)

SLURRY WALL
(지중 연속벽)

02 토공, 기계, 흙파기, 지반조사 및 계측관리, 기타 토공사

1 토공 및 기계

(1) 굴삭장비(굴착기계) ★

1) 파워 셔블(power shovel, 동력삽)

기계가 서 있는 지반면보다 **높은 곳의 땅파기에 적합**하다.

2) 드래그 셔블(drag shovel, 백호)

① 기계가 서 있는 **지면보다 낮은 장소의 굴착 및 수중굴착이 가능**하다
② **굳은 지반**의 토질도 정확한 **굴착**이 된다.
③ 트렌치(trench)와 같은 **도랑파기에 적합**하다.

3) 드래그라인(drag line)

① 기계가 **서있는 위치보다 낮은 장소의 굴착에 적당**하고 굳은 토질에서의 굴착은 되지 않지만 굴착 반지름이 크다.
② 작업범위가 광범위하고 **수중굴착 및 연약한 지반의 굴착에 적합**하다.(모래 채취나 수중의 흙을 퍼 올리는 데 가장 적합하다.)

4) 클램셸(clamshell)

① **수중굴착** 및 **가장 협소하고 깊은 굴착이 가능**하며 호퍼(hopper)에 적당하다.
② **연약지반**이나 **수중굴착** 및 자갈 등을 싣는데 적합하다.

5) 트렌처(Trencher)

일정한 폭의 구덩이를 연속으로 파며, 좁고 깊은 도랑 파기에 가장 적당한 토공장비이다.

6) 굴삭기계의 단위 작업시간당 시공량 ★

$$Q(m^3/hr) = \frac{q \times k \times f \times E}{Cm(hr)} = \frac{60 \times q \times k \times f \times E}{Cm(min)} = \frac{3{,}600 \times q \times k \times f \times E}{Cm(sec)}$$

Q : 단위시간당 작업량(m³/hr) q : 버킷용량(m³)
k : 버킷계수 f : 굴삭토의 용적변화계수
E : 작업효율 Cm : 1회 사이클 시간

(2) 정지기계

1) 불도저 : 흙의 굴착, 흙의 적재 및 단거리 운반, 지반의 정지(고르기)작업에 적합하다.

2) 스크레이퍼 : 흙의 굴착, 성토 및 적재, 운반, 하역, 지반의 다짐 및 정지 등에 적합한 기계로서 **불도저에 비해 장거리 운반이 가능**하다.

3) 캐리올 스크레이퍼 (Carryall scraper)

① 동력을 갖지 않고 트랙터에 견인되어 작업하며 싣기, 운반, 고르기 등을 할 수 있다.
② 흙을 깎으면서 동시에 기체 내에 담아 운반하고 깔기작업을 겸할 수 있으며, 작업거리는 100~1,500m 정도이다.

2 흙 파기

(1) 용어 정의

1) 예민비 : 흙을 이김에 따라 강도가 약해지는 정도를 말한다. ★

$$예민비 = \frac{자연\ 시료의\ 강도(불교란시료)}{이긴\ 시료의\ 강도(교란시료)}$$

2) 간극비 : 흙 입자의 부피에 대한 간극의 부피비를 말한다.

$$간극비 = \frac{간극의\ 부피}{흙입자의\ 부피}$$

3) 간극률 : 흙 전체의 부피에 대한 간극의 부피의 백분율을 말한다.

$$간극률(\%) = \frac{간극의\ 부피}{흙전체의\ 부피} \times 100$$

4) **함수비** : 흙 입자의 중량(무게)에 대한 물의 중량의 백분율을 의미한다.

$$함수비(\%) = \frac{물의\ 중량}{토립자의\ 중량(건조중량)} \times 100$$

5) **함수율** : 일정한 체적에서 흙 전체의 중량에 대한 간극수(물) 중량의 백분율을 의미한다. ★

$$함수율(\%) = \frac{물의\ 중량}{흙\ 전체의\ 중량(토립자 + 물의\ 중량)} \times 100$$

6) **포화도** : 흙의 간극 속의 물의 용적비율(흙의 공극 속에 물이 차 있는 정도)을 말한다.

$$포화도(\%) = \frac{물의\ 부피}{간극의\ 부피} \times 100$$

7) **소성한계** : 흙이 소성 상태에서 반고체 상태로 바뀔 때의 함수비를 말한다. ★

8) **액성한계** : 소성 상태와 액체 상태의 경계가 되는 함수비(소성 상태로부터 액성 상태로 변하는 순간의 함수비)를 말한다.

9) **소성지수** : 흙이 소성 상태로 존재할 수 있는 함수비 구간의 크기를 의미하며, 소성지수가 클수록 세립분을 포함하는 소성이 풍부한 흙이라 할 수 있다.

10) **겔타임(gel-time)** : 약액을 혼합한 후 시간이 경과하여 유동성을 상실하게 되기까지의 시간을 말한다.

11) **동결심도** : 지표면에서 지하 동결선까지의 길이를 말한다.

12) **수동 활동면** : 수동토압에 의한 파괴 시 토체의 활동면을 말한다.

(2) 흙의 휴식각(안식각, 자연 경사각)

흙 입자 간의 응집력, 부착력을 무시한 채 **마찰력만으로 중력에 대하여 정지하는 흙의 경사면 각도**를 말한다.

① 흙의 흘러내림이 자연 정지될 때 **흙의 경사면과 수평면이 이루는 각도**를 말한다.
② 습윤 상태에서 휴식각은 **모래 30~45°, 흙 25~45°** 정도이다.
③ **터파기의 경사는 휴식각의 2배** 정도로 한다.
④ 흙의 휴식각(안식각)은 **흙의 종류, 마찰력, 응집력, 함수량에 따라 변화**한다.

(3) 터파기량의 산출

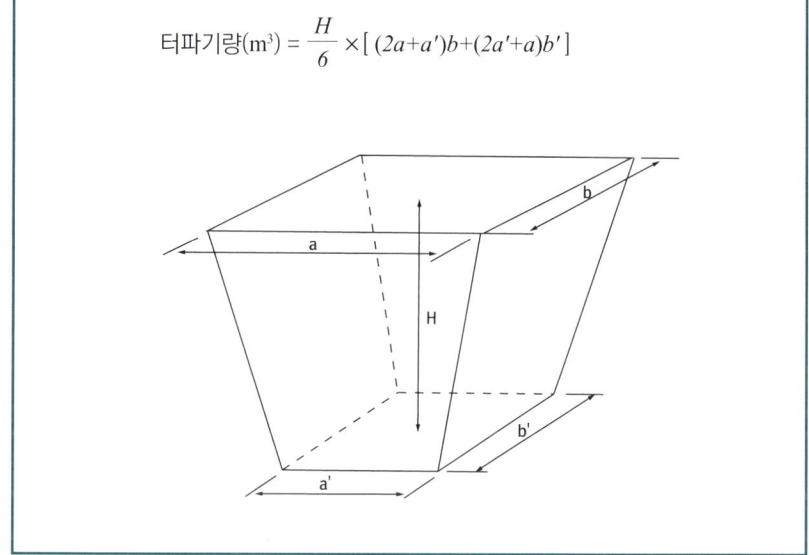

터파기량(m³) = $\dfrac{H}{6} \times [(2a+a')b+(2a'+a)b']$

한 눈에 들어오는 **키** 워드

참고

사면의 안정성 검토에 직접적으로 영향을 끼치는 것
① 흙의 단위체적 중량
② 흙의 내부마찰각
③ 흙의 점착력
④ 사면의 경사

참고

수축한계
① 흙의 수분이 지속적으로 없어져 수분의 감소에 따른 흙의 체적 변화가 발생하지 않을 때의 함수비를 수축한계라고 한다.
② 수축한계 상태에서 점토지반이 가장 안전하다.

예제

그림과 같은 독립기초의 흙파기 량을 옳게 산출한 것은? [산업기사 2020년 6월]

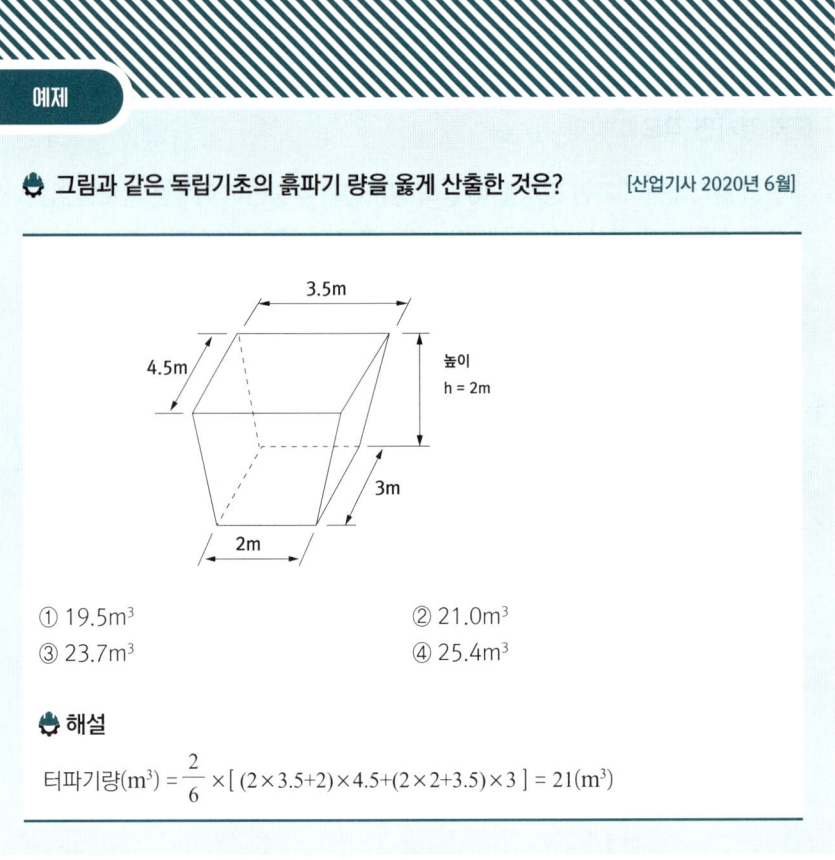

① 19.5m³
② 21.0m³
③ 23.7m³
④ 25.4m³

해설

터파기량(m³) = $\dfrac{2}{6}$ × [(2×3.5+2)×4.5+(2×2+3.5)×3] = 21(m³)

3 지반조사 및 계측관리

(1) 토질시험

① **물리적시험** : 흙의 고유의 성질을 알아보고자 하는 시험
② **역학적시험** : 흙의 역학적 성질을 평가하기 위한 시험
③ **지지력 시험** : 흙이 기초로써 상부구조물을 얼마나 지지할 수 있는지를 측정하는 시험

물리적시험	① 흙의 비중시험 ② 함수비시험 ③ 액성/소성/수축 한계 시험	
역학적시험	① 직접전단 시험 ③ 3축 압축시험 ⑤ 투수시험	② 1축 압축시험 ④ 압밀시험
지지력 시험	① 다짐시험	

- 소성한계시험 : 토질시험 중 흙 속에 수분이 거의 없고 바삭바삭한 상태의 정도를 알아보기 위한 시험이다.
- 액성한계시험 : 흙의 액상을 나타내는 최소의 함수비를 구하기 위한 시험이다.(**흙속에 수분이 있어 끈기가 있는 상태의 정도를 알아내기 위한 시험**)
- 함수비시험 : 흙의 함수량을 구하기 위한 시험이다.
- 압밀시험 : 연약지반 위에 구조물을 축조할 때 압밀로 인한 최종 침하량과 침하에 일어나는 소요시간 등을 추정하기 위한 시험이다.

(2) 토질주상도

1) **토질주상도(Columnar Section)** : 조사지역의 층별, 포함물질 및 층 두께 등을 그림으로 나타낸 것을 말한다.

2) **토질 주상도의 기입내용** ★

① 지반조사 지역　　② 조사일자
③ 조사자　　　　　④ 보링방법
⑤ 지하수위　　　　⑥ 심도에 따른 색조 및 토질
⑦ 층 두께 및 구성 상태　⑧ N값

(3) 계측기 종류 및 용도

종류	용도
① 균열 측정기 (Crack-gauge)	주변 구조물, 지반 등에 균열발생시 균열크기와 변화를 정밀측정 확인
② 경사계 (Tilt-meter), 트랜싯(Transit)	구조물의 경사각 및 변형상태를 계측
③ 지하 수위계 (Water level meter)	지하수위 변화를 실측하여 각종 계측자료에 이용
④ 지중 수평 변위계 (Iclino-meter)	인접지반 수평 변위량과 위치, 방향 및 크기를 실측하여 토류구조물 각 지짐의 응력상태 판단
⑤ 토압계(Earth pressure-cell)	토압의 변화를 측정하여 이들 부재의 안정상태 확인
⑥ 변형률계 (Strain-gauge)	토류 구조물의 각 부재와 인근 구조물의 각 지점 및 타설 콘크리트 등의 응력변화를 측정
⑦ 하중계 (load-cell)	스트럿(Strut) 또는 어스앵커(Earth anchor) 등의 축 하중 변화를 측정하는 기구
⑧ 지주 하중계 (Strut load-cell)	Strut의 축 하중 변화상태를 측정

한 눈에 들어오는 키워드

⑨ 어스앙카 하중계 (Earth-anchor load-cell)	Earth Anchor의 축 하중 변화상태를 측정
⑩ 간극 수압계 (Piezometer)	굴착에 따른 **과잉 간극수압의 변화를 측정**
⑪ 층별 침하계 (Extensometer)	인접지층의 각 지층별 침하량의 변동상태를 확인
⑫ 지표 침하계 (Settlement Plate)	지표면의 침하량 절대치의 변화를 측정
⑬ 진동 소음측정기 (Sound levelmeter)	굴착, 발파 및 장비이동에 따른 진동과 소음을 측정

(4) 지반조사 방법

1) 관입저항시험(sounding test) : Rod 끝에 설치한 **저항체를 땅속에 삽입하여 회전, 빼 올리기 등의 저항력으로 토층의 성상을 탐사, 판별**하는 방법을 말한다.

정적 사운딩(점성토에 적용)	동적 사운딩(사질토에 적용)
① 단관 원추 관입시험 ② 화란식 원추 관입시험 ③ 스웨덴식 관입시험 ④ 이스키 미터 ⑤ 베인 테스트	① 표준관입 시험 ② 동적 원추관 시험

① **베인(Vane) 테스트** : 보링의 구멍을 이용하여 **십자형 날개의 베인 테스터를 지반에 박고 회전시켜서 그 회전력에 의하여 점토의 점착력을 판별**하는 방법을 말한다.(연약한 점토지반의 점착력 판별 시험) ★

② **표준관입 시험(Standard penetration test)** ★
  • 모래의 전단력은 모래의 밀도에 의하여 결정되고 불교란 시료를 채취하기 곤란하므로 **현지에서 모래의 밀도 N값을 측정하는 시험**이다.
  • 표준 샘플러 63.5[kg]의 해머로 75[cm]의 높이에서 낙하시켜 관입량 30[cm]에 달하는데 요하는 타격횟수로서 사질지반(모래)의 밀도를 측정하는 방법이다.
  • 타격횟수(N)의 값이 클수록 밀실한 토질이다.
  • N치의 추정 항목

사질토	점성토
① 상대밀도, 내부마찰각 ② 기초지반의 탄성침하 ③ 기초지반의 허용지지력 ④ 액상화 가능성 파악	① 전단강도, 일축압축강도 ② 기초지반의 허용지지력 ③ 연경도(Consistency)

③ **보링** : 지중에 철판을 꽂아 **천공하면서 토사를 채취하여 지반조사**를 하는 방법으로 **지질이나 지층의 상태를 깊은 곳까지도 정확하게 확인**할 수 있다.

회전식 보링 (rotary boring)	• 천공날을 회전시켜 천공하는 공법으로 가장 많이 사용되는 방법이다. • 불교란 시료 채취, 암석 채취 등에 많이 쓰인다. • 지질의 상태를 가장 정확히 파악할 수 있다.
수세식 보링 (wash boring)	• 보링 내 선단에서 물을 뿜어내어 나온 진흙물을 침전시켜 토질을 분석하는 방법이다. • 깊은 지층조사가 가능하다.(30m까지의 연질 층에 주로 쓰인다.)
충격식 보링 (percussion boring)	낙하, 충격에 의해 파쇄되는 토사나 암석을 이용하여 분석하는 방법이다.
오거 보링 (auger boring)	송곳(auger)을 이용해 깊이 10[m]이내의 시추에 사용되며 얕은 점토층의 분석에 사용된다.

표준관입시험
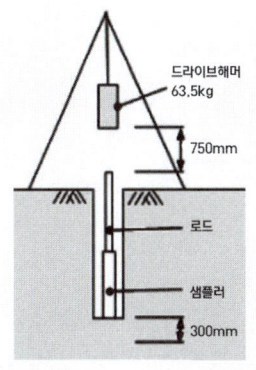

2) **지내력 시험(평판재하시험)** : 기초 저면까지 **굴착한 후 실제 하중을 재하하여 지내력을 확인**하는 시험방법을 말한다. ★

① 지내력시험은 재하를 **예정기초 저면에서 행한다.**
② 시험용 재하판은 0.2[m²](45[cm]각)를 표준으로 한다.
③ 매회 재하는 1[ton] 이하 또는 예정 파괴 하중의 1/5 이하로 한다.
④ 침하의 증가가 2시간에 0.1[mm] 비율 이하일 때 침하가 정지한 것으로 본다.
⑤ 단기하중에 대한 허용 지내력의 산정 : 총 침하량이 20mm에 도달했을 때의 하중 또는 침하량이 20mm 이하더라도 침하곡선이 항복상태를 보일 때의 하중 중 **작은 값**을 기준으로 산정한다.
⑥ 장기하중에 대한 허용지내력은 단기하중 허용지내력의 1/2로 한다.
⑦ 가장 적합한 기초구조의 결정을 위해 실시한다.

참고

평판재하시험용 시험기구
① 지지판(bearing plate)
② 유압 잭(jack)
③ 반력장치
④ 계측장치 : 하중계(로드셀), 변위계(다이얼 게이지)

3) **말뚝의 재하시험(간접 지내력 시험)**

① 압축 재하시험
  • **동적 재하시험** : 시험말뚝에 변형률계(strain gauge)와 가속도계(accelerometer)를 부착하여 **말뚝 항타에 의한 파형으로부터 지지력을 구하는 시험** (말뚝 두부를 햄머로 타격할 때 발생되는 압축파에 대한 정보를 수집해서 파일의 지지력을 추정한다.)
  • **정적 재하시험** : 말뚝에 실제 하중을 가하여 지지력을 측정하는 시험
② 인발 재하시험
③ 수평 재하시험

(5) 연약 지반 및 주변지반 침하 원인

1) 히빙(Heaving) 현상 : 연질 점토 지반에서 굴착에 의한 흙막이 내·외면의 **흙의 중량 차이(토압 차이)로 인해 굴착저면이 부풀어 올라오는 현상**을 말한다.(흙막이 바깥 흙이 안으로 밀려든다.) ★

히빙현상 발생원인	히빙현상 방지책 ★
① 배면지반과 터파기 저면과의 **토압 차** ② **연약지반** 및 하부지반의 강성 부족 ③ **지표면의 토사적치 등 과재하** ④ **흙막이 밑둥 넣기 부족**	① 양질의 재료로 **지반을 개량**한다.(흙의 전단강도 높인다.) ② 어스앵커 설치 ③ 시트파일 등의 근입심도 검토(**흙막이 벽체의 근입 깊이를 깊게 한다.**) ④ 굴착주변에 웰포인트 공법을 병행한다. ⑤ **소단을 두면서 굴착한다.** ⑥ 굴착주변의 **상재하중을 제거** ⑦ 굴착저면에 **토사 등의 인공중력을 가중시킴** ⑧ 토류벽의 배면토압을 경감시키고, 약액주입공법 및 탈수공법을 적용

2) 보일링(Boiling) 현상 : 사질토 지반에서 굴착저면과 흙막이 배면과의 **수위차이로 인해** 굴착저면의 **흙과 물이 함께 위로 솟구쳐 오르는 현상**(모래의 액상화 현상)을 말한다.(모래가 액상화 되어 솟아오른다.) ★

보일링현상 발생원인	보일링현상 방지책
① 배면지반과 터파기 저면과의 **수위차** ② 포화지반 및 **지하수위가 높은 경우** ③ **사질지반** 및 파이핑의 형성 ④ **흙막이 밑둥넣기 부족**	① **지하수위 저하** : 웰포인트 공법으로 지하수위를 낮춘다. ② **지하수 흐름 변경** : 약액주입 등으로 굴착지면을 지수한다. ③ **근입벽을 깊게** : 흙막이 벽의 타입 깊이를 늘린다. ④ 작업 중지

3) 액상화 현상 : 느슨하고 포화된 모래지반이 진동, 지진 **등의 동하중을 받는 경우** 입자들이 재배열되어 **모래가 물처럼 거동하게 되는 현상**(부피가 감소되어 **간극수압이 상승하여 유효응력이 감소**)을 말한다. ★

4) 파이핑(Piping) 현상 : 보일링(Boiling) 현상으로 인하여 **지반 내에서 물의 통로가 생기면서 흙이 세굴되는 현상**을 말한다.

5) 압밀침하 현상 : 외력에 의해 **간극 내 물이 빠지며 흙의 입자가 좁아지며 침하되는 현상**을 말한다.

4 지반개량 공법 ★

(1) 다짐공법

말뚝을 형성하여 지반을 다져서 지반을 개량하는 공법을 말한다.

1) 동 다짐(Dynamic Compaction)공법 : 강재 및 콘크리트 등으로 제작한 **추를 반복 낙하시켜서 지반의 다짐효과를 얻는 공법**을 말한다.

2) 동 다짐(Dynamic Compaction) 공법의 특징

① 시공 기간이 짧고 **다른 공법에 비해 경제적**이다.
② **시공 방법이 간단**하고 특별한 약품이나 재료가 필요 없다.
③ **여러 지반조건에 적용이 가능**하다.
④ **소음, 진동 등으로 인한 민원이 발생할 수 있다.**
⑤ 지반 내에 **암괴 등의 장애물이 있어도 적용할 수 있다.**

3) 바이브로 플로테이션(Vibro Flotation) 공법 ★

대형 봉상 진동기를 진동과 워터젯에 의해 소정의 깊이까지 삽입하고 **모래를 진동시켜 지반을 다지는 사질지반의 개량공법**을 말한다.

(2) 치환공법

연약지반을 양질의 재료로 치환하는 방법을 말한다.

(3) 고결공법

지반을 구성하는 **토립자 사이를 고결(일체화)시켜 지반을 개량**하는 방법을 말한다.

1) 응결공법(시멘트 처리공법, 석회처리공법, 심층혼합처리공법), 주입공법(약액주입공법, 시멘트주입공법), 동결공법, 소결공법 등이 있다.

2) 그라우팅 공법(grouting method), 약액주입공법 : 지반 내부의 **공극에 시멘트 페이스트 또는 교질규산염이 생기는 약액 등을 주입하여 흙의 투수성을 저하시키는 공법**을 말한다.

(4) 강제(强制)압밀공법

1) 재하방법 : 성토 공법, 지하수위 저하 공법, 대기압 공법(진공공법), 선행재하(Pre-loading) 공법

2) 드레인 방법 : 샌드(sand) 드레인 공법, 페이퍼 드레인 공법, 플라스틱(plastic) 드레인 공법

(5) 재하공법

연약지반에 미리 하중을 가하여 흙을 압밀시키는 공법을 말한다.

선행재하 (Pre-loading) 공법	사전에 미리 성토하여 침하시켜 흙의 전단강도를 증가시킴
과재 하중 (Surcharge) 공법	계획 높이 이상으로 성토하여 강제 침하시켜 지내력을 증가시킴
사면선단재하공법	성토의 비탈면 부분을 계획선 보다 넓게 하여 비탈면 끝의 전단강도를 증가시킴

(6) 탈수 및 배수공법

지반 내 물을 탈수 또는 배수하여 흙을 개량하는 방법으로 샌드드레인공법, 페이퍼드레인공법, 웰포인트공법, 집수정공법, 깊은 우물공법 등이 있다.

1) 배수공법의 종류

① 중력배수 공법
② 강제배수 공법
③ 복수(Recharge) 공법

2) 강제 배수공법 : 진공에 의해 **물을 강제적으로 모아 배수하는 공법**을 말한다.

집수정(sump pit) 공법	집수정(Sump Pit)에 집수된 지하수를 Pump로 강제 배수하는 공법을 말한다.
깊은 우물 (deep well)공법 ★	깊이 7m 정도의 우물을 파고 이곳에 수중 모터펌프를 설치하여 지하수를 양수하는 배수공법으로 지하 용수량이 많고 투수성이 큰 사질지반에 적합하다.

> **기출**
> 지하수 처리를 위한 배수 공법의 종류
> ① 집수정 공법
> ② 깊은 우물 공법
> ③ 웰 포인트 공법
> ④ 진공 Deep Well 공법

웰 포인트 (well point)공법 ★	① 집수장치를 붙인 파이프를 1~3m의 간격으로 **지중에 박아** 이것을 지상의 **집수관에 연결**하여 **펌프로 지중의 물을 강제 배수**하는 **강제배수 공법**을 말한다.(출수가 많은 깊은 터파기에 펌프와 병용하여 사용한다.) ② 기초파기 저면보다 지하수위가 높을 때의 배수공법으로 가장 적합한 방법이다. ③ **사질토**나 **투수성이 좋은 지반**에 사용한다.(투수성이 비교적 낮은 사질 실트 층까지도 배수가 가능하다.) ④ 흙의 안전성을 대폭 향상시킨다. ⑤ 인접지반의 침하를 일으키는 경우가 있다.
샌드 드레인 (sand drain)공법	철관을 박고 그 속에 모래를 다져 넣어 하중을 가해 수분을 배출시키는 공법을 말한다.
전기 침투 공법 (Electro osmosis method)	**전기 침투에 의해 간극수를 모아**(지반에 전류를 흐르게 하면 물이 (+)에서 (-)으로 흐르게 된다.) 모인 물을 **배수**하는 공법을 말한다.
페이퍼(플라스틱) 드레인 공법	연약지반에 합성수지로 된 페이퍼를 땅 속에 박아 수분을 배출하여 **압밀을 촉진시키는 공법**을 말한다.

> 한 눈에 들어오는 **키** 워드

(7) 생석회 말뚝 공법(Chemico pile 공법)

생석회는 수분을 흡수하면서 발열반응을 일으켜 체적이 팽창하면서 탈수효과, 압밀효과, 건조 및 화학반응효과에 의해 지반을 개량한다.

(8) 언더피닝(Under Pining)공법 ★

1) 기존건물 가까이에서 건축공사를 할 때 인접건물의 지반과 기초를 보강하는 공법을 말한다.

2) 기존 건물의 파일 머리보다 깊은 건물을 건설할 때, **지하수면의 이동이 일어나거나 기존 건물 기초의 침하나 이동이 예상될 때 지하에 실시하는 보강공법**이다.

3) 언더피닝(Under Pining)공법의 종류

① 2중 널말뚝 공법
② 현장타설 콘크리트말뚝공법
③ 강재말뚝 공법
④ 약액 주입법

한 눈에 들어오는 키워드

4) Under Pinning 공법을 적용할 수 있는 경우
① 지하구조물 밑에 지중구조물을 설치할 때
② 기존구조물에 근접한 굴착 시 구조물의 침하나 경사를 미연에 방지할 경우
③ 기존구조물의 지지력 부족으로 건물에 침하나 경사가 생겼을 때 이것을 복원하는 경우

요약

🔧 **지반개량 공법**

① 다짐공법 : 말뚝을 형성하여 지반을 다져서 지반을 개량하는 공법
② 치환공법 : 연약지반을 양질의 재료로 치환하는 방법
③ 고결공법 : 지반을 구성하는 토립자 사이를 고결(일체화)시켜 지반을 개량하는 방법
④ 강제(强制)압밀공법 : 재하방법과 드레인 방법을 이용하여 지반을 강제 압밀시키는 방법
⑤ 재하공법 : 연약지반에 미리 하중을 가하여 흙을 압밀시키는 공법
⑥ 탈수 및 배수공법 : 지반 내 물을 탈수 또는 배수하여 흙을 개량하는 방법

CHAPTER 05 기초공사

01 지정

주요내용 알고 가기!

- 지정의 종류 및 특징
- 제자리 콘크리트 말뚝의 종류 및 특징
- 말뚝의 간격 및 이음방법
- 기초의 종류 및 분류
- 피어기초공사의 종류 및 특성

기초를 안전하게 지지하기 위하여 기초를 보강하거나 내력을 보강하기 위한 지반다짐, 잡석 다짐, 말뚝박기 등의 공법을 말한다.

1 지정의 종류

(1) 보통지정

잡석지정	① 잡석지정은 세워서 깔아야 한다. ② 견고한 자갈층이나 굳은 모래층에서는 잡석지정이 불필요하다. ③ 잡석지정을 사용하면 콘크리트 두께를 절약할 수 있다. ④ 화강암 및 안산암을 옆세워 가장자리에서 중앙쪽으로 다진다. ⑤ 기초 콘크리트 타설 시 흙의 혼입 방지위해 사용한다.
모래지정	① 비교적 좋은 지반에 직접기초를 할 때 기초저면의 흐트러짐을 방지한다. ② 무른 점토층을 파내고 그 속에 모래를 다져 넣어 지반을 보강한다.
자갈지정	① 잡석대신 깬 자갈이나 모래 섞인 자갈을 6~12cm 두께로 깔아준다. ② 굳은 지반에 사용한다.
밑창 콘크리트 지정	잡석이나 자갈 위 기초 부분의 먹매김을 용이하게 하기 위하여 60mm 정도의 두께로 강도가 낮은 콘크리트를 타설하여 만든 것을 말한다.

한 눈에 들어오는 키워드

참고

지정 및 기초

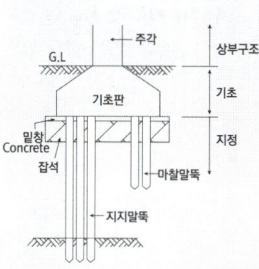

그림 출처: https://blog.naver.com/godhunting/220689906683

기출
- 잡석지정에서 틈막이 자갈량은 잡석의 30%로 한다.
- 지정공사 시 사용되는 모래의 장기허용 압축강도: 20~40t/m²

잡석지정의 목적
① 구조물의 안정을 유지하게 한다.
② 이완된 지표면을 다진다.
③ 기초 바닥 밑의 방습, 배수처리에 이용된다.
④ 버림 콘크리트의 양을 절약할 수 있다.

밑창 콘크리트의 설계기준 강도는 공사시방에서 별도로 정한 바가 없는 경우 15MPa(150kg/cm²) 이상의 것을 사용해야 한다.

(2) 깊은 기초지정

① 우물통식 지정
② 잠함기초 지정
③ **말뚝 지정**(나무 말뚝 지정, 기성콘크리트 말뚝 지정, 제자리콘크리트 말뚝 지정) ★

2 말뚝지정

(1) 나무 말뚝

① 소나무, 낙엽송 등의 곧고 긴 생나무를 사용하며 길이는 보통 6[m] 정도이다.
② 부식을 막기 위하여 껍질을 벗기고 상수면 이하로 박는다.

(2) 강제 널말뚝(steel sheet pile) ★

① 강제 널말뚝에는 U형, Z형, H형, 박스형 등이 있다.
② 타입 시에는 지반의 체적변형이 작고 **항타가 쉽고 이음부를 볼트나 용접접합에 의해서 말뚝의 길이를 자유로이 늘일 수 있다.**
③ 강재말뚝은 **콘크리트 말뚝보다 두께가 작아서 중량이 가볍고, 운반 및 취급이 용이하다.**
④ 도심지에서는 **소음, 진동 때문에 무진동 유압장비에 의해 실시해야 한다.**

장점	단점
① **차수성이 좋다.**(적당한 보호처리를 하면 물 위나 아래에서 수명이 길다.) ② **타입이 용이하고 시공이 쉽다.** ③ **재사용이 가능하다.** ④ 상부구조물과의 결합이 용이하다. ⑤ 자재의 이음 부위가 안전하여 **소요길이의 조정이 자유롭다.**	① 타 공법보다 벽체의 강성이 작아 **휨이 크다.** ② **암반, 전 석층에는 타입이 곤란하다.** ③ **타입 시 소음, 진동이 크다.** ④ 관입, 철거 시 주변 지반침하가 일어날 수 있다. ⑤ 지중에서의 **부식 우려가 높다.**

(3) 강 말뚝[강관말뚝(steel pipe pile), H형강말뚝(H-steel pile)]

① 원심력 철근 콘크리트(RC)말뚝에 비하여 **가볍고 운반 및 시공이 용이**하다.
② 깊은 **지지층까지 도달**시킬 수 있다.
③ **휨 강성이 크고 수평하중과 충격력에 대한 저항이 크다.**
④ **재질이 균일하고 절단과 이음이 쉽다.**(상부구조와 결합이 쉽고 이음이 우수)
⑤ **부식에 대한 내구성이 부족**하여 **부식방지 대책이 필요**하다.

한 눈에 들어오는 키워드

기출
지정 및 기초공사 용어
① 드레인 재료 : 지반개량을 목적으로 간극수 유출을 촉진하는 수로로서의 역할을 하는 재료
② 슬라임 : 지반을 천공할 때 천공벽 또는 공저에 모인 침전물
③ 원위치 시험 : 흙의 물리적, 역학적 성질을 현장 지반 내에서 직접 측정하는 시험

(4) 엄지말뚝공법

① 굴착 전에 엄지말뚝(H-pile)을 일정한 간격으로 근입한 후 굴착하면서 토류판(흙막이판)을 엄지말뚝 사이에 끼어 넣어 흙막이벽을 지지하는 공법을 말한다.
② 시공이 용이하나, 지하수위가 높고 투수성이 큰 지반에서는 차수공법을 병행해야 한다.
③ **연약한 지층에서는 히빙 현상이 생길 우려가 있다.**

(5) 기성콘크리트 말뚝

① 공장에서 제작한 후에 **설치장소로 옮겨서** 선행 보링한 공간에 **삽입하여 설치**하는 말뚝을 말한다.
② 재료가 균질하여 신뢰할 수 있다.
③ **말뚝이음 부위에 대한 신뢰성이 떨어진다.**
④ 자재하중이 크므로 운반과 시공에 각별한 주의가 필요하다.
⑤ 시공과정상의 항타로 인하여 자재균열의 우려가 높다.
⑥ 말뚝의 연직도나 경사도는 1/50 이내로 하고, 말뚝박기 후 평면상의 위치가 설계도면의 위치로부터 D/4(D는말뚝의 바깥 지름)와 100mm 중 큰 값 이상으로 벗어나지 않아야 한다. ★
⑦ 적재 장소는 시공 장소와 가깝고 **배수가 양호하고 지반이 견고한 곳**이어야 한다.
⑧ 2단 이하로 저장하고 **말뚝받침대는 동일선상에 위치**하여야 파손이 적다.
⑨ 말뚝지지력의 증가를 위해 **주위의 말뚝을 먼저 박고** 점차 **중앙부에 말뚝을 박**는다.

3 기성콘크리트 말뚝의 종류

원심력 고강도 프리스트레스트 콘크리트 말뚝 (PHC 말뚝) ★	① 고강도콘크리트에 프리스트레스를 도입하여 제조한 말뚝이다. ② PHC 말뚝 제작 시 **압축콘크리트 설계기준강도가 78.5MPa** 이상의 것을 말한다. ③ 강재는 특수 PC 강선을 사용한다. ④ 견고한 지반까지 항타가 가능하며 지지력 증강에 효과적이다. ⑤ 표기법 PHC-A · 450-12 • PHC : 원심력 고강도 프리스트레스트 콘크리트 말뚝 • A : A종 • 450 : 말뚝바깥지름 450mm • 12 : 말뚝길이 12m

한 눈에 들어오는 **키**워드

PS 말뚝	① 프리스트레스트 콘크리트 말뚝 ② 포스트텐션 콘크리트 말뚝
프리보링 (Pre-Boring) 공법	① 오거(auger)로 미리 **구멍을 뚫어 기성 말뚝을 삽입한 후 타격에 의해 말뚝을 설치하는** 공법을 말한다. ② 굴착 중에 굴착구멍 벽이 붕괴되거나 혹은 휘어지지 않도록 적절한 굴착 속도를 유지한다.

4 제자리 콘크리트 말뚝(현장타설 콘크리트말뚝 공법)의 종류

컴프레솔 말뚝	지중에 중추(重錘)를 낙하시켜 세로 구멍을 파고 그 속에 콘크리트를 주입하여 형성하는 말뚝이다.
심플렉스 말뚝	**철관을 지중에 박고 내부에 콘크리트를 주입하며 강관을 뽑아내어** 말뚝을 형성한다.
레이먼드 말뚝	**이중철관을 박고 내관을 뽑은 다음 외관에 콘크리트를 주입하여** 말뚝을 형성한다.
프랭키 말뚝	강관을 중추(重錘)로 박고 내부에 콘크리트를 다져 주입한 후 철관을 뽑아낸다.
페디스털 말뚝	이중 강관을 박고 **구근용(球根用) 콘크리트를 주입하며 내관으로 타격을 가하여 구근을 형성시킨 후에 콘크리트를 주입하고 외관**을 뽑아낸다.
베노토 공법 ★★	① 프랑스의 베노토사가 개발한 대구경고속천공굴착기를 사용한 공법으로 **큰 구경의 천공기를 이용하여 대구경의 구멍을 지중에 뚫은 후 케이싱을 압입, 토사를 굴착하고 콘크리트를 구멍 속에 충전하여 말뚝을 형성**한다. ② 케이싱을 지반에 압입해 가면서 관 내부 토사를 특수버킷으로 굴착, 배토한다. ③ 말뚝구멍의 **굴착 후에는 철근콘크리트 말뚝을 제자리치기**한다. ④ 여러 지질에 안전하고 정확하게 시공할 수 있다. ⑤ 기계가 고가이고 굴착속도가 느리다.
리버스 서큘레이션공법 (역순환 굴착공법, RCD공법) ★★	① 리버스 서큘레이션 드릴로 대구경의 구멍을 파고 굴착공 안을 물이나 안정액으로 정수압을 유지하여 굴착공 **벽을 보호하면서 굴착, 철근망과 콘크리트를 타설하여 말뚝을 형성하는 공법**이다. ② 굴착된 토사와 안정액이 밖으로 배출되고, 배출된 순환수는 토사를 침전시킨 후 다시 굴착공으로 들어가는 방식이다. ③ 수상(해상)작업이 가능하다. ④ 점토, 실트 층에 사용할 수 있으며, 드릴파이프 직경보다 큰 **호박돌 층, 전 석 층은 굴착이 불가능**하다. ⑤ 깊은 심도까지 굴착이 가능하다. ⑥ **시공속도가 빠르고, 유지비가 적게 든다.**

프리팩트 파일 (Prepacked pile) ★	① CIP 말뚝(Cast In Place Pile) : 말뚝 구멍을 굴착한 후 철근을 조립하고 모르타르 주입관을 삽입한 다음 **자갈을 충전한 후 모르타르를 주입**하는 공법이다. ② PIP 말뚝(Packed In Place Pile) : 소정의 깊이까지 뚫은 다음 **흙과 오거를 함께 끌어올리면서** 오거 중심간의 선단을 통하여 **모르타르, 잔자갈, 콘크리트를 주입**하여 말뚝을 형성하는 공법이다. ③ MIP 말뚝(Mixed In Place Pile) : 파이프 선단에 커터를 장치하여 **흙을 뒤섞으며** 지중으로 파들어 간 다음 파이프 선단에서 모르타르를 분출시켜 흙과 모르타르를 혼합하면서 파이프를 빼내는 **소일 콘크리트**(soil concrete) 말뚝을 형성하는 공법이다.	
어스드릴 공법 ★★	① 굴착 공에 철근망을 삽입하고 콘크리트를 타설하여 말뚝을 형성하는 공법이며, 안정액으로 벤토나이트 용액을 사용하여 공벽을 보호한다. ② 장비가 소형으로 **좁은 장소에도 시공이 가능**하며, 안정액 관리가 어렵고, 연질지반에 적합하다.	

장점	단점
① 좁은 장소에도 시공이 가능하다. ② 진동소음이 적은 편이다. ③ 기계가 비교적 소형으로 굴착속도가 빠르다.	① 안정액 관리가 어렵다. ② Slime 처리가 불확실하여 말뚝의 초기 침하 우려가 있다.

한 눈에 들어오는 **키** 워드

◉ 기출

C.I.P공법의 특징

① 소음, 진동이 적고, 강성이 커서 굴착에 의한 주변지반에 미치는 영향이 적다.
② 특수한 장비가 필요치 않고, 천공 중에 공벽의 붕괴가 없다.
③ 협소한 장소에도 장비 투입이 가능하다.
④ 강성이 커서 배면토의 수평변위 억제가 가능하다.
⑤ 굴착을 깊게 하면 수직도가 떨어진다.
⑥ 주열식 강성체로서 토류벽 역할을 한다.

5 말뚝의 간격

말뚝의 최소 중심 간격으로 다음 중 큰 값으로 결정한다.

나무말뚝	말뚝머리직경의 2.5배 이상 또한 600mm 이상
기성콘크리트말뚝	말뚝머리직경의 2.5배 이상 또한 750mm 이상
강재말뚝	말뚝머리직경 또는 폭의 2.5배(폐단 강관말뚝 : 2.5배) 이상 또한 750mm 이상
현장타설 콘크리말뚝	말뚝머리직경의 2.5배 이상 또한 말뚝머리직경에 1,000mm를 더한 값 이상

예제

독립 기초판(3.0m×3.0m) 하부에 말뚝머리지름이 40cm인 기성콘크리트 말뚝을 9개 시공하려고 할 때 말뚝의 중심 간격으로 가장 적당한 것은?

① 110cm   ② 100cm
③ 90cm   ④ 80cm

해설

- 기성콘크리트말뚝의 간격 : 말뚝머리직경의 2.5배 이상 또한 750mm 이상 중 큰 값으로 한다.
- 말뚝머리직경의 2.5배(40cm×2.5=100cm)와 75cm(750mm) 중 큰 값은 100cm 이므로 말뚝의 간격은 100cm가 된다.

6 말뚝 이음공법

Band식 및 장부식 이음	• 이음부에 Band를 채우거나 미리 제작하여 끼워서 이음하는 방법 • 시공이 간편하며 단기간 시공이 가능하다. • 강성이 약하며 연약지반에 사용이 불가능하다.
충진식 이음	• 이음부 내부에 철근, 콘크리트를 채워 이음하는 방법 • 내압축성, 내식성이 우수하다. • 이음부의 강성이 크다.
볼트식 이음	• 말뚝이음 부분을 볼트로 체결하여 이음하는 방법 • 시공이 신속, 간편하다. • 타입 시 볼트 체결부분이 파손되기 쉽다.
용접식 이음	• 말뚝 이음부에 강판을 부착하여 현장에서 용접하여 이음하는 방법 • 이음부의 강성이 가장 우수한 방법이다. • 이음부의 부식 우려가 있다.

7 말뚝 재하시험

말뚝을 설계 깊이까지 설치한 후 일련의 하중을 가하여 말뚝의 극한하중이나 허용 침하량 이내에서 지지할 수 있는 하중의 크기를 구하는 시험으로 지반의 지지력 및 지내력을 확인하기 위한 시험이다.

(1) 말뚝재하시험의 목적

① 말뚝길이의 결정 ② 말뚝 관입량 결정
③ 이음방법의 결정 ④ 허용지지력 추정
⑤ 해머의 용량 확인 ⑥ 시공 정도 검토

(2) 말뚝재하시험의 종류

동 재하 시험	시험말뚝에 변형율계(Strain gauge)와 가속도계(Accelerometer)를 부착하여 말뚝의 항타 시에 발생하는 응력, 변형 등으로부터 말뚝의 지지력을 구하는 시험 ① 압축 재하시험 ② 수평 재하시험 ③ 인발 재하시험
정 재하 시험	말뚝에 하중을 가하여 말뚝이 침하하는 정도, 수평변위의 양상 등 말뚝의 저항을 측정하여 말뚝의 지지력을 구하는 시험

한 눈에 들어오는
키 워드

8 말뚝박기 공법의 종류

타입공법	① 압입공법 ② 진동공법 • 정확한 위치에 타입이 가능하다. • 타입은 물론 인발도 가능하다. • 경질지반에서는 충분한 관입깊이를 확보하기 어렵다. • 사질지반에서는 진동에 따른 마찰저항의 증가로 인해 관입이 곤란해지므로 사질지반에서 사용을 피한다.
매입공법	① 선행 굴착공법(Pre-boring공법) ② 중공 굴착공법 ③ 회전공법

 참고

말뚝 박기 기계인 디젤 해머 (diesel hammer)
① 박는 속도가 빠르다.
② 타격음이 크다.
③ 타격에너지가 크다.
④ 운전이 용이하다.

02 기초

기둥, 벽 등의 상부하중을 지반 및 지정에 전달하기 위해 설치하는 건축물 하부의 구조를 말한다.

1 기초의 종류

(1) 기초판의 형식에 의한 분류

독립기초	기둥으로부터의 응력을 독립으로 지반 또는 지정에 전달하도록 하는 기초(철근콘크리트 구조에 적용)
복합기초	2개 또는 그 이상의 기둥으로부터의 응력을 하나의 기초 판을 통해 지반 또는 지정에 전달하도록 하는 기초
연속(줄)기초	벽 또는 기둥으로부터의 응력을 띠모양으로 하여 지반 또는 지정에 전달하도록 하는 기초(조적구조에 적용)
온통기초	상부구조의 광범위한 면적 내의 응력을 단일 기초 판으로 연결하여 지반 또는 지정에 전달하도록 하는 기초(연약한 지반에 적용)

독립기초	복합기초	연속(줄)기초	온통기초

(2) 지정의 형식에 의한 분류

직접(얕은)기초	지지력이 있는 굳은 지반에 기초 판을 설치하여 상부구조의 하중을 지지하게 하는 기초
말뚝기초	지지말뚝 또는 마찰말뚝으로 상부구조의 하중을 지반에 전달하는 기초
피어기초	기초 판의 하부에 기둥모양으로 만든 피어를 설치하여 하중을 전달시키는 형식의 기초(깊은 기초지정에 해당한다.)
잠함기초 (케이슨기초)	공사착수 전에 지상이나 지중에 속 빈 원통 또는 지하실의 일부가 되는 구조물을 만든 후 그 밑바닥의 흙을 파내고 자중을 이용하여 소정의 지층까지 침하시킨 다음 밑바닥에 콘크리트를 채워 넣어 구축하는 기초형식의 구조물

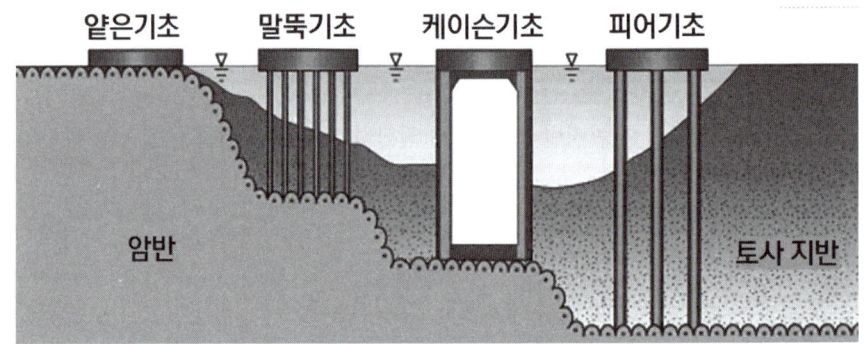

(3) 피어기초공사

① 중량구조물을 설치하는데 있어서 **지반이 연약하거나 말뚝으로도 수직지지력이 부족하여 그 시공이 불가능한 경우와 기초지반의 교란을 최소화해야 할 경우에 채용**한다.
② 굳은 지반까지 **수직공을 굴착한 다음, 그 속에 현장 콘크리트를 타설**하여 구조물의 하중을 지지층에 전달하도록 만들어진 기초이다.
③ 기성제품의 말뚝 기초는 굴착하지 않고 지반 속에 때려 박지만, 피어 기초는 **시공 전에 굴착**을 해야 한다.
④ **굴착된 흙을 직접 탐사할 수 있고 지지층의 상태를 확인할 수 있다.**
⑤ **무소음 무진동 공법**으로 시가지 공사에 적합하며 **비용이 비싸다.**
⑥ 피어기초를 채용한 국내의 초고층 건축물에는 63빌딩이 있다.

(4) 피어기초공사의 종류

① **리버스 서큘레이션 공법(역순환 굴착공법, RCD공법)** : 리버스 서큘레이션 드릴로 대구경의 **구멍을 파고 굴착공 안을 물이나 안정액으로 정수압을 유지**하여 굴착공 **벽을 보호하면서 굴착, 철근망과 콘크리트를 타설**하여 말뚝을 형성하는 공법이다.
② **베노토 공법** : 프랑스의 베노토사가 개발한 대구경고속천공굴착기를 사용한 공법으로 **큰 구경의 천공기를 이용하여 대구경의 구멍을 지중에 뚫은 후 콘크리트를 구멍 속에 충전**하여 말뚝을 형성한다.
③ **슬러리월 공법(지하연속벽 공법)** : 벤토나이트 **안정액을 사용하여 지반의 붕괴를 방지하면서 굴착**한 후 그 속에 **철근망을 삽입하고 콘크리트를 타설**하여 흙막이 벽체를 형성하는 공법을 말한다.

CHAPTER 06 철근 콘크리트 공사

01 콘크리트 공사

 한 눈에 들어오는 키 워드

주요내용 알고 가기!

- 시멘트의 종류 및 특성
- 혼화재 및 혼화제
- 콘크리트 타설 시의 주의사항
- 콘크리트의 다짐 및 양생
- 콘크리트의 종류 및 특성
- 기타 콘크리트의 성질
- 철근의 이음 시 유의사항
- 철근이음의 종류 및 특징
- 철근의 조립 순서
- 철근콘크리트의 부재별 철근의 정착위치
- 철근콘크리트 부재의 피복두께를 확보하는 목적
- 철재의 표면 부식방지 처리법
- 거푸집 동바리의 설계하중
- 거푸집의 부속자재
- 거푸집의 종류 및 특징
- 콘크리트 타설 시 거푸집의 측압

1 골재

(1) 골재선정 시의 유의사항

① 콘크리트나 모르타르를 만들 때에 물, 시멘트와 함께 혼합하는 모래, 자갈 및 부순 돌 기다 유사한 재료를 골재라고 한다.
② 골재는 **청정, 견경, 내구성 및 내화성이 있어야** 한다.
③ 골재는 **견고하고, 밀도가 크고, 내구성이 커서 풍화가 잘 되지 않아야** 한다.
④ 골재에 포함된 **부식토, 석탄 등의 유기물은 콘크리트의 경화를 방해하여 콘크리트 강도를 떨어뜨리게 한다.** ★

한 눈에 들어오는 키워드

⑤ 실트, 점토, 운모 등의 **미립분이 골재 표면에 부착되어 있을 경우 골재 입자와 시멘트 풀과의 부착을 방해한다.** ★
⑥ **골재의 강도는 콘크리트 중에 경화한 모르타르의 강도 이상이 요구된다.** ★
⑦ 콘크리트 중 골재가 차지하는 용적은 절대용적으로 65 ~ 80%(용적비로 대략 70% 정도)를 넘지 않도록 한다. ★
⑧ 골재는 잔·굵은 입자가 분리되지 않도록 취급하고, 물 빠짐이 좋은 장소에 저장한다.
⑨ 굵은 골재의 최대치수

일반적인 경우	20mm 또는 25mm
단면이 큰 경우	40mm
무근콘크리트	40mm(부재 최소 치수의 1/4을 초과해서는 안 됨)

2 시멘트 및 혼화재료

(1) 포틀랜드 시멘트

1) 포틀랜드 시멘트 클링커(Clinker)에 적당량의 석고를 첨가해 분말로 한 시멘트를 말한다.

2) 포틀랜드 시멘트의 종류 ★

① 조강포틀랜드 시멘트 ② 저열포틀랜드 시멘트
③ 중용열 포틀랜드 시멘트 ④ 내황산염 포틀랜드 시멘트

> **참고**
> **포졸란 반응**
> 실리카(SiO_2)가 수산화칼슘과 반응하여 칼슘실리케이트수화물(C-S-H)를 생성하여 조직을 치밀하게 만드는 반응을 말한다.

(2) 혼화재 및 혼화제 ★

1) **혼화재** : 콘크리트의 성질 개량을 위해 쓰이는 혼화 재료로 시멘트 중량의 **5% 이상 사용**되는 것을 말한다.

① 경화과정에서 팽창을 일으키는 것 : 팽창재
② Auto clave 양생에 의해 고강도를 나타내는 것 : 규산질 분말
③ 착색시키는 것 : 착색제
④ 포졸란 반응이 있는 것 : 플라이애시, 고로슬래그, 규산백토

> **참고**
> **콘크리트용 혼화재 중 포졸란을 사용한 콘크리트의 특징**
> ① 워커빌리티가 좋아지고 블리딩 및 재료 분리가 감소된다.
> ② 수밀성이 크다.
> ③ 조기강도의 증진은 느리지만 장기강도는 일반 콘크리트에 비하여 같거나 증진된다.
> ④ 수화열의 완화로 발열량이 작아진다.
> ⑤ 해수 등에 화학적 저항이 크다.

2) 혼화제 : 콘크리트에 특정한 성능을 부여하는 데 쓰이는 첨가제로서 **시멘트 중량의 5% 이하로만 사용**되는 것을 말한다.

① 워커빌리티와 내동결성의 개선 : AE제, 감수제
② 응결·경화시간의 조절 : 촉진제, 지연제, 급결제
③ 유동성을 개선 : 유동화제
④ 방수효과를 나타냄 : 방수제
⑤ 기포작용으로 충진성을 개선 : 기포제, 발포제

3 콘크리트의 타설 및 양생

(1) 콘크리트의 배합

1) 콘크리트의 배합이란 콘크리트에 필요한 성질이 확보될 수 있도록 **시멘트, 물, 혼화 재료, 잔골재, 굵은 골재의 배합량 즉 배합 비율을 결정하는 것**을 말한다.

2) 콘크리트 배합설계의 순서

① 물·시멘트비의 결정
② 슬럼프치의 결정(워커빌리티)
③ 굵은 골재의 최대치수의 결정
④ 절대 잔골재율의 결정
⑤ 단위수량의 결정
⑥ 시방배합 산출 및 조정
⑦ 현장 배합으로의 수정

(2) 콘크리트의 타설

1) 콘크리트 타설 시의 주의사항

① 콘크리트의 타설 작업을 할 때에는 철근 및 매설물의 배치나 거푸집이 변형 및 손상되지 않도록 주의하여야 한다.
② **타설한 콘크리트를 거푸집 안에서 횡 방향으로 이동시켜서는 안 된다.** ★
③ 타설 도중에 심한 재료 분리가 발생할 위험이 있는 경우에는 재료분리를 방지할 방법을 강구하여야 한다.
④ **한 구획내의 콘크리트는 타설이 완료될 때까지 연속해서 타설하여야 한다.** ★
⑤ 콘크리트는 그 **표면이 한 구획 내에서는 거의 수평이 되도록 타설하는 것을 원칙**으로 한다.
⑥ 콘크리트 타설의 1층 높이는 다짐능력을 고려하여 결정하여야 한다.

한 눈에 들어오는 키워드

⑦ 콘크리트를 2층 이상으로 나누어 타설할 경우, **상층의 콘크리트 타설은 원칙적으로 하층의 콘크리트가 굳기 시작하기 전에 해야 하며, 상층과 하층이 일체가 되도록 시공한다.** ★
⑧ 콜드조인트가 발생하지 않도록 하나의 시공구획의 면적, 콘크리트의 공급능력, 이어치기 허용시간간격 등을 정하여야 한다.

[허용 이어치기 시간간격의 표준 ★]

외기온도	허용 이어치기 시간간격
25℃ 초과	2.0시간
25℃ 이하	2.5시간

* 허용 이어치기 시간간격은 하층 콘크리트 비비기 시작에서부터 콘크리트 타설 완료한 후, 상층 콘크리트가 타설되기까지의 시간

⑨ **거푸집의 높이가 높을 경우**, 재료 분리를 막고 상부의 철근 또는 거푸집에 콘크리트가 부착하여 경화하는 것을 방지하기 위해 거푸집에 투입구를 설치하거나, 연직슈트 또는 펌프배관의 배출구를 타설면 가까운 곳까지 내려서 콘크리트를 타설하여야 한다. 이 경우 슈트, 펌프배관, 버킷, 호퍼 등의 **배출구와 타설 면까지의 높이는 1.5 m 이하를 원칙으로 한다.**(자유낙하 높이를 작게 하며, 콘크리트를 수직으로 낙하한다.)
⑩ 콘크리트 타설 도중 표면에 떠올라 고인 **블리딩 수가 있을 경우에는 이를 제거한 후 타설**하여야 하며, 고인 물을 제거하기 위하여 콘크리트 표면에 홈을 만들어 흐르게 해서는 안 된다.
⑪ 벽 또는 기둥과 같이 높이가 높은 콘크리트를 연속해서 타설할 경우에는 타설 및 다질 때 재료 분리가 될 수 있는 대로 적게 되도록 콘크리트의 반죽질기 및 타설 속도를 조정하여야 한다.
⑫ 강우, 강설 등이 콘크리트의 품질에 유해한 영향을 미칠 우려가 있는 경우에는 필요한 조치를 정하여 책임기술자의 검토 및 확인을 받아야 한다.
⑬ 콘크리트 **타설은 기초 → 기둥 → 벽 → 계단 → 보 → 바닥 순서로 한다.**
⑭ 콘크리트 **타설은 운반거리가 먼 곳부터 시작한다.** ★
⑮ 콘크리트가 닿았을 때 흡수할 우려가 있는 곳은 미리 습하게 해두어야 하며, 이때 물이 고이지 않도록 주의하여야 한다.
⑯ **거푸집, 철근에 콘크리트를 충돌시키지 않는다.** ★

참고

콘크리트 타설장비
1) 슈트(Shoot, Chute)
콘크리트를 타설하는 데 사용하는 것으로 콘크리트가 흘러내려가는 유도로로서, 길이는 가능한 짧게 또 굴곡이 없도록 하며 된비빔 콘크리트에서는 사용하기 어렵다.

2) 버킷(Bucket)
콘크리트 타설에 사용하는 콘크리트 운반용 용기로 용기를 뒤집어 배출하는 형태와 바닥을 여는 형태가 있다.

2) 콘크리트 타설 시의 이음부 ★

① 콘크리트의 타설 이음면은 레이턴스나 취약한 콘크리트 등을 제거하여 새로 타설하는 콘크리트와 일체가 되도록 처리한다.
② 타설 이음부의 콘크리트는 살수 등에 의해 습윤 시킨다. 다만, 타설 이음면의 물은 콘크리트 타설 전에 고압공기 등에 의해 제거한다.

3) 콘크리트의 이어 붓기 위치 ★

① 구조물 강도에 영향이 가장 적은 **전단력이 최소인 위치** 또는 시공 상 무리가 없는 위치에 **이음길이가 짧게 두어야** 한다.
② **보 및 슬래브**는 전단력이 작은 스팬의 **중앙부에 수직으로** 이어 붓는다.
③ **기둥 및 벽**에서는 바닥 및 기초의 상단 또는 보의 하단에 **수평으로** 이어 붓는다.
④ **작은 보가 접속되는 큰 보의 이음은 작은 보 너비의 2배 떨어진 곳에서** 이음한다.
⑤ **벽은 문꼴(개구부) 등** 보기 좋고 끊기 좋은 곳에서 **수직 또는 수평으로** 이음한다.
⑥ 켄틸레버 보, 켄틸레버 바닥판은 이어 붓지 않는다.
⑦ 수밀콘크리트는 이어 붓지 않는다.

4) 콘크리트 줄눈의 종류 ★

조절줄눈 (control joint)	결함부위로 균열의 집중을 유도하기 위해 **균열이 생길만한 구조물의 부재에 미리 결함부위를 만들어 두는 것**을 말한다.
시공이음 (Construction Joint)	① 콘크리트를 한 번에 타설하지 못할 곳에 생기는 줄눈을 말한다. ② 타설 능력, 작업 상황을 고려하여 **미리 계획한 줄눈**으로 결함이 아니다.
콜드 조인트 (Cold Joint)	① 휴식시간 등으로 응결하기 시작한 콘크리트에 새로운 콘크리트를 이어칠 때 일체화가 저해되어 생기는 줄눈(이음부)을 말한다. ② 경화 후 누수의 원인이 되고 철근의 녹 발생 등 내구성에 손상을 일으킨다.
신축줄눈 (Expansion joint)	구조물의 **온도변화에 따른 수축팽창을 고려**하여 설치하는 줄눈을 말한다.

5) 블리딩(bleeding) ★

① 블리딩이란 **굳지 않은 콘크리트, 모르타르 등에서 물이 분리, 상승하는 현상**을 말한다.
② 블리딩 현상이 심한 경우 **철근과 콘크리트의 부착력 저하, 수밀성 저하**로 콘크리트의 **강도 및 내구성이 감소**되고 **탄산화가 촉진**된다.

한 눈에 들어오는 키 워드

6) **레이턴스(Laitance)** : 콘크리트 타설 후 블리딩 현상으로 인하여 콘크리트 표면에 물과 함께 떠오르는 미세한 물질을 말한다. ★

(3) 콘크리트의 다짐

1) 콘크리트 다짐 시 진동기의 사용 ★

① 진동다지기를 할 때에는 **내부진동기를 하층의 콘크리트 속으로 0.1m(10cm) 정도 삽입**하여 상하층 콘크리트를 일체화 시킨다.
② 1개소 당 **진동시간은 다짐할 때 시멘트풀이 표면 상부로 약간 부상하기까지가 적절하다.**
③ 내부진동기는 콘크리트로부터 **천천히 빼내어 구멍이 남지 않도록** 한다.
④ 내부진동기는 **콘크리트를 횡 방향으로 이동시킬 목적으로 사용해서는 안 된다.**
⑤ 진동기는 **가능한 연직방향으로 찔러 넣는다.**
⑥ 철근 또는 거푸집에 직접 진동을 주지 않고 경화가 시작된 콘크리트에 진동을 주어서는 안 된다.
⑦ 내부진동기는 **슬럼프가 15cm 이하일 때 사용하는 것이 좋다.**(슬럼프가 작을수록 오래 다진다.)

2) 콘크리트 타설 시 진동기를 사용하는 목적 ★

콘크리트를 거푸집 구석구석까지 충진시키고 **밀실한 콘크리트를 얻기 위함**이다.(콘크리트의 밀실화 유지)

(4) 콘크리트의 양생

1) 양생

타설이 끝난 콘크리트가 시멘트의 수화 반응에 의하여 충분한 강도를 발현하고 균열이 생기지 않도록 하기 위하여 **일정기간 적절한 온도유지 및 수분을 공급하고** 유해한 작용의 영향을 받지 않도록 보호해 주는 것을 말한다.

2) 콘크리트 양생 시 주의사항

① 콘크리트 표면의 건조에 의한 **내부 콘크리트 중의 수분 증발 방지를 위해 습윤 양생을 실시**한다.
② **동해를 방지하기 위해 5℃ 이상을 유지**한다.
③ 거푸집 판이 건조될 우려가 있는 경우에는 살수하여야 한다.
④ 응결 중 **진동 등의 외력을 방지**해야 한다.

3) 콘크리트의 양생방법

습윤 양생 (wet curing)	수분을 가하여 시멘트 혼합물이나 콘크리트를 촉촉한 상태에서 마를 때까지 양생하는 방법
막 양생 (membrane curing)	콘크리트를 습윤양생 할 수 없거나 장기간 양생하여야 하는 경우 콘크리트 노출 표면에 비닐 또는 아스팔트 유제 등을 도포하여 방수 막을 형성하여 수분 증발을 방지하는 양생 방법
증기양생(steam curing)	일반적인 거푸집 존치기간 보다 가장 짧은 기간 내에 거푸집을 제거하고 소요 강도를 얻기 위하여 고온의 증기로 시멘트의 수화반응을 촉진시키는 방법
전열양생(electric heat curing)	전열선을 콘크리트 주위에 배치하고 캔버스 등으로 덮어서 콘크리트 주위의 온도를 따뜻하게 하여 양생하는 방법
오토클레이브 양생 (autoclave curing)	콘크리트 타설 후 콘크리트의 소요 강도를 단기간에 확보하기 위하여 고온·고압의 가마 속에 콘크리트를 넣어 양생하는 방법

4 콘크리트의 종류 및 특성

(1) 한중 콘크리트

1) 타설일의 **일평균기온이 4℃ 이하** 또는 **콘크리트 타설 완료 후 24시간 동안 일최저기온 0℃ 이하**가 예상되는 조건이거나 그 이후라도 **초기동해 위험이 있는 경우 한중 콘크리트로 시공**하여야 한다. ★

2) 구성재료 ★

① 시멘트는 **포틀랜드 시멘트를 사용**하는 것을 **표준**으로 한다.
② 골재가 **동결되어 있거나 골재에 빙설이 혼입되어 있는 골재는 그대로 사용할 수 없다.**
③ 방동·내한제 등의 **특수한 혼화제를 사용할 때는 품질이 확인된 것을 사용**하여야 한다.
④ 재료를 가열할 경우, **물 또는 골재를 가열**하는 것으로 하며(골재는 직접 불꽃에 대어 가열해서는 안 됨), **시멘트는 어떠한 경우라도 직접 가열할 수 없다.** 골재의 가열은 온도가 균등하게 되고 또 건조되지 않는 방법을 적용하여야 한다.
⑤ 재료를 가열했거나 재료의 온도를 알 수 있을 때 비빈 직후 콘크리트의 온도는 적절한 식으로 계산하여 적용할 수 있다.

한눈에 들어오는 키워드

3) 배합

① 한중 콘크리트에는 **공기연행콘크리트를 사용하는 것을 원칙**으로 한다.
② **단위수량은** 초기동해 저감 및 방지를 위하여 소요의 워커빌리티를 유지할 수 있는 범위 내에서 **되도록 적게** 정하여야 한다. ★
③ 한중 콘크리트의 배합은 초기동해 피해 방지를 위한 소요 압축강도가 초기양생 기간 내에 얻어지고, 콘크리트의 설계기준압축강도가 소정의 재령에서 얻어지도록 정하여야 한다.
④ **물-결합재비는 원칙적으로 60% 이하**로 하여야 한다. ★
⑤ 배합강도 및 물-결합재비는 적산온도방식에 의해 결정할 수 있다.

4) 타설

① **타설할 때의 콘크리트 온도는** 구조물의 단면 치수, 기상 조건 등을 고려하여 **(5 ~ 20)℃의 범위에서 정하여야 한다. 기상 조건이 가혹한 경우나 단면 두께가 300mm 이하인 경우에는 타설 시 콘크리트의 최저온도를 10℃ 이상 확보**하여야 한다. ★
② 콘크리트를 타설할 때에는 **철근이나, 거푸집 등에 빙설이 부착되어 있지 않아야 한다.**
③ 콘크리트를 타설할 마무리된 지반은 콘크리트 타설까지의 사이에 동결하지 않도록 시트 등으로 덮어놓아야 한다. **이미 지반이 동결되어 있는 경우에는 적당한 방법으로 이것을 녹인 후 콘크리트를 타설**하여야 한다.
④ 시공이음부의 **콘크리트가 동결되어 있는 경우는 적당한 방법으로 이것을 녹여 콘크리트를 이어 타설**하여야 한다.

5) 타설이 끝난 콘크리트는 양생을 시작할 때까지 콘크리트 표면의 온도가 급랭할 가능성이 있으므로, **콘크리트를 타설한 후 즉시 시트나 기타 적당한 재료로 표면을 덮고 특히 바람을 막아야 한다.**

(2) 서중 콘크리트

1) 기온이 30[℃] 이상인 상태에서 시공하는 콘크리트이다.

2) 서중 콘크리트의 특징

① 콘크리트의 슬럼프 저하 및 **수분의 급격한 증발 등에 의한 균열발생의 위험**이 있다.
② **콘크리트의 온도가 낮아지도록 재료의 배합, 타설, 양생에 주의를 기울여야** 한다.

③ 고로시멘트, 플라이애쉬시멘트 등 **저발열 시멘트를 사용**한다. ★
④ 단위 수량 및 **시멘트량을 적게하여 수화열을 적게** 한다. ★
⑤ **감수제, AE감수제, 유동화제** 등을 사용한다. ★
⑥ 타설 시 온도는 **35°C 이하, 1.5시간 이내로 타설**한다. ★
⑦ **Pre-cooling에 의한 골재, 물** 등의 재료를 **냉각**한다. ★
⑧ **거푸집, 철근** 등은 **살수** 및 **덮개** 등의 조치를 강구한다.
⑨ 동일 슬럼프를 얻기 위한 **단위수량이 많아 콜드조인트가 생길 수** 있다.
⑩ 콘크리트 온도가 올라가서 **슬럼프 손실(슬럼프 로스)이 증대**된다.

(3) 경량 콘크리트

1) 경량 콘크리트의 종류 ★

① 신더 콘크리트
② 톱밥 콘크리트
③ 다공질 콘크리트
④ 경량기포 콘크리트

2) 경량기포 콘크리트(ALC : Auto claved light weight concrete) ★

화산재, 발포제품을 넣고 **인공적으로 기포를 발생시켜 단위중량을 감소시킨 콘크리트**를 말한다.
① **열전도율이 보통 콘크리트의 1/10 정도**이다.
② 경량으로 **인력에 의한 취급이 가능**하다.
③ **흡수성이 크고 표면마모가 쉽고 강도가 크지 않다.**
④ 현장에서 **절단 및 가공이 용이**하다.
⑤ 건조수축률이 작으므로 **균열 발생이 적다.**

3) 경량골재 콘크리트(lightweight aggregate concrete)

골재의 전부 또는 일부를 경량골재를 사용하여 제조한 콘크리트로 기건 단위질량이 2,100 kg/m³ 미만인 것을 말한다.
① **슬럼프는 일반적인 경우 80mm에서 210mm를 표준**으로 한다.
② 경량골재 콘크리트는 **공기연행 콘크리트로 하는 것을 원칙**으로 한다.
③ 경량골재 콘크리트의 **최대 물-결합재비는 60%를 원칙**으로 한다.
④ 양질의 경량골재 콘크리트 제조를 위해서는 시공 및 내구성 조건을 고려하여 **경량골재의 적정한 함수율을 정하여 물을 충분히 흡수시키는 프리웨팅 처리**를 하거나, 경량골재를 기건 또는 함수 상태로 사용 시에는 이러한 특성을 충분히 고려하여야 한다.

한 눈에 들어오는 키워드

참고

서머콘(Thermo-Con)
콘크리트 제작 시 골재는 전혀 사용하지 않고 물, 시멘트, 발포제만으로 만든 경량 콘크리트를 말한다.

(4) 매스 콘크리트

1) 구조물의 치수가 커서 시멘트 수화열에 의한 온도상승 및 강하를 고려하여 설계, 시공해야 하는 콘크리트를 말한다.

2) **매스 콘크리트의 타설** ★

① 매스 콘크리트의 타설 온도는 온도균열을 제어하기 위한 관점에서 가능한 한 낮게 한다.
② 매스 콘크리트 타설 시 기온이 높을 경우에는 콜드조인트가 생기기 쉬우므로 응결지연제를 사용한다.
③ 매스 콘크리트 타설 시 침하발생으로 인한 침하균열을 예방하기 위해 재 진동다짐 등을 실시한다.
④ 매스 콘크리트 타설 후 거푸집 탈형 시 콘크리트 표면의 급랭을 방지하기 위해 콘크리트 표면을 소정의 기간 동안 보온해 주어야 한다.

3) **매스 콘크리트의 균열을 방지 또는 감소시키기 위한 대책** ★

① 플라이애쉬 등 포졸란계 혼화재를 사용하거나 저발열성 시멘트를 사용한다.
② 골재 최대 치수를 크게 하고 슬럼프 값은 최대한 적게하여 시멘트 양을 줄인다.
③ 콘크리트의 온도상승을 적게 한다.(파이프 쿨링을 실시한다.)
④ 급격한 온도 변화를 피한다.
⑤ 온도균열지수에 의한 균열발생을 검토한다.

(5) 유동화 콘크리트

1) 미리 비벼낸 단위수량이 적은 콘크리트에 유동화재를 혼합하여 된비빔 콘크리트의 품질을 유지한 채 일시적으로 유동성을 증대시킨 콘크리트를 말한다.

2) **유동화 콘크리트의 슬럼프** ★

콘크리트의 종류	베이스 콘크리트	유동화 콘크리트
보통 콘크리트	150mm 이하	210mm 이하
경량골재 콘크리트	180mm 이하	210mm 이하

(6) 수밀 콘크리트

① 수밀콘크리트는 **콘크리트의 수밀성 향상을 목적으로 사용하는 방수제가 혼합된 콘크리트**를 말한다.(수밀성은 콘크리트가 물의 침입을 방지하는 성질을 말하며 수밀성 향상을 위해서는 콘크리트의 공극을 줄여야 한다.)
② 배합은 콘크리트의 소요의 품질이 얻어지는 범위 내에서 **단위수량 및 물-결합재비는 되도록 작게** 하고, **단위 굵은 골재량은 되도록 크게** 한다.
③ **소요 슬럼프는 되도록 작게** 하되 **180mm를 넘지 않도록 하며**, 콘크리트 타설이 용이한 경우는 120mm 이하로 한다.
④ 연속 타설 시간간격은 외기 온도가 25℃ 이하일 경우에는 2시간을 넘어서는 안 된다.
⑤ **물-결합재비는 50% 이하**를 표준으로 한다.
⑥ **공기량은 4% 이하**가 되도록 한다.
⑦ 연직 시공 이음에는 지수판 등 물의 통과 흐름을 차단할 수 있는 방수 처리재 등의 재료 및 도구를 사용하는 것을 원칙으로 한다.

(7) 제치장 콘크리트(exposed concrete)

1) 콘크리트 타설 후 거푸집을 제거한 **콘크리트 표면 상태 그대로를 노출시켜 마감면으로 하는 콘크리트**를 말한다.

2) 제치장 콘크리트의 특징 ★

① 타설 콘크리트면 자체가 치장이 되게 마무리한 자연 그대로의 콘크리트를 말한다.
② **재료의 절약**은 물론 **구조물 자중을 경감**할 수 있다.
③ 구조물에 균열과 이로 인한 **백화가 나타난 경우 재시공 및 보수가 어렵다**.
④ **거푸집이 견고하고 흠이 없도록** 정확성을 기해야 하기 때문에 **상당한 비용과 노력비가 증대**한다.

(8) 레디 믹스트 콘크리트(ready mixed concrete)

미리 비벼진 콘크리트를 말한다.

1) **콘크리트 제조 공장에서** 시멘트, 골재(모래, 자갈), 물, 혼화제 등의 **재료를 비벼 제조한 후** 믹서트럭(Mixer Truck)을 이용하여 **공사현장까지 운반되는 굳지 않는 콘크리트**를 말한다.

2) 외기온도가 30℃ 이상 또는 0℃ 이하 시에는 레디믹스트 콘크리트 운반 차량에 **특수 보온시설**을 하여야 한다. ★

쉬링크 믹스트 콘크리트	믹싱 플랜트 고정믹서에서 **어느 정도 비빈 것을 트럭믹서에 실어 운반 도중 완전히 비비는 것**을 말한다.
센트럴 믹스트 콘크리트	믹싱 플랜트 고정믹서로 **비빔이 완료된 것을 트럭애지테이터로 운반**하는 것을 말한다.
트랜싯 믹스트 콘크리트	공장에서 재료를 싣고 **주로 주행 중에 믹서차**(transit-mixer truck)에서 비빈 것을 말한다.

(9) 프리플레이스트 콘크리트(프리팩트 콘크리트)

콘크리트 타설할 **거푸집 안에 굵은 골재를 미리 채워 넣은**(Pre-packing) 후 **모르타르를 주입**한 콘크리트를 말한다.

> 참고
> 프리팩트 콘크리트(Prepacked concrete)가 프리플레이스트 콘크리트(Preplaced conrete)로 용어 개정됨(2009년 콘크리트 시방서부터 개정)

5 기타 콘크리트의 성질

(1) 물-시멘트비 ★

1) 물-시멘트비는 시멘트 양에 대한 물의 질량 비율로 물시멘트비가 크다는 것은 시멘트 양보다 물의 양이 많다(부배합)는 것을 말한다.

2) **물-시멘트비가 작을수록 콘크리트의 강도는 커지고**, 물시멘트비가 클수록 콘크리트의 강도는 작아진다.

$$물시멘트비(\%) = \frac{물의 중량}{시멘트의 중량} \times 100$$

(2) 콘크리트의 공기량 ★

① 공기량은 **기계비빔이 손비빔의 경우보다 크다.**
② 공기량은 **비빔시간 3~5분까지 증가**하고 그 이후부터는 감소한다.
③ 공기량은 **AE제의 양이 증가할수록 증가**한다.
④ 공기량은 **온도가 높을수록 감소**하고 진동을 주면 감소한다.
⑤ 공기량은 **잔골재의 입도에 영향을 받는다.**(거친 모래일수록 공기량이 감소한다.)

(3) 콘크리트의 수화작용 및 워커빌리티 ★

① 시멘트의 **분말도가 클수록** 수화작용이 빠르다.
② **단위수량을 증가**시킬수록 재료분리가 증가하여 워커빌리티가 저하된다.
③ **비빔시간이 길어질수록** 수화작용을 촉진시켜 워커빌리티가 저하된다.
④ **쇄석의 사용**은 워커빌리티를 저하시킨다.

(4) 콘크리트의 시공성에 영향을 주는 요인

① 단위수량
② 골재의 입도
③ 슬럼프 및 슬럼프 플로우
④ 공기량
⑤ 혼화재료
⑥ 굵은 골재의 최대 치수

(5) 콘크리트의 슬럼프 시험

1) 콘크리트의 시공연도를 판단하는 시험으로 슬럼프 값을 측정하는 방법이다.

2) **슬럼프 값** : 시료를 3층으로 나누어 시료를 콘의 1/3가량 채우고 다짐봉으로 각각 25회씩 다진 후 슬럼프 시험통을 벗겨 콘크리트가 무너져 내려앉은 높이까지의 거리를 cm로 표시한 것을 말한다.

3) **시험방법**

① 슬럼프 콘은 수평으로 설치하였을 때 **수밀성이 있는 강제평판 위에 놓고** 누르고, 시료를 거의 같은 양의 **3층으로 나눠서 채운 후 각 층을 다짐봉으로 25회 똑같이 다진다.**
② 슬럼프 콘에 채운 **콘크리트의 윗면을 슬럼프 콘의 상단에 맞춰 고르게 한 후** 즉시 슬럼프 콘을 가만히 연지로 들어올리고, 콘그리트의 중앙부에서 **공시체 높이와의 차를 5mm 단위로 측정하여 이것을 슬럼프 값으로 한다.**
③ 콘크리트가 슬럼프 콘의 중심축에 대하여 치우치거나 무너지거나 해서 모양이 불균형이 된 경우는 다른 시료에 의해 재시험을 한다.
④ 슬럼프 콘에 콘크리트를 채우기 시작하고 나서 **슬럼프 콘의 들어올리기를 종료할 때까지의 시간은 3분 이내로 한다.**

> **한** 눈에 들어오는
> **키** 워드

참고

슬럼프 플로우
슬럼프 시험장비를 이용해서 콘크리트가 무너져 내린 높이를 측정하는 슬럼프 값과는 달리 콘크리트의 퍼진 너비를 측정하는 것을 슬럼프 플로우라고 하며 고유동성 콘크리트의 유동성 정도를 측정할 수 있다.

참고

철근콘크리트 구조물의 내구성 저하 요인
① 건조수축
② 염해
③ 중성화
④ 동결융해(동해)
⑤ 온도변화
⑥ 알칼리 골재반응

참고

폴리머(polymer)
= 고분자(중합체)

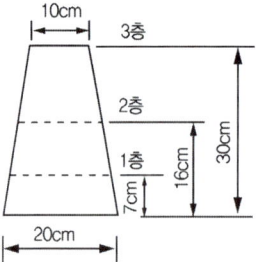
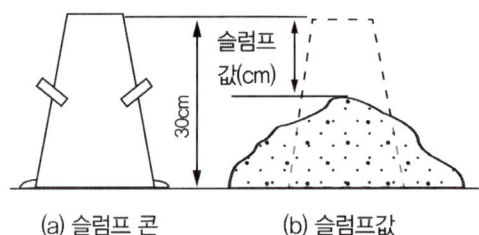

(a) 슬럼프 콘   (b) 슬럼프값

(6) 콘크리트의 고강도화

① **물시멘트비를 작게** 한다.
② **시멘트의 강도를 크게** 한다.
③ **폴리머(polymer)를 함침**(含浸)한다.
④ 골재의 입도분포는 **굵고, 가는 골재 등이 골고루 섞이어 공극률을 줄임**으로써 시멘트풀이 최소가 되도록 하는 것이 좋다.

(7) 콘크리트의 탄산화(중성화) ★

① 약알칼리성인 **콘크리트 중의 수산화석회(수산화칼슘)가 공기 중의 이산화탄소의 유입으로 중성화되면서 콘크리트가 알칼리성을 상실하고 철근이 부식되는 현상**을 말한다.
② 콘크리트의 **탄산화에 의해 강재표면의 보호피막이 파괴되어 철근의 녹이 발생하고, 궁극적으로 피복 콘크리트를 파괴**한다.
③ **물-시멘트비가 클수록** 중성화의 진행속도는 **빠르다**.
④ **탄산가스의 농도, 온도, 습도 등 외부환경 조건도** 탄산화 속도에 **영향을 준다**.(온도가 높을수록, 습도가 낮을수록 중성화가 빠르다.)
⑤ **경량골재 콘크리트가** 보통 콘크리트가 보다 탄산화 속도가 **빠르다**.
⑥ **조강 포틀랜드시멘트를 사용하면 탄산화를 늦출 수 있다**.
⑦ 탄산화 된 부분은 페놀프탈레인액을 분무해도 착색되지 않는다.

(8) 염해

1) 염해

① 콘크리트에 축적된 **염화물의 함량이 허용한도를 초과하는 경우 강재가 부식되어 구조물의 내구성이 저하되는 현상**
② 콘크리트 중의 **염화물 이온이 철근의 부동태막을 파괴하여 강재를 부식시키는 현상**

2) 염해방지 대책 ★

① 콘크리트 중의 **염소 이온량을 적게** 한다.
② **에폭시 수지 도장 철근을 사용**한다.
③ **방청제 투입**을 고려한다.
④ **물-시멘트비를 작게** 한다.
⑤ **철근 피복두께를 충분히** 확보한다.
⑥ 수밀콘크리트를 만들고 **콜드조인트가 없게 시공**한다.

(9) 콘크리트의 건조수축

1) 콘크리트의 건조수축이란 수화된 시멘트에 흡착되었던 수분이 증발하며 콘크리트에 생기는 체적변형을 말한다.

2) 콘크리트의 건조수축을 크게 하는 요인 ★

① 단위수량의 증가
② 분말도가 큰 시멘트의 사용
③ 흡수량이 많은 골재의 사용(골재의 양이 많을수록 건조수축 증가)
④ 부재의 단면치수가 작을 때
⑤ 온도가 높을 경우, 습도가 낮을 경우

(10) 콘크리트의 크리프(Creep)

일정한 하중을 받고 있던 콘크리트가 **하중의 증가 없이 시간이 경과함에 따라 콘크리트의 변형이 증가하는 현상**을 말한다.
① **재령**(콘크리트를 타설한 뒤로부터의 경과 일수)**이 짧을수록 증가**한다.
② 부재의 **단면치수가 작을수록 증가**한다.
③ 외부**습도가 낮을수록 증가**한다.
④ 대기**온도가 높을수록 증가**한다.
⑤ 배합이 적절치 않고 물시멘트비가 클수록 증가한다.
⑥ 단위 시멘트량이 많을수록 증가한다.
⑦ 재하시기(하중을 가하는 시기)가 빠를 경우 증가한다.

(11) 콘크리트 균열의 요인

철근이나 큰 골재 등과 같은 침하를 방해하는 물질이 있으면 콘크리트의 표면에 전단력이 작용하여 균열이 발생한다.

재료 요인에 의한 균열	① 건조수축 ③ 시멘트의 수화열	② 알칼리 골재반응 ④ 콘크리트의 중성화
시공 요인에 의한 균열	① 콘크리트 배합 및 시공 ③ 거푸집	② 철근 배근 ④ 초기동해
구조 요인에 의한 균열	① 하중증가 ③ 부동침하 ⑤ 설계하중 적용 잘못 ⑦ 개구부 모서리의 균열	② 부재손상 ④ 구조체의 내력 부족 ⑥ 구조계획 잘못
환경요인에 의한 균열 (노후화에 의한 균열)	① 콘크리트 중성화 ③ 외기온도 변동	② 염분의 부착 및 침입 ④ 동결융해의 반복

(12) 굳지 않은 콘크리트의 성질 ★

① **워커빌리티(시공성 : Workability)** : 재료 분리를 일으키지 않고 작업이 용이하게 될 수 있는 정도(반죽질기에 따른 작업의 난이성과 재료의 분리 정도)
② **펌퍼빌리티(펌프 압송성 : Pumpability)** : 펌프에 의한 운반을 실시하는 경우 펌프로 콘크리트가 압송되기 쉬운 정도
③ **플라스티시티(성형성 : Plasticity)** : 거푸집에 쉽게 다져넣을 수 있고 거푸집을 제거하면 허물어지거나 재료분리가 되지 않는 정도
④ **피니셔빌리티(마감성 : Finishability)** : 굵은 골재의 최대치수, 잔골재율, 잔골재입도, 반죽 질기 등에 의한 마무리하기 쉬운 정도를 나타내는 성질

6 콘크리트 구조물의 비파괴시험 및 보수·보강법

(1) 콘크리트 구조물의 비파괴시험(검사) 방법

① **슈미트해머법(반발경도법)** : 경화된 콘크리트 표면을 타격하여 반발경도를 측정하는 방법
② **초음파법** : 초음파를 이용하여 콘크리트의 압축강도, 내부결함, 균열깊이 등을 측정하는 방법
③ **방사선법** : 엑스선, 감마선 등 방사선을 투과하여 내부결함, 콘크리트 밀실도 등을 측정하는 방법
④ **인발법** : 매입한 볼트의 인발내력으로 콘크리트의 압축강도를 측정하는 방법
⑤ **진동법** : 콘크리트 공시체에 진동을 주어 그때의 공명, 진동으로 콘크리트의 탄성계수를 측정하는 방법

(2) 콘크리트 구조물의 보수 · 보강 공법

구조 보강공법	외관 보수공법
① 주입 공법 ② 강재보강 공법 ③ 단면증대 공법 ④ 복합재료 보강 공법	① 표면처리 공법 ② 충전법

(3) 콘크리트의 품질측정 시험

굳지 않은 콘크리트 시험	굳은 콘크리트 시험
① 슬럼프 또는 슬럼프 플로 시험 ② 공기량 시험 ③ 온도 ④ 염화물 함유량 시험 ⑤ 단위수량 시험	① 압축강도 시험 ② 휨강도 시험

> **참고**
> 굳지 않은 콘크리트에 포함된 염화물량은 염소 이온량으로서 $0.3kg/m^3$ 이하를 원칙으로 한다.

02 철근공사

1 개요

(1) 철근의 공작도 작성요령

① **공작도**란 철근구조도에 의거하여 **현장에서 실제 철근 작업을 편리하게 시공하기 위하여** 철근 모양, 작부치수, 구부림 위치, 지름, 길이 및 수량 등을 **정확히 기입한 상세도면**을 말한다.
② **기초상세도**는 다른 부위와 접속되는 철근의 정착 및 다른 부재와의 관계를 명확히 기입한다.
③ **기둥상세도**는 층높이에 맞추어 **적당한 이음위치를 정하고 띠철근의 지름, 길이 등을 기입**한다.
④ **바닥판상세도**는 기둥 중심선을 기준으로 보, 벽, 계단, 개구부 등의 위치를 명시한다.
⑤ **큰 보는 동일 보의 수량, 주근 · 늑근의 주름, 형상, 길이, 배치간격 등을 기입**한다.

(2) 철근재료 시험항목

① 인장강도시험
② 휨시험
③ 연신율시험

(3) 철골공사 현장에 자재반입 시 치수검사 항목

① 기둥 폭 및 층 높이 검사
② 휨 정도 및 뒤틀림 검사
③ 브래킷의 길이 및 폭, 각도 검사

2 철근의 이음 및 조립

(1) 철근의 이음 시 유의사항 ★

① 철근의 **이음위치는 되도록 응력이 큰 곳을 피한다.**(응력이 작은 곳에서 엇갈리게 이음을 둔다.)
② 이음을 할 때는 **한 곳에서 철근 수의 반 이상을 이어서는 안 된다.**

③ 철근이음에는 **겹침 이음, 용접 이음, 기계적 이음** 등이 있다.
④ 철근이음은 **힘의 전달이 연속적이고, 응력집중 등 부작용이 생기지 않아야** 한다.
⑤ **D35를 초과하는 철근은 겹침 이음을 할 수 없다.** 다만, 서로 다른 크기의 철근을 압축부에서 겹침 이음하는 경우 D35 이하의 철근과 D35를 초과하는 철근은 겹침 이음을 할 수 있다.
⑥ 장래의 이음에 대비하여 구조물로부터 노출시켜 놓은 철근은 손상이나 부식을 받지 않도록 보호하여야 한다.

(2) 철근이음의 종류

겹침 이음	① 두 철근의 겹침 길이를 충분히 하여 원래 철근의 힘이 콘크리트의 부착 응력에 의하여 이어지는 철근으로 전달되도록 하는 이음방법이다. ② **D35를 초과하는 철근의 이음은 겹침 이음으로 하지 않는다.** ③ 흔히 사용되는 공법으로 시공이 간단하고 경제적이다. ④ 부착균열 파괴를 일으키지 않도록 이음위치, 겹이음 길이, 피복두께, 철근간격 등을 설계단계에서 고려하여야 한다.
가스압접 이음	① 2개의 철근단부를 맞대어 놓고 **산소-아세틸렌 가스 불꽃으로 약 1,200~1,300℃로 가열**하여 철근을 고정 상태에서 압력을 가하여 접합한다. ② 압접 작업은 철근을 완전히 조립하기 전에 행한다. ③ **철근의 지름이나 종류가 다른 것은 압접하지 않는 것이 좋다.** ④ 기둥, 보 등의 압접 위치는 한 곳에 집중되지 않게 한다. ※ 가스압접의 장·단점 | 장점	단점 | |---|---| | ① 시공비가 저렴하다. ② 겹침 이음 부위의 철근량을 줄일 수 있다. ③ 콘크리트 타설이 용이하다. | ① 기후(기온, 강우 등)의 영향을 받는다. ② 화재의 위험이 있다. ③ 열로 인해 철근의 산화 및 강도 저하가 발생할 수 있다. |
용접 이음	① 열에너지로 철근을 녹여 접합하는 방법 ② 철이 고온에 가열되므로 적절히 시공되지 않으면 강도와 인성이 떨어질 수 있다.
기계적 이음	시공이 편리하고 일정한 품질, 다양한 적용성으로 사용이 급격히 늘어나고 있다. ① 나사식 이음 ② 충전식 이음 ③ 압착식 이음 ④ Cad Welding 이음

참고

가스압접 이음의 검사항목
- 외관검사(육안검사) : 철근 중심축의 편심량, 압접부의 돌출형태, 치수, 압접부의 비틀림, 기타 유해하다고 인정되는 결함의 유무
- 초음파 탐상검사
- 인장시험

참고

외관검사 결과 불합격된 압접부의 조치
- 철근중심축의 편심량이 규정값을 초과했을 때는 압접부를 떼어내고 재 압접한다.
- 압접돌출부의 지름 또는 길이가 규정 값에 미치지 못하였을 경우는 재가열하고 압력을 가하여 소정의 압접 돌출부로 만든다.
- 형태가 심하게 불량하거나 또는 압접부에 유해하다고 인정되는 결함이 생긴 경우는 압접부를 잘라내고 재 압접한다.
- 심하게 구부러졌을 때는 재가열하여 수정한다.
- 압접면의 엇갈림이 규정 값을 초과했을 때는 압접부를 잘라내고 재 압접한다.

참고

Cad Welding 이음
- 철근에 sleeve를 끼우고 sleeve 구멍을 통하여 화학과 합금의 혼합물을 넣어 순간폭발 시켜 녹은 합금이 공간을 충전하며 이음하는 방법을 말한다.
- 육안검사가 불가능하다.
- 기후의 영향이 적고 화재위험이 감소된다.
- 각종 이형철근에 대한 적용범위가 넓다.
- 예열 및 냉각이 불필요하고 용접시간이 짧다.

(3) 철근의 조립

① 철근이 **바른 위치를 확보할 수 있도록 결속선으로 결속**하여야 한다.
② 철근을 **조립한 다음 장기간 경과한 경우**에는 콘크리트의 타설 전에 다시 조립검사를 하고 청소하여야 한다.
③ **경미한 황갈색의 녹이 발생한 철근**은 **콘크리트와의 부착을 해치지 않으므로 사용해도 좋다.**
④ 철근의 피복두께를 정확하게 확보하기 위해 **적절한 간격으로 고임재 및 간격재를 배치**하여야 한다.
⑤ 거푸집에 접하는 **고임재 및 간격재는 콘크리트 제품 또는 모르타르 제품을 사용**하여야 한다.

(4) 철근 콘크리트 구조의 철근 선 조립 공법의 순서

시공도 작성 → 공장절단 → 가공 → 이음·조립 → 운반 → 현장부재 양중 → 이음·설치

(5) 철근의 조립 순서 ★

① **철근 콘크리트** : 거푸집 조립 순서에 맞추어 조립한다.
　기초 → 기둥 → 벽 → 보 → 슬래브(바닥) → 계단
② **철골철근 콘크리트** : 철골의 조립 및 리벳치기가 완료된 부분부터 철근을 조립한다.
　기초 → 기둥 → 보 → 벽 → 슬래브(바닥) → 계단

(6) 철근의 간격(철근 중심에서 중심까지의 거리) ★

① **철근 지름의 1.5배** 이상
② **2.5cm** 이상
③ **굵은 골재 지름의 1.25배** 이상

위 ①, ②, ③ 중 큰 값으로 한다.

(7) 철근의 순 간격(철근과 철근간의 표면 간 최단거리)

기둥의 순 간격(수직 순 간격)	보의 순 간격(수평 순 간격)
① 40mm ② 철근 공칭지름의 1.5배 ③ 굵은 골재 최대치수의 4/3 이상 위 ①, ②, ③ 중 큰 값으로 한다.	① 25mm ② 철근 공칭지름 ③ 굵은 골재 최대치수의 4/3 이상 위 ①, ②, ③ 중 큰 값으로 한다.

(8) 철근콘크리트의 부재별 철근의 정착위치 ★

① 기둥의 주근은 기초 또는 바닥판에 정착한다.
② 바닥철근은 보, 벽체에 정착한다.
③ 벽 철근은 기둥, 보, 바닥판에 정착한다.
④ 큰 보의 주근은 기둥에 정착하고, 작은 보의 주근은 큰 보에 정착한다.
⑤ 보 밑 기둥이 없을 때에는 보 상호간에 정착한다.
⑥ 지중 보의 주근은 기초 또는 기둥에 정착한다.

(9) 철근의 정착 길이 ★

① 큰 인장력을 받는 곳의 정착 길이는 철근 지름의 40배 이상, 압축철근 및 작은 인장력을 받는 곳의 정착 길이는 철근 지름의 25배 이상으로 한다.
② 정착 길이는 후크(hook) 중심 간의 거리로 하며, **후크의 길이는 정착 길이에 포함하지 않는다.**
③ 철근의 정착은 **기둥이나 보의 중심을 벗어난 위치에 둔다.**

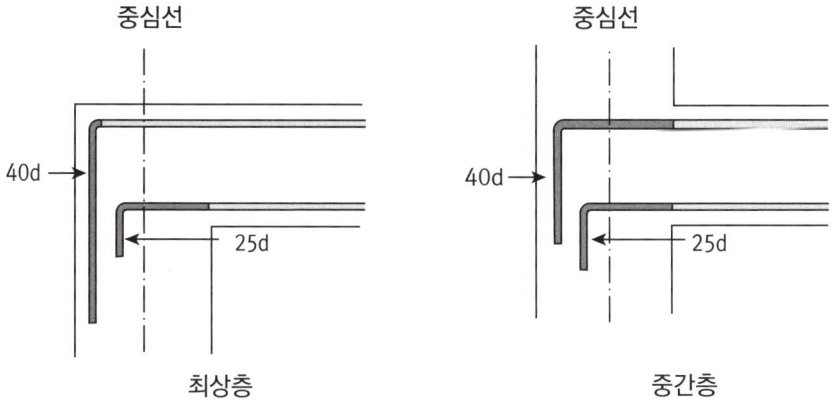

참고

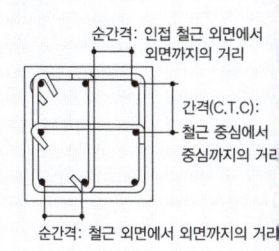

순간격: 인접 철근 외면에서 외면까지의 거리
간격(C.T.C): 철근 중심에서 중심까지의 거리
순간격: 철근 외면에서 외면까지의 거리

3 철근가공

(1) 철근가공

① 철근 가공은 현장가공과 공장가공으로 나눌 수 있다.
② 대지의 여유가 없거나 정밀도 확보를 위해서는 공장가공을 우선적으로 고려한다.
③ 공장가공은 현장가공에 비해 절단손실을 줄일 수 있다.
④ 공장가공은 현장가공보다 운반비가 높은 경우가 많다.

(2) 철근 가공 시 유의사항 ★

① 철근은 설계도에 표시된 형상과 치수에 일치하도록 가공하되 **산소 불 및 용접기로 절단하지 말고 반드시 Cutter기로 절단**하여 재질을 해치지 않는 방법으로 가공하여야 한다.
② 철근상세도에 **철근의 구부리는 내면 반지름이 표시되어 있지 않은 때에는 콘크리트 구조설계기준에 규정된 구부림의 최소 내면 반지름 이상으로 철근을 구부려야** 한다.
③ 철근은 **상온에서 구부리는 것을 원칙**으로 한다.
④ **한번 구부린 철근은 재가공하여 쓸 수 없다.**

(3) 철근보관 및 취급방법

① 철근저장 시 **철근의 종별, 규격별, 길이별로 적재**한다.
② 철근저장은 **물이 고이지 않고 배수가 잘되는 곳**에 이루어져야 한다.
③ 철근 **고임재 및 간격재는 온도변화에 따른 변형이나 파손방지를 위하여 겨울에 동파되거나 여름에 직사광선을 받지 않도록 저장**하며, 필요 시 박스단위로 포장하여 보관하여야 한다.
④ **저장장소가 바닷가 해안 근처일 경우에는 창고 속에 보관**하도록 한다.

4 부식방지 및 피복두께

(1) 철근 피복두께

① 철근 피복두께는 **최외각 위치의 철근 외면에서부터 콘크리트 표면까지 최단거리**를 말한다.

② 철근을 피복하는 **목적은 내구성, 내화성, 콘크리트 타설시 유동성 확보** 등에 있다.
③ **과다한 피복두께는 콘크리트 균열을 유발시켜 구조물의 사용수명을 감소**시킨다.

(2) 철근콘크리트 부재의 피복두께를 확보하는 목적 ★

① **부착력 확보** : 철근의 부착강도 확보
② **내화성 확보** : 화재 시에 고열로부터 철근 보호
③ **철근의 방청**(철근의 부식방지로 내구성 확보) : 물과 이산화탄소의 침투를 방지하여 부식 방지
④ **콘크리트의 유동성 확보** : 콘크리트 타설시 유동성으로 밀실하게 충전
⑤ 내구성 확보
⑥ 구조내력의 확보

한 눈에 들어오는 키 워드

참고

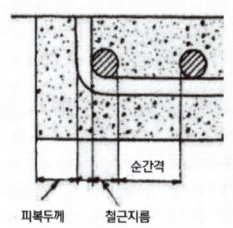
피복두께 철근지름

(3) 콘크리트의 피복두께

① 프리스트레스하지 않은 부재의 현장치기콘크리트의 최소 피복두께

종류			피복두께
수중에서 타설하는 콘크리트			100mm
흙에 접하여 콘크리트를 친 후 영구히 흙에 묻혀 있는 콘크리트			75mm
흙에 접하거나 옥외의 공기에 직접 노출되는 콘크리트	D19 이상의 철근		50mm
	D16 이하의 철근, 지름16mm 이하의 철선		40mm
옥외의 공기나 흙에 직접 접하지 않는 콘크리트	슬래브, 벽장, 장선	D35 초과 철근	40mm
		D35 이하 철근	20mm
	보, 기둥		40mm
	쉘, 절판부재		20mm

② 프리스트레스 하는 부재의 현장치기콘크리트의 최소 피복두께

종류			피복두께
흙에 접하여 콘크리트를 친 후 영구히 흙에 묻혀 있는 콘크리트			75mm
흙에 접하거나 옥외의 공기에 직접 노출되는 콘크리트	벽체, 슬래브, 장선구조		30mm
	기타 부재		40mm
옥외의 공기나 흙에 직접 접하지 않는 콘크리트	벽체, 슬래브, 장선		20mm
	보, 기둥	주철근	40mm
		띠철근, 스터럽, 나선철근	30mm
	쉘부재, 절판부재	D19 이상의 철근	철근직경
		D19 이상의 철근	10mm

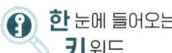
한 눈에 들어오는 키워드

(4) 철재의 표면 부식방지 처리법 ★

① 유성페인트, 광명단을 도포
② 시멘트 모르타르로 피복
③ 아스팔트, 콜타르를 도포
④ 마그네시아 시멘트는 철재를 녹슬게 하므로 부식방지 처리법으로 적합하지 않다.

5 철근공사의 철근트러스 일체화 공법

(1) 철근트러스 일체화공법이란 거푸집 대용 절곡 아연도강판과 입체형 철근 트러스를 일체화시킨 공법을 말한다.

(2) 철근트러스 일체화공법의 특징

① 현장조립의 거푸집공사를 공장제 기성품으로 대체
② 구조적 안정성 확보
③ 자재의 야적장 면적 감소 및 적기 반입으로 인한 현장적치기간의 단축
④ Support 감소, 지보공 수량 감소로 작업의 안전성
⑤ 거푸집 해체공사의 절감으로 폐자재 감소 및 공사기간 단축

03 거푸집공사

1 거푸집의 개요

(1) 거푸집(form work, form, mold)

① 거푸집은 콘크리트 구조물이 필요한 강도를 발현할 수 있을 때까지 구조물을 지지하여 **구조물의 형상과 치수를 설계도서대로 유지시키기 위한 가설구조물의 총칭**이다.
② 거푸집은 일반적으로 콘크리트를 부어넣어 콘크리트 구조체를 형성하는 **거푸집널**과 이것을 정확한 위치로 유지하는 **동바리, 즉 지지틀의 총칭**이다.
③ **거푸집공사비는 건축공사비에서의 비중이 높으므로**, 설계단계부터 거푸집 공사의 개선과 합리화 방안을 연구하는 것이 바람직하다.

(2) 거푸집의 시공 목적(거푸집이 콘크리트 구조체의 품질에 미치는 영향과 역할) ★

① 콘크리트가 응결하기까지의 형상, 치수의 확보
② 콘크리트 수화반응의 원활한 진행을 보조(콘크리트의 수분 누출 방지)
③ 철근의 피복두께 확보
④ 양생을 위한 외기의 영향 방지

(3) 거푸집 동바리의 설계하중 ★

1) 연직하중 = 고정하중 + 작업하중 + 적설하중

① 고정하중 : 콘크리트 무게 + 거푸집 무게
② 작업하중 : 작업원 + 장비하중 + 시공하중 + 충격하중

2) 콘크리트 측압

3) 풍하중

4) 수평하중

(4) 거푸집의 부속자재

1) 긴결재(긴장재) : 콘크리트의 측압을 부담하여 거푸집널이 벌어지거나 우그러들지 않도록 **거푸집의 정확한 위치와 치수를 유지**하기 위해 사용된다. ★

2) 긴결재의 종류

① 폼타이(Form tie)
② 플랫타이(Flat tie)
③ 철선(Steel wire)
④ 컬럼밴드(Column band) : 기둥 거푸집의 고정 및 측압 버팀용으로 사용
⑤ 와이어로프(Wire rope) 및 턴버클(Turn Buckle)

3) 격리재(separator) ★

거푸집 상호간의 간격을 일정하게 유지하는데 사용된다.

4) 박리제(Form oil)

거푸집과 콘크리트의 부착력을 감소시켜 **거푸집널의 탈형을 쉽게 하기 위하여 칠하는 약제**(거푸집 도포제)를 말한다.

거푸집 박리제 시공 시 유의사항

① 거푸집에 도포된 **박리제가 철근에 묻으면 철근과 콘크리트의 부착력이 저하되므로 철근에 묻지 않도록 주의**하여야 한다.
② 박리제의 **도포 전에 거푸집면의 청소**를 철저히 한다.
③ **콘크리트 색조**에는 영향이 없는지 확인 후 사용한다.
④ 콘크리트 타설 시 **거푸집의 온도 및 탈형 시간**을 준수한다.

---

5) 간격재(spacer) ★

철근과 거푸집의 간격을 일정하게 유지하여 피복두께 확보를 도와주는 부재를 말한다.

6) 고임재(chair)

수평 철근의 위치 또는 **수평 철근과 거푸집의 간격을 일정하게 유지하기 위해 수평 철근 아래에 끼우는 부품**을 말한다.(수평철근과 거푸집널판과의 간격 유지)

7) 철근 고임재 및 간격재의 배치표준

부위	종류	수량 또는 배치 간격
기초	강재, 콘크리트	8개/4m², 20개/16m²
지중보	강재, 콘크리트	간격은 1.5m, 단부는 1.5m 이내
벽, 지하 외벽	강재, 콘크리트	상단은 보 밑에서 0.5m, 중단은 상단에서 1.5m 이내 횡간격은 1.5m, 단부는 1.5m 이내
기둥	강재, 콘크리트	상단은 보 밑에서 0.5m, 중단은 주각과 상단의 중간 기둥 폭 방향은 1m 미만 2개, 1m 이상 3개
보	강재, 콘크리트	간격은 1.5m, 단부는 1.5m 이내
슬래브	강재, 콘크리트	간격은 상·하부 철근 각각 가로 세로 1m

2 거푸집의 종류 및 특징

(1) 거푸집의 종류

1) 강재거푸집(metal form), 철제거푸집(steel form)

① 거푸집이 무겁고 초기비용이 많이 든다.
② 마감면이 매끈하고 강도가 뛰어나다.
③ **콘크리트 표면에 모르타르, 플라스터 또는 타일붙임 등의 마감을 할 경우에는 평활한 철제 거푸집(metal form)을 사용하는 경우 부착강도가 저하**될 수 있으므로 사용하지 않는 것이 좋다.

2) 알루미늄 거푸집

① **거푸집 프레임 및 패널을 알루미늄 합금으로 경량화하여** 안전하게 작업이 가능한 거푸집을 말한다.
② 유로폼 보다 **가볍고 강성이 크다.**
③ 패널과 패널간 연결부위의 품질이 우수하다.(**시공정밀도가 우수**하다.)
④ 기존 재래식 공법과 비교하여 **건축폐기물을 억제하는 효과**가 있다.
⑤ **해체 시에 강한 소음을 발생**시키는 단점이 있다.

3) 목재 거푸집

한 눈에 들어오는 **키** 워드

참고

무 폼타이 거푸집

사진 출처 : 페리코리아

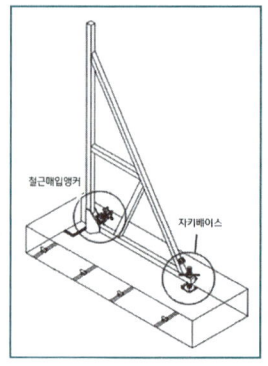

출처 : https://m.blog.naver.
com/78dydxo/222053994748

참고

보우빔(Bow beam)

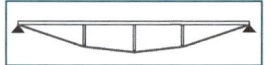

4) 시스템(System) 거푸집

거푸집널과 이를 보강하는 지지물 등을 일체화, 유닛화, 대형화시킨 거푸집을 말한다.

시스템 거푸집의 종류
① 벽체 전용 거푸집 : 갱 폼, 오토클라이밍 폼
② 바닥판 전용 거푸집 : 테이블 폼
③ 벽체+바닥판용 거푸집 : 터널 폼
④ 연속 거푸집 : 슬라이딩 폼, 슬립 폼, 트래블링 폼

5) 유로 폼(Euro Form) ★

합판과 특수 경량 강으로 제작된 거푸집으로 용도 표준화, 모듈화로 자재관리가 간편하고 어떠한 형태의 콘크리트 구조물에도 설치 해체가 용이하다.

6) 무 폼 타이 거푸집 (tie-less form work)

① 벽체 양면에 거푸집 설치가 곤란한 경우, **한 면에만 거푸집 판을 설치하고 Form Tie 없이 콘크리트 측압을 지지하는 공법**을 말한다.
② 지하 합벽거푸집에서 **측압에 대비하여 합벽지지대(버팀대, brace frame)를 삼각형으로 일체화한 공법**이다.

보우빔(Bow beam)
슬래브 부분에 수직의 동바리를 설치하지 않고 슬래브 하부에 가설 보를 설치한 거푸집 동바리를 말한다.(보로 구성된 거푸집 동바리)
① 스팬의 조정이 불가능하다.
② 층고가 높고 큰 스팬에 유리하다.
③ 무폼타이 거푸집이다.
④ 구조적으로 안전성이 확보된다.

(2) 거푸집 공법의 종류 및 특징

1) 슬라이딩 폼(sliding form) ★★

① 시공이음 없이 **거푸집을 요크(yoke)로 연속적으로 끌어올려 단면형상에 변화가 없는 공법**으로 silo 공사 등에 적당하다.(일반적으로 돌출물이 없는 건축물에 적용할 수 있다.)
② 내·외부 비계발판이 일체형이며, 1일 5~10m 정도 수직시공이 가능하므로 **시공속도가 빠르다.**
③ **타설 작업과 마감작업이 동시에 진행**되어 공정이 단순하다.

④ **구조물 형태에 따른 사용 제약**이 있다.(돌출물이 없는 건축물에 적용)
⑤ 형상 및 치수가 정확하며 **시공오차가 적다.**
⑥ **소요 경비가 절감**된다.

슬립폼(Slip Form)
활동식 거푸집(Sliding Form)의 일종으로 콘크리트 타설 후 거푸집을 상방향으로 이동시키면서 연속적으로 콘크리트를 타설하여 구조물을 완성시키는 공법이다.(돌출물이 있는 건축물에 적용할 수 있다.)

참고

슬라이딩 폼(sliding form)

그림 출처 : 안전보건공단

2) 갱 폼(Gang Form) ★★

① **외부벽체 거푸집과 작업발판용 케이지(Cage)를 일체로 제작**하여 사용하는 대형 거푸집을 말한다.(대형화 **패널 자체에 버팀대와 작업대를 부착하여 유니트화**한다.)
② 거푸집판과 보강재가 일체로 된 기본 패널로 **두꺼운 벽체를 구축하기에 적합**하다.
③ 공사초기 **제작기간이 길고 투자비가 큰 편**이다.
④ 경제적인 **전용횟수는 30~40회** 정도이다.
⑤ 수직, 수평 분할 타설 공법을 활용하여 전용도를 높인다.
⑥ **조립, 분해 없이 설치와 탈형만 함에 따라 인력절감이 가능**하다.(상하부 동일 단면의 벽식 구조인 아파트 건축물에 적용 효과가 크다.)
⑦ **설치와 탈형을 위하여** 타워크레인, 이동식 크레인 같은 **양중장비가 필요**하다.
⑧ 콘크리트 이음부위(joint) 감소로 마감이 단순해지고 비용이 절감된다.
⑨ **제작 장소 및 해체 후 보관 장소가 필요**하다.

슬립폼(Slip Form)

그림 출처 : 안전보건공단

갱 폼(Gang Form)

사진 출처 : ㈜한림

3) 클라이밍 폼(Climbing form)

① 벽체용 거푸집으로 **거푸집(갱폼)에 비계 틀을 일체로 조립 · 제작한 거푸집**을 말한다.
② **고층 구조물의 내부 코어시스템에 가장 적합**한 시스템 거푸집이다.

4) 터널 폼(Tunnel Form) ★★

① 한 구획 전체의 **벽판과 바닥판을 ㄱ자형 또는 ㄷ자형으로 짜서 이동시키는 형태**의 기성재 거푸집이다.(**벽체, 슬라브(바닥) 거푸집을 일체**로 제작하여 한 번에 설치, 해체할 수 있는 거푸집)
② 거푸집의 전용횟수는 약 30~40회 정도이다.
③ 노무 절감, 공기단축이 가능하다.
④ 터널 폼의 종류에 트윈 쉘(twin shell)과 모노 쉘(mono shell) 등이 있다.

클라이밍 폼(Climbing form)

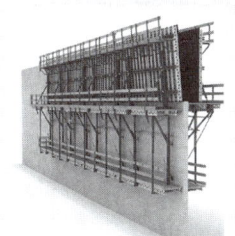

그림 출처 : 페리코리아

한 눈에 들어오는 키워드

 참고

터널 폼(Tunnel Form)

사진 출처 : 우진 폼테크

트래블링 폼(Travelling Form)

워플 폼(Waffle Form)

사진 출처 : 리엔 건축전문 블로그

플라잉 폼(Flying form) : 테이블 폼

사진 출처 : 리엔 건축전문 블로그

5) **트래블링 폼(Travelling Form)** : 수평활동 거푸집이며 **거푸집 전체를 그대로 떼어 다음 사용 장소로 이동시켜 사용**할 수 있도록 한 거푸집이다. ★

6) **워플 폼(Waffle Form)** : 무량판 시공 시 **2방향으로 된 상자형 기성재 거푸집**이다.

7) **플라잉 폼(Flying form) : 테이블 폼이라고도 부르며**, 거푸집, 장선, 멍에, 지주를 일체화하여 **수평 및 수직으로 이동할 수 있도록 한 바닥전용의 대형 거푸집**을 말한다.

8) **메탈라스 폼**

주로 이음이 필요한 지중보 등에서 **특수 리브라스(Rib Lath)와 목재 프레임을 부속철물로 고정하고 콘크리트를 타설함으로써 거푸집 해체작업이 필요 없는 공법**을 말한다.

9) **섬유재 거푸집** : 콘크리트 타설 직후 불필요한 물을 제거하기 위해 거푸집에 붙여서 사용하는 표면재를 말한다.

섬유재 거푸집의 효과
① 콘크리트의 **경화시간 단축**
② 콘크리트의 **표면강도 향상**
③ 중성화 속도의 지연 및 염분 침투성의 저감(**내구성 향상**)
④ 콘크리트 **표면의 물, 곰팡이 방지**

(3) 거푸집 공사의 발전 방향

① 대형화(대형 패널 위주의 거푸집 제작)
② 표준화(설치의 단순화를 위한 유닛(Unit)화)
③ 강재화, 경량화(부재의 고강도화, 경량화)
④ 높은 전용 횟수

3 거푸집의 측압, 거푸집 존치 및 해체

(1) 콘크리트 타설 시 거푸집의 측압 ★

① 거푸집 부재 단면이 클수록 측압이 크다.
② 거푸집 수밀성이 클수록 측압이 크다.
③ **거푸집의 강성이 클수록 측압이 크다.**
④ 거푸집 표면이 평활할수록 측압이 크다.

⑤ 시공연도가 좋을수록 측압이 크다.
⑥ **철골 or 철근량이 적을수록 측압이 크다.**
⑦ **외기온도가 낮을수록 측압이 크다.**
⑧ **타설속도가 빠를수록 측압이 크다.**
⑨ 다짐이 좋을수록 측압이 크다.
⑩ **슬럼프가 클수록 측압이 크다.**
⑪ 콘크리트 비중이 클수록 측압이 크다.
⑫ 응결시간이 느린 시멘트를 사용할수록 측압이 크다.
⑬ **습도가 낮을수록 측압이 크다.**

(2) 거푸집 존치 및 해체

1) 거푸집 존치기간 결정요인

① 시멘트의 종류
② 콘크리트 압축강도
③ 구조물 부위
④ 기온

2) 거푸집 해체를 위한 확인사항

① 수직, 수평부재의 **존치기간 준수 여부**
② 소요의 **강도 확보 이전에 지주의 교환 여부**
③ 거푸집 해체용 **콘크리트 압축강도 확인시험 실시 여부**

3) 거푸집의 해체시기

① **콘크리트의 압축강도를 시험할 경우 거푸집널의 해체 시기**

부위		콘크리트 압축강도
기초, 보, 기둥, 벽 등의 측면		5MPa 이상
슬래브 및 보의 밑면, 아치 내면	단층구조인 경우	설계기준 압축강도의 2/3배 이상 또한, 최소강도 14MPa 이상
	다층구조인 경우	설계기준 압축강도 이상 (필러 동바리 구조를 이용할 경우는 구조계산에 의해 기간을 단축할 수 있음. 단, 이 경우라도 최소강도는 14MPa 이상으로 함)

② **콘크리트의 압축강도를 시험하지 않을 경우 거푸집널의 해체 시기(기초, 보, 기둥 및 벽의 측면)**

시멘트의 종류 평균기온	조강 포틀랜드 시멘트	보통 포틀랜드 시멘트 고로 슬래그 시멘트(특급) 포틀랜드 포졸란 시멘트(A종) 플라이애쉬 시멘트(A종)	고로 슬래그 시멘트(1급) 포틀랜드 포졸란 시멘트(B종) 플라이애쉬 시멘트(B종)
20℃ 이상	2일	4일	5일
20℃ 미만 10℃ 이상	3일	6일	8일

4) 거푸집 및 동바리의 품질 검사

항목	시험·검사 방법	시기·횟수	판정기준
거푸집, 동바리의 재료 및 체결재의 종류, 재질, 형상 치수	외관 검사	거푸집, 동바리 조립 전	지정한 품질 및 치수의 것일 것
동바리의 배치	외관 검사 및 스케일에 의한 측정	동바리 조립 후	경화한 콘크리트 부재는 거푸집의 허용오차규정에 적합할 것
조임재의 위치 및 수량	외관 검사 및 스케일에 의한 측정	콘크리트 타설 전	
거푸집의 형상치수 및 위치	스케일에 의한 측정	콘크리트 타설 전 및 타설 도중	
거푸집과 최외측 철근과의 거리	스케일에 의한 측정		철근피복 허용오차 규정에 적합할 것

5) 거푸집 제거작업 시 주의사항

① **진동, 충격을 주지 않고** 콘크리트가 손상되지 않도록 순서에 맞게 제거한다.
② **지주를 바꾸어 세울 동안에는 상부의 작업을 제한**하여 하중을 적게 하며, **집중 하중을 받는 부분의 지주는 그대로 둔다.**
③ **제거한 거푸집은 재사용 할 수 있도록 묻어 있는 콘크리트를 제거**하고, 적당한 장소에 정리하여 둔다.
④ 거푸집을 완전히 제거하고, **거푸집 잔재 및 세퍼레이터 등 유해한 잔류물이 없 도록** 한다.

CHAPTER 07 철골공사

01 철골작업 공작

주요내용 알고 가기!

- 철골부재 절단 방법
- Rivet 구멍 뚫기
- 내화피복 공법의 종류
- 강재에서 녹막이 칠을 하지 않는 부분
- 철골 공사 중 현장에서 보수도장이 필요한 부위
- 용접 용어
- 용접결함
- 철골세우기 순서
- 철골세우기용 기계
- 철골공사의 기초상부 고름질 방법

1 공장작업

(1) 철골공사의 공장작업 순서

원척도 작성 → 본뜨기 → 변형 바로잡기 → 금 매김 → 절단 → 구멍 뚫기 → 가조립 → 리벳치기 → 검사 → 녹막이 칠 → 운반

1) **원척도** : 설계도면 및 시방서에 따라 **각부상세 및 재의 길이 등을 원척으로 그리는 것**을 말한다.

2) **본뜨기** : **얇은 강판에 실제적인 모양으로 본을 뜨는 것**을 말한다.

3) **변형 바로잡기** : 강재에 **변형이 있으면 공작이 곤란**하고 리벳이 잘 죄어지지 않는 등 지장이 있으므로 **금 매김 하기 전에 바로 잡는다.**

4) **금 매김(금 긋기)** : 강재 면에 강필로 볼트구멍 위치와 절단 개소 등을 그리는 것을 말한다.

> **기출**
>
> **강구조물 제작 시의 마킹(금 긋기)**
> ① 강판 절단이나 형강 절단 등 외형 절단을 선행하는 부재는 미리 부재 모양별로 마킹 기준을 정해야 한다.
> ② 마킹검사는 띠철이나 형판 또는 자동가공기(CNC)를 사용하여 정확히 마킹되었는가를 확인한다.
> ③ 마킹 시 용접 열에 의한 수축 여유를 고려하여 최종 교정, 다듬질 후 정확한 치수를 확보할 수 있도록 조치해야 한다.

2 절단 및 가공, 조립

(1) 철골공사 현장에 자재반입 시 치수검사 항목

① 기둥 폭 및 층 높이 검사
② 휨 정도 및 뒤틀림 검사
③ 브래킷의 길이 및 폭, 각도 검사

(2) 강구조용 강재의 절단 및 개선가공

① 주요 부재의 **강판 절단은 주된 응력의 방향과 압연 방향을 일치시켜 절단함을 원칙**으로 하며, 절단작업 착수 전 재단도를 작성하여야 한다.
② 절단할 강재의 표면에 **녹, 기름, 도료가 부착되어 있는 경우에는 제거 후 절단**해야 한다.
③ 용접선의 교차부분 또는 한 부재를 다른 부재에 접합시킬 때 불필요한 접촉을 피하기 위하여 **모퉁이 따기를 할 경우에는 10mm 이상 둥글게** 해야 한다.
④ 스캘럽 가공은 절삭 가공기 또는 부속장치가 달린 수동가스 절단기를 사용한다.
⑤ **강재의 절단**은 강재의 형상, 치수를 고려하여 **기계절단(전단절단, 톱 절단), 가스절단, 플라스마 절단, 레이저절단 등을 적용**하고, 가스절단을 하는 경우는 원칙적으로 자동가스 절단기를 이용한다.
⑥ **톱 절단은 앵글커터(angle cutter) 등으로 철골부재를 절단**하는 방법으로 **가장 정밀**한 절단방법이다.

(3) 철골부재 절단 방법

① 가스절단
② 전단절단
③ 톱 절단 : 가장 정밀한 절단방법으로 앵글커터(angle cutter) 등으로 절단한다.
④ 전기절단

(4) Rivet 구멍 뚫기

① **송곳 뚫기(Drilling)**
② **펀칭(Punching)**
③ **구멍가심(Reaming)** : 구멍 뚫기 한 부재를 조립할 때 각 재의 리벳구멍지름은 다소 차이가 있을 수 있으므로 이 구멍을 맞추기 위하여 Reamer로 **구멍을 가셔내어 수정**한다.

참고

스캘럽(scallop)
철골 용접 시 접합부위의 용접선이 교차되어 열 영향으로 취약해지는 것을 피하기 위해 한 쪽의 부재에 설치한 홈(부채꼴 모양의 모따기를 한 것)을 말한다.

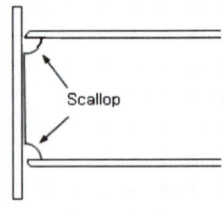

참고

강재의 절단 방법
① 기계 절단법(전단 절단, 톱 절단)
② 가스 절단법
③ 플라스마 절단법
④ 레이저 절단법

(5) 메탈 터치(metal touch)

철골공사에서 **기둥 이음부분 면을 절삭 가공기를 사용하여 마감하고 충분히 밀착시킨 이음**을 말한다.

(6) 강구조 건축물의 볼트시공

① 마찰내력을 저감시킬 수 있는 **틈이 있는 경우에는 끼움판을 삽입**해야 한다.
② **볼트 조임 작업 전에** 마찰접합면의 흙, 먼지 또는 유해한 도료, 유류, 녹, 밀스케일 등 **마찰력을 저감시키는 불순물을 제거**해야 한다.
③ 1군의 볼트 조임은 중앙부에서 가장자리의 순으로 한다.
④ 현장 조임은 1차 조임, 마킹, 2차 조임(본조임), 육안검사의 순으로 한다.

(7) 고장력 볼트접합

고장력볼트를 조여서 생기는 인장력으로 접합재 상호간에 발생하는 마찰력에 의해 접합하는 방식을 말한다.
① 고력볼트 세트의 구성은 고력볼트 1개, 너트 1개 및 와셔 2개로 구성한다.
② 접합방식의 종류는 마찰접합, 지압접합, 인장접합이 있다.
③ 볼트의 호칭지름에 의한 분류는 M16, M20, M22, M24, M27로 한다.
④ 조임은 토크관리법과 너트회전법에 따른다.
⑤ 고장력볼트의 **조임은 중앙에서 단부 쪽으로 조여간다.**
⑥ 현장에서의 시공설비가 간편하다.
⑦ 접합부재 상호간의 마찰력에 의하여 응력이 전달된다.(**접합부의 강성이 크다.**)
⑧ **소음이 적고, 불량개소의 수정이 용이**하다.
⑨ 작업 시 **화재의 위험이 적다.**

참고

고장력 볼트의 호칭과 구멍크기

고장력 볼트의 호칭	표준 구멍 (mm)	대형 구멍 (mm)
M16	18	20
M20	22	24
M22	24	28
M24	27	30
M27	30	35

(8) TS BOLT(Torque Shear Bolt) : 토크 전단형 고장력볼트

1) T · S BOLT

① 볼트 축부 선단에 pintail이 있어 일정 이상의 힘이 가해지면 pintail이 파단되어 볼트 체결정도를 확인할 수 있는 볼트를 말한다.
② 건축현장에서 철골 조립용으로 많이 사용된다.

2) T·S Bolt를 체결 작업할 때의 유의사항

① 부재와 부재의 **접합면은 완전히 밀착**되어야 한다.
② 용접과 볼트를 병행이음 할 경우에는 **용접 완료 후에 체결**한다.
③ **볼트의 표면온도가 250℃ 이상일 경우** 기계적 성질에 변할 수 있으므로 **볼트 주변에서 용접 시 주의**한다.
④ **삽입한 본 볼트는 당일 중으로 조임 작업을 완료**시킨다.(이슬이나 강우에 노출될 경우 토크계수치가 변화될 수 있다.)
⑤ T·S Bolt는 **모재의 온도가 0℃ 이하이거나 60℃ 이상일 경우 체결작업을 금지**한다.

(9) 구조 공사 시의 앵커링(anchoring)

① **필요한 앵커링 저항력을 얻기 위해서는 콘크리트에 피해를 주지 않도록 적절한 대책을 수립**하여야 한다.
② 앵커볼트 설치 시 **베이스플레이트 위치의 콘크리트는 설계도면 레벨보다 −30mm ~ −50mm 낮게 타설**하고, 베이스플레이트 설치 후 그라우팅 처리한다.
③ 구조용 앵커볼트를 사용하는 경우 **앵커볼트 간의 중심선은 기둥 중심선으로부터 3mm 이상 벗어나지 않아야** 한다.
④ 앵커볼트로는 **구조용 혹은 세우기용 앵커볼트가 사용**되어야 하고, **고정매입 공법을 원칙**으로 한다.

> 참고

🔧 강관 파이프 구조 공사의 특징
① 경량이며 외관이 경쾌하다.
② 휨 강성 및 비틀림 강성이 크다.
③ 접합부의 절단가공이 어렵다.
④ 국부좌굴에 유리하다.

🔧 Mill sheet(검사증명서) ★
철골공사에서 **강재의** 기계적 성질, 화학성분, 외관 및 치수공차 등 재원과 제조회사 확인으로 **제품의 품질확보를 위해 공인된 시험기관에서 발행하는 검사증명서**를 말한다.

🔧 콘크리트 충전 강관기둥(CFT)
① **원형 또는 각형 강관의 내부에 고강도콘크리트를 충전**하여 강성, 내력, 변형방지 및 내화 등에 우수한 성능을 가진다.
② 일반형강에 비하여 **국부좌굴에 유리**하다.
③ 콘크리트 충전 시 내부의 콘크리트와 외부 강관의 역학적 거동에서 합성구조라 볼 수 있다.
④ **콘크리트 충전 시 별도의 거푸집이 필요하지 않다.**
⑤ 접합부 용접기술이 발달한 일본 등에서 활성화 되어 있다.

한 눈에 들어오는 키 워드

3 철골구조의 내화피복, 녹막이 및 보수도장

(1) 내화피복

내화구조로 하기 위하여 **표면을 내화성능을 가진 재료로 감싸는 것을 내화피복**이라 하며, 철골조의 기둥, 보 등을 외부 온도변화로 부터 보호하는 **역할**을 한다.

(2) 내화피복 공법의 종류 ★

습식공법	건식공법
① **조적공법** : 철골표면에 **벽돌, 돌, 콘크리트 블록, 경량 콘크리트 블록** 등을 시공하는 공법 ② **미장공법** • 철골표면에 **단열 모르타르를 시공**하는 공법 • 시공시간이 길고, 부착성·균열·방청 등 현장관리가 요구된다. ③ **도장공법** : 철골표면에 **내화페인트를 도장**하는 공법 ④ **뿜칠공법** • 철골표면에 접착제를 혼합한 내화피복재(암면과 시멘트를 혼합)를 뿜어서 내화 피복하는 공법 • 기둥이나 보, 바닥과 지붕주위에 사용하며, 구조가 복잡한 부분에서도 시공하기가 쉽다. • 피복된 철골의 형상에 대해 제약이 적고 큰 면적의 내화피복을 소수 인원으로 단시간에 시공할 수 있다. ⑤ **타설공법** • 철골표면에 **기포 콘크리트, 경량콘크리트를 타설**하는 공법 • 임의의 치수와 형상의 내화피복이 가능하다.	① **성형판 붙임공법** : 내화단열성이 우수한 **각종 성형판(PC판, ALC판, 석고보드 등)** 을 철골부재에 붙이는 공법으로 주로 기둥과 보의 내화피복에 사용된다. ② **멤브레인 공법** : **암면 흡음판**을 철골에 붙여 시공하는 공법 ③ **세라믹울 피복공법**

(3) 녹막이 및 보수도장

1) 녹막이도장 일반

① 경량 철골구조물에 이용되는 **강재는 판 두께가 얇아서 녹에 따른 구조내력의 저하가 현저하기 때문에 반드시 녹막이 조치를 해야 한다.**
② **강재는** 물의 고임에 의해 부식하기 쉽기 때문에 부재배치에 충분히 주의하고, 필요에 따라 **물 구멍을 설치하는 등 부재를 건조상태로 유지**하도록 한다.
③ **녹막이도장의 도막은** 노화, 타격 등에 의해 화학적, 기계적으로 **열화되기 때문에** 구조물을 항상 건전한 상태로 유지하도록 **재도장 등의 도장 계획을 세운다.**
④ 재도장이 곤란한 건축물 및 **녹이 발생하기 쉬운 환경에 있는 건축물의 녹막이는 녹막이 용융아연도금이 필요**하다.

2) 강재에서 녹막이 칠을 하지 않는 부분 ★

① **현장용접을 하는 부위** 및 그 곳에 **인접하는 양측 100mm 이내,** 그리고 **초음파 탐상검사에 지장을 미치는 범위**
② **고력볼트 마찰접합부의 마찰면**
③ **콘크리트에 묻히는 부분**
④ 핀, 롤러 등 **밀착하는 부분과** 회전면 등 **절삭 가공한 부분**
⑤ **조립에 의하여 면 맞춤 되는 부분**
⑥ **밀폐되는 내면**

3) 철골 공사 중 현장에서 보수도장이 필요한 부위 ★

① **현장 용접**을 한 부위
② **현장접합 재료의 손상부위**
③ 운반 또는 **양중 시 생긴 손상부위**
④ 현장접합에 의한 **볼트류의 두부, 너트, 와셔**

4 철골공사의 용접작업

(1) 철골공사의 용접작업 시 유의사항

① **용접할 소재**는 수축변형 및 마무리에 대한 고려로서 **치수에 여분을 두어야** 한다.
② 용접으로 인하여 **모재에 균열이 생긴 때에는 원칙적으로 모재를 교환한다.**
③ **용접자세는** 부재의 위치를 조절하여 될 수 있는 대로 **아래보기(하향자세)로** 한다.

> 참고

경량철골공사의 아래 부분은 공장도장을 하지 않지만 공사장 설치 완료 후, 이 부분이 녹막이상의 약점이 없도록 인접부분과 동등이상의 처리를 하여야 한다.
① 콘크리트에 묻히는 부분
② 조립에 의하여 면맞춤이 되는 부분
③ 공사장 용접을 하는 부분
④ 고력볼트 마찰접합부의 마찰면
⑤ 핀·롤러 등 밀착하는 부분과 회전면 등 절삭 가공한 부분

④ **수축량이 가장 큰 부분부터 최초로 용접**하고 수축량이 작은 부분은 최후에 용접한다.
⑤ 용접할 모재의 표면에 **녹·유분 등이 있으면** 접합부에 공기포가 생기고 용접부의 재질을 약화시키므로 와이어 브러시로 청소한다.
⑥ 강우 및 강설 등으로 **모재의 표면이 젖어 있을 때나 심한 바람이 불 때는 용접하지 않는다.**
⑦ **용접봉을 교환하거나 다층용접일 때는 슬래그와 스패터를 제거**한다.
⑧ 감전방지를 위해 안전홀더를 사용한다.
⑨ **용접 전에 용접 모재 표면의 수분, 슬래그, 도료 등 용접에 지장을 주는 불순물을 제거**한다.
⑩ 항상 용접열의 분포가 균등하도록 조치하고 **일시에 다량의 열이 한 곳에 집중되지 않도록** 해야 한다.
⑪ **아크 발생은 필히 용접부 내에서 일어나도록** 해야 한다.
⑫ 부재이음에는 **용접과 볼트를 원칙적으로 병용해서는 안 되지만, 불가피하게 병용할 경우에는 용접 후에 볼트를 조이는 것을 원칙**으로 한다.

(2) 용접 용어 ★

① **플럭스(flux)**: 용접 또는 납땜 시에 생성되는 **산화물 등 유해물을 제거**하고 모재표면을 보호할 목적으로 사용되는 **분말상의 재료(피복재)**를 말한다.
② **스캘럽(scallop)**: 용접선의 교차를 피하기 위하여 한 쪽의 부재에 설치한 홈을 말한다.
③ **가우징(Gouging)**: 아크로 금속을 녹여서 **강한 공기를 이용하여 녹은 금속을 불어내는 작업**을 말한다.
④ **스패터(spatter)**: **철골용접 중 튀어나오는 슬래그 및 금속입자**를 말한다.
⑤ **위빙(weaving)**: 용접작업에서 **용접봉을 한곳에 집중하지 않고 좌우로 이동하면서 서로 엇갈리게 움직여 용접**하는 방법을 말한다.

(3) 용접의 장단점

장점	단점
① 강재량을 절약할 수 있다. ② 소음, 진동을 방지할 수 있다. ③ 일체성 및 수밀성을 확보할 수 있다. ④ 접합부의 강성이 크다. ⑤ 구멍에 의한 부재단면 결손이 없다.	① 기능공의 시공기술에 따라 접합강도의 차이가 발생한다. ② 접합부의 품질검사가 어렵고 고도의 기술을 필요로 한다. ③ 용접 열에 의하여 부재의 변형이 생기기 쉽다. ④ 용접 내부의 결함을 육안으로 알 수 없다.

(4) 용접방법

모살용접(필렛용접 : Fillet Weld) ★	맞댄 용접, 맞대기 용접(Butt Weld)
① 목두께의 방향이 모재의 면과 45° 또는 거의 45°의 각을 이루는 용접을 말한다.(용접되는 부재의 교차되는 면 사이에 삼각형의 단면이 만들어지는 용접) • 모살용접의 유효면적은 유효길이에 유효목두께를 곱한 값으로 한다. • 모살용접의 유효길이는 모살용접 총길이에서 2배의 모살사이즈를 공제한 값으로 한다. • 모살용접의 유효목두께는 모살사이즈의 0.7배로 한다. ⑤ 구멍모살과 슬롯 모살용접의 유효길이는 목두께 중심을 잇는 용접 중심선의 길이로 한다. 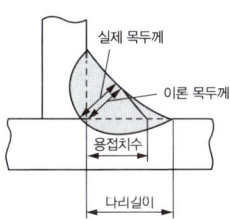 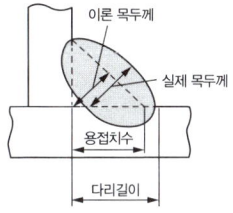	① 접합재의 끝을 적당한 모양 또는 각도로 가공하여 용접 살을 개선부(groove)에 채워 접합하는 용접방법을 말한다. 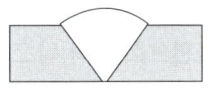 〈완전용입 맞댐용접〉 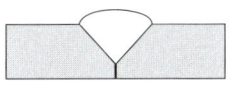 〈부분용입 맞댐용접〉

(5) 용접결함 ★

① **언더컷(Under Cut)** : 용접전류가 과대하거나 용접 속도가 너무 빠를 때 또는 아크를 짧게 유지하기 어려운 경우 발생하며 **모재 및 용접부의 일부가 녹아서 발생하는 홈 또는 오목하게 생긴 부분(용착금속이 채워지지 않고 홈처럼 우묵하게 남아 있는 부분)**을 말한다.

② **오버랩(overlap)** : 용접전류가 부족하거나, 용접 속도가 너무 느릴 경우 발생하며 **용착 금속이 모재에 융합되지 않고 겹친 부분(용융된 금속이 모재 면에 덮쳐진 상태)**을 말한다.

③ **크레이터(Crater)** : 아크를 끊을 때 **비드 끝부분이 오목하게 들어가는 것**을 말하며 이 부분에 균열이 발생하기 쉽다.

④ **크랙(Crack)** : **용접부에 생기는 균열**을 말하며 용접결함 중 가장 치명적인 결함이 된다.

⑤ **스패터(spatter)** : 용접 시 튀어나온 슬래그가 굳은 현상(용융된 금속의 작은 입자가 튀어나와 모재에 묻어있는 것)을 말한다.

⑥ **피트(pit), 블로우 홀(blow hole)** : 용접 중에 이물질, 수분 등으로 발생된 **가스가 표면으로 빠져 나오면서 발생된 작은 구멍을 pit**라 하며, **내부에 남아있는 기공을 blow hole**이라 한다.

(6) 용접봉 피복제의 역할

① 함유 원소를 이온화하여 아크를 안정시킨다.
② 용착 금속에 합금 원소를 가한다.
③ 중성 또는 환원성 분위기로 용착금속을 보호한다.
④ 용융 금속의 탈산, 정련을 한다.
⑤ 용착금속의 급랭을 방지한다.
⑥ 모재 표면의 산화물을 제거한다.

(7) 철골공사 용접완료 후의 비파괴검사 방법 ★

1) 초음파 탐상법

① 재료의 내부에 **초음파를 방사**하여 불량 용접부위나 균열 등에서 반사되는 초음파를 분석하여 결함(모재의 결함 및 두께측정이 가능)을 판단한다.
② 기록성이 없다.
③ 검사 속도가 빠른 편이다.
④ 인체에 위험을 미치지 않는다.

2) X선 투과법(방사선 투과법)

① 방사선검사는 투과 상태를 필름에 담아 내부검출을 검사하는 방법으로 **필름의 밀착성이 좋지 않은 건축물에서는 검출성이 나빠진다.**
② 미소한 blow-hole의 검출이 가능하다.

3) 자기 탐상법

4) 침투 탐상법

참고

용접검사 방법의 분류

용접 착수 전	① 트임새 모양 ② 구속법 ③ 모아대기법 ④ 자세의 적부
용접 작업 중	① 용접봉 ② 운봉 ③ 전류
용접 완료 후	① 외관검사 ② 절단검사 ③ 비파괴검사 (방사선투과법, 초음파탐상법, 자기분말탐상법)

한 눈에 들어오는 키워드

02 철골세우기

1 철골세우기 계획을 수립할 때 철골제작 공장과 협의해야 할 사항

① 부재 반입의 순서
② 반입 시간의 확인
③ 반입 부재수의 확인

2 철골세우기 순서 ★

① 전면 바름 마무리법
중심먹매김 → 앵커볼트 설치 → 기초상부 고름질 → 철골세우기 → 가조립 → 변형바로잡기 → 본조립(정조립) → 리벳접합 → 접합부 검사 → 도장

② 나중 채워 넣기법
기둥 중심선 먹매김 → 기초 볼트위치 재점검 → base plate의 높이 조정용 plate 고정 → 기둥 세우기 → 주각부 모르타르 채움

3 철골조립 및 설치에 있어서 사용되는 기계(철골세우기용 기계) ★

(1) 가이 데릭(guy derrick)

(2) 스티프레그 데릭(stiff-leg derrick)

① 직각으로 세운 주 기둥을 두 개의 경사 지주로 지지하는 형식으로 삼각 데릭이라고도 한다.
② 가이데릭에 비해 **수평이동이 가능하므로 층수가 낮은 긴 평면에 유리**하다.
③ **270° 회전이 가능**하며 철골세우기용 장비로 사용된다.

(3) 진 폴(gin pole)

(4) 트럭 크레인(truck crane) 및 크롤러 크레인(crawler crane) : 이동식 세우기 장비

(5) 타워 크레인(tower crane)

(6) 윈치(Winch)

참고

Luffing 크레인
① T형 타워 크레인은 고정된 지브를 따라 트롤리가 움직이는 방식이며, 러핑 크레인은 지브를 따라 움직이는 트롤리가 없이 지브 전체를 들어 올려 거리를 조정하며 움직이는 방식이다.
② 도심지와 같이 공간이 협소한 지역에서는 타워가 회전할 때 인근 건물에 간섭이 되는 경우가 많기 때문에 지브가 짧은 러핑 크레인이 사용된다.

러핑크레인

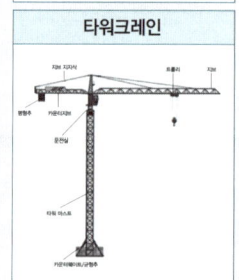
타워크레인

4 철골공사의 기초상부 고름질

(1) 철골기둥의 기초상부는 완전 수평으로 밀착시키기 위해 모르타르를 충전하며, 건조수축이 없는 무수축 모르타르를 사용한다.

(2) 철골공사에서 베이스 플레이트 설치 기준

① 이동식 공법에 사용하는 모르타르는 **무수축 모르타르로 한다**.
② 앵커볼트 설치 시 베이스플레이트 위치의 콘크리트는 **설계도면 레벨보다 30mm ~ 50mm 낮게 타설**한다.
③ 베이스플레이트 **설치 후 그라우팅 처리**한다.
④ 베이스 모르타르의 양생은 **철골 설치 전 3일 이상 양생**한다.

(3) 철골공사의 기초상부 고름질 방법 ★

① 전면 바름 마무리법
② 나중 채워넣기 중심 바름법
③ 나중 채워넣기 십자(+)바름법
④ 나중 채워넣기법

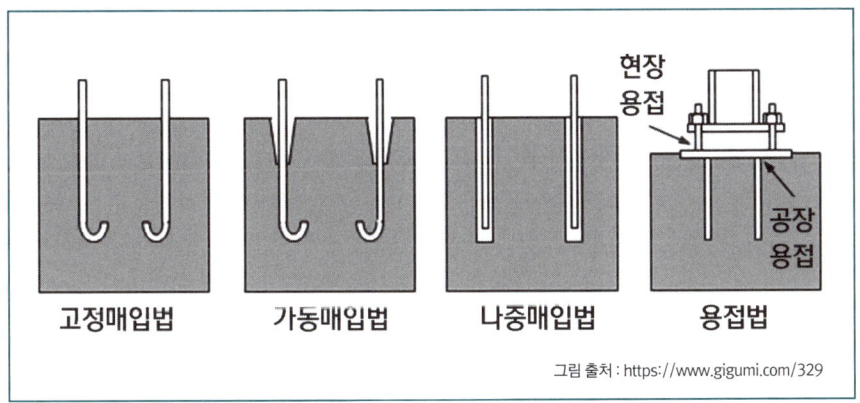

그림 출처 : https://www.gigumi.com/329

한 눈에 들어오는 **키**워드

참고

베이스 플레이트(base plate)
- 기둥에서 오는 하중을 기초에 전달하는 역할을 하는 철판을 말한다.
- 철골기둥과 기울기를 보정하는 과정에서 기둥과 기초콘크리트 상부면 사이에 틈새가 발생할 수 있으며 틈을 메우기 위해 베이스 모르타르를 채운다.

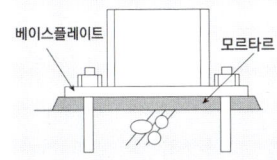

CHAPTER 08 해체공사 및 기타공사

01 해체공사

주요내용 알고 가기!

- 벽돌쌓기 시 사전준비 사항
- 벽돌쌓기의 일반사항
- 점토벽돌의 치수 및 허용차
- 점토벽돌의 품질
- 벽돌 및 모르타르 양 산출방법
- 벽돌 쌓기법의 종류 및 특징
- 조적조의 백화현상 및 백화현상 방지법
- 블록 쌓기 방법
- 속빈 콘크리트 블록의 규격 및 압축강도
- 철근콘크리트 보강 블록공사
- 테두리보의 설치
- 석재 시공상 주의사항
- 석재붙임공법의 종류 및 특징

1 해체 작업용 기계·기구

(1) 압쇄기

압쇄기는 쇼벨에 설치하며 **유압 조작에 의해 콘크리트 등에 강력한 압축력을 가해 파쇄**한다.

1) 압쇄기 사용 시의 준수사항

① 압쇄기의 중량, 작업충격을 사전에 고려하고, **차체 지지력을 초과하는 중량의 압쇄기부착을 금지**하여야 한다.
② **압쇄기 부착과 해체에는** 경험이 많은 사람으로서 **선임된 자에 한하여 실시**한다.
③ 압쇄기 **연결 구조부는 보수점검을 수시로 하여야** 한다.
④ 배관 접속부의 **핀, 볼트 등 연결구조의 안전 여부를 점검**하여야 한다.

⑤ **절단 날**은 마모가 심하기 때문에 **적절히 교환**하여야 하며 **교환 대체품목을 항상 비치**하여야 한다.

(2) 대형 브레이커

대형 브레이커는 통상 **쇼벨에 설치하여 사용**한다.

1) 대형 브레이커 사용 시의 준수사항

① 대형 브레이커는 중량, 작업 충격력을 고려, **차체 지지력을 초과하는 중량의 브레이커부착을 금지**하여야 한다.
② 대형 브레이커의 **부착과 해체에는** 경험이 많은 사람으로서 **선임된 자에 한하여 실시**하여야 한다.
③ 유압 작동구조, 연결구조 등의 **주요 구조는 보수점검을 수시로 하여야** 한다.
④ 유압식일 경우에는 유압이 높기 때문에 수시로 **유압 호오스가 새거나 막힌 곳이 없는가를 점검**하여야 한다.
⑤ **해체대상물에 따라 적합한 형상의 브레이커를 사용**하여야 한다.

(3) 철제햄머

햄머를 크레인 등에 부착하여 구조물에 충격을 주어 파쇄한다.

1) 철제 햄머 사용 시의 준수사항

① **햄머는 해체대상물에 적합한 형상과 중량의 것을 선정**하여야 한다.
② 햄머는 **중량과 작업반경을 고려하여 차체의 부움, 후레임 및 차체 지지력을 초과하지 않도록 설치**하여야 한다.
③ 햄머를 **매달은 와이어 로우프의 종류와 직경 등은 적절한 것을 사용**하여야 한다.
④ **햄머와 와이어 로우프의 결속은** 경험이 많은 사람으로서 **선임된 자에 한하여 실시**하도록 하여야 한다.
⑤ **킹크, 소선 절단, 단면이 감소된 와이어 로우프는 즉시 교체**하여야 하며 **결속부는 사용 전·후 항상 점검**하여야 한다.

(4) 화약류

1) 화약류 취급 시의 준수사항

① 화약류에 의한 발파파쇄 해체 시에는 사전에 시험 발파에 의한 폭력, 폭속, 진동치 속도 등에 파쇄 능력과 진동, 소음의 영향력을 검토하여야 한다.
② 소음, 분진, 진동으로 인한 공해 대책, 파편에 대한 예방 대책을 수립하여야 한다.

③ 화약류 취급에 대하여는 법, 총포도검화약류 단속법 등 관계법에서 규정하는 바에 의하여 취급하여야 하며 화약저장소 설치 기준을 준수하여야 한다.
④ 시공 순서는 화약취급 절차에 의한다.

(5) 핸드브레이커

압축공기, **유압의 급속한 충격력에 의거 콘크리트 등을 해체할 때 사용한다.**

1) 핸드브레이커 사용 시의 준수사항

① 끌의 부러짐을 방지하기 위하여 **작업자세는 하향 수직방향으로 유지**하도록 하여야 한다.
② 기계는 항상 점검하고, **호스의 꼬임·교차 및 손상 여부를 점검**하여야 한다.

(6) 팽창제

광물의 수화반응에 의한 팽창압을 이용하여 파쇄한다.

1) 팽창제 사용 시의 준수사항

① **팽창제와 물과의 시방 혼합비율을 확인**하여야 한다.
② 천공 직경이 너무 작거나 크면 팽창력이 작아 비효율적이므로, **천공 직경은 30~50mm 정도를 유지**하여야 한다.
③ **천공 간격은** 콘크리트 강도에 의하여 결정되나 **30~70cm 정도를 유지**하도록 한다.
④ 팽창제를 저장하는 경우에는 **건조한 장소에 보관하고 직접 바닥에 두지 말고 습기를 피하여야** 한다.
⑤ **개봉된 팽창제는 사용하지 말아야** 하며 쓰다 남은 팽창제 처리에 유의하여야 한다.

(7) 절단 톱

회전 날 끝에 다이아몬드 입자를 혼합 경화하여 제조된 절단 톱으로 기둥, 보, 바닥, 벽체를 적당한 크기로 절단하여 해체한다.

1) 절단 톱 사용 시의 준수사항

① **작업 현장은 정리 정돈이 잘 되어야** 한다.
② 절단기에 사용되는 **전기 시설과 급수, 배수 설비를 수시로 정비 점검**하여야 한다.
③ **회전 날에는 접촉방지 커버를 부착하도록** 하여야 한다.

④ 회전 날의 조임상태는 안전한지 작업 전에 점검하여야 한다.
⑤ 절단 중 회전 날을 냉각시키는 **냉각수는 충분한지** 점검하고 **불꽃이 많이 비산**되거나 수증기 등이 발생되면 과열된 것이므로 일시 중단한 후 작업을 실시하여야 한다.
⑥ **절단 방향은 직선을 기준하여 절단**하고 부재중에 철근 등이 있어 **절단이 안 될 경우에는 최소단면으로 절단**하여야 한다.
⑦ 절단기는 **매일 점검하고 정비**해 두어야 하며 **회전 구조부에는 윤활유를 주유**해 두어야 한다.

(8) 재키

구조물의 **부재 사이에 재키를 설치**한 후 **국소부에 압력을 가해 해체**한다.

1) 재키 사용 시의 준수사항

① **재키를 설치하거나 해체할 때는** 경험이 많은 사람으로서 **선임된 자에 한하여 실시**하도록 하여야 한다.
② 유압호스 부분에서 **기름이 새거나, 접속부에 이상이 없는지를 확인**하여야 한다.
③ 장시간 작업의 경우에는 **호스**의 커플링과 고무가 연결된 곳에 균열이 발생될 우려가 있으므로 **마모율과 균열에 따라 적정한 시기에 교환**하여야 한다.
④ **정기, 특별, 수시 점검**을 실시하고 결함 사항은 즉시 개선, 보수, **교체**하여야 한다.

(9) 쐐기 타입기

직경 30~40mm 정도의 구멍 속에 **쐐기를 박아 넣어 구멍을 확대하여 해체**한다.

1) 쐐기 타입기 사용 시의 준수사항

① **구멍에** 굴곡이 있으면 타입기 자체에 큰 응력이 발생하여 쐐기가 휠 우려가 있으므로 **굴곡이 없도록 천공**하여야 한다.
② **천공 구멍은** 타입기 삽입 부분의 직경과 거의 **같도록** 하여야 한다.
③ **쐐기가 절단 및 변형된 경우는 즉시 교체**하여야 한다.
④ 보수점검은 수시로 하여야 한다.

(10) 화염방사기

구조체를 고온으로 용융시키면서 해체한다.

1) 화염방사기 사용 시의 준수사항

① 고온의 용융물이 비산하고 연기가 많이 발생되므로 **화재 발생에 주의**하여야 한다.
② 소화기를 준비하여 불꽃 비산에 의한 인접 부분의 **발화에 대비**하여야 한다.
③ 작업자는 방열복, 마스크, 장갑 등의 **보호구를 착용**하여야 한다.
④ 산소 용기가 넘어지지 않도록 밑받침 등으로 고정시키고 빈 용기와 채워진 용기의 저장을 **분리**하여야 한다.
⑤ 용기 내 압력은 온도에 의해 상승하기 때문에 항상 섭씨 **40도 이하로 보존**하여야 한다.
⑥ 호스는 결속물로 확실하게 결속하고, **균열** 되었거나 **노후된 것은 사용하지 말아야** 한다.
⑦ 게이지의 작동을 확인하고 **고장 및 작동불량품은 교체**하여야 한다.

(11) 절단 줄톱

와이어에 다이아몬드 절삭 날을 부착하여, 고속 회전시켜 절단 해체한다.

1) 절단 줄톱 사용 시의 준수사항

① 절단 작업 중 줄톱이 끊어지거나, 수명이 다할 경우에는 줄톱의 교체가 어려우므로 **작업 전에 충분히 와이어를 점검**하여야 한다.
② 절단 대상물의 **절단 면적을 고려하여 줄톱의 크기와 규격을 결정**하여야 한다.
③ **절단면에 고온이 발생하므로 냉각수 공급을 적절히 하여야** 한다.
④ **구동축에는 접촉 방지 커버를 부착**하도록 하여야 한다.

2 해체 작업용 기계·기구

(1) 해체 작업계획 수립 시 준수사항

① 작업구역 내에는 **관계자 이외의 자에 대하여 출입을 통제**하여야 한다.
② 강풍, 폭우, 폭설 등 **악천후 시에는 작업을 중지**하여야 한다.
③ 사용 **기계기구 등을 인양하거나 내릴 때에는 그물망이나 그물 포대 등을 사용토록** 하여야 한다.

④ 외벽과 기둥 등을 전도시키는 작업을 할 경우에는 **전도 낙하 위치 검토 및 파편 비산 거리 등을 예측하여 작업반경을 설정**하여야 한다.

⑤ 전도 작업을 수행할 때에는 **작업자 이외의 다른 작업자는 대피시키도록 하고 완전 대피상태를 확인한 다음 전도시키도록** 하여야 한다.

⑥ 해체 건물 외곽에 **방호용 비계를 설치**하여야 하며 **해체물의 전도, 낙하, 비산의 안전거리를 유지**하여야 한다.

⑦ 파쇄공법의 특성에 따라 **방진벽, 비산 차단벽, 분진 억제 살수시설을 설치**하여야 한다.

⑧ 작업자 상호 간의 **적정한 신호 규정을 준수하고 신호방식 및 신호기기 사용법은 사전교육에 의해 숙지**되어야 한다.

⑨ 적정한 위치에 **대피소를 설치**하여야 한다.

(2) 해체공법의 종류

1) 압쇄기 사용 공법

① 항시 **중기의 안전성을 확인하고 중기 침하로 인한 위험을 사전 제거토록 조치**하여야 하며 중기작업구조의 **지반 다짐을 확인하고 편평도는 1/100 이내** 이어야 한다.

② 중기의 **작업 가능 높이보다 높은 부분 해체 시에는 해체물을 깔고 올라가 작업**을 하고, 이때에는 **중기 전도로 인한 사고가 발생되지 않도록 조치**하여야 한다.

③ 중기 운전자는 경험이 풍부한 자격 소유자이어야 한다.

④ **중기작업 반경 내와 해체물의 낙하가 예상되는 지역**에 대하여는 **출입을 제한**하여야 한다.

⑤ 해체작업 중 발생되는 **분진의 비산을 막기 위해 살수할 경우에는 살수 작업자와 중기 운전자는 서로 상황을 확인**하여야 한다.

⑥ **외벽을 해체할 때에는 비계 철거 작업자와 서로 연락**하여야 하고 **벽과 연결된 비계는 외벽 해체 직전에 철거**하여야 한다.

⑦ **상층 부분의 보와 기둥, 벽체를 해체할 경우는 해체물이 비산, 낙하할 위험이 있으므로 해체구조 바로 아래층에 수평 낙하물 방호책을 설치**해서 해체물이 비산, 낙하되지 않도록 하여야 한다.

⑧ 높은 곳에서 가스로 철근을 절단할 경우에는 항시 **안전대 부착설비를 하고 안전대를 착용**하여야 한다.

⑨ **압쇄기에 의한 파쇄작업 순서는 슬라브, 보, 벽체, 기둥의 순서로 해체**하여야 한다.

2) 압쇄 공법과 대형 브레이커 공법 병용

① 압쇄기로 슬라브, 보, 내벽 등을 해체하고 **대형 브레이커로 기둥을 해체할 때에는 장비간의 안전거리를 충분히 확보**하여야 한다.
② 대형 브레이커와 엔진으로 인한 **소음을 최대한 줄일 수 있는 수단을 강구**하여야 하며 소음진동 기준은 관계법에서 정하는 바에 따라 처리하도록 하여야 한다.

3) 대형 브레이커 공법과 전도 공법 병용

① **전도 작업은** 작업순서가 임의로 변경될 경우 대형 재해의 위험을 초래하므로 **사전 작업계획에 따라 작업하여야 하며 순서에 의한 단계별 작업을 확인**하여야 한다.
② 전도 작업 시에는 **미리 일정신호를 정하여 작업자에게 주지시켜야 하며 안전한 거리에 대피소를 설치**하여야 한다.
③ 전도를 목적으로 **절삭할 부분은 시공계획 수립 시 결정하고 절삭되지 않는 단면으로 안전하게 유지되도록 하여 계획과 반대방향의 전도를 방지**하여야 한다.
④ **기둥 철근 절단 순서는 전도 방향의 전면 그리고 양 측면, 마지막으로 뒷부분 철근을 절단하도록** 하고, 반대 방향 전도를 방지하기 위해 전도 방향 전면 철근을 2본 이상 남겨 두어야 한다.
⑤ 벽체의 절삭 부분 철근 절단 시는 **가로철근을 아래에서 윗 쪽으로, 세로 철근을 중앙에서 양단 방향으로 순차적으로 절단**하여야 한다.
⑥ **인장 와이어로우프는 2본 이상**이어야 하며 **대상 구조물의 규격에 따라 적정한 위치를 선정**하여야 한다.
⑦ **와이어 로우프를 끌어 당길 때에는 서서히 하중을 가하도록** 하고 구조체가 넘어지지 않을 때에도 반동을 주어 당겨서는 안되며, 예정 하중으로 넘어지지 않을 때는 가력을 중지하고 절삭부분을 더 깎아내어 자중에 의하여 전도되게 유도하여야 한다.
⑧ 대상물의 전도 시 **분진 발생을 억제하기 위해 전도물과 완충재에는 충분히 물을 뿌려야** 한다. 또한 **전도 작업은 반드시 연속해서 실시하고, 그날 중으로 종료시키도록** 하며 **절삭한 상태로 방치해서는 안 된다**.
⑨ 전도작업 전에 비계와 벽과의 연결재는 철거되었는지를 확인하고 방호시트도 작업진행에 따라 해체하도록 하여야 한다.

4) 철 햄머 공법과 전도 공법 병용

① 크레인 설치 위치의 적정 여부를 확인하여야 하며 **붐 회전반경 및 햄머 사양을 사전에 확인**하여야 한다.
② 철 햄머를 매단 와이어 로우프는 사용 전 반드시 점검하도록 하고 **작업 중에도 와이어 로우프가 손상하지 않도록 주의**하여야 한다.
③ 철 햄머 작업반경 내와 해체물이 낙하·전도·비산하는 구간을 설정하고, 통행인의 출입을 통제하여야 한다.
④ 슬라브와 보 등과 같이 **수평재는 수직으로 낙하시켜 해체**하고, 벽, 기둥 등은 수평으로 선회시켜 타격에 의해 해체하도록 한다. 특히 **벽과 기둥의 상단을 타격하지 않도록** 하여야 한다.
⑤ 기둥과 벽은 철 햄머를 수평으로 선회시켜 원심력에 의한 타격력으로 해체하며, 이때 **선회거리와 속도 등의 조건을 사전에 검토**하여야 한다.
⑥ **분진 발생 방지 조치**를 하여야 하며 **방진벽, 비산 파편 방지망 등을 설치**하여야 한다.
⑦ 철근 절단은 높은 곳에서 시행되므로 **안전대 부착설비를 설치하여 안전대를 사용하고 무리한 작업을 피하여야 한다.**
⑧ 철 햄머 공법에 의한 해체 작업은 작업방식이 복합적이어서 현장의 혼란과 위험을 초래하게 되므로 **정리정돈에 노력하여야 하며 위험작업 구간에는 안전담당자를 배치**하여야 한다.

5) 화약 발파 공법

화약류 취급 시 유의사항	화약 발파 공사 시 유의사항
① 폭발물을 보관하는 용기를 취급할 때는 불꽃을 일으킬 우려가 있는 철제기구나 공구를 사용해서는 안 된다. ② 화약류는 해당 사항에 대해 양도양수 허가증의 수량에 의해 반입하고 **사용 시 필요한 분량만을 용기로부터 반출히여 즉시 사용토록** 한다. ③ 화약류에 충격을 주거나, 던지거나, 떨어뜨리지 않도록 한다. ④ 화약류는 화로나 모닥불 부근 또는 그라인더(grinder)를 사용하고 있는 부근에선 취급하지 않도록 한다. ⑤ 전기 뇌관은 전지, 전선, 전기모터, 기타의 전기설비 부근에 접촉되지 않도록 한다. ⑥ 화약, 폭약, 화공약품은 각각 다른 용기에 수납하여야 한다.	① 장약 전에 구조물 부근에 누설전류와 지전류 및 발화성 물질의 유무를 확인하여야 한다. ② 전기 뇌관 결선 시 **결선 부위는 방수 및 누전 방지를 위해 절연 테이프를 감아야** 한다. ③ 발파 방식은 순발 및 지발을 구분하여 계획하고 사전에 필히 도통시험에 의한 도화선 연결상태를 점검하여야 한다. ④ 발파작업 시 출입금지 구역을 설정하여야 한다. ⑤ 점화 신호(깃발 및 싸이렌 등의 신호)의 확인을 하여야 한다. ⑥ 폭발 여부가 확실하지 않을 때는 **지발전기 뇌관 발파 시는 5분, 그 밖의 발파에서는 15분 이내에 현장에 접근해서는 안 된다.**

⑦ 사용하고 남은 화약류는 발파 현장에 남겨놓지 않고 화약류 취급소에 반납하도록 한다.
⑧ 화약고나 다량의 폭발물이 있는 곳에서는 뇌관장치를 하지 않도록 한다.
⑨ 화약류 취급 시에는 항상 도난에 유의하여 출입자 명부를 비치함과 동시에 과부족이 발생되지 않도록 한다.
⑩ 화약류를 멀리 떨어진 현장에 운반할 때에는 정해진 포대나 상자 등을 사용하도록 한다.
⑪ 화약, 폭약 및 도화선과 뇌관 등을 운반할 때에는 한 사람이 한꺼번에 운반하지 말고 여러 사람이 각기 종류별로 나누어 별개 용기에 넣어 운반토록 한다.
⑫ 화약류 운반 시에는 운반자의 능력에 알맞는 양을 운반케 하여야 한다.
⑬ 발파기를 사전에 점검하고 작동 불가 및 불능 시 즉시 교체하여야 한다.
⑭ 화약류의 운반 시는 화기나 전선의 부근을 피하며, 넘어지지 않게 하고 떨어뜨리거나 부딪히지 않도록 유의하여야 한다.

⑦ 발파 시 발생하는 폭풍압과 비산석을 방지할 수 있는 방호막을 설치해야 한다.
⑧ 1단 발파 후 후속 발파 전에 반드시 전회의 불발 장약을 확인하고 발견 시 제거 후 후속 발파를 실시하여야 한다.

(2) 해체 작업에 따른 공해방지

1) 소음 및 진동 ★

① 공기압축기 등은 적당한 장소에 설치하여야 하며 장비의 소음 진동 기준은 관계법에서 정하는 바에 따라서 처리하여야 한다.
② 전도 공법의 경우 전도물 규모를 작게하여 중량을 최소화하며 전도 대상물의 높이도 되도록 작게 하여야 한다.
③ 철 햄머 공법의 경우 햄머의 중량과 낙하 높이를 가능한 한 낮게 하여야 한다.
④ 현장 내에서는 대형 부재로 해체하며 장외에서 잘게 **파쇄**하여야 한다.
⑤ 인접 건물의 피해를 줄이기 위해 방음, 방진 목적의 가시설을 **설치**하여야 한다.

2) 분진 ★

분진 발생을 억제하기 위하여 직접 발생 부분에 **피라밋식, 수평 살수식**으로 물을 뿌리거나 간접적으로 방진 시트, 분진 차단막 등의 **방진벽**을 설치하여야 한다.

3) 지반침하

지하실 등을 해체할 경우에는 **해체 작업 전에 대상 건물의 깊이, 토질, 주변 상황 등과 사용하는 중기 운행 시 수반되는 진동 등을 고려하여 지반침하에 대비**하여야 한다.

4) 폐기물

해체 작업 과정에서 발생하는 **폐기물은 관계법에서 정하는 바에 따라 처리**하여야 한다.

02 벽돌공사

*조적공사(벽돌공사)는 출제 기준에서 제외되었습니다. 기출문제 풀이에 참고하세요.

1 소규모 건축물의 구조기준

(1) **조적식 구조**(높이 4미터 이하이고 연면적 20제곱미터 이하인 건축물, 구조부재가 아닌 조적식 구조의 경계 벽으로서 그 높이가 2미터 이하인 것에 적용)한다.

1) 조적식 구조의 내력벽의 높이 및 길이

① 조적식 구조인 건축물 중 **2층 건축물에 있어서 2층 내력벽의 높이는 4미터**를 넘을 수 없다.
② 조적식 구조인 **내력벽의 길이는 10미터**를 넘을 수 없다.
③ 조적식 구조인 **내력벽으로 둘러쌓인 부분의 바닥면적은 80제곱미터**를 넘을 수 없다.

2) 테두리 보의 설치

건축물의 각층의 조적식 구조인 내력벽 위에는 그 춤이 벽두께의 **1.5배 이상인 철골구조 또는 철근콘크리트구조의 테두리보를 설치**하여야 한다. 다만, 1층인 건축물로서 벽 두께가 벽의 높이의 16분의 1이상이거나 벽 길이가 5미터 이하인 경우에는 목조의 테두리보를 설치할 수 있다.

3) 조적식 담의 구조

① **높이는 3미터 이하**로 할 것
② 담의 **두께는 190밀리미터 이상**으로 할 것. 다만, 높이가 2미터 이하인 담에 있어서는 **90밀리미터 이상**으로 할 수 있다.
③ 담의 길이 2미터 이내마다 담의 벽면으로부터 그 부분의 **담의 두께 이상 튀어나온 버팀벽을 설치**하거나, 담의 길이 4미터 이내마다 담의 벽면으로부터 그 부분의 **담의 두께의 1.5배 이상 튀어나온 버팀벽을 설치**할 것

(2) **보강블록 구조** : 높이 4미터 이하이고, 연면적 20제곱미터 이하인 건축물에 적용한다.

1) 기초

보강블록구조인 **내력벽의 기초**(최하층 바닥면 이하의 부분을 말한다)**는 연속 기초**로 하되 그 중 **기초판 부분은 철근콘크리트 구조**로 하여야 한다.

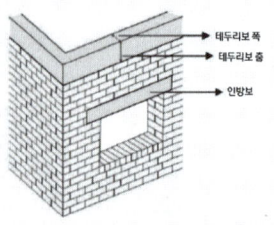

테두리보의 설치

테두리보의 설치 목적
① 내력벽을 일체화 시켜 건물 강도를 높인다.
② 분산된 벽체를 일체화한다.
③ 하중을 균등하게 전달한다.
④ 수축균열을 최소화한다.
⑤ 지붕 슬래브의 하중을 보강한다.

2) 내력벽

① 건축물의 각층에 있어서 건축물의 길이방향 또는 너비방향의 **보강블록구조인 내력벽의 길이**는 각각 그 방향의 내력벽의 길이의 합계가 그 층의 바닥면적 1제곱미터에 대하여 0.15미터 이상이 되도록 하되, 그 내력벽으로 둘러쌓인 부분의 바닥면적은 80제곱미터를 넘을 수 없다.

② 보강블록구조인 **내력벽의 두께**(마감재료의 두께를 포함하지 아니한다.)는 150밀리미터 이상으로 하되, 그 **내력벽의 구조내력에 주요한 지점간의 수평거리의 50분의 1이상**으로 하여야 한다.

③ 보강블록구조의 내력벽은 그 **끝부분과 벽의 모서리부분에 12밀리미터 이상의 철근을 세로로 배치**하고, 9밀리미터 이상의 철근을 가로 또는 세로 각각 800밀리미터 이내의 간격으로 배치하여야 한다.

④ 세로철근의 양단은 각각 그 철근지름의 40배 이상을 기초판 부분이나 테두리보 또는 바닥판에 정착시켜야 한다.

3) 테두리보

보강블록구조인 **내력벽의 각층의 벽 위에는 춤이 벽두께의 1.5배 이상인 철근콘크리트구조의 테두리보를 설치**하여야 한다. 다만, 최상층의 벽으로서 그 벽 위에 철근콘크리트구조의 옥상바닥판이 있는 경우에는 그러하지 아니하다.

4) 보강블록구조의 담

① 담의 높이는 3미터 이하로 할 것
② 담의 두께는 150밀리미터 이상으로 할 것. 다만, 높이가 2미터 이하인 담에 있어서는 90밀리미터 이상으로 할 수 있다.
③ 담의 내부에는 가로 또는 세로 각각 800밀리미터 이내의 간격으로 철근을 배치하고, 담의 끝 및 모서리부분에는 세로로 직경 9밀리미터 이상의 철근을 배치할 것

(3) 콘크리트 구조(높이가 4미터 이하이고 연면적이 30제곱미터 이하인 건축물이나 높이가 3미터 이하인 담에 적용한다.)

1) 콘크리트의 배합

철근콘크리트구조에 사용하는 **콘크리트의 4주 압축강도는 15메가파스칼**(경량골재를 사용하는 경우에는 11메가파스칼) 이상이어야 한다.

한눈에 들어오는 키워드

2) 콘크리트의 양생

콘크리트는 **시공 중 및 시공 후 콘크리트의 압축강도가 5메가파스칼 이상일 때까지**(콘크리트의 압축강도 시험을 실시하여 압축강도를 확인하지 아니할 경우 5일간) **콘크리트의 온도가 섭씨 2도 이상이 유지**되도록 하고, 콘크리트의 응고 및 경화가 건조나 진동 등으로 인하여 영향을 받지 아니하도록 양생하여야 한다.

3) 철근을 덮는 콘크리트의 두께

흙에 접하거나 옥외의 공기에 직접 노출되는 콘크리트의 경우	옥외의 공기나 흙에 직접 접하지 않는 콘크리트의 경우
① 직경 29밀리미터 이상의 철근: 60밀리미터 이상 ② 직경 16밀리미터 초과 29밀리미터 미만의 철근: 50밀리미터 이상 ③ 직경 16밀리미터 이하의 철근: 40밀리미터 이상	① 슬래브, 벽체, 장선 : 20밀리미터 이상 ② 보, 기둥 : 40밀리미터 이상

2 벽돌쌓기의 일반사항

(1) 벽돌쌓기 시 사전준비 ★

① **줄기초, 연결보 및 바닥 콘크리트의 쌓기 면은 작업 전에 청소**하고, 우묵한 곳은 모르타르로 수평지게 고른다.
② 벽돌에 부착된 **흙이나 먼지는 깨끗이 제거**한다.
③ 모르타르는 지정한 배합으로 하되 **시멘트와 모래는 건비빔**으로 하고, 사용할 때에는 쌓기에 지장이 없는 **유동성이 확보되도록 물을 가하고 충분히 반죽하여 사용**한다.
④ **콘크리트 벽돌은 쌓기 직전에 물을 축이지 않으며 내화벽돌은 물 축임을 하지 않는다.**

> 참고

> 🔩 **벽돌 물 축이기** ★
>
> ① 시멘트벽돌 : 쌓으면서, 쌓기 전 바로 축이기
> ② 붉은 벽돌 : 사전에 축이기
> ③ 내화벽돌 : 물 축이기를 하지 않는다.

(2) 벽돌쌓기의 일반사항

① 벽돌은 품질, 등급별로 정리하여 **사용하는 순서별로 쌓아둔다.**
② 규준틀에 의하여 **벽돌나누기를 정확히 하고 토막벽돌이 생기지 않게** 한다.
③ **가로 및 세로줄눈의 너비는** 도면 또는 공사시방서에 정한 바가 없을 때에는 **10mm를 표준으로 하며, 세로줄눈은 통줄눈이 되지 않도록 하고, 수직 일직선상에 오도록 벽돌나누기를 한다.** ★
④ 벽돌쌓기는 도면 또는 **공사 시방서에서 정한 바가 없을 때에는 영식 쌓기 또는 화란식 쌓기로 한다.** ★
⑤ **내력벽 쌓기**에서는 통줄눈이 생기지 않는 **마구리쌓기나 길이쌓기**로 쌓는 것이 좋다. ★
⑥ 가로줄눈의 바탕 모르타르는 일정한 두께로 평평히 펴 바르고, 벽돌을 내리 누르듯 규준틀과 벽돌나누기에 따라 정확히 쌓는다.
⑦ 세로줄눈의 모르타르는 벽돌 마구리면에 충분히 발라 쌓도록 한다.
⑧ 벽돌은 각부를 **가급적 동일한 높이로 쌓아 올라가고**, 벽면의 일부 또는 국부적으로 높게 쌓지 않는다.
⑨ **하루의 쌓기 높이는 1.2m(18켜 정도)를 표준으로 하고, 최대 1.5m(22켜 정도) 이하**로 한다.(높이를 초과하여 쌓을 경우 붕괴사고의 원인이 된다.) ★
⑩ 연속되는 **벽면의 일부를 트이게 하여 나중쌓기로 할 때에는 그 부분을 층단 들여쌓기로 한다.** ★
⑪ 직각으로 오는 벽체의 한편을 나중 쌓을 때에도 층단 들여쌓기로 하는 것을 원칙으로 하지만 부득이할 때에는 담당원의 승인을 받아 켜걸음 들여쌓기로 하거나 이음보강철물을 사용한다. 먼저 쌓은 벽돌이 움직일 때에는 이를 철거하고 청소한 후 다시 쌓는다. 물려쌓을 때에는 이 부분의 모르타르를 빈틈없이 다져 넣고 사춤 모르타르도 매 켜마다 충분히 부어 넣는다.
⑫ 벽돌벽이 블록벽과 서로 직각으로 만날 때에는 연결철물을 만들어 블록 3단마다 보강하여 쌓는다.

> 참고
>
> **층단 떼어쌓기(층단 들여쌓기)**
> 연속되는 벽체를 동시에 쌓지 못할 때 계단모양으로 층단을 떼어 쌓는 방법을 말한다.
>
>

> **참고**
>
> **보강벽돌 쌓기**
> 벽돌쌓기 벽의 전도를 방지하고 철물과 벽돌의 하중을 구체에 분담시키기 위해 벽돌 벽에 일정간격으로 철물을 설치하여 쌓는 방법을 말한다.

⑬ 벽돌벽이 콘크리트 기둥(벽), 슬래브 하부면과 만날 때에는 그 사이에 모르타르를 충전한다.
⑭ 한랭기 및 극한기에는 벽돌공사를 가급적 하지 않도록 한다.
⑮ 한중시공 시 쌓을 때의 조적체는 건조 상태이어야 한다.
⑯ 보강 벽돌쌓기에서 종근은 기초까지 정착되도록 콘크리트 타설 전에 배근한다.
⑰ 콘크리트(시멘트)벽돌 쌓기 시 조적체는 원칙적으로 젖어서는 안 된다.
⑱ **모르타르는 벽돌 강도 이상의 것을 사용**한다. ★

(3) 벽돌공사의 한중시공 시 온도에 따른 적용기준

평균기온	조치내용
4℃~ 0℃	내후성이 강한 덮개로 조적조를 눈, 비로부터 보호
0℃~-4℃	내후성이 강한 덮개로 조적조를 24시간 동안 보호
-4℃~-7℃	보온덮개로 완전히 덮거나 다른 방한시설로 조적조를 24시간 동안 보호
-7℃ 이하	울타리와 보조열원, 전기담요, 적외선 발열램프 등을 이용하여 조적조를 동결온도 이상으로 유지

(4) 벽돌치장면의 청소방법

1) 물세척

벽돌 치장면에 부착된 모르터 등의 오염은 물과 브러시를 사용하여 제거하며 필요에 따라 온수를 사용하는 것이 좋다.

2) 세제세척

오염물이 떨어진 것은 물 또는 온수에 중성세제를 사용하여 세정한다.

3) 산세척

① **산세척은 모르터와 매입철물을 부식하는 것이 있기 때문에, 일반적으로 사용하지 않는다.** 특히 수평부재와 부재 수평부 등의 물이 고여 있는 장소에 대해서는 하지 않는다.
② 산세척은 **다른 방법으로 오염물을 제거하기 곤란한 장소에 채용하고, 그 범위는 가능한 적게 한다.**
③ 부득이 산세척을 실시하는 경우는 담당원 입회하에 매입철물 등의 금속부를 적절히 보양하고, 벽돌을 표면수가 안정하게 잔류하도록 물 축임한 후에 3% 이하의 묽은 염산을 사용하여 실시한다.
④ **오염물을 제거한 후에는 즉시 충분히 물 세척을 반복한다.**

3 벽돌 및 줄눈의 종류

(1) 점토벽돌 및 블록의 규격

1) 점토벽돌의 치수 및 허용차 ★(KSL 4201 : 2022)

단위 : mm

항목	구분		
	길이	너비	두께
치수	190	90	57
	230	90	57
	290	90	48
허용차	±5.0	±3.0	±2.5

2) 점토벽돌의 품질 ★★(KSL 4201:2022)

단위 : mm

품질	종류	
	1종	2종
흡수율(%)	10.0 이하	15.0 이하
압축강도(MPa)	24.50 이상	14.70 이상

(2) 줄눈의 형태 : 조적공사에서 **가장 많이 이용되는 치장줄눈의 형태는 평줄눈**이다.

1) 치장줄눈의 형태

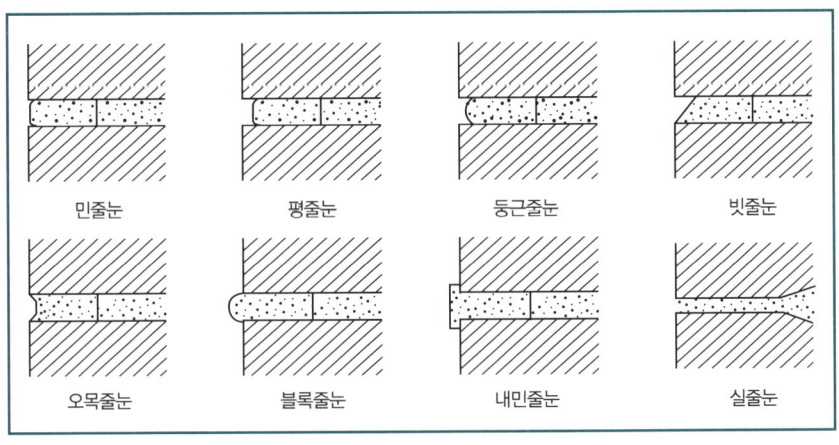

민줄눈   평줄눈   둥근줄눈   빗줄눈
오목줄눈   블록줄눈   내민줄눈   실줄눈

> **한** 눈에 들어오는 **키** 워드

2) 막힌줄눈과 통줄눈

① 막힌줄눈
- 세로 줄눈의 위, 아래가 막힌 줄눈을 말한다.
- 보강콘크리트 블록 구조를 제외한 벽돌쌓기는 막힌줄눈을 원칙으로 한다. ★

② 통줄눈
- 세로 줄눈의 위, 아래가 일치하는 줄눈을 말한다.

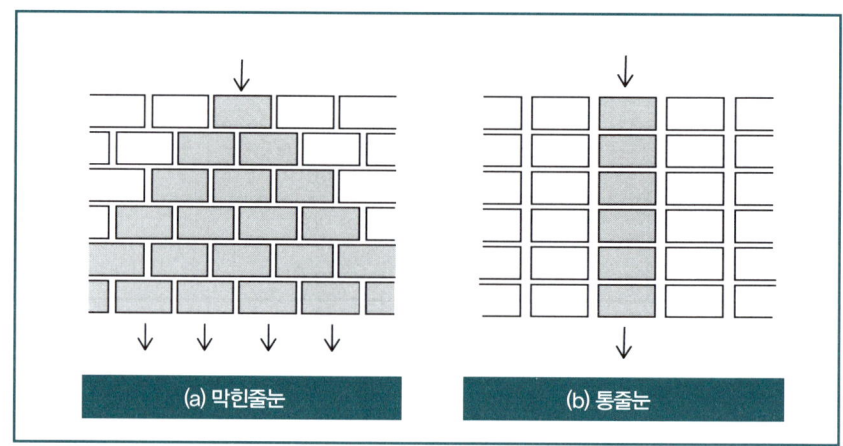

(a) 막힌줄눈 (b) 통줄눈

> **참고**
> 0.5B : 높이 57mm, 벽체두께 90mm로 쌓는 방법
> 1.0B : 높이 57mm, 벽체두께 190mm로 쌓는 방법
> 1.5B : 0.5B쌓기 + 1.0B 쌓기

(3) 벽돌 쌓기 방법

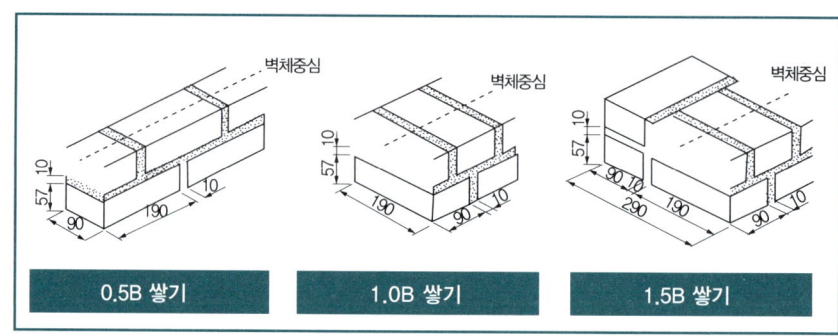

0.5B 쌓기   1.0B 쌓기   1.5B 쌓기

(4) 벽돌 벽 두께 산정법

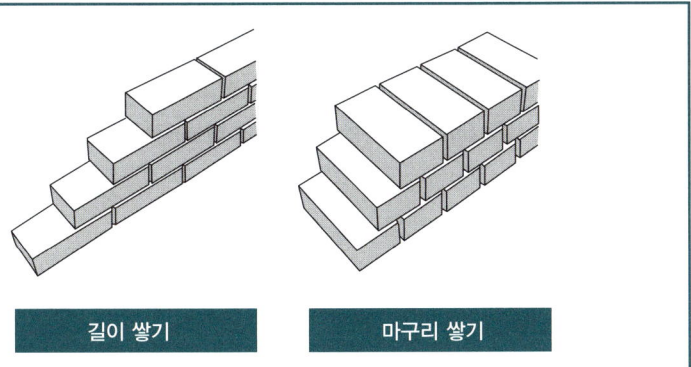

| 길이 쌓기 | 마구리 쌓기 |

- 표준형 벽돌의 크기 : 190×90×57mm
- 줄눈두께 : 10mm
  1.5B 쌓기 시의 두께 : 190 + 90 + 10(줄눈두께) = 290mm
  4.5B 쌓기 시의 두께 : 290×3 (1.5B 쌓기 두께의 3배) + 20(줄눈 2번) = 890mm

(5) 벽돌 및 모르타르 양 산출방법

1) 벽돌쌓기 기준량

벽두께 벽돌규격	0.5B	1.0B	1.5B	2.0B
190×90×57mm	75매	149매	224매	299매

* 벽돌 할증 : 시멘트(콘크리트) 벽돌 5%, 점토벽돌(붉은 벽돌) 3%

1. 표준형 벽돌(190×90×57mm) 기준, 0.5B 쌓기

$$벽돌매수 = \frac{(1 \times 1)m^2}{(0.19+0.01) \times (0.057+0.01)\,m^2} = 75(매)$$

2. 표준형 벽돌(190×90×57mm) 기준, 1.0B 쌓기

$$벽돌매수 = \frac{(1 \times 1)m^2}{(0.09+0.01) \times (0.057+0.01)\,m^2} = 149(매)$$

3. 표준형 벽돌(190×90×57mm) 기준, 1.5B 쌓기

75 + 149 = 224(매)

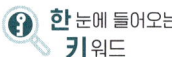

> **예제 ★★★**
>
> 가로 10m, 세로 6m 인 벽면을 1.0B 쌓기 하는 경우의 벽돌량은?
>
> **해설**
>
> 1. 정미량 = (10×6)m² × 149매 = 8,940(매)
> 2. 소요량
>   - 점토벽돌로 쌓는 경우
>   8,940 × 1.03 = 9,208.2(9,209매)
>   - 시멘트벽돌로 쌓는 경우
>   8,940 × 1.05 = 9,387(매)

2) 모르타르 양 산출방법

벽돌형	벽두께	단위	0.5B	1.0B	1.5B
모르타르	쌓기	m³	0.019	0.049	0.078
	치장줄눈	m³	0.003	0.003	0.003

* 모르타르의 재료량은 할증이 포함된 것이며, 배합비는 쌓기 1:3 / 치장줄눈 1:1이다.

> **예제 ★★★**
>
> 기본벽돌(190×90×57)을 기준으로 1.5B 쌓기 할 때 면적 10m²을 쌓는 데 필요한 모르타르 양은?
>
> **해설**
>
> 10×0.078 = 0.78(m³)

4 벽돌쌓기

(1) 영식 쌓기 ★

① 한 켜는 길이로 쌓고 다음 켜는 마구리 쌓기로 하며 **벽의 모서리나 끝에는 이오토막을 사용**한다.
② 통줄눈이 생기지 않고 **가장 튼튼한 쌓기 방식**이다.
③ **도면 또는 공사 시방서에서 정한 바가 없을 때에 적용**하는 쌓기법이다.

(2) 화란식 쌓기 ★

쌓기 방법은 영식과 동일하나 **벽의 모서리나 끝에는 칠오토막을 사용**한다.

(3) 불식 쌓기(프랑스식 쌓기) ★

① 한 켜에 길이 쌓기와 마구리 쌓기를 번갈아 가며 쌓는다.
② 외관은 좋으나 **통줄눈이 많이 생겨서 강도를 필요로 하지 않는 벽체나 벽돌담에 사용**한다.

(4) 미식 쌓기 ★

뒷면은 영식쌓기로 하고 표면에는 5켜까지는 길이쌓기로 하고, 그 위 1켜는 마구리 쌓기로 하는 쌓기법이다.

화란식 쌓기	영식 쌓기
미식 쌓기	불식 쌓기

(5) 내쌓기 ★

① **방화벽이나 마루를 설치할 목적으로 벽돌을 내밀어 쌓는 방식**을 말한다.
② 벽면에서 한 켜(1/8B씩), 두 켜(1/4B씩)씩 내어 쌓으며 **내쌓기 한도는 2.0B** 이다.
③ **마구리쌓기**로 한다.

(6) 옆 세워쌓기 ★

마구리를 세워 쌓는 방식으로 경사, 문턱 등에 사용하는 쌓기 방식이다.

(7) 영롱 쌓기 ★

벽돌 벽면에 구멍을 내어 쌓는 방식으로 장식적인 효과를 내는 **벽돌쌓기** 방법을 말한다.

내쌓기	영롱 쌓기	옆 세워쌓기

5 백화현상

(1) 조적조의 백화현상 ★

벽돌 접착용 **모르타르의 석회분이 빗물에 의하여 유출되어 수산화칼슘이 되어** 표면에 유출될 때 **공기 중의 탄산가스 또는 벽돌의 유황성분과 결합하여 흰 가루가 생기는 현상**을 말한다.

(2) 백화의 원인

① 벽돌벽면의 빗물 침투　　② 재료불량
③ 시공불량　　　　　　　　④ 기온이 낮을 때
⑤ 습도가 높을 때　　　　　⑥ 물·시멘트비가 클 때

(3) 백화현상 방지법 ★

① **줄눈**으로 비가 새어들지 않도록 **방수처리**를 한다.(방수제 사용과 충분한 사춤)
② **잘 구워진 벽돌을 사용**한다.(소성이 잘된 벽돌 사용)
③ **벽돌 벽의 상부**에 차양, 루머, 돌림띠 등의 **비 막이를 설치**한다.
④ 표면에 **파라핀 도료, 실리콘을 뿜칠**한다.
⑤ 조립률이 큰 모래, 분말도가 큰 시멘트를 사용한다.
⑥ **흡수율이 낮은 벽돌을 사용**한다.
⑦ **쌓기용 모르타르에 파라핀 도료와 같은 혼화제를 사용**한다.(줄눈 모르타르에 석회를 섞는 것은 백화 현상을 촉진 시킬 수 있다.)
⑧ **염분을 함유한 모래나 석회질이 섞인 모래의 사용을 피한다.**
⑨ **물·시멘트비를 감소시킨다.**

03 블록공사

1 블록 쌓기

(1) 블록 쌓기 시공순서

접착면 청소 → 세로규준틀 설치 → 규준 쌓기 → 중간부 쌓기 → 줄눈누르기 및 파기 → 치장줄눈

(2) 블록 쌓기 방법★

① **단순조적 블록쌓기의 세로줄눈은** 도면 또는 공사시방에서 정한 바가 없을 때에는 **막힌 줄눈으로 한다.** ★
② 기준틀 또는 블록 나누기의 먹매김에 따라 모서리·중간요소 기타 기준이 되는 부분을 먼저 정확하게 쌓은 다음 **수평실을 치고 먼저 쌓은 블록을 기준으로 하여 수평실에 맞추어 모서리부에서부터 차례로 쌓아간다.**
③ 블록은 빈속의 경사(taper)에 의한 **살 두께가 큰 편을 위로 하여 쌓는다.** ★
④ 가로줄눈 모르터는 블록의 중간 살을 제외한 양면 살 전체에, 세로줄눈 모르터는 마구리 접합면에 각각 발라 수평, 수직이 되게 쌓는다.
⑤ 블록은 턱솔이 없게 수평실에 맞추어 줄눈이 똑바르도록 대어 쌓는다. 치장이 되는 면의 더러움은 그 때마다 청소한다.
⑥ **하루의 쌓기 높이는 1.5m(블록 7켜 정도)이내를 표준으로** 한다. 다만, 장막벽으로 4중 쌓기 하는 블록 간막이 벽은 담당원의 승인을 얻어 층높이까지 할 수 있다. ★
⑦ 줄눈 모르터는 쌓은 후 줄눈누르기 및 줄눈파기를 한다.
⑧ 특별한 지정이 없으면 **가로줄눈 및 세로줄눈의 두께는 10mm가 되게 한다.** 치장줄눈을 할 때에는 흙손을 사용하여 줄눈이 완전히 굳기 전에 줄눈파기를 하여 치장줄눈을 바른다. ★
⑨ **인방블록은 창문틀의 좌우 옆 턱에 200mm 이상 물리고**, 도면 또는 공사시방서에서 정한 바가 없을 때에는 400mm 정도로 한다.

참고

단순조적 블록쌓기

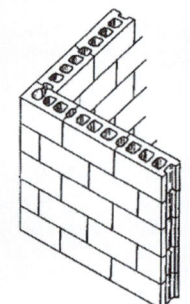

참고

- 장막벽 : 하중을 지지하는 능력이 없이 자립하여 주로 철골조 또는 콘크리트 조의 칸막이 역할을 하는 벽체를 말한다.
- 간막이 벽 : 집합건물의 서로 다른 소유주가 소유하고 있는 전용부 간 경계벽
- 치장줄눈 : 벽체 외부에 노출되는 줄눈을 말한다.
- 인방보 : 조적벽체의 출입구, 창문 등 개구부 상부에 설치하여 상부의 하중을 조적벽체 좌우로 분산시키는 철근·콘크리트, 석재, 철재 등의 보 부재를 말한다.

(3) 방수 및 방습처리

① 블록 벽면의 방수처리는 도면 또는 공사시방에 따르고, 방수재료·배합 및 공법 등은 본 건축공사 표준시방서 방수공사에 준한다.
② 블록 벽체가 **지반면에 접촉하는 부분에는 수평 방습층을 두고** 그 위치·재료 및 공법은 도면 또는 공사시방에 따르고, 그 **정함이 없을 때에는 마루 밑이나 콘크리트 바닥판 밑에 접근되는 가로줄눈의 위치에 두고 액체방수 모르터를 10mm 두께로 블록 윗면 전체에 바른다.** ★
③ 물빼기 구멍은 콘크리트의 윗면에 두거나 물끊기·방습층 등의 바로 위에 둔다. 그 구멍의 크기·간격·재료 및 구성방법 등은 도면 또는 공사시방에 따른다. 도면 또는 공사시방에서 정한바가 없을 때에는 지름 10mm 이내, 간격 120cm(3켜 정도)마다 1개소로 한다. 또한 블록 빈속의 밑창에 모르터를 바깥쪽으로 약간 경사지게 펴 깔고 블록을 쌓거나 10mm 정도의 물흘림 홈을 두어 블록의 빈속에 고인 물이 물빼기 구멍으로 흘러 내리게 한다.
④ 물빼기 구멍에는 다른 지시가 없는 한 **직경 6mm, 길이 10cm 되는 폴리에틸렌 플라스틱 튜브를 만들어 집어 넣는다.**

2 블록 공사

(1) 속빈 콘크리트 블록

1) 속빈 콘크리트 블록의 압축강도 및 흡수율

구분	기건 비중	전 단면적에 대한 압축강도(MPa)	흡수율(%)
A종 블록	1.7 미만	4 이상	–
B종 블록	1.9 미만	6 이상	–
C종 블록	–	8 이상	10 이하

전 단면적이란 가압면(길이×두께)으로서, 속 빈 부분 및 양끝의 오목하게 들어간 부분의 면적도 포함한다.

2) 속빈 콘크리트 블록의 규격 ★

단위 : mm

모양	치수			허용차
	길이	높이	두께	
기본 블록	390	190	210 190 150 100	±2
이형 블록	길이, 높이 및 두께의 최소 크기를 90mm 이상으로 한다. 또 가로근 삽입 블록, 모서리 블록과 기본 블록과 동일한 크기인 것의 치수 및 허용치는 기본 블록에 따른다.			

이형 블록
반토막 블록, 모서리용 블록, 가로근용 블록 등 그 밖의 용도에 따라 모양이 다른 블록을 말한다.

(2) 경량기포콘크리트 블록(ALC 블록 : autoclaved lightweight aerated concrete block)

1) 경량기포콘크리트 블록의 특징

① 석회에 시멘트와 기포제를 넣어 다공질화한 혼합물을 고온고압에서 증기 양생시킨 경량 기포 콘크리트 블록을 말한다.

장점	단점
① 경량성 ② 시공속도가 빠르다. ③ 단열성 및 내화성이 우수하다. ④ 방음성이 우수하다. ⑤ 친환경성	① 다량의 기포가 존재하여 수분에 약하다. ② 표면 강도가 약하다.

2) 경량기포콘크리트 블록(ALC 블록) 내력벽 쌓기

① 쌓기 모르타르는 교반기를 사용하여 배합하여 1시간 이내에 사용해야 한다.
② 가로 및 세로줄눈의 두께는 1~3mm 정도로 한다.
③ 하루 쌓기 높이는 1.8m를 표준으로 하며, 최대 2.4m 이내로 한다.
④ 연속되는 벽면의 일부를 나중 쌓기로 할 때에는 그 부분을 층단 떼어쌓기로 한다.

층단 떼어쌓기(층단 들여쌓기)
연속되는 벽체를 동시에 쌓지 못할 때 계단모양으로 층단을 떼어 쌓는 방법을 말한다.

(3) 철근콘크리트 보강 블록공사 ★

① 블록을 쌓아 철근과 콘크리트로 보강하여 내력벽을 구축하는 공법을 말한다.
② 원칙적으로 통줄눈 쌓기로 한다.
③ 보강콘크리트 블록조에서 세로근에 이음을 만들어서는 안 된다.
④ 가로근은 배근 상세도에 따라 가공하되, 그 단부는 180°의 갈구리로 구부려 배근한다.
⑤ 세로근은 기초 및 테두리보에서 위층의 테두리보까지 잇지 않고 배근하여 그 정착길이는 철근 직경의 40배 이상으로 한다.
⑥ 벽의 세로근은 구부리지 않고 항상 진동 없이 설치한다.
⑦ 블록을 쌓을 때 지나치게 물 축이기하면 팽창수축으로 벽체에 균열이 생기기 쉬우므로, 접착면에 적당히 물 축여 모르타르 경화강도에 지장이 없도록 한다.
⑧ 보강블록공사 시 철근은 굵은 것보다 가는 철근을 많이 넣는 것이 좋다.
⑨ 벽체를 일체화시키기 위한 철근콘크리트조의 테두리 보의 춤은 내력벽 두께의 1.5배 이상으로 한다.

참고

철근콘크리트 보강 블록공사

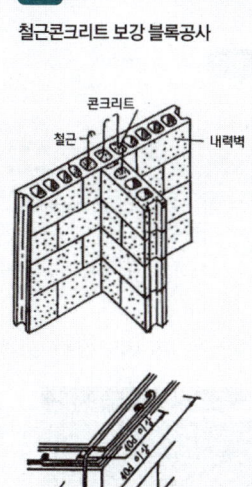

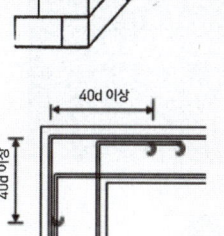

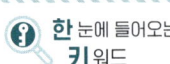

(4) 테두리보의 설치

1) 보강블록구조인 내력벽의 각층의 벽 위에는 **춤이 벽두께의 1.5배 이상인 철근콘크리트구조의 테두리보를 설치하여야 한다.** 다만, 최상층의 벽으로서 그 벽 위에 철근콘크리트구조의 옥상바닥판이 있는 경우에는 그러하지 아니하다.

2) 테두리보 설치 목적 ★

① **내력벽을 일체화**시켜 건물강도를 높인다.
② **분산된 벽체를 일체화**한다.
③ **하중을 균등하게 전달**한다.
④ **수축균열을 최소화**한다.
⑤ **지붕슬래브의 하중을 보강**한다.

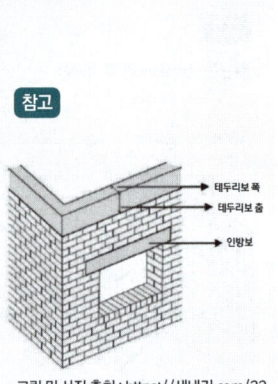

그림 및 사진 출처 : https://새내기.com/22

테두리보
조적조의 철근콘크리트 슬래브(Slab)와 조적벽체를 일체화시켜 벽체상부에 작용하는 수평력에 의한 균열을 방지하고, 하중을 벽체에 고르게 분포시킴으로써 조적벽체 전체의 강성을 증가시키는 구조물을 말한다.

04 석공사

1 석질에 의한 분류

① 화성암계 : 화강암, 안산암
② 수성암계 : 석회암, 사암, 응회암, 점판암(철평석, 슬레이트)
③ 변성암계 : 사문석, 반석, 대리석
④ 퇴적암계 : 사암, 이판암, 점판암, 응회암, 석회암

2 석재 시공상 주의사항 ★

① 석재는 중량이 크고 운반에 제한이 따르므로 최대치를 정한다.
② **압축응력을 받는 곳에만 사용**한다.(휨 및 인장강도가 약하다.)
③ **되도록 흡수율이 낮은 석재를 사용**한다.
④ **가공 시 예각은 피한다.**
⑤ **1m^3 이상 되는 석재는 높은 곳에 사용하지 않는다.**
⑥ 내화도가 필요한 곳에는 열에 강한 것을 사용한다.
⑦ 조각용은 너무 연한 것, 너무 굳은 것은 곤란하다.

3 석공사에서 대리석붙이기

① 대리석은 외장용으로는 사용이 불가능하다.
② 대리석 붙이기 연결철물은 10#~20#의 황동 쇠선을 사용한다.
③ 대리석 붙이기 최 하단은 충격에 쉽게 파손되므로 충진재를 넣는다.
④ 대리석은 시멘트 모르타르로 붙이면 알칼리성분에 의하여 변색 · 오염될 수 있다.

4 돌쌓기 방법

(1) 허튼층 쌓기(완자 쌓기)

면이 네모진 2~3가지 높이의 **돌을 수평줄눈이 부분적으로만 연속되게** 쌓으며, **일부 상하 세로줄눈이 통하게 쌓는 돌쌓기 방법**을 말한다.

(2) 층지어 쌓기(성층 쌓기)

막돌, 둥근 돌 등을 **중간 켜에서는 흐트려 쌓고 2~3켜마다 수평줄눈이 일직선으로 연속되게 쌓는 방법**을 말한다.

허튼층 쌓기(완자 쌓기)	층지어 쌓기(성층 쌓기)

5 석축 쌓기 공법

① 메쌓기　　　　② 찰쌓기
③ 건쌓기　　　　④ 맞춤면 찰쌓기
⑤ 견치돌 쌓기　　⑥ 점층 자연석 쌓기
⑦ 엇갈림 쌓기

6 석재붙임공법의 종류

습식공법	건식공법
① 온 사춤공법 ② 줄띠 사춤공법	① 앵커(Anchor) 긴결공법 ② 강재Truss 지지공법 ③ GPC공법

(1) 습식공법 : 구조체와 석재 사이를 연결철물(긴결철물)과 모르타르를 채워서 고정하는 공법을 말한다. ★

온 사춤공법	석재를 연결철물로 고정하고 뒷벽과의 사이에 온통사춤 모르타르를 채우는 공법
줄띠 사춤공법	석재를 연결철물로 고정하고 가로줄눈에 줄띠모양으로 사춤 모르타르를 채우는 공법

(2) 건식공법 : 모르타르 없이 구조체와 석재 사이를 연결철물로 고정하는 공법을 말한다. ★

앵커(Anchor) 긴결 공법 ★	① 모르타르를 충전하지 않고 앵커, 너트, 볼트, 와셔 등의 긴결철물(연결철물)로 고정하는 방법을 말한다. ② 동절기 시공이 가능하고 공기단축 및 백화현상을 방지할 수 있다.
강재Truss 지지공법	구조체에 강재트러스를 설치한 후 석재를 그 위에 설치해 나가는 공법을 말한다.
GPC공법	강재트러스 대신에 석재와 콘크리트를 일체화시킨 대형 콘크리트 패널을 연결철물로 고정하는 방법을 말한다.

(3) 건식공법의 장·단점

장점	단점
① 동결, 백화현상이 없다. ② 고층건물에 유리하다. ③ 겨울철공사가 가능하다. ④ 모르타르 경화시간이 필요 없어 공기단축에 유리하고 노동력을 절감할 수 있다. ⑤ 모체 사이에 공벽이 있으므로 결로 방지에 유리하다.	① 재료의 손실이 많다. ② 석재 두께에 한계가 있다. ③ 석재의 특성에 따라 공법을 적용할 수 없는 경우도 있다.

> **한 눈에 들어오는 키워드**
>
> 🔍 기출
> **건식 석재공사**
> ① 건식 석재공사는 석재의 하부는 지지용으로, 석재의 상부는 고정용으로 설치하되 상부 석재의 고정용 조정판에서 하부 석재와의 간격을 1mm로 유지한다.
> ② 촉구멍 깊이는 기준보다 3mm 이상 더 깊이 천공하여 상부 석재의 중량이 하부 석재로 전달되지 않도록 한다.
> ③ 석재는 두께 30mm 이상을 사용한다.
> ④ 모든 구조재 또는 트러스 철물은 반드시 녹막이 처리한다.
>
> 🔍 기출
> **돌붙임 앵커 긴결공법 중 화스너 설치방식**
> ① 그라우팅 방식
> ② 싱글화스너 방식
> ③ 더블화스너 방식

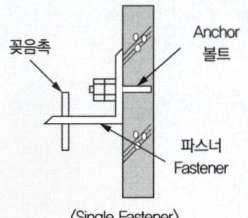

〈Single Fastener〉

〈Double Fastener〉

PART 04

건설공사 안전관리

CHAPTER 01   건설공사 특성 분석

CHAPTER 02   건설공사 위험성

CHAPTER 03   건설업 산업안전보건관리비 관리

CHAPTER 04   건설현장 안전시설 관리

CHAPTER 05   비계 · 거푸집 가시설 위험방지

CHAPTER 06   공사 및 작업 종류별 안전

01 건설공사 특성 분석

01 건설공사 특수성 분석

주요내용 알고 가기!

- 건설공사 안전관리계획의 수립
- 건설공사발주자의 산업재해 예방 조치
- 산업재해가 발생할 위험이 있다고 판단되어 설계변경을 요청할 수 있는 경우
- 설치·해체·조립하는 등의 작업을 하는 경우 건설공사 도급인이 안전보건조치를 하여야 하는 기계·기구
- 산업재해를 예방하기 위하여 필요한 조치를 하여야 하는 장소

1 안전관리 계획

> 시험출제빈도가 낮은 내용입니다. 가볍게 읽고 넘어가세요!

(1) 안전관리 총괄 계획서

1) 건설공사의 개요 및 안전관리조직

① 공사의 개요
    공사전반에 대한 개략을 파악하기 위한 위치도·공사개요·전체공정표 및 설계도서

② 안전관리조직
    공사관리조직 및 임무에 관한 사항으로서 시설물의 시공안전 및 공사장 주변 안전에 대한 점검·확인 등을 위한 관리조직표

2) 공정별 안전점검계획

자체안전점검, 정기안전점검 시기·내용·안전점검공정표 등 실시계획 등에 관한 사항

3) 공사장 주변의 안전관리대책

공사 중 지하매설물의 방호, 인접시설물의 보호 등 공사장 및 공사현장주변에 대한 안전관리에 관한 사항

> **참고**
>
> **시설물관리계획에 포함사항**
> ① 시설물의 적정한 안전과 유지관리를 위한 조직·인원 및 장비의 확보에 관한 사항
> ② 긴급상황 발생 시 조치체계에 관한 사항
> ③ 시설물의 설계·시공·감리 및 유지관리 등에 관련된 설계도서의 수집 및 보존에 관한 사항
> ④ 안전점검 또는 정밀안전진단의 실시에 관한 사항
> ⑤ 보수·보강 등 유지관리 및 그에 필요한 비용에 관한 사항

한 눈에 들어오는 키워드

※ 문제
건설공사 안전관리계획서에 있어 아래의 사항이 포함되어야 할 계획서는?

1. 공사개요
2. 안전관리조직
3. 공정별 안전점검 계획
4. 공사장 및 주변 안전점검 계획
5. 통행 안전시설 설치 및 교통소통 계획
6. 안전관리비 집행계획
7. 안전교육계획
8. 비상시 긴급조치계획

㉮ 안전관리계획서(총괄)
㉯ 공종별 안전관리계획서
㉰ 유해위험방지계획서
㉱ 안전개선계획서

정답 ㉮

4) 통행안전시설의 설치 및 교통소통에 관한 계획

공사장 주변의 교통소통대책, 교통안전시설물, 교통사고예방대책 등 교통안전 관리에 관한 사항

5) 안전관리비 집행계획

안전관리비의 계상액, 산정내역, 사용계획 등에 관한 사항

6) 안전교육 및 비상시 긴급조치계획

① 안전교육계획
  안전교육계획표, 교육의 종류·내용 및 교육관리에 관한 사항
② 비상시 긴급조치계획
  공사현장에서의 비상사태에 대비한 비상연락망, 비상동원조직, 경보체제, 응급조치 및 복구 등에 관한 사항

(2) 공종별 안전관리계획(대상 시설물별 건설공법 및 시공절차를 포함한다)

가설공사, 토공사, 철근콘크리트공사, 강구조물공사, 해체공사로 구분하여 각 공종별로 작성한다.

① 채택공법 및 사용자재
② 안전성 계산서
③ 시공 상세도면 및 안전시공 절차
④ 지하매설물 방호 및 인접구조물 보호대책
⑤ 안전점검 계획서 및 안전 점검표

2 건설재해 예방대책

① 설계, 적산, 시공 등의 안전보건 대책 강화
② 기계 설비, 공법 등의 안전보건 확보
③ 안전보건 관리체제의 정비
④ 기술기준의 정비
⑤ 안전보건 교육 강화
⑥ 건강 장해 대책의 강화

3 건설공사 안전관리계획의 수립(건설기술 진흥법 시행령)

(1) 안전관리계획을 수립하여야 하는 건설공사는 다음 각 호와 같다. 이 경우 **원자력시설공사는 제외**하며, 해당 건설공사가 **유해·위험 방지 계획을 수립하여야 하는 건설공사에 해당하는 경우에는 해당 계획과 안전관리계획을 통합하여 작성**할 수 있다.

1. 「시설물의 안전 및 유지관리에 관한 특별법」에 따른 **1종 시설물 및 2종 시설물의 건설공사**(유지관리를 위한 건설공사는 제외한다)
2. **지하 10미터 이상을 굴착하는 건설공사**(이 경우 굴착 깊이 산정 시 집수정(集水井), 엘리베이터 피트 및 정화조 등의 굴착 부분은 제외하며, 토지에 높낮이 차가 있는 경우 굴착 깊이의 산정방법은 「건축법 시행령」을 따른다.)
3. **폭발물을 사용하는 건설공사로서 20미터 안에 시설물이 있거나 100미터 안에 사육하는 가축이 있어** 해당 건설공사로 인한 영향을 받을 것이 예상되는 건설공사
4. **10층 이상 16층 미만**인 건축물의 건설공사

4의2. 다음 각 목의 리모델링 또는 해체공사
   가. **10층 이상인 건축물의 리모델링 또는 해체공사**
   나. 「주택법」에 따른 **수직 증축형 리모델링**

5. 「건설기계관리법」에 따라 등록된 다음 각 목의 어느 하나에 해당하는 건설기계가 사용되는 건설공사
   가. **천공기**(높이가 10미터 이상인 것만 해당한다)
   나. **항타 및 항발기**
   다. **타워크레인**

5의2. 다음 **각 호의 가설구조물을 사용**하는 건설공사
   가. **높이가 31미터 이상인 비계**
   나. **작업발판 일체형 거푸집 또는 높이가 5미터 이상인 거푸집 및 동바리**
   다. **터널의 지보공(支保工) 또는 높이가 2미터 이상인 흙막이 지보공**
   라. **동력을 이용하여 움직이는 가설구조물**

6. 그 밖에 발주자 또는 인·허가기관의 장이 필요하다고 인정하는 가설구조물
7. 다음 각 목의 어느 하나에 해당하는 건설공사
   가. 발주자가 안전관리가 특히 필요하다고 인정하는 건설공사
   나. 해당 지방자치단체의 조례로 정하는 건설공사 중에서 인·허가기관의 장이 안전관리가 특히 필요하다고 인정하는 건설공사

(2) 건설업자와 주택건설등록업자는 안전관리계획을 수립하여 발주청 또는 인·허가기관의 장에게 제출하는 경우에는 미리 공사감독자 또는 건설사업관리기술인의 검토·확인을 받아야 하며, 건설공사를 착공하기 전에 발주청 또는 인·허가기관의 장에게 제출해야 한다. 안전관리계획의 내용을 변경하는 경우에도 또한 같다.

(3) 안전관리계획을 제출받은 발주청 또는 인·허가기관의 장은 **20일 이내에 안전관리계획의 내용을 심사하여 건설업자 또는 주택건설등록업자에게 그 결과를 통보**하여야 한다.

(4) 발주청 또는 인·허가기관의 장이 안전관리계획의 내용을 심사하는 경우에는 건설안전점검기관에 검토를 의뢰하여야 한다. 다만, 「시설물의 안전 및 유지관리에 관한 특별법」에 따른 1종 시설물 및 2종 시설물의 건설공사의 경우에는 한국시설안전공단에 안전관리계획의 검토를 의뢰하여야 한다.

(5) 발주청 또는 인·허가기관의 장은 안전관리계획의 심사 결과를 다음 각 호의 구분에 따라 판정한 후 승인서(보완이 필요한 사유를 포함)를 건설업자 또는 주택건설등록업자에게 발급하여야 한다.

적정	안전에 필요한 조치가 구체적이고 명료하게 계획되어 건설공사의 시공상 안전성이 충분히 확보되어 있다고 인정될 때
조건부 적정	안전성 확보에 치명적인 영향을 미치지는 아니하지만 일부 보완이 필요하다고 인정될 때
부적정	시공 시 안전사고가 발생할 우려가 있거나 계획에 근본적인 결함이 있다고 인정될 때

(6) 발주청 또는 인·허가기관의 장은 건설업자 또는 주택건설등록업자가 제출한 안전관리계획서가 부적정 판정을 받은 경우에는 안전관리계획의 변경 등 필요한 조치를 하여야 한다.

4 건설업 등의 산업재해 예방(산업안전보건법)

(1) 건설공사발주자의 산업재해 예방 조치 ★

① 총 공사금액이 50억 원 이상인 **건설공사발주자는 산업재해 예방을 위하여 건설공사의 계획, 설계 및 시공 단계**에서 다음 각 호의 구분에 따른 조치를 하여야 한다.

건설공사 **계획단계**	해당 건설공사에서 중점적으로 관리하여야 할 유해·위험요인과 이의 감소방안을 포함한 기본 안전보건대장을 작성할 것
건설공사 **설계단계**	기본안전보건대장을 설계자에게 제공하고, 설계자로 하여금 유해·위험요인의 감소방안을 포함한 설계안전보건대장을 작성하게 하고 이를 확인할 것
건설공사 **시공단계**	건설공사발주자로부터 건설공사를 최초로 도급받은 수급인에게 설계안전보건대장을 제공하고, 그 수급인에게 이를 반영하여 안전한 작업을 위한 공사안전보건대장을 작성하게 하고 그 이행 여부를 확인할 것

② 건설공사발주자는 **안전보건 분야의 전문가에게 대장에 기재된 내용의 적정성 등을 확인**받아야 한다.

대장에 기재된 내용의 적정성을 확인할 수 있는 안전보건 전문가

1. 건설안전 분야의 산업안전지도사 자격을 가진 사람
2. 건설안전기술사 자격을 가진 사람
3. 건설안전기사 자격을 취득한 후 건설안전 분야에서 **3년 이상의 실무경력**이 있는 사람
4. 건설안전산업기사 자격을 취득한 후 건설안전 분야에서 **5년 이상의 실무경력**이 있는 사람

(2) 공사기간 단축 및 공법변경 금지

① **건설공사발주자 또는 건설공사도급인**(건설공사발주자로부터 해당 건설공사를 최초로 도급받은 수급인 또는 건설공사의 시공을 주도하여 총괄·관리하는 자)은 설계도서 등에 따라 산정된 **공사기간을 단축해서는 아니 된다.**
② 건설공사발주자 또는 건설공사도급인은 공사비를 줄이기 위하여 위험성이 있는 공법을 사용하거나 **정당한 사유 없이 정해진 공법을 변경해서는 아니 된다.**

한 눈에 들어오는 **키**워드

참고

공사안전보건대장에 포함하여 이행여부를 확인해야 할 사항
- 설계안전보건대장의 위험성평가 내용이 반영된 공사 중 안전보건 조치 이행계획
- 유해위험방지계획서의 심사 및 확인결과에 대한 조치내용
- 산업안전보건관리비의 사용계획 및 사용내역
- 건설공사의 산업재해 예방 지도를 위한 계약 여부, 지도결과 및 조치내용

(3) 건설공사 기간의 연장

① 건설공사발주자는 다음 각 호의 어느 하나에 해당하는 사유로 건설공사가 지연되어 해당 건설공사 **도급인이 산업재해 예방을 위하여 공사기간의 연장을 요청하는 경우**에는 특별한 사유가 없으면 **공사기간을 연장하여야 한다.**

> **도급인이 공사기간의 연장을 요청하는 경우에 발주자가 공사기간을 연장하여야 하는 경우**
>
> ① 태풍·홍수 등 악천후, 전쟁·사변, 지진, 화재, 전염병, 폭동, 그밖에 계약 당사자가 통제할 수 없는 사태의 발생 등 불가항력의 사유가 있는 경우
> ② 건설공사발주자에게 책임이 있는 사유로 착공이 지연되거나 시공이 중단된 경우

② 건설공사의 **관계수급인은 태풍·홍수** 등 통제할 수 없는 사태의 발생 등 **불가항력의 사유가 있는 경우** 또는 건설공사 **도급인에게 책임이 있는 사유로 착공이 지연되거나 시공이 중단되어 해당 건설공사가 지연된 경우**에 산업재해 예방을 위하여 건설공사 도급인에게 **공사기간의 연장을 요청할 수 있다.** 이 경우 건설공사 도급인은 특별한 사유가 없으면 공사기간을 연장하거나 건설공사발주자에게 그 기간의 연장을 요청하여야 한다.

(4) 건설공사의 산업재해 예방 지도

1) 대통령령으로 정하는 공사[공사금액 **1억원 이상 120억원(토목공사는 150억원) 미만인 공사**와 건축허가의 대상이 되는 **공사**]의 건설공사발주자 또는 건설공사도급인(건설공사발주자로부터 건설공사를 최초로 도급받은 수급인은 제외한다)은 **해당 건설공사를 착공하려는 경우** 지정받은 전문기관("건설재해예방전문지도기관")과 건설 산업재해 예방을 위한 **지도계약을 체결하여야 한다.**

2) 다만, 다음 각 호의 어느 하나에 해당하는 공사는 제외한다.(건설재해예방전문지도기관과 건설 산업재해 예방을 위한 **지도계약을 체결하지 않아도 되는 경우**) ★

① **공사기간이 1개월 미만**인 공사
② **육지와 연결되지 않은 섬 지역(제주특별자치도는 제외**한다)에서 이루어지는 공사
③ **안전관리자의 자격을 가진 사람을 선임**(같은 광역지방자치단체의 구역 내에서 같은 사업주가 시공하는 셋 이하의 공사에 대하여 공동으로 안전관리자의 자격을 가진 사람 1명을 선임한 경우를 포함한다)**하여 안전관리자의 업무만을 전담하도록 하는 공사**
④ **유해위험방지계획서를 제출해야 하는 공사**

(5) 기계 · 기구 등에 대한 건설공사 도급인의 안전조치

건설공사 도급인은 자신의 사업장에서 타워크레인 등 대통령령으로 정하는 기계 · 기구 또는 설비 등이 설치되어 있거나 작동하고 있는 경우 또는 이를 설치 · 해체 · 조립하는 등의 작업이 이루어지고 있는 경우에는 필요한 안전조치 및 보건조치를 하여야 한다.

> **설치 · 해체 · 조립하는 등의 작업을 하는 경우**
> **건설공사 도급인이 안전보건조치를 하여야 하는 기계 · 기구**
>
> 1. 타워크레인
> 2. 건설용 리프트
> 3. 항타기(해머나 동력을 사용하여 말뚝을 박는 기계) 및 항발기(박힌 말뚝을 빼내는 기계)

5 안전조치(산업안전보건법)

(1) 사업주는 굴착, 채석, 하역, 벌목, 운송, 조작, 운반, 해체, 중량물취급, 그 밖의 작업을 할 때 **불량한 작업방법 등에 의한 위험으로 인한 산업재해를 예방하기 위하여 필요한 조치**를 하여야 한다.

(2) 사업주는 근로자가 다음 각 호의 **어느 하나에 해당하는 장소에서 작업을 할 때 발생할 수 있는 산업재해를 예방하기 위하여 필요한 조치**를 하여야 한다. ★

　① 근로자가 **추락할 위험**이 있는 장소
　② 토사 · 구축물 등이 **붕괴할 우려**가 있는 장소
　③ **물체가 떨어지거나 날아올 위험**이 있는 장소
　④ **천재지변으로 인한 위험**이 발생할 우려가 있는 장소

02 안전관리 고려사항 확인

한 눈에 들어오는 키워드

주요내용 알고 가기!

- 표준관입시험
- 베인테스트(vane test)
- 보링의 종류
- 지반개량공법
- 보일링현상
- 히빙현상

시험출제빈도가 낮은 내용입니다. 가볍게 공부하세요!

1 건설공사 재해분석

(1) 건설공사 시의 주된 재해

① **떨어짐(추락)** : 높이가 있는 곳에서 사람이 떨어짐
② **넘어짐(전도)** : 사람이 미끄러지거나 넘어짐
③ **맞음(낙하·비래)** : 날아오거나 떨어진 물체에 맞음
④ **부딪힘·접촉** : 물체에 부딪힘, 접촉
⑤ **끼임** : 기계설비에 끼이거나 감김

(2) 출입의 금지

다음 각 호의 작업 또는 장소에 울타리를 설치하는 등 관계 근로자가 아닌 사람의 출입을 금지하여야 한다. 다만, ② 및 ⑦의 장소에서 수리 또는 점검 등을 위하여 그 암(arm) 등의 움직임에 의한 하중을 충분히 견딜 수 있는 안전지지대 또는 안전블록 등을 사용하도록 한 경우에는 그러하지 아니하다.

① 추락에 의하여 근로자에게 위험을 미칠 우려가 있는 장소
② 유압(流壓), 체인 또는 로프 등에 의하여 지탱되어 있는 기계·기구의 덤프, 램(ram), 리프트, 포크(fork) 및 암 등이 갑자기 작동함으로써 근로자에게 위험을 미칠 우려가 있는 장소
③ 케이블 크레인을 사용하여 작업을 하는 경우에는 권상용(卷上用) 와이어로프 또는 횡행용(橫行用) 와이어로프가 통하고 있는 도르래 또는 그 부착부의 파손에 의하여 위험을 발생시킬 우려가 있는 그 와이어로프의 내각측(內角側)에 속하는 장소

④ 인양전자석(引揚電磁石) 부착 크레인을 사용하여 작업을 하는 경우에는 달아 올려진 화물의 아래쪽 장소

⑤ 인양전자석 부착 이동식 크레인을 사용하여 작업을 하는 경우에는 달아 올려진 화물의 아래쪽 장소

⑥ 리프트를 사용하여 작업을 하는 다음 각 목의 장소
- 리프트 운반구가 오르내리다가 근로자에게 위험을 미칠 우려가 있는 장소
- 리프트의 권상용 와이어로프 내각측에 그 와이어로프가 통하고 있는 도르래 또는 그 부착부가 떨어져 나감으로써 근로자에게 위험을 미칠 우려가 있는 장소

⑦ 지게차·구내운반차(작업장 내 운반을 주목적으로 하는 차량으로 한정한다.)·화물자동차 등의 차량계 하역운반기계 및 고소(高所)작업대의 포크·버킷(bucket)·암 또는 이들에 의하여 지탱되어 있는 화물의 밑에 있는 장소. 다만, 구조상 갑작스러운 하강을 방지하는 장치가 있는 것은 제외한다.

⑧ 운전 중인 항타기(杭打機) 또는 항발기(杭拔機)의 권상용 와이어로프 등의 부착 부분의 파손에 의하여 와이어로프가 벗겨지거나 드럼(drum), 도르래 뭉치 등이 떨어져 근로자에게 위험을 미칠 우려가 있는 장소

⑨ 화재 또는 폭발의 위험이 있는 장소

⑩ 낙반(落磐) 등의 위험이 있는 다음 각 목의 장소
- 부석의 낙하에 의하여 근로자에게 위험을 미칠 우려가 있는 장소
- 터널 지보공(支保工)의 보강작업 또는 보수작업을 하고 있는 장소로서 낙반 또는 낙석 등에 의하여 근로자에게 위험을 미칠 우려가 있는 장소

⑪ 토사·암석 등의 붕괴 또는 낙하로 인하여 근로자에게 위험을 미칠 우려가 있는 토사 등의 굴착작업 또는 채석작업을 하는 장소 및 그 아래 장소

⑫ 암석 채취를 위한 굴착작업, 채석에서 암석을 분할가공하거나 운반하는 작업, 그 밖에 이러한 작업에 수반(隨伴)한 작업을 하는 경우에는 운전 중인 굴착기계·분할기계·적재기계 또는 운반기계에 접촉함으로써 근로자에게 위험을 미칠 우려가 있는 장소

⑬ 해체작업을 하는 장소

⑭ 하역작업을 하는 경우에는 쌓아놓은 화물이 무너지거나 화물이 떨어져 근로자에게 위험을 미칠 우려가 있는 장소

⑮ 다음 각 목의 항만하역작업 장소
- 해치커버[(해치보드(hatch board) 및 해치빔(hatch beam)을 포함한다)]의 개폐·설치 또는 해체작업을 하고 있어 해치보드 또는 해치빔 등이 떨어져 근로자에게 위험을 미칠 우려가 있는 장소

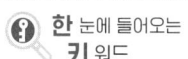

- 양화장치(揚貨裝置) 붐(boom)이 넘어짐으로써 근로자에게 위험을 미칠 우려가 있는 장소
- 양화장치, 데릭(derrick), 크레인, 이동식 크레인에 매달린 화물이 떨어져 근로자에게 위험을 미칠 우려가 있는 장소

⑯ 벌목, 목재의 집하 또는 운반 등의 작업을 하는 경우에는 벌목한 목재 등이 아래 방향으로 굴러 떨어지는 등의 위험이 발생할 우려가 있는 장소

⑰ 양화장치 등을 사용하여 화물의 적하[부두 위의 화물에 훅(hook)을 걸어 선(船) 내에 적재하기까지의 작업을 말한다] 또는 양하(선 내의 화물을 부두 위에 내려 놓고 훅을 풀기까지의 작업을 말한다)를 하는 경우에는 통행하는 근로자에게 화물이 떨어지거나 충돌할 우려가 있는 장소

⑱ 굴착기 붐·암·버킷 등의 선회(旋回)에 의하여 근로자에게 위험을 미칠 우려가 있는 장소

2 지반의 조사

(1) 지하탐사법

① 터파보기(test pit)
- 삽으로 실제 지반을 굴착해 보는 방법(구멍을 파보는 방법)
- 경미한 건물에 이용된다.

② 짚어보기(sound rod, 탐사정)
- 직경 9mm정도의 철봉을 손으로 지층에 관입하여 지반의 울림, 꽂히는 속도 등으로 지반의 경련상태를 판단하는 방법

③ 물리적 탐사법
- 전기저항식, 탄성파식, 강제진동식 등

(2) Sounding Test

저항체를 지중에 삽입하여 저항력에 의해 흙의 저항 및 물리적 성질을 측정하는 방법

① **표준관입시험(standard penetration test)** ★
- 표준 샘플러 63.5[kg]의 해머로 75[cm]의 높이에서 낙하시켜 관입량 30[cm]에 달하는데 요하는 타격횟수로서 **사질지반(모래)의 밀도를 측정하는 방법**이다.
- 타격횟수의 값이 클수록 밀실한 토질이다.

[타격횟수에 따른 지반의 판정 ★]

타격횟수	지반의 판정
4회 미만	대단히 연약한 지반
4~10회	연약한 지반
10~30회	보통지반
30~50회	밀실한 지반
50회 이상	대단히 밀실한 지반

② 베인 테스트(vane test) ★★★
보링 구멍을 이용하여 **십자 날개형의 베인 테스터를 지반에 박고** 이것을 **회전시켜** 그 회전력에 의하여 **점토(진흙)의 점착력을 판별하는 방법**이다.

③ 보링(Boring)
지중에 철판을 꽂아 천공하면서 토사를 채취, 지반조사하는 방법
- 보링(boring)시 주의사항
  - 보링의 깊이는 경미한 건물은 **기초폭의 1.5~2.0배**, 지지층 이상으로 한다.
  - **간격은 약 30[m]**로 하고 **중간지점은 물리적 탐사법을 이용**한다.
  - **한 장소에서 3개소 이상** 실시한다.
  - 보링 구멍은 **수직으로 판다**.
  - 채취 시료는 **충분히 양생**해야 한다.

- 보링(boring)의 종류 ★

회전식 보링 (rotary boring)	천공날을 회전시켜 천공하는 공법으로 가장 많이 사용되는 방법이며, 지질의 상태를 가장 정확히 파악할 수 있다.
수세식 보링 (wash boring)	보링내 선단에서 **물을 뿜어내어** 나온 진흙물을 침전시켜 토질을 분석하는 방법으로 깊은 지층조사가 가능하다.
충격식 보링 (percussion boring)	낙하, 충격에 의해 파쇄되는 토사나 암석을 이용하여 분석하는 방법이다.
오거 보링 (auger boring)	송곳(auger)을 이용해 깊이 10[m] 이내의 시추에 사용되며 얕은 점토층의 분석에 사용된다.

④ 샘플링(Sampling)
- 불교란시료 : 자연상태로 흩어지지 않게 채취한 시료
- **Thin Wall Sampling : 연약점토, 사질지반에 적합**
- Composite Sampling : 굳은 점토 및 모래 채취에 적합
- Dension Sampling : 경질점토에 적합
- Foil Sampling : 연약지반에 적합

3 토질시험방법

(1) 전단시험

흙이 힘을 받고 파괴될 때의 세기, 즉 전단강도(剪斷强度)를 조사하는 시험

① 직접전단시험
② 간접전단시험

(2) 압축시험

① 1축 압축시험
원통모양으로 정형한 흙을 위아래로 눌러 파괴시켜 **흙의 강도 및 예민비를 결정**한다.
② 3축 압축시험
원통모양의 흙을 고무막으로 싸고 주위에서 액압을 주어 위아래로 힘을 가한다.

(3) 압밀시험

디스크모양의 흙에 위아래로 흙을 첨가하여 변형의 크기를 조사하여, 자연상태 흙에 대한 과거와 장래의 변형을 예측하기 위해 행해진다.

(4) 투수시험

흙 속의 물이 통과하기 쉬운 정도를 조사하는 시험

(5) 지내력시험

기초 밑면에 재하판을 설치하고 하중을 걸어 지반에 하중을 걸어서 지반의 지내력을 추정하는 시험

① 평판재하시험
② 말뚝재하시험
③ 말뚝박기시험

한눈에 들어오는 키워드

시험출제빈도가 낮은 내용입니다. 가볍게 읽고넘어가세요!

용어정의

토질시험 : 시료를 실험실에 가져다 하는 시험을 말한다.

기출

함수비
$\left(\dfrac{\text{흙의 습윤 단위중량}}{\text{흙의 건조 단위중량}} - 1\right) \times 100$

4 토공계획

(1) 사전조사

① 지반조사
② 대지조사
③ 계절 및 기상상태
④ 관계법령

(2) 관리조사

① 굴착토질 및 지하수 상태
② 주변 지반 침하 및 균열
③ 인접구조물의 침하 및 균열
④ 굴착심도에 따른 공사상황 등

(3) 시공계획

시공방법 ⇨ 장비선정 ⇨ 공해대책 ⇨ 굴착 ⇨ 반출

5 지반의 이상현상 및 안전대책

(1) 지반의 부동침하

① 부동침하 원인 : 연약지반, 지하수, 경사지반 등
② **지반개량공법의 종류** ★
- **치환공법** : 연약지반을 **양질의 재료로 치환**하는 방법
- **탈수공법** : 지반내 물을 **탈수하여 흙을 개량**하는 방법

탈수공법의 종류
• 점토층 : 샌드드레인공법, 페이퍼드레인공법, 진공배수공법
• 사질토 : 웰포인트공법

- **다짐말뚝공법** : 말뚝을 형성하여 지반을 다져서 지반을 개량하는 공법
- **주입공법** : **약액주입공법, 시멘트주입공법**
- **재하공법** : 연약지반에 **미리 하중을 가하여 흙을 압밀시키는 공법**

🔍 **한** 눈에 들어오는 **키** 워드

◀ 시험출제빈도가 낮은 내용입니다. 가볍게 읽고 넘어가세요!

용어정의

1. **바이브로 플로테이션** : 진동기를 이용하여 지반을 다짐하는 모래지반의 개량공법
2. **약액주입공법** : 사질지반에 시멘트 점토, 벤토나이트, 아스팔트 등의 약액을 주입하여 지반을 보강하는 공법이다.
3. **시멘트주입공법** : 사질지반에 파이프를 지중에 박고 시멘트를 주입하여 지반을 보강하는 공법이다.
4. **생석회말뚝공법** : 생석회 말뚝을 지반에 형성하여 생석회가 흙 속의 물을 급속하게 탈수하는 동시에 말뚝의 부피가 2배로 팽창하여 지반을 강제 압밀시키는 공법이다.
5. **전기충격공법** : 지반 속에 고압전류를 일으켜 그 충격으로 다짐하는 공법이다.

참고

굴착공사의 압성토 공법
연약지반에 흙쌓기(성토)를 하면 지지력이 부족하여 과도한 침하를 일으키고 흙쌓기 부의 측면에 융기가 발생한다. 이를 방지하기 위하여 흙쌓기 부의 양측 하단에 흙을 쌓아 균형을 유지시키는 공법이다.

한눈에 들어오는 키워드

> **참고**
>
> 🏷 **재하공법의 종류**
> - **선행재하공법(Preloading)** : 사전에 미리 성토하여 흙을 압밀시키는 공법
> - **압성토공법(Surcharge, 과재하중공법)** : 계획높이 이상으로 성토하여 강제 침하를 시켜 지내력을 증대시키는 공법
> - **사면선단재하공법** : 성토의 비탈면 부분을 계획보다 넓게하여 비탈면 끝부분의 전단강도를 증대시키는 공법

- **언더피닝공법** : 기존 구조물에 근접하여 시공 시 기존 구조물을 보호하기 위한 공법으로 기초저면보다 깊은 구조물을 시공하거나 기존 구조물을 보호하기 위하여 **기초하부를 보강하는 공법**이다.

③ 사질토와 점토의 개량공법 ★

사질토(모래)의 개량공법	• 다짐말뚝공법 • 전기충격공법	• 다짐모래말뚝공법 • 약액주입공법	• 바이브로 플로테이션 • 웰포인트공법
점성토의 개량공법	• 치환공법 • 압성토공법	• 탈수공법 • 생석회말뚝공법	• 재하공법

(2) 히빙(Heaving) 현상 ★★

① **연약한 점토지반**에서 굴착에 의한 흙막이 내·외면의 **흙의 중량차이(토압)로 인해 굴착저면의 흙이 부풀어 올라오는 현상**을 말한다.
② 흙막이 바깥흙이 안으로 밀려든다.

히빙 발생원인	① 배면지반과 터파기 저면과의 **토압차** ② 연약지반 및 하부지반의 강성 부족 ③ 지표면의 토사적치 등 **과재하** ④ 흙막이 밑둥넣기 부족
히빙현상 방지책	① 양질의 재료로 **지반을 개량**한다(흙의 전단강도 높인다). ② 어스앵커 설치 ③ 시트파일 등의 **근입심도 검토**(흙막이 벽체의 근입깊이를 깊게 한다) ④ 굴착주변에 웰포인트 공법을 병행한다. ⑤ **소단을 두면서 굴착한다.** ⑥ 굴착주변의 **상재하중을 제거** ⑦ 굴착저면에 토사 등의 인공중력을 가중시킴 ⑧ 토류벽의 배면토압을 경감시키고, 약액주입공법 및 탈수공법을 적용

※ 문제

히빙현상 방지대책으로 틀린 것은?
㉮ 흙막이 벽체의 근입 깊이를 깊게 한다.
㉯ 흙막이 벽체 배면의 지반을 개량하여 흙의 전단강도를 높인다.
㉰ 부풀어 솟아오르는 바닥면의 토사를 제거한다.
㉱ 소단을 두면서 굴착한다.

정답 ㉰

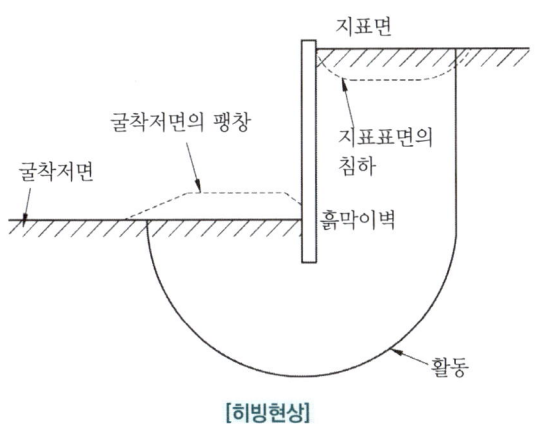

[히빙현상]

(3) 보일링(Boiling) 현상 ★★

① **사질토 지반**에서 굴착저면과 흙막이 배면과의 **수위차이로 인해** 굴착저면의 **흙과 물이 함께 위로 솟구쳐 오르는 현상**(모래의 액상화 현상)을 말한다.
② **모래가 액상화 되어 솟아오른다.**

보일링 발생원인 ★	보일링현상 방지책 ★
• 배면지반과 터파기 저면과의 수위 차 • 포화지반 및 **지하수위가 높은 경우** • 사질지반 및 파이핑의 형성 • 흙막이 밑둥넣기 부족	• 지하수위 저하 • 지하수 흐름 변경 • 근입벽을 깊게 한다. • 작업중지

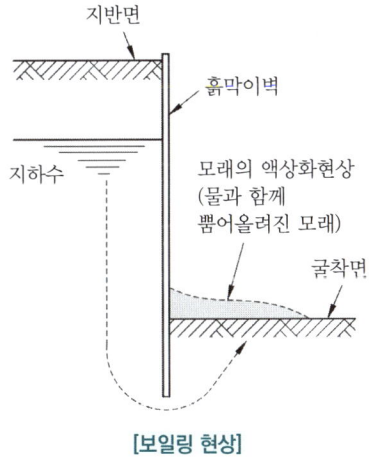

[보일링 현상]

(4) 파이핑(Piping) 현상

보일링(Boiling) 현상으로 인하여 **지반 내에서 물의 통로가 생기면서 흙이 세굴되는 현상**을 말한다.

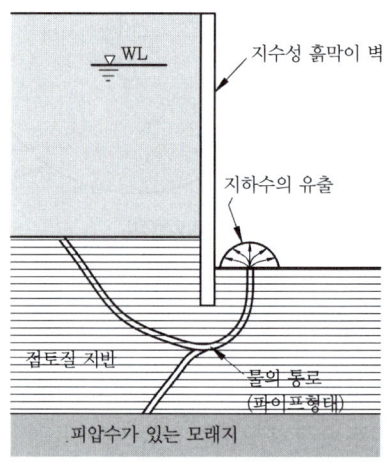

[파이핑 현상]

(5) 압밀침하 현상

외력에 의해 **간극 내 물이 빠지며 흙의 입자가 좁아지며 침하되는 현상**을 말한다.

(6) 흙의 동상(frost heaving) 현상

물이 결빙되는 위치로 지속적으로 유입되는 조건에서 **온도가 하강함에 따라 토중수가 얼어 생성된 결빙 크기가 계속 커져 지표면이 부풀어 오르는 현상**

기출

흙의 동상현상 방지책
- 모관수의 상승을 차단하기 위하여 지하수위 상층에 조립토층을 설치한다.
- 지표의 흙을 화학약품으로 처리한다.
- 흙 속에 단열재료를 매입한다.
- 배수구를 설치하여 지하수위를 저하시킨다.

CHAPTER 02 건설공사 위험성

01 건설공사 유해·위험요인 파악

주요내용 알고 가기!

- 유해·위험 방지계획서를 제출해야 될 건설공사
- 유해·위험 방지계획서 심사 결과의 구분
- 유해·위험 방지계획서 제출시 첨부서류
- 사전조사 및 작업계획서 내용
- 일정한 신호방법을 정하여야 하는 작업
- 재해발생 위험이 높다고 판단되어 설계변경을 요청할 수 있는 경우

1 유해·위험 방지계획서를 제출해야 될 건설공사 ★★★

유해·위험 방지계획서 작성대상(건설공사) ★★★

① 다음 각 목의 어느 하나에 해당하는 건축물 또는 시설 등의 건설·개조 또는 해체공사
  가. **지상높이가 31미터 이상**인 건축물 또는 인공구조물
  나. **연면적 3만 제곱미터 이상**인 건축물
  다. **연면적 5천 제곱미터 이상**인 시설로서 다음의 어느 하나에 해당하는 시설
    1) 문화 및 집회시설(전시장 및 동물원·식물원은 제외한다)
    2) 판매시설, 운수시설(고속철도의 역사 및 집배송시설은 제외한다)
    3) 종교시설
    4) 의료시설 중 종합병원
    5) 숙박시설 중 관광숙박시설
    6) 지하도상가
    7) 냉동·냉장 창고시설
② 연면적 5천제곱미터 이상의 냉동·냉장창고시설의 설비공사 및 단열공사
③ 최대 지간길이(다리의 기둥과 기둥의 중심사이의 거리)가 50미터 이상인 교량 건설 등 공사
④ 터널 건설 등의 공사
⑤ 다목적댐, 발전용댐 및 **저수용량 2천만톤 이상의 용수 전용 댐**, 지방상수도 전용 댐 건설 등의 공사
⑥ 깊이 10미터 이상인 굴착공사

※ 문제

유해·위험 방지계획서를 제출해야 할 대상 공사에 대한 설명으로 잘못된 것은?
㉮ 지상 높이가 31m 이상인 건축물 또는 공작물의 건설, 개조 또는 해체 공사
㉯ 최대지간 길이가 50m 이상인 교량건설 등의 공사
㉰ 다목적댐·발전용댐 및 저수용량 2천만톤 이상의 용수전용댐 건설 등의 공사
㉱ 깊이가 5m 이상인 굴착공사

[해설]
㉱ 깊이가 10m 이상인 굴착공사가 해당된다.

정답 ㉱

> **특급암기법**
> - 지상높이 31m, 연면적 3만m², 사람 많은 시설 연면적 5,000m²
> - 연면적 5,000m² 냉동·냉장창고시설
> - 최대 지간길이가 50미터 이상 교량
> - 터널
> - 저수용량 2천만 톤 이상 댐
> - 10미터 이상인 굴착

2 유해·위험 방지계획서의 확인사항

① 사업주는 **건설공사 중 6개월 이내마다** 다음 각 호의 사항에 관하여 **공단의 확인을 받아야 한다.**
  - 유해·위험 방지계획서의 내용과 실제공사 내용이 부합하는지 여부
  - 유해·위험 방지계획서 변경내용의 적정성
  - 추가적인 유해·위험요인의 존재 여부

② **자체심사 및 확인업체의 사업주**는 해당 공사 준공 시까지 6개월 이내마다 자체확인을 하여야 한다. 다만, 그 공사 중 사망재해가 발생한 경우에는 공단의 확인을 받아야 한다.

③ 공단은 확인 결과 해당 사업장의 유해·위험의 방지상태가 적정하다고 판단되는 경우에는 5일 이내에 확인결과 통지서를 사업주에게 발급하여야 하며, 확인 결과 **경미한 유해·위험요인이 발견된 경우**에는 일정한 기간을 정하여 개선하도록 권고하되, 해당 기간 내에 개선되지 아니한 경우에는 기간 만료일부터 10일 이내에 확인결과 조치 요청서에 그 **이유를 적은 서면**을 첨부하여 **지방고용노동관서의 장에게 보고**하여야 한다.

④ 공단은 확인 결과 중대한 유해·위험요인이 있어 **작업의 중지, 사용 중지 및 주요 시설의 개선** 등이 필요하다고 인정되는 경우에는 지체 없이 확인결과 조치 요청서에 그 이유를 적은 서면을 첨부하여 지방고용노동관서의 장에게 **보고**하여야 한다.

⑤ 유해·위험 방지계획서 심사 결과의 구분 ★

적정	근로자의 안전과 보건을 위하여 필요한 조치가 구체적으로 확보되었다고 인정되는 경우
조건부 적정	근로자의 안전과 보건을 확보하기 위하여 일부 개선이 필요하다고 인정되는 경우
부적정	기계·설비 또는 건설물이 심사기준에 위반되어 공사착공 시 중대한 위험발생의 우려가 있거나 계획에 근본적 결함이 있다고 인정되는 경우

3 유해·위험 방지계획서 제출 시 첨부서류 ★

사업주가 **건설공사**에 해당하는 유해·위험방지계획서를 제출하려면 건설공사 유해·위험방지계획서 **다음 각 호 서류를 첨부하여 해당 공사의 착공 전날까지 공단에 2부를 제출**하여야 한다.

① 공사 개요 및 안전보건관리계획
- 공사 개요서
- 공사현장의 주변 현황 및 주변과의 관계를 나타내는 도면(매설물 현황을 포함한다)
- 건설물, 사용 기계설비 등의 배치를 나타내는 도면
- 전체 공정표
- 산업안전보건관리비 사용계획
- 안전관리 조직표
- 재해 발생 위험 시 연락 및 대피방법

② 작업 공사 종류별 유해·위험방지계획

4 사전조사 및 작업계획서의 작성

(1) 사전조사 및 작업계획서의 작성 대상작업 및 내용

다음 각 호의 작업을 하는 경우 근로자의 위험을 방지하기 위하여 **해당 작업, 작업장의 지형·지반 및 지층 상태 등에 대한 사전조사를 하고 그 결과를 기록·보존**하여야 하며, 조사결과를 고려하여 **작업계획서를 작성하고 그 계획에 따라 작업**을 하도록 하여야 한다.

사전조사 및 작업계획서를 작성하여야 하는 작업 ★★

① 타워크레인을 설치·조립·해체하는 작업
② 차량계 하역운반기계 등을 사용하는 작업(화물자동차를 사용하는 도로상의 주행작업은 제외한다)
③ 차량계 건설기계를 사용하는 작업
④ 화학설비와 그 부속설비를 사용하는 작업
⑤ 전기 작업(해당 전압이 50볼트를 넘거나 전기에너지가 250볼트암페어를 넘는 경우로 한정한다)
⑥ 굴착면의 높이가 2미터 이상이 되는 지반의 굴착작업
⑦ 터널굴착작업
⑧ 교량(상부구조가 금속 또는 콘크리트로 구성되는 교량으로서 그 높이가 5미터 이상이거나 교량의 최대 지간 길이가 30미터 이상인 교량으로 한정한다)의 설치·해체 또는 변경 작업

> ⑨ 채석작업
> ⑩ 구축물, 건축물, 그 밖의 **시설물 등의 해체작업**
> ⑪ **중량물의 취급 작업**
> ⑫ 궤도나 그 밖의 관련 설비의 보수 · 점검작업
> ⑬ 열차의 교환 · 연결 또는 분리 작업("입환작업")

[사전조사 및 작업계획서 내용 ★★]

작업명	사전조사 내용	작업계획서 내용
1. 타워크레인을 설치 · 조립 · 해체하는 작업 ★★	-	가. **타워크레인의 종류 및 형식** 나. **설치 · 조립 및 해체순서** 다. **작업도구 · 장비 · 가설설비**(假設設備) 및 **방호설비** 라. **작업인원의 구성 및 작업근로자의 역할 범위** 마. **타워크레인의 지지 방법**
2. 차량계 하역운반기계 등을 사용하는 작업	-	가. 해당 작업에 따른 추락 · 낙하 · 전도 · 협착 및 붕괴 등의 위험 예방대책 나. 차량계 하역운반기계 등의 운행경로 및 작업방법
3. 차량계 건설기계를 사용하는 작업 ★★	해당 기계의 굴러 떨어짐, 지반의 붕괴 등으로 인한 근로자의 위험을 방지하기 위한 해당 작업장소의 지형 및 지반상태	가. 사용하는 **차량계 건설기계의 종류 및 성능** 나. **차량계 건설기계의 운행경로** 다. 차량계 건설기계에 의한 **작업방법**
4. 화학설비와 그 부속설비 사용하는 작업	-	가. 밸브 · 콕 등의 조작(해당 화학설비에 원재료를 공급하거나 해당 화학설비에서 제품 등을 꺼내는 경우만 해당한다) 나. 냉각장치 · 가열장치 · 교반장치(攪拌裝置) 및 압축장치의 조작 다. 계측장치 및 제어장치의 감시 및 조정 라. 안전밸브, 긴급차단장치, 그 밖의 방호장치 및 자동경보장치의 조정 마. 덮개판 · 플랜지(flange) · 밸브 · 콕 등의 접합부에서 위험물 등의 누출 여부에 대한 점검 바. 시료의 채취 사. 화학설비에서는 그 운전이 일시적 또는 부분적으로 중단된 경우의 작업방법 또는 운전 재개 시의 작업방법 아. 이상 상태가 발생한 경우의 응급조치 자. 위험물 누출 시의 조치 차. 그 밖에 폭발 · 화재를 방지하기 위하여 필요한 조치

작업명	사전조사 내용	작업계획서 내용
5. 전기작업	-	가. 전기작업의 목적 및 내용 나. 전기작업 근로자의 자격 및 적정 인원 다. 작업 범위, 작업책임자 임명, 전격·아크섬광·아크 폭발 등 전기 위험 요인 파악, 접근 한계거리, 활선접근 경보장치 휴대 등 작업시작 전에 필요한 사항 라. 전로차단에 관한 작업계획 및 전원(電源) 재투입 절차 등 작업 상황에 필요한 안전 작업 요령 마. 절연용 보호구 및 방호구, 활선작업용 기구·장치 등의 준비·점검·착용·사용 등에 관한 사항 바. 점검·시운전을 위한 일시 운전, 작업 중단 등에 관한 사항 사. 교대 근무시 근무 인계(引繼)에 관한 사항 아. 전기작업장소에 대한 관계 근로자가 아닌 사람의 출입금지에 관한 사항 자. 전기안전작업계획서를 해당 근로자에게 교육할 수 있는 방법과 작성된 전기안전작업계획서의 평가·관리계획 차. 전기 도면, 기기 세부 사항 등 작업과 관련되는 자료
6. 굴착작업 ★★	가. **형상·지질 및 지층의 상태** 나. **균열·함수(含水)·용수 및 동결의 유무 또는 상태** 다. **매설물 등의 유무 또는 상태** 라. **지반의 지하수위 상태**	가. **굴착방법 및 순서, 토사 반출 방법** 나. **필요한 인원 및 장비 사용계획** 다. **매설물 등에 대한 이설·보호대책** 라. **사업장 내 연락방법 및 신호방법** 마. **흙막이 지보공 설치방법 및 계측계획** 바. **작업지휘자의 배치계획** 사. 그 밖에 안전·보건에 관련된 사항
7. 터널굴착작업 ★★	보링(boring) 등 적절한 방법으로 낙반·출수(出水) 및 가스폭발 등으로 인한 근로자의 위험을 방지하기 위하여 미리 지형·지질 및 지층 상태를 조사	가. **굴착의 방법** 나. **터널지보공 및 복공(覆工)의 시공방법과 용수(湧水)의 처리방법** 다. **환기 또는 조명시설을 설치할 때에는 그 방법**
8. 교량작업	-	가. **작업 방법 및 순서** 나. **부재(部材)의 낙하·전도 또는 붕괴를 방지**하기 위한 방법 다. 작업에 종사하는 **근로자의 추락 위험을 방지**하기 위한 안전조치 방법

한 눈에 들어오는 키워드

> 한 눈에 들어오는 **키**워드

작업명	사전조사 내용	작업계획서 내용
		라. 공사에 사용되는 **가설 철구조물 등의 설치 · 사용 · 해체 시 안전성 검토 방법** 마. 사용하는 **기계 등의 종류 및 성능**, 작업방법 바. **작업지휘자 배치계획** 사. 그 밖에 안전 · 보건에 관련된 사항
9. 채석작업 ★	지반의 붕괴 · 굴착기계의 굴러 떨어짐 등에 의한 근로자에게 발생할 위험을 방지하기 위한 해당 작업장의 지형 · 지질 및 지층의 상태	가. 노천굴착과 갱내굴착의 **구별 및 채석방법** 나. **굴착면의 높이와 기울기** 다. 굴착면 소단(小段)의 위치와 넓이 라. 갱내에서의 **낙반 및 붕괴 방지 방법** 마. **발파방법** 바. **암석의 분할방법** 사. **암석의 가공장소** 아. 사용하는 **굴착기계 · 분할기계 · 적재기계** 또는 **운반기계의 종류 및 성능** 자. 토석 또는 **암석의 적재 및 운반방법과 운반경로** 차. **표토 또는 용수(湧水)의 처리방법**
10. 구축물, 건축물, 그 밖의 시설물 등의 해체작업 ★★	해체건물 등의 구조, 주변 상황 등	가. **해체의 방법 및 해체 순서도면** 나. **가설설비** · 방호설비 · 환기설비 및 살수 · 방화설비 **등의 방법** 다. **사업장 내 연락방법** 라. **해체물의 처분계획** 마. 해체작업용 **기계 · 기구 등의 작업계획서** 바. 해체작업용 **화약류 등의 사용계획서** 사. 그 밖에 안전 · 보건에 관련된 사항
11. 중량물의 취급 작업	–	가. **추락위험을 예방**할 수 있는 안전대책 나. **낙하위험을 예방**할 수 있는 안전대책 다. **전도위험을 예방**할 수 있는 안전대책 라. **협착위험을 예방**할 수 있는 안전대책 마. **붕괴위험을 예방**할 수 있는 안전대책
12. 궤도와그 밖의 관련비의 보수 · 점검작업 13. 입환작업(入換作業)	–	가. 적절한 작업 인원 나. 작업량 다. 작입순서 라. 작업방법 및 위험요인에 대한 안전조치 방법 등

(2) 작업지휘자의 지정

다음 ①, ②, ③, ④의 작업 시 작업계획서를 작성한 경우 작업지휘자를 지정하여 **작업계획서에 따라 작업을 지휘**하도록 하여야 한다. 다만, 차량계 하역운반기계 등을 사용하는 작업에 대하여 작업장소에 다른 근로자가 접근할 수 없거나 한 대의 차량계 하역운반기계 등을 운전하는 작업으로서 주위에 근로자가 없어 충돌 위험이 없는 경우에는 작업지휘자를 지정하지 아니할 수 있다.

> **작업지휘자를 지정하여야 하는 작업 ★**
>
> ① 차량계 하역운반기계 등을 사용하는 작업(화물자동차를 사용하는 도로상의 주행작업은 제외한다)
> ② 굴착면의 높이가 2미터 이상이 되는 지반의 굴착작업
> ③ 교량(상부구조가 금속 또는 콘크리트로 구성되는 교량으로서 그 높이가 5미터 이상이거나 교량의 최대 지간 길이가 30미터 이상인 교량으로 한정한다)의 설치·해체 또는 변경 작업
> ④ 중량물의 취급작업
> ⑤ 항타기나 항발기를 조립·해체·변경 또는 이동하여 작업을 하는 경우

(3) 일정한 신호방법의 결정

다음 각 호의 작업을 하는 경우 일정한 신호방법을 정하여 신호하도록 하여야 하며, 운전자는 그 신호에 따라야 한다.

> **일정한 신호방법을 정하여야 하는 작업 ★**
>
> ① 양중기(揚重機)를 사용하는 작업
> ② 차량계 하역운반기계의 유도자를 배치하는 작업
> ③ 차량계 건설기계의 유도자를 배치하는 작업
> ④ 항타기 또는 항발기의 운전작업
> ⑤ 중량물을 2명 이상의 근로자가 취급하거나 운반하는 작업
> ⑥ 양화장치를 사용하는 작업
> ⑦ 궤도작업차량의 유도자를 배치하는 작업
> ⑧ 입환작업(入換作業)

5 설계변경의 요청

① 건설공사의 수급인은 가설구조물의 붕괴 등 재해발생 위험이 높다고 판단되는 경우에는 전문가의 의견을 들어 건설공사를 발주한 도급인에게 설계변경을 요청할 수 있다. 이 경우 재해발생 위험이 높다고 판단되는 경우 및 수급인이 의견을 들어야 하는 전문가에 관하여 구체적인 사항은 대통령령으로 정한다.

> **산업재해가 발생할 위험이 있다고 판단되어 설계변경을 요청할 수 있는 경우★**
> (다음 각 호의 구조물을 설치·운용할 때 구조물의 붕괴·낙하 등 재해발생의 위험이 높은 경우로 한다)
>
> ① 높이 31미터 이상인 비계(飛階)
> ② 작업발판 일체형 거푸집 또는 높이 5미터 이상인 거푸집 동바리
> ③ 터널의 지보공(支保工) 또는 높이 2미터 이상인 흙막이 지보공
> ④ 동력을 이용하여 움직이는 가설구조물

> **설계변경 시 수급인이 의견을 들어야 하는 전문가**
>
> ① 건축구조기술사(토목공사 및 터널의 지보공 또는 높이 2미터 이상인 흙막이 지보공은 제외)
> ② 토목구조기술사(토목공사로 한정한다)
> ③ 토질 및 기초 기술사(터널의 지보공 또는 높이 2미터 이상인 흙막이 지보공으로 한정한다)
> ④ 건설기계기술사(동력을 이용하여 움직이는 가설구조물로 한정한다)

② 고용노동부장관으로부터 공사 중지 또는 계획변경 명령을 받은 수급인은 설계변경이 필요한 경우에 건설공사를 발주한 도급인에게 설계변경을 요청할 수 있다.

③ 설계변경 요청을 받은 도급인은 고용노동부령으로 정하는 특별한 사유가 없으면 이를 반영하여 설계를 변경하여야 한다.

④ 설계변경 요청 내용, 절차, 그 밖에 필요한 사항은 고용노동부령으로 정한다. 이 경우 미리 국토교통부장관과 협의하여야 한다.

참고

공사기간 연장 요청
건설공사발주자는 다음 각 호의 어느 하나에 해당하는 사유로 건설공사가 지연되어 해당 건설공사 도급인이 산업재해 예방을 위하여 공사기간의 연장을 요청하는 경우에는 특별한 사유가 없으면 공사기간을 연장하여야 한다.
- 태풍·홍수 등 악천후, 전쟁·사변, 지진, 화재, 전염병, 폭동, 그밖에 계약 당사자가 통제할 수 없는 사태의 발생 등 불가항력의 사유가 있는 경우
- 건설공사발주자에게 책임이 있는 사유로 착공이 지연되거나 시공이 중단된 경우

02 건설공사 위험성 평가(위험성 추정·결정)

1 1단계 사전조사

위험성 평가 **실시 규정 작성, 평가 대상 선정, 위험성 수준 기준 설정, 허용 가능한 위험성 수준 설정, 평가에 필요한 자료를 수집**하는 단계이다.

(1) 위험성 평가 실시규정 포함사항

① 평가의 **목적 및 방법**
② 평가담당자 및 책임자의 역할
③ 평가 시기 및 절차
④ 근로자에 대한 **참여 · 공유 방법** 및 유의사항
⑤ 결과의 기록 및 보존

(2) 평가팀의 구성(건설업)

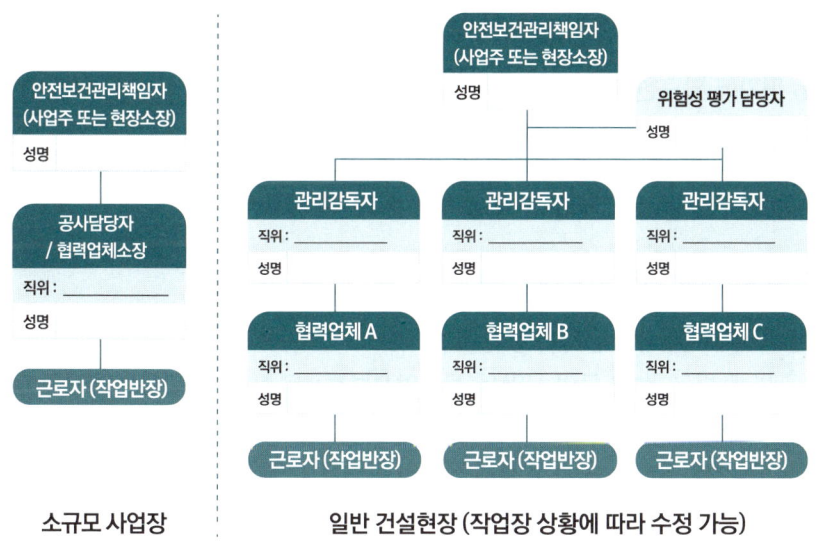

(3) 위험성 수준과 그 판단기준 등의 설정

사전에 사업주와 근로자가 모여 **유해·위험요인이 "얼마나 위험한지"에 대한 기준을 미리 정해** 객관성을 확보하고, **사업장에서 「허용 가능한 위험성의 수준」은** 어느 정도인지 미리 정하는 단계이다.

① 〈위험성 수준 설정〉			② 〈판단기준 설정〉	③ 〈허용 가능한 기준〉	
〈1단계〉	〈3단계〉	〈5단계〉			
"○"	"상"	"매우 높음"	사망 또는 영구 장애를 일으키는 재해	"허용 불가능"	감소대책 수립
		"높음"	6개월 이상의 휴업을 요하는 부상이나 질병		
	"중"	"중간"	3일~6개월 이상의 휴업을 요하는 부상이나 질병		
"×"	"하"	"낮음"	3일 미만의 휴업을 요하는 부상이나 질병	"허용 가능"	법에서 정한 기준 이상 상태 유지
		"매우 낮음"	휴업을 요하지 않는 부상이나 질병		

(4) 평가에 필요한 자료를 수집

1) 사업장의 유해·위험요인을 빠짐없이 발굴하고 적절한 위험성 감소대책을 마련하기 위해 안전보건정보(자료)를 찾고 분석하여 활용한다.

2) 활용 가능한 안전보건정보

① 작업 표준, **작업 절차서** 등의 정보
② 기계·기구, **설비 등의 사양서, 물질안전보건자료** 등 유해·위험요인 관련 정보
③ 기계·기구, 설비 등의 **공정흐름도** 등과 **작업 주변의 환경**에 관한 정보
④ **도급사업장이 있는 경우 혼재 작업의 위험성 및 작업 상황**에 관한 정보
⑤ 사업장 및 **동종·유사 사업장 재해사례, 재해통계**에 관한 정보
⑥ **작업환경 측정 자료, 근로자 건강진단 결과** 등

안전보건정보에 대한 사전조사표(예시)

작업(공정)				안전보건정보 (업종명 : ○○○ 제조업)			생산품	
원재료							근로자수	명

공정(작업) 순서	기계·기구 및 설비		유해화학물질			그 밖의 유해·위험정보
	기계·기구 설비명	수량	화학 물질명	취급량 /일	취급 시간	

						• 작업표준, 작업절차에 관한 정보
						• 기계·기구 및 설비의 사양서, 물질안전보건자료 등의 유해 위험요인에 관한 정보
						• 기계·기구 및 설비의 공정흐름과 작업주변의 환경에 관한 정보
						• 도금(일부, 전부 또는 혼재작업)(유□, 무□)
						• 재해사례, 재해통계 등에 관한 정보
						• 안전작업허가증 필요작업 유무(유□, 무□)
						• 중량물 인력취급 시 단위중량(kg) 및 취급형태 (들기□, 밀기□, 끌기□)
						• 작업환경측정 측정 유무 (측정□, 미측정□, 해당무□)
						• 근로자 건강 진단 유무 (유□, 무□)
						• 근로자 구성 및 경력특성
						
						   여성근로자 □
						   고령근로자 □
						   외국인 근로자 □
						   1년 미만 미숙련자 □
						   비정규직 근로자 □
						   장애근로자 □
						
						• 그 밖에 위험성 평가에 참고가 되는 자료 등

> **한** 눈에 들어오는 **키** 워드

② 2단계 : 유해·위험요인 파악

사업장 순회점검 및 안전보건 점검표 활용 등을 통해 사업장의 유해·위험요인을 파악하는 단계이다.

(1) 평가의 대상 ★

① 위험성 평가 대상은 "업무 중 합리적으로 예견 가능한 모든 유해·위험요인"이다.
② **매우 경미한 부상 및 질병만을 초래할 것으로 '명백히' 예상되는 유해·위험요인은 평가대상에서 제외할 수 있다.**
③ 부상 및 질병을 예상할 때는 **최악의 상황에서 가장 큰 부상 또는 질병이 일어날 것을 예상하여 기준으로 삼는다.**
④ **아차사고 사례**를 수집한 내용을 **확인**하고 사고의 원인이 된 **유해·위험요인에 대한 위험성평가를 실시**한다.(아차사고 사례를 수집하고 있지 않은 경우, 이 절차를 갖추도록 한다.)
⑤ **중대재해의 원인이 되는 유해·위험요인에 대해 지체 없이 수시 위험성 평가를 실시**한다.(누락되어 있다면 수시 위험성 평가를 실시하고 그 외 유해·위험요인에 대해서는 위험성 평가 재검토를 실시한다.)

(2) 위험성 평가 대상 분류

유해·위험요인을 파악하기 위해 작업·공정을 구분·분류한다.(작업 분류 시 연관된 작업은 별도로 구분하지 않는 것도 가능하다.)

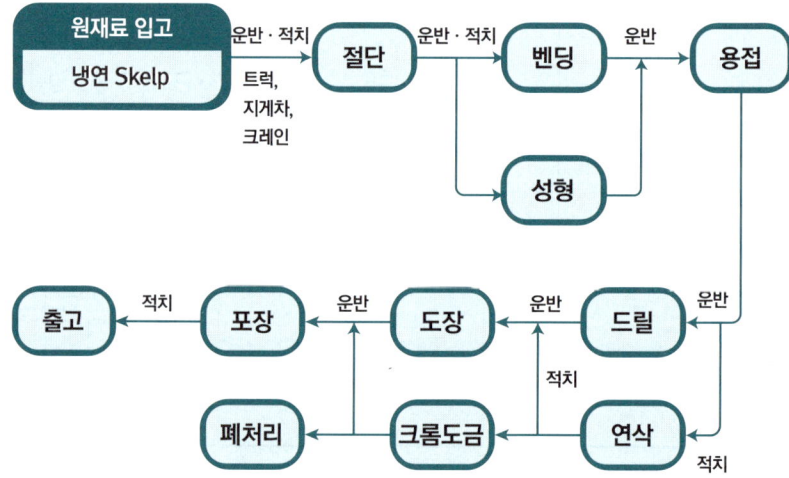

[공정 흐름도에 따른 분류 예시]

참고

1. 기타의 위험성 평가 방법
① 작업안전분석(JSA) 방법
② 위험과 운전 분석(HAZOP) 방법
③ 상대위험순위 결정(Dow and Mond Indices) 방법
④ 작업자 실수 분석(HEA) 방법
⑤ 사고 예상 질문 분석(What-if) 방법
⑥ 이상위험도 분석(FMECA) 방법
⑦ 결함수 분석(FTA) 방법
⑧ 사건수 분석(ETA) 방법
⑨ 원인결과 분석(CCA) 방법

2. 위험성 평가의 방법
① 위험성 수준 3단계 판단법, 체크리스트법, 핵심요인 기술법 등을 모두 활용할 수 있다.
② 위험성 수준 3단계 판단법, 체크리스트법, 핵심요인 기술법은 중소 사업장에서 쉽고 간편하게 사용할 수 있는 방법이다.
③ 「위험성 수준 3단계 판단법」을 우선 권하지만 유해·위험요인이 극히 적은 사업장은 「체크리스트법」을 사용할 수 있고, 단순·단기작업, 유지보수 작업은 「핵심요인 기술법」을 사용할 수 있으며, 사업장에 따라 적절하게 조합하여 실시할 수도 있다.
④ 기존에 빈도·강도법을 통해 위험성평가를 적절하게 실시해 왔다면 단순히 쉽고 간단하다는 이유만으로 방법을 변경할 필요는 없다. 빈도·강도법은 위험성 수준을 더 정확히 파악할 수 있는 방법이다.

(3) 유해·위험요인을 파악하는 방법

1) 순회점검에 의한 방법

위험성 평가 **수행자(평가팀)가** 정기적으로 사업장을 순회 점검하여 기계·기구 및 설비나 작업의 유해·위험요인을 **파악**하는 방법

※ 특별한 사정이 없으면 "사업장 순회점검에 의한 방법"이 포함되어야 함

사전준비	유의사항
• 사업장에서 발생한 재해와 질병 기록 • 이전에 실시한 점검사항의 기록 • 유해·위험작업 또는 설비의 목록	• 점검자는 사업장 작업에 정통할 것 • 측정이 필요한 경우 계측기 등을 준비할 것 • 교대 작업인 경우 점검 시간대를 조정할 것 • 점검이후 필요한 때마다 점검자 회의를 개최할 것

2) 근로자들의 상시적 제안에 의한 방법

사업장의 **위험성을 가장 잘 알 수 있는 근로자들이 제안을 할 수 있는 창구를 마련하여 유해·위험요인을 파악**하는 방법

사전준비	유의사항
• 사내 근로자의 제안 절차 마련 및 시행 • 포상이나 인센티브제도 마련	• 제안에 따른 불이익이 없도록 할 것 • 근로자의 제안에 대해 실제 반영을 검토할 것 • 제안 내용 및 제안에 따른 결과를 공유할 것 • 근로자가 이해할 수 있는 언어로 제도를 설명할 것 • 참여를 제한하는 관행 및 장벽의 제거

3) 설문조사·인터뷰 등 청취조사에 의한 방법

위험성 평가 **수행자가** 현장 근로자와의 면담을 통해 직접 경험한 기계·기구 및 설비나 작업의 **유해·위험요인을 파악**하는 방법

사전준비	유의사항
• 청취 대상을 누구로 할 것인지 사전에 선정 • 현재 작업에 어느 정도 정통한 사람, 안전보건에 관한 교육을 받은 사람, 유해·위험요인에 대한 판단이 가능한 사람 등 현장 책임자가 바람직함	• 청취조사는 계획에 따라 실시하되, 조사표를 사용할 것 • 특정한 사람으로 한정하지 말 것 • 청취조사 과정에서 개인정보 보호(비밀유지)

4) 안전보건자료에 의한 방법

재해 조사보고서, 건강진단, 아차사고 등 안전보건자료를 참고하여 **유해 · 위험요인을 파악**하는 방법

사전준비	유의사항
• 산업안전보건위원회 등의 회의록 또는 기록 • 발생한 사고나 질병의 보고서 • 작업환경 측정이나 건강진단의 실시 결과 • 물질안전보건자료 • 작업 전 안전점검 회의(TBM) 등 안전 · 보건 활동 기록 등	• 사고가 발생했을 때 수행하고 있던 작업 또는 원인을 대상으로 할 것 • 건강진단에서는 유소견자의 작업 또는 원인을 대상으로 할 것 • 기존 안전보건활동에 의해 파악 및 기록된 사항을 포함할 것

5) 체크리스트에 의한 방법

사업장에서 이뤄지는 **작업에 대하여 안전보건 체크리스트를 작성하여 유해 · 위험요인을 파악**하는 방법

사전준비	유의사항
작업의 목록화	• 작업 중 부상이나 질병으로 이어질 수 있는 유해 · 위험 요인을 도출 • 작업의 단계별로 유해 · 위험요인을 기재

(4) 유해 · 위험요인에 포함 가능한 요인 ★

① 사용**기계 · 기구**, 사용**물질 자체의 위험요인**
② 소음, 분진, 유해물질 등 **작업환경과 관련된 유해요인**
③ 작업방법 및 작업 중 예상되는 **근로자의 불안전한 행동**
④ 작업 장소 간 **화물이동(운반)의 위험요인**
⑤ **보수 및 수리 등 비정형 작업에 대한 위험요인**
⑥ 안전보건관련 **조직, 교육, 검사 등 관리적 결함사항 등**

(5) 위험성과 현재의 안전 · 보건조치를 확인

유해·위험요인 파악을 위한 방법론(접근법)의 핵심적인 질문은 다음과 같다.
- **유해 · 위험요인은 무엇인가?**
- 유해·위험요인에 **노출되는 사람은 누구인가?**
- 유해·위험요인으로부터 **어떻게 부상이나 질병으로 이어지는가?**

기계류(수직형 드릴)의 유해 · 위험요인 파악의 예				
유해 · 위험요인 파악				
직업	위험구역	시나리오		
		유해 · 위험요인	위험한 상황	위험한 사건
공구교환	작업구역	날카로운 공구에 의한 손의 베임	공구를 장착 및 고정하는 작업	불시 기동으로 인한 회전하는 공구와 접촉

3 3단계 : 위험성 결정

유해 · 위험요인별 위험성을 사업장이 설정한 **허용 가능한 위험성의 기준과 비교하여 위험성의 수준이 허용 가능한지 여부를 판단**하는 단계이다.

(1) 위험성의 수준을 높게 분류하여야 하는 경우

① 「산업안전보건법」 등에서 규정하는 사항을 만족하지 않는 경우
② 중대재해나 건강장해가 일어날 것이 명확하게 예상되는 경우
③ 많은 근로자가 위험에 노출될 것이 예상되는 경우
④ 동종업계 등에서 발생한 중대재해와 연관이 있는 유해 · 위험요인 등

(2) 위험성 평가의 방법

1) 위험성 수준 3단계 판단법

위험성 결정을 위해 유해·위험요인의 위험성을 가늠하고 판단할 때, **위험성 수준을 상 · 중 · 하 또는 고 · 중 · 저와 같이 간략하게 구분**하고, 직관적으로 이해할 수 있도록 위험성의 수준을 표시하는 방법이다.

2) 체크리스트법

유해·위험요인을 파악하고, **유해·위험요인별로 체크리스트를 만들어 위험성을 줄이기 위한 현재 조치가 적정한지 아닌지 "○" 또는 "×"으로 표시하는 방법**이다.

① 목록에 제시된 유해·위험요인의 위험성과 현재 조치사항을 종합하여, 그 **위험성이 우리 사업장에서 허용 가능한 수준의 위험인지 여부를 판단**한다.

② 체크리스트가 **지나치게 단순하게 작성되었거나, 주관적으로 작성된 경우 중요한 유해·위험요인을 빠트릴 수 있으므로 주의**하여야 한다.

　예 이 프레스는 위험한가? (×)
　　→ 이 프레스는 작업 시 광전자식 방호장치가 제대로 작동하는가? (○)

3) 핵심요인 기술법

① 영국 산업안전보건청(HSE), 국제노동기구(ILO)에서 **위험성 수준이 높지 않고, 유해·위험요인이 많지 않은 중·소규모 사업장의 위험성평가를 위해 제시한 방법**의 하나이다.

② 단계적으로 **핵심 질문에 답변하는 방법으로 간략하게 위험성평가를 실시**할 수 있다.

③ "유해·위험요인은 무엇인지?" "누가, 어떻게 피해를 입는지?" "현재 시행 중인 안전조치는 무엇인지?" "추가적으로 필요한 조치는 무엇인지?"의 **질문에 단계적으로 답변하며 위험성을 결정하고, 위험성 감소대책을 수립**하여 시행하게 된다.

4) 빈도·강도법

사업장에서 파악된 유해·위험요인이 얼마나 위험한지를 판단하기 위해 **위험성의 빈도(가능성)와 강도(중대성)를 곱셈, 덧셈, 행렬 등의 방법으로 조합하여 위험성의 크기(수준)를 산출**해 보고, 이 위험성의 크기가 **허용 가능한 수준인지 여부를 살펴보는 방법**이다.

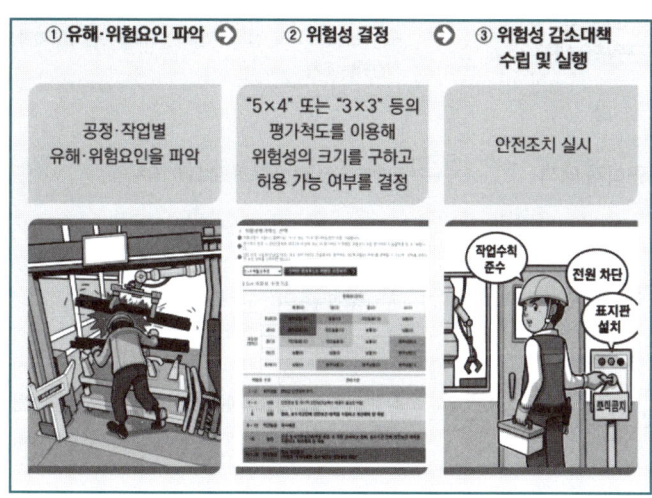

4 4단계 : 위험성 감소대책 수립 및 실행

위험성 평가 결과 허용 불가능한 위험성을 합리적으로 실천 가능한 범위에서 가능한 낮은 수준으로 감소시키기 위한 대책을 수립하고 시행하는 단계이다.

1) 파악된 유해·위험요인 중 중대재해 발생 위험, 다수의 근로자가 위험에 노출되거나 질병발생 위험, 동종업종 사업장의 사고발생 또는 질병발생 사례 등이 있는 항목의 개선대책은 우선적으로 선정하여 가장 빨리 개선하여야 한다.

2) 위험성 감소를 위한 대책 수립 시에는 다음 순서를 고려하여 위험성 감소대책을 마련한다.

   산업안전보건법에 규정된 방법을 최우선으로 검토 → 제거·대체(본질적 대책) → 공학적 대책 → 관리적 대책 → 개인보호구

3) 감소대책 실행 후 해당 공정 또는 작업의 위험성 수준이 사전에 자체 설정한 허용 가능한 위험성의 범위인지 재확인하고 조치토록 한다.

법령 등에 규정된 사항의 실시 (해당 사항이 있는 경우)

① 본질적 (근원적) 대책 ── 위험한 작업의 폐지·변경, 유해·위험물질 또는 유해·위험요인이 보다 적은 재료로의 대체, 설계나 계획단계에서 위험성을 제거 또는 저감하는 조치

▼

② 공학적 대책 ── 인터록, 안전장치, 방호문, 국소배기장치 등

▼

③ 관리적 대책 ── 매뉴얼 정비, 출입금지, 노출관리, 교육훈련 등

▼

④ 개인 보호구의 사용 ── 상기①~③의 조치를 취하더라도 제거·감소할 수 없었던 위험성에 대해서만 실시

유해·위험 요인	제거·대체	공학적 대책	관리적 대책	개인보호구
건설현장 개구부	설계·시공 시 개구부 최소화	안전난간 또는 덮개 설치	'추락 위험' 표지판 설치	안전모·안전대 착용
끼임 위험 기계·기구	끼임 위험이 없는 자동화 기계 도입	덮개 등 방호장치 설치	'Lock Out, Tag Out' 안전작업허가제 도입	말려 들어갈 위험이 없는 작업복 착용
유해 화학물질	유해물질 제거 또는 저독성 물질로 대체 예) 메탄올 → 에탄올	• 국소배기장치 설치 • 누출방지 조치 등	• 작업절차서 준수 • 작업환경 측정을 통한 노출 관리	방독마스크, 내화학장갑, 보안경 등 착용
인화성 가스	인화성 완화 예) 아세틸렌 → LPG	• 전기설비 방폭 조치(점화원 관리) • 가스검지기·긴급 차단장치연동설치 • 환기·배기 장치 설치	• 작업절차서 준수 • 정비작업 허가제 도입	• 제전작업복 착용 • 가스검지기 휴대 • 방폭공구 사용
밀폐공간	밀폐공간 내부 기계·기구 제거 예) 내부 모터 → 외부 모터	• 환기·배기장치 설치 • 유해가스 경보기 설치	• 출입금지 표지설치 • 작업허가제 도입 • 감시인 배치	송기마스크

> 한 눈에 들어오는 **키**워드

5 5단계 : 위험성 평가의 공유

주요 결과와 근로자들이 담당하는 작업에서의 유해·위험요인, 그 위험성 수준, **위험성 감소를 위해 해야 할 일들을 공유하는 단계**

(1) 근로자에게 위험성 평가를 실시한 결과를 공유해야 할 내용

① 근로자가 종사하는 **작업과 관련된 유해·위험요인**
② 유해·위험요인의 **위험성 결정 결과**
③ 유해·위험요인의 **위험성 감소대책과 그 실행 계획 및 실행 여부**
④ 위험성 감소대책에 따라 **근로자가 준수하거나 주의하여야 할 사항**

6 6단계 : 기록 및 보존

위험성 평가 실시내용을 확인하기 위해 **위험성 평가의 결과를 기록하고 보존하는 단계**

평가 예시

1. 작업공종

철근작업 : 철근 반입 - 철근 가공 및 운반 - 철근조립

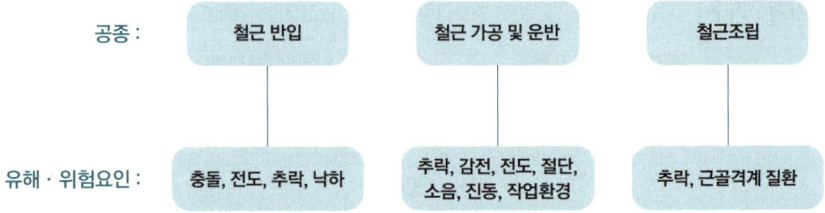

2. 유해·위험요인

작업형태	유해·위험요인
철근 가공 및 운반	철근 가공을 위한 **운반작업에서 가공물의 낙하**, 위험한 표면에 부딪힘, **불안정한 운송수단에 가공물의 낙하**, 철근가공기의 작동에 의한 **전기감전위험**, 과도한 소음 및 진동발생, 가공기 취급 부주의로 인한 절단위험

3. 위험성 추정 및 위험성 결정

위험성 추정은 **부상이나 질병의 발생가능성과 중대성의 곱셈식으로 산출**하다.

위험성 추정 및 위험성 결정 예

※ 위험의 발생 가능성이 상(3)이고, 위험의 중대성이 대(3)인 경우 위험성 추정 값은 9점(높음)에 해당하여 즉시 개선대책을 실행하여야 하는 단계임

(1) 위험의 발생 가능성(빈도)

구분	가능성	기준
상	3	• 발생 가능성이 높음 • 실제 유해위험요인에 노출되는 시간이 매일 6시간 이상인 경우
중	2	• 발생 가능성이 있음 • 실제 유해위험요인에 노출되는 시간이 매일 2~6시간인 경우
하	1	• 발생 가능성이 낮음 • 실제 유해위험요인에 노출되는 시간이 매일 2시간 미만인 경우

(2) 위험의 중대성(강도)

구 분	중대성	기계의 장점
대	3	• 사망을 초래할 수 있는 사고 • 화학물질, 분진, 소음 등 노출기준(권고기준)을 초과 • 발암성, 변이원성, 생식독성 물질 취급 • 직업병 유소견자 발생
중	2	• 실명, 절단 등 상해를 초래할 수 있는 사고 • 의료기관의 치료를 요하는 사고 • 화학물질, 분진, 소음 등 노출기준(권고기준)의 50% 이상인 경우
소	1	• 아차사고를 초래할 수 있는 경우 • 화학물질, 분진, 소음 등 노출기준(권고기준)의 50% 미만인 경우

(3) 위험성 추정표

가능성(빈도) \ 중대성(강도)	대 (3)	중 (2)	소 (1)
상 (3)	높음 (9)	높음 (6)	보통 (3)
중 (2)	높음 (6)	보통 (4)	낮음 (2)
하 (1)	보통 (3)	낮음 (2)	낮음 (1)

* 위험성 결정은 유해·위험요인의 발생 가능성과 중대성을 평가하여 3단계의 낮음(1~2), 보통(3~4), 높음(6~9)로 구분하였고, 평가점수가 높은 순서대로 관리우선 순위를 결정하였다.

(4) 위험성 결정

위험성 수준		관리기준	비고
1~2	낮음	현재상태 유지	근로자에게 유해위험성 정보 및 주기적인 안전보건 교육의 제공
3~4	보통	개선	안전보건대책을 수립하고 개선하며, 현재 설치되어 있는 환기장치의 효율성 검토 및 성능개선 실시
6~9	높음	즉시 개선	작업을 지속하려면 즉시개선을 실행해야 함

4. 위험성 감소대책 수립 및 실행

위험성을 결정한 후 개선조치가 필요한 **"보통" 및 "높음" 위험에 해당하는 작업 및 공정은 감소대책을 수립하여 개선 후 위험성 수준이 "낮음"에 해당하도록** 하였고, 담당자를 지정하여 조치가 이루어질 수 있도록 조치 요구일과 조치 완료일 명기하고, 개선조치가 완료되었을 경우 완료여부를 확인할 수 있도록 하였다.

위험성 평가표

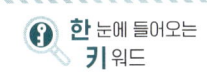

회사명 : ○○건설(주)   공정대분류 : 철근가공 및 운반   세부분류 : 철근가공 및 운반작업   위험성평가 실시일 : 2023년 08월 01일

분류	원인	유해위험요인 파악 유해위험요인	관련근거 법규/노출기준 등	현재 안전보건조치	현재 위험성 가능성(빈도)	현재 위험성 중대성(강도)	현재 위험성 위험성	감소대책 NO	감소대책 세부내용
1. 기계적 요인	1.2 위험한 표면 (절단, 베임, 긁힘)	철근제품의 가공 및 운반시 위험한 표면에 부딪힘, 찔림	산업안전보건기준 제38조(사전조사 및 작업계획서의 작성 등)	1. 인력운반 2인 1조 작업 2. 장갑착용	1	2	낮음(2)	NO	1. 정비작업 시 학차주의 2. 운반 정돈작업 시 손 찔림 및 협착주의
	1.3 기계(설비)의 낙하, 비래, 전복, 붕괴, 전도위험 부분	철근가공을 위한 운반시 인양물의 낙하	산업안전보건기준 제38조(낙하물에 의한 위험의 방지)	1. 안전모 착용	2	3	높음(6)	1-1.3	1. 유도자 배치 2. 이동경로 접근금지
	1.6 추락위험 부분 (개구부 등)	철근의 인양작업 중 가공물의 낙하	산업안전보건기준 제14조(낙하물에 의한 위험의 방지)	1. 인양물 후크의 해지장치 설치	1	3	보통(3)		졸비운업으로 이상 유무 확인 및 주변 코앤드 사용
2. 전기적 요인	2.1 감전(안전전압초과)	철근 가공기 작동시 감전위험 발생	산업안전보건기준 제302조(전기 기계·기구의 접지)	1. 철근가공기의 외함 접지	2	2	낮음(2)		1. 우천시 외의작업 중지 2. 정기점 코앤드 사용
5. 작업특성요인	5.1 소음	철근 절단작업시 과도한 소음 발생	산업안전보건기준 제516조(청력보호구의 지급 등)	1. 청력보호구 착용	2	1	낮음(2)		귀마개 착용
	5.3 진동	철근 절단 및 작업시 과도한 진동 발생	산업안전보건기준 제518조(진동보호구의 지급 등)	1. 일정 건강 휴식 부여	2	2	보통(4)	1-5.3	1. 방진장갑 지급 및 착용
	5.7 중량물 취급작업	철근절단 및 정각시 증과한 험의 사용	산업안전보건기준 제659조(작업환경개선)	1. 근골격계질환예방 교육 실시 2. 스트레칭 교육 실시	2	1	낮음(2)		1. 무리한 작업 금지 및 일정 건강 휴식
6. 작업환경요인	6.1 기후/고온/한랭	외부 작업으로 인한 고온, 한랭의 환경에 노출	제562조(고열장해 예방 조치) 제563조(한랭장해 예방 조치)	1. 쾌적한 작업환경 공간 마련	2	1	낮음(2)		1. 일정건강 휴식 및 휴게실 설치 2. 냉난방기 설치 제공
	6.3 공간 및 이동통로	협소한 작업공간으로 인한 철근 제품의 이동시 충돌		1. 신호수 배치	2	1	낮음(2)		안전통로 확보

CHAPTER 03 건설업 산업안전보건관리비 관리

01 건설업 산업안전보건관리비 규정

> **주요내용 알고 가기!**
> - 산업안전보건관리비 계상방법
> - 산업안전보건관리비의 사용내역 및 사용 제외 항목

1 산업안전보건관리비 계상 및 사용

(1) 건설공사 등의 산업안전보건관리비 계상

> **참고**
> **건설업 산업안전보건관리비**
> 산업재해 예방을 위하여 건설공사 현장에서 직접 사용되거나 해당 건설업체의 본사에 설치된 안전담당부서에서 법령에 규정된 사항을 이행하는 데 소요되는 비용을 말한다.

1) 건설공사 발주자가 도급계약을 체결하거나 건설공사의 시공을 주도하여 총괄·관리하는 자(건설공사발주자로부터 건설공사를 최초로 도급받은 수급인은 제외한다) 가 건설공사 사업계획을 수립할 때에는 고용노동부장관이 정하여 고시하는 바에 따라 산업재해 예방을 위하여 사용하는 비용("**산업안전보건관리비**")을 **도급금액 또는 사업비에 계상(計上)하여야 한다.**

2) 건설공사 **도급인은 산업안전보건관리비를 법에서 정하는 바에 따라 사용**하고 고용노동부령으로 정하는 바에 따라 그 **사용명세서를 작성하여 보존**하여야 한다.

> **기출**
> **산업안전보건관리비의 효율적인 집행을 위하여 고용노동부장관이 정할 수 있는 기준**
> - 공사의 진척 정도에 따른 사용 기준
> - 사업의 규모별·종류별 사용 방법 및 구체적인 내용
> - 그 밖에 산업안전보건관리비 사용에 필요한 사항

3) **선박의 건조 또는 수리를 최초로 도급받은 수급인은** 사업 계획을 수립할 때에는 고용노동부장관이 정하여 고시하는 바에 따라 **산업안전보건관리비를 사업비에 계상하여야 한다.**

4) 건설공사 도급인 또는 선박의 건조 또는 수리를 최초로 도급받은 수급인은 **산업안전보건관리비를 산업재해 예방 외의 목적으로 사용해서는 아니 된다.**

(2) 적용범위 : 산업안전보건법 제2조 제11호의 **건설공사 중 총 공사금액 2천만 원 이상인 공사에 적용**한다. 다만, 단가계약에 의하여 행하는 공사에 대하여는 총 계약금액을 기준으로 적용한다.

(3) 산업안전보건관리비의 사용

① 건설공사 **도급인은** 도급금액 또는 사업비에 계상(計上)된 산업안전보건관리비의 범위에서 그의 **관계 수급인에게 해당 사업의 위험도를 고려하여 적정하게 산업안전보건관리비를 지급**하여 사용하게 할 수 있다.

② 건설공사 도급인은 산업안전보건관리비를 사용하는 해당 **건설공사의 금액이 4천만원 이상인 때에는 매월**(건설공사가 1개월 이내에 종료되는 사업의 경우에는 해당 건설공사가 끝나는 날이 속하는 달을 말한다) **사용명세서를 작성하고, 건설공사 종료 후 1년 동안 보존**해야 한다. ★

③ **공사금액 1억원 이상 120억원(토목공사업에 속하는 공사는 150억원) 미만인 공사**와 「건축법」에 따른 **건축허가의 대상이 되는 공사**의 건설공사발주자 또는 건설공사도급인(건설공사발주자로부터 건설공사를 최초로 도급받은 수급인은 제외한다)은 해당 **건설공사를 착공하려는 경우 건설재해예방전문지도기관과 건설 산업재해 예방을 위한 지도계약을 체결**하여야 한다. 다만, 다음 각 호의 어느 하나에 해당하는 공사는 제외한다.

> **산업안전보건관리비 사용 시 재해예방 전문지도기관의 지도를 받지 않아도 되는 공사** ★
> - 공사기간이 1개월 미만인 공사
> - 육지와 연결되지 아니한 섬지역(제주특별자치도는 제외한다)에서 이루어지는 공사
> - 사업주가 안전관리자의 자격을 가진 사람을 선임(같은 광역 자치단체의 지역 내에서 같은 사업주가 경영하는 셋 이하의 공사에 대하여 공동으로 안전관리자 자격을 가진 사람 1명을 선임한 경우를 포함한다)하여 안전관리자의 업무만을 전담하도록 하는 공사
> - 유해·위험 방지계획서를 제출하여야 하는 공사

④ 건설공사의 건설공사 발주자 또는 건설공사 도급인(건설공사 도급인은 건설공사발주자로 부터 건설공사를 최초로 도급받은 수급인은 제외한다)은 **건설 산업재해 예방을 위한 지도계약을 해당 건설공사 착공일의 전날까지 체결**해야 한다.

(4) 산업안전보건관리비 계상기준

① 발주자가 도급계약 체결을 위한 원가계산에 의한 예정가격을 작성하거나, 자기공사자가 건설공사 사업 계획을 수립할 때에는 안전보건관리비를 계상하여야 한다. 다만, 발주자가 **재료를 제공**하거나 일부 물품이 완제품의 형태로 제작·납품되는 경우에는 해당 **재료비** 또는 완제품 가액을 대상액에 포함하여 산출한 안전보건관리비와 해당 **재료비** 또는 완제품 가액을 대상액에서 제외하고 산출한 안전보건관리비의 1.2배에 해당하는 값을 비교하여 그 중 작은 값 이상의 금액으로 계상한다.

① 발주자의 재료비 포함 산업안전보건관리비
② 발주자의 재료비 제외한 산업안전보건관리비 × 1.2
①, ② 중 작은 값 이상으로 한다.

산업안전보건관리비의 계상 ★★

1. **대상액이 5억원 미만 또는 50억원 이상**
   산업안전보건관리비 = 대상액(재료비+직접 노무비) × 비율

2. **대상액이 5억원 이상 50억원 미만**
   산업안전보건관리비 = 대상액(재료비+직접 노무비) × 비율 + 기초액(C)

3. **대상액이 명확하지 않은 경우** : 도급계약 또는 자체사업계획상 책정된 **총 공사금액의 10분의 7에 해당하는 금액을 대상액으로** 하고 제1호 및 제2호에서 정한 기준에 따라 계상

② 발주자는 계상한 안전보건관리비를 입찰공고 등을 통해 입찰에 참가하려는 자에게 알려야 한다.

③ 발주자와 건설공사도급인 중 자기공사자를 제외하고 발주자로부터 해당 건설공사를 최초로 도급받은 수급인(도급인)은 공사계약을 체결할 경우 계상된 안전보건관리비를 공사도급계약서에 별도로 표시하여야 한다.

④ **하나의 사업장 내에 건설공사 종류가 둘 이상인 경우**(분리발주한 경우를 제외한다)에는 **공사금액이 가장 큰 공사종류를 적용**한다.

⑤ 발주자 또는 자기공사자는 **설계변경 등으로 대상액의 변동이 있는 경우 지체 없이 산업안전보건관리비를 조정 계상**하여야 한다. 다만, 설계변경으로 공사금액이 800억 원 이상으로 증액된 경우에는 증액된 대상액을 기준으로 재 계상한다.

설계변경 시 산업안전보건관리비 조정 · 계상 방법

1. 설계변경에 따른 산업안전보건관리비는 다음 계산식에 따라 산정한다.
   설계변경에 따른 산업안전보건관리비
   = 설계변경 전의 산업안전보건관리비 + 설계변경으로 인한 안전관리비 증감액

2. 설계변경으로 인한 산업안전보건관리비 증감액은 다음 계산식에 따라 산정한다.
   설계변경으로 인한 산업안전보건관리비 증감액
   = 설계변경 전의 산업안전보건관리비 × 대상액의 증감 비율

3. 대상액의 증감 비율은 다음 계산식에 따라 산정한다. 이 경우, 대상액은 예정가격 작성 시의 대상액이 아닌 설계변경 전·후의 도급계약서상의 대상액을 말한다.
   대상액의 증감 비율
   = [(설계변경 후 대상액 − 설계변경 전 대상액) / 설계변경 전 대상액] × 100%

용어정의

산업안전보건관리비 대상액 : 공사원가계산서 구성항목 중 **직접재료비, 간접재료비와 직접노무비를 합한 금액**(발주자가 재료를 제공할 경우에는 해당 재료비를 포함한 금액)을 말한다.

[확인]
산업안전보건관리비 계상법의 예

[경우 1]
건축공사로
직접재료비 10억 원,
직접노무비 30억 원
공사인 경우 산업안전보건관리비
= (40억 원 × 0.0228)
  + 4,325,000원
= 95,525,000원

[경우 2]
토목공사로 대상액의 구분이 되어 있지 않으며 총 공사금액이 100억 원일 경우
1. 대상액
   = 100억 원 × 0.7
   = 7,000,000,000원
2. 산업안전보건관리비
   = 7,000,000,000원 × 0.026
   = 182,000,000원

[별표 1. 공사종류 및 규모별 안전관리비 계상기준표]

구분 공사 종류	대상액 5억 원 미만인 경우 적용비율 (%)	대상액 5억 원 이상 50억원 미만인 경우		대상액 50억 원 이상인 경우 적용비율 (%)	보건관리자 선임 대상 건설공사의 적용비율 (%)
		적용비율 (%)	기초액		
건축공사	3.11(%)	2.28(%)	4,325천원	2.37(%)	2.64(%)
토목공사	3.15(%)	2.53(%)	3,300천원	2.60(%)	2.73(%)
중건설공사	3.64(%)	3.05(%)	2,975천원	3.11(%)	3.39(%)
특수건설공사	2.07(%)	1.59(%)	2,450천원	1.64(%)	1.78(%)

[별표 2. 공사진척에 따른 안전관리비 사용기준]

공정률	사용기준
50퍼센트 이상 70퍼센트 미만	50퍼센트 이상
70퍼센트 이상 90퍼센트 미만	70퍼센트 이상
90퍼센트 이상	90퍼센트 이상

※ 공정률은 기성공정률을 기준으로 한다.

예제

다음 [보기]의 건설공사에 적합한 산업안전보건관리비를 계상하시오.

[보기]
수자원시설공사(댐), 재료비와 직접노무비의 합이 4,500,000,000원인 경우

[정답]
1. 수자원시설공사(댐) → 중건설공사
2. · 대상액 = 재료비 + 직접 노무비 = 4,500,000,000원
   · 대상액이 5억 원 이상 50억원 미만이므로
   산업안전보건관리비 = 대상액(재료비 + 직접 노무비) × 비율 + 기초액(C)
   = 4,500,000,000원 × 0.0305 + 2,975,000원
   = 140,225,000원

한 눈에 들어오는 키워드

용어정의

자기공사자 : 발주자와 건설업을 행하는 자가 같은 경우를 말한다.

참고

건설공사의 종류

1. 건축공사
   가. 「건설산업기본법 시행령」에 따라 토지에 정착 하는 공작물 중 지붕과 기둥(또는 벽)이 있는 것과 이에 부수되는 시설물을 건설하는 공사 및 이와 함께 부대하여 현장 내에서 행하는 공사
   나. 「건설산업기본법 시행령」의 전문공사로서 건축물과 관련하여 분리하여 발주되었고 시간적·장소적으로도 독립하여 행하는 공사

2. 토목공사
   가. 「건설산업기본법 시행령」에 따라 토목 공작물을 설치하거나 토지를 조성·개량하는 공사, '라'목 종합적인 계획, 관리 및 조정에 따라 산업의 생산시설, 환경 오염을 예방·제거 재활용하기 위한 시설, 에너지 등의 생산·저장·공급시설 등의 건설공사 및 이와 함께 부대하여 현장 내에서 행하는 공사
   나. 「건설산업기본법 시행령」의 전문공사로서 같은 표 제1호 건축공사 외의 시설물과 관련하여 분리하여 발주되었고 시간적·장소적으로도 독립하여 행하는 공사

3. 중건설공사
   가. 고제방 댐 공사 등
      · 댐 신설공사, 제방신설공사와 관련한 제반시설공사
   나. 화력, 수력, 원자력, 열병합 발전시설 등 설치공사
      · 화력, 수력, 원자력, 열병합 발전시설과 관련된 신설공사 및 제반시설공사

한눈에 들어오는 키워드

다. 터널신설공사 등
- 도로, 철도, 지하철 공사로서 터널, 교량, 토공사 등이 포함된 복합시설물로 구성된 공사에 있어 터널 공사비 비중이 가장 큰 비중을 차지하는 건설공사

4. 특수 건설 공사
「건설산업기본법 시행령」에 따라 수목원, 공원, 녹지, 숲의 조성 등 경관 및 환경을 조성·개량 등의 건설공사로서 조경공사에 해당하는 공사와 아래 각목에 따른 건설공사 중 다른 공사와 분리하여 발주되었고 시간적·장소적으로도 독립하여 행하는 공사
가. 「전기공사업법」에 의한 공사
나. 「정보통신공사업법」에 의한 공사
다. 「소방공사업법」에 의한 공사
라. 「문화재수리공사업법」에 의한 공사

기출

산업안전보건관리비의 사용
- 수급인 또는 자체사업을 하는 자가 사업의 일부를 타인에게 도급하려는 경우에는 도급금액 또는 사업비에 계상된 산업안전보건관리비의 범위에서 그의 수급인에게 해당 사업의 위험도를 고려하여 적정하게 산업안전보건관리비를 지급하여 사용하게 할 수 있다.
- 사업주는 고용노동부장관이 정하는 바에 따라 해당 공사를 위하여 계상된 산업안전보건관리비를 그가 사용하는 근로자와 그의 수급인이 사용하는 근로자의 산업재해 및 건강장해 예방에 사용하고 그 사용명세서를 작성하고 공사 종료 후 1년간 보존하여야 한다.

2 산업안전보건 관리비의 사용기준 ★

(1) 수급인 또는 자기공사자는 안전관리비를 항목별 사용기준에 따라 건설사업장에서 **근무하는 근로자의 산업재해 및 건강장해 예방을 위한 목적으로만 사용**하여야 한다.

(2) 산업안전보건관리비의 사용내역 ★★

① 안전관리자·보건관리자 임금 등
② 안전시설비 등
③ 보호구 등
④ 안전보건진단비 등
⑤ 안전보건교육비 등
⑥ 근로자 건강장해예방비 등
⑦ 건설재해예방전문지도기관 기술지도비
⑧ 본사 전담조직 근로자 임금 등
⑨ 위험성 평가 등에 따른 소요비용

(3) 산업안전보건관리비의 세부 사용항목 ★★

1. 안전관리자 · 보건관리자의 임금 등

① 안전관리 또는 보건관리 업무만을 전담하는 **안전관리자 또는 보건관리자의 임금과 출장비 전액**(지방고용노동관서에 선임 보고한 날부터 발생한 비용에 한정한다.)
② 안전관리 또는 보건관리 업무를 전담하지 않는 안전관리자 또는 보건관리자의 임금과 출장비의 각각 **2분의 1에 해당하는 비용**(지방고용노동관서에 선임 보고한 날부터 발생한 비용에 한정한다.)
③ 안전관리자를 선임한 건설공사 현장에서 산업재해 예방 업무만을 수행하는 작업지휘자, 유도자, 신호자 등의 임금 전액
④ 작업을 직접 지휘·감독하는 직·조·반장 등 관리감독자의 직위에 있는 자가 업무를 수행하는 경우에 지급하는 업무수당(임금의 10분의 1 이내)

2. 안전시설비 등

① 산업재해 예방을 위한 **안전난간, 추락방호망, 안전대 부착설비, 방호장치**(기계·기구와 방호장치가 일체로 제작된 경우, 방호장치 부분의 기액에 한함) 등 안전시설의 구입·임대 및 설치 등을 위해 소요되는 비용
② **스마트 안전장비 구입·임대 비용**. 다만, 계상된 산업안전보건관리비 총액의 10분의 2를 초과할 수 없다.
③ 용접 작업 등 화재 위험작업 시 사용하는 소화기의 구입·임대비용

3. 보호구 등

① 보호구의 구입·수리·관리 등에 소요되는 비용
② 근로자가 **보호구를 직접 구매·사용**하여 합리적인 범위 내에서 **보전하는 비용**
③ **안전관리자** 등의 업무용 피복, 기기 등을 **구입**하기 위한 비용
④ **안전관리자 및 보건관리자**가 안전보건 점검 등을 목적으로 건설공사 현장에서 **사용하는 차량의 유류비·수리비·보험료**

4. 안전보건진단비 등

① **유해위험방지계획서의 작성** 등에 소요되는 비용
② **안전보건진단에 소요**되는 비용
③ **작업환경 측정에 소요**되는 비용
④ 그 밖에 산업재해예방을 위해 법에서 지정한 전문기관 등에서 실시하는 진단, 검사, 지도 등에 소요되는 비용

5. 안전보건교육비 등

① **의무교육**이나 이에 준하여 실시하는 교육을 위해 **건설공사 현장의 교육 장소 설치·운영** 등에 소요되는 비용
② **산업재해 예방이 주된 목적인 교육을 실시하기 위해 소요**되는 비용
③ 「응급의료에 관한 법률」에 따른 **안전보건교육 대상자** 등에게 **구조 및 응급처치에 관한 교육을 실시하기 위해 소요**되는 비용
④ 안전보건관리책임자, 안전관리자, 보건관리자가 **업무수행을 위해 필요한 정보를 취득하기 위한 목적으로 도서, 정기간행물을 구입**하는 데 소요되는 비용
⑤ 건설공사 현장에서 **안전기원제 등 산업재해 예방을 기원하는 행사를 개최**하기 위해 소요되는 비용. 다만, 행사의 방법, 소요된 비용 등을 고려하여 사회통념에 적합한 행사에 한한다.
⑥ 건설공사 **현장의 유해·위험요인을 제보하거나 개선방안을 제안한 근로자를 격려하기 위해 지급**하는 비용

6. 근로자 건강장해예방비 등

① 법에서 정하거나 그에 준하여 필요한 **각종 근로자의 건강장해 예방에 필요한 비용**
② **중대재해** 목격으로 발생한 **정신질환을 치료**하기 위해 소요되는 비용
③ 「감염병의 예방 및 관리에 관한 법률」에 따른 **감염병의 확산 방지를 위한 마스크, 손소독제, 체온계 구입비용 및 감염병병원체 검사**를 위해 소요되는 비용
④ **휴게시설**을 갖춘 경우 **온도, 조명 설치·관리기준을 준수**하기 위해 소요되는 비용
⑤ 건설공사 현장에서 근로자 심폐소생을 위해 사용되는 **자동심장충격기(AED) 구입**에 소요되는 비용
⑥ **온열·한랭질환**으로부터 근로자 건강장해를 **예방하기 위한 임시 휴게시설 설치·해체·임대 비용 및 냉·난방기기의 임대 비용**

7. 건설재해예방전문지도기관의 지도에 대한 대가로 자기공사자가 지급하는 비용

> [참고]
>
> **안전·보건관계자의 범위**
> - 안전보건관리책임자
> - 안전보건총괄책임자
> - 안전관리자
> - 보건관리자
> - 관리감독자
> - 명예산업안전감독관
> - 안전·보건보조원
> - 본사 안전전담부서안전전담 직원

> [참고]
>
> **관리감독자 안전보건업무 수행 시 수당지급 작업**
> 1. 건설용 리프트·곤돌라를 이용한 작업
> 2. 콘크리트 파쇄기를 사용하여 행하는 파쇄작업(2미터 이상인 구축물 파쇄에 한정한다)
> 3. 굴착 깊이가 2미터 이상인 지반의 굴착작업
> 4. 흙막이지보공의 보강, 동바리 설치 또는 해체작업
> 5. 터널 안에서의 굴착작업, 터널 거푸집의 조립 또는 콘크리트 작업
> 6. 굴착면의 깊이가 2미터 이상인 암석 굴착 작업
> 7. 거푸집보공의 조립 또는 해체 작업
> 8. 비계의 조립, 해체 또는 변경 작업
> 9. 건축물의 골조, 교량의 상부구조 또는 탑의 금속제의 부재에 의하여 구성되는 것(5미터 이상에 한정한다)의 조립, 해체 또는 변경작업
> 10. 콘크리트 공작물(높이 2미터 이상에 한정한다)의 해체 또는 파괴 작업
> 11. 전압이 75볼트 이상인 정전 및 활선작업
> 12. 맨홀작업, 산소결핍장소에서의 작업
> 13. 도로에 인접하여 관로, 케이블 등을 매설하거나 철거하는 작업
> 14. 전주 또는 통신주에서의 케이블 공중가설작업

> **한 눈에 들어오는 키워드**
>
> **참고**
>
> **스마트 안전장비**
> 무선설비 및 무선통신을 이용하여 건설공사 현장의 안전을 관리하는 장비 또는 장비를 구축·운영하는 체계 또는 시스템을 말한다.
> - 건설근로자 위치추적, 무선신호 송수신 모니터링, 위치관제 시스템 등 실시간 근로자의 안전관리를 위한 장비
>   - 근로자안전을 위한 위치파악용 센서 등 장비
>   - 근로자 위치정보를 송수신하는 유무선 통신네트워크
>   - 실시간 위치기반 작업자 안전관제 및 위급상황 발생시 긴급구호 등을 위한 시스템
> - 고정식 및 이동식 지능형 CCTV를 설치하여 건설현장 위험지역 작업자 실시간 영상관제 및 이상발생 경고알림 장비
> - 작업지시, 위험성평가서, 안전점검일지, 안전작업허가서 등을 스마트폰과 PC로 수행하고 안전관리서류를 DB화하여 위험분석 및 조치를 통해 안전사고 예방하는 장비
> - 위험요소 스마트 모니터링 시스템
>   - 가설흙막이 원격계측 장비, 구조물균열 감지 장비, 중장비의 근로자 접근감지 장비, 밀폐공간에서의 일산화탄소·가스 등 유해물질 측정장비 등 위험요소 장비 및 위험요소 장비와 연동하여 건설현장 위험 사전예측 및 경고, 대응을 위한 모니터링 시스템
> - 고소작업시 안전고리 미체결 시 경고음 발생 장비와 이를 현장관리자에게 정보를 전송하는 장치 및 시스템

8. 「중대재해 처벌 등에 관한 법률」에 해당하는 건설사업자가 아닌 자가 운영하는 사업에서 안전보건 업무를 총괄·관리하는 3명 이상으로 구성된 본사 전담조직에 소속된 근로자의 임금 및 업무수행 출장비 전액. 다만, 산업안전보건관리비 총액의 20분의 1을 초과할 수 없다.

9. 위험성 평가 또는 유해·위험요인 개선을 위해 필요하다고 판단하여 산업안전보건위원회 또는 노사협의체에서 사용하기로 **결정한 사항을 이행하기 위한 비용**(산업안전보건위원회 또는 노사협의체가 없는 현장의 경우에는 안전 및 보건에 관한 협의체에서 결정한 사항을 이행하기 위한 비용을 말한다). 계상된 산업안전보건관리비 총액의 10분의 15를 초과할 수 없다.

(4) 도급인 및 자기공사자는 **다음 각 호의 어느 하나에 해당하는 경우에는 산업안전보건관리비를 사용할 수 없다.** ★

① 「(계약예규)예정가격작성기준」 중 **"경비"에 해당되는 비용**(단, 산업안전보건관리비 제외)
② **다른 법령에서 의무사항으로 규정한 사항**을 이행하는 데 필요한 비용
③ **근로자 재해예방 외의 목적**이 있는 시설·장비나 **물건 등을 사용하기 위해 소요되는 비용**
④ **환경관리, 민원 또는 수방대비 등 다른 목적이 포함된 경우**

(5) 도급인 및 자기공사자는 공사진척에 따른 산업안전보건관리비 사용기준을 준수하여야 한다. 다만, 건설공사발주자는 건설공사의 특성 등을 고려하여 사용기준을 달리 정할 수 있다.

(6) 도급인 및 자기공사자는 도급금액 또는 사업비에 계상된 산업안전보건관리비의 범위에서 그의 관계수급인에게 해당 사업의 위험도를 고려하여 적정하게 산업안전보건관리비를 지급하여 사용하게 할 수 있다.

(7) 사용내역의 확인

① 도급인은 산업안전보건관리비 사용내역에 대하여 **공사 시작 후 6개월마다 1회 이상 발주자 또는 감리자의 확인을 받아야 한다. 다만, 6개월 이내에 공사가 종료되는 경우에는 종료 시 확인을 받아야 한다.** ★
② 발주자, 감리자 및 관계 근로감독관은 산업안전보건관리비 사용내역을 수시 확인할 수 있으며, 도급인 또는 자기공사자는 이에 따라야 한다.
③ 발주자 또는 감리자는 산업안전보건관리비 사용내역 확인 시 기술지도 계약 체결, 기술지도 실시 및 개선 여부 등을 확인하여야 한다.

(8) 실행예산의 작성 및 집행

① **공사금액 4천만 원 이상의 도급인 및 자기공사자는** 공사실행예산을 작성하는 경우에 해당 공사에 사용하여야 할 **산업안전보건관리비의 실행예산을 계상된 산업안전보건관리비 총액 이상으로 별도 편성**해야 하며, 이에 따라 안전보건관리비를 사용하고 산업안전보건관리비 사용내역서를 작성하여 해당 공사현장에 갖추어 두어야 한다. ★

② 도급인 및 자기공사자는 산업안전보건관리비 실행예산을 작성하고 집행하는 경우에 선임된 해당 사업장의 안전관리자가 참여하도록 하여야 한다.

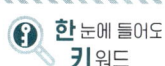

CHAPTER 04 건설현장 안전시설 관리

01 안전시설 설치 및 관리

> **주요내용 알고 가기!**
>
> - 방망의 구조
> - 안전난간의 구조 및 설치요건
> - 토석붕괴의 내적, 외적원인
> - 굴착면의 기울기 및 높이 기준
> - 흙막이 지보공을 설치한 때 점검 사항
> - 잠함 또는 우물통의 내부에서 굴착작업시 급격한 침하로 인한 위험방지 조치
> - 터널 굴착작업시 시공계획 작성
> - 자동경보장치의 작업시작전 점검
> - 터널 지보공을 설치한 때 점검 사항
> - 낙하·비래 위험방 조치
> - 낙하물방지망 또는 방호선반을 설치시 준수사항
> - 투하설비의 설치
> - 방망사의 강도
> - 안전대의 구분
> - 굴착작업시 조사사항

1 추락재해 및 대책

(1) 추락 발생원인

① 작업발판 불량   ② 작업장 정리정돈 불량   ③ 안전대 미착용
④ 추락방호망 미설치   ⑤ 안전난간 미설치

(2) 추락에 의한 위험방지

1) 추락의 방지

① 근로자가 추락하거나 넘어질 위험이 있는 장소[작업발판의 끝·개구부(開口部) 등을 제외한다] 또는 기계·설비·선박블록 등에서 작업을 할 때에 근로자가 위험해질 우려가 있는 경우 비계(飛階)를 조립하는 등의 방법으로 **작업발판을 설치**하여야 한다.

② **작업발판을 설치하기 곤란한 경우 추락방호망을 설치**하여야 한다. 다만, **추락방호망을 설치하기 곤란한 경우에는 근로자에게 안전대를 착용**하도록 하는 등 추락위험을 방지하기 위하여 필요한 조치를 하여야 한다.

③ 사업주는 추락방호망을 설치하는 경우에는 한국산업표준에서 정하는 성능기준에 적합한 추락방호망을 사용하여야 한다.

④ 사업주는 **작업발판 및 추락방호망을 설치하기 곤란한 경우**에는 근로자로 하여금 **3개 이상의 버팀대를 가지고 지면으로부터 안정적으로 세울 수 있는 구조를 갖춘 이동식 사다리를 사용하여 작업**을 하게 할 수 있다.

2) 개구부 등의 방호 조치 ★

① 작업발판 및 통로의 끝이나 개구부로서 **근로자가 추락할 위험이 있는 장소에는 안전난간, 울타리, 수직형 추락방망 또는 덮개 등의 방호 조치를 충분한 강도를 가진 구조로 튼튼하게 설치**하여야 하며, **덮개를 설치하는 경우에는 뒤집히거나 떨어지지 않도록 설치**하여야 한다. 이 경우 어두운 장소에서도 알아볼 수 있도록 개구부임을 표시해야 하며, 수직형 추락방망은 한국산업표준에서 정하는 성능기준에 적합한 것을 사용해야 한다.

② **난간 등을 설치하는 것이 매우 곤란**하거나 작업의 필요상 **임시로 난간 등을 해체하여야 하는 경우 추락방호망을 설치**하여야 한다. 다만, **추락방호망을 설치하기 곤란한 경우에는 근로자에게 안전대를 착용**하도록 하는 등 추락할 위험을 방지하기 위하여 필요한 조치를 하여야 한다.

3) 안전대의 부착설비

① 추락할 위험이 있는 **높이 2미터 이상의 장소에서 근로자에게 안전대를 착용시킨 경우 안전대를 안전하게 걸어 사용할 수 있는 설비 등을 설치**하여야 한다. 이러한 안전대 부착설비로 지지로프 등을 설치하는 경우에는 처지거나 풀리는 것을 방지하기 위하여 필요한 조치를 하여야 한다.

② **안전대 및 부속설비의 이상 유무를 작업을 시작하기 전에 점검**하여야 한다.

4) 지붕 위에서의 위험 방지 ★

① 사업주는 근로자가 지붕 위에서 작업을 할 때에 추락하거나 넘어질 위험이 있는 경우에는 다음 각 호의 조치를 해야 한다.
- 지붕의 가장자리에 안전난간을 설치할 것
- 채광창(skylight)에는 견고한 구조의 덮개를 설치할 것
- 슬레이트 등 강도가 약한 재료로 덮은 지붕에는 폭 30센티미터 이상의 발판을 설치할 것 ★

한 눈에 들어오는 키워드

> **참고**
>
> 사업주는 작업발판 및 추락방호망을 설치하기 곤란한 경우에는 근로자로 하여금 3개 이상의 버팀대를 가지고 지면으로부터 안정적으로 세울 수 있는 구조를 갖춘 이동식 사다리를 사용하여 작업을 하게 할 수 있다. 이 경우 사업주는 근로자가 다음 각 호의 사항을 준수하도록 조치해야 한다.
> ① 평탄하고 견고하며 미끄럽지 않은 바닥에 이동식 사다리를 설치할 것
> ② 이동식 사다리의 넘어짐을 방지하기 위해 다음 각 목의 어느 하나 이상에 해당하는 조치를 할 것
>   • 이동식 사다리를 견고한 시설물에 연결하여 고정할 것
>   • 아웃트리거(outrigger, 전도방지용 지지대)를 설치하거나 아웃트리거가 붙어있는 이동식 사다리를 설치할 것
>   • 이동식 사다리를 다른 근로자가 지지하여 넘어지지 않도록 할 것
> ③ 이동식 사다리의 제조사가 정하여 표시한 이동식 사다리의 최대사용하중을 초과하지 않는 범위 내에서만 사용할 것
> ④ 이동식 사다리를 설치한 바닥면에서 높이 3.5미터 이하의 장소에서만 작업할 것
> ⑤ 이동식 사다리의 최상부 발판 및 그 하단 디딤대에 올라서서 작업하지 않을 것(다만, 높이 1미터 이하의 사다리는 제외한다.)
> ⑥ 안전모를 착용하되, 작업 높이가 2미터 이상인 경우에는 안전모와 안전대를 함께 착용할 것
> ⑦ 이동식 사다리 사용 전 변형 및 이상 유무 등을 점검하여 이상이 발견되면 즉시 수리하거나 그 밖에 필요한 조치를 할 것

한눈에 들어오는 키워드

용어정의

1. **방망**: 그물코가 다수 연속된 것
2. **매듭**: 그물코의 정점을 만드는 방망사의 매듭
3. **테두리 로프**: 방망주변을 형성하는 로우프
4. **재봉사**: 테두리로우프와 방망을 일체화하기 위한 실
5. **달기 로프**: 방망을 지지점에 부착하기 위한 로우프
6. **시험용사**: 등속인장시험에 사용하기 위한 것으로서 방망사와 동일한 재질의 것

참고

테두리로프 및 달기로프의 강도
- 테두리로프 및 달기로프는 "등속인장시험"을 행한 경우 인장강도가 1,500kg 이상이어야 한다.
- 시험편의 유효길이는 로우프 직경의 30배 이상으로 시험편 수는 5개 이상으로 하고, 산술평균하여 로우프의 인장강도를 산출한다.

② 사업주는 작업 환경 등을 고려할 때 ① **조치를 하기 곤란한 경우에는 추락방호망을 설치**해야 한다. 다만, 사업주는 작업 환경 등을 고려할 때 **추락방호망을 설치하기 곤란한 경우에는 근로자에게 안전대를 착용**하도록 하는 등 추락 위험을 방지하기 위하여 필요한 조치를 해야 한다.

5) 승강설비의 설치

높이 또는 깊이가 2미터를 초과하는 장소에서 작업하는 경우 해당 작업에 종사하는 **근로자가 안전하게 승강하기 위한 건설작업용 리프트 등의 설비를 설치**하여야 한다. 다만, 승강설비를 설치하는 것이 작업의 성질상 곤란한 경우에는 그러하지 아니하다.

6) 울타리의 설치

근로자에게 작업 중 또는 **통행 시 굴러 떨어짐으로 인하여 근로자가 화상·질식 등의 위험에 처할 우려가 있는 케틀(kettle), 호퍼(hopper), 피트(pit) 등**이 있는 경우에 그 위험을 방지하기 위하여 필요한 장소에 **높이 90센티미터 이상의 울타리를 설치**하여야 한다.

7) 조명의 유지

근로자가 **높이 2미터 이상에서 작업을 하는 경우** 그 작업을 안전하게 하는 데에 **필요한 조명**을 유지하여야 한다.

(3) 추락방호망

1) 추락방호망의 설치 ★★

> **추락방호망의 설치기준 ★★**
>
> ① 추락방호망의 설치위치는 가능하면 작업면으로부터 가까운 지점에 설치하여야 하며, **작업면으로부터 망의 설치지점까지의 수직거리는 10미터를 초과하지 아니할 것**
> ② 추락방호망은 수평으로 설치하고, 망의 처짐은 짧은 변 길이의 12퍼센트 이상이 되도록 할 것
> ③ 건축물 등의 바깥쪽으로 설치하는 경우 망의 내민 길이는 벽면으로부터 3미터 이상되도록 할 것. 다만, 그물코가 20밀리미터 이하인 망을 사용한 경우에는 낙하물방지망을 설치한 것으로 본다.

2) 방망의 구조

① 소재
  합성섬유 또는 그 이상의 물리적 성질을 갖는 것이어야 한다.

② 그물코

　사각 또는 마름모로서 그 **크기는 10센티미터 이하**이어야 한다.

③ 방망의 종류

　매듭방망으로서 매듭은 원칙적으로 단매듭을 한다.

④ 테두리 로프와 방망의 재봉

　테두리 로프는 각 그물코를 관통시키고 서로 중복됨이 없이 재봉사로 결속한다.

⑤ 테두리 로프 상호의 접합

　테두리 로프를 중간에서 결속하는 경우는 충분한 강도를 갖도록 한다.

⑥ 달기 로프의 결속

　달기 로프는 3회 이상 엮어 묶는 방법 또는 이와 동등 이상의 강도를 갖는 방법으로 테두리 로프에 결속하여야 한다.

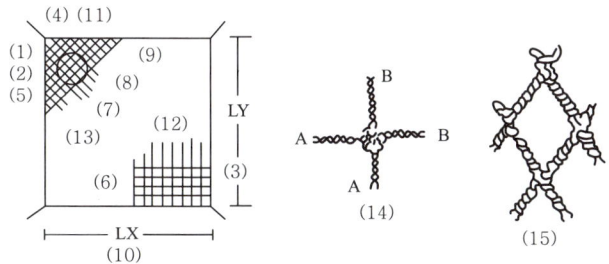

[그림 1] 넷트 각부의 명칭

번호	명칭	번호	명칭
1	방망사	9	매듭
2	테두리로우프	10	재봉치수
3	재봉사	11	방망
4	달기 로프	12	사각그물코
5	중간 달기 로프	13	마름모그물코
6	실험용사	14	매듭방망
7	그물코	15	매듭없는 방망
8	그물코 치수		

3) 방망사의 강도

방망사는 시험용사로부터 채취한 시험편의 양단을 인장시험기로 시험하거나 또는 이와 유사한 방법으로시 등속인장시험을 한 경우 그 강노는 [표 1] 및 [표 2]에 정한 값 이상이어야 한다.

> ※ 문제
>
> 10cm 그물코인 방망을 설치한 경우에 망 밑부분에 충돌위험이 있는 바닥면 또는 기계설비와의 수직거리(H_2)는 얼마 이상이어야 하는가? (단, L(1개의 방망일 때 가장 짧은 변의 길이) = 12m, A(방망 주변의 지지점 간격) = 6m)
>
> ㉮ 10.2m　㉯ 12.2m
> ㉰ 14.2m　㉱ 16.2m
>
> [해설]
> 10cm 그물코이며 L ≥ A이므로 방망과 바닥면의 높이
> $H_2 = 0.85L = 0.85 \times 12$
> 　　 = 10.2m(L ≥ A일 때)
>
> 정답 ㉮

[표 1 방망사의 신품에 대한 인장강도 ★]

그물코의 크기 (단위 : 센티미터)	방망의 종류(단위 : 킬로그램)	
	매듭 없는 방망	매듭방망
10	240	200
5		110

[표 2 방망사의 폐기 시 인장강도 ★]

그물코의 크기 (단위 : 센티미터)	방망의 종류(단위 : 킬로그램)	
	매듭 없는 방망	매듭방망
10	150	135
5		60

4) 방망의 사용방법

[방망의 허용 낙하높이]

높이 종류 조건	낙하높이(H_1)		방망과 바닥면 높이(H_2)	
	단일방망	복합방망	10센티미터 그물코	5센티미터 그물코
L<A	$\frac{1}{4}(L+2A)$	$\frac{1}{5}(L+2A)$	$\frac{0.85}{4}(L+3A)$	$\frac{0.95}{4}(L+3A)$
L≥A	3/4L	3/5L	0.85L	0.95L

또, L, A의 값은 [그림 2], [그림 3]에 의한다.

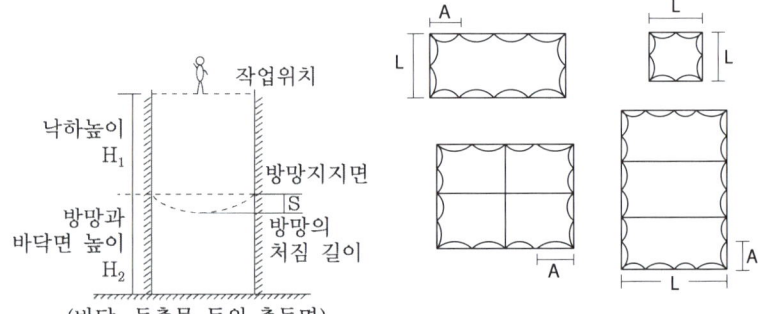

[그림 2]   [그림 3 L과 A의 관계]

5) 지지점의 강도 ★

지지점의 강도는 다음 각 호에 의한 계산 값 이상이어야 한다.

① 방망 지지점은 **600킬로그램의 외력에 견딜 수 있는 강도**를 보유하여야 한다.
② 연속적인 구조물이 방망 지지점인 경우의 **외력 계산**

$$F = 200 \times B$$

여기에서 **F는 외력**(단위 : 킬로그램), **B는 지지점간격**(단위 : m)이다.

참고

지지재료에 따른 허용응력 (단위 : kg/cm²)

허용응력 지지재료	압축	인장	전단	휨	부착
일반구조용강재	2,400	2,400	1,350	2,400	
콘크리트	4주 압축강도의 2/3	4주 압축강도의 1/15			14(경량골재를 사용하는 것은 12)

6) 정기시험 ★

① 방망의 정기시험은 **사용개시 후 1년 이내**로 하고, **그 후 6개월마다 1회씩** 정기적으로 시험용사에 대해서 **등속인장시험**을 하여야 한다. 다만, 사용상태가 비슷한 다수의 방망의 시험용사에 대하여는 무작위 추출한 5개 이상을 인장시험 했을 경우 다른 방망에 대한 등속 인장시험을 생략할 수 있다.
② 방망의 마모가 현저한 경우나 방망이 유해가스에 노출된 경우에는 사용 후 시험용사에 대해서 인장시험을 하여야 한다.

7) 사용 제한

다음 각 호의 1에 해당하는 방망은 사용하지 말아야 한다.

① 방망사가 **규정한 강도 이하인 방망**
② 인체 또는 이와 동등 이상의 무게를 갖는 **낙하물에 대해 충격을 받은 방망**
③ **파손한 부분을 보수하지 않은 방망**
④ **강도가 명확하지 않은 방망**

8) 방망의 표시

방망에는 보기 쉬운 곳에 다음 각 호의 사항을 표시하여야 한다.

① 제조자명
② 제조연월
③ 재봉치수
④ 그물코
⑤ 신품인 때의 방망의 강도

(4) 안전난간의 구조 및 설치요건 ★★

안전난간의 구조 ★★

① 상부 난간대, 중간 난간대, 발끝막이판 및 난간기둥으로 구성할 것
② 상부 난간대
- 상부 난간대는 바닥면 등으로부터 90센티미터 이상 지점에 설치
- 상부 난간대를 120센티미터 이하에 설치하는 경우 : 중간 난간대는 상부 난간대와 바닥면 등의 중간에 설치
- 120센티미터 이상 지점에 설치하는 경우 : 중간 난간대를 2단 이상으로 설치, 난간의 상하 간격은 60센티미터 이하가 되도록 할 것(다만, 난간기둥 간의 간격이 25센티미터 이하인 경우에는 중간 난간대를 설치하지 않을 수 있다.)
③ 발끝막이판은 바닥면 등으로부터 10센티미터 이상의 높이를 유지할 것.(다만, 물체가 떨어지거나 날아올 위험이 없거나 그 위험을 방지할 수 있는 망을 설치하는 등 필요한 예방 조치를 한 장소는 제외)
④ 난간기둥은 상부 난간대와 중간 난간대를 견고하게 떠받칠 수 있도록 적정한 간격을 유지할 것
⑤ 상부 난간대와 중간 난간대는 난간 길이 전체에 걸쳐 **바닥면등과 평행을 유지**할 것
⑥ **난간대는 지름 2.7센티미터 이상의 금속제 파이프**나 그 이상의 강도가 있는 재료일 것
⑦ **안전난간**은 구조적으로 가장 취약한 지점에서 가장 취약한 방향으로 작용하는 **100킬로그램 이상의 하중**에 견딜 수 있는 튼튼한 구조일 것

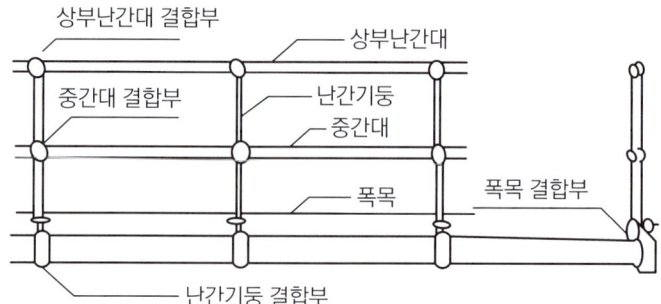

추락방호망의 구조

① 소재	합성섬유 또는 그 이상의 물리적 성질을 갖는 것			
② 그물코	사각 또는 마름모로서 그 크기는 10센티미터 이하			
③ 방망 지지점의 강도	• 600킬로그램의 외력에 견딜 수 있는 강도를 보유할 것 • 연속적인 구조물이 방망 지지점인 경우의 외력 계산 $$F = 200 \times B$$ 여기서, F는 외력(단위 : 킬로그램), B는 지지점간격(단위 : m)이다.			
④ 방망의 정기시험	사용개시 후 1년 이내로 하고, 그 후 6개월마다 1회씩 정기적으로 시험용사에 대해서 등속인장시험을 하여야 한다.			
⑤ 방망의 표시	제조자명, 제조연월, 재봉치수, 그물코, 신품인 때의 방망의 강도			
⑥ 추락방호망의 인장강도	[방망사의 신품에 대한 인장강도]			
	그물코의 크기 (단위 : 센티미터)	방망의 종류(단위 : 킬로그램)		
		매듭 없는 방망	매듭방망	
	10	240	200	
	5		110	
	[방망사의 폐기 시 인장강도]			
	그물코의 크기 (단위 : 센티미터)	방망의 종류(단위 : 킬로그램)		
		매듭 없는 방망	매듭방망	
	10	150	135	
	5		60	

(5) 추락방지 보호구

1) 안전대의 구분 ★★

종류	사용 구분
벨트식	1개 걸이용
	U자 걸이용
안전그네식	추락방지대
	안전블록

2) 안전대의 선정 ★

① **U자 걸이용**은 전주 위에서의 작업과 같이 **발받침은 확보되어 있어도 불완전하여 체중의 일부는 U자 걸이로 하여 안전대에 지지하여야만 작업**을 할 수 있으며, 1개 걸이의 상태로서는 사용하지 않는 경우에 선정해야 한다.

② **1개 걸이용**은 **안전대에 의지하지 않아도 작업할 수 있는 발판이 확보**되었을 때 사용한다.

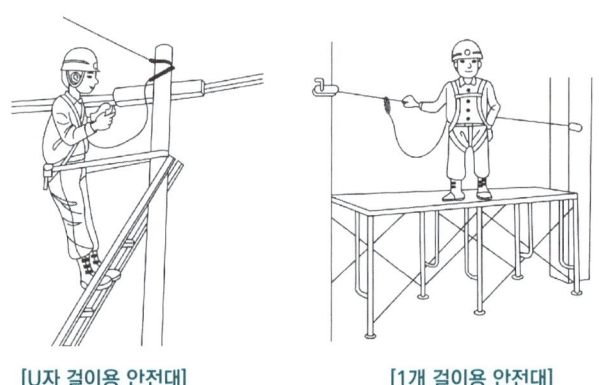

[U자 걸이용 안전대]   [1개 걸이용 안전대]

3) 안전대의 보관

① 직사광선이 닿지 않는 곳
② 통풍이 잘되며 습기가 없는 곳
③ 부식성 물질이 없는 곳
④ 화기 등이 근처에 없는 곳

한 눈에 들어오는 키워드

※ 문제

추락 시 로프의 지지점에서 최하단까지의 거리 h를 계산하면? (단, 로프의 길이는 150cm, 로프의 신율은 30%이며 근로자의 신장은 180cm임)

㉮ 2.70m ㉯ 2.85m
㉰ 3.00m ㉱ 3.15m

[해설]
h = 로프의 길이
　 + 로프의 신장길이
　 + 작업자 키의 1/2
h = 150 + (150 × 0.3) + (180 × 1/2) = 285cm = 2.85m

[참고]
로프를 지지한 위치에서 바닥면까지의 거리를 H라 하면 H > h 가 되어야만 한다.

정답 ㉯

[확인]
안전그네 ★
신체지지의 목적으로 전신에 착용하는 띠 모양의 것으로서 상체 등 신체 일부분만 지지하는 것은 제외한다.

안전블록 ★
안전그네와 연결하여 추락발생 시 추락을 억제할 수 있는 자동 잠김장치가 갖추어져 있고 죔줄이 자동적으로 수축되는 장치를 말한다.

U자걸이 ★
안전대의 죔줄을 구조물 등에 U자모양으로 돌린 뒤 훅 또는 카라비너를 D링에, 신축조절기를 각링 등에 연결하는 걸이 방법을 말한다.

1개걸이 ★
죔줄의 한쪽 끝을 D링에 고정시키고 훅 또는 카라비너를 구조물 또는 구명줄에 고정시키는 걸이 방법을 말한다.

4) 폐기

다음 각 호의 1의 규정에 해당되는 안전대는 폐기하여야 한다.

부위	폐기 기준
로프	• 소선에 손상이 있는 것 • 페인트, 기름, 약품, 오물 등에 의해 변화된 것 • 비틀림이 있는 것 • 횡마로 된 부분이 헐거워진 것
벨트	• 끝 또는 폭에 1밀리미터 이상의 손상 또는 변형이 있는 것 • 양끝의 헤짐이 심한 것
재봉부분	• 재봉 부분의 이완이 있는 것 • 재봉실이 1개소 이상 절단되어 있는 것 • 재봉실의 마모가 심한 것
D링 부분	• 깊이 1밀리미터 이상 손상이 있는 것(그림의 X부분) • 눈에 보일 정도로 변형이 심한 것 • 전체적으로 녹이 슬어 있는 것 [D링]
후크, 버클부분	• 후크와 갈고리 부분의 안쪽에 손상이 있는 것(그림의 X부분) • 후크 외측에 깊이 1밀리미터 이상의 손상이 있는 것 • 이탈 방지장치의 작동이 나쁜 것 • 전체적으로 녹이 슬어 있는 것 • 변형되어 있거나 버클의 체결상태가 나쁜 것 [후크]

2 붕괴재해 및 대책

(1) 토석붕괴의 원인

토석붕괴의 외적원인 ★★	① 사면, 법면의 **경사 및 기울기의 증가** ② **절토 및 성토 높이의 증가** ③ 공사에 의한 **진동 및 반복 하중의 증가** ④ 지표수 및 지하수의 침투에 의한 **토사 중량의 증가** ⑤ **지진, 차량, 구조물의 하중작용** ⑥ 토사 및 암석의 혼합층 두께
토석붕괴의 내적원인 ★	① 절토 사면의 토질 · 암질 ② 성토 사면의 토질구성 및 분포 ③ 토석의 강도 저하

(2) 굴착작업 사전 점검사항

사업주는 굴착작업을 할 때에 토사 등의 붕괴 또는 낙하에 의한 위험을 미리 방지하기 위하여 다음 각 호의 사항을 점검해야 한다.
① **작업장소 및 그 주변의 부석 · 균열의 유무**
② **함수(含水) · 용수(湧水) 및 동결의 유무 또는 상태의 변화**

(3) 굴착면의 붕괴 등에 의한 위험 방지

① 사업주는 지반 등을 굴착하는 경우 **굴착면의 기울기를 기준에 맞도록 해야 한다.** 다만, 건설기준에 맞게 작성한 설계도서상의 굴착면의 기울기를 준수하거나 흙막이 등 기울기면의 붕괴 방지를 위하여 적절한 조치를 한 경우에는 그렇지 않다.
② 사업주는 **비가 올 경우를 대비하여 측구(側溝)를 설치**하거나 **굴착경사면에 비닐을 덮는 등** 빗물 등의 침투에 의한 붕괴재해를 예방하기 위하여 필요한 조치를 해야 한다.

한 눈에 들어오는 키워드

용어정의

붕괴 · 도괴 : 토사, 적재물, 구조물, 건축물, 가설물 등이 전체적으로 허물어져 내리거나 또는 주요부분이 꺾어져 무너지는 경우를 말한다.

참고

절토작업 시 준수사항
- 상부에서 붕락 위험이 있는 장소에서의 작업은 금하여야 한다.
- 상 · 하부 동시작업은 금지하여야 하나 부득이한 경우 다음 각 목의 조치를 실시한 후 작업하여야 한다.
  ① 견고한 낙하물 방호시설 설치
  ② 부석 제거
  ③ 작업장소에 불필요한 기계 등의 방치 금지
  ④ 신호수 및 담당자 배치
- 굴착면이 높은 경우는 계단식으로 굴착하고 소단의 폭은 수평거리 2m 정도로 하여야 한다.
- 사면경사 1 : 1 이하이며 굴착면이 2m 이상일 경우는 안전대 등을 착용하고 작업해야 하며 부석이나 붕괴하기 쉬운 지반은 적절한 보강을 하여야 한다.
- 우천 또는 해빙으로 토사붕괴가 우려되는 경우에는 작업 전 점검을 실시하여야 하며, 특히 굴착면 천단부 주변에는 중량물의 방치를 금하며 대형 건설기계 통과 시에는 적절한 조치를 확인하여야 한다.
- 절토면을 장기간 방치할 경우는 경사면을 가마니 쌓기, 비닐덮기 등 적절한 보호 조치를 하여야 한다.

(4) 굴착작업 시 위험방지(굴착작업 시 토사 등의 붕괴 또는 낙하에 의한 위험 방지 조치) ★★

사업주는 굴착작업 시 토사 등의 붕괴 또는 낙하에 의하여 근로자에게 위험을 미칠 우려가 있는 경우에는 미리 그 위험을 방지하기 위하여 필요한 조치를 해야 한다.

① 흙막이 지보공의 설치
② 방호망의 설치
③ 근로자의 출입 금지 등

(5) 굴착기계 등에 의한 위험 방지

사업주는 굴착작업 시 굴착기계 등을 사용하는 경우 다음 각 호의 조치를 해야 한다.

① **굴착기계 등의 사용으로** 가스도관, 지중전선로, 그 밖에 **지하에 위치한 공작물이 파손되어** 그 결과 **근로자가 위험해질 우려가 있는 경우에는** 그 기계를 사용한 **굴착작업을 중지할 것**
② 굴착기계 등의 **운행경로 및 토석(土石) 적재장소의 출입방법을 정하여** 관계 근로자에게 주지시킬 것

(6) 굴착기계 등의 유도

① 사업주는 굴착작업을 할 때에 **굴착기계 등이 근로자의 작업장소로 후진하여 근로자에게 접근하거나 굴러 떨어질 우려가 있는 경우에는 유도자를 배치하여 굴착기계 등을 유도**하도록 해야 한다.
② 운반기계 등의 운전자는 유도자의 유도에 따라야 한다.

(7) 토사붕괴의 예방 조치

① **적절한 경사면의 기울기를 계획**하여야 한다.
② 경사면의 기울기가 당초 계획과 차이가 발생되면 즉시 재검토하여 계획을 변경시켜야 한다.
③ **활동할 가능성이 있는 토석은 제거**하여야 한다.
④ **경사면의 하단부에 압성토 등 보강공법으로 활동에 대한 저항대책을 강구**하여야 한다.
⑤ **말뚝(강관, H형강, 철근 콘크리트)을 타입하여 지반을 강화**시킨다.

> **참고**
> **옹벽축조 시 준수 사항**
> - 수평방향의 연속시공을 금하며, 브럭으로 나누어 단위시공 단면적을 최소화하여 분단시공을 한다.
> - 하나의 구간을 굴착하면 방치하지 말고 즉시 버팀 콘크리트를 타설하고 기초 및 본체구조물 축조를 마무리 한다.
> - 절취경사면에 전석, 낙석의 우려가 있고 혹은 장기간 방치할 경우에는 숏크리트, 록볼트, 넷트, 캔버스 및 모르터 등으로 방호한다.
> - 작업위치의 좌우에 만일의 경우에 대비한 대피통로를 확보하여 둔다.

> **용어정의**
> 소단(berm) : 사면의 안정성을 높이기 위하여 사면 중간에 설치된 수평면

(8) 굴착면의 기울기 및 높이 기준 ★★

지반의 종류	굴착면의 기울기
모래	1 : 1.8
연암 및 풍화암	1 : 1.0
경암	1 : 0.5
그밖의 흙	1 : 1.2

① **사질의 지반**(점토질을 포함하지 않은 것)은 굴착면의 **기울기를 1 : 1.5 이상**으로 하고 **높이는 5미터 미만**으로 하여야 한다.

② 발파 등에 의해서 **붕괴하기 쉬운 상태의 지반 및 매립하거나 반출시켜야 할 지반의 굴착면의 기울기는 1 : 1 이하 또는 높이는 2미터 미만**으로 하여야 한다.

(9) 잠함 또는 우물통의 내부에서 굴착작업 시 급격한 침하로 인한 위험방지 조치 ★

> **급격한 침하로 인한 조치 ★**
> ① 침하관계도에 따라 굴착방법 및 재하량(載荷量) 등을 정할 것
> ② 바닥으로부터 천장 또는 보까지의 높이는 1.8미터 이상으로 할 것

(10) 잠함 등 내부에서의 굴착작업 시 준수사항 ★

① 잠함·우물통·수직갱 그밖에 이와 유사한 건설물 또는 설비의 내부에서 굴착작업을 하는 때에는 다음 각 호의 사항을 준수하여야 한다.

> **잠함 등 내부에서 굴착작업 시 준수사항 ★**
> - 산소결핍의 우려가 있는 때에는 **산소의 농도를 측정하는 자를 지명하여 측정하도록 할 것**
> - 근로자가 안전하게 오르내리기 위한 설비를 설치할 것
> - **굴착 깊이가 20미터를 초과하는 때에는 당해 작업장소와 외부와의 연락을 위한 통신설비** 등을 설치할 것

② 산소농도 측정결과 **산소의 결핍이 인정되거나 굴착깊이가 20미터를 초과하는 때에는 송기를 위한 설비를 설치**하여 필요한 양의 공기를 송급하여야 한다.

한눈에 들어오는 키워드

참고

트렌치 굴착
- 통행자가 많은 장소에서 굴착하는 경우 굴착장소에 방호울 등을 사용하여 접근을 금지시키고 안전표지판을 식별이 용이한 장소에 설치하여야 한다.
- 야간작업 시에는 작업장에 충분한 조명시설을 하여야 하며 임시로 설치 사용하는 시설물에는 형광벨트, 경광등 등을 설치하여야 한다.
- 바닥면의 굴착 깊이를 확인하면서 작업하여야 한다.
- 토사지반으로서 흙막이지보공을 설치하지 않는 경우 굴착깊이는 1.5m 이하로 하여야 한다.
- 수분을 많이 함유한 지반의 경우나 뒷채움 지반인 경우 또는 차량의 통행으로 붕괴되기 쉬운 경우에는 반드시 흙막이지보공을 설치하여야 한다.
- 굴착 폭은 작업 및 대피가 용이하도록 충분한 넓이를 확보하여야 하며 굴착깊이가 2m 이상일 경우에는 1m 이상 폭으로 한다.
- 흙막이널판을 사용 할 경우에는 널판길이 1/3 이상의 근입장을 확보하여야 한다.
- 굴착토사는 굴착바닥에서 45° 이상 경사선 밖에 적치하도록 하고 건설기계가 통행하는 장소에는 별도의 통행로를 설치하여야 한다.
- 핸드브레이커를 이용하여 견고한 지반을 분쇄할 경우에는 보호장갑을 착용하여야 한다.
- 핸드브레이커 사용을 위한 공기압축기는 작업이나 통행에 지장이 없는 장소에 설치하여야 한다.
- 굴착 깊이가 1.5m 이상인 경우 적어도 30m 간격 이내로 사다리, 계단 등 승강설비를 설치하여야 한다.
- 굴착 저면에서 휴식을 취하여서는 안 된다.

(11) 굴착작업 시 사전조사 및 작업계획서 내용 ★★

작업명	굴착작업
사전조사 ★★	① 형상·지질 및 지층의 상태 ② 균열·함수(含水)·용수 및 동결의 유무 또는 상태 ③ 매설물 등의 유무 또는 상태 ④ 지반의 지하수위 상태
작업 계획서 내용 ★	① 굴착방법 및 순서, 토사 반출 방법 ② 필요한 인원 및 장비 사용계획 ③ 매설물 등에 대한 이설·보호대책 ④ 사업장 내 연락방법 및 신호방법 ⑤ 흙막이 지보공 설치방법 및 계측계획 ⑥ 작업지휘자의 배치계획 ⑦ 그 밖에 안전·보건에 관련된 사항 **특급암기법** 작업지휘자 배치 → 인원·장비계획 → 지보공 설치 → 매설물 보호 → 굴착, 반출

> **참고**
> 굴착 깊이가 1.5미터 이상인 경우는 사다리, 계단 등 승강설비를 설치하여야 한다.

> **참고**
> 잠함 등의 내부에서 굴착작업을 중지해야 하는 경우
> • 근로자가 안전하게 오르내리기 위한 설비, 외부와의 연락을 위한 통신설비, 송기(送氣)를 위한 설비에 고장이 있는 경우
> • 잠함 등의 내부에 많은 양의 물 등이 스며들 우려가 있는 경우

> **참고**
> 경사면의 안정성 검토위한 조사사항
> • 지질조사 : 층별 또는 경사면의 구성 토질구조
> • 토질시험 : 최적함수비, 삼축압축강도, 전단시험, 점착도 등의 시험
> • 사면붕괴 이론적 분석 : 원호활절법, 유한요소법 해석
> • 과거의 붕괴된 사례유무
> • 토층의 방향과 경사면의 상호 관련성
> • 단층, 파쇄대의 방향 및 폭
> • 풍화의 정도
> • 용수의 상황

(12) 굴착작업 사전 점검사항

1) 붕괴의 형태

① 토사의 미끄러져 내림(Sliding)은 광범위한 붕괴현상으로 일반적으로 완만한 경사에서 완만한 속도로 붕괴한다.

② **토사의 붕괴는 사면 천단부 붕괴, 사면 중심부 붕괴, 사면 하단부 붕괴**의 형태이며 작업위치와 붕괴예상지점의 사전조사를 필요로 한다.

③ 얕은 표층의 붕괴는 경사면이 침식되기 쉬운 토사로 구성된 경우 지표수와 지하수가 침투하여 경사면이 부분적으로 붕괴된다. 절토 경사면이 암반인 경우에도 파쇄가 진행됨에 따라서 균열이 많이 발생되고, 풍화하기 쉬운 암반인 경우에는 표층부 침식 및 절리발달에 의해 붕괴가 발생된다.

④ 깊은 절토법면의 붕괴는 사질암과 전 석토층으로 구성된 심층부의 단층이 경사면 방향으로 하중응력이 발생하는 경우 전단력, 점착력 저하에 의해 경사면의 심층부에서 붕괴될 수 있으며, 이러한 경우 내랑의 붕괴새해가 발생된다.

⑤ **성토경사면의 붕괴는 성토 직후에 붕괴 발생률이 높으며**, 다짐불충분 상태에서 빗물이나 지표수, 지하수 등이 침투되어 공극수압이 증가되어 단위중량 증가에 의해 붕괴가 발생된다. 성토자체에 결함이 없어도 지반이 약한 경우는 붕괴되며, 풍화가 심한 급경사면과 미끄러져 내리기 쉬운 지층구조의 경사면에서 일어나는 성토붕괴의 경우에는 성토된 흙의 중량이 지반에 부가되어 붕괴된다.

> **참고**
> 사면의 종류
> • 유한사면(finite slope) : 사면의 활동깊이가 사면의 높이에 비해 비교적 큰 사면으로 제방, 둑, 흙댐의 사면이 해당
> • 무한사면(infinite slope) : 사면의 활동깊이가 사면의 높이에 비해 작은 사면으로 산의 사면에 속함

한눈에 들어오는 키워드

참고

사면파괴의 종류
- 저부파괴(Base failure) : 사면 구배가 비교적 완만한 연약한 점성토에 나타나며, 활동면의 깊이가 깊다.
- 사면 선단 파괴(Top failure) : 사면이 급하고 점착성이 적은 흙(균일한 연약 점토 지반)의 사면에서 발생
- 사면 내 파괴(Slope failure) : 사면선단파괴의 일종으로서 점토층이 여러 층일 때 발생

기출

1. 비탈면 보호공법(사면안정공법)
   ① 식생공(법)
   ② 블록 붙임공 또는 돌붙임공(법)
   ③ 콘크리트 뿜어붙이기 공(법)
   ④ 콘크리트(블록) 격자공(법)
   ⑤ 돌망태공(법)

2. 사면(비탈면)지반 개량공법
   ① 전기 화학적 공법
   ② 석회 안정처리 공법
   ③ 이온 교환 공법
   ④ 주입공법 : 시멘트, 약액 주입

참고

1. **유한사면의 활동유형** : 급경사에서 급격히 변형하여 붕괴가 발생한다.
   ① 원호활동
   - 사면선단파괴 : 경사가 급하고 비점착성 토질
   - 사면 내 파괴 : 견고한 지층이 얕은 경우
   - 사변저부파괴 : 경사가 완만하고 점착성인 경우
   ② 대수나선활동 : 토층이 불균일할 때
   ③ 복합곡선활동 : 연약한 토층이 얕은 곳에 존재할 때

2. **무한사면(평면활동)** : 완만한 사면에 이동이 서서히 일어나는 활동

2) 토사붕괴의 예방을 위한 점검사항

① 전 지표면의 답사
② 경사면의 지층 변화부 상황 확인
③ 부석의 상황 변화의 확인
④ 용수의 발생 유·무 또는 용수량의 변화 확인
⑤ 결빙과 해빙에 대한 상황의 확인
⑥ 각종 경사면 보호공의 변위, 탈락 유·무
⑦ 점검 시기는 작업전 중·후, 비온 후, 인접 작업구역에서 발파한 경우에 실시한다.

(13) 비탈면 보호공법

① 식생공	비탈진 면에 잔디를 심거나, 씨앗을 뿌려 잔디가 자라도록 한다.
② 블록 붙임공 및 돌 붙임공	돌, 콘크리트블록을 경사각 45도 이하로 붙인다.
③ 콘크리트 블록 격자공	콘크리트 블록을 격자 모양으로 설치하고 자갈을 채우거나 나무를 심는다.
④ 돌 망태공	돌이 떨어질 염려가 있는 곳은 철망을 덮어 씌운다.
⑤ 콘크리트(모르타르) 뿜어 붙이기공	콘크리트를 뿜어 붙인다.
⑥ 앵커볼트 보호공	앵커를 흙의 깊은 곳에 심어 비탈면을 보호한다.

(14) 흙막이공법

1) 흙막이 지보공의 재료

흙막이 지보공의 재료로 변형·부식되거나 심하게 손상된 것을 사용해서는 아니 된다.

2) 흙막이 지보공의 조립도

① 사업주는 흙막이 지보공을 조립하는 경우 미리 그 구조를 검토한 후 조립도를 작성하여 그 조립도에 따라 조립하도록 해야 한다.
② 조립도에는 흙막이판·말뚝·버팀대 및 띠장 등 부재의 배치·치수·재질 및 설치 방법과 순서가 명시되어야 한다.

3) 흙막이 지보공의 점검

흙막이 지보공을 설치한 때 점검사항 ★★
① 부재의 손상·변형·부식·변위 및 탈락의 유무와 상태
② 버팀대의 긴압의 정도
③ 부재의 접속부·부착부 및 교차부의 상태
④ 침하의 정도

4) 흙막이 공법의 종류

수평버팀대 공법	• 가장 일반적인 공법 • 널말뚝을 박고 흙파기를 하면서 수평버팀대를 대는 방법이다.
아일랜드 공법	• **중앙부를 파서 기초를 만든 다음**, 이 기초에서 경사지게 버팀 대를 대고 **주변부분을 파는 공법**이다.
어스 앵커 공법	• 버팀대 대신 **어스 앵커(earth anchor)로 주위 벽을 지지하는 공법**이다. • 널말뚝의 후면부를 천공하고 인장재를 삽입하여 경질지반에 정착시킴으로써 흙막이 널을 지지한다.
역타 공법 (탑 다운공법, TOP dOWN)	• 철골 기둥을 박고 미리 **1층에서 지하층을 향해 콘크리트를 부어 넣어 흙막이로 하면서 지하층을 굴착하는 공법**이다. • 구조체를 지하 공사의 가설로 사용 가능하며 **공기단축, 도심지** 내 지하층 깊이 증가로 인한 흙막이 공법 적용이 어려울 때 사용된다.
슬러리 월 공법 (지하연속벽 공법)	• 벤토나이트 안정액을 사용하여 지반의 붕괴를 방지하면서 굴착하여 그 속에 철근망을 삽입하고 콘크리트를 타설하여 흙막이 벽체를 형성하는 방법이다. • 소음, 진동이 적고 차수효과가 확실하다.

용어정의

비탈면 보호공법(사면안정공법) : 비탈면의 풍화, 침식, 붕괴 등을 방지하기 위하여 식생공, 블록설치, 콘크리트 피복 등의 방법으로 사면을 보호하는 것을 말한다.

용어정의

1. **흙막이 벽** : 지반굴착 시 붕괴 및 인접지반의 침하 등을 방지하기 위하여 설치하는 구조물을 말한다.
2. **띠장(Wale)** : 흙막이 벽에 작용하는 토압에 의한 휨모멘트와 전단력에 저항하도록 설치하는 휨부재로서 흙막이 벽체에 가해지는 토압을 버팀보 등에 전달하기 위해 벽면에 직접 수평으로 설치하는 부재를 말한다.
3. **버팀보(Strut or Raker)** : 흙막이 벽에 작용하는 수평력을 지지하기 위하여 경사 또는 수평으로 설치하는 부재를 말한다.

참고

흙막이 공법의 분류

지지방식에 의한 분류
① 자립공법
② 버팀대공법
  • 경사 버팀대식 흙막이
  • 수평 버팀대식 흙막이
③ 어스앵커공법
④ 타이로드공법

구조방식에 의한 분류
① H-Pile공법
② 널말뚝공법
③ 지하연속벽공법
④ 탑다운공법

뉴매틱 케이슨 공법	• 케이슨의 작업실에 압축공기를 넣어 수압을 저지시킨다. • 내부의 밑을 파서 자중에 의해 침하시킨다. • 솟는 물이 많거나, 해저(海底) 기초 등에 사용
트렌치 컷 공법	• 2중 널말뚝을 박고 그 사이를 파서 건물 바깥둘레의 공사를 먼저 시공하여 이것을 흙막이 벽으로 하는 공법 • **측벽을 먼저 파내고 구조체 축조 후 중앙부를 파내어 지하 구조물을 완성하는 공법**이다.

(15) 콘크리트 구조물 붕괴 안전대책

1) 지반 – 구축물 붕괴 및 토석·낙하에 의한 위험방지 조치

사업주는 지반의 붕괴, 구축물의 붕괴 또는 토석의 낙하 등에 의하여 근로자에게 위험을 미칠 우려가 있는 때에는 당해 위험을 방지하기 위하여 다음 각 호의 조치를 하여야 한다.

① **지반은 안전한 경사**로 하고 **낙하의 위험이 있는 토석을 제거**하거나 **옹벽 · 흙막이지보공 등을 설치**할 것
② 지반의 붕괴 또는 토석의 낙하원인이 되는 **빗물이나 지하수 등을 배제**할 것

2) 구축물 또는 이와 유사한 시설물 등의 안전 유지

사업주는 **구축물 또는 이와 유사한 시설물**이 자중·적재하중·적설·풍압·지진이나 진동 및 충격 등에 의하여 **전도 · 폭발하거나 무너지는 등의 위험을 예방**하기 위하여 다음 각 호의 **조치**를 하여야 한다.

① 구축물 또는 이와 유사한 **시설물의 설계서에 따른 시공여부 확인**
② 구축물 또는 이와 유사한 시설물의 **시공 시 건설공사시방서에 따른 시공여부 확인**
③ 「건축물의 구조기준 등에 관한 규칙」의 규정에 의한 **구조기준 준수여부 확인**
④ 기타 고용노동부장관이 고시하는 사항에 대한 조치 확인

3) 구축물 또는 시설물의 안전성 평가를 실시하여야 하는 경우 ★

사업주는 구축물 등이 다음 각 호의 어느 하나에 해당하는 경우에는 구축물 등에 대한 구조검토, 안전진단 등의 안전성 평가를 하여 근로자에게 미칠 위험성을 미리 제거해야 한다.

구축물 또는 시설물의 안전성평가를 실시하여야 하는 경우 ★
① 구축물 등의 인근에서 굴착·항타작업 등으로 침하·균열 등이 발생하여 **붕괴의 위험이 예상될 경우** ② **구축물 등에 지진, 동해(凍害), 부동침하(불동침하) 등으로 균열·비틀림 등이 발생하였을 경우** ③ **구축물 등이 그 자체의 무게·적설·풍압 또는 그 밖에 부가되는 하중 등으로 붕괴 등의 위험이 있을 경우** ④ **화재 등으로 구축물 등의 내력(耐力)이 심하게 저하 되었을 경우** ⑤ **오랜 기간 사용하지 아니하던 구축물 등을 재사용**하게 되어 안전성을 검토하여야 하는 경우 ⑥ 구축물 등의 주요구조부에 대한 **설계 및 시공 방법의 전부 또는 일부를 변경하는 경우** ⑦ 그 밖의 잠재위험이 예상될 경우

한 눈에 들어오는 **키**워드

(16) 터널굴착공사 안전대책

1) 터널 붕괴에 의한 위험방지

사업주는 **터널 등의 건설작업에 있어서 붕괴 등에 의하여 근로자에게 위험을 미칠 우려가 있는 때** 또는 유해·위험방지계획서 심사 시 계측시공을 지시받은 때에는 그에 필요한 **계측장치 등을 설치**하여 위험을 방지하기 위한 조치를 하여야 한다.

터널의 계측관리 사항(NATM 기준)
① 내공변위 측정   ② 천단침하 측정 ③ 지중, 지표침하 측정   ④ 록볼트 축력측정 ⑤ 숏크리트 응력 측정

2) 낙반에 의한 위험방지 조치

터널 등의 건설작업에 있어서 **낙반 등에 의하여 근로자가 위험해질 우려 있는 경우**에

① **터널지보공 및 록볼트의 설치**
② **부석의 제거** 등 위험을 방지하기 위하여 필요한 조치를 하여야 한다.

3) 터널 출입구 부근의 지반붕괴에 의한 위험방지

사업주는 터널 등의 건설작업을 할 때에 터널 등의 출입구 부근의 지반의 붕괴나 토사 등의 낙하에 의하여 근로자가 위험해질 우려가 있는 경우에는 **흙막이지보공이나 방호망을 설치**하는 등 위험을 방지하기 위하여 필요한 조치를 해야 한다.

참고

깊이 10.5m 이상의 굴착작업 시 계측기기
• 수위계
• 경사계
• 하중 및 침하계
• 응력계

터널의 계측장치
• 내공변위 측정계
• 천단침하 측정계
• 지중, 지표침하 측정계
• 록볼트 축력 측정계
• 숏크리트 응력 측정계

한 눈에 들어오는 키워드

용어정의

록볼트(rock bolt) : 암반 중에 정착하여 지반을 일체화 또는 보강하는 목적으로 사용하는 볼트 모양의 부재

4) 인화성 가스 농도 측정

① 터널공사 등의 건설작업을 할 때에 인화성 가스가 발생할 위험이 있는 경우에는 폭발이나 화재를 예방하기 위하여 **인화성 가스의 농도를 측정할 담당자를 지명**하고, 그 **작업을 시작하기 전**에 가스가 발생할 위험이 있는 장소에 대하여 그 **인화성 가스의 농도를 측정**하여야 한다.

② 인화성 가스 농도를 측정한 결과 **인화성 가스가 존재하여 폭발이나 화재가 발생할 위험이 있는 경우**에는 인화성 가스 농도의 이상 상승을 조기에 파악하기 위하여 그 장소에 자동경보장치를 설치하여야 한다.

③ 지하철도공사를 시행하는 사업주는 터널굴착[개착식(開鑿式)을 포함한다] 등으로 인하여 도시가스관이 노출된 경우에 접속부 등 필요한 장소에 자동경보장치를 설치하고, 「도시가스사업법」에 따른 해당 도시가스사업자와 합동으로 정기적 순회점검을 하여야 한다.

자동경보장치의 작업시작 전 점검 사항 ★★
① 계기의 이상 유무 ② 검지부의 이상 유무 ③ 경보장치의 작동상태

5) 가스제거 등의 조치

터널 등의 굴착작업을 할 때에 **인화성 가스가 분출할 위험이 있는 경우**에는 그 인화성 가스에 의한 폭발이나 화재를 예방하기 위하여 **보링(boring)에 의한 가스 제거 및 그 밖에 인화성 가스의 분출을 방지하는 등 필요한 조치**를 하여야 한다.

6) 용접 등 작업 시의 조치

터널건설작업을 할 때에 그 **터널 등의 내부에서 금속의 용접·용단 또는 가열작업을 하는 경우**에는 화재를 예방하기 위하여 **다음 각 호의 조치**를 하여야 한다.

터널 내부에서 금속 용접·용단 가열작업 시 화재예방 조치
① 부근에 있는 **넝마, 나무부스러기, 종이부스러기, 그 밖의 인화성 액체를 제거**하거나, 그 인화성 액체에 **불연성 물질의 덮개**를 하거나, 그 작업에 수반하는 불티 등이 날아 흩어지는 것을 방지하기 위한 **격벽을 설치할 것** ② 해당 작업에 종사하는 **근로자에게 소화설비의 설치장소 및 사용방법을 주지시킬 것** ③ 해당 **작업 종료 후 불티 등에 의하여 화재가 발생할 위험이 있는지를 확인할 것**

7) 방화담당자의 지정 등

터널건설작업을 하는 경우에는 그 **터널 내부의 화기나 아크를 사용하는 장소**에 **방화담당자를 지정하여 다음 각 호의 업무를 이행**하도록 하여야 한다.

터널건설 작업 시 방화담당자의 업무

① 화기나 아크 사용 상황을 감시하고 이상을 발견한 경우에는 즉시 필요한 조치를 하는 일
② 불 찌꺼기가 있는지를 확인하는 일

---

8) 소화설비 등

터널건설작업을 하는 경우에는 해당 **터널 내부의 화기나 아크를 사용하는 장소 또는 배전반, 변압기, 차단기 등을 설치하는 장소에 소화설비를 설치**하여야 한다.

9) 작업의 중지 등

① 터널건설작업을 할 때에 **낙반·출수(出水) 등에 의하여 산업재해가 발생할 급박한 위험이 있는 경우에는 즉시 작업을 중지하고 근로자를 안전한 장소로 대피**시켜야 한다.
② 재해발생 위험을 관계 근로자에게 신속히 알리기 위한 **비상벨 등 통신설비 등을 설치**하고, **그 설치장소를 관계 근로자에게 알려 주어야 한다**.

10) 터널 지보공의 조립도

① 터널 지보공을 조립하는 경우에는 미리 그 구조를 검토한 후 **조립도를 작성하고, 그 조립도에 따라 조립**하도록 하여야 한다.
② 조립도에는 **재료의 재질, 단면규격, 설치간격 및 이음방법 등을 명시**하여야 한다.

11) 터널 지보공 조립 또는 변경 시의 조치사항

① **주재(主材)를 구성하는 1세트의 부재는 동일 평면 내에 배치할 것**
② **목재의 터널 지보공은** 그 터널 지보공의 각 **부재의 긴압 정도가 균등하게 되도록 할 것**
③ **기둥에는** 침하를 방지하기 위하여 **받침목을 사용**하는 등의 조치를 할 것
④ **강(鋼)아치 지보공의 조립**은 다음 각 목의 사항을 따를 것

강아치 지보공 조립 시 준수사항

- 조립간격은 조립도에 따를 것
- 주재가 아치작용을 충분히 할 수 있도록 쐐기를 박는 등 필요한 조치를 할 것
- 연결볼트 및 띠장 등을 사용하여 주재 상호간을 튼튼하게 연결할 것
- 터널 등의 출입구 부분에는 받침대를 설치할 것
- 낙하물이 근로자에게 위험을 미칠 우려가 있는 경우에는 널판 등을 설치할 것

한 눈에 들어오는 키워드

참고
출입의 금지
- 부석의 낙하에 의하여 근로자에게 위험을 미칠 우려가 있는 장소
- 터널지보공의 보강작업 또는 보수작업이 행하여지고 있는 장소로서 낙반 또는 낙석 등에 의하여 근로자에게 위험을 미칠 우려가 있는 장소

⑤ **목재 지주식 지보공**은 다음 각 목의 사항을 따를 것

목재 지주식 지보공 조립 시 준수사항
• 주기둥은 변위를 방지하기 위하여 쐐기 등을 사용하여 지반에 고정시킬 것 • 양끝에는 받침대를 설치할 것 • 터널 등의 목재 지주식 지보공에 세로방향의 하중이 걸림으로써 넘어지거나 비틀어질 우려가 있는 경우에는 양끝 외의 부분에도 받침대를 설치할 것 • 부재의 접속부는 꺾쇠 등으로 고정시킬 것

⑥ 강아치 지보공 및 목재지주식 지보공 외의 터널 지보공에 대해서는 터널 등의 출입구 부분에 받침대를 설치할 것

12) 터널 지보공 설치

터널 지보공 설치 시 점검 항목 ★★
① 부재의 손상·변형·부식·변위 탈락의 유무 및 상태 ② 부재의 긴압의 정도 ③ 부재의 접속부 및 교차부의 상태 ④ 기둥침하의 유무 및 상태

> **참고**
>
> 🛠 **터널굴착공법**
>
> | NATM 공법 | 암반을 천공하고 화약을 충전하여 발파한 후 스틸리브(Steel rib) 및 와이어매쉬(Wire mesh)를 설치하고 숏크리트(Shot crete)를 타설하여 시공하는 터널공법으로 적용지반의 범위가 넓으며 경제성이 우수한 공법으로서 주로 산악 터널공사에 적용한다. |
> |---|---|
> | TBM 공법 | 발파를 하지 않고 tunnel boring machine의 회전 cutter에 의해 터널 전단면을 절삭 또는 파쇄하는 공법으로서, 주로 암반터널굴착공사에 적용한다. |
> | 실드 공법 | 실드라고 하는 강제 원통 굴삭기를 추진시켜 터널을 굴착하는 공법으로 연약한 토질, 용수가 있는 지반을 굴착하는데 유용하다. |

참고

터널굴착공법의 구분
• 개착식 공법(open cut method) 지표면 아래로부터 일정깊이까지 개착하여 터널본체를 완성한 후 매몰하여 터널을 만드는 공법
• 침매공법(immersed method) 해저 또는 수면하에 터널을 굴착하는 공법으로 지상에서 터널박스를 제작하여 물에 띄워 현장에 운반한 후 소정의 위치에 침하시켜 터널을 구축하는 공법이다.

기출

파일럿 터널
본 터널(main tunnel)을 시공하기 전에 터널에서 약간 떨어진 곳에 지질조사, 환기, 배수, 운반 등의 상태를 알아보기 위하여 설치하는 터널

13) 발파작업 시 관리감독자의 직무 ★

① 점화 전에 **점화작업에 종사하는 근로자가 아닌 사람에게 대피를 지시**하는 일
② 점화작업에 종사하는 근로자에게 대피장소 및 경로를 지시하는 일
③ 점화 전에 **위험구역 내에서 근로자가 대피한 것을 확인**하는 일
④ **점화순서 및 방법에 대하여 지시**하는 일
⑤ **점화신호**를 하는 일
⑥ 점화작업에 종사하는 **근로자에게 대피신호**를 하는 일
⑦ 발파 후 **터지지 않은 장약이나 남은 장약의 유무, 용수(湧水)의 유무 및 암석·토사의 낙하 여부 등을 점검**하는 일
⑧ **점화하는 사람을 정하는 일**
⑨ **공기압축기의 안전밸브 작동 유무를 점검**하는 일
⑩ 안전모 등 **보호구 착용 상황을 감시**하는 일

14) 발파 작업 준수사항

① 얼어붙은 다이나마이트는 화기에 접근시키거나 그 밖의 **고열물에 직접 접촉시키는 등 위험한 방법으로 융해하지 아니하도록 할 것**
② 화약이나 폭약을 장전하는 경우에는 그 부근에서 화기를 사용하거나 흡연을 하지 않도록 할 것
③ **장전구(裝塡具)**는 마찰·충격·정전기 등에 의한 **폭발의 위험이 없는 안전한 것을 사용**할 것
④ **발파공의 충진재료는 점토·모래 등 발화성 또는 인화성의 위험이 없는 재료를 사용**할 것
⑤ 점화 후 장전된 화약류가 폭발하지 아니한 때 또는 장전된 화약류의 폭발여부를 확인하기 곤란한 때에는 다음 각목의 사항을 따를 것
- **전기뇌관에 의한 경우**에는 발파모선을 점화기에서 떼어 그 끝을 단락시켜 놓는 등 재점화되지 않도록 조치하고 그 때부터 **5분 이상 경과한 후**가 아니면 화약류의 장전장소에 접근시키지 않도록 할 것
- **전기뇌관 외의 것에 의한 경우**에는 점화한 때부터 **15분 이상 경과한 후**가 아니면 화약류의 장전장소에 접근시키지 않도록 할 것

⑥ 전기뇌관에 의한 발파의 경우 점화하기 전에 **화약류를 장전한 장소로부터 30미터 이상 떨어진 안전한 장소에서** 전선에 대하여 저항측정 및 **도통(導通) 시험을 할 것**

15) 터널 작업면의 적합한 조도

작업 구분	막장 구간	터널중간 구간	터널 입출구, 수직구 구간
기준	70 Lux 이상	50 Lux 이상	30 Lux 이상

16) 터널 굴착작업의 사전조사 및 작업계획서 내용 ★★

사전조사 내용	보링(boring) 등 적절한 방법으로 낙반·출수(出水) 및 가스폭발 등으로 인한 근로자의 위험을 방지하기 위하여 미리 지형·지질 및 지층상태를 조사
작업계획서 내용 ★★	① 굴착의 방법 ② 터널지보공 및 복공(覆工)의 시공방법과 용수(湧水)의 처리방법 ③ 환기 또는 조명시설을 설치할 때에는 그 방법

3 교량작업 및 채석작업 시 안전대책

(1) 교량작업 시 준수사항

교량(상부구조가 금속 또는 콘크리트로 구성되는 교량으로서 그 높이가 **5미터 이상**이거나 교량의 최대 지간 길이가 **30미터 이상인 교량**으로 한정한다)의 설치·해체 또는 변경 작업을 하는 경우에는 다음 각 호의 사항을 준수하여야 한다.

① 작업을 하는 구역에는 **관계 근로자가 아닌 사람의 출입을 금지**할 것
② **재료, 기구 또는 공구 등을 올리거나 내릴 경우에는 근로자로 하여금 달줄, 달포대 등을 사용**하도록 할 것
③ 중량물 **부재를 크레인 등으로 인양하는 경우에는 부재에 인양용 고리를 견고하게 설치하고, 인양용 로프는 부재에 두 군데 이상 결속하여 인양**하여야 하며, 중량물이 안전하게 거치되기 전까지는 걸이로프를 해제시키지 아니할 것
④ 자재나 부재의 낙하·전도 또는 붕괴 등에 의하여 근로자에게 위험을 미칠 우려가 있을 경우에는 **출입금지 구역의 설정, 자재 또는 가설시설의 좌굴(挫屈) 또는 변형 방지를 위한 보강재 부착 등의 조치**를 할 것

참고
발파작업 시의 허용 진동치

건물 분류	건물기초에서의 허용 진동치 (센티미터/초)
문화재	0.2
주택 아파트	0.5
상가 (금이 없는 상태)	1.0
철골 콘크리트 빌딩 및 상가	1.0~4.0

(2) 채석작업 시 지반붕괴 위험방지 조치

채석작업을 하는 경우 지반의 붕괴 또는 토석의 낙하로 인하여 근로자에게 발생할 우려가 있는 **위험을 방지하기 위하여 다음 각 호의 조치를** 하여야 한다.

① 점검자를 지명하고 당일 **작업시작 전에 작업장소 및 그 주변 지반의 부석과 균열의 유무와 상태, 함수 · 용수 및 동결상태의 변화를 점검할 것**
② 점검자는 **발파 후 그 발파 장소와 그 주변의 부석 및 균열의 유무와 상태를 점검할 것**

(3) 인접 채석장과의 연락

지반의 붕괴, 토석의 비래(飛來) 등으로 인한 근로자의 위험을 방지하기 위하여 **인접한 채석장에서의 발파 시기 · 부석제거 방법 등 필요한 사항에 관하여 그 채석장과 연락을 유지**해야 한다.

(4) 채석작업 시 붕괴 등에 의한 위험방지 조치

채석작업(갱내에서의 작업은 제외한다)을 하는 경우에 붕괴 또는 낙하에 의하여 **근로자를 위험하게 할 우려가 있는 토석 · 입목 등을 미리 제거하거나 방호망을 설치**하는 등 위험을 방지하기 위하여 필요한 조치를 하여야 한다.

(5) 채석작업 시 낙반 등에 의한 위험방지 조치

갱내에서 채석작업을 하는 경우로서 **암석 · 토사의 낙하 또는 측벽의 붕괴로 인**하여 근로자에게 위험이 발생할 우려가 있는 경우에 동바리 또는 버팀대를 설치한 후 천장을 아치형으로 하는 등 그 위험을 방지하기 위한 조치를 해야 한다.

(6) 운행경로 등의 주지

① 채석작업을 하는 경우에 미리 **굴착기계 등의 운행경로 및 토석의 적재장소에 대한 출입방법을 정하여 관계 근로자에게 주지**시켜야 한다.
② 채석작업을 하는 경우에 **운행경로의 보수, 그밖에 경로를 유효하게 유지하기 위하여 감시인을 배치하거나 작업 중임을 표시**하여야 한다.

(7) 사전조사 및 작업계획서의 내용

작업명	사전조사 내용	작업계획서 내용
교량 작업	-	가. 작업방법 및 순서 나. 부재(部材)의 낙하·전도 또는 붕괴를 방지하기 위한 방법 다. 작업에 종사하는 근로자의 추락 위험을 방지하기 위한 안전조치 방법 라. 공사에 사용되는 가설 철구조물 등의 설치·사용·해체 시 안전성 검토 방법 마. 사용하는 기계 등의 종류 및 성능, 작업방법 바. 작업지휘자 배치계획 사. 그 밖에 안전·보건에 관련된 사항
채석 작업 ★★	지반의 붕괴·굴착기계의 전락(轉落) 등에 의한 근로자에게 발생할 위험을 방지하기 위한 해당 작업장의 지형·지질 및 지층의 상태	가. **노천굴착과 갱내굴착의 구별 및 채석방법** 나. **굴착면의 높이와 기울기** 다. 굴착면 **소단(小段)의 위치와 넓이** 라. 갱내에서의 **낙반 및 붕괴 방지 방법** 마. **발파방법** 바. **암석의 분할방법** 사. **암석의 가공장소** 아. 사용하는 굴착기계·분할기계·적재기계 또는 운반기계(이하 "**굴착기계 등**"이라 한다)의 종류 및 성능 자. 토석 또는 암석의 **적재 및 운반방법과 운반경로** 차. **표토 또는 용수(湧水)의 처리방법**

4 낙하 – 비래 재해 및 대책

(1) 낙하 – 비래의 발생원인

① 높은 곳에 놓아둔 물건의 정리정돈 불량 ② 불안전한 자재의 적재
③ 안전모 등 보호구의 미착용 ④ 자재 투하를 위한 투하설비 미설치
⑤ 낙하물방지망의 미설치 및 불량 ⑥ 인양 와이어로프의 불량
⑦ 크레인 훅의 해지장치 미설치 ⑧ 매달기 작업 시 줄걸이 방법 불량
⑨ 낙하비래 위험장소의 출입금지 조치 등 작업통제 미비

(2) 낙하 – 비래 예방대책

1) 낙하 – 비래 위험방지 조치 ★

① 낙하물방지망·수직보호망 또는 방호선반의 설치
② 출입금지구역의 설정
③ 보호구의 착용

2) 낙하물방지망 또는 방호선반 설치 시 준수사항 ★★

① 설치높이는 10미터 이내마다 설치하고, 내민길이는 **벽면으로부터 2미터 이상**으로 할 것
② 수평면과의 각도는 20도 이상 30도 이하를 유지할 것

3) 투하설비의 설치 ★

사업주는 **높이가 3미터 이상인 장소**로부터 물체를 투하하는 때에는 적당한 **투하설비를 설치**하거나 **감시인을 배치**하는 등 위험방지를 위하여 필요한 조치를 하여야 한다.

용어정의

1. **낙하물방지망** : 작업도중 자재, 공구 등의 낙하로 인한 피해를 방지하기 위하여 개구부 및 비계 외부에 수평방향으로 설치하는 망
2. **방호선반** : 상부에서 작업도중 자재나 공구 등의 낙하로 인한 재해를 방지하기 위하여 개구부 및 비계 외부에 설치하는 낙하물 방지망 대신 설치하는 금속 판재
3. **수직보호망** : 비계 등의 가설 구조물 외측면에 수직으로 설치하여, 작업장소에서 볼트나 공구 등이 비계의 외부로 낙하하는 것을 방지하기 위하여 사용하는 망 형태의 안전시설
4. **추락방호망** : 건설공사의 고소 장소에서 추락으로 인한 근로자의 위험 방지를 목적으로 수평하게 설치하는 그물 모양의 망

[비교 ★★]
추락방호망의 설치

- 추락방호망의 설치위치는 가능하면 작업면으로부터 가까운 지점에 설치하여야 하며, **작업면으로부터 망의 설치지점까지의 수직거리는 10미터를 초과하지 아니할 것**
- 추락방호망은 수평으로 설치하고, 망의 처짐은 짧은 변 길이의 12퍼센트 이상이 되도록 할 것
- 건축물 등의 바깥쪽으로 설치하는 경우 망의 내민 길이는 벽면으로부터 3미터 이상 되도록 할 것. 다만, 그물코가 20밀리미터 이하인 망을 사용한 경우에는 낙하물방지망을 설치한 것으로 본다.

02 건설공구 및 장비 안전수칙

주요내용 알고 가기!

- 굴착기계 종류별 특징
- 로울러의 종류별 특징
- 차량계 건설기계의 안전수칙
- 차량계 하역운반기계의 안전수칙
- 항타기, 항발기의 안전수칙
- 지게차의 안전수칙

1 건설공구

(1) 석재 가공순서와 석공구

순서	석공구	가공내용
혹두기(메다듬)	쇠메	석재의 돌출부 등을 쇠메로 쳐서 평탄하게 한다.
정다듬	정	혹두기 면을 정으로 쪼아 평평하게 다듬는다.
도드락다듬	도드락망치	정다듬 면을 도드락망치로 더욱 평탄하게 마무리한다.
잔다듬	날망치	도드락 다듬면 위를 날망치로 평탄하게 마무리한다.
물갈기	숫돌, 금강사	잔다듬면을 숫돌이나 금강사로 갈아서 광택을 낸다.

(2) 철근가공 공구

1) 철근 절단용

① 철근 절단기(bar cutter)
② 쇠톱
③ 절단가위(wire clipper)

2) 철근 구부림용

① 굽힘판(bar bender)
② 집게(hooker)
③ 파이프(pipe)

2 건설장비

(1) 차량계 건설기계

차량계 건설기계 종류

1. 도저형 건설기계(불도저, 스트레이트도저, 틸트도저, 앵글도저, 버킷도저 등)
2. 모터그레이더(moter grader, 땅 고르는 기계)
3. 로더(포크 등 부착물 종류에 따른 용도 변경 형식을 포함한다)
4. 스크레이퍼(scraper, 흙을 절삭·운반하거나 펴 고르는 등의 작업을 하는 토공기계)
5. 크레인형 굴착기계(크램쉘, 드레그라인 등)
6. 굴착기(브레이커, 크러셔, 드릴 등 부착물 종류에 따른 용도 변경 형식을 포함한다)
7. 항타기 및 항발기
8. 천공용 건설기계(어스드릴, 어스오거, 크롤러드릴, 점보드릴 등)
9. 지반 압밀침하용 건설기계(샌드드레인머신, 페이퍼드레인머신, 팩드레인머신 등)
10. 지반 다짐용 건설기계(타이어롤러, 매커덤롤러, 탠덤롤러 등)
11. 준설용 건설기계(버킷준설선, 그래브준설선, 펌프준설선 등)
12. 콘크리트 펌프카
13. 덤프트럭
14. 콘크리트 믹서 트럭
15. 도로포장용 건설기계(아스팔트 살포기, 콘크리트 살포기, 아스팔트 피니셔, 콘크리트 피니셔 등)
16. 제1호부터 제15호까지와 유사한 구조 또는 기능을 갖는 건설기계로서 건설작업에 사용하는 것

> **용어정의**
> 차량계 건설기계 : 원동기를 내장하고 불특정 장소에 스스로 이동이 가능한 건설기계를 말한다.

(2) 굴착기(굴삭장비)

1) 충돌위험 방지조치

① 사업주는 **굴착기에 사람이 부딪히는 것을 방지하기 위해 후사경과 후방영상 표시장치 등** 굴착기를 운전하는 사람이 **좌우 및 후방을 확인할 수 있는 장치**를 굴착기에 **갖춰야 한다.**
② 사업주는 굴착기로 **작업을 하기 전에 후사경과 후방영상표시장치 등의 부착 상태와 작동 여부를 확인**해야 한다.

2) 인양작업 시 조치

① 사업주는 **다음 각 호의 사항을 모두 갖춘 굴착기의 경우에는 굴착기를 사용하여 화물 인양작업을 할 수 있다.**
- 굴착기의 퀵커플러 또는 **작업장치에 달기구**(훅, 걸쇠 등을 말한다)**가 부착되어 있는 등 인양작업이 가능하도록 제작된 기계**일 것

> **용어정의**
> 1. 굴삭기 : 땅을 파거나 깎을 때 사용되는 건설기계를 말한다.
> 2. 굴착기 : 땅이나 암석 따위를 파거나, 파낸 것을 처리하는 기계를 굴착기라 한다.
> ※ 굴착기의 전부장치는 붐, 암, 버킷으로 구성되어 있다.

> **참고**
> **굴착기의 안전**
> 1. 좌석 안전띠의 착용
>   ① 사업주는 굴착기를 운전하는 사람이 좌석안전띠를 착용하도록 해야 한다.
>   ② 굴착기를 운전하는 사람은 좌석안전띠를 착용해야 한다.
>
> 2. 잠금장치의 체결
>   사업주는 굴착기 퀵커플러(quick coupler)에 버킷, 브레이커(breaker), 크램쉘(clamshell) 등 작업장치를 장착 또는 교환하는 경우에는 안전핀 등 잠금장치를 체결하고 이를 확인해야 한다.

한눈에 들어오는 키워드

기출
리퍼(Ripper)
연암(軟岩)을 파쇄할 목적으로 트랙터 후부에 장착하는 파쇄 공구로서 아스팔트 포장도로의 노반의 파쇄 또는 토사 중에 있는 암석제거에 사용된다.

※ 문제
도로건설 작업 중 측구를 굴착하고자 한다. 가장 적합한 기계는 어느 것인가?
㉮ 드래그라인
㉯ 백호우
㉰ 불도저
㉱ 그레이더

정답 ㉯

참고
스트레이트, 앵글, 틸트 도저의 특징
- 스트레이트 도저 : 블레이드가 수평이고, 불도저의 진행 방향에 직각으로 블레이드를 부착한 것으로서 주로 중굴착 작업에 사용된다.
- 앵글 도저 : 블레이드의 방향이 20~30° 경사지게 부착된 것으로 사면굴착 · 정지 · 흙 메우기 등으로 자체의 진행에 따라 흙을 회송하는 작업에 적당하다.
- 틸트 도저 : 블레이드면 좌우의 높이를 변경할 수 있는 것으로서 단단한 흙의 도랑파기에 적당하다.
- 힌지도저 : 앵글도저보다 큰 각으로 움직이며 제설 및 토사 운반용으로 다량의 흙을 운반하는데 적합하다.

- 굴착기 제조사에서 정한 **정격하중이 확인되는 굴착기를 사용**할 것
- 달기구에 **해지장치가 사용되는 등 작업 중 인양물의 낙하 우려가 없을 것**

② 사업주는 **굴착기를 사용하여 인양작업을 하는 경우에는 다음 각 호의 사항을 준수해야 한다.**

- 굴착기 제조사에서 정한 작업설명서에 따라 인양할 것
- 사람을 지정하여 **인양작업을 신호하게 할 것**
- 인양물과 **근로자가 접촉할 우려가 있는 장소에 근로자의 출입을 금지시킬 것**
- **지반의 침하 우려가 없고 평평한 장소에서 작업할 것**
- 인양 대상 화물의 무게는 정격하중을 넘지 않을 것

(3) 셔블계 기계 ★

① **파워 셔블**(power shovel)[dipper shovel : 동력삽]
- 기계가 서 있는 **지반면보다 높은 곳의 땅파기에 적합**하다.
- 앞으로 흙을 긁어서 굴착하는 방식이다.
- 붐(boom)이 단단하여 **굳은 지반의 굴착에도 사용**된다.

② **드래그 셔블**(drag shovel, 백호)
- 기계가 서 있는 **지면보다 낮은 장소의 굴착 및 수중굴착이 가능**하다.
- 지하층이나 기초의 굴착에 사용된다.
- **굳은 지반의 토질도 정확한 굴착**이 된다.

③ **드래그라인**(drag line)
- 기계가 **서 있는 위치보다 낮은 장소의 굴착에 적당**하고 굳은 토질에서의 굴착은 되지 않지만 굴착 반지름이 크다.
- 작업범위가 광범위하고 **수중굴착 및 연약한 지반의 굴착에 적합**하다.

④ **클램셸**(clam shell)
- 수중굴착 및 가장 협소하고 깊은 굴착이 가능하며 호퍼(hopper)에 적당하다.
- **연약지반이나 수중굴착** 및 자갈 등을 싣는 데 적합하다.
- 깊은 땅파기 공사와 흙막이 버팀대를 설치하는데 사용한다.

(4) 트랙터 기계

① **불도저**(Bulldozer)
- 트랙터 앞면에 배토장치(blade)를 설치하여 **흙의 성토**, 100m 이내 단거리 운반, 땅고르기 등 작업에 적합하다.

- 불도저의 구분

회전장치에 의한 분류	• 크롤러형	• 타이어형
블레이드 조작방식에 의한 분류	• 와이어 로프식	• 유압식
블레이드 각도에 의한 분류	• 스트레이트 도저 • 틸트 도저	• 앵글 도저

② 스크레이퍼(scraper)
- 굴착, 적재, 운반, 성토, 흙깔기, 흙 다지기의 작업을 하나의 기계로 사용할 수 있다.
- 불도저보다 운반거리 크다.(중, 장거리 운반이 가능하다)
- 피견인식과 자주식(모터 스크레이퍼)의 두 종류로 구분한다.

불도저 및 스크레이퍼의 1시간당 작업량 계산

$$Q = \frac{q \times f \times 60 \times E}{C_m} = q_0 \times E \, [\text{m}^3/\text{h}]$$

- q : 블레이드 용량(1회의 흙 운반량)[m³]
- E : 불도저의 작업 효율
- C_m : 사이클 시간[min]
- q_0 : 거리를 고려하지 않는 삽날 이용량
- f : 토량 환산 계수

③ 로더(Loader)
- 굴삭된 토사나 골재를 덤프차량 등 운반기계에 싣는 데 사용된다.

(5) 버킷계 기계

① 버킷 굴착기(Bucket excavator)
② 버킷 휠 굴착기(Bucket wheel excavator)
③ 트렌처(Trencher)

(6) 모터 그레이더(Motor grader)

토공판을 작동시켜 **지면의 정지작업**(땅을 깎아 고르는 작업)을 하는데 사용된다.

(7) 항타기(pile driver)

낙하해머, 디젤해머에 의한 강관말뚝, **널말뚝(Sheet Pile)의 항타작업**에 사용된다.

(8) 어스 드릴(earth drill)

붐에 어스 드릴용 장치를 부착하여 땅속에 규모가 큰 구멍을 파서 기초공사에 사용한다.

한 눈에 들어오는 **키** 워드

※ 문제

굴착과 싣기를 동시에 할 수 있는 토공기계가 아닌 것은?
㉮ 트랙터 셔블(tractor shovel)
㉯ 백호(back hoe)
㉰ 파워셔블(power shovel)
㉱ 모터그레이더(motor grader)

[해설]
㉱ 모터그레이더는 지반의 정지 작업에 사용되는 기계이다.

정답 ㉱

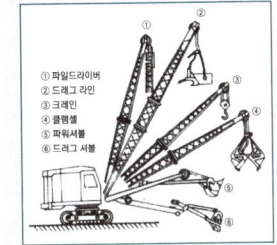
① 파일드라이버
② 드래그 라인
③ 크레인
④ 클램셸
⑤ 파워셔블
⑥ 드래그 셔블

용어정의

1. **운반기계** : 무거운 물건을 들어올리거나 이동시켜서 운반하는 기계를 말한다.
2. **차량계 하역운반기계** : 동력원에 의하여 특정되지 아니한 장소로 스스로 이동할 수 있는 기계로서 지게차·구내운반차·화물자동차 등을 말한다.

3 운반장비

① 덤프트럭
② 벨트컨베이어
   터널 굴착에서의 토사운반, 쇄석기(碎石機)의 골재운반, 토지조성 때의 토사운반 등에 사용된다.
③ 덤프트레일러
   견인차에 15~30t급의 덤프트레일러를 3~4대 정도 연결하여 한번에 45~120t의 토량을 운반할 수 있어 경비 및 작업시간 절감의 효과를 얻게 된다.
④ 지게차(Fork lift)
   경화물의 적재 및 운반에 이용된다.

4 다짐장비

(1) 롤러

① **머캐덤 롤러(MACADAM ROLLER)**
   삼륜차형을 한 것으로 **쇄석기층의 다지기나 아스팔트 포장의 처음 다지기에 이용**된다.
② **탠덤 롤러(TANDEM ROLLER)**
   2륜형식으로 **머캐덤롤러의 작업 후 마무리 다짐, 아스팔트 포장의 끝마무리용**으로 이용된다.
③ **타이어 롤러(TIRE ROLLER)**
   접지압을 공기압으로 조절할 수 있으며 **접지압이 클수록 깊은다짐이 가능하다.**
④ **탬핑 롤러(Tamping roller)**
   롤러 표면에 다수의 돌기를 만들어 부착한 것으로 **고함수비의 점토질 다짐 및 흙속의 간극 수압 제거에 이용**된다. ★

(2) 소일콤팩터(Soil compactor)

4륜의 롤러에 철편을 붙인 평판식 **진동다짐 기계로서 사질토 등의 다짐에 이용**된다.

※ 문제
다음 중 다짐용 전압롤러로 점착력이 큰 진흙다짐에 가장 적합한 것은?
㉮ 탬핑롤러   ㉯ 타이어롤러
㉰ 진동롤러   ㉱ 탠덤롤러

[해설]
㉮ 탬핑롤러는 고함수비 지반, 점착력이 큰 진흙의 다짐, 흙의 간극수압제거에 사용된다.

정답 ㉮

5 차량계 건설기계의 안전

1) 차량계 건설기계의 운전자 위치이탈 시 조치 ★★

① 포크, 버킷, 디퍼 등의 장치를 가장 낮은 위치 또는 지면에 내려 둘 것
② 원동기를 정지시키고 브레이크를 확실히 거는 등 갑작스러운 이동을 방지하기 위한 조치를 할 것
③ 운전석을 이탈하는 경우에는 시동키를 운전대에서 분리시킬 것
　다만, 운전석에 잠금장치를 하는 등 운전자가 아닌 사람이 운전하지 못하도록 조치한 경우에는 그러하지 아니하다.

2) 차량계 건설기계의 넘어짐(전도) 방지 조치 ★★

① 유도자 배치
② 지반의 부동침하방지
③ 갓길의 붕괴 방지
④ 도로의 폭 유지

3) 낙하물 보호구조의 설치 ★

사업주는 **토사 등이 떨어질 우려가 있는 등 위험한 장소에서** 차량계 건설기계[**불도저, 트랙터, 굴착기, 로더**(loader : 흙 따위를 퍼올리는 데 쓰는 기계), **스크레이퍼**(scraper : 흙을 절삭 · 운반하거나 펴 고르는 등의 작업을 하는 토공기계), **덤프트럭, 모터그레이더**(motor grader : 땅 고르는 기계), **롤러**(roller : 지반 다짐용 건설기계), **천공기, 항타기 및 항발기**로 한정한다]를 사용하는 경우에는 **해당 차량계 건설기계에 견고한 낙하물 보호구조를 갖춰야 한다.**

4) 수리 등의 작업 시 조치

차량계 건설기계의 수리 또는 부속장치의 장착 및 해체작업을 하는 때에는 당해 **작업의 지휘자를 지정하여 다음 각 호의 사항을 준수**하도록 하여야 한다.

① 작업순서를 결정하고 작업을 지휘할 것
② 안전지지대 또는 안전블록 등의 사용상황 등을 점검할 것

[참고] 차량계 건설기계의 이송
차량계 건설기계를 이송하기 위하여 자주 또는 견인에 의하여 화물자동차등에 싣거나 내리는 작업을 할 때에 발판 · 성토 등을 사용하는 경우에는 해당 기계의 전도 또는 굴러 떨어짐에 의한 위험을 방지하기 위하여 다음 각 호의 사항을 준수하여야 한다.
① 싣거나 내리는 작업은 평탄하고 견고한 장소에서 할 것
② 발판을 사용하는 경우에는 충분한 길이 · 폭 및 강도를 가진 것을 사용하고 적당한 경사를 유지하기 위하여 견고하게 설치할 것
③ 자루 · 가설대 등을 사용하는 경우에는 충분한 폭 및 강도와 적당한 경사를 확보할 것

[비교 ★★]
차량계 하역운반기계의 넘어짐(전도) 방지 조치
- 유도자 배치
- 지반의 부동침하방지
- 갓길의 붕괴 방지

[참고] 붐 등의 강하에 의한 위험방지
차량계 건설기계의 붐 · 암 등을 올리고 수리 · 점검 작업 등을 하는 경우 붐 · 암이 갑자기 내려옴으로써 발생하는 위험을 방지하기 위하여 해당 작업에 종사하는 근로자에게 안전지지대 또는 안전블록 등을 사용하도록 하여야 한다.

6 운반기계의 안전

(1) 차량계 하역운반기계 운전자가 운전위치 이탈 시 조치 ★★

① **포크, 버킷, 디퍼 등의 장치를 가장 낮은 위치** 또는 지면에 내려 둘 것
② **원동기를 정지**시키고 **브레이크를 확실히 거는 등** 갑작스러운 이동을 방지하기 위한 조치를 할 것
③ 운전석을 이탈하는 경우에는 **시동키를 운전대에서 분리**시킬 것
   다만, 운전석에 잠금장치를 하는 등 운전자가 아닌 사람이 운전하지 못하도록 조치한 경우에는 그러하지 아니하다.

(2) 차량계 하역운반기계 넘어짐(전도) 방지 조치 ★★

① 유도자 배치
② 지반의 부동침하방지
③ 갓길의 붕괴 방지

(3) 차량계 하역운반기계에 화물적재시의 조치 ★

① **하중이 한쪽으로 치우치지 않도록 적재**할 것
② 구내운반차 또는 화물자동차의 경우 **화물의 붕괴 또는 낙하에 의한 위험을 방지**하기 위하여 화물에 로프를 거는 등 필요한 조치를 할 것
③ **운전자의 시야를 가리지 않도록 화물을 적재**할 것
④ 화물을 적재하는 경우에는 **최대적재량을 초과해서는 아니 된다.**

(4) 차량계 하역운반기계에 **단위화물의 무게가 100킬로그램 이상인 화물을 싣는 작업 또는 내리는 작업 시 작업의 지휘자를 지정**하여 다음 각 호의 사항을 준수하도록 하여야 한다. ★

> **차량계 하역운반기계 작업 시 작업지휘자 임무 ★**
>
> ① 작업 순서 및 그 순서마다의 **작업 방법을 정하고 작업을 지휘**할 것
> ② 기구 및 공구를 점검하고 불량품을 제거할 것
> ③ 해당 작업을 하는 장소에 관계 근로자가 아닌 사람이 출입하는 것을 금지할 것
> ④ 로프를 풀거나 덮개를 벗기는 작업을 행하는 때에는 **적재함의 낙하 위험이 없음을 확인한 후에 당해 작업을 하도록 할 것**

한 눈에 들어오는 키워드

참고

차량계 하역운반기계의 이송
차량계 하역운반 기계를 이송하기 위하여 자주 또는 견인에 의하여 화물자동차 등에 싣거나 내리는 작업에 있어서 발판·성토 등을 사용하는 때에는 당해 기계의 전도 또는 전락에 의한 위험을 방지하기 위하여 다음 각 호의 사항을 준수하여야 한다.
① 싣거나 내리는 작업은 평탄하고 견고한 장소에서 할 것
② 발판을 사용하는 경우에는 충분한 길이·폭 및 강도를 가진 것을 사용하고 적당한 경사를 유지하기 위하여 견고하게 설치할 것
③ 가설대 등을 사용하는 경우에는 충분한 폭 및 강도와 적당한 경사를 확보할 것
④ 지정운전자의 성명·연락처 등을 보기 쉬운 곳에 표시하고 지정운전자 외에는 운전하지 않도록 할 것

(5) 수리 등의 작업 시 조치

차량계 하역운반기계 등의 수리 또는 부속장치의 장착 및 해체작업을 하는 때에는 당해작업의 지휘자를 지정하여 다음 각 호의 사항을 준수하도록 하여야 한다.

차량계 하역운반기계 수리, 부속장치 장착 및 해체작업 시 작업지휘자 임무
① 작업순서를 결정하고 작업을 지휘할 것 ② 안전지지대 또는 안전블록 등의 사용상황 등을 점검할 것

(6) 제한속도의 지정

① **차량계 하역운반기계, 차량계 건설기계**(최대제한속도가 시속 10킬로미터 이하인 것은 제외한다)를 사용하여 작업을 하는 경우 미리 **작업장소의 지형 및 지반 상태 등에 적합한 제한속도를 정하고, 운전자로 하여금 준수**하도록 하여야 한다.

② 궤도작업차량을 사용하는 작업, 입환기로 입환작업을 하는 경우에 작업에 적합한 제한속도를 정하고, 운전자로 하여금 준수하도록 하여야 한다.

(7) 작업시작 전 점검 ★★★

지게차의 작업시작 전 점검	① 하역장치 및 유압장치 기능의 이상 유무 ② 제동장치 및 조종장치 기능의 이상 유무 ③ 바퀴의 이상 유무 ④ 전조등, 후미등, 방향지시기, 경보장치 기능의 이상 유무
구내운반차의 작업시작 전 점검	① 제동장치 및 조종장치 기능의 이상 유무 ② 하역장치 및 유압장치 기능의 이상 유무 ③ 바퀴의 이상 유무 ④ 전조등 · 후미등 · 방향지시기 및 경음기 기능의 이상 유무 ⑤ 충전장치를 포함한 홀더 등의 결합상태의 이상 유무
화물 자동차의 작업시작 전 점검	① 제동 장치 및 조종 장치의 기능 ② 하역 장치 및 유압 장치의 기능 ③ 바퀴의 이상 유무
고소작업대의 작업시작 전 점검	① 비상정지장치 및 비상하강방지장치 기능의 이상 유무 ② 과부하방지장치의 작동 유무(와이어로프 또는 체인구동방식의 경우) ③ 아웃트리거 또는 바퀴의 이상 유무 ④ 작업면의 기울기 또는 요철유무

(8) 사전조사 및 작업계획서의 내용

작업명	차량계 하역운반기계등을 사용하는 작업	차량계 건설기계를 사용하는 작업
사전조사 내용	–	해당 기계의 굴러 떨어짐, 지반의 붕괴 등으로 인한 근로자의 위험을 방지하기 위한 해당 작업장소의 지형 및 지반상태
작업계획서 내용	가. 해당 작업에 따른 **추락·낙하·전도·협착 및 붕괴 등의 위험 예방대책** 나. 차량계 하역운반기계 등의 **운행경로 및 작업방법**	가. 사용하는 **차량계 건설기계의 종류 및 성능** 나. **차량계 건설기계의 운행경로** 다. **차량계 건설기계에 의한 작업방법** ★★

한 눈에 들어오는 키워드

용어정의
1. 항타기(Pile driver): 말뚝, 널말뚝을 박는 기계와 그 부속장치
2. 항발기: 널말뚝, 파일 등을 뽑는데 사용되는 기계

참고

항타기, 항발기의 기타 안전조치
- 사용 시의 조치: 사업주는 압축공기를 동력원으로 하는 항타기나 항발기를 사용하는 경우에는 다음 각 호의 사항을 준수하여야 한다.
  ① 공기호스와 해머의 접속부가 파손되거나 벗겨지는 것을 방지하기 위하여 그 접속부가 아닌 부위를 선정하여 공기호스를 해머에 고정시킬 것
  ② 공기를 차단하는 장치를 해머의 운전자가 쉽게 조작할 수 있는 위치에 설치할 것
- 꼬인 때의 조치: 항타기 또는 항발기의 권상장치의 드럼에 권상용 와이어로프가 꼬인 때에는 와이어로프에 하중을 걸어서는 아니 된다.
- 권상장치 정지 시의 조치: 항타기 또는 항발기의 권상장치에 하중을 건 상태로 정지하여 두는 때에는 쐐기장치 또는 역회전방지용 브레이크를 사용하여 제동하여 두는 등 확실하게 정지시켜 두어야 한다.
- 운전위치의 이탈금지
  ① 항타기 또는 항발기의 운전자로 하여금 권상장치에 하중을 건 상태로 운전위치로부터 이탈하도록 하여서는 아니된다.
  ② 항타기 또는 항발기의 운전자는 권상장치에 하중을 건 상태로 운전위치를 이탈하여서는 아니 된다.

7 항타기 및 항발기의 안전기준

(1) 항타기 및 항발기의 무너짐 방지조치 ★

① **연약한 지반에 설치**하는 경우에는 아웃트리거·받침 등 **지지구조물의 침하를 방지하기 위하여 깔판·받침목 등을 사용**할 것
② **시설 또는 가설물 등에 설치**하는 때에는 그 내력을 확인하고 내력이 부족한 때에는 그 **내력을 보강**할 것
③ 아웃트리거·받침 등 **지지구조물이 미끄러질 우려가 있는 때에는 말뚝 또는 쐐기 등을 사용하여** 해당 지지구조물을 **고정**시킬 것
④ **궤도 또는 차로 이동하는 항타기 또는 항발기**에 대하여는 불시에 이동하는 것을 방지하기 위하여 **레일클램프 및 쐐기 등으로 고정**시킬 것
⑤ **상단 부분은 버팀대·버팀줄로 고정**하여 안정시키고, 그 **하단 부분은 견고한 버팀·말뚝 또는 철골 등으로 고정**시킬 것

(2) 권상용 와이어로프

① **항타기 또는 항발기의 권상용 와이어로프의 안전계수가 5 이상**이 아니면 이를 사용하여서는 아니 된다. ★
② **권상용 와이어로프는** 추 또는 해머가 최저의 위치에 있는 때 또는 널말뚝을 빼어내기 시작한 때를 기준으로 하여 **권상장치의 드럼에 적어도 2회 감기고 남을 수 있는 충분한 길이일 것**
③ 권상용 와이어로프는 권상장치의 드럼에 클램프·클립등을 사용하여 견고하게 고정할 것
④ 항타기의 권상용 와이어로프에서 추·해머등과의 연결은 클램프·클립 등을 사용하여 견고하게 할 것

⑤ 클램프·클립 등은 한국산업표준 제품이거나 한국산업표준이 없는 제품의 경우에는 이에 준하는 규격을 갖춘 제품을 사용할 것

(3) 권상기 및 도르래의 설치

① 항타기 또는 항발기에 사용하는 권상기에는 쐐기장치 또는 역회전방지용 브레이크를 부착하여야 한다.
② 항타기 또는 항발기의 **권상장치의 드럼축과 권상장치로부터 첫번째 도르래의 축과의 거리**를 권상장치의 **드럼폭의 15배 이상**으로 하여야 한다. ★
③ 도르래는 권상장치의 드럼의 중심을 지나야 하며 축과 수직면상에 있어야 한다. ★

(4) 항타기, 항발기 조립하는 때 점검 사항 ★

① **본체의 연결부의 풀림 또는 손상의 유무**
② **권상용 와이어로프·드럼 및 도르래의 부착상태**의 이상 유무
③ **권상장치의 브레이크 및 쐐기장치 기능**의 이상 유무
④ **권상기의 설치상태**의 이상 유무
⑤ **리더(leader)의 버팀 방법 및 고정상태**의 이상 유무
⑥ **본체·부속장치 및 부속품의 강도가 적합한지** 여부
⑦ **본체·부속장치 및 부속품에 심한 손상·마모·변형 또는 부식이 있는지** 여부

(5) 항타기 또는 항발기를 조립하거나 해체하는 경우 준수사항

① 항타기 또는 항발기에 사용하는 **권상기에 쐐기장치 또는 역회전방지용 브레이크를 부착할 것**
② 항타기 또는 항발기의 **권상기가 들리거나 미끄러지거나 흔들리지 않도록 설치**할 것
③ 그 밖에 조립·해체에 필요한 사항은 **제조사에서 정한 설치·해체 작업 설명서에 따를 것**

> **참고**
>
> • 말뚝 등을 끌어올릴 경우의 조치
> ① 사업주는 항타기를 사용하여 말뚝 및 널말뚝 등을 끌어올리는 경우에는 그 훅 부분이 드럼 또는 도르래의 바로 아래에 위치하도록 하여 끌어올려야 한다.
> ② 항타기에 체인블록 등의 장치를 부착하여 말뚝 또는 널말뚝 등을 끌어 올리는 경우에는 제1항을 준용한다.
>
> • 항타기 등의 이동
> 사업주는 두 개의 지주 등으로 지지하는 항타기 또는 항발기를 이동시키는 경우에는 이들 각 부위를 당김으로 인하여 항타기 또는 항발기가 넘어지는 것을 방지하기 위하여 반대측에서 윈치로 장력와이어로프를 사용하여 확실히 제동하여야 한다.
>
> • 가스배관 등의 손상 방지
> 사업주는 항타기를 사용하여 작업할 때에 가스배관, 지중전선로 및 그 밖의 지하공작물의 손상으로 근로자가 위험에 처할 우려가 있는 경우에는 미리 작업장소에 가스배관·지중전선로 등이 있는지를 조사하여 이전 설치나 매달기 보호 등의 조치를 하여야 한다.

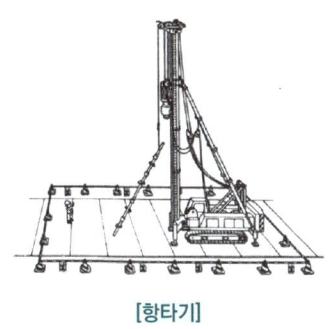

[항타기]

[항발기]

8 컨베이어의 안전

(1) 컨베이어의 방호장치 ★★★

이탈 등의 방지장치	컨베이어 등을 사용하는 때에는 정전·전압강하 등에 의한 화물 또는 운반구의 이탈 및 역주행을 방지하는 장치를 갖추어야 한다.
비상정지 장치	컨베이어 등에 근로자의 신체의 일부가 말려드는 등 근로자에게 위험을 미칠 우려가 있는 때 및 비상시에는 즉시 컨베이어 등의 운전을 정지시킬 수 있는 장치를 설치하여야 한다.
덮개, 울의 설치	컨베이어 등으로부터 화물의 낙하로 인하여 근로자에게 위험을 미칠 우려가 있는 때에는 당해 컨베이어 등에 덮개 또는 울을 설치하는 등 낙하방지를 위한 조치를 하여야 한다.

(2) 건널다리의 설치 ★

운전 중인 컨베이어 등의 위로 근로자를 넘어가도록 하는 때에는 근로자의 위험을 방지하기 위하여 **건널다리를 설치**하는 등 필요한 조치를 하여야 한다.

(3) 탑승의 제한

운전 중인 컨베이어에 근로자를 탑승시켜서는 아니 된다. 다만, 근로자를 운반할 수 있는 구조를 갖춘 컨베이어 등으로서 추락·접촉 등에 의한 근로자의 위험을 방지할 수 있는 조치를 한 때에는 그러하지 아니하다.

(4) 컨베이어 작업시작 전 점검사항

컨베이어의 작업시작 전 점검 ★★★
① 원동기 및 풀리기능의 이상 유무
② 이탈 등의 방지장치기능의 이상 유무
③ 비상정지장치 기능의 이상 유무
④ 원동기·회전축·기어 및 풀리 등의 덮개 또는 울 등의 이상 유무

9 화물자동차의 안전

(1) 사용의 제한

사업주는 화물자동차의 최대적재량 기타의 능력을 초과하여 이를 사용하여서는 아니된다.

(2) 승강설비

바닥으로부터 짐 윗면과의 **높이가 2미터 이상인 화물자동차에 짐을 싣는 작업 또는 내리는 작업을 하는 때**에는 추락에 의한 근로자의 위험을 방지하기 위하여 당해 작업에 종사하는 근로자가 **바닥과 적재함의 짐 윗면과의 사이를 안전하게 상승 또는 하강하기 위한 설비를 설치**하여야 한다.

(3) 섬유로프 등의 점검

섬유로프 등을 화물자동차의 짐걸이에 사용하는 때에는 당해 **작업시작 전에 다음 각 호의 조치**를 하여야 한다.

① 작업순서 및 작업순서마다의 작업방법을 결정하고 작업을 직접 지휘하는 일
② 기구 및 공구를 점검하고 불량품을 제거하는 일
③ 당해 작업을 행하는 장소에는 관계근로자외의 자의 출입을 금지시키는 일
④ 로프풀기작업 및 덮개를 벗기는 작업을 행하는 때에는 **적재함의 화물에 낙하 위험이 없음을 확인한 후에 당해 작업의 착수를 지시하는 일**

(4) 화물 중간에서 빼내기 금지

화물자동차에서 화물을 내리는 작업을 하는 때에는 당해작업에 종사하는 근로자로 하여금 **하적단의 중간에서 화물을 빼내도록 하여서는 아니 된다.**

(5) 적재함의 탑승제한

적재함에 근로자를 탑승시켜서는 아니된다. 다만, 화물자동차에 울 등을 설치하여 추락을 방지하는 조치를 한 때에는 그러하지 아니하다.

(6) 보호구의 착용

바닥으로부터 짐 윗면과의 **높이가 2미터 이상인 화물자동차에 짐을 싣는 작업 또는 내리는 작업을 행하는 때**에는 추락에 의한 근로자의 위험을 방지하기 위하여 당해 작업에 종사하는 근로자로 하여금 **안전모 등 보호구를 착용**하도록 하여야 한다.

10 고소작업대의 안전

[고소작업대]

(1) 고소작업대를 설치하는 때에는 다음 각 호에 해당하는 것을 설치하여야 한다.

① 작업대를 와이어로프 또는 체인으로 상승 또는 하강시킬 때에는 와이어로프 또는 체인이 끊어져 작업대가 낙하하지 아니하는 구조이어야 하며, **와이어로프 또는 체인의 안전율은 5 이상**일 것 ★
② 작업대를 유압에 의하여 상승 또는 하강시킬 때에는 작업대를 일정한 위치에 유지할 수 있는 장치를 갖추고 **압력의 이상저하를 방지할 수 있는 구조**일 것
③ **권과방지장치를 갖추거나 압력의 이상상승을 방지할 수 있는 구조**일 것
④ 붐의 최대 지면경사각을 초과 운전하여 전도되지 않도록 할 것
⑤ 작업대에 **정격하중(안전율 5 이상)을 표시**할 것
⑥ 작업대에 끼임·충돌 등 재해를 예방하기 위한 **가드 또는 과상승방지장치를 설치**할 것
⑦ 조작반의 스위치는 눈으로 확인할 수 있도록 **명칭 및 방향표시를 유지**할 것

(2) 고소작업대를 설치하는 때에는 다음 각 호의 사항을 준수하여야 한다.

① **바닥과** 고소작업대는 가능한 한 **수평을 유지**하도록 할 것
② 갑작스러운 이동을 방지하기 위하여 **아웃트리거(outrigger) 또는 브레이크 등을 확실히 사용**할 것

(3) 사업주는 고소작업대를 이동하는 때에는 다음 각 호의 사항을 준수하여야 한다. ★

① **작업대를 가장 낮게 하강**시킬 것
② **작업자를 태우고 이동하지 말 것**. 다만, 이동 중 전도 등의 위험예방을 위하여 유도하는 사람을 배치하고 짧은 구간을 이동하는 경우에는 작업대를 가장 낮게 내린 상태에서 작업자를 태우고 이동할 수 있다.
③ 이동**통로의 요철상태 또는 장애물의 유무 등을 확인**할 것

(4) 고소작업대를 사용하는 때에는 다음 각 호의 사항을 준수하여야 한다. ★

① 작업자가 안전모·안전대 등의 **보호구를 착용**하도록 할 것
② **관계자 외의 자가 작업구역 내에 들어오는 것을 방지**하기 위하여 필요한 조치를 할 것
③ 안전한 작업을 위하여 **적정수준의 조도를 유지**할 것
④ **전로(電路)에 근접하여 작업**을 하는 때에는 **작업감시자를 배치**하는 등 감전사고를 방지하기 위하여 필요한 조치를 할 것
⑤ **작업대를 정기적으로 점검**하고 붐·작업대 등 **각 부위의 이상 유무를 확인**할 것
⑥ **전환스위치는 다른 물체를 이용하여 고정하지 말 것**
⑦ **작업대는 정격하중을 초과하여 물건을 싣거나 탑승하지 말 것**
⑧ 작업대의 **붐대를 상승시킨 상태에서 탑승자는 작업대를 벗어나지 말 것**. 다만, 작업대에 안전대 부착설비를 설치하고 안전대를 연결하였을 때에는 그러하지 아니하다.

(5) 악천후 시 작업중지 ★

비·눈 그 밖의 기상상태의 불안정으로 인하여 **날씨가 몹시 나쁠 때에 10미터 이상의 높이에서 고소작업대를 사용**함에 있어 근로자에게 위험을 미칠 우려가 있는 때에는 **작업을 중지**하여야 한다.

11 구내운반차

(1) 구내운반차의 준수사항

① 주행을 제동하고 또한 정지상태를 유지하기 위하여 유효한 **제동장치를 갖출 것**
② **경음기를 갖출 것**
③ 운전석이 차 실내에 있는 것은 **좌우에 한 개씩 방향지시기를 갖출 것** ★
④ **전조등과 후미등을 갖출 것**. 다만, 작업을 안전하게 하기 위하여 필요한 조명이 있는 장소에서 사용하는 구내운반차에 대해서는 그러하지 아니하다.
⑤ 구내운반차가 **후진 중에** 주변의 근로자 또는 차량계 하역운반기계 등과 **충돌할 위험이 있는 경우**에는 구내운반차에 **후진 경보기와 경광등을 설치할 것**

12 지게차

포크, 램(ram) 등의 화물적재 장치와 그 장치를 승강시키는 마스트(mast)를 구비하고 동력에 의해 이동하는 지게차에 적용한다.

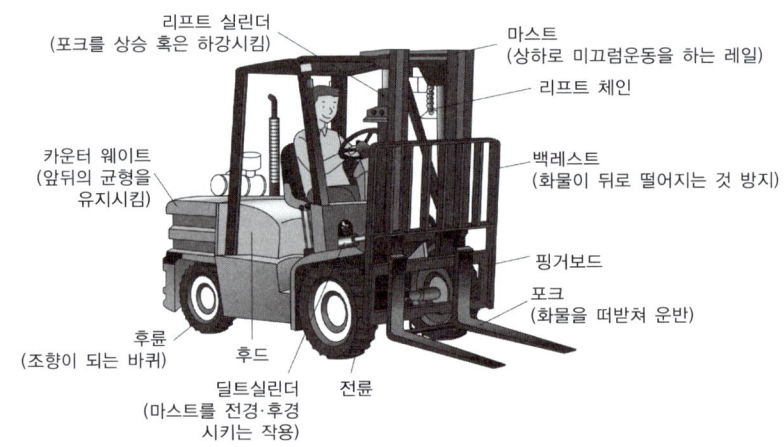

[확인]
지게차 안전기준 ★
- 주행 시 포크는 반드시 내리고 운전해야 한다.
- 운전자 외의 어떤 자도 절대로 승차시키지 말아야 한다.
- 헤드가드를 설치하여 운전자를 보호해야 한다.
- 주차 시 포크를 반드시 내려놓고 후진 할 때는 반드시 정차 후 뒤를 확인해야 한다.
- 마스트 이상 짐을 높이 실어 작업을 해서는 안된다.
- 짐을 싣고 내리막 길을 내려갈 시는 후진으로 해야 한다.
- 작업장 부근에는 사람이 접근하지 않게 해야 한다.
- 경사진 위험한 곳에 장비를 주차시키지 말아야 한다.
- 짐을 인양한 밑으로 사람이 들어가거나 통과시키는 것을 금한다.

(1) 방호장치 ★★

① 헤드가드
지게차에는 **최대하중의 2배(4톤을 넘는 값에 대해서는 4톤으로 한다)에 해당하는 등분포정하중(等分布靜荷重)에 견딜 수 있는 강도의 헤드가드를 설치**하여야 한다.

② 백레스트
지게차에는 **포크에 적재된 화물이 마스트의 뒤쪽으로 떨어지는 것을 방지하기 위한 백레스트(backrest)를 설치**하여야 한다.

③ 전조등, 후미등
지게차에는 **7천5백칸델라 이상의 광도를 가지는 전조등, 2칸델라 이상의 광도를 가지는 후미등을 설치**하여야 한다.

④ 안전벨트
다음 각 호의 요건에 적합한 안전벨트를 설치하여야 한다.
- 「산업표준화법에 따라 인증을 받은 제품」, 「품질경영 및 공산품안전관리법」에 따라 **안전인증을 받은 제품, 국제적으로 인정되는 규격에 따른 제품 또는 국토해양부장관이 이와 동등 이상이라고 인정하는 제품**일 것
- 사용자가 쉽게 잠그고 풀 수 있는 구조일 것

(2) 설치방법 ★★

헤드가드	① 상부 틀의 각 개구의 폭 또는 길이는 16센티미터 미만일 것 ② 운전자가 앉아서 조작하거나 서서 조작하는 지게차의 **헤드가드는 한국산업표준에서 정하는 높이 기준 이상일 것** (좌식 : 903mm, 입식 : 1,905mm 이상)
백레스트	① 외부충격이나 진동 등에 의해 **탈락 또는 파손되지 않도록 견고하게 부착할 것** ② 최대하중을 적재한 상태에서 **마스트가 뒤쪽으로 경사지더라도 변형 또는 파손이 없을 것**
전조등	① **좌우에 1개씩 설치할 것** ② 능광색은 **백색**으로 할 것 ③ 점등 시 **차체의 다른 부분에 의하여 가려지지 아니할 것**
후미등	① **지게차 뒷면 양쪽에 설치할 것** ② 등광색은 **적색**으로 할 것 ③ 지게차 중심선에 대하여 **좌우대칭이 되게 설치할 것** ④ 등화의 중심점을 기준으로 **외측의 수평각 45도에서 볼 때에 투영면적이 12.5제곱센티미터 이상일 것**

한 눈에 들어오는 키 워드

※ 문제
지게차의 작업시작 전 점검사항이 아닌 것은?
㉮ 권과방지장치, 브레이크, 클러치 및 운전장치 기능의 이상 유무
㉯ 하역장치 및 유압장치 기능의 이상 유무
㉰ 제동장치 및 조종장치 기능의 이상 유무
㉱ 전조등, 후미등, 방향지시기 및 경보장치 기능의 이상 유무

[해설]
지게차의 작업시작 전 점검
① 하역장치 및 유압장치 기능의 이상 유무
② 제동장치 및 조종장치 기능의 이상 유무
③ 바퀴의 이상 유무
④ 전조등, 후미등, 방향지시기, 경보장치 기능의 이상 유무
정답 ㉮

※ 문제
다음에 열거한 지게차 헤드가드의 구비조건 중에서 틀린 것은?
㉮ 시야 확보를 위해 상부프레임의 각 개구의 폭 또는 길이는 20cm 이상일 것
㉯ 강도는 포크리프트 최대하중의 2배 값의 등분포 정하중에 견딜 수 있을 것
㉰ 운전자가 서서 조작하는 방식의 포크리프트에서는 운전자의 마루면에서 헤드가드의 상부프레임 하면끼지의 높이는 1.88m 이상일 것
㉱ 운전자가 앉아서 조작하는 방식의 포크리프트에서는 운전자의 좌석 상면에서 헤드가드의 상부프레임 하면까지의 높이는 0.903m 이상일 것

[해설]
㉮ 상부프레임의 각 개구의 폭 또는 길이는 16cm 미만일 것
정답 ㉮

(3) 지게차의 안전기준

① 사업주는 적합한 **헤드가드(head guard)를 갖추지 아니한 지게차를 사용해서는 아니 된다.** 다만, 화물의 낙하에 의하여 지게차의 운전자에게 위험을 미칠 우려가 없는 경우에는 그러하지 아니하다.

② **사업주는 백레스트(backrest)를 갖추지 아니한 지게차를 사용해서는 아니 된다.** 다만, 마스트의 후방에서 화물이 낙하함으로써 근로자가 위험해질 우려가 없는 경우에는 그러하지 아니하다.

③ 사업주는 지게차에 의한 **하역 운반 작업에 사용하는 팔레트(pallet) 또는 스키드(skid)는 다음 각 호에 해당하는 것을 사용**하여야 한다.
- 적재하는 화물의 중량에 따른 **충분한 강도를 가질 것**
- **심한 손상·변형 또는 부식이 없을 것**

④ **사업주는** 앉아서 조작하는 방식의 지게차를 운전하는 근로자에게 좌석 안전띠를 **착용하도록** 하여야 한다.

(4) 지게차의 안전조건 ★★

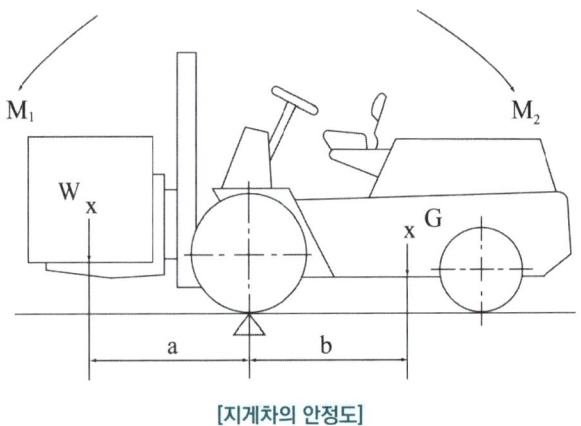

[지게차의 안정도]

① 지게차가 전도되지 않고 안정되기 위해서는 물체의 모멘트 (M_1 = W×a)보다 지게차의 모멘트(M_2 = G×b)가 더 커야 한다.

지게차의 안정도 ★★
W×a ＜ G×b   (M_1 ＜ M_2)
• W : 화물중량 　　　　　　• a : 앞바퀴~화물중심까지 거리   • G : 지게차 자체 중량　　• b : 앞바퀴~차 중심까지 거리

한눈에 들어오는 키워드

참고

1. 지게차는 지면에서 중심선이 지면의 기울어진 방향과 평행할 경우 앞이나 뒤로 넘어지지 아니하여야 한다.
   (1) 지게차의 최대하중 상태에서 쇠스랑을 가장 높이 올린 경우 기울기가 100분의 4(4%)[지게차의 최대하중이 5톤 이상인 경우에는 100분의 3.5(3.5%)]인 지면
   (2) 지게차의 기준 부하상태에서 주행할 경우 기울기가 100분의 18(18%)인 지면

2. 지게차는 지면에서 중심선이 지면의 기울어진 방향과 직각으로 교차할 경우 옆으로 넘어지지 아니하여야 한다.
   (1) 지게차의 최대하중 상태에서 쇠스랑을 가장 높이 올리고 마스트를 가장 뒤로 기울인 경우 기울기가 100분의 6(6%)인 지면
   (2) 지게차의 기준 무부하 상태에서 주행할 경우 구배가 지게차의 최고 주행속도에 1.1을 곱한 후 15를 더한 값인 지면. 다만, 규격이 5,000킬로그램 미만인 경우에는 최대 기울기가 100분의 50, 5,000킬로그램 이상인 경우에는 최대 기울기가 100분의 40인 지면을 말한다.

② 전경사각

　　마스터의 수직위치에서 **앞으로 기울인 경우 최대경사각 5 ~ 6°**

③ 후경사각

　　마스터의 수직위치에서 **뒤로 기울인 경우 최대경사각 10 ~ 12°**

(5) 지게차 작업시의 안정도 ★★

안정도	지게차의 상태
하역작업시의 전·후 안정도 : 4% 이내 (5t 이상 : 3.5%)	(위에서 본 경우)
주행시의 전·후 안정도 : 18% 이내	
하역작업시의 좌·우 안정도 : 6% 이내	(밑에서 본 경우)
주행시의 좌·우 안정도 : (15+1.1V)% 이내 최대 40%(V : 최고속도 km/h)	
안정도 = $\frac{h}{l} \times 100$(%)	

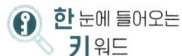

※ 문제

하물중량이 200kg, 지게차의 중량이 400kg, 앞바퀴에서 하물의 중심까지의 최단거리가 1m이면 지게차가 안정되기 위한 앞바퀴에서 지게차의 중심까지의 최단거리는?
㉮ 0.2m 초과
㉯ 0.5m 초과
㉰ 1m 초과
㉱ 3m 이상

[해설]
$W \times a < G \times b$
(W : 화물중량
　a : 앞바퀴-화물중심까지 거리
　G : 지게차 자체 중량
　b : 앞바퀴-차 중심까지 거리)
$200 \times 1 < 400 \times b$
∴ b > 0.5m

정답 ㉯

13 운전위치의 이탈금지

다음 각 호의 기계를 운전하는 경우 운전자가 운전위치를 이탈하게 해서는 아니 된다.

운전위치를 이탈하여서는 안 되는 기계 ★
① **양중기** ② **항타기 또는 항발기**(권상장치에 하중을 건 상태) ③ **양화장치**(화물을 적재한 상태)

CHAPTER 05 비계·거푸집 가시설 위험방지

01 건설 가시설물 설치 및 관리

한눈에 들어오는 키워드

기출

1. 가설구조물의 특징
① 연결재가 부족한 구조가 되기 쉽다.
② 부재의 결합이 간단하여 불안전 결합이 되기 쉽다.
③ 구조물이라는 개념이 확고하지 않아 조립의 정밀도가 낮다.
④ 부재는 과소 단면이거나 결함이 있는 재료가 사용되기 쉽다.

2. 가설재(비계)의 3조건
① 안정성 : 파괴, 도괴 및 동요에 대한 충분한 강도를 가질 것
② 작업성 : 통행과 작업에 방해가 없는 넓은 작업발판과 넓은 작업공간을 확보할 것
③ 경제성 : 가설 및 철거가 신속하고 용이할 것

용어정의

비계 : 구조물의 외부작업을 위해 근로자와 자재를 받쳐주기 위해 임시적으로 설치된 작업대와 그 지지구조물을 말한다.

주요내용 알고 가기!

- 강관비계의 구조 및 조립 시 준수사항
- 말비계 조립 시 준수사항
- 비계의 점검 보수 항목
- 사다리식 통로의 구조(설치 시의 준수사항)
- 이동식 사다리의 구조
- 거푸집 구비조건
- 거푸집동바리의 조립 또는 해체작업 시 준수사항
- 거푸집 조립 및 해체 순서
- 계측기 종류 및 용도
- 계측위치 선정
- 틀비계(강관 틀비계) 조립 시 준수사항
- 이동식비계의 조립 시 준수사항
- 가설통로의 구조(설치 시의 준수사항)
- 계단의 설치
- 작업발판의 구조
- 거푸집 및 동바리의 조립 시의 안전조치

1 비계의 종류 및 기준

(1) 강관비계(강관을 이용한 단관비계의 구조) ★★

강관비계의 구조

① 비계기둥 간격: 띠장방향에서는 1.85m 이하, 장선방향에서는 1.5m 이하로 할 것
다만, **다음 각 목의 어느 하나에 해당하는** 작업의 경우에는 안전성에 대한 구조검토를 실시하고 조립도를 작성하면 **띠장 방향 및 장선 방향으로 각각 2.7미터 이하로** 할 수 있다.
가. 선박 및 보트 건조작업
나. 그 밖에 장비 반입·반출을 위하여 공간 등을 확보할 필요가 있는 등 **작업의 성질상 비계기둥 간격에 관한 기준을 준수하기 곤란한 작업**
② 띠장간격 : **2.0미터 이하**로 할 것(다만, 작업의 성질상 이를 준수하기가 곤란하여 쌍기둥틀 등에 의하여 해당 부분을 보강한 경우에는 그러하지 아니하다)
③ 비계기둥의 제일 윗부분으로 부터 31m되는 지점 밑 부분의 비계기둥은 **2본의 강관으로 묶어 세울 것**(다만, 브라켓(bracket, 까치발) 등으로 보강하여 2개의 강관으로 묶을 경우 이상의 강도가 유지되는 경우에는 그러하지 아니하다)
④ **비계기둥 간의 적재하중은 400kg을 초과하지 않도록** 할 것

강관비계 조립 시의 준수사항

① 비계기둥에는 **미끄러지거나** **침하하는** 것을 방지하기 위하여 **밑받침철물을 사용**하거나 **깔판·받침목 등을 사용**하여 밑둥잡이를 설치할 것
② 강관의 **접속부 또는 교차부는 적합한 부속철물을 사용**하여 접속하거나 단단히 묶을 것
③ **교차가새로 보강**할 것
④ 외줄비계·쌍줄비계 또는 돌출비계의 벽이음 및 버팀 설치
- 조립간격 : **수직방향에서 5m 이하, 수평방향에서 5m 이하**
- 강관·통나무 등의 재료를 사용하여 견고한 것으로 할 것
- 인장재와 압축재로 구성되어 있는 때에는 **인장재와 압축재의 간격을 1미터 이내로** 할 것

⑤ 가공전로에 근접하여 비계를 설치하는 때에는 가공전로를 이설, 절연용 방호구 장착하는 등 **가공전로와의 접촉 방지 조치할 것**

한 눈에 들어오는 키 워드

용어정의

1. 강관비계 : 강관을 이음철물이나 연결철물(크램프)을 이용하여 조립한 비계를 말한다.
2. 비계기둥 : 비계를 조립할 때 수직으로 세우는 부재를 말한다.
3. 띠장 : 비계기둥에 수평으로 설치하는 부재를 말한다.
4. 장선 : 쌍줄비계에서 띠장 사이에 수평으로 걸쳐 작업발판을 지지하는 가로재를 말한다.
5. 교차가새 : 강관비계 조립 시 비계기둥과 띠장을 일체화하고 비계의 도괴에 대한 저항력을 증대시키기 위해 비계 전면에 X형태로 설치하는 것을 말한다.
6. 벽연결 철물 : 비계를 건축물의 외벽에 따라 세울 때 이를 안정적으로 고정하기 위해서 건축물의 외벽과 연결하는 재료를 말한다.

참고

[연약지반의 보강]

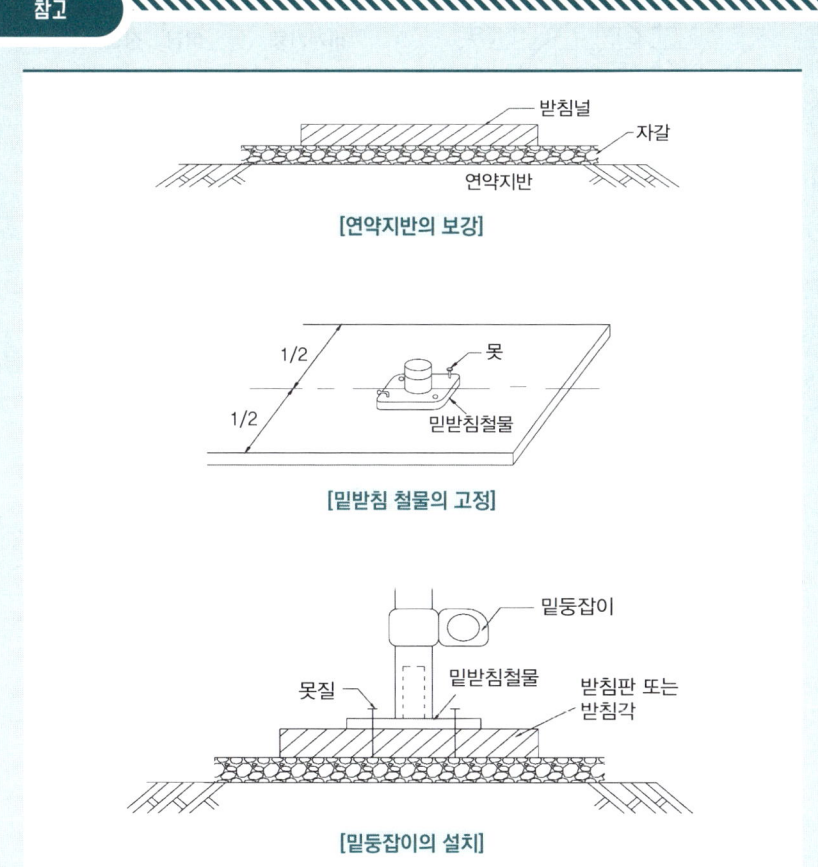
[밑받침 철물의 고정]

[밑둥잡이의 설치]

한눈에 들어오는 키워드

※ 문제
최고 51m 높이의 강관비계를 세우려고 한다. 지상에서 몇 미터까지를 2본으로 세워야 하는가?
㉮ 10m ㉯ 20m
㉰ 31m ㉱ 51m

[해설]
비계기둥의 최고부로부터 31미터되는 지점 밑부분의 비계기둥을 2본의 강관으로 묶어 세운다.
51m-31m = 20m

정답 ㉯

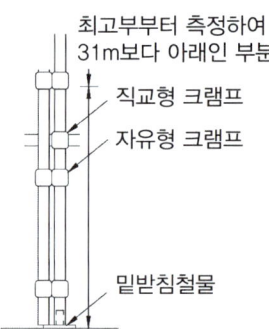

[제일 윗부분으로부터 31m되는 지점의 비계기둥]

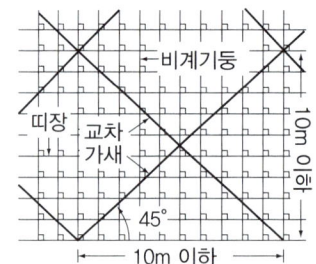

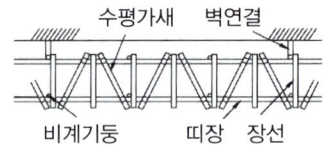

[수직 및 수평가새의 설치]

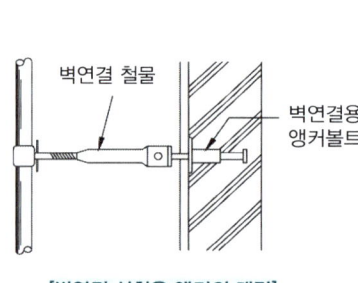

[벽연결 설치용 앵커의 매립]

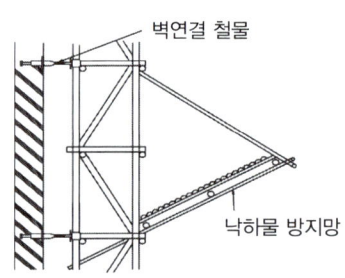

[벽연결 보강(낙하물 방지망)]

[강관비계 및 수직보호망의 설치]

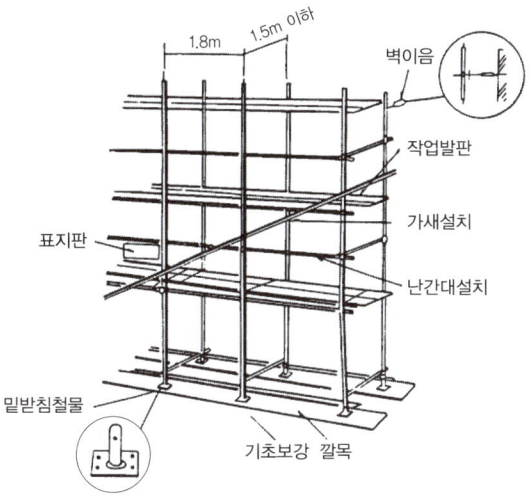

[쌍줄비계의 작업발판 설치]

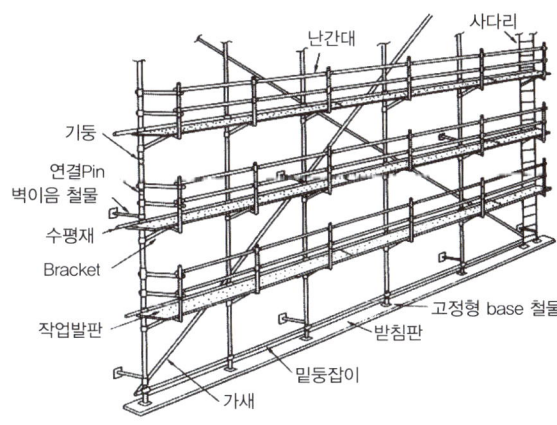

[외줄비계의 작업발판 설치]

참고

비계용 발판

- 비계발판은 목재 또는 합판을 사용
- 제재목인 경우에 있어서는 장섬유질의 경사가 1 : 15 이하이고 충분히 건조된 것(함수율 15~20 퍼센트 이내)을 사용
- 재료의 강도상 결점
  ① 발판의 폭과 동일한 길이 내에 있는 결점치수의 총합이 발판폭의 1/4을 초과하지 않을 것
  ② 결점 개개의 크기가 발판의 중앙부에 있는 경우 발판폭의 1/5, 발판의 갓부분에 있을 때는 발판폭의 1/7을 초과하지 않을 것
  ③ 발판의 갓면에 있을 때는 발판두께의 1/2을 초과하지 않을 것
  ④ 발판의 갈라짐은 발판폭의 1/2을 초과해서는 아니되며 철선, 띠철로 감아서 보존할 것
- 비계발판의 치수는 폭이 두께의 5~6배 이상이어야 하며 **발판 폭은 40센티미터 이상, 두께는 3.5센티미터 이상, 길이는 3.6미터 이내이어야 한다.**
- 비계발판은 하중과 간격에 따라서 응력의 상태가 달라지므로 〈표 1〉에 의한 허용 응력을 초과하지 않도록 설계하여야 한다.

[표 1] 허용응력 단위 : (kg/cm²)

허용 응력도 목재의 종류	압축	인장 또는 휨	전단
적송, 흑송, 회목	120	135	10.5
삼송, 전나무, 가문비나무	90	105	7.5

(3) 틀비계(강관 틀비계) ★

틀비계 조립 시 준수사항 ★

① 밑둥에는 밑받침철물을 사용하여야 하며 밑받침에 고저차가 있는 경우에는 조절형 밑받침철물을 사용하여 항상 수평 및 수직을 유지하도록 할 것
② 높이가 20미터를 초과하거나 중량물의 적재를 수반하는 작업을 할 경우에는 주틀간의 간격이 1.8미터 이하로 할 것
③ 주틀간에 교차가새를 설치하고 최상층 및 5층 이내마다 수평재를 설치할 것
④ 벽이음 간격(조립간격) : 수직방향 6m, 수평방향으로 8m미터 이내마다 할 것
⑤ 길이가 띠장방향으로 4m 이하이고 높이가 10m를 초과하는 경우에는 10m 이내마다 띠장방향으로 버팀기둥을 설치할 것

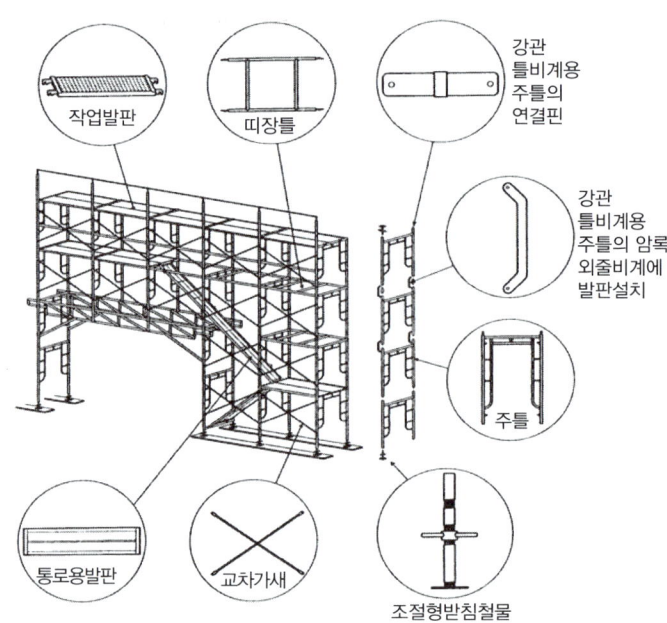

[틀비계의 구조]

(4) 비계 조립간격(벽이음 간격) ★★★

벽이음의 역할
① 풍하중에 의한 움직임 방지
② 수평하중에 의한 움직임 방지

비계 종류		수직방향	수평방향
강관비계	단관비계	5m	5m
	틀비계(높이 5m 미만인 것 제외)	6m	8m

(5) 달비계의 구조

곤돌라형 달비계를 설치하는 경우 준수사항

① 달기 강선 및 달기 강대는 심하게 손상·변형 또는 부식된 것을 사용하지 않도록 할 것
② 달기 와이어로프, 달기 체인, 달기 강선, 달기 강대는 한쪽 끝을 비계의 보 등에, 다른 쪽 끝을 내민 보, 앵커볼트 또는 건축물의 보 등에 각각 풀리지 않도록 설치할 것
③ 작업발판은 폭을 40센티미터 이상으로 하고 틈새가 없도록 할 것 ★
④ 작업발판의 재료는 뒤집히거나 떨어지지 않도록 비계의 보 등에 연결하거나 고정시킬 것
⑤ 비계가 흔들리거나 뒤집히는 것을 방지하기 위하여 비계의 보·작업발판 등에 버팀을 설치하는 등 필요한 조치를 할 것
⑥ 선반 비계에서는 보의 접속부 및 교차부를 철선·이음철물 등을 사용하여 확실하게 접속시키거나 단단하게 연결시킬 것
⑦ 근로자의 추락 위험을 방지하기 위하여 다음 각 목의 조치를 할 것
- 달비계에 구명줄을 설치할 것
- 근로자에게 안전대를 착용하도록 하고 근로자가 착용한 안전줄을 달비계의 구명줄에 체결(締結)하도록 할 것
- 달비계에 안전난간을 설치할 수 있는 구조인 경우에는 달비계에 안전난간을 설치할 것

[달기체인 등 사용금지 항목 ★★★]

달기체인	① 달기 체인의 길이가 달기 체인이 제조된 때의 길이의 5퍼센트를 초과한 것 ② 링의 단면지름이 달기 체인이 제조된 때의 해당 링의 지름의 10퍼센트를 초과하여 감소한 것 ③ 균열이 있거나 심하게 변형된 것
달비계에 사용하는 섬유로프 또는 안전대의 섬유벨트	① 꼬임이 끊어진 것 ② 심하게 손상되거나 부식된 것 ③ 2개 이상의 작업용 섬유로프 또는 섬유벨트를 연결한 것 ④ 작업높이보다 길이가 짧은 것
와이어로프	① 이음매가 있는 것 ② 와이어로프의 한 꼬임(스트랜드 : strand)에서 끊어진 소선의 수가 10퍼센트 이상(비자전로프의 경우에는 끊어진 소선의 수가 와이어로프 호칭지름의 6배 길이 이내에서 4개 이상이거나 호칭지름 30배 길이 이내에서 8개 이상)인 것

한 눈에 들어오는 키워드

참고

작업 의자형 달비계를 설치하는 경우 준수사항
① 달비계의 작업대는 나무 등 근로자의 하중을 견딜 수 있는 강도의 재료를 사용하여 견고한 구조로 제작할 것
② 작업대의 4개 모서리에 로프를 매달아 작업대가 뒤집히거나 떨어지지 않도록 연결할 것
③ 작업용 섬유로프는 콘크리트에 매립된 고리, 건축물의 콘크리트 또는 철재 구조물 등 2개 이상의 견고한 고정점에 풀리지 않도록 결속(結束)할 것
④ 작업용 섬유로프와 구명줄은 다른 고정점에 결속되도록 할 것
⑤ 작업하는 근로자의 하중을 견딜 수 있을 정도의 강도를 가진 작업용 섬유로프, 구명줄 및 고정점을 사용할 것
⑥ 근로자가 작업용 섬유로프에 작업대를 연결하여 하강하는 방법으로 작업을 하는 경우 근로자의 조종 없이는 작업대가 하강하지 않도록 할 것
⑦ 작업용 섬유로프 또는 구명줄이 결속된 고정점의 로프는 다른 사람이 풀지 못하게 하고 작업 중임을 알리는 경고 표지를 부착할 것
⑧ 작업용 섬유로프와 구명줄이 건물이나 구조물의 끝부분, 날카로운 물체 등에 의하여 절단되거나 마모(磨耗)될 우려가 있는 경우에는 로프에 이를 방지할 수 있는 보호 덮개를 씌우는 등의 조치를 할 것
⑨ 근로자의 추락 위험을 방지하기 위하여 다음 각 목의 조치를 할 것
- 달비계에 구명줄을 설치할 것
- 근로자에게 안전대를 착용하도록 하고 근로자가 착용한 안전줄을 달비계의 구명줄에 체결(締結)하도록 할 것

참고

화물자동차의 짐걸이 등으로 사용하는 섬유로프의 사용금지 사항 ★★

① 꼬임이 끊어진 것
② 심하게 손상 또는 부식된 것

③ 지름의 감소가 공칭지름의 7퍼센트를 초과하는 것
④ 꼬인 것
⑤ 심하게 변형되거나 부식된 것
⑥ 열과 전기충격에 의해 손상된 것

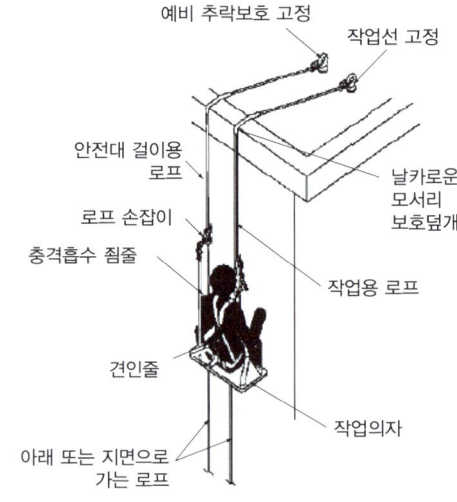

[달비계의 구성요소]

(6) 말비계

말비계 조립 시의 준수사항(말비계의 구조) ★

① 지주부재의 하단에는 **미끄럼 방지장치**를 하고, **양측 끝부분에 올라 서서 작업하지 아니하도록 할 것**
② 지주부재와 **수평면과의 기울기를 75도 이하**로 하고, **지주부재와 지주부재 사이를 고정시키는 보조부재를 설치할 것**
③ 말비계의 **높이가 2미터를 초과할 경우에는 작업발판의 폭을 40센티미터 이상**으로 할 것

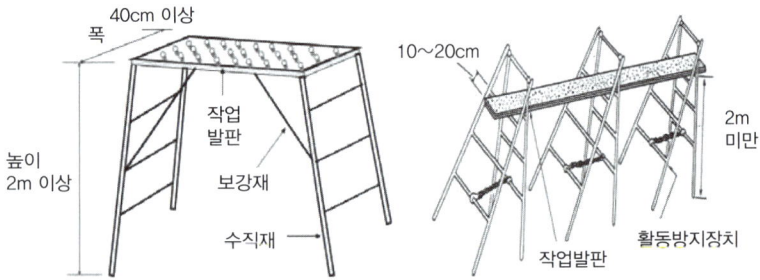

[말비계의 구조 및 발판설치]

(7) 이동식 비계

이동식 비계 조립 시의 준수사항(이동식 비계의 구조)★

① 바퀴에는 갑작스러운 이동 또는 전도를 방지하기 위하여 **브레이크·쐐기** 등으로 바퀴를 고정시킨 다음 비계의 일부를 견고한 **시설물에 고정하거나 아웃트리거를 설치**하는 등 필요한 조치를 할 것
② 승강용사다리는 견고하게 설치할 것
③ 비계의 최상부에서 작업을 할 때에는 안전난간을 설치할 것
④ 작업발판은 항상 수평을 유지하고 작업발판 위에서 안전난간을 딛고 작업을 하거나 받침대 또는 사다리를 사용하여 작업하지 않도록 할 것
⑤ 작업발판의 최대적재하중은 250킬로그램을 초과하지 않도록 할 것

  한 눈에 들어오는 **키** 워드

[확인]
이동식비계의 기타 안전사항
(노동부고시내용)
• 안전담당자의 지휘하에 작업을 행하여야 한다.
• 이동식 비계의 **비계의 최대높이는 밑변 최소폭의 4배 이하**이어야 한다. ★
• 이동할 때에는 작업원이 없는 상태이어야 한다.
• 최대적재하중을 표시하여야 한다.
• 재료, 공구의 오르내리기에는 포대, 로프 등을 이용하여야 한다.

[이동식 비계의 설치]

참고

이동식비계 사용 시의 준수 사항
1. 안전담당자의 지휘하에 작업을 행하여야 한다.
2. 비계의 최대 높이는 밑변 최소 폭의 4배 이하이어야 한다.
3. 작업대의 발판은 전면에 걸쳐 빈틈없이 깔아야 한다.
4. 비계의 일부를 건물에 체결하여 이동, 전도 등을 방지하여야 한다.
5. 승강용 사다리는 견고하게 부착하여야 한다.
6. 최대 적재하중을 표시하여야 한다.
7. 부재의 접속부, 교차부는 확실하게 연결하여야 한다.
8. 작업대에는 안전난간을 설치하여야 하며 낙하물 방지조치를 설치하여야 한다.
9. 불의의 이동을 방지하기 위한 제동장치를 반드시 갖추어야 한다.
10. 이동할 때에는 작업원이 없는 상태이어야 한다.
11. 비계의 이동에는 충분한 인원 배치를 하여야 한다.
12. 안전모를 착용하여야 하며 지지로우프를 설치하여야 한다.
13. 재료, 공구의 오르내리기에는 포대, 로우프 등을 이용하여야 한다.

(8) 달대비계

① 달대비계를 **매다는 철선은 #8 소성철선**을 사용하며 **4가닥** 정도로 꼬아서 하중에 대한 **안전계수가 8 이상 확보**되어야 한다.
② **철근**을 사용할 때에는 **19밀리미터 이상**을 쓰며 **근로자는 반드시 안전모와 안전대를 착용**하여야 한다.
③ 달대비계는 가급적 안전성이 확보된 기성제품을 사용하고 현장에서 제작하는 경우 안전하중을 고려해야 하며 사용재료는 변형, 부식, 손상이 없어야 한다.

④ 달대비계에는 최대적재하중과 안전표지판을 설치한다.
⑤ 달대비계는 적절한 양중장비를 사용하여 설치장소까지 운반하고 안전대를 착용하는 등 안전한 작업방법으로 설치한다.

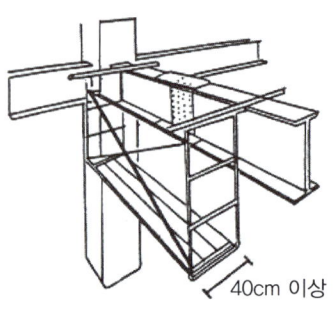

[달대비계의 발판설치]

(9) 시스템 비계 ★★

시스템 비계의 구조	① 수직재·수평재·가새재를 견고하게 연결하는 구조가 되도록 할 것 ② 비계 밑단의 **수직재와 받침철물은 밀착되도록 설치**하고, 수직재와 받침철물의 연결부의 겹침길이는 받침철물 전체길이의 **3분의 1 이상**이 되도록 할 것 ③ 수평재는 수직재와 직각으로 설치하여야 하며, 체결 후 흔들림이 없도록 **견고하게 설치**할 것 ④ 수직재와 수직재의 **연결철물은 이탈되지 않도록 견고한 구조**로 할 것 ⑤ 벽 연결재의 설치간격은 제조사가 정한 기준에 따라 설치할 것
시스템 비계 조립 시의 준수사항	① 비계 기둥의 밑둥에는 **밑받침 철물을 사용**하여야 하며, 밑받침에 **고저차가 있는 경우에는 조절형 밑받침 철물을 사용**하여 시스템 비계가 **항상 수평 및 수직을 유지**하도록 할 것 ② **경사진 바닥에 설치하는 경우에는 피벗형 받침 철물 또는 쐐기 등을 사용**하여 밑받침 철물의 바닥면이 수평을 유지하도록 할 것 ③ 가공전로에 근접하여 비계를 설치하는 경우에는 가공전로를 이설하거나 가공전로에 절연용 방호구를 설치하는 등 **가공전로와의 접촉을 방지하기 위하여 필요한 조치**를 할 것 ④ **비계 내에서 근로자가** 상하 또는 좌우로 **이동하는 경우에는** 반드시 **지정된 통로를 이용**하도록 주지시킬 것 ⑤ 비계작업 근로자는 같은 수직면상의 위와 아래 동시 작업을 금지할 것 ⑥ **작업발판에는** 제조사가 정한 **최대적재하중을 초과하여 적재해서는 아니 되며, 최대적재하중이 표기된 표지판을 부착**하고 근로자에게 주지시키도록 할 것

한눈에 들어오는 키워드

14. 작업장 부근에 고압선 등이 있는가를 확인하고 적절한 방호조치를 취하여야 한다.
15. 상하에서 동시에 작업을 할 때에는 충분한 연락을 취하면서 작업을 하여야 한다.

용어정의

달대비계 : 철골공사의 리벳치기 및 볼트 작업 등에 이용하는 비계로서 체인을 철골에 매달아서 작업발판을 만든 비계이며 상하로 이동시킬 수 없는 단점이 있다.

시스템비계 : 수직재, 수평재, 가새재 등 각각의 부재를 공장에서 제작하고 현장에서 조립하여 사용하는 조립형 비계로 고소작업에서 작업자가 작업장소에 접근하여 작업할 수 있도록 설치하는 작업대를 지지하는 가설 구조물을 말한다.

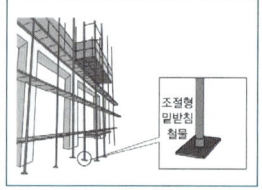

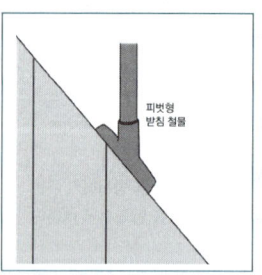

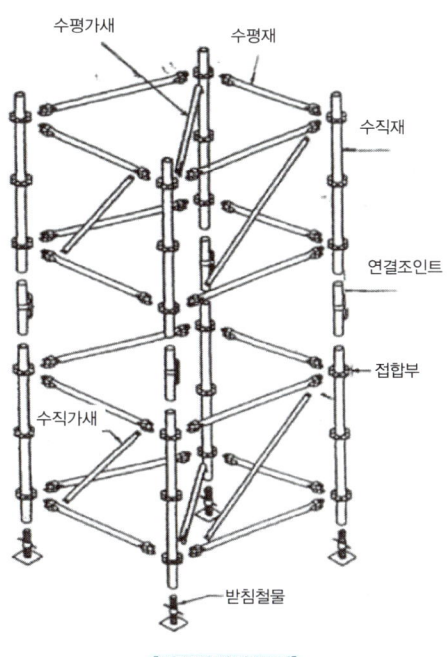

[시스템비계 구성]

(10) 걸침비계

사업주는 선박 및 보트 건조작업에서 걸침비계("달비계 및 달대비계"를 "달비계, 달대비계 및 걸침비계"로 한다)를 설치하는 경우에는 다음 각 호의 사항을 준수하여야 한다.

걸침비계

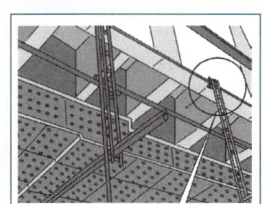

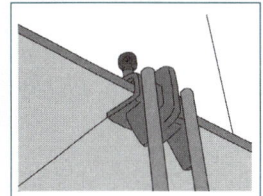

> **걸침비계의 구조(걸침비계 설치 시의 준수사항) ★**
> ① 지지점이 되는 **매달림 부재의 고정부는 구조물로부터 이탈되지 않도록 견고히 고정할 것**
> ② **비계재료** 간에는 서로 움직임, 뒤집힘 등이 없어야 하고, 재료가 분리되지 않도록 **철물 또는 철선으로 충분히 결속할 것**. 다만, 작업발판 밑 부분에 띠장 및 장선으로 사용되는 수평부재 간의 결속은 철선을 사용하지 않을 것
> ③ **매달림 부재의 안전율은 4 이상일 것**
> ④ 작업발판에는 구조검토에 따라 설계한 **최대적재하중을 초과하여 적재하여서는 아니 되며**, 그 작업에 종사하는 **근로자에게 최대적재하중을 충분히 알릴 것**

(11) 달비계 또는 높이 5미터 이상의 비계 조립 · 해체 및 변경 시 준수사항 ★

① **관리감독자의 지휘하에 작업**하도록 할 것
② 조립 · 해체 또는 변경의 **시기 · 범위 및 절차를** 그 작업에 종사하는 근로자에게 **교육할 것**
③ 조립 · 해체 또는 변경작업구역 내에는 당해 **작업에 종사하는 근로자 외의 자의 출입을 금지**시키고 그 내용을 보기 쉬운 장소에 게시할 것

④ 비·눈 그 밖의 기상상태의 불안정으로 인하여 **날씨가 몹시 나쁠 때에는 그 작업을 중지**시킬 것
⑤ **비계재료의 연결·해체작업**을 하는 때에는 폭 20센티미터 이상의 발판을 설치하고 근로자로 하여금 **안전대를 사용**하도록 하는 등 근로자의 추락방지를 위한 조치를 할 것
⑥ 재료·기구 또는 공구 등을 올리거나 내리는 때에는 근로자로 하여금 달줄 또는 **달포대 등을 사용**하도록 할 것

(12) 달비계에 사용하는 섬유로프 또는 안전대의 섬유벨트의 사용금지 사항 ★★

① 꼬임이 끊어진 것
② 심하게 손상되거나 부식된 것
③ 2개 이상의 작업용 섬유로프 또는 섬유벨트를 연결한 것
④ 작업 높이보다 길이가 짧은 것

(13) 비계의 점검 보수 항목

비·눈 그 밖의 기상상태의 불안정으로 인하여 **날씨가 몹시 나빠서 작업을 중지시킨 후 또는 비계를 조립·해체하거나 또는 변경한 후** 그 비계에서 작업을 하는 때에는 **당해 작업시작 전에 다음 각 호의 사항을 점검**하고 이상을 발견한 때에는 즉시 보수하여야 한다.

비계조립·해체·변경 후 작업시작 전 점검사항 ★★

① 발판재료의 손상여부 및 부착 또는 걸림 상태
② 당해비계의 연결부 또는 접속부의 풀림 상태
③ 연결재료 및 연결철물의 손상 또는 부식 상태
④ 손잡이의 탈락여부
⑤ 기둥의 침하·변형·변위 또는 흔들림 상태
⑥ 로프의 부착상태 및 매단장치의 흔들림 상태

특급암기법

비계 → 발판 → 손잡이 → 비계 기둥
(연결부, 연결철물) (손상, 부착) (탈락) (변형, 흔들림)

2 작업통로 및 발판

(1) 작업장의 출입구 설치 시 준수사항

① 출입구의 위치, 수 및 크기가 작업장의 용도와 특성에 맞도록 할 것
② 출입구에 문을 설치하는 경우에는 근로자가 쉽게 열고 닫을 수 있도록 할 것
③ 주된 목적이 하역운반기계용인 출입구에는 인접하여 보행자용 출입구를 따로 설치할 것
④ 하역운반기계의 통로와 인접하여 있는 출입구에서 접촉에 의하여 근로자에게 위험을 미칠 우려가 있는 경우에는 비상등·비상벨 등 경보장치를 할 것
⑤ **계단이 출입구와 바로 연결된 경우**에는 작업자의 안전한 통행을 위하여 **그 사이에 1.2미터 이상 거리를 두거나 안내표지 또는 비상벨 등을 설치**할 것. 다만, 출입구에 문을 설치하지 아니한 경우에는 그러하지 아니하다.

(2) 동력으로 작동되는 문의 설치조건

① **동력으로 작동되는 문에 근로자가 끼일 위험이 있는 2.5미터 높이까지는** 위급하거나 위험한 사태가 발생한 경우에 문의 작동을 정지시킬 수 있도록 **비상정지장치 설치 등 필요한 조치**를 할 것. 다만, 위험구역에 사람이 없어야만 문이 작동되도록 안전장치가 설치되어 있거나 운전자가 특별히 지정되어 상시 조작하는 경우에는 그러하지 아니하다.
② 동력으로 작동되는 문의 **비상정지장치는 근로자가 잘 알아볼 수 있고 쉽게 조작할 수 있을 것**
③ 동력으로 작동되는 **문의 동력이 끊어진 경우에는 즉시 정지되도록 할 것**. 다만, 방화문의 경우에는 그러하지 아니하다.
④ 수동으로 열고 닫을 수 있도록 할 것
⑤ 동력으로 작동되는 **문을 수동으로 조작하는 경우에는 제어장치에 의하여 즉시 정지시킬 수 있는 구조일 것**

(3) 비상구의 설치 ★

위험물질을 제조·취급하는 작업장과 그 작업장이 있는 **건축물에 출입구 외에 안전한 장소로 대피할 수 있는 비상구 1개 이상을 다음 각 호의 기준에 맞는 구조로 설치**하여야 한다. 다만, 작업장 바닥면의 가로 및 세로가 각 3미터 미만인 경우에는 그렇지 않다.

참고

공용의 피난용 출입구
건축물을 타인에게 대여하는 자는 해당 건축물에 **피난용 출입구와 통로의 미끄럼 방지대 및 피난용 사다리 등을 설치**하여야 하며, 2명 이상의 사업주에게 건축물을 대여하여 공용으로 사용하게 하는 경우에는 해당 출입구 등에 "피난용"이란 취지를 표시하여 쉽게 사용할 수 있도록 관리하여야 한다.

한눈에 들어오는 키워드

① 출입구와 같은 방향에 있지 아니하고, 출입구로부터 **3미터 이상 떨어져 있을 것**
② 작업장의 각 부분으로부터 **하나의 비상구 또는 출입구까지의 수평거리가 50미터 이하가 되도록 할 것**(다만, 작업장이 있는 층에 피난층 또는 지상으로 통하는 직통계단을 설치한 경우에는 그 부분에 한정하여 본문에 따른 기준을 충족한 것으로 본다.)
③ 비상구의 너비는 **0.75미터 이상**으로 하고, 높이는 **1.5미터 이상**으로 할 것
④ 비상구의 **문은 피난 방향으로 열리도록 하고, 실내에서 항상 열 수 있는 구조**로 할 것

(4) 경보용 설비의 설치

연면적이 400제곱미터 이상이거나 상시 50명 이상의 근로자가 작업하는 옥내 작업장에는 비상시에 근로자에게 신속하게 알리기 위한 **경보용 설비 또는 기구를 설치**하여야 한다.

(5) 통로의 설치

① 작업장으로 통하는 장소 또는 작업장 내에는 근로자가 사용하기 위한 안전한 통로를 설치하고 항상 사용 가능한 상태로 유지하여야 한다.
② 통로의 주요한 부분에는 **통로표시**를 하고, 근로자가 안전하게 통행할 수 있도록 하여야 한다.
③ 근로자가 안전하게 통행할 수 있도록 **통로에 75럭스 이상의 채광 또는 조명시설을 하여야 한다.** 다만, 갱도 또는 상시 통행을 하지 아니하는 지하실 등을 통행하는 근로자에게 휴대용 조명기구를 사용하도록 한 경우에는 그러하지 아니하다. ★
④ 통로면으로부터 **높이 2미터 이내에는 장애물이 없도록** 하여야 한다. ★

(6) 갱내 통로 등의 위험방지

갱내에 설치한 통로 또는 사다리식 통로에 권상장치(卷上裝置)가 설치된 경우 권상장치와 근로자의 접촉에 의한 위험이 있는 장소에 판자벽이나 그밖에 위험방지를 위한 격벽(隔壁)을 설치하여야 한다.

3 작업통로의 종류 및 설치기준

(1) 가설통로

가설통로의 구조(가설통로 설치 시의 준수사항) ★★

① 견고한 구조로 할 것
② 경사는 30도 이하로 할 것(계단을 설치하거나 높이 2미터 미만의 가설통로로서 튼튼한 손잡이를 설치한 때에는 그러하지 아니하다)
③ 경사가 15도를 초과하는 때는 미끄러지지 아니하는 구조로 할 것
④ 추락의 위험이 있는 장소에는 안전난간을 설치할 것(작업상 부득이한 때에는 필요한 부분에 한하여 임시로 이를 해체할 수 있다)
⑤ 수직갱 : 길이가 15미터 이상인 때에는 10미터 이내마다 계단참을 설치할 것
⑥ 건설공사에 사용하는 높이 8미터 이상인 비계다리 : 7미터 이내마다 계단참을 설치할 것

(2) 사다리식 통로

사다리식 통로의 구조(사다리식 통로 설치 시의 준수사항) ★★

① 견고한 구조로 할 것
② 심한 손상·부식 등이 없는 재료를 사용할 것
③ 발판의 간격은 일정하게 할 것
④ 발판과 벽과의 사이는 15센티미터 이상의 간격을 유지할 것
⑤ 폭은 30센티미터 이상으로 할 것
⑥ 사다리가 넘어지거나 미끄러지는 것을 방지하기 위한 조치를 할 것
⑦ 사다리의 상단은 걸쳐놓은 지점으로부터 60센티미터 이상 올라가도록 할 것
⑧ 사다리식 통로의 길이가 10미터 이상인 경우에는 5미터 이내마다 계단참을 설치할 것
⑨ 사다리식 통로의 기울기는 75도 이하로 할 것. 다만, 고정식 사다리식 통로의 기울기는 90도 이하로 하고, 그 높이가 7미터 이상인 경우에는 다음 각 목의 구분에 따른 조치를 할 것
• 등받이울이 있어도 근로자 이동에 지장이 없는 경우 : 바닥으로부터 높이가 2.5미터 되는 지점부터 등받이울을 설치할 것
• 등받이울이 있으면 근로자가 이동이 곤란한 경우 : 한국산업표준에서 정하는 기준에 적합한 개인용 추락 방지 시스템을 설치하고 근로자로 하여금 한국산업표준에서 정하는 기준에 적합한 전신 안전대를 사용하도록 할 것
⑩ 접이식 사다리 기둥은 사용 시 접혀지거나 펼쳐지지 않도록 철물 등을 사용하여 견고하게 조치할 것

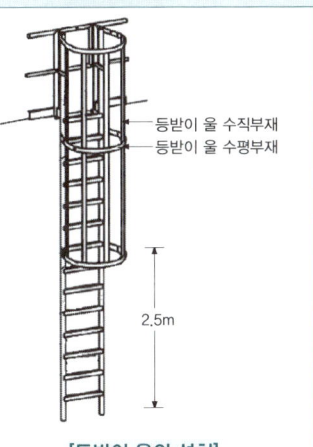

[등받이 울의 설치]

한 눈에 들어오는 키 워드

가설통로

그림 출처 : 만화로 보는 산업안전보건기준에 관한 규칙

사다리식 통로

그림 출처 : 만화로 보는 산업안전보건기준에 관한 규칙

계단

그림 출처 : 만화로 보는 산업안전보건기준에 관한 규칙

한눈에 들어오는 키워드

[암기] ★★
계단참의 설치
- 수직갱: 길이가 15미터 이상인 경우에는 10미터 이내마다 계단참을 설치할 것
- 사다리식 통로: 길이가 10미터 이상인 경우에는 5미터 이내마다 계단참을 설치할 것
- 계단: 높이가 3미터를 초과하는 계단에 높이 3미터 이내마다 진행방향으로 길이 1.2미터 이상의 계단참을 설치할 것
- 비계다리: 높이가 8미터를 초과하는 비계다리에는 7미터 이내마다 계단참을 설치할 것

[확인]
공사용가설도로 설치 시 준수사항(노동부고시 내용)
- 도로와 작업장높이에 차가 있을 때는 바리케이트 또는 연석 등을 설치하여야 한다.
- 배수를 위해 도로 중앙부를 약간 높게 하거나 배수시설을 하여야 한다.
- 운반로는 장비의 안전운행에 적합한 도로의 폭을 유지하여야 하며, 커브는 도로 폭보다 좀 더 넓게 만들고 시계에 장애가 없도록 만들어야 한다.
- 커브 구간에서는 차량이 가시거리의 절반 이내에서 정지할 수 있도록 차량의 속도를 제한하여야 한다.
- 최고 허용경사도는 부득이한 경우를 제외하고는 10퍼센트를 넘어서는 안 된다. ★
- 안전운행을 위하여 먼지가 일어나지 않도록 물을 뿌려주고 겨울철에는 눈이 쌓이지 않도록 조치하여야 한다.

4 계단의 설치

(1) 계단의 강도 ★★

① 계단 및 계단참의 강도는 **500kg/m² 이상**이어야 하며 안전율(안전의 정도를 표시하는 것으로서 재료의 파괴응력도와 허용응력도와의 비를 말한다)은 **4 이상**으로 하여야 한다.
② 계단 및 승강구 바닥을 구멍이 있는 재료로 만드는 경우 렌치나 그 밖의 공구 등이 낙하할 위험이 없는 구조로 하여야 한다.

(2) 계단의 폭

① **1미터 이상**으로 하여야 한다.(다만, 급유용·보수용·비상용·나선형 계단 및 높이 1m 미만의 이동식 계단은 그러하지 아니하다)
② 계단에 손잡이 외의 다른 물건 등을 설치하거나 쌓아 두어서는 아니 된다.

(3) 계단참의 높이

높이가 3m를 초과하는 계단에는 **높이 3m 이내마다** 진행방향으로 **길이 1.2미터 이상의 계단참을 설치**해야 한다.

(4) 천장의 높이

바닥면으로부터 **높이 2미터 이내의 공간에 장애물이 없도록** 하여야 한다.(다만, 급유용·보수용·비상용계단 및 나선형계단에 대하여는 그러하지 아니하다)

(5) 계단의 난간

높이 1미터 이상인 계단의 개방된 측면에 안전난간을 설치하여야 한다.

5 공사용 가설도로의 설치

① 도로는 장비 및 차량이 안전하게 운행할 수 있도록 **견고하게 설치**할 것
② **도로와 작업장이 접하여 있을 경우에는 울타리 등을 설치**할 것
③ 도로는 배수를 위하여 **경사지게 설치하거나 배수시설을 설치**할 것
④ 차량의 **속도제한 표지를 부착**할 것

6 사다리의 설치

(1) 이동식 사다리

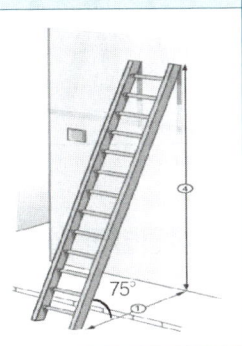

이동식 사다리의 구조 ★

① 길이가 6미터를 초과해서는 안된다.
② 다리의 벌림은 벽 높이의 1/4정도가 적당하다. ★
③ 벽면 상부로부터 최소한 60센티미터 이상의 연장길이가 있어야 한다.

(2) 추락 방지 ★

사업주는 추락을 방지하기 위하여 **작업발판 및 추락방호망을 설치하기 곤란한 경우**에는 근로자로 하여금 **3개 이상의 버팀대를 가지고 지면으로부터 안정적으로 세울 수 있는 구조를 갖춘 이동식 사다리를 사용하여 작업**을 하게 할 수 있다. 이 경우 사업주는 근로자가 다음 각 호의 사항을 준수하도록 조치해야 한다.

① **평탄하고 견고하며 미끄럽지 않은 바닥에 이동식 사다리를 설치**할 것
② 이동식 사다리의 **넘어짐을 방지하기 위해 다음 각 목의 어느 하나 이상에 해당하는 조치**를 할 것
   이동식 사다리를 **견고한 시설물에 연결하여 고정**할 것
   아웃트리거(outrigger, 전도방지용 지지대)**를 설치**하거나 아웃트리거가 붙어있는 이동식 사다리를 설치할 것
   이동식 사다리를 **다른 근로자가 지지**하여 넘어지지 않도록 할 것
③ 이동식 사다리의 제조사가 정하여 표시한 이동식 사다리의 **최대사용하중을 초과하지 않는 범위 내에서만 사용**할 것
④ 이동식 사다리를 설치한 **바닥면에서 높이 3.5미터 이하의 장소에서만 작업**할 것
⑤ 이동식 사다리의 **최상부 발판 및 그 하단 디딤대에 올라서서 작업하지 않을 것** (다만, 높이 1미터 이하의 사다리는 제외한다.)
⑥ **안전모를 착용**하되, 작업 높이가 2미터 이상인 경우에는 안전모와 안전대를 함께 착용할 것
⑦ 이동식 사다리 **사용 전 변형 및 이상 유무 등을 점검**하여 이상이 발견되면 즉시 수리하거나 그 밖에 필요한 조치를 할 것

7 작업발판 설치기준 및 준수사항

사업주는 비계(달비계·달대비계 및 말비계를 제외한다)의 **높이가 2미터 이상인 작업장소에는** 다음 각 호의 기준에 적합한 **작업발판을 설치**하여야 한다.

작업발판 설치기준 ★

① **발판재료** : 작업 시의 하중을 견딜 수 있도록 견고한 것으로 할 것
② **발판의 폭** : 40cm 이상으로 하고, **발판재료간의 틈** : 3cm 이하로 할 것
③ **추락의 위험성이 있는 장소에는 안전난간을 설치할 것**
　(안전난간 설치가 곤란한 때, 추락방호망을 치거나 근로자가 안전대를 사용하도록 하는 등 추락에 의한 위험방지조치를 한 때에는 그러하지 아니하다)
④ 작업발판의 지지물: 하중에 의하여 파괴될 우려가 없는 것을 사용할 것
⑤ 작업발판재료는 뒤집히거나 떨어지지 아니하도록 2 이상의 지지물에 연결하거나 고정시킬 것
⑥ 작업에 따라 이동시킬 때에는 위험방지 조치를 할 것
⑦ **선박 및 보트 건조작업**에서 선박블록 또는 엔진실 등의 좁은 작업공간에 작업발판을 설치하는 경우 : 작업발판의 폭을 30센티미터 이상으로 할 수 있고, 걸침비계의 경우 발판 재료 간의 틈을 3센티미터 이하로 유지하기 곤란하면 5센티미터 이하로 할 수 있다.

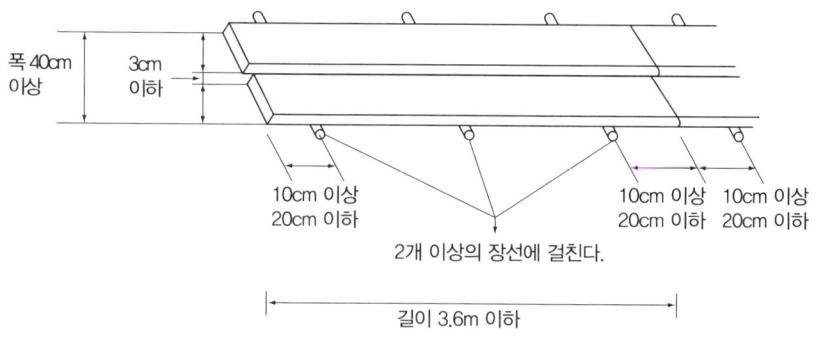

[발판의 구조]

> **참고**
>
> **가설발판의 지지력 계산**
> 비계 및 작업 발판의 설계 및 시공 시에는 수직하중, 풍하중, 수평하중 및 특수하중 등에 대해 검토하여야 한다.
>
> (1) 수직하중
> ① 비계의 수직하중에는 비계 및 작업 발판의 고정하중과 활하중이 있다.
> ② 활하중에는 근로자와 근로자가 사용하는 자재, 공구 등을 포함하며 다음과 같이 구분하여 적용한다.
> - 통로의 역할을 하는 비계와 가벼운 공구만을 필요로 하는 경작업: 바닥면적에 대해 1.25kN/㎡ 이상
> - 공사용 자재의 적재를 필요로 하는 중작업: 바닥면적에 대해 2.5kN/㎡ 이상
> - 돌 붙임 공사 등과 같이 자재가 무거운 작업: 단위면적당 작용하는 활하중을 적용하여야 하며 최소 3.5kN/㎡ 이상
>
> (2) 풍하중
>
> (3) 수평하중
> 비계의 수평 연결재나 가새, 벽 연결재의 안전성 검토는 풍하중과 수직하중의 5%에 해당하는 수평하중 가운데 큰 값의 하중이 부재에 작용하는 것으로 한다.
>
> (4) 특수하중
> 비계에 선반 브래킷, 양중 설비, 콘크리트 타설 장비 및 낙하물 방지망 등 안전시설의 특수한 설비를 설치한 경우에는 그 영향을 고려해야 한다.

8 거푸집 및 동바리

(1) 거푸집 구비조건 ★

① 거푸집은 **조립·해체·운반이 용이할 것**
② 최소한의 재료로 **여러 번 사용할 수 있는 형상과 크기일 것**
③ 수분이나 모르타르 등의 누출을 방지할 수 있는 **수밀성이 있을 것**
④ 시공 정확도에 알맞은 수평·수직·직각을 견지하고 **변형이 생기지 않는 구조일 것**
⑤ 콘크리트의 자중 및 부어넣기 할 때의 **충격과 작업하중에 견디고, 변형을 일으키지 않을 강도를 가질 것**

(2) 철재 거푸집의 장·단점

장점	• 강성이 크고 정밀도가 높다. • 평면이 평활한 콘크리트가 된다. • 수밀성이 좋다. • 강도가 크다. • 전용도가 극히 좋다.
단점	• 콘크리트가 녹물로 오염될 우려가 있다. • 중량이 무거워 취급이 어렵다. • 미장 마무리를 할 때는 정으로 쪼아서 거칠게 하여야 한다. • 외부 온도의 영향을 받기 쉬우므로 한랭한 시기에는 특히 주의해야 한다. • 초기 투자율이 높다.

(3) 합판 거푸집의 장·단점

장점	• 콘크리트의 표면이 평활하고 아름답다. • 재료의 신축이 작으므로 누수의 연려 적다. • 보통 목재 패널보가 강성이 크고, 정밀도 높은 시공이 가능하다.
단점	• 무게가 무겁다. • 내수성이 불충분하여 표면이 손상되기 쉽다.

용어정의

1. **거푸집**: 타설된 콘크리트가 설계된 형상과 치수를 유지하며 콘크리트가 소정의 강도에 도달하기까지 양생 및 지지하는 구조물
2. **거푸집널**: 거푸집의 일부로써 콘크리트에 직접 접하는 목재나 금속 등의 판류
3. **동바리**: 타설된 콘크리트가 소정의 강도를 얻기까지 고정하중 및 시공하중 등을 지지하기 위하여 설치하는 부재
4. **멍에**: 장선과 직각방향으로 설치하여 장선을 지지하며 거푸집 긴결재나 동바리로 하중을 전달하는 부재

기출

철재 거푸집과 비교한 합판거푸집 장점 ★
• 녹이 슬지 않으므로 보관하기 쉽다.
• 가볍다.
• 보수가 간단하다.
• 삽입기구(insert)의 삽입이 간단하다.
• 외기온도의 영향이 적다.

한눈에 들어오는 키워드

참고

거푸집 및 지보공(동바리) 시공 시 고려해야 할 하중
- **연직방향 하중** : 거푸집, 지보공(동바리), 콘크리트, 철근, 작업원, 타설용 기계기구, 가설설비 등의 중량 및 충격하중
- **횡방향 하중** : 작업할 때의 진동, 충격, 시공오차 등에 기인되는 횡방향 하중 이외에 필요에 따라 풍압, 유수압, 지진 등
- **콘크리트의 측압** : 굳지 않은 콘크리트의 측압
- **특수하중** : 시공중에 예상되는 특수한 하중
- 위의 4항목의 하중에 안전율을 고려한 하중

(4) 거푸집 동바리 조립 시 안전조치 사항

1) 거푸집 동바리 등을 조립하는 경우에는 그 구조를 검토한 후 조립도를 작성하고 그 조립도에 의하여 조립하도록 해야 한다.
2) 조립도에는 거푸집 및 동바리를 구성하는 **부재의 재질 · 단면규격 · 설치간격 및 이음방법** 등을 명시하여야 한다.

(5) 거푸집 조립 시의 안전조치

사업주는 **거푸집을 조립하는 경우에는 다음 각 호의 사항을 준수**해야 한다.
① 거푸집을 조립하는 경우에는 **거푸집이 콘크리트 하중이나 그 밖의 외력에 견딜 수 있거나, 넘어지지 않도록 견고한 구조의 긴결재**(콘크리트를 타설할 때 거푸집이 변형되지 않게 연결하여 고정하는 재료를 말한다), **버팀대 또는 지지대를 설치**하는 등 필요한 조치를 할 것
② 거푸집이 곡면인 경우에는 버팀대의 부착 등 그 **거푸집의 부상(浮上)을 방지**하기 위한 조치를 할 것

(6) 동바리 조립 시의 안전조치

사업주는 동바리를 조립하는 경우에는 하중의 지지상태를 유지할 수 있도록 다음 각 호의 사항을 준수해야 한다.
① 받침목이나 깔판의 사용, 콘크리트 타설, 말뚝박기 등 **동바리의 침하를 방지하기 위한 조치**를 할 것
② **동바리의 상하 고정 및 미끄러짐 방지 조치**를 할 것
③ **상부 · 하부의 동바리가 동일 수직선상에 위치하도록** 하여 **깔판 · 받침목에 고정**시킬 것
④ **개구부 상부에 동바리를 설치하는 경우**에는 상부하중을 견딜 수 있는 **견고한 받침대를 설치**할 것
⑤ U헤드 등의 **단판이 없는 동바리의 상단에 멍에 등을 올릴 경우**에는 해당 **상단에 U헤드 등의 단판을 설치하고, 멍에 등이 전도되거나 이탈되지 않도록 고정**시킬 것
⑥ **동바리의 이음은 같은 품질의 재료를 사용**할 것
⑦ **강재의 접속부 및 교차부는 볼트 · 클램프 등 전용철물을 사용**하여 단단히 연결할 것
⑧ 거푸집의 형상에 따른 부득이한 경우를 제외하고는 **깔판이나 받침목은 2단 이상 끼우지 않도록** 할 것
⑨ **깔판이나 받침목을 이어서 사용하는 경우**에는 그 깔판 · 받침목을 **단단히 연결할 것**

그림 출처 : 만화로 보는 산업안전보건 기준에 관한 규칙

(7) 동바리 유형에 따른 동바리 조립 시의 안전조치

1) 동바리로 사용하는 파이프서포트의 조립 시 준수사항 ★★

- 파이프서포트를 **3개본 이상 이어서 사용하지 아니하도록** 할 것
- 파이프서포트를 이어서 사용할 때에는 **4개 이상의 볼트 또는 전용철물**을 사용하여 이을 것
- **높이가 3.5미터를 초과하는 경우**에는 **높이 2미터 이내마다 수평연결재를 2개 방향으로** 만들고 수평연결재의 변위를 방지할 것

2) 동바리로 사용하는 강관틀의 준수사항

- 강관틀과 강관틀 사이에 **교차가새를 설치**할 것
- **최상단 및 5단 이내마다** 동바리의 측면과 틀면의 방향 및 교차가새의 방향에서 5개 이내마다 **수평연결재를 설치**하고 수평연결재의 변위를 방지할 것
- **최상단 및 5단 이내마다** 동바리의 틀면의 방향에서 양단 및 5개틀 이내마다 **교차가새의 방향으로 띠장틀을 설치**할 것

3) 동바리로 사용하는 조립강주의 준수사항

- **높이가 4미터를 초과할 때**에는 **높이 4미터 이내마다 수평연결재를 2개 방향으로 설치**하고 수평연결재의 변위를 방지할 것

4) 시스템 동바리의 준수사항

(시스템 동바리 : 규격화·부품화된 수직재, 수평재 및 가새재 등의 부재를 현장에서 조립하여 거푸집으로 지지하는 동바리 형식을 말한다)

- **수평재는 수직재와 직각으로 설치해야** 하며, 흔들리지 않도록 견고하게 설치할 것
- **연결철물을 사용하여 수직재를 견고하게 연결**하고, 연결 부위가 탈락 또는 꺾어지지 않도록 할 것
- 수직 및 수평하중에 의한 동바리의 구조적 안전성이 확보되도록 조립도에 따라 **수직재 및 수평재에는 가새재를 견고하게 설치**할 것
- 동바리 최상단과 최하단의 **수직재와 받침철물은 서로 밀착되도록 설치**하고 수직재와 받침철물의 연결부의 겹침길이는 받침철물 전체길이의 3분의 1 이상이 되도록 할 것

5) 보 형식의 동바리[강제 갑판(steel deck), 철재트러스 조립 보 등 수평으로 설치하여 거푸집을 지지하는 동바리를 말한다]의 경우

- 접합부는 충분한 걸침 길이를 확보하고 못, 용접 등으로 **양끝을 지지물에 고정시켜 미끄러짐 및 탈락을 방지**할 것
- 양끝에 설치된 보 거푸집을 지지하는 **동바리 사이에는 수평연결재를 설치하거나 동바리를 추가로 설치하는 등 보 거푸집이 옆으로 넘어지지 않도록** 견고하게 할 것
- 설계도면, 시방서 등 **설계도서를 준수하여 설치**할 것

한 눈에 들어오는 **키**워드

> **참고**
>
> **거푸집의 종류**
> - 슬립 폼(slip form) : 슬라이딩 폼의 일종, 수직으로 연속되는 구조물을 시공조인트 없이 시공하기 위하여 일정한 크기로 만들어져 연속적으로 이동시키면서 콘크리트를 타설하는 공법에 적용하는 거푸집, 단면의 변화가 있는 구조물을 수직으로 이동하면서 타설한다.
> - 슬라이딩 폼(sliding form) : 로드(rod)·유압잭(jack) 등을 이용하여 거푸집을 연속적으로 이동시키면서 콘크리트를 타설할 때 사용되는 것으로 silo 공사 등에 적합, 단면의 변화가 없는 구조물을 수직으로 이동하면서 타설한다.
> - 시스템 동바리(prefabricated-shoring system) : 수직재, 수평재, 가새 등 각각의 부재를 공장에서 미리 생산하여 현장에서 조립하여 거푸집을 지지하는 지주 형식의 동바리와 강제 갑판 및 철재트러스 조립보 등을 이용하여 수평으로 설치하여 지지하는 보 형식의 동바리를 지칭함
> - 클라이밍 폼(climbing form) : 이동식 거푸집의 일종으로써, 인양방식에 따라 외부 크레인의 도움없이 자체에 부착된 유압구동장치를 이용하여 상승하는 자동상승 클라이밍 폼(self climbing form)방식과 크레인에 의해 인양 되는 방식으로 구분
> - 테이블 폼(flying table form) : 바닥 슬래브의 콘크리트를 타설하기 위한 거푸집으로써 거푸집널, 장선, 멍에, 서포트를 일체로 제작, 부재화하여 크레인으로 수평 및 수직 이동이 가능한 거푸집

(8) 거푸집 및 동바리의 조립·해체 등 작업 시의 준수사항

사업주는 기둥·보·벽체·슬래브 등의 거푸집 및 동바리를 조립하거나 해체하는 작업을 하는 경우에는 다음 각 호의 사항을 준수해야 한다.

① 해당 작업을 하는 구역에는 **관계 근로자가 아닌 사람의 출입을 금지**할 것
② 비·눈 그 밖의 기상상태의 불안정으로 인하여 **날씨가 몹시 나쁜** 경우에는 **그 작업을 중지**할 것
③ **재료·기구 또는 공구 등을 올리거나 내리는 경우**에는 근로자로 하여금 **달줄·달포대 등을 사용**하도록 할 것
④ 낙하·충격에 의한 돌발적 재해를 방지하기 위하여 **버팀목을 설치**하고 **거푸집 동바리 등을 인양장비에 매단 후에 작업**을 하도록 하는 등 필요한 조치를 할 것

거푸집 해체 시의 준수사항

① 거푸집 및 거푸집 동바리의 **해체는 순서에 의하여 실시**하여야 하며 관리감독자를 배치하여야 한다.
② 거푸집 및 거푸집동바리는 **콘크리트 자중 및 시공 중에 가해지는 기타 하중에 충분히 견딜 만한 강도를 가질 때까지 해체해서는 아니 된다.**
③ 해체작업을 할 때에는 **안전모 등 안전보호 장구를 착용**토록 하여야 한다.
④ 거푸집 해체 **작업장 주위에는 관계자를 제외하고는 출입을 금지**시켜야 한다.
⑤ **상·하 동시 작업은 원칙적으로 금지**하며 부득이한 경우에는 긴밀히 연락을 취하며 작업을 하여야 한다.
⑥ 거푸집 해체 때 **구조체에 무리한 충격이나 큰 힘에 의한 지렛대 사용은 금지**하여야 한다.
⑦ 보 또는 슬래브 거푸집을 제거할 때에는 **거푸집의 돌발적인 낙하를 방지하기 위한 조치**를 하여야 한다.
⑧ 해체된 거푸집이나 각목 등에 박혀있는 **못 또는 날카로운 돌출물은 즉시 제거**하여야 한다.
⑨ 해체된 거푸집이나 각목은 **재사용 가능한 것과 보수하여야 할 것을 선별, 분리하여 적치**하고 정리정돈을 하여야 한다.
⑩ 강풍, 폭우 등 **악천후 시에는 작업을 금지**하여야 한다.

---

(9) 철근조립 작업 시의 준수사항

① 양중기로 철근을 운반할 경우에는 **두군데 이상 묶어서 수평으로 운반**할 것
② 작업위치의 **높이가 2미터 이상일 경우**에는 작업발판을 설치하거나 안전대를 착용하게 하는 등 위험방지를 위하여 필요한 조치를 할 것

(10) 작업발판 일체형 거푸집의 안전조치

"**작업발판 일체형 거푸집**"이란 거푸집의 설치·해체, 철근 조립, 콘크리트 타설, 콘크리트 면처리 작업 등을 위하여 **거푸집을 작업발판과 일체로 제작하여 사용하는 거푸집**으로서 다음 각 호의 거푸집을 말한다.

작업발판 일체형 거푸집의 종류 ★	① 갱 폼(gang form) ② 슬립 폼(slip form) ③ 클라이밍 폼(climbing form) ④ 터널 라이닝 폼(tunnel lining form) ⑤ 그 밖에 거푸집과 작업발판이 일체로 제작된 거푸집 등

> 슬립 폼(slip form), 클라이밍 폼(climbing form), 터널 라이닝 폼(tunnel lining form), 그 밖에 거푸집과 작업발판이 일체로 제작된 거푸집 조립작업 시 준수사항

① 조립작업 시 거푸집 부재의 변형 여부와 연결 및 지지재의 이상 유무를 확인할 것
② 조립작업과 관련한 이동·양중·운반 장비의 고장·오조작 등으로 인해 근로자에게 위험을 미칠 우려가 있는 장소에는 근로자의 출입을 금지하는 등 위험 방지 조치를 할 것
③ 거푸집이 콘크리트면에 지지될 때에 콘크리트의 굳기정도와 거푸집의 무게, 풍압 등의 영향으로 거푸집의 갑작스런 이탈 또는 낙하로 인해 근로자가 위험해질 우려가 있는 경우에는 설계도서에서 정한 콘크리트의 양생기간을 준수하거나 콘크리트면에 견고하게 지지하는 등 필요한 조치를 할 것
④ 연결 또는 지지 형식으로 **조립된 부재의 조립 등 작업을 하는 경우에는 거푸집을 인양장비에 매단 후에 작업을 하도록 하는 등** 낙하·붕괴·전도의 위험 방지를 위하여 필요한 조치를 할 것

(11) 거푸집 조립 및 해체 순서 ★

① 조립순서

   기둥 → 보받이 내력벽 → 큰보 → 작은보 → 바닥 → (내벽) → (외벽)

② 해체순서

   바닥 → 보 → 벽 → 기둥

③ 조립작업은 조립 → 검사 → 수정 → 고정을 주기로 하여 부분을 요약해서 행하고 전체를 진행하여 나가야 한다.

(12) 거푸집 존치기간

① 콘크리트를 지탱하지 않은 부위, 즉 **기초, 보, 기둥, 벽** 등의 측면 거푸집의 경우 24시간 이상 양생한 후에 콘크리트 압축강도가 5MPa 이상 도달한 경우 거푸집널을 해체할 수 있다.

한 눈에 들어오는 키 워드

> 참고
>
> 거푸집 및 지보공 재료선정 및 사용 시 고려사항
> • 강도, 강성, 내구성
> • 작업성
> • 경제성
> • 타설 콘크리트의 영향력

> 참고
>
> 갱 폼의 조립 작업 시 준수사항
> ① 조립 등의 범위 및 작업절차를 미리 그 작업에 종사하는 근로자에게 주지시킬 것
> ② 근로자가 안전하게 구조물 내부에서 갱 폼의 작업발판으로 출입할 수 있는 이동통로를 설치할 것
> ③ 갱 폼의 지지 또는 고정철물의 이상 유무를 수시 점검하고 이상이 발견된 경우에는 교체하도록 할 것
> ④ 갱 폼을 조립하거나 해체하는 경우에는 갱폼을 인양장비에 매단 후에 작업을 실시하도록 하고, 인양장비에 매달기 전에 지지 또는 고정철물을 미리 해체하지 않도록 할 것
> ⑤ 갱 폼 인양 시 작업발판용 케이지에 근로자가 탑승한 상태에서 갱폼의 인양 작업을 하지 아니할 것

한눈에 들어오는 키워드

시험출제빈도가 낮은 내용입니다. 가볍게 공부하세요!

참고

1. 거푸집 존치기간의 결정요인
① 시멘트의 종류
② 콘크리크 배합
③ 하중
④ 평균기온
⑤ 구조물의 종류
⑥ 부재의 종류 및 크기

2. 거푸집동바리의 해체시기를 결정하는 요인
① 시방서 상의 거푸집 존치기간의 경과
② 콘크리트 강도시험 결과
③ 동절기일 경우 적산온도

3. 거푸집 동바리의 일반적인 구조 검토의 순서
① 하중계산 : 거푸집 동바리에 작용하는 하중 및 외력의 종류, 크기를 산정한다.
② 응력계산 : 하중·외력에 의하여 각 부재에 발생되는 응력을 구한다.
③ 단면, 배치간격계산 : 각 부재에 발생되는 응력에 대하여 안전한 단면 및 배치간격을 결정한다.

---

② 슬래브 및 보의 밑면, 아치 내면의 거푸집널 존치기간은 콘크리트의 압축강도 시험에 의하여 설계기준강도의 2/3 이상의 값에 도달한 경우 거푸집널을 해체할 수 있다. 다만, **14MPa 이상**이어야 한다.

[콘크리트의 압축강도를 시험할 경우 거푸집널의 해체 시기]

부위		콘크리트 압축강도
기초, 보, 기둥, 벽 등의 측면		5MPa 이상
슬래브 및 보의 밑면, 아치 내면	단층구조인 경우	설계기준 압축강도의 2/3배 이상 또한, 최소강도 14MPa 이상
	다층구조인 경우	설계기준 압축강도 이상 (필러 동바리 구조를 이용할 경우는 구조계산에 의해 기간을 단축할 수 있음. 단, 이 경우라도 최소강도는 14MPa 이상으로 함)

주) 내구성이 중요한 구조물의 경우 10MPa 이상

③ 거푸집널 존치기간 중의 평균 기온이 10℃ 이상인 경우는 콘크리트 재령이 다음 표의 재령 이상 경과하면 압축강도 시험을 하지 않고도 해체할 수 있다.

[콘크리트의 압축강도를 시험하지 않을 경우 거푸집널의 해체 시기(기초, 보, 기둥 및 벽의 측면)]

시멘트의 종류 평균기온	조강 포틀랜드 시멘트	보통 포틀랜드 시멘트 고로 슬래그 시멘트(특급) 포틀랜드 포졸란 시멘트(A종) 플라이애쉬 시멘트(A종)	고로 슬래그 시멘트(1급) 포틀랜드 포졸란 시멘트(B종) 플라이애쉬 시멘트(B종)
20℃ 이상	2일	4일	5일
20℃ 미만 10℃ 이상	3일	6일	8일

④ 강도의 확인은 현장에서 양생한 표준공시체 혹은 타설된 콘크리트의 압축강도 시험으로 확인한다.

⑤ 연속 또는 강성구조교의 타설된 경간을 지지하는 동바리는 인접하여 타설될 경간에서 동바리가 해체되는 경간의 1/2 이상 길이에 대한 콘크리트 타설 후, 소정의 강도에 도달한 후에 해체하여야 한다. 다만, 교량 바닥판의 동바리와 공사감독자의 승인을 받은 경우에는 예외로 할 수 있다.

⑥ 아치교의 동바리는 아치가 서서히 균일하게 하중을 받을 수 있도록 상단부분부터 시작하여 단부로 균일하게 점진적으로 제거하여야 한다.

9 흙막이

(1) 흙막이 설치기준

가설흙막이 공법의 형식은 다음과 같으며, 각 형식의 적용은 설계도에 따른다.

[흙막이 공법의 분류]

지지형식에 의한 분류	흙막이 벽체 형식에 따른 분류 (구조형식에 의한 분류)
① 자립식 ② 버팀구조 형식 ③ 지반 앵커 형식 ④ 쏘일 네일링 형식	① (엄지말뚝 + 흙막이판)벽 ② 널말뚝벽 ③ 주열식 흙막이벽(contiguous pile wall) ④ 지하연속벽

(2) 계측기 종류 및 사용목적

1) 계측항목

① 횡방향 변위량
  굴착 깊이별로 경사각의 변화, 균열 진행상태, 변위속도 등의 횡방향 변위량을 계측한다.
② 지표 및 지중 침하량
  지반굴착 및 지하수위 저하에 의한 인접지반의 지표 및 지중 침하량을 측정한다.
③ 지하수위와 간극수압의 변화량
  흙막이벽체 및 인접지반의 굴착 및 그라우팅 등으로 인한 지하수위와 간극수압의 변화량을 측정한다.
④ 인접구조물의 균열 및 변위
  굴착의 영향을 받는 인접구조물의 경사각, 균열 진행상태 및 변위속도를 측정한다.
⑤ 구조체의 변형률과 작용하중
  지지구조체인 버팀보, 흙막이 앵커, 복공구간의 H형강, 엄지말뚝 및 띠장 등에 부착하여 변형률과 하중을 측정하여 부재에 작용하는 응력이나 휨모멘트를 구한다.
⑥ 수직파일 및 지하연속벽의 응력
⑦ 흙막이벽 배면의 토압
  흙막이벽 배면의 토압을 측정하며, 설계 시에 적용한 토압과 비교한다.
⑧ 소음과 진동
  중장비 가동 및 발파작업 등으로 인한 주변건물의 소음과 진동영향을 측정한다.

한 눈에 들어오는 키워드

용어정의

1. **흙막이** : 지반굴착 시 붕괴 및 인접지반의 침하 등을 방지하기 위하여 설치하는 구조물
2. **흙막이판** : 일명 토류판(土留板)이라고 하며, 배면의 측압을 직접 지지해주는 휨 부재
3. **띠장(wale)** : 흙막이벽에 작용하는 토압에 의한 휨모멘트와 전단력에 저항하도록 설치하는 휨부재로서, 강재 널말뚝에 가해지는 토압을 버팀보에 전달하기 위해 벽면에 직접 수평으로 부착하는 부재
4. **버팀보(strut or raker)** : 흙막이벽에 작용하는 수평력을 지지하기 위하여 경사 또는 수평으로 설치하는 부재

2) 계측기 종류 및 용도 ★

계측기	용도
① 균열 측정기(Crack-gauge)	주변 구조물, 지반 등에 균열발생 시 균열크기와 변화를 정밀측정 확인
② 경사계(Tilt-meter)	**구조물의 경사각 및 변형상태를 계측**
③ 지하 수위계(Water levelmeter)	**지하수위 변화를 실측**하여 각종 계측자료에 이용
④ 지중 수평변위계(Iclino-meter)	인접지반 수평변위량과 위치, 방향 및 크기를 실측하여 토류구조물 각 지점의 응력상태 판단
⑤ 토압계(Earth pressurecell)	토압의 변화를 측정하여 이들 부재의 안정상태 확인
⑥ 변형률계(Strain gauge)	토류 구조물의 각 부재와 인근 구조물의 각 지점 및 타설 콘크리트 등의 **응력변화를 측정**
⑦ 하중계(load-cell)	스트럿(Strut) 또는 어스앵커(Earth anchor) 등의 **축 하중 변화를 측정하는 기구**
⑧ 지주 하중계(Strut loadcell)	Strut의 축 하중 변화상태를 측정
⑨ 어스앙카 하중계 (Earth-anchor load-cell)	Earth Anchor의 축 하중 변화상태를 측정
⑩ 간극 수압계(Piezometer)	굴착에 따른 **과잉 간극수압의 변화를 측정**
⑪ 층별 침하계(Extensometer)	인접지층의 각 지층별 침하량의 변동상태를 확인
⑫ 지표 침하계(Settlement Plate)	지표면의 침하량 절대치의 변화를 측정
⑬ 진동 소음측정기(Sound levelmeter)	굴착, 발파 및 장비이동에 따른 진동과 소음을 측정

3) 계측빈도

계측빈도는 주변현황, 토질 및 지하수위 등의 조사결과와 흙막이 구조물의 형식에 따라 공사시방서에서 정하며, 달리 명시된 것이 없는 경우에는 다음을 따른다.
① **굴착기간 동안은 각 항목별로 1주 2회 이상 측정**하며, **굴착 완료 후에는 1주 1회 이상 측정**하는 것을 원칙으로 한다.
② 계측 도중 흙막이벽이나 주변구조물에 **이상이 예상되거나 측정값이 갑작스럽게 변동하면 계측빈도를 증가**시켜야 한다.
③ **해체 및 철거 전후**에는 계측을 통하여 변위발생 상태를 확인하여야 한다.

4) 계측위치 선정

① 지반조건이 충분히 파악되어 있고, **구조물의 전체를 대표할 수 있는 곳**
② 중요구조물 등 **지반에 특수한 조건이 있어서 공사에 따른 영향이 예상되는 곳**
③ **교통량이 많은 곳**. 다만, 교통 흐름의 장해가 되지 않는 곳
④ **지하수가 많고, 수위의 변화가 심한 곳**
⑤ **시공에 따른 계측기의 훼손이 적은 곳**

CHAPTER 06 공사 및 작업 종류별 안전

01 해체 공사

주요내용 알고 가기!

- 해체작업 시 해체계획 작성 항목

> 한 눈에 들어오는 **키**워드

1 해체용 기계·기구의 종류 및 취급 안전

시험출제빈도가 낮은 내용입니다. 가볍게 공부하세요!

(1) 압쇄기

압쇄기는 쇼벨에 설치하며 유압조작에 의해 콘크리트 등에 강력한 압축력을 가해 파쇄하는 기계이다.

(2) 대형 브레이커

대형 브레이커는 통상 쇼벨에 설치하여 사용하며, 다음 각 호의 사항을 준수하여야 한다.

① 대형 브레이커는 중량, 작업 충격력을 고려하여 차체 지지력을 초과하는 중량의 브레이커 부착을 금지하여야 한다.
② 대형 브레이커의 부착과 해체에는 경험이 많은 사람으로서 선임된 자에 한하여 실시하여야 한다.
③ 유압작동구조, 연결구조 등의 주요구조는 보수점검을 수시로 하여야 한다.
④ 유압식일 경우에는 유압이 높기 때문에 수시로 유압 호오스가 새거나 막힌 곳이 없는가를 점검하여야 한다.
⑤ 해체대상물에 따라 적합한 형상의 브레이커를 사용하여야 한다.

※ 문제

다음 중 해체작업용 기계·기구로 거리가 가장 먼 것은?
㉮ 압쇄기
㉯ 핸드 브레이커
㉰ 철제 햄머
㉱ 진동 롤러

[해설]
㉱ 진동 롤러는 지반의 다짐기계이다.

정답 ㉱

한 눈에 들어오는 키워드

(3) 철제햄머

햄머를 크레인 등에 부착하여 **구조물에 충격을 주어 파쇄하는 기계이다.**

(4) 화약류

콘크리트 파쇄용 화약류 취급 시에는 다음 각 호의 사항을 준수하여야 한다.

① 화약류에 의한 발파파쇄 해체 시에는 사전에 시험발파에 의한 폭력, 폭속, 진동치속도 등의 파쇄능력과 진동, 소음의 영향력을 검토하여야 한다.
② 소음, 분진, 진동으로 인한 공해대책, 파편에 대한 예방대책을 수립하여야 한다.
③ 화약류 취급에 대하여는 법, 총포 도검 화약류단속법 등 관계법에서 규정하는 바에 의하여 취급하여야 하며 화약저장소 설치기준을 준수하여야 한다.
④ 시공순서는 화약취급절차에 의한다.

(5) 핸드브레이커

압축공기, 유압의 급속한 충격력에 의거 콘크리트 등을 해체할 때 사용하는 것으로 다음 각 호의 사항을 준수하여야 한다.

① 끌의 부러짐을 방지하기 위하여 **작업자세는 하향 수직방향으로 유지**하도록 하여야 한다.
② 기계는 항상 점검하고, 호오스의 꼬임 · 교차 및 손상여부를 점검하여야 한다.
③ **작은 부재의 파쇄에 유리하고 소음, 진동 및 분진이 발생되므로 작업원은 보호구를 착용하여야 하고 작업원의 작업시간을 제한하여야 한다.**

(6) 팽창제

광물의 수화반응에 의한 팽창압을 이용하여 파쇄하는 공법으로 다음 각 호의 사항을 준수하여야 한다.

① 팽창제와 물과의 시방 혼합비율을 확인하여야 한다.
② 천공직경이 너무 작거나 크면 팽창력이 작아 비효율적이므로, **천공 직경은 30~50mm 정도**를 유지하여야 한다.
③ **천공간격**은 콘크리트 강도에 의하여 결정되나 **30~70cm 정도**를 유지하도록 한다.
④ 팽창제를 저장하는 경우에는 **건조한 장소에 보관하고 직접 바닥에 두지말고 습기를 피하여야 한다.**
⑤ **개봉된 팽창제는 사용하지 말아야 하며 쓰다 남은 팽창제 처리에 유의**하여야 한다.

※ 문제

해체(철거)용 장비로서 작은 부재의 파쇄에 유리하고 소음, 진동 및 분진이 발생되므로 작업원은 보호구를 착용하여야 하고 특히 작업원의 작업시간을 제한하여야 하는 장비는?
㉮ 압쇄기
㉯ 철햄머
㉰ 대형 브레이커
㉱ 핸드 브레이커
　　　　　정답 ㉱

※ 문제

팽창제에 의한 해체작업에서 사용물질 취급상의 안전기준으로 틀린 것은?
㉮ 팽창제를 저장하는 경우 건조한 장소에 보관하고 직접 바닥에 두지 말고 습기를 피할 것
㉯ 팽창제와 물과의 혼합비율을 확인할 것
㉰ 개봉되어진 팽창제는 별도 장소에 보관하여 사용하고 쓰다 남은 팽창제 처리에 유의할 것
㉱ 천공간격은 콘크리트 강도에 의해 결정되나 30~70cm 정도가 적당하다.

[해설]
㉰ 개봉되어진 팽창제는 사용하지 말고 쓰다 남은 팽창제는 폐기한다.
　　　　　정답 ㉰

(7) 절단톱

회전날 끝에 다이아몬드 입자를 혼합 경화하여 제조된 절단톱으로 기둥, 보, 바닥, 벽체를 적당한 크기로 절단하여 해체하는 공법이다.

(8) 재키

구조물의 부재 사이에 재키를 설치한 후 국소부에 압력을 가해 해체하는 공법이다.

(9) 쐐기타입기

직경 30내지 40밀리미터 정도의 구멍 속에 쐐기를 박아 넣어 구멍을 확대하여 해체하는 공법이다.

(10) 화염방사기

구조체를 고온으로 용융시키면서 해체하는 것으로 다음 각 호의 사항을 준수하여야 한다.

① 고온의 용융물이 비산하고 연기가 많이 발생되므로 화재발생에 주의하여야 한다.
② 소화기를 준비하여 불꽃비산에 의한 인접부분의 발화에 대비하여야 한다.
③ 작업자는 방열복, 마스크, 장갑 등의 보호구를 착용하여야 한다.
④ 산소용기가 넘어지지 않도록 밑받침 등으로 고정시키고 빈용기와 채워진 용기의 저장을 분리하여야 한다.
⑤ 용기 내 압력은 온도에 의해 상승하기 때문에 항상 섭씨 40도 이하로 보존하여야 한다.
⑥ 호오스는 결속물로 확실하게 결속하고, 균열되었거나 노후된 것은 사용하지 말아야 한다.
⑦ 게이지의 작동을 확인하고 고장 및 작동불량품은 교체하여야 한다.

(11) 절단줄톱

와이어에 다이아몬드 절삭날을 부착하여, 고속 회전시켜 절단 해체하는 공법이다.

2 해체공법의 종류

(1) 압쇄기 사용 공법

① 상층 부분의 보와 기둥, 벽체를 해체할 경우는 해체물이 비산, 낙하할 위험이 있으므로 해체구조 바로 아래층에 수평 낙하물 방호책을 설치해서 해체물이 비산, 낙하되지 않도록 하여야 한다.
② 압쇄기에 의한 파쇄작업순서는 슬라브, 보, 벽체, 기둥의 순서로 해체하여야 한다.

(2) 압쇄공법과 대형브레이커 공법 병용

① 압쇄기로 슬라브, 보, 내벽 등을 해체하고 대형브레이커로 기둥을 해체할 때에는 **장비간의 안전거리를 충분히 확보**하여야 한다.
② 대형브레이커와 엔진으로 인한 **소음을 최대한 줄일 수 있는 수단을 강구**하여야 하며 소음진동기준은 관계법에서 정하는 바에 따라 처리하도록 하여야 한다.

(3) 대형브레이커 공법과 전도공법 병용

① 기둥철근 절단 순서는 전도방향의 전면 그리고 양측면, 마지막으로 뒷부분 철근을 절단하도록 하고, 반대방향 전도를 방지하기 위해 전도방향 전면 철근을 2본 이상 남겨 두어야 한다.
② 벽체의 절삭 부분 철근 절단시는 가로철근을 아래에서 윗쪽으로, 세로철근을 중앙에서 양단방향으로 순차적으로 절단하여야 한다.
③ 대상물의 전도 시 분진발생을 억제하기 위해 전도물과 완충재에는 충분히 물을 뿌려야 한다. 또한 **전도작업은 반드시 연속해서 실시하고, 그날 중으로 종료시키도록 하며 절삭한 상태로 방치해서는 안된다.**

(4) 철햄머 공법과 전도공법 병용

① 슬라브와 보 등과 같이 수평재는 수직으로 낙하시켜 해체하고, 벽, 기둥 등은 수평으로 선회시켜 타격에 의해 해체하도록 한다. 특히 벽과 기둥의 상단을 타격하지 않도록 하여야 한다.
② 기둥과 벽은 철햄머를 수평으로 선회시켜 원심력에 의한 타격력으로 해체하며, 이때 선회거리와 속도 등의 조건을 사전에 검토하여야 한다.
③ 분진발생 방지 조치를 하여야 하며 방진벽, 비산파편 방지망 등을 설치하여야 한다.

(5) 화약발파 공법

① 폭발여부가 확실하지 않을 때는 전기뇌관 발파시는 5분, 그밖의 발파에서는 15분 이내에 현장에 접근해서는 안된다.
② 발파 시 발생하는 폭풍압과 비산석을 방지할 수 있는 방호막을 설치해야 한다.
③ 1단 발파 후 후속발파 전에 반드시 전회의 불발장약을 확인하고 발견 시 제거 후 후속발파를 실시하여야 한다.

3 해체작업에 따른 공해방지

(1) 소음 및 진동

① 공기압축기 등은 적당한 장소에 설치하여야 하며 장비의 소음 진동기준은 관계법에서 정하는 바에 따라서 처리하여야 한다.
② **전도공법**의 경우 전도물 규모를 작게하여 **중량을 최소화**하며 **전도대상물의 높이도 되도록 작게** 하여야 한다.
③ **철햄머 공법**의 경우 **햄머의 중량과 낙하높이를 가능한 한 낮게** 하여야 한다.
④ **현장 내에서는 대형 부재로 해체하며 장외에서 잘게 파쇄**하여야 한다.
⑤ 인접건물의 피해를 줄이기 위해 **방음, 방진 목적의 가시설을 설치**하여야 한다.

(2) 분진

분진 발생을 억제하기 위하여 직접 발생 부분에 피라밋식, 수평 살수식으로 물을 뿌리거나 간접적으로 방진시트, 분진차단막 등의 방진벽을 설치하여야 한다.

(3) 지반침하

지하실 등을 해체할 경우에는 해체작업 전에 대상건물의 깊이, 토질, 주변상황 등과 사용하는 중기 운행시 수반되는 진동 등을 고려하여 지반침하에 대비하여야 한다.

(4) 폐기물

해체작업 과정에서 발생하는 폐기물은 관계법에서 정하는 바에 따라 처리하여야 한다.

4 해체공사 전 확인

(1) 해체대상 구조물 조사

① 구조(철근콘크리트조, 철골철근콘크리트조 등)의 특성 및 생수, 층수, 건물 높이, 기준층 면적
② 평면 구성상태, 폭, 층고, 벽 등의 배치상태
③ 부재별 치수, 배근상태, 해체 시 주의하여야 할 구조적으로 약한 부분
④ 해체 시 전도의 우려가 있는 내외장재
⑤ 설비기구, 전기배선, 배관설비 계통의 상세 확인
⑥ 구조물의 설립연도 및 사용목적
⑦ 구조물의 노후정도, 재해(화재, 동해 등) 유무
⑧ 증설, 개축, 보강 등의 구조변경 현황
⑨ 해체공법의 특성에 의한 비산각도, 낙하반경 등의 사전 확인
⑩ 진동, 소음, 분진의 예상치 측정 및 대책방법
⑪ 해체물의 집적 운반방법
⑫ 재이용 또는 이설을 요하는 부재현황
⑬ 기타 당해 구조물 특성에 따른 내용 및 조건

(2) 부지상황 조사

① 부지내 공지 유무, 해체용 기계설비 위치, 발생 재처리장소
② 해체공사 착수에 앞서 철거, 이설, 보호해야 할 필요가 있는 공사 장애물 현황
③ 접속도로의 폭, 출입구 개수 및 매설물의 종류 및 개폐 위치
④ 인근 건물동수 및 거주자 현황
⑤ 도로상황 조사, 가공 고압선 유무
⑥ 차량대기 장소 유무 및 교통량(통행인 포함)
⑦ 진동, 소음발생 영향권 조사

(3) 해체공사의 사전조사 및 작업계획서 내용 ★★

작업명	사전조사 내용	작업계획서 내용
구축물, 건축물, 그 밖의 시설물 등의 해체작업	해체건물 등의 구조, 주변 상황 등	가. **해체의 방법** 및 **해체 순서도면** 나. **가설설비**·방호설비·환기설비 및 살수·방화설비 **등의 방법** 다. **사업장 내 연락방법** 라. **해체물의 처분계획** 마. 해체작업용 기계·기구 등의 작업계획서 바. 해체작업용 화약류 등의 사용계획서 사. 그 밖에 안전·보건에 관련된 사항

한 눈에 들어오는 키워드

※ 문제
해체작업 시 작성하는 해체계획 작성 대상 항목이 아닌 것은?
㉮ 해체방법, 해체 순서도면
㉯ 해체작업용 기계, 기구의 작업계획서
㉰ 가설설비, 방호설비, 환기설비, 살수, 방화설비 등 방법
㉱ 지하 매설물의 조사
정답 ㉱

02 양중기의 종류 및 안전수칙

주요내용 알고 가기!

- 양중기의 종류 및 방호장치
- 타워크레인 작업계획서 포함사항
- 악천후 시의 조치
- 작업 시작 전 검검 항목

한 눈에 들어오는 **키**워드

1 양중기의 종류

(1) 양중기의 종류(산업안전보건법 기준) ★★★

양중기의 종류 ★★★

① 크레인[호이스트(hoist)를 포함한다.]
② 이동식 크레인
③ 리프트(이삿짐운반용 리프트의 경우에는 적재하중이 0.1톤 이상인 것으로 한정한다)
④ 곤돌라
⑤ 승강기

> **용어정의**
>
> **양중기** : 동력을 사용하여 화물, 사람 등을 운반하는 기계, 설비를 말하며 크레인, 리프트, 곤돌라, 승강기 등이 있다.

(2) 크레인

"크레인"이란 동력을 사용하여 중량물을 매달아 상하 및 좌우[수평 또는 선회를 말한다]로 운반하는 것을 목적으로 하는 기계 또는 기계장치를 말하며, "호이스트"란 훅이나 그 밖의 달기구 등을 사용하여 화물을 권상 및 횡행 또는 권상동작만을 하여 양중하는 것을 말한다.

[크레인의 종류 및 특징]

드레그 크레인 (drag crane)	① 크레인 선회부분을 고무 타이어의 트럭 위에 장치한 기계를 말한다. ② 연약지 작업이 불가능하나 기동성이 크고 미세한 인칭(inching)이 가능하다. ③ 고층 건물의 철골 조립, 자재의 적재, 운반, 항만 하역 작업 등에 사용한다.
휠 크레인 (wheel crane)	① 크롤러 크레인의 크롤러 대신 차륜을 장치한 것으로서 드레그 크레인보다 소형이며, 모빌 크레인이라고도 한다. ② 공장과 같이 작업범위가 제한되어 있는 장소나 고속 주행을 요할 경우에 적합하다.

> **한눈에 들어오는 키워드**

크롤러 크레인 (crawler crane)	① 크롤러 셔블에 크레인 부속장치를 설치한 것으로서 안정성이 높으며 다목적이다. ② 고르지 못한 지형이나 **연약 지반에서의 작업, 좁은 장소나 습지대** 등에서도 **작업이 가능**하다.
케이블 크레인 (cable crane)	① 타워(tower)에 케이블을 쳐서 트롤리를 달아 운반물을 달아 올리는 기계이다. ② **댐 공사 등에서 콘크리트나 자재 운반 시**에 이용한다.
천장주행 크레인	① 천장형 크레인에 주행 레일을 설치하여 이동하도록 한 기계이다. ② **콘크리트 빔의 제작이나 가공 현장** 등에서 사용한다.
타워 크레인 (tower crane)	① 360° 회전이 가능하다. ② 주로 **높이를 필요로 하는 건축 현장이나 빌딩 고층화** 등에 사용한다.

* 적용 제외 : 이동식 크레인, 데릭, 엘리베이터, 간이 엘리베이터, 건설용 리프트는 크레인에 적용하지 않는다.

> **참고**
>
> 이동식크레인의 종류
> ① 트럭크레인
> ② 크롤러 크레인
> ③ 휠크레인

(3) 이동식 크레인

"이동식 크레인"이란 원동기를 내장하고 있는 것으로서 **불특정 장소에 스스로 이동할 수 있는 크레인으로 동력을 사용하여 중량물을 매달아 상하 및 좌우**(수평 또는 선회를 말한다)**로 운반하는 설비**로서 기중기 또는 화물·특수자동차의 작업부에 탑재하여 화물운반 등에 사용하는 기계 또는 기계장치를 말한다.

(4) 리프트

"리프트"란 **동력을 사용하여 사람이나 화물을 운반하는 것을 목적으로 하는 기계설비**를 말한다.

[리프트의 종류 및 특징 ★]

건설용 리프트	동력을 사용하여 가이드레일(운반구를 지지하여 상승 및 하강 동작을 안내하는 레일)을 따라 **상하로 움직이는 운반구를 매달아 사람이나 화물을 운반할 수 있는 설비** 또는 이와 유사한 구조 및 성능을 가진 것으로 **건설현장에서 사용하는 것**을 말한다.
산업용 리프트	동력을 사용하여 가이드레일을 따라 **상하로 움직이는 운반구를 매달아 화물을 운반할 수 있는 설비** 또는 이와 유사한 구조 및 성능을 가진 것으로 **건설현장 외의 장소에서 사용하는 것**을 말한다.
자동차정비용 리프트	동력을 사용하여 가이드레일을 따라 움직이는 지지대로 **자동차 등을 일정한 높이로 올리거나 내리는 구조의 리프트로서 자동차 정비에 사용하는 것**
이삿짐운반용 리프트	연장 및 축소가 가능하고 끝단을 건축물 등에 지지하는 구조의 **사다리형 붐에 따라 동력을 사용하여 움직이는 운반구를 매달아 화물을 운반하는 설비로서 화물자동차 등 차량 위에 탑재하여 이삿짐 운반 등에 사용하는 것**

(5) 곤돌라

"곤돌라"란 달기발판 또는 운반구, 승강장치, 그 밖의 장치 및 이들에 부속된 기계부품에 의하여 구성되고, **와이어로프 또는 달기강선에 의하여 달기발판 또는 운반구가 전용 승강 장치에 의하여 오르내리는 설비**를 말한다.

(6) 승강기

"승강기"란 동력을 사용하여 운전하는 것으로서 **가이드레일을 따라 오르내리는 운반구에 사람이나 화물을 상하 또는 좌우로 이동·운반하는 기계·설비로서 탑승장을 가진 것**을 말한다.

[승강기의 종류 및 특징 ★]

승객용 엘리베이터	사람의 운송에 적합하게 제조·설치된 엘리베이터
승객화물용 엘리베이터	사람의 운송과 화물 운반을 겸용하는데 적합하게 제조·설치된 엘리베이터
화물용 엘리베이터	화물 운반에 적합하게 제조·설치된 엘리베이터로서 조작자 또는 화물취급자 1명은 탑승할 수 있는 것(적재용량이 300킬로그램 미만인 것은 제외한다)
소형화물용 엘리베이터	음식물이나 서적 등 소형 화물의 운반에 적합하게 제조·설치된 엘리베이터로서 사람의 탑승이 금지된 것
에스컬레이터	일정한 경사로 또는 수평로를 따라 위·아래 또는 옆으로 움직이는 디딤판을 통해 사람이나 화물을 승강장으로 운송시키는 설비

2 양중기의 안전수칙

(1) 정격하중 등의 표시

양중기(승강기는 제외한다) 및 달기구를 사용하여 작업하는 운전자 또는 작업자가 보기 쉬운 곳에 해당 **기계의 정격하중, 운전속도, 경고표시 등을 부착**하여야 한다. 다만, 달기구는 정격하중만 표시한다.

(2) 양중기의 방호장치

① 다음 각 호의 **양중기에 과부하방지장치, 권과방지장치(捲過防止裝置), 비상정지장치 및 제동장치**, 그 밖의 방호장치[**승강기의 파이널 리미트 스위치(final limit switch), 조속기(調速機), 출입문 인터록(inter lock)** 등을 말한다]가 정상적으로 작동될 수 있도록 미리 조정해 두어야 한다.

> **한 눈에 들어오는 키워드**

> **참고**
> - 권과방지장치: 인양용 와이어로프가 일정한계 이상 감기게 되면 자동적으로 동력을 차단하고 작동을 정지시키는 장치
> - 훅 해지장치: 훅에서 와이어로프가 이탈하는 것을 방지하는 장치
> - 과부하방지장치: 정격하중 이상의 하중이 부하되었을 때 자동적으로 상승이 정지되면서 경보음을 발생하는 장치
> - 아웃트리거: 전도 사고를 방지하기 위하여 장비의 측면에 부착하여 전도 모멘트에 대하여 효과적으로 지탱할 수 있도록 한 장치

> **참고**
> 1. 정격하중(Rated load) 이동식크레인의 지브나 붐의 경사각 및 길이에 따라 부하할 수 있는 최대 하중에서 훅, 슬링 등의 달기기구의 중량을 제외한 실제 권상 가능한 화물의 중량을 말한다.
> 2. 정격총하중(Gross load) 정격하중과 훅, 슬링 등의 달기기구의 중량을 포함하여 인양할 수 있는 최대하중을 말한다.
> 3. 정격속도 정격하중에 상당하는 하중을 매달고 들어올림, 기복, 주행, 선회 또는 트롤리의 수평이동시 최고 속도를 말한다.
> 4. 제동장치(Brake) 운동체와 정지체의 기계적 접촉에 의해 운동체를 감속 또는 정지상태로 유지하는 기능을 가진 장치를 말한다.

한 눈에 들어오는 키워드

참고

리프트의 안전조치
1. 피트 청소 시의 조치
리프트의 피트 등의 바닥을 청소하는 경우 운반구의 낙하에 의한 근로자의 위험을 방지하기 위하여 다음 각 호의 조치를 하여야 한다.
① 승강로에 각재 또는 원목 등을 걸칠 것
② 걸친 각재(角材) 또는 원목 위에 운반구를 놓고 역회전방지기가 붙은 브레이크를 사용하여 구동모터 또는 윈치(winch)를 확실하게 제동해 둘 것

2. 운반구의 정지위치
리프트 운반구를 주행로 위에 달아 올린 상태로 정지시켜 두어서는 아니 된다.

3. 이삿짐운반용리프트전도의방지
이삿짐 운반용 리프트를 사용하는 작업을 하는 경우 이삿짐 운반용 리프트의 전도를 방지하기 위하여 다음 각 호를 준수하여야 한다.
① 아웃트리거가 정해진 작동위치 또는 최대전개위치에 있지 않는 경우(아웃트리거 발이 닿지 않는 경우를 포함한다)에는 사다리 붐 조립체를 펼친 상태에서 화물 운반작업을 하지 않을 것
② 사다리 붐 조립체를 펼친 상태에서 이삿짐 운반용 리프트를 이동시키지 않을 것
③ 지반의 부동침하 방지 조치를 할 것

4. 화물의 낙하 방지
이삿짐 운반용 리프트 운반구로부터 화물이 빠지거나 떨어지지 않도록 다음 각 호의 낙하방지 조치를 하여야 한다.
① 화물을 적재시 하중이 한쪽으로 치우치지 않도록 할 것
② 적재화물이 떨어질 우려가 있는 경우에는 화물에 로프를 거는 등 낙하 방지 조치를 할 것

- 크레인
- 이동식 크레인
- 리프트
- 곤돌라
- 승강기

② **권과방지장치**는 훅·버킷 등 달기구의 윗면(그 달기구에 권상용 도르래가 설치된 경우에는 권상용 도르래의 윗면)이 드럼, 상부 도르래, 트롤리프레임 등 **권상장치의 아랫면**과 접촉할 우려가 있는 경우에 **그 간격이 0.25미터 이상** [**직동식(直動式) 권과방지장치는 0.05 미터 이상**으로 한다)]이 **되도록 조정하여야 한다.** ★

③ **권과방지장치를 설치하지 않은 크레인**에 대해서는 **권상용 와이어로프에 위험 표시**를 하고 **경보장치를 설치**하는 등 권상용 와이어로프가 지나치게 감겨서 근로자가 위험해질 상황을 방지하기 위한 조치를 하여야 한다.

(3) 리프트의 방호장치

① **리프트(자동차정비용 리프트는 제외**한다)의 운반구 이탈 등의 위험을 방지하기 위하여 **권과방지장치, 과부하방지장치, 비상정지장치 등을 설치**하는 등 필요한 조치를 하여야 한다.
② 운반구의 내부에만 탑승조작장치가 설치되어 있는 리프트를 사람이 탑승하지 아니한 상태로 작동하게 해서는 아니된다.(**무인작동의 제한**)
③ **리프트 조작반(盤)에 잠금장치를 설치**하는 등 관계 근로자가 아닌 사람이 리프트를 임의로 조작함으로써 발생하는 위험을 방지하기 위하여 필요한 조치를 하여야 한다.

(4) 크레인의 방호장치

① **유압을 동력으로 사용하는 크레인**의 과도한 압력상승을 방지하기 위한 **안전밸브에 대하여 정격하중**(지브 크레인은 최대의 정격하중으로 한다)**을 건 때의 압력 이하로 작동되도록 조정**하여야 한다. 다만, 하중시험 또는 안전도시험을 하는 경우 그러하지 아니하다.
② **훅걸이용 와이어로프 등이 훅으로부터 벗겨지는 것을 방지하기 위한 장치(해지장치)를 구비한 크레인을 사용**하여야 하며, 그 크레인을 사용하여 짐을 운반하는 경우에는 해지장치를 사용하여야 한다. ★
③ **지브 크레인을 사용하여 작업을 하는 경우에** 크레인 명세서에 적혀 있는 지브의 경사각(인양하중이 3톤 미만인 지브 크레인의 경우에는 제조한 자가 지정한 지브의 경사각)**의 범위에서 사용**하도록 하여야 한다.

④ 같은 주행로에 병렬로 설치되어 있는 주행 크레인의 수리·조정 및 점검 등의 **작업을 하는 경우,** 주행로상이나 그 밖에 주행 크레인이 근로자와 접촉할 우려가 있는 장소에서 작업을 하는 경우 등에 주행 크레인끼리 충돌하거나 주행 **크레인이 근로자와 접촉할 위험을 방지하기 위하여 감시인을 두고 주행로상에 스토퍼(stopper)를 설치하는 등 위험방지 조치**를 하여야 한다.
⑤ 갠트리 크레인 등과 같이 작업장 바닥에 고정된 레일을 따라 주행하는 크레인의 **새들(saddle) 돌출부와 주변 구조물 사이의 안전공간이 40센티미터 이상**되도록 바닥에 표시를 하는 등 안전공간을 확보하여야 한다. ★

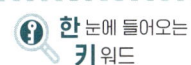

> **비교**
>
> 1. 주행 크레인 또는 선회 크레인과 건설물 또는 설비와의 사이에 통로를 설치하는 경우 그 폭을 0.6미터 이상으로 하여야 한다. 다만, 그 통로 중 건설물의 기둥에 접촉하는 부분에 대해서는 0.4미터 이상으로 할 수 있다.
>
> 2. 다음 각 호의 **간격을 0.3미터 이하**로 하여야 한다. 다만, 근로자가 추락할 위험이 없는 경우에는 그 간격을 0.3미터 이하로 유지하지 아니할 수 있다. ★
>   ① 크레인의 운전실 또는 **운전대를 통하는 통로의 끝과 건설물 등의 벽체의 간격**
>   ② 크레인 거더(girder)의 통로 끝과 크레인 거더의 간격
>   ③ 크레인 거더의 통로로 통하는 통로의 끝과 건설물 등의 벽체의 간격

(5) 이동식 크레인의 방호장치

① **유압을 동력으로 사용하는 이동식 크레인의 과도한 압력상승을 방지하기 위한 안선밸브에 대하여 최대의 정격하중을 건 때의 압력 이하로 작동되도록 조정**히여야 한다. 다만, 하중시험 또는 안전도시험을 실시할 때에 시험하중에 맞는 압력으로 작동될 수 있도록 조정한 경우에는 그러하지 아니하다.
② **이동식 크레인을 사용하여 하물을 운반하는 경우에는 해지장치를 사용**하여야 한다.
③ 이동식 크레인을 사용하여 작업을 하는 경우 이동식 크레인 명세서에 적혀 있는 **지브의 경사각(인양하중이 3톤 미만인 이동식 크레인의 경우에는 제조한 자가 지정한 지브의 경사각)의 범위에서 사용**하도록 하여야 한다.

> **참고**
>
> **이동식 크레인 설치 및 작업 시 유의사항**
> ① 설치 시 유의사항
> - 조립에 충분한 공간이 있는가를 확인한다.
> - 본체는 수평으로 설치한다.
> - 조립용 볼트, 핀 등의 체결 상태를 확인한다.
> - 안전장치의 설치, 배선, 작동을 확인한다.
> - 붐을 끌어올릴 때에는 사람이 접근하지 않도록 한다.
> - 붐은 눕히고 선단부는 침목 위에 두어야 한다.
> - 와이어로프를 지상에 쭉 펴서 꼬임풀기를 한다.
> ② 이동식 크레인으로 잔교상(가설다리)에서 작업할 경우 유의사항
> - 잔교(다리)강도를 담당자와 협의, 확인하여야 한다.
> - 작업반경에 대해 과하중이 되지 않는지 확인하여야 한다.
> - 아우트리거 또는 크롤러가 잔교(다리)의 기둥 밖으로 나오지 않도록 하고 부득이한 경우 충분히 보강하여야 한다.
> - 잔교상(가설다리)을 이동할 경우에는 조용히 운전하여야 한다.

핵심요약

양중기의 방호장치 ★★★

크레인	• 과부하방지장치 • 권과방지장치(捲過防止裝置) • 비상정지장치 • 제동장치 〈기타 방호장치〉 • 훅의 해지장치 • 안전밸브(유압식)
이동식 크레인	• 과부하방지장치 • 권과방지장치(捲過防止裝置) • 비상정지장치 • 제동장치 〈기타 방호장치〉 • 훅의 해지장치 • 안전밸브(유압식)
리프트 (자동차정비용 리프트 제외)	• 권과방지장치 • 과부하방지장치 • 비상정지장치 • 제동장치 • 조작반(盤) 잠금장치
곤돌라	• 과부하방지장치 • 권과방지장치(捲過防止裝置) • 비상정지장치 • 제동장치
승강기 (최대하중이 0.25t 이상인 것)	• 과부하방지장치 • 권과방지장치(捲過防止裝置) • 비상정지장치 • 제동장치 • 파이널리미트스위치 • 출입문인터록 • 속도조절기(조속기)

특급암기법

- **공통 방호장치** : 과부하방지장치, 권과방지장치, 비상정지장치, 제동장치
- **추가설치**
  리프트(자동차정비용 제외) : 조작반잠금장치
  승강기 : 파이널리미트스위치, 출입문인터록, 조속기(속도조절기)

(6) 악천후 시 조치 ★★★

① 순간풍속이 초당 10미터를 초과하는 경우
타워크레인의 **설치 · 수리 · 점검 또는 해체작업을 중지**

② 순간풍속이 초당 15미터를 초과하는 경우
타워크레인의 **운전작업을 중지**

③ 순간풍속이 초당 30미터를 초과하는 바람이 불어올 우려가 있는 경우
옥외에 설치되어 있는 주행 크레인에 대하여 이탈방지장치를 작동시키는 등 **이탈방지를 위한 조치**

④ 순간풍속이 초당 30미터를 초과하는 바람이 불거나 중진(中震) 이상 진도의 지진이 있은 후
옥외에 설치되어 있는 양중기를 사용하여 작업을 하는 경우에는 미리 기계 각 부위에 이상이 있는지를 점검

⑤ 순간풍속이 초당 35미터를 초과하는 바람이 불어 올 우려가 있는 경우
옥외에 설치되어 있는 승강기 및 건설용 리프트(지하에 설치되어 있는 것은 제외한다)에 대하여 받침의 수를 증가시키는 등 **승강기가 무너지는 것을 방지하기 위한 조치**

(7) 작업시작 전 점검사항 ★★★

크레인	① 권과방지장치 · 브레이크 · 클러치 및 운전장치의 기능 ② 주행로의 상측 및 트롤리가 횡행(橫行)하는 레일의 상태 ③ 와이어로프가 통하고 있는 곳의 상태
이동식크레인	① 권과방지장치 그 밖의 경보장치의 기능 ② 브레이크 · 클러치 및 조정장치의 기능 ③ 와이어로프가 통하고 있는 곳 및 작업장소의 지반상태
리프트	① 방호장치 · 브레이크 및 클러치의 기능 ② 와이어로프가 통하고 있는 곳의 상태
곤돌라	① 방호장치 · 브레이크의 기능 ② 와이어로프 · 슬링와이어 등의 상태

(8) 타워크레인의 작업계획서 내용(설치 · 조립 · 해체작업) ★★

① **타워크레인의 종류 및 형식**
② **설치 · 조립 및 해체순서**
③ **작업도구** · 장비 · 가설설비(假設設備) 및 **방호설비**
④ **작업인원의 구성** 및 작업근로자의 **역할 범위**
⑤ **타워크레인의 지지 방법**

> **한 눈에 들어오는 키 워드**
>
> **참고**
>
> 1. 다음 각 호의 양중기에 과부하방지장치, 권과방지장치, 비상정지장치 및 제동장치, 그 밖의 방호장치[(승강기의 파이널 리미트 스위치, 조속기, 출입문 인터록 등을 말한다)]가 정상적으로 작동될 수 있도록 미리 조정해 두어야 한다.
>   • 크레인
>   • 이동식 크레인
>   • 리프트
>   • 곤돌라
>   • 승강기
>
> 2. 리프트의 방호장치
> ① 리프트(자동차정비용 리프트는 제외한다)의 운반구 이탈 등의 위험을 방지하기 위하여 권과방지장치, 과부하방지장치, 비상정지장치 등을 설치하는 등 필요한 조치를 하여야 한다.
> ② 리프트 조작반에 잠금장치를 설치하는 등 관계 근로자가 아닌 사람이 리프트를 임의로 조작함으로써 발생하는 위험을 방지하기 위하여 필요한 조치를 하여야 한다.

(9) 타워크레인의 지지

타워크레인을 **자립고(自立高) 이상의 높이로 설치하는 경우** 건축물 등의 **벽체에 지지하거나 와이어로프에 의하여 지지**하여야 한다.

> **타워크레인을 와이어로프로 지지하는 경우의 준수사항 ★**
>
> ① 서면심사에 관한 서류 또는 제조사의 설치작업설명서 등에 따라 설치할 것
> ② 서면심사 서류 등이 없거나 명확하지 아니한 경우에는 **건축구조·건설기계·기계안전·건설안전기술사 또는 건설안전분야 산업안전지도사**의 확인을 받아 설치하거나 기종별·모델별 공인된 표준방법으로 설치할 것
> ③ 와이어로프를 고정하기 위한 전용 지지프레임을 사용할 것
> ④ 와이어로프 설치각도는 수평면에서 60도 이내로 할 것
> ⑤ 와이어로프의 고정부위는 충분한 강도와 장력을 갖도록 설치하고, 와이어로프를 클립·샤클(shackle) 등의 고정기구를 사용하여 견고하게 고정시켜 풀리지 않도록 하며, 사용 중에는 충분한 강도와 장력을 유지하도록 할 것(이 경우 클립·샤클 등의 고정기구는 한국산업표준 제품이거나 한국산업표준이 없는 제품의 경우에는 이에 준하는 규격을 갖춘 제품이어야 한다.)
> ⑥ 와이어로프가 가공전선(架空電線)에 근접하지 않도록 할 것

(10) 탑승의 제한

① **크레인을 사용하여 근로자를 운반하거나 근로자를 달아 올린 상태에서 작업에 종사시켜서는 아니 된다.** 다만, 크레인에 전용 탑승설비를 설치하고 추락 위험을 방지하기 위하여 다음 각 호의 조치를 한 경우에는 그러하지 아니하다.

> **크레인에 전용 탑승설비를 설치하고 근로자를 운반하거나 근로자를 달아 올린 상태에서 작업하는 경우의 추락위험 방지 조치 ★**
>
> - 탑승설비가 뒤집히거나 떨어지지 않도록 필요한 조치를 할 것
> - 안전대나 구명줄을 설치하고, 안전난간을 설치할 수 있는 구조이면 **안전난간을 설치할 것**
> - 탑승설비를 하강시킬 때에는 **동력하강방법**으로 할 것

② **이동식 크레인을 사용하여 근로자를 운반하거나 근로자를 달아 올린 상태에서 작업에 종사시켜서는 아니 된다.**

다만, 작업 장소의 구조, 지형 등으로 고소작업대를 사용하기가 곤란하여 이동식 크레인 중 기중기를 한국산업표준에서 정하는 안전기준에 따라 사용하는 경우는 제외한다.

③ **내부에 비상정지장치·조작스위치 등 탑승 조작장치가 설치되어 있지 아니한 리프트의 운반구에 근로자를 탑승시켜서는 아니 된다.**

다만, 리프트의 수리·조정 및 점검 등의 작업을 하는 경우로서 그 작업에 종사하는 근로자가 추락할 위험이 없도록 조치를 한 경우에는 그러하지 아니하다.

④ 자동차정비용 리프트에 근로자를 탑승시켜서는 아니 된다.

다만, 자동차정비용 리프트의 수리·조정 및 점검 등의 작업을 할 때에 그 작업에 종사하는 근로자가 위험해질 우려가 없도록 조치한 경우에는 그러하지 아니하다.

⑤ 곤돌라의 운반구에 근로자를 탑승시켜서는 아니 된다.

다만, 추락 위험을 방지하기 위하여 다음 각 호의 조치를 한 경우에는 그러하지 아니하다.

곤돌라의 운반구에 근로자를 탑승시키는 경우의 추락위험 방지조치 ★

- 운반구가 뒤집히거나 떨어지지 않도록 필요한 조치를 할 것
- 안전대나 구명줄을 설치하고, 안전난간을 설치할 수 있는 구조인 경우이면 **안전난간을 설치할 것**

⑥ 소형화물용 엘리베이터에 근로자를 탑승시켜서는 아니 된다.

다만, 소형화물용 엘리베이터의 수리·조정 및 점검 등의 작업을 하는 경우에는 그러하지 아니하다.

⑦ 차량계 하역운반기계(화물자동차는 제외한다)를 사용하여 작업을 하는 경우 승차석이 아닌 위치에 근로자를 탑승시켜서는 아니 된다.

다만, 추락 등의 위험을 방지하기 위한 조치를 한 경우에는 그러하지 아니하다.

⑧ 화물자동차 적재함에 근로자를 탑승시켜서는 아니 된다.

다만, 화물자동차에 울 등을 설치하여 추락을 방지하는 조치를 한 경우에는 그러하지 아니하다.

⑨ 운전 중인 컨베이어 등에 근로자를 탑승시켜서는 아니 된다.

다만, 근로자를 운반할 수 있는 구조를 갖춘 컨베이어 등으로서 추락·접촉 등에 의한 위험을 방지할 수 있는 조치를 한 경우에는 그러하지 아니하다.

⑩ 이삿짐운반용 리프트 운반구에 근로자를 탑승시켜서는 아니 된다.

다만, 이삿짐운반용 리프트의 수리·조정 및 점검 등의 작업을 할 때에 그 작업에 종사하는 근로자가 추락할 위험이 없도록 조치한 경우에는 그러하지 아니하다.

⑪ 전조등, 제동등, 후미등, 후사경 또는 제동장치가 정상적으로 작동되지 아니하는 이륜자동차에 근로자를 탑승시켜서는 아니 된다.

② 이동식 크레인으로 잔교상(가설다리)에서 작업할 경우 유의사항
- 잔교(다리)강도를 담당자와 협의, 확인하여야 한다.
- 작업반경에 대해 과하중이 되지 않는지 확인하여야 한다.
- 아우트리거 또는 크롤러가 잔교(다리)의 기둥 밖으로 나오지 않도록 하고 부득이한 경우 충분히 보강하여야 한다.
- 잔교상(가설다리)을 이동할 경우에는 조용히 운전하여야 한다.

(11) 크레인 작업 시의 조치 ★

1) 사업주는 크레인을 사용하여 작업을 하는 경우 **다음 각 호의 조치를 준수**하고, 그 작업에 종사하는 **관계 근로자가 그 조치를 준수**하도록 하여야 한다.

① 인양할 **하물(荷物)을 바닥에서 끌어당기거나 밀어내는 작업을 하지 아니할 것**

② 유류드럼이나 가스통 등 **운반 도중에 떨어져 폭발하거나 누출될 가능성이 있는 위험물 용기는 보관함(또는 보관고)에 담아** 안전하게 매달아 **운반할 것**

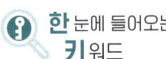
한눈에 들어오는 키워드

③ 고정된 물체를 직접 분리·제거하는 작업을 하지 아니할 것
④ 미리 근로자의 출입을 통제하여 **인양 중인 하물이 작업자의 머리 위로 통과하지 않도록 할 것**
⑤ **인양할 하물이 보이지 아니하는 경우에는 어떠한 동작도 하지 아니할 것**(신호하는 사람에 의하여 작업을 하는 경우는 제외한다)

2) 사업주는 조종석이 설치되지 아니한 크레인에 대하여 다음 각 호의 조치를 하여야 한다.
① 고용노동부장관이 고시하는 크레인의 제작기준과 안전기준에 맞는 무선원격제어기 또는 펜던트 스위치를 설치·사용할 것
② 무선원격제어기 또는 펜던트 스위치를 취급하는 근로자에게는 작동요령 등 안전조작에 관한 사항을 충분히 주지시킬 것

3) 사업주는 타워크레인을 사용하여 작업을 하는 경우 **타워크레인마다 근로자와 조종 작업을 하는 사람 간에 신호업무를 담당하는 사람을 각각 두어야 한다.**

(12) 설치·조립·수리·점검 또는 해체 작업

크레인의 설치·조립·수리·점검 또는 해체 작업을 하는 경우의 조치 ★
① 작업순서를 정하고 그 순서에 따라 작업을 할 것
② 작업을 할 구역에 **관계 근로자가 아닌 사람의 출입을 금지하고 그 취지를 보기 쉬운 곳에 표시할 것**
③ 비, 눈, 그 밖에 기상상태의 불안정으로 **날씨가 몹시 나쁜 경우에는 그 작업을 중지시킬 것**
④ 작업장소는 안전한 작업이 이루어질 수 있도록 **충분한 공간을 확보하고 장애물이 없도록 할 것**
⑤ 들어올리거나 내리는 기자재는 균형을 유지하면서 작업을 하도록 할 것
⑥ 크레인의 성능, 사용조건 등에 따라 **충분한 응력(應力)을 갖는 구조로 기초를 설치하고 침하 등이 일어나지 않도록 할 것**
⑦ 규격품인 조립용 볼트를 사용하고 대칭되는 곳을 차례로 결합하고 분해할 것

리프트 및 승강기의 설치·조립·수리·점검 또는 해체 작업을 하는 경우의 조치
① **작업을 지휘하는 사람을 선임하여** 그 사람의 지휘 하에 작업을 실시할 것
② 작업을 할 구역에 **관계 근로자가 아닌 사람의 출입을 금지하고** 그 취지를 보기 쉬운 장소에 표시할 것
③ 비, 눈, 그 밖에 기상상태의 불안정으로 **날씨가 몹시 나쁜 경우에는 그 작업을 중지시킬 것**

리프트 및 승강기의 설치·조립·수리·점검 또는 해체 작업을 하는 경우 작업 지휘자의 이행 사항 ★
① 작업방법과 근로자의 배치를 결정하고 해당 작업을 지휘하는 일 ② 재료의 결함 유무 또는 기구 및 공구의 기능을 점검하고 불량품을 제거하는 일 ③ 작업 중 안전대 등 보호구의 착용 상황을 감시하는 일

(13) 이삿짐 운반용 리프트 전도의 방지

① 아웃트리거가 정해진 작동위치 또는 최대전개위치에 있지 않는 경우(아웃트리거 발이 닿지 않는 경우를 포함한다)에는 **사다리 붐 조립체를 펼친 상태에서 화물 운반작업을 하지 않을 것**
② **사다리 붐 조립체를 펼친 상태에서** 이삿짐 운반용 리프트를 **이동시키지 않을 것**
③ **지반의 부동침하 방지 조치를 할 것**

(14) 이삿짐 운반용 리프트 운반구로부터 화물의 낙하 방지조치

① 화물을 적재시 **하중이 한쪽으로 치우치지 않도록 할 것**
② 적재화물이 떨어질 우려가 있는 경우에는 **화물에 로프를 거는 등 낙하 방지 조치를 할 것**

(15) 양중기의 와이어로프 등 달기구의 안전계수

① 양중기의 와이어로프 등 달기구의 **안전계수(달기구 절단하중의 값을 그 달기구에 걸리는 하중의 최대값으로 나눈 값**을 말한다)가 다음 각 호의 구분에 따른 기준에 맞지 아니한 경우에는 이를 사용해서는 아니 된다. ★

달기구의 안전계수 ★★★
㉠ 근로자가 탑승하는 운반구를 지지하는 달기와이어로프 또는 달기체인의 경우 : 10 이상 ㉡ 화물의 하중을 직접 지지하는 달기와이어로프 또는 달기체인의 경우 : 5 이상 ㉢ 훅, 샤클, 클램프, 리프팅 빔의 경우 : 3 이상 ㉣ 그 밖의 경우 : 4 이상

② 달기구의 경우 **최대허용하중 등의 표시가 견고하게 붙어 있는 것을 사용**하여야 한다.
③ 양중기의 달기 와이어로프 또는 달기 체인과 일체형인 **고리걸이 훅 또는 샤클의 안전계수**(훅 또는 샤클의 절단하중 값을 각각 그 훅 또는 샤클에 걸리는 하중의 최대값으로 나눈 값을 말한다)**가 사용되는 달기 와이어로프 또는 달기체인의 안전계수와 같은 값 이상의 것을 사용**하여야 한다.

④ **와이어로프를 절단**하여 양중(揚重)작업용구를 제작하는 경우 **반드시 기계적인 방법으로 절단**하여야 하며, 가스용단(鎔斷) 등 **열에 의한 방법으로 절단해서는 아니 된다.**
⑤ 아크(arc), 화염, 고온부 접촉 등으로 인하여 **열 영향을 받은 와이어로프를 사용해서는 아니 된다.**

(16) 사용금지 사항 ★★★

와이어로프	① 이음매가 있는 것 ② 와이어로프의 **한 꼬임(스트랜드 : strand)에서 끊어진 소선의 수가 10 퍼센트 이상**(비자전로프의 경우에는 끊어진 소선의 수가 와이어로프 호칭지름의 6배 길이 이내에서 4개 이상이거나 호칭지름 30배 길이 이내에서 8개 이상)인 것 ③ **지름의 감소가 공칭지름의 7퍼센트를 초과하는 것** ④ **꼬인 것** ⑤ **심하게 변형되거나 부식된 것** ⑥ **열과 전기충격에 의해 손상된 것**
달기체인	① 달기 체인의 길이가 달기 체인이 **제조된 때의 길이의 5퍼센트를 초과한 것** ② 링의 단면지름이 달기 체인이 **제조된 때의 해당 링의 지름의 10퍼센트를 초과하여 감소한 것** ③ **균열이 있거나 심하게 변형된 것**
화물자동차의 짐걸이 등으로 사용하는 섬유로프	① 꼬임이 끊어진 것 ② 심하게 손상 또는 부식된 것

(17) 변형되어 있는 훅·샤클 등의 사용금지

① 훅·샤클·클램프 및 링 등의 철구로서 변형되어 있는 것 또는 균열이 있는 것을 크레인 또는 이동식 크레인의 고리걸이용구로 사용해서는 아니 된다.
② 중량물을 운반하기 위해 제작하는 지그, 훅의 구조를 운반 중 주변 구조물과의 충돌로 슬링이 이탈되지 않도록 하여야 한다.
③ 안전성 시험을 거쳐 **안전율이 3 이상 확보된 중량물 취급용구를 구매하여 사용**하거나 자체 제작한 중량물 취급용구에 대하여 비파괴시험을 하여야 한다.

[확인]
달비계에 사용하는 섬유로프 또는 안전대의 섬유벨트의 사용 금지 사항 ★★
① 꼬임이 끊어진 것
② 심하게 손상되거나 부식된 것
③ 2개 이상의 작업용 섬유로프 또는 섬유벨트를 연결한 것
④ 작업 높이보다 길이가 짧은 것

(18) 링 등의 구비

① 엔드리스(endless)가 아닌 와이어로프 또는 달기 체인에 대하여 그 **양단에 훅·샤클·링 또는 고리를 구비한 것이 아니면** 크레인 또는 이동식 크레인의 고리걸이용구로 사용해서는 아니 된다.

② 고리는 **꼬아넣기**[아이 스플라이스(eye splice)를 말한다], **압축멈춤** 또는 이러한 것과 같은 정도 이상의 힘을 유지하는 방법으로 제작된 것이어야 한다. 이 경우 꼬아넣기는 와이어로프의 모든 꼬임을 3회 이상 끼워 짠 후 각각의 꼬임의 소선 절반을 잘라내고 남은 소선을 다시 2회 이상(모든 꼬임을 4회 이상 끼워 짠 경우에는 1회 이상) **끼워 짜야 한다.**

(19) 기타 양중기 안전

① **가이 데릭(guy derrick)**
- 훅(hook), 붐의 경사, 회전 등은 윈치(winch)로 조정되며, 360° 선회가 가능하다.
- 보통 붐은 마스터 높이 80[%] 정도의 길이까지 사용한다.
- 중량물의 이동, 하역작업, 철골조립 작업, 항만 하역 설비 등에 사용한다.

② **3각 데릭(triangle derrick)**
- 마스터를 2개의 다리(leg)로 지지한 것으로서 스팁레그 데릭이라고 하며 붐은 2개의 다리가 있으므로 270°까지 회전한다.
- 빌딩의 옥상 등 협소한 장소의 작업에 적합하다.

③ **엘리베이터**
사람이나 짐을 가드레일에 따라 승강하는 운반기에 올려놓고 동력을 이용하여 운반하는 것을 목적으로 하는 기계장치 중 간이리프트 또는 건설용 리프트 이외의 것을 말한다.

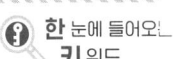

03 콘크리트 및 PC 공사

주요내용 알고 가기!

- 콘크리트의 타설작업시 준수사항
- 콘크리트 타설시 안전수칙
- 콘크리트 타설 장비 사용 시의 준수사항
- 철골작업을 중지해야 하는 조건
- 콘크리트의 측압
- 콘크리트 옹벽의 안정성 검토
- 외압에 대한 내력이 설계에 고려되었는지 확인하여야 할 대상

1 콘크리트 타설작업의 안전

(1) 콘크리트의 타설작업 시 준수사항

기출
콘크리트의 비파괴 검사방법
① 액체침투 탐상법
② 자분 탐상법
③ 방사선 투과법
④ 초음파탐상법
⑤ 반발경도법

콘크리트 타설 작업 시 준수사항 ★

① 당일의 **작업을 시작하기 전에** 해당 작업에 관한 거푸집동바리 등의 변형·변위 및 지반의 침하 유무 등을 점검하고 이상이 있으면 보수할 것
② 작업 중에는 감시자를 배치하는 등의 방법으로 거푸집 및 동바리의 변형·변위 및 침하 유무 등을 확인해야 하며, 이상이 있으면 작업을 중지하고 근로자를 대피시킬 것
③ 콘크리트의 **타설작업 시** 거푸집붕괴의 위험이 발생할 우려가 있으면 충분한 보강조치를 할 것
④ 설계도서상의 **콘크리트 양생기간을 준수**하여 거푸집 및 동바리를 해체할 것
⑤ 콘크리트를 타설하는 경우에는 **편심이 발생하지 않도록 골고루 분산**하여 타설할 것

(2) 콘크리트 타설 시 안전수칙

① 타설순서는 계획에 의하여 실시하여야 한다.
② 콘크리트를 치는 도중에는 거푸집, 지보공 등의 이상 유무를 확인하여야 하고, 담당자를 배치하여 이상이 발생한 때에는 신속한 처리를 하여야 한다.
③ 타설속도는 건설부 제정 콘크리트 표준시방서에 의한다.
④ 손수레를 이용하여 콘크리트를 운반할 때의 준수사항
  - 손수레를 타설하는 위치까지 **천천히 운반하여 거푸집에 충격을 주지 아니하도록 타설**하여야 한다.
  - 손수레에 의하여 운반할 때에는 **적당한 간격을 유지**하여야 하고 뛰어서는 안 되며, 통로구분을 명확히 하여야 한다.
  - **운반 통로에 방해가 되는 것은 즉시 제거**하여야 한다.

⑤ 기자재 설치, 사용할 때의 준수사항
- 콘크리트의 운반, 타설기계를 설치하여 작업할 때에는 성능을 확인하여야 한다.
- 콘크리트의 운반, 타설기계는 사용 전, 사용 중, 사용 후 반드시 점검하여야 한다.

내부진동기의 사용 방법

① 진동다지기를 할 때에는 내부진동기를 하층의 콘크리트 속으로 0.1m 정도 찔러 넣는다.
② 내부진동기는 연직으로 찔러 넣으며, 그 간격은 진동이 유효하다고 인정되는 범위의 지름 이하로서 일정한 간격으로 한다. **삽입간격은 일반적으로 0.5m 이하로 하는 것이 좋다.**
③ 1개소당 진동 시간은 다짐할 때 시멘트 페이스트가 표면 상부로 약간 부상하기까지 한다.
④ **내부진동기는 콘크리트로부터 천천히 빼내어 구멍이 남지 않도록 한다.**
⑤ **내부진동기는 콘크리트를 횡방향으로 이동시킬 목적으로 사용하지 않아야 한다.**
⑥ 진동기의 형식, 크기 및 대수는 1회에 다짐하는 콘크리트의 전용적을 충분히 다지는데 적합하도록 부재 단면의 두께 및 면적, 1시간당 최대 타설량, 굵은 골재 최대 치수, 배합, 특히 잔골재율, 콘크리트의 슬럼프 등을 고려하여 선정한다.

⑥ 콘크리트를 한 곳에만 치우쳐서 타설할 경우 거푸집의 변형 및 탈락에 의한 붕괴사고가 발생되므로 타설순서를 준수하여야 한다.
⑦ 전동기는 적절히 사용되어야 하며, **지나친 진동은 거푸집 도괴의 원인이 될 수 있으므로 각별히 주의**하여야 한다.

(3) 숏크리트(shotcrete, sprayed concrete)의 기능

숏크리트란 컴프레셔 혹은 펌프를 이용하여 노즐 위치까지 호스 속으로 **운반한 콘크리트를 압축공기에 의해 시공면에 뿜어서 만든 콘크리트(뿜어붙이기 콘크리트)**를 말한다.

숏크리트의 기능

① 지반과의 부착 및 자체 전단 저항효과로 **숏크리트에 작용하는 외력을 지반에 분산시키고**, 터널 주변의 붕락하기 쉬운 암괴를 지지하며, 굴착면 가까이에 지반 아치가 형성될 수 있도록 한다.
② **강지보재 또는 록볼트에 지반 압력을 전달하는 기능**을 발휘하도록 하여야 한다.
③ 굴착된 지반의 굴곡부를 메우고 절리면 사이를 접착시킴으로써 **응력집중 현상을 피하도록** 한다.
④ 굴착면을 피복하여 **풍화방지, 지수, 세립자 유출 등을 방지**하도록 한다.
⑤ 보수, 보강재료로 사용되어 소요의 **강도와 내구성 등 구조물의 충분한 보수 및 보강성능**을 발휘하여야 한다.
⑥ **비탈면, 법면 또는 벽면 보호 공법으로 적용**되어 충분한 안전성을 확보하여야 한다.

[확인]
콘크리트 이상현상 ★

- **블리딩(bleeding)** : 굳지 않은 콘크리트, 굳지 않은 모르타르, 굳지 않은 시멘트 풀에서 고체 재료의 침강 또는 분리에 의해 혼합수의 일부가 유리되어 상승하는 현상
- **레이턴스(laitance)** : 블리딩으로 인하여 콘크리트나 모르타르의 표면에 떠올라서 가라앉은 물질
- **알칼리 골재반응(alkali aggre-gatereaction)** : 알칼리와의 반응성을 가지는 골재가 시멘트, 그 밖의 알칼리와 장기간에 걸쳐 반응하여 콘크리트에 팽창 균열, 박리 등을 일으키는 현상
- **크리프(creep)** : 응력을 작용시킨 상태에서 탄성변형 및 건조수축 변형을 제외시킨 변형으로 시간과 더불어 증가되어 가는 현상
- **중성화현상 ★** : 콘크리트 속의 수산화칼슘이 공기 중의 이산화탄소와 결합하여 물을 만드는 현상. 수산화칼슘이 탄산칼슘으로 되어 콘크리트가 알칼리성을 상실하게 된다.
$Ca(OH)_2 + CO_2 \rightarrow CaCO_3 + H_2O$
- **콜드 조인트(cold joint)** : 먼저 타설된 콘크리트와 나중에 타설되는 콘크리트 사이에 완전히 일체화가 되어 있지 않은 이음부위

한 눈에 들어오는 키워드

참고

콘크리크의 성질

- **성형성(plasticity)**
  거푸집에 쉽게 다져 넣을 수 있고, 거푸집을 제거하면 천천히 형상이 변하기는 하지만 허물어지거나 재료가 분리되지 않는 굳지 않은 콘크리트의 성질

- **워커빌리티(workability)**
  재료 분리를 일으키는 일 없이 운반, 타설, 다지기, 마무리 등의 작업이 용이하게 될 수 있는 정도를 나타내는 굳지 않은 콘크리트의 성질

- **유동성(fluidity)**
  중력이나 외력에 의해 유동하기 쉬운 정도를 나타내는 굳지 않은 콘크리트의 성질

- **반죽질기(consistency)**
  주로 수량의 다소에 의해 좌우되는 굳지 않은 콘크리트, 굳지 않은 모르타르, 굳지 않은 시멘트 풀의 변형 또는 유동에 대한 저항성

- **펌퍼빌리티(pumpability)**
  펌프에 의한 운반을 실시하는 경우 콘크리트의 압송성

용어정의

물-시멘트비
(water cement ratio)
굳지 않은 콘크리트 또는 굳지 않은 모르타르에 포함되어 있는 시멘트 풀 속의 물과 시멘트의 질량비

참고

1. 콘크리트의 운반
① 콘크리트의 운반은 재료분리와 함수비의 변화가 최소화되도록 하여야 하며, 운반차는 싣거나 내리는 작업이 용이한 것이어야 한다.
② **콘크리트를 비빈 후부터 치기가 끝날 때까지 시간은 1시간을 초과하지 않아야 하며**, 애지데이터가 붙은 트럭으로 운반하는 경우는 90분을 초과하지 않아야 한다. 높은 기온 등의 콘크리트가 빨리 응결하는 조건일 때는 이를 감안하여 허용시간을 줄여야 한다.
③ 콘크리트는 비빈 후 운반되는 과정에서 굳지 않아야 하며, **조금이라도 굳은 콘크리트를 사용할 수 없다.** 운반 도중 콘크리트가 건조되는 것을 방지하기 위해서 운반차에 적절한 보호방법을 강구하여야 한다.
④ 콘크리트를 운반차에 싣거나 내릴 때는 그 높이를 되도록 낮게 하여 재료분리가 일어나지 않도록 하여야 하며, 운반차는 사용 후 적재함 내부를 깨끗이 청소하고 물기를 제거하여야 한다.
⑤ 덤프트럭으로 운반할 경우에는 적재함의 틈을 없애고 콘크리트를 적재함 상단보다 낮고 편평하게 적재한 후 수분증발 및 이물질의 혼입을 막기 위해 덮개를 설치하여야 한다.
⑥ 운반 차량은 포장장비의 작업능력에 맞는 종류와 소요대수를 사용하여야 한다.

2. 기상 조건
① 콘크리트의 배합, 치기, 마무리는 주간에 실시하여야 하며, 부득이하게 야간에 시공하여야 할 경우에는 책임기술자의 승인을 받아야 한다.
② **기온이 4℃ 이하이거나 35℃ 이상인 경우 또는 우천일 때에는 시공을 중지**하여야 한다. 다만, 부득이하게 시공하여야 할 경우에는 품질 확보를 위한 방안을 마련하여 사전에 책임기술자의 승인을 받아야 한다.
③ 양생 기간 중 동결이 예상되는 경우에는 책임기술자의 승인을 받아 동결 방지 대책을 강구하여 포장면을 보호하여야 한다.

3. 타설
① 콘크리트의 타설은 원칙적으로 시공계획서에 따라야 한다.
② 콘크리트의 타설 작업을 할 때에는 철근 및 매설물의 배치나 거푸집이 변형 및 손상되지 않도록 주의하여야 한다.
③ **타설한 콘크리트를 거푸집 안에서 횡방향으로 이동시켜서는 안된다.**
④ 타설 도중에 심한 재료 분리가 생겼을 때에는 재료분리를 방지할 방법을 강구하여야 한다.
⑤ **한 구획 내의 콘크리트는 타설이 완료될 때까지 연속해서 타설하여야 한다.**
⑥ 콘크리트는 그 표면이 한 구획 내에서는 거의 수평이 되도록 타설하는 것을 원칙으로 한다.
⑦ 콘크리트 타설의 1층 높이는 다짐능력을 고려하여 이를 결정하여야 한다.
⑧ 콘크리트를 2층 이상으로 나누어 타설할 경우, 상층의 콘크리트 타설은 원칙적으로 하층의 콘크리트가 굳기 시작하기 전에 해야 하며, 상층과 하층이 일체가 되도록 시공한다. 또한, 콜트조인트가 발생하지 않도록 하나의 시공구획의 면적, 콘크리트의 공급능력, 이어치기 허용시간 간격 등을 정하여야 한다.

[허용 이어치기 시간간격의 표준]

외기온도	25℃ 초과	25℃ 이하
허용 이어치기 시간 간격	2.0시간	2.5시간

주) 허용 이어치기 시간간격은 하층 콘크리트 비비기 시작에서부터 하층 콘크리트 타설 완료한 후, 정지시간을 포함하여 상층 콘크리트가 타설되기까지의 시간을 말한다.

⑨ 거푸집의 높이가 높을 경우, 재료분리를 막고 상부의 철근 또는 거푸집에 콘크리트가 부착하여 경화하는 것을 방지하기 위해 **거푸집에 투입구를 설치하거나 연직슈트 또는 펌프배관의 배출구를 타설면 가까운 곳까지 내려서 콘크리트를 타설**하여야 한다. 이 경우 **슈트, 펌프배관, 버킷, 호퍼 등의 배출구와 타설면까지의 높이는 1.5m 이하를 원칙**으로 한다.
⑩ 콘크리트 타설 도중 표면에 떠올라 고인 블리딩수가 있을 경우에는 적당한 방법으로 이 물을 제거한 후가 아니면 그 위에 콘크리트를 쳐서는 안되며, 고인 물을 제거하기 위하여 콘크리트 표면에 홈을 만들어 흐르게 해서는 안된다.
⑪ 벽 또는 기둥과 같이 높이가 높은 콘크리트를 연속해서 타설할 경우에는 타설 및 다질 때 재료분리가 될 수 있는 대로 적게 되도록 콘크리트의 반죽질기 및 타설속도를 조정하여야 한다.

4. 다지기
   ① 콘크리트 다지기에는 내부진동기의 사용을 원칙으로 하나, 얇은 벽 등 내부진동기의 사용이 곤란한 장소에서는 거푸집 진동기를 사용해도 좋다.
   ② **콘크리트는 타설 직후 바로 충분히 다져서 콘크리트가 철근 및 매설물 등의 주위와 거푸집의 구석구석까지 잘 채워져 밀실한 콘크리트가 되도록 하여야 한다.**
   ③ 거푸집판에 접하는 콘크리트는 되도록 **평탄한 표면이 얻어지도록 타설하고 다져야 한다.**

5. 콘크리트의 슬럼프 시험
   ① 콘크리트의 시공연도를 판단하는 시험으로 슬럼프 값을 측정하는 방법이다.
   ② 슬럼프 값 : 시료를 콘의 1/3 가량 채우고 다진 후 슬럼프 시험통을 벗겨 콘크리트가 무너져 내려앉은 높이까지의 거리를 cm로 표시한 것

[표준 슬럼프 값(건축공사 표준 시방서)]

종류		슬럼프 값
철근 콘크리트	일반적인 경우	80 ~ 180
	단면이 큰 경우	60 ~ 150
무근 콘크리트	일반적인 경우	50 ~ 180
	단면이 큰 경우	50 ~ 150

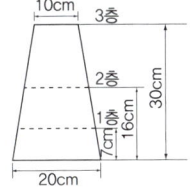
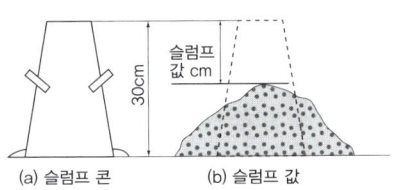

(a) 슬럼프 콘   (b) 슬럼프 값

[슬럼프시험 및 측정]

> 한 눈에 들어오는 **키**워드
>
> ※ 문제
> 콘크리트 타설 시의 유의사항 중 옳지 않은 것은?
> ㉮ 슈트, 펌프배관, 버킷 등으로 타설 시에는 배출구와 치기면까지의 가능한 높이를 2m 이하로 해야 한다.
> ㉯ 비비기로부터 타설까지 시간은 25℃ 이상에서는 1.5시간을 넘어서는 안 된다.
> ㉰ 타설 시 콘크리트의 재료분리는 가능한 적게 일어나도록 해야 한다.
> ㉱ 최상부의 슬래브는 이어붓기를 되도록 피하고, 일시에 전체를 타설한다.
>
> [해설]
> ㉮ 슈트, 펌프배관, 버킷 등으로 타설 시에는 배출구와 치기면까지의 가능한 높이를 1.5m 이하로 해야 한다.
>
> 정답 ㉮

(4) 콘크리트 타설 장비 사용 시의 준수사항 ★

사업주는 콘크리트 타설 작업을 하기 위하여 콘크리트 플레이싱 붐(placing boom), 콘크리트 분배기, 콘크리트 펌프카 등을 사용하는 경우에는 다음 각 호의 사항을 준수해야 한다.

① **작업을 시작하기 전에 콘크리트 타설 장비를 점검하고 이상을 발견하였으면 즉시 보수**할 것
② 건축물의 난간 등에서 작업하는 **근로자가 호스의 요동ㆍ선회로 인하여 추락하는 위험을 방지하기 위하여 안전난간 설치** 등 필요한 조치를 할 것

한눈에 들어오는 키워드

※ 문제
레디믹스트 콘크리트의 비빔 시작부터 부어넣기 종료까지의 외기 기온 25℃ 이상일 때 시간 한도와 1회 강도시험을 할 경우 주문강도가 옳게 짝지어진 것은?
㉮ 1.5시간, 90% 이상
㉯ 1.5시간, 85% 이상
㉰ 2시간, 80% 이상
㉱ 2시간, 85% 이상

[해설]
① 레미콘을 운반하는 경우 운반시간의 한도는 상온 (20℃)에서 1.5시간 이내로 하고, 온도가 높은 경우에는 1시간 이내로 하는 것이 바람직하다.
② 1회의 시험결과는 구입자가 지정한 호칭강도의 85% 이상이어야 한다.
③ 3회의 시험결과 평균치는 구입자가 지정한 호칭강도 이상이어야 한다. 이 경우 시험의 재령은 표준품일 경우 28일, 특주품의 경우에는 구입자가 지정한 재령으로 한다.

정답 ㉯

※ 문제
건설재료인 시멘트 저장 시 주의할 점이 아닌 것은?
㉮ 시멘트를 쌓아올리는 높이는 13포대 이하로 하는 것이 바람직하다.
㉯ 1개월 이상된 시멘트는 사용할 때 재시험을 통해 품질을 확인하여야 한다.
㉰ 통풍이 안되고 방습이 되는 창고 입하 순서대로 사용한다.
㉱ 덩어리 시멘트는 사용을 금지한다.

[해설]
㉯ 3개월 이상된 시멘트는 사용할 때 재시험을 통해 품질을 확인하여야 한다.

정답 ㉯

---

③ 콘크리트 **타설 장비의 붐을 조정하는 경우에는 주변의 전선 등에 의한 위험을 예방하기 위한 적절한 조치**를 할 것
④ 작업 중에 지반의 침하나 아웃트리거 등 콘크리트 타설 장비 지지구조물의 손상 등에 의하여 **콘크리트 타설 장비가 넘어질 우려가 있는 경우에는 이를 방지하기 위한 적절한 조치**를 할 것

(5) 펌프카에 의해 콘크리트 타설 시 안전수칙

① 레디믹스트 콘크리트 트럭과 펌프카를 적절히 유도하기 위하여 차량안내자를 배치하여야 한다.
② 펌프배관용 비계를 사전점검하고 이상이 있을 때에는 보강 후 작업하여야 한다.
③ 펌프카의 배관상태를 확인하여야 하며, 레미콘트럭과 펌프카와 호스선단의 연결 작업을 확인하여야 하며 장비사양의 적정호스 길이를 초과하여서는 아니된다.
④ 호스선단이 요동하지 아니하도록 확실히 붙잡고 타설하여야 한다.
⑤ 공기압송 방법의 펌프카를 사용할 때에는 콘크리트가 비산하는 경우가 있으므로 주의하여 타설하여야 한다.
⑥ 펌프카의 붐대를 조정할 때에는 주변 전선 등 지장물을 확인하고 이격 거리를 준수하여야 한다.
⑦ 아웃트리거를 사용할 때 지반의 부동침하로 펌프카가 전도되지 아니하도록 하여야 한다.
⑧ 펌프카의 전후에는 식별이 용이한 안전표지판을 설치하여야 한다.

> **참고**
>
> ### 🔧 제자리 콘크리트 말뚝의 종류
> ① 컴프레솔 말뚝 : 지중에 중추(重錘)를 낙하시켜 세로 구멍을 파고 그 속에 콘크리트를 주입하여 형성하는 말뚝이다.
> ② 심플렉스 말뚝 : 철관을 지중에 박고 내부에 콘크리트를 주입하며 강관을 뽑아내어 말뚝을 형성한다.
> ③ 레이먼드 말뚝 : 이중철관을 박고 내관을 뽑은 다음 외관에 콘크리트를 주입하여 말뚝을 형성한다.
> ④ 프랭키 말뚝 : 강관을 중추(重錘)로 박고 내부에 콘크리트를 다져 주입한 후 철관을 뽑아낸다.
> ⑤ 페디스털 말뚝 : 이중 강관을 박고 구근용(球根用) 콘크리트를 주입하며 내관으로 타격을 가하여 구근을 형성시킨 후에 콘크리트를 주입하고 외관을 뽑아낸다.
> ⑥ 베노토공법 : 프랑스의 베노토사가 개발한 대구경고속천공굴착기(大口徑高速穿孔掘鑿機)를 사용한 공법으로 큰 구경의 천공기를 이용하여 대구경의 구멍을 지중에 뚫은 후 콘크리트를 구멍 속에 충전(充塡)하여 말뚝을 형성한다.

2 철골공사 작업의 안전

(1) 철골을 조립하는 경우에 철골의 접합부가 충분히 지지되도록 볼트를 체결하거나 이와 동등이상의 견고한 구조가 되기 전에는 들어 올린 철골을 걸이로프 등으로부터 분리시켜서는 아니된다.

(2) 근로자가 **수직방향으로 이동하는 철골부재에는 답단간격이 30센티미터 이내인 고정된 승강로를 설치**하여야 하며, 수평방향 철골과 수직방향 철골이 연결되는 부분에는 연결작업을 위하여 작업발판 등을 설치하여야 한다.

(3) 철골작업을 하는 경우 근로자의 주요 이동통로에 고정된 가설통로를 설치하여야 한다. 다만, 안전대의 부착설비 등을 갖춘 경우에는 그러하지 아니하다.

> 한 눈에 들어오는 키 워드
>
> ● 기출
> **철골용접부의 내부결함 검사 방법**
> • 와류 탐상검사
> • 방사선 투과시험
> • 자기분말 탐상시험
> • 침투 탐상시험
> • 초음파 탐상검사
> • 육안검사

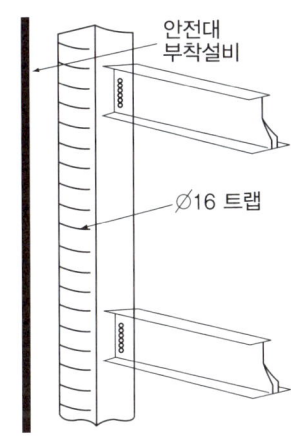

[승강용 트랩 및 안전대 부착설비의 설치]

(4) 철골작업을 중지해야 하는 조건 ★★

① 풍속이 초당 10미터 이상인 경우
② 강우량이 시간당 1밀리미터 이상인 경우
③ 강설량이 시간당 1센티미터 이상인 경우

(5) 콘크리트 타설 시 거푸집의 측압 ★

① 거푸집 부재 단면이 클수록 측압이 크다.
② 거푸집 수밀성이 클수록 측압이 크다.
③ 거푸집 강성이 클수록 측압이 크다.
④ 거푸집 표면이 평활할수록 측압이 크다.

> 용어정의
>
> 1. **콘크리트 측압** : 굳지않은 콘크리트(생콘크리트)에서 벽, 보 기둥 옆의 거푸집은 콘크리트를 타설함에 따라 거푸집을 미는 압력이 생기는데 이를 측압이라 한다.
> 2. **콘크리트 헤드** : 측압이 가장 높을 때의 콘크리트의 높이
> 3. **옹벽**(revetment, breast wall) : 제방의 한쪽 면의 하중을 지지하거나 제방의 붕괴를 방지하기 위해 지주 없이 세워진 벽으로 벽에 작용하는 측압(側壓)에 견디게 하기 위해 사용된다.

한 눈에 들어오는 키워드

참고
철골세우기준비를 할 때 준수사항
- 지상 작업장에서 세우기준비 및 기계·기구를 배치할 경우에는 낙하물의 위험이 없는 평탄한 장소를 선정하여 정비하고 경사지에서는 작업대나 임시발판 등을 설치하는 등 안전하게 한 후 작업하여야 한다.
- 세우기작업에 지장이 되는 수목은 제거하거나 이설하여야 한다.
- 인근에 건축물 또는 고압선 등이 있는 경우에는 이에 대한 방호조치 및 안전조치를 하여야 한다.
- 사용 전에 기계·기구에 대한 정비 및 보수를 철저히 실시하여야 한다.
- 기계가 계획대로 배치되어 있는가, 윈치는 작업구역을 확인할 수 있는 곳에 위치하였는가, 기계에 부착된 앵카 등 고정장치와 기초구조 등을 확인하여야 한다.
- 이동식 크레인 사용시에는 작업 또는 이동 중에 지반 침하 및 전도 위험성 여부를 확인하며 지반을 보강하여야 한다.
- 크레인 사용 시에는 크레인의 정격하중을 초과하여 하중을 걸지 않도록 하여야 한다.

참고
건립기계 선정 시 검토사항
1. 건립기계의 출입로, 설치장소, 기계조립에 필요한 면적, 이동식 크레인은 건물주위 주행통로의 유무, 타워크레인과 가이데릭 등 기초구조물을 필요로 하는 고정식 기계는 기초구조물을 설치할 수 있는 공간과 면적 등을 검토하여야 한다.
2. 이동식 크레인의 엔진소음은 부근의 환경을 해칠 우려가 있으므로 학교, 병원, 주택 등이 가까운 경우에는 소음을 측정, 조사하고 소음허용치를 초과하지 않도록 관계법에서 정하는 바에 따라 처리하여야 한다.

---

⑤ 시공연도 좋을수록 측압이 크다.
⑥ **철골 or 철근량 적을수록 측압이 크다.**
⑦ 외기온도 낮을수록 측압이 크다.
⑧ **타설속도 빠를수록 측압이 크다.**
⑨ 다짐이 좋을수록 측압이 크다.
⑩ 슬럼프 클수록 측압이 크다.
⑪ **콘크리트 비중이 클수록 측압이 크다.**
⑫ 응결시간이 느린 시멘트를 사용할수록 측압이 크다.
⑬ **습도가 낮을수록 측압이 크다.**

특급암기법
온도, 습도, 철골·철근량 **적을수록 측압이 크다. 나머지는 클수록 크다.**

(6) 콘크리트 옹벽(흙막이 지보공)의 안정성 검토사항 ★★

① 전도에 대한 안정
② 활동에 대한 안정
③ 침하에 대한 안정(지반 지지력에 대한 안정)

(7) 철골공사 전 설계도 및 공작도 확인사항

① 철골공사에서 공작도에 다음 사항을 포함하여야 한다.

공작도에 포함시켜야 할 사항	
• 외부비계 및 화물승강설비용 브라켓	• 기둥 승강용 트랩
• 구명줄 설치용 고리	• 세우기에 필요한 와이어 로프 걸이용 고리
• 안전난간 설치용 부재	• 기둥 및 보 중앙의 안전대 설치용 고리
• 방망 설치용 부재	• 비계 연결용 부재
• 방호선반 설치용 부재	• 양중기 설치용 보강재
• 사다리 걸이용 부재	• 달대비계 및 작업발판 설치용 부재

② 구조안전의 위험이 큰 다음 각 목의 철골구조물은 건립 중 강풍에 의한 풍압 등 외압에 대한 내력이 설계에 고려되었는지 확인하여야 한다.

외압에 대한 내력이 설계에 고려되었는지 확인하여야 할 대상(자립도 검토대상)★

- 높이 20미터 이상의 구조물
- 구조물의 폭과 높이의 비가 1 : 4 이상인 구조물
- 단면구조에 현저한 차이가 있는 구조물
- 연면적당 철골량이 50킬로그램/평방미터 이하인 구조물
- 기둥이 타이플레이트(tie plate)형인 구조물
- 이음부가 현장용접인 구조물

(8) 철골 세우기용 기계 및 특징

종 류	특 징
가이 데릭 (guy derrick)	① 가장 일반적으로 사용된다. ② 붐(boom)의 회전 범위 : 360° ③ 붐의 길이는 주축으로 mast보다 짧게 한다. ④ 당김줄은 지면과 45° 이하가 되도록 한다.
스티프 레그 데릭 (stiff leg derrick)	① 3각형 토대 위에 철골재 3각을 놓고 이것으로 부품을 조작한다. ② 가이 데릭에 비해 수평이동이 가능하므로 층수가 낮은 긴 평면에 유리하다. ③ 회전범위 : 270°(작업 범위 180°)
진 폴 (gin pole)	① 1개의 기둥을 세워 철골을 매달아 세우는 가장 간단한 설비이다. ② 소규모 철골 공사에 사용한다. ③ 옥탑 등의 돌출부에 쓰이고 중량 재료를 달아 올리기에 편리하다.
트럭 크레인 (truck crane)	① 트럭에 설치한 크레인이다. ② 이동이 용이하고 작업 능률이 높다.
타워 크레인 (tower crane)	타워 위에 크레인을 설치한 것이다.

> **한 눈에 들어오는 키워드**
>
> 3. 건물의 길이 또는 높이 등 건물의 형태에 적합한 건립기계를 선정하여야 한다.
> 4. 타워크레인, 가이데릭, 삼각데릭 등 고정식 건립기계의 경우, 그 기계의 작업반경이 건물전체를 수용할 수 있는지 여부, 붐이 안전하게 인양할 수 있는 하중범위, 수평거리, 수직높이 등을 검토하여야 한다.
>
> **참고**
>
> **철골보 인양작업 시 준수사항**
> 1. 인양 와이어로프의 매달기 각도는 양변 60도를 기준으로 2열로 매달고 와이어 체결지점은 수평부재의 1/3 지점을 기준으로 하여야 한다.
> 2. 클램프를 부재로 체결시 준수사항
>   - 클램프는 부재를 수평으로 하는 두 곳의 위치에 사용한다.
>   - 부득이 한군데만 사용 시 부재 길이의 1/3지점을 기준으로 한다.
>   - 두곳을 매어 인양 시 와이어로프의 내각은 60도 이하로 한다.

3 PC(Precast Concrete) 공사 안전

(1) 프리캐스트 콘크리트(Precast concrete : 이하 "PC"라 한다)

공사의 건식화와 공기단축을 도모하여 **공장이나 건설현장 내에서 제작**하고, 접합부는 콘크리트에 의한 충전 또는 기타 접합방식으로 **현장 조립하여 사용할 수 있도록 한 콘크리트 부재**를 말한다.

(2) PC 공사의 특징

PC공사란 **공장에서 제작된 P.C부재를 현장에서 조립, 접합**하여 구조체를 만드는 공사를 말하며, **고소작업이 많은 공사로 추락에 의한 재해발생 빈도가 높다**.

① 장점
- 공장생산으로 품질이 균일
- 공사기간 단축
- 노무비 절감
- 대량생산으로 인한 원가절감 효과
- 기후에 영향받지 않음
- 동절기 시공 가능

② 단점
- 자재의 중량, 대형화로 운반의 어려움
- 고소작업으로 인한 재해 우려
- P.C 부재 접합부의 취약 우려
- 운반, 설치 시 파손 우려

(3) P.C 공법의 종류

① 대형 패널 PC 공법(PC 대형판식)
   벽식 RC조의 벽과 바닥을 room size 단위로 PC판을 제작, 조립하는 방식
② 라멘 PC 공법(RPC 골조식)
   기둥, 보를 SPC 또는 RC의 PC 부재로 만들어 현장에서 조립, 접합하는 방식
③ H형강 기둥 PC 공법(골조식 HPC)
   기둥은 H형강 사용. 보, 바닥판, 내력벽 등은 PC 부재화하여 현장에서 조립, 접합하는 방식

한 눈에 들어오는 키 워드

시험출제빈도가 낮은 내용입니다. ★ 위주로 가볍게 공부하세요!

용어정의

1. R.C(Reinforced Concrete) : 철근·콘크리트 구조, 철근과 콘크리트를 일체화되게 하여 만든 콘크리트로서 압축력에 강한 콘크리트와 인장력에 강한 철근을 한덩어리로하여 서로의 약점을 보강한 콘크리트이다.
2. 슬링(Sling) : 걸어 매다는 용구 및 그 부속품의 총칭 또는 줄 걸이 작업을 말한다.
3. 지그(Jig) : 제품이나 부재를 운반하기에 적합하게 설계, 제작된 보조기구를 말한다.

참고

양중장비 결정 시 고려 사항
① 부재의 종류
② 부재의 무게
③ 작업 반경
④ 크레인의 양중 용량 및 양중 속도
⑤ 지형 및 현장접근 가능성 등 입지적 조건

04 운반 및 하역작업

주요내용 알고 가기!

- 걸이 작업 시 준수사항
- 철근의 인력 및 기계 운반 시의 준수사항
- 취급운반의 원칙
- 요통예방을 위한 안전작업수칙
- 항만하역작업의 안전수칙
- 화물 적재시 준수사항

1 운반작업의 안전수칙

(1) 운반재해 예방 기본원칙

① 작업공정을 개선하여 운반의 필요성이 없도록 한다.
② 운반작업을 줄인다.
③ 운반횟수, 빈도 및 거리를 최소화, 최단거리화 한다.
④ 중량물의 경우는 2~3인이 운반하도록 한다.
⑤ 운반보조기구 및 기계를 이용한다.

(2) 걸이작업 시 준수사항

① 와이어로프 등은 **크레인의 후크중심에 걸어야 한다.**
② 인양 물체의 안정을 위하여 **2줄 걸이 이상을 사용**하여야 한다.
③ 밑에 있는 물체를 걸고자 할 때에는 위의 물체를 제거한 후에 행하여야 한다.
④ **매다는 각도는 60° 이내로 하여야 한다.**
⑤ **근로자를 매달린 물체 위에 탑승시키지 않아야 한다.**

(3) 지게차의 적재하물이 크고 현저하게 시계를 방해할 때의 운행방법

① **유도자를 붙여 차를 유도**시킬 것
② **후진**으로 진행할 것
③ **경적을 울리면서 서행할 것**

(4) 철근의 인력 및 기계운반 시의 준수사항

한 눈에 들어오는 키워드

[참고]

인력에 의한 화물 운반시 준수사항
- 수평거리 운반을 원칙으로 한다.
- 운반시의 시선은 진행방향을 향하고 뒷걸음 운반을 하여서는 아니 된다.
- 쌓여있는 화물을 운반할 때에는 중간 또는 하부에서 뽑아내어서는 아니 된다.
- 어깨 높이보다 높은 위치에서 하물을 들고 운반하여서는 아니 된다.
- 어깨 높이보다 높은 위치에서 화물을 들고 운반하여서는 안 된다.

구분	내용
인력운반 시 준수사항 ★	① 1인당 무게는 25킬로그램 정도가 적절하며, 무리한 운반을 삼가하여야 한다. ② 2인 이상이 1조가 되어 어깨메기로 하여 운반하는 등 안전을 도모하여야 한다. ③ 긴 철근을 부득이 한 사람이 운반할 때에는 **한쪽을 어깨에 메고 한쪽 끝을 끌면서 운반**하여야 한다. ④ 운반할 때에는 **양끝을 묶어 운반**하여야 한다. ⑤ 내려놓을 때는 **천천히 내려놓고 던지지 않아야 한다**. ⑥ **공동작업을 할 때에는 신호에 따라 작업**을 하여야 한다.
기계이용 시 준수사항	① 운반작업 시에는 **작업책임자를 배치**하여 수신호 또는 표준 신호방법에 의하여 시행한다. ② 달아 올릴 때에는 그림과 같은 요령으로 올리고 로우프와 기구의 **허용하중을 검토하여 과다하게 달아올리지 않아야 한다**. (불량) 묶은 와이어를 겹치면 아래쪽 와이어가 조여지지 않는다. (양호) (양호) 와이어는 항상 2줄을 겹친다. (양호) 부득이 새로달기를 할 경우 반드시 포대나 상자를 붙여서 철근이 빠져나가지 않도록 한다. [묶은 와이어의 걸치기 예] ③ 비계나 거푸집 등에 대량의 철근을 걸쳐 놓거나 얹어 놓아서는 안 된다. ④ 달아 올리는 부근에는 **관계근로자 이외 사람의 출입을 금지**시켜야 한다. ⑤ 권양기의 운전자는 현장책임자가 지정하는 자가 하여야 한다
감전사고 예방 위한 준수사항	① 철근 운반작업을 하는 **바닥 부근에는 전선이 배치되어 있지 않아야 한다**. ② 철근 운반작업을 하는 주변의 전선은 사용철근의 최대길이 이상의 높이에 배선되어야 하며 이격거리는 최소한 2미터 이상이어야 한다. ③ 운반장비는 반드시 **전선의 배선상태를 확인**한 후 운행하여야 한다.

2 취급운반의 원칙

(1) 취급 · 운반의 3조건

① **운반거리를 단축**시킬 것
② **운반작업을 기계화**할 것
③ **손이 닿지 않는 운반 방식**으로 할 것

(2) 취급 · 운반의 5원칙 ★

① **직선 운반**을 할 것
② **연속 운반**을 할 것
③ **운반 작업을 집중화**시킬 것
④ **생산을 최고로 하는 운반**을 생각할 것
⑤ 최대한 **시간과 경비를 절약할 수 있는 운반** 방법을 고려할 것

3 인력운반

(1) 복장 및 보호구

① 상의 작업복의 소매는 손목에 밀착시킬 수 있는 구조이어야 하며 **상의 작업복 옷자락은 하의 속으로 집어 넣어야 한다.**
② **하의 작업복 바지자락은 안전화 속에 집어 넣거나** 발목에 밀착이 가능하도록 **조일 수 있는 구조**이어야 한다.
③ 안전모, 안전화 및 안전장갑은 검정 합격품으로서 근로자의 신체에 잘 맞는 제품으로 바르게 착용하여야 한다.
④ 분진이 발생하는 물건을 취급할 때 또는 분진작업장에서는 검정합격품으로서 작업조건에 적합한 방진마스크와 보안경을 착용하여야 한다.
⑤ 유해·위험물을 취급할 때에는 유해·위험물로부터 방호할 수 있는 보호구를 선정하여 착용하여야 한다.

(2) 화물운반 시의 올바른 자세

① **화물의 무게중심**을 찾아 최대한 **몸의 무게중심에 가까이 밀착시킨다.**
② 인체의 기계적인 이점을 활용하여 대퇴부와 정강이 사이의 각도를 90도 이상 두어 이곳에서 나오는 힘으로 화물을 든다.

한눈에 들어오는 키워드

③ 양발은 화물을 사이에 두고 대각선으로 2족장 정도 벌려 안정된 자세를 유지한다.
④ 손바닥 전체로 화물을 감싸고 턱은 당기며 **허리를 곧추세우고 지면과 직각이 되도록 하여 다리 힘으로 든다.**
⑤ 화물을 들고 방향을 전환할 때에는 갑자기 허리를 틀지 말고 한, 두 걸음 좌우 측으로 나간 후 발과 함께 돌리도록 하여 허리에 갑자기 무리가 가지 않도록 한다.

(3) 작업중량

작업조건, 작업환경, 작업대상물의 형상, 근로자의 성별 및 연령 등 제반사항을 고려하여 작업중량은 근로자의 안전과 건강에 **위험을 초래하지 않도록** 하여야 한다.

> **참고**
> 중량물의 취급에서 근로자가 항상 수작업으로 물건을 취급하는 경우에는 중량이 남자 근로자인 경우 체중의 40% 이하, 여자 근로자인 경우 체중의 24% 이하가 되도록 하여야 하며 중량물의 폭은 75cm 이상 되지 않도록 하여야 한다.

[인력운반중량 권장기준]

작업 형태	성별	연령별 허용 권장 기준(kg)			
		18세 이하	19~35세	36~50세	51세 이상
일시작업 (시간당 2회 이하)	남	25	30	27	25
	여	17	20	17	15
계속작업 (시간당 3회 이상)	남	12	15	13	10
	여	8	10	8	5

주 : 화물의 무게 = 부피 × 화물의 비중

> **참고**
> - RWL 계산 시 처음의 23kg이라는 숫자는 최적의 환경에서 들기작업을 할 때의 최대 허용 무게이다.
> - 최적의 환경이란 허리의 비틀림 없이 정면에서 들기작업을 가끔씩 할 때(F < 0.2), 작업물이 작업자 몸 가까이 있으며 수평거리(H)는 15cm, 수직위치(V)는 75cm, 작업자가 물체를 옮기는 거리의 수직이동거리(D)가 25cm 이하이며 커플링이 좋은 상태이다.

> **참고**
>
> **1. NIOSH 들기작업 지침**
> ① 권장무게한계(RWL : Recommended Weight Limit) : 권장무게 한계란 건강한 작업자가 특정한 들기작업에서 실제 작업시간 동안 허리에 무리를 주지 않고 요통의 위험 없이 들 수 있는 무게의 한계를 말한다. RWL은 여러 작업 변수들에 의해 결정된다.
>
> $$RWL(kg) = 23 \times HM \times VM \times DM \times AM \times FM \times CM$$
>
> | 계수 | 계수방법 |
> |---|---|
> | HM | 수평 계수(Horizontal Multiplier) |
> | VM | 수직 계수(Vertical Multiplier) |

계수	계수방법
DM	거리 계수(Distance Multiplier)
AM	비대칭 계수(Asymmetric Multiplier)
FM	빈도 계수(Frequency Multiplier)
CM	커플링 계수(Coupling Multiplier)

② 들기 지수(LI : Lifting Index) : LI는 실제 작업물의 무게와 RWL의 비(ratio)이며 특정 작업에서의 육체적 스트레스의 상대적인 양을 나타낸다. 즉 LI가 1.0보다 크면 작업 부하가 권장치보다 크다고 할 수 있다.

> LI = 실제 작업 무게/권장 무게 한계 = L/RWL

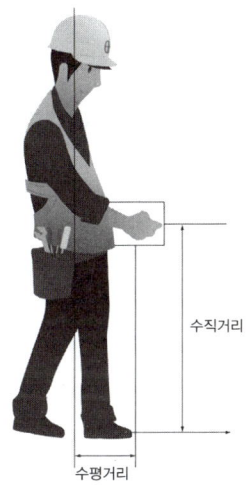
수직거리
수평거리

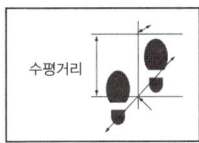
수평거리

2. 인력운반작업 한계허용중량(Action Limit)

> 한계허용중량 = 40(15/H)(1−0.004 | V−75 |)(0.7+7.5/D)(1−F/Fm)

여기서, H : 화물의 중심에서 두 발목의 중간 지점까지의 거리(cm)
   V : 바닥에서 물체 중심까지의 거리(cm)
   D : 화물을 들어 올리는 높이(cm)
   F : 들어 올리는 빈도(횟수)
   Fm : 화물 높이에 따른 보정계수

참고

커플링 계수 (Coupling Multiplier)
커플링은 물체를 들 때에 미끄러지거나 떨어뜨리지 않도록 손잡이 등이 좋은지를 권장 무게 한계에 반영한 것이다.
- 좋다 : 손잡이가 들기 적당하게 위치한 경우, 손잡이는 없지만, 들기 쉽고 편하게 들 수 있는 부분이 존재할 경우
- 괜찮다 : 손잡이나 잡을 수 있는 부분이 있으며 적당하게 위치하지는 않았지만, 손목의 각도를 90도 정도 유지할 수 있을 경우
- 나쁘다 : 손잡이나 잡을 수 있는 부분이 없거나 불편한 경우, 끝 부분이 날카로운 경우

4 중량물 취급 운반 ★

(1) 중량물 취급 작업의 작업계획의 작성

작업명	작업계획서 내용
중량물의 취급 작업	① 추락위험을 예방할 수 있는 안전대책 ② 낙하위험을 예방할 수 있는 안전대책 ③ 전도위험을 예방할 수 있는 안전대책 ④ 협착위험을 예방할 수 있는 안전대책 ⑤ 붕괴위험을 예방할 수 있는 안전대책

(2) 경사면에서 중량물 취급 시 준수사항

① 구름멈춤대·쐐기 등을 이용하여 **중량물의 동요나 이동을 조절할 것**
② **중량물이 구를 위험이 있는 방향 앞의 일정거리 이내로는 근로자의 출입을 제한할 것.** 다만, 중량물을 보관하거나 작업 중인 장소가 경사면인 경우에는 경사면 아래로는 근로자의 출입을 제한해야 한다.

(3) 중량물운반 시 준수사항

① 숙련된 경험자를 작업지휘자로 선정하여 운반방법, 운반단계 등을 협의 결정하여야 한다.
② 공동으로 중량물을 운반할 때에는 근로자의 체력, 신장 등을 고려하여 현저한 차이가 있는 작업자는 제외하고 작업지휘자의 지시에 따라 통일된 행동을 하여야 한다.
③ 무게 중심이 높은 하물은 인력으로 운반하여서는 아니된다.

(4) 사업주는 **근로자가 5킬로그램 이상의 중량물을 들어올리는 작업을 하는 경우에 다음 각 호의 조치**를 해야 한다.

① 주로 취급하는 물품에 대하여 근로자가 쉽게 알 수 있도록 **물품의 중량과 무게 중심에 대하여 작업장 주변에 안내표시**를 할 것
② 취급하기 곤란한 물품은 손잡이를 붙이거나 갈고리, 진공빨판 등 적절한 보조 도구를 활용할 것

5 요통방지대책

(1) 요통예방을 위한 안전작업수칙

① 중량물을 취급할 때는 **허리의 힘보다는 팔, 다리, 복부의 근력을 이용**하도록 한다.
② 중량물을 들어올릴 때는 **물체를 최대한 몸 가까이에서 잡고 들어올리도록 한다.**
③ 중량물 취급 시 **허리는 늘 곧게 펴고 가급적 구부리거나 비틀지 않고 작업하도록 한다.**
④ 중량물의 취급에서 근로자가 항상 **수작업으로 물건을 취급하는 경우에는 중량이 남자 근로자인 경우 체중의 40% 이하, 여자 근로자인 경우 체중의 24% 이하가 되도록** 하여야 하며 **중량물의 폭은 75cm 이상 되지 않도록** 하여야 한다.

6 하역작업의 안전수칙

(1) 하역작업장의 조치기준

부두·안벽 등 하역작업을 하는 장소에 다음 각 호의 조치를 하여야 한다.

① **작업장 및 통로의 위험한 부분에는 안전하게 작업할 수 있는 조명을 유지할 것**
② **부두 또는 안벽의 선을 따라 통로를 설치하는 경우에는 폭을 90센티미터 이상으로 할 것** ★
③ 육상에서의 **통로 및 작업장소로서** 다리 또는 선거(船渠) 갑문(閘門)을 넘는 보도(步道) 등의 **위험한 부분에는 안전난간 또는 울타리 등을 설치할 것**

(2) 하적단의 간격

바닥으로 부터의 높이가 **2미터 이상 되는 하적단**(포대·가마니 등으로 포장된 화물이 쌓여 있는 것만 해당한다)과 인접 하적단 사이의 간격을 하적단의 밑부분을 기준하여 10센티미터 이상으로 하여야 한다.

(3) 하적단의 붕괴 등에 의한 위험방지

① 하적단의 붕괴 또는 화물의 낙하에 의하여 근로자가 위험해질 우려가 있는 경우에는 그 하적단을 **로프로 묶거나 망을 치는 등 위험을 방지하기 위하여 필요한 조치**를 하여야 한다.

참고

요통예방을 위한 최적 안전작업 범위
① 최적 안전작업범위는 몸의 무게중심에서 가장 가까운 부분으로 허리에 주는 부담도 가장 적다.
② 팔을 몸체부에 붙이고 손목만 위, 아래로 움직일 수 있는 범위이다.
③ 몸으로부터 약간 떨어진 구역으로 팔꿈치를 몸의 측면에 붙이고 손을 어깨 높이에서 허벅지 부위까지 오르내릴 수 있는 범위에 해당한다.
④ 이 작업범위에서 작업 시 허리에 가해지는 압박은 약간 있으나 비교적 안전하다.

◀ 시험출제빈도가 낮은 내용입니다. ★ 위주로 가볍게 공부하세요!

> 한눈에 들어오는 키워드

② 하적단을 쌓는 경우에는 기본형을 조성하여 쌓아야 한다.
③ 하적단을 헐어내는 경우에는 위에서부터 순차적으로 층계를 만들면서 헐어내어야 하며, 중간에서 헐어내어서는 아니 된다.

(4) 화물의 적재 시의 준수사항 ★

① 침하 우려가 없는 튼튼한 기반 위에 적재할 것
② 건물의 칸막이나 벽 등이 화물의 압력에 견딜 만큼의 강도를 지니지 아니한 경우에는 칸막이나 벽에 기대어 적재하지 않도록 할 것
③ 불안정할 정도로 높이 쌓아 올리지 말 것
④ 하중이 한쪽으로 치우치지 않도록 쌓을 것

(5) 항만하역작업의 안전수칙 ★

① 갑판의 윗면에서 선창 밑바닥까지의 깊이가 1.5미터를 초과하는 선창의 내부에서 화물취급작업을 하는 때에는 그 작업에 종사하는 근로자가 안전하게 통행할 수 있는 설비를 설치하여야 한다. 다만, 안전하게 통행할 수 있는 설비가 선박에 설치되어 있는 때에는 그러하지 아니한다. ★
② 300톤급 이상의 선박에서 하역작업을 하는 경우에 근로자들이 안전하게 오르내릴 수 있는 현문(舷門) 사다리를 설치하여야 하며, 이 사다리 밑에 안전망을 설치하여야 한다. 현문 사다리는 견고한 재료로 제작된 것으로 너비는 55센티미터 이상이어야 하고, 양측에 82센티미터 이상의 높이로 울타리를 설치하여야 하며, 바닥은 미끄러지지 않도록 적합한 재질로 처리되어야 한다. 현문 사다리는 근로자의 통행에만 사용하여야 하며, 화물용 발판 또는 화물용 보관으로 사용하도록 해서는 아니된다. ★
③ 항만하역작업을 시작하기 전에 그 작업을 하는 선창 내부, 갑판 위 또는 안벽 위에 있는 화물 중에 급성 독성물질이 있는지를 조사하여 안전한 취급방법 및 누출 시 처리방법을 정하여야 한다.

7 기계화 해야 할 인력작업

> 참고
> 에너지 대사율(RMR)이 7 이상인 경우에는 기계화 작업을 권장하고 10 이상인 경우에는 반드시 기계화 작업을 하여야 함.

① 3~4인이 상당시간 계속되어야 하는 운반작업
② 발밑에서 부터 머리 위까지 들어 올리는 작업
③ 발밑에서 어깨까지 25[kg] 이상의 물건을 들어 올리는 작업
④ 발밑에서 허리까지 50[kg] 이상의 물건을 들어 올리는 작업
⑤ 발밑에서 부터 무릎까지 75[kg] 이상의 물건을 들어 올리는 작업

⑥ 두 걸음 이상 가로로(밑으로) 운반하는 작업이 연속될 경우
⑦ 3[m] 이상 연속하여 운반작업을 하는 경우
⑧ 1시간에 10[ton] 이상의 운반량이 있는 작업

> 한 눈에 들어오는 **키** 워드

8 화물 취급작업 안전수칙

(1) 섬유로프의 사용금지 사항 ★★

① 사업주는 다음 각 호의 어느 하나에 해당하는 섬유로프 등을 화물자동차의 짐걸이로 사용해서는 아니 된다.
- **꼬임이 끊어진 것**
- **심하게 손상 또는 부식된 것**

② 차량 등에서 화물을 내리는 작업을 하는 때에는 하적(荷積)단 중간에서 화물을 빼내도록 하여서는 아니 된다.
③ **하역작업을 하는 때**에는 하적단의 붕괴 또는 화물의 낙하에 의하여 근로자에게 위험을 미칠 우려가 있는 장소에 **관계근로자외의 자를 출입시켜서는 아니 된다.**
④ 화물을 싣거나 내리는 작업 또는 화물 해체의 작업을 행하는 장소에는 당해 작업을 안전하게 하는데 **필요한 조명을 유지**하여야 한다.
⑤ 바닥으로부터의 **높이가 2미터 이상**인 하적단 위에서 작업을 하는 때에는 추락 등에 의한 근로자의 위험을 방지하기 위하여 당해 작업에 종사하는 근로자로 하여금 **안전모 등의 보호구를 착용**하도록 하여야 한다.

9 고소작업 안전수칙

◀ 시험출제빈도가 **낮은** 내용입니다. ★ 위주로 가볍게 공부하세요!

2m 이상의 높이에서 작업하는 경우 추락방지에 필요한 조치를 하여야 한다.

(1) 고소작업 시 안전 · 보건 기본수칙

용어정의

고소작업 : 비계나 사다리, 작업발판 등의 발디딤을 이용하여 높은 곳에서 실시하는 작업을 말한다.

① 추락의 위험이 있는 장소에서 작업을 할 때에는 반드시 안전모와 안전대 등 보호구로 자신을 보호한다.
② 규정에 맞는 작업복을 착용하고, 미끄러지거나 벗겨지기 쉬운 신발은 신지 않는다.
③ 작업 전에는 발판, 사다리, 걸고리 등 작업용구를 빠짐 없이 점검한다.
④ 작업구역 내에 당해 작업자 이외의 사람이 출입하는 것을 금한다.
⑤ 작업장소의 밑에는 통행인의 안전을 위하여 필요한 시설을 확보한다.

⑥ 작업장소에 물건을 놓아두면 협소해지고 걸려 넘어지거나 물건이 떨어져 재해의 원인이 되므로 가능하면 두지 않는다.
⑦ 사다리를 이용하여 작업을 해야 할 경우에는 2인 이상이 하도록 하고 사다리가 미끄러지거나 통행자와 접촉하지 않도록 한다.
⑧ 적재물이나 나무상자 등을 사다리 대신 사용하지 말고 작업용도에 맞는 사다리를 선택하여 사용한다.
⑨ 3m 이상의 높이에서는 절대로 물건을 던져서 내리거나 올리지 않는다.

(2) 고소작업 시 추락방지를 위한 안전수칙

① 상하 동시작업 시는 상하가 긴밀히 신호나 연락을 하며 작업한다.
② 고소의 작업장소로 이동할 때는 지정통로나 승강설비를 이용한다.
③ 난간에 기대거나 위에 올라가 작업하지 않도록 한다.
④ 고소에서의 운반작업 중 등을 돌리고 걷지 않도록 한다.
⑤ 개구부 발생 시 즉시 규정의 안전시설을 한다.
⑥ 설치한 안전시설은 임의로 제거하지 않도록 한다.
⑦ 통로나 작업장에 유류가 흘러있을 때는 즉시 닦아낸다.

(3) 고소작업 시 낙하방지를 위한 안전수칙

① 방망의 구조, 설치위치 및 방법이 적절해야 한다.
② 작업 중에는 물건의 보관방법에 주의하고, 불안정한 경우에는 rope로 묶는 등 낙하방지 조치를 한다.
③ 물건이 낙하할 우려가 있는 장소에는 감시자를 배치하거나 출입금지 조치를 한다.
④ 고소에서 물건을 절대 투하하지 않도록 한다.

Part 01 산업재해 예방 및 안전보건교육

[선임대상]

안전관리자(전담)	① 상시근로자 300인 이상 사업장 ② 건설업 : 공사금액 120억 원(토목공사: 150억 원) 이상인 사업장
산업안전보건위원회	① 상시근로자 50인 이상 사업장부터 ② 건설업 : 공사금액 120억 원(토목공사 : 150억 원) 이상인 사업장
노사협의체	공사금액 120억 원(토목공사 : 150억 원) 이상인 건설업(도급사업인 경우)
안전보건관리책임자	① 상시근로자 50인 이상 사업장부터 ② 총 공사금액 20억 원 이상인 건설업
안전보건총괄책임자	① 관계수급인 포함 상시근로자 100명 이상(선박 및 보트 건조업, 1차 금속 제조업 및 토사석 광업 50명)인 사업 ② 관계수급인 포함 공사금액 20억 원 이상인 건설업
안전보건관리담당자	상시근로자 20명 이상 50명 미만인 사업장 1. 제조업 2. 임업 3. 하수, 폐수 및 분뇨 처리업 4. 폐기물 수집, 운반, 처리 및 원료 재생업 5. 환경 정화 및 복원업 **특급암기법** 제임! - 재 임용하자. 하·폐수, 분뇨 폐기하고 원료 재생하여 환경 정화·복원 담당자(안전보건관리담당자)
안전보건조정자	각 건설공사의 금액의 합이 50억 원 이상인 경우로서 2개 이상의 건설공사가 같은 장소에서 행해지는 경우

[산업안전보건위원회와 노사협의체]

구성		운영	
산업안전보건 위원회	노사협의체	산업안전보건위원회	노사협의체

1. 근로자위원
  ① 근로자대표
  ② 근로자대표가 지명하는 1명 이상의 명예산업 안전감독관
  ③ 근로자대표가 지명하는 9명 이내의 해당 사업장의 근로자
	1. 근로자위원
	  ① 도급 또는 하도급 사업을 포함한 전체 사업의 근로자대표
	  ② 근로자대표가 지명하는 명예산업안전감독관 1명(다만, 명예산업안전감독관이 위촉되어 있지 아니한 경우에는 근로자 대표가 지명하는 해당 사업장 근로자 1명)
		1. 정기회의 : 분기마다
		2. 임시회의 : 위원장이 필요하다 인정할 때
			1. 정기회의 : 2개월마다
			2. 임시회의 : 위원장이 필요하다 인정할 때

2. 사용자위원 ① 해당 사업의 대표자 ② 안전관리자 1명 ③ 보건관리자 1명 ④ 산업보건의 ⑤ 사업의 대표자가 지명하는 9명 이내의 해당 사업장 부서의 장	③ 공사금액이 20억 원 이상인 공사의 관계수급인의 근로자대표 2. 사용자 위원 ① 도급 또는 하도급 사업을 포함한 전체 사업의 대표자 ② 안전관리자 1명 ③ 보건관리자 1명(보건관리자 선임대상건설업으로 한정) ④ 공사금액이 20억 원 이상인 공사의 관계수급인의 사업주	

서류보존기핸[산업안전보건위원회 및 노사협의체에 따른 회의록 : 2년]

1. 산업안전보건위원회 심의·의결사항과 안전보건관리책임자 직무는 **거의 유사합니다**. **차이점**만 비교하여 **정리**하세요!

구분	내용
산업안전 보건위원회의 심의·의결 사항 (노사협의체의 심의·의결사항)	① 산업재해 예방계획의 수립에 관한 사항 ② 안전보건관리규정의 작성 및 변경에 관한 사항 ③ 근로자의 안전·보건교육에 관한 사항 ④ 작업환경측정 등 작업환경의 점검 및 개선에 관한 사항 ⑤ 근로자의 건강진단 등 건강관리에 관한 사항 ⑥ 중대재해의 원인 조사 및 재발 방지대책 수립에 관한 사항 ⑦ 산업재해에 관한 통계의 기록 및 유지에 관한 사항 ⑧ 유해하거나 위험한 기계·기구·설비를 도입한 경우 안전·보건조치에 관한 사항 ⑨ 그 밖에 해당 사업장 근로자의 안전 및 보건을 유지·증진시키기 위하여 필요한 사항
안전보건 관리책임자 직무	① 산업재해 예방계획의 수립에 관한 사항 ② 안전보건관리규정의 작성 및 변경에 관한 사항 ③ 근로자의 안전·보건교육에 관한 사항 ④ 작업환경 측정 등 작업환경의 점검 및 개선에 관한 사항 ⑤ 근로자의 건강진단 등 건강관리에 관한 사항 ⑥ 산업재해의 원인 조사 및 재발 방지대책 수립에 관한 사항 ⑦ 산업재해에 관한 통계의 기록 및 유지에 관한 사항 ⑧ 안전장치 및 보호구 구입 시 적격품 여부 확인에 관한 사항 ⑨ 위험성평가의 실시에 관한 사항 ⑩ 근로자의 위험 또는 건강장해의 방지에 관한 사항

산업안전보건위원회 (노사협의체)	• 중대재해의 원인 조사 및 재발 방지대책 수립에 관한 사항 • 유해하거나 위험한 기계·기구·설비를 도입한 경우 안전·보건조치에 관한 사항
안전보건관리책임자	• 산업재해의 원인 조사 및 재발 방지대책 수립에 관한 사항 • 안전장치 및 보호구 구입 시 적격품 여부 확인에 관한 사항

[안전보건 개선계획 작성대상 사업장]

1. 산업재해율이 **같은 업종의 규모별 평균 산업재해율보다 높은 사업장**
2. 사업주가 안전보건조치의무를 이행하지 아니하여 **중대재해가 발생한 사업장**
3. **직업성 질병자가 연간 2명** 이상 발생한 사업장
4. **유해인자의 노출기준을 초과한 사업장**

특급암기법
평균보다 높으면 개선계획!
중대재해 발생하면 개선계획!
직업성 질병자 2명
노출기준 초과하면 개선계획!

[안전·보건진단을 받아 안전보건개선계획을 수립·제출하도록 명할 수 있는 사업장]

1. 산업재해율이 **같은 업종 평균 산업재해율의 2배 이상**인 사업장
2. 사업주가 필요한 안전조치 또는 보건조치를 이행하지 아니하여 **중대재해가 발생한 사업장**
3. **직업성 질병자가 연간 2명 이상(상시근로자 1천명 이상** 사업장의 경우 **3명 이상**) 발생한 사업장
4. 그 밖에 작업환경 불량, 화재·폭발 또는 누출 사고 등으로 사업장 주변까지 피해가 확산된 사업장으로서 고용노동부령으로 정하는 사업장

특급암기법
평균의 2배 이상, 직업성 질병 2명 이상(1,000명 이상 3명) 진단받아 개선!
중대재해 발생하면 진단받아 개선!

[안전관리자의 증원·교체임명 명령 대상 사업장]

1. 해당 사업장의 **연간 재해율이 같은 업종의 평균재해율의 2배 이상**인 경우
2. **중대재해가 연간 2건 이상 발생**한 경우(다만, 해당 사업장의 전년도 사망만인율이 같은 업종의 평균 사망만인율 이하인 경우는 제외)

3. 관리자가 질병이나 그 밖의 사유로 **3개월 이상** 직무를 수행할 수 없게 된 경우
4. **화학적 인자**로 인한 **직업성질병자**가 연간 **3명 이상** 발생한 경우(이 경우 직업성 질병자 발생일은 요양급여의 결정일로 한다)

특급암기법
평균의 2배 이상, 중대재해 2건 이상 증원!
직업성질병 3명 이상, 3개월 이상 일안하면 교체!

[재해 발생건수 등 재해율 공표 대상 사업장]

1. **사망재해자가 연간 2명 이상** 발생한 사업장
2. **사망만인율**(사망재해자 수를 연간 상시근로자 1만명당 발생하는 사망재해자 수로 환산한 것)이 규모별 **같은 업종의 평균 사망만인율 이상**인 사업장
3. **중대산업사고가 발생**한 사업장
4. **산업재해 발생** 사실을 **은폐**한 사업장
5. 산업재해의 발생에 관한 **보고를 최근 3년 이내 2회 이상 하지 않은 사업장**

특급암기법
사망자 2명, 평균 사망만인율 이상 공표!
중대산업사고 발생하면 공표!
재해은폐, 재해보고 3년 동안 2번 이상 안하면 공표!

[안전진단 대상 사업장]

1. **중대재해 발생** 사업장
2. **안전보건개선계획 수립·시행** 명령을 받은 사업장
3. 추락·폭발·붕괴 등 **재해발생 위험이 현저히 높은 사업장**으로서 지방노동관서의 장이 안전·보건진단이 필요하다고 인정하는 사업장

특급암기법
중대재해 발생하면 진단!
진단받아 **개선계획 수립**!

[안전인증 및 자율안전확인 대상 기계, 기구 등]

	안전인증	자율안전확인
1. 기계 기구 · 설비	1. **설치 · 이전**하는 경우 안전인증을 받아야 하는 기계 · 기구 　가. 크레인 　나. 리프트 　다. 곤돌라 2. **주요 구조 부분을 변경**하는 경우 안전인증을 받아야 하는 기계 · 기구 　① 프레스 　② 전단기 및 절곡기(折曲機) 　③ 크레인 　④ 리프트 　⑤ 압력용기 　⑥ 롤러기 　⑦ 사출성형기(射出成形機) 　⑧ 고소(高所)작업대 　⑨ 곤돌라 **특급암기법** 유사한 종류끼리 묶어서 암기 **손 다치는 기계** – 프레스, 전단기 및 절곡기, 사출성형기, 롤러기 **양중기** – 크레인, 리프트, 곤돌라 **폭발** – 압력용기 **추락** – 고소작업대	① 연삭기 또는 연마기(휴대형은 제외) ② 산업용 로봇 ③ 혼합기 ④ 파쇄기 또는 분쇄기 ⑤ 식품가공용 기계(파쇄 · 절단 · 혼합 · 제면기만 해당) ⑥ 컨베이어 ⑦ 자동차정비용 리프트 ⑧ 공작기계(선반, 드릴, 평삭 · 형삭기, 밀링만 해당) ⑨ 고정형 목재가공용기계(둥근톱, 대패, 루타기, 띠톱, 모떼기 기계만 해당) ⑩ 인쇄기 **특급암기법** **공작기계**로 철판 잘라서 **연삭기, 연마기**로 갈고, **고정형 목재가공용 기계**로 나무 자르고, **식품가공용 기계**로 식품 **파쇄, 분쇄**하여 **혼합기**로 혼합한 후 **컨베이어**로 운반해서 **자동차 리프트**에 올려놓고 **인**기있는 **산업용 로봇** 만들자.
2. 방호 장치	① 프레스 및 전단기 방호장치 ② 양중기용 과부하방지장치 ③ 보일러 압력방출용 안전밸브 ④ 압력용기 압력방출용 안전밸브 ⑤ 압력용기 압력방출용 파열판 ⑥ 절연용 방호구 및 활선작업용 기구 ⑦ 방폭구조 전기기계 기구 및 부품 ⑧ 추락 · 낙하 및 붕괴 등의 위험 방지 및 보호에 필요한 가설기자재로서 고용노동부장관이 정하여 고시하는 것 ⑨ 충돌 · 협착 등의 위험 방지에 필요한 산업용 로봇 방호장치로서 고용노동부장관이 정하여 고시하는 것	① 아세틸렌, 가스집합 용접장치용 안전기 ② 교류아크용접기용 자동전격방지기 ③ 롤러기 급정지장치 ④ 연삭기 덮개 ⑤ 목재가공용 둥근톱 반발 예방장치 및 날접촉 예방장치 ⑥ 동력식수동대패의 칼날 접촉방지장치 ⑦ 추락, 낙하 및 붕괴 등의 위험방호에 필요한 가설기자재(안전인증 제외)

	특급암기법 **손 다치는 기계** – 프레스 및 전단기의 방호장치 **양중기** – 과부하방지장치 **폭발** – 보일러 안전밸브, 압력용기 안전밸브, 파열판 **충돌** – 산업용 로봇 **전기** – 방폭구조, 절연용 방호구, 활선작업용 기구	**특급암기법** **롤러**를 통과한 철판을 **목재가공용 둥근톱**, **동력식 수동대패**로 잘라서 **아세틸렌**, 가스 **집합용접장치**, **교류아크용접기**로 용접해서 **연삭기**로 다듬자.
3.보호구	① 추락 및 감전 위험방지용 안전모 ② 안전화 ③ 안전장갑 ④ 방진마스크 ⑤ 방독마스크 ⑥ 송기마스크 ⑦ 전동식 호흡보호구 ⑧ 보호복 ⑨ 안전대 ⑩ 차광 및 비산물 위험방지용 보안경 ⑪ 용접용 보안면 ⑫ 방음용 귀마개 또는 귀덮개 **특급암기법** **머리** – 안전모(추락 및 감전방지용) **눈** – 보안경(차광 및 비산물 위험방지용) **코, 입** – 방진마스크, 방독마스크, 송기마스크, 전동식 호흡보호구 **얼굴** – 보안면(용접용) **귀** – 귀마개 또는 귀덮개(방음용) **손** – 안전장갑　　**허리** – 안전대 **발** – 안전화　　**몸** – 보호복	① 안전모(안전인증 대상 제외) ② 보안경(안전인증 대상 제외) ③ 보안면(안전인증 대상 제외)
4.합격 표시	① 형식 또는 모델명 ② 규격 또는 등급 등 ③ 제조자명 ④ 제조번호 및 제조년월 ⑤ 안전인증 번호	① 형식 또는 모델명 ② 규격 또는 등급 등 ③ 제조자명 ④ 제조번호 및 제조년월 ⑤ 자율안전확인 번호

[안전검사 대상 기계, 기구 등]

1. 안전검사 대상 유해·위험기계 등	① 프레스 ② 전단기 ③ 크레인[정격 하중이 2톤 미만인 것 제외] ④ 리프트 ⑤ 압력용기 ⑥ 곤돌라 ⑦ 국소 배기장치(이동식은 제외) ⑧ 원심기(산업용만 해당) ⑨ 롤러기(밀폐형 구조는 제외한다) ⑩ 사출성형기[형 체결력(형 체결력) 294킬로뉴턴(KN) 미만은 제외] ⑪ 고소작업대 ⑫ 컨베이어 ⑬ 산업용 로봇 ⑭ 혼합기(26년 6월 26일 시행) ⑮ 파쇄기 또는 분쇄기(26년 6월 26일 시행) **특급암기법** **손 다치는 기계** – 프레스, 전단기, 사출성형기, 롤러기, 혼합기, 파쇄기 또는 분쇄기 (26년 6월 26일 시행) **양중기** – 크레인, 리프트, 곤돌라 **폭발** – 압력용기 **추가** – 극소(국소) 로봇이 고소(높은 곳)의 큰(컨) 원을 검사(안전검사) 국소배기장치, 산업용 로봇, 고소작업대, 컨베이어, 원심기
2. 안전검사대상 유해·위험기계 등의검사 주기	① 크레인(이동식 크레인은 제외), 리프트(이삿짐운반용 리프트는 제외) 및 곤돌라 : 사업장에 설치가 끝난 날부터 3년 이내에 최초 안전검사를 실시하되, 그 이후부터 2년마다(건설현장에서 사용하는 것은 최초로 설치한 날부터 6개월마다) ② 이동식 크레인, 이삿짐운반용 리프트 및 고소작업대 : 신규 등록 이후 3년 이내에 최초 안전검사를 실시하되, 그 이후부터 2년마다 ③ 프레스, 진단기, 압력용기, 국소 배기장치, 원심기, 롤러기, 사출선형기, 컨베이어 및 산업용 로봇, 혼합기, 파쇄기 또는 분쇄기(26년 6월 26일 시행) : 사업장에 설치가 끝난 날부터 3년 이내에 최초 안전검사를 실시하되, 그 이후부터 2년마다(공정안전보고서를 제출하여 확인을 받은 압력용기는 4년마다)
3. 안전검사 합격표시	① 검사 대상 유해·위험 기계명 ② 신청인 ③ 형식번호(기호) ④ 합격번호 ⑤ 검사유효기간 ⑥ 검사기관

[안전보건표지의 종류 및 형태]

1. 금지표지	101 출입금지	102 보행금지	103 차량통행금지	104 사용금지
	105 탑승금지	106 금연	107 화기금지	108 물체이동금지
2. 경고표지	201 인화성물질 경고	202 산화성물질 경고	203 폭발성물질 경고	204 급성독성물질 경고	205 부식성물질 경고
	206 방사성물질 경고	207 고압전기 경고	208 매달린 물체 경고	209 낙하물 경고	210 고온 경고
	211 저온 경고	212 몸균형 상실 경고	213 레이저광선 경고	214 발암성 · 변이원성 · 생식독성 · 전신 독성 · 호흡기 과민성 물질 경고	215 위험장소 경고
3. 지시표지	301 보안경 착용	302 방독마스크 착용	303 방진마스크 착용	304 보안면 착용	305 안전모 착용
	306 귀마개 착용	307 안전화 착용	308 안전장갑 착용	309 안전복 착용	

시험장 앞에서 한번 더 보는 **최종요약**

	401 녹십자표지	402 응급구호표지	403 들것	404 세안장치
4. 안내표지	⊕	✚		
	405 비상용기구	406 비상구	407 좌측비상구	408 우측비상구
	비상용 기구			

	501 허가대상물질 작업장	502 석면취급/해체 작업장	503 금지대상물질의 취급 실험실 등
5. 관계자 외 출입금지	관계자외 출입금지 (허가물질 명칭) 제조/사용/보관 중 보호구/보호복 착용 흡연 및 음식물 섭취 금지	관계자외 출입금지 석면 취급/해체 중 보호구/보호복 착용 흡연 및 음식물 섭취 금지	관계자외 출입금지 발암물질 취급 중 보호구/보호복 착용 흡연 및 음식물 섭취 금지

[사업주가 근로자에게 실시해야 하는 안전보건교육의 교육시간]

1. 근로자 안전보건교육

교육과정	교육대상		교육시간
가. 정기교육	1) 사무직 종사 근로자		매반기 6시간 이상
	2) 그 밖의 근로자	가) 판매업무에 직접 종사하는 근로자	매반기 6시간 이상
		나) 판매업무에 직접 종사하는 근로자 외의 근로자	매반기 12시간 이상
나. 채용 시의 교육	1) 일용근로자 및 근로계약기간이 1주일 이하인 기간제근로자		1시간 이상
	2) 근로계약기간이 1주일 초과 1개월 이하인 기간제근로자		4시간 이상
	3) 그 밖의 근로자		8시간 이상
다. 작업내용 변경 시의 교육	1) 일용근로자 및 근로계약기간이 1주일 이하인 기간제근로자		1시간 이상
	2) 그 밖의 근로자		2시간 이상

교육과정	교육대상	교육시간
라. 특별교육	1) 일용근로자 및 근로계약기간이 1주일 이하인 기간제 근로자(타워크레인신호작업에 종사하는 근로자 제외)	2시간 이상
	2) 일용근로자 및 근로계약기간이 1주일 이하인 기간제 근로자 중 타워크레인신호작업에 종사하는 근로자	8시간 이상
	3) 일용근로자 및 근로계약기간이 1주일 이하인 기간제 근로자를 제외한 근로자	가) 16시간 이상(최초 작업에 종사하기 전 4시간 이상 실시하고 12시간은 3개월 이내에서 분할하여 실시 가능) 나) 단기간 작업 또는 간헐적 작업인 경우에는 2시간 이상
마. 건설업기초 안전·보건교육	건설 일용근로자	4시간 이상

2. 관리감독자 안전보건교육

교육과정	교육시간
가. 정기교육	연간 16시간 이상
나. 채용 시 교육	8시간 이상
다. 작업내용 변경 시 교육	2시간 이상
라. 특별교육	16시간 이상(최초 작업에 종사하기 전 4시간 이상 실시하고 12시간은 3개월 이내에서 분할하여 실시 가능)
	단기간 작업 또는 간헐적 작업인 경우에는 2시간 이상

3. 안전보건관리책임자 등에 대한 교육(직무교육)

교육과정	교육 시간	
	신규교육	보수교육
가. 안전보건관리책임자	6시간 이상	6시간 이상
나. 안전관리자	34시간 이상	24시간 이상
다. 보건관리자	34시간 이상	24시간 이상
라. 건설재해예방 전문지도기관 종사자	34시간 이상	24시간 이상
마. 석면조사기관 종사자	34시간 이상	24시간 이상
바. 안전보건관리자	–	8시간 이상
사. 안전검사기관, 자율안전검사기관의 종사자	34시간 이상	24시간 이상

4. 특수형태근로종사자에 대한 안전보건교육

교육과정	교육 시간
가. 최초 노무제공 시 교육	2시간 이상(단기간 작업 또는 간헐적 작업에 노무를 제공하는 경우에는 1시간 이상 실시하고, 특별교육을 실시한 경우는 면제)
나. 특별교육	16시간 이상(최초 작업에 종사하기 전 4시간 이상 실시하고 12시간은 3개월 이내에서 분할하여 실시가능)
	단기간 작업 또는 간헐적 작업인 경우에는 2시간 이상

5. 검사원 성능검사 교육

교육과정	교육 대상	교육 시간
성능검사 교육	-	28시간 이상

[사업주가 근로자에게 실시해야 하는 안전보건교육의 대상별 교육내용]

1. 근로자 안전·보건교육

근로자의 정기교육 내용	① 산업안전 및 산업재해 예방에 관한 사항(화재·폭발 사고 발생 시 대피에 관한 사항을 포함한다) ② 산업보건 및 건강장해 예방에 관한 사항(폭염·한파작업으로 인한 건강장해 발생 시 응급조치에 관한 사항을 포함한다) ③ 유해·위험 작업환경 관리에 관한 사항 ④ 산업안전보건법령 및 산업재해보상보험제도에 관한 사항 ⑤ 직무스트레스 예방 및 관리에 관한 사항 ⑥ 직장 내 괴롭힘, 고객의 폭언 등으로 인한 건강장해 예방 및 관리에 관한 사항 ⑦ 건강증진 및 질병 예방에 관한 사항 ⑧ 위험성 평가에 관한 사항 **특급암기법** 공통 항목(관리감독자, 근로자) 1. 근로자는 법, 산재보상제도를 알자! 2. 근로자는 건강을 보존(산업보건)하고 건강장해, 스트레스, 괴롭힘, 폭언 예방하자! 3. 근로자는 유해위험 환경을 관리해서 안전하고 산업재해 예방하자! 4. 근로자는 위험성을 평가하자! 근로자 정기교육의 특징 1. 근로자는 건강증진하고 질병예방하자!

| 근로자 채용 시 교육 및 작업 내용 변경 시 교육내용 | ① 산업안전 및 산업재해 예방에 관한 사항(화재 · 폭발 사고 발생 시 대피에 관한 사항을 포함한다)
② 산업보건 및 건강장해 예방에 관한 사항
③ 산업안전보건법령 및 산업재해보상보험제도에 관한 사항
④ 직무스트레스 예방 및 관리에 관한 사항
⑤ 직장 내 괴롭힘, 고객의 폭언 등으로 인한 건강장해 예방 및 관리에 관한 사항
⑥ 기계 · 기구의 위험성과 작업의 순서 및 동선에 관한 사항
⑦ 물질안전보건자료에 관한 사항
⑧ 작업 개시 전 점검에 관한 사항
⑨ 정리정돈 및 청소에 관한 사항
⑩ 사고 발생 시 긴급조치에 관한 사항
⑪ 위험성 평가에 관한 사항

특급암기법
공통 항목
1. 신규자는 법을 알고 산재보상제도를 알자!
2. 신규자는 건강을 보존(산업보건)하고 건강장해, 스트레스, 괴롭힘, 폭언 예방하자!
3. 신규자는 안전하고 산업재해 예방하자!
4. 신규자는 위험성을 평가하자!

신규채용자는 회사에 처음입사해서 처음 일을 하는 근로자, 안전하게 일하기 위한 기본내용을 교육한다.
1. 신규자는 기계기구 위험성, 작업 순서, 동선을 알자!
2. 신규자는 취급물질의 위험성(물질안전보건자료)을 알자!
3. 신규자는 작업 전 점검하자!
4. 신규자는 항상 정리정돈 청소하자!
5. 신규자는 사고 시 조치를 알자! |

2. 관리감독자 안전·보건교육

| 관리감독자의 정기교육 내용 | ① 산업안전 및 산업재해 예방에 관한 사항(화재 · 폭발 사고 발생 시 대피에 관한 사항을 포함한다)
② 산업보건 및 건강장해 예방에 관한 사항(폭염 · 한파작업으로 인한 건강장해 발생 시 응급조치에 관한 사항을 포함한다)
③ 유해 · 위험 작업환경 관리에 관한 사항
④ 산업안전보건법령 및 산업재해보상보험 제도에 관한 사항
⑤ 직무스트레스 예방 및 관리에 관한 사항
⑥ 직장 내 괴롭힘, 고객의 폭언 등으로 인한 건강장해 예방 및 관리에 관한 사항
⑦ 위험성평가에 관한 사항
⑧ 작업공정의 유해 · 위험과 재해 예방대책에 관한 사항
⑨ 표준안전 작업방법 결정 및 지도 · 감독 요령에 관한 사항
⑩ 비상 시 또는 재해 발생 시 긴급조치에 관한 사항 |

관리감독자의 정기교육 내용	⑪ 사업장 내 안전보건관리체제 및 안전·보건조치 현황에 관한 사항 ⑫ 현장근로자와의 의사소통능력 및 강의능력 등 안전보건교육 능력 배양에 관한 사항 ⑬ 그 밖의 관리감독자의 직무에 관한 사항 **특급암기법** **공통 항목(관리감독자, 근로자)** 1. 관리자는 법, 산재보상제도를 알자. 2. 관리자는 건강을 보존(산업보건)하고 건강장해, 스트레스, 괴롭힘, 폭언 예방하자! 3. 관리자는 유해위험 환경을 관리해서 안전하고 산업재해 예방하자! 4. 관리자는 위험성을 평가하자! **관리감독자 정기교육의 특징** 1. 관리자는 유해위험의 재해예방대책 세우자! 2. 관리자는 안전 작업방법 결정해서 감독하자! 3. 관리자는 재해발생 시 긴급조치하자! 4. 관리자는 안전보건 조치하자! 5. 관리자는 안전보건교육 능력 배양하자!
관리감독자의 채용 시 교육 및 작업내용 변경 시 교육 내용	① 산업안전 및 산업재해 예방에 관한 사항(화재·폭발 사고 발생 시 대피에 관한 사항을 포함한다) ② 산업보건 및 건강장해 예방에 관한 사항 ③ 산업안전보건법령 및 산업재해보상보험 제도에 관한 사항 ④ 직무스트레스 예방 및 관리에 관한 사항 ⑤ 직장 내 괴롭힘, 고객의 폭언 등으로 인한 건강장해 예방 및 관리에 관한 사항 ⑥ 위험성평가에 관한 사항 ⑦ 기계·기구의 위험성과 작업의 순서 및 동선에 관한 사항 ⑧ 작업 개시 전 점검에 관한 사항 ⑨ 물질안전보건자료에 관한 사항 ⑩ 사업장 내 안전보건관리체제 및 안전·보건조치 현황에 관한 사항 ⑪ 표준안전 작업방법 결정 및 지도·감독 요령에 관한 사항 ⑫ 비상 시 또는 재해 발생 시 긴급조치에 관한 사항 ⑬ 그 밖의 관리감독자의 직무에 관한 사항 **특급암기법** **공통 항목 - 채용 시 근로자 교육과 동일** 1. 신규 관리자는 법을 알고 산재보상제도를 알자! 2. 신규 관리자는 건강을 보존(산업보건)하고 건강장해, 스트레스, 괴롭힘, 폭언 예방하자! 3. 신규 관리자는 안전하고 산업재해 예방하자! 4. 신규 관리자는 위험성을 평가하자!

관리감독자의 채용 시 교육 및 작업내용 변경 시 교육 내용	채용 시 근로자 교육 중 "정리정돈 청소" 제외 1. 신규 관리자는 기계기구 위험성, 작업순서, 동선을 알자! 2. 신규 관리자는 취급물질의 위험성(물질안전보건자료)을 알자! 3. 신규 관리자는 작업 전 점검하자! 신규 관리자 내용 추가 1. 신규 관리자는 안전보건 조치하자! 2. 신규 관리자는 안전 작업방법 결정해서 감독하자! 3. 신규 관리자는 재해 시 긴급조치하자!

[작업시작전 점검]

작업의 종류	점검내용
1. 프레스 등을 사용하여 작업을 할 때	가. 클러치 및 브레이크의 기능 나. 크랭크축·플라이휠·슬라이드·연결봉 및 연결 나사의 풀림 여부 다. 1행정 1정지기구·급정지장치 및 비상정지장치의 기능 라. 슬라이드 또는 칼날에 의한 위험방지 기구의 기능 마. 프레스의 금형 및 고정볼트 상태 바. 방호장치의 기능 사. 전단기(剪斷機)의 칼날 및 테이블의 상태
2. 로봇의 작동 범위에서 그 로봇에 관하여 교시등(로봇의 동력원을 차단하고 하는 것은 제외한다)의 작업을 할 때	가. 외부 전선의 피복 또는 외장의 손상 유무 나. 매니퓰레이터(manipulator) 작동의 이상 유무 다. 제동장치 및 비상정지장치의 기능
3. 공기압축기를 가동할 때	가. 공기저장 압력용기의 외관 상태 나. 드레인밸브(drain valve)의 조작 및 배수 다. 압력방출장치의 기능 라. 언로드밸브(unloading valve)의 기능 마. 윤활유의 상태 바. 회전부의 덮개 또는 울의 상태 사. 그 밖의 연결 부위의 이상 유무
4. 크레인을 사용하여 작업을 하는 때	가. 권과방지장치·브레이크·클러치 및 운전장치의 기능 나. 주행로의 상측 및 트롤리(trolley)가 횡행하는 레일의 상태 다. 와이어로프가 통하고 있는 곳의 상태
5. 이동식 크레인을 사용하여 작업을 할 때	가. 권과방지장치나 그 밖의 경보장치의 기능 나. 브레이크·클러치 및 조정장치의 기능 다. 와이어로프가 통하고 있는 곳 및 작업장소의 지반상태
6. 리프트(간이 리프트를 포함한다)를 사용하여 작업을 할 때	가. 방호장치·브레이크 및 클러치의 기능 나. 와이어로프가 통하고 있는 곳의 상태

7. 곤돌라를 사용하여 작업을 할 때	가. 방호장치·브레이크의 기능 나. 와이어로프·슬링와이어(sling wire) 등의 상태	
8. 양중기의 와이어로프·달기체인·섬유로프·섬유벨트 또는 훅·샤클·링 등의 철구를 사용하여 고리걸이작업을 할 때	와이어로프 등의 이상 유무	
9. 지게차를 사용하여 작업을 하는 때	가. 제동장치 및 조종장치 기능의 이상 유무 나. 하역장치 및 유압장치 기능의 이상 유무 다. 바퀴의 이상 유무 라. 전조등·후미등·방향지시기 및 경보장치 기능의 이상 유무	
10. 구내운반차를 사용하여 작업을 할 때	가. 제동장치 및 조종장치 기능의 이상 유무 나. 하역장치 및 유압장치 기능의 이상 유무 다. 바퀴의 이상 유무 라. 전조등·후미등·방향지시기 및 경음기 기능의 이상 유무 마. 충전장치를 포함한 홀더 등의 결합상태의 이상 유무	
11. 고소작업대를 사용하여 작업을 할 때	가. 비상정지장치 및 비상하강 방지장치 기능의 이상 유무 나. 과부하 방지장치의 작동 유무(와이어로프 또는 체인구동방식의 경우) 다. 아웃트리거 또는 바퀴의 이상 유무 라. 작업면의 기울기 또는 요철 유무 마. 활선작업용 장치의 경우 홈·균열·파손 등 그 밖의 손상 유무	
12. 화물자동차를 사용하는 작업을 하게 할 때	가. 제동장치 및 조종장치의 기능 나. 하역장치 및 유압장치의 기능 다. 바퀴의 이상 유무	
13. 컨베이어 등을 사용하여 작업을 할 때	가. 원동기 및 풀리(pulley) 기능의 이상 유무 나. 이탈 등의 방지장치 기능의 이상 유무 다. 비상정지장치 기능의 이상 유무 라. 원동기·회전축·기어 및 풀리 등의 덮개 또는 울 등의 이상 유무	
14. 차량계 건설기계를 사용하여 작업을 할 때	브레이크 및 클러치 등의 기능	
14-2. 용접·용단 작업 등의 화재위험 작업을 할 때	가. **작업 준비 및 작업 절차 수립** 여부 나. 화기작업에 따른 **인근 가연성물질에 대한 방호조치 및 소화기구 비치** 여부 다. 용접불티 비산방지덮개 또는 용접방화포 등 **불꽃·불티 등의 비산**을 방지하기 위한 **조치** 여부 라. 인화성 액체의 증기 또는 인화성 가스가 남아 있지 않도록 하는 **환기조치 여부** 마. 작업근로자에 대한 **화재예방 및 피난교육 등 비상조치 여부**	

> **특급암기법**
> 작업 준비, 절차 수립 → 불꽃비산방지 → 환기 → 소화기구 → 화재예방, 피난교육

15. 이동식 방폭구조(防爆構造) 전기 기계·기구를 사용할 때	전선 및 접속부 상태
16. 근로자가 반복하여 계속적으로 중량물을 취급하는 작업을 할 때	가. 중량물 취급의 올바른 자세 및 복장 나. 위험물이 날아 흩어짐에 따른 보호구의 착용 다. 카바이드·생석회(산화칼슘) 등과 같이 온도상승이나 습기에 의하여 위험성이 존재하는 중량물의 취급방법 라. 그 밖에 하역운반기계 등의 적절한 사용방법
17. 양화장치를 사용하여 화물을 싣고 내리는 작업을 할 때	가. 양화장치(揚貨裝置)의 작동상태 나. 양화장치에 제한하중을 초과하는 하중을 실었는지 여부
18. 슬링 등을 사용하여 작업을 할 때	가. 훅이 붙어 있는 슬링·와이어슬링 등이 매달린 상태 나. 슬링·와이어슬링 등의 상태(작업시작 전 및 작업 중 수시로 점검)

[공정안전 보고서]

1. 공정안전보고서의 제출 대상

공정안전보고서 제출 대상

① 원유 정제처리업
② 기타 석유정제물 재처리업
③ 석유화학계 기초화학물 제조업 또는 합성수지 및 기타 플라스틱물질제조업
④ 질소 화합물, 질소·인산 및 칼리질 화학비료 제조업 중 질소질 비료 제조
⑤ 복합비료 및 기타 화학비료 제조업 중 복합비료 제조(단순혼합 또는 배합에 의한 경우는 제외한다)
⑥ 화학 살균·살충제 및 농업용 약제 제조업[농약 원제(原劑) 제조만 해당한다]
⑦ 화약 및 불꽃제품 제조업

>
> **특급암기법**
> 화재·폭발 – 원유, 석유정제물, 화약 및 불꽃제품
> 중독·질식 – 농약, 비료(복합비료, 질소질 비료)

2. 다음 각 호의 설비는 유해·위험설비로 보지 아니한다.

공정안전보고서 제출 제외 대상 설비
① 원자력 설비
② 군사시설
③ 사업주가 해당 사업장 내에서 직접 사용하기 위한 난방용 연료의 저장설비 및 사용설비
④ 도매·소매시설
⑤ 차량 등의 운송설비
⑥ 「액화석유가스의 안전관리 및 사업법」에 따른 액화석유가스의 충전·저장시설
⑦ 「도시가스사업법」에 따른 가스공급시설
⑧ 그 밖에 고용노동부장관이 누출·화재·폭발 등으로 인한 피해의 정도가 크지 않다고 인정하여 고시하는 설비

3. 공정안전보고서의 내용
   ① 공정안전자료
   ② 공정위험성 평가서
   ③ 안전운전계획
   ④ 비상조치계획

[유해위험 방지계획서]

1. 유해·위험방지 계획서 작성대상 사업
   "대통령령으로 정하는 업종 및 규모에 해당하는 사업"이란 **다음 각 호의 어느 하나에 해당하는 사업**으로서 **전기사용설비의 정격용량의 합이 300킬로와트 이상인 사업**을 말한다.

유해·위험방지계획서 작성대상(제조업)	
① 1차 금속 제조업	② 금속가공제품(기계 및 가구는 제외한다) 제조업
③ 비금속 광물제품 제조업	④ 목재 및 나무제품 제조업
⑤ 화학물질 및 화학제품 제조업	⑥ 기타 기계 및 장비 제조업
⑦ 자동차 및 트레일러 제조업	⑧ 고무제품 및 플라스틱제품 제조업
⑨ 기타 제품 제조업	⑩ 식료품 제소업
⑪ 반도체 제조업	⑫ 가구 제조업
⑬ 전자부품제조업	

특급암기법
1차 금속으로 **금속가공제품**, **비금속광물제품** 제조하여 **나무**, **화학물질** 섞어서 **기계장비**, **자동차 트레일러** 만들고, 고무풀(**고무 및 플라스틱**)로 **기타 식료품** 만들었더니 도대체(**반도체**)가(**가구**) 전부(**전자부품**) 유해·위험(**유해·위험방지 계획서**)하다.

다음 각 호의 어느 하나에 해당하는 **기계 · 기구 및 설비**를 말한다.

유해 · 위험방지계획서 작성대상(기계 · 기구 및 설비)

① 금속이나 그 밖의 광물의 용해로 ② 화학설비
③ 건조설비 ④ 가스집합 용접장치
⑤ 근로자의 건강에 상당한 장해를 일으킬 우려가 있는 물질로서 고용노동부령으로 정하는 **물질의 밀폐 · 환기 · 배기를 위한 설비**

유해 · 위험방지계획서 작성대상(건설공사)

① 다음 각 목의 어느 하나에 해당하는 건축물 또는 시설 등의 건설 · 개조 또는 해체공사
    가. **지상높이가 31미터 이상**인 건축물 또는 인공구조물
    나. **연면적 3만 제곱미터 이상**인 건축물
    다. **연면적 5천 제곱미터 이상**인 시설로서 다음의 어느 하나에 해당하는 시설
        1) 문화 및 집회시설(전시장 및 동물원 · 식물원은 제외한다)
        2) 판매시설, 운수시설(고속철도의 역사 및 집배송시설은 제외한다)
        3) 종교시설
        4) 의료시설 중 종합병원
        5) 숙박시설 중 관광숙박시설
        6) 지하도상가
        7) 냉동 · 냉장 창고시설
② 연면적 5천제곱미터 이상의 냉동 · 냉장창고시설의 설비공사 및 단열공사
③ 최대 지간길이(다리의 기둥과 기둥의 중심사이의 거리)가 50미터 이상인 교량 건설 등 공사
④ 터널 건설 등의 공사
⑤ 다목적댐, 발전용댐 및 저수용량 2천만톤 이상의 용수 전용 댐, 지방상수도 전용 댐 건설 **등의 공사**
⑥ 깊이 10미터 이상인 굴착공사

특급암기법
- 지상높이 31m, 연면적 3만m², 사람 많은 시설 연면적 5,000m²
- 연면적 5,000m² 냉동 · 냉장창고시설
- 최대 지간길이가 50미터 이상 교량
- 터널
- 저수용량 2천만 톤 이상 댐
- 10미터 이상인 굴착

2. 유해·위험방지 계획서 심사결과의 구분

① 적정	근로자의 안전과 보건을 위하여 필요한 조치가 구체적으로 확보되었다고 인정되는 경우
② 조건부 적정	근로자의 안전과 보건을 확보하기 위하여 일부 개선이 필요하다고 인정되는 경우
③ 부적정	기계 · 설비 또는 건설물이 심사기준에 위반되어 공사착공 시 중대한 위험발생의 우려가 있거나 계획에 근본적 결함이 있다고 인정되는 경우

Part 02 인간공학 및 위험성 평가·관리

[FTA 논리기호 및 사상기호]

기호	명명	기호 설명
○	기본사상	더 이상 전개할 수 없는 사건의 원인
◇	생략사상	관련정보가 미비하여 계속 개발될 수 없는 특정 초기사상
⌂	통상사상	발생이 예상되는 사상
▭	결함사상 (정상사상, 중간사상)	한 개 이상의 입력에 의해 발생된 고장사상
⌒	OR 게이트	한 개 이상의 입력이 발생하면 출력사상이 발생하는 논리게이트
⌒	AND 게이트	입력사상이 전부 발생하는 경우에만 출력사상이 발생하는 논리게이트
(또는 동시발생)	배타적 OR 게이트	입력사상 중 오직 한 개의 발생으로만 출력사상이 생성되는 논리게이트
(또는 Ai,Aj,Ak 순으로)	우선적 AND 게이트	입력사상이 특정 순서대로 발생한 경우에만 출력사상이 발생하는 논리게이트
(n개의 출력)	조합 AND 게이트	3개 이상의 입력 중 2개가 일어나면 출력이 생긴다.
△	전이기호	다른 부분에 있는 게이트와의 연결 관계를 나타내기 위한 기호
△	전이기호(IN)	삼각형 정상의 선은 정보의 전입루트를 나타낸다.
△	전이기호(OUT)	삼각형 옆의 선은 정보의 전출루트를 나타낸다.

기호	명명	기호 설명
▽	전이기호 (수량이 다르다)	
(육각형+원)	억제 게이트	이 게이트의 출력사상은 한 개의 입력사상에 의해 발생하며, 입력사상이 출력사상을 생성하기 전에 **특정조건을 만족하여야 하는 논리게이트**
○	조건부사상	논리게이트에 연결되어 사용되며, 논리에 적용되는 조건이나 제약 등을 명시한다.
A	부정 게이트	**입력과 반대현상의 출력 생김**
(위험지속기간)	위험지속 AND 게이트	입력이 생겨서 **일정시간이 지속될 때 출력이 생긴다.**

[MTBF와 MTTF]

1. MTBF(평균고장간격 : Mean Time Between Failures)
    수리 가능한 제품에서 고장 ~ 다음 고장까지 시간의 평균치(신뢰도)를 말한다.

[고장률과 신뢰도]

① 고장률	고장률$(\lambda) = \dfrac{\text{고장건수}}{\text{총 가동시간}}$ (건/시간)	
② MTBF(평균고장시간)	$\text{MTBF} = \dfrac{1}{\text{고장률}(\lambda)}$ (시간)	
③ 신뢰도 (고장 나지 않을 확률)	신뢰도란 고장 나지 않을 확률을 말한다. $R(t) = e^{-\frac{t}{t_0}} = e^{-\lambda \times t}$ 여기서, t_0 : 평균고장시간 or 평균수명 　　　　t : 앞으로 고장 없이 사용할 시간 　　　　λ : 고장률	
④ 불신뢰도(고장 날 확률)	1 − 신뢰도	

2. MTTF(고장까지의 평균시간 : Mean Time to Failure)
   수리가 불가능한 제품에서 처음 고장날 때까지의 시간(평균수명)을 말한다.

   [계의 수명]

① 직렬계의 수명	$MTTF(MTBF) \times \dfrac{1}{\text{요소갯수}(n)}$
② 병렬계의 수명	$MTTF(MTBF) \times \left(1 + \dfrac{1}{2} + \dfrac{1}{3} + \cdots + \dfrac{1}{n}\right)$ 여기서, n : 요소의 개수

3. MTTR(Mean Time to Repair) : 평균 수리에 소요되는 시간을 말한다.

Part 03 건설재료 및 시공

[목재]

1) 목재의 역학적 성질
① 섬유포화점 이상에서는 함수율이 증가하더라도 강도는 일정하다.
② 섬유포화점 이상에서는 함수율 증감에도 신축을 일으키지 않는다.
③ 섬유포화점 이하에서는 함수율의 감소에 따라 강도가 증가하고 인성이 감소한다.(전건상태에서의 강도는 섬유포화점 상태에 비해 3배로 증가)
④ 목재의 비중과 강도는 대체로 비례한다.
⑤ 목재의 강도는 **섬유방향의 인장강도가 가장 크고, 섬유 직각방향의 인장강도가 가장 작다.**(목재 섬유 평행방향에 대한 인장강도가 다른 여러 강도 중 가장 크다.)
⑥ 목재 섬유방향의 강도는 인장강도의 크기가 전단강도 등 다른 강도에 비하여 크다.
   (인장강도 > 휨강도 > 압축강도 > 전단강도)

2) 목재의 압축강도
① 가력방향이 섬유방향과 평행일 때의 압축강도가 직각일 때의 압축강도보다 크다.(인장 및 압축강도는 섬유방향이 크고, 섬유직각 방향이 작다.)
② 섬유포화점 이상에서 압축강도는 일정하며, 섬유포화점 이하에서는 함수율이 감소할수록 압축강도는 증가한다.(함수율이 커질수록 압축강도는 낮아진다.)
③ 옹이가 있으면 압축강도는 저하하고 옹이 지름이 클수록 더욱 감소한다.
④ 기건 비중이 클수록 압축강도는 증가한다.
⑤ 압축강도 : 참나무 > 낙엽송 > 단풍나무

3) 목재의 흡수율, 함수율 및 공극률

① 기건 상태에서의 목재의 함수율 : 약 15%
② 목재 섬유포화점에서의 함수율 : 약 30%

1. 목재의 함수율(%) = $\dfrac{\text{건조 전 중량} - \text{전건중량}}{\text{전건중량}} \times 100$

※ 전건중량 : 목재자체의 중량

2. 목재의 흡수율(%) = $\dfrac{\text{표면건조중량} - \text{절대건조중량}}{\text{절대건조중량}} \times 100$

3. 표면수율(%) = $\dfrac{\text{습윤상태 질량} - \text{표건질량}}{\text{표건질량}} \times 100$

※ 암기 : **함건전 전건전건, 흡표건 절건절건, 표면습윤 표건표건**

4. 공극률(%) = $\dfrac{1.54 - \text{절건비중}}{1.54} \times 100$

[시멘트 및 콘크리트]

1) 포틀랜드 시멘트

포틀랜드 시멘트의 종류	특성	용도
보통 포틀랜드 시멘트	일반 시멘트	일반 콘크리트 공사에 사용
조강 포틀랜드 시멘트	수화열을 저감시킴	한중 콘크리트나 긴급 공사용 콘크리트에 사용
중용열 포틀랜드 시멘트	조기강도를 증진시킴	댐 공사, 매스콘크리트, 방사능 차폐용으로 사용
저열 포틀랜드 시멘트	수화열을 최소화함	대규모 지하구조물, 댐, 매스콘크리트 등에 사용
내황산염 포틀랜드 시멘트	내화학성, 내구성을 향상시킴	하수시설, 배수시설, 해양구조물 등

2) 혼합시멘트 : 시멘트에 혼화제를 섞어서 만든 시멘트

혼합시멘트의 종류	혼합시멘트의 구성
고로시멘트	① 시멘트+고로슬래그 미분말 ② **초기 강도는 낮으나 장기강도는 높다.** ③ 수화열이 적고 수축률이 적어 **매스콘크리트용으로 적합**하다. ④ **염분에 대한 저항(내해수성)이 크고** 화학 저항성이 크며 방수성이 뛰어나 **댐이나 항만공사**, 공장폐수공사 등에 사용된다.
실리카시멘트	① 시멘트+규산질물(silica) ② 수화열이 적고 수밀성이 크고 해수에 대한 저항도 크다. ③ 화학적 저항성이 크므로 주로 **단면이 큰 구조물, 해안공사 등에 사용**된다.
플라이애시시멘트	① 시멘트+플라이애쉬 ② 콘크리트의 워커빌리티를 증대시키며 사용수량을 감소시킬 수 있다. ③ 수밀성이 좋으므로 수리구조물(물을 저수하거나 물을 이용하기 위하여 만들어진 구조물)에 적합하다. ④ **수화열이 적고 건조수축도 적다.**

3) 특수시멘트

알루미나 시멘트	① 보크사이트와 석회석을 원료로 한다. ② 초기 강도가 높고 염분이나 화학적 저항이 크다. ③ 초기 수화발열이 커서 대형 단면 부재에는 부적당하나 긴급 공사나 동절기 공사에 적합하다.
폴리머시멘트	콘크리트의 방수성, 내약품성, 변형성능의 향상을 목적으로 다량의 고분자 재료를 혼합시킨 시멘트를 말한다.
마그네시아 시멘트	① 산화마그네슘의 분말에 염화마그네슘을 혼합한 시멘트를 말한다. ② 흡습성이 크고, 수축성이 크다. ③ 경화가 빠르고 경화 후 견고하다.(강도가 크다.)
키즈시멘트 (경석고플라스터)	① 무수석고에 경화촉진제로 **백반을 넣어 만든 시멘트** ② 백빈은 산성이므로 **금속을 녹슬게 하는 결점**이 있다. ③ 소석고보다 응결속도가 느리다.

4) 콘크리트의 종류 및 특징

AE 콘크리트	① AE제를 사용하여 콘크리트의 시공연도를 증진시키고, 단위수량을 감소시켜 내구성, 수밀성이 향상된 콘크리트 ② 워커빌리티(시공연도)가 좋고 재료분리가 적다. ③ 단위수량을 줄일 수 있다. ④ 동일 물시멘트비인 경우 압축강도가 낮다.
매스 콘크리트	부재 혹은 구조물의 치수가 커서 시멘트의 수화열에 의한 온도 상승 및 강하를 고려하여 설계, 시공해야 하는 콘크리트
중량 콘크리트 (방사선 차폐용 콘크리트)	방사선을 차폐할 목적으로 중량 골재를 사용하는 콘크리트
경량 기포 콘크리트(ALC)	① 골재를 사용하지 않고 콘크리트 속에 미세하고 안정된 독립공기를 조성하는 기포제(알루미늄 분말)를 혼입하여 경량화 한 콘크리트 ② 보통콘크리트에 비하여 탄산화(중성화)의 우려가 크다. ③ 열전도율은 보통콘크리트의 약 1/10 정도로 단열성이 우수하다. ④ 현장에서 취급이 편리하고 절단 및 가공이 용이하다. ⑤ 다공질이므로 흡수성이 높은 편이고 동해에 대한 저항성이 낮다.
서중 콘크리트	① 기온이 30[℃] 이상인 상태에서 시공하는 콘크리트이다. ② 콘크리트의 슬럼프 저하나 및 수분의 급격한 증발 등에 의한 균열발생의 위험이 있다. ③ 고로시멘트, 플라이애시시멘트 등 저발열 시멘트를 사용한다. ④ 단위 수량 및 시멘트량을 적게하여 수화열을 적게 한다. ⑤ 감수제, AE 감수제, 유동화제 등을 사용한다. ⑥ 타설시 온도는 35℃ 이하, 1.5시간 이내로 타설한다.
한중 콘크리트	① 1일 평균기온 4℃ 이하가 되는 시기에 타설하는 콘크리트 ② 재료를 가열할 경우 물 또는 골재를 가열하는 것으로 하며, 골재는 직접 불꽃에 대어 가열해서는 안 되고, 시멘트는 어떠한 경우라도 직접 가열하면 안 된다. ③ 타설 시의 콘크리트 온도는 5℃ 이상, 20℃ 미만으로 한다.
폴리머(시멘트) 콘크리트	① 결합재로써 시멘트를 사용하지 않고 폴리머(고분자)를 골재만으로 결합하여 콘크리트를 제조한 것 ② 방수성 및 수밀성이 우수하고 동결융해에 대한 저항성이 양호하다. ③ 휨 및 신장능력이 우수하다. ④ 고강도, 내구성이 우수하며 내부식성, 내약품성이 우수하여 구조물에 다양하게 이용된다.
프리플레이스트 콘크리트	콘크리트 타설할 거푸집 안에 굵은 골재를 미리 채워 넣은 후 모르타르를 주입한 콘크리트를 말한다.
프리스트레스트 콘크리트	고강도 강선을 사용하여 인장응력을 미리 부여함으로서 큰 응력을 받을 수 있도록 제작된 콘크리트

[석재 및 점토]

1) 석재의 성인에 의한 분류

화성암	① 화강암 ② 안산암 ③ 현무암 암기 : **화성**의 **현**(현무암)**안**(안산암)**은 강함**(화강암)이다.
수성암	① 사암 ② 점판암 ③ 석회암 ④ 응회암 암기 : **수성**이는 **사점** 맞고 **응석** 부림
변성암	① 대리석 ② 석면 ③ 테라죠 암기 : **변**(변성암)**테**(테라죠) **대**(대리석)**면**(석면)

[금속재료]

(1) 강의 열처리

풀림	강을 800 ~ 1000℃까지 가열한 후 로(爐)의 내부에서 서서히 냉각시킨다.
불림	강을 800 ~ 1000℃까지 가열한 후 공기 중에서 서서히 냉각시킨다.
담금질	강을 800 ~ 1000℃까지 가열한 후 물 또는 기름 속에서 급히 냉각시킨다.
뜨임질	담금질을 한 후 다시 200 ~ 600℃로 가열한 다음 공기 중에서 천천히 냉각시킨다.

암기 : 내부에서 풀어주고, 공기에서 불리고, 물·기름에 담그면 공기에서 뜬다.

(2) 비철금속의 종류별 특성

1) 동(Cu : 구리)

① 동은 **건조한 공기 중에서는 산화하지 않으나, 습기가 있거나 탄산가스가 있으면 녹이 발생**한다.
② 동은 **맑은 물에는 침식되지 않으나 해수에는 침식**된다.
③ **산 및 알카리에 약하다.**(콘크리트에 접하는 곳에서는 부식이 빠르다.)
④ **전기 및 열전도율이 매우 크다.**
⑤ 건축용 판재, **지붕재료, 못, 급배수용 배관 등 냉난방재료로 사용**된다.

2) 동합금

황동(Cu+Zn)	청동(Cu+Sn)
① 동과 아연의 합금으로 동보다 단단하며 가공이 용이하다. ② 창문의 레일, 경첩, 장식철물, 나사 등에 사용한다.	① 동(구리)과 주석을 주성분으로 한 합금이다. ② 건축용 장식품, 미술 공예 재료로 사용한다. ③ 황동보다 내식성이 좋고 내마모성과 주조성이 우수하다.

3) 알루미늄(Al)

① 철 비중의 1/3정도의 경량이며, 전·연성이 우수하여 가공하기 쉽다.
② 열, 전기의 양도체이며 반사율이 크다.
③ 내화성이 작고 열팽창이 크다.
④ 산과 알칼리에 약하다.(알칼리나 해수에 침식되기 쉽다.)
⑤ 대기 중에 방치하면 산화알루미늄 피막을 형성하여 내구적이다.
⑥ 콘크리트에 접하거나 흙 중에 매몰된 경우에 부식되기 쉽다.
⑦ 순도가 높은 알루미늄일수록 내식성이 좋고 전·연성이 커진다.
⑧ 부식률은 대기 중의 습도와 염분 함류량, 불순물의 양과 질 등에 관계되며 0.08mm/년 정도이다.
⑨ 융점이 낮기 때문에 용해주조는 좋으나 내화성이 부족하다.
⑩ 알루미늄과 강판을 접촉하여 사용하면 알루미늄판이 부식된다.

4) 납

① 비중 크고, 연성과 전성이 커서 가공하기 쉽다.
② X선 차단효과가 큰 금속이다.(방사선실 방사선 차폐용으로 사용)
③ 묽은 산과 알칼리에는 잘 침식되지 않지만 질산과 같은 강한 산에는 침식된다.
④ 공기 중에서 탄산연($PbCO_3$) 등이 표면에 생겨 내부를 보호한다.
⑤ 인장강도가 극히 작은 금속이다.(전성은 크나 연성은 작다.)

5) 주석

주조성·단조성이 좋으며, 인체에 무해하여 식품 보관용 용기 등에 사용된다.

[미장 및 방수 재료, 도료]

응결 경화 방식에 의한 미장재료의 분류 ★★

구분	종류

수경성(팽창성)
: 경화시간이 짧다.
	① 석고질
	  • 석고 플라스터
	  • 혼합석고 플라스터(배합석고)
	  • 경석고 플라스터(킨즈시멘트)
	② 시멘트모르타르
	③ 인조석 바름
	④ 테라조 현장 바름
	암기 : **수**(수경성) **고**(석고)하는 **시**(시멘트모르타르)**인**(인조석) **테라조**

기경성(수축성, 알칼리성)
: 경화시간이 길다.
	① 석회질
	  • 회반죽
	  • 회사벽
	② 돌로마이트플라스터(마그네시아 석회)
	암기 : **기**(기경성) **회**(석회,회반죽,회사벽) **돌**(돌로마이트플라스터)

- 수경성 : 물과 작용하여 경화하고 차차 강도가 크게 되는 성질
- 기경성 : 공기 중에서 경화하는 것으로 공기가 없는 수중에서는 경화되지 않는 성질

[합성수지]

1) 열경화성 및 열가소성수지의 종류

열경화성 수지		열가소성수지	
• 페놀 수지 • 멜라민 수지 • 실리콘 수지 • 우레탄 수지 • 폴리에스테르 수지 • 불포화폴리에스테르수지	• 요소 수지 • 알키드 수지 • 에폭시 수지 • 프란 수지	• 염화비닐 수지 • 메틸메탈크릴 수지 • 폴리스티렌 수지 • 스티롤 수지	• 초산비닐 수지 • 폴리에틸렌 수지 • 아크릴 수지 • 셀룰로이드

암기 : **가수**(열가소성수지) **염비 초비 메틸 에틸렌**(폴리에틸렌) **아크릴 스티**(스티롤) **로이드**(셀룰로이드)

2) 열경화성 수지의 특성

수지	특성
멜라민 수지	① 마감재, 치장재, 가구재, 전기부품으로 사용된다. ② 경도가 크고 내수성이 작다.
폴리에스테르 수지	① 고분자 합성수지의 일종으로 상온, 상압 하에서 성형이 가능하고 기계적 강도가 높다. ② 글라스 섬유로 강화된 평판, 판상제품으로 주로 사용된다. ③ 전기절연성, 내열성이 우수하고 특히 내약품성이 뛰어나다.
에폭시 수지	① 접착제로 사용된다. ② 경화 시 휘발성 적어 용적감소가 극히 적다.
요소 수지	내수합판의 접착제로 사용된다.
실리콘 수지	① 내약품성, 내후성, 내열성, 내한성이 우수하다. ② 개스킷, 패킹의 재료, 방수피막 등에 사용된다.

3) 열가소성 수지의 특성

수지	특성
아크릴 수지	① 가열하면 연화 또는 융해하여 가소성이 되고, 냉각하면 경화한다. ② 분자구조가 쇄상구조로 되어 있다. ③ 투명도가 높아 유기유리(유기질 유리)라고도 불린다. ④ 무색, 투명하여 착색이 자유롭고 상온에서도 절단·가공이 용이하다. ⑤ 투광성이 크고 내약품성, 내후성이 크다.
폴리스티렌 수지	① 발포제로서 보드 상으로 성형하여 단열재로 널리 사용되며 천장재, 전기용품, 냉장고 내부 상자 등으로 사용된다. ② 전기절연성, 가공성이 우수하다.
염화비닐 수지	판재, 파이프 등의 각종 성형품으로 사용된다.
메타크릴 수지	메타크릴산메틸을 중합하여 만드는 열가소성수지
폴리우레탄 수지	① 내마모성이 있어 우레탄고무, 도료 접착제로 사용된다. ② 도막 방수재 및 실링재, 기포성 보온재로도 사용된다.

참고 : 폴리우레탄 수지는 열가소성 폴리우레탄 및 열경화성 폴리우레탄이 있다.

시공일반

1. 분할도급의 종류

전문공사별 분할도급	설비 공사를 주체 공사에서 분리하여 전문업자와 직접 계약하는 방식
공정별 분할도급	정지, 기초, 구체, 마무리 공사 등의 과정별로 나누어 도급을 주는 방식
공구별 분할도급	대규모 공사에서 한 현장 안에서 여러 지역별로 공사를 구분하여 발주하는 방식

2. 공동도급

장점	단점
① 융자력 증대 ② 위험분산 ③ 시공의 확실성 ④ 상호기술의 확충 ⑤ 도급경쟁의 완화	① 공사비 증대 ② 책임소재 불분명 ③ 도급자 상호 충돌우려 ④ 능률저하

3. 실비정산 보수가산식 도급 : 실비와 보수를 분리하여 지급하는 형태의 계약

① 실비 비율 보수가산식 : 공사실비+(공사실비×비율보수)
  • 공사 진척에 따라 정해진 실비와 이 실비에 미리 계약된 비율을 곱한 금액을 시공자에게 보수로 지불하는 방식
② 실비 정액(정산) 보수가산식 : 공사실비+정액보수
  • 공사실비를 정산하고 약정에 의한 비율 또는 정액의 보수를 지급하는 방식
③ 실비 한정비율 보수가산식 : 한정된 실비+(한정된 실비×비율보수)
  • 실비에 제한을 붙이고 시공자에게 제한된 금액이내에 공사를 완성할 책임을 주는 공사 방식
④ 실비 준동률 보수가산식 : 공사 실비+(공사 실비×Variable(가변적인 비용))
  • 실비를 단계별로 나누어 해당 구간에 따른 보수 비율을 적용하는 방식

4. 품질관리(QC)를 위한 통계적 수법(7가지 도구)

① **파레토도**(파레토그램, **영향도**) : 불량품, 결점, 고장 등의 발생건수를 현상과 원인별로 분류하고 여러 가지 데이터를 항목별로 분류해서 문제의 크기 순서로 나열하여 그 크기를 막대그래프로 나타낸다.
② **특성요인도**(원인결과도) : 특성과 요인의 관계를 어골(물고기 뼈)상으로 표현하여 결과에 원인이 어떻게 관계되고 있는가를 알아보기 위하여 작성하는 것이다.
③ **체크시트**(집중도) : 불량 수, 결점 수 등 셀 수 있는 데이터가 분류항목별로 어디에 집중되어 있는가를 알기 쉽도록 나타낸 그림을 말한다.
④ **히스토그램**(분포도) : 데이터가 존재하는 범위를 몇 개의 구간으로 나누고 **각 구간에 들어가는 데이터의 빈도 수를 체크하여 그 크기를 막대그래프로 작성**한다.(제품의 품질상태가 만족한 상태에 있는가의 여부를 판단하는데 가장 적합한 방법)
⑤ **산포도**(산점도) : 서로 대응되는 **두 개의 짝으로 된 데이터를 그래프용지에 점으로 나타낸 것**으로 데이터의 흩어짐과 분포의 형태를 쉽게 판단할 수 있다.
⑥ **층별**(부분집단도) : 수집된 **데이터를 특징에 따라 몇 개 그룹으로 구분**하여 품질에 영향을 주는 원인을 명확하게 찾아내고 그 원인이 품질에 미치는 정도를 파악할 수 있다.
⑦ **그래프**(관리도) : 막대그래프, 꺾은선그래프, 원그래프, 띠그래프 등

토공사

[흙파기 공법 및 흙막이 공법의 종류 및 특성]

1) 버팀대(Strut) 공법

① 버팀대공법은 **굴착하고자 하는 부지의 외곽에 흙막이 벽을 설치하고 수평버팀대, 띠장 등으로 흙막이 벽을 지지하는 공법**을 말한다.
② 토질에 대해 영향을 적게 받는다.
③ 수평버팀대, 띠장 등의 **가설구조물을 설치하므로 굴착, 토량제거 작업에 장애가 된다**.(작업 능률이 저하된다.)
④ 인근 대지로 공사범위가 넘어가지 않는다.
⑤ **강재를 전용함에 따라 재료비가 비교적 적게 든다.**

2) 아일랜드 컷(island cut) 공법

① 비탈면을 남기고 **중앙부를 굴착해서 흙파기 한 후 중앙부 구조체를 먼저 설치**하는 방식으로 중앙부 구조체가 설치되면 흙막이 벽체를 버팀대로 지지할 수 있다.(토압의 대부분을 중앙부 구조물이 저항한다.)
② 굴착 면적이 넓을수록 효과적이다.

3) 트렌치 컷(trench cut) 공법

① 이중 널말뚝을 건물의 주위에 박고 **주변부를 먼저 굴착하여 주변부 구조체 축조 후 이를 흙막이로 사용**하면서 중앙부 파내어 지하구조물을 완성하는 공법
② 흙파기의 깊이가 얕고 면적이 넓은 경우(면적이 넓어 버팀대를 설치해도 변형이 우려될 경우)에 사용한다.
③ **온통파기를 할 수 없을 때, 히빙 현상이 예상될 때 효과적**이다.

4) 역타 공법(탑 다운 공법 : Top-Down)

① Top Down 공법은「위에서 아래로」공사를 진행하는 공법으로 철골 기둥을 박고 **1층에서 지하층을 향해 콘크리트를 부어 넣어 흙막이로 하면서 지하층을 굴착하는 방법**이다.
② 굴토작업이 슬래브 하부에서 진행되므로 **작업 능률 및 작업환경이 저하되고 공사비가 상승**한다.
③ 건물의 **지하 구조체에 시공이음이 많아 건물방수에 대한 우려**가 크다.
④ 지상과 지하를 동시에 시공할 수 있으므로 **공기를 절감**할 수 있다.
⑤ **저소음, 저진동 공법**이며 주변 지반의 영향이 적어 민원 발생의 요소가 적다.

5) 잠함 공법(케이슨 공법 : caisson method)

기초가 될 **케이슨(큰 상자)**을 만들고, 그 속의 **토사(土砂)**를 굴착하면서 케이슨을 가라앉혀 기초를 만든다.

개방잠함 공법 (Open caisson method)	① **지하 구조체를 지상에서 구축**하여 하부 중앙 흙을 파내어 **구조체를 자중으로 침하**시키는 공법을 말한다.(굴착하여 가라앉히기 위해 크고 무거운 하중이 필요하다.) ② 지하수가 많은 지반에서는 침하가 잘 되지 않는다. ③ 압축공기를 사용하지 않는다.
뉴매틱 케이슨 공법 (공기 잠함공법)	① 케이슨의 작업실에 압축공기를 넣어 수압을 유지시키고 내부의 밑을 파서 자중에 의해 침하시킨다. ② 솟는 물이 많거나, 해저(海底) 기초 등에 사용된다.

6) 어스 앵커(earth anchor) 공법

버팀대 대신 **PC강재**(PS 강선, PS 강연선) 등 앵커체를 **지중에 삽입**해서 **선단부를 양질지반에 정착**시키고, 앵커체의 인장력에 의하여 흙막이 벽 등의 구조물을 지지하는 공법을 말한다.

장점	단점
① 지보공(버팀대)이 불필요하다. ② 지보공이 없어 작업공간을 넓게 활용할 수 있다. ③ 작업능률 증대 및 공기 단축이 가능하다. ④ 앵커체가 각각의 구조체로 적용성이 우수하다.	① 비교적 고가이다. ② 인근 구조물이나 지하 매설물이 있는 경우 시공이 곤란하다. ③ 주변 대지 사용에 대한 동의가 필요하다.

7) 주열식 흙막이 벽 공법(말뚝식 흙막이 벽 공법)

콘크리트 말뚝을 연속적으로 박아 흙막이 벽으로 하여 지지하면서 굴착하는 공법을 말한다.

8) 프리팩트 콘크리트 말뚝 공법

소정의 위치에 구멍을 뚫고 콘크리트 또는 주변 흙을 이용하여 **제자리 콘크리트 말뚝을 연속적으로 설치하여 흙막이 벽체를 형성**하는 공법을 말한다.

CIP 공법 (Cast In Place Pile)	말뚝 구멍을 굴착한 후 철근을 조립하고 모르타르 주입관을 삽입한 다음 자갈을 충전한 후 모르타르를 주입하는 공법이다.
PIP 공법 (Packed In Place Pile)	소정의 깊이까지 뚫은 다음 흙과 오거를 함께 끌어올리면서 오거 중심간의 선단을 통하여 모르타르, 잔자갈, 콘크리트를 주입하여 말뚝을 형성하는 공법이다.
MIP 공법, SCW 공법 (Mixed In Place Pile, Soil cement wall)	파이프 선단에 커터를 장치하여 흙을 뒤섞으며 지중으로 파들어 간 다음 파이프 선단에서 모르타르를 분출시켜 흙과 모르타르(cement milk)를 혼합하면서 파이프를 빼내는 소일 콘크리트(soil concrete) 말뚝을 형성하는 공법이다.

9) 슬러리 월(Slurry wall) 공법(지하연속벽 공법)

① 벤토나이트 **안정액을 사용하여 지반의 붕괴를 방지하면서 굴착**한 후 그 속에 **철근망을 삽입**하고 **콘크리트를 타설**하여 흙막이 벽체를 형성하는 공법을 말한다.
② **흙막이 벽 자체의 강도, 강성이 우수**하기 때문에 연약지반의 변형 및 이면침하를 최소한으로 억제할 수 있다.(강성이 높은 지하 구조체를 만든다.)
③ **차수성이 좋아** 지하수가 많은 지반에도 사용할 수 있다.
④ 시공 시 **소음, 진동이 작다.**(저진동, 저소음의 공법)
⑤ **인접건물 경계선까지 시공이 가능**하여 대지이용의 효율성이 높다.
⑥ **암반을 포함한 대부분의 지반에 시공이 가능**하다.
⑦ 도심지 공사에서 **탑다운 공법과 같이 병행할 수 있다.**
⑧ **공사비가 비교적 높고 공기가 불리**한 편이다.
⑨ **벽 두께를 자유로이 설계할 수 있고 불균일한 평면형상이라도 쉽게 시공이 가능**하다.

10) 강제 널말뚝(steel sheet pile) 공법

철재에 널말뚝을 연속으로 박아 수밀성 있는 흙막이 벽을 만들고 띠장, 버팀대로 지지하는 공법을 말한다.

장점	단점
① 차수성이 좋다.(적당한 보호처리를 하면 물 위나 아래에서 수명이 길다.) ② 타입이 용이하고 시공이 쉽다. ③ 재사용이 가능하다.	① 타 공법보다 벽체의 강성(EI)이 작아 휨이 크다. ② 암반, 전 석층에는 타입이 곤란하다. ③ 타입 시 소음, 진동이 크다. ④ 관입, 철거 시 주변 지반침하가 일어날 수 있다.

11) 엄지말뚝 흙막이(엄지말뚝(H-PILE)+토류판) 공법

굴착 전에 엄지말뚝(H-pile)을 일정한 간격으로 근입한 후 굴착하면서 토류판(흙막이판)을 엄지말뚝 사이에 끼어 넣어 흙막이벽을 지지하는 공법을 말한다.

기초공사

[제자리 콘크리트 말뚝(현장타설 콘크리트말뚝 공법)의 종류]

컴프레솔 말뚝	지중에 중추(重錘)를 낙하시켜 세로 구멍을 파고 그 속에 콘크리트를 주입하여 형성하는 말뚝이다.
심플렉스 말뚝	철관을 지중에 박고 내부에 콘크리트를 주입하며 강관을 뽑아내어 말뚝을 형성한다.
레이먼드 말뚝	이중철관을 박고 내관을 뽑은 다음 외관에 콘크리트를 주입하여 말뚝을 형성한다.
프랭키 말뚝	강관을 중추(重錘)로 박고 내부에 콘크리트를 다져 주입한 후 철관을 뽑아낸다.
페디스털 말뚝	이중 강관을 박고 구근용(球根用) 콘크리트를 주입하며 내관으로 타격을 가하여 구근을 형성시킨 후에 콘크리트를 주입하고 외관을 뽑아낸다.
베노토 공법	① 프랑스의 베노토사가 개발한 대구경고속천공굴착기를 사용한 공법으로 큰 구경의 천공기를 이용하여 대구경의 구멍을 지중에 뚫은 후 케이싱을 압입, 토사를 굴착하고 콘크리트를 구멍 속에 충전하여 말뚝을 형성한다. ② 케이싱을 지반에 압입해 가면서 관 내부 토사를 특수버킷으로 굴착, 배토한다. ③ 말뚝구멍의 굴착 후에는 철근콘크리트 말뚝을 제자리치기 한다. ④ 여러 지질에 안전하고 정확하게 시공할 수 있다. ⑤ 기계가 고가이고 굴착속도가 느리다.

리버스 서큘레이션공법 (역순환 굴착공법, RCD 공법)	① 리버스 서큘레이션 드릴로 대구경의 구멍을 파고 굴착공 안을 물이나 안정액으로 정수압을 유지하여 굴착공 벽을 보호하면서 굴착, 철근망과 콘크리트를 타설하여 말뚝을 형성하는 공법이다. ② 굴착된 토사와 안정액이 밖으로 배출되고, 배출된 순환수는 토사를 침전시킨 후 다시 굴착공으로 들어가는 방식이다. ③ 수상(해상)작업이 가능하다. ④ 점토, 실트 층에 사용할 수 있으며, 드릴파이프 직경보다 큰 호박돌 층, 전 석 층은 굴착이 불가능하다. ⑤ 깊은 심도까지 굴착이 가능하다. ⑥ 시공속도가 빠르고, 유지비가 적게 든다.
프리팩트 파일 (Prepacked pile)	① CIP 말뚝(Cast In Place Pile) : 말뚝 구멍을 굴착한 후 철근을 조립하고 모르타르 주입관을 삽입한 다음 자갈을 충전한 후 모르타르를 주입하는 공법이다. ② PIP 말뚝(Packed In Place Pile) : 소정의 깊이까지 뚫은 다음 흙과 오거를 함께 끌어올리면서 오거 중심간의 선단을 통하여 모르타르, 잔자갈, 콘크리트를 주입하여 말뚝을 형성하는 공법이다. ③ MIP 말뚝(Mixed In Place Pile) : 파이프 선단에 커터를 장치하여 흙을 뒤섞으며 지중으로 파들어 간 다음 파이프 선단에서 모르타르를 분출시켜 흙과 모르타르를 혼합하면서 파이프를 빼내는 소일 콘크리트(soil concrete) 말뚝을 형성하는 공법이다.
어스드릴공법	① 굴착 공에 철근망을 삽입하고 콘크리트를 타설하여 말뚝을 형성하는 공법이며, 안정액으로 벤토나이트 용액을 사용하여 공벽을 보호한다. ② 장비가 소형으로 좁은 장소에도 시공이 가능하며, 안정액 관리가 어렵고, 연질지반에 적합하다. | 장점	단점 | |---|---| | ① 좁은 장소에도 시공이 가능하다. ② 진동소음이 적은 편이다. ③ 기계가 비교적 소형으로 굴착속도가 빠르다. | ① 안정액 관리가 어렵다. ② Slime 처리가 불확실하여 말뚝의 초기 침하 우려가 있다. |

철근 콘크리트공사

[콘크리트의 종류 및 특성]

1) 한중 콘크리트

① 타설일의 **일평균기온이 4℃ 이하** 또는 콘크리트 타설 완료 후 24시간 동안 일 최저기온 **0℃ 이하**가 예상되는 조건이거나 그 이후라도 **초기동해 위험이 있는 경우 한중 콘크리트로 시공**하여야 한다.
② **단위수량**은 초기동해 저감 및 방지를 위하여 소요의 워커빌리티를 유지할 수 있는 범위 내에서 **되도록 적게** 정하여야 한다.

③ 물 - 결합재비는 원칙적으로 60% 이하로 하여야 한다.
④ 타설할 때의 콘크리트 온도는 구조물의 단면 치수, 기상 조건 등을 고려하여 (5 ~ 20)℃의 범위에서 정하여야 한다. 기상 조건이 가혹한 경우나 단면 두께가 300mm 이하인 경우에는 타설 시 콘크리트의 최저온도를 10℃ 이상 확보하여야 한다.
⑤ 콘크리트를 타설할 때에는 철근이나, 거푸집 등에 빙설이 부착되어 있지 않아야 한다.
⑥ 시멘트는 포틀랜드 시멘트를 사용하는 것을 표준으로 한다.
⑦ 골재가 동결되어 있거나 골재에 빙설이 혼입되어 있는 골재는 그대로 사용할 수 없다.
⑧ 재료를 가열할 경우, 물 또는 골재를 가열하는 것으로 하며(골재는 직접 불꽃에 대어 가열해서는 안 됨), 시멘트는 어떠한 경우라도 직접 가열할 수 없다. 골재의 가열은 온도가 균등하게 되고 또 건조되지 않는 방법을 적용하여야 한다.

2) 서중 콘크리트

① 기온이 30[℃] 이상인 상태에서 시공하는 콘크리트이다.
② 콘크리트의 슬럼프 저하 및 수분의 급격한 증발 등에 의한 균열발생의 위험이 있다.
③ 고로시멘트, 플라이애쉬시멘트 등 저발열 시멘트를 사용한다.
④ 단위 수량 및 시멘트량을 적게하여 수화열을 적게 한다.
⑤ 감수제, AE감수제, 유동화제 등을 사용한다.
⑥ 타설시 온도는 35℃ 이하, 1.5시간 이내로 타설한다.
⑦ Pre-cooling에 의한 골재, 물 등의 재료를 냉각한다.
⑧ 동일 슬럼프를 얻기 위한 단위수량이 많아 콜드조인트가 생길 수 있다.

3) 경량 콘크리트의 종류

① 신더 콘크리트
② 톱밥 콘크리트
③ 다공질 콘크리트
④ 경량기포 콘크리트

4) 매스 콘크리트

① 구조물의 치수가 커서 시멘트 수화열에 의한 온도상승 및 강하를 고려하여 설계, 시공해야 하는 콘크리트를 말한다.
② 매스 콘크리트의 타설 온도는 온도균열을 제어하기 위한 관점에서 가능한 한 낮게 한다.
③ 매스 콘크리트 타설 시 기온이 높을 경우에는 콜드조인트가 생기기 쉬우므로 응결지연제를 사용한다.
④ 매스 콘크리트 타설 시 침하발생으로 인한 침하균열을 예방하기 위해 재 진동다짐 등을 실시한다.

⑤ 매스 콘크리트 타설 후 거푸집 탈형 시 콘크리트 표면의 급랭을 방지하기 위해 콘크리트 표면을 소정의 기간 동안 보온해 주어야 한다.

매스콘크리트의 균열을 방지 또는 감소시키기 위한 대책
① 플라이애쉬 등 포졸란계 혼화재를 사용하거나 저발열성 시멘트를 사용한다. ② 골재 최대 치수를 크게 하고 슬럼프 값은 최대한 적게하여 시멘트 양을 줄인다. ③ 콘크리트의 온도상승을 적게 한다.(파이프 쿨링을 실시한다.) ④ 급격한 온도 변화를 피한다. ⑤ 온도균열지수에 의한 균열발생을 검토한다.

5) 유동화 콘크리트
① 미리 비벼낸 **단위수량이 적은 콘크리트에 유동화재를 혼합하여** 된비빔 콘크리트의 품질을 유지한 채 **일시적으로 유동성을 증대시킨 콘크리트**를 말한다.
② 유동화 콘크리트의 슬럼프

콘크리트의 종류	베이스 콘크리트	유동화 콘크리트
보통 콘크리트	150mm 이하	210mm 이하
경량골재 콘크리트	180mm 이하	210mm 이하

6) 수밀 콘크리트
① 수밀콘크리트는 **콘크리트의 수밀성 향상을 목적으로 사용하는 방수제가 혼합된 콘크리트**를 말한다.
② 배합은 콘크리트의 소요의 품질이 얻어지는 범위 내에서 **단위수량 및 물-결합재비는 되도록 작게** 하고, 단위 굵은 골재량은 되도록 크게 한다.
③ 소요 슬럼프는 되도록 작게 하되 **180mm를 넘지 않도록** 하며, 콘크리트 타설이 용이한 경우는 120mm 이하로 한다.
④ **물-결합재비는 50% 이하**를 표준으로 한다.
⑤ **공기량은 4% 이하**가 되도록 한다.

7) 제치장 콘크리트(exposed concrete)
① 콘크리트 타설 후 거푸집을 제거한 **콘크리트 표면 상태 그대로를 노출시켜 마감면으로 하는 콘크리트**를 말한다.
② 타설 콘크리트면 자체가 치장이 되게 마무리한 자연 그대로의 콘크리트를 말한다.
③ **재료의 절약**은 물론 **구조물 자중을 경감**할 수 있다.
④ 구조물에 균열과 이로 인한 **백화가 나타난 경우 재시공 및 보수가 어렵다.**
⑤ **거푸집이 견고하고 흠이 없도록** 정확성을 기해야 하기 때문에 **상당한 비용과 노력비가 증대**한다.

8) 레디믹스트 콘크리트(ready mixed concrete)

① **콘크리트 제조 공장에서** 시멘트, 골재(모래, 자갈), 물, 혼화제 등의 **재료를 비벼 제조한 후** 믹서트럭(Mixer Truck)을 이용하여 **공사현장까지 운반되는 굳지 않는 콘크리트**를 말한다.

② **외기온도가 30℃ 이상 또는 0℃ 이하** 시에는 레디믹스트 콘크리트 운반 차량에 **특수 보온시설**을 하여야 한다.

쉬링크 믹스트 콘크리트	믹싱 플랜트 고정믹서에서 어느 정도 비빈 것을 트럭믹서에 실어 운반 도중 완전히 비비는 것을 말한다.
센트럴 믹스트 콘크리트	믹싱 플랜트 고정믹서로 비빔이 완료된 것을 트럭애지테이터로 운반하는 것을 말한다.
트랜싯믹스트콘크리트	공장에서 재료를 싣고 주로 주행 중에 믹서차(transit-mixer truck)에서 비빈 것을 말한다.

9) 프리플레이스트 콘크리트(프리팩트 콘크리트)

콘크리트 타설할 **거푸집 안에 굵은 골재를 미리 채워 넣은(Pre-packing) 후 모르타르를 주입**한 콘크리트를 말한다.

Part 04 건설공사 안전관리

[사전조사 및 작업계획서의 작성]

사전조사 및 작업계획서를 작성하여야 하는 작업

① 타워크레인을 설치·조립·해체하는 작업
② 차량계 하역운반기계등을 사용하는 작업(화물자동차를 사용하는 도로상의 주행작업은 제외한다.)
③ 차량계 건설기계를 사용하는 작업
④ 화학설비와 그 부속설비를 사용하는 작업
⑤ 전기작업(해당 전압이 50볼트를 넘거나 전기에너지가 250볼트암페어를 넘는 경우로 한정한다.)
⑥ 굴착면의 높이가 2미터 이상이 되는 지반의 굴착작업
⑦ 터널굴착작업
⑧ 교량(상부구조가 금속 또는 콘크리트로 구성되는 교량으로서 그 높이가 5미터 이상이거나 교량의 최대 지간 길이가 30미터 이상인 교량으로 한정한다)의 설치·해체 또는 변경 작업
⑨ 채석작업
⑩ 구축물, 건축물, 그 밖의 시설물 등의 해체작업
⑪ 중량물의 취급작업
⑫ 궤도나 그 밖의 관련 설비의 보수·점검작업
⑬ 열차의 교환·연결 또는 분리 작업("입환작업")

[사전조사 및 작업계획서 내용]

작업명	사전조사 내용	작업계획서 내용
1. 타워크레인을 설치·조립·해체하는 작업	-	가. 타워크레인의 종류 및 형식 나. 설치·조립 및 해체순서 다. 작업도구·장비·가설설비(假設設備) 및 방호설비 라. 작업인원의 구성 및 작업근로자의 역할 범위 마. 타워크레인의 지지 방법
2. 차량계 건설기계를 사용하는 작업	해당 기계의 굴러 떨어짐, 지반의 붕괴 등으로 인한 근로자의 위험을 방지하기 위한 해당 작업장소의 지형 및 지반상태	가. 사용하는 차량계 건설기계의 종류 및 성능 나. 차량계 건설기계의 운행경로 다. 차량계 건설기계에 의한 작업방법
3. 굴착작업	가. 형상·지질 및 지층의 상태 나. 균열·함수(含水)·용수 및 동결의 유무 또는 상태 다. 매설물 등의 유무 또는 상태 라. 지반의 지하수위 상태	가. 굴착방법 및 순서, 토사 반출 방법 나. 필요한 인원 및 장비 사용계획 다. 매설물 등에 대한 이설·보호대책 라. 사업장 내 연락방법 및 신호방법 마. 흙막이 지보공 설치방법 및 계측계획 바. 작업지휘자의 배치계획 사. 그 밖에 안전·보건에 관련된 사항

작업명	사전조사 내용	작업계획서 내용
4. 터널굴착작업	보링(boring) 등 적절한 방법으로 낙반·출수(出水) 및 가스폭발 등으로 인한 근로자의 위험을 방지하기 위하여 미리 지형·지질 및 지층상태를 조사	가. 굴착의 방법 나. 터널지보공 및 복공(覆工)의 시공방법과 용수(湧水)의 처리방법 다. 환기 또는 조명시설을 설치할 때에는 그 방법
5. 채석작업	지반의 붕괴·굴착기계의 굴러 떨어짐 등에 의한 근로자에게 발생할 위험을 방지하기 위한 해당 작업장의 지형·지질 및 지층의 상태	가. 노천굴착과 갱내굴착의 구별 및 채석방법 나. 굴착면의 높이와 기울기 다. 굴착면 소단(小段)의 위치와 넓이 라. 갱내에서의 낙반 및 붕괴 방지 방법 마. 발파방법 바. 암석의 분할방법 사. 암석의 가공장소 아. 사용하는 굴착기계·분할기계·적재기계 또는 운반기계의 종류 및 성능 자. 토석 또는 암석의 적재 및 운반방법과 운반경로 차. 표토 또는 용수(湧水)의 처리방법
6. 구축물, 건축물, 그 밖의 시설물 등의 해체작업	해체건물 등의 구조, 주변 상황 등	가. 해체의 방법 및 해체 순서도면 나. 가설설비·방호설비·환기설비 및 살수·방화설비 등의 방법 다. 사업장 내 연락방법 라. 해체물의 처분계획 마. 해체작업용 기계·기구 등의 작업계획서 바. 해체작업용 화약류 등의 사용계획서 사. 그 밖에 안전·보건에 관련된 사항

[양중기의 종류(산업안전보건법 기준)]

① 크레인[호이스트(hoist)를 포함한다]

② 이동식 크레인

③ 리프트(이삿짐운반용 리프트의 경우에는 적재하중이 0.1톤 이상인 것으로 한정한다)

④ 곤돌라

⑤ 승강기

[양중기의 방호장치]

크레인	• 과부하방지장치 • 권과방지장치(捲過防止裝置) • 비상정지장치 • 제동장치 〈기타 방호장치〉 • 훅의 해지장치 • 안전밸브(유압식)
이동식 크레인	• 과부하방지장치 • 권과방지장치(捲過防止裝置) • 비상정지장치 • 제동장치 〈기타 방호장치〉 • 훅의 해지장치 • 안전밸브(유압식)
리프트 (자동차정비용 리프트 제외)	• 권과방지장치 • 과부하방지장치 • 비상정지장치 • 제동장치 • 조작반(盤) 잠금장치
곤돌라	• 과부하방지장치 • 권과방지장치(捲過防止裝置) • 비상정지장치 • 제동장치
승강기 (최대하중이 0.25t 이상인 것)	• 과부하방지장치 • 권과방지장치(捲過防止裝置) • 비상정지장치 • 제동장치 • 파이널리미트스위치 • 출입문인터록 • 속도조절기(조속기)

특급암기법
- 공통 방호장치 : 과부하방지장치, 권과방지장치, 비상정지장치, 제동장치
- 추가설치
  리프트(자동차정비용 제외) : 조작반잠금장치
  승강기 : 파이널리미트스위치, 출입문인터록, 조속기(속도조절기)

[악천후 시 조치]

① 순간풍속이 초당 10미터를 초과 : 타워크레인의 설치·수리·점검 또는 해체작업을 중지

② 순간풍속이 초당 15미터를 초과 : 타워크레인의 **운전작업을 중지**

③ 순간풍속이 초당 30미터를 초과 : 옥외에 설치되어 있는 주행 크레인 **이탈방지조치**

④ 순간풍속이 초당 30미터를 초과하는 바람이 불거나 중진(中震) 이상 진도의 지진이 있은 후 : 옥외 양중기 각 부위 이상 점검

⑤ 순간풍속이 초당 35미터를 초과 : 옥외 승강기 및 건설용 리프트(지하에 설치되어 있는 것은 제외)에 대하여 받침의 수를 증가시키는 등 **승강기가 무너지는 것을 방지하기 위한 조치**

[굴착면의 기울기 및 높이 기준]

지반의 종류	굴착면의 기울기
모래	1 : 1.8
연암 및 풍화암	1 : 1.0
경암	1 : 0.5
그 밖의 흙	1 : 1.2

[비계 조립간격(벽이음 간격)]

	비계 종류	수직방향	수평방향
강관 비계	단관비계	5m	5m
	틀비계(높이 5m 미만인 것 제외)	6m	8m

[달기체인 등 사용금지 항목]

달기체인	① 달기 체인의 길이가 달기 체인이 제조된 때의 길이의 5퍼센트를 초과한 것 ② 링의 단면지름이 달기 체인이 제조된 때의 해당 링의 지름의 10퍼센트를 초과하여 감소한 것 ③ 균열이 있거나 심하게 변형된 것
달비계에 사용하는 섬유로프 또는 안전대의 섬유벨트	① 꼬임이 끊어진 것 ② 심하게 손상되거나 부식된 것 ③ 2개 이상의 작업용 섬유로프 또는 섬유벨트를 연결한 것 ④ 작업높이보다 길이가 짧은 것
화물자동차의 짐걸이 등으로 사용하는 섬유로프	① 꼬임이 끊어진 것 ② 심하게 손상 또는 부식된 것
와이어로프	① 이음매가 있는 것 ② 와이어로프의 한 꼬임(스트랜드 : strand)에서 끊어진 소선의 수가 10퍼센트 이상(비자전로프의 경우에는 끊어진 소선의 수가 와이어로프 호칭지름의 6배 길이 이내에서 4개 이상이거나 호칭지름 30배 길이 이내에서 8개 이상)인 것 ③ 지름의 감소가 공칭지름의 7퍼센트를 초과하는 것 ④ 꼬인 것 ⑤ 심하게 변형되거나 부식된 것 ⑥ 열과 전기충격에 의해 손상된 것

[철골작업을 중지해야 하는 조건]

철골작업을 중지해야 하는 조건
① 풍속이 초당 10미터 이상인 경우 ② 강우량이 시간당 1밀리미터 이상인 경우 ③ 강설량이 시간당 1센티미터 이상인 경우

PART 05

최근 기출문제

2014년   최근 기출문제
2015년   최근 기출문제
2016년   최근 기출문제
2017년   최근 기출문제
2018년   최근 기출문제
2019년   최근 기출문제
2020년   최근 기출문제

2014년 1회 최근 기출문제

1과목 산업안전관리론

01 버드(bird)는 사고가 5개의 연쇄반응에 의하여 발생되는 것으로 보았다. 다음 중 재해 발생의 첫 단계에 해당하는 것은?

① 개인적 결함
② 사회적 환경
③ 전문적 관리의 부족
④ 불안전한 행동 및 불안전한 상태

*버드(Frank. E. Bird)의 사고 연쇄성 이론 5단계

1단계	제어 부족(관리 부재)
2단계	기본 원인(기원)
3단계	직접 원인(징후)
4단계	사고(접촉)
5단계	상해(손실)

실기까지 중요한 내용입니다. 암기하세요.

02 무재해운동의 추진에 있어 무재해운동을 개시한 날로부터 며칠 이내에 무재해운동 개시신청서를 관련 기관에 제출하여야 하는가?

① 4일 ② 7일
③ 14일 ④ 30일

관련 법규 개정으로 법령에서 삭제된 내용입니다.

03 다음 중 부주의 현상을 그림으로 표시한 것으로 의식의 우회를 나타낸 것은?

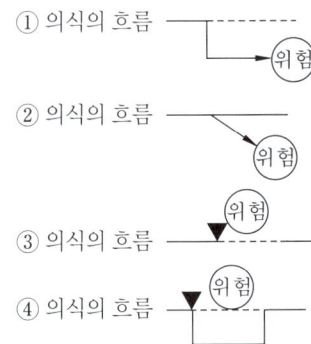

① 의식수준 저하
② 의식의 혼란
③ 의식의 단절
④ 의식의 우회

필기에 자주 출제되는 내용입니다.

04 산업안전보건 법령에 따라 건설현장에서 사용하는 크레인, 리프트 및 곤돌라는 최초로 설치한 날부터 얼마마다 안전검사를 실시하여야 하는가?

① 6개월
② 1년
③ 2년
④ 3년

정답 01 ③ 02 정답 없음 03 ④ 04 ①

＊안전검사대상 유해·위험기계 등의 검사 주기

1. 크레인(이동식 크레인은 제외한다), 리프트(이삿짐운반용 리프트는 제외한다) 및 곤돌라 : 사업장에 설치가 끝난 날부터 3년 이내에 최초 안전검사를 실시하되, 그 이후부터 2년마다(건설현장에서 사용하는 것은 최초로 설치한 날부터 6개월마다)
2. 이동식 크레인, 이삿짐운반용 리프트 및 고소작업대 : 신규등록 이후 3년 이내에 최초 안전검사를 실시하되, 그 이후부터 2년마다
3. 프레스, 전단기, 압력용기, 국소 배기장치, 원심기, 롤러기, 사출성형기, 컨베이어 및 산업용 로봇, 혼합기, 파쇄기 또는 분쇄기 : 사업장에 설치가 끝난 날부터 3년 이내에 최초 안전검사를 실시하되, 그 이후부터 2년마다(공정안전보고서를 제출하여 확인을 받은 압력용기는 4년마다)(26년 6월 26일 시행)

📝 실기까지 중요한 내용입니다. 암기하세요.

05 재해손실비 중 직접 손실비에 해당하지 않는 것은?

① 요양급여
② 휴업급여
③ 간병급여
④ 생산 손실 급여

직접비	간접비
• 치료비	• 인적 손실비
• 휴업급여	• 물적 손실비
• 요양급여	• 생산 손실비
• 유족급여	• 기계, 기구 손실비 등
• 장해급여	
• 간병급여	
• 직업재활급여	
• 상병(傷病)보상연금	
• 장의비 등	

📝 자주 출제되는 내용입니다. 해설을 다시 확인하세요.

06 산업안전보건 법령상 안전·보건표지의 종류에 있어 "안전모 착용"은 어떤 표지에 해당하는가?

① 경고 표지
② 지시 표지
③ 안내 표지
④ 관계자 외 출입금지

보호구 착용 지시 → 지시 표지

07 어떤 사업장의 종합재해지수가 16.95이고, 도수율이 20.83이라면 강도율은 약 얼마인가?

① 20.45
② 15.92
③ 13.79
④ 10.54

• 종합재해지수 = $\sqrt{도수율 \times 강도율}$
$16.95 = \sqrt{20.83 \times 강도율}$
$16.95^2 = 20.83 \times 강도율$
강도율 = $\dfrac{16.95^2}{20.83}$ = 13.79

📝 반드시 풀이할 수 있어야 합니다.

정답 05 ④ 06 ② 07 ③

08 인간관계 메커니즘 중에서 다른 사람으로부터의 판단이나 행동을 무비판적으로 논리적, 사실적 근거 없이 받아들이는 것을 무엇이라 하는가?

① 모방(imitaion)
② 암시(suggestion)
③ 투사(projection)
④ 동일화(identification)

다른 사람의 판단이나 행동을 무비판적으로 받아들임 → 암시

참고

㉠ 모방 : 남의 행동이나 판단을 표본으로 하여 그것과 같거나 또는 그것에 가까운 행동 또는 판단을 취하려는 행동
㉡ 투사 : 자기 속의 억압된 것을 다른 사람의 것으로 생각하는 것
㉢ 동일화 : 다른 사람의 행동 양식이나 태도를 투입시키거나 다른 사람 가운데서 자기와 비슷한 점을 발견하는 것

실기까지 중요한 내용입니다.

09 다음 중 산업안전보건법령에서 정한 안전보건관리규정의 세부내용으로 가장 적절하지 않은 것은?

① 산업안전보건위원회의 설치·운영에 관한 사항
② 사업주 및 근로자의 재해 예방 책임 및 의무 등에 관한 사항
③ 근로자 건강진단, 작업환경측정의 실시 및 조치 절차 등에 관한 사항
④ 산업재해 및 중대산업 사고의 발생 시 손실비용 산정 및 보상에 관한 사항

④ 산업재해 및 중대산업 사고의 발생 시 처리 절차 및 긴급조치에 관한 사항

10 다음 중 교육훈련의 학습을 극대화시키고, 개인의 능력개발을 극대화시켜 주는 평가 방법이 아닌 것은?

① 관찰법
② 배제법
③ 자료분석법
④ 상호평가법

★ **교육훈련평가의 방법**
① 관찰법
② 면접법
③ 질문지법
④ 상호 평가법
⑤ 자료분석법
⑥ 테스트법

정답 08 ② 09 ④ 10 ②

11 다음 중 안전심리의 5대 요소에 해당하는 것은?

① 기질(temper)
② 지능(intelligence)
③ 감각(sense)
④ 환경(environment)

＊산업안전심리 5요소
㉠ 동기(motive) : 사람의 마음을 움직이는 원동력
㉡ 기질(temper) : 인간의 성격, 능력 등 개인적인 특성
㉢ 감정(emotion) : 희로애락 등의 의식
㉣ 습성(habits) : 동기, 기질, 감정 등이 밀접한 연관 관계를 형성하여 인간의 행동에 영향을 미칠 수 있도록 하는 것
㉤ 습관(custom) : 특성 등이 자신도 모르게 습관화된 현상

자주 출제되는 내용입니다. 해설을 다시 확인하세요.

12 다음 중 시행착오설에 의한 학습법칙에 해당하지 않는 것은?

① 효과의 법칙
② 준비성의 법칙
③ 연습의 법칙
④ 일관성의 법칙

＊돈다이크의 학습의 법칙(시행착오설)
㉠ 준비성의 법칙
㉡ 연습 또는 반복의 법칙
㉢ 효과의 법칙

실기까지 중요한 내용입니다. 암기하세요.

13 다음 중 재해조사 시의 유의사항으로 가장 적절하지 않은 것은?

① 사실을 수집한다.
② 사람, 기계설비, 양면의 재해요인을 모두 도출한다.
③ 객관적인 입장에서 공정하게 조사하며, 조사는 2인 이상이 한다.
④ 목격자의 증언과 추측의 말을 모두 반영하여 분석하고, 결과를 도출한다.

＊재해조사 시 유의 사항
㉠ 사실을 수집한다.
㉡ 목격자 등이 증언하는 사실 이외의 추측의 말은 참고로만 한다.
㉢ 조사는 신속하게 행하고 긴급조치를 하여 2차 재해의 방지를 도모한다.
㉣ 사람, 기계설비의 양면의 재해요인을 모두 도출한다.
㉤ 객관적인 입장에서 공정하게 조사하며, 조사는 2인 이상이 한다.
㉥ 책임추궁보다 재발방지를 우선하는 기본 태도를 갖는다.

필기에 자주 출제되는 내용입니다.

11 ① 12 ④ 13 ④

14 산업안전보건 법령상 특별안전·보건교육에 있어 대상 작업별 교육내용 중 밀폐공간에서의 작업에 대한 교육내용과 가장 거리가 먼 것은? (단, 기타 안전·보건관리에 필요한 사항은 제외한다.)

① 산소농도측정 및 작업환경에 관한 사항
② 유해물질의 인체에 미치는 영향
③ 보호구 착용 및 보호 장비 사용에 관한 사항
④ 사고 시의 응급처치 및 비상 시 구출에 관한 사항

* **밀폐공간에서의 작업에 대한 특별교육 내용**
- 산소 농도 측정 및 작업환경에 관한 사항
- 사고 시의 응급처치 및 비상 시 구출에 관한 사항
- 보호구 착용 및 보호 장비 사용에 관한 사항
- 작업 내용·안전작업 방법 및 절차에 관한 사항
- 장비·설비 및 시설 등의 안전점검에 관한 사항
- 그 밖에 안전·보건 관리에 필요한 사항

실기까지 중요한 내용입니다.

15 다음 중 안전대의 각 부품(용어)에 관한 설명으로 틀린 것은?

① "안전그네"란 신체지지의 목적으로 전신에 착용하는 띠 모양의 것으로서 상체 등 신체 일부분만 차지하는 것은 제외한다.
② "버클"이란 벨트 또는 안전그네와 신축조절기를 연결하기 위한 사각형의 금속 고리를 말한다.
③ "U자걸이"란 안전대의 죔줄을 구조물 등에 U자 모양으로 돌린 뒤 훅 또는 카라비너를 D링에, 신축조절기를 각링 등에 연결하는 걸이 방법을 말한다.
④ "1개걸이"란 죔줄의 한쪽 끝을 D링에 고정시키고 훅 또는 카라비너를 구조물 또는 구명줄에 고정시키는 걸이 방법을 말한다.

② "버클"이란 벨트 또는 안전그네를 신체에 착용하기 위해 그 끝에 부착한 금속장치를 말한다.

16 다음 중 무재해운동 추진기법에 있어 지적확인의 특성을 가장 적절하게 설명한 것은?

① 오관의 감각기관을 총동원하여 작업의 정확성과 안전을 확인한다.
② 참여자 전원의 스킨십을 통하여 연대감, 일체감을 조성할 수 있고 느낌을 교류한다.
③ 비평을 금지하고, 자유로운 토론을 통하여 독창적인 아이디어를 끌어낼 수 있다.
④ 작업 전 5분간의 미팅을 통하여 시나리오상의 역할을 연기하여 체험하는 것을 목적으로 한다.

* **지적 확인**
사람의 눈이나 귀 등 오관의 감각기관을 총동원해서 작업공정의 요소 요소에서 자신의 행동을 (…좋아)하고 대상을 지적하여 큰 소리로 확인하여 작업의 정확성과 안전을 확인하는 방법이다.

정답 14 ② 15 ② 16 ①

17 다음 중 학습의 목적의 3요소에 해당하지 않는 것은?

① 주제
② 대상
③ 목표
④ 학습 정도

★ **학습의 3요소**
㉠ 주제
㉡ 학습목표
㉢ 학습 정도

18 다음 중 매슬로의 욕구 5단계 이론에서 최종 단계에 해당하는 것은?

① 존경의 욕구
② 성장의 욕구
③ 자아실현 욕구
④ 생리적 욕구

★ **매슬로(Maslow A. H.)의 욕구단계 이론(인간의 욕구 5단계)**
㉠ 제1단계(생리적 욕구) : 인간의 가장 기본적인 욕구
㉡ 제2단계(안전 욕구) : 자기 보존 욕구
㉢ 제3단계(사회적 욕구) : 소속감과 애정 욕구
㉣ 제4단계(존경 욕구) : 인정받으려는 욕구
㉤ 제5단계(자아실현의 욕구) : 잠재적인 능력을 실현하고자 하는 욕구(성취욕구)

📝 실기까지 중요한 내용입니다. 암기하세요.

19 다음 중 안전교육의 3단계에서 생활지도, 작업 동작지도 등을 통한 안전의 습관화를 위한 교육을 무엇이라 하는가?

① 지식 교육
② 기능 교육
③ 태도 교육
④ 인성 교육

안전의 습관화를 위한 교육 → 태도교육

20 다음 중 헤드십에 관한 내용으로 볼 수 없는 것은?

① 부하와의 사회적 간격이 좁다.
② 지휘의 형태는 권위주의적이다.
③ 권한의 부여는 조직으로부터 위임받는다.
④ 권한에 대한 근거는 법적 또는 규정에 의한다.

★ **리더십과 헤드십의 특성**

구분	리더십	헤드십
권한 행사	선출된 리더	임명된 헤드
권한 부여	밑으로부터의 동의	위에서 위임
권한 귀속	집단 목표에 기여한 공로 인정	공식화된 규정에 의함
상하 부하관계	개인적인 영향	지배적임
부하와의 관계	좁음	넓음
지휘 형태	민주주의적	권위주의적
책임 귀속	상사와 부하	상사
권한 근거	개인적	법적, 공식적

📝 필기에 자주 출제되는 내용입니다.

정답 17 ② 18 ③ 19 ③ 20 ①

2과목 인간공학 및 시스템안전공학

21 다음 중 음(音)의 크기를 나타내는 단위로만 나열된 것은?

① dB, nit
② phon, lb
③ dB, psi
④ phon, dB

1phone : 1dB 1,000Hz 음의 크기

📝 필기에 자주 출제되는 내용입니다.

22 다음 중 결함수분석법(FTA)에 관한 설명으로 틀린 것은?

① 최초 Watson이 군용으로 고안하였다.
② 미니멀 패스(Minimal path sets)를 구하기 위해서는 미니멀 컷(Minimal cut sets)의 상대성을 이용한다.
③ 정상사상의 발생확률을 구한 다음 FT를 작성한다.
④ AND 게이트의 확률 계산은 각 입력사상의 곱으로 한다.

③ FT를 작성한 후 정상사상의 발생확률을 구한다.

참고

* **결함수분석(FTA) 순서**
㉠ 재해위험도를 검토하여 해석할 재해를 결정
㉡ 재해 발생 확률의 목표치를 결정
㉢ 재해 관련 불량 상태, 결함 원인과 그 영향조사
㉣ FT를 작성
㉤ 수학적 처리하여 간소화

23 다음 통제용 조종장치의 형태 중 그 성격이 다른 것은?

① 노브(knob)
② 푸시 버튼(push button)
③ 토글 스위치(toggle switch)
④ 로터리선택스위치(rotary select switch)

1. 양의 조절에 의한 통제(연속 조종장치) : 노브, 크랭크, 핸들, 레버, 페달 등
2. 개폐에 의한 통제(단속 조종장치, 불연속 조종장치) : 푸시 버튼, 토글스위치, 로터리스위치 등

📝 필기에 자주 출제되는 내용입니다.

24 다음 중 공간 배치의 원칙에 해당되지 않는 것은?

① 중요성의 원칙
② 다양성의 원칙
③ 기능별 배치의 원칙
④ 사용빈도의 원칙

* **부품배치의 원칙**
㉮ **중요성의 원칙** : 부품의 성능이 목표 달성에 **중요한 정도**에 따라 우선순위를 결정한다.
㉯ **사용빈도의 원칙** : 부품을 사용하는 빈도에 따라 우선순위를 결정한다.
㉰ **기능별 배치의 원칙** : 기능적으로 관련된 부품들(표시장치, 조정장치 등)을 모아서 배치한다.
㉱ **사용순서의 원칙** : 사용 순서에 따라 장치들을 가까이에 배치한다.

📝 필기에 자주 출제되는 내용입니다.

 정답   21 ④   22 ③   23 ①   24 ②

25 다음 중 위험 및 운전성 분석(HAZOP) 수행에 가장 좋은 시점은 어느 단계인가?

① 구상단계 ② 생산단계
③ 설치단계 ④ 개발단계

★ **HAZOP(위험 및 운전성 검토)**
각각의 장비에 대해 잠재된 위험이나 기능저하 등 시설에 결과적으로 미칠 수 있는 영향을 평가하기 위하여 공정이나 설계도 등에 체계적인 검토를 행하는 것으로 제품의 개발단계에서 실시한다.

📝 필기에 자주 출제되는 내용입니다.

26 1cd의 점광원에서 1m 떨어진 곳에서의 조도가 3lux이었다. 동일한 조건에서 5m 떨어진 곳에서의 조도는 약 몇 lux인가?

① 0.12 ② 0.22
③ 0.36 ④ 0.56

조도(lux) = $\dfrac{\text{광도}}{(\text{거리})^2}$

광도 = 조도 × 거리^2 = 3 × 1^2 = 3(cd)

5m에서의 조도 = $\dfrac{3}{5^2}$ = 0.12(lux)

📝 필기에 자주 출제되는 내용입니다.

27 다음 중 신체와 환경간의 열교환 과정을 가장 올바르게 나타낸 식은?(단, W는 일, M은 대사, S는 열 축적, R은 복사, C는 대류, E는 증발, Clo는 의복의 단열률이다.)

① W = (M + S) ± R ± C - E
② S = (M - W) ± R ± C - E
③ W = Clo × (M - S) ± R ± C - E
④ S = Clo × (M - W) ± R ± C - E

★ **열평형 방정식**

S(열 축적) = M(대사 열) - E(증발) ± R(복사) ± C(대류) - W(한 일)

📝 필기에 자주 출제되는 내용입니다.

28 다음 중 위험을 통제하는데 있어 취해야 할 첫 단계 조사는?

① 작업원을 선발하여 훈련한다.
② 덮개나 격리 등으로 위험을 방호한다.
③ 설계 및 공정계획 시에 위험을 제거토록 한다.
④ 점검과 필요한 안전보호구를 사용하도록 한다.

위험을 통제하는 첫 번째 단계는 설계 및 공정계획 단계에서 부터 위험을 제거하는 것이 우선이다.

정답 25 ④ 26 ① 27 ② 28 ③

29 FT도에서 사용되는 다음 기호의 의미로 옳은 것은?

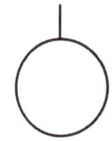

① 결함사상　② 기본사상
③ 통상사상　④ 제외사상

기호	명명	기호설명
○	기본사상 (Basic event)	더 이상 전개할 수 없는 사건의 원인
◇	생략사상 (Undeveloped event)	사고결과나 관련정보가 미비하여 계속 개발될 수 없는 특정 초기 사상
⌂	통상사상 (External event)	유통계통의 층 변화와 같이 일반적으로 발병이 예상되는 사상
⌒	OR 게이트 (OR gate)	한 개 이상의 입력사상이 발생하면 출력사상이 발생하는 논리게이트
⌒	AND 게이트 (AND gate)	입력사상이 전부 발생하는 경우에만 출력사상이 발생하는 논리게이트
⬡	억제 게이트 (Inhibit gate)	AND 게이트의 특별한 경우로서 이 게이트의 출력사상은 한 개의 입력사상에 의해 발생하며, 입력사상이 출력사상을 생성하기 전 특정조건을 만족하여하는 논리게이트
△	전이기호 (Transfer symbol)	다른 부분에 있는(예 : 다른 페이지) 게이트와의 연결관계를 나타내기 위한 기호. 전입(Transfer in)과 전출(Transfer out)기호가 있음

📒 필기에 자주 출제되는 내용입니다.

30 System 요소 간의 link 중 인간 커뮤니케이션 Link에 해당되지 않는 것은?

① 방향성 Link
② 통신계 Link
③ 시각 Link
④ 컨트롤 Link

* **인간 커뮤니케이션 Link**
① 방향성 Link
② 통신계 Link
③ 시각 Link

31 다음 중 일반적인 수공구의 설계원칙으로 볼 수 없는 것은?

① 손목을 곧게 유지한다.
② 반복적인 손가락 동작을 피한다.
③ 사용이 용이한 검지만을 주로 사용한다.
④ 손잡이는 접촉면적을 가능하면 크게 한다.

* **수공구의 설계원칙**
㉠ 손목을 곧게 유지한다.
㉡ 손바닥에 가해지는 압력을 줄인다.
㉢ 손가락의 반복 사용을 피한다.
㉣ 손잡이는 손바닥과의 접촉 면적이 크게 설계한다.
㉤ 공구의 무게를 줄이고 사용 시 균형이 유지되도록 한다.
㉥ 손잡이 단면은 원형 또는 타원형으로 한다.
㉦ 동력공구의 손잡이는 두 손가락 이상으로 작동하도록 한다.
㉧ 손잡이 직경은 30~45mm 크기가 적당하다.(정밀 작업 시는 5~12mm, 회전력이 필요한 대형 스크루드라이버 같은 공구는 50~60mm)

📒 필기에 자주 출제되는 내용입니다.

정답　29 ②　30 ④　31 ③

32 인간 오류의 분류에 있어 원인에 의한 분류 중 작업자가 기능을 움직이려 해도 필요한 물건, 정보, 에너지 등의 공급이 없는 것처럼 작업자가 움직이려 해도 움직일 수 없어서 발생하는 오류는?

① primary error ② secondary err
③ command error ④ omission error

★ 휴먼에러 원인의 레벨적 분류
㉮ primary error(1차 에러) : 작업자 자신으로부터 발생한 에러
㉯ secondary error(2차 에러) : 작업형태, 작업조건 중 문제가 생겨 필요한 사항을 실행할 수 없어 발생한 에러
㉰ command error : 실행하고자 하여도 필요한 물품, 정보, 에너지 등이 공급되지 않아서 작업자가 움직일 수 없는 상태에서 발생한 에러

📝 자주 출제되는 내용입니다. 해설을 다시 확인하세요.

---

33 다음 중 신호의 강도, 진동수에 의한 신호의 상대 식별 등 물리적 자극의 변화여부를 감지할 수 있는 최소의 자극 범위를 의미하는 것은?

① Chunking
② Stimulus Range
③ SDT(Signal Detection Theory)
④ JND(Just Noticeable Difference)

★ 변화감지역(just noticeable difference)
물리적 자극의 변화 여부를 감지할 수 있는 최소의 자극범위

---

34 조도가 400럭스인 위치에 놓인 흰색 종이 위에 짙은 회색의 글자가 씌어져 있다. 종이의 반사율은 80%이고, 글자의 반사율은 40%라 할 때 종이와 글자의 대비는 얼마인가?

① -100% ② -50%
③ 50% ④ 100%

• 대비(%) = $\dfrac{\text{배경의 밝기(Lb)} - \text{표적물체의 밝기(Lt)}}{\text{배경의 밝기(Lb)}} \times 100$

대비(%) = $\dfrac{80-40}{80} \times 100 = 50(\%)$

---

35 다음 중 인간-기계 시스템에서 기계에 비교한 인간의 장점과 가장 거리가 먼 것은?

① 완전히 새로운 해결책을 찾아낸다.
② 여러 개의 프로그램된 활동을 동시에 수행한다.
③ 다양한 경험을 토대로 하여 의사결정을 한다.
④ 상황에 따라 변화하는 복잡한 자극 형태를 식별한다.

② 여러 개의 활동을 동시에 수행 → 기계의 장점

📝 필기에 자주 출제되는 내용입니다.

정답 32 ③ 33 ④ 34 ③ 35 ②

> 참고
>
> **인간-기계의 기능 비교**
>
> | 구분 | 인간의 장점 | 기계의 장점 |
> |---|---|---|
> | 감지 기능 | • 저에너지 자극감지
• 다양한 자극 식별
• 예기치 못한 사건 감지 | • 인간의 감지범위 밖의 자극감지
• 인간, 기계의 모니터 기능 |
> | 정보 처리 결정 | • 많은 양의 정보 장시간 보관
• 귀납적, 다양한 문제 해결 | • 정보 신속 대량 보관
• 연역적, 정량적 |
> | 행동 기능 | • 과부하 상태에서는 중요한 일에만 집념할 수 있다. | • 과부하에서 효율적 작동
• 장시간 중량 작업, 반복, 동시 여러가지 작업을 수행 가능 |
>
> 자주 출제되는 내용입니다. 참고를 다시 확인하세요.

36 성인이 하루에 섭취하는 음식물의 열량 중 일부는 생명을 유지하기 위한 신체기능에 소비되고, 나머지는 일을 한다거나 여가를 즐기는데 사용될 수 있다. 이 중 생명을 유지하기 위한 최소한의 대사량을 무엇이라 하는가?

① BMR ② RMR
③ GSR ④ EMG

> * **기초대사율 BMR(basal metabolic rate)**
> 정신적, 육체적 에너지 소비가 없을 때 **생명을 유지하기 위해 필요한 최소한의 에너지 대사**를 말한다.

37 Chapanis의 위험분석에서 발생이 불가능한(Impossible) 경우의 위험 발생률은?

① 10^{-2}/day ② 10^{-4}/day
③ 10^{-6}/day ④ 10^{-8}/day

> * **발생 불가능한(Impossible) 위험**
> 10^{-8}/day

38 세발자전거에서 각 바퀴의 신뢰도가 0.9일 때 이 자전거의 신뢰도는 얼마인가?

① 0.729 ② 0.810
③ 0.891 ④ 0.999

> 세발자전거의 바퀴는 하나가 펑크나면 달려가지 못함
> → 직렬 연결
> R = 0.9×0.9×0.9 = 0.729

39 다음 중 형상 암호화된 조종장치에서 "이산 멈춤 위치용" 조종장치로 가장 적절한 것은?

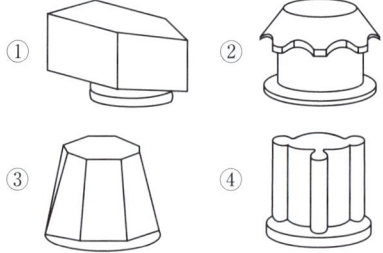

정답 36 ① 37 ④ 38 ① 39 ①

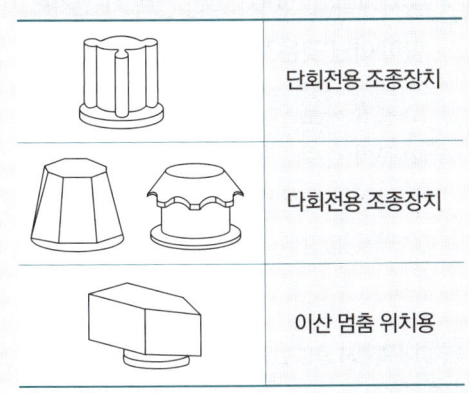

	단회전용 조종장치
	다회전용 조종장치
	이산 멈춤 위치용

40 다음 중 보전용 자재에 관한 설명으로 가장 적절하지 않은 것은?

① 소비속도가 느려 순환사용이 불가능하므로 폐기시켜야 한다.
② 휴지손실이 적은 자재는 원자재나 부품의 형태로 재고를 유지한다.
③ 열화상태를 경향검사로 예측이 가능한 품목은 적시 발주법을 적용한다.
④ 보전의 기술수준, 관리수준이 재고량을 좌우한다.

장치가 고장나는 일 없이 정상 가동하도록 보수하는 것을 보전이라 한다. 보전용 자재는 소비속도가 느리더라도 함부로 폐기하여서는 안 된다.

3과목 건설시공학

41 경량콘크리트(Lightweight Concrete)에 대한 설명 중 옳지 않은 것은?

① 기건비중은 2.0 이하, 단위중량은 1,700 kg/m³ 정도이다.
② 열전도율은 보통 콘크리트와 유사하나 단열성은 우수하다.
③ 물과 접하는 지하실 등의 공사에는 부적합하다.
④ 경량이어서 인력에 의한 취급이 용이하고, 가공도 쉽다.

* **경량기포 콘크리트**
  (ALC : Auto claved light weight concrete)
화산재, 발포제품을 넣고 **인공적으로 기포를 발생시켜 단위중량을 감소시킨 콘크리트**를 말한다.
① 열전도율이 보통 콘크리트의 1/10 정도이다.
② 경량으로 인력에 의한 취급이 가능하다.
③ 흡수성이 크고 표면마모가 쉽고 강도가 크지 않다.
④ 현장에서 절단 및 가공이 용이하다.
⑤ 건조수축률이 작으므로 균열 발생이 적다.

필기에 자주 출제되는 내용입니다.

정답 40 ① 41 ②

42 철골공사의 철골부재 용접에서 용접 결함이 아닌 것은?

① 언더컷(under cut)
② 오버랩(overlap)
③ 루트(root)
④ 블로우 홀(blow hole)

＊용접결함
① 언더컷(Under Cut) : 모재 및 용접부의 일부가 녹아서 발생하는 홈 또는 오목하게 생긴 부분(용착금속이 채워지지 않고 홈처럼 우묵하게 남아 있는 부분)을 말한다.
② 오버랩(overlap) : 용접전류가 부족하거나, 용접 속도가 너무 느릴 경우 발생하며 용착 금속이 모재에 융합되지 않고 겹친 부분(용융된 금속이 모재 면에 덮쳐진 상태)을 말한다.
③ 피트(pit), 블로우 홀(blow hole) : 용접 중에 이물질, 수분 등으로 발생된 가스가 표면으로 빠져 나오면서 발생된 작은 구멍을 pit라 하며, 내부에 남아있는 기공을 blow hole이라 한다.

참고

＊루트(Root)
맞댄 용접에서의 트임새 간격을 말한다.

📝 필기에 자주 출제되는 내용입니다.

43 공사계획에 있어서 공법 선택 시 고려할 사항이 아닌 것은?

① 품질 확보
② 공기 준수
③ 작업의 안전성 확보와 제3자 재해의 방지
④ 공구 분할의 결정

＊공사계획에서 공법 선택 시 고려 사항
① 품질 확보
② 공기 준수
③ 작업의 안전성 확보와 제3자 재해의 방지

44 바닥판, 보 밑 거푸집 설계에서 고려하는 하중에 속하지 않는 것은?

① 굳지 않은 콘크리트 중량
② 작업하중
③ 충격하중
④ 측압

바닥판, 보 밑 거푸집 설계에서는 연직하중을 고려하여야 한다.

정답 42 ③ 43 ④ 44 ④

참고

★ 거푸집 동바리의 설계하중

1) 연직하중 = 고정하중 + 작업하중 + 적설하중
   ① 고정하중 : 콘크리트 무게 + 거푸집 무게
   ② 작업하중 : 작업원 + 장비하중 + 시공하중 + 충격하중
2) 콘크리트 측압
3) 풍하중
4) 수평하중

📝 필기에 자주 출제되는 내용입니다.

45 말뚝의 이음 공법 중 강성이 가장 우수한 방식은?

① 장부식 이음
② 충전식 이음
③ 리벳식 이음
④ 용접식 이음

★ 말뚝 이음공법

Band식 및 장부식 이음	• 이음부에 Band를 채우거나 미리 제작하여 끼워서 이음하는 방법 • 시공이 간편하며 단기간 시공이 가능하다. • 강성이 약하며 연약지반에 사용이 불가능하다.
충진식 이음	• 이음부 내부에 철근, 콘크리트를 채워 이음하는 방법 • 내압축성, 내식성이 우수하나. • 이음부의 강성이 크다.
볼트식 이음	• 말뚝이음 부분을 볼트로 체결하여 이음하는 방법 • 시공이 신속, 간편하다. • 타입 시 볼트 체결부분이 파손되기 쉽다.

용접식 이음	• 말뚝 이음부에 강판을 부착하여 현장에서 용접하여 이음하는 방법 • 이음부의 강성이 가장 우수한 방법이다. • 이음부의 부식 우려가 있다.

📝 필기에 자주 출제되는 내용입니다.

46 용접작업에서 용접봉을 용접방향에 대하여 서로 엇갈리게 움직여서 용착금속을 용착시키는 운봉방법은?

① 단속용접   ② 개선
③ 레그   ④ 위빙

★ 위빙(weaving)

용접작업에서 용접봉을 한곳에 집중하지 않고 좌우로 이동하면서 서로 엇갈리게 움직여 용접하는 방법을 말한다.

참고

★ 용접결함

① 언더컷(Under Cut) : 용접전류가 과대하거나 용접속도가 너무 빠를 때 또는 아크를 짧게 유지하기 어려운 경우 발생하며 모재 및 용접부의 일부가 녹아서 발생하는 홈 또는 오목하게 생긴 부분(용착금속이 채워지지 않고 홈처럼 우묵하게 남아 있는 부분)을 말한다.
② 오버랩(overlap) : 용접전류기 부족하기니, 용접 속도가 너무 느릴 경우 발생하며 용착 금속이 모재에 융합되지 않고 겹친 부분(용융된 금속이 모재 면에 덮쳐진 상태)을 말한다.
③ 크랙(Crack) : 용접부에 생기는 균열을 말하며 용접결함 중 가장 치명적인 결함이 된다.

📝 필기에 자주 출제되는 내용입니다.

47 철근콘크리트 구조물의 내구성 저하 요인과 거리가 먼 것은?

① 백화
② 염해
③ 중성화
④ 동해

* 철근콘크리트 구조물의 내구성 저하 요인
① 건조수축
② 염해
③ 중성화
④ 동결융해(동해)
⑤ 온도변화
⑥ 알칼리 골재반응

> **참고**
>
> * 조적조의 백화현상
> 벽돌 접착용 모르타르의 석회분이 빗물에 의하여 유출되며 수산화칼슘이 되어 표면에 유출될 때 공기 중의 탄산가스 또는 벽돌의 유황성분과 결합하여 흰 가루가 생기는 현상을 말한다.

 필기에 자주 출제되는 내용입니다.

48 보기는 지하연속벽(slurry wall)공법의 시공 내용이다. 그 순서를 알맞게 연결한 것은?

> A : 트레미관을 통한 콘크리트 타설
> B : 굴착
> C : 철근망의 조립 및 삽입
> D : guide wall 설치
> E : end pipe 설치

① A → B → C → E → D
② D → B → E → C → A
③ B → D → E → C → A
④ B → D → C → E → A

* **바슬러리월 공법(지하연속벽 공법)의 시공순서**
가이드 월(안내 벽) 설치 → 안정액 투입 → 굴착 → 슬라임 제거 → 인터록킹 파이프 설치(또는 Stop-End Pipe) → 지상조립 철근(철근망) 삽입 → 트레미관 설치 → 콘크리트 타설 및 안정액 회수 → 인터로킹 파이프 제거 → 콘크리트 양생 → 가이드 월 제거

 필기에 자주 출제되는 내용입니다.

49 철골공사 중 고장력 볼트접합에 대한 설명 중 옳지 않은 것은?

① 고장력 볼트란 항복강도 700MPa 이상, 인장강도 900MPa 이상인 볼트다.
② 접합방식의 종류는 마찰접합, 지압접합, 인장접합이 있다.
③ 볼트의 호칭지름에 의한 분류는 D16, D20, D22, D24로 한다.
④ 조임은 토크관리법과 너트회전법에 따른다.

③ 볼트의 호칭지름에 의한 분류는 M16, M20, M22, M24, M27로 한다.

> **참고**
>
> * **고장력 볼트접합**
> 고장력 볼트를 조여서 생기는 인장력으로 접합재 상호 간에 발생하는 마찰력에 의해 접합하는 방식을 말한다.

정답 47 ① 48 ② 49 ③

50 주문받은 건설업자가 대상계획의 금융, 토지조달, 설계시공 등 기타 모든 요소를 포괄한 도급계약 방식은?

① 실비정산 보수가산도급
② 턴키도급(turn-key)
③ 정액도급
④ 공동도급(joint venture)

* **턴키베이스 도급(turn-key base contract)**
주문받은 건설업자가 대상 계획의 기업, 금융, 토지조달, 설계, 시공 등을 포괄하는 도급계약방식을 말한다.

📝 필기에 자주 출제되는 내용입니다.

51 콘크리트의 측압에 대한 설명 중 옳지 않은 것은?

① 부어넣기 속도가 빠를수록 측압이 크다.
② 콘크리트의 비중이 클수록 측압이 크다.
③ 콘크리트의 온도가 높을수록 측압이 적다.
④ 진동기를 사용하여 다질수록 측압이 적다.

* **콘크리트 타설 시 거푸집의 측압**
① 거푸집의 강성이 클수록 측압이 크다.
② 철골 or 철근량이 적을수록 측압이 크다.
③ 외기온도가 낮을수록 측압이 크다.
④ 습도가 낮을수록 측압이 크다.
⑤ 타설속도가 빠를수록 측압이 크다.
⑥ 슬럼프가 클수록 측압이 크다.
⑦ 콘크리트 비중이 클수록 측압이 크다.
⑧ 다짐이 좋을수록 측압이 크다.(진동기를 사용하여 다질수록 측압이 크다.)

📝 필기에 자주 출제되는 내용입니다.

52 거푸집 중 슬라이딩 폼에 대한 설명으로 옳지 않은 것은?

① 곡물창고, 굴뚝, 사일로, 교각 등에 사용한다.
② 공기단축이 가능하다.
③ 내·외부에 비계발판을 설치하여 시공한다.
④ 연속적으로 콘크리트를 부어 넣어 일체성을 확보할 수 있다.

* **슬라이딩 폼**
시공이음 없이 거푸집을 요크(yoke)로 연속적으로 끌어올려 단면형상에 변화가 없는 공법으로 silo 공사 등에 적당하다.(일반적으로 돌출물이 없는 건축물에 적용할 수 있다.)

📝 필기에 자주 출제되는 내용입니다.

53 발주자는 시공자에게 시공을 위임하고 실제로 시공에 소요된 비용, 즉 공사실비(cost)와 미리 정해 놓은 보수 (fee)를 시공자가 받는 방식으로 발주자, 컨설턴트 또는 엔지니어 및 시공자 3자가 협의하여 공사비를 결정하는 도급 계약 방식은?

① 실비정산 보수가산계약
② 공동도급 계약방식
③ 파트너링 방식
④ 분할 도급계약방식

* **실비정산 보수가산식 도급**
실비와 보수를 분리하여 지급하는 형태의 계약을 말한다.

정답 50 ② 51 ④ 52 ③ 53 ①

> [참고]
>
> 1. **공동도급** : 2개 이상의 사업자가 하나의 사업을 공동으로 도급을 받아 계약을 이행하는 방식을 말한다.
> 2. **분할도급** : 공사를 유형별로 분류하여 각기 다른 전문 도급자를 선정하고 도급계약을 맺는 방식이다.
> 3. **파트너링(Partnering)** : 발주자가 직접 설계와 시공에 참여하고 프로젝트 관련자들이 상호 신뢰를 바탕으로 Team을 구성해서 프로젝트의 성공과 상호이익 확보를 공동 목표로 하여 프로젝트를 추진하는 공사수행 방식을 말한다.

📝 필기에 자주 출제되는 내용입니다.

54 가설공사 중 직접가설 공사 항목이 아닌 것은?

① 시험설비
② 규준틀 설치
③ 비계 설치
④ 건축물 보양 설비

★ 직접가설 항목
① 수평보기, 규준틀 설치, 비계설치
② 양중·운반 타설시설(콘크리트·자재운반용 타워, 콘크리트 타설용 수평비계, 슈트, 타워크레인, 호이스트, 가설리프트)
③ 낙하물 방지설비(낙하·추락·비산 방지시설)

> [참고]
>
> 1. **직접가설 공사** : 특정 공사의 진행에 직접적으로 적용되는 가설공사를 말한다.
> 2. **공통가설 공사** : 공사 진행에 공통적으로 적용되는 것으로서 가설울타리, 가설건물, 가설도로, 공사용 전력설비, 공사용수설비 등을 말한다.

55 트렌치 컷 공법에 관한 설명으로 옳은 것은?

① 온통파기를 할 수 없을 때, 히빙 현상이 예상될 때 효과적이다.
② 중앙부의 흙을 먼저 파내고 다음에 주위 부분의 흙을 파내는 공법이다.
③ 면적이 넓을수록 효과적이다.
④ 시공 깊이는 안전상 10m 내외로 한정된다.

★ 트렌치 컷 공법
① 이중 널말뚝을 건물의 주위에 박고 **주변부를 먼저 굴착하여 주변부 구조체 축조 후 이를 흙막이로 사용하면서 중앙부 파내어 지하구조물을 완성하는 공법**)
② 흙파기의 깊이가 얕고 면적이 넓은 경우(면적이 넓어 버팀대를 설치해도 변형이 우려될 경우)에 사용한다.
③ **온통파기를 할 수 없을 때, 히빙 현상이 예상될 때 효과적이다.**

> [참고]
>
> **★ 아일랜드 공법**
> 비탈면을 남기고 **중앙부를 굴착해서 흙파기 한 후 중앙부 구조체를 먼저 설치**하는 방식으로 중앙부 구조체가 설치되면 흙막이 벽체를 버팀대로 지지할 수 있다.

📝 필기에 자주 출제되는 내용입니다.

정답 54 ① 55 ①

56 지반 개량공법의 종류에 속하지 않는 것은?

① 탈수다짐법
② 치환법
③ 표준관입시험법
④ 약액주입법

★ 지반개량 공법
① **다짐공법** : 말뚝을 형성하여 지반을 다져서 지반을 개량하는 공법을 말한다.
② **치환공법** : 연약지반을 양질의 재료로 치환하는 방법을 말한다.
③ **고결공법** : 지반을 구성하는 토립자 사이를 고결(일체화)시켜 지반을 개량하는 방법
④ **강제(强制)압밀공법** : 재하방법과 드레인 방법을 이용하여 지반을 강제 압밀시키는 방법
⑤ **재하공법** : 연약지반에 미리 하중을 가하여 흙을 압밀시키는 공법
⑥ **탈수 및 배수공법** : 지반 내 물을 탈수 또는 배수하여 흙을 개량하는 방법

참고

★ 표준관입 시험(Standard penetration test)
· 모래의 전단력은 모래의 밀도에 의하여 결정되고 불교란 시료를 채취하기 곤란하므로 현지에서 모래의 밀도 N값을 측정하는 시험이다.
· 63.5[kg]의 추를 75[cm]에서 자유 낙하시켜 표준샘플러를 관입량 30cm에 달하는데 요하는 타격횟수를 말하고 N의 값이 클수록 밀실한 토질이다.

57 위치한 지면보다 낮은 우물통과 같은 협소한 장소의 흙을 퍼올리는 장비로서 연한 지반에는 가능하나 경질 층에는 부적당한 장비는?

① 클램쉘(clam shell)
② 트렉터셔블(tractor shovel)
③ 드래그라인(drag line)
④ 앵글도저(angle dozer)

★ 클램쉘(clamshell)
· 수중굴착 및 가장 협소하고 깊은 굴착이 가능하며 호퍼(hopper)에 적당하다.
· 연약지반이나 수중굴착 및 자갈 등을 싣는데 적합하다.

 필기에 자주 출제되는 내용입니다.

58 콘크리트 시공에 있어서 다지거나 진동을 주는 목적으로 가장 타당한 것은?

① 점도를 증가시켜 준다.
② 시멘트를 절약시킨다.
③ 동결을 방지하고 경화를 촉진시킨다.
④ 콘크리트를 거푸집 구석구석까지 충전시킨다.

★ 콘크리트 타설 시 진동기를 사용하는 목적
콘크리트를 거푸집 구석구석까지 충진시키고 밀실한 콘크리트를 얻기 위함이다.(콘크리트의 밀실화 유지)

필기에 자주 출제되는 내용입니다.

정답   56 ③   57 ①   58 ④

59 철근 피복두께에 대한 설명 중 옳지 않은 것은?

① 철근 피복두께는 콘크리트의 표면에서 가장 가까운 주근의 표면까지의 거리이다.
② 철근을 피복하는 목적은 내구성, 내화성, 콘크리트 타설 시 유동성 확보 등에 있다.
③ 흙에 접하는 D16 이하의 철근을 사용한 내력벽의 최소피복두께는 40mm이다.
④ 과다한 피복두께는 콘크리트 균열을 유발시켜 구조물의 사용수명을 감소시킨다.

＊**철근 피복두께**
① 철근 피복두께는 최외각 위치의 철근 외면에서부터 콘크리트 표면까지 최단거리를 말한다.
② 철근을 피복하는 목적은 내구성, 내화성, 콘크리트 타설 시 유동성 확보 등에 있다.
③ 과다한 피복두께는 콘크리트 균열을 유발시켜 구조물의 사용수명을 감소시킨다.

📝 필기에 자주 출제되는 내용입니다.

60 단가 도급계약 제도에 대한 설명으로 옳지 않은 것은?

① 시급한 공사인 경우 계약을 간단히 할 수 있다.
② 설계변경으로 인한 수량증가의 계산이 어렵고 일시도급보다 복잡하다.
③ 공사비가 높아질 염려가 있다.
④ 총공사비를 예측하기 힘들다.

② 설계변경으로 인한 수량증감의 계산이 간단하다.
(물량이 증가하면 공사비가 자동으로 증가하기 때문에 추가공사에 대한 분쟁이 적다.)

📝 필기에 자주 출제되는 내용입니다.

4과목 건설재료학

61 콘크리트 골재에 요구되는 성질로 옳지 않은 것은?

① 골재는 청정, 내구적인 것으로 유해량의 먼지, 흙, 유기불순물 등을 포함하지 않을 것
② 골재의 강도는 콘크리트 중의 경화시멘트 페이스트의 강도 이상일 것
③ 골재의 입형은 세장하고, 표면이 매끈할 것
④ 입도는 조립에서 세립까지 연속적으로 균등히 혼합되어 있을 것

＊**콘크리트용 골재의 요구 성능**
① 골재의 강도는 경화한 시멘트페이스트 강도보다 클 것
② 형태는 거칠고 구형에 가까운 것이 가장 좋으며, 편평하거나 세장한 것은 좋지 않다.
③ 골재는 청정, 내구적인 것으로 먼지 또는 유기불순물을 포함하지 않을 것
④ 골재의 입형은 둥글고 입도가 고를 것

정답 59 ① 60 ② 61 ③

⑤ 운모가 다량으로 포함된 골재는 콘크리트의 강도를 저하시키고 풍화되기 쉽다.
⑥ 골재의 입도는 조립에서 세립까지 연속적으로 균등히 혼합되어 있을 것(잔 것과 굵은 것이 적당히 혼합된 것이 좋다.)
⑦ 골재의 입도는 표준 망체를 사용한 체가름 시험으로 확인할 수 있다.

📝 필기에 자주 출제되는 내용입니다.

62 에폭시 도장에 대한 설명 중 옳지 않은 것은?

① 내마모성은 우수하고 수축, 팽창이 거의 없다.
② 내약품성, 내수성, 접착력이 우수하다.
③ 자외선에 특히 강하여 외부에 주로 사용한다.
④ Non-Slip 효과가 있다.

장점	단점
① 각종 소지와의 부착성이 우수하다.	① 자외선에 약하다. (황변이 일어난다)
② 기계적 강도가 우수하다.	② 경화 시간이 길다.
③ 내수성 및 내약품성이 우수하다.	③ 극성이 없는 Polymer (PE, PP, Silicone 등)에는 부착이 약하다.
④ 경화 시 휘발성이 없으므로 용적의 감소가 극히 적다.(치수 안정성이 우수하다.)	④ 경화제를 혼용해야 한다.
⑤ Non-Slip 효과가 있다.	

📝 필기에 자주 출제되는 내용입니다.

63 접착제를 사용할 때의 주의사항으로 옳지 않은 것은?

① 피착제의 표면은 가능한 한 습기가 없는 건조상태로 한다.
② 용제, 희석제를 사용할 경우 과도하게 희석시키지 않도록 한다.
③ 용제성의 접착제는 도포 후 용제가 휘발한 적당한 시간에 접착시킨다.
④ 접착처리 후 일정한 시간 내에는 가능한 한 압축을 피해야 한다.

④ 접착처리 후 일정한 시간 내에 접착면을 압축하여야 한다.

64 목재의 방화법과 가장 관계가 먼 것은?

① 부재의 소단면화
② 불연성 막이나 층에 의한 피복
③ 방화페인트의 도포
④ 난연처리

＊ 목재의 방화법
① 부재의 대단면화 : 대단면은 화재 시 온도상승을 지연시킨다.
② 불연성 막이나 층에 의한 피복
③ 방화페인트의 도포
④ 난연처리

📝 필기에 자주 출제되는 내용입니다.

정답 62 ③ 63 ④ 64 ①

65 방수공사에서 아스팔트 품질 결정요소와 가장 거리가 먼 것은?

① 침입도　② 신도
③ 연화점　④ 마모도

> **★ 아스팔트의 품질 결정요소**
> ① 침입도
> ② 연화점
> ③ 인화점
> ④ 감온비
> ⑤ 신도

📝 필기에 자주 출제되는 내용입니다.

66 알루미늄과 그 합금 재료의 일반적인 성질에 관한 설명 중 옳지 않은 것은?

① 산, 알칼리에 강하다.
② 내화성이 적다.
③ 열·전기 전도성이 크다.
④ 비중이 철의 1/3이다.

> ① 산과 알칼리에 약하다.(알칼리나 해수에 침식되기 쉽다.)

📝 필기에 자주 출제되는 내용입니다.

67 중용열 포틀랜드시멘트에 대한 설명 중 옳지 않은 것은?

① 수화열이 적어 한중공사에 적합하다.
② 단기강도는 조강포틀랜드시멘트보다 작다.
③ 내구성이 크며 장기강도가 크다.
④ 방사선 차단용 콘크리트에 적합하다.

★ 포틀랜드 시멘트의 종류

보통 포틀랜드 시멘트(1종)	① 일반적인 시멘트로서 보편적인 성질을 가진 시멘트 ② 토목, 건축의 각 공사에 사용하는 보편적인 시멘트
중용열 포틀랜드 시멘트(2종)	① 수화열을 낮게 하여 단기보다 장기강도를 증진시킨 시멘트로서 수화열이 낮고 건조수축이 작으며 내화학성이 우수한 시멘트 ② 댐공사, 터널, 거대구조물의 기초공사, 콘크리트도로 포장공사에 사용
조강 포틀랜드 시멘트(3종)	① 조기에 고강도를 나타낼 수 있도록 한 시멘트이며 콘크리트의 수밀성이 높고 구조물의 내구성도 우수한 시멘트 ② 한중공사, 긴급공사에 사용
저열 포틀랜드 시멘트(4종)	① 중용열시멘트 보다 낮은 수화열로 수화열이 최저인 시멘트 ② LNG Tank, 댐용 시멘트로서 중용열포틀랜드 시멘트와 유사한 용도로 사용

정답　65 ④　66 ①　67 ①

내황산염 포틀랜드 시멘트(5종)	① 황산염에 대한 저항성을 강화한 시멘트 ② 하수시설, 배수시설, 해양 구조물, 황산염을 많이 함유한 토양, 터널수로라이닝 등에 사용

📝 필기에 자주 출제되는 내용입니다.

68 콘크리트 배합(mix proportion) 중 실제 현장골재의 표면수·흡수량 및 입도상태를 고려하여 시방배합을 현장상태에 적합하게 보정하는 배합은?

① 현장배합(job mix)
② 용적배합(volume mix)
③ 중량배합(weight mix)
④ 계획배합(specified mix)

---

① **현장배합**(job mix) : 실제 현장골재의 표면수·흡수량 및 입도상태를 고려하여 **시방배합을 현장상태에 적합하게 보정하는 배합**
② **용적배합**(volume mix) : 콘크리트 1m³를 만드는데 필요한 각 **재료의 양을 절대용적**(L/m³)으로 나타낸 배합(용적에 의해 배합을 결정)
③ **중량배합**(weight mix) : 콘크리트 1m³를 만드는데 필요한 각 **재료의 양을 단위량**(kgf/cm³)으로 나타낸 배합(중량에 의해 배합을 결정)
④ **계획배합**(specified mix, 시방배합) : 소정의 품질을 갖는 콘크리트가 얻어지도록 된 배합으로서 시방서 또는 책임기술자가 지시한 배합이며 비빈 콘크리트의 1m³에 대한 재료 사용량으로 나타낸다.

69 열가소성 수지(thermoplastic resin)에 해당하는 것은?

① 페놀수지
② 아크릴수지
③ 멜라민수지
④ 폴리우레탄 수지

＊ 열경화성 및 열가소성수지의 종류

열경화성 수지	열가소성수지
• 페놀 수지	• 염화비닐 수지
• 요소 수지	• 초산비닐 수지
• 멜라민 수지	• 메틸메타크릴 수지
• 알키드 수지	• 폴리에틸렌 수지
• 실리콘 수지	• 폴리스티렌 수지
• 에폭시 수지	• 아크릴 수지
• 우레탄 수지	• 스티롤 수지
• 프란 수지	• 셀룰로이드
• 폴리에스테르 수지	
• 불포화폴리에스테르수지	

특급암기법
가수(열가소성수지) 염비 초비 메틸 에틸렌(폴리에틸렌) 아크릴 스티(스티롤) 로이드(셀룰로이드)

📝 필기에 자주 출제되는 내용입니다.

참고
폴리우레탄 수지는 열가소성 폴리우레탄 및 열경화성 폴리우레탄이 있다.

70 암석이 가장 쪼개지기 쉬운 면을 말하며 절리보다 불분명하지만 방향이 대체로 일치되어 있는 것은?

① 석리 ② 입상조직
③ 석목 ④ 선상조직

★ 석재의 조직
① 석목 : 암석이 가장 쪼개지기 쉬운 면을 말하며 절리보다 불분명하지만 방향이 대체로 일치되어 있는 것을 말한다.
② 석리 : 암석을 구성하고 있는 조암광물의 집합상태에 따라 생기는 모양으로 암석 조직상의 갈라진 금을 말한다.
③ 절리 : 천연적으로 갈라진 틈으로 화성암에 많이 존재한다.
④ 층리 : 퇴적암, 변성암 등에 존재하는 **평행상의 절리**를 말한다.
⑤ 편리 : 변성암에서 생기는 불규칙한 절리(박편모양으로 갈라짐)를 말한다.

71 각종 미장재료에 대한 설명으로 옳지 않은 것은?

① 석고플라스터는 가열하면 결정수를 방출하여 온도상승을 억제하기 때문에 내화성이 있다.
② 바라이트 모르타르는 방사선 방호용으로 사용된다.
③ 돌로마이트플라스터는 수축률이 크고 균열이 쉽게 발생한다.
④ 혼합석고플라스터는 약산성이며 석고 라스 보드에 적합하다.

④ 혼합석고플라스터는 약알칼리성으로 경화 속도는 보통이다.

72 콘크리트의 건조수축, 구조물의 균열 및 변형을 방지할 목적으로 사용되는 혼화재료는?

① 지연제(Retarder)
② 플라이애시(Fly ash)
③ 실리카흄(Silica fume)
④ 팽창재(Expansive producing admixtures)

★ 팽창재(Expansive producing admixtures)
콘크리트의 건조수축, 구조물의 균열 및 변형을 방지하기 위하여 **경화과정에서 팽창을 일으킨다**.

📝 필기에 자주 출제되는 내용입니다.

73 목재의 강도에 관한 설명 중 옳지 않은 것은?

① 심재의 강도가 변재보다 크다.
② 함수율이 높을수록 강도가 크다.
③ 추재의 강도가 춘재보다 크다.
④ 절건비중이 클수록 강도가 크다.

② 섬유포화점 이상에서 압축강도는 일정하며, 섬유포화점 이하에서는 함수율이 감소할수록 압축강도는 증가한다.(함수율이 커질수록 압축강도는 낮아진다.)

📝 필기에 자주 출제되는 내용입니다.

정답 70 ③ 71 ④ 72 ④ 73 ②

74 건축재료 중 점토에 대한 설명으로 옳지 않은 것은?

① 양질의 점토는 습윤 상태에서 현저한 가소성을 나타낸다.
② 점토는 수성암에서만 생성된다.
③ 점토의 주성분은 실리카와 알루미나이다.
④ 점토의 압축강도는 인장강도의 약 5배 정도이다.

② 점토광물은 거의 모든 종류의 암석의 풍화작용, 속성작용, 저온 변성작용 및 열수 변질작용 등의 결과로 생성된다.

> **참고**
>
> ★ 점토의 일반성질
> ① 양질의 점토는 **물을 흡수**하여 가소성을 나타내며, **점토 입자가 미세할수록 가소성은 좋아진다.**
> ② 점토의 주성분은 실리카와 알루미나이다.
> ③ 압축강도는 인장강도의 약 5배 정도이다.
> ④ 점토제품의 색상은 철산화물 또는 석회물질, 망간화합물, 소성온도에 의해 나타난다.(소성 색상은 석회물질이 많을수록 황색, 철산화물이 많을수록 적색이 된다.)
> ⑤ 점토제품에서 SK번호는 소성온도를 나타낸다.

 필기에 자주 출제되는 내용입니다.

75 ALC(Autoclave Lightweight Concrete) 제품에 대한 설명 중 옳지 않은 것은?

① 대형판 제조가 불가능하다.
② 시공이 용이하고 내화성이 크다.
③ 제품 발포제로서 알루미늄 분말을 사용한다.
④ 절건상태에서 비중이 0.45~0.55 정도이다.

> ★ **경량기포콘크리트**
> (ALC: Autoclaved Lightweight Concrete)
> 골재를 사용하지 않고 콘크리트 속에 미세하고 안정된 독립공기를 조성하는 **기포제(알루미늄 분말)**를 혼입하여 경량화 한 콘크리트를 말한다.
> ① 보통콘크리트에 비하여 **탄산화(중성화)의 우려가 크다.**
> ② 열전도율은 보통콘크리트의 약 1/10 정도로 단열성이 우수하다.
> ③ 현장에서 **취급이 편리하고 절단 및 가공이 용이하다.**
> ④ 다공질이므로 **흡수성이 높은 편이고 동해에 대한 저항성이 낮다.**(겨울철 콘크리트에 함유된 수분이 얼어 동해를 일으킨다.)
> ⑤ 압축강도에 비해서 **휨강도나 인장강도는 상당히 약하다.**
> ⑥ 절건 상태에서 비중이 0.45~0.55 정도이다.
> ⑦ 대형판 제조가 가능하다.

필기에 지주 출제되는 내용입니다.

정답 74 ② 75 ①

76 강(鋼)에 함유된 탄소 성분이 강재성질에 끼치는 영향이 아닌 것은?

① 강도의 증감
② 연율(신율)의 증감
③ 내산성의 증감
④ 경도의 증감

★ 강(鋼)에 함유된 탄소 성분이 증가할 경우
① 인장강도의 증가
② 연율(신율)의 감소
④ 경도의 증가

77 실적률이 큰 골재를 사용한 콘크리트에 대한 설명 중 옳지 않은 것은?

① 단위 시멘트량을 줄일 수 있다.
② 콘크리트의 마모저항의 증대를 기대할 수 있다.
③ 콘크리트의 내구성 및 강도를 높일 수 있다.
④ 콘크리트의 투수성이나 흡습성이 커진다.

★ 실적률이 클 경우(공극률이 작을 경우) Con'c에 주는 영향
① Cement Paste량이 감소한다.(단위 시멘트량의 감소)
② 단위 수량을 감소시킨다.
③ 수화 발열량을 감소시킨다.
④ 건조 수축이 감소시킨다.
⑤ 콘크리트 내구성 및 강도가 증가된다.
⑥ 콘크리트의 수밀성이 커진다.
⑦ 콘크리트의 마모 저항이 커진다.
⑧ 콘크리트의 투수성 및 흡수성이 작아진다.
⑨ 콘크리트 제조 시 경제적으로 유리하다.

📝 필기에 자주 출제되는 내용입니다.

78 목재 가공품 중 판재와 각재를 접착하여 만든 것으로 보, 기둥, 아치, 트러스 등의 구조부재로 사용되는 것은?

① 파키토 패널 ② 집성목재
③ 파티클 보드 ④ 코펜하겐 리브

★ 집성목재
① 두께 1.5~3cm 의 널(제재판재 또는 소각재 등의 부재)을 접착제로 섬유평행방향으로 겹쳐 붙여서 만든 제품을 말한다.
② 임의의 단면 형상을 갖도록 제작(필요한 단면을 만들 수 있다.)할 수 있다.
③ 목재의 강도를 인공적으로 자유롭게 조절할 수 있다.
④ 충분히 건조된 건조재를 사용하므로 비틀림 변형 등이 생기지 않는다.
⑤ 보, 기둥 등의 구조재료로 사용할 수 있다.

📝 필기에 자주 출제되는 내용입니다.

79 속빈 콘크리트 블록(KS F 4002)의 성능을 평가하는 시험항목과 거리가 먼 것은?

① 기건 비중 시험
② 전 단면적에 대한 압축강도 시험
③ 내충격성 시험
④ 흡수율 시험

★ 속빈 콘크리트 블록의 시험항목
① 겉모양
② 치수(가로, 세로, 높이)
③ 흡수율
④ 압축강도
⑤ 기건비중

정답 76 ③   77 ④   78 ②   79 ③

80 강재의 인장시험에서 탄성에서 소성으로 변하는 경계는?

① 비례한계점 ② 변형경화점
③ 항복점 ④ 인장강도점

*항복점
탄성 영역에서 소성 영역으로 넘어가는 경계점을 말한다.

5과목 건설안전기술

81 리프트(Lift)의 안전장치에 해당하지 않는 것은?

① 권과방지장치
② 비상정지장치
③ 과부하방지장치
④ 조속기(속도조절기)

리프트 (자동차정비용 리프트 제외)	• 과부하방지장치 • 권과방지장치 • 비상정지장치 • 제동장치 • 조작반(盤) 잠금장치

실기까지 중요한 내용입니다. 암기하세요.

82 벽체 콘크리트 타설 시 거푸집이 터져서 콘크리트가 쏟아진 사고가 발생하였다. 다음 중 이 사고의 주요 원인으로 추정할 수 있는 것은?

① 콘크리트를 부어 넣는 속도가 빨랐다.
② 거푸집에 박리제를 다량 도포했다.
③ 대기 온도가 매우 높았다.
④ 시멘트 사용량이 많았다.

콘크리트를 부어 넣는 속도가 빠를 경우 → 측압이 커진다. → 거푸집이 터지는 원인이 될 수 있다.

83 산업안전보건기준에 관한 규칙에 따른 굴착면의 기울기 기준으로 옳지 않은 것은?

① 경암 = 1 : 0.5
② 연암 = 1 : 1.0
③ 풍화암 = 1 : 1.0
④ 보통 흙(건지) = 1 : 1.5

*굴착면의 기울기 기준

지반의 종류	굴착면의 기울기
모래	1 : 1.8
연암 및 풍화암	1 : 1.0
경암	1 : 0.5
그 밖의 흙	1 : 1.2

반드시 암기하세요.

정답 80 ③ 81 ④ 82 ① 83 ④

84 비계발판의 크기를 결정하는 기준은?

① 비계의 제조회사
② 재료의 부식 및 손상 정도
③ 지점의 간격 및 작업 시 하중
④ 비계의 높이

비계발판의 크기를 결정하는 기준 → 지점의 간격 및 작업 시 하중

85 작업발판 및 통로의 끝이나 개구부로서 근로자가 추락할 위험이 있는 장소에 설치하는 것과 거리가 먼 것은?

① 교차가새
② 안전난간
③ 울타리
④ 수직형 추락방망

작업발판 및 통로의 끝이나 개구부로서 근로자가 추락할 위험이 있는 장소에는 **안전난간, 울타리, 수직형 추락방망** 또는 **덮개** 등의 방호 조치를 충분한 강도를 가진 구조로 튼튼하게 설치하여야 하며, 덮개를 설치하는 경우에는 뒤집히거나 떨어지지 않도록 설치하여야 한다. 이 경우 어두운 장소에서도 알아볼 수 있도록 **개구부임을 표시**하여야 한다.

86 콘크리트를 타설할 때 거푸집에 작용하는 콘크리트 측압에 영향을 미치는 요인과 가장 거리가 먼 것은?

① 콘크리트 타설 속도
② 콘크리트 타설 높이
③ 콘크리트의 강도
④ 콘크리트 단위 용적 질량

③ 거푸집 강도가 클수록 측압이 크다. 콘크리트 강도는 영향을 미치지 않는다.

> 참고
>
> ★ **콘크리트의 측압**
> - 거푸집 부재 단면이 클수록 측압이 크다.
> - 거푸집 수밀성이 클수록 측압이 크다.
> - 거푸집 강성이 클수록 측압이 크다.
> - 거푸집 표면이 평활할수록 측압이 크다.
> - 시공연도 좋을수록 측압이 크다.
> - 철골 or 철근량 적을수록 측압이 크다.
> - 외기온도 낮을수록 측압이 크다.
> - 타설속도 빠를수록 측압이 크다.
> - 다짐이 좋을수록 측압이 크다.
> - 슬럼프 클수록 측압이 크다.
> - 콘크리트 비중 클수록 측압이 크다.
> - 응결시간이 느린 시멘트를 사용할수록 측압이 크다.
> - 습도가 낮을수록 측압이 크다.

정답 84 ③ 85 ① 86 ③

87 토사붕괴 재해의 발생 원인으로 보기 어려운 것은?

① 부석의 점검을 소홀히 했다.
② 지질조사를 충분히 하지 않았다.
③ 굴착면 상하에서 동시작업을 했다.
④ 안식각으로 굴착했다.

안식각(휴식각)은 흙을 쌓거나 깎았을 때 자연 상태에서 그 경사를 유지할 수 있는 최대 경사각으로 안식각으로 굴착할 경우 붕괴위험은 줄어든다.

88 추락에 의한 위험방지를 위해 조치해야 할 사항과 거리가 먼 것은?

① 추락방호망 설치
② 안전난간 설치
③ 안전모 착용
④ 투하설비 설치

*추락 위험 방지 조치
㉠ 추락방호망 설치
㉡ 안전난간 설치
㉢ 안전대 착용
㉣ 안전모 착용

> 참고

*투하설비의 설치
높이가 3미터 이상인 장소로부터 물체를 투하하는 때에는 적당한 투하설비를 설치하거나 감시인을 배치하는 등 위험방지를 위하여 필요한 조치를 하여야 한다.

89 가설계단 및 계단참의 하중에 대한 지지력은 최소 얼마 이상이어야 하는가?

① $300kg/m^2$ ② $400kg/m^2$
③ $500kg/m^2$ ④ $600kg/m^2$

계단 및 계단참의 강도는 $500kg/m^2$ 이상이어야 하며 안전율은 4 이상으로 하여야 한다.

암기하세요.

90 강관비계 중 단관비계의 조립간격(벽체와의 연결간격)으로 옳은 것은?

① 수직방향 : 6m, 수평방향 : 8m
② 수직방향 : 5m, 수평방향 : 5m
③ 수직방향 : 4m, 수평방향 : 6m
④ 수직방향 : 8m, 수평방향 : 6m

*비계 조립간격(벽이음 간격)

비계 종류		수직방향	수평방향
강관비계	단관비계	5m	5m
	틀비계(높이 5m 미만인 것 제외)	6m	8m

실기까지 중요한 내용입니다. 암기하세요.

정답 87 ④ 88 ④ 89 ③ 90 ②

91 철골구조에서 강풍에 대한 내력이 설계에 고려되었는지 검토를 실시하지 않아도 되는 건물은?

① 높이 30m인 건물
② 연면적당 철골량이 45kg인 건물
③ 단면구조가 일정한 구조물
④ 이음부가 현장용접인 건물

★ **외압에 대한 내력이 설계에 고려되었는지 확인하여야 할 대상(자립도 검토대상)**
- 높이 20미터 이상의 구조물
- 구조물의 폭과 높이의 비가 1 : 4 이상인 구조물
- 단면구조에 현저한 차이가 있는 구조물
- 연면적당 철골량이 50킬로그램/평방미터 이하인 구조물
- 기둥이 타이플레이트(tie plate)형인 구조물
- 이음부가 현장용접인 구조물

92 콘크리트의 재료 분리 현상 없이 거푸집 내부에 쉽게 타설할 수 있는 정도를 나타내는 것은?

① Workability
② Bleeding
③ Consistency
④ Finishability

★ **워커빌리티(workability)**
재료분리를 일으키는 일 없이 운반, 타설, 다지기, 마무리 등의 작업이 용이하게 될 수 있는 정도

93 굴착공사에서 굴착 깊이가 5m, 굴착 저면의 폭이 5m인 경우 양단면 굴착을 할 때 굴착부 상단면의 폭은? (단, 굴착면의 기울기는 1 : 1로 한다)

① 10m   ② 15m
③ 20m   ④ 25m

굴착 기울기 = $\dfrac{높이}{밑변}$ = 1 : 1 = $\dfrac{1}{1}$

문제에서 굴착 깊이가 5m라고 주어졌으므로 굴착면의 폭도 5m가 된다.

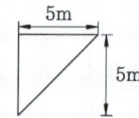

굴착 저면 폭이 5m이고 양단면 굴착이므로

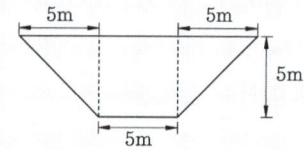

∴ 굴착부 상단면 폭은 15m이다.

94 화물을 적재하는 경우에 준수하여야 하는 사항으로 옳지 않은 것은?

① 침하 우려가 없는 튼튼한 기반 위에 적재할 것
② 건물의 칸막이나 벽 등이 화물의 압력에 견딜 만큼의 강도를 지니지 아니한 경우에는 칸막이나 벽에 기대어 적재하지 않도록 할 것
③ 불안정할 정도로 높이 쌓아 올리지 말 것
④ 편하중이 발생하도록 쌓을 것

정답 91 ③   92 ①   93 ②   94 ④

★ **화물의 적재 시의 준수 사항**
㉠ 침하 우려가 없는 튼튼한 기반 위에 적재할 것
㉡ 건물의 칸막이나 벽 등이 화물의 압력에 견딜 만큼의 강도를 지니지 아니한 경우에는 칸막이나 벽에 기대어 적재하지 않도록 할 것
㉢ 불안정할 정도로 높이 쌓아 올리지 말 것
㉣ 하중이 한쪽으로 치우치지 않도록 쌓을 것(편하중이 생기지 않도록 적재)

95 거푸집의 일반적인 조립순서를 옳게 나열한 것은?

① 기둥 → 보받이 내력벽 → 큰보 → 작은보 → 바닥판 → 내벽 → 외벽
② 회벽 → 보받이 내력벽 → 큰보 → 작은보 → 바닥판 → 내벽 → 기둥
③ 기둥 → 보받이 내력벽 → 작은보 → 큰보 → 바닥판 → 내벽 → 외벽
④ 기둥 → 보받이 내력벽 → 바닥판 → 큰보 → 작은보 → 내벽 → 외벽

★ **거푸집 조립 및 해체 순서**
㉠ 조립순서 : 기둥 → 보받이 내력벽 → 큰보 → 작은보 → 바닥 → (내벽) → (외벽)
㉡ 해체순서 : 바닥 → 보 → 벽 → 기둥

96 건설기계에 관한 설명 중 옳은 것은?

① 백호는 장비가 위치한 지면보다 높은 곳의 땅을 파는 데에 적합하다.
② 바이브레이션 롤러는 노반 및 소일시멘트 등의 다지기에 사용된다.
③ 파워쇼벨은 지면에 구멍을 뚫어 낙하해머 또는 디젤해머에 의해 강관말뚝, 널말뚝 등을 박는데 이용된다.
④ 가이데릭은 지면을 일정한 두께로 깎는 데에 이용된다.

① 지면보다 높은 곳의 땅파기 → 파워쇼벨
③ 강관말뚝, 널말뚝의 항타작업 → 항타기
④ 가이데릭 → 철골 세우기용 장비

97 일반적으로 사면이 가장 위험한 경우는 어느 때인가?

① 사면이 완전 건조 상태일 때
② 사면의 수위가 서서히 상승할 때
③ 사면이 완전 포화 상태일 때
④ 사면의 수위가 급격히 하강할 때

사면의 수위가 급격히 하강할 때 가장 위험하다.

98 산업안전보건기준에 관한 규칙에 따른 작업장 근로자의 안전한 통행을 위하여 통로에 설치하여야 하는 조명 시설의 조도기준(Lux)은?

㉮ 30Lux 이상
㉯ 75Lux 이상
㉰ 150Lux 이상
㉱ 300Lux 이상

근로자가 안전하게 통행할 수 있도록 통로에 75럭스 이상의 채광 또는 조명시설을 하여야 한다.

99 정기안전점검 결과 건설공사의 물리적·기능적 결함 등이 발견되어 보수·보강 등의 조치를 하기 위하여 필요한 경우에 실시하는 것은?

① 자체안전점검
② 정밀안전점검
③ 상시안전점검
④ 품질관리점검

정기안전점검 후 결함 발견되어 보수하기 위해 실시하는 점검 → 정밀안전점검

100 건설작업용 리프트에 대하여 바람에 의한 붕괴를 방지하는 조치를 한다고 할 때 그 기준이 되는 최소 풍속은?

① 순간 풍속 30m/sec 초과
② 순간 풍속 35m/sec 초과
③ 순간 풍속 40m/sec 초과
④ 순간 풍속 45m/sec 초과

＊악천후 시 조치
㉠ 순간풍속이 초당 10미터를 초과 : 타워크레인의 설치·수리·점검 또는 해체작업을 중지
㉡ 순간풍속이 초당 15미터를 초과 : 타워크레인의 운전작업을 중지
㉢ 순간풍속이 초당 30미터를 초과 : 옥외에 설치되어 있는 주행 크레인 이탈방지조치
㉣ 순간풍속이 초당 30미터를 초과하는 바람이 불거나 중진(中震) 이상 진도의 지진이 있은 후 : 옥외 양중기 각 부위 이상 점검
㉤ 순간풍속이 초당 35미터를 초과 : 옥외 승강기 및 건설용 리프트(지하에 설치되어 있는 것은 제외)에 대하여 받침의 수를 증가시키는 등 승강기가 무너지는 것을 방지하기 위한 조치

실기까지 중요한 내용입니다. 해설을 다시 확인하세요.

정답 98 ② 99 ② 100 ②

2014년 2회 최근 기출문제

1과목 산업안전관리론

01 다음 중 리더가 가지고 있는 세력의 유형이 아닌 것은?

① 전문세력(expert power)
② 보상세력(reward power)
③ 위임세력(entrust power)
④ 합법세력(legitimate power)

★ 리더의 세력
㉮ 강압적 세력(coercive power) : 부하들이 바람직하지 않은 행동을 했을 때 처벌을 줄 수 있는 권한
㉯ 보상적 세력(reward power) : 바람직한 행동을 했을 때 보상을 줄 수 있는 세력(승진, 휴가 등)
㉰ 합법적 세력(legitimate power) : 조직의 공식적 권력구조에 의해 주어진 권한
㉱ 전문적 세력(expert power) : 리더가 그 분야의 지식을 갖추고 있는 정도에 의해 전문적 권한이 결정된다.
⑤ 참조적 세력(referent power, attraction power) : 부하들이 리더의 생각과 목표를 동일시하거나 존경하고 매력을 느껴 리더를 참조하고픈 데서 파행된 권한(진정한 리더십이라 할 수 있다)

02 다음 중 적성배치 시 작업자의 특성과 가장 관계가 적은 것은?

① 연령   ② 작업조건
③ 태도   ④ 업무경력

④ 작업조건은 작업자의 특성이 아니다.

03 연평균 1,000명 근로자를 채용하고 있는 사업장에서 연간 24명의 재해자가 발생하였다면 이 사업장의 연천인율은 얼마인가? (단, 근로자는 1일 8시간씩 연간 300일을 근무한다.)

① 10   ② 12
③ 24   ④ 48

★ 연천인율
① 연천인율 = $\dfrac{\text{연간재해자 수}}{\text{연평균 근로자 수}} \times 1,000$
② 연천인율 = 도수율×2.4

연천인율 = $\dfrac{\text{연간재해자 수}}{\text{연평균 근로자 수}} \times 1,000$
= $\dfrac{24}{1,000} \times 1,000 = 24$

📝 반드시 풀이할 수 있어야 합니다.

정답   01 ③   02 ②   03 ③

04 산업안전보건 법령상 사업 내 안전 · 보건 교육에 있어 근로자의 채용 시 교육 및 작업 내용 변경 시의 교육 내용에 해당하지 않는 것은? (단, 산업안전보건법 및 산업재해보상보험제도에 관한 사항은 제외한다)

① 물질안전보건자료에 관한 사항
② 사고 발생 시 긴급조치에 관한 사항
③ 작업 개시 전 점검에 관한 사항
④ 표준안전 작업방법 및 지도 요령에 관한 사항

★ **근로자 채용 시 교육 및 작업내용 변경 시의 교육 내용**
① 산업안전 및 산업재해 예방에 관한 사항(화재 · 폭발 사고 발생 시 대피에 관한 사항을 포함한다)
② 산업보건 및 건강장해 예방에 관한 사항
③ 산업안전보건법령 및 산업재해보상보험제도에 관한 사항
④ 직무스트레스 예방 및 관리에 관한 사항
⑤ 직장 내 괴롭힘, 고객의 폭언 등으로 인한 건강장해 예방 및 관리에 관한 사항
⑥ 기계 · 기구의 위험성과 작업의 순서 및 동선에 관한 사항
⑦ 물질안전보건자료에 관한 사항
⑧ 작업 개시 전 점검에 관한 사항
⑨ 정리정돈 및 청소에 관한 사항
⑩ 사고 발생 시 긴급조치에 관한 사항
⑪ 위험성 평가에 관한 사항

특급암기법
공통 항목
1. 신규자는 법, 산재보상제도를 알자!
2. 신규자는 건강을 보존(산업보건)하고 건강장해, 스트레스, 괴롭힘, 폭언 예방하자!
3. 신규자는 안전하고 산업재해 예방하자!
4. 신규자는 위험성을 평가하자!

신규 채용자는 회사에 처음입사해서 처음 일을 하는 근로자, 안전하게 일하기 위한 기본내용을 교육한다.
1. 신규자는 기계기구 위험성, 작업 순서, 동선을 알자!
2. 신규자는 취급물질의 위험성(물질안전보건자료)을 알자!
3. 신규자는 작업 전 점검하자!
4. 신규자는 항상 정리정돈 청소하자!
5. 신규자는 사고 시 조치를 알자!

📝 실기까지 중요한 내용입니다. 암기하세요.

05 다음 중 재해조사 시 유의사항으로 가장 적절하지 않은 것은?

① 가급적 재해 현장이 변형되지 않은 상태에서 실시한다.
② 목격자가 제시한 사실 이외의 추측되는 말은 정밀 분석한다.
③ 과거 사고 발생 경향 등을 참고하여 조사한다.
④ 객관적 입장에서 재해방지에 우선을 두고 조사한다.

② 목격자 등이 증언하는 사실 이외의 추측의 말은 참고로만 한다.

📝 필기에 자주 출제되는 내용입니다.

> **참고**
>
> * 재해조사 시 유의사항
> ① 사실을 수집한다.
> ② 목격자 등이 증언하는 사실 이외의 추측의 말은 참고로만 한다.
> ③ 조사는 신속하게 행하고 긴급조치를 하여 2차 재해의 방지를 도모한다.
> ④ 사람, 기계설비의 양면의 재해요인을 모두 도출한다.
> ⑤ 객관적인 입장에서 공정하게 조사하며, 조사는 2인 이상이 한다.
> ⑥ 책임추궁보다 재발방지를 우선하는 기본 태도를 갖는다.

06 다음 중 안전교육의 4단계를 올바르게 나열한 것은?

① 도입 → 확인 → 제시 → 적용
② 도입 → 제시 → 적용 → 확인
③ 확인 → 제시 → 도입 → 적용
④ 제시 → 확인 → 도입 → 적용

안전교육 진행 4단계
제1단계 : 도입(학습할 준비를 시킨다)
제2단계 : 제시(작업을 설명한다)
제3단계 : 적용(작업을 시켜본다)
제4단계 : 확인(가르친 뒤 살펴본다)

📝 필기에 자주 출제되는 내용입니다.

07 재해예방의 4원칙 중 대책선정의 원칙에서 관리적 대책에 해당되지 않는 것은?

① 안전교육 및 훈련
② 동기부여와 사기 향상
③ 각종 규정 및 수칙의 준수
④ 경영자 및 관리자의 솔선수범

① 안전교육 및 훈련은 교육적 대책에 해당한다.

08 다음 중 안전 태도교육의 원칙으로 적절하지 않은 것은?

① 들어본다.
② 이해하고 납득한다.
③ 항상 모범을 보인다.
④ 지적과 처벌 위주로 한다.

④ 태도교육 시 처벌 위주의 교육이 되어서는 안 된다.

09 다음 중 무재해 운동에서 실시하는 위험예지훈련에 관한 설명으로 틀린 것은?

① 근로자 자신이 모르는 작업에 대한 것도 파악하기 위하여 참가집단의 대상범위를 가능한 넓혀 많은 인원이 참가토록 한다.
② 직장의 팀워크로 안전을 전원이 빨리 올바르게 선취하는 훈련이다.
③ 아무리 좋은 기법이라도 시간이 많이 소요되는 것은 현장에서 큰 효과가 없다.
④ 정해진 내용의 교육보다는 전원의 대화 방식으로 진행한다.

 06 ② 07 ① 08 ④ 09 ①

① 위험예지훈련은 잠재위험요인을 소집단 토의를 통해 미리 생각하여 위험요인 해결을 습관화하는 훈련이다.

10 다음 중 매슬로의 욕구위계 5단계이론을 올바르게 나열한 것은?

① 생리적 욕구 → 사회적 욕구 → 안전의 욕구 → 존경의 욕구 → 자아실현의 욕구
② 안전의 욕구 → 생리적 욕구 → 사회적 욕구 → 존경의 욕구 → 자아실현의 욕구
③ 생리적 욕구 → 안전의 욕구 → 사회적 욕구 → 존경의 욕구 → 자아실현의 욕구
④ 사회적 욕구 → 생리적 욕구 → 안전의 욕구 → 자아 실현의 욕구 → 존경의 욕구

* **매슬로(Maslow A. H.)의 욕구단계 이론**
① **제1단계(생리적 욕구)** : 기아, 갈증, 호흡, 배설, 성욕 등 인간의 가장 기본적인 욕구
② **제2단계(안전 욕구)** : 자기 보존 욕구
③ **제3단계(사회적 욕구)** : 소속감과 애정 욕구
④ **제4단계(존경 욕구)** : 인정받으려는 욕구
⑤ **제5단계(자아 실현의 욕구)** : 잠재적인 능력을 실현하고자 하는 욕구(성취 욕구)

📝 실기까지 중요한 내용입니다. 암기하세요.

11 하인리히의 재해발생 5단계 이론 중 재해 국소화 대책은 어느 단계에 대비한 대책인가?

① 제1단계 → 제2단계
② 제2단계 → 제3단계
③ 제3단계 → 제4단계
④ 제4단계 → 제5단계

재해 국소화 대책은 "재해"로 이어지는 단계를 최소화 시키는 단계이다.

> **참고**
>
> * **하인리히(H. W. Heinrich) 사고발생 도미노 5단계**
>
> | | |
> |---|---|
> | 1단계 | 선천적 결함 (사회, 환경, 유전적 결함) |
> | 2단계 | 개인적 결함 |
> | 3단계 | 불안전 행동(인적결함)
불안전한 상태(물적결함) (제거 가능) |
> | 4단계 | 사고 |
> | 5단계 | 재해(상해) |

📝 필기에 자주 출제되는 내용입니다.

12 다음 중 [그림]에 나타난 보호구의 명칭으로 옳은 것은?

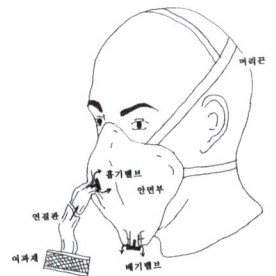

① 격리식 반면형 방독마스크
② 직결식 반면형 방진마스크
③ 격리식 전면형 방독마스크
④ 안면부여과식 방진마스크

정답 10 ③ 11 ④ 12 ①

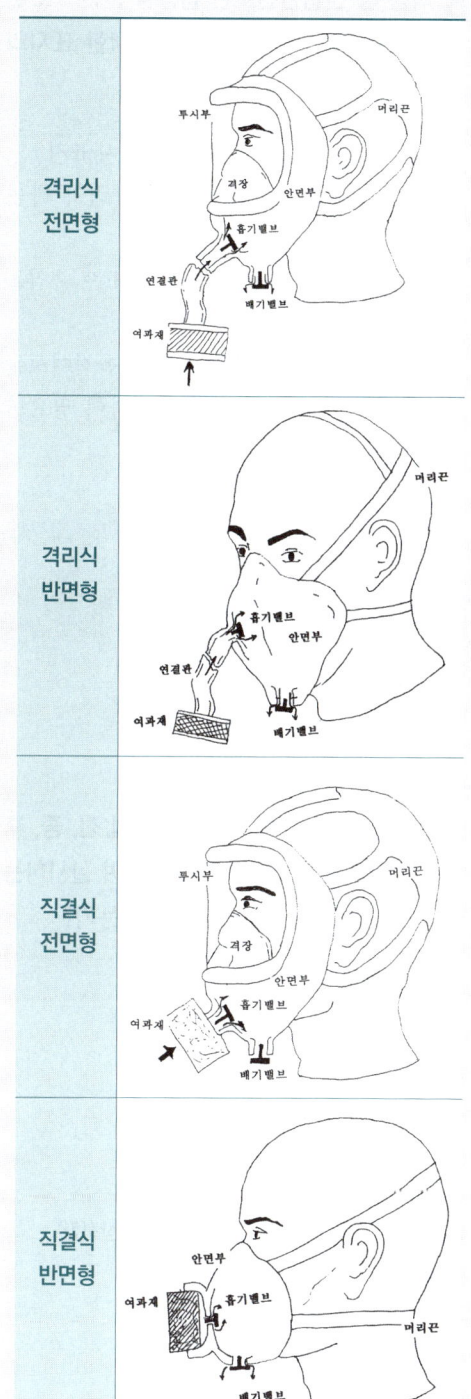

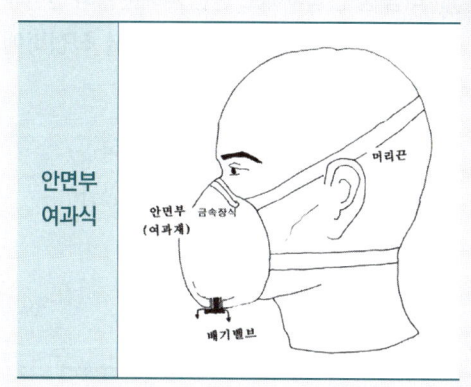

📝 실기까지 중요한 내용입니다.

13 다음 중 기억과 망각에 관한 내용으로 틀린 것은?

① 학습된 내용은 학습 직후의 망각률이 가장 낮다.
② 의미없는 내용은 의미있는 내용보다 빨리 망각한다.
③ 사고력을 요하는 내용이 단순한 지식보다 기억, 파지의 효과가 높다.
④ 연습은 학습한 직후에 시키는 것이 효과가 있다.

① 학습된 내용은 학습 직후의 망각률이 가장 높다.

📝 필기에 자주 출제되는 내용입니다.

정답 13 ①

14 다음 중 산업재해로 인한 재해손실비 산정에 있어 하인리히의 평가방식에서 직접비에 해당하지 않는 것은?

① 통신급여 ② 유족급여
③ 간병급여 ④ 직업재활급여

통신급여는 직접비에 해당하지 않는다.

직접비	간접비
• 치료비 • 휴업급여 • 요양급여 • 유족급여 • 장해급여 • 간병급여 • 직업재활급여 • 상병(傷病)보상연금 • 장의비 등	• 인적 손실비 • 물적 손실비 • 생산 손실비 • 기계, 기구 손실비 등

📝 필기에 자주 출제되는 내용입니다.

15 다음 중 일반적인 안전관리 조직의 기본 유형으로 볼 수 없는 것은?

① line system   ② staff system
③ safety system ④ line-staff system

* 안전보건관리조직의 유형
㉮ 라인형(Line) or 직계형
㉯ 스태프형(staff) or 참모형
㉰ 라인 스태프형(Line Staff) or 혼합형

📝 실기까지 중요한 내용입니다.

16 다음 중 산업안전보건 법령상 안전·보건 표지의 용도 및 사용 장소에 대한 표지의 분류가 가장 올바른 것은?

① 폭발성 물질이 있는 장소 : 안내표지
② 비상구가 좌측에 있음을 알려야 하는 장소 : 지시표지
③ 보안경을 착용해야만 작업 또는 출입을 할 수 있는 장소 : 안내표지
④ 정리·정돈 상태의 물체나 움직여서는 안 될 물체를 보존하기 위하여 필요한 장소 : 금지표지

① 폭발성 물질경고 : 경고표지
② 비상구 : 안내표지
③ 보안경 착용 : 지시표지
④ 물체이동금지 : 금지표지

17 작업장에서 매일 작업자가 작업 전, 중, 후에 시설과 작업동작 등에 대하여 실시하는 안전점검의 종류를 무엇이라 하는가?

① 정기점검
② 일상점검
③ 임시점검
④ 특별점검

매일 작업 전, 중, 후에 실시 → 수시점검(일상점검)

📝 실기까지 중요한 내용입니다.

정답 14 ① 15 ③ 16 ④ 17 ②

> 참고
>
> **＊안전점검의 종류**
>
> ① 정기점검(계획점검)
> - 일정 기간마다 정기적으로 실시하는 점검을 말한다.
>
> ② 수시점검(일상점검)
> - 매일 작업 전, 중, 후에 실시하는 점검을 말한다.
>
> ③ 특별점검
> - 기계·기구 또는 설비의 신설·변경 또는 고장·수리 등으로 비정기적인 특정점검을 말하며 기술 책임자가 실시한다.
> - 산업안전보건 강조기간, 악천후 시에도 실시한다.
>
> ④ 임시점검
> - 기계·기구 또는 설비의 이상 발견 시에 임시로 점검하는 점검을 말한다.
> - 정기점검 실시 후 다음 점검기일 이전에 임시로 실시하는 점검의 형태이다.

18 다음 중 사고의 위험이 불안전한 행위 외에 불안전한 상태에서도 적용된다는 것과 관계가 있는 것은?

① 이념성 ② 개인차
③ 부주의 ④ 지능성

부주의는 사람(불안전행동)과 환경조건(불안전상태)과의 복합적인 상황 하에서 발생한다.

19 적응기제(Adjustment Mechanism) 중 방어적 기제(Defence Mechanism)에 해당하는 것은?

① 고립(IsolatIon)
② 퇴행(Regression)
③ 억압(Suppression)
④ 합리화(Rational ization)

도피기제	방어기제
• 억압 • 퇴행 • 백일몽 • 고립(거부)	• 보상 • 합리화 • 승화 • 동일시 • 투사

 자주 출제되는 내용입니다. 해설을 다시 확인하세요.

20 안전교육의 방법 중 TWI(Training Within Industry for supervisor)의 교육내용에 해당하지 않는 것은?

① 작업지도기법(JIT)
② 작업방법기법(JMT)
③ 작업환경 개선기법(JFT)
④ 인간관계 관리기법(JRT)

＊TWI 교육과정
- 작업 방법 기법(Job Method Training : JMT)
- 작업 지도 기법(Job instruction Training : JIT)
- 인간 관계관리 기법 또는 부하통솔법
  (Job Relations Training : JRT)
- 작업 안전 기법(Job Safety Training : JST)

 실기까지 중요한 내용입니다. 해설을 다시 확인하세요.

 18 ③　19 ④　20 ③

2과목 인간공학 및 시스템안전공학

21 인간공학의 중요한 연구과제인 계면(interface)설계에 있어서 다음 중 계면에 해당되지 않는 것은?

① 작업공간 ② 표시장치
③ 조종장치 ④ 조명시설

* **인간공학 및 시스템안전공학**
작업공간, 표시장치, 조종장치 등이 계면에 해당되며 계면설계를 위한 인간 요소 관련자료는 상식과 경험, 정량적 자료, 전문가의 판단 등이다.

22 일반적으로 스트레스로 인한 신체반응의 척도 가운데 정신적 작업의 스트레스 척도와 가장 거리가 먼 것은?

① 뇌전도
② 부정맥 지수
③ 근전도
④ 심박수의 변화

③ 근전도는 근육의 활동도를 나타내는 육체적 작업의 척도이다.

23 다음과 같이 ①~④의 기본사상을 가진 FT도에서 minimal cut set으로 옳은 것은?

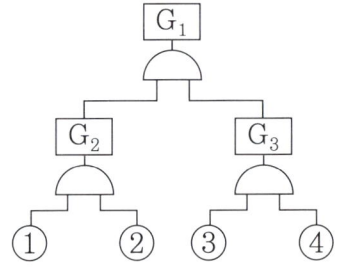

① {①, ②, ③, ④} ② {①, ③, ④}
③ {①, ②} ④ {③, ④}

$G_1 = G_2 \cdot G_3$
   $= (①, ②)(③, ④)$
   $= (①, ②, ③, ④)$
컷셋 : (①, ②, ③, ④)
미니멀 컷셋 : (①, ②, ③, ④)

📝 필기에 자주 출제되는 내용입니다.

24 다음 중 망막의 원추세포가 가장 낮은 민감성을 보이는 파장의 색은?

① 적색 ② 회색
③ 청색 ④ 녹색

원추세포는 색상을 감지하여 색깔을 구분할 수 있게 해주는 세포로서 빨강·녹색·파란색에 민감도가 높다.

25 다음 중 얼음과 드라이아이스 등을 취급하는 작업에 대한 대책으로 적절하지 않은 것은?

① 더운 물과 더운 음식을 섭취한다.
② 가능한 한 식염을 많이 섭취한다.
③ 혈액순환을 위해 틈틈이 운동을 한다.
④ 오랫동안 한 장소에 고정하여 작업하지 않는다.

② 식염 섭취는 고온작업장의 건강장해 예방조치에 해당한다.

26 FT도에 사용되는 기호 중 "시스템의 정상적인 가동상태에서 일어날 것이 기대되는 사상"을 나타내는 것은?

① ▭ ② ◯
③ ⌂ ④ △

일어날 것이 예상되는 사상 → 통상사상

통상사상	기본사상	정상사상 (결함사상)	생략사상
⌂	◯	▭	◇

📝 필기에 자주 출제되는 내용입니다.

27 정보를 전송하기 위한 표시장치 중 시각장치보다 청각장치를 사용해야 더 좋은 경우는?

① 메시지가 나중에 재참조 되는 경우
② 직무상 수신자가 자주 움직이는 경우
③ 메시지가 공간적인 위치를 다루는 경우
④ 수신자의 청각계통이 과부하상태인 경우

①, ③, ④ 시각장치 사용
② 청각장치 사용

참고

★ 청각장치와 시각장치의 비교

청각장치	• 전언이 짧고, 간단할 때 • 재참조되지 않는다. • 시간적인 사상을 다룬다. • 즉각적인 행동을 요구할 때 • 시각계통이 과부하일 때 • 주위가 너무 밝거나 암조응일 때 • 자주 움직이는 경우
시각장치	• 전언이 길고, 복잡할 때 • 재참조 된다. • 공간적인 위치 다룬다. • 즉각적 행동을 요구하지 않을 때 • 청각계통이 과부하일 때 • 주위가 너무 시끄러울 때 • 한곳에 머무르는 경우

📝 필기에 자주 출제되는 내용입니다.

정답 25 ② 26 ③ 27 ②

28 다음 중 인간공학에 관련된 설명으로 옳지 않은 것은?

① 인간의 특성과 한계점을 고려하여 제품을 변경한다.
② 생산성을 높이기 위해 인간의 특성을 작업에 맞추는 것이다.
③ 사고를 방지하고 안전성과 능률성을 높일 수 있다.
④ 편리성, 쾌적성, 효율성을 높일 수 있다.

㉡ 인간공학은 기계와 그 기계조작 및 환경조건을 인간의 특성에 맞추어 설계하는 것이다.

29 다음 중 통제표시비(control/display ratio)를 설계할 때 고려하는 요소에 관한 설명으로 틀린 것은?

① 계기의 조절시간이 짧게 소요되도록 계기의 크기(size)는 항상 작게 설계한다.
② 짧은 주행시간 내에 공차의 인정범위를 초과하지 않는 계기를 마련한다.
③ 목시거리(目示距離)가 길면 길수록 조절의 정확도는 떨어진다.
④ 통제표시비가 낮다는 것은 민감한 장치라는 것을 의미한다.

㉮ 계기의 크기가 너무 작을 경우 조절의 정확도는 떨어진다.

30 다음 중 불대수(Boolean algebra)의 관계식으로 옳은 것은?

㉮ $A(A \cdot B) = B$
㉯ $A + B = A \cdot B$
㉰ $A + A \cdot B = A \cdot B$
㉱ $(A + B)(A + C) = A + B \cdot C$

① $A(A \cdot B) = (AA)B = AB$
② $A + B = B + A$
③ $A + A \cdot B = (A + A) \cdot (A + B)$
$= A \cap (A \cup B)$
$= A$
④ $(A + B)(A + C) = A + B \cdot C$

31 시스템이 저장되고, 이동되고, 실행됨에 따라 발생하는 작동시스템의 기능이나 과업, 활동으로부터 발생되는 위험에 초점을 맞추어 진행하는 위험분석방법은?

① FHA ② OHA
③ PHA ④ SHA

작동시스템의 기능, 과업, 활동으로부터 발생되는 위험을 분석하는 기법 → 제품 사용과 함께 발생하는 위험을 분석하는 기법을 뜻한다.→ 운용 및 지원위험분석(OHA, OSHA)

📝 필기에 자주 출제되는 내용입니다.

정답 28 ② 29 ① 30 ④ 31 ②

32 2개 공정의 소음수준 측정 결과 1공정은 100dB에서 2시간, 2공정은 90dB에서 1시간 소요될 때 총 소음량(TND)과 소음설계의 적합성을 올바르게 나타낸 것은?
(단, 우리나라는 90dB에 8시간 노출될 때를 허용기준으로 하며, 5dB 증가할 때 허용시간은 1/2로 감소되는 법칙을 적용한다)

① TND = 0.83, 적합
② TND = 약 0.93, 적합
③ TND = 약 1.03, 부적합
④ TND = 약 1.13, 부적합

$$TND = \frac{C_1}{T_1} + \frac{C_2}{T_2} + \cdots + \frac{C_n}{T_n}$$

C : 각 소음에 노출되는 시간(min)
T : 각 폭로허용시간(TLV)(min)
* TND가 1을 초과할 경우 노출기준 초과

* **소음의 노출기준(충격소음 제외)**

1일 노출 허용시간 (hr)	8	4	2	1	$\frac{1}{2}$	$\frac{1}{4}$
소음강도 dB(A)	90	95	100	105	110	115

$$TND = \frac{C_1}{T_1} + \frac{C_2}{T_2} + \cdots + \frac{C_n}{T_n}$$
$$= \frac{2}{2} + \frac{1}{8} = 1.125$$

TND > 1이므로 노출기준 초과(부적합)

33 다음 중 시스템의 수명곡선(욕조곡선)에서 우발고장기간에 발생하는 고장의 원인으로 볼 수 없는 것은?
① 사용자의 과오 때문에
② 안전계수가 낮기 때문에
③ 부적절한 설치나 시동 때문에
④ 최선의 검사방법으로도 탐지되지 않는 결함 때문에

* **우발고장(일정형)**
예측할 수 없을 때에 생기는 고장의 형태

우발고장의 원인
• 안전계수가 낮기 때문
• 사용자의 과오 때문
• 최선의 검사방법으로도 탐지되지 않는 결함 때문에

📌 필기에 자주 출제되는 내용입니다.

34 다음 중 조도의 단위에 해당하는 것은?
① fL
② diopter
③ lumen/m²
④ lumen

* **조도의 단위**
1. fc(lumen/ft²)
2. lux(1umen/m²)

35 인간 오류의 분류에 있어 원인에 의한 분류 중 작업의 조건이나 작업의 형태 중에 다른 문제가 생겨 그 때문에 필요한 사항을 실행할 수 없는 오류(error)를 무엇이라고 하는가?

① secondary error
② primary error
③ command error
④ commission error

* **인간실수 원인의 레벨적 분류**
① primary error(1차 에러) : 작업자 자신으로부터 발생한 에러
② secondary error(2차 에러) : 작업형태, 작업조건 중 문제가 생겨 필요한 사항을 실행할 수 없어 발생한 에러
③ command error : 실행하고자 하여도 필요한 물품, 정보, 에너지 등이 공급되지 않아서 작업자가 움직일 수 없는 상태에서 발생한 에러

📝 필기에 자주 출제되는 내용입니다.

36 다음 중 시스템 안전의 최종분석 단계에서 위험을 고려하는 결정인자가 아닌 것은?

① 효율성   ② 피해 가능성
③ 비용 산정   ④ 시스템의 고장모드

* **시스템 최종분석단계 위험 결정인자**
① 효율성
② 피해 가능성
③ 비용 산정

37 품질 검사 작업자가 한 로트에서 검사 오류를 범할 확률이 0.1이고, 이 작업자가 하루에 5개의 로트를 검사한다면, 5개 로트에서 에러를 범하지 않을 확률은?

① 90%   ② 75%
③ 59%   ④ 40%

* **에러를 범하지 않을 확률**

$$(1 - P)^n$$

여기서, P : 실수확률
n : 작업의 반복횟수(로트의 수)

$(1 - P)^n = (1 - 0.1)^5 = 0.59(59\%)$

📝 출제비중이 낮은 문제입니다.

38 다음 중 시스템 안전성 평가 기법에 관한 설명으로 틀린 것은?

① 가능성을 정량적으로 다룰 수 있다.
② 시각적 표현에 의해 정보전달이 용이하다.
③ 원인, 결과 및 모든 사상들의 관계가 명확해진다.
④ 연역적 추리를 통해 결함사상을 빠짐없이 도출하나, 귀납적 추리로는 불가능하다.

④ 시스템 안전성 평가기법에는 연역적, 귀납적 추리 방법이 사용된다.

정답 35 ①   36 ④   37 ③   38 ④

39 다음 중 작업방법의 개선원칙(ECRS)에 해당되지 않는 것은?

① 교육(Education)
② 결합(Combine)
③ 재배치(Rearrange)
④ 단순화(Simplify)

* 개선의 4원칙(ECRS)
① Eliminate : 생략과 배제의 원칙
② Combine : 결합과 분리의 원칙
③ Rearrange : 재편성과 재배열의 원칙
④ Simplify : 단순화의 원칙

📝 필기에 자주 출제되는 내용입니다.

40 다음 중 인체계측에 관한 설명으로 틀린 것은?

① 의자, 피복과 같이 신체 모양과 치수와 관련성이 높은 설비의 설계에 중요하게 반영된다.
② 일반적으로 몸의 측정 치수는 구조적 치수(structural dimension)와 기능적 치수(functional dimension)로 나눌 수 있다.
③ 인체계측치의 활용시에는 문화적 차이를 고려하여야 한다.
④ 인체계측치를 활용한 설계는 인간의 신체적 안락에는 영향을 미치지만 성능수행과는 관련성이 없다.

④ 인체계측치를 이용한 설계는 신체적 안락뿐만 아니라 성능수행과도 밀접한 관련이 있다.

3과목 건설시공학

41 공사 감리자에 대한 설명 중 틀린 것은?

① 시공계획의 검토 및 조언을 한다.
② 문서화된 품질관리에 대한 지시를 한다.
③ 품질하자에 대한 수정방법을 제시한다.
④ 건축의 형상, 구조, 규모 등을 결정한다.

* 공사 감리자가 수행하여야 하는 기본 임무(건축공사 감리세부기준 2020. 12. 24)
① 건축주와 체결된 공사감리 계약 내용에 따라 공사감리자는 당해 공사가 설계도서 및 기타 관계서류의 내용대로 시공되는지의 여부를 확인하고 품질관리, 공정관리, 안전관리 등에 대하여 지도 · 감독한다.
② 공사감리체크리스트에 따라 설계도서에서 정한 규격 및 치수 등에 대하여 시설물의 각 공종마다 도서를 검토 · 확인하고, 육안검사 · 입회 · 시험 등의 방법으로 공사감리업무를 수행하여야 한다.
③ 법률과 이에 따른 명령 및 공공복리에 어긋나는 어떠한 행위도 하지 아니하며 성실 · 친절 · 공정 · 청렴결백의 자세로 업무를 수행해야하며, 건축공사의 안전 및 품질향상을 위하여 노력하여야 한다.
④ 당해 건축물을 설계하는 설계자의 설계의도 구현을 위하여 설계자의 적정한 참여가 이루어질 수 있도록 협조하여야 하며, 시공과정 중에 발생되는 설계변경사항에 대하여 협의한다.

정답 39 ① 40 ④ 41 ④

42 건설공사 완료 후 부실 시공부분에 재시공을 보장하기 위하여 공사발주처 등에 예치하는 공사금액의 명칭은?

① 입찰보증금 ② 계약보증금
③ 지체보증금 ④ 하자보증금

① **입찰보증금** : 입찰참가자에게 요구하는 보증금
② **계약보증금** : 계약 불이행의 경우에 발주기관이 입은 손해의 배상을 용이하게 하려는 목적으로 요구하는 보증금
③ **지체보증금** : 수급인이 공사를 지체한 것에 따른 지연배상으로 요구하는 보증금
④ **하자보증금** : 건설공사 완료 후 보수 및 재시공을 보증하기 위하여 공사발주처 등에 예치하는 공사금액

필기에 자주 출제되는 내용입니다.

43 거푸집 존치기간 결정요인과 가장 거리가 먼 것은?

① 시멘트의 종류
② 골재의 밀도
③ 구조물 부위
④ 기온

★ **거푸집 존치기간 결정요인**
① 시멘트의 종류
② 콘크리트 압축강도
③ 구조물 부위
④ 기온

참고

★ **거푸집의 해체시기**
① 콘크리트의 압축강도를 시험할 경우 거푸집널의 해체 시기

기초, 보, 기둥, 벽 등의 측면		5 MPa 이상
슬래브 및 보의 밑면, 아치 내면	단층구조의 경우	설계기준압축강도의 2/3배 이상 또한, 최소 14 MPa 이상
	다층구조의 경우	설계기준 압축강도 이상 (필러 동바리 구조를 이용할 경우는 구조계산에 의해 기간을 단축할 수 있음. 단, 이 경우라도 최소강도는 14 MPa 이상으로 함)

② 콘크리트의 압축강도를 시험하지 않을 경우 거푸집널의 해체 시기 (기초, 보, 기둥 및 벽의 측면)

시멘트의 종류 / 평균기온	조강 포틀랜드 시멘트	보통 포틀랜드 시멘트, 고로 슬래그 시멘트(특급), 포틀랜드 포졸란 시멘트(A종), 플라이애쉬 시멘트(A종)	고로 슬래그 시멘트(1급), 포틀랜드 포졸란 시멘트(B종), 플라이애쉬 시멘트(B종)
20℃ 이상	2일	4일	5일
20℃ 미만 10℃ 이상	3일	6일	8일

정답 42 ④ 43 ②

44 V.E(Value Engineering)에서 원가절감을 실현할 수 있는 대상 선정이 잘못된 것은?

① 수량이 많은 것
② 반복효과가 큰 것
③ 장시간 사용으로 숙달된 것
④ 내용이 간단한 것

* V.E(Value Engineerining)에서 원가절감을 실현할 수 있는 대상
① 수량이 많은 것
② 반복효과가 큰 것
③ 장시간 사용으로 숙달되어 개선효과가 큰 것
④ 내용이 복잡한 것

📝 필기에 자주 출제되는 내용입니다.

45 파헤쳐진 흙을 담아 올리거나 이동하는데 사용하는 기계로 쇼벨, 버킷을 장착한 트랙터 또는 크롤러 형태의 기계는?

① 불도저   ② 앵글도저
③ 로더   ④ 파워쇼벨

파헤쳐진 흙을 담아 올리거나 이동하는데 사용하는 기계 → 로더

46 철골공사와 직접적으로 관련된 용어가 아닌 것은?

① 토크렌치   ② 너트 회전법
③ 적산온도   ④ 스터드 볼트

콘크리트 양생기간동안의 온도의 누적 값을 적산온도(Maturity)라 한다.

47 민간자본 유치방식 중 간접시설을 설계, 시공한 후 소유권을 발주자에게 이양하고, 투자자는 일정기간 동안 시설물의 운영권을 행사하는 계약방식은?

① BOT(Build Operate Transfer)
② BTO(Build Transfer Operate)
③ BOO(Build Operate Own)
④ BTL(Build Transfer Lease)

* SOC(social overhead capital : 사회간접자본) 시설의 시공방식

① BOT 방식(Build-Operate-Transfer): 민간투자 발주방식
사회간접시설을 민간이 주도하여 설계·시공한 후, 일정기간 시설물을 운영하여 투자금을 회수한 후 시설소유권이 국가 또는 지방자치단체에 귀속(무상으로 이전)되는 방식을 말한다.
(설계 및 시공 → 운영 → 소유권 이전)

② BTO 방식(Build-Transfer-Operate)
사회간접시설을 민간이 주도하여 설계·시공한 후, 시설소유권을 공공부문에 먼저 이전하고 약정기간 동안 운영하여 투자금을 회수해 가는 방식을 말한다.
(설계 및 시공 → 소유권 이전 → 운영)

③ BOO 방식(Build-Operate-Own)
사회간접시설을 민간이 주도하여 설계·시공한 후, 시설의 운영과 함께 소유권도 민간에 이전하는 방식을 말한다.
(설계 및 시공 → 운영 → 소유권 획득)

④ BTL 방식(Build-Transfer-Lease)
민간이 공공시설을 건설한 후 정부에 소유권을 이전함과 동시에 정부에 시설임대료를 징수하여 투자금을 회수해 가는 방식을 말한다.
(설계 및 시공 → 소유권 이전 → 임대료 징수)

📝 필기에 자주 출제되는 내용입니다.

 정답 44 ④ 45 ③ 46 ③ 47 ②

48 철골공사의 접합방법 중 용접시공에 관한 사항으로 틀린 것은?

① 항상 용접열의 분포가 균등하도록 조치하고 일시에 다량의 열이 한 곳에 집중되지 않도록 해야 한다.
② 용접자세는 가능한 한 회전지그를 이용하여 아래보기 또는 수평자세로 한다.
③ 아크 발생은 필히 용접부 내에서 일어나도록 해야 한다.
④ 부재이음에 용접과 볼트를 불가피하게 병용할 경우에는 볼트를 조인 후에 용접하는 것을 원칙으로 한다.

④ 부재이음에는 용접과 볼트를 원칙적으로 병용해서는 안 되지만, 불가피하게 병용할 경우에는 용접 후에 볼트를 조이는 것을 원칙으로 한다.

📝 필기에 자주 출제되는 내용입니다.

49 건설업법에 의한 공사계약서에 포함해야 할 사항이 아닌 것은?

① 공사내용　② 공사착수의 시기
③ 공법분석내용　④ 공사대금 지불방법

★ 공사계약서 내용에 포함되어야 할 내용
① 계약의 목적
② 공사내용(공사 명, 공사 장소)
③ 도급금액 및 지불방법
④ 계약보증금
⑤ 위험부담
⑥ 지연배상금
⑦ 공사의 하자 등에 따른 손해배상에 관한 내용

📝 필기에 자주 출제되는 내용입니다.

50 KS L 5201(포틀랜드 시멘트)에 규정되어 있는 포틀랜드 시멘트의 종류가 아닌 것은?

① 중용열 포틀랜드 시멘트
② 고로 포틀랜드 시멘트
③ 조강 포틀랜드 시멘트
④ 내황산염 포틀랜드 시멘트

★ 포틀랜드 시멘트의 종류
① 조강포틀랜드 시멘트
② 저열포틀랜드 시멘트
③ 중용열 포틀랜드 시멘트
④ 내황산염 포틀랜드 시멘트

📝 필기에 자주 출제되는 내용입니다.

51 도급계약 방식 중 주문받은 건설업자가 대상계획의 기업·금융, 토지조달, 설계, 시공, 기계기구 설치 등 주문자가 필요로 하는 모든 것을 조달하여 주문자에게 인도하는 도급계약 방식은?

① 공동도급
② 실비정산 보수가산도급
③ 턴키(turn-key)도급
④ 일식도급

★ 턴키베이스 도급(turn-key base contract), 설계·시공 일괄입찰 제도
주문받은 건설업자가 대상 계획의 기업, 금융, 토지조달, 설계, 시공 등을 포괄하는 도급계약방식을 말한다.

📝 필기에 자주 출제되는 내용입니다.

정답　48 ④　49 ③　50 ②　51 ③

52. 철골구조물에 콘크리트슬래브를 설치하기 위한 구조재료로서 거푸집을 대용할 수 있는 것은?

① 액세스플로어(access floor)
② 데크 플레이트(deck plate)
③ 커튼 월(curtain wall)
④ 익스팬션 조인트(expansion joint)

* 데크플레이트
구조물의 바닥, 거푸집 등의 용도로 사용하기 위해 제작된 철판을 말하며 거푸집을 대용할 수 있다.(철골구조물에 콘크리트슬래브를 설치하기 위한 구조재료)

53. 주로 해안구조물과 교량의 상판, 난간벽체 등의 지지구조물, 내구성이 요구되는 건축물 등에 쓰이며, 탄소강 철근에 비해 내식성이 5~10배 정도 좋은 철근은?

① 스테인리스철근
② 일반 이형철근
③ 일반 원형철근
④ 고강도 이형철근

* 스테인리스철근
탄소강 철근에 비해 내식성이 5~10배 정도 좋으며, 해안구조물과 교량의 상판, 난간벽체 등의 지지구조물, 내구성이 요구되는 건축물 등에 사용된다.

54. 콘크리트를 타설하는 데 사용하는 것으로 콘크리트가 흘러내려 가는 유도로로서, 길이는 가능한 짧게 또 굴곡이 없도록 하며 된비빔 콘크리트에서는 사용하기 어려운 것은?

① 버킷
② 호퍼
③ 슈트
④ 카트

* 슈트(Shoot, Chute)
콘크리트를 타설하는 데 사용하는 것으로 콘크리트가 흘러내려 가는 유도로로서, 길이는 가능한 짧게 또 굴곡이 없도록 하며 된비빔 콘크리트에서는 사용하기 어렵다.

55. 철근콘크리트공사에서의 철근이음에 대한 설명 중 틀린 것은?

① 철근의 이음위치는 되도록 응력이 큰 곳은 피한다.
② 일반적으로 이음을 할 때는 한 곳에서 철근 수의 반 이상을 이어야 한다.
③ 철근이음에는 겹침이음, 용접이음, 기계적이음 등이 있다.
④ 철근이음은 힘의 전달이 연속적이고, 응력집중 등 부작용이 생기지 않아야 한다.

정답 52 ② 53 ① 54 ③ 55 ②

② 이음을 할 때는 한 곳에서 철근 수의 반 이상을 이어서는 안 된다.

📝 필기에 자주 출제되는 내용입니다.

56 콘크리트 공사에서 발생하는 결함이라고 보기 어려운 것은?

① 재료분리의 발생
② 콜드조인트의 발생
③ 컨스트럭션 조인트의 발생
④ 동해에 의한 콘크리트 강도 저하

*콘크리트 줄눈의 종류

조절줄눈 (control joint)	결함 부위로 균열의 집중을 유도하기 위해 균열이 생길만한 구조물의 부재에 미리 결함부위를 만들어 두는 것을 말한다.
시공이음 (Construction Joint)	① 콘크리트를 한 번에 타설하지 못할 곳에 생기는 줄눈을 말한다. ② 타설 능력, 작업 상황을 고려하여 미리 계획한 줄눈으로 결함이 아니다.
콜드 조인트 (Cold Joint)	① 휴식시간 등으로 응결하기 시작한 콘크리트에 새로운 콘크리트를 이어칠 때 일체화가 저해되어 생기는 줄눈(이음부)을 말한다. ② 경화 후 누수의 원인이 되고 철근의 녹 발생 등 내구성에 손상을 일으킨다.
신축줄눈 (Expansion joint)	구조물의 온도변화에 따른 수축팽창을 고려하여 설치하는 줄눈을 말한다.

📝 필기에 자주 출제되는 내용입니다.

57 철골기둥세우기의 순서를 올바르게 나열한 것은?

① 기둥세우기
② 주각모르타르 채움
③ 기둥 중심선 먹매김
④ 기초볼트위치 점검

① ③ - ④ - ① - ②
② ③ - ① - ④ - ②
③ ② - ③ - ① - ④
④ ② - ③ - ④ - ①

*철골세우기 순서

① 전면 바름 마무리법
중심먹매김 → 앵커볼트 설치 → 기초상부 고름질 → 철골세우기 → 가조립 → 변형바로잡기 → 본조립(정조립) → 리벳접합 → 접합부 검사 → 도장

② 나중 채워 넣기법
기둥 중심선 먹매김 → 기초 볼트위치 재점검 → base plate의 높이 조정용 plate 고정 → 기둥 세우기 → 주각부 모르타르 채움

📝 필기에 자주 출제되는 내용입니다.

58 공동도급(Joint Venture Contract)의 이점이 아닌 것은?

① 융자력의 증대
② 위험부담의 분산
③ 기술의 확충, 강화 및 경험의 증대
④ 이윤의 증대

정답 56 ③ 57 ① 58 ④

장점	단점
① 융자력 증대	① 공사비 증대
② 위험분산	② 책임소재 불분명
③ 시공의 확실성	③ 도급자 상호 충돌우려
④ 상호기술의 확충	④ 능률저하
⑤ 도급경쟁의 완화	

 필기에 자주 출제되는 내용입니다.

59 흙막이벽 자체의 휨 강성과 밑넣기 부분의 가로저항에 의해 주동토압을 부담시키고 굴착하는 흙막이 공법은?

① 버팀대식 공법
② 자립식 공법
③ 앵커방식 공법
④ 강재 널말뚝 공법

＊자립식 흙막이 공법(Open Cut 공법)
① 흙막이벽 자체의 휨 강성과 근입부의 횡저항(밑넣기 부분의 가로저항)에 의해 주동토압을 부담시키고 굴착하는 흙막이 공법을 말한다.
② 지반이 단단하고 규모가 작은 경우 가장 손쉬운 방법이다.

필기에 자주 출제되는 내용입니다.

60 연약한 점토질 지반에서 진흙의 점착력을 판별하는 토질 시험은?

① 표준관입시험　② 지내력도시험
③ 보링　　　　　④ 베인테스트

＊베인(Vane) 테스트
보링의 구멍을 이용하여 십자형 날개의 베인 테스터를 지반에 박고 회전시켜서 그 회전력에 의하여 점토의 점착력을 판별하는 방법을 말한다.(연약한 점토지반의 점착력 판별 시험)

 필기에 자주 출제되는 내용입니다.

4과목　건설재료학

61 목재의 자연건조 시 주의사항으로 틀린 것은?

① 건조시간의 절약을 위해 가능한 한 마구리를 노출한다.
② 목재 상호간의 간격을 충분히 하고 지면에서는 20cm 이상 높이의 굄목을 놓고 쌓는다.
③ 건조를 균일하게 하기 위해 때때로 상하 좌우로 환적한다.
④ 뒤틀림을 막기 위해 오림목을 고루 괴어 둔다.

① 마구리면을 노출할 경우 변색, 부패의 우려가 있다.

62 콘크리트 배합설계에 있어서 기준이 되는 골재의 함수 상태는?

① 절건상태 ② 기건상태
③ 표건상태 ④ 습윤상태

콘크리트 배합설계에 있어서 기준이 되는 골재의 함수
상태 : 표건상태

63 강재의 경우 저온에서 인장할 때 또는 결함부가 있게 되면 연신율과 단면수축률이 없이 파단되는 현상을 무엇이라 하는가?

① 연성파괴 ② 취성파괴
③ 청열취성 ④ 저온취성

연성파괴	• 강구조물에서 나타나는 대표적인 파괴형태 • 강재가 탄성체에서 소성상태를 거쳐 파단에 이르는 과정
취성파괴	• 저온에서 인장할 때 또는 결함부가 있게 되면 연신율과 단면수축률이 없이 파단되는 현상
청열취성	• 200℃~300℃에서 강의 강도는 커지나 연신율이 급격하게 저하되어 취약화 되는 현상 • 청열취성 구간에서 강은 청색 산화 피막을 생성한다.
저온취성	• 실온 이하의 저온에서 강이 취약한 성질을 나타내는 현상

64 매스콘크리트에서 균열제어를 하기 위한 대책으로 틀린 것은?

① 콘크리트의 온도상승을 적게 한다.
② 굵은 골재의 최대치수는 건조수축 등을 고려하여 되도록 작은 값을 사용한다.
③ 급격한 온도 변화를 피한다.
④ 저발열성 시멘트를 사용한다.

* 매스콘크리트에 발생하는 균열의 제어방법
① 플라이애쉬 등 포졸란계 혼화재를 사용하거나 저발열성 시멘트를 사용한다.
② 골재 최대 치수를 크게 하고 슬럼프 값은 최대한 적게 하여 시멘트 양을 줄이다.
③ 콘크리트의 온도상승을 적게 한다.(파이프 쿨링을 실시한다.)
④ 급격한 온도 변화를 피한다.
⑤ 온도균열지수에 의한 균열발생을 검토한다.

필기에 자주 출제되는 내용입니다.

65 주철의 최대 장점인 주조성을 가지며 또한 결점인 취성을 제거하여 강과 같이 단조할 수 있는 제품으로 듀벨, 창호철물, 파이프 등에 사용되는 것은?

① 고급주철 ② 강성주철
③ 가단주철 ④ 백주철

* 가단주철
주철의 최대 장점인 주조성을 가지며 또한 결점인 취성을 제거하여 강과 같이 단조할 수 있는 제품으로 듀벨, 창호철물, 파이프 등에 사용된다.

정답 62 ③ 63 ② 64 ② 65 ③

66 아스팔트는 온도에 의한 반죽질기가 현저하게 변화하는데 이러한 변화가 일어나기 쉬운 정도를 무엇이라 하는가?

① 감온성   ② 침입도
③ 신도   ④ 연화성

＊감온비
- 아스팔트의 온도변화에 따른 침입도의 변화 정도를 나타내는 수치이다.(온도는 아스팔트의 침입도, 점도, 경도, 연신율 등에 가장 큰 영향을 준다.)
- 감온성 : 외부 온도변화에 따라 아스팔트의 경도 및 점도 등이 변화하는 성질을 말한다.

 필기에 자주 출제되는 내용입니다.

67 화성암에 속하지 않는 석재는?

① 화강암   ② 현무암
③ 안산암   ④ 사암

＊화성암의 종류
① 화강암
② 안산암
③ 현무암

참고

＊수성암의 종류
① 사암
② 점판암
③ 응회암
④ 석회암

특급암기법
수성(수성암)이는 사(사암)점(점판암)맞고 응(응회암) 석(석회암)부림

 필기에 자주 출제되는 내용입니다.

68 석회암이 열에 약한 이유로 가장 타당한 것은?

① 석재내부에서 발생하는 열압력에 의한 균열 때문이다.
② 조암광물의 열팽창계수의 차이 때문이다.
③ 조암광물의 융점의 차이 때문이다.
④ 주성분이 열분해 되기 때문이다.

석회암은 주성분이 열에 의해 분해되기 때문에 열에 약하다.

69 구리와 주석의 합금으로 내식성이 크며 주조하기 쉽고 표면에 특유의 아름다운 청록색을 가지고 있어 건축장식 철물 또는 미술공예 재료에 사용되는 것은?

① 황동
② 청동
③ 양은
④ 적동

황동(Cu+Zn)	청동(Cu+Sn)
① 동과 아연의 합금으로 동보다 단단하며 가공이 용이하다. ② 창문의 레일, 경첩, 장식철물, 나사 등에 사용한다.	① 동(구리)과 주석을 주성분으로 한 합금이다. ② 건축용 장식품, 미술 공예 재료로 사용한다. ③ 황동보다 내식성이 좋고 내마모성과 주조성이 우수하다.

📝 필기에 자주 출제되는 내용입니다.

70 펄라이트 모르타르 바름에 대한 설명으로 틀린 것은?

① 재료는 진주암 또는 흑요석을 소성 팽창시킨 것이다.
② 펄라이트는 비중 0.3 정도의 백색입자이다.
③ 내화피복재 바름으로 쓰인다.
④ 균열이 거의 발생하지 않는다.

★ **펄라이트 모르타르**
① 재료는 진주암 또는 흑요석을 소성 팽창시킨 것이다.
② 펄라이트는 비중 0.3 정도의 백색입자이다.
③ 경량성, 내열성, 단열성 및 흡음성이 우수하며 내화피복재 바름 등으로 쓰인다.
④ 강도와 내마모성이 약하고 균열이 생길 수 있다.

71 재료의 단열성에 영향을 미치는 요인이 아닌 것은?

① 재료의 두께　② 재료의 밀도
③ 재료의 강도　④ 재료의 표면상태

★ **재료의 단열성에 영향을 미치는 요인**
① 재료의 두께
② 재료의 밀도
③ 재료의 표면상태

72 합판(plywood)의 특성에 관한 설명 중 틀린 것은?

① 방향성이 있다.
② 신축변형이 적다.
③ 흡음효과를 낼 수 있다.
④ 곡면 가공 시에도 균열이 적다.

★ **합판**
① 합판은 3매 이상의 얇은 판을 1매마다 접착제로 섬유방향에 직교하도록 붙여서 만든 판을 말한다.
② 함수율 변화에 따라 팽창·수축의 변형이 없다.
③ 뒤틀림이나 변형이 적은 비교적 큰 면적의 평면 재료를 얻을 수 있다.
④ 곡면가공을 하여도 균열이 생기지 않는다.
⑤ 균일한 강도의 재료를 얻을 수 있다.(방향에 따른 강도 차가 작다.)
⑥ 여러 가지 아름다운 무늬를 얻을 수 있다.
⑦ 흡음효과를 낼 수 있다.

📝 필기에 자주 출제되는 내용입니다.

정답　70 ④　71 ③　72 ①

73 석고플라스터 미장재료에 대한 설명으로 옳지 않은 것은?

① 응결시간이 길고, 건조수축이 크다.
② 가열하면 결정수를 방출하므로 온도상승이 억제된다.
③ 물에 용해되므로 물과 접촉하는 부위에서의 사용은 부적합하다.
④ 일반적으로 소석고를 주성분으로 한다.

★ 석고플라스터
① (소)석고, 물, 모래의 성분으로 마르면 경화하는 성질이 있다.
② 중성으로 경화 속도가 빠르다.
③ 건조하면 팽창하는 성질이 있어서 건조 시 균열 발생이 없다.
④ 가열하면 결정수를 방출하여 온도상승을 억제하기 때문에 내화성이 있다.

📝 필기에 자주 출제되는 내용입니다.

74 시멘트의 분말도가 클수록 나타나는 특징에 해당하지 않는 것은?

① 수화작용이 촉진된다.
② 초기강도가 증대된다.
③ 풍화작용이 억제된다.
④ 초기에 균열이 많이 발생한다.

★ 분말도가 큰 시멘트의 특징
① 워커빌리티가 좋고 블리딩이 적다.
② 수화반응이 빠르고 초기강도가 크다.(수화열이 높다.)
③ 시멘트량이 절약되고 내구성이 작아진다.
④ 분말도가 너무 크면 풍화되기 쉽다.
⑤ 분말도가 클수록 시멘트 분말이 미세하다.

📝 필기에 자주 출제되는 내용입니다.

75 재료가 외력을 받으면서 발생하는 변형에 저항하는 정도를 나타내는 것은?

① 가소성   ② 강성
③ 취성   ④ 좌굴

★ 건축재료의 성질
① 소성(塑性, 가소성) : 외력을 제거했을 때 원래의 상태로 되돌아오지 않는 성질
② 강성(剛性) : 탄성계수와 밀접한 관계를 가지고 있으며 외력을 받았을 때 변형을 작게(저항) 하려는 성질
③ 취성(脆性) : 어떤 재료에 외력을 가했을 때 작은 변형만 나타나도 파괴되는 성질

76 콘크리트의 워커빌리티에 영향을 줄 수 있는 요소에 대한 설명 중 틀린 것은?

① 단위수량이 증가하면 워커빌리티는 좋아지지만 재료의 분리가 발생하기 쉽다.
② 일반적으로 부(富)배합의 경우는 빈(貧)배합의 경우보다 워커빌리티가 좋다.
③ 골재로 강자갈을 사용한 경우가 깬자갈이나 깬모래를 사용한 경우보다 워커빌리티가 나쁘다.
④ 비빔시간이 과도하게 길면 콘크리트의 워커빌리티는 나빠진다.

③ 둥근 강자갈의 경우는 워커빌리티가 가장 좋고, 깬 자갈이나 깬 모래를 사용하면 워커빌리티가 나빠진다.

📝 필기에 자주 출제되는 내용입니다.

정답 73 ① 74 ③ 75 ② 76 ③

77 1,000℃ 이상의 고온에서도 견디는 단열재료로 최근 철골의 내화피복재로 많이 사용되는 것은?

① 규산칼슘판
② 펄라이트판
③ 세라믹섬유
④ 경질우레탄폼

* 세라믹섬유
1,000℃ 이상의 고온에서도 견디는 단열재료로 최근 철골의 내화피복재로 많이 사용된다.

78 점토 벽돌의 규격에 해당되는 기본치수로 옳은 것은? (단, 단위는 mm)

① 190×90×57
② 190×90×60
③ 210×90×57
④ 210×90×60

* 점토벽돌의 치수 및 허용차

단위 : mm

항목	구분		
	길이	너비	두께
치수	190	90	57
	230	90	57
	290	90	48
허용차	±5.0	±3.0	±2.5

📝 필기에 자주 출제되는 내용입니다.

79 KS F 3211(건설용 도막방수제)에서 주요 원료에 따른 방수재의 종류에 해당하지 않는 것은?

① 우레탄 고무계 방수재
② 아크릴 고무계 방수재
③ 에폭시 고무계 방수재
④ 고무 아스팔트계 방수재

* 도막방수 재료
① 무기, 유기질 혼화재
② 아크릴고무 도막재
③ 고무 아스팔트 도막재
④ 우레탄고무 도막재

80 강의 물리적 성질 중 탄소함유량이 증가함에 따라 나타나는 현상으로 틀린 것은?

① 비중이 낮아진다.
② 열전율이 커진다.
③ 팽창계수가 낮아진다.
④ 비열과 전기저항이 커진다.

강의 탄소량이 증가하면 비열 및 전기저항이 증가하고 비중, 선팽창계수, 열전도율, 내식성이 감소한다.

정답 77 ③ 78 ① 79 ③ 80 ②

5과목 건설안전기술

81 추락방지망의 달기로프를 지지점에 부착할 때 지지점의 간격이 1.5m인 경우 지지점의 강도는 최소 얼마 이상이어야 하는가? (단, 연속적인 구조물이 방망지지점인 경우임)

① 200kg ② 300kg
③ 400kg ④ 500kg

연속적인 구조물이 방망 지지점인 경우의 **외력 계산**

F = 200 × B
여기서, F는 외력(단위 : 킬로그램)
B는 지지점간격(단위 : m)이다.

F = 200 × B = 200 × 1.5 = 300kg

82 다음 빈칸에 알맞은 숫자를 옳게 나타낸 것은?

강관비계의 경우 띠장간격을 (　)미터 이하의 위치에 설치한다.

① 1   ② 2.5
③ 2   ④ 3

띠장간격 : 2.0미터 이하로 할 것

참고

* **강관비계의 구조**
① 비계기둥 간격 : 띠장방향에서는 1.85m 이하, 장선 방향에서는 1.5m 이하로 할 것
  다만, 다음 각 목의 어느 하나에 해당하는 작업의 경우에는 안전성에 대한 구조검토를 실시하고 조립도를 작성하면 띠장 방향 및 장선 방향으로 각각 2.7미터 이하로 할 수 있다.
  가. 선박 및 보트 건조작업
  나. 그 밖에 장비 반입·반출을 위하여 공간 등을 확보할 필요가 있는 등 작업의 성질상 비계기둥 간격에 관한 기준을 준수하기 곤란한 작업
② 띠장간격 : 2.0미터 이하로 할 것
③ 비계기둥의 제일 윗부분으로부터 31m되는 지점 밑부분의 비계기둥은 2본의 강관으로 묶어세울 것
④ 비계기둥 간의 적재하중은 400kg을 초과하지 않도록 할 것

실기까지 중요한 내용입니다. 참고를 다시 확인하세요.

83 크레인을 사용하여 양중작업을 하는 때에 안전한 작업을 위해 준수하여야 할 내용으로 틀린 것은?

① 인양할 하물(荷物)을 바닥에서 끌어당기거나 밀어 정위치 작업을 할 것
② 가스통 등 운반 도중에 떨어져 폭발 가능성이 있는 위험물 용기는 보관함에 담아 매달아 운반할 것
③ 인양 중인 하물이 작업자의 머리 위로 통과하지 않도록 할 것
④ 인양할 하물이 보이지 아니하는 경우에는 어떠한 동작도 하지 아니할 것

① 인양할 하물(荷物)을 바닥에서 끌어당기거나 밀어내는 작업을 하지 아니할 것

정답 81 ② 82 ③ 83 ①

> **참고**
>
> *크레인 작업 시의 조치
> ① 인양할 하물(荷物)을 바닥에서 끌어당기거나 밀어내는 작업을 하지 아니할 것
> ② 유류드럼이나 가스통 등 운반 도중에 떨어져 폭발하거나 누출될 가능성이 있는 위험물 용기는 보관함(또는 보관고)에 담아 안전하게 매달아 운반할 것
> ③ 고정된 물체를 직접 분리·제거하는 작업을 하지 아니할 것
> ④ 미리 근로자의 출입을 통제하여 인양 중인 하물이 작업자의 머리 위로 통과하지 않도록 할 것
> ⑤ 인양할 하물이 보이지 아니하는 경우에는 어떠한 동작도 하지 아니할 것

84 타워크레인을 벽체에 지지하는 경우 서면심사 서류 등이 없거나 명확하지 아니할 때 설치를 위해서는 특정 기술자의 확인을 필요로 하는데, 그 기술자에 해당하지 않는 것은?

① 건설안전기술사
② 기계안전기술사
③ 건축시공기술사
④ 건설안전분야 산업안전지도사

서면심사 서류 등이 없거나 명확하지 아니한 경우에는 **건축구조·건설기계·기계안전·건설안전기술사 또는 건설안전분야 산업안전지도사**의 확인을 받아 설치하거나 기종별·모델별 공인된 표준방법으로 설치할 것

85 흙의 동상을 방지하기 위한 대책으로 틀린 것은?

① 물의 유통을 원활하게 하여 지하 수위를 상승시킨다.
② 모관수의 상승을 차단하기 위하여 지하 수위 상층에 조립토층을 설치한다.
③ 지표의 흙을 화학약품으로 처리한다.
④ 흙 속에 단열재료를 매입한다.

① 배수구를 설치하여 지하 수위를 저하시킨다.

> **참고**
>
> *흙의 동상현상 방지책
> ① 모관수의 상승을 차단하기 위하여 지하 수위 상층에 조립토층을 설치한다.
> ② 지표의 흙을 화학약품으로 처리한다.
> ③ 흙 속에 단열재료를 매입한다.
> ④ 배수구를 설치하여 지하 수위를 저하시킨다.

86 철근 가공 작업에서 가스절단을 할 때의 유의사항으로 틀린 것은?

① 가스절단 작업 시 호스는 겹치거나 구부러지거나 밟히지 않도록 한다.
② 호스, 전선 등은 작업효율을 위하여 다른 작업장을 거치는 곡선상의 배선이어야 한다.
③ 작업장에서 가연성 물질에 인접하여 용접작업할 때에는 소화기를 비치하여야 한다.
④ 가스절단 작업 중에는 보호구를 착용하여야 한다.

 84 ③　85 ①　86 ②

② 호스, 전선 등은 다른 작업장을 거치지 않는 직선상의 배선이어야 한다.

> **참고**
>
> **＊철근절단 작업 시 주의사항**
> ① 가스절단은 면허소지자가 실시하고 작업 중에는 보호구를 착용한다.
> ② 가스호스는 작업 중에 겹쳐지거나 구부러지거나 밟히지 않도록 한다.
> ③ 작업장에는 소화기를 비치한다.
> ④ 우천이나 눈이 올 때에는 시공부분이 급냉하여 경화되므로 균열이 생길 우려가 있어 작업을 중지하여야 한다.
> ⑤ 강풍이 불면 불꽃이 흩어져 시공부분에 산화막이 생기기 쉬우므로 작업을 중지한다.

87 항타기·항발기의 권상용 와이어로프로 사용 가능한 것은?

① 이음매가 있는 것
② 와이어로프의 한 꼬임에서 끊어진 소선의 수가 5%인 것
③ 지름의 감소가 호칭지름의 8%인 것
④ 심하게 변형된 것

> **＊와이어로프의 사용 금지 기준**
> ① 이음매가 있는 것
> ② 와이어로프의 한 꼬임에서 끊어진 소선의 수가 10퍼센트 이상인 것
> ③ 지름의 감소가 공칭지름의 7퍼센트를 초과하는것
> ④ 꼬인 것
> ⑤ 심하게 변형되거나 부식된 것
> ⑥ 열과 전기충격에 의해 손상된 것

📝 실기까지 중요한 내용입니다. 해설을 다시 확인하세요.

88 굴착 기계 중 주행기면 보다 하방의 굴착에 적합하지 않은 것은?

① 백호우   ② 클램쉘
③ 파워셔블   ④ 드래그라인

파워셔블은 기계가 서 있는 지반면보다 높은 곳(상방)의 땅파기에 적합하다.

> **참고**
>
> **＊셔블계 기계**
> ① **파워 셔블(power shovel)[dipper shovel : 동력삽]**
>   • 기계가 서 있는 지반면보다 높은 곳의 땅파기에 적합하다.
>   • 붐(boom)이 단단하여 굳은 지반의 굴착에도 사용된다.
> ② **드래그 셔블(drag shovel, 백호)**
>   • 기계가 서 있는 지면보다 낮은 장소의 굴착 및 수중굴착이 가능하다
>   • 굳은 지반의 토질도 정확한 굴착이 된다.
> ③ **드래그 라인(drag line)**
>   • 기계가 서있는 위치보다 낮은 장소의 굴착에 적당하다.
>   • 작업범위가 광범위하고 수중굴착 및 연약한 지반의 굴착에 적합하다.
> ④ **클램셸(clamshell)**
>   • 수중굴착 및 가장 협소하고 깊은 굴착이 가능하며 호퍼(hopper)에 적당하다.
>   • 연약지반이나 수중굴착 및 자갈 등을 싣는데 적합하다.

정답   87 ②   88 ③

89 사다리식 통로의 설치기준으로 틀린 것은?

① 폭은 30cm 이상으로 할 것
② 발판과 벽과의 사이는 15cm 이상의 간격을 유지할 것
③ 사다리의 상단은 걸쳐놓은 지점으로부터 60cm 이상 올라가도록 할 것
④ 사다리식 통로의 길이가 10m 이상인 경우에는 7m 이내마다 계단참을 설치할 것

④ 사다리식 통로의 길이가 10m 이상인 경우에는 5m 이내마다 계단참을 설치할 것

참고

★ 사다리식 통로의 구조
(사다리식 통로 설치 시의 준수사항)
① 견고한 구조로 할 것
② 심한 손상·부식 등이 없는 재료를 사용할 것
③ 발판의 간격은 일정하게 할 것
④ 발판과 벽과의 사이는 15센티미터 이상의 간격을 유지할 것
⑤ 폭은 30센티미터 이상으로 할 것
⑥ 사다리가 넘어지거나 미끄러지는 것을 방지하기 위한 조치를 할 것
⑦ 사다리의 상단은 걸쳐놓은 지점으로부터 60센티미터 이상 올라가도록 할 것
⑧ 사다리식 통로의 길이가 10미터 이상인 경우에는 5미터 이내마다 계단참을 설치할 것
⑨ 사다리식 통로의 기울기는 75도 이하로 할 것. 다만, 고정식 사다리식 통로의 기울기는 90도 이하로 하고, 그 높이가 7미터 이상인 경우에는 다음 각 목의 구분에 따른 조치를 할 것
• 등받이울이 있어도 근로자 이동에 지장이 없는 경우 : 바닥으로부터 높이가 2.5미터 되는 지점부터 등받이울을 설치할 것
• 등받이울이 있으면 근로자가 이동이 곤란한 경우 : 한국산업표준에서 정하는 기준에 적합한 **개인용 추락 방지 시스템**을 설치하고 근로자로 하여금 한국산업표준에서 정하는 기준에 적합한 **전신 안전대를 사용**하도록 할 것
⑩ 접이식 사다리 기둥은 사용 시 접혀지거나 펼쳐지지 않도록 철물 등을 사용하여 견고하게 조치할 것

90 건설공사 시 계측관리의 목적이 아닌 것은?

① 지역의 특수성보다는 토질의 일반적인 특성파악을 목적으로 한다.
② 시공 중 위험에 대한 정보제공을 목적으로 한다.
③ 설계 시 예측치와 시공 시 측정치와의 비교를 목적으로 한다.
④ 향후 거동 파악 및 대책 수립을 목적으로 한다.

① 토질의 특성보다는 지역의 특수성 파악을 목적으로 계측관리를 한다.

91 주행크레인 및 선회크레인과 건설물 사이에 통로를 설치하는 경우, 그 폭은 최소 얼마 이상으로 하여야 하는가? (단, 건설물의 기둥에 접촉하지 않는 부분인 경우)

① 0.3m   ② 0.4m
③ 0.5m   ④ 0.6m

주행 크레인 또는 선회 크레인과 건설물 또는 설비와의 사이에 통로를 설치하는 경우 그 폭을 0.6m 이상으로 하여야 한다. 다만, 그 통로 중 건설물의 기둥에 접촉하는 부분에 대해서는 0.4m 이상으로 할 수 있다.

정답 89 ④ 90 ① 91 ④

92 철골공사에서 나타나는 용접결함의 종류에 해당하지 않는 것은?

① 오버랩(overlap)
② 언더 컷(under cut)
③ 블로우 홀(blow hole)
④ 가우징(gouging)

④ 가우징은 불완전 용접부의 제거, 용접부의 밑면 파내기 등에 이용되는 **용접부의 깊은 홈을 파는 방법**이다.

93 콘크리트 타설 시 거푸집의 측압에 영향을 미치는 인자들에 대한 설명으로 틀린 것은?

① 슬럼프가 클수록 측압은 크다.
② 거푸집의 강성이 클수록 측압은 크다.
③ 철근량이 많을수록 측압은 작다.
④ 타설 속도가 느릴수록 측압은 크다.

④ 타설 속도가 빠를수록 측압은 크다.

> **참고**
>
> * **콘크리트의 측압**
> ① 거푸집 강성이 클수록 측압이 크다.
> ② 콘크리트 비중 클수록 측압이 크다.
> ③ 습도가 낮을수록 측압이 크다.
> ④ 다짐이 좋을수록 측압이 크다.
> ⑤ 거푸집 수밀성이 클수록 측압이 크다.
> ⑥ 철골 or 철근량 적을수록 측압이 크다.
> ⑦ 외기온도 낮을수록 측압은 크다.

📌 자주 출제되는 내용입니다. 참고를 다시 확인하세요.

94 다음 (   ) 안에 들어갈 말로 옳은 것은?

> 콘크리트 측압은 콘크리트 타설 속도, (   ), 단위용적질량, 온도, 철근배근상태 등에 따라 달라진다.

① 타설 높이   ② 골재의 형상
③ 콘크리트 강도   ④ 박리제

* **콘크리트 측압**
* 굳지 않은 콘크리트(생 콘크리트)에서 벽, 보 기둥 옆의 거푸집은 콘크리트를 타설함에 따라 거푸집을 미는 압력이 생기는데 이를 측압이라 한다.
* 타설 높이가 높을수록 측압은 크다.
* 골재형상, 콘크리트 강도, 박리제는 측압에 영향을 주지 않는다.

95 흙막이 가시설 공사 중 발생할 수 있는 히빙(Heaving) 현상에 관한 설명으로 틀린 것은?

① 흙막이 벽체 내·외의 토사의 중량차에 의해 발생한다.
② 연약한 점토지반에서 굴착면의 융기로 발생한다.
③ 연약한 사질토 지반에서 주로 발생한다.
④ 흙막이 벽의 근입장 깊이가 부족할 경우 발생한다.

③ 연역한 점토 지반에서 발생한다.

정답 92 ④ 93 ④ 94 ① 95 ③

> 참고
>
> ★ **히빙(Heaving)현상**
> ① 연질점토 지반에서 굴착에 의한 흙막이 내·외면의 흙의 중량차이(토압)로 인해 굴착저면이 부풀어 올라오는 현상을 말한다.
> ② 흙막이 바깥 흙이 안으로 밀려든다.

📝 실기까지 중요한 내용입니다. 참고를 다시 확인하세요.

96 와이어로프나 철선 등을 이용하여 상부지점에서 작업용 발판을 매다는 형식의 비계로서 건물 외벽도장이나 청소 등의 작업에서 사용되는 비계는?

① 브라켓 비계 ② 달비계
③ 이동식 비계 ④ 말비계

> ★ **달비계**
> 작업발판을 와이어로프에 매달아 고층건물 청소용 등의 작업 시에 사용하는 비계

97 차량계 하역운반기계에서 화물을 싣거나 내리는 작업에서 작업지휘자가 준수해야할 사항과 가장 거리가 먼 것은?

① 작업순서 및 그 순서마다의 작업방법을 정하고 작업을 지휘하는 일
② 기구 및 공구를 점검하고 불량품을 제거하는 일
③ 당해 작업을 행하는 장소에 관계근로자 외의 자의 출입을 금지하는 일
④ 총 화물량을 산출하는 일

차량계 하역운반기계에 단위화물의 무게가 100kg 이상인 화물을 싣는 작업 또는 내리는 작업 시 작업의 지휘자를 지정하여 다음 각 호의 사항을 준수하도록 하여야 한다(작업지휘자 임무).
① 작업 순서 및 그 순서마다의 작업 방법을 정하고 작업을 지휘할 것
② 기구 및 공구를 점검하고 불량품을 제거할 것
③ 해당 작업을 하는 장소에 관계 근로자가 아닌 사람이 출입하는 것을 금지할 것
④ 로프를 풀거나 덮개를 벗기는 작업을 행하는 때에는 적재함의 낙하할 위험이 없음을 확인한 후에 당해 작업을 하도록 할 것

📝 실기까지 중요한 내용입니다. 해설을 다시 확인하세요.

98 산업안전보건기준에 관한 규칙에 따른 토사붕괴를 예방하기 위한 굴착면의 기울기 기준으로 틀린 것은?

① 모래 1 : 1.8
② 건지 1 : 1.2
③ 풍화암 1 : 0.5
④ 경암 1 : 0.5

> ★ **굴착면의 기울기 기준**
>
> | 지반의 종류 | 굴착면의 기울기 |
> | --- | --- |
> | 모래 | 1 : 1.8 |
> | 연암 및 풍화암 | 1 : 1.0 |
> | 경암 | 1 : 0.5 |
> | 그 밖의 흙 | 1 : 1.2 |

📝 실기에도 자주 출제되는 내용입니다. 암기하세요.

정답 96 ② 97 ④ 98 ③

99 유해 · 위험방지계획서 검토자의 자격 요건에 해당되지 않는 것은?

① 건설안전분야 산업안전 지도사
② 건설안전기사로서 실무경력 3년인 자
③ 건설안전 산업기사 이상으로서 실무경력 7년인 자
④ 건설안전기술사

✽ 유해 · 위험방지계획서 작성 자격을 갖춘 자
① 건설안전 분야 산업안전 지도사
② 건설안전기술사 또는 토목 · 건축 분야 기술사
③ 건설안전 산업기사 이상으로서 건설안전 관련 실무 경력이 7년(기사는 5년) 이상인 사람

100 안전난간의 구조 및 설치요건과 관련하여 발끝막이판의 바닥으로부터 설치높이 기준으로 옳은 것은?

① 10cm 이상 ② 15cm 이상
③ 20cm 이상 ④ 30cm 이상

발끝막이판은 바닥면 등으로부터 10센티미터 이상의 높이를 유지할 것

참고

✽ 안전난간의 구조 및 설치 요건
㉮ 상부 난간대, 중간 난간대, 발끝막이판 및 난간기둥으로 구성할 것
㉯ 상부 난간대
- 상부 난간대는 바닥면 등으로부터 90센티미터 이상 지점에 설치
- 상부 난간대를 120센티미터 이하에 설치하는 경우 : 중간 난간대는 상부 난간대와 바닥면 등의 중간에 설치
- 120센티미터 이상 지점에 설치하는 경우 : 중간 난간대를 2단 이상으로 설치, 난간의 상하 간격은 60센티미터 이하가 되도록 할 것(다만, 난간기둥 간의 간격이 25센티미터 이하인 경우에는 중간 난간대를 설치하지 않을 수 있다.)
㉰ 발끝막이판은 바닥면등으로부터 10센티미터 이상의 높이를 유지할 것
㉱ 난간기둥은 상부 난간대와 중간 난간대를 견고하게 떠받칠 수 있도록 적정한 간격을 유지할 것
㉲ 상부 난간대와 중간 난간대는 난간 길이 전체에 걸쳐 바닥면 등과 평행을 유지할 것
㉳ 난간대는 지름 2.7센티미터 이상의 금속제 파이프나 그 이상의 강도가 있는 재료일 것
㉴ 안전난간은 구조적으로 가장 취약한 지점에서 가장 취약한 방향으로 작용하는 100킬로그램 이상의 하중에 견딜 수 있는 튼튼한 구조일 것

 실기까지 중요한 내용입니다. 참고를 다시 확인하세요.

정답 99 ② 100 ①

2014년 4회 최근 기출문제

1과목 산업안전관리론

01 다음 중 안전성적을 나타내는 지표로서 재해 빈도의 다수와 상해 정도의 강약을 종합하여 나타내는 지표는?

① 종합재해지수 ② 근로손실계수
③ 안전활동률   ④ safe-t-score

*Safe-T-Score(세이프 티 스코어)
① 과거와 현재의 안전을 성적 내어 비교, 평가하는 기법이다.
② Safe-T-Score
$$= \frac{\text{현재빈도율} - \text{과거빈도율}}{\sqrt{\dfrac{\text{과거빈도율}}{\text{(현재)총근로시간수}} \times 1,000,000}}$$

 실기에 자주 출제되는 내용입니다.

02 다음 중 교육훈련 평가방법의 종류로 볼 수 없는 것은?

① 관찰법 ② 면접법
③ 실연법 ④ 자료분석법

*교육훈련평가의 방법
① 관찰법   ② 면접법
③ 질문지법 ④ 상호 평가법
⑤ 자료분석법 ⑥ 테스트법

03 다음 중 안전관리조직과 구비조건으로 가장 적절하지 않은 것은?

① 회사의 특성과 규모에 부합되게 조직되어야 한다.
② 조직을 구성하는 관리자의 책임과 권한이 분명해야 한다.
③ 조직의 기능이 충분히 발휘될 수 있는 제도적 체계를 갖추어야 한다.
④ 부서간의 충돌을 방지하기 위하여 생산라인과 관계가 적은 조직이어야 한다.

④ 생산조직과 밀착된 조직일 것

필기에 자주 출제되는 내용입니다.

04 심리검사의 특징 중 "검사의 관리를 위한 조건과 절차의 일관성과 통일성"을 의미하는 것은?

① 규준성 ② 표준화
③ 객관성 ④ 신뢰성

*산업심리검사의 구비요건
① **타당성**(validity) : 측정하려고 하는 성능을 어느 정도 충실히 수행하고 있는가를 나타낸다.
② **신뢰성**(reliability) : 동일한 검사를 동일한 사람에게 시간 간격을 두고 실시할 때 그 결과가 크게 다르지 않아야 한다.

정답 01 ① 02 ③ 03 ④ 04 ②

③ 실용성(praticability) : 검사를 실시하고 채점하기 용이하다든지, 결과의 해석이나 이용의 방법이 간단하고 비용이 적게 들어야 한다.
④ 표준화 : 검사 관리를 위한 조건과 검사 절차가 일관성이 있어야 한다.

📝 필기에 자주 출제되는 내용입니다.

05 안전관리자가 안전교육의 효과를 높이기 위해서 안전퀴즈 대회를 열어 우승자에게 상을 주었다면 이는 어떤 학습원리를 학습자에게 적용한 것인가?

① Thorndike의 "연습의 법칙"
② Thorndike의 "준비성의 법칙"
③ Pavlov의 "강도의 원리"
④ Skinner의 "강화의 원리"

★ 스키너의 조작적 조건화설(강화의 원리)
① 반응을 할 때마다 강화를 주는 것보다 간헐적으로 강화를 제공하는 것이 효과적이다.
② 벌이나 혐오자극보다 칭찬, 격려 등 긍정적 강화물이 학습에 효과적이다.
③ 반응을 보인 후 즉시 강화물을 제공하는 것이 효과적이다.

📝 필기에 자주 출제되는 내용입니다.

06 재해의 발생형태 분류 중 사람이 평면상으로 넘어졌을 경우 무엇이라고 하는가?

① 떨어짐　　② 부딪힘
③ 넘어짐　　④ 끼임

★ 재해 발생 형태

떨어짐	• 높이가 있는 곳에서 **사람이 떨어짐** • 사람이 인력(중력)에 의하여 건축물, 구조물, 가설물, 수목, 사다리 등의 높은 장소에서 떨어지는 것
넘어짐	• **사람이 미끄러지거나 넘어짐** • 사람이 거의 **평면 또는 경사면, 층계** 등에서 구르거나 넘어지는 경우
부딪힘·접촉	• **물체에 부딪힘, 접촉** • 재해자 자신의 움직임·동작으로 인하여 기인물에 접촉 또는 부딪히거나, 물체가 고정부에서 이탈하지 않은 상태로 움직임(규칙, 불규칙) 등에 의하여 **접촉한 경우**
끼임	• **기계설비에 끼이거나 감김** • 두 물체 사이의 움직임에 의하여 일어난 것으로 직선 운동하는 **물체 사이의 끼임**, 회전부와 고정체 사이의 끼임, 롤러 등 회전체 사이에 물리거나 또는 회전체·돌기부 등에 감긴 경우

📝 실기에 자주 출제되는 내용입니다.

정답　05 ④　06 ③

07 다음 중 안전교육의 진행에서 "새로운 지식이나 기능을 설명하고 실연하는 단계"에 해당되는 것은?

① 확인 ② 제시
③ 적용 ④ 도입

★ **교육진행 4단계**
제 1단계 : **도입**(학습할 준비를 시킨다.)
제 2단계 : **제시**(작업을 설명한다.)
제 3단계 : **적용**(작업을 시켜본다.)
제 4단계 : **확인**(가르친 뒤 살펴본다.)

 필기에 자주 출제되는 내용입니다.

08 다음 중 안전모의 착장제를 구성하는 요소에 해당하지 않는 것은?

① 머리받침끈
② 머리고정대
③ 머리받침고리
④ 머리모체

★ **안전인증 대상 안전모의 명칭**

번호	명칭	
①		모체
②	착장체	머리받침끈
③		머리고정대
④		머리받침고리
⑤	충격흡수재	
⑥	턱끈	
⑦	챙(차양)	

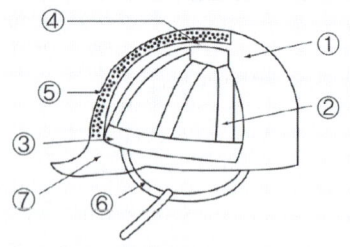

실기까지 중요한 내용입니다.

09 산업안전보건법령상 사업주가 근로자에게 실시해야 하는 안전·보건교육 중 근로자 정기 안전·보건교육의 내용이 아닌 것은?

① 산업안전 및 산업재해 예방에 관한 사항
② 건강증진 및 질병 예방에 관한 사항
③ 유해·위험 작업환경 관리에 관한 사항
④ 작업 개시 전 점검에 관한 사항

★ **근로자 정기 안전·보건교육 내용**
① 산업안전 및 산업재해 예방에 관한 사항(화재·폭발 사고 발생 시 대피에 관한 사항을 포함한다)
② 산업보건 및 건강장해 예방에 관한 사항(폭염·한파작업으로 인한 건강장해 발생 시 응급조치에 관한 사항을 포함한다)
③ 유해·위험 작업환경 관리에 관한 사항
④ 산업안전보건법령 및 산업재해보상보험제도에 관한 사항
⑤ 직무스트레스 예방 및 관리에 관한 사항
⑥ 직장 내 괴롭힘, 고객의 폭언 등으로 인한 건강장해 예방 및 관리에 관한 사항
⑦ 건강증진 및 질병 예방에 관한 사항
⑧ 위험성 평가에 관한 사항

정답 07 ② 08 ④ 09 ④

특급암기법

공통 항목(관리감독자, 근로자)
1. 근로자는 법, 산재보상제도를 알자!
2. 근로자는 건강을 보존(산업보건)하고 건강장해, 스트레스, 괴롭힘, 폭언 예방하자!
3. 근로자는 유해위험 환경을 관리해서 안전하고 산업재해 예방하자!
4. 근로자는 위험성을 평가하자!

근로자 정기교육의 특징
1. 근로자는 건강증진하고 질병예방하자!

📝 실기에 자주 출제되는 내용입니다.

10 부주의의 현상 중 긴장상태에서 일정시간이 경과하면 피로가 발생하여 의식이 점차적으로 이완되는 현상을 무엇이라 하는가?

① 의식의 단절　② 의식의 우회
③ 의식수준의 저하　④ 의식의 혼란

* **부주의 원인**
① 의식 단절 : 의식 흐름의 단절(특수한 질병 등에 의한 경우로 의식수준은 Phase 0인 상태)
② 의식 우회 : 걱정, 고뇌 등으로 의식이 빗나감
③ 의식수준의 저하 : 피로, 단조로운 작업의 연속으로 의식수준이 저하됨
④ 의식 혼란 : 외부자극의 강·약에 의해 위험요인에 대응 할 수 없을 때 발생
⑤ 의식 과잉 : 인간은 긴급 상황 시 일점 집중 현상을 일으킨다.

📝 실기까지 중요한 내용입니다.

11 다음 중 위험예지훈련의 방법으로 적절하지 않은 것은?

① 반복 훈련한다.
② 사전에 준비한다.
③ 단위 인원수를 많게 한다.
④ 자신의 작업으로 실시한다.

* **위험예지훈련**
작업장에 잠재하고 있는 위험요인을 소집단 토의를 통해 미리 생각하여 행동에 앞서 위험요인 해결하는 것을 습관화하여 사고를 예방하기 위한 훈련을 말한다.

12 다음 중 안전사고를 방지하기 위한 동기부여의 방법으로 가장 적합하지 않은 것은?

① 상벌을 줄 것
② 경쟁과 협동을 유도할 것
③ 결과의 지식을 알리지 않을 것
④ 안전 목표를 명확히 설정할 것

* **동기유발(motivation)방법**
① 결과를 알려준다.
② 안전의 근본 이념을 인식시킨다.
③ 상벌제도를 효과적으로 활용한다.
④ 동기유발의 최적수준을 유지한다.
⑤ 경쟁과 협동을 유도한다.
⑥ 안전 목표를 명확히 설정한다.

정답　10 ③　11 ③　12 ③

13 다음 중 무재해운동을 추진하기 위한 3가지 요소(기둥)에 해당되지 않는 것은?

① 최고 경영자의 경영자세
② 소집단 자주 활동의 활성화
③ 라인 관리자에 의한 안전보건 추진
④ 직장 상·하간의 체계 확립 및 명령이행

★ 무재해운동 추진의 3가지 요소(기둥)
① 최고 경영자의 경영자세
② 라인 관리자에 의한 안전보건 추진
③ 소집단 자주 활동의 활성화

📑 필기에 자주 출제되는 내용입니다.

14 도수율이 8.24인 기업체의 연천인율은 약 얼마인가?

① 3.43   ② 19.78
③ 121.35   ④ 197.76

★ 연천인율
① 근로자 1,000명중 재해자수 비율(1년간)
② 연천인율 = $\dfrac{\text{연간재해자 수}}{\text{연평균 근로자 수}} \times 1,000$
③ 연천인율 = 도수율 × 2.4 = 8.24 × 2.4 = 19.78

📑 실기에 자주 출제되는 내용입니다.

15 다음 중 교육의 주체(subject of education)에 해당하는 것은?

① 강사   ② 수강자
③ 교재   ④ 교육방법

교육의 주체	교육의 객체	교육의 매개체
강사	학생(수강자)	교재(학습내용)

📑 필기에 자주 출제되는 내용입니다.

16 작업현장에서 매일 작업 전, 작업 중, 작업 후에 실시하는 점검으로서 현장 작업자 스스로가 정해진 사항에 대하여 이상여부를 확인하는 안전점검의 종류는?

① 정기점검   ② 임시점검
③ 일상점검   ④ 특별점검

★ 안전점검의 종류
① 정기점검(계획점검) : 일정 기간마다 정기적으로 실시하는 점검을 말한다.
② 수시점검(일상점검) : 매일 작업 전, 중, 후에 실시하는 점검을 말한다.
③ 특별점검 : 기계·기구 또는 설비의 신설·변경 또는 고장·수리 등으로 비정기적인 특정 점검, 산업안전보건 강조기간, 악천후 시에도 실시한다.
④ 임시점검 : 기계·기구 또는 설비의 이상 발견 시에 임시로 점검하는 점검을 말한다.

📑 필기에 자주 출제되는 내용입니다.

정답 13 ④ 14 ② 15 ① 16 ③

17 재해의 발생은 관리도구의 결함에서 작전적, 전술적 에러로 이어져 사고 및 재해가 발생한다고 정의한 사람은?

① 버드(Bird)
② 아담스(Adams)
③ 웨버(Weaver)
④ 하인리히(Heinrich)

* 아담스(Edward Adams) 연쇄성이론 5단계

1단계	관리구조
2단계	작전적 에러
3단계	전술적 에러
4단계	사고
5단계	상해

📝 실기에 자주 출제되는 내용입니다.

18 산업스트레스의 요인 중 직무특성과 관련된 요인으로 볼 수 없는 것은?

① 조직구조
② 작업속도
③ 근무시간
④ 업무의 반복성

① 조직구조는 산업스트레스의 요인 중 조직의 특성과 관련된 요인이다.

19 산업안전보건법령상 안전·보건표지의 종류에 있어 인화성물질경고, 폭발성물질경고의 색채기준으로 옳은 것은?

① 바탕은 무색, 기본모형은 빨간색
② 바탕은 노란색, 기본모형은 검은색
③ 바탕은 노란색, 기본모형은 빨간색
④ 바탕은 흰색, 기본모형은 녹색

* 경고표지의 종류

종류	색채기준
1. 인화성물질 경고 2. 산화성물질 경고 3. 폭발성물질 경고 4. 급성독성물질 경고 5. 부식성물질 경고 6. 발암성·변이원성·생식독성·전신독성·호흡기 과민성물질 경고	바탕은 무색, 기본모형은 빨간색 (검은색도 가능)
7. 방사성물질 경고 8. 고압전기 경고 9. 매달린 물체 경고 10. 낙하물체 경고 11. 고온 경고 12. 저온 경고 13. 몸 균형 상실 경고 14. 레이저광선 경고 15. 위험장소 경고	바탕은 노란색, 기본모형, 관련 부호 및 그림은 검은색

📝 실기에 자주 출제되는 내용입니다.

정답 17 ② 18 ① 19 ①

20 다음 중 모럴 서베이(morale survey)의 효용으로 볼 수 없는 것은?

① 조직 또는 구성원의 성과를 비교·분석한다.
② 종업원의 정화(catharsis)작용을 촉진시킨다.
③ 경영관리를 개선하는 데에 대한 자료를 얻는다.
④ 근로자의 심리 또는 욕구를 파악하여 불만을 해소하고, 노동의욕을 높인다.

* 모럴 서베이의 효과
① 근로자의 불만을 해소하고 노동 의욕을 높인다.
② 경영관리 개선 자료로 활용할 수 있다.
③ 종업원의 정화작용을 촉진시킨다.

2과목 인간공학 및 시스템안전공학

21 다음 중 작업장에서 발생하는 소음에 대한 대책으로 가장 먼저 고려하여야 할 적극적인 방법은?

① 소음원의 격리
② 소음원의 제거
③ 귀마개 등 보호구의 착용
④ 덮개 등 방호장치의 설치

1. 소음에 대한 대책으로 가장 적극적인 방법
  → 소음원의 제거
2. 소음에 대한 대책으로 가장 소극적인 방법
  → 귀마개 등 보호구의 착용

22 다음 중 입식작업을 위한 작업대의 높이를 결정하는데 있어 고려하여야 할 사항과 가장 관계가 적은 것은?

① 작업자의 신장 ② 작업의 빈도
③ 작업물의 크기 ④ 작업물의 무게

* 작업대의 높이를 결정하는데 있어 고려하여야 할 사항
① 작업자의 신장
③ 작업물의 크기
④ 작업물의 무게

23 시스템안전 분석기법 중 FMEA에 관한 설명으로 옳은 것은?

① 원자력 발전 및 화학설비 등에 적용하기 위해 개발되었고 전문가와 브레인스토밍 팀을 구성하여 분석한다.
② 휴먼에러와 휴먼에러에 의한 영향을 예견하기 위해 사용되며 HAZOP과 함께 사용할 수 있다.
③ 그래픽 모델을 사용하여 분석과정을 가시화시키는 분석방법이며 논리기호를 사용한다.
④ 시스템을 구성요소로 나누어 고장의 가능성을 정하고 그 영향을 결정하여 분석하는 방법이다.

정답 20 ① 21 ② 22 ② 23 ④

* **고장형태와 영향분석(FMEA)**
시스템에 영향을 미치는 **모든 요소의 고장을 형태별로 분석**하여 그 영향을 검토하는 정성적, 귀납적 분석법이다.

📝 필기에 자주 출제되는 내용입니다.

24 다음 설명 중 ( ) 안의 내용을 올바르게 나열한 것은?

> 40phon은 (㉠) sone을 나타내며, 이는 (㉡)dB의 (㉢)Hz 순음의 크기를 나타낸다.

① ㉠ 1, ㉡ 40, ㉢ 1000
② ㉠ 1, ㉡ 32, ㉢ 1000
③ ㉠ 2, ㉡ 40, ㉢ 2000
④ ㉠ 2, ㉡ 32, ㉢ 2000

1. 1phon : 1000Hz, 1dB 음의 크기
2. 1sone : 1000Hz, 40dB 음의 크기
3. 40phon = 1sone

📝 필기에 자주 출제되는 내용입니다.

25 작업자가 평균 1,000시간 작업을 수행하면서 4회의 실수를 한다면, 이 사람이 10시간 근무했을 경우의 신뢰도는 약 얼마인가?

① 0.04
② 0.018
③ 0.67
④ 0.96

1. 고장률(λ) = $\dfrac{\text{고장건수}}{\text{총 가동시간}}$ (건 / 시간)

2. $R(t) = e^{-\lambda \times t}$
   - t : 앞으로 고장 없이 사용할 시간
   - λ : 고장률

1. 고장률(λ) = $\dfrac{\text{고장건수}}{\text{총 가동시간}} = \dfrac{4}{1,000}$
   = 0.004(건 / 시간)

2. $R(t) = e^{-\lambda \times t} = e^{-0.004 \times 10} = e^{-0.04} = 0.96$

📝 필기에 자주 출제되는 내용입니다.

26 다음 중 시각적 표시장치에 관한 설명으로 옳은 것은?

① 정량적 표시장치는 연속적으로 변하는 변수의 근사 값, 변화경향 등을 나타냈을 때 사용한다.
② 계기가 고정되어 있고, 지침이 움직이는 표시장치를 동목형(moving scale) 장치라고 한다.
③ 계수형(digital) 장치는 수치를 정확하게 읽어야 할 경우에 사용한다.
④ 정량적 표시장치의 눈금은 2 또는 3의 배수로 배열을 사용하는 것이 좋다.

① 정성적 표시장치는 연속적으로 변하는 변수의 근사 값, 변화경향 등을 나타낼 때 사용한다.
② 계기가 고정되어 있고, 지침이 움직이는 표시장치를 동침형(moving scale) 장치라고 한다.
④ 정량적 표시장치의 눈금은 1,2,3,4 …처럼 1씩 증가하는 수열이 좋다.

정답 24 ①   25 ④   26 ③

27 정보를 전송하기 위해 표시장치를 선택하고자 할 때 다음 중 시각적 표시장치보다 청각적 표시장치를 사용하는 것이 효과적인 경우는?

① 정보의 내용이 복잡한 경우
② 수신자의 한 곳에 머물러 있는 경우
③ 정보의 내용이 후에 재 참조되는 경우
④ 정보의 내용이 즉각적인 행동을 요구하는 경우

★**청각장치와 시각장치의 비교**

청각장치	• 전언이 짧고, 간단할 때 • 재참조되지 않는다. • 시간적인 사상을 다룬다. • 즉각적인 행동을 요구할 때 • 시각계통이 과부하일 때 • 주위가 너무 밝거나 암조응일 때 • 자주 움직이는 경우
시각장치	• 전언이 길고, 복잡할 때 • 재참조된다. • 공간적인 위치 다룬다. • 즉각적 행동을 요구하지 않을 때 • 청각계통이 과부하일 때 • 주위가 너무 시끄러울 때 • 한곳에 머무르는 경우

📝 필기에 자주 출제되는 내용입니다.

28 다음 중 설비보전관리에서 설비이력카드, MTBF분석표, 고장원인 대책표와 관련이 깊은 관리는?

① 보전기록관리
② 보전자재관리
③ 보전작업관리
④ 예방보전관리

설비이력카드, MTBF분석표, 고장원인 대책표 → 보전기록관리에 해당한다.

29 건강한 남성이 8시간 동안 특정 작업을 실시하고, 분당산소 소비량이 1.3L/분으로 나타났다면 8시간 총 작업시간에 포함될 휴식시간은 약 몇 분인가? (단, Murrell의 방법을 적용하며, 휴식 중 에너지소비율은 1.5kcal/min 이다.)

① 96분 ② 144분
③ 172분 ④ 192분

$$휴식시간(R) = \frac{60 \times (E-5)}{E-1.5} [분]$$

• 1.5 : 휴식 중의 에너지 소비량
• 5[kcal/분] : 보통 작업에 대한 평균 에너지
• 60[분] : 작업시간
• E[kcal/분] : 문제에서 주어진 작업 시 필요한 에너지

1. 작업 시 필요한 에너지 = 1.3 × 5 = 6.5kcal
2. 1시간 작업시의 휴식시간(R)
   $= \frac{60 \times (6.5-5)}{6.5-1.5} = 18(분)$
3. 8시간 작업 시의 에너지 = 18 × 8 = 144(분)

📝 필기에 자주 출제되는 내용입니다.

정답 27 ④ 28 ① 29 ②

30 다음 중 FT도에서의 컷셋(cut set)에 관한 설명으로 틀린 것은?

① 시스템의 약점을 표현한 것이다.
② 정상 사상(Top event)을 발생시키는 조합이다.
③ 시스템이 고장나지 않도록 하는 사상의 조합이다.
④ 패스셋(path set)과는 반대되는 개념이다.

③ 시스템이 고장나지 않도록 하는 사상의 조합 → 패스셋(path set)

> **참고**
> 1. 컷셋(Cut Set) : 모든 기본사상이 일어났을 때 정상사상을 일으키는 기본사상들의 집합
> 2. 미니멀 컷(Minimal Cut Set) : 정상사상을 일으키기 위한 기본사상의 최소집합(시스템의 위험성)
> 3. 패스셋(Path Set) : 포함된 기본사상이 일어나지 않을 때 처음으로 정상 사상이 일어나지 않는 기본사상들의 집합
> 4. 미니멀 패스(Minimal Path Set) : 최소한의 패스 (시스템의 신뢰성)

31 흑판의 반사율이 30%이고, 백목의 반사율이 75%일 때 흑판과 백목에 대한 대비는 얼마인가?

① -150%   ② -60%
③ 60%   ④ 150%

• 대비(%) = $\dfrac{\text{배경반사율(Lb)} - \text{표적물체반사율(Lt)}}{\text{배경반사율(Lb)}} \times 100$

대비(%) = $\dfrac{30 - 75}{30} \times 100 = -150(\%)$

32 다음 중 반복되는 사건이 많이 있는 경우에 FTA의 최소 컷셋을 구하는 알고리즘과 관계가 가장 적은 것은?

① MOCUS Algorithm
② Boolean Algorithm
③ Monte Carlo Algorithm
④ Limnios & Ziani Algorithm

＊FTA의 최소 컷셋을 구하는 알고리즘
① MOCUS Algorism
② Boolean Algorism
③ Limnios & Ziani Algorism

33 다음 중 통제표시비를 설계할 때 고려해야 할 5가지 요소가 아닌 것은?

① 공차
② 조작시간
③ 일치성
④ 목측거리

정답 30 ③ 31 ① 32 ③ 33 ③

※ 통제표시비 설계 시 고려사항
- 계기의 크기
- 목측거리(목시거리)
- 조작시간
- 방향성
- 공차

📝 필기에 자주 출제되는 내용입니다.

▭	정상사상 (중간사상, 결함사상)
○	기본사상
⌂	통상사상
⌒	AND게이트

📝 필기에 자주 출제되는 내용입니다.

34 다음 중 인체측정 특성의 최대치수를 기준으로 설계해야하는 대상이 아닌 것은?

① 출입문 크기   ② 통로의 크기
③ 그네의 하중   ④ 선반의 높이

최대치수 설계의 예	• 위험구역의 울타리 높이 • 출입문의 높이 • 그네줄의 인장강도
최소치수 설계의 예	• 물건을 올리는 선반의 높이 • 조정장치를 조정하는 힘 • 조정장치까지의 조정거리

📝 필기에 자주 출제되는 내용입니다.

36 안전제어장치 중 사출기의 도어에 설치되어 도어가 열려 있는 경우에는 사출기가 동작되지 않도록 하는 것을 무엇이라 하는가?

① 비상제어장치
② 인터록장치
③ 인트라록장치
④ 트랜스록장치

도어가 열려있는 경우에는 사출기가 동작되지 않도록 하는 것 → 인터록장치

> **참고**
>
> **인터록장치** : 기계가 정상인 조건이 아닌 경우 기계 스스로 전원을 차단하여 사고를 방지하는 장치를 말한다.

35 다음 중 FT도 작성에 사용하는 기호에서 그 성격이 다른 하나는?

① ▭   ② ○
③ ⌂   ④ ⌒

정답 34 ④   35 ④   36 ②

37 다음 중 신뢰도가 R인 요소 n개가 직렬로 구성된 시스템의 신뢰도를 나타낸 것은?

① $\prod_{i=1}^{n} R_i$ ② $1 - \prod_{i=1}^{n} R_i$

③ $1 - \prod_{i=1}^{n}(1-R_i)$ ④ $\prod_{i=1}^{n}(1-R_i)$

1. 직렬 시스템의 신뢰도 = R × R × R ⋯
   $= \prod_{i=1}^{n} R_i$
2. 병렬 시스템의 신뢰도 = 1−(1−R)×(1−R)×(1−R)⋯
   $= 1 - \prod_{i=1}^{n}(1-R_i)$

38 다음 중 인간-기계 시스템의 종류와 가장 관계가 먼 것은?

① 기계 시스템
② 생태 시스템
③ 수동 시스템
④ 자동 시스템

*인간 – 기계 통합시스템(man-machine system)의 유형
① 수동시스템
② 기계시스템(반자동 시스템)
③ 자동 시스템

📝 필기에 자주 출제되는 내용입니다.

39 다음 중 MIL-STD-882A에서 분류한 위험 강도의 범주에 해당하지 않는 것은?

① 위기(critical)
② 무시(negligible)
③ 경계(precautionary)
④ 파국(catastrophic)

*MIL-STD-882(미국방성의 위험성평가)의 위험도 분류
제1단계 : 파국적(치명적)
제2단계 : 위기적(위험)
제3단계 : 한계적
제4단계 : 무시

📝 필기에 자주 출제되는 내용입니다.

40 다음 중 주로 어깨, 팔목, 손목, 목 등 상지의 작업자세로 인한 작업부하를 평가하기 위하여 영국에서 개발된 방법은?

① RULA 기법
② OWAS 기법
③ NIOSH의 들기작업 지침
④ Grag 에너지소비량 예측 모델

어깨, 팔목, 손목, 목 등 상지의 작업부하를 평가 → RULA 기법

정답 37 ① 38 ② 39 ③ 40 ①

3과목 건설시공학

41 철골조립 및 설치에 있어서 사용되는 기계와 거리가 먼 것은?

① 진폴(Gin-pole)
② 윈치(Winch)
③ 타워크레인(Tower crane)
④ 리버스 서큘레이션 드릴
 (Reverse circulation drill)

*철골조립 및 설치에 있어서 사용되는 기계
 (철골세우기용 기계)
① 가이 데릭(guy derrick)
② 스티프레그 데릭(stiff-leg derrick)
③ 진 폴(gin pole)
④ 트럭 크레인(truck crane) 및 크롤러 크레인(crawler crane) : 이동식 세우기 장비
⑤ 타워 크레인(tower crane)
⑥ 윈치(Winch)

참고

리버스 서큘레이션 드릴 reverse circulation drill : 대구경 굴착기로 현장타설 말뚝 공법에 사용된다.

 필기에 자주 출제되는 내용입니다.

42 벽식 철근 콘크리트 구조를 시공할 때 벽과 바닥콘크리트를 한번에 타설하기 위해 벽체용 거푸집과 슬래브 거푸집을 일체로 제작하여 한 번에 설치하고 해체할 수 있도록 한 대형 거푸집으로 트윈 쉘과 모노 쉘로 구분되는 대형 거푸집은?

① 플라이밍폼(Flying Form)
② 터널 폼(Tunnel Form)
③ 슬라이딩 폼(Sliding Form)
④ 갱폼(Gang Form)

① 갱 폼(Gang Form) : 외부벽체 거푸집과 작업발판용 케이지(Cage)를 일체로 제작하여 사용하는 대형 거푸집을 말한다.(대형화 패널 자체에 버팀대와 작업대를 부착하여 유니트화 한다.)
② 클라이밍 폼(Climbing form) : 벽체용 거푸집으로 거푸집(갱폼)에 비계 틀을 일체로 조립·제작한 거푸집을 말한다.
③ 슬립폼(Slip Form) : 활동식 거푸집(Sliding Form)의 일종으로 콘크리트 타설 후 거푸집을 상방향으로 이동시키면서 연속적으로 콘크리트를 타설하여 구조물을 완성시키는 공법이다.(돌출물이 있는 건축물에 적용할 수 있다.)
④ 터널 폼(Tunnel Form) : 한 구획 전체의 벽판과 바닥판을 ㄱ자형 또는 ㄷ자형으로 짜서 이동시키는 형태의 기성재 거푸집이다.(벽체, 슬라브(바닥) 거푸집을 일체로 제작하여 한 번에 설치, 해체할 수 있는 거푸집)

필기에 자주 출제되는 내용입니다.

 정답 41 ④ 42 ②

43 전체공사의 진척이 원활하며 공사의 시공 및 책임한계가 명확하여 공사관리가 쉽고 하도급의 선택이 용이한 도급제도는?

① 공정별 분할도급
② 일식도급
③ 단가도급
④ 공구별 분할도급

★ 일식도급
① 공사의 전부를 한 도급자에게 맡기는 방식을 말한다.
② 전체공사의 진척이 원활하며 공사의 시공 및 책임한계가 명확하여 공사관리가 쉽고 하도급의 선택이 용이하다.

[참고]

★ 분할도급
공사를 유형별로 분류하여 각기 다른 전문 도급자를 선정하고 도급계약을 맺는 방식이다.

전문공사별 분할도급	설비 공사를 주체 공사에서 분리하여 전문업자와 직접 계약하는 방식
공정별 분할도급	정지, 기초, 구체, 마무리 공사 등의 과정별로 나누어 도급을 주는 방식
공구별 분할도급	대규모 공사에서 한 현장 안에서 여러 지역별로 공사를 구분하여 발주하는 방식

필기에 자주 출제되는 내용입니다.

44 시방서(Specification)는 발주자가 의도하는 건축물을 건설하기 위하여 시공자에게 요구하는 모든 사항을 나타낸 것 중 도면을 제외한 모든 것이라 할 수 있다. 다음 중 시방서 작성 시 서술내용에 해당하지 않는 것은?

① 재료, 장비, 설비의 유형과 품질
② 시험 및 코드요건
③ 조립, 설치, 세우기의 방법
④ 입찰참가 자격 평가기준

★ 표준시방서
시설물의 안전 및 공사시행의 적정성과 품질확보 등을 위하여 시설별로 정한 표준적인 시공기준으로서 발주청 또는 설계 등 용역업자가 공사시방서를 작성하는 경우에 활용하기 위한 시공기준을 말한다.

45 흙막이 벽은 보통 버팀대로 지지되어 있으나 그 대신 어스앵커를 사용하기도 하는데 어스앵커 내부에서 인장응력을 받는 가장 중요한 역할을 하는 재료는?

① 철근
② 철망
③ PC강선
④ 철골부재

어스앵커 내부에서 인장응력을 받는 가장 중요한 역할을 하는 재료 → PC강선

정답 43 ② 44 ④ 45 ③

> **참고**
>
> *** 어스 앵커(earth anchor) 공법**
> 버팀대 대신 PC강재(PS 강선, PS 강연선)등 앵커체를 지중에 삽입해서 선단부를 양질지반에 정착시키고, 앵커체의 인장력에 의하여 흙막이 벽 등의 구조물을 지지하는 공법을 말한다.

📝 필기에 자주 출제되는 내용입니다.

46 한중 콘크리트 공사에서 콘크리트의 초기 동해 방지에 필요한 압축강도는 얼마인가?

① 5MPa   ② 10MPa
③ 15MPa   ④ 20MPa

한중콘크리트의 초기 동해 방지에 필요한 압축강도 : 5MPa

> **참고**
>
> *** 한중콘크리트의 양생 종료 때의 소요 압축강도의 표준 (MPa)**
>
> | 구조물의 노출 \ 단면(mm) | 300 이하 | 300 초과, 800 이하 | 800 초과 |
> |---|---|---|---|
> | (1) 계속해서 또는 자주 물로 포화되는 부분 | 15 | 12 | 10 |
> | (2) 보통의 노출상태에 있고 (1)에 속하지 않는 부분 | 5 | 5 | 5 |

47 일반적인 공사입찰의 순서로 옳은 것은?

① 입찰통지 → 현장설명 → 입찰 → 개찰 → 낙찰 → 계약
② 현장설명 → 입찰통지 → 입찰 → 개찰 → 낙찰 → 계약
③ 현장설명 → 입찰통지 → 입찰 → 낙찰 → 개찰 → 계약
④ 입찰통지 → 입찰 → 개찰 → 낙찰 → 현장설명 → 계약

* 건설공사의 입찰 및 계약의 순서
입찰통지 → 현장설명 → 입찰 → 개찰 → 낙찰 → 계약

📝 필기에 자주 출제되는 내용입니다.

48 잡석지정에 대한 설명으로 틀린 것은?

① 잡석지정은 세워서 깔아야 한다.
② 견고한 자갈층이나 굳은 모래층에서는 잡석지정이 불필요하다.
③ 잡석지정을 사용하면 콘크리트 두께를 절약할 수 있다.
④ 잡석지정은 지내력을 증진시키기 위해서 중앙에서 가장자리로 다진다.

④ 화강암 및 안산암을 옆세워 가장자리에서 중앙 쪽으로 다진다.

정답 46 ① 47 ① 48 ④

49 용접 착수 전 검사항목에 속하지 않는 것은?

① 트임새 모양
② 모아대기법
③ 운봉
④ 구속법

＊용접검사 방법의 분류

용접 착수 전	용접 작업 중	용접 완료 후
① 트임새 모양 ② 구속법 ③ 모아대기법 ④ 자세의 적부	① 용접봉 ② 운봉 ③ 전류	① 외관검사 ② 절단검사 ③ 비파괴검사 (방사선투과법, 초음파탐상법, 자기분말탐상법)

50 지반개량 공법 중 주로 점토질 지반에서만 이용되는 공법은?

① 웰포인트 공법
② 그라우팅 공법
③ 바이브로 프로테이션공법
④ 샌드드레인 공법

＊샌드 드레인(sand drain)공법
철관을 박고 그 속에 모래를 다져 넣어 하중을 가해 수분을 배출시키는 공법으로 **점토질의 탈수공법**에 해당한다.

📝 필기에 자주 출제되는 내용입니다.

51 지하수가 많은 지반을 탈수하여 건조한 지반으로 개량하기 위한 공법에 해당하지 않는 것은?

① 생석회말뚝(Chemico pile) 공법
② 페이퍼드레인(Paper drain)공법
③ 잭파일(Jacked pile)공법
④ 샌드드레인(Sand drain)공법

＊지반개량공법(탈수공법)

샌드 드레인 (sand drain) 공법	철관을 박고 그 속에 모래를 다져 넣어 하중을 가해 수분을 배출시키는 공법을 말한다.
생석회 말뚝 (Chemico pile) 공법	생석회는 수분을 흡수하면서 발열반응을 일으켜 체적이 팽창하면서 탈수효과, 압밀효과, 건조 및 화학반응효과에 의해 지반을 개량한다.
페이퍼(플라스틱) 드레인 공법	연약지반에 합성수지로 된 페이퍼를 땅 속에 박아 수분을 배출하여 압밀을 촉진시키는 공법을 말한다.

> 참고

＊잭파일(Jacked pile) 공법
유압잭으로 파일을 지지층까지 압입한 다음 강관 내·외부를 그라우팅(Grouting)하는 기초 보강 공법을 말한다.

📝 필기에 자주 출제되는 내용입니다.

정답 49 ③ 50 ④ 51 ③

52 거푸집 탈형 시 콘크리트와 거푸집 판의 분리를 원활하게 해 주는 것은?

① 보강재　② 박리제
③ 긴결재　④ 지지재

* **박리제(Form oil)**
거푸집과 콘크리트의 부착력을 감소시켜 **거푸집널의 탈형을 쉽게 하기 위하여 칠하는 약제**(거푸집 도포제)를 말한다.

 필기에 자주 출제되는 내용입니다.

53 정액도급 계약제도에 관한 설명으로 틀린 것은?

① 경쟁입찰로 공사비가 저렴하다.
② 건축주와의 의견조정이 용이하다.
③ 공사설계변경에 따른 도급액 증감이 곤란하다.
④ 이윤관계로 공사가 조잡해질 우려가 있다.

② 수급인이 예상치 못한 사정으로 공사물량이 많아졌거나 공사비가 증가하더라도 건축주와의 의견조정이 어렵다.

참고

* **정액도급 제약제도**
미리 정한 금액에 공사를 완성하기로 계약하는 방식을 말한다.

54 무지주 공법 중 보우빔(Bow beam)의 특징이 아닌 것은?

① 인보가 있어 스팬의 조정이 가능하다.
② 층고가 높고 큰 스팬에 유리하다.
③ 무폼타이 거푸집이다.
④ 구조적으로 안전성이 확보된다.

① 스팬의 조정이 불가능하다.

참고

* **보우빔(Bow beam)**
슬래브 부분에 수직의 동바리를 설치하지 않고 슬래브 하부에 가설 보를 설치한 거푸집 동바리를 말한다.(보로 구성된 거푸집 동바리)

55 철골공사의 녹막이 칠에 관한 설명으로 틀린 것은?

① 초음파 탐상검사에 지장을 미치는 범위는 녹막이 칠을 하지 않는다.
② 바탕 만들기를 한 강재표면은 녹이 생기기 쉽기 때문에 즉시 녹막이 칠을 하여야 한다.
③ 콘크리트에 묻히는 부분에는 녹막이 칠을 하여야 한다.
④ 현장 용접부분은 용접부에서 100mm 이내에 녹막이 칠을 하지 않는다.

정답　52 ②　53 ②　54 ①　55 ③

* **녹막이 칠을 하지 않는 부분**
① 현장용접을 하는 부위 및 그 곳에 인접하는 양측 100mm 이내, 그리고 초음파 탐상검사에 지장을 미치는 범위
② 고력볼트 마찰접합부의 마찰면
③ 콘크리트에 묻히는 부분
④ 핀, 롤러 등 밀착하는 부분과 회전면 등 절삭 가공한 부분
⑤ 조립에 의하여 면 맞춤 되는 부분
⑥ 밀폐되는 내면

📝 필기에 자주 출제되는 내용입니다.

56 지반의 토질시험 중에서 무게 63.5kg의 추를 76cm 높이에서 낙하시켜 샘플러가 30cm 관입하는데 따른 저항치를 측정하는 시험을 무엇이라 하는가?

① 전단시험
② 지내력시험
③ 표준관입시험
④ 베인시험

* **표준관입 시험(Standard penetration test)**
• 모래의 전단력은 모래의 밀도에 의하여 결정되고 불교란 시료를 채취하기 곤란하므로 현지에서 모래의 밀도 N값을 측정하는 시험이다.
• 63.5[kg]의 추를 75[cm]에서 자유 낙하시켜 표준샘플러를 관입량 30cm에 달하는데 요하는 타격횟수를 말하며 N의 값이 클수록 밀실한 토질이다.

📝 필기에 자주 출제되는 내용입니다.

57 철근콘크리트 공사에서 철근의 정착위치에 관한 설명으로 틀린 것은?

① 기둥의 주근은 벽에 정착
② 지중보의 주근은 기초 또는 기둥에 정착
③ 벽철근은 기둥, 보, 바닥판에 정착
④ 바닥판 철근은 보 또는 벽체에 정착

* **철근콘크리트의 부재별 철근의 정착위치**
① 기둥의 주근은 기초 또는 바닥판에 정착한다.
② 바닥철근은 보, 벽체에 정착한다.
③ 벽 철근은 기둥, 보, 바닥판에 정착한다.
④ 큰 보의 주근은 기둥에 정착하고, 작은 보의 주근은 큰 보에 정착한다.
⑤ 보 밑 기둥이 없을 때에는 보 상호간에 정착한다.
⑥ 지중 보의 주근은 기초 또는 기둥에 정착한다.

📝 필기에 자주 출제되는 내용입니다.

58 아일랜드 컷(island cut)공법에서 토압의 대부분을 저항하는 것은?

① 흙막이 벽의 자체강성
② 주변부 구조물
③ 앵커 인발력
④ 중앙부 구조물

* **아일랜드 컷(island cut) 공법**
비탈면을 남기고 **중앙부를 굴착해서 흙파기 한 후 중앙부 구조체를 먼저 설치하는** 방식으로 중앙부 구조체가 설치되면 흙막이 벽체를 버팀대로 지지할 수 있다.(토압의 대부분을 중앙부 구조물이 저항한다.)

📝 필기에 자주 출제되는 내용입니다.

정답 56 ③ 57 ① 58 ④

59 발포제의 한 종류로 시멘트와의 화학반응에 의해 특수한 가스를 발생시켜 기포를 도입하는 혼화제는?

① 알루미늄 분말　② 포졸란
③ 플라이애쉬　　④ 실리카흄

＊**발포제**
① 시멘트와의 화학반응에 의해 발생한 기포가 재료의 점착성 증진, 경량화, 단열성 등의 효과를 준다.
② 발포제로 알루미늄 분말이 많이 사용된다.

60 모래 채취나 수중의 흙을 퍼 올리는데 적당한 기계장비는?

① 불도저
② 드래그라인
③ 로더
④ 캐리어 스크레이퍼

＊**드래그라인(drag line)**
- 기계가 서있는 위치보다 낮은 장소의 굴착에 적당하고 굳은 토질에서의 굴착은 되지 않지만 굴착 반지름이 크다.
- 작업범위가 광범위하고 수중굴착 및 연약한 지반의 굴착에 적합하다.(모래 채취나 수중의 흙을 퍼 올리는 데 가장 적합하다.)

📝 필기에 자주 출제되는 내용입니다.

4과목 건설재료학

61 탄소함유량이 많은 순서대로 옳게 나열한 것은?

① 연철 > 탄소강 > 주철
② 연철 > 주철 > 탄소강
③ 탄소강 > 주철 > 연철
④ 주철 > 탄소강 > 연철

＊**탄소함유량이 많은 순서**
주철 > 탄소강 > 연철

62 환경문제 해결에 부응하는 특수 콘크리트 중 제올라이트(zeolite)등을 콘크리트에 적용하여 습도상승 등을 억제하는 콘크리트는?

① 조습성 콘크리트
② 저소음 콘크리트
③ 자원순환 콘크리트
④ 다공질 색상 콘크리트

＊**조습성 콘크리트**
흡수성, 방수성이 우수한 제오라이트를 혼합하여 만든 콘크리트로 조습성이 좋아 병원, 박물관, 미술관 등 습기의 피해를 줄이는 데 사용된다.

정답　59 ①　60 ②　61 ④　62 ①

63 열가소성수지로서 두께가 얇은 시트를 만들어 건축용 방수재료로 이용되며 내화학성의 파이프로도 활용되는 것은?

① 폴리스티렌수지
② 폴리에틸렌수지
③ 폴리우레탄수지
④ 요소수지

＊열가소성 수지의 특성

폴리스티렌 수지	① 발포제로서 보드 상으로 성형하여 **단열재로 널리 사용**되며 천장재, 전기용품, 냉장고 내부 상자 등으로 사용된다. ② 전기절연성, 가공성이 우수하다.
폴리우레탄 수지	① 내마모성이 있어 우레탄고무, 도료 접착제로 사용된다. ② 도막 방수재 및 실링재, 기포성 보온재로도 사용된다.
폴리에틸렌 수지	① **두께가 얇은 시트**를 만들어 건축용 **방수재료**로 이용된다. ② **내화학성의 파이프**로 이용된다.

참고

- 요소수지 → 열경화성 수지에 해당한다.
- 폴리우레탄 수지는 열가소성 폴리우레탄 및 열경화성 폴리우레탄이 있다.

📝 필기에 사수 출제되는 내용입니다.

64 다음 중 각종 미장재료에 대한 설명 중 옳지 않은 것은?

① 회반죽 바름은 수경성 재료이며 소석회에 물과 풀을 넣고 여물을 섞어 바른다.
② 질석모르타르는 질석을 모르타르에 혼입한 것으로 내화 피복용 바름재로 쓰인다.
③ 돌로마이트 플라스터는 기경성 재료이며 건조수축이 크다.
④ 석고 플라스터는 석고를 주원료로 하고 혼화재, 접착제, 응결시간조절제 등을 혼합한 플라스터이다.

＊회반죽
① 소석회에 모래, 해초풀, 여물 등을 혼합하여 바르는 미장재료이다.
② **목조바탕, 콘크리트 블록 및 벽돌 바탕** 등에 사용된다.
③ 경화건조에 의한 **수축률은 미장 바름 중 큰 편**이다.
④ 발생하는 **균열은 여물로 분산·경감**시킨다.
⑤ 공기 중에서 경화하는 기경성 재료이다.

📝 필기에 자주 출제되는 내용입니다.

65 건물의 바닥 충격음을 저감시키는 방법에 대한 설명으로 옳지 않은 것은?

① 유리면 등의 완충재를 바닥공간 사이에 넣는다.
② 부드러운 표면마감재를 사용하여 충격력을 작게 한다.
③ 바닥을 띄우는 이중바닥으로 한다.
④ 바닥슬래브의 중량을 작게 한다.

④ 바닥슬래브의 두께를 증가하거나 밀도를 높여 중량화 한다.

정답 63 ② 64 ① 65 ④

66 다음 미장재료 중 기경성 재료에 해당되지 않는 것은?

① 진흙
② 석고 플라스터
③ 회반죽
④ 돌로마이트 플라스터

수경성(팽창성) : 경화시간이 짧다.	1. 석고질 • 석고 플라스터 • 혼합석고 플라스터(배합석고) • 경석고 플라스터(킨즈시멘트) 2. 시멘트모르타르 3. 인조석 바름 4. 테라조 현장 바름 **특급암기법** 수(수경성) 고(석고)하는 시(시멘트모르타르)인(인조석) 테라조
기경성(수축성, 알칼리성) : 경화시간이 길다.	1. 석회질 • 회반죽 • 회사벽 2. 돌로마이트플라스터 (마그네시아 석회) **특급암기법** 기(기경성) 회(석회,회반죽,회사벽) 돌(돌로마이트플라스터)

• 수경성 : 물과 작용하여 경화하고 차차 강도가 크게 되는 성질
• 기경성 : 공기 중에서 경화하는 것으로 공기가 없는 수중에서는 경화되지 않는 성질

📘 필기에 자주 출제되는 내용입니다.

67 목재의 심재와 변재에 대한 설명으로 옳지 않은 것은?

① 심재는 변재보다 강도가 크다.
② 변재는 흡수성이 커서 신축이 크다.
③ 심재는 목질부 중 수심 부근에서 위치한다.
④ 변재는 심재보다 다량의 수액을 포함하고 있다.

변재(sap wood)	심재(heart wood)
① 변재는 심재 외측과 수피 내측 사이(표피 가까이 위치)에 있는 생활세포의 집합(세포가 아직 살아 있는 부분)이다. ② 변재보다 연한색을 띤다. ③ 수액을 전달하는 통로이며, 양분을 저장한다. ④ 수분을 많이 함유한다. ⑤ 변재는 심재부보다 흡수성이 크고 신축 변형량이 크다.	① 목재 중심 부분의 짙은 색(수심 가까이에 위치) 부분을 말한다. ② 심재는 모든 세포가 죽어 있으므로 생리적 기능을 하지 않는다.(나무를 물리적으로 지탱해 주는 역할을 한다.) ③ 심재는 변재보다 색이 짙다. ④ 심재는 수분이 적게 포함되어 있어 목재가 건조되어도 신축 등 변형이 적다. ⑤ 심재는 변재보다 비중, 내구성, 내후성 및 강도가 크다.

📘 필기에 자주 출제되는 내용입니다.

정답 66 ② 67 ④

68 금속재료의 부식 방지방법 중 옳지 않은 것은?

① 부분적인 녹은 빨리 제거할 것
② 큰 변형을 준 것은 가능한 한 담금질을 하여 사용할 것
③ 표면을 청결하게 하고, 가능한 한 건조 상태로 유지할 것
④ 기밀 또는 수밀성 보호피막을 만들 것

* **금속의 부식방지 대책(방식 대책)**
① 가능한 한 이종 금속은 이를 인접, 접속시켜 사용하지 않을 것
② 균질한 것을 선택하고, 사용할 때 큰 변형을 주지 않도록 할 것
③ 큰 변형을 준 것은 가능한 한 풀림하여 사용할 것
④ 가능한 한 건조상태로 유지하고 부분적인 녹은 빨리 제거할 것
⑤ 도료 및 내식성이 큰 금속의 기밀 또는 수밀성 보호피막을 만들거나 방부피막을 실시할 것

69 벽돌벽 두께 1.5B, 벽면적 $40m^2$ 쌓기에 소요되는 붉은 벽돌(190×90×57)의 소요량은? (단, 할증률 고려)

① 8,850장   ② 8,960장
③ 9,229장   ④ 9,408장

1. 표준형 벽돌(190×90×57mm) 기준, 0.5B 쌓기

벽돌 매수 = $\dfrac{(1 \times 1)m^2}{(0.19+0.01) \times (0.057+0.01)m^2}$
       = 75(매)

2. 표준형 벽돌(190×90×57mm) 기준, 1.0B 쌓기

벽돌 매수 = $\dfrac{(1 \times 1)m^2}{(0.09+0.01) \times (0.057+0.01)m^2}$
       = 149(매)

3. 표준형 벽돌(190×90×57mm) 기준, 1.5B 쌓기

75 + 149 = 224(매)

1. 정미량 = $40m^2$ × 224매 = 8,960(매)
2. 소요량(할증률 포함)
   8,960 × 1.03 = 9,228.8(9229매)

참고

점토벽돌(붉은 벽돌)의 할증률 : 3%

필기에 자주 출제되는 내용입니다.

70 ALC 제품의 특징으로 옳은 것은?

① 방음, 단열효과가 떨어진다.
② 비내력벽으로 활용이 어렵다.
③ 흡수성이 크다.
④ 현장에서 절단 및 가공이 불가능하다.

* **경량기포콘크리트**
  (ALC: Autoclaved Lightweight Concrete)
  ① 보통콘크리트에 비하여 **탄산화(중성화)**의 우려가 크다.
  ② 열전도율은 보통콘크리트의 약 1/10 정도로 **단열성**이 우수하다.
  ③ 현장에서 **취급이 편리**하고 절단 및 가공이 용이하다.
  ④ 다공질이므로 흡수성이 높은 편이고 동해에 대한 저항성이 낮다.(겨울철 콘크리트에 함유된 수분이 얼어 동해를 일으킨다.)
  ⑤ 압축강도에 비해서 **휨강도나 인장강도는 상당히 약**하다.

> 참고
>
> * **경량기포콘크리트(ALC)**
>   골재를 사용하지 않고 콘크리트 속에 미세하고 안정된 독립공기를 조성하는 **기포제(알루미늄 분말)**를 혼입하여 경량화 한 콘크리트를 말한다.

📝 필기에 자주 출제되는 내용입니다.

71 침엽수에 있어서 가도관 역할을 하는 목세포는 수목 전체적의 몇 % 정도를 차지하는가?

① 90 ~ 97   ② 75 ~ 90
③ 40 ~ 45   ④ 30 ~ 40

침엽수의 구성세포에는 수분통로와 지지역할을 하는 가도관이 90~97% 정도를 차지하고 있다.

72 골재의 입도와 최대치수에 대한 설명으로 옳지 않은 것은?

① 골재의 입도는 골재의 입자크기의 분포 정도를 나타낸다.
② 입도분포가 양호한 골재는 실적률이 낮다.
③ 단위용적당 굵은 골재의 최대치수가 지나치게 크면 재료 분리 현상이 커진다.
④ 골재의 최대치수는 철근치수와 배근간격에 따라 결정된다.

② 입도분포가 양호한 골재는 실적률이 높다.

📝 필기에 자주 출제되는 내용입니다.

73 목재 건조의 목적 및 효과가 아닌 것은?

① 중량의 경감
② 강도의 증진
③ 가공성 증진
④ 균류 발생의 방지

* **목재의 건조 목적**
  ① 균류에 의한 부식 방지
  ② 목재수축에 의한 손상 방지
  ③ 목재강도 및 내구성의 증가
  ④ 방부제 주입이 용이

📝 필기에 자주 출제되는 내용입니다.

정답 71 ① 72 ② 73 ③

74 습도와 물을 특별히 고려할 필요가 없는 장소에 설치하는 목재 창호용 접착제로 적합한 것은?

① 페놀수지 목재 접착제
② 요소수지 목재 접착제
③ 초산비닐수지 에멀션 목재 접착제
④ 실리콘수지 접착제

합성수지계 접착제 중 내수성이 가장 좋지 않은 접착제
: 초산비닐수지 접착제

75 고강도 콘크리트 건축물의 폭렬방지 대책으로 콘크리트에 혼입하여 사용하는 섬유는?

① 강섬유
② 탄소섬유
③ 아라미드섬유
④ 폴리프로필렌섬유

*폴리프로필렌섬유
고강도 콘크리트 건축물의 폭렬방지 대책으로 콘크리트에 혼입하여 사용하는 섬유이다.

76 점토에 대한 설명으로 옳지 않은 것은?

① 점토는 불순물이 많을수록 흡수율이 크며, 강도와 비중은 감소한다.
② 점토의 주성분은 SiO_2, Al_2O_3, Fe_2O_3, CaO, MgO 등 이다.
③ 화학적으로 순수한 점토를 카올린, 구워진 점토분말을 샤모트라고 한다.
④ 침적점토는 바람이나 물에 의해 멀리 운반되어 침적되므로 입자가 크며 가소성이 적다.

④ 침적점토는 바람이나 물에 의해 멀리 운반되어 침적되므로 입자가 작고 가소성이 크다.

77 골재의 조립률(Fineness Modulus)에 관한 설명 중 옳지 않은 것은?

① 모래보다 자갈의 조립률이 크다.
② 자갈의 조립률이 2.6~3.1이면 입도가 좋은 편이다.
③ 같은 골재라도 입경(粒經)이 크면 조립률은 커진다.
④ 조립률을 구하기 위해서 체가름 시험방법을 활용한다.

*골재의 조립률
• 조립률을 구하기 위해서 체가름 시험방법을 활용한다.
• 굵은 입자가 많을수록 조립률은 커진다.
• 잔골재는 조립률이 2.3~3.1 정도이다.(조립률이 2.3에 가까울수록 가는 모래가 많고, 3.1에 가까울수록 굵은 모래가 많다.)
• 굵은 골재(자갈)의 조립률은 6~8 정도이다.

정답 74 ③ 75 ④ 76 ④ 77 ②

78 전건(全乾)목재의 비중이 0.4일 때, 이 전건(全乾)목재의 공극율은?

① 26%   ② 36%
③ 64%   ④ 74%

$$공극률(\%) = \frac{1.54 - 절건비중[전건(全乾)비중]}{1.54} \times 100$$

$$공극률(\%) = \frac{1.54 - 0.4}{1.54} \times 100 = 74.03(\%)$$

> 참고
>
> 절건비중 : 목재에서 완전히 물을 제거한 후의 무게를 말한다.

79 플라이애쉬를 혼입한 콘크리트의 특성에 관한 설명 중 옳은 것은?

① 동일한 워커빌리티를 가진 보통콘크리트보다 많은 단위 수량을 필요로 한다.
② 동일한 조건의 보통콘크리트보다 중성화 속도가 느리다.
③ 동일한 조건의 보통콘크리트보다 화학 저항성이 증대한다.
④ 초기강도는 증가되지만 장기강도에는 큰 영향을 미치지 않는다.

* **플라이애시시멘트**
① 화력발전소에서 완전 연소한 미분탄의 회분을 포집한 것을 플라이애시라 하며, 플라이애시를 포틀랜드 시멘트에 혼합한 것을 플라이애시시멘트라 한다.
② 콘크리트의 워커빌리티를 증대시키며 사용수량을 감소시킬 수 있다.
③ 수밀성이 좋으므로 수리구조물(물을 저수하거나 물을 이용하기 위하여 만들어진 구조물)에 적합하다.
④ 수화열이 적고 건조수축도 적다.
⑤ 초기강도는 작고 장기강도는 크다.
⑥ 해수에 대한 내화학성이 크다.

 필기에 자주 출제되는 내용입니다.

80 백색시멘트와 종석, 안료를 혼합하여 천연석과 유사한 외관을 가진 인조석으로 만든 것으로서 의석 또는 캐스트스톤(cast stone)이라고 하는 것은?

① 모조석(imitation stone)
② 리신바름(lithin coat)
③ 라프코트(rough coat)
④ 테라조 바름(terrazo finish)

* **모조석(imitation stone)**
백색시멘트와 종석, 안료를 혼합하여 천연석과 유사한 외관을 가진 인조석으로 만든 것으로서 의석 또는 캐스트 스톤(cast stone)이라고 한다.

정답 78 ④ 79 ③ 80 ①

5과목 건설안전기술

81 석재가공 동력 공구 중 진동드릴 사용 시 주의사항으로 옳지 않은 것은?

① 드릴비트의 경도는 최대한 높은 것을 사용한다.
② 진동드릴의 손잡이는 충격완화를 위해 두꺼운 고무로 씌운다.
③ 작업중인 작업자의 앞에 접근하지 않는다.
④ 작업자는 안전화를 착용한다.

① 드릴비트의 경도는 가공물에 적합한 용도의 것을 사용한다.

82 깊이 10.5m 이상의 깊은 굴착의 경우 흙막이 구조의 안전을 예측하기 위해 설치해야 할 계측기기가 아닌 것은?

① 수위계
② 경사계
③ 하중 및 침하계
④ 내공변위 측정계

* 깊이 10.5m 이상의 굴착작업 시 계측기기
① 수위계
② 경사계
③ 하중 및 침하계
④ 응력계

참고

* 터널의 계측장치
① 내공변위 측정계
② 천단침하 측정계
③ 지중, 지표침하 측정계
④ 록볼트 축력 측정계
⑤ 숏크리트 응력 측정계

필기에 자주 출제되는 내용입니다.

83 철골공사에서 용접작업을 실시함에 있어 전격예방을 위한 안전조치중 옳지 않은 것은?

① 전격방지를 위해 자동전격방지기를 설치한다.
② 우천, 강설 시에는 야외작업을 중단한다.
③ 개로 전압이 낮은 교류 용접기는 사용하지 않는다.
④ 절연 홀더(Holder)를 사용한다.

③ 개로 전압이 낮은 용접기를 사용한다.

참고

* 개로 전압(Open Circuit Voltage)
개회로(외부 회로와 전기적으로 연결되지 않았을 때)에서의 전압을 말한다.

정답 81 ① 82 ④ 83 ③

84 발파공법으로 해체작업 시 화약류 취급상 안전기준과 거리가 먼 것은?

① 화약 사용시에는 적절한 발파기술을 사용하며 사전에 문제점 등을 파악한 후 시행한다.
② 시공순서는 건설공사 표준시방서에 의한다.
③ 소음으로 인한 공해, 진동, 파편에 대한 예방대책이 있어야 한다.
④ 화약류 취급에 대하여는 총포도검화약류 등 단속법과 산업안전보건법 등 관계법의 규제를 받는다.

② 시공순서는 화약취급절차에 의한다.

85 연약지반을 굴착할 때, 흙막이벽 뒤쪽 흙의 중량이 바닥의 지지력보다 커지면, 굴착 저면에서 흙이 부풀어 오르는 현상은?

① 슬라이딩(Sliding)
② 보일링(Boiling)
③ 파이핑(Piping)
④ 히빙(Heaving)

*히빙(Heaving)현상
① 연질점토 지반에서 굴착에 의한 흙막이 내·외면의 흙의 중량차이(토압)로 인해 굴착저면이 부풀어 올라오는 현상을 말한다.
② 흙막이 바깥 흙이 안으로 밀려든다.

📝 실기까지 중요한 내용입니다.

86 다음 건설기계 중 굴착 장비가 아닌 것은?

① 파워쇼벨
② 모터그레이더
③ 백호우
④ 드래그라인

② 모터 그레이더(Motor grader) : 토공판을 작동시켜 지면의 정지작업(땅을 깎아 고르는 작업)을 하는데 사용된다.

📝 필기에 자주 출제되는 내용입니다.

87 굴착공사 표면안전작업지침에 의하면 인력 굴착 작업 시 굴착면이 높아 계단식 굴착을 할 때 소단의 폭은 수평거리 얼마 정도를 하여야 하는가?

① 1m
② 1.5m
③ 2m
④ 2.5m

굴착면이 높은 경우는 계단식으로 굴착하고 소단의 폭은 수평거리 2m정도로 하여야 한다.

정답 84 ② 85 ④ 86 ② 87 ③

88 차량계 건설기계를 사용하여 작업을 하는 경우에 당해 기계의 넘어짐(전도) 또는 전락 등에 의한 근로자의 위험을 방지하기 위해 취해야 할 조치사항과 가장 거리가 먼 것은?

① 갓길의 붕괴방지
② 지반의 부동침하 방지
③ 도로폭의 유지
④ 버킷, 디퍼 등 작업장치를 지면에 고정

* 차량계 건설기계의 넘어짐(전도) 방지 조치
① 유도자 배치
② 지반의 부동침하방지
③ 갓길의 붕괴방지
④ 도로의 폭 유지

참고

* 차량계 하역운반기계 넘어짐(전도) 방지 조치
① 유도자 배치
② 지반의 부동침하방지
③ 갓길의 붕괴방지

필기에 자주 출제되는 내용입니다.

89 철골 작업을 중지하여야 하는 강설량 기준은?

① 시간당 1cm 이상
② 시간당 2cm 이상
③ 시간당 3cm 이상
④ 시간당 4cm 이상

* 철골작업을 중지해야 하는 조건
① 풍속이 초당 10미터 이상인 경우
② 강우량이 시간당 1밀리미터 이상인 경우
③ 강설량이 시간당 1센티미터 이상인 경우

실기에 자주 출제되는 내용입니다.

90 건설현장에서의 PC(Precast concrete) 조립 시 안전대책으로 옳지 않은 것은?

① 달아 올린 부재의 아래에서 정확한 상황을 파악하고 전달하여 작업한다.
② 운전자는 부재를 달아 올린 채 운전대를 이탈해서는 안된다.
③ 신호는 사전 정해진 방법에 의해서만 실시한다.
④ 크레인 사용시 PC판의 중량을 고려하여 아우트리거를 사용한다.

① 달아 올린 부재의 아래에서 작업을 해서는 안 된다.

정답 88 ④ 89 ① 90 ①

91 다음 경사각에 따른 경사로의 미끄럼막이 간격으로 옳지 않은 것은?

① 30° - 30cm
② 27° - 33cm
③ 22° - 40cm
④ 17° - 45cm

경사각	미끄럼막이 간격	경사각	미끄럼막이 간격
30도	30센티미터	22도	40센티미터
29도	33센티미터	19도 20분	43센티미터
27도	35센티미터	17도	45센티미터
24도 15분	37센티미터	14도	47센티미터

📝 실기까지 중요한 내용입니다.

92 아스팔트 포장도로의 파쇄굴착 또는 암석제거에 적합한 장비는?

① 스크레이퍼
② 리퍼
③ 롤러
④ 드래그라인

아스팔트 포장도로의 파쇄굴착 또는 암석제거 → 리퍼

📝 필기에 자주 출제되는 내용입니다.

93 콘크리트 측압에 대한 설명 중 옳지 않은 것은?

① 콘크리트의 타설속도가 클수록 크다.
② 콘크리트의 타설속도가 높을수록 크다.
③ 배근된 철근량이 적을수록 크다.
④ 대기의 온도가 높을수록 크다.

＊콘크리트의 측압
① 외기온도가 낮을수록 측압이 크다.
② 습도가 낮을수록 측압이 크다.
③ 타설속도가 빠를수록 측압이 크다.
④ 콘크리트 비중이 클수록 측압이 크다.
⑤ 철골 or 철근량 적을수록 측압이 크다.

📝 실기까지 중요한 내용입니다.

94 리프트(Lift) 사용 중 조치사항으로 옳은 것은?

① 운반구 내부에 탑승 조작장치가 설치되어 있는 리프트를 사람이 타지 않은 상태에서 작동하였다.
② 리프트 조작반은 관계근로자가 작동하기 편리하도록 항상 개방시켰다.
③ 피트 청소시에 리프트 운반구를 주행로 상에 달아 올린 상태에서 정지시키고 작업하였다.
④ 순간풍속이 초당 35m를 초과하는 태풍이 온다하여 붕괴 방지를 위한 받침수를 증가시켰다.

정답 91 ② 92 ② 93 ④ 94 ④

① 운반구의 내부에만 탑승조작장치가 설치되어 있는 리프트를 사람이 탑승하지 아니한 상태로 작동하게 해서는 아니 된다.
② 리프트 조작반(盤)에 잠금장치를 설치하는 등 관계 근로자가 아닌 사람이 리프트를 임의로 조작함으로써 발생하는 위험을 방지하기 위하여 필요한 조치를 하여야 한다.
③ 리프트 운반구를 주행로 상에 달아 올린 상태에서 정지시키고 작업하여서는 아니 된다.

참고

*악천후 시 조치
① 순간풍속이 초당 10미터를 초과 : 타워크레인의 설치·수리·점검 또는 해체작업을 중지
② 순간풍속이 초당 15미터를 초과 : 타워크레인의 운전작업을 중지
③ 순간풍속이 초당 30미터를 초과 : 옥외에 설치되어 있는 주행 크레인 이탈방지조치
④ 순간풍속이 초당 30미터를 초과하는 바람이 불거나 중진(中震) 이상 진도의 지진이 있은 후 : 옥외 양중기 각 부위 이상 점검
⑤ 순간풍속이 초당 35미터를 초과 : 옥외 승강기 및 건설용 리프트(지하에 설치되어 있는 것은 제외)에 대하여 받침의 수를 증가시키는 등 승강기가 무너지는 것을 방지하기 위한 조치

실기까지 중요한 내용입니다.

95 붕괴 등에 의한 위험방지에 관한 기준에 해당되지 않는 것은?

① 지반의 붕괴 또는 토석의 낙하 원인이 되는 빗물이나 지하수 등을 배제할 것
② 높이가 2m 이상인 장소로부터 물체를 투하하는 때에는 투하설비를 설치하거나 감시인을 배치할 것
③ 갱내의 낙반·측벽(側壁) 붕괴의 위험이 있는 경우에는 지보공을 설치하고 부석을 제거하는 등 필요한 조치를 할 것
④ 지반은 안전한 경사로 하고 낙하의 위험이 있는 토석을 제거하거나 옹벽, 흙막이 지보공 등을 설치할 것

② 높이가 3m 이상인 장소로부터 물체를 투하하는 때에는 투하설비를 설치하거나 감시인을 배치할 것

필기에 자주 출제되는 내용입니다.

정답 95 ②

96 건설업에서 사업주의 유해 · 위험 방지 계획서 제출대상 사업장이 아닌 것은?

① 지상 높이가 31m 이상인 건축물의 건설, 제조 또는 해체공사
② 연면적 5000m² 이상의 관공숙박시설의 해체공사
③ 저수용량 5000ton(톤) 이상의 지방상수도 전용댐 건설 등의 공사
④ 길이 10m 이상인 굴착공사

* 유해위험방지계획서를 제출해야 될 건설공사

1. 지상높이가 31미터 이상인 건축물 또는 인공구조물, 연면적 3만제곱미터 이상인 건축물 또는 연면적 5천제곱미터 이상의 문화 및 집회시설(전시장 및 동물원 · 식물원은 제외한다), 판매시설, 운수시설(고속철도의 역사 및 집배송시설은 제외한다), 종교시설, 의료시설 중 종합병원, 숙박시설 중 관광숙박시설, 지하도상가 또는 냉동 · 냉장창고시설의 건설 · 개조 또는 해체
2. 연면적 5천제곱미터 이상의 냉동 · 냉장창고시설의 설비공사 및 단열공사
3. 최대 지간길이가 50미터 이상인 교량 건설등 공사
4. 터널 건설 등의 공사
5. 다목적댐, 발전용댐 및 저수용량 2천만톤 이상의 용수 전용 댐, 지방상수도전용 댐 건설 등의 공사
6. 깊이 10미터 이상인 굴착공사

특급암기법
- 지상높이 31m, 연면적 3만m², 사람 많은 시설 연면적 5,000m²
- 연면적 5,000m² 냉동 · 냉장창고시설
- 최대 지간길이가 50미터 이상 교량
- 터널
- 저수용량 2천만 톤 이상 댐
- 10미터 이상인 굴착

실기에 자주 출제되는 내용입니다.

97 부두 등의 하역작업장에서 부두 또는 안벽의 선을 따라 설치하는 통로의 최소 폭 기준은?

① 30cm 이상
② 50cm 이상
③ 70cm 이상
④ 90cm 이상

부두 또는 안벽의 선을 따라 통로를 설치하는 경우에는 폭을 90센티미터 이상으로 할 것

필기에 자주 출제되는 내용입니다.

98 시스템 비계의 구조에 대한 설명 중 옳지 않은 것은?

① 수직재와 수직재의 연결철물은 이탈되지 않도록 견고한 구조로 할 것
② 수직재 · 수평재 · 가새재를 견고하게 연결하는 구조가 되도록 할 것
③ 수직재와 받침철물의 연결부의 겹침길이는 받침철물 전체길이의 4분의 1 이상이 되도록 할 것
④ 수평재는 수직재와 직각으로 설치하여야 하며, 체결 후 흔들림이 없도록 견고하게 설치할 것

정답 96 ③ 97 ④ 98 ③

※ 시스템 비계의 구조
① 수직재·수평재·가새재를 견고하게 연결하는 구조가 되도록 할 것
② 비계 밑단의 수직재와 받침철물은 밀착되도록 설치하고, 수직재와 받침철물의 연결부의 겹침길이는 받침철물 전체길이의 3분의 1 이상이 되도록 할 것
③ 수평재는 수직재와 직각으로 설치하여야 하며, 체결 후 흔들림이 없도록 견고하게 설치할 것
④ 수직재와 수직재의 연결철물은 이탈되지 않도록 견고한 구조로 할 것
⑤ 벽 연결재의 설치간격은 제조사가 정한 기준에 따라 설치할 것

📝 실기까지 중요한 내용입니다.

99 콘크리트의 종류 중 수중공사에 주로 이용되며, 거푸집을 조립하고 골재를 미리 채운 후 특수한 모르타르를 그 사이에 주입하여 형성하는 콘크리트는?

① 프리플레이스콘크리트
② 한중콘크리트
③ 경량콘크리트
④ 섬유보강콘크리트

거푸집을 조립하고 골재를 미리 채운 후 특수한 모르타르를 그 사이에 주입하여 형성하는 콘크리트 → 프리플레이스트콘크리트

100 건설현장에서 달비계 또는 높이 5m 이상의 비계를 조립·해체하거나 변경 시 안전대책으로 옳지 않은 것은?

① 근로자가 관리감독자의 지휘에 따라 작업하도록 할 것
② 조립·해체 또는 변경의 시기·범위 및 절차를 그 작업에 종사하는 근로자에게 주지시킬 것
③ 비계재료의 연결해체작업을 하는 경우에는 폭 10cm 이상의 발판을 설치할 것
④ 비, 눈, 그 밖의 기상상태의 불안정으로 날씨가 몹시 나쁜 경우에는 그 작업을 중지시킬 것

③ 비계재료의 연결·해체작업을 하는 때에는 폭 20센티미터 이상의 발판을 설치하고 근로자로 하여금 안전대를 사용하도록 하는 등 근로자의 추락방지를 위한 조치를 할 것

📝 필기에 자주 출제되는 내용입니다.

정답 99 ① 100 ③

2015년 1회 최근 기출문제

1과목 산업안전관리론

01 산업재해 발생의 직접원인에 해당되지 않는 것은?

① 안전수칙의 오해
② 물(物) 자체의 결함
③ 위험 장소의 접근
④ 불안전한 속도 조작

*직접원인
① 인적원인(불안전한 행동)
② 물적원인(불안전한 상태)

인적원인 (불안전한 행동)	• 위험장소 접근 • 안전장치의 기능 제거 • 복장, 보호구의 잘못 사용 • 기계기구 잘못 사용 • 운전 중인 기계장치의 손질 • **불안전한 속도 조작** • 위험물 취급 부주의 • 불안전한 상태 방치 • 불안전한 자세 · 동작 • 감독 및 연락 불충분
물적원인 (불안전한 상태)	• **물 자체의 결함** • 안전 방호장치의 결함 • 복장, 보호구의 결함 • 물의 배치 및 작업 장소 불량 • 작업환경의 결함 • 생산공정의 결함 • 경계표시, 설비의 결함

02 안전 태도 교육의 기본과정을 가장 올바르게 나열한 것은?

① 청취한다 → 이해하고 납득한다 → 시범을 보인다 → 평가한다
② 이해하고 납득한다 → 들어본다 → 시범을 보인다 → 평가한다
③ 청취한다 → 시범을 보인다 → 이해하고 납득한다 → 평가한다
④ 대량발언 → 이해하고 납득한다 → 들어본다 → 평가한다

*태도 교육 실시 순서
① **청취**한다.
② **이해, 납득**시킨다.
③ **모범**을 보인다.
④ **권장**한다.
⑤ **평가**한다.(상과 벌)

실기까지 중요한 내용입니다.

> 참고
>
> *교육의 3단계
> ① 제1단계(지식교육)
> ② 제2단계(기능교육)
> ③ 제3단계(태도교육)

정답 01 ① 02 ①

03 적성검사의 유형 중 체력검사에 포함되지 않는 것은?

① 감각기능 검사
② 근력검사
③ 신경기능 검사
④ 크루즈 지수(Kruse's index)

＊크루즈 지수(Kruse's index)
체격 판정 지수로서 가슴둘레의 제곱과 신장의 비로 나타낸다.

04 기업조직의 원리 가운데 지시 일원화의 원리를 가장 잘 설명한 것은?

① 지시에 따라 최선을 다해서 주어진 임무나 기능을 수행하는 것
② 책임을 완수하는데 필요한 수단을 상사로부터 위임받은 것
③ 언제나 직속 상사에게서만 지시를 받고 특정 부하직원들에게만 지시하는 것
④ 조직의 각 구성원이 가능한 한 가지 특수 직무만을 담당하도록 하는 것

＊지시 일원화의 원리
직속 상사에게서만 지시를 받고 특정 부하에게만 지시를 하는 방식을 말한다.

05 1,000명의 근로자가 주당 45시간씩 연간 50주를 근무하는 A기업에서 질병 및 기타 사유로 인하여 5%의 결근율을 나타내고 있다. 이 기업에서 연간 60건의 재해가 발생하였다면 이 기업의 도수율은 약 얼마인가?

① 25.12
② 26.67
③ 28.07
④ 51.64

$$도수율(빈도율) = \frac{재해\ 건수}{연\ 근로시간\ 수} \times 10^6$$

$$도수율(빈도율) = \frac{60 \times 10^6}{1,000 \times 45 \times 50 \times 0.95} = 28.07$$

(결근율 5% → 출근율 95%)

실기에도 자주 출제되는 문제입니다.

06 산업안전보건 법령상 안전검사대상 유해 · 위험기계에 해당하지 않는 것은?

① 곤돌라
② 전기용접기
③ 리프트
④ 산업용원심기

＊안전검사 대상 유해 · 위험기계
① 프레스
② 전단기
③ 크레인(정격 하중이 2톤 미만인 것 제외)
④ 리프트
⑤ 압력용기
⑥ 곤돌라
⑦ 국소 배기장치(이동식은 제외)
⑧ 원심기(산업용만 해당)
⑨ 롤러기(밀폐형 구조는 제외한다)

정답 03 ④ 04 ③ 05 ③ 06 ②

⑩ 사출성형기[형 체결력(형 체결력) 294킬로뉴턴(KN) 미만은 제외]
⑪ 고소작업대
⑫ 컨베이어
⑬ 산업용 로봇
⑭ 혼합기(26년 6월 26일 시행)
⑮ 파쇄기 또는 분쇄기(26년 6월 26일 시행)

특급암기법

손 다치는 기계 – 프레스, 전단기, 사출성형기, 롤러기, 혼합기, 파쇄기 또는 분쇄기(26년 6월 26일 시행)
양중기 – 크레인, 리프트, 곤돌라
폭발 – 압력용기
추가 – 극소(국소) 로봇이 고소(높은 곳)의 큰(컨) 원을 검사(안전검사)
국소배기장치, 산업용 로봇, 고소작업대, 컨베이어, 원심기

📝 실기를 대비해서 반드시 암기하세요.

07 질병에 의한 피로의 방지대책으로 가장 적합한 것은?

① 기계의 사용을 배제한다.
② 작업의 가치를 부여한다.
③ 보건상 유해한 작업환경을 개선한다.
④ 작업장에서의 부적절한 관계를 배제한다.

질병에 의한 피로 방지 → 작업환경 개선

08 안전·보건교육 및 훈련은 인간행동 변화를 안전하게 유지하는 것이 목적이다. 이러한 행동변화의 전개 과정 순서가 알맞은 것은?

① 자극 - 욕구 - 판단 - 행동
② 욕구 - 자극 - 판단 - 행동
③ 판단 - 자극 - 욕구 - 행동
④ 행동 - 욕구 - 자극 - 판단

* **인간행동 변화의 전개 과정**
자극 → 욕구 → 판단 → 행동

09 위험예지훈련 기초 4라운드(4R)에 관한 내용으로 옳은 것은?

① 1R : 목표 설정
② 2R : 현상 파악
③ 3R : 대책 수립
④ 4R : 본질 추구

* **위험예지 훈련 4단계**

1단계 현상 파악	• 어떤 위험이 잠재하고 있는가? • 전원이 대화로써 도해 상황 속의 **잠재위험요인을 발견**하고 그 요인이 초래할 수 있는 사고를 생각해내는 단계
2단계 요인조사 (본질추구)	• 이것이 위험의 포인트다. • 발견해 낸 위험 중 가장 위험한 것을 합의로서 **결정**하는 단계(지적 확인 단계)

정답 07 ③ 08 ① 09 ③

3단계 대책수립	• 당신이라면 어떻게 할 것인가? • 중요위험요인을 해결하기 위한 **대책을 세우는 단계**
4단계 행동목표 설정 (합의요약)	• 우리들은 이렇게 하자! • 대책 중 중점 실시항목을 합의 요약해서 그것을 실천하기 위한 **행동목표를 설정하는 단계**

📝 실기까지 중요한 내용입니다. 암기하세요.

10 다음 중 산업안전보건법상 사업주가 실시하여야 하는 안전·보건 교육 중 근로자 안전·보건교육의 교육과정에 해당하지 않는 것은?

① 특별안전·보건교육
② 근로자 정기안전·보건교육
③ 관리감독자 정기안전·보건교육
④ 안전관리자 신규 및 보수교육

* 근로자 안전·보건교육

교육과정	교육대상		교육시간
가. 정기 교육	1) 사무직 종사 근로자		매반기 6시간 이상
	2) 그 밖의 근로자	가) 판매업무에 직접 종사하는 근로자	매반기 6시간 이상
		나) 판매업무에 직접 종사하는 근로자 외의 근로자	매반기 12시간 이상
나. 채용시의 교육	1) 일용근로자 및 근로계약기간이 1주일 이하인 기간제근로자		1시간 이상
	2) 근로계약기간이 1주일 초과 1개월 이하인 기간제근로자		4시간 이상
	3) 그 밖의 근로자		8시간 이상

교육과정	교육대상	교육시간
다. 작업 내용 변경 시의 교육	1) 일용근로자 및 근로계약 기간이 1주일 이하인 기간제근로자	1시간 이상
	2) 그 밖의 근로자	2시간 이상
라. 특별 교육	1) 일용근로자 및 근로계약 기간이 1주일 이하인 기간제 근로자(타워크레인 신호작업에 종사하는 근로자 제외)	2시간 이상
	2) 일용근로자 및 근로계약 기간이 1주일 이하인 기간제 근로자 중 타워크레인신호작업에 종사하는 근로자	8시간 이상
	3) 일용근로자 및 근로계약 기간이 1주일 이하인 기간제 근로자를 제외한 근로자	가) 16시간 이상(최초 작업에 종사하기 전 4시간 이상 실시하고 12시간은 3개월 이내에서 분할하여 실시 가능) 나) 단기간 작업 또는 간헐적 작업인 경우에는 2시간 이상
마. 건설업 기초안전·보건교육	건설 일용근로자	4시간 이상

📝 실기를 대비해서 반드시 암기하세요.

10 ④

11 안전관리 조직 중 대규모 사업장에서 가장 이상적인 조직 형태는?

① 직계형 조직
② 직능전문화 조직
③ 라인스태프(line-staff)형 조직
④ 테스크포스(task-force)조직

- 소규모 사업장 → 라인형
- 중규모 사업장 → 스태프형
- 대규모 사업장 → 라인스태프형

실기까지 중요한 내용입니다.

12 Alderfer의 ERG 이론 중 생존(Existence) 욕구에 해당되는 Maslow의 욕구단계는?

① 자아실현의 욕구
② 존경의 욕구
③ 사회적 욕구
④ 생리적 욕구

생존 욕구는 가장 기본적인 욕구로서 매슬로의 생리적 욕구에 해당한다.

참고

* 매슬로(Maslow A. H.)의 욕구단계 이론
① 제1단계(생리적 욕구)
② 제2단계(안전 욕구)
③ 제3단계(사회적 욕구)
④ 제4단계(존경 욕구)
⑤ 제5단계(자아실현의 욕구)

* 알더퍼의 E.R.G이론
① 생존 욕구(존재 욕구)
② 관계 욕구 : 대인관계
③ 성장 욕구 : 개인적 발전

실기까지 중요한 내용입니다.

13 안전관리 4M 가운데 Media에 관한 내용으로 가장 올바른 것은?

① 인간과 기계를 연결하는 매개체
② 인간과 관리를 연결하는 매개체
③ 기계와 관리를 연결하는 매개체
④ 인간과 작업환경을 연결하는 매개체

Media(매체)는 인간과 기계를 연결하는 매개체이다.

참고

* 인간에러(휴먼 에러)의 배후요인(4M)
① **Man**(인간) : 본인 외의 사람, 직장의 **인간관계** 등
② **Machine**(기계) : **기계, 장치** 등의 물적 요인
③ **Media**(매체) : **작업정보, 작업방법** 등
④ **Management**(관리) : **작업관리, 법규준수, 단속, 점검** 등

실기까지 중요한 내용입니다.

14 과거에 경험하였던 것과 비슷한 상태에 부딪쳤을 때 떠오르는 것을 무엇이라 하는가?

① 재생 ② 기명
③ 파지 ④ 재인

과거에 경험했던 것과 비슷한 상황에서 떠오르는 현상 → 재인

정답 11 ③ 12 ④ 13 ① 14 ④

> **참고**
>
> *** 기억의 과정**
>
> 기명 → 파지 → 재생 → 재인
>
> ① 기억 : 과거 행동이 미래 행동에 영향을 줌
> ② 기명 : 사물의 인상을 마음에 간직함
> ③ 파지 : 인상이 보존됨
> ④ 재생 : 보존된 인상이 떠오름
> ⑤ 재인 : 과거에 경험했던 것과 비슷한 상황에서 떠오르는 현상

📝 필기에 자주 출제되는 내용입니다.

15 강의식 교육지도에서 가장 많은 시간이 할당되는 단계는?

① 도입　　② 제시
③ 적용　　④ 확인

- 강의법 : 제시단계(설명)에서 가장 많은 시간을 소비한다.
- 토의법 : 적용(시켜봄)단계에서 가장 많은 시간을 소비한다.

📝 필기에 자주 출제되는 내용입니다.

16 산업안전보건 법령상 안전인증 대상 보호구에 해당하지 않는 것은?

① 보호복
② 안전장갑
③ 방독마스크
④ 보안면

> *** 안전인증 대상 보호구의 종류**
> ① 추락 및 감전 위험방지용 안전모
> ② 안전화
> ③ 안전장갑
> ④ 방진마스크
> ⑤ 방독마스크
> ⑥ 송기마스크
> ⑦ 전동식 호흡보호구
> ⑧ 보호복
> ⑨ 안전대
> ⑩ 차광 및 비산물 위험방지용 보안경
> ⑪ 용접용 보안면
> ⑫ 방음용 귀마개 또는 귀덮개

📝 실기를 대비해서 반드시 암기하세요.

17 사업장의 안전준수 정도를 알아보기 위한 안전평가는 사전평가와 사후평가로 구분되어지는데 다음 중 사전평가에 해당하는 것은?

① 재해율　　② 안전샘플링
③ 연천인율　　④ safe-T-score

재해율, 연천인율, safe-T-score은 재해율을 계산하는 방법으로 사후평가에 해당한다.

18 무재해운동의 기본이념 3가지에 해당하지 않는 것은?

① 무의 원칙
② 자주 활동의 원칙
③ 참가의 원칙
④ 선취 해결의 원칙

 15 ②　16 ④　17 ②　18 ②

* **무재해 운동의 3대 원칙**
① **무(無)의 원칙**(ZERO의 원칙) : 사업장 내의 모든 잠재위험요인을 적극적으로 사전에 발견하고 파악·해결함으로써 산업재해의 근원적인 요소들을 없앤다는 것을 의미한다.
② **선취의 원칙**(안전제일의 원칙) : 사업장 내에서 행동하기 전에 잠재위험요인을 발견하고 파악·해결하여 재해를 예방하는 것을 의미한다.
③ **참가의 원칙**(참여의 원칙) : 작업에 따르는 잠재위험요인을 발견하고 파악·해결하기 위하여 **전원이 일치 협력**하여 각자의 위치에서 적극적으로 문제해결을 하겠다는 것을 의미한다.

📋 실기까지 중요한 내용입니다. 암기하세요.

19 산업안전보건 법령상 안전·보건표지의 색채별 색도기준이 올바르게 연결된 것은? (단, 순서는 색상 명도/채도이며, 색도 기준은 KS에 따른 색의 3속성에 의한 표시방법에 따른다)

① 빨간색 - 5R 4/13
② 노란색 - 2.5Y 8/12
③ 파란색 - 7.5PB 2.5/7.5
④ 녹색 - 2.5G 4/10

* **안전·보건표지의 색채, 색도기준 및 용도**

색채	색도기준	용도	사용례
빨간색	7.5R 4/14	금지	정지신호, 소화설비 및 그 장소, 유해행위의 금지
		경고	화학물질 취급장소에서의 유해·위험 경고
특급암기법	싫어(7.5) 4/14		
노란색	5Y 8.5/12	경고	화학물질 취급장소에서의 유해·위험 경고, 이 외의 위험 경고. 주의표지 또는 기계방호물
특급암기법	오(5) 빨리와(8.5) 이리(12)		
파란색	2.5PB 4/10	지시	특정 행위의 지시 및 사실의 고지
특급암기법	2.5×4=10		
녹색	2.5G 4/10	안내	비상구 및 피난소, 사람 또는 차량의 통행표지
특급암기법	2.5×4=10		
흰색	N9.5		파란색 또는 녹색에 대한 보조색
검은색	N0.5		문자 및 빨간색 또는 노란색에 대한 보조색

📋 실기까지 중요한 내용입니다. 암기하세요.

정답 19 ④

20 O.J.T(On the job Training) 교육의 장점과 가장 거리가 먼 것은?

① 훈련에만 전념할 수 있다.
② 개개인의 업무능력에 적합한 자세한 교육이 가능하다.
③ 직장의 실정에 맞게 실제적 훈련이 가능하다.
④ 교육을 통해서 상사와 부하 간의 의사소통과 신뢰감이 깊게 된다.

① OFF JT의 특징이다.

	참고
OJT의 특징	• 개개인에게 적절한 훈련이 가능하다. • 직장의 실정에 맞는 훈련이 가능하다. • 교육효과가 즉시 업무에 연결된다. • 훈련에 대한 업무의 계속성이 끊어지지 않는다. • 상호 신뢰 이해도가 높다.
OFF JT의 특징	• 다수의 근로자들에게 훈련을 할 수 있다. • 훈련에만 전념하게 된다. • 특별설비기구 이용이 가능하다. • 많은 지식이나 경험을 교류할 수 있다. • 교육 훈련 목표에 대하여 집단적 노력이 흐트러질 수 있다.

 필기에 자주 출제되는 내용입니다.

인간공학 및 시스템안전공학

21 FT도상에서 정상사상 T의 발생 확률은? (단, 기본사상 ①, ②의 발생 확률은 각각 1×10^{-2}과 2×10^{-2}이다)

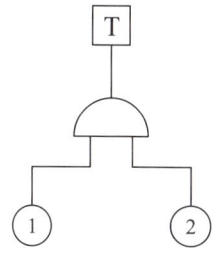

① 2×10^{-2}　② 2×10^{-4}
③ 2.98×10^{-2}　④ 2.98×10^{-4}

AND게이트이므로
T = ① × ②
　 = $(1 \times 10^{-2}) \times (2 \times 10^{-2})$ = 2×10^{-4}

 필기에 자주 출제되는 내용입니다.

22 고열환경에서 심한 육체노동 후에 탈수와 체내 염분농도 부족으로 근육의 수축이 격렬하게 일어나는 장해는?

① 열경련(heat cramp)
② 열사병(heat stroke)
③ 열쇠약(heat prostration)
④ 열피로(heat exhaustion)

정답　20 ①　21 ②　22 ①

* **열경련(Heat Cramp)**
  - 고온에서 지속적인 육체노동 시 수분 및 혈중 염분 손실로 인한 근육발작 및 경련을 일으킨다.
  - 수분 및 Nacl을 보충한다.

23 표와 관련된 시스템위험분석 기법으로 가장 적합한 것은?

프로그램 :　　　　　　　시스템 :

#1 구성 요소 명칭	
#2 구성 요소 위험 방식	
#3 시스템 작동 방식	
#4 서브 시스템에서 위험 영향	
#5 서브 시스템, 대표적 시스템위험 영향	
#6 환경적 요인	
#7 위험 영향을 받을 수 있는 2차 요인	
#8 위험수준	
#9 위험 관리	

① 예비위험분석(PHA)
② 결함위험분석(FHA)
③ 운용위험분석(OHA)
④ 사상수분석(ETA)

서브시스템(subsystem)의 해석에 사용되는 분석법
→ 결함위험분석(FHA : Fault Hazards Analysis)

📝 필기에 자주 출제되는 내용입니다.

24 동작경제의 원칙에 해당하지 않는 것은?

① 가능하다면 낙하식 운반방법을 사용한다.
② 양손을 동시에 반대 방향으로 움직인다.
③ 자연스러운 리듬이 생기지 않도록 동작을 배치한다.
④ 양손으로 동시에 작업을 시작하고 동시에 끝낸다.

③ 자연스러운 리듬이 생기도록 동작을 배치한다

참고

* **동작경제의 3원칙(바안즈, Barnes)**

(1) 인체 사용에 관한 원칙
　① 두 손을 동시에 동작하기 시작하여 동시에 끝나도록 하여야 한다.
　② 휴식 시간 중이 아니면 두 손을 동시에 쉬어서는 안 된다.
　③ 두 팔의 동작들은 서로 반대 방향에서 대칭적으로 움직인다.
　④ 손과 신체의 동작은 작업을 원만하게 수행할 수 있는 범위 내에서 가장 낮은 동작 등급을 사용한다.
　⑤ 가능한 한 관성(Momentum)을 이용해야 하며 작업자가 관성을 억제해야 하는 경우 관성을 최소 한도로 줄인다.
　⑥ 손의 동작은 부드러운 연속동작으로 하고 급격한 방향 전환을 가지는 직선 동작은 피한다.

(2) 작업장의 배치에 관한 원칙
　① 모든 공구 및 재료는 정위치에 배치해야 한다.
　② 공구, 재료 및 조정기는 사용 위치에 가까이 두어야 한다.
　③ 가능하면 낙하식 운반법을 사용한다.
　④ 재료와 공구들은 자기 위치에 있도록 한다.

(3) 공구 및 설비의 설계에 관한 원칙
① 치공구, 발로 조정하는 장치에 의해서 수행할 수 있는 작업에는 손의 부담을 덜어주어야 한다.
② 공구를 결합하여 사용한다.
③ 공구 및 재료는 가능한 한 작업자 앞에 둔다.

25 FT도에서 입력현상이 발생하여 어떤 일정 시간이 지속된 후 출력이 발생하는 것을 나타내는 게이트나 기호로 옳은 것은?

① 위험 지속기호
② 조합 AND게이트
③ 시간 단축기호
④ 억제게이트

위험지속 AND게이트 : 입력현상이 생겨서 어떤 일정한 시간이 지속될 때 출력이 생긴다.

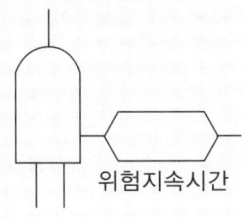
위험지속시간

 필기에 자주 출제되는 내용입니다.

26 시스템에 영향을 미치는 모든 요소의 고장을 형태별로 분석하여 그 영향을 검토하는 시스템안전 분석기법은?

① FMEA ② PHA
③ HAZOP ④ FTA

고장형태와 영향분석 (FMEA) : 시스템에 영향을 미치는 모든 요소의 고장을 형태별로 분석하여 그 영향을 검토하는 정성적, 귀납적 분석법이다.

 참고

1. 예비 위험 분석(PHA) : 모든 시스템 안전 프로그램의 최초 단계(설계단계, 구상단계)에서 실시하는 분석법
2. HAZOP(위험 및 운전성 검토) : 각각의 장비에 대해 잠재된 위험이나 기능 저하 등 시설에 결과적으로 미칠 수 있는 영향을 평가하기 위하여 공정이나 설계도 등에 체계적인 검토를 행하는 것으로 제품의 개발단계에서 실시한다.
3. FTA : 시스템 고장을 발생시키는 사상과 원인과의 관계를 논리기호(AND와 OR)를 사용하여 나뭇가지 모양의 그림(Tree)으로 나타낸 FT (Fault Tree)를 만들고 이에 의거하여 시스템의 고장확률을 구하는 연역적, 정량적 분석법

 필기에 자주 출제되는 내용입니다.

정답 25 ① 26 ①

27 정보를 유리나 차양판에 중첩시켜 나타내는 표시장치는?

① CRT   ② LCD
③ HUD   ④ LED

HUD : 정보를 유리나 차양판에 중첩시켜 나타내는 표시장치

28 인간 – 기계 시스템 평가에 사용되는 인간기준 척도 중에서 유형이 다른 것은?

① 심박수   ② 안락감
③ 산소소비량   ④ 뇌전위(EEG)

생리학적 측정방법 : 감각기능, 반사기능, 대사기능 등을 이용한 측정법

① EMG(electromyogram; 근전도) : 근육활동 전위차의 기록
② ECG(electrocardiogram; 심전도) : 심장근활동 전위차의 기록
③ EEG(electroencephalogram; 뇌전도) : 신경활동 전위차의 기록
④ EOG(electrooculogram; 안전도) : 안구(眼球)운동 전위차의 기록
⑤ 산소소비량
⑥ 에너지 소비량(RMR)
⑦ 피부전기반사(GSR) : 작업부하의 정신적 부담도가 피로와 함께 증가하는 양상을 전기저항의 변화에서 측정한다.
⑧ 점멸 융합 주파수(플리커법)

29 인체의 피부와 허파로부터 하루에 600g의 수분이 증발될 때 열 손실율은 약 얼마인가? (단, 37℃의 물 1g을 증발시키는데 필요한 에너지는 2410J/g이다)

① 약 15Watt   ② 약 17Watt
③ 약 19Watt   ④ 약 21Watt

2410J/g × 600g = 1446000J
1J = 1watt × second
$$watt = \frac{J}{S} = \frac{1446000}{24 \times 3600} = 16.74 watt$$
(하루 24h = 24×3600s)

 출제비중이 낮은 문제입니다.

30 톱사상 T를 일으키는 컷셋에 해당하는 것은?

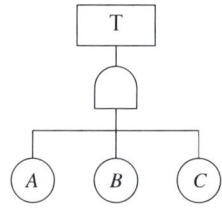

① {A}   ② {A, B}
③ {B, C}   ④ {A, B, C}

AND 게이트이므로
T = {A, B, C}

 필기에 자주 출제되는 내용입니다.

정답   27 ③   28 ②   29 ②   30 ④

31 시스템 수명주기에서 FMEA가 적용되는 단계는?

① 개발단계 ② 구상단계
③ 생산단계 ④ 운전단계

FMEA는 시스템의 개발단계에서 적용된다.

> **참고**
>
> * **시스템 수명주기 단계**
> ① 구상(Concept) 단계
> ② 정의(Definition) 단계
> ③ 개발(Development) 단계
> ④ 제조(Production) 단계
> ⑤ 배치(Deployment) 단계, 운용 단계
> ⑥ 폐기(Disposal) 단계

32 조종장치를 3cm 움직였을 때 표시장치의 지침이 5cm 움직였다면 C/R비는?

① 0.25 ② 0.6
③ 1.5   ④ 1.7

> ① $C/R \text{ 비} = \dfrac{X}{Y}$
>
> X : 통제기기의 변위량(cm)
> Y : 표시계기 지침의 변위량(cm)
>
> ② $C/R \text{ 비} = \dfrac{\dfrac{\alpha}{360} \times 2\pi L}{Y}$
>
> a : 조종장치의 움직인 각도
> L : 조종장치의 반경

$C/R \text{ 비} = \dfrac{X}{Y} = \dfrac{3}{5} = 0.6$

📝 필기에 자주 출제되는 내용입니다.

33 안전 설계방법 중 페일세이프 설계(fail-safe design)에 대한 설명으로 가장 적절한 것은?

① 오류가 전혀 발생하지 않도록 설계
② 오류가 발생하기 어렵게 설계
③ 오류의 위험을 표시하는 설계
④ 오류가 발생하였더라도 피해를 최소화 하는 설계

페일세이프(Fail-Safe) : 기계 설비에 결함이 발생되더라도 사고가 발생되지 않도록 2중, 3중으로 통제를 가한다.
① Fail Passive : 부품의 고장 시 기계장치는 정지 상태로 옮겨간다.
② Fail active : 부품이 고장나면 경보를 울리며 짧은 시간 운전이 가능하다.
③ Fail operational : 부품의 고장이 있어도 다음 정기 점검까지 운전이 가능하다.

📝 필기에 자주 출제되는 내용입니다.

34 근골격계 질환을 예방하기 위한 관리적 대책으로 옳은 것은?

① 작업공간 배치
② 작업재료 변경
③ 작업순환 배치
④ 작업공구 설계

근골격계 질환을 예방하기 위한 관리적 대책으로 작업을 순환배치 하는 것이 좋다.

정답 31 ① 32 ② 33 ④ 34 ③

35 일반적으로 연구조사에 사용되는 기준 중 기준 척도의 신뢰성이 의미하는 것은?

① 보편성　② 적절성
③ 반복성　④ 객관성

*체계 기준의 요건
- 적절성 : 의도된 목적에 적합하여야 한다.(타당성)
- 무오염성 : 측정하고자 하는 변수외의 다른 변수의 영향을 받아서는 안 된다.
- 신뢰성 : 반복실험 시 재현성이 있어야 한다.(반복성)
- 민감도 : 예상차이점에 비례하는 단위로 측정하여야 한다.

 필기에 자주 출제되는 내용입니다.

36 인체측정치 응용 원칙 중 가장 우선적으로 고려해야 하는 원칙은?

① 조절식 설계　② 최대치 설계
③ 최소치 설계　④ 평균치 설계

조절식 설계를 가장 우선으로 고려하여야 한다.

> 참고
>
> *인체계측자료의 응용 3원칙
> ① 최대치수와 최소치수 설계(극단치 설계)
> - 최대 치수 또는 최소 치수를 기준으로 하여 설계한다.
>
> ② 조절범위(조정)
> - 체격이 다른 여러 사람에 맞도록 설계한다.
> - 예 침대, 의자 높낮이 조절, 자동차의 운전석 위치 조정

③ 평균치를 기준으로 한 설계
- 최대 치수나 최소 치수 조절식으로 하기가 곤란할 때 평균치를 기준으로 하여 설계한다.
- 예 은행의 창구 높이

필기에 자주 출제되는 내용입니다.

37 40세 이후 노화에 의한 인체의 시지각 능력 변화로 틀린 것은?

① 근시력 저하
② 휘광에 대한 민감도 저하
③ 망막에 이르는 조명량 감소
④ 수정체 변색

② 노화로 인해 휘광에 대한 눈부심이 심해진다.

38 청각신호의 위치를 식별할 때 사용하는 척도는?

① AI(Articulation Index)
② JND(Just Noticeable Difference)
③ MAMA(Minimum Audible Movement Angle)
④ PNC(Preferred Noise Criteria)

청각신호의 위치식별 → MAMA

> 참고
>
> MAMA(Minimum Audible Movement Angle)
> : 최소 가청각도

정답　35 ③　36 ①　37 ②　38 ③

39 사후보전에 필요한 수리시간의 평균치를 나타내는 것은?

① MTTF ② MTBF
③ MDT   ④ MTTR

수리시간의 평균치 → MTTR

> **참고**
>
> 1. MTBF
>   (평균고장간격 : Mean Time Between Failures)
>   수리 가능한 제품에서 고장 ~ 다음 고장까지 시간의 평균치를 말한다.(신뢰도)
>
> 2. MTTF
>   (고장까지의 평균시간 : Mean Time to Failure)
>   수리가 불가능한 제품에서 처음 고장날 때까지의 시간을 말한다.(평균수명)
>
> 3. MTTR(Mean Time to Repair)
>   평균 수리에 소요되는 시간을 말한다.

 필기에 자주 출제되는 내용입니다.

40 다음 중 음성 인식에서 이해도가 가장 좋은 것은?

① 음소   ② 음절
③ 단어   ④ 문장

음성 인식의 이해도가 가장 좋은 것 → 문장

3과목 건설시공학

41 철골공사에서의 용접작업 시 유의사항으로 옳지 않은 것은?

① 용접자세는 하향자세로 하는 것이 좋다.
② 수축량이 작은 부분부터 용접하고 수축량이 큰 부분은 최후에 용접한다.
③ 용접 전에 용접 모재 표면의 수분, 슬래그, 도료 등 용접에 지장을 주는 불순물을 제거한다.
④ 감전방지를 위해 안전홀더를 사용한다.

② 수축량이 가장 큰 부분부터 최초로 용접하고 수축량이 작은 부분은 최후에 용접한다.

 필기에 자주 출제되는 내용입니다.

42 역타공법(top-down method)과 관련된 내용으로 옳지 않은 것은?

① 지하굴착공사장에는 중장비 때문에 급배기환기시설이 필요하다.
② 기둥천공 시 슬라임 처리가 완벽해야 한다.
③ 한 현장에 지하연속벽과 강성이 다른 흙막이벽을 병행 조성하는 것이 안전상 유리하다.
④ 지하연속벽과 구조체와의 연결철근의 위치가 정확히 유지되어 있어야 한다.

③ 한 현장에 지하연속벽과 강성이 다른 흙막이벽을 병행 조성하는 것이 안전상 불리하다.

정답 39 ④ 40 ④ 41 ② 42 ③

43 숏크리트(shotcrete)공정이 필요한 공법은?

① 강재널말뚝 공법
② 엄지말뚝식 흙막이공법
③ 지하연속벽 공법
④ 소일네일링 공법

* 소일 네일링(Soil nailing)의 시공순서
1단계 굴착 → 1차 숏크리트 실시 → Nail 및 Wire Mesh 설치 → 2차 숏크리트 실시 → 2단계 굴착

> 참고
>
> * 소일 네일링(Soil nailing) 공법
> 철근을 이용한 보강토 공법으로 지반에 보강재(철근, nail)을 삽입하여 보강재의 인장응력과 전단응력으로 지반을 안정시키는 공법을 말한다.

44 공동도급(Joint Venture)의 장점이 아닌 것은?

① 융자력 증대 ② 공기 단축
③ 위험 분산   ④ 기술 확충

* 공동도급

장점	단점
① 융자력 증대	① 공사비 증대
② 위험분산	② 책임소재 불분명
③ 시공의 확실성	③ 도급자 상호 충돌우려
④ 상호기술의 확충	④ 능률저하
⑤ 도급경쟁의 완화	

📝 필기에 자주 출제되는 내용입니다.

45 점토지반에 모래를 깔고 그 위에 성토에 의해 하중을 가하면 장기간에 걸쳐 점토 중의 물이 샌드파일을 통하여 지상에 배수되어 지반을 압밀·강화시키는 공법은?

① 샌드드레인 공법
② 바이브로플로테이션 공법
③ 웰포인트 공법
④ 그라우팅공법

* 샌드 드레인(sand drain)공법
철관을 박고 그 속에 모래를 다져 넣어 하중을 가해 수분을 배출시키는 공법을 말한다.

📝 필기에 자주 출제되는 내용입니다.

46 굴착토사와 안정액 및 공수내의 혼합물을 드릴 파이프내부를 통해 강제로 역순환시켜 지상으로 배출하는 공법으로 다음과 같은 특징이 있는 현장타설 콘크리트 말뚝 공법은?

- 점토, 실트층 등에 적용한다.
- 시공심도는 통상 30~70m까지로 한다.
- 시공직경은 0.9~3m 정도까지로 한다.

① 어스드릴공법
② 리버스서큘레이션공법
③ 뉴메틱케이슨공법
④ 심초공법

정답 43 ④ 44 ② 45 ① 46 ②

* **리버스서큘레이션공법(역순환 굴착공법, RCD공법)**
① 리버스 서큘레이션 드릴로 대구경의 구멍을 파고 굴착공 안을 물이나 안정액으로 정수압을 유지하여 굴착공 벽을 보호하면서 굴착, 철근망과 콘크리트를 타설하여 말뚝을 형성하는 공법이다.
② 굴착된 토사와 안정액이 밖으로 배출되고, 배출된 순환수는 토사를 침전시킨 후 다시 굴착공으로 들어가는 방식이다.
③ 수상(해상)작업이 가능하다.
④ 점토, 실트 층에 사용할 수 있으며, 드릴파이프 직경보다 큰 호박돌 층, 전 석 층은 굴착이 불가능하다.
⑤ 깊은 심도까지 굴착이 가능하다.
 (시공심도는 30~70m, 시공직경은 0.9~3m)
⑥ 시공속도가 빠르고, 유지비가 적게 든다.

📝 필기에 자주 출제되는 내용입니다.

* **거푸집의 부속자재**
① 긴결재(긴장재) : 콘크리트의 측압을 부담하여 거푸집널이 벌어지거나 우그러들지 않도록 거푸집의 정확한 위치와 치수를 유지하기 위해 사용된다.
② 격리재(separator) : 거푸집 상호간의 간격을 일정하게 유지하는데 사용된다.
③ 박리제(Form oil) : 거푸집과 콘크리트의 부착력을 감소시켜 거푸집널의 탈형을 쉽게 하기 위하여 칠하는 약제(거푸집 도포제)를 말한다.
④ 간격재(spacer) : 철근과 거푸집의 간격을 일정하게 유지하여 피복두께 확보를 도와주는 부재를 말한다.
⑤ 고임재(chair) : 수평 철근의 위치 또는 수평 철근과 거푸집의 간격을 일정하게 유지하기 위해 수평 철근 아래에 끼우는 부품을 말한다.(수평철근과 거푸집널 판과의 간격 유지)

47. 거푸집공사의 부속자재에 대한 설명으로 옳지 않은 것은?

① 폼타이 - 거푸집의 간격을 유지하고 측압에 의해 벌어지는 것을 방지함
② 세퍼레이터 - 거푸집이 오그라드는 것을 방지하고 상호간의 간격을 유지시킴
③ 스페이서 - 슬래브와 벽체 등에 배근되는 철근이 거푸집에 밀착되는 것을 방지함
④ 인서트 - 바닥판, 보의 중앙부에 매립하여 처짐을 방지함

48. 콘크리트 타설에 관한 설명 중 옳지 않은 것은?

① 부어넣기는 기둥(벽) → 보 → 슬래브 순으로 한다.
② 한 구획의 타설이 시작되면 콘크리트가 일체가 되도록 연속적으로 부어 넣는다.
③ 비비는 장소 또는 플로어호퍼에서 가까운 곳부터 부어 넣는다.
④ 콘크리트의 자유낙하 높이는 콘크리트가 분리되지 않도록 가능한 한 낮게 타설한다.

③ 콘크리트 타설은 운반거리가 먼 곳부터 시작한다.

📝 필기에 자주 출제되는 내용입니다.

정답 47 ④ 48 ③

49 토공사에서 토량 변화율 L=1.3, C=0.8인 사질토를 가지고 성토하여 다진 후에 40,000m³를 만들기 위한 굴착 및 운반토량은?

① 굴착토량 50,000m³, 운반토량 65,000m³
② 굴착토량 65,000m³, 운반토량 70,000m³
③ 굴착토량 70,000m³, 운반토량 75,000m³
④ 굴착토량 75,000m³, 운반토량 80,000m³

1. 굴착토량 = $\dfrac{\text{다짐 후 토량}}{C}$
2. 운반토량 = 굴착토량 × L

1. 굴착토량 = $\dfrac{40,000}{0.8}$ = 50,000m³
2. 운반토량 = 50,000 × 1.3 = 65,000m³

50 말뚝 박기 기계인 디젤해머(diesel hammer)의 대한 설명으로 옳지 않은 것은?

① 박는 속도가 빠르다.
② 타격음이 작다.
③ 타격에너지가 크다.
④ 운전이 용이하다.

② 타격음이 크다.

51 건설공사 시공방식 중 직영공사의 장점에 속하지 않는 것은?

① 영리를 도외시한 확실성 있는 공사를 할 수 있다.
② 임기응변의 처리가 가능하다.
③ 공사기일이 단축된다.
④ 발주, 계약 등의 수속이 절감된다.

* 직영공사

장점	단점
① 발주, 계약 등의 수속이 절감된다. ② 영리를 도외시한 확실성 있는 공사가 된다. ③ 특수한 상황에 신속하게 대처할 수 있다.	① 시공관리 능력이 부족하면 공사비 증대 및 공사기일이 연장될 수 있다. ② 재료의 낭비 또는 잉여 장비가 발생할 수 있다. ③ 시공 관리 능력 부족으로 시공의 결함이 생길 수 있다.

52 T.S Bolt를 체결 작업할 때의 유의사항으로 옳지 않은 것은?

① 부재와 부재의 접합면은 완전히 밀착되어야 한다.
② 용접과 볼트를 병행이음 할 경우에는 용접 완료 후에 체결한다.
③ 볼트의 표면온도가 250℃ 이상일 경우 기계적 성질에 변할 수 있으므로 볼트 주변에서 용접 시 주의한다.
④ 1차 조임을 한 볼트의 본 체결은 2일 정도의 시간적 여유를 두고 나서 한다.

정답 49 ① 50 ② 51 ③ 52 ④

④ 삽입한 본 볼트는 당일 중으로 조임 작업을 완료시킨다.(이슬이나 강우에 노출될 경우 토크계수치가 변화될 수 있다.)

> **참고**
>
> **＊ TS BOLT(Torque Shear Bolt)**
> 토크 전단형 고장력볼트
> ① 볼트 축부 선단에 pintail이 있어 일정 이상의 힘이 가해지면 pintail이 파단되어 볼트 체결정도를 확인할 수 있는 볼트를 말한다.
> ② 건축현장에서 철골 조립용으로 많이 사용된다.

53 토공사용 장비에 해당되지 않는 것은?

① 불도저(Bulldozer)
② 트럭 크레인(Truck crane)
③ 그레이더(Grader)
④ 스크레이퍼(Scraper)

트럭 크레인(Truck crane) : 양중용 장비, 철골세우기용 기계

54 고력볼트 접합에서 축부가 굵게 되어 있어 볼트 구멍에 빈틈이 남지 않도록 고안된 볼트는?

① TC볼트   ② PI볼트
③ 그립볼트 ④ 지압형 고장력볼트

지압형 고장력 볼트: 볼트 구멍에 빈틈이 남지 않도록 직경보다 작은 볼트구멍에 끼운 후 너트를 조이는 방법을 말한다.

55 조강포틀랜드시멘트를 사용한 기둥에서 거푸집널 존치 기간 중의 평균기온이 20℃ 이상인 경우 콘크리트의 재령이 최소 며칠 이상 경과하면 압축강도시험을 하지 않고 거푸집을 떼어낼 수 있는가?

① 2일   ② 3일
③ 4일   ④ 6일

＊ 콘크리트의 압축강도를 시험하지 않을 경우 거푸집널의 해체 시기 (기초, 보, 기둥 및 벽의 측면)

시멘트의 종류 평균기온	조강 포틀랜드 시멘트	보통 포틀랜드 시멘트 고로 슬래그 시멘트(특급) 포틀랜드 포졸란 시멘트(A종) 플라이애쉬 시멘트(A종)	고로 슬래그 시멘트(1급) 포틀랜드 포졸란 시멘트(B종) 플라이애쉬 시멘트(B종)
20℃ 이상	2일	4일	5일
20℃ 미만 10℃ 이상	3일	6일	8일

📝 필기에 자주 출제되는 내용입니다.

56 재료분리를 일으키지 않고 타설, 다지기 등의 작업이 용이하게 될 수 있는 정도를 나타내는 굳지 않은 콘크리트의 성질을 말하는 것은?

① 워커빌리티
② 피니셔빌리티
③ 펌퍼빌리티
④ 플라스티시티

정답 53 ② 54 ④ 55 ① 56 ①

★ **굳지 않은 콘크리트의 성질**
① 워커빌리티(시공성 : Workability) : 재료 분리를 일으키지 않고 작업이 용이하게 될 수 있는 정도(반죽 질기에 따른 작업의 난이성과 재료의 분리 정도)
② 펌퍼빌리티(펌프 압송성 : Pumpability) : 펌프에 의한 운반을 실시하는 경우 펌프로 콘크리트가 압송되기 쉬운 정도
③ 플라스티시티(성형성 : Plasticity) : 거푸집에 쉽게 다져넣을 수 있고 거푸집을 제거하면 허물어지거나 재료분리가 되지 않는 정도
④ 피니셔빌리티(마감성 : Finishability) : 굵은 골재의 최대치수, 잔골재율, 잔골재입도, 반죽 질기 등에 의한 마무리하기 쉬운 정도를 나타내는 성질

 필기에 자주 출제되는 내용입니다.

57 네트워크 공정표에서 얻을 수 있는 정보가 아닌 것은?

① 작업방법과 능률의 파악
② 크리티컬 패스(critiacal path)와 중점작업의 파악
③ 작업순서와 상호관계의 파악
④ 변경이 있을 때 전체에 대한 영향의 파악

★ **네트워크 공정표에서 얻을 수 있는 정보**
① 크리티컬 패스(critiacal path)와 중점작업의 파악
② 작업순서와 상호관계의 파악
③ 변경이 있을 때 전체에 대한 영향의 파악

58 지반 개량 공법에 해당되지 않는 것은?

① 다짐법　　② 탈수법
③ 치환법　　④ 아일랜드 컷 공법

★ **지반개량 공법**
① 다짐공법 : 말뚝을 형성하여 지반을 다져서 지반을 개량하는 공법을 말한다.
② 치환공법 : 연약지반을 양질의 재료로 치환하는 방법을 말한다.
③ 고결공법 : 지반을 구성하는 토립자 사이를 고결(일체화)시켜 지반을 개량하는 방법
④ 강제(强制)압밀공법 : 재하방법과 드레인 방법을 이용하여 지반을 강제 압밀시키는 방법
⑤ 재하공법 : 연약지반에 미리 하중을 가하여 흙을 압밀시키는 공법
⑥ 탈수 및 배수공법 : 지반 내 물을 탈수 또는 배수하여 흙을 개량하는 방법

 필기에 자주 출제되는 내용입니다.

59 돌공사에서 건식공법의 장점이 아닌 것은?

① 동결, 백화현상이 없다.
② 고층건물에 유리하다.
③ 겨울철공사가 가능하다.
④ 구조체와 긴결이 매우 쉬운 편이다.

* **건식공법의 장·단점**

장점	단점
① 동결, 백화현상이 없다. ② 고층건물에 유리하다. ③ 겨울철공사가 가능하다. ④ 모르타르 경화시간이 필요 없어 공기단축에 유리하고 노동력을 절감할 수 있다. ⑤ 모체 사이에 공벽이 있으므로 결로 방지에 유리하다.	① 재료의 손실이 많다. ② 석재두께에 한계가 있다. ③ 석재의 특성에 따라 공법을 적용할 수 없는 경우도 있다.

참고

건식공법 : 모르타르 없이 구조체와 석재 사이를 연결 철물로 고정하는 공법을 말한다.

60 착공 단계에서 공사 계획은 각 공사마다 고유의 여건에 맞게 수립되어야 한다. 공사 계획의 주요 내용이 아닌 것은?

① 공정표의 작성
② 실행예산의 편성
③ 원척도의 작성
④ 현장원의 편성

* **착공단계에서의 공사계획 수립 시 고려사항**
① 현장원의 조직편성 : 가장 먼저 실시
② 예정 공정표의 작성
③ 실행예산의 편성과 통제
④ 하수급 업체의 선정
⑤ 가설물의 설치계획
⑥ 노무의 수배 및 조달 계획
⑦ 자재의 선정 및 구매계획
⑧ 소요 장비의 확보 계획

참고

원척도(현치도, 시공도)는 실물 크기의 치수대로 나타낸 도면으로 시공 전에 작성하여 공사 감독원의 승인을 얻는다.

📝 필기에 자주 출제되는 내용입니다.

4과목 건설재료학

61 각종 금속의 성질 및 사용법에 관한 설명으로 틀린 것은?

① 아연판은 철과 접촉하면 침식되므로 아연 못을 사용한다.
② 놋은 대기 중에서 내구성이 있으나 암모니아에 침식 된다.
③ 연은 산과 알칼리에 강하므로 콘크리트에 직접매설 하여도 침식이 적다.
④ 동은 전연성이 풍부하므로 가공하기 쉽다.

정답 60 ③ 61 ③

③ 연은 묽은 산과 알칼리에 잘 침식되지 않지만 질산과 같은 강한 산, 강 알칼리에는 침식된다.

📝 필기에 자주 출제되는 내용입니다.

62 콘크리트용 골재에 요구되는 성질이 아닌 것은?

① 콘크리트의 유동성을 확보할 수 있도록 정방형의 입형과 적절한 입도일 것
② 물리적, 화학적으로 안정성을 가질 것
③ 시멘트 페이스트의 강도보다 강할 것
④ 유해한 물질을 함유하지 않을 것

① 골재의 입형은 둥글고 입도가 고를 것

📝 필기에 자주 출제되는 내용입니다.

63 도료의 사용 용도에 관한 설명으로 틀린 것은?

① 아스팔트 페인트 : 방수, 방청, 전기절연용으로 사용
② 유성 바니쉬 : 내후성이 우수하여 외부용으로 사용
③ 징크로메이트 : 알루미늄판이나 아연철판의 초벌용으로 사용
④ 합성수지페인트 : 콘크리트나 플라스터 면에 사용

* 유성 바니쉬
① 건조가 느리며 내후성이 작아서 옥외용으로 부적당하다.
② 투명한 도료로 내부용 목재에 사용된다.

📝 필기에 자주 출제되는 내용입니다.

64 플라스틱재료의 일반적인 성질에 대한 설명 중 옳은 것은?

① 산이나 알칼리, 염류 등에 대한 저항성이 약하다.
② 전기저항성이 불량하여 절연재료로 사용할 수 없다.
③ 내수성 및 내투습성이 좋지 않아 방수피막제 등으로 사용이 불가능하다.
④ 상호간 계면 접착이 잘되며 금속, 콘크리트, 목재, 유리 등 다른 재료에도 잘 부착된다.

* 플라스틱재료의 일반적인 성질
① 비중이 철이나 콘크리트보다 작다.
② 상호간 계면 접착이 잘되며 금속, 콘크리트, 목재, 유리 등 다른 재료에도 잘 부착된다.
③ 일반적으로 투명 또는 백색이므로 안료나 염료에 의해 다양한 착색이 가능하다.
④ 내수성 및 부식성이 우수하고 산이나 알칼리, 염류 등에 대한 저항성이 강하다.
⑤ 전기저항성이 우수하여 절연재료로 사용된다.
⑥ 내후성이 나쁘며 열에 의한 체적변화가 크다.

정답 62 ① 63 ② 64 ④

65 아치벽돌, 원형벽체를 쌓는데 쓰이는 원형벽돌과 같이 형상, 치수가 규격에서 정한 바와 다른 벽돌로서 특수한 구조체에 사용될 목적으로 제조되는 것은?

① 오지벽돌　② 이형벽돌
③ 포도벽돌　④ 다공벽돌

★ 이형벽돌
아치벽돌, 원형벽체를 쌓는데 쓰이는 원형벽돌과 같이 형상, 치수가 규격에서 정한 바와 다른 벽돌로서 특수한 구조체에 사용될 목적으로 제조된다.

66 각종 접착제에 관한 설명으로 틀린 것은?

① 요소수지 접착제는 요소와 포름알데히드를 사용하여 만들며 목공용에 적당하다.
② 멜라민수지 접착제는 내수성이 우수하여 금속, 고무, 유리 등에 사용한다.
③ 실리콘수지 접착제는 내수성이 대단히 크고 전기절연성도 우수하여 유리섬유판, 가죽 등의 접합에 사용된다.
④ 에폭시수지 접착제는 내수성, 내약품성, 전기절연성이 모두 우수한 만능형 접착제이다.

★ 멜라민 수지 접착제
① 열경화성수지 접착제로 **내수성이 우수하여 내수합판**으로 사용된다.
② 순백색 또는 투명백색이다.
③ 멜라민과 포름알데히드로 제조된다.

67 콘크리트의 인장강도는 압축강도의 대략 얼마 정도인가?

① 동일하다.
② 약 1/3 ~ 1/5
③ 약 1/10 ~ 1/13
④ 약 1/30 ~ 1/35

★ 콘크리트의 강도
① 압축강도(Compression Strength) : 압축강도가 다른 강도(휨·인장·전단·부착강도 등)에 비해 현저히 크다.
② 인장강도(Tensile Strength) : 압축강도의 1/10~1/13 정도이다.

68 양모, 마사, 폐지 등을 원료로 하여 만든 원지에 연질의 스트레이트 아스팔트를 가열·용융시켜 충분히 흡수시킨 후 회전로에서 건조와 함께 두께를 조정하여 롤형으로 만든 것은?

① 아스팔트 루핑
② 알루미늄 루핑
③ 아스팔트 펠트
④ 개량 아스팔트 루핑

★ 아스팔트 펠트
• 유기성 섬유(양모, 폐지)를 가열, 고착하여 만든 펠트에 스트레이트 아스팔트를 침투시킨 것이다.
• 내구성이 약해 주로 바탕용으로 사용된다.

정답　65 ②　66 ②　67 ③　68 ③

69 점토제품에 대한 설명으로 틀린 것은?

① 습식제법이 건식제법에 비해 타일의 치수정밀도가 좋다.
② 도기질 제품으로 내장 타일이 있다.
③ 석기질 제품으로 클링커타일이 있다.
④ 외장타일은 습식제법으로 제조된다.

① 건식제법이 습식제법에 비해 타일의 치수정밀도가 좋다.

> **참고**
> - 건식제법 : 함수율 1~8% 전후의 점토를 프레스 성형한다.
> - 습식제법 : 함수율 20% 전후의 점토를 압착 성형한다.

70 납(Pb)에 대한 설명 중 틀린 것은?

① 방사선의 투과도가 낮아 건축에서 방사선 차폐용 벽체에 이용된다.
② 비중이 11.4로 아주 크고 연질이며 전·연성이 크다.
③ 콘크리트 중에 매입할 경우 적당히 표면을 피복할 필요가 있다.
④ 증류수에 용해가 되지 않으며, 인체에도 무해하여 주로 수도관에 사용된다.

④ 증류수에 용해되며, 독성을 가진 금속으로 수도관에 사용할 수 없다.

📝 필기에 자주 출제되는 내용입니다.

71 다음 재료 중 비강도(比强度)가 가장 높은 것은?

① 목재   ② 콘크리트
③ 강재   ④ 석재

★ **비강도(比强度)**
① 어떤 재료의 기계적 강도를 그 비중으로 나눈 값을 말한다.
② 가벼우면서 강한 재료가 비강도(比强度)가 높다.
(목재의 비강도가 가장 높다.)

72 시멘트의 수화반응 속도에 영향을 주는 요인으로 가장 거리가 먼 것은?

① 시멘트의 화학성분
② 골재의 강도
③ 분말도
④ 혼화제

★ **시멘트의 수화반응 속도에 영향을 주는 요인**
① 시멘트의 화학성분
② 시멘트의 조성
③ 시멘트의 분말도
④ 혼화제
⑤ 온도, 습도, 수량(물·시멘트비)

정답 69 ① 70 ④ 71 ① 72 ②

73 보통 콘크리트용 쇄석의 원석으로 가장 부적당한 것은?

① 현무암　② 안산암
③ 화강암　④ 응회암

콘크리트용 쇄석의 원석 : 현무암, 안산암, 화강암

74 감람석 또는 섬록암이 변질된 것으로, 색조는 암녹색 바탕에 흑백색의 아름다운 무늬가 있고, 경질이나 풍화성이 있어 외벽보다는 실내장식용으로 사용되는 석재는?

① 사문암　② 대리석
③ 트래버틴　④ 점판암

＊사문암
암녹색 바탕에 흑백색의 아름다운 무늬가 있고, 경질이나 풍화성이 있어 **외장재보다는 내장 마감용 석재**(실내장식용, 대리석용 석재)로 이용된다.

📝 필기에 자주 출제되는 내용입니다.

75 폴리에스테르수지에 관한 설명 중 틀린 것은?

① 선기설연성이 우수하다.
② 도료, 파이프 등에 사용된다.
③ 건축용으로는 판상제품으로 주로 사용된다.
④ 불포화 폴리에스테르수지는 열가소성 수지이다.

＊ 폴리에스테르 수지
① 고분자 합성수지의 일종으로 상온, 상압 하에서 성형이 가능하고 기계적 강도가 높다.
② 글라스 섬유로 강화된 **평판, 판상제품으로 주로 사용**된다.
③ 전기절연성, 내열성이 우수하고 특히 내약품성이 뛰어나다.

참고

＊ 열경화성 및 열가소성수지의 종류

열경화성 수지	열가소성수지
• 페놀 수지	• 염화비닐 수지
• 요소 수지	• 초산비닐 수지
• 멜라민 수지	• 메틸메타크릴 수지
• 알키드 수지	• 폴리에틸렌 수지
• 실리콘 수지	• 폴리스티렌 수지
• 에폭시 수지	• 아크릴 수지
• 우레탄 수지	• 스티롤 수지
• 프란 수지	• 셀룰로이드
• 폴리에스테르 수지	
• 불포화폴리에스테르수지	

특급암기법
가수(열가소성수지) 염비 초비 메틸 에틸렌(폴리에틸렌)
아크릴 스티(스티롤) 로이드(셀룰로이드)

📝 필기에 자주 출제되는 내용입니다.

정답　73 ④　74 ①　75 ④

76 다음 중 목재의 결점이 아닌 것은?

① 옹이 ② 도관
③ 껍질박이 ④ 지선

* **목재의 결점**
① **수지낭** : 인접한 두 연륜의 경계층 또는 **연륜 내에 형성된 렌즈 모양의 공극**
② **미숙재** : 수목의 일생 동안 수간의 중심부 세포 길이가 안정돼 있지 못하고 **매년 1% 이상의 신장률을 나타내는 목재**를 말한다.
③ **컴프레션페일러** : 벌채 시의 충격이나 그 밖의 생리적 원인으로 인하여 **세로축에 직각으로 섬유가 절단된 형태**를 말한다.
④ **옹이** : 나무가 자라는 동안 **자연의 영향이나 생물의 피해를 받아 생기는 결함**으로 무늬의 둥글고 진한 부분을 말한다.
⑤ **껍질박이** : 나무가 자라는 과정에서 **외부에 상처가 생긴 후 자연 치유되는 과정**에서 그 껍질이나 이물질이 안으로 말려 들어가서 생긴 홈을 말한다.
⑥ **지선** : 목재의 수지가 흘러나온 곳에 생기는 결점으로, 가공을 어렵게 하거나 가공 후 목재에 얼룩이 생기게 한다.

📝 필기에 자주 출제되는 내용입니다.

77 철근콘크리트 구조용 골재로 해사를 사용할 경우 우선 조치하여야 할 사항은?

① 해사를 충분히 건조시킨 후 사용한다.
② 물 - 시멘트비를 증가시킨다.
③ 조골재를 많이 넣어 잔골재율을 낮춘다.
④ 토사를 충분히 물에 씻어 사용한다.

철근콘크리트 구조용 골재로 해사를 사용할 경우 토사를 충분히 물에 씻어 사용해야 한다.

📝 필기에 자주 출제되는 내용입니다.

78 대기 중의 이산화탄소와 반응하여 경화하는 기경성 미장재료는?

① 돌로마이트 플라스터
② 시멘트 모르타르
③ 순석고 플라스터
④ 혼합석고 플라스터

수경성(팽창성) : 경화시간이 짧다.	1. 석고질 • 석고 플라스터 • 혼합석고 플라스터(배합석고) • 경석고 플라스터(킨즈시멘트) 2. 시멘트모르타르 3. 인조석 바름 4. 테라조 현장 바름 **특급암기법** 수(수경성) 고(석고)하는 시(시멘트모르타르)인(인조석) 테라조
기경성(수축성, 알칼리성) : 경화시간이 길다.	1. 석회질 • 회반죽 • 회사벽 2. 돌로마이트플라스터 (마그네시아 석회) **특급암기법** 기(기경성) 회(석회,회반죽,회사벽) 돌(돌로마이트플라스터)

• **수경성** : 물과 작용하여 경화하고 차차 강도가 크게 되는 성질
• **기경성** : 공기 중에서 경화하는 것으로 공기가 없는 수중에서는 경화되지 않는 성질

📝 필기에 자주 출제되는 내용입니다.

76 ② 77 ④ 78 ①

79 콘크리트의 워커빌리티(workability)에 영향을 주는 요소가 아닌 것은?

① 시멘트의 성질
② 공기량
③ 혼화재료
④ 풍향

* 워커빌리티(workability)에 영향을 주는 요인
① 시멘트의 분말도가 크면 워커빌리티는 증대된다.
② 시멘트량이 많으면 점성이 커지므로 워커빌리티는 증대된다.
③ 시멘트가 풍화되면 워커빌리티는 감소한다.
④ 단위수량이 너무 많거나 적으면 워커빌리티는 감소한다.
⑤ 온도가 높으면 워커빌리티는 감소한다.
⑥ 비빔을 충분히 하면 워커빌리티는 증대된다.
⑦ 둥근 강자갈의 경우는 워커빌리티가 가장 좋고, 편평하고 세장한 입형의 골재는 분리하기 쉽고, 모진 것이나 굴곡이 큰 골재는 워커빌리티가 나빠진다.
⑧ AE제를 혼입하면 워커빌리티가 좋아진다.

필기에 자주 출제되는 내용 입니다.

80 콘크리트의 혼화재료와 그 작용의 조합으로 틀린 것은?

① 염화칼슘 - 응결 경화 촉진
② 포졸란 - 시공연도 증진
③ 알루미늄 분말 - 발포, 경량
④ 슬래그 분말 - 초기강도 증진

* 콘크리트용 혼화재
콘크리트의 성질 개량을 위해 쓰이는 혼화 재료로 시멘트 중량의 5% 이상 사용되는 것을 말한다.
① 플라이 애시 : 워커빌리티, 펌퍼빌리티 개선
② 고로슬래그 미분말 : 수화열 억제(초기강도 감소), 알칼리골재반응 억제
③ 실리카 흄 : 화학적 저항성 증대, 블리딩 저감
④ 가용성 규산 미분말 : 콘크리트 팽창제

필기에 자주 출제되는 내용 입니다.

5과목 건설안전기술

81 달비계 또는 5m 이상의 비계를 조립·해체하거나 변경하는 작업 시 준수사항으로 틀린 것은?

① 근로자가 관리감독자의 지휘에 따라 작업하도록 할 것
② 비, 눈, 그 밖의 기상상태의 불안정으로 날씨가 몹시 나쁜 경우에는 그 작업을 중지시킬 것
③ 비계재료의 연결·해체작업을 하는 경우에는 폭 20cm 이상의 발판을 설치할 것
④ 강관비계 또는 통나무비계를 조립하는 경우 외줄로 구성하는 것을 원칙으로 할 것

강관비계 또는 통나무비계를 조립하는 때에는 **쌍줄로 하여야 하되**, 외줄로 하는 때에는 별도의 작업발판을 설치할 수 있는 시설을 갖추어야 한다.

정답 79 ④ 80 ④ 81 ④

> **참고**
>
> * 달비계 또는 높이 5미터 이상의 비계 조립·해체 및 변경 시 준수사항
> ① 관리감독자의 지휘하에 작업하도록 할 것
> ② 조립·해체 또는 변경의 시기·범위 및 절차를 그 작업에 종사하는 근로자에게 교육할 것
> ③ 조립·해체 또는 변경작업구역내에는 당해 작업에 **종사하는 근로자외의 자의 출입을 금지시키고 그 내용을 보기 쉬운 장소에 게시할 것**
> ④ 비·눈 그 밖의 기상상태의 불안정으로 인하여 **날씨가 몹시 나쁠 때에는 그 작업을 중지시킬 것**
> ⑤ 비계재료의 연결·해체작업을 하는 때에는 폭 20센티미터 이상의 발판을 설치하고 근로자로 하여금 **안전대를 사용**하도록 하는 등 근로자의 추락방지를 위한 조치를 할 것
> ⑥ 재료·기구 또는 공구등을 올리거나 내리는 때에는 근로자로 하여금 **달줄 또는 달포대 등을 사용**하도록 할 것

📝 필기에 자주 출제되는 내용입니다.

82 철근 콘크리트 공사에서 슬래브에 대하여 거푸집동바리를 설치할 때 고려해야 할 사항으로 가장 거리가 먼 것은?

① 철근콘크리트의 고정하중
② 타설 시의 충격하중
③ 콘크리트의 측압에 의한 하중
④ 작업인원과 장비에 의한 하중

* **콘크리트 측압**
• 벽, 보, 기둥 옆 거푸집의 콘크리트를 타설할 때 굳지 않은 콘크리트(생 콘크리트)가 거푸집을 미는 압력을 말한다.
• 슬래브 거푸집 설치 시에는 고려하지 않아도 된다.

> **참고**
>
> * 거푸집 및 지보공(동바리) 시공 시 고려해야 할 하중
> ① 연직방향 하중 : 거푸집, 지보공(동바리), 콘크리트, 철근, 작업원, 타설용 기계기구, 가설설비 등의 중량 및 충격하중
> ② 횡방향 하중 : 작업할 때의 진동, 충격, 시공오차 등에 기인되는 횡방향 하중 이외에 필요에 따라 풍압, 유수압, 지진 등
> ③ 콘크리트의 측압 : 굳지 않은 콘크리트의 측압
> ④ 특수하중 : 시공 중에 예상되는 특수한 하중
> ⑤ 위의 ①~④ 항목의 하중에 안전율을 고려한 하중

83 강관비계의 구조에서 비계기둥 간의 적재하중 기준으로 옳은 것은?

① 200kg 이하　② 300kg 이하
③ 400kg 이하　④ 500kg 이하

강관 비계기둥 간의 적재하중 : 400kg 이하

84 철골공사 작업 중 작업을 중지해야 하는 기후조건의 기준으로 옳은 것은?

① 풍속 : 10m/sec 이상, 강우량 : 1mm/h 이상
② 풍속 : 5m/sec 이상, 강우량 : 1mm/h 이상
③ 풍속 : 10m/sec 이상, 강우량 : 2mm/h 이상
④ 풍속 : 5m/sec 이상, 강우량 : 2mm/h 이상

정답 82 ③　83 ③　84 ①

* 철골작업을 중지해야 하는 조건
① 풍속이 초당 10미터 이상인 경우
② 강우량이 시간당 1밀리미터 이상인 경우
③ 강설량이 시간당 1센티미터 이상인 경우

📝 실기까지 중요한 내용입니다. 암기하세요.

85 다음 건설기계의 명칭과 각 용도가 옳게 연결된 것은?

① 드래그라인 - 암반굴착
② 드래그쇼벨 - 흙 운반작업
③ 크램쉘 - 정지작업
④ 파워쇼벨 - 지반면보다 높은 곳의 흙파기

① 드래그라인 – 지반면보다 낮은 곳의 흙파기, 연약지반 굴착
② 드래그쇼벨 – 지반면보다 낮은 곳의 흙파기, 굳은 지반 굴착
③ 클램쉘 – 협소하고 깊은 굴착, 수중굴착
④ 파워쇼벨 – 지반면보다 높은 곳의 흙파기, 굳은지반 굴착

📝 필기에 자주 출제되는 내용입니다.

86 흙의 동상방지 대책으로 틀린 것은?

① 동결되지 않는 흙으로 치환하는 방법
② 흙속에 단열재료를 매입하는 방법
③ 지표의 흙을 화학약품으로 처리하는 방법
④ 세립토층을 설치하여 모관수의 상승을 촉진하는 방법

* 흙의 동상현상 방지책
① 모관수의 상승을 차단하기 위하여 지하수위 상층에 조립토층을 설치한다.
② 지표의 흙을 화학약품으로 처리한다.
③ 흙속에 단열재료를 매입한다.
④ 배수구를 설치하여 지하수위를 저하시킨다.
⑤ 동결되지 않은 흙으로 치환한다.

📝 필기에 자주 출제되는 내용입니다.

87 굴착작업에 있어서 지반의 붕괴 또는 토석의 낙하에 의하여 근로자에게 위험을 미칠 우려가 있는 경우에 사전에 필요한 조치로 거리가 먼 것은?

① 인화성 가스의 농도 측정
② 방호망의 설치
③ 흙막이 지보공의 설치
④ 근로자의 출입금지 조치

* 지반의 붕괴 등에 의한 위험방지 조치
① 흙막이 지보공의 설치
② 방호망의 설치
③ 근로자의 출입금지 등 위험을 방지하기 위하여 필요한 조치
④ 비가 올 경우를 대비하여 측구를 설치하거나 굴착사면에 비닐을 덮는 등 빗물 등의 침투에 의한 붕괴재해를 예방하기 위하여 필요한 조치

📝 실기까지 중요한 내용입니다.

정답 85 ④ 86 ④ 87 ①

88 강관비계를 설치하는 경우 띠장의 설치기준은?

① 지상으로부터 1m 이하
② 지상으로부터 2m 이하
③ 지상으로부터 3m 이하
④ 지상으로부터 4m 이하

★ 콘크리트 측압
띠장간격 : 2.0미터 이하로 할 것

> 참고
>
> ★ 강관비계의 구조
> ① 비계기둥 간격 : 띠장방향에서는 1.85m 이하, 장선 방향에서는 1.5m 이하로 할 것
> 다만, 다음 각 목의 어느 하나에 해당하는 작업의 경우에는 안전성에 대한 구조검토를 실시하고 조립도를 작성하면 띠장 방향 및 장선 방향으로 각각 2.7미터 이하로 할 수 있다.
> 가. 선박 및 보트 건조작업
> 나. 그 밖에 장비 반입·반출을 위하여 공간 등을 확보할 필요가 있는 등 작업의 성질상 비계기둥 간격에 관한 기준을 준수하기 곤란한 작업
> ② 띠장간격 : 2.0미터 이하로 할 것
> ③ 비계기둥의 제일 윗부분으로부터 31m되는 지점 밑 부분의 비계기둥은 2본의 강관으로 묶어세울 것
> ④ 비계기둥 간의 적재하중은 400kg을 초과하지 않도록 할 것

📝 실기까지 중요한 내용입니다. 참고를 다시 확인하세요.

89 비계의 높이가 2m 이상인 작업장소에 설치하는 작업발판의 최소 폭 기준은?
(단, 달비계, 달대비계 및 말비계는 제외)

① 30cm 이상   ② 40cm 이상
③ 50cm 이상   ④ 60cm 이상

발판의 폭은 40cm 이상으로 하고, 발판재료 간의 틈은 3cm 이하로 할 것

📝 실기까지 중요한 내용입니다.

90 철골구조물의 건립 순서를 계획할 때 일반적인 주의사항으로 틀린 것은?

① 현장건립 순서와 공장제작 순서를 일치시킨다.
② 건립기계의 작업반경과 진행방향을 고려하여 조립 순서를 결정한다.
③ 건립 중 가볼트 체결기간을 가급적 길게 하여 안정을 기한다.
④ 연속기둥 설치 시 기둥을 2개 세우면 기둥 사이의 보도 동시에 설치하도록 한다.

③ 건립 중 가볼트의 체결기간을 가급적 짧게 하여야 한다.

91 암반사면의 파괴 형태가 아닌 것은?

① 평면파괴   ② 압축파괴
③ 쐐기파괴   ④ 전도파괴

정답 88 ② 89 ② 90 ③ 91 ②

* **암반사면의 파괴 형태**
① 원형파괴　② 평면파괴
③ 쐐기파괴　④ 전도파괴

92 재해 발생과 관련된 건설공사의 주요 특징으로 틀린 것은?

① 재해 강도가 높다.
② 추락재해의 비중이 높다.
③ 근로자의 직종이 매우 단순하다.
④ 작업 환경이 다양하다.

③ 근로자의 직종이 매우 다양하다.

93 양중기 와이어로프 등 달기구의 안전계수 기준으로 옳은 것은? (단, 화물의 하중을 직접 지지하는 달기와이어로프 또는 달기체인의 경우)

① 3 이상　② 4 이상
③ 5 이상　④ 6 이상

* **양중기의 와이어로프 등 달기구의 안전계수**
① 근로자가 탑승하는 운반구를 지지하는 달기와이어로프 또는 달기체인의 경우 : 10 이상
② 화물의 하중을 직접 지지하는 달기와이어로프 또는 달기체인의 경우 : 5 이상
③ 훅, 샤클, 클램프, 리프팅 빔의 경우 : 3 이상
④ 그 밖의 경우 : 4 이상

실기까지 중요한 내용입니다. 암기하세요.

94 낙하·비래 재해 방지설비에 대한 설명으로 틀린 것은?

① 투하설비는 높이 10m 이상 되는 장소에서만 사용한다.
② 투하설비의 이음부는 충분히 겹쳐 설치한다.
③ 투하입구 부근에는 적정한 낙하방지설비를 설치한다.
④ 물체를 투하 시에는 감시인을 배치한다.

* **투하설비의 설치**
높이가 3미터 이상인 장소로부터 물체를 투하하는 때에는 적당한 투하설비를 설치하거나 감시인을 배치하는 등 위험방지를 위하여 필요한 조치를 하여야 한다.

필기에 자주 출제되는 내용입니다.

95 시스템 비계를 사용하여 비계를 구성하는 경우에 준수하여야 할 기준으로 틀린 것은?

① 수직재·수평재·가새재를 견고하게 연결하는 구조가 되도록 할 것
② 비계 밑단의 수직재와 받침철물은 밀착되도록 설치하고, 수직재와 받침철물의 연결부의 겹침길이는 받침 철물 전체길의 4분의 1 이상이 되도록 할 것
③ 수평재는 수직재와 직각으로 설치하여야 하며, 체결 후 흔들림이 없도록 견고하게 설치할 것
④ 수직재와 수직재의 연결철물은 이탈되지 않도록 견고한 구조로 할 것

정답　92 ③　93 ③　94 ①　95 ②

② 비계 밑단의 수직재와 받침철물은 밀착되도록 설치하고, 수직재와 받침철물의 연결부의 겹침길이는 받침철물 전체길이의 3분의 1 이상이 되도록 할 것

> 참고
>
> **★ 시스템 비계의 구조**
> ① 수직재·수평재·가새재를 견고하게 연결하는 구조가 되도록 할 것
> ② 비계 밑단의 수직재와 받침철물은 밀착되도록 설치하고, 수직재와 받침철물의 연결부의 겹침길이는 받침철물 전체길이의 3분의 1 이상이 되도록 할 것
> ③ 수평재는 수직재와 직각으로 설치하여야 하며, 체결 후 흔들림이 없도록 견고하게 설치할 것
> ④ 수직재와 수직재의 연결철물은 이탈되지 않도록 견고한 구조로 할 것
> ⑤ 벽 연결재의 설치간격은 제조사가 정한 기준에 따라 설치할 것

실기까지 중요한 내용입니다. 참고를 다시 확인하세요.

96 안전난간 설치 시 발끝막이판은 바닥면으로부터 최소 얼마 이상의 높이를 유지해야 하는가?

① 5cm 이상 ② 10cm 이상
③ 15cm 이상 ④ 20cm 이상

발끝막이판은 바닥면 등으로부터 10센티미터 이상의 높이를 유지할 것

실기까지 중요한 내용입니다.

97 콘크리트 타설작업을 하는 경우의 준수사항으로 틀린 것은?

① 콘크리트 타설작업 중 이상이 있으면 작업을 중지하고 근로자를 대피시킬 것
② 콘크리트를 타설하는 경우에는 편심을 유발하여 콘크리트를 거푸집 내에 밀실하게 채울 것
③ 설계도서상의 콘크리트 양생기간을 준수하여 거푸집동바리 등을 해체할 것
④ 콘크리트 타설작업 시 거푸집 붕괴의 위험이 발생할 우려가 있으면 충분히 보강조치를 할 것

★ 콘크리트의 타설작업 시 준수사항
① 당일의 작업을 시작하기 전에 해당 작업에 관한 거푸집 동바리 등의 변형·변위 및 지반의 침하 유무 등을 점검하고 이상이 있으면 보수할 것
② 작업 중에는 감시자를 배치하는 등의 방법으로 거푸집 및 동바리의 변형·변위 및 침하 유무 등을 확인해야 하며, 이상이 있으면 작업을 중지하고 근로자를 대피시킬 것
③ 콘크리트의 타설작업 시 거푸집붕괴의 위험이 발생할 우려가 있으면 충분한 보강조치를 할 것
④ 설계도서상의 콘크리트 양생기간을 준수하여 거푸집 및 동바리를 해체할 것
⑤ 콘크리트를 타설하는 경우에는 편심이 발생하지 않도록 골고루 분산하여 타설할 것

실기까지 중요한 내용입니다.

98 개착식 굴착공사(Open cut)에서 설치하는 계측기기와 거리가 먼 것은?

① 수위계　　② 경사계
③ 응력계　　④ 내공변위계

④ 내공변위계는 터널굴착공사에 필요한 계측기기이다.

99 토사붕괴의 내적 원인에 해당하는 것은?

① 토석의 강도 저하
② 절토 및 성토 높이의 증가
③ 사면법면의 경사 및 기울기 증가
④ 지표수 및 지하수의 침투에 의한 토사 중량 증가

＊ 토석붕괴의 내적 원인
① 절토 사면의 토질·암질
② 성토 사면의 토질구성 및 분포
③ 토석의 강도 저하

＊ 토석붕괴의 외적 원인
① 사면, 법면의 경사 및 기울기의 증가
② 절토 및 성토 높이의 증가
③ 공사에 의한 진동 및 반복 하중의 증가
④ 지표수 및 지하수의 침투에 의한 토사 중량의 증가
⑤ 지진, 차량, 구조물의 하중작용
⑥ 토사 및 암석의 혼합층 두께

실기까지 중요한 내용입니다.

100 PC(Precast Concrete)조립 시 안전대책으로 틀린 것은?

① 신호수를 지정한다.
② 인양 PC부재 아래에 근로자 출입을 금지한다.
③ 크레인에 PC부재를 달아 올린 채 주행한다.
④ 운전자는 PC부재를 달아 올린 채 운전대에서 이탈을 금지한다.

③ 크레인에 부재를 달아 올린 채 주행해서는 안 된다.

정답　98 ④　99 ①　100 ③

2015년 2회 최근 기출문제

1과목 산업안전관리론

01 다음 중 산업안전보건 법령상 안전인증대상 보호구의 안전인증제품에 안전인증 표시 외에 표시하여야 할 사항과 가장 거리가 먼 것은?

① 안전인증 번호
② 형식 또는 모델명
③ 제조번호 및 제조연월
④ 물리적, 화학적 성능기준

안전인증 제품표시의 붙임 : 안전인증제품에는 안전인증 표시 외에 다음 각 목의 사항을 표시한다.
① 형식 또는 모델명
② 규격 또는 등급 등
③ 제조자명
④ 제조번호 및 제조연월
⑤ 안전인증 번호

 실기까지 중요한 내용입니다. 암기하세요.

02 도수율이 13.0, 강도율 1.20인 사업장이 있다. 이 사업장의 환산도수율은 얼마인가? (단, 이 사업장 근로자의 평생 근로시간은 10만 시간으로 가정한다.)

① 1.3   ② 10.8
③ 12.0 ④ 92.3

*환산 도수율(F)
① 일평생 근로하는 동안의 재해건수를 말한다.
② 환산 도수율(F) = $\dfrac{재해건수}{연 근로시간 수} \times 평생근로시간수(10^5)$
③ 환산 도수율 = 도수율 ÷ 10

환산 도수율 = 도수율 ÷ 10 = 13 ÷ 10 = 1.3

 실기까지 중요한 내용입니다.

03 다음 중 사고예방 대책 제5단계의 "시정책의 적용"에서 3E와 관계가 없는 것은?

① 교육(Education)
② 재정(Economics)
③ 기술(Engineering)
④ 관리(Enforcement)

*J · H Harvey(하비)의 3E
① 안전 교육(Education)
② 안전 기술(Engineering)
③ 안전 독려(Enforcement), 안전감독

 필기에 자주 출제되는 내용입니다.

정답 01 ④ 02 ① 03 ②

04 다음 중 조건반사설에 의거한 학습이론의 원리가 아닌 것은?

① 강도의 원리
② 일관성의 원리
③ 계속성의 원리
④ 시행착오의 원리

*파블로프의 조건반사설
① 일관성의 원리
② 계속성의 원리
③ 시간의 원리
④ 강도의 원리

실기까지 중요한 내용입니다. 암기하세요.

05 어떤 상황의 판단 능력과 사실의 분석 및 문제의 해결 능력을 키우기 위하여 먼저 사례를 조사하고, 문제적 사실들과 그의 상호 관계에 대하여 검토하고, 대책을 토의하도록 하는 교육기법은 무엇인가?

① 심포지엄(symposium)
② 로울 플레잉(role playing)
③ 케이스 메소드(case method)
④ 패널 디스커션(panel discussion)

*사례연구법(Case Study : Case Method)
먼저 사례를 제시, 문제적 사실들과 그의 상호관계에 대해서 검토하고 대책을 토의하는 학습법이다.

06 다음 중 재해예방의 4원칙에 해당하지 않는 것은?

① 예방 가능의 원칙
② 손실 우연의 원칙
③ 원인 계기의 원칙
④ 선취 해결의 원칙

*산업재해 예방의 4원칙
① 예방 가능의 원칙 : 재해는 원칙적으로 원인만 제거되면 예방이 가능하다.
② 손실 우연의 원칙 : 사고의 결과 생기는 상해의 종류와 정도는 사고 발생 시의 조건에 따라 우연히 발생한다.
③ 대책 선정의 원칙 : 사고의 원인에 대한 적합한 대책이 선정되어야 한다.
④ 원인 연계의 원칙 : 재해는 직접원인과 간접원인이 연계되어 일어난다.

실기까지 중요한 내용입니다. 암기하세요.

07 다음 중 안전교육의 종류에 포함되지 않는 것은?

① 태도교육   ② 지식교육
③ 직무교육   ④ 기능교육

*안전교육의 종류
① 지식교육
② 기능교육
③ 태도교육

필기에 자주 출제되는 내용입니다.

정답   04 ④   05 ③   06 ④   07 ③

08 다음 중 산업안전보건 법령상 자율안전 확인 대상에 해당하는 방호장치는?

① 압력용기 압력방출용 파열판
② 보일러 압력방출용 안전밸브
③ 교류 아크용접기용 자동전격방지기
④ 방폭구조(防爆構造) 전기기계·기구 및 부품

＊자율안전확인 대상 방호장치
① 아세틸렌, 가스집합 용접장치용 안전기
② 교류아크용접기용 자동전격방지기
③ 롤러기 급정지장치
④ 연삭기 덮개
⑤ 목재가공용 둥근톱 반발예방장치 및 날접촉예방장치
⑥ 동력식수동대패의 칼날 접촉방지장치
⑦ 추락, 낙하 및 붕괴 등의 위험방호에 필요한 가설 기자재(안전인증 제외)

특급암기법
롤러를 통과한 철판을 목재가공용 둥근톱, 동력식 수동대패로 잘라서 아세틸렌, 가스집합용접장치, 교류 아크용접기로 용접해서 연삭기로 다듬자.

 실기까지 중요한 내용입니다.

09 인간의 특성에 관한 측정검사에 대한 과학적 타당성을 갖기 위하여 반드시 구비해야 할 조건에 해당되지 않는 것은?

① 주관성   ② 신뢰도
③ 타당도   ④ 표준화

＊심리검사(직무적성검사)의 기준
① 표준화   ② 객관성
③ 규준성   ④ 신뢰성
⑤ 타당성

10 다음 중 산업안전보건 법령상 특별안전·보건교육의 대상 작업에 해당하지 않는 것은?

① 석면해체·제거작업
② 밀폐된 장소에서 하는 용접작업
③ 화학설비 취급품의 검수·확인 작업
④ 2m 이상의 콘크리트 인공구조물의 해체 작업

＊화학설비에 대한 특별교육 대상 작업
1. 화학설비 중 반응기, 교반기·추출기의 사용 및 세척작업
2. 화학설비의 탱크 내 작업

참고
1. 아세틸렌 용접장치 또는 가스집합 용접장치를 사용하는 금속의 용접·용단 또는 가열작업(발생기·도관 등에 의하여 구성되는 용접장치만 해당한다)
2. 밀폐된 장소(탱크 내 또는 환기가 극히 불량한 좁은 장소를 말한다)에서 하는 용접작업 또는 습한 장소에서 하는 전기용접 작업
3. 폭발성·물반응성·자기반응성·자기발열성 물질, 자연발화성 액체·고체 및 인화성 액체의 제조 또는 취급작업(시험연구를 위한 취급작업은 제외한다)
4. 전압이 75볼트 이상인 정전 및 활선작업
5. 거푸집 동바리의 조립 또는 해체작업
6. 비계의 조립·해체 또는 변경작업
7. 타워크레인을 설치(상승작업을 포함한다)·해체하는 작업

 08 ③ 09 ① 10 ③

8. 게이지 압력을 제곱센티미터당 1킬로그램 이상으로 사용하는 압력용기의 설치 및 취급작업
9. 밀폐공간에서의 작업
10. 석면해체·제거작업
11. 콘크리트 파쇄기를 사용하여 하는 파쇄작업(2미터 이상인 구축물의 파쇄작업만 해당한다)

특별교육 대상 작업은 총 38개 작업입니다. 모두 암기가 어려우면 참고의 출제되었던 작업만 다시 확인하세요.

11 다음 중 산업안전보건 법령상 안전보건개선 계획서에 반드시 포함되어야 할 사항과 가장 거리가 먼 것은?

① 안전·보건교육
② 안전·보건관리체제
③ 근로자 채용 및 배치에 관한 사항
④ 산업재해예방 및 작업환경의 개선을 위하여 필요한 사항

★ 안전보건개선계획서 포함사항
① 시설
② 안전·보건관리체제
③ 안전·보건교육
④ 산업재해예방 및 작업환경의 개선을 위하여 필요한 사항

12 다음 중 인간의 행동 변화에 있어 가장 변화시키기 어려운 것은?

① 지식의 변화
② 집단의 행동 변화
③ 개인의 태도 변화
④ 개인의 행동 변화

★ 교육에 의한 인간행동의 변화 순서
지식변화 → 기능변화 → 태도변화 → 개인행동변화 → 집단행동변화

13 다음 중 타박, 충돌, 추락 등으로 피부 표면보다는 피하 조직 등 근육부를 다친 상해를 무엇이라 하는가?

① 골절
② 자상
③ 부종
④ 좌상

★ 타박상(삠, 좌상)
타박·충돌·추락 등으로 피부표면보다는 피하조직 또는 근육부를 다친 상태

참고
① 골절 : 뼈가 부러진 상해
② 찔림(자상) : 칼날 등 날카로운 물건에 찔린 상해
③ 부종 : 국부의 혈액순환의 이상으로 몸이 퉁퉁 부어오르는 상해

 필기에 자주 출제되는 내용입니다.

정답 11 ③ 12 ② 13 ④

14 산업안전보건 법령상 안전·보건표지에 사용하는 색채 가운데 비상구 및 피난소, 사람 또는 차량의 통행표지 등에 사용하는 색채는?

① 흰색
② 녹색
③ 노란색
④ 파란색

비상구 및 피난소, 사람 또는 차량의 통행표지 → 안내 표지 → 녹색

> **참고**

*안전·보건표지의 색채, 색도기준 및 용도

색채	색도기준	용도	사용례
빨간색	7.5R 4/14	금지	정지신호, 소화설비 및 그 장소, 유해행위의 금지
		경고	화학물질 취급장소에서의 유해·위험 경고
	특급암기법	싫어(7.5) 4/14	
노란색	5Y 8.5/12	경고	화학물질 취급장소에서의 유해·위험 경고 이 외의 위험 경고. 주의표지 또는 기계방호물
	특급암기법	오(5) 빨리와(8.5) 이리(12)	
파란색	2.5PB 4/10	지시	특정 행위의 지시 및 사실의 고지
	특급암기법	2.5×4=10	
녹색	2.5G 4/10	안내	비상구 및 피난소, 사람 또는 차량의 통행표지
	특급암기법	2.5×4=10	
흰색	N9.5		파란색 또는 녹색에 대한 보조색
검은색	N0.5		문자 및 빨간색 또는 노란색에 대한 보조색

📝 실기까지 중요한 내용입니다. 참고를 암기하세요.

15 앞에 실시한 학습의 효과는 뒤에 실시하는 새로운 학습에 직접 또는 간접으로 영향을 주는데 이러한 현상을 전이(轉移, transfer)라 한다. 다음 중 전이의 조건이 아닌 것은?

① 학습 자료의 유사성 요인
② 학습 평가자의 지식 요인
③ 선행학습정도의 요인
④ 학습자의 태도 요인

* 전이의 조건(앞에 실시한 교육이 뒤에 실시한 학습을 방해하는 조건)
① 학습의 정도 : 앞의 학습이 불완전할 경우
② 유사성 : 앞뒤의 학습내용이 비슷한 경우
③ 시간적 간격
 • 뒤의 학습을 앞의 학습 직후에 실시하는 경우
 • 앞의 학습내용을 제어하기 직전에 실시하는 경우
④ 학습자의 태도
⑤ 학습자의 지능

16 다음 중 매슬로(Maslow)의 욕구 위계이론 5단계를 올바르게 나열한 것은?

① 생리적 욕구 → 안전의 욕구 → 사회적 욕구 → 존경의 욕구 → 자아 실현의 욕구
② 생리적 욕구 → 안전의 욕구 → 사회적 욕구 → 자아 실현의 욕구 → 존경의 욕구
③ 안전의 욕구 → 생리적 욕구 → 사회적 욕구 → 자아 실현의 욕구 → 존경의 욕구
④ 안전의 욕구 → 생리적 욕구 → 사회적 욕구 → 존경의 욕구 → 자아 실현의 욕구

정답 14 ② 15 ② 16 ①

* **매슬로(Maslow A. H.)의 욕구단계 이론(인간의 욕구 5단계)**
① 제1단계(생리적 욕구) : 기아, 갈증, 호흡, 배설, 성욕 등 인간의 가장 기본적인 욕구
② 제2단계(안전 욕구) : 자기 보존 욕구
③ 제3단계(사회적 욕구) : 소속감과 애정 욕구
④ 제4단계(존경 욕구) : 인정받으려는 욕구
⑤ 제5단계(자아실현의 욕구) : 잠재적인 능력을 실현하고자 하는 욕구(성취 욕구)

📝 실기까지 중요한 내용입니다. 암기하세요.

17 다음 중 리더십(leadership)의 특성으로 볼 수 없는 것은?

① 민주주의적 지휘 형태
② 부하와의 넓은 사회적 간격
③ 밑으로부터의 동의에 의한 권한 부여
④ 개인적 영향에 의한 부하와의 관계 유지

② 부하와의 넓은 사회적 간격 → 헤드십

참고

* **리더십과 헤드십의 특성**

구분	리더십	헤드십
권한 행사	선출된 리더	임명된 헤드
권한 부여	밑으로부터의 동의에 의함	위에서 위임하는 형태
권한 귀속	공로 인정	공식화된 규정에 의함
상하, 부하 관계	상사, 부하관계가 개인적이며 좁다.	상사부하관계가 지배적이고 넓다.
지휘 형태	민주주의적	권위주위적
책임 귀속	상사와 부하	상사
권한 근거	개인적	법적, 공식적

18 다음 중 리스크 테이킹(risk taking)의 빈도가 가장 높은 사람은?

① 안전지식이 부족한 사람
② 안전기능이 미숙한 사람
③ 안전태도가 불량한 사람
④ 신체적 결함이 있는 사람

Risk Takin(위험 감수)은 객관적인 위험을 자기 나름대로 판단해서 행동에 옮기는 것으로 안전태도가 불량한 사람의 경우 빈도가 높다.

19 무재해운동의 추진기법 중 "지적확인"이 불안전 행동방지에 효과가 있는 이유와 가장 거리가 먼 것은?

① 긴장된 의식의 이완
② 대상에 대한 집중력의 향상
③ 자신과 대상의 결합도 증대
④ 인지(cognition) 확률의 향상

지적확인은 위험요소를 손으로 지적하고 큰소리로 확인하며 이완된 의식을 긴장시킨다.

참고

* **지적확인**
사람의 눈이나 귀 등 오관의 감각기관을 총 동원해서 작업공정의 요소 요소에서 자신의 행동을 (…좋아) 하고 대상을 지적하여 큰 소리로 확인하여 작업의 정확성과 안전을 확인하는 방법이다.

정답 17 ② 18 ③ 19 ①

20 다음 중 기업의 산업재해에 대한 과거와 현재의 안전성적을 비교, 평가한 점수로 안전관리의 수행도를 평가하는데 유용한 것은?

① Safe-T-Score
② 평균강도율
③ 종합재해지수
④ 안전활동율

* **Safe-T-Score(세이프 티 스코어)**
① 과거와 현재의 안전을 성적 내어 비교, 평가하는 기법이다.
② Safe-T-Score

$$= \frac{\text{현재빈도율} - \text{과거빈도율}}{\sqrt{\frac{\text{과거빈도율}}{(\text{현재})\text{총근로시간수}} \times 1,000,000}}$$

③ 판정
 • 계산 값이 −2 이하 : 과거보다 안전이 좋아졌다.
 • 계산 값이 −2 ~ +2 사이 : 과거와 큰 차이 없다.
 • 계산 값이 +2 이상 : 과거보다 안전이 심각하게 나빠졌다.

 실기까지 중요한 내용입니다.

2과목 인간공학 및 시스템안전공학

21 다음 중 작업장에서 구성요소를 배치하는 인간 공학적 원칙과 가장 거리가 먼 것은?

① 선입선출의 원칙
② 사용빈도의 원칙
③ 중요도의 원칙
④ 기능성의 원칙

* **부품배치의 원칙**
① **중요성의 원칙** : 부품을 작동하는 성능이 체계의 목표 달성에 중요한 정도에 따라 우선순위를 결정한다.
② **사용빈도의 원칙** : 부품을 사용하는 빈도에 따라 우선순위를 결정한다.
③ **기능별 배치의 원칙** : 기능적으로 관련된 부품들(표시장치, 조정장치 등)을 모아서 배치한다.
④ **사용순서의 원칙** : 사용 순서에 따라 장치들을 가까이에 배치한다.

실기까지 중요한 내용입니다. 암기하세요.

22 크기가 다른 복수의 조종장치를 촉감으로 구별할 수 있도록 설계할 때 구별이 가능한 최소의 직경 차이와 최소의 두께 차이로 가장 적합한 것은?

① 직경 차이 : 0.95cm, 두께 차이 : 0.95cm
② 직경 차이 : 1.3cm, 두께 차이 : 0.95cm
③ 직경 차이 : 0.95cm, 두께 차이 : 1.3cm
④ 직경 차이 : 0.3cm, 두께 차이 : 1.3cm

조종장치를 촉감으로 구별하기 위해서는 조종장치의 직경 차이는 1.3cm, 두께 차이는 0.95cm가 적합하다.

정답 20 ① 21 ① 22 ②

23 다음 중 시각적 표시장치에 있어 성격이 다른 것은?

① 디지털 온도계
② 자동차 속도계기판
③ 교통신호등의 좌회전 신호
④ 은행의 대기인원 표시등

① 디지털 온도계 → 정량적 표시장치(계수형)
② 자동차 속도계기판 → 정량적 표시장치(정목동침형)
③ 교통신호 등의 좌회전 신호 → 신호, 경고등
④ 은행의 대기인권 표시등 → 정량적 표시장치(계수형)

> 참고

＊시각적 표시장치의 종류
(1) **정량적 표시장치** : 온도나 속도와 같이 동적으로 변화하는 변수나 자로 재는 길이와 같은 정적 변수의 **계량값에 관한 정보를 제공**하는데 사용된다.
　① **정목동침형** : 눈금은 고정, 지침이 움직이는 형태
　② **정침동목형** : 지침은 고정, 눈금이 움직이는 형태
　③ **계수형** : 전력계, 택시요금 계기와 같이 숫자가 정확히 표시되는 형태
(2) **정성적 표시장치** : 온도, 압력, 속도와 같이 연속적으로 변하는 변수의 대략적인 **값이나 변화 추세, 비율 등을 알고자 할 때 주로 사용**한다.
(3) **상태 표시기(status indicator)** : 체계의 상황이나 상태를 나타낸다.
(4) **신호, 경고등** : 비상 또는 위험 상황, 물체의 존재 유무 등을 나타낸다.

필기에 자주 출제되는 내용입니다.

24 서서하는 작업의 작업대 높이에 대한 설명으로 틀린 것은?

① 경작업의 경우 팔꿈치 높이보다 5~10cm 낮게 한다.
② 중작업의 경우 팔꿈치 높이보다 10~20cm 낮게 한다.
③ 정밀작업의 경우 팔꿈치 높이보다 약간 높게 한다.
④ 부피가 큰 작업물을 취급하는 경우 최대치 설계를 기본으로 한다.

＊입식 작업대 높이
① **경(輕) 작업** 시 작업대의 높이는 **팔꿈치 높이보다 5~10cm 정도 낮은 것**이 적당하다.
② **중(重) 작업** 시 작업대의 높이는 **팔꿈치 높이보다 10~20cm 정도 낮은 것**이 적당하다.
③ **정밀작업** 시 작업대의 높이는 **팔꿈치 높이보다 5~10cm 정도 높은 것**이 적당하다.

필기에 자주 출제되는 내용입니다.

25 인간공학의 주된 연구 목적과 가장 거리가 먼 것은?

① 제품품질 향상
② 작업의 안정성 향상
③ 작업환경의 쾌적성 향상
④ 기계조작의 능률성 향상

인간공학의 연구 목적 : 가장 궁극적인 목적은 안전성 제고와 능률의 향상이다.
① 안전성의 향상과 사고 방지
② 기계조작의 능률성과 생산성의 향상
③ 작업환경의 쾌적성

정답　23 ③　24 ④　25 ①

26 동전던지기에서 앞면이 나올 확률 P(앞) = 0.9이고, 뒷면이 나올 확률 P(뒤) = 0.1일 때, 앞면과 뒷면이 나올 사건 각각의 정보량은?

① 앞면 : 0.10bit, 뒷면 : 3.32bit
② 앞면 : 0.15bit, 뒷면 : 3.32bit
③ 앞면 : 0.10bit, 뒷면 : 3.52bit
④ 앞면 : 0.15bit, 뒷면 : 3.52bit

정보량(H) = $\log_2\left(\dfrac{1}{P}\right)$

평균 정보량 $H = \sum P_i \log_2\left(\dfrac{1}{P_i}\right)$

여기서, P_i : 각 대안의 실현 확률

앞면이 나올 확률 = $\log_2 \dfrac{1}{0.9}$ = 0.152bit

뒷면이 나올 확률 = $\log_2 \dfrac{1}{0.1}$ = 3.321bit

27 소음을 측정하는 단위는?

① 데시벨(dB)
② 지멘스(S)
③ 루멘(limen)
④ 거스트(Gust)

소음, 진동의 단위 : 데시벨(dB)

📝 필기에 자주 출제되는 내용입니다.

28 FTA에서 사용되는 논리게이트 중 여러 개의 입력 사상이 정해준 순서에 따라 순차적으로 발생해야만 결과가 출력되는 것은?

① 억제 게이트
② 우선적 AND 게이트
③ 배타적 OR 게이트
④ 조합 AND 게이트

① 억제 게이트 : 특정조건을 만족할 경우 출력이 발생
② 우선적 AND 게이트 : 입력사상이 특정 순서별로 발생한 경우 출력이 발생
③ 배타적 OR 게이트 : 입력사상 중 오직 한 개의 발생으로만 출력이 발생(2개 이상의 출력이 동시에 발생할 때는 출력이 생기지 않는다)
④ 조합 AND 게이트 : 3개의 입력 중 2개가 일어나면 출력이 발생

> 참고

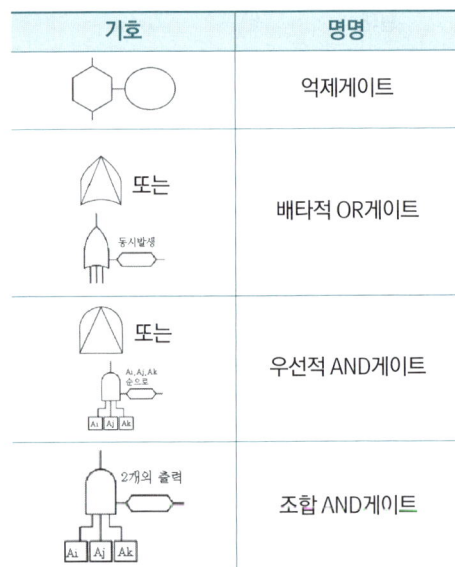

기호	명명
	억제게이트
	배타적 OR게이트
	우선적 AND게이트
	조합 AND게이트

📝 필기에 자주 출제되는 내용입니다.

정답 26 ② 27 ① 28 ②

29 인체의 동작 유형 중 굽혔던 팔꿈치를 펴는 동작을 나타내는 용어는?

① 내전(adduction)
② 회내(pronation)
③ 굴곡(flexion)
④ 신전(extension)

굽혔던 팔을 펴는 동작 → 신전

> 참고
> * 신체의 기본동작

굴곡 (flexion, 굽히기)	관절각이 감소하는 움직임
신전 (extension, 펴기)	관절각이 증가하는 움직임
외전 (abduction, 벌리기)	신체 중심선으로부터 밖으로 이동
내전 (adduction, 모으기)	신체 중심선으로 이동
외선 (external rotation)	신체 중심선으로부터의 회전
내선 (internal rotation)	신체 중심선으로의 회전

30 다음 중 시스템 내의 위험요소가 어떤 상태에 있는가를 정성적으로 분석·평가하는 가장 첫 번째 단계에 실시하는 위험분석 기법은?

① 결함수분석 ② 예비위험분석
③ 결함위험분석 ④ 운용위험분석

모든 시스템 안전 프로그램의 최초 단계(설계단계, 구상단계)에서 실시하는 분석법 → 예비 위험 분석(PHA)

> 참고
> ① 결함위험분석(FHA) : 서브시스템(subsystem)의 해석에 사용되는 분석법
> ② 고장형태와 영향분석(FMEA) : 모든 요소의 고장을 형태별로 분석하여 그 영향을 검토하는 정성적, 귀납적 분석법
> ③ ETA(사건수 분석법) : 사상의 안전도를 사용하여 시스템의 안전도 나타내는 귀납적, 정량적인 분석법
> ④ DT(dicision Trees) : 요소의 신뢰도를 이용하여 시스템의 신뢰도를 나타내는 기법
> ⑤ 치명도 분석 (CA : Critically Analysis) : 높은 위험도를 가진 요소나 고장의 형태에 따른 분석법
> ⑥ 인간에러율 예측기법(THERP) : 인간의 과오(human error)를 정량적으로 평가하기 위하여 개발된 기법
> ⑦ MORT(Management Oversight and Risk Tree) : 관리, 설계, 생산, 보전 등의 광범위한 안전을 도모하기 위한 연역적이고, 정량적인 분석법
> ⑧ 운용 및 지원위험 분석 (O&S 또는 OSHA) : 시스템의 모든 사용단계에서 안전요건을 결정하기 위한 분석법
> ⑨ FAFR(Fatality Accident Frequency Rate) : 위험도를 표시하는 단위로 10^8(1억)시간당 사망자 수를 나타낸다.

📝 필기에 자주 출제되는 내용입니다.

정답 29 ④ 30 ②

31 FT도에서 정상사상의 발생확률은? (단, 기본사상 ①과 ②의 발생확률은 각각 2×10^{-3}/h, 3×10^{-2}/h이다)것은?

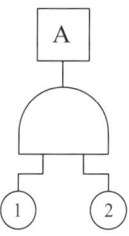

① 5×10^{-5}/h ② 6×10^{-5}/h
③ 5×10^{-6}/h ④ 6×10^{-6}/h

AND 게이트이므로
발생확률 = ① × ②
= $(2 \times 10^{-3}) \times (3 \times 10^{-2})$
= 6×10^{-5}/h

📝 필기에 자주 출제되는 내용입니다.

32 종이의 반사율이 50%이고, 종이상의 글자 반사율이 10%일 때 종이에 의한 글자의 대비는 얼마인가?

① 10% ② 40%
③ 60% ④ 80%

• 대비(%) = $\dfrac{\text{배경반사율(Lb)} - \text{표적물체반사율(Lt)}}{\text{배경반사율(Lb)}} \times 100$

대비(%) = $\dfrac{50 - 10}{50} \times 100 = 80(\%)$

📝 필기에 자주 출제되는 내용입니다.

33 다음 중 인간-기계 인터페이스(human-machine interface)의 조화성과 가장 거리가 먼 것은?

① 인지적 조화성
② 신체적 조화성
③ 통계적 조화성
④ 감성적 조화성

∗ 인간 - 기계 인터페이스의 조화
① 인지적 조화
② 신체적 조화
③ 감성적 조화

34 눈의 피로를 줄이기 위해 VDT화면과 종이 문서 간의 밝기의 비는 최대 얼마를 넘지 않도록 하는가?

① 1 : 20 ② 1 : 50
③ 1 : 10 ④ 1 : 30

VDT 화면과 종이 문서의 밝기의 비 = 1 : 10

35 시스템의 성능 저하가 인원의 부상이나 시스템 전체에 중대한 손해를 입히지 않고 제어가 가능한 상태의 위험 강도는?

① 범주 1 : 파국적 ② 범주 2 : 위기적
③ 범주 3 : 한계적 ④ 범주 4 : 무시

중대한 손상 없이 제어가 가능한 상태의 위험 → 한계적

정답 31 ② 32 ④ 33 ③ 34 ③ 35 ③

> **참고**
>
> **＊PHA 카테고리 분류**
> - Class 1 : 파국적(catastrophic) – 사망, 시스템 손상
> - Class 2 : 위기적(critical) – 심각한 상해, 시스템 중대 손상
> - Class 3 : 한계적(marginal) – 경미한 상해, 시스템 성능 저하
> - Class 4 : 무시(negligible) – 경미한 상해 및 시스템 저하 없음

 필기에 자주 출제되는 내용입니다.

36 다음 중 귀의 구조에서 고막에 가해지는 미세한 압력의 변화를 증폭하는 곳은?

① 외이(Outer Ear)
② 중이(Middle Ear)
③ 내이(Inner Ear)
④ 달팽이관(Cochlea)

고막에 가해지는 압력의 변화를 증폭 → 중이

> **참고**
> ① 외이는 바깥의 귓바퀴(이개)와 귀구멍(외이도)으로 구성된다.
> ② 내이(미로) : 청각을 담당하는 와우와 몸의 평형을 담당하는 전정과 세반고리관의 세부분으로 구성되며 난원창, 청신경으로 이루어져 있다.
> ③ 달팽이관은 나선형으로 생긴 관으로 기저막이 진동한다.

37 다음 중 단순반복 작업으로 인한 질환의 발생 부위가 다른 것은?

① 요부염좌
② 수완진동증후군
③ 수근관증후군
④ 결절종

- 요부염좌 → 허리
- 수완진동증후군, 수근관증후군, 결절종 → 손, 손목

38 어떤 공장에서 10,000시간 동안 15,000개의 부품을 생산하였을 때 설비고장으로 인하여 15개의 불량품이 발생하였다면 평균고장간격(MTBF)은 얼마인가?

① 1×10^6시간　② 2×10^6시간
③ 1×10^7시간　④ 2×10^7시간

① 고장률(λ) = $\dfrac{고장건수}{총 가동시간}$ (건/시간)

② MTBF = $\dfrac{1}{고장률(λ)}$ (시간)

1. 고장률(λ) = $\dfrac{고장건수}{총 가동시간}$
　　　　　= $\dfrac{15}{10,000 \times 15,000}$
　　　　　= 1×10^{-7} (건/시간)

2. MTBF = $\dfrac{1}{고장률(λ)}$ = $\dfrac{1}{1 \times 10^{-7}}$
　　　　= 1×10^7시간

 필기에 자주 출제되는 내용입니다.

 36 ② 37 ① 38 ③

39 다음 중 FTA 분석을 위한 기본적인 가정에 해당하지 않는 것은?

① 중복 사상은 없어야 한다.
② 기본 사상들의 발생은 독립적이다.
③ 모든 기본 사상은 정상사상과 관련되어 있다.
④ 기본사상의 조건부 발생확률은 이미 알고 있다.

④ 정상사상의 확률을 알고 있다.

40 신기술, 신공법을 도입함에 있어서 설계, 제조, 사용의 전 과정에 걸쳐서 위험성의 여부를 사전에 검토하는 관리기술은?

① 예비위험 분석
② 위험성 평가
③ 안전 분석
④ 안전성 평가

안전성 평가 : 새로운 시스템이나 설비 등을 도입할 때, 사고 방지를 위해 설계나 계획단계에서 위험성의 여부를 평가하는 것

3과목 건설시공학

41 자연 함수비가 어떤 상태에 있을 때 점토지반이 가장 안전한가?

① 소성한계
② 소성과 수축한계 사이
③ 액성한계
④ 수축한계

＊수축한계
① 흙의 수분이 지속적으로 없어져 수분의 감소에 따른 흙의 체적 변화가 발생하지 않을 때의 함수비를 수축한계라고 한다.
② 수축한계 상태에서 점토지반이 가장 안전하다.

42 공정계획 및 관리에 있어 작업의 집약화와 가장 관계가 먼 것은?

① 부분공사로서 이미 자료화 되어 있는 작업군
② 투입되는 자원의 종류가 다른 작업군
③ 관리외의 작업군
④ 현시점에서 관리상의 중요도가 적은 작업군

＊작업의 집약화
① 부분공사로서 이미 자료화 되어 있는 작업군
② 관리외의 작업군
③ 현시점에서 관리싱의 중요도가 적은 작업군

정답   39 ④   40 ④   41 ④   42 ②

43 용접봉의 용접 방향에 대하여 서로 엇갈리게 움직여서 금속을 용착시키는 운봉 방식은?

① 언더컷(undercut)
② 오버랩(overlap)
③ 위빙(weaving)
④ 크랙(crack)

* **위빙(weaving)**
용접작업에서 용접봉을 한곳에 집중하지 않고 좌우로 이동하면서 서로 엇갈리게 움직여 용접하는 방법을 말한다.

> 참고

* **용접결함**
① 언더컷(Under Cut) : 용접전류가 과대하거나 용접 속도가 너무 빠를 때 또는 아크를 짧게 유지하기 어려운 경우 발생하며 모재 및 용접부의 일부가 녹아서 발생하는 홈 또는 오목하게 생긴 부분(용착금속이 채워지지 않고 홈처럼 우묵하게 남아 있는 부분)을 말한다.
② 오버랩(overlap) : 용접전류가 부족하거나, 용접 속도가 너무 느릴 경우 발생하며 용착 금속이 모재에 융합되지 않고 겹친 부분(용융된 금속이 모재 면에 덮쳐진 상태)을 말한다.
③ 크랙(Crack) : 용접부에 생기는 균열을 말하며 용접 결함 중 가장 치명적인 결함이 된다.

필기에 자주 출제되는 내용입니다.

44 기둥 거푸집의 고정 및 측압 버팀용으로 사용하는 것은?

① 턴버클   ② 세퍼레이터
③ 플랫타이 ④ 컬럼밴드

* **긴결재의 종류**
① 폼타이(Form tie)
② 플랫타이(Flat tie)
③ 철선(Steel wire)
④ 컬럼밴드(Column band) : 기둥 거푸집의 고정 및 측압 버팀용으로 사용
⑤ 와이어로프(Wire rope) 및 턴버클(Turn Buckle)

> 참고

* **긴결재(긴장재)**
콘크리트의 측압을 부담하여 거푸집널이 벌어지거나 우그러들지 않도록 거푸집의 정확한 위치와 치수를 유지하기 위해 사용된다.

 필기에 자주 출제되는 내용입니다.

45 시공계획서에 기재되어야 할 사항으로 부적합한 것은?

① 작업의 질과 양
② 시공조건
③ 사용재료
④ 마감시공도

정답 43 ③ 44 ④ 45 ④

시공계획서에는 공사시방서의 작성기준과 함께 다음 각 호의 내용이 포함되어야 한다.
① 현장조직표
② 공사 세부공정표
③ 주요공정의 시공절차 및 방법
④ 시공일정
⑤ 주요장비 동원계획
⑥ 주요자재 및 인력투입계획
⑦ 주요 설비사양 및 반입계획
⑧ 품질관리대책
⑨ 안전대책 및 환경대책 등
⑩ 지장물 처리계획과 교통처리 대책

46 철골구조의 조립 및 설치와 관계없는 것은?

① 토크렌치(torque wrench)
② 타워크레인(tower crane)
③ 임팩트 렌치(impact wrench)
④ 트렌치 컷(Trench cut)

* **트렌치 컷 공법**
이중 널말뚝을 건물의 주위에 박고 주변부를 먼저 굴착하여 주변부 구조체 축조 후 이를 흙막이로 사용하면서 중앙부를 파내어 지하구조물을 완성하는 공법을 말한다.

47 토질시험 항목 중 흙속에 수분이 있어 끈기가 있는 상태의 정도를 알아내기 위해 실시하는 시험 항목은?

① 함수비 시험
② 흙의 비중시험
③ 흙의 액성한계시험
④ 흙의 소성한계시험

* **액성한계시험**
흙의 액상을 나타내는 최소의 함수비를 구하기 위한 시험이다.(흙 속에 수분이 있어 끈기가 있는 상태의 정도를 알아내기 위한 시험)

48 철골 공사에서 각 용접부의 명칭에 관한 설명으로 옳지 않은 것은?

① 앤드 탭(End Tab) : 모재 양 쪽에 모재와 같은 개선 형상을 가진 판
② 뒷댐재 : 루트 간격 아래에 판을 부착한 것
③ 스캘럽 : 용접선의 교차를 피하기 위하여 부채꼴과 같이 오목 들어가게 파 놓은 것
④ 스패터 : 모살 용접이 각진 부분에서 끝날 경우 각진 부분에서 그치지 않고 연속적으로 그 각을 돌아가며 용접하는 것

* **스패터(spatter)**
철골용접 중 튀어나오는 슬래그 및 금속입자를 말한다.

 필기에 자주 출제되는 내용입니다.

49 지형과 지반의 상태에 따라 지하수가 펌프 사용 없이 솟아나는 자분샘물을 무엇이라 하는가?

① 히빙
② 보일링
③ 정압수
④ 피압수

정답 46 ④ 47 ③ 48 ④ 49 ④

★ 피압수
① 지하수면을 가지지 않는 대수층에 있는 지하수를 피압수라고 하며 피압수는 대기압보다 높은 압력을 가진다.
② 지형과 지반의 상태에 따라 지하수가 펌프 사용 없이 솟아나는 자분샘물을 말한다.

50 수입을 수반한 공공 프로젝트에 있어서 자금을 조달하고, 설계·엔지니어링, 시공전부를 도급받아 시설물을 완성하고, 그 시설을 10~30년 동안 운영하는 것으로 운영수입으로부터 투자자금을 회수한 후 발주자에게 그 시설을 인도 하는 방식은?

① BOT(Build-Operate-Transfer) 방식
② Partnering 방식
③ Project management 방식
④ Design Build 방식

★ BOT 방식(Build-Operate-Transfer)
민간투자 발주방식
사회간접시설을 민간이 주도하여 설계·시공한 후, 일정기간 시설물을 운영하여 투자금을 회수한 후 시설소유권이 국가 또는 지방자치단체에 귀속(무상으로 이전)되는 방식을 말한다.
(설계 및 시공 → 운영 → 소유권 이전)

📝 필기에 자주 출제되는 내용입니다.

51 콘크리트 비파괴검사 중에서 강도를 추정하는 측정 방법과 거리가 먼 것은?

① 슈미트 해머법
② 초음파 속도법
③ 인발법
④ 방사선 투과법

★ 콘크리트의 비파괴검사 중 강도를 추정하는 측정법
① 반발경도법(슈미트 해머법)
② 초음파법(초음파탐상시험)
③ 코어 채취법
④ 인발법

52 공사 도급계약 체결 시 첨부하지 않아도 좋은 서류는?

① 도급계약서
② 설계도
③ 공사시방서
④ 공사 공정표

★ 건설공사 하도급계약서 첨부 서류
① 기본계약서 본문
② 설계서(설계도면, 설계 설명서, 현장설명서, 물량내역서)
③ 산출(공사)내역서
④ 비밀유지계약서
⑤ 하도급대금 직접지급합의서
⑥ 표준비밀유지계약서(기술자료)
⑦ 표준약식변경계약서

정답 50 ① 51 ④ 52 ④

53 보일링(Boiling) 현상을 방지하기 위한 방법으로 옳지 않은 것은?

① 약액주입 등으로 굴착 지면의 지수를 한다.
② 안전율을 만족하도록 흙막이 벽의 타입 깊이를 늘린다.
③ 지하수위를 저하하는 공법을 사용한다.
④ 흙막이 벽의 배면 지하수위와 굴착저면과의 수위차를 크게 한다.

④ 흙막이 벽의 배면 지하수위와 굴착저면과의 수위차를 작게 한다.

> 참고
>
> ★ **보일링(Boiling)현상**
> 사질토 지반에서 굴착저면과 흙막이 배면과의 수위차이로 인해 굴착저면의 흙과 물이 함께 위로 솟구쳐 오르는 현상(모래의 액상화 현상)을 말한다.(모래가 액상화 되어 솟아오른다.

📝 필기에 자주 출제되는 내용입니다.

54 철근콘크리트 보강 블록공사에 대한 설명 중 옳지 않은 것은?

① 보강근이 들어간 부분은 블록 2단마다 콘크리트나 모르타르를 충분히 충전시켜 철근이 녹스는 것을 방지한다.
② 블록 쌓기 시 되도록 고저차가 없도록 수평이 되게 쌓아 올린다.
③ 벽의 세로근은 원칙적으로 이음을 만들지 않고 기초와 테두리보에 정착시킨다.
④ 블록의 빈속을 철근과 콘크리트로 보강하여 장막벽을 구성하는 것이다.

★ **철근콘크리트 보강 블록공사**
① 블록을 쌓아 철근과 콘크리트로 보강하여 내력벽을 구축하는 공법을 말한다.
② 원칙적으로 통줄눈 쌓기로 한다.
③ 보강콘크리트 블록조에서 세로근에 이음을 만들어서는 안 된다.
④ 가로근은 배근 상세도에 따라 가공하되, 그 단부는 180°의 갈구리로 구부려 배근한다.
⑤ 세로근은 기초 및 테두리보에서 위층의 테두리보까지 잇지 않고 배근하여 그 정착길이는 철근 직경의 40배 이상으로 한다.
⑥ 벽의 세로근은 구부리지 않고 항상 진동 없이 설치한다.
⑦ 블록을 쌓을 때 지나치게 물 축이기하면 팽창수축으로 벽체에 균열이 생기기 쉬우므로, 접착면에 적당히 물 축여 모르타르 경화강도에 지장이 없도록 한다.
⑧ 보강블록공사 시 철근은 굵은 것보다 가는 철근을 많이 넣는 것이 좋다.
⑨ 벽체를 일체화시키기 위한 철근콘크리트조의 테두리 보의 춤은 내력벽 두께의 1.5배 이상으로 한다.

📝 필기에 자주 출제되는 내용입니다.

55 콘크리트 보양에 관한 설명으로 옳지 않은 것은?

① 경화온도를 높이기 위하여 직사일광에 노출시킨다.
② 수화작용이 충분히 일어나도록 항상 습윤상태를 유지 한다.
③ 콘크리트를 부어넣은 후 1일간은 원칙적으로 그 위를 보행해서는 안된다.
④ 평균기온이 연속적으로 2일 이상 5℃ 미만인 경우, 담당원 또는 책임기술자의 지시에 따라 가열보온양생을 고려해야 한다.

① 차양막 등을 씌워 직사광선을 피해주어야 한다.

정답 53 ④ 54 ④ 55 ①

56 철골공사의 용접작업 시 맞댄 용접의 앞 벌림 모양과 관련이 없는 것은?

① I자형　　② U자형
③ Z자형　　④ H자형

* 맞댄 용접의 앞 벌림 모양
① I자형　② U자형　③ H자형　④ J자형　⑤ K자형

57 배치도에 나타난 건물의 위치를 대지에 표시하여 대지 경계선과 도로경계선 등을 확인하기 위한 것은?

① 수평규준틀　　② 줄쳐보기
③ 기준점　　　　④ 수직규준틀

* 줄쳐보기
공사착공 전에 건물의 위치를 대지에 표시하여 대지 경계선과 도로경계선 등을 확인하기 위하여 줄을 띄우거나 석회로 선을 그어보는 작업을 말한다.

58 다음 용어에 대한 정의로 틀린 것은?

① 함수비 = $\dfrac{물의\ 무게}{토립자의\ 무게(건조중량)} \times 100(\%)$

② 간극비 = $\dfrac{간극의\ 부피}{토립자의\ 부피}$

③ 포화도 = $\dfrac{물의\ 부피}{간극의\ 부피} \times 100(\%)$

④ 간극률 = $\dfrac{물의\ 무게}{전체의\ 부피} \times 100(\%)$

④ 간극률(%) = $\dfrac{간극의\ 부피}{흙\ 전체의\ 부피} \times 100$

59 바닥판, 보의 거푸집 설계 시 고려하는 계산용 하중과 가장 거리가 먼 것은?

① 굳지 않은 콘크리트중량
② 거푸집의 자중
③ 작업하중
④ 충격하중

바닥판, 보의 거푸집 설계 시에는 연직하중을 고려하여야 한다.

연직하중 = 고정하중 + 작업하중 + 적설하중
① 고정하중 : 콘크리트 무게 + 거푸집 무게
② 작업하중 : 작업원 + 장비하중 + 시공하중 + 충격하중

60 콘크리트 타설에 앞서 거푸집에 물뿌리기를 하는 가장 큰 이유는?

① 콘크리트에 대한 거푸집의 수분흡수를 방지하기 위하여
② 거푸집에 발생하는 측압의 감소를 위하여
③ 거푸집의 힘을 방지하기 위하여
④ 콘크리트의 초기 강도 증진을 위하여

콘크리트에 대한 거푸집의 수분흡수를 방지하기 위하여 거푸집에 물 뿌리기를 실시한다.

정답　56 ③　57 ②　58 ④　59 ②　60 ①

4과목 건설재료학

61 합성수지에 대한 설명 중 틀린 것은?

① 요소수지 : 내수합판의 접착제로 널리 사용되며 도료, 마감재, 장식재로 쓰인다.
② 에폭시수지 : 내수성, 내약품성, 전기절연성이 우수하여 건축 분야에 널리 사용된다.
③ 실리콘 : 발수성이 좋지 않으며, 기포성 제품으로 가공하여 보온재나 쿠션재로 사용된다.
④ 아크릴수지 : 투명도가 높아 채광판, 도어판, 칸막이벽 등에 쓰인다.

* 실리콘 수지 접착제
① 실리콘수지는 **내열성, 내한성**이 우수하여 -60 ~ 260℃의 범위에서 안정하다.
② **탄성**을 지니고 있고, **내후성**도 우수하다.
③ 발수성(물이 스며들지 않는 성질) 및 내수성(물이 묻어도 젖지 않는 성질)이 있기 때문에 건축물, 전기 절연물 등의 방수에 쓰인다.
④ 내열성(내화성)이 우수한 **알루미늄을 혼합하여 내열 도료로 사용**된다.

📝 필기에 자주 출제되는 내용입니다.

62 기건상태인 목재의 함수율은 약 얼마인가?

① 10% 정도 ② 15% 정도
③ 20% 정도 ④ 25% 정도

1. 기건 상태에서의 목재의 함수율 : 약 15%
2. 목재 섬유포화점에서의 함수율은 약 30%

📝 필기에 자주 출제되는 내용입니다.

63 과소품(過燒品)벽돌의 특징으로 틀린 것은?

① 강도가 약하다.
② 형태가 고르지 못하다.
③ 균열이 많이 보인다.
④ 색채가 고르지 못하다.

* 과소(품)벽돌
① 소성온도가 지나치게 높아서 강도가 강하고 두드리면 금속성 청음이 들린다.
② 형상 및 치수가 정확하지 않고 색채가 고르지 못하고 균열이 많다.
③ 흡수율이 낮고 장식용으로 사용된다.

64 콘크리트의 워커빌리티 측정법이 아닌 것은?

① 슬럼프시험   ② 다짐계수시험
③ 비비시험   ④ 슈미트해머시험

* 표면경도법(반발경도법, 슈미트해머법)
해머로 콘크리트 표면을 타격하여 반발력으로 **콘크리트의 압축강도를 측정하는 방법**을 말한다.

📝 필기에 자주 출제되는 내용입니다.

65 목재의 성질에 관한 설명으로 틀린 것은?

① 비중이 큰 목재는 일반적으로 강도가 크다.
② 가공은 쉽지만 부패하기 쉽다.
③ 열전도율이 커서 보온 재료로 사용이 불가능하다.
④ 섬유 방향에 따라서 전기전도율은 다르다.

정답 61 ③ 62 ② 63 ① 64 ④ 65 ③

③ 열전도율이 작아 보온, 방한성이 우수하다.

📝 필기에 자주 출제되는 내용입니다.

66 다음 미장재료 중 경화속도가 가장 빠른 것은?

① 시멘트 모르타르
② 회반죽
③ 돌로마이트 플라스터
④ 석고 플라스터

* 석고플라스터
① (소)석고, 물, 모래의 성분으로 마르면 경화하는 성질이 있다.
② 중성으로 경화 속도가 가장 빠르다.
③ 건조하면 팽창하는 성질이 있어서 건조 시 균열 발생이 없다.
④ 가열하면 결정수를 방출하여 온도상승을 억제하기 때문에 내화성이 있다.

📝 필기에 자주 출제되는 내용입니다.

67 콘크리트의 건조수축에 대한 설명으로 옳은 것은?

① 단위수량이 증가하면 선소 수축량이 감소한다.
② 부재치수가 클수록 건조 수축량이 적다.
③ 골재 중에 포함한 미립분이나 점토는 건조수축을 감소 시킨다.
④ 습윤 양생기간은 건조수축에 큰 영향을 준다.

* 콘크리트의 건조수축을 크게 하는 요인
① 단위수량의 증가
② 분말도가 큰 시멘트의 사용
③ 흡수량이 많은 골재의 사용(골재의 양이 많을수록 건조수축 증가)
④ 부재의 단면치수가 작을 때
⑤ 온도가 높을 경우, 습도가 낮을 경우

📝 필기에 자주 출제되는 내용입니다.

68 보통포틀랜드 시멘트의 품질규정(KS L5201)에서 비카 시험의 초결시간과 종결시간으로 옳은 것은?

① 30분 이상 - 6시간 이하
② 60분 이상 - 6시간 이하
③ 60분 이상 - 10시간 이하
④ 2시간 이상 - 10시간 이하

* 시멘트의 응결시간 시험(비카시험)

시멘트 종류	초결 (분)	종결 (시간)
보통포틀랜드 시멘트(1종)	60 이상	10 이하
중용열포틀랜드 시멘트(2종)	60 이상	10 이하
조강포틀랜드 시멘트(3종)	45 이상	10 이하
저열포틀랜드 시멘트(4종)	60 이상	10 이하
내황산염포틀랜드 시멘트(5종)	60 이상	10 이하

정답 66 ④ 67 ② 68 ③

69 다음 석재 중 외장용으로 가장 부적합한 것은?

① 대리석 ② 화강석
③ 안산암 ④ 점판암

＊대리석
- 석회암이 변화되어 결정화된 것으로 치밀, 견고하고 외관이 아름답다.
- 광택이 나며 **실내장식재, 조각재로 사용**된다.

📝 필기에 자주 출제되는 내용입니다.

70 도막 방수재료의 특징으로 틀린 것은?

① 복잡한 부위의 시공성이 좋다.
② 신속한 작업 및 접착성이 좋다.
③ 바탕면의 미세한 균열에 대한 저항성이 있다.
④ 누수 시 결함 발견이 어렵고 국부적으로 보수가 어렵다.

④ 누수 시 결함 발견이 용이하고 국부 보수가 가능하다.

71 목재의 무늬나 바탕의 특징을 잘 나타낼 수 있는 마무리 도료는?

① 유성페인트
② 클리어 래커
③ 에나멜 래커
④ 수성페인트

클리어래커는 안료가 들어가지 않는 도료(투명래커)로서 **목재면의 투명도장**에 쓰인다.

📝 필기에 자주 출제되는 내용입니다.

72 재료의 열팽창계수에 대한 설명으로 틀린 것은?

① 온도의 변화에 따라 물체가 팽창·수축하는 비율을 말한다.
② 길이에 관한 비율인 선팽창계수와 용적에 관한 체적 팽창계수가 있다.
③ 일반적으로 체적팽창계수는 선팽창계수의 3배이다.
④ 체적팽창계수의 단위는 W/m·K이다.

④ 체적팽창계수의 단위는 1/K(켈빈온도) 이다.

> 참고
>
> **＊체적(부피팽창계수)**
> 고체가 열을 받아 팽창할 때 고체의 단위 부피당 부피의 변화를 말한다.

정답 69 ① 70 ④ 71 ② 72 ④

73 다음은 시멘트를 조기강도가 큰 것으로부터 작은 순서대로 열거한 것이다. 옳은 것은?

① 알루미나 시멘트 - 고로 시멘트 - 보통 포틀랜드 시멘트
② 보통 포틀랜드 시멘트 - 고로 시멘트 - 알루미나 시멘트
③ 알루미나 시멘트 - 보통 포틀랜드 시멘트 - 고로 시멘트
④ 보통 포틀랜드 시멘트 - 알루미나 시멘트 - 고로 시멘트

1. 알루미나 시멘트 : 초기 수화발열이 커서 대형 단면 부재에는 부적당하나 긴급 공사나 동절기 공사에 적합하다.
2. 고로 시멘트
   ① 초기 강도는 낮으나 장기강도는 높다.
   ② 수화열이 적어 응결시간이 느리기 때문에 특히 겨울철 공사에 주의를 요한다.(동해를 받기 쉽다.)

 필기에 자주 출제되는 내용입니다.

74 테라코타에 대한 설명으로 틀린 것은?

① 도토, 자토 등을 반죽하여 형틀에 넣고 성형하여 소성한 속이 빈 대형의 점토제품이다.
② 석재보다 가볍다.
③ 압축강도는 화강암과 거의 비슷하다.
④ 화강암보다 내화도가 높으며 대리석보다 풍화에 강하다.

 테라코타
① 점토를 구워 만든 점토제품으로 건축구조용과 장식용으로 사용된다.
② 석재보다 가볍다.
③ 화강암보다 내화도가 높으며 대리석보다 풍화에 강하다.
④ 압축강도가 화강암의 1/2 정도이다.
⑤ 주로 석기질 점토나 상당히 철분이 많은 점토를 원료로 사용하며, 건축물의 패러핏, 주두 등의 장식에 사용되는 공동의 대형 점토제품을 말한다.

필기에 자주 출제되는 내용입니다.

75 다음 금속 중 이온화 경향이 가장 큰 것은?

① Zn   ② Cu
③ Ni   ④ Fe

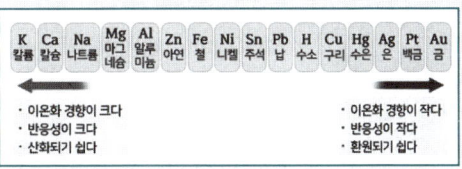

76 수화속도를 지연시켜 수화열을 작게 한 시멘트로, 건조 수축이 작고 내황산염이 크며, 건축용 매스콘크리트 등에 사용 되는 시멘트는?

① 중용열 포틀랜드시멘트
② 조강 포틀랜드시멘트
③ 초조강 포틀랜드시멘트
④ 백색 포틀랜드 시멘트

정답 73 ③ 74 ③ 75 ① 76 ①

★ 포틀랜드 시멘트의 종류

보통 포틀랜드 시멘트(1종)	① 일반적인 시멘트로서 보편적인 성질을 가진 시멘트 ② 토목, 건축의 각 공사에 사용하는 보편적인 시멘트
중용열 포틀랜드 시멘트(2종)	① 수화열을 낮게 하여 단기보다 장기강도를 증진시킨 시멘트로서 수화열이 낮고 건조수축이 작으며 내화학성이 우수한 시멘트 ② 댐공사, 터널, 거대구조물의 기초공사(매스콘크리트), 콘크리트도로 포장공사에 사용
조강 포틀랜드 시멘트(3종)	① 조기에 고강도를 나타낼 수 있도록 한 시멘트이며 콘크리트의 수밀성이 높고 구조물의 내구성도 우수한 시멘트 ② 한중공사, 긴급공사에 사용
저열 포틀랜드 시멘트(4종)	① 중용열시멘트 보다 낮은 수화열로 수화열이 최저인 시멘트 ② LNG Tank, 댐 용 시멘트로서 중용열포틀랜드 시멘트와 유사한 용도로 사용
내황산염 포틀랜드 시멘트(5종)	① 황산염에 대한 저항성을 강화한 시멘트 ② 하수시설, 배수시설, 해양구조물, 황산염을 많이 함유한 토양, 터널수로라이닝 등에 사용

📝 필기에 자주 출제되는 내용입니다.

77 내부에 몇 개의 구멍을 가진 벽돌로 단열, 방음을 위해 방음벽, 단열벽 등에 사용되며, 경량으로 칸막이벽에도 사용되는 것은?

① 중공벽돌　　② 이형벽돌
③ 규석벽돌　　④ 샤모트벽돌

★ 중공벽돌
① 내부에 몇 개의 구멍을 가진 **벽돌**을 말한다.
② 단열, 방음을 위해 **방음벽, 단열벽** 등에 사용되며, **경량으로 칸막이벽에도 사용**된다.

78 강당, 집회장 등의 음향조절용으로 쓰이거나 일반건물의 벽 수장재로 사용하여 음향 효과를 거둘 수 있는 목재제품은?

① 파키트리 블록
② 코펜하겐 리브
③ 플로링 보드
④ 파키트리 패널

★ 코펜하겐 리브판
강당, 집회장 등의 천정 또는 내벽에 붙여 음향 조절용으로 사용된다.(바닥재는 적합하지 않음)

📝 필기에 자주 출제되는 내용입니다.

정답　77 ①　78 ②

79 건물의 바닥 충격음을 저감시키는 방법에 대한 설명으로 틀린 것은?

① 유리면 등의 완충재를 바닥공간 사이에 넣는다.
② 부드러운 표면마감재를 사용하여 충격력을 작게 한다.
③ 바닥을 띄우는 이중바닥으로 한다.
④ 바닥슬래브의 중량을 작게 한다.

④ 바닥슬래브의 중량을 크게 한다.

80 콘크리트 혼화재료 중 플라이애시(Fly Ash)에 관한 설명으로 틀린 것은?

① 콘크리트의 워커빌리티(workability)를 좋게 한다.
② 주성분은 탄소(C)이다.
③ 콘크리트의 수밀성을 향상시킨다.
④ 콘크리트의 수화초기 시 발열량을 감소시킨다.

② 주성분은 실리카(SiO_2), 알루미나(Al_2O_3), 산화 제2철(Fe_2O_3) 등이다.

참고

* 플라이애시시멘트
① 화력발전소에서 완전 연소한 미분탄의 회분을 포집한 것을 플라이애시라 하며, 플라이애시를 포틀랜드 시멘트에 혼합한 것을 플라이애시시멘트라 한다.
② 콘크리트의 워커빌리티를 증대시키며 사용수량을 감소시킬 수 있다.
③ 수밀성이 좋으므로 수리구조물(물을 저수하거나 물을 이용하기 위하여 만들어진 구조물)에 적합하다.
④ 수화열이 적고 건조수축도 적다.
⑤ 초기강도는 작고 장기강도는 크다.
⑥ 해수에 대한 내화학성이 크다.

 필기에 자주 출제되는 내용입니다.

5과목 건설안전기술

81 일반 거푸집 설계 시 강도상 고려해야 할 사항이 아닌 것은?

① 고정하중
② 풍압
③ 콘크리트 강도
④ 측압

③ 콘크리트의 하중을 고려하여야 한다.

정답 79 ④ 80 ② 81 ③

> 참고
>
> *** 거푸집 및 지보공(동바리) 시공 시 고려해야 할 하중**
> ① **연직방향 하중** : 거푸집, 지보공(동바리), 콘크리트, 철근, 작업원, 타설용 기계기구, 가설설비 등의 중량 및 충격하중
> ② **횡방향 하중** : 작업할 때의 진동, 충격, 시공오차 등에 기인되는 횡방향 하중 이외에 필요에 따라 풍압, 유수압, 지진 등
> ③ **콘크리트의 측압** : 굳지 않은 콘크리트의 측압
> ④ **특수하중** : 시공 중에 예상되는 특수한 하중
> ⑤ 위의 ① ~ ④ 항목의 하중에 안전율을 고려한 하중

82 토사붕괴의 내적 요인이 아닌 것은?

① 절토 사면의 토질구성 이상
② 성토 사면의 토질구성 이상
③ 토석의 강도 저하
④ 사면, 법면의 경사 증가

* 토석붕괴의 내적 원인
① 절토 사면의 토질 · 암질
② 성토 사면의 토질구성 및 분포
③ 토석의 강도 저하

> 참고
>
> *** 토석붕괴의 외적 원인**
> ① 사면, 법면의 경사 및 기울기의 증가
> ② 절토 및 성토 높이의 증가
> ③ 공사에 의한 진동 및 반복 하중의 증가
> ④ 지표수 및 지하수의 침투에 의한 토사 중량의 증가
> ⑤ 지진, 차량, 구조물의 하중작용
> ⑥ 토사 및 암석의 혼합층 두께

83 지반의 침하에 따른 구조물의 안전성에 중대한 영향을 미치는 흙의 간극비의 정의로 옳은 것은?

① $\dfrac{\text{공기의 부피}}{\text{흙입자의 부피}}$

② $\dfrac{\text{공기와 물의 부피}}{\text{흙입자의 부피}}$

③ $\dfrac{\text{공기와 물의 부피}}{\text{흙입자에 포함된 물의 부피}}$

④ $\dfrac{\text{공기의 부피}}{\text{흙입자에 포함된 물의 부피}}$

흙의 간극비 = $\dfrac{\text{공기와 물의 부피}}{\text{흙입자의 부피}}$

84 추락재해 방지설비의 종류가 아닌 것은?

① 추락방망
② 안전난간
③ 개구부 덮개
④ 수직보호망

④ 수직보호망 → 낙하비래 방지 조치

> 참고
>
> *** 추락재해 방지조치**
> 작업발판 및 통로의 끝이나 개구부로서 **근로자가 추락할 위험이 있는 장소**에는 안전난간, 울타리, 수직형 추락방망 또는 덮개 등의 방호 조치를 충분한 강도를 가진 구조로 튼튼하게 설치하여야 하며, **덮개를 설치하는 경우에는 뒤집히거나 떨어지지 않도록 설치**하여야 한다.

정답 82 ④ 83 ② 84 ④

85 옹벽이 외력에 대하여 안정하기 위한 검토 조건이 아닌 것은?

① 전도 ② 활동
③ 좌굴 ④ 지반 지지력

＊콘크리트 옹벽(흙막이 지보공)의 안정성 검토사항
① 전도에 대한 안정
② 활동에 대한 안정
③ 침하에 대한 안정

📝 실기까지 중요한 내용입니다.

86 감전재해의 방지대책에서 직접접촉에 대한 방지대책에 해당하는 것은?

① 충전부에 방호망 또는 절연덮개 설치
② 보호접지(기기외함의 접지)
③ 보호절연
④ 안전전압 이하의 전기기기 사용

＊전기기계·기구 등의 충전부 방호
(직접접촉으로 인한 감전방지 조치)
① 충전부가 노출되지 아니하도록 **폐쇄형 외함이 있는 구조로 할 것**
② 충분한 절연효과가 있는 **방호망 또는 절연덮개를 설치할 것**
③ 충전부는 내구성이 있는 **절연물로 완전히 덮어 감쌀 것**
④ 발전소·변전소 및 개폐소등 구획되어 있는 장소로서 관계 근로자가 아닌 사람의 출입이 금지되는 장소에 충전부를 설치하고, 위험표시 등의 방법으로 방호를 강화할 것
⑤ 전주 위 및 철탑 위 등 격리되어 있는 장소로서 관계 근로자가 아닌 사람이 접근할 우려가 없는 장소에 충전부를 설치할 것

87 흙파기 공사용 기계에 관한 설명 중 틀린 것은?

① 불도저는 일반적으로 거리 60m 이하의 배토 작업에 사용된다.
② 크램쉘은 좁은 곳의 수직파기를 할 때 사용한다.
③ 파워쇼벨은 기계가 위치한 면보다 낮은 곳을 파낼 때 유용하다.
④ 백호우는 토질의 구멍파기나 도랑파기에 이용된다.

③ 파워쇼벨은 기계가 위치한 면보다 높은 곳을 굴착한다.

88 콘크리트 측압에 관한 설명 중 옳지 않은 것은?

① 슬럼프가 클수록 측압이 커진다.
② 벽 두께가 두꺼울수록 측압은 커진다.
③ 부어 넣는 속도가 빠를수록 측압은 커진다.
④ 대기 온도가 높을수록 측압은 커진다.

④ 대기 온도가 낮을수록 측압은 커진다.

 참고

① 철골 or 철근량 적을수록 측압이 크다.
② 외기온도 낮을수록 측압이 크다.
③ 타설속도 빠를수록 측압이 크다.
④ 다짐이 좋을수록 측압이 크다.
⑤ 슬럼프 클수록 측압이 크다.
⑥ 콘크리트 비중 클수록 측압이 크다.
⑦ 응결시간이 느린 시멘트를 사용할수록 측압이 크다.
⑧ 습도가 낮을수록 측압이 크다.

📝 자주 출제되는 내용입니다. 참고를 다시 확인하세요.

 정답 85 ③ 86 ① 87 ③ 88 ④

89 차량계 하역운반기계에 화물을 적재할 때의 준수사항과 거리가 먼 것은?

① 하중이 한 쪽으로 치우치지 않도록 적재할 것
② 구내운반차 또는 화물자동차의 경우 화물의 붕괴 또는 낙하에 의한 위험을 방지하기 위하여 화물에 로프를 거는 등 필요한 조치를 할 것
③ 운전자의 시야를 가리지 않도록 화물을 적재할 것
④ 제동장치 및 조정장치 기능의 이상 유무를 점검할 것

④ 제동장치 및 조종장치 기능의 이상 유무는 작업시작 전 점검 내용에 해당한다.

참고

* 화물의 적재 시의 준수사항
① 침하 우려가 없는 튼튼한 기반 위에 적재할 것
② 건물의 칸막이나 벽 등이 화물의 압력에 견딜 만큼의 강도를 지니지 아니한 경우에는 **칸막이나 벽에 기대어 적재하지 않도록 할 것**
③ 불안정할 정도로 높이 쌓아 올리지 말 것
④ 하중이 한쪽으로 치우치지 않도록 쌓을 것

90 건설업 산업안전보건관리비의 사용항목으로 가장 거리가 먼 것은?

① 안전시설비
② 사업장의 안전진단비
③ 근로자의 건강관리비
④ 본사 일반관리

* 산업안전보건관리비의 사용내역
① 안전관리자 · 보건관리자 임금 등
② 안전 시설비 등
③ 보호구 등
④ 안전보건 진단비 등
⑤ 안전보건 교육비 등
⑥ 근로자 건강장해 예방비 등
⑦ 건설재해예방 전문 지도기관 기술 지도비
⑧ 본사 전담조직 근로자 임금 등
⑨ 위험성 평가 등에 따른 소요비용

실기까지 중요한 내용입니다.

91 철골공사 시 도괴의 위험이 있어 강풍에 대한 안전여부를 확인해야 할 필요성이 가장 높은 경우는?

① 연면적당 철골량이 일반건물보다 많은 경우
② 기둥에 H형강을 사용하는 경우
③ 이음부가 공장용접인 경우
④ 호텔과 같이 단면구조가 현저한 차이가 있으며 높이가 20m 이상인 건물

* 외압에 대한 내력이 설계에 고려되었는지 확인하여야 할 대상(자립도 검토대상)
① 높이 20미터 이상의 구조물
② 구조물의 폭과 높이의 비가 1 : 4 이상인 구조물
③ 단면구조에 현저한 차이가 있는 구조물
④ 연면적당 철골량이 50킬로그램/평방미터 이하인 구조물
⑤ 기둥이 타이플레이트(tie plate)형인 구조물
⑥ 이음부가 현장용접인 구조물

실기까지 중요한 내용입니다.

정답 89 ④ 90 ④ 91 ④

92 철골작업 시 추락재해를 방지하기 위한 설비가 아닌 것은?

① 안전대 및 구명줄
② 트렌치박스
③ 안전난간
④ 추락방지용 방망

* **추락재해 방지조치**
① 추락방호망 설치
② 안전난간 설치
③ 안전대 착용
④ 개구부 덮개 설치

93 공사현장에서 낙하물방지망 또는 방호선반을 설치할 때 설치높이 및 벽면으로부터 내민 길이 기준으로 옳은 것은?

① 설치높이 : 10m 이내마다, 내민 길이 2m 이상
② 설치높이 : 15m 이내마다, 내민 길이 2m 이상
③ 설치높이 : 10m 이내마다, 내민 길이 3m 이상
④ 설치높이 : 15m 이내마다, 내민 길이 3m 이상

* **낙하물방지망 또는 방호선반을 설치 시 준수사항**
① 설치높이는 10미터 이내마다 설치하고, 내민길이는 벽면으로부터 2미터 이상으로 할 것
② 수평면과의 각도는 20도 내지 30도를 유지할 것

실기까지 중요한 내용입니다.

94 작업발판에 최대적재하중을 적재함에 있어 달비계의 하부 및 상부지점이 강재인 경우 안전계수는 최소 얼마 이상인가?

① 2.5   ② 5
③ 10   ④ 15

관련 법규에서 삭제된 내용입니다.

95 달비계 설치 시 달기체인의 사용 금지 기준과 거리가 먼 것은?

① 달기체인의 길이가 달기체인이 제조된 때의 길이의 5%를 초과한 것
② 균열이 있거나 심하게 변형된 것
③ 이음매가 있는 것
④ 링의 단면지름이 달기체인이 제조된 때의 해당 링의 지름의 10%를 초과하여 감소한 것

* **달기체인의 사용 금지 항목**
① 달기 체인의 길이가 달기 체인이 제조된 때의 길이의 5퍼센트를 초과한 것
② 링의 단면지름이 제조된 때의 해당 링의 지름의 10퍼센트를 초과하여 감소한 것
③ 균열이 있거나 심하게 변형된 것

정답 92 ② 93 ① 94 정답 없음 95 ③

> **참고**
>
> 1. 와이어로프의 사용금지 기준
>   ① 이음매가 있는 것
>   ② 와이어로프의 한 꼬임에서 끊어진 소선의 수가 10퍼센트 이상인 것
>   ③ 지름의 감소가 공칭지름의 7퍼센트를 초과하는 것
>   ④ 꼬인 것
>   ⑤ 심하게 변형되거나 부식된 것
>   ⑥ 열과 전기 충격에 의해 손상된 것
>
> 2. 화물자동차의 짐걸이 등으로 사용하는 섬유로프
>   ① 꼬임이 끊어진 것
>   ② 심하게 손상되거나 부식된 것

📌 실기까지 중요한 내용입니다. 참고를 다시 확인하세요.

96 차량계 건설기계의 작업 시 작업시작 전 점검사항에 해당되는 것은?

① 권과방지장치의 이상 유무
② 브레이크 및 클러치의 기능
③ 슬링·와이어 슬링의 매달린 상태
④ 언로드밸브의 이상 유무

사고의 원인이 되는 브레이크 및 클러치의 기능을 작업 시작 전 반드시 점검하여야 한다.

97 차량계 하역운반기계의 운전자가 운전위치를 이탈하는 경우 조치해야 할 내용 중 틀린 것은?

① 포크 및 버킷을 가장 높은 위치에 두어 근로자 통행을 방해하지 않도록 하였다.
② 원동기를 정지시켰다.
③ 브레이크를 걸어두고 확인하였다.
④ 경사지에서 갑작스런 주행이 되지 않도록 바퀴에 블록 등을 놓았다.

★ **차량계 하역운반기계 운전자가 운전 위치 이탈 시 조치**
① 포크, 버킷, 디퍼 등의 장치를 가장 낮은 위치 또는 지면에 내려 둘 것
② 원동기를 정지시키고 브레이크를 확실히 거는 등 갑작스러운 이동을 방지하기 위한 조치를 할 것
③ 운전석을 이탈하는 경우에는 시동키를 운전대에서 분리시킬 것

📌 실기까지 중요한 내용입니다.

98 채석작업을 하는 경우 지반의 붕괴 또는 토석의 낙하로 인하여 근로자에게 발생할 우려가 있는 위험을 방지하기 위하여 취하여야 할 조치와 가장 거리가 먼 것은?

① 작업 시작 전 작업장소 및 그 주변 지반의 부석과 균열이 유무와 상태 점검
② 함수·용수 및 동결상태의 변화 점검
③ 진동치 속도 점검
④ 발파 후 발파장소 점검

정답 96 ② 97 ① 98 ③

* **채석작업 시 지반 붕괴 위험 방지 조치**
① 점검자를 지명하고 당일 작업 시작 전에 작업장소 및 그 주변 지반의 부석과 균열의 유무와 상태, 함수·용수 및 동결상태의 변화를 점검할 것
② 점검자는 발파 후 그 발파 장소와 그 주변의 부석 및 균열의 유무와 상태를 점검할 것

99 산업안전보건기준에 관한 규칙에 따른 굴착면의 기울기 기준으로 틀린 것은?

① 모래 1 : 1.8
② 풍화암 1 : 0.5
③ 건지 1 : 1.2
④ 경암 1 : 0.5

* **굴착면의 기울기 기준**

지반의 종류	굴착면의 기울기
모래	1 : 1.8
연암 및 풍화암	1 : 1.0
경암	1 : 0.5
그 밖의 흙	1 : 1.2

실기까지 중요한 내용입니다. 암기하세요.

100 다음은 이음매가 있는 권상용 와이어로프의 사용 금지 규정이다. ( ) 안에 알맞은 숫자는?

> 와이어로프의 한 꼬임에서 소선의 수가 ( )% 이상 절단된 것을 사용하면 안된다.

① 5   ② 7
③ 10   ④ 15

* **와이어로프의 사용금지 기준**
① 이음매가 있는 것
② 와이어로프의 한 꼬임에서 끊어진 소선의 수가 10퍼센트 이상인 것
③ 지름의 감소가 공칭지름의 7퍼센트를 초과하는 것
④ 꼬인 것
⑤ 심하게 변형되거나 부식된 것
⑥ 열과 전기충격에 의해 손상된 것

실기까지 중요한 내용입니다. 암기하세요.

정답 99 ② 100 ③

2015년 4회 최근 기출문제

1과목 산업안전관리론

01 사고예방대책의 기본원리 5단계에서 "사실의 발견" 단계에 해당하는 것은?

① 작업환경 측정
② 안전진단 · 평가
③ 점검 및 조사 실시
④ 안전관리 계획 수립

*하인리히 사고방지 5단계

1단계 안전조직	• 안전목표 설정 • 안전관리자의 선임 • 안전조직 구성 • 안전활동 방침 및 계획수립 • 조직을 통한 안전 활동 전개
2단계 사실의 발견	• 작업분석 • 점검 • 사고조사 • 안전진단 • 사고 및 활동기록의 검토
3단계 분석	• 사고원인 및 경향성 분석(사고보고서 및 현장조사 분석) • 작업공정 분석 • 사고기록 및 관계자료 분석 • 인적 · 물적 환경 조건 분석
4단계 시정방법 선정	• 기술적 개선 • 안전운동 전개 • 교육훈련 분석 • 안전행정의 개선 • 배치 조정 • 규칙 및 수칙 등 제도의 개선
5단계 시정책 적용 (3E 적용)	• 안전교육(Education) • 안전기술(Engineering) • 안전독려(Enforcement)

📝 필기에 자주 출제되는 내용입니다.

02 재해 발생과 관련된 버드(Frank Bird)의 도미노 이론을 올바르게 나열한 것은?

① 기본원인 → 제어의 부족 → 직접원인 → 사고 → 상해
② 기본원인 → 직접원인 → 제어의 부족 → 사고 → 상해
③ 제어의 부족 → 기본원인 → 직접원인 → 사고 → 상해
④ 제어의 부족 → 직접원인 → 기본원인 → 상해 → 사고

*버드(Frank. E. Bird)의 사고 연쇄성이론 5단계

1단계	제어부족(관리 부재)
2단계	기본원인(기원)
3단계	직접원인(징후)
4단계	사고(접촉)
5단계	상해(손실)

📝 실기에 자주 출제되는 내용입니다.

03 Off JT(Off the Job Tranining)의 특징으로 옳지 않은 것은?

① 많은 지식, 경험을 교류할 수 있다.
② 직장의 실정에 맞게 실제적 훈련이 가능하다.
③ 다수의 근로자들에게 조직적 훈련이 가능하다.
④ 특별한 교재, 교구 및 설비 등을 이용하는 것이 가능 하다.

정답 01 ③ 02 ③ 03 ②

OJT의 특징	• 개개인에게 적절한 훈련이 가능하다. • 직장의 실정에 맞는 훈련이 가능하다. • 교육효과가 즉시 업무에 연결된다. • 훈련에 대한 업무의 계속성이 끊어지지 않는다. • 상호 신뢰 이해도가 높다.
OFF JT의 특징	• 다수의 근로자들에게 훈련을 할 수 있다. • 훈련에만 전념하게 된다. • 특별설비기구 이용이 가능하다. • 많은 지식이나 경험을 교류할 수 있다. • 교육 훈련 목표에 대하여 집단적 노력이 흐트러질 수 있다.

 실기까지 중요한 내용입니다.

04 무재해운동의 근본이념으로 가장 적절한 것은?

① 인간존중의 이념
② 이윤추구의 이념
③ 고용증진의 이념
④ 복리증진의 이념

* **무재해운동의 근본이념**
① 인간존중
② 산업재해 근절
③ 안전보건 선취
④ 직장의 각종 위험을 전원이 참가하여 해결
⑤ 합리적인 기업경영

05 산업안전보건법령상 사업주가 근로자에게 실시해야 하는 안전·보건교육 중 근로자의 채용 시 교육 및 작업내용 변경 시의 교육 내용에 해당하지 않는 것은? (단, 산업안전보건법 및 산업재해보상보험제도에 관한 사항은 제외한다)

① 사고 발생시 긴급조치에 관한 사항
② 유해·위험 작업환경 관리에 관한 사항
③ 산업보건 및 건강장해 예방에 관한 사항
④ 기계·기구의 위험성과 작업의 순서 및 동선에 관한 사항

* **근로자 채용 시 교육 및 작업내용 변경 시의 교육 내용**
① 산업안전 및 산업재해 예방에 관한 사항(화재·폭발 사고 발생 시 대피에 관한 사항을 포함한다)
② 산업보건 및 건강장해 예방에 관한 사항
③ 산업안전보건법령 및 산업재해보상보험제도에 관한 사항
④ 직무스트레스 예방 및 관리에 관한 사항
⑤ 직장 내 괴롭힘, 고객의 폭언 등으로 인한 건강장해 예방 및 관리에 관한 사항
⑥ 기계·기구의 위험성과 작업의 순서 및 동선에 관한 사항
⑦ 물질안전보건자료에 관한 사항
⑧ 작업 개시 전 점검에 관한 사항
⑨ 정리정돈 및 청소에 관한 사항
⑩ 사고 발생 시 긴급조치에 관한 사항
⑪ 위험성 평가에 관한 사항

특급암기법
공통 항목
1. 신규자는 법, 산재보상제도를 알자!
2. 신규자는 건강을 보존(산업보건)하고 건강장해, 스트레스, 괴롭힘, 폭언 예방하자!
3. 신규자는 안전하고 산업재해 예방하자!
4. 신규자는 위험성을 평가하자!

신규 채용자는 회사에 처음입사해서 처음 일을 하는 근로자, 안전하게 일하기 위한 기본내용을 교육한다.
1. 신규자는 기계기구 위험성, 작업 순서, 동선을 알자!
2. 신규자는 취급물질의 위험성(물질안전보건자료)을 알자!
3. 신규자는 작업 전 점검하자!
4. 신규자는 항상 정리정돈 청소하자!
5. 신규자는 사고 시 조치를 알자!

📝 실기에 자주 출제되는 내용입니다.

06 조직이 리더에게 부여한 권한으로 볼 수 없는 것은?

① 전문성의 권한
② 보상적 권한
③ 강압적 권한
④ 합법적 권한

1. 조직이 지도자에게 부여하는 권한 : 보상적 권한, 강압적 권한, 합법적 권한
2. 지도자 자신이 자기에게 부여하는 권한 : 위임된 권한, 전문성의 권한

📝 필기에 자주 출제되는 내용입니다.

07 매슬로우의 욕구단계 이론에서 자기의 잠재 능력을 극대화하여 원하는 것을 이루고자 하는 욕구에 해당되는 것은?

① 자아실현의 욕구
② 사회적 욕구
③ 존경의 욕구
④ 안전의 욕구

* 매슬로(Maslow A. H.)의 욕구단계 이론(인간의 욕구 5단계)
• 제1단계(생리적 욕구) : 기아, 호흡, 배설, 성욕 등 인간의 가장 기본적인 욕구
• 제2단계(안전 욕구) : 자기 보존 욕구
• 제3단계(사회적 욕구) : 소속감과 애정 욕구
• 제4단계(존경 욕구) : 인정받으려는 욕구
• 제5단계(자아실현의 욕구) : 잠재적인 능력을 실현하고자 하는 욕구(성취 욕구)

📝 필기에 자주 출제되는 내용입니다.

08 산업안전보건법령상 안전·보건표지에 있어 금지표지의 종류에 해당하지 않는 것은?

① 금연
② 물체이동금지
③ 접근금지
④ 차량통행금지

정답 06 ① 07 ① 08 ③

※ 금지표지의 종류
1. 출입금지   2. 보행금지
3. 차량통행금지 4. 사용금지
5. 탑승금지   6. 금연
7. 화기금지   8. 물체이동금지

09 안전모의 안전인증기준에 있어 시험성능 기준의 항목에 해당되지 않는 것은?

① 내관통성   ② 내수성
③ 내식성   ④ 난연성

※ 안전인증 대상 안전모의 성능 시험 종류
① 내관통성 시험
② 충격흡수성 시험
③ 내전압성 시험
④ 내수성 시험
⑤ 난연성 시험
⑥ 턱끈풀림 시험

📝 실기까지 중요한 내용입니다.

10 위험예지훈련 기초 4라운드법의 진행에서 위험의 포인트를 결정하여 전원이 지적확인을 하는 단계로 가장 적절한 것은?

① 제1라운드 : 현상파악
② 제2라운드 : 본질추구
③ 제3라운드 : 대책수립
④ 제4라운드 : 목표설정

위험예지 훈련 4단계	
1단계 : 현상 파악	• 어떤 위험이 잠재하고 있는가? • 전원이 대화로써 도해 상황속의 잠재 위험요인을 발견하고 그 요인이 초래할 수 있는 사고를 생각해내는 단계
2단계 : 요인조사 (본질추구)	• 이것이 위험의 포인트다.→ 위험의 포인트를 지적확인 • 발견해 낸 위험 중 가장 위험한 것을 합의로서 결정하는 단계
3단계 : 대책수립	• 당신이라면 어떻게 할 것인가? • 중요위험요인을 해결하기 위한 대책을 세우는 단계
4단계 : 행동목표 설정 (합의요약)	• 우리들은 이렇게 하자! • 대책 중 중점 실시항목을 합의 요약해서 그것을 실천하기 위한 행동목표를 설정하는 단계

📝 실기까지 중요한 내용입니다.

11 안전·보건교육계획의 수립 시 고려하여야 할 사항과 가장 거리가 먼 것은?

① 교육지도안 및 교재
② 교육의 종류와 교육대상
③ 교육 장소 및 교육 방법
④ 교육의 과목 및 교육 내용

※ 안전·보건교육계획에 포함하여야 할 사항
① 교육의 목표
② 교육대상
③ 강사
④ 교육과목, 내용, 방법
⑤ 교육시간과 시기
⑥ 교육장소

정답 09 ③ 10 ② 11 ①

12 정지된 열차 내에서 창밖으로 이동하는 다른 기차를 보았을 때, 실제로 움직이지 않아도 움직이는 것처럼 느껴지는 심리적 현상을 무엇이라 하는가?

① 가상운동 ② 유도운동
③ 자동운동 ④ 지각운동

＊착각현상

가현운동 (β 운동)	• 정지하고 있는 대상물이 급속히 나타나던가 소멸하는 것으로 인하여 일어나는 운동으로 마치 대상물이 운동하는 것처럼 인식되는 현상을 말한다. • 예 영화의 영상
유도 운동	• 움직이지 않는 것이 움직이는 것처럼 느껴지는 현상 • 예 상행선 열차를 타고 가며 정지하고 있는 하행선 열차를 보면 마치 하행선 열차가 움직이는 것처럼 느껴지는 현상
자동운동	• 암실에서 정지된 소광점을 응시하면 광점이 움직이는 것처럼 보이는 현상 • 안구의 불규칙한 운동 때문에 생기는 현상이다.

📝 필기에 자주 출제되는 내용입니다.

13 안전점검 시 점검자가 갖추어야 할 태도 및 마음가짐과 가장 거리가 먼 것은?

① 점검 본래의 취지 준수
② 점검 대상 부서의 협조
③ 모범적인 점검자의 자세
④ 점검결과 통보 생략

④ 점검결과 통보를 하여야 한다.

14 75명의 상시근로자가 근무하는 사업장에서 1일 8시간, 연간 320일을 작업하는 동안에 6건의 재해가 발생하였다면 이 사업장의 도수율은 얼마인가?

① 17.65 ② 26.04
③ 31.25 ④ 33.33

＊도수율(빈도율 F.R)
① 100만 근로시간당 요양재해 발생 건수 비율
② 도수율 = $\dfrac{\text{재해 건수}}{\text{연 근로시간 수}} \times 10^6$

도수율 = $\dfrac{6}{75 \times 8 \times 320} \times 10^6 = 31.25$

📝 실기에 자주 출제되는 내용입니다.

15 피로에 의한 정신적 증상과 가장 관련이 깊은 것은?

① 주의력이 감소 또는 경감된다.
② 작업의 효과나 작업량이 감퇴 및 저하된다.
③ 작업에 대한 몸의 자세가 흐트러지고 지치게 된다.
④ 작업에 대하여 무감각·무표정·경련 등이 일어난다.

＊피로의 증상
① 신체적 증상(생리적 현상)
• 작업에 대한 몸자세가 흐트러지고 지치게 된다.
• 작업에 대한 무감각, 무표정, 경련 등이 일어난다.
• 작업 효과나 작업량이 감퇴 및 저하된다.

정답 12 ② 13 ④ 14 ③ 15 ①

② 정신적 증상(심리적 현상)
- 주의력이 감소 또는 경감된다.
- 불쾌감이 증가된다.
- 긴장감이 해지 또는 해소된다.
- 권태, 태만해지고 관심 및 흥미감이 상실된다.
- 졸음, 두통, 싫증, 짜증이 일어난다.

16 기업 내 한 부서의 구성원 상호간의 선호도를 나타낸 소시오그램(sociogram)이다. 리더에 해당하는 인물은?

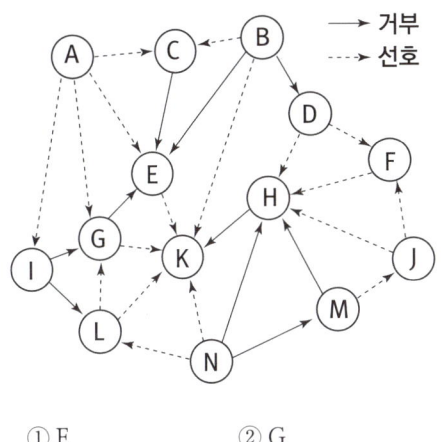

① E
② G
③ H
④ K

소시오그램은 서로 좋아하거나 싫어하는 사람을 화살표로 선택하여 그린 그림을 말하며, 조직의 구성원들에게 많은 선호도를 받은 사람이 리더가 된다.
① E : 받은 화살표 3개
② G : 받은 화살표 3개
③ H : 받은 화살표 4개
④ K : 받은 화살표 6개(리더)

17 A 사업장에서 각 부서별 안전경쟁제도를 실시할 때 위험도를 비교하는 수단과 안전 관심을 높이는데 가장 효과적인 것은?

① 강도율(severity rate of injury)
② 도수율(frequency rate of injury)
③ 세이프 티 스코어(Safe-T-Score)
④ 종합재해지수
   (frequency severity indicator)

부서별 안전경쟁제도를 실시할 때 위험도를 비교하는 수단 → 종합재해지수(frequency severity indicator)

> 참고
>
> - 종합재해지수
> $FSI = \sqrt{FR \times SR} = \sqrt{도수율 \times 강도율}$

실기에 자주 출제되는 내용입니다.

18 산업안전보건법령상 산업재해로 사망자가 발생하거나, 3일 이상의 휴업이 필요한 부상을 입거나, 질병에 걸린 사람이 발생한 경우, 산업재해가 발생한 날부터 얼마 이내에 산업재해조사표를 작성하여 관할 지방고용노동청장 또는 지청장에게 제출하여야 하는가?

① 24시간 이내
② 7일 이내
③ 14일 이내
④ 1개월 이내

정답 16 ④ 17 ④ 18 ④

사업주는 산업재해로 사망자가 발생, 3일 이상의 휴업이 필요한 부상 또는 질병에 걸린 자가 발생시 산업재해가 발생한 날부터 1개월 이내에 산업재해조사표를 작성, 관할 지방고용노동관서장에게 제출하여야 한다.

📝 실기까지 중요한 내용입니다.

19 파브로브(pavlov)의 조건반사설에 의한 학습이론의 원리에 해당되지 않는 것은?

① 일관성의 원리
② 시간의 원리
③ 강도의 원리
④ 준비성의 원리

* **파블로프의 조건반사설(자극과 반응이론 : S-R이론)**
① **일관성**의 원리
② **계속성**의 원리
③ **시간**의 원리
④ **강도**의 원리

📝 실기까지 중요한 내용입니다.

20 학업 성취에 직접적인 영향을 미치는 요인과 가장 거리가 먼 것은?

① 적성(Aptitude)
② 준비도(Readiness)
③ 동기유발(Motivating)
④ 기억과 망각(Memory, Forgetting)

① 적성(Aptitude)은 학업성취에 영향을 미치는 간접적인 요인에 해당한다.

2과목 인간공학 및 시스템안전공학

21 인간에 의한 제어 정도에 따른 인간-기계 시스템의 유형에 해당하지 않는 것은?

① 기계화 시스템
② 자동화 시스템
③ 수동 시스템
④ 감시제어 시스템

* **인간-기계 통합시스템(man-machine system)의 유형**
1. **수동시스템**
• 사용자가 손공구나 기타 보조물 등을 사용하여 자기의 신체적 힘을 동력원으로 하여 작업을 수행하는 시스템이다.
2. **기계시스템(반자동 시스템)**
• 여러 종류의 동력 공작 기계와 같이 고도로 통합된 부품들로 구성되어 있다.
• 인간의 역할은 제어 기능을 담당하고, 힘에 대한 공급은 기계가 담당한다.
3. **자동 시스템**
• 기계가 감지, 정보 처리 및 의사 결정, 행동 기능 및 정보 보관 등 모든 임무를 미리 설계된 대로 수행하게 된다.
• 인간은 감시, 감독, 보전 등의 역할을 담당하게 된다.

📝 필기에 자주 출제되는 내용입니다.

정답 19 ④ 20 ① 21 ④

22 산업안전보건법령상 95dB(A)의 소음에 대한 허용노출 기준시간은? (단, 충격소음은 제외한다.)

① 1시간 ② 2시간
③ 4시간 ④ 8시간

*소음의 노출기준(충격소음 제외)

1일 노출 허용시간 (hr)	8	4	2	1	$\frac{1}{2}$	$\frac{1}{4}$
소음강도 dB(A)	90	95	100	105	110	115

📝 필기에 자주 출제되는 내용입니다.

23 기계설비의 본질 안전화를 개선시키기 위하여 검토하여야 할 사항으로 가장 적절한 것은?

① 재료, 제품, 공구 등을 놓아둘 수 있는 충분한 공간의 확보
② 작업자의 실수나 잘못이 있어도 사고가 발생하지 않도록 기계설비 설계
③ 안전한 통로를 설정하고, 작업장소와 통로를 명확히 구분
④ 작업의 흐름에 따라 기계설비를 배치시켜 운반작업 최소화

*기계 설비의 본질 안전
① 안전기능을 기계설비 내에 내장할 것
② 풀프루프(fool proof) 기능 가질 것 : 작업자의 실수가 있더라도 사고로 연결되지 않도록 2중, 3중 통제를 한다.
③ 페일세이프(fail safe) 기능 가질 것 : 기계, 설비가 고장 나더라도 사고로 연결되지 않도록 2중, 3중 통제를 한다.

📝 필기에 자주 출제되는 내용입니다.

24 다음 중 음성통신 시스템의 구성 요소에서 우수한 화자(speaker)의 조건으로 틀린 것은?

① 큰 소리로 말한다.
② 음절 지속시간이 길다.
③ 말할 때 기본 음성주파수의 변화가 적다.
④ 전체 발음시간이 길고, 쉬는 시간이 짧다.

③ 말할 때 기본 음성주파수의 변화가 있는 것이 음성 인식에 도움이 된다.

25 다음 중 부품배치의 원칙에 해당하지 않는 것은?

① 중요성의 원칙 ② 사용빈도의 원칙
③ 사용순서의 원칙 ④ 작업공간의 원칙

*부품배치의 원칙
1. 중요성의 원칙 : 부품을 작동하는 성능이 체계의 목표 달성에 중요한 정도에 따라 우선순위를 결정한다.
2. 사용빈도의 원칙 : 부품을 사용하는 빈도에 따라 우선순위를 결정한다.
3. 기능별 배치의 원칙 : 기능적으로 관련된 부품들(표시장치, 조정장치 등)을 모아서 배치한다.
4. 사용 순서의 원칙 : 사용 순서에 따라 장치들을 가까이에 배치한다.

📝 필기에 자주 출제되는 내용입니다.

정답 22 ③ 23 ② 24 ③ 25 ④

26 FT도에서 정상사상 G1의 발생확률은?
(단, $G_2 = 0.1$, $G_3 = 0.2$, $G_4 = 0.3$의 발생확률을 갖는다.)

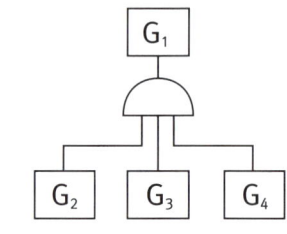

① 0.006　② 0.300
③ 0.496　④ 0.600

AND게이트이므로
$G_1 = G_2 \times G_3 \times G_4 = 0.1 \times 0.2 \times 0.3 = 0.006$

📝 필기에 자주 출제되는 내용입니다.

27 FTA에서 패스셋(path set) 및 최소패스셋(minimal path set)에 관한 내용으로 틀린 것은?
① 패스셋은 포함된 모든 사상이 일어나지 않았을 때 정상사상이 발생하지 않는 기본사상의 집합이다.
② 최소패스셋은 시스템의 신뢰성을 표시한다.
③ 패스셋에 구한 정상사상의 발생확률이 그 시스템의 위험도이다.
④ 최소패스셋은 어떤 고장이나 실수를 일으키지 않으면 재해가 일어나지 않는가를 나타내는 것이다.

③ 패스셋에서 구한 정상사상의 발생확률은 그 시스템의 신뢰도가 된다.

📝 필기에 자주 출제되는 내용입니다.

28 다음 중 인체측정과 작업공간 설계에 관한 용어의 설명으로 틀린 것은?
① 정상작업영역 : 상완을 자연스럽게 수직으로 늘어뜨린채, 손목을 움직여 닿을 수 있는 영역을 말한다.
② 최대작업영역 : 전완과 상완을 곧게 펴서 파악할 수 있는 영역을 말한다.
③ 정적 인체치수 : 마틴식 인체 측정기를 사용하여 측정 한다.
④ 동적 인체치수 : 신체의 움직임에 따른 활동범위 등을 측정한다.

① 정상작업역 : 상완을 자연스럽게 늘어뜨린 채 전완만으로 뻗어 파악 할 수 있는 구역

📝 필기에 자주 출제되는 내용입니다.

29 휘도가 200cd/m²이고, 반사율이 40%인 작업장의 조도 (lux)는?
① 80π　② 240π
③ 500π　④ 800π

1. 광속발산도 = $\pi \times$ 휘도 = $\pi \times 200 = 200\pi$
2. 반사율 = $\dfrac{\text{광속발산도}}{\text{조명(조도)}} \times 100$

조명(조도) = $\dfrac{\text{광속발산도} \times 100}{\text{반사율}}$
= $\dfrac{200\pi \times 100}{40} = 500\pi \text{(lux)}$

30 설비의 성능저하 또는 고장에 의한 정지 때문에 수리하는 설비보전 방법은?

① 예지보전(predictive maintenance)
② 개량보전(corrective maintenance)
③ 보전예방(maintenance prevention)
④ 사후보전(break-down maintenance)

사후보전(BM : Break-down maintenance) : 시스템 내지 부품이 고장에 의해 정지 또는 유해한 성능저하를 초래한 뒤 수리를 하는 보전 활동을 말한다.

참고

1. 보전예방(Maintenance Prevention ; MP) : 신규 설비의 계획과 건설을 할 때 보전정보나 새로운 기술을 도입하여 열화손실을 적게 하는 보전 활동
2. 개량보전(CM : Corrective maintenance) : 설비의 신뢰성, 보전성 등의 향상을 목적으로 설비의 재질이나 형상의 개량, 설계변경 등에 의한 설비의 체질을 개선하여 설비의 생산성을 높이기 위한 보전 활동
3. 예지보전(predictive maintenance) : 설비의 열화의 상태를 알아보기 위한 점검이나 점검에 따른 수리를 행하는 활동

31 인적오류와 그에 따른 위험성을 예측하고 개선하기 위한 시스템 위험분석기법은?

① FMEA   ② MORT
③ FHA   ④ THERP

인간에러율 예측기법(THERP) : 인간의 과오(human error)를 정량적으로 평가하기 위한 기법이다.

참고

① FMEA : 시스템에 영향을 미치는 모든 요소의 고장을 형태별로 분석하여 그 영향을 검토하는 정성적, 귀납적 분석법
② MORT : 관리, 설계, 생산, 보전 등의 광범위한 안전을 도모하기 위한 분석법
③ FHA : 서브시스템(subsystem)의 해석에 사용되는 분석법

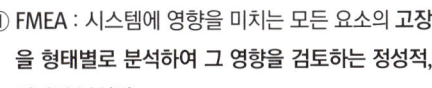 필기에 자주 출제되는 내용입니다.

32 정량적 표시장치 중 정확한 정보전달 측면에서 가장 우수한 장치는?

① 디지털 표시장치
② 지침고정형 표시장치
③ 원형 지침이동형 표시장치
④ 수직형 지침이동형 표시장치

정확한 정보전달 → 디지털 표시장치(계수형)

참고

계수형 : 전력계, 택시요금 계기와 같이 숫자가 정확히 표시되는 형태를 말한다.

33 시스템의 위험분석기법에 해당하지 않는 것은?

① RULA   ② ETA
③ FMEA   ④ MORT

① RULA → 근골격계질환의 유해요인 평가기법

> **참고**
>
> 1. ETA : 사상의 안전도를 사용하여 시스템의 안전도 나타내는 분석법
> 2. FMEA : 시스템에 영향을 미치는 모든 요소의 고장을 형태별로 분석하여 그 영향을 검토하는 정성적, 귀납적 분석법
> 3. MORT : 관리, 설계, 생산, 보전 등의 광범위한 안전을 도모하기 위한 분석법

34 다음 중 인체계측 치수의 성격이 다른 것은?

① 팔 뻗침 ② 눈높이
③ 앉은키 ④ 엉덩이 너비

- 팔 뻗침 : 동적 인체계측(기능적 인체치수)
- 눈높이, 앉은키, 엉덩이 너비 : 정적인체계측(구조적 인체치수)

> **참고**
>
> ① 정적 인체계측(구조적 인체치수) : 정지 상태에서의 신체를 계측하는 방법
> ② 동적 인체계측(기능적 인체치수) : 체위의 움직임에 따른 계측방법

35 FT도의 기호 중 전이기호에 해당하는 것은?

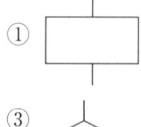 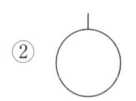
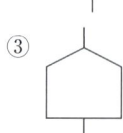 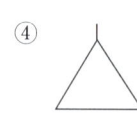

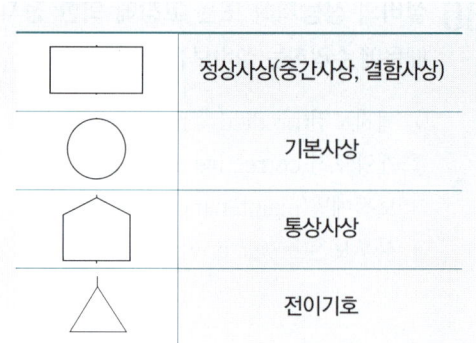

📝 필기에 자주 출제되는 내용입니다.

36 주변 환경이 알맞은 온도에서 더운 환경으로 바뀔 때 인체의 적응 현상으로 틀린 것은?

① 발한이 시작된다.
② 직장 온도가 올라간다.
③ 피부 온도가 올라간다.
④ 피부를 경유하는 혈액량이 증가한다.

② 직장 온도는 항문주변을 측정한 온도로 더운 환경으로 바뀔 때 체온조절을 위하여 일시적으로 직장 온도가 내려가며, 시간이 지난 후 올라간다.

37 시스템의 평가척도 중 시스템의 목표를 잘 반영하는가를 나타내는 척도는?

① 신뢰성
② 타당성
③ 민감도
④ 무오염성

정답 34 ① 35 ④ 36 ② 37 ②

* 체계 기준의 요건
① 적절성 : 의도된 목적에 적합하여야 한다.(타당성)
② 무오염성 : 측정하고자 하는 변수외의 다른 변수의 영향을 받아서는 안 된다.
③ 신뢰성 : 반복실험 시 재현성이 있어야 한다.(반복성)
④ 민감도 : 예상차이점에 비례하는 단위로 측정하여야 한다.

📝 필기에 자주 출제되는 내용입니다.

38 인간 – 기계 시스템에서 인간 실수가 발생하는 원인 중 출력 착오에 해당하는 것은?

① 감각의 착오
② 입력의 착오
③ 정보 처리 착오
④ 신체적 반응의 착오

• 인간의 출력 → 행동
• 출력 착오 → 신체적 반응의 착오

39 표시장치의 지침을 움직이기 위한 회전형 노브(knob)의 반지름을 1cm에서 2cm로 바꾸었을 때 조정반응(C/R)비율의 변화에 대한 설명으로 옳은 것은?

① 4배 감소
② 2배 감소
③ 2배 증가
④ 4배 증가

* 조정반응(C/R) 비율

1. C/R 비 = $\dfrac{X}{Y}$

   X : 통제기기의 변위량(cm)
   Y : 표시계기 지침의 변위량(cm)

2. C/R 비 = $\dfrac{\frac{\alpha}{360} \times 2\pi L}{Y}$

   a : 조종장치의 움직인 각도
   L : 조종장치의 반경

1. 노브(knob)의 반지름을 1cm일 때
   C/R 비 = $\dfrac{1}{Y}$

2. 노브(knob)의 반지름을 2cm일 때
   C/R 비 = $\dfrac{2}{Y}$

∴ 노브(knob)의 반지름을 1cm에서 2cm로 바꾸었을 때 조정반응(C/R)비율은 2배 증가한다.

📝 필기에 자주 출제되는 내용입니다.

40 동전던지기에서 앞면이 나올 확률 P(앞) = 0.5이고, 뒷면이 나올 확률 P(뒤) = 0.25일 때, 앞면과 뒷면이 나올 사건의 정보량을 각각 올바르게 나타낸 것은?

① 앞면 : 0.2bit, 뒷면 : 0.4bit
② 앞면 : 1.0bit, 뒷면 : 2.0bit
③ 앞면 : 0.1bit, 뒷면 : 1.0bit
④ 앞면 : 2.0bit, 뒷면 : 1.0bit

정답 38 ④ 39 ③ 40 ②

$$정보량(H) = \log_2\left(\frac{1}{P}\right)$$

• P : 대안의 실현확률

1. 앞면이 나올 경우의 정보량(H)
   = $\log_2 \frac{1}{0.5}$ = 1(bit)

2. 뒷면이 나올 경우의 정보량(H)
   = $\log_2 \frac{1}{0.25}$ = 2(bit)

> 참고
>
> 원척도(현치도, 시공도)는 실물 크기의 치수대로 나타낸 도면으로 시공 전에 작성하여 공사감독원의 승인을 얻는다.

📝 필기에 자주 출제되는 내용입니다.

42 당해 공사의 특수한 조건에 따라 표준시방서에 대하여 추가, 변경, 삭제를 규정한 시방서는?

① 특기시방서　　② 안내시방서
③ 자료시방서　　④ 성능시방서

★ **시방서의 종류**
① **표준시방서** : 시설물의 안전 및 공사시행의 적정성과 품질확보 등을 위하여 **시설별로 정한 표준적인 시공기준**으로서 발주청 또는 설계 등 용역업자가 공사시방서를 작성하는 경우에 활용하기 위한 시공기준을 말한다.
② **전문시방서** : 시설물별 표준시방서를 기본으로 모든 공종을 대상으로 하여 **특정한 공사의 시공 또는 공사시방서의 작성에 활용하기 위한 종합적인 시공기준**을 말한다.
③ **공사시방서** : 공사별로 건설공사 수행을 위한 기준으로서 계약문서의 일부가 되며, 설계도면에 표시하기 곤란하거나 불편한 내용과 당해 공사의 수행을 위한 재료, 공법, 품질시험 및 검사 등 품질관리, 안전관리계획 등에 관한 사항을 기술하고, 당해 공사의 특수성, 지역여건, 공사방법 등을 고려하여 **공사별, 공종별로 정하여 시행하는 시공기준**을 말한다.
④ **특기시방서** : 당해 공사의 특수한 조건에 따라 표준시방서에 대하여 추가, 변경, 삭제를 규정한 시방서를 말한다.
⑤ **성능시방서** : 목적하는 결과, 성능의 판정기준, 이를 판별할 수 있는 방법을 규정한 시방서를 말한다.

📝 필기에 자주 출제되는 내용입니다.

3과목 건설시공학

41 건축 목공사의 시공계획을 수립함에 있어서 필요치 않은 것은?

① 가설물 계획
② 시공계획도의 작성
③ 현치도 작성
④ 공정표 작성

시공계획서에는 공사시방서의 작성기준과 함께 다음 각 호의 내용이 포함되어야 한다.
① 현장 조직표
② 공사 세부공정표
③ 주요공정의 시공절차 및 방법
④ 시공일정
⑤ 주요장비 동원계획
⑥ 주요자재 및 인력투입계획
⑦ 주요 설비사양 및 반입계획
⑧ 품질관리대책
⑨ 안전대책 및 환경대책 등
⑩ 지장물 처리계획과 교통처리 대책

 41 ③　42 ①

43 콘크리트 배합을 결정하는 데 있어서 직접적으로 관계가 없는 것은?

① 물시멘트비 ② 골재의 강도
③ 단위 시멘트량 ④ 슬럼프 값

> 콘크리트의 배합이란 콘크리트에 필요한 성질이 확보될 수 있도록 시멘트, 물, 혼화 재료, 잔골재, 굵은 골재의 배합량 즉 배합 비율을 결정하는 것을 말한다.

44 다음 중 토질시험 항목에 해당하지 않는 것은?

① 소성 한계시험
② 3축 압축시험
③ 할렬 인장시험
④ 비중 시험

★ 토질시험 항목

물리적 시험	① 흙의 비중시험 ② 함수비시험 ③ 액성/소성/수축 한계 시험
역학적 시험	① 직접전단 시험 ② 1축 압축시험 ③ 3축 압축시험 ④ 압밀시험 ⑤ 투수시험
지지력 시험	① 다짐시험

45 다음 중 시방서에 기재하는 사항이 아닌 것은?

① 재료, 장비, 설비의 유형과 품질
② 조립, 설치, 세우기의 방법
③ 도면의 도해적 표현
④ 시험 및 코드 요건

> ★ 시방서에 기재사항
> ① 사용재료나 장비의 종류 및 시험검사방법
> ② 시공의 일반사항 및 주의사항, 시공정밀도(허용오차)
> ③ 성능의 규정 및 지시, 시방서의 적용범위
> ④ 시공오차의 허용 값, 표준규격(코드) 요건
> ⑤ 대안의 선택, 기타 도면표기 어려운 보충사항이나 특기사항

46 다음 중 굳지 않은 콘크리트의 측압에 대한 영향이 가장 작은 것은?

① 굳지 않은 콘크리트의 다지기 방법
② 기온 및 대기의 습도
③ 콘크리트 부어넣기 속도
④ 콘크리트 발열

> ★ 콘크리트 타설 시 거푸집의 측압
> ① 거푸집 부재 단면이 클수록 측압이 크다.
> ② 거푸집 수밀성이 클수록 측압이 크다.
> ③ 거푸집의 강성이 클수록 측압이 크다.
> ④ 거푸집 표면이 평활할수록 측압이 크다.
> ⑤ 시공연도가 좋을수록 측압이 크다.
> ⑥ 철골 or 철근량이 적을수록 측압이 크다.
> ⑦ 외기온도가 낮을수록 측압이 크다.

정답 43 ② 44 ③ 45 ③ 46 ④

⑧ 타설 속도(부어넣기 속도)가 빠를수록 측압이 크다.
⑨ 다짐이 좋을수록 측압이 크다.
⑩ 슬럼프가 클수록 측압이 크다.
⑪ 콘크리트 비중이 클수록 측압이 크다.
⑫ 응결시간이 느린 시멘트를 사용할수록 측압이 크다.
⑬ 습도가 낮을수록 측압이 크다.

📝 필기에 자주 출제되는 내용입니다.

47 다음 금속커튼월 공사의 작업흐름 중 ( )에 가장 적합 한 것은?

> 기준 먹매김 → ( ) → 커튼월 설치 및 보양 → 부속재료의 설치 → 유리 설치

① 자재정리
② 구체 부착철물의 설치
③ seal 공사
④ 표면마감

★ **금속커튼월 공사의 작업흐름**
기준 먹매김 → 구체 부착철물의 설치 → 커튼월 설치 및 보양 → 부속재료의 설치 → 유리 설치

참고

★ **커튼월(Curtain Wall)**
공장생산 부재로 구성되는 비내력 외벽으로 건물 골조에 부착철물(Fastener)을 사용하여 부착시킨 건물의 외부벽체를 말한다.

48 그림과 같은 독립기초의 흙파기량으로 적당한 것은?

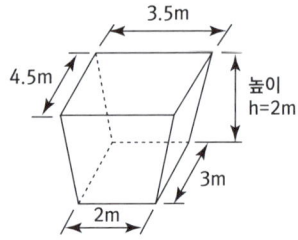

① 19.5m³ ② 21.0m³
③ 23.7m³ ④ 25.4m³

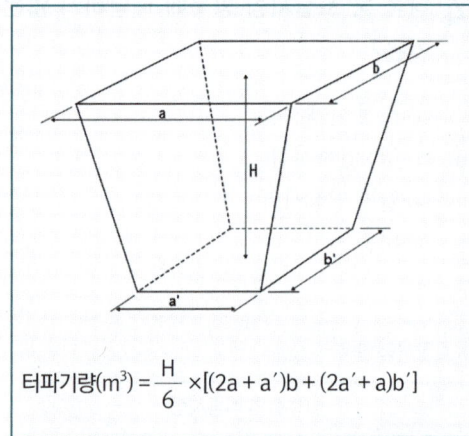

$$터파기량(m^3) = \frac{H}{6} \times [(2a + a')b + (2a' + a)b']$$

$$터파기량(m^3) = \frac{2}{6} \times [(2 \times 3.5 + 2) \times 4.5 + (2 \times 2 + 3.5) \times 3]$$
$$= 21(m^3)$$

49 건설도급회사의 공사실적 및 기술능력에 적합한 3~7개 정도의 시공회사를 선택한 후 그 시공회사로 하여금 입찰에 참여시키는 방법은?

① 특명입찰   ② 공개경쟁입찰
③ 지명경쟁입찰 ④ 제한경쟁입찰

정답 47 ② 48 ② 49 ③

★ **공개경쟁입찰의 종류**
① **일반경쟁입찰** : 사업종류별로 관련법령에 따른 면허, 등록 또는 신고 등을 마치고 사업을 영위하는 불특정 다수의 희망자를 입찰에 참가하도록 한 후 그 중에서 선정하는 방법
② **제한경쟁입찰** : 사업종류별로 관련법령에 따른 면허, 등록 또는 신고 등을 마치고 사업을 영위하는 자 중에서 **계약의 목적에 따른 사업실적, 기술능력, 자본금을 제한**하여 공개경쟁입찰에 참가하도록 한 후 그중에서 선정하는 방법
③ **지명경쟁입찰** : 계약의 성질 또는 목적에 비추어 특수한 설비·기술·자재·물품 또는 특수한 실적이 있는 자가 아니면 계약의 목적을 달성하기 곤란한 경우로서 **입찰대상자가 10인 이내인 경우** 그중에서 선정하는 방법

📝 필기에 자주 출제되는 내용입니다.

50 현장에서 철근공사와 관련된 사항으로 옳지 않은 것은?

① 철근공사 착공 전 구조도면과 구조 계산서를 대조하는 확인 작업 수행
② 도면오류를 파악한 후 정정을 요구하거나 철근상세도를 구조평면도에 표시하여 승인 후 시공
③ 품질이 규격값 이하인 철근의 사용배제
④ 구부러진 철근을 다시 펴는 가공작업을 거친 후 재사용

④ 한번 구부린 철근은 재가공하여 쓸 수 없다.

📝 필기에 자주 출제되는 내용입니다.

51 콘크리트 타설시 물과 다른 재료와의 비중 차이로 콘크리트 표면에 물과 함께 유리석회, 유기불순물 등이 떠오르는 현상을 무엇이라 하는가?

① 블리딩 ② 컨시스턴시
③ 레이턴스 ④ 워커빌리티

★ **블리딩(bleeding)**
① 블리딩이란 굳지 않은 콘크리트, 모르타르 등에서 물이 분리, 상승하는 현상을 말한다.
② 블리딩 현상이 심한 경우 철근과 콘크리트의 부착력 저하, 수밀성 저하로 콘크리트의 강도 및 내구성이 감소되고 탄산화가 촉진된다.

📝 필기에 자주 출제되는 내용입니다.

52 콘크리트 재료적 성질에 기인하는 콘크리트 균열의 원인이 아닌 것은?

① 알칼리 골재반응
② 콘크리트의 중성화
③ 시멘트의 수화열
④ 혼화재료의 불균일한 분산

재료 요인에 의한 균열	시공 요인에 의한 균열
① 건조수축	① 콘크리트 배합 및 시공
② 알칼리 골재반응	② 철근 배근
③ 시멘트의 수화열	③ 거푸집
④ 콘크리트의 중성화	④ 초기동해

정답 50 ④ 51 ① 52 ④

53 거푸집 해체작업 시 주의사항 중 옳지 않은 것은?

① 지주를 바꾸어 세우는 동안에는 그 상부 작업을 제한하여 하중을 적게 한다.
② 높은 곳에 위치한 거푸집은 제거하지 않고 미장 공사를 실시한다.
③ 제거한 거푸집은 재사용을 위해 묻어 있는 콘크리트를 제거한다.
④ 진동, 충격 등을 주지 않고 콘크리트가 손상되지 않도록 순서에 맞게 거푸집을 제거한다.

② 거푸집을 완전히 제거하고, 거푸집 잔재 및 세퍼레이터 등 유해한 잔류물이 없도록 한다.

📝 필기에 자주 출제되는 내용입니다.

54 현장용접 시 발생하는 화재에 대한 예방 조치와 가장 거리가 먼 것은?

① 용접기는 완전한 접지(earth)를 한다.
② 용접부분 부근의 가연물이나 인화물을 치운다.
③ 착의, 장갑, 구두 등을 건조 상태로 한다.
④ 불꽃이 비산하는 장소에 주의한다.

③ 착의, 장갑, 구두 등을 건조 상태로 한다. → 전기용접 작업 시의 감전방지 조치에 해당한다.

55 다음 흙막이 공법 중 지하연속벽 공법이 아닌 것은?

① 이코스공법
② 웰 포인트공법
③ 오거파일공법
④ 슬러리월공법

웰 포인트공법 → 탈수공법

참고

이코스 파일(ICOS Pile) 공법

1) 이코스 공법은 벤토나이트 용액을 굴착하는 갱내에 넣어 공벽의 붕괴를 방지하며 지중에 깊은 구멍을 뚫고 그 내부에 콘크리트를 채우는 작업을 반복하여 연속된 흙막이벽을 축조하는 공법이다.
2) 시공순서
  ① 말뚝구멍을 하나 걸러 뚫는다.
  ② 콘크리트를 타설한다.
  ③ 말뚝과 말뚝 사이 다음 말뚝 구멍을 뚫는다.
  ④ 다음 말뚝 구멍에 콘크리트를 타설한다.

오거파일(Ouger Pile)공법

오거(Ouger)를 설치하여 구멍을 뚫고 콘크리트 말뚝을 밀접하게 연속박기로 하여 흙막이벽을 만드는 공법을 말한다.

슬러리 월(slurry wall) 공법

벤토나이트 안정액을 사용하여 지반의 붕괴를 방지하면서 굴착한 후 그 속에 철근망을 삽입하고 콘크리트를 타설하여 흙막이 벽체를 형성하는 공법을 말한다.

📝 필기에 자주 출제되는 내용입니다.

정답 53 ② 54 ③ 55 ②

56 철근의 가스압접이음에 대한 설명으로 옳지 않은 것은?

① 접합 전에 압접면을 그라인더로 평탄하게 가공해야 한다.
② 이음공법 중 접합강도가 아주 큰 편이며 성분원소의 조직변화가 적다.
③ 철근의 항복점 또는 재질이 다른 경우에도 적용가능하다.
④ 이음위치는 인장력이 가장 적은 곳에서 하고 한곳에 집중해서는 안 된다.

③ 철근의 지름이나 종류가 다른 것은 압접하지 않는 것이 좋다.

필기에 자주 출제되는 내용입니다.

57 섬유재 거푸집에 관한 설명으로 옳지 않은 것은?

① 탈수효과로 표면강도가 약간 감소한다.
② 경화시간이 단축된다.
③ 동결융해 저항성이 향상된다.
④ 통기효과로 인한 블리딩 감소 및 잉여수의 배출로 미관이 좋아진다.

* **섬유재 거푸집의 효과**
① 콘크리트의 **경화시간 단축**
② 콘크리트의 **표면강도 향상**
③ 중성화 속도의 지연 및 염분 침투성의 저감(**내구성 향상**)
④ 콘크리트 **표면의 물, 곰팡이 방지**

참고

섬유재 거푸집 : 콘크리트 타설 직후 불필요한 물을 제거하기 위해 거푸집에 붙여서 사용하는 표면재를 말한다.

필기에 자주 출제되는 내용입니다.

58 철골공사에서 녹막이칠을 해야 하는 부분은?

① 고력볼트 마찰접합부의 마찰면
② 조립상 표면접합이 되는 면
③ 콘크리트에 매설되는 부분
④ 개방형 단면을 한 부재

* **녹막이 칠을 하지 않는 부분**
① 현장용접을 하는 부위 및 그 곳에 인접하는 양측 100mm 이내, 그리고 초음파 탐상검사에 지장을 미치는 범위
② 고력볼트 마찰접합부의 마찰면
③ 콘크리트에 묻히는 부분
④ 핀, 롤러 등 밀착하는 부분과 회전면 등 절삭 가공한 부분
⑤ 조립에 의하여 면 맞춤 되는 부분
⑥ 밀폐되는 내면

필기에 자주 출제되는 내용입니다.

정답 56 ③ 57 ① 58 ④

59 흙막이 벽은 보통 버팀대로 지지되어 있으나 그 대신 어스앵커를 사용하기도 하는데 어스앵커의 PC강선에 가하는 힘의 종류는?

① 인장력　② 압축력
③ 비틀림　④ 전단력

* **어스 앵커(earth anchor) 공법**
  버팀대 대신 PC강재(PS 강선, PS 강연선)등 앵커체를 지중에 삽입해서 선단부를 양질지반에 정착시키고, 앵커체의 인장력에 의하여 흙막이 벽 등의 구조물을 지지하는 공법을 말한다.

📝 필기에 자주 출제되는 내용입니다.

60 기초의 종류 중 기초슬래브의 형식에 따른 분류가 아닌 것은?

① 독립기초　② 연속기초
③ 복합기초　④ 직접기초

독립기초	기둥으로부터의 응력을 독립으로 지반 또는 지정에 전달하도록 하는 기초 (철근콘크리트 구조에 적용)
복합기초	2개 또는 그 이상의 기둥으로부터의 응력을 하나의 기초 판을 통해 지반 또는 지정에 전달하도록 하는 기초
연속(줄)기초	벽 또는 기둥으로부터의 응력을 띠 모양으로 하여 지반 또는 지정에 전달하도록 하는 기초(조적구조에 적용)
온통기초	상부구조의 광범위한 면적 내의 응력을 단일 기초 판으로 연결하여 지반 또는 지정에 전달하도록 하는 기초 (연약한 지반에 적용)

📝 필기에 자주 출제되는 내용입니다.

4과목 건설재료학

61 매스콘크리트의 타설 및 양생에 대한 설명 중 옳은 것은?

① 외기기온이 영하로 내려가도 자체의 수화열만으로 충분히 양생 가능하므로 별도의 양생조치가 불필요하다.
② 내부 수화열에 의한 콘크리트의 온도 상승 및 하강 시 온도응력으로 인한 균열 발생 가능성이 있다.
③ 부재의 단면크기가 작기 때문에 건조수축에 의한 균열 발생 가능성이 가장 크다.
④ 매트 기초의 경우 수화발열량이 커서 콘크리트 온도가 높으므로, 표면온도를 낮추기 위한 방안이 필요하다.

① 매스 콘크리트 타설 후 거푸집 탈형 시 콘크리트 표면의 급랭을 방지하기 위해 콘크리트 표면을 소정의 기간 동안 보온해 주어야 한다.
③ 부재 혹은 구조물의 치수가 커서 시멘트의 수화열에 의한 균열 가능성이 있어서 온도 상승 및 강하를 고려하여 설계, 시공해야 하는 콘크리트를 말한다.
④ 매트매스콘크리트는 높은 수화열에 의해 온도균열이 발생할 수 있으므로 플라이애시, 고로슬래그 미분말, 석회석 미분말 등의 혼화재를 사용하여 수화열을 낮추기 위한 방안이 필요하다.

> **참고**
> 매트기초 : 건물 바닥 전체를 기초로 하여 지지하는 구조로, 건축물 하중이 무겁고 지내력이 적은 경우에 적합한 방법이다.

📝 필기에 자주 출제되는 내용입니다.

정답　59 ①　60 ④　61 ②

62 건축용 단열재 중 무기질이 아닌 것은?

① 암면
② 유리섬유
③ 세라믹파이버
④ 셀룰로즈파이버

무기질 단열재	유기질 단열재
① 유리섬유(글라스 울)	① 발포폴리스티렌(스티로폼)
② 암면(미네랄 울)	② 발포폴리우레탄
③ 세라믹 파이버(섬유)	③ 발포염화비닐
④ 펄라이트판	④ 셀룰로오스 섬유판
⑤ ALC패널	⑤ 기타 플라스틱 단열재

63 시멘트의 응결시험 방법으로 옳은 것은?

① 비카 시험
② 오토클레이브 시험
③ 브레인 시험
④ 비비 시험

시멘트의 응결시간 시험 : 비카시험

64 목재의 강도에 관한 설명 중 옳지 않은 것은?

① 목재의 제강도 중 섬유 평행방향의 인장강도가 가장 크다.
② 목재를 기둥으로 사용할 때 일반적으로 목재는 섬유의 평행방향으로 압축력을 받는다.
③ 함수율이 섬유포화점 이상으로 클 경우 함수율 변동에 따른 강도변화가 크다.
④ 목재의 인장강도 시험 시 죽은 옹이의 면적을 뺀 것을 재단면으로 가정한다.

③ 섬유포화점 이상에서 압축강도는 일정하며, 섬유포화점 이하에서는 함수율이 감소할수록 압축강도는 증가한다.(함수율이 커질수록 압축강도는 낮아진다.)

필기에 자주 출제되는 내용입니다.

65 점토 벽돌(KS L 4201)의 성능 시험방법과 관련된 항목이 아닌 것은?

① 겉모양　　② 압축강도
③ 내충격성　④ 흡수율

★ 점토 벽돌의 성능 시험방법
① 겉모양
② 압축강도
③ 치수
④ 흡수율

정답　62 ④　63 ①　64 ③　65 ③

66 습기가 있는 콘크리트나 모르타르에 알루미늄 새시를 직접 닿지 않도록 해야 하는데 그 이유로 가장 적합한 것은?

① 연질이며 강도가 낮아서
② 내수성이 약해서
③ 산, 알칼리, 해수 등에 쉽게 침식되어서
④ 열팽창율이 달라서

알루미늄은 산과 알칼리에 약하다. (알칼리나 해수에 침식되기 쉽다.)

67 콘크리트 표면도장에 가장 적합한 도료는?

① 염화비닐수지도료
② 조합페인트
③ 클리어래커
④ 알루미늄페인트

염화비닐수지도료 : 콘크리트 표면도장에 가장 적합하다.

68 다음 중 실(seal)재가 아닌 것은?

① 코킹재　② 퍼티
③ 개스킷　④ 트래버틴

* **트래버틴**
대리석 일종의 석회암으로 바닥재, 벽재, 테이블 상단 등 내장재로 사용된다.

69 다음 중 열경화성 수지가 아닌 것은?

① 요소수지
② 폴리에틸렌수지
③ 실리콘수지
④ 알키드수지

* **열경화성 및 열가소성수지의 종류**

열경화성 수지	열가소성수지
• 페놀 수지	• 염화비닐 수지
• 요소 수지	• 초산비닐 수지
• 멜라민 수지	• 메틸메타크릴 수지
• 알키드 수지	• 폴리에틸렌 수지
• 실리콘 수지	• 폴리스티렌 수지
• 에폭시 수지	• 아크릴 수지
• 우레탄 수지	• 스티롤 수지
• 프란 수지	• 셀룰로이드
• 폴리에스테르 수지	
• 불포화폴리에스테르수지	

특급암기법
가수(열가소성수지) 염비 초비 메틸 에틸렌(폴리에틸렌)
아크릴 스티(스티롤) 로이드(셀룰로이드)

필기에 자주 출제되는 내용입니다.

70 점토제품의 원료와 그 역할이 올바르게 연결된 것은?

① 규석, 모래 – 점성 조절
② 장석, 석회석 – 균열 방지
③ 샤모트(chamotte) – 내화성 증대
④ 식염, 붕사 – 용융성 조절

> ★ **점토제품의 원료와 역할**
> ① 규석, 모래 : 점성 조절
> ② 장석, 석회석 : 용융성 조절
> ③ 샤모트(chamotte) : 점성 조절
> ④ 식염, 붕사 : 표면 시유제
> ⑤ 고령토 질 : 내화성 강화

71 목재의 부패 조건에 관한 설명 중 옳지 않은 것은?

① 대부분의 부패균은 섭씨 약 20~40℃ 사이에서 가장 활동이 왕성하다.
② 목재의 증기 건조법은 살균효과도 있다.
③ 부패균의 활동은 습도는 약 90% 이상에서 가장 활발하고 약 20% 이하로 건조시키면 번식이 중단된다.
④ 수중에 잠겨진 목재는 습도가 높기 때문에 부패균의 발육이 왕성하다.

④ 완전히 수중에 잠긴 목재는 부패되지 않는다.

72 혼화재료 중 사용량이 비교적 많아서 그 자체의 부피가 콘크리트 비비기 용적에 계산되는 혼화재에 해당되지 않는 것은?

① 플라이 애쉬
② 팽창제
③ 고성능 AE 감수제
④ 고로슬래그 미분말

> ③ 고성능 AE 감수제는 **시멘트 중량의 5% 이하로만 사용**되는 혼화제에 해당한다.

1. 콘크리트용 혼화제
   ① 콘크리트에 특정한 성능을 부여하는 데 쓰이는 첨가제로서 시멘트 중량의 5% 이하로만 사용되는 것을 말한다.
   ② AE제, AE 감수제, 유동화제, 방청제, 증점제 등

2. 콘크리트용 혼화재
   ① 콘크리트의 성질 개량을 위해 쓰이는 혼화 재료로 **시멘트 중량의 5% 이상 사용되는 것**을 말한다.
   ② 플라이 애시, 고로슬래그 미분말, 실리카 흄, 가용성 규산 미분말 등

📝 필기에 자주 출제되는 내용입니다.

73 합성수지계 접착제가 아닌 것은?

① 비닐 수지 접착제
② 에폭시 수지 접착제
③ 요소 수지 접착제
④ 카세인

단백질계 접착제	① 동물성 단백질계 : 카세인, 아교, 알부민 접착제 ② 식물성 단백질계 : 대두교, 소맥 단백질, 녹말풀
고무계 접착제	① 아라비아고무 접착제 ② 천연고무풀 ③ 클로로프렌고무 접착제
합성수지계 접착제	① 요소수지 접착제 ② 페놀수지 접착제 ③ 에폭시수지 접착제 ④ 멜라민수지 접착제 ⑤ 아크릴수지 접착제 ⑥ 실리콘수지 접착제 등

74 점토제품 제조에 관한 설명으로 옳지 않은 것은?

① 원료조합에는 필요한 경우 제점제를 첨가한다.
② 반죽과정에서는 수분이나 경도를 균질하게 한다.
③ 숙성과정에서는 반죽덩어리를 되도록 크게 뭉쳐 둔다.
④ 성형은 건식, 반건식, 습식 등으로 구분한다.

③ 반죽덩어리는 가공이 용이하도록 적당한 크기로 한다.

75 스테인리스강에 대한 설명으로 옳지 않은 것은?

① 강도가 높고 열에 대한 저항성이 크다.
② 먼지가 잘 끼고 표면이 더러워지면 청소가 어렵다.
③ 크롬(Cr)의 첨가량이 증가할수록 내식성이 좋아진다.
④ 전기저항성이 크고 열전도율이 낮다.

* 스테인리스강
① 철(Fe)에 크롬(보통12%이상)을 넣어서 녹이 잘 슬지 않도록 만들어진 강이다.(크롬(Cr)의 첨가량이 증가할수록 내식성이 좋아진다.)
② 강도가 높고 내마모성이 높다.(기계적성질이 양호하다).
③ 전기저항성이 크고 내화, 내열성이 크다.(열전도율이 낮다.)
④ 표면이 아름다우며 표면가공이 다양하다.

76 철근콘크리트에 사용하는 굵은 골재의 최대 치수를 정하는 가장 중요한 이유는?

① 재료분리현상을 막기 위해서
② 콘크리트가 철근사이를 자유롭게 통과할 수 있도록 하기 위해서
③ 균질한 콘크리트를 만들기 위해서
④ 사용골재를 줄이기 위해서

* 굵은 골재의 최대치수를 정하는 가장 중요한 이유
콘크리트가 철근사이를 자유톱게 동과힐 수 있도록 하기 위해서

정답 74 ③ 75 ② 76 ②

77 지하실 방수공사에 사용되며, 아스팔트 펠트, 아스팔트 루핑 방수재료의 원료로 사용되는 것은?

① 스트레이트 아스팔트
② 블로운 아스팔트
③ 아스팔트 컴파운드
④ 아스팔트 프라이머

* **스트레이트 아스팔트**
① 아스팔트 성분이 가능한 한 변화되지 않도록 만든 것이다.
② 아스팔트 펠트, 아스팔트 루핑 방수재료의 원료로 사용된다.
③ 점착성, 신성(신축성), 침투성, 방수성 등이 우수하다.
④ 연화점이 낮고, 내구력이 떨어지고, 내후성 및 온도에 의한 변화정도가 커서 주로 지하실 방수용으로 사용된다.
⑤ 점착성, 신성(신축성, 신장성), 침투성, 방수성은 스트레이트 아스팔트가 블로운 아스팔트보다 크다.

78 P.S.콘크리트 부재 제작 시 프리스트레스(prestress)를 도입시키기 위해 개발된 시멘트는?

① 제트 시멘트   ② 알루미나 시멘트
③ 인산 시멘트   ④ 팽창 시멘트

* **팽창 시멘트**
① 굳을 때에 약간 팽창하여 시멘트의 균열을 방지하는 효과가 있으며, 공기 중에서는 팽창이 거의 없고 팽창제로 황산염과 산화 알루미늄을 배합한다.
② P.S.콘크리트 부재 제작 시 프리스트레스(prestress)를 도입시키기 위해 개발된 시멘트이다.

79 코펜하겐 리브판에 관한 설명 중 옳지 않은 것은?

① 두께 50mm, 나비 100mm 정도의 판을 가공한 것이다.
② 집회장, 강당, 영화관, 극장에 붙여 음향 조절 효과를 낸다.
③ 열의 차단성이 우수하며 강도도 커서 외장용으로 주로 사용된다.
④ 원래 코펜하겐의 방송국 벽에 음향효과를 내기 위해 사용한 것이 최초이다.

* **코펜하겐 리브판**
강당, 집회장 등의 천정 또는 내벽에 붙여 음향 조절용으로 사용된다.(바닥재, 외장재는 적합하지 않음)

📝 필기에 자주 출제되는 내용입니다.

80 다음 중 열 및 전기 전도율이 가장 큰 금속은?

① 알루미늄
② 크롬
③ 니켈
④ 구리

* **금속의 열 및 전기 전도율 순서**
은(Ag) > 구리(Cu) > 금(백금)(Au(Pt)) > 알루미늄(Al) > 마그네슘(Mg) > 아연(Zn) > 니켈(Ni) > 철(Fe) > 납(Pb) > 안티몬(Sb)

정답 77 ① 78 ④ 79 ③ 80 ④

5과목 건설안전기술

81 양중기를 사용하는 작업에서 운전자가 보기 쉬운 곳에 부착하여야 하는 사항이 아닌 것은?

① 정격하중 ② 운전속도
③ 작업위치 ④ 경고표시

> 양중기(승강기는 제외한다) 및 달기구를 사용하여 작업하는 운전자 또는 작업자가 보기 쉬운 곳에 해당 기계의 정격하중, 운전속도, 경고표시 등을 부착하여야 한다. 다만, 달기구는 정격하중만 표시한다.

82 항타기 또는 항발기에서 와이어로프의 절단하중 값과 와이어로프에 걸리는 하중의 최대값이 보기와 같을 때 사용 가능한 경우는?

① 와이어로프의 절단하중 값 : 10ton, 와이어로프에 걸리는 하중의 최대값 : 2ton
② 와이어로프의 절단하중 값 : 15ton, 와이어로프에 걸리는 하중의 최대값 : 4ton
③ 와이어로프의 절단하중 값 : 20ton, 와이어로프에 걸리는 하중의 최대값 : 6ton
④ 와이어로프의 절단하중 값 : 25ton, 와이어로프에 걸리는 하중의 최대값 : 8ton

> 1. 안전율 = $\dfrac{\text{와이어로프의 절단하중 값}}{\text{와이어로프에 걸리는 하중의 최대 값}}$
> 2. 항타기, 항발기 와이어로프의 안전율 = 5 이상

① 안전율 = $\dfrac{10}{2}$ = 5
② 안전율 = $\dfrac{15}{4}$ = 3.75
③ 안전율 = $\dfrac{20}{6}$ = 3.33
④ 안전율 = $\dfrac{25}{8}$ = 3.13

∴ 안전율 5이상에 해당하는 ①번을 사용할 수 있다.

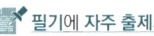 필기에 자주 출제되는 내용입니다.

83 철골공사 중 볼트작업 등을 하기 위하여 구조체인 철골에 매달아 작업발판을 만드는 비계로서 상하이동을 시킬 수 없는 것은?

① 말비계 ② 이동식 비계
③ 달대비계 ④ 달비계

★ **달대비계**
철골공사 중 볼트작업 등을 하기 위하여 구조체인 **철골에 매달아 작업발판을 만드는 비계로서 상하이동을 시킬 수 없는 비계**를 말한다.

84 강관을 사용하여 비계를 구성하는 경우 띠장방향에서의 비계기둥의 간격으로 옳은 것은?

① 1.2m 이하 ② 1.5m 이하
③ 2m 이하 ④ 1.85m 이하

정답 81 ③ 82 ① 83 ③ 84 ④

* **강관비계의 구조**
① 비계기둥 간격 : 띠장방향에서는 1.85m 이하, 장선 방향에서는 1.5m 이하로 할 것
  다만, 다음 각 목의 어느 하나에 해당하는 작업의 경우에는 안전성에 대한 구조검토를 실시하고 조립도를 작성하면 띠장 방향 및 장선 방향으로 각각 2.7미터 이하로 할 수 있다.
  가. 선박 및 보트 건조작업
  나. 그 밖에 장비 반입·반출을 위하여 공간 등을 확보할 필요가 있는 등 작업의 성질상 비계기둥 간격에 관한 기준을 준수하기 곤란한 작업
② 띠장간격 : 2.0미터 이하로 할 것
③ 비계기둥의 제일 윗부분으로 부터 31m되는 지점 밑 부분의 비계기둥은 2본의 강관으로 묶어 세울 것
④ 비계기둥간의 적재하중은 400kg을 초과하지 않도록 할 것

📝 관련 법규내용의 변경으로 문제 일부를 수정하였습니다. 실기까지 중요한 내용입니다.

85 유해위험 방지계획서 제출대상공사에 해당하는 것은?

① 지상 높이가 21m인 건축물 해체공사
② 최대지간 거리가 50m인 교량의 건설공사
③ 연면적 5,000m²인 동물원 건설공사
④ 깊이가 9m인 굴착공사

* **유해위험방지계획서를 제출해야 될 건설공사**
1. 지상높이가 31미터 이상인 건축물 또는 인공구조물, 연면적 3만제곱미터 이상인 건축물 또는 연면적 5천제곱미터 이상의 문화 및 집회시설(전시장 및 동물원·식물원은 제외한다), 판매시설, 운수시설(고속철도의 역사 및 집배송시설은 제외한다), 종교시설, 의료시설 중 종합병원, 숙박시설 중 관광숙박시설, 지하도상가 또는 냉동·냉장창고시설의 건설·개조 또는 해체
2. 연면적 5천제곱미터 이상의 냉동·냉장창고시설의 설비공사 및 단열공사
3. 최대 지간길이가 50미터 이상인 교량 건설등 공사
4. 터널 건설 등의 공사
5. 다목적댐, 발전용댐 및 저수용량 2천만톤 이상의 용수 전용 댐, 지방상수도전용 댐 건설 등의 공사
6. 깊이 10미터 이상인 굴착공사

특급암기법
- 지상높이 31m, 연면적 3만m², 사람 많은 시설 연면적 5,000m²
- 연면적 5,000m² 냉동·냉장창고시설
- 최대 지간길이가 50미터 이상 교량
- 터널
- 저수용량 2천만 톤 이상 댐
- 10미터 이상인 굴착

📝 실기에 자주 출제되는 내용입니다.

86 산소결핍에 의한 재해의 예방대책에 대한 설명으로 옳지 않는 것은?

① 작업시작 전 산소농도를 측정한다.
② 공기호흡기 등의 필요한 보호구를 작업 전에 점검한다.
③ 승인받은 밀폐공간이 아니면 절대 들어가서는 안된다.
④ 산소결핍의 위험이 있는 장소에서는 산소농도가 10% 이상 유지되도록 한다.

④ 산소결핍의 위험이 있는 장소에서는 산소농도가 18% 이상 유지되도록 한다.

📝 필기에 자주 출제되는 내용입니다.

정답 85 ② 86 ④

87 콘크리트 타설 작업 시 준수사항으로 옳지 않은 것은?

① 바닥위에 흘린 콘크리트는 완전히 청소한다.
② 가능한 높은 곳으로부터 자연 낙하시켜 콘크리트를 타설 한다.
③ 지나친 진동기 사용은 재료분리를 일으킬 수 있으므로 금해야 한다.
④ 최상부의 슬래브는 이어붓기를 되도록 피하고 일시에 전체를 타설하도록 한다.

② 거푸집의 높이가 높을 경우, 재료 분리를 막고 상부의 철근 또는 거푸집에 콘크리트가 부착하여 경화하는 것을 방지하기 위해 거푸집에 투입구를 설치하거나 연직슈트 또는 펌프배관의 배출구를 타설면 가까운 곳까지 내려서 콘크리트를 타설하여야 한다.

📝 필기에 자주 출제되는 내용입니다.

88 발파작업 시 유의사항과 거리가 먼 것은?

① 적절한 경보를 하여 근로자와 제3자의 대피조치를 취한다.
② 화약류, 뇌관 등은 충격을 주지 말고 화기에 접근을 금지한다.
③ 발파 후에는 불발 잔약의 확인과 진동에 의한 2차 붕괴 여부를 확인한다.
④ 낙반, 부석처리 완료 후 작업 재개한다.

② 화약류, 뇌관 등은 충격을 주지 않도록 신중하게 취급하고 화기에 가까이 해서는 안 된다.

89 콘크리트측압에 영향을 미치는 인자로 가장 거리가 먼 것은?

① 콘크리트의 컨시스턴시
② 콘크리트의 타설속도
③ 대기의 온도 및 습도
④ 콘크리트의 강도

① 컨시스턴시(반죽질기)가 좋을수록 측압이 크다.
② 타설속도가 빠를수록 측압이 크다.
③ 외기온도가 낮을수록, 습도가 낮을수록 측압이 크다.

📝 실기까지 중요한 내용입니다.

90 철골작업을 중지하여야 하는 풍속 기준은?

① 풍속이 초당 10미터 이상
② 풍속이 분당 10미터 이상
③ 풍속이 초당 1미터 이상
④ 풍속이 분당 1미터 이상

∗ 철골작업을 중지해야 하는 조건
① 풍속이 초당 10미터 이상인 경우
② 강우량이 시간당 1밀리미터 이상인 경우
③ 강설량이 시간당 1센티미터 이상인 경우

📝 실기에 자주 출제되는 내용입니다.

91 근로자의 추락 등에 의한 위험을 방지하기 위하여 안전 난간을 설치할 때 준수하여야 할 기준으로 옳지 않은 것은?

① 안전난간은 구조적으로 가장 취약한 지점에서 가장 취약한 방향으로 작용하는 100kg 이상의 하중에 견딜 수 있는 튼튼하나 구조일 것

정답 87 ② 88 ② 89 ④ 90 ① 91 ②

② 난간대는 지름 1.5cm 이상의 금속제 파이프나 그 이상의 강도를 가진 재료일 것
③ 난간기둥은 상부난간대와 중간난간대를 견고하게 떠받칠 수 있도록 적정한 간격을 유지할 것
④ 상부난간대와 중간난간대는 난간 길이 전체에 걸쳐 바닥면 등과 평행을 유지할 것

* 안전난간의 구조 및 설치요건
① 상부 난간대, 중간 난간대, 발끝막이판 및 난간기둥으로 구성할 것
② 상부 난간대
  • 상부 난간대는 바닥면 등으로부터 90센티미터 이상 지점에 설치
  • 상부 난간대를 120센티미터 이하에 설치하는 경우 : 중간 난간대는 상부 난간대와 바닥면 등의 중간에 설치
  • 120센티미터 이상 지점에 설치하는 경우 : 중간 난간대를 2단 이상으로 설치, 난간의 상하 간격은 60센티미터 이하가 되도록 할 것(다만, 난간기둥 간의 간격이 25센티미터 이하인 경우에는 중간 난간대를 설치하지 않을 수 있다.)
③ 발끝막이판은 바닥면 등으로부터 10센티미터 이상의 높이를 유지할 것
④ 난간기둥은 상부 난간대와 중간 난간대를 견고하게 떠받칠 수 있도록 적정한 간격을 유지할 것
⑤ 상부 난간대와 중간 난간대는 난간 길이 전체에 걸쳐 바닥면 등과 평행을 유지할 것
⑥ 난간대는 지름 2.7센티미터 이상의 금속제 파이프나 그 이상의 강도가 있는 재료일 것
⑦ 안전난간은 구조적으로 가장 취약한 지점에서 가장 취약한 방향으로 작용하는 100킬로그램 이상의 하중에 견딜 수 있는 튼튼한 구조일 것

 실기까지 중요한 내용입니다.

92 히빙(heaving)현상이 가장 쉽게 발생하는 토질지반은?

① 연약한 점토 지반
② 연약한 사질토 지반
③ 견고한 점토 지반
④ 견고한 사질토 지반

* 히빙(Heaving)현상
① 연질점토 지반에서 굴착에 의한 흙막이 내·외면의 흙의 중량차이(토압)로 인해 굴착저면이 부풀어 올라오는 현상을 말한다.
② 흙막이 바깥 흙이 안으로 밀려든다.

참고

* 보일링(Boiling)현상
① 사질토 지반에서 굴착저면과 흙막이 배면과의 수위차이로 인해 굴착저면의 흙과 물이 함께 위로 솟구쳐 오르는 현상(모래의 액상화 현상)을 말한다.
② 모래가 액상화 되어 솟아오른다.

 실기까지 중요한 내용입니다.

93 가설통로의 설치기준으로 옳지 않은 것은?

① 경사는 30° 이하로 하여야 한다.
② 수직갱에 가설된 통로의 길이가 15m 이상인 때에는 10m 이내마다 계단참을 설치한다.
③ 경사가 10°를 초과하는 때에는 미끄러지지 아니하는 구조로 한다.
④ 높이 8m 이상인 비계다리에는 7m 이내마다 계단참을 설치한다.

정답 92 ① 93 ③

* **가설통로 설치 시의 준수사항**
① 견고한 구조로 할 것
② 경사는 30도 이하로 할 것(계단을 설치하거나 높이 2미터 미만의 가설통로로서 튼튼한 손잡이를 설치한 때에는 그러하지 아니하다)
③ 경사가 15도를 초과하는 때는 미끄러지지 아니하는 구조로 할 것
④ 추락의 위험이 있는 장소에는 안전난간을 설치할 것
⑤ 수직갱 : 길이가 15미터이상인 때에는 10미터 이내마다 계단참을 설치할 것
⑥ 건설공사에 사용하는 높이 8미터 이상인 비계다리 : 7미터 이내 마다 계단참을 설치할 것

📝 실기까지 중요한 내용입니다.

94 액성한계(LL)가 32%, 소성한계(PL)가 12%일 경우 소성 지수(IP)는 얼마인가?

① 10%   ② 20%
③ 22%   ④ 44%

소성지수(Ip) = 액성한계−소성한계 = 32−12 = 20%

95 건설공사 현장에서 사다리식 통로 등을 설치하는 경우의 준수기준으로 옳지 않은 것은?

① 사다리의 상단은 걸쳐놓은 지점으로부터 40cm 이상 올라가도록 할 것
② 폭은 30cm 이상으로 할 것
③ 사다리식 통로의 기울기는 75° 이하로 할 것
④ 발판의 간격은 일정하게 한다.

* **사다리식 통로의 구조**
  (사다리식 통로 설치 시의 준수사항)
① 견고한 구조로 할 것
② 심한 손상·부식 등이 없는 재료를 사용할 것
③ 발판의 간격은 일정하게 할 것
④ 발판과 벽과의 사이는 15센티미터 이상의 간격을 유지할 것
⑤ 폭은 30센티미터 이상으로 할 것
⑥ 사다리가 넘어지거나 미끄러지는 것을 방지하기 위한 조치를 할 것
⑦ 사다리의 상단은 걸쳐놓은 지점으로부터 60센티미터 이상 올라가도록 할 것
⑧ 사다리식 통로의 길이가 10미터 이상인 경우에는 5미터 이내마다 계단참을 설치할 것
⑨ 사다리식 통로의 기울기는 75도 이하로 할 것. 다만, 고정식 사다리식 통로의 기울기는 90도 이하로 하고, 그 높이가 7미터 이상인 경우에는 다음 각 목의 구분에 따른 조치를 할 것
  • 등받이울이 있어도 근로자 이동에 지장이 없는 경우 : 바닥으로부터 높이가 2.5미터 되는 지점부터 등받이울을 설치할 것
  • 등받이울이 있으면 근로자가 이동이 곤란한 경우 : 한국산업표준에서 정하는 기준에 적합한 개인용 추락 방지 시스템을 설치하고 근로자로 하여금 한국산업표준에서 정하는 기준에 적합한 전신 안전대를 사용하도록 할 것
⑩ 접이식 사다리 기둥은 사용 시 접혀지거나 펼쳐지지 않도록 철물 등을 사용하여 견고하게 조치할 것

📝 실기까지 중요한 내용입니다.

96 다음은 고소작업대를 설치하는 경우에 대한 내용이다. ( ) 안에 알맞은 숫자는?

> 작업대를 와이어로프 또는 체인으로 상승 또는 하강시킬 때에는 와이어로프 또는 체인이 끊어져 작업대가 낙하하지 아니하는 구조이어야 하며, 와이어로프 또는 체인의 안전율은 ( ) 이상일 것

① 5   ② 7
③ 8   ④ 10

정답 94 ② 95 ① 96 ①

작업대를 와이어로프 또는 체인으로 상승 또는 하강시킬 때에는 와이어로프 또는 체인이 끊어져 작업대가 낙하하지 아니하는 구조이어야 하며, **와이어로프 또는 체인의 안전율은 5 이상일 것**

📝 필기에 자주 출제되는 내용입니다.

97 펌프카에 의한 콘크리트 타설 시 안전수칙으로 옳지 않은 것은?

① 타설 순서는 계획에 의거 실시
② 타설 속도 및 속도 준수
③ 장비사양의 적정호스 길이 초과 시 압송관 연결
④ 펌프카 전후에는 식별이 용이한 안전표지판 설치

③ **펌프카의 배관상태를 확인하여야 하며, 레미콘트럭과 펌프카와 호스선단의 연결작업을 확인하여야 하며 장비사양의 적정호스 길이를 초과하여서는 아니된다.**

98 건설재해 방지대책으로 옳지 않은 것은?

① 공사 계획 시부터 적정한 공법 및 공기를 선택하여 안전 관리상에 무리가 없도록 한다.
② 하도급을 줄 때 안전관리 책임한계를 명확히 한다.
③ 매일 작업 시작 전에 안전보건에 관한 교육을 정기적 또는 수시로 실시한다.
④ 작업시간을 자유롭게 하여 근로자의 편의를 도모한다.

④ 규정된 작업시간을 준수하여 무리한 작업이 되지 않도록 한다.

99 스크레이퍼의 용도로 가장 거리가 먼 것은?

① 적재　　② 운반
③ 하역　　④ 양중

* **스크레이퍼 (scraper)**
굴착, 적재, 운반, 성토, 흙깔기, 흙 다지기의 작업을 하나의 기계로 사용할 수 있다.

📝 필기에 자주 출제되는 내용입니다.

100 중량물을 들어올리는 자세에 대한 설명 중 옳은 것은?

① 다리를 곧게 펴고 허리를 굽혀 들어올린다.
② 되도록 자세를 낮추고 허리를 곧게 편 상태에서 들어 올린다.
③ 무릎을 굽힌 자세에서 허리를 뒤로 젖히고 들어올린다.
④ 다리를 벌린 상태에서 허리를 숙여서 서서히 들어올린다.

* **요통예방을 위한 중량물 운반수칙**
① 중량물을 취급할 때는 허리의 힘보다는 팔, 다리, 복부의 근력을 이용하도록 한다.
② 중량물을 들어올릴 때는 물체를 최대한 몸 가까이에서 잡고 들어 올리도록 한다.
③ 중량물 취급시 허리는 늘 곧게 펴고 가급적 구부리거나 비틀지 않고 작업하도록 한다.

📝 필기에 자주 출제되는 내용입니다.

정답　97 ③　98 ④　99 ④　100 ②

2016년 1회 최근 기출문제

1과목 산업안전관리론

01 연간 총 근로시간 중에 발생하는 근로손실일수를 1,000시간 당 발생하는 근로손실일수로 나타내는 식은?

① 강도율
② 도수율
③ 연천인율
④ 종합재해지수

* **강도율(S.R)**
  - 1,000 근로시간 당 근로손실일수 비율
  - 강도율 = $\dfrac{\text{총 요양 근로손실일수}}{\text{연 근로시간 수}} \times 1{,}000$

 실기까지 중요한 내용입니다. 공식을 암기하세요.

02 재해원인을 직접원인과 간접원인으로 나눌 때, 직접원인에 해당하는 것은?

① 기술적 원인
② 관리적 원인
③ 교육적 원인
④ 물적 원인

* **재해의 직접원인**
  ① 인적원인(불안전한 행동)
  ② 물적원인(불안전한 상태)

참고

* **간접원인**
  ① 기술적 원인
  ② 교육적 원인
  ③ 신체적 원인
  ④ 정신적 원인
  ⑤ 작업관리상 원인

자주 출제되는 내용입니다. 참고를 다시 확인하세요.

03 TBM(Tool Box Meeting)의 의미를 가장 잘 설명한 것은?

① 지시나 명령의 전달 회의
② 공구함을 준비한 후 작업하라는 뜻
③ 작업원 전원의 상호대화로 스스로 생각하고 납득하는 작업장 안전회의
④ 상사의 지시된 작업내용에 따른 공구를 하나하나 준비해야 한다는 뜻

* **T.B.M(Tool Box Meeting)**
작업 전, 종료 시 5~10분간 작업자 3~5인이 조를 이뤄 작업 시 위험요소에 대하여 말하는 방식으로, 현장에서 그때그때의 상황에 맞게 실시하는 단시간 미팅 즉시 적응훈련을 말한다.

정답 01 ① 02 ④ 03 ③

04 교육 대상자수가 많고, 교육 대상자의 학습 능력의 차이가 큰 경우 집단안전 교육방법으로서 가장 효과적인 방법은?

① 문답식 교육　② 토의식 교육
③ 시청각 교육　④ 상담식 교육

* **시청각교육법**
* 라디오·텔레비전·견학 등 다양한 시청각 교육매체를 이용하여 학습자의 감각기관을 통해 학습효과를 높이기 위한 학습방법
* 교육 대상자수가 많고 교육 대상자의 학습능력의 차가 큰 경우 집단안전교육 방법으로 가장 효과적이다.

05 일선 관리감독자들 대상으로 작업지도기법, 작업개선기법, 인간관계 관리기법 등을 교육하는 방법은?

① ATT(American Telephone& Telegram Co.)
② MTP(Management Training Program)
③ CCS(Civil Communication Section)
④ TWI(Training Within Industry)

* **TWI(Training Within Industry) : 일선관리감독자 대상 교육**

* **TWI 교육과정**
* 작업 방법 기법(Job Method Training : JMT)
* 작업 지도 기법(Job instruction Training : JIT)
* 인간 관계관리 기법 또는 부하통솔법
  (Job Relations Training : JRT)
* 작업 안전 기법(Job Safety Training : JST)

📝 자주 출제되는 내용입니다. 해설을 다시 확인하세요.

06 교육훈련의 효과는 5관을 최대한 활용하여야 하는데 다음 중 효과가 가장 큰 것은?

① 청각　② 시각
③ 촉각　④ 후각

구분	시각	청각	촉각	미각	후각
교육 효과	60%	20%	15%	3%	2%

07 산업안전보건법상 바탕은 흰색, 기본모형은 빨간색, 관련 부호 및 그림은 검은색을 사용하는 안전·보건 표지는?

① 안전복 착용
② 출입금지
③ 고온경고
④ 비상구

바탕은 흰색, 기본모형은 빨간색, 관련 부호 및 그림은 검은색 → 금지표지
① 안전복 착용 → 지시표지
② 출입금지 → 금지표지
③ 고온경고 → 경고표지
④ 비상구 → 안내표지

정답　04 ③　05 ④　06 ②　07 ②

> 참고

분류	종류	색채
금지표지	1. 출입금지 2. 보행금지 3. 차량통행금지 4. 사용금지 5. 탑승금지 6. 금연 7. 화기금지 8. 물체이동금지	바탕은 흰색, 기본 모형은 빨간색, 관련 부호 및 그림은 검은색
경고표지	1. 인화성물질 경고 2. 산화성물질 경고 3. 폭발성물질 경고 4. 급성독성물질 경고 5. 부식성물질 경고 6. 발암성 · 변이원성 · 생식독성 · 전신독성 · 호흡기과민성물질 경고	바탕은 무색, 기본 모형은 빨간색 (검은색도 가능)
	7. 방사성물질 경고 8. 고압전기 경고 9. 매달린물체 경고 10. 낙하물체 경고 11. 고온 경고 12. 저온 경고 13. 몸균형 상실 경고 14. 레이저광선 경고 15. 위험장소 경고	바탕은 노란색, 기본모형, 관련 부호 및 그림은 검은색
지시표지	1. 보안경 착용 2. 방독마스크 착용 3. 방진마스크 착용 4. 보안면 착용 5. 안전모 착용 6. 귀마개 착용 7. 안전화 착용 8. 안전장갑 착용 9. 안전복착용	바탕은 파란색, 관련 그림은 흰색
안내표지	1. 녹십자표지 2. 응급구호표지 3. 들것 4. 세안장치 5. 비상용기구 6. 비상구 7. 좌측비상구 8. 우측비상구	바탕은 흰색, 기본 모형 및 관련 부호는 녹색, 바탕은 녹색, 관련 부호 및 그림은 흰색
출입금지표지	1. 허가대상유해물질 취급 2. 석면취급 및 해체 · 제거 3. 금지유해물질 취급	글자는 흰색바탕에 흑색 다음 글자는 적색 - ○○○제조/사용/보관 중 - 석면취급/해체중 - 발암물질 취급 중

실기에도 자주 출제되는 중요한 내용입니다. 참고를 다시 확인하세요.

08 성공적인 리더가 갖추어야 할 특성으로 가장 거리가 먼 것은?

① 강한 출세 욕구
② 강력한 조직 능력
③ 미래지향적 사고 능력
④ 상사에 대한 부정적인 태도

부정적 태도는 성공적 리더의 조건이 되지 못한다.

08 ④

09 산업안전보건법상 아세틸렌 용접장치 또는 가스집합 용접장치를 사용하여 행하는 금속의 용접·용단 또는 가열작업자에게 특별 안전·보건교육을 시키고자 할 때의 교육 내용이 아닌 것은?

① 용접흄·분진 및 유해광선 등의 유해성에 관한 사항
② 작업방법·작업순서 및 응급처지에 관한 사항
③ 안전밸브의 취급 및 주의에 관한 사항
④ 안전기 및 보호구 취급에 관한 사항

* **아세틸렌 용접장치 또는 가스집합 용접장치를 사용하는 금속의 용접·용단 또는 가열작업 시 특별안전교육 내용**
  • 용접 흄, 분진 및 유해광선 등의 유해성에 관한 사항
  • 가스용접기, 압력조정기, 호스 및 취관두 등의 기기 점검에 관한 사항
  • 작업방법·순서 및 응급처치에 관한 사항
  • 안전기 및 보호구 취급에 관한 사항
  • 화재예방 및 초기대응에 관한 사항
  • 그 밖에 안전·보건관리에 필요한 사항

10 다음 ( ) 안에 알맞은 것은?

> 사업주는 산업재해로 사망자가 발생하거나 ( )일 이상의 휴업이 필요한 부상을 입거나 질병에 걸린 사람이 발생한 경우 해당 산업재해가 발생한 날부터 1개월 이내에 산업재해조사표를 작성하여 관할 지방고용노동청장 또는 지청장에게 제출하여야 한다.

① 3 ② 4
③ 5 ④ 7

* **산업재해 발생 보고**
사업주는 산업재해로 사망자가 발생, 3일 이상의 휴업이 필요한 부상 또는 질병에 걸린 자가 발생시 산업재해가 발생한 날부터 **1개월 이내**에 산업재해조사표를 작성, 관할 지방고용노동관서장에게 제출하여야 한다.

실기까지 중요한 내용입니다. 암기하세요.

11 안전관리에 관한 계획에서 실시에 이르기까지 모든 권한이 포괄적이며 하향적으로 행사되며, 전문 안전담당 부서가 없는 안전관리조직은?

① 직계식 조직
② 참모식 조직
③ 직계-참모식 조직
④ 안전보건 조직

전문 안전담당 부서가 없는 안전관리조직 → 라인형 (직계식 조직)

정답 09 ③ 10 ① 11 ①

> 참고
>
>
>
> *** 라인형(Line) or 직계형**
>
> 안전관리에 관한 계획, 실시, 평가에 이르기까지 안전관리의 모든 것을 생산조직을 통하여 행하는 관리 방식이다.
> ① 소규모 사업장(100명 이하 사업장)에 적용이 가능하다.
> ② 라인형 장점 : 명령 및 지시가 신속, 정확하다.
> ③ 라인형 단점
>   • 안전정보가 불충분하다.
>   • 라인에 과도한 책임이 부여 될 수 있다.
> ④ 생산과 안전을 동시에 지시하는 형태이다.

📝 실기까지 중요한 내용입니다. 참고를 다시 확인하세요.

12 매슬로(A.H.Maslow)의 안전 욕구 5단계 이론에서 각 단계별 내용이 잘못 연결된 것은?

① 1단계 : 자아실현의 욕구
② 2단계 : 안전에 대한 욕구
③ 3단계 : 사회적 욕구
④ 4단계 : 존경에 대한 욕구

> *** 매슬로(Maslow A. H.)의 욕구단계 이론(인간의 욕구 5단계)**
> ① 제1단계(생리적 욕구) : 기아, 갈증, 호흡, 배설, 성욕 등 인간의 가장 기본적인 욕구
> ② 제2단계(안전 욕구) : 자기 보존 욕구
> ③ 제3단계(사회적 욕구) : 소속감과 애정 욕구
> ④ 제4단계(존경 욕구) : 인정받으려는 욕구
> ⑤ 제5단계(자아실현의 욕구) : 잠재적인 능력을 실현하고자 하는 욕구(성취 욕구)

📝 실기까지 중요한 내용입니다. 암기하세요.

13 피로의 예방과 회복대책에 대한 설명이 아닌 것은?

① 작업부하를 크게 할 것
② 정적 동작을 피할 것
③ 작업속도를 적절하게 할 것
④ 근로시간과 휴식을 적정하게 할 것

① 작업부하를 크게 할수록 피로는 증가한다.

14 다음과 같은 착시현상에 해당하는 것은?

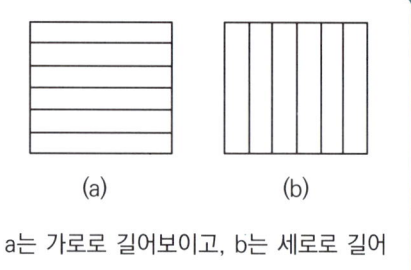

a는 가로로 길어보이고, b는 세로로 길어보인다.

① 뮬러-라이어(Müller-Iyer)의 착시
② 헬호츠(Helmholz)의 착시
③ 헤링(Hering)의 착시
④ 포겐도프(Poggendorf)의 착시

정답 12 ① 13 ① 14 ②

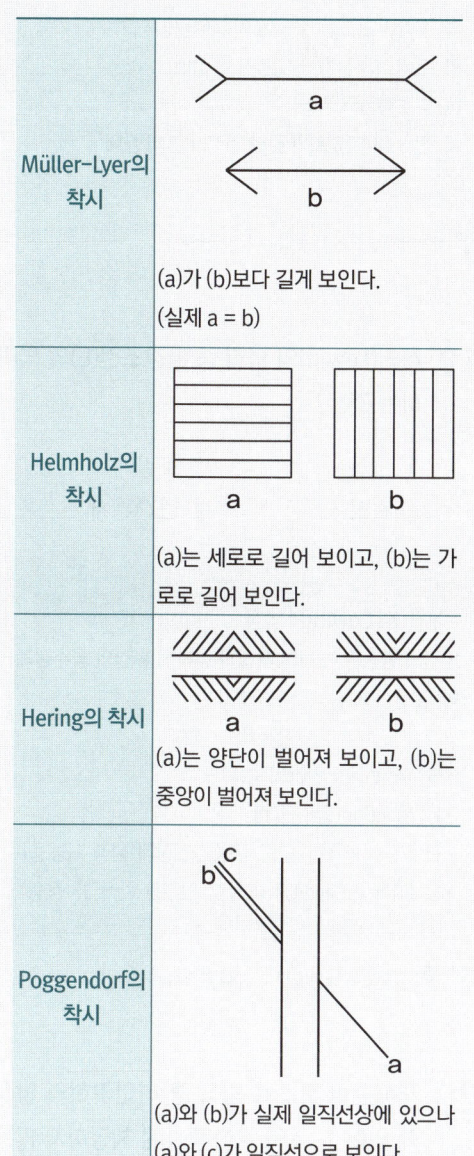

15 산업안전보건법상 중대재해에 해당하지 않는 것은?

① 추락으로 인하여 1명이 사망한 재해
② 건물의 붕괴로 인하여 15명의 부상자가 동시에 발생한 재해
③ 화재로 인하여 4개월의 요양이 필요한 부상자가 동시에 3명 발생한 재해
④ 근로환경으로 인하여 직업성 질병자가 동시에 5명이 발생한 재해

* 중대재해
① 사망자가 1인 이상 발생한 재해
② 3개월 이상 요양을 요하는 부상자가 동시에 2인 이상 발생한 재해
③ 부상자 또는 직업성 질병자가 동시에 10인 이상 발생한 재해

실기까지 중요한 내용입니다. 암기하세요.

16 방독마스크의 흡수관의 종류와 사용조건이 옳게 연결된 것은?

① 보통가스용 - 산화금속
② 유기가스용 - 활성탄
③ 일산화탄소용 - 알칼리제제
④ 암모니아용 - 산화금속

① 할로겐가스용 – 활성탄, 소다라임
② 유기가스용 – 활성탄
③ 일산화탄소용 – 호프카라이트
④ 암모니아용 – 큐프라마이트

정답 15 ④ 16 ②

17 하버드 학파의 5단계 교수법에 해당되지 않는 것은?

① 교시(Presentation)
② 연합(Association)
③ 추론(Reasoning)
④ 총괄(Generalization)

★ 하버드학파의 교수법

1단계	준비시킨다.
2단계	교시시킨다.
3단계	연합한다.
4단계	총괄한다.
5단계	응용시킨다.

18 산업안전보건법상 프레스 작업 시 작업시작 전 점검사항에 해당하지 않는 것은?

① 클러치 및 브레이크의 기능
② 매니퓰레이터(manipulator) 작동의 이상 유무
③ 프레스의 금형 및 고정볼트 상태
④ 1행정 1정지기구 · 급정지장치 및 비상정지 장치의 기능

★ "프레스 등을 사용하여 작업을 할 때"의 작업시작 전 점검내용
가. 클러치 및 브레이크의 기능
나. 크랭크축 · 플라이휠 · 슬라이드 · 연결봉 및 연결 나사의 풀림 여부
다. 1행정 1정지기구 · 급정지장치 및 비상정지장치의 기능
라. 슬라이드 또는 칼날에 의한 위험방지 기구의 기능
마. 프레스의 금형 및 고정볼트 상태
바. 방호장치의 기능
사. 전단기(剪斷機)의 칼날 및 테이블의 상태

 실기까지 중요한 내용입니다. 암기하세요.

19 레빈(Lewin)의 법칙 중 환경조건(E)의 의미하는 것은?

① 지능
② 소질
③ 적성
④ 인간관계

★ 레윈(K. Lewin)의 법칙
인간의 행동은 개체의 자질과 심리적 환경의 함수관계이다.

$$B = f(P \cdot E)$$

- B : Behavior(인간의 행동)
- f : function(함수관계)
- P : Person(개체 : 연령, 경험, 심신상태, 성격, 지능 등)
- E : Environment(심리적 환경 : 인간관계, 작업환경 등)

자주 출제되는 내용입니다. 해설을 다시 확인하세요.

20 재해손실 코스트 방식 중 하인리히의 방식에 있어 1 : 4의 원칙 중 1에 해당하지 않는 것은?

① 재해예방을 위한 교육비
② 치료비
③ 재해자에게 지급된 급료
④ 재해보상 보험금

정답 17 ③ 18 ② 19 ④ 20 ①

하인리히의 총 재해비용 = 직접비 + 간접비
(1 : 4)

직접비	간접비
• 치료비 • 휴업급여 • 요양급여 • 유족급여 • 장해급여 • 간병급여 • 직업재활급여 • 상병(傷病)보상연금 • 장의비 등	• 인적 손실비 • 물적 손실비 • 생산 손실비 • 기계, 기구 손실비 등

📝 자주 출제되는 내용입니다. 해설을 다시 확인하세요.

2과목 인간공학 및 시스템안전공학

21 음량 수준이 50phon일 때 sone 값은?

① 2   ② 5
③ 10   ④ 100

(단, P = phone)

$S(sone) = 2^{\frac{(50-40)}{10}} = 2^1 = 2$

22 청각적 표시장치 지침에 관한 설명으로 틀린 것은?

① 신호는 최소한 0.5~1초 동안 지속한다.
② 신호는 배경소음과 다른 주파수를 이용한다.
③ 소음은 양쪽 귀에, 신호는 한쪽 귀에 들리게 한다.
④ 300m 이상 멀리 보내는 신호는 2,000Hz 이상의 주파수를 사용한다.

④ 300m 이상 멀리 보내는 신호는 1,000Hz 이하의 주파수를 사용한다.

📝 필기에 자주 출제되는 내용입니다.

23 인체측정치를 이용한 설계에 관한 설명으로 옳은 것은?

① 평균치를 기준으로 한 설계를 제일 먼저 고려한다.
② 자세와 동작에 따라 고려해야 할 인체측정 치수가 달라진다.
③ 의자의 깊이와 너비는 작은 사람을 기준으로 설계한다.
④ 큰 사람을 기준으로 한 설계는 인체측정치의 5% tile을 사용한다.

① 조절식 설계를 제일 먼저 고려한다.
③ 의자 좌판의 폭은 큰사람에게 맞도록 설계하고, 깊이는 작은 사람에게 맞도록 설계한다.
④ 최대집단치 설계는 인체측정치의 95% 이상의 최대치를 적용하며, 최소집단치 설계는 5% 이하의 최소치를 적용하여 설계한다.

📝 필기에 자주 출제되는 내용입니다.

정답 21 ① 22 ④ 23 ②

24 인간 – 기계 시스템 설계 과정의 주요 6단계를 올바른 순서로 나열한 것은?

> ⓐ 기본 설계
> ⓑ 시스템 정의
> ⓒ 목표 및 성능 명세 결정
> ⓓ 인간-기계 인터페이스(human-machine interface) 설계
> ⓔ 매뉴얼 및 성능보조자료 작성
> ⓕ 시험 및 평가

① ⓒ → ⓑ → ⓐ → ⓓ → ⓔ → ⓕ
② ⓐ → ⓑ → ⓒ → ⓓ → ⓔ → ⓕ
③ ⓑ → ⓒ → ⓐ → ⓔ → ⓓ → ⓕ
④ ⓒ → ⓐ → ⓑ → ⓔ → ⓓ → ⓕ

체계설계의 주요과정
① 목표 및 성능명세 결정
② 체계의 정의
③ 기본 설계
  • 작업설계
  • 직무분석
  • 기능할당
④ 계면 설계(인간-기계 인터페이스설계)
⑤ 촉진물 설계(매뉴얼 및 성능보조자료 작성)
⑥ 시험 및 평가

📝 필기에 자주 출제되는 내용입니다.

25 동전던지기에서 앞면이 나올 확률이 0.7이고, 뒷면이 나올 확률이 0.3일 때, 앞면이 나올 사건의 정보량(A)과 뒷면이 나올 사건의 정보량(B)은 각각 얼마인가?

① A : 0.88bit, B : 1.74bit
② A : 0.51bit, B : 1.74bit
③ A : 0.88bit, B : 2.25bit
④ A : 0.51bit, B : 2.25bit

> 정보량(H) = $\log_2(\frac{1}{P})$
> • P_i : 대안의 실현확률

$A = \log_2 \frac{1}{0.7} = 0.515$

$B = \log_2 \frac{1}{0.3} = 1.737$

26 고온 작업자의 고온 스트레스로 인해 발생하는 생리적 영향이 아닌 것은?

① 피부와 직장 온도의 상승
② 발한(sweating)의 증가
③ 심박출량(cardiac output)의 증가
④ 근육에서의 젖산 감소로 인한 근육통과 근육 피로 증가

④ 젖산은 피로물질로 근육에서 젖산이 증가하여 근육통과 근육피로가 증가한다.

정답 24 ① 25 ② 26 ④

27 FMEA의 위험성 분류 중 "카테고리 2"에 해당되는 것은?

① 영향 없음
② 활동의 지연
③ 사명 수행의 실패
④ 생명 또는 가옥의 상실

* **FMEA의 위험성 분류**
  - category 1 : 생명 또는 가옥의 상실
  - category 2 : 임무 수행의 실패
  - category 3 : 활동의 지연
  - category 4 : 손실과 영향없음

 필기에 자주 출제되는 내용입니다.

28 다음 중 일반적으로 가장 신뢰도가 높은 시스템의 구조는?

① 직렬연결구조
② 병렬연결구조
③ 단일부품구조
④ 직·병렬 혼합구조

병렬구조는 요소 중 하나라도 정상이면 전체 시스템은 정상가동한다. → 신뢰도가 가장 높다.

[참고]

* **직렬구조**
  - 요소 중 하나가 고장이면 전체 시스템은 고장이다.
  - 전체 시스템의 수명은 요소 중 가장 짧은 것으로 결정된다.

 필기에 자주 출제되는 내용입니다.

29 중량물을 반복적으로 드는 작업의 부하를 평가하기 위한 방법이 NIOSH 들기지수를 적용할 때 고려되지 않는 항목은?

① 들기빈도
② 수평이동거리
③ 손잡이 조건
④ 허리 비틀림

$$RWL(kg) = 23 \times HM \times VM \times DM \times AM \times FM \times CM$$

계수	계수 방법
HM	수평 계수(Horizontal Multiplier)
VM	수직 계수(Vertical Multiplier)
DM	거리 계수(Distance Multiplier)
AM	비대칭 계수(Asymmetric Multiplier)
FM	빈도 계수(Frequency Multiplier)
CM	커플링 계수(Coupling Multiplier)

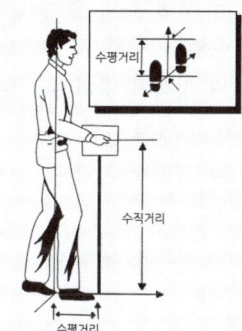

NIOSH 들기지수를 적용할 때는 몸의 중심에서 물체중심까지의 수평거리를 고려한다. 수평으로 이동한 거리가 아니다.

[참고]

* **커플링 계수(Coupling Multiplier)**
  물체를 들 때에 미끄러지거나 떨어뜨리지 않도록 손잡이 등이 좋은지를 권장 무게 한계에 반영한 것이다.

30 작업자가 소음 작업환경에 장기간 노출되어 소음성 난청이 발병하였다면 일반적으로 청력 손실이 가장 크게 나타나는 주파수는?

① 1,000Hz ② 2,000Hz
③ 4,000Hz ④ 6,000Hz

초기 청력손실은 4,000Hz에서 가장 크게 나타난다.

📝 필기에 자주 출제되는 내용입니다.

31 다음 중 시스템 안정성 평가의 순서를 가장 올바르게 나열한 것은?

① 자료의 정리 → 정량적 평가 → 정성적 평가 → 대책 수립 → 재평가
② 자료의 정리 → 정성적 평가 → 정량적 평가 → 재평가 → 대책 수립
③ 자료의 정리 → 정량적 평가 → 정성적 평가 → 재평가 → 대책 수립
④ 자료의 정리 → 정성적 평가 → 정량적 평가 → 대책 수립 → 재평가

* **안전성 평가 6단계**
① 1단계 : 관계자료의 정비검토(작성준비)
② 2단계 : 정성적인 평가
③ 3단계 : 정량적인 평가
④ 4단계 : 안전대책 수립
⑤ 5단계 : 재해사례에 의한 평가
⑥ 6단계 : FTA에 의한 재평가

📝 필기에 자주 출제되는 내용입니다.

32 결함수분석법에 있어 정상사상(top event)이 발생하지 않게 하는 기본사상들의 집합을 무엇이라고 하는가?

① 컷셋(cut set)
② 페일셋(fail set)
③ 트루셋(truth set)
④ 패스셋(path set)

1. **컷셋(Cut Set)** : 정상사상을 발생시키는 기본사상의 집합
2. **패스셋(Path Set)** : 시스템의 고장(정상사상)을 일으키지 않는 기본사상들의 집합

📝 필기에 자주 출제되는 내용입니다.

33 FT도에 사용되는 논리기호 중 AND 게이트에 해당하는 것은?

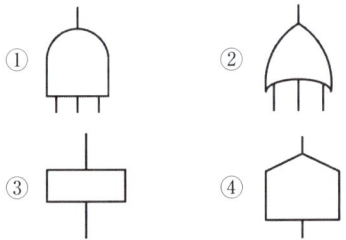

① AND 게이트
② OR게이트
③ 결함사상
④ 통상사상

정답 30 ③ 31 ④ 32 ④ 33 ①

참고

기호	명명	기호 설명
○	기본사상	더 이상 전개할 수 없는 사건의 원인
◇	생략사상	관련정보가 미비하여 계속 개발될 수 없는 특정 초기사상
⌂	통상사상	발생이 예상되는 사상
▭	결함사상 (정상사상, 중간사상)	한 개 이상의 입력에 의해 발생된 고장사상
⌂	OR 게이트	한 개 이상의 입력이 발생하면 출력사상이 발생하는 논리게이트
⌂	AND 게이트	입력사상이 전부 발생하는 경우에만 출력사상이 발생하는 논리게이트
또는	배타적 OR 게이트	입력사상 중 오직 한 개의 발생으로만 출력사상이 생성되는 논리게이트
또는	우선적 AND게이트	입력사상이 특정 순서대로 발생한 경우에만 출력사상이 발생하는 논리게이트
	조합 AND 게이트	3개 이상의 입력 중 2개가 일어나면 출력이 생긴다.
△	전이기호	다른 부분에 있는 게이트와의 연결 관계를 나타내기 위한 기호

📝 필기에 자주 출제되는 내용입니다.

34 조정반응비율(C/R비)에 관한 설명으로 틀린 것은?

① 조종장치와 표시장치의 물리적 크기와 성질에 따라 달라진다.
② 표시장치의 이동거리를 조종장치의 이동거리로 나눈다.
③ 조종반응비율이 낮다는 것은 민감도가 높다는 의미이다.
④ 최적의 조종반응비율은 조종장치의 조종시간과 표시장치의 이동시간이 교차하는 값이다.

★ **통제표시비(C/R비)**
통제기기와 시각적 표시장치의 관계를 나타내며, 연속 조종장치에만 적용된다.

① $C/R비 = \dfrac{X}{Y}$

X : 통제기기의 변위량(cm)
Y : 표시계기 지침의 변위량(cm)

② $C/R비 = \dfrac{\dfrac{\alpha}{360} \times 2\pi L}{Y}$

a : 조종장치의 움직인 각도
L : 조종장치의 반경

📝 필기에 자주 출제되는 내용입니다.

정답 34 ②

35 페일 세이프(fail-safe)의 원리에 해당되지 않는 것은?

① 교대 구조
② 다경로하중 구조
③ 배타설계 구조
④ 하중경감 구조

★ 페일 세이프(fail-safe)의 원리
① 교대 구조
② 다경로하중 구조
③ 하중경감 구조

36 옥내 조명에서 최적 반사율의 크기가 작은 것부터 큰 순서대로 나열된 것은?

① 벽 < 천장 < 가구 < 바닥
② 바닥 < 가구 < 천장 < 벽
③ 가구 < 바닥 < 천장 < 벽
④ 바닥 < 가구 < 벽 < 천장

★ 옥내 최적 반사율
(천장 : 바닥 반사율 = 3 : 1 이상 유지)
· 천장 > 벽 > 가구 > 바닥
· 옥내의 반사율은 천정으로 올라갈수록 높고 바닥으로 내려갈수록 낮아져야 한다.

📝 필기에 자주 출제되는 내용입니다.

37 관측하고자 하는 측정값을 가장 정확하게 읽을 수 있는 표시장치는?

① 계수형   ② 동침형
③ 동목형   ④ 묘사형

★ 정량적 표시장치
① 정목동침형 : 눈금은 고정, 지침이 움직이는 형태
② 정침동목형 : 지침은 고정, 눈금이 움직이는 형태
③ 계수형 : 전력계, 택시요금 계기와 같이 숫자가 정확히 표시되는 형태

38 그림의 FT도에서 최소 컷셋(minimal cut set)으로 옳은 것은?

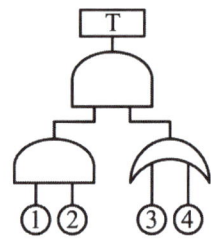

① {1, 2, 3, 4}
② {1, 2, 3}, {1, 2, 4}
③ {1, 3, 4}, {2, 3, 4}
④ {1, 3}, {1, 4}, {2, 3}, {2, 4}

$T = \begin{pmatrix} ①② \end{pmatrix} \begin{pmatrix} ③ \\ ④ \end{pmatrix}$

= (①②③)(①②④)
컷셋 : (①②③), (①②④)
미니멀 컷 : (①②③) 또는 (①②④)

📝 필기에 자주 출제되는 내용입니다.

정답 35 ③   36 ④   37 ①   38 ②

39 설비의 보전과 가동에 있어 시스템의 고장과 고장 사이의 시간 간격을 의미하는 용어는?

① MTTR ② MDT
③ MTBF ④ MTBR

★ MTBF(평균고장간격)
수리 가능한 제품에서 고장 ~ 다음 고장까지 시간의 평균치

참고
1. MTTF(고장까지의 평균시간) : 수리가 불가능한 제품에서 처음 고장날 때까지의 시간
2. MTTR : 평균 수리에 소요되는 시간

40 에너지대사율(Relative Metabolic Rate)에 관한 설명으로 틀린 것은?

① 작업대사량은 작업 시 소비에너지와 안정 시 소비에너지의 차로 나타낸다.
② RMR은 작업대사량을 기초대사량으로 나눈 값이다.
③ 산소소비량을 측정할 때 더글라스백(Douglas bag)을 이용한다.
④ 기초대사량은 의자에 앉아서 호흡하는 동안에 측정한 산소소비량으로 +한다.

작업 시의 소비에너지는 작업 중에 소비한 산소의 소모량으로 측정하며, 안정 시의 소비에너지는 의자에 앉아서 호흡하는 동안에 소비한 산소의 소모량으로 측정한다.

참고

★ 에너지 대사율(RMR)
작업강도는 에너지 대사율로 나타낸다.

$$RMR = \frac{노동대사량(작업대사량)}{기초대사량}$$

$$= \frac{작업\ 시의\ 소비\ energy - 안정\ 시\ 소비\ energy}{기초대사량}$$

3과목 건설시공학

41 다음 중 파내기 경사각이 가장 큰 토질은?

① 습윤 모래
② 일반 자갈
③ 건조한 진흙
④ 건조한 보통 흙

터파기의 경사각도는 휴식각(안식각)의 2배 정도로 한다.

정답 39 ③ 40 ④ 41 ③

> **참고**

토질		휴식각(도)
모래	건조	20~25
	습기	30~45
	포화	20~40
보통 흙	건조	20~45
	습기	25~45
	포화	25~30
진흙	건조	40~50
	습기	30
	포화	20~25
자갈	일반	30~35
	모래, 진흙, 반섞기	20~35
암반	연암	–
	경암	–

42 서중콘크리트의 특징에 관한 설명으로 옳지 않은 것은?

① 콘크리트의 단위수량이 증가한다.
② 콘크리트의 응결이 촉진된다.
③ 균열이 발생하기 쉽다.
④ 슬럼프 로스가 발생하지 않는다.

> ④ 콘크리트의 온도가 올라갈수록 슬럼프 손실(슬럼프 로스)이 증대된다.

📖 필기에 자주 출제되는 내용입니다.

43 철근의 가공에 관한 설명 중 옳지 않은 것은?

① 한 번 구부린 철근은 다시 펴서 사용해서는 안 된다.
② 철근은 시어 커터(shear cutter)나 전동 톱에 의해 절단 한다.
③ 인력에 의한 절곡은 규정상 불가하다.
④ 철근은 열을 가하여 절단하거나 절곡해서는 안 된다.

> ★ **철근 가공**
> ① 철근은 설계도에 표시된 형상과 치수에 일치하도록 가공하되 산소 불 및 용접기로 절단하지 말고 반드시 Cutter기로 절단하여 재질을 해치지 않는 방법으로 가공하여야 한다.
> ② 철근상세도에 철근의 구부리는 내면 반지름이 표시되어 있지 않은 때에는 콘크리트 구조설계기준에 규정된 구부림의 최소 내면 반지름 이상으로 철근을 구부려야 한다.
> ③ 철근은 상온에서 구부리는 것을 원칙으로 한다.
> ④ 한번 구부린 철근은 재가공하여 쓸 수 없다.

📖 필기에 자주 출제되는 내용입니다.

정답 42 ④ 43 ③

44 지하 4층 상가건물 터파기공사 시 흙막이 오픈 컷 방식을 적용하고 지보공 없이 넓은 작업공간을 확보하고 기계화 시공을 실시하여 공기단축을 하고자 할 때 가장 적합한 공법은?

① 비탈지운 오픈 컷공법
② 자립공법
③ 버팀대공법
④ 어스앵커공법

* 어스 앵커(earth anchor) 공법의 장 · 단점

장점	단점
① 지보공(버팀대)이 불필요하다.	① 비교적 고가이다.
② 지보공이 없어 작업공간을 넓게 활용할 수 있다.	② 인근 구조물이나 지하 매설물이 있는 경우 시공이 곤란하다.
③ 작업능률 증대 및 공기단축이 가능하다.	③ 주변 대지 사용에 대한 동의가 필요하다.
④ 앵커체가 각각의 구조체로 적용성이 우수하다.	

> 참고
>
> *** 어스 앵커(earth anchor) 공법**
> 버팀대 대신 PS 강선, PS 강연선 등(earth anchor)을 지중에 삽입해서 선단부를 양질지반에 정착시키고, 이를 반력으로 하여 흙막이 벽 등의 구조물을 지지하는 공법을 말한다.

 필기에 자주 출제되는 내용입니다.

45 그림과 같은 줄기초 파기에서 파낸 흙을 한 번에 운반 하고자 할 때 4ton 트럭 약 몇 대가 필요한가? (단, 파낸 흙의 부피증가율은 20%, 파낸 흙의 단위중량은 $1.8t/m^3$)

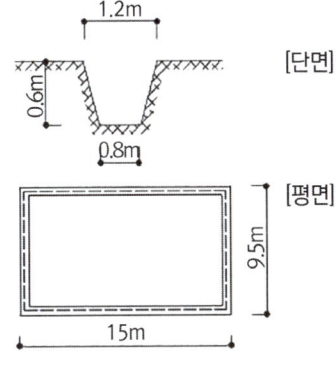

① 10대   ② 16대
③ 20대   ④ 25대

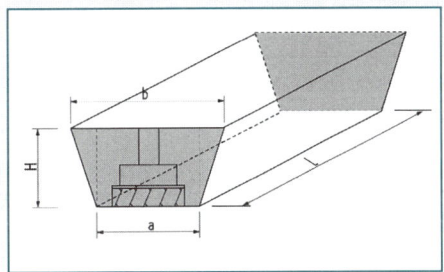

터파기량(m^3) = $\dfrac{H(a+b)}{2}$ × 줄기초 길이(L)

(줄기초 길이는 줄기초의 중심간 길이의 총합으로 한다.)

1. 터파기량(m^3) = $\dfrac{0.6 \times (0.8 + 1.2)}{2} \times 49 = 29.4(m^3)$
   [L = (15 + 9.5) × 2 = 49m]

2. 부피증가율이 20%이므로
   파낸 흙의 부피 = 29.4 × 1.2 = 35.28(m^3)

정답 44 ④   45 ②

3. 파낸 흙의 중량 = 35.28m³ × 1.8t/m³ = 63.50(t)

4. 트럭 대수
63.50 ÷ 4 = 15.88(16대)

46 철골공사에 활용되는 고력볼트 M24의 표준구멍의 직경으로 옳은 것은?

① 25mm   ② 26mm
③ 27mm   ④ 28mm

고장력볼트의 호칭	표준 구멍 (mm)	대형 구멍 (mm)
M16	18	20
M20	22	24
M22	24	28
M24	27	30
M27	30	35

47 철근보관 및 취급에 관한 설명으로 옳지 않은 것은?

① 철근고임대 및 간격재는 습기방지를 위하여 직사일광을 받는 곳에 저장한다.
② 철근저장은 물이 고이지 않고 배수가 잘 되는 곳이어야 한다.
③ 철근저장 시 철근의 종별, 규격별, 길이별로 적재한다.
④ 저장장소가 바닷가 해안 근처일 경우에는 창고 속에 보관하도록 한다.

* 철근보관 및 취급방법
① 철근저장 시 철근의 종별, 규격별, 길이별로 적재한다.
② 철근저장은 물이 고이지 않고 배수가 잘되는 곳에 이루어져야 한다.
③ 철근 고임재 및 간격재는 온도변화에 따른 변형이나 파손방지를 위하여 겨울에 동파되거나 여름에 직사광선을 받지 않도록 저장하며, 필요 시 박스단위로 포장하여 보관하여야 한다.
④ 저장장소가 바닷가 해안 근처일 경우에는 창고 속에 보관하도록 한다.

필기에 자주 출제되는 내용입니다.

48 시멘트 혼화재로서 규소합금 제조 시 발생하는 폐가스를 집진하여 얻어진 부산물의 초미립자(1μm 이하)로서 고강도 콘크리트를 제조하는데 사용하는 혼화재는?

① 플라이 애쉬   ② 실리카 흄
③ 고로 슬래그   ④ 포졸란

* 실리카 흄
규소합금 제조 시 발생하는 폐가스를 집진하여 얻어진 부산물의 초미립자(1μm 이하)로서 고강도 콘크리트를 제조하는데 사용하는 혼화재를 말한다.

필기에 자주 출제되는 내용입니다.

정답 46 ③ 47 ① 48 ②

49 철근 콘크리트 공사에서 거푸집의 역할에 관한 설명으로 옳지 않은 것은?

① 콘크리트의 응결과 경화를 촉진시킨다.
② 콘크리트를 일정한 형상과 치수로 유지시킨다.
③ 콘크리트의 수분 누출을 방지한다.
④ 콘크리트에 대한 외기의 영향을 방지한다.

* **거푸집의 시공 목적(거푸집이 콘크리트 구조체의 품질에 미치는 영향과 역할)**
① 콘크리트가 응결하기까지의 형상, 치수의 확보
② 콘크리트 수화반응의 원활한 진행을 보조(콘크리트의 수분 누출 방지)
③ 철근의 피복두께 확보
④ 양생을 위한 외기의 영향 방지

📝 필기에 자주 출제되는 내용입니다.

50 철골공사에서 용접검사 중 초음파 탐상법의 특징이 아닌 것은?

① 기록성이 없다.
② 미소한 blow-hole의 검출이 가능하다.
③ 검사 속도가 빠른 편이다.
④ 인체에 위험을 미치지 않는다.

② blow-hole의 검출에는 방사선 투과 시험이 적합하다.

51 도급계약서에 첨부하지 않아도 되는 서류는?

① 설계도면   ② 시방서
③ 시공계획서   ④ 현장설명서

* **건설공사 하도급계약서 첨부 서류**
① 기본계약서 본문
② 설계서(설계도면, 설계 설명서, 현장설명서, 물량내역서)
③ 산출(공사)내역서
④ 비밀유지계약서
⑤ 하도급대금 직접지급합의서
⑥ 표준비밀유지계약서(기술자료)
⑦ 표준약식변경계약서

52 콘크리트의 슬럼프를 측정할 때 다짐봉으로 모두 몇 번을 다져야 하는가?

① 30회   ② 45회
③ 60회   ④ 75회

* **콘크리트의 슬럼프 시험**
1) 콘크리트의 시공연도를 판단하는 시험으로 슬럼프 값을 측정하는 방법이다.
2) 슬럼프 값 : 시료를 3층으로 나누어 콘의 1/3가량 채우고 다짐봉으로 각각 25회씩 다진 후 슬럼프 시험통을 벗겨 콘크리트가 무너져 내려앉은 높이까지의 거리를 cm로 표시한 것을 말한다.

정답 49 ① 50 ② 51 ③ 52 ④

53 콘크리트 공사 시 거푸집 측압의 증가 요인에 관한 설명으로 옳지 않은 것은?

① 타설 속도가 빠를수록 증가한다.
② 슬럼프가 클수록 증가한다.
③ 다짐이 적을수록 증가한다.
④ 경화속도가 늦을수록 증가한다.

✻ 콘크리트 타설 시 거푸집의 측압
① 거푸집의 강성이 클수록 측압이 크다.
② 철골 or 철근량이 적을수록 측압이 크다.
③ 외기온도가 낮을수록 측압이 크다.
④ 습도가 낮을수록 측압이 크다.
⑤ 타설 속도가 빠를수록 측압이 크다.
⑥ 슬럼프가 클수록 측압이 크다.
⑦ 콘크리트 비중이 클수록 측압이 크다.
⑧ 다짐이 좋을수록 측압이 크다.
⑨ 타설 높이가 높을수록 측압이 크다.

📝 필기에 자주 출제되는 내용입니다.

54 콘크리트 표준시방서에 따른 거푸집 존치기간이 가장 긴 것은?

① 보 밑면
② 기둥
③ 보 측면
④ 벽

✻ 거푸집의 해체시기

부위		콘크리트 압축강도
기초, 보, 기둥, 벽 등의 측면		5MPa 이상
슬래브 및 보의 밑면, 아치 내면	단층구조인 경우	설계기준 압축강도의 2/3배 이상 또한, 최소강도 14MPa 이상
	다층구조인 경우	설계기준 압축강도 이상 (필러 동바리 구조를 이용할 경우는 구조계산에 의해 기간을 단축할 수 있음. 단, 이 경우라도 최소강도는 14MPa 이상으로 함)

55 트렌치와 같은 도랑파기에 가장 적합한 장비명은?

① 불도저
② 리퍼
③ 백호우
④ 파워쇼벨

✻ 드래그 셔블(drag shovel, 백호)
• 기계가 서 있는 지면보다 낮은 장소의 굴착 및 수중 굴착이 가능하다
• 굳은 지반의 토질도 정확한 굴착이 된다.
• 트렌치(trench)와 같은 도랑파기에 적합하다.

정답 53 ③ 54 ① 55 ③

56 건축공사 기간을 결정하는 요소 중 1차적으로 가장 큰 영향을 주는 것은?

① 건물의 구조 및 규모
② 시공자의 능력
③ 금융사정 및 노무사정
④ 발주자 측의 요구

건축공사 기간을 결정하는 요소 중 1차적으로 가장 큰 영향을 주는 요소 → 건물의 구조 및 규모

57 발주자와 수급자의 상호 신뢰를 바탕으로 팀을 구성해서 프로젝트의 성공과 상호이익 확보를 위하여 공동으로 프로젝트를 집행 및 관리하는 공사계약 방식은?

① BOT 방식
② 파트너링 방식
③ CM 방식
④ 공동도급 방식

★ 파트너링(Partnering)
발주자가 직접 설계와 시공에 참여하고 프로젝트 관련자들이 상호 신뢰를 바탕으로 Team을 구성해서 프로젝트의 성공과 상호이익 확보를 공동 목표로 하여 프로젝트를 추진하는 공사수행 방식을 말한다.

참고

1. BOT 방식(Build-operate-transfer contrack) : 민간투자 발주방식
   시설의 준공 후 일정기간 동안 사업시행자에게 해당 시설의 소유권이 인정되며 그 기간이 만료되면 시설 소유권이 국가 또는 지방자치단체에 귀속되는 방식을 말한다.
2. 건설사업관리(CM : Construction Management) : 건설사업관리라 함은 건설공사에 관한 기획·타당성조사·분석·설계·조달·계약·시공관리·감리·평가·사후관리 등에 관한 관리를 수행하는 것을 말한다.
3. 공동도급 : 2개 이상의 사업자가 하나의 사업을 공동으로 도급을 받아 계약을 이행하는 방식을 말한다.

📝 필기에 자주 출제되는 내용입니다.

58 네트워크 공정표에서 결합점이 가지는 여유시간을 무엇이라 하는가?

① 액티비티(Activity)
② 더미(Dummy)
③ 패스(Path)
④ 슬랙(Slack)

정답 56 ① 57 ② 58 ④

용어	기호	내용
Activity (액티비티)	→	• 화살표로 표시하고 각각의 단위작업을 의미한다. • 화살표 위에는 작업명과 물량을, 아래에는 소요일수를 기입한다.
Dummy (더미)	→ (점선 화살표)	• 정상적으로 표현할 수 없는 작업 상호간의 관계를 표시한다. • 작업이나 시간의 요소는 없다.
Path (패스)		• 네트워크 중에서 둘 이상의 작업이 이어지는 경로
Slack (슬랙)	SL	• 결합점이 가지는 여유시간

필기에 자주 출제되는 내용입니다.

59 피어 기초공사와 가장 거리가 먼 용어는?

① 트레미 관
② 디젤 해머
③ 벤토나이트 액
④ 케이싱 관

***피어기초공사**
① 굳은 지반까지 수직공을 굴착한 다음, 그 속에 현장 콘크리트를 타설하여 구조물의 하중을 지지층에 전달하도록 만들어진 기초이다.
② 기성제품의 말뚝 기초는 굴착하지 않고 지반 속에 때려 박지만, 피어 기초는 시공 전에 굴착을 해야 한다.

***피어 기초공사의 종류**

1. 리버스서큘레이션공법(역순환 굴착공법, RCD공법)
   : 리버스 서큘레이션 드릴로 대구경의 구멍을 파고 굴착공 안을 물이나 안정액으로 정수압을 유지하여 굴착공 벽을 보호하면서 굴착, 철근망과 콘크리트를 타설하여 말뚝을 형성하는 공법이다.

2. 베노토 공법 : 프랑스의 베노토사가 개발한 대구경 고속천공굴착기를 사용한 공법으로 큰 구경의 천공기를 이용하여 대구경의 구멍을 지중에 뚫은 후 케이싱을 압입, 토사를 굴착하고 콘크리트를 구멍 속에 충전하여 말뚝을 형성한다.

3. 슬러리월 공법(지하연속벽 공법)
   ① 벤토나이트 안정액을 사용하여 지반의 붕괴를 방지하면서 굴착한 후 그 속에 철근망을 삽입하고 콘크리트를 타설하여 흙막이 벽체를 형성하는 공법을 말한다.
   ② 지하연속벽(slurry wall)공법의 시공순서
   가이드 월(안내 벽) 설치 → 안정액 투입 → 굴착 → 슬라임 제거 → 인터록킹 파이프(또는 Stop-End Pipe) 설치 → 지상조립 철근(철근망) 삽입 → 트레미관 설치 → 콘크리트 타설 및 안정액 회수 → 인터로킹파이프 제거 → 콘크리트 양생 → 가이드 월 제거

60 현장개설 후 자재수급 계획 시 필요조건이 아닌 것은?

① 자재 명세서
② 납입 계획서
③ 발주·구입 시기
④ 세금계산서

정답 59 ② 60 ④

* **현장개설 후 자재수급 계획 시 필요조건**
① 자재 명세서
② 납입 계획서
③ 발주·구입 시기

4과목 건설재료학

61 화재에 의한 목재의 가연 발생을 막기 위한 방화법 중 옳지 않은 것은?

① 유성페인트 도포
② 난연처리
③ 불연성 막에 의한 피복
④ 대 단면화

* **목재의 방화법**
① 부재의 대 단면화 : 대단면은 화재 시 온도상승을 지연시킨다.
② 불연성 막이나 층에 의한 피복
③ 방화페인트의 도포
④ 난연처리

 필기에 자주 출제되는 내용입니다.

62 보통 포틀랜드시멘트와 비교한 고로시멘트의 특징으로 옳지 않은 것은?

① 장기강도가 크다.
② 해수나 하수 등에 대한 저항성이 우수하다.
③ 미분말로서 초기강도 발현이 용이하다.
④ 초기 수화열이 낮다.

③ 초기 강도는 낮으나 장기강도는 높다.

> 참고
>
> * **고로 시멘트**
> 용광로의 선철제작 부산물을 급랭시키고 파쇄하여(고로슬래그 미분말) 시멘트와 혼합한 것을 고로시멘트라 한다.

 필기에 자주 출제되는 내용입니다.

63 일반적으로 목재의 강도 중 가장 작은 것은?

① 압축강도
② 전단강도
③ 인장강도
④ 휨강도

목재 섬유방향의 강도는 인장강도의 크기가 전단강도 등 다른 강도에 비하여 크다.
(인장강도 > 휨강도 > 압축강도 > 전단강도)

필기에 자주 출제되는 내용입니다.

정답 61 ① 62 ③ 63 ②

64 단열재의 특성에서 전열의 3요소가 아닌 것은?

① 전도 ② 대류
③ 복사 ④ 결로

★ 전열의 3요소
① 전도
② 대류
③ 복사

65 수경성 미장재료를 시공할 때 주의사항이 아닌 것은?

① 적절한 통풍을 필요로 한다.
② 물을 공급하여 양생한다.
③ 습기가 있는 장소에서 시공이 유리하다.
④ 경화 시 직사일광 건조를 피한다.

적절한 통풍을 필요로 한다. → 기경성 미장재료에 해당한다.

참고
- 수경성 : 물과 작용하여 경화하고 차차 강도가 크게 되는 성질
- 기경성 : 공기 중에서 경화하는 것으로 공기가 없는 수중에서는 경화되지 않는 성질

📝 필기에 자주 출제되는 내용입니다.

66 다음 합성수지 중 투명도가 가장 큰 것은?

① 페놀수지
② 메타크릴수지
③ 네오프렌수지
④ A.B.S수지

★ 메타크릴 수지
① 메타크릴산메틸을 중합하여 만드는 열가소성수지
② 합성수지 중 투명도가 가장 크다.

📝 필기에 자주 출제되는 내용입니다.

67 시멘트 혼화재료 중 연행공기를 발생시켜 볼베어링 효과가 나타나도록 하는 것은?

① 포졸란
② 플라이애시
③ AE제
④ 경화 촉진제

★ AE제
① AE 공기(연행공기)를 콘크리트 중에 발생시켜 워커빌리티(시공연도)를 좋게 하고 블리딩을 작게 한다.
② 단위수량이 감소한다.
③ 동결·융해작용에 대한 저항성이 크고 수밀성, 내구성이 좋다.
④ 철근과의 부착강도가 감소한다.

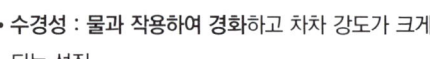

정답 64 ④ 65 ① 66 ② 67 ③

68 점토의 종류와 제품과의 관계를 나타낸 것 중 옳지 않은 것은?

① 토기 - 벽돌
② 자기 - 기와
③ 도기 - 내장타일
④ 석기 - 외장타일

항목	토기	도기	석기	자기
소성온도 (℃)	790 ~ 1,000	1,100 ~ 1,230	1,160 ~ 1,350	1,230 ~ 1,460
제품	벽돌, 기와, 토관	타일, 테라코타, 위생도기	타일, 벽돌, 토관, 테라코타	타일, 위생도기

📝 필기에 자주 출제되는 내용입니다.

69 바닥강화재의 사용목적과 가장 거리가 먼 것은?

① 내마모성 증진
② 내화학성 증진
③ 분진방지성 증진
④ 내수성 증진

★ **바닥강화재의 사용목적**
① 내마모성 증진
② 내화학성 증진
③ 분진방지성 증진

70 다음 중 방청도료와 가장 거리가 먼 것은?

① 알루미늄 페인트
② 역청질 페인트
③ 워시 프라이머
④ 오일서페이스

★ **방청 도료**
녹막이 도료 또는 녹막이 페인트
① 광명단 도료
② 산화철 도료
③ 알루미늄 도료
④ 징크로메이트 도료
⑤ 워시 프라이머(에칭 프라이머)
⑥ 역청질 도료

📝 필기에 자주 출제되는 내용입니다.

71 염화비닐과 질산비닐을 주원료로 하여 석면, 펄프 등을 충전제로 하고 안료를 혼합하여 롤러로 성형 가공한 것으로 폭 90cm, 두께 2.5mm 이하의 두루마리형으로 되어 있는 것은?

① 염화비닐 타일
② 아스팔트 타일
③ 폴리스티렌 타일
④ 비닐 시트

★ **비닐 시트**
염화비닐과 질산비닐을 주원료로 하여 석면, 펄프 등을 충전제로 하고 안료를 혼합하여 롤러로 성형 가공한 것으로 바닥마감재로 사용된다.

정답   68 ②   69 ④   70 ④   71 ④

72 각종 석재에 대한 설명으로 옳지 않은 것은?

① 대리석은 강도가 매우 높지만 내화성이 낮고 풍화되기 쉬우며 산에 약하기 때문에 실외용으로 적합하지 않다.
② 점판암은 박판으로 채취할 수 있으므로 슬레이트로서 지붕 등에 사용된다.
③ 화강암은 견고하고 대형재를 생산할 수 있으며 외장재로 사용이 가능하다.
④ 응회암은 화성암의 일종으로 내화벽 또는 구조재 등에 쓰인다.

④ 응회암은 수성암의 일종이며, 다공질이고 내화도가 높으므로 특수 장식재나 경량골재, 내화재 등에 사용된다.

📝 필기에 자주 출제되는 내용입니다.

73 보통포틀랜드시멘트의 비중에 관한 설명으로 옳지 않은 것은?

① 동일한 시멘트의 경우에 풍화한 것일수록 비중이 작아 진다.
② 일반적으로 3.15 정도이다.
③ 르샤틀리에의 비중병으로 측정된다.
④ 소성온도와 상관없이 일정하며, 제조 직후의 값이 가장 작다.

④ 비중은 소성온도나 성분에 따라 다르며, 동일 시멘트인 경우 풍화한 것일수록 비중이 작아진다.

📝 필기에 자주 출제되는 내용입니다.

74 수밀콘크리트의 배합에 관한 설명으로 옳지 않은 것은?

① 배합은 콘크리트의 소요품질이 얻어지는 범위 내에서 단위수량 및 물-결합재비를 가급적 적게 한다.
② 콘크리트의 소요 슬럼프는 가급적 크게 하고 210mm 이하가 되도록 한다.
③ 콘크리트의 워커빌리티를 개선시키기 위해 공기 연행제, 공기연행 감수제 또는 고성능 공기연행 감수제를 사용하는 경우라도 공기량은 4% 이하가 되게 한다.
④ 물 - 결합재비는 50% 이하를 표준으로 한다.

② 소요 슬럼프는 되도록 작게 하되 180mm를 넘지 않도록 하며, 콘크리트 타설이 용이한 경우는 120mm 이하로 한다.

 참고

수밀콘크리트는 지하실·수중 구조물·지붕 슬래브 등 콘크리트의 수밀성 향상을 목적으로 사용하는 방수제가 혼합된 콘크리트를 말한다.

📝 필기에 자주 출제되는 내용입니다.

75 목재의 방부제 처리법 중 가장 침투깊이가 깊어 방부효과가 크고 내구성이 양호한 것은?

① 침지법   ② 도포법
③ 가압주입법   ④ 상압주입법

 정답 72 ④   73 ④   74 ②   75 ③

* **목재의 방부처리법**
① 주입법 : 방부액을 상압주입 하거나 가압하여 나무 깊이 주입하는 방법
  • 가압주입법 : 압력용기 속에 목재를 넣어 처리하는 방법으로 침투깊이가 깊어 가장 신속하고 **방부효과가 크고 내구성이 양호한 방법**
  • 상압주입법 : **방부약액을 가열하여 주입하는 방법**
  • 생리적 주입법 : 목재의 뿌리에 방부약액을 주입하는 방법
② 침지법 : 방부제 용액 중에 목재를 담그어 공기(산소)를 차단하여 방부 처리하는 방법
③ 도포법 : 목재를 충분히 건조시킨 후 솔 등으로 **약제를 도포**하여 방부 처리하는 방법(**가장 간단한 방법**)
④ 표면탄화법 : 목재표면 3~4mm 정도를 태워 수분을 제거하는 방법

📝 필기에 자주 출제되는 내용입니다.

76 벽, 기둥 등의 모서리를 보호하기 위하여 미장바름질을 할 때 붙이는 보호용 철물은?

① 줄눈대 ② 코너비드
③ 드라이브 핀 ④ 조이너

① 줄눈대 : 인조석 깔기에서의 신축균열 방지나 의장 효과를 위한 철물
② 코너비드 : 벽, 기둥 등의 **모서리 부분의 미장 바름을 보호하기 위하여** 사용하는 모서리 쇠
③ 드라이브 핀 : 화약을 사용한 발사총을 써서 콘크리트 벽이나 벽돌 벽 강재 등에 박아대는 **특수 강재 못**
④ 조이너 : 천장에 보드를 붙인 후 그 **이음새를 감추기 위한 목적으로** 사용

📝 필기에 자주 출제되는 내용입니다.

77 흡음재료의 특성에 대한 설명으로 옳은 것은?

① 유공판재료는 재료내부의 공기진동으로 고음역의 흡음효과를 발휘한다.
② 판상재료는 뒷면의 공기층에 강제진동으로 흡음효과를 발휘한다.
③ 다공질재료는 적당한 크기나 모양의 관통구멍을 일정 간격으로 설치하여 흡음효과를 발휘한다.
④ 유공판재료는 연질섬유판, 흡음텍스가 있다.

② 판상재는 소리를 흡수하기 보다는 저주파의 진동음을 소멸시켜 흡음효과를 낸다. (흡음률이 높지 않다.)

78 다음 접착제 중에서 내수성이 가장 강한 것은?

① 아교 ② 카세인
③ 실리콘수지 ④ 혈액알부민

* **실리콘 수지 접착제**
① 실리콘수지는 **내열성, 내한성이 우수**하여 -60~260℃의 범위에서 안정하다.
② **탄성을 지니고 있고, 내후성도 우수**하다.
③ 발수성(물이 스며들지 않는 성질) 및 내수성(물이 묻어도 젖지 않는 성질)이 가장 강해서 **건축물, 전기절연물 등의 방수에 쓰인다.**
④ 내열성(내화성)이 우수한 **알루미늄을 혼합하여 내열도료로 사용**된다.

📝 필기에 자주 출제되는 내용입니다.

정답 76 ② 77 ② 78 ③

79 시멘트의 저장과 관련된 기준으로 옳지 않은 것은?

① 3개월 이하 단기간 저장한 시멘트는 굳은 덩어리가 있더라도 사용이 가능하다.
② 시멘트를 쌓아올리는 높이는 13포대 이하로 하는 것이 바람직하다.
③ 시멘트의 온도는 일반적으로 50℃정도 이하를 사용하는 것이 좋다.
④ 시멘트는 방습적인 구조로 된 사일로 또는 창고에 품종별로 구분하여 저장하여야 한다.

*시멘트의 저장
① 습기에 영향을 받거나 **3개월 이상 저장한 시멘트는 사용 전 시험을** 해야 한다.
② 저장 중에 조금이라도 굳은 시멘트는 사용하지 않아야 한다.
③ 시멘트를 쌓아올리는 높이는 13포대 이하로 하는 것이 바람직하다.
④ 시멘트의 온도는 일반적으로 **50℃정도 이하를 사용**하는 것이 좋다.
⑤ 시멘트는 **방습적인 구조로 된 사일로 또는 창고에 품종별로 구분하여 저장하여야 한다.**

📝 필기에 자주 출제되는 내용입니다.

80 알루미늄에 관한 설명으로 옳지 않은 것은?

① 250 ~ 300℃에서 풀림한 것은 콘크리트 등의 알칼리에 침식되지 않는다.
② 비중은 철의 1/3 정도이다.
③ 전연성이 좋고 내식성이 우수하다.
④ 온도가 상승함에 따라 인장강도가 급격히 감소하고 600℃에 거의 0이 된다.

*알루미늄(Al)
① 철 비중의 1/3정도의 경량이며, 전·연성이 우수하여 가공하기 쉽다.
② 열, 전기의 양도체이며 반사율이 크다.(열·전기 전도성이 크다.)
③ 내화성이 작고 열팽창이 크다.
④ 산과 알칼리에 약하다.(알칼리나 해수에 침식되기 쉽다.)
⑤ 대기 중에 방치하면 산화알루미늄 피막을 형성하여 **내구적**이다.
⑥ 콘크리트에 접하거나 흙 중에 매몰된 경우에 부식되기 쉽다.
⑦ 순도가 높은 알루미늄일수록 내식성이 좋고 전·연성이 커진다.

📝 필기에 자주 출제되는 내용입니다.

정답 79 ① 80 ①

5과목 건설안전기술

81 다음 중 건설공사관리의 주요 기능이라 볼 수 없는 것은?

① 안전관리 ② 공정관리
③ 품질관리 ④ 재고관리

> *건설공사관리의 주요 기능
> ① 안전관리
> ② 공정관리
> ③ 품질관리

82 사다리를 설치하여 사용함에 있어 사다리 지주 끝에 사용하는 미끄럼 방지재료로 적당하지 않은 것은?

① 고무 ② 코르크
③ 가죽 ④ 비닐

> 비닐은 미끄러짐을 발생시키는 재료로 사다리 끝단에 사용할 수 없다.

83 공사종류 및 규모별 산업안전보건관리비 계상 기준표에서 공사종류의 명칭에 해당되지 않는 것은?

① 건축공사
② 일반건설공사
③ 중건설공사
④ 특수건설공사

*공사종류 및 규모별 산업안전보건관리비 계상기준표

구분 공사 종류	대상액 5억 원 미만인 경우 적용비율(%)	대상액 5억 원 이상 50억 원 미만인 경우 적용비율(%)	대상액 5억 원 이상 50억 원 미만인 경우 기초액	대상액 5억 원 이상인 경우 적용비율(%)	보건관리자 선임 대상 건설공사의 적용비율(%)
건축공사	3.11%	2.28%	4,325천원	2.37%	2.64%
토목공사	3.15%	2.53%	3,300천원	2.60%	2.73%
중건설공사	3.64%	3.05%	2,975천원	3.11%	3.39%
특수건설공사	2.07%	1.59%	2,450천원	1.64%	1.78%

84 안전난간의 구조 및 설치기준으로 옳지 않은 것은?

① 안전난간은 상부난간대, 중간난간대, 발끝막이판, 난간기둥으로 구성할 것
② 상부난간대와 중간난간대는 난간 길이 전체에 걸쳐 바닥면 등과 평행을 유지할 것
③ 발끝막이판은 바닥면 등으로부터 10cm 이상의 높이를 유지할 것
④ 안전난간은 구조적으로 가장 취약한 지점에서 가장 취약한 방향으로 작용하는 80kg 이상의 하중에 견딜 수 있는 튼튼한 구조일 것

정답 81 ④ 82 ④ 83 ② 84 ④

* **안전난간의 구조 및 설치요건**
① 상부 난간대, 중간 난간대, 발끝막이판 및 난간기둥으로 구성할 것
② 상부 난간대
  • 상부 난간대는 바닥면 등으로부터 90센티미터 이상 지점에 설치
  • 상부 난간대를 120센티미터 이하에 설치하는 경우 : 중간 난간대는 상부 난간대와 바닥면 등의 중간에 설치
  • 120센티미터 이상 지점에 설치하는 경우 : 중간 난간대를 2단 이상으로 설치, 난간의 상하 간격은 60센티미터 이하가 되도록 할 것(다만, 난간기둥 간의 간격이 25센티미터 이하인 경우에는 중간 난간대를 설치하지 않을 수 있다.)
③ 발끝막이판은 바닥면 등으로부터 10센티미터 이상의 높이를 유지할 것
④ 난간기둥은 상부 난간대와 중간 난간대를 견고하게 떠받칠 수 있도록 적정한 간격을 유지할 것
⑤ 상부 난간대와 중간 난간대는 난간 길이 전체에 걸쳐 바닥면등과 평행을 유지할 것
⑥ 난간대는 지름 2.7센티미터 이상의 금속제 파이프나 그 이상의 강도가 있는 재료일 것
⑦ 안전난간은 구조적으로 가장 취약한 지점에서 가장 취약한 방향으로 작용하는 100킬로그램 이상의 하중에 견딜 수 있는 튼튼한 구조일 것

85 화물용 승강기를 설계하면서 와이어로프의 안전하중이 10ton이라면 로프의 가닥수를 얼마로 하여야 하는가? (단, 와이어로프 한 가닥의 파단강도는 4ton이며, 화물용 승강기의 와이어로프의 안전율은 6으로 한다.)

① 10가닥 ② 15가닥
③ 20가닥 ④ 30가닥

$$S = \frac{N \times P}{Q}$$

여기서, S : 안전율
N : 로프 가닥수
P : 로프의 파단강도(kg/mm²)
Q : 허용응력(kg/mm²)

$$S = \frac{N \times P}{Q}$$
$$N = \frac{S \times Q}{P} = \frac{6 \times 10}{4} = 15가닥$$

86 현장에서 가설통로의 설치 시 준수사항으로 옳지 않은 것은?

① 건설공사에 사용하는 높이 8m 이상인 비계다리에는 10m 이내마다 계단참을 설치할 것
② 수직갱에 가설된 통로의 길이가 15m 이상인 때에는 10m 이내마다 계단참을 설치할 것
③ 경사가 15°를 초과하는 때에는 미끄러지지 아니하는 구조로 할 것
④ 경사는 30° 이하로 할 것

① 건설공사에 사용하는 높이 8m 이상인 비계다리에는 7m 이내마다 계단참을 설치할 것

실기에도 자주 출제되는 내용입니다. 암기하세요.

87 철골공사의 용접, 용단작업에 사용되는 가스의 용기는 최대 몇 ℃ 이하로 보존해야 하는가?

① 25℃ ② 36℃
③ 40℃ ④ 48℃

가스의 용기는 최대 40℃ 이하로 보존하여야 한다.

88 철골공사에서 기둥의 건립작업 시 앵커볼트를 매립할 때 요구되는 정밀도에서 기둥 중심은 기준선 및 인접기둥의 중심으로부터 얼마 이상 벗어나지 않아야 하는가?

① 3mm ② 5mm
③ 7mm ④ 10mm

기둥중심은 기준선 및 인접기둥의 중심에서 5밀리미터 이상 벗어나지 않을 것

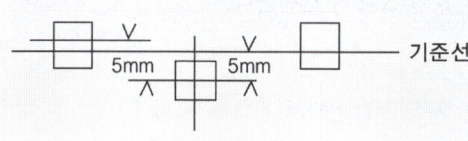

89 철골 작업을 중지해야 할 강설량 기준으로 옳은 것은?

① 강설량이 시간당 1mm 이상인 경우
② 강설량이 시간당 5mm 이상인 경우
③ 강설량이 시간당 1cm 이상인 경우
④ 강설량이 시간당 5cm 이상인 경우

★ 철골작업을 중지해야 하는 조건
① 풍속이 초당 10미터 이상인 경우
② 강우량이 시간당 1밀리미터 이상인 경우
③ 강설량이 시간당 1센티미터 이상인 경우

실기에도 자주 출제되는 내용입니다. 암기하세요.

90 다음은 지붕 위에서의 위험방지를 위한 내용이다. 빈 칸에 알맞은 수치로 옳은 것은?

> 슬레이트, 선라이트(sunlight) 등 강도가 약한 재료 덮은 지붕 위에서 작업을 할 때에 발이 빠지는 등 근로자가 위험해질 우려가 있는 경우 폭( ) 이상의 발판을 설치하거나 추락방호망을 치는 등 근로자의 위험을 방지하기 위하여 필요한 조치를 하여야 한다.

① 20cm ② 25cm
③ 30cm ④ 40cm

★ 지붕 위에서의 위험 방지
사업주는 근로자가 지붕 위에서 작업을 할 때에 추락하거나 넘어질 위험이 있는 경우에는 다음 각 호의 조치를 해야 한다.
① 지붕의 가장자리에 안전난간을 설치할 것
② 채광창(skylight)에는 견고한 구조의 덮개를 설치할 것
③ 슬레이트 등 강도가 약한 재료로 덮은 지붕에는 폭 30센티미터 이상의 발판을 설치할 것

87 ③ 88 ② 89 ③ 90 ③

91 추락재해를 방지하기 위하여 10cm 그물 코인 방망을 설치할 때 방망과 바닥면 사이의 최소 높이로 옳은 것은? (단, 설치된 방망의 단변 방향 길이 L = 2m, 장변방향 방망의 지지간격 A = 3m이다.)

① 2.0m ② 2.4m
③ 3.0m ④ 3.4m

$$\frac{0.85}{4} \times (L+3A) = \frac{0.85}{4} \times (2+3\times3) = 2.3375m$$

> 참고

* **방망의 허용 낙하높이**

높이 종류/조건	낙하높이(H_1)		방망과 바닥면 높이(H_2)		방망의 처짐길이(S)
	단일방망	복합방망	10센티미터 그물코	5센티미터 그물코	
L<A	$\frac{1}{4}(L+2A)$	$\frac{1}{5}(L+2A)$	$\frac{0.85}{4}(L+3A)$	$\frac{0.95}{4}(L+3A)$	$\frac{1}{4}\times\frac{1}{3}(L+2A)$
L≥A	3/4L	3/5L	0.85L	0.95L	3/4L×1/3

92 옥외에 설치되어 있는 주행크레인에 대하여 이탈방지장치를 작동시키는 등 이탈 방지를 위한 조치를 하여야 하는 순간 풍속 기준은?

① 초당 10m 초과
② 초당 20m 초과
③ 초당 30m 초과
④ 초낭 40m 초과

* **악천후 시 조치**
① 순간풍속이 초당 10미터를 초과 : 타워크레인의 설치·수리·점검 또는 해체작업을 중지
② 순간풍속이 초당 15미터를 초과 : 타워크레인의 운전작업을 중지
③ 순간풍속이 초당 30미터를 초과 : 옥외에 설치되어 있는 주행 크레인 이탈방지조치
④ 순간풍속이 초당 30미터를 초과하는 바람이 불거나 중진(中震) 이상 진도의 지진이 있은 후 : 옥외 양중기 각 부위 이상 점검
⑤ 순간풍속이 초당 35미터를 초과 : 옥외 승강기 및 건설용 리프트(지하에 설치되어 있는 것은 제외)에 대하여 받침의 수를 증가시키는 등 승강기가 무너지는 것을 방지하기 위한 조치

93 강재 거푸집과 비교한 합판 거푸집의 특성이 아닌 것은?

① 외기 온도의 영향이 적다.
② 녹이 슬지 않으므로 보관하기가 쉽다.
③ 중량이 무겁다.
④ 보수가 간단하다.

* **철재 거푸집과 비교한 합판 거푸집 장점**
① 녹이 슬지 않으므로 보관하기 쉽다.
② 중량이 가볍다.
③ 보수가 간단하다.
④ 삽입기구(insert)의 삽입이 간단하다.
⑤ 외기온도의 영향이 적다.

정답 91 ② 92 ③ 93 ③

94 이동식 사다리를 설치하여 사용하는 경우의 준수 기준으로 옳지 않은 것은?

① 길이가 6m 초과해서는 안된다.
② 다리의 벌림은 벽 높이의 1/4 정도가 적당하다.
③ 미끄럼방지 발판은 인조고무 등으로 마감한 실내용을 사용하여야 한다.
④ 벽면 상부로부터 최소한 90cm 이상의 연장길이가 있어야 한다.

④ 벽면 상부로부터 최소한 60cm 이상의 연장길이가 있어야 한다.

95 다음은 작업으로 인하여 물체가 떨어지거나 날아올 위험이 있는 경우에 조치하여야 하는 사항이다. 빈 칸에 알맞은 내용으로 옳은 것은?

> 낙하물 방지망 또는 방호선반을 설치하는 경우 높이 10m 이내마다 설치하고, 내민 길이는 벽면으로부터 ( ) 이상으로 할 것

① 2m ② 2.5m
③ 3m ④ 3.5m

* **낙하물방지망 또는 방호선반을 설치 시 준수사항**
① 설치높이는 10미터 이내마다 설치하고, 내민길이는 벽면으로부터 2미터 이상으로 할 것
② 수평면과의 각도는 20도 내지 30도를 유지할 것

📝 실기까지 중요한 내용입니다. 암기하세요.

96 철골조립 공사 중에 볼트작업을 하기 위해 주체인 철골에 매달아서 작업발판으로 이용하는 비계는?

① 달비계 ② 말비계
③ 달대비계 ④ 선반비계

철골에 매달아서 작업발판으로 이용하는 비계 → 달대비계

97 말뚝박기 해머(hammer) 중 연약지반에 적합하고 상대적으로 소음이 적은 것은?

① 드롭 해머(drop hammer)
② 디젤 해머(diesel hammer)
③ 스팀 해머(steam hammer)
④ 바이브로 해머(vibro hammer)

* **바이브로 해머(vibro hammer)**
진동에 의한 말뚝 박기 및 빼기 기구로서 연약지반에 적합하고 상대적으로 소음이 적다.

98 콘크리트의 양생방법이 아닌 것은?

① 습윤 양생 ② 건조 양생
③ 증기 양생 ④ 전기 양생

* **콘크리트의 양생방법**
① 습윤 양생 ② 피막 양생
③ 증기 양생 ④ 전기 양생
⑤ 보온 양생

정답 94 ④ 95 ① 96 ③ 97 ④ 98 ②

99 기계가 서 있는 지면보다 높은 곳을 파는 작업에 가장 적합한 굴착기계는?

① 파워셔블
② 드레그라인
③ 백호우
④ 클램쉘

서 있는 지면보다 높은 곳을 파는 기계 → 파워셔블

> **참고**
>
> ＊ **굴착기계**
> - 높이가 2m 이상인 작업장소의 작업발판 폭 : 40cm 이상
> ① **파워 셔블(power shovel)** : 기계가 서 있는 지반면보다 높은 곳의 땅파기, 굳은 지반 굴착에 적합하다.
> ② **드래그 셔블(drag shovel, 백호)** : 기계가 서 있는 지면보다 낮은 장소의 굴착 및 수중굴착이 가능하다.
> ③ **드래그라인(drag line)** : 기계가 서있는 위치보다 낮은 장소의 굴착에 적당하고 수중굴착 및 연약한 지반의 굴착에 적합하다.
> ④ **클램쉘(clamshell)** : 수중굴착 및 가장 협소하고 깊은 굴착이 가능하며 호퍼(hopper)에 적당하다.

100 토석붕괴의 요인 중 외적 요인이 아닌 것은?

① 토석의 강도 저하
② 사면, 법면의 경사 및 기울기의 증가
③ 절토 및 성토 높이의 증가
④ 공사에 의한 진동 및 반복하중의 증가

> ＊ **토석붕괴의 외적 원인**
> ① 사면, 법면의 경사 및 기울기의 증가
> ② 절토 및 성토 높이의 증가
> ③ 공사에 의한 진동 및 반복 하중의 증가
> ④ 지표수 및 지하수의 침투에 의한 토사 중량의 증가
> ⑤ 지진, 차량, 구조물의 하중작용
> ⑥ 토사 및 암석의 혼합층 두께

> **참고**
>
> ＊ **토석붕괴의 내적 원인**
> ① 절토 사면의 토질·암질
> ② 성토 사면의 토질구성 및 분포
> ③ 토석의 강도 저하

실기까지 중요한 내용입니다. 해설을 다시 확인하세요.

정답 99 ① 100 ①

2016년 2회 최근 기출문제

1과목 산업안전관리론

01 OJT(On The Job Training)에 관한 설명으로 옳은 것은?

① 집합교육형태의 훈련이다.
② 다수의 근로자에게 조직적 훈련이 가능하다.
③ 직장의 실정에 맞게 실제적 훈련이 가능하다.
④ 전문가를 강사로 활용할 수 있다.

* **OJT(On The Job Training)**
직속상사가 부하직원에게 일상업무를 통하여 지식, 기능, 문제해결 능력 및 태도 등을 교육하는 방법으로 개별교육에 적합하다.

참고

OJT의 특징	• 개개인에게 적절한 훈련이 가능하다. • 직장의 실정에 맞는 훈련이 가능하다. • 교육효과가 즉시 업무에 연결된다. • 훈련에 대한 업무의 계속성이 끊어지지 않는다. • 상호 신뢰 이해도가 높다.
OFF JT의 특징	• 다수의 근로자들에게 훈련을 할 수 있다. • 훈련에만 전념하게 된다. • 특별설비기구 이용이 가능하다. • 많은 지식이나 경험을 교류할 수 있다. • 교육 훈련 목표에 대하여 집단적 노력이 흐트러질 수 있다.

자주 출제되는 내용입니다. 해설을 다시 확인하세요.

02 안전관리의 중요성과 가장 거리가 먼 것은?

① 인간존중이라는 인도적인 신념의 실현
② 경영 경제상의 제품의 품질 향상과 생산성 향상
③ 재해로부터 인적 물적 손실 예방
④ 작업환경 개선을 통한 투자 비용 증대

④ 작업환경 개선을 통한 투자 비용 감소

03 피로를 측정하는 방법 중 동작분석, 연속 반응시간 등을 통하여 피로를 측정하는 방법은?

① 생리학적 측정
② 생화학적 측정
③ 심리학적 측정
④ 생역학적 측정

* **심리학적 측정방법**
동작분석, 연속반응시간, 자세변화, 주의력, 집중력 등을 이용한 측정법

정답 01 ③ 02 ④ 03 ③

04 자신에게 약점이나 무능력, 열등감을 위장하여 유리하게 보호함으로써 안정감을 찾으려는 방어적 적응기제에 해당하는 것은?

① 보상 ② 고립
③ 퇴행 ④ 억압

> **＊방어기제**
> • 보상 : 열등감을 다른 곳에서 강점으로 발휘함
> • 합리화 : 자기변명, 자기실패의 합리화, 자기미화
> • 승화 : 열등감과 욕구불만을 사회적으로 바람직한 가치로 나타내는 것
> • 동일시 : 힘 있고 능력 있는 사람을 통해 자기만족을 얻으려 함
> • 투사 : 자신의 열등감을 다른 것에 던져 그것들도 결점이 있음을 발견해서 열등감에서 벗어나려 함

📝 필기에 자주 출제되는 내용입니다.

05 하인리히(Heinrich)의 이론에 의한 재해 발생의 주요 원인에 있어 다음 중 불안전한 행동에 의한 요인이 아닌 것은?

① 권한 없이 행한 조작
② 전문지식의 결여 및 기술, 숙련도 부족
③ 보호구 미착용 및 위험한 장비에서 작업
④ 결함 있는 장비 및 공구의 사용

> 전문지식의 결여 및 기술, 숙련도 부족 → 불안전한 상태

📝 필기에 자주 출제되는 내용입니다.

06 공장 내에 안전·보건표지를 부착하는 주된 이유는?

① 안전의식 고취
② 인간 행동의 변화 통제
③ 공장 내의 환경 정비 목적
④ 능률적인 작업을 유도

> **＊안전표지 사용 목적 : 안전의식 고취**
> ① 유해위험 기계·기구 자재 등의 위험성을 표시하여 작업자로 하여금 예상되는 재해를 사전에 예방
> ② 작업대상의 유해·위험성의 성질에 따라 작업행위를 통제하고 대상물을 신속 용이하게 판별하여 안전한 행동을 하게 함으로써 재해와 사고를 미연에 방지

07 모랄 서베이(Morale Survey)의 주요 방법 중 태도조사법에 해당하는 것은?

① 사례연구법
② 관찰법
③ 실험연구법
④ 문답법

> **＊태도조사법(의견조사)**
> • 모랄서베이에서 가장 많이 사용되는 방법
> • 질문지법(문답법), 면접법, 집단토의법, 투사법에 의해 의견을 조사하는 방법

📝 필기에 자주 출제되는 내용입니다.

정답 04 ① 05 ② 06 ① 07 ④

08 안전모의 종류 중 머리 부위의 감전에 대한 위험을 방지할 수 있는 것은?

① A형
② B형
③ AC형
④ AE형

* 안전인증 안전모의 종류(추락, 감전방지용)

종류 (기호)	사용구분	비고
AB	물체의 낙하 또는 비래 및 추락에 의한 위험을 방지 또는 경감시키기 위한 것	
AE	물체의 낙하 또는 비래에 의한 위험을 방지 또는 경감하고, 머리 부위 감전에 의한 위험을 방지하기 위한 것	내전압성
ABE	물체의 낙하 또는 비래 및 추락에 의한 위험을 방지 또는 경감하고, 머리 부위 감전에 의한 위험을 방지하기 위한 것	내전압성

내전압성이란 7,000V 이하의 전압에 견디는 것을 말한다.

📝 실기까지 중요한 내용입니다. 해설을 다시 확인하세요.

09 산업안전보건법상 사업주가 실시하여야 하는 안전·보건 교육 중 근로자 안전·보건 교육의 교육과정에 해당하시 않는 것은?

① 검사원 정기점검교육
② 특별안전·보건교육
③ 근로자 정기안전·보건교육
④ 작업내용 변경 시의 교육

* 근로자 안전·보건교육의 종류
1. 정기교육
2. 채용 시의 교육
3. 작업내용 변경 시의 교육
4. 특별교육
5. 건설업 기초안전보건교육

📝 실기까지 중요한 내용입니다. 암기하세요.

10 재해예방의 4원칙에 해당되지 않는 것은?

① 손실발생의 원칙
② 원인계기의 원칙
③ 예방가능의 원칙
④ 대책선정의 원칙

* 산업재해 예방의 4원칙
① 예방 가능의 원칙 : 재해는 원칙적으로 원인만 제거되면 예방이 가능하다.
② 손실 우연의 원칙 : 사고의 결과 생기는 상해의 종류와 정도는 사고 발생 시 사고대상의 조건에 따라 우연히 발생한다.
③ 대책 선정의 원칙 : 사고의 원인에 대한 적합한 대책이 선정되어야 한다.
④ 원인 연계의 원칙 : 재해는 직접원인과 간접원인이 연계되어 일어난다.

📝 실기까지 중요한 내용입니다. 암기하세요.

정답  08 ④ 09 ① 10 ①

11 인간의 실수 및 과오의 요인과 직접적인 관계가 가장 먼 것은?

① 관리의 부적당
② 능력의 부족
③ 주의의 부족
④ 환경조건의 부적당

① 관리의 부적당은 인간 실수 및 과오의 간접적인 요인에 해당한다.

12 재해손실비용 중 직접비에 해당되는 것은?

① 인적손실
② 생산손실
③ 산재보상비
④ 특수손실

직접비	간접비
• 치료비 • 휴업급여 • 요양급여 • 유족급여 • 장해급여 • 간병급여 • 직업재활급여 • 상병(傷病)보상연금 • 장의비 등	• 인적 손실비 • 물적 손실비 • 생산 손실비 • 기계, 기구 손실비 등

📝 필기에 자주 출제되는 내용입니다.

13 산업안전보건법상 안전보건관리규정을 작성하여야 할 사업 중에 정보서비스업의 상시 근로자 수는 몇 명 이상인가?

① 50   ② 100
③ 300   ④ 500

* 안전보건관리규정을 작성하여야 할 사업의 종류 및 규모

사업의 종류	규모
1. 농업 2. 어업 3. 소프트웨어 개발 및 공급업 4. 컴퓨터 프로그래밍, 시스템 통합 및 관리업 4의2. 영상 · 오디오물 제공 서비스업 5. 정보서비스업 6. 금융 및 보험업 7. 임대업;부동산 제외 8. 전문, 과학 및 기술 서비스업 (연구개발업은 제외한다) 9. 사업지원 서비스업 10. 사회복지 서비스업	상시 근로자 300명 이상을 사용하는 사업장
11. 제1호부터 제4호까지, 제4호의 2 및 제5호부터 제10호까지의 사업을 제외한 사업	상시 근로자 100명 이상을 사용하는 사업장

📝 실기까지 중요한 내용입니다.

정답 11 ① 12 ③ 13 ③

14 도수율이 12.57, 강도율이 17.45인 사업장에서 1명의 근로자가 평생 근무한다면 며칠의 근로손실이 발생하겠는가? (단, 1인 근로자의 평생근로시간은 10^5시간이다.)

① 1,257일 ② 126일
③ 1,745일 ④ 175일

★ 환산 강도율(S)
① 일평생 근로하는 동안의 근로손실일수를 말한다.
② 환산 강도율(S) = $\dfrac{총\ 요양\ 근로손실일\ 수}{연\ 근로시간\ 수}$ × 평생 근로시간수(100,000)
③ 환산 강도율 = 강도율 × 100

환산 강도율 = 강도율 × 100
= 17.45 × 100 = 1,745일

📝 실기에도 자주 출제되는 중요한 내용입니다.

15 토의식 교육지도에 있어서 가장 시간이 많이 소요되는 단계는?

① 도입 ② 제시
③ 적용 ④ 확인

토의법 : 적용(시켜봄)단계에서 가장 많은 시간을 소비한다.

참고
강의법 : 제시단계(설명)에서 가장 많은 시간을 소비한다.

📝 필기에 자주 출제되는 내용입니다.

16 인지과정 착오의 요인이 아닌 것은?

① 정서 불안정
② 감각차단 현상
③ 작업자의 기능 미숙
④ 생리·심리적 능력의 한계

★ 인간 착오요인

인지과정 착오의 요인	• 정보량 저장의 한계 • 감각 차단 현상 • 정서적 불안정(공포, 불안, 불만 등) • 생리, 심리적 능력의 한계 (정보 수용 능력의 한계)
판단과정 착오요인	• 자기 합리화 • 능력 부족 • 정보 부족 • 자기 과신
조작과정의 착오 요인	• 작업자의 기능 미숙(기술 부족) • 작업경험 부족 • 피로
심리적, 기타 요인	• 불안·공포·과로·수면부족 등

📝 필기에 자주 출제되는 내용입니다.

17 적응기제에서 방어기제가 아닌 것은?

① 보상 ② 고립
③ 합리화 ④ 동일시

도피기제	방어기제
• 억압 • 퇴행 • 백일몽 • 고립(거부)	• 보상 • 합리화 • 승화 • 동일시 • 투사

📝 필기에 자주 출제되는 내용입니다.

정답 14 ③ 15 ③ 16 ③ 17 ②

18 위험예지훈련 기초 4라운드(4R)에서 라운드별 내용이 바르게 연결된 것은?

① 1라운드 : 현상파악
② 2라운드 : 대책수립
③ 3라운드 : 목표설정
④ 4라운드 : 본질추구

* 위험예지훈련 기초 4라운드(4R)
1단계 : 현상 파악
2단계 : 요인 조사(본질 추구)
3단계 : 대책 수립
4단계 : 행동목표 설정(합의 요약)

실기까지 중요한 내용입니다. 암기하세요.

19 자율검사프로그램을 인정받으려는 자가 한국산업안전보건공단에 제출해야 하는 서류가 아닌 것은?

① 안전검사대상 유해·위험기계 등의 보유 현황
② 유해·위험기계 등의 검사 주기 및 검사 기준
③ 안전검사대상 유해·위험기계의 사용 실적
④ 향후 2년간 검사대상 유해·위험기계 등의 검사 수행계획

자율검사프로그램을 인정받으려는 자는 다음 각 호의 내용이 포함된 서류 2부를 공단에 제출하여야 한다.
① 안전검사대상 유해·위험기계 등의 보유 현황
② 검사원 보유 현황과 검사를 할 수 있는 장비 및 장비 관리방법
③ 유해·위험기계 등의 검사 주기 및 검사기준
④ 향후 2년간 검사대상 유해·위험기계 등의 검사수행계획
⑤ 과거 2년간 자율검사프로그램 수행 실적

실기까지 중요한 내용입니다. 해설을 다시 확인하세요.

20 ERG(Existence Relation Growth)이론을 주장한 사람은?

① 매슬로(Maslow)
② 맥그리거(McGregor)
③ 테일러(Taylor)
④ 알더퍼(Alderfer)

* 알더퍼의 E.R.G이론
① 생존 욕구(존재 욕구) : 의식주, 봉급, 직무안전
② 관계 욕구 : 대인관계
③ 성장 욕구 : 개인적 발전

필기에 자주 출제되는 내용입니다.

정답 18 ① 19 ③ 20 ④

2과목 인간공학 및 시스템안전공학

21 실효온도(ET)의 결정요소가 아닌 것은?

① 온도 ② 습도
③ 대류 ④ 복사

★ 실효온도의 결정요소
온도, 습도, 대류(공기 유동)

📌 필기에 자주 출제되는 내용입니다.

22 창문을 통해 들어오는 직사 휘광을 처리하는 방법으로 가장 거리가 먼 것은?

① 창문을 높이 단다.
② 간접 조명 수준을 높인다.
③ 차양이나 발(blind)을 사용한다.
④ 옥외 창 위에 드리우개(overhang)를 설치한다.

★ 창문으로부터 직사 휘광 처리법
- 창문을 높이 단다.
- 외부에 드리우개(overhang)를 설치한다.
- 창 안쪽에 수직날개(fin)를 설치한다.
- 차양, 발(blind)을 사용한다.

📌 필기에 자주 출제되는 내용입니다.

23 녹색과 적색의 두 신호가 있는 신호등에서 1시간 동안 적색과 녹색이 각각 30분씩 켜진다면 이 신호등의 정보량은?

① 0.5bit ② 1bit
③ 2bit ④ 4bit

$$\text{총 정보량 } H = \sum P_i \log_2 \left(\frac{1}{P_i}\right)$$

여기서, P_i : 각 대안의 실현확률

$H = \left(0.5 \times \log_2 \frac{1}{0.5}\right) + \left(0.5 \times \log_2 \frac{1}{0.5}\right)$
$= 1\text{bit}$

24 건강한 남성이 8시간 동안 특정 작업을 실시하고, 산소소비량이 1.2L/분으로 나타났다면 8시간동안 총 작업시간에 포함되어야 할 최소 휴식시간은? (단 남성의 권장 평균 에너지소비량은 5kcal/분, 안정 시 에너지소비량은 1.5kcal/분으로 가정한다.)

① 107분 ② 117분
③ 127분 ④ 137분

$$\text{휴식시간}(R) = \frac{60 \times (E-5)}{E-1.5} \text{ [분]}$$

- 1.5 : 휴식 중의 에너지 소비량
- 5[kcal/분] : 보통 작업에 대한 평균 에너지
- 60 : 작업시간
- E[kcal/분] : 문제에서 주어진 작업 시 필요한 에너지

1. $E = 1.2\text{L/분} \times 5\text{kcal/L} = 6\text{kcal/분}$
   (산소 1L의 에너지 : 5kcal)

2. 1시간 작업 중 휴식시간
   $R = \frac{60 \times (6-5)}{6-1.5} = \frac{60}{4.5} = 13.33\text{분}$

3. 8시간 작업하는 동안의 휴식시간
   $= 13.33 \times 8 = 106.64\text{분}$

📌 필기에 자주 출제되는 내용입니다.

 21 ④ 22 ② 23 ② 24 ①

25 사고의 발단이 되는 초기 사상이 발생할 경우 그 영향이 시스템에서 어떤 결과(정상 또는 고장)로 진전해 가는지를 낱낱이가 갈라지는 형태로 분석하는 방법은?

① FTA ② PHA
③ FHA ④ ETA

* **ETA(사상수 분석법)**
사상의 안전도를 사용하여 시스템의 안전도 나타내는 귀납적 · 정량적인 분석법

📝 필기에 자주 출제되는 내용입니다.

26 청각 신호의 수신과 관련된 인간의 기능으로 볼 수 없는 것은?

① 감응(detection)
② 순응(adaptation)
③ 위치 판별(directional judgement)
④ 절대적 식별(absolute judgement)

* **순응(adaptation)**
눈의 망막이 광량의 변화에 익숙해져 가는 과정

27 조종장치의 저항 중 갑작스런 속도의 변화를 막고 부드러운 제어 동작을 유지하게 해주는 저항을 무엇이라 하는가?

① 점성저항 ② 관성저항
③ 마찰저항 ④ 탄성저항

갑작스런 속도의 변화를 막고 부드러운 제어 동작을 유지하게 해주는 저항 → 점성저항

28 과전압이 걸리면 전기를 차단하는 차단기, 퓨즈 등을 설치하여 오류가 재해로 이어지지 않도록 사고를 예방하는 설계 원칙은?

① 에러복구 설계
② 풀-프루프(fool-proof) 설계
③ 페일-세이프(fail-safe) 설계
④ 템퍼-프루프(temper proof) 설계

* **페일세이프(Fail-Safe)**
기계설비에 결함이 발생되더라도 사고가 발생되지 않도록 2중, 3중으로 통제를 가한다.

> [참고]
> 풀 프루프(Fool proof) : 인간의 실수가 있더라도 사고로 연결되지 않도록 2중, 3중으로 통제를 가한다.

📝 필기에 자주 출제되는 내용입니다.

29 인간공학적 수공구의 설계에 관한 설명으로 맞는 것은?

① 손잡이 크기를 수공구 크기에 맞추어 설계한다.
② 수공구 사용 시 무게 균형이 유지되도록 설계한다.
③ 정밀 작업용 수공구의 손잡이는 직경을 5mm 이하로 한다.
④ 힘을 요하는 수공구의 손잡이는 직경을 60mm 이상으로 한다.

정답 25 ④ 26 ② 27 ① 28 ③ 29 ②

* 수공구의 설계 원칙
① 손목을 곧게 유지한다.
② 손바닥에 가해지는 압력을 줄인다.
③ 손가락의 반복 사용을 피한다.
④ 손잡이는 손바닥과의 접촉 면적이 크게 설계한다.
⑤ 공구의 무게를 줄이고 **사용 시 균형이 유지되도록** 한다.
⑥ 손잡이 단면은 원형 또는 타원형으로 한다.
⑦ 동력공구의 손잡이는 두 손가락 이상으로 작동하도록 한다.
⑧ 손잡이 직경은 30~45mm 크기가 적당하다.(정밀 작업 시는 5~12mm, 회전력이 필요한 대 스크루 드라이버 같은 공구는 50~60mm)

30 일반적으로 의자설계의 원칙에서 고려해야 할 사항과 거리가 먼 것은?

① 체중분포에 관한 사항
② 상반신의 안정에 관한 사항
③ 개인차의 반영에 관한 사항
④ 의자 좌판의 높이에 관한 사항

* 의자설계의 원칙
① 체중 분포
② 의자 좌판의 높이
③ 의자 좌판의 깊이(길이)와 폭
④ 몸통의 안정

31 인간이 현존하는 기계를 능가하는 기능으로 거리가 먼 것은?

① 완전히 새로운 해결책을 도출할 수 있다.
② 원칙을 적용하여 다양한 문제를 해결할 수 있다.
③ 여러 개의 프로그램 된 활동을 동시에 수행할 수 있다.
④ 상황에 따라 변하는 복잡한 자극 형태를 식별할 수 있다.

③ 여러 개의 프로그램 된 활동을 동시에 수행할 수 있다. → 기계의 장점

> 참고

* 인간-기계의 기능 비교

구분	인간의 장점	기계의 장점
감지 기능	• 저에너지 자극감지 • 다양한 자극 식별 • 예기치 못한 사건 감지	• 인간의 감지범위 밖의 자극감지 • 인간, 기계의 모니터 기능
정보 처리 결정	• 많은 양의 정보 장시간 보관 • 귀납적, 다양한 문제 해결	• 정보 신속 대량 보관 • 연역적, 정량적
행동 기능	• 과부하 상태에서는 중요한 일에만 집념할 수 있다.	• 과부하에서 효율적 작동 • 장시간 중량 작업, 반복. 동시 여러가지 작업을 수행 가능

 자주 출제되는 내용입니다. 해설을 다시 확인하세요.

정답 30 ③ 31 ③

32 FTA의 논리게이트 중에서 3개 이상의 입력사상 중 2개가 일어나면 출력이 나오는 것은?

① 억제 게이트
② 조합 AND 게이트
③ 배타적 OR 게이트
④ 우선적 AND 게이트

기호	명명	기호설명
	억제게이트	이 게이트의 출력사상은 한 개의 입력사상에 의해 발생하며, 입력사상이 출력사상을 생성하기 전에 특정조건을 만족하여야 하는 논리게이트
	우선적 AND게이트	입력사상이 특정 순서대로 발생한 경우에만 출력사상이 발생하는 논리게이트
	배타적 OR 게이트	입력사상 중 오직 한 개의 발생으로만 출력사상이 생성되는 논리게이트
	조합 AND 게이트	3개 이상의 입력 중 2개가 일어나면 출력이 생긴다.

📝 자주 출제되는 내용입니다. 해설을 다시 확인하세요.

33 시스템 수명주기에서 예비위험분석을 적용하는 단계는?

① 구상단계
② 개발단계
③ 생산단계
④ 운전단계

예비위험분석(PHA) : 모든 시스템 안전 프로그램의 **최초 단계(설계단계, 구상단계)**에서 실시하는 분석법

📝 필기에 자주 출제되는 내용입니다.

34 표시 값의 변화 방향이나 변화 속도를 관찰할 필요가 있는 경우에 가장 적합한 표시장치는?

① 동목형 표시장치
② 계수형 표시장치
③ 묘사형 표시장치
④ 동침형 표시장치

변화 방향이나 변화 속도를 관찰 → 정목동침형 표시장치

> **참고**
> * **정량적 표시장치**
> ① 정목동침형 : 눈금은 고정, 지침이 움직이는 형태
> ② 정침동목형 : 지침은 고정, 눈금이 움직이는 형태
> ③ 계수형 : 전력계, 택시요금 계기와 같이 숫자가 정확히 표시되는 형태

정답 32 ② 33 ① 34 ④

35 음압의 세기인 데시벨(dB)을 측정할 때 기준 음압의 주파수는?

① 10Hz
② 100Hz
③ 1,000Hz
④ 10,000Hz

기준 음압의 주파수 → 1,000Hz

36 FT도에서 정상사상 A의 발생확률은?
(단, 사상 B_1의 발생확률은 0.3이고, B_2의 발생확률은 0.2이다.)

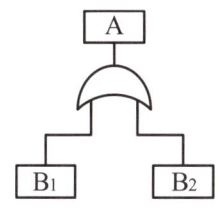

① 0.06　　② 0.44
③ 0.56　　④ 0.94

$A = 1 - (1 - B_1) \times (1 - B_2)$
$ = 1 - (1 - 0.3) \times (1 - 0.2) = 0.44$

필기에 자주 출제되는 내용입니다.

37 결함수 분석의 컷셋(cut set)과 패스셋(path set)에 관한 설명으로 틀린 것은?

① 최소 컷셋은 시스템의 위험성을 나타낸다.
② 최소 패스셋은 시스템의 신뢰도를 나타낸다.
③ 최소 패스셋은 정상사상을 일으키는 최소한의 사상 집합을 의미한다.
④ 최소 컷셋은 반복사상이 없는 경우 일반적으로 퍼셀(Fussell) 알고리즘을 이용하여 구한다.

정상사상을 일으키는 최소한의 사상 집합 → 최소 컷셋

참고

(1) 컷셋(Cut Set)
- 정상사상을 발생시키는 기본사상의 집합

(2) 미니멀 컷(Minimal Cut Set)
- 정상사상을 일으키기 위한 기본사상의 최소집합(최소한의 컷)
- 시스템의 위험성을 나타낸다.

(3) 패스셋(Path Set)
- 시스템의 고장(정상사상)을 일으키지 않는 기본사상들의 집합

(4) 미니멀 패스(Minimal Path Set)
- 시스템의 기능을 살리는 최소한의 집합(최소한의 패스)
- 시스템의 신뢰성 나타낸다.

필기에 자주 출제되는 내용입니다.

38 인적 오류로 인한 사고를 예방하기 위한 대책 중 성격이 다른 것은?

① 작업의 모의훈련
② 정보의 피드백 개선
③ 설비의 위험요인 개선
④ 적합한 인체측정치 적용

① 근로자 측면의 대책
②, ③, ④ 인간공학 설계, 정보관리 측면의 대책

39 설비보전 방식의 유형 중 궁극적으로는 설비의 설계, 제작 단계에서 보전 활동이 불필요한 체계를 목표로 하는 것은?

① 개량보전(corrective maintenance)
② 예방보전(preventive maintenance)
③ 사후보전(break-down maintenance)
④ 보전예방(maintenance prevention)

＊**보전예방(Maintenance Prevention ; MP)**
- 신규설비의 계획과 건설을 할 때 보전정보나 새로운 기술을 도입하여 열화손실을 적게 하는 보전 활동이다.
- 우수한 설비의 선정, 조달 또는 설계를 통하여 궁극적으로 설비의 설계, 제작 단계에서 보전활동이 불필요한 체제를 목표로 한 보전활동이다.

📝 필기에 자주 출제되는 내용입니다.

참고

1. 개량보전(CM : Corrective maintenance)
   설비의 재질이나 형상의 개량, 설계변경 등에 의한 설비의 체질을 개선하여 설비의 생산성을 높이기 위한 보전 활동이다.

2. 사후보전(BM : Break-down maintenance)
   시스템 내지 부품이 고장에 의해 정지 또는 유해한 성능저하를 초래한 뒤 수리를 하는 보전 활동이다.

3. 예방보전(PM : Preventive maintenance)
   시스템 또는 부품의 사용 중 고장 또는 정지와 같은 사고를 미리 방지하거나, 품목을 사용가능상태로 유지하기 위하여 계획적으로 하는 보전 활동이다.

40 그림의 부품 A, B, C 로 구성된 시스템의 신뢰도는? (단, 부품 A의 신뢰도는 0.85, 부품 B와 C의 신뢰도는 각각 0.9이다.)

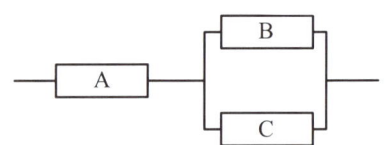

① 0.8415 ② 0.8425
③ 0.8515 ④ 0.8525

R = A × { 1 − (1 − B) × (1 − C) }
  = 0.85 × { 1 − (1 − 0.9) × (1 − 0.9) }
  = 0.8415

📝 필기에 자주 출제되는 내용입니다.

3과목 건설시공학

41 철골조와 목조건축에서는 지붕대들보를 올릴 때 행하는 의식이며, 철근콘크리트조에서는 최상층의 거푸집 혹은 철근배근 시 또는 콘크리트를 타설한 후 행하는 식은?

① 상량식(上梁式)
② 착공식(着工式)
③ 정초식(定礎式)
④ 준공식(竣工式)

*상량식(上梁式)
철골조와 목조건축에서는 **지붕대들보를 올리는 의식이며,** 철근콘크리트조에서는 **최상층의 거푸집 혹은 철근배근 시 또는 콘크리트를 타설한 후 행하는 의식**을 말한다.

42 다음 중 사운딩 시험방법과 가장 거리가 먼 것은?

① 표준관입시험
② 공내 재하시험
③ 콘 관입 시험
④ 베인 전단시험

*관입저항시험(sounding test)
Rod 끝에 설치된 **저항체를 땅속에 삽입하여 회전, 빼올리기 등의 저항력으로 토층의 성상을 탐사, 판별**하는 방법을 말한다.

정적 사운딩 (점성토에 적용)	동적 사운딩 (사질토에 적용)
① 단관 원추(콘) 관입시험 ② 화란식 원추(콘) 관입시험 ③ 스웨덴식 관입시험 ④ 이스키 미터 ⑤ 베인 테스트	① 표준관입 시험 ② 동적 원추관 시험

참고

*공내 재하시험
시추공을 이용하여 시추공의 공벽을 수평방향으로 가압하고 가압 하중에 의하여 발생되는 공벽의 변위량을 측정하여 지층별 변형계수를 구하는 시험이다.

43 공사 관리기법 중 VE(Value Engineering) 가치향상의 방법으로 옳지 않은 것은?

① 기능은 올리고 비용은 내린다.
② 기능은 많이 내리고 비용은 조금 내린다.
③ 기능은 많이 올리고 비용은 약간 올린다.
④ 기능은 일정하게 하고 비용은 내린다.

*VE(Value Engineering) 가치향상의 방법
① 기능을 올리고 비용을 내린다.
② 기능은 일정하고 비용을 내린다.
③ 비용은 일정하고 기능을 높인다.
④ 비용은 다소 올리고 기능은 큰 폭으로 높인다.

정답 41 ① 42 ② 43 ②

> **참고**
>
> *** VE에서의 가치**
> 가치란 제품, 작업활동, 성능, 효용 등에 대한 본래의 값을 의미한다.
>
> $$가치(V) = \frac{기능(F)}{비용(코스트 : C)}$$

44 철근콘크리트 구조용으로 쓰이는 것으로 보기 어려운 것은?

① 피아노 선(piano wire)
② 원형철근(round bar)
③ 이형철근(round bar)
④ 메탈라스(metal lath)

④ 메탈라스(metal lath)는 미장공사를 할 때 사용되는 연강제이다.

45 공사에 필요한 특기 시방서에 기재하지 않아도 되는 사항은?

① 인도시 검사 및 인도시기
② 각 부위별 시공방법
③ 각 부위별 사용재료
④ 사용재료의 품질

1. **특기 시방서** : 당해 공사의 특수한 조건에 따라 표준 시방서에 대하여 추가, 변경, 삭제를 규정한 시방서를 말한다.
2. **특기 시방서 기재 사항**
① 각 부위별 시공방법
② 각 부위별 사용재료
③ 사용재료의 품질

46 초고층 건물의 콘크리트 타설시 가장 많이 이용되고 있는 방식은?

① 자유낙하에 의한 방식
② 피스톤으로 압송하는 방식
③ 튜브속의 콘크리트를 짜내는 방식
④ 물의 압력에 의한 방식

초고층 건물의 콘크리트 타설에는 피스톤으로 압송하는 방식이 가장 많이 이용된다.

47 공사의 진척에 따라 정해진 시기에 실비와 이 실비에 미리 계약된 비율로 곱한 금액을 보수로서 시공자에게 지불하는 실비정산식 시공계약제도는?

① 실비비율보수가산식
② 실비한정비율보수가산식
③ 실비정액보수가산식
④ 단가도급식

실비정산 보수가산식 도급 : 실비와 보수를 분리하여 지급하는 형태의 계약을 말한다.

① **실비 비율 보수가산식** : 공사실비+(공사실비×비율보수)
  • 공사 진척에 따라 정해진 실비와 이 실비에 미리 계약된 비율을 곱한 금액을 시공자에게 보수로 지불하는 방식
② **실비 정액(정산) 보수가산식** : 공사실비+정액보수
  • 공사실비를 정산하고 약정에 의한 비율 또는 정액의 보수를 지급하는 방식

정답 44 ④ 45 ① 46 ② 47 ①

③ 실비 한정비율 보수가산식 : 한정된 실비+(한정된 실비×비율보수)
- 실비에 제한을 붙이고 시공자에게 제한된 금액 이내에 공사를 완성할 책임을 주는 공사방식

④ 실비 준동률 보수가산식 : 공사 실비+(공사 실비×Variable)
- 실비를 단계별로 나누어 해당 구간에 따른 보수 비율을 적용하는 방식

> 필기에 자주 출제되는 내용입니다.

48 벽과 바닥의 콘크리트 타설을 한 번에 가능하도록 벽체용 거푸집과 슬래브 거푸집을 일체로 제작하여 한 번에 설치하고 해체할 수 있도록 한 시스템거푸집은?

① 갱폼　　② 클라이밍폼
③ 슬립폼　　④ 터널폼

* **터널 폼(Tunnel Form)**
한 구획 전체의 **벽판과 바닥판**을 ㄱ자형 또는 ㄷ자형으로 짜서 이동시키는 형태의 기성재 거푸집이다.(벽체, 슬래브(바닥) 거푸집을 일체로 제작하여 한 번에 설치, 해체할 수 있는 거푸집)

> 참고

1. 갱 폼(Gang Form) : 외부벽체 거푸집과 작업발판용 케이지(Cage)를 일체로 제작하여 사용하는 대형 거푸집을 말한다.
2. 슬립폼(Slip Form) : 활동식 거푸집(Sliding Form)의 일종으로 콘크리트 타설 후 거푸집을 상방향으로 이동시키면서 연속적으로 콘크리트를 타설하여 구조물을 완성시키는 공법이다.(돌출물이 있는 건축물에 적용할 수 있다.)

3. 클라이밍 폼(Climbing form) : 벽체용 거푸집으로 거푸집(갱폼)에 비계 틀을 일체로 조립·제작한 거푸집을 말한다.

> 필기에 자주 출제되는 내용입니다.

49 흙막이 벽에 사용되는 계측장비의 연결이 옳은 것은?

① 두부변형·침하 - 트랜싯
② 측압·수동토압 - 변형계
③ 응력 - 경사계
④ 중간부 변형·레벨

① 두부변형 · 침하 – 트랜싯
② 측압 · 수동토압 – 토압계
③ 응력변화의 측정 – 변형률계(Strain-gauge)
④ 중간부 변형 – 지중 수평 변위계(Iclino-meter)

> 참고

* **계측기 종류 및 용도**

계측기	용도
균열 측정기 (Crack-gauge)	주변 구조물, 지반 등에 균열발생시 균열크기와 변화를 정밀측정 확인
경사계(Tilt-meter), 트랜싯(Transit)	구조물의 경사각 및 변형 상태를 계측
지하 수위계 (Water level meter)	지하수위 변화를 실측하여 각종 계측자료에 이용
지중 수평 변위계 (Iclino-meter)	인접지반 수평 변위량과 위치, 방향 및 크기를 실측하여 토류구조물 각 지점의 응력상태 판단
토압계 (Earth pressure-cell)	토압의 변화를 측정하여 이들 부재의 안정상태 확인

정답　48 ④　49 ①

변형률계 (Strain-gauge)	토류 구조물의 각 부재와 인근 구조물의 각 지점 및 타설 콘크리트 등의 응력변화를 측정	회전식 보링 (rotary boring)	• 천공날을 회전시켜 천공하는 공법으로 가장 많이 사용되는 방법이다. • 불교란 시료 채취, 암석 채취 등에 많이 쓰인다. • 지질의 상태를 가장 정확히 파악할 수 있다.
하중계 (load-cell)	스트럿(Strut) 또는 어스앵커(Earth anchor) 등의 축 하중 변화를 측정하는 기구		
지주 하중계 (Strut load-cell)	Strut의 축 하중 변화상태를 측정	수세식 보링 (wash boring)	• 보링 내 선단에서 물을 뿜어내어 나온 진흙물을 침전시켜 토질을 분석하는 방법이다. • 깊은 지층조사가 가능하다.(30m까지의 연질 층에 주로 쓰인다.)
어스앙카 하중계 (Earth-anchor load-cell)	Earth Anchor의 축 하중 변화상태를 측정		
간극 수압계 (Piezometer)	굴착에 따른 과잉 간극수압의 변화를 측정		
층별 침하계 (Extensometer)	인접지층의 각 지층별 침하량의 변동상태를 확인	충격식 보링 (percussion boring)	• 낙하, 충격에 의해 파쇄되는 토사나 암석을 이용하여 분석하는 방법이다.
지표 침하계 (Settlement Plate)	지표면의 침하량 절대치의 변화를 측정		
진동 소음측정기 (Sound levelmeter)	굴착, 발파 및 장비이동에 따른 진동과 소음을 측정	오거 보링 (auger boring)	• 송곳(auger)을 이용해 깊이 10[m] 이내의 시추에 사용되며 얕은 점토층의 분석에 사용된다.

50 지반조사 방법 중 보링에 관한 설명으로 옳지 않은 것은?

① 보링은 지질이나 지층의 상태를 비교적 깊은 곳까지도 정확하게 확인할 수 있다.
② 충격식 보링은 토사를 분쇄하지 않고 연속적으로 채취할 수 있으므로 가장 정확한 방법이다.
③ 회전식 보링은 불교란 시료 채취, 암석 채취 등에 많이 쓰인다.
④ 수세식 보링은 30m까지의 연질 층에 주로 쓰인다.

> 참고
>
> * 보링
>
> 지중에 철판을 꽂아 천공하면서 토사를 채취하여 지반조사를 하는 방법으로 지질이나 지층의 상태를 깊은 곳까지도 정확하게 확인할 수 있다.

📝 필기에 자주 출제되는 내용입니다.

정답 50 ②

51 콘크리트 공사에서 비교적 간단한 구조의 합판거푸집을 적용할 때 사용되며 측압력을 부담하지 않고 단지 거푸집의 간격만 유지시켜 주는 역할을 하는 것은?

① 컬럼밴드 ② 턴버클
③ 폼타이   ④ 세퍼레이터

격리재(separator) : 거푸집 상호간의 간격을 일정하게 유지하는데 사용된다.

 필기에 자주 출제되는 내용입니다.

52 토량 6,000m³을 8톤 트럭으로 운반할 때 필요한 트럭 대수는? (단, 8톤 트럭 1대의 적재량은 6m³이고 트럭은 5회 운행함).

① 120 대   ② 150 대
③ 180 대   ④ 200 대

1. 8톤 트럭 1대의 5회 운반량 = 6m³ × 5회 = 30m³
2. 토량 6,000m³을 운반하기 위한 트럭 대수
   6,000m³ ÷ 30m³ = 200(대)

53 지하연속벽(slurry wall)공법에 관한 설명으로 옳지 않은 것은?

① 도심지 공사에서 탑다운 공법과 같이 병행할 수 있다.
② 난변강성이 높고 지수성이 뛰어나다.
③ 벽 두께를 자유로이 설계하기 어렵다.
④ 공사비가 비교적 높고 공기가 불리한 편이다.

* **슬러리월 공법(지하연속벽 공법)**
① 벤토나이트 안정액을 사용하여 지반의 붕괴를 방지하면서 굴착한 후 그 속에 철근망을 삽입하고 콘크리트를 타설하여 흙막이 벽체를 형성하는 공법을 말한다.
② 흙막이 벽 자체의 강도, 강성이 우수하기 때문에 연약지반의 변형 및 이면침하를 최소한으로 억제할 수 있다.
③ 차수성이 좋아 지하수가 많은 지반에도 사용할 수 있다.
④ 시공 시 소음, 진동이 작다.
⑤ 인접건물 경계선까지 시공이 가능하다.
⑥ 암반을 포함한 대부분의 지반에 시공이 가능하다.
⑦ 도심지 공사에서 탑다운 공법과 같이 병행할 수 있다.
⑧ 공사비가 비교적 높고 공기가 불리한 편이다.
⑨ 벽 두께를 자유로이 설계할 수 있고 불균일한 평면 형상이라도 쉽게 시공이 가능하다.

 필기에 자주 출제되는 내용입니다.

54 철골공사 중 고력볼트접합에 관한 설명으로 옳지 않은 것은?

① 고력볼트 세트의 구성은 고력볼트 1개, 너트 1개 및 와셔 2개로 구성한다.
② 접합방식의 종류는 마찰접합, 지압접합, 인장접합이 있다.
③ 볼트의 호칭지름에 의한 분류는 D16, D20, D22, D24로 한다.
④ 조임은 토크관리법과 너트회전법에 따른다.

③ 볼트의 호칭지름에 의한 분류는 M16, M20, M22, M24, M27로 한다.

 정답 51 ④ 52 ④ 53 ③ 54 ③

> **참고**
>
> 고장력 볼트접합 : 고장력 볼트를 조여서 생기는 인장력으로 접합재 상호간에 발생하는 마찰력에 의해 접합하는 방식을 말한다.

55 강말뚝(H형강, 강관말뚝)에 관한 설명 중 옳지 않은 것은?

① 깊은 지지층까지 도달시킬 수 있다.
② 휨강성이 크고 수평하중과 충격력에 대한 저항이 크다.
③ 부식에 대한 내구성이 뛰어나다.
④ 재질이 균일하고 절단과 이음이 쉽다.

* 보강 말뚝
[강관말뚝(steel pipe pile), H형강말뚝(H-steel pile)]
① 원심력 철근 콘크리트(RC)말뚝에 비하여 가볍고 운반 및 시공이 용이하다.
② 깊은 지지층까지 도달시킬 수 있다.
③ 휨 강성이 크고 수평하중과 충격력에 대한 저항이 크다.
④ 재질이 균일하고 절단과 이음이 쉽다.(상부구조와 결합이 쉽고 이음이 우수)
⑤ 부식에 대한 내구성이 부족하여 부식방지 대책이 필요하다.

📌 필기에 자주 출제되는 내용입니다.

56 레디믹스트 콘크리트 중 믹싱플랜트에서 어느 정도 비빈 것을 트럭믹서에 실어 운반 도중 완전히 비벼 만드는 것은?

① 제너럴믹스트 콘크리트
② 센트럴믹스트 콘크리트
③ 쉬링크믹스트 콘크리트
④ 트랜싯믹스트 콘크리트

* 레디믹스트 콘크리트

쉬링크 믹스트 콘크리트	믹싱 플랜트 고정믹서에서 어느 정도 비빈 것을 트럭믹서에 실어 운반 도중 완전히 비비는 것을 말한다.
센트럴 믹스트 콘크리트	믹싱 플랜트 고정믹서로 비빔이 완료된 것을 트럭애지테이터로 운반하는 것을 말한다.
트랜싯믹스트 콘크리트	공장에서 재료를 싣고 주로 주행 중에 믹서차(transit-mixer truck)에서 비빈 것을 말한다.

57 다음 중 철골 공사와 관계가 없는 것은?

① 가이데릭(Gay derrick)
② 고력 볼트(High tension bolt)
③ 맞댐 용접(Butt welding)
④ 램머(Rammer)

램머(Rammer) : 성토한 구석, 도랑 등 좁은 장소의 다짐이나 기초조약돌의 다짐에 사용된다.

정답 55 ③ 56 ③ 57 ④

58 보일링(boiling)이나 부풀어 오름을 방지하기 위한 대책으로 옳지 않은 것은?

① 흙막이 벽의 타입 깊이를 늘린다.
② 흙막이 외부의 지반면을 진동 가압한다.
③ 웰포인트 공법으로 지하수위를 낮춘다.
④ 약액주입 등으로 굴착지면을 지수한다.

보일링현상 발생원인	보일링현상 방지책
① 배면지반과 터파기 저면과의 수위차	① 지하수위 저하 : 웰포인트 공법으로 지하수위를 낮춘다.
② 포화지반 및 지하수위가 높은 경우	② 지하수 흐름 변경 : 약액주입 등으로 굴착지면을 지수한다.
③ 사질지반 및 파이핑의 형성	③ 근입벽을 깊게 : 흙막이 벽의 타입 깊이를 늘린다.
④ 흙막이 밑둥넣기 부족	④ 작업 중지

> 참고
>
> 보일링(Boiling)현상 : 사질토 지반에서 굴착저면과 흙막이 배면과의 수위차로 인해 굴착저면의 흙과 물이 함께 위로 솟구쳐 오르는 현상(모래의 액상화 현상)을 말한다.(모래가 액상화 되어 솟아오른다.)

📝 필기에 자주 출제되는 내용입니다.

59 철근의 이음방법 중 용접이음의 종류가 아닌 것은?

① 아크(Arc)용접
② 플러시 버트(Flush Butt)용접
③ Cad Welding
④ 가스(Gas)압접

③ Cad Welding : 철근의 기계적 이음법에 해당한다.

> 참고
>
> *철근의 기계적 이음법
> ① 나사식 이음
> ② 충전식 이음
> ③ 압착식 이음
> ④ Cad Welding 이음 : 철근에 sleeve를 끼우고 sleeve 구멍을 통하여 화학과 합금의 혼합물을 넣어 순간폭발 시켜 녹은 합금이 공간을 충전하며 이음하는 방법을 말한다.
> • 육안검사가 불가능하다.
> • 기후의 영향이 적고 화재위험이 감소된다.
> • 각종 이형철근에 대한 적용범위가 넓다.
> • 예열 및 냉각이 불필요하고 용접시간이 짧다.

60 철근콘크리트공사에서 일반적으로 거푸집 존치기간이 가장 긴 부분은?

① 보 옆
② 기둥
③ 외벽
④ 바닥판 밑

정답   58 ②   59 ③   60 ④

*거푸집의 해체시기

부위	콘크리트 압축강도
기초, 보, 기둥, 벽 등의 측면	5MPa 이상
슬래브 및 보의 밑면, 아치 내면 — 단층구조인 경우	설계기준 압축강도의 2/3배 이상 또한, 최소강도 14MPa 이상
슬래브 및 보의 밑면, 아치 내면 — 다층구조인 경우	설계기준 압축강도 이상 (필러 동바리 구조를 이용할 경우는 구조계산에 의해 기간을 단축할 수 있음. 단, 이 경우라도 최소강도는 14MPa 이상으로 함)

4과목 건설재료학

61 미장공사에서 코너비드가 사용되는 곳은?

① 계단 손잡이
② 기둥의 모서리
③ 거푸집 가장자리
④ 화장실 칸막이

코너비드 : 벽, 기둥 등의 **모서리 부분의 미장 바름을 보호**하기 위하여 사용하는 모서리쇠를 말한다.

📝 필기에 자주 출제되는 내용입니다.

62 수장용 집성재(KS F 3118)의 품질기준 항목이 아닌 것은?

① 접착력
② 난연성
③ 함수율
④ 굽음 및 뒤틀림

*수장용 집성재의 품질기준 항목
① 접착력
② 함수율
③ 굽음, 뒤틀림
④ 홈파기, 모서리 가공 및 대패 가공
⑤ 표면갈라짐 저항
⑥ 재면의 품질

63 점토의 물리적 성질에 관한 설명으로 옳지 않은 것은?

① 점토의 압축강도는 인장강도의 약 5배 정도이다.
② 양질 점토일수록 가소성이 좋다.
③ 순수한 점토일수록 용융점이 높고 강도도 크다.
④ 불순 점토일수록 비중이 크다.

④ 불순 점토일수록(불순물이 많을수록) 비중이 작고, 알루미나분이 많을수록 크다.

정답 61 ② 62 ② 63 ④

64 보의 이음부분에 볼트와 함께 보강철물로 사용되는 것으로 두 부재사이의 전단력에 저항하는 목구조용 철물은?

① 꺾쇠 ② 띠쇠
③ 듀벨 ④ 감잡이쇠

① 꺾쇠 : ㅅ자보와 중도리의 연결에 사용되는 목재의 연결철물
② 띠쇠 : ㅅ자보와 왕대공의 맞춤부에 사용되는 맞춤부 보강철물
③ 듀벨 : 보의 이음부분에 볼트와 함께 보강철물로 사용되는 것으로 두 부재사이의 전단력에 저항하는 목구조용 철물
④ 감잡이 쇠 : 평보를 왕대공에 달아맬 때 긴결시키는 보강 철물

65 목재의 역학적 성질 중 옳지 않은 것은?

① 섬유 평행방향의 휨 강도와 전단강도는 거의 같다.
② 강도와 탄성은 가력방향과 섬유방향과의 관계에 따라 현저한 차이가 있다.
③ 섬유에 평행방향의 인장강도는 압축강도보다 크다.
④ 목재의 강도는 일반적으로 비중에 비례한다.

① 목재 섬유 평행방향의 휨 강도가 전단강도보다 크다.(인장강도 > 휨강도 > 압축강도 > 전단강도)

📝 필기에 자주 출제되는 내용입니다.

66 콘크리트내의 공극을 메워 조직을 치밀하게 하는 공극 충전에 이용되는 재료로 가장 적합한 것은?

① 포졸란계 ② 실리콘계
③ 아스팔트계 ④ 물유리

포졸란 반응 : 실리카(SiO_2)가 수산화칼슘과 반응하여 칼슘실리케이트수화물(C-S-H)를 생성하여 **조직을 치밀하게 만드는 반응**을 말한다.

67 목재의 함수율에 관한 설명 중 옳지 않은 것은?

① 목재의 함유수분 중 자유수는 목재의 중량에는 영향을 끼치지만 목재의 물리적 또는 기계적 성질과는 관계가 없다.
② 침엽수의 경우 심재의 함수율은 항상 변재의 함수율보다 크다.
③ 섬유포화상태의 함수율은 30% 정도이다.
④ 기건상태란 목재가 통상 대기의 온도, 습도와 평형된 수분을 함유한 상태를 말하며, 이 때의 함수율은 15% 정도이다.

② 침엽수의 함수율은 변재가 심재보다 높다.

📝 필기에 자주 출제되는 내용입니다.

정답 64 ③ 65 ① 66 ① 67 ②

68 시멘트에 물을 가하여 혼합하여 만들어진 시멘트 페이스트가 시간경과에 따라 유동성을 잃고 응고하는 현상을 무엇이라 하는가?

① 응결 ② 풍화
③ 건조수축 ④ 경화

응결 : 시멘트에 물을 가하여 혼합하여 만들어진 **시멘트 페이스트가 시간경과에 따라 유동성을 잃고 응고하는 현상**

필기에 자주 출제되는 내용입니다.

69 유화제를 써서 아스팔트를 미립자로 수중에 분산시킨 다갈색 액체로서 깬 자갈의 점결제 등으로 쓰이는 아스팔트 제품은?

① 아스팔트 프라이머
② 아스팔트 에멀젼
③ 아스팔트 그라우트
④ 아스팔트 컴파운드

＊**아스팔트 에멀젼**
• 유화제를 써서 아스팔트를 미립자로 수중에 분산시킨 다갈색 액체이다.
• 깬 자갈의 점결제 등으로 사용된다.

참고	
아스팔트 프라이머	① 아스팔트를 휘발성 용제로 녹인 것으로 콘크리트 등의 모체에 침투가 용이하다. ② 아스팔트 방수 시공 시 가장 먼저 사용되는 바탕처리재이며 **방수의 역할보다는 콘크리트 바탕면과 아스팔트 방수층과의 부착력을 증대시키는 역할**을 한다.
아스팔트 컴파운드	① 블로운 아스팔트에 동 · 식물성유를 혼합하여 유동성이 있게 만든 것이다. ② 용해점이 높고 고착력 · 신축이 양호하여 **최우량품이며 방수공사용으로 사용**한다.

필기에 자주 출제되는 내용입니다.

70 어떤 석재의 질량이 다음과 같을 때 이 석재의 표면건조 포화상태의 비중은?

• 공시체의 건조 질량 : 400g
• 공시체의 물 속 질량 : 300g
• 공시체의 침수 후 표면건조 포화상태의 공시체의 질량 : 450g

① 1.33 ② 1.50
③ 2.67 ④ 4.51

정답 68 ① 69 ② 70 ③

표면건조 포화상태의 비중

= 건조 무게(g) / (침수 후 표면건조 포화상태의 무게(g) - 물 속 무게(g))

표면건조 포화상태의 비중 = $\frac{400}{450-300}$ = 2.67

71 합성수지의 일반적인 성질에 관한 설명으로 옳지 않은 것은?

① 마모가 크고 탄력성이 작으므로 바닥 재료로 사용이 곤란하다.
② 내산, 내알칼리 등의 내화학성이 우수하다.
③ 전성, 연성이 크고 피막이 강하다.
④ 내열성, 내화성이 적고 비교적 저온에서 연화, 연질된다.

* 합성수지의 일반적인 성질
① 가볍고 마모가 적고 탄력성이 크다.
② 내산, 내알칼리 등의 내화학성이 우수하다.
③ 전성, 연성이 크고 피막이 강하다.
④ 전기 및 열의 절연성이 좋다.
⑤ 내열성, 내화성이 적고 비교적 저온에서 연화, 연질된다.(열팽창률이 크다.)
⑥ 충격에 약하다.

72 다음 시멘트 중 댐 등 단면이 큰 구조물에 적용하기 어려운 것은?

① 중용열포틀랜드 시멘트
② 고로시멘트
③ 플라이애쉬 시멘트
④ 조강포틀랜드 시멘트

* 조강 포틀랜드 시멘트
조기에 고강도를 낼 수 있도록 한 시멘트
① 조기 강도가 높고 수화 발열량이 많으므로 한중 콘크리트나 긴급 공사용 콘크리트로 이용된다.
② 건조 수축이 커서 균열이 발생하기 쉽다.(댐 등 단면이 큰 구조물에 적용하기 어렵다.)
③ 콘크리트의 수밀성과 구조물의 내구성이 우수하다.

 필기에 자주 출제되는 내용입니다.

73 목재가 건조과정에서 방향에 따른 수축률의 차이로 나이테에 직각방향으로 갈라지는 결함은?

① 변색 ② 뒤틀림
③ 할렬 ④ 수지낭

할렬 : 목재가 건조과정에서 방향에 따른 수축률의 차이로 나이테에 직각방향으로 갈라지는 결함을 말한다.

참고

수지낭 : 인접한 두 연륜의 경계층 또는 연륜 내에 형성된 렌즈 모양의 공극(고체상이나 액체상의 송진을 지니는 것으로써 연륜을 따라 길게 뻗어 있는 목재 내부의 개구부)

필기에 자주 출제되는 내용입니다.

정답 71 ① 72 ④ 73 ③

74 타일에 관한 설명으로 옳지 않은 것은?

① 타일은 점토 또는 암석의 분말을 성형, 소성하여 만든 박판제품을 총칭한 것이다.
② 타일은 용도에 따라 내장타일, 외장타일, 바닥타일 등으로 분류할 수 있다.
③ 일반적으로 모자이크타일 및 내장타일은 습식법, 외장타일은 건식법에 의해 제조된다.
④ 타일의 백화현상은 수산화석회와 공기 중 탄산가스의 반응으로 나타난다.

③ 내장타일과 모자이크 타일은 건식제법, 외장 타일과 바닥타일은 습식제법으로 제조된다.

75 돌로마이트 플라스터는 대기 중의 무엇과 화합하여 경화하는가?

① 이산화탄소(CO_2)
② 물(H_2O)
③ 산소(O_2)
④ 수소(H)

수경성(팽창성) : 경화시간이 짧다.	1. 석고질 • 석고 플라스터 • 혼합석고 플라스터(배합석고) • 경석고 플라스터(킨즈시멘트) 2. 시멘트모르타르 3. 인조석 바름 4. 테라조 현장 바름
	특급암기법 수(수경성) 고(석고)하는 시(시멘트모르타르)인(인조석) 테라조
기경성(수축성, 알칼리성) : 경화시간이 길다.	1. 석회질 • 회반죽 • 회사벽 2. 돌로마이트플라스터 (마그네시아 석회)
	특급암기법 기(기경성) 회(석회,회반죽,회사벽) 돌(돌로마이트플라스터)

• 수경성 : 물과 작용하여 경화하고 차차 강도가 크게 되는 성질
• 기경성 : 공기 중(이산화탄소)에서 경화하는 것으로 공기가 없는 수중에서는 경화되지 않는 성질

📝 필기에 자주 출제되는 내용입니다.

정답 74 ③ 75 ①

76 석회석을 900~1,200℃로 소성하면 생성되는 것은?

① 돌로마이트 석회
② 생석회
③ 회반죽
④ 소석회

생석회 : 석회석을 1,000~1200℃ 정도의 고온으로 가열했을 때 이산화탄소(CO_2)가 빠져나가면서 생성되는 물질이다.

77 규산칼슘판 단열재에 대한 설명으로 옳은 것은?

① 용융유리를 흡착법 등으로 수㎛의 가는 섬유로 만든 것
② 각종 슬래그에 석회암을 첨가하여 가는 섬유형태로 만든 것
③ 주원료인 식물섬유를 쪄서 분해한 밀도 0.4g/cm³ 미만인 것
④ 내열성과 내파손성이 우수하여 철골내화피복으로 사용되는 것

규산칼슘판 단열재 : 내열성과 내파손성이 우수하여 철골내화피복으로 사용된다.

78 콘크리트 제조에 사용되는 일반적인 구성 재료가 아닌 것은?

① 혼화재료   ② 시멘트
③ 염화물   ④ 골재

콘크리트는 시멘트, 물, 잔골재, 굵은골재, 혼화재료로 구성된다.

 필기에 자주 출제되는 내용입니다.

79 금속의 기계적 성질에 대한 설명 중 옳은 것은?

① 강은 탄소의 함유량이 많을수록 강도는 작아진다.
② 신율은 탄소량이 증가할수록 비례해서 증가한다.
③ 경도는 탄소량 2%까지는 탄소량에 비례하고, 그 이상에서는 감소한다.
④ 봉강은 탄소량이 적을수록 연질이므로 굴곡가공이 용이하다.

★ 금속의 기계적 성질
① 강은 탄소의 함유량이 많을수록 인장강도는 증가한다.
② 강은 탄소의 함유량이 많을수록 경도는 증가한다.
③ 강은 탄소의 함유량이 많을수록 비열 및 전기저항이 증가한다.
④ 강은 탄소의 함유량이 많을수록 연율(신율), 선팽창계수, 열전도율은 감소한다.
⑤ 강은 탄소의 함유량이 많을수록 비중, 내식성은 감소한다.
⑥ 봉강은 탄소량이 적을수록 연질이므로 굴곡가공이 용이하다.

정답 76 ②   77 ④   78 ③   79 ④

80 알루미나시멘트의 특징에 관한 설명으로 옳지 않은 것은?

① 초기강도가 크다.
② 해수에 대한 화학적 저항성이 크다.
③ 응결, 경화시에 발열량이 크다.
④ 내화 콘크리트용으로는 사용이 불가능하다.

> ★ **알루미나 시멘트**
> ① 보크사이트와 석회석을 원료로 한다.
> ② 성분 중에는 산화알루미늄(Al_2O_3)이 많으므로 **초기 강도가 높고 염분이나 화학적 저항이 크다.**
> ③ 초기 수화발열이 커서 대형 단면 부재에는 부적당하나 긴급 공사나 동절기 공사에 적합하다.
> ④ 내화성이 우수하여 내화 콘크리트용으로는 사용된다.

📝 필기에 자주 출제되는 내용입니다.

5과목 건설안전기술

81 철골기둥 건립 작업 시 붕괴 도괴 방지를 위하여 베이스 플레이트의 하단은 인접기둥의 높이에서 얼마 이상 벗어나지 않아야 하는가?

① 2mm   ② 3mm
③ 4mm   ④ 5mm

베이스 플레이트의 하단은 기준 높이 및 인접기둥의 높이에서 3mm 이상 벗어나지 않을 것

82 가설공사와 관련된 안전율에 대한 정의로 옳은 것은?

① 재료의 파괴응력도와 허용응력도의 비율이다.
② 재료가 받을 수 있는 허용응력도이다.
③ 재료의 변형이 일어나는 한계응력도이다.
④ 재료가 받을 수 있는 허용하중을 나타내는 것이다.

> 안전율 : 재료의 파괴응력도와 허용응력도의 비율
>
> 안전율 =
> $$안전율 = \frac{파단응력}{허용응력}$$

📝 필기에 자주 출제되는 내용입니다.

83 철골작업에서 작업을 중지해야 하는 규정에 해당되지 않는 경우는?

① 풍속이 초당 10m 이상인 경우
② 강우량이 시간당 1mm 이상인 경우
③ 강설량이 시간당 1cm 이상인 경우
④ 겨울철 기온이 영상 4℃ 이상인 경우

> ★ **철골작업을 중지해야 하는 조건**
> ① 풍속이 초당 10미터 이상인 경우
> ② 강우량이 시간당 1밀리미터 이상인 경우
> ③ 강설량이 시간당 1센티미터 이상인 경우

📝 실기에도 자주 출제되는 내용입니다. 암기하세요.

정답 80 ④ 81 ② 82 ① 83 ④

84 콘크리트를 타설할 때 거푸집에 작용하는 콘크리트 측압에 영향을 미치는 요인과 가장 거리가 먼 것은?

① 콘크리트의 타설 속도
② 콘크리트의 타설 높이
③ 콘크리트의 강도
④ 기온

① 콘크리트의 타설속도가 빠를수록 측압이 크다.
② 콘크리트의 타설 높이가 높을수록 측압이 크다.
③ 콘크리트의 비중이 클수록 측압이 크다.
④ 외기온도가 낮을수록 측압이 크다.
⑤ 습도가 낮을수록 측압이 크다.

📝 자주 출제되는 내용입니다. 해설을 다시 확인하세요.

85 토석붕괴의 내적 요인으로 옳은 것은?

① 사면의 경사 증가
② 공사에 의한 진동, 하중의 증가
③ 절토 및 성토 높이의 증가
④ 토석의 강도 저하

＊ **토석붕괴의 내적 원인**
① 절토 사면의 토질·암질
② 성토 사면의 토질구성 및 분포
③ 토석의 강도 저하

📝 실기까지 중요한 내용입니다.

86 달비계에 설치되는 작업발판의 폭에 대한 기준으로 옳은 것은?

① 20cm 이상   ② 40cm 이상
③ 60cm 이상   ④ 80cm 이상

작업발판은 폭을 40센티미터 이상으로 하고 틈새가 없도록 할 것

📝 실기까지 중요한 내용입니다.

87 콘크리트의 비파괴 검사방법이 아닌 것은?

① 반발경도법   ② 자기법
③ 음파법   ④ 침지법

① 액체침투 탐상법
② 자분 탐상법
③ 방사선 투과법
④ 초음파탐상법
⑤ 반발경도법

88 거푸집에 작용하는 연직방향 하중에 해당하지 않는 것은?

① 고정하중
② 작업하중
③ 충격하중
④ 콘크리트측압

④ 콘크리트측압은 횡방향으로 작용하는 하중이다.

정답 84 ③   85 ④   86 ②   87 ④   88 ④

89 강관을 사용하여 비계를 구성하는 경우 비계기둥 간의 적재하중은 얼마를 초과하지 않도록 하여야 하는가?

① 200kg ② 300kg
③ 400kg ④ 500kg

비계기둥 간의 적재하중은 400kg을 초과하지 아니하도록 할 것

> 참고

* **강관비계의 구조**
① 비계기둥 간격 : 띠장방향에서는 1.85m 이하, 장선방향에서는 1.5m 이하로 할 것
   다만, 다음 각 목의 어느 하나에 해당하는 작업의 경우에는 안전성에 대한 구조검토를 실시하고 조립도를 작성하면 띠장 방향 및 장선 방향으로 각각 2.7미터 이하로 할 수 있다.
   가. 선박 및 보트 건조작업
   나. 그 밖에 장비 반입·반출을 위하여 공간 등을 확보할 필요가 있는 등 작업의 성질상 비계기둥 간격에 관한 기준을 준수하기 곤란한 작업
② 띠장간격 : 2.0미터 이하로 할 것
③ 비계기둥의 제일 윗부분으로부터 31m되는 지점 밑부분의 비계기둥은 2본의 강관으로 묶어세울 것
④ 비계기둥 간의 적재하중은 400kg을 초과하지 않도록 할 것

📝 실기에도 자주 출제되는 내용입니다. 참고를 다시 확인하세요.

90 지반의 투수계수에 영향을 주는 인자에 해당하지 않는 것은?

① 토립자의 단위중량
② 유체의 점성계수
③ 토립자의 공극비
④ 유체의 밀도

* **지반의 투수계수에 영향을 주는 인자**
① 유체의 점성계수
② 토립자의 공극비
③ 유체의 밀도

91 다음 중 굴착기의 전부장치와 거리가 먼 것은?

① 붐(Boom)
② 암(Arm)
③ 버킷(Bucket)
④ 블레이드(Blade)

굴착기의 전부장치는 붐, 암, 버킷으로 구성되어 있다.

92 흙의 액성한계 W_L = 48%, 소성한계 W_p = 26%일 때 소성지수(I_p)는 얼마인가?

① 18% ② 22%
③ 26% ④ 32%

소성지수 = 액성한계-소성한계
        = 48 - 26 = 22%

정답 89 ③ 90 ① 91 ④ 92 ②

93 터널작업 중 낙반 등에 의한 위험방지를 위해 취할 수 있는 조치사항이 아닌 것은?

① 터널지보공 설치
② 록볼트 설치
③ 부석의 제거
④ 산소의 측정

* 터널작업 중 낙반 등에 의한 위험방지 조치
① 터널지보공 설치
② 록볼트 설치
③ 부석의 제거

실기까지 중요한 내용입니다.

94 다음 그림은 산업안전보건기준에 관한 규칙에 따른 풍화암에서 토사붕괴를 예방하기 위한 기울기를 나타낸 것이다. X의 값은?

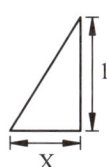

① 0.8   ② 1.0
③ 0.5   ④ 0.3

* 풍화암의 기울기 기준
$1 : 1.0 = \dfrac{1(높이)}{1.0(밑변)}$

* 굴착면의 기울기 기준

지반의 종류	굴착면의 기울기
모래	1 : 1.8
연암 및 풍화암	1 : 1.0
경암	1 : 0.5
그 밖의 흙	1 : 1.2

실기까지 중요한 내용입니다.

95 토사붕괴를 방지하기 위한 대책으로 붕괴방지공법에 해당되지 않는 것은?

① 배토공법
② 압성토공법
③ 집수정공법
④ 공작물의 설치

③ 집수정공법은 배수공법에 해당한다.

96 산업안전보건기준에 관한 규칙에서 규정하는 현장에서 고소작업대 사용 시 준수사항이 아닌 것은?

① 작업자가 안전모 안전대 등의 보호구를 착용하도록 할 것
② 관계자가 아닌 사람이 작업구역 내에 들어오는 것을 방지하기 위하여 필요한 조치를 할 것
③ 작업을 지휘하는 자를 선임하여 그 자의 지휘 하에 작업을 실시할 것
④ 안전한 작업을 위하여 적정수준의 조도를 유지할 것

정답 93 ④ 94 ② 95 ③ 96 ③

* **고소작업대를 사용 시 준수사항**
① 작업자가 안전모·안전대 등의 보호구를 착용하도록 할 것
② 관계자 외의 자가 작업구역 내에 들어오는 것을 방지하기 위하여 필요한 조치를 할 것
③ 안전한 작업을 위하여 적정수준의 조도를 유지할 것
④ 전로(電路)에 근접하여 작업을 하는 때에는 작업감시자를 배치하는 등 감전사고를 방지하기 위하여 필요한 조치를 할 것
⑤ 작업대를 정기적으로 점검하고 붐·작업대 등 각 부위의 이상 유무를 확인할 것
⑥ 전환스위치는 다른 물체를 이용하여 고정하지 말 것
⑦ 작업대는 정격하중을 초과하여 물건을 싣거나 탑승하지 말 것
⑧ 작업대의 붐대를 상승시킨 상태에서 탑승자는 작업대를 벗어나지 말 것

📝 필기에 자주 출제되는 내용입니다.

97 콘크리트 타설 시 안전에 유의해야 할 사항으로 옳지 않은 것은?

① 콘크리트 다짐효과를 위하여 최대한 높은 곳에서 타설한다.
② 타설 순서는 계획에 의하여 실시한다.
③ 콘크리트를 치는 도중에는 거푸집, 동바리 등의 이상 유무를 확인하여야 한다.
④ 타설 시 비어있는 공간이 발생되지 않도록 밀실하게 부어 넣는다.

① 콘크리트를 높은 곳에서 부어넣을 경우 재료분리가 발생할 수 있다. 연직슈트 또는 펌프배관의 배출구를 타설면 가까운 곳까지 내려서 콘크리트를 타설하여야 한다.

📝 필기에 자주 출제되는 내용입니다.

98 차량계 건설기계의 운전자가 운전위치를 이탈하는 경우 준수해야 할 사항으로 옳지 않은 것은?

① 버킷은 지상에서 1m 정도의 위치에 둔다.
② 브레이크를 걸어둔다.
③ 디퍼는 지면에 내려둔다.
④ 원동기를 정지시킨다.

* **차량계 건설기계의 운전자 위치이탈 시 조치**
① 포크, 버킷, 디퍼 등의 장치를 가장 낮은 위치 또는 지면에 내려 둘 것
② 원동기를 정지시키고 브레이크를 확실히 거는 등 갑작스러운 이동을 방지하기 위한 조치를 할 것
③ 운전석을 이탈하는 경우에는 시동키를 운전대에서 분리시킬 것. 다만, 운전석에 잠금장치를 하는 등 운전자가 아닌 사람이 운전하지 못하도록 조치한 경우에는 그러하지 아니하다.

📝 실기까지 중요한 내용입니다. 해설을 다시 확인하세요.

99 가설통로 중 경사로를 설치, 사용함에 있어 준수해야 할 사항으로 옳지 않은 것은?

① 경사로의 폭은 최소 90센티미터 이상이어야 한다.
② 비탈면의 경사각은 45도 내외로 한다.
③ 높이 7미터 이내마다 계단참을 설치하여야 한다.
④ 추락방지용 안전난간을 설치하여야 한다.

② 비탈면의 경사각은 30도 이내로 하고 미끄럼막이를 설치한다.

정답 97 ① 98 ① 99 ②

100 수중굴착 및 구조물의 기초바닥 등과 같은 협소하고 상당히 깊은 범위의 굴착과 호퍼 작업에 가장 적당한 굴착기계는?

① 파워셔블
② 항타기
③ 클램쉘
④ 리버스서큘레이션드릴

기초바닥 등과 같은 협소하고 상당히 깊은 범위의 굴착과 호퍼작업에 적당 → 클램쉘

> 참고
>
> * **굴착기계**
> ① **파워 셔블**(power shovel) : 기계가 서 있는 지반면보다 높은 곳의 땅파기, 굳은 지반 굴착에 적합하다.
> ② **드래그 셔블**(drag shovel, 백호) : 기계가 서 있는 지면보다 낮은 장소의 굴착 및 수중굴착이 가능하다.
> ③ **드래그 라인**(drag line) : 기계가 서있는 위치보다 낮은 장소의 굴착에 적당하고 수중굴착 및 연약한 지반의 굴착에 적합하다.
> ④ **클램쉘**(clamshell) : 수중굴착 및 가장 협소하고 깊은 굴착이 가능하며 호퍼(hopper)에 적당하다.

2016년 4회 최근 기출문제

1과목 산업안전관리론

01 근로자가 중요하거나 위험한 작업을 안전하게 수행하기 위해 인간의 의식수준(Phase) 중 몇 단계 수준에서 작업하는 것이 바람직한가?

① 0 단계 ② Ⅰ 단계
③ Ⅱ 단계 ④ Ⅲ 단계

중요하거나 위험한 작업을 안전하게 수행 → Phase Ⅲ (적극 활동 단계)

> 참고
>
> *** 인간 의식레벨의 분류**
>
> | | | | |
> |---|---|---|---|
> | Phase 0 | 무의식, 실신 | 수면, 뇌발작 | 주의작용 0 |
> | Phase Ⅰ | 의식흐림 | 피로, 단조로운 일 | 부주의 |
> | Phase Ⅱ | 이완 | 안정 기거, 휴식 | 안정 기거, 휴식 |
> | Phase Ⅲ | 상쾌 | 적극적 | 적극 활동 |
> | Phase Ⅳ | 과긴장 | 일점집중현상, 긴급방위 | 감정 흥분 |

02 위험예지훈련 4라운드의 순서가 올바르게 나열된 것은?

① 현상파악 → 본질추구 → 대책수립 → 목표설정
② 현상파악 → 대책수립 → 본질추구 → 목표설정
③ 현상파악 → 본질추구 → 목표설정 → 대책수립
④ 현상파악 → 목표설정 → 본질추구 → 대책수립

* 위험예지 훈련 4단계
1단계 : 현상 파악
2단계 : 요인조사(본질추구)
3단계 : 대책수립
4단계 : 행동목표 설정(합의요약)

📝 실기까지 중요한 내용입니다.

03 매슬로(Maslow)의 욕구단계 이론 중 제2단계의 욕구에 해당하는 것은?

① 사회적 욕구
② 안전에 대한 욕구
③ 자아실현의 욕구
④ 존경과 긍지에 대한 욕구

정답 01 ④ 02 ① 03 ②

* 매슬로(Maslow A. H.)의 욕구단계 이론(인간의 욕구 5단계)
① 제1단계(생리적 욕구)
② 제2단계(안전 욕구)
③ 제3단계(사회적 욕구)
④ 제4단계(존경 욕구)
⑤ 제5단계(자아실현의 욕구)

📝 실기까지 중요한 내용입니다.

04 재해통계 작성 시 유의할 점 중 관계가 가장 적은 것은?

① 재해통계를 활용하여 방지대책의 수립이 가능할 수 있어야 한다.
② 재해통계는 구체적으로 표시되고, 그 내용은 용이하게 이해되며 이용할 수 있는 것이어야 한다.
③ 재해통계는 정성적인 표현의 도표나 그림으로 표시하여야 한다.
④ 재해통계는 항목 내용 등 재해요소가 정확히 파악될 수 있도록 하여야 한다.

③ 재해통계는 수치를 양으로 나타내는 정량적인 표현을 사용하여야 한다.

05 사고예방 대책 5단계 중 작업 상황을 파악하고 사고조사를 실시하는 단계는?

① 사실의 발견
② 분석평가
③ 시정방법의 선정
④ 시정책의 적용

* 하인리히 사고방지 5단계

1단계 안전조직	• 안전목표 설정 • 안전관리자의 선임 • 안전조직 구성 • 안전활동 방침 및 계획수립 • 조직을 통한 안전 활동 전개
2단계 사실의 발견	• 작업분석 • 점검 • 사고조사 • 안전진단 • 사고 및 활동기록의 검토
3단계 분석	• 사고원인 및 경향성 분석(사고보고서 및 현장조사 분석) • 작업공정 분석 • 사고기록 및 관계자료 분석 • 인적·물적 환경 조건 분석
4단계 시정방법 선정	• 기술적 개선 • 안전운동 전개 • 교육훈련 분석 • 안전행정의 개선 • 배치 조정 • 규칙 및 수칙 등 제도의 개선
5단계 시정책 적용 (3E 적용)	• 안전교육(Education) • 안전기술(Engineering) • 안전독려(Enforcement)

📝 필기에 자주 출제되는 내용입니다.

정답 04 ③ 05 ①

06 안전·보건표지에서 파란색 또는 녹색에 대한 보조색으로 사용되는 색채는?

① 빨간색
② 검은색
③ 노란색
④ 흰색

* 안전·보건표지의 색채, 색도기준 및 용도

색채	색도기준	용도	사용례
빨간색	7.5R 4/14	금지	정지신호, 소화설비 및 그 장소, 유해행위의 금지
		경고	화학물질 취급장소에서의 유해·위험 경고
	특급암기법 싫어(7.5) 4/14		
노란색	5Y 8.5 /12	경고	화학물질 취급장소에서의 유해·위험 경고, 이 외의 위험 경고, 주의표지 또는 기계방호물
	특급암기법 오(5) 빨리와(8.5) 이리(12)		
파란색	2.5PB 4/10	지시	특정 행위의 지시 및 사실의 고지
	특급암기법 2.5×4=10		
녹색	2.5G 4/10	안내	비상구 및 피난소, 사람 또는 차량의 통행표지
	특급암기법 2.5×4=10		
흰색	N9.5		파란색 또는 녹색에 대한 보조색
검은색	N0.5		문자 및 빨간색 또는 노란색에 대한 보조색

📝 실기에 자주 출제되는 내용입니다.

07 안전관리조직의 형태 중 라인(Line)형의 특징이 아닌 것은?

① 소규모 사업장에 적합하다.
② 경영자의 조언과 자문 역할을 한다.
③ 생산조직 전체에 안전관리 기능을 부여한다.
④ 명령과 보고가 상하관계뿐이므로 간단명료하다.

라인(Line)형 or 직계형	• **소규모 사업장**(100명 이하 사업장)에 적용이 가능하다.
	• 라인형 장점 : **명령 및 지시가 신속, 정확**하다.
	• 라인형 단점
	  – **안전정보가 불충분**하다.
	  – 라인에 과도한 책임이 부여될 수 있다.
	• 생산과 안전을 동시에 지시하는 형태이다.

스태프(staff)형 or 참모형	• **중규모 사업장**(100~1,000명 정도의 사업장)에 적용이 가능하다. • 스태프형 장점 : **안전정보 수집이 용이하고 빠르다.** • 스태프형 단점 : **안전과 생산을 별개로 취급**한다. • 안전 전문가(스태프)가 문제해결방안을 모색한다. • 스태프는 경영자의 조언, 자문 역할을 한다. • 생산부문은 안전에 대한 책임, 권한이 없다.

정답 06 ④ 07 ②

라인 스태프
(Line Staff)형
or 혼합형
	• 대규모 사업장(1,000명 이상 사업장)에 적용이 가능하다.
	• 라인 스태프형 장점
	  - 안전전문가에 의해 입안된 것을 경영자가 명령하므로 **명령이 신속, 정확하다.**
	  - 안전정보 수집이 용이하고 빠르다.
	• 라인 스태프형 단점
	  - 명령계통과 조언, 권고적 참여의 혼돈이 우려된다.

 실기에 자주 출제되는 내용입니다.

08 그림에서 안전모의 부품 명칭이 틀린 것은?

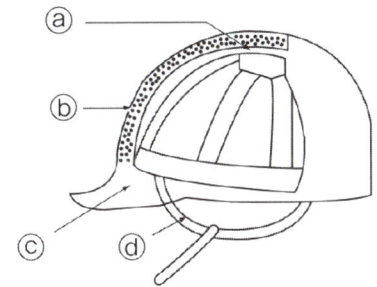

① ⓐ : 머리받침끈
② ⓑ : 충격흡수재
③ ⓒ : 챙(차양)
④ ⓓ : 턱끈

★ **안전인증 대상 안전모의 명칭**

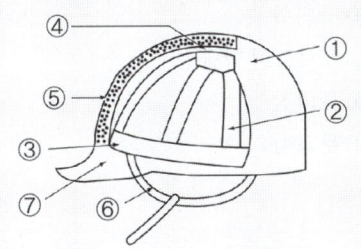

번호	명칭	
①	모체	
②	착장체	머리받침끈
③		머리고정대
④		머리받침고리
⑤	충격흡수재	
⑥	턱끈	
⑦	챙(차양)	

실기까지 중요한 내용입니다.

09 산업재해조사표에서 재해발생 원인 중 작업·환경적 요인에 해당하지 않는 것은?

① 점검·장비의 부족
② 작업자세·동작의 결함
③ 작업방법의 부적절
④ 작업정보의 부적절

★ **작업·환경적 요인**
① 작업환경조건의 불량 등
② 작업 자세·동작의 결함
③ 작업방법의 부적절
④ 작업정보의 부적절

정답 08 ① 09 ①

10 일반적으로 태도교육의 효과를 높이기 위하여 취할 수 있는 바람직한 교육방법은?

① 강의식
② 프로그램 학습법
③ 토의식
④ 문답식

> 태도교육의 효과를 높이기 위한 교육방법 → 토의식 교육

11 무재해운동의 3원칙에 해당되지 않는 것은?

① 참가의 원칙
② 무의 원칙
③ 예방의 원칙
④ 선취의 원칙

> *** 무재해 운동의 3대 원칙**
> ① 무(無)의 원칙(ZERO의 원칙) : 사업장 내의 모든 잠재위험요인을 적극적으로 사전에 발견하고 파악·해결함으로써 산업재해의 근원적인 요소들을 없앤다는 것을 의미한다.
> ② 선취의 원칙(안전제일의 원칙) : 사업장 내에서 행동하기 전에 잠재위험요인을 발견하고 파악·해결하여 재해를 예방하는 것을 의미한다.
> ③ 참가의 원칙(참여의 원칙) : 전원이 일치 협력하여 각자의 위치에서 적극적으로 문제해결을 하겠다는 것을 의미한다.
>
> 실기까지 중요한 내용입니다.

12 안전점검표의 작성 시 유의사항이 아닌 것은?

① 중요도가 낮은 것부터 높은 순서대로 만들 것
② 점검표 내용은 구체적이고 재해 방지에 효과가 있을 것
③ 사업장 내 점검기준을 기초로 하여 점검자 자신이 점검목적, 사용시간 등을 고려하여 작성할 것
④ 현장감독자용 점검표는 쉽게 이해할 수 있는 내용이어야 할 것

> ① 중요도가 높은 것부터 낮은 순서대로 만들 것

13 스트레스(Stress)에 관한 설명으로 가장 적절한 것은?

① 스트레스 상황에 직면하는 기회가 많을수록 스트레스 발생 가능성은 낮아진다.
② 스트레스는 직무 몰입과 생산성 감소의 직접적인 원인이 된다.
③ 스트레스는 부정적인 측면만 가지고 있다.
④ 스트레스는 나쁜 일에서만 발생한다.

> ① 스트레스 상황에 직면하는 기회가 많을수록 스트레스 발생 가능성은 높아진다.
> ③ 스트레스는 부정적인 측면 뿐만 아니라 긍정적인 측면도 가지고 있다.
> ④ 스트레스는 항상 나쁜 일에서만 발생하는 것은 아니다.

정답 10 ③ 11 ③ 12 ① 13 ②

14 직무만족에 긍정적인 영향을 미칠 수 있고, 그 결과 개인 생산능력의 증대를 가져오는 인간의 특성을 의미하는 용어는?

① 위생요인
② 동기부여 요인
③ 성숙 - 미성숙
④ 의식의 우회

직무만족에 긍정적인 영향, 개인 생산능력이 증대 효과
→ 동기부여 요인

15 적응기제(Adjustment Mechanism) 중 다음에서 설명하는 것은 무엇인가?

> 자신조차도 승인할 수 없는 욕구를 타인이나 사물로 전환시켜 바람직하지 못한 욕구로부터 자신을 지키려는 것

① 투사   ② 합리화
③ 보상   ④ 동일화

① 투사(Projection) : 자신의 불만이나 불안을 해소시키기 위해서 자신의 잘못을 남의 탓으로 돌리는 행동
② 합리화 : 자기의 실패나 약점을 그럴듯한 이유나 변명을 들어 자신의 실패를 정당화 하는 행동
③ 보상 : 자신의 열등감을 다른 곳에서 강점으로 발휘하는 행동
④ 동일화(Identification) : 다른 사람의 행동 양식이나 태도를 투입시키거나 다른 사람 가운데서 자기와 비슷한 점을 발견하는 것

📝 필기에 자주 출제되는 내용입니다.

16 기억과정 중 과거에 경험했던 것과 비슷한 상태에 부딪쳤을 때 떠오르는 것을 무엇이라 하는가?

① 파지(Retention)
② 기명(Memorizing)
③ 재생(Recall)
④ 재인(Recognition)

★ 기억의 과정
기명 → 파지 → 재생 → 재인
① 기억 : 과거 행동이 미래 행동에 영향을 줌
② 기명 : 사물의 인상을 마음에 간직함
③ 파지 : 인상이 보존됨
④ 재생 : 보존된 인상이 떠오름
⑤ 재인 : 과거에 경험했던 것과 비슷한 상황에서 떠오르는 현상

📝 필기에 자주 출제되는 내용입니다.

17 「산업안전보건법」상 특별안전·보건교육 대상 작업이 아닌 것은?

① 건설용 리프트 곤돌라를 이용한 작업
② 전압이 50V인 정전 및 활선작업
③ 화학설비 중 반응기, 교반기, 추출기의 사용 및 세척작업
④ 액화석유가스 수소가스 등 인화성 가스 또는 폭발성 물질 중 가스의 발생장치 취급 작업

② 「전압이 75V 이상인 정전 및 활선작업」이 해당된다.

📝 필기에 자주 출제되는 내용입니다.

정답 14 ② 15 ① 16 ④ 17 ②

18 리더의 행동유형 측면에서 부하들과 상담하며, 부하의 의견을 고려하는 형태의 리더십은?

① 참여적 리더십
② 지원적 리더십
③ 지시적 리더십
④ 성취 지향적 리더십

★ 행동유형 방식에 따른 분류
① 참여적 리더십 : 부하들과 상담하여 부하의견을 고려하는 형태
② 지시적 리더십 : 지도자는 독선적이며 조직 구성원들을 보상-체벌의 연속선상에서 명령하고 통제한다.
③ 지원적 리더십 : 우호적이며 친밀감이 강하고 부하의 의사 표현을 존중하는 형태
④ 성취지향적 리더십 : 도전적 목표설정을 강조하고 부하능력을 신뢰하는 형태

19 재해율의 지표 중 도수율에 관한 다음 설명의 ( )안에 알맞은 것은?

> 사업장에서 발생하는 재해의 빈도를 표시하는 단위로서 근로시간 (㉠)시간당 발생하는 (㉡)를 나타낸다.

① ㉠ 100만, ㉡ 재해건수
② ㉠ 1000, ㉡ 근로손실 일수
③ ㉠ 1000, ㉡ 재해건수
④ ㉠ 100만, ㉡ 근로손실 일수

★ 도수율(빈도율 F.R)
① 100만 근로시간당 재해발생 건수 비율
② 도수율 = $\dfrac{\text{재해 건수}}{\text{연 근로 시간 수}} \times 10^6$

📝 실기에 자주 출제되는 내용입니다.

20 작업의 종류나 내용에 따라 교육범위나 정도가 달라지는 이론교육 방법은?

① 지식교육
② 정신교육
③ 태도교육
④ 기능교육

작업의 종류나 내용에 따라 교육범위나 정도가 달라지는 이론교육 방법 → 지식교육

참고

★ 교육의 3단계
① 제1단계(**지식교육**) : 강의 및 시청각 교육 등을 통하여 지식을 전달하는 단계
② 제2단계(**기능교육**) : 시범, 견학, 현장실습 교육 등을 통하여 경험을 체득하는 단계
③ 제3단계(**태도교육**) : 작업동작 지도 등을 통하여 안전행동을 습관화하는 단계

정답 18 ① 19 ① 20 ①

2과목 인간공학 및 시스템안전공학

21 인간 성능에 관한 척도와 가장 거리가 먼 것은?

① 빈도수 척도
② 지속성 척도
③ 지연성 척도
④ 시스템 척도

★ 인간 성능척도
① 빈도수 척도
② 지속성 척도
③ 지연성 척도

참고

인간 성능척도 : 인간의 여러 가지 감각활동, 정신활동, 근육활동 등에 의한 수행도로 판단한다. (자극에 대한 반응시간)

22 결함수(FT) 기호의 정의로 틀린 것은?

① 1차 사상은 외적인 원인에 의해 발생하는 사상이다.
② 결함사상은 시스템 분석에 있어 좀 더 발전시켜야 하는 사상이다.
③ 기본사상은 고장원인이 분석되었기 때문에 더 이상 분석할 필요가 없는 사상이다.
④ 정상적인 사상은 두 가지 상태가 규정된 시간 내에 일어날 것으로 기대 및 예정 되는 사상이다.

① 1차 사상은 설계범위 내에서 발생하는 고장사상이다.

참고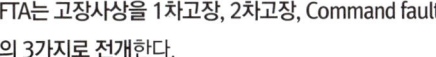

FTA는 고장사상을 1차고장, 2차고장, Command fault 의 3가지로 전개한다.
- 1차 고장은 설계사상 범위내의 동작이나 환경에서 발생하는 요소의 고장이며,
- 2차 고장은 설계사양을 뛰어넘는 환경 하에서 일어나는 고장으로 근접요소의 고장이나 운전자의 실수 등이며,
- Command fault는 구동입력의 고장으로 인하여 그 요소가 작동하지 않게 되는 고장을 말한다.

23 결함수 분석의 최소 컷셋과 가장 관련이 없는 것은?

① Boolean Algebra
② Fussell Algorithm
③ Generic Algorithm
④ Limnios & Ziani Algorithm

★ 결함수분석의 최소 컷셋과 관련된 알고리즘
① Boolean Algebra
② Fussell Algorithm
③ Limnios & Ziani Algorithm

24 목과 어깨 부위의 근골격계 질환 발생과 관련하여 인과관계가 가장 적은 것은?

① 진동
② 반복작업
③ 과도한 힘
④ 작업자세

목과 어깨부위의 근골격계 질환은 부적절한 작업자세, 반복동작, 과도한 힘의 사용 등이 원인이 된다.

정답 21 ④ 22 ① 23 ③ 24 ①

25 에너지 대사율(RMR)에 의한 작업강도에서 경작업이란 작업강도가 얼마인 작업을 의미하는가?

① 1 ~ 2
② 2 ~ 4
③ 4 ~ 7
④ 7 ~ 9

> **＊ 작업강도 구분에 따른 RMR**
> ① 경작업(輕작업) : 1~2
> ② 중작업(中작업) : 2~4
> ③ 중작업(重작업) : 4~7
> ④ 초중작업(超重작업) : 7 이상

26 레버를 10° 움직이면 표시장치는 1cm 이동하는 조종 장치가 있다. 레버의 길이가 20cm 라고 하면 이 조종 장치의 통제표시비(C/D비)는 약 얼마인가?

① 1.27
② 2.38
③ 3.49
④ 4.51

> ① C / R 비 = $\dfrac{X}{Y}$
>
> X : 통제기기의 변위량(cm)
> Y : 표시계기 지침의 변위량(cm)
>
> ② C / R 비 = $\dfrac{\dfrac{\alpha}{360} \times 2\pi L}{Y}$
>
> a : 조종장치의 움직인 각도
> L : 조종장치의 반경

C / R 비 = $\dfrac{\dfrac{10}{360} \times 2 \times \pi \times 20}{1}$ = 3.49

📌 필기에 자주 출제되는 내용입니다.

27 작업장 인공조명 설계 시 고려사항으로 가장 거리가 먼 것은?

① 조도는 작업상 충분할 것
② 광색은 붉은색에 가까울 것
③ 취급이 간단하고 경제적일 것
④ 유해가스를 발생하지 않고, 폭발성이 없을 것

> ② 작업장 인공조명의 광색은 자연광에 가까울 것

28 어떤 물체나 표면에 도달하는 빛의 단위 면적당 밀도를 무엇이라 하는가?

① 광량
② 광도
③ 조도
④ 반사율

> • 조도 : 물체나 표면에 도달하는 빛의 단위 면적당 밀도를 말한다.
> • 조도(lux) = $\dfrac{광도}{(거리)^2}$

📌 필기에 자주 출제되는 내용입니다.

정답 25 ① 26 ③ 27 ② 28 ③

29 의자 좌판의 높이를 설계하기 위한 것으로 가장 적합한 인체계측자료의 응용 원칙은?

① 최소 집단치를 위한 설계
② 최대 집단치를 위한 설계
③ 평균치를 기준으로 한 설계
④ 최대 빈도치를 기준으로 한 설계

* **의자 좌판의 높이 설계**
  - 좌판 앞부분이 대퇴를 압박하지 않도록 오금높이보다 높지 않아야 한다.
  - 치수는 5% 오금높이(최소치 설계)로 한다.

 필기에 자주 출제되는 내용입니다.

30 시스템 안전계획의 수립 및 작성 시 반드시 기술하여야 하는 것으로 거리가 가장 먼 것은?

① 안전성 관리 조직
② 시스템의 신뢰성 분석 비용
③ 작성되고 보존하여야 할 기록의 종류
④ 시스템 사고의 식별 및 평가를 위한 분석법

* **시스템 안전 프로그램 계획에 포함사항**
① 계획의 개요
② 안전조직
③ 계약관련
④ 관련부문과의 조정
⑤ 안전기준
⑥ 안전해석
⑦ 안전성의 평가
⑧ 안전데이터의 수집과 분석
⑨ 경과 및 결과의 분석

31 촉각적 표시장치에서 기본 정보 수용기로 주로 사용되는 것은?

① 귀   ② 눈
③ 코   ④ 손

* **촉각적 표시장치**
① 손과 손가락을 기본 정보 수용기로 이용한다.
② 촉각적 표시 장치의 용도는 맹인용 점자와 형상 암호화된 조종 장치를 들 수 있다.

32 동작경제의 원칙이 아닌 것은?

① 동작의 범위는 최대로 할 것
② 동작은 연속된 곡선운동으로 할 것
③ 양손은 좌우 대칭적으로 움직일 것
④ 양손은 동시에 시작하고 동시에 끝내도록 할 것

① 동작의 범위는 최소로 할 것

필기에 자주 출제되는 내용입니다.

정답 29 ① 30 ② 31 ④ 32 ①

33 결함수 분석에서 사용되는 사상기호로서 결함사상이 아닌 발생이 예상되는 사상기호는 무엇인가?

① △ ② ▭
③ ◇ ④ ⌂

기호	명칭	설명
△	전이기호	다른 부분과의 연결을 나타낸다.
▭	결함사상 (정상사상, 중간사상)	고장사상
⌂	통상사상	발생이 예상되는 사상
◇	생략사상	관련정보가 미비하여 계속 개발될 수 없는 사상

📝 필기에 자주 출제되는 내용입니다.

34 소음이 심한 기계로부터 1.5m 떨어진 곳의 음압수준이 100dB라면 이 기계로부터 5m 떨어진 곳의 음압수준은 약 얼마인가?

① 85dB   ② 90dB
③ 96dB   ④ 102dB

★ 소음을 내는 기계로부터 거리가 d_2만큼 떨어진 곳의 소음 계산

$$dB_2 = dB_1 - 20 \times \log\left(\frac{d_2}{d_1}\right)$$

• 소음기계로부터 d_1떨어진 곳의 소음 : dB_1
• 소음기계로부터 d_2떨어진 곳의 소음 : dB_2

$$dB_2 = dB_1 - 20 \times \log\left(\frac{d_2}{d_1}\right) = 100 - 20 \times \log\left(\frac{5}{1.5}\right)$$
$$= 89.54 dB$$

📝 필기에 자주 출제되는 내용입니다.

35 화학설비에 대한 안정성 평가 5단계 중 정성적 평가의 실시 단계는?

① 제1단계
② 제2단계
③ 제3단계
④ 제4단계

★ 안정성 평가 6단계
① 1단계 : 관계자료의 정비검토 (작성준비)
② 2단계 : 정성적인 평가
③ 3단계 : 정량적인 평가
④ 4단계 : 안전대책 수립
⑤ 5단계 : 재해사례에 의한 평가
⑥ 6단계 : FTA에 의한 재평가

📝 필기에 자주 출제되는 내용입니다.

정답 33 ④ 34 ② 35 ②

36 시스템 설계자가 통상적으로 하는 평가방법 중 거리가 먼 것은?

① 기능 평가
② 성능 평가
③ 도입 평가
④ 신뢰성 평가

*시스템 설계자의 평가방법
① 성능평가
② 기능평가
③ 신뢰성평가

37 각각 10,000시간의 평균수명을 가진 A, B 두 부품이 병렬로 이루어진 시스템의 평균수명은 얼마인가? (단, 요소 AB의 평균수명은 지수분포를 따른다.)

① 5,000시간   ② 10,000시간
③ 15,000시간 ④ 20,000시간

*직렬계의 수명

$$MTTF(MTBF) \times \frac{1}{요소갯수(n)}$$

*병렬계의 수명

$$MTTF(MTBF) \times 1 + \frac{1}{2} + \frac{1}{3} + \cdots + \frac{1}{n}$$

• n : 요소의 개수

시스템의 수명 = $10,000 \times (1 + \frac{1}{2})$ = 15,000(시간)

📝 필기에 자주 출제되는 내용입니다.

38 아날로그(Analog) 표시장치의 선택 시 고려해야 할 사항으로 가장 적절한 것은?

① 눈금의 증가는 시계 반대방향이 적합하다.
② 일반적으로 고정눈금에서 지침이 움직이는 것이 좋다.
③ 온도계나 고도계에 사용되는 눈금이나 지침은 수평표시가 바람직하다.
④ 이동요소의 수동조절이 필요할 때에는 지침보다 눈금을 조절할 수 있어야 한다.

① 눈금의 증가는 시계방향이 적합하다.
③ 온도계나 고도계에 사용되는 눈금이나 지침은 수직 표시가 바람직하다.
④ 이동요소의 수동조절이 필요할 때에는 눈금보다 지침을 조절할 수 있어야 한다.

39 인간 - 기계 시스템에서의 기본적인 기능으로 볼 수 없는 것은?

① 행동 기능
② 정보의 수용
③ 정보의 저장
④ 정보의 설계

*인간 - 기계 통합시스템(man-machine system)의 정보처리 기능
① 감지기능(정보의 수용)
② 정보보관 기능
③ 정보처리 및 의사결정
④ 행동

📝 필기에 자주 출제되는 내용입니다.

정답 36 ③   37 ③   38 ②   39 ④

40. 어떤 장치의 이상을 알려주는 경보기가 있어서 그것이 울리면 일정 시간 이내에 장치를 정지하고 상태를 점검하여 필요한 조치를 하게 된다. 그런데 담당 작업자가 정지 조작을 잘못하여 장치에 고장이 발생하였다. 이때 작업자가 조작을 잘못한 실수를 무엇이라고 하는가?

① Primary Error ② Command Error
③ Omission Error ④ Secondary Error

* 휴먼 에러 원인의 레벨적 분류
① primary error(1차 에러) : 작업자 자신으로부터 발생된 에러
② secondary error(2차 에러) : 작업형태, 작업조건 중 문제가 생겨 필요한 사항을 실행할 수 없어 발생한 에러
③ command error : 실행하고자 하여도 필요한 물품, 정보, 에너지 등이 공급되지 않아서 작업자가 움직일 수 없는 상태에서 발생한 에러

참고

* 휴먼 에러의 심리적 분류(Swain의 분류, 독립행동에 관한 분류)
① omission error(누설오류, 생략오류, 부작위오류) : 필요한 작업 또는 절차를 수행하지 않는데 기인한 에러
② time error(시간오류) : 필요한 작업 또는 절차의 수행 지연으로 인한 에러
③ commission error(작위오류) : 필요한 작업 또는 절차의 불확실한 수행으로 인한 에러
④ sequential error(순서오류) : 필요한 작업 또는 절차의 순서 착오로 인한 에러
⑤ extraneous error(과잉행동오류) : 불필요한 작업 또는 절차를 수행함으로써 기인한 에러

📝 필기에 자주 출제되는 내용입니다.

3과목 건설시공학

41. 공업화 공법(PC 공법)에 의한 콘크리트 공사의 특징과 관련이 없는 것은?

① 프리패브 공법이기 때문에 현장에서의 공정이 단축된다.
② 기상의 영향을 덜 받는다.
③ 각 부품의 접합부가 일체화되기가 어렵다.
④ 품질의 균질성을 기대하기 어렵다.

* 공업화 공법(PC 공법)에 의한 콘크리트 공사의 특징
① 프리패브 공법이기 때문에 현장에서의 공정이 단축된다.
② 기상의 영향을 덜 받는다.
③ 품질의 균질성을 기대할 수 있다.
④ 각 부품의 접합부가 일체화되기가 어렵다.

참고

* PC(Precast Concrete)공법
공장에서 콘크리트로 벽체, 기둥 등 **각종 부재를 제작**하고 **현장 조립**을 통해 주택을 건설하는 공법을 말한다.

정답 40 ① 41 ④

42 철근의 이음방식이 아닌 것은?

① 용접 이음 ② 겹침 이음
③ 갈고리 이음 ④ 기계적 이음

> **★ 철근 이음의 종류**
> ① 겹침 이음
> ② 가스압접 이음
> ③ 용접 이음
> ④ 기계적 이음
>   • 나사식 이음
>   • 충전식 이음
>   • 압착식 이음

 필기에 자주 출제되는 내용입니다.

43 거푸집 공사의 발전 방향으로 옳지 않은 것은?

① 소형 패널 위주의 거푸집 제작
② 설치의 단순화를 위한 유닛(Unit)화
③ 높은 전용 횟수
④ 부재의 경량화

> **★ 거푸집 공사의 발전 방향**
> ① 대형화(대형 패널 위주의 거푸집 제작)
> ② 표준화(설치의 단순화를 위한 유닛(Unit)화)
> ③ 강재화, 경량화(부재의 고강도화, 경량화)
> ④ 높은 전용 횟수

44 주로 이음이 필요한 지중보 등에서 특수 리브라스(Rib Lath)와 목재 프레임을 부속 철물로 고정하고 콘크리트를 타설함으로써 거푸집 해체작업이 필요 없는 공법은?

① 터널 폼 ② 메탈라스 폼
③ 슬라이딩 폼 ④ 플라잉 폼

> **★ 메탈라스 폼**
> 주로 이음이 필요한 지중보 등에서 특수 리브라스(Rib Lath)와 목재 프레임을 부속철물로 고정하고 콘크리트를 타설함으로써 거푸집 해체작업이 필요 없는 공법을 말한다.

필기에 자주 출제되는 내용입니다.

45 콘크리트 타설 작업의 기본원칙 중 옳은 것은?

① 타설 구획 내의 가까운 곳부터 타설한다.
② 타설 구획 내의 콘크리트는 휴식시간을 가지면서 타설한다.
③ 낙하높이는 가능한 크게 한다.
④ 타설 위치에 가까운 곳까지 펌프, 버킷 등으로 운반하여 타설한다.

> ① 콘크리트 타설은 운반거리가 먼 곳부터 시작한다.
> ② 한 구획내의 콘크리트는 타설이 완료될 때끼지 연속해서 타설하여야 한다.
> ③ 낙하높이는 가능한 작게 한다.

필기에 자주 출제되는 내용입니다.

정답 42 ③ 43 ① 44 ② 45 ④

46 말뚝 설치공법을 타입공법과 매입공법으로 구분할 때 다음 중 타입공법에 해당하는 것은?

① 진동 공법
② 중굴 공법
③ 선 굴착 공법
④ 워터제트 공법(Water Jet)

★ 말뚝박기 공법의 종류

타입공법	① 압입공법 ② 진동공법
매입공법	① 선행 굴착공법(Pre-boring공법) ② 중공 굴착공법 ③ 회전공법

📝 필기에 자주 출제되는 내용입니다.

47 지름 3~5cm 정도의 파이프 끝에 여과기를 달아 1~2m 간격으로 박고, 이를 수평으로 굵은 파이프에 연결하여 진공으로 물을 뽑아내어 지하수위를 저하시키는 공법은?

① 웰 포인트 공법
② 슬러리 월 공법
③ 페이퍼 드레인 공법
④ 샌드 드레인 공법

★ 웰 포인트(well point)공법
집수장치를 붙인 파이프를 1~3m의 간격으로 지중에 박아 이것을 지상의 집수관에 연결하여 펌프로 지중의 물을 강제 배수하는 강제배수 공법을 말한다.

📝 필기에 자주 출제되는 내용입니다.

48 지반의 토질시험 과정에서의 보링 구멍을 이용하여 +자형 날개를 지반에 박고 이것을 회전시켜 점토의 점착력을 판별하는 토질 시험방법은?

① 표준관입시험
② 베인 전단시험
③ 지내력시험
④ 압밀시험

★ 베인(Vane) 테스트
보링의 구멍을 이용하여 십자형 날개의 베인 테스터를 지반에 박고 회전시켜서 그 회전력에 의하여 점토의 점착력을 판별하는 방법을 말한다.(연약한 점토지반의 점착력 판별 시험)

📝 필기에 자주 출제되는 내용입니다.

49 다음 건설기계 중 이동식 양중장비에 해당하는 것은?

① 타워 크레인
② 크롤러 크레인
③ 러핑형 타워 크레인
④ 지브 크레인

★ 이동식 양중 장비
① 트럭 크레인(truck crane)
② 크롤러 크레인(crawler crane)

정답 46 ① 47 ① 48 ② 49 ②

50 2개 이상의 기둥을 1개의 기초판으로 받치는 기초는?

① 독립기초
② 복합기초
③ 호박돌기초
④ 말뚝기초

독립기초	기둥으로부터의 응력을 독립으로 지빈 또는 지정에 전달하도록 하는 기초 (철근콘크리트 구조에 적용)
복합기초	2개 또는 그 이상의 기둥으로부터의 응력을 하나의 기초 판을 통해 지반 또는 지정에 전달하도록 하는 기초
연속(줄)기초	벽 또는 기둥으로부터의 응력을 띠모양으로 하여 지반 또는 지정에 전달하도록 하는 기초(조적구조에 적용)
온통기초	상부구조의 광범위한 면적 내의 응력을 단일 기초 판으로 연결하여 지반 또는 지정에 전달하도록 하는 기초(연약한 지반에 적용)

51 순수형 CM의 공사단계별 기본업무 중 시공단계의 업무가 아닌 것은?

① 품질검사
② 작업변화 승인 및 계약 변경
③ 기록문서의 제출
④ 시공사와 발주자 간 분쟁 해결

∗ CM의 시공단계의 업무
① 품질검사
② 작업변화 승인 및 계약 변경
③ 시공단계의 예산검증 및 지원
④ 시공사와 발주자 간 분쟁 해결
⑤ 하도급 타당성 검토
⑥ 설계변경 관리
⑦ 공정관리
⑧ 안전관리 등

52 토공사용 굴착기계 중 위치한 지면보다 낮은 우물통과 같은 협소한 장소의 흙을 퍼올리는데 가장 적합한 장비는?

① 파워쇼벨
② 지브크레인
③ 스크레이퍼
④ 클램셸

∗ 굴삭장비(굴착기계)
① 파워 셔블(power shovel, 동력삽)
• 기계가 서 있는 지반면보다 높은 곳의 땅파기에 적합하다.
② 드래그 셔블(drag shovel, 백호)
• 기계가 서 있는 지면보다 낮은 장소의 굴착 및 수중굴착이 가능하다
③ 드래그라인(drag line)
• 기계가 서있는 위치보다 낮은 장소의 굴착에 적당하고 굳은 토질에서의 굴착은 되지 않지만 굴착 반지름이 크다.
• 작업범위가 광범위하고 수중굴착 및 연약한 지반의 굴착에 적합하다.(모래 채취나 수중의 흙을 퍼올리는 데 가장 적합하다.)

정답 50 ② 51 ③ 52 ④

④ 클램셸(clamshell)
- 수중굴착 및 가장 협소하고 깊은 굴착이 가능하며 호퍼(hopper)에 적당하다.
- 연약지반이나 수중굴착 및 자갈 등을 싣는데 적합하다.

📝 필기에 자주 출제되는 내용입니다.

53 공정계획에서 공정표 작성 시 주의사항으로 옳지 않은 것은?

① 기초공사는 옥외 작업이기 때문에 기후에 좌우되기 쉽고 공정 변경이 많다.
② 노무, 재료, 시공기기는 적절하게 준비할 수 있도록 계획한다.
③ 공기를 단축하기 위하여 다른 공사와 중복하여 시공할 수 없다.
④ 마감공사는 기후에 좌우되는 것이 적으나 공정단계가 많으므로 충분한 공기(工期)가 필요하다.

③ 공기를 단축하기 위하여 다른 공사와 중복하여 시공할 수 있다.

54 철근 콘크리트 공사에서 철근의 최소 피복두께를 확보하는 이유로 볼 수 없는 것은?

① 콘크리트 산화막에 의한 철근의 부식 방지
② 콘크리트의 조기 강도 증진
③ 철근과 콘크리트의 부착응력 확보
④ 화재, 염해, 중성화 등으로부터의 보호

* **철근콘크리트 부재의 피복두께를 확보하는 목적**
① **부착력 확보** : 철근의 부착강도 확보
② **내화성 확보** : 화재 시에 고열로부터 철근 보호
③ **철근의 방청**(철근의 부식방지로 내구성 확보) : 물과 이산화탄소의 침투를 방지하여 부식방지
④ **콘크리트의 유동성 확보** : 콘크리트 타설시 유동성으로 밀실하게 충전
⑤ 내구성 확보
⑥ 구조내력의 확보

📝 필기에 자주 출제되는 내용입니다.

55 콘크리트 공사에서 거푸집 설계 시 고려사항으로 가장 거리가 먼 것은?

① 콘크리트의 측압
② 콘크리트 타설 시의 하중
③ 콘크리트 타설 시의 충격과 진동
④ 콘크리트의 강도

정답 53 ③ 54 ② 55 ④

* 거푸집 동바리의 설계하중(거푸집 설계 시 고려사항)
1) 연직하중 = 고정하중 + 작업하중 + 적설하중
    ① 고정하중 : 콘크리트 무게 + 거푸집 무게
    ② 작업하중 : 작업원 + 장비하중 + 시공하중 + 충격하중
2) 콘크리트 측압
3) 풍하중
4) 수평하중

📌 필기에 자주 출제되는 내용입니다.

56 기둥 거푸집의 고정 및 측압 버팀용으로 사용되는 부속재료는?

① 세퍼레이터 ② 컬럼밴드
③ 스페이서 ④ 잭 서포트

* 긴결재의 종류
① 폼타이(Form tie)
② 플랫타이(Flat tie)
③ 철선(Steel wire)
④ 컬럼밴드(Column band)
⑤ 와이어로프(Wire rope) 및 턴버클(Turn Buckle)

참고

* 긴결재(긴장재)
콘크리트의 측압을 부담하여 거푸집널이 벌어지거나 우그러들지 않도록 거푸집의 정확한 위치와 치수를 유지하기 위해 사용된다.

57 공정관리에 있어서 자원배당의 대상이 아닌 것은?

① 인력 ② 장비
③ 자재 ④ 계약

* 공정관리에서 자원배당의 대상
① 인력(man)
② 장비(machine)
③ 자재(material)
④ 자금(money)

58 공사계약 방식 중 계약기간 및 예산에 따른 계약에서 계약의 이행에 수년을 요하는 경우 체결하는 계약은?

① 단년도 계약
② 개산 계약
③ 장기계속 계약
④ 총액 계약

계약의 이행에 수년을 요하는 경우 체결하는 계약 → 장기계속 계약

59 철골구조의 용접 결함에 대한 검사방법이 아닌 것은?

① 자연전극 전위법
② 육안검사
③ 염색침투 탐상검사
④ 초음파 탐상검사

정답 56 ② 57 ④ 58 ③ 59 ①

* 용접 완료 후의 검사(용접 결함에 대한 검사)
① 외관검사(육안검사)
② 절단검사
③ 비파괴검사(방사선 투과법, 초음파 탐상법, 자기분말 탐상법, 염색침투 탐상검사)

60 입찰의 절차에 있어 입찰공고에 포함되는 주요 항목이 아닌 것은?

① 계약에 관한 분쟁의 해결방법
② 입찰의 일시와 장소
③ 개략적인 공사의 특성, 유형 및 규모
④ 발주자와 설계자의 명칭과 주소

입찰공고에는 다음 각 호의 사항을 명시하여야 한다.
1. 사업명, 사업내용, 사업기간, 사업예산
2. 해당 계약이 협상에 의한 계약이라는 사실
3. 제안요청서의 요청기한 및 요청에 필요한 서류
4. 제안요청서에 대한 설명을 실시하는 경우에는 그 장소·일시에 관한 사항
5. 협상에 의한 계약체결에 필요한 기준 및 절차
6. 제안서의 제출기간
7. 제안서의 내용
8. 제안서의 평가요소 및 평가방법
9. 기술능력평가를 실시하는지 여부와 평가점수 부여 기준
10. 가격의 적정성 평가를 실시하는지 여부와 적정성 평가대상의 기준이 되는 금액
11. 제안서 평가시 제안서에 대한 설명을 실시하는 경우 그 장소·일시에 관한 사항

4과목 건설재료학

61 KSL 5201에 따른 1종 보통 포틀랜드시멘트의 28일 압축강도 기준으로 옳은 것은?

① 10MPa 이상
② 12.5MPa 이상
③ 22.5MPa 이상
④ 42.5MPa 이상

* 포틀랜드시멘트의 28일 압축강도

[단위 : MPa(N/mm²)]

1종 (보통)	2종 (조강)	3종 (중용열)	4종 (저열)	5종 (내황산염)
42.5 이상	32.5 이상	47.5 이상	22.5 이상	40.0 이상

62 재료의 열에 관한 성질 중 '재료 표면에서의 열전달 → 재료 속에서의 열전도 → 재료 표면에서의 열 전달'과 같은 열이동을 나타내는 용어는?

① 열용량
② 열관류
③ 비열
④ 열팽창계수

정답 60 ① 61 ④ 62 ②

* **열관류**
① 열이 벽과 같은 고체를 통하여 공기층으로 전하여지는 현상을 말한다.
② '재료 표면에서의 열전달 → 재료 속에서의 열전도 → 재료 표면에서의 열 전달'의 과정으로 열이동이 일어난다.

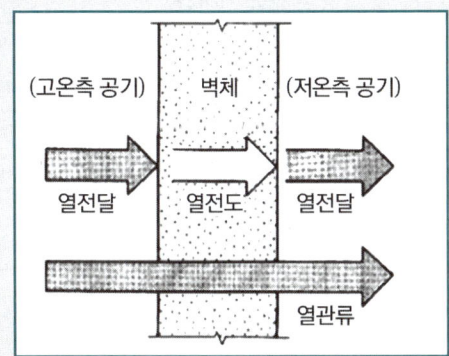

63 금속의 종류 중 아연에 관한 설명으로 옳지 않은 것은?

① 인상강도나 연신율이 낮은 편이다.
② 이온화 경향이 크고, 구리 등에 의해 침식된다.
③ 아연은 수중에서 부식이 빠른 속도로 진행된다.
④ 철판의 아연도금에 널리 사용된다.

③ 아연은 담수 중에서 표면피막을 형성하여 아연의 부식 속도를 낮은 수준으로 억제한다.

64 금속, 유리, 플라스틱, 목재, 도자기, 고무 등의 접착에 우수한 성질을 나타내며 특히 알루미늄과 같은 경금속 접착에 사용되는 접착제는?

① 에폭시 수지 접착제
② 아크릴 수지 접착제
③ 알키드 수지 접착제
④ 폴리에스테스 수지 접착제

* **에폭시 수지 접착제**
① 주제와 경화제로 이루어진 2성분계의 접착제이다. (접착제의 성능을 지배하는 것은 경화제라고 할 수 있다.)
② 금속, 석재, 플라스틱, 콘크리트 등 거의 모든 재료의 접착에 사용된다.(알루미늄과 같은 경금속 접착에 가장 적합하다.)
③ 급경성으로 내화학성, 내수성, 전기절연성이 우수하다.

📝 필기에 자주 출제되는 내용입니다.

65 점토 소성제품의 특징에 관한 설명으로 옳은 것은?

① 내열성 및 전기절연성이 부족하다.
② 화학적 저항성, 내후성이 우수하다.
③ 백화현상 발생의 우려가 적다.
④ 연성이며 가공이 용이하다.

정답 63 ③ 64 ① 65 ②

*점토 소성제품의 특징
① 내열성 및 전기절연성이 우수하다.
② 화학적 저항성, 내후성이 우수하다.
③ 백화현상이 발생할 수 있다.
④ 강도가 낮으면 흡수성도 크다.
⑤ 점토소성제품의 종류에는 도기, 토기, 석기, 자기 등이 있다.

66 9cm×9cm×210cm 목재의 건조 전 질량이 7.83kg이고 건조 후 질량이 6.8kg이었다면 이 목재의 대략적인 함수율은?
(단, 절대건조상태가 될 때까지 건조)

① 15%   ② 20%
③ 25%   ④ 30%

목재의 함수율 = $\dfrac{건조전중량 - 전건중량}{전건중량} \times 100(\%)$

= $\dfrac{7.83 - 6.8}{6.8} \times 100 = 15.15(\%)$

67 각종 도료 및 도료의 원료에 관한 설명으로 옳지 않은 것은?

① 알키드 수지를 활용한 도료는 건조 초기의 내수성이 떨어지며 내알칼리성이 좋지 못하다.
② 바니시는 수지류를 건성유 또는 휘발성 용제로 용해한 것이다.
③ 가소제는 건조된 도막에 탄성·교칙성 등을 줌으로써 내구력을 증가시키는 데 쓰이는 도막 형성 부요소이다.
④ 시너(Thinner)는 도막형성재로서 도막의 주요소를 용해시킨다.

*휘발성 용제, 희석제, 신전제(thinner)
자체에는 용해성이 없으며, 기름의 점도를 작게 하여 작업을 편리하게 하는 것(페인트 등을 희석시키는 용도)으로 일반적으로 시너라고 한다.

68 회반죽 바름의 주원료가 아닌 것은?

① 소석회   ② 점토
③ 모래   ④ 해초풀

회반죽 바름은 소석회에 모래, 해초풀, 여물 등을 혼합하여 바르는 미장재료이다.

📋 필기에 자주 출제되는 내용입니다.

정답 66 ① 67 ④ 68 ②

69 점토의 종류별 특성과 용도에 대한 설명으로 옳지 않은 것은?

① 자토는 백색으로 가소성이 부족하며 도자기 원료로 쓰인다.
② 석기점토는 유색의 치밀한 구조로 내화도가 높으며 유색 도기의 원료로 쓰인다.
③ 석회질 점토는 용해되기가 어려우며 경질 도기의 원료로 쓰인다.
④ 내화점토는 회백색 또는 담색이며 내화벽돌, 유약 원료로 쓰인다.

★ 점토의 종류별 특성과 용도
① 석회질 점토 : 백색으로 용해되기 쉽고 연질 도기의 원료로 쓰인다.
② 사질점토 : 적갈색으로 내화성이 낮으며 보통 벽돌, 기와, 토관의 원료로 사용된다.
③ 자토 : 백색으로 내화성이 우수하나 가소성이 부족하며 도자기 원료로 쓰인다.
④ 석기점토 : 유색의 치밀한 구조로 내화도가 높고 가소성이 있으며 유색 도기의 원료로 쓰인다.

70 물 − 시멘트비 65%로 콘크리트 $1m^2$를 만드는 데 필요한 물의 양으로 적당한 것은? (단, 콘크리트는 $1m^2$당 시멘트 8포대이며, 1포대는 40kg임)

① $0.1m^3$ ② $0.2m^3$
③ $0.3m^3$ ④ $0.4m^3$

물 시멘트(%) = $\dfrac{물의 중량}{시멘트의 중량} \times 100$

물의 중량 × 100 = 물시멘트비 × 시멘트의 중량

물의 중량 = $\dfrac{물시멘트비 \times 시멘트의 중량}{100}$

= $\dfrac{65 \times 8 \times 40}{100}$ = 208(kg) ÷ 1,000

= $0.2(m^3)$

(1000kg ≒ $1m^3$)

71 목재의 강도 중 가장 큰 것은? (단, 섬유에 평행한 가력 방향임)

① 인장강도 ② 휨강도
③ 압축강도 ④ 전단강도

목재 섬유(평행)방향의 강도는 인장강도의 크기가 전단강도 등 다른 강도에 비하여 크다.
(인장강도 > 휨강도 > 압축강도 > 전단강도)

필기에 자주 출제되는 내용입니다.

72 미장공사에서 바탕청소를 하는 가장 주된 목적은?

① 바름 층의 경화 및 건조 촉진
② 바탕 층의 강도 증진
③ 바름 층과의 접착력 향상
④ 바름 층의 강도 증진

바름 층과의 접착력 향상을 위하여 바탕청소를 한다.

73 경량 콘크리트 제작에 사용되는 골재와 거리가 먼 것은?

① 펄라이트　② 화산암
③ 중정석　　④ 팽창질석

★ **경량 콘크리트**
① 구조물의 자중을 경감할 목적으로 인공 또는 천연의 경량골재 등을 이용하여 만든 것으로 단위 용적 중량 2.0t/m³ 이하의 콘크리트를 말한다.
② 골재의 종류
　• 펄라이트
　• 화산암
　• 소성 플라이애쉬
　• 팽창질석
　• 석탄회
　• 팽창혈암, 팽창점토

74 강의 열처리란 금속재료에 필요한 성질을 주기 위하여 가열 또는 냉각하는 조작을 말하는데 다음 중 강의 열처리 방법에 해당하지 않는 것은?

① 늘림　② 불림
③ 풀림　④ 뜨임질

풀림	강을 800 ~ 1000℃까지 가열한 후 로(爐)의 내부에서 서서히 냉각시킨다.
불림	강을 800 ~ 1000℃까지 가열한 후 공기 중에서 서서히 냉각시킨다.
담금질	강을 800 ~ 1000℃까지 가열한 후 물 또는 기름 속에서 급히 냉각시킨다.
뜨임질	담금질을 한 후 다시 200 ~ 600℃로 가열한 다음 공기 중에서 천천히 냉각시킨다.

특급암기법
내부에서 풀어주고, 공기에서 불리고, 물·기름에 담그면 공기에서 뜬다.

📝 필기에 자주 출제되는 내용입니다.

75 물을 가한 후 24시간 이내에 보통포틀랜드 시멘트의 4주 강도 정도가 발현되며, 내화성이 풍부한 시멘트는?

① 팽창 시멘트
② 중용열 시멘트
③ 고로 시멘트
④ 알루미나 시멘트

★ **알루미나 시멘트**
① 보크사이트와 석회석을 원료로 한다.
② 성분 중에는 산화알루미늄(Al₂O₃)이 많으므로 초기 강도가 높고 염분이나 화학적 저항이 크다.(물을 가한 후 24시간 이내에 보통포틀랜드 시멘트의 4주 강도 정도가 발현된다.)
③ 초기 수화발열이 커서 대형 단면 부재에는 부적당하나 긴급 공사나 동절기 공사에 적합하다.
④ 내화성이 우수하여 **내화 콘크리트용**으로는 사용된다.

📝 필기에 자주 출제되는 내용입니다.

정답　73 ③　74 ①　75 ④

76 다음 석재 중에서 외장용으로 적합하지 않은 것은?

① 대리석　② 화강석
③ 안산암　④ 점판암

> **＊대리석**
> - 석회암이 변화되어 결정화된 것으로 치밀, 견고하고 외관이 아름답다.
> - 광택이 나며 실내장식재, 조각재로 사용된다.

📝 필기에 자주 출제되는 내용입니다.

77 콘크리트용 골재에 관한 설명 중 옳지 않은 것은?

① 골재는 시멘트 페이스트와의 부착이 강한 표면 구조를 가져야 한다.
② 부순 골재는 실적률이 크고 콘크리트에 사용될 때 워커빌리티가 좋아진다.
③ 골재의 강도는 경화 시멘트 페이스트의 강도 이상이어야 한다.
④ 골재는 비중이 작은 것일수록 공극과 내부균열이 많다.

> ② 부순 골재는 강자갈보다 실적률이 작고 콘크리트에 사용될 때 워커빌리티가 나빠진다.

📝 필기에 자주 출제되는 내용입니다.

78 천연수지·합성수지 또는 역청질 등을 건성유와 같이 열반응시켜 건조제를 넣고 용제에 녹인 것은?

① 유성페인트　② 래커
③ 바니시　④ 에나멜 페인트

> **＊바니쉬**
> ① 수지류를 건성유 또는 휘발성 용제로 용해한 것을 말한다.
> ② 목재 등의 표면처리에 사용되는 투명 도료이다.

📝 필기에 자주 출제되는 내용입니다.

79 강재의 인장시험 시 탄성에서 소성으로 변하는 경계는?

① 비례한계점　② 변형경화점
③ 항복점　④ 인장강도점

> **항복점** : 강재의 인장시험 시 탄성 영역에서 소성 영역으로 넘어가는 경계점을 말한다.

📝 필기에 자주 출제되는 내용입니다.

80 시멘트 모르타르 바름의 작업성이나 부착력 향상을 위해 첨가하는 혼화제에 속하지 않는 것은?

① 메틸 셀룰로스(CMC)
② 합성수지에멀션
③ 고무계 라텍스
④ 에폭시 수지

정답　76 ①　77 ②　78 ③　79 ③　80 ④

* 시멘트 모르타르 바름의 작업성이나 부착력 향상을 위해 첨가하는 혼화제
① 메틸 셀룰로스(CMC)
② 합성수지에멀션
③ 고무계 라텍스

5과목 건설안전기술

81 웰 포인트, 샌드드레인공법 작업 전에는 압밀침하를 예상하여 간극수압을 측정하여야 한다. 이 간극수압을 측정하는 기구는 무엇인가?

① Piezometer
② Tiltmeter
③ Inclinometer
④ Water level meter

간극수압을 측정하는 기구 → 피에조미터(Piezometer)

82 다음 중 차량계 건설기계에 해당되지 않는 것은?

① 곤돌라　　② 항타기 및 항발기
③ 어스드릴　④ 앵글도저

① 곤돌라는 양중기에 해당한다.

83 철골작업을 중지하여야 하는 경우의 강우량 기준으로 옳은 것은?

① 시간당 0.5mm 이상
② 시간당 1mm 이상
③ 시간당 2mm 이상
④ 시간당 3mm 이상

* 철골작업을 중지해야 하는 조건
① 풍속이 초당 10미터 이상인 경우
② 강우량이 시간당 1밀리미터 이상인 경우
③ 강설량이 시간당 1센티미터 이상인 경우

실기에 자주 출제되는 내용입니다.

84 콘크리트 타설 시 안전수칙 사항으로 옳은 것은?

① 콘크리트는 한곳으로 치우쳐 타설하여야 한다.
② 콘크리트 타설작업 시 거푸집 붕괴의 위험이 발생할 우려가 있더라도 타설작업을 우선완료하고 나서 상황을 판단한다.
③ 바닥 위에 흘린 콘크리트는 그대로 양생하도록 한다.
④ 최상부의 슬래브(Slab)는 이어붓기를 가급적 피하고 일시에 전체를 타설한다.

① 콘크리트를 한 곳에만 치우쳐서 타설할 경우 거푸집의 변형 및 탈락에 의한 붕괴사고가 발생되므로 타설순서를 준수하여야 한다.
② 콘크리트의 타설작업 시 거푸집붕괴의 위험이 발생할 우려가 있는 때에는 충분한 보강조치를 할 것
③ 바닥 위에 흘린 콘크리트는 완전히 청소할 것

필기에 자주 출제되는 내용입니다.

정답　81 ①　82 ①　83 ②　84 ④

85 건설공사에서 발코니 단부, 엘리베이터 입구, 재료 반입구 등과 같이 벽면 혹은 바닥에 추락의 위험이 우려되는 장소를 의미하는 용어는?

① 중간난간대 ② 가설통로
③ 개구부 ④ 비상구

> 개구부 : 발코니 단부, 엘리베이터 입구, 재료 반입구 등과 같이 벽면 혹은 바닥에 추락의 위험이 우려되는 장소를 말한다.

86 다음은 산업안전보건법령에 따른 추락의 방지를 위하여 설치하는 추락방호망에 관한 내용이다. ( ) 안에 들어갈 내용으로 옳은 것은?

> 추락방호망은 수평으로 설치하고, 망의 처짐은 짧은 변 길이의 (   )퍼센트 이상이 되도록 할 것

① 8 ② 12
③ 15 ④ 20

* **추락방호망의 설치**
① 추락방호망의 설치위치는 가능하면 작업면으로부터 가까운 지점에 설치하여야 하며, 작업면으로부터 망의 설치지점까지의 수직거리는 10미터를 초과하지 아니할 것
② 추락방호망은 **수평**으로 설치하고, 망의 처짐은 짧은 변 길이의 **12퍼센트 이상**이 되도록 할 것
③ 건축물 등의 바깥쪽으로 설치하는 경우 망의 내민 길이는 벽면으로부터 3미터 이상이 되도록 할 것

📌 실기까지 중요한 내용입니다.

87 사다리식 통로의 설치기준으로 옳지 않은 것은?

① 폭은 30cm 이상으로 할 것
② 발판과 벽과의 사이는 15cm 이상의 간격을 유지할 것
③ 사다리의 상단은 걸쳐놓은 지점으로부터 60cm 이상 올라가도록 할 것
④ 사다리식 통로의 길이가 10m 이상인 경우에는 7m 이내마다 계단참을 설치할 것

* **사다리식 통로의 구조**
  (사다리식 통로 설치 시의 준수사항)
① 견고한 구조로 할 것
② 심한 손상·부식 등이 없는 재료를 사용할 것
③ 발판의 간격은 일정하게 할 것
④ 발판과 벽과의 사이는 15센티미터 이상의 간격을 유지할 것
⑤ 폭은 30센티미터 이상으로 할 것
⑥ 사다리가 넘어지거나 미끄러지는 것을 방지하기 위한 조치를 할 것
⑦ 사다리의 상단은 걸쳐놓은 지점으로부터 60센티미터 이상 올라가도록 할 것
⑧ 사다리식 통로의 길이가 10미터 이상인 경우에는 5미터 이내마다 계단참을 설치할 것
⑨ 사다리식 통로의 기울기는 75도 이하로 할 것. 다만, 고정식 사다리식 통로의 기울기는 90도 이하로 하고, 그 높이가 7미터 이상인 경우에는 다음 각 목의 구분에 따른 조치를 할 것
  • 등받이울이 있어도 근로자 이동에 지장이 없는 경우 : 바닥으로부터 높이가 2.5미터 되는 지점부터 등받이울을 설치할 것
  • 등받이울이 있으면 근로자가 이동이 곤란한 경우 : 한국산업표준에서 정하는 기준에 적합한 개인용 추락 방지 시스템을 설치하고 근로자로 하여금 한국산업표준에서 정하는 기준에 적합한 전신 안전대를 사용하도록 할 것
⑩ 접이식 사다리 기둥은 사용 시 접혀지거나 펼쳐지지 않도록 철물 등을 사용하여 견고하게 조치할 것

📌 실기까지 중요한 내용입니다.

정답 85 ③ 86 ② 87 ④

88 기계운반하역 시 걸이 작업의 준수사항으로 옳지 않은 것은?

① 와이어로프 등은 크레인의 훅 중심에 걸어야 한다.
② 인양 물체의 안정을 위하여 2줄 걸이 이상을 사용하여야 한다.
③ 매다는 각도는 70° 정도로 한다.
④ 근로자를 매달린 물체 위에 탑승시키지 않아야 한다.

* **걸이 작업시 준수사항**
① 와이어로프 등은 크레인의 후크중심에 걸어야 한다.
② 인양 물체의 안정을 위하여 2줄 걸이 이상을 사용하여야 한다.
③ 밑에 있는 물체를 걸고자 할 때에는 위의 물체를 제거한 후에 행하여야 한다.
④ 매다는 각도는 60° 이내로 하여야 한다.
⑤ 근로자를 매달린 물체 위에 탑승시키지 않아야 한다.

89 콘크리트의 재료분리현상 없이 거푸집 내부에 쉽게 타설할 수 있는 정도를 나타내는 것은?

① Bleeding
② Thixotropy
③ Workability
④ Finishability

재료분리현상 없이 거푸집 내부에 쉽게 타설할 수 있는 정도 → 작업성(Workability)

90 기존 건물에서 인접된 장소에서 새로운 깊은 기초를 시공하고자 한다. 이 때 기존 건물의 기초가 얕아 안전상 보강하려고 할 때 적당한 공법은?

① 압성토 공법
② 언더피닝 공법
③ 선행 재하공법
④ 치환공법

* **언더피닝공법**
기존 구조물에 근접하여 시공 시 기존 구조물을 보호하기 위한 공법으로 기초저면보다 깊은 구조물을 시공하거나 기존 구조물을 보호하기 위하여 기초하부를 보강하는 공법이다.

91 비계의 설치작업 시 유의사항으로 옳지 않은 것은?

① 항상 수평, 수직이 유지되도록 한다.
② 파괴, 도괴, 동요에 대한 안전성을 고려하여 설치한다.
③ 비계의 도괴 방지를 위해 가새 등 경사재는 설치하지 않는다.
④ 외쪽 비계와 같은 특수비계는 문제점을 충분히 검토하여 설치한다.

③ 비계의 도괴 방지를 위해 가새 등 경사재를 설치한다.

정답 88 ③ 89 ③ 90 ② 91 ③

92 슬레이트, 선라이트 등 강도가 약한 재료로 덮은 지붕 위에서 작업을 할 때 발이 빠지는 등의 위험을 방지하기 위한 산업안전보건법령에 따른 작업발판의 최소 폭 기준은?

① 20cm 이상 ② 30cm 이상
③ 40cm 이상 ④ 50cm 이상

슬레이트 등 강도가 약한 재료로 덮은 **지붕에는 폭 30 센티미터 이상의 발판을 설치할 것**

 실기까지 중요한 내용입니다.

93 지반의 붕괴, 구축물의 붕괴 또는 토석의 낙하 등에 의하여 근로자가 위험해질 우려가 있는 경우 그 위험을 방지하기 위하여 취해야 할 조치로 옳지 않은 것은?

① 흙막이 지보공 제거
② 토석의 낙하 원인이 되는 빗물이나 지하수 등을 배제
③ 낙하의 위험이 있는 토석 제거
④ 옹벽 설치

* **지반의 붕괴 등에 의한 위험방지 조치**
① 흙막이 지보공의 설치
② 방호망의 설치
③ 근로자의 출입금지 등 위험을 방지하기 위하여 필요한 조치
④ 비가 올 경우를 대비하여 측구를 설치하거나 굴착 사면에 비닐을 덮는등 빗물 등의 침투에 의한 붕괴재해를 예방하기 위하여 필요한 조치

실기까지 중요한 내용입니다.

94 현장에서 근로자가 안전하게 통행할 수 있도록 통로에 설치해야 하는 조명시설은 최소 몇 럭스 이상이어야 하는가?

① 75Lux 이상 ② 80Lux 이상
③ 85Lux 이상 ④ 90Lux 이상

근로자가 안전하게 통행할 수 있도록 통로에 **75럭스 이상의 채광 또는 조명시설**을 하여야 한다. 다만, 갱도 또는 상시 통행을 히지 이니히는 지하실 등을 통행하는 근로자에게 휴대용 조명기구를 사용하도록 한 경우에는 그러하지 아니하다.

필기에 자주 출제되는 내용입니다.

95 인력에 의한 하물 운반 시 준수사항으로 옳지 않은 것은?

① 수평거리 운반을 원칙으로 한다.
② 운반 시의 시선은 진행 방향을 향하고 뒷걸음 운반을 하여서는 아니 된다.
③ 쌓여 있는 하물을 운반할 때에는 중간 또는 하부에서 뽑아내어서는 아니 된다.
④ 어깨 높이보다 낮은 위치에서 하물을 들고 운반하여서는 아니 된다.

④ 어깨 높이보다 높은 위치에서 하물을 들고 운반하여서는 아니 된다.

정답 92 ② 93 ① 94 ① 95 ④

96 가설구조를 부재의 강성이 부족하여 가늘고 긴 부재가 압축력에 의하여 파괴되는 현상은?

① 좌굴 ② 피로파괴
③ 지압파괴 ④ 폭열현상

가늘고 긴 부재가 압축력에 의하여 파괴되는 현상 → 좌굴

97 항타기 또는 항발기의 권상용 와이어로프의 안전계수 기준은?

① 2 이상 ② 3 이상
③ 4 이상 ④ 5 이상

항타기 또는 항발기의 권상용 와이어로프의 안전계수가 5 이상이 아니면 이를 사용하여서는 아니 된다.

98 건설공사 착공 시 유해·위험방지계획서 제출대상 사업 규모에 해당되지 않는 것은?

① 터널 건설 공사
② 깊이가 15m인 굴착공사
③ 지상 높이가 25m인 건축물 건설 공사
④ 최대지간길이가 55m인 교량건설 공사

---

* 유해위험방지계획서를 제출해야 될 건설공사
1. 지상높이가 31미터 이상인 건축물 또는 인공구조물, 연면적 3만제곱미터 이상인 건축물 또는 연면적 5천제곱미터 이상의 문화 및 집회시설(전시장 및 동물원·식물원은 제외한다), 판매시설, 운수시설(고속철도의 역사 및 집배송시설은 제외한다), 종교시설, 의료시설 중 종합병원, 숙박시설 중 관광숙박시설, 지하도상가 또는 냉동·냉장창고시설의 건설·개조 또는 해체
2. 연면적 5천제곱미터 이상의 냉동·냉장창고시설의 설비공사 및 단열공사
3. 최대 지간길이가 50미터 이상인 교량 건설등 공사
4. 터널 건설 등의 공사
5. 다목적댐, 발전용댐 및 저수용량 2천만톤 이상의 용수 전용 댐, 지방상수도전용 댐 건설 등의 공사
6. 깊이 10미터 이상인 굴착공사

특급암기법
- 지상높이 31m, 연면적 3만m², 사람 많은 시설 연면적 5,000m²
- 연면적 5,000m² 냉동·냉장창고시설
- 최대 지간길이가 50미터 이상 교량
- 터널
- 저수용량 2천만 톤 이상 댐
- 10미터 이상인 굴착

실기에 자주 출제되는 내용입니다.

정답 96 ① 97 ④ 98 ③

99 유한사면에서 사면기울기가 비교적 완만한 점성토에서 주로 발생되는 사면파괴의 형태는?

① 저부파괴
② 사면선단파괴
③ 사면내파괴
④ 국부전단파괴

* **유한사면의 파괴 형태**
- 사면선단파괴 : 경사가 급하고 비점착성 토질
- 사면 내 파괴 : 견고한 지층이 얕은 경우
- 사면저부파괴 : 경사가 완만하고 점착성인 경우

100 양중기의 와이어로프 등 달기구의 안전계수 기준으로 옳은 것은? (단, 화물의 하중을 직접 지지하는 달기와이어로프 또는 달기체인의 경우)

① 4 이상
② 5 이상
③ 7 이상
④ 10 이상

* **양중기의 와이어로프 등 달기구의 안전계수**
① 근로자가 탑승하는 운반구를 지지하는 달기와이어로프 또는 달기체인의 경우 : 10 이상
② 화물의 하중을 직접 지지하는 달기와이어로프 또는 달기체인의 경우 : 5 이상
③ 훅, 샤클, 클램프, 리프팅 빔의 경우 : 3 이상
④ 그 밖의 경우 : 4 이상

📝 실기까지 중요한 내용입니다.

정답 99 ① 100 ②

2017년 1회 최근 기출문제

1과목 산업안전관리론

01 산업안전보건 법령상 안전·보건표지에 관한 설명으로 틀린 것은?

① 안전·보건표지 속의 그림 또는 부호의 크기는 안전·보건표지의 크기와 비례하여야 하며, 안전·보건표지 전체 규격의 30% 이상이 되어야 한다.
② 안전·보건표지 색채의 물감은 변질되지 아니하는 것에 색채 고정원료를 배합하여 사용하여야 한다.
③ 안전·보건표지는 그 표시내용을 근로자가 빠르고 쉽게 알아볼 수 있는 크기로 제작하여야 한다.
④ 안전·보건표지에는 야광 물질을 사용하여서는 아니 된다.

④ 야간에 필요한 안전·보건표지는 야광 물질을 사용하는 등 쉽게 알아볼 수 있도록 제작하여야 한다.

02 무재해 운동의 추진을 위한 3요소에 해당하지 않는 것은?

① 모든 위험잠재요인의 해결
② 최고경영자의 경영 자세
③ 관리감독자(Line)의 적극적 추진
④ 직장 소집단의 자주 활동 활성화

*** 무재해 운동의 3요소**
① 최고 경영자의 경영자세 : 안전보건은 최고 경영자의 무재해, 무질병에 대한 확고한 경영자세로부터 시작된다.
② 라인관리자에 의한 안전보건 추진 : 관리감독자들(Line)이 생산활동 속에서 안전보건을 함께 실천하는 것이 성공의 지름길이다.
③ 직장의 자주안전 활동의 활성화 : 직장의 팀 구성원과의 협동 노력으로 자주적인 안전활동을 추진해 가는 것이 필요하다.

📝 필기에 자주 출제되는 내용입니다.

03 억측판단의 배경이 아닌 것은?

① 생략 행위
② 초조한 심정
③ 희망적 관측
④ 과거의 성공한 경험

*** 억측판단이 발생하는 배경**
① 정보가 불확실할 때
② 희망적인 관측이 있을 때
③ 과거의 성공한 경험이 있을 때
④ 일을 빨리 끝내고 싶은 강한 욕구가 있거나 귀찮고 초조할 때

정답 01 ④ 02 ① 03 ①

04 재해의 기본원인 4M에 해당하지 않는 것은?

① Man   ② Machine
③ Media   ④ Measurement

★ 휴먼 에러의 배후요인(4M)
① Man(인간) : 본인 외의 사람, 직장의 인간관계 등
② Machine(기계) : 기계, 장치 등의 물적 요인
③ Media(매체) : 작업 정보, 작업 방법 등
④ Management(관리) : 작업관리, 법규 준수, 단속, 점검 등

 필기에 자주 출제되는 내용입니다.

05 다음과 같은 스트레스에 대한 반응은 무엇에 해당하는가?

> 여동생이나 남동생을 얻게 되면서 손가락을 빠는 것과 같이 어린 시절의 버릇을 나타낸다.

① 투사   ② 억압
③ 승화   ④ 퇴행

★ 퇴행
좌절을 심하게 당했을 때 현재보다 유치한 과거 수준으로 후퇴하는 것
예 한글을 잘 하던 아이가 엄마의 꾸중으로 한글을 모두 잊은 상태로 돌아가 버리는 것
예 여동생이나 남동생을 얻게 되면서 손가락을 빠는 것과 같이 어린 시절의 버릇을 나타낸다.

 참고

① 투사
  • 자기 속의 억압된 것을 다른 사람의 것으로 생각하는 것
  • 자신의 불만이나 불안을 해소시키기 위해서 **자신의 잘못을 남의 탓으로 돌리는 행동**
② 억압
  • 의식에서 **용납하기 힘든 생각**, 욕망, 충동, 공격성 등을 무의식적으로 눌러 버리는 것
③ 승화
  • 사회적으로 승인되지 않은 욕구가 **사회적, 문화적으로 가치 있는 것으로 나타남**
  • 자신의 동기에 대해 불안을 느끼는 사람은 무의식적으로 내면의 동기를 사회가 용납하는 다른 동기로 변형시킴

06 산업안전보건 법령상 사업주가 근로자에 대하여 실시하여야 하는 교육 중 특별 안전·보건교육의 대상이 되는 작업이 아닌 것은?

① 화학설비의 탱크 내 작업
② 전압이 30V인 정전 및 활선작업
③ 건설용 리프트·곤돌라를 이용한 작업
④ 동력에 의하여 작동되는 프레스기계를 5대 이상 보유한 사업장에서 해당 기계로 하는 작업

② **전압이 75볼트 이상인 정전 및 활선작업**이 특별교육 대상에 해당한다.

정답   04 ④   05 ④   06 ②

07 인간의 행동 특성에 관한 레빈(Lewin)의 법칙에서 각 인자에 대한 내용으로 틀린 것은?

$$B = f(P \cdot E)$$

① B : 행동
② f : 함수관계
③ P : 개체
④ E : 기술

＊레윈(K. Lewin)의 법칙
인간의 행동은 개체의 자질과 심리적 환경의 함수관계이다.
$$B = f(P \cdot E)$$
- B : Behavior(인간의 행동)
- f : function(함수관계)
- P : Person(개체 : 연령, 경험, 심신 상태, 성격, 지능 등)
- E : Environment(심리적 환경 : 인간관계, 작업환경 등)

자주 출제되는 내용입니다.

08 개인 카운슬링(Counseling) 방법으로 가장 거리가 먼 것은?

① 직접적 충고
② 설득적 방법
③ 설명적 방법
④ 반복적 충고

＊카운슬링 방법
① 직접적 충고
② 설득적 방법
③ 설명적 방법

09 교육의 효과를 높이기 위하여 시청각 교재를 최대한으로 활용하는 시청각적 방법의 필요성이 아닌 것은?

① 교재의 구조화를 기할 수 있다.
② 대량 수업체제가 확립될 수 있다.
③ 교수의 평준화를 기할 수 있다.
④ 개인차를 최대한으로 고려할 수 있다.

시청각적 방법은 집단안전교육 방법으로 가장 효과적이나, 개인차를 고려하지는 못한다.

10 재해의 원인과 결과를 연계하여 상호 관계를 파악하기 위해 도표화하는 분석방법은?

① 특성 요인도
② 파레토도
③ 크로스 분류도
④ 관리도

특성 요인도 : 재해와 그 요인의 관계를 어골상으로 세분화하여 나타낸다.

① 파레토도 : 사고 유형, 기인물 등 데이터를 분류하여 그 항목값이 큰 순서대로 정리하여 막대그래프로 나타낸다.
② 크로스(cross) 분석 : 2가지 또는 2개 항목 이상의 요인이 상호 관계를 유지할 때 문제를 분석하는 데 사용된다.
③ 관리도 : 시간 경과에 따른 재해 발생 건수 등 대략적인 추이 파악에 사용된다.

정답 07 ④ 08 ④ 09 ④ 10 ①

11 보호구 안전인증 고시에 따른 안전모의 일반 구조 중 턱 끈의 최소 폭 기준은?

① 5mm 이상
② 7mm 이상
③ 10mm 이상
④ 12mm 이상

턱 끈의 폭은 10mm 이상일 것

12 허츠버그(Herzberg)의 동기·위생 이론에 대한 설명으로 옳은 것은?

① 위생 요인은 직무내용에 관련된 요인이다.
② 동기 요인은 직무에 만족을 느끼는 주요인이다.
③ 위생 요인은 매슬로 욕구 단계 중 존경, 자아실현의 욕구와 유사하다.
④ 동기 요인은 매슬로 욕구 단계 중 생리적 욕구와 유사하다.

① 위생 요인은 직무환경에 관련된 요인이다.
③ 위생 요인은 매슬로 욕구 단계 중 생리적, 안전의 욕구와 유사하다.
④ 동기 요인은 매슬로 욕구 단계 중 존경, 자아실현과 유사하다.

13 연평균 근로자 수가 1,000명인 사업장에서 연간 6건의 재해가 발생한 경우, 이때의 도수율은? (단, 1일 근로시간 수는 4시간, 연평균 근로일수는 150일이다.)

① 1
② 10
③ 100
④ 1,000

- 도수율 = $\dfrac{\text{재해 건수}}{\text{연 근로시간 수}} \times 10^6$

- 도수율 = $\dfrac{6}{1,000 \times 4 \times 150} \times 10^6 = 10$

실기에도 자주 출제되는 중요한 내용입니다.

14 산업안전보건 법령상 일용근로자의 안전·보건교육 과정별 교육시간 기준으로 틀린 것은?

① 채용 시의 교육 : 1시간 이상
② 작업 내용 변경 시의 교육 : 2시간 이상
③ 건설업 기초안전·보건교육(건설 일용근로자) : 4시간
④ 특별 교육 : 2시간 이상(흙막이 지보공의 보강 또는 동바리를 설치하거나 해체하는 작업에 종사하는 일용근로자)

정답 11 ③ 12 ② 13 ② 14 ②

* 근로자 안전보건교육

교육과정	교육대상		교육시간
가. 정기교육	1) 사무직 종사 근로자		매반기 6시간 이상
	2) 그 밖의 근로자	가) 판매업무에 직접 종사하는 근로자	매반기 6시간 이상
		나) 판매업무에 직접 종사하는 근로자 외의 근로자	매반기 12시간 이상
나. 채용시의 교육	1) 일용근로자 및 근로계약기간이 1주일 이하인 기간제근로자		1시간 이상
	2) 근로계약기간이 1주일 초과 1개월 이하인 기간제근로자		4시간 이상
	3) 그 밖의 근로자		8시간 이상
다. 작업내용 변경시의 교육	1) 일용근로자 및 근로계약기간이 1주일 이하인 기간제근로자		1시간 이상
	2) 그 밖의 근로자		2시간 이상
라. 특별교육	1) 일용근로자 및 근로계약기간이 1주일 이하인 기간제 근로자(타워크레인 신호작업에 종사하는 근로자 제외)		2시간 이상
	2) 일용근로자 및 근로계약기간이 1주일 이하인 기간제 근로자 중 타워크레인신호작업에 종사하는 근로자		8시간 이상
	3) 일용근로자 및 근로계약기간이 1주일 이하인 기간제 근로자를 제외한 근로자		가) 16시간 이상(최초 작업에 종사하기 전 4시간 이상 실시하고 12시간은 3개월 이내에서 분할하여 실시 가능) 나) 단기간 작업 또는 간헐적 작업인 경우에는 2시간 이상
마. 건설업 기초안전·보건교육	건설 일용근로자		4시간 이상

실기에도 자주 출제되는 중요한 내용입니다. 암기하세요.

15 산업안전보건법상 고용노동부장관이 산업재해 예방을 위하여 종합적인 개선 조치를 할 필요가 있다고 인정할 때에 안전보건 계획의 수립·시행을 명할 수 있는 대상 사업장이 아닌 것은?

① 산업재해율이 같은 업종의 규모별 평균 산업재해율보다 높은 사업장
② 사업주가 안전보건조치 의무를 이행하지 아니하여 중대재해가 발생한 사업장
③ 고용노동부장관이 관보 등에 고시한 유해인자의 노출기준을 초과한 사업장
④ 경미한 재해가 다발로 발생한 사업장

* 안전보건 개선계획 작성대상 사업장
① 산업재해율이 같은 업종의 규모별 평균 산업재해율보다 높은 사업장
② 사업주가 안전·보건조치의무를 이행하지 아니하여 중대재해가 발생한 사업장
③ 직업성 질병자가 연간 2명 이상 발생한 사업장
④ 유해인자의 노출기준을 초과한 사업장

특급암기법
평균보다 높으면 개선계획!
중대재해 발생하면 개선계획!
직업성 질병자 2명
노출기준 초과하면 개선계획!

실기에도 자주 출제되는 중요한 내용입니다. 암기하세요.

16 산업안전보건 법령상 안전인증대상 기계·기구 등이 아닌 것은?

① 프레스 ② 전단기
③ 롤러기 ④ 산업용 원심기

정답 15 ④ 16 ④

＊안전인증대상 기계·기구

설치·이전하는 경우 안전인증을 받아야 하는 기계·기구	주요 구조 부분을 변경하는 경우 안전인증을 받아야 하는 기계·기구
① 크레인 ② 리프트 ③ 곤돌라	① 프레스 ② 전단기 및 절곡기(折曲機) ③ 크레인 ④ 리프트 ⑤ 압력용기 ⑥ 롤러기 ⑦ 사출성형기(射出成形機) ⑧ 고소(高所)작업대 ⑨ 곤돌라

특급암기법 유사한 종류끼리 묶어서 암기
손 다치는 기계 - 프레스, 전단기 및 절곡기, 사출성형기, 롤러기
양중기 - 크레인, 리프트, 곤돌라
폭발 - 압력용기
추락 - 고소작업대

실기에 자주 출제되는 내용입니다. 암기하세요.

17 적응기제(Adjustment Mechanism)의 도피적 행동인 고립에 해당하는 것은?

① 운동 시합에서 진 선수가 컨디션이 좋지 않았다고 말한다.
② 키가 작은 사람이 키 큰 친구들과 같이 사진을 찍으려 하지 않는다.
③ 자녀가 없는 여교사가 아동교육에 전념하게 되었다.
④ 동생이 태어나자 형이 된 아이가 말을 더듬는다.

① 운동 시합에서 진 선수가 컨디션이 좋지 않았다고 말한다. → 합리화(방어 기제)
② 키가 작은 사람이 키 큰 친구들과 같이 사진을 찍으려 하지 않는다. → 고립(도피 기제)
③ 자녀가 없는 여교사가 아동교육에 전념하게 되었다. → 보상(방어 기제)
④ 동생이 태어나자 형이 된 아이가 말을 더듬는다. → 퇴행(도피 기제)

＊적응기제
① 도피기제(갈등을 해결하지 않고 도망감)
  • 억압 : 무의식으로 쑤셔 넣기
  • 퇴행 : 유아 시절로 돌아가 유치해짐
  • 백일몽 : 공상의 나래를 펼침
  • 고립(거부) : 외부와의 접촉을 끊음
② 방어기제(갈등을 이겨내려는 능동성과 적극성)
  • 보상 : 열등감을 다른 곳에서 강점으로 발휘함
  • 합리화 : 자기변명, 자기실패의 합리화, 자기미화
  • 승화 : 열등감과 욕구불만을 사회적으로 바람직한 가치로 나타내는 것
  • 동일시 : 힘 있고 능력 있는 사람을 통해 자기만족을 얻으려 함
  • 투사 : 자신의 열등감을 다른 것에 던져 그것들도 결점이 있음을 발견해서 열등감에서 벗어나려 함
③ 공격기제

필기에 자주 출제되는 내용입니다.

18 조직이 리더에게 부여하는 권한으로 볼 수 없는 것은?

① 보상적 권한 ② 강압적 권한
③ 합법적 권한 ④ 위임된 권한

1. 조직이 지도자에게 부여하는 권한
   보상적 권한, 강압적 권한, 합법적 권한
2. 지도자 자신이 자기에게 부여하는 권한
   위임된 권한, 전문성의 권한

📝 필기에 자주 출제되는 내용입니다.

19 안전교육 훈련 기법에 있어 태도 개발 측면에서 가장 적합한 기본 교육 훈련 방식은?

① 실습 방식
② 제시 방식
③ 참가 방식
④ 시뮬레이션 방식

태도 개발 측면에서 가장 적합한 기본교육 훈련방식 → 참가 방식

20 무재해 운동의 추진 기법 중 위험예지훈련의 4라운드 중 2라운드 진행 방법에 해당하는 것은?

① 본질 추구
② 목표 설정
③ 현상 파악
④ 대책 수립

* **위험예지훈련의 4라운드**
1단계 : 현상 파악
2단계 : 요인조사(본질추구)
3단계 : 대책수립
4단계 : 행동목표 설정(합의요약)

📝 실기까지 중요한 내용입니다. 암기하세요.

2과목 인간공학 및 시스템안전공학

21 반복되는 사건이 많이 있는 경우에 FTA의 최소 컷셋을 구하는 알고리즘이 아닌 것은?

① Fussel Algorithm
② Boolean Algorithm
③ Monte Carlo Algorithm
④ Limnios & Ziani Algorithm

반복되는 사건이 많이 있는 경우에 FTA의 최소 컷셋을 구하는 알고리즘
① Fussel Algorithm
② Boolean Algorithm
③ Limnios & Ziani Algorithm

📝 비중이 낮은 문제입니다. 답만 체크하세요.

22 1cd의 점광원에서 1m 떨어진 곳에서의 조도가 3lux이었다. 동일한 조건에서 5m 떨어진 곳에서의 조도는 약 몇 lux인가?

① 0.12 ② 0.22
③ 0.36 ④ 0.56

• 조도(Lux) = $\dfrac{광도}{(거리)^2}$

1. 1m에서의 조도가 3이므로
   $3 = \dfrac{광도}{1^2}$
   광도 = $3 \times 1^2 = 3$(cd)

2. 5m에서의 조도
   조도 = $\dfrac{3}{5^2} = 0.12$(Lux)

📝 필기에 자주 출제되는 내용입니다.

 19 ③ 20 ① 21 ③ 22 ①

23 지게차 인장벨트의 수명은 평균이 100,000시간, 표준편차가 500시간인 정규분포를 따른다. 이 인장벨트의 수명이 101,000시간 이상일 확률은 약 얼마인가? (단, P(Z ≤ 1) = 0.8413, P(Z ≤ 2) = 0.9772, P(Z ≤ 3) = 0.9987이다.)

① 1.60% ② 2.28%
③ 3.28% ④ 4.28%

Z 점수는 원점수가 평균에서 떨어져 있는 정도를 표준편차의 수로 나타낸 값이다.

1. $z = \dfrac{\text{기대수명} - \text{평균수명}}{\text{표준편차}}$

   $= \dfrac{\text{기대수명} - \text{평균수명}}{\text{표준편차}} = 2$

2. P(Z ≤ 2) = 0.9772이므로
   P(Z ≥ 2) = 1 − 0.9772 = 0.0228 (2.28%)

비중이 낮은 문제입니다.

24 산업안전보건 법령에서 정한 물리적 인자의 분류 기준에 있어서 소음은 소음성난청을 유발할 수 있는 몇 dB(A) 이상의 시끄러운 소리로 규정하고 있는가?

① 70 ② 85
③ 100 ④ 115

소음작업 : 하루 8시간 동안 85dB 이상의 소음이 발생하는 작업

참고

*강렬한 소음작업
① 하루 8시간 동안 90dB 이상의 소음이 발생하는 작업
② 하루 4시간 동안 95dB 이상의 소음이 발생하는 작업
③ 하루 2시간 동안 100dB 이상의 소음이 발생하는 작업
④ 하루 1시간 동안 105dB 이상의 소음이 발생하는 작업
⑤ 하루 30분 동안 110dB 이상의 소음이 발생하는 작업
⑥ 하루 15분 동안 115dB 이상의 소음이 발생하는 작업

필기에 자주 출제되는 내용입니다.

25 모든 시스템 안전 프로그램 중 최초 단계의 분석으로 시스템 내의 위험요소가 어떤 상태에 있는지를 정성적으로 평가하는 방법은?

① CA   ② FHA
③ PHA ④ FMEA

최초 단계의 분석법 → PHA

참고

1. 예비 위험 분석(PHA) : 모든 시스템 안전 프로그램의 최초 단계(설계단계, 구상단계)에서 실시하는 분석법으로서 시스템 내의 위험 요소가 얼마나 위험한 상태에 있는가를 정성적으로 평가하는 기법
2. 결함위험분석(FHA) : 서브시스템(subsystem)의 해석에 사용되는 분석법

3. **고장형태와 영향분석(FMEA)** : 시스템에 영향을 미치는 모든 요소의 고장을 형태별로 분석하여 그 영향을 검토하는 정성적, 귀납적 분석법
4. **치명도 분석(CA)** : 고장이 직접 시스템의 손실과 인명의 사상에 연결되는 높은 위험도를 가진 요소나 고장의 형태에 따른 분석법

📝 필기에 자주 출제되는 내용입니다.

* **FTA에 의한 재해사례 연구 순서**
1단계 : 톱사상(목표사상)의 설정
2단계 : 재해 원인 규명
3단계 : FT도의 작성
4단계 : 개선계획의 작성

📝 필기에 자주 출제되는 내용입니다.

26 인터페이스 설계 시 고려해야 하는 인간과 기계와의 조화성에 해당되지 않는 것은?

① 지적 조화성　② 신체적 조화성
③ 감성적 조화성　④ 심미적 조화성

* **인간과 기계의 조화성**
① 신체적 조화성
② 지적 조화성
③ 감성적 조화성

28 청각적 표시장치에서 300m 이상의 장거리용 경보기에 사용하는 진동수로 가장 적절한 것은?

① 800Hz 전후　② 2,200Hz 전후
③ 3,500Hz 전후　④ 4,000Hz 전후

300m 이상 장거리용 신호는 1,000Hz 이하의 진동수 사용

참고

* **경계 및 경보신호 설계지침**
① 귀는 중음역에 민감하므로 500~3000Hz의 진동수 사용
② 300m 이상 장거리용 신호는 1,000Hz 이하의 진동수 사용
③ 장애물 및 칸막이 통과시는 500Hz 이하의 진동수 사용
④ 주의를 끌기 위해서는 **변조된 신호 사용**
⑤ 배경 소음의 진동수와 구별되는 신호 사용
⑥ 경보효과를 높이기 위해서 개시시간이 짧은 고감도 신호를 사용
⑦ 가능하면 확성기, 경적 등과 같은 별도의 통신계통을 사용

27 FTA에 의한 재해사례 연구의 순서를 올바르게 나열한 것은?

A. 목표 사상 선정
B. FT도 작성
C. 사상마다 재해원인 규명
D. 개선 계획 작성

① A → B → C → D
② A → C → B → D
③ B → C → A → D
④ B → A → C → D

📝 필기에 자주 출제되는 내용입니다.

 26 ④　27 ②　28 ①

29 FT도에 사용되는 다음 기호의 명칭으로 맞는 것은?

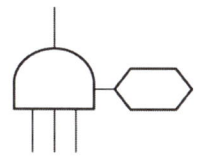

① 억제 게이트
② 부정 게이트
③ 배타적 OR 게이트
④ 우선적 AND 게이트

부정게이트	배타적 OR 게이트	우선적 AND 게이트	억제게이트

필기에 자주 출제되는 내용입니다.

30 작업장 내의 색채조절이 적합하지 못한 경우에 나타나는 상황이 아닌 것은?

① 안전표지가 너무 많아 눈에 거슬린다.
② 현란한 색 배합으로 물체 식별이 어렵다.
③ 무채색으로만 구성되어 중압감을 느낀다.
④ 다양한 색채를 사용하면 작업의 집중도가 높아진다.

④ 다양한 색채를 사용하면 작업의 집중도는 낮아진다.

31 위험처리 방법에 관한 설명으로 틀린 것은?

① 위험처리 대책 수립 시 비용 문제는 제외된다.
② 재정적으로 처리하는 방법에는 보류와 전가 방법이 있다.
③ 위험의 제어 방법에는 회피, 손실 제어, 위험 분리, 책임 전가 등이 있다.
④ 위험처리 방법에는 위험을 제어하는 방법과 재정적으로 처리하는 방법이 있다.

① 위험처리 대책 수립 시 비용 문제를 고려하여야 한다.

32 인간의 가청 주파수 범위는?

① 2 ~ 10,000HZ ② 20 ~ 20,000HZ
③ 200 ~ 30,000HZ ④ 200 ~ 40,000HZ

인간의 가청 주파수 범위 : 20 ~ 20,000HZ

33 산업안전보건법에서 규정하는 근골격계 부담 작업의 범위에 해당하지 않는 것은?

① 단기간 작업 또는 간헐적인 작업
② 하루에 10회 이상 25kg 이상의 물체를 드는 작업
③ 하루에 총 2시간 이상 쪼그리고 앉거나 무릎을 굽힌 자세에서 이루어지는 작업
④ 하루에 4시간 이상 집중적으로 자료입력 등을 위해 키보드 또는 마우스를 조작하는 작업

정답 29 ④ 30 ④ 31 ① 32 ② 33 ①

근골격계 부담 작업의 범위

① 하루에 4시간 이상 집중적으로 자료입력 등을 위해 키보드 또는 마우스를 조작하는 작업
② 하루에 총 2시간 이상 목, 어깨, 팔꿈치, 손목 또는 손을 사용하여 같은 동작을 반복하는 작업
③ 하루에 총 2시간 이상 머리 위에 손이 있거나, 팔꿈치가 어깨 위에 있거나, 팔꿈치를 몸통으로부터 들거나, 팔꿈치를 몸통 뒤쪽에 위치하도록 하는 상태에서 이루어지는 작업
④ 지지되지 않은 상태이거나 임의로 자세를 바꿀 수 없는 조건에서, 하루에 총 2시간 이상 목이나 허리를 구부리거나 트는 상태에서 이루어지는 작업
⑤ 하루에 총 2시간 이상 쪼그리고 앉거나 무릎을 굽힌 자세에서 이루어지는 작업
⑥ 하루에 총 2시간 이상 지지되지 않은 상태에서 1kg 이상의 물건을 한 손의 손가락으로 집어 옮기거나, 2kg 이상에 상응하는 힘을 가하여 한 손의 손가락으로 물건을 쥐는 작업
⑦ 하루에 총 2시간 이상 지지되지 않은 상태에서 4.5kg 이상의 물건을 한 손으로 들거나 동일한 힘으로 쥐는 작업
⑧ 하루에 10회 이상 25kg 이상의 물체를 드는 작업
⑨ 하루에 25회 이상 10kg 이상의 물체를 무릎 아래에서 들거나, 어깨 위에서 들거나, 팔을 뻗은 상태에서 드는 작업
⑩ 하루에 총 2시간 이상, 분당 2회 이상 4.5kg 이상의 물체를 드는 작업
⑪ 하루에 총 2시간 이상 시간당 10회 이상 손 또는 무릎을 사용하여 반복적으로 충격을 가하는 작업

34 기능식 생산에서 유연 생산 시스템 설비의 가장 적합한 배치는?

① 합류(Y)형 배치
② 유자(U)형 배치
③ 일자(─)형 배치
④ 복수라인(=)형 배치

유연 생산 시스템 설비의 가장 적합한 배치→ 유자(U)형 배치

35 인간 – 기계 체계에서 인간의 과오에 기인된 원인 확률을 분석하여 위험성의 예측과 개선을 위한 평가 기법은?

① PHA   ② FMEA
③ THERP   ④ MORT

인간의 과오에 기인된 원인 확률을 분석
→ THERP

> **참고**
> ① PHA : 모든 시스템 안전 **프로그램의 최초 단계**(설계 단계, 구상단계)에서 실시하는 분석법으로서 시스템 내의 위험요소가 얼마나 위험한 상태에 있는가를 정성적으로 평가하는 기법
> ② FMEA : 시스템에 영향을 미치는 모든 요소의 고장을 형태별로 분석하여 그 영향을 검토하는 정성적, 귀납적 분석법
> ③ THERP : 인간의 **과오**(human error)를 정량적으로 **평가**하기 위하여 1963년 Swain 등에 의해 개발된 기법
> ④ MORT : 관리, 설계, 생산, 보전 등의 광범위한 안전을 도모하기 위한 연역적이고, 정량적인 분석법

필기에 자주 출제되는 내용입니다.

정답 34 ② 35 ③

36 인체계측 자료에서 주로 사용하는 변수가 아닌 것은?

① 평균
② 5 백분위수
③ 최빈값
④ 95 백분위수

★ 인체계측 자료에서 주로 사용하는 변수
① 평균
② 5 백분위수(최소 치수)
③ 95 백분위수(최대 치수)

> 참고

★ 인체계측자료의 응용 3원칙
① 최대 치수와 최소 치수 설계(극단치 설계)
- 최대 치수 또는 최소 치수를 기준으로 하여 설계한다.

② 조절범위(조정)
- 체격이 다른 여러 사람에 맞도록 설계한다.

③ 평균치를 기준으로 한 설계
- 최대 치수나 최소 치수 조절식으로 하기가 곤란할 때 평균치를 기준으로 하여 설계한다.

37 다음 그림은 C/R비와 시간과의 관계를 나타낸 그림이다. ㉠ ~ ㉣에 들어갈 내용이 맞는 것은?

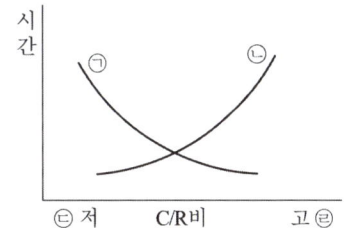

① ㉠ 이동시간   ㉡ 조정시간
　 ㉢ 민감   ㉣ 둔감
② ㉠ 이동시간   ㉡ 조정시간
　 ㉢ 둔감   ㉣ 민감
③ ㉠ 조정시간   ㉡ 이동시간
　 ㉢ 민감   ㉣ 둔감
④ ㉠ 조정시간   ㉡ 이동시간
　 ㉢ 둔감   ㉣ 민감

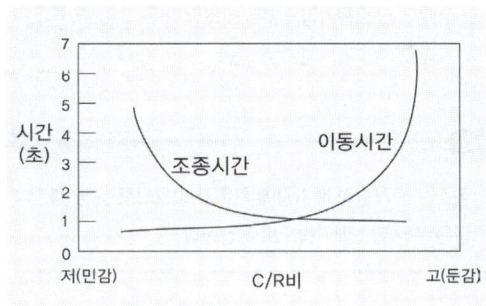

정답 36 ③ 37 ③

38 어떤 작업자의 배기량을 측정하였더니, 10분간 200L이었고, 배기량을 분석한 결과 O_2 : 16%, CO_2 : 4%였다. 분당 산소 소비량은 약 얼마인가?

① 1.05L/분 ② 2.05L/분
③ 3.05L/분 ④ 4.05L/분

① 분당 배기량 = $\frac{200}{10}$ = 20L/분
② 분당 흡기량(= 분당 질소배기량)
  = $\frac{100 - O_2 - CO_2}{100 - 21}$ × 분당 배기량
  = $\frac{100 - 16 - 4}{79}$ × 20 = 20.25(L/분)
③ 분당 산소배기량
  = 20 × 0.16 = 3.20(L/분)
④ 분당 산소흡기량
  = 20.25 × 0.21 = 4.25(L/분)
⑤ 분당 산소소비량
  = 분당 산소흡기량 − 분당 산소배기량
  = 4.25 − 3.20 = 1.05(L/분)

> **참고**
> 질소는 흡기량과 배기량에 차이가 없으므로 분당 흡기량은 분당 질소배기량으로 계산한다.

39 인간공학에 관련된 설명으로 틀린 것은?

① 편리성, 쾌적성, 효율성을 높일 수 있다.
② 사고를 방지하고 안전성과 능률성을 높일 수 있다.
③ 인간의 특성과 한계점을 고려하여 제품을 설계한다.
④ 생산성을 높이기 위해 인간을 작업 특성에 맞추는 것이다.

④ 인간공학은 안전성 제고와 능률의 향상을 위해 기계와 그 기계조작 및 환경조건을 인간의 특성에 맞추어 설계하기 위한 수단을 연구하는 학문이다.

40 설비나 공법 등에서 나타날 위험에 대하여 정성적 또는 정량적인 평가를 행하고 그 평가에 따른 대책을 강구하는 것은?

① 설비보전 ② 동작분석
③ 안전계획 ④ 안전성 평가

***안전성 평가**
설비, 공법 등의 설계 및 계획 단계에서 설비나 공법 등에서 나타날 위험에 대하여 정성적, 정량적인 평가에 따른 대책을 강구하는 방법이다.

3과목 건설시공학

41 토질시험 중 흙 속에 수분이 거의 없고 바삭바삭한 상태의 정도를 알아보기 위한 것은?

① 함수비시험
② 소성한계시험
③ 액성한계시험
④ 압밀시험

정답 38 ① 39 ④ 40 ④ 41 ②

① 함수비시험 : 흙의 함수량을 구하기 위한 시험이다.
② 소성한계시험 : 토질시험 중 흙 속에 수분이 거의 없고 바삭바삭한 상태의 정도를 알아보기 위한 시험이다.
③ 액성한계시험 : 흙의 액상을 나타내는 최소의 함수비를 구하기 위한 시험이다.
④ 압밀시험 : 연약지반 위에 구조물을 축조할 때 압밀로 인한 최종 침하량과 침하에 일어나는 소요시간 등을 추정하기 위한 시험이다.

42 450m³의 콘크리트를 타설할 경우 강도시험용 1회의 공시체는 몇 m³ 마다 제작하는가? (단, KS 기준)

① 30m³
② 50m³
③ 100m³
④ 150m³

* **콘크리트의 강도 시험**
• 시험횟수는 450m³를 1로트로 하여 150m³ 당 1회의 비율로 한다.
• 1회의 시험 결과는 임의의 1개 운반차로부터 채취한 시료로 3개의 공시체를 제작하여 시험한 평균값으로 한다.

43 철골조 용접 공작에서 용접봉의 피복제 역할로 옳지 않은 것은?

① 함유 원소를 이온화하여 아크를 안정시킨다.
② 용칙 금속에 합금 원소를 가한다.
③ 용착 금속의 산화를 촉진하여 고열을 발생시킨다.
④ 용융 금속의 탈산, 정련을 한다.

* **용접봉 피복제의 역할**
① 함유 원소를 이온화하여 아크를 안정시킨다.
② 용착 금속에 합금 원소를 가한다.
③ 중성 또는 환원성 분위기로 용착금속을 보호한다.
④ 용융 금속의 탈산, 정련을 한다.
⑤ 용착금속의 급랭을 방지한다.
⑥ 모재 표면의 산화물을 제거한다.

44 공사계획에 있어서 공법 선택 시 고려할 사항과 가장 거리가 먼 것은?

① 공구 분할의 결정
② 품질 확보
③ 공기 준수
④ 작업의 안전성 확보와 제3자 재해의 방지

* **공사계획에 있어서 공법 선택 시 고려할 사항**
① 품질 확보
② 공기 준수
③ 작업의 안전성 확보와 제3자 재해의 방지

45 설계·시공 일괄계약제도에 관한 설명으로 옳지 않은 것은?

① 단계별 시공의 적용으로 전체 공사기간의 단축이 가능하다.
② 설계와 시공의 책임 소재가 일원화된다.
③ 발주자의 의도가 충분히 반영될 수 있다.
④ 계약체결 시 총 비용이 결정되지 않으므로 공사비용이 상승할 우려가 있다.

정답 42 ④ 43 ③ 44 ① 45 ③

* **턴키베이스 도급(turn-key base contract), 설계 · 시공 일괄입찰 제도**

주문받은 건설업자가 대상 계획의 기업, 금융, 토지조달, 설계, 시공 등을 포괄하는 도급계약방식을 말한다.
① 공기, 품질 등의 결함이 생길 때 발주자는 계약자에게 쉽게 책임을 추궁할 수 있다.
② 설계와 시공이 일괄로 진행된다.
③ 공사비의 절감과 공기단축이 가능하다
④ 공사기간 중 신공법, 신기술의 적용이 가능하다.
⑤ 기본 설계 시에 계약이 체결되므로 **계약체결 시 총 비용이 결정되지 않아 공사비용이 상승할 우려가 있다.**
⑥ 발주자의 의도가 충분히 반영되지 않을 수도 있다.

필기에 자주 출제되는 내용입니다.

46 콘크리트 타설시 다짐에 대한 설명으로 옳지 않은 것은?

① 내부진동기는 슬럼프가 15cm 이하일 때 사용하는 것이 좋다.
② 슬럼프가 클수록 오래 다지도록 한다.
③ 진동기를 인발할 때에는 진동을 주면서 천천히 뽑아 콘크리트에 구멍을 남기지 않도록 한다.
④ 콘크리트 다짐 시 철근에 진동을 주지 않는다.

② 슬럼프가 작을수록 오래 다지도록 한다.

필기에 자주 출제되는 내용입니다.

47 한 구획 전체의 벽판과 바닥판을 ㄱ 자형 또는 ㄷ자형으로 짜서 이동시키는 형태의 기성재 거푸집은?

① 슬라이딩 폼(Sliding Form)
② 터널 폼(Tunnel Form)
③ 유로 폼(Euro Form)
④ 워플 폼(Waffle Form)

* **터널 폼(Tunnel Form)**

한 구획 전체의 벽판과 바닥판을 ㄱ자형 또는 ㄷ자형으로 짜서 이동시키는 형태의 기성재 거푸집이다.(벽체, 슬라브(바닥) 거푸집을 일체로 제작하여 한 번에 설치, 해체할 수 있는 거푸집)

참고

1. **슬라이딩 폼(sliding form)**
시공이음 없이 거푸집을 요크(yoke)로 연속적으로 끌어올려 단면형상에 변화가 없는 공법으로 silo 공사 등에 적당하다.(일반적으로 돌출물이 없는 건축물에 적용할 수 있다.)

2. **유로 폼(Euro Form)**
합판과 특수 경량 강으로 제작된 거푸집으로 용도 표준화, 모듈화로 자재관리가 간편하고 어떠한 형태의 콘크리트 구조물에도 설치 해체가 용이하다.

3. **워플 폼(Waffle Form)**
무량판 시공 시 2방향으로 된 상자형 기성재 거푸집이다.

필기에 자주 출제되는 내용입니다.

48 수직굴착, 수중굴착 등 일반적으로 협소한 장소의 깊은 굴착에 적합한 것으로 자갈 등의 적재에도 사용하는 토공장비는?

① 클램쉘
② 불도저
③ 캐리올 스크레이퍼
④ 로더

> ＊굴삭장비(굴착기계)
> ① 파워 셔블(power shovel, 동력삽)
> • 기계가 서 있는 지반면보다 높은 곳의 땅파기에 적합하다.
> ② 드래그 셔블(drag shovel, 백호)
> • 기계가 서 있는 지면보다 낮은 장소의 굴착 및 수중굴착이 가능하다
> ③ 드래그라인(drag line)
> • 기계가 서있는 위치보다 낮은 장소의 굴착에 적당하고 굳은 토질에서의 굴착은 되지 않지만 굴착 반지름이 크다.
> • 작업범위가 광범위하고 수중굴착 및 연약한 지반의 굴착에 적합하다.(모래 채취나 수중의 흙을 퍼 올리는 데 가장 적합하다.)
> ④ 클램쉘(clamshell)
> • 수중굴착 및 가장 협소하고 깊은 굴착이 가능하며 호퍼(hopper)에 적당하다.
> • 연약지반이나 수중굴착 및 자갈 등을 싣는데 적합하다.

📝 필기에 자주 출제되는 내용입니다.

49 프리스트레스하지 않는 부재의 현장치기 콘크리트에서 다음과 같은 조건을 가진 부재의 최소 피복두께로서 옳은 것은?

> 옥외의 공기나 흙에 직접 접하지 않는 콘크리트 – 보, 기둥

① 30mm   ② 40mm
③ 50mm   ④ 60mm

> ＊프리스트레스하지 않은 부재의 현장치기콘크리트의 최소 피복두께
>
> | 종류 | | 피복두께 |
> |---|---|---|
> | 수중에서 타설하는 콘크리트 | | 100mm |
> | 흙에 접하여 콘크리트를 친 후 영구히 흙에 묻혀 있는 콘크리트 | | 75mm |
> | 흙에 접하거나 옥외의 공기에 직접 노출되는 콘크리트 | D19 이상의 철근 | 50mm |
> | | D16 이하의 철근, 지름16mm 이하의 철선 | 40mm |
> | 옥외의 공기나 흙에 직접 접하지 않는 콘크리트 | 슬래브, 벽장, 장선 | D35 초과 철근 40mm |
> | | | D35 이하 철근 20mm |
> | | 보, 기둥 | 40mm |
> | | 쉘, 절판부재 | 20mm |

정답 48 ① 49 ②

> **참고**

* **프리스트레스 하는 부재의 현장치기콘크리트의 최소 피복두께**

종류			피복두께
흙에 접하여 콘크리트를 친 후 영구히 흙에 묻혀 있는 콘크리트			75mm
흙에 접하거나 옥외의 공기에 직접 노출되는 콘크리트	벽체, 슬래브, 장선 구조		30mm
	기타 부재		40mm
옥외의 공기나 흙에 직접 접하지 않는 콘크리트	벽체, 슬래브, 장선		20mm
	보, 기둥	주철근	40mm
		띠철근, 스터럽, 나선철근	30mm
	쉘부재, 절판부재	D19이상의 철근	철근직경
		D16 이하의 철근, 지름 16mm 이하의 철선	10mm

* **내화피복 공법의 종류**

습식공법	건식공법
① 조적공법 : 철골표면에 벽돌, 돌, 콘크리트 블록, 경량 콘크리트 블록 등을 시공하는 공법	① 성형판 붙임공법 : 내화 단열성이 우수한 각종 성형판(PC판, ALC판, 석고보드 등)을 철골부재에 붙이는 공법으로 주로 기둥과 보의 내화 피복에 사용된다.
② 미장공법 • 철골표면에 단열 모르타르를 시공하는 공법 • 시공시간이 길고, 부착성·균열·방청등 현장관리가 요구된다.	② 멤브레인 공법 : 암면 흡음판을 철골에 붙여 시공하는 공법
③ 도장공법 : 철골표면에 내화페인트를 도장하는 공법	③ 세라믹울 피복공법
④ 뿜칠공법 • 철골표면에 접착제를 혼합한 내화피복재(암면과 시멘트를 혼합)를 뿜어서 내화 피복하는 공법 • 기둥이나 보, 바닥과 지붕주위에 사용하며, 구조가 복잡한 부분에서도 시공하기 쉽다. • 피복된 철골의 형상에 대해 제약이 적고 큰 면적의 내화피복을 소수 인원으로 단시간에 시공할 수 있다.	
⑤ 타설공법 • 철골표면에 기포 콘크리트, 경량콘크리트를 타설하는 공법 • 임의의 치수와 형상의 내화피복이 가능하다.	

50 철골부재의 내화피복에 관한 설명으로 옳지 않은 것은?

① 뿜칠공법은 큰 면적의 내화피복을 단시간에 시공할 수 있다.
② 성형판 붙임공법은 주로 기둥과 보의 내화 피복에 사용된다.
③ 타설공법은 임의의 치수와 형상의 내화 피복이 가능하다.
④ 미장공법은 바탕작업이 단순하고 양생에 소요되는 시간이 짧다.

📝 필기에 자주 출제되는 내용입니다.

정답 50 ④

51 철근콘크리트구조 시공 시 콘크리트 이어 붓기 위치에 관한 설명으로 옳지 않은 것은?

① 기둥이음은 기둥의 중간에서 수평으로 한다.
② 아치의 이음은 아치축에 직각으로 설치한다.
③ 보, 바닥판 이음은 그 스팬의 중앙 부근에서 수직으로 한다.
④ 벽은 개구부 등 끊기 좋은 위치에서 수직 또는 수평으로 한다.

★ 콘크리트의 이어 붓기 위치
① 구조물 강도에 영향이 가장 적은 **전단력이 최소인 위치** 또는 시공 상 무리가 없는 위치에 **이음길이가 짧게 두어야** 한다.
② 보 및 슬래브는 전단력이 작은 스팬의 중앙부에 수직으로 이어 붓는다.
③ 기둥 및 벽에서는 바닥 및 기초의 상단 또는 보의 하단에 수평으로 이어 붓는다.
④ 작은 보가 접속되는 큰 보의 이음은 작은 보 너비의 2배 떨어진 곳에서 이음 한다.
⑤ 벽은 문꼴(개구부) 등 보기 좋고 끊기 좋은 곳에서 수직 또는 수평으로 이음 한다.
⑥ 켄틸레버 보, 켄틸레버 바닥판은 이어 붓지 않는다.
⑦ 수밀콘크리트는 이어 붓지 않는다.

📝 필기에 자주 출제되는 내용입니다.

52 굳지 않은 콘크리트에 실시하는 시험이 아닌 것은?

① 슬럼프시험
② 플로우시험
③ 슈미트해머시험
④ 리몰딩시험

슈미트해머법(반발 경도법) : 경화된 콘크리트 표면을 타격하여 반발경도를 측정하는 방법을 말한다.

53 공동도급(Joint Venture Contract)의 이점이 아닌 것은?

① 융자력의 증대
② 위험부담의 분산
③ 기술의 확충, 강화 및 경험의 증대
④ 이윤의 증대

★ 공동도급
2개 이상의 사업자가 하나의 사업을 공동으로 도급을 받아 계약을 이행하는 방식을 말한다.

장점	단점
① 융자력 증대	① 공사비 증대
② 위험분산	② 책임소재 불분명
③ 시공의 확실성	③ 도급자 상호 충돌 우려
④ 상호기술의 확충	④ 능률저하
⑤ 도급경쟁이 완화	

📝 필기에 자주 출제되는 내용입니다.

정답 51 ① 52 ③ 53 ④

54 탑다운(top-down) 공법에 관한 설명으로 옳지 않은 것은?

① 1층 바닥을 조기에 완성하여 작업장 등으로 사용할 수 있다.
② 지하·지상을 동시에 시공하여 공기단축이 가능하다.
③ 소음·진동이 심하고 주변구조물의 침하 우려가 크다.
④ 기둥·벽 등 수직부재의 구조이음에 기술적 어려움이 있다.

*역타 공법(탑 다운공법 : Top-Down)
① Top Down 공법은 「위에서 아래로」공사를 진행하는 공법으로 철골 기둥을 박고 1층에서 지하층을 향해 콘크리트를 부어 넣어 흙막이로 하면서 지하층을 굴착하는 방법이다.
② 굴토작업이 슬래브 하부에서 진행되므로 작업 능률 및 작업환경이 저하되고 공사비가 상승한다.
③ 건물의 지하 구조체에 시공이음이 많아 건물방수에 대한 우려가 크다.
④ 지상과 지하를 동시에 시공할 수 있으므로 공기를 절감할 수 있다.
⑤ 저소음, 저진동 공법이며 주변 지반의 영향이 적어 민원 발생의 요소가 적다.

📝 필기에 자주 출제되는 내용입니다.

55 공공 혹은 공익 프로젝트에 있어서 자금을 조달하고, 설계, 엔지니어링 및 시공 전부를 도급 받아 시설물을 완성하고 그 시설을 일정기간 운영하여 투자금을 회수한 후 발주자에게 시설을 인도하는 공사계약방식은?

① CM 계약 방식
② 공동도급 방식
③ 파트너링 방식
④ BOT 방식

*BOT 방식(Build-Operate-Transfer) : 민간투자 발주방식
사회간접시설을 민간이 주도하여 설계·시공한 후, 일정기간 시설물을 운영하여 투자금을 회수한 후 시설 소유권이 국가 또는 지방자치단체에 귀속(무상으로 이전)되는 방식을 말한다.
(설계 및 시공 → 운영 → 소유권 이전)

📝 필기에 자주 출제되는 내용입니다.

56 기성콘크리트말뚝을 타설할 때 그 중심 간격의 기준으로 옳은 것은?

① 말뚝머리 지름의 2.5 배 이상 또한 600mm 이상
② 말뚝머리 지름의 2.5 배 이상 또한 750mm 이상
③ 말뚝머리 지름의 3.0 배 이상 또한 600mm 이상
④ 말뚝머리 지름의 3.0 배 이상 또한 750mm 이상

정답   54 ③   55 ④   56 ②

> **※ 말뚝의 간격**(말뚝의 최소 중심 간격으로 다음 중 큰 값으로 결정)

나무말뚝	말뚝머리직경의 2.5배 이상 또한 600mm 이상
기성 콘크리트 말뚝	말뚝머리직경의 2.5배 이상 또한 750mm 이상
강재말뚝	말뚝머리직경 또는 폭의 2.5배(폐단 강관말뚝 : 2.5배) 이상 또한 750mm 이상
현장타설 콘크리트 말뚝	말뚝머리직경의 2.5배 이상 또한 말뚝머리직경에 1,000mm를 더한 값 이상

📌 필기에 자주 출제되는 내용입니다.

57 표준관입시험에 관한 설명으로 옳은 것은?

① 해머의 무게는 73.5kg 이다.
② 해머의 낙하 높이는 100cm 이다.
③ 점토지반에서 실시하여도 높은 신뢰성을 얻을 수 있다.
④ N값이 클수록 밀실한 토질이다.

> **※ 표준관입 시험(Standard penetration test)**
> • 모래의 전단력은 모래의 밀도에 의하여 결정되고 불교란 시료를 채취하기 곤란하므로 현지에서 모래의 밀도 N값을 측정하는 시험이다.
> • 63.5[kg]의 추를 75[cm]에서 자유 낙하시켜 표준샘플러를 관입량 30cm에 달하는데 요하는 타격횟수를 말하고 N의 값이 클수록 밀실한 토질이다.

📌 필기에 자주 출제되는 내용입니다.

58 Under Pinning 공법을 적용하기에 부적합한 경우는?

① 인접 지상구조물의 철거 시
② 지하구조물 밑에 지중구조물을 설치할 때
③ 기존구조물에 근접한 굴착 시 구조물의 침하나 경사를 미연에 방지할 경우
④ 기존구조물의 지지력 부족으로 건물에 침하나 경사가 생겼을 때 이것을 복원하는 경우

> **※ 언더피닝(Under Pining)공법**
> ① 기존건물 가까이에서 건축공사를 할 때 인접건물의 지반과 기초를 보강하는 공법을 말한다.
> ② Under Pinning 공법을 적용할 수 있는 경우
> • 지하구조물 밑에 지중구조물을 설치할 때
> • 기존구조물에 근접한 굴착 시 구조물의 침하나 경사를 미연에 방지할 경우
> • 기존구조물의 지지력 부족으로 건물에 침하나 경사가 생겼을 때 이것을 복원하는 경우

59 흙막이벽 설계 시 고려하지 않아도 되는 것은?

① 히빙(heaving)
② 보일링(boiling)
③ 파이핑(piping)
④ 사운딩(sounding)

정답 57 ④ 58 ① 59 ④

* **흙막이벽 설계 시 고려해야 하는 현상**
① 히빙(Heaving)현상 : 연질 점토 지반에서 굴착에 의한 흙막이 내·외면의 흙의 중량 차이(토압 차이)로 인해 굴착저면이 부풀어 올라오는 현상을 말한다.(흙막이 바깥 흙이 안으로 밀려든다.)
② 보일링(Boiling)현상 : 사질토 지반에서 굴착저면과 흙막이 배면과의 수위차이로 인해 굴착저면의 흙과 물이 함께 위로 솟구쳐 오르는 현상(모래의 액상화 현상)을 말한다.(모래가 액상화 되어 솟아오른다.)
③ 파이핑(Piping)현상 : 보일링(Boiling) 현상으로 인하여 지반 내에서 물의 통로가 생기면서 흙이 세굴되는 현상을 말한다.
④ 압밀침하현상 : 외력에 의해 간극 내 물이 빠지며 흙의 입자가 좁아지며 침하되는 현상을 말한다.

> **참고**
>
> * **관입저항시험(sounding test)**
> Rod 끝에 설치한 저항체를 땅속에 삽입하여 회전, 빼 올리기 등의 저항력으로 토층의 성상을 탐사, 판별하는 방법을 말한다.

60 철근공사의 철근트러스 일체화 공법의 특징이 아닌 것은?

① 현장조립의 거푸집공사를 공장제 기성품으로 대체
② 구조적 안정성 확보
③ 가설작업장의 면적 증가
④ Support 감소, 지보공 수량 감소로 작업의 안전성

* **철근공사의 철근트러스 일체화 공법**
거푸집 대용 절곡 아연도강판과 입체형 철근 트러스를 일체화시킨 공법을 말한다.
① 현장조립의 거푸집공사를 공장제 기성품으로 대체
② 구조적 안정성 확보
③ 자재의 야적장 면적 감소 및 적기 반입으로 인한 현장 적치기간의 단축
④ Support 감소, 지보공 수량 감소로 작업의 안전성
⑤ 거푸집 해체공사의 절감으로 폐자재 감소 및 공사 기간 단축

4과목 건설재료학

61 콘크리트의 블리딩 현상에 대한 설명 중 옳지 않은 것은?

① 콘크리트의 컨시스턴시가 클수록 블리딩은 증대한다.
② AE 콘크리트는 보통콘크리트에 비하여 블리딩 현상이 적다.
③ 블리딩 현상에 의해 떠오른 미립물은 상호간 접착력을 증대시킨다.
④ 콘크리트 면이 침하되어 콘크리트 균열의 원인이 된다.

③ 블리딩 현상이 심한 경우 철근과 콘크리트의 부착력 저하, 수밀성 저하로 콘크리트의 강도 및 내구성이 감소되고 탄산화가 촉진된다.

> **참고**
>
> **＊블리딩(bleeding)**
> 콘크리트 타설 후 시멘트, 골재 입자 등이 침하에 따라 물이 분리 상승되어 콘크리트 표면에 떠오르는 현상을 말한다.

📝 필기에 자주 출제되는 내용입니다.

62 건축재료 중 압축강도가 일반적으로 가장 큰 것부터 작은 순서대로 나열된 것은?

① 화강암 - 보통콘크리트 - 시멘트벽돌 - 참나무
② 보통콘크리트 - 화강암 - 참나무 - 시멘트벽돌
③ 화강암 - 참나무 - 보통콘크리트 - 시멘트벽돌
④ 보통콘크리트 - 참나무 - 화강암 - 시멘트벽돌

> **＊압축강도**
> 화강암 > 참나무 > 보통콘크리트 > 시멘트벽돌

63 목재의 특징으로 옳지 않은 것은?

① 가연성이다.
② 진동 감속성이 작다.
③ 섬유포화점 이하에서 함수율 변동에 따라 변형이 크다.
④ 콘크리트 등 다른 건축재료에 비해 내구성이 약하다.

② 목재는 공극에 공기가 채워져 있어 단열성이 좋고, 전기절연성이 우수하고, 충격과 진동 흡수가 탁월하다.(진동 감속성이 크다.)

64 콘크리트의 성질에 관한 설명으로 옳지 않은 것은?

① 화재 시 결합수를 방출하므로 강도가 저하된다.
② 수밀 콘크리트를 만들려면 된 비빔 콘크리트를 사용한다.
③ 수밀성이 큰 콘크리트는 중성화작용이 적어진다.
④ 콘크리트의 열팽창계수는 철에 비해서 매우 작다.

④ 콘크리트와 철근의 열팽창계수가 거의 같다.

> **참고**
>
> 콘크리트의 열팽창계수는 $1.0 \sim 1.3 \times 10^{-5}/℃$ 이고 철근은 $1.2 \times 10^{-5}/℃$ 이다.

📝 필기에 자주 출제되는 내용입니다.

65 비철금속에 관한 설명으로 옳지 않은 것은?

① 비철금속은 철 이외의 금속을 말한다.
② 철 금속에 비하여 내식성이 우수하고 경량이다.
③ 가공이 용이하여 건축용 장식에도 사용된다.
④ 비철금속의 종류는 철강과 탄소강이 있다.

정답 62 ③ 63 ② 64 ④ 65 ④

④ 비철금속은 철 이외의 금속을 마하며, 구리, 아연, 납, 알루미늄 등이 해당된다.

★ 흙벽 바름
진흙, 모래, 짚여물 등을 물 반죽하여 외바탕, 산자바탕 등에 바르는 재래식공법을 말한다.

66 목재 기건상태의 함수율은 약 얼마인가?

① 15% ② 30%
③ 45% ④ 60%

- 기건상태 함수율 : 15%
- 섬유포화점에서의 함수율 : 약 30%

📝 필기에 자주 출제되는 내용입니다.

67 점토소성제품의 흡수성이 큰 것부터 순서대로 올바르게 나열된 것은?

① 토기 > 도기 > 석기 > 자기
② 토기 > 도기 > 자기 > 석기
③ 도기 > 토기 > 석기 > 자기
④ 도기 > 토기 > 자기 > 석기

★ 점토소성제품의 흡수성
토기 > 도기 > 석기 > 자기

📝 필기에 자주 출제되는 내용입니다.

68 흙 바름재의 바탕에 바름하는 재래식 재료가 아닌 것은?

① 진흙   ② 새벽 흙
③ 짚여물   ④ 고무 라텍스

69 각종 미장재료에 대한 설명으로 옳지 않은 것은?

① 석고플라스터는 가열하면 결정수를 방출하여 온도상승을 억제하기 때문에 내화성이 있다.
② 바라이트 모르타르는 방사선 방호용으로 사용 된다.
③ 돌로마이트 플라스터는 수축률이 크고 균열이 쉽게 발생한다.
④ 혼합석고플라스터는 약산성이며 석고라스보드에 적합하다.

★ 혼합석고플라스터
① 배합석고 + 모래 + 물로 구성된다.
② 약알칼리성으로 경화 속도는 보통이다.

📝 필기에 자주 출제되는 내용입니다.

70 아스팔트 방수공사 시 바탕처리에 관한 설명으로 옳지 않은 것은?

① 바탕 면을 충분히 건조시킬 것
② 바탕 면에 물 흘림 경사를 충분히 둘 것
③ 바탕 면을 거칠게 마무리할 것
④ 구석, 모서리 등을 둥글게 처리할 것

③ 바탕이 거친 경우는 매끄럽게 접착이 안 되므로 바닥면을 일정하게 마무리하고 완전건조 상태에서 시공한다.

정답 66 ① 67 ① 68 ④ 69 ④ 70 ③

71 콘크리트용 시멘트에 관한 설명으로 옳지 않은 것은?

① 콘크리트강도는 물시멘트비에 영향을 받지 않는다.
② 고로시멘트와 실리카시멘트는 보통포틀랜드 시멘트보다 수화작용이 느려서 초기강도가 작다.
③ 시멘트의 분말도가 클수록 초기 콘크리트강도 발현이 빠르다.
④ 알루미나시멘트, 고로시멘트, 실리카시멘트는 내해수성이 크다.

> * 물·시멘트비와 콘크리트의 강도
> ① 물·시멘트비는 콘크리트의 강도 및 내구성 증가에 가장 큰 영향을 준다.
> ② 물·시멘트비가 클수록 콘크리트의 강도는 작아진다.

 필기에 자주 출제되는 내용입니다.

72 중용열 포틀랜드시멘트에 관한 설명으로 옳지 않은 것은?

① 수축이 작고 화학저항성이 일반적으로 크다.
② 매스콘크리트 등에 사용된다.
③ 단기강도는 보통포틀랜드시멘트보다 낮다.
④ 긴급공사, 동절기 공사에 주로 사용된다.

> ④ 댐 공사, 터널, 거대구조물의 기초공사(매스콘크리트), 콘크리트 도로포장, **방사능 차폐용**으로 사용된다.

참고

* **중용열 포틀랜드 시멘트:**
수화속도를 지연시켜 수화열을 작게 한 시멘트이다.
(수화열을 낮게 하여 단기보다 장기강도를 증진시킨 시멘트)

필기에 자주 출제되는 내용입니다.

73 콘크리트 면에 주로 사용하는 도장재료는?

① 오일페인트
② 합성수지 에멀션페인트
③ 래커에나멜
④ 에나멜페인트

> * **합성수지 에멀션페인트**
> • 수성페인트 + 합성수지 + 유화제로 구성된다.
> • 내수성, 내후성, 내 세척성이 좋고 특히 내알칼리성이 강하다.
> • **콘크리트, 시멘트 모르타르, 회반죽, 플라스터, 석고보드 바탕**에 사용된다.

74 시멘트 종류에 따른 사용용도를 나타낸 것으로 옳지 않은 것은?

① 조강 포틀랜드시멘트 - 한중공사
② 중용열 포틀랜드시멘트 - 매스콘크리트 및 댐 공사
③ 고로시멘트 - 타일 줄눈공사
④ 내황산염 포틀랜드시멘트 - 온천지대나 하수도공사

정답 71 ① 72 ④ 73 ② 74 ③

> ★ 고로시멘트
> ① 수화열이 적고 수축률이 적어 **매스콘크리트용으로** 적합하다.
> ② 염분에 대한 저항(내해수성)이 크고 화학 저항성이 크며 방수성이 뛰어나 **댐이나 항만공사**, 공장폐수공사 등에 사용된다.

참고

> ★ 고로 시멘트
> 용광로의 선철제작 부산물을 급랭시키고 파쇄하여 (고로슬래그 미분말) 시멘트와 혼합한 것을 고로시멘트라 한다.

📝 필기에 자주 출제되는 내용입니다.

75 강에 함유된 탄소량의 증감과 관련이 없는 것은?

① 경도의 증감
② 내산, 내알칼리성의 증감
③ 인장강도의 증감
④ 연성(신장률)의 증감

> ★ 강(鋼)에 함유된 탄소 성분이 증가할 경우
> ① 인장강도의 증가
> ② 경도의 증가
> ③ 비열 및 전기저항이 증가
> ④ 연율(신율), 선팽창계수, 열전도율의 감소
> ⑤ 비중, 내식성이 감소

📝 필기에 자주 출제되는 내용입니다.

76 목재의 건조속도에 관한 설명으로 옳지 않은 것은?

① 습도가 높을수록 건조속도는 늦어진다.
② 온도가 높을수록 건조속도가 빠르다.
③ 목재의 비중이 클수록 건조속도는 빠르다.
④ 목재의 두께가 두꺼울수록 건조시간이 길어진다.

> ★ 목재의 건조특성
> ① 온도가 높을수록 건조속도는 빠르다.
> ② 습도가 높을수록 건조속도는 늦어진다.
> ③ 풍속이 빠를수록 건조속도는 빠르다.
> ④ 목재의 비중이 클수록 건조속도는 느리다.
> ⑤ 목재의 두께가 두꺼울수록 건조시간이 길어진다.

📝 필기에 자주 출제되는 내용입니다.

77 석재 백화현상의 원인이 아닌 것은?

① 빗물처리가 불충분한 경우
② 줄눈시공이 불충분한 경우
③ 줄눈 폭이 큰 경우
④ 석재 배면으로부터의 누수에 의한 경우

> ★ 석재 백화현상의 원인
> ① 빗물처리가 불충분한 경우
> ② 줄눈시공이 불충분한 경우
> ③ 석재 배면으로부터의 누수에 의한 경우
> ④ 마감재료의 화학적 반응

📝 필기에 자주 출제되는 내용입니다.

정답 75 ② 76 ③ 77 ③

78 다음 목재 중 실내 치장용으로 사용하기에 적합하지 않은 것은?

① 느티나무 ② 단풍나무
③ 오동나무 ④ 소나무

> 소나무는 가구재, 건축재(기둥, 서까래, 대들보, 문짝), 선박재 등으로 사용된다.

79 점토광물 중 적갈색으로 내화성이 부족하고 보통벽돌, 기와, 토관의 원료로 사용되는 것은?

① 석기점토 ② 사질점토
③ 내화점토 ④ 자토

> **★ 점토의 종류별 특성과 용도**
> ① 석회질 점토 : 백색으로 용해되기 쉽고 연질 도기의 원료로 쓰이다.
> ② 사질점토 : 적갈색으로 내화성이 낮으며 보통 벽돌, 기와, 토관의 원료로 사용된다.
> ③ 자토 : 백색으로 내화성이 우수하나 가소성이 부족하며 도자기 원료로 쓰인다.
> ④ 석기점토 : 유색의 치밀한 구조로 내화도가 높고 가소성이 있으며 유색 도기의 원료로 쓰인다.

80 발포제로서 보드상으로 성형하여 단열재로 널리 사용되며 천장재, 전기용품 등에도 쓰이는 열가소성 수지는?

① 폴리스티렌수지
② 실리콘수지
③ 폴리에스테르수지
④ 요소수지

> **★ 폴리스티렌 수지**
> ① 발포제로서 보드 상으로 성형하여 단열재로 널리 사용되며 천장재, 전기용품, 냉장고 내부 상자 등으로 사용된다.
> ② 전기절연성, 가공성이 우수하다.

 필기에 자주 출제되는 내용입니다.

5과목 건설안전기술

81 콘크리트 타설 작업을 하는 경우에 준수해야 할 사항으로 옳지 않은 것은?

① 당일의 작업을 시작하기 전에 해당 작업에 관한 거푸집동바리 등의 변형·변위 및 지반의 침하 유무 등을 점검하고 이상이 있으면 보수할 것
② 작업 중에는 거푸집동바리 등의 변형·변위 및 침하 유무 등을 감시할 수 있는 감시자를 배치하여 이상이 있으면 작업을 중지하고 근로자를 대피시킬 것
③ 설계도서상의 콘크리트 양생기간을 준수하여 거푸집동바리 등을 해체할 것
④ 콘크리트를 타설하는 경우에는 편심을 유발하여 한쪽 부분부터 밀실하게 타설되도록 유도할 것

정답 78 ④ 79 ② 80 ① 81 ④

* **콘크리트의 타설작업 시 준수사항**
① 당일의 작업을 시작하기 전에 해당 작업에 관한 **거푸집동바리 등의 변형·변위 및 지반의 침하 유무** 등을 점검하고 이상이 있으면 보수할 것
② 작업 중에는 감시자를 배치하는 등의 방법으로 거푸집 및 동바리의 변형·변위 및 침하 유무 등을 확인해야 하며, 이상이 있으면 작업을 중지하고 근로자를 대피시킬 것
③ 콘크리트의 타설작업 시 거푸집붕괴의 위험이 발생할 우려가 있으면 충분한 보강조치를 할 것
④ 설계도서상의 콘크리트 양생기간을 준수하여 거푸집 및 동바리를 해체할 것
⑤ 콘크리트를 타설하는 경우에는 **편심이 발생하지 않도록** 골고루 분산하여 타설할 것

📝 실기까지 중요한 내용입니다.

82 철골공사에서 나타나는 용접결함의 종류에 해당하지 않는 것은?

① 가우징(gouging)
② 오버랩(overlap)
③ 언더 컷(under cut)
④ 블로우 홀(blow hole)

* **가우징(gouging)**
용접부에 깊은 홈을 파는 방법, 불완전 용접부의 제거 및 용접부의 밑면 파내기 등에 이용된다.

> 참고
> 1. 오버랩(overlap) : 모재가 겹쳐지는 현상
> 2. 언더 컷(under cut) : 용입 부족으로 모재가 파이는 현상
> 3. 블로우 홀(blow hole) : 용접부에 기공이 발생하는 현상

83 이동식비계를 조립하여 작업을 하는 경우의 준수사항으로 옳지 않은 것은?

① 이동식비계의 바퀴에는 뜻밖의 갑작스러운 이동 또는 전도를 방지하기 위하여 브레이크·쐐기 등으로 바퀴를 고정시킨 다음 비계의 일부를 견고한 시설물에 고정하거나 아웃트리거(outrigger)를 설치하는 등 필요한 조치를 할 것
② 작업발판은 항상 수평을 유지하고 작업발판 위에서 안전난간을 딛고 작업을 하지 않도록 하며, 대신 받침대 또는 사다리를 사용하여 작업할 것
③ 비계의 최상부에서 작업을 하는 경우에는 안전난간을 설치할 것
④ 작업발판의 최대적재하중은 250kg을 초과하지 않도록 할 것

② 작업발판은 항상 수평을 유지하고 작업발판 위에서 안전난간을 딛고 작업을 하거나 받침대 또는 사다리를 사용하여 작업하지 않도록 할 것

84 버팀대(Strut)의 축하중 변화상태를 측정하는 계측기는?

① 경사계(Inclino meter)
② 수위계(Water level meter)
③ 침하계(Extension)
④ 하중계(Load cell)

축하중 변화 측정 → 하중계(Load cell)

85 건설업에서 사업주의 유해·위험 방지 계획서 제출 대상 사업장이 아닌 것은?

① 지상 높이가 31m 이상인 건축물의 건설, 개조 또는 해체공사
② 연면적 5,000m² 이상 관광숙박시설의 해체공사
③ 저수용량 5,000톤 이하의 지방상수도 전용 댐 건설 등의 공사
④ 깊이 10m 이상인 굴착공사

③ 다목적댐, 발전용댐 및 저수용량 2천만톤 이상의 용수 전용 댐, 지방상수도 전용 댐 건설 등의 공사

> 참고

* 유해위험방지계획서를 제출해야 될 건설공사
1. 다음 각 목의 어느 하나에 해당하는 건축물 또는 시설 등의 건설·개조 또는 해체공사
   가. 지상높이가 31미터 이상인 건축물 또는 인공구조물
   나. 연년석 3만제곱미터 이상인 건축물
   다. 연면적 5천제곱미터 이상인 시설로서 다음의 어느 하나에 해당하는 시설
      1) 문화 및 집회시설(전시장 및 동물원·식물원은 제외한다)
      2) 판매시설, 운수시설(고속철도의 역사 및 집배송시설은 제외한다)
      3) 종교시설
      4) 의료시설 중 종합병원
      5) 숙박시설 중 관광숙박시설
      6) 지하도상가
      7) 냉동·냉장 창고시설
2. 연면적 5천제곱미터 이상의 냉동·냉장창고시설의 설비공사 및 단열공사
3. 최대 지간길이(다리의 기둥과 기둥의 중심사이의 거리)가 50미터 이상인 교량 건설 등 공사
4. 터널 건설 등의 공사
5. 다목적댐, 발전용댐, 저수용량 2천만톤 이상의 용수 전용 댐, 지방상수도 전용 댐 건설 등의 공사
6. 깊이 10미터 이상인 굴착공사

특급암기법
- 지상높이 31m, 연면적 3만m², 사람 많은 시설 연면적 5,000m²
- 연면적 5,000m² 냉동·냉장창고시설
- 최대 지간길이가 50미터 이상 교량
- 터널
- 저수용량 2천만 톤 이상 댐
- 10미터 이상인 굴착

86 굴착 작업을 하는 경우 지반의 붕괴 또는 토석의 낙하에 의한 근로자의 위험을 방지하기 위하여 관리감독자로 하여금 작업 시작 전에 점검하도록 해야 하는 사항과 가장 거리가 먼 것은?

① 부석·균열의 유무
② 함수·용수
③ 동결 상태의 변화
④ 시계의 상태

정답 85 ③ 86 ④

*굴착 작업 시 사전조사 내용
① 형상 · 지질 및 지층의 상태
② 균열 · 함수(含水) · 용수 및 동결의 유무 또는 상태
③ 매설물 등의 유무 또는 상태
④ 지반의 지하수위 상태

📝 실기까지 중요한 내용입니다.

87 다음은 산업안전보건 법령에 따른 지붕 위에서의 위험 방지에 관한 사항이다.( ) 안에 알맞은 것은?

> 슬레이트, 선라이트 등 강도가 약한 재료로 덮은 지붕 위에서 작업을 할 때에 발이 빠지는 등 근로자가 위험해질 우려가 있는 경우 폭 ( )센티미터 이상의 발판을 설치하거나 추락방호망을 치는 등 근로자의 위험을 방지하기 위하여 필요한 조치를 하여야 한다.

① 20   ② 25
③ 30   ④ 40

*지붕 위에서의 위험 방지
사업주는 근로자가 지붕 위에서 작업을 할 때에 추락하거나 넘어질 위험이 있는 경우에는 다음 각 호의 조치를 해야 한다.
① 지붕의 가장자리에 안전난간을 설치할 것
② 채광창(skylight)에는 견고한 구조의 덮개를 설치할 것
③ 슬레이트 등 강도가 약한 재료로 덮은 지붕에는 폭 30센티미터 이상의 발판을 설치할 것

88 추락방호망을 건축물의 바깥쪽으로 설치하는 경우 벽면으로부터 망의 내민 길이는 최소 얼마 이상이어야 하는가?

① 2m   ② 3m
③ 5m   ④ 10m

*추락방호망의 설치
① 추락방호망의 설치위치는 가능하면 작업면으로부터 가까운 지점에 설치하여야 하며, 작업면으로부터 망의 설치지점까지의 수직거리는 10미터를 초과하지 아니할 것
② 추락방호망은 수평으로 설치하고, 망의 처짐은 짧은 변 길이의 12퍼센트 이상이 되도록 할 것
③ 건축물 등의 바깥쪽으로 설치하는 경우 망의 내민 길이는 벽면으로부터 3미터 이상 되도록 할 것

📝 실기까지 중요한 내용입니다.

89 다음에서 설명하고 있는 건설장비의 종류는?

> 앞뒤 두 개의 차륜이 있으며(2축 2륜), 각각의 차축이 평행으로 배치된 것으로 찰흙, 점성토 등의 두꺼운 흙을 다짐하는데 적당하나 단단한 각재를 다지는 데는 부적당하며 머캐덤 롤러 다짐 후의 아스팔트 포장에 사용된다.

① 클램쉘   ② 탠덤 롤러
③ 트랙터 셔블   ④ 드래그 라인

찰흙, 점성토 등의 두꺼운 흙을 다짐하는데 적당, 머캐덤 롤러 다짐 후의 아스팔트 포장에 사용 → 탠덤 롤러

정답   87 ③   88 ②   89 ②

90 작업으로 인하여 물체가 떨어지거나 날아올 위험이 있는 경우 설치하는 낙하물 방지망의 수평면과의 각도 기준으로 옳은 것은?

① 10 이상 20 이하를 유지
② 20 이상 30 이하를 유지
③ 30 이상 40 이하를 유지
④ 40 이상 45 이하를 유지

★ 낙하물방지망 또는 방호선반을 설치 시 준수사항
① 설치높이는 10미터 이내마다 설치하고, 내민길이는 벽면으로부터 2미터 이상으로 할 것
② 수평면과의 각도는 20도 내지 30도를 유지할 것

 실기까지 중요한 내용입니다.

91 건설업 산업안전보건관리비의 안전 시설비로 사용 가능하지 않은 항목은?

① 비계·통로·계단에 추가 설치하는 추락 방지용 안전난간
② 공사 수행에 필요한 안전통로
③ 틀비계에 별도로 설치하는 안전난간·사다리
④ 통로의 낙하물 방호선반

공사 수행에 필요한 안전통로는 근로자 재해예방 외의 목적이 있는 시설로 산업안전보건관리비로 사용할 수 없다.

참고

다음 각 호의 어느 하나에 해당하는 경우에는 산업안전보건관리비를 사용할 수 없다.
① 「(계약예규)예정가격작성기준」 중 "경비"에 해당되는 비용(단, 산업안전보건관리비 제외)
② 다른 법령에서 의무사항으로 규정한 사항을 이행하는 데 필요한 비용
③ 근로자 재해예방 외의 목적이 있는 시설·장비나 물건 등을 사용하기 위해 소요되는 비용
④ 환경관리, 민원 또는 수방대비 등 다른 목적이 포함된 경우

92 다음은 산업안전보건법령에 따른 말비계를 조립하여 사용하는 경우에 관한 준수사항이다. ( ) 안에 알맞은 숫자는?

말비계의 높이가 2m를 초과할 경우에는 작업발판의 폭을 ( )cm 이상으로 할 것

① 10 ② 20
③ 30 ④ 40

★ 말비계 조립 시의 준수사항
① 지주부재의 하단에는 미끄럼 방지장치를 하고, 양측 끝부분에 올라서서 작업하지 아니하도록 할 것
② 지주부재와 수평면과의 기울기를 75도 이하로 하고, 지주부재와 지주부재 사이를 고정시키는 보조부재를 설치할 것
③ 말비계의 높이가 2미터를 초과할 경우에는 작업발판의 폭을 40센티미터 이상으로 할 것

실기까지 중요한 내용입니다.

정답 90 ② 91 ② 92 ④

93 터널 지보공을 설치한 경우에 수시로 점검하여야 할 사항에 해당하지 않는 것은?

① 기둥침하의 유무 및 상태
② 부재의 긴압 정도
③ 매설물 등의 유무 또는 상태
④ 부재의 접속부 및 교차부의 상태

> *** 터널지보공 설치 시 점검 항목**
> ① 부재의 손상·변형·부식·변위 탈락의 유무 및 상태
> ② 부재의 긴압의 정도
> ③ 부재의 접속부 및 교차부의 상태
> ④ 기둥침하의 유무 및 상태

📝 실기까지 중요한 내용입니다.

94 통나무 비계를 건축물, 공작물 등의 건조·해체 및 조립 등의 작업에 사용하기 위한 지상 높이 기준은?

① 2층 이하 또는 6m 이하
② 3층 이하 또는 9m 이하
③ 4층 이하 또는 12m 이하
④ 5층 이하 또는 15m 이하

📝 관련 법규에서 삭제된 내용입니다.

95 굴착공사 중 암질 변화구간 및 이상암질 출현 시에는 암질 판별 시험을 수행하는데 이 시험의 기준과 거리가 먼 것은?

① 함수비   ② R.Q.D
③ 탄성파속도   ④ 일축압축강도

> *** 암질 판별 기준**
> ① R.Q.D   ② RMR 분류
> ③ 탄성파 속도   ④ 일축압축강도
> ⑤ 진동치 속도

📝 관련 법규에서 삭제된 내용이나 24년 실기에 출제되었습니다.

96 거푸집동바리 등을 조립하거나 해체하는 작업을 하는 경우 준수사항으로 옳지 않은 것은?

① 해당 작업을 하는 구역에는 관계 근로자가 아닌 사람의 출입을 금지할 것
② 비, 눈, 그 밖의 기상 상태의 불안정으로 날씨가 몹시 나쁜 경우에는 그 작업을 중지할 것
③ 낙하·충격에 의한 돌발적 재해를 방지하기 위하여 버팀목을 설치하고 거푸집동바리 등을 인양 장비에 매단 후에 작업을 하도록 하는 등 필요한 조치를 할 것
④ 재료, 기구 또는 공구 등을 올리거나 내리는 경우에는 근로자로 하여금 달줄·달포대 등의 사용을 금지하도록 할 것

> ④ 재료, 기구 또는 공구 등을 올리거나 내리는 경우에는 근로자로 하여금 달줄·달포대 등을 사용하도록 할 것

정답 93 ③   94 정답 없음   95 ①   96 ④

97 크레인을 사용하여 작업을 하는 경우 준수해야 할 사항으로 옳지 않은 것은?

① 인양할 하물(荷物)을 바닥에서 끌어당기거나 밀어 정위치 작업을 할 것
② 유류드럼이나 가스통 등 운반 도중에 떨어져 폭발하거나 누출될 가능성이 있는 위험물 용기는 보관함(또는 보관고)에 담아 안전하게 매달아 운반할 것
③ 미리 근로자의 출입을 통제하여 인양 중인 하물이 작업자의 머리 위로 통과하지 않도록 할 것
④ 인양할 하물이 보이지 아니하는 경우에는 어떠한 동작도 하지 아니할 것(신호하는 사람에 의하여 작업을 하는 경우는 제외한다.)

> ① 인양할 하물(荷物)을 바닥에서 끌어당기거나 밀어내는 작업을 하지 아니할 것

98 고소작업대가 갖추어야 할 설치조건으로 옳지 않은 것은?

① 작업대를 와이어로프 또는 체인으로 올리거나 내릴 경우에는 와이어로프 또는 체인이 끊어져 작업대가 떨어지지 아니하는 구조여야하며, 와이어로프 또는 체인의 안전율은 3 이상일 것
② 작업대를 유압에 의해 올리거나 내릴 경우에는 작업대를 일정한 위치에 유지할 수 있는 장치를 갖추고 압력의 이상저하를 방지할 수 있는 구조일 것
③ 작업대에 정격하중(안전율 5 이상)을 표시할 것
④ 작업대에 끼임·충돌 등 재해를 예방하기 위한 가드 또는 과상승방지장치를 설치할 것

> ① 작업대를 와이어로프 또는 체인으로 상승 또는 하강시킬 때에는 와이어로프 또는 체인이 끊어져 작업대가 낙하하지 아니하는 구조이어야 하며, 와이어로프 또는 체인의 안전율은 5 이상일 것

정답 97 ① 98 ①

99 추락방호망의 방망 지지점은 최소 얼마 이상의 외력에 견딜 수 있는 강도를 보유하여야 하는가?

① 500kg ② 600kg
③ 700kg ④ 800kg

> 방망 지지점은 600킬로그램의 외력에 견딜 수 있는 강도를 보유하여야 한다.

100 아스팔트 포장도로의 노반의 파쇄 또는 토사 중에 있는 암석 제거에 가장 적당한 장비는?

① 스크레이퍼(Scraper)
② 롤러(Roller)
③ 리퍼(Ripper)
④ 드래그라인(Dragline)

> 아스팔트 포장도로의 노반의 파쇄 또는 토사 중에 있는 암석 제거에 사용 → 리퍼(Ripper)

정답 99 ② 100 ③

2017년 2회 최근 기출문제

1과목 산업안전관리론

01 기업 내 정형교육 중 TWI의 훈련내용이 아닌 것은?

① 작업방법훈련
② 작업지도훈련
③ 사례연구훈련
④ 인간관계훈련

> **TWI 교육과정**
> ① 작업 방법 기법(Job Method Training : JMT)
> ② 작업 지도 기법(Job instruction Training : JIT)
> ③ 인간 관계관리 기법 or 부하통솔법
>   (Job Relations Training : JRT)
> ④ 작업 안전 기법(Job Safety Training : JST)

 필기에 자주 출제되는 내용입니다.

02 강의계획에 있어 학습목적의 3요소가 아닌 것은?

① 목표   ② 주제
③ 학습 내용   ④ 학습 정도

> ★ **학습목적의 3요소**
> ① 학습목표(goal)
> ② 주제(subject)
> ③ 학습 정도(level of learning)

03 비통제의 집단행동 중 폭동과 같은 것을 말하며, 군중보다 합의성이 없고, 감정에 의해서만 행동하는 특성은?

① 패닉(Panic)
② 모브(Mob)
③ 모방(Imitation)
④ 심리적 전염(Mental Epidemic)

> ★ **비통제적 집단행동**
> ① 군중(Crowd) : 공통된 규범이나 조직성 없이 우연히 조직된 인간의 일시적 집합
> ② 모브(Mob) : 비통제의 집단행동 중 폭동과 같은 것을 의미하며 군중보다 합의성이 없고 감정에 의해서만 행동하는 특성을 가진다.
> ③ 패닉(Panic) : 위협을 회피하기 위해서 일어나는 집합적인 도주 현상
> ④ 심리적 전염

04 부주의 발생 원인과 그 대책이 옳게 연결된 것은?

① 의식의 우회 - 상담
② 소질적 조건 - 교육
③ 작업환경 소건 불량 - 작업순서 정비
④ 작업순서의 부적당 - 작업자 재배치

> ★ **부주의 원인과 대책**
> ① 소질적 문제 : 적성 배치
> ② 의식의 우회 : 카운슬링(상담)

정답 01 ③ 02 ③ 03 ② 04 ①

③ 경험, 미경험자 : 안전교육, 훈련
④ 작업환경 조건 불량 : 환경 정비
⑤ 작업순서의 부적당 : 작업순서 정비

05 산업안전보건 법령상 안전검사 대상 유해·위험 기계 등이 아닌 것은?

① 곤돌라
② 이동식 국소 배기장치
③ 산업용 원심기
④ 산업용 로봇

* 안전검사 대상 유해 · 위험기계
① 프레스
② 전단기
③ 크레인[정격 하중이 2톤 미만인 것 제외]
④ 리프트
⑤ 압력용기
⑥ 곤돌라
⑦ 국소 배기장치(이동식은 제외)
⑧ 원심기(산업용만 해당)
⑨ 롤러기(밀폐형 구조는 제외한다)
⑩ 사출성형기[형 체결력(형 체결력) 294킬로뉴턴(KN) 미만은 제외]
⑪ 고소작업대
⑫ 컨베이어
⑬ 산업용 로봇
⑭ 혼합기(26년 6월 26일 시행)
⑮ 파쇄기 또는 분쇄기(26년 6월 26일 시행)

특급암기법
손 다치는 기계 - 프레스, 전단기, 사출성형기, 롤러기, 혼합기, 파쇄기 또는 분쇄기(26년 6월 26일 시행)
양중기 - 크레인, 리프트, 곤돌라
폭발 - 압력용기
추가 - 극소(국소) 로봇이 고소(높은 곳)의 큰(컨) 원을 검사(안전검사)
국소배기장치, 산업용 로봇, 고소작업대, 컨베이어, 원심기

 실기에도 자주 출제되는 내용입니다. 암기하세요.

06 재해 발생의 주요 원인 중 불안전한 상태에 해당하지 않는 것은?

① 기계설비 및 장비의 결함
② 부적절한 조명 및 환기
③ 작업장소의 정리·정돈 불량
④ 보호구 미착용

④ 보호구 미착용 → 불안전한 행동

참고

인적원인 (불안전한 행동)	• 위험장소 접근 • 안전장치의 기능 제거 • 복장, 보호구의 잘못 사용 • 기계기구 잘못 사용 • 운전 중인 기계장치의 손질 • 불안전한 속도 조작 • 위험물 취급 부주의 • 불안전한 상태 방치 • 불안전한 자세·동작 • 감독 및 연락 불충분

정답 05 ② 06 ④

물적원인 (불안전한 상태)	• 물 자체의 결함 • 안전 방호장치의 결함 • 복장, 보호구의 결함 • 물의 배치 및 작업 장소 불량 • 작업환경의 결함 • 생산공정의 결함 • 경계표시, 설비의 결함

07 산업안전보건 법령상 근로자 안전·보건 교육의 기준으로 틀린 것은?

① 사무직 종사 근로자의 정기교육 : 매반기 6시간 이상
② 일용근로자의 작업내용 변경시의 교육 : 1시간 이상
③ 관리감독자의 지위에 있는 사람의 정기교육 : 연간 16시간 이상
④ 건설 일용 근로자의 건설업 기초안전·보건교육 : 2시간 이상

④ 건설 일용 근로자의 건설업 기초안전·보건교육 → 4시간

참고

＊ 근로자 안전보건교육

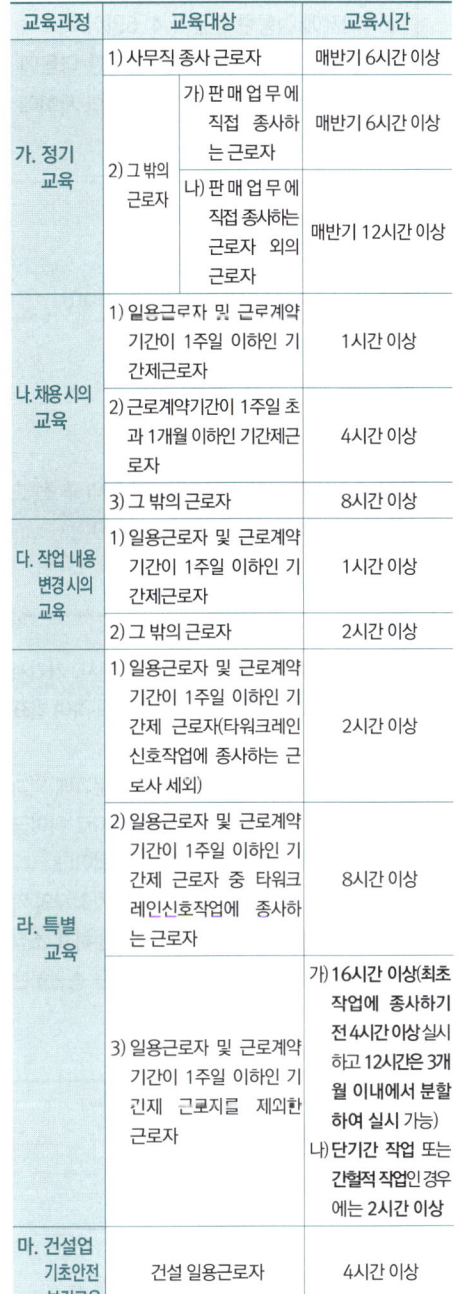

실기에도 자주 출제되는 내용입니다. 암기하세요.

정답 07 ④

08 토의법의 유형 중 다음에서 설명하는 것은?

> 교육과제에 정통한 전문가 4~5명이 피교육자 앞에서 자유로이 토의를 실시한 다음에 피교육자 전원이 참가하여 사회자의 사회에 따라 토의하는 방법

① 포럼(forum)
② 패널 디스커션(panel discussion)
③ 심포지엄(symposium)
④ 버즈 세션(buzz session)

전문가(패널) 4~5명이 피교육자 앞에서 토의 후 전원이 토의 → 패널 디스커션(panel discussion)

참고

① 포럼(forum) : 새로운 자료나 교재를 제시, 거기서의 문제점을 피교육자로 하여금 제기하게 하여 발표하고 토의하는 방법이다.
② 심포지엄(Symposium) : 몇 사람의 전문가에 의하여 과제에 관한 견해를 발표한 뒤 참가자로 하여금 의견이나 질문을 하게 하여 토의하는 방법이다.
③ 버즈 세션(Buzz Session : 6-6 회의) : 사회자와 기록계를 선출한 후 6명씩의 소집단으로 구분하고, 소집단별로 6분씩 자유토의를 행하여 의견을 종합하는 방법이다.

필기에 자주 출제되는 내용입니다.

09 학습 정도(level of learning)의 4단계 요소가 아닌 것은?

① 지각　　② 적용
③ 인지　　④ 정리

★ 학습 정도(level of learning)의 4단계
① **인지**(to acquaint) : ~을 인지하여야 한다.
② **지각**(to know) : ~을 알아야 한다.
③ **이해**(to understand) : ~을 이해하여야 한다.
④ **적용**(to apply) : ~을 ~에 적용할 수 있어야 한다.

10 안전 관리조직의 형태 중 라인·스탭형에 대한 설명으로 틀린 것은?

① 안전 스탭은 안전에 관한 기획·입안·조사·검토 및 연구를 행한다.
② 안전 업무를 전문적으로 담당하는 스탭 및 생산라인의 각 계층에도 겸임 또는 전임의 안전담당자를 둔다.
③ 모든 안전 관리 업무를 생산라인을 통하여 직선적으로 이루어지도록 편성된 조직이다.
④ 대규모 사업장(1,000명 이상)에 효율적이다.

③ 라인·스탭형에서 스태프는 안전을 입안, 계획, 평가, 조사하고 라인을 통하여 생산기술, 안전대책이 전달되는 관리방식이다.

정답　08 ②　09 ④　10 ③

> 참고
>
> **∗ 라인 스태프형(Line Staff) or 혼합형**
> ① 대규모 사업장(1,000명 이상 사업장)에 적용이 가능하다.
> ② 라인 스태프형 장점
>   • 안전전문가에 의해 입안된 것을 경영자가 명령하므로 **명령이 신속, 정확하다.**
>   • 안전정보 수집이 용이하고 빠르다.
> ③ 라인 스태프형 단점
>   • **명령계통과 조언, 권고적 참여의 혼돈이 우려된다.**
>   • 스태프의 월권행위가 우려되고 지나치게 스태프에게 의존할 수 있다.
>   • 라인이 스탭에 의존 또는 활용하지 않는 경우가 있다.

 실기까지 중요한 내용입니다.

11 맥그리거(McGregor)의 X이론에 따른 관리처방이 아닌 것은?

① 목표에 의한 관리
② 권위주의적 리더십 확립
③ 경제적 보상체제의 강화
④ 면밀한 감독과 엄격한 통제

> **∗ 맥그리거(McGregor)의 X,Y 이론의 관리처방**
>
> | X이론(저차원) | Y이론(고차원) |
> |---|---|
> | • 경제적 보상체제의 강화 | • 분권화와 권한의 위임 |
> | • 권위주의적 리더십의 확립 | • 직무확장 및 목표에 의한 관리 |
> | • 면밀한 감독과 엄격한 통제 | • 민주적 리더십의 확립 |
> | • 상부 책임제도의 강화 | • 비공식적 조직의 활용 |
> | | • 상호 신뢰감 |
> | | • 책임과 창조력 |
> | | • 인간관계 관리방식 |

12 어느 공장의 재해율을 조사한 결과 도수율이 20이고, 강도율이 1.2로 나타났다. 이 공장에서 근무하는 근로자가 입사부터 정년퇴직할 때까지 예상되는 재해건수(a)와 이로 인한 근로손실 일수(b)는?

① a = 20, b = 1.2
② a = 2, b = 120
③ a = 20, b = 20
④ a = 120, b = 2

> **1. 환산 도수율(F)**
> ① 일평생 근로하는 동안의 재해건수를 말한다.
> ② 환산 도수율(F)
> $= \dfrac{재해건수}{연 근로시간 수} \times$ 평생 근로 시간 수(100,000)
> ③ 환산 도수율(F) = 도수율 ÷ 10
>
> **2. 환산 강도율(S)**
> ① 일평생 근로하는 동안의 근로손실일수를 말한다.
> ② 환산 강도율(S)
> $= \dfrac{총 요양 근로손실일수}{연 근로시간 수} \times$ 평생 근로 시간 수(100,000)
> ③ 환산 강도율 = 강도율 × 100
>
> 1. 입사부터 정년퇴직할 때까지 예상되는 재해건수 → 환산 도수율
> 환산 도수율 = 도수율 ÷ 10 = 20 ÷ 10 = 2
>
> 2. 입사부터 정년퇴직할 때까지 예상되는 근로손실일수 → 환산 강도율
> 환산 강도율 = 강도율 × 100 = 1.2 × 100 = 120

실기에도 자주 출제되는 중요한 내용입니다.

13 재해손실비의 평가방식 중 시몬즈(R.H. Simonds)방식에 의한 계산 방법으로 옳은 것은?

① 직접비 + 간접비
② 공동비용 + 개별비용
③ 보험코스트 + 비보험코스트
④ (휴업상해건수관련비용 평균치)+(통원상해건수관련비용 평균치)

시몬즈(R.H. Simonds)의 총 재해코스트
= 보험코스트 + 비보험코스트

참고
하인리히의 총 재해비용 = 직접비 + 간접비
(1 : 4)

실기까지 중요한 내용입니다.

14 무재해운동 추진기법 중 지적확인에 대한 설명으로 옳은 것은?

① 비평을 금지하고, 자유로운 토론을 통하여 독창적인 아이디어를 끌어낼 수 있다.
② 참여자 전원의 스킨십을 통하여 연대감, 일체감을 조성할 수 있고 느낌을 교류한다.
③ 작업 전 5분간의 미팅을 통하여 시나리오상의 역할을 연기하여 체험하는 것을 목적으로 한다.
④ 오관의 감각기관을 총동원하여 작업의 정확성과 안전을 확인한다.

*지적확인
사람의 눈이나 귀 등 오관의 감각기관을 총동원해서 작업공정의 요소에서 자신의 행동을 (… 좋아)하고 대상을 지적하여 큰 소리로 확인하여 작업의 정확성과 안전을 확인하는 방법이다.

15 재해예방의 4원칙에 해당하지 않는 것은?

① 예방가능의 원칙
② 대책선정의 원칙
③ 손실우연의 원칙
④ 원인추정의 원칙

*산업재해 예방의 4원칙
① 예방 가능의 원칙 : 재해는 원칙적으로 원인만 제거되면 예방이 가능하다.
② 손실 우연의 원칙 : 사고의 결과 생기는 상해의 종류와 정도는 사고 발생시 사고대상의 조건에 따라 우연히 발생한다.
③ 대책 선정의 원칙 : 사고의 원인에 대한 적합한 대책이 선정되어야 한다.
④ 원인 연계의 원칙 : 재해는 직접원인과 간접원인이 연계되어 일어난다.

실기에도 자주 출제되는 내용입니다. 암기하세요.

16 인간의 착각 현상 중 버스나 전동차의 움직임으로 인하여 자신이 승차하고 있는 정지된 차량이 움직이는 것 같은 느낌을 받는 현상은?

① 자동운동   ② 유도운동
③ 가현운동   ④ 플리커현상

 정답   13 ③   14 ④   15 ④   16 ②

*착각현상

가현운동 (β운동)	• 정지하고 있는 대상물이 급속히 나타나던가 소멸하는 것으로 인하여 일어나는 운동으로 마치 대상물이 운동하는 것처럼 인식되는 현상을 말한다. • 예 영화의 영상
유도 운동	• 움직이지 않는 것이 움직이는 것처럼 느껴지는 현상 • 예 상행선 열차를 타고 가며 정지하고 있는 하행선 열차를 보면 마치 하행선 열차가 움직이는 것처럼 느껴지는 현상
자동운동	• 암실에서 정지된 소광점을 응시하면 광점이 움직이는 것처럼 보이는 현상 • 안구의 불규칙한 운동 때문에 생기는 현상이다.

필기에 자주 출제되는 내용입니다.

17 안전·보건표지의 기본모형 중 다음 그림의 기본모형의 표시사항으로 옳은 것은?

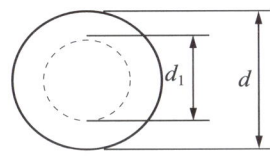

① 지시　② 안내
③ 경고　④ 금지

기본모형 원형 → 지시표지

참고

• 금지표지

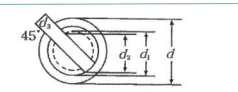

• 경고표지

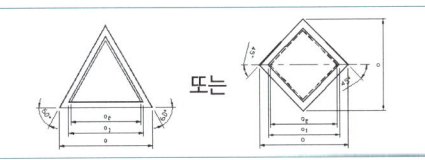

• 지시표지

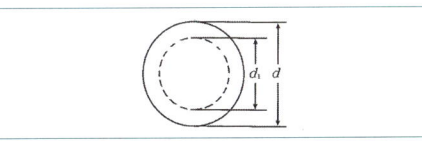

• 안내표지

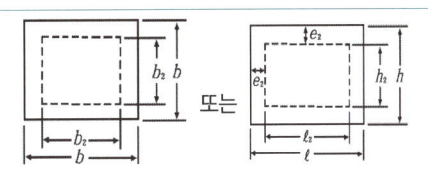

• (관계자 외) 출입금지표지

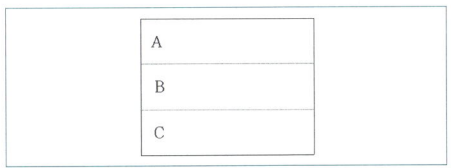

18 지도자가 추구하는 계획과 목표를 부하직원이 자신의 것으로 받아들여 자발적으로 참여하게 하는 리더십의 권한은?

① 보상적 권한　② 강압적 권한
③ 위임된 권한　④ 합법적 권한

17 ①　18 ③

2017년 2회 건설안전산업기사 | 1145

★ 리더십의 권한의 역할
(1) **보상적 권한** : 지도자가 부하에게 보상할 수 있는 능력
(2) **강압적 권한** : 지도자가 부하들을 처벌할 수 있는 권한
(3) **합법적 권한** : 조직의 규정에 의해 공식화된 권한
(4) **위임된 권한** : 부하직원들이 지도자를 따르고 지도자와 함께 일하는 것
(5) **전문성의 권한** : 지도자가 집단 목표수행에 전문적인 지식을 갖고 있는가와 관련한 권한

4단계 시정방법 선정	• 기술적 개선 • 안전운동 전개 • 교육훈련 분석 • 안전행정의 개선 • 배치 조정 • 규칙 및 수칙 등 제도의 개선
5단계 시정책 적용 (3E 적용)	• 안전교육(Education) • 안전기술(Engineering) • 안전독려(Enforcement)

19 하인리히의 사고방지 5단계 중 제1단계 안전조직의 내용이 아닌 것은?

① 경영자의 안전목표 설정
② 안전관리자의 선임
③ 안전활동의 방침 및 계획수립
④ 안전회의 및 토의

20 보호구 자율안전 확인 고시 상 사용구분에 따른 보안경의 종류가 아닌 것은?

① 차광보안경
② 유리 보안경
③ 플라스틱 보안경
④ 도수렌즈 보안경

★ **자율안전 확인에 따른 보안경의 종류**
① 유리 보안경
② 플라스틱 보안경
③ 도수렌즈 보안경

참고

★ **안전인증 대상 차광보안경의 종류**
① 자외선용
② 적외선용
③ 복합용
④ 용접용

★ **하인리히 사고방지 5단계**

1단계 안전조직	• 안전목표 설정 • 안전관리자의 선임 • 안전조직 구성 • 안전활동 방침 및 계획수립 • 조직을 통한 안전 활동 전개
2단계 사실의 발견	• 작업분석　• 점검 • 사고조사　• 안전진단 • 사고 및 활동기록의 검토
3단계 분석	• 사고원인 및 경향성 분석 　(사고보고서 및 현장조사 분석) • 작업공정 분석 • 사고기록 및 관계자료 분석 • 인적 · 물적 환경 조건 분석

정답　19 ④　20 ①

2과목 인간공학 및 시스템안전공학

21 휘도(luminance)가 10cd/m²이고, 조도(illuminance)가 100lx일 때 반사율(reflectance)(%)는?

① 0.1π ② 10π
③ 100π ④ 1000π

반사율(%) = 광속발산도/조명 = $\frac{\pi \times 휘도}{Lux}$

= $\frac{\pi \times cd/m^2}{cd/m^2}$

광속발산도 = $\pi \times$ 휘도
Lux = 광도/거리² = cd/m²
Lux = 광속/조사면적 = lm/m²

반사율(%) = $\frac{\pi \times 10cd/m^2}{100cd/m^2} = 0.1\pi$

 비중이 낮은 문제입니다.

22 사람의 감각기관 중 반응속도가 가장 느린 것은?

① 청각 ② 시각
③ 미각 ④ 촉각

* 감각기관별 반응시간
① 청각 : 0.17초 ② 촉각 : 0.18초
③ 시각 : 0.20초 ④ 미각 : 0.29초
⑤ 통각 : 0.70초

23 한 사무실에서 타자기의 소리 때문에 말소리가 묻히는 현상을 무엇이라 하는가?

① dBA ② CAS
③ phone ④ masking

타자기의 소리(큰소리) 때문에 말소리(작은 소리)가 묻히는 현상 → 은폐 현상(Masking 현상)

참고

* 은폐 현상(Masking 현상)
① 두음의 차가 10dB 이상인 경우 발생한다.
② 높은 음이 낮은 음을 상쇄시켜 높은 음만 들리는 현상이다.

 필기에 자주 출제되는 내용입니다.

24 1에서 15까지 수의 집합에서 무작위로 선택할 때, 어떤 숫자가 나올지 알려주는 경우의 정보량은 몇 bit인가?

① 2.91bit ② 3.91bit
③ 4.51bit ④ 4.91bit

정보량 H = $\log_2 \frac{1}{P} = \log_2 \frac{1}{15} = 3.91(bit)$

25 어떤 전자기기의 수명은 지수분포를 따르며, 그 평균수명이 1,000시간이라고 할 때, 500시간 동안 고장 없이 작동할 확률은 약 얼마인가?

① 0.1353 ② 0.3935
③ 0.6065 ④ 0.8647

정답 21 ① 22 ③ 23 ④ 24 ② 25 ③

신뢰도 : 고장나지 않을 확률
$$R(t) = e^{-\frac{t}{t_0}} = e^{-\lambda \times t}$$
- t_0 : 평균고장시간 또는 평균수명
- t : 앞으로 고장 없이 사용할 시간
- λ : 고장률

신뢰도 $R(t) = e^{-\frac{t}{t_0}} = e^{-\frac{500}{1,000}} = e^{-0.5} = 0.6065$

📝 필기에 자주 출제되는 내용입니다.

26 체계 분석 및 설계에 있어서 인간공학의 가치와 가장 거리가 먼 것은?

① 성능의 향상
② 훈련비용의 증가
③ 사용자의 수용도 향상
④ 생산 및 보전의 경제성 증대

★ 체계 분석 및 설계의 인간공학의 가치
① **성능의 향상** : 적절한 유능한 운용자
② **훈련비용의 절감** : 숙련도
③ **인력이용율의 향상** : 인력자원의 효과적 이용
④ **사고 및 오용으로부터의 손실감소** : 인간공학 원칙 적용
⑤ **생산 및 보전의 경제성 증대** : 설계 단순화 및 인간공학 원칙 적용
⑥ **사용자의 수용도 향상** : 운용 및 보전성 용이

📝 필기에 자주 출제되는 내용입니다.

27 작업 기억과 관련된 설명으로 틀린 것은?

① 단기기억이라고도 한다.
② 오랜 기간 정보를 기억하는 것이다.
③ 작업 기억 내의 정보는 시간이 흐름에 따라 쇠퇴할 수 있다.
④ 리허설(rehearsal)은 정보를 작업 기억 내에 유지하는 유일한 방법이다.

작업 기억은 감각기관을 통해 입력된 정보를 일시적으로 기억하고, 각종 인지적 과정을 계획하고 순서 지으며 실제로 수행하는 작업장으로서의 기능을 수행하는 단기적 기억을 말한다.

📝 출제빈도가 낮은 문제입니다.

28 의자의 등받이 설계에 관한 설명으로 가장 적절하지 않은 것은?

① 등받이 폭은 최소 30.5cm가 되게 한다.
② 등받이 높이는 최소 50cm가 되게 한다.
③ 의자의 좌판과 등받이 각도는 90 ~ 105°를 유지한다.
④ 요부 받침의 높이는 25~35cm로 하고 폭은 30.5cm로 한다.

④ 요부 받침의 높이는 15.2 ~ 22.9cm로 하고 폭은 30.5cm로 한다.

📝 출제빈도가 낮은 문제입니다.

정답 26 ② 27 ② 28 ④

29 FT도에 의한 컷셋(cut set)이 다음과 같이 구해졌을 때 최소 컷셋(mimimal cut set)으로 맞는 것은?

```
- (X₁, X₃)
- (X₁, X₂, X₃)
- (X₁, X₂, X₃)
```

① (X_1, X_3)
② (X_1, X_2, X_3)
③ (X_1, X_3, X_4)
④ (X_1, X_2, X_3, X_4)

(X_1, X_3), (X_1, X_2, X_3), (X_1, X_3, X_4) 의 부분집합은 (X_1, X_3)이므로 (X_1, X_3)이 미니멀 컷이 된다.

> 참고
> **★ 미니멀 컷(Minimal Cut Set)**
> • 정상 사상을 일으키기 위한 기본 사상의 최소 집합 (최소한의 컷)
> • 시스템의 위험성을 나타낸다.

30 단일 차원의 시각적 암호 중 구성 암호, 영문자 암호, 숫자 암호에 대하여 암호로서의 성능이 가장 좋은 것부터 배열한 것은?

① 숫자 암호 - 영문자 암호 - 구성 암호
② 구성 암호 - 숫자 암호 - 영문자 암호
③ 영문자 암호 - 숫자 암호 - 구성 암호
④ 영문자 암호 - 구성 암호 - 숫자 암호

> **★ 암호의 성능**
> 숫자 암호 > 영문자 암호 > 구성 암호

31 정보 전달용 표시장치에서 청각적 표현이 좋은 경우가 아닌 것은?

① 메시지가 복잡하다.
② 시각 장치가 지나치게 많다.
③ 즉각적인 행동이 요구된다.
④ 메시지가 그 때의 사건을 다룬다.

> 메시지가 복잡할 경우 → 시각적 표시장치 사용

32 FTA의 용도와 거리가 먼 것은?

① 고장의 원인을 연역적으로 찾을 수 있다.
② 시스템의 전체적인 구조를 그림으로 나타낼 수 있다.
③ 시스템에서 고장이 발생할 수 있는 부분을 쉽게 찾을 수 있다.
④ 구체적인 초기사건에 대하여 상향식(bottom-up) 접근방식으로 재해경로를 분석하는 정량적 기법이다.

> FTA는 하향식(Top-Down) 접근방식으로 재해경로를 분석한다.

📝 필기에 자주 출제되는 내용입니다.

정답 29 ① 30 ① 31 ① 32 ④

33 안전가치분석의 특징으로 틀린 것은?

① 기능 위주로 분석한다.
② 왜 비용이 드는가를 분석한다.
③ 특정 위험의 분석을 위주로 한다.
④ 그룹 활동은 전원의 중지를 모은다.

③ 특정 위험만을 분석해서는 아니 된다.

34 일반적인 인간-기계 시스템의 형태 중 인간이 사용자나 동력원으로 기능하는 것은?

① 수동체계
② 기계화체계
③ 자동체계
④ 반자동체계

＊수동시스템
- 사용자가 손 공구나 기타 보조물 등을 사용하여 자기의 신체적 힘을 동력원으로 하여 작업을 수행하는 시스템이다.
- 가장 다양성이 높은 체계이다.
- 예 장인과 공구

📝 필기에 자주 출제되는 내용입니다.

35 산업안전보건법에 따라 상시 작업에 종사하는 장소에서 보통 작업을 하고자 할 때 작업면의 최소 조도(lux)로 맞는 것은?

① 75   ② 150
③ 300 ④ 750

＊법적 조도 기준
① 초정밀 작업 : 750Lux 이상
② 정밀 작업 : 300Lux 이상
③ 보통 작업 : 150Lux 이상
④ 기타 작업 : 75Lux 이상

📝 필기에 자주 출제되는 내용입니다.

36 보전 효과 측정을 위해 사용하는 설비 고장 강도율의 식으로 맞는 것은?

① 부하 시간 ÷ 설비 가동시간
② 총 수리시간 ÷ 설비 가동시간
③ 설비 고장건수 ÷ 설비 가동시간
④ 설비 고장 정지시간 ÷ 설비 가동시간

$$\text{설비 고장 강도율} = \frac{\text{설비 고장 정지시간}}{\text{설비 가동시간}}$$

37 정보처리 기능 중 정보 보관에 해당되는 것과 관계가 깊은 것은?

① 감지   ② 정보처리
③ 출력   ④ 행동기능

＊인간-기계 통합시스템(man-machine system)의 정보처리 기능
① 감지기능 : 인간은 감각기관, 기계는 전자 장치 및 기계 장치를 통하여 감지한다.
② 정보보관 기능 : 인간은 두뇌, 기계는 자기테이프 및 천공카드에 보관한다.

정답   33 ③   34 ①   35 ②   36 ④   37 전항 정답

③ 정보처리 및 의사결정 : 기억된 내용을 근거로 간단하거나 복잡한 과정을 통해 의사 결정을 내리는 과정이다.
④ 행동 : 결정된 사항의 실행과 조정을 하는 과정이다.
  • 인간의 행동기능 : 신체제어
  • 기계의 행동기능 : 음성, 신호, 출력 등

기호	명칭
	OR 게이트
	AND 게이트
	억제 게이트

 필기에 자주 출제되는 내용입니다.

38 인체 측정치 중 기능적 인체치수에 해당되는 것은?

① 표준 자세
② 특정 작업에 국한
③ 움직이지 않는 피측정자
④ 각 지체는 독립적으로 움직임

40 시스템 안전 분석기법 중 인적오류와 그로 인한 위험성의 예측과 개선을 위한 기법은 무엇인가?

① FTA   ② ETBA
③ THERP   ④ MORT

인적오류와 그로 인한 위험성의 예측 → THERP

> 참고
>
> ∗ 인간에러율 예측기법(THERP)
> 인간의 과오(human error)를 정량적으로 평가하기 위하여 1963년 Swain 등에 의해 개발된 기법이다.

∗ 인체계측 방법
① 정적 인체계측(구조적 인체치수) : 정지 상태에서의 신체를 계측하는 방법
② 동적 인체계측(기능적 인체치수)
  • 체위의 움직임에 따른 계측 방법
  • 각 신체 부위가 신체적 기능을 수행(특정 작업 수행)할 때, 독립적으로 움직이는 것이 아니라 조화를 이루어 움직이는 신체 치수 측정

필기에 자주 출제되는 내용입니다.

39 FT 작성 시 논리게이트에 속하지 않는 것은 무엇인가?

① OR 게이트
② 억제 게이트
③ AND 게이트
④ 동등 게이트

정답 38 ② 39 ④ 40 ③

3과목 건설시공학

41 건축 공사관리에 관한 설명으로 옳지 않은 것은?

① 공사현장의 관리에는 산업안전보건법령의 적용을 받지 않는다.
② 지급재료는 검수 후 도급자가 보관하되 다른 자재와 구분하여 보관한다.
③ 정기안전점검은 정해진 시기에 반드시 실시한다.
④ 현장에 반입한 재료는 모두 검사를 받아야 하나, KS표준에 의하여 제작된 합격품은 검사를 생략할 수 있다.

① 공사현장의 안전보건관리는 산업안전보건법령의 적용을 받는다.

42 철근가공에 관한 설명으로 옳지 않은 것은?

① D35 이상의 철근은 산소 절단기를 사용하여 절단한다.
② 한번 구부린 철근은 다시 펴서 사용해서는 안 된다.
③ 공장가공은 현장가공에 비해 절단손실을 줄일 수 있다.
④ 표준갈고리를 가공할 때에는 정해진 크기 이상의 곡률 반지름을 가져야 한다.

*철근 가공 시 유의사항
① 철근은 설계도에 표시된 형상과 치수에 일치하도록 가공하되 산소 불 및 용접기로 절단하지 말고 반드시 Cutter기로 절단하여 재질을 해치지 않는 방법으로 가공하여야 한다.
② 철근상세도에 철근의 구부리는 내면 반지름이 표시되어 있지 않은 때에는 콘크리트 구조설계기준에 규정된 구부림의 최소 내면 반지름 이상으로 철근을 구부려야 한다.
③ 철근은 상온에서 구부리는 것을 원칙으로 한다.
④ 한번 구부린 철근은 재가공하여 쓸 수 없다.

📝 필기에 자주 출제되는 내용입니다.

43 콘크리트에 관한 설명으로 옳지 않은 것은?

① 진동 다짐한 콘크리트의 경우가 그렇지 않은 경우의 콘크리트보다 강도가 커진다.
② 공기 연행제는 콘크리트의 시공연도를 좋게 한다.
③ 물시멘트비가 커지면 콘크리트의 강도가 커진다.
④ 양생온도가 높을수록 콘크리트의 강도 발현이 촉진되고 초기강도는 커진다.

③ 물시멘트비가 작을수록 콘크리트의 강도는 커지고, 물시멘트비가 클수록 콘크리트의 강도는 작아진다.

정답 41 ① 42 ① 43 ③

> **참고**
>
> 물 – 시멘트비는 시멘트 양에 대한 물의 질량 비율로 물 시멘트비가 크다는 것은 시멘트 양보다 물의 양이 많다(부배합)는 뜻으로 콘크리트의 강도는 낮아진다.

📝 필기에 자주 출제되는 내용입니다.

44 용접작업에서 용접봉을 용접방향에 대하서로 엇갈리게 움직여서 용가금속을 용착시키는 운봉방법은?

① 단속용접 ② 개선
③ 레그   ④ 위빙

> 위빙(weaving) : 용접작업에서 용접봉을 한곳에 집중하지 않고 좌우로 이동하면서 서로 엇갈리게 움직여 용접하는 방법을 말한다.

📝 필기에 자주 출제되는 내용입니다.

45 경량콘크리트(LightWeight Concrete)에 관한 설명으로 옳지 않은 것은?

① 기건비중은 2.0 이하, 단위중량은 1,400~2,000kg/m³ 정도이다.
② 열전도율이 보통 콘크리트와 유사하여 동일한 단열성능을 갖는다.
③ 물과 접하는 지하실 등의 공사에는 부적합하다.
④ 경량이어서 인력에 의한 취급이 용이하고, 가공도 쉽다.

> **★ 경량기포 콘크리트**
>
> ① 열전도율이 보통 콘크리트의 1/10 정도이다.
> ② 경량으로 인력에 의한 취급이 가능하다.
> ③ 흡수성이 크고 표면마모가 쉽고 강도가 크지 않다.
> ④ 현장에서 절단 및 가공이 용이하다.
> ⑤ 건조수축률이 작으므로 균열 발생이 적다.

> **참고**
>
> **★ 경량기포 콘크리트**
>   (ALC : Auto claved light weight concrete)
> 화산재, 발포제품을 넣고 인공적으로 기포를 발생시켜 단위중량을 감소시킨 콘크리트를 말한다.

📝 필기에 자주 출제되는 내용입니다.

46 철근단면을 맞대고 산소-아세틸렌 염으로 가열하여 접합단면을 녹이지 않고 적열상태에서 부풀려 가압, 접합하는 철근이음방식은?

① 나사방식이음
② 겹침이음
③ 가스압접이음
④ 파워쇼벨

> **★ 가스압접이음**
>
> 2개의 철근난부를 맞대어 놓고 산소 – 아세틸렌 가스 불꽃으로 약 1,200~1,300℃로 가열하여 철근을 고정상태에서 압력을 가하여 접합하는 방법을 말한다.

📝 필기에 자주 출제되는 내용입니다.

정답 44 ④ 45 ② 46 ③

47 파헤쳐진 흙을 담아 올리거나 이동하는데 사용하는 기계로 쇼벨, 버킷을 장착한 트랙터 또는 크롤러 형태의 기계는?

① 불도저 ② 앵글도저
③ 로더   ④ 파워쇼벨

> 파헤쳐진 흙을 담아 올리거나 이동하는데 사용 → 로더

참고

그림출처 : Images may be subject to copyright. Learn More

48 콘크리트의 경화 후 거푸집 제거 작업 시 주의사항 중 옳지 않은 것은?

① 진동, 충격 등을 주지 않고 콘크리트가 손상되지 않도록 순서대로 제거한다.
② 지주를 바꾸어 세울 동안에는 상부의 작업을 제한하여 적재하중을 적게 하고, 집중하중을 받는 부분의 지주는 그대로 둔다.
③ 제거한 거푸집은 재사용할 수 있도록 적당한 장소에 정리하여 둔다.
④ 구조물의 손상을 고려하여 남은 거푸집 쪽 널은 그대로 두고 미장공사를 한다.

④ 거푸집을 완전히 제거하고, 거푸집 잔재 및 세퍼레이터 등 유해한 잔류물이 없어야 한다.

49 민간자본 유치방식 중 사회간접시설을 설계, 시공한 후 소유권을 발주자에게 이양하고, 투자자는 일정기간 동안 시설물의 운영권을 행사하는 계약방식은?

① BOT(Bulid Operate Transfer)
② BTO(Bulid Transfer Operate)
③ BOO(Bulid Operate Own)
④ BTL (Bulid Transfer Lease)

* SOC(social overhead capital : 사회간접자본) 시설의 시공방식

① BOT 방식(Build-Operate-Transfer) : 민간투자 발주방식
사회간접시설을 민간이 주도하여 설계·시공한 후, 일정기간 시설물을 운영하여 투자금을 회수한 후 시설소유권이 국가 또는 지방자치단체에 귀속(무상으로 이전)되는 방식을 말한다.
(설계 및 시공 → 운영 → 소유권 이전)

② BTO 방식(Build-Transfer-Operate)
사회간접시설을 민간이 주도하여 설계·시공한 후, 시설소유권을 공공부문에 먼저 이전하고 약정기간동안 운영하여 투자금을 회수해 가는 방식을 말한다.
(설계 및 시공 → 소유권 이전 → 운영)

③ BOO 방식(Build-Operate-Own)
사회간접시설을 민간이 주도하여 설계·시공한 후, 시설의 운영과 함께 소유권도 민간에 이전하는 방식을 말한다.
(설계 및 시공 → 운영 → 소유권 획득)

정답 47 ③ 48 ④ 49 ②

④ BTL 방식(Build-Transfer-Lease)
민간이 공공시설을 건설한 후 정부에 소유권을 이전함과 동시에 정부에 시설임대료를 징수하여 투자금을 회수해 가는 방식을 말한다.
(설계 및 시공 → 소유권 이전 → 임대료 징수)

📝 필기에 자주 출제되는 내용입니다.

50 연약한 점토질 지반에서 진흙의 점착력을 판별하는 토질시험은?

① 표준관입시험
② 지내력시험
③ 슈미트해머시험
④ 베인테스트

베인(Vane) 테스트 : 보링의 구멍을 이용하여 **십자형 날개의 베인 테스터를 지반에 박고 회전시켜서 그 회전력에 의하여 짐토의 점착력을 판별하는** 방법을 말한다.(연약한 점토지반의 점착력 판별 시험)

📝 필기에 자주 출제되는 내용입니다.

51 무게 63.5kg의 추를 76cm 높이에서 낙하시켜 샘플러가 30cm 관입하는데 필요한 타격횟수(N)를 측정하는 토질시험의 종류는?

① 전단시험
② 지내력시험
③ 표준관입시험
④ 베인시험

* **표준관입 시험(Standard penetration test)**
• 모래의 전단력은 모래의 밀도에 의하여 결정되고 불교란 시료를 채취하기 곤란하므로 현지에서 모래의 밀도 N값을 측정하는 시험이다.
• 63.5[kg]의 추를 75[cm]에서 자유 낙하시켜 표준 샘플러를 관입량 30cm에 달하는데 요하는 타격횟수를 말하고 N의 값이 클수록 밀실한 토질이다.

📝 필기에 자주 출제되는 내용입니다.

52 입찰방식에 관한 설명으로 옳지 않은 것은?

① 공개경쟁입찰은 관보, 신문, 게시판 등에 입찰공고를 하여야 한다.
② 지명경쟁입찰은 경쟁입찰에 의하지 않고 그 공사에 특히 적당하다고 판단되는 1개의 회사를 선정하여 발주하는 방식이다.
③ 제한경쟁입찰은 양질의 공사를 위하여 업체자격에 대한 조건을 만족하는 업체라면 입찰에 참가하는 방식이다.
④ 부대입찰은 발주자가 입찰참가자에게 하도급 할 공종, 하도급 금액 등에 대한 사항을 미리 기재하게 하여 입찰시 입찰 서류에 첨부하여 입찰하는 제도이다.

* **지명경쟁입찰**
계약의 성질 또는 목적에 비추어 특수한 설비·기술·자재·물품 또는 특수한 실적이 있는 자가 아니면 계약의 목적을 달성하기 곤란한 경우로서 **입찰대상자가 10인 이내인 경우 그중에서 선정하는 방법을 말한다.**

정답 50 ④ 51 ③ 52 ②

53 다음 중 언더피닝 공법이 아닌 것은?

① 2중 널말뚝 공법
② 강재말뚝 공법
③ 웰 포인트 공법
④ 모르타르 및 약액 주입법

* **언더피닝(Under Pining)공법**
기존건물 가까이에서 건축공사를 할 때 인접건물의 지반과 기초를 보강하는 공법을 말한다.
• 2중 널말뚝 공법
• 현장타설 콘크리트말뚝공법
• 강재말뚝 공법
• 약액 주입법

📝 필기에 자주 출제되는 내용입니다.

54 흙을 이김에 따라 약해지는 정도를 표시한 것은?

① 간극비   ② 함수비
③ 포화도   ④ 예민비

예민비 : 흙을 이김에 따라 강도가 약해지는 정도를 말한다.

📝 필기에 자주 출제되는 내용입니다.

55 콘크리트를 양생하는데 있어서 양생분(養生紛)을 뿌리는 목적으로 옳은 것은?

① 빗물의 침입을 막기 위해서
② 표면의 양생분을 경화시키기 위해서
③ 표면에 떠 있는 물을 양생분으로 제거하기 위해서
④ 혼합수(混合水)의 증발을 막기 위해서

* **콘크리트를 양생하는데 있어서 양생분(養生紛)을 뿌리는 목적**
콘크리트 타설 후 완전히 굳을 때까지 경화 작용을 충분히 발휘하도록 수분을 유지하기 위하여(혼합수의 증발을 막기 위해서)

56 V.E(Value Engineerining)에서 원가절감을 실현할 수 있는 대상 선정이 잘못된 것은?

① 수량이 많은 것
② 반복효과가 큰 것
③ 장시간 사용으로 숙달되어 개선효과가 큰 것
④ 내용이 간단한 것

* **V.E(Value Engineerining)에서 원가절감을 실현할 수 있는 대상**
• 수량이 많은 것
• 반복효과가 큰 것
• 장시간 사용으로 숙달되어 개선효과가 큰 것
• 내용이 복잡한 것

정답 53 ③ 54 ④ 55 ④ 56 ④

> 참고
>
> *** VE(Value Engineering)**
> VE는 최소의 생애주기비용(LCC ; Life Cycle Cost)으로 대상 시설물의 최상의 가치를 얻기 위하여 설계내용에 대한 경제성 및 현장 적용의 타당성을 여러 전문분야의 협력을 통해 기능별, 대안별로 검토하는 체계적인 프로세스(Systematic Process)를 말한다.

57 보통의 철근콘크리트 구조에서 콘크리트 $1m^3$당 필요한 거푸집의 개략 면적으로 가장 적당한 것은?

① $1 \sim 2\ m^2$ ② $3 \sim 4\ m^2$
③ $6 \sim 8\ m^2$ ④ $15 \sim 16\ m^2$

> *** 철근콘크리트 구조에서 거푸집의 면적**
> ① 콘크리트 $1m^3$ 당 : $6 \sim 8m^2$
> ② 건축면적 $1m^2$ 당 : $4 \sim 5m^2$

58 거푸집 측압에 영향을 주는 요인과 거리가 먼 것은?

① 기온
② 콘크리트 강도
③ 콘크리트의 슬럼프
④ 콘크리트 타설 높이

> *** 콘크리트 타설 시 거푸집의 측압**
> ① 거푸집의 강성이 클수록 측압이 크다.
> ② 철골 or 철근량이 적을수록 측압이 크다.
> ③ 외기온도가 낮을수록 측압이 크다.
> ④ 습도가 낮을수록 측압이 크다.
> ⑤ 타설 속도가 빠를수록 측압이 크다.
> ⑥ 슬럼프가 클수록 측압이 크다.
> ⑦ 콘크리트 비중이 클수록 측압이 크다.
> ⑧ 다짐이 좋을수록 측압이 크다.
> ⑨ 타설 높이가 높을수록 측압이 크다.
>
> 📖 필기에 자주 출제되는 내용입니다.

59 철골공사에서 철골세우기 계획을 수립할 때 철골 제작공장과 협의해야 할 사항이 아닌 것은?

① 철골 세우기 검사 일정 확인
② 반입 시간의 확인
③ 반입 부재수의 확인
④ 부재 반입의 순서

> *** 철골세우기 계획 수립 시 철골제작공장과 협의해야 할 사항**
> ① 부재 반입의 순서
> ② 반입 시간의 확인
> ③ 반입 부재수의 확인

정답 57 ③ 58 ② 59 ①

60 공정계획에 관한 설명으로 옳지 않은 것은?

① 지정된 공사기간 안에 완성시키기 위한 통제수단이다.
② 사업성과 원가관리와는 관계는 없다.
③ 공정표의 종류는 횡선식공정표, 네트워크 공정표 등이 있다.
④ 우기와 혹한기, 명절 등은 공정계획 시 반영한다.

> ★ 공정 계획
> ① 지정된 공사 기간 내에 공사를 완공하기 위하여 시공 순서, 시공 방법, 인력 및 기계 투입 계획 등 공사의 전체적인 진행을 계획하는 것을 말한다.
> ② 정밀도가 높은 양질의 시공을 경제적으로 완성시킬 수 있는 계획을 수립하여야 한다.

4과목 건설재료학

61 유리 섬유를 불규칙하게 혼입하고 상온 가압하여 성형한 판으로 설비재·내외수장재로 쓰이는 것은?

① 멜라민 치장판
② 폴리에스테르 강화판
③ 아크릴 평판
④ 염화비닐판

> ★ 폴리에스테르 강화판
> 유리 섬유에 폴리에스테르 수지를 불규칙하게 혼입하고 상온 가압하여 성형한 판으로 설비재·내외수장재로 사용된다.

62 석고보드공사에 관한 설명으로 옳지 않은 것은?

① 석고보드는 두께 9.5mm 이상의 것을 사용한다.
② 목조 바탕의 띠장 간격은 200mm 내외로 한다.
③ 경량철골 바탕의 칸막이벽 등에서는 기둥, 샛기둥의 간격을 450mm 내외로 한다.
④ 석고보드용 평머리못 및 기타 설치용 철물은 용융 아연 도금 또는 유니크롬 도금이 된 것으로 한다.

> ② 목조 바탕의 띠장 간격은 450mm 내외로 하며, 기둥 및 샛기둥에 따 넣고, 못치기로 한다.

63 목재에 관한 설명으로 옳지 않은 것은?

① 석재나 금속에 비하여 손쉽게 가공할 수 있다.
② 다른 재료에 비하여 열전도율이 매우 크다.
③ 건조한 것은 타기 쉬우며 건조가 불충분한 것은 썩기 쉽다.
④ 건조재는 전기의 불량 도체이지만 함수율이 커질수록 전기전도율이 증가한다.

> ② 열전도율이 작아 단열성(보온), 방한성이 우수하다.

📝 필기에 자주 출제되는 내용입니다.

정답 60 ② 61 ② 62 ② 63 ②

64 최근 에너지저감 및 자연친화적인 건축물의 확대 정책에 따라 에너지저감, 유해물질 저감, 자원의 재활용, 온실가스 감축 등을 유도하기 위한 건설 자재 인증제도와 거리가 먼 것은?

① 환경표지 인증제도
② GR(Good Recycle) 인증제도
③ 탄소성적표지 인증제도
④ GD(Good Design)마크 인증제도

* **GD(Good Design)마크 인증제도**
상품의 외관, 기능, 재료, 경제성 등을 종합적으로 심사하여 디자인의 우수성이 인정된 상품에 GOOD DESIGN 마크를 부여하는 제도이다.

65 화재 시 유리가 파손되는 원인과 관계가 적은 것은?

① 열팽창 계수가 크기 때문이다.
② 급가열시 부분적 면내(面內)온도차가 커지기 때문이다.
③ 용융온도가 낮아 녹기 때문이다.
④ 열전도율이 작기 때문이다.

* **화재 시 유리의 파손 원인**
① 열팽창 계수가 크기 때문이다.
② 급가열시 부분적 면내(面內)온도차가 커지기 때문이다.
③ 열전도율이 작기 때문이다.

66 알루미늄창호의 특징에 관한 설명으로 옳지 않은 것은?

① 알칼리성에 강하다.
② 비중이 철의 1/3정도이다.
③ 이종 금속과 접촉하면 부식된다.
④ 강성이 적고 열에 의한 팽창·수축이 크다.

① 산과 알칼리에 약하다.(알칼리나 해수에 침식되기 쉽다.)

📝 필기에 자주 출제되는 내용입니다.

67 콘크리트의 배합설계 시 표준이 되는 골재의 상태는?

① 절대건조상태
② 기건상태
③ 표면건조 내부포화상태
④ 습윤상태

배합설계 시 표준이 되는 골재의 상태는 표면건조 내부포화상태이다.

📝 필기에 자주 출제되는 내용입니다.

68 철근콘크리트 $1m^3$ 무게는 대략 얼마 정도인가?

① 1t   ② 2t
③ 2.4t   ④ 3t

철근콘크리트 $1m^3$ 무게 : 약 2.4t

정답 64 ④ 65 ③ 66 ① 67 ③ 68 ③

69 돌로마이트 플라스터(dolomite plaster)에 관한 설명으로 옳지 않은 것은?

① 점성이 커서 풀이 필요 없다.
② 수경성 미장재료에 해당된다.
③ 회반죽에 비해 조기강도가 크다.
④ 냄새, 곰팡이가 없어 변색될 염려가 없다.

수경성(팽창성) : 경화시간이 짧다.	1. 석고질 • 석고 플라스터 • 혼합석고 플라스터(배합석고) • 경석고 플라스터(킨즈시멘트) 2. 시멘트모르타르 3. 인조석 바름 4. 테라조 현장 바름	
	특급암기법 수(수경성) 고(석고)하는 시(시멘트모르타르)인(인조석) 테라조	
기경성(수축성, 알칼리성) : 경화시간이 길다.	1. 석회질 • 회반죽 • 회사벽 2. 돌로마이트플라스터 (마그네시아 석회)	
	특급암기법 기(기경성) 회(석회,회반죽,회사벽) 돌(돌로마이트플라스터)	

> **참고**
>
> * **돌로마이트 플라스터**
> ① 돌로마이트 석회에 모래, 여물을 혼합한 것을 말한다.
> ② 점도가 높아 해초풀이 필요 없고 시공이 용이하다.
> ③ 경화에 의한 수축률이 커서 균열 발생이 쉽다.
> ④ 통풍이 잘 되지 않는 지하실의 미장재료로 적절하지 못하다.
> ⑤ 보수성이 크고 응결시간이 길다.
> ⑥ 회반죽에 비하여 조기강도 및 최종강도가 크고 착색이 쉽다.
> ⑦ 여물을 혼입하여도 건조수축이 크기 때문에 수축 균열이 발생한다.

📝 필기에 자주 출제되는 내용입니다.

70 미장재료인 회반죽을 혼합할 때 소석회와 사용되는 것은?

① 카세인
② 아교
③ 목섬유
④ 해초풀

* **회반죽**
소석회에 모래, 해초풀, 여물 등을 혼합하여 바르는 미장재료이다.

📝 필기에 자주 출제되는 내용입니다.

정답 69 ② 70 ④

71 콘크리트의 건조수축 시 발생하는 균열을 보완, 개선하기 위하여 콘크리트 속에 다량의 거품을 넣거나 기포를 발생시키기 위해 첨가하는 혼화재는?

① 고로슬래그　② 플라이애쉬
③ 실리카 흄　④ 팽창재

> **＊팽창재**
> 콘크리트의 건조수축, 구조물의 균열 및 변형을 방지하기 위하여 경화과정에서 팽창을 일으키기 위한 혼화재이다.

 필기에 자주 출제되는 내용입니다.

72 시멘트를 저장할 때의 주의사항 중 옳지 않은 것은?

① 쌓을 때 너무 압축력을 받지 않게 13포대 이내로 한다.
② 통풍을 좋게 한다.
③ 3개월 이상된 것은 재시험하여 사용한다.
④ 저장소는 방습구조로 한다.

> **＊시멘트의 저장**
> ① 습기에 영향을 받거나 **3개월 이상 저장한 시멘트는 사용 전 시험을 해야 한다.**
> ② 저장 중에 조금이라도 굳은 시멘트는 사용하지 않아야 한다.
> ③ 시멘트를 쌓아올리는 높이는 13포대 이하로 하는 것이 바람직하다.
> ④ 시멘트의 온도는 일반적으로 50℃정도 이하를 사용하는 것이 좋다.
> ⑤ 시멘트는 방습적인 구조로 된 사일로 또는 창고에 **품종별로 구분하여 저장하여야 한다.**

 필기에 자주 출제되는 내용입니다.

73 다음은 특정 콘크리트의 절대용적배합을 나타낸 것이다. 이 콘크리트의 물시멘트비는? (단, 시멘트의 밀도는 3.15g/cm³이다.)

> - 단위수량(kg/m³) : 180
> - 절대용적(ℓ/m³) : 시멘트 95, 모래 305, 자갈 380

① 50%　② 55%
③ 60%　④ 65%

물시멘트비(%) = $\dfrac{\text{물의 중량}}{\text{시멘트의 중량}} \times 100$

$= \dfrac{180}{95 \times 10^{-3} \times 3150} \times 100 = 60.15(\%)$

- $\ell = 10^{-3} m^3$
- $\dfrac{3.15g}{cm^3} = \dfrac{3.15 \times 10^{-3} kg}{(10^{-2} m)^3} = 3150 (kg/m^3)$

74 화재 시 개구부에서의 연소(筵蔬)를 방지하는 효과가 있는 유리는?

① 망입유리
② 접합유리
③ 열선흡수유리
④ 열선반사유리

> **＊망입유리**
> ① 판유리 내부에 금속망을 삽입하고 내열성이 뛰어난 특수 레진을 주입한 다음 압착 성형한 유리
> ② 화재 시 개구부에서의 연소(筵蔬)를 방지하는 효과가 있다.

75 점토 제품 중 흡수성이 가장 작은 것은?

① 도기류 ② 토기류
③ 자기류 ④ 석기류

*점토 소성제품의 흡수성
토기 > 도기 > 석기 > 자기

📝 필기에 자주 출제되는 내용입니다.

76 점토제품으로 소성온도가 가장 높은 것은?

① 도기 ② 토기
③ 자기 ④ 석기

항목	소성온도(℃)	제품
토기	790~1,000	벽돌, 기와, 토관
도기	1,100~1,230	타일, 테라코타, 위생도기
석기	1,160~1,350	타일, 벽돌, 토관, 테라코타
자기	1,230~1,460	타일, 위생도기

📝 필기에 자주 출제되는 내용입니다.

77 방사선 차단성이 가장 큰 금속은?

① 납 ② 알루미늄
③ 동 ④ 주철

*납
① 연질이며 비중 크고, 연성과 전성이 커서 가공하기 쉽다.
② X선 차단효과가 큰 금속이다.(방사선실 방사선 차폐용으로 사용)

📝 필기에 자주 출제되는 내용입니다.

78 인조석 및 석재가공제품에 관한 설명으로 옳지 않은 것은?

① 테라죠는 대리석, 사문암 등의 종석을 백색시멘트나 안료로 결합시키고 가공하여 생산한다.
② 에보나이트는 주로 가구용 테이블 상판, 실내벽면 등에 사용된다.
③ 초경량 스톤패널은 로비(lobby) 및 엘리베이터의 내장재 등으로 사용된다.
④ 패블스톤은 조약돌의 질감을 내지만 백화현상의 우려가 있다.

④ 패블스톤은 백화현상의 우려가 없다.

79 다음 중 목재의 건조법이 아닌 것은?

① 주입건조법 ② 공기건조법
③ 증기건조법 ④ 송풍건조법

*목재의 건조법

자연 건조법	① 대기건조법 : 옥외에 방치하여 기건상태까지 건조하는 방법으로 건조시간이 오래 걸린다. ② 침수건조법 : 생목을 3~4주 침수시켜 수액을 뺀 후 대기 중에서 건조시키는 방법으로 건조시간이 단축된다.
인공 건조법	① 진공건조법 : 원형 탱크 속에 목재를 넣고 밀폐시켜 고온, 저압에서 수분을 제거한다. ② 공기건조법 : 자연풍에 의하여 건조한다. ③ 증기건조법 : 건조실의 증기로 목재를 가열하여 건조시킨다. ④ 송풍건조법 : 송풍기로 송풍하여 건조한다.

정답 75 ③ 76 ③ 77 ① 78 ④ 79 ①

80 다음 중 마루판으로 사용되지 않는 것은?

① 플로팅 보드
② 파키트리 패널
③ 파키트리 블록
④ 코펜하겐 리브

* 코펜하겐 리브판
강당, 집회장 등의 천정 또는 내벽에 붙여 음향 조절용으로 사용된다.(바닥재, 외장재는 적합하지 않음)

📝 필기에 자주 출제되는 내용입니다.

5과목 건설안전기술

81 산업안전보건관리비 중 안전시설비의 항목에서 시용할 수 있는 항목에 해당하는 것은?

① 외부인 출입 금지, 공사장 경계 표시를 위한 가설울타리
② 작업발판
③ 절토부 및 성토부 등의 토사유실 방지를 위한 설비
④ 사다리 전도방지장치

①, ②, ③ → 근로자 재해예방 외의 목적이 있는 시설로 안전시설비로 사용할 수 없다.
④ 사다리 전도방지장치 → 산업재해 예방을 위한 장치로 안전시설비로 사용할 수 있다.

참고

* 안전시설비 등
① 산업재해 예방을 위한 **안전 난간, 추락방호망, 안전대 부착 설비, 방호장치**(기계 · 기구와 방호장치가 일체로 제작된 경우, 방호장치 부분의 가액에 한함) 등 안전시설의 구입 · 임대 및 설치를 위해 소요되는 비용
② 스마트 안전장비 구입 · 임대 비용의 10분의 7에 해당하는 비용(2025년 1월 1일~12월 31일까지 적용, 2016년 1월 1일부터는 "스마트 안전장비 구입 · 임대 비용"). 다만, 계상된 산업안전보건관리비 총액의 10분의 1을 초과할 수 없다.
③ 용접 작업 등 화재 위험 작업 시 사용하는 소화기의 구입 · 임대비용

82 달비계에 사용하는 와이어로프는 지름의 감소가 공칭지름의 몇 %를 초과하는 경우에 사용할 수 없도록 규정되어 있는가?

① 5%   ② 7%
③ 9%   ④ 10%

지름의 감소가 공칭지름의 7퍼센트를 초과하는 것

참고

* 와이어로프의 사용금지 항목
① 이음매가 있는 것
② 와이어로프의 한 꼬임에서 끊어진 소선의 수가 10퍼센트 이상인 것
③ 지름의 감소가 공칭지름의 7퍼센트를 초과하는 것
④ 꼬인 것
⑤ 심하게 변형되거나 부식된 것
⑥ 열과 전기충격에 의해 손상된 것

📝 실기에 자주 출제되는 내용입니다. 암기하세요.

정답 80 ④ 81 ④ 82 ②

83 건설작업용 리프트에 대하여 바람에 의한 붕괴를 방지하는 조치를 한다고 할 때 그 기준이 되는 풍속은?

① 순간풍속 30m/sec 초과
② 순간풍속 35m/sec 초과
③ 순간풍속 40m/sec 초과
④ 순간풍속 45m/sec 초과

*악천후 시 조치
① 순간풍속이 초당 10미터를 초과 : 타워크레인의 설치·수리·점검 또는 해체작업을 중지
② 순간풍속이 초당 15미터를 초과 : 타워크레인의 운전작업을 중지
③ 순간풍속이 초당 30미터를 초과 : 옥외에 설치되어 있는 주행 크레인 이탈방지조치
④ 순간풍속이 초당 30미터를 초과하는 바람이 불거나 중진(中震) 이상 진도의 지진이 있은 후 : 옥외 양중기 각 부위 이상 점검
⑤ 순간풍속이 초당 35미터를 초과 : 옥외 승강기 및 건설용 리프트(지하에 설치되어 있는 것은 제외)에 대하여 받침의 수를 증가시키는 승강기가 무너지는 것을 방지하기 위한 조치

📝 실기에 자주 출제되는 내용입니다. 암기하세요.

84 추락에 의한 위험방지와 관련된 승강설비의 설치에 관한 사항이다.( )에 들어갈 내용으로 옳은 것은?

> 사업주는 높이 또는 깊이가 ( )를 초과하는 장소에서 작업하는 경우 해당 작업에 종사하는 근로자가 안전하게 승강하기 위한 건설작업용 리프트 등의 설비를 설치하여야 한다.

① 1.0m   ② 1.5m
③ 2.0m   ④ 2.5m

높이 또는 깊이가 2미터를 초과하는 장소에서 작업하는 경우 해당 작업에 종사하는 근로자가 안전하게 승강하기 위한 건설작업용 리프트 등의 설비를 설치하여야 한다.

85 지반의 조사방법 중 지질의 상태를 가장 정확히 파악할 수 있는 보링방법은?

① 충격식 보링(percussion boring)
② 수세식 보링(wash boring)
③ 회전식 보링(rotary boring)
④ 오거 보링(auger boring)

지질의 상태를 가장 정확히 파악할 수 있는 보링방법
→ 회전식 보링(rotary boring)

정답 83 ② 84 ③ 85 ③

> 참고
>
> * **보링의 종류**
> - 회전식 보링(rotary boring) : 천공날을 회전시켜 천공하는 공법으로 가장 많이 사용되는 방법이며, 지질의 상태를 가장 정확히 파악할 수 있다.
> - 수세식 보링(wash boring) : 보링 내 선단에서 물을 뿜어내어 나온 진흙물을 침전시켜 토질을 분석하는 방법으로 깊은 지층조사가 가능하다.
> - 충격식 보링(percussion boring) : 낙하, 충격에 의해 파쇄되는 토사나 암석을 이용하여 분석하는 방법이다.
> - 오거 보링(auger boring) : 송곳(auger)을 이용해 깊이 10[m] 이내의 시추에 사용되며 얕은 점토층의 분석에 사용된다.

86 철근의 인력 운반 방법에 관한 설명으로 옳지 않은 것은?

① 긴 철근은 두 사람이 1조가 되어 같은 쪽의 어깨에 메고 운반한다.
② 양 끝은 묶어서 운반한다.
③ 1회 운반 시 1인당 무게는 50kg 정도로 한다.
④ 공동작업 시 신호에 따라 작업한다.

> * **철근의 인력 운반 시 준수사항**
> ① 1인당 무게는 25킬로그램 정도가 적절하며, 무리한 운반을 삼가하여야 한다.
> ② 2인 이상이 1조가 되어 어깨메기로 하여 운반하는 등 안전을 도모하여야 한다.
> ③ 긴 철근을 부득이 한 사람이 운반할 때에는 한쪽을 어깨에 메고 한쪽 끝을 끌면서 운반하여야 한다.
> ④ 운반할 때에는 양끝을 묶어 운반하여야 한다.
> ⑤ 내려 놓을 때는 천천히 내려놓고 던지지 않아야 한다.
> ⑥ 공동 작업을 할 때에는 신호에 따라 작업을 하여야 한다.

87 사다리식 통로를 설치할 때 사다리의 상단은 걸쳐 놓은 지점으로부터 최소 얼마 이상 올라가도록 하여야 하는가?

① 45cm 이상 ② 60cm 이상
③ 75cm 이상 ④ 90cm 이상

> 사다리의 상단은 걸쳐놓은 지점으로부터 60센티미터 이상 올라가도록 할 것

> 참고
>
> * **사다리식 통로의 구조**
>   (사다리식 통로 설치 시의 준수사항)
> ① 견고한 구조로 할 것
> ② 심한 손상·부식 등이 없는 재료를 사용할 것
> ③ 발판의 간격은 일정하게 할 것
> ④ 발판과 벽과의 사이는 15센티미터 이상의 간격을 유지할 것
> ⑤ 폭은 30센티미터 이상으로 할 것
> ⑥ 사다리가 넘어지거나 미끄러지는 것을 방지하기 위한 조치를 할 것
> ⑦ 사다리의 상단은 걸쳐놓은 지점으로부터 60센티미터 이상 올라가도록 할 것
> ⑧ 사다리식 통로의 길이가 10미터 이상인 경우에는 5미터 이내마다 계단참을 설치할 것
> ⑨ 사다리식 통로의 기울기는 75도 이하로 할 것. 다만, 고정식 사다리식 통로의 기울기는 90도 이하로 하고, 그 높이가 7미터 이상인 경우에는 다음 각 목의 구분에 따른 조치를 할 것
>   - 등받이울이 있어도 근로자 이동에 지장이 없는 경우 : 바닥으로부터 높이가 2.5미터 되는 지점부터 등받이울을 설치할 것

정답 86 ③ 87 ②

- 등받이울이 있으면 근로자가 이동이 곤란한 경우
  : 한국산업표준에서 정하는 기준에 적합한 개인용 추락 방지 시스템을 설치하고 근로자로 하여금 한국산업표준에서 정하는 기준에 적합한 **전신 안전대**를 사용하도록 할 것
- ⑩ 접이식 사다리 기둥은 사용 시 접혀지거나 펼쳐지지 않도록 철물 등을 사용하여 견고하게 조치할 것

📝 실기까지 중요한 내용입니다.

88 차량계 건설기계의 작업계획서 작성 시 그 내용에 포함되어야 할 사항이 아닌 것은?

① 사용하는 차량계 건설기계의 종류 및 성능
② 차량계 건설기계의 운행 경로
③ 차량계 건설기계에 의한 작업 방법
④ 브레이크 및 클러치 등의 기능 점검

★ 차량계 건설기계 작업계획서 내용
가. 사용하는 차량계 건설기계의 종류 및 성능
나. 차량계 건설기계의 운행경로
다. 차량계 건설기계에 의한 작업방법

📝 실기까지 중요한 내용입니다.

89 개착식 굴착공사(Open cut)에서 설치하는 계측기기와 거리가 먼 것은?

① 수위계   ② 경사계
③ 응력계   ④ 내공변위계

내공변위계는 터널 굴착공사에 사용하는 계측기기에 해당한다.

90 콘크리트 측압에 관한 설명으로 옳지 않은 것은?

① 대기의 온도가 높을수록 크다.
② 콘크리트의 타설 속도가 빠를수록 크다.
③ 콘크리트의 타설 높이가 높을수록 크다.
④ 콘크리트 비중이 클수록 크다.

① 대기의 온도가 낮을수록 크다.

참고

① 철골 or 철근량 적을수록 측압이 크다.
② 외기온도가 낮을수록 측압이 크다.
③ 타설속도가 빠를수록 측압이 크다.
④ 슬럼프가 클수록 측압이 크다.
⑤ 콘크리트 비중이 클수록 측압이 크다.
⑥ 습도가 낮을수록 측압이 크다.

91 차량계 하역운반기계 등을 이송하기 위하여 자주(自走) 또는 견인에 의하여 화물자동차에 싣거나 내리는 작업을 할 때 발판·성토 등을 사용하는 경우 기계의 전도 또는 전락에 의한 위험을 방지하기 위하여 준수하여야 할 사항으로 옳지 않은 것은?

① 싣거나 내리는 작업은 견고한 경사지에서 실시할 것
② 가설대 등을 사용하는 경우에는 충분한 폭 및 강도와 적당한 경사를 확보할 것
③ 발판을 사용하는 경우에는 충분한 길이·폭 및 강도를 가진 것을 사용할 것
④ 지정운전자의 성명·연락처 등을 보기 쉬운 곳에 표시하고 지정운전자 외에는 운전하지 않도록 할 것

정답 88 ④   89 ④   90 ①   91 ①

① 싣거나 내리는 작업을 평탄하고 견고한 장소에서 할 것

92 다음 중 차량계 건설기계에 속하지 않는 것은?

① 배쳐플랜트
② 모터그레이더
③ 크롤러드릴
④ 탠덤롤러

① **배쳐플랜트** : 자동 중량계량장치로서 시멘트 생산설비에 사용된다.

93 거푸집 해체 시 작업자가 이행해야 할 안전수칙으로 옳지 않은 것은?

① 거푸집 해체는 순서에 입각하여 실시한다.
② 상하에서 동시작업을 할 때는 상하의 작업자가 긴밀하게 연락을 취해야 한다.
③ 거푸집 해체가 용이하지 않을 때에는 큰 힘을 줄 수 있는 지렛대를 사용해야 한다.
④ 해체된 거푸집, 각목 등을 올리거나 내릴 때는 달줄, 달포대 등을 사용한다.

③ 거푸집 해체가 용이하지 않는다고 구조체에 무리한 충격 또는 큰 힘에 의한 지렛대 사용을 금한다.

94 강관비계의 구조에서 비계기둥 간의 최대 허용 적재 하중으로 옳은 것은?

① 500kg   ② 400kg
③ 300kg   ④ 200kg

강관 비계기둥 간의 적재하중은 400킬로그램을 초과하지 아니하도록 할 것

> **참고**
>
> * **강관비계의 구조**
>
> ① 비계기둥 간격 : 띠장방향에서는 1.85m 이하, 장선방향에서는 1.5m 이하로 할 것
>   다만, 다음 각 목의 어느 하나에 해당하는 작업의 경우에는 안전성에 대한 구조검토를 실시하고 조립도를 작성하면 띠장 방향 및 장선 방향으로 각각 2.7미터 이하로 할 수 있다.
>   가. 선박 및 보트 건조작업
>   나. 그 밖에 장비 반입·반출을 위하여 공간 등을 확보할 필요가 있는 등 작업의 성질상 비계기둥 간격에 관한 기준을 준수하기 곤란한 작업
> ② 띠장간격 : 2.0미터 이하로 할 것
> ③ 비계기둥의 제일 윗부분으로 부터 31m되는 지점 밑 부분의 비계기둥은 2본의 강관으로 묶어세울 것
> ④ 비계기둥간의 적재하중은 400kg을 초과하지 않도록 할 것

실기까지 중요한 내용입니다.

정답   92 ①   93 ③   94 ②

95 다음 셔블계 굴착장비 중 좁고 깊은 굴착에 가장 적합한 장비는?

① 드래그라인(dragline)
② 파워셔블(power shovel)
③ 백호(back hoe)
④ 클램쉘(clam shell)

* **클램쉘(clamshell)**
• 수중굴착 및 가장 협소하고 깊은 굴착이 가능하며 호퍼(hopper)에 적당하다.
• 연약지반이나 수중굴착 및 자갈 등을 싣는데 적합하다.

96 추락방지망의 달기로프를 지지점에 부착할 때 지지점의 간격이 1.5m인 경우 지지점의 강도는 최소 얼마 이상이어야 하는가?(단, 연속적인 구조물이 방망 지지점인 경우)

① 200kg　② 300kg
③ 400kg　④ 500kg

연속적인 구조물이 방망 지지점인 경우의 외력 계산
$$F = 200 \times B$$
여기서, F는 외력(단위 : 킬로그램)
　　　　B는 지지점간격(단위 : m)
$F = 200 \times 1.5 = 300kg$

97 토류벽에 거치된 어스 앵커의 인장력을 측정하기 위한 계측기는?

① 하중계(Load cell)
② 변형계(Strain gauge)
③ 지하수위계(Piezometer)
④ 지중경사계(Inclinometer)

인장력을 측정하기 위한 계측기 → 하중계(Load cell)

98 작업에서의 위험요인과 재해 형태가 가장 관련이 적은 것은?

① 무리한 자재적재 및 통로 미확보 → 전도
② 개구부 안전난간 미설치 → 추락
③ 벽돌 등 중량물 취급 작업 → 협착
④ 항만 하역 작업 → 질식

항만 하역 작업 → 추락, 붕괴, 양중기 및 하역운반기계에 의한 위험, 위험물 취급에 의한 위험 등

정답　95 ④　96 ②　97 ①　98 ④

99 건설공사현장에 가설통로를 설치하는 경우 경사는 몇 도 이내를 원칙으로 하는가?

① 15° ② 20°
③ 25   ④ 30°

＊가설통로 설치 시의 준수사항
① 견고한 구조로 할 것
② 경사는 30도 이하로 할 것
③ 경사가 15도를 초과하는 때는 미끄러지지 아니하는 구조로 할 것
④ 추락의 위험이 있는 장소에는 안전난간을 설치할 것
⑤ 수직갱 : 길이가 15미터이상인 때에는 10미터 이내 마다 계단참을 설치할 것
⑥ 건설공사에 사용하는 높이 8미터 이상인 비계다리 : 7미터 이내 마다 계단참을 설치할 것

실기까지 중요한 내용입니다.

100 건설업 산업안전보건 관리비 계상 및 사용 기준을 적용하는 공사금액 기준으로 옳은 것은? (단, 「산업재해보상보험법」제6조에 따라 「산업재해보상보험법」의 적용을 받는 공사)

① 총 공사금액 2천만 원 이상인 공사
② 총 공사금액 4천만 원 이상인 공사
③ 총 공사금액 6천만 원 이상인 공사
④ 총 공사금액 1억 원 이상인 공사

산업안전보건법 제2조 제11호의 건설공사 중 중 총 공사금액 2천만 원 이상인 공사에 적용한다. 다만, 단가 계약에 의하여 행하는 공사에 대하여는 총 계약금액을 기준으로 적용한다.

관련 법규내용 변경으로 정답을 수정하였습니다.

정답 99 ④ 100 ①

2017년 4회 최근 기출문제

1과목 산업안전관리론

01 학습지도 중 구안법(Project Method)의 4단계 순서로 옳은 것은?

① 계획 → 목적 → 수행 → 평가
② 계획 → 수행 → 목적 → 평가
③ 목적 → 수행 → 계획 → 평가
④ 목적 → 계획 → 수행 → 평가

★ 구안법(Project Method)의 4단계
목적 → 계획 → 수행 → 평가

참고

★ 구안법(Project method)
학습자가 마음 속에 생각하고 있는 것(자신의 목표)을 구체적으로 실천하기 위하여 **스스로 계획을 세워 수행하는 학습활동**이다.

02 산업안전보건법령상 사업주가 근로자에 대하여 실시하여야 하는 교육 중 특별안전·보건교육의 대상 작업 기준으로 틀린 것은?

① 동력에 의하여 작동되는 프레스기계를 3대 이상 보유한 사업장에서 해당 기계로 하는 작업
② 1톤 미만의 크레인 또는 호이스트를 5대 이상 보유한 사업장에서 해당 기계로 하는 작업
③ 굴착면의 높이가 2m 이상이 되는 암석의 굴착작업
④ 전압이 75V인 정전 및 활선작업

① "동력에 의하여 작동되는 **프레스기계를 5대 이상 보유한 사업장에서 해당 기계로 하는 작업**"이 해당된다.

📝 필기에 자주 출제되는 내용입니다.

03 적응기제(Adjustment Mechanism) 중 방어적 기제에 해당하는 것은?

① 고립   ② 퇴행
③ 억압   ④ 보상

정답 01 ④ 02 ① 03 ④

도피기제	방어기제
• 억압 • 퇴행 • 백일몽 • 고립(거부)	• 보상 • 합리화 • 승화 • 동일시 • 투사

📝 필기에 자주 출제되는 내용입니다.

04 산업안전보건법령상 다음 안전·보건표지의 종류로 옳은 것은?

① 산화성물질 경고   ② 폭발성물질 경고
③ 부식성물질 경고   ④ 인화성물질 경고

산화성물질 경고	◈
폭발성물질 경고	◈
부식성물질 경고	◈
인화성물질 경고	◈

📝 실기에 자주 출제되는 내용입니다.

05 산업안전보건법령상 자율안전확인 대상에 해당하는 방호장치는?

① 압력용기 압력방출용 파열관
② 가스집합 용접장치용 안전기
③ 양중기용 과부하방지장치
④ 방폭구조 전기기계·기구 및 부품

★ 자율안전확인 대상 방호장치
① 아세틸렌, 가스집합 용접장치용 안전기
② 교류아크용접기용 자동전격방지기
③ 롤러기 급정지장치
④ 연삭기 덮개
⑤ 목재가공용 둥근톱 반발예방장치 및 날접촉예방장치
⑥ 동력식수동대패의 칼날 접촉방지장치
⑦ 추락,낙하 및 붕괴 등의 위험방호에 필요한 가설기자재(안전인증 제외)

특급암기법
롤러를 통과한 철판을 목재가공용 둥근톱, 동력식 수동대패로 잘라서 아세틸렌, 가스집합용접장치, 교류아크용접기로 용접해서 연삭기로 다듬자.

📝 실기에 자주 출제되는 내용입니다.

정답   04 ④   05 ②

06 안전모에 있어 착장체의 구성요소가 아닌 것은?

① 턱끈
② 머리고정대
③ 머리받침고리
④ 머리받침끈

> *착장체
> ① 머리받침끈
> ② 머리고정대
> ③ 머리받침고리

참고

*안전인증 대상 안전모의 명칭

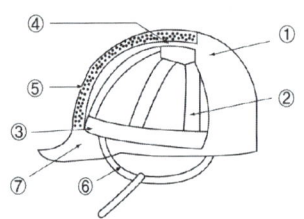

번호	명칭	
①	모체	
②	착장체	머리받침끈
③		머리고정대
④		머리받침고리
⑤	충격흡수재	
⑥	턱끈	
⑦	챙(차양)	

실기까지 중요한 내용입니다.

07 리더십에 대한 설명 중 틀린 것은?

① 조직원에 의하여 선출된다.
② 지휘의 형태는 민주주의적이다.
③ 조직원과의 사회적 간격이 넓다.
④ 권한의 근거는 개인의 능력에 의한다.

> ③ 조직원과의 사회적 간격이 좁다.

참고

*리더십과 헤드십의 특성

구분	리더십	헤드십
권한 행사	선출된 리더	임명된 헤드
권한 부여	밑으로부터의 동의	위에서 위임
권한 귀속	집단 목표에 기여한 공로 인정	공식화된 규정에 의함
상하, 부하관계	개인적인 영향	지배적임
부하와의 관계	좁음	넓음
지휘 형태	민주주의적	권위주의적
책임 귀속	상사와 부하	상사
권한 근거	개인적	법적, 공식적

필기에 자주 출제되는 내용입니다.

08 기업의 산업재해에 대한 과거와 현재의 안전 성적을 비교, 평가한 점수로 안전관리의 수행도를 평가하는데 유용한 것은?

① Safe-T-Score
② 평균강도율
③ 종합재해지수
④ 안전활동률

정답 06 ① 07 ③ 08 ①

＊Safe-T-Score(세이프 티 스코어)

① 과거와 현재의 안전을 성적 내어 비교, 평가하는 기법이다.

② Safe-T-Score

$$= \frac{\text{현재빈도율} - \text{과거빈도율}}{\sqrt{\frac{\text{과거빈도율}}{\text{(현재)총근로시간수}} \times 1,000,000}}$$

📝 실기에 자주 출제되는 내용입니다.

09 레윈(Lewin. K)의 B = f (P · E) 이론에 대한 설명으로 옳은 것은?

① B : 인간의 행동
② f : 인간관계, 작업환경
③ P : 적성
④ E : 심신상태, 성격, 지능, 연령

＊레윈 (K. Lewin)의 법칙

$$B = f(P \cdot E)$$

- B : Behavior(인간의 행동)
- f : function(함수관계)
- P : Person(개체 : 연령, 경험, 심신상태, 성격, 지능 등)
- E : Environment(심리적 환경 : 인간관계, 작업환경 등)

📝 실기까지 중요한 내용입니다.

10 O.J.T(On the Job Training)의 특징 중 틀린 것은?

① 직장의 실정에 맞게 실제적 훈련이 가능하다.
② 훈련과 업무의 계속성이 끊어지지 않는다.
③ 훈련의 효과가 곧 업무에 나타나며, 훈련의 개선이 용이하다.
④ 다수의 근로자들에게 조직적 훈련이 가능하다.

OJT의 특징	• 개개인에게 적절한 훈련이 가능하다. • 직장의 실정에 맞는 훈련이 가능하다. • 교육효과가 즉시 업무에 연결된다. • 훈련에 대한 업무의 계속성이 끊어지지 않는다. • 상호 신뢰 이해도가 높다.
OFF JT의 특징	• 다수의 근로자들에게 훈련을 할 수 있다. • 훈련에만 전념하게 된다. • 특별설비기구 이용이 가능하나. • 많은 지식이나 경험을 교류할 수 있다. • 교육 훈련 목표에 대하여 집단적 노력이 흐트러질 수 있다.

📝 실기까지 중요한 내용입니다.

11 무재해운동을 추진하기 위한 세 기둥이 아닌 것은?

① 관리감독자의 적극적 추진
② 소집단 자주활동의 활성화
③ 전 종업원의 안전요원화
④ 최고경영자의 경영자세

정답 09 ① 10 ④ 11 ③

* 무재해 운동의 3요소
① 최고 경영자의 경영자세
② 라인관리자에 의한 안전보건 추진
③ 직장의 자주안전 활동의 활성화

📝 필기에 자주 출제되는 내용입니다.

12 학습의 전이에 영향을 주는 조건이 아닌 것은?

① 학습자의 지능 원인
② 학습자의 태도 요인
③ 학습장소의 요인
④ 선행학습과 후행학습 간 시간적 간격의 원인

* 앞에 실시한 교육이 뒤에 실시한 학습을 방해하는 조건(전이가 잘 되는 조건)
① 학습의 정도 : 앞의 학습이 불완전할 경우
② 유사성 : 앞뒤의 학습내용이 비슷한 경우
③ 시간적 간격 : 뒤의 학습을 앞의 학습 직후에 실시하는 경우
④ 학습자의 태도
⑤ 학습자의 지능

📝 필기에 자주 출제되는 내용입니다.

13 눈으로는 작업 내용을 보고 손과 발로는 습관적으로 작업을 하고 있지만 머릿속에는 고민이나 공상으로 가득 차 있어서 작업에 필요한 주의력이 점차 약화되고 작업자가 눈으로 보고 있는 작업 상황이 의식에 전달되지 않는 상태를 의미하는 것은?

① 의식의 과잉
② 의식의 단절
③ 의식의 우회
④ 의식수준의 저하

고민이나 공상으로 주의력이 약화됨 → 의식의 우회

> 참고

* 부주의 원인
① 의식 단절 : 의식 흐름의 단절(특수한 질병 등에 의한 경우로 의식수준은 Phase0 인 상태)
② 의식 우회 : 걱정, 고뇌 등으로 의식이 빗나감
③ 의식 수준 저하 : 피로, 단조로운 작업의 연속으로 의식수준이 저하됨
④ 의식 혼란 : 외부자극의 강·약에 의해 위험요인에 대응 할 수 없을 때 발생
⑤ 의식 과잉 : 인간은 긴급 상황 시 일점 집중 현상을 일으킨다.

📝 실기까지 중요한 내용입니다.

정답 12 ③ 13 ③

14 재해발생의 주요원인 중 불안전한 행동이 아닌 것은?

① 불안전한 적재
② 불안전한 설계
③ 권한 없이 행한 조작
④ 보호구 미착용

①, ③, ④ : 불안전한 행동
② : 불안전한 상태

📝 필기에 자주 출제되는 내용입니다.

15 사업장에서 발행한 990회 사고 중 사망재해가 3건이었다면 하인리히의 재해구성비율에 따를 경우 경상이 예상되는 발생 건수는?

① 60   ② 87
③ 120 ④ 330

* 하인리히 1 : 29 : 300의 법칙
• 총 330건의 사고를 분석했을 때
 - 중상 또는 사망 : 1건
 - 경상해 : 29건
 - 무상해사고 : 300건이 발생함을 의미한다.

총 990건 사고분석 시(3:87:900)
중상 또는 사망 = 1 × 3 = 3
경상해 = 29 × 3 = 87
무상해사고 = 300 × 3 = 900

📝 실기까지 중요한 내용입니다.

16 브레인 스토밍(Brain Storming)의 4원칙에 해당하는 것은?

① 점검정비   ② 본질추구
③ 목표달성   ④ 자유분방

* 브레인스토밍의 4원칙
• 비판금지 : 좋다, 나쁘다 비판은 하지 않는다.
• 자유분방 : 마음대로 자유로이 발언한다.
• 대량발언 : 무엇이든 좋으니 많이 발언한다.
• 수정발언 : 타인의 생각에 동참하거나 보충 발언 해도 좋다.

📝 실기까지 중요한 내용입니다.

17 산업안전보건위원회의 근로자위원 구성기준 중 틀린 것은?

① 근로자대표
② 해당 사업의 대표자가 지명하는 9명 이내의 해당 사업장 부서의 장
③ 명예산업안전감독관이 위촉되어 있는 사업장의 경우 근로자대표가 지명하는 1명 이상의 명예산업안전감독관
④ 근로자대표가 지명하는 9명 이내의 해당 사업장의 근로자

정답 14 ② 15 ② 16 ④ 17 ②

★ 산업안전보건위원회의 구성

근로자위원	• 근로자대표 • 근로자대표가 지명하는 1명 이상의 명예산업안전감독관 • 근로자대표가 지명하는 9명 이내의 해당 사업장의 근로자
사용자위원	• 해당 사업의 대표자 • 안전관리자 1명 • 보건관리자 1명 • 산업보건의 • 사업의 대표자가 지명하는 9명 이내의 해당 사업장 부서의 장

📝 실기에 자주 출제되는 내용입니다.

18 경보기가 울려도 전철이 오기까지 아직 시간이 있다고 스스로 판단하여 건널목을 건너다가 사고를 당한 것은 무엇에 의한 것인가?

① 생략행위
② 근도반응
③ 억측판단
④ 초조반응

★ 억측판단

• 작업공정 중에 규정대로 수행하지 않고 '괜찮다'고 생각하여 자기주관대로 행하는 행동
• 예 신호등의 신호가 녹색에서 황색으로 바뀌었으나 괜찮다고 판단하고 지나감

📝 필기에 자주 출제되는 내용입니다.

19 강도율이 5.5이라 함은 연 근로시간 몇 시간 중 재해로 인한 근로손실이 110일 발생하였음을 의미하는가?

① 10,000
② 20,000
③ 50,000
④ 100,000

★ 강도율(S.R)

① 1,000 근로시간당 요양재해로 인한 근로손실일수 비율

② 강도율 = $\dfrac{\text{총 요양 근로 손실 일수}}{\text{연 근로 시간 수}} \times 1,000$

• 근로손실일수
= 휴업일수, 요양일수, 입원일수 × $\dfrac{300(\text{실제근로일수})}{365}$

강도율 = $\dfrac{\text{총 요양 근로 손실 일수}}{\text{연 근로 시간 수}} \times 1,000$

연 근로시간 수 = $\dfrac{(\text{총 요양})\text{근로 손실 일수} \times 1,000}{\text{강도율}}$

= $\dfrac{110 \times 1,000}{5.5}$ = 20,000(시간)

📝 실기에 자주 출제되는 내용입니다.

20 맥그리거(McGregor)의 Y이론의 관리처방에 해당하는 것은?

① 목표에 의한 관리
② 권위주의적 리더십 확립
③ 경제적 보상체제의 강화
④ 면밀한 감독과 엄격한 통제

정답 18 ③ 19 ② 20 ①

＊맥그리거(McGregor)의 X, Y 이론의 특징

X이론의 특징	Y이론의 특징
인간불신감	상호신뢰감
성악설	성선설
인간은 원래 게으르고 태만하여 남의 지배를 받기를 즐긴다.	인간은 부지런하고 적극적이며 자주적이다.
물질욕구(저차원 욕구)에 만족	정신욕구(고차원 욕구)에 만족
명령, 통제에 의한 관리 (권위주의형 리더십)	목표 통합과 자기통제에 의한 자율관리
저개발국형	선진국형

📝 필기에 자주 출제되는 내용입니다.

2과목 인간공학 및 시스템안전공학

21 심장의 박동주기 동안 심근의 전기적 신호를 피부에 부착한 전극들로부터 측정하는 것으로 심장이 수축과 확장을 할 때, 일어나는 전기적 변동을 기록한 것은?

① 뇌전도계　② 근전도계
③ 심전도계　④ 안전도계

＊**심전도(ECG)**
심장이 수축과 확장을 할 때, 일어나는 전기적 변동을 기록한 것을 말한다.

22 감지되는 모든 우발상황에 대하여 적절한 행동을 취하게 완전히 프로그램화되어 있으며, 인간은 주로 감시, 프로그램, 정비유지 등의 기능을 수행하는 인간·기계 체계는?

① 수동 체계
② 자동화 체계
③ 반자동화 체계
④ 기계화 체계

＊**인간 - 기계 통합시스템(man-machine system)의 유형**

1. 수동시스템
- 사용자가 손공구나 기타 보조물 등을 사용하여 자기의 신체적 힘을 동력원으로 하여 작업을 수행하는 시스템이다.

2. 기계시스템(반자동 시스템)
- 여러 종류의 동력 공작 기계와 같이 고도로 통합된 부품들로 구성되어 있다.
- 인간의 역할은 제어 기능을 담당하고, 힘에 대한 공급은 기계가 담당한다.

3. 자동 시스템
- 기계가 감지, 정보 처리 및 의사 결정, 행동 기능 및 정보 보관 등 모든 임무를 미리 설계된 대로 수행하게 된다.
- 인간은 감시, 감독, 보전 등의 역할을 담당하게 된다.

📝 필기에 자주 출제되는 내용입니다.

정답　21 ③　22 ②

23 위험조정을 위해 필요한 방법으로 틀린 것은?

① 위험보류(retention)
② 위험감축(reduction)
③ 위험회피(avoidance)
④ 위험확인(confirmation)

★ 위험처리기술
① 위험의 제거(위험감축) : 위험 요소를 적극적으로 예방하고 경감하려는 것
② 위험의 회피 : 위험한 작업 자체를 하지 않거나 작업방법을 개선하는 것
③ 위험의 보유(위험보류) : 위험의 일부 또는 전부를 스스로 인수하는 것
④ 위험의 전가 : 위험을 보험, 보증, 공제기금제도 등으로 분산시키는 것

📝 필기에 자주 출제되는 내용입니다.

24 결함수분석법에 관한 설명으로 틀린 것은?

① 잠재위험을 효율적으로 분석한다.
② 연역적 방법으로 원인을 규명한다.
③ 정성적 평가보다 정량적 평가를 먼저 실시한다.
④ 복잡하고 대형화된 시스템의 분석에 사용한다.

③ 정성적 평가를 정량적 평가보다 먼저 실시한다.

📝 필기에 자주 출제되는 내용입니다.

참고

★ FTA기법의 순서
1단계 : 시스템의 정의
2단계 : FT의 작성
3단계 : 정성적 평가
4단계 : 정량적 평가

25 부품을 작동하는 성능이 체계의 목표달성에 긴요한 정도를 고려하여 우선순위를 설정하는 원칙은?

① 중요도의 원칙
② 사용빈도의 원칙
③ 기능성의 원칙
④ 사용순서의 원칙

★ 부품배치의 원칙
1. **중요성의 원칙** : 부품을 작동하는 성능이 체계의 목표 달성에 중요한 정도에 따라 우선순위를 결정한다.
2. **사용빈도의 원칙** : 부품을 사용하는 빈도에 따라 우선순위를 결정한다.
3. **기능별 배치의 원칙** : 기능적으로 관련된 부품들(표시장치, 조정장치 등)을 모아서 배치한다.
4. **사용 순서의 원칙** : 사용 순서에 따라 장치들을 가까이에 배치한다.

📝 필기에 자주 출제되는 내용입니다.

정답 23 ④ 24 ③ 25 ①

26. FTA에서 사용하는 논리기회 중 3개 이상의 입력현상 중 2개가 발생할 경우 출력이 되는 것은?

① 조합 AND 게이트
② 배타적 OR 게이트
③ 우선적 AND 게이트
④ 위험지속 AND 게이트

> 참고

기호	명명	기호 설명
	위험지속 AND 게이트	입력이 생기고 일정시간이 지속될 때 출력이 생긴다.
	우선적 AND 게이트	입력사상이 특정 순서대로 발생하여야 출력이 발생
	조합 AND 게이트	3개 이상의 입력 중 2개 이상이 일어나면 출력이 생김
	배타적 OR 게이트	입력사상 중 오직 한 개의 발생으로만 출력이 생김

필기에 자주 출제되는 내용입니다.

27. 복권추첨을 할 때 복권에 당첨되지 않을 확률과 당첨될 확률이 각각 0.9, 0.1 이라면, 정보량은 약 몇 bits 인가?

① 0.47   ② 0.50
③ 3.32   ④ 3.47

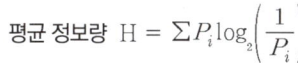

평균 정보량 $H = \sum P_i \log_2 \left(\dfrac{1}{P_i}\right)$

여기서, P_i : 각 대안의 실현 확률

$H = 0.9\log_2\left(\dfrac{1}{0.9}\right) + 0.1\log_2\left(\dfrac{1}{0.1}\right) = 0.47$

28. 원자력 산업과 같이 이미 상당한 안전이 확보되어 있는 장소에서 관리, 설계, 생산, 보전 등 광범위하고 고도의 안전달성을 목적으로 하는 시스템 해석법은?

① ETA   ② MORT
③ FHA   ④ FMECA

> MORT : 관리, 설계, 생산, 보전 등의 광범위한 안전을 도모하기 위한 연역적이고, 정량적인 분석법이다.

> 참고

1. ETA : 사상의 안전도를 사용하여 시스템의 안전도 나타내는 분석법
2. FHA : 서브시스템(subsystem)의 해석에 사용되는 분석법
3. FMECA : 고장형태와 영향분석(FMEA) + 치명도 분석(CA)

필기에 자주 출제되는 내용입니다.

정답 26 ① 27 ① 28 ②

29 물품을 일정시간 가동시켜 결함을 찾아내고 제거하여 고장율을 안정시키는 기간은?

① 우발고장 기간
② 말기고장 기간
③ 초기고장 기간
④ 마모고장 기간

> **＊초기고장의 예방보전(PM : Preventive Maintenance) 기간**
> ① 디버깅(Debugging) 기간 : 기계의 결함을 찾아내 고장률을 안정시키는 기간
> ② 번인(Burn in) 기간 : 기계를 장시간 가동하여 그동안에 고장난 것을 제거하는 기간
> ③ 스크리닝(screening) : 기기의 신뢰성을 높이기 위하여 품질이 떨어지는 것이나 고장 발생 초기의 것을 선별, 제거하는 것

📝 필기에 자주 출제되는 내용입니다.

30 일반적인 사람의 청력으로 감지할 수 있는 주파수 영역은?

① 0 ~ 20Hz
② 20 ~ 20000Hz
③ 20000 ~ 50000Hz
④ 50000 ~ 100000Hz

> 사람의 청력으로 감지할 수 있는 주파수 영역 : 20 ~ 20000Hz

31 가청 주파수내에서 사람의 귀가 가장 민감하게 반응하는 주파수 대역은?

① 20Hz ~ 20000Hz
② 50Hz ~ 15000Hz
③ 100Hz ~ 10000Hz
④ 500Hz ~ 3000Hz

> 사람의 귀가 가장 민감하게 반응하는 주파수 대역 : 500Hz ~ 3000Hz

32 부품검사 작업자가 한 로트 당 5,000개를 검사하여 400개의 부적합품을 검출하였다. 실제 로트 당 1,000개의 부적합품이 있었다고 가정할 때, 휴먼에러 확률(HEP)은?

① 0.12
② 0.22
③ 0.32
④ 0.42

> **＊인간과오율**
> $$HEP = \frac{실제\ 과오의\ 수}{과오발생\ 전체기회\ 수}$$
> $$HEP = \frac{1{,}000 - 400}{5{,}000} = 0.12$$

📝 필기에 자주 출제되는 내용입니다.

정답 29 ③ 30 ② 31 ④ 32 ①

33 시스템을 성공적으로 작동시키는 경로의 집합을 시스템 신뢰도 측면에서는 무엇이라 하는가?

① cut set ② ture set
③ path set ④ module set

시스템을 성공적으로 작동시키는 경로의 집합
→ path set

참고

시스템을 성공적으로 작동시키지 못하는(고장을 일으키는) 경로의 집합 → Cut Set

📝 필기에 자주 출제되는 내용입니다.

34 실내면의 추천반사율이 낮은 것에서부터 높은 순으로 올바르게 배열된 것은?

① 바닥 < 가구 < 벽 < 천장
② 바닥 < 벽 < 가구 < 천장
③ 천장 < 가구 < 벽 < 바닥
④ 천장 < 벽 < 가구 < 바닥

＊옥내 최적 반사율
• 천장(80-91%) > 벽(40-60%) > 가구(25-45%) > 바닥(20-40%)
• 옥내의 반사율은 천정으로 올라갈수록 높고 바닥으로 내려갈수록 낮아져야 한다.

📝 필기에 자주 출제되는 내용입니다.

35 인간·기계 체계에서 시스템 활동의 흐름과정을 탐지 분석하는 방법이 아닌 것은?

① 가동분석
② 운반공정분석
③ 신뢰도분석
④ 사무공정분석

＊시스템 활동의 흐름과정을 분석하는 방법
① 기동분석
② 운반공정분석
③ 사무공정분석

36 반사율이 80%인 종이에 인쇄된 글자의 반사율이 20%라 하면, 대비는 몇 % 인가?

① -75% ② -33%
③ 25%   ④ 75%

• 대비(%) = $\dfrac{\text{배경의 밝기}(Lb) - \text{표적물체의 밝기}(Lt)}{\text{배경의 밝기}(Lb)} \times 100$

= $\dfrac{80-20}{80} \times 100 = 75\%$

📝 필기에 자주 출제되는 내용입니다.

정답 33 ③ 34 ① 35 ③ 36 ④

37 광원으로부터의 직사 휘광을 줄이기 위한 처리방법으로 틀린 것은?

① 가리개 및 차양을 사용한다.
② 광원을 시선에서 멀리 위치시킨다.
③ 광원의 휘도를 줄이고 수를 늘린다.
④ 휘광원의 주위를 밝게 하여 광도비를 높인다.

* 광원으로부터 직사휘광 처리법
① 광원의 휘도를 줄이고 광원 수를 늘인다.
② 광원을 시선에서 멀게 한다.
③ 휘광원 주위를 밝게 하여 광속 발산비(휘도)를 줄인다.
④ 가리개, 갓, 차양을 사용한다.

38 fail – safe 의 종류가 아닌 것은?

① 중복구조
② 상하 경감구조
③ 교대구조
④ 다경로 하중 구조

* fail – safe의 종류
① 중복구조
② 교대구조
③ 다경로 하중 구조

39 인체계측자료를 응용하여 제품을 설계하고자 할 때, 제품과 적용기준으로 틀린 것은?

① 공구 – 평균치 설계기준
② 출입문 – 최대 집단치 설계기준
③ 안내 데스크 – 평균치 설계기준
④ 선반 높이 – 최대 집단치 설계기준

최대 치수 설계의 예	• 위험구역의 울타리 높이 • 출입문의 높이 • 그네줄의 인장강도
최소 치수 설계의 예	• 물건을 올리는 선반의 높이 • 조정장치를 조정하는 힘 • 조정장치까지의 조정거리

📝 필기에 자주 출제되는 내용입니다.

40 조종 장치의 촉각적 암호화를 위하여 고려하는 특성이 아닌 것은?

① 형상
② 무게
③ 크기
④ 표면촉감

* 조종장치의 촉각적 암호화
① 형상 암호화
② 크기 암호화
③ 표면촉감 암호화

📝 필기에 자주 출제되는 내용입니다.

정답 37 ④ 38 ② 39 ④ 40 ②

3과목 건설시공학

41 한중 콘크리트 공사에 콘크리트의 물 – 결합재비는 원칙적으로 얼마 이하이어야 하는가?

① 50% ② 55%
③ 60% ④ 65%

* 한중콘크리트의 배합
① 물시멘트비 : 60% 이하
② AE제 or AE 감수제를 사용하고 단위수량은 가급적 적게 한다.
③ 단위 시멘트량의 과대 혹은 과소를 피한다.

42 혼화재(混和材)에 관한 설명으로 옳지 않은 것은?

① 시멘트 량의 1% 정도 이하로 배합설계에서 그 자체의 용적을 무시한다.
② 종류로는 플라이애시, 고로슬래그, 실리카흄 등이 있다.
③ 포졸란 반응이 있는 것은 플라이애시, 고로슬래그, 규산백토 등이 있다.
④ 인공산으로는 플라이애시, 고로슬래그, 소성점토 등이 있다.

1. 혼화재 : 콘크리트의 성질 개량을 위해 쓰이는 혼화재료로 시멘트 중량의 5% 이상 사용되는 것을 말한다.
① 경화과정에서 팽창을 일으키는 것 : 팽창재
② Auto clave 양생에 의해 고강도를 나타내는 것 : 규산질 분말
③ 착색시키는 것 : 착색제
④ 포졸란 반응이 있는 것 : 플라이애시, 고로슬래그, 규산백토

2. 혼화제 : 콘크리트에 특정한 성능을 부여하는 데 쓰이는 첨가제로서 시멘트 중량의 5% 이하로만 사용되는 것을 말한다.
① 워커빌리티와 내동결성의 개선 : AE제, 감수제
② 응결·경화시간의 조절 : 촉진제, 지연제, 급결제
③ 유동성을 개선 : 유동화제
④ 방수효과를 나타냄 : 방수제
⑤ 기포작용으로 충진성을 개선 : 기포제, 발포제

📋 필기에 자주 출제되는 내용입니다.

43 강재 면에 강필로 볼트구멍 위치와 절단개소 등을 그리는 일은?

① 원척도
② 본뜨기
③ 금 매김
④ 변형 바로잡기

① 원척도 : 설계도면 및 시방서에 따라 각부상세 및 재의 길이 등을 원척으로 그리는 것
② 본뜨기 : 얇은 강판에 실제적인 모양으로 본을 뜨는 것
③ 변형 바로잡기 : 강재에 변형이 있으면 공작이 곤란하고 리벳이 잘 죄어지지 않는 등 지장이 있으므로 금매김 하기 전에 바로 잡는다.
④ 금 매김 : 강재 면에 강필로 볼트구멍 위치와 절단개소 등을 그리는 것

📋 필기에 자주 출제되는 내용입니다.

정답 41 ③ 42 ① 43 ③

44 연약한 점성토 지반을 굴착할 때 주로 발생하며 흙막이 바깥에 있는 흙이 안으로 밀려 들어와 흙막이가 파괴되는 현상은?

① 파이핑(Piping)
② 보일링(Boiling)
③ 히빙(Heaving)
④ 캠버(Camber)

① 히빙(Heaving)현상 : 연질 점토 지반에서 굴착에 의한 흙막이 내·외면의 흙의 중량 차이(토압 차이)로 인해 굴착저면이 부풀어 올라오는 현상을 말한다.(흙막이 바깥 흙이 안으로 밀려든다.)
② 보일링(Boiling)현상 : 사질토 지반에서 굴착저면과 흙막이 배면과의 수위차로 인해 굴착저면의 흙과 물이 함께 위로 솟구쳐 오르는 현상(모래의 액상화 현상)을 말한다. (모래가 액상화되어 솟아오른다.)
③ 파이핑(Piping)현상 : 보일링(Boiling) 현상으로 인하여 지반 내에서 물의 통로가 생기면서 흙이 세굴되는 현상을 말한다.

📝 필기에 자주 출제되는 내용입니다.

45 콘크리트에 사용하는 AE제의 특징이 아닌 것은?

① 내구성, 수밀성 증대
② 블리딩 현상 증가
③ 단위수량 감소
④ 건조수축 감소

＊AE제
① AE 공기를 콘크리트 중에 발생시켜 워커빌리티(시공연도)를 좋게 하고 블리딩을 작게 한다.
② 단위수량이 감소한다.
③ 동결·융해작용에 대한 저항성이 크고 수밀성, 내구성이 좋다.
④ 철근과 부착강도가 감소한다.

📝 필기에 자주 출제되는 내용입니다.

46 기성콘크리트 말뚝시공에 관한 설명으로 옳지 않은 것은?

① 말뚝 중심 간격은 2.5D이상 또한 750mm 이상으로 한다.
② 적재 장소는 시공 장소와 가깝고 배수가 양호하고 지반이 견고한 곳이어야 한다.
③ 2단 이하로 저장하고 말뚝받침대는 동일선상에 위치하여야 파손이 적다.
④ 시공순서는 주변 다짐효과를 높이기 위하여 주변부에서 중앙부로 박는다.

④ 말뚝지지력의 증가를 위해 주위의 말뚝을 먼저 박고 점차 중앙부에 말뚝을 박는다.

정답 44 ③ 45 ② 46 ④

> **참고**
>
> ***말뚝의 간격**
> (말뚝의 최소 중심 간격으로 다음 중 큰 값으로 결정)
>
> | | |
> |---|---|
> | 나무말뚝 | 말뚝머리직경의 2.5배 이상 또한 600mm 이상 |
> | 기성콘크리트 말뚝 | 말뚝머리직경의 2.5배 이상 또한 750mm 이상 |
> | 강재말뚝 | 말뚝머리직경 또는 폭의 2.5배 (폐단 강관말뚝 : 2.5배) 이상 또한 750mm 이상 |
> | 현장타설 콘크리말뚝 | 말뚝머리직경의 2.5배 이상 또한 말뚝머리직경에 1,000mm를 더한 값 이상 |
>
> 📝 필기에 자주 출제되는 내용입니다.

47 거푸집 공사 중 콘크리트의 측압에 관한 설명으로 옳지 않은 것은?

① 이어붓기 속도가 빠를수록 측압이 크다.
② 묽은 콘크리트일수록 측압이 작다.
③ 거푸집의 수평단면이 작을수록 측압이 작다.
④ 철골 또는 철근량이 많을수록 측압은 작아진다.

② 묽은 콘크리트일수록 측압이 크다.

📝 필기에 자주 출제되는 내용입니다.

48 건설공사 완료 후 보수 및 재시공을 보증하기 위하여 공사발주처 등에 예치하는 공사금액의 명칭은?

① 입찰보증금
② 계약보증금
③ 지체보증금
④ 하자보증금

① 입찰보증금 : 입찰참가자에게 요구하는 보증금
② 계약보증금 : 계약 불이행의 경우에 발주기관이 입은 손해의 배상을 용이하게 하려는 목적으로 요구하는 보증금
③ 지체보증금 : 수급인이 공사를 지체한 것에 따른 지연배상으로 요구하는 보증금
④ 하자보증금 : 건설공사 완료 후 보수 및 재시공을 보증하기 위하여 공사발주처 등에 예치하는 공사금액

49 거푸집 공사에서 거푸집 검사 시 받침기둥(지주의 안전하중)검사와 가장 거리가 먼 것은?

① 서포트의 수직 여부 및 간격
② 폼타이 등 조임철물의 재질
③ 서포트의 편심, 처짐 및 나사의 느슨함 정도
④ 수평연결대 설치 여부

*받침기둥(지주의 안전하중)검사
① 서포트의 수직 여부 및 간격
② 서포트의 편심, 처짐 및 나사의 느슨함 정도
③ 수평연결대 설치 여부

정답 47 ② 48 ④ 49 ②

50 네트워크 공정표의 구성요소 중 부 주 공정(Semi-Critical Path)에 관한 설명으로 옳지 않은 것은?

① 여유시간이 상대적으로 적은 공정을 의미한다.
② 공정이 부분적 또는 불연속적으로 발생한다.
③ 공기단축 시 관리대상에서는 제외된다.
④ 주공정화 할 가능성이 많은 공정이다.

③ 공기단축 시 유의해야 할 공정이다.

> 참고
>
> 부 주 공정(Semi-Critical Path) : 네트워크 공정표에서 CP (Critical Path) 다음으로 긴 경로의 Path를 말한다.

51 토공 상의 굴착기계 용도에 관한 설명으로 옳지 않은 것은?

① 백호는 기계보다 낮은 곳을 굴착하는데 사용한다.
② 파워쇼벨은 기계보다 높은 곳을 굴착하는데 사용한다.
③ 드래그라인은 기계보다 낮은 곳의 흙을 긁어모으는데 사용한다.
④ 클램쉘은 기계보다 높은 곳의 흙과 자갈을 긁어내리는데 사용한다.

* **클램쉘**(clamshell)
  • 기계보다 낮은 곳을 굴착한다.
  • 수중굴착 및 가장 협소하고 깊은 굴착이 가능하며 호퍼(hopper)에 적당하다.
  • 연약지반이나 수중굴착 및 자갈 등을 싣는데 적합하다. 긁어내리는데 사용한다.

📝 필기에 자주 출제되는 내용입니다.

52 무량판구조에 사용되는 특수상자모양의 기성재 거푸집은?

① 터널 폼
② 유로 폼
③ 슬라이딩 폼
④ 워플 폼

① 터널 폼(Tunnel Form) : 한 구획 전체의 벽판과 바닥판을 또는 ㄷ자형으로 짜서 이동시키는 형태의 기성재 거푸집이다.(벽체, 슬라브(바닥) 거푸집을 일체로 제작하여 한 번에 설치, 해체할 수 있는 거푸집)
② 유로 폼 : 합판과 특수 경량 강으로 제작된 거푸집으로 용도 표준화, 모듈화로 자재관리가 간편하고 어떠한 형태의 콘크리트 구조물에도 설치 해체가 용이하다.
③ 슬라이딩 폼 : 시공이음 없이 거푸집을 요크(yoke)로 연속적으로 끌어올려 단면형상에 변화가 없는 공법으로 silo 공사 등에 적당하다.(일반적으로 돌출물이 없는 건축물에 적용할 수 있다.)
④ 워플 폼 : 무량판 시공 시 2방향으로 된 상자형 기성재 거푸집이다.

📝 필기에 자주 출제되는 내용입니다.

53 철근콘크리트 공사에서의 철근이음에 관한 설명으로 옳지 않은 것은?

① 철근의 이음위치는 되도록 응력이 큰 곳을 피한다.
② 일반적으로 이음을 할 때는 한 곳에서 철근 수의 반 이상을 이어야 한다.
③ 철근이음에는 겹침 이음, 용접 이음, 기계적 이음 등이 있다.
④ 철근이음은 힘의 전달이 연속적이고, 응력집중 등 부작용이 생기지 않아야 한다.

② 이음을 할 때는 한 곳에서 철근 수의 반 이상을 이어서는 안 된다.

✏️ 필기에 자주 출제되는 내용입니다.

54 공사에 필요한 표준시방서의 내용에 포함되지 않은 사항은?

① 재료에 관한 사항
② 공법에 관한 사항
③ 공사비에 관한 사항
④ 검사 및 시험에 관한 사항

표준시방서 : 시설물의 안전 및 공사시행의 적정성과 품질확보 등을 위하여 시설별로 정한 표준적인 시공기준으로서 발주청 또는 설계 등 용역업자가 공사시방서를 작성하는 경우에 활용하기 위한 시공기준을 말한다.

55 공사계약서 내용에 포함되어야 할 내용과 가장 거리가 먼 것은?

① 공사내용(공사 명, 공사 장소)
② 재해방지대책
③ 도급금액 및 지불방법
④ 천재지변 및 그 외의 불가항력에 의한 손해부담

✱ 공사계약서 내용에 포함되어야 할 내용
① 계약의 목적
② 공사내용(공사 명, 공사 장소)
③ 도급금액 및 지불방법
④ 계약보증금
⑤ 위험부담
⑥ 지연배상금
⑦ 공사의 하자 등에 따른 손해배상에 관한 내용

56 모래의 부피증가계수(L)가 15%이고, 굴토량이 $261m^3$라면 잔토처리량은?

① $300m^3$ ② $250m^3$
③ $231m^3$ ④ $200m^3$

잔토처리량 = 굴토량 × 체적환산계수
= 261 × 1.15 = $300.15m^3$

참고

잔토처리량은 굴착 시에 늘어나거나 감소하는 흙의 부피를 반영한 양을 말한다.

정답 53 ② 54 ③ 55 ② 56 ①

57 건축생산 조직에 관한 설명으로 옳은 것은?

① CM은 시공자가 직접 공사의 타당성조사, 설계, 시공, 사용 등을 포함하는 건설공사 전 과정을 조정하는 것이다.
② EC화는 종래의 단순한 시공업과 비교하여 건설사업 전반에 걸쳐 종합, 기획, 관리하는 업무 영역의 확대를 말한다.
③ 발주자와 직접 공사계약을 하는 업자를 하도급자라고 한다.
④ 감리자란 시공자의 위탁을 받아 공사의 시공과정을 검사·승인하는 자를 말한다.

① 건설사업관리(CM)는 건축 기획부터 설계, 시공, 유지관리까지의 건설의 전 과정에 걸쳐 프로젝트를 보다 효율적이고 경제적으로 수행하기 위하여 각 부문의 전문가들로 구성된 통합관리기술을 발주자에게 제공하는 도급계약의 형태이다.
③ 발주자와 직접 공사계약을 하는 업자를 도급자라고 한다.
④ 감리자란 발주자의 위탁을 받아 공사의 시공과정을 검사·승인하는 자를 말한다.

필기에 자주 출제되는 내용입니다.

58 L.W(Labiles Wasser glass)공법에 관한 설명으로 옳지 않은 것은?

① 물유리용액과 시멘트 현탁액을 혼합하면 규산수화물을 생성하여 겔(gel)화하는 특성을 이용한 공법이다.
② 지반강화와 차수목적을 얻기 위한 약액주입공법의 일종이다.
③ 미세공극의 지반에서도 그 효과가 확실하여 널리 쓰인다.
④ 배합비 조절로 겔 타임 조절이 가능하다.

③ 자갈층, 모래층에 전면 침투 가능하며, 연약한 점성토 및 실트 층은 액상으로 주입되나 미세공극의 지반에서는 주입이 곤란하다.

참고

* L.W(Labiles Wasser glass) 공법
Water-Glass(규산소다)용액과 시멘트 현탁액을 혼합한 후 지반내에 주입하여 **지반강화와 차수목적**을 얻기 위하여 개발한 **약액주입공법**을 말한다.

59 철근가공에 관한 설명으로 옳지 않은 것은?

① 대지의 여유가 없어도 정밀도 확보를 위해 현장가공을 우선적으로 고려한다.
② 철근 가공은 현장가공과 공장가공으로 나눌 수 있다.
③ 공장가공은 현장가공에 비해 절단손실을 줄일 수 있다.
④ 공장가공은 현장가공보다 운반비가 높은 경우가 많다.

① 대지의 여유가 없거나 정밀도 확보를 위해서는 공장가공을 우선적으로 고려한다.

정답 57 ② 58 ③ 59 ①

60 철골공사에 관한 설명으로 옳지 않은 것은?

① 현장용접 시 기온과 관계없이 부재를 예열하지 않는다.
② 세우기 장비는 철골구조의 형태 및 총중량을 고려한다.
③ 철골 세우기는 가 조립 후 변형 바로잡기를 한다.
④ 가 조립 시 최소 2개 이상의 가 볼트 조임을 한다.

① 모재의 표면온도가 0℃ 미만인 경우는 적어도 20℃ 이상 예열한다.

4과목 건설재료학

61 플라스틱의 특성에 관한 설명으로 옳지 않은 것은?

① 전기절연성이 양호하다.
② 내열성 및 내후성이 강하다.
③ 착색이 자유롭고 높은 투명성을 가질 수 있다.
④ 내약품성이 있고 접착성이 우수하다.

② 내열성 및 내후성이 약하다.

필기에 자주 출제되는 내용입니다.

62 콘크리트의 인장강도는 압축강도의 대략 얼마 정도인가?

① 2배   ② 1배
③ 1/10   ④ 1/30

인장강도(Tensile Strength)는 압축강도의 1/10~1/13 정도이다.

필기에 자주 출제되는 내용입니다.

63 금속성형 가공제품 중 천장, 벽 등의 모르타르 바름 바탕용으로 사용되는 것은?

① 인서트
② 메탈라스
③ 와이어클리퍼
④ 와이어로프

*메탈라스(metal lath)
① 연 강판에 일정한 간격으로 그물눈을 내고 늘여 철망모양으로 만든 것을 말한다.
② 천장·벽 등의 모르타르 바름 바탕용으로 사용된다.

필기에 자주 출제되는 내용입니다.

정답 60 ① 61 ② 62 ③ 63 ②

64 고온 소성의 무수석고를 특별히 화학 처리한 것으로 킨즈시멘트라고도 하는 것은?

① 혼합석고 플라스터
② 보드용 석고 플라스터
③ 경석고 플라스터
④ 돌로마이트 플라스터

* 킨즈시멘트(경석고플라스터)
① 무수석고에 경화촉진제로 백반을 넣어 만든 시멘트
② 백반은 산성이므로 금속을 녹슬게 하는 결점이 있다.
③ 소석고보다 응결속도가 느리다.

📝 필기에 자주 출제되는 내용입니다.

65 수분 상승으로 인하여 콘크리트의 표면에 떠올라 얇은 피막으로 되어 침적한 물질은?

① 레이턴스
② 폴리머
③ 마그네시아
④ 포졸란

레이턴스(laitance) : 블리딩에 의하여 콘크리트 표면에 떠올라 침전한 미세한 물질을 말한다.

📝 필기에 자주 출제되는 내용입니다.

66 보통벽돌에 관한 설명으로 옳지 않은 것은?

① 일반적으로 잘 구워진 것일수록 치수가 작아지고 색이 옅어지며, 두드리면 탁음이 난다.
② 건축용 점토소성벽돌의 적색은 원료의 산화철성분에서 기인한다.
③ 보통벽돌의 기본치수는 190×90×57mm이다.
④ 진흙을 빚어 소성하여 만든 벽돌로서 점토벽돌이라고도 한다.

① 잘 구워진 것일수록 색이 매우 짙으며 두드리면 청음이 나고 치수가 작아진다.

67 다음 단열재료 중 가장 높은 온도에서 사용할 수 있는 것은?

① 세라믹 파이버
② 암면
③ 석면
④ 글래스울

* 세라믹 파이버
① 열전도성이 낮다.(내화벽돌의 약 1/3 정도)
② 가볍고 단열효과가 좋다.
③ 단열재료 중 가장 높은 온도에서 사용할 수 있다.

정답 64 ③ 65 ① 66 ① 67 ①

68 다음 중 천연석에 해당되지 않는 것은?

① 트래버틴 ② 대리석
③ 화강석   ④ 테라죠

* **테라죠**
  - 대리석을 종석으로 한 인조석의 일종이다.
  - 테라죠 판 : 부순 골재, 안료, 시멘트 등을 혼합한 콘크리트로 성형하고 경화한 후 표면을 연마 하고 광택을 내어 마무리한 제품을 말한다.

📝 필기에 자주 출제되는 내용입니다.

69 시멘트의 안정성 시험에 해당하는 것은?

① 슬럼프 시험
② 브레인법
③ 길모아 시험
④ 오토클레이브 팽창도 시험

시멘트의 안정성 시험 : 오토클레이브 팽창도 시험

70 다음 중 20℃ 기건상태에서 단열성이 가장 우수한 것은?

① 화강암
② 판유리
③ 알루미늄
④ ALC

경량기포콘크리트(ALC : Autoclaved Lightweight Concrete) : 골재를 사용하지 않고 콘크리트 속에 미세하고 안정된 독립공기를 조성하는 기포제(알루미늄 분말)를 혼입하여 경량화 한 콘크리트를 말한다.
① 보통콘크리트에 비하여 탄산화(중성화)의 우려가 크다.
② 열전도율은 보통콘크리트의 약 1/10 정도로 단열성이 우수하다.
③ 현장에서 취급이 편리하고 절단 및 가공이 용이하다.

71 다음 중 골재로 사용할 수 없는 것은?

① 락크 울(rock wool)
② 질석(vermiculite)
③ 펄라이트(perlite)
④ 화산자갈(volcanic gravel)

① 암면(rock wool) : 단열재로 사용된다.

72 어떤 목재의 건조 전 질량이 200g, 건조 후 전건질량이 150g일 때, 이 목재의 함수율은?

① 10%
② 25%
③ 33.3%
④ 66.7%

정답 68 ④ 69 ④ 70 ④ 71 ① 72 ③

목재의 함수율(%)
= (건조 전 중량 − 전건중량) / 전건중량 × 100
= (200 − 150) / 150 × 100 = 33.33(%)

📝 필기에 자주 출제되는 내용입니다.

73 합판에 관한 설명으로 옳은 것은?

① 곡면가공 시 균열이 발생하기 때문에 곡면가공이 불가능하다.
② 함수율 변화에 따른 팽창·수축의 변형성이 크다.
③ 표면가공법으로 흡음효과를 낼 수 있다.
④ 내수성이 매우 작기 때문에 내장용으로만 사용된다.

① 합판은 3매 이상의 얇은 판을 1매마다 접착제로 섬유방향에 직교하도록 붙여서 만든 판을 말한다.
② 함수율 변화에 따라 팽창·수축의 변형이 없다. (내수성이 크다.)
③ 뒤틀림이나 변형이 적은 비교적 큰 면적의 평면 재료를 얻을 수 있다.
④ 곡면가공을 하여도 균열이 생기지 않는다.
⑤ 균일한 강도의 재료를 얻을 수 있다.(방향에 따른 강도차가 작다.)
⑥ 여러 가지 아름다운 무늬를 얻을 수 있다.
⑦ 표면가공법으로 **흡음효과**를 낼 수 있다.

📝 필기에 자주 출제되는 내용입니다.

74 굳지 않은 콘크리트의 성질을 나타낸 용어에 관한 설명으로 옳지 않은 것은?

① 컨시스턴시(Consistency) - 콘크리트에 사용되는 물의 양에 의한 콘크리트 반죽의 질기
② 워커빌리티(Workability) - 콘크리트의 부어넣기 작업 시의 작업 난이도 및 재료분리에 대한 저항성
③ 피니셔빌리티(Finishability) - 굵은골재의 최대치수, 잔골재율, 잔골재의 입도 등에 따른 마무리 작업의 난이도
④ 플라스티시티(Plasticity) - 콘크리트를 펌핑하여 부어넣는 위치까지 이동시킬 때의 펌핑성

플라스티시티(성형성: Plasticity) : 거푸집에 쉽게 다져 넣을 수 있고 거푸집을 제거하면 허물어지거나 재료분리가 되지 않는 정도

📝 필기에 자주 출제되는 내용입니다.

75 공기 중의 탄산가스와 화학반응을 일으켜 경화하는 미장재료는?

① 경석고 플라스터
② 시멘트 모르타르
③ 돌로마이트 플라스터
④ 혼합석고 플라스터

정답 73 ③ 74 ④ 75 ③

공기 중의 탄산가스와 화학반응을 일으켜 경화하는 미장재료 → 기경성

수경성(팽창성) : 경화시간이 짧다.	1. 석고질 　• 석고 플라스터 　• 혼합석고 플라스터(배합석고) 　• 경석고 플라스터(킨즈시멘트) 2. 시멘트모르타르 3. 인조석 바름 4. 테라조 현장 바름 특급암기법 수(수경성) 고(석고)하는 시(시멘트모르타르)인(인조석) 테라조
기경성(수축성, 알칼리성) : 경화시간이 길다.	1. 석회질 　• 회반죽 　• 회사벽 2. 돌로마이트플라스터 　 (마그네시아 석회) 특급암기법 기(기경성) 회(석회, 회반죽, 회사벽) 돌(돌로마이트플라스터)

 필기에 자주 출제되는 내용입니다.

76 대리석의 성질과 용도에 관한 설명으로 옳은 것은?

① 석질이 치밀하고, 판석으로서 지붕 외벽 등에 사용되며 비석, 숫돌로도 이용된다.
② 조적재, 기초석재 등으로 주로 쓰인다.
③ 내화도는 높으나 조잡하여 경량골재, 내화재 등에 사용한다.
④ 열, 산에는 약하지만 외관이 미려하므로 장식용으로 사용된다.

* 대리석
• 석회암이 변화되어 결정화된 것으로 치밀, 견고하다.
• 열, 산에 약하지만 광택이 나며 외관이 아름다워 **실내 장식재, 조각재로 사용**된다.

77 풍화된 시멘트를 사용했을 경우에 관한 설명으로 옳지 않은 것은?

① 응결이 늦어신다.
② 수화열이 증가한다.
③ 비중이 작아진다.
④ 강도가 감소된다.

* 풍화된 시멘트의 특징
• 분말도가 감소한다.(입자 크기가 커진다.)
• 응결이 늦어진다.
• 강열 감량이 증가하고 **비중이 작아진다**.
• 강도가 감소된다.

정답　76 ④　77 ②

> **참고**
>
> **＊시멘트의 풍화**
> 시멘트가 습기를 흡수하여 생성된 수산화칼슘과 공기 중의 탄산가스가 작용하여 탄산칼슘을 생성하는 작용을 말한다.

📝 필기에 자주 출제되는 내용입니다.

78 알루미늄의 용도로 가장 적합하지 않은 것은?

① 창호철물
② 콘크리트에 면하는 마감재
③ 새시
④ 라디에이터

> 알루미늄은 콘크리트에 접하거나 흙 중에 매몰된 경우에 부식되기 쉽다.

📝 필기에 자주 출제되는 내용입니다.

79 마루판으로 사용할 때 적합하지 않은 것은?

① 코펜하겐 리브
② 플로어링 보드
③ 파키트 블록
④ 파키트 패널

> **＊코펜하겐 리브판**
> 강당, 집회장 등의 천정 또는 내벽에 붙여 음향 조절용으로 사용된다.(바닥재, 외장재는 적합하지 않음)

📝 필기에 자주 출제되는 내용입니다.

80 에폭시 도장에 관한 설명으로 옳지 않은 것은?

① 내마모성이 우수하고 수축, 팽창이 거의 없다.
② 내약품성, 내수성, 접착력이 우수하다.
③ 자외선에 특히 강하여 외부에 주로 사용한다.
④ Non-Slip 효과가 있다.

> **＊에폭시수지 도료**
>
> | 장점 | 단점 |
> |---|---|
> | ① 각종 소지와의 부착성이 우수하다. | ① 자외선에 약하다.(황변이 일어난다) |
> | ② 기계적 강도가 우수하다. | ② 경화 시간이 길다. |
> | ③ 내수성 및 내마모성, 내약품성이 우수하다. | ③ 극성이 없는 Polymer (PE, PP, Silicone 등)에는 부착이 약하다. |
> | ④ 경화 시 휘발성이 없으므로 용적의 감소가 극히 적다.(치수 안정성이 우수하다.) | ④ 경화제를 혼용해야 한다. |
> | ⑤ Non-Slip 효과가 있다. | |

📝 필기에 자주 출제되는 내용입니다.

정답 78 ② 79 ① 80 ③

5과목 건설안전기술

81 굴착공사에서 굴착 깊이가 5m, 굴착 저면의 폭이 5m인 경우, 양단면 굴착을 할 때 굴착부 상단면의 폭은? (단, 굴착면의 기울기는 1 : 1로 한다.)

① 10m ② 15m
③ 20m ④ 25m

굴착 기울기 = $\dfrac{높이}{밑변}$ = 1 : 1 = $\dfrac{1}{1}$

문제에서 굴착깊이가 5m라고 주어졌으므로 굴착면의 폭도 5m가 된다.

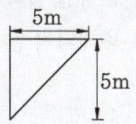

굴착 저면 폭이 5m이고 양단면 굴착이므로

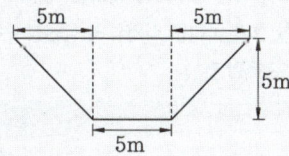

∴ 굴착부 상단면 폭은 15m이다.

82 강관을 사용하여 비계를 구성하는 경우의 준수사항으로 옳지 않은 것은?

① 비계기둥의 간격은 띠장 방향에서는 1.5m 이상 1.8m 이하, 장선방향에서는 1.5m 이하로 할 것
② 비계기둥 간의 적재하중은 300kg을 초과하지 않도록 할 것
③ 띠장의 간격은 1.5m 이하로 설치할 것
④ 첫 번째 띠장은 지상으로부터 2m 이하의 위치에 설치할 것

② 비계기둥간의 적재하중은 400kg을 초과하지 않도록 할 것

> **참고**
>
> ### 강관비계의 구조
>
> ① **비계기둥 간격 : 띠장방향에서는 1.85m 이하, 장선방향에서는 1.5m 이하로 할 것**
> 다만, 다음 각 목의 어느 하나에 해당하는 작업의 경우에는 안전성에 대한 구조검토를 실시하고 조립도를 작성하면 띠장 방향 및 장선 방향으로 각각 **2.7미터 이하로 할 수 있다.**
> 가. 선박 및 보트 건조작업
> 나. 그 밖에 장비 반입·반출을 위하여 공간 등을 확보할 필요가 있는 등 **작업의 성질상 비계기둥 간격에 관한 기준을 준수하기 곤란한 작업**다)
> ② **띠장간격 : 2.0미터 이하로 할 것**(다만, 작업의 성질상 이를 준수하기가 곤란하여 쌍기둥 틀 등에 의하여 해당 부분을 보강한 경우에는 그러하지 아니하다)
> ③ 비계기둥의 제일 윗부분으로 부터 31m되는 지점 밑 부분의 비 계기둥은 2본의 강관으로 묶어 세울 것(다만, 브라켓(bracket, 까치발) 등으로 보강하여 2개의 강관으로 묶을 경우 이상의 강도가 유지되는 경우에는 그러하지 아니하다)
> ④ **비계기둥간의 적재하중은 400kg을 초과하지 않도록 할 것**

정답 81 ② 82 ②

강관비계 조립 시의 준수사항

① 비계기둥에는 미끄러지거나 침하하는 것을 방지하기 위하여 밑받침철물을 사용하거나 깔판·받침목 등을 사용하여 밑둥잡이를 설치할 것
② 강관의 접속부 또는 교차부는 적합한 부속철물을 사용하여 접속하거나 단단히 묶을 것
③ 교차가새로 보강할 것
④ 외줄비계·쌍줄비계 또는 돌출 비계의 벽이음 및 버팀 설치
  - 조립간격 : 수직방향에서 5m 이하, 수평방향에서는 5m 이하
  - 강관·통나무등의 재료를 사용하여 견고한 것으로 할 것
  - 인장재와 압축재로 구성되어 있는 때에는 **인장재와 압축재의 간격을 1m 이내로 할 것**
⑤ 가공전로에 근접하여 비계를 설치하는 때에는 가공전로를 이설, 절연용 방호구 장착하는 등 가공전로와의 접촉 방지 조치할 것

실기까지 중요한 내용입니다.

83 차량계 건설기계 중 도로포장용 건설기계에 해당되지 않는 것은?

① 아스팔트 살포기
② 아스팔트 피니셔
③ 콘크리트 피니셔
④ 어스오거

④ 어스오거 : 지반에 구멍을 뚫을 때 사용하는 천공기이다.

84 발파작업에 종사하는 근로자가 발파 시 준수하여야 할 기준으로 옳지 않은 것은?

① 벼락이 떨어질 우려가 있는 경우에는 화약 또는 폭약의 장전 작업을 중지하고 근로자들을 안전한 장소로 대피시켜야 한다.
② 근로자가 안전한 거리에 피난할 수 없는 경우에는 전면과 상부를 견고하게 방호한 피난장소를 설치하여야 한다.
③ 전기뇌관 외의 것에 의하여 점화 후 장정된 화약류의 폭발여부를 확인하기 곤란한 경우에는 점화한 때부터 15분 이내에 신속히 확인하여 처리하여야 한다.
④ 얼어붙은 다이나마이트는 화기에 접근시키거나 그 밖의 고열물에 직접 접촉시키는 등 위험한 방법으로 융해되지 않도록 한다.

③ 전기뇌관 외의 것에 의한 경우에는 점화한 때부터 15분 이상 경과한 후가 아니면 화약류의 장전장소에 접근시키지 않도록 할 것

참고

전기뇌관에 의한 경우에는 발파모선을 점화기에서 떼어 그 끝을 단락시켜 놓는 등 재점화되지 않도록 조치하고 그 때부터 **5분 이상 경과한 후**가 아니면 화약류의 장전장소에 접근시키지 않도록 할 것

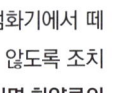

83 ④ 84 ③

85 다음 ( ) 안에 들어갈 내용으로 옳은 것은?

> 콘크리트 측압은 콘크리트 타설속도, ( ), 단위 용적질량, 온도, 철근배근상태 등에 따라 달라진다.

① 골재의 형상
② 콘크리트 강도
③ 박리제
④ 다짐높이

＊콘크리트 타설 시 거푸집의 측압
① 외기온도가 낮을수록 측압이 크다.
② 습도가 낮을수록 측압이 크다.
③ 타설 속도가 빠를수록 측압이 크다.
④ 타설 높이가 높을수록 측압이 크다.
⑤ 콘크리트 비중이 클수록 측압이 크다.
⑥ 철골 or 철근량이 적을수록 측압이 크다.

📝 필기에 자주 출제되는 내용입니다.

86 인력에 의한 굴착작업 시 준수해야할 사항으로 옳지 않은 것은?

① 지반의 종류에 따라서 정해진 굴착면의 높이와 기울기로 진행시켜야 한다.
② 굴착면 및 굴착심도 기준을 준수하여 작업 중 붕괴를 예방하여야 한다.
③ 굴착토사나 자재 등을 경사면 및 토류벽 천단부 수변에 쌓아두어 하중을 보강한다.
④ 용수 등의 유입수가 있는 경우 배수시설을 한 뒤에 작업을 하여야 한다.

③ 굴착토사나 자재 등을 경사면 및 토류벽 천단부 주변에 쌓아두는 것은 경사벽 등의 붕괴의 원인이 된다.

87 고소작업대를 설치 및 이동하는 경우의 준수 사항으로 옳지 않은 것은?

① 바닥과 고소작업대는 가능하면 수평을 유지하도록 할 것
② 이동하는 경우에는 작업대를 가장 높게 올릴 것
③ 이동통로의 요철상태 또는 장애물의 유무 등을 확인 할 것
④ 갑작스러운 이동을 방지하기 위하여 아웃트리거 또는 브레이크 등을 확실히 사용할 것

② 이동하는 경우에는 **작업대를 가장 낮게 하강시킬 것**

📝 필기에 자주 출제되는 내용입니다.

88 크레인의 와이어로프가 일정 한계 이상 감기지 않도록 작동을 자동으로 정지시키는 장치는?

① 훅 해지장치
② 권과방지장치
③ 비상정지장치
④ 과부하방지장치

정답 85 ④ 86 ③ 87 ② 88 ②

와이어로프가 일정 한계 이상 감기지 않도록 작동을 자동으로 정지시키는 장치(와이어로프의 과도한 감아올림 방지장치) → 권과방지장치

> 참고
>
> 권과방지장치는 훅·버킷 등 달기구의 윗면이 드럼, 상부 도르래, 트롤리프레임 등 권상장치의 아랫면과 접촉할 우려가 있는 경우에 그 간격이 0.25미터 이상 [(직동식(直動式) 권과방지장치는 0.05미터 이상으로 한다)]이 되도록 조정하여야 한다.

📝 필기에 자주 출제되는 내용입니다.

89 철골 작업 시 강우량에 대해 작업을 중단하는 기준으로 옳은 것은?

① 시간당 1mm 이상인 경우
② 시간당 5mm 이상인 경우
③ 시간당 10mm 이상인 경우
④ 시간당 15mm 이상인 경우

*철골작업을 중지해야 하는 조건
① 풍속이 초당 10미터 이상인 경우
② 강우량이 시간당 1밀리미터 이상인 경우
③ 강설량이 시간당 1센티미터 이상인 경우

📝 실기에 자주 출제되는 내용입니다.

90 파이핑(piping)현상에 의한 흙 댐(earth dam)의 파괴를 방지하기 위한 안전대책 중 옳지 않은 것은?

① 흙 댐의 하류측에 필터를 설치한다.
② 흙 댐의 상류측에 차수판을 설치한다.
③ 흙 댐 내부에 점토코아(core)를 넣는다.
④ 흙 댐에서 물의 침투유도 길이를 짧게 한다.

④ 흙 댐에서 물의 침투유도 길이를 길게 한다.

> 참고
>
> 파이핑(Piping)현상 : 보일링(Boiling) 현상으로 인하여 지반 내에서 물의 통로가 생기면서 흙이 세굴되는 현상

91 건설산업기본법 시행령에 따른 토목공사업에 해당되는 건설공사현장에서 전담안전관리자 최소 1인을 두어야 하는 공사금액의 기준으로 옳은 것은?

① 150억원 이상   ② 180억원 이상
③ 210억원 이상   ④ 250억원 이상

*전담안전관리자의 선임기준
상시근로자 300명 이상을 사용하는 사업장[건설업의 경우에는 공사금액이 120억원(종합공사를 시공하는 토목공사업의 경우에는 150억원) 이상인 사업장]의 안전관리자는 해당 사업장에서 안전관리자의 업무만을 전담해야 한다.

📝 실기까지 중요한 내용입니다.

정답 89 ① 90 ④ 91 ①

92 공사용 가설도로에서 일반적으로 허용되는 최고 경사도는 얼마인가?

① 5% ② 10%
③ 20% ④ 30%

공사용 가설도로의 최고 허용경사도는 부득이한 경우를 제외하고는 10퍼센트를 넘어서는 안 된다.

 필기에 자주 출제되는 내용입니다.

93 강관비계 중 단관비계의 벽이음 및 버팀 설치 시 수직 및 수평 방향 조립간격으로 옳은 것은?

① 수직방향 : 3m, 수평방향 : 3m
② 수직방향 : 5m, 수평방향 : 5m
③ 수직방향 : 6m, 수평방향 : 8m
④ 수직방향 : 8m, 수평방향 : 6m

*비계 조립간격(벽이음 간격)

비계 종류		수직방향	수평방향
강관비계	단관비계	5m	5m
	틀비계(높이 5m 미만인 것 제외)	6m	8m

실기에 자주 출제되는 내용입니다.

94 양끝이 힌지(Hinge)인 기둥에 수직하중을 가하면 기둥이 수평방향으로 휘게 되는 현상은?

① 피로파괴 ② 폭열현상
③ 좌굴 ④ 전단파괴

좌굴 : 양끝이 힌지(Hinge)인 기둥에 수직하중을 가하면 기둥이 수평방향으로 휘게 되는 현상을 말한다.

95 안전난간은 구조적으로 가장 취약한 지점에서 가장 취약한 방향으로 작용하는 최소 얼마 이상의 하중에 견딜 수 있는 구조이어야 하는가?

① 100kg ② 150kg
③ 200kg ④ 250kg

안전난간은 구조적으로 가장 취약한 지점에서 가장 취약한 방향으로 작용하는 100킬로그램 이상의 하중에 견딜 수 있는 튼튼한 구조일 것

 참고

*안전난간의 구조 및 설치요건
① 상부 난간대, 중간 난간대, 발끝막이판 및 난간기둥으로 구성할 것
② 상부 난간대
• 상부 난간대는 바닥면 등으로부터 90센티미터 이상 지점에 설치
• 상부 난간대를 120센티미터 이하에 설치하는 경우 : 중간 난간대는 상부 난간대와 바닥면 등의 중간에 설치
• 120센티미터 이상 지점에 설치하는 경우 : 중간 난간대를 2단 이상으로 설치, 난간의 상하 간격은 60센티미터 이하가 되도록 할 것(다만, 난간기둥 간의 간격이 25센티미터 이하인 경우에는 중간 난간대를 설치하지 않을 수 있다.)
③ 발끝막이판은 바닥면 등으로부터 10센티미터 이상의 높이를 유지할 것

정답 92 ② 93 ② 94 ③ 95 ①

④ 난간기둥은 상부 난간대와 중간 난간대를 견고하게 떠받칠 수 있도록 적정한 간격을 유지할 것
⑤ 상부 난간대와 중간 난간대는 난간 길이 전체에 걸쳐 바닥면 등과 평행을 유지할 것
⑥ 난간대는 지름 2.7센티미터 이상의 금속제 파이프나 그 이상의 강도가 있는 재료일 것

96 토석의 붕괴 원인 중 외적 요인이 아닌 것은?

① 법면의 경사 증가
② 절토 및 성토 높이 증가
③ 진동 및 각종 하중 작용
④ 토석의 강도 저하

* **토석붕괴의 외적원인**
① 사면, 법면의 경사 및 기울기의 증가
② 절토 및 성토 높이의 증가
③ 공사에 의한 진동 및 반복 하중의 증가
④ 지표수 및 지하수의 침투에 의한 토사 중량의 증가
⑤ 지진, 차량, 구조물의 하중작용
⑥ 토사 및 암석의 혼합층 두께

참고

* **토석붕괴의 내적 원인**
① 절토 사면의 토질·암질
② 성토 사면의 토질구성 및 분포
③ 토석의 강도 저하

 실기까지 중요한 내용입니다.

97 다음은 산업안전보건법령 중 계단 형상으로 조립하는 거푸집 동바리에 관한 사항이다. ( ) 안에 들어갈 내용으로 알맞은 것은?

거푸집의 형상에 따른 부득이한 경우를 제외하고는 깔판·깔목 등을 ( ) 이상 끼우지 않도록 할 것

① 2단
② 3단
③ 4단
④ 5단

* **계단형상으로 조립하는 거푸집동바리의 준수사항**
① 거푸집의 형상에 따른 부득이한 경우를 제외하고는 깔판·깔목 등을 2단 이상 끼우지 아니하도록 할 것
② 깔판·깔목 등을 이어서 사용할 때에는 그 깔판·깔목 등을 단단히 연결할 것
③ 동바리는 상·하부 동바리가 동일 수직선상에 위치하도록 하여 깔판·깔목 등에 고정시킬 것

관련 법규에서 삭제된 내용입니다.

98 철골보 인양작업 시 준수사항으로 옳지 않은 것은?

① 선회와 인양작업은 가능한 동시에 이루어지도록 한다.
② 인양용 와이어로프의 매달기 각도는 양변 60° 정도가 되도록 한다.
③ 유도 로프로 방향을 잡으며 이동시킨다.
④ 철골보의 와이어로프 체결지점은 부재의 1/3지점을 기준으로 한다.

① 선회와 인양작업은 가능한 동시에 이루어지지 않도록 한다.

정답 96 ④ 97 ① 98 ①

99 낙하물에 의한 위험의 방지를 위하여 낙하물 방지망을 설치하는 경우 수평면과의 유지 각도로 옳은 것은?

① 20도 이상 30도 이하
② 30도 이상 40도 이하
③ 40도 이상 45도 이하
④ 45도 초과

> *낙하물방지망 또는 방호선반을 설치 시 준수사항
> ① 설치높이는 10미터 이내마다 설치하고, 내민길이는 벽면으로부터 2미터 이상으로 할 것
> ② 수평면과의 각도는 20도 이상 30도 이하를 유지할 것

📝 실기까지 중요한 내용입니다.

100 산업안전보건법령에 따른 크레인을 사용하여 작업을 하는 때 작업시작 전 점검사항에 해당되지 않는 것은?

① 권과방지장치 · 브레이크 · 클러치 및 운전장치의 기능
② 주행로의 상측 및 트롤리(trolley)가 횡행하는 레일의 상태
③ 원동기 및 풀리(pulley)기능의 이상 유무
④ 와이어로프가 통하고 있는 곳의 상태

> *크레인의 작업 시작 전 점검사항
> ① 권과방지장치 · 브레이크 · 클러치 및 운전장치의 기능
> ② 주행로의 상측 및 트롤리가 횡행(橫行)하는 레일의 상태
> ③ 와이어로프가 통하고 있는 곳의 상태

📝 실기에 자주 출제되는 내용입니다.

정답 99 ① 100 ③

2018년 1회 최근 기출문제

1과목 산업안전관리론

01 산업안전보건법령상 근로자 안전·보건교육 기준 중 다음 ( ) 안에 알맞은 것은??

교육과정	교육대상	교육시간
채용 시의 교육	일용근로자 및 근로계약기간이 1주일 이하인 기간제근로자	(㉠)시간 이상
	근로계약기간이 1주일 초과 1개월 이하인 기간제근로자	(㉡)시간 이상
	그 밖의 근로자	(㉢)시간 이상

① ㉠ 1, ㉡ 4, ㉢ 8
② ㉠ 2, ㉡ 4, ㉢ 8
③ ㉠ 1, ㉡ 2, ㉢ 8
④ ㉠ 3, ㉡ 6, ㉢ 8

교육과정	교육대상	교육시간
채용 시 교육	1) 일용근로자 및 근로계약기간이 1주일 이하인 기간제근로자	1시간 이상
	2) 근로계약기간이 1주일 초과 1개월 이하인 기간제근로자	4시간 이상
	3) 그 밖의 근로자	8시간 이상

📎 실기에도 자주 출제되는 내용입니다. 암기하세요.

02 안전심리의 5대 요소에 해당하는 것은?

① 기질(temper)
② 지능(intelligence)
③ 감각(sense)
④ 환경(environment)

★ 산업안전 심리 5요소
① 동기(motive)
② 기질(temper)
③ 감정(emotion)
④ 습성(habits)
⑤ 습관(custom)

📎 필기에 자주 출제되는 내용입니다.

03 학습을 자극에 의한 반응으로 보는 이론에 해당하는 것은?

① 손다이크(Thorndike)의 시행착오설
② 쾰러(Kohler)의 통찰설
③ 톨만(Tolman)의 기호형태설
④ 레빈(Lewin)의 장이론

★ 자극과 반응이론(S-R이론)
① 손다이크(Thorndike)의 학습의 법칙(시행착오설)
② 파블로프의 조건반사설
③ 스키너의 조작적 조건화설(강화의 원리)
④ 반두라(Bandura)의 사회학습이론

📎 필기에 자주 출제되는 내용입니다.

정답 01 ① 02 ① 03 ①

04 학생이 마음속에 생각하고 있는 것을 외부에 구체적으로 실현하고 형상화하기 위하여 자기 스스로 계획을 세워 수행하는 학습활동으로 이루어지는 학습지도의 형태는?

① 케이스 메소드(Case method)
② 패널 디스커션(Panel discussion)
③ 구안법(Project method)
④ 문제법(Problem method)

학습자가 마음속에 생각하고 있는 것(자신의 목표)을 구체적으로 실천하기 위하여 스스로 계획을 세워 수행하는 학습활동
→ 구안법(Project method)

 필기에 자주 출제되는 내용입니다.

05 헤드십(Headship)에 관한 설명으로 틀린 것은?

① 구성원과 사회적 간격이 좁다.
② 지휘의 형태는 권위주의적이다.
③ 권한의 부여는 조직으로부터 위임받는다.
④ 권한 귀속은 공식화된 규정에 의한다.

① 헤드십(Headship)은 구성원과 사회적 간격이 넓다.

 필기에 자주 출제되는 내용입니다.

 참고

* 리더십과 헤드십의 특성

구분	리더십	헤드십
권한 행사	선출된 리더	임명된 헤드
권한 부여	밑으로부터의 동의	위에서 위임
권한 귀속	집단 목표에 기여한 공로 인정	공식화된 규정에 의함
상하, 부하관계	개인적인 영향	지배적임
부하와의 관계	좁음	넓음
지휘 형태	민주주의적	권위주의적
책임 귀속	상사와 부하	상사
권한 근거	개인적	법적, 공식적

06 추락 및 감전 위험방지용 안전모의 일반 구조가 아닌 것은?

① 착장체
② 충격흡수재
③ 선심
④ 모체

추락 및 감전 위험방지용 안전모 → 안전인증 대상 안전모

* 안전인증 대상 안전모의 명칭

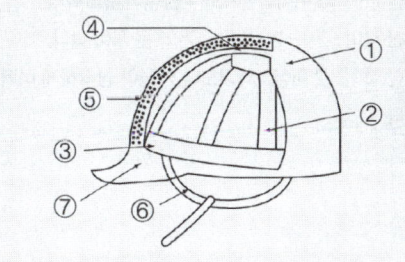

정답 04 ③ 05 ① 06 ③

번호	명칭	
①	모체	
②	착장체	머리받침끈
③		머리고정대
④		머리받침고리
⑤	충격흡수재	
⑥	턱끈	
⑦	챙(차양)	

 실기까지 중요한 내용입니다.

> 참고
>
> ***Safe-T-Score(세이프 티 스코어)**
> ① 과거와 현재의 안전을 성적 내어 비교, 평가하는 기법이다.
> ② Safe-T-Score
> $$= \frac{현재빈도율 - 과거빈도율}{\sqrt{\frac{과거빈도율}{(현재)총근로시간수} \times 1{,}000{,}000}}$$

 실기까지 중요한 내용입니다.

07 Safe-T-Score에 대한 설명으로 틀린 것은?

① 안전관리의 수행도를 평가하는데 유용하다.
② 기업의 산업재해에 대한 과거와 현재의 안전성적을 비교 평가한 점수로 단위가 없다.
③ Safe-T-Score가 +2.0 이상인 경우는 안전관리가 과거보다 좋아졌음을 나타낸다.
④ Safe-T-Score가 +2.0 ~ -2.0 사이인 경우는 안전관리가 과거에 비해 심각한 차이가 없음을 나타낸다.

*Safe-T-Score(세이프 티 스코어)의 판정
- 계산 값이 -2 이하 : 과거보다 안전이 좋아졌다.
- 계산 값이 -2 ~ +2 사이 : 과거와 큰 차이가 없다.
- 계산 값이 +2 이상 : **과거보다 안전이 심각하게 나빠졌다.**

08 매슬로(Maslow)의 욕구 단계 이론의 요소가 아닌 것은?

① 생리적 욕구
② 안전에 대한 욕구
③ 사회적 욕구
④ 심리적 욕구

*매슬로(Maslow A. H.)의 욕구단계 이론(인간의 욕구 5단계)
① 제1단계(생리적 욕구)
② 제2단계(안전 욕구)
③ 제3단계(사회적 욕구)
④ 제4단계(존경 욕구)
⑤ 제5단계(자아실현의 욕구)

 실기까지 중요한 내용입니다. 암기하세요.

정답 07 ③ 08 ④

09 산업안전보건 법령상 안전·보건표지 중 지시표지의 기본모형은?

① 사각형　② 원형
③ 삼각형　④ 마름모형

* **지시표지의 기본모형**
색상 : 바탕은 파란색, 관련 그림은 흰색

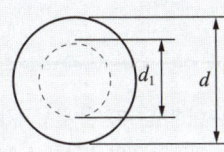

10 재해 발생 시 조치사항 중 대책수립의 목적은?

① 재해 발생 관련자 문책 및 처벌
② 재해 손실비 산정
③ 재해 발생 원인 분석
④ 동종 및 유사재해 방지

대책 수립의 목적 → 동종 및 유사 재해 방지

11 기업 내 정형교육 중 대상으로 하는 계층이 한정되어 있지 않고, 한번 훈련을 받은 관리자는 그 부하인 감독사에 대해 지도원이 될 수 있는 교육방법은?

① TWI(Training Within Industry)
② MTP(Management Training Program)
③ CCS(Civil Communication Section)
④ ATT(American Telephone & Telegram Co)

한번 훈련을 받은 관리자는 그 부하인 감독자에 대해 지도원이 될 수 있는 교육 → ATT

> **참고**
> ① TWI(Training Within Industry) : 일선 관리감독자 대상 교육
> ② MTP(Management Training Program) : 중간 계층관리자 대상 교육
> ③ CCS(Civil Communication Section) : 최고층 관리 감독자 대상 교육

📝 필기에 자주 출제되는 내용입니다.

12 부하의 행동에 영향을 주는 리더십 중 조언, 설명, 보상조건 등의 제시를 통한 적극적인 방법은?

① 강요　② 모범
③ 제언　④ 설득

조언, 설명, 보상조건 등의 제시를 통한 적극적인 방법 → 설득

13 사고예방대책의 기본 원리 5단계 중 제4단계의 내용으로 틀린 것은?

① 인사조정
② 작업분석
③ 기술의 개선
④ 교육 및 훈련의 개선

② 작업분석 → 2단계 사실의 발견의 내용

📝 필기에 자주 출제되는 내용입니다.

정답　09 ②　10 ④　11 ④　12 ④　13 ②

> **참고**
>
> *** 하인리히 사고방지 5단계**

1단계 안전조직	• 안전목표 설정 • 안전관리자의 선임 • 안전조직 구성 • 안전활동 방침 및 계획수립 • 조직을 통한 안전 활동 전개
2단계 사실의 발견	• 작업분석 • 점검 • 사고조사 • 안전진단 • 사고 및 활동기록의 검토
3단계 분석	• 사고원인 및 경향성 분석 (사고보고서 및 현장조사 분석) • 작업공정 분석 • 사고기록 및 관계자료 분석 • 인적·물적 환경 조건 분석
4단계 시정방법 선정	• 기술적 개선 • 안전운동 전개 • 교육훈련 분석 • 안전행정의 개선 • 배치 조정 • 규칙 및 수칙 등 제도의 개선
5단계 시정책 적용 (3E 적용)	• 안전교육(Education) • 안전기술(Engineering) • 안전독려(Enforcement)

📝 실기까지 중요한 내용입니다.

14 주의(attention)의 특성 중 여러 종류의 자극을 받을 때 소수의 특정 한 것에만 반응하는 것은?

① 선택성 ② 방향성
③ 단속성 ④ 변동성

소수의 특정 한 것에만 반응 → 선택성

> **참고**
>
> 1. 방향성 : 시선에서 벗어난 부분은 무시되기 쉽다.
> 2. 변동성 : 주의는 리듬이 있어 일정한 수순을 지키지 못한다.
> 3. 단속성 : 고도의 주의는 장시간 집중이 곤란하다.
> 4. 주의력의 중복집중 곤란 : 동시에 두 개 이상의 방향을 잡지 못한다.

📝 필기에 자주 출제되는 내용입니다.

15 재해예방의 4원칙이 아닌 것은?

① 원인계기의 원칙   ② 예방가능의 원칙
③ 사실보존의 원칙   ④ 손실우연의 원칙

> *** 산업재해 예방의 4원칙**
>
> ① 예방 가능의 원칙 : 재해는 원칙적으로 원인만 제거되면 예방이 가능하다.
> ② 손실 우연의 원칙 : 사고의 결과 생기는 상해의 종류와 정도는 사고 발생시 사고대상의 조건에 따라 우연히 발생한다.
> ③ 대책 선정의 원칙 : 사고의 원인에 대한 적합한 대책이 선정되어야 한다.
> ④ 원인 연계의 원칙 : 재해는 직접원인과 간접원인이 연계되어 일어난다.

📝 실기에도 자주 출제되는 내용입니다. 암기하세요.

 정답 14 ① 15 ③

16 산업안전보건 법령상 관리감독자의 업무의 내용이 아닌 것은?

① 해당 작업에 관련되는 기계·기구 또는 설비의 안전·보건점검 및 이상유무의 확인
② 해당 사업장 산업보건의 지도·조언에 대한 협조
③ 위험성평가를 위한 업무에 기인하는 유해·위험요인의 파악 및 그 결과에 따라 개선조치의 시행
④ 작성된 물질안전보건자료의 게시 또는 비치에 관한 보좌 및 조언·지도

* 관리감독자의 업무
① 기계·기구 또는 설비의 안전·보건 점검 및 이상 유무의 확인
② 근로자의 작업복·보호구 및 방호장치의 점검과 그 착용·사용에 관한 교육·지도
③ 산업재해에 관한 보고 및 이에 대한 응급조치
④ 작업장 정리·정돈 및 통로확보에 대한 확인·감독
⑤ 산업보건의, 안전관리자(안전관리전문기관의 해당 사업장 담당자) 및 보건관리자(보건관리전문기관의 해당 사업장 담당자), 안전보건관리담당자(안전관리전문기관 또는 보건관리전문기관의 해당 사업장 담당자)의 지도·조언에 대한 협조
⑥ 위험성평가를 위한 유해·위험요인의 파악 및 개선 조치의 시행에 대한 참여
⑦ 그 밖에 해당 작업의 안전·보건에 관한 사항으로서 고용노동부령으로 정하는 사항

📝 실기에도 자주 출제되는 내용 입니다. 암기하세요.

17 400명의 근로자가 종사하는 공장에서 휴업일수 127일, 중대 재해 1건이 발생한 경우 강도율은? (단, 1일 8시간으로 연 300일 근무조건으로 한다.)

① 10
② 0.1
③ 1.0
④ 0.01

- 강도율 = $\dfrac{\text{총 요양 근로손실일수}}{\text{연 근로시간 수}} \times 1,000$

- 근로손실일수
 = 휴업일수, 요양일수, 입원일수 $\times \dfrac{300(\text{실제근로일수})}{365}$

- 강도율 = $\dfrac{127 \times \dfrac{300}{365}}{400 \times 8 \times 300} \times 1,000 = 0.1087$

📝 실기에도 자주 출제되는 내용 입니다.

18 시행착오설에 의한 학습법칙이 아닌 것은?

① 효과의 법칙
② 준비성의 법칙
③ 연습의 법칙
④ 일관성의 법칙

* 손다이크(Thorndike)의 학습의 법칙(시행착오설)
- 준비성의 법칙
- 연습 또는 반복의 법칙
- 효과의 법칙

📝 필기에 자주 출제되는 내용 입니다.

정답 16 ④ 17 ② 18 ④

19 산업안전보건법령상 건설현장에서 사용하는 크레인, 리프트 및 곤돌라의 안전검사의 주기로 옳은 것은? (단, 이동식 크레인, 이삿짐운반용 리프트는 제외한다.)

① 최초로 설치한 날부터 6개월마다
② 최초로 설치한 날부터 1년마다
③ 최초로 설치한 날부터 2년마다
④ 최초로 설치한 날부터 3년마다

＊ 안전검사대상 유해·위험기계 등의 검사 주기
1. 크레인(이동식 크레인은 제외한다), 리프트(이삿짐운반용 리프트는 제외한다) 및 곤돌라 : 사업장에 설치가 끝난 날부터 3년 이내에 최초 안전검사를 실시하되, 그 이후부터 2년마다(건설현장에서 사용하는 것은 최초로 설치한 날부터 6개월마다)
2. 이동식 크레인, 이삿짐운반용 리프트 및 고소작업대 : 신규등록 이후 3년 이내에 최초 안전검사를 실시하되, 그 이후부터 2년마다
3. 프레스, 전단기, 압력용기, 국소 배기장치, 원심기, 롤러기, 사출성형기, 컨베이어 및 산업용 로봇, 혼합기, 파쇄기 또는 분쇄기 : 사업장에 설치가 끝난 날부터 3년 이내에 최초 안전검사를 실시하되, 그 이후부터 2년마다(공정안전보고서를 제출하여 확인을 받은 압력용기는 4년마다)(26년 6월 26일 시행)

실기에 자주 출제되는 중요한 내용입니다. 암기하세요.

20 위험예지훈련 4R방식 중 각 라운드(Round)별 내용 연결이 옳은 것은?

① 1R - 목표설정
② 2R - 본질추구
③ 3R - 현상파악
④ 4R - 대책수립

＊ 위험예지훈련 4R
1단계 : 현상 파악
2단계 : 요인조사(본질추구)
3단계 : 대책수립
4단계 : 행동목표 설정(합의요약)

2과목 인간공학 및 시스템안전공학

21 시각적 표시장치를 사용하는 것이 청각적 표시장치를 사용하는 것보다 좋은 경우는?

① 메시지가 후에 참고되지 않을 때
② 메시지가 공간적인 위치를 다룰 때
③ 메시지가 시간적인 사건을 다룰 때
④ 사람의 일이 연속적인 움직임을 요구할 때

＊ 청각장치와 시각장치의 비교

청각장치	• 전언이 짧고, 간단할 때 • 재참조되지 않는다. • 시간적인 사상을 다룬다. • 즉각적인 행동을 요구할 때 • 시각계통이 과부하일 때 • 주위가 너무 밝거나 암조응일 때 • 자주 움직이는 경우
시각장치	• 전언이 길고, 복잡할 때 • 재참조된다. • 공간적인 위치 다룬다. • 즉각적 행동을 요구하지 않을 때 • 청각계통이 과부하일 때 • 주위가 너무 시끄러울 때 • 한 곳에 머무르는 경우

필기에 자주 출제되는 내용입니다.

정답 19 ① 20 ② 21 ②

22 체계분석 및 설계에 있어서 인간공학의 가치와 가장 거리가 먼 것은?

① 성능의 향상
② 인력 이용률의 감소
③ 사용자의 수용도 향상
④ 사고 및 오용으로부터의 손실 감소

② 인력 이용률의 감소 → 인력 이용률의 향상

> 참고
>
> *체계분석 및 설계의 인간공학의 가치
> ① **성능의 향상** : 적절한 유능한 운용자
> ② **훈련비용의 절감** : 숙련도
> ③ **인력이용율의 향상** : 인력자원의 효과적 이용
> ④ **사고 및 오용으로부터의 손실감소** : 인간공학 원칙 적용
> ⑤ **생산 및 보전의 경제성 증대** : 설계 단순화 및 인간공학 원칙 적용
> ⑥ **사용자의 수용도 향상** : 운용 및 보전성 용이

📝 필기에 자주 출제되는 내용입니다.

23 휘도(luminance)의 척도 단위(unit)가 아닌 것은?

① fc
② fL
③ mL
④ cd/m²

① fc(foot-candle)은 조도의 단위이다.

24 신체 반응의 척도 중 생리적 스트레인의 척도로 신체적 변화의 측정 대상에 해당하지 않는 것은?

① 혈압
② 부정맥
③ 혈액성분
④ 심박수

③ 혈액성분은 생화학적 측정요소에 해당한다.

> 참고
>
> *생리학적 측정방법 : 감각기능, 반사기능, 대사기능 등을 이용한 측정법
> ① EMG(electromyogram ; 근전도)
> ② ECG(electrocardiogram ; 심전도)
> ③ EEG(electroencephalogram ; 뇌전도)
> ④ EOG(electrooculogram ; 안전도)
> ⑤ 산소소비량
> ⑥ 에너지 소비량(RMR)
> ⑦ 피부전기반사(GSR)
> ⑧ 점멸 융합 주파수(플리커법)

25 안전성의 관점에서 시스템을 분석 평가하는 접근방법과 거리가 먼 것은?

① "이런 일은 금지한다."의 개인판단에 따른 주관적인 방법
② "어떻게 하면 무슨 일이 발생할 것인가?"의 연역적인 방법
③ "어떤 일은 하면 안 된다."라는 점검표를 사용하는 직관적인 방법
④ "어떤 일이 발생하였을 때 어떻게 처리하여야 안전한가?"의 귀납적인 방법

정답 22 ② 23 ① 24 ③ 25 ①

개인 판단에 의한 주관적인 방법으로 시스템의 안전을 분석 평가해서는 안 된다. 객관적인 판단이 필요하다.

26 다음의 연산표에 해당하는 논리연산은?

입력		출력
X_1	X_2	
0	0	0
0	1	1
1	0	1
1	1	0

① XOR ② AND
③ NOT ④ OR

① AND : 비교하는 두 비트가 똑같이 1인 경우에만 결과가 1
② OR : 비교하는 두 비트가 똑같이 0인 경우에만 결과가 0
③ XOR : 비교하는 두 비트가 서로 같을 경우에만 결과가 0
④ NOT : 0이면 1로, 1이면 0으로 바꿈

27 항공기 위치 표시장치의 설계원칙에 있어, 다음 보기의 설명에 해당하는 것은?

항공기의 경우 일반적으로 이동 부분의 영상은 고정된 눈금이나 좌표계에 나타내는 것이 바람직하다.

① 통합 ② 양립적 이동
③ 추종표시 ④ 표시의 현실성

① 표시의 현실성 : 표시장치의 이미지(상하, 좌우, 깊이)는 현실 공간과 일치하게 표시한다.
② 통합 : 관련된 모든 정보를 통합하여 상호관계를 바로 인식할 수 있도록 한다.
③ 양립적 이동 : 항공기의 이동 부분의 영상은 고정된 눈금이나 좌표계에 나타내는 것이 바람직하다.
④ 추종표시 : 원하는 목표와 실제 지표가 공통 눈금이나 좌표계에서 이동하게 한다.

28 근골격계 질환의 인간공학적 주요 위험요인과 가장 거리가 먼 것은?

① 과도한 힘
② 부적절한 자세
③ 고온의 환경
④ 단순 반복 작업

근골격계 질환은 저온의 환경에서 발생 위험이 높아진다.

📝 필기에 자주 출제되는 내용입니다.

정답 26 ① 27 ② 28 ③

> **참고**
>
> * 근골격계 질환(누적 외상성 질환, CTDs)의 발생 요인
> ① 반복적인 동작
> ② 부적절한 작업 자세
> ③ 무리한 힘의 사용
> ④ 날카로운 면과의 신체접촉
> ⑤ 진동 및 온도(저온)

> * FTA의 활용 및 기대효과(장점)
> ① 사고원인 규명의 간편화
> ② 사고원인 분석의 일반화
> ③ 사고원인 분석의 정량화
> ④ 노력, 시간의 절감
> ⑤ 시스템의 결함 진단
> ⑥ 안전점검 Check List 작성

29 산업현장에서 사용하는 생산설비의 경우 안전장치가 부착되어 있으나 생산성을 위해 제거하고 사용하는 경우가 있다. 이러한 경우를 대비하여 설계 시 안전장치를 제거하면 작동이 안 되는 구조를 채택하고 있다. 이러한 구조는 무엇인가?

① Fail Safe
② Fool Proof
③ Lock Out
④ Tamper Proof

> 설계 시 안전장치를 제거하면 작동이 안 되는 구조
> → Tamper Proof

30 FTA의 활용 및 기대효과가 아닌 것은?

① 시스템의 결함 진단
② 사고원인 규명화의 간편화
③ 사고원인 분석의 정량화
④ 시스템의 결함 비용 분석

31 인간공학적 부품배치의 원칙에 해당하지 않는 것은?

① 신뢰성의 원칙
② 사용 순서의 원칙
③ 중요성의 원칙
④ 사용 빈도의 원칙

> * 부품배치의 원칙
> ① 중요성의 원칙
> ② 사용 빈도의 원칙
> ③ 사용 순서의 원칙
> ④ 기능별 배치의 원칙

> 필기에 자주 출제되는 내용입니다.

32 시스템안전프로그램계획(SSPP)에서 "완성해야 할 시스템안전업무"에 속하지 않는 것은?

① 정성 해석
② 운용 해석
③ 경제성 분석
④ 프로그램 심사의 참가

정답 29 ④ 30 ④ 31 ① 32 ③

* **시스템안전프로그램계획(SSPP)에서 수행해야 하는 시스템 안전 업무활동**
① 정성적 분석
② 정량적 분석
③ 운용 위험요인 분석(OHA)
④ 업무활동 심사의 참가
⑤ 설계 심사에의 참가

33 선형 조종장치를 16cm 옮겼을 때, 선형 표시장치가 4cm 움직였다면, C/R 비는 얼마인가?

① 0.2　　② 2.5
③ 4.0　　④ 5.3

① C/R 비 = $\dfrac{X}{Y}$

X : 통제기기의 변위량(cm)
Y : 표시계기 지침의 변위량(cm)

② C/R 비 = $\dfrac{\dfrac{\alpha}{360} \times 2\pi L}{Y}$

a : 조종장치의 움직인 각도
L : 조종장치의 반경

C/R 비 = $\dfrac{X}{Y}$ = $\dfrac{16}{4}$ = 4

📝 필기에 자주 출제되는 내용입니다.

34 자연습구온도가 20℃이고, 흑구온도가 30℃일 때, 실내의 습구흑구온도지수(WBGT : wet-bulb globe tempera-ture)는 얼마인가?

① 20℃　　② 23℃
③ 25℃　　④ 30℃

* **습구흑구온도지수(WBGT)**
1. 옥외(태양광선이 내리쬐는 장소)
WBGT(℃) = 0.7×자연습구온도+0.2×흑구온도+0.1×건구온도

2. 옥내 또는 옥외(태양광선이 내리쬐지 않는 장소)
WBGT(℃) = 0.7×자연습구온도+0.3×흑구온도

실내이므로
WBGT(℃) = 0.7×자연습구온도+0.3×흑구온도
= 0.7×20 + 0.3×30
= 23℃

35 소음을 방지하기 위한 대책으로 틀린 것은?

① 소음원 통제　　② 차폐장치 사용
③ 소음원 격리　　④ 연속 소음 노출

* **소음 대책**
① 소음원 통제
② 소음의 격리
③ 차폐장치, 흡음제 사용
④ 음향처리제 사용
⑤ 적절한 배치(Layout)
⑥ 배경음악
⑦ 보호구 사용(가장 소극적인 대책)

정답　33 ③　34 ②　35 ④

36 산업안전 분야에서의 인간공학을 위한 제반 언급 사항으로 관계가 먼 것은?

① 안전관리자와의 의사소통 원활화
② 인간과오 방지를 위한 구체적 대책
③ 인간행동 특성 자료의 정량화 및 축적
④ 인간 - 기계체계의 설계 개선을 위한 기금의 축적

＊인간공학을 위한 제반 언급 사항
① 안전관리자와의 의사소통 원활화
② 인간과오 방지를 위한 구체적 대책
③ 인간행동 특성 자료의 정량화 및 축적

37 시스템 안전을 위한 업무 수행 요건이 아닌 것은?

① 안전 활동의 계획 및 관리
② 다른 시스템 프로그램과 분리 및 배제
③ 시스템 안전에 필요힌 사항의 동일성 식별
④ 시스템 안전에 대한 프로그램 해석 및 평가

＊시스템 안전관리
① 안전 활동의 계획 및 조직과 관리
② 다른 시스템 프로그램 영역과 조정
③ 시스템 안전에 필요한 사항의 동일성 식별
④ 시스템 안전에 대한 프로그램의 해석과 검토 및 평가 등의 시스템 안전업무

필기에 자주 출제되는 내용입니다.

38 컷셋과 최소 패스셋을 정의한 것으로 맞는 것은?

① 컷셋은 시스템 고장을 유발시키는 필요 최소한의 고장들의 집합이며, 최소 패스셋은 시스템의 신뢰성을 표시한다.
② 컷셋은 시스템 고장을 유발시키는 필요 최소한의 고장들의 집합이며, 최소 패스셋은 시스템의 불신뢰도를 표시한다.
③ 컷셋은 그 속에 포함되어 있는 모든 기본사상이 일어났을 때 톱 사상을 일으키는 기본사상의 집합이며, 최소 패스셋은 시스템의 신뢰성을 표시한다.
④ 컷셋은 그 속에 포함되어 있는 모든 기본사상이 일어났을 때 톱 사상을 일으키는 기본사상의 집합이며, 최소 패스셋은 시스템의 성공을 유발하는 기본사상의 집합이다.

(1) 컷셋(Cut Set)
• 정상사상을 발생시키는 기본사상의 집합
• 모든 기본사상이 일어났을 때 정상사상을 일으키는 기본사상들의 집합이다.

(2) 미니멀 컷(Minimal Cut Set)
• 정상사상을 일으키기 위한 기본사상의 최소집합 (최소한의 컷)
• 시스템의 위험성을 나타낸다.

(3) 패스셋(Path Set)
• 시스템의 고장을 일으키지 않는 기본사상들의 집합
• 포함된 기본사상이 일어나지 않을 때 처음으로 정상사상이 일어나지 않는 기본사상들의 집합이다.

(4) 미니멀 패스(Minimal Path Set)
• 시스템의 기능을 살리는 최소한의 집합(최소한의 패스)
• 시스템의 신뢰성 나타낸다.

필기에 자주 출제되는 내용입니다.

정답 36 ④ 37 ② 38 ③

39 인체 측정치의 응용 원칙과 거리가 먼 것은?

① 극단치를 고려한 설계
② 조절 범위를 고려한 설계
③ 평균치를 기준으로 한 설계
④ 기능적 치수를 이용한 설계

* 인체계측자료의 응용 3원칙
① 최대치수와 최소치수 설계(극단치 설계)
② 조절(조정)범위(조절식 설계)
③ 평균치를 기준으로 한 설계

📝 필기에 자주 출제되는 내용입니다.

40 10시간 설비 가동 시 설비고장으로 1시간 정지하였다면 설비고장 강도율은 얼마인가?

① 0.1%   ② 9%
③ 10%   ④ 11%

설비고장 강도율 = $\dfrac{설비\ 고장\ 정지시간}{설비\ 가동시간}$

설비고장 강도율 = $\dfrac{1}{10}$ = 0.1 × 100 = 10%

3과목 건설시공학

41 평판재하시험용 시험기구와 거리가 먼 것은?

① 잭(jack)
② 틸트미터(tilt mater)
③ 로드셀(Load cell)
④ 다이얼 게이지(Dial gauge)

* 평판재하시험용 시험기구
① 지지판(bearing plate)
② 유압 잭(jack)
③ 반력장치
④ 계측장치 : 하중계(로드셀), 변위계(다이얼 게이지)

> 참고
>
> 경사계(Tilt-meter) : 구조물의 경사각 및 변형상태를 계측하는데 사용된다.

42 표준관입시험은 63.5Kg의 추를 76cm 높이에서 자유 낙하시켜 샘플러가 일정 깊이까지 관입하는데 소요되는 타격 회수(N)로 시험하는데 그 깊이로 옳은 것은?

① 15cm
② 30cm
③ 45cm
④ 60cm

정답 39 ④ 40 ③ 41 ② 42 ②

> **★ 표준관입 시험(Standard penetration test)**
> - 모래의 전단력은 모래의 밀도에 의하여 결정되고 불교란 시료를 채취하기 곤란하므로 현지에서 모래의 밀도 N값을 측정하는 시험이다.
> - 63.5[kg]의 추를 75[cm]에서 자유 낙하시켜 표준샘플러를 관입량 30cm에 달하는데 요하는 타격횟수를 말하고 N의 값이 클수록 밀실한 토질이다.

필기에 자주 출제되는 내용입니다.

43 철근 콘크리트 공사에서 콘크리트 타설 후 거푸집 존치기간을 가장 길게 해야 할 부재는?

① 슬래브 밑   ② 기둥
③ 기초   ④ 벽

> **★ 콘크리트의 압축강도를 시험할 경우 거푸집널의 해체 시기**
>
> | 부위 | | 콘크리트 압축강도 |
> |---|---|---|
> | 확대기초, 보, 기둥, 등의 측면 | | 5MPa 이상 |
> | 슬래브 및 보의 밑면, 아치 내면 | 단층구조인 경우 | 설계기준 압축강도 이상 (필러 동바리 구조를 이용할 경우는 구조계산에 의해 기간을 단축할 수 있음. 단, 이 경우라도 최소강도는 14MPa 이상으로 함) |
> | | 다층구조인 경우 | |

44 철골공사의 녹막이 칠에 관한 설명으로 옳지 않은 것은?

① 초음파탐상검사에 지장을 미치는 범위는 녹막이 칠을 하지 않는다.
② 바탕 만들기를 한 강재표면은 녹이 생기기 쉽기 때문에 즉시 녹막이 칠을 하여야 한다.
③ 콘크리트에 묻히는 부분에는 녹막이 칠을 하여야 한다.
④ 현장 용접 예정부분은 용접부에서 100mm 이내에 녹막이 칠을 하지 않는다.

③ 콘크리트에 묻히는 부분에는 녹막이 칠을 하지 않는다.

> **참고**
>
> **★ 강재에서 녹막이 칠을 하지 않는 부분**
> ① 현장용접을 하는 부위 및 그 곳에 인접하는 양측 100mm 이내, 그리고 초음파 탐상검사에 지장을 미치는 범위
> ② 고력볼트 마찰접합부의 마찰면
> ③ 콘크리트에 묻히는 부분
> ④ 핀, 롤러 등 밀착하는 부분과 회전면 등 절삭 가공한 부분
> ⑤ 조립에 의하여 면 맞춤 되는 부분
> ⑥ 밀폐되는 내면

필기에 자주 출제되는 내용입니다.

정답 43 ①   44 ③

45 공사현장의 소음·진동 관리를 위한 내용 중 옳지 않은 것은?

① 일정면적 이상의 건축공사장은 특정 공사 사전신고를 한다.
② 방음벽 등 차음·방진 시설을 설치한다.
③ 파일공사는 가능한 타격공법을 시행한다.
④ 해체공사 시 압쇄공법을 채택한다.

③ 파일공사는 유압해머, 초고주파 항타기 등과 같은 저소음용이나 방음대책이 강구된 항타기를 사용한다.

46 단가 도급계약 제도에 관한 설명으로 옳지 않은 것은?

① 시급한 공사인 경우 계약을 간단히 할 수 있다.
② 설계변경으로 인한 수량증감의 계산이 어렵고 일식도급보다 복잡하다.
③ 공사비가 높아질 염려가 있다.
④ 총 공사비를 예측하기 힘들다.

② 설계변경으로 인한 수량증감의 계산이 간단하다. (물량이 증가하면 공사비가 자동으로 증가하기 때문에 추가공사에 대한 분쟁이 적다.)

📝 필기에 자주 출제되는 내용입니다.

47 철골부재의 절단 및 가공조립에 사용되는 기계의 선택이 잘못된 것은?

① 메탈터치부위 가공-페이싱머신(facing machine)
② 형강류 절단-해크소(hack saw)
③ 판재류 절단-플레이트 쉬어링기(plate shearing)
④ 볼트접합부 구멍 가공-로터리 플레이너 (rotaty planer)

1. 메탈터치부위 가공 – **페이싱 머신**(facing machine), 로터리 플레이너(rotaty planer)
2. 볼트접합부 구멍 가공 – **펀치, 서브 펀치**(sub punch)로 구멍뚫기 한 다음 리머(reamer)로 넓힌다.

48 콘크리트 타설 후 콘크리트의 소요 강도를 단기간에 확보하기 위하여 고온·고압에서 양생하는 방법은?

① 봉합양생　② 습윤양생
③ 전기양생　④ 오토클레이브양생

★ **콘크리트의 양생방법**

습윤 양생 (wet curing)	수분을 가하여 시멘트 혼합물이나 콘크리트를 촉촉한 상태에서 마를 때까지 양생하는 방법
막 양생 (membrane curing)	콘크리트를 습윤양생 할 수 없거나 장기간 양생하여야 하는 경우 콘크리트 노출 표면에 비닐 또는 아스팔트 유제 등을 도포하여 방수 막을 형성하여 수분 증발을 방지하는 양생 방법

정답　45 ③　46 ②　47 ④　48 ④

증기양생 (steam curing)	일반적인 거푸집 존치기간 보다 짧은 기간 내에 거푸집을 제거하고 소요 강도를 얻기 위하여 고온의 증기로 시멘트의 수화반응을 촉진시키는 방법	
전열양생 (electric heat curing)	전열선을 콘크리트 주위에 배치하고 캔버스 등으로 덮어서 콘크리트 주위의 온도를 따뜻하게 하여 양생하는 방법	
오토클레이브 양생 (autoclave curing)	콘크리트 타설 후 콘크리트의 소요 강도를 단기간에 확보하기 위하여 고온·고압의 가마 속에 콘크리트를 넣어 양생하는 방법	

 필기에 자주 출제되는 내용입니다.

49 거푸집 박리제 시공 시 유의사항으로 옳지 않은 것은?

① 박리제가 철근에 묻어도 부착강도에는 영향이 없으므로 충분히 도포하도록 한다.
② 박리제의 도포 전에 거푸집면의 청소를 철저히 한다.
③ 콘크리트 색조에는 영향이 없는지 확인 후 사용한다.
④ 콘크리트 타설 시 거푸집의 온도 및 탈형 시간을 준수한다.

① 거푸집에 도포된 박리제가 철근에 묻으면 철근과 콘크리트의 부착력이 저하되므로 철근에 묻지 않도록 주의하여야 한다.

 필기에 자주 출제되는 내용입니다.

50 슬럼프 저하 등 워커빌리티의 변화가 생기기 쉬우며 동일 슬럼프를 얻기 위한 단위수량이 많아 콜드조인트가 생기는 문제점을 갖고 있는 콘크리트는?

① 한중콘크리트
② 매스콘크리트
③ 서중콘크리트
④ 팽창콘크리트

* 서중 콘크리트의 특징
① 콘크리트의 슬럼프 저하 및 수분의 급격한 증발 등에 의한 균열발생의 위험이 있다.
② 동일 슬럼프를 얻기 위한 단위수량이 많아 콜드조인트가 생길 수 있다.
③ 콘크리트의 온도가 낮아지도록 재료의 배합, 타설, 양생에 주의를 기울여야 한다.

참고

* 서중 콘크리트
기온이 30[℃] 이상인 상태에서 시공하는 콘크리트를 말한다.

 필기에 자주 출제되는 내용입니다.

51 거푸집공사에서 거푸집상호간의 간격을 유지하는 것으로서 보통 철근제, 파이프제를 사용하는 것은?

① 데크 플레이트(Deck plate)
② 격리제(Separator)
③ 박리제(Form oil)
④ 캠버(Camber)

격리재(separator) : 거푸집 상호간의 간격을 일정하게 유지하는데 사용된다.

📑 필기에 자주 출제되는 내용입니다.

52 정액도급 계약제도에 관한 설명으로 옳지 않은 것은?

① 경쟁 입찰 시 공사비가 저렴하다
② 건축주와의 의견조정이 용이하다.
③ 공사설계변경에 따른 도급액 증감이 곤란하다.
④ 이윤관계로 공사가 조잡해질 우려가 있다.

② 건축주와의 의견조정이 어렵다.

> **참고**
> ★ **정액도급**
> 계약에서 정해진 업무에 대하여 일정 계약금액(총 공사금액)을 계약자가 인수하는 형태의 계약으로 공사변경이 발생하여도 총액 안에서 해결한다.

📑 필기에 자주 출제되는 내용입니다.

53 주문받은 건설업자가 대상계획의 금융, 토지조달, 설계, 시공 등 기타 모든 요소를 포괄한 도급계약 방식은?

① 실비정산 보수가산 도급
② 턴키도급(trun-key)
③ 정액도급
④ 공동도급(joint venture)

턴키베이스 도급(turn-key base contract) : 주문받은 건설업자가 대상 계획의 기업, 금융, 토지조달, 설계, 시공 등을 포괄하는 도급계약방식을 말한다.

📑 필기에 자주 출제되는 내용입니다.

54 건축물의 철근 조립 순서로서 옳은 것은?

① 기초-기둥-보-slab-벽-계단
② 기초-기둥-벽-slab-보-계단
③ 기초-기둥-벽-보-slab-계단
④ 기초-기둥-slab-보-벽-계단

★ **철근의 조립 순서**
① 철근 콘크리트 : 거푸집 조립 순서에 맞추어 조립한다.
  기초 → 기둥 → 벽 → 보 → 슬래브(바닥) → 계단
② 철골철근 콘크리트 : 철골의 조립 및 리벳치기가 완료된 부분부터 철근을 조립한다.
  기초 → 기둥 → 보 → 벽 → 슬래브(바닥) → 계단

📑 필기에 자주 출제되는 내용입니다.

정답 51 ② 52 ② 53 ② 54 ③

55 말뚝의 이음 공법 중 강성이 가장 우수한 방식은?

① 장부식 이음 ② 충전식 이음
③ 리벳식 이음 ④ 용접식 이음

★ 말뚝의 이음공법

Band식 및 장부식 이음	• 이음부에 Band를 채우거나 미리 제작하여 끼워서 이음하는 방법 • 시공이 간편하며 단기간 시공이 가능하다. • 강성이 약하며 연약지반에 사용이 불가능하다.
충진식 이음	• 이음부 내부에 철근, 콘크리트를 채워 이음하는 방법 • 내압축성, 내식성이 우수하다. • 이음부의 강성이 크다.
볼트식 이음	• 말뚝이음 부분을 볼트로 체결하여 이음하는 방법 • 시공이 신속, 간편하다. • 타입 시 볼트 체결부분이 파손되기 쉽다.
용접식 이음	• 말뚝 이음부에 강판을 부착하여 현장에서 용접하여 이음하는 방법 • 이음부의 강성이 가장 우수한 방법이다. • 이음부의 부식 우려가 있다.

 필기에 자주 출제되는 내용입니다.

56 토공사 시 발생하는 히빙 파괴(heaving faliure)의 방지대책으로 가장 거리가 먼 것은?

① 흙막이 벽의 근입 깊이를 늘린다.
② 터파기 밑면 아래의 지반을 개량한다.
③ 지하수위를 저하시킨다.
④ 아일랜드 컷 공법을 적용하여 중량을 부여한다.

지하수위를 저하시킨다. → 보일링 현상 방지대책

 참고

★ 히빙 파괴(heaving faliure)의 방지대책
① 흙막이 벽체의 근입 깊이를 깊게 한다.
② 양질의 재료로 지반을 개량한다(흙의 전단강도를 높인다.)
③ 굴착주변에 웰포인트 공법을 병행한다.
④ 어스앵커를 설치한다.

필기에 자주 출제되는 내용입니다.

57 토공사와 관련된 용어에 관한 설명으로 옳지 않은 것은?

① 간극비 : 흙의 간극 부분 중량과 흙 입자 중량의 비
② 겔타임(gel time) : 약액을 혼합한 후 시간이 경과하여 유동성을 상실하게 되기까지의 시간
③ 동결심도 : 지표면에서 지하 동결선까지의 길이
④ 수동활동면 : 수동토압에 의한 파괴 시 토체의 활동면

정답 55 ④ 56 ③ 57 ①

① 간극비 : 흙 입자의 용적에 대한 간극의 용적비를 말한다.

📝 필기에 자주 출제되는 내용입니다.

58 다음 중 건설공사용 공정표의 종류에 해당되지 않는 것은?

① 횡선식 공정표 ② 네트워크공정표
③ PDM기법 ④ WBS

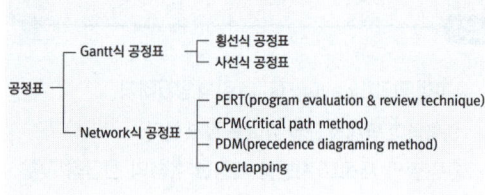

📝 필기에 자주 출제되는 내용입니다.

59 중용열 포틀랜드 시멘트의 특성이 아닌 것은?

① 블리딩 현상이 크게 나타난다.
② 장기강도 및 내화학성의 확보에 유리하다.
③ 모르타르의 공극 충전효과가 크다.
④ 내침식성 및 내구성이 크다.

① 워커 빌리티(workbility)가 증대되고 블리딩이 적다.

> 참고

* **중용열 포틀랜드 시멘트**
① 시멘트의 성분 중에 C_3S(규산삼석회)나 C_3A(알루미네이트, 알루민산삼석회)가 적고, 장기강도를 지배하는 C_2S(벨라이트, 규산이석회)를 많이 함유한 시멘트이다.
② 수화속도를 지연시켜 수화열을 작게 한 시멘트이다.(수화열을 낮게 하여 단기보다 장기강도를 증진시킨 시멘트)
③ 건조수축이 작고 건축용 매스콘크리트에 사용된다.
④ 내식성이 있고 안정도가 높으며 내구성이 크고 화학저항성 크다.
⑤ 댐 공사, 터널, 거대구조물의 기초공사(매스콘크리트), 콘크리트 도로포장, 방사능 차폐용으로 사용된다.

📝 필기에 자주 출제되는 내용입니다.

60 철근이음공법 중 지름이 큰 철근을 이음할 경우 철근의 재료를 절감하기 위하여 활용하는 공법이 아닌 것은?

① 가스압접이음
② 맞댐용접이음
③ 나사식커플링이음
④ 겹친이음

겹친이음은 두 철근의 겹침 길이를 충분히 하여 이음하는 방법으로 철근 재료가 절감되지 않는다.

정답 58 ④ 59 ① 60 ④

4과목 건설재료학

61 도막방수에 관한 설명으로 옳지 않은 것은?

① 복잡한 형상에도 시공이 용이하다
② 시트간의 접착이 불완전 할 수 있다.
③ 내약품성이 우수하다.
④ 균일한 두께의 시공이 곤란하다.

* 도막방수의 특징
① 복잡한 부위의 시공성이 좋다.
② 신속한 작업 및 접착성이 좋다.
③ 바탕면의 미세한 균열에 대한 저항성이 있다.(고무에 의한 신축성으로 균열이 적다.)
④ 내약품성 및 온도변화에 대한 적응성이 우수하다.
⑤ 누수 시 결함 발견이 용이하고 국부 보수가 가능하다.
⑥ 바탕 면에 균일한 두께의 시공이 곤란하다.
⑦ 방수의 신뢰도가 낮아 단열을 필요로 하는 옥상 층에는 불리하다.
⑧ 핀홀(구멍)이 생길 우려 있다.

 필기에 자주 출제되는 내용입니다.

62 단열재료 중 무기질 재료가 아닌 것은?

① 유리면
② 경질우레탄 폼
③ 세라믹 섬유
④ 암면

무기질 단열재 (열에 강함, 흡습성 큼)	유기질 단열재 (화재에 취약, 단열성능 우수)
① 유리질 단열재 : 유리면 ② 광물질 단열재 : 석면, 암면(미네랄 울, 락 울), 펄라이트 ③ 금속질 단열재 : 규산질, 알루미나질, 마그네시아질 ④ 탄소질 단열재 : 탄소질 섬유, 탄소분말 등으로 성형 ⑤ 세라믹 섬유 단열재(세라믹 파이버)	① 발포폴리스티렌 ② 발포폴리우레탄 ③ 발포염화비닐 ④ 셀룰로오스 보온재 ⑤ 기타 플라스틱 단열재

 참고

1. 무기질 단열재 : 유리 원료나 광물을 녹여 섬유 형태로 만든 광물섬유 단열재(열에 강함, 흡습성 큼)
2. 유기질 단열재 : 석유를 기반으로 제작된 단열재 (화재에 취약, 단열성능 우수)

63 알루미늄의 성질에 관한 설명으로 옳지 않은 것은?

① 반사율이 작으므로 열차단재로 쓰인다.
② 독성이 없으며 무취이고 위생적이다.
③ 산과 알칼리에 약하여 콘크리트에 접하는 면에는 방식처리를 요한다.
④ 융점이 낮기 때문에 용해 주조도는 좋으나 내화성이 부족하다.

정답 61 ② 62 ② 63 ①

* 알루미늄(Al)
① 철 비중의 1/3정도의 경량이며, 전·연성이 우수하여 가공하기 쉽다.
② 열, 전기의 양도체이며 반사율이 크다.(열·전기 전도성이 크다.)
③ 내화성이 작고 열팽창이 크다.
④ 산과 알칼리에 약하다.(알칼리나 해수에 침식되기 쉽다.)
⑤ 대기 중에 방치하면 산화알루미늄 피막을 형성하여 내구적이다.
⑥ 콘크리트에 접하거나 흙 중에 매몰된 경우에 부식되기 쉽다.
⑦ 순도가 높은 알루미늄일수록 내식성이 좋고 전·연성이 커진다.
⑧ 부식률은 대기 중의 습도와 염분 함류량, 불순물의 양과 질 등에 관계되며 0.08mm/년 정도이다.
⑨ 융점이 낮기 때문에 용해주조는 좋으나 내화성이 부족하다.
⑩ 알루미늄과 강판을 접촉하여 사용하면 알루미늄판이 부식된다.(이종 금속과 접촉하면 부식된다.)
⑪ 독성이 없으며 무취이고 위생적이다.

📖 필기에 자주 출제되는 내용입니다.

64 점토 재료에서 SK 번호는 무엇을 의미하는가?

① 소성하는 가마의 종류를 표시
② 소성온도를 표시
③ 제품의 종류를 표시
④ 점토의 성분을 표시

점토제품에서 SK번호는 소성온도를 나타낸다.

📖 필기에 자주 출제되는 내용입니다.

65 목재의 재료적 특징으로 옳지 않은 것은?

① 온도에 대한 신축이 적다.
② 열전도율이 작아 보온성이 뛰어나다.
③ 강재에 비하여 비강도가 작다.
④ 음의 흡수 및 차단성이 크다.

* 목재의 일반적 성질
① 함수율 변화에 따른 신축변형이 크고 온도에 대한 신축이 적다.
② 활엽수가 침엽수보다 재질이 강하다.
③ 구조용 재료로 침엽수가 주로 쓰인다.
④ 화재나 충해에 취약하다.(가연성이다.)
⑤ 섬유방향에 따라서 전기전도율은 다르다.(건조재는 전기의 불량 도체이지만 함수율이 커질수록 전기전도율이 증가한다.)
⑥ 비중이 큰 목재는 일반적으로 강도가 크다.
⑦ 콘크리트 등 다른 건축 재료에 비해 내구성이 약하고 부패하기 쉽다.
⑧ 열전도율이 작아 단열성(보온), 방한성이 우수하다.
⑨ 목재는 공극에 공기가 채워져 있어 단열성이 좋고, 전기절연성이 우수하고, 충격과 진동 흡수가 탁월하다.(진동 감속성이 크다.)
⑩ 음의 흡수 및 차단성이 크다.

📖 필기에 자주 출제되는 내용입니다.

66 점토재료 중 자기에 관한 설명으로 옳은 것은?

① 소지는 적색이며, 다공질로써 두드리면 탁음이 난다.
② 흡수율이 5% 이상이다.
③ 1000℃ 이하에서 소성된다.
④ 위생도기 및 타일 등으로 사용된다.

64 ② 65 ③ 66 ④

> **※ 자기**
> ① 양질의 도토 또는 장석분을 원료로 하며, 흡수율이 1% 이하로 거의 없다.
> ② 소성온도가 약 1230~1460℃로 가장 높다.
> ③ 모자이크 타일, 위생도기 등에 주로 사용된다.

📓 필기에 자주 출제되는 내용입니다.

67 보통 콘크리트에서 인장강도/압축강도의 비로 가장 알맞은 것은?

① 1/2~1/5
② 1/5~1/7
③ 1/9~1/13
④ 1/17~1/10

> **※ 콘크리트 강도의 종류**
> ① 압축강도(Compression Strength) : 압축강도가 다른 강도(휨·인장·전단·부착강도 등)에 비해 현저히 크다.
> ② 인장강도(Tensile Strength) : 압축강도의 1/10~1/13 정도이다.
> ③ 전단강도(Shear Strength) : 압축강도의 1/4~1/6 정도이다.
> ④ 부착강도(Bond Strength) : 압축강도가 증가함에 따라 부착강도도 증가한다.

📓 필기에 자주 출제되는 내용입니다.

68 구조용 강재에 관한 설명으로 옳지 않은 것은?

① 탄소의 함유량을 1%까지 증가시키면 강도와 경도는 일반적으로 감소한다.
② 구조용 탄소강은 보통 저탄소강이다.
③ 구조용강 중 연강은 철근 또는 철골재로 사용된다.
④ 구조용 강재의 대부분은 압연강재이다.

> ① 강은 탄소의 함유량이 많을수록 인장강도와 경도는 증가한다.

69 플라스틱 제품에 관한 설명으로 옳지 않은 것은?

① 내수성 및 내투습성이 양호하다.
② 전기절연성이 양호하다.
③ 내열성 및 내후성이 약하다.
④ 내마모성 및 표면강도가 우수하다.

> **※ 플라스틱재료의 일반적인 성질**
> ① 비중이 철이나 콘크리트보다 작다.
> ② 상호간 계면 접착이 잘되며 금속, 콘크리트, 목재, 유리 등 다른 재료에도 잘 부착된다.
> ③ 일반적으로 투명 또는 백색이므로 안료나 염료에 의해 다양한 착색이 가능하다.
> ④ 내수성 및 부식성이 우수하고 산이나 알칼리, 염류 등에 대한 저항성이 강하다.
> ⑤ 전기저항성이 우수하여 절연재료로 사용된다.
> ⑥ 내후성이 나쁘며 열에 의한 체적변화가 크다.(내열성 및 내후성이 약하다.)
> ⑦ 내마모성 및 표면강도가 약하다.

📓 필기에 자주 출제되는 내용입니다.

정답 67 ③ 68 ① 69 ④

70 벽, 기둥 등의 모서리 부분에 미장바름을 보호하기 위한 철물은?

① 줄눈대　　② 조이너
③ 인서트　　④ 코너비드

① 줄눈대 : 인조석 깔기에서의 신축균열 방지나 의장 효과를 위한 철물
② 코너비드 : 벽, 기둥 등의 모서리 부분의 미장 바름을 보호하기 위하여 사용하는 모서리쇠
③ 인서트(Insert) : 콘크리트를 타설하기 전에 미리 슬래브에 묻어 천장 달림재를 고정시키는 철물
④ 조이너 : 천장에 보드를 붙인 후 그 이음새를 감추기 위한 목적으로 사용

📝 필기에 자주 출제되는 내용입니다.

71 극장 및 영화관 등의 실내천장 또는 내벽에 붙여 음향조절 및 장식효과를 겸하는 재료는?

① 플로링 보드
② 프린트 합판
③ 집성 목재
④ 코펜하겐 리브

*코펜하겐 리브판
강당, 집회장 등의 천정 또는 내벽에 붙여 음향 조절용으로 사용된다.(바닥재, 외장재는 적합하지 않음)

📝 필기에 자주 출제되는 내용입니다.

72 2장 이상의 판유리 사이에 강하고 투명하면서 접착성이 강한 플라스틱 필름을 삽입하여 제작한 안전유리를 무엇이라 하는가?

① 접합유리　　② 복층유리
③ 강화유리　　④ 프리즘유리

*접합유리
유리파손 시 파편이 날아가는 것을 방지하기 위하여 2장의 판유리 사이에 강하고 투명하고 강한 플라스틱 필름을 삽입하여 높은 온도와 압력으로 결합해 만든 유리를 말한다.

📝 필기에 자주 출제되는 내용입니다.

73 보통 벽돌이 적색 또는 적갈색을 띠고 있는 것은 원료점토 중에 무엇을 포함하고 있기 때문인가?

① 산화철　　② 산화규소
③ 산화칼륨　　④ 산화나트륨

점토제품의 색상은 철산화물 또는 석회물질, 망간화합물, 소성온도에 의해 나타난다.(소성 색상은 석회물질이 많을수록 황색, 철산화물이 많을수록 적색이 된다.)

📝 필기에 자주 출제되는 내용입니다.

74 프리플레이스트 콘크리트에서 주입용 모르타르에 쓰이는 모래의 조립률(FM값)범위로 가장 알맞은 것은?

① 0.7~1.2　　② 1.4~2.2
③ 2.3~3.7　　④ 3.8~4.0

정답　70 ④　71 ④　72 ①　73 ①　74 ②

프리플레이스트 콘크리트에서 주입용 모르타르에 쓰이는 모래의 조립률(FM값) : 1.4~2.2

> **참고**
> 프리플레이스트 콘크리트 : 콘크리트 타설할 거푸집 안에 굵은 골재를 미리 채워 넣은(Pre-packing) 후 모르타르를 주입한 콘크리트를 말한다.

75 도막의 일부가 하지로부터 부풀어 지름이 10mm되는 것부터 좁쌀 크기 또는 미세한 수포가 발생하는 도막결함은?

① 백화   ② 변색
③ 부풀음   ④ 번짐

1. 부풀음 : 도막의 일부가 하지로부터 부풀어 지름이 10mm되는 것부터 좁쌀 크기 또는 **미세한 수포가 발생하는** 결함을 말한다.
2. 변색 : 도막의 색상, 채도, 명도 중 어느 하나 또는 그 이상이 변화하는 것, 주로 **채도가 낮아지거나 명도가 더욱 높아지는** 것을 말한다.
3. 백화 : 락카와 같은 속건 도료들이 도장 후나 건조 시에 수분의 영향을 받아 **도막표면에 광택이 없고, 평활성이 적고 뿌옇게 백탁되는** 현상을 말한다.

76 돌로마이트 플라스터에 관한 설명으로 옳은 것은?

① 소석회에 비해 점성이 낮고, 작업성이 좋지 않다.
② 여물을 혼합하여도 건조수축이 크기 때문에 수축 균열이 발생되는 결점이 있다.
③ 회반죽에 비해 조기강도 및 최종강도가 작다.
④ 물과 반응하여 경화하는 수경성 재료이다.

* **돌로마이트 플라스터**
① 돌로마이트 석회에 모래, 여물을 혼합한 것
② 점도가 높아 해초풀이 필요 없고 시공이 용이하다.
③ 경화에 의한 수축률이 커서 균열 발생이 쉽다.(여물을 혼입하여도 건조수축이 크기 때문에 수축 균열이 발생한다.)
④ 통풍이 잘 되지 않는 **지하실의 미장재료로 적절하지 못하다.**
⑤ 보수성이 크고 응결시간이 길다.
⑥ 회반죽에 비하여 **조기강도 및 최종강도가 크고** 착색이 쉽다.

필기에 자주 출제되는 내용입니다.

75 ③   76 ②

77 목재의 함수율에 관한 설명으로 옳지 않은 것은?

① 약 30%의 함수상태를 섬유포화점이라 한다.
② 목재는 비중과 함수율에 따라 강도와 수축에 영향을 받는다.
③ 기건상태는 목재의 수분이 전혀 없는 상태를 말한다.
④ 함수율이란 절건상태인 목재중량에 대한 함수량의 백분율이다.

> ③ 기건상태란 목재가 통상 대기의 온도, 습도와 평형된 수분을 함유한 상태를 말한다.(기건상태 함수율 : 15%)

📝 필기에 자주 출제되는 내용입니다.

78 시멘트의 분말도에 관한 설명으로 옳지 않은 것은?

① 시멘트의 분말도는 단위중량에 대한 표면적이다.
② 분말도가 큰 시멘트일수록 물과 접촉하는 표면적이 증대되어 수화반응이 촉진된다.
③ 분말도 측정은 슬럼프 시험으로 한다.
④ 분말도가 지나치게 클 경우에는 풍화되기가 쉽다.

* 분말도가 큰 시멘트의 특징
① 워커빌리티가 좋고 블리딩이 적다.
② 수화반응이 빠르고 초기강도가 크다.(수화열이 높다.)
③ 시멘트량이 절약되고 내구성이 작아진다.
④ 분말도가 너무 크면 풍화되기 쉽다.
⑤ 분말도가 클수록 시멘트 분말이 미세하다.

> 참고

* 분말도 측정 시험
① 체가름 시험(표준체 시험)
② 비표면적 시험(브레인 투과장치에 의한 시험)

📝 필기에 자주 출제되는 내용입니다.

79 석유 아스팔트에 속하지 않는 것은?

① 블로운 아스팔트
② 스트레이트 아스팔트
③ 아스팔타이트
④ 컷백 아스팔트

천연 아스팔트	석유계 아스팔트
① 레이크(lake) 아스팔트	① 스트레이트 아스팔트
② 로크(rock) 아스팔트	② 블로운 아스팔트
③ 아스팔타이트	③ 아스팔트 컴파운드
	④ 아스팔트 프라이머

📝 필기에 자주 출제되는 내용입니다.

80 석재를 다듬을 때 쓰는 방법으로 양날망치로 정다듬한 면을 일정방향으로 찍어 다듬는 석재 표면 마무리 방법은?

① 잔다듬
② 도드락다듬
③ 혹두기
④ 거친갈기

> **＊ 석재의 표면 마무리**
> ① **혹두기** : 원석의 상부와 측면에 쐐기를 박아 쪼갠 다음, 쇠망치나 날메로 표면을 다듬은 수준의 거친 마무리를 말한다.
> ② **정다듬** : 혹두기 상태의 표면을 정으로 쪼아내어 표면을 다듬는 방법을 말한다.
> ③ **도드락다듬** : 정다듬 표면을 도드락 망치로 마무리하여 표면을 더욱 평활하게 만든 방법을 말한다.
> ④ **잔다듬** : 연질의 석재를 다듬을 때 쓰는 방법으로 양날망치로 일정방향으로 찍어 다듬는 돌표면 마무리하는 방법을 말한다.

5과목 건설안전기술

81 잠함 또는 우물통의 내부에서 근로자가 굴착작업을 하는 경우의 준수사항으로 옳지 않은 것은?

① 산소결핍 우려가 있는 경우에는 산소의 농도를 측정하는 사람을 지명하여 측정하도록 할 것
② 근로자가 안전하게 오르내리기 위한 설비를 설치할 것
③ 굴착 깊이가 20m를 초과하는 경우에는 해당 작업장소와 외부와의 연락을 위한 통신설비 등을 설치할 것
④ 잠함 또는 우물통의 급격한 침하에 의한 위험을 방지하기 위하여 바닥으로부터 천장 또는 보까지의 높이는 2m 이내로 할 것

> ④ 잠함 또는 우물통의 급격한 침하에 의한 위험을 방지하기 위하여 바닥으로부터 천장 또는 보까지의 높이는 1.8m 이상으로 할 것

📝 필기에 자주 출제되는 내용입니다.

82 굴착작업 시 근로자의 위험을 방지하기 위하여 해당 작업, 작업장에 대한 사전조사를 실시하여야 하는데 이 사전조사 항목에 포함되지 않는 것은?

① 지반의 지하수위 상태
② 형상 · 지질 및 지층의 상태
③ 굴착기의 이상 유무
④ 매설물 등의 유무 또는 상태

정답 80 ① 81 ④ 82 ③

* **굴착작업 시 사전조사 내용**
  ① 형상·지질 및 지층의 상태
  ② 균열·함수(含水)·용수 및 동결의 유무 또는 상태
  ③ 매설물 등의 유무 또는 상태
  ④ 지반의 지하수위 상태

📝 실기까지 중요한 내용입니다.

83 흙의 연경도(Consistency)에서 반고체 상태와 소성상태의 한계를 무엇이라 하는가?

① 액성한계　② 소성한계
③ 수축한계　④ 반수축한계

반고체 상태와 소성상태의 한계 → 소성한계

84 화물을 적재하는 경우 준수하여야 할 사항으로 옳지 않은 것은?

① 침하 우려가 없는 튼튼한 기반 위에 적재할 것
② 화물의 압력 정도와 관계없이 건물의 벽이나 칸막이 등을 이용하여 화물을 기대에 적재할 것
③ 하중이 한쪽으로 치우치지 않도록 쌓을 것
④ 불안정할 정도로 높이 쌓아 올리지 말 것

② 건물의 칸막이나 벽 등이 화물의 압력에 견딜 만큼의 강도를 지니지 아니한 경우에는 칸막이나 벽에 기대어 적재하지 않도록 할 것

📝 필기에 자주 출제되는 내용입니다.

85 발파공사 암질 변화구간 및 이상암질 출현 시 적용하는 암질 판별 방법과 거리가 먼 것은?

① R.Q.D
② RMR 분류
③ 탄성파 속도
④ 하중계(Load Cell)

* **암질 판별 기준**
  ① R.Q.D　② RMR 분류
  ③ 탄성파 속도　④ 일축압축강도
  ⑤ 진동치 속도

📝 관련 법규에서 삭제된 내용이나 24년 실기에 출제되었습니다.

86 철골작업을 중지하여야 하는 풍속과 강우량 기준으로 옳은 것은?

① 풍속 : 10m/sec 이상,
　강우량 : 1mm/h 이상
② 풍속 : 5m/sec 이상,
　강우량 : 1mm/h 이상
③ 풍속 : 10m/sec 이상,
　강우량 : 2mm/h 이상
④ 풍속 : 5m/sec 이상,
　강우량 : 2mm/h 이상

* **철골작업을 중지해야 하는 조건**
  ① 풍속이 초당 10미터 이상인 경우
  ② 강우량이 시간당 1밀리미터 이상인 경우
  ③ 강설량이 시간당 1센티미터 이상인 경우

📝 실기에도 자주 출제되는 중요한 내용입니다. 암기하세요.

정답　83 ②　84 ②　85 ④　86 ①

87 근로자의 추락 등의 위험을 방지하기 위하여 안전난간을 설치하는 경우 안전난간은 구조적으로 가장 취약한 지점에서 가장 취약한 방향으로 작용하는 얼마 이상의 하중에 견딜 수 있는 튼튼한 구조이어야 하는가?

① 50kg
② 100kg
③ 150kg
④ 200kg

> 안전난간은 구조적으로 가장 취약한 지점에서 가장 취약한 방향으로 작용하는 100kg 이상의 하중에 견딜 수 있는 튼튼한 구조이어야 한다.

📖 실기까지 중요한 내용입니다.

88 달비계(곤돌라의 달비계는 제외)의 최대 적재하중을 정하는 경우 달기와이어로프 및 달기강선의 안전계수 기준으로 옳은 것은?

① 5 이상
② 7 이상
③ 8 이상
④ 10 이상

📖 관련 법규에서 삭제된 내용입니다.

89 지반의 종류에 따른 굴착면의 기울기 기준으로 옳지 않은 것은?

① 모래 1 : 1.8
② 연암 1 : 0.5
③ 풍화암 1 : 1.0
④ 경암 1 : 0.5

★ 굴착면의 기울기 기준

지반의 종류	굴착면의 기울기
모래	1 : 1.8
연암 및 풍화암	1 : 1.0
경암	1 : 0.5
그 밖의 흙	1 : 1.2

📖 실기에도 자주 출제되는 중요한 내용입니다. 암기하세요.

90 재료비가 30억 원, 직접노무비가 50억 원인 건설공사의 예정가격 상 산업안전보건관리비로 옳은 것은? (단, 건축공사에 해당되며 계상기준은 2.37%임)

① 56,400,000원
② 94,000,000원
③ 150,400,000원
④ 189,600,000원

정답 87 ② 88 정답 없음 89 ② 90 ④

1. 대상액이 5억 원 미만 또는 50억 원 이상
   산업안전보건관리비 = 대상액(재료비+직접 노무비)
   × 비율

2. 대상액이 5억 원 이상 50억 원 미만
   산업안전보건관리비 = 대상액(재료비+직접 노무비)
   × 비율 +기초액(C)

대상액 = 30억 원+50억 원 = 80억 원
산업안전보건관리비 = 80억 원×0.0237
= 189,600,000원

91 사질토지반에서 보일링(boiling)현상에 의한 위험성이 예상될 경우의 대책으로 옳지 않은 것은?

① 흙막이 말뚝의 밑둥넣기를 깊게 한다.
② 굴착 저면보다 깊은 지반을 불투수로 개량한다.
③ 굴착 밑 투수층에 만든 피트(pit)를 제거한다.
④ 흙막이벽 주위에서 배수시설을 통해 수두차를 적게 한다.

③ 굴착 밑 투수층에 피트(pit), 배수암거 등을 설치한다.

> **참고**
>
> **보일링현상 방지책**
> • 지하수위 저하
> • 지하수 흐름 변경
> • 근입벽을 깊게 한다.
> • 작업 중지

92 유해·위험 방지계획서 제출 시 첨부서류의 항목이 아닌 것은?

① 보호장비 폐기계획
② 공사개요서
③ 산업안전보건관리비 사용계획
④ 전체공정표

★ **유해·위험방지계획서 첨부서류**
1. 공사 개요 및 안전보건관리계획
   가. 공사 개요서
   나. 공사현장의 주변 현황 및 주변과의 관계를 나타내는 도면(매설물 현황을 포함한다)
   다. 건설물, 사용 기계설비 등의 배치를 나타내는 도면
   라. 전체 공정표
   마. 산업안전보건관리비 사용계획
   바. 안전관리 조직표
   사. 재해 발생 위험 시 연락 및 대피방법
2. 작업 공사 종류별 유해·위험방지계획

정답 91 ③ 92 ①

93 다음 ( )안에 알맞은 수치는?

> 슬레이트, 선라이트(sunlight) 등 강도가 약한 재료로 덮은 지붕 위에서 작업을 할 때에 발이 빠지는 등 근로자가 위험해질 우려가 있는 경우 폭 ( ) 이상의 발판을 설치하거나 추락방호망을 치는 등 위험을 방지하기 위하여 필요한 조치를 하여야 한다.

① 30cm ② 40cm
③ 50cm ④ 60cm

★ 지붕 위에서의 위험 방지
사업주는 근로자가 **지붕 위에서 작업을 할 때에 추락**하거나 넘어질 위험이 있는 경우에는 다음 각 호의 조치를 해야 한다.
① 지붕의 가장자리에 안전난간을 설치할 것
② **채광창(skylight)**에는 견고한 구조의 덮개를 설치할 것
③ 슬레이트 등 강도가 약한 재료로 덮은 **지붕**에는 폭 **30센티미터 이상의 발판**을 설치할 것

실기까지 중요한 내용입니다.

94 다음 중 쇼벨계 굴착기계에 속하지 않는 것은?

① 파워쇼벨(power shovel)
② 크램쉘(clamshell)
③ 스크레이퍼(scraper)
④ 드래그라인(dragline)

③ 스크레이퍼(scraper) → 트렉터계 기계

필기에 자주 출제되는 내용입니다.

95 토사 붕괴의 내적 요인이 아닌 것은?

① 사면, 법면의 경사 증가
② 절토 사면의 토질구성 이상
③ 성토 사면의 토질구성 이상
④ 토석의 강도 저하

① 사면, 법면의 경사 증가 → 토사 붕괴의 외적 요인

★ 토석붕괴의 외적 원인
① 사면, 법면의 경사 및 기울기의 증가
② 절토 및 성토 높이의 증가
③ 공사에 의한 진동 및 반복 하중의 증가
④ 지표수 및 지하수의 침투에 의한 토사 중량의 증가
⑤ 지진, 차량, 구조물의 하중 작용
⑥ 토사 및 암석의 혼합층 두께

필기에 자주 출제되는 내용입니다.

96 다음은 비계발판용 목재재료의 강도상의 결점에 대한 조사기준이다. ( )안에 들어갈 내용으로 옳은 것은?

> 발판의 폭과 동일한 길이 내에 있는 결점지수의 총합이 발판 폭의 ( )을 초과하지 않을 것

① 1/2 ② 1/3
③ 1/4 ④ 1/6

발판의 폭과 동일한 길이 내에 있는 결점지수의 총합이 발판 폭의 1/4을 초과하지 않을 것

정답 93 ① 94 ③ 95 ① 96 ③

97 다음은 산업안전보건법령에 따른 작업장에서의 투하설비 등에 관한 사항이다. 빈칸에 들어갈 내용으로 옳은 것은?

> 사업주는 높이가 ( ) 이상인 장소로부터 물체를 투하하는 때에는 적당한 투하설비를 설치하거나 감시인을 배치하는 등 위험방지를 위하여 필요한 조치를 하여야 한다.

① 2
② 3
③ 5
④ 10

사업주는 높이가 3미터 이상인 장소로부터 물체를 투하하는 때에는 적당한 투하설비를 설치하거나 감시인을 배치하는 등 위험방지를 위하여 필요한 조치를 하여야 한다.

📝 필기에 자주 출제되는 내용입니다.

98 철골용접 작업자의 전격 방지를 위한 주의사항으로 옳지 않은 것은?

① 보호구와 복장을 구비하고, 기름기가 묻었거나 젖은 것은 착용하지 않을 것
② 작업 중지의 경우에는 스위치를 떼어 놓을 것
③ 개로전압이 높은 교류 용접기를 사용할 것
④ 좁은 장소에서의 작업에서는 신체를 노출시키지 않을 것

③ 개로전압(2차 무부하전압)이 낮은 교류 용접기를 사용하여야 전격을 방지할 수 있다.

99 층고가 높은 슬래브 거푸집 하부에 적용하는 무지주 공법이 아닌 것은?

① 보우빔(bow beam)
② 철근일체형 데크플레이트(deck plate)
③ 페코빔(pecco beam)
④ 솔져시스템(soldier system)

*무지주 공법
① 보우빔(bow beam)
② 철근일체형 데크플레이트(deck plate)
③ 페코빔(pecco beam)

참고

*무지주 공법
천장이 높을 경우 받침기둥 없이 보에 수평지지보를 걸어 거푸집을 지지하는 공법

100 도심지에서 주변에 주요시설물이 있을 때 침하와 변위를 적게 할 수 있는 가장 적당한 흙막이 공법은?

① 동결공법
② 샌드드레인 공법
③ 지하 연속벽 공법
④ 뉴매틱케이슨 공법

*지하 연속벽 공법
소음, 진동이 적어 도심지 공사, 기존 구조물 근접 지역에서 공사가 가능하다.

정답 97 ② 98 ③ 99 ④ 100 ③

2018년 2회 최근 기출문제

1과목 산업안전관리론

01 안전교육 방법 중 TWI의 교육과정이 아닌 것은?

① 작업지도 훈련   ② 인간관계 훈련
③ 정책수립 훈련   ④ 작업방법 훈련

TWI 교육과정
① 작업 방법 기법(Job Method Training : JMT)
② 작업 지도 기법(Job instruction Training : JIT)
③ 인간 관계관리 기법 or 부하통솔법
  (Job Relations Training : JRT)
④ 작업 안전 기법 (Job Safety Training : JST)

📝 필기에 자주 출제되는 내용입니다.

02 근로자가 작업대 위에서 전기공사 작업 중 감전에 의하여 지면으로 떨어져 다리에 골절 상해를 입은 경우의 기인물과 가해물로 옳은 것은?

① 기인물 - 작업대, 가해물 - 지면
② 기인물 - 전기, 가해물 - 지면
③ 기인물 - 지면, 가해물 - 전기
④ 기인물 - 작업대, 가해물 - 전기

1. 전기공사 작업 중 감전에 의하여 떨어짐 → 기인물 : 전기
2. 지면으로 떨어져 다리에 골절 → 가해물 : 지면

📝 실기까지 중요한 내용입니다.

03 산업재해에 있어 인명이나 물적 등 일체의 피해가 없는 사고를 무엇이라고 하는가?

① Near Accident   ② Good Accident
③ True Accident   ④ Original Accident

인명이나 물적 등 일체의 피해가 없는 사고 → Near Accident(앗차사고, 사고 나기 직전의 순간)

📝 필기에 자주 출제되는 내용입니다.

04 내전압용 절연장갑의 성능 기준 상 최대사용 전압에 따른 절연 장갑의 구분 중 00등급의 색상으로 옳은 것은?

① 노란색   ② 흰색
③ 녹색   ④ 갈색

내전압용 절연장갑

등급	최대사용전압		비고
	교류 (V, 실효값)	직류 (V)	
00	500	750	• 00등급 : 갈색
0	1,000	1,500	• 0등급 : 빨간색
1	7,500	11,250	• 1등급 : 흰색
2	17,000	25,500	• 2등급 : 노란색
3	26,500	39,750	• 3등급 : 녹색
4	36,000	54,000	• 4등급 : 등색

특급암기법
공갈, 공적, 1백, 2황, 3녹, 4등

📝 실기까지 중요한 내용입니다.

정답 01 ③ 02 ② 03 ① 04 ④

05 점검시기에 의한 안전점검의 분류에 해당하지 않는 것은?

① 성능점검　② 정기점검
③ 임시점검　④ 특별점검

① 정기점검(계획점검) : 일정 기간마다 정기적으로 실시하는 점검을 말한다.
② 수시점검(일상점검) : 매일 작업 전, 중, 후에 실시하는 점검을 말한다.
③ 특별점검 : 기계·기구 또는 설비의 신설·변경 또는 고장·수리 등으로 비정기적인 특정 점검, 산업안전보건 강조기간, 악천후 시에도 실시한다.
④ 임시점검 : 기계·기구 또는 설비의 이상 발견 시에 임시로 점검하는 점검을 말한다.

📝 필기에 자주 출제되는 내용입니다.

06 재해율 중 재직 근로자 1,000명 당 1년간 발생하는 재해자 수를 나타내는 것은?

① 연천인율
② 도수율
③ 강도율
④ 종합재해지수

＊**연천인율**
① 근로자 1,000명 중 재해자수 비율(1년간)
② 연천인율 = $\dfrac{\text{연간재해자 수}}{\text{연평균 근로자 수}} \times 1,000$
③ 연천인율 = 도수율 × 2.4

📝 실기에 자주 출제되는 내용입니다. 암기하세요.

07 파블로프(Pavlov)의 조건반사설에 의한 학습이론의 원리에 해당되지 않는 것은?

① 일관성의 원리
② 시간의 원리
③ 강도의 원리
④ 준비성의 원리

＊**파블로프의 조건반사설(자극과 반응이론 : S-R 이론)**
• 일관성의 원리
• 계속성의 원리
• 시간의 원리
• 강도의 원리

📝 실기까지 중요한 내용입니다.

08 착오의 요인 중 인지과정의 착오에 해당하지 않는 것은?

① 정서불안정
② 감각차단 현상
③ 정보 부족
④ 생리·심리적 능력의 한계

＊**인간 착오요인**

인지과정 착오의 요인	• 정보량 저장의 한계 • 감각 차단 현상 • 정서적 불안정(공포, 불안, 불만 등) • 생리, 심리적 능력의 한계 　(정보 수용 능력의 한계)
판단과정 착오요인	• 자기 합리화 • 능력 부족 • 정보 부족 • 자기 과신

📝 필기에 자주 출제되는 내용입니다.

정답　05 ①　06 ①　07 ④　08 ③

조작과정의 착오 요인	• 작업자의 기능 미숙(기술 부족) • 작업경험 부족 • 피로
심리적, 기타 요인	• 불안 · 공포 · 과로 · 수면부족 등

⑧ 산업안전보건위원회 또는 노사협의체, 안전보건관리규정 및 취업규칙에서 정한 직무
⑨ 업무수행 내용의 기록 · 유지
⑩ 그 밖에 안전에 관한 사항으로서 노동부장관이 정하는 사항

📝 실기에 자주 출제되는 내용입니다. 암기하세요.

09 산업안전보건 법령상 안전관리자가 수행하여야 할 업무가 아닌 것은?(단, 그 밖에 안전에 관한 사항으로서 고용노동부장관이 정하는 사항은 제외한다.)

① 위험성평가에 관한 보좌 및 조언 · 지도
② 물질안전보건자료의 게시 또는 비치에 관한 보좌 및 조언 · 지도
③ 사업장 순회점검 · 지도 및 조치의 건의
④ 산업재해에 관한 통계의 유지 · 관리 · 분석을 위한 보좌 및 조언 · 지도

10 모랄 서베이(Morale Survey)의 효용이 아닌 것은?

① 조직 또는 구성원의 성과를 비교 · 분석한다.
② 종업원의 정화(Catharsis)작용을 촉진시킨다.
③ 경영관리를 개선하는 자료를 얻는다.
④ 근로자의 심리 또는 욕구를 파악하여 불만을 해소하고, 노동 의욕을 높인다.

＊ 모랄 서베이의 효과
① 근로자의 불만을 해소하고 노동 의욕을 높인다.
② 경영관리 개선 자료로 활용할 수 있다.
③ 종업원의 정화작용을 촉진시킨다.

참고

모랄 서베이 : 종업원의 근로의욕 등 태도조사법

＊ 안전관리자 직무
① 사업장 안전교육계획의 수립 및 안전교육 실시에 관한 보좌 및 조언 · 지도
② 사업장 순회점검 · 지도 및 조치의 건의
③ 산업재해 발생의 원인 조사 · 분석 및 재발 방지를 위한 기술적 보좌 및 조언 · 지도
④ 산업재해에 관한 통계의 유지 · 관리 · 분석을 위한 보좌 및 조언 · 지도
⑤ 안전인증대상 기계 · 기구 등과 자율안전확인대상 기계 · 기구 등 구입 시 적격품의 선정에 관한 보좌 및 조언 · 지도
⑥ 위험성평가에 관한 보좌 및 조언 · 지도
⑦ 안전에 관한 사항의 이행에 관한 보좌 및 조언 · 지도

11 부주의 현상 중 의식의 우회에 대한 예방대책으로 옳은 것은?

① 안전교육
② 표준작업제도 도입
③ 상담
④ 적성배치

> **＊부주의의 원인과 대책**
> ① 소질적 문제 : 적성 배치
> ② 의식의 우회 : 카운슬링(상담)
> ③ 경험, 미경험자 : 안전교육, 훈련
> ④ 작업환경 조건 불량 : 환경 정비
> ⑤ 작업순서의 부적당 : 작업순서 정비

📌 필기에 자주 출제되는 내용입니다.

12 산업안전보건 법령상 안전·보건표지의 색채, 색도 기준 및 용도 중 다음 ( )안에 알맞은 것은?

색채	색도 기준	용도	사용례
( )	5Y 8.5/12	경고	화학물질 취급 장소에서의 유해·위험경고 이외의 위험경고, 주의표지 또는 기계방호물

① 파란색
② 노란색
③ 빨간색
④ 검은색

＊안전·보건표지의 색채, 색도기준 및 용도

색채	색도기준	용도	사용례
빨간색	7.5R 4/14	금지	정지신호, 소화설비 및 그 장소, 유해행위의 금지
		경고	화학물질 취급장소에서의 유해·위험 경고
	특급암기법	싫어(7.5) 4/14	
노란색	5Y 8.5/12	경고	화학물질 취급장소에서의 유해·위험 경고, 이 외의 위험 경고. 주의표지 또는 기계방호물
	특급암기법	오(5) 빨리와(8.5) 이리(12)	
파란색	2.5PB 4/10	지시	특정 행위의 지시 및 사실의 고지
	특급암기법	2.5×4=10	
녹색	2.5G 4/10	안내	비상구 및 피난소, 사람 또는 차량의 통행표지
	특급암기법	2.5×4=10	
흰색	N9.5		파란색 또는 녹색에 대한 보조색
검은색	N0.5		문자 및 빨간색 또는 노란색에 대한 보조색

📌 실기에 자주 출제되는 내용입니다. 암기하세요.

정답 11 ③ 12 ②

13 보호구 안전인증 고시에 따른 안전화의 정의 중 다음 ( ) 안에 알맞은 것은?

> 경작업용 안전화란 (㉠)[mm]의 낙하높이에서 시험 했을 때 충격과 (㉡ ±0.1)[kN]의 압축하중에서 시험했을 때 압박에 대하여 보호해 줄 수 있는 선심을 부착하여, 착용자를 보호하기 위한 안전화를 말한다.

① ㉠ 500, ㉡ 10.0
② ㉠ 250, ㉡ 10.0
③ ㉠ 500, ㉡ 4.4
④ ㉠ 250, ㉡ 4.4

*사용장소에 따른 안전화의 등급

등급	용어 정의
중작업용	1,000밀리미터의 낙하높이에서 시험했을 때 충격과 (15.0±0.1)킬로뉴턴(KN)의 압축하중에서 시험했을 때 압박에 대하여 보호해 줄 수 있는 선심을 부착하여, 착용자를 보호하기 위한 안전화를 말한다.
보통작업용	500밀리미터의 낙하높이에서 시험했을 때 충격과 (10.0±0.1)킬로뉴턴(KN)의 압축하중에서 시험했을 때 압박에 대하여 보호해 줄 수 있는 선심을 부착하여, 착용자를 보호하기 위한 안전화를 말한다.
경작업용	250밀리미터의 낙하높이에서 시험했을 때 충격과 (4.4±0.1)킬로뉴턴(KN)의 압축하중에서 시험했을 때 압박에 대하여 보호해 줄 수 있는 선심을 부착하여, 착용자를 보호하기 위한 안전화를 말한다.

14 산업안전보건 법령상 특별안전·보건교육 대상 작업별 교육내용 중 밀폐공간에서의 작업별 교육내용이 아닌 것은?(단, 그 밖에 안전·보건관리에 필요한 사항은 제외한다.)

① 산소농도 측정 및 작업환경에 관한사항
② 유해물질의 인체에 미치는 영향
③ 보호구 착용 및 보호장구에 관한 사항
④ 사고 시의 응급처치 및 비상시 구출에 관한 사항

*밀폐공간에서의 작업
- 산소농도 측정 및 작업환경에 관한 사항
- 사고 시의 응급처치 및 비상 시 구출에 관한 사항
- 보호구 착용 및 보호 장비 사용에 관한 사항
- 작업내용·안전작업방법 및 절차에 관한 사항
- 장비·설비 및 시설 등의 안전점검에 관한 사항
- 그 밖에 안전·보건관리에 필요한 사항

실기까지 중요한 내용입니다.

15 산업안전보건 법령상 근로자 안전·보건 교육 중 채용 시의 교육 및 작업내용변경 시의 교육 사항으로 옳은 것은?

① 물질안전보건자료에 관한 사항
② 건강증진 및 질병 예방에 관한 사항
③ 유해·위험 작업환경 관리에 관한 사항
④ 표준안전 작업방법 및 지도 요령에관한 사항

정답 13 ④ 14 ② 15 ①

※ 근로자 채용 시 교육 및 작업내용 변경 시의 교육 내용
① 산업안전 및 산업재해 예방에 관한 사항(화재·폭발 사고 발생 시 대피에 관한 사항을 포함한다)
② 산업보건 및 건강장해 예방에 관한 사항
③ 산업안전보건법령 및 산업재해보상보험제도에 관한 사항
④ 직무스트레스 예방 및 관리에 관한 사항
⑤ 직장 내 괴롭힘, 고객의 폭언 등으로 인한 건강장해 예방 및 관리에 관한 사항
⑥ 기계·기구의 위험성과 작업의 순서 및 동선에 관한 사항
⑦ 물질안전보건자료에 관한 사항
⑧ 작업 개시 전 점검에 관한 사항
⑨ 정리정돈 및 청소에 관한 사항
⑩ 사고 발생 시 긴급조치에 관한 사항
⑪ 위험성 평가에 관한 사항

특급암기법

공통 항목
1. 신규자는 법, 산재보상제도를 알자!
2. 신규자는 건강을 보존(산업보건)하고 건강장해, 스트레스, 괴롭힘, 폭언 예방하자!
3. 신규자는 안전하고 산업재해 예방하자!
4. 신규자는 위험성을 평가하자!

신규 채용자는 회사에 처음입사해서 처음 일을 하는 근로자, 안전하게 일하기 위한 기본내용을 교육한다.
1. 신규자는 기계기구 위험성, 작업 순서, 동선을 알자!
2. 신규자는 취급물질의 위험성(물질안전보건자료)을 알자!
3. 신규자는 작업 전 점검하자!
4. 신규자는 항상 정리정돈 청소하자!
5. 신규자는 사고 시 조치를 알자!

실기에 자주 출제되는 내용입니다. 암기하세요.

16 지난 한 해 동안 산업재해로 인하여 직접손실비용이 3조 1,600억 원이 발생한 경우의 총 재해코스트는?(단, 하인리히의 재해손실비 평가방식을 적용한다.)

① 6조 3,200억 원
② 9조 4,800억 원
③ 12조 6,400억 원
④ 15조 8,000억 원

※ 하인리히의 총 재해비용 = 직접비 + 간접비
(1 : 4)

※ 하인리히의 총 재해코스트
= 3조 1,600억 원 + (4×3조 1,600억 원)
= 15조 8,000억 원

실기까지 중요한 내용입니다.

17 안전모의 시험성능 기준 항목이 아닌것은?

① 내관통성
② 충격흡수성
③ 내구성
④ 난연성

※ 안전인증 대상 안전모의 성능기준 항목
① 내관통성 시험   ② 충격흡수성 시험
③ 내전압성 시험   ④ 내수성 시험
⑤ 난연성 시험   ⑥ 턱끈풀림 시험

실기까지 중요한 내용입니다.

정답 16 ④ 17 ③

> [참고]
>
> * 자율안전 확인 안전모 성능 시험 종류
> ① 내관통성 시험
> ② 충격흡수성 시험
> ③ 난연성 시험
> ④ 턱끈풀림시험

18 인간관계의 메커니즘 중 다른 사람으로부터의 판단이나 행동을 무비판적으로 논리적, 사실적 근거 없이 받아들이는 것은?

① 모방(imitation)
② 투사(projection)
③ 동일화(identification)
④ 암시(suggestion)

> 다른 사람으로부터의 판단이나 행동을 무비판적으로 논리적, 사실적 근거 없이 받아들이는 것
> → 암시(suggestion)

> [참고]
>
> ① 모방(imitation) : 남의 행동이나 판단을 표본으로 하여 그것과 같거나 또는 그것에 가까운 행동 또는 판단을 취하려는 행동
> ② 투사(projection) : 자신의 불만이나 불안을 해소시키기 위해서 자신의 잘못을 남의 탓으로 돌리는 행동
> ③ 동일화(identification) : 다른 사람의 행동 양식이나 태도를 투입시키거나 다른 사람 가운데서 자기와 비슷한 점을 발견하는 것

📝 실기까지 중요한 내용입니다.

19 안전교육 훈련의 기법 중 하버드 학파의 5단계 교수법을 순서대로 나열한 것으로 옳은 것은?

① 총괄 → 연합 → 준비 → 교시 → 응용
② 준비 → 교시 → 연합 → 총괄 → 응용
③ 교시 → 준비 → 연합 → 응용 → 총괄
④ 응용 → 연합 → 교시 → 준비 → 총괄

> * 하버드학파의 교수법
>
> | 1단계 | 준비시킨다. |
> |---|---|
> | 2단계 | 교시시킨다. |
> | 3단계 | 연합한다. |
> | 4단계 | 총괄한다. |
> | 5단계 | 응용시킨다. |

📝 실기까지 중요한 내용입니다.

20 매슬로(Maslow)의 욕구 단계 이론 중 제5단계 욕구로 옳은 것은?

① 안전에 대한 욕구
② 자아실현의 욕구
③ 사회적(애정적) 욕구
④ 존경과 긍지에 대한 욕구

> * 매슬로(Maslow A. H.)의 욕구 단계 이론
> ① 제1단계(생리적 욕구)
> ② 제2단계(안전 욕구)
> ③ 제3단계(사회적 욕구)
> ④ 제4단계(존경 욕구)
> ⑤ 제5단계(자아실현의 욕구)

📝 실기까지 중요한 내용입니다.

정답 18 ④ 19 ② 20 ②

2과목 인간공학 및 시스템안전공학

21 소음성 난청 유소견자로 판정하는 구분을 나타내는 것은?

① A   ② C
③ D_1 ④ D_2

건강관리 구분		건강관리 구분 내용
A		건강관리상 사후관리가 필요 없는 근로자 (건강한 근로자)
C	C_1	직업성 질병으로 진전될 우려가 있어 추적검사 등 관찰이 필요한 근로자 (직업병 요관찰자)
	C_2	일반질병으로 진전될 우려가 있어 추적관찰이 필요한 근로자(일반 질병 요관찰자)
	D_1	직업성 질병의 소견을 보여 사후관리가 필요한 근로자(직업병 유소견자)
	D_2	일반 질병의 소견을 보여 사후관리가 필요한 근로자(일반 질병 유소견자)
R		건강진단 1차 검사결과 건강수준의 평가가 곤란하거나 질병이 의심되는 근로자 (제2차 건강진단 대상자)

22 휴먼 에러의 배후 요소 중 작업방법, 작업순서, 작업정보, 작업환경과 가장 관련이 깊은 것은?

① man   ② machine
③ media   ④ management

＊휴먼 에러의 배후요인(4M)
① Man(인간) : 본인 외의 사람, 직장의 인간관계 등
② Machine(기계) : 기계, 장치 등의 물적 요인
③ Media(매체) : 작업정보, 작업방법 등
④ Management(관리) : 작업관리, 법규준수, 단속, 점검 등

 실기에 자주 출제되는 내용입니다. 암기하세요.

23 시스템의 정의에 포함되는 조건 중 틀린 것은?

① 제약된 조건 없이 수행
② 요소의 집합에 의해 구성
③ 시스템 상호 간의 관계를 유지
④ 어떤 목적을 위하여 작용하는 집합체

＊시스템(system)의 정의
① 요소의 집합에 의해 구성되고
② system 상호 간의 관계를 유지하면서
③ 정해진 조건 아래에서
④ 어떤 목적을 위하여 작용하는 집합체라 할 수 있다.

24 단위 면적당 표면을 나타내는 빛의 양을 설명한 것으로 맞는 것은?

① 휘도   ② 조도
③ 광도   ④ 반사율

1. 단위 면적당 표면을 나타내는 빛의 양 → 조도
2. 조도(lux) = $\dfrac{광도}{(거리)^2}$

정답 21 ③ 22 ③ 23 ① 24 ②

25 그림과 같은 시스템에서 전체 시스템의 신뢰도는 얼마인가?(단, 네모 안의 숫자는 각 부품의 신뢰도이다.)

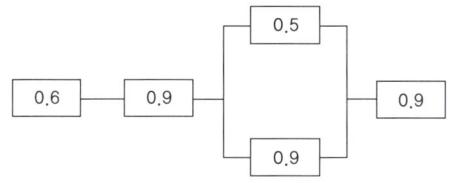

① 0.4104
② 0.4617
③ 0.6314
④ 0.6804

$0.6 \times 0.9 \times \{1-(1-0.5) \times (1-0.9)\} \times 0.9 = 0.4617$

📎 필기에 자주 출제되는 내용입니다.

26 결함수분석법에서 일정 조합 안에 포함되어 있는 기본사상들이 모두 발생하지 않으면 틀림없이 정상사상(top event)이 발생되지 않는 조합을 무엇이라고 하는가?

① 컷셋(cut set)
② 패스셋(path set)
③ 결함수셋(fault tree set)
④ 부울대수(boolean algebra)

정상사상(top event)이 발생되지 않는 조합(고장을 일으키지 않는 조합) → 패스셋(path set)

📎 필기에 자주 출제되는 내용입니다.

 참고

컷셋(Cut Set) : 모든 기본사상이 일어났을 때 정상사상을 일으키는 기본사상들의 집합이다.

📎 실기까지 중요한 내용입니다.

27 반경 10cm의 조종구(ball control)를 30° 움직였을 때, 표시장치가 2cm 이동하였다면 통제표시비(C/R비)는 약 얼마인가?

① 1.3
② 2.6
③ 5.2
④ 7.8

① C/R비 = $\dfrac{X}{Y}$

X : 통제기기의 변위량(cm)
Y : 표시계기 지침의 변위량(cm)

② C/R비 = $\dfrac{\dfrac{\alpha}{360} \times 2\pi L}{Y}$

a : 조종장치의 움직인 각도
L : 조종장치의 반경

$\text{C/R비} = \dfrac{\dfrac{\alpha}{360} \times 2\pi L}{Y}$

$= \dfrac{\dfrac{30}{360} \times 2 \times \pi \times 10}{2} = 2.62$

📎 필기에 자주 출제되는 내용입니다.

28 건습지수로서 습구온도와 건구온도의 가중평균치를 나타내는 Oxford지수의 공식으로 맞는 것은?

① WD = 0.65WB + 0.35DB
② WD = 0.75WB + 0.25DB
③ WD = 0.85WB + 0.15DB
④ WD = 0.95WB + 0.05DB

* **Oxford 지수(습·건 지수)**
WD(℃) = 0.85 × W + 0.15 × d
- W : 습구온도
- d : 건구온도

📝 필기에 자주 출제되는 내용입니다.

29 인간의 기대하는 바와 자극 또는 반응들이 일치하는 관계를 무엇이라 하는가?

① 관련성
② 반응성
③ 양립성
④ 자극성

인간의 기대하는 바와 자극 또는 반응들이 일치하는 관계 → 양립성

참고

양립성 : 자극과 반응의 관계가 인간의 기대와 모순되지 않는 성질

① 개념적 양립성
- 외부자극에 대해 인간의 **개념적 현상의 양립성**
- 예 **빨간 버튼은 온수, 파란 버튼은 냉수**

② 공간적 양립성
- 표시장치, 조종장치의 **형태 및 공간적 배치의 양립성**
- 예 오른쪽 조리대는 오른쪽 조절장치로, 왼쪽 조리대는 왼쪽 조절장치로 조정한다.

③ 운동의 양립성
- 표시장치, 조종장치 등의 **운동 방향의 양립성**
- 예 조종장치를 오른쪽으로 돌리면 표시장치 지침이 오른쪽으로 이동한다.

④ 양식 양립성
- 자극과 응답 양식의 존재에 대한 양립성
- 예 청각적 자극 제시와 이에 대한 음성응답 과업에서 갖는 양립성

📝 필기에 자주 출제되는 내용입니다.

30 FTA에서 어떤 고장이나 실수를 일으키지 않으면 정상사상(Top event)은 일어나지 않는다고 하는 것으로 시스템의 신뢰성을 표시하는 것은?

① cut set
② minimal cut set
③ free event
④ minimal path set

시스템의 신뢰성을 표시 → minimal path set

> 참고

1. 컷셋(Cut Set)
   - 정상사상을 발생시키는 기본사상의 집합
   - 모든 기본사상이 일어났을 때 정상사상을 일으키는 기본사상들의 집합이다.

2. 미니멀 컷(Minimal Cut Set)
   - 정상사상을 일으키기 위한 기본사상의 최소집합(최소한의 컷)
   - 시스템의 위험성을 나타낸다.

3. 패스셋(Path Set)
   - 시스템의 고장을 일으키지 않는 기본사상들의 집합
   - 포함된 기본사상이 일어나지 않을 때 처음으로 정상사상이 일어나지 않는 기본 사상들의 집합이다.

4. 미니멀 패스(Minimal Path Set)
   - 시스템의 기능을 살리는 최소한의 집합(최소한의 패스)
   - 시스템의 신뢰성 나타낸다.

📝 필기에 자주 출제되는 내용입니다.

31 Chapanis의 위험수준에 의한 위험발생률 분석에 대한 설명으로 맞는 것은?

① 자주 발생하는(frequent) > 10^{-3}/day
② 가끔 발생하는(occasional) > 10^{-5}/day
③ 거의 발생하지 않는(remote) > 10^{-6}/day
④ 극히 발생하지 않는(impossible) > 10^{-8}/day

* Chapanis의 위험 분석

발생빈도	평점	발생 확률
자주(때때로 발생)	6	> 10^{-2}/day
보통(수회 발생)	5	> 10^{-3}/day
가끔(드물게 발생)	4	> 10^{-4}/day
거의 발생하지 않는 (일어날 것 같지 않음)	3	> 10^{-5}/day
극히 발생할 것 같지 않은(발생확률이 0에 가까움)	2	> 10^{-6}/day
전혀 발생하지 않는 (발생 불가능)	1	> 10^{-8}/day

32 체계분석 및 설계에 있어서 인간공학적 노력의 효능을 산정하는 척도의 기준에 포함되지 않는 것은?

① 성능의 향상
② 훈련비용의 절감
③ 인력 이용률의 저하
④ 생산 및 보전의 경제성 향상

* 체계분석 및 설계의 인간공학의 가치
① 성능의 향상 : 적절한 유능한 운용자
② 훈련비용의 절감 : 숙련도
③ 인력 이용률의 향상 : 인력자원의 효과적 이용
④ 사고 및 오용으로부터의 손실감소 : 인간공학 원칙 적용
⑤ 생산 및 보전의 경제성 증대 : 설계 단순화 및 인간 공학 원칙 적용
⑥ 사용자의 수용도 향상 : 운용 및 보전성 용이

📝 필기에 자주 출제되는 내용입니다.

정답 31 ④ 32 ③

33 정보를 전송하기 위해 청각적 표시장치를 사용해야 효과적인 경우는?

① 전언이 복잡할 경우
② 전언이 후에 재참조될 경우
③ 전언이 공간적인 위치를 다룰 경우
④ 전언이 즉각적인 행동을 요구할 경우

✻ 청각장치와 시각장치의 비교

청각장치	• 전언이 짧고, 간단할 때 • 재참조되지 않는다. • 시간적인 사상을 다룬다. • 즉각적인 행동을 요구할 때 • 시각계통이 과부하일 때 • 주위가 너무 밝거나 암조응일 때 • 자주 움직이는 경우
시각장치	• 전언이 길고, 복잡할 때 • 재참조된다. • 공간적인 위치 다룬다. • 즉각적 행동을 요구하지 않을 때 • 청각계통이 과부하일 때 • 주위가 너무 시끄러울 때 • 한곳에 머무르는 경우

📝 필기에 자주 출제되는 내용입니다.

34 작업기억(working memory)에서 일어나는 정보코드화에 속하지 않는 것은?

① 의미 코드화
② 음성 코드화
③ 시각 코드화
④ 다차원 코드화

✻ 작업기억(working memory)에서 일어나는 정보 코드화
① 의미 코드화
② 음성 코드화
③ 시각 코드화

참고

✻작업기억
감각기관을 통해 입력된 정보를 일시적으로 기억하고, 각종 인지적 과정을 계획하고 순서 지으며 실제로 수행하는 작업장으로서의 기능을 수행하는 단기적 기억을 말한다.

35 인체에서 뼈의 주요 기능으로 볼 수 없는 것은?

① 대사작용
② 신체의 지지
③ 조혈작용
④ 장기의 보호

✻ 골격(뼈)의 주요 기능
① 신체를 지지하고 형상을 유지하는 역할
② 신체의 주요한 부분을 보호하는 역할
③ 신체활동을 수행하는 역할
④ 혈액을 생성하는 역할

정답 33 ④ 34 ④ 35 ①

36 인간의 눈에서 빛이 가장 먼저 접촉하는 부분은?

① 각막 ② 망막
③ 초자체 ④ 수정체

> 눈에서 빛이 가장 먼저 접촉하는 부분 → 각막

참고

1. **망막** : 인간의 눈의 부위 중에서 실제로 빛을 수용하여 두뇌로 전달하는 역할을 한다.
2. **초자체** : 안구 중심부의 공간을 채우며 투명한 젤의 형태로 존재, 안구의 구조를 유지하는 데 중요한 역할을 한다.
3. **수정체** : 빛을 굴절시켜서 망막에 상이 맺히게 하는 역할을 한다.(카메라 렌즈 역할)

참고

* **의자 설계의 원칙**
① 체중 분포 : 의자에 앉았을 때 체중이 주로 좌골 결절에 실려야 한다.
② 의자 좌판의 높이
 • 좌판 앞부분이 대퇴를 압박하지 않도록 오금높이보다 높지 않아야 한다.
 • 치수는 5% 오금높이로 한다.
③ 의자 좌판의 깊이(길이)와 폭
 • 일반적으로 폭은 큰사람에게 맞도록 설계한다.
 • 깊이는 장딴지 여유를 주고 대퇴를 압박하지 않도록 작은 사람에게 맞도록 설계한다.
④ 몸통의 안정
 • 의자 좌판의 각도는 3°, 등판의 각도는 100°가 몸통에 안정적이다.

37 인간공학적인 의자 설계를 위한 일반적 원칙으로 적절하지 않은 것은?

① 척추의 허리 부분은 요부 전만을 유지한다.
② 허리 강화를 위하여 쿠션은 설치하지 않는다.
③ 좌판의 앞 모서리 부분은 5cm 정도 낮아야 한다.
④ 좌판과 등받이 사이의 각도는 90~105°를 유지하도록 한다.

* **의자 설계의 일반 원리**
① 요추의 전만 곡선을 유지할 것
② 디스크의 압력을 줄인다.
③ 등 근육의 정적부하를 감소시킨다.
④ 자세 고정을 줄인다.
⑤ 쉽게 조절할 수 있도록 설계할 것

38 윤활관리 시스템에서 준수해야 하는 4가지 원칙이 아닌 것은?

① 적정량 준수
② 다양한 윤활제의 혼합
③ 올바른 윤활법의 선택
④ 윤활기간의 올바른 준수

* **적정 윤활의 원칙**
① 적량의 규정
② 윤활 기간의 올바른 준수
③ 올바른 윤활법의 채용
④ 올바른 윤활유의 선정

정답 36 ① 37 ② 38 ②

39 FT도에 사용되는 기호 중 "전이기호"를 나타내는 기호는?

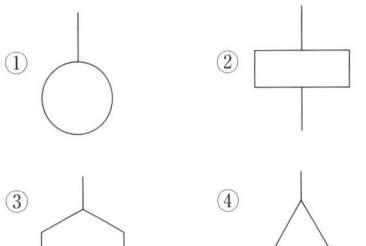

* 안전성 평가 6단계
① 1단계 : 관계 자료의 정비 검토(작성 준비)
② 2단계 : 정성적인 평가
③ 3단계 : 정량적인 평가
④ 4단계 : 안전대책 수립
⑤ 5단계 : 재해사례에 의한 평가
⑥ 6단계 : FTA에 의한 재평가

📝 필기에 자주 출제되는 내용입니다.

기호	명명	기호설명
△	전이기호	다른 부분과의 연결을 나타낸다.
▭	결함사상 (정상사상, 중간사상)	고장사상
⬠	통상사상	발생이 예상되는 사상
○	기본사상	더 이상 전개할 수 없는 사건의 원인

📝 실기까지 중요한 내용입니다.

3과목 건설시공학

41 다음 중 콘크리트 타설 공사와 관련된 장비가 아닌 것은?

① 피니셔(Finisher)
② 진동기(Vibrator)
③ 콘크리트 분배기(concrete distributor)
④ 항타기(Air hammer)

항타기(Air hammer) → 말뚝 항타용 장비

40 설비의 위험을 예방하기 위한 안전성 평가 단계 중 가장 마지막에 해당하는 것은?

① 재평가
② 정성적 평가
③ 안전대책
④ 정량적 평가

정답 39 ④ 40 ① 41 ④

42 대상지역의 지반특성을 규명하기 위하여 실시하는 사운딩시험에 해당되는 것은?

① 함수비시험
② 액성한계시험
③ 표준관입시험
④ 1축 압축시험

정적 사운딩 (점성토에 적용)	동적 사운딩 (사질토에 적용)
① 단관 원추 관입시험 ② 화란식 원추 관입시험 ③ 스웨덴식 관입시험 ④ 이스키 미터 ⑤ 베인 테스트	① 표준관입 시험 ② 동적 원추관 시험

> **참고**
>
> 관입저항시험(sounding test) : Rod 끝에 설치한 저항체를 땅속에 삽입하여 회전, 빼 올리기 등의 저항력으로 토층의 성상을 탐사, 판별하는 방법을 말한다.

43 흙막이 공사 후 지표면의 재하 하중에 못 견디어 흙막이 벽의 바깥에 있는 흙이 안으로 밀려 흙파기 저면이 불룩하게 솟아오르는 현상은?

① 히빙 현상
② 보일링 현상
③ 수동토압 파괴 현상
④ 진단 파괴 현상

히빙(Heaving)현상 : 연질 점토 지반에서 굴착에 의한 흙막이 내·외면의 흙의 중량 차이(토압 차이)로 인해 굴착저면이 부풀어 올라오는 현상을 말한다.(흙막이 바깥 흙이 안으로 밀려든다.)

📝 필기에 자주 출제되는 내용입니다.

44 철골공사에서 쓰이는 내화피복 공법의 종류가 아닌 것은?

① 성형판 붙임공법
② 뿜칠공법
③ 미장공법
④ 나중매입공법

* **철골공사 내화피복 공법의 종류**

습식공법	건식공법
① 조적공법 ② 미장공법 ③ 도장공법 ④ 뿜칠공법 ⑤ 타설공법	① 성형판 붙임공법 ② 멤브레인 공법 ③ 세리믹올 피복공법

📝 필기에 자주 출제되는 내용입니다.

45 VE 적용 시 일반적으로 원가절감의 가능성이 가장 큰 단계는?

① 기획 설계　② 공사 착수
③ 공사 중　　④ 유지관리

VE 적용 시 일반적으로 원가절감의 가능성이 가장 큰 단계 → 기획 설계단계

정답 42 ③　43 ①　44 ④　45 ①

> 참고
>
> **＊VE(Value Engineering)**
> 최소의 생애주기비용(LCC ; Life Cycle Cost)으로 대상 시설물의 최상의 가치를 얻기 위하여 설계내용에 대한 경제성 및 현장 적용의 타당성을 여러 전문분야의 협력을 통해 기능별, 대안별로 검토하는 체계적인 프로세스(Systematic Process)를 말한다.

46 독립 기초판(3.0m×3.0m) 하부에 말뚝머리지름이 40cm인 기성콘크리트 말뚝을 9개 시공하려고 할 때 말뚝의 중심 간격으로 가장 적당한 것은?

① 110cm
② 100cm
③ 90cm
④ 80cm

- 기성콘크리트말뚝의 간격 : 말뚝머리 직경의 2.5배 이상 또한 750mm 이상 중 큰 값으로 한다.
- 말뚝머리 직경의 2.5배(40cm×2.5=100cm)와 75cm(750mm) 중 큰 값은 100cm이므로 말뚝의 간격은 100cm가 된다.

> 참고
>
> **＊말뚝의 간격**
> (말뚝의 최소 중심 간격으로 다음 중 큰 값으로 결정)
>
> | | |
> |---|---|
> | 나무말뚝 | 말뚝머리 직경의 2.5배 이상 또한 600mm 이상 |
> | 기성콘크리트 말뚝 | 말뚝머리 직경의 2.5배 이상 또한 750mm 이상 |
> | 강재말뚝 | 말뚝머리 직경 또는 폭의 2.5배 (폐단 강관말뚝: 2.5배) 이상 또한 750mm 이상 |
> | 현장타설 콘크리트 말뚝 | 말뚝머리 직경의 2.5배 이상 또한 말뚝머리 직경에 1,000mm를 더한 값 이상 |

필기에 자주 출제되는 내용입니다.

47 건설공사 입찰방식 중 공개경쟁입찰의 장점에 속하지 않는 것은?

① 유자격자는 모두 참가할 수 있는 기회를 준다.
② 제한경쟁입찰에 비해 등록사무가 간단하다.
③ 담합의 가능성을 줄인다.
④ 공사비가 절감된다.

> **＊공개경쟁입찰의 장·단점**
>
> | 장점 | 단점 |
> |---|---|
> | ① 경쟁으로 인한 공사비가 절감된다.
② 유자격자에게 기회를 균등하게 부여한다.
(민주적)
③ 담합의 우려가 적다. | ① 과다경쟁으로 인한 부실공사의 우려 있다.
② 입찰사무가 복잡하다.
③ 부적격자에게 낙찰될 가능성이 있다. |

필기에 자주 출제되는 내용입니다.

46 ② 47 ②

48 건축공사의 착수 시 대지에 설정하는 기준점에 관한 설명으로 옳지 않은 것은?

① 공사 중 건축물 각 부위의 높이에 대한 기준을 삼고자 설정하는 것을 말한다.
② 건축물의 그라운드 레벨(Ground level)은 현장에서 공사 착수 시 설정한다.
③ 기준점을 바라보기 좋고, 공사에 지장이 없는 곳에 설정한다.
④ 기준점을 대개 지정 지반면에서 0.5~1m의 위치에 두고 그 높이를 적어둔다.

② 건축물의 그라운드 레벨(Ground level)은 대지의 레벨(대지의 어느 부분을 기준점으로 하여 높이를 표기한 값)로 설계시의 기준 레벨이다.

49 프리스트레스트 콘크리트를 프리텐션방식으로 프리스트레싱할 때 콘크리트의 압축강도는 최소 얼마 이상이어야 하는가?

① 15MPa　② 20MPa
③ 30MPa　④ 50MPa

★ **프리스트레스트 콘크리트**
① 고강도 강선을 사용하여 인장응력을 미리 부여함으로서 큰 응력을 받을 수 있도록 제작된 콘크리트를 말한다.
② 프리스트레스트 콘크리트를 프리텐션방식으로 프리 스트레싱할 때 콘크리트의 압축강도는 최소 30MPa 이상이어야 한다.

50 기초파기 저면보다 지하수위가 높을 때의 배수공법으로 가장 적합한 것은?

① 웰포인트 공법
② 샌드드레인 공법
③ 언더피닝 공법
④ 페이퍼드레인 공법

★ **웰포인트 공법**
① 집수장치를 붙인 파이프를 1~3m외 간격으로 지중에 박아 이것을 지상의 집수관에 연결하여 펌프로 지중의 물을 강제 배수하는 강제배수 공법을 말한다.
② 사질토나 투수성이 좋은 지반에 사용한다.(투수성이 비교적 낮은 사질 실트 층까지도 배수가 가능하다.)
③ 기초파기 저면보다 지하수위가 높을 때의 배수공법으로 가장 적합한 방법이다.

📝 필기에 자주 출제되는 내용입니다.

51 공사계약제도에 관한 설명으로 옳지 않은 것은?

① 일식도급계약제도는 전체 건축공사를 한 도급자에게 도급을 주는 제도이다.
② 분할도급계약제도는 보통 부대설비공사와 일반공사로 나누어 도급을 준다.
③ 공사진행 중 설계변경이 빈번한 경우에는 직영공사제도를 채택한다.
④ 직영공사제도는 근로자의 능률이 상승한다.

정답　48 ②　49 ③　50 ①　51 ④

④ 영리목적의 도급공사에 비해 저렴하고 재료선정이 자유로우며, 특수한 상황에 신속하게 대처할 수 있는 장점이 있으나, 고용기술자 등에 의한 **시공관리 능력이 부족하면 공사비 증대, 시공성의 결함 및 공기가 연장되기 쉬운 단점**이 있다.

> **참고**
>
> *직영공사
> 건축주가 직접 계획을 세우고 재료구입, 노무자고용, 시공기계 및 가설재를 마련하여 **모든 공사를 자기 책임하에 시행**하며 발주하는 방식이다.

📝 필기에 자주 출제되는 내용입니다.

52 철근이음의 종류 중 기계적 이음과 가장 거리가 먼 것은?

① 나사식 이음
② 가스압접 이음
③ 충전식 이음
④ 압착식 이음

*철근 이음의 종류
① 겹침 이음
② 가스압접 이음
③ 용접 이음
④ 기계적 이음
  • 나사식 이음
  • 충전식 이음
  • 압착식 이음

53 콘크리트 타설 및 다짐에 관한 설명으로 옳은 것은?

① 타설한 콘크리트는 거푸집 안에서 횡방향으로 이동시켜도 좋다.
② 콘크리트 타설은 타설기계로부터 가까운 곳부터 타설한다.
③ 이어치기 기준시간이 경과되면 콜드조인트의 발생 가능성이 높다.
④ 노출콘크리트에는 다짐봉으로 다지는 것이 두드림으로 다지는 것보다 품질관리상 유리하다.

① 타설한 콘크리트를 거푸집 안에서 횡 방향으로 이동시켜서는 안 된다.
② 콘크리트 타설은 운반거리가 먼 곳부터 시작한다.
④ 노출콘크리트에는 두드림으로 다지는 것이 다짐봉으로 다지는 것보다 품질관리상 유리하다.

📝 필기에 자주 출제되는 내용입니다.

54 기성 콘크리트 말뚝설치 공법 중 진동공법에 관한 설명으로 옳지 않은 것은?

① 정확한 위치에 타입이 가능하다.
② 타입은 물론 인발도 가능하다.
③ 경질지반에서는 충분한 관입깊이를 확보하기 어렵다.
④ 사질지반에서는 진동에 따른 마찰저항의 감소로 인해 관입이 쉽다.

④ 사질지반에서는 진동에 따른 마찰저항의 증가로 인해 관입이 곤란해지므로 사질지반에서 사용을 피한다.

정답 52 ② 53 ③ 54 ④

55 콘크리트의 압축강도를 시험하지 않을 경우 거푸집널의 해체 시기로 옳은 것은? (단, 조강포틀랜드시멘트를 사용한 기둥으로서 평균기온이 20℃ 이상일 경우)

① 2일　　② 3일
③ 4일　　④ 6일

* 콘크리트의 압축강도를 시험하지 않을 경우 거푸집널의 해체 시기(기초, 보, 기둥 및 벽의 측면)

시멘트의 종류 평균기온	조강 포틀랜드 시멘트	보통 포틀랜드 시멘트 고로 슬래그 시멘트(특급) 포틀랜드 포졸란 시멘트(A종) 플라이애쉬 시멘트(A종)	고로 슬래그 시멘트(1급) 포틀랜드 포졸란 시멘트(B종) 플라이애쉬 시멘트(B종)
20℃ 이상	2일	4일	5일
20℃ 미만 10℃ 이상	3일	6일	8일

📝 필기에 자주 출제되는 내용입니다.

56 공사계획을 수립할 때의 유의사항으로 옳지 않은 것은?

① 마감공사는 구체공사가 끝나는 부분부터 순차적으로 착공하는 것이 좋다.
② 재료입수의 난이, 부품제작 일수, 운반 조건 등을 고려하여 발주시기를 조절한다.
③ 방수공사, 도장공사, 미장공사 등과 같은 공정에는 일기를 고려하여 충분한 공기를 확보한다.
④ 공사 전반에 쓰이는 보는 시공 상비는 착공 개시 전에 현장에 반입되도록 조치해야 한다.

④ 공사계획을 수립할 때에는 공사 전반에 쓰이는 소요 장비의 확보 계획을 수립한다.

57 철골공사에서 용접을 할 때 발생되는 용접 결함과 직접 관계가 없는 것은?

① 크랙　　② 언더컷
③ 크레이터　　④ 위핑

*용접결함
① 언더컷(Under Cut) : 용접전류가 과대하거나 용접 속도가 너무 빠를 때 또는 아크를 짧게 유지하기 어려운 경우 발생하며 모재 및 용접부의 일부가 녹아 시 발생하는 홈 또는 오목하게 생긴 부분(용착금속이 채워지지 않고 홈처럼 우묵하게 남아 있는 부분)을 말한다.
② 오버랩(overlap) : 용접전류가 부족하거나, 용접 속도가 너무 느릴 경우 발생하며 용착 금속이 모재에 융합되지 않고 겹친 부분(용융된 금속이 모재 면에 덮쳐진 상태)을 말한다.

정답　55 ①　56 ④　57 ④

③ 크레이터(Crater) : 아크를 끊을 때 비드 끝부분이 오목하게 들어가는 것을 말하며 이 부분에 균열이 발생하기 쉽다.
④ 크랙(Crack) : 용접부에 생기는 균열을 말하며 용접 결함 중 가장 치명적인 결함이 된다.
⑤ 스패터(spatter) : 용접 시 튀어나온 슬래그가 굳은 현상(용융된 금속의 작은 입자가 튀어나와 모재에 묻어있는 것)을 말한다.

📝 필기에 자주 출제되는 내용입니다.

58 벽체와 기둥의 거푸집이 굳지 않은 콘크리트 측압에 저항할 수 있도록 최종적으로 잡아주는 부재는?

① 스페이서　　② 폼타이
③ 턴버클　　　④ 듀벨

긴결재(긴장재) : 콘크리트의 측압을 부담하여 거푸집널이 벌어지거나 우그러들지 않도록 거푸집의 정확한 위치와 치수를 유지하기 위해 사용된다.

참고

＊긴결재의 종류
① 폼타이(Form tie)
② 플랫타이(Flat tie)
③ 철선(Steel wire)
④ 컬럼밴드(Column band)
⑤ 와이어로프(Wire rope) 및 턴버클(Turn Buckle)

📝 필기에 자주 출제되는 내용입니다.

59 흙막이벽체 공법 중 주열식 흙막이 공법에 해당하는 것은?

① 슬러리 월 공법
② 엄지말뚝+토류판공법
③ C.I.P 공법
④ 시트파일 공법

＊주열식 흙막이 공법의 종류

CIP 공법 (Cast In Place Pile)	말뚝 구멍을 굴착한 후 철근을 조립하고 모르타르 주입관을 삽입한 다음 자갈을 충전한 후 모르타르를 주입하는 공법이다.
PIP 공법 (Packed In Place Pile)	소정의 깊이까지 뚫은 다음 흙과 오거를 함께 끌어올리면서 오거 중심간의 선단을 통하여 모르타르, 잔자갈, 콘크리트를 주입하여 말뚝을 형성하는 공법이다.
MIP 공법 (Mixed In Place Pile)	파이프 선단에 커터를 장치하여 흙을 뒤섞으며 지중으로 파들어 간 다음 파이프 선단에서 모르타르를 분출시켜 흙과 모르타르를 혼합하면서 파이프를 빼내는 소일 콘크리트(soil concrete) 말뚝을 형성하는 공법이다.

참고

＊주열식 흙막이공법
제자리 콘크리트 말뚝을 연속적으로 설치하여 흙막이 벽체를 형성하는 공법을 말한다.

📝 필기에 자주 출제되는 내용입니다.

60 콘크리트 이어 붓기 위치에 관한 설명으로 옳지 않은 것은?

① 보 및 슬래브는 전단력이 작은 스팬의 중앙부에 수직으로 이어 붓는다.
② 기둥 및 벽에서는 바닥 및 기초의 상단 또는 보의 하단에 수평으로 이어 붓는다.
③ 캔틸레버로 내민보나 바닥판은 간사이의 중앙부에 수직으로 이어 붓는다.
④ 아치는 아치축에 직각으로 이어 붓는다.

★ 콘크리트의 이어 붓기 위치
① 구조물 강도에 영향이 가장 적은 전단력이 최소인 위치 또는 시공 상 무리가 없는 위치에 이음길이가 짧게 두어야 한다.
② 보 및 슬래브는 전단력이 작은 스팬의 중앙부에 수직으로 이어 붓는다.
③ 기둥 및 벽에서는 바닥 및 기초의 상단 또는 보의 하단에 수평으로 이어 붓는다.
④ 작은 보가 접속되는 큰 보의 이음은 작은 보 너비의 2배 떨어진 곳에서 이음 한다.
⑤ 벽은 문꼴(개구부) 등 보기 좋고 끊기 좋은 곳에서 수직 또는 수평으로 이음 한다.
⑥ 캔틸레버 보, 캔틸레버 바닥판은 이어 붓지 않는다.
⑦ 수밀콘크리트는 이어 붓지 않는다.

 필기에 자주 출제되는 내용입니다.

4과목 건설재료학

61 체가름 시험을 하였을 때 각 체에 남는 누계량의 전체 시료에 대한 질량백분율의 합을 100으로 나눈 값은?

① 실적률　　② 유효흡수율
③ 조립율　　④ 함수율

★ 골재의 조립률
• 체가름 시험을 하였을 때 각 체에 남는 누계량의 전체 시료에 대한 질량백분율의 합을 100으로 나눈 값을 말한다.
• 조립률을 구하기 위해서 체가름 시험방법을 활용한다.
• 굵은 입자가 많을수록 조립률은 커진다.
• 잔골재는 조립률이 2.3~3.1 정도이다.(조립률이 2.3에 가까울수록 가는 모래가 많고, 3.1에 가까울수록 굵은 모래가 많다.)

62 목재의 무늬를 가장 잘 나타내는 투명도료는?

① 유성페인트
② 클리어래커
③ 수성페인트
④ 에나멜페인트

클리어래커는 안료가 들어가지 않는 도료(투명래커)로서 목재면의 투명도장에 쓰인다.

정답　60 ③　61 ③　62 ②

63 구리(Cu)와 주석(Sn)을 주체로 한 합금으로 주조성이 우수하고 내식성이 크며 건축장식 철물 또는 미술공예 재료에 사용되는 것은?

① 청동　　② 황동
③ 양백　　④ 두랄루민

*청동(Cu+Sn)
① 동(구리)과 주석을 주성분으로 한 합금이다.
② 건축용 장식품, 미술 공예 재료로 사용한다.
③ 황동보다 내식성이 좋고 **내마모성과 주조성이 우수**하다.

📝 필기에 자주 출제되는 내용입니다.

64 금속제 용수철과 완충유와의 조합작용으로 열린 문이 자동으로 닫히게 하는 것으로 바닥에 설치되며, 일반적으로 무게가 큰 중량 창호에 사용되는 것은?

① 레버터리 힌지　② 플로어 힌지
③ 피벗 힌지　　　④ 도어 클로저

1. 피벗힌지(pivot hinge) : 경첩 대신 촉을 사용하여 여닫이문을 회전시킨다.
2. 래버터리 힌지(lavatory hinge) : 스프링 힌지의 일종으로 공중용 화장실 등에 사용된다.
3. 플로어 힌지 : 경첩으로 유지할 수 없는 무거운 자재의 여닫이문에 사용된다.
4. 도어클로저(도어체크) : 문을 열면 자동적으로 문이 닫히게 하는 장치를 말한다.

📝 필기에 자주 출제되는 내용입니다.

65 각종 시멘트의 특성에 관한 설명으로 옳지 않은 것은?

① 중용열포틀랜드 시멘트는 수화 시 발열량이 비교적 크다.
② 고로시멘트를 사용한 콘크리트는 보통 콘크리트보다 초기강도가 작은 편이다.
③ 알루미나시멘트는 내화성이 좋은 편이다.
④ 실리카시멘트로 만든 콘크리트는 수밀성과 화학저항성이 크다.

*중용열 포틀랜드 시멘트
수화속도를 지연시켜 수화열을 작게 한 시멘트이다.(수화열을 낮게 하여 단기보다 장기강도를 증진시킨 시멘트)

📝 필기에 자주 출제되는 내용입니다.

66 절대건조비중이 0.69인 목재의 공극률은?

① 31.0%　　② 44.8%
③ 55.2%　　④ 69.0%

$$공극률(\%) = \frac{1.54 - 절건비중[전건(全乾)비중]}{1.54} \times 100$$
$$= \frac{1.54 - 0.69}{1.54} \times 100 = 55.19(\%)$$

📝 필기에 자주 출제되는 내용입니다.

정답　63 ①　64 ②　65 ①　66 ③

67 실링재와 같은 뜻의 용어로 부재의 접합부에 충전하여 접합부를 기밀·수밀하게 하는 재료는?

① 백업재　　② 코킹재
③ 가스켓　　④ AE감수제

> **＊코킹재(Caulking)**
> 각종 부자재의 조인트나 갈라진 틈, 접합부에 충전하여 접합부의 수밀을 유지하기 위하여 충진되는 물질을 말한다. (예 실리콘, 우레탄 등)

📌 필기에 자주 출제되는 내용입니다.

68 콘크리트의 배합을 정할 때 목표로 하는 압축강도로 품질의 편차 및 양생온도 등을 고려하여 설계기준강도에 할증한 것을 무엇이라 하는가?

① 배합강도
② 설계강도
③ 호칭강도
④ 소요강도

> **＊배합강도**
> 콘크리트의 배합을 정할 때 목표로 하는 압축강도로 품질의 편차 및 양생온도 등을 고려하여 설계기준강도에 할증한 것을 말한다.

69 석재를 대상으로 실시하는 시험의 종류와 거리가 먼 것은?

① 비중 시험
② 흡수율 시험
③ 압축강도 시험
④ 인장강도 시험

> **＊석재의 품질시험**
> ① 비중 시험
> ② 흡수율 시험
> ③ 압축강도 시험

70 미리 거푸집 속에 특정한 입도를 가지는 굵은 골재를 채워놓고 그 간극에 모르타르를 주입하여 제조한 콘크리트는?

① 폴리머 시멘트 콘크리트
② 프리플레이스트 콘크리트
③ 수밀 콘크리트
④ 서중 콘크리트

> **＊프리플레이스트 콘크리트**
> 콘크리트 타설할 거푸집 안에 굵은 골재를 미리 채워 넣은(Pre-packing) 후 모르타르를 주입한 콘크리트를 말한다.

📌 필기에 자주 출제되는 내용입니다.

정답　67 ②　68 ①　69 ④　70 ②

71 철근콘크리트구조의 부착강도에 관한 설명으로 옳지 않은 것은?

① 최초 시멘트페이스트의 점착력에 따라 발생한다.
② 콘크리트 압축강도가 증가함에 따라 일반적으로 증가한다.
③ 거푸집강성이 클수록 부착강도의 증가율은 높아진다.
④ 이형철근의 부착강도가 원형철근보다 크다.

> *부착강도(Bond Strength)
> • 최초 시멘트페이스트의 점착력에 따라 발생한다.
> • 콘크리트 압축강도가 증가함에 따라 부착강도도 증가한다.
> • 피복두께가 두꺼울수록 부착강도도 증가한다.
> • 물시멘트비가 작을수록 부착강도가 증가한다.
> • 철근의 정착 길이가 길수록 부착강도가 증가한다.
> • 이형철근의 부착강도가 원형철근보다 크다.

72 단백질계 접착제 중 동물성 단백질이 아닌 것은?

① 카세인　② 아교
③ 알부민　④ 아마인유

> *단백질계 접착제
> ① 동물성 단백질계 : 카세인, 아교, 알부민접착제
> ② 식물성 단백질계 : 대두교, 소맥 단백질, 녹말풀

73 점토벽돌 1종의 흡수율과 압축강도 기준으로 옳은 것은?

① 흡수율 10% 이하 - 압축강도 24.50MPa 이상
② 흡수율 10% 이하 - 압축강도 20.59MPa 이상
③ 흡수율 15% 이하 - 압축강도 24.50MPa 이상
④ 흡수율 15% 이하 - 압축강도 20.59MPa 이상

> *점토벽돌의 품질
>
> | 품질 | 종류 | |
> |---|---|---|
> | | 1종 | 2종 |
> | 흡수율(%) | 10.0 이하 | 15.0 이하 |
> | 압축강도(MPa) | 24.50 이상 | 14.70 이상 |
>
> 필기에 자주 출제되는 내용입니다.

74 미장재료 중 돌로마이트 플라스터에 관한 설명으로 옳지 않은 것은?

① 돌로마이트에 모래, 여물을 섞어 반죽한 것이다.
② 소석회보다 점성이 크다.
③ 회반죽에 비하여 최종강도는 작고 착색이 어렵다.
④ 건조수축이 커서 균열이 생기기 쉽다.

정답　71 ③　72 ④　73 ①　74 ③

* **돌로마이트 플라스터**
① 돌로마이트 석회에 모래, 여물을 혼합한 것
② 점도가 높아 해초풀이 필요 없고 시공이 용이하다.
③ 경화에 의한 수축률이 커서 균열 발생이 쉽다.
④ 통풍이 잘 되지 않는 지하실의 미장재료로 적절하지 못하다.
⑤ 보수성이 크고 응결시간이 길다.
⑥ 회반죽에 비하여 조기강도 및 최종강도가 크고 착색이 쉽다.
⑦ 여물을 혼입하여도 건조수축이 크기 때문에 수축균열이 발생한다.

필기에 자주 출제되는 내용입니다.

75 멤브레인 방수공사와 관련된 용어에 관한 설명으로 옳지 않은 것은?

① 멤브레인 방수층 – 불투수성 피막을 형성하는 방수층
② 절연용 테이프 – 바탕과 방수층 사이의 국부적인 응력집중을 막기 위한 바탕면 부착 테이프
③ 프라이머 – 방수층과 바탕을 견고하게 밀착시킬 목적으로 바탕면에 최초로 도포하는 액상 재료
④ 개량 아스팔트 – 아스팔트 방수층을 형성하기 위해 사용하는 시트 형상의 재료

④ 개량 아스팔트 – 석유 아스팔트(스트레이트 아스팔트)에 고무나 합성수지를 배합하여 **석유 아스팔트의 감온성이나 점탄성적 성질을 개량한 방수시트**

76 합성수지 중 열경화성 수지가 아닌 것은?

① 페놀 수지
② 요소 수지
③ 에폭시 수지
④ 아크릴 수지

열경화성 수지	열가소성수지
• 페놀 수지	• 염화비닐 수지
• 요소 수지	• 초산비닐 수지
• 멜라민 수지	• 메틸메타크릴 수지
• 알키드 수지	• 폴리에틸렌 수지
• 실리콘 수지	• 폴리스티렌 수지
• 에폭시 수지	• 아크릴 수지
• 우레탄 수지	• 스티롤 수지
• 프란 수지	• 셀룰로이드
• 폴리에스테르 수지	
• 불포화폴리에스테르수지	

특급암기법
가수(열가소성수지) 염비 초비 메틸 에틸렌(폴리에틸렌) 아크릴 스티(스티롤) 로이드(셀룰로이드)

77 미장 바름의 종류 중 돌로마이트에 화강석 부스러기, 색모래, 안료 등을 섞어 정벌바름하고 충분히 굳지 않은 때에 거친 솔 등으로 긁어 거친면으로 마무리한 것은?

① 모조석
② 라프코트
③ 리신바름
④ 흙 바름

> 참고

1. **흙벽 바름**
   진흙, 모래, 짚여물 등을 물 반죽하여 외바탕, 산자바탕 등에 바르는 재래식공법을 말한다.

2. **리신 바름**
   미장 바름의 종류 중 돌로마이트에 화강석 부스러기, 색모래, 안료 등을 섞어 정벌바름하고 충분히 굳지 않은 때에 거친 솔 등으로 긁어 거친면으로 마무리하는 공법을 말한다.

3. **라프코트(rough coat)**
   시멘트와 모래, 자갈, 안료 등을 섞어서 뿌려 붙이거나 바르는 것으로 표면을 거칠게 마감하는 공법을 말한다.

> 참고

* **모조석**
  백시멘트와 종석, 안료를 혼합하여 만든 천연석과 유사한 외관을 가진 인조석을 말한다.

---

78 시멘트의 수화열에 의한 온도의 상승 및 하강에 따라 작용된 구속응력에 의해 균열이 발생할 위험이 있어, 이에 대한 특수한 고려를 요하는 콘크리트는?

① 매스 콘크리트
② 유동화 콘크리트
③ 한중 콘크리트
④ 수밀 콘크리트

매스 콘크리트(mass concrete) : 부재 혹은 구조물의 치수가 커서 시멘트의 수화열에 의한 온도 상승 및 강하를 고려하여 설계, 시공해야 하는 콘크리트를 말한다.

> 참고

1. **한중 콘크리트** : 1일 평균기온 4℃이하가 되는 시기에 타설하는 콘크리트를 말한다.
2. **수밀콘크리트** : 지하실·수중 구조물·지붕 슬래브 등 콘크리트의 수밀성 향상을 목적으로 사용하는 방수제가 혼합된 콘크리트를 말한다.
3. **유동화 콘크리트** : 미리 비벼낸 단위수량이 적은 콘크리트에 유동화재를 혼합하여 된비빔 콘크리트의 품질을 유지한 채 일시적으로 유동성을 증대시킨 콘크리트를 말한다.

📝 필기에 자주 출제되는 내용입니다.

79 목재의 조직에 관한 설명으로 옳지 않은 것은?

① 수선은 침엽수와 활엽수가 다르게 나타난다.
② 심재는 색이 진하고 수분이 적고 강도가 크다.
③ 봄에 이루어진 목질부를 춘재라 한다.
④ 수간의 횡단면을 기준으로 제일 바깥쪽의 껍질을 형성층이라 한다.

④ 수간의 횡단면을 기준으로 제일 바깥쪽의 껍질을 (겉)껍질이라 한다.

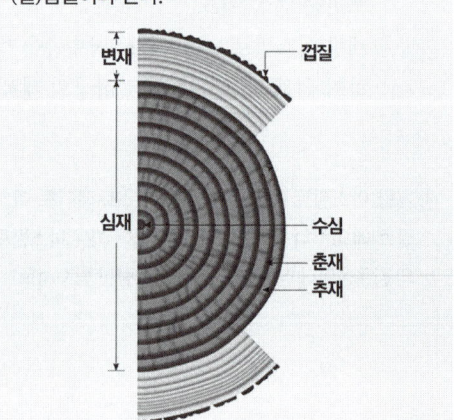

정답 78 ① 79 ④

80 모래의 함수율과 용적변화에서 이넌데이트(inundate)현상이란 어떤 상태를 말하는가?

① 함수율 0~8%에서 모래의 용적이 증가하는 현상
② 함수율 8%의 습윤 상태에서 모래의 용적이 감소하는 현상
③ 함수율 8%에서 모래의 용적이 최고가 되는 현상
④ 설건 상태와 습윤 상태에서 모래의 용적이 동일한 현상

* **이넌데이트(inundate)현상**
모래의 절건 상태와 습윤 상태의 서로 다른 함수상태에서 용적이 거의 같아지는 현상을 말한다.

5과목 건설안전기술

81 다음 중 유해·위험방지 계획서 제출 대상 공사에 해당하는 것은?

① 지상높이가 25[m]인 건축물 건설공사
② 최대 지간길이가 45[m]인 교량건설공사
③ 깊이가 8[m]인 굴착공사
④ 제방 높이가 50[m]인 다목적댐 건설공사

* **유해위험방지계획서를 제출해야 될 건설공사**
1. 다음 각 목의 어느 하나에 해당하는 건축물 또는 시설 등의 건설·개조 또는 해체공사
   가. 지상높이가 31미터 이상인 건축물 또는 인공구조물
   나. 연면적 3만제곱미터 이상인 건축물
   다. 연면적 5천제곱미터 이상인 시설로서 다음의 어느 하나에 해당하는 시설
      1) 문화 및 집회시설(전시장 및 동물원·식물원은 제외한다)
      2) 판매시설, 운수시설(고속철도의 역사 및 집배송시설은 제외한다)
      3) 종교시설
      4) 의료시설 중 종합병원
      5) 숙박시설 중 관광숙박시설
      6) 지하도상가
      7) 냉동·냉장 창고시설
2. 연면적 5천제곱미터 이상의 냉동·냉장창고시설의 설비공사 및 단열공사
3. 최대 지간길이(다리의 기둥과 기둥의 중심사이의 거리)가 50미터 이상인 교량 건설 등 공사
4. 터널 건설 등의 공사
5. 다목적댐, 발전용댐, 저수용량 2천만톤 이상의 용수 전용 댐, 지방상수도 전용 댐 건설 등의 공사
6. 깊이 10미터 이상인 굴착공사

특급암기법
- 지상높이 31m, 연면적 3만m², 사람 많은 시설 연면적 5,000m²
- 연면적 5,000m² 냉동·냉장창고시설
- 최대 지간길이가 50미터 이상 교량
- 터널
- 저수용량 2천만 톤 이상 댐
- 10미터 이상인 굴착

 실기에 자주 출제되는 내용입니다. 암기하세요.

82 차량계 하역운반기계 등을 사용하는 작업을 할 때, 그 기계가 넘어지거나 굴러떨어짐으로써 근로자에게 위험을 미칠 우려가 있는 경우에 이를 방지하기 위한 조치사항과 거리가 먼 것은?

① 유도자 배치
② 지반의 부동침하 방지
③ 상단부분의 안정을 위하여 버팀줄 설치
④ 갓길 붕괴 방지

*차량계 하역운반기계 넘어짐(전도) 방지 조치
① 유도자 배치
② 지반의 부동침하 방지
③ 갓길의 붕괴 방지

[참고]

*차량계 건설기계의 넘어짐(전도) 방지 조치
① 유도자 배치
② 지반의 부동침하 방지
③ 갓길의 붕괴 방지
④ 도로의 폭 유지

실기까지 중요한 내용입니다.

83 콘크리트 구조물에 적용하는 해체작업 공법의 종류가 아닌 것은?

① 연삭 공법   ② 발파 공법
③ 오픈 컷 공법 ④ 유압 공법

③ 오픈 컷 공법 → 터파기 공법

84 달비계에 사용이 불가한 와이어로프의 기준으로 옳지 않은 것은?

① 이음매가 없는 것
② 지름의 감소가 공칭지름의 7%를 초과하는 것
③ 심하게 변형되거나 부식된 것
④ 와이어로프의 한 꼬임에서 끊어진 소선(素線)의 수가 10% 이상인 것

*와이어로프의 사용금지 기준
① 이음매가 있는 것
② 와이어로프의 한 꼬임에서 끊어진 소선의 수가 10퍼센트 이상인 것
③ 지름의 감소가 공칭지름의 7퍼센트를 초과하는 것
④ 꼬인 것
⑤ 심하게 변형되거나 부식된 것
⑥ 열과 전기충격에 의해 손상된 것

실기에 자주 출제되는 내용입니다. 암기하세요.

85 드럼에 다수의 돌기를 붙여 놓은 기계로 점토층의 내부를 다지는 데 적합한 것은?

① 탠덤 롤러
② 타이어 롤러
③ 진동 롤러
④ 탬핑 롤러

탬핑 롤러는 고함수비 지반, 점착력이 큰 진흙의 다짐, 흙의 간극수압 제거에 사용된다.

정답 82 ③ 83 ③ 84 ① 85 ④

86 다음은 산업안전보건기준에 관한 규칙 중 가설통로의 구조에 관한 사항이다. ( ) 안에 들어갈 내용으로 옳은 것은?

> 수직갱에 가설된 통로의 길이가 15m 이상인 경우에는 10m 이내마다 ( )을/를 설치할 것

① 손잡이   ② 계단참
③ 클램프   ④ 버팀대

* **계단참의 설치**
  - 수직갱 : 길이가 15미터 이상인 때에는 10미터 이내마다 계단참을 설치할 것
  - 사다리식 통로 : 길이가 10미터 이상인 경우에는 5미터 이내마다 계단참을 설치할 것
  - 계단 : 높이가 3m를 초과하는 계단에는 높이 3m 이내마다 너비 1.2미터 이상의 계단참을 설치할 것
  - 비계다리 : 높이가 8미터를 초과하는 비계다리에는 7미터 이내마다 계단참을 설치할 것

📋 실기에 자주 출제되는 내용입니다. 암기하세요.

87 다음 중 구조물의 해체작업을 위한 기계·기구가 아닌 것은?

① 쇄석기   ② 데릭
③ 압쇄기   ④ 철제 해머

② 데릭 → 동력을 사용해 하물을 매달아 올리는 것을 목적으로 사용하는 하역용 기계로 철골세우기에 사용된다.

88 근로자의 추락 위험이 있는 장소에서 발생하는 추락 재해의 원인으로 볼 수 없는 것은?

① 안전대를 부착하지 않았다.
② 덮개를 설치하지 않았다.
③ 투하설비를 설치하지 않았다.
④ 안전난간을 설치하지 않았다.

③ 투하설비를 설치하지 않았다. → 낙하·비래의 원인이 된다.

📋 필기에 자주 출제되는 내용입니다.

89 발파작업에 종사하는 근로자가 준수하여야 할 사항으로 옳지 않은 것은?

① 장전구는 마찰·충격·정전기 등에 의한 폭발의 위험이 없는 안전한 것을 사용할 것
② 발파공의 충진재료는 점토·모래 등 발화성 또는 인화성의 위험이 없는 재료를 사용할 것
③ 얼어붙은 다이나마이트는 화기에 접근시키거나 그 밖의 고열물에 직접 접촉시켜 단시간 안에 융해시킬 수 있도록 할 것
④ 전기뇌관에 의한 발파의 경우 점화하기 전에 화약류를 장전한 장소로부터 30m 이상 떨어진 안전한 장소에서 전선에 대하여 저항측정 및 도통시험을 할 것

③ 얼어붙은 다이나마이트는 화기에 접근시키거나 그 밖의 고열물에 직접 접촉시키는 등 위험한 방법으로 융해하지 아니하도록 할 것

📋 필기에 자주 출제되는 내용입니다.

정답 86 ② 87 ② 88 ③ 89 ③

90 다음은 산업안전보건법령에 따른 근로자의 추락위험 방지를 위한 추락방호망의 설치기준이다. ( )안에 들어갈 내용으로 옳은 것은?

> 추락방호망은 수평으로 설치하고, 망의 처짐은 짧은 변 길이의 (   ) 이상이 되도록 할 것

① 10[%] ② 12[%]
③ 15[%] ④ 18[%]

* **추락방호망의 설치**
① 추락방호망의 설치위치는 가능하면 작업면으로부터 가까운 지점에 설치하여야 하며, **작업면으로부터 망의 설치지점까지의 수직거리는 10미터를 초과하지 아니할 것**
② 추락방호망은 수평으로 설치하고, **망의 처짐은 짧은 변 길이의 12퍼센트 이상이 되도록 할 것**
③ 건축물 등의 바깥쪽으로 설치하는 경우 망의 내민 길이는 벽면으로부터 3미터 이상 되도록 할 것. 다만, 그물코가 20밀리미터 이하인 망을 사용한 경우 낙하물방지망을 설치한 것으로 본다.

📝 실기까지 중요한 내용입니다.

91 산업안전보건법령에 따른 중량물을 취급하는 작업을 하는 경우의 작업계획서 내용에 포함되지 않는 사항은?

① 추락위험을 예방할 수 있는 안전대책
② 낙하위험을 예방할 수 있는 안전대책
③ 전도위험을 예방할 수 있는 안전대책
④ 위험물 누출위험을 예방할 수 있는 안전대책

* **중량물 취급 작업의 작업계획서 내용**
가. 추락위험을 예방할 수 있는 안전대책
나. 낙하위험을 예방할 수 있는 안전대책
다. 전도위험을 예방할 수 있는 안전대책
라. 협착위험을 예방할 수 있는 안전대책
마. 붕괴위험을 예방할 수 있는 안전대책

📝 실기까지 중요한 내용입니다.

92 콘크리트 타설 작업 시 거푸집에 작용하는 연직하중이 아닌 것은?

① 콘크리트의 측압
② 거푸집의 중량
③ 굳지 않은 콘크리트의 중량
④ 작업원의 작업하중

① 콘크리트의 측압 → 굳지 않은 콘크리트가 거푸집을 미는 수평하중에 해당한다.

📝 필기에 자주 출제되는 내용입니다.

정답 90 ② 91 ④ 92 ①

93 추락재해 방호용 방망의 신품에 대한 인장강도는 얼마인가? (단, 그물코의크기가 10cm이며, 매듭 없는 방망)

① 220kg   ② 240kg
③ 260kg   ④ 280kg

* 방망사의 신품에 대한 인장강도

그물코의 크기 (단위 : cm)	방망의 종류(단위 : kg)	
	매듭 없는 방망	매듭방망
10	240	200
5		110

참고

* 방망사의 폐기 시 인장강도

그물코의 크기 (단위 : cm)	방망의 종류(단위 : kg)	
	매듭 없는 방망	매듭방망
10	150	135
5		60

📝 필기에 자주 출제되는 내용입니다. 암기하세요.

94 산업안전보건관리비 계상을 위한 대상액이 56억 원인 교량공사의 산업안전보건관리비는 얼마인가? (단, 건축공사에 해당)

① 104,160천 원
② 132,720천 원
③ 144,800천 원
④ 150,400천 원

* 산업안전보건관리비의 계상

1. 대상액이 5억 원 미만 또는 50억 원 이상

산업안전보건관리비 = 대상액(재료비 + 직접 노무비) × 비율

2. 대상액이 5억 원 이상 50억 원 미만

산업안전보건관리비 = 대상액(재료비 + 직접 노무비) × 비율 + 기초액(C)

* 공사종류 및 규모별 산업안전보건관리비 계상기준표

구분 공사종류	대상액 5억 원 미만인 경우 적용비율(%)	대상액 5억 원 이상 50억 원 미만인 경우		대상액 5억 원 이상인 경우 적용비율(%)	보건관리자 선임 대상 건설공사의 적용비율(%)
		적용비율(%)	기초액		
건축공사	3.11%	2.28%	4,325 천원	2.37%	2.64%
토목공사	3.15%	2.53%	3,300 천원	2.60%	2.73%
중건설공사	3.64%	3.05%	2,975 천원	3.11%	3.39%
특수 건설공사	2.07%	1.59%	2,450 천원	1.64%	1.78%

산업안전보건관리비 = 56억 원 × 0.0237
= 132,720천 원

📝 실기까지 중요한 내용입니다.

정답 93 ②   94 ②

95 기상상태의 악화로 비계에서의 작업을 중지시킨 후 그 비계에서 작업을 다시 시작하기 전에 점검해야 할 사항에 해당하지 않는 것은?

① 기둥의 침하 · 변형 · 변위 또는 흔들림 상태
② 손잡이의 탈락 여부
③ 격벽의 설치 여부
④ 발판 재료의 손상 여부 및 부착 또는 걸림 상태

＊비계의 점검 보수 항목
① 발판 재료의 손상 여부 및 부착 또는 걸림 상태
② 당해 비계의 연결부 또는 접속부의 풀림 상태
③ 연결 재료 및 연결철물의 손상 또는 부식 상태
④ 손잡이의 탈락 여부
⑤ 기둥의 침하 · 변형 · 변위 또는 흔들림 상태
⑥ 로프의 부착상태 및 매단 장치의 흔들림 상태

특급암기법
비계(연결부, 연결철물) → 발판 → 손잡이 → 비계기둥

 실기까지 중요한 내용입니다.

96 강풍 시 타워크레인의 설치 · 수리 · 점검 또는 해체 작업을 중지하여야 하는 순간풍속 기준으로 옳은 것은?

① 순간풍속이 초당 10m를 초과하는 경우
② 순간풍속이 초당 15m를 초과하는 경우
③ 순간풍속이 초당 20m를 초과하는 경우
④ 순간풍속이 초당 30m를 초과하는 경우

＊악천후 시 조치
① 순간풍속이 초당 10미터를 초과 : 타워크레인의 설치 · 수리 · 점검 또는 해체작업을 중지
② 순간풍속이 초당 15미터를 초과 : 타워크레인의 운전작업을 중지
③ 순간풍속이 초당 30미터를 초과 : 옥외에 설치되어 있는 주행 크레인 이탈방지조치
④ 순간풍속이 초당 30미터를 초과하는 바람이 불거나 중진(中震) 이상 진도의 지진이 있은 후 : 옥외 양중기 각 부위 이상 점검
⑤ 순간풍속이 초당 35미터를 초과 : 옥외 승강기 및 건설용 리프트(지하에 설치되어 있는 것은 제외)에 대하여 받침의 수를 증가시키는 등 승강기가 무너지는 것을 방지하기 위한 조치

실기까지 중요한 내용입니다.

97 사다리식 통로 등을 설치하는 경우 발판과 벽과의 사이는 최소 얼마 이상의 간격을 유지하여야 하는가?

① 5[cm]   ② 10[cm]
③ 15[cm]   ④ 20[cm]

＊사다리식 통로의 구조
（사다리식 통로 설치 시의 준수사항）
① 견고한 구조로 할 것
② 심한 손상 · 부식 등이 없는 재료를 사용할 것
③ 발판의 간격은 일정하게 할 것
④ 발판과 벽과의 사이는 15센티미터 이상의 간격을 유지할 것
⑤ 폭은 30센티미터 이상으로 할 것
⑥ 사다리가 넘어지거나 미끄러지는 것을 방지하기 위한 조치를 할 것
⑦ 사다리의 상단은 걸쳐놓은 지점으로부터 60센티미터 이상 올라가도록 할 것

⑧ 사다리식 통로의 길이가 10미터 이상인 경우에는 5미터 이내마다 계단참을 설치할 것
⑨ 사다리식 통로의 기울기는 75도 이하로 할 것. 다만, 고정식 사다리식 통로의 기울기는 90도 이하로 하고, 그 높이가 7미터 이상인 경우에는 다음 각 목의 구분에 따른 조치를 할 것
- 등받이울이 있어도 근로자 이동에 지장이 없는 경우 : 바닥으로부터 높이가 2.5미터 되는 지점부터 등받이울을 설치할 것
- 등받이울이 있으면 근로자가 이동이 곤란한 경우 : 한국산업표준에서 정하는 기준에 적합한 개인용 추락 방지 시스템을 설치하고 근로자로 하여금 한국산업표준에서 정하는 기준에 적합한 전신 안전대를 사용하도록 할 것
⑩ 접이식 사다리 기둥은 사용 시 접혀지거나 펼쳐지지 않도록 철물 등을 사용하여 견고하게 조치할 것

📝 실기까지 중요한 내용입니다.

③ 동바리의 이음은 맞댄이음이나 장부이음으로 하고 같은 품질의 재료를 사용할 것
④ 강재와 강재의 접속부 및 교차부는 볼트·클램프 등 전용철물을 사용하여 단단히 연결할 것

* 동바리로 사용하는 파이프서포트의 조립 시 준수사항
- 파이프서포트를 3개본 이상 이어서 사용하지 아니하도록 할 것
- 파이프시포드를 이어서 사용할 때에는 4개 이상의 볼트 또는 전용철물을 사용하여 이을 것
- 높이가 3.5미터를 초과할 때 높이 2미터 이내마다 수평연결재를 2개 방향으로 만들고 수평연결재의 변위를 방지할 것

📝 실기까지 중요한 내용입니다.

98 개착식 굴착공사에서 버팀보 공법을 적용하여 굴착할 때 지반 붕괴를 방지하기 위하여 사용하는 계측장치로 거리가 먼 것은?

① 지하 수위계 ② 경사계
③ 변형률계   ④ 록볼트 응력계

④ 록볼트 응력계 → 터널굴착 공사에 사용하는 계측기

99 거푸집동바리 등을 조립하는 경우의 준수사항으로 옳지 않은 것은?

① 동바리로 사용하는 파이프 서포트는 최소 3개 이상 이어서 사용하도록 할 것
② 동바리의 상하 고정 및 미끄러짐 방지 조치를 하고, 하중의 지지상태를 유지할 것

100 거푸집 공사에 관한 설명으로 옳지 않은 것은?

① 거푸집 조립 시 거푸집이 이동하지 않도록 비계 또는 기타 공작물과 직접 연결한다.
② 거푸집 치수를 정확하게 하여 시멘트 모르타르가 새지 않도록 한다.
③ 거푸집 해체가 쉽게 가능하도록 박리제 사용 등의 조치를 한다.
④ 측압에 대한 안전성을 고려한다.

① 거푸집 조립 시 지주의 침하를 방지하고 각부가 활동하지 않도록 조치하여야 하며, 강재와 강재의 접속 및 교차부는 클램프, 볼트, 철물로 연결하여야 한다.

정답 98 ④ 99 ① 100 ①

2018년 4회 최근 기출문제

1과목 산업안전관리론

01 산업재해의 발생형태 종류 중 상호자극에 의하여 순간적으로 재해가 발생하는 유형으로 재해가 일어난 장소나 그 시점에 일시적으로 요인이 집중하는 것은?

① 단순 자극형
② 단순 연쇄형
③ 복합 연쇄형
④ 복합형

> ★ 산업재해 발생 형태
> (1) 단순 자극형(집중형) : 상호 자극에 의하여 순간적으로 재해가 발생하는 유형으로 재해가 일어난 장소에, 그 시기에 일시적으로 요인이 집중한다는 유형이다.
> (2) 연쇄형 : 하나의 사고 요인이 또 다른 요인을 발생시키면서 재해가 발생하는 유형이다.
> (3) 복합형 : 단순 자극형과 연쇄형의 복합적인 발생 유형이다.

참고

★ 재해발생의 형태

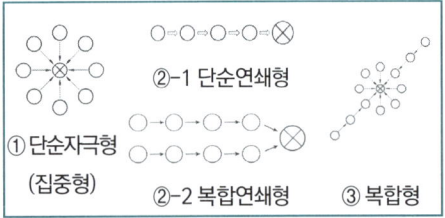

① 단순자극형 (집중형)　②-1 단순연쇄형　②-2 복합연쇄형　③ 복합형

📝 필기에 자주 출제되는 내용입니다.

02 평균 근로자수가 1,000명인 사업장의 도수율이 10.25이고 강도율이 7.25이었을 때 이 사업장의 종합재해지수는?

① 7.62
② 8.62
③ 9.62
④ 10.62

> ★ 종합재해지수
> ① 재해의 빈도와 상해의 강약도를 혼합하여 집계하는 지표로 사용된다.
> ② $FSI = \sqrt{FR \times SR} = \sqrt{도수율 \times 강도율}$
> $= \sqrt{10.25 \times 7.25} = 8.62$

📝 실기에 자주 출제되는 내용입니다.

03 자신의 결함과 무능에 의하여 생긴 열등감이나 긴장을 해소시키기 위하여 장점 같은 것으로 그 결함을 보충하려는 행동의 방어기제는?

① 보상
② 승화
③ 투사
④ 합리화

정답　01 ①　02 ②　03 ①

★ **방어기제**(갈등을 이겨내려는 능동성과 적극성)
① 보상 : 열등감을 다른 곳에서 강점으로 발휘함
② 합리화 : 자기변명, 자기실패의 합리화, 자기미화
③ 승화 : 열등감과 욕구불만을 사회적으로 바람직한 가치로 나타내는 것
④ 동일시 : 힘 있고 능력 있는 사람을 통해 자기만족을 얻으려 함
⑤ 투사 : 자신의 열등감을 다른 것에 던져 그것들도 결점이 있음을 발견해서 열등감에서 벗어나려함

📝 필기에 자주 출제되는 내용입니다.

04 재해원인의 분석방법 중 사고의 유형, 기인물 등 분류항목을 큰 순서대로 도표화하는 통계적 원인분석 방법은?

① 특성 요인도   ② 관리도
③ 크로스도   ④ 파레토도

★ **재해통계방법**
① **파레토도**(Pareto Diagram) : 사고 유형, 기인물 등 데이터를 분류하여 그 항목 값이 큰 순서대로 정리하여 막대그래프로 나타낸다.
② **특성요인도**(Characteristic Diagram) : 재해와 그 요인의 관계를 어골상으로 세분화하여 나타낸다.
③ **크로스**(cross) 분석 : 2가지 또는 2개 항목 이상의 요인이 상호관계를 유지할 때 문제를 분석하는데 사용된다.
④ **관리도**(Control Chart) : 시간경과에 따른 재해발생 건수 등 대략적인 추이 파악에 사용된다.

📝 필기에 자주 출제되는 내용입니다.

05 앞에 실시한 학습의 효과는 뒤에 실시하는 새로운 학습에 직접 또는 간접으로 영향을 주는 현상을 의미하는 것은?

① 통찰(Insight)
② 전이(Transference)
③ 반사(Reflex)
④ 반응(Reaction)

선이 : 한 상황에서 실시한 학습이 다른 상황의 학습에 영향을 끼치는 현상을 말한다.

참고

앞에 실시한 교육이 뒤에 실시한 학습을 방해하는 조건(전이가 잘 되는 조건)

① 학습의 정도 : 앞의 학습이 불완전할 경우
② 유사성 : 앞뒤의 학습내용이 비슷한 경우
③ 시간적 간격
 • 뒤의 학습을 앞의 학습 직후에 실시하는 경우
 • 앞의 학습내용을 제어하기 직전에 실시하는 경우
④ 학습자의 태도
⑤ 학습자의 지능

📝 필기에 자주 출제되는 내용입니다.

정답 04 ④   05 ②

06 공정안전보고서의 안전운전계획에 포함하여야 할 세부 내용이 아닌 것은?

① 설비배치도
② 안전작업허가
③ 도급업체 안전관리계획
④ 설비점검·검사 및 보수계획, 유지계획 및 지침서

① 설비배치도 → 공정안전자료에 해당한다.

> 참고
>
> 1. 안전운전계획
> ① 안전운전지침서
> ② 설비점검·검사 및 보수계획, 유지계획 및 지침서
> ③ 안전작업허가
> ④ 도급업체 안전관리계획
> ⑤ 근로자 등 교육계획
> ⑥ 가동 전 점검지침
> ⑦ 변경요소 관리계획
> ⑧ 자체감사 및 사고조사계획
> ⑨ 그 밖에 안전운전에 필요한 사항
>
> 2. 공정안전보고서의 내용
> ① 공정안전자료
> ② 공정위험성 평가서
> ③ 안전운전계획
> ④ 비상조치계획

📝 필기에 자주 출제되는 내용입니다.

07 인간의 의식수준 5단계 중 의식수준의 저하로 인한 피로와 단조로움의 생리적 상태가 일어나는 단계는?

① Phase Ⅰ   ② Phase Ⅱ
③ Phase Ⅲ   ④ Phase Ⅳ

※ 인간 의식레벨의 분류

Phase 0	무의식, 실신	수면, 뇌발작	주의작용 0
Phase Ⅰ	의식흐림	피로, 단조로운 일	부주의
Phase Ⅱ	이완	안정 기거, 휴식	안정 기거, 휴식
Phase Ⅲ	상쾌	적극적	적극 활동
Phase Ⅳ	과긴장	일점집중현상, 긴급방위	감정 흥분

📝 필기에 자주 출제되는 내용입니다.

08 상해의 종류 중 타박, 충돌, 추락 등으로 피부 표면보다는 피하조직 등 근육부를 다친 상해를 무엇이라 하는가?

① 골절   ② 자상
③ 부종   ④ 좌상

① 골절 : 뼈가 부러진 상해
② 찔림(자상) : 칼날 등 날카로운 물건에 찔린 상해
③ 부종 : 국부의 혈액순환의 이상으로 몸이 퉁퉁 부어오르는 상해
④ 타박상(뼘, 좌상) : 타박·충돌·추락 등으로 피부 표면보다는 피하조직 또는 근육부를 다친 상태

📝 실기까지 중요한 내용입니다.

정답 06 ①   07 ①   08 ④

09 산업안전보건법령에 따른 근로자 안전·보건 교육 중 건설업 기초안전·보건교육 과정의 건설 일용근로자의 교육시간으로 옳은 것은?

① 1시간   ② 2시간
③ 4시간   ④ 6시간

＊ 근로자 안전보건교육

교육과정	교육대상		교육시간
가. 정기교육	1) 사무직 종사 근로자		매반기 6시간 이상
	2) 그 밖의 근로자	가) 판매 업무에 직접 종사하는 근로자	매반기 6시간 이상
		나) 판매 업무에 직접 종사하는 근로자 외의 근로자	매반기 12시간 이상
나. 채용시의 교육	1) 일용근로자 및 근로계약기간이 1주일 이하인 기간제근로자		1시간 이상
	2) 근로계약기간이 1주일 초과 1개월 이하인 기간제근로자		4시간 이상
	3) 그 밖의 근로자		8시간 이상
다. 작업 내용 변경시의 교육	1) 일용근로자 및 근로계약기간이 1주일 이하인 기간제근로자		1시간 이상
	2) 그 밖의 근로자		2시간 이상
라. 특별교육	1) 일용근로자 및 근로계약기간이 1주일 이하인 기간제 근로자(타워크레인 신호작업에 종사하는 근로자 제외)		2시간 이상
	2) 일용근로자 및 근로계약기간이 1주일 이하인 기간제 근로자 중 타워크레인신호작업에 종사하는 근로자		8시간 이상
	3) 일용근로자 및 근로계약기간이 1주일 이하인 기간제 근로자를 제외한 근로자		가) 16시간 이상(최초 작업에 종사하기 전 4시간 이상 실시하고 12시간은 3개월 이내에서 분할하여 실시 가능) 나) 단기간 작업 또는 간헐적 작업인 경우에는 2시간 이상
마. 건설업 기초안전·보건교육	건설 일용근로자		4시간 이상

📝 실기에 자주 출제되는 내용입니다.

10 매슬로우(Maslow)의 욕구단계 이론 중 제3단계로 옳은 것은?

① 생리적 욕구
② 안전에 대한 욕구
③ 존경과 긍지에 대한 욕구
④ 사회적(애정적) 욕구

＊ 매슬로(Maslow A. H.)의 욕구단계 이론(인간의 욕구 5단계)
① 제1단계(생리적 욕구)
② 제2단계(안전 욕구)
③ 제3단계(사회적 욕구)
④ 제4단계(존경 욕구)
⑤ 제5단계(자아실현의 욕구)

📝 실기에 자주 출제되는 내용입니다.

11 산업안전보건법령에 따른 안전검사 대상 유해·위험기계에 해당하지 않는 것은?

① 산업용 원심기
② 이동식 국소 배기장치
③ 롤러기(밀폐형 구조는 제외)
④ 크레인(정격 하중이 2톤 미만인 것은 제외)

정답 09 ③ 10 ④ 11 ②

*안전검사 대상 유해·위험기계
① 프레스
② 전단기
③ 크레인[정격 하중이 2톤 미만인 것 제외]
④ 리프트
⑤ 압력용기
⑥ 곤돌라
⑦ 국소 배기장치(이동식은 제외)
⑧ 원심기(산업용만 해당)
⑨ 롤러기(밀폐형 구조는 제외한다)
⑩ 사출성형기[형 체결력 294킬로뉴턴(KN) 미만은 제외]
⑪ 고소작업대
⑫ 컨베이어
⑬ 산업용 로봇
⑭ 혼합기(26년 6월 26일 시행)
⑮ 파쇄기 또는 분쇄기(26년 6월 26일 시행)

특급암기법
손 다치는 기계 – 프레스, 전단기, 사출성형기, 롤러기, 혼합기, 파쇄기 또는 분쇄기(26년 6월 26일 시행)
양중기 – 크레인, 리프트, 곤돌라
폭발 – 압력용기
추가 – 극소(국소) 로봇이 고소(높은 곳)의 큰(컨) 원을 검사(안전검사)
국소배기장치, 산업용 로봇, 고소작업대, 컨베이어, 원심기

📝 실기에 자주 출제되는 내용입니다.

12 작업을 하고 있을 때 걱정거리, 고민거리, 욕구불만 등에 의해 다른데 정신을 빼앗기는 부주의 현상은?

① 의식의 중단
② 의식의 우회
③ 의식의 과잉
④ 의식수준의 저하

*부주의 원인
① 의식 단절 : 의식 흐름의 단절(특수한 질병 등에 의한 경우로 의식수준은 Phase0 인 상태)
② 의식 우회 : 걱정, 고뇌 등으로 의식이 빗나감
③ 의식 수준 저하 : 피로, 단조로운 작업의 연속으로 의식수준이 저하됨
④ 의식 혼란 : 외부자극의 강·약에 의해 위험요인에 대응 할 수 없을 때 발생
⑤ 의식 과잉 : 인간은 긴급 상황 시 일점 집중 현상을 일으킨다.

📝 실기까지 중요한 내용입니다.

13 모랄 서베이(Morale Survey)의 주요 방법 중 태도조사법에 해당하는 것은?

① 사례연구법
② 관찰법
③ 실험연구법
④ 면접법

정답 12 ② 13 ④

* **모랄 서베이(morale survey)의 주요방법**
① 통계에 의한 방법
② 사례연구법
③ 관찰법
④ 실험연구법
⑤ 태도조사법(의견조사)
  • 질문지법
  • 면접법
  • 집단토의법
  • 투사법

 필기에 자주 출제되는 내용입니다.

14 보호구 안전인증 고시에 따른 안전화 정의 중 다음 ( )안에 알맞은 것은?

> 중작업용 안전화란 (㉠)밀리미터의 낙하높이에서 시험했을 때 충격과 (㉡ ±0.1)킬로뉴턴(KN)의 압축하중에서 시험했을 때 압박에 대하여 보호해 줄 수 있는 선심을 부착하여, 착용자를 보호하기 위한 안전화를 말한다.

① ㉠ 250, ㉡ 4.4
② ㉠ 500, ㉡ 10
③ ㉠ 750, ㉡ 7.4
④ ㉠ 1,000, ㉡ 15

* **사용 장소에 따른 안전화의 등급**

등급	용어 정의
중작업용	1,000밀리미터의 낙하높이에서 시험했을 때 충격과 (15.0 ±0.1)킬로뉴턴(KN)의 압축하중에서 시험했을 때 압박에 대하여 보호해 줄 수 있는 선심을 부착하여, 착용자를 보호하기 위한 안전화를 말한다.
보통 작업용	500밀리미터의 낙하높이에서 시험했을 때 충격과 (10.0 ±0.1)킬로뉴턴(KN)의 압축하중에서 시험했을 때 압박에 대하여 보호해 줄 수 있는 선심을 부착하여, 착용자를 보호하기 위한 안전화를 말한다.
경작업용	250밀리미터의 낙하높이에서 시험했을 때 충격과 (4.4 ±0.1)킬로뉴턴(KN)의 압축하중에서 시험했을 때 압박에 대하여 보호해 줄 수 있는 선심을 부착하여, 착용자를 보호하기 위한 안전화를 말한다.

 실기까지 중요한 내용입니다.

정답 14 ④

15 보호구 안전인증 고시에 따른 다음 방진 마스크의 형태로 옳은 것은?

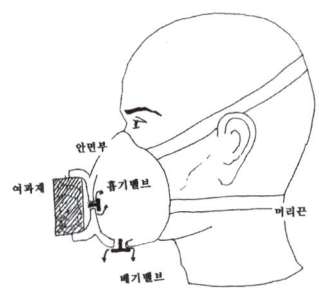

① 격리식 반면형   ② 직결식 반면형
③ 격리식 전면형   ④ 직결식 전면형

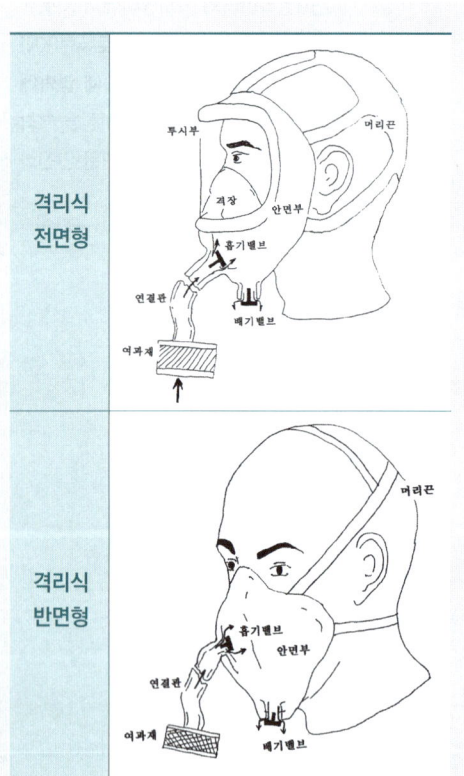

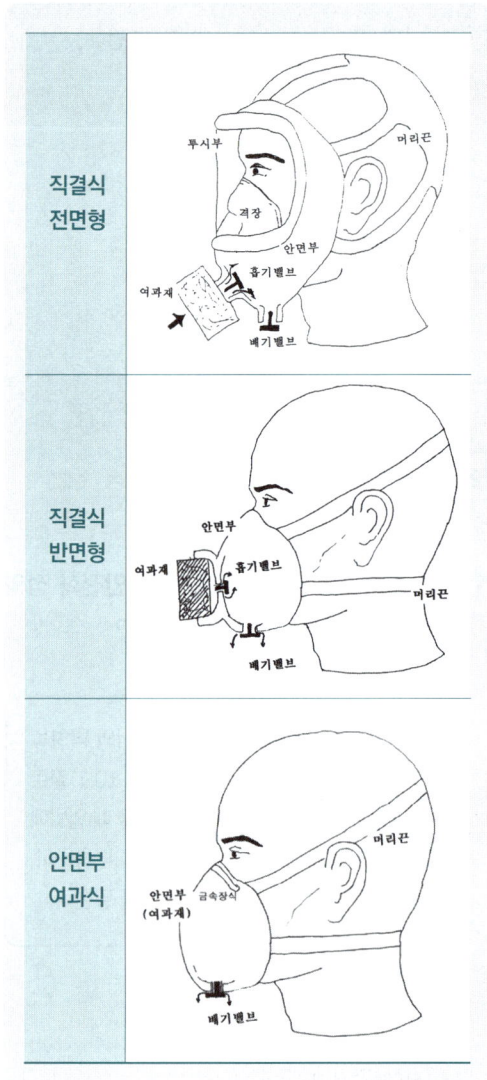

📝 실기까지 중요한 내용입니다.

정답   15 ②

16 산업안전보건법령에 따른 교육대상별 교육내용 중 근로자 정기 안전·보건교육 내용이 아닌 것은? (단, 산업안전보건법령 및 산업재해보상보험제도에 관한 사항은 제외한다.)

① 건강증진 및 질병 예방에 관한 사항
② 산업보건 및 건강장해 예방에 관한 사항
③ 유해·위험 작업환경 관리에 관한 사항
④ 작업공정의 유해·위험과 재해 예방대책에 관한 사항

★ 근로자 정기 안전·보건교육 내용
① 산업안전 및 산업재해 예방에 관한 사항(화재·폭발사고 발생 시 대피에 관한 사항을 포함한다)
② 산업보건 및 건강장해 예방에 관한 사항(폭염·한파작업으로 인한 건강장해 발생 시 응급조치에 관한 사항을 포함한다)
③ 유해·위험 작업환경 관리에 관한 사항
④ 산업안전보건법령 및 산업재해보상보험제도에 관한 사항
⑤ 직무스트레스 예방 및 관리에 관한 사항
⑥ 직장 내 괴롭힘, 고객의 폭언 등으로 인한 건강장해 예방 및 관리에 관한 사항
⑦ 건강증진 및 질병 예방에 관한 사항
⑧ 위험성 평가에 관한 사항

특급암기법
공통 항목(관리감독자, 근로자)
1. 근로자는 법, 산재보상제도를 알자!
2. 근로자는 건강을 보존(산업보건)하고 건강장해, 스트레스, 괴롭힘, 폭언 예방하자!
3. 근로자는 유해위험 환경을 관리해서 안전하고 산업재해 예방하자!
4. 근로자는 위험성을 평가하자!

근로자 정기교육의 특징
1. 근로자는 건강증진하고 질병예방하자!

 실기에 자주 출제되는 내용입니다.

17 산업안전보건법령에 따른 안전·보건표지 중 금지표지의 종류가 아닌 것은?

① 금연   ② 물체이동금지
③ 접근금지   ④ 차량통행금지

★ 금지표지
① 출입금지   ② 보행금지
③ 차량통행금지 ④ 사용금지
⑤ 탑승금지   ⑥ 금연
⑦ 화기금지   ⑧ 물체이동금지

 실기에 자주 출제되는 내용입니다.

18 다음에서 설명하는 착시현상과 관계가 깊은 것은?

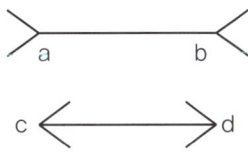

그림에서 선 ab와 선 cd는 그 길이가 동일한 것이지만, 시각적으로는 선 ab가 선 cd보다 길어보인다.

① 헬몰쯔의 착시
② 쾰러의 착시
③ 뮬러-라이어의 착시
④ 포겐 도르프의 착시

정답   16 ④   17 ③   18 ③

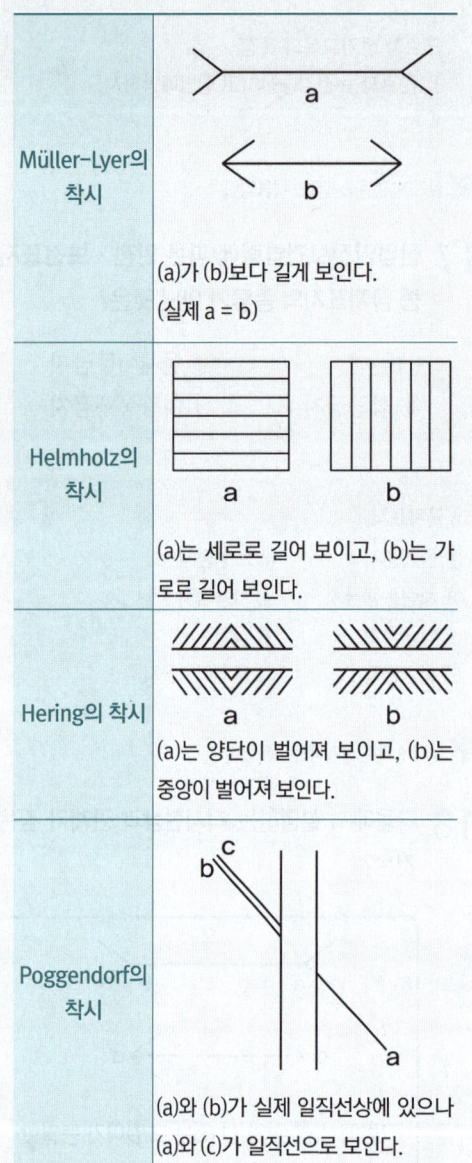

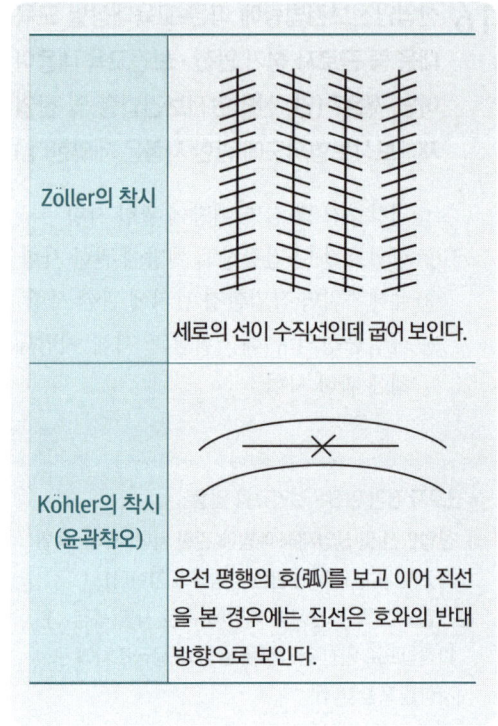

📝 필기에 자주 출제되는 내용입니다.

19 OJT(On the Job Training) 교육방법에 대한 설명으로 옳은 것은?

① 교육훈련 목표에 대한 집단적 노력이 흐트러질 수 있다.
② 다수의 근로자에게 조직적 훈련이 가능하다.
③ 직장의 실정에 맞게 실제적 훈련이 가능하다.
④ 전문가를 강사로 초빙 가능하다.

19 ③

OJT의 특징	• 개개인에게 적절한 훈련이 가능하다. • 직장의 실정에 맞는 훈련이 가능하다. • 교육효과가 즉시 업무에 연결된다. • 훈련에 대한 업무의 계속성이 끊어지지 않는다. • 상호 신뢰 이해도가 높다.
OFF JT의 특징	• 다수의 근로자들에게 훈련을 할 수 있다. • 훈련에만 전념하게 된다. • 특별설비기구 이용이 가능하다. • 많은 지식이니 경험을 교류힐 수 있다. • 교육 훈련 목표에 대하여 집단적 노력이 흐트러질 수 있다.

실기까지 중요한 내용입니다.

- **패널 디스커션(Panel discussion)** : 패널 멤버(교육 과제에 정통한 전문가 4~5명)가 피교육자 앞에서 **토의**를 하고, 뒤에 피교육자 전원이 참가하여 사회자의 사회에 따라 토의하는 방법
- **심포지엄(Symposium)** : 몇 사람의 전문가에 의하여 과제에 관한 **견해를 발표**한 뒤 참가자로 하여금 의견이나 질문을 하게 하여 토의하는 방법
- **포럼(Forum)** : 새로운 자료나 교재를 제시, 거기서의 문제점을 피교육자로 하여금 제기하게 하여 **발표하고 토의**하는 방법
- **버즈 세션(Buzz Session)** : 사회자와 기록계를 선출한 후 **6명**씩의 소집단으로 구분하고, 소집단별로 **6분**씩 자유토의를 행하여 의견을 종합하는 방법이다.

필기에 자주 출제되는 내용입니다.

20 학습지도의 형태 중 몇 사람의 전문가에 의하여 과제에 관한 견해가 발표된 뒤 참가자로 하여금 의견이나 질문을 하게 하여 토의하는 방법은?

① 패널 디스커션(panel discussion)
② 심포지엄(symposium)
③ 포럼(forum)
④ 버즈 세션(buzz session)

2과목 인간공학 및 시스템안전공학

21 설계 강도 이상의 급격한 스트레스에 의해 발생하는 고장에 해당하는 것은?

① 초기고장
② 우발고장
③ 마모고장
④ 열화고장

설계 강도 이상의 급격한 스트레스에 의한 고장 → 예측할 수 없을 때에 생기는 고장 → 우발고장

정답 20 ② 21 ②

> **참고**
>
> - 초기 고장(감소형)
>   - 설계상, 구조상 결함, 불량 제조·생산 과정 등의 품질 관리미비로 생기는 고장 형태
>   - 점검 작업이나 시운전 작업 등으로 사전에 방지할 수 있는 고장
> - 우발고장(일정형)
>   - 예측할 수 없을 때에 생기는 고장의 형태
>   - 사용자의 실수, 천재지변, 우발적 사고 등이 원인이다.
> - 마모 고장(증가형)
>   - 기계적 요소나 부품의 마모, 사람의 노화 현상 등에 의해 고장률이 상승하는 형이다.
>   - 고장이 일어나기 직전에 교환, 안전 진단 및 적당한 보수에 의해서 방지할 수 있는 고장이다.

📝 필기에 자주 출제되는 내용입니다.

22 다음 FT에서 G_1의 발생확률은?

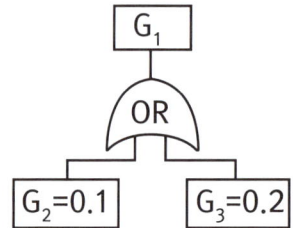

① 0.02 ② 0.28
③ 0.98 ④ 0.72

★ G_1의 발생확률(고장확률)
$G_1 = 1-(1-G_2)(1-G_3)$
$= 1-(1-0.1)(1-0.2) = 0.28$

📝 필기에 자주 출제되는 내용입니다.

23 어떤 상황에서 정보 전송에 따른 표시장치를 선택하거나 설계할 때, 청각장치를 주로 사용하는 사례로 맞는 것은?

① 메시지가 길고 복잡한 경우
② 메시지를 나중에 재참조 하여야 할 경우
③ 메시지가 즉각적인 행동을 요구하는 경우
④ 신호의 수용자가 한 곳에 머무르고 있는 경우

청각장치	• 전언이 짧고, 간단할 때 • 재참조되지 않는다. • 시간적인 사상을 다룬다. • 즉각적인 행동을 요구할 때 • 시각계통이 과부하일 때 • 주위가 너무 밝거나 암조응일 때 • 자주 움직이는 경우
시각장치	• 전언이 길고, 복잡할 때 • 재참조된다. • 공간적인 위치 다룬다. • 즉각적 행동을 요구하지 않을 때 • 청각계통이 과부하일 때 • 주위가 너무 시끄러울 때 • 한곳에 머무르는 경우

📝 필기에 자주 출제되는 내용입니다.

정답 22 ② 23 ③

24 FT도 작성에 사용되는 기호에서 그 성격이 다른 하나는?

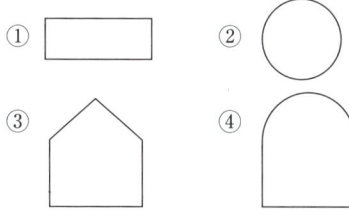

▭	정상사상 (중간사상, 결함사상)
○	기본사상
⌂	통상사상
⌒	AND게이트

📝 필기에 자주 출제되는 내용입니다.

25 중추신경계의 피로 즉, 정신피로의 척도로 사용되는 것으로서 점멸률을 점차 증가(감소)시키면서 피실험자가 불빛이 계속 켜져 있는 것으로 느끼는 주파수를 측정하는 방법은?

① VFF ② EMG
③ EEG ④ MTM

★ **시각적 점멸융합주파수**
 (visual flicker fusion frequency : vff)
① 계속되는 자극들이 점멸하는 것 같이 보이지 않고 연속적으로 느껴지는 주파수를 측정한다.
② 중추신경계의 피로(정신피로)의 척도로 사용된다.

26 거리가 있는 한 물체에 대한 약간 다른 상이 두 눈의 망막에 맺힐 때, 이것을 구별할 수 있는 능력은?

① vernier acuity
② stereoscopic acuity
③ dynamic visual acuity
④ minimum perceptible acuity

① **배열시력**(vernier hyper acuity) : 두 개 이상의 물체가 평면상에서 일렬로 서 있는지를 판별하는 능력을 말한다.
② **입체시력**(stereoscopic acuity) : 거리가 있는 한 물체에 대한 약간 다른 상이 두 눈의 망막에 맺힐 때 이것을 구별하는 능력
③ **동적시력**(dynamic visual acuity) : 움직이는 물체를 정확하고 빠르게 인지하는 능력을 말한다.
④ **최소지각시력**(minimum perceptible acuity) : 배경으로부터 한 점을 식별하는 능력을 말한다.

정답 24 ④ 25 ① 26 ②

27 조작자와 제어버튼 사이의 거리, 조작에 필요한 힘 등을 정할 때, 가장 일반적으로 적용되는 인체측정자료 응용원칙은?

① 조절식 설계원칙
② 평균치 설계원칙
③ 최대치 설계원칙
④ 최소치 설계원칙

최대치수 설계의 예	• 위험구역의 울타리 높이 • 출입문의 높이 • 그네줄의 인장강도
최소치수 설계의 예	• 물건을 올리는 선반의 높이 • 조정장치를 조정하는 힘 • 조정장치까지의 조정거리

28 인간이 느끼는 소리의 높고 낮은 정도를 나타내는 물리량은?

① 음압
② 주파수
③ 지속시간
④ 명료도

- 주파수: 인간이 느끼는 소리의 높고 낮은 정도를 나타낸다.
- 명료도: 화자의 발음을 청취자가 얼마나 정확하게 인지할 수 있는가를 나타낸다.

29 인간 - 기계 시스템에서 기본적인 기능에 해당하지 않는 것은?

① 감각 기능
② 정보 저장 기능
③ 작업환경 측정 기능
④ 정보처리 및 결정 기능

* 인간 - 기계 통합시스템(man-machine system)의 정보처리 기능

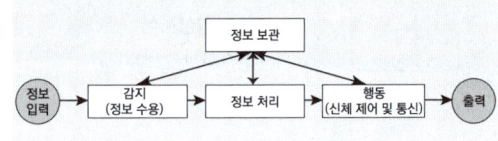

📝 필기에 자주 출제되는 내용입니다.

30 기능적으로 분류한 전형적인 안전성 설계 기준과 거리가 먼 것은?

① 수송설비
② 기계시스템
③ 유연생산시스템
④ 화기 또는 폭약시스템

③ 유연생산시스템은 다양한 제품을 높은 생산성으로 유연하게 제조하는 것을 목적으로 생산을 자동화한 시스템으로 기능적인 분류에 해당하지 않는다.

정답 27 ④ 28 ② 29 ③ 30 ③

31 시스템 수명주기(Life Cucle) 단계에서 운용단계와 가장 거리가 먼 것은?

① 설계변경 검토
② 교육 훈련의 진행
③ 안전담당자의 사고조사 참여
④ 최종 생산물의 수용여부 결정

최종 생산물의 수용여부 결정은 제조(생산)단계와 운용(배치)단계 사이에서 행해진다.

> **참고**
>
> * **시스템 수명주기 단계**
> ① 구상(Concept) 단계
> ② 정의(Definition) 단계
> ③ 개발(Development) 단계
> ④ 제조(Production) 단계
> ⑤ 배치(Deployment), 운용 단계

32 동전던지기에서 앞면이 나올 확률이 0.2이고, 뒷면이 나올 확률이 0.8일 때, 앞면이 나올 확률의 정보량과 뒷면이 나올 확률의 정보량이 맞게 연결된 것은?

① 앞면 : 약 2.32bit, 뒷면 : 약 0.32bit
② 앞면 : 약 2.32bit, 뒷면 : 약 1.32bit
③ 앞면 : 약 3.32bit, 뒷면 : 약 0.32bit
④ 앞면 : 약 3.32bit, 뒷면 : 약 1.52bit

$$정보량(H) = \log_2\left(\frac{1}{P}\right)$$
여기서, P : 각 대안의 실현 확률

앞면이 나올 확률의 정보량(H) = $\log_2 \frac{1}{0.2}$ = 2.32bit

뒷면이 나올 확률의 정보량(H) = $\log_2 \frac{1}{0.8}$ = 0.32bit

33 체계 설계 과정의 주요 단계가 다음과 같을 때, 가장 먼저 시행되는 단계는?

- 기본 설계
- 계면 설계
- 체계의 정의
- 촉진물 설계
- 시험 및 평가
- 목표 및 성능 명세 결정

① 기본 설계
② 계면 설계
③ 체계의 정의
④ 목표 및 성능 명세 결정

> * **체계설계(인간-기계시스템의 설계)의 주요과정**
> ① 목표 및 성능 명세 결정
> ② 체계의 정의
> ③ **기본 설계**
> ④ 계면 설계(인간-기계 인터페이스설계)
> ⑤ 촉진물 설계(매뉴얼 및 성능보조자료 작성)
> ⑥ 시험 및 평가
>
>  필기에 자주 출제되는 내용입니다.

34 상황해석을 잘못하거나 목표를 착각하여 행하는 인간의 실수는?

① 착오(Mistake)
② 실수(Slip)
③ 건망증(Lapse)
④ 위반(Violation)

Mistake (착오, 착각)	• 인지과정과 의사결정과정에서 발생하는 에러 • 상황해석을 잘못하거나 틀린 목표를 착각하여 행하는 경우
Lapse (건망증)	• 저장단계에서 발생하는 에러 • 어떤 행동을 잊어버리고 안하는 경우
Slip (실수, 미끄러짐)	• 실행단계에서 발생하는 에러 • 상황(목표)해석은 제대로 하였으나 의도와는 다른 행동을 하는 경우
위반(Violation)	• 알고 있음에도 의도적으로 따르지 않거나 무시한 경우

📝 필기에 자주 출제되는 내용입니다.

35 사고 시나리오에서 연속된 사건들의 발생경로를 파악하고 평가하기 위한 귀납적이고 정량적인 시스템안전 분석기법은?

① ETA ② FMEA
③ PHA ④ THERP

★ ETA(event Free Analysis)
: 사건수(사상수)분석법
① 사상의 안전도를 사용하여 시스템의 안전도 나타내는 귀납적, 정량적인 분석법이다.
② 사고 시나리오에서 연속된 사건들의 발생경로를 파악하고 평가하기 위한 귀납적이고 정량적인 시스템안전 프로그램이다.

📝 필기에 자주 출제되는 내용입니다.

36 신체와 환경 간의 열교환 과정을 바르게 나타낸 것은? (단, W는 수행한 일, M은 대사 열발생량, S는 열함량 변화, R은 복사 열교환량, C는 대류 열교환량, E는 증발 열발산량, Clo는 의복의 단열률이다.)

① $W=(M+S)\pm R\pm C-E$
② $S=(M-W)\pm R\pm C-E$
③ $W=Clo\times(M-S)\pm R\pm C-E$
④ $S=Clo\times(M-W)\pm R\pm C-E$

★ 열평형 방정식(인체의 열 교환)
S(열 축적) = M(대사 열) − E(증발) ± R(복사) ± C(대류) − W(한 일)

📝 필기에 자주 출제되는 내용입니다.

정답 34 ① 35 ① 36 ②

37 조정장치를 15mm 움직였을 때, 표시계기의 지침이 25mm 움직였다면 이 기기의 C/R 비는?

① 0.4 ② 0.5
③ 0.6 ④ 0.7

① C/R 비 = $\dfrac{X}{Y}$

X : 통제기기의 변위량(cm)
Y : 표시계기 지침의 변위량(cm)

② C/R 비 = $\dfrac{\dfrac{\alpha}{360} \times 2\pi L}{Y}$

a : 조종장치의 움직인 각도
L : 조종장치의 반경

C/R 비 = $\dfrac{X}{Y}$ = $\dfrac{15}{25}$ = 0.6

📝 필기에 자주 출제되는 내용입니다.

38 결함수 분석을 적용할 필요가 없는 경우는?

① 여러 가지 지원 시스템이 관련된 경우
② 시스템의 강력한 상호작용이 있는 경우
③ 설계특성상 바람직하지 않은 사상이 시스템에 영향을 주지 않는 경우
④ 바람직하지 않은 사상 때문에 하나 이상의 시스템이나 기능이 정지될 수 있는 경우

③ 바람직하지 않은 사상이 시스템에 영향을 주지 않는 경우는 결함수 분석을 할 필요가 없다.

39 반사 눈부심을 최소화하기 위한 옥내 추천 반사율이 높은 순서대로 나열한 것은?

① 천정 > 벽 > 가구 > 바닥
② 천정 > 가구 > 벽 > 바닥
③ 벽 > 천정 > 가구 > 바닥
④ 가구 > 천정 > 벽 > 바닥

★ 옥내 최적 반사율
• 천장(80-91%) > 벽(40-60%) > 가구 (25-45%) > 바닥(20-40%)
• 옥내의 반사율은 천정으로 올라갈수록 높고 바닥으로 내려갈수록 낮아져야 한다.

📝 필기에 자주 출제되는 내용입니다.

40 수평 작업대에서 윗 팔과 아래팔을 곧게 뻗어서 파악할 수 있는 작업 영역은?

① 작업공간 포락면
② 정상 작업 영역
③ 편안한 작업 영역
④ 최대 작업 영역

★ 수평 작업대
① 정상 작업역 : 상완을 자연스럽게 늘어뜨린 채 전완만으로 뻗어 파악 할 수 있는 구역
② 최대 작업역 : 전완과 상완을 곧게 펴서 파악할 수 있는 구역

정답 37 ③ 38 ③ 39 ① 40 ④

> 참고
>
> **작업공간**
> ① 포락면 : 한 장소에 앉아서 수행하는 작업에서 작업하는데 사용하는 공간
> ② 파악한계 : 앉은 작업자가 특정한 수작업 기능을 수행할 수 있는 공간의 외곽한계

3과목 건설시공학

41 건설시공분야의 향후 발전방향으로 옳지 않은 것은?

① 친환경 시공화
② 시공의 기계화
③ 공법의 습식화
④ 재료의 프리패브(pre-fab)화

> **건축시공의 현대화 방안**
> ① 3S system
>   • 작업의 **단순화**(Simplification)
>   • 작업의 **규격화**(Standardization)
>   • 작업의 **전문화**(Specialization)
> ② **재료의 건식화**, 건식 공법화
> ③ 건축 생산의 공업화, **양산화(PC화)**
> ④ **기계화 시공**, 시공 기법의 연구개발
> ⑤ **도급 기술의 근대화**(입찰방식의 개선)
> ⑥ 신기술 및 과학적 품질관리 기법의 도입
> ⑦ 새로운 경영기법의 도입 및 활용
> ⑧ 가설재료의 강재화

 필기에 자주 출제되는 내용입니다.

42 건축공사의 일반적인 시공순서로 가장 알맞은 것은?

① 토공사 → 방수공사 → 철근콘크리트공사 → 창호공사 → 마무리공사
② 토공사 → 철근콘크리트공사 → 창호공사 → 마무리공사 → 방수공사
③ 토공사 → 철근콘크리트공사 → 방수공사 → 창호공사 → 마무리공사
④ 토공사 → 방수공사 → 창호공사 → 철근콘크리트공사 → 마무리공사

> **건축공사의 일반적인 시공순서**
> 토공사 → 철근콘크리트공사 → 방수공사 → 창호공사 → 마무리공사

43 철골공사의 용접결함에 해당되지 않는 것은?

① 언더컷   ② 오버랩
③ 가우징   ④ 블로우홀

> **용접결함**
> ① **언더컷(Under Cut)** : 용접전류가 과대하거나 용접 속도가 너무 빠를 때 또는 아크를 짧게 유지하기 어려운 경우 발생하며 모재 및 용접부의 일부가 녹아서 발생하는 홈 또는 오목하게 생긴 부분(용착금속이 채워지지 않고 홈처럼 우묵하게 남아 있는 부분)을 말한다.
> ② **오버랩(overlap)** : 용접전류가 부족하거나, 용접 속도가 너무 느릴 경우 발생하며 용착 금속이 모재에 융합되지 않고 겹친 부분(용융된 금속이 모재 면에 덮쳐진 상태)을 말한다.

 41 ③ 42 ③ 43 ③

③ 크레이터(Crater) : 아크를 끊을 때 비드 끝부분이 오목하게 들어가는 것을 말하며 이 부분에 균열이 발생하기 쉽다.
④ 크랙(Crack) : 용접부에 생기는 균열을 말하며 용접 결함 중 가장 치명적인 결함이 된다.
⑤ 스패터(spatter) : 용접 시 튀어나온 슬래그가 굳은 현상(용융된 금속의 작은 입자가 튀어나와 모재에 묻어있는 것)을 말한다.
⑥ 피트(pit), 블로우 홀(blow hole) : 용접 중에 이물질, 수분 등으로 발생된 가스가 표면으로 빠져 나오면서 발생된 작은 구멍을 pit라 하며, 내부에 남아있는 기공을 blow hole이라 한다.

📝 필기에 자주 출제되는 내용입니다.

44 토질시험을 흙의 물리적 성질시험과 역학적 성질시험으로 구분할 때 물리적 성질시험에 해당되지 않는 것은?

① 직접전단시험 ② 비중시험
③ 액성한계시험 ④ 함수량시험

* **토질시험**

물리적 시험	① 흙의 비중시험 ② 함수량시험 ③ 액성/소성/수축 한계 시험
역학적 시험	① 직접전단 시험 ② 1축 압축시험 ③ 3축 압축시험 ④ 압밀시험 ⑤ 투수시험

45 기존 건물의 파일 머리보다 깊은 건물을 건설할 때, 지하수면의 이동이 일어나거나 기존 건물 기초의 침하나 이동이 예상될 때 지하에 실시하는 보강공법은?

① 리버스 서큘레이션 공법
② 프리보링 공법
③ 베노토 공법
④ 언더피닝 공법

* **언더피닝(Under Pining)공법**
① 기존건물 가까이에서 건축공사를 할 때 인접건물의 지반과 기초를 보강하는 공법을 말한다.
② 기존 건물의 파일 머리보다 깊은 건물을 건설할 때, 지하수면의 이동이 일어나거나 기존 건물 기초의 침하나 이동이 예상될 때 지하에 실시하는 보강공법이다.

📝 필기에 자주 출제되는 내용입니다.

46 거푸집 내에 자갈을 먼저 채우고, 공극부에 유동성이 좋은 모르타르를 주입해서 일체의 콘크리트가 되도록 한 공법은?

① 수밀 콘크리트
② 진공 콘크리트
③ 숏크리트
④ 프리팩트 콘크리트

* **프리플레이스트 콘크리트(프리팩트 콘크리트)**
콘크리트 타설할 거푸집 안에 굵은 골재를 미리 채워 넣은(Pre-packing) 후 모르타르를 주입한 콘크리트를 말한다.

정답 44 ① 45 ④ 46 ④

> **참고**
>
> 프리팩트 콘크리트(Prepacked concrete)가 프리플레이스트 콘크리트(Preplaced conrete)로 용어 개정됨 (2009년 콘크리트 시방서 부터 개정)

47 굳지 않은 콘크리트의 품질측정에 관한 시험이 아닌 것은?

① 슬럼프 시험
② 블리딩 시험
③ 공기량 시험
④ 블레인 공기투과 시험

★ 콘크리트의 품질측정 시험

굳지 않은 콘크리트 시험	① 슬럼프 또는 슬럼프 플로 시험 ② 공기량 시험 ③ 온도 ④ 염화물 함유량 시험 ⑤ 단위수량 시험 ⑥ 블리딩 시험
굳은 콘크리트 시험	① 압축강도 시험 ② 휨강도 시험

48 기초지반의 성질을 적극적으로 개량하기 위한 지반개량 공법에 해당하지 않는 것은?

① 다짐공법
② SPS공법
③ 탈수공법
④ 고결안정공법

★ 지반개량 공법
① **다짐공법** : 말뚝을 형성하여 지반을 다져서 지반을 개량하는 공법
② **치환공법** : 연약지반을 양질의 재료로 치환하는 방법
③ **고결공법** : 지반을 구성하는 토립자 사이를 고결(일체화)시켜 지반을 개량하는 방법
④ **재하공법** : 연약지반에 미리 하중을 가하여 흙을 압밀시키는 공법
⑤ **강제(强制)압밀공법**
⑥ **탈수 및 배수공법**

필기에 자주 출제되는 내용입니다.

49 건설공사 원가 구성체계 중 직접공사비에 포함되지 않는 것은?

① 자재비
② 일반관리비
③ 경비
④ 노무비

1. **직접공사비** : 공사목적물의 시공에 직접 소요되는 비용으로 재료비, 직접노무비, 직접공사 경비가 포함된다.
2. **간접공사비** : 공사의 시공을 위하여 공통적으로 소요되는 비용으로 법정경비 및 기타 부수적인 비용을 말한다.

필기에 자주 출제되는 내용입니다.

정답 47 ④ 48 ② 49 ②

50 보통 콘크리트 공사에서 굳지 않은 콘크리트에 포함된 염화물량은 염소 이온량으로서 얼마 이하를 원칙으로 하는가?

① $0.2kg/m^3$　② $0.3kg/m^3$
③ $0.4kg/m^3$　④ $0.7kg/m^3$

> 굳지 않은 콘크리트에 포함된 염화물량은 염소 이온량으로서 $0.3kg/m^3$ 이하를 원칙으로 한다.

51 철근가공에 관한 설명으로 옳지 않은 것은?

① D35 이상의 철근은 산소절단기를 사용하여 절단한다.
② 유해한 휨이나 단면결손, 균열 등의 손상이 있는 철근은 사용하면 안 된다.
③ 한번 구부린 철근은 다시 펴서 사용해서는 안 된다.
④ 표준갈고리를 가공할 때에는 정해진 크기 이상의 곡률 반지름을 가져야 한다.

> **★ 철근 가공 시 유의사항**
> ① 철근은 설계도에 표시된 형상과 치수에 일치하도록 가공하되 산소 불 및 용접기로 절단하지 말고 반드시 Cutter기로 절단하여 재질을 해치지 않는 방법으로 가공하여야 한다.
> ② 철근상세도에 철근의 구부리는 내면 반지름이 표시되어 있지 않은 때에는 콘크리트 구조설계기준에 규정된 구부림의 최소 내면 반지름 이상으로 철근을 구부려야 한다.
> ③ 철근은 상온에서 구부리는 것을 원칙으로 한다.
> ④ 한번 구부린 철근은 재가공하여 쓸 수 없다.

52 철근콘크리트 슬래브의 배근 기준에 관한 설명으로 옳지 않은 것은?

① 1방향 슬래브는 장변의 길이가 단변길이의 1.5배 이상되는 슬래브이다.
② 건조수축 또는 온도변화에 의하여 콘크리트 균열이 발생하는 것을 방지하기 위해 수축·온도철근을 배근한다.
③ 2방향 슬래브는 단변방향의 철근을 주근으로 본다.
④ 2방향 슬래브는 주열대와 중간대의 배근 방식이 다르다.

> ① 1방향 슬래브는 장변의 길이가 단변길이의 2배 이상 되는 슬래브이다.

53 기계가 서 있는 위치보다 낮은 곳, 넓은 범위의 굴착에 주로 사용되며 주로 수로, 골재 채취에 많이 이용되는 기계는?

① 드래그 셔블
② 드래그 라인
③ 로더
④ 케리올 스크레이퍼

★ 굴삭장비(굴착기계)
1. 파워 셔블(power shovel, 동력삽)
   - 기계가 서 있는 지반면보다 높은 곳의 땅파기에 적합하다.
2. 드래그 셔블(drag shovel, 백호)
   - 기계가 서 있는 지면보다 낮은 장소의 굴착 및 수중굴착이 가능하다
   - 굳은 지반의 토질도 정확한 굴착이 된다.
3. 드래그라인(drag line)
   - 기계가 서있는 위치보다 낮은 장소의 굴착에 적당하고 굳은 토질에서의 굴착은 되지 않지만 굴착 반지름이 크다.
   - 작업범위가 광범위하고 수중굴착 및 연약한 지반의 굴착에 적합하다.
4. 클램셀(clamshell)
   - 수중굴착 및 가장 협소하고 깊은 굴착이 가능하며 호퍼(hopper)에 적당하다.
   - 연약지반이나 수중굴착 및 자갈 등을 싣는데 적합하다.
5. 트렌처(Trencher)
   - 일정한 폭의 구덩이를 연속으로 파며, 좁고 깊은 도랑 파기에 가장 적당한 토공장비이다.

📝 필기에 자주 출제되는 내용입니다.

54 콘크리트 타설작업 시 진동기를 사용하는 가장 큰 목적은?

① 재료분리 방지
② 작업능률 증진
③ 경화작용 촉진
④ 콘크리트 밀실화 유지

★ 콘크리트 타설 시 진동기를 사용하는 목적
콘크리트를 거푸집 구석구석까지 충진시키고 밀실한 콘크리트를 얻기 위함이다.(콘크리트의 밀실화 유지)

📝 필기에 자주 출제되는 내용입니다.

55 시트 파일(sheet pile)이 쓰이는 공사로 옳은 것은?

① 마감공사
② 구조체공사
③ 기초공사
④ 토공사

시트파일(강 널말뚝)은 토공사에서 흙막이 등을 위해 박는 강판으로 된 말뚝을 말한다.

56 바닥판, 보 밑 거푸집 설계에서 고려하는 하중에 속하지 않는 것은?

① 굳지 않은 콘크리트 중량
② 작업하중
③ 충격하중
④ 측압

바닥판, 보 밑 거푸집 설계에서 고려하는 하중
→ 연직하중

정답 54 ④ 55 ④ 56 ④

> **참고**
>
> *** 거푸집 동바리의 설계하중**
> 1) 연직하중 = 고정하중 + 작업하중 + 적설하중
>   ① 고정하중 : 콘크리트 무게 + 거푸집 무게
>   ② 작업하중 : 작업원 + 장비하중 + 시공하중 + 충격하중
> 2) 콘크리트 측압
> 3) 풍하중
> 4) 수평하중

📄 필기에 자주 출제되는 내용입니다.

57 철골공사에서 현장 용접부 검사 중 용접 전 검사가 아닌 것은?

① 비파괴 검사
② 개선 정도 검사
③ 개선면의 오염 검사
④ 가부착 상태 검사

> ① 비파괴검사는 용접 후의 검사에 해당한다.

> **참고**
>
> *** 철골공사 용접완료 후의 비파괴 검사 방법**
> ① 초음파 탐상법
> ② X선 투과법(방사선 투과법)
> ③ 자기 탐상법
> ④ 침투 탐상법

58 콘크리트의 공기량에 관한 설명으로 옳은 것은?

① 공기량은 잔골재의 입도에 영향을 받는다.
② AE제의 양이 증가할수록 공기량은 감소하나 콘크리트의 강도는 증대한다.
③ 공기량은 비빔 초기에는 기계비빔이 손비빔의 경우보다 적다.
④ 공기량은 비빔시간이 길수록 증가한다.

> *** 공기량의 성질**
> ① 공기량은 기계비빔이 손비빔의 경우보다 크다.
> ② 공기량은 비빔시간 3~5분까지 증가하고 그 이후부터는 감소한다.
> ③ 공기량은 AE제의 양이 증가할수록 증가한다.
> ④ 공기량은 온도가 높을수록 감소하고 진동을 주면 감소한다.
> ⑤ 공기량은 잔골재의 입도에 영향을 받는다.
>   (거친 모래일수록 공기량이 감소한다.)

📄 필기에 자주 출제되는 내용입니다.

59 콘크리트 타설 시 거푸집에 작용하는 측압에 관한 설명으로 옳은 것은?

① 타설속도가 빠를수록 측압이 작아진다.
② 철골 또는 철근량이 많을수록 측압이 커진다.
③ 온도가 높을수록 측압이 작아진다.
④ 슬럼프가 작을수록 측압이 커진다.

> ③ 외기온도와 습도가 낮을수록 측압이 크다.

📄 필기에 자주 출제되는 내용입니다.

정답 57 ① 58 ① 59 ③

60 공동도급의 장점 중 옳지 않은 것은?

① 공사이행의 확실성을 기대할 수 있다.
② 공사수급의 경쟁완화를 기대할 수 있다.
③ 일식도급보다 경비 절감을 기대할 수 있다.
④ 기술, 자본 및 위험 등의 부담을 분산시킬 수 있다.

★ 공동도급

장점	단점
① 융자력 증대	① 공사비 증대
② 위험분산	② 책임소재 불분명
③ 시공의 확실성	③ 도급자 상호 충돌우려
④ 상호기술의 확충	④ 능률저하
⑤ 도급경쟁의 완화	

4과목 건설재료학

61 돌로마이트 플라스터에 관한 설명으로 옳지 않은 것은?

① 소석회에 비해 점성이 높다.
② 풀이 필요하지 않아 변색, 냄새, 곰팡이가 없다.
③ 회반죽에 비하여 조기강도 및 최종강도가 작다.
④ 건조수축이 크기 때문에 수축균열이 발생한다.

★ 돌로마이트 플라스터
① 돌로마이트 석회에 모래, 여물을 혼합한 것
② 점도가 높아 해초풀이 필요 없고 시공이 용이하다.
③ 경화에 의한 수축률이 커서 균열 발생이 쉽다.
④ 통풍이 잘 되지 않는 지하실의 미장재료로 적절하지 못하다.
⑤ 보수성이 크고 응결시간이 길다.
⑥ 회반죽에 비하여 조기강도 및 최종강도가 크고 착색이 쉽다.
⑦ 여물을 혼입하여도 건조수축이 크기 때문에 수축균열이 발생한다.

📝 필기에 자주 출제되는 내용입니다.

62 강의 물리적 성질 중 탄소함유량이 증가함에 따라 나타나는 현상으로 옳지 않은 것은?

① 비중이 낮아진다.
② 열전도율이 커진다.
③ 팽창계수가 낮아진다.
④ 비열과 전기저항이 커진다.

★ 강(鋼)에 함유된 탄소 성분이 증가할 경우
① 인장강도의 증가
② 경도의 증가
③ 비열 및 전기저항이 증가
④ 연율(신율), 선팽창계수, 열전도율의 감소
⑤ 비중, 내식성이 감소

📝 필기에 자주 출제되는 내용입니다.

정답 60 ③ 61 ③ 62 ②

63 벽돌 면 내벽의 시멘트 모르타르 바름 두께 표준으로 옳은 것은?

① 24mm　② 18mm
③ 15mm　④ 12mm

* **내벽의 바름 두께의 표준**
• 콘크리트나 벽돌 면일 경우 : 총 18mm

64 목면·마사·양모·폐지 등을 원료로 하여 만든 원지에 스트레이트 아스팔트를 가열·용융하여 충분히 흡수시켜 만든 방수지로 주로 아스팔트 방수 중간층재로 이용되는 것은?

① 콜타르
② 아스팔트 프라이머
③ 아스팔트 펠트
④ 합성 고분자 루핑

* **아스팔트 펠트**
• 유기천연섬유 또는 석면섬유를 결합한 원지에 연질의 스트레이트 아스팔트를 침투시킨 것이다.
• 아스팔트 방수 중간층 재료, 모르타르 바탕의 방수 및 방습재, 내·외벽의 리스 등에 사용된다.

65 초속경시멘트의 특징에 관한 설명으로 옳지 않은 것은?

① 주수 후 2~3시간 내에 100kgf/cm^2 이상의 압축강도를 얻을 수 있다.
② 응결시간이 짧으나 건조수축이 매우 큰 편이다.
③ 긴급공사 및 동절기 공사에 주로 사용된다.
④ 장기간에 걸친 강도증진 및 안정성이 높다.

* **초속경시멘트**
① 보통포틀랜드 시멘트에 보크사이트, 형석, 무수석고 등을 혼합한 시멘트로 재령 2~3시간 만에 100kgf/cm^2 이상의 압축강도를 발현하는 시멘트를 말한다.
② 재령 4시간에 보통 포틀랜드시멘트의 7일 강도에 해당하는 압축강도를 발현한다.
③ 경화 시 발생하는 수화열로 저온에서도 충분한 강도를 발현한다.
④ 응결조절제로 작업시간을 조절할 수 있어 간편하다.
⑤ 콘크리트 건조수축에 의한 체적변화가 적다.
⑥ 장기간에 걸친 강도증진 및 안정성이 높다.
⑦ 한중공사나 긴급보수공사, 특히 도심지 도로 및 고속도로 보수공사에 널리 사용된다.

66 석고플라스터의 일반적인 특성에 관한 설명으로 옳지 않은 것은?

① 해초풀을 섞어 사용한다.
② 경화시간이 짧다.
③ 신축이 적다.
④ 내화성이 크다.

정답　63 ②　64 ③　65 ②　66 ①

★ 석고플라스터
① (소)석고, 물, 모래의 성분으로 마르면 경화하는 성질이 있다.
② 중성으로 경화 속도가 가장 빠르다.
③ 건조하면 팽창하는 성질이 있어서 건조 시 균열 발생이 없다.
④ 가열하면 결정수를 방출하여 온도상승을 억제하기 때문에 내화성이 있다.

📝 필기에 자주 출제되는 내용입니다.

67 ALC 제품의 특성에 관한 설명으로 옳지 않은 것은?

① 흡수성이 크다.
② 단열성이 크다.
③ 경량으로서 시공이 용이하다.
④ 강알칼리성이며 변형과 균열의 위험이 크다.

★ 경량기포콘크리트
  (ALC: Autoclaved Lightweight Concrete)
① 보통콘크리트에 비하여 **탄산화(중성화)**의 우려가 크다.
② 열전도율은 보통콘크리트의 약 1/10 정도로 **단열성이 우수**하다.
③ 현장에서 **취급이 편리**하고 절단 및 가공이 용이하다.
④ 다공질이므로 흡수성이 높은 편이고 동해에 대한 저항성이 낮다.(겨울철 콘크리트에 함유된 수분이 얼어 동해를 일으킨다.)
⑤ 압축강도에 비해서 휨강도나 인장강도는 상당히 약하다.

📝 필기에 자주 출제되는 내용입니다.

68 어떤 목재의 전건비중을 측정해 보았더니 0.77이었다. 이 목재의 공극율은?

① 25% ② 37.5%
③ 50% ④ 75%

$$공극률(\%) = \frac{1.54 - 절건비중[전건(全乾)비중]}{1.54} \times 100$$
$$= \frac{1.54 - 0.77}{1.54} \times 100 = 50(\%)$$

📝 필기에 자주 출제되는 내용입니다.

69 골재의 입도분포가 적정하지 않을 때 콘크리트에 나타날 수 있는 현상으로 옳지 않은 것은?

① 유동성, 충전성이 불충분해서 재료분리가 발생할 수 있다.
② 경화콘크리트의 강도가 저하될 수 있다.
③ 콘크리트의 곰보 발생의 원인이 될 수 있다.
④ 콘크리트의 응결과 경화에 크게 영향을 줄 수 있다.

★ 골재의 입도
① 입도란 골재(모래, 자갈)의 크고 작은 입자들의 혼합의 비율을 말한다.
② 입도분포는 콘크리트의 워커빌리티, 유동성, 경제성 및 경화후의 강도나 내구성에 영향을 미치는 요인이 된다.

정답 67 ④   68 ③   69 ④

70 목재에 관한 설명으로 옳지 않은 것은?

① 활엽수는 침엽수에 비해 경도가 크다.
② 제재 시 취재율은 침엽수가 높다.
③ 생재를 건조하면 수축하기 시작하고 함수율이 섬유포화점 이하로 되면 수축이 멈춘다.
④ 활엽수는 침엽수에 비해 건조시간이 많이 소요되는 편이다.

③ 섬유포화점 이하로 내려가면 목재는 신축(수축) 변동이 커진다.

71 다음 합성수지 중 열가소성수지가 아닌 것은?

① 염화비닐수지
② 페놀수지
③ 아크릴수지
④ 폴리에틸렌수지

열경화성 수지	열가소성 수지
• 페놀 수지	• 염화비닐 수지
• 요소 수지	• 초산비닐 수지
• 멜라민 수지	• 메틸메탈크릴 수지
• 알키드 수지	• 폴리에틸렌 수지
• 실리콘 수지	• 폴리스티렌 수지
• 에폭시 수지	• 아크릴 수지
• 우레탄 수지	• 스티롤 수지
• 프란 수지	• 셀룰로이드
• 폴리에스테르 수지	
• 불포화폴리에스테르수지	

특급암기법
가수(열가소성수지) 염비 초비 메틸 에틸렌(폴리에틸렌)
아크릴 스티(스티롤) 로이드(셀룰로이드)

 필기에 자주 출제되는 내용입니다.

72 콘크리트 배합설계에 있어서 기준이 되는 골재의 함수상태는?

① 절건상태   ② 기건상태
③ 표건상태   ④ 습윤상태

배합설계 시 표준이 되는 골재의 상태는 표면건조 내부포화상태(표건상태)이다.

73 건설 구조용으로 사용하고 있는 각 재료에 관한 설명으로 옳지 않은 것은?

① 레진 콘크리트는 결합재로 시멘트, 폴리머와 경화제를 혼합한 액상 수지를 골재와 배합하여 제조한다.
② 섬유보강콘크리트는 콘크리트의 인장강도와 균열에 대한 저항성을 높이고 인성을 대폭 개선시킬 목적으로 만든 복합재료이다.
③ 폴리머 함침 콘크리트는 미리 성형한 콘크리트에 액상의 폴리머원료를 침투시켜 그 상태에서 고결시킨 콘크리트이다.
④ 폴리머시멘트 콘크리트는 시멘트와 폴리머를 혼합하여 결합재로 사용한 콘크리트이다.

정답 70 ③ 71 ② 72 ③ 73 ①

* **레진 콘크리트**
① 충분히 건조된 골재에 불포화 폴리에스테르 수지, 에폭시 수지, 폴리우레탄 등의 열경화성 수지를 혼합하여 만든 콘크리트를 말한다.
② 일반 콘크리트에 비해 압축 강도, 인장 강도, 내구성, 내약품성이 높다.

74 도료의 사용부위별 페인트를 연결한 것으로 옳지 않은 것은?

① 목재면 - 목재용 래커 페인트
② 모르타르면 - 실리콘 페인트
③ 외부 철재구조물 - 조합페인트
④ 내부 철재구조물 - 수성페인트

④ 내부 철재 구조물(방화문, 난간)- 에폭시 도료, 알키드수지 에나멜 도료

75 판유리를 특수 열처리하여 내부 인장응력에 견디는 압축응력 층을 유리 표면에 만들어 파괴강도를 증가시킨 유리는?

① 자외선투과유리
② 스테인드글라스
③ 열선흡수유리
④ 강화유리

강화유리 : 판유리를 열처리한 후 유리 표면에 공기를 불어 급랭시킨 유리를 말한다.
- 유리 표면에 강한 압축응력 층을 만들어 파괴강도를 증가시킨 것이다.
- 강도는 플로트 판유리에 비해 3~5배 정도이다.
- 주로 출입문이나 계단 난간, 안전성이 요구되는 칸막이 등에 사용된다.
- 깨어질 때는 판유리 전체가 파편으로 잘게 부서진다.(깨지더라도 파편이 피부를 다치지 않게 한다.)

📝 필기에 자주 출제되는 내용입니다.

76 콘크리트의 건조수축, 구조물의 균열방지를 주목적으로 사용되는 혼화재료는?

① 팽창재
② 지연재
③ 플라이애시
④ 유동화제

팽창재 : 콘크리트의 건조수축, 구조물의 균열 및 변형을 방지하기 위하여 경화과정에서 팽창을 일으키는 혼화재료이다.

참고

1. 응결·경화시간의 조절 : 촉진제, 지연제, 급결제
2. 유동성을 개선 : 유동화제
3. 플라이 애시 : 워커빌리티, 펌퍼빌리티 개선

📝 필기에 자주 출제되는 내용입니다.

정답 74 ④ 75 ④ 76 ①

77 미장재료의 균열방지를 위해 사용되는 보강재료가 아닌 것은?

① 여물
② 수염
③ 종려 잎
④ 강 섬유

> ★ 미장재료의 구성 재료
> ① 부착재료는 마감과 바탕재료를 붙이는 역할을 한다.
> ② 무기혼화재료는 시공성 향상 등을 위해 첨가된다.
> ③ 풀재는 점성을 가지게 하기 위해 첨가된다.
> ④ 여물, 수염, 종려 잎은 균열방지를 위해 첨가된다.

📝 필기에 자주 출제되는 내용입니다.

78 금속의 부식을 최소화하기 위한 방법으로 옳지 않은 것은?

① 표면을 평활하게 하고 가능한 한 습한 상태를 유지할 것
② 가능한 한 이종금속을 인접 또는 접촉시켜 사용하지 말 것
③ 큰 변형을 준 것은 가능한 한 풀림하여 사용할 것
④ 부분적으로 녹이 나면 즉시 제거할 것

> ★ 금속의 부식방지 대책(방식 대책)
> ① 가능한 한 이종 금속은 이를 인접, 접속시켜 사용하지 않을 것
> ② 균질한 것을 선택하고, 사용할 때 큰 변형을 주지 않도록 할 것
> ③ 큰 변형을 준 것은 가능한 한 풀림하여 사용할 것
> ④ 가능한 한 건조상태로 유지하고 부분적인 녹은 빨리 제거할 것
> ⑤ 도료 및 내식성이 큰 금속의 기밀 또는 수밀성 보호 피막을 만들거나 방부피막을 실시할 것

📝 필기에 자주 출제되는 내용입니다.

79 집성목재의 특징에 관한 설명으로 옳지 않은 것은?

① 응력에 따라 필요로 하는 단면의 목재를 만들 수 있다.
② 목재의 강도를 인공적으로 자유롭게 조절할 수 있다.
③ 3장 이상의 단판인 박판을 홀수로 섬유방향에 직교하도록 접착제로 붙여 만든 것이다.
④ 외관이 미려한 박판 또는 치장합판, 프린트합판을 붙여서 구조재, 마감재, 화장재를 겸용한 인공목재의 제조가 가능하다.

> ③ 3매 이상의 얇은 판을 1매마다 접착제로 섬유방향에 직교하도록 붙여서 만든 판을 말한다. → 합판

참고

> ★ 집성목재
> 두께 1.5~3cm 의 널(제재판재 또는 소각재 등의 부재)을 접착제로 섬유평행방향으로 겹쳐 붙여서 만든 제품을 말한다.

정답 77 ④ 78 ① 79 ③

80 시멘트에 관한 설명으로 옳지 않은 것은?

① 시멘트의 강도는 시멘트의 조성, 물시멘트비, 재령 및 양생조건 등에 따라 다르다.
② 응결시간은 분말도가 미세한 것일수록, 또한 수량이 작을수록 짧아진다.
③ 시멘트의 풍화란 시멘트가 습기를 흡수하여 생성된 수산화칼슘과 공기 중의 탄산가스가 작용하여 탄산칼슘을 생성하는 작용을 말한다.
④ 시멘트의 안정성은 단위중량에 대한 표면적에 의하여 표시되며, 브레인법에 의해 측정된다.

④ 시멘트의 안정성 시험 : 오토클레이브 팽창도 시험

5과목 건설안전기술

81 항타기 및 항발기의 무너짐 방지를 위하여 준수해야할 기준으로 옳지 않은 것은?

① 아웃트리거·받침 등 지지구조물이 미끄러질 우려가 있는 때에는 버팀대·버팀줄을 사용하여 해당 지지구조물을 고정시킬 것
② 상단 부분은 버팀대·버팀줄로 고정하여 안정시키고, 그 하단 부분은 견고한 버팀·말뚝 또는 철골 등으로 고정시킬 것
③ 시설 또는 가설물 등에 설치하는 때에는 그 내력을 확인하고 내력이 부족한 때에는 그 내력을 보강할 것
④ 연약한 지반에 설치하는 경우에는 아웃트리거·받침 등 지지구조물의 침하를 방지하기 위하여 깔판·받침목 등을 사용할 것

① 아웃트리거·받침 등 지지구조물이 미끄러질 우려가 있는 때에는 말뚝 또는 쐐기 등을 사용하여 해당 지지구조물을 고정시킬 것

📝 실기까지 중요한 내용입니다.

82 건설공사 현장에서 사다리식통로 등을 설치하는 경우 준수해야 할 기준으로 옳지 않은 것은?

① 사다리의 상단은 걸쳐놓은 지점으로부터 40cm 이상 올라가도록 할 것
② 폭은 30cm 이상으로 할 것
③ 사다리식 통로의 기울기는 75° 이하로 할 것
④ 발판의 간격은 일정하게 할 것

① 사다리의 상단은 걸쳐놓은 지점으로부터 60센티미터 이상 올라가도록 할 것

📝 실기까지 중요한 내용입니다.

정답 80 ④ 81 ① 82 ①

83 철골 기둥 건립 작업 시 붕괴·도괴 방지를 위하여 베이스 플레이트의 하단은 기준 높이 및 인접기둥의 높이에서 얼마 이상 벗어나지 않아야 하는가?

① 2mm　　② 3mm
③ 4mm　　④ 5mm

> 베이스 플레이트의 하단은 기준 높이 및 인접기둥의 높이에서 3mm 이상 벗어나지 않을 것

84 토중수(soil water)에 관한 설명으로 옳은 것은?

① 화합수는 원칙적으로 이동과 변화가 없고 공학적으로 토립자와 일체로 보며 100℃ 이상 가열하여 제거할 수 있다.
② 자유수는 지하의 물이 지표에 고인 물이다.
③ 모관수는 모관작용에 의해 지하수면 위쪽으로 솟아 올라온 물이다.
④ 흡착수는 이동과 변화가 없고 110±5℃ 이상으로 가열해도 제거되지 않는다.

> ① 화합수(결합수)는 100℃ 이상 가열해도 분리가 되지 않는 물을 말하며 토립자와 일체로 취급한다
> ② 자유수(중력수)는 중력의 작용으로 자유롭게 이동하는 물을 말하며 토양의 큰 공극에 존재한다.
> ④ 흡착수 : 물리, 화학적 작용으로 토립자의 표면에 굳게 흡착되어 있는 물을 말하며 100± 5℃ 이상 가열하면 분리된다.

85 철도(鐵道)의 위를 가로질러 횡단하는 콘크리트 고가교가 노후화되어 이를 해체하려고 한다. 철도의 통행을 최대한 방해하지 않고 해체하는데 가장 적당한 해체용 기계·기구는?

① 철제해머　　② 압쇄기
③ 핸드브레이커　　④ 절단기

> 철노의 통행을 방해하지 않고 해체하는데 적당한 해체용 기계·기구 → 절단기

86 연약점토 굴착 시 발생하는 히빙현상의 효과적인 방지대책으로 옳은 것은?

① 언더피닝공법 적용
② 샌드드레인공법 적용
③ 아일랜드공법 적용
④ 버팀대공법 적용

> *히빙현상 방지책
> ① 흙막이 벽체의 근입 깊이를 깊게 한다.
> ② 양질의 재료로 지반을 개량한다(흙의 전단강도를 높인다.)
> ③ 굴착주변에 웰포인트 공법 등을 병행한다.
> ④ 어스앵커를 설치한다.
> ⑤ 아일랜드 컷 공법을 적용한다.

> 참고
> *아일랜드 컷(island cut) 공법
> 비탈면을 남기고 중앙부를 굴착해서 흙파기 한 후 중앙부 구조체를 먼저 설치하는 방식으로 중앙부 구조체가 설치되면 흙막이 벽체를 버팀대로 지지할 수 있다.

정답　83 ②　84 ③　85 ④　86 ③

87 비탈면 붕괴 재해의 발생 원인으로 보기 어려운 것은?

① 부석의 점검을 소홀히 하였다.
② 지질조사를 충분히 하지 않았다.
③ 굴착면 상하에서 동시작업을 하였다.
④ 안식각으로 굴착하였다.

④ 안식각은 비탈면이 붕괴되지 않고 안정을 유지할 수 있는 최대경사각을 말하며 안식각으로 굴착하는 경우 붕괴를 방지할 수 있다.

88 다음 중 양중기에 해당하지 않는 것은?

① 크레인　　② 곤돌라
③ 항타기　　④ 리프트

* **양중기의 종류**
① 크레인[호이스트(hoist)를 포함한다]
② 이동식 크레인
③ 리프트(이삿짐운반용 리프트의 경우에는 적재하중이 0.1톤 이상인 것으로 한정)
④ 곤돌라
⑤ 승강기

📝 실기에 자주 출제되는 내용입니다.

89 달비계에 설치되는 작업발판의 폭에 대한 기준으로 옳은 것은?

① 20cm 이상　　② 40cm 이상
③ 60cm 이상　　④ 80cm 이상

곤돌라형 달비계를 설치하는 경우 **작업발판은 폭을 40센티미터 이상**으로 하고 틈새가 없도록 할 것

📝 실기까지 중요한 내용입니다.

90 유해·위험방지계획서 제출대상 공사의 규모 기준으로 옳지 않은 것은?

① 최대 지간길이가 50m 이상인 교량 건설 등 공사
② 다목적댐, 발전용댐 및 저수용량 2천만톤 이상의 용수 전용 댐
③ 깊이 12m 이상인 굴착공사
④ 터널 건설 등의 공사

* **유해위험방지계획서를 제출해야 될 건설공사**
1. 다음 각 목의 어느 하나에 해당하는 건축물 또는 시설 등의 건설·개조 또는 해체공사
　가. 지상높이가 31미터 이상인 건축물 또는 인공구조물
　나. 연면적 3만제곱미터 이상인 건축물
　다. 연면적 5천제곱미터 이상인 시설로서 다음의 어느 하나에 해당하는 시설
　　1) 문화 및 집회시설(전시장 및 동물원·식물원은 제외한다)
　　2) 판매시설, 운수시설(고속철도의 역사 및 집배송시설은 제외한다)
　　3) 종교시설

정답　87 ④　88 ③　89 ②　90 ③

4) 의료시설 중 종합병원
5) 숙박시설 중 관광숙박시설
6) 지하도상가
7) 냉동·냉장 창고시설
2. 연면적 5천제곱미터 이상의 냉동·냉장창고시설의 설비공사 및 단열공사
3. 최대 지간길이(다리의 기둥과 기둥의 중심사이의 거리)가 50미터 이상인 교량 건설 등 공사
4. 터널 건설 등의 공사
5. 다목적댐, 발전용댐, 저수용량 2천만톤 이상의 용수 전용 댐, 지방상수도 전용 댐 건설 등의 공사
6. 깊이 10미터 이상인 굴착공사

특급암기법
- 지상높이 31m, 연면적 3만m², 사람 많은 시설 연면적 5,000m²
- 연면적 5,000m² 냉동·냉장창고시설
- 최대 지간길이가 50미터 이상 교량
- 터널
- 저수용량 2천만 톤 이상 댐
- 10미터 이상인 굴착

 실기에 자주 출제되는 내용입니다.

91 굴착공사를 위한 기본적인 토질조사 시 조사내용에 해당되지 않는 것은?

① 주변에 기 절토된 경사면의 실태조사
② 사운딩
③ 물리탐사(탄성파조사)
④ 반발경도시험

④ 반발경도시험 → 콘크리트의 콘크리트 압축강도를 측정하기 위한 시험이다.

92 동바리로 사용하는 파이프서포트의 높이가 3.5m를 초과하는 경우 수평연결재의 설치 높이 기준은?

① 1.5m 이내 마다
② 2.0m 이내 마다
③ 2.5m 이내 마다
④ 3.0m 이내 마다

★ 동바리로 사용하는 파이프서포트의 조립 시 준수사항
① 파이프서포트를 3개본 이상 이어서 사용하지 아니하도록 할 것
② 파이프서포트를 이어서 사용할 때에는 4개 이상의 볼트 또는 전용철물을 사용하여 이을 것
③ 높이가 3.5미터를 초과할 때 높이 2미터 이내마다 수평연결재를 2개 방향으로 만들고 수평연결재의 변위를 방지할 것

실기까지 중요한 내용입니다.

93 낮은 지면에서 높은 곳을 굴착하는데 가장 적합한 굴착기는?

① 백호우   ② 파워셔블
③ 드래그라인   ④ 클램셸

★ 파워 셔블(power shovel)[dipper shovel : 동력삽]
① 기계가 서 있는 지반면보다 높은 곳의 땅파기에 적합하다.
② 앞으로 흙을 긁어서 굴착하는 방식이다.
③ 붐(boom)이 단단하여 굳은 지반의 굴착에도 사용된다.

필기에 자주 출제되는 내용입니다.

정답 91 ④   92 ②   93 ②

94 지반을 구성하는 흙의 지내력시험을 한 결과 총 침하량이 2cm가 될 때까지의 하중(P)이 32tf이다. 이 지반의 허용 지내력을 구하면? (단, 이때 사용된 재하판은 40cm×40cm임)

① 50 tf/m² ② 100 tf/m²
③ 150 tf/m² ④ 200 tf/m²

허용 지내력 = $\dfrac{32}{0.4 \times 0.4}$ = 200tf/m²

95 다음 중 작업부위별 위험요인과 주요사고 형태와의 연관관계로 옳지 않은 것은?

① 암반의 절취법면-낙하
② 흙막이 지보공 설치 작업-붕괴
③ 암석의 발파-비산
④ 흙막이 지보공 토류판 설치-접촉

④ 흙막이 지보공 토류판 설치 – 토사의 붕괴

96 화물용 승강기를 설계하면서 와이어로프의 안전하중이 10ton 이라면 로프의 가닥수를 얼마로 하여야 하는가? (단, 와이어로프 한 가닥의 파단강도는 4ton이며, 화물용 승강기 와이어로프의 안전율은 6으로 한다.)

① 10 가닥 ② 15 가닥
③ 20 가닥 ④ 30 가닥

$S = \dfrac{N \times P}{Q}$

여기서 S : 안전율
N : 로프 가닥수
P : 로프 한가닥의 파단강도(kg/mm²)
Q : 허용응력(kg/mm²)

$S = \dfrac{N \times P}{Q}$

$N = \dfrac{S \times Q}{P} = \dfrac{6 \times 10}{4} = 15$(가닥)

📝 필기에 자주 출제되는 내용입니다.

97 산업안전보건관리비 중 안전관리자 등의 인건비 및 각종 업무수당 등의 항목에서 사용할 수 없는 내역은?

① 교통 통제를 위한 교통정리 신호수의 인건비
② 공사장 내에서 양중기·건설기계 등의 움직임으로 인한 위험으로부터 주변 작업자를 보호하기 위한 유도자 또는 신호자의 인건비
③ 전담 안전·보건관리자의 인건비
④ 고소작업대 작업 시 낙하물 위험예방을 위한 하부통제, 화기작업 시 화재감시 등 공사현장의 특성에 따라 근로자 보호만을 목적으로 배치된 유도자 및 신호자 또는 감시자의 인건비

정답 94 ④ 95 ④ 96 ② 97 ①

＊안전관리자·보건관리자의 임금 등
① 안전관리 또는 보건관리 업무만을 전담하는 안전관리자 또는 보건관리자의 임금과 출장비 전액
② 안전관리 또는 보건관리 업무를 전담하지 않는 안전관리자 또는 보건관리자의 임금과 출장비의 각각 2분의 1에 해당하는 비용
③ 안전관리자를 선임한 건설공사 현장에서 산업재해 예방 업무만을 수행하는 작업지휘자, 유도자, 신호자 등의 임금 전액
④ 작업을 직접 지휘·감독하는 직·조·반장 등 관리감독자의 직위에 있는 자가 업무를 수행하는 경우에 지급하는 업무수당(임금의 10분의 1 이내)

📝 실기까지 중요한 내용입니다.

98 일반적으로 사면이 가장 위험한 경우에 해당하는 것은?

① 사면이 완전 건조 상태일 때
② 사면의 수위가 서서히 상승할 때
③ 사면이 완전 포화 상태일 때
④ 사면의 수위가 급격히 하강할 때

사면의 수위가 급격히 하강할 때 가장 위험하다.

99 산업안전보건법령에서 정의하는 산소결핍증의 정의로 옳은 것은?

① 산소가 결핍된 공기를 들여 마심으로써 생기는 증상
② 유해가스로 인한 화재·폭발 등의 위험이 있는 장소에서 생기는 증상
③ 밀폐공간에서 탄산가스·황화수소 등의 유해물질을 흡입하여 생기는 증상
④ 공기 중의 산소농도가 18% 이상 23.5% 미만의 환경에 노출될 때 생기는 증상

1. "산소결핍"이란 공기 중의 산소농도가 18퍼센트 미만인 상태를 말한다.
2. "산소결핍증"이란 산소가 결핍된 공기를 들이마심으로써 생기는 증상을 말한다.

📝 실기까지 중요한 내용입니다.

100 철골구조에서 강풍에 대한 내력이 설계에 고려되었는지 검토를 실시하지 않아도 되는 건물은?

① 높이 30m인 구조물
② 연면적당 철골량이 45kg인 구조물
③ 단면구조가 일정한 구조물
④ 이음부가 현장용접인 구조물

＊외압에 대한 내력이 설계에 고려되었는지 확인하여야 할 대상
① 높이 20미터 이상의 구조물
② 구조물의 폭과 높이의 비가 1 : 4 이상인 구조물
③ 단면구조에 현저한 차이가 있는 구조물
④ 연면적당 철골량이 50킬로그램/평방미터 이하인 구조물
⑤ 기둥이 타이플레이트(tie plate)형인 구조물
⑥ 이음부가 현장용접인 구조물

📝 실기까지 중요한 내용입니다.

정답 98 ④ 99 ① 100 ③

2019년 1회 최근 기출문제

1과목 산업안전관리론

01 하인리히의 재해구성 비율에 따라 경상사고가 87건 발생하였다면 무상해 사고는 몇 건이 발생하였겠는가?

① 300건　② 600건
③ 900건　④ 1,200건

---

* 하인리히 1 : 29 : 300의 법칙
- 총 330건의 사고를 분석했을 때
  - 중상 또는 사망 : 1건
  - 경상해 : 29건
  - 무상해사고 : 300건이 발생

1. 경상해가 87건 → 29×3 = 87건
2. 중상 또는 사망 → 1×3 = 3건
3. 무상해사고 → 300×3 = 900건

 필기에 자주 출제되는 내용입니다.

---

02 OJT(On the Job Training)의 특징이 아닌 것은?

① 훈련에 필요한 업무의 계속성이 끊어지지 않는다.
② 교육효과가 업무에 신속히 반영된다.
③ 다수의 근로자들을 대상으로 동시에 조직적 훈련이 가능하다.
④ 개개인에게 적절한 지도훈련이 가능하다.

OJT의 특징	• 개개인에게 적절한 훈련이 가능하다. • 직장의 실정에 맞는 훈련이 가능하다. • 교육효과가 즉시 업무에 연결된다. • 훈련에 대한 업무의 계속성이 끊어지지 않는다. • 상호 신뢰 이해도가 높다.
OFF JT의 특징	• 다수의 근로자들에게 훈련을 할 수 있다. • 훈련에만 전념하게 된다. • 특별설비기구 이용이 가능하다. • 많은 지식이나 경험을 교류할 수 있다. • 교육 훈련 목표에 대하여 집단적 노력이 흐트러질 수 있다.

 필기에 자주 출제되는 내용입니다.

---

03 재해사례연구에 관한 설명으로 틀린 것은?

① 재해사례연구는 주관적이며 정확성이 있어야 한다.
② 문제점과 재해 요인의 분석은 과학적이고, 신뢰성이 있어야 한다.
③ 재해사례를 과제로 하여 그 사고와 배경을 체계적으로 파악한다.
④ 재해 요인을 규명하여 분석하고 그에 대한 대책을 세운다.

① 재해사례연구는 객관적이어야 한다.

정답　01 ③　02 ③　03 ①

04 산업안전보건법상 안전·보건 표지에서 기본모형의 색상이 빨강이 아닌 것은?

① 산화성물질 경고
② 화기금지
③ 탑승금지
④ 고온 경고

④ 고온 경고 → 바탕은 노란색, 기본모형, 관련 부호 및 그림은 검은색

참고

분류	종류	색채
금지표지	1. 출입금지 2. 보행금지 3. 차량통행금지 4. 사용금지 5. 탑승금지 6. 금연 7. 화기금지 8. 물체이동금지	• 바탕 : 흰색 • 기본모형 : 빨간색 • 관련 부호 및 그림 : 검은색
경고표지	1. 인화성물질 경고 2. 산화성물질 경고 3. 폭발성물질 경고 4. 급성독성물질 경고 5. 부식성물질 경고 6. 발암성·변이원성·생식독성·전신독성·호흡기과민성물질 경고	• 바탕 : 무색 • 기본모형 : 빨간색 (검은색도 가능)
경고표지	7. 방사성물질 경고 8. 고압전기 경고 9. 매달린물체 경고 10. 낙하물체 경고 11. 고온 경고 12. 저온 경고 13. 몸균형상실 경고 14. 레이저광선 경고 15. 위험장소 경고	• 바탕 : 노란색 • 기본모형, 관련 부호 및 그림 : 검은색
지시표지	1. 보안경 착용 2. 방독마스크 착용 3. 방진마스크 착용 4. 보안면 착용 5. 안전모 착용 6. 귀마개 착용 7. 안전화 착용 8. 안전장갑 착용 9. 안전복착용	• 바탕 : 파란색 • 관련 그림 : 흰색
안내표지	1. 녹십자표지 2. 응급구호표지 3. 들것 4. 세안장치 5. 비상용기구 6. 비상구 7. 좌측비상구 8. 우측비상구	• 바탕 : 흰색 • 기본모형 및 관련 부호 : 녹색 • 바탕 : 녹색 • 관련 부호 및 그림 : 흰색
출입금지 표지	1. 허가대상유해물질 취급 2. 석면취급 및 해체·제거 3. 금지유해물질 취급	글자는 흰색바탕에 흑색 다음 글자는 적색 - ○○○제조/사용/보관 중 - 석면취급/해체중 - 발암물질 취급 중

실기에 자주 출제되는 내용입니다.

05 모랄 서베이(Morale Survey)의 효용이 아닌 것은?

① 조직 또는 구성원의 성과를 비교·분석한다.
② 종업원의 정화(Catharsis)작용을 촉진시킨다.
③ 경영관리를 개선하는 데에 대한 자료를 얻는다.
④ 근로자의 심리 또는 욕구를 파악하여 불만을 해소하고, 노동 의욕을 높인다.

* 모랄 서베이의 효과
① 근로자의 불만을 해소하고 노동 의욕을 높인다.
② 경영관리 개선 자료로 활용할 수 있다.
③ 종업원의 정화작용을 촉진시킨다.

참고

* 모랄 서베이[morale survey]
종업원의 근로 의욕·태도 등에 대한 측정으로 태도 조사라고도 한다.

06 주의(Attention)의 특징 중 여러 종류의 자극을 지각할 때, 소수의 특정한 것에 한하여 주의가 집중되는 것은?

① 선택성
② 방향성
③ 변동성
④ 검출성

* 인간 주의특성의 종류
① 선택성 : 사람은 한 번에 여러 종류의 자극을 지각하거나 수용하지 못하며 소수의 특정한 것으로 한정해서 선택하는 기능을 말한다.
② 방향성 : 시선에서 벗어난 부분은 무시되기 쉽다. (주시점만 응시한다.)
③ 변동성 : 주의는 리듬이 있어 일정한 수순을 지키지 못한다.
④ 단속성 : 고도의 주의는 장시간 집중이 곤란하다.
⑤ 주의력의 중복집중 곤란 : 동시에 두개이상의 방향을 잡지 못한다.

실기까지 중요한 내용입니다.

07 인간의 적응기제(適應機制)에 포함되지 않는 것은?

① 갈등(conflict)
② 억압(repression)
③ 공격(aggression)
④ 합리화(rationalization)

* 인간의 적응기제
① 도피기제(갈등을 해결하지 않고 도망감)
② 방어기제(갈등을 이겨내려는 능동성과 적극성)
③ 공격기제

도피기제		방어기제	
• 억압	• 퇴행	• 보상	• 합리화
• 백일몽	• 고립(거부)	• 승화	• 동일시
		• 투사	

정답 05 ① 06 ① 07 ①

08 산업안전보건법상 직업병 유소견자가 발생하거나 다수 발생할 우려가 있는 경우에 실시하는 건강진단은?

① 특별 건강진단 ② 일반 건강진단
③ 임시 건강진단 ④ 채용 시 건강진단

★ 건강진단의 종류
① **일반건강진단** : 상시 사용하는 근로자의 건강관리를 위하여 사업주가 주기적으로 실시하는 건강진단
② **특수건강진단**
  • "특수건강진단대상업무"에 종사하는 근로자
  • 근로자건강진단 실시 결과 직업병 유소견자로 판정받은 후 작업 전환을 하거나 작업장소를 변경하고, 직업병 유소견 판정의 원인이 된 유해인자에 대한 건강진단이 필요하다는 의사의 소견이 있는 근로자
③ **배치 전 건강진단** : 특수건강진단대상업무에 종사할 근로자에 대하여 배치예정 업무에 대한 적합성 평가를 위하여 사업주가 실시하는 건강진단
④ **수시건강진단** : 특수건강진단 대상 업무로 인하여 해당 유해인자에 의한 직업성 천식, 직업성 피부염, 그 밖에 건강장해를 의심하게 하는 증상을 보이거나 의학적 소견이 있는 근로자에 대하여 사업주가 실시하는 건강진단
⑤ **임시건강진단** : 특수건강진단 대상 유해인자 또는 그 밖의 유해인자에 의한 중독 여부, 질병에 걸렸는지 여부 또는 질병의 발생 원인 등을 확인하기 위하여 지방고용노동관서의 장의 명령에 따라 사업주가 실시하는 건강진단
  • 같은 부서에 근무하는 근로자 또는 같은 유해인자에 노출되는 근로자에게 유사한 질병의 자각 · 타각증상이 발생한 경우
  • **직업병 유소견자가 발생하거나 여러 명이 발생할 우려가 있는 경우**
  • 그 밖에 지방고용노동관서의 장이 필요하다고 판단하는 경우

09 위험예지훈련 중 TBM(Tool BoxMeeting)에 관한 설명으로 틀린 것은?

① 작업 장소에서 원형의 형태를 만들어 실시한다.
② 통상 작업 시작 전후 10분 정도 시간으로 미팅한다.
③ 토의는 다수인(30인)이 함께 수행한다.
④ 근로자 모두가 말하고 스스로 생각하고 "이렇게 하자"라고 합의한 내용이 되어야 한다.

③ 토의는 작업자 3~5인이 조를 이뤄 수행한다.

참고

★ T.B.M (Tool Box Meeting)
: 단시간 즉시 적응법
• 재해를 방지하기 위해 현장에서 그때그때의 상황에 맞게 적응하여 실시하는 활동으로 단시간 미팅 즉시 적응훈련이라 한다.
• 작업 전 또는 종료 시 5~10분간 작업자 3~5인이 조를 이뤄 작업 시 위험요소에 대하여 말하는 방식이다.

10 제조업자는 제조물의 결함으로 인하여 생명·신체 또는 재산에 손해를 입은 자에게 그 손해를 배상하여야 하는데 이를 무엇이라 하는가? (단, 당해 제조물에 대해서만 발생한 손해는 제외한다.)

① 입증 책임
② 담보 책임
③ 연대 책임
④ 제조물 책임

* **제조물 책임(PL : Product Liability)**
유통된 제조물의 결함으로 인하여 고객이 사용자 또는 제3자의 생명이나 신체 또는 당해 제조물 이외의 재산에 손해가 발생한 경우 제조업자나 판매업자의 제조물 결함에 관한 과실 유무에 관계없이 제조업자나 판매업자가 손해배상책임을 부담하는 것을 말한다.

11 하버드 학파의 5단계 교수법에 해당되지 않는 것은?

① 교시(Presentation)
② 연합(Association)
③ 추론(Reasoning)
④ 총괄(Generalization)

* **하버드학파의 교수법**

1단계	준비시킨다.
2단계	교시시킨다.
3단계	연합한다.
4단계	총괄한다.
5단계	응용시킨다.

📝 실기까지 중요한 내용입니다.

12 객관적인 위험을 자기 나름대로 판정해서 의지결정을 하고 행동에 옮기는 인간의 심리 특성은?

① 세이프 테이킹(safe taking)
② 액션 테이킹(action taking)
③ 리스크 테이킹(risk taking)
④ 휴먼 테이킹(human taking)

객관적인 위험을 자기 나름대로 판정해서 행동에 옮김
→ 리스크 테이킹(risk taking)

13 재해 예방의 4원칙에 해당하지 않는 것은?

① 예방 가능의 원칙
② 손실 우연의 원칙
③ 원인 계기의 원칙
④ 선취 해결의 원칙

* **산업재해 예방의 4원칙**
① 예방 가능의 원칙 : 재해는 원칙적으로 원인만 제거되면 예방이 가능하다.
② 손실 우연의 원칙 : 사고의 결과 생기는 상해의 종류와 정도는 사고 발생시 사고대상의 조건에 따라 우연히 발생한다.
③ 대책 선정의 원칙 : 사고의 원인에 대한 적합한 대책이 선정되어야 한다.
④ 원인 연계의 원칙 : 재해는 직접원인과 간접원인이 연계되어 일어난다.

📝 실기에 자주 출제되는 내용입니다.

정답 10 ④ 11 ③ 12 ③ 13 ④

14 방독마스크의 정화통 색상으로 틀린 것은?

① 유기화합물용 - 갈색
② 할로겐용 - 회색
③ 황화수소용 - 회색
④ 암모니아용 - 노란색

* 정화통 외부 측면의 표시색

종류	표시색
유기화합물용 정화통	갈색
할로겐용 정화통	회색
황화수소용 정화통	
시안화수소용 정화통	
아황산용 정화통	노란색
암모니아용 정화통	녹색
복합용 및 겸용의 정화통	• 복합용의 경우 해당가스 모두 표시(2층 분리) • 겸용의 경우 백색과 해당가스 모두 표시 (2층 분리)

📌 실기에 자주 출제되는 중요한 내용입니다.

15 다음 중 스트레스(Stress)에 관한 설명으로 가장 적절한 것은?

① 스트레스는 나쁜 일에서만 발생한다.
② 스트레스는 부정적인 측면만 가지고 있다.
③ 스트레스는 직무 몰입과 생산성 감소의 직접적인 원인이 된다.
④ 스트레스 상황에 직면하는 기회가 많을수록 스트레스 발생 가능성은 낮아진다.

① 스트레스는 나쁜 일과 좋은 일 모두에서 발생한다.
② 스트레스는 긍정적인 측면과 부정적인 측면을 가지고 있다.
④ 스트레스 상황에 직면하는 기회가 많을수록 스트레스 발생 가능성은 높아진다.

16 누전차단장치 등과 같은 안전장치를 정해진 순서에 따라 작동시키고 동작 상황의 양부를 확인하는 점검은?

① 외관 점검　② 작동 점검
③ 기술 점검　④ 종합 점검

정해진 순서에 따라 작동시키고 동작 상황의 양부를 확인 → 작동 점검

17 재해 발생 형태별 분류 중 물건이 주체가 되어 사람이 상해를 입는 경우에 해당되는 것은?

① 추락
② 전도
③ 충돌
④ 낙하 · 비래

물건이 주체가 되어 사람이 상해를 입음
→ 맞음(낙하 · 비래)

정답　14 ④　15 ③　16 ②　17 ④

참고

떨어짐 (추락)	• 높이가 있는 곳에서 사람이 떨어짐 • 사람이 인력(중력)에 의하여 건축물, 구조물, 가설물, 수목, 사다리 등의 높은 장소에서 떨어지는 것
깔림·뒤집힘 (전복)	• 물체의 쓰러짐이나 뒤집힘 • 기대어져 있거나 세워져 있는 물체 등이 쓰러져 깔린 경우 및 지게차 등의 건설기계 등이 운행 또는 작업 중 뒤집어진 경우
넘어짐 (전도)	• 사람이 미끄러지거나 넘어짐 • 사람이 거의 평면 또는 경사면, 층계 등에서 구르거나 넘어지는 경우
부딪힘·접촉 (충돌·접촉)	• 물체에 부딪힘, 접촉 • 재해자 자신의 움직임·동작으로 인하여 기인물에 접촉 또는 부딪히거나, 물체가 고정부에서 이탈하지 않은 상태로 움직임(규칙, 불규칙) 등에 의하여 접촉한 경우

📝 실기까지 중요한 내용입니다.

18 산업안전보건법령상 특별안전·보건 교육의 대상 작업에 해당하지 않는 것은?

① 석면 해체·제거 작업
② 밀폐된 장소에서 하는 용접 작업
③ 화학설비 취급품의 검수·확인 작업
④ 2m 이상의 콘크리트 인공구조물의 해체 작업

③ "화학설비 중 반응기, 교반기·추출기의 사용 및 세척 작업", "화학설비의 탱크 내 작업"이 특별안전·보건 교육의 대상 작업이다.

19 안전을 위한 동기부여로 틀린 것은?

① 기능을 숙달시킨다.
② 경쟁과 협동을 유도한다.
③ 상벌 제도를 합리적으로 시행한다.
④ 안전 목표를 명확히 설정하여 주지시킨다.

★ 동기유발(motivation) 방법
① 결과를 미리 알려준다.
② 안전의 근본이념을 인식시킨다.
③ 상벌제도를 효과적으로 활용한다.
④ 동기유발의 최적 수준을 유지한다.
⑤ 경쟁과 협동을 유도한다.
⑥ 안전 목표를 명확히 설정한다.

20 안전교육의 3단계에서 생활지도, 작업동작지도 등을 통한 안전의 습관화를 위한 교육은?

① 지식 교육   ② 기능 교육
③ 태도 교육   ④ 인성 교육

생활지도, 작업동작지도 등을 통한 안전의 습관화 → 태도교육

정답 18 ③ 19 ① 20 ③

2과목 인간공학 및 시스템안전공학

21 인간 – 기계시스템에 대한 평가에서 평가척도나 기준(criteria)으로서 관심의 대상이 되는 변수는?

① 독립변수　② 종속변수
③ 확률변수　④ 통제변수

인간 – 기계시스템 → 종속변수

22 화학설비의 안전성 평가 과정에서 제3단계인 정량적 평가 항목에 해당되는 것은?

① 목록
② 공정계통도
③ 화학설비 용량
④ 건조물의 도면

정량적 평가항목	정성적 평가항목
• 취급물질	• 입지 조건
• 화학설비의 용량	• 공장 내의 배치
• 온도	• 소방설비
• 압력	• 공정 기기
• 조작	• 수송 · 저장
	• 원재료
	• 중간제
	• 제품
	• 건조물(건물)
	• 공정

📝 필기에 자주 출제되는 내용입니다.

23 다음 FTA 그림에서 a, b, c의 부품고장률이 각각 0.01일 때, 최소 컷셋(minimal cut sets)과 신뢰도로 옳은것은?

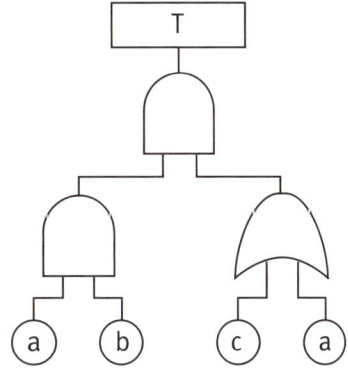

① {a, b}, R(t) = 99.99%
② {a, b, c}, R(t) = 98.99%
③ {a, c}, R(t) = 96.99%
　 {a, b}
④ {a, c}, R(t) = 97.99%
　 {a, b, c}

1. 중복사상 a가 존재하므로 미니멀 컷의 신뢰도가 시스템의 신뢰도가 된다.
2. 미니멀 컷
$$T = (a, b)\begin{pmatrix} c \\ a \end{pmatrix}$$
$$= (a, b, c)(a, b)$$
∴ 미니멀 컷 : (a, b)
3. 시스템의 고장률(미니멀 컷의 고장률)
= a × b = 0.01 × 0.01 = 0.0001
4. 시스템의 신뢰도(미니멀 컷의 신뢰도)
= 1 − 0.0001 = 0.9999 × 100 = 99.99(%)

📝 필기에 자주 출제되는 내용입니다.

정답　21 ②　22 ③　23 ①

24 FT도에 사용되는 기호 중 입력신호가 생긴 후, 일정 시간이 지속된 후에 출력이 생기는 것을 나타내는 것은?

① OR 게이트
② 위험 지속 기호
③ 억제 게이트
④ 배타적 OR 게이트

> 입력신호가 생긴 후, 일정 시간이 지속된 후에 출력이 생기는 것 → 위험 지속 기호

참고

기호	명명	기호설명
	OR 게이트	한 개 이상의 입력사상이 발생하면 출력사상이 발생하는 논리게이트
	억제 게이트	입력사상이 출력사상을 생성하기 전 특정조건을 만족하여 하는 논리게이트
	위험지속 AND 게이트	입력이 생기고 일정시간이 지속될 때 출력이 생긴다.
	배타적 OR 게이트	입력사상 중 오직 한 개의 발생으로만 출력이 생김

📝 필기에 자주 출제되는 내용입니다.

25 자동차나 항공기의 앞 유리 혹은 차양판 등에 정보를 중첩 투사하는 표시장치는?

① CRT   ② LCD
③ HUD   ④ LED

> ＊ HUD
> • 자동차나 항공기의 앞 유리 혹은 차양판 등에 정보를 중첩 투사하는 표시장치
> • 도형과 숫자, 글자로 조종사에게 현재의 속도, 고도, 방향 등과 같은 다양한 정보들을 알려준다.

26 암호체계 사용상의 일반적인 지침에 해당하지 않는 것은?

① 암호의 검출성
② 부호의 양립성
③ 암호의 표준화
④ 암호의 단일 차원화

> ＊ 암호체계의 일반적 사항
> ① 암호의 **검출성** : 암호화한 자극은 **검출이 가능**할 것
> ② 암호의 **변별성** : **다른 암호 표시와 구별**될 수 있을 것
> ③ 부호의 **양립성** : 자극-반응의 관계가 **인간의 기대와 모순되지 않는 성질**
> ④ 부호의 **의미** : 암호를 사용할 때는 그 사용자가 그 뜻을 분명히 알 수 있어야 한다.
> ⑤ 암호의 **표준화** : 암호를 표준화하여 다른 상황으로 변화하더라도 쉽게 이용할 수 있어야 한다.
> ⑥ 다차원 암호의 사용 : 2가지 이상의 암호를 조합해서 사용하면 정보 전달이 촉진된다.

📝 필기에 자주 출제되는 내용입니다.

정답 24 ② 25 ③ 26 ④

27 일반적인 수공구의 설계원칙으로 볼 수 없는 것은?

① 손목을 곧게 유지한다.
② 반복적인 손가락 동작은 피한다.
③ 사용이 용이한 검지만 주로 사용한다.
④ 손잡이는 접촉 면적을 가능하면 크게 한다.

> ＊ 수공구의 설계원칙
> ① 손목을 곧게 유지한다.
> ② 손바닥에 가해지는 압력을 줄인다.
> ③ 손가락의 반복 사용을 피한다.
> ④ 손잡이는 손바닥과의 접촉 면적이 크게 설계한다.
> ⑤ 공구의 무게를 줄이고 사용 시 균형이 유지되도록 한다.
> ⑥ 손잡이 단면은 원형 또는 타원형으로 한다.
> ⑦ 동력공구의 손잡이는 두 손가락 이상으로 작동하도록 한다.

28 광원으로부터의 직사 휘광을 줄이기 위한 방법으로 적절하지 않은 것은?

① 휘광원 주위를 어둡게 한다.
② 가리개, 갓, 차양 등을 사용한다.
③ 광원을 시선에서 멀리 위치시킨다.
④ 광원의 수는 늘리고 휘도는 줄인다.

> ① 휘광원 주위를 밝게 한다.

📌 필기에 자주 출제되는 내용입니다.

29 신뢰성과 보전성을 효과적으로 개선하기 위해 작성하는 보전기록 자료로서 가장 거리가 먼 것은?

① 자재관리표
② MTBF 분석표
③ 설비 이력카드
④ 고장원인 대책표

> ＊ 보전기록 자료
> ① MTBF 분석표
> ② 설비 이력카드
> ③ 고장원인 대책표

30 통제표시비(control/display ratio)를 설계할 때 고려하는 요소에 관한 설명으로 틀린 것은?

① 통제표시비가 낮다는 것은 민감한 장치라는 것을 의미한다.
② 목시거리(目示距離)가 길면 길수록 조절의 정확도는 떨어진다.
③ 짧은 주행 시간 내에 공차의 인정 범위를 초과하지 않는 계기를 마련한다.
④ 계기의 조절 시간이 짧게 소요되도록 계기의 크기(size)는 항상 작게 설계한다.

> ④ 계기의 크기(size)는 적합한 크기로 설계하여야 한다.

📌 필기에 자주 출제되는 내용입니다.

정답 27 ③ 28 ① 29 ① 30 ④

31 다음 중 연마작업장의 가장 소극적인 소음 대책은?

① 음향 처리제를 사용할 것
② 방음 보호용구를 착용할 것
③ 덮개를 씌우거나 창문을 닫을 것
④ 소음원으로부터 적절하게 배치할 것

가장 소극적인 소음 대책 → 보호구 착용

32 다음의 설명에서 ( ) 안의 내용을 맞게 나열한 것은?

> 40phon은 (㉠)sone을 나타내며, 이는 (㉡)dB의 (㉢)Hz 순음의 크기를 나타낸다.

① ㉠ 1, ㉡ 40, ㉢ 1000
② ㉠ 1, ㉡ 32, ㉢ 1000
③ ㉠ 2, ㉡ 40, ㉢ 2000
④ ㉠ 2, ㉡ 32, ㉢ 2000

1. 1phone : 1000Hz, 1dB 음의 크기
2. 1sone : 1000Hz, 40dB 음의 크기
3. $S(sone) = 2^{\frac{(p-40)}{10}}$ (단, P = phone)

즉, 40phon = 1sone

📝 필기에 자주 출제되는 내용입니다.

33 위험 조정을 위해 필요한 기술은 조직 형태에 따라 다양하며 4가지로 분류하였을 때 이에 속하지 않는 것은?

① 전가(transfer)
② 보류(retention)
③ 계속(continuation)
④ 감축(reduction)

✻ 위험처리기술
① 위험의 제거(위험 감축) : 위험 요소를 적극적으로 예방하고 경감하려는 것을 말한다.
② 위험의 회피 : 위험한 작업 자체를 하지 않거나 작업 방법을 개선하는 것을 말한다.
③ 위험의 보유(위험 보류) : 위험의 일부 또는 전부를 스스로 인수하는 것을 말한다.
④ 위험의 전가 : 위험을 보험, 보증, 공제기금제도 등으로 분산시키는 것을 말한다.

📝 필기에 자주 출제되는 내용입니다.

34 체내에서 유기물을 합성하거나 분해하는 데는 반드시 에너지의 전환이 뒤따른다. 이것을 무엇이라 하는가?

① 에너지 변환
② 에너지 합성
③ 에너지 대사
④ 에너지 소비

체내에서 유기물을 합성하거나 분해하는 에너지 전환 과정 → 에너지 대사

정답 31 ② 32 ① 33 ③ 34 ③

35 전통적인 인간-기계(Man-Machine)체계의 대표적 유형과 거리가 먼 것은?

① 수동체계
② 기계화체계
③ 자동체계
④ 인공지능체계

＊ 인간-기계(Man-Machine) 체계의 유형

1. **수동시스템**
   - 사용자가 손공구나 기타 보조물 등을 사용하여 자기의 신체적 힘을 동력원으로 하여 작업을 수행하는 시스템이다.
2. **기계시스템(반자동 시스템)**
   - 여러 종류의 동력 공작 기계와 같이 고도로 통합된 부품들로 구성되어 있다.
   - 인간의 역할은 제어 기능을 담당하고, 힘에 대한 공급은 기계가 담당한다.
3. **자동 시스템**
   - 기계가 감지, 정보 처리 및 의사 결정, 행동 기능 및 정보 보관 등 모든 임무를 미리 설계된 대로 수행하게 된다.
   - 인간은 감시, 감독, 보전 등의 역할을 담당하게 된다.

 필기에 자주 출제되는 내용입니다.

36 다음 그림 중 형상 암호화된 조종 장치에서 단회전용 조종 장치로 가장 적절한 것은?

① 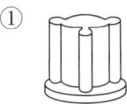   ②

③    ④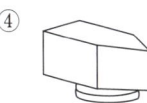

① 단회전용 조종장치
②, ③ 다회전용 조종장치
④ 이산멈춤용 조종장치

> **참고**
> 1. 양의 조절에 의한 통제 : 연속 조종장치(노브, 크랭크, 핸들, 레버, 페달 등)
> 2. 개폐에 의한 통제 : 단속 조종장치(푸시 버튼, 토글스위치, 로터리스위치 등)

37 작업장에서 구성요소를 배치하는 인간공학적 원칙과 가장 거리가 먼 것은?

① 중요도의 원칙
② 선입선출의 원칙
③ 기능성의 원칙
④ 사용빈도의 원칙

※ 부품배치의 원칙
1. **중요성의 원칙** : 부품을 작동하는 성능이 체계의 목표 달성에 중요한 정도에 따라 우선순위를 결정한다.
2. **사용빈도의 원칙** : 부품을 사용하는 빈도에 따라 우선순위를 결정한다.
3. **기능별 배치의 원칙** : 기능적으로 관련된 부품들(표시장치, 조정장치 등)을 모아서 배치한다.
4. **사용 순서의 원칙** : 사용 순서에 따라 장치들을 가까이에 배치한다.

📝 필기에 자주 출제되는 내용입니다.

38 동전던지기에서 앞면이 나올 확률 P(앞)=0.6이고, 뒷면이 나올 확률 P(뒤)=0.4일 때, 앞면과 뒷면이 나올 사건의 정보량을 각각 맞게 나타낸 것은?

① 앞면 : 0.10bit, 뒷면 : 1.00bit
② 앞면 : 0.74bit, 뒷면 : 1.32bit
③ 앞면 : 1.32bit, 뒷면 : 0.74bit
④ 앞면 : 2.00bit, 뒷면 : 1.00bit

정보량(H) = $\log_2(\frac{1}{P})$
여기서, P : 각 대안의 실현 확률

1. 앞면이 나올 확률이 0.6이므로
   앞면의 정보량 = $\log_2(\frac{1}{0.6})$ = 0.74(bit)
2. 뒷면이 나올 확률이 0.4이므로
   뒷면의 정보량 = $\log_2(\frac{1}{0.4})$ = 1.32(bit)

39 어떤 결함수의 쌍대결함수를 구하고, 컷셋을 찾아내어 결함(사고)을 예방할 수 있는 최소의 조합을 의미하는 것은?

① 최대 컷셋
② 최소 컷셋
③ 최대 패스셋
④ 최소 패스셋

결함(사고)을 예방할 수 있는 최소의 조합→ 최소 패스셋

참고

1. **컷셋(Cut Set)**
   - 정상사상을 발생시키는 기본사상의 집합
   - 모든 기본사상이 일어났을 때 정상사상을 일으키는 기본사상들의 집합이다.

2. **미니멀 컷(Minimal Cut Set)**
   - 정상사상을 일으키기 위한 기본사상의 최소집합(최소한의 컷)
   - 시스템의 위험성을 나타낸다.

3. **패스셋(Path Set)**
   - 시스템의 고장을 일으키지 않는 기본사상들의 집합
   - 포함된 기본사상이 일어나지 않을 때 처음으로 정상사상이 일어나지 않는 기본 사상들의 집합이다.

4. **미니멀 패스(Minimal Path Set)**
   - 시스템의 기능을 살리는 최소한의 집합(최소한의 패스)
   - 시스템의 신뢰성 나타낸다.

📝 필기에 자주 출제되는 내용입니다.

정답 38 ② 39 ④

40 인간-기계 시스템에서의 신뢰도 유지 방안으로 가장 거리가 먼 것은?

① lock system
② fail-safe system
③ fool-proof system
④ risk assessment system

> * 인간-기계 시스템에서의 신뢰도 유지 방안
> ① lock system
> ② fail-safe system
> ③ fool-proof system

3과목 건설시공학

41 경량골재콘크리트 공사에 관한 사항으로 옳지 않은 것은?

① 슬럼프 값은 180mm 이하로 한다.
② 경량골재는 배합 전 완전히 건조시켜야 한다.
③ 경량골재 콘크리트는 공기연행 콘크리트로 하는 것을 원칙으로 한다.
④ 물 - 결합재비의 최대값은 60%로 한다.

② 양질의 경량골재 콘크리트 제조를 위해서는 시공 및 내구성 조건을 고려하여 **경량골재의 적정한 함수율을 정하여 물을 충분히 흡수시키는 프리웨팅 처리를** 하거나, 경량골재를 건건 또는 함수 상태로 사용 시에는 이러한 특성을 충분히 고려하여야 한다.

 참고

슬럼프는 일반적인 경우 80mm에서 210mm를 표준으로 한다.

42 벽과 바닥의 콘크리트 타설을 한 번에 가능하도록 벽체용 거푸집과 슬래브 거푸집을 일체로 제작하여 한 번에 설치하고 해체할 수 있도록 한 시스템거푸집은?

① 갱폼   ② 클라이밍폼
③ 슬립폼   ④ 터널폼

① 갱 폼(Gang Form) : 외부벽체 거푸집과 작업발판용 케이지(Cage)를 일체로 제작하여 사용하는 대형 거푸집을 말한다.(대형화 패널 자체에 버팀대와 작업대를 부착하여 유니트화 한다.)
② 클라이밍 폼(Climbing form) : 벽체용 거푸집으로 거푸집(갱폼)에 비계 틀을 일체로 조립. 제작한 거푸집을 말한다.
③ 슬립폼(Slip Form) : 활동식 거푸집(Sliding Form)의 일종으로 콘크리트 타설 후 거푸집을 상방향으로 이동시키면서 연속적으로 콘크리트를 타설하여 구조물을 완성시키는 공법이다.(돌출물이 있는 건축물에 적용할 수 있다.)
④ 터널 폼(Tunnel Form) : 한 구획 전체의 벽판과 바닥판을 ㄱ자형 또는 ㄷ자형으로 짜서 이동시키는 형태의 기성재 거푸집이다.(벽체, 슬라브(바닥) 거푸집을 일체로 제작하여 한 번에 설치, 해체할 수 있는 거푸집)

필기에 자주 출제되는 내용입니다.

정답 40 ④ 41 ② 42 ④

43 기존건물에 근접하여 구조물을 구축할 때 기존건물의 균열 및 파괴를 방지할 목적으로 지하에 실시하는 보강공법은?

① BH(Boring Hole)
② 베노토(Benoto) 공법
③ 언더피닝(Under Pinning) 공법
④ 심초공법

* **언더피닝(Under Pining)공법**
기존 건물의 파일 머리보다 깊은 건물을 건설할 때, **지하수면의 이동이 일어나거나 기존 건물 기초의 침하나 이동이 예상될 때 지하에 실시하는 보강공법**이다.

44 철골조에서 판보(plate girder)의 보강재에 해당되지 않는 것은?

① 커버 플레이트
② 윙 플레이트
③ 필러 플레이트
④ 스티프너

② 윙 플레이트 : 철골부 주각부(기둥의 최하부)에 부착하는 보강재이다.

45 다음 중 가장 깊은 기초지정은?

① 우물통식 지정
② 긴 주춧돌 지정
③ 잡석 지정
④ 자갈 지정

* **지정의 종류**
① 보통지정 : 잡석지정, 모래지정, 자갈지정, 밑창 콘크리트
② 말뚝지정 : 나무 말뚝, 기성콘크리트 말뚝, 제자리 콘크리트 말뚝
③ 깊은 기초지정 : 우물통식 지정, 잠함기초 지정

46 시공계획 시 우선 고려하지 않아도 되는 것은?

① 상세 공정표의 작성
② 노무, 기계, 재료 등의 조달, 사용 계획에 따르는 수송계획 수립
③ 현장관리 조직과 인사계획 수립
④ 시공도의 작성

시공도(현치도)는 1:1 비율로 실제 크기로 그린 도면을 말하며, 공사 진행 전에 시공도면 및 현치도를 작성하여 감독원의 승인을 득한 후 공사를 시행한다.

> 참고
>
> **시공계획서에는 공사시방서의 작성기준과 함께 다음 각 호의 내용이 포함되어야 한다.**
> ① 현장 조직표
> ② 공사 세부공정표
> ③ 주요공정의 시공절차 및 방법
> ④ 시공일정
> ⑤ 주요장비 동원계획
> ⑥ 주요자재 및 인력투입계획
> ⑦ 주요 설비사양 및 반입계획
> ⑧ 품질관리대책
> ⑨ 안전대책 및 환경대책 등
> ⑩ 지장물 처리계획과 교통처리 대책

정답 43 ③ 44 ② 45 ① 46 ④

47 다음과 같은 조건에서 콘크리트의 압축강도를 시험하지 않을 경우 거푸집널의 해체 시기로 옳은 것은? (단, 기초, 보, 기둥 및 벽의 측면)

- 조강포틀랜드시멘트 사용
- 평균기온 20℃ 이상

① 2일   ② 3일
③ 4일   ④ 6일

* 콘크리트의 압축강도를 시험하지 않을 경우 거푸집널의 해체 시기(기초, 보, 기둥 및 벽의 측면)

시멘트의 종류 평균기온	조강 포틀랜드 시멘트	보통 포틀랜드 시멘트 고로 슬래그 시멘트(특급) 포틀랜드 포졸란 시멘트(A종) 플라이애쉬 시멘트(A종)	고로 슬래그 시멘트(1급) 포틀랜드 포졸란 시멘트(B종) 플라이애쉬 시멘트(B종)
20℃ 이상	2일	4일	5일
20℃ 미만 10℃ 이상	3일	6일	8일

📝 필기에 자주 출제되는 내용입니다.

48 철골공사와 직접적으로 관련된 용어가 아닌 것은?

① 토크렌치
② 너트 회전법
③ 적산온도
④ 스터드 볼트

콘크리트의 양생기간동안 온도의 누적 값을 적산온도(Maturity)라 한다.

49 공사에 필요한 특기 시방서에 기재하지 않아도 되는 사항은?

① 인도 시 검사 및 인도시기
② 각 부위별 시공방법
③ 각 부위별 사용재료
④ 사용재료의 품질

1. 특기 시방서 : 당해 공사의 특수한 조건에 따라 표준 시방서에 대하여 추가, 변경, 삭제를 규정한 시방서를 말한다.

2. 특기 시방서 기재 사항
① 각 부위별 시공방법
② 각 부위별 사용재료
③ 사용재료의 품질

정답 47 ① 48 ③ 49 ①

50 지반조사 방법 중 보링에 관한 설명으로 옳지 않은 것은?

① 보링은 지질이나 지층의 상태를 깊은 곳까지도 정확하게 확인할 수 있다.
② 회전식보링은 불교란시료 채취, 암석 채취 등에 많이 쓰인다.
③ 충격식 보링은 토사를 분쇄하지 않고 연속적으로 채취할 수 있으므로 가장 정확한 방법이다.
④ 수세식 보링은 30m까지의 연질층에 주로 쓰인다.

회전식 보링 (rotary boring)	• 천공날을 회전시켜 천공하는 공법으로 가장 많이 사용되는 방법이다. • 불교란 시료 채취, 암석 채취 등에 많이 쓰인다. • 지질의 상태를 가장 정확히 파악할 수 있다.
수세식 보링 (wash boring)	• 보링 내 선단에서 물을 뿜어내어 나온 진흙물을 침전시켜 토질을 분석하는 방법이다. • 깊은 지층조사가 가능하다.(30m까지의 연질 층에 주로 쓰인다.)
충격식 보링 (percussion boring)	• 낙하, 충격에 의해 파쇄되는 토사나 암석을 이용하여 분석하는 방법이다.
오거 보링 (auger boring)	• 송곳(auger)을 이용해 깊이 10[m] 이내의 시추에 사용되며 얕은 점토층의 분석에 사용된다.

51 철근의 이음을 검사할 때 가스압접이음의 검사항목이 아닌 것은?

① 이음위치   ② 이음길이
③ 외관검사   ④ 인장시험

★ 가스압접 이음의 검사항목
① 외관검사(육안검사) : 철근 중심축의 편심량, 압접부의 돌출형태, 치수, 압접부의 비틀림, 기타 유해하다고 인정되는 결함의 유무
② 초음파 탐상검사
③ 인장시험
④ 이음위치

52 전체공사의 진척이 원활하며 공사의 시공 및 책임한계가 명확하여 공사관리가 쉽고 하도급의 선택이 용이한 도급제도는?

① 공정별분할도급
② 일식도급
③ 단가도급
④ 공구별분할도급

★ 일식도급
① 공사의 전부를 한 도급자에게 맡기는 방식을 말한다.
② 전체공사의 진척이 원활하며 공사의 시공 및 책임한계가 명확하여 공사관리가 쉽고 하도급의 선택이 용이하다.

정답 50 ③ 51 ② 52 ②

> **참고**
>
> **＊ 분할도급**
>
> 공사를 유형별로 분류하여 각기 다른 전문 도급자를 선정하고 도급계약을 맺는 방식이다.
>
> | 전문공사별 분할도급 | 설비 공사를 주체 공사에서 분리하여 전문업자와 직접 계약하는 방식 |
> |---|---|
> | 공정별 분할도급 | 정지, 기초, 구체, 마무리 공사 등의 과정별로 나누어 도급을 주는 방식 |
> | 공구별 분할도급 | 대규모 공사에서 한 현장 안에서 여러 지역별로 공사를 구분하여 발주하는 방식 |

 필기에 자주 출제되는 내용입니다.

53 콘크리트 타설 작업에 있어 진동 다짐을 하는 목적으로 옳은 것은?

① 콘크리트 점도를 증진시켜 준다
② 시멘트를 절약시킨다.
③ 콘크리트의 동결을 방지하고 경화를 촉진시킨다.
④ 콘크리트를 거푸집 구석구석까지 충진시킨다.

> **＊ 콘크리트 타설 시 진동기를 사용하는 목적**
>
> 콘크리트를 거푸집 구석구석까지 충진시키고 **밀실한 콘크리트를 얻기 위함**이다.(콘크리트의 밀실화 유지)

 필기에 자주 출제되는 내용입니다.

54 다음 철근 배근의 오류 중에서 구조적으로 가장 위험한 것은?

① 보늑근의 겹침
② 기둥주근의 겹침
③ 보하부 주근의 처짐
④ 기둥대근의 겹침

> 철근 배근의 오류 중에서 구조적으로 가장 위험한 것 → 보하부 주근의 처짐

55 토공사 기계에 관한 설명으로 옳지 않은 것은?

① 파워쇼벨(power shovel)은 위치한 지면보다 높은 곳의 굴착에 유리하다.
② 드래그쇼벨(drag shovel)은 대형기초굴착에서 협소한 장소의 줄기초파기, 배수관 매설공사 등에 다양하게 사용된다.
③ 클램쉘(clam shell)은 연한 지반에는 사용이 가능하나 경질층에는 부적당하다.
④ 드래그라인(drag line)은 배토판을 부착시켜 정지작업에 사용된다.

> **＊ 드래그라인(drag line)**
>
> • 기계가 서있는 위치보다 낮은 장소의 굴착에 적당하고 굳은 토질에서의 굴착은 되지 않지만 굴착 반지름이 크다.
> • 작업범위가 광범위하고 **수중굴착 및 연약한 지반의 굴착에 적합하다.**

필기에 자주 출제되는 내용입니다.

정답 53 ④ 54 ③ 55 ④

56 고력볼트 접합에서 축부가 굵게 되어 있어 볼트 구멍에 빈틈이 남지 않도록 고안된 볼트는?

① TC볼트
② PI볼트
③ 그립볼트
④ 지압형 고장력볼트

> 지압형 고장력 볼트 : 볼트 구멍에 빈틈이 남지 않도록 직경보다 작은 볼트구멍에 끼운 후 너트를 조이는 방법

57 다음 용어에 대한 정의로 옳지 않은 것은?

① 함수비 = $\dfrac{\text{물의 무게}}{\text{토립자의 무게(건조중량)}} \times 100(\%)$

② 간극비 = $\dfrac{\text{간극의 부피}}{\text{토립자의 부피}}$

③ 포화도 = $\dfrac{\text{물의 무게}}{\text{간극의 부피}} \times 100(\%)$

④ 간극률 = $\dfrac{\text{물의 무게}}{\text{전체의 부피}} \times 100(\%)$

> 간극률(%) = $\dfrac{\text{간극의 용적}}{\text{흙 전체의 용적}} \times 100$

58 철골작업에서 사용되는 철골세우기용 기계로 옳은 것은?

① 진폴(gin pole)
② 앵글 도저(angle dozer)
③ 모터 그레이더(motor grader)
④ 캐리올 스크레이퍼(carryall scraper)

> ＊철골세우기용 기계
> ① 가이 데릭(guy derrick)
> ② 스티프레그 데릭(stiff-leg derrick)
> ③ 진 폴(gin pole)
> ④ 트럭 크레인(truck crane)
> ⑤ 타워 크레인(tower crane)

> 필기에 자주 출제되는 내용입니다.

59 시공과정상 불가피하게 콘크리트를 이어치기할 때 서로 일체화 되지 않아 발생하는 시공불량 이음부를 무엇이라고 하는가?

① 컨스트럭션 조인트(construction joint)
② 콜드 조인트(cold joint)
③ 컨트롤 조인트(control joint)
④ 익스팬션 조인트(expansion joint)

> ＊콜드 조인트
> ① 휴식시간 등으로 응결하기 시작한 콘크리트에 새로운 콘크리트를 이어칠 때 일체화가 저해되어 생기는 줄눈(이음부)을 말한다.
> ② 경화 후 누수의 원인이 되고 철근의 녹 발생 등 내구성에 손상을 일으킨다.

> 필기에 자주 출제되는 내용입니다.

정답 56 ④ 57 ④ 58 ① 59 ②

60 굳지 않은 콘크리트가 거푸집에 미치는 측압에 관한 설명으로 옳지 않은 것은?

① 묽은비빔 콘크리트가 측압은 크다.
② 온도가 높을수록 측압은 크다.
③ 콘크리트의 타설 속도가 빠를수록 측압은 크다.
④ 측압은 굳지 않은 콘크리트의 높이가 높을수록 커지는 것이나 어느 일정한 높이에 이르면 측압의 증대는 없다.

② 온도, 습도가 낮을수록 측압은 크다.

📖 필기에 자주 출제되는 내용입니다.

4과목 건설재료학

61 목재와 철강재 양쪽 모두에 사용할 수 있는 도료가 아닌 것은?

① 래커에나멜
② 유성페인트
③ 에나멜페인트
④ 광명단

④ 광명단 : 철제, 철골 구조물 등의 녹막이 도료로 사용된다.

62 유리를 600℃ 이상의 연화점까지 가열하여 특수한 장치로 균등히 공기를 내뿜어 급랭시킨 것으로 강하고 또한 파괴되어도 세립상으로 되는 유리는?

① 에칭유리   ② 망입유리
③ 강화유리   ④ 복층유리

강화유리 : 판유리를 열처리한 후 유리 표면에 공기를 불어 급랭시킨 유리를 말한다.
- 유리 표면에 강한 압축응력 층을 만들어 파괴강도를 증가시킨 것이다.
- 강도는 플로트 판유리에 비해 3~5배 정도이다.
- 주로 출입문이나 계단 난간, 안전성이 요구되는 칸막이 등에 사용된다.
- 깨어질 때는 판유리 전체가 파편으로 잘게 부서진다. (깨지더라도 파편이 피부를 다치지 않게 한다.)

📖 필기에 자주 출제되는 내용입니다.

63 미장재료의 분류에서 물과 화학반응 하여 경화하는 수경성 재료가 아닌 것은?

① 순석고플라스터
② 경석고플라스터
③ 혼합석고플라스터
④ 돌로마이트플라스터

정답 60 ② 61 ④ 62 ③ 63 ④

수경성(팽창성) : 경화시간이 짧다.	1. 석고질 • 석고 플라스터 • 혼합석고 플라스터(배합석고) • 경석고 플라스터(킨즈시멘트) 2. 시멘트모르타르 3. 인조석 바름 4. 테라조 현장 바름
	특급암기법 수(수경성) 고(석고)하는 시(시멘트모르타르)인(인조석) 테라조
기경성(수축성, 알칼리성) : 경화시간이 길다.	1. 석회질 • 회반죽 • 회사벽 2. 돌로마이트플라스터 (마그네시아 석회)
	특급암기법 기(기경성) 회(석회,회반죽,회사벽) 돌(돌로마이트플라스터)

 필기에 자주 출제되는 내용입니다.

64 다음 중 천연 접착제로 볼 수 없는 것은?

① 전분
② 아교
③ 멜라민수지
④ 카세인

★ 합성수지계 접착제
① 요소수지 접착제
② 페놀수지 접착제
③ 에폭시수지 접착제
⑤ 멜라민수지 접착제
⑥ 아크릴수지 접착제
⑦ 실리콘수지 접착제

65 알루미늄과 그 합금 재료의 일반적인 성질에 관한 설명으로 옳지 않은 것은?

① 산, 알칼리에 강하다.
② 내화성이 작다.
③ 열·전기 전도성이 크다.
④ 비중이 철의 약 1/3이다.

★ 알루미늄(Al)
① 철 비중의 1/3정도의 경량이며, 전·연성이 우수하여 가공하기 쉽다.
② 열, 전기의 양도체이며 반사율이 크다.(열·전기 전도성이 크다.)
③ 내화성이 작고 열팽창이 크다.
④ 산과 알칼리에 약하다.(알칼리나 해수에 침식되기 쉽다.)
⑤ 대기 중에 방치하면 산화알루미늄 피막을 형성하여 내구적이다.
⑥ 콘크리트에 접하거나 흙 중에 매몰된 경우에 부식되기 쉽다.
⑦ 순도가 높은 알루미늄일수록 내식성이 좋고 전·연성이 커진다.

 필기에 자주 출제되는 내용입니다.

정답 64 ③   65 ①

66 잔골재를 각 상태에서 계량한 결과 그 무게가 다음과 같을 때 이 골재의 유효 흡수율은?

- 절건상태 : 2000g
- 기건상태 : 2066g
- 표면건조 내부 포화상태 : 2124g
- 습윤상태 : 2152g

① 1.32% ② 2.81%
③ 6.20% ④ 7.60%

유효흡수율(%) = $\dfrac{\text{표면건조 포화상태 질량} - \text{기건상태 질량}}{\text{절건상태 질량}} \times 100$

= $\dfrac{2124 - 2066}{2000} \times 100 = 2.90(\%)$

📝 필기에 자주 출제되는 내용입니다.

67 건축재료의 화학적 조성에 의한 분류에서 유기재료에 속하지 않는 것은?

① 목재   ② 아스팔트
③ 플라스틱   ④ 시멘트

★ 화학 조성에 따른 분류

무기재료	① 금속재료 : 철강, 알루미늄, 동, 연, 아연, 합금류 등 ② 비금속재료 : 석재, 시멘트, 벽돌, 유리, 석회, 콘크리트, 도자기류 등
유기재료	① 천연재료 : **목재, 아스팔트**, 섬유류 등 ② 합성수지 : 플라스틱제, 도료, 접착제, 실링제 등

68 유기천연섬유 또는 석면섬유를 결합한 원지에 연질의 스트레이트 아스팔트를 침투시킨 것으로 아스팔트방수 중간층 재료로 사용되는 것은?

① 아스팔트 펠트
② 아스팔트 컴파운드
③ 아스팔트 프라이머
④ 아스팔트 루핑

★ 아스팔트 펠트
- 유기천연섬유 또는 석면섬유를 결합한 원지에 연질의 스트레이트 아스팔트를 침투시킨 것이다.
- 아스팔트 방수 중간층 재료, 모르타르 바탕의 방수 및 방습재, 내·외벽의 리스 등에 사용된다.

📝 필기에 자주 출제되는 내용입니다.

69 목재 가공품 중 판재와 각재를 접착하여 만든 것으로 보, 기둥, 아치, 트러스 등의 구조 부재로 사용되는 것은?

① 파키트 패널   ② 집성목재
③ 파티클 보드   ④ 석고 보드

★ 집성목재
① 두께 1.5~3cm 의 널(제재판재 또는 소각재 등의 부재)을 접착제로 섬유평행방향으로 겹쳐 붙여서 만든 제품을 말한다.
② 임의의 단면 형상을 갖도록 제작(필요한 단면을 만들 수 있다.)할 수 있다.
③ 목재의 **강도**를 인공적으로 자유롭게 조절할 수 있다.
④ 충분히 건조된 건조재를 사용하므로 **비틀림 변형** 등이 생기지 않는다.
⑤ 보, 기둥 등의 **구조재료**로 사용할 수 있다.

정답 66 ② 67 ④ 68 ① 69 ②

70 다음 시멘트 조정화합물 중 수화속도가 느리고 수화열도 작게 해주는 성분은?

① 규산 3칼슘
② 규산 2칼슘
③ 알루민산 3칼슘
④ 알루민산 4칼슘

시멘트 조정화합물 중 수화속도가 느리고 수화열도 작게 해주는 성분 : 규산 2칼슘

71 미장공사에서 코너비드가 사용되는 곳은?

① 계단손잡이
② 기둥의 모서리
③ 거푸집 가장자리
④ 화장실 칸막이

코너비드 : 벽, 기둥 등의 모서리 부분의 미장 바름을 보호하기 위하여 사용하는 모서리쇠

72 물 - 시멘트 비 65%로 콘크리트 $1m^3$를 만드는데 필요한 물의 양으로 적당한 것은? (단, 콘크리트 $1m^3$당 시멘트 8포대이며, 1포대는 40kg임)

① $0.1m^3$ ② $0.2m^3$
③ $0.3m^3$ ④ $0.4m^3$

물시멘트(%) = $\dfrac{\text{물의 중량}}{\text{시멘트의 중량}} \times 100$

물의 중량 × 100 = 물시멘트비 × 시멘트의 중량

물의 중량 = $\dfrac{\text{물시멘트비} \times \text{시멘트의 중량}}{100}$

= $\dfrac{65 \times 8 \times 40}{100}$

= 208(kg) ÷ 1000 = $0.2(m^3)$

(1000kg ≒ $1m^3$)

73 표면에 여러 가지 직물무늬 모양이 나타나게 만든 타일로서 무늬, 형상 또는 색상이 다양하여 주로 내장타일로 쓰이는 것은?

① 폴리싱타일
② 태피스트리타일
③ 논슬립타일
④ 모자이크타일

* **태피스트리타일**
표면에 여러 가지 직물무늬 모양이 나타나게 만든 타일로서 무늬, 형상 또는 색상이 다양하여 주로 내장타일로 사용된다.

정답 70 ② 71 ② 72 ② 73 ②

74 콘크리트의 워커빌리티에 영향을 주는 인자에 관한 설명으로 옳지 않은 것은?

① 단위수량이 많을수록 콘크리트의 컨시스턴시는 커진다.
② 일반적으로 부배합의 경우는 빈배합의 경우보다 콘크리트의 플라스티시티가 증가하므로 워커빌리티가 좋다고 할 수 있다.
③ AE제나 감수제에 의해 콘크리트 중에 연행된 미세한 공기는 볼베어링 작용을 통해 콘크리트의 워커빌리티를 개선한다.
④ 둥근형상의 강자갈의 경우보다 편평하고 세장한 입형의 골재를 사용할 경우 워커빌리티가 개선된다.

> ④ 둥근 강자갈의 경우는 워커빌리티가 가장 좋고, 편평하고 세장한 입형의 골재는 분리하기 쉽고, 모진 것이나 굴곡이 큰 골재는 워커빌리티가 나빠진다.(깬 자갈이나 깬 모래를 사용하면 워커빌리티가 **나빠지므로** 잔골재율을 크게 하고, 단위수량을 크게 하면 워커빌리티가 증대된다.)

📝 필기에 자주 출제되는 내용입니다.

75 점토 제품에 관한 설명으로 옳지 않은 것은?

① 점토의 주요 구성 성분은 알루미나, 규산이다.
② 점토입자가 미세할수록 가소성이 좋으며 가소성이 너무 크면 샤모트 등을 혼합 사용한다.
③ 점토제품의 소성온도는 도기질의 경우 1230~1460℃ 정도이며, 자기질은 이보다 현저히 낮다.
④ 소성온도는 점토의 성분이나 제품에 따라 다르며, 온도측정은 제게르 콘(Seger cone)으로 한다.

항목	토기	도기	석기	자기
소성온도 (℃)	790~1,000	1,100~1,230	1,160~1,350	1,230~1,460
제품	벽돌, 기와, 토관	타일, 테라코타, 위생도기	타일, 벽돌, 토관, 테라코타	타일, 위생도기

📝 필기에 자주 출제되는 내용입니다.

76 접착제를 사용할 때의 주의사항으로 옳지 않은 것은?

① 피착제의 표면은 가능한 한 습기가 없는 건조상태로 한다.
② 용제, 희석제를 사용할 경우 과도하게 희석시키지 않도록 한다.
③ 용제성의 접착제는 도포 후 용제가 휘발한 적당한 시간에 접착시킨다.
④ 접착처리 후 일정한 시간 내에는 가능한 한 압축을 피해야 한다.

> ④ 접착처리 후 일정한 시간 내에 접착면을 압축하여야 한다.

정답 74 ④ 75 ③ 76 ④

77 목재의 역학적 성질에 관한 설명으로 옳지 않은 것은?

① 섬유 평행방향의 휨 강도와 전단강도는 거의 같다.
② 강도와 탄성은 가력방향과 섬유방향과의 관계에 따라 현저한 차이가 있다.
③ 섬유에 평행방향의 인장강도는 압축강도보다 크다.
④ 목재의 강도는 일반적으로 비중에 비례한다.

① 목재 섬유 평행방향의 휨 강도가 전단강도보다 크다.(인장강도 > 휨강도 > 압축강도 > 전단강도)

📝 필기에 자주 출제되는 내용입니다.

78 단열재의 특성과 관련된 전열의 3요소와 거리가 먼 것은?

① 전도 ② 대류
③ 복사 ④ 결로

＊전열의 3요소
① 전도
② 대류
③ 복사

79 비철금속 중 동(銅)에 관한 설명으로 옳지 않은 것은?

① 맑은 물에는 침식되나 해수에는 침식되지 않는다.
② 전·연성이 좋아 가공하기 쉬운 편이다.
③ 철강보다 내식성이 우수하다.
④ 건축재료로는 아연 또는 주석 등을 활용한 합금을 주로 사용한다.

＊동(Cu : 구리)
① 동은 건조한 공기 중에서는 산화하지 않으나, 습기가 있거나 탄산가스가 있으면 녹이 발생한다.
② 동은 맑은 물에는 침식되지 않으나 해수에는 침식된다.
③ 동은 대기 중에서 내구성이 있으나 암모니아에 침식된다.
④ 산 및 알카리에 약하다.(콘크리트에 접하는 곳에서는 부식이 빠르다.)
⑤ 전기 및 열전도율이 매우 크다.
⑥ 동은 전연성이 풍부하므로 가공하기 쉽다.
⑦ 건축용 판재, 지붕재료, 못, 급배수용 배관 등 냉난방재료로 사용된다.

📝 필기에 자주 출제되는 내용입니다.

80 화성암의 일종으로 내구성 및 강도가 크고 외관이 수려하며, 절리의 거리가 비교적 커서 대재를 얻을 수 있으나, 함유광물의 열팽창계수가 달라 내화성이 약한 석재는?

① 안산암 ② 사암
③ 화강암 ④ 응회암

정답 77 ① 78 ④ 79 ① 80 ③

* 화강암의 특징

① 내구성 및 강도가 크고 외관이 수려하여 내·외장재로 쓰인다.
② 결정체의 크고 작음에 따라 외관과 강도가 다르다.
③ 구조재, 내외장재, 도로포장재, 콘크리트용 골재 등으로 사용된다.
④ 경도가 크기 때문에 세밀한 조각 등에 적당하지 않다.
⑤ 내화도가 낮아 고열을 받는 곳에는 적당하지 않다.
⑥ 화강암의 내구연한은 75 ~ 200년 정도로서 다른 석재에 비하여 비교적 수명이 길다.

 필기에 자주 출제되는 내용입니다.

참고

지하 수위계 (Water levelmeter)	지하수위 변화를 실측하여 각종 계측자료에 이용
변형률계 (Strain-gauge)	토류 구조물의 각 부재와 인근 구조물의 각 지점 및 타설 콘크리트 등의 응력변화를 측정
지주 하중계 (Strut load-cell)	Strut의 축 하중 변화상태를 측정
간극 수압계 (Piezometer)	굴착에 따른 과잉 간극수압의 변화를 측정

5과목 건설안전기술

81 흙막이 가시설의 버팀대(Strut)의 변형을 측정하는 계측기에 해당하는 것은?

① Water - level meter
② Strain gauge
③ Piezometer
④ Load cell

버팀대(Strut)의 변형을 측정하는 계측기 → 변형률계 (Strain-gauge)

82 사다리식 통로 등을 설치하는 경우 준수해야 할 기준으로 옳지 않은 것은?

① 접이식 사다리 기둥은 사용 시 접혀지거나 펼쳐지지 않도록 철물 등을 사용하여 견고하게 조치할 것
② 발판과 벽과의 사이는 25cm 이상의 간격을 유지할 것
③ 폭은 30cm 이상으로 할 것
④ 사다리식 통로의 길이가 10m 이상인 경우에는 5m 이내마다 계단참을 설치할 것

② 발판과 벽과의 사이는 15센티미터 이상의 간격을 유지할 것

> **참고**
>
> **＊ 사다리식 통로의 구조**
>   (사다리식 통로 설치 시의 준수사항)
> ① 견고한 구조로 할 것
> ② 심한 손상·부식 등이 없는 재료를 사용할 것
> ③ 발판의 간격은 일정하게 할 것
> ④ 발판과 벽과의 사이는 15센티미터 이상의 간격을 유지할 것
> ⑤ 폭은 30센티미터 이상으로 할 것
> ⑥ 사다리가 넘어지거나 미끄러지는 것을 방지하기 위한 조치를 할 것
> ⑦ 사다리의 상단은 걸쳐놓은 지점으로부터 60센티미터 이상 올라가도록 할 것
> ⑧ 사다리식 통로의 길이가 10미터 이상인 경우에는 5미터 이내마다 계단참을 설치할 것
> ⑨ 사다리식 통로의 기울기는 75도 이하로 할 것. 다만, 고정식 사다리식 통로의 기울기는 90도 이하로 하고, 그 높이가 7미터 이상인 경우에는 다음 각 목의 구분에 따른 조치를 할 것
>   • 등받이울이 있어도 근로자 이동에 지장이 없는 경우 : 바닥으로부터 높이가 2.5미터 되는 지점부터 등받이울을 설치할 것
>   • 등받이울이 있으면 근로자가 이동이 곤란한 경우 : 한국산업표준에서 정하는 기준에 적합한 개인용 추락 방지 시스템을 설치하고 근로자로 하여금 한국산업표준에서 정하는 기준에 적합한 전신 안전대를 사용하도록 할 것
> ⑩ 접이식 사다리 기둥은 사용 시 접혀지거나 펼쳐지지 않도록 철물 등을 사용하여 견고하게 조치할 것

🔖 실기까지 중요한 내용입니다.

83 추락방호망의 달기로프를 지지점에 부착할 때 지지점의 간격이 1.5m인 경우 지지점의 강도는 최소 얼마 이상이어야 하는가?

① 200kg ② 300kg
③ 400kg ④ 500kg

$$F = 200 \times B$$
여기서, F : 외력(단위 : 킬로그램)
B : 지지점간격(단위 : m)

$$F = 200 \times 1.5 = 300(kg)$$

84 가설통로를 설치하는 경우 준수해야 할 기준으로 옳지 않은 것은?

① 경사는 45° 이하로 할 것
② 경사가 15°를 초과하는 경우에는 미끄러지지 아니하는 구조로 할 것
③ 추락할 위험이 있는 장소에는 안전난간을 설치할 것
④ 수직갱에 가설된 통로의 길이가 15m 이상인 경우에는 10m 이내마다 계단참을 설치할 것

① 경사는 30도 이하로 할 것

> **참고**
>
> **＊ 가설통로 설치 시의 준수사항**
> ① 견고한 구조로 할 것
> ② 경사는 30도 이하로 할 것(계단을 설치하거나 높이 2미터 미만의 가설통로로서 튼튼한 손잡이를 설치한 때에는 그러하지 아니하다)
> ③ 경사가 15도를 초과하는 때에는 미끄러지지 아니하는 구조로 할 것
> ④ 추락의 위험이 있는 장소에는 안전난간을 설치할 것 (작업상 부득이한 때에는 필요한 부분에 한하여 임시로 이를 해체할 수 있다)
> ⑤ 수직갱 : 길이가 15미터이상인 때에는 10미터 이내마다 계단참을 설치할 것
> ⑥ 건설공사에 사용하는 높이 8미터 이상인 비계다리 : 7미터 이내 마다 계단참을 설치할 것

정답 83 ② 84 ①

85 유해위험방지계획서를 제출해야 하는 공사의 기준으로 옳지 않은 것은?

① 최대 지간길이 30m 이상인 교량 건설등 공사
② 깊이 10m 이상인 굴착공사
③ 터널 건설등의 공사
④ 다목적댐, 발전용 댐 및 저수용량 2천만 톤 이상의 용수 전용 댐, 지방상수도 전용 댐 건설 등의 공사

특급암기법
- 지상높이 31m, 연면적 3만m², 사람 많은 시설 연면적 5,000m²
- 연면적 5,000m² 냉동·냉장창고시설
- 최대 지간길이가 50미터 이상 교량
- 터널
- 저수용량 2천만 톤 이상 댐
- 10미터 이상인 굴착

 실기에 자주 출제되는 내용입니다.

*유해위험방지계획서를 제출해야 될 건설공사
1. 다음 각 목의 어느 하나에 해당하는 건축물 또는 시설 등의 건설·개조 또는 해체공사
 가. 지상높이가 31미터 이상인 건축물 또는 인공구조물
 나. 연면적 3만제곱미터 이상인 건축물
 다. 연면적 5천제곱미터 이상인 시설로서 다음의 어느 하나에 해당하는 시설
  1) 문화 및 집회시설(전시장 및 동물원·식물원은 제외한다)
  2) 판매시설, 운수시설(고속철도의 역사 및 집배송시설은 제외한다)
  3) 종교시설
  4) 의료시설 중 종합병원
  5) 숙박시설 중 관광숙박시설
  6) 지하도상가
  7) 냉동·냉장 창고시설
2. 연면적 5천제곱미터 이상의 냉동·냉장창고시설의 설비공사 및 단열공사
3. 최대 지간길이(다리의 기둥과 기둥의 중심사이의 거리)가 50미터 이상인 교량 건설 등 공사
4. 터널 건설 등의 공사
5. 다목적댐, 발전용댐, 저수용량 2천만톤 이상의 용수 전용 댐, 지방상수도 전용 댐 건설 등의 공사
6. 깊이 10미터 이상인 굴착공사

86 굴착이 곤란한 경우 발파가 어려운 암석의 파쇄굴착 또는 암석 제거에 적합한 장비는?

① 리퍼   ② 스크레이퍼
③ 롤러   ④ 드래그라인

*리퍼(Ripper)
연암(軟岩)을 파쇄할 목적으로 트랙터 후부에 장착하는 파쇄 공구로서 아스팔트 포장도로의 노반의 파쇄 또는 토사 중에 있는 암석제거에 사용된다.

87 중량물의 취급작업 시 근로자의 위험을 방지하기 위하여 사전에 작성하여야 하는 작업계획서 내용에 해당되지 않는 것은?

① 추락위험을 예방할 수 있는 안전 대책
② 낙하위험을 예방할 수 있는 안전 대책
③ 전도위험을 예방할 수 있는 안전 대책
④ 침수위험을 예방할 수 있는 안전 대책

정답 85 ① 86 ① 87 ④

★ 중량물의 취급 작업의 작업계획서 내용
가. 추락위험을 예방할 수 있는 안전대책
나. 낙하위험을 예방할 수 있는 안전대책
다. 전도위험을 예방할 수 있는 안전대책
라. 협착위험을 예방할 수 있는 안전대책
마. 붕괴위험을 예방할 수 있는 안전대책

📝 실기까지 중요한 내용입니다.

88 콘크리트 타설용 거푸집에 작용하는 외력 중 연직방향 하중이 아닌 것은?

① 고정하중 ② 충격하중
③ 작업하중 ④ 풍하중

④ 풍하중 → 수평방향 하중

89 화물을 적재하는 경우에 준수하여야 하는 사항으로 옳지 않은 것은?

① 침하 우려가 없는 튼튼한 기반 위에 적재할 것
② 건물의 칸막이나 벽 등이 화물의 압력에 견딜 만큼의 강도를 지니지 아니한 경우에는 칸막이나 벽에 기대어 적재하지 않도록 할 것
③ 불안정할 정도로 높이 쌓아 올리지 말 것
④ 편하중이 발생하도록 쌓아 적재효율을 높일 것

④ 편하중이 발생하지 않도록(하중이 한쪽으로 치우치지 않도록) 적재할 것

📝 실기까지 중요한 내용입니다.

90 핸드 브레이커 취급 시 안전에 관한 유의 사항으로 옳지 않은 것은?

① 기본적으로 현장 정리가 잘되어 있어야 한다.
② 작업 자세는 항상 하향 45° 방향으로 유지하여야 한다.
③ 작업 전 기계에 대한 점검을 철저히 한다.
④ 호스의 교차 및 꼬임 여부를 점검하여야 한다.

② 작업자세는 하향 수직방향으로 유지하도록 하여야 한다.

91 유한사면에서 사면기울기가 비교적 완만한 점성토에서 주로 발생되는 사면파괴의 형태는?

① 저부파괴
② 사면선단파괴
③ 사면내파괴
④ 국부전단파괴

사면기울기가 완만한 점성토에서 주로 발생되는 사면 파괴의 형태 → 저부파괴

정답 88 ④ 89 ④ 90 ② 91 ①

92 산업안전보건관리비 중 안전시설비 등의 항목에서 사용 가능한 내역은?

① 외부인 출입금지, 공사장 경계표시를 위한 가설울타리
② 비계·통로·계단에 추가 설치하는 추락방지용 안전난간
③ 절토부 및 성토부 등의 토사 유실 방지를 위한 설비
④ 공사 목적물의 품질 확보 또는 건설장비 자체의 운행 감시, 공사 진척 상황 확인, 방범 등의 목적을 가진 CCTV 등 감시용 장비

> **★ 안전시설비 등**
> ① 산업재해 예방을 위한 **안전난간, 추락방호망, 안전대 부착설비**, 방호장치(기계·기구와 방호장치가 일체로 제작된 경우, 방호장치 부분의 가액에 한함) 등 안전시설의 구입·임대 및 설치 등을 위해 소요되는 비용
> ② 스마트 안전장비 구입·임대 비용. 다만, 계상된 산업안전보건관리비 총액의 10분의 2를 초과할 수 없다.
> ③ 용접 작업 등 화재 위험작업 시 사용하는 소화기의 구입·임대비용

📌 관련 법령의 변경으로 문제 일부를 수정하였습니다. 실기까지 중요한 내용입니다.

93 추락 방지용 방망을 구성하는 그물코의 모양과 크기로 옳은 것은?

① 원형 또는 사각으로서 그 크기는 10cm 이하이어야 한다.
② 원형 또는 사각으로서 그 크기는 20cm 이하이어야 한다.
③ 사각 또는 마름모로서 그 크기는 10cm 이하이어야 한다.
④ 사각 또는 마름모로서 그 크기는 20cm 이하이어야 한다.

> 사각 또는 마름모로서 그 크기는 10센티미터 이하이어야 한다.

94 지반조사의 방법 중 지반을 강관으로 천공하고 토사를 채취 후 여러 가지 시험을 시행하여 지반의 토질 분포, 흙의 층상과 구성 등을 알 수 있는 것은?

① 보링
② 표준관입시험
③ 베인테스트
④ 평판재하시험

> **★ 보링(Boring)**
> 지중에 철판을 꽂아 천공하면서 토사를 채취, 지반조사를 하는 방법

정답 92 ② 93 ③ 94 ①

95 말비계를 조립하여 사용하는 경우의 준수사항으로 옳지 않은 것은?

① 지주부재의 하단에는 미끄럼 방지 장치를 할 것
② 지주부재와 수평면과의 기울기는 85° 이하로
③ 말비계의 높이가 2m를 초과할 경우에는 작업 발판의 폭을 40cm 이상으로 할 것
④ 지주부재와 지주부재 사이를 고정시키는 보조부재를 설치할 것

*말비계 조립 시의 준수사항(말비계의 구조)
① 지주부재의 하단에는 **미끄럼 방지장치**를 하고, **양측 끝부분에 올라서서 작업하지 아니하도록 할 것**
② 지주부재와 **수평면과의 기울기를 75도 이하로 하고**, 지주부재와 지주부재 사이를 고정시키는 보조부재를 설치할 것
③ 말비계의 **높이가 2미터를 초과할 경우에는 작업발판의 폭을 40센티미터 이상으로 할 것**

실기까지 중요한 내용입니다.

96 철골작업을 중지하여야 하는 제한 기준에 해당되지 않는 것은?

① 풍속이 초당 10m 이상인 경우
② 강우량이 시간당 1mm 이상인 경우
③ 강설량이 시간당 1cm 이상인 경우
④ 소음이 65dB 이상인 경우

*철골작업을 중지해야 하는 조건
① 풍속이 초당 10미터 이상인 경우
② 강우량이 시간당 1밀리미터 이상인 경우
③ 강설량이 시간당 1센티미터 이상인 경우

실기에 자주 출제되는 내용입니다.

97 강관틀비계의 높이가 20m를 초과하는 경우 주틀 간의 간격은 최대 얼마 이하로 사용해야 하는가?

① 1.0m ② 1.5m
③ 1.8m ④ 2.0m

높이가 20미터를 초과하거나 중량물의 적재를 수반하는 작업을 할 경우에는 **주틀 간의 간격이 1.8미터 이하로 할 것**

참고

*틀비계
① 밑둥에는 밑받침철물을 사용하여야 하며 밑받침에 고저차가 있는 경우에는 조절형 밑받침철물을 사용하여 항상 수평 및 수직을 유지하도록 할 것
② 높이가 20미터를 초과하거나 중량물의 적재를 수반하는 작업을 할 경우에는 주틀 간의 간격이 1.8미터 이하로 할 것
③ 주틀간에 교차가새를 설치하고 최상층 및 5층 이내마다 수평재를 설치할 것
④ 벽이음 간격(조립간격) : 수직방향 6m, 수평방향으로 8m미터 이내마다 할 것
⑤ 길이가 띠장방향으로 4m 이하이고 높이가 10m를 초과하는 경우에는 10m 이내마다 띠장방향으로 버팀기둥을 설치할 것(강관 틀비계) 조립 시 준수사항

실기까지 중요한 내용입니다.

정답 95 ② 96 ④ 97 ③

98 철골공사에서 용접 작업을 실시함에 있어 전격 예방을 위한 안전조치 중 옳지 않은 것은?

① 전격 방지를 위해 자동전격방지기를 설치한다.
② 우천, 강설 시에는 야외작업을 중단한다.
③ 개로 전압이 낮은 교류 용접기는 사용하지 않는다.
④ 절연 홀더(Holder)를 사용한다.

③ 무부하 전압(개로 전압)이 낮은 교류아크 용접기를 사용하여야 한다.

99 타워크레인의 운전 작업을 중지하여야 하는 순간 풍속 기준으로 옳은 것은?

① 초당 10m 초과 ② 초당 12m 초과
③ 초당 15m 초과 ④ 초당 20m 초과

＊악천후 시 조치
① 순간풍속이 초당 10미터를 초과 : 타워크레인의 설치·수리·점검 또는 해체작업을 중지
② 순간풍속이 초당 15미터를 초과 : 타워크레인의 운전작업을 중지
③ 순간풍속이 초당 30미터를 초과 : 옥외에 설치되어 있는 주행 크레인 이탈방지조치
④ 순간풍속이 초당 30미터를 초과하는 바람이 불거나 중진(中震) 이상 진도의 지진이 있은 후 : 옥외 양중기 각 부위 이상 점검
⑤ 순간풍속이 초당 35미터를 초과 : 옥외 승강기 및 건설용 리프트(지하에 설치되어 있는 것은 제외)에 대하여 받침의 수를 증가시키는 등 승강기가 무너지는 것을 방지하기 위한 조치

실기에 자주 출제되는 내용입니다.

100 흙막이지보공을 설치하였을 때 정기적으로 점검하고 이상을 발견하면 즉시 보수하여야 하는 사항으로 거리가 먼 것은?

① 부재의 손상 변형, 부식, 변위 및 탈락의 유무와 상태
② 부재의 접속부, 부착부 및 교차부의 상태
③ 침하의 정도
④ 발판의 지지 상태

＊흙막이 지보공을 설치한 때 점검 사항
① 부재의 손상·변형·부식·변위 및 탈락의 유무와 상태
② 버팀대의 긴압의 정도
③ 부재의 접속부·부착부 및 교차부의 상태
④ 침하의 정도

실기까지 중요한 내용입니다.

정답 98 ③ 99 ③ 100 ④

2019년 2회 최근 기출문제

1과목 산업안전관리론

01 다음 중 무재해 운동의 기본이념 3원칙에 포함되지 않는 것은?

① 무의 원칙
② 선취의 원칙
③ 참가의 원칙
④ 라인화의 원칙

> ★ 무재해 운동의 3대 원칙
> ① 무(無)의 원칙(ZERO의 원칙) : 사업장 내의 모든 잠재위험요인을 적극적으로 사전에 발견하고 파악·해결함으로써 산업재해의 근원적인 요소들을 없앤다는 것을 의미한다.
> ② 선취의 원칙(안전제일의 원칙) : 사업장 내에서 행동하기 전에 잠재위험요인을 발견하고 파악·해결하여 재해를 예방하는 것을 의미한다.
> ③ 참가의 원칙(참여의 원칙) : 전원이 일치 협력하여 각자의 위치에서 적극적으로 문제해결을 하겠다는 것을 의미한다.

 실기까지 중요한 내용입니다.

02 산업안전보건법령상 상시 근로자수의 산출 내역에 따라, 연간 국내공사 실적액이 50억 원이고 건설업 평균임금이 250만 원이며, 노무비율은 0.06인 사업장의 상시 근로자 수는?

① 10인
② 30인
③ 33인
④ 75인

> ★ 건설업체의 산업재해 발생률
> 다음의 계산식에 따른 **사고사망만인율**로 산출하되, **소수점 셋째자리에서 반올림**한다.
> 1. 사고사망만인율(‱) = $\dfrac{\text{사고사망자 수}}{\text{상시근로자 수}} \times 10,000$
> 2. 상시 근로자 수 = $\dfrac{\text{연간 국내공사 실적액} \times \text{노무비율}}{\text{건설업 월평균임금} \times 12}$
>
> 상시 근로자 수 = $\dfrac{5,000,000,000 \times 0.06}{2,500,000 \times 12}$ = 10(인)

 실기까지 중요한 내용입니다.

03 산업안전보건 법령상 산업재해 조사표에 기록되어야 할 내용으로 옳지 않은 것은?

① 사업장 정보
② 재해정보
③ 재해 발생 개요 및 원인
④ 안전교육 계획

> ★ 산업재해 조사표에 기록되어야 할 내용
> ① 사업장 정보
> ② 재해정보
> ③ 재해 발생 개요 및 원인
> ④ 재발 방지 계획

정답 01 ④ 02 ① 03 ④

04 하인리히의 재해 발생 원인 도미노이론에서 사고의 직접원인으로 옳은 것은?

① 통제의 부족
② 관리 구조의 부적절
③ 불안전한 행동과 상태
④ 유전과 환경적 영향

1. 사고의 직접원인
   ① 인적원인(불안전한 행동)
   ② 물적원인(불안전한 상태)

2. 사고의 간접원인
   ① 기술적 원인
   ② 교육적 원인
   ③ 신체적 원인
   ④ 정신적 원인
   ⑤ 작업 관리상 원인

📝 실기까지 중요한 내용입니다.

05 매슬로(Maslow)의 욕구단계 이론 중 제2단계의 욕구에 해당하는 것은?

① 사회적 욕구
② 안전에 대한 욕구
③ 자아실현의 욕구
④ 존경과 긍지에 대한 욕구

★ 매슬로(Maslow A. H.)의 욕구단계 이론(인간의 욕구 5단계)
① 제1단계(생리적 욕구) : 기아, 갈증, 호흡, 배설, 성욕 등 인간의 가장 기본적인 욕구
② 제2단계(안전 욕구) : 자기 보존 욕구
③ 제3단계(사회적 욕구) : 소속감과 애정 욕구
④ 제4단계(존경 욕구) : 인정받으려는 욕구
⑤ 제5단계(자아실현의 욕구) : 잠재적인 능력을 실현하고자 하는 욕구(성취 욕구)

📝 실기까지 중요한 내용입니다.

06 산업안전보건법령상 안전모의 종류(기호) 중 사용 구분에서 "물체의 낙하 또는 비래 및 추락에 의한 위험을 방지 또는 경감하고, 머리부위 감전에 의한 위험을 방지하기 위한 것"으로 옳은 것은?

① A
② AB
③ AE
④ ABE

★ 안전인증 안전모의 종류(추락, 감전방지용)

종류(기호)	사용구분	비고
AB	물체의 낙하 또는 비래 및 추락에 의한 위험을 방지 또는 경감시키기 위한 것	
AE	물체의 낙하 또는 비래에 의한 위험을 방지 또는 경감하고, 머리 부위 감전에 의한 위험을 방지하기 위한 것	내전압성

정답 04 ③ 05 ② 06 ④

종류 (기호)	사용구분	비고
ABE	물체의 낙하 또는 비래 및 추락에 의한 위험을 방지 또는 경감하고, 머리 부위 감전에 의한 위험을 방지하기 위한 것	내전압성

내전압성이란 7,000V 이하의 전압에 견디는 것을 말한다.

📝 실기에 자주 출제되는 내용입니다.

07 다음 중 산업심리의 5대 요소에 해당하지 않는 것은?

① 적성
② 감정
③ 기질
④ 동기

★ 산업안전심리 5요소
① 동기(motive) : 능동적인 감각에 의한 자극에서 일어나는 사고의 결과로서 **사람의 마음을 움직이는 원동력**이다.
② 기질(temper) : 인간의 성격, 능력 등 개인적인 특성을 말한다.
③ 감정(emotion) : **희노애락 등의 의식을 말한다.** 사람의 감정은 안전과 밀접한 관계를 가지고 사고를 일으키는 정신적 동기를 만든다.
④ 습성(habits) : 동기, 기질, 감정 등이 밀접한 연관관계를 형성하여 **인간의 행동에 영향을 미칠 수 있도록 하는 것**을 말한다.
⑤ 습관(custom) : 성장과정을 통해 형성된 특성 등이 **자신도 모르게 습관화 된 현상**을 말한다.

📝 필기에 자주 출제되는 내용입니다.

08 주의의 수준에서 중간 수준에 포함되지 않는 것은?

① 다른 곳에 주의를 기울이고 있을 때
② 가시시야 내 부분
③ 수면 중
④ 일상과 같은 조건일 경우

수면 중 → 주의의 수준은 가장 낮은 수준에 해당한다.

참고

★ 인간 의식레벨의 분류

Phase 0	무의식, 실신	수면, 뇌발작	주의작용 0
Phase I	의식흐림	피로, 단조로운 일	부주의
Phase II	이완	안정 기거, 휴식	안정 기거, 휴식
Phase III	상쾌	적극적	적극 활동
Phase IV	과긴장	일점집중현상, 긴급방위	감정 흥분

📝 필기에 자주 출제되는 내용입니다.

09 다음 중 안전 태도 교육의 원칙으로 적절하지 않은 것은?

① 청취위주의 대화를 한다.
② 이해하고 납득한다.
③ 항상 모범을 보인다.
④ 지적과 처벌 위주로 한다.

정답 07 ① 08 ③ 09 ④

★ 태도 교육 실시 순서
① 청취한다.
② 이해, 납득시킨다.
③ 모범을 보인다.
④ 권장한다.
⑤ 평가한다.(상과 벌)

📝 필기에 자주 출제되는 내용입니다.

10 레윈(Lewin)은 인간행동과 인간의 조건 및 환경조건의 관계를 다음과 같이 표시하였다. 이 때 'f'의 의미는?

$$B = f(P \cdot E)$$

① 행동　　② 조명
③ 지능　　④ 함수

★ 레윈 (K. Lewin)의 법칙
$$B = f(P \cdot E)$$
- B : Behavior(인간의 행동)
- f : function(함수관계)
- P : Person(개체 : 연령, 경험, 심신상태, 성격, 지능 등)
- E : Environment(심리적 환경 : 인간관계, 작업환경 등)

📝 실기까지 중요한 내용입니다.

11 적응기제(AdjustmentMechanism)의 유형에서 "동일화(identification)"의 사례에 해당하는 것은?

① 운동 시합에 진 선수가 컨디션이 좋지 않았다고 한다.
② 결혼에 실패한 사람이 고아들에게 정열을 쏟고 있다.
③ 아버지의 성공을 자신의 성공인 것처럼 자랑하며 거만한 태도를 보인다.
④ 동생이 태어난 후 초등학교에 입학한 큰 아이가 손가락을 빨기 시작했다.

★ 동일화(Identification)
- 다른 사람의 행동 양식이나 태도를 투입시키거나 다른 사람 가운데서 자기와 비슷한 점을 발견하는 것
- 부모, 형, 주위의 중요한 인물들의 태도나 행동을 따라하는 것
- 예 고등학교 때 선생님이 멋있어서 열심히 그 과목을 공부하는 것, 아버지의 성공을 자신의 성공인 것처럼 자랑하며 거만한 태도를 보이는 것

📝 필기에 자주 출제되는 내용입니다.

12 특성에 따른 안전교육의 3단계에 포함되지 않는 것은?

① 태도교육　　② 지식교육
③ 직무교육　　④ 기능교육

★ 안전교육의 3단계
① 지식교육
② 기능교육
③ 태도교육

📝 필기에 자주 출제되는 내용입니다.

정답　10 ④　11 ③　12 ③

13 산업안전보건법령상 다음 그림에 해당하는 안전·보건표지의 종류로 옳은 것은?

① 부식성물질경고
② 산화성물질경고
③ 인화성물질경고
④ 폭발성물질경고

부식성물질 경고	
산화성물질 경고	
인화성물질 경고	
폭발성물질 경고	

📝 실기에 자주 출제되는 내용입니다.

14 다음 중 작업표준의 구비조건으로 옳지 않은 것은?

① 작업의 실정에 적합할 것
② 생산성과 품질의 특성에 적합할 것
③ 표현은 추상적으로 나타낼 것
④ 다른 규정 등에 위배되지 않을 것

③ 표현은 추상적이지 않을 것

15 다음 중 위험예지 훈련 4라운드의 순서가 올바르게 나열된 것은?

① 현상 파악 → 본질 추구 → 대책 수립 → 목표 설정
② 현상 파악 → 대책 수립 → 본질 추구 → 목표 설정
③ 현상 파악 → 본질 추구 → 목표 설정 → 대책 수립
④ 현상 파악 → 목표 설정 → 본질 추구 → 대책 수립

＊**위험예지 훈련 4단계**
1단계 : 현상 파악
2단계 : 요인 조사(본질추구)
3단계 : 대책 수립
4단계 : 행동목표 설정(합의요약)

📝 실기까지 중요한 내용입니다.

16 산업안전보건법령상 특별안전·보건교육 대상 작업별 교육내용 중 밀폐공간에서의 작업 시 교육내용에 포함되지 않는 것은? (단, 그 밖에 안전·보건관리에 필요한 사항은 제외한다.)

① 산소농도측정 및 작업환경에 관한 사항
② 유해물질이 인체에 미치는 영향
③ 보호구 착용 및 보호 장비 사용에 관한 사항
④ 사고 시의 응급 처치 및 비상시 구출에 관한 사항

정답   13 ③   14 ③   15 ①   16 ②

* **밀폐공간에서의 작업 시 특별교육 내용**
① 산소 농도 측정 및 작업환경에 관한 사항
② 사고 시의 응급처치 및 비상 시 구출에 관한 사항
③ 보호구 착용 및 보호 장비 사용에 관한 사항
④ 작업 내용 · 안전 작업 방법 및 절차에 관한 사항
⑤ 장비 · 설비 및 시설 등의 안전점검에 관한 사항
⑥ 그 밖에 안전 · 보건관리에 필요한 사항

17 안전지식교육 실시 4단계에서 지식을 실제의 상황에 맞추어 문제를 해결해 보고 그 수법을 이해시키는 단계로 옳은 것은?

① 도입
② 제시
③ 적용
④ 확인

지식을 실제의 상황에 맞추어 문제를 해결해 보고 그 수법을 이해시키는 단계 → 적용

참고

* **교육진행 4단계(교육훈련 지도 방법의 4단계 순서)**
제1단계 : 도입(학습할 준비를 시킨다.)
제2단계 : 제시(작업을 설명한다.)
제3단계 : 적용(작업을 시켜본다.)
제4단계 : 확인(가르친 뒤 살펴본다.)

18 다음 중 산업재해 통계에 관한 설명으로 적절하지 않은 것은?

① 산업재해 통계는 구체적으로 표시되어야 한다.
② 산업재해 통계는 안전 활동을 추진하기 위한 기초자료이다.
③ 산업재해 통계만을 기반으로 해당 사업장의 안전수준을 추측한다.
④ 산업재해 통계의 목적은 기업에서 발생한 산업재해에 대하여 효과적인 대책을 강구하기 위함이다.

③ 산업재해 통계만으로 해당 사업장의 안전수준을 추측하여서는 안 된다.

19 French와 Raven이 제시한 리더가 가지고 있는 세력의 유형이 아닌 것은?

① 전문세력(expert power)
② 보상세력(reward power)
③ 위임세력(entrust power)
④ 합법세력(legitimate power)

* **리더의 세력**
① **강압적 세력**(coercive power) : 부하들이 바람직하지 않은 행동을 했을 때 처벌을 줄 수 있는 권한
② **보상적 세력**(reward power) : 바람직한 행동을 했을 때 보상을 줄 수 있는 세력(승진, 휴가 등)
③ **합법적 세력**(legitimate power) : 조직의 공식적 권력구조에 의해 주어진 권한

④ 전문적 세력(expert power) : 리더가 그 분야의 지식을 갖추고 있는 정도에 의해 전문적 권한이 결정된다.
⑤ 참조적 세력(referent power, attraction power) : 부하들이 리더의 생각과 목표를 동일시하거나 존경하고 매력을 느껴 리더를 참조하고픈데서 파행된 권한(진정한 리더십이라 할 수 있다)

20 산업안전보건 법령상 안전검사 대상 유해·위험기계의 종류에 포함되지 않는 것은?

① 전단기
② 리프트
③ 곤돌라
④ 교류아크용접기

* 안전검사 대상 유해·위험기계
① 프레스
② 전단기
③ 크레인[정격 하중이 2톤 미만인 것 제외]
④ 리프트
⑤ 압력용기
⑥ 곤돌라
⑦ 국소 배기장치(이동식은 제외)
⑧ 원심기(산업용만 해당)
⑨ 롤러기(밀폐형 구조는 제외한다)
⑩ 사출성형기[형 체결력 294킬로뉴턴(KN) 미만은 제외]
⑪ 고소작업대
⑫ 컨베이어
⑬ 산업용 로봇
⑭ 혼합기(26년 6월 26일 시행)
⑮ 파쇄기 또는 분쇄기(26년 6월 26일 시행)

특급암기법
손 다치는 기계 – 프레스, 전단기, 사출성형기, 롤러기, 혼합기, 파쇄기 또는 분쇄기(26년 6월 26일 시행)
양중기 – 크레인, 리프트, 곤돌라
폭발 – 압력용기
추가 – 극소(국소) 로봇이 고소(높은 곳)의 큰(컨) 원을 검사(안전검사)
국소배기장치, 산업용 로봇, 고소작업대, 컨베이어, 원심기

📄 실기에 자주 출제되는 내용입니다.

2과목 인간공학 및 시스템안전공학

21 체계 설계 과정의 주요 단계 중 가장 먼저 실시되어야 하는 것은?

① 기본설계
② 계면설계
③ 체계의 정의
④ 목표 및 성능 명세 결정

* 체계 설계(인간-기계 시스템의 설계)의 주요 과정
① 목표 및 성능명세 결정
② 체계의 정의
③ 기본 설계
  • 작업설계   • 직무분석
  • 기능할당   • 인간 성능 요건 명세
④ 계면 설계(인간-기계 인터페이스설계)
⑤ 촉진물 설계(매뉴얼 및 성능보조자료 작성)
⑥ 시험 및 평가

📄 필기에 자주 출제되는 내용입니다.

 20 ④ 21 ④

22 고장형태 및 영향분석(FMEA : Failure Mode and Effect Analyis)에서 치명도 해석을 포함시킨 분석 방법으로 옳은 것은?

① CA
② ETA
③ FMETA
④ FMECA

> 고장형태 및 영향분석(FMEA) + 치명도 분석(CA)
> → FMECA

📝 필기에 자주 출제되는 내용입니다.

23 그림과 같은 시스템의 신뢰도로 옳은 것은? (단, 그림의 숫자는 각 부품의 신뢰도이다.)

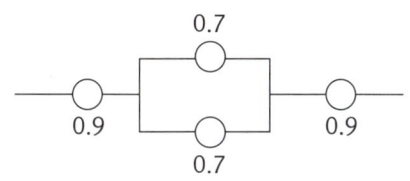

① 0.6261
② 0.7371
③ 0.8481
④ 0.9591

> 신뢰도 = 0.9 × (1−(1−0.7) × (1−0.7)) × 0.9
> = 0.7371

📝 씰기에 자주 출제되는 내용입니다.

24 인간의 시각 특성을 설명한 것으로 옳은 것은?

① 적응은 수정체의 두께가 얇아져 근거리의 물체를 볼 수 있게 되는 것이다.
② 시야는 수정체의 두께 조절로 이루어진다.
③ 망막은 카메라의 렌즈에 해당된다.
④ 암조응에 걸리는 시간은 명조응보다 길다.

> 암조응에 걸리는 시간은 대략 30분, 명조응은 3분 정도로 암조응에 걸리는 시간이 명조응보다 길다.

참고

1. **암조응** : 눈이 어두움에 적응하는 시
   (예) 밝은 곳에서 극장 안으로 들어갔을 때)

2. **명조응** : 눈이 빛에 적응하는 시간
   (예) 극장 안에서 밖으로 나왔을 때)

25 다음 중 생리적 스트레스를 전기적으로 측정하는 방법으로 옳지 않은 것은?

① 뇌전도(EEG)
② 근전도(EMG)
③ 전기 피부 반응(GSR)
④ 안구 반응(EOG)

***안구 반응(EOG)**
안구운동을 전기적으로 기록하는 검사

정답 22 ④ 23 ② 24 ④ 25 ④

26 레버를 10° 움직이면 표시장치는 1cm 이동하는 조종 장치가 있다. 레버의 길이가 20cm라고 하면 이 조종 장치의 통제표시비(C/D 비)는 약 얼마인가?

① 1.27
② 2.38
③ 3.49
④ 4.51

① C/R 비 = $\dfrac{X}{Y}$

X : 통제기기의 변위량(cm)
Y : 표시계기 지침의 변위량(cm)

② C/R 비 = $\dfrac{\dfrac{\alpha}{360} \times 2\pi L}{Y}$

a : 조종장치의 움직인 각도
L : 조종장치의 반경

C/R 비 = $\dfrac{\dfrac{10}{360} \times 2 \times \pi \times 20}{Y}$ = 3.49

📝 필기에 자주 출제되는 내용입니다.

27 서서 하는 작업의 작업대 높이에 대한 설명으로 옳지 않은 것은?

① 정밀작업의 경우 팔꿈치 높이보다 약간 높게 한다.
② 경작업의 경우 팔꿈치 높이보다 약간 낮게 한다.
③ 중작업의 경우 경작업의 작업대 높이보다 약간 낮게 한다.
④ 작업대의 높이는 기준을 지켜야 하므로 높낮이가 조절되어서는 안 된다.

★ **입식 작업대 높이**
- 경(經)작업 시 작업대의 높이는 팔꿈치 높이보다 5~10cm정도 낮은 것이 적당하다.
- 중(重)작업 시 작업대의 높이는 팔꿈치 높이보다 10~20cm정도 낮은 것이 적당하다.
- 정밀작업 시 작업대의 높이는 팔꿈치 높이보다 5~10cm정도 높은 것이 적당하다.

28 작업장 내부의 추천반사율이 가장 낮아야 하는 곳은?

① 벽
② 천장
③ 바닥
④ 가구

★ **옥내 최적 반사율**
- 천장(80-91%) > 벽(40-60%) > 가구(25-45%) > 바닥(20-40%)
- 옥내의 반사율은 천정으로 올라갈수록 높고 바닥으로 내려갈수록 낮아져야 한다.

📝 필기에 자주 출제되는 내용입니다.

29 인간의 정보 처리 기능 중 그 용량이 7개 내외로 작아, 순간적 망각 등 인적 오류의 원인이 되는 것은?

① 지각
② 작업 기억
③ 주의
④ 감각 보관

순간적 망각 등 인적 오류의 원인이 되는 인간의 정보 처리 기능 → 작업 기업

정답 26 ③ 27 ④ 28 ③ 29 ②

> **참고**
>
> 작업 기억은 감각기관을 통해 입력된 정보를 일시적으로 기억하고, 각종 인지적 과정을 계획하고 순서 지으며 실제로 수행하는 작업장으로서의 기능을 수행하는 단기적 기억을 말한다.

30 인간오류의 분류 중 원인에 의한 분류의 하나로, 작업자 자신으로부터 발생하는 에러로 옳은 것은?

① Command error
② Secondary error
③ Primary error
④ Third error

> *** 인간오류 원인의 레벨적 분류**
> ① primary error(1차 에러) : **작업자 자신으로부터 발생한 에러**
> ② secondary error(2차에러) : **작업형태, 작업조건 중 문제가 생겨** 필요한 사항을 실행할 수 없어 발생한 에러
> ③ command error : 실행하고자 하여도 필요한 **물품, 정보, 에너지 등이 공급되지 않아서** 작업자가 움직일 수 없는 상태에서 발생한 에러

📝 실기에 자주 출제되는 내용입니다.

31 일반적으로 인체에 가해지는 온·습도 및 기류 등의 외적변수를 종합적으로 평가하는 데에는 "불쾌지수"라는 지표가 이용된다. 불쾌지수의 계산식이 다음과 같은 경우, 건구온도와 습구온도의 단위로 옳은 것은?

> 불쾌지수
> = 0.72×(건구온도 + 습구온도) + 40.6

① 실효온도
② 화씨온도
③ 절대온도
④ 섭씨온도

> 건구온도와 습구온도의 단위 → 섭씨온도(℃)

32 FT도에 사용되는 논리기호 중 AND 게이트에 해당하는 것은?

①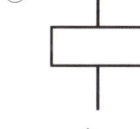
②
③
④

정답 30 ③ 31 ④ 32 ③

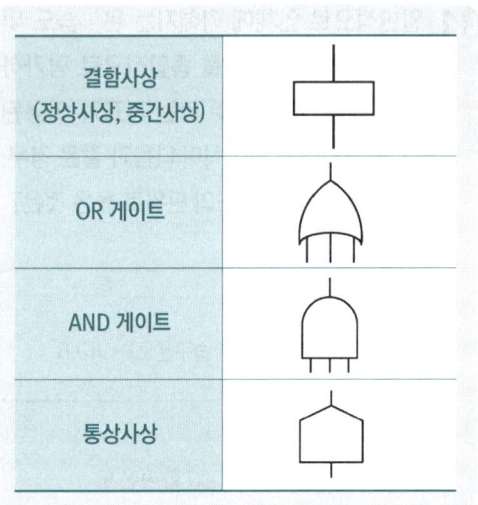

📝 필기에 자주 출제되는 내용입니다.

33 위팔은 자연스럽게 수직으로 늘어뜨린 채, 아래팔만을 편하게 뻗어 작업할 수 있는 범위는?

① 정상 작업역　② 최대 작업역
③ 최소 작업역　④ 작업 포락면

* **수평 작업대**
① 정상 작업역
  • 상완을 자연스럽게 늘어뜨린 채 **전완만으로 뻗어 파악 할 수 있는 구역**
  • 팔을 굽히고도 편하게 작업을 하면서 좌우의 손을 움직여 생기는 작은 원호형의 영역
② 최대 작업역
  • 전완과 상완을 곧게 펴서 파악할 수 있는 **구역**
  • 어깨로부터 팔을 펴서 수평면상에 원을 그릴 때 부채꼴 원호의 내부지역

📝 필기에 자주 출제되는 내용입니다.

34 음의 강약을 나타내는 기본 단위는?

① dB　　　② pont
③ hertz　　④ diopter

음의 단위 → dB

35 신뢰성과 보전성 개선을 목적으로 하는 효과적인 보전기록 자료에 해당하지 않는 것은?

① 설비이력카드　② 자재관리표
③ MTBF 분석표　④ 고장원인 대책표

* **보전기록 자료**
① 설비이력카드
② MTBF 분석표
③ 고장원인 대책표

36 예비위험분석(PHA)에 대한 설명으로 옳은 것은?

① 관련된 과거 안전점검결과의 조사에 적절하다.
② 안전관련 법규 조항의 준수를 위한 조사 방법이다.
③ 시스템 고유의 위험성을 파악하고 예상되는 재해의 위험 수준을 결정한다.
④ 초기 단계에서 시스템 내의 위험요소가 어떠한 위험상태에 있는가를 정성적으로 평가하는 것이다.

정답　33 ①　34 ①　35 ②　36 ④

* 예비 위험 분석
  (PHA : Preliminary Hazards Analysis)

모든 시스템 안전 프로그램의 최초 단계(설계단계, 구상단계)에서 실시하는 분석법으로서 시스템 내의 위험 요소가 얼마나 위험한 상태에 있는가를 정성적으로 평가하는 기법이다.

📝 필기에 자주 출제되는 내용입니다.

37 다음의 FT도에서 몇 개의 미니멀 패스셋(minimal path sets)이 존재하는가?

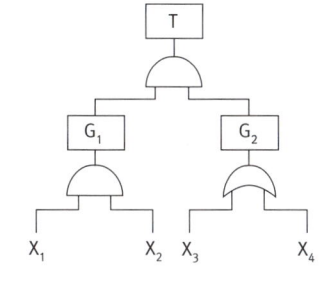

① 1개 ② 2개
③ 3개 ④ 4개

FT도의 AND게이트 → OR, OR게이트 → AND로 바꾸어 그려서 미니멀 컷을 구하면 원래 FT도의 미니멀 패스가 된다.

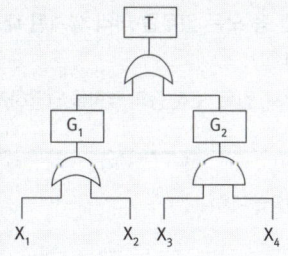

미니멀 컷 : (X_1) 또는 (X_2) 또는 ($X_3 X_4$)
∴ 미니멀 패스 = (X_1) 또는 (X_2) 또는 ($X_3 X_4$)
총 3개

📝 필기에 자주 출제되는 내용입니다.

38 정보를 전송하기 위해 청각적 표시장치를 이용하는 것이 바람직한 경우로 적합한 것은?

① 전언이 복잡한 경우
② 전언이 이후에 재참조되는 경우
③ 전언이 공간적인 사건을 다루는 경우
④ 전언이 즉각적인 행동을 요구하는 경우

* 청각장치와 시각장치의 비교

청각 장치	① 전언이 짧고, 간단할 때 ② 재참조 되지 않음. ③ 시간적인 사상을 다룬다. ④ 즉각적인 행동 요구할 때 ⑤ 시각계통 과부하일 때 ⑥ 주위가 너무 밝거나 암조응일 때 ⑦ 자주 움직이는 경우
시각 장치	① 전언이 길고, 복잡할 때 ② 재참조 된다. ③ 공간적인 위치 다룬다. ④ 즉각적 행동 요구하지 않을 때 ⑤ 청각계통 과부하일 때 ⑥ 주위가 너무 시끄러울 때 ⑦ 한곳에 머무르는 경우

📝 필기에 자주 출제되는 내용입니다.

정답 37 ③ 38 ④

39
FTA에서 모든 기본사상이 일어났을 때 톱(top)사상을 일으키는 기본사상의 집합을 무엇이라 하는가?

① 컷셋(Cut set)
② 최소 컷셋(Minimal Cut set)
③ 패스셋(Path set)
④ 최소 패스셋(Minamal Path set)

1. 컷셋(Cut Set)
- 정상사상을 발생시키는 기본사상의 집합
- 모든 기본사상이 일어났을 때 정상사상을 일으키는 기본사상들의 집합이다.

2. 미니멀 컷(Minimal Cut Set)
- 정상사상을 일으키기 위한 기본사상의 최소집합(최소한의 컷)
- 시스템의 위험성을 나타낸다.

3. 패스셋(Path Set)
- 시스템의 고장을 일으키지 않는 기본사상들의 집합
- 포함된 기본사상이 일어나지 않을 때 처음으로 정상사상이 일어나지 않는 기본 사상들의 집합이다.

4. 미니멀 패스(Minimal Path Set)
- 시스템의 기능을 살리는 최소한의 집합(최소한의 패스)
- 시스템의 신뢰성 나타낸다.

 실기까지 중요한 내용입니다.

40
조종장치를 통한 인간의 통제 아래 기계가 동력원을 제공하는 시스템의 형태로 옳은 것은?

① 기계화 시스템
② 수동 시스템
③ 자동화 시스템
④ 컴퓨터 시스템

인간의 통제 아래 기계가 동력원을 제공 → 기계화 시스템

참고

1. 수동 시스템
- 사용자가 손공구나 기타 보조물 등을 사용하여 자기의 신체적 힘을 동력원으로 하여 작업을 수행하는 시스템이다.

2. 기계 시스템(반자동 시스템)
- 여러 종류의 동력 공작 기계와 같이 고도로 통합된 부품들로 구성되어 있다.
- 인간의 역할은 제어 기능을 담당하고, 힘에 대한 공급은 기계가 담당한다.

3. 자동 시스템
- 기계가 감지, 정보 처리 및 의사 결정, 행동 기능 및 정보 보관 등 모든 임무를 미리 설계된 대로 수행하게 된다.
- 인간은 감시, 감독, 보전 등의 역할을 담당하게 된다.

 실기까지 중요한 내용입니다.

정답 39 ① 40 ①

3과목 건설시공학

41 강구조물 제작 시 마킹(금긋기)에 관한 설명으로 옳지 않은 것은?

① 강판 절단이나 형강 절단 등, 외형 절단을 선행하는 부재는 미리 부재 모양별로 마킹 기준을 정해야 한다.
② 마킹검사는 띠철이나 형판 또는 자동가공기(CNC)를 사용하여 정확히 마킹되었는가를 확인한다.
③ 주요 부재의 강판에 마킹할 때에는 펀치(punch) 등을 사용한다.
④ 마킹 시 용접열에 의한 수축 여유를 고려하여 최종 교정, 다듬질 후 정확한 치수를 확보할 수 있도록 조치해야 한다.

> ③ 마킹(금 긋기)는 강재 면에 강필로 볼트구멍 위치와 절단 개소 등을 그리는 것을 말한다.

42 철근콘크리트공사에서 거푸집의 상호 간 간격을 유지하는데 사용하는 것은?

① 폼 데코(form deck)
② 세퍼레이터(separator)
③ 스페이서(spacer)
④ 파이프 서포트(pipe support)

> 격리재(separator) : 거푸집 상호간의 간격을 일정하게 유지하는데 사용된다.

📖 필기에 자주 출제되는 내용입니다.

43 굴착, 상차, 운반, 정지 작업 등을 할 수 있는 기계로, 대량의 토사를 고속으로 운반하는 데 적당한 기계는?

① 불도저
② 앵글도저
③ 로더
④ 캐리올 스크레이퍼

> ★ 캐리올 스크레이퍼 (Carryall scraper)
> • 동력을 갖지 않고 트랙터에 견인되어 작업하며 싣기, 운반, 고르기 등을 할 수 있다.
> • 흙을 깎으면서 동시에 기체 내에 담아 운반하고 깔기 작업을 겸할 수 있으며, 작업거리는 100~1,500m 정도이다.

44 사질지반에서 지하수를 강제로 뽑아내어 지하수위를 낮추어서 기초공사를 하는 공법은?

① 케이슨 공법
② 웰포인트 공법
③ 샌드드레인 공법
④ 레어먼드파일 공법

> ★ 웰 포인트(well point)공법
> ① 집수장치를 붙인 파이프를 1~3m의 간격으로 지중에 박아 이것을 지상의 집수관에 연결하여 펌프로 지중의 물을 강제 배수하는 강제배수 공법을 말한다.(출수가 많은 깊은 터파기에 펌프와 병용하여 사용한다.)
> ② 기초파기 저면보다 지하수위가 높을 때의 배수공법으로 가장 적합한 방법이다.

📖 필기에 자주 출제되는 내용입니다.

 정답 41 ③ 42 ② 43 ④ 44 ②

45 굴착토사와 안정액 및 공수내의 혼합물을 드릴 파이프 내부를 통해 강제로 역순환시켜 지상으로 배출하는 공법으로 다음과 같은 특징이 있는 현장타설 콘크리트 말뚝 공법은?

- 점토, 실트층 등에 적용한다.
- 시공심도는 통상 30 ~ 70m까지로 한다.
- 시공직경은 0.9 ~ 3m 정도까지로 한다.

① 어스드릴공법
② 리버스서큘레이션공법
③ 뉴메틱케이슨공법
④ 심초공법

* **리버스서큘레이션공법(역순환 굴착공법, RCD공법)**
① 리버스 서큘레이션 드릴로 대구경의 구멍을 파고 굴착공 안을 물이나 안정액으로 정수압을 유지하여 굴착공 벽을 보호하면서 굴착, 철근망과 콘크리트를 타설하여 말뚝을 형성하는 공법이다.
② 굴착된 토사와 안정액이 밖으로 배출되고, 배출된 순환수는 토사를 침전시킨 후 다시 굴착공으로 들어가는 방식이다.
③ 수상(해상)작업이 가능하다.
④ 점토, 실트 층에 사용할 수 있으며, 드릴파이프 직경보다 큰 호박돌 층, 전 석 층은 굴착이 불가능하다.
⑤ 깊은 심도까지 굴착이 가능하다.
  (시공심도는 30~70m, 시공직경은0.9~3m)
⑥ 시공속도가 빠르고, 유지비가 적게 든다.

📝 필기에 자주 출제되는 내용입니다.

46 철근콘크리트구조에서 철근이음 시 유의사항으로 옳지 않은 것은?

① 동일한 곳에 철근 수의 반 이상을 이어야 한다.
② 이음의 위치는 응력이 큰 곳을 피하고 엇갈리게 잇는다.
③ 주근의 이음은 인장력이 가장 작은 곳에 두어야 한다.
④ 큰 보의 경우 하부주근의 이음 위치는 보 경간의 양단부이다.

① 이음을 할 때는 한 곳에서 철근 수의 반 이상을 이어서는 안 된다.

📝 필기에 자주 출제되는 내용입니다.

47 KCS에 따른 철근 가공 및 이음 기준에 관한 내용으로 옳지 않은 것은?

① 철근은 상온에서 가공하는 것을 원칙으로 한다.
② 철근상세도에 철근의 구부리는 내면 반지름이 표시되어 있지 않은 때에는 콘크리트 구조설계기준에 규정된 구부림의 최소 내면 반지름 이상으로 철근을 구부려야 한다.
③ D32 이하의 철근은 겹침이음을 할 수 없다.
④ 장래의 이음에 대비하여 구조물로부터 노출시켜 놓은 철근은 손상이나 부식이 생기지 않도록 보호하여야 한다.

정답 45 ② 46 ① 47 ③

③ D35를 초과하는 철근은 겹침 이음을 할 수 없다. 다만, 서로 다른 크기의 철근을 압축부에서 겹침 이음하는 경우 D35 이하의 철근과 D35를 초과하는 철근은 겹침 이음을 할 수 있다.

📝 필기에 자주 출제되는 내용입니다.

48 토공사에서 사면의 안정성 검토에 직접적으로 관계가 없는 것은?

① 흙의 입도
② 사면의 경사
③ 흙의 단위체적 중량
④ 흙의 내부마찰각

※ 사면의 안정성 검토에 직접적으로 영향을 끼치는 것
① 흙의 단위체적 중량
② 흙의 내부마찰각
③ 흙의 점착력
④ 사면의 경사

49 철골공사의 철골부재 용접에서 용접 결함이 아닌 것은?

① 언더컷(under cut)
② 오버랩(overlap)
③ 블로우홀(blow hole)
④ 루트(root)

※ 용접결함
① 언더컷(Under Cut) : 용접전류가 과대하거나 용접속도가 너무 빠를 때 또는 아크를 짧게 유지하기 어려운 경우 발생하며 모재 및 용접부의 일부가 녹아서 발생하는 홈 또는 오목하게 생긴 부분(용착금속이 채워지지 않고 홈처럼 우묵하게 남아 있는 부분)을 말한다.
② 오버랩(overlap) : 용접전류가 부족하거나, 용접 속도가 너무 느릴 경우 발생하며 용착 금속이 모재에 융합되지 않고 겹친 부분(용융된 금속이 모재 면에 덮쳐진 상태)을 말한다.
③ 크레이터(Crater) : 아크를 끊을 때 비드 끝부분이 오목하게 들어가는 것을 말하며 이 부분에 균열이 발생하기 쉽다.
④ 크랙(Crack) : 용접부에 생기는 균열을 말하며 용접 결함 중 가장 치명적인 결함이 된다.
⑤ 스패터(spatter) : 용접 시 튀어나온 슬래그가 굳은 현상(용융된 금속의 작은 입자가 튀어나와 모재에 묻어있는 것)을 말한다.
⑥ 피트(pit), 블로우 홀(blow hole) : 용접 중에 이물질, 수분 등으로 발생된 가스가 표면으로 빠져 나오면서 발생된 작은 구멍을 pit라 하며, 내부에 남아 있는 기공을 blow hole이라 한다.

📝 필기에 자주 출제되는 내용입니다.

50 지상에서 일정 두께의 폭과 길이로 대지를 굴착하고 지반 안정액으로 공벽의 붕괴를 방지하면서 철근콘크리트벽을 만들어 이를 가설 흙막이벽 또는 본 구조물의 옹벽으로 사용하는 공법은?

① 슬러리월공법　② 어스앵커공법
③ 엄지말뚝공법　④ 시트파일공법

정답　48 ①　49 ④　50 ①

* **슬러리월 공법(지하연속벽 공법)**
벤토나이트 안정액을 사용하여 지반의 붕괴를 방지하면서 굴착한 후 그 속에 철근망을 삽입하고 콘크리트를 타설하여 흙막이 벽체를 형성하는 공법을 말한다.

> 참고
>
> * **어스 앵커(earth anchor) 공법**
> 버팀대 대신 PS 강선, PS 강연선 등(earth anchor)을 지중에 삽입해서 선단부를 양질지반에 정착시키고, 이를 반력으로 하여 흙막이 벽 등의 구조물을 지지하는 공법을 말한다.

📝 필기에 자주 출제되는 내용입니다.

51 당해 공사의 특수한 조건에 따라 표준시방서에 대하여 추가, 변경, 삭제를 규정하는 시방서는?

① 특기시방서
② 안내시방서
③ 자료시방서
④ 성능시방서

* **시방서의 종류**
① **표준시방서** : 시설물의 안전 및 공사시행의 적정성과 품질확보 등을 위하여 시설별로 정한 표준적인 시공기준으로서 발주청 또는 설계 등 용역업자가 공사시방서를 작성하는 경우에 활용하기 위한 시공기준을 말한다.
② **전문시방서** : 시설물별 표준시방서를 기본으로 모든 공종을 대상으로 하여 특정한 공사의 시공 또는 공사시방서의 작성에 활용하기 위한 종합적인 시공기준을 말한다.

③ **공사시방서** : 공사별로 건설공사 수행을 위한 기준으로서 계약문서의 일부가 되며, 설계도면에 표시하기 곤란하거나 불편한 내용과 당해 공사의 수행을 위한 재료, 공법, 품질시험 및 검사 등 품질관리, 안전관리계획 등에 관한 사항을 기술하고, 당해 공사의 특수성, 지역여건, 공사방법 등을 고려하여 **공사별, 공종별로 정하여 시행하는 시공기준**을 말한다.
④ **특기 시방서** : 당해 공사의 특수한 조건에 따라 표준시방서에 대하여 추가, 변경, 삭제를 규정한 시방서를 말한다.

📝 필기에 자주 출제되는 내용입니다.

52 독립기초에서 지중보의 역할에 관한 설명으로 옳은 것은?

① 흙의 허용 지내력도를 크게 한다.
② 주각을 서로 연결시켜 고정상태로 하여 부동침하를 방지한다.
③ 지반을 압밀하여 지반강도를 증가시킨다.
④ 콘크리트의 압축강도를 크게 한다.

> 독립기초에서 지중 보의 역할 : 주각을 서로 연결시켜 고정 상태로 하여 부동침하를 방지한다.

53 계획과 실제의 작업상황을 지속적으로 측정하여 최종 사업비용과 공정을 예측하는 기법은?

① CAD
② EVMS
③ PMIS
④ WBS

정답 51 ① 52 ② 53 ②

* EVMS(Earned Value Management System)
- 프로젝트의 비용, 일정, 기술 측면의 목표와 기준을 설정하고 이에 대비한 실제 성과를 측정·분석하는 관리체계를 말한다.
- 계획과 실제의 작업상황을 지속적으로 측정하여 최종 사업비용과 공정을 예측하는 관리기법이다.

54 슬라이딩 폼에 관한 설명으로 옳지 않은 것은?

① 내·외부 비계발판을 따로 준비해야 하므로 공기가 지연될 수 있다.
② 활동(滑動) 거푸집이라고도 하며 사일로 설치에 사용할 수 있다.
③ 요오크로 서서히 끌어 올리며 콘크리트를 부어 넣는다.
④ 구조물의 일체성확보에 유효하다.

* 슬라이딩 폼(sliding form)
① 시공이음 없이 거푸집을 요크(yoke)로 연속적으로 끌어올려 단면형상에 변화가 없는 공법으로 silo 공사 등에 적당하다.(일반적으로 돌출물이 없는 건축물에 적용할 수 있다.)
② 내·외부 비계발판이 일체형이며, 1일 5~10m 정도 수직시공이 가능하므로 시공속도가 빠르다.
③ 타설 작업과 마감작업이 동시에 진행되어 공정이 단순하다.
④ 구조물 형태에 따른 사용 제약이 있다.(돌출물이 없는 건축물에 적용)
⑤ 형상 및 치수가 정확하며 시공오차기 적다.
⑥ 소요 경비가 절감된다.

📝 필기에 자주 출제되는 내용입니다.

55 데크플레이트에 관한 설명으로 옳지 않은 것은?

① 합판거푸집에 비해 중량이 큰 편이다.
② 별도의 동바리가 필요하지 않다.
③ 철근트러스형은 내화피복이 불필요하다.
④ 시공환경이 깨끗하고 안전사고 위험이 적다.

* 데크플레이트(deck plate) 종류와 시공 시 유의사항
① 합판거푸집에 비해 중량이 작은 편이다.
② 동바리가 없으므로 하층의 작업이 용이하다.
③ 거푸집 해체공정이 줄어 노무절감, 공기단축이 가능하다.(공기단축으로 경제성이 좋다.)
④ 철재거푸집을 대용하여 구조적 안정이 있다.

참고

* 데크플레이트
데크플레이트 : 구조물의 바닥, 거푸집 등의 용도로 사용하기 위해 제작된 철판을 말한다.

일반 데크플레이트	플랫 데크플레이트
합성구조 데크플레이트	셀룰라 데크플레이트

정답 54 ① 55 ①

56 주문받은 건설업자가 대상계획의 기업·금융, 토지조달, 설계, 시공, 기계기구 설치 등 주문자가 필요로 하는 모든 것을 조달하여 주문자에게 인도하는 도급계약 방식은?

① 공동도급
② 실비정산 보수가산도급
③ 턴키(turn-key)도급
④ 일식도급

*턴키베이스 도급(turn-key base contract)
주문받은 건설업자가 대상 계획의 기업, 금융, 토지조달, 설계, 시공 등을 포괄하는 도급계약방식을 말한다.

📝 필기에 자주 출제되는 내용입니다.

57 자연시료의 압축강도가 6 MPa이고, 이긴 시료의 압축강도가 4 MPa이라면 예민비는 얼마인가?

① -2
② 0.67
③ 1.5
④ 2

$$예민비 = \frac{자연\ 시료의\ 강도(불교란시료)}{이긴\ 시료의\ 강도(교란시료)} = \frac{6}{4} = 1.5$$

📝 필기에 자주 출제되는 내용입니다.

58 콘크리트 보양방법 중 초기강도가 크게 발휘되어 거푸집을 가장 빨리 제거할 수 있는 방법은?

① 살수보양 ② 수중보양
③ 피막보양 ④ 증기보양

*콘크리트의 양생(보양)방법

방법	설명
습윤 양생 (wet curing)	수분을 가하여 시멘트 혼합물이나 콘크리트를 촉촉한 상태에서 마를 때까지 양생하는 방법
막 양생 (membrane curing)	콘크리트를 습윤양생 할 수 없거나 장기간 양생하여야 하는 경우 콘크리트 노출 표면에 비닐 또는 아스팔트 유제 등을 도포하여 방수 막을 형성하여 수분 증발을 방지하는 양생 방법
증기양생 (steam curing)	일반적인 거푸집 존치기간 보다 짧은 기간 내에 거푸집을 제거하고 소요 강도를 얻기 위하여 고온의 증기로 시멘트의 수화반응을 촉진시키는 방법
전열양생 (electric heat curing)	전열선을 콘크리트 주위에 배치하고 캔버스 등으로 덮어서 콘크리트 주위의 온도를 따뜻하게 하여 양생하는 방법
오토클레이브 양생 (autoclave curing)	콘크리트 타설 후 콘크리트의 소요 강도를 단기간에 확보하기 위하여 고온·고압의 가마 속에 콘크리트를 넣어 양생하는 방법

📝 필기에 자주 출제되는 내용입니다.

정답 56 ③ 57 ③ 58 ④

59 콘크리트 배합설계 시 강도에 가장 큰 영향을 미치는 요소는?

① 모래와 자갈의 비율
② 물과 시멘트의 비율
③ 시멘트와 모래의 비율
④ 시멘트와 자갈의 비율

> 콘크리트 배합설계 시 강도에 가장 큰 영향을 미치는 요소 : 물과 시멘트의 비율

60 철골 용접 관련 용어 중 스패터(spatter)에 관한 설명으로 옳은 것은?

① 전단절단에서 생기는 뒤꺾임 현상
② 수동 가스절단에서 절단선이 곧지 못하여 생기는 잘록한 자국의 흔적
③ 철골용접에서 용접부의 상부를 덮는 불순물
④ 철골용접 중 튀어나오는 슬래그 및 금속 입자

> 스패터(spatter) : 철골용접 중 튀어나오는 슬래그 및 금속입자를 말한다.

📝 필기에 자주 출제되는 내용입니다.

4과목 건설재료학

61 진주석 또는 흑요석 등을 900~1,200℃로 소성한 후에 분쇄하여 소생팽창하면 만들어지는 작은 입자에 접착제 및 무기질 섬유를 균등하게 혼합하여 성형한 제품은?

① 규조토 보온재
② 규산칼슘 보온재
③ 질석 보온재
④ 펄라이트 보온재

> ＊펄라이트 보온재
> 진주석 등을 800~1,200℃로 가열 팽창시킨 내부에 미세공극을 가지는 경량구상형의 입자로 구성되어 단열, 보온, 흡음 등의 목적으로 사용된다.

📝 필기에 자주 출제되는 내용입니다.

62 중용열포틀랜드시멘트에 관한 설명으로 옳지 않은 것은?

① 수화열이 작고 수화속도가 비교적 느리다.
② C_3A가 많으므로 내황산염성이 작다.
③ 건조수축이 작다.
④ 건축용 매스콘크리트에 사용된다.

정답 59 ② 60 ④ 61 ④ 62 ②

✱ 중용열 포틀랜드 시멘트

① 시멘트의 성분 중에 C_3S(규산삼석회)나 C_3A(알루미네이트, 알루민산삼석회)가 적고, 장기강도를 지배하는 C_2S(벨라이트, 규산이석회)를 많이 함유한 시멘트이다.
② 수화속도를 지연시켜 수화열을 작게 한 시멘트이다.(수화열을 낮게 하여 단기보다 장기강도를 증진시킨 시멘트)
③ 건조수축이 작고 건축용 매스콘크리트에 사용된다.
④ 워커빌리티(workbility)가 증대되고 블리딩이 적다.
⑤ 내식성이 있고 안정도가 높으며 내구성이 크고 화학저항성 크다.
⑥ 댐 공사, 터널, 거대구조물의 기초공사(매스콘크리트), 콘크리트 도로포장, 방사능 차폐용으로 사용된다.

📎 필기에 자주 출제되는 내용입니다.

✱ 골재의 함수상태

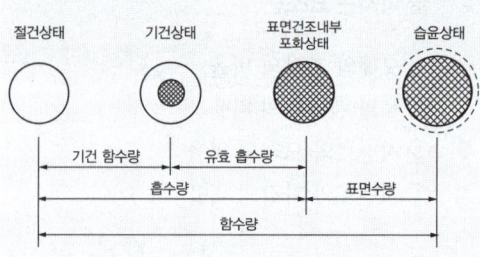

① 유효 흡수량 : 표면건조 내부포화상태(표건상태)와 기건상태의 수량의 차이를 말한다.
  (유효흡수량 = 표건상태 - 기건상태)
② 함수량 : 습윤상태의 골재의 내외에 함유하는 전체 수량을 말한다.
③ 흡수량 : 표면건조 내부포화상태(표건상태)의 골재 중에 포함하는 수량을 말한다.(절대건조상태에서 표면건조포화상태가 될 때까지 흡수하는 수량)
④ 표면수량 : 함수량과 흡수량의 차를 말한다.

📎 필기에 자주 출제되는 내용입니다.

63 골재의 함수상태 사이의 관계를 옳게 나타낸 것은?

① 유효 흡수량 = 표건상태 - 기건상태
② 흡수량 = 습윤상태 - 표건상태
③ 전함수량 = 습윤상태 - 기건상태
④ 표면수량 = 기건상태 - 절건상태

64 바닥 바름재로 백시멘트와 안료를 사용하며 종석으로 화강암, 대리석 등을 사용하고 갈기로 마감을 하는 것은?

① 리신 바름
② 인조석 바름
③ 라프코트
④ 테라조 바름

✱ 테라조 바름

테라조 바름은 바닥 바름재로 백시멘트와 안료를 사용하며 종석으로 화강암, 대리석 등을 사용하고 갈기로 마무리 하는 공법을 말한다.

📎 필기에 자주 출제되는 내용입니다.

정답 63 ① 64 ④

65 다음 중 흡음재료로 보기 어려운 것은?

① 연질우레아폼
② 석고보드
③ 테라조
④ 연질섬유판

> ＊ 테라조
> 대리석, 화강암 등의 부순 골재를 안료, 시멘트 등과 함께 경화한 후 표면을 연마, 광택을 내어 대리석과 같이 마감한 인조석으로 바닥이나 벽에 사용되는 재료이다.(흡음재료가 아니다.)

66 콘크리트용 골재의 입도에 관한 설명으로 옳지 않은 것은?

① 입도란 골재의 작고 큰 입자의 혼합된 정도를 말한다.
② 입도가 적당하지 않은 골재를 사용할 경우에는 콘크리트의 재료분리가 발생하기 쉽다.
③ 골재의 입도를 표시하는 방법으로 조립률이 있다.
④ 골재의 입도는 블레인 시험으로 구한다.

> ④ 골재의 입도는 표준 망체를 사용한 체가름 시험으로 확인할 수 있다.

📝 필기에 자주 출제되는 내용입니다.

67 블론 아스팔트를 용제에 녹인 것으로 액상이며, 아스팔트 방수의 바탕 처리재로 이용되는 것은?

① 아스팔트 펠트
② 콜타르
③ 아스팔트 프라이머
④ 피치

> ＊ 아스팔트 프라이머
> ① 블로운 아스팔트를 휘발성 용제로 녹인 것으로 콘크리트 등의 모체에 침투가 용이하다.
> ② 아스팔트 방수 시공 시 가장 먼저 사용되는 바탕처리재이며 방수의 역할보다는 콘크리트 바탕 면과 아스팔트 방수층과의 부착력을 증대시키는 역할을 한다.

📝 필기에 자주 출제되는 내용입니다.

68 단열재에 관한 설명으로 옳지 않은 것은?

① 열전도율이 낮은 것일수록 단열효과가 좋다.
② 열관류율이 높은 재료는 단열성이 낮다.
③ 같은 두께인 경우 경량재료인 편이 단열효과가 나쁘다.
④ 단열재는 보통 다공질의 재료가 많다.

> ③ 같은 두께인 경우 경량재료인 편이 단열효과가 좋다.

69 점토 소성제품의 흡수성이 큰 것부터 순서대로 옳게 나열한 것은?

① 토기 > 도기 > 석기 > 자기
② 토기 > 도기 > 자기 > 석기
③ 도기 > 토기 > 석기 > 자기
④ 도기 > 토기 > 자기 > 석기

*점토 소성제품의 흡수성
토기 > 도기 > 석기 > 자기

70 화강암이 열을 받았을 때 파괴되는 가장 주된 원인은?

① 화학성분의 열분해
② 조직의 용융
③ 조암광물의 종류에 따른 열팽창계수의 차이
④ 온도상승에 따른 압축강도 저하

화강암은 조암광물의 종류에 따른 열팽창계수의 차이로 인하여 열을 받았을 때 파괴된다.

71 목재의 함수율에 관한 설명으로 옳지 않은 것은?

① 함수율이 30% 이상에서는 함수율의 증감에 따라 강도의 변화가 심하다.
② 기건재의 함수율은 15% 정도이다.
③ 목재의 진비중은 일반적으로 1.54 정도이다.
④ 목재의 함수율 30% 정도를 섬유포화점이라 한다.

*목재의 함수율
① 함수율이 섬유포화점 이상에서는 함수율이 증가하더라도 강도는 일정하다.
② 섬유포화점 이상에서는 함수율 증감에도 신축을 일으키지 않는다.
③ 섬유포화점 이하에서는 함수율의 감소에 따라 강도가 증가하고 인성이 감소한다.(전건상태에서의 강도는 섬유포화점 상태에 비해 3배로 증가)
④ 목재의 비중과 강도는 대체로 비례한다.

필기에 자주 출제되는 내용입니다.

72 콘크리트에 사용하는 혼화제 중 AE제의 특징으로 옳지 않은 것은?

① 워커빌리티를 개선시킨다.
② 블리딩을 감소시킨다.
③ 마모에 대한 저항성을 증대시킨다.
④ 압축강도를 증가시킨다.

정답 69 ① 70 ③ 71 ① 72 ④

* **AE제**
  - AE 공기(연행공기)를 콘크리트 중에 발생시켜 워커빌리티(시공연도)를 좋게 하고 블리딩을 작게 한다.
  - 단위수량이 감소한다.
  - 동결·융해작용에 대한 저항성이 크고 수밀성, 내구성이 좋다.
  - 철근과의 부착강도가 감소한다.

 필기에 자주 출제되는 내용입니다.

73 불림하거나 담금질한 강을 다시 200~600℃로 가열한 후에 공기 중에서 냉각하는 처리를 말하며, 내부응력을 제거하며 연성과 인성을 크게 하기 위해 실시하는 것은?

① 뜨임질 ② 압출
③ 중합   ④ 단조

풀림	강을 800 ~ 1000℃까지 가열한 후 로(爐)의 내부에서 서서히 냉각시킨다.
불림	강을 800 ~ 1000℃까지 가열한 후 공기 중에서 서서히 냉각시킨다.
담금질	강을 800 ~ 1000℃까지 가열한 후 물 또는 기름 속에서 급히 냉각시킨다.
뜨임질	담금질을 한 후 다시 200 ~ 600℃로 가열한 다음 공기 중에서 천천히 냉각시킨다.

특급암기법
내부에서 풀어주고, 공기에서 불리고, 물·기름에 담그면 공기에서 뜬다.

 필기에 자주 출제되는 내용입니다.

74 탄소함유량이 많은 것부터 순서대로 옳게 나열한 것은?

① 연철 > 탄소강 > 주철
② 연철 > 주철 > 탄소강
③ 탄소강 > 주철 > 연철
④ 주철 > 탄소강 > 연철

* **탄소함유량이 많은 순서**
주철 > 탄소강 > 연철

75 그물유리라고도 하며 주로 방화 및 방재용으로 사용하는 유리는?

① 강화유리   ② 망입유리
③ 복층유리   ④ 열선반사유리

* **망입유리(그물유리)**
  - 판유리 내부에 금속 망을 삽입하고 내열성이 뛰어난 특수 레진을 주입한 다음 압착 성형한 유리
  - 화재 시 개구부에서의 연소(筵蔬)를 방지하는 효과가 있다.(방화 및 방재용으로 사용)

76 금속면의 보호와 부식방지를 목적으로 사용하는 방청도료와 가장 거리가 먼 것은?

① 광명단조합페인트
② 알루미늄 도료
③ 에칭프라이머
④ 캐슈수지 도료

정답 73 ① 74 ④ 75 ② 76 ④

* **방청 도료** : 녹막이 도료 또는 녹막이 페인트
① 광명단 도료
② 산화철 도료
③ 알루미늄 도료
④ 징크로메이트 도료
⑤ 워시 프라이머(에칭 프라이머)

📝 필기에 자주 출제되는 내용입니다.

77 기본 점성이 크며 내수성, 내약품성, 전기절연성이 우수하고 금속, 플라스틱, 도자기, 유리, 콘크리트 등의 접합에 사용되는 만능형 접착제는?

① 아크릴수지 접착제
② 페놀수지 접착제
③ 에폭시수지 접착제
④ 멜라미수지 접착제

* **에폭시 수지 접착제**
① 주제와 경화제로 이루어진 2성분계의 접착제이다.(접착제의 성능을 지배하는 것은 경화제라고 할 수 있다.)
② 금속, 석재, 플라스틱, 콘크리트 등 거의 모든 재료의 접착에 사용된다.(알루미늄과 같은 경금속 접착에 가장 적합하다.)
③ 급경성으로 내화학성, 내약품성, 내수성, 전기절연성이 우수하다.

📝 필기에 자주 출제되는 내용입니다.

78 열선흡수유리의 특징에 관한 설명으로 옳지 않은 것은?

① 여름철 냉방부하를 감소시킨다.
② 자외선에 의한 상품 등의 변색을 방지한다.
③ 유리의 온도 상승이 매우 적어 실내의 기온에 별로 영향을 받지 않는다.
④ 채광을 요구하는 진열장에 이용된다.

* **열선흡수 유리**
• 보통 판유리에 철, 니켈, 코발트 등을 첨가하여 적외선을 흡수하여 실내로 적외선(열선)이 잘 투과되지 않도록 한 유리
• 여름철 냉방부하를 감소시키며 자외선에 의한 상품 등의 변색을 방지한다.
• 채광을 요구하는 진열장에 이용된다.

79 내화벽돌은 최소 얼마 이상의 내화도를 가진 것을 의미하는가?

① SK 26   ② SK 28
③ SK 30   ④ SK 32

내화벽돌의 내화도 : SK 26번 이상

> 참고
>
> 내화도(耐火度)는 제게르콘 번호(SK)를 붙여서 나타낸다.

정답 77 ③ 78 ③ 79 ①

80 합판에 관한 설명으로 옳은 것은?

① 곡면 가공이 어렵다.
② 함수율의 변화에 따른 신축변형이 적다.
③ 2매 이상의 박판을 짝수배로 겹쳐 만든 것이다.
④ 합판 제조 시 목재의 손실이 많다.

> ＊합판
> ① 합판은 3매 이상의 얇은 판을 1매마다 접착제로 섬유 방향에 직교하도록 붙여서 만든 판을 말한다.
> ② 함수율 변화에 따라 팽창・수축의 변형이 없다. (내수성이 크다.)
> ③ 뒤틀림이나 변형이 적은 비교적 큰 면적의 평면 재료를 얻을 수 있다.
> ④ 곡면가공을 하여도 균열이 생기지 않는다.
> ⑤ 균일한 강도의 재료를 얻을 수 있다.(방향에 따른 강도차가 작다.)
> ⑥ 여러 가지 아름다운 무늬를 얻을 수 있다.
> ⑦ 표면가공법으로 흡음효과를 낼 수 있다.

 필기에 자주 출제되는 내용입니다.

5과목 건설안전기술

81 근로자가 추락하거나 넘어질 위험이 있는 장소에서 추락방호망의 설치 기준으로 옳지 않은 것은?

① 망의 처짐은 짧은 변 길이의 10% 이상이 되도록 할 것
② 추락방호망은 수평으로 설치할 것
③ 건축물 등의 바깥쪽으로 설치하는 경우 추락방호망의 내민 길이는 벽면으로부터 3m 이상 되도록 할 것
④ 추락방호망의 설치위치는 가능하면 작업면으로 부터 가까운 지점에 설치하여야 하며, 작업면으로 부터 망의 설치지점까지의 수직거리는 10m를 초과하지 아니할 것

> ＊추락방호망의 설치
> ① 추락방호망의 설치위치는 가능하면 작업면으로부터 가까운 지점에 설치하여야하며, **작업면으로부터 망의 설치지점까지의 수직거리는 10미터를 초과하지 아니할 것**
> ② 추락방호망은 수평으로 설치하고, 망의 처짐은 짧은 변 길이의 12퍼센트 이상이 되도록 할 것
> ③ 건축물 등의 바깥쪽으로 설치하는 경우 망의 내민 길이는 벽면으로부터 3미터 이상 되도록 할 것

실기까지 중요한 내용입니다.

정답 80 ② 81 ①

82 산업안전보건관리비에 관한 설명으로 옳지 않은 것은?

① 발주자는 수급인이 안전관리비를 다른 목적으로 사용한 금액에 대해서는 계약금액에서 감액 조정할 수 있다.
② 발주자는 수급인이 안전관리비를 사용하지 아니한 금액에 대하여는 반환을 요구할 수 있다.
③ 자기공사자는 원가계산에 의한 예정가격 작성 시 안전관리비를 계상한다.
④ 발주자는 설계변경 등으로 대상액의 변동이 있는 경우 공사 완료 후 정산하여야 한다.

④ 발주자 또는 자기공사자는 **설계변경** 등으로 대상액의 변동이 있는 경우 지체 없이 산업안전보건관리비를 조정 계상하여야 한다. 다만, 설계변경으로 공사 금액이 800억 원 이상으로 증액된 경우에는 증액된 대상액을 기준으로 재 계상한다.

83 굴착면 붕괴의 원인과 가장 거리가 먼 것은?

① 사면경사의 증가
② 성토 높이의 감소
③ 공사에 의한 진동하중의 증가
④ 굴착높이의 증가

★ **토석 붕괴의 외적원인**
① 사면, 법면의 경사 및 기울기의 증가
② 절토 및 성토 높이의 증가
③ 공사에 의한 진동 및 반복 하중의 증가
④ 지표수 및 지하수의 침투에 의한 토사 중량의 증가
⑤ 지진, 차량, 구조물의 하중작용
⑥ 토사 및 암석의 혼합층 두께

📝 실기까지 중요한 내용입니다.

84 다음 중 유해·위험방지계획서 작성 및 제출 대상에 해당되는 공사는?

① 지상높이가 20m 인 건축물의 해체공사
② 깊이 9.5m인 굴착공사
③ 최대 지간거리가 50m인 교량건설공사
④ 저수용량 1천만톤인 용수전용 댐

★ **유해위험방지계획서를 제출해야 될 건설공사**
1. 다음 각 목의 어느 하나에 해당하는 건축물 또는 시설 등의 건설·개조 또는 해체공사
   가. 지상높이가 31미터 이상인 건축물 또는 인공구조물
   나. 연면적 3만제곱미터 이상인 건축물
   다. 연면적 5천제곱미터 이상인 시설로서 다음의 어느 하나에 해당하는 시설
      1) 문화 및 집회시설(전시장 및 동물원·식물원은 제외한다)
      2) 판매시설, 운수시설(고속철도의 역사 및 집배송시설은 제외한다)
      3) 종교시설
      4) 의료시설 중 종합병원
      5) 숙박시설 중 관광숙박시설
      6) 지하도상가
      7) 냉동·냉장 창고시설
2. 연면적 5천제곱미터 이상의 냉동·냉장창고시설의 설비공사 및 단열공사
3. 최대 지간길이(다리의 기둥과 기둥의 중심사이의 거리)가 50미터 이상인 교량 건설 등 공사
4. 터널 건설 등의 공사
5. 다목적댐, 발전용댐, 저수용량 2천만톤 이상의 용수전용 댐, 지방상수도 전용 댐 건설 등의 공사
6. 깊이 10미터 이상인 굴착공사

정답 82 ④ 83 ② 84 ③

특급암기법
- 지상높이 31m, 연면적 3만m², 사람 많은 시설 연면적 5,000m²
- 연면적 5,000m² 냉동·냉장창고시설
- 최대 지간길이가 50미터 이상 교량
- 터널
- 저수용량 2천만 톤 이상 댐
- 10미터 이상인 굴착

실기에 자주 출제되는 내용입니다.

85 철근콘크리트 슬래브에 발생하는 응력에 대한 설명으로 옳지 않은 것은?

① 전단력은 일반적으로 단부보다 중앙부에서 크게 작용한다.
② 중앙부 하부에는 인장응력이 발생한다.
③ 단부 하부에는 압축응력이 발생한다.
④ 휨응력은 일반적으로 슬래브의 중앙부에서 크게 작용한다.

① 전단력은 일반적으로 중앙부보다 단부에서 크게 작용한다.

참고

전단력은 부재를 그 부재의 축과 수직 방향으로 자르려고 하는 힘이며, 단부에서 최대가 되고 중앙부로 갈수록 작아진다.

86 연약지반을 굴착할 때, 흙막이벽 뒷쪽 흙의 중량이 바닥의 지지력보다 커지면, 굴착저면에서 흙이 부풀어 오르는 현상은?

① 슬라이딩(Sliding)
② 보일링(Boiling)
③ 파이핑(Piping)
④ 히빙(Heaving)

★ 히빙(Heaving)현상
① 연질점토 지반에서 굴착에 의한 흙막이 내·외면의 흙의 중량차이(토압)로 인해 굴착저면이 부풀어 올라오는 현상
② 흙막이 바깥 흙이 안으로 밀려든다.

참고

★ 보일링(Boiling)현상
① 사질토 지반에서 굴착저면과 흙막이 배면과의 수위차로 인해 굴착저면의 흙과 물이 함께 위로 솟구쳐 오르는 현상
② 모래가 액상화되어 솟아오른다.

실기까지 중요한 내용입니다.

정답 85 ① 86 ④

87 철근콘크리트 공사 시 활용되는 거푸집의 필요조건이 아닌 것은?

① 콘크리트의 하중에 대해 뒤틀림이 없는 강도를 갖출 것
② 콘크리트 내 수분 등에 대한 물빠짐이 원활한 구조를 갖출 것
③ 최소한의 재료로 여러 번 사용할 수 있는 전용성을 가질 것
④ 거푸집은 조립·해체·운반이 용이하도록 할 것

> ② 수분이나 모르타르 등의 누출을 방지할 수 있는 수밀성이 있을 것

88 말비계를 조립하여 사용하는 경우에 준수해야 하는 사항으로 옳지 않은 것은?

① 지주부재의 하단에는 미끄럼 방지장치를 한다.
② 근로자는 양측 끝부분에 올라서서 작업하도록 한다.
③ 지주부재와 수평면의 기울기를 75 이하로 한다.
④ 말비계의 높이가 2m를 초과하는 경우에는 작업발판의 폭을 40cm 이상으로 한다.

> ★ 말비계 조립 시의 준수사항(말비계의 구조)
> ① 지주부재의 하단에는 **미끄럼 방지장치**를 하고, 양측 끝부분에 올라서서 작업하지 아니하도록 할 것
> ② 지주부재와 수평면과의 기울기를 75도 이하로 하고, 지주부재와 지주부재 사이를 고정시키는 보조부재를 설치할 것
> ③ 말비계의 높이가 2미터를 초과할 경우에는 작업발판의 폭을 40센티미터 이상으로 할 것

📌 실기까지 중요한 내용입니다.

89 슬레이트, 선라이트 등 강도가 약한 재료로 덮은 지붕 위에서 작업을 할 때 발이 빠지는 등 근로자의 위험을 방지하기 위하여 필요한 발판의 폭 기준은?

① 10cm 이상 ② 20cm 이상
③ 25cm 이상 ④ 30cm 이상

> ★ 지붕 위에서의 위험 방지
> 사업주는 근로자가 지붕 위에서 작업을 할 때에 추락하거나 넘어질 위험이 있는 경우에는 다음 각 호의 조치를 해야 한다.
> ① 지붕의 가장자리에 안전난간을 설치할 것
> ② 채광창(skylight)에는 견고한 구조의 덮개를 설치할 것
> ③ 슬레이트 등 강도가 약한 재료로 덮은 지붕에는 폭 30센티미터 이상의 발판을 설치할 것

📌 실기까지 중요한 내용입니다.

정답 87 ② 88 ② 89 ④

90 추락방지용 방망 그물코의 모양 및 크기의 기준으로 옳은 것은?

① 원형 또는 사각으로서 그 크기는 5cm 이하이어야 한다.
② 원형 또는 사각으로서 그 크기는 10cm 이하이어야 한다.
③ 사각 또는 마름모로서 그 크기는 5cm 이하이어야 한다.
④ 사각 또는 마름모로서 그 크기는 10cm 이하이어야 한다.

그물코는 사각 또는 마름모로서 그 크기는 10센티미터 이하이어야 한다.

91 콘크리트를 타설할 때 안전상 유의하여야 할 사항으로 옳지 않은 것은?

① 콘크리트를 치는 도중에는 거푸집, 지보공 등의 이상 유무를 확인한다.
② 진동기 사용 시 지나친 진동은 거푸집 도괴의 원인이 될 수 있으므로 적절히 사용해야 한다.
③ 최상부의 슬래브는 되도록 이어붓기를 하고 여러 번에 나누어 콘크리트를 타설한다.
④ 타워에 연결되어 있는 슈트의 접속이 확실한지 확인한다.

③ 최상부의 슬래브는 되도록 이어붓기를 피하고 일시에 전체를 타설한다.

92 무한궤도식 장비와 타이어식(차륜식) 장비의 차이점에 관한 설명으로 옳은 것은?

① 무한궤도식은 기동성이 좋다.
② 타이어식은 승차감과 주행성이 좋다.
③ 무한궤도식은 경사지반에서의 작업에 부적당하다.
④ 타이어식은 땅을 다지는 데 효과적이다.

① 타이어식은 기동성이 좋다.
③ 무한궤도식은 경사지반에서의 작업에 적합하다.
④ 무한궤도식은 땅을 다지는 데 효과적이다.

93 사다리식 통로 등을 설치하는 경우 발판과 벽과의 사이는 최소 얼마 이상의 간격을 유지하여야 하는가?

① 10cm 이상
② 15cm 이상
③ 20cm 이상
④ 25cm 이상

발판과 벽과의 사이는 15센티미터 이상의 간격을 유지할 것

정답   90 ④   91 ③   92 ②   93 ②

> 참고

＊ 사다리식 통로의 구조

(사다리식 통로 설치 시의 준수사항)

① 견고한 구조로 할 것
② 심한 손상・부식 등이 없는 재료를 사용할 것
③ 발판의 간격은 일정하게 할 것
④ 발판과 벽과의 사이는 15센티미터 이상의 간격을 유지할 것
⑤ 폭은 30센티미터 이상으로 할 것
⑥ 사다리가 넘어지거나 미끄러지는 것을 방지하기 위한 조치를 할 것
⑦ 사다리의 상단은 걸쳐놓은 지점으로부터 60센티미터 이상 올라가도록 할 것
⑧ 사다리식 통로의 길이가 10미터 이상인 경우에는 5미터 이내마다 계단참을 설치할 것
⑨ 사다리식 통로의 기울기는 75도 이하로 할 것. 다만, 고정식 사다리식 통로의 기울기는 90도 이하로 하고, 그 높이가 7미터 이상인 경우에는 다음 각 목의 구분에 따른 조치를 할 것
  • 등받이울이 있어도 근로자 이동에 지장이 없는 경우 : 바닥으로부터 높이가 2.5미터 되는 지점부터 등받이울을 설치할 것
  • 등받이울이 있으면 근로자가 이동이 곤란한 경우 : 한국산업표준에서 정하는 기준에 적합한 **개인용 추락 방지 시스템**을 설치하고 근로자로 하여금 한국산업표준에서 정하는 기준에 적합한 **전신 안전대**를 사용하도록 할 것
⑩ 접이식 사다리 기둥은 사용 시 접혀지거나 펼쳐지지 않도록 철물 등을 사용하여 견고하게 조치할 것

 실기까지 중요한 내용입니다.

94 정기 안전점검 결과 건설공사의 물리적・기능적 결함 등이 발견되어 보수・보강 등의 조치를 하기 위하여 필요한 경우에 실시하는 것은?

① 자체 안전점검 ② 정밀 안전점검
③ 상시 안전점검 ④ 품질관리점검

＊ "시설물의 안전관리에 관한 특별법" 상의 용어 정의

① **안전점검** : 경험과 기술을 갖춘 자가 육안이나 점검기구 등으로 검사하여 시설물에 내재(內在)되어 있는 위험요인을 조사하는 행위를 말하며, 점검목적 및 점검수준을 고려하여 국토교통부령으로 정하는 바에 따라 정기안전점검 및 정밀안전점검으로 구분한다.
② **정밀안전진단** : 시설물의 물리적・기능적 결함을 발견하고 그에 대한 신속하고 적절한 조치를 하기 위하여 구조적 안전성과 결함의 원인 등을 조사・측정・평가하여 보수・보강 등의 방법을 제시하는 행위를 말한다.
③ **긴급안전점검** : 시설물의 붕괴・전도 등으로 인한 재난 또는 재해가 발생할 우려가 있는 경우에 시설물의 물리적・기능적 결함을 신속하게 발견하기 위하여 실시하는 점검을 말한다.

95 차량계 하역운반기계에 화물을 적재할 때의 준수사항과 거리가 먼 것은?

① 하중이 한쪽으로 치우지지 않도록 적재할 것
② 구내운반차 또는 화물자동차의 경우 화물의 붕괴 또는 낙하에 의한 위험을 방지하기 위하여 화물에 로프를 거는 등 필요한 조치를 할 것
③ 운전자의 시야를 가리지 않도록 화물을 적재할 것
④ 제동장치 및 조정장치 기능의 이상 유무를 점검할 것

정답 94 ② 95 ④

* **차량계 하역운반기계에 화물 적재 시의 조치**
① 하중이 한쪽으로 치우치지 않도록 적재할 것
② 구내운반차 또는 화물자동차의 경우 **화물의 붕괴 또는 낙하**에 의한 위험을 방지하기 위하여 화물에 로프를 거는 등 필요한 조치를 할 것
③ 운전자의 시야를 가리지 않도록 화물을 적재할 것
④ 화물을 적재하는 경우에는 **최대적재량**을 초과해서는 아니 된다.

실기까지 중요한 내용입니다.

96 시스템 비계를 사용하여 비계를 구성하는 경우에 준수하여야 할 사항으로 옳지 않은 것은?

① 수직재와 수직재의 연결철물은 이탈되지 않도록 견고한 구조로 할 것
② 수직재·수평재·가새재를 견고하게 연결하는 구조가 되도록 할 것
③ 수직재와 받침철물의 연결부 겹침길이는 받침철물 전체길이의 4분의 1 이상이 되도록 할 것
④ 수평재는 수직재와 직각으로 설치하여야 하며, 체결 후 흔들림이 없도록 견고하게 설치할 것

③ 비계 밑단의 **수직재와 받침철물**은 밀착되도록 설치하고, 수직재와 받침철물의 **연결부의 겹침길이는 받침철물 전체길이의 3분의 1 이상**이 되도록 할 것

실기까지 중요한 내용입니다.

97 공사현장에서 낙하물방지망 또는 방호선반을 설치할 때 설치 높이 및 벽면으로부터 내민 길이 기준으로 옳은 것은?

① 설치높이 : 10m 이내마다, 내민길이 2m 이상
② 설치높이 : 15m 이내마다, 내민길이 2m 이상
③ 설치높이 : 10m 이내마다, 내민길이 3m 이상
④ 설치높이 : 15m 이내마다, 내민길이 3m 이상

* **낙하물방지망 또는 방호선반을 설치 시 준수사항**
① 설치높이는 10미터 이내마다 설치하고, 내민길이는 벽면으로부터 2미터 이상으로 할 것
② 수평면과의 각도는 20도 이상 30도 이하를 유지할 것

실기까지 중요한 내용입니다.

98 가설구조물이 갖추어야 할 구비요건과 가장 거리가 먼 것은?

① 영구성   ② 경제성
③ 작업성   ④ 안전성

가설구조물은 공사를 수행하기 위하여 설치했다가 공사가 완료된 후에 해체 또는 철거하는 구조물로 영구성은 필요치 않다.

정답 96 ③   97 ①   98 ①

99 가설통로를 설치하는 경우 준수하여야 할 기준으로 옳지 않은 것은?

① 견고한 구조로 할 것
② 경사는 30 이하로 할 것
③ 경사가 30를 초과하는 경우에는 미끄러지지 아니하는 구조로 할 것
④ 수직갱에 가설된 통로의 길이가 15m 이상인 경우에는 10m 이내마다 계단참을 설치할 것

★ 가설통로 설치 시의 준수사항
① 견고한 구조로 할 것
② 경사는 30도 이하로 할 것(계단을 설치하거나 높이 2미터 미만의 가설통로로서 튼튼한 손잡이를 설치한 때에는 그러하지 아니하다)
③ 경사가 15도를 초과하는 때는 미끄러지지 아니하는 구조로 할 것
④ 추락의 위험이 있는 장소에는 안전난간을 설치할 것 (작업상 부득이한 때에는 필요한 부분에 한하여 임시로 이를 해체할 수 있다)
⑤ 수직갱 : 길이가 15미터이상인 때에는 10미터 이내마다 계단참을 설치할 것
⑥ 건설공사에 사용하는 높이 8미터 이상인 비계다리 : 7미터 이내 마다 계단참을 설치할 것

실기까지 중요한 내용입니다.

100 산업안전보건기준에 관한 규칙에 따른 토사굴착 시 굴착면의 기울기 기준으로 옳지 않은 것은?

① 경암 - 1 : 0.5
② 모래 - 1 : 1.2
③ 풍화암 - 1 : 1.0
④ 연암 - 1 : 1.0

★ 굴착면의 기울기 기준

지반의 종류	굴착면의 기울기
모래	1 : 1.8
연암 및 풍화암	1 : 1.0
경암	1 : 0.5
그 밖의 흙	1 : 1.2

실기에 자주 출제되는 내용입니다.

정답 99 ③ 100 ②

2019년 4회 최근 기출문제

1과목 산업안전관리론

01 팀워크에 기초하여 위험요인을 작업시작 전에 발견, 파악하고 그에 따른 대책을 강구하는 위험예지훈련에 해당하지 않는 것은?

① 감수성 훈련
② 집중력 훈련
③ 즉흥적 훈련
④ 문제해결 훈련

* **위험예지훈련의 기법**
  (위험예지훈련의 안전선취를 위한 방법)
  ① 감수성 훈련 : 위험을 예지, 예측하는 능력을 높이고 위험에 대한 감수성을 날카롭게 하기 위한 훈련을 말한다.
  ② 집중력 훈련 : 위험예지훈련의 요소요소에서 지적확인을 하여 집중력을 높임으로써 깜빡 잊거나, 멍해지거나, 부주의 하는 것을 막는 훈련을 말한다.
  ③ 문제해결 훈련 : 문제점을 파악하여 문제해결 능력을 높이기 위한 훈련을 말한다.

02 산업재해의 분류방법에 해당하지 않는 것은?

① 통계적 분류
② 상해 종류에 의한 분류
③ 관리적 분류
④ 재해 형태별 분류

* **산업재해의 분류방법**
  ① 통계적 분류
  ② 개별적 분류
  ③ 상해 종류별 분류
  ④ 재해 형태별 분류

실기까지 중요한 내용입니다.

03 안전교육의 순서가 옳게 나열된 것은?

① 준비-제시-적용-확인
② 준비-확인-제시-적용
③ 제시-준비-확인-적용
④ 제시-준비-적용-확인

* **교육진행 4단계**
  제1단계 : 도입(학습할 준비를 시킨다.)
  제2단계 : 제시(작업을 설명한다.)
  제3단계 : 적용(작업을 시켜본다.)
  제4단계 : 확인(가르친 뒤 살펴본다.)

필기에 자주 출제되는 내용입니다.

정답   01 ③   02 ③   03 ①

04 무재해운동의 근본이념으로 가장 적절한 것은?

① 인간존중의 이념
② 이윤추구의 이념
③ 고용증진의 이념
④ 복리증진의 이념

> 무재해운동이란 **인간존중의 이념을** 바탕으로 사업주와 근로자가 다같이 참여하여 자율적인 산업재해예방 운동을 추진함으로써, 안전의식을 고취하고 나아가 **일체의 산업재해를** 근절하여 인간중심의 밝고 안전한 사업장을 조성하기 위한 운동이다.

05 산업안전보건법령상 산업재해의 정의로 옳은 것은?

① 고의성 없는 행동이나 조건이 선행되어 인명의 손실을 가져올 수 있는 사건
② 안전사고의 결과로 일어난 인명피해 및 재산손실
③ 노무를 제공하는 사람이 업무에 관계되는 설비 등에 의하여 사망 또는 부상하거나 질병에 걸리는 것
④ 통제를 벗어난 에너지의 광란으로 인하여 입은 인명과 재산의 피해 현상

> "산업재해"란 노무를 제공하는 사람이 업무에 관계되는 건설물·설비·원재료·가스·증기·분진 등에 의하거나 작업 또는 그 밖의 업무로 인하여 사망 또는 부상하거나 질병에 걸리는 것을 말한다.

06 다음 중 적성배치 시 작업자의 특성과 가장 관계가 적은 것은?

① 연령   ② 작업조건
③ 태도   ④ 업무경력

> 작업조건 → 적성배치 시 작업의 특성

07 파블로프(Pavlov)의 조건반사설에 의한 학습이론의 원리에 해당되지 않는 것은?

① 일관성의 원리
② 시간의 원리
③ 강도의 원리
④ 준비성의 원리

> **★ 파블로프의 조건반사설**
> ① **일관성의** 원리
> ② **계속성의** 원리
> ③ **시간의** 원리
> ④ **강도의** 원리

실기까지 중요한 내용입니다.

08 교육훈련의 평가방법에 해당하지 않는 것은?

① 관찰법
② 모의법
③ 면접법
④ 테스트법

정답 04 ① 05 ③ 06 ② 07 ④ 08 ②

> *교육훈련평가의 방법
> ① 관찰법
> ② 면접법
> ③ 질문지법
> ④ 상호 평가법
> ⑤ 자료분석법
> ⑥ 테스트법

09 산업안전보건법령상 안전모의 성능시험 항목 6가지 중 내관통성시험, 충격흡수성시험, 내전압성시험, 내수성시험 외의 나머지 2가지 성능시험 항목으로 옳은 것은?

① 난연성시험, 턱끈풀림시험
② 내한성시험, 내압박성시험
③ 내답발성시험, 내식성시험
④ 내산성시험, 난연성시험

> *안전인증 대상 안전모의 성능 시험 종류
> ① 내관통성 시험
> ② 충격흡수성 시험
> ③ 내전압성 시험
> ④ 내수성 시험
> ⑤ 난연성 시험
> ⑥ 턱끈풀림 시험

실기에 자주 출제되는 내용입니다.

10 직장에서의 부적응 유형 중, 자기 주장이 강하고 대인관계가 빈약하며, 사소한 일에 있어서도 타인이 자신을 제외했다고 여겨 악의를 나타내는 특징을 가진 유형은?

① 망상인격   ② 분열인격
③ 무력인격   ④ 강박인격

> *직장에서의 부적응의 유형
> ① 망상인격 : 자기 주장이 강하고 대인관계가 빈약하며, 사소한 일에 있어서도 타인이 자신을 제외했다고 여겨 악의를 나타내는 특징을 가진 유형
> ② 분열인격 : 사회적 관계에 거리를 두고 인간관계에 있어 감정을 거의 표현하지 않는 유형
> ③ 무력인격 : 즐거움을 느끼지 못하고 쉽게 피로를 느끼며, 열정이 부족하고 신체 감정적 스트레스에 과민한 인격 유형
> ④ 강박인격 : 매사에 완벽을 추구하며 과도한 성취지향성, 엄격하거나 지나치게 양심적인 행동을 추구하는 유형

11 개인과 상황변수에 대한 리더십의 특징으로 옳은 것은? (단, 비교대상은 헤드십(Headship)으로 한다.)

① 권한행사 : 선출된 리더
② 권한근거 : 개인능력
③ 지휘형태 : 권위주의적
④ 권한귀속 : 집단목표에 기여한 공로인정

정답   09 ①   10 ①   11 ①, ②, ④

★ 리더십과 헤드십의 특성

구분	리더십	헤드십
권한 행사	선출된 리더	임명된 헤드
권한 부여	밑으로부터의 동의	위에서 위임
권한 귀속	집단 목표에 기여한 공로 인정	공식화된 규정에 의함
상하, 부하관계	개인적인 영향	지배적임
부하와의 관계	좁음	넓음
지휘 형태	민주주의적	권위주의적
책임 귀속	상사와 부하	상사
권한 근거	개인적	법적, 공식적

📝 필기에 자주 출제되는 내용입니다.
문제 오류로 1, 2, 4번 정답입니다.

12 상해의 종류별 분류에 해당하지 않는 것은?

① 골절　　② 중독
③ 동상　　④ 감전

감전 → 재해발생 형태에 해당한다.

참고

골절	뼈가 부러진 상해
동상	저온물 접촉으로 생긴 동상 상해
중독·질식	음식물·약물·가스 등에 의한 중독이나 질식된 상해

📝 실기까지 중요한 내용입니다.

13 기억과정 중 다음의 내용이 설명하는 것은?

> 과거에 경험하였던 것과 비슷한 상태에 부딪쳤을 때 과거의 경험이 떠오르는 것

① 재생　　② 기명
③ 파지　　④ 재인

★ 기억의 과정
① 기억 : 과거 행동이 미래 행동에 영향을 줌
② 기명 : 사물의 인상을 마음에 간직함
③ 파지 : 인상이 보존됨
④ 재생 : 보존된 인상이 떠오름
⑤ 재인 : 과거에 경험했던 것과 비슷한 상황에서 떠오르는 현상

📝 필기에 자주 출제되는 내용입니다.

14 알더퍼(Alderfer)의 ERG이론에 해당하지 않는 것은?

① 생존 욕구　　② 관계 욕구
③ 안전 욕구　　④ 성장 욕구

★ 알더퍼의 E.R.G이론
① E(Existenece needs) : 생존욕구 또는 존재욕구
　(의식주, 봉급, 직무안전)
② R(Relatedness needs) : 관계욕구(대인관계)
③ G(Growth needs) : 성장욕구(개인적 발전)

📝 실기까지 중요한 내용입니다.

정답　12 ④　13 ④　14 ③

15 자체검사의 종류 중 검사대상에 의한 분류에 포함되지 않는 것은?

① 형식검사 ② 규격검사
③ 기능검사 ④ 육안검사

* 자체검사의 검사대상에 의한 분류
① 기능검사(성능검사)
② 형식검사
③ 규격검사

16 1,000명 이상의 대규모 기업에 효율적이며 안전 스탭이 안전에 관한 업무를 수행하고, 라인의 관리감독자에게도 안전에 관한 책임과 권한이 부여되는 조직의 형태는?

① 라인 방식
② 스탭 방식
③ 라인-스탭방식
④ 인간-기계방식

라인(Line)형 or 직계형	• 소규모 사업장(100명 이하 사업장)에 적용이 가능하다. • 라인형 장점 : 명령 및 지시가 신속, 정확하다. • 라인형 단점 - 안전정보가 불충분하다. - 라인에 과도한 책임이 부여될 수 있다. • 생산과 안전을 동시에 지시하는 형태이다.
스태프(staff)형 or 참모형	• 중규모 사업장(100~1,000명 정도의 사업장)에 적용이 가능하다. • 스태프형 장점 : 안전정보 수집이 용이하고 빠르다. • 스태프형 단점 : 안전과 생산을 별개로 취급한다. • 생산부문은 안전에 대한 책임, 권한이 없다.
라인 스태프 (Line Staff)형 or 혼합형	• 대규모 사업장(1,000명 이상 사업장)에 적용이 가능하다. • 라인 스태프형 장점 - 안전전문가에 의해 입안된 것을 경영자가 명령하므로 명령이 신속, 정확하다. - 안전정보 수집이 용이하고 빠르다. • 라인 스태프형 단점 - 명령계통과 조언, 권고적 참여의 혼돈이 우려된다.

📝 실기에 자주 출제되는 내용입니다.

17 안전·보건교육 계획수립에 반드시 포함하여야 할 사항이 아닌 것은?

① 교육 지도안
② 교육의 목표 및 목적
③ 교육장소 및 방법
④ 교육의 종류 및 대상

* 안전 · 보건교육 계획에 포함하여야 할 사항
① 교육의 목표 ② 교육대상
③ 강사 ④ 교육과목, 내용, 방법
⑤ 교육시간과 시기 ⑥ 교육장소

정답 15 ④ 16 ③ 17 ①

18 근로자가 360명인 사업장에서 1년 동안 사고로 인한 근로손실일수가 210일 이었다. 강도율은 약 얼마인가? (단, 근로자는 1일 8시간씩 연간 300일을 근무하였다.)

① 0.20   ② 0.22
③ 0.24   ④ 0.26

★ 강도율(S.R)
- 1,000 근로시간당 요양재해로 인한 근로손실일수 비율
- 강도율 = $\dfrac{\text{총 요양 근로 손실 일수}}{\text{연 근로시간 수}} \times 1,000$
- 근로손실일수
  = 휴업일수, 요양일수, 입원일수 × $\dfrac{300(\text{근로일수})}{365}$

강도율 = $\dfrac{210}{360 \times 8 \times 300} \times 1,000 = 0.24$

📝 실기에 자주 출제되는 내용입니다.

19 산업안전보건법령상 일용근로자의 안전, 보건교육 과정별 교육시간 기준으로 틀린 것은? (단, 도매업과 숙박 및 음식점업 사업장의 경우는 제외한다.)

① 채용 시의 교육 : 1시간 이상
② 작업내용 변경 시의 교육 : 2시간 이상
③ 건설업 기초안전 보건교육(건설일용근로자) : 4시간
④ 특별교육 : 2시간 이상(흙막이 지보공의 보강 또는 동바리를 설치하거나 해체하는 작업에 종사하는 일용 근로자)

★ 근로자 안전보건교육

교육과정	교육대상		교육시간
가. 정기 교육	1) 사무직 종사 근로자		매반기 6시간 이상
	2) 그 밖의 근로자	가) 판매 업무에 직접 종사하는 근로자	매반기 6시간 이상
		나) 판매 업무에 직접 종사하는 근로자 외의 근로자	매반기 12시간 이상
나. 채용 시의 교육	1) 일용근로자 및 근로계약기간이 1주일 이하인 기간제근로자		1시간 이상
	2) 근로계약기간이 1주일 초과 1개월 이하인 기간제근로자		4시간 이상
	3) 그 밖의 근로자		8시간 이상
다. 작업 내용 변경 시의 교육	1) 일용근로자 및 근로계약기간이 1주일 이하인 기간제근로자		1시간 이상
	2) 그 밖의 근로자		2시간 이상
라. 특별 교육	1) 일용근로자 및 근로계약기간이 1주일 이하인 기간제 근로자(타워크레인 신호작업에 종사하는 근로자 제외)		2시간 이상
	2) 일용근로자 및 근로계약기간이 1주일 이하인 기간제 근로자 중 타워크레인신호작업에 종사하는 근로자		8시간 이상
	3) 일용근로자 및 근로계약기간이 1주일 이하인 기간제 근로자를 제외한 근로자		가) 16시간 이상(최초 작업에 종사하기 전 4시간 이상 실시하고 12시간은 3개월 이내에서 분할하여 실시 가능) 나) 단기간 작업 또는 간헐적 작업인 경우에는 2시간 이상
마. 건설업 기초안전·보건교육	건설 일용근로자		4시간 이상

📝 실기에 자주 출제되는 중요한 내용입니다.

정답 18 ③ 19 ②

20 산업안전보건법령상 안전 보건표지의 종류에 관한 설명으로 옳은 것은?

① '위험장소'는 경고표지로서 바탕은 노란색, 기본모형은 검은색, 그림은 흰색으로 한다.
② '출입금지'는 금지표지로서 바탕은 흰색, 기본모형은 빨간색, 그림은 검은색으로 한다.
③ '녹십자표지'는 안내표지로서 바탕은 흰색, 기본모형과 관련 부호는 녹색, 그림은 검은색으로 한다.
④ '안전모착용'은 경고표지로서 바탕은 파란색, 관련 그림은 검은색으로 한다.

① '위험장소'는 경고표지로서 바탕은 노란색, 기본모형은 검은색, 그림은 검은색으로 한다.
③ '녹십자표지'는 안내표지로서 바탕은 흰색, 기본모형과 관련 부호는 녹색, 그림은 녹색으로 한다.
④ '안전모착용'은 경고표지로서 바탕은 파란색, 관련 그림은 흰색으로 한다.

실기까지 중요한 내용입니다.

2과목 인간공학 및 시스템안전공학

21 다음의 데이터를 이용하여 MTBF를 구하면 약 얼마인가?

가동시간	정지시간
t_1 = 2.7시간	t_a = 0.1시간
t_2 = 1.8시간	t_b = 0.2시간
t_3 = 1.5시간	t_c = 2.7시간
t_4 = 2.3시간	t_e = 2.7시간
부하시간 = 8시간	

① 1.8시간/회 ② 2.1시간/회
③ 2.8시간/회 ④ 3.1시간/회

$$MTBF = \frac{가동시간}{고장건수} = \frac{2.7+1.8+1.5+2.3}{4}$$
$$= 2.1시간/회$$

22 입식작업을 위한 작업대의 높이를 결정하는데 있어 고려하여야 할 사항과 가장 관계가 적은 것은?

① 작업의 빈도
② 작업자의 신장
③ 작업물의 크기
④ 작업물의 무게

* 입식작업대의 높이를 결정에 있어 고려하여야 할 사항
① 작업자의 신장
② 작업물의 크기
③ 작업물의 무게

정답   20 ②   21 ②   22 ①

23 FTA(Fault Tree Analysis)에 의한 재해 사례 연구 순서 중 3단계에 해당하는 것은?

① FT도의 작성
② 개선계획의 작성
③ 톱 사상의 선정
④ 사상의 재해 원인의 규명

> ★ FTA에 의한 재해사례 연구 순서
> 1단계 : 톱사상의 설정
> 2단계 : 재해 원인 규명
> 3단계 : FT도의 작성
> 4단계 : 개선계획의 작성
>
> 📝 필기에 자주 출제되는 내용입니다.

24 실내의 빛을 효과적으로 배분하고 이용하기 위하여 실내면의 반사율을 결정해야 한다. 다음 중 반사율이 가장 높아야 하는 곳은?

① 벽   ② 바닥
③ 가구 및 책상   ④ 천장

> ★ 옥내 최적 반사율
> • 천장(80-91%) > 벽(40-60%) > 가구 (25-45%) > 바닥(20-40%)
> • 옥내의 반사율은 천정으로 올라갈수록 높고 바닥으로 내려갈수록 낮아져야 한다.
>
> 📝 필기에 자주 출제되는 내용입니다.

25 급작스러운 큰 소음으로 인하여 생기는 생리적 변화가 아닌 것은?

① 혈압상승
② 근육이완
③ 동공팽창
④ 심장 박동수 증가

> ★ 소음이 인체에 미치는 영향(생리적 변화)
> ① 혈압 증가
> ② 심장 박동수 증가
> ③ 위 분비액 감소
> ④ 집중력 감소
> ⑤ 동공팽창
> ⑥ 청력손실

26 인간 – 기계시스템 설계의 주요 단계를 6단계로 구분하였을 때 3단계인 기본설계에 해당하지 않는 것은?

① 직무분석
② 기능의 할당
③ 보조물의 설계 결정
④ 인간 성능 요건 명세 결정

> ★ 기본 설계
> • 작업설계
> • 직무분석
> • 기능할당
> • 인간 성능 요건 명세 결정
>
> 📝 필기에 자주 출제되는 내용입니다.

정답 23 ① 24 ④ 25 ② 26 ③

27 산업안전을 목적으로 ERDA(미국 에너지 연구개발청)에서 개발된 시스템안전 프로그램으로 관리, 설계, 생산, 보전 등의 넓은 범위의 안전성을 검토하기 위한 기법은?

① FTA ② MORT
③ FHA ④ FMEA

* **MORT(Management Oversight and Risk Tree)**
관리, 설계, 생산, 보전 등의 광범위한 안전을 도모하기 위한 연역적이고, 정량적인 분석법이다.

> 참고
> 1. **고장형태와 영향분석(FMEA)** : 시스템에 영향을 미치는 **모든 요소의 고장을 형태별로 분석**하여 그 **영향을 검토**하는 정성적, 귀납적 분석법이다.
> 2. **결함위험분석(FHA)** : 한 계약자만으로 모든 시스템의 설계를 담당하지 않고 몇 개의 공동계약자가 분담할 경우 서브시스템(subsystem)의 해석에 사용되는 분석법이다.
> 3. **결함수분석법(FTA)** : 어떤 특정한 사고에 대하여 그 사고의 원인이 되는 징조 및 기기의 결함이나 작업자 오류 등을 연역적이며 정량적으로 평가하는 분석법이다.

필기에 자주 출제되는 내용입니다.

28 인간과 기계의 능력에 대한 실용성 한계에 관한 설명으로 틀린 것은?

① 기능의 수행이 유일한 기준은 아니다.
② 상대적인 비교는 항상 변하기 마련이다.
③ 일반적인 인간과 기계의 비교가 항상 적용 된다.
④ 최선의 성능을 마련하는 것이 항상 중요한 것은 아니다.

* **인간과 기계의 능력에 대한 실용성 한계**
① 기능의 수행이 유일한 기준은 아니다.
② 상대적인 비교는 항상 변하기 마련이다.
③ 일반적인 인간과 기계의 비교가 항상 적용되는 것은 아니다.
④ 최선의 성능을 마련하는 것이 항상 중요한 것은 아니다.

29 다음의 위험관리 단계를 순서대로 나열한 것으로 맞는 것은?

> ㉠ 위험의 분석　㉡ 위험의 파악
> ㉢ 위험의 처리　㉣ 위험의 평가

① ㉠ → ㉡ → ㉣ → ㉢
② ㉡ → ㉠ → ㉣ → ㉢
③ ㉠ → ㉢ → ㉡ → ㉣
④ ㉡ → ㉢ → ㉠ → ㉣

* **위험관리 단계**
위험의 파악 → 위험의 분석 → 위험의 평가 → 위험의 처리

정답 27 ② 28 ③ 29 ②

30 작업자가 평균 1,000시간 작업을 수행하면서 4회의 실수를 한다면, 이 사람이 10시간 근무했을 경우의 신뢰도는 약 얼마인가?

① 0.018 ② 0.04
③ 0.67 ④ 0.96

---

* **인간과오율**

$$HEP = \frac{실제\ 과오의\ 수}{과오발생\ 전체기회\ 수}$$

* **신뢰도**

$R(t) = e^{-\lambda \times t}$

- t : 앞으로 일할 시간
- λ : 과오율

인간과오율 = $\frac{4}{1,000}$ = 0.004

신뢰도 = $e^{-0.004 \times 10}$ = 0.96

📝 필기에 자주 출제되는 내용입니다.

31 이동전화의 설계에서 사용성 개선을 위해 사용자의 인지적 특성이 가장 많이 고려되어야 하는 사용자 인터페이스 요소는?

① 버튼의 크기
② 전화기의 색깔
③ 버튼의 간격
④ 한글 입력 방식

이동전화의 설계에서 사용자의 인지적 특성이 가장 많이 고려되어야 하는 요소 → 한글 입력 방식

32 시스템 안전(System safety)에 관한 설명으로 맞는 것은?

① 과학적, 공학적 원리를 적용하여 시스템의 생산성 극대화
② 사고나 질병으로부터 자기 자신 또는 타인을 안전하게 호신하는 것
③ 시스템 구성 요인의 효율적 활용으로 시스템 전체의 효율성 증가
④ 정해진 제약 조건하에서 시스템이 받는 상해나 손상을 최소화하는 것

시스템 안전 : 어떤 시스템에 있어서 **가능시간, 코스트(cost)** 등의 제약 조건하에서 인원 및 설비가 당하는 상해 및 손상을 최소한으로 줄이는 것이다.

33 FTA에서 사용되는 논리기호 중 기본사상은?

① 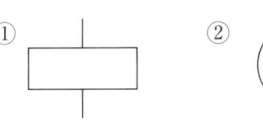 ②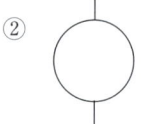

③ 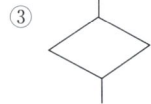 ④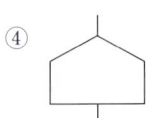

결함사상 (정상사상, 중간사상)	기본사상	생략사상	통상사상
▯	◯	◇	⌂

📝 필기에 자주 출제되는 내용입니다.

정답 30 ④ 31 ④ 32 ④ 33 ②

34 시각적 표시장치와 비교하여 청각적 표시장치를 사용하기 적당한 경우는?

① 메시지가 짧다.
② 메시지가 복잡하다.
③ 한 자리에서 일을 한다.
④ 메시지가 공간적 위치를 다룬다.

＊청각장치와 시각장치의 비교

청각장치	• 전언이 짧고, 간단할 때 • 재참조되지 않는다. • 시간적인 사상을 다룬다. • 즉각적인 행동을 요구할 때 • 시각계통이 과부하일 때 • 주위가 너무 밝거나 암조응일 때 • 자주 움직이는 경우
시각장치	• 전언이 길고, 복잡할 때 • 재참조된다. • 공간적인 위치 다룬다. • 즉각적 행동을 요구하지 않을 때 • 청각계통이 과부하일 때 • 주위가 너무 시끄러울 때 • 한곳에 머무르는 경우

📝 필기에 자주 출제되는 내용입니다.

35 안전색채와 표시사항이 맞게 연결된 것은?

① 녹색-안내표시
② 황색-금지표시
③ 적색-경고표시
④ 회색-지시표시

① 녹색 – 안내표시
② 노란색(황색) – 경고표시
③ 적색 – 금지표지, 경고표시
④ 파란색 – 지시표시

36 근골격계 질환을 예방하기 위한 관리적 대책으로 맞는 것은?

① 작업공간 배치
② 작업재료 변경
③ 작업순환 배치
④ 작업공구 설계

＊근골격계 질환을 예방하기 위한 관리적 대책
① 작업의 다양성 제공
② 작업순환
③ 작업자 적정배치
④ 작업속도 조절
⑤ 휴식시간 제공

정답 34 ① 35 ① 36 ③

37 다음과 같은 시험 결과는 어느 실험에 의한 것인가?

> 조명강도를 높인 결과 작업자들의 생산성이 향상되었고, 그 후 다시 조명강도를 낮추어도 생산성의 변화는 거의 없었다. 이는 작업자들이 받게 된 주의 및 관심에 대한 반응에 기인한 것으로, 이것은 인간관계가 작업 및 작업 공간 설계에 큰 영향을 미친다는 것을 의미한다.

① Birds실험
② Compes실험
③ Hawthorne 실험
④ Heinrich 실험

＊호손(Hawthorne)실험
① 작업 능률을 좌우하는 것은 임금, 노동시간 등의 노동조건과 조명, 환기, 기타 작업환경으로서의 **물적 조건보다 종업원의 태도 즉, 심리적·내적 양심과 감정(인간관계)이 더 중요**하다.
② 물적 조건도 그 개선에 의하여 효과를 가져올 수 있으나 종업원의 심리적 요소가 더 중요하다.

38 작업종료 후에도 체내에 쌓인 젖산을 제거하기 위하여 추가로 요구되는 산소량을 무엇이라고 하는가?

① ATP
② 에너지대사율
③ 산소부채
④ 산소최대섭취능

＊산소부채(산소 빚)
격렬한 작업이나 운동을 할 때에는 산소 섭취량이 산소 소모량보다 부족하여 산소부채를 일으킨다. **작업종료 후에도 체내에 쌓인 젖산을 제거하기 위하여 추가로 요구되는 산소량을 산소부채(산소 빚)**라고 한다.

39 다음의 FT도에서 최소 컷셋으로 맞는 것은?

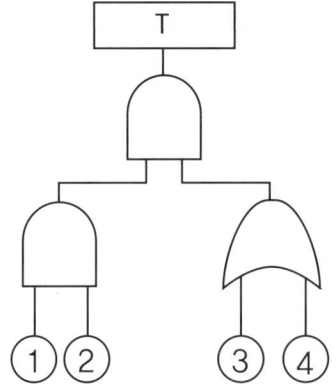

① {1, 2, 3, 4}
② {1, 2, 3}, {1, 2, 4}
③ {1, 3, 4}, {2, 3, 4}
④ {1, 3}, {1, 4}, {2, 3}, {2, 4}

$$T = (①, ②)\begin{pmatrix}③\\④\end{pmatrix}$$
$$= (①, ②, ③)$$
$$(①, ②, ④)$$
∴ 최소컷셋 : (①, ②, ③) 또는 (①, ②, ④)

37 ③ 38 ③ 39 ②

40 조종장치의 저항 중 갑작스러운 속도의 변화를 막고 부드러운 제어 동작을 유지하게 해주는 저항은?

① 점성저항 ② 관성저항
③ 마찰저항 ④ 탄성저항

★ **점성저항**
① 조종장치의 저항 중 갑작스러운 속도의 변화를 막고 부드러운 제어 동작을 유지하게 해주는 저항이다.
② 출력과 반대 방향으로 그 속도에 비례해서 작용하는 힘 때문에 생기는 항력으로 원활한 제어를 도우며, 특히 규정된 변위 속도를 유지하는 효과를 가진 조종 장치의 저항력이다.

42 철골세우기용 기계가 아닌 것은?

① 드래그라인 ② 가이 데릭
③ 타워크레인 ④ 트럭크레인

★ **철골세우기용 기계**
① 가이 데릭(guy derrick)
② 스티프레그 데릭(stiff-leg derrick)
③ 진 폴(gin pole)
④ 트럭 크레인(truck crane)
⑤ 타워 크레인(tower crane)

참고

★ **드래그라인(drag line)**
기계가 서있는 위치보다 낮은 장소의 굴착에 적당하고 수중굴착 및 연약한 지반의 굴착에 적합한 굴착기계를 말한다.

📝 필기에 자주 출제되는 내용입니다.

3과목 건설시공학

41 대형 봉상진동기를 진동과 워터젯에 의해 소정의 깊이까지 삽입하고 모래를 진동시켜 지반을 다지는 연약지반 개량공법은?

① 고결안정공법
② 인공동결공법
③ 전기화학공법
④ Vibro Flotation공법

바이브로 플로테이션 : 진동기를 이용하여 지반을 다짐하는 모래지반의 개량공법을 말한다.

43 타워크레인 등의 시공 장비에 의해 한 번에 설치하고 탈형만 하므로 사용할 때마다 부재의 조립 및 분해를 반복하지 않아 평면상 상하부 동일단면의 벽식 구조인 아파트 건축물에 적용효과가 큰 대형 벽체거푸집은?

① 갱폼(Gang form)
② 유로폼(Euro form)
③ 트래블링 폼(Traveling form)
④ 슬라이딩 폼(Sliding form)

정답 40 ① 41 ④ 42 ① 43 ①

갱 폼(Gang Form)
① 외부벽체 거푸집과 작업발판용 케이지(Cage)를 일체로 제작하여 사용하는 대형 거푸집을 말한다.(대형화 패널 자체에 버팀대와 작업대를 부착하여 유닛화 한다.)
② 거푸집판과 보강재가 일체로 된 기본 패널로 두꺼운 벽체를 구축하기에 적합하다.
③ 공사초기 제작기간이 길고 투자비가 큰 편이다.
④ 경제적인 전용횟수는 30~40회 정도이다.
⑤ 수직, 수평 분할 타설 공법을 활용하여 전용도를 높인다.
⑥ 조립, 분해 없이 설치와 탈형만 함에 따라 인력절감이 가능하다.(상하부 동일단면의 벽식 구조인 아파트 건축물에 적용 효과가 크다.)
⑦ 설치와 탈형을 위하여 타워크레인, 이동식 크레인 같은 양중장비가 필요하다.
⑧ 콘크리트 이음부위(joint) 감소로 마감이 단순해지고 비용이 절감된다.
⑨ 제작 장소 및 해체 후 보관 장소가 필요하다.

📝 필기에 자주 출제되는 내용입니다.

44 강 말뚝(H형강, 강관말뚝)에 관한 설명으로 옳지 않은 것은?

① 깊은 지지층까지 도달시킬 수 있다.
② 휨 강성이 크고 수평하중과 충격력에 대한 저항이 크다.
③ 부식에 대한 내구성이 뛰어나다.
④ 재질이 균일하고 절단과 이음이 쉽다.

강 말뚝[강관말뚝(steel pipe pile), H형강말뚝 (H-steel pile)]
① 원심력 철근 콘크리트(RC)말뚝에 비하여 가볍고 운반 및 시공이 용이하다.
② 깊은 지지층까지 도달시킬 수 있다.
③ 휨 강성이 크고 수평하중과 충격력에 대한 저항이 크다.
④ 재질이 균일하고 절단과 이음이 쉽다.(상부구조와 결합이 쉽고 이음이 우수)
⑤ 부식에 대한 내구성이 부족하여 부식방지 대책이 필요하다.

45 구조물의 시공과정에서 발생하는 구조물의 팽창 또는 수축과 관련된 하중으로, 신축량이 큰 장 경간, 연도, 원자력발전소 등을 설계할 때나 또는 일교차가 큰 지역의 구조물에 고려해야 하는 하중은?

① 시공하중 ② 충격 및 진동하중
③ 온도하중 ④ 이동하중

철골구조물 중 외기에 노출되어 온도응력의 영향을 많이 받는 구조물, 온도차가 큰 지역의 구조물, 온도변화에 의한 부재의 신축량이 큰 장대구조물, 대공간 구조물, 연도, 원자력발전소 등은 구조설계 시 온도하중에 대한 고려를 하여야 한다.

참고

온도하중 : 건물물의 설계 시 온도에 의한 하중효과를 고려하여야 하는 것을 말한다.

46 강구조공사 시 볼트의 현장시공에 관한 설명으로 옳지 않은 것은?

① 볼트 조임 작업 전에 마찰접합면의 녹, 밀스케일 등은 마찰력 확보를 위하여 제거하지 않는다.
② 마찰내력을 저감시킬 수 있는 틈이 있는 경우에는 끼움판을 삽입해야 한다
③ 현장조임은 1차 조임, 마킹, 2차 조임(본 조임), 육안검사의 순으로 한다.
④ 1군의 볼트조임은 중앙부에서 가장자리의 순으로 한다.

> ① 볼트 조임 작업 전에 마찰접합면의 흙, 먼지 또는 유해한 도료, 유류, 녹, 밀스케일 등 마찰력을 저감시키는 불순물을 제거해야 한다.

47 턴키도급(Turn-Key Base Contract)의 특징이 아닌 것은?

① 공기, 품질 등의 결함이 생길 때 발주자는 계약자에게 쉽게 책임을 추궁할 수 있다.
② 설계와 시공이 일괄로 진행된다.
③ 공사비의 절감과 공기단축이 가능하다.
④ 공사기간 중 신공법, 신기술의 적용이 불가하다.

> ★ 턴키베이스 도급(turn-key base contract)
> 주문받은 건설업자가 대상 계획의 기업, 금융, 토지조달, 설계, 시공 등을 포괄하는 도급계약방식을 말한다.
> ① 공기, 품질 등의 결함이 생길 때 발주자는 계약자에게 쉽게 책임을 추궁할 수 있다.
> ② 설계와 시공이 일괄로 진행된다.
> ③ 공사비의 절감과 공기단축이 가능하다.
> ④ 공사기간 중 신공법, 신기술의 적용이 가능하다.
>
> 필기에 자주 출제되는 내용입니다.

48 콘크리트 공사 시 거푸집 측압의 증가 요인에 관한 설명으로 옳지 않은 것은?

① 콘크리트의 타설 속도가 빠를수록 증가한다.
② 콘크리트의 슬럼프가 클수록 증가한다.
③ 콘크리트에 대한 다짐이 적을수록 증가한다.
④ 콘크리트의 경화속도가 늦을수록 증가한다.

> ★ 콘크리트의 측압
> ① 철골 or 철근량이 적을수록 측압이 크다.
> ② 외기온도가 낮을수록 측압이 크다.
> ③ 타설속도가 빠를수록 측압이 크다.
> ④ 다짐이 좋을수록 측압이 크다.
> ⑤ 슬럼프가 클수록 측압이 크다.
> ⑥ 콘크리트 비중이 클수록 측압이 크다.
> ⑦ 습도가 낮을수록 측압이 크다.
>
> 필기에 자주 출제되는 내용입니다.

정답 46 ① 47 ④ 48 ③

49 건설공사에서 래머(Rammer)의 용도는?

① 철근절단 ② 철근절곡
③ 잡석다짐 ④ 토사적재

래머(Rammer) : 잡석 등의 다짐용 장비

50 콘크리트의 탄산화에 관한 설명으로 옳지 않은 것은?

① 일반적으로 경량콘크리트는 탄산화의 속도가 매우 느리다.
② 경화한 콘크리트의 수산화석회가 공기 중의 탄산가스의 영향을 받아 탄산석회로 변화하는 현상을 말한다.
③ 콘크리트의 탄산화에 의해 강재표면의 보호피막이 파괴되어 철근의 녹이 발생하고, 궁극적으로 피복 콘크리트를 파괴한다.
④ 조강 포틀랜드시멘트를 사용하면 탄산화를 늦출 수 있다.

일반적으로 경량콘크리트는 탄산화의 속도가 빠르다.

참고

＊콘크리트의 탄산화(중성화)
① 약알칼리성인 **콘크리트 중의 수산화석회(수산화칼슘)가 공기 중의 이산화탄소의 유입으로 중성화**되면서 콘크리트가 알칼리성을 상실하고 철근이 부식되는 현상을 말한다.
② 콘크리트의 탄산화에 의해 강재표면의 보호피막이 파괴되어 철근의 녹이 발생하고, 궁극적으로 피복 콘크리트를 파괴한다.
③ 물-시멘트비가 클수록 중성화의 진행속도는 빠르다.
④ 탄산가스의 농도, 온도, 습도 등 외부환경 조건도 탄산화 속도에 영향을 준다.(온도가 높을수록, 습도가 낮을수록 중성화가 빠르다.)
⑤ 경량골재 콘크리트가 보통 콘크리트가 보다 탄산화 속도가 빠르다.
⑥ 조강 포틀랜드시멘트를 사용하면 탄산화를 늦출 수 있다.
⑦ 탄산화 된 부분은 페놀프탈레인액을 분무해도 착색되지 않는다.

51 경쟁 입찰에서 예정가격 이하의 최저가격으로 입찰한 자 순으로 당해계약 이행능력을 심사하여 낙찰자를 선정하는 방식은?

① 제한적 평균가 낙찰제
② 적격심사제
③ 최적격 낙찰제
④ 부찰제

＊낙찰제의 구분
① **최적격 낙찰제** : 입찰 가격은 물론 건설업체의 시공 능력과 기술을 함께 평가하여 낙찰하는 제도
② **제한적 최저가 낙찰제** : 예정가격 이하로 입찰한 자중 예정가격 대비 일정비율(예 90%) 이상 입찰자로서 최저가격으로 입찰한 자를 낙찰자로 결정하는 제도
③ **최저가 낙찰제** : 예정가격 이하로서 최저가격으로 입찰한 자를 낙찰자로 선정하는 제도
④ **적격 심사 낙찰제** : 예정가격 이하로서 최저가격으로 입찰한 자의 순으로 당해 계약이행능력을 심사(적격심사)해 낙찰자를 결정하는 제도

 필기에 자주 출제되는 내용입니다.

 49 ③   50 ①   51 ②

52 공사 또는 제품의 품질상태가 만족한 상태에 있는가의 여부를 판단하는데 가장 적합한 품질관리 기법은?

① 특성요인도
② 히스토그램
③ 파레토그램
④ 체크시트

히스토그램(분포도)
- 데이터가 존재하는 범위를 몇 개의 구간으로 나누고 각 구간에 들어가는 데이터의 빈도 수를 체크하여 그 크기를 막대그래프로 작성한다.
- 공사 또는 제품의 품질상태가 만족한 상태에 있는가의 여부를 판단하는데 가장 적합한 방법이다.

참고

① 파레토도(파레토그램) : 불량품, 결점, 고장 등의 발생건수를 현상과 원인별로 분류하고 여러 가지 데이터를 항목별로 분류해서 문제의 크기 순서로 나열하여 그 크기를 막대그래프로 나타낸다.
② 특성요인도 : 특성과 요인의 관계를 어골(물고기 뼈)상으로 표현하여 결과에 원인이 어떻게 관계되고 있는가를 알아보기 위하여 작성하는 것이다.
③ 체크시트(집중도) : 불량 수, 결점 수 등 셀 수 있는 데이터가 분류항목별로 어디에 집중되어 있는가를 알기 쉽도록 나타낸 그림을 말한다.

📝 필기에 자주 출제되는 내용입니다.

53 H-Pile+토류판 공법이라고도 하며 비교적 시공이 용이하나, 지하수위가 높고 투수성이 큰 지반에서는 차수공법을 병행해야 하고, 연약한 지층에서는 히빙현상이 생길 우려가 있는 것은?

① 지하연속벽공법
② 시트파일공법
③ 엄지말뚝공법
④ 주열벽공법

★ 엄지말뚝공법
① 굴착 전에 엄지말뚝(H-pile)을 일정한 간격으로 근입한 후 굴착하면서 토류판(흙막이판)을 엄지말뚝 사이에 끼어 넣어 흙막이벽을 지지하는 공법을 말한다.
② 시공이 용이하나, 지하수위가 높고 투수성이 큰 지반에서는 차수공법을 병행해야 한다.
③ 연약한 지층에서는 히빙 현상이 생길 우려가 있다.

54 용접 시 나타나는 결함에 관한 설명으로 옳지 않은 것은?

① 위핑 홀(weeping hole) : 용접 후 냉각 시 용접부위에 공기가 포함되어 공극이 발생되는 것
② 오버랩(overlap) : 용접금속과 모재가 융합되지 않고 겹쳐지는 것
③ 언더컷(undercut) : 모재가 녹아 용착금속이 채워지지 않고 홈으로 남게 된 부분
④ 슬래그(Slag)감싸기 : 용접봉의 피복재 심선과 모재가 변하여 생긴 회분이 용착금속 내에 혼입된 것

정답 52 ② 53 ③ 54 ①

* **용접결함**
① 언더컷(Under Cut) : 용접전류가 과대하거나 용접 속도가 너무 빠를 때 또는 아크를 짧게 유지하기 어려운 경우 발생하며 모재 및 용접부의 일부가 녹아서 발생하는 홈 또는 오목하게 생긴 부분(용착금속이 채워지지 않고 홈처럼 우묵하게 남아 있는 부분)을 말한다.
② 오버랩(overlap) : 용접전류가 부족하거나, 용접 속도가 너무 느릴 경우 발생하며 용착 금속이 모재에 융합되지 않고 겹친 부분(용융된 금속이 모재 면에 덮쳐진 상태)을 말한다.
③ 크레이터(Crater) : 아크를 끊을 때 비드 끝부분이 오목하게 들어가는 것을 말하며 이 부분에 균열이 발생하기 쉽다.
④ 크랙(Crack) : 용접부에 생기는 균열을 말하며 용접 결함 중 가장 치명적인 결함이 된다.
⑤ 스패터(spatter) : 용접 시 튀어나온 슬래그가 굳은 현상(용융된 금속의 작은 입자가 튀어나와 모재에 묻어있는 것)을 말한다.
⑥ 피트(pit), 블로우 홀(blow hole) : 용접 중에 이물질, 수분 등으로 발생된 가스가 표면으로 빠져 나오면서 발생된 작은 구멍을 pit라 하며, 내부에 남아있는 기공을 blow hole이라 한다.

참고

위핑 홀(weeping hole) : 공간 쌓기 조적벽이나 옹벽에 설치하는 물빼기 구멍으로 결로수나 침투수 배출을 위하여 사용된다.

📝 필기에 자주 출제되는 내용입니다.

55 강구조물에 실시하는 녹막이 도장에서 도장하는 작업 중이거나 도료의 건조기간 중 도장하는 장소의 환경 및 기상조건이 좋지 않아 공사감독자가 승인할 때까지 도장이 금지되는 상황이 아닌 것은?

① 주위의 기온이 5℃ 미만일 때
② 상대습도가 85% 이하일 때
③ 안개가 끼었을 때
④ 눈 또는 비가 올 때

② 상대습도가 85% 이상일 때

56 콘크리트를 타설하는 펌프카에서 사용하는 압송장치의 구조방식과 가장 거리가 먼 것은?

① 압축공기의 압력에 의한 방식
② 피스톤으로 압송하는 방식
③ 튜브 속의 콘크리트를 짜내는 방식
④ 물의 압력으로 압송하는 방식

* **콘크리트 펌프카의 압송장치 구조방식**
① 압축공기의 압력에 의한 방식
② 피스톤으로 압송하는 방식
③ 튜브 속의 콘크리트를 짜내는 방식

정답 55 ② 56 ④

57 철근콘크리트 공사 시 철근의 정착위치로 옳지 않은 것은?

① 벽 철근은 기둥 보 또는 바닥판에 정착한다.
② 바닥철근은 기둥에 정착한다.
③ 큰 보의 주근은 기둥에, 작은 보의 주근은 큰 보에 정착한다.
④ 기둥의 주근은 기초에 정착한다.

* **철근콘크리트의 부재별 철근의 정착위치**
① 기둥의 주근은 기초 또는 바닥판에 정착한다.
② 바닥철근은 보, 벽체에 정착한다.
③ 벽 철근은 기둥, 보, 바닥판에 정착한다.
④ 큰 보의 주근은 기둥에 정착하고, 작은 보의 주근은 큰 보에 정착한다.
⑤ 보 밑 기둥이 없을 때에는 보 상호간에 정착한다.
⑥ 지중 보의 주근은 기초 또는 기둥에 정착한다.

 필기에 자주 출제되는 내용입니다.

58 고장력 볼트접합에 관한 설명으로 옳지 않은 것은?

① 현장에서의 시공설비가 간편하다.
② 접합부재 상호간의 마찰력에 의하여 응력이 전달된다.
③ 불량개소의 수정이 용이하지 않다.
④ 작업 시 화재의 위험이 적다.

* **고장력 볼트접합**
① 고장력볼트의 조임은 중앙에서 단부 쪽으로 조여 간다.
② 현장에서의 시공설비가 간편하다.
③ 접합부재 상호간의 마찰력에 의하여 응력이 전달된다.(접합부의 강성이 크다.)
④ 소음이 적고, 불량개소의 수정이 용이하다.
⑤ 작업 시 화재의 위험이 적다.

 필기에 자주 출제되는 내용입니다.

59 철근공사 작업 시 유의사항으로 옳지 않은 것은?

① 철근공사 착공 전 구조도면과 구조 계산서를 대조하는 확인 작업 수행
② 도면오류를 파악한 후 정정을 요구하거나 철근상세도를 구조평면도에 표시하여 승인 후 시공
③ 품질이 규격 값 이하인 철근의 사용배제
④ 구부러진 철근은 다시 펴는 가공작업을 거친 후 재사용

④ 구부러진 철근은 다시 펴서 재사용해서는 안 된다.

60 도급제도 중 긴급 공사일 경우에 가장 적합한 것은?

① 단가 도급계약 제도
② 분할 도급계약 제도
③ 일식 도급계약 제도
④ 정액 도급계약 제도

★ 단가 도급계약 제도
① 시급한 공사인 경우 계약을 간단히 할 수 있다.
② 설계변경으로 인한 수량증감의 계산이 간단하다.
 (물량이 증가하면 공사비가 자동으로 증가하기 때문에 추가공사에 대한 분쟁이 적다.)
③ 공사비가 높아질 염려가 있다.
④ 총 공사비를 예측하기 힘들다.

📝 필기에 자주 출제되는 내용입니다.

4과목 건설재료학

61 미장재료인 회반죽을 혼합할 때 소석회와 함께 사용되는 것은?

① 카세인   ② 아교
③ 목섬유   ④ 해초풀

★ 회반죽
소석회에 모래, 해초풀, 여물 등을 혼합하여 바르는 미장재료이다.

📝 필기에 자주 출제되는 내용입니다.

62 내화벽돌에 관한 설명으로 옳은 것은?

① 내화점토를 원료로 하여 소성한 벽돌로서, 내화도는 600~800℃의 범위이다.
② 표준형(보통형)벽돌의 크기는 250×120×60mm이다.
③ 내화벽돌의 종류에 따라 내화 모르타르도 반드시 그와 동질의 것을 사용하여야 한다.
④ 내화도는 일반벽돌과 동등하며 고온에서보다 저온에서 경화가 잘 이루어진다.

★ 내화벽돌
• 내화점토로 만든 벽돌로 고온의 보일러 내부 및 굴뚝, 화로 등에 사용된다.
• 내화벽돌의 주원료 광물 : 납석
• 내화벽돌의 종류에 따라 내화 모르타르도 반드시 그와 동질의 것을 사용하여야 한다.
• 내화벽돌의 내화도 : SK 26번 이상(내화온도 1,500~2,000℃ 이상으로 보통벽돌의 내화도가 800℃보다 높다.)

📝 필기에 자주 출제되는 내용입니다.

63 골재의 수량과 관련된 설명으로 옳지 않은 것은?

① 흡수량 : 습윤상태의 골재 내외에 함유하는 전 수량
② 표면수량 : 습윤상태의 골재표면의 수량
③ 유효 흡수량 : 흡수량과 기건상태의 골재 내에 함유된 수량의 차
④ 절건상태 : 일정 질량이 될 때까지 110℃ 이하의 온도로 가열 건조한 상태

정답  60 ① 61 ④ 62 ③ 63 ①

*골재의 함수상태

① **유효 흡수량** : 표면건조 내부포화상태(표건상태)와 기건상태의 수량의 차이를 말한다.(유효흡수량 = 표건상태 – 기건상태)
② **함수량** : 습윤상태의 골재의 내외에 함유하는 전체 수량을 말한다.
③ **흡수량** : 표면건조 내부포화상태(표건상태)의 골재 중에 포함하는 수량을 말한다.(절대건조상태에서 표면건조포화상태가 될 때까지 흡수하는 수량)
④ **표면수량** : 함수량과 흡수량의 차를 말한다.

📌 필기에 자주 출제되는 내용입니다.

64 중용열 포틀랜드시멘트의 일반적인 특징 중 옳지 않은 것은?

① 수화발열량이 적다.
② 초기강도가 크다
③ 건조수축이 적다.
④ 내구성이 우수하다.

*중용열 포틀랜드 시멘트

① 시멘트의 성분 중에 C_3S(규산삼석회)나 C_3A(알루미네이트, 알루민산삼석회)가 적고, 장기강도를 지배하는 C_2S(벨라이트, 규산이석회)를 많이 함유한 시멘트이다.
② 수화속도를 지연시켜 수화열을 작게 한 시멘트이다.(수화열을 낮게 하여 단기보다 장기강도를 증진시킨 시멘트)
③ 건조수축이 작고 건축용 매스콘크리트에 사용된다.

④ 워커 빌리티(workbility)가 증대되고 블리딩이 적다.
⑤ 내식성이 있고 안정도가 높으며 내구성이 크고 화학 저항성 크다.
⑥ 댐 공사, 터널, 거대구조물의 기초공사(매스콘크리트), 콘크리트 도로포장, 방사능 차폐용으로 사용된다.

📌 필기에 자주 출제되는 내용입니다.

65 다음 시멘트 중 조기강도가 가장 큰 시멘트는?

① 보통포틀랜드 시멘트
② 고로 시멘트
③ 알루미나 시멘트
④ 실리카 시멘트

*알루미나 시멘트

① 보크사이트와 석회석을 원료로 한다.
② 성분 중에는 산화알루미늄(Al_2O_3)이 많으므로 초기강도가 높고 염분이나 화학적 저항이 크다.(물을 가한 후 24시간 이내에 보통포틀랜드 시멘트의 4주 강도 정도가 발현된다.)
③ 초기 수화발열이 커서 대형 단면 부재에는 부적당하나 긴급 공사나 동절기 공사에 적합하다.
④ 내화성이 우수하여 내화 콘크리트용으로는 사용된다.

📌 필기에 자주 출제되는 내용입니다.

66 목재 건조방법 중 인공건조법이 아닌 것은?

① 증기건조법   ② 수침법
③ 훈연건조법   ④ 진공건조법

정답 64 ② 65 ③ 66 ②

*목재의 건조법

자연건조법	① 대기건조법 : 옥외에 방치하여 기건 상태까지 건조하는 방법으로 건조시간이 오래 걸린다. ② 침수건조법(수침법) : 생목을 3~4주 침수시켜 수액을 뺀 후 대기 중에서 건조시키는 방법으로 건조시간이 단축된다.
인공건조법	① 진공건조법 : 원형 탱크 속에 목재를 넣고 밀폐시켜 고온, 저압에서 수분을 제거한다. ② 공기건조법 : 자연풍에 의하여 건조한다. ③ 증기건조법 : 건조실의 증기로 목재를 가열하여 건조시킨다. ④ 송풍건조법 : 송풍기로 송풍하여 건조한다.

① 알루미늄은 융점이 낮기 때문에 용해주조는 좋으나 내화성이 부족하다.
② 황동은 동과 아연의 합금으로 동보다 단단하며 가공이 용이하다.
③ 니켈은 아황산가스가 있는 공기에서 부식되고 물에 잘 녹고 물에 녹았을 때 녹색을 띤다.

> 참고
>
> **＊납**
> ① 연질이며 비중 크고, 연성과 전성이 커서 가공하기 쉽다.
> ② X선 차단효과가 큰 금속이다.(방사선실 방사선 차폐용으로 사용)
> ③ 묽은 산과 알칼리에는 잘 침식되지 않지만 질산과 같은 강한 산, 강 알칼리에는 침식된다.

 필기에 자주 출제되는 내용입니다.

67 비철금속에 관한 설명으로 옳은 것은?

① 알루미늄은 융점이 높기 때문에 용해주조도는 좋지 않으나 내화성이 우수하다.
② 황동은 동과 주석 또는 기타의 원소를 가하여 합금한 것으로, 청동과 비교하여 주조성이 우수하다.
③ 니켈은 아황산가스가 있는 공기에서는 부식되지 않지만 수중에서는 색이 변한다.
④ 납은 내식성이 우수하고 방사선의 투과도가 낮아 건축에서 방사선 차폐용 벽체에 이용된다.

68 다음 유리 중 현장에서 절단 가공할 수 없는 것은?

① 망입 유리
② 강화유리
③ 소다석회 유리
④ 무늬 유리

정답 67 ④ 68 ②

★ **강화유리**
- 유리 표면에 강한 압축응력 층을 만들어 파괴강도를 증가시킨 것이다.
- 강도는 플로트 판유리에 비해 3~5배 정도이다.
- 주로 출입문이나 계단 난간, 안전성이 요구되는 칸막이 등에 사용된다.
- 깨어질 때는 판유리 전체가 파편으로 잘게 부서진다.(깨지더라도 파편이 피부를 다치지 않게 한다.)
- 현장에서 절단 가공할 수 없다.

필기에 자주 출제되는 내용입니다.

69 시멘트가 시간의 경과에 따라 조직이 굳어져 최종강도에 이르기까지 강도가 서서히 커지는 상태를 무엇이라고 하는가?

① 중성화 ② 풍화
③ 응결   ④ 경화

참고

경화 : 시멘트가 시간의 경과에 따라 조직이 굳어져 최종강도에 이르기까지 강도가 서서히 커지는 상태를 말한다.

참고

응결 : 시멘트에 물을 가하여 혼합하여 만들어진 시멘트 페이스트가 시간경과에 따라 유동성을 잃고 응고하는 현상을 말한다.

70 다음 미장재료 중 균열 발생이 가장 적은 것은?

① 회반죽
② 시멘트 모르타르
③ 경석고 플라스터
④ 돌로마이트 플라스터

★ **경석고 플라스터(킨즈 시멘트)**
① 무수석고 + 모래 + 여물 + 물로 구성된다.
② 강도가 크고 수축균열이 거의 없다.
③ 무수석고의 경화를 촉진시키기 위해 혼화재료로 백반을 사용한다.
③ 백반은 산성이므로 금속을 녹슬게 하는 결점이 있다. (다른 소석고와 혼합 금지)

필기에 자주 출제되는 내용입니다.

71 내열성 내한성이 우수한 열경화성 수지로 60~260℃의 범위에서는 안정하고 탄성이 있으며 내후성 및 내화학성이 우수한 것은?

① 폴리에틸렌 수지
② 염화비닐 수지
③ 아크릴 수지
④ 실리콘 수지

★ **실리콘 수지**
① 내약품성, 내후성, 내열성, 내한성이 우수하다.
② 개스킷, 패킹의 재료, 방수피막 등에 사용된다.

필기에 자주 출제되는 내용입니다.

정답 69 ④ 70 ③ 71 ④

72 열적외선을 반사하는 은 소재 도막으로 코팅하여 방사율과 열관류율을 낮추고 가시광선 투과율을 높인 유리는?

① 스팬드럴 유리
② 배강도유리
③ 로이유리
④ 에칭유리

* **로이유리**
- 유리 표면에 열적외선을 반사하는 금속 또는 금속산화물을 얇게 코팅한 것으로 열의 이동을 최소화시켜주는 단열성이 높은 유리이다.(고단열 유리로 일반적으로 복층유리로 제조된다.)
- 방사율과 열관류율을 낮추고 가시광선 투과율을 높인 유리이다.

📝 필기에 자주 출제되는 내용입니다.

73 방사선 차폐용 콘크리트 제작에 사용되는 골재로서 적합하지 않은 것은?

① 흑요석   ② 적철광
③ 중정석   ④ 자철광

* **중량 콘크리트**(방사선 차폐용 콘크리트)
① 방사선을 차폐할 목적으로 중량 골재를 사용하는 콘크리트를 말한다.
② 중량골재의 종류에는 자철광, 중정석, 갈철광, 적철광 등이 있다.

74 경화제를 필요로 하는 접착제로서 그 양의 다소에 따라 접착력이 좌우되며 내산, 내알칼리, 내수성이 뛰어나고 금속 접착에 특히 좋은 것은?

① 멜라민수지 접착제
② 페놀수지 접착제
③ 에폭시수지 접착제
④ 푸란수지 접착제

* **에폭시 수지 접착제**
① 주제와 경화제로 이루어진 2성분계의 접착제이다. (접착제의 성능을 지배하는 것은 경화제라고 할 수 있다.)
② 금속, 석재, 플라스틱, 콘크리트 등 거의 모든 재료의 접착에 사용된다.(알루미늄과 같은 경금속 접착에 가장 적합하다.)
③ 급경성으로 내화학성, 내약품성, 내수성, 전기절연성이 우수하다.

📝 필기에 자주 출제되는 내용입니다.

75 한중콘크리트의 계획배합 시 물·결합재비는 원칙적으로 얼마 이하로 하여야 하는가?

① 50%   ② 55%
③ 60%   ④ 65%

물·결합재비는 60% 이하로 한다.

> **참고**
> 한중 콘크리트 : 1일 평균기온 4℃ 이하가 되는 시기에 타설하는 콘크리트를 말한다.

정답 72 ③ 73 ① 74 ③ 75 ③

76 목재의 가공제품인 MDF에 관한 설명으로 옳지 않은 것은?

① 샌드위치 판넬이나 파티클 보드 등 다른 보드류 제품에 비해 매우 경량이다.
② 습기에 약한 결점이 있다.
③ 다른 보드류에 비하여 곡면가공이 용이한 편이다.
④ 가공성 및 접착성이 우수하다.

> ① 샌드위치 판넬이나 파티클 보드 등 다른 보드류 제품에 비해 무겁다.

77 금속의 부식 방지대책으로 옳지 않은 것은?

① 가능한 한 두 종의 서로 다른 금속은 틈이 생기지 않도록 밀착시켜서 사용한다.
② 균질한 것을 선택하고 사용할 때 큰 변형을 주지 않도록 주의한다.
③ 표면을 평활, 청결하게 하고 가능한 한 건조상태를 유지하며 부분적인 녹은 빨리 제거한다.
④ 큰 변형을 준 것은 가능한 한 풀림하여 사용한다.

> ① 가능한 한 이종 금속은 이를 인접, 접속시켜 사용하지 않을 것

📝 필기에 자주 출제되는 내용입니다.

78 두꺼운 아스팔트 루핑을 4각형 또는 6각형 등으로 절단하여 경사지붕재로 사용되는 것은?

① 아스팔트 싱글
② 망상 루핑
③ 아스팔트 시트
④ 석면 아스팔트 펠트

> ＊ 아스팔트 싱글
> 두꺼운 아스팔트 루핑을 4각형 또는 6각형 등으로 절단하여 경사지붕재로 사용된다.

79 집성목재에 관한 설명으로 옳지 않은 것은?

① 옹이, 균열 등의 각종 결점을 제거하거나 이를 적당히 분산시켜 만든 균질한 조직의 인공목재이다.
② 보, 기둥, 아치, 트러스 등의 구조재료로 사용할 수 있다.
③ 직경이 작은 목재들을 접착하여 장대재로 활용할 수 있다.
④ 소재를 약제처리 후 집성 접착하므로 양산이 어려우며, 건조균열 및 변형 등을 피할 수 없다.

정답 76 ① 77 ① 78 ① 79 ④

★ 집성목재
① 두께 1.5~3cm 의 널(제재판재 또는 소각재 등의 부재)을 접착제로 섬유평행방향으로 겹쳐 붙여서 만든 제품을 말한다.
② 임의의 단면 형상을 갖도록 제작(필요한 단면을 만들 수 있다.)할 수 있다.
③ 목재의 강도를 인공적으로 자유롭게 조절할 수 있다.
④ 충분히 건조된 건조재를 사용하므로 비틀림 변형 등이 생기지 않는다.
⑤ 보, 기둥 등의 구조재료로 사용할 수 있다.
⑥ 옹이, 균열 등의 결점을 제거하거나 분산시켜 균질의 인공목재로 사용할 수 있다.
⑦ 판재와 각재를 접착재로 결합시켜 대재(大材)를 얻을 수 있다.

📝 필기에 자주 출제되는 내용입니다.

80 퍼티, 코킹, 실런트 등의 총칭으로서 건축물의 프리패브 공법, 커튼월 공법 등의 공장 생산화가 추진되면서 주목받기 시작한 재료는?

① 아스팔트 ② 실링재
③ 셀프 레벨링재 ④ FRP 보강재

★ 실(seal)재(실링(Sealing)재)
① 실(Seal)은 밀봉재를 의미하며 액체와 기체의 압력을 보전이나 누설을 막기 위해 밀봉하는 역할을 한다.
② 건축물의 부재와 부재간의 접합부분(줄눈부)에 채워 수밀성, 기밀성 등의 성능을 주기 위한 재료를 말한다.
③ 실링(Sealing)재의 종류에는 코킹재, 퍼티, 개스킷 등이 있다.

5과목 건설안전기술

81 철골작업을 중지하여야 하는 강우량 기준으로 옳은 것은?

① 시간당 1mm 이상인 경우
② 시간당 3mm 이상인 경우
③ 시간당 5mm 이상인 경우
④ 시간당 1cm 이상인 경우

★ 철골작업을 중지해야 하는 조건
① 풍속이 초당 10미터 이상인 경우
② 강우량이 시간당 1밀리미터 이상인 경우
③ 강설량이 시간당 1센티미터 이상인 경우

📝 실기에 자주 출제되는 내용입니다.

82 건설공사현장에서 재해방지를 위한 주의사항으로 옳지 않은 것은?

① 야간작업을 할 때나 어두운 곳에서 작업할 때 채광 및 조명설비는 작업에 지장이 있더라도 물건을 식별할 수 있을 정도의 조도만을 확보, 유지하면 된다.
② 불안전한 가설물이 있나 확인하고 특히 작업발판, 안전난간 등의 안전을 점검한다.
③ 과격한 노동으로 심히 피로한 노무자는 휴식을 취하게 하여 피로회복 후 작업을 시킨다.
④ 작업장을 잘 정돈하여 안전사고 요인을 최소화한다.

정답 80 ② 81 ① 82 ①

① 야간이나 어두운 장소에서 작업이 이루어지는 경우에는 안전하게 통행할 수 있도록 **통로에 75Lux 이상의 조명을 설치해야 한다.**

83 이동식비계를 조립하여 작업을 하는 경우에 준수해야 할 사항과 거리가 먼 것은?

① 비계의 최상부에서 작업을 하는 경우에는 안전난간을 설치할 것
② 작업발판의 최대적재하중은 250kg을 초과하지 않도록 할 것
③ 승강용사다리는 견고하게 설치할 것
④ 지주부재와 수평면과의 기울기를 75° 이하로 하고, 지주부재와 지주부재 사이를 고정시키는 보조부재를 설치할 것

* **이동식 비계 조립 시 준수사항(이동식 비계의 구조)**
① 바퀴에는 갑작스러운 이동 또는 전도를 방지하기 위하여 **브레이그 · 쐐기** 등으로 바퀴를 고정시킨 다음 비계의 일부를 견고한 시설물에 고정하거나 아웃트리거를 설치하는 등 필요한 조치를 할 것
② 승강용사다리는 견고하게 설치할 것
③ 비계의 최상부에서 작업을 할 때에는 안전난간을 설치할 것
④ 작업발판은 항상 수평을 유지하고 작업발판 위에서 안전난간을 딛고 작업을 하거나 받침대 또는 사다리를 사용하여 작업하지 않도록 할 것
⑤ 작업발판의 최대적재하중은 250킬로그램을 초과하지 않도록 할 것

참고

* **말비계 조립 시의 준수사항(말비계의 구조)**
① 지주부재의 하단에는 **미끄럼 방지장치**를 하고, 양측 끝부분에 올라서서 작업하지 아니하도록 할 것
② 지주부재와 수평면과의 기울기를 75도 이하로 하고, 지주부재와 지주부재 사이를 고정시키는 보조부재를 설치할 것
③ 말비계의 높이가 2미터를 초과할 경우에는 작업발판의 폭을 40센티미터 이상으로 할 것

실기까지 중요한 내용입니다.

84 부두 안벽 등 하역작업을 하는 장소에 대하여 부두 또는 안벽의 선을 따라 통로를 설치할 때 통로의 최소 폭 기준은?

① 70cm 이상
② 80cm 이상
③ 90cm 이상
④ 100cm 이상

부두 또는 안벽의 선을 따라 통로를 설치하는 때에는 폭을 90cm 이상으로 할 것

필기에 자주 출제되는 내용입니다.

정답 83 ④ 84 ③

85 비계의 수평재의 최대 휨모멘트가 $50000 \times 10^2 N \cdot mm$, 수평재의 단면 계수가 $5 \times 10^6 mm^3$일 때 휨응력(σ)은 얼마인가?

① 0.5MPa
② 1MPa
③ 2MPa
④ 2.5MPa

$$\sigma = \frac{\text{최대 휨모멘트}}{\text{단면계수}}$$
$$= \frac{50000 \times 10^2}{5 \times 10^6} = 1(N/mm^2) = 1MPa$$

86 추락재해방지를 위한 방망의 그물코의 크기는 최대 얼마 이하이어야 하는가?

① 5cm   ② 7cm
③ 10cm   ④ 15cm

방망의 그물코는 사각 또는 마름모로서 그 크기는 10센티미터 이하이어야 한다.

📝 필기에 자주 출제되는 내용입니다.

87 다음 중 유해 위험방지계획서 제출 시 첨부해야하는 서류와 가장 거리가 먼 것은?

① 건축물 각 층의 평면도
② 기계, 설비의 배치도면
③ 원재료 및 제품의 취급, 제조 등의 작업방법의 개요
④ 비상조치계획서

★ 유해 위험방지계획서 제출 시 첨부 서류(건설공사)
[건설공사]
1. 공사 개요 및 안전보건관리계획
   가. 공사 개요서
   나. 공사현장의 주변 현황 및 주변과의 관계를 나타내는 도면(매설물 현황을 포함한다)
   다. 건설물, 사용 기계설비 등의 배치를 나타내는 도면
   라. 전체 공정표
   마. 산업안전보건관리비 사용계획
   바. 안전관리 조직표
   사. 재해 발생 위험 시 연락 및 대피방법
2. 작업 공사 종류별 유해·위험방지계획

[제조업]
① 건축물 각 층의 평면도
② 기계·설비의 개요를 나타내는 서류
③ 기계·설비의 배치도면
④ 원재료 및 제품의 취급, 제조 등의 작업방법의 개요
⑤ 그 밖에 고용노동부장관이 정하는 도면 및 서류

[대상 기계·기구 설비]
① 설치장소의 개요를 나타내는 서류
② 설비의 도면
③ 그 밖에 고용노동부장관이 정하는 도면 및 서류

정답 85 ②   86 ③   87 ④

88 토석붕괴의 요인 중 외적 요인이 아닌 것은?

① 토석의 강도저하
② 사면, 법면의 경사 및 기울기의 증가
③ 절토 및 성토 높이의 증가
④ 공사에 의한 진동 및 반복하중의 증가

토석붕괴의 외적 원인	① 사면, 법면의 경사 및 기울기의 증가 ② 절토 및 성토 높이의 증가 ③ 공사에 의한 진동 및 반복 하중의 증가 ④ 지표수 및 지하수의 침투에 의한 토사 중량의 증가 ⑤ 지진, 차량, 구조물의 하중작용 ⑥ 토사 및 암석의 혼합층 두께
토석붕괴의 내적 원인	① 절토 사면의 토질·암질 ② 성토 사면의 토질구성 및 분포 ③ 토석의 강도 저하

📌 실기까지 중요한 내용입니다.

89 철근가공작업에서 가스절단을 할 때의 유의사항으로 옳지 않은 것은?

① 가스절단 작업 시 호스는 겹치거나 구부러지거나 밟히지 않도록 한다.
② 호스, 전선 등은 작업효율을 위하여 다른 작업장을 거치는 곡선상의 배선이어야 한다.
③ 작업장에서 가연성 물질에 인접하여 용접 작업할 때에는 소화기를 비치하여야 한다.
④ 가스절단 작업 중에는 보호구를 착용하여야 한다.

② 호스, 전선 등은 다른 작업장을 거치지 않는 직선상의 배선이어야 한다.

90 인력에 의한 하물 운반 시 준수사항으로 옳지 않은 것은?

① 수평거리 운반을 원칙으로 한다.
② 운반시의 시선은 진행방향을 향하고 뒷걸음 운반을 하여서는 아니 된다.
③ 쌓여있는 하물을 운반할 때에는 중간 또는 하부에서 뽑아내어서는 아니 된다.
④ 어깨 높이보다 낮은 위치에서 하물을 들고 운반하여서는 아니 된다.

어깨 높이보다 높은 위치에서 하물을 들고 운반하여서는 아니 된다.

91 사다리식 통로의 설치기준으로 옳지 않은 것은?

① 발판과 벽과의 사이는 15cm 이상의 간격을 유지할 것
② 사다리의 상단은 걸쳐놓은 지점으로부터 40cm 이상 올라가도록 할 것
③ 폭은 30cm 이상으로 할 것
④ 사다리식 통로의 기울기는 75° 이하로 할 것

정답 88 ① 89 ② 90 ④ 91 ②

* 사다리식 통로의 구조
  (사다리식 통로 설치 시의 준수사항)
① 견고한 구조로 할 것
② 심한 손상·부식 등이 없는 재료를 사용할 것
③ 발판의 간격은 일정하게 할 것
④ 발판과 벽과의 사이는 15센티미터 이상의 간격을 유지할 것
⑤ 폭은 30센티미터 이상으로 할 것
⑥ 사다리가 넘어지거나 미끄러지는 것을 방지하기 위한 조치를 할 것
⑦ 사다리의 상단은 걸쳐놓은 지점으로부터 60센티미터 이상 올라가도록 할 것
⑧ 사다리식 통로의 길이가 10미터 이상인 경우에는 5미터 이내마다 계단참을 설치할 것
⑨ 사다리식 통로의 기울기는 75도 이하로 할 것. 다만, 고정식 사다리식 통로의 기울기는 90도 이하로 하고, 그 높이가 7미터 이상인 경우에는 다음 각 목의 구분에 따른 조치를 할 것
  • 등받이울이 있어도 근로자 이동에 지장이 없는 경우 : 바닥으로부터 높이가 2.5미터 되는 지점부터 등받이울을 설치할 것
  • 등받이울이 있으면 근로자가 이동이 곤란한 경우 : 한국산업표준에서 정하는 기준에 적합한 **개인용 추락 방지 시스템**을 설치하고 근로자로 하여금 한국산업표준에서 정하는 기준에 적합한 **전신 안전대**를 사용하도록 할 것
⑩ 접이식 사다리 기둥은 사용 시 접혀지거나 펼쳐지지 않도록 철물 등을 사용하여 견고하게 조치할 것

📝 실기까지 중요한 내용입니다.

92 거푸집 공사 관련 재료의 선정 시 고려사항으로 옳지 않은 것은?

① 목재거푸집 : 흠집 및 옹이가 많은 거푸집과 합판은 사용을 금지한다.
② 강재거푸집 : 형상이 찌그러진 것은 교정한 후에 사용한다.
③ 지보공재 : 변형, 부식이 없는 것을 사용한다.
④ 연결재 : 연결부위의 다양한 형상에 적응 가능한 소철선을 사용한다.

④ 거푸집의 수평 연결재는 가로, 세로 방향으로 직교되게 설치하되 철근이나 목재 사용을 금하고, 강관 파이프를 사용하여야 하며, 클램프 등 전용철물을 이용하여 고정하여야 한다.

93 흙의 휴식각에 관한 설명으로 옳지 않은 것은?

① 흙의 마찰력으로 사면과 수평면이 이루는 각도를 말한다.
② 흙의 종류 및 함수량 등에 따라 다르다.
③ 흙파기의 경사각은 휴식각의 1/2로 한다.
④ 안식각이라고도 한다.

③ 흙파기의 경사각은 휴식각의 2배로 한다.

94 가열에 사용되는 가스 등의 용기를 취급하는 경우에 준수하여야 할 사항으로 옳지 않은 것은?

① 밸브의 개폐는 최대한 빨리 할 것
② 전도의 위험이 없도록 할 것
③ 용기의 온도를 섭씨 40도 이하로 유지할 것
④ 운반하는 경우에는 캡을 씌울 것

① 밸브의 개폐는 서서히 할 것

필기에 자주 출제되는 내용입니다.

95 달비계(곤돌라의 달비계는 제외)의 최대 적재하중을 정하는 경우 달기 체인 및 달기 훅의 안전계수 기준으로 옳은 것은?

① 2 이상
② 3 이상
③ 5 이상
④ 10 이상

관련 법규에서 삭제된 내용입니다.

96 다음은 가설통로를 설치하는 경우 준수하여야 할 사항이다. (   ) 안에 들어갈 내용으로 옳은 것은?

> 수직갱에 가설된 통로의 길이가 (A) 이상인 경우에는 (B) 이내마다 계단참을 설치할 것

① A : 8m, B : 10m
② A : 8m, B /m
③ A : 15m, B : 10m
④ A : 15m, B : 7m

수직갱의 길이가 15미터이상인 때에는 10미터 이내마다 계단참을 설치할 것

참고

* 가설통로 설치 시의 준수사항
① 견고한 구조로 할 것
② **경사는 30도 이하로 할 것**(계단을 설치하거나 높이 2미터 미만의 가설통로로서 튼튼한 손잡이를 설치한 때에는 그러하지 아니하다)
③ **경사가 15도를 초과하는 때는 미끄러지지 아니하는 구조로 할 것**
④ 추락의 위험이 있는 장소에는 안전난간을 설치할 것 (작업상 부득이한 때에는 필요한 부분에 한하여 임시로 이를 해체할 수 있다)
⑤ 건설공사에 사용하는 **높이 8미터 이상인 비계다리 : 7미터 이내 마다 계단참을 설치할 것**

정답 94 ① 95 ③ 96 ③

97 건설업 산업안전보건관리비의 사용항목으로 가장 거리가 먼 것은?

① 안전시설비
② 사업장의 안전진단비
③ 근로자의 건강관리비
④ 본사 일반관리비

> ＊산업안전보건관리비의 사용내역
> ① 안전관리자·보건관리자 임금 등
> ② 안전시설비 등
> ③ 보호구 등
> ④ 안전보건진단비 등
> ⑤ 안전보건교육비 등
> ⑥ 근로자 건강장해예방비 등
> ⑦ 건설재해예방전문지도기관 기술지도비
> ⑧ 본사 전담조직 근로자 임금 등
> ⑨ 위험성평가 등에 따른 소요비용

참고

＊본사 전담조직 근로자 임금 등
「중대재해 처벌 등에 관한 법률」에 해당하는 건설사업자가 아닌 자가 운영하는 사업에서 **안전보건 업무를 총괄·관리하는 3명 이상으로 구성된 본사 전담조직**에 소속된 근로자의 임금 및 업무수행 출장비 전액. 다만, 안전보건관리비 총액의 20분의 1을 초과할 수 없다.

실기까지 중요한 내용입니다.

98 다음 중 거푸집동바리 설계 시 고려하여야 할 연직방향 하중에 해당하지 않는 것은?

① 적설하중
② 풍하중
③ 충격하중
④ 작업하중

② 풍하중 → 횡방향 하중에 해당한다.

참고

＊**거푸집 및 지보공(동바리) 시공시 고려해야 할 하중**
① **연직방향 하중** : 거푸집, 지보공(동바리), 콘크리트, 철근, 작업원, 타설용 기계기구, 가설설비 등의 중량 및 충격하중
② **횡방향 하중** : 작업할 때의 진동, 충격, 시공오차 등에 기인되는 횡방향 하중 이외에 필요에 따라 **풍압, 유수압, 지진** 등
③ **콘크리트의 측압** : 굳지 않은 콘크리트의 측압
④ **특수하중** : 시공 중에 예상되는 특수한 하중
⑤ 위의 ① ~ ④ 항목의 하중에 안전율을 고려한 하중

필기에 자주 출제되는 내용입니다.

99 다음 그림의 형태 중 클램쉘(Clam shell) 장비에 해당하는 것은?

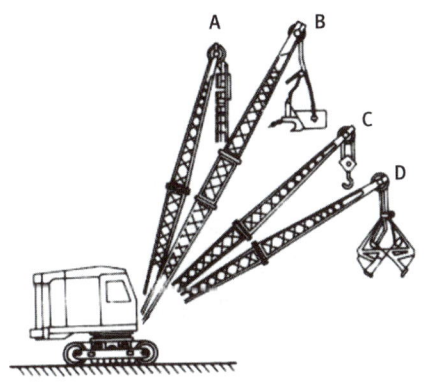

① A   ② B
③ C   ④ D

100 건설현장에서 가설 계단 및 계단참을 설치하는 경우 안전율은 최소 얼마 이상으로 하여야 하는가?

① 3   ② 4
③ 5   ④ 6

> 계단 및 계단참의 강도는 500kg/m² 이상이어야 하며 안전율은 4 이상으로 하여야 한다.

📝 실기까지 중요한 내용입니다.

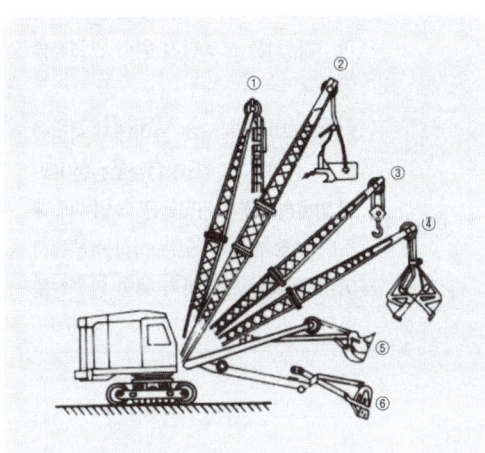

(1) 파일 드라이버(Pile Driver)
(2) 드래그라인(Dragline)
(3) 크레인(Crane)
(4) 클램쉘(Clam Shell)
(5) 파워 셔블(Power Shovel)
(6) 드래그 셔블(Drag Shovel)

정답 99 ④   100 ②

2020년 1·2회 최근 기출문제

1과목 산업안전관리론

01 상시 근로자 수가 75명인 사업장에서 1일 8시간씩 연간 320일을 작업하는 동안에 4건의 재해가 발생하였다면 이 사업장의 도수율은 약 얼마인가?

① 17.68 ② 19.67
③ 20.83 ④ 22.83

$$도수율 = \frac{재해 건수}{연 근로시간수} \times 10^6$$

$$도수율 = \frac{4}{75 \times 8 \times 320} \times 10^6 = 20.83$$

📝 실기에 자주 출제되는 내용입니다.

02 보호구 안전인증 고시에 따른 안전화의 정의 중 ( ) 안에 알맞은 것은?

> 경작업용 안전화란 (㉠) mm의 낙하 높이에서 시험했을 때 충격과 (㉡ ±) kN의 압축하중에서 시험했을 때 압박에 대하여 보호해 줄 수 있는 선심을 부착하며, 착용자를 보호하기 위한 안전화를 말한다.

① ㉠ 500, ㉡ 10.0   ② ㉠ 250, ㉡ 10.0
③ ㉠ 500, ㉡ 4.4   ④ ㉠ 250, ㉡ 4.4

※ 사용장소에 따른 안전화의 등급

등급	용어 정의
중작업용	1,000밀리미터의 낙하 높이에서 시험했을 때 충격과 (15.0±0.1)킬로뉴턴(KN)의 압축하중에서 시험했을 때 압박에 대하여 보호해 줄 수 있는 선심을 부착하여, 착용자를 보호하기 위한 안전화를 말한다.
보통작업용	500밀리미터의 낙하 높이에서 시험했을 때 충격과 (10.0±0.1)킬로뉴턴(KN)의 압축하중에서 시험했을 때 압박에 대하여 보호해 줄 수 있는 선심을 부착하여, 착용자를 보호하기 위한 안전화를 말한다.
경작업용	250밀리미터의 낙하 높이에서 시험했을 때 충격과 (4.4±0.1)킬로뉴턴(KN)의 압축하중에서 시험했을 때 압박에 대하여 보호해 줄 수 있는 선심을 부착하여, 착용자를 보호하기 위한 안전화를 말한다.

정답 01 ③   02 ④

03 산업안전보건 법령상 안전보건표지의 종류와 형태 중 그림과 같은 경고 표지는? (단, 바탕은 무색, 기본모형은 빨간색, 그림은 검은색이다.)

① 부식성물질 경고
② 폭발성물질 경고
③ 산화성물질 경고
④ 인화성물질 경고

부식성물질 경고	
산화성물질 경고	
인화성물질 경고	
폭발성물질 경고	

📝 실기에 자주 출제되는 내용입니다.

04 일반적으로 사업장에서 안전 관리조직을 구성할 때 고려할 사항과 가장 거리가 먼 것은?

① 조직 구성원의 책임과 권한을 명확하게 한다.
② 회사의 특성과 규모에 부합되게 조직되어야 한다.
③ 생산조직과 동떨어진 특수조직으로구성한다.
④ 조직의 기능이 충분히 발휘될 수 있는 제도적 체계가 갖추어져야 한다.

*안전 관리조직을 구성할 때 고려할 사항
① 조직 구성원의 책임과 권한을 명확하게 한다.
② 회사의 특성과 규모에 부합되게 조직되어야한다.
③ 생산조직과 밀착된 조직이어야 한다.
④ 조직의 기능이 충분히 발휘될 수 있는 제도적 체계가 갖추어져야 한다.

05 주의의 특성으로 볼 수 없는 것은?

① 변동성   ② 선택성
③ 방향성   ④ 통합성

① 선택성 : 사람은 한 번에 여러 종류의 자극을 지각하거나 수용하지 못하며 소수의 특정한 것으로 한정해서 선택하는 기능을 말한다.
② 방향성 : 시선에서 벗어난 부분은 무시되기 쉽다. (주시점만 응시한다.)
③ 변동성 : 주의는 리듬이 있어 일정한 수순을 지키지 못한다.
④ 단속성 : 고도의 주의는 장시간 집중이 곤란하다.
⑤ 주의력의 중복집중 곤란 : 동시에 두 개 이상의 방향을 잡지 못한다.

📝 실기까지 중요한 내용입니다.

정답 03 ④ 04 ③ 05 ④

06 테크니컬 스킬즈(technical skills)에 관한 설명으로 옳은 것은?

① 모럴(morale)을 양양시키는 능력
② 인간을 사물에게 적응시키는 능력
③ 사물을 인간에게 유리하게 처리하는 능력
④ 인간과 인간의 의사소통을 원활히 처리하는 능력

> 테크니컬 스킬즈(technical skills) : 사물을 처리함에 있어 인간의 목적에 유익하도록 처리하는 능력

참고

소셜 스킬즈(Social Skills) : 사람과 사람 사이의 커뮤니케이션을 양호하게 하고 사람의 요구를 충족시키면서 감정을 제고시키는 능력

07 산업재해 예방의 4원칙 중 "재해발생에는 반드시 원인이 있다."라는 원칙은?

① 대책 선정의 원칙
② 원인 계기의 원칙
③ 손실 우연의 원칙
④ 예방 가능의 원칙

★ 산업재해 예방의 4원칙
① 예방 가능의 원칙 : 재해는 원칙적으로 원인만 제거되면 예방이 가능하다.
② 손실 우연의 원칙 : 사고의 결과 생기는 상해의 종류와 정도는 사고 발생 시 사고대상의 조건에 따라 우연히 발생한다.
③ 대책 선정의 원칙 : 사고의 원인에 대한 적합한 대책이 선정되어야 한다.
④ 원인 연계의 원칙 : 재해는 원인이 있고, 직접원인과 간접원인이 연계되어 일어난다.

📝 실기에 자주 출제되는 내용입니다.

08 심리검사의 특징 중 "검사의 관리를 위한 조건과 절차의 일관성과 통일성"을 의미하는 것은?

① 규준화   ② 표준화
③ 객관성   ④ 신뢰성

★ 산업 심리검사의 구비요건
① 타당성(validity) : 측정하려고 하는 성능을 어느 정도 충실히 수행하고 있는가를 나타낸다.
② 신뢰성(reliability) : 동일한 검사를 동일한 사람에게 시간 간격을 두고 실시할 때 그 결과가 크게 다르지 않아야 한다.
③ 실용성(practicability) : 검사를 실시하고 채점하기 용이하다든지, 결과의 해석이나 이용의 방법이 간단하고 비용이 적게 들어야 한다.
④ 표준화 : 검사 관리를 위한 조건과 검사 절차가 일관성이 있어야 한다.

09 조직이 리더에게 부여하는 권한으로 볼 수 없는 것은?

① 보상적 권한   ② 강압적 권한
③ 합법적 권한   ④ 위임된 권한

 정답   06 ③   07 ②   08 ②   09 ④

- 조직이 지도자에게 부여하는 권한 : 보상적 권한, 강압적 권한, 합법적 권한
- 지도자 자신이 자기에게 부여하는 권한 : 위임된 권한, 전문성의 권한

참고

★ 리더십의 권한의 역할
(1) 보상적 권한 : 지도자가 부하에게 보상할 수 있는 능력
(2) 강압적 권한 : 지도자가 부하들을 처벌할 수 있는 권한
(3) 합법적 권한 : 조직의 규정에 의해 공식화된 권한
(4) 위임된 권한 : 부하직원들이 지도자를 따르고 지도자와 함께 일하는 것
(5) 전문성의 권한 : 지도자가 집단 목표수행에 전문적인 지식을 갖고 있는가와 관련한 권한

📝 필기에 자주 출제되는 내용입니다.

10 기억의 과정 중 과거의 학습경험을 통해서 학습된 행동이 현재와 미래에 지속되는 것을 무엇이라 하는가?

① 기명(memorizing)
② 파지(retention)
③ 재생(recall)
④ 재인(recognition)

학습된 행동이 현재와 미래에 지속되는 것 → 인상이 보존됨 → 파지

참고

★ 기억의 과정

기명 → 파지 → 재생 → 재인

① 기억 : 과거 행동이 미래 행동에 영향을 줌
② 기명 : 사물의 인상을 마음에 간직함
③ 파지 : 인상이 보존됨
④ 재생 : 보존된 인상이 떠오름
⑤ 재인 : 과거에 경험했던 것과 비슷한 상황에서 떠오르는 현상

11 하인리히 재해 발생 5단계 중 3단계에 해당하는 것은?

① 불안전한 행동 또는 불안전한 상태
② 사회적 환경 및 유전적 요소
③ 관리의 부재
④ 사고

★ 하인리히(H. W. Heinrich) 사고발생 도미노 5단계

1단계	선천적 결함 (사회, 환경, 유전적 결함)
2단계	개인적 결함
3단계	불안전 행동(인적결함) 불안전한 상태(물적결함)(제거 가능)
4단계	사고
5단계	재해 (상해)

📝 실기에 자주 출제되는 내용입니다.

정답 10 ② 11 ①

12 산업안전보건법령상 특별교육 대상 작업별 교육 작업 기준으로 틀린 것은?

① 전압이 75V 이상인 정전 및 활선작업
② 굴착면의 높이가 2m 이상이 되는 암석의 굴착작업
③ 동력에 의하여 작동되는 프레스 기계를 3대 이상 보유한 사업장에서 해당 기계로 하는 작업
④ 1톤 미만의 크레인 또는 호이스트를 5대 이상 보유한 사업장에서 해당 기계로 하는 작업

③ 동력에 의하여 작동되는 프레스 기계를 5대 이상 보유한 사업장에서 해당 기계로 하는 작업

13 기계·기구 또는 설비의 신설, 변경 또는 고장 수리 등 부정기적인 점검을 말하며, 기술적 책임자가 시행하는 점검은?

① 정기 점검 ② 수시 점검
③ 특별 점검 ④ 임시 점검

＊안전점검의 종류
① 정기점검(계획점검) : 일정 기간마다 정기적으로 실시하는 점검을 말한다.
② 수시점검(일상점검) : 매일 작업 전, 중, 후에 실시하는 점검을 말한다.
③ 특별점검 : 기계·기구 또는 설비의 신설·변경 또는 고장·수리 등으로 비정기적인 특정 점검, 산업안전보건 강조기간, 악천후 시에도 실시한다.
④ 임시점검 : 기계·기구 또는 설비의 이상 발견 시에 임시로 실시하는 점검을 말한다.

📌 필기에 자주 출제되는 내용입니다.

14 재해의 원인 분석법 중 사고의 유형, 기인물 등 분류 항목을 큰 순서대로 도표화하여 문제나 목표의 이해가 편리한 것은?

① 관리도(control chart)
② 파레토도(pareto diagram)
③ 클로즈분석(close analysis)
④ 특성요인도(cause-reason diagram)

① 파레토도(Pareto Diagram) : 사고 유형, 기인물 등 데이터를 분류하여 그 항목 값이 큰 순서대로 정리하여 막대그래프로 나타낸다.
② 특성요인도(Characteristic Diagram) : 재해와 그 요인의 관계를 어골상으로 세분화하여 나타낸다.
③ 크로스(cross) 분석 : 2가지 또는 2개 항목 이상의 요인이 상호관계를 유지할 때 문제를 분석하는 데 사용된다.
④ 관리도(Control Chart) : 시간경과에 따른 재해발생 건수 등 대략적인 추이 파악에 사용된다.

15 다음 중 매슬로(Masolw)가 제창한 인간의 욕구 5단계 이론을 단계별로 옳게 나열한 것은?

① 생리적 욕구 → 안전 욕구 → 사회적 욕구 → 존경의 욕구 → 자아실현의 욕구
② 안전 욕구 → 생리적 욕구 → 사회적 욕구 → 존경의 욕구 → 자아실현의 욕구
③ 사회적 욕구 → 생리적 욕구 → 안전 욕구 → 존경의 욕구 → 자아실현의 욕구
④ 사회적 욕구 → 안전 욕구 → 생리적 욕구 → 존경의 욕구 → 자아실현의 욕구

정답 12 ③ 13 ③ 14 ② 15 ①

* 매슬로(Maslow A. H.)의 욕구단계 이론(인간의 욕구 5단계)
① 제1단계(생리적 욕구) : 기아, 갈증, 호흡, 배설, 성욕 등 인간의 가장 기본적인 욕구
② 제2단계(안전 욕구) : 자기 보존 욕구
③ 제3단계(사회적 욕구) : 소속감과 애정 욕구
④ 제4단계(존경 욕구) : 인정받으려는 욕구
⑤ 제5단계(자아실현의 욕구) : 잠재적인 능력을 실현하고자 하는 욕구(성취 욕구)

 실기까지 중요한 내용입니다.

16 교육의 3요소 중 교육의 주체에 해당하는 것은?

① 강사
② 교재
③ 수강자
④ 교육 방법

* 교육의 3요소

교육의 주체	교육의 객체	교육의 매개체
강사	학생(수강자)	교재 (학습 내용)

17 O.J.T(On the Training) 교육의 장점과 가장 거리가 먼 것은?

① 훈련에만 전념할 수 있다.
② 직장의 실정에 맞게 실제적 훈련이 가능하다.
③ 개개인의 업무능력에 적합한 자세한 교육이 가능하다.
④ 교육을 통하여 상사와 부하 간의 의사소통과 신뢰감이 깊게 된다.

① 훈련에만 전념할 수 있다. → OFF.J.T

참고

OJT의 특징	• 개개인에게 적절한 훈련이 가능하다. • 직장의 실정에 맞는 훈련이 가능하다. • 교육효과가 즉시 업무에 연결된다. • 훈련에 대한 업무의 계속성이 끊어지지 않는다. • 상호 신뢰 이해도가 높다.
OFF JT의 특징	• 다수의 근로자들에게 훈련을 할 수 있다. • 훈련에만 전념하게 된다. • 특별설비기구 이용이 가능하다. • 많은 지식이나 경험을 교류할 수 있다. • 교육 훈련 목표에 대하여 집단적 노력이 흐트러질 수 있다.

실기까지 중요한 내용입니다.

18 위험예지훈련 기초 4라운드(4R)에서 라운드별 내용이 바르게 연결된 것은?

① 1라운드 : 현상파악
② 2라운드 : 대책수립
③ 3라운드 : 목표설정
④ 4라운드 : 본질추구

* 위험예지 훈련 4단계
1단계 : 현상 파악
2단계 : 요인조사(본질추구)
3단계 : 대책수립
4단계 : 행동목표 설정(합의요약)

 실기까지 중요한 내용입니다.

19 산업안전보건 법령상 근로자 안전·보건 교육 중 채용 시의 교육 및 작업내용 변경 시의 교육 사항으로 옳은 것은?

① 물질안전보건자료에 관한 사항
② 건강증진 및 질병 예방에 관한 사항
③ 유해·위험 작업환경 관리에 관한 사항
④ 표준안전작업방법 및 지도 요령에 관한 사항

* 근로자 채용 시 교육 및 작업내용 변경 시의 교육 내용
① 산업안전 및 산업재해 예방에 관한 사항(화재·폭발 사고 발생 시 대피에 관한 사항을 포함한다)
② 산업보건 및 건강장해 예방에 관한 사항
③ 산업안전보건법령 및 산업재해보상보험제도에 관한 사항
④ 직무스트레스 예방 및 관리에 관한 사항
⑤ 직장 내 괴롭힘, 고객의 폭언 등으로 인한 건강장해 예방 및 관리에 관한 사항

⑥ 기계·기구의 위험성과 작업의 순서 및 동선에 관한 사항
⑦ 물질안전보건자료에 관한 사항
⑧ 작업 개시 전 점검에 관한 사항
⑨ 정리정돈 및 청소에 관한 사항
⑩ 사고 발생 시 긴급조치에 관한 사항
⑪ 위험성 평가에 관한 사항

특급암기법
공통 항목
1. 신규자는 법, 산재보상제도를 알자!
2. 신규자는 건강을 보존(산업보건)하고 건강장해, 스트레스, 괴롭힘, 폭언 예방하자!
3. 신규자는 안전하고 산업재해 예방하자!
4. 신규자는 위험성을 평가하자!

신규 채용자는 회사에 처음입사해서 처음 일을 하는 근로자, 안전하게 일하기 위한 기본내용을 교육한다.
1. 신규자는 기계기구 위험성, 작업 순서, 동선을 알자!
2. 신규자는 취급물질의 위험성(물질안전보건자료)을 알자!
3. 신규자는 작업 전 점검하자!
4. 신규자는 항상 정리정돈 청소하자!
5. 신규자는 사고 시 조치를 알자!

실기에 자주 출제되는 내용입니다.

20 산업재해의 발생 유형으로 볼 수 없는 것은?

① 지그재그형
② 집중형
③ 연쇄형
④ 복합형

정답 18 ① 19 ① 20 ①

*산업재해 발생형태(재해 발생의 매커니즘)
① 단순자극형(집중형) : 상호 자극에 의하여 순간적으로 재해가 발생하는 유형으로 재해가 일어난 장소에, 그 시기에 일시적으로 요인이 집중한다는 유형이다.
② 연쇄형 : 하나의 사고 요인이 또 다른 요인을 발생시키면서 재해가 발생하는 유형이다.
③ 복합형 : 단순 자극형과 연쇄형의 복합적인 발생 유형이다.

2과목 인간공학 및 시스템안전공학

21 모든 시스템 안전 프로그램 중 최초 단계의 분석으로 시스템 내의 위험요소가 어떤 상태에 있는지를 정성적으로 평가하는 방법은?

① CA
② FHA
③ PHA
④ FMEA

모든 시스템 안전 프로그램 중 최초 단계의 분석 → 예비위험분석(PHA)

 실기까지 중요한 내용입니다.

22 시스템의 성능 저하가 인원의 부상이나 시스템 전체에 중대한 손해를 입히지 않고 제어가 가능한 상태의 위험 강도는?

① 범주 Ⅰ : 파국적
② 범주 Ⅱ : 위기적
③ 범주 Ⅲ : 한계적
④ 범주 Ⅳ : 무시

시스템 전체에 중대한 손해를 입히지 않고 제어가 가능한 상태의 위험 강도 → 한계적

참고

* PHA 카테고리 분류
• Class 1 : 파국적(catastrophic)
    – 사망, 시스템 완전 손상
• Class 2 : 위기적(critical)
    – 심각한 상해, 시스템 중대 손상
• Class 3 : 한계적(marginal)
    – 경미한 상해, 시스템 성능 저하
• Class 4 : 무시(negligible)
    – 경미한 상해 및 시스템 저하 없음

23 결함수 분석법에서 일정 조합 안에 포함되는 기본사상들이 동시에 발생할 때 반드시 목표사상을 발생시키는 조합을 무엇이라 하는가?

① Cut set
② Decision tree
③ Path set
④ 불대수

포함되는 기본사상들이 동시에 발생할 때 반드시 목표사상을 발생시키는 조합 → Cut set

> **참고**

1. 컷셋(Cut Set)
   - 정상사상을 발생시키는 기본사상의 집합
   - 모든 기본사상이 일어났을 때 정상사상을 일으키는 기본사상들의 집합이다.

2. 미니멀 컷(Minimal Cut Set)
   - 정상사상을 일으키기 위한 기본사상의 최소집합(최소한의 컷)
   - 시스템의 위험성을 나타낸다.

3. 패스셋(Path Set)
   - 시스템의 고장을 일으키지 않는 기본사상들의 집합
   - 포함된 기본사상이 일어나지 않을 때 처음으로 정상사상이 일어나지 않는 기본 사상들의 집합이다.

4. 미니멀 패스(Minimal Path Set)
   - 시스템의 기능을 살리는 최소한의 집합(최소한의 패스)
   - 시스템의 신뢰성 나타낸다.

24 통제표시비(C/D비)를 설계할 때의 고려할 사항으로 가장 거리가 먼 것은?

① 공차   ② 운동성
③ 조작시간   ④ 계기의 크기

* 통제표시비 설계 시 고려사항
① 계기의 크기
② 목측거리(목시거리)
③ 조작시간
④ 방향성
⑤ 공차

25 건구온도 38℃, 습구온도 32℃일 때의 Oxford 지수는 몇 ℃인가?

① 30.2   ② 32.9
③ 35.3   ④ 37.1

* Oxford 지수(습·건 지수)

$$WD(℃) = 0.85 \times W + 0.15 \times d$$

- W : 습구온도
- d : 건구온도

$WD(℃) = 0.85 \times 32 + 0.15 \times 38 = 32.9(℃)$

26 건강한 남성이 8시간 동안 특정 작업을 실시하고, 분당 산소 소비량이 1.1L/분으로 나타났다면 8시간 총 작업시간에 포함될 휴식시간은 약 몇 분인가?(단, Murrell의 방법을 적용하며, 휴식 중 에너지소비율은 1.5kcal/min이다.)

① 30분   ② 54분
③ 60분   ④ 75분

휴식시간(R) = $\dfrac{60 \times (E-5)}{E-1.5}$ [분]

- 1.5 : 휴식 중의 에너지 소비량
- 5(kcal/분) : 보통 작업에 대한 평균 에너지
- 60(분) : 작업시간
- E(kcal/분) : 문제에서 주어진 작업을 수행하는 데 필요한 에너지

R = $\dfrac{60 \times (5.5-5)}{5.5-1.5} \times 8 = 60$(분)

[E = 1.1L × 산소 1L의 에너지(5Kcal)
= 5.5(Kcal/min)]

 실기까지 중요한 내용입니다.

정답 24 ② 25 ② 26 ③

27 점광원(point source)에서 표면에 비추는 조도(lux)의 크기를 나타내는 식으로 옳은 것은? (단, D는 광원으로부터의 거리를 말한다.)

① $\dfrac{광도(fc)}{D^2(m^2)}$ ② $\dfrac{광도(lm)}{D(m)}$

③ $\dfrac{광도(cd)}{D^2(m^2)}$ ④ $\dfrac{광도(fL)}{D(m)}$

$$조도(lux) = \dfrac{광도(cd)}{(거리)^2}$$

28 인간공학적 수공구의 설계에 관한 설명으로 옳은 것은?

① 수공구 사용 시 무게 균형이 유지되도록 설계한다.
② 손잡이 크기를 수공구 크기에 맞추어 설계한다.
③ 힘을 요하는 수공구의 손잡이는 직경을 60mm 이상으로 한다.
④ 정밀 작업용 수공구의 손잡이는 직경을 5mm 이하로 한다.

★ 수공구의 설계 원칙
① 손목을 곧게 유지한다.(손목을 굽히면 수근관에서 건이 굽혀서 융기되고 건활막염으로 진전된다.)
② 손바닥에 가해지는 압력을 줄인다.
③ 손가락의 반복 사용을 피한다.(트리거 핑거를 유발할 수 있다.)
④ 손잡이는 손바닥과의 접촉 면적이 크게 설계한다.
⑤ 공구의 무게를 줄이고 사용 시 균형이 유지되도록 한다.
⑥ 손잡이 단면은 원형 또는 타원형으로 한다.
⑦ 농력 공구의 손잡이는 두 손가락 이상으로 작동하도록 한다.
⑧ 손잡이 직경은 30~45mm 크기가 적당하다.(정밀 작업 시는 5~12mm, 회전력이 필요한 대형 스크루 드라이버 같은 공구는 50~60mm)

29 인간-기계 시스템에서 기계와 비교한 인간의 장점으로 볼 수 없는 것은? (단, 인공지능과 관련된 사항은 제외한다.)

① 완전히 새로운 해결책을 찾아낸다.
② 여러 개의 프로그램된 활동을 동시에 수행한다.
③ 다양한 경험을 토대로 하여 의사결정을 한다.
④ 상황에 따라 변화하는 복잡한 자극 형태를 식별한다.

정답 27 ③ 28 ① 29 ②

★ 인간 - 기계의 기능 비교

구분	인간의 장점	기계의 장점
감지 기능	• 저에너지자극 감지 • 다양한 자극 식별 • 예기치못한사건감지	• 인간의 감지 범위 밖의 자극 감지 • 인간 · 기계의 모니터 기능
정보 처리 결정	• 많은 양의 정보 장시간 보관 • 귀납적, 다양한문제 해결	• 정보 신속 대량 보관 • 연역적, 정량적
행동 기능	• 과부하 상태에서는 중요한 일에만 집념할 수 있다.	• 과부하에서 효율적 작동 • 장시간 중량 작업, 반복, 동시 여러 가지 작업을 수행 가능

📝 필기에 자주 출제되는 내용입니다.

30 인터페이스 설계 시 고려해야 하는 인간과 기계와의 조화성에 해당되지 않는 것은?

① 지적 조화성
② 신체적 조화성
③ 감성적 조화성
④ 심미적 조화성

★ 인간과 기계의 조화성
① 신체적 조화성
② 지적 조화성
③ 감성적 조화성

31 반복되는 사건이 많이 있는 경우, FTA의 최소 컷셋과 관련이 없는 것은?

① Fussel Algorithm
② Booolean Algorithm
③ Monte Carlo Algorithm
④ Limnios&Ziani Algorithm

★ 결함수분석의 최소 컷셋과 관련된 알고리즘
① Boolean Algebra
② Fussell Algorithm
③ Limnios & Ziani Algorithm

32 다음 중 설비보전관리에서 설비 이력카드, MTBF 분석표, 고장 원인 대책표와 관련이 깊은 관리는?

① 보전 기록 관리
② 보전 자재 관리
③ 보전 작업 관리
④ 예방 보전 관리

설비 이력 카드, MTBF 분석표, 고장 원인 대책표 → 보전 기록 관리

33 공간 배치의 원칙에 해당되지 않는 것은?

① 중요성의 원칙
② 다양성의 원칙
③ 사용 빈도의 원칙
④ 기능별 배치의 원칙

정답 30 ④ 31 ③ 32 ① 33 ②

* **부품배치의 원칙**
1. 중요성의 원칙 : 부품을 작동하는 성능이 체계의 목표 달성에 중요한 정도에 따라 우선순위를 결정한다.
2. 사용 빈도의 원칙 : 부품을 사용하는 빈도에 따라 우선순위를 결정한다.
3. 기능별 배치의 원칙 : 기능적으로 관련된 부품들(표시장치, 조정장치 등)을 모아서 배치한다.
4. 사용 순서의 원칙 : 사용 순서에 따라 장치들을 가까이에 배치한다.

실기까지 중요한 내용입니다.

34 화학공장(석유화학사업장 등)에서 가동문제를 파악하는 데 널리 사용되며, 위험요소를 예측하고, 새로운 공정에 대한 가동문제를 예측하는 데 사용되는 위험성평가 방법은?

① SHA　　② EVP
③ CCFA　　④ HAZOP

* **HAZOP(위험 및 운전성 검토)**
- 각각의 장비에 대해 잠재된 위험이나 기능 저하 등 시설에 결과적으로 미칠 수 있는 영향을 평가하기 위하여 공정이나 설계도 등에 체계적인 검토를 행하는 것으로 제품의 개발단계에서 실시한다.
- 화학공장(석유화학사업장 등)에서 가동문제를 파악하는 데 널리 사용되며, 위험요소를 예측하고, 새로운 공정에 대한 가동문제를 예측하는 데 사용된다.

실기까지 중요한 내용입니다.

35 다음은 1/100초 동안 발생한 3개의 음파를 나타낸 것이다. 음의 세기가 가장 큰 것과 가장 높은 음은 무엇인가?

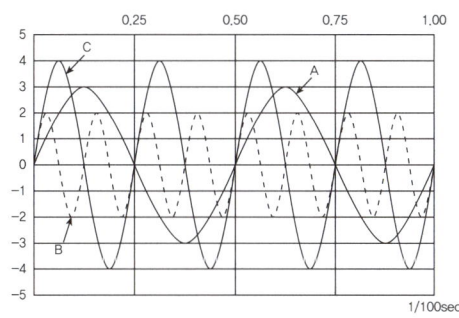

① 가장 큰 음의 세기 : A, 가장 높은 음 : B
② 가장 큰 음의 세기 : C, 가장 높은 음 : B
③ 가장 큰 음의 세기 : C, 가장 높은 음 : A
④ 가장 큰 음의 세기 : B, 가장 높은 음 : C

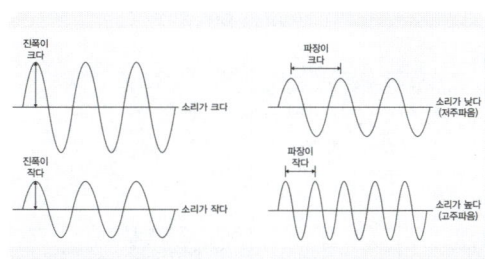

36 글자의 설계 요소 중 검은 바탕에 쓰여진 흰 글자가 번져 보이는 현상과 가장 관련 있는 것은?

① 획폭비
② 글자체
③ 종이 크기
④ 글자 두께

정답　34 ④　35 ②　36 ①

* **광삼 현상(Irradiation)**
  • 흰 모양이 주위의 검은 배경으로 번지어 보이는 현상
  • 검은 바탕에 흰 글자의 획 폭은 흰 바탕에 검은 글자보다 가늘어야 한다.

37 FTA에 사용되는 기호 중 다음 기호에 해당하는 것은?

① 생략사상　② 부정사상
③ 결함사상　④ 기본사상

기호	명명
○	기본사상
▭	결함사상
◇	생략사상

📝 실기에 자주 출제되는 내용입니다.

38 휴먼 에러(human error)의 분류 중 필요한 임무나 절차의 순서 착오로 인하여 발생하는 오류는?

① ommission error
② sequential error
③ commission error
④ extraneous error

* **휴먼에러의 심리적 분류**
  (Swain의 분류, 독립행동에 관한 분류)
  ① omission error(누설오류, 생략오류, 부작위오류)
  : 필요한 작업 또는 절차를 수행하지 않는데 기인한 에러
  ② time error(시간오류) : 필요한 작업 또는 절차의 수행 지연으로 인한 에러
  ③ commission error(작위오류, 실행오류) : 필요한 작업 또는 절차의 불확실한 수행으로 인한 에러
  ④ sequential error(순서오류) : 필요한 작업 또는 절차의 순서 착오로 인한 에러
  ⑤ extraneous error(과잉행동오류) : 불필요한 작업 또는 절차를 수행함으로써 기인한 에러

* **원인의 레벨적 분류**
  ① primary error(1차 에러) : 작업자 자신으로부터 발생한 에러
  ② secondary error(2차에러) : 작업형태, 작업조건 중 문제가 생겨 필요한 사항을 실행할 수 없어 발생한 에러
  ③ command error : 실행하고자 하여도 필요한 물품, 정보, 에너지 등이 공급되지 않아서 작업자가 움직일 수 없는 상태에서 발생한 에러

정답　37 ④　38 ②

39 가청 주파수 내에서 사람의 귀가 가장 민감하게 반응하는 주파수 대역은?

① 20~20000Hz
② 50~15000Hz
③ 100~10000Hz
④ 500~3000Hz

1. 인간의 가청 주파수 범위 : 20~20000Hz
2. 가청 주파수 내에서 사람의 귀가 가장 민감하게 반응하는 주파수 대역 : 500~3000Hz

40 작업자가 100개의 부품을 육안 검사하여 20개의 불량품을 발견하였다. 실제 불량품이 40개라면 인간에러(human error) 확률은 약 얼마인가?

① 0.2 ② 0.3
③ 0.4 ④ 0.5

* 인간과오율

$$HEP = \frac{\text{실제 과오의 수}}{\text{과오발생 전체기회 수}}$$

$$HEP = \frac{(40-20)}{100} = 0.2$$

3과목 건설시공학

41 벽체로 둘러싸인 구조물에 적합하고 일정한 속도로 거푸집을 상승시키면서 연속하여 콘크리트를 타설하며 마감작업이 동시에 진행되는 거푸집공법은?

① 플라잉 폼
② 터널 폼
③ 슬라이딩 폼
④ 유로 폼

* 슬라이딩 폼(sliding form)
① 시공이음 없이 거푸집을 요크(yoke)로 연속적으로 끌어올려 단면형상에 변화가 없는 공법으로 silo 공사 등에 적당하다.(일반적으로 돌출물이 없는 건축물에 적용할 수 있다.)
② 내·외부 비계발판이 일체형이며, 1일 5~10m 정도 수직시공이 가능하므로 시공속도가 빠르다.
③ 타설 작업과 마감작업이 동시에 진행되어 공정이 단순하다.
④ 구조물 형태에 따른 사용 제약이 있다.(돌출물이 없는 건축물에 적용)
⑤ 형상 및 치수가 정확하며 시공오차가 적다.
⑥ 소요 경비가 절감된다.

필기에 자주 출제되는 내용입니다.

정답 39 ④ 40 ① 41 ③

42 철근의 이음방식이 아닌 것은?

① 용접이음
② 겹침 이음
③ 갈고리이음
④ 기계적 이음

* **철근 이음의 종류**
① 겹침 이음
② 가스압접 이음
③ 용접 이음
④ 기계적 이음
  • 나사식 이음
  • 충전식 이음
  • 압착식 이음

필기에 자주 출제되는 내용입니다.

43 철근보관 및 취급에 관한 설명으로 옳지 않은 것은?

① 철근고임대 및 간격재는 습기방지를 위하여 직사일광을 받는 곳에 저장한다.
② 철근저장은 물이 고이지 않고 배수가 잘 되는 곳에 이루어져야 한다.
③ 철근저장 시 철근의 종별, 규격별, 길이별로 적재한다.
④ 저장장소가 바닷가 해안 근처일 경우에는 창고 속에 보관하도록 한다.

① 철근 고임재 및 간격재는 온도변화에 따른 변형이나 파손방지를 위하여 겨울에 동파되거나 여름에 직사광선을 받지 않도록 저장하며, 필요 시 박스단위로 포장하여 보관하여야 한다.

44 기성콘크리트 말뚝에 관한 설명으로 옳지 않은 것은?

① 공장에서 미리 만들어진 말뚝을 구입하여 사용하는 방식이다.
② 말뚝간격은 2.5d 이상 또는 750mm 중 큰 값을 택한다.
③ 말뚝이음 부위에 대한 신뢰성이 매우 우수하다.
④ 시공과정상의 항타로 인하여 자재균열의 우려가 높다.

③ 말뚝이음 부위에 대한 신뢰성이 떨어진다.

참고

* **말뚝의 간격**
(말뚝의 최소 중심 간격으로 다음 중 큰 값으로 결정)

나무말뚝	말뚝머리직경의 2.5배 이상 또한 600mm 이상
기성콘크리트 말뚝	말뚝머리직경의 2.5배 이상 또한 750mm 이상
강재말뚝	말뚝머리직경 또는 폭의 2.5배 (폐단 강관말뚝 : 2.5배) 이상 또한 750mm 이상
현장타설 콘크리말뚝	말뚝머리직경의 2.5배 이상 또한 말뚝머리직경에 1,000mm를 더한 값 이상

필기에 자주 출제되는 내용입니다.

정답 42 ③ 43 ① 44 ③

45 철골공사에서 철골세우기 계획을 수립할 때 철골제작공장과 협의해야 할 사항이 아닌 것은?

① 철골 세우기 검사 일정 확인
② 반입 시간의 확인
③ 반입 부재수의 확인
④ 부재 반입의 순서

> ＊ 철골세우기 계획 수립 시 철골제작공장과 협의해야 할 사항
> ① 부재 반입의 순서
> ② 반입 시간의 확인
> ③ 반입 부재수의 확인

46 철골공사에서 산소아세틸렌 불꽃을 이용하여 강재의 표면에 홈을 따내는 방법은?

① Gas gouging
② Blow hole
③ Flux
④ Weaving

> ＊ 가스 가우징(Gas gouging)
> 산소아세틸렌 불꽃을 이용하여 강재의 표면에 둥근 홈을 파내는 방법이며, 예열 불꽃, 용단산소 모두 용단 작업에 비해서 많은 양이 흐르게 되어 작업에 위험이 잠재되어 있다.

47 토공사용 기계장비 중 기계가 서 있는 위치보다 높은 곳의 굴착에 적합한 기계장비는?

① 백호우
② 드래그 라인
③ 크램쉘
④ 파워셔블

> ＊ 굴삭장비(굴착기계)
> 1. **파워 셔블**(power shovel, 동력삽)
>   • 기계가 서 있는 지반면보다 **높은** 곳의 땅파기에 **적합**하다.
> 2. **드래그 셔블**(drag shovel, 백호)
>   • 기계가 서 있는 **지면보다 낮은** 장소의 굴착 및 수중굴착이 가능하다
>   • 굳은 지반의 토질도 정확한 굴착이 된다.
> 3. **드래그라인**(drag line)
>   • 기계가 서있는 위치보다 낮은 장소의 굴착에 적당하고 굳은 토질에서의 굴착은 되지 않지만 굴착 반지름이 크다.
>   • 작업범위가 광범위하고 **수중굴착 및 연약한 지반**의 굴착에 적합하다.
> 4. **클램셸**(clamshell)
>   • **수중굴착** 및 가장 협소하고 깊은 굴착이 가능하며 **호퍼**(hopper)에 적당하다.
>   • **연약지반**이나 수중굴착 및 자갈 등을 싣는데 적합하다.

48 수밀 콘크리트 공사에 관한 설명으로 옳지 않은 것은?

① 배합은 콘크리트의 소요의 품질이 얻어지는 범위 내에서 단위수량 및 물-결합재비는 되도록 작게 하고, 단위 굵은 골재량은 되도록 크게 한다.
② 소요 슬럼프는 되도록 크게 하되, 210mm를 넘지 않도록 한다.
③ 연속 타설 시간간격은 외기 온도가 25℃ 이하일 경우에는 2시간을 넘어서는 안 된다.
④ 타설과 관련하여 연직 시공 이음에는 지수판 등 물의 통과 흐름을 차단할 수 있는 방수처리재 등의 재료 및 도구를 사용하는 것을 원칙으로 한다.

② 소요 슬럼프는 되도록 작게 하되 180mm를 넘지 않도록 하며, 콘크리트 타설이 용이한 경우는 120mm 이하로 한다.

📝 필기에 자주 출제되는 내용입니다.

49 거푸집 제거작업 시 주의사항 중 옳지 않은 것은?

① 진동, 충격을 주지 않고 콘크리트가 손상되지 않도록 순서에 맞게 제거한다.
② 지주를 바꾸어 세울 동안에는 상부의 작업을 제한하여 집중하중을 받는 부분의 지주는 그대로 둔다.
③ 제거한 거푸집은 재사용 할 수 있도록 적당한 장소에 정리하여 둔다.
④ 구조물의 손상을 고려하여 제거 시 찢어져 남은 거푸집 쪽널은 그대로 두고 미장공사를 한다.

④ 거푸집을 완전히 제거한 상태로서 부착상 유해한 잔류물이 없도록 한다.

50 공정별 검사항목 중 용접 전 검사에 해당되지 않는 것은?

① 트임새모양
② 비파괴검사
③ 모아대기법
④ 용접자세의 적부

* **용접검사 방법의 분류**

용접 착수 전	① 트임새 모양 ② 구속법 ③ 모아대기법 ④ 자세의 적부
용접 작업 중	① 용접봉 ② 운봉 ③ 전류

용접 완료 후	① 외관검사
	② 절단검사
	③ 비파괴검사
	  (방사선투과법, 초음파탐상법,
	   자기분말탐상법)

정답 48 ② 49 ④ 50 ②

51 철골 내화피복공사 중 멤브레인 공법에 사용되는 재료는?

① 경량 콘크리트
② 철망 모르타르
③ 뿜칠 플라스터
④ 암면 흡음판

습식공법	① 조적공법 : 철골표면에 벽돌, 돌, 콘크리트 블록, 경량 콘크리트 블록 등을 시공하는 공법 ② 미장공법 : 철골표면에 단열 모르타르를 시공하는 공법 ③ 도장공법 : 철골표면에 내화페인트를 도장하는 공법 ④ 뿜칠공법 : 철골표면에 접착제를 혼합한 내화피복재(암면과 시멘트를 혼합)를 뿜어서 내화 피복하는 공법 ⑤ 타설공법 : 철골표면에 기포 콘크리트, 경량콘크리트를 타설하는 공법
건식공법	① 성형판 붙임공법 : 내화단열성이 우수한 각종 성형판(PC판, ALC판, 석고보드 등)을 철골부재에 붙이는 공법으로 주로 기둥과 보의 내화피복에 사용된다. ② 멤브레인 공법 : 암면 흡음판을 철골에 붙여 시공하는 공법 ③ 세라믹 울 피복 공법

📝 필기에 자주 출제되는 내용입니다.

52 콘크리트용 혼화재 중 포졸란을 사용한 콘크리트의 효과로 옳지 않은 것은?

① 워커빌리티가 좋아지고 블리딩 및 재료 분리가 감소된다.
② 수밀성이 크다.
③ 조기강도는 매우 크나 장기강도의 증진은 낮다.
④ 해수 등에 화학적 저항이 크다.

③ 조기강도의 증진은 느리지만 장기강도는 일반 콘크리트에 비하여 같거나 증진된다.

📝 필기에 자주 출제되는 내용입니다.

53 콘크리트의 측압에 관한 설명으로 옳지 않은 것은?

① 콘크리트 타설 속도가 빠를수록 측압이 크다.
② 콘크리트의 비중이 클수록 측압이 크다.
③ 콘크리트의 온도가 높을수록 측압이 작다.
④ 진동기를 사용하여 다질수록 측압이 작다.

정답 51 ④ 52 ③ 53 ④

★ 콘크리트 타설 시 거푸집의 측압
① 거푸집의 강성이 클수록 측압이 크다.
② 철골 or 철근량이 적을수록 측압이 크다.
③ 외기온도가 낮을수록 측압이 크다.
④ 습도가 낮을수록 측압이 크다.
⑤ 타설속도가 빠를수록 측압이 크다.
⑥ 슬럼프가 클수록 측압이 크다.
⑦ 콘크리트 비중이 클수록 측압이 크다.
⑧ 다짐이 좋을수록 측압이 크다.

 필기에 자주 출제되는 내용입니다.

54 도급계약서에 첨부하지 않아도 되는 서류는?

① 설계도면
② 공사시방서
③ 시공계획서
④ 현장설명서

★ 건설공사 하도급계약서 첨부 서류
① 기본계약서 본문
② 설계서(설계도면, 설계 설명서, 현장설명서, 물량 내역서)
③ 산출(공사)내역서
④ 비밀유지계약서
⑤ 하도급대금 직접지급합의서
⑥ 표준비밀유지계약서(기술자료)
⑦ 표준약식변경계약서

55 기초공사의 지정공사 중 얕은 지정공법이 아닌 것은?

① 모래지정
② 잡석지정
③ 나무말뚝지정
④ 밑창콘크리트 지정

★ 지정의 종류
1) 보통지정
  ① 잡석지정
  ② 모래지정
  ③ 자갈지정
  ④ 밑창 콘크리트지정

2) 깊은 기초지정
  ① 우물통식 지정
  ② 잠함기초 지정
  ③ 말뚝 지정(나무 말뚝 지정, 기성콘크리트 말뚝 지종, 제자리콘크리트 말뚝 지정

필기에 자주 출제되는 내용입니다.

56 시방서에 관한 설명으로 옳지 않은 것은?

① 설계도면과 공사시방서에 상이점이 있을 때는 주로 설계도면이 우선한다.
② 시방서 작성 시에는 공사 전반에 걸쳐 시공 순서에 맞게 빠짐없이 기재한다.
③ 성능시방서란 목적하는 결과, 성능의 판정 기준, 이를 판별할 수 있는 방법을 규정한 시방서이다.
④ 시방서에는 사용재료의 시험검사방법, 시공의 일반사항 및 주의사항, 시공정밀도, 성능의 규정 및 지시 등을 기술한다.

* **시방서 및 설계도면 등이 서로 상이할 때의 우선순위**
① 설계도면과 공사시방서가 상이할 때는 공사시방서를 우선한다.
② 설계도면과 내역서가 상이할 때는 설계도면을 우선한다.
③ 표준시방서와 전문시방서가 상이할 때는 전문시방서를 우선한다.
④ 설계도면과 상세도면이 상이할 때는 상세도면을 우선한다.

📌 필기에 자주 출제되는 내용입니다.

57 Earth Anchor 시공에서 앵커의 스트랜드는 어디에 정착되는가?

① Angle Bracket ② Packer
③ Sheat ④ Anchor Head

* **어스 앵커(earth anchor) 공법**
① 버팀대 대신 PC강재(PS 강선, PS 강연선)등 앵커체를 지중에 삽입해서 선단부를 양질지반에 정착시키고, 앵커체의 인장력에 의하여 흙막이 벽 등의 구조물을 지지하는 공법을 말한다.
② 앵커체가 각각의 구조체이므로 적용성이 좋다.
③ 앵커에 프리스트레스를 주기 때문에 흙막이 벽의 변형을 방지하고 주변 지반의 침하를 최소한으로 억제할 수 있다.
④ 본 구조물의 바닥과 기둥의 위치에 관계없이 앵커를 설치할 수도 있다.
⑤ 패커(Packer)는 Earth Anchor 시공에서 정착부를 그라우팅할 때 인장부로 침투하지 않도록 밀봉하는 역할을 한다.
⑥ Earth Anchor 시공에서 앵커의 스트랜드는 Anchor Head에 정착한다.

📌 필기에 자주 출제되는 내용입니다.

58 건설공사의 공사비 절감요소 중에서 집중 분석하여야 할 부분과 거리가 먼 것은?

① 단가가 높은 공종
② 지하공사 등의 어려움이 많은 공종
③ 공사비 금액이 큰 공종
④ 공사실적이 많은 공종

* **건설공사의 공사비 절감요소 중에서 집중분석하여야 할 부분**
① 공사비 금액이 큰 공종
② 단가가 높은 공종
③ 지하공사 등의 어려움이 많은 공종

59 그림과 같은 독립기초의 흙파기 량을 옳게 산출한 것은?

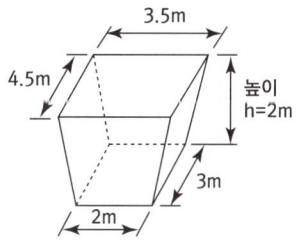

① $19.5m^3$
② $21.0m^3$
③ $23.7m^3$
④ $25.4m^3$

정답 57 ④ 58 ④ 59 ②

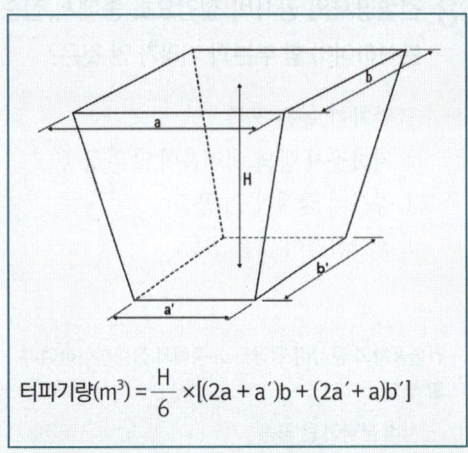

터파기량(m³) = $\frac{H}{6}$ × [(2a + a')b + (2a' + a)b']

터파기량(m³) = $\frac{2}{6}$ × [(2×3.5+2)×4.5+(2×2+3.5)×3]
= 21(m³)

60 한중콘크리트에 관한 설명으로 옳지 않은 것은?

① 골재가 동결되어 있거나 골재에 빙설이 혼입되어 있는 골재는 그대로 사용할 수 없다.
② 재료를 가열할 경우, 시멘트를 직접 가열하는 것으로 하며, 물 또는 골재는 어떤한 경우라도 직접 가열할 수 없다.
③ 한중 콘크리트에는 공기연행콘크리트를 사용하는 것을 원칙으로 한다.
④ 단위수량은 초기동해를 적게 하기 위하여 소요의 워커빌리티를 유지할 수 있는 범위 내에서 되도록 적게 정하여야 한다.

② 재료를 가열할 경우 물 또는 골재를 가열하는 것으로 하며, 골재는 직접 불꽃에 대어 가열해서는 안 되고, 시멘트는 어떠한 경우라도 직접 가열하면 안 된다.

📝 필기에 자주 출제되는 내용입니다.

4과목 건설재료학

61 점토제품 제조에 관한 설명으로 옳지 않은 것은?

① 원료조합에는 필요한 경우 제점제를 첨가한다.
② 반죽과정에서는 수분이나 경도를 균질하게 한다.
③ 숙성과정에서는 반죽덩어리를 되도록 크게 뭉쳐 둔다.
④ 성형은 건식, 반 건식, 습식 등으로 구분한다.

③ 반죽덩어리는 가공이 용이하도록 적당한 크기로 한다.

62 목재의 수용성 방부제 중 방부효과는 좋으나 목질부를 약화시켜 전기전도율이 증가되고 비내구성인 것은?

① 황산동 1% 용액
② 염화아연 4% 용액
③ 크레오소트 오일
④ 염화 제2수은 1% 용액

∗ 목재의 방부제
① 펜타클로로페놀(PCP) : 방부력이 매우 우수하나, 자극적인 냄새가 난다.
② 크레오소트유 : 방부성은 우수하나, 악취가 나고 외관이 좋지 않다.

정답 60 ② 61 ③ 62 ②

③ 염화아연 4% 용액 : 방부효과는 좋으나 목질부를 약화시켜 전기전도율이 증가되고 비 내구적이다.
④ 아스팔트 : 목재를 흑색으로 변색시켜 미관이 좋지 못하며 도포 후 페인트칠이 불가능하다.

* **파아티클 보드**
① 목재를 작은 조각으로 하여 충분히 건조시킨 후 합성수지와 같은 유기질의 접착제를 첨가하여 열압 제판한 목재 가공품
② 상판, 칸막이벽, 가구 등에 사용된다.

📖 필기에 자주 출제되는 내용입니다.

63 유리면에 부식액의 방호막을 붙이고 이 막을 모양에 맞게 오려낸 후 그 부분에 유리부식액을 발라 소요 모양으로 만들어 장식용으로 사용하는 유리는?

① 샌드 블라스트 유리
② 에칭 유리
③ 매직 유리
④ 스팬드럴 유리

* **에칭유리**
- 5mm이상 판유리 면에 그림, 문자 등을 새긴 유리
- 유리면에 부식액의 방호막을 붙이고 이 막을 모양에 맞게 오려낸 후 그 부분에 유리부식액을 발라 소요 모양으로 만들어 장식용으로 사용한다.

📖 필기에 자주 출제되는 내용입니다.

64 목재 및 기타 식물의 섬유질 소편에 합성수지접착제를 도포하여 가열 압착 성형한 판싱제품은?

① 파티클 보드
② 시멘트목질판
③ 집성목재
④ 합판

65 용이하게 거푸집에 충전시킬 수 있으며 거푸집을 제거하면 서서히 형태가 변화하나, 재료가 분리되지 않아 굳지 않는 콘크리트의 성질은 무엇인가?

① 워커빌리티
② 컨시스턴시
③ 플라스티시티
④ 피니셔빌리티

* **굳지 않은 콘크리트의 성질**
① 워커빌리티(시공성 · Workability) : 재료 분리를 일으키지 않고 작업이 용이하게 될 수 있는 정도(반죽 질기에 따른 작업의 난이성과 재료의 분리 정도)
② 펌퍼빌리티(펌프 압송성 : Pumpability) : 펌프에 의한 운반을 실시하는 경우 펌프로 콘크리트가 압송되기 쉬운 정도
③ 플라스티시티(성형성 : Plasticity) : 거푸집에 쉽게 다져넣을 수 있고 거푸집을 제거하면 허물어지거나 재료분리가 되지 않는 정도
④ 피니셔빌리티(마감성 : Finishability) : 굵은 골재의 최대치수, 잔골재율, 잔골재입도, 반죽 질기 등에 의한 마무리하기 쉬운 정도를 나타내는 성질

📖 필기에 자주 출제되는 내용입니다.

정답 63 ② 64 ① 65 ③

66 다음 중 점토 제품이 아닌 것은?

① 테라죠 ② 테라코타
③ 타일 ④ 내화벽돌

> 테라조 : 대리석, 화강암 등의 부순 골재를 안료, 시멘트 등과 함께 경화한 후 표면을 연마, 광택을 내어 대리석과 같이 마감한 인조석으로 바닥이나 벽에 사용되는 재료이다.

67 콘크리트 혼화제 중 AE제를 사용하는 목적과 가장 거리가 먼 것은?

① 동결 융해에 대한 저항성 개선
② 단위수량 감소
③ 워커빌리티 향상
④ 철근과의 부착강도 증대

> *AE제
> • AE 공기(연행공기)를 콘크리트 중에 발생시켜 워커빌리티(시공연도)를 좋게 하고 블리딩을 작게 한다.
> • 단위수량이 감소한다.
> • 동결 · 융해작용에 대한 저항성이 크고 수밀성, 내구성이 좋다.
> • 철근과의 부착강도가 감소한다.

📝 필기에 자주 출제되는 내용입니다.

68 KS F 2527에 규정된 콘크리트용 부순 굵은 골재의 물리적 성질을 알기 위한 실험 항목 중 흡수율의 기준으로 옳은 것은?

① 1% 이하 ② 3% 이하
③ 5% 이하 ④ 10% 이하

> 콘크리트용 부순 굵은 골재의 흡수율 : 3% 이하

69 건축물에 통상 사용되는 도료 중 내후성, 내알칼리성, 내산성 및 내수성이 가장 좋은 것은?

① 에나멜 페인트
② 페놀수지 바니시
③ 알루미늄 페인트
④ 에폭시수지 도료

> *에폭시수지 도료
>
> | | |
> |---|---|
> | 장점 | ① 각종 소지와의 부착성이 우수하다.
② 기계적 강도가 우수하다.
③ 내수성, 내후성 및 내마모성, 내약품성, 내산성, 내알칼리성이 우수하다.
④ 경화 시 휘발성이 없으므로 용적의 감소가 극히 적다.(치수 안정성이 우수하다.)
⑤ Non-Slip 효과가 있다. |
> | 단점 | ① 자외선에 약하다.(황변이 일어난다)
② 경화 시간이 길다.
③ 극성이 없는 Polymer(PE, PP, Silicone 등)에는 부착이 약하다.
④ 경화제를 혼용해야 한다. |

📝 필기에 자주 출제되는 내용입니다.

 정답 66 ① 67 ④ 68 ② 69 ④

70 콘크리트 타설 중 발생되는 재료분리에 대한 대책으로 가장 알맞은 것은?

① 굵은 골재의 최대치수를 크게 한다.
② 바이브레이터로 최대한 진동을 가한다.
③ 단위수량을 크게 한다.
④ AE제나 플라이애시 등을 사용한다.

＊콘크리트 재료분리의 원인
① 콘크리트의 플라스티시티(성형성)가 작은 경우
② 진동기를 과다하게 사용한 경우
③ 단위수량이 지나치게 큰 경우(물의 양이 많고 시멘트가 적은 경우 점성이 적어 재료분리 발생)
④ 굵은 골재의 최대치수가 지나치게 큰 경우(철근 배근 시 철근에 걸려 분리)
⑤ 골재의 비중 차이가 큰 경우(비중이 큰 골재는 침하하고 비중이 작은 골재는 부상)

참고
1. AE제 : AE 공기(연행공기)를 콘크리트 중에 발생시켜 워커빌리티(시공연도)를 좋게 하고 블리딩을 작게 한다.
2. 플라이애시 : 워커빌리티, 펌퍼빌리티를 개선시킨다.

 필기에 자주 출제되는 내용입니다.

71 콘크리트 바닥강화재의 사용목적과 가장 거리가 먼 것은?

① 내마모성 증진
② 내화학성 증진
③ 분진 방지성 증진
④ 내화성 증진

＊콘크리트 바닥강화재의 사용목적
① 내마모성 증진
② 내화학성 증진
③ 분진 방지성 증진

72 구리에 관한 설명으로 옳지 않은 것은?

① 상온에서 연성, 전성이 풍부하다.
② 열 및 전기전도율이 크다.
③ 암모니아와 같은 약알칼리에 강하다.
④ 황동은 구리와 아연을 주체로 한 합금이다.

＊동(Cu : 구리)
① 동은 건조한 공기 중에서는 산화하지 않으나, 습기가 있거나 탄산가스가 있으면 녹이 발생한다.
② 동은 맑은 물에는 침식되지 않으나 해수에는 침식된다.
③ 동은 대기 중에서 내구성이 있으나 암모니아에 침식된다.
④ 산 및 알카리에 약하다.(콘크리트에 접하는 곳에서는 부식이 빠르다.)
⑤ 전기 및 열전도율이 매우 크다.
⑥ 동은 전연성이 풍부하므로 가공하기 쉽다.
⑦ 건축용 판재, 지붕재료, 못, 급배수용 배관 등 냉난방재료로 사용된다.

정답 70 ④ 71 ④ 72 ③

2020년 1·2회 건설안전산업기사 | 1421

73 다음 중 플라스틱(plastic)의 장점으로 옳지 않은 것은?

① 전기절연성이 양호하다.
② 가공성이 우수하다.
③ 비강도가 콘크리트에 비해 크다.
④ 경도 및 내마모성이 강하다.

＊ 플라스틱재료의 일반적인 성질
① 비중이 철이나 콘크리트보다 작다.
② 상호간 계면 접착이 잘되며 금속, 콘크리트, 목재, 유리 등 다른 재료에도 잘 부착된다.
③ 일반적으로 투명 또는 백색이므로 안료나 염료에 의해 다양한 착색이 가능하다.
④ 내수성 및 부식성이 우수하고 산이나 알칼리, 염류 등에 대한 저항성이 강하다.
⑤ 전기저항성이 우수하여 절연재료로 사용된다.
⑥ 내후성이 나쁘며 열에 의한 체적변화가 크다.
  (내열성 및 내후성이 약하다.)
⑦ 내마모성 및 표면강도가 약하다.

📝 필기에 자주 출제되는 내용입니다.

74 지하실 방수공사에 사용되며, 아스팔트 펠트, 아스팔트 루핑 방수재료의 원료로 사용되는 것은?

① 스트레이트 아스팔트
② 블루운 아스팔트
③ 아스팔트 컴파운드
④ 아스팔트 프라이머

＊ 스트레이트 아스팔트
① 아스팔트 성분이 가능한 한 변화되지 않도록 만든 것이다.
② 아스팔트 펠트, 아스팔트 루핑 방수재료의 원료로 사용된다.
③ 점착성, 신성(신축성), 침투성, 방수성 등이 우수하다.
④ 연화점이 낮고, 내구력이 떨어지고, 내후성 및 온도에 의한 변화정도가 커서 주로 지하실 방수용으로 사용된다.

📝 필기에 자주 출제되는 내용입니다.

75 다음 중 화성암에 속하는 석재는?

① 부석   ② 사암
③ 석회석   ④ 사문암

화성암의 종류에는 화강암, 섬록암, 유문암, 반려암, 현무암, 안산암, 부석 등이 있다.

76 다음 재료 중 건물외벽에 사용하기에 적합하지 않은 것은?

① 유성페인트
② 바니쉬
③ 에나멜페인트
④ 합성수지 에멀션페인트

＊ 유성 바니쉬
① 건조가 느리며 내후성이 작아서 옥외용으로 부적당하다.
② 투명한 도료로 내부용 목재에 사용된다.

정답 73 ④ 74 ① 75 ① 76 ②

77 고온소성의 무수석고를 특별한 화학처리를 한 것으로 경화 후 아주 단단해지며 킨즈시멘트라고도 하는 것은?

① 돌로마이터 플라스터
② 스탁코
③ 순석고 플라스터
④ 경석고 플라스터

★ 킨즈시멘드(경석고플리스디)
① 무수석고에 경화촉진제로 백반을 넣어 만든 시멘트
② 백반은 산성이므로 금속을 녹슬게 하는 결점이 있다.
③ 소석고보다 응결속도가 느리다.

📓 필기에 자주 출제되는 내용입니다.

78 내열성이 매우 우수하며 물을 튀기는 발수성을 가지고 있어서 방수재료는 물론 개스킷, 패킹, 전기절연재, 기타 성형품의 원료로 이용되는 합성수지는?

① 멜라민 수지
② 페놀 수지
③ 실리콘 수지
④ 폴리에틸렌 수지

★ 실리콘 수지
① 내약품성, 내후성, 내열성, 내한성이 우수하다.
② 개스킷, 패킹의 재료, 방수피막 등에 사용된다.

📓 필기에 자주 출제되는 내용입니다.

79 금속재료의 부식을 방지하는 방법이 아닌 것은?

① 이종 금속을 인접 또는 접촉시켜 사용하지 말 것
② 균질한 것을 선택하고 사용 시 큰 변형을 주지 말 것
③ 큰 변형을 준 것은 풀림(annealing)하지 않고 사용할 것
④ 표면을 평활하고 깨끗이 하며, 가능한 건조 상태로 유지할 것

★ 금속의 부식방지 대책(방식 대책)
① 가능한 한 이종 금속은 이를 인접, 접속시켜 사용하지 않을 것
② 균질한 것을 선택하고, 사용할 때 큰 변형을 주지 않도록 할 것
③ 큰 변형을 준 것은 가능한 한 풀림하여 사용할 것
④ 가능한 한 건조상태로 유지하고 부분적인 녹은 빨리 제거할 것
⑤ 도료 및 내식성이 큰 금속의 기밀 또는 수밀성 보호피막을 만들거나 방부피막을 실시할 것

📓 필기에 자주 출제되는 내용입니다.

정답 77 ④ 78 ③ 79 ③

80 투사광선의 방향을 변화시키거나 집중 또는 확산시킬 목적으로 만든 이형 유리제품으로 주로 지하실 또는 지붕 등의 채광용으로 사용되는 것은?

① 프리즘 유리   ② 복층 유리
③ 망입 유리   ④ 강화 유리

* **프리즘(prism) 유리(포도유리)**
- 프리즘의 원리를 응용하여 투과광선의 방향을 변화시키거나 집중 확산시킬 목적으로 사용된다.
- 지하실, 지붕 등의 채광용으로 사용된다.

 필기에 자주 출제되는 내용입니다.

5과목 건설안전기술

81 건설현장에서 계단을 설치하는 경우 계단의 높이가 최소 몇 미터 이상일 때 계단의 개방된 측면에 안전난간을 설치하여야 하는가?

① 0.8m   ② 1.0m
③ 1.2m   ④ 1.5m

계단의 난간 : 높이 1미터 이상인 계단의 개방된 측면에 안전난간을 설치하여야 한다.

 참고

① 계단의 강도 : 계단 및 계단참의 강도는 500kg/m² 이상이어야 하며 안전율은 4 이상으로 하여야 한다.
② 계단의 폭 : 1미터 이상으로 하여야 한다.
③ 계단참의 높이 : 높이가 3m를 초과하는 계단에 높이 3m 이내마다 진행방향으로 길이 1.2미터 이상의 계단참을 설치하여야 한다.
④ 천장의 높이 : 바닥면으로부터 높이 2미터 이내의 공간에 장애물이 없도록 하여야 한다.
⑤ 계단의 난간 : 높이 1미터 이상인 계단의 개방된 측면에 안전난간을 설치하여야 한다.

 실기까지 중요한 내용입니다.

82 산업안전보건관리비 중 안전 시설비의 항목에서 사용할 수 있는 항목에 해당하는 것은?

① 외부인 출입 금지, 공사장 경계 표시를 위한 가설울타리
② 작업 발판
③ 절토부 및 성토부 등의 토사 유실 방지를 위한 설비
④ 사다리 전도방지장치

①, ②, ③ → 근로자 재해예방 외의 목적이 있는 시설로 안전시설비로 사용할 수 없다.
④ 사다리 전도방지장치 → 산업재해 예방을 위한 장치로 안전시설비로 사용할 수 있다.

정답 80 ① 81 ② 82 ④

> **참고**
>
> ★ **안전시설비 등**
> ① 산업재해 예방을 위한 **안전난간, 추락방호망, 안전대 부착설비, 방호장치**(기계·기구와 방호장치가 일체로 제작된 경우, 방호장치 부분의 가액에 한함) 등 안전시설의 구입·임대 및 설치 등을 위해 소요되는 비용
> ② 스마트 안전장비 구입·임대 비용. 다만, 계상된 산업안전보건관리비 총액의 10분의 2를 초과할 수 없다.
> ③ 용접 작업 등 화재 위험작업 시 사용하는 소화기의 구입·임대비용

📝 실기까지 중요한 내용입니다.

83 포화도 80%, 함수비 28%, 흙 입자의 비중 2.7일 때 공극비를 구하면?

① 0.940   ② 0.945
③ 0.950   ④ 0.955

> 비중 × 함수비 = 포화도 × 공극비
>
> 공극비 = $\dfrac{\text{비중} \times \text{함수비}}{\text{포화도}}$
>
> $= \dfrac{2.7 \times 0.28}{0.8} = 0.945$

📝 비중이 낮은 문제입니다.

84 다음 터널 공법 중 전단면 기계 굴착에 의한 공법에 속하는 것은?

① ASSM
    (American Steel SupportedMethod)
② NATM
    (New Austrian Tunneling Method)
③ TBM(Tunnel Boring Machine)
④ 개착식 공법

> ★ **TBM 공법**
> 발파를 하지 않고 tunnel boring machine의 회전 cutter에 의해 터널전단면을 절삭 또는 파쇄하는 기계식 굴착공법이다.

85 크레인 운전실을 통하는 통로의 끝과 건설물 등의 벽체와의 간격은 최대 얼마 이하로 하여야 하는가?

① 0.3m   ② 0.4m
③ 0.5m   ④ 0.6m

> 다음 각 호의 간격을 0.3미터 이하로 하여야 한다. 다만, 근로자가 추락할 위험이 없는 경우에는 그 간격을 0.3미터 이하로 유지하지 아니할 수 있다.
> ① 크레인의 운전실 또는 운전대를 통하는 통로의 끝과 건설물 등의 벽체의 간격
> ② 크레인 거더(girder)의 통로 끝과 크레인 거더의 간격
> ③ 크레인 거더의 통로로 통하는 통로의 끝과 건설물 등의 벽체의 간격

정답 83 ② 84 ③ 85 ①

86 부두 등의 하역작업장에서 부두 또는 안벽의 선을 따라 설치하는 통로의 최소 폭 기준은?

① 30cm 이상
② 50cm 이상
③ 70cm 이상
④ 90cm 이상

> 부두 또는 안벽의 선을 따라 통로를 설치하는 경우에는 폭을 90센티미터 이상으로 할 것

87 옹벽 축조를 위한 굴착작업에 관한 설명으로 옳지 않은 것은?

① 수평 방향으로 연속적으로 시공한다.
② 하나의 구간을 굴착하면 방치하지 말고 기초 및 본체구조물 축조를 마무리 한다.
③ 절취경사면에 전석, 낙석의 우려가 있고 혹은 장기간 방치할 경우에는 숏크리트, 록볼트, 캔버스 및 모르타르 등으로 방호한다.
④ 작업위치 좌우에 만일의 경우에 대비한 대피 통로를 확보하여 둔다.

> ① 수평방향의 연속시공을 금하며, 블럭으로 나누어 단위시공 단면적을 최소화하여 분단시공을 한다.

88 가설통로 설치 시 경사가 몇 도를 초과하면 미끄러지지 않는 구조로 설치하여야 하는가?

① 15° ② 20°
③ 25° ④ 30°

> **※ 가설통로 설치 시의 준수사항**
> ① 견고한 구조로 할 것
> ② 경사는 30도 이하로 할 것(계단을 설치하거나 높이 2미터 미만의 가설통로로서 튼튼한 손잡이를 설치한 때에는 그러하지 아니하다)
> ③ 경사가 15도를 초과하는 때는 미끄러지지 아니하는 구조로 할 것
> ④ 추락의 위험이 있는 장소에는 안전난간을 설치할 것 (작업상 부득이한 때에는 필요한 부분에 한하여 임시로 이를 해체할 수 있다)
> ⑤ 수직갱 : 길이가 15미터 이상인 때에는 10미터 이내마다 계단참을 설치할 것
> ⑥ 건설공사에 사용하는 높이 8미터 이상인 비계다리 : 7미터 이내 마다 계단참을 설치할 것

📝 실기까지 중요한 내용입니다.

정답 86 ④ 87 ① 88 ①

89 이동식 비계 작업 시 주의사항으로 옳지 않은 것은?

① 비계의 최상부에서 작업을 하는 경우에는 안전난간을 설치한다.
② 이동 시 작업지휘자가 이동식 비계에 탑승하여 이동하며 안전여부를 확인하여야 한다.
③ 비계를 이동시키고자 할 때는 바닥의 구멍이나 머리 위의 장애물을 사전에 점검한다.
④ 작업발판은 항상 수평을 유지하고 작업발판 위에서 안전난간을 딛고 작업을 하거나 받침대 또는 사다리를 사용하여 작업하지 않도록 한다.

> ② 작업자가 탄 채로 이동식 비계를 이동하여서는 아니 된다.

> **참고**
> ＊ **이동식 비계 조립 시 준수사항(이동식 비계의 구조)**
> ① 바퀴에는 갑작스러운 이동 또는 전도를 방지하기 위하여 브레이크·쐐기 등으로 바퀴를 고정시킨 다음 비계의 일부를 견고한 시설물에 고정하거나 아웃트리거를 설치하는 등 필요한 조치를 할 것
> ② 승강용사다리는 견고하게 설치할 것
> ③ 비계의 최상부에서 작업을 할 때에는 안전난간을 설치할 것
> ④ 작업발판은 항상 수평을 유지하고 작업발판 위에서 안전난간을 딛고 작업을 하거나 받침대 또는 사다리를 사용하여 작업하지 않도록 할 것
> ⑤ 작업발판의 최대적재하중은 250킬로그램을 초과하지 않도록 할 것

90 가설구조물의 특징이 아닌 것은?

① 연결재가 적은 구조로 되기 쉽다.
② 부재결합이 불완전 할 수 있다.
③ 영구적인 구조설계의 개념이 확실하게 적용된다.
④ 단면에 결함이 있기 쉽다.

> ③ 구조물이라는 개념이 확고하지 않아 조립의 정밀도가 낮다.

91 물체가 떨어지거나 날아올 위험 또는 근로자가 추락할 위험이 있는 작업 시 착용하여야 할 보호구는?

① 보안경　　② 안전모
③ 방열복　　④ 방한복

작업조건에 적합한 보호구	
물체가 떨어지거나 날아올 위험 또는 근로자가 추락할 위험이 있는 작업	안전모
높이 또는 깊이 2미터 이상의 추락할 위험이 있는 장소에서 하는 작업	안전대 (安全帶)
물체의 낙하·충격, 물체에의 끼임, 감전 또는 정전기의 대전(帶電)에 의한 위험이 있는 작업	안전화
물체가 흩날릴 위험이 있는 작업	보안경
용접 시 불꽃이나 물체가 흩날릴 위험이 있는 작업	보안면
감전의 위험이 있는 작업	절연용 보호구
고열에 의한 화상 등의 위험이 있는 작업	방열복

정답　89 ②　90 ③　91 ②

작업조건에 적합한 보호구	
선창 등에서 분진(粉塵)이 심하게 발생하는 하역작업	방진마스크
섭씨 영하 18도 이하인 급냉동어창에서 하는 하역작업	방한모·방한복·방한화·방한장갑
물건을 운반하거나 수거·배달하기 위하여 이륜자동차 또는 원동기장치 자전거를 운행하는 작업	승차용 안전모
물건을 운반하거나 수거·배달하기 위하여 이륜자동차를 운행하는 작업	안전모

📝 실기에 자주 출제되는 내용입니다.

92 건설 현장에서 사용하는 공구 중 토공용이 아닌 것은?

① 착암기　② 포장 파괴기
③ 연마기　④ 점토 굴착기

③ 연마기는 금속, 석재 등의 표면을 숫돌 등을 이용하여 갈아내는 기계를 말한다.

93 운반작업 중 요통을 일으키는 인자와 가장 거리가 먼 것은?

① 물건의 중량
② 작업 자세
③ 작업 시간
④ 물건의 표면 마감 종류

* 운반작업 중 요통을 일으키는 인자
① 물건의 중량
② 작업 자세
③ 작업 시간
④ 작업 강도 등

94 콘크리트용 거푸집의 재료에 해당되지 않는 것은?

① 철재　② 목재
③ 석면　④ 경금속

* 콘크리트용 거푸집의 재료
① 철재
② 목재
③ 알루미늄
④ 경금속

95 공사종류 및 규모별 안전관리비 계상 기준표에서 공사종류의 명칭에 해당되지 않는 것은?

① 건축공사
② 일반건설공사
③ 중건설공사
④ 특수건설공사사

* 안전관리비 계상 기준표에서 공사 종류의 명칭
① 건축공사
② 토목공사
③ 중건설공사
④ 특수건설공사

정답 92 ③　93 ④　94 ③　95 ②

96 콘크리트 타설작업을 하는 경우에 준수해야 할 사항으로 옳지 않은 것은?

① 콘크리트를 타설하는 경우에는 편심을 유발하여 한쪽 부분부터 밀실하게 타설되도록 유도할 것
② 당일의 작업을 시작하기 전에 해당 작업에 관한 거푸집동바리 등의 변형·변위 및 지반의 침하 유무 등을 점검하고 이상이 있으며 보수할 것
③ 작업 중에는 거푸집동바리 등의 변형·변위 및 침하 유무 등을 감시할 수 있는 감시자를 배치하여 이상이 있으면 작업을 중지하고 근로자를 대피시킬 것
④ 설계도서상의 콘크리트 양생기간을 준수하여 거푸집동바리 등을 해체할 것

① 콘크리트를 한 곳에만 치우쳐서 타설할 경우 편심에 의한 거푸집의 변형 및 탈락 등의 붕괴사고가 발생되므로 타설 순서를 준수하여야 한다.

> 참고

★ **콘크리트의 타설작업 시 준수 사항**
① 당일의 작업을 시작하기 전에 해당 작업에 관한 거푸집 동바리 등의 변형·변위 및 지반의 침하 유무 등을 점검하고 이상이 있으면 보수할 것
② 작업 중에는 감시자를 배치하는 등의 방법으로 거푸집 및 동바리의 변형·변위 및 침하 유무 등을 확인해야 하며, 이상이 있으면 작업을 중지하고 근로자를 대피시킬 것
③ 콘크리트의 타설작업 시 거푸집붕괴의 위험이 발생할 우려가 있으면 충분한 보강조치를 할 것
④ 설계도서상의 콘크리트 양생기간을 준수하여 거푸집 및 동바리를 해체할 것
⑤ 콘크리트를 타설하는 경우에는 편심이 발생하지 않도록 골고루 분산하여 타설할 것

97 다음 그림은 풍화암에서 토사 붕괴를 예방하기 위한 기울기를 나타낸 것이다. x의 값은?

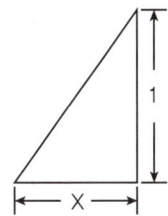

① 0.8
② 1.0
③ 0.5
④ 0.3

풍화암의 기울기는 1 : 1.0이므로

$1 : 1.0 = \dfrac{1(높이)}{1.0(밑변)}$

$\dfrac{1}{1.0} = \dfrac{1}{x}$

x = 1.0

> 참고

★ **굴착면의 기울기 기준**

지반의 종류	굴착면의 기울기
모래	1 : 1.8
연암 및 풍화암	1 : 1.0
경암	1 : 0.5
그 밖의 흙	1 : 1.2

정답 96 ① 97 ②

98 지반의 사면파괴 유형 중 유한사면의 종류가 아닌 것은?

① 사면 내 파괴
② 사면선단파괴
③ 사면저부파괴
④ 직립사면파괴

유한사면의 활동유형 : 급경사에서 급격히 변형하여 붕괴가 발생한다.

1. 원호활동
① **사면선단파괴** : 경사가 급하고 비점착성 토질
② **사면 내 파괴** : 견고한 지층이 얕은 경우
③ **사면저부파괴** : 경사가 완만하고 점착성인 경우
2. **대수나선활동** : 토층이 불균일할 때
3. **복합 곡선활동** : 연약한 토층이 얕은 곳에 존재할 때

99 철근 콘크리트 공사에서 거푸집동바리의 해체 시기를 결정하는 요인으로 가장 거리가 먼 것은?

① 시방서 상의 거푸집 존치 기간의 경과
② 콘크리트 강도시험 결과
③ 동절기일 경우 적산온도
④ 후속 공정의 착수 시기

* **거푸집동바리의 해체 시기를 결정하는 요인**
① 시방서 상의 거푸집 존치 기간의 경과
② 콘크리트 강도시험 결과
③ 동절기일 경우 적산온도

> 참고
>
> * **거푸집 존치 기간의 결정요인**
> ① 시멘트의 종류
> ② 콘크리트 배합
> ③ 하중
> ④ 평균기온
> ⑤ 구조물의 종류
> ⑥ 부재의 종류 및 크기

100 건설현장에서의 PC(precast Concrete) 조립 시 안전대책으로 옳지 않은 것은?

① 달아 올린 부재의 아래에서 정확한 상황을 파악하고 전달하여 작업한다.
② 운전자는 부재를 달아 올린 채 운전대를 이탈해서는 안 된다.
③ 신호는 사전 정해진 방법에 의해서만 실시한다.
④ 크레인 사용 시 PC판의 중량을 고려하여 아우트리거를 사용한다.

① 매달린 부재 하부에는 모든 사람의 출입을 금지하여야 한다.

정답 98 ④ 99 ④ 100 ①

2020년 3회 최근 기출문제

1과목 산업안전관리론

01 무재해 운동의 이념 가운데 직장의 위험 요인을 행동하기 전에 예지하여 발견, 파악, 해결하는 것을 의미하는 것은?

① 무의 원칙
② 선취의 원칙
③ 참가의 원칙
④ 인간 존중의 원칙

* 무재해 운동의 3대 원칙
① 무(無)의 원칙(ZERO의 원칙) : 사업장 내의 모든 잠재위험요인을 적극적으로 사전에 발견하고 파악·해결함으로써 산업재해의 근원적인 요소들을 없앤다는 것을 의미한다.
② 선취의 원칙(안전제일의 원칙) : 사업장 내에서 행동하기 전에 잠재위험요인을 발견하고 파악·해결하여 재해를 예방하는 것을 의미한다.
③ 참가의 원칙(참여의 원칙) : 전원이 일치 협력하여 각자의 위치에서 적극적으로 문제해결을 하겠다는 것을 의미한다.

실기까지 중요한 내용입니다.

02 산업안전보건 법령상 안전보건표지의 종류 중 인화성물질에 관한 표지에 해당하는 것은?

① 금지표지   ② 경고표지
③ 지시표지   ④ 안내표지

* 인화성물질 경고

참고	
경고표지의 종류	1. 인화성물질 경고 2. 산화성물질 경고 3. 폭발성물질 경고 4. 급성독성물질 경고 5. 부식성물질 경고 6. 발암성·변이원성·생식독성·전신독성·호흡기 과민성 물질 경고 7. 방사성물질 경고 8. 고압전기 경고 9. 매달린 물체 경고 10. 낙하물 경고 11. 고온 경고 12. 저온 경고 13. 몸 균형 상실 경고 14. 레이저광선 경고 15. 위험장소 경고

실기에 자주 출제되는 내용입니다.

정답 01 ② 02 ②

03 인간관계의 메커니즘 중 다른 사람의 행동 양식이나 태도를 투입시키거나, 다른 사람 가운데서 자기와 비슷한 것을 발견하는 것을 무엇이라고 하는가?

① 투사(Projection)
② 모방(Imitation)
③ 암시(Suggestion)
④ 동일화(Identification)

다른 사람 가운데서 자기와 비슷한 것을 발견 → 동일화

참고

＊플로어링 블록(flooring block)

1. 모방(Imitation) : 남의 행동이나 판단을 표본으로 하여 그것과 같거나 또는 그것에 가까운 행동 또는 판단을 취하려는 행동
2. 투사(Projection) : 자신의 불만이나 불안을 해소시키기 위해서 자신의 잘못을 남의 탓으로 돌리는 행동
3. 암시(Suggestion) : 다른 사람으로부터의 판단이나 행동을 무비판적으로 논리적·사실적 근거 없이 받아들이는 행동

 실기까지 중요한 내용입니다.

04 산업안전보건 법령상 근로자 안전보건교육 대상과 교육시간으로 옳은 것은?

① 정기교육인 경우 : 사무직 종사근로자 - 매반기 6시간 이상
② 정기교육인 경우 : 관리감독자 지위에 있는 사람 - 연간 10시간 이상
③ 채용 시 교육인 경우 : 일용근로자 - 4시간 이상
④ 작업내용 변경 시 교육인 경우 : 일용근로자를 제외한 근로자 - 1시간 이상

＊근로자 안전보건교육

교육과정	교육대상		교육시간
가. 정기교육	1) 사무직 종사 근로자		매반기 6시간 이상
	2) 그 밖의 근로자	가) 판매업무에 직접 종사하는 근로자	매반기 6시간 이상
		나) 판매업무에 직접 종사하는 근로자 외의 근로자	매반기 12시간 이상
나. 채용시의 교육	1) 일용근로자 및 근로계약기간이 1주일 이하인 기간제근로자		1시간 이상
	2) 근로계약기간이 1주일 초과 1개월 이하인 기간제근로자		4시간 이상
	3) 그 밖의 근로자		8시간 이상
다. 작업 내용 변경시의 교육	1) 일용근로자 및 근로계약기간이 1주일 이하인 기간제근로자		1시간 이상
	2) 그 밖의 근로자		2시간 이상
라. 특별교육	1) 일용근로자 및 근로계약기간이 1주일 이하인 기간제 근로자(타워크레인 신호작업에 종사하는 근로자 제외)		2시간 이상
	2) 일용근로자 및 근로계약기간이 1주일 이하인 기간제 근로자 중 타워크레인신호작업에 종사하는 근로자		8시간 이상
	3) 일용근로자 및 근로계약기간이 1주일 이하인 기간제 근로자를 제외한 근로자		가) 16시간 이상(최초 작업에 종사하기 전 4시간 이상 실시하고 12시간은 3개월 이내에서 분할하여 실시 가능) 나) 단기간 작업 또는 간헐적 작업인 경우에는 2시간 이상

정답 03 ④ 04 ①

교육과정	교육대상	교육시간
마. 건설업 기초안전·보건교육	건설 일용근로자	4시간 이상

📝 실기에 자주 출제되는 내용입니다.

05 위험예지훈련 4라운드 기법의 진행방법에 있어 문제점 발견 및 중요 문제를 결정하는 단계는?

① 대책수립 단계
② 현상파악 단계
③ 본질추구 단계
④ 행동목표설정 단계

★ 위험예지 훈련 4단계

1단계 현상 파악	• 어떤 위험이 잠재하고 있는가? • 전원이 대화로써 도해 상황 속의 잠재위험 요인을 발견하고 그 요인이 초래할 수 있는 사고를 생각해 내는 단계
2단계 요인조사 (본질추구)	• 이것이 위험의 포인트다. → 위험의 포인트를 지적확인 • 발견해 낸 위험 중 가장 위험한 것을 합의로서 결정하는 단계
3단계 대책수립	• 당신이라면 어떻게 할 것인가? • 중요위험 요인을 해결하기 위한 대책을 세우는 단계
4단계 행동목표 설정 (합의요약)	• 우리들은 이렇게 하자! • 대책 중 중점 실시항목을 합의 요약해서 그것을 실천하기 위한 행동목표를 설정하는 단계

📝 필기에 자주 출제되는 내용입니다.

06 산업안전보건 법령상 안전모의 시험성능 기준 항목이 아닌 것은?

① 난연성
② 인장성
③ 내관통성
④ 충격흡수성

★ 안전인증 대상 안전모의 성능 시험 종류
① 내관통성 시험
② 충격흡수성 시험
③ 내전압성 시험
④ 내수성 시험
⑤ 난연성 시험
⑥ 턱끈풀림 시험

참고

★ 자율안전 확인 대상 안전모의 성능시험 종류
① 내관통성 시험
② 충격흡수성 시험
③ 난연성 시험
④ 턱끈풀림 시험

📝 실기까지 중요한 내용입니다.

정답 05 ③ 06 ②

07 O.J.T(On the Job Traning)의 특징 중 틀린 것은?

① 훈련과 업무의 계속성이 끊어지지 않는다.
② 직장의 실정에 맞게 실제적 훈련이 가능하다.
③ 훈련의 효과가 곧 업무에 나타나며, 훈련의 개선이 용이하다.
④ 다수의 근로자들에게 조직적 훈련이 가능하다.

OJT의 특징	• 개개인에게 적절한 훈련이 가능하다. • 직장의 실정에 맞는 훈련이 가능하다. • 교육효과가 즉시 업무에 연결된다. • 훈련에 대한 업무의 계속성이 끊어지지 않는다. • 상호 신뢰 이해도가 높다.
OFF JT의 특징	• 다수의 근로자들에게 훈련을 할 수 있다. • 훈련에만 전념하게 된다. • 특별설비기구 이용이 가능하다. • 많은 지식이나 경험을 교류할 수 있다. • 교육 훈련 목표에 대하여 집단적 노력이 흐트러질 수 있다.

📝 실기까지 중요한 내용입니다.

08 인지과정 착오의 요인이 아닌 것은?

① 정서 불안정
② 감각 차단 현상
③ 작업자의 기능 미숙
④ 생리·심리적 능력의 한계

※ 인간 착오요인

인지과정 착오의 요인	• 정보량 저장의 한계 • 감각 차단 현상 • 정서적 불안정(공포, 불안, 불만 등) • 생리, 심리적 능력의 한계 (정보 수용 능력의 한계)
판단과정 착오요인	• 자기 합리화 • 능력 부족 • 정보 부족 • 자기 과신
조작과정의 착오 요인	• 작업자의 기능 미숙(기술 부족) • 작업경험 부족 • 피로
심리적, 기타 요인	• 불안 · 공포 · 과로 · 수면부족 등

📝 필기에 자주 출제되는 내용입니다.

09 학습 성취에 직접적인 영향을 미치는 요인과 가장 거리가 먼 것은?

① 적성
② 준비도
③ 개인차
④ 동기유발

① 적성 → 학습 성취의 간접요인

정답 07 ④ 08 ③ 09 ①

10 태풍, 지진 등의 천재지변이 발생한 경우나 이상상태 발생 시 기능상 이상 유·무에 대한 안전점검의 종류는?

① 일상점검　　② 정기점검
③ 수시점검　　④ 특별점검

★ **안전점검의 종류**
① **정기점검(계획점검)** : 일정 기간마다 정기적으로 실시하는 점검을 말한다.
② **수시점검(일상점검)** : 매일 작업 전, 중, 후에 실시하는 점검을 말한다.
③ **특별점검** : 기계·기구 또는 설비의 신설·변경 또는 고장·수리 등으로 비정기적인 특정 점검, 산업안전보건 강조기간, 악천후 시에도 실시한다.
④ **임시점검** : 기계·기구 또는 설비의 이상 발견 시에 임시로 실시하는 점검을 말한다.

11 연간 근로자수가 300명인 A 공장에서 지난 1년간 1명의 재해자(신체장해 등급 : Ⅰ급)가 발생하였다면 이 공장의 강도율은? (단, 근로자 1인당 1일 8시간씩 연간 300일을 근무하였다.)

① 4.27　　② 6.42
③ 10.05　　④ 10.42

- 강도율 = $\dfrac{\text{총 요양 근로손실일수}}{\text{연 근로시간수}} \times 1,000$
- 근로손실일수
  = 휴업일수, 요양일수, 입원일수 × $\dfrac{300(\text{실제근로일수})}{365}$

- 강도율 = $\dfrac{7,500}{300 \times 8 \times 300} \times 1,000 = 10.42$

참고

신체장해등급	사망, 1,2,3급	4급	5급	6급	7급	8급
손실일수	7,500일	5,500일	4,000일	3,000일	2,200일	1,500일
신체장해등급	9급	10급	11급	12급	13급	14급
손실일수	1,000일	600일	400일	200일	100일	50일

12 재해예방의 4원칙에 해당하는 내용이 아닌 것은?

① 예방가능의 원칙
② 원인계기의 원칙
③ 손실우연의 원칙
④ 사고조사의 원칙

★ **산업재해 예방의 4원칙**
① **예방 가능의 원칙** : 재해는 원칙적으로 원인만 제거되면 예방이 가능하다.
② **손실 우연의 원칙** : 사고의 결과 생기는 상해의 종류와 정도는 사고 발생 시 사고대상의 조건에 따라 우연히 발생한다.
③ **대책 선정의 원칙** : 사고의 원인에 대한 적합한 대책이 선정되어야 한다.
④ **원인 연계의 원칙** : 재해는 원인이 있고, 직접원인과 간접원인이 연계되어 일어난다.

실기에 자주 출제되는 내용입니다.

정답　10 ④　11 ④　12 ④

13 알더퍼의 ERG(Existence Relation Growth) 이론에서 생리적 욕구, 물리적 측면의 안전 욕구 등 저차원적 욕구에 해당하는 것은?

① 관계 욕구　② 성장 욕구
③ 존재 욕구　④ 사회적 욕구

> **＊알더퍼의 E.R.G 이론**
> ① 생존 욕구(존재 욕구) : 의식주, 봉급, 직무 안전
> ② 관계 욕구 : 대인관계
> ③ 성장 욕구 : 개인적 발전

📝 실기까지 중요한 내용입니다.

14 상황성 누발자의 재해유발 원인과 거리가 먼 것은?

① 작업의 어려움
② 기계설비의 결함
③ 심신의 근심
④ 주의력의 산만

상황성 누발자	소질성 누발자
• 작업에 어려움이 많은 자 • 기계 설비의 결함이 있을 때 • 심신에 근심이 있는 자 • 환경상 주의력 집중이 혼란되기 쉬울 때	• 주의력 산만 및 주의력 지속 불능 • 흥분성 • 저지능 • 비협조성 • 도덕성의 결여 • 소심한 성격 • 감각운동 부적합 등

📝 필기에 자주 출제되는 내용입니다.

15 리더십(leadership)의 특성에 대한 설명으로 옳은 것은?

① 지휘 형태는 민주적이다.
② 권한부여는 위에서 위임된다.
③ 구성원과의 관계는 지배적 구조이다.
④ 권한 근거는 법적 또는 공식적으로 부여된다.

> **＊리더십과 헤드십의 특성**
>
> | 구분 | 리더십 | 헤드십 |
> |---|---|---|
> | 권한 행사 | 선출된 리더 | 임명된 헤드 |
> | 권한 부여 | 밑으로 부터의 동의 | 위에서 위임 |
> | 권한 귀속 | 집단 목표에 기여한 공로 인정 | 공식화된 규정에 의함 |
> | 상하, 부하관계 | 개인적인 영향 | 지배적임 |
> | 부하와의 관계 | 좁음 | 넓음 |
> | 지휘 형태 | 민주주의적 | 권위주위적 |
> | 책임 귀속 | 상사와 부하 | 상사 |
> | 권한 근거 | 개인적 | 법적, 공식적 |

📝 필기에 자주 출제되는 내용입니다.

16 재해 원인을 통상적으로 직접원인과 간접원인으로 나눌 때 직접원인에 해당되는 것은?

① 기술적 원인　② 물적 원인
③ 교육적 원인　④ 관리적 원인

> **＊재해의 직접원인**
> ① 인적 원인(불안전한 행동)
> ② 물적 원인(불안전한 상태)

정답 13 ③　14 ④　15 ①　16 ②

> **참고**
>
> * 재해의 간접원인
> ① 기술적 원인
> ② 교육적 원인
> ③ 신체적 원인
> ④ 정신적 원인
> ⑤ 작업 관리상 원인
>
> 📝 실기에 자주 출제되는 내용입니다.

17 안전교육 계획 수립 시 고려하여야 할 사항과 관계가 가장 먼 것은?

① 필요한 정보를 수집한다.
② 현장의 의견을 충분히 반영한다.
③ 법 규정에 의한 교육에 한정한다.
④ 안전교육 시행 체계와의 관련을 고려한다.

> ＊안전교육 계획 수립 시 고려할 사항
> ① 자료 수집(필요한 정보 수집)
> ② 현장 의견의 충분한 반영
> ③ 교육 시행 체계와의 관계를 고려
> ④ 법 규정에 의한 교육과 그 이상의 교육을 계획

18 안전관리조직의 형태 중 라인스탭형에 대한 설명으로 틀린 것은?

① 대규모 사업장(1,000명 이상)에 효율적이다.
② 안전과 생산업무가 분리될 우려가 없기 때문에 균형을 유지할 수 있다.
③ 모든 안전관리 업무를 생산라인을 통하여 직선적으로 이루어지도록 편성된 조직이다.
④ 안전업무를 전문직으로 담당하는 스탭 및 생산라인의 각 계층에도 겸임 또는 전임의 안전담당자를 둔다.

모든 안전관리 업무를 생산라인을 통하여 직선적으로 이루어지도록 편성된 조직이다.
→ 라인형 조직

> **참고**
>
> **[라인(Line)형 or 직계형]**
> ① **소규모 사업장**(100명 이하 사업장)에 적용이 가능하다.
> ② 라인형 장점 : **명령 및 지시가 신속, 정확**하다.
> ③ 라인형 단점
>   • 안전정보가 불충분하다.
>   • 라인에 과도한 책임이 부여될 수 있다.
> ④ 생산과 안전을 동시에 지시하는 형태이다.
>
> **[스태프(staff)형 or 참모형]**
> ① **중규모 사업장**(100~1,000명 정도의 사업장)에 적용이 가능하다.
> ② 스태프형 장점 : **안전정보 수집이 용이하고 빠르다.**
> ③ 스태프 단점 : 안전과 생산을 별개로 취급한다.
> ④ 생산부문은 안전에 대한 책임, 권한이 없다.

[라인 스태프(Line Staff)형 or 혼합형]
① 대규모 사업장(1,000명 이상 사업장)에 적용이 가능하다.
② 라인 스태프형 장점
 • 안전전문가에 의해 입안된 것을 경영자가 **명령**하므로 명령이 신속, 정확하다.
 • 안전정보 수집이 용이하고 빠르다.
③ 라인 스태프형 단점
 • 명령계통과 조언, 권고적 참여의 혼돈이 우려된다.

19 기능(기술)교육의 진행방법 중 하버드 학파의 5단계 교수법의 순서로 옳은 것은?

① 준비 → 연합 → 교시 → 응용 → 총괄
② 준비 → 교시 → 연합 → 총괄 → 응용
③ 준비 → 총괄 → 연합 → 응용 → 교시
④ 준비 → 응용 → 총괄 → 교시 → 연합

* **하버드학파의 교수법**

1단계	준비시킨다.
2단계	교시시킨다.
3단계	연합한다.
4단계	총괄한다.
5단계	응용시킨다.

📝 실기까지 중요한 내용입니다.

20 재해의 원인과 결과를 연계하여 상호 관계를 파악하기 위해 도표화하는 분석방법은?

① 관리도
② 파레토도
③ 특성요인도
④ 크로스분류도

원인과 결과를 연계하여 상호 관계를 파악
→ 특성요인도

참고

1. 관리도(Control Chart) : 시간경과에 따른 재해발생 건수 등 **대략적인 추이 파악**에 사용된다.
2. 파레토도(Pareto Diagram) : 사고 유형, 기인물 등 데이터를 분류하여 그 항목값이 큰 순서대로 정리하여 막대그래프로 나타낸다.
3. 크로스(cross) 분석 : 2가지 또는 2개 항목 이상의 요인이 상호관계를 유지할 때 문제를 분석하는데 사용된다.

📝 실기까지 중요한 내용입니다.

2과목 인간공학 및 시스템안전공학

21 산업안전보건법령상 정밀 작업 시 갖추어져야 할 작업면의 조도 기준은?(단, 갱내 작업장과 감광재료를 취급하는 작업장은 제외한다.)

① 75럭스 이상
② 150럭스 이상
③ 300럭스 이상
④ 750럭스 이상

*법적 조도 기준
① 초정밀 작업 : 750Lux 이상
② 정밀 작업 : 300Lux 이상
③ 보통 작업 : 150Lux 이상
④ 기타 작업 : 75Lux 이상

 실기까지 중요한 내용입니다.

22 시스템 수명주기 단계 중 이전 단계들에서 발생되었던 사고 또는 사건으로부터 축적된 자료에 대해 실증을 통한 문제를 규명하고 이를 최소화하기 위한 조치를 마련하는 단계는?

① 구상단계
② 정의단계
③ 생산단계
④ 운전단계

실증을 통한 문제를 규명하고 이를 최소화하기 위한 조치를 마련하는 단계 → 운전단계(운용단계)

*운용단계
- 모든 운용, 보전 및 위급 시에 절차를 평가하여 그들이 설계 때에 고려된 바와 같은 타당성이 있느냐의 여부를 식별할 것
- 안전성에 손상이 일어나지 않도록 조작장치, 사용설명서의 변경과 수정을 요할 것
- 제조, 조립, 시험단계에서의 확립된 고장의 정보 피드백 시스템을 유지할 것
- 바람직한 운용 안전성 레벨의 유지를 보증하기 위하여 안전성 검사를 할 것
- 사고와 그 유발 사고를 조사하고 분석할 것
- 위험상태의 재발방지를 위해 적절한 개량조치를 강구할 것

23 FTA에 의한 재해사례 연구의 순서를 올바르게 나열한 것은?

A. 목표 사상 선정
B. FT도 작성
C. 사상마다 재해 원인 규명
D. 개선계획 작성

① A → B → C → D
② A → C → B → D
③ B → C → A → D
④ B → A → C → D

정답 21 ③ 22 ④ 23 ②

> *FTA에 의한 재해사례 연구 순서
> 1단계 : 톱사상의 설정
> 2단계 : 재해 원인 규명
> 3단계 : FT도의 작성
> 4단계 : 개선계획의 작성

📝 실기에 자주 출제되는 내용입니다.

24 반복되는 사건이 많이 있는 경우에 FTA의 최소 컷셋을 구하는 알고리즘이 아닌 것은?

① Fussel Allgorithm
② Boolean Allgorithm
③ Monte Carlo Allgorithm
④ Limnios & Ziani Allgorithm

> *결함수분석의 최소 컷셋과 관련된 알고리즘
> ① Boolean Algebra
> ② Fussell Algorithm
> ③ Limnios & Ziani Algorithm

25 신뢰도가 0.4인 부품 5개가 병렬결합 모델로 구성된 제품이 있을 때 이 제품의 신뢰도는?

① 0.90 ② 0.91
③ 0.92 ④ 0.93

> 부품 5개가 병렬이므로
> $1-[(1-0.4) \times (1-0.4) \times (1-0.4) \times (1-0.4) \times (1-0.4)]$
> $= 0.92$

> 참고
> 문제에서 주어진 값이 부품의 신뢰도이므로 공식에 대입한 값은 전체 제품의 신뢰도가 된다.

📝 실기에 자주 출제되는 내용입니다.

26 조작자 한 사람의 신뢰도가 0.9일 때 요원을 중복하여 2인 1조가 되어 작업을 진행하는 공정이 있다. 작업 기간 중 항상 요원 지원을 한다면 이 조의 인간 신뢰도는?

① 0.93 ② 0.94
③ 0.96 ④ 0.99

> 요원을 중복하여 2인 1조가 되어 작업을 진행
> → 병렬구조
> $1-[(1-0.9) \times (1-0.9)] = 0.99$

📝 실기에 자주 출제되는 내용입니다.

27 주물공장 A작업자의 작업지속시간과 휴식시간을 열압박지수(HSI)를 활용하여 계산하니 각각 45분, 15분이었다. A작업자의 1일 작업량(TW)은 얼마인가? (단, 휴식시간은 포함하지 않으며, 1일 근무시간은 8시간이다.)

① 4.5시간 ② 5시간
③ 5.5시간 ④ 6시간

정답 24 ③ 25 ③ 26 ④ 27 ④

$$1일 작업량 = \frac{작업지속시간}{작업지속시간 + 휴식시간} \times 8$$

$$= \frac{45분}{45분 + 15분} \times (8 \times 60분)$$

$$= 360분(6시간)$$

📝 비중이 낮은 문제입니다.

28 다수의 표시장치(디스플레이)를 수평으로 배열할 경우 해당 제어장치를 각각의 표시장치 아래에 배치하면 좋아지는 양립성의 종류는?

① 공간 양립성 ② 운동 양립성
③ 개념 양립성 ④ 양식 양립성

제어장치를 각각의 표시장치 아래에 배치 → 같은 공간 내에 배치 → 공간 양립성

[참고]

양립성 : 자극과 반응의 관계가 인간의 기대와 모순되지 않는 성질

① 개념적 양립성 : 외부자극에 대해 인간의 개념적 현상의 양립성
② 공간적 양립성 : 표시장치, 조종장치의 형태 및 공간적배치의 양립성
③ 운동의 양립성 : 표시장치, 조종장치 등의 운동 방향의 양립성
④ 양식 양립성 : 자극과 응답양식의 존재에 대한 양립성

📝 실기까지 중요한 내용입니다.

29 환경요소의 조합에 의해서 부과되는 스트레스나 노출로 인해서 개인에 유발되는 긴장(strain)을 나타내는 환경요소 복합지수가 아닌 것은?

① 카타온도(kata temperature)
② Oxford 지수(wet-dry index)
③ 실효온도(effective temperature)
④ 열 스트레스 지수(heat stress index)

* 개인에 유발되는 긴장(strain)을 나타내는 환경요소 복합지수

1. **Oxford 지수**(wet-dry index) : 습건(WD) 지수라고도 하며, 습구·건구 온도의 가중 평균치를 말한다.
2. **실효온도**(effective temperature) : 온도, 습도 및 공기 유동이 인체에 미치는 열효과를 하나의 수치로 통합한 경험적 감각지수로서 상대습도 100%일 때의 건구온도에서 느끼는 것과 동일한 온감(溫感)이다.
3. **열 스트레스 지수**(heat stress index) : 임의의 환경 조건 아래에서 기대할 수 있는 최대 증산량에 대하여 신체를 열평형상태로 유지하기 위한 필요 증신량을 백분율로 나타낸 것

[참고]

카타온도(kata temperature) → 체감온도의 분석을 목적으로 카타온도계를 사용하여 측정한 온도

정답 28 ① 29 ①

30 활동이 내용마다 "우·양·가·불가"로 평가하고 이 평가내용을 합하여 다시 종합적으로 정규화하여 평가하는 안전성 평가기법은?

① 평점척도법
② 쌍대비교법
③ 계층적 기법
④ 일관성 검정법

"우·양·가·불가"로 평가 → 평점척도법

참고

평점척도법 : 활동을 평가점수의 형태(평점척도)로 평가하는 방법

31 MIL-STD-882E에서 분류한 심각도(severity) 카테고리 범주에 해당하지 않는 것은?

① 재앙수준(catastrophic)
② 임계수준(critical)
③ 경계수준(precautionary)
④ 무시가능수준(negligible)

*"MIL-STD-882B"(미국방성의 위험성평가)의 위험도 분류
제1단계 : 파국적, 치명적(catastrophic)
제2단계 : 위기적, 위험(critical)
제3단계 : 한계적(marginal)
제4단계 : 무시(negligible)

32 다음 중 육체적 활동에 대한 생리학적 측정방법과 가장 거리가 먼 것은?

① EMG
② EEG
③ 심박수
④ 에너지소비량

*EEG(electroencephalogram ; 뇌전도)
대뇌의 신경활동 전위차의 기록 → 정신활동에 대한 생리학적 측정방법

33 작업기억(working memory)과 관련된 설명으로 옳지 않은 것은?

① 오랜 기간 정보를 기억하는 것이다.
② 작업기억 내의 정보는 시간이 흐름에 따라 쇠퇴할 수 있다.
③ 작업기억의 정보는 일반적으로 시각, 음성, 의미 코드의 3가지로 코드화된다.
④ 리허설(rehearsal)은 정보를 작업기억 내에 유지하는 유일한 방법이다.

작업기억은 감각기관을 통해 입력된 정보를 일시적으로 기억하고, 각종 인지적 과정을 계획하고 순서지으며 실제로 수행하는 작업장으로서의 기능을 수행하는 단기적 기억을 말한다.

정답 30 ① 31 ③ 32 ② 33 ①

34 다음 형상 암호화 조종장치 중 이산 멈춤 위치용 조종장치는?

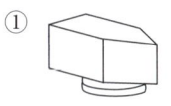 ① 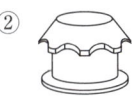 ②

 ③  ④

① : 이산멈춤 위치용 조종장치
②, ③ : 다회전용 조종장치
④ : 단회전용 조종장치

35 표시 값의 변화 방향이나 변화 속도를 나타내어 전반적인 추이의 변화를 관측할 필요가 있는 경우에 가장 적합한 표시장치 유형은?

① 계수형(digital)
② 묘사형(descriptive)
③ 동목형(moving scale)
④ 동침형(moving pointer)

전반적인 추이의 변화를 관측할 필요가 있는 경우에 가장 적합한 표시장치 → 동침형(moving pointer)

> 참고
>
> ★ 정량적 표시장치
> ① 정목동침형 : 눈금은 고정, 지침이 움직이는 형태
> ② 정침동목형 : 지침은 고정, 눈금이 움직이는 형태
> ③ 계수형 : 전력계, 택시요금 계기와 같이 숫자가 정확히 표시되는 형태

36 사용자의 잘못된 조작 또는 실수로 인해 기계의 고장이 발생하지 않도록 설계하는 방법은?

① EMEA
② HAZOP
③ fail safe
④ fool proof

풀프루프(Fool proof) : 인간의 실수가 있더라도 사고로 연결되지 않도록 2중, 3중으로 통제를 가한다.

> 참고
>
> 페일세이프(Fail-Safe) : 기계 설비에 결함이 발생되더라도 사고가 발생되지 않도록 2중, 3중으로 통제를 가한다.

실기에 자주 출제되는 내용입니다.

정답   34 ①   35 ④   36 ④

37 인간 - 기계 시스템을 설계하기 위해 고려해야 할 사항과 거리가 먼 것은?

① 시스템 설계 시 동작 경제의 원칙이 만족되도록 고려한다.
② 인간과 기계가 모두 복수인 경우, 종합적인 효과보다 기계를 우선적으로 고려한다.
③ 대상이 되는 시스템이 위치할 환경 조건이 인간에 대한 한계치를 만족하는가의 여부를 조사한다.
④ 인간이 수행해야 할 조작이 연속적인가 불연속적인가를 알아보기 위해 특성조사를 실시한다.

② 인간과 기계가 모두 복수인 경우 종합적인 효과보다 인간을 우선적으로 고려한다.

> **참고**
> *인간 - 기계 시스템 설계 원칙
> ① 배열을 고려한 설계
> ② 양립성에 맞게 설계
> ③ 인체 특성에 적합한 설계

38 한국산업 표준상 결함 나무 분석(FTA) 시 다음과 같이 사용되는 사상기호가 나타내는 사상은?

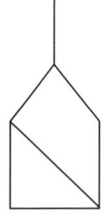

① 공사상　　② 기본사상
③ 통상사상　④ 심층분석사상

*한국산업 표준상 결함 나무 분석(FTA) 시의 사상기호

공사상(Zero event) : 발생할 수 없는 사상	
심층분석사상 : 추후 다른 결함 나무에서 심층분석되는 사상	
기본사상 : 세분될 수 없는 사상	
통상사상 : 확실히 발생하였거나, 발생할 사상	

정답　37 ②　38 ①

39 작업자의 작업공간과 관련된 내용으로 옳지 않은 것은?

① 서서 작업하는 작업공간에서 발바닥을 높이면 뻗침 길이가 늘어난다.
② 서서 작업하는 작업공간에서 신체의 균형에 제한을 받으면 뻗침 길이가 늘어난다.
③ 앉아서 작업하는 작업공간은 동적 팔뻗침에 의해 포락면(reach envelpoe)의 한게가 결정된다.
④ 앉아서 작업하는 작업공간에서 기능적 팔뻗침에 영향을 주는 제약이 적을수록 뻗침 길이가 늘어난다.

② 서서 작업하는 작업공간에서 신체의 균형에 제한을 받으면 뻗침 길이가 줄어든다.

> **참고**
>
> *작업공간
> ① 포락면 : 한 장소에 앉아서 **수행하는** 작업에서 작업하는 데 사용하는 공간
> ② 파악한계 : 앉은 작업자가 특정한 수작업 기능을 수행할 수 있는 공간의 외곽한계

40 조종장치의 촉각적 암호화를 위하여 고려하는 특성으로 볼 수 없는 것은?

① 형상
② 무게
③ 크기
④ 표면 촉감

> *조종장치의 촉각적 암호화
> ① 형상 암호화
> ② 크기 암호화
> ③ 표면 촉감 암호화

3과목 건설시공학

41 공종별 시공계획서에 기재되어야 할 사항으로 거리가 먼 것은?

① 작업일정
② 투입인원수
③ 품질관리기준
④ 하자보수계획서

> 시공계획서에는 공시시방서의 작성기준과 함께 다음 각 호의 내용이 포함되어야 한다.
>
> 1. 현장조직표
> 2. 공사 세부공정표
> 3. 주요공정의 시공절차 및 방법
> 4. 시공일정
> 5. 주요장비 동원계획
> 6. 주요자재 및 인력투입계획
> 7. 주요 설비사양 및 반입계획
> 8. 품질관리대책
> 9. 안전대책 및 환경대책 등
> 10. 지장물 처리계획과 교통처리 대책

정답 39 ② 40 ② 41 ④

42 모래 채취나 수중의 흙을 퍼 올리는 데 가장 적합한 기계장비는?

① 불도저　② 드래그라인
③ 롤러　　④ 스크레이퍼

> **＊ 드래그라인(drag line)**
> - 기계가 서있는 위치보다 낮은 장소의 굴착에 적당하고 굳은 토질에서의 굴착은 되지 않지만 굴착 반지름이 크다.
> - 작업범위가 광범위하고 수중굴착 및 연약한 지반의 굴착에 적합하다.(모래 채취나 수중의 흙을 퍼 올리는 데 가장 적합하다.)

📝 필기에 자주 출제되는 내용입니다.

43 용접작업에서 용접봉을 용접방향에 대하여 서로 엇갈리게 움직여서 용가금속을 용착시키는 운봉방법은?

① 단속용접　② 개선
③ 위빙　　　④ 레그

> 위빙(weaving) : 용접작업에서 용접봉을 한곳에 집중하지 않고 좌우로 이동하면서 서로 엇갈리게 움직여 용접하는 방법을 말한다.

44 기성콘크리트 말뚝을 타설할 때 그 중심 간격의 기준으로 옳은 것은?

① 말뚝머리지름의 1.5배 이상 또한 750mm 이상
② 말뚝머리지름의 1.5배 이상 또한 1,000mm 이상
③ 말뚝머리지름의 2.5배 이상 또한 750mm 이상
④ 말뚝머리지름의 2.5배 이상 또한 1,000mm 이상

> **＊ 말뚝의 간격**
> (말뚝의 최소 중심 간격으로 다음 중 큰 값으로 결정)
>
> | | |
> |---|---|
> | 나무말뚝 | 말뚝머리직경의 2.5배 이상 또한 600mm 이상 |
> | 기성콘크리트 말뚝 | 말뚝머리직경의 2.5배 이상 또한 750mm 이상 |
> | 강재말뚝 | 말뚝머리직경 또는 폭의 2.5배 (폐단 강관말뚝 : 2.5배) 이상 또한 750mm 이상 |
> | 현장타설 콘크리말뚝 | 말뚝머리직경의 2.5배 이상 또한 말뚝머리직경에 1,000mm를 더한 값 이상 |

📝 필기에 자주 출제되는 내용입니다.

정답　42 ②　43 ③　44 ③

45 철근단면을 맞대고 산소-아세틸렌 화염으로 가열하여 적열상태에서 부풀려 가압, 접합하는 철근이음방식은?

① 나사방식이음
② 겹침이음
③ 가스압접이음
④ 충전식이음

★ **가스압접이음**
2개의 철근단부를 맞대어 놓고 산소-아세틸렌 가스 불꽃으로 약 1,200~1,300℃로 가열하여 철근을 고정 상태에서 압력을 가하여 접합하는 방법을 말한다.

📝 필기에 자주 출제되는 내용입니다.

46 콘크리트의 건조수축을 크게 하는 요인에 해당되지 않는 것은?

① 분말도가 큰 시멘트 사용
② 흡수량이 많은 골재를 사용할 때
③ 부재의 단면치수가 클 때
④ 온도가 높을 경우, 습도가 낮을 경우

★ **콘크리트의 건조수축을 크게 하는 요인**
① 단위수량의 증가
② 분말도가 큰 시멘트의 사용
③ 흡수량이 많은 골재의 사용(골재의 양이 많을수록 건조수축 증가)
④ 부재의 단면치수가 작을 때
⑤ 온도가 높을 경우, 습도가 낮을 경우

📝 필기에 자주 출제되는 내용입니다.

47 지하수가 많은 지반을 탈수하여 건조한 지반으로 개량하기 위한 공법에 해당하지 않는 것은?

① 생석회말뚝(Chemico pile) 공법
② 페이퍼드레인(Paper deain) 공법
③ 잭파일(Jacked pile) 공법
④ 샌드드레인(Sand drain) 공법

샌드 드레인 (sand drain)공법	철관을 박고 그 속에 모래를 다져 넣어 하중을 가해 수분을 배출시키는 공법을 말한다.
생석회 말뚝 (Chemico pile)공법	생석회는 수분을 흡수하면서 발열반응을 일으켜 체적이 팽창하면서 탈수효과, 압밀효과, 건조 및 화학반응효과에 의해 지반을 개량한다.
페이퍼(플라스틱) 드레인 공법	연약지반에 합성수지로 된 페이퍼를 땅 속에 박아 수분을 배출하여 압밀을 촉진시키는 공법을 말한다.

참고

★ **잭파일(Jacked pile) 공법**
유압잭으로 파일을 지지층까지 압입한 다음 강관 내·외부를 그라우팅(Grouting)하는 기초 보강 공법을 말한다.

📝 필기에 자주 출제되는 내용입니다.

정답 45 ③ 46 ③ 47 ③

48 건설현장에 설치되는 자동식 세륜시설 중 측면살수시설에 관한 설명으로 옳지 않은 것은?

① 측면살수시설의 슬러지는 컨베이어에 의한 자동배출이 가능한 시설을 설치하여야 한다.
② 측면살수시설의 살수 길이는 수송차량 전장의 1.5배 이상이어야 한다.
③ 측면살수시설은 수송차량의 바퀴부터 적재함 하단부 높이까지 살수할 수 있어야 한다.
④ 용수공급은 기 개발된 지하수를 이용하고, 우수 또는 공사용수의 활용을 금한다.

④ 용수공급은 우수를 모아서 사용함과 공사용수를 활용함을 원칙으로 하되, 단지 내 지하수로 전환이 가능한 지구는 기 개발된 지하수를 이용하고, 지하수량이 부족한 지구는 상수도를 이용하며 용수는 자체 순환식으로 이용하여야 한다.

49 보기는 지하연속벽(slurry wall)공법의 시공 내용이다. 그 순서를 옳게 나열한 것은?

A. 트레미관을 통한 콘크리트 타설
B. 굴착
C. 철근망의 조립 및 삽입
D. guide wall 설치
E. end pipe 설치

① A → B → C → E → D
② D → B → E → C → A
③ B → D → E → C → A
④ B → D → C → E → A

★지하연속벽(slurry wall)공법의 시공순서
가이드 월(안내 벽) 설치 → 안정액 투입 → 굴착 → 슬라임 제거 → 인터록킹 파이프(또는 Stop-End Pipe) 설치 → 지상조립 철근(철근망) 삽입 → 트레미관 설치 → 콘크리트 타설 및 안정액 회수 → 인터로킹파이프 제거 → 콘크리트 양생 → 가이드 월 제거

필기에 자주 출제되는 내용입니다.

정답 48 ④ 49 ②

50 알루미늄거푸집에 관한 설명으로 옳지 않은 것은?

① 거푸집해체 시 소음이 매우 적다.
② 패널과 패널간 연결부위의 품질이 우수하다.
③ 기존 재래식 공법과 비교하여 건축폐기물을 억제하는 효과가 있다.
④ 패널의 무게를 경량화하여 안전하게 작업이 가능하다.

> **★ 알루미늄 거푸집**
> ① 거푸집 프레임 및 패널을 알루미늄 합금으로 경량화하여 안전하게 작업이 가능한 거푸집을 말한다.
> ② 유로폼 보다 **가볍고 강성이 크다.**
> ③ 패널과 패널간 연결부위의 품질이 우수하다.(시공 정밀도가 우수하다.)
> ④ 기존 재래식 공법과 비교하여 **건축폐기물을 억제하는 효과가 있다.**
> ⑤ 해체 시에 강한 소음을 발생시키는 단점이 있다.

51 철골 세우기 장비의 종류 중 이동식 세우기 장비에 해당하는 것은?

① 크롤러 크레인
② 가이 데릭
③ 스티프 레그 데릭
④ 타워크레인

> **★ 철골세우기용 기계**
> ① 가이 데릭(guy derrick)
> ② 스티프레그 데릭(stiff-leg derrick)
> ③ 진 폴(gin pole)
> ④ 트럭 크레인(truck crane) 및 크롤러 크레인(crawler crane) : 이동식 세우기 장비
> ⑤ 타워 크레인(tower crane)

> 필기에 자주 출제되는 내용입니다.

52 철골부재의 용접 접합 시 발생되는 용접결함의 종류가 아닌 것은?

① 엔드탭   ② 언더컷
③ 블로우홀   ④ 오버랩

> **★ 용접결함**
> ① 언더컷(Under Cut) : 용접전류가 과대하거나 용접속도가 너무 빠를 때 또는 아크를 짧게 유지하기 어려운 경우 발생하며 모재 및 용접부의 일부가 녹아서 발생하는 홈 또는 오목하게 생긴 부분(용착금속이 채워지지 않고 홈처럼 우묵하게 남아 있는 부분)을 말한다.
> ② 오버랩(overlap) : 용접전류가 부족하거나, 용접 속도가 너무 느릴 경우 발생하며 용착 금속이 모재에 융합되지 않고 겹친 부분(용융된 금속이 모재 면에 덮쳐진 상태)을 말한다.
> ③ 크레이터(Crater) : 아크를 끊을 때 비드 끝부분이 오목하게 들어가는 것을 말하며 이 부분에 균열이 발생하기 쉽다.
> ④ 크랙(Crack) : 용접부에 생기는 균열을 말하며 용접결함 중 가장 치명적인 결함이 된다.

정답 50 ①   51 ①   52 ①

⑤ 스패터(spatter) : 용접 시 튀어나온 슬래그가 굳은 현상(용융된 금속의 작은 입자가 튀어나와 모재에 묻어있는 것)을 말한다.
⑥ 피트(pit), 블로우 홀(blow hole) : 용접 중에 이물질, 수분 등으로 발생된 가스가 표면으로 빠져 나오면서 발생된 작은 구멍을 pit라 하며, 내부에 남아 있는 기공을 blow hole이라 한다.

📝 필기에 자주 출제되는 내용입니다.

53 철골조 건물의 연면적이 5000m² 일 때 이 건물 철골재의 무게산출량은? (단, 단위면적당 강재사용량은 0.1~0.15 ton/m² 이다.)

① 30~40 ton
② 100~250 ton
③ 300~400 ton
④ 500~750 ton

강재사용량은 0.1~0.15ton/m² 이므로
• 5,000m² × 0.1ton/m² = 500(ton)
• 5,000m² × 0.15ton/m² = 750(ton)
∴ 철골재의 무게 = 500~750(ton)

54 수밀콘크리트의 배합에 관한 설명으로 옳지 않은 것은?

① 배합은 콘크리트의 소요의 품질이 얻어지는 범위 내에서 단위수량 및 물-결합재비는 되도록 크게 하고, 단위 굵은 골재량은 되도록 작게 한다.
② 콘크리트의 소요 슬럼프는 되도록 작게 하여 180mm를 넘지 않도록 하며, 콘크리트 타설이 용이할 때에는 120mm 이하로 한다.
③ 콘크리트의 워커빌리티를 개선시키기 위해 공기연행제, 공기연행감수제 또는 고성능공기연행감수제를 사용하는 경우라도 공기량은 4% 이하가 되게 한다.
④ 물-결합재비는 50% 이하를 표준으로 한다.

① 배합은 콘크리트의 소요의 품질이 얻어지는 범위 내에서 단위수량 및 물 - 결합재비는 되도록 작게 하고, 단위 굵은 골재량은 되도록 크게 한다.

참고

* **수밀콘크리트**
콘크리트의 수밀성 향상을 목적으로 사용하는 방수제가 혼합된 콘크리트를 말한다.(수밀성은 콘크리트가 물의 침입을 방지하는 성질을 말하며 수밀성 향상을 위해서는 콘크리트의 공극을 줄여야 한다.)

📝 필기에 자주 출제되는 내용입니다.

정답 53 ④ 54 ①

55 철근이음의 종류에 따른 검사시기와 횟수의 기준으로 옳지 않은 것은?

① 가스압접 이음 시 외관검사는 전체개소에 대해 시행한다.
② 가스압접 이음 시 초음파탐상검사는 1검사 로트마다 30개소 발취한다.
③ 기계적 이음의 외관검사는 전체개소에 대해 시행한다.
④ 용접이음의 인장시험은 700개소마다 시행한다.

④ 용접이음의 인장시험은 500개소마다 시행한다.

56 다음 중 벽체전용 시스템 거푸집에 해당되지 않는 것은?

① 갱 폼   ② 클라이밍 폼
③ 슬립 폼   ④ 테이블 폼

* 벽체전용 시스템 거푸집
① 갱 폼
② 클라이밍 폼
③ 슬립 폼 또는 슬라이딩 폼

참고

* 플라잉 폼(또는 테이블 폼)
거푸집, 장선, 멍에, 지주를 일체화하여 수평 및 수직으로 이동할 수 있도록 한 바닥전용의 대형 거푸집을 말한다.

📝 필기에 자주 출제되는 내용입니다.

57 건축주가 시공회사의 신용, 자산, 공사경력, 보유기술 등을 고려하여 그 공사에 가장 적격한 단일 업체에게 입찰시키는 방법은?

① 공개경쟁입찰
② 특명입찰
③ 사전자격심사
④ 대안입찰

가장 적격한 단일 업체에게 입찰시키는 방법 → 특명입찰

참고

* 입찰의 종류

1) 공개경쟁입찰

① 일반경쟁입찰 : 사업종류별로 관련법령에 따른 면허, 등록 또는 신고 등을 마치고 사업을 영위하는 불특정 다수의 희망자를 입찰에 참가하도록 한 후 그 중에서 선정하는 방법
② 제한경쟁입찰 : 사업종류별로 관련법령에 따른 면허, 등록 또는 신고 등을 마치고 사업을 영위하는 자 중에서 **계약의 목적에 따른 사업실적, 기술능력, 자본금**을 제한하여 공개경쟁입찰에 참가하도록 한 후 그 중에서 선정하는 방법
③ 지명경쟁입찰 : 계약의 성질 또는 목적에 비추어 특수한 설비·기술·자재·물품 또는 특수한 실적이 있는 자가 아니면 계약의 목적을 달성하기 곤란한 경우로서 **입찰대상자가 10인 이내인 경우** 그 중에서 선정하는 방법

2) 대안입찰

원안입찰과 함께 따로 입찰자의 의사에 따라 대안이 허용된 공사의 입찰

정답 55 ④   56 ④   57 ②

3) 특명입찰
건축주가 시공회사의 신용, 자산, 공사경력, 보유기술 등을 고려하여 그 공사에 가장 적격한 단일 업체에게 입찰시키는 방법

📝 필기에 자주 출제되는 내용입니다.

58 공동도급에 관한 설명으로 옳지 않은 것은?

① 각 회사의 소요자금이 경감되므로 소자본으로 대규모 공사를 수급할 수 있다.
② 각 회사가 위험을 분산하여 부담하게 된다.
③ 상호기술의 확충을 통해 기술축적의 기회를 얻을 수 있다.
④ 신기술, 신공법의 적용이 불리하다.

④ 신기술, 신공법의 적용이 가능하다.

참고

* **공동도급**
2개 이상의 사업자가 하나의 사업을 공동으로 도급을 받아 계약을 이행하는 방식을 말한다.

📝 필기에 자주 출제되는 내용입니다.

59 한중 콘크리트의 시공에 관한 설명으로 옳지 않은 것은?

① 하루의 평균기온이 4℃ 이하가 예상되는 조건일 때는 콘크리트가 동결할 염려가 있으므로 한중 콘크리트로 시공하여야 한다.
② 기상조건이 가혹한 경우나 부재 두께가 얇을 경우에는 타설할 때의 콘크리트의 최저온도는 10℃ 정도를 확보하여야 한다.
③ 콘크리트를 타설할 마무리된 지반이 이미 동결되어 있는 경우에는 녹이지 않고 즉시 콘크리트를 타설하여야 한다.
④ 타설이 끝난 콘크리트는 양생을 시작할 때까지 콘크리트 표면의 온도가 급랭할 가능성이 있으므로, 콘크리트를 타설한 후 즉시 시트나 적당한 재료로 표면을 덮는다.

③ 콘크리트를 타설할 마무리된 지반이 이미 동결되어 있는 경우에는 동결된 부분을 완전히 제거한 다음 콘크리트를 타설해야 한다.

📝 필기에 자주 출제되는 내용입니다.

60 기초하부의 먹매김을 용이하게 하기 위하여 60mm 정도의 두께로 강도가 낮은 콘크리트를 타설하여 만든 것은?

① 밑창콘크리트
② 매스콘크리트
③ 제자리콘크리트
④ 잡석지정

정답 58 ④ 59 ③ 60 ①

* **밑창 콘크리트지정**
기초하부의 먹매김을 용이하게 하기 위하여 60mm 정도의 두께로 강도가 낮은 콘크리트를 타설하여 만든 것을 말한다.

📝 필기에 자주 출제되는 내용입니다.

4과목 건설재료학

61 건축공사의 일반 창유리로 사용되는 것은?

① 석영유리
② 붕규산유리
③ 칼라석회유리
④ 소다석회유리

* **소다석회유리**
• 건축공사의 일반 창유리로 가장 많이 사용된다.
• 자외선 투과율이 적다.

62 목재의 함수율에 관한 설명으로 옳지 않은 것은?

① 목재의 함유수분 중 자유수는 목재의 중량에는 영향을 끼치지만 목재의 물리적 성질과는 관계가 없다.
② 침엽수의 경우 심재의 함수율은 항상 변재의 함수율보다 크다.
③ 섬유포화상태의 함수율은 30% 정도이다.
④ 기건상태란 목재가 통상 대기의 온도, 습도와 평형된 수분을 함유한 상태를 말하며, 이때의 함수율은 15% 정도이다.

② 침엽수의 경우 변재가 심재보다 함수율이 높다. (활엽수는 차이가 작다.)

📝 필기에 자주 출제되는 내용입니다.

63 건물의 바닥 충격음을 저감시키는 방법에 관한 설명으로 옳지 않은 것은?

① 완충재를 바닥 공간 사이에 넣는다.
② 부드러운 표면마감재를 사용하여 충격력을 작게 한다.
③ 바닥을 띄우는 이중바닥으로 한다.
④ 바닥슬래브의 중량을 작게 한다.

④ 바닥슬래브의 중량을 크게 한다.

정답 61 ④ 62 ② 63 ④

64 KS F 2503(굵은 골재의 밀도 및 흡수율 시험방법)에 따른 흡수율 산정식은 다음과 같다. 여기에서 A가 의미하는 것은?

$$Q = \frac{B-A}{A} \times 100(\%)$$

① 절대건조상태 시료의 질량(g)
② 표면건조포화상태 시료의 질량(g)
③ 시료의 수중질량(g)
④ 기건상태 시료의 질량(g)

$$흡수율(\%) = \frac{표건\ 질량 - 절건\ 질량}{절건\ 질량} \times 100$$

📝 필기에 자주 출제되는 내용입니다.

65 KS F 4052에 따라 방수공사용 아스팔트는 사용용도에 따라 4종류로 분류된다. 이 중, 감온성이 낮은 것으로서 주로 일반지역의 노출지붕 또는 기온이 비교적 높은 지역의 지붕에 사용하는 것은?

① 1종(침입도 지수 3 이상)
② 2종(침입도 지수 4 이상)
③ 3종(침입도 지수 5 이상)
④ 4종(침입도 지수 6 이상)

★ 방수공사용 아스팔트
① 1종(침입도 지수 3 이상) : 보통의 감온성을 가지며 비교적 연질로서 실내 및 지하 구조 부분에 사용하며 공사 기간 중이나 그 후에도 알맞은 온도를 가져야 한다.
② 2종(침입도 지수 4 이상) : 비교적 적은 감온성을 가지며, 일반 지역의 경사가 완만한 옥내 구조부에 사용된다.
③ 3종(침입도 지수 5 이상) : 감온성이 적으며, 일반 지역의 노출 지붕 또는 기온이 비교적 높은 지역의 지붕에 사용된다.
④ 4종(침입도 지수 6 이상) : 감온성이 아주 적으며 취화점이 −20℃ 이하이기 때문에 일반 지역 이외에 주로 한랭 지역의 지붕, 기타 부분에 사용된다.

66 콘크리트의 건조수축 현상에 관한 설명으로 옳지 않은 것은?

① 단위 시멘트량이 작을수록 커진다.
② 단위 수량이 클수록 커진다.
③ 골재가 경질이면 작아진다.
④ 부재치수가 크면 작아진다.

★ 콘크리트의 건조수축을 크게 하는 요인
① 단위 수량의 증가
② 단위 시멘트량의 증가
③ 분말도가 큰 시멘트의 사용
④ 흡수량이 많은 골재의 사용(골재의 양이 많을수록 건조수축 증가)
⑤ 부재의 단면치수가 작을 때
⑥ 온도가 높을 경우, 습도가 낮을 경우

📝 필기에 자주 출제되는 내용입니다.

정답 64 ① 65 ③ 66 ①

67 용제 또는 유제상태의 방수제를 바탕면에 여러 번 칠하여 방수막을 형성하는 방수법은?

① 아스팔트 루핑 방수
② 도막 방수
③ 시멘트 방수
④ 시트 방수

* **도막 방수**
액체로 된 방수도료를 여러 번 칠하여 방수막을 형성하는 공법을 말한다.

68 콘크리트의 워커빌리티 측정법에 해당되지 않는 것은?

① 슬럼프시험
② 다짐계수시험
③ 비비시험
④ 오토클레이브 팽창도시험

* **콘크리트의 워커빌리티 측정법**
① 슬럼프시험
② 다짐계수시험
③ Vee-Bee 시험(진동대식 시험)
④ 흐름 시험(flow test)

> 참고
>
> * **시멘트의 안정성 시험**
> 오토클레이브 팽창도 시험

69 단열재의 선정조건으로 옳지 않은 것은?

① 흡수율이 낮을 것
② 비중이 클 것
③ 열전도율이 낮을 것
④ 내화성이 좋을 것

* **단열재의 선정조건**
① 열전도율이 낮을 것
② 열관류율이 낮을 것
③ 흡수율이 낮을 것
④ 내화성이 좋을 것
⑤ 같은 두께인 경우 경량재료일 것(비중이 작을 것)

70 비철금속에 관한 설명으로 옳지 않은 것은?

① 청동은 동과 주석의 합금으로 건축장식 철물 또는 미술공예 재료에 사용된다.
② 황동은 동과 아연의 합금으로 산에는 침식되기 쉬우나 알칼리나 암모니아에는 침식되지 않는다.
③ 알루미늄은 광선 및 열의 반사율이 높지만 연질이기 때문에 손상되기 쉽다.
④ 납은 비중이 크고 전성, 연성이 풍부하다.

② 황동은 동과 아연의 합금으로 산 및 알칼리에 약하다.(콘크리트에 접하는 곳에서는 부식이 빠르다.)

 필기에 자주 출제되는 내용입니다.

71 돌붙임 공법 중에서 석재를 미리 붙여놓고 콘크리트를 타설하여 일체화시키는 방법은?

① 조적공법
② 앵커긴결공법
③ GPC공법
④ 강재트러스 지지공법

* **GPC(Grante Veneerv Precast Concrete) 공법**
  • GPC란 화강석 판재를 고정철물을 고정시킨 후 콘크리트를 타설하여 양생한 패널을 말한다.
  • 석재와 콘크리트를 일체화시킨 GPC를 공장에서 제작하여 건축물의 외벽에 연결철물을 이용하여 부착하는 공법이다.

72 건축용 소성 점토벽돌의 색채에 영향을 주는 주요한 요인이 아닌 것은?

① 철화합물
② 망간화합물
③ 소성온도
④ 산화나트륨

점토제품의 색상은 철산화물 또는 석회물질, 망간화합물, 소성온도에 의해 나타난다.(소성 색상은 석회물질이 많을수록 황색, 철산화물이 많을수록 적색이 된다.)

📝 필기에 자주 출제되는 내용입니다.

73 다음 중 실(seal)재가 아닌 것은?

① 코킹재   ② 퍼티
③ 트래버틴 ④ 개스킷

실링(Sealing)재의 종류에는 코킹재, 퍼티, 개스킷 등이 있다.

참고

* **실(seal)재(실링(Sealing)재)**
① 실(Seal)은 밀봉재를 의미하며 액체와 기체의 압력을 보전이나 누설을 막기 위해 밀봉하는 역할을 한다.
② 건축물의 부재와 부재간의 접합부분(줄눈부)에 채워 수밀성, 기밀성 등의 성능을 주기 위한 재료를 말한다.

74 콘크리트의 배합 설계 시 굵은 골재의 절대용적이 500cm^3, 잔골재의 절대용적이 300cm^{3}라 할 때 잔골재율(%)은?

① 37.5%   ② 40.0%
③ 52.5%   ④ 60.0%

$$잔골재율(\%) = \frac{잔골재\ 용적}{총\ 골재\ 용적} \times 100$$

$$잔골재율(\%) = \frac{300}{(500+300)} \times 100 = 37.5(\%)$$

정답 71 ③ 72 ④ 73 ③ 74 ①

75 열가소성 수지가 아닌 것은?

① 염화비닐수지　② 초산비닐수지
③ 요소수지　　　④ 폴리스티렌수지

열경화성 수지	열가소성 수지
• 페놀 수지 • 요소 수지 • 멜라민 수지 • 알키드 수지 • 실리콘 수지 • 에폭시 수지 • 우레탄 수지 • 프란 수지 • 폴리에스테르 수지 • 불포화폴리에스테르수지	• 염화비닐 수지 • 초산비닐 수지 • 메틸메탈크릴 수지 • 폴리에틸렌 수지 • 폴리스티렌 수지 • 아크릴 수지 • 스티롤 수지 • 셀룰로이드

특급암기법
가수(열가소성수지) 염비 초비 메틸 에틸렌(폴리에틸렌) 아크릴 스티(스티롤) 로이드(셀룰로이드)

 필기에 자주 출제되는 내용입니다.

76 미장재료에 관한 설명으로 옳지 않은 것은?

① 회반죽벽은 습기가 많은 장소에서 시공이 곤란하다.
② 시멘트 모르타르는 물과 화학 반응하여 경화되는 수경성 재료이다.
③ 돌로마이트 플라스터는 마그네시아 석회에 모래, 여물을 섞어 반죽한 바름벽 재료를 말한다.
④ 석고 플라스터는 공기 중의 탄산가스를 흡수하여 경화한다.

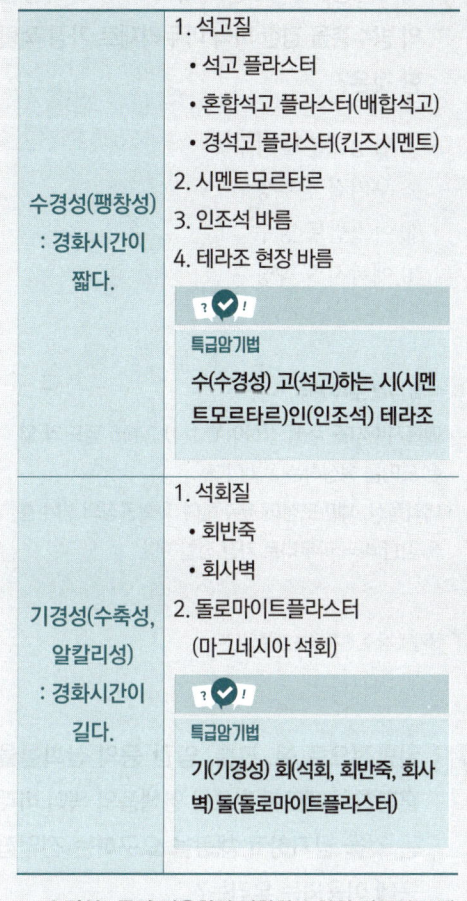

• 수경성 : 물과 작용하여 경화하고 차차 강도가 크게 되는 성질
• 기경성 : 공기 중(이산화탄소)에서 경화하는 것으로 공기가 없는 수중에서는 경화되지 않는 성질

 필기에 자주 출제되는 내용입니다.

정답　75 ③　76 ④

77 내약품성, 내마모성이 우수하여 화학공장의 방수층을 겸한 바닥 마무리재로 가장 적합한 것은?

① 합성고분자 방수
② 무기질 침투방수
③ 아스팔트 방수
④ 에폭시 도막방수

＊에폭시계 도막방수
- 에폭시수지를 수회 칠하여 0.1~0.2mm 정도의 얇은 도막을 형성하는 공법이다.
- 내약품성, 내마모성이 우수하여 화학공장의 방수층을 겸한 바닥 마무리로 가장 적합하다.

📝 필기에 자주 출제되는 내용입니다.

78 일반적으로 철, 크롬, 망간 등의 산화물을 혼합하여 제조한 것으로 염색품의 색이 바래는 것을 방지하고 채광을 요구하는 진열장 등에 이용되는 유리는?

① 자외선흡수유리
② 망입유리
③ 복층유리
④ 유리블록

＊자외선차단(흡수)유리
철, 크롬, 망간 등의 산화물을 혼합하여 제조한 것으로 자외선을 차단하여 염색품의 색이 바래는 것을 방지하고 채광을 요구하는 진열장 등에 사용된다.

📝 필기에 자주 출제되는 내용입니다.

79 회반죽 바름의 주원료가 아닌 것은?

① 소석회　② 점토
③ 모래　　④ 해초풀

＊회반죽
소석회에 모래, 해초풀, 여물 등을 혼합하여 바르는 미장재료이다.

📝 필기에 자주 출제되는 내용입니다.

80 목재의 건조에 관한 설명으로 옳지 않은 것은?

① 대기건조 시 통풍이 잘되게 세워 놓거나, 일정 간격으로 쌓아올려 건조시킨다.
② 마구리부분은 급격히 건조되면 갈라지기 쉬우므로 페인트 등으로 도장한다.
③ 인공건조법으로 건조 시 기간은 통상 약 5~6주 정도이다.
④ 고주파건조법은 고주파 에너지를 열에너지로 변화시켜 발열현상을 이용하여 건조한다.

③ 인공건조는 목재를 건조하기 위해 습도, 온도, 압력 등을 인공적으로 조절하여 짧은 시간에 건조하는 방법이다.

정답　77 ④　78 ①　79 ②　80 ③

5과목 건설안전기술

81 항타기 및 항발기를 조립하는 경우 점검하여야 할 사항이 아닌 것은?

① 과부하장치 및 제동장치의 이상 유무
② 권상장치의 브레이크 및 쐐기장치 기능의 이상 유무
③ 본체 연결부의 풀림 또는 손상의 유무
④ 권상기의 설치상태의 이상 유무

★ 항타기, 항발기 조립하는 때 점검 사항
① 본체 연결부의 풀림 또는 손상의 유무
② 권상용 와이어로프·드럼 및 도르래의 부착상태의 이상 유무
③ 권상장치의 브레이크 및 쐐기장치 기능의 이상 유무
④ 권상기의 설치상태의 이상 유무
⑤ 리더(leader)의 버팀 방법 및 고정상태의 이상 유무
⑥ 본체·부속장치 및 부속품의 강도가 적합한지 여부
⑦ 본체·부속장치 및 부속품에 심한 손상·마모·변형 또는 부식이 있는지 여부

 실기까지 중요한 내용입니다.

82 건설공사 유해위험방지계획서 제출 시 공통적으로 제출하여야 할 첨부서류가 아닌 것은?

① 공사개요서
② 전체 공정표
③ 산업안전보건관리비 사용계획서
④ 가설도로계획서

★ 유해위험방지계획서 제출 시 첨부서류
사업주가 건설공사에 해당하는 유해·위험방지계획서를 제출하려면 건설공사 유해·위험방지계획서 다음 각 호 서류를 첨부하여 해당 공사의 착공 전날까지 공단에 2부를 제출하여야 한다.

1. 공사 개요 및 안전보건관리계획
   가. 공사 개요서
   나. 공사현장의 주변 현황 및 주변과의 관계를 나타내는 도면(매설물 현황을 포함한다)
   다. 건설물, 사용 기계설비 등의 배치를 나타내는 도면
   라. 전체 공정표
   마. 산업안전보건관리비 사용계획
   바. 안전관리 조직표
   사. 재해 발생 위험 시 연락 및 대피방법

2. 작업 공사 종류별 유해·위험방지계획

실기까지 중요한 내용입니다.

83 신축공사 현장에서 강관으로 외부비계를 설치할 때 비계기둥의 최고 높이가 45m라면 관련 법령에 따라 비계기둥을 2개의 강관으로 보강하여야 하는 높이는 지상으로부터 얼마까지인가?

① 14m   ② 20m
③ 25m   ④ 31m

• 비계기둥의 제일 윗부분으로 부터 31m되는 지점 밑 부분의 비계기둥은 2본의 강관으로 묶어 세울 것
• 45 − 31 = 14(m)를 2본의 강관으로 묶어 세워야 한다.

정답 81 ① 82 ④ 83 ①

84 철근콘크리트 현장타설 공법과 비교한 PC(precast concrete)공법의 장점으로 볼 수 없는 것은?

① 기후의 영향을 받지 않아 동절기 시공이 가능하고, 공기를 단축할 수 있다.
② 현장작업이 감소되고, 생산성이 향상되어 인력절감이 가능하다.
③ 공사비가 매우 저렴하다.
④ 공장 제작이므로 콘크리트 양생 시 최적 조건에 의한 양질의 제품생산이 가능하다.

* **PC 공사**
① PC 공사란 공장에서 제작된 P.C부재를 현장에서 조립, 접합하여 구조체를 만드는 공사를 말한다.
② PC공사의 장점
 • 공장생산으로 품질이 균일(품질 우수)
 • 공사기간 단축
 • 인력 절감
 • 대량생산 가능
 • 기후에 영향받지 않음(동절기 시공 가능)

85 흙막이 지보공을 설치하였을 때 붕괴 등의 위험방지를 위하여 정기적으로 점검하고, 이상 발견 시 즉시 보수하여야 하는 사항이 아닌 것은?

① 침하의 정도
② 버팀대의 긴압의 정도
③ 지형 · 지질 및 지층상태
④ 부재의 손상 · 변형 · 변위 및 탈락의 유무와 상태

* **흙막이 지보공을 설치한 때 점검 사항**
① 부재의 손상 · 변형 · 부식 · 변위 및 탈락의 유무와 상태
② 버팀대의 긴압의 정도
③ 부재의 접속부 · 부착부 및 교차부의 상태
④ 침하의 정도

 실기까지 중요한 내용입니다.

86 작업발판 및 통로의 끝이나 개구부로서 근로자가 추락할 위험이 있는 장소에서의 방호조치로 옳지 않은 것은?

① 안전난간 설치
② 와이어로프 설치
③ 울타리 설치
④ 수직형 추락방망 설치

작업발판 및 통로의 끝이나 개구부로서 근로자가 추락할 위험이 있는 장소에는 안전난간, 울타리, 수직형 추락방망 또는 덮개 등의 방호조치를 충분한 강도를 가진 구조로 튼튼하게 설치하여야 하며, 덮개를 설치하는 경우에는 뒤집히거나 떨어지지 않도록 설치하여야 한다.

정답 84 ③ 85 ③ 86 ②

87 히빙(heaving) 현상이 가장 쉽게 발생하는 토질지반은?

① 연약한 점토 지반
② 연약한 사질토 지반
③ 견고한 점토 지반
④ 견고한 사질토 지반

* 히빙(Heaving) 현상
① 연질점토 지반에서 굴착에 의한 흙막이 내·외면의 흙의 중량 차이(토압)로 인해 굴착저면이 부풀어 올라오는 현상을 말한다.
② 흙막이 바깥 흙이 안으로 밀려든다.

참고

* 보일링(Boiling) 현상
① 사질토 지반에서 굴착저면과 흙막이 배면과의 수위 차이로 인해 굴착저면의 흙과 물이 함께 위로 솟구쳐 오르는 현상(모래의 액상화 현상)을 말한다.
② 모래가 액상화되어 솟아오른다.

실기까지 중요한 내용입니다.

88 암질 변화구간 및 이상 암질 출현 시 판별 방법과 가장 거리가 먼 것은?

① R.Q.D
② R.M.R
③ 지표침하량
④ 탄성파 속도

* 암질 판별 기준
① R.Q.D   ② RMR 분류
③ 탄성파 속도   ④ 일축압축강도
⑤ 진동치 속도

관련 법규에서 삭제된 내용이나 24년 실기에 출제 되었습니다.

89 블레이드의 길이가 길고 낮으며 블레이드의 좌우를 전후 25~30각도로 회전시킬 수 있어 흙을 측면으로 보낼 수 있는 도저는?

① 레이크 도저
② 스트레이트 도저
③ 앵글도저
④ 틸트도저

1. 스트레이트 도저 : 블레이드가 수평이고, 불도저의 진행 방향에 직각으로 블레이드를 부착한 것으로서 주로 중굴착 작업에 사용된다.
2. 앵글 도저 : 블레이드의 방향이 20~30° 경사지게 부착된 것으로 흙을 측면으로 보낼 수 있다.
3. 틸트 도저 : 블레이드면 좌우의 높이를 변경할 수 있는 것으로서 단단한 흙의 도랑파기에 적당하다.

정답 87 ① 88 ③ 89 ③

90 동바리로 사용하는 파이프 서포트에 관한 설치 기준으로 옳지 않은 것은?

① 파이프 서포트를 3개 이상 이어서 사용하지 않도록 할 것
② 파이프 서포트를 이어서 사용하는 경우에는 4개 이상의 볼트 또는 전용철물을 사용하여 이을 것
③ 높이가 3.5m를 초과하는 경우에는 높이 2m 이내마다 수평연결재를 2개 방향으로 만들고 수평연결재의 변위를 방지할 것
④ 파이프 서포트 사이에 교차가새를 설치하여 수평력에 대하여 보강 조치할 것

★ **동바리로 사용하는 파이프서포트의 조립 시 준수사항**
- 파이프서포트를 3개본 이상 이어서 사용하지 아니하도록 할 것
- 파이프서포트를 이어서 사용할 때에는 4개 이상의 볼트 또는 전용철물을 사용하여 이을 것
- 높이가 3.5미터를 초과할 때 높이 2미터 이내마다 수평연결재를 2개 방향으로 만들고 수평연결재의 변위를 방지할 것

📝 실기에 자주 출제되는 내용입니다.

91 건물외부에 낙하물 방지망을 설치할 경우 벽면으로부터 돌출되는 거리의 기준은?

① 1m 이상 ② 1.5m 이상
③ 1.8m 이상 ④ 2m 이상

★ **낙하물방지망 또는 방호선반을 설치 시 준수사항**
① 설치높이는 10미터 이내마다 설치하고, 내민길이는 벽면으로부터 2미터 이상으로 할 것
② 수평면과의 각도는 20도 이상 30도 이하를 유지할 것

참고

★ **추락방호망의 설치**
① 추락방호망의 설치위치는 가능하면 작업면으로부터 가까운 지점에 설치하여야 하며, **작업면으로부터 망의 설치지점까지의 수직거리는 10미터를 초과하지 아니할 것**
② 추락방호망은 **수평으로 설치**하고, 망의 처짐은 짧은 변 길이의 12퍼센트 이상이 되도록 할 것
③ 건축물 등의 바깥쪽으로 설치하는 경우 망의 내민 길이는 벽면으로부터 3미터 이상 되도록 할 것

📝 실기에 자주 출제되는 내용입니다.

92 콘크리트를 타설할 때 거푸집에 작용하는 콘크리트 측압에 영향을 미치는 요인과 가장 거리가 먼 것은?

① 콘크리트 타설 속도
② 콘크리트 타설 높이
③ 콘크리트의 강도
④ 기온

정답 90 ④ 91 ④ 92 ③

> **★ 콘크리트 타설 시 거푸집의 측압**
> ① 외기온도가 낮을수록 측압이 크다.
> ② 습도가 낮을수록 측압이 크다.
> ③ 타설속도가 빠를수록 측압이 크다.
> ④ 콘크리트 비중이 클수록 측압이 크다.
> ⑤ 철골 or 철근량이 적을수록 측압이 크다.
> ⑥ 콘크리트 타설높이가 높을수록 측압이 크다.

 실기까지 중요한 내용입니다.

93 다음과 같은 조건에서 추락 시 로프의 지지점에서 최하단까지의 거리 h를 구하면 얼마인가?

> – 로프 길이 150cm
> – 로프 신율 30%
> – 근로자 신장 170cm

① 2.8m ② 3.0m
③ 3.2m ④ 3.4m

> h = 로프의 길이+로프의 신장길이+작업자 키의 $\frac{1}{2}$
> h = 150 + (150 × 0.3) + (170 × $\frac{1}{2}$)
> = 280cm(2.8m)

> [참고]
> 로프를 지지한 위치에서 바닥면까지의 거리를 H라 하면 H > h가 되어야만 한다.

94 산업안전보건 법령에 따른 크레인을 사용하여 작업을 하는 때 작업시작 전 점검사항에 해당되지 않는 것은?

① 권과방지장치·브레이크·클러치 및 운전장치의 기능
② 주행로의 상측 및 트롤리(trolley)가 횡행하는 레일의 상태
③ 원동기 및 풀리(pulley)기능의 이상 유무
④ 와이어로프가 통하고 있는 곳의 상태

> **★ 크레인의 작업 시작 전 점검사항**
> ① 권과방지장치·브레이크·클러치 및 운전장치의 기능
> ② 주행로의 상측 및 트롤리가 횡행(橫行)하는 레일의 상태
> ③ 와이어로프가 통하고 있는 곳의 상태

> [참고]

> **★ 이동식 크레인의 작업 시작 전 점검사항**
> ① 권과방지장치 그 밖의 경보장치의 기능
> ② 브레이크·클러치 및 조정장치의 기능
> ③ 와이어로프가 통하고 있는 곳 및 작업장소의 지반 상태

 실기에 자주 출제되는 내용입니다.

정답 93 ① 94 ③

95 다음은 비계를 조립하여 사용하는 경우 작업발판 설치에 관한 기준이다. ( )에 들어갈 내용으로 옳은 것은?

> 사업주는 비계(달비계, 달대비계 및 말비계는 제외한다)의 높이가 ( ) 이상인 작업장소에 다음 각 호의 기준에 맞는 작업발판을 설치하여야 한다.
> 1. 발판재료는 작업할 때의 하중을 견딜 수 있도록 견고한 것으로 할 것
> 2. 작업발판의 폭은 40센티미터 이상으로 하고, 발판재료 간의 틈은 3센티미터 이하로 할 것

① 1m   ② 2m
③ 3m   ④ 4m

사업주는 비계(달비계 · 달대비계 및 말비계를 제외한다)의 **높이가 2미터 이상인 작업장소에는** 기준에 적합한 **작업발판을 설치하여야 한다.**

참고

* 작업발판 설치 기준
① **발판재료** : 작업 시의 하중을 견딜 수 있도록 견고한 것으로 할 것
② **발판의 폭** : 40cm 이상으로 하고, 발판재료 간의 틈 : 3cm 이하로 할 것
③ 추락의 위험성이 있는 장소에는 안전난간을 설치할 것
④ **작업발판의 지지물** : 하중에 의하여 파괴될 우려가 없는 것을 사용할 것
⑤ 작업발판재료는 뒤집히거나 떨어지지 아니하도록 2 이상의 지지물에 연결하거나 고정시킬 것
⑥ 작업에 따라 이동시킬 때에는 위험방지 조치를 할 것
⑦ 선박 및 보트 건조작업에서 선박블록 또는 엔진실 등의 좁은 작업공간에 작업발판을 설치하는 경우 : 작업발판의 폭을 30센티미터 이상으로 할 수 있고, 걸침비계의 경우 발판재료 간의 틈을 3센티미터 이하로 유지하기 곤란하면 5센티미터 이하로 할 수 있다.

 실기까지 중요한 내용입니다.

96 다음은 산업안전보건법령에 따른 승강설비의 설치에 관한 내용이다. ( )에 들어갈 내용으로 옳은 것은?

> 사업주는 높이 또는 깊이가 ( )를 초과하는 장소에서 작업하는 경우 해당 작업에 종사하는 근로자가 안전하게 승강하기 위한 건설작업용 리프트 등의 설비를 설치하여야 한다. 다만, 승강설비를 설치하는 것이 작업의 성질상 곤란한 경우에는 그러하지 아니하다.

① 2m   ② 3m
③ 4m   ④ 5m

사업주는 **높이 또는 깊이가 2미터를 초과하는 장소에서 작업하는 경우** 해당 작업에 종사하는 근로자가 안전하게 승강하기 위한 건설작업용 리프트 등의 설비를 설치하여야 한다. 다만, 승강설비를 설치하는 것이 작업의 성질상 곤란한 경우에는 그러하지 아니하다.

정답 95 ② 96 ①

97 리프트(Lift)의 방호장치에 해당하지 않는 것은?

① 권과방지장치 ② 비상정지장치
③ 과부하방지장치 ④ 자동경보장치

크레인	• 과부하방지장치 • 권과방지장치(捲過防止裝置) • 비상정지장치 • 제동장치 (기타 방호장치) • 훅의 해지장치 • 안전밸브(유압식)
이동식 크레인	• 과부하방지장치 • 권과방지장치(捲過防止裝置) • 비상정지장치 • 제동장치 (기타 방호장치) • 훅의 해지장치 • 안전밸브(유압식)
리프트 (자동차정비용 리프트 제외)	• 권과방지장치 • 과부하방지장치 • 비상정지장치 • 제동장치 • 조작반(盤) 잠금장치
곤돌라	• 과부하방지장치 • 권과방지장치(捲過防止裝置) • 비상정지장치 • 제동장치
승강기	• 과부하방지장치 • 권과방지장치(捲過防止裝置) • 비상정지장치 • 제동장치 • 파이널리미트스위치 • 출입문인터록 • 조속기(속도조절기)

 실기에 자주 출제되는 내용입니다.

98 부두·안벽 등 하역작업을 하는 장소에서 부두 또는 안벽의 선을 따라 통로를 설치하는 경우 그 폭을 최소 얼마 이상으로 하여야 하는가?

① 60cm ② 90cm
③ 120cm ④ 150cm

부두 또는 안벽의 선을 따라 통로를 설치하는 경우에는 폭을 90센티미터 이상으로 할 것

필기에 자주 출제되는 내용입니다.

99 안전관리비의 사용 항목에 해당하지 않는 것은?

① 안전시설비
② 개인보호구 구입비
③ 접대비
④ 사업장의 안전·보건진단비

※ 산업안전보건관리비의 사용내역
① 안전관리자 · 보건관리자 임금 등
② 안전시설비 등
③ 보호구 등
④ 안전보건진단비 등
⑤ 안전보건교육비 등
⑥ 근로자 건강장해 예방비 등
⑦ 건설재해예방전문지도기관 기술지도비
⑧ 본사 전담조직 근로자 임금 등
⑨ 위험성 평가 등에 따른 소요비용

실기에 자주 출제되는 내용입니다.

정답 97 ④ 98 ② 99 ③

100 강관을 사용하여 비계를 구성하는 경우의 준수사항으로 옳지 않은 것은?

① 비계기둥의 간격은 띠장 방향에서는 1.85m 이하로 할 것
② 비계기둥의 간격은 장선(長線) 방향에서는 1.0m 이하로 할 것
③ 띠장 간격은 2.0m 이하로 할 것
④ 비계기둥 간의 적재하중은 400kg을 초과하지 않도록 할 것

> ★ 강관비계의 구조
> ① 비계기둥 간격 : 띠장방향에서는 1.85m 이하, 장선 방향에서는 1.5m 이하로 할 것
> 다만, 다음 각 목의 어느 하나에 해당하는 작업의 경우에는 안전성에 대한 구조검토를 실시하고 조립도를 작성하면 띠장 방향 및 장선 방향으로 각각 2.7미터 이하로 할 수 있다.
> 가. 선박 및 보트 건조작업
> 나. 그 밖에 장비 반입·반출을 위하여 공간 등을 확보할 필요가 있는 등 작업의 성질상 비계기둥 간격에 관한 기준을 준수하기 곤란한 작업
> ② 띠장간격 : 2.0미터 이하로 할 것
> ③ 비계기둥의 제일 윗부분으로부터 31m되는 지점 밑부분의 비계기둥은 2본의 강관으로 묶어 세울 것
> ④ 비계기둥 간의 적재하중은 400kg을 초과하지 않도록 할 것

📝 실기까지 중요한 내용입니다.

정답 100 ②

PART 06

모의고사

제1회 건설안전산업기사 모의고사
제2회 건설안전산업기사 모의고사
제3회 건설안전산업기사 모의고사

1회 모의고사

과목 산업안전관리론

01 재해의 원인분석법 중 사고의 유형, 기인물 등 분류 항목을 큰 순서대로 도표화하여 문제나 목표의 이해가 편리한 것은?

① 파레토도(pareto diagram)
② 특성요인도(cause-reason diagram)
③ 클로즈 분석(close analysis)
④ 관리도(control chart)

＊재해통계방법
① **파레토도** : 사고 유형, 기인물 등 데이터를 분류하여 그 항목 값이 큰 순서대로 정리하여 막대그래프로 나타낸다.
② **특성요인도** : 재해와 그 요인의 관계를 어골상으로 세분화하여 **나타낸다**.
③ **크로스(cross) 분석** : 2가지 또는 **2개 항목 이상의** 요인이 상호관계를 유지할 때 문제를 분석하는데 사용된다.
④ **관리도** : 시간경과에 따른 재해발생건수 등 **대략적인 추이 파악에 사용된다**.

02 다음 중 관료주의에 대한 설명으로 틀린 것은?

① 의사결정에는 작업자의 참여가 필수적이다.
② 인간을 조직 내의 한 구성원으로만 취급한다.
③ 개인의 성장이나 자아실현의 기회가 주어지지 않는다.
④ 사회적 여건이나 기술의 변화에 신속하게 대응하기 어렵다.

① 의사결정에는 작업자의 참여가 제한된다.

참고

＊관료주의
① 특권적인 사회층을 형성하는 관료가 정치의 실권을 잡고, 국민에 의한 지도를 인정하지 않는 국가에서 현저하게 나타난다.
② 비능률·보수주의·책임전가·비밀주의·파벌주의등으로 표현된다.
③ 관청이나 민간조직을 불문하고 조직이 대규모화 할수록 확대 심화하는 경향이 있다.

정답 01 ① 02 ①

03 사고예방대책 기본원칙 5단계 중 2단계인 "사실의 발견"과 관계가 가장 먼 것은?

① 자료수집
② 위험확인
③ 점검·검사 및 조사 실시
④ 안전관리규정 제정

④ "안전관리규정 제정"은 4단계 시정방법 선정의 내용이다.

참고

★ 하인리히 사고방지 5단계

1단계 안전조직	• 안전목표 설정 • 안전관리자의 선임 • 안전조직 구성 • 안전활동 방침 및 계획수립 • 조직을 통한 안전 활동 전개
2단계 사실의 발견	• 작업분석 • 점검 • 사고조사 • 안전진단 • 사고 및 활동기록의 검토
3단계 분석	• 사고원인 및 경향성 분석 (사고보고서 및 현장조사 분석) • 작업공정 분석 • 사고기록 및 관계자료 분석 • 인적·물적 환경 조건 분석
4단계 시정방법 선정	• 기술적 개선 • 안전운동 전개 • 교육훈련 분석(개선) • 안전행정의 개선 • 배치 조정 • 규칙 및 수칙 등 제도의 개선
5단계 시정책 적용 (3E 적용)	• 안전교육(Education) • 안전기술(Engineering) • 안전독려(Enforcement)

04 다음 중 산업안전보건법에 따라 안전·보건진단을 받아 안전보건개선계획을 수립·제출하도록 명할 수 있는 사업장에 해당하지 않는 것은?

① 직업병에 걸린 사람이 연간 1명 발생한 사업장
② 산업재해발생률이 같은 업종 평균 산업재해발생률의 3배인 사업장
③ 작업환경 불량, 화재·폭발 또는 누출 사고 등으로 사업장 주변까지 피해가 확산된 사업장
④ 산업 재해율이 같은 업종의 규모별 평균 산업 재해율보다 높은 사업장 중 사업주가 안전·보건조치의무를 이행하지 아니하여 발생한 중대재해 발생 사업장

★ 안전·보건진단을 받아 안전보건개선계획을 수립·제출하도록 명할 수 있는 사업장

1. 산업재해율이 같은 업종 평균 산업재해율의 2배 이상인 사업장
2. 사업주가 필요한 안전조치 또는 보건조치를 이행하지 아니하여 중대재해가 발생한 사업장
3. 직업성 질병자가 연간 2명 이상(상시근로자 1천명 이상 사업장의 경우 3명 이상) 발생한 사업장
4. 그 밖에 작업환경 불량, 화재·폭발 또는 누출 사고 등으로 사업장 주변까지 피해가 확산된 사업장으로서 고용노동부령으로 정하는 사업장

특급암기법

평균의 2배 이상,
직업성 질병 2명 이상(1,000명 이상 3명) 진단받아 개선!
중대재해 발생하면 진단받아 개선!

> 참고

*안전보건 개선계획 작성대상 사업장
① 산업재해율이 같은 업종의 규모별 평균 산업재해율보다 높은 사업장
② 사업주가 안전·보건조치의무를 이행하지 아니하여 중대재해가 발생한 사업장
③ 직업성 질병자가 연간 2명 이상 발생한 사업장
④ 유해인자의 노출기준을 초과한 사업장

특급암기법
평균보다 높으면 개선계획!
중대재해 발생하면 개선계획!
직업성 질병자 2명 노출기준 초과하면 개선계획!

05 모랄 서베이(Morale survey)의 주요 방법 중 태도조사법에 해당하는 것은?

① 사례연구법　② 관찰법
③ 실험연구법　④ 문답법

*모랄 서베이(morale survey)의 주요 방법
① 통계에 의한 방법
 • 사고 상해율, 생산성, 지각, 조퇴 등을 분석하여 통계내는 방법
 • 다른 조사법의 보조 자료로 많이 사용된다.
② 사례연구법
 • 제안제도, 고충처리제도, 카운슬링 등의 사례를 통하여 불만 등을 파악하는 방법
③ 관찰법
 • 종업원의 근무 실태를 계속 관찰하여 문제점을 찾아내는 방법

④ 실험연구법
 • 실험 그룹과 통제 그룹으로 나누고 자극을 주어 태도 변화의 여부를 조사하는 방법
⑤ 태도조사법(의견조사)
 • 모랄서베이에서 가장 많이 사용되는 방법
 • **질문지법(문답법), 면접법, 집단토의법, 투사법**에 의해 의견을 조사하는 방법

> 참고

모랄서베이[morale survey] : 종업원의 근로의욕·태도 등에 대한 측정으로 태도조사라고도 한다.

06 다음 중 산업안전보건 법령상 특별안전·보건교육 대상의 작업에 해당하지 않는 것은?

㉮ 방사선 업무에 관계되는 작업
㉯ 전압이 50V인 정전 및 활선작업
㉰ 굴착면의 높이가 3m 되는 암석의 굴착작업
㉱ 게이지압력을 2kgf/cm² 이상으로 사용하는 압력용기 설치 및 취급 작업

㉯ 「전압이 75볼트 이상인 정전 및 활선작업」이 특별교육 대상 작업이다.

정답　05 ④　06 ②

07 다음 중 시행착오설에 의한 학습법칙에 해당하지 않은 것은?

① 효과의 법칙
② 준비성의 법칙
③ 연습의 법칙
④ 일관성의 법칙

★ **돈다이크의 학습의 법칙(시행착오설)**
㉠ 준비성의 법칙
㉡ 연습 또는 반복의 법칙
㉢ 효과의 법칙

08 다음 중 리더가 가지고 있는 세력의 유형이 아닌 것은?

① 전문세력(expert power)
② 보상세력(reward power)
③ 위임세력(entrust power)
④ 합법세력(legitimate power)

★ **리더의 세력**
① 강압적 세력(coercive power) : 부하들이 바람직하지 않은 행동을 했을 때 처벌을 줄 수 있는 권한
② 보상적 세력(reward power) : 바람직한 행동을 했을 때 보상을 줄 수 있는 세력(승진, 휴가 등)
③ 합법적 세력(legitimate power) : 조직의 공식적 권력구조에 의해 주어진 권한
④ 전문적 세력(expert power) : 리더가 그 분야의 지식을 갖추고 있는 정도에 의해 전문적 권한이 결정된다.
⑤ 참조적 세력(referent power, attraction power) : 부하들이 리더의 생각과 목표를 동일시하거나 존경하고 매력을 느껴 리더를 참조하고픈 데서 파행된 권한(진정한 리더십이라 할 수 있다)

09 연간 상시근로자수가 500명인 A 사업장에서 1일 8시간씩 연간 280일을 근무하는 동안 재해가 36건이 발생하였다면 이 사업장의 도수율은 약 얼마인가?

① 10
② 10.14
③ 30
④ 32.14

$$도수율 = \frac{재해 건수}{연근로시간 수} \times 10^6$$
$$= \frac{36}{500 \times 8 \times 280} \times 10^6 = 32.14$$

10 산업안전보건법령상 사업주가 근로자에게 실시하여야 하는 안전·보건교육의 교육과정에 해당하지 않는 것은?

① 특별안전·보건교육
② 근로자 정기안전·보건교육
③ 관리감독자 정기안전·보건교육
④ 안전관리자 신규 및 보수교육

정답   07 ④   08 ③   09 ④   10 ④

1. 근로자 안전보건교육

교육과정	교육대상		교육시간
가. 정기교육	1) 사무직 종사 근로자		매반기 6시간 이상
	2) 그 밖의 근로자	가) 판매 업무에 직접 종사하는 근로자	매반기 6시간 이상
		나) 판매 업무에 직접 종사하는 근로자 외의 근로자	매반기 12시간 이상
나. 채용시의 교육	1) 일용근로자 및 근로계약 기간이 1주일 이하인 기간제근로자		1시간 이상
	2) 근로계약기간이 1주일 초과 1개월 이하인 기간제근로자		4시간 이상
	3) 그 밖의 근로자		8시간 이상
다. 작업 내용 변경시의 교육	1) 일용근로자 및 근로계약 기간이 1주일 이하인 기간제근로자		1시간 이상
	2) 그 밖의 근로자		2시간 이상
라. 특별교육	1) 일용근로자 및 근로계약 기간이 1주일 이하인 기간제 근로자(타워크레인 신호작업에 종사하는 근로자 제외)		2시간 이상
	2) 일용근로자 및 근로계약 기간이 1주일 이하인 기간제 근로자 중 타워크레인신호작업에 종사하는 근로자		8시간 이상
	3) 일용근로자 및 근로계약 기간이 1주일 이하인 기간제 근로자를 제외한 근로자		가) 16시간 이상(최초 작업에 종사하기 전 4시간 이상 실시하고 12시간은 3개월 이내에서 분할하여 실시 가능) 나) 단기간 작업 또는 간헐적 작업인 경우에는 2시간 이상
마. 건설업 기초안전·보건교육	건설 일용근로자		4시간 이상

2. 관리감독자 안전보건교육

교육과정	교육시간
가. 정기교육	연간 16시간 이상
나. 채용 시 교육	8시간 이상
다. 작업내용 변경시 교육	2시간 이상
라. 특별교육	16시간 이상(최초 작업에 종사하기 전 4시간 이상 실시하고 12시간은 3개월 이내에서 분할하여 실시 가능) 단기간 작업 또는 간헐적 작업인 경우에는 2시간 이상

참고

* 안전보건관리책임자 등에 대한 교육(직무교육)

교육대상	교육시간	
	신규교육	보수교육
가. 안전보건관리책임자	6시간 이상	6시간 이상
나. 안전관리자, 안전관리전문기관의 종사자	34시간 이상	24시간 이상
다. 보건관리자, 보건관리전문기관의 종사자	34시간 이상	24시간 이상
라. 건설재해예방 전문지도기관의 종사자	34시간 이상	24시간 이상
마. 석면조사기관의 종사자	34시간 이상	24시간 이상
바. 안전보건관리담당자	–	8시간 이상
사. 안전검사기관, 자율안전검사기관의 종사자	34시간 이상	24시간 이상

11 도수율이 13.0, 강도율 1.20인 사업장이 있다. 이 사업장의 환산도수율은 얼마인가? (단, 이 사업장 근로자의 평생 근로시간은 10만 시간으로 가정한다.)

① 1.3
② 10.8
③ 12.0
④ 92.3

정답 11 ①

※ 환산 도수율(F)
① 일평생 근로하는 동안의 재해건수를 말한다.
② 환산 도수율(F) = $\dfrac{재해건수}{연 근로시간 수} \times 평생근로시간수(10^5)$
③ 환산 도수율 = 도수율 ÷ 10

환산 도수율 = 도수율 ÷ 10 = 13 ÷ 10 = 1.3

위생 요인 (직무환경)	동기요인 (직무 내용)
• 회사정책과 관리 • 개인 상호간의 관계 • 감독 • 임금 • 보수 • 작업조건 • 지위 • 안전	• 성취감 • 책임감 • 안정감 • 성장과 발전 • 도전감 • 일 그 자체

12 적응기제(Adjustment Mechanism) 중 방어적 기제(Defence Mechanism)에 해당하는 것은?

① 고립(Isolation)
② 퇴행(Regression)
③ 억압(Suppression)
④ 보상(Compensation)

방어적 기제	도피적 기제
• 보상 • 합리화 • 동일시 • 승화	• 고립 • 퇴행 • 억압 • 백일몽

13 허츠버그(Herzberg)의 2요인 이론에 있어서 다음 중 동기요인에 해당하는 것은?

① 임금
② 지위
③ 도전
④ 작업조건

14 매슬로(A.H.Maslow)의 안전 욕구 5단계 이론에서 각 단계별 내용이 잘못 연결된 것은?

① 1단계 : 자아실현의 욕구
② 2단계 : 안전에 대한 욕구
③ 3단계 : 사회적 욕구
④ 4단계 : 존경에 대한 욕구

※ 매슬로(Maslow A. H.)의 욕구단계 이론(인간의 욕구 5단계)
① 제1단계(생리적 욕구) : 기아, 갈증, 호흡, 배설, 성욕 등 인간의 가장 기본적인 욕구
② 제2단계(안전 욕구) : 자기 보존 욕구
③ 제3단계(사회적 욕구) : 소속감과 애정 욕구
④ 제4단계(존경 욕구) : 인정받으려는 욕구
⑤ 제5단계(자아실현의 욕구) : 잠재적인 능력을 실현하고자 하는 욕구(성취 욕구)

15 산업안전보건법상 안전보건관리규정을 작성하여야 할 사업 중에 정보서비스업의 상시 근로자 수는 몇 명 이상인가?

① 50   ② 100
③ 300   ④ 500

정답 12 ④   13 ③   14 ①   15 ③

* 안전보건관리규정을 작성하여야 할 사업의 종류 및 규모

사업의 종류	규모
1. 농업 2. 어업 3. 소프트웨어 개발 및 공급업 4. 컴퓨터 프로그래밍, 시스템 통합 및 관리업 4의2. 영상 · 오디오물 제공 서비스업 5. 정보서비스업 6. 금융 및 보험업 7. 임대업;부동산 제외 8. 전문, 과학 및 기술 서비스업 (연구개발업은 제외한다) 9. 사업지원 서비스업 10. 사회복지 서비스업	상시 근로자 300명 이상을 사용하는 사업장
11. 제1호부터 제4호까지, 제4호의 2 및 제5호부터 제10호까지의 사업을 제외한 사업	상시 근로자 100명 이상을 사용하는 사업장

16 벨트식, 안전그네식 안전대의 사용구분에 따른 분류에 해당되지 않는 것은

① U자 걸이용 ② D링 걸이용
③ 안전블록   ④ 추락방지대

* 안전인증대상 기계 · 기구

종류	사용구분
벨트식	1개 걸이용
	U자 걸이용
안전그네식	추락방지대
	안전블록

17 산업안전보건 법령상 안전인증대상 기계 · 기구 등이 아닌 것은?

① 프레스
② 전단기
③ 롤러기
④ 산업용 원심기

* 안전인증대상 기계 · 기구

설치 · 이전하는 경우 안전인증을 받아야 하는 기계 · 기구	주요 구조 부분을 변경하는 경우 안전인증을 받아야 하는 기계 · 기구
① 크레인 ② 리프트 ③ 곤돌라	① 프레스 ② 전단기 및 절곡기(折曲機) ③ 크레인 ④ 리프트 ⑤ 압력용기 ⑥ 롤러기 ⑦ 사출성형기(射出成形機) ⑧ 고소(高所)작업대 ⑨ 곤돌라

특급암기법 유사한 종류끼리 묶어서 암기

손 다치는 기계 – 프레스, 전단기 및 절곡기, 사출성형기, 롤러기
양중기 – 크레인, 리프트, 곤돌라
폭발 – 압력용기
추락 – 고소작업대

정답 16 ② 17 ④

18 안전관리 조직의 형태 중 라인·스탭형에 대한 설명으로 틀린 것은?

① 안전 스탭은 안전에 관한 기획·입안·조사·검토 및 연구를 행한다.
② 안전 업무를 전문적으로 담당하는 스탭 및 생산라인의 각 계층에도 겸임 또는 전임의 안전담당자를 둔다.
③ 모든 안전 관리 업무를 생산라인을 통하여 직선적으로 이루어지도록 편성된 조직이다.
④ 대규모 사업장(1,000명 이상)에 효율적이다.

③ 라인·스탭형에서 스태프는 안전을 입안, 계획, 평가, 조사하고 라인을 통하여 생산기술, 안전대책이 전달되는 관리방식이다.

참고

＊라인 스태프형(Line Staff) or 혼합형
① 대규모 사업장(1,000명 이상 사업장)에 적용이 가능하다.
② 라인 스태프형 장점
 • 안전전문가에 의해 입안된 것을 경영자가 명령하므로 **명령이 신속, 정확하다.**
 • 안전정보 수집이 용이하고 빠르다.
③ 라인 스태프형 단점
 • 명령계통과 조언, 권고적 참여의 혼돈이 우려된다.
 • 스태프의 월권행위가 우려되고 지나치게 스태프에게 의존할 수 있다.
 • 라인이 스탭에 의존 또는 활용하지 않는 경우가 있다.

19 산업안전보건법령상 건설현장에서 사용하는 크레인, 리프트 및 곤돌라의 안전검사의 주기로 옳은 것은? (단, 이동식 크레인, 이삿짐운반용 리프트는 제외한다.)

① 최초로 설치한 날부터 6개월마다
② 최초로 설치한 날부터 1년마다
③ 최초로 설치한 날부터 2년마다
④ 최초로 설치한 날부터 3년마다

＊안전검사대상 유해·위험기계 등의 검사 주기
1. 크레인(이동식 크레인은 제외한다), 리프트(이삿짐운반용 리프트는 제외한다) 및 곤돌라 : 사업장에 설치가 끝난 날부터 3년 이내에 최초 안전검사를 실시하되, 그 이후부터 2년마다(건설현장에서 사용하는 것은 최초로 설치한 날부터 6개월마다)
2. 이동식 크레인, 이삿짐운반용 리프트 및 고소작업대 : 신규등록 이후 3년 이내에 최초 안전검사를 실시하되, 그 이후부터 2년마다
3. 프레스, 전단기, 압력용기, 국소 배기장치, 원심기, 롤러기, 사출성형기, 컨베이어 및 산업용 로봇, 혼합기, 파쇄기 또는 분쇄기 : 사업장에 설치가 끝난 날부터 3년 이내에 최초 안전검사를 실시하되, 그 이후부터 2년마다(공정안전보고서를 제출하여 확인을 받은 압력용기는 4년마다)(26년 6월 26일 시행)

20 하버드 학파의 5단계 교수법에 해당되지 않는 것은?

① 교시(Presentation)
② 연합(Association)
③ 추론(Reasoning)
④ 총괄(Generalization)

정답 18 ③ 19 ① 20 ③

＊하버드학파의 교수법

1단계	준비시킨다.
2단계	교시시킨다.
3단계	연합한다.
4단계	총괄한다.
5단계	응용시킨다.

＊인간 – 기계의 기능 비교

구 분	인간의 장점	기계의 장점
감지 기능	• 저에너지자극 감지 • 다양한 자극 식별 • 예기치못한사건감지	• 인간의 감지 범위 밖의 자극 감지 • 인간·기계의 모니터 기능
정보 처리 결정	• 많은 양의 정보 장시간 보관 • 귀납적, 다양한문제 해결	• 정보 신속 대량 보관 • 연역적, 정량적
행동 기능	• 과부하 상태에서는 중요한 일에만 집념할 수 있다.	• 과부하에서 효율적 작동 • 장시간 중량 작업, 반복, 동시 여러 가지 작업을 수행 가능

2과목 인간공학 및 시스템안전공학

21 인간 – 기계 시스템에서 기계와 비교한 인간의 장점으로 볼 수 없는 것은? (단, 인공지능과 관련된 사항은 제외한다.)

① 완전히 새로운 해결책을 찾아낸다.
② 여러 개의 프로그램된 활동을 동시에 수행한다.
③ 다양한 경험을 토대로 하여 의사결정을 한다.
④ 상황에 따라 변화하는 복잡한 자극 형태를 식별한다.

22 신뢰도가 0.4인 부품 5개가 병렬결합 모델로 구성된 제품이 있을 때 이 제품의 신뢰도는?

① 0.90   ② 0.91
③ 0.92   ④ 0.93

부품 5개가 병렬이므로
1−[(1−0.4) × (1−0.4) × (1−0.4) × (1−0.4) × (1−0.4)]
= 0.92

참고

문제에서 주어진 값이 부품의 신뢰도이므로 공식에 대입한 값은 전체 제품의 신뢰도가 된다.

정답 21 ②   22 ③

23 FT도에 사용되는 기호 중 입력신호가 생긴 후, 일정 시간이 지속된 후에 출력이 생기는 것을 나타내는 것은?

① OR 게이트
② 위험 지속 기호
③ 억제 게이트
④ 배타적 OR 게이트

입력신호가 생긴 후, 일정 시간이 지속된 후에 출력이 생기는 것 → 위험 지속 기호

참고

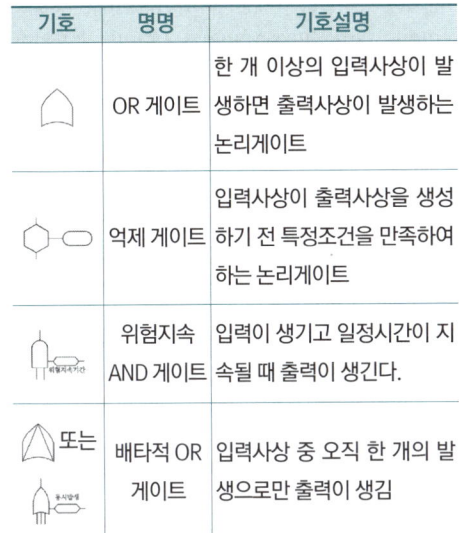

기호	명명	기호설명
	OR 게이트	한 개 이상의 입력사상이 발생하면 출력사상이 발생하는 논리게이트
	억제 게이트	입력사상이 출력사상을 생성하기 전 특정조건을 만족하여야 하는 논리게이트
	위험지속 AND 게이트	입력이 생기고 일정시간이 지속될 때 출력이 생긴다.
	배타적 OR 게이트	입력사상 중 오직 한 개의 발생으로만 출력이 생김

24 위험 조정을 위해 필요한 기술은 조직 형태에 따라 다양하며 4가지로 분류하였을 때 이에 속하지 않는 것은?

① 전가(transfer)
② 보류(retention)
③ 계속(continuation)
④ 감축(reduction)

★위험처리기술
① 위험의 제거(위험 감축) : 위험 요소를 적극적으로 예방하고 경감하려는 것을 말한다.
② 위험의 회피 : 위험한 작업 자체를 하지 않거나 작업 방법을 개선하는 것을 말한다.
③ 위험의 보유(위험 보류) : 위험의 일부 또는 전부를 스스로 인수하는 것을 말한다.
④ 위험의 전가 : 위험을 보험, 보증, 공제기금제도 등으로 분산시키는 것을 말한다.

25 인간오류의 분류 중 원인에 의한 분류의 하나로, 작업자 자신으로부터 발생하는 에러로 옳은 것은?

① Command error
② Secondary error
③ Primary error
④ Third error

※ 인간오류 원인의 레벨적 분류
① primary error(1차 에러) : 작업자 자신으로부터 발생한 에러
② secondary error(2차에러) : 작업형태, 작업조건 중 문제가 생겨 필요한 사항을 실행할 수 없어 발생한 에러
③ command error : 실행하고자 하여도 필요한 물품, 정보, 에너지 등이 공급되지 않아서 작업자가 움직일 수 없는 상태에서 발생한 에러

26 다음의 FT도에서 몇 개의 미니멀 패스셋(minimal path sets)이 존재하는가?

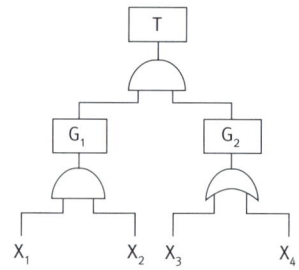

① 1개   ② 2개
③ 3개   ④ 4개

FT도의 AND게이트 → OR, OR게이트 → AND로 바꾸어 그려서 미니멀 컷을 구하면 원래 FT도의 미니멀 패스가 된다.

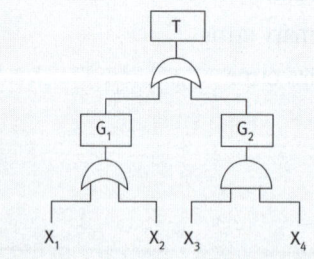

미니멀 컷 : (X_1) 또는 (X_2) 또는 ($X_3 X_4$)
∴ 미니멀 패스 = (X_1) 또는 (X_2) 또는 ($X_3 X_4$)
  총 3개

27 인간공학의 연구 방법에서 인간-기계 시스템을 평가하는 척도의 요건으로 적합하지 않은 것은?

① 적절성, 타당성
② 무오염성
③ 주관성
④ 신뢰성

※ 체계 기준의 요건(인간공학 연구조사에 사용되는 기준의 구비조건)
• 적절성 : 의도된 목적에 적합하여야 한다.(타당성)
• 무오염성 : 측정하고자 하는 변수외의 다른 변수의 영향을 받아서는 안 된다.
• 신뢰성 : 반복실험 시 재현성이 있어야 한다.(반복성)
• 민감도 : 예상차이점에 비례하는 단위로 측정하여야 한다.

28 인간공학적 부품배치의 원칙에 해당하지 않는 것은?

① 신뢰성의 원칙
② 사용 순서의 원칙
③ 중요성의 원칙
④ 사용 빈도의 원칙

※ 부품배치의 원칙
① 중요성의 원칙
② 사용 빈도의 원칙
③ 사용 순서의 원칙
④ 기능별 배치의 원칙

26 ③   27 ③   28 ①

29 인간의 기대하는 바와 자극 또는 반응들이 일치하는 관계를 무엇이라 하는가?

① 관련성
② 반응성
③ 양립성
④ 자극성

> 인간의 기대하는 바와 자극 또는 반응들이 일치하는 관계 → 양립성

> **참고**
>
> **양립성** : 자극과 반응의 관계가 인간의 기대와 모순되지 않는 성질
> ① 개념적 양립성
> • 외부자극에 대해 **인간의 개념적 현상의 양립성**
> • 예 빨간 버튼은 온수, 파란 버튼은 냉수
> ② 공간적 양립성
> • 표시장치, 조종장치의 **형태 및 공간적 배치의 양립성**
> • 예 오른쪽 조리대는 오른쪽 조절장치로, 왼쪽 조리대는 왼쪽 조절장치로 조정한다.
> ③ 운동의 양립성
> • 표시장치, 조종장치 등의 **운동 방향의 양립성**
> • 예 조종장치를 오른쪽으로 돌리면 표시장치 지침이 오른쪽으로 이동한다.
> ④ 양식 양립성
> • 자극과 응답 양식의 존재에 대한 양립성
> • 예 청각적 자극 제시와 이에 대한 음성응답 과업에서 갖는 양립성

30 사후 보전에 필요한 평균 수리시간을 나타내는 것은?

① MDT　　② MTTF
③ MTBF　　④ MTTR

> 평균수리기간 → MTTR

> **참고**
>
> $$MTTR = \frac{수리시간합계}{수리\ 횟수} (시간)$$

31 인체계측 자료에서 주로 사용하는 변수가 아닌 것은?

① 평균　　② 5 백분위수
③ 최빈값　　④ 95 백분위수

> ∗ 인체계측 자료에서 주로 사용하는 변수
> ① 평균
> ② 5 백분위수(최소 치수)
> ③ 95 백분위수(최대 치수)

> **참고**
>
> ∗ **인체계측자료의 응용 3원칙**
> ① **최대 치수와 최소 치수 설계(극단치 설계)**
> • 최대 치수 또는 최소 치수를 기준으로 하여 설계한다.
> ② **조절범위(조정)**
> • 체격이 다른 여러 사람에 맞도록 설계한다.
> ③ **평균치를 기준으로 한 설계**
> • 최대 치수나 최소 치수 조절식으로 하기가 곤란할 때 평균치를 기준으로 하여 설계한다.

정답　29 ③　30 ④　31 ③

32 체계 분석 및 설계에 있어서 인간공학의 가치와 가장 거리가 먼 것은?

① 성능의 향상
② 훈련비용의 증가
③ 사용자의 수용도 향상
④ 생산 및 보전의 경제성 증대

> *체계분석 및 설계의 인간공학의 가치
> ① **성능의 향상** : 적절한 유능한 운용자
> ② **훈련비용의 절감** : 숙련도
> ③ **인력이용율의 향상** : 인력자원의 효과적 이용
> ④ **사고 및 오용으로부터의 손실감소** : 인간공학 원칙 적용
> ⑤ **생산 및 보전의 경제성 증대** : 설계 단순화 및 인간공학 원칙 적용
> ⑥ **사용자의 수용도 향상** : 운용 및 보전성 용이

33 고장의 발생상황 중 부적합품 제조, 생산 과정에서의 품질관리 미비, 설계미숙 등으로 일어나는 고장은?

① 초기고장
② 마모고장
③ 우발고장
④ 품질관리고장

> 품질관리 미비, 설계미숙 등으로 일어나는 고장
> → 초기고장

참고

*기계설비 고장 유형
① **초기 고장(감소형)** : 설계상, 구조상 결함, 불량 제조·생산 과정 등의 품질관리 미비로 생기는 고장 형태
② **우발고장(일정형)** : 예측할 수 없을 때에 생기는 고장의 형태
③ **마모 고장(증가형)** : 기계적 요소나 부품의 마모, 사람의 노화 현상 등에 의해 고장률이 상승하는 형태

34 관측하고자 하는 측정값을 가장 정확하게 읽을 수 있는 표시장치는?

① 계수형   ② 동침형
③ 동목형   ④ 묘사형

> *정량적 표시장치
> ① **정목동침형** : 눈금은 고정, 지침이 움직이는 형태
> ② **정침동목형** : 지침은 고정, 눈금이 움직이는 형태
> ③ **계수형** : 전력계, 택시요금 계기와 같이 숫자가 정확히 표시되는 형태

35 건강한 남성이 8시간 동안 특정 작업을 실시하고, 산소소비량이 1.2L/분으로 나타났다면 8시간동안 총 작업시간에 포함되어야 할 최소 휴식시간은? (단 남성의 권장 평균 에너지소비량은 5kcal/분, 안정 시 에너지 소비량은 1.5kcal/분으로 가정한다.)

① 107분   ② 117분
③ 127분   ④ 137분

정답 32 ② 33 ① 34 ① 35 ①

휴식시간(R) = $\frac{60 \times (E-5)}{E-1.5}$ [분]

- 1.5 : 휴식 중의 에너지 소비량
- 5[kcal/분] : 보통 작업에 대한 평균 에너지
- 60 : 작업시간
- E[kcal/분] : 문제에서 주어진 작업 시 필요한 에너지

1. E = 1.2L / 분 × 5kcl/L = 6kcal/분
   (산소 1L의 에너지 : 5kcal)

2. 1시간 작업 중 휴식시간
   R = $\frac{60 \times (6-5)}{6-1.5}$ = $\frac{60}{4.5}$ = 13.33분

3. 8시간 작업하는 동안의 휴식시간
   = 13.33 × 8 = 106.64분

36 인간공학의 연구방법에서 인간·기계 시스템을 평가하는 척도로서 인간기준이 아닌 것은

① 사고빈도
② 인간성능 척도
③ 객관적인 반응
④ 생리학적 지표

★ 인간기준의 종류
① 인간의 선능척도
② 주관적 반응
③ 생리학적 지표
④ 사고 및 과오의 빈도

37 다음 중 일반적인 수공구의 설계원칙으로 볼 수 없는 것은?

① 손목을 곧게 유지한다.
② 반복적인 손가락 동작을 피한다.
③ 사용이 용이한 검지만을 주로 사용한다.
④ 손잡이는 접촉면적을 가능하면 크게 한다.

★ 수공구의 설계원칙
㉠ 손목을 곧게 유지힌다.
㉡ 손바닥에 가해지는 압력을 줄인다.
㉢ 손가락의 반복 사용을 피한다.
㉣ 손잡이는 손바닥과의 접촉 면적이 크게 설계한다.
㉤ 공구의 무게를 줄이고 사용 시 균형이 유지되도록 한다.
㉥ 손잡이 단면은 원형 또는 타원형으로 한다.
㉦ 동력공구의 손잡이는 두 손가락 이상으로 작동하도록 한다.
㉧ 손잡이 직경은 30~45mm 크기가 적당하다.(정밀 작업 시는 5~12mm, 회전력이 필요한 대형 스크류드라이버 같은 공구는 50~60mm)

38 안전 설계방법 중 페일세이프 설계(fail-safe design)에 대한 설명으로 가장 적절한 것은?

① 오류가 전혀 발생하지 않도록 설계
② 오류가 발생하기 어렵게 설계
③ 오류의 위험을 표시하는 설계
④ 오류가 발생하였더라도 피해를 최소화 하는 설계

정답 36 ③ 37 ③ 38 ④

페일세이프(Fail-Safe) : 기계 설비에 결함이 발생되더라도 사고가 발생되지 않도록 2중, 3중으로 통제를 가한다.
① Fail Passive : 부품의 고장 시 기계장치는 정지 상태로 옮겨간다.
② Fail active : 부품이 고장나면 경보를 울리며 짧은 시간 운전이 가능하다.
③ Fail operational : 부품의 고장이 있어도 다음 정기 점검까지 운전이 가능하다.

39 어떤 공장에서 10,000시간 동안 15,000개의 부품을 생산하였을 때 설비고장으로 인하여 15개의 불량품이 발생하였다면 평균 고장간격(MTBF)은 얼마인가?

① 1×10^6시간
② 2×10^6시간
③ 1×10^7시간
④ 2×10^7시간

① 고장률(λ) = $\dfrac{\text{고장건수}}{\text{총 가동시간}}$ (건/시간)
② MTBF = $\dfrac{1}{\text{고장률}(\lambda)}$ (시간)

1. 고장률(λ) = $\dfrac{\text{고장건수}}{\text{총 가동시간}}$
 = $\dfrac{15}{10,000 \times 15,000}$
 = 1×10^{-7} (건/시간)
2. MTBF = $\dfrac{1}{\text{고장률}(\lambda)}$ = $\dfrac{1}{1 \times 10^{-7}}$
 = 1×10^7시간

40 다음 중 일반적인 지침의 설계 요령과 가장 거리가 먼 것은?

① 뾰족한 지침의 선각은 약 30° 정도를 사용한다.
② 지침의 끝은 눈금과 맞닿되 겹치지 않게 한다.
③ 원형눈금의 경우 지침의 색은 선단에서 눈의 중심까지 칠한다.
④ 시차를 없애기 위해 지침을 눈금 면에 밀착시킨다.

★ 지침의 설계 요령
① 선각이 20도 정도 되는 뾰족한 지침을 사용한다.
② 지침의 끝은 작은 눈금과 맞닿되, 겹쳐지지 않아야 한다.
③ 원형 눈금의 경우 지침의 색은 선단에서 눈금의 중심까지 칠한다.
④ 지침은 눈금과 밀착시킨다.

3과목 건설 시공학

41 공동도급(Joint Venture Contract)의 이점이 아닌 것은?

① 융자력의 증대
② 위험부담의 분산
③ 기술의 확충, 강화 및 경험의 증대
④ 이윤의 증대

정답 39 ③ 40 ① 41 ④

장점	단점
① 융자력 증대	① 공사비 증대
② 위험분산	② 책임소재 불분명
③ 시공의 확실성	③ 도급자 상호 충돌우려
④ 상호기술의 확충	④ 능률저하
⑤ 도급경쟁의 완화	

> 참고
>
> **＊ 표준관입 시험(Standard penetration test)**
> - 모래의 전단력은 모래의 밀도에 의하여 결정되고 불교란 시료를 채취하기 곤란하므로 현지에서 모래의 밀도 N값을 측정하는 시험이다.
> - 63.5[kg]의 추를 75[cm]에서 자유 낙하시켜 표준샘플러를 관입량 30cm에 달하는데 요하는 타격횟수를 말하고 N의 값이 클수록 밀실한 토질이다.

42 지반 개량공법의 종류에 속하지 않는 것은?

① 탈수다짐법
② 치환법
③ 표준관입시험법
④ 약액주입법

> **＊ 지반개량 공법**
> ① **다짐공법** : 말뚝을 형성하여 지반을 다져서 지반을 개량하는 공법을 말한다.
> ② **치환공법** : 연약지반을 양질의 재료로 치환하는 방법을 말한다.
> ③ **고결공법** : 지반을 구성하는 토립자 사이를 고결(일체화)시켜 지반을 개량하는 방법
> ④ **강제(强制)압밀공법** : 재하방법과 드레인 방법을 이용하여 지반을 강제 압밀시키는 방법
> ⑤ **재하공법** : 연약지반에 미리 하중을 가하여 흙을 압밀시키는 공법
> ⑥ **탈수 및 배수공법** : 지반 내 물을 탈수 또는 배수하여 흙을 개량하는 방법

43 콘크리트용 혼화재 중 포졸란을 사용한 콘크리트의 효과로 옳지 않은 것은?

① 워커빌리티가 좋아지고 블리딩 및 재료분리가 감소된다.
② 수밀성이 크다.
③ 조기강도는 매우 크나 장기강도의 증진은 낮다.
④ 해수 등에 화학적 저항이 크다.

> ③ 조기강도의 증진은 느리지만 장기강도는 일반 콘크리트에 비하여 같거나 증진된다.

정답 42 ③ 43 ③

44 지하수가 많은 지반을 탈수하여 건조한 지반으로 개량하기 위한 공법에 해당하지 않는 것은?

① 생석회말뚝(Chemico pile) 공법
② 페이퍼드레인(Paper dean) 공법
③ 잭파일(Jacked pile) 공법
④ 샌드드레인(Sand drain) 공법

샌드 드레인 (sand drain)공법	철관을 박고 그 속에 모래를 다져 넣어 하중을 가해 수분을 배출시키는 공법을 말한다.
생석회 말뚝 (Chemico pile)공법	생석회는 수분을 흡수하면서 발열반응을 일으켜 체적이 팽창하면서 탈수효과, 압밀효과, 건조 및 화학반응효과에 의해 지반을 개량한다.
페이퍼(플라스틱) 드레인 공법	연약지반에 합성수지로 된 페이퍼를 땅 속에 박아 수분을 배출하여 압밀을 촉진시키는 공법을 말한다.

> 참고

* **잭파일(Jacked pile) 공법**
유압잭으로 파일을 지지층까지 압입한 다음 강관 내·외부를 그라우팅(Grouting)하는 기초 보강 공법을 말한다.

45 공사 관리기법 중 VE(Value Engineering) 가치향상의 방법으로 옳지 않은 것은?

① 기능은 올리고 비용은 내린다.
② 기능은 많이 내리고 비용은 조금 내린다.
③ 기능은 많이 올리고 비용은 약간 올린다.
④ 기능은 일정하게 하고 비용은 내린다.

* **VE(Value Engineering) 가치향상의 방법**
① 기능을 올리고 비용을 내린다.
② 기능은 일정하고 비용을 내린다.
③ 비용은 일정하고 기능을 높인다.
④ 비용은 다소 올리고 기능은 큰 폭으로 높인다.

> 참고

* **VE에서의 가치**
가치란 제품, 작업활동, 성능, 효용 등에 대한 본래의 값을 의미한다.

$$가치(V) = \frac{기능(F)}{비용(코스트 : C)}$$

46 건설공사 원가 구성체계 중 직접공사비에 포함되지 않는 것은?

① 자재비   ② 일반관리비
③ 경비   ④ 노무비

1. 직접공사비 : 공사목적물의 시공에 직접 소요되는 비용으로 재료비, 직접노무비, 직접공사 경비가 포함된다.
2. 간접공사비 : 공사의 시공을 위하여 공통적으로 소요되는 비용으로 법정경비 및 기타 부수적인 비용을 말한다.

정답 44 ③ 45 ② 46 ②

47 기성콘크리트말뚝을 타설할 때 그 중심 간격의 기준으로 옳은 것은?

① 말뚝머리 지름의 2.5배 이상 또한 600mm 이상
② 말뚝머리 지름의 2.5배 이상 또한 750mm 이상
③ 말뚝머리 지름의 3.0배 이상 또한 600mm 이상
④ 말뚝머리 지름의 3.0배 이상 또한 750mm 이상

* **말뚝의 간격**
(말뚝의 최소 중심 간격으로 다음 중 큰 값으로 결정)

나무말뚝	말뚝머리직경의 2.5배 이상 또한 600mm 이상
기성 콘크리트 말뚝	말뚝머리직경의 2.5배 이상 또한 750mm 이상
강재말뚝	말뚝머리직경 또는 폭의 2.5배(폐단 강관말뚝 : 2.5배) 이상 또한 750mm 이상
현장타설 콘크리트 말뚝	말뚝머리직경의 2.5배 이상 또한 말뚝머리직경에 1,000mm를 더한 값 이상

48 콘크리트의 슬럼프를 측정할 때 다짐봉으로 모두 몇 번을 다져야 하는가?

① 30회　② 45회
③ 60회　④ 75회

* **콘크리트의 슬럼프 시험**
1) 콘크리트의 시공연도를 판단하는 시험으로 슬럼프 값을 측정하는 방법이다.
2) 슬럼프 값 : 시료를 3층으로 나누어 콘의 1/3가량 채우고 다짐봉으로 각각 25회씩 다진 후 슬럼프 시험통을 벗겨 콘크리트가 무너져 내려앉은 높이까지의 거리를 cm로 표시한 것을 말한다.

49 철골공사에서 쓰이는 내화피복 공법의 종류가 아닌 것은?

① 성형판 붙임공법
② 뿜칠공법
③ 미장공법
④ 나중매입공법

* **철골공사 내화피복 공법의 종류**

습식공법	건식공법
① 조적공법	① 성형판 붙임공법
② 미장공법	② 멤브레인 공법
③ 도장공법	③ 세라믹울 피복공법
④ 뿜칠공법	
⑤ 타설공법	

정답　47 ②　48 ④　49 ④

50 거푸집 박리제 시공 시 유의사항으로 옳지 않은 것은?

① 박리제가 철근에 묻어도 부착강도에는 영향이 없으므로 충분히 도포하도록 한다.
② 박리제의 도포 전에 거푸집면의 청소를 철저히 한다.
③ 콘크리트 색조에는 영향이 없는지 확인 후 사용한다.
④ 콘크리트 타설 시 거푸집의 온도 및 탈형 시간을 준수한다.

① 거푸집에 도포된 박리제가 철근에 묻으면 철근과 콘크리트의 부착력이 저하되므로 철근에 묻지 않도록 주의하여야 한다.

51 콘크리트 타설 작업의 기본원칙 중 옳은 것은?

① 타설 구획 내의 가까운 곳부터 타설한다.
② 타설 구획 내의 콘크리트는 휴식시간을 가지면서 타설한다.
③ 낙하높이는 가능한 크게 한다.
④ 타설 위치에 가까운 곳까지 펌프, 버킷 등으로 운반하여 타설한다.

① 콘크리트 타설은 운반거리가 먼 곳부터 시작한다.
② 한 구획내의 콘크리트는 타설이 완료될 때까지 연속해서 타설하여야 한다.
③ 낙하높이는 가능한 작게 한다.

52 콘크리트에 사용하는 AE제의 특징이 아닌 것은?

① 내구성, 수밀성 증대
② 블리딩 현상 증가
③ 단위수량 감소
④ 건조수축 감소

＊AE제
① AE 공기(연행공기)를 콘크리트 중에 발생시켜 워커빌리티(시공연도)를 좋게 하고 블리딩을 작게 한다.
② 단위수량이 감소한다.
③ 동결·융해작용에 대한 저항성이 크고 수밀성, 내구성이 좋다.
④ 철근과의 부착강도가 감소한다.

53 어떤 석재의 질량이 다음과 같을 때 이 석재의 표면건조 포화상태의 비중은?

- 공시체의 건조 질량 : 400g
- 공시체의 물 속 질량 : 300g
- 공시체의 침수 후 표면건조 포화상태의 공시체의 질량 : 450g

① 1.33 ② 1.50
③ 2.67 ④ 4.51

표면건조 포화상태의 비중
$= \dfrac{\text{건조 무게(g)}}{\text{침수 후 표면건조 포화상태의 무게(g)} - \text{물 속 무게(g)}}$

표면건조 포화상태의 비중 $= \dfrac{400}{450-300} = 2.67$

정답 50 ① 51 ④ 52 ② 53 ③

54 점토의 종류와 제품과의 관계를 나타낸 것 중 옳지 않은 것은?

① 토기 - 벽돌
② 자기 - 기와
③ 도기 - 내장타일
④ 석기 - 외장타일

항목	토기	도기	석기	자기
소성온도 (℃)	790 ~ 1,000	1,100 ~ 1,230	1,160 ~ 1,350	1,230 ~ 1,460
제품	벽돌, 기와, 토관	타일, 테라코타, 위생도기	타일, 벽돌, 토관, 테라코타	타일, 위생도기

55 자연 함수비가 어떤 상태에 있을 때 점토 지반이 가장 안전한가?

① 소성한계
② 소성과 수축한계 사이
③ 액성한계
④ 수축한계

* 수축한계
① 흙외 수분이 지속적으로 없어져 수분의 감소에 따른 흙의 체적 변화가 발생하지 않을 때의 함수비를 수축한계라고 한다.
② 수축한계 상태에서 점토지반이 가장 안전하다.

56 현장에서 철근공사와 관련된 사항으로 옳지 않은 것은?

① 철근공사 착공 전 구조도면과 구조 계산서를 대조하는 확인 작업 수행
② 도면오류를 파악한 후 정정을 요구하거나 철근상세도를 구조평면도에 표시하여 승인 후 시공
③ 품질이 규격값 이하인 철근의 사용배제
④ 구부러진 철근을 다시 펴는 가공작업을 거친 후 재사용

④ 한번 구부린 철근은 재가공하여 쓸 수 없다.

57 강재 면에 강필로 볼트구멍 위치와 절단 개소 등을 그리는 일은?

① 원척도
② 본뜨기
③ 금 매김
④ 변형 바로잡기

① 원척도 : 설계도면 및 시방서에 따라 각부상세 및 재의 길이 등을 원척으로 그리는 것
② 본뜨기 : 얇은 강판에 실제적인 모양으로 본을 뜨는 것
③ 변형 바로잡기 : 강재에 변형이 있으면 공작이 곤란하고 리벳이 잘 죄어지지 않는 등 지장이 있으므로 금매김 하기 전에 바로 잡는다.
④ 금 매김 : 강재 면에 강필로 볼트구멍 위치와 절단 개소 등을 그리는 것

정답 54 ② 55 ④ 56 ④ 57 ③

58 아일랜드 컷(island cut)공법에서 토압의 대부분을 저항하는 것은?

① 흙막이 벽의 자체강성
② 주변부 구조물
③ 앵커 인발력
④ 중앙부 구조물

*아일랜드 컷(island cut) 공법
비탈면을 남기고 **중앙부를 굴착해서 흙파기** 한 후 중앙부 구조체를 먼저 설치하는 방식으로 중앙부 구조체가 설치되면 흙막이 벽체를 버팀대로 지지할 수 있다.(토압의 대부분을 중앙부 구조물이 저항한다.)

59 굳지 않은 콘크리트가 거푸집에 미치는 측압에 관한 설명으로 옳지 않은 것은?

① 묽은비빔 콘크리트가 측압은 크다.
② 온도가 높을수록 측압은 크다.
③ 콘크리트의 타설 속도가 빠를수록 측압은 크다.
④ 측압은 굳지 않은 콘크리트의 높이가 높을수록 커지는 것이나 어느 일정한 높이에 이르면 측압의 증대는 없다.

② 온도, 습도가 낮을수록 측압은 크다.

참고

*콘크리트 타설 시 거푸집의 측압
① 거푸집 부재 단면이 클수록 측압이 크다.
② 거푸집 수밀성이 클수록 측압이 크다.
③ 거푸집의 강성이 클수록 측압이 크다.
④ 거푸집 표면이 평활할수록 측압이 크다.
⑤ 시공연도가 좋을수록 측압이 크다.
⑥ 철골 or 철근량이 적을수록 측압이 크다.
⑦ 외기온도, 습도가 낮을수록 측압이 크다.
⑧ 타설 속도(부어넣기 속도)가 빠를수록 측압이 크다.
⑨ 다짐이 좋을수록 측압이 크다.
⑩ 슬럼프가 클수록 측압이 크다.
⑪ 콘크리트 비중이 클수록 측압이 크다.

60 슬라이딩 폼에 관한 설명으로 옳지 않은 것은?

① 내·외부 비계발판을 따로 준비해야 하므로 공기가 지연될 수 있다.
② 활동(滑動) 거푸집이라고도 하며 사일로 설치에 사용할 수 있다.
③ 요오크로 서서히 끌어 올리며 콘크리트를 부어 넣는다.
④ 구조물의 일체성확보에 유효하다.

*슬라이딩 폼(sliding form)
① 시공이음 없이 거푸집을 요크(yoke)로 연속적으로 끌어올려 단면형상에 변화가 없는 공법으로 silo 공사 등에 적당하다.(일반적으로 돌출물이 없는 건축물에 적용할 수 있다.)
② 내·외부 비계발판이 일체형이며, 1일 5~10m 정도 수직시공이 가능하므로 **시공속도가 빠르다.**
③ 타설 작업과 마감작업이 동시에 진행되어 공정이 단순하다.
④ 구조물 형태에 따른 사용 제약이 있다.(돌출물이 없는 건축물에 적용)
⑤ 형상 및 치수가 정확하며 **시공오차가 적다.**
⑥ 소요 경비가 절감된다.

정답 58 ④ 59 ② 60 ①

4과목 건설 재료학

61 회반죽 바름의 주원료가 아닌 것은?

① 소석회   ② 점토
③ 모래   ④ 해초풀

> 소석회에 모래, 해초풀, 여물 등을 혼합하여 바르는 미장재료이다.

62 목재의 특징으로 옳지 않은 것은?

① 가연성이다.
② 진동 감속성이 작다.
③ 섬유포화점 이하에서 함수율 변동에 따라 변형이 크다.
④ 콘크리트 등 다른 건축재료에 비해 내구성이 약하다.

> ② 목재는 공극에 공기가 채워져 있어 단열성이 좋고, 전기절연성이 우수하고, 충격과 진동 흡수가 탁월하다.(진동 감속성이 크다.)

63 구리(Cu)와 주석(Sn)을 주체로 한 합금으로 주조성이 우수하고 내식성이 크며 건축 장식 철물 또는 미술공예 재료에 사용되는 것은?

① 청동   ② 황동
③ 양백   ④ 두랄루민

> ★청동(Cu+Sn)
> ① 동(구리)과 주석을 주성분으로 한 합금이다.
> ② 건축용 장식품, 미술 공예 재료로 사용한다.
> ③ 황동보다 내식성이 좋고 내마모성과 주조성이 우수하다.

64 철근의 이음방식이 아닌 것은?

① 용접이음
② 겹침 이음
③ 갈고리이음
④ 기계적 이음

> ★철근 이음의 종류
> ① 겹침 이음
> ② 가스압접 이음
> ③ 용접 이음
> ④ 기계적 이음
>   • 나사식 이음
>   • 충전식 이음
>   • 압착식 이음

정답 61 ② 62 ② 63 ① 64 ③

65 집성목재에 관한 설명으로 옳지 않은 것은?

① 옹이, 균열 등의 각종 결점을 제거하거나 이를 적당히 분산시켜 만든 균질한 조직의 인공목재이다.
② 보, 기둥, 아치, 트러스 등의 구조재료로 사용할 수 있다.
③ 직경이 작은 목재들을 접착하여 장대재로 활용할 수 있다.
④ 소재를 약제처리 후 집성 접착하므로 양산이 어려우며, 건조균열 및 변형 등을 피할 수 없다.

> **＊집성목재**
> ① 두께 1.5~3cm의 널(제재판재 또는 소각재 등의 **부재**)을 접착제로 섬유평행방향으로 겹쳐 붙여서 만든 제품을 말한다.
> ② 임의의 단면 형상을 갖도록 제작(필요한 단면을 만들 수 있다.)할 수 있다.
> ③ 목재의 강도를 인공적으로 자유롭게 조절할 수 있다.
> ④ 충분히 건조된 건조재를 사용하므로 비틀림 변형 등이 생기지 않는다.
> ⑤ 보, 기둥 등의 **구조재료로 사용**할 수 있다.
> ⑥ 옹이, 균열 등의 결점을 제거하거나 분산시켜 **균질의 인공목재**로 사용할 수 있다.
> ⑦ 판재와 각재를 접착재로 결합시켜 **대재(大材)**를 얻을 수 있다.

66 콘크리트의 건조수축, 구조물의 균열 및 변형을 방지할 목적으로 사용되는 혼화재료는?

① 지연제(Retarder)
② 플라이애시(Fly ash)
③ 실리카흄(Silica fume)
④ 팽창재(Expansive producing admixtures)

> **＊팽창재(Expansive producing admixtures)**
> 콘크리트의 건조수축, 구조물의 균열 및 변형을 방지하기 위하여 경화과정에서 팽창을 일으킨다.

67 콘크리트의 건조수축에 대한 설명으로 옳은 것은?

① 단위수량이 증가하면 건조 수축량이 감소한다.
② 부재치수가 클수록 건조 수축량이 적다.
③ 골재 중에 포함한 미립분이나 점토는 건조수축을 감소 시킨다.
④ 습윤 양생기간은 건조수축에 큰 영향을 준다.

> **＊콘크리트의 건조수축을 크게 하는 요인**
> ① 단위수량의 증가
> ② 분말도가 큰 시멘트의 사용
> ③ 흡수량이 많은 골재의 사용(골재의 양이 많을수록 건조수축 증가)
> ④ 부재의 단면치수가 작을 때
> ⑤ 온도가 높을 경우, 습도가 낮을 경우

정답 65 ④　66 ④　67 ②

68 목재의 건조속도에 관한 설명으로 옳지 않은 것은?

① 습도가 높을수록 건조속도는 늦어진다.
② 온도가 높을수록 건조속도가 빠르다.
③ 목재의 비중이 클수록 건조속도는 빠르다.
④ 목재의 두께가 두꺼울수록 건조시간이 길어진다.

+ 목재이 건조특성
① 온도가 높을수록 건조속도는 빠르다.
② 습도가 높을수록 건조속도는 늦어진다.
③ 풍속이 빠를수록 건조속도는 빠르다.
④ 목재의 비중이 클수록 건조속도는 느리다.
⑤ 목재의 두께가 두꺼울수록 건조시간이 길어진다.

69 물을 가한 후 24시간 이내에 보통포틀랜드 시멘트의 4주 강도 정도가 발현되며, 내화성이 풍부한 시멘트는?

① 팽창 시멘트　　② 중용열 시멘트
③ 고로 시멘트　　④ 알루미나 시멘트

*** 알루미나 시멘트**
① 보크사이트와 석회석을 원료로 한다.
② 성분 중에는 산화알루미늄(Al_2O_3)이 많으므로 초기 강도가 높고 염분이나 화학적 저항이 크다.(물을 가한 후 24시간 이내에 보통포틀랜드 시멘트의 4주 강도 정도가 발현된다.)
③ 초기 수화발열이 커서 대형 단면 부재에는 부적당하나 긴급 공사나 동절기 공사에 적합하다.
④ 내화성이 우수하여 내화 콘크리트용으로는 사용된다.

70 다음 중 천연 접착제로 볼 수 없는 것은?

① 전분
② 아교
③ 멜라민수지
④ 카세인

*** 합성수지계 접착제**
① 요소수지 접착제
② 페놀수지 접착제
③ 에폭시수지 접착제
⑤ 멜라민수지 접착제
⑥ 아크릴수지 접착제
⑦ 실리콘수지 접착제

71 그물유리라고도 하며 주로 방화 및 방재용으로 사용하는 유리는?

① 강화유리
② 망입유리
③ 복층유리
④ 열선반사유리

*** 망입유리(그물유리)**
• 판유리 내부에 금속 망을 삽입하고 내열성이 뛰어난 특수 레진을 주입한 다음 압착 성형한 유리
• 화재 시 개구부에서의 연소(筵蔬)를 방지하는 효과가 있다.(방화 및 방재용으로 사용)

정답　68 ③　69 ④　70 ③　71 ②

72 바닥 바름재로 백시멘트와 안료를 사용하며 종석으로 화강암, 대리석 등을 사용하고 갈기로 마감을 하는 것은?

① 리신 바름
② 인조석 바름
③ 라프코트
④ 테라조 바름

> **＊테라조 바름**
> 테라조 바름은 바닥 바름재로 백시멘트와 안료를 사용하며 종석으로 화강암, 대리석 등을 사용하고 갈기로 마무리 하는 공법을 말한다.

73 점토 소성제품의 흡수성이 큰 것부터 순서대로 옳게 나열한 것은?

① 토기 > 도기 > 석기 > 자기
② 토기 > 도기 > 자기 > 석기
③ 도기 > 토기 > 석기 > 자기
④ 도기 > 토기 > 자기 > 석기

> **＊점토 소성제품의 흡수성**
> 토기 > 도기 > 석기 > 자기

74 방사선 차단성이 가장 큰 금속은?

① 납
② 알루미늄
③ 동
④ 주철

> **＊납**
> ① 연질이며 비중 크고, 연성과 전성이 커서 가공하기 쉽다.
> ② X선 차단효과가 큰 금속이다.(방사선실 방사선 차폐용으로 사용)

75 아스팔트는 온도에 의한 반죽질기가 현저하게 변화하는데 이러한 변화가 일어나기 쉬운 정도를 무엇이라 하는가?

① 감온성
② 침입도
③ 신도
④ 연화성

> **＊감온비**
> • 아스팔트의 온도변화에 따른 침입도의 변화 정도를 나타내는 수치이다.(온도는 아스팔트의 침입도, 점도, 경도, 연신율 등에 가장 큰 영향을 준다.)
> • 감온성 : 외부 온도변화에 따라 아스팔트의 경도 및 점도 등이 변화하는 성질을 말한다.

정답 72 ② 73 ① 74 ① 75 ①

76 벽, 기둥 등의 모서리 부분에 미장바름을 보호하기 위한 철물은?

① 줄눈대 ② 조이너
③ 인서트 ④ 코너비드

① 줄눈대 : 인조석 깔기에서의 신축균열 방지나 의장 효과를 위한 철물
② 코너비드 : 벽, 기둥 등의 모서리 부분의 미장 바름을 **보호**하기 위하여 사용하는 모서리쇠
③ 인서트(Insert) : 콘크리트를 타설하기 전에 미리 슬래브에 묻어 천장 달림재를 고정시키는 철물
④ 조이너 : 천장에 보드를 붙인 후 그 이음새를 감추기 위한 목적으로 사용

77 폴리에스테르수지에 관한 설명 중 틀린 것은?

① 전기절연성이 우수하다.
② 도료, 파이프 등에 사용된다.
③ 건축용으로는 판상제품으로 주로 사용된다.
④ 불포화 폴리에스테르수지는 열가소성 수지이다.

* 폴리에스테르 수지
① 고분자 합성수지의 일종으로 상온, 상압 하에서 성형이 가능하고 기계적 강도가 높다.
② 글라스 섬유로 강화된 **평판**, 판상제품으로 주로 사용된다.
③ 전기절연성, 내열성이 우수하고 특히 **내약품성**이 뛰어나다.

참고

* 열경화성 및 열가소성수지의 종류

열경화성 수지	열가소성수지
• 페놀 수지	• 염화비닐 수지
• 요소 수지	• 초산비닐 수지
• 멜라민 수지	• 메틸메탈크릴 수지
• 알키드 수지	• 폴리에틸렌 수지
• 실리콘 수지	• 폴리스티렌 수지
• 에폭시 수지	• 아크릴 수지
• 우레탄 수지	• 스티롤 수지
• 프란 수지	• 셀룰로이드
• 폴리에스테르 수지	
• 불포화폴리에스테르수지	

특급암기법
가수(**열가소성수지**) 염비 초비 메틸 에틸렌(**폴리에틸렌**)
아크릴 스티(**스티롤**) 로이드(**셀룰로이드**)

78 내열성 내한성이 우수한 열경화성 수지로 60~260℃의 범위에서는 안정하고 탄성이 있으며 내후성 및 내화학성이 우수한 것은?

① 폴리에틸렌 수지
② 염화비닐 수지
③ 아크릴 수지
④ 실리콘 수지

* 실리콘 수지
① 내약품성, 내후성, 내열성, 내한성이 우수하다.
② 개스킷, 패킹의 재료, 방수피막 등에 사용된다.

정답 76 ④ 77 ④ 78 ④

79 다음 중 플라스틱(plastic)의 장점으로 옳지 않은 것은?

① 전기절연성이 양호하다.
② 가공성이 우수하다.
③ 비강도가 콘크리트에 비해 크다.
④ 경도 및 내마모성이 강하다.

> ※ 플라스틱재료의 일반적인 성질
> ① 비중이 철이나 콘크리트보다 작다.
> ② 상호간 계면 접착이 잘되며 금속, 콘크리트, 목재, 유리 등 다른 재료에도 잘 부착된다.
> ③ 일반적으로 투명 또는 백색이므로 안료나 염료에 의해 다양한 착색이 가능하다.
> ④ 내수성 및 부식성이 우수하고 산이나 알칼리, 염류 등에 대한 저항성이 강하다.
> ⑤ 전기저항성이 우수하여 절연재료로 사용된다.
> ⑥ 내후성이 나쁘며 열에 의한 체적변화가 크다. (내열성 및 내후성이 약하다.)
> ⑦ 내마모성 및 표면강도가 약하다.

80 미장재료에 관한 설명으로 옳지 않은 것은?

① 회반죽벽은 습기가 많은 장소에서 시공이 곤란하다.
② 시멘트 모르타르는 물과 화학 반응하여 경화되는 수경성 재료이다.
③ 돌로마이트 플라스터는 마그네시아 석회에 모래, 여물을 섞어 반죽한 바름벽 재료를 말한다.
④ 석고 플라스터는 공기 중의 탄산가스를 흡수하여 경화한다.

수경성(팽창성) : 경화시간이 짧다.	1. 석고질 • 석고 플라스터 • 혼합석고 플라스터(배합석고) • 경석고 플라스터(킨즈시멘트) 2. 시멘트모르타르 3. 인조석 바름 4. 테라조 현장 바름
	특급암기법 수(수경성) 고(석고)하는 시(시멘트모르타르)인(인조석) 테라조
기경성(수축성, 알칼리성) : 경화시간이 길다.	1. 석회질 • 회반죽 • 회사벽 2. 돌로마이트플라스터 (마그네시아 석회)
	특급암기법 기(기경성) 회(석회, 회반죽, 회사벽) 돌(돌로마이트플라스터)

• 수경성 : 물과 작용하여 경화하고 차차 강도가 크게 되는 성질
• 기경성 : 공기 중(이산화탄소)에서 경화하는 것으로 공기가 없는 수중에서는 경화되지 않는 성질

정답 79 ④ 80 ④

5과목 건설안전기술

81 가설통로 설치 시 경사가 몇 도를 초과하면 미끄러지지 않는 구조로 설치하여야 하는가?

① 15° ② 20°
③ 25° ④ 30°

★ 가설통로 설치 시의 준수사항
① 견고한 구조로 할 것
② 경사는 30도 이하로 할 것(계단을 설치하거나 높이 2미터 미만의 가설통로로서 튼튼한 손잡이를 설치한 때에는 그러하지 아니하다)
③ 경사가 15도를 초과하는 때에는 미끄러지지 아니하는 구조로 할 것
④ 추락의 위험이 있는 장소에는 안전난간을 설치할 것 (작업상 부득이한 때에는 필요한 부분에 한하여 임시로 이를 해체할 수 있다)
⑤ 수직갱: 길이가 15미터 이상인 때에는 10미터 이내마다 계단참을 실치할 것
⑥ 건설공사에 사용하는 높이 8미터 이상인 비계다리: 7미터 이내 마다 계단참을 설치할 것

82 계단의 개방된 측면에 근로자의 추락 위험을 방지하기 위하여 안전난간을 설치하고자 할 때 그 설치기준으로 옳지 않은 것은?

① 안전난산은 상부 난간대, 중긴 난간대, 발끝막이판 및 난간기둥으로 구성할 것
② 발끝막이판은 바닥면 등으로부터 10cm 이상의 높이를 유지할 것
③ 난간기둥은 상부 난간대와 중간 난간대를 견고하게 떠받칠 수 있도록 적정한 간격을 유지할 것
④ 난간대는 지름 3.8cm 이상의 금속제 파이프나 그 이상의 강도가 있는 재료일 것

★ 안전난간의 구조 및 설치요건
① 상부 난간대, 중간 난간대, 발끝막이판 및 난간기둥으로 구성할 것
② 상부 난간대
 • 상부 난간대는 바닥면 등으로부터 90센티미터 이상 지점에 설치
 • 상부 난간대를 120센티미터 이하에 설치하는 경우: 중간 난간대는 상부 난간대와 바닥면 등의 중간에 설치
 • 120센티미터 이상 지점에 설치하는 경우: 중간 난간대를 2단 이상으로 설치, 난간의 상하 간격은 60센티미터 이하가 되도록 할 것(다만, 난간기둥 간의 간격이 25센티미터 이하인 경우에는 중간 난간대를 설치하지 않을 수 있다.)
③ 발끝막이판은 바닥면 등으로부터 10센티미터 이상의 높이를 유지할 것
④ 난간기둥은 상부 난간대와 중간 난간대를 견고하게 떠받칠 수 있도록 적정한 간격을 유지할 것
⑤ 상부 난간대와 중간 난간대는 난간 길이 전체에 걸쳐 바닥면 등과 평행을 유지할 것
⑥ 난간대는 지름 2.7센티미터 이상의 금속제 파이프나 그 이상의 강도가 있는 재료일 것
⑦ 안전난간은 구조적으로 가장 취약한 지점에서 가장 취약한 방향으로 작용하는 100킬로그램 이상의 하중에 견딜 수 있는 튼튼한 구조일 것

정답 81 ① 82 ④

83 산업안전보건법령에 따른 크레인을 사용하여 작업을 하는 때 작업시작 전 점검사항에 해당되지 않는 것은?

① 권과방지장치 · 브레이크 · 클러치 및 운전장치의 기능
② 주행로의 상측 및 트롤리(trolley)가 횡행하는 레일의 상태
③ 원동기 및 풀리(pulley)기능의 이상 유무
④ 와이어로프가 통하고 있는 곳의 상태

> **참고**
>
> * 크레인의 작업 시작 전 점검사항
> ① 권과방지장치 · 브레이크 · 클러치 및 운전장치의 기능
> ② 주행로의 상측 및 트롤리가 횡행(橫行)하는 레일의 상태
> ③ 와이어로프가 통하고 있는 곳의 상태

> **참고**
>
> * 이동식크레인의 작업시작 전 점검사항
> ① 권과방지장치 그 밖의 경보장치의 기능
> ② 브레이크 · 클러치 및 조정장치의 기능
> ③ 와이어로프가 통하고 있는 곳 및 작업장소의 지반 상태

84 연약지반을 굴착할 때, 흙막이 벽 뒷쪽 흙의 중량이 바닥의 지지력보다 커지면, 굴착저면에서 흙이 부풀어 오르는 현상은?

① 슬라이딩(Sliding)
② 보일링(Boiling)
③ 파이핑(Piping)
④ 히빙(Heaving)

> *** 히빙(Heaving)현상**
> ① 연질점토 지반에서 굴착에 의한 흙막이 내 · 외면의 흙의 중량차이(토압)로 인해 굴착저면이 부풀어 올라오는 현상
> ② 흙막이 바깥 흙이 안으로 밀려든다.

> **참고**
>
> *** 보일링(Boiling)현상**
> ① 사질토 지반에서 굴착저면과 흙막이 배면과의 수위차이로 인해 굴착저면의 흙과 물이 함께 위로 솟구쳐 오르는 현상
> ② 모래가 액상화되어 솟아오른다.

85 달비계에 사용이 불가한 와이어로프의 기준으로 옳지 않은 것은?

① 이음매가 없는 것
② 지름의 감소가 공칭지름의 7%를 초과하는 것
③ 심하게 변형되거나 부식된 것
④ 와이어로프의 한 꼬임에서 끊어진 소선(素線)의 수가 10% 이상인 것

정답 83 ③ 84 ④ 85 ①

* **와이어로프의 사용금지 기준**
① 이음매가 있는 것
② 와이어로프의 한 꼬임에서 끊어진 소선의 수가 10퍼센트 이상인 것
③ 지름의 감소가 공칭지름의 7퍼센트를 초과하는 것
④ 꼬인 것
⑤ 심하게 변형되거나 부식된 것
⑥ 열과 전기충격에 의해 손상된 것

86 항타기 또는 항발기의 권상용 와이어로프의 안전계수 기준으로 옳은 것은?

① 3 이상
② 5 이상
③ 8 이상
④ 10 이상

항타기 또는 항발기의 권상용 와이어로프의 안전계수가 5 이상이 아니면 이를 사용하여서는 아니 된다.

87 콘크리트 타설 시 거푸집의 측압에 영향을 미치는 인자들에 관한 설명으로 옳지 않은 것은?

① 슬럼프가 클수록 측압은 크다.
② 거푸집의 강성이 클수록 측압은 크다.
③ 철근량이 많을수록 측압은 작다.
④ 타실 속도가 느릴수록 측압은 크다.

* **콘크리트의 측압**
① 외기온도가 낮을수록 측압이 크다.
② 습도가 낮을수록 측압이 크다.
③ 타설 속도가 빠를수록 측압이 크다.
④ 콘크리트 비중이 클수록 측압이 크다.
⑤ 철골 or 철근량 적을수록 측압이 크다.

88 터널 지보공을 설치한 경우에 수시로 점검하여야 할 사항에 해당하지 않는 것은?

① 기둥침하의 유무 및 상태
② 부재의 긴압 정도
③ 매설물 등의 유무 또는 상태
④ 부재의 접속부 및 교차부의 상태

* **터널지보공 설치 시 점검 항목**
① 부재의 손상 · 변형 · 부식 · 변위 탈락의 유무 및 상태
② 부재의 긴압의 정도
③ 부재의 접속부 및 교차부의 상태
④ 기둥침하의 유무 및 상태

89 철골작업을 중지하여야 하는 풍속과 강우량 기준으로 옳은 것은?

① 풍속 : 10m/sec 이상, 강우량 : 1mm/h 이상
② 풍속 : 5m/sec 이상, 강우량 : 1mm/h 이상
③ 풍속 : 10m/sec 이상, 강우량 : 2mm/h 이상
④ 풍속 : 5m/sec 이상, 강우량 : 2mm/h 이상

정답 86 ② 87 ④ 88 ③ 89 ①

* 철골작업을 중지해야 하는 조건
① 풍속이 초당 10미터 이상인 경우
② 강우량이 시간당 1밀리미터 이상인 경우
③ 강설량이 시간당 1센티미터 이상인 경우

90 건설업 산업안전보건 관리비 계상 및 사용 기준을 적용하는 공사금액 기준으로 옳은 것은? (단,「산업재해보상보험법」제6조에 따라「산업재해보상보험법」의 적용을 받는 공사)

① 총 공사금액 2천만 원 이상인 공사
② 총 공사금액 4천만 원 이상인 공사
③ 총 공사금액 6천만 원 이상인 공사
④ 총 공사금액 1억 원 이상인 공사

산업안전보건법 제2조 제11호의 **건설공사 중 중 총 공사금액 2천만 원 이상인 공사**에 적용한다. 다만, 단가계약에 의하여 행하는 공사에 대하여는 총 계약금액을 기준으로 적용한다.

91 사다리식 통로 등을 설치하는 경우 준수해야 할 기준으로 옳지 않은 것은?

① 접이식 사다리 기둥은 사용 시 접혀지거나 펼쳐지지 않도록 철물 등을 사용하여 견고하게 조치할 것
② 발판과 벽과의 사이는 25cm 이상의 간격을 유지할 것
③ 폭은 30cm 이상으로 할 것
④ 사다리식 통로의 길이가 10m 이상인 경우에는 5m 이내마다 계단참을 설치할 것

② 발판과 벽과의 사이는 15센티미터 이상의 간격을 유지할 것

* 사다리식 통로의 구조
 (사다리식 통로 설치 시의 준수사항)
① 견고한 구조로 할 것
② 심한 손상·부식 등이 없는 재료를 사용할 것
③ 발판의 간격은 일정하게 할 것
④ 발판과 벽과의 사이는 15센티미터 이상의 간격을 유지할 것
⑤ 폭은 30센티미터 이상으로 할 것
⑥ 사다리가 넘어지거나 미끄러지는 것을 방지하기 위한 조치를 할 것
⑦ 사다리의 상단은 걸쳐놓은 지점으로부터 60센티미터 이상 올라가도록 할 것
⑧ 사다리식 통로의 길이가 10미터 이상인 경우에는 5미터 이내마다 계단참을 설치할 것
⑨ 사다리식 통로의 기울기는 75도 이하로 할 것. 다만, 고정식 사다리식 통로의 기울기는 90도 이하로 하고, 그 높이가 7미터 이상인 경우에는 다음 각 목의 구분에 따른 조치를 할 것
  • 등받이울이 있어도 근로자 이동에 지장이 없는 경우 : 바닥으로부터 높이가 2.5미터 되는 지점부터 등받이울을 설치할 것
  • 등받이울이 있으면 근로자가 이동이 곤란한 경우 : 한국산업표준에서 정하는 기준에 적합한 **개인용 추락 방지 시스템**을 설치하고 근로자로 하여금 한국산업표준에서 정하는 기준에 적합한 **전신 안전대**를 사용하도록 할 것
⑩ 접이식 사다리 기둥은 사용 시 접혀지거나 펼쳐지지 않도록 철물 등을 사용하여 견고하게 조치할 것

92 거푸집 동바리 등을 조립하는 경우의 준수사항으로 옳지 않은 것은?

① 강재와 강재의 접속부 및 교차부는 볼트·클램프 등 전용철물을 사용하여 단단히 연결할 것
② 동바리로 사용하는 파이프서포트의 조립 시 높이가 3.5미터를 초과하는 경우에는 높이 2미터 이내마다 수평연결재를 2개 방향으로 만들고 수평연결재의 변위를 방지할 것
③ 동바리의 이음은 맞댄이음으로 하고 장부이음의 적용은 절대 금할 것
④ 거푸집이 곡면인 경우에는 버팀대의 부착 등 그 거푸집의 부상(浮上)을 방지하기 위한 조치를 할 것

> ③ 동바리의 이음은 맞댄이음 또는 장부이음으로 하고 같은 품질의 재료를 사용할 것

93 가설공사와 관련된 안전율에 대한 정의로 옳은 것은?

① 재료의 파괴응력도와 허용응력도의 비율이다.
② 재료가 받을 수 있는 허용응력도이다.
③ 재료의 변형이 일어나는 한계응력도이다.
④ 재료가 받을 수 있는 허용하중을 나타내는 것이다.

> 안전율 : 재료의 파괴응력도와 허용응력도의 비율
>
> 안전율 = $\dfrac{\text{파단응력}}{\text{허용응력}}$

94 산업안전보건기준에 관한 규칙에서 규정하는 현장에서 고소작업대 사용 시 준수사항이 아닌 것은?

① 작업자가 안전모 안전대 등의 보호구를 착용하도록 할 것
② 관계자가 아닌 사람이 작업구역 내에 들어오는 것을 방지하기 위하여 필요한 조치를 할 것
③ 작업을 지휘하는 자를 선임하여 그 자의 지휘 하에 작업을 실시할 것
④ 안전한 작업을 위하여 적정수준의 조도를 유지할 것

> * 고소작업대를 사용 시 준수사항
> ① 작업자가 안전모·안전대 등의 보호구를 착용하도록 할 것
> ② 관계자 외의 자가 작업구역 내에 들어오는 것을 방지하기 위하여 필요한 조치를 할 것
> ③ 안전한 작업을 위하여 적정수준의 조도를 유지할 것
> ④ 전로(電路)에 근접하여 작업을 하는 때에는 작업감시자를 배치하는 등 감전사고를 방지하기 위하여 필요한 조치를 할 것
> ⑤ 작업대를 정기적으로 점검하고 붐·작업대 등 각 부위의 이상 유무를 확인할 것
> ⑥ 전환스위치는 다른 물체를 이용하여 고정하지 말 것
> ⑦ 작업대는 정격하중을 초과하여 물건을 싣거나 탑승하지 말 것
> ⑧ 작업대의 붐대를 상승시킨 상태에서 탑승자는 작업대를 벗어나지 말 것

정답 92 ③ 93 ① 94 ③

95 물체를 투하할 때 투하설비를 설치하거나 감시인을 배치하는 등의 위험방지를 위한 조치를 하여야 하는 기준 높이는?

① 3m 이상 ② 5m 이상
③ 7m 이상 ④ 10m 이상

> 사업주는 높이가 **3미터 이상인** 장소로부터 물체를 투하하는 때에는 적당한 **투하설비를 설치하거나 감시인을 배치**하는 등 위험방지를 위하여 필요한 조치를 하여야 한다.

96 강관틀비계를 조립하여 사용하는 경우 벽이음의 수직방향 조립간격은?

① 2m 이내마다
② 5m 이내마다
③ 6m 이내마다
④ 8m 이내마다

> **※ 비계 조립간격(벽이음 간격)**

비계 종류		수직방향	수평방향
강관비계	단관비계	5m	5m
	틀비계(높이 5m 미만인 것 제외)	6m	8m

97 콘크리트를 타설할 때 안전상 유의하여야 할 사항으로 옳지 않은 것은?

① 콘크리트를 치는 도중에는 거푸집, 지보공 등의 이상 유무를 확인한다.
② 진동기 사용 시 지나친 진동은 거푸집 도괴의 원인이 될 수 있으므로 적절히 사용해야 한다.
③ 최상부의 슬래브는 되도록 이어붓기를 하고 여러 번에 나누어 콘크리트를 타설한다.
④ 타워에 연결되어 있는 슈트의 접속은 확실한지 확인하다.

> ③ 최상부 슬래브는 이어붓기를 피하고 일시에 전체를 타설한다.

98 흙의 동상방지 대책으로 틀린 것은?

① 동결되지 않는 흙으로 치환하는 방법
② 흙속에 단열재료를 매입하는 방법
③ 지표의 흙을 화학약품으로 처리하는 방법
④ 세립토층을 설치하여 모관수의 상승을 촉진하는 방법

> **※ 흙의 동상현상 방지책**
> ① 모관수의 상승을 차단하기 위하여 지하수위 상층에 조립토층을 설치한다.
> ② 지표의 흙을 화학약품으로 처리한다.
> ③ 흙속에 단열재료를 매입한다.
> ④ 배수구를 설치하여 지하수위를 저하시킨다.
> ⑤ 동결되지 않은 흙으로 치환한다.

정답 95 ① 96 ③ 97 ③ 98 ④

99 차량계 하역운반기계에서 화물을 싣거나 내리는 작업에서 작업지휘자가 준수해야할 사항과 가장 거리가 먼 것은?

① 작업순서 및 그 순서마다의 작업방법을 정하고 작업을 지휘하는 일
② 기구 및 공구를 점검하고 불량품을 제거하는 일
③ 당해 작업을 행하는 장소에 관계근로자 외의 자의 출입을 금지하는 일
④ 총 화물량을 산출하는 일

차량계 하역운반기계에 단위화물의 무게가 100kg 이상인 화물을 싣는 작업 또는 내리는 작업 시 작업의 지휘자를 지정하여 다음 각 호의 사항을 준수하도록 하여야 한다(작업지휘자 임무).
① 작업 순서 및 그 순서마다의 작업 방법을 정하고 작업을 지휘할 것
② 기구 및 공구를 점검하고 불량품을 제거할 것
③ 해당 작업을 하는 장소에 관계 근로자가 아닌 사람이 출입하는 것을 금지할 것
④ 로프를 풀거나 덮개를 벗기는 작업을 행하는 때에는 적재함의 낙하할 위험이 없음을 확인한 후에 당해 작업을 하도록 할 것

100 굴착 기계 중 주행기면 보다 하방의 굴착에 적합하지 않은 것은?

① 백호우
② 클램쉘
③ 파워셔블
④ 드래그라인

파워셔블은 기계가 서 있는 지반면보다 높은 곳(상방)의 땅파기에 적합하다.

> 참고

* 셔블계 기계
① 파워 셔블(power shovel)[dipper shovel : 동력삽]
- 기계가 서 있는 지반면보다 높은 곳의 땅파기에 적합하다.
- 붐(boom)이 단단하여 굳은 지반의 굴착에도 사용된다.

② 드래그 셔블(drag shovel, 백호)
- 기계가 서 있는 지면보다 낮은 장소의 굴착 및 수중굴착이 가능하다
- 굳은 지반의 토질도 정확한 굴착이 된다.

③ 드래그 라인(drag line)
- 기계가 서있는 위치보다 낮은 장소의 굴착에 적당하다.
- 작업범위가 광범위하고 수중굴착 및 연약한 지반의 굴착에 적합하다.

④ 클램쉘(clamshell)
- 수중굴착 및 가장 협소하고 깊은 굴착이 가능하며 호퍼(hopper)에 적당하다.
- 연약지반이나 수중굴착 및 사질 등을 싣는데 적합하다.

2회 모의고사

 산업안전관리론

01 버드(bird)는 사고가 5개의 연쇄반응에 의하여 발생되는 것으로 보았다. 다음 중 재해 발생의 첫 단계에 해당하는 것은?

① 개인적 결함
② 사회적 환경
③ 전문적 관리의 부족
④ 불안전한 행동 및 불안전한 상태

* 버드(Frank. E. Bird)의 사고 연쇄성 이론 5단계

1단계	제어 부족(관리 부재)
2단계	기본 원인(기원)
3단계	직접 원인(징후)
4단계	사고(접촉)
5단계	상해(손실)

02 다음 중 부주의 현상을 그림으로 표시한 것으로 의식의 우회를 나타낸 것은?

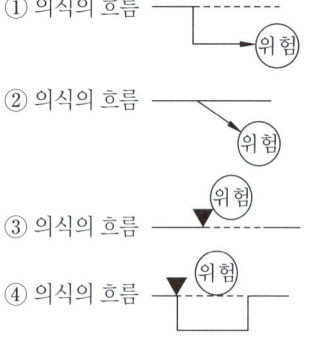

① 의식수준 저하
② 의식의 혼란
③ 의식의 단절
④ 의식의 우회

03 어떤 사업장의 종합재해지수가 16.95이고, 도수율이 20.83이라면 강도율은 약 얼마인가?

① 20.45
② 15.92
③ 13.79
④ 10.54

- 종합재해지수 = $\sqrt{도수율 \times 강도율}$

$16.95 = \sqrt{20.83 \times 강도율}$

$16.95^2 = 20.83 \times 강도율$

강도율 = $\dfrac{16.95^2}{20.83} = 13.79$

정답 01 ③ 02 ④ 03 ③

04 다음 중 재해조사 시 유의사항으로 가장 적절하지 않은 것은?

① 가급적 재해 현장이 변형되지 않은 상태에서 실시한다.
② 목격자가 제시한 사실 이외의 추측되는 말은 정밀 분석한다.
③ 과거 사고 발생 경향 등을 참고하여 조사한다.
④ 객관적 입장에서 재해방지에 우선을 두고 조사한다.

② 목격자 등이 증언하는 사실 이외의 **추측의 말은 참고로만** 한다.

05 다음 중 안전교육의 4단계를 올바르게 나열한 것은?

① 도입 → 확인 → 제시 → 적용
② 도입 → 제시 → 적용 → 확인
③ 확인 → 제시 → 도입 → 적용
④ 제시 → 확인 → 도입 → 적용

안전교육 진행 4단계

제1단계 : 도입(학습할 준비를 시킨다)
제2단계 : 제시(작업을 설명한다)
제3단계 : 적용(작업을 시켜본다)
제4단계 : 확인(가르친 뒤 살펴본다)

06 다음 중 일반적인 안전관리 조직의 기본 유형으로 볼 수 없는 것은?

① line system
② staff system
③ safety system
④ line-staff system

★ 안전보건관리조직의 유형
㉮ 라인형(Line) or 직계형
㉯ 스태프형(staff) or 참모형
㉰ 라인 스태프형(Line Staff) or 혼합형

07 다음 중 교육훈련 평가방법의 종류로 볼 수 없는 것은?

① 관찰법
② 면접법
③ 실연법
④ 자료분석법

★ 교육훈련평가의 방법
① 관찰법   ② 면접법
③ 질문지법   ④ 상호 평가법
⑤ 자료분석법   ⑥ 테스트법

정답 04 ② 05 ② 06 ③ 07 ③

08 안전관리자가 안전교육의 효과를 높이기 위해서 안전퀴즈 대회를 열어 우승자에게 상을 주었다면 이는 어떤 학습원리를 학습자에게 적용한 것인가?

① Thorndike의 "연습의 법칙"
② Thorndike의 "준비성의 법칙"
③ Pavlov의 "강도의 원리"
④ Skinner의 "강화의 원리"

* **스키너의 조작적 조건화설(강화의 원리)**
① 반응을 할 때마다 강화를 주는 것보다 간헐적으로 강화를 제공하는 것이 효과적이다.
② 벌이나 혐오자극보다 칭찬, 격려 등 긍정적 강화물이 학습에 효과적이다.
③ 반응을 보인 후 즉시 강화물을 제공하는 것이 효과적이다.

09 재해의 발생형태 분류 중 사람이 평면상으로 넘어졌을 경우 무엇이라고 하는가?

① 떨어짐
② 부딪힘
③ 넘어짐
④ 끼임

* **재해 발생 형태**

떨어짐	• 높이가 있는 곳에서 사람이 떨어짐 • 사람이 인력(중력)에 의하여 건축물, 구조물, 가설물, 수목, 사다리 등의 높은 장소에서 떨어지는 것
넘어짐	• 사람이 미끄러지거나 넘어짐 • 사람이 거의 평면 또는 경사면, 층계 등에서 구르거나 넘어지는 경우
부딪힘·접촉	• 물체에 부딪힘, 접촉 • 재해자 자신의 움직임·동작으로 인하여 기인물에 접촉 또는 부딪히거나, 물체가 고정부에서 이탈하지 않은 상태로 움직임(규칙, 불규칙) 등에 의하여 접촉한 경우
끼임	• 기계설비에 끼이거나 감김 • 두 물체 사이의 움직임에 의하여 일어난 것으로 직선 운동하는 물체 사이의 끼임, 회전부와 고정체 사이의 끼임, 롤러 등 회전체 사이에 물리거나 또는 회전체·돌기부 등에 감긴 경우

10 기업조직의 원리 가운데 지시 일원화의 원리를 가장 잘 설명한 것은?

① 지시에 따라 최선을 다해서 주어진 임무나 기능을 수행하는 것
② 책임을 완수하는데 필요한 수단을 상사로부터 위임받은 것
③ 언제나 직속 상사에게서만 지시를 받고 특정 부하직원들에게만 지시하는 것
④ 조직의 각 구성원이 가능한 한 가지 특수 직무만을 담당하도록 하는 것

* **지시 일원화의 원리**
직속 상사에게서만 지시를 받고 특정 부하에게만 지시를 하는 방식을 말한다.

11 과거에 경험하였던 것과 비슷한 상태에 부딪쳤을 때 떠오르는 것을 무엇이라 하는가?
① 재생 ② 기명
③ 파지 ④ 재인

과거에 경험했던 것과 비슷한 상황에서 떠오르는 현상
→ 재인

12 피로를 측정하는 방법 중 동작분석, 연속 반응시간 등을 통하여 피로를 측정하는 방법은?
① 생리학적 측정
② 생화학적 측정
③ 심리학적 측정
④ 생역학적 측정

* **심리학적 측정방법**
동작분석, 연속반응시간, 자세변화, 주의력, 집중력 등을 이용한 측정법

13 적응기제(Adjustment Mechanism) 중 다음에서 설명하는 것은 무엇인가?

자신조차도 승인할 수 없는 욕구를 타인이나 사물로 전환시켜 바람직하지 못한 욕구로부터 자신을 지키려는 것

① 투사 ② 합리화
③ 보상 ④ 동일화

① 투사(Projection) : 자신의 불만이나 불안을 해소시키기 위해서 자신의 잘못을 남의 탓으로 돌리는 행동
② 합리화 : 자기의 실패나 약점을 그럴듯한 이유나 변명을 들어 자신의 실패를 정당화 하는 행동
③ 보상 : 자신의 열등감을 다른 곳에서 강점으로 발휘하는 행동
④ 동일화(Identification) : 다른 사람의 행동 양식이나 태도를 투입시키거나 다른 사람 가운데서 자기와 비슷한 점을 발견하는 것

14 다음 중 산업안전보건 법령상 안전보건개선 계획서에 반드시 포함되어야 할 사항과 가장 거리가 먼 것은?
① 안전·보건교육
② 안전·보건관리체제
③ 근로자 채용 및 배치에 관한 사항
④ 산업재해예방 및 작업환경의 개선을 위하여 필요한 사항

정답 11 ④ 12 ③ 13 ① 14 ③

> *안전보건개선계획서 포함사항
> ① 시설
> ② 안전·보건관리체제
> ③ 안전·보건교육
> ④ 산업재해예방 및 작업환경의 개선을 위하여 필요한 사항

15 Off JT(Off the Job Tranining)의 특징으로 옳지 않은 것은?

① 많은 지식, 경험을 교류할 수 있다.
② 직장의 실정에 맞게 실제적 훈련이 가능하다.
③ 다수의 근로자들에게 조직적 훈련이 가능하다.
④ 특별한 교재, 교구 및 설비 등을 이용하는 것이 가능 하다.

OJT의 특징	• 개개인에게 적절한 훈련이 가능하다. • 직장의 실정에 맞는 훈련이 가능하다. • 교육효과가 즉시 업무에 연결된다. • 훈련에 대한 업무의 계속성이 끊어지지 않는다. • 상호 신뢰 이해도가 높다.
OFF JT의 특징	• 다수의 근로자들에게 훈련을 할수 있다. • 훈련에만 전념하게 된다. • 특별설비기구 이용이 가능하다. • 많은 지식이나 경험을 교류할 수 있다. • 교육 훈련 목표에 대하여 집단적 노력이 흐트러질 수 있다.

16 산업안전보건법령상 산업재해로 사망자가 발생하거나, 3일 이상의 휴업이 필요한 부상을 입거나, 질병에 걸린 사람이 발생한 경우, 산업재해가 발생한 날부터 얼마 이내에 산업재해조사표를 작성하여 관할 지방고용노동청장 또는 지청장에게 제출하여야 하는가?

① 24시간 이내
② 7일 이내
③ 14일 이내
④ 1개월 이내

> 사업주는 산업재해로 사망자가 발생, 3일 이상의 휴업이 필요한 부상 또는 질병에 걸린 자가 발생시 산업재해가 발생한 날부터 **1개월 이내**에 산업재해조사표를 작성, 관할 지방고용노동관서장에게 제출하여야 한다.

17 산업안전보건법상 바탕은 흰색, 기본모형은 빨간색, 관련 부호 및 그림은 검은색을 사용하는 안전·보건 표지는?

① 안전복 착용   ② 출입금지
③ 고온경고   ④ 비상구

> 바탕은 흰색, 기본모형은 빨간색, 관련 부호 및 그림은 검은색 → 금지표지
> ① 안전복 착용 → 지시표지
> ② 출입금지 → 금지표지
> ③ 고온경고 → 경고표지
> ④ 비상구 → 안내표지

정답 15 ② 16 ④ 17 ②

18 산업안전보건법상 아세틸렌 용접장치 또는 가스집합 용접장치를 사용하여 행하는 금속의 용접·용단 또는 가열작업자에게 특별안전·보건교육을 시키고자 할 때의 교육 내용이 아닌 것은?

① 용접흄·분진 및 유해광선 등의 유해성에 관한 사항
② 작업방법·작업순서 및 응급처지에 관한 사항
③ 안전밸브의 취급 및 주의에 관한 사항
④ 안전기 및 보호구 취급에 관한 사항

> *** 아세틸렌 용접장치 또는 가스집합 용접장치를 사용하는 금속의 용접·용단 또는 가열작업 시 특별안전교육 내용**
> • 용접 흄, 분진 및 유해광선 등의 유해성에 관한 사항
> • 가스용접기, 압력조정기, 호스 및 취관두 등의 기기점검에 관한 사항
> • 작업방법·순서 및 응급처치에 관한 사항
> • 안전기 및 보호구 취급에 관한 사항
> • 화재예방 및 초기대응에 관한 사항
> • 그 밖에 안전·보건관리에 필요한 사항

19 산업안전보건법상 중대재해에 해당하지 않는 것은?

① 추락으로 인하여 1명이 사망한 재해
② 건물의 붕괴로 인하여 15명의 부상자가 동시에 발생한 재해
③ 화재로 인하여 4개월의 요양이 필요한 부상자가 동시에 3명 발생한 재해
④ 근로환경으로 인하여 직업성 질병자가 동시에 5명이 발생한 재해

> *** 중대재해**
> ① 사망자가 1인 이상 발생한 재해
> ② 3개월 이상 요양을 요하는 부상자가 동시에 2인 이상 발생한 재해
> ③ 부상자 또는 직업성 질병자가 동시에 10인 이상 발생한 재해

20 자율검사프로그램을 인정받으려는 자가 한국산업안전보건공단에 제출해야 하는 서류가 아닌 것은?

① 안전검사대상 유해·위험기계 등의 보유 현황
② 유해·위험기계 등의 검사 주기 및 검사 기준
③ 안전검사대상 유해·위험기계의 사용 실적
④ 향후 2년간 검사대상 유해·위험기계 등의 검사 수행계획

> 자율검사프로그램을 인정받으려는 자는 다음 각 호의 내용이 포함된 서류 2부를 공단에 제출하여야 한다.
> ① 안전검사대상 유해·위험기계 등의 보유 현황
> ② 검사원 보유 현황과 검사를 할 수 있는 장비 및 장비 관리방법
> ③ 유해·위험기계 등의 검사 주기 및 검사기준
> ④ 향후 2년간 검사대상 유해·위험기계 등의 검사수행계획
> ⑤ 과거 2년간 자율검사프로그램 수행 실적

정답 18 ③ 19 ④ 20 ③

2과목 인간공학 및 시스템안전공학

21 인간 - 기계 시스템 설계 과정의 주요 6단계를 올바른 순서로 나열한 것은?

> ⓐ 기본 설계
> ⓑ 시스템 정의
> ⓒ 목표 및 성능 명세 결정
> ⓓ 인간-기계 인터페이스(human-machine interface) 설계
> ⓔ 매뉴얼 및 성능보조자료 작성
> ⓕ 시험 및 평가

① ⓒ → ⓑ → ⓐ → ⓓ → ⓔ → ⓕ
② ⓐ → ⓑ → ⓒ → ⓓ → ⓔ → ⓕ
③ ⓑ → ⓒ → ⓐ → ⓔ → ⓓ → ⓕ
④ ⓒ → ⓐ → ⓑ → ⓔ → ⓓ → ⓕ

> * 체계설계의 주요과정
> ① 목표 및 성능명세 결정
> ② 체계의 정의
> ③ 기본 설계
>   • 작업설계
>   • 직무분석
>   • 기능할당
> ④ 계면 설계(인간-기계 인터페이스설계)
> ⑤ 촉진물 설계(매뉴얼 및 성능보조자료 작성)
> ⑥ 시험 및 평가

22 동전던지기에서 앞면이 나올 확률이 0.7이고, 뒷면이 나올 확률이 0.3일 때, 앞면이 나올 사건의 정보량(A)과 뒷면이 나올 사건의 정보량(B)은 각각 얼마인가?

① A : 0.88bit, B : 1.74bit
② A : 0.51bit, B : 1.74bit
③ A : 0.88bit, B : 2.25bit
④ A : 0.51bit, B : 2.25bit

> 정보량(H) = $\log_2(\frac{1}{P})$
> • P_i : 대안의 실현확률
>
> $A = \log_2 \frac{1}{0.7} = 0.515$
>
> $B = \log_2 \frac{1}{0.3} = 1.737$

23 다음 중 시스템 안정성 평가의 순서를 가장 올바르게 나열한 것은?

① 자료의 정리 → 정량적 평가 → 정성적 평가 → 대책 수립 → 재평가
② 자료의 정리 → 정성적 평가 → 정량적 평가 → 재평가 → 대책 수립
③ 자료의 정리 → 정량적 평가 → 정성적 평가 → 재평가 → 대책 수립
④ 자료의 정리 → 정성적 평가 → 정량적 평가 → 대책 수립 → 재평가

정답 21 ① 22 ② 23 ④

* 안전성 평가 6단계
① 1단계 : 관계자료의 정비검토(작성준비)
② 2단계 : 정성적인 평가
③ 3단계 : 정량적인 평가
④ 4단계 : 안전대책 수립
⑤ 5단계 : 재해사례에 의한 평가
⑥ 6단계 : FTA에 의한 재평가

24 실효온도(ET)의 결정요소가 아닌 것은?

① 온도   ② 습도
③ 대류   ④ 복사

* 실효온도의 결정요소
온도, 습도, 대류(공기 유동)

25 인간 – 기계시스템에 대한 평가에서 평가 척도나 기준(criteria)으로서 관심의 대상이 되는 변수는?

① 독립변수   ② 종속변수
③ 확률변수   ④ 통제변수

인간 – 기계시스템 → 종속변수

26 인간이 현존하는 기계를 능가하는 기능으로 거리가 먼 것은?

① 완전히 새로운 해결책을 도출할 수 있다.
② 원칙을 적용하여 다양한 문제를 해결할 수 있다.
③ 여러 개의 프로그램 된 활동을 동시에 수행할 수 있다.
④ 상황에 따라 변하는 복잡한 자극 형태를 식별할 수 있다.

③ 여러 개의 프로그램 된 활동을 동시에 수행할 수 있다. → 기계의 장점

참고

* 인간-기계의 기능 비교

구분	인간의 장점	기계의 장점
감지 기능	• 저에너지 자극감지 • 다양한 자극 식별 • 예기치 못한 사건 감지	• 인간의 감지범위 밖의 자극감지 • 인간, 기계의 모니터 기능
정보 처리 결정	• 많은 양의 정보 장시간 보관 • 귀납적, 다양한 문제 해결	• 정보 신속 대량 보관 • 연역적, 정량적
행동 기능	• 과부하 상태에서는 중요한 일에만 집념할 수 있다.	• 과부하에서 효율적 작동 • 장시간 중량 작업, 반복. 동시 여러가지 작업을 수행 가능

정답 24 ④ 25 ② 26 ③

27 결함수(FT) 기호의 정의로 틀린 것은?

① 1차 사상은 외적인 원인에 의해 발생하는 사상이다.
② 결함사상은 시스템 분석에 있어 좀 더 발전시켜야 하는 사상이다.
③ 기본사상은 고장원인이 분석되었기 때문에 더 이상 분석할 필요가 없는 사상이다.
④ 정상적인 사상은 두 가지 상태가 규정된 시간 내에 일어날 것으로 기대 및 예정되는 사상이다.

① 1차 사상은 설계범위 내에서 발생하는 고장사상이다.

참고

FTA는 고장사상을 1차고장, 2차고장, Command fault 의 3가지로 전개한다.
- 1차 고장은 설계사상 범위내의 동작이나 환경에서 발생하는 요소의 고장이며,
- 2차 고장은 설계사양을 뛰어넘는 환경 하에서 일어나는 고장으로 근접요소의 고장이나 운전자의 실수 등이며,
- Command fault는 구동입력의 고장으로 인하여 그 요소가 작동하지 않게 되는 고장을 말한다.

28 에너지 대사율(RMR)에 의한 작업강도에서 경작업이란 작업강도가 얼마인 작업을 의미하는가?

① 1 ~ 2   ② 2 ~ 4
③ 4 ~ 7   ④ 7 ~ 9

★작업강도 구분에 따른 RMR
① 경작업(輕작업) : 1~2
② 중작업(中작업) : 2~4
③ 중작업(重작업) : 4~7
④ 초중작업(超重작업) : 7 이상

29 통제표시비(control/display ratio)를 설계할 때 고려하는 요소에 관한 설명으로 틀린 것은?

① 통제표시비가 낮다는 것은 민감한 장치라는 것을 의미한다.
② 목시거리(目示距離)가 길면 길수록 조절의 정확도는 떨어진다.
③ 짧은 주행 시간 내에 공차의 인정 범위를 초과하지 않는 계기를 마련한다.
④ 계기의 조절 시간이 짧게 소요되도록 계기의 크기(size)는 항상 작게 설계한다.

④ 계기의 크기(size)는 적합한 크기로 설계하여야 한다.

정답 27 ① 28 ① 29 ④

30 산업안전보건 법령에서 정한 물리적 인자의 분류 기준에 있어서 소음은 소음성난청을 유발할 수 있는 몇 dB(A) 이상의 시끄러운 소리로 규정하고 있는가?

① 70
② 85
③ 100
④ 115

소음작업 : 하루 8시간 동안 85dB 이상의 소음이 발생하는 작업

31 모든 시스템 안전 프로그램 중 최초 단계의 분석으로 시스템 내의 위험요소가 어떤 상태에 있는지를 정성적으로 평가하는 방법은?

① CA
② FHA
③ PHA
④ FMEA

최초 단계의 분석법 → PHA

> **참고**
>
> 1. 예비 위험 분석(PHA) : 모든 시스템 안전 프로그램의 최초 단계(설계단계, 구상단계)에서 실시하는 분석법으로서 시스템 내의 위험 요소가 얼마나 위험한 상태에 있는가를 정성적으로 평가하는 기법
> 2. 결함위험분석(FHA) : 서브시스템(subsystem)의 해석에 사용되는 분석법
> 3. 고장형태와 영향분석(FMEA) : 시스템에 영향을 미치는 모든 요소의 고장을 형태별로 분석하여 그 영향을 검토하는 정성적, 귀납적 분석법
> 4. 치명도 분석(CA) : 고장이 직접 시스템의 손실과 인명의 사사에 연결되는 높은 위험도를 가진 요소나 고장의 형태에 따른 분석법

32 FT도에 사용되는 다음 기호의 명칭으로 맞는 것은?

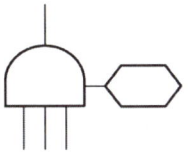

① 억제 게이트
② 부정 게이트
③ 배타적 OR 게이트
④ 우선적 AND 게이트

부정게이트	배타적 OR 게이트	우선적 AND 게이트	억제게이트
A	또는 동시발생	또는 A₁, A₂, A₃ 순으로 A₁ A₂ A₃	

33 작업 기억과 관련된 설명으로 틀린 것은?

① 단기기억이라고도 한다.
② 오랜 기간 정보를 기억하는 것이다.
③ 작업 기억 내의 정보는 시간이 흐름에 따라 쇠퇴할 수 있다.
④ 리허설(rehearsal)은 정보를 작업 기억 내에 유지하는 유일한 방법이다.

작업 기억은 감각기관을 통해 입력된 정보를 일시적으로 기억하고, 각종 인지적 과정을 계획하고 순서 지으며 실제로 수행하는 작업장으로서의 기능을 수행하는 단기적 기억을 말한다.

정답 30 ② 31 ③ 32 ④ 33 ②

34 심장의 박동주기 동안 심근의 전기적 신호를 피부에 부착한 전극들로부터 측정하는 것으로 심장이 수축과 확장을 할 때, 일어나는 전기적 변동을 기록한 것은?

① 뇌전도계 ② 근전도계
③ 심전도계 ④ 안전도계

> *★ 심전도(ECG)*
> 심장이 수축과 확장을 할 때, 일어나는 전기적 변동을 기록한 것을 말한다.

35 부품을 작동하는 성능이 체계의 목표달성에 긴요한 정도를 고려하여 우선순위를 설정하는 원칙은?

① 중요도의 원칙
② 사용빈도의 원칙
③ 기능성의 원칙
④ 사용순서의 원칙

> *★ 부품배치의 원칙*
> 1. **중요성의 원칙** : 부품을 작동하는 성능이 체계의 목표 달성에 중요한 정도에 따라 우선순위를 결정한다.
> 2. **사용빈도의 원칙** : 부품을 사용하는 빈도에 따라 우선순위를 결정한다.
> 3. **기능별 배치의 원칙** : 기능적으로 관련된 부품들(표시장치, 조정장치 등)을 모아서 배치한다.
> 4. **사용 순서의 원칙** : 사용 순서에 따라 장치들을 가까이에 배치한다.

36 부품검사 작업자가 한 로트 당 5,000개를 검사하여 400개의 부적합품을 검출하였다. 실제 로트 당 1,000개의 부적합품이 있었다고 가정할 때, 휴먼에러 확률(HEP)은?

① 0.12 ② 0.22
③ 0.32 ④ 0.42

> *★ 인간과오율*
> $$HEP = \frac{\text{실제 과오의 수}}{\text{과오발생 전체기회 수}}$$
> $$HEP = \frac{1,000 - 400}{5,000} = 0.12$$

37 항공기 위치 표시장치의 설계원칙에 있어, 다음 보기의 설명에 해당하는 것은?

> 항공기의 경우 일반적으로 이동 부분의 영상은 고정된 눈금이나 좌표계에 나타내는 것이 바람직하다.

① 통합   ② 양립적 이동
③ 추종표시 ④ 표시의 현실성

> ① **표시의 현실성** : 표시장치의 이미지(상하, 좌우, 깊이)는 현실 공간과 일치하게 표시한다.
> ② **통합** : 관련된 모든 정보를 통합하여 상호관계를 바로 인식할 수 있도록 한다.
> ③ **양립적 이동** : 항공기의 이동 부분의 영상은 고정된 눈금이나 좌표계에 나타내는 것이 바람직하다.
> ④ **추종표시** : 원하는 목표와 실제 지표가 공통 눈금이나 좌표계에서 이동하게 한다.

정답 34 ③ 35 ① 36 ① 37 ②

38 산업현장에서 사용하는 생산설비의 경우 안전장치가 부착되어 있으나 생산성을 위해 제거하고 사용하는 경우가 있다. 이러한 경우를 대비하여 설계 시 안전장치를 제거하면 작동이 안 되는 구조를 채택하고 있다. 이러한 구조는 무엇인가?

① Fail Safe
② Fool Proof
③ Lock Out
④ Tamper Proof

설계 시 안전장치를 제거하면 작동이 안 되는 구조
→ Tamper Proof

39 FTA에서 어떤 고장이나 실수를 일으키지 않으면 정상사상(Top event)은 일어나지 않는다고 하는 것으로 시스템의 신뢰성을 표시하는 것은?

① cut set
② minimal cut set
③ free event
④ minimal path set

시스템의 신뢰성을 표시 → minimal path set

1. 컷셋(Cut Set)
   • 정상사상을 발생시키는 기본사상의 집합
   • 모든 기본사상이 일어났을 때 정상사상을 일으키는 기본사상들의 집합이다.

2. 미니멀 컷(Minimal Cut Set)
   • 정상사상을 일으키기 위한 기본사상의 최소집합(최소한의 컷)
   • 시스템의 위험성을 나타낸다.

3. 패스셋(Path Set)
   • 시스템의 고장을 일으키지 않는 기본사상들의 집합
   • 포함된 기본사상이 일어나지 않을 때 처음으로 정상사상이 일어나지 않는 기본 사상들의 집합이다.

4. 미니멀 패스(Minimal Path Set)
   • 시스템의 기능을 살리는 최소한의 집합(최소한의 패스)
   • 시스템의 신뢰성 나타낸다.

40 인간의 눈에서 빛이 가장 먼저 접촉하는 부분은?

① 각막   ② 망막
③ 초자체 ④ 수정체

눈에서 빛이 가장 먼저 접촉하는 부분 → 각막

1. **망막** : 인간의 눈의 부위 중에서 실제로 빛을 수용하여 두뇌로 전달하는 역할을 한다.
2. **초자체** : 안구 중심부의 공간을 채우며 투명한 젤의 형태로 존재, 안구의 구조를 유지하는 데 중요한 역할을 한다.
3. **수정체** : 빛을 굴절시켜서 망막에 상이 맺히게 하는 역할을 한다.(카메라 렌즈 역할)

정답 38 ④ 39 ④ 40 ①

3과목 건설시공학

41 건설시공분야의 향후 발전방향으로 옳지 않은 것은?

① 친환경 시공화
② 시공의 기계화
③ 공법의 습식화
④ 재료의 프리패브(pre-fab)화

> ★ 건축시공의 현대화 방안
> ① 3S system
>   • 작업의 **단순화**(Simplification)
>   • 작업의 **규격화**(Standardization)
>   • 작업의 **전문화**(Specialization)
> ② **재료의 건식화**, 건식 공법화
> ③ 건축 생산의 공업화, **양산화(PC화)**
> ④ **기계화 시공**, 시공 기법의 연구개발
> ⑤ **도급 기술의 근대화**(입찰방식의 개선)
> ⑥ 신기술 및 과학적 품질관리 기법의 도입
> ⑦ 새로운 경영기법의 도입 및 활용
> ⑧ 가설재료의 강재화

42 거푸집 내에 자갈을 먼저 채우고, 공극부에 유동성이 좋은 모르타르를 주입해서 일체의 콘크리트가 되도록 한 공법은?

① 수밀 콘크리트
② 진공 콘크리트
③ 숏크리트
④ 프리팩트 콘크리트

> ★ 프리플레이스트 콘크리트(프리팩트 콘크리트)
> 콘크리트 타설할 거푸집 안에 굵은 골재를 미리 채워 넣은(Pre-packing) 후 모르타르를 주입한 콘크리트를 말한다.

43 철근콘크리트 슬래브의 배근 기준에 관한 설명으로 옳지 않은 것은?

① 1방향 슬래브는 장변의 길이가 단변길이의 1.5배 이상되는 슬래브이다.
② 건조수축 또는 온도변화에 의하여 콘크리트 균열이 발생하는 것을 방지하기 위해 수축·온도철근을 배근한다.
③ 2방향 슬래브는 단변방향의 철근을 주근으로 본다.
④ 2방향 슬래브는 주열대와 중간대의 배근 방식이 다르다.

> ① 1방향 슬래브는 장변의 길이가 단변길이의 2배 이상 되는 슬래브이다.

정답   41 ③   42 ④   43 ①

44 공사에 필요한 특기 시방서에 기재하지 않아도 되는 사항은?

① 인도 시 검사 및 인도시기
② 각 부위별 시공방법
③ 각 부위별 사용재료
④ 사용재료의 품질

> 1. **특기 시방서** : 당해 공사의 특수한 조건에 따라 표준 시방서에 대하여 추가, 변경, 삭제를 규정한 시방서를 말한다.
> 2. **특기 시방서 기재 사항**
> ① 각 부위별 시공방법
> ② 각 부위별 사용재료
> ③ 사용재료의 품질

45 전체공사의 진척이 원활하며 공사의 시공 및 책임한계가 명확하여 공사관리가 쉽고 하도급의 선택이 용이한 도급제도는?

① 공정별분할도급
② 일식도급
③ 단가도급
④ 공구별분할도급

> * **일식도급**
> ① 공사의 전부를 한 도급자에게 맡기는 방식을 말한다.
> ② 전체공사의 진척이 원활하며 공사의 시공 및 책임한계가 명확하여 공사관리가 쉽고 하도급의 선택이 용이하다.

46 다음 용어에 대한 정의로 옳지 않은 것은?

① 함수비 = $\dfrac{\text{물의 무게}}{\text{토립자의 무게(건조중량)}} \times 100(\%)$

② 간극비 = $\dfrac{\text{간극의 부피}}{\text{토립자의 부피}}$

③ 포화도 = $\dfrac{\text{물의 무게}}{\text{간극의 부피}} \times 100(\%)$

④ 간극률 = $\dfrac{\text{물의 무게}}{\text{전체의 부피}} \times 100(\%)$

> 간극률(%) = $\dfrac{\text{간극의 용적}}{\text{흙 전체의 용적}} \times 100$

47 시공과정상 불가피하게 콘크리트를 이어치기할 때 서로 일체화 되지 않아 발생하는 시공 불량 이음부를 무엇이라고 하는가?

① 컨스트럭션 조인트(construction joint)
② 콜드 조인트(cold joint)
③ 컨트롤 조인트(control joint)
④ 익스팬션 조인트(expansion joint)

> * **콜드 조인트**
> ① 휴식시간 등으로 응결하기 시작한 콘크리트에 새로운 콘크리트를 이어칠 때 일체화가 저해되어 생기는 줄눈(이음부)을 말한다.
> ② 경화 후 누수의 원인이 되고 철근의 녹 발생 등 내구성에 손상을 일으킨다.

정답 44 ① 45 ② 46 ④ 47 ②

48 굴착토사와 안정액 및 공수내의 혼합물을 드릴 파이프 내부를 통해 강제로 역순환시켜 지상으로 배출하는 공법으로 다음과 같은 특징이 있는 현장타설 콘크리트 말뚝 공법은?

- 점토, 실트층 등에 적용한다.
- 시공심도는 통상 30 ~ 70m까지로 한다.
- 시공직경은 0.9 ~ 3m 정도까지로 한다.

① 어스드릴공법
② 리버스서큘레이션공법
③ 뉴메틱케이슨공법
④ 심초공법

* **리버스서큘레이션공법(역순환 굴착공법, RCD공법)**
① 리버스 서큘레이션 드릴로 대구경의 구멍을 파고 굴착공 안을 물이나 안정액으로 정수압을 유지하여 굴착공 벽을 보호하면서 굴착, 철근망과 콘크리트를 타설하여 말뚝을 형성하는 공법이다.
② 굴착된 토사와 안정액이 밖으로 배출되고, 배출된 순환수는 토사를 침전시킨 후 다시 굴착공으로 들어가는 방식이다.
③ 수상(해상)작업이 가능하다.
④ 점토, 실트 층에 사용할 수 있으며, 드릴파이프 직경보다 큰 호박돌 층, 전 석 층은 굴착이 불가능하다.
⑤ 깊은 심도까지 굴착이 가능하다.
 (시공심도는 30~70m, 시공직경은 0.9~3m)
⑥ 시공속도가 빠르고, 유지비가 적게 든다.

49 주문받은 건설업자가 대상계획의 기업·금융, 토지조달, 설계, 시공, 기계기구 설치 등 주문자가 필요로 하는 모든 것을 조달하여 주문자에게 인도하는 도급계약 방식은?

① 공동도급
② 실비정산 보수가산도급
③ 턴키(turn-key)도급
④ 일식도급

* **턴키베이스 도급(turn-key base contract)**
주문받은 건설업자가 대상 계획의 기업, 금융, 토지조달, 설계, 시공 등을 포괄하는 도급계약방식을 말한다.

50 콘크리트 보양방법 중 초기강도가 크게 발휘되어 거푸집을 가장 빨리 제거할 수 있는 방법은?

① 살수보양 ② 수중보양
③ 피막보양 ④ 증기보양

* **콘크리트의 양생(보양)방법**

습윤 양생 (wet curing)	수분을 가하여 시멘트 혼합물이나 콘크리트를 촉촉한 상태에서 마를 때까지 양생하는 방법
막 양생 (membrane curing)	콘크리트를 습윤양생 할 수 없거나 장기간 양생하여야 하는 경우 콘크리트 노출 표면에 비닐 또는 아스팔트 유제 등을 도포하여 방수 막을 형성하여 수분 증발을 방지하는 양생 방법

정답 48 ② 49 ③ 50 ④

증기양생 (steam curing)	일반적인 거푸집 존치기간 보다 짧은 기간 내에 거푸집을 제거하고 소요강도를 얻기 위하여 고온의 증기로 시멘트의 수화반응을 촉진시키는 방법
전열양생 (electric heat curing)	전열선을 콘크리트 주위에 배치하고 캔버스 등으로 덮어서 콘크리트 주위의 온도를 따뜻하게 하여 양생하는 방법
오토클레이브 양생 (autoclave curing)	콘크리트 타설 후 콘크리트가 소요강도를 단기간에 확보하기 위하여 고온·고압의 가마 속에 콘크리트를 넣어 양생하는 방법

51 대형 봉상진동기를 진동과 워터젯에 의해 소정의 깊이까지 삽입하고 모래를 진동시켜 지반을 다지는 연약지반 개량공법은?

① 고결안정공법
② 인공동결공법
③ 전기화학공법
④ Vibro Flotation공법

> 바이브로 플로테이션 : 진동기를 이용하여 지반을 다짐하는 모래지반의 개량공법을 말한다.

52 강구조공사 시 볼트의 현장시공에 관한 설명으로 옳지 않은 것은?

① 볼트 조임 작업 전에 마찰접합면의 녹, 밀스케일 등은 마찰력 확보를 위하여 제거하지 않는다.
② 마찰내력을 저감시킬수 있는 틈이 있는 경우에는 끼움판을 삽입해야 한다
③ 현장조임은 1차 조임, 마킹, 2차 조임(본조임), 육안검사의 순으로 한다.
④ 1군의 볼트조임은 중앙부에서 가장자리의 순으로 한다.

> ① 볼트 조임 작업 전에 마찰접합면의 흙, 먼지 또는 유해한 도료, 유류, 녹, 밀스케일 등 **마찰력을 저감시키는 불순물을 제거해야 한다.**

53 콘크리트의 탄산화에 관한 설명으로 옳지 않은 것은?

① 일반적으로 경량콘크리트는 탄산화의 속도가 매우 느리다.
② 경화한 콘크리트의 수산화석회가 공기 중의 탄산가스의 영향을 받아 탄산석회로 변화하는 현상을 말한다.
③ 콘크리트의 탄산화에 의해 강재표면의 보호피막이 파괴되어 철근의 녹이 발생하고, 궁극적으로 피복 콘크리트를 파괴한다.
④ 조강 포틀랜드시멘트를 사용하면 탄산화를 늦출 수 있다.

> 일반적으로 경량콘크리트는 탄산화의 속도가 빠르다.

정답 51 ④ 52 ① 53 ①

> 참고

＊ 콘크리트의 탄산화(중성화)

① 약알칼리성인 콘크리트 중의 수산화석회(수산화칼슘)가 공기 중의 이산화탄소의 유입으로 중성화되면서 콘크리트가 알칼리성을 상실하고 철근이 부식되는 현상을 말한다.
② 콘크리트의 탄산화에 의해 강재표면의 보호피막이 파괴되어 철근의 녹이 발생하고, 궁극적으로 피복 콘크리트를 파괴한다.
③ 물-시멘트비가 클수록 중성화의 진행속도는 빠르다.
④ 탄산가스의 농도, 온도, 습도 등 외부환경 조건도 탄산화 속도에 영향을 준다.(온도가 높을수록, 습도가 낮을수록 중성화가 빠르다.)
⑤ 경량골재 콘크리트가 보통 콘크리트가 보다 탄산화 속도가 빠르다.
⑥ 조강 포틀랜드시멘트를 사용하면 탄산화를 늦출 수 있다.
⑦ 탄산화 된 부분은 페놀프탈레인액을 분무해도 착색되지 않는다.

54 거푸집 제거작업 시 주의사항 중 옳지 않은 것은?

① 진동, 충격을 주지 않고 콘크리트가 손상되지 않도록 순서에 맞게 제거한다.
② 지주를 바꾸어 세울 동안에는 상부의 작업을 제한하여 집중하중을 받는 부분의 지주는 그대로 둔다.
③ 제거한 거푸집은 재사용 할 수 있도록 적당한 장소에 정리하여 둔다.
④ 구조물의 손상을 고려하여 제거 시 찢어져 남은 거푸집 쪽널은 그대로 두고 미장공사를 한다.

④ 거푸집을 완전히 제거한 상태로서 부착상 유해한 잔류물이 없도록 한다.

55 철골 내화피복공사 중 멤브레인 공법에 사용되는 재료는?

① 경량 콘크리트
② 철망 모르타르
③ 뿜칠 플라스터
④ 암면 흡음판

습식공법	① 조적공법 : 철골표면에 벽돌, 돌, 콘크리트 블록, 경량 콘크리트 블록 등을 시공하는 공법 ② 미장공법 : 철골표면에 단열 모르타르를 시공하는 공법 ③ 도장공법 : 철골표면에 내화페인트를 도장하는 공법 ④ 뿜칠공법 : 철골표면에 접착제를 혼합한 내화피복재(암면과 시멘트를 혼합)를 뿜어서 내화 피복하는 공법 ⑤ 타설공법 : 철골표면에 기포 콘크리트, 경량콘크리트를 타설하는 공법
건식공법	① 성형판 붙임공법 : 내화단열성이 우수한 각종 성형판(PC판, ALC판, 석고보드 등)을 철골부재에 붙이는 공법으로 주로 기둥과 보의 내화피복에 사용된다. ② 멤브레인 공법 : 암면 흡음판을 철골에 붙여 시공하는 공법 ③ 세라믹 울 피복 공법

정답 54 ④ 55 ④

56 시방서에 관한 설명으로 옳지 않은 것은?

① 설계도면과 공사시방서에 상이점이 있을 때는 주로 설계도면이 우선한다.
② 시방서 작성 시에는 공사 전반에 걸쳐 시공 순서에 맞게 빠짐없이 기재한다.
③ 성능시방서란 목적하는 결과, 성능의 판정기준, 이를 판별할 수 있는 방법을 규정한 시방서이다.
④ 시방서에는 사용재료의 시험검사방법, 시공이 일반사항 및 주의사항, 시공정밀도, 성능의 규정 및 지시 등을 기술한다.

> ＊시방서 및 설계도면 등이 서로 상이할 때의 우선순위
> ① 설계도면과 공사시방서가 상이할 때는 공사시방서를 우선한다.
> ② 설계도면과 내역서가 상이할 때는 설계도면을 우선한다.
> ③ 표준시방서와 전문시방서가 상이할 때는 전문시방서를 우선한다.
> ④ 설계도면과 상세도면이 상이할 때는 상세도면을 우선한다.

57 모래 채취나 수중의 흙을 퍼 올리는 데 가장 적합한 기계장비는?

① 불도저
② 드래그라인
③ 롤러
④ 스크레이퍼

> ＊드래그라인(drag line)
> • 기계가 서있는 위치보다 낮은 장소의 굴착에 적당하고 굳은 토질에서의 굴착은 되지 않지만 굴착 반지름이 크다.
> • 작업범위가 광범위하고 수중굴착 및 연약한 지반의 굴착에 적합하다.(모래 채취나 수중의 흙을 퍼 올리는 데 가장 적합하다.)

58 콘크리트의 건조수축을 크게 하는 요인에 해당되지 않는 것은?

① 분말도가 큰 시멘트 사용
② 흡수량이 많은 골재를 사용할 때
③ 부재의 단면치수가 클 때
④ 온도가 높을 경우, 습도가 낮을 경우

> ＊콘크리트의 건조수축을 크게 하는 요인
> ① 단위수량의 증가
> ② 분말도가 큰 시멘트의 사용
> ③ 흡수량이 많은 골재의 사용(골재의 양이 많을수록 건조수축 증가)
> ④ 부재의 단면치수가 작을 때
> ⑤ 온도가 높을 경우, 습도가 낮을 경우

정답 56 ① 57 ② 58 ③

59 알루미늄거푸집에 관한 설명으로 옳지 않은 것은?

① 거푸집해체 시 소음이 매우 적다.
② 패널과 패널간 연결부위의 품질이 우수하다.
③ 기존 재래식 공법과 비교하여 건축폐기물을 억제하는 효과가 있다.
④ 패널의 무게를 경량화하여 안전하게 작업이 가능하다.

> **＊ 알루미늄 거푸집**
> ① 거푸집 프레임 및 패널을 알루미늄 합금으로 경량화하여 안전하게 작업이 가능한 거푸집을 말한다.
> ② 유로폼 보다 가볍고 강성이 크다.
> ③ 패널과 패널간 연결부위의 품질이 우수하다.(시공 정밀도가 우수하다.)
> ④ 기존 재래식 공법과 비교하여 **건축폐기물을 억제하는 효과**가 있다.
> ⑤ **해체 시에 강한 소음을 발생**시키는 단점이 있다.

60 다음 중 벽체전용 시스템 거푸집에 해당되지 않는 것은?

① 갱 폼 ② 클라이밍 폼
③ 슬립 폼 ④ 테이블 폼

> **＊ 벽체전용 시스템 거푸집**
> ① 갱 폼
> ② 클라이밍 폼
> ③ 슬립 폼 또는 슬라이딩 폼

참고

＊ 플라잉 폼(또는 테이블 폼)
거푸집, 장선, 멍에, 지주를 일체화하여 **수평 및 수직**으로 이동할 수 있도록 한 바닥전용의 대형 거푸집을 말한다.

4과목 건설재료학

61 수경성 미장재료를 시공할 때 주의사항이 아닌 것은?

① 적절한 통풍을 필요로 한다.
② 물을 공급하여 양생한다.
③ 습기가 있는 장소에서 시공이 유리하다.
④ 경화 시 직사일광 건조를 피한다.

적절한 통풍을 필요로 한다. → 기경성 미장재료에 해당한다.

참고

- **수경성** : 물과 작용하여 경화하고 차차 강도가 크게 되는 성질
- **기경성** : 공기 중에서 경화하는 것으로 공기가 없는 수중에서는 경화되지 않는 성질

정답 59 ① 60 ④ 61 ①

62 보통 포틀랜드시멘트와 비교한 고로시멘트의 특징으로 옳지 않은 것은?

① 장기강도가 크다.
② 해수나 하수 등에 대한 저항성이 우수하다.
③ 미분말로서 초기강도 발현이 용이하다.
④ 초기 수화열이 낮다.

③ 초기 강도는 낮으나 장기강도는 높다.

> **참고**
>
> *고로 시멘트
> 용광로의 선철제작 부산물을 급랭시키고 파쇄하여(고로슬래그 미분말) 시멘트와 혼합한 것을 고로시멘트라 한다.

63 시멘트 혼화재료 중 연행공기를 발생시켜 볼베어링 효과가 나타나도록 하는 것은?

① 포졸란
② 플라이애시
③ AE제
④ 경화 촉진제

*AE제
① AE 공기(연행공기)를 콘크리트 중에 발생시켜 워커빌리티(시공연도)를 좋게 하고 블리딩을 작게 한다.
② 단위수량이 감소한다.
③ 동결·융해작용에 대한 저항성이 크고 수밀성, 내구성이 좋다.
④ 철근과의 부착강도가 감소한다.

64 시멘트에 물을 가하여 혼합하여 만들어진 시멘트 페이스트가 시간경과에 따라 유동성을 잃고 응고하는 현상을 무엇이라 하는가?

① 응결　　② 풍화
③ 건조수축　④ 경화

응결 : 시멘트에 물을 가하여 혼합하여 만들어진 시멘트 페이스트가 시간경과에 따라 유동성을 잃고 응고하는 현상

65 어떤 석재의 질량이 다음과 같을 때 이 석재의 표면건조 포화상태의 비중은?

- 공시체의 건조 질량 : 400g
- 공시체의 물 속 질량 : 300g
- 공시체의 침수 후 표면건조 포화상태의 공시체의 질량 : 450g

① 1.33　　② 1.50
③ 2.67　　④ 4.51

표면건조 포화상태의 비중
$= \dfrac{건조\ 무게(g)}{침수\ 후\ 표면건조\ 포화상태의\ 무게(g) - 물\ 속\ 무게(g)}$

표면건조 포화상태의 비중 $= \dfrac{400}{450-300} = 2.67$

정답　62 ③　63 ③　64 ①　65 ③

66 타일에 관한 설명으로 옳지 않은 것은?

① 타일은 점토 또는 암석의 분말을 성형, 소성하여 만든 박판제품을 총칭한 것이다.
② 타일은 용도에 따라 내장타일, 외장타일, 바닥타일 등으로 분류할 수 있다.
③ 일반적으로 모자이크타일 및 내장타일은 습식법, 외장타일은 건식법에 의해 제조된다.
④ 타일의 백화현상은 수산화석회와 공기 중 탄산가스의 반응으로 나타난다.

③ 내장타일과 모자이크 타일은 건식제법, 외장 타일과 바닥타일은 습식제법으로 제조된다.

67 금속의 종류 중 아연에 관한 설명으로 옳지 않은 것은?

① 인장강도나 연신율이 낮은 편이다.
② 이온화 경향이 크고, 구리 등에 의해 침식된다.
③ 아연은 수중에서 부식이 빠른 속도로 진행된다.
④ 철판의 아연도금에 널리 사용된다.

③ 아연은 담수 중에서 표면피막을 형성하여 아연의 부식 속도를 낮은 수준으로 억제한다.

68 회반죽 바름의 주원료가 아닌 것은?

① 소석회　② 점토
③ 모래　　④ 해초풀

회반죽 바름은 소석회에 모래, 해초풀, 여물 등을 혼합하여 바르는 미장재료이다.

69 경량 콘크리트 제작에 사용되는 골재와 거리가 먼 것은?

① 펄라이트　② 화산암
③ 중정석　　④ 팽창질석

★ **경량 콘크리트**
① 구조물의 자중을 경감할 목적으로 인공 또는 천연의 경량골재 등을 이용하여 만든 것으로 단위 용적 중량 2.0t/m³ 이하의 콘크리트를 말한다.
② 골재의 종류
  • 펄라이트
  • 화산암
  • 소성 플라이애쉬
  • 팽창질석
  • 석탄회
  • 팽창혈암, 팽창점토

정답　66 ③　67 ③　68 ②　69 ③

70 아스팔트 방수공사 시 바탕처리에 관한 설명으로 옳지 않은 것은?

① 바탕 면을 충분히 건조시킬 것
② 바탕 면에 물 흘림 경사를 충분히 둘 것
③ 바탕 면을 거칠게 마무리할 것
④ 구석, 모서리 등을 둥글게 처리할 것

③ 바탕이 거친 경우는 매끄럽게 접착이 안 되므로 바닥면을 일정하게 마무리하고 완전건조 상태에서 시공한다.

71 중용열 포틀랜드시멘트에 관한 설명으로 옳지 않은 것은?

① 수축이 작고 화학저항성이 일반적으로 크다.
② 매스콘크리트 등에 사용된다.
③ 단기강도는 보통포틀랜드시멘트보다 낮다.
④ 긴급공사, 동절기 공사에 주로 사용된다.

④ 댐 공사, 터널, 거대구조물의 기초공사(매스콘크리트), 콘크리트 도로포장, **방사능 차폐용**으로 사용된다.

72 강에 함유된 탄소량의 증감과 관련이 없는 것은?

① 경도의 증감
② 내산, 내알칼리성의 증감
③ 인장강도의 증감
④ 연성(신장률)의 증감

∗ **강(鋼)에 함유된 탄소 성분이 증가할 경우**
① 인장강도의 증가
② 경도의 증가
③ 비열 및 전기저항이 증가
④ 연율(신율), 선팽창계수, 열전도율의 감소
⑤ 비중, 내식성이 감소

73 목재에 관한 설명으로 옳지 않은 것은?

① 석재나 금속에 비하여 손쉽게 가공할 수 있다.
② 다른 재료에 비하여 열전도율이 매우 크다.
③ 건조한 것은 타기 쉬우며 건조가 불충분한 것은 썩기 쉽다.
④ 건조재는 전기의 불량 도체이지만 함수율이 커질수록 전기전도율이 증가한다.

② 열전도율이 작아 단열성(보온), 방한성이 우수하다.

정답 70 ③ 71 ④ 72 ② 73 ②

74 화재 시 유리가 파손되는 원인과 관계가 적은 것은?

① 열팽창 계수가 크기 때문이다.
② 급가열시 부분적 면내(面內)온도차가 커지기 때문이다.
③ 용융온도가 낮아 녹기 때문이다.
④ 열전도율이 작기 때문이다.

> *** 화재 시 유리의 파손 원인**
> ① 열팽창 계수가 크기 때문이다.
> ② 급가열시 부분적 면내(面內)온도차가 커지기 때문이다.
> ③ 열전도율이 작기 때문이다.

75 인조석 및 석재가공제품에 관한 설명으로 옳지 않은 것은?

① 테라죠는 대리석, 사문암 등의 종석을 백색시멘트나 안료로 결합시키고 가공하여 생산한다.
② 에보나이트는 주로 가구용 테이블 상판, 실내벽면 등에 사용된다.
③ 초경량 스톤패널은 로비(lobby) 및 엘리베이터의 내장재 등으로 사용된다.
④ 패블스톤은 조약돌의 질감을 내지만 백화현상의 우려가 있다.

> ④ 패블스톤은 백화현상의 우려가 없다.

76 수분 상승으로 인하여 콘크리트의 표면에 떠올라 얇은 피막으로 되어 침적한 물질은?

① 레이턴스
② 폴리머
③ 마그네시아
④ 포졸란

> 레이턴스(laitance) : 블리딩에 의하여 콘크리트 표면에 떠올라 침전한 미세한 물질을 말한다.

77 보통벽돌에 관한 설명으로 옳지 않은 것은?

① 일반적으로 잘 구워진 것일수록 치수가 작아지고 색이 옅어지며, 두드리면 탁음이 난다.
② 건축용 점토소성벽돌의 적색은 원료의 산화철성분에서 기인한다.
③ 보통벽돌의 기본치수는 190×90×57mm이다.
④ 진흙을 빚어 소성하여 만든 벽돌로서 점토벽돌이라고도 한다.

> ① 잘 구워진 것일수록 색이 매우 짙으며 두드리면 청음이 나고 치수가 작아진다.

정답 74 ③ 75 ④ 76 ① 77 ①

78 에폭시 도장에 관한 설명으로 옳지 않은 것은?

① 내마모성이 우수하고 수축, 팽창이 거의 없다.
② 내약품성, 내수성, 접착력이 우수하다.
③ 자외선에 특히 강하여 외부에 주로 사용한다.
④ Non-Slip 효과가 있다.

> **＊에폭시수지 도료**
>
> | 장점 | 단점 |
> |---|---|
> | ① 각종 소지와의 부착성이 우수하다. | ① 자외선에 약하다.(황변이 일어난다) |
> | ② 기계적 강도가 우수하다. | ② 경화 시간이 길다. |
> | ③ 내수성 및 내마모성, 내약품성이 우수하다. | ③ 극성이 없는 Polymer (PE, PP, Silicone 등)에는 부착이 약하다. |
> | ④ 경화 시 휘발성이 없으므로 용적의 감소가 극히 적다.(치수 안정성이 우수하다.) | ④ 경화제를 혼용해야 한다. |
> | ⑤ Non-Slip 효과가 있다. | |

79 도료의 사용부위별 페인트를 연결한 것으로 옳지 않은 것은?

① 목재면 - 목재용 래커 페인트
② 모르타르면 - 실리콘 페인트
③ 외부 철재구조물 - 조합페인트
④ 내부 철재구조물 - 수성페인트

> ④ 내부 철재 구조물(방화문, 난간)- 에폭시 도료, 알키드수지 에나멜 도료

80 콘크리트 배합설계에 있어서 기준이 되는 골재의 함수상태는?

① 절건상태 ② 기건상태
③ 표건상태 ④ 습윤상태

> 배합설계 시 표준이 되는 골재의 상태는 표면건조 내부 포화상태(표건상태)이다.

5과목 건설안전기술

81 항타기 및 항발기를 조립하는 경우 점검하여야 할 사항이 아닌 것은?

① 과부하장치 및 제동장치의 이상 유무
② 권상장치의 브레이크 및 쐐기장치 기능의 이상 유무
③ 본체 연결부의 풀림 또는 손상의 유무
④ 권상기의 설치상태의 이상 유무

> **＊항타기, 항발기 조립하는 때 점검 사항**
> ① 본체 연결부의 풀림 또는 손상의 유무
> ② 권상용 와이어로프 · 드럼 및 도르래의 부착상태의 이상 유무
> ③ 권상장치의 브레이크 및 쐐기장치 기능의 이상 유무
> ④ 권상기의 설치상태의 이상 유무
> ⑤ 리더(leader)의 버팀 방법 및 고정상태의 이상 유무
> ⑥ 본체 · 부속장치 및 부속품의 강도가 적합한지 여부
> ⑦ 본체 · 부속장치 및 부속품에 심한 손상 · 마모 · 변형 또는 부식이 있는지 여부

정답 78 ③ 79 ④ 80 ③ 81 ①

82 다음은 산업안전보건법령에 따른 승강설비의 설치에 관한 내용이다. ( )에 들어갈 내용으로 옳은 것은?

> 사업주는 높이 또는 깊이가 ( )를 초과하는 장소에서 작업하는 경우 해당 작업에 종사하는 근로자가 안전하게 승강하기 위한 건설작업용 리프트 등의 설비를 설치하여야 한다. 다만, 승강설비를 설치하는 것이 작업의 성질상 곤란한 경우에는 그러하지 아니하다.

① 2m ② 3m
③ 4m ④ 5m

> 사업주는 높이 또는 깊이가 2미터를 초과하는 장소에서 작업하는 경우 해당 작업에 종사하는 근로자가 안전하게 승강하기 위한 건설작업용 리프트 등의 설비를 설치하여야 한다. 다만, 승강설비를 설치하는 것이 작업의 성질상 곤란한 경우에는 그러하지 아니하다.

83 철골구조에서 강풍에 대한 내력이 설계에 고려되었는지 검토를 실시하지 않아도 되는 건물은?

① 높이 30m인 건물
② 연면적당 철골량이 45kg인 건물
③ 단면구조가 일정한 구조물
④ 이음부가 현장용접인 건물

> *외압에 대한 내력이 설계에 고려되었는지 확인하여야 할 대상(자립도 검토대상)
> • 높이 20미터 이상의 구조물
> • 구조물의 폭과 높이의 비가 1 : 4 이상인 구조물
> • 단면구조에 현저한 차이가 있는 구조물
> • 연면적당 철골량이 50킬로그램/평방미터 이하인 구조물
> • 기둥이 타이플레이트(tie plate)형인 구조물
> • 이음부가 현장용접인 구조물

84 달비계 또는 5m 이상의 비계를 조립·해체하거나 변경하는 작업 시 준수사항으로 틀린 것은?

① 근로자가 관리감독자의 지휘에 따라 작업하도록 할 것
② 비, 눈, 그 밖의 기상상태의 불안정으로 날씨가 몹시 나쁜 경우에는 그 작업을 중지시킬 것
③ 비계재료의 연결·해체작업을 하는 경우에는 폭 20cm 이상의 발판을 설치할 것
④ 강관비계 또는 통나무비계를 조립하는 경우 외줄로 구성하는 것을 원칙으로 할 것

> 강관비계 또는 통나무비계를 조립하는 때에는 **쌍줄로 하여야 하되**, 외줄로 하는 때에는 별도의 작업발판을 설치할 수 있는 시설을 갖추어야 한다.

정답 82 ① 83 ③ 84 ④

> **참고**
>
> * 달비계 또는 높이 5미터 이상의 비계 조립·해체 및 변경 시 준수사항
> ① 관리감독자의 지휘하에 작업하도록 할 것
> ② 조립·해체 또는 변경의 시기·범위 및 절차를 그 작업에 종사하는 근로자에게 교육할 것
> ③ 조립·해체 또는 변경작업구역내에는 당해 **작업에 종사하는 근로자외의 자의 출입을 금지시키고 그** 내용을 보기 쉬운 장소에 게시할 것
> ④ 비·눈 그 밖의 기상상태의 불안정으로 인하여 날씨가 몹시 나쁠 때에는 그 **작업을 중지**시킬 것
> ⑤ 비계재료의 연결·해체작업을 하는 때에는 폭 20센티미터 이상의 발판을 설치하고 근로자로 하여금 안전대를 사용하도록 하는 등 근로자의 추락방지를 위한 조치를 할 것
> ⑥ 재료·기구 또는 공구등을 올리거나 내리는 때에는 근로자로 하여금 달줄 또는 달포대 등을 사용하도록 할 것

85 철근 콘크리트 공사에서 거푸집동바리의 해체 시기를 결정하는 요인으로 가장 거리가 먼 것은?

① 시방서 상의 거푸집 존치 기간의 경과
② 콘크리트 강도시험 결과
③ 동절기일 경우 적산온도
④ 후속 공정의 착수 시기

> * **거푸집동바리의 해체 시기를 결정하는 요인**
> ① 시방서 상의 거푸집 존치 기간의 경과
> ② 콘크리트 강도시험 결과
> ③ 동절기일 경우 적산온도

86 강관비계를 설치하는 경우 띠장의 설치기준은?

① 지상으로부터 1m 이하
② 지상으로부터 2m 이하
③ 지상으로부터 3m 이하
④ 지상으로부터 4m 이하

> * **콘크리트 측압**
> 띠장간격 : 2.0미터 이하로 할 것

> **참고**
>
> * **강관비계의 구조**
> ① 비계기둥 간격 : 띠장방향에서는 1.85m 이하, 장선방향에서는 1.5m 이하로 할 것
> 다만, 다음 각 목의 어느 하나에 해당하는 작업의 경우에는 안전성에 대한 구조검토를 실시하고 조립도를 작성하면 띠장 방향 및 장선 방향으로 각각 2.7미터 이하로 할 수 있다.
> 가. 선박 및 보트 건조작업
> 나. 그 밖에 장비 반입·반출을 위하여 공간 등을 확보할 필요가 있는 등 작업의 성질상 비계기둥 간격에 관한 기준을 준수하기 곤란한 작업
> ② 띠장간격 : 2.0미터 이하로 할 것
> ③ 비계기둥의 제일 윗부분으로부터 31m되는 지점 밑 부분의 비계기둥은 2본의 강관으로 묶어세울 것
> ④ 비계기둥 간의 적재하중은 400kg을 초과하지 않도록 할 것

정답 85 ④ 86 ②

87 화물용 승강기를 설계하면서 와이어로프의 안전하중이 10ton이라면 로프의 가닥수를 얼마로 하여야 하는가? (단, 와이어로프 한 가닥의 파단강도는 4ton이며, 화물용 승강기의 와이어로프의 안전율은 6으로 한다.)

① 10가닥 ② 15가닥
③ 20가닥 ④ 30가닥

$$S = \frac{N \times P}{Q}$$

여기서, S : 안전율
N : 로프 가닥수
P : 로프의 파단강도(kg/mm²)
Q : 허용응력(kg/mm²)

$$S = \frac{N \times P}{Q}$$
$$N = \frac{S \times Q}{P} = \frac{6 \times 10}{4} = 15\text{가닥}$$

88 다음은 지붕 위에서의 위험방지를 위한 내용이다. 빈 칸에 알맞은 수치로 옳은 것은?

> 슬레이트, 선라이트(sunlight) 등 강도가 약한 재료로 덮은 지붕 위에서 작업을 할 때에 발이 빠지는 등 근로자가 위험해질 우려가 있는 경우 폭 ( ) 이상의 발판을 설치하거나 추락방호망을 치는 등 근로자의 위험을 방지하기 위하여 필요한 조치를 하여야 한다.

① 20cm ② 25cm
③ 30cm ④ 40cm

★ **지붕 위에서의 위험 방지**
사업주는 근로자가 지붕 위에서 작업을 할 때에 추락하거나 넘어질 위험이 있는 경우에는 다음 각 호의 조치를 해야 한다.
① 지붕의 가장자리에 안전난간을 설치할 것
② 채광창(skylight)에는 견고한 구조의 덮개를 설치할 것
③ 슬레이트 등 강도가 약한 재료로 덮은 지붕에는 폭 30센티미터 이상의 발판을 설치할 것

정답 87 ② 88 ③

89 이동식 사다리를 설치하여 사용하는 경우의 준수 기준으로 옳지 않은 것은?

① 길이가 6m 초과해서는 안된다.
② 다리의 벌림은 벽 높이의 1/4 정도가 적당하다.
③ 미끄럼방지 발판은 인조고무 등으로 마감한 실내용을 사용하여야 한다.
④ 벽면 상부로부터 최소한 90cm 이상의 연장길이가 있어야 한다.

④ 벽면 상부로부터 최소한 60cm 이상의 연장길이가 있어야 한다.

90 운반작업 중 요통을 일으키는 인자와 가장 거리가 먼 것은?

① 물건의 중량
② 작업 자세
③ 작업 시간
④ 물건의 표면 마감 종류

* 운반작업 중 요통을 일으키는 인자
① 물건의 중량
② 작업 자세
③ 작업 시간
④ 작업 강도 등

91 터널 지보공을 설치한 경우에 수시로 점검하여야 할 사항에 해당하지 않는 것은?

① 기둥침하의 유무 및 상태
② 부재의 긴압 정도
③ 매설물 등의 유무 또는 상태
④ 부재의 접속부 및 교차부의 상태

* 터널지보공 설치 시 점검 항목
① 부재의 손상·변형·부식·변위 탈락의 유무 및 상태
② 부재의 긴압의 정도
③ 부재의 접속부 및 교차부의 상태
④ 기둥침하의 유무 및 상태

92 크레인을 사용하여 작업을 하는 경우 준수해야 할 사항으로 옳지 않은 것은?

① 인양할 하물(荷物)을 바닥에서 끌어당기거나 밀어 정위치 작업을 할 것
② 유류드럼이나 가스통 등 운반 도중에 떨어져 폭발하거나 누출될 가능성이 있는 위험물 용기는 보관함(또는 보관고)에 담아 안전하게 매달아 운반할 것
③ 미리 근로자의 출입을 통제하여 인양 중인 하물이 작업자의 머리 위로 통과하지 않도록 할 것
④ 인양할 하물이 보이지 아니하는 경우에는 어떠한 동작도 하지 아니할 것(신호하는 사람에 의하여 작업을 하는 경우는 제외한다.)

① 인양할 하물(荷物)을 바닥에서 끌어당기거나 밀어내는 작업을 하지 아니할 것

정답 89 ④ 90 ④ 91 ③ 92 ①

93 화물을 적재하는 경우 준수하여야 할 사항으로 옳지 않은 것은?

① 침하 우려가 없는 튼튼한 기반 위에 적재할 것
② 화물의 압력 정도와 관계없이 건물의 벽이나 칸막이 등을 이용하여 화물을 기대에 적재할 것
③ 하중이 한쪽으로 치우치지 않도록 쌓을 것
④ 불안정할 정도로 높이 쌓아 올리지 말 것

② 건물의 칸막이나 벽 등이 화물의 압력에 견딜 만큼의 강도를 지니지 아니한 경우에는 칸막이나 벽에 기대어 적재하지 않도록 할 것

94 사질토지반에서 보일링(boiling)현상에 의한 위험성이 예상될 경우의 대책으로 옳지 않은 것은?

① 흙막이 말뚝의 밑둥넣기를 깊게 한다.
② 굴착 저면보다 깊은 지반을 불투수로 개량한다.
③ 굴착 밑 투수층에 만든 피트(pit)를 제거한다.
④ 흙막이벽 주위에서 배수시설을 통해 수두차를 적게 한다.

③ 굴착 밑 투수층에 피트(pit), 배수암거 등을 설치한다.

> 참고
>
> **보일링현상 방지책**
> - 지하수위 저하
> - 지하수 흐름 변경
> - 근입벽을 깊게 한다.
> - 작업 중지

95 유해·위험 방지계획서 제출 시 첨부서류의 항목이 아닌 것은?

① 보호장비 폐기계획
② 공사개요서
③ 산업안전보건관리비 사용계획
④ 전체공정표

* 유해·위험방지계획서 첨부서류
1. 공사 개요 및 안전보건관리계획
   가. 공사 개요서
   나. 공사현장의 주변 현황 및 주변과의 관계를 나타내는 도면(매설물 현황을 포함한다)
   다. 건설물, 사용 기계설비 등의 배치를 나타내는 도면
   라. 전체 공정표
   마. 산업안전보건관리비 사용계획
   바. 안전관리 조직표
   사. 재해 발생 위험 시 연락 및 대피방법
2. 작업 공사 종류별 유해·위험방지계획

정답 93 ② 94 ③ 95 ①

96 추락방호망의 달기로프를 지지점에 부착할 때 지지점의 간격이 1.5m인 경우 지지점의 강도는 최소 얼마 이상이어야 하는가?

① 200kg   ② 300kg
③ 400kg   ④ 500kg

> F = 200 × B
> 여기서, F : 외력(단위 : 킬로그램)
> B : 지지점간격(단위 : m)
>
> F = 200 × 1.5 = 300(kg)

97 굴착이 곤란한 경우 발파가 어려운 암석의 파쇄굴착 또는 암석 제거에 적합한 장비는?

① 리퍼
② 스크레이퍼
③ 롤러
④ 드래그라인

> ＊리퍼(Ripper)
> 연암(軟岩)을 파쇄할 목적으로 트랙터 후부에 장착하는 파쇄 공구로서 아스팔트 포장도로의 노반의 파쇄 또는 토사 중에 있는 암석제거에 사용된다.

98 지반조사의 방법 중 지반을 강관으로 천공하고 토사를 채취 후 여러 가지 시험을 시행하여 지반의 토질 분포, 흙의 층상과 구성 등을 알 수 있는 것은?

① 보링
② 표준관입시험
③ 베인테스트
④ 평판재하시험

> ＊보링(Boring)
> 지중에 철판을 꽂아 천공하면서 토사를 채취, 지반조사를 하는 방법

99 크레인 운전실을 통하는 통로의 끝과 건설물 등의 벽체와의 간격은 최대 얼마 이하로 하여야 하는가?

① 0.3m   ② 0.4m
③ 0.5m   ④ 0.6m

> 다음 각 호의 간격을 0.3미터 이하로 하여야 한다. 다만, 근로자가 추락할 위험이 없는 경우에는 그 간격을 0.3미터 이하로 유지하지 아니할 수 있다.
> ① 크레인의 운전실 또는 운전대를 통하는 통로의 끝과 건설물 등의 벽체의 간격
> ② 그레인 거더(girder)의 통로 끝과 크레인 거더의 간격
> ③ 크레인 거더의 통로로 통하는 통로의 끝과 건설물 등의 벽체의 간격

정답 96 ② 97 ① 98 ① 99 ①

100 이동식 비계 작업 시 주의사항으로 옳지 않은 것은?

① 비계의 최상부에서 작업을 하는 경우에는 안전난간을 설치한다.
② 이동 시 작업지휘자가 이동식 비계에 탑승하여 이동하며 안전여부를 확인하여야 한다.
③ 비계를 이동시키고자 할 때는 바닥의 구멍이나 머리 위의 장애물을 사전에 점검한다.
④ 작업발판은 항상 수평을 유지하고 작업발판 위에서 안전난간을 딛고 작업을 하거나 받침대 또는 사다리를 사용하여 작업하지 않도록 한다.

② 작업자가 탄 채로 이동식 비계를 이동하여서는 아니 된다.

> **참고**
>
> ＊**이동식 비계 조립 시 준수사항(이동식 비계의 구조)**
> ① 바퀴에는 갑작스러운 이동 또는 전도를 방지하기 위하여 **브레이크·쐐기** 등으로 바퀴를 고정시킨 다음 비계의 일부를 견고한 시설물에 고정하거나 **아웃트리거를 설치**하는 등 필요한 조치를 할 것
> ② 승강용사다리는 견고하게 설치할 것
> ③ 비계의 **최상부에서 작업**을 할 때에는 안전난간을 설치할 것
> ④ **작업발판은 항상 수평을 유지**하고 작업발판 위에서 안전난간을 딛고 작업을 하거나 받침대 또는 사다리를 사용하여 작업하지 않도록 할 것
> ⑤ 작업발판의 최대적재하중은 250킬로그램을 초과하지 않도록 할 것

정답 100 ②

3회 모의고사

1과목 산업안전관리론

01 산업안전보건 법령상 특별안전·보건교육에 있어 대상 작업별 교육내용 중 밀폐공간에서의 작업에 대한 교육내용과 가장 거리가 먼 것은? (단, 기타 안전·보건관리에 필요한 사항은 제외한다.)

① 산소농도측정 및 작업환경에 관한 사항
② 유해물질의 인체에 미치는 영향
③ 보호구 착용 및 보호 장비 사용에 관한 사항
④ 사고 시의 응급처치 및 비상 시 구출에 관한 사항

* **밀폐공간에서의 작업에 대한 특별교육 내용**
• 산소 농도 측정 및 작업환경에 관한 사항
• 사고 시의 응급처치 및 비상 시 구출에 관한 사항
• 보호구 착용 및 보호 장비 사용에 관한 사항
• 작업 내용·안전작업 방법 및 절차에 관한 사항
• 장비·설비 및 시설 등의 안전점검에 관한 사항
• 그 밖에 안전·보건 관리에 필요한 사항

📝 실기까지 중요한 내용입니다.

02 다음 중 교육훈련의 학습을 극대화시키고, 개인의 능력개발을 극대화시켜 주는 평가방법이 아닌 것은?

① 관찰법   ② 배제법
③ 자료분석법 ④ 상호평가법

* **교육훈련평가의 방법**
① 관찰법
② 면접법
③ 질문지법
④ 상호 평가법
⑤ 자료분석법
⑥ 테스트법

03 다음 중 일반적인 안전관리 조직의 기본 유형으로 볼 수 없는 것은?

① line system
② staff system
③ safety system
④ line-staff system

* **안전보건관리조직의 유형**
㉮ 라인형(Line) or 직계형
㉯ 스태프형(staff) or 참모형
㉰ 라인 스태프형(Line Staff) or 혼합형

📝 실기까지 중요한 내용입니다.

정답   01 ②   02 ②   03 ③

04 다음 중 산업안전보건 법령상 안전·보건표지의 용도 및 사용 장소에 대한 표지의 분류가 가장 올바른 것은?

① 폭발성 물질이 있는 장소 : 안내표지
② 비상구가 좌측에 있음을 알려야 하는 장소 : 지시표지
③ 보안경을 착용해야만 작업 또는 출입을 할 수 있는 장소 : 안내표지
④ 정리·정돈 상태의 물체나 움직여서는 안 될 물체를 보존하기 위하여 필요한 장소 : 금지표지

---

① 폭발성 물질경고 : 경고표지
② 비상구 : 안내표지
③ 보안경 착용 : 지시표지
④ 물체이동금지 : 금지표지

📝 실기까지 중요한 내용입니다.

05 다음 중 기억과 망각에 관한 내용으로 틀린 것은?

① 학습된 내용은 학습 직후의 망각률이 가장 낮다.
② 의미없는 내용은 의미있는 내용보다 빨리 망각한다.
③ 사고력을 요하는 내용이 단순한 지식보다 기억, 파지의 효과가 높다.
④ 연습은 학습한 직후에 시키는 것이 효과가 있다.

---

① 학습된 내용은 학습 직후의 망각률이 가장 높다.

06 재해의 발생은 관리도구의 결함에서 작전적, 전술적 에러로 이어져 사고 및 재해가 발생한다고 정의한 사람은?

① 버드(Bird)
② 아담스(Adams)
③ 웨버(Weaver)
④ 하인리히(Heinrich)

★ 아담스(Edward Adams) 연쇄성이론 5단계

1단계	관리구조
2단계	작전적 에러
3단계	전술적 에러
4단계	사고
5단계	상해

📝 실기에 자주 출제되는 내용입니다.

07 산업안전보건법령상 안전·보건표지의 종류에 있어 인화성물질 경고, 폭발성물질 경고의 색채기준으로 옳은 것은?

① 바탕은 무색, 기본모형은 빨간색
② 바탕은 노란색, 기본모형은 검은색
③ 바탕은 노란색, 기본모형은 빨간색
④ 바탕은 흰색, 기본모형은 녹색

정답 04 ④ 05 ① 06 ② 07 ①

★ 경고표지의 종류

종류	
1. 인화성물질 경고	
2. 산화성물질 경고	
3. 폭발성물질 경고	바탕은 무색,
4. 급성독성물질 경고	기본모형은 빨간색
5. 부식성물질 경고	(검은색도 가능)
6. 발암성 · 변이원성 · 생식 독성 · 전신독성 · 호흡기 과민성물질 경고	
7. 방사성물질 경고	
8. 고압전기 경고	
9. 매달린 물체 경고	
10. 낙하물체 경고	바탕은 노란색,
11. 고온 경고	기본모형, 관련 부호 및
12. 저온 경고	그림은 검은색
13. 몸 균형 상실 경고	
14. 레이저광선 경고	
15. 위험장소 경고	

📝 실기에 자주 출제되는 내용입니다.

08 다음 중 안전사고를 방지하기 위한 동기부여의 방법으로 가장 적합하지 않은 것은?

① 상벌을 줄 것
② 경쟁과 협동을 유도할 것
③ 결과의 지식을 알리지 않을 것
④ 안전 목표를 명확히 설정할 것

★ 동기유발(motivation) 방법
① 결과를 알려준다.
② 안전의 근본 이념을 인식시킨다.
③ 상벌제도를 효과적으로 활용한다.
④ 동기유발의 최적수준을 유지한다.
⑤ 경쟁과 협동을 유도한다.
⑥ 안전 목표를 명확히 설정한다.

09 도수율이 12.57, 강도율이 17.45인 사업장에서 1명의 근로자가 평생 근무한다면 며칠의 근로손실이 발생하겠는가? (단, 1인 근로자의 평생근로시간은 10^5시간이다.)

① 1,257일
② 126일
③ 1,745일
④ 175일

★ 환산 강도율(S)
① 일평생 근로하는 동안의 근로손실일수를 말한다.
② 환산 강도율(S) = $\dfrac{\text{총 요양 근로손실일 수}}{\text{연 근로시간 수}}$ × 평생 근로시간수(100,000)
③ 환산 강도율 = 강도율 × 100

환산 강도율 = 강도율 × 100
= 17.45 × 100 = 1,745일

📝 실기에도 자주 출제되는 중요한 내용입니다.

10 다음 중 산업안전보건법상 사업주가 실시하여야 하는 안전 · 보건 교육 중 사무직 종사 근로자의 정기교육 시간으로 적합한 것은?

① 매반기 16시간 이상
② 매반기 12시간 이상
③ 8시간 이상
④ 매반기 6시간 이상

정답 08 ③ 09 ③ 10 ④

* 근로자 안전 · 보건교육

교육과정	교육대상		교육시간
가. 정기 교육	1) 사무직 종사 근로자		매반기 6시간 이상
	2) 그 밖의 근로자	가) 판매업무에 직접 종사하는 근로자	매반기 6시간 이상
		나) 판매업무에 직접 종사하는 근로자 외의 근로자	매반기 12시간 이상
나. 채용시의 교육	1) 일용근로자 및 근로계약기간이 1주일 이하인 기간제근로자		1시간 이상
	2) 근로계약기간이 1주일 초과 1개월 이하인 기간제근로자		4시간 이상
	3) 그 밖의 근로자		8시간 이상
다. 작업 내용 변경시의 교육	1) 일용근로자 및 근로계약기간이 1주일 이하인 기간제근로자		1시간 이상
	2) 그 밖의 근로자		2시간 이상
라. 특별 교육	1) 일용근로자 및 근로계약기간이 1주일 이하인 기간제 근로자(타워크레인 신호작업에 종사하는 근로자 제외)		2시간 이상
	2) 일용근로자 및 근로계약기간이 1주일 이하인 기간제 근로자 중 타워크레인신호작업에 종사하는 근로자		8시간 이상
	3) 일용근로자 및 근로계약기간이 1주일 이하인 기간제 근로자를 제외한 근로자		가)16시간 이상(최초 작업에 종사하기 전 4시간 이상 실시하고 12시간은 3개월 이내에서 분할하여 실시 가능) 나)단기간 작업 또는 간헐적 작업인 경우에는 2시간 이상
마. 건설업 기초안전 · 보건교육	건설 일용근로자		4시간 이상

실기에 자주 출제되는 내용입니다.

11 안전관리 4M 가운데 Media에 관한 내용으로 가장 올바른 것은?

① 인간과 기계를 연결하는 매개체
② 인간과 관리를 연결하는 매개체
③ 기계와 관리를 연결하는 매개체
④ 인간과 작업환경을 연결하는 매개체

Media(매체)는 인간과 기계를 연결하는 매개체이다.

참고

* 인간에러(휴먼 에러)의 배후요인(4M)
① **Man**(인간) : 본인 외의 사람, 직장의 **인간관계** 등
② **Machine**(기계) : **기계, 장치** 등의 물적 요인
③ **Media**(매체) : **작업정보, 작업방법** 등
④ **Management**(관리) : **작업관리, 법규준수, 단속, 점검** 등

실기까지 중요한 내용입니다.

12 안전관리에 관한 계획에서 실시에 이르기까지 모든 권한이 포괄적이며 하향적으로 행사되며, 전문 안전담당 부서가 없는 안전관리조직은?

① 직계식 조직
② 참모식 조직
③ 직계 – 참모식 조직
④ 안전보건 조직

전문 안전담당 부서가 없는 안전관리조직 → 라인형(직계식 조직)

> **참고**
>
> ★ **라인형(Line) or 직계형**
>
> 안전관리에 관한 계획, 실시, 평가에 이르기까지 안전관리의 모든 것을 생산조직을 통하여 행하는 관리 방식이다.
> ① 소규모 사업장(100명 이하 사업장)에 적용이 가능하다.
> ② 라인형 장점 : 명령 및 지시가 신속, 정확하다.
> ③ 라인형 단점
>   • 안전정보가 불충분하다.
>   • 라인에 과도한 책임이 부여 될 수 있다.
> ④ 생산과 안전을 동시에 지시하는 형태이다.

📝 실기까지 중요한 내용입니다.

13 어떤 상황의 판단 능력과 사실의 분석 및 문제의 해결 능력을 키우기 위하여 먼저 사례를 조사하고, 문제적 사실들과 그의 상호 관계에 대하여 검토하고, 대책을 토의하도록 하는 교육기법은 무엇인가?

① 심포지엄(symposium)
② 로울 플레잉(role playing)
③ 케이스 메소드(case method)
④ 패널 디스커션(panel discussion)

> ★ **사례연구법(Case Study : Case Method)**
> 먼저 사례를 제시, 문제적 사실들과 그의 상호관계에 대해서 검토하고 대책을 토의하는 학습법이다.

14 인간의 특성에 관한 측정검사에 대한 과학적 타당성을 갖기 위하여 반드시 구비해야 할 조건에 해당되지 않는 것은?

① 주관성   ② 신뢰도
③ 타당도   ④ 표준화

> ★ **심리검사(직무적성검사)의 기준**
> ① 표준화   ② 객관성
> ③ 규준성   ④ 신뢰성
> ⑤ 타당성

15 적응기제(Adjustment Mechanism) 중 다음에서 설명하는 것은 무엇인가?

> 자신조차도 승인할 수 없는 욕구를 타인이나 사물로 전환시켜 바람직하지 못한 욕구로부터 자신을 지키려는 것

① 투사   ② 합리화
③ 보상   ④ 동일화

> ① 투사(Projection) : 자신의 불만이나 불안을 해소시키기 위해서 자신의 잘못을 남의 탓으로 돌리는 행동
> ② 합리화 : 자기의 실패나 약점을 그럴듯한 이유나 변명을 들어 자신의 실패를 정당화 하는 행동
> ③ 보상 : 자신의 열등감을 다른 곳에서 강점으로 발휘하는 행동
> ④ 동일화(Identification) : 다른 사람의 행동 양식이나 태도를 투입시키거나 다른 사람 가운데서 자기와 비슷한 점을 발견하는 것

📝 필기에 자주 출제되는 내용입니다.

정답 13 ③ 14 ① 15 ①

16 사고예방대책의 기본원리 5단계에서 "사실의 발견" 단계에 해당하는 것은?

① 작업환경 측정
② 안전진단 · 평가
③ 점검 및 조사 실시
④ 안전관리 계획 수립

★ 하인리히 사고방지 5단계

1단계 안전조직	• 안전목표 설정 • 안전관리자의 선임 • 안전조직 구성 • 안전활동 방침 및 계획수립 • 조직을 통한 안전 활동 전개
2단계 사실의 발견	• 작업분석 • 점검 • 사고조사 • 안전진단 • 사고 및 활동기록의 검토
3단계 분석	• 사고원인 및 경향성 분석(사고보고서 및 현장조사 분석) • 작업공정 분석 • 사고기록 및 관계자료 분석 • 인적 · 물적 환경 조건 분석
4단계 시정방법 선정	• 기술적 개선 • 안전운동 전개 • 교육훈련 분석 • 안전행정의 개선 • 배치 조정 • 규칙 및 수칙 등 제도의 개선
5단계 시정책 적용 (3E 적용)	• 안전교육(Education) • 안전기술(Engineering) • 안전독려(Enforcement)

📝 필기에 자주 출제되는 내용입니다.

17 리더의 행동유형 측면에서 부하들과 상담하며, 부하의 의견을 고려하는 형태의 리더십은?

① 참여적 리더십
② 지원적 리더십
③ 지시적 리더십
④ 성취 지향적 리더십

★ 행동유형 방식에 따른 분류
① **참여적 리더십** : 부하들과 상담하여 부하의견을 고려하는 형태
② **지시적 리더십** : 지도자는 독선적이며 조직 구성원들을 보상-체벌의 연속선상에서 명령하고 통제한다.
③ **지원적 리더십** : 우호적이며 친밀감이 강하고 부하의 의사 표현을 존중하는 형태
④ **성취지향적 리더십** : 도전적 목표설정을 강조하고 부하능력을 신뢰하는 형태

18 파브로브(pavlov)의 조건반사설에 의한 학습이론의 원리에 해당되지 않는 것은?

① 일관성의 원리   ② 시간의 원리
③ 강도의 원리   ④ 준비성의 원리

★ 파블로프의 조건반사설(자극과 반응이론 : S-R이론)
① 일관성의 원리
② 계속성의 원리
③ 시간의 원리
④ 강도의 원리

📝 실기까지 중요한 내용입니다.

정답 16 ③   17 ①   18 ④

19 TBM(Tool Box Meeting)의 의미를 가장 잘 설명한 것은?

① 지시나 명령의 전달 회의
② 공구함을 준비한 후 작업하라는 뜻
③ 작업원 전원의 상호대화로 스스로 생각하고 납득하는 작업장 안전회의
④ 상사의 지시된 작업내용에 따른 공구를 하나하나 준비해야 한다는 뜻

★ T.B.M(Tool Box Meeting)
작업 전, 종료 시 5~10분간 작업자 3~5인이 조를 이뤄 작업 시 위험요소에 대하여 말하는 방식으로, 현장에서 그때그때의 상황에 맞게 실시하는 단시간 미팅 즉시 적응훈련을 말한다.

20 다음과 같은 착시현상에 해당하는 것은?

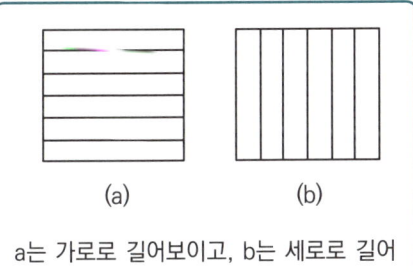

a는 가로로 길어보이고, b는 세로로 길어 보인다.

① 뮬러-라이이(Müller-Lyer)의 착시
② 헬호츠(Helmholz)의 착시
③ 헤링(Hering)의 착시
④ 포겐노프(Poggendorf)의 착시

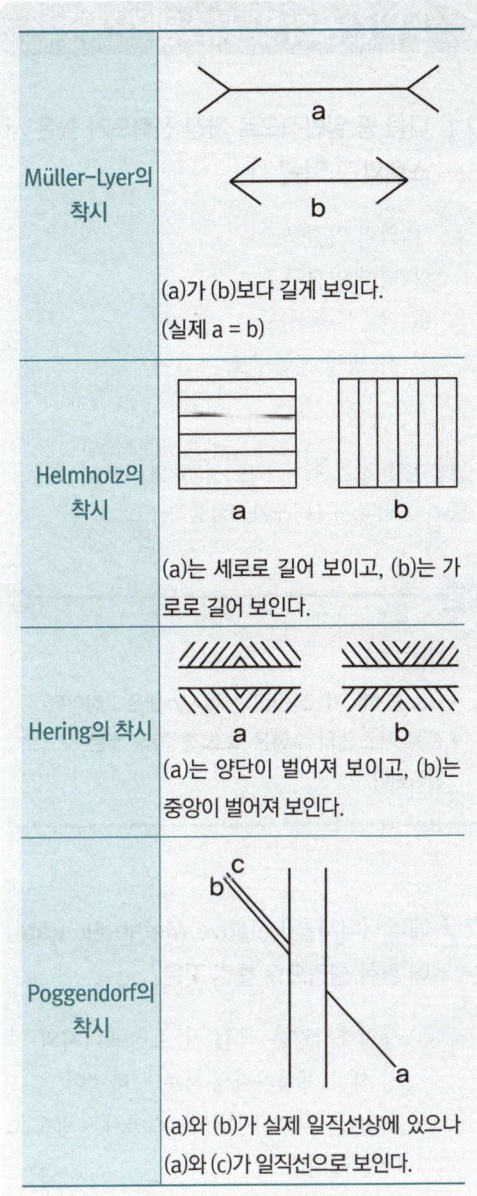

2과목 인간공학 및 시스템안전공학

21 다음 중 일반적으로 가장 신뢰도가 높은 시스템의 구조는?

① 직렬 연결구조
② 병렬 연결구조
③ 단일부품구조
④ 직·병렬 혼합구조

> 병렬구조는 요소 중 하나라도 정상이면 전체 시스템은 정상가동한다. → 신뢰도가 가장 높다.

참고

* **직렬구조**
- 요소 중 하나가 고장이면 전체 시스템은 고장이다.
- 전체 시스템의 수명은 요소 중 가장 짧은 것으로 결정된다.

22 에너지대사율(Relative Metabolic Rate)에 관한 설명으로 틀린 것은?

① 작업대사량은 작업 시 소비에너지와 안정 시 소비에너지의 차로 나타낸다.
② RMR은 작업대사량을 기초대사량으로 나눈 값이다.
③ 산소소비량을 측정할 때 더글라스백(Dou-glas bag)을 이용한다.
④ 기초대사량은 의자에 앉아서 호흡하는 동안에 측정한 산소소비량으로 구한다.

> 작업 시의 소비에너지는 작업 중에 소비한 산소의 소모량으로 측정하며, 안정 시의 소비에너지는 의자에 앉아서 호흡하는 동안에 소비한 산소의 소모량으로 측정한다.

23 사고의 발단이 되는 초기 사상이 발생할 경우 그 영향이 시스템에서 어떤 결과(정상 또는 고장)로 진전해 가는지를 나뭇가지가 갈라지는 형태로 분석하는 방법은?

① FTA   ② PHA
③ FHA   ④ ETA

* **ETA(사상수 분석법)**
사상의 안전도를 사용하여 시스템의 안전도 나타내는 귀납적·정량적인 분석법

 필기에 자주 출제되는 내용입니다.

24 과전압이 걸리면 전기를 차단하는 차단기, 퓨즈 등을 설치하여 오류가 재해로 이어지지 않도록 사고를 예방하는 설계 원칙은?

① 에러복구 설계
② 풀-프루프(fool-proof) 설계
③ 페일-세이프(fail-safe) 설계
④ 템퍼-프루프(temper proof) 설계

* **페일세이프(Fail-Safe)**
기계설비에 결함이 발생되더라도 사고가 발생되지 않도록 2중, 3중으로 통제를 가한다.

정답 21 ② 22 ④ 23 ④ 24 ③

> **참고**
>
> 풀 프루프(Fool proof) : 인간의 실수가 있더라도 사고로 연결되지 않도록 2중, 3중으로 통제를 가한다.

📝 실기까지 중요한 내용입니다.

25 인간 성능에 관한 척도와 가장 거리가 먼 것은?

① 빈도수 척도 ② 지속성 척도
③ 지연성 척도 ④ 시스템 척도

> **＊인간 성능척도**
> ① 빈도수 척도 ② 지속성 척도
> ③ 지연성 척도

> **참고**
>
> ＊인간 성능척도
> 인간의 여러 가지 감각활동, 정신활동, 근육활동 등에 의한 수행도로 판단한다. (자극에 대한 반응시간)

26 촉각적 표시장치에서 기본 정보 수용기로 주로 사용되는 것은?

① 귀 ② 눈
③ 코 ④ 손

> **＊촉각적 표시장치**
> ① 손과 손가락을 기본 정보 수용기로 이용한다.
> ② 촉각적 표시 장치의 용도는 맹인용 점자와 형상 암호화된 조종 장치를 들 수 있다.

27 소음이 심한 기계로부터 1.5m 떨어진 곳의 음압수준이 100dB라면 이 기계로부터 5m 떨어진 곳의 음압수준은 약 얼마인가?

① 85dB ② 90dB
③ 96dB ④ 102dB

> **＊소음을 내는 기계로부터 거리가 d_2만큼 떨어진 곳의 소음 계산**
>
> $$dB_2 = dB_1 - 20 \times \log\left(\frac{d_2}{d_1}\right)$$
>
> • 소음기계로부터 d_1떨어진 곳의 소음 : dB_1
> • 소음기계로부터 d_2떨어진 곳의 소음 : dB_2
>
> $dB_2 = dB_1 - 20 \times \log\left(\frac{d_2}{d_1}\right) = 100 - 20 \times \log\left(\frac{5}{1.5}\right)$
> $= 89.54 dB$

📝 필기에 자주 출제되는 내용입니다.

28 인간 – 기계 시스템에서의 기본적인 기능으로 볼 수 없는 것은?

① 행동 기능 ② 정보의 수용
③ 정보의 저장 ④ 정보의 설계

> **＊인간 – 기계 통합시스템(man-machine system)의 정보처리 기능**
> ① 감지기능(정보의 수용)
> ② 정보보관 기능
> ③ 정보처리 및 의사결정
> ④ 행동

📝 필기에 자주 출제되는 내용입니다.

정답 25 ④ 26 ④ 27 ② 28 ④

29 수평 작업대에서 윗 팔과 아래팔을 곧게 뻗어서 파악할 수 있는 작업 영역은?

① 작업공간 포락면
② 정상 작업 영역
③ 편안한 작업 영역
④ 최대 작업 영역

*수평 작업대
① 정상 작업역 : 상완을 자연스럽게 늘어뜨린 채 전완만으로 뻗어 파악 할 수 있는 구역
② 최대 작업역 : 전완과 상완을 곧게 펴서 파악할 수 있는 구역

참고

*작업공간
① 포락면 : 한 장소에 앉아서 수행하는 작업에서 작업하는데 사용하는 공간
② 파악한계 : 앉은 작업자가 특정한 수작업 기능을 수행할 수 있는 공간의 외곽한계

30 조정장치를 15mm 움직였을 때, 표시계기의 지침이 25mm 움직였다면 이 기기의 C/R비는?

① 0.4　② 0.5
③ 0.6　④ 0.7

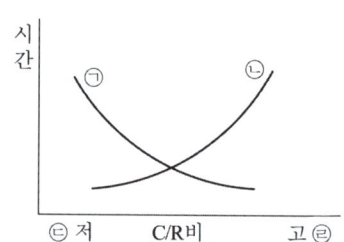

① C/R 비 = $\dfrac{X}{Y}$

X : 통제기기의 변위량(cm)
Y : 표시계기 지침의 변위량(cm)

② C/R 비 = $\dfrac{\dfrac{\alpha}{360} \times 2\pi L}{Y}$

a : 조종장치의 움직인 각도
L : 조종장치의 반경

C/R 비 = $\dfrac{X}{Y} = \dfrac{15}{25} = 0.6$

31 다음 그림은 C/R비와 시간과의 관계를 나타낸 그림이다. ㉠ ~ ㉣에 들어갈 내용이 맞는 것은?

① ㉠ 이동시간　㉡ 조정시간
　 ㉢ 민감　　　㉣ 둔감
② ㉠ 이동시간　㉡ 조정시간
　 ㉢ 둔감　　　㉣ 민감
③ ㉠ 조정시간　㉡ 이동시간
　 ㉢ 민감　　　㉣ 둔감
④ ㉠ 조정시간　㉡ 이동시간
　 ㉢ 둔감　　　㉣ 민감

정답　29 ④　30 ③　31 ③

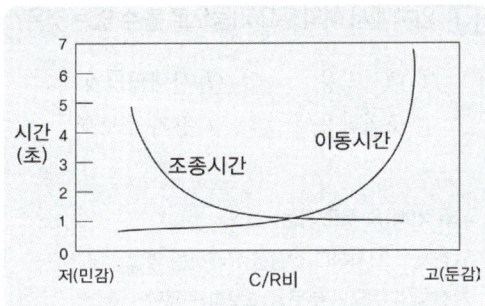

32 FT도에 의한 컷셋(cut set)이 다음과 같이 구해졌을 때 최소 컷셋(mimimal cut set)으로 맞는 것은?

- (X_1, X_3)
- (X_1, X_2, X_3)
- (X_1, X_2, X_3)

① (X_1, X_3)
② (X_1, X_2, X_3)
③ (X_1, X_3, X_4)
④ (X_1, X_2, X_3, X_4)

(X_1, X_3), (X_1, X_2, X_3), (X_1, X_3, X_4) 의 부분집합은 (X_1, X_3)이므로 (X_1, X_3)이 미니멀 컷이 된다.

참고

★ **미니멀 컷(Minimal Cut Set)**
- 정상 사상을 일으키기 위한 기본 사상의 최소 집합 (최소한의 컷)
- 시스템의 위험성을 나타낸다.

필기에 자주 출제되는 내용입니다.

33 일반적인 인간-기계 시스템의 형태 중 인간이 사용자나 동력원으로 기능하는 것은?

① 수동체계
② 기계화체계
③ 자동체계
④ 반자동체계

★ **수동시스템**
- 사용자가 손 공구나 기타 보조물 등을 사용하여 자기의 신체적 힘을 동력원으로 하여 작업을 수행하는 시스템이다.
- 가장 다양성이 높은 체계이다.
- 예 장인과 공구

필기에 자주 출제되는 내용입니다.

34 반사 눈부심을 최소화하기 위한 옥내 추천 반사율이 높은 순서대로 나열한 것은?

① 천정 > 벽 > 가구 > 바닥
② 천정 > 가구 > 벽 > 바닥
③ 벽 > 천정 > 가구 > 바닥
④ 가구 > 천정 > 벽 > 바닥

★ **옥내 최적 반사율**
- 천장(80-91%) > 벽(40-60%) > 가구(25-45%) > 바닥(20-40%)
- 옥내의 반사율은 천정으로 올라갈수록 높고 바닥으로 내려갈수록 낮아져야 한다.

필기에 자주 출제되는 내용입니다.

정답 32 ① 33 ① 34 ①

35. 시스템의 정의에 포함되는 조건 중 틀린 것은?

① 제약된 조건 없이 수행
② 요소의 집합에 의해 구성
③ 시스템 상호 간의 관계를 유지
④ 어떤 목적을 위하여 작용하는 집합체

> **＊시스템(system)의 정의**
> ① 요소의 집합에 의해 구성되고
> ② system 상호 간의 관계를 유지하면서
> ③ 정해진 조건 아래에서
> ④ 어떤 목적을 위하여 작용하는 집합체라 할 수 있다.

36. 시스템 안전을 위한 업무 수행 요건이 아닌 것은?

① 안전 활동의 계획 및 관리
② 다른 시스템 프로그램과 분리 및 배제
③ 시스템 안전에 필요한 사항의 동일성 식별
④ 시스템 안전에 대한 프로그램 해석 및 평가

> **＊시스템 안전관리**
> ① 안전 활동의 계획 및 조직과 관리
> ② 다른 시스템 프로그램 영역과 조정
> ③ 시스템 안전에 필요한 사항의 동일성의 식별
> ④ 시스템 안전에 대한 프로그램의 해석과 검토 및 평가 등의 시스템 안전업무

37. 인체에서 뼈의 주요 기능으로 볼 수 없는 것은?

① 대사작용   ② 신체의지지
③ 조혈작용   ④ 장기의 보호

> **＊골격(뼈)의 주요 기능**
> ① 신체를 지지하고 형상을 유지하는 역할
> ② 신체의 주요한 부분을 보호하는 역할
> ③ 신체활동을 수행하는 역할
> ④ 혈액을 생성하는 역할

38. FT도에 사용되는 기호 중 "전이기호"를 나타내는 기호는?

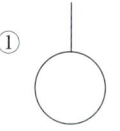 ① 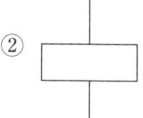 ②

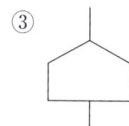 ③ 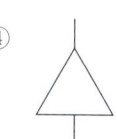 ④

기호	명명	기호설명
△	전이기호	다른 부분과의 연결을 나타낸다.
▭	결함사상 (정상사상, 중간사상)	고장사상
⌂	통상사상	발생이 예상되는 사상
○	기본사상	더 이상 전개할 수 없는 사건의 원인

📝 필기에 자주 출제되는 내용입니다.

정답 35 ① 36 ② 37 ① 38 ④

39 중추신경계의 피로 즉, 정신피로의 척도로 사용되는 것으로서 점멸률을 점차 증가(감소)시키면서 피실험자가 불빛이 계속 켜져 있는 것으로 느끼는 주파수를 측정하는 방법은?

① VFF ② EMG
③ EEG ④ MTM

＊ 시각적 점멸융합주파수 (visual flicker fusion frequency : vff)
① 계속되는 자극들이 점멸하는 것 같이 보이지 않고 연속적으로 느껴지는 주파수를 측정한다.
② 중추신경계의 피로(정신피로)의 척도로 사용된다.

40 신체와 환경 간의 열교환 과정을 바르게 나타낸 것은? (단, W는 수행한 일, M은 대사 열발생량, S는 열함량 변화, R은 복사 열교환량, C는 대류 열교환량, E는 증발 열발산량, Clo는 의복의 단열률이다.)

① W=(M+S)±R±C-E
② S=(M-W)±R±C-E
③ W=Clo×(M-S)±R±C-E
④ S=Clo×(M-W)±R±C-E

＊ 열평형 방정식(인체의 열 교환)
S(열 축적) = M(대사 열) - E(증발) + R(복사) ± C(대류) - W(한 일)

 필기에 자주 출제되는 내용입니다.

3과목 건설 시공학

41 철골공사의 철골부재 용접에서 용접 결함이 아닌 것은?

① 언더컷(under cut)
② 오버랩(overlap)
③ 루트(root)
④ 블로우 홀(blow hole)

＊ 용접결함
① 언더컷(Under Cut) : 모재 및 용접부의 일부가 녹아서 발생하는 홈 또는 오목하게 생긴 부분(용착금속이 채워지지 않고 홈처럼 우묵하게 남아 있는 부분)을 말한다.
② 오버랩(overlap) : 용접전류가 부족하거나, 용접 속도가 너무 느릴 경우 발생하며 용착 금속이 모재에 융합되지 않고 겹친 부분(용융된 금속이 모재 면에 덮쳐진 상태)을 말한다.
③ 피트(pit), 블로우 홀(blow hole) : 용접 중에 이물질, 수분 등으로 발생된 가스가 표면으로 빠져 나오면서 발생된 작은 구멍을 pit라 하며, 내부에 남아있는 기공을 blow hole이라 한다.

참고

＊ 루트(Root)
맞댄 용접에서의 트임새 간격을 말한다.

 필기에 자주 출제되는 내용입니다.

정답 39 ① 40 ② 41 ③

42 말뚝의 이음 공법 중 강성이 가장 우수한 방식은?

① 장부식 이음 ② 충전식 이음
③ 리벳식 이음 ④ 용접식 이음

★ 말뚝 이음공법

Band식 및 장부식 이음	• 이음부에 Band를 채우거나 미리 제작하여 끼워서 이음하는 방법 • 시공이 간편하며 단기간 시공이 가능하다. • 강성이 약하며 연약지반에 사용이 불가능하다.
충진식 이음	• 이음부 내부에 철근, 콘크리트를 채워 이음하는 방법 • 내압축성, 내식성이 우수하다. • 이음부의 강성이 크다.
볼트식 이음	• 말뚝이음 부분을 볼트로 체결하여 이음하는 방법 • 시공이 신속, 간편하다. • 타입 시 볼트 체결부분이 파손되기 쉽다.
용접식 이음	• 말뚝 이음부에 강판을 부착하여 현장에서 용접하여 이음하는 방법 • 이음부의 강성이 가장 우수한 방법이다. • 이음부의 부식 우려가 있다.

📝 필기에 자주 출제되는 내용입니다.

43 철근콘크리트 구조물의 내구성 저하 요인과 거리가 먼 것은?

① 백화   ② 염해
③ 중성화   ④ 동해

★ 철근콘크리트 구조물의 내구성 저하 요인
① 건조수축
② 염해
③ 중성화
④ 동결융해(동해)
⑤ 온도변화
⑥ 알칼리 골재반응

참고

★ 조적조의 백화현상
벽돌 접착용 모르타르의 석회분이 빗물에 의하여 유출되며 수산화칼슘이 되어 표면에 유출될 때 공기 중의 탄산가스 또는 벽돌의 유황성분과 결합하여 흰 가루가 생기는 현상을 말한다.

📝 필기에 자주 출제되는 내용입니다.

44 건설공사 완료 후 부실 시공부분에 재시공을 보장하기 위하여 공사발주처 등에 예치하는 공사금액의 명칭은?

① 입찰보증금   ② 계약보증금
③ 지체보증금   ④ 하자보증금

① 입찰보증금 : 입찰참가자에게 요구하는 보증금
② 계약보증금 : 계약 불이행의 경우에 발주기관이 입은 손해의 배상을 용이하게 하려는 목적으로 요구하는 보증금
③ 지체보증금 : 수급인이 공사를 지체한 것에 따른 지연배상으로 요구하는 보증금
④ 하자보증금 : 건설공사 완료 후 보수 및 재시공을 보증하기 위하여 공사발주처 등에 예치하는 공사금액

📝 필기에 자주 출제되는 내용입니다.

정답 42 ④ 43 ① 44 ④

45 파헤쳐진 흙을 담아 올리거나 이동하는데 사용하는 기계로 쇼벨, 버킷을 장착한 트랙터 또는 크롤러 형태의 기계는?

① 불도저 ② 앵글도저
③ 로더   ④ 파워쇼벨

> 파헤쳐진 흙을 담아 올리거나 이동하는데 사용하는 기계 → 로더

46 민간자본 유치방식 중 간접시설을 설계, 시공한 후 소유권을 발주자에게 이양하고, 투자자는 일정기간 동안 시설물의 운영권을 행사하는 계약방식은?

① BOT(Build Operate Transfer)
② BTO(Build Transfer Operate)
③ BOO(Build Operate Own)
④ BTL(Build Transfer Lease)

> *SOC(social overhead capital : 사회간접자본) 시설의 시공방식
>
> ① BOT 방식(Build-Operate-Transfer): 민간투자 발주방식
> 사회간접시설을 민간이 주도하여 설계·시공한 후, 일정기간 시설물을 운영하여 투자금을 회수한 후 시설소유권이 국가 또는 지방자치단체에 귀속(무상으로 이전)되는 방식을 말한다.
> (설계 및 시공 → 운영 → 소유권 이전)
>
> ② BTO 방식(Build-Transfer-Operate)
> 사회간접시설을 민간이 주도하여 설계·시공한 후, 시설소유권을 공공부문에 먼저 이전하고 약정기간 동안 운영하여 투자금을 회수해 가는 방식을 말한다.
> (설계 및 시공 → 소유권 이전 → 운영)
>
> ③ BOO 방식(Build-Operate-Own)
> 사회간접시설을 민간이 주도하여 설계·시공한 후, 시설의 운영과 함께 소유권도 민간에 이전하는 방식을 말한다.
> (설계 및 시공 → 운영 → 소유권 획득)
>
> ④ BTL 방식(Build-Transfer-Lease)
> 민간이 공공시설을 건설한 후 정부에 소유권을 이전함과 동시에 정부에 시설임대료를 징수하여 투자금을 회수해 가는 방식을 말한다.
> (설계 및 시공 → 소유권 이전 → 임대료 징수)

📝 필기에 자주 출제되는 내용입니다.

47 흙막이 벽은 보통 버팀대로 지지되어 있으나 그 대신 어스앵커를 사용하기도 하는데 어스앵커 내부에서 인장응력을 받는 가장 중요한 역할을 하는 재료는?

① 철근   ② 철망
③ PC강선 ④ 철골부재

> 어스앵커 내부에서 인장응력을 받는 가장 중요한 역할을 하는 재료 → PC강선

참고

*어스 앵커(earth anchor) 공법
버팀대 대신 PC강재(PS 강선, PS 강연선) 등 앵커체를 지중에 삽입해서 선단부를 양질지반에 정착시키고, 앵커체의 인장력에 의하여 흙막이 벽 등의 구조물을 지지하는 공법을 말한다.

📝 필기에 자주 출제되는 내용입니다.

정답 45 ③ 46 ② 47 ③

48 시멘트 혼화재로서 규소합금 제조 시 발생하는 폐가스를 집진하여 얻어진 부산물의 초미립자(1㎛ 이하)로서 고강도 콘크리트를 제조하는데 사용하는 혼화재는?

① 플라이 애쉬   ② 실리카 흄
③ 고로 슬래그   ④ 포졸란

> **★ 실리카 흄**
> 규소합금 제조 시 발생하는 폐가스를 집진하여 얻어진 부산물의 초미립자(1㎛ 이하)로서 고강도 콘크리트를 제조하는데 사용하는 혼화재를 말한다.

📝 필기에 자주 출제되는 내용입니다.

49 재료분리를 일으키지 않고 타설, 다지기 등의 작업이 용이하게 될 수 있는 정도를 나타내는 굳지 않은 콘크리트의 성질을 말하는 것은?

① 워커빌리티   ② 피니셔빌리티
③ 펌퍼빌리티   ④ 플라스티시티

> **★ 굳지 않은 콘크리트의 성질**
> ① 워커빌리티(시공성 : Workability) : 재료 분리를 일으키지 않고 작업이 용이하게 될 수 있는 정도(반죽 질기에 따른 작업의 난이성과 재료의 분리 정도)
> ② 펌퍼빌리티(펌프 압송성 : Pumpability) : 펌프에 의한 운반을 실시하는 경우 펌프로 콘크리트가 압송되기 쉬운 정도
> ③ 플라스티시티(성형성 : Plasticity) : 거푸집에 쉽게 다져넣을 수 있고 거푸집을 제거하면 허물어지거나 재료분리가 되지 않는 정도

④ 피니셔빌리티(마감성 : Finishability) : 굵은 골재의 최대치수, 잔골재율, 잔골재입도, 반죽 질기 등에 의한 마무리하기 쉬운 정도를 나타내는 성질

📝 필기에 자주 출제되는 내용입니다.

50 기둥 거푸집의 고정 및 측압 버팀용으로 사용하는 것은?

① 턴버클   ② 세퍼레이터
③ 플랫타이   ④ 컬럼밴드

> **★ 긴결재의 종류**
> ① 폼타이(Form tie)
> ② 플랫타이(Flat tie)
> ③ 철선(Steel wire)
> ④ 컬럼밴드(Column band) : 기둥 거푸집의 고정 및 측압 버팀용으로 사용
> ⑤ 와이어로프(Wire rope) 및 턴버클(Turn Buckle)

참고

> **★ 긴결재(긴장재)**
> 콘크리트의 측압을 부담하여 거푸집널이 벌어지거나 우그러들지 않도록 거푸집의 정확한 위치와 치수를 유지하기 위해 사용된다.

📝 필기에 자주 출제되는 내용입니다.

정답   48 ②   49 ①   50 ④

51 레디믹스트 콘크리트 중 믹싱플랜트에서 어느 정도 비빈 것을 트럭믹서에 실어 운반도중 완전히 비벼 만드는 것은?

① 제너럴믹스트 콘크리트
② 센트럴믹스트 콘크리트
③ 쉬링크믹스트 콘크리트
④ 트랜싯믹스트 콘크리트

★ 레디믹스트 콘크리트

쉬링크 믹스트 콘크리트	믹싱 플랜트 고정믹서에서 어느 정도 비빈 것을 트럭믹서에 실어 운반 도중 완전히 비비는 것을 말한다.
센트럴 믹스트 콘크리트	믹싱 플랜트 고정믹서로 비빔이 완료된 것을 트럭애지테이터로 운반하는 것을 말한다.
트랜싯믹스트 콘크리트	공장에서 재료를 싣고 주로 주행 중에 믹서차(transit-mixer truck)에서 비빈 것을 말한다.

52 토질시험 중 흙 속에 수분이 거의 없고 바삭바삭한 상태의 정도를 알아보기 위한 것은?

① 함수비시험   ② 소성한계시험
③ 액성한계시험 ④ 압밀시험

① **함수비시험** : 흙의 함수량을 구하기 위한 시험이다.
② **소성한계시험** : 토질시험 중 흙 속에 수분이 거의 없고 바삭바삭한 상태의 정도를 알아보기 위한 시험이다.
③ **액성한계시험** : 흙의 액상을 나타내는 최소의 함수비를 구하기 위한 시험이다.
④ **압밀시험** : 연약지반 위에 구조물을 축조할 때 압밀로 인한 최종 침하량과 침하에 일어나는 소요시간 등을 추정하기 위한 시험이다.

53 주로 이음이 필요한 지중보 등에서 특수 리브라스(Rib Lath)와 목재 프레임을 부속철물로 고정하고 콘크리트를 타설함으로써 거푸집 해체작업이 필요 없는 공법은?

① 터널 폼   ② 메탈라스 폼
③ 슬라이딩 폼   ④ 플라잉 폼

★ 메탈라스 폼
주로 이음이 필요한 지중보 등에서 특수 리브라스(Rib Lath)와 목재 프레임을 부속철물로 고정하고 콘크리트를 타설함으로써 거푸집 해체작업이 필요 없는 공법을 말한다.

📝 필기에 자주 출제되는 내용입니다.

54 Under Pinning 공법을 적용하기에 부적합한 경우는?

① 인접 지상구조물의 철거 시
② 지하구조물 밑에 지중구조물을 설치할 때
③ 기존구조물에 근접한 굴착 시 구조물의 침하나 경사를 미연에 방지할 경우
④ 기존구조물의 지지력 부족으로 건물에 침하나 경사가 생겼을 때 이것을 복원하는 경우

★ 언더피닝(Under Pining) 공법
① 기존건물 가까이에서 건축공사를 할 때 인접건물의 지반과 기초를 보강하는 공법을 말한다.
② Under Pinning 공법을 적용할 수 있는 경우
 • 지하구조물 밑에 지중구조물을 설치할 때
 • 기존구조물에 근접한 굴착 시 구조물의 침하나 경사를 미연에 방지할 경우

정답 51 ③ 52 ② 53 ② 54 ①

• 기존구조물의 지지력 부족으로 건물에 침하나 경사가 생겼을 때 이것을 복원하는 경우

필기에 자주 출제되는 내용입니다.

55 콘크리트에 관한 설명으로 옳지 않은 것은?

① 진동 다짐한 콘크리트의 경우가 그렇지 않은 경우의 콘크리트보다 강도가 커진다.
② 공기 연행제는 콘크리트의 시공연도를 좋게 한다.
③ 물시멘트비가 커지면 콘크리트의 강도가 커진다.
④ 양생온도가 높을수록 콘크리트의 강도발현이 촉진되고 초기강도는 커진다.

③ 물시멘트비가 작을수록 콘크리트의 강도는 커지고, 물시멘트비가 클수록 콘크리트의 강도는 작아진다.

참고

물 – 시멘트비는 시멘트 양에 대한 물의 질량 비율로 물시멘트비가 크다는 것은 시멘트 양보다 물의 양이 많다(부배합)는 뜻으로 콘크리트의 강도는 낮아진다.

필기에 자주 출제되는 내용입니다.

56 혼화재(混和材)에 관한 설명으로 옳지 않은 것은?

① 시멘트량의 1% 정도 이하로 배합설계에서 그 자체의 용적을 무시한다.
② 종류로는 플라이애시, 고로슬래그, 실리카 흄 등이 있다.
③ 포졸란 반응이 있는 것은 플라이애시, 고로슬래그, 규산백토 등이 있다.
④ 인공 산으로는 플라이애시, 고로슬래그, 소성점토 등이 있다.

1. 혼화재 : 콘크리트의 성질 개량을 위해 쓰이는 혼화재료로 시멘트 중량의 5% 이상 사용되는 것을 말한다.
   ① 경화과정에서 팽창을 일으키는 것 : 팽창재
   ② Auto clave 양생에 의해 고강도를 나타내는 것 : 규산질 분말
   ③ 착색시키는 것 : 착색제
   ④ 포졸란 반응이 있는 것 : 플라이애시, 고로슬래그, 규산백토

2. 혼화제 : 콘크리트에 특정한 성능을 부여하는 데 쓰이는 첨가제로서 시멘트 중량의 5% 이하로만 사용되는 것을 말한다.
   ① 워커빌리티와 내동결성의 개선 : AE제, 감수제
   ② 응결·경화시간의 조절 : 촉진제, 지연제, 급결제
   ③ 유동성을 개선 : 유동화제
   ④ 방수효과를 나타냄 : 방수제
   ⑤ 기포작용으로 충진성을 개선 : 기포제, 발포제

필기에 자주 출제되는 내용입니다.

정답 55 ③ 56 ①

57 건축생산 조직에 관한 설명으로 옳은 것은?

① CM은 시공자가 직접 공사의 타당성조사, 설계, 시공, 사용 등을 포함하는 건설공사 전 과정을 조정하는 것이다.
② EC화는 종래의 단순한 시공업과 비교하여 건설사업 전반에 걸쳐 종합, 기획, 관리하는 업무 영역의 확대를 말한다.
③ 발주자외 직접 공사계약을 하는 업자를 하도급자라고 한다.
④ 감리자란 시공자의 위탁을 받아 공사의 시공과정을 검사·승인하는 자를 말한다.

※ 종합건설업 제도
(EC화 : Engineering construction)
건설사업의 대규모화, 전문화에 따라 단순 기술 시공이 아닌 고부가가치 추구하기 위한 업무영역의 확대를 의미한다.

필기에 자주 출제되는 내용입니다.

58 중용열 포틀랜드 시멘트의 특성이 아닌 것은?

① 블리딩 현상이 크게 나타난다.
② 장기강도 및 내화학성의 확보에 유리하다.
③ 모르타르의 공극 충전효과가 크다.
④ 내침식성 및 내구성이 크다.

① 워커 빌리티(workbility)가 증대되고 블리딩이 적다.

참고

※ 중용열 포틀랜드 시멘트
① 시멘트의 성분 중에 C_3S(규산삼석회)나 C_3A(알루미네이트, 알루민산삼석회)가 적고, 장기강도를 지배하는 C_2S(벨라이트, 규산이석회)를 많이 함유한 시멘트이다.
② 수화속도를 지연시켜 수화열을 작게 한 시멘트이다.(수화열을 낮게 하여 단기보다 장기강도를 증진시킨 시멘트)
③ 건조수축이 작고 건축용 매스콘크리트에 사용된다.
④ 내식성이 있고 안성노가 높으며 내구성이 크고 화학 저항성 크다.
⑤ 댐 공사, 터널, 거대구조물의 기초공사(매스콘크리트), 콘크리트 도로포장, 방사능 차폐용으로 사용된다.

필기에 자주 출제되는 내용입니다.

59 대상지역의 지반특성을 규명하기 위하여 실시하는 사운딩시험에 해당되는 것은?

① 함수비시험
② 액성한계시험
③ 표준관입시험
④ 1축 압축시험

정적 사운딩 (점성토에 적용)	동적 사운딩 (사질토에 적용)
① 단관 원추 관입시험	
② 화란식 원추 관입시험	① 표준관입 시험
③ 스웨덴식 관입시험	② 동적 원추관 시험
④ 이스키 미터	
⑤ 베인 테스트	

정답 57 ② 58 ① 59 ③

> **참고**
>
> * **관입저항시험(sounding test)**
> Rod 끝에 설치한 저항체를 땅속에 삽입하여 회전, 빼올리기 등의 저항력으로 토층의 성상을 탐사, 판별하는 방법을 말한다.

60 기성 콘크리트 말뚝설치 공법 중 진동공법에 관한 설명으로 옳지 않은 것은?

① 정확한 위치에 타입이 가능하다.
② 타입은 물론 인발도 가능하다.
③ 경질지반에서는 충분한 관입깊이를 확보하기 어렵다.
④ 사질지반에서는 진동에 따른 마찰저항의 감소로 인해 관입이 쉽다.

> ④ 사질지반에서는 진동에 따른 마찰저항의 증가로 인해 관입이 곤란해지므로 사질지반에서 사용을 피한다.

4과목 건설 재료학

61 목재의 무늬를 가장 잘 나타내는 투명도료는?

① 유성페인트
② 클리어래커
③ 수성페인트
④ 에나멜페인트

> 클리어래커는 안료가 들어가지 않는 도료(투명래커)로서 목재면의 투명도장에 쓰인다.

62 금속제 용수철과 완충유와의 조합작용으로 열린 문이 자동으로 닫히게 하는 것으로 바닥에 설치되며, 일반적으로 무게가 큰 중량 창호에 사용되는 것은?

① 레버터리 힌지
② 플로어 힌지
③ 피벗 힌지
④ 도어 클로저

> 1. 피벗 힌지(pivot hinge) : 경첩 대신 촉을 사용하여 여닫이문을 회전시킨다.
> 2. 래버터리 힌지(lavatory hinge) : 스프링 힌지의 일종으로 공중용 화장실 등에 사용된다.
> 3. 플로어 힌지 : 경첩으로 유지할 수 없는 무거운 자재의 여닫이문에 사용된다.
> 4. 도어 클로저(도어 체크) : 문을 열면 자동적으로 문이 닫히게 하는 장치를 말한다.

📌 필기에 자주 출제되는 내용입니다.

정답 60 ④ 61 ② 62 ②

63 점토벽돌 1종의 흡수율과 압축강도 기준으로 옳은 것은?

① 흡수율 10% 이하 - 압축강도 24.50MPa 이상
② 흡수율 10% 이하 - 압축강도 20.59MPa 이상
③ 흡수율 15% 이하 - 압축강도 24.50MPa 이상
④ 흡수율 15% 이하 - 압축강도 20.59MPa 이상

점토벽돌의 품질

품질	종류	
	1종	2종
흡수율(%)	10.0 이하	15.0 이하
압축강도(MPa)	24.50 이상	14.70 이상

필기에 자주 출제되는 내용입니다.

64 도료의 사용부위별 페인트를 연결한 것으로 옳지 않은 것은?

① 목재면 - 목재용 래커 페인트
② 모르타르면 - 실리콘 페인트
③ 외부 철재구조물 - 조합페인트
④ 내부 철재구조물 - 수성페인트

④ 내부 철재 구조물(방화문, 난간) – 에폭시 도료, 알키드수지 에나멜 도료

65 초속경시멘트의 특징에 관한 설명으로 옳지 않은 것은?

① 주수 후 2~3시간 내에 100kgf/cm² 이상의 압축강도를 얻을 수 있다.
② 응결시간이 짧으나 건조수축이 매우 큰 편이다.
③ 긴급공사 및 동절기 공사에 주로 사용된다.
④ 장기간에 걸친 강도증진 및 안정성이 높다.

초속경시멘트
① 보통포틀랜드 시멘트에 보크사이트, 형석, 무수석고 등을 혼합한 시멘트로 재령 2~3시간 만에 100kgf/cm² 이상의 압축강도를 발현하는 시멘트를 말한다.
② 재령 4시간에 보통 포틀랜드시멘트의 7일 강도에 해당하는 압축강도를 발현한다.
③ 경화 시 발생하는 수화열로 저온에서도 충분한 강도를 발현한다.
④ 응결조절제로 작업시간을 조절할 수 있어 간편하다.
⑤ 콘크리트 건조수축에 의한 체적변화가 적다.
⑥ 장기간에 걸친 강도증진 및 안정성이 높다.
⑦ 한중공사나 긴급보수공사, 특히 도심지 도로 및 고속도로 보수공사에 널리 사용된다.

66 목재에 관한 설명으로 옳지 않은 것은?

① 활엽수는 침엽수에 비해 경도가 크다.
② 제재 시 취재율은 침엽수가 높다.
③ 생재를 건조하면 수축하기 시작하고 함수율이 섬유포화점 이하로 되면 수축이 멈춘다.
④ 활엽수는 침엽수에 비해 건조시간이 많이 소요되는 편이다.

정답 63 ① 64 ④ 65 ② 66 ③

③ 섬유포화점 이하로 내려가면 목재는 신축(수축) 변동이 커진다.

📝 필기에 자주 출제되는 내용입니다.

67 알루미늄과 그 합금 재료의 일반적인 성질에 관한 설명으로 옳지 않은 것은?

① 산, 알칼리에 강하다.
② 내화성이 작다.
③ 열·전기 전도성이 크다.
④ 비중이 철의 약 1/3이다.

★ 알루미늄(Al)
① 철 비중의 1/3 정도의 경량이며, 전·연성이 우수하여 가공하기 쉽다.
② 열, 전기의 양도체이며 반사율이 크다.(열·전기 전도성이 크다.)
③ 내화성이 작고 열팽창이 크다.
④ 산과 알칼리에 약하다.(알칼리나 해수에 침식되기 쉽다.)
⑤ 대기 중에 방치하면 산화알루미늄 피막을 형성하여 내구적이다.
⑥ 콘크리트에 접하거나 흙 중에 매몰된 경우에 부식되기 쉽다.
⑦ 순도가 높은 알루미늄일수록 내식성이 좋고 전·연성이 커진다.

📝 필기에 자주 출제되는 내용입니다.

68 미장공사에서 코너비드가 사용되는 곳은?

① 계단손잡이
② 기둥의 모서리
③ 거푸집 가장자리
④ 화장실 칸막이

코너비드 : 벽, 기둥 등의 모서리 부분의 미장 바름을 보호하기 위하여 사용하는 모서리쇠

📝 필기에 자주 출제되는 내용입니다.

69 점토 제품에 관한 설명으로 옳지 않은 것은?

① 점토의 주요 구성 성분은 알루미나, 규산이다.
② 점토입자가 미세할수록 가소성이 좋으며 가소성이 너무 크면 샤모트 등을 혼합 사용한다.
③ 점토제품의 소성온도는 도기질의 경우 1230~1460℃ 정도이며, 자기질은 이보다 현저히 낮다.
④ 소성온도는 점토의 성분이나 제품에 따라 다르며, 온도측정은 제게르 콘(Seger cone)으로 한다.

항목	토기	도기	석기	자기
소성온도 (℃)	790~1,000	1,100~1,230	1,160~1,350	1,230~1,460
제품	벽돌, 기와, 토관	타일, 테라코타, 위생도기	타일, 벽돌, 토관, 테라코타	타일, 위생도기

📝 필기에 자주 출제되는 내용입니다.

정답 67 ① 68 ② 69 ③

70 골재의 함수상태 사이의 관계를 옳게 나타낸 것은?

① 유효 흡수량 = 표건상태 - 기건상태
② 흡수량 = 습윤상태 - 표건상태
③ 전함수량 = 습윤상태 - 기건상태
④ 표면수량 = 기건상태 - 절건상태

★ 골재의 함수상태

절건상태 / 기건상태 / 표면건조내부포화상태 / 습윤상태

기건 함수량 — 유효 흡수량 — 표면수량
흡수량
함수량

① 유효 흡수량 : 표면건조 내부포화상태(표건상태)와 기건상태의 수량의 차이를 말한다.
 (유효 흡수량 = 표건상태 – 기건상태)
② 함수량 : 습윤상태의 골재의 내외에 함유하는 전체 수량을 말한다.
③ 흡수량 : 표면건조 내부포화상태(표건상태)의 골재 중에 포함하는 수량을 말한다.(절대건조상태에서 표면건조포화상태가 될 때까지 흡수하는 수량)
④ 표면수량 : 함수량과 흡수량의 차를 말한다.

📝 필기에 자주 출제되는 내용입니다.

71 블로운 아스팔트를 용제에 녹인 것으로 액상이며, 아스팔트 방수의 바탕 처리재로 이용되는 것은?

① 아스팔트 펠트
② 콜타르
③ 아스팔트 프라이머
④ 피치

★ 아스팔트 프라이머
① 블로운 아스팔트를 휘발성 용제로 녹인 것으로 콘크리트 등의 모체에 침투가 용이하다.
② 아스팔트 방수 시공 시 가장 먼저 사용되는 바탕처리재이며 방수의 역할보다는 콘크리트 바탕 면과 아스팔트 방수층과의 부착력을 증대시키는 역할을 한다.

📝 필기에 자주 출제되는 내용입니다.

72 탄소함유량이 많은 것부터 순서대로 옳게 나열한 것은?

① 연철 > 탄소강 > 주철
② 연철 > 주철 > 탄소강
③ 탄소강 > 주철 > 연철
④ 주철 > 탄소강 > 연철

★ 탄소함유량이 많은 순서
주철 > 탄소강 > 연철

73 미장재료인 회반죽을 혼합할 때 소석회와 함께 사용되는 것은?

① 카세인   ② 아교
③ 목섬유   ④ 해초풀

★ 회반죽
소석회에 모래, 해초풀, 여물 등을 혼합하여 바르는 미장재료이다.

📝 필기에 자주 출제되는 내용입니다.

정답 70 ① 71 ③ 72 ④ 73 ④

74 시멘트가 시간의 경과에 따라 조직이 굳어져 최종강도에 이르기까지 강도가 서서히 커지는 상태를 무엇이라고 하는가?

① 중성화 ② 풍화
③ 응결   ④ 경화

경화 : 시멘트가 시간의 경과에 따라 조직이 굳어져 최종강도에 이르기까지 강도가 서서히 커지는 상태를 말한다.

참고

응결 : 시멘트에 물을 가하여 혼합하여 만들어진 시멘트 페이스트가 시간경과에 따라 유동성을 잃고 응고하는 현상을 말한다.

---

75 방사선 차폐용 콘크리트 제작에 사용되는 골재로서 적합하지 않은 것은?

① 흑요석   ② 적철광
③ 중정석   ④ 자철광

★ **중량 콘크리트**(방사선 차폐용 콘크리트)
① 방사선을 차폐할 목적으로 중량 골재를 사용하는 콘크리트를 말한다.
② 중량골재의 종류에는 자철광, 중정석, 갈철광, 적철광 등이 있다.

---

76 목재의 수용성 방부제 중 방부효과는 좋으나 목질부를 약화시켜 전기전도율이 증가되고 비내구성인 것은?

① 황산동 1% 용액
② 염화아연 4% 용액
③ 크레오소트 오일
④ 염화 제2수은 1% 용액

★ **목재의 방부제**
① 펜타클로로페놀(PCP) : 방부력이 매우 우수하나, 자극적인 냄새가 난다.
② 크레오소트유 : 방부성은 우수하나, 악취가 나고 외관이 좋지 않다.
③ 염화아연 4% 용액 : 방부효과는 좋으나 목질부를 약화시켜 전기전도율이 증가되고 비 내구적이다.
④ 아스팔트 : 목재를 흑색으로 변색시켜 미관이 좋지 못하며 도포 후 페인트칠이 불가능하다.

---

77 건축물에 통상 사용되는 도료 중 내후성, 내알칼리성, 내산성 및 내수성이 가장 좋은 것은?

① 에나멜 페인트   ② 페놀수지 바니시
③ 알루미늄 페인트 ④ 에폭시수지 도료

★ **에폭시수지 도료**

장점	① 각종 소지와의 부착성이 우수하다. ② 기계적 강도가 우수하다. ③ 내수성, 내후성 및 내마모성, 내약품성, 내산성, 내알칼리성이 우수하다. ④ 경화 시 휘발성이 없으므로 용적의 감소가 극히 적다.(치수 안정성이 우수하다.) ⑤ Non-Slip 효과가 있다.

정답 74 ④ 75 ① 76 ② 77 ④

단점	① 자외선에 약하다.(황변이 일어난다) ② 경화 시간이 길다. ③ 극성이 없는 Polymer(PE, PP, Silicone 등)에는 부착이 약하다. ④ 경화제를 혼용해야 한다.

📝 필기에 자주 출제되는 내용입니다.

78 투사광선의 방향을 변화시키거나 집중 또는 확산시킬 목적으로 만든 이형 유리제품으로 주로 지하실 또는 지붕 등의 채광용으로 사용되는 것은?

① 프리즘 유리 ② 복층 유리
③ 망입 유리 ④ 강화 유리

* **프리즘(prism) 유리(포도유리)**
  • 프리즘의 원리를 응용하여 투과광선의 방향을 변화시키거나 집중 확산시킬 목적으로 사용된다.
  • 지하실, 지붕 등의 채광용으로 사용된다.

📝 필기에 자주 출제되는 내용입니다.

79 돌붙임 공법 중에서 석재를 미리 붙여놓고 콘크리트를 타설하여 일체화시키는 방법은?

① 조적공법
② 앵커긴결공법
③ GPC공법
④ 강재트러스 지지공법

* **GPC(Grante Veneerv Precast Concrete) 공법**
  • GPC란 화강석 판재를 고정철물을 고정시킨 후 콘크리트를 타설하여 양생한 패널을 말한다.
  • 석재와 콘크리트를 일체화시킨 GPC를 공장에서 제작하여 건축물의 외벽에 연결철물을 이용하여 부착하는 공법이다.

80 다음 중 실(seal)재가 아닌 것은?

① 코킹재 ② 퍼티
③ 트래버틴 ④ 개스킷

실링(Sealing)재의 종류에는 코킹재, 퍼티, 개스킷 등이 있다.

참고

* **실(seal)재(실링(Sealing)재)**
  ① 실(Seal)은 **밀봉재**를 의미하며 액체와 기체의 압력을 보전이나 누설을 막기 위해 밀봉하는 역할을 한다.
  ② 건축물의 부재와 부재간의 접합부분(줄눈부)에 채워 수밀성, 기밀성 등의 성능을 주기 위한 재료를 말한다.

정답 78 ① 79 ③ 80 ③

5과목 건설안전기술

81 건설현장에서의 PC(precast Concrete) 조립 시 안전대책으로 옳지 않은 것은?

① 달아 올린 부재의 아래에서 정확한 상황을 파악하고 전달하여 작업한다.
② 운전자는 부재를 달아 올린 채 운전대를 이탈해서는 안된다.
③ 신호는 사전 정해진 방법에 의해서만 실시한다.
④ 크레인 사용 시 PC판의 중량을 고려하여 아우트리거를 사용한다.

> ① 매달린 부재 하부에는 모든 사람의 출입을 금지하여야 한다.

82 다음 그림은 풍화암에서 토사붕괴를 예방하기 위한 기울기를 나타낸 것이다. x의 값은?

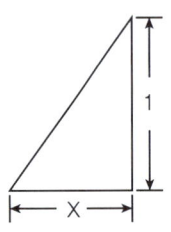

① 0.8 ② 1.0
③ 0.5 ④ 0.3

> 풍화암의 기울기는 1 : 1.0이므로
> $1 : 1.0 = \dfrac{1(높이)}{1.0(밑변)}$

83 가설구조물의 특징이 아닌 것은?

① 연결재가 적은 구조로 되기 쉽다.
② 부재결합이 불완전 할 수 있다.
③ 영구적인 구조설계의 개념이 확실하게 적용된다.
④ 단면에 결함이 있기 쉽다.

> ③ 구조물이라는 개념이 확고하지 않아 조립의 정밀도가 낮다.

84 다음 터널 공법 중 전단면 기계 굴착에 의한 공법에 속하는 것은?

① ASSM (American Steel SupportedMethod)
② NATM (New Austrian TunnelingMethod)
③ TBM(Tunnel Boring Machine)
④ 개착식 공법

> ★ TBM 공법
> 발파를 하지 않고 tunnel boring machine의 회전 cutter에 의해 터널전단면을 절삭 또는 파쇄하는 기계식 굴착공법이다.

정답 81 ① 82 ② 83 ③ 84 ③

85 동바리로 사용하는 파이프 서포트에 관한 설치 기준으로 옳지 않은 것은?

① 파이프 서포트를 3개 이상 이어서 사용하지 않도록 할 것
② 파이프 서포트를 이어서 사용하는 경우에는 4개 이상의 볼트 또는 전용철물을 사용하여 이을 것
③ 높이가 3.5m를 초과하는 경우에는 높이 2m 이내마다 수평연결재를 2개 방향으로 만들고 수평연결재의 변위를 방지할 것
④ 파이프 서포트 사이에 교차가새를 설치하여 수평력에 대하여 보강 조치할 것

> ★ 동바리로 사용하는 파이프서포트의 조립 시 준수사항
> • 파이프서포트를 3개본 이상 이어서 사용하지 아니하도록 할 것
> • 파이프서포트를 이어서 사용할 때에는 4개 이상의 볼트 또는 전용철물을 사용하여 이을 것
> • 높이가 3.5미터를 초과할 때 높이 2미터 이내마다 수평연결재를 2개 방향으로 만들고 수평연결재의 변위를 방지할 것

 실기까지 중요한 내용입니다.

86 히빙(heaving)현상이 가장 쉽게 발생하는 토질지반은?

① 연약한 점토 지반
② 연약한 사질토 지반
③ 견고한 점토 지반
④ 견고한 사질토 지반

> ★ 히빙(Heaving) 현상
> ① 연질점토 지반에서 굴착에 의한 흙막이 내·외면의 흙의 중량 차이(토압)로 인해 굴착저면이 부풀어 올라오는 현상을 말한다.
> ② 흙막이 바깥 흙이 안으로 밀려든다.

 참고

> ★ 보일링(Boiling) 현상
> ① 사질토 지반에서 굴착저면과 흙막이 배면과의 수위 차이로 인해 굴착저면이 흙과 물이 함께 위로 수구쳐 오르는 현상(모래의 액상화 현상)을 말한다.
> ② 모래가 액상화되어 솟아오른다.

실기까지 중요한 내용입니다.

87 철근콘크리트 현장 타설공법과 비교한 PC(precast concrete)공법의 장점으로 볼 수 없는 것은?

① 기후의 영향을 받지 않아 동절기 시공이 가능하고, 공기를 단축할 수 있다.
② 현장작업이 감소되고, 생산성이 향상되어 인력절감이 가능하다.
③ 공사비가 매우 저렴하다.
④ 공장 제작이므로 콘크리트 양생 시 최적조건에 의한 양질의 제품생산이 가능하다.

> ★ PC 공사
> ① PC 공사란 공장에서 제작된 P.C부재를 현장에서 조립, 접합하여 구조체를 만드는 공사를 말한다.
> ② PC 공사의 장점
>   • 공장생산으로 품질이 균일(품질 우수)
>   • 공사기간 단축

정답 85 ④ 86 ① 87 ③

- 인력 절감
- 대량생산 가능
- 기후에 영향받지 않음(동절기 시공 가능)

88 도심지에서 주변에 주요 시설물이 있을 때 침하와 변위를 적게 할 수 있는 가장 적당한 흙막이 공법은?

① 동결공법
② 샌드드레인공법
③ 지하연속벽공법
④ 뉴매틱케이슨공법

＊지하 연속벽 공법
소음, 진동이 적어 도심지 공사, 기존 구조물 근접 지역에서 공사가 가능하다.

89 드럼에 다수의 돌기를 붙여 놓은 기계로 점토층의 내부를 다지는 데 적합한 것은?

① 탠덤 롤러   ② 타이어 롤러
③ 진동 롤러   ④ 탬핑 롤러

탬핑롤러는 고함수비 지반, 점착력이 큰 진흙의 다짐, 흙의 간극수압 제거에 사용된다.

90 흙막이지보공을 설치하였을 때 정기적으로 점검하고 이상을 발견하면 즉시 보수하여야 하는 사항으로 거리가 먼 것은?

① 부재의 손상 변형, 부식, 변위 및 탈락의 유무와 상태
② 부재의 접속부, 부착부 및 교차부의 상태
③ 침하의 정도
④ 발판의 지지 상태

＊흙막이 지보공을 설치한 때 점검 사항
① 부재의 손상·변형·부식·변위 및 탈락의 유무와 상태
② 버팀대의 긴압의 정도
③ 부재의 접속부·부착부 및 교차부의 상태
④ 침하의 정도

실기까지 중요한 내용입니다.

91 정기안전점검 결과 건설공사의 물리적·기능적 결함 등이 발견되어 보수·보강 등의 조치를 하기 위하여 필요한 경우에 실시하는 것은?

① 자체안전점검   ② 정밀안전점검
③ 상시안전점검   ④ 품질관리점검

＊"시설물의 안전관리에 관한 특별법" 상의 용어 정의
① 안전점검 : 경험과 기술을 갖춘 자가 육안이나 점검기구 등으로 검사하여 시설물에 내재(內在)되어 있는 위험요인을 조사하는 행위를 말하며, 점검목적 및 점검수준을 고려하여 국토교통부령으로 정하는 바에 따라 정기안전점검 및 정밀안전점검으로 구분한다.

정답 88 ③ 89 ④ 90 ④ 91 ②

② 정밀안전진단 : 시설물의 물리적·기능적 결함을 발견하고 그에 대한 신속하고 적절한 조치를 하기 위하여 구조적 안전성과 결함의 원인 등을 조사·측정·평가하여 보수·보강 등의 방법을 제시하는 행위를 말한다.
③ 긴급안전점검 : 시설물의 붕괴·전도 등으로 인한 재난 또는 재해가 발생할 우려가 있는 경우에 시설물의 물리적·기능적 결함을 신속하게 발견하기 위하여 실시하는 점검을 말한다.

92 발파작업에 종사하는 근로자가 준수하여야 할 사항으로 옳지 않은 것은?

① 장전구는 마찰·충격·정전기 등에 의한 폭발의 위험이 없는 안전한 것을 사용할 것
② 발파공의 충진재료는 점토·모래 등 발화성 또는 인화성의 위험이 없는 재료를 사용할 것
③ 얼어붙은 다이나마이트는 화기에 접근시키거나 그 밖의 고열물에 직접 접촉시켜 단시간 안에 융 해시킬 수 있도록 할 것
④ 전기뇌관에 의한 발파의 경우 점화하기 전에 화약류를 장전한 장소로부터 30m 이상 떨어진 안전한 장소에서 전선에 대하여 저항측정 및 도통시험 을 할 것

③ 얼어붙은 다이나마이트는 화기에 접근시키거나 그 밖의 고열물에 직접 접촉시키는 등 위험한 방법으로 융해하지 아니하도록 할 것

> 필기에 자주 출제되는 내용입니다.

93 다음은 산업안전보건법령에 따른 근로자의 추락위험 방지를 위한 추락방호망의 설치 기준이다. ( ) 안에 들어갈 내용으로 옳은 것은?

> 추락방호망은 수평으로 설치하고, 망의 처짐은 짧은 변 길이의 ( ) 이상이 되도록 할 것

① 10[%]   ② 12[%]
③ 15[%]   ④ 18[%]

＊추락방호망의 설치
① 추락방호망의 설치위치는 가능하면 작업면으로부터 가까운 지점에 설치하여야 하며, **작업면으로부터 망의 설치지점까지의 수직거리는 10미터를 초과하지 아니할 것**
② 추락방호망은 수평으로 설치하고, 망의 처짐은 짧은 변 길이의 12퍼센트 이상이 되도록 할 것
③ 건축물 등의 바깥쪽으로 설치하는 경우 망의 내민 길이는 벽면으로부터 3미터 이상 되도록 할 것. 다만, 그물코가 20밀리미터 이하인 망을 사용한 경우 낙하물방지망을 설치한 것으로 본다.

> 실기까지 중요한 내용입니다.

94 굴착면 붕괴의 원인과 가장 거리가 먼 것은?

① 사면경사의 증가
② 성토 높이의 감소
③ 공사에 의한 진동하중의 증가
④ 굴착높이의 증가

정답 92 ③ 93 ② 94 ②

*토석 붕괴의 외적원인
① 사면, 법면의 경사 및 기울기의 증가
② 절토 및 성토 높이의 증가
③ 공사에 의한 진동 및 반복 하중의 증가
④ 지표수 및 지하수의 침투에 의한 토사 중량의 증가
⑤ 지진, 차량, 구조물의 하중작용
⑥ 토사 및 암석의 혼합층 두께

📝 실기까지 중요한 내용입니다.

95 부두 안벽 등 하역작업을 하는 장소에 대하여 부두 또는 안벽의 선을 따라 통로를 설치할 때 통로의 최소 폭 기준은?

① 70cm 이상 ② 80cm 이상
③ 90cm 이상 ④ 100cm 이상

부두 또는 안벽의 선을 따라 통로를 설치하는 때에는 폭을 90cm 이상으로 할 것

📝 필기에 자주 출제되는 내용입니다.

96 건설현장에서 가설 계단 및 계단참을 설치하는 경우 안전율은 최소 얼마 이상으로 하여야 하는가?

① 3 ② 4
③ 5 ④ 6

계단 및 계단참의 강도는 500kg/m² 이상이어야 하며 안전율은 4 이상으로 하여야 한다.

📝 실기까지 중요한 내용입니다.

97 항타기 및 항발기의 무너짐 방지를 위하여 준수해야할 기준으로 옳지 않은 것은?

① 아웃트리거·받침 등 지지구조물이 미끄러질 우려가 있는 때에는 버팀대·버팀줄로 사용하여 해당 지지구조물을 고정시킬 것
② 상단 부분은 버팀대·버팀줄로 고정하여 안정시키고, 그 하단 부분은 견고한 버팀·말뚝 또는 철골 등으로 고정시킬 것
③ 시설 또는 가설물 등에 설치하는 때에는 그 내력을 확인하고 내력이 부족한 때에는 그 내력을 보강할 것
④ 연약한 지반에 설치하는 경우에는 아웃트리거·받침 등 지지구조물의 침하를 방지하기 위하여 깔판·받침목 등을 사용할 것

① 아웃트리거·받침 등 지지구조물이 미끄러질 우려가 있는 때에는 말뚝 또는 쐐기 등을 사용하여 해당 지지구조물을 고정시킬 것

📝 실기까지 중요한 내용입니다.

98 다음 중 양중기에 해당하지 않는 것은?

① 크레인 ② 곤돌라
③ 항타기 ④ 리프트

*양중기의 종류
① 크레인[호이스트(hoist)를 포함한다]
② 이동식 크레인
③ 리프트(이삿짐운반용 리프트의 경우에는 적재하중이 0.1톤 이상인 것으로 한정)
④ 곤돌라
⑤ 승강기

📝 실기에 자주 출제되는 내용입니다.

정답 95 ③ 96 ② 97 ① 98 ③

99 산업안전보건관리비 계상을 위한 대상액이 56억원인 교량공사의 산업안전보건관리비는 얼마인가?(단, 건축공사에 해당)

① 104,160천원 ② 132,720천원
③ 144,800천원 ④ 150,400천원

100 산업안전보건법령에서 정의하는 산소결핍증의 정의로 옳은 것은?

① 산소가 결핍된 공기를 들여 마심으로써 생기는 증상
② 유해가스로 인한 화재·폭발 등의 위험이 있는 장소에서 생기는 증상
③ 밀폐공간에서 탄산가스·황화수소 등의 유해물질을 흡입하여 생기는 증상
④ 공기 중의 산소농도가 18% 이상 23.5% 미만의 환경에 노출될 때 생기는 증상

＊산업안전보건관리비의 계상

1. 대상액이 5억 원 미만 또는 50억 원 이상
산업안전보건관리비 = 대상액(재료비 + 직접 노무비) × 비율

2. 대상액이 5억 원 이상 50억 원 미만
산업안전보건관리비 = 대상액(재료비 + 직접 노무비) × 비율 + 기초액(C)

＊공사종류 및 규모별 산업안전보건관리비 계상기준표

구분 공사 종류	대상액 5억 원 미만인 경우 적용 비율(%)	대상액 5억 원 이상 50억 원 미만인 경우 적용 비율(%)		대상액 5억 원 이상인 경우 적용 비율(%)	보건관리자 선임 대상 건설공사의 적용 비율(%)
		적용 비율(%)	기초액		
건축공사	3.11%	2.28%	4,325천원	2.37%	2.64%
토목공사	3.15%	2.53%	3,300천원	2.60%	2.73%
중건설공사	3.64%	3.05%	2,975천원	3.11%	3.39%
특수건설공사	2.07%	1.59%	2,450천원	1.64%	1.78%

산업안전보건관리비 = 56억 원 × 0.0237
= 132,720천 원

---

1. "산소결핍"이란 공기 중의 산소농도가 18퍼센트 미만인 상태를 말한다.
2. "산소결핍증"이란 산소가 결핍된 공기를 들이마심으로써 생기는 증상을 말한다.

실기까지 중요한 내용입니다.

필기에 자주 출제되는 내용입니다.

정답 99 ② 100 ①

건설안전산업기사 필기·과년도

초 판 인쇄 | 2024년 1월 5일
초 판 발행 | 2024년 1월 10일
개정1판 발행 | 2025년 1월 20일
개정2판 발행 | 2026년 1월 15일

지은이 | 최윤정
발행인 | 조규백
발행처 | 도서출판 구민사
(07293) 서울특별시 영등포구 문래북로 116, 604호(문래동 3가 46, 트리플렉스)
전 화 | 02.701.7421
팩 스 | 02.3273.9642
홈페이지 | www.kuhminsa.co.kr

신고번호 | 제2012-000055호(1980년 2월 4일)
ISBN | 979-11-6875-630-4   13500

가격 48,000원

※ 낙장 및 파본은 구입하신 서점에서 바꿔드립니다.
※ 본 서를 허락없이 부분 또는 전부를 무단복제, 게제행위는 저작권법에 저촉됩니다.